LRFD설계법 포함

토목구조기술사

합격 바이블 2권

개정판

이 책은 기본서 위주의 이론과 설계편람이나 학회지의 주요내용을 정리하고 있으며, 기존의 기출문제를 분석하여 최대한 이론을 바탕으로 작성하였다. 또한 앞으로 출제비율이 높을 것으로 예상되는 한계상태설계법은 AISC의 LRFD를 기준으로 강구조설계와 도로교설계기준을 함께 비교하여 엮었다.

LRFD설계법 포함

토목구조기술사 합격 바이블

2권

개정판

안홍환, 최성진 저
김경승 감수

씨아이알

머리말

인류의 수명이 지금처럼 길어진 10대 요인 중 가장 중요한 요인이 의학의 발전과 더불어 사회기반시설의 발전이라고 합니다. 상하수도가 놓이면서 오염으로 인한 전염병 등 질병의 전파가 늦어지고 도로와 교량이 만들어지면서 환자의 이송이 수월해졌음은 사실입니다. 우리 엔지니어가 모르는 사이에 우리는 복지를 실현하는 중요한 역할을 우리가 최일선에서 수행하고 있다는 사실을 잊고 있었는지도 모릅니다.

홍보부족으로 국가발전에 기여한 공로를 인정받지 못하고, 건설산업에 대한 국민의 인식이 곱지 않은 것이 사실입니다. 혹자는 국내 건설사업이 포화되어 과거와 같이 일감이 많지 않고 해외로 눈을 돌리지만 일부 대기업만 진출하고 있는 실정이라고 합니다. 하지만 과거와 같은 개발사업의 유형은 아니지만 새로운 건설형태가 나올 것입니다. 업계 내부적으로는 자재와 공법이 기술적으로 검토되어 인정되고 채택되기보다는 일부 전문가에 의한 개량화 점수로 평가받는 시대에 살고 있기도 합니다.

집을 나와 보이는 모든 것은 토목이라고 해도 과언이 아닙니다. 도시를 만들고, 도시와 도시를 연결하고, 국가와 국가를 하나로 엮는 일 모두가 우리가 하는 일입니다. 현재가 과거처럼 활발한 사업물량이 없다 하여도 새로운 지역에서 또 신규사업이 나타나서 신바람 나게 일할 날이 조만간 올 것이라 확신합니다.

토목구조기술사는 수치적인 감이 있어야 하고 과목도 다양해서 시험 준비가 만만치 않습니다. 과거와 달리 지금은 학원이 있기는 하나 학원에 다닌다고 공부를 잘하는 것이 아니라는 것은 잘 알고 계실 것입니다. 최소 하루에 4시간 집중해서 6개월은 하셔야 시험을 볼 수 있습니다. 기술사를 취득한다고 해서 많은 것이 달라지지는 않지만, 자기만족이라는 성취감과 자신감이라는 귀한 선물을 얻어 세상을 사는 데 힘이 될 것입니다.

기술사가 되시면 헬기를 타고 아래를 내려 보듯 과업 전체를 보시기 바랍니다. 그리고 복잡하다고 생각되시면 목적물의 기능성, 안전성, 미관, 경제성을 차례로 생각하십시오.

본인은 한 것이 없이 그야말로 말로만 했지만, 안흥환 후배님이 정말 어려운 여건에도 장시간에 걸친 자료수집, 이론정리, 문제풀이 등 모든 작업을 하여 좋은 책이 세상에 나오게 되었습니다. 이 책이 많은 분에게 도움이 되리라 확신합니다.

기술사가 되는 날까지

Never, Never, Never, Give up

2014년 3월 최 성 진 올림

감사의 글

토목구조기술사는 사회간접자본인 도로, 철도, 산업 및 주택단지 등에 반드시 필요한 기반시설물의 설계와 시공을 하는 책임기술자로 그 전문성은 최고일 것입니다. 그런 전문 분야의 수험서를 여러 모로 부족한 제가 책을 써서 내놓게 되어 두려움과 함께 걱정이 많은 것이 사실입니다.

구조기술사는 아주 기초부터 차근차근 다져서 실무에 적용되는 분야까지 넓은 분야의 과목을 섭렵해서 공부해야 하는 분야입니다. 재료 및 구조역학, 철근콘크리트공학, 프리스트레스트 콘크리트, 강구조공학, 동역학 분야 등 대학에서 배운 내용을 바탕으로 실무에서 적용되는 교량공학, 지하차도 및 가시설 설계, 넓게는 터널이나 방재분야에 이르기까지 많은 부분에 대한 공부가 필요하지만 정작 이렇게 넓은 범위를 구조기술사 수험생을 위해 정리해 놓은 책은 많이 없는 것 같습니다.

또한 도로교설계기준과 콘크리트구조기준 등의 설계기준 변경으로 앞으로 구조기술사 문제는 많은 부분의 한계상태설계법에 관한 내용이 출제되지 않을까 생각되지만, 체계적으로 정립된 해설서가 없는 현재로서는 이 부분에 대한 시험 준비를 한다는 것이 쉽지만은 않은 것이 사실입니다.

본 책은 본인이 구조기술사를 준비하면서 기본서를 위주로 준비한 이론과 설계편람이나 학회지에서 주요내용을 정리하면서, 기존의 기출문제를 분석하고 최대한 이론을 바탕으로 하여 작성하였습니다. 기출문제와 동일한 문제는 또 나오지는 않지만 유사하거나 이론을 바탕으로 변형된 문제는 빈번히 출제되기 때문입니다.

또한 출제비율이 높을 것으로 예상되는 한계상태설계법은 AISC의 LRFD를 기준으로 강구조설계와 도로교설계기준을 함께 비교하여 엮었습니다. 독자에게 꼭 도움이 되었으면 합니다.

구조기술사를 준비하는 것이 쉽지만은 않은 길입니다. 준비하시는 모든 분들께 이 책이 꼭 도움이 되길 바라며, 끝까지 포기하시지 마시고 꼭 합격의 영광을 누리시길 기원 드립니다.

구조기술사를 처음 준비하시는 독자께서는 꼭 기본서인 재료 및 구조역학, 콘크리트공학, 강구조공학 책을 한 번 이상 정독하시고 이 책을 접하시길 당부 드립니다.

끝으로 저를 인도해주신 하나님께 감사드리며 제가 밤늦게까지 기술사를 준비할 수 있도록 물심양면으로 지원한 제 집사람과 제 아이들에게 감사와 사랑을 전하며,

이 책의 미진한 부분을 개선할 수 있도록 검수해주신 광주대 김경승 교수님, 고려대 구조공학연구실 후배 김정훈 박사와 본 책이 출판될 수 있도록 지원해주신 도서출판 씨아이알 김성배 대표님을 비롯한 출판사 관계자 여러분께 감사인사를 드립니다.

2014년 2월 안 홍 환 올림

Contents

제 2 권

제6편 동역학과 내진설계(Dynamics)

제7편 기 타

▸ ▸ 제1권 목차 ◂ ◂

제1편 재료 및 구조역학(Mechanics of Structure)

제2편 RC(Reinforced Concrete)

제3편 PSC(Prestressed Concrete)

제4편

강구조(Steel Design)

강구조 기출문제 분석('00~'13년)

	기출내용	2000~2007	2008~2013	계
설계법	설계법(ASD, LRFD, LSD, PD) 안전도, 설계개념, 비교 장단점	7	4	11
	강교의 극한한계상태의 종류, 사용한계상태 종류에 대응하는 하중과 현상	1	0	1
	강도설계법, 하중계수, 강도감소계수 값 결정 시 고려사항	1	1	2
강재의 특성	강의 열처리	1	0	1
	강재의 파괴 형태, 강재의 기계적 성질, 파괴 형태 및 특징	1	2	3
	탄성한도에 대해 설명/ 강재의 재료특성 명칭 설명	1	1	2
	붕괴유발재	2	1	3
	구조재료로서의 강재의 장단점	0	1	1
	단재하, 다재하	1	0	1
	드래그라인	1	0	1
	알루미늄 합금	0	1	1
	고장력강을 사용 시 고려사항(설계, 제작상, 최소 두께 규정을 두는 이유)	3	2	5
	고성능강의 종류, 특성, 작용효과	0	2	2
	TMC강	2	0	2
	교량맞춤형 고성능강재(HSB)	0	1	1
	조밀단면, 비조밀단면, 세장단면	2	2	4
	강재의 취성파괴 원인과 취성파괴 방지	1	3	4
	강교의 부식과 피로균열, 강교의 피로(균열) / 부식 손상 원인 / 대책	4	1	5
	강교량의 피로손상의 원인, 피로설계방법, 피로평가방법, 피로강도 영향인자	1	4	5
	변형유발피로	0	1	1
전단	전단연결재(주요 하중, 이론 배경, 적용 하중)	3	3	6
	전단지연(유효폭)	5	1	6
좌굴	후좌굴현상, 인장장, 전단강도	5	3	8
	국부좌굴 대처방법, 장단점	0	1	1
	허용압축응력의 종류와 좌굴기준과 유효좌굴길이, 강구조물의 좌굴현상과 대책	0	2	2
	강구조물 허용축방향 압축응력 강도곡선 /산정	0	2	2
	한계세장비(SM570의 최대 허용세장비(L/R=18)의 근거)	1	0	1
	ST BOX 국부좌굴 안정성 평가		1	
	도로교 설계기준의 좌굴시 복부판 최소 두께 결정기준	0	1	1
	플레이트거더교 내하력 지배요인, 세장비, 장주의 내하력 영향인자	3	1	4
보강재	강재 교량의 수직, 수평 보강재에 대하여 설치목적 및 방법, 2단 배치 사유	4	1	5
	강교 수직, 수평브레이싱의 역할과 설계법	2	1	3
	다이아프램, 맨홀 설치 시 고려사항, 격벽의 역할 및 설치 시 유의사항	1	4	5
	보강재에 대한 기능 및 설계 시 필요한 중요사항을 설명	1	0	1
	잭업 보강재 설계(계산)	0	1	1
이음부	용접과 고장력 볼트의 병용 시 주의 사항	1	0	1
	고장력 볼트와 이음판의 파괴 형태(지연파괴 원원과 대책, 인장파괴)	4	1	5
	고장력 볼트 이음의 종류별 응력 전달	1	0	1
	고장력 볼트 마찰접합 이음부의 강도 및 응력을 리벳접합과 비교 설명	1	0	1
	토크 위어형(T/S) 고장력 볼트에 대하여 설명	1	0	1
	T/S 고장력 볼트의 체결 순서에 대해 기술	1	0	1
	용접의 비파괴 검사방법, 용접이음의 장단점기술, 용접부의 잔류응력	2	1	3
	필렛용접 유효 두께	1	0	1
	맞대기 용접 이음부 용입 부족에 대한 안전성	1	0	1
	강재의 용접부 불연속 원인 중 모재에 의한 층과 층 분리	1	0	1
	용접변형의 원인 및 종류를 열거 용접 변형 방지대책	1	0	1
	강교의 부식취약부 중 용접부의 부식원인에 대해 설명	0	1	1

기출내용		2000~2007	2008~2013	계
이음부	용접이음계산, 용접설계원칙, 용접종류별 설계에 적용하는 응력산정식	1	1	2
	LRFD 용접부 설계	0	1	1
	강도로교 상세부 설계지침 현장이음	1	0	1
	잔류응력(I형강)	2	0	2
	연결부 부재설계 시 만족시켜야 할 사항	1	0	1
	기둥과 보의 용접연결에서 보에 설치되는 스캘럽의 역할과 문제점	1	0	1
판형교	압연보와 판형의 차이점	1	1	2
	소수주형 판형교, 설계, 시공 시 고려사항	2	1	3
	강교 구조형식 분류, 특징, 강교와 플레이트 거더교 비교, 설명	0	2	2
	휨 모멘트를 받는 강재보의 설계순서를 단계별로 설명	0	1	1
	I형 플레이트 거더교의 전단강도	1	0	1
강박스	등간격인 3경간 연속 강합성 박스거더교 2차 부정정력에 대하여 설명	1	0	1
	강합성교에 현장이음 설계방법, 강교 현장 용접 도입 필요성 및 장단점	1	1	2
	개구제형(Open Top), 폐단면 장단점	1	1	2
	강박스거더교에서 합성방식의 종류와 특징	1	0	1
강상판	직교이방성 강판(강바닥판)	1	0	1
	강바닥판교의 장점을 3가지만 설명	0	1	1
	강상판의 거동특성, 강상판 응력을 검토하기 위한 응력의 합성에 대하여 설명	0	1	1
내구성	강구조물의 내구성	0	1	1
	강구조물의 노후화에 대해 설명	1	0	1
	해안 강교 도장, 무도장 내후성	2	0	2
LRFD	LRFD 인장재 블록전단파괴	0	1	1
	LRFD 비틀림 설계	0	1	1
기타	강교의 바닥틀에서 세로보와 가로보의 볼트 연결방법	1	0	1
	강합성교량 화재피해	0	1	1
	강교 캠버도 작성	0	1	1
	철골철근콘크리트 보 부재 설계방법, 정의, 가정, 개념	0	2	2
계		11.8%	12.5%	12.1%
		157/1209		

강구조 기출문제 분석('14~'16년)

기출내용	2014	2015	2016	계
라멜라 테어링	1			1
핫스팟 응력	1			1
0.2%오프셋	1			1
강재 균열선단개구변위		1		1
용접이음 종류와 유효두께	1			1
용접부 검사		1		1
용접접합과 고장력볼트의 마찰접합 비교	1			1
고장력볼트의 마찰접합	1			1
지압이음			1	1
잔류응력, 휨내하력 저하		1		1
부식피로		1		1
전단연결재	1			1
플레이트 거더교의 소성모멘트	1			1
강재 I형거더의 파괴형상, 플레이트 거더교 강재의 파손특성과 파손방지		1	1	2
플레이트 거더의 웨브 좌굴		1	1	2
보-기둥 접합부 검토, 부분구속 연결		1	1	2
잭업보강재의 안정성 검토			1	1
좌굴현상과 설계상 대책			1	1
후좌굴 현상			1	1
Q공식		1		1
확대모멘트	1			1
패널 존		1		1
ㄷ형강 순단면적		1		1
전단지연			1	1
콘크리트 합성보의 설계휨강도, 공칭강도	3	1	1	5
화재로 인한 강재손상 및 평가	1			1
계	14.0%	11.8%	9.7%	11.8%
	33/279			

Chapter

01 강재의 성질

01 강재의 특성

1. 재료적 특징

91회 1-3 구조재료로서의 강재의 장단점 설명

장 점	단 점
① 고강도재료	① 부식에 취약(도장관리 등 유지관리 필요)
② 재료가 균질 → 재료 신뢰성 우수	② 내화성 취약(고강도 재료일수록 내화성 취약)
③ 내구성 및 연성 우수 → 극한내하력 증가	③ 좌굴의 취약(단면 강성이 작아 좌굴에 취약)
④ 탄성한도 내에 탄성계수 일정	④ 내풍성 불리(질량이 작아 장대교일수록 불리)
⑤ 보수보강 용이	⑤ 피로 취약(연결 용접부의 피로 취약)
⑥ 사전조립 가능으로 시공속도가 빠름	⑥ 처짐 및 진동(강성이 작아 처짐 및 진동취약)
⑦ 다양한 형상으로 제작 가증	⑦ 연결부 취약(볼트 용접 연결로 연결부 응력집중, 피로 등의 문제 → 연결부 검사 필요)
⑧ 연결재 이용으로 시공성 우수	⑧ 잔류응력(압연 및 열가공으로 인한 소성변형)
⑨ 재사용이 가능함	

2. 구조적 특징

94회 1-3 압연보(Rolled Beam)와 판형(Plate Girder)의 장단점에 대하여 설명

1) 용접구조물 : 압연구조물(Rolled Beam)의 제작상의 한계(국내 $h \le 1800mm$, $L \le 20m$)로 인하여 판형(Plate Girder)을 통하여 다양한 형상의 구조물 제작이 가능함

구분	압연 구조물(Rolled Beam)	판형 구조물(Plate Girder)
장점	① 일체의 압연 구조물 공장제작으로 연결부가 별도 없어 신뢰성이 높음 ② 연결부로 인한 부재의 안정성검토 필요 없음	① 크기 규약에 제한 없이 제작이 가능 ② 두께가 다른 압연판간 연결가능으로 경제적 단면 제작 가능 ③ 자유로운 형태의 구조물 제작 가능

구분	압연 구조물(Rolled Beam)	판형 구조물(Plate Girder)
단점	① 크기의 제약, 장지간 구조물 제작어려움 ② 제작된 기성품의 사용으로 부재별 선택적 단면 적용이 어려움 ③ 좌굴발생 우려	용접이나 고강도 볼트 연결 등 연결부의 불완전 요소에 대한 설계반영이 필요하다. ① 용접부의 응력경화 ② 용접부의 결함, 잔류응력, 응력집중 ③ 용접부의 취성파괴, 피로파괴 ④ 잔류응력으로 인한 피로강도, 좌굴강도저하 ⑤ 고강도 볼트 연결 시 연결판 등 강재량 증가 ⑥ 볼트 체결 풀림 등 우려 ⑦ 볼트 연결 시 지연파괴 우려

2) 현장 접합으로 시공성 양호

① 수송 여건에 맞게 블록으로 제작하여 현장에서 고장력 볼트나 용접을 통해서 연결하여 시공속도가 빠르고 공기단축 용이, 하부구조와 병행시공 가능
② 대형 블록의 공장제작으로 구조물의 장대화 거대화가 가능
③ 현장용접시 안전율 고려 허용응력 90% 적용
④ 화물차 운반 적재용량을 고려한 구조물 분할계획수립 필요

3) 박판 구조로 인한 경량화

① 고강도 강재를 이용하여 박판 구조물로 제작 사용이 다수
② 박판 구조물 사용 시 보강재(수직 수평 보강재 등) 사용 필요
→ 박판 구조물 사용으로 단면의 I값을 크게 할 수 있으나 집중하중부위의 전단지연 및 비틀림 등의 문제가 발생하며 국부 좌굴에 대처하기 위해 보강재 설치 필요
③ 박판 구조물 사용으로 구조물의 경량화, 장지간화, 하부구조와 기초의 하중 경감
④ 강도의 증가로 인하여 단면 축소 등으로 강성의 저하 → 진동 및 변형, 피로하중에 대한 검토 필요
⑤ 경량구조로 인하여 부재제작 및 운송, 가설작업이 용이
⑥ 경량구조로 인한 지진, 풍하중, 진동, 소음 등의 영향이 크며 장대교일수록 내풍성능은 취약

4) 구조물의 연성능력 향상

① 콘크리트 구조에 비해서 소성거동 능력 향상으로 지진하중에 대해 유리
② 에너지 흡수성능 향상
③ 압축과 인장에 대한 에너지 흡수성능 동등

5) 보수 및 보강 개조

① 현장에서의 보수 보강 성능 우수, 개조 용이
② 해체 및 부재의 재사용 가능

6) 기타 : 재활용 가능

3. 강재의 기계적 성질

95회 1-2 강재의 기계적 성질에 미치는 요인, 파괴 형태 및 그 특징에 대하여 설명

외력의 작용을 받아 강재의 변형(Deformation), 파괴 형태(Failure Type) 및 내하력(Load Carrying Capacity)에 대한 성질을 재료의 기계적 성질이라 한다.

1) 기계적 성질에 영향을 미치는 요인

① 작용하중의 종류 : 인장, 압축, 휨 또는 전단의 단독 또는 조합
② 작용하중의 형식 : 정적, 동적, 반복, 충격 또는 지속하중
③ 작용온도 : 저온, 상온 또는 고온
④ 주변환경 : 공기중, 수중, 다습한 환경, 산성 또는 알카리성 환경
⑤ 지지조건

2) 강재의 파괴 형태의 구분

① 연성파괴(Ductile Failure) : 상온하의 정적인 외적 하중재하 시
② 피로파괴(Fatigue Failure) : 외력의 반복재하 시
③ 취성파괴(Brittle Failure) : 저온하의 충격하중 재하 시
④ 크리프 및 릴랙세이션 : 고온하의 지속하중 재하 시
⑤ 지연파괴(Delayed Failure) : 수중, 다습한 환경, 산성 환경하의 지속하중 재하 시 수소취화
⑥ 응력부식(Stress Corrosion) : 알카리 환경하의 지속하중 재하 시

4. 강재의 화학적 성질

강재의 주요 구성인자에 따른 강도, 연성, 인성, 부식, 충격저항성능 등에 관한 성질로 화학적 성질이나 첨가량에 따라 강재를 탄소강, 합금강, 열처리강, TMCP, HSB 등으로 구분할 수 있다.

1) 강재를 구성하는 주요 성분

종류	함유량	특성
철(Fe)	98% 이상	강재의 거의 대부분을 차지하는 구성요소
탄소(C)	0.04~2.0%	탄소량이 커지면 강도가 증가, 취성증가, 인장강도 및 항복점, 경도가 증가하나 연성, 인성(fracture toughness)은 감소한다.
망간(Mn)	0.5~1.7%	담금질(quenching)이 잘되고 강도와 인성을 높인다.
크롬(Cr)	0.1~0.9%	부식방지, 스테인레스강의 주요성분
실리콘(Si)	0.4% 이하	항복점이 높아지며 주요 탈산제
구리(Cu)	0.2% 이하	강재의 주요한 부식 방지제
인(P)	0.05% 이하	취성은 증대하나 충격치를 저하시킴
황(S)	0.05% 이하	취성은 증대하나 충격치를 저하시킴

2) 화학적 성질에 따른 구조용 강재별 특징

① 탄소강(Carbon steels) : 가격이 싸고 성질이 우수하여 가장 많이 쓰이는 강재로 탄소량이 증가하면 강도는 증가하나 인성이 감소한다.

※ 저탄소강 (0.15%미만), 연탄소강(0.15~0.29%, 구조용 강재 SS400급), 중탄소강(0.30~0.59%), 고탄소강(0.6~1.7%)

② 합금강(High-strength low alloy steels) : 탄소강의 단점보완을 위해 합금원소(Cb, Mo, V등) 첨가하여 고강도이면서 인성감소를 억제한다.

③ 열처리강(High-strength quenched and tempered alloy steels) : 담금질(quenching)과 뜨임(tempering)의 열처리 고강도강으로 강성증진, 안정된 조직에 근접되어 잔류응력 감소

※ 담금질(quenching) : 가열한 후 급냉하여 강의 조직변화를 꾀하는 강도와 경도 향상 작업
뜨임(tempering) : 안정된 조직으로 근접시키는 동시에 잔류응력 감소목적으로 적당한 온도를 가열 냉각시켜 강재의 인성을 증가시키는 작업

④ TMCP(Thermo mechanical control process steels) : 구조물의 고층화, 대형화에 따라 용접성, 내진성이 우수한 극후판 고강재로 제어열처리강이라고 하며 소성가공과 열처리를 결합하여 적은 탄소량 함유로 용접성이 우수하다. 주로 후판적용 시에도 안정된 조직으로 인해서 항복강도저하할 필요가 없어 40mm이상의 후판의 대용으로 적용된다.

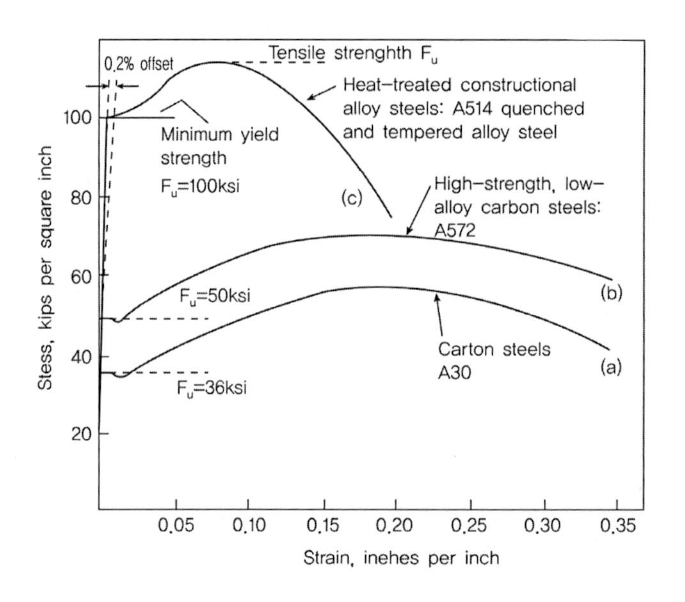

3) 탄소강의 제조방법에 따른 분류

① 킬드강(Killed steel) : 탈산제로 기포가 생기는 것을 방지하여 화학성분과 재질의 균질성이 우수하나 고가인 강

② 세미킬드강(Semi-killed steel) : 림드강과 킬드강의 중간에 속하는 킬드강에 가까운 림드강

③ 캡드강(Capped steel) : 탈산제 주입방법과 시기를 조절하여 만들어진 강으로 림드강과 킬드강의 중간에 속하는 킬드강에 가까운 림드강

④ 림드강(Rimmed steel) : 불완전 탈산된 강으로 50~70mm 정도 테(Rim층)가 생기는 강으로 내부에 기포가 많이 생기고 겉도 불균일한 강

5. 강재의 내화성

강재는 압축, 인장, 전단에 대하여는 뛰어난 강도를 유지하지만 고열을 받으면 강도가 저하되어 내화성에 취약하다. 탄소강의 경우 강도는 200~300°C에서 상온의 강도보다는 증가하나 500°C에서는 연화하여 상온의 강도에 50% 정도가 되고 600°C에서는 30%, 1000°C에서는 강도를 모두 잃으며 1400~1500°C에서는 용융된다. 탄소강을 구조재로 사용할 경우 내화피복을 하는 것이 효과적이다.

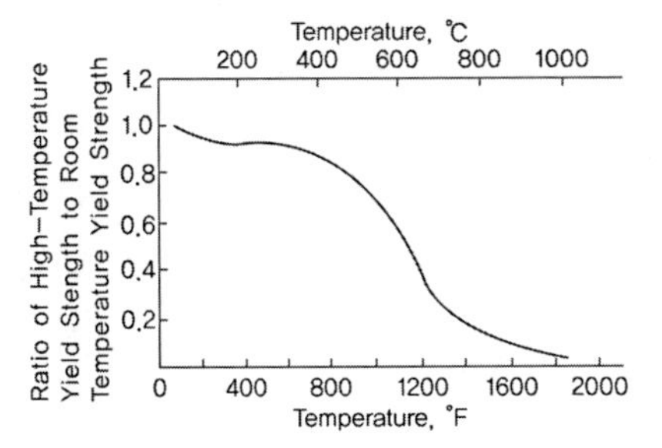

(a) Average Effect of Temperature on Yield Strength

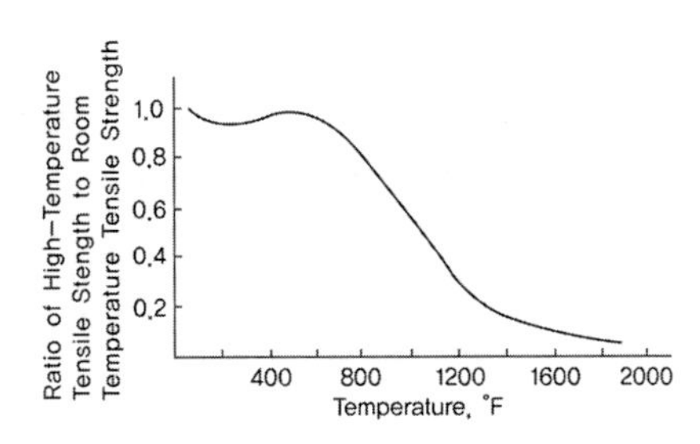

(b) Average Effect of Temperature on Tensile Strength

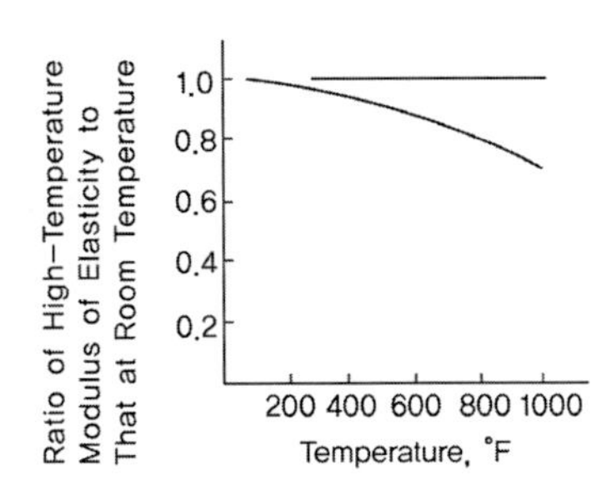

(c) Typical Effect of Temperature on Modulus of Elasticity

6. 강재의 내구성 (교량편 강교의 피로/부식/파괴 참조)

97회 4-2 강재의 내구성 향상을 위해 설계 시 고려사항

강재는 습한상태나 수중에서 물의 분해에 의해서 전해작용을 일으켜 표면에 빨간색 녹이 생긴다. 습기 또는 수중에 탄산가스가 존재하면 이 부식작용이 더욱 촉진된다. 따라서 강재의 부식 방지를 위해서 도료나 기타, 다른 재료로 표면에 피막을 만들던지 모르타르나 콘크리트로 피복을 하여야 한다.

강구조물의 내구성을 향상시키기 위해서 설계 시 고려할 사항으로는 구조상의 유의사항과 강 자체의 방청기법의 선택으로 나누어 생각할 수 있다.

1) 구조상 유의사항

① 강형교에서 병렬하는 주형간의 강성차가 클 경우 노면의 상판에 윤하중 재하 시의 변형차에 의해서 손상이 발생할 수 있으며 분배거더 또는 대경구와 주형과의 연결부의 피로에 의한 균열이 발생하는 경우도 있다. 따라서 반복 재하되는 윤하중에 대해 주형 전체가 균등하게 저항할 수 있도록 병렬하는 주형간의 강성차를 적정하도록 유지하는 설계상의 배려가 필요하다.

② 교량에서의 취약점은 신축이음 장치로 통행 차량에 의한 소음 진동이나 누수로 인한 국부적인 부식이 문제가 된다. 이러한 신축이음 장치의 보수에는 많은 비용이 소요되며 보수기간 중의 통행차량의 정체 등 많은 문제점이 있다. 따라서 주위 환경이나 구조물의 중요도에 따른 적절한 신축이음 장치의 선택은 매우 중요한 사항이다.

③ 강상형 및 강재 교각의 내부로의 우수의 침입이나 결로 현상에 의한 부식은 강구조물의 내구성에 심각한 영향을 미칠 수 있으므로 적절한 배수 시설의 설치가 필요하다.

④ 근래 구조물 안전진단 결과 용접부의 결함에 의한 응력 집중 및 피로 파괴 등이 많이 발견되고 있다. 이러한 용접부의 품질관리나 시공 후의 비파괴 검사 등은 매우 어렵다는 문제점이 있다. 따라서 용접위치의 선정에 주의를 기울여야 하며 용접 이음부의 개소를 줄이는 등의 배려가 필요하다.

2) 강재 자체의 방청기법 적용

강구조물의 내구성을 향상시키기 위해서는 주변 환경과 기후조건 등을 고려한 적절한 방청기법의 선택이 중요하다.

① 강재표면 도장 처리 : 강구조물에서 사용되는 가장 일반적인 방법으로서 통상 방청 효과의 지속기간이 10년 이하이므로 반복적인 도장작업이 필요하다. 근래 재료적인 면에서의 비약적인 발달에 의해 장기간의 도장막이 보존되는 영구도장 등이 개발되어 있으나 이의 채용을 위해서는 충분한 조사, 연구가 필요하다.

② 강재표면의 도금 처리 : 도금재료로는 통상 아연도금이 사용되고 있으며 도장막에 비하여 방청

력이 우수한 장점이 있으나 도금조의 크기가 한정되어 있으므로 20m 이상의 교량은 분할 시공을 해야 하며 분할 시공 시 접합부의 처리방법에 문제가 있다. 또한 그 색조가 한정되어 있으므로 일반적으로는 사용되지 않는다.

③ 내후성 강재 사용 : 내후성 강재는 강재의 표면에 미리 녹을 발생시켜서 외부와 강재 표면을 차단시켜 부식을 방지하고 강재로서 도장이나 도금의 필요는 없으나, 습윤상태로 되는 경우가 많은 장소 또는 염분입자의 비산범위 내에 있는 장소에서는 사용할 수 없다는 사용 환경상의 제약이 있다.

7. 강재의 부식 (교량편 강교의 피로/부식/파괴 참조)

강재는 산화화합물을 환원제련하여 제조하기 때문에 자연계속에서는 불안정한 상태로 존재하므로 산소 및 물과 결합하여 안정한 상태인 발청의 상태로 돌아가고자 하는 현상이 부식이다. 일반적으로 부식은 금속이 저해있는 환경물질에 의해 화학적 또는 전기화학적으로 침식되는 현상을 말한다. 대기중의 부식인자로는 습기, 온도, 강우량, 일조량, 오염물질(염해입자, 아황산가스)의 영향도에 따라 부식속도가 결정된다. 부식은 부식환경에 따라 습식(wet corrosion)과 건식(dry orrosion)으로 대별되며 전면부식(general corrosion)과 국부부식(local corrosion)으로 다시 구분된다. 전면부식은 그 부식속도로부터 수명예측이 가능하고 그에 대한 대책수립이 용이하나 국부부식은 예측이 불가하다.

107회 1-1

강재의 부식피로

강재의 부식피로(fatigue corrosion)에 대하여 설명하시오

풀 이

➤ 개요

부식피로(fatigue corrosion)는 부식에 의한 침식과 주기적 응력, 즉 빠르게 반복되는 인장 및 압축응력과의 상호작용에 의해 생긴다. 주기적 응력의 어느 임계값, 즉 피로한계이상에서만 생기는 순수한 기계적 피로와는 대조적으로 부식피로는 매우 작은 응력에서도 생긴다.

➤ 강교에서 부식 취약부

1) 볼트 및 용접 이음부

① 볼트부 : 도막두께 불균일, 빗물침투, 도막불량, 도막 노후화
② 용접부 : 도막두께 불균일, 잔류응력, 용접부 결함, 수소기포

2) 거더단부 : 신축이음부 빗물침투, 물고임

3) 박스거더 내부 : 볼트이음부 및 거더단부 다이아프램 개구부 우수침투

4) 받침부 : 신축이음장치 배수기능 불량으로 우수침투, 물고임

➤ 강재 부식으로 인한 피로 안전성 평가 방법

강교의 부식년수에 대한 단면감소와 경계조건 변화(수직이동, 수평이동)에 의한 손상가정을 하고 설계하중에 대한 최대응력과 최소응력을 산출하여 피로응력범주를 결정하고 이를 도로교 설계기준의 허용피로응력범위와 비교하여 피로안전성을 평가한다.

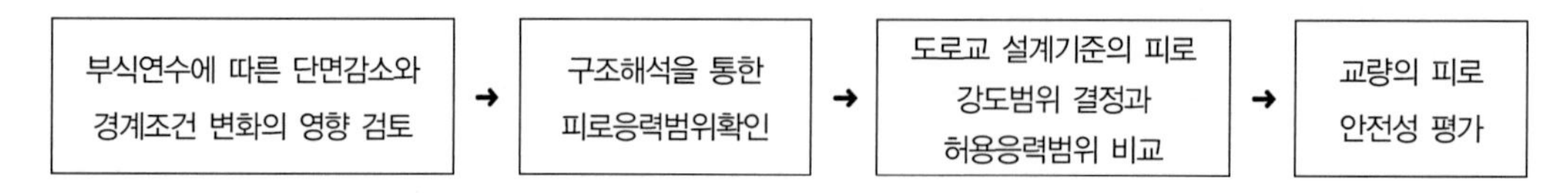

➤ 부식년수에 따른 구조물의 파괴양상

강구조물은 사용년수가 길어질수록 부식의 발생 및 진행으로 단면감소가 이루어지고 이에 따른 단면의 내하력이 감소된다. 제작 특성상 점진적으로 세장재의 국부좌굴이 발생되고 이로 인한 부

재 단면에서의 응력집중과 2차 응력으로 주단면 또는 연결부에 피로균열이 발생되어 궁극적으로 전체 구조물이 파괴된다.

➤ 강재 부식의 특징

1) 부식환경의 지역성 : 강재는 물 및 산소의 존재하에서 부식하여 녹으로 전환되는데 염분, 산성물질 등 부식성 물질과 접촉되면 부식반응은 더욱 촉진된다.

환경에 따른 부식 진행정도 : 해안환경(100) 〉 도시환경(20~30) 〉 산간지방(10~20)

2) 강재 부식의 특징 : 강재는 산소 및 수분의 존재하에서 부식이 진행되므로 비를 직접 맞는 부분에 비해 직접 맞지 않는 하부부분 및 내부부분은 발청이 상대적으로 적다. 특히 구조상 물이 고일 수 있는 부분이나 결로가 발생하는 부분은 발청이 크며 표면처리가 어려운 부분은 특히 녹발생에 취약하므로 이 부분에 대한 표면처리에 유의해야 한다. 도막의 방청성능은 도료의 종류와 도막의 두께나 시공의 품질에 따라 크게 달라진다. 이러한 특성을 고려하여 도장사양, 도막두께 등을 결정하여야 한다.

3) 강재 부식의 Mechanism

부식은 크게 건식(dry corrosion)과 습식(wet corrosion)이 있으며 건식은 금속표면에 액체인 물의 작용 없이 일어나는 부식이며 일반적으로 고온산화, 고온가스에 의한 부식 등이 이에 속하고 습식은 액체인 물 또는 전해질 용액에 접하여 발생되는 부식으로 우리주변에서 경험하는 부식의 대부분은 습식이다.

4) 부식현상의 대책

철이 부식하게 되면 그 철재의 강도에 변화를 초래하며, 예를 들어 철재두께의 1%가 녹으로 변할 경우 강도는 5~10% 줄어들며, 또 양면에서 5%의 녹이 발생될 경우에는 사용할 수 없게 된다.

부식형태	환경의 분류	방식방법
건식(dry corrosion)	고온가스(200°C 이상)부식	내열도료 강재선택(내열합금)
습식(wet corrosion)	수중(담수, 해수)부식	방식도료 전기방식 라이닝 강재 선택
	화학약품(산, 알칼리, 염)부식	내약품성 도료 라이닝 강재의 선택
	지중(地中)에의 부식	방식도료(역청질계)라이닝, 전기방식

① 도막의 방청효과

도막의 방청효과는 발청의 원인(부식반응)을 억제시키거나 역행시킴으로서 얻어진다.

- 부식의 원인이 되는 물과 산소의 침투를 차단
- 철표면이 알카리성이 되게하여 부동태화
- 철보다 이온화 경향이 큰 안료(아연말)을 사용하여 금속지연이 전지의 Anode가 되어 철이 이온화하는 것을 방지

• 도막이 전기 저항체가 되어 Anode와 Cathode 간의 부식전류를 저지

➤ 강재의 방청기법

1) 강재표면 도장 처리 : 강구조물에서 사용되는 가장 일반적인 방법으로서 통상 방청 효과의 지속기간이 10년 이하이므로 반복적인 도장작업이 필요하다. 근래 재료적인 면에서의 비약적인 발달에 의해 장기간의 도장막이 보존되는 영구도장 등이 개발되어 있으나 이의 채용을 위해서는 충분한 조사, 연구가 필요하다.

2) 강재표면의 도금 처리 : 도금재료로는 통상 아연도금이 사용되고 있으며 도장막에 비하여 방청력이 우수한 장점이 있으나 도금조의 크기가 한정되어 있으므로 20m 이상의 교량은 분할 시공을 해야 하며 분할 시공시 접합부의 처리방법에 문제가 있다. 또한 그 색조가 한정되어 있으므로 일반적으로는 사용되지 않는다.

3) 내후성 강재 사용 : 내후성 강재는 강재의 표면에 미리 녹을 발생시켜서 외부와 강재 표면을 차단시켜 부식을 방지하고 강재로서 도장이나 도금의 필요는 없으나, 습윤상태로 되는 경우가 많은 장소 또는 염분입자의 비산범위 내에 있는 장소에서는 사용할 수 없다는 사용 환경상의 제약이 있다.

8. 강재의 파괴 형태

1) 연성파괴(Ductile Failure) : 상온하의 정적인 외적 하중재하 시

강구조물에서 나타나는 대표적인 파괴 형태로 강재가 탄성체에서 소성상태를 거쳐 파단에 이르는 과정을 연성파괴라고 한다. 저강도 강재일수록 신장능력이 커서(항복비가 작아서) 강재파단 시 신장에 의한 에너지 흡수성능이 크다.

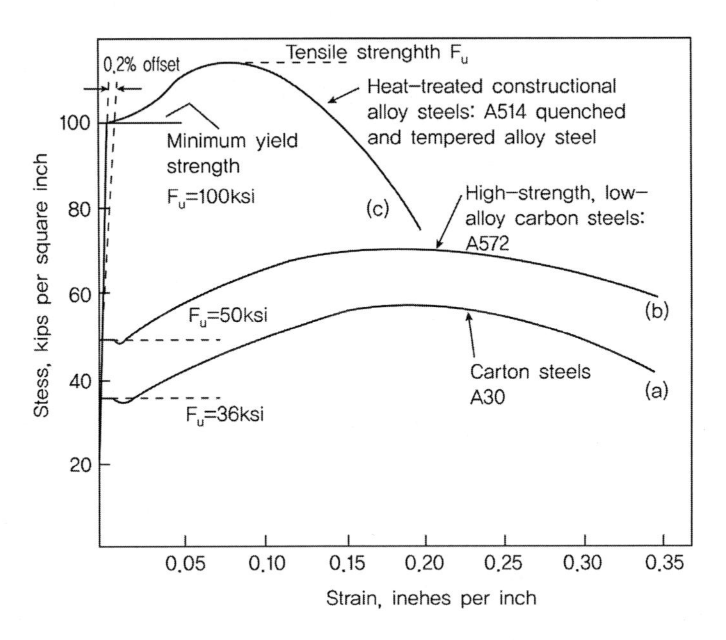

고강도강재와 저강도강재의 응력-변형률 곡선

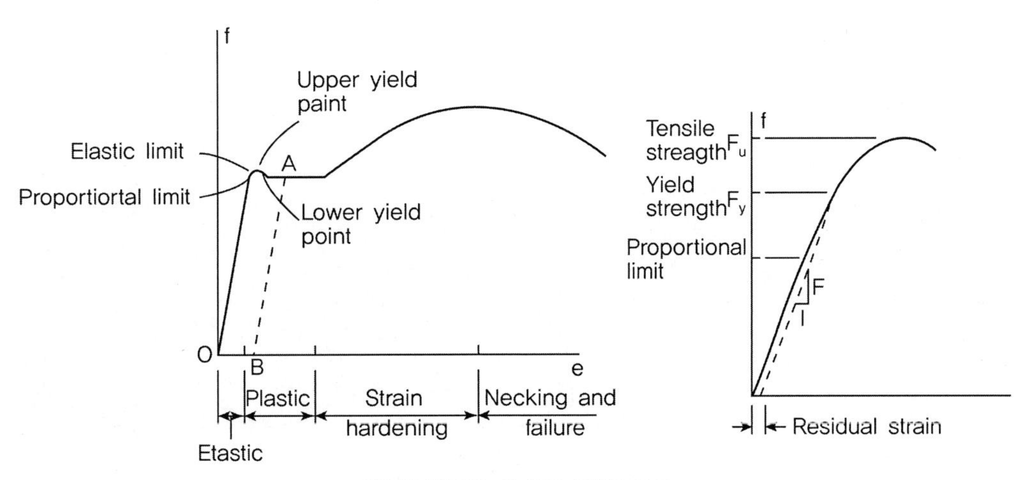

강재와 알루미늄의 응력-변형률 곡선

TIP | 0.2% offset Method | 103회 1-4

알루미늄과 같이 명확한 항복점이 없고 비례한도를 지나 곧바로 변형이 일어나는 재료의 경우 항복점 정의. 최초 선형부분에 평행한 직선을 그어 0.2%만큼 표준변형률 값을 offset시켜서 실제 응력-변형률선도와 만나는 점을 항복점으로 규정

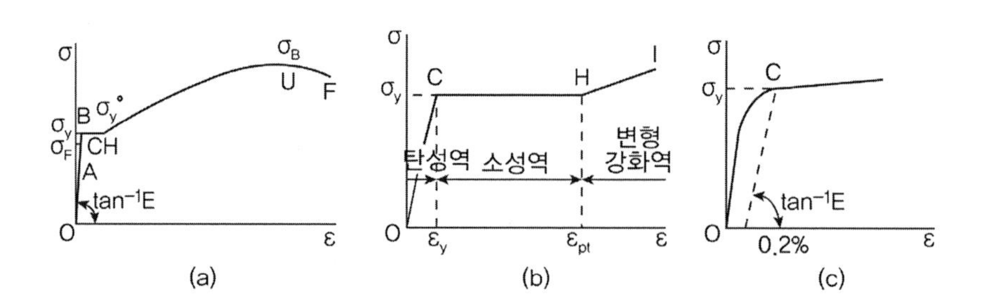

2) 취성파괴(Brittle Failure) : 저온하의 충격하중 재하 시

89회 1-11 구조용 강재의 취성파괴 요인

94회 1-7 강재의 취성파괴 방지를 위한 설계/제작과정에서 고려해야 할 유의사항

강구조물의 부재에서 노치(Notch), 리벳 구멍, 용접 결함 등의 응력집중부에서 발생하기 쉬우며, 저온에서 냉각 또는 충격적인 하중이 작용하는 경우 그 강재의 인장강도 또는 항복강도 이내에서 소성변형 없이 갑작스럽게 파괴되는 현상을 말한다.

TIP | 파단(Fracture) |

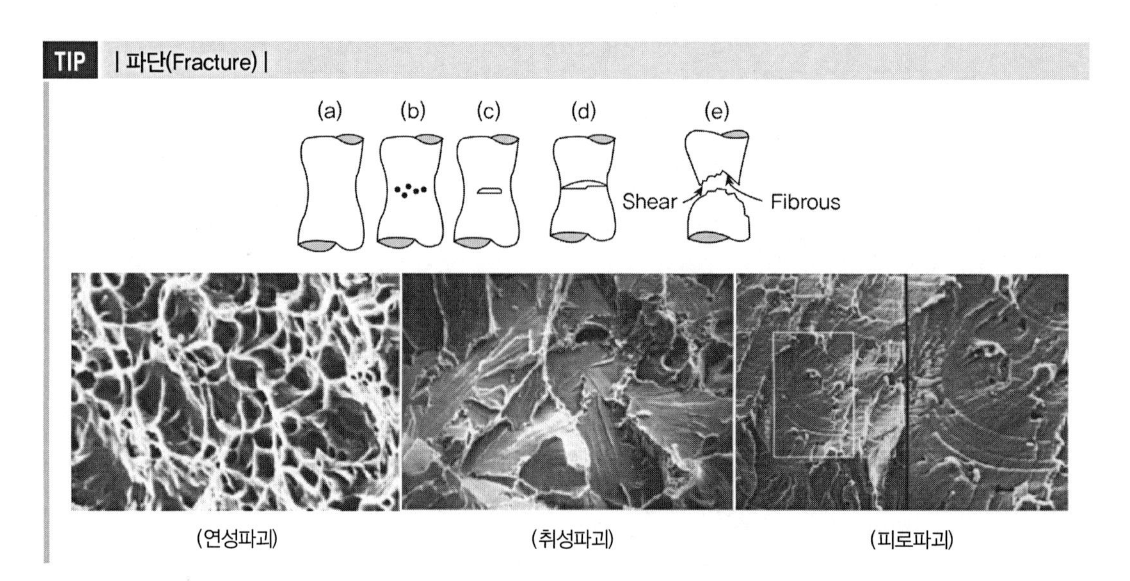

(연성파괴) (취성파괴) (피로파괴)

① 강재의 취성파괴 특징

구 분	취성파괴	연성파괴
비 교	- 소성변형 발생 전 급작스런 파괴발생 - 결정구조 경계면에서 파괴 - 파괴면이 결정모양 - 비교적 저온에서 발생 - 비교적 낮은 응력에서 파괴(항복점이전) - 강재의 절취부나 용접결함부에서 유발	- 소성변형 발생 후 연성거동 파괴 - 결정구조 면 내에서 파괴 - 파괴면이 섬유모양 - 비교적 상온에서 발생 - 비교적 높은 응력에서 파괴(극한점) - 일반적인 강재의 파괴 형태

② 취성파괴 피해특징

(1) 파괴의 진행속도가 빠르다.

(2) 비교적 저온에서 발생한다.

(3) 강재의 절취부나 용접결함부에서 유발되기 쉽다.

(4) 낮은 평균응력에서 파괴된다.

③ 취성파괴 발생원인

구 분	상세원인
재료의 인성부족	- 재료의 화학성분 불량으로 금속조직 결함 - 과도한 잔류응력 - 설계응력이상의 인장응력이 발생 - 취성파괴에 저항이 낮은 강재 사용 - 온도저하로 인한 인성 감소 - 경도가 너무 큰 고강도 강재 사용
강재결함에 의한 응력집중	- 용접열 영향으로 재료의 이상 경화 - 용접결함으로 응력집중 - 응력부식 진행 - 강재단면의 급격한 변화 - 볼트 및 리벳구멍, Notch와 같은 응력집중부
반복하중에 의한 피로	

④ 강재의 취성방지 대책

(1) 부재설계 시 응력집중(확대)계수 최소화(도로교설계기준 교량용 강재의 인성 요구조건)

(2) 고강도 강재 선택 시 충격흡수 에너지 점검

(3) 동절기 강재 용접 시 예열 등의 열처리 실시

(4) 구조물 설치 시 과도한 외력작용 방지

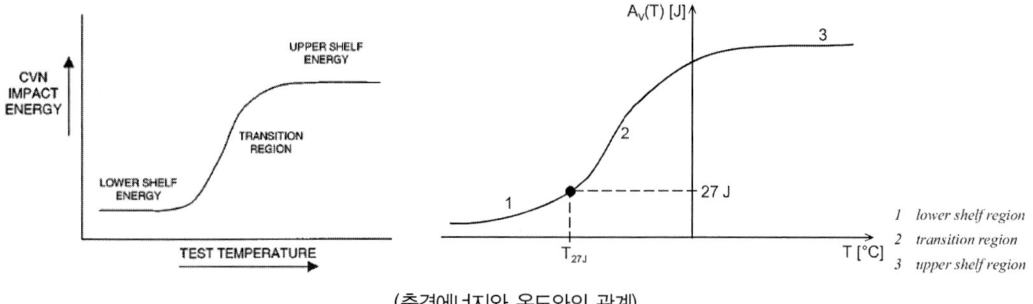

(충격에너지와 온도와의 관계)

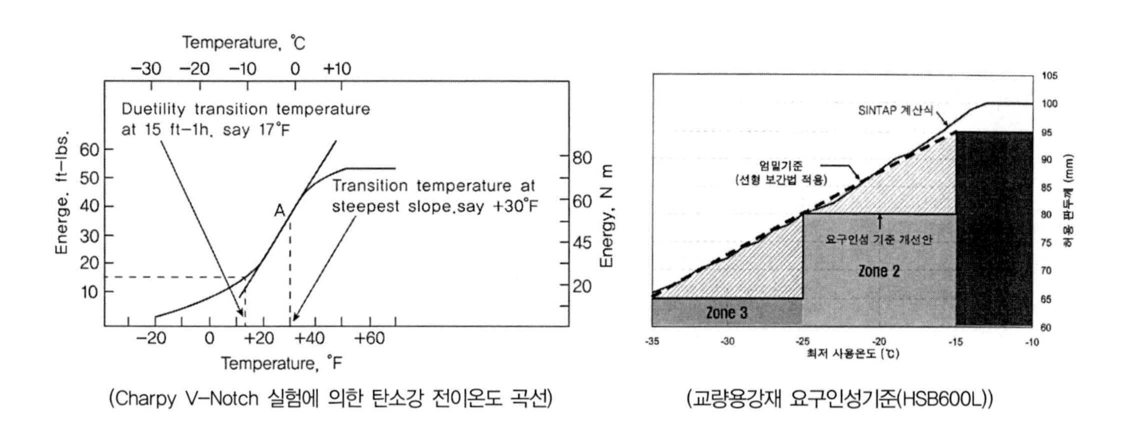

(Charpy V−Notch 실험에 의한 탄소강 전이온도 곡선)

(교량용강재 요구인성기준(HSB600L))

TIP | Notch Effect |

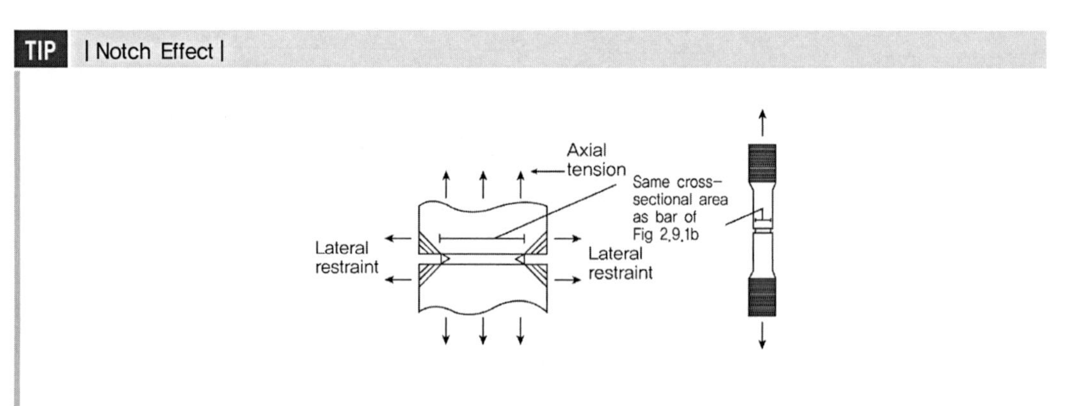

① The necking is resisted by the diagonal pall

② Brittle failure at higher stress than that of same section w/o notch

TIP | 구조물의 인성요구조건 | 도·설 3.3.4.3

3.3.4.3 인성요구조건
(1) 국내의 지역별 온도구역에 따라 인장 또는 교번응력을 받는 주부재의 사용 강재는 샤르피 흡수 에너지로 나타내는 저온인성 규격을 만족해야 한다.
(2) 인장 또는 교번응력을 받는 주부재의 최대 허용 판 두께는 교량이 건설되는 지역의 온도구역에 따라 규정된 값으로 한다.
(3) 인장 또는 교번응력을 받는 주부재는 도면과 공사시방서 등에 명시하여야 한다.

대상부재의 응력확대계수($K_{I.apply}$) ≥ 사용강재의 파괴인성(K_{mat})

- 응력확대계수($K_{I.apply}$) : 사용강재의 판 두께, 항복강도, 균열의 기하학적 형상(형상, 위치, 길이, 깊이), 작용응력의 크기에 영향을 받으며 판 두께가 두꺼울수록 항복강도가 높을수록, 균열이 깊을수록, 작용응력이 클수록 응력확대계수 증가
- 사용강재의 파괴인성(K_{mat}) : 강재의 인성규격(시험온도와 샤르피 흡수에너지)과 교량이 건설되는 지역의 최소 공용온도가 영향인자로 저온인성이 좋을수록, 최소 공용온도가 높을수록 파괴인상이 증가
- 사용강재가 후판이거나 고강도강일수록, 최소공용온도가 높을수록 강재의 인성규격이 엄격해져야 하며, 낮은 시험온도에서도 일정 수준 이상의 샤르피 흡수에너지를 보일 수 있는 저온인성 확보가 필요함

〈2015 도로교설계기준(한계상태설계법)〉

국내 강재의 인성기준이 사용환경에 대한 고려가 없던 것을 전국을 최저 공용온도에 따라 3개 지역으로 구분하고 강도등급 및 인성규격에 따라 강종별로 교량이 건설되는 지역의 최저 공용온도에 따라 최대 허용 판두께를 제시하였다.
이전 기준에서는 강종선정시 강도에 따른 소요 판두께를 결정하여 판두께 40㎜이하에서는 B재를 40~100㎜이하에서는 C재를 적용하였으며, KS규격에서는 A는 인정에 대한 보증이 없고, B재는 0℃에서 27J의 샤르피 흡수에너지를 C재는 0℃에서 47J의 샤르피 흡수에너지를 보증하고 있다.

국내 온도구역별 최소 공용온도 $T_{\min}$

Ⅰ 온도구역(남해안 및 동해안일부 지역) : −15℃
Ⅱ 온도구역(내륙과 해안 접경지역) : −25℃
Ⅲ 온도구역(내륙지역) : −35℃

3) 피로파괴(Fatigue Failure) : 외력의 반복재하 시 (교량편 강교의 피로/부식/파괴 참조)

93회 1-6 강재의 피로강도에 영향을 주는 요인에 대해 설명

93회 3-1 강교량의 피로손상원인과 피로균열이 발생하는 대표적인 사례를 설명

91회 3-1 강교량의 피로손상원인과 피로설계방법의 종류와 특징을 설명

89회 4-1 피로설계방법을 개념적으로 분류하여 설명

피로파괴란 강구조 부재에 일정하중이나 반복하중이 지속적인 외력으로 작용하면 부재의 구조적인 응력집중부 또는 용접이음형상이나 용접결함 등의 응력집중부에서 소성변형이 발생하고 이로 인하여 허용응력 이하의 작은 하중에서도 균열이 발생하며 이 균열이 성장하여 최종적으로 설계강도보다 낮은 응력에서 파단되는 현상을 말한다. 응력 집중이 발생하는 지점에서 작은 크기의 반복응력에도 피로에 의한 균열이 발생할 수 있으며 대략적인 경험에 의하면 금속재료의 경우 이러한 균열이 발생하기 위해서는 응력집중이 발생하는 곳에서 이 응력이 항복응력의 50% 이상이 되어야 하지만 사전 균열이나 결함이 있는 경우 작은 크기의 응력에도 균열이 발생하여 성장할 수 있다. 일단 균열이 발생하면 주로 하중이 작용하는 방향과 직교하는 방향으로 균열은 성장하며 이에 따라 유효단면은 감소하고 결국 부재는 취성 또는 연성 파괴에 이른다.

① 피로파괴 모드가 주로 발생하는 이유와 이를 피하기 위한 설계상의 문제

피로 프로세스는 분산 정도가 크므로 예측하기 어렵고 피로시험 결과를 사용하여 현장에서 피로를 측정하기가 어려우며 구조물의 사용기간 동안 작용하는 하중을 정확하게 모델링하기 어렵고 구조물 피로에 민감한 지점은 여러 복합적인 영향으로 인해 복잡한 응력상태로 실제 구조물의 재료 피로는 여러 가지 다양한 프로세스의 매우 복잡한 상호작용과 관련되므로 파괴를 예측하기가 어렵다.

② 피로파괴 피해 사례

(1) 철도교의 피로파괴

가. 열차하중이 반복재하와 규칙적인 응력변동으로 인한 피로파괴

나. 피로를 고려한 허용응력을 결정하는 설계법 필요

(2) 도로교의 피로파괴

가. 활하중이 설계하중으로 크게 작용하는 강상판 피로파괴

나. 장대교량의 풍하중 및 활하중에 의한 사재 정착부의 피로파괴

다. 피로균열로 인한 강도로교 피로 파괴

③ 피로손상의 평가 : 피로손상이 발견된 경우에는 처음에는 발생 원인을 상세하게 검토하고, 동시에 방치한 경우에 예상되는 거동 등을 고려해 적절한 보수방법을 선정하여야 한다.

(1) 발생원인의 종류

가. 실하중이 설계하중보다 크고 그 빈도 또한 높다.

나. 설계계산 이상의 응력이 발생하고 있다.

다. 구조상세가 적절하지 못했다.

라. 용접부에 허용치 이상의 결함이 있다.

등이 있으며, 이와 같이 원인을 규명하는 것이 보수방법의 결정에 중요하다.

(2) 발견된 손상에 대한 평가항목

가. 균열의 발생부위가 파괴되었을 때의 영향

나. 균열의 진전과정(방향 및 속도)

다. 한계균열장 등이 있다. 평가에 있어서는 피로균열의 발생원인을 상세하게 검토함과 동시에 균열을 방치할 경우에 예상되는 거동을 고려하여야 한다.

④ 방지대책

(1) 설계 시 허용반복 하중과 피로수명 결정

(2) 피로허용 응력 범위 결정

(3) S-N Curve를 고려한 허용압축 응력 저감

(4) 각종 세부구조 보강

⑤ 피로손상의 보수 : 피로손상의 평가결과 보수가 필요하다고 판단될 경우에는 발생원인에 대비한 적절한 방법을 선택한다. 보수가 부적절하면 다른 손상의 원인이 될 수도 있다. 피로에 대한 안전성은 해당부위의 피로강도를 높이거나 발생응력을 저하시킴으로서 개선될 수 있다. 피로손상의 보수・보강 방법에는

(1) 피로균열 선단에 스톱홀 설치

(2) 용접보수공법(TIG처리 병용)

(3) 보강부재를 사용하는 용접보수

(4) 접합부재와 강력 볼트를 쓴 기계적 보수

(5) PC강재를 사용한 외부 케이블 프리스트레스 방식의 보수 등이 있다.

⑥ S-N 선도(Wohber 곡선)

시편은 피로 파괴될 때까지 일정한 크기 또는 일정한 범위의 응력 S를 N회 반복하여 받는다. S와 N을 log 도표에 나타낸 것을 S-N 선도라고 하며 이 선도는 재료와 응력 평균 등에 따라 영향을 받는다. 일반적으로 피로시험에서 구한 결과의 중앙값보다는 안전성을 고려하여 작은 값을 사용한다.

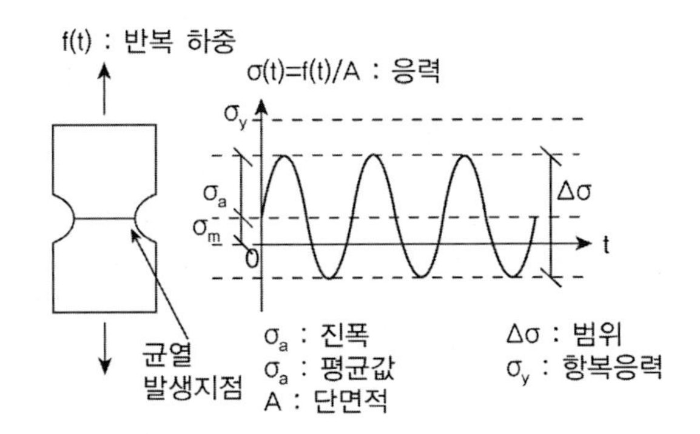

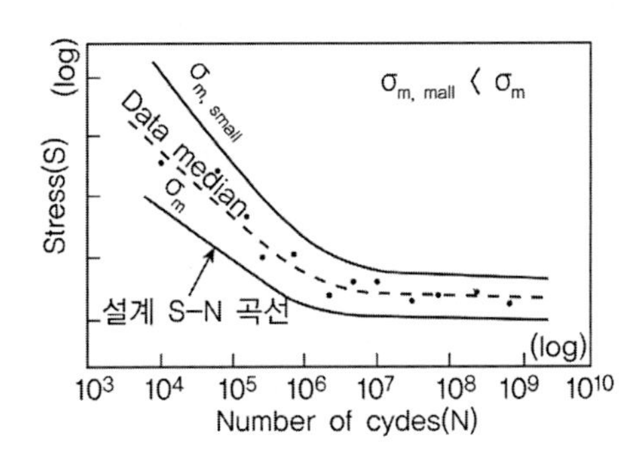

(1) 구조물에 반복하중 작용 시 구조물의 응력 집중부에 소성변형으로 균열이 발생, 진전, 파괴되는 현상을 피로파괴라 하며, 상대적으로 아주 작은 하중에서 파괴된다. 또한, 피로발생에는 응력의 반복, 인장응력, 소성변형이 동시에 존재하는 것이 필요조건이 된다.

(2) S–N 선도란 재료의 피로에 대한 저항능력을 나타내며 작용응력과 파괴 때까지의 하중의 반복횟수의 관계를 직교 좌표면에 표시한 선을 말한다.

(3) S–N 선도의 특성

가. 종축 : 재료에 가해진 최대 응력

나. 횡축 : 파괴 도달하는 하중의 반복횟수(N)

다. S–N를 대수의 눈금으로 표시

라. 또한, 파괴확률까지 포함시켜 피로의 상, 하한을 나타낸 것을 P–S–N 선도(Probability – Stress – Number)라 한다.

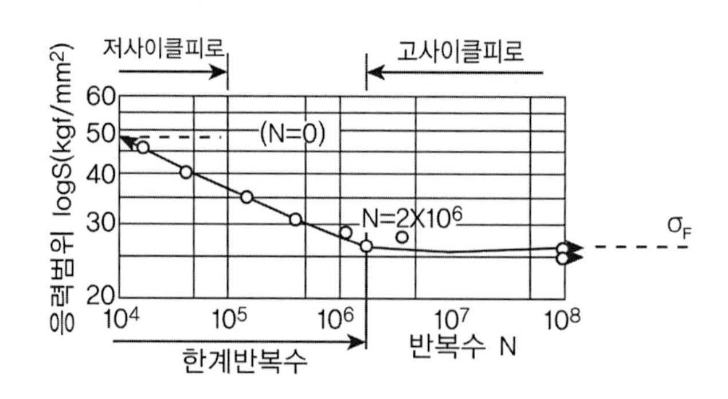

S–N 선도

(4) 피로강도를 나타내기 위해서는 응력 기반 모델, 변형률 기반 모델, 파괴 역학 모델을 주로 사용한다. 응력 기반 모델(Stress based model)은 반복응력을 받는 재료는 탄성영역에 있고 응력집중이 발생하는 지점에서의 응력(S)을 피로강도(N)와 함께 S–N선도로 나타낸다. 통상 N이 10^5을 초과하며 이러한 파괴를 고사이클 파괴(High cycle fatigue)라고 한다. 변형률 기반 모델(Strain based model)은 피로파괴가 일어날 것 같은 지점에서의 응력과 변형률을 추정하고 이 지점에서 국부항복이 발생한다고 가정한다. 이 모델은 국부항복과 재료의 응력–변형률 이력관계도 고려되므로 국부변형률 해석(Local strain analysis)라고도 한다. 랜덤 응력을 부재에 가하였을 때 고려된 지점은 랜덤 이력 프로세스를 거쳐 N회 사이클 후에 균열이 생성된다. 균열이 발생하는데 필요한 사이클 수는 통상 10^5 미만이므로 이러한 파괴를 저 사이클 피로(Low cycle fatigue)라 한다. 파괴역학 모델은 용접결함 등을 포함한 부재에 존재하는 사전균열이나 결함으로 인해 피로균열이 발생한다고 가정한다.

(5) 피로 파괴는 지속적인 반복하중으로 강재의 내하응력이 감소되어 낮은 응력에서도 강재가 소성변형을 일으켜 파괴되는 파괴 형태로 강재의 피로수명 결정, 반복하중 횟수 결정, S–N 선도를 이용한 허용응력 등을 결정하여 강재의 피로파괴에 대한 설계가 필요

TIP | 피로설계방법 |

피로현상을 이론적으로 규명하기는 거의 불가능하기 때문에 피로강도시험결과의 통계적 분석을 통한 피로강도등급을 규정한다.

① 피로응력의 종류

(1) 하중유발 피로응력(Load-Induced Fatigue Stress) : 피로설계에 해당, 설계 시 명확히 계산되는 응력. 응력집중효과는 피로강도등급에서 고려

(2) 뒤틀림 유발 피로응력(Distortion-Induced Fatigue Stress) : 설계 시 고려하지 않음. 2차 응력. 따라서 2차 응력을 유발하는 상세는 피해야 함.

② 피로설계의 개념 : 설계피로응력 ≤ 허용피로응력범위

③ 피로설계 방법의 종류(강구조공학, 제2판, 한국강구조학회 편)

(1) 무한수명설계 : 모든 피로작용이 피로한계 이하가 되도록 설계, 높은 비파괴 확률, 정기 모니터링 없음

(2) 안전수명설계 : 용접이음에 초기결함 없다고 가정, 높은 비파괴 확률, 정기 모니터링 없음

(3) 파손안전설계 : 부정정구조 또는 다재하경로구조가 되도록 설계, 파손의 검사 및 보수에 의한 기능회복가능, 용접구조물은 일정한 비파괴 확률에 의해 설계함

(4) 손상허용설계 : 비파괴 시험의 검출수준에 따라 결함의 허용결함치수를 가정하여 설계하는 방법, 파괴역학적 접근법에 의한 파손까지 수명을 계산, 검사주기 결정, 용접구조물은 일정 비파괴 확률로 설계

④ 주요 설계 인자 : 피로강도등급, 응력반복횟수, 허용피로응력범위, 반복응력범위

⑤ 피로수명의 산정 : S-N 선도, P-S-N 선도 이용, 하중작용범위와 반복횟수, 파괴확률, 구조상세범주를 변수로 고려하여 피로수명산정, 응력집중과 Hot-Spot 응력을 고려하지 않은 '공칭응력'을 사용하여 작용응력범위 결정

4) 크리프 및 릴랙세이션 : 고온하의 지속하중 재하 시 발생

5) 지연파괴(Delayed Failure) : 수중, 다습한 환경, 산성 환경하의 지속하중 재하 시 수소취화

① 재료에 하중을 가하고 그 상태의 하중을 일정하게 유지할 때 외견상으로는 거의 소성변형을 일으키지 않고 어느 시간 후에 갑자기 취성파괴하는 현상으로 철강의 소재, 기기, 구조물 등이 제조 후 불특정한 시간에 대해 돌연 발생하는 파괴현상이다.

② 거시적으로 보아 부재에 정적하중이 작용하고 있을 때 그 크기가 항복점보다 훨씬 낮은 응력이라 할지라도 장시간 부하될 경우에 외견상 소성변형을 동반함이 없이 돌연히 취성적으로 파괴하는 현상을 지연파괴라고 한다. 환경유발파괴(Environment Assisted Cracking)라고도 한다.

③ 발생하는 응력이 취성파괴나 연성파괴를 일으키는 레벨보다 훨씬 작고 또 그 시간변동 성분도 피로균열을 일으키는 것보다 훨씬 작은데 돌연파괴가 발생한다. 지연파괴의 부하응력과 시간 사이의 특성은 피로에서의 S-N선에 가까운 형태로 되기 때문에 정적인 피로파괴라고도 불린다.

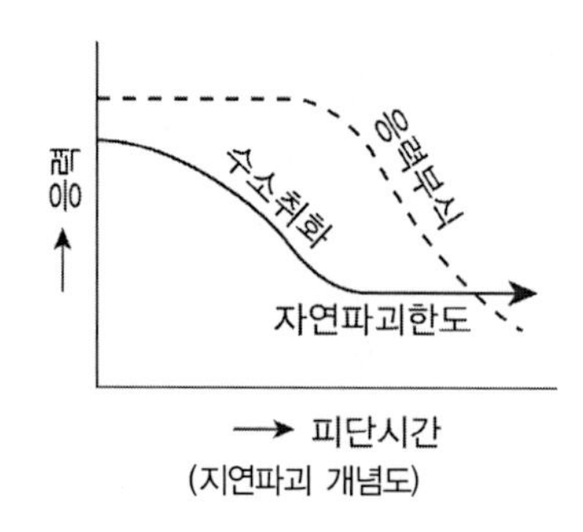

(지연파괴 개념도)

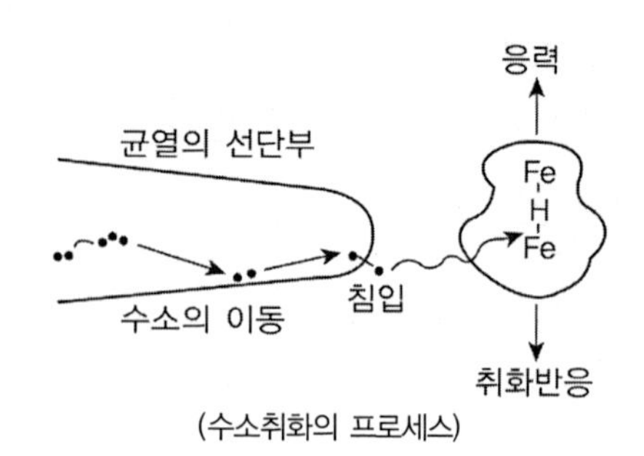

(수소취화의 프로세스)

④ 철강재료에 생기는 지연파괴의 메커니즘으로는 응력부식파괴(Stress Corrosion cracking), 수소취성파괴(Hydrogen Embrittlement cracking)가 지연파괴의 속하며 각각의 프로세스는 독립하거나 또는 철과 물이 공존하는 환경에서는 동시에 진행된다.

⑤ 수소취화의 프로세스 개념 : 수소는 원자반지름이 작기 때문에 철강 속에 쉽게 침입하고 결정격자를 통가한다. 용접이음에서는 피복제 등에서 수분 또는 수소가 들어오며 응력이 작용한 상태에서 수소가스환경에 접촉되고 있어도 수소가 침입하고 취하가 생긴다. 또 철과 수분의 부식반응의 결과로서 수소가 생기고 그것이 다시 철 속에 침입하게 된다.

⑥ 강교량에서의 지연파괴 사례로는 마찰접합용 고장력 볼트 지연파괴(F11T)나 미국 Point Pleasant 낙교사고 발생한 아이바 응력부식에 의한 지연파괴가 대표적이다.

⑦ 지연파괴 대책

(1) 표면 도장처리 철저

(2) 응력집중부와 급격한 단면변화를 최소화

(3) 볼트 노출부가 부식되지 않도록 관리

(4) 용접 상세 선택 시 주의

(5) 강교에 사용하는 고장력 볼트는 F10T 이하를 사용한다.

6) 응력부식(Stress Corrosion) : 알카리 환경하의 지속하중 재하 시

응력부식은 인장응력(반드시 인장응력 이어야 한다)이 부식성 환경과 만날 때 금속내부에 미세균열이 발생하여 진전, 설계강도보다 낮은 응력에서 파괴를 유발시키는 지연파괴의 일종으로 볼 수 있다.

TIP | 강재의 파괴 비교 |

1. 지연파괴 : 금속에 정적으로 하중을 가하여 고온에 장시간 유지시키면 응력과 온도에 항복하기 전에 파괴되는 현상. 또, 소량의 수소를 함유한 강에 정하중을 가해놓으면 일정한 시간이 경과한 후에 취성파괴를 일으킨다. 이러한 파괴현상을 지연파괴라 한다.
2. 취성파괴 : 연성의 강이 수소에 노출되면 급격히 연성을 잃고 취성화되는 수소취화 현상에 의해서도 강은 극한하중 이하의 하중에 급격히 파괴된다. 이것은 일종의 정적인 피로현상(반복하중에 의한 피로에 비교되는 개념)으로 볼 수 있으며 지연파괴의 일종으로 볼 수 있다.
3. 응력부식 : 응력부식은 인장응력(반드시 인장응력 이어야 한다)이 부식성 환경과 만날 때 금속내부에 미세균열이 발생하여 진전, 설계강도보다 낮은 응력에서 파괴를 유발시키는 지연파괴의 일종으로 볼 수 있다.
4. 피로파괴 : 앞서 정적인 피로현상인 수소취화된 금속의 취성파괴를 들었다면, 전통적 의미의 피로파괴는 반복하중에 의해 발생한다. 피로파괴란 강구조 부재에 외력이 작용하면 부재의 구조적인 응력집중부 또는 용접이음형상이나 용접결함 등의 응력집중부에서 균열이 발생하고 이 균열이 성장하여 최종적으로 설계강도보다 낮은 응력에서 파단되는 현상을 말한다.

9. 강재의 파괴 기준 (Von Mises의 파괴기준)

82회 4-5 Von Mises의 파괴기준에 대해 설명

물체는 외부로부터 힘이나 모멘트를 받게 되면 어느 정도까지는 견디지만 얼마 이상의 크기가 되면 외력을 지탱하지 못하고 파괴된다. 이러한 파괴를 예측하는 기준이 되는 조건을 항복조건(Yield Criterion)이라고 부른다. 이러한 항복조건의 대표적이 기준으로 von Mises 항복조건과 Tresca 항복조건이 있으며, von Mises응력이란 von Mises 항복조건에 사용되는 응력으로 하중을 받고 있는 물체의 각 지점에서의 비틀림 에너지(Maximum Distortion Energy)를 나타내는 값이다. 물체는 수학적으로 세 개의 주응력 또는 6개의 독립된 응력들로 정의될 수 있으며 이러한 독립된 응력만을 가지고는 외부하중에 의해 파괴여부를 판단하지 못하기 때문에 응력 성분들의 조합으로 각 성분들이 파괴여부를 확인하기 위한 방법으로 파괴기준이 정립되었다. von Mises응력은 물체의 각 지점에서 응력성분들에 대한 비틀림 에너지를 표현한 것으로 연성재료인 강재에서 파괴를 예측하는 기준으로 많이 사용된다. 다만, Von Mises는 주응력간의 차이에 대한 RMS(Root Mean Square)값이고 Principal Stress는 Mohr Cirle 상의 주응력 값이므로 주응력과 Von Mises의 결과는 다르다. Von Mises는 RMS(Root Mean Square)값이므로 항상 0보다 크며, 압축과 인장에 상관없이 어느 부분의 응력이 많이 작용하는지를 알 수 있고, 주응력은 응력의 크기와 함께 인장과 압축을 알 수 있다. 통상 응력의 크기와 인장과 압축의 부호에 관심이 있을 경우에는 주응력을 기준으로 하고 재료의 파괴에 관심이 있을 경우에는 Von Mises 응력을 사용한다. Von Mises 응력은 구조물 내의 임의지점에서의 응력으로부터 계산되는 값으로 '유효응" 이라고도 하

며, 구조물의 항복여부를 판정할 때 사용된다.

일반적으로 알고 있는 물성 값은 항복강도(σ_y)다. 이 값은 특정 소재에서 인장시편을 채취하여 단축 인장실험을 통해서 획득되기 때문에 1차원적 응력을 받는 시편으로부터 구해진다. 하지만 실제로 구조물은 3차원 응력으로 X축, Y축, Z축의 응력이 모두 존재하며. 따라서 이 값을 단축인장실험을 통한 항복강도와 비교하기 위해서는 대표 값인 등가응력(EFFECTIVE STRESS)이라는 것이 필요하다. 이러한 등가응력의 개념이 Von Mises 응력이다.

연성재료의 파괴기준은 크게 3가지로 정리된다.

① 최대 수직응력 이론(Maximum Normal stress)

② 최대 전단응력 이론(Tresca의 파괴기준)

③ 최대 비틀림 에너지 이론(Von mises의 재료파괴기준)

1) 파괴의 종류

일반적으로 재료파괴에 대한 기본적인 개념은 2가지로 정리된다.

- 취성파괴(Brittle Failure or Fracture) : 분필이나 콘크리트와 같은 물질처럼 작은 소성변형이 발생한 후에 2개로 분리되는 취성파괴
- 연성파괴나 항복(Ductile Failure or Yielding) : 알루미늄이나 철, 구리와 같이 탄성범위를 지나서 영구 소성변형이 나타날 때 연성파괴

2) 연성파괴 이론

① Maximum Normal stress

최대 수직응력 파괴이론은 취성재료 내의 임의의 방향의 최대 수직응력이 재료의 강도에 도달하여 재료의 파괴가 발생하며 이에 따라 위험단면에서의 주응력을 찾는 문제가 중요하다. 수학적으로 파괴가 발생하는 때는

$\sigma_1 > f_u$ 또는 $\sigma_2 > f_u$ (인장) $|\sigma_1| > |f_c|$ 또는 $|\sigma_2| > |f_c|$ (압축)

여기서, $f_u(f_c)$; 인장(압축)의 극한강도 (취성재료는 통상 $f_c > f_u$)

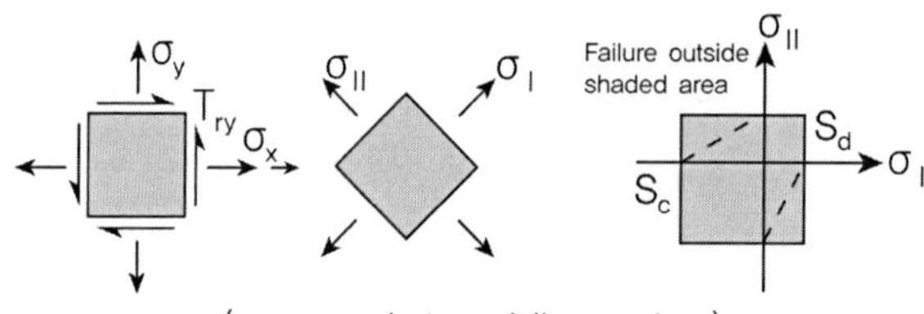

(max normal stress failure surface)

② Tresca의 파괴기준(Maximum Shear stress criterion)

Maximum Shear stress reaches to the yield shear stress in uniaxial stress

Tresca의 항복조건은 연성재료를 기준으로 최대 전단응력이 전단강도(τ_y)를 초과할 때 재료가 항복하며, 이는 주어진 평면에서 최대 면내전단응력이 평균 면내 주응력을 뜻한다.

이는 연성재료의 항복이 경사면에 따른 재료의 전단에 의해 발생하므로 전단응력에 기인한다는 관점에 기초를 둔 파괴기준이다.

$$\tau_{max} = \frac{\sigma_{max} - \sigma_{min}}{2}$$

Tresca의 기준이 Von Mises 기준의 안쪽에 위치하여 좀 더 보수적이다.

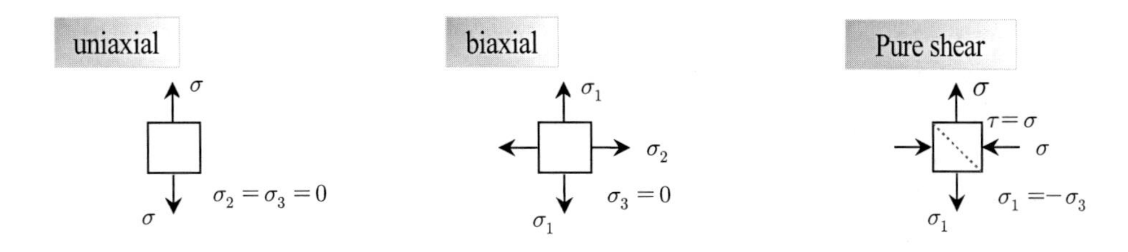

• uniaxial($\sigma_1 = \sigma_y, \quad \sigma_2 = \sigma_3 = 0$) : $\tau_{max} = \dfrac{\sigma}{2}$

$$\tau_y = \frac{\sigma_y}{2} \quad f = \tau_{max} = \tau_{max} - \frac{\sigma_y}{2} = \sigma_e - \frac{\sigma_y}{2}$$

• biaxial($\sigma_3 = 0, \quad \sigma_2 = \pm Y, \quad \sigma_1 = \pm Y, \quad \sigma_1 - \sigma_2 = \pm Y$)

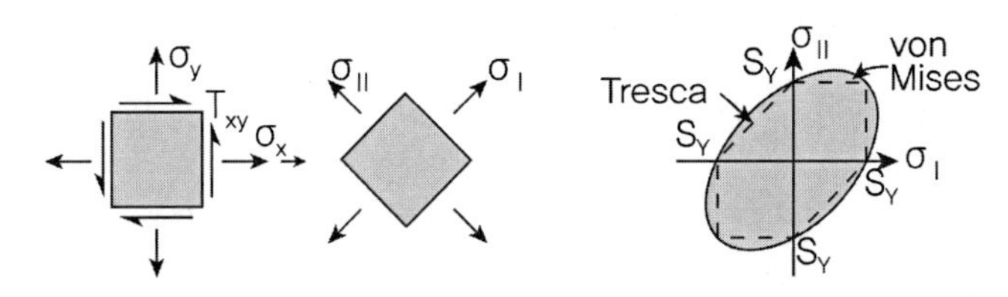

• Maximum Shear stress

$$\tau_1 = \left|\frac{\sigma_2 - \sigma_3}{2}\right|, \quad \tau_2 = \left|\frac{\sigma_3 - \sigma_1}{2}\right|, \quad \tau_3 = \left|\frac{\sigma_1 - \sigma_2}{2}\right| \qquad \tau_{max} = \max[\tau_1, \ \tau_2, \ \tau_3]$$

$$\therefore \sigma_2 - \sigma_3 = \pm Y, \quad \sigma_3 - \sigma_1 = \pm Y, \quad \sigma_1 - \sigma_2 = \pm Y$$

$$\tau_{max} = \left|\frac{\sigma_1 - \sigma_2}{2}\right| \le \sigma_y \ \text{(2차원)}, \quad \tau_{max} = \left|\frac{\sigma_1 - \sigma_3}{2}\right| \le \sigma_y \ \text{(3차원)}$$

세 개의 전단응력이 전단항복응력에 도달할 때 파괴발생

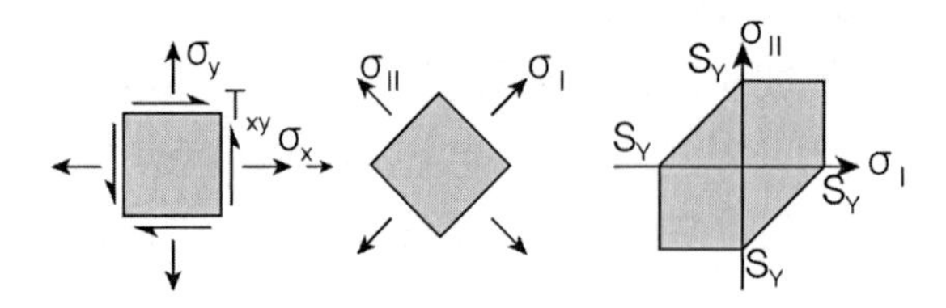

(1) σ_1과 σ_2의 부호가 같을 경우 : $|\sigma_1| < \sigma_y$ & $|\sigma_2| < \sigma_y$

(2) σ_1과 σ_2의 부호가 다를 경우 : $|\sigma_1 - \sigma_2| < \sigma_y$

③ Von mises의 재료파괴기준(Maximum Distortional energy)

Yielding begins when the distortional strain energy density reaches to the distortional strain energy density at yield in uniaxial tension(compression)

Von mises의 재료파괴기준은 연성의 재료에 사용되는 파괴기준으로 재료의 단위체적당 뒤틀림 변형에너지가 항복응력상태에서의 단위체적당 뒤틀림 변형에너지를 초과하면 파괴되는 것으로 본다.

Strain energy density

$$U_0 = \frac{1}{2}[\sigma_x\epsilon_x + \sigma_y\epsilon_y + \sigma_z\epsilon_z + \tau_{xy}\gamma_{xy} + \tau_{yz}\gamma_{yz} + \tau_{zx}\gamma_{zx}]$$
$$= \frac{1}{2E}[\sigma_x^2 + \sigma_y^2 + \sigma_z^2 - 2\nu(\sigma_x\sigma_y + \sigma_y\sigma_z + \sigma_z\sigma_x)] + \frac{1}{2G}[\tau_{xy}^2 + \tau_{yz}^2 + \tau_{zx}^2]$$

주응력 축에서는 σ_1, σ_2, σ_3만 존재하므로

$$U_0 = \frac{1}{2E}[\sigma_1^2 + \sigma_2^2 + \sigma_3^2 - 2\nu(\sigma_1\sigma_2 + \sigma_2\sigma_3 + \sigma_3\sigma_1)]$$

체적변화에 대한 변형에너지 밀도 U_V와 비틀림에 대한 변형에너지 밀도 U_D로 구분하면,

$$U_0 = U_V + U_D = \frac{(\sigma_1 + \sigma_2 + \sigma_3)^2}{18K} + \frac{(\sigma_1 - \sigma_2)^2 + (\sigma_2 - \sigma_3)^2 + (\sigma_3 - \sigma_1)^2}{12G}$$

여기서, $K = \frac{E}{3(1-2\nu)}$, $G = \frac{E}{2(1+\nu)}$

$U_V = \frac{(\sigma_1 + \sigma_2 + \sigma_3)^2}{18K}$: Volumetric change associated with Volumn change

$U_D = \frac{(\sigma_1 - \sigma_2)^2 + (\sigma_2 - \sigma_3)^2 + (\sigma_3 - \sigma_1)^2}{12G}$: distortional strain energy density

TIP | U_D 유도 |

σ_x, σ_y, σ_z만 받고 있는 미소변위의 체적

$$dV = (1+\epsilon_x)(1+\epsilon_y)(1+\epsilon_z)dxdydz \approx (1+\epsilon_x+\epsilon_y+\epsilon_z)dxdydz$$

요소의 체적변형률 e

$$e = \frac{dV}{dxdydz} - 1 = \epsilon_x+\epsilon_y+\epsilon_z = \frac{\sigma_x+\sigma_y+\sigma_z}{E} - \frac{2\nu(\sigma_x\sigma_y+\sigma_y\sigma_z+\sigma_z\sigma_x)}{E} = \frac{1-2\nu}{E}(\sigma_x+\sigma_y+\sigma_z)$$

주응력의 평균값 $\sigma_m = \dfrac{\sigma_x+\sigma_y+\sigma_z}{3}$이라고 하면, $\sigma_1 = \sigma_m + \sigma_1{}'$, $\sigma_2 = \sigma_m + \sigma_2{}'$, $\sigma_3 = \sigma_m + \sigma_3{}'$

이때 $\sigma_1{}' + \sigma_2{}' + \sigma_3{}' = 0$

① 정수압(hydrostatic) 상태인 경우($\sigma_x = \sigma_y = \sigma_z = \sigma_m$) : 모양은 변하지 않고 체적만 변화하므로 U_D와 상관없고 U_V에만 관련된다.

② 미소요소의 주응력이 $\sigma_1{}'$, $\sigma_2{}'$, $\sigma_3{}'$인 경우 $e = \dfrac{1-2\nu}{E}(\sigma_1{}'+\sigma_2{}'+\sigma_3{}') = 0$으로 체적변화는 없으므로 U_D에만 관련이 있고 U_V와는 무관하다.

$$U_V = \frac{1}{2E}[\sigma_m^2+\sigma_m^2+\sigma_m^2 - 2\nu(\sigma_m\sigma_m+\sigma_m\sigma_m+\sigma_m\sigma_m)] = \frac{1-2\nu}{E}(\sigma_1+\sigma_2+\sigma_3)^2 = \frac{(\sigma_1+\sigma_2+\sigma_3)^2}{18K}$$

$$U_D = U_0 - U_V = \frac{1}{2E}[\sigma_1^2+\sigma_2^2+\sigma_3^2 - 2\nu(\sigma_1\sigma_2+\sigma_2\sigma_3+\sigma_3\sigma_1)] - \frac{1-2\nu}{E}(\sigma_1+\sigma_2+\sigma_3)^2$$

$$= \frac{1+2\nu}{6E}[(\sigma_1^2 - 2\sigma_1\sigma_2+\sigma_2^2)+(\sigma_2^2-2\sigma_2\sigma_3+\sigma_3^2)+(\sigma_3^2-2\sigma_3\sigma_1+\sigma_1^2)]$$

$$= \frac{(\sigma_1-\sigma_2)^2+(\sigma_2-\sigma_3)^2+(\sigma_3-\sigma_1)^2}{12G}$$

① 3차원 응력상태

시편은 항복 시 1차원 응력상태이고, $\sigma_1 = \sigma_Y$, $\sigma_2 = \sigma_3 = 0$이므로,

$$U_{DY} = \frac{1}{12}(\sigma_Y^2 + \sigma_Y^2) = \frac{\sigma_Y^2}{6G}$$

$$U_D = \frac{1}{12G}[(\sigma_1-\sigma_2)^2+(\sigma_2-\sigma_3)^2+(\sigma_3-\sigma_1)^2] \leqq U_{DY} = \frac{\sigma_Y^2}{6G}$$

$$\therefore \frac{1}{6}[(\sigma_1-\sigma_2)^2+(\sigma_2-\sigma_3)^2+(\sigma_3-\sigma_1)^2] \leqq \frac{\sigma_Y^2}{3}$$

파괴기준을 함수로 표현하면,

$$f = \sigma_e^2 - \sigma_Y^2, \quad \sigma_e = \sqrt{\frac{1}{2}\left[(\sigma_1 - \sigma_2)^2 + (\sigma_2 - \sigma_3)^2 + (\sigma_3 - \sigma_1)^2\right]} = \sqrt{3J_2}$$

② 2차원 응력상태

$\sigma_3 = 0$ 이므로, $\frac{1}{6}[(\sigma_1 - \sigma_2)^2 + \sigma_2^2 + \sigma_1^2] \leqq \frac{\sigma_Y^2}{3}$ $\quad \therefore \sigma_1^2 - \sigma_1\sigma_2 + \sigma_2^2 \leqq \sigma_Y^2$

2차원 응력상태에서 순수전단의 경우 $\sigma_1 = -\sigma_2$, $\sigma_3 = 0$ 이고 $\tau_{max} = \frac{|\sigma_1 - \sigma_2|}{2} = \sigma_1$

$3\sigma_1^2 = 3\tau_Y^2 \leqq \sigma_Y^2 \quad \therefore \tau_Y = \frac{\sigma_Y}{\sqrt{3}}$

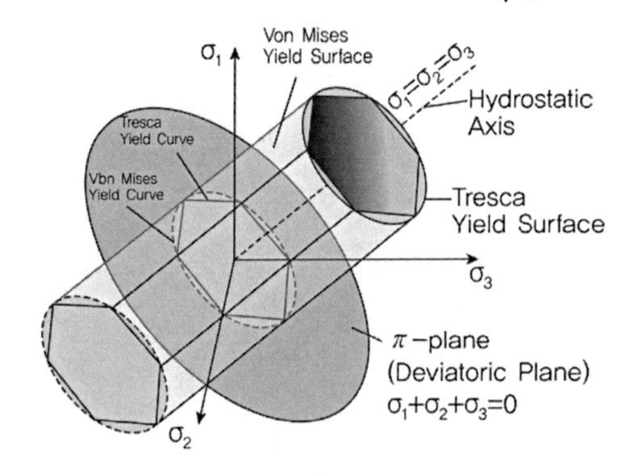

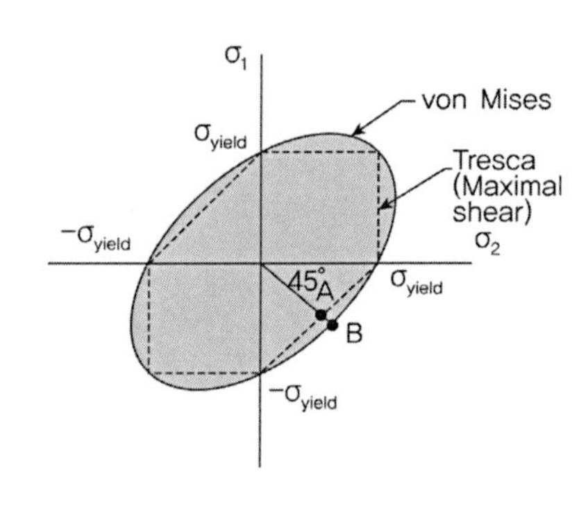

103회 1-12

주응력, 파괴기준

보 부재 설계시 주응력(principal strss) 검토가 필요한 경우

풀 이

➤ 개요

구조물의 파괴 혹은 최대응력이 부재에 허용되는 응력의 범위내에 있는지 여부를 검토할 때에는 파괴기준을 기준으로 검토한다. 이는 부재의 응력이 통상적으로 6개의 자유도에 의해 독립된 주응력이 존재하기 때문이며, 각각의 독립된 주응력보다 합성된 응력이 더 지배적인 경우에 적용될 수 있다. 파괴기준을 검토하는 방법으로는 주응력을 위주로 검토하는 최대 수직응력 이론(Maximum Normal stress), Tresca의 파괴기준인 최대 전단응력 이론(Tresca의 파괴기준), 최대 비틀림 에너지에 따른 Von mises의 재료파괴기준 등이 있다.

➤ 보 부재 설계시 주응력 검토가 필요한 경우

보 부재에 발생하는 외력은 휨모멘트(M : 3축), 축력(P), 전단력(V : 2축)으로 구분할 수 있으며, 입체적인 공간에서 3축방향으로 고려할 때 추가적인 외력이 발생시 6개의 외력으로 고려할 수 있다. 휨모멘트는 중립축을 기준으로 단부로 갈수록 휨응력이 증가하는 반면, 전단력은 중립축으로 갈수록 커지므로, 그 값의 최대값이 서로 상이하다.

보 부재에서는 일반적으로 휨모멘트가 지배적이나 축력이나 전단력이 큰 경우에는 주응력으로의 검토가 바람직하다. 단순보와 같은 휨부재에서는 중앙지간으로 갈수록 휨모멘트값은 커지는 반면, 단부로 갈수록 전단력이 커지므로 중앙부와 단부의 사이에서는 두 응력의 합산으로 검토가 요구된다.

➤ 도로교 설계기준에서의 적용

도로교설계기준(2010)에서는 휨모멘트, 뒤틀림모멘트 등에 의해 발생하는 응력(Bending, Warping Moment 등)과 전단력, 비틀림에 의해 발생하는 응력에 대해 합성응력에 대한 검토를 수반하도록 하고 있다.

1) 휨 응력 검토 : 휨에 의한 축방향응력(f_b)과 Warping에 의한 축방향응력(f_w)의 합이 허용응력범위이내에 있는지 여부를 판별한다.

$$f < f_a \ (f = f_b + f_w), \quad f_b = \frac{M}{I}y, \quad f_w = \frac{M_w}{I_w}w$$

여기서 M_w;뒴모멘트, I_w; 뒴비틀림 상수, w; 뒴좌표

2) 전단응력 검토 ; 휨에 의한 전단응력(v_b)과 순수비틀림에 의한 전단응력(v_s), Warping에 의한 전단응력(v_w)의 합이 허용응력범위이내 여부를 판별한다.

$$v < v_a \ (v = v_b + v_s + v_w), \qquad v_b = \frac{VQ}{Ib}, \ \frac{V}{A_w}, \quad v_s = \frac{T_s}{2F \cdot t}, \ \ v_w = -\frac{T_w}{I_w \cdot t} S_w$$

여기서 T_s; 순수비틀림모멘트, F;폐단면부의 박판두께 중앙선으로 둘러싸인 면적,

t;박판두께

T_w;뒴비틀림모멘트

$S_w = \int wdF$; 적분은 응력을 구하는 점에서 잘려나가는 단면에 대한 것이다.

3) 합성응력 검토 ; 합성응력의 검토는 휨모멘트와 휨에 따르는 전단력만 작용하는 경우에는 휨응력과 휨에 의한 전단응력이 허용응력의 45%를 초과하는 경우에 합성응력에 대한 검토를 수행한다. 비틀림을 고려할 경우에는 휨모멘트와 휨에 따르는 전단력이 각각 최대로 되는 하중상태에 대하여 합성응력 검토를 수행하여야 한다.

$$\left(\frac{f}{f_a}\right)^2 + \left(\frac{v}{v_a}\right)^2 \le 1.2, \quad f < f_a \ (f = f_b + f_w), \quad v < v_a \ (v = v_b + v_s + v_w)$$

02 강재별 특징

1. 고장력강 (High Strength Steel)

97회 4-1 강구조물에서 고장력강을 사용하는 목적과 그 특성에 대해 설명

91회 2-17 고강도강을 교량구조물에 사용할 경우 설계와 제작상에 유의사항

76회 1-7 고장력강을 사용해도 구조적으로 반드시 유리하지 않은 경우 3가지 이상 설명

고강도강, 고장력강은 일반강에 비해 인장강도를 향상시킨 강을 지칭하는 것으로서 일반적으로 490MPa 이상 980MPa 이하의 인장강도를 갖는 용접구조용강을 말하는데 최근에는 570MPa이상의 인장강도를 갖는 강재를 지칭하는 경우가 대부분이다. 고장력강의 사용목적은 부재단면 및 하부구조 단면감소로 구조물 경량화, 제작 및 가설 작업의 단축 및 간소화, 시공의 단순화 및 급속화를 위해서 많이 도입되고 있으나, 일반적으로 고강도강은 에너지 흡수능력의 저하되고 강도증진을 위해 탄소량의 증가로 인한 용접성 저하 등의 문제가 발생할 수 있으므로 이에 대한 이해득실을 검토하여 적용하여야 한다.

1) 고장력강의 사용 이점

① 부재 단면감소로 재료가 감소되어 경제적
② 구조물이 경량화되어 가설기기의 용량이 줄어들고, 블록 단위 가설이 용이하여 시공속도가 증가한다.
③ 판 두께의 감소로 후판 시공 시 용접상 문제점을 피할 수 있다.
④ 단면 감소로 제작 시 절단량, 용접량이 감소되어 경제성을 기하고 작업의 간소화를 기대할 수 있다.
⑤ 장대지간의 교량건설이 가능하고 구조 형식 선정 시 자유도가 증가한다.
⑥ 날렵한 구조설계가 가능하여 미관이 우수하다.
⑦ 상부 구조물이 경량화되어 하부 구조의 부담감소로 경제적이다.

2) 고장력강 사용에 따른 문제점

고장력강을 사용하면 단면감소에 의한 강성저하로 처짐 및 진동이 크고, 항복비가 높으며, 용접성이 좋지 못하다.

① 강성저하

(1) 고장력강의 사용은 단면축소에 따른 강성의 저하로 처짐과 변형에 따른 2차 응력을 유발하며 진동에 취약하여 사용성이 떨어지므로 이에 대한 고려가 필요하다.

(2) 설계기준 상의 처짐 제한규정으로 단면강성이 결정되므로 고장력강의 사용이점이 감소되므로 이에 대한 고려가 필요하다.

(3) 설계기준 상의 압축부재에서 허용압축응력이 단면크기의 세장비에 관계되어 고장력강 사용 시 이점이 감소되므로 이에 대한 고려가 필요하다.

② 항복비

항복비가 높으면 항복 후 신장 능력이 작아져 예측 못한 하중에 대해 강재 파단의 신장에 의한 에너지 흡수가 불가능해질 수 있으므로 이에 대한 고려가 필요하다.

③ 용접성

강재는 강도가 높을수록, 판 두께가 두꺼울수록 용접성이 나빠져서 설계기준상 후판에서는 이를 고려하여 허용응력을 저감시키도록 하고 있어 설계단계에서 강종 선정 시 강재강도와 판 두께에 대해 용접성을 고려하여 선정하여야 한다.

④ 경제성

고장력강으로 사용할 경우 최소 판 두께 사용은 시방서 규정과 형상유지를 위해 만족할 경우 경제적 이득이 있으나, 강재 사용량을 경감시킬 경우 강재단가와 제작단가의 관계로 인해 경제적이지 못한 경우도 있다.

3) 고장력강에 요구되는 성질

① 인장강도, 항복강도 및 피로강도가 높아야 한다.
② 용접성, 가공성이 좋아야 한다.
③ 내식성이 양호해야 한다.
④ 경제적이어야 한다.

4) 설계 및 제작 시 유의사항

설계 단계에서는 고장력강의 장단점을 고려하여 적용성을 검토하여야 하며, 제작 시에도 용접이나 볼트 연결 등의 시공 시 강재의 특성에 맞게 주의 깊은 관리가 요구된다. 강재의 선정 시 고장력강의 필요에 따라 적용할 경우 도로교 설계기준상의 강성의 저하나 허용응력의 저하 등을 고려하여 고장력강의 요구조건에 부합되는 HSB(High performance Steel for Bridge)등의 적용성을 검토할 수 있으며 이 경우 TMCP 제조법 및 내라밀라테어링 성질, 내후성, 내부식성, 저온인성, 굽힘가공성 등의 교량의 요구특성에 맞는 강재를 사용할 수 있도록 이해득실을 반드시 고려하여 적용하도록 하여야 한다.

2. TMCP강 (Thermo-Mechanical Control Process Steel)

68회 1-3 TMCP강(Thermo-Mechanical Control Process Steel)

TMCP 또는 TMC(Thermo Mechanical Control Process Steels)은 열가공 제어 프로세스로 제조되는 강재로 담금질(quenching)과 뜨임(tempering)의 열처리로 강성증진, 안정된 조직에 근접되어 잔류응력이 감소된 강재로 동일강도의 일반 압연강에 비해 탄소당량(C_{eq})이나 용접균열감응도(P_{cm})를 낮출 수 있기 때문에 대입열 용접이 용이하고 예열조건을 대폭완화할 수 있는 등 용접성이 매우 우수하며 인성이 좋고 항복비를 작게 관리하기 때문에 높은 소성변형능력을 확보할 수 있고 판 두께 방향으로 단면수축율을 보증하므로 라멜라테이링이 발생할 우려가 작은 장점을 가지고 있다. 특히 판 두께가 증가하더라도 항복점의 변화가 없어 판 두께 증가에 따른 허용응력 저감을 하지 않아도 되기 때문에 극후판 구조물에 적합한 강재다.

1) 특징

① 제어냉각을 통해 강도를 확보하여 동일강도의 일반강보다 탄소당량(C_{eq} : 탄소의 영향력)을 낮출 수 있다.
② 균일한 경도와 안정적인 품질로 판 두께가 40mm이상의 후판에서도 설계기준강도를 저하시킬 필요가 없다.
③ 탄소당량이 낮아서 예열조건을 대폭 완화할 수 있으며 용접성이 좋다.
④ 열제어 가공으로 조직이 치밀하여 저온인성이 좋으며 취성파괴에 유리하다.

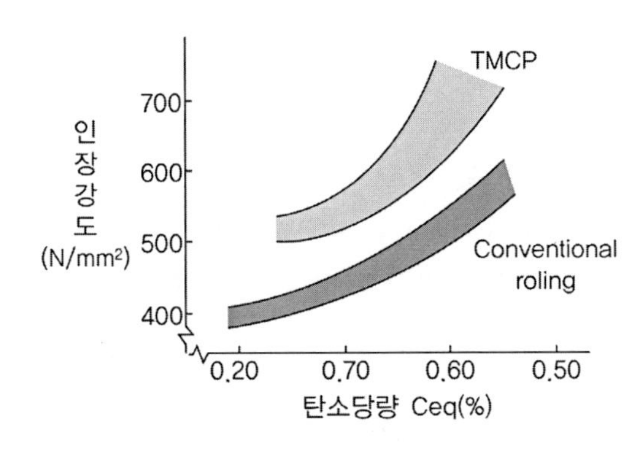

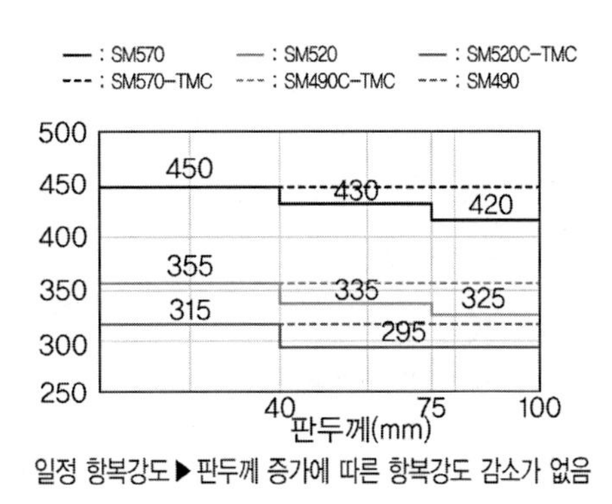

일정 항복강도▶판두께 증가에 따른 항복강도 감소가 없음

2) 경제성

① 일반강재에 비해서 고가이나 제작, 운반, 설치비용 등을 고려 시 절감효과가 발생할 수 있다.
② 용접예열온도의 저감, 용접부 품질 등의 제고로 경제적 효과가 발생한다.

3) 적용성 (TMC 강재 적용 강교량, RIST 보고서)

철도교나 도로교 설계기준상에 명시되어 있어 적용될 수 있으며, 설계기준상의 피로설계기준에 따라 설계할 수 있다. 국외에서는 40mm이상의 후판에 적용하고 있다(일본, 유럽 및 국내에서 소수주형거더에 많이 적용).

① 국내 최초 적용 : 일산대교 SM570-TMC 적용

② 고속철도 단순합성 2주형교 적용 시(B=13.5m, L=50m, SM520 대비)
전체 감재량 3.1% 감소(0.2% 전체 공사비 절감)
→ t 〉 40mm 부재에 대한 허용응력 증가분은 7.7% 정도이나 처짐제한기준으로 강중 감소량은 허용응력 증가분에 미치지 못함

3. 고인성강 (Steel with Excellent Toughness)

일반강의 경우 냉간 휨가공 시 인성저하를 방지하기 위해서 15t 이상의 내측 휨반경이라는 제약조건을 두고 있다. 또한 저온상태에서의 취성파괴의 위험성 때문에 한냉지역에서의 사용이 제한된 사항을 극복하기 위해 인상을 향상시킨 강을 말한다.

1) 특징

① 냉간성 형성이 향상된다.

② 한냉지역에서의 적용성이 좋아진다.

4. 저예열강 (Low Preheating Steel)

고강도강인 경우 용접 시 저온균열이 발생할 우려가 있기 때문에 용접 전에 적절한 예열이 필요하며, 기존 고강도강의 경우 최소 예열온도가 100°C 이상에 이르는 등 용접작업조건에 여러 제약조건이 많았다. 이를 개선하고자 기존 고강도강의 용접균열감수성조성(PCM) 조정을 통해 예열온도를 대폭 낮춘 강재이다.

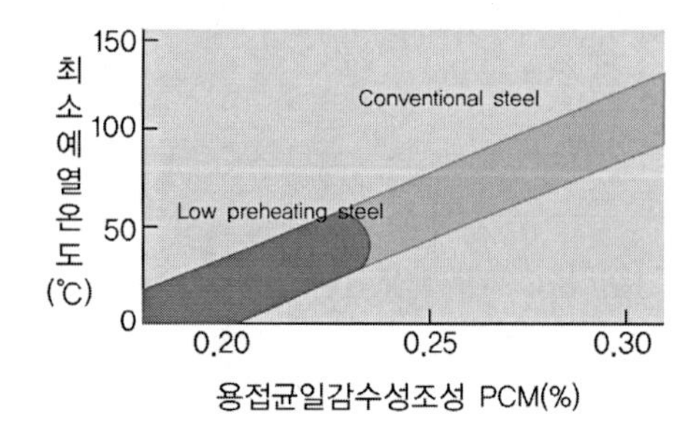

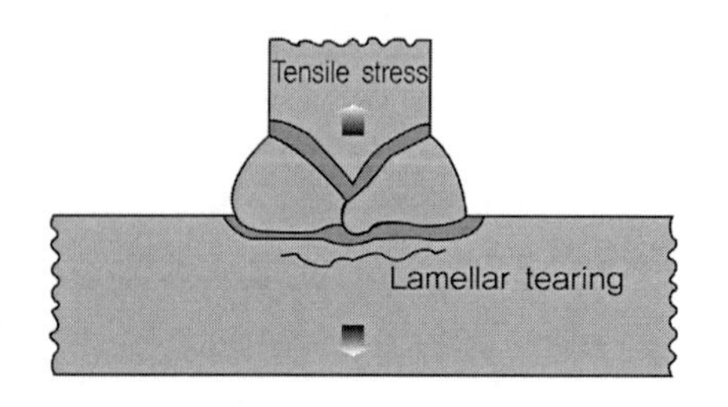

5. 내 라멜라테에어링 강 (Steel with Lamellar-tearing Resistance)

102회 1-7 라멜라테에어링(Lamellar tearing)의 개요, 발생원인과 대처방안

구조물이 장대화되면서 현수교 또는 사장교의 주탑과 같이 구조적, 기능적 및 미적 관점으로부터 판 두께 방향으로 높은 인장응력을 받도록 용접된 부재들이 많이 적용되고 있다. 이러한 부재들은 판 두께방향으로 인장응력이 균등하지 않거나, 용접부의 냉각 시 모재의 강도가 용접부의 강도보다 작은 경우 라멜라테에어링을 일으킬 수 있어 이에 대하여 판 두께 방향으로 인장성능을 보증하는 강재를 말한다.

TIP | 라멜라테에어링 |

견고한 완전구속 조건 상태에 있는 용접접합부에서 용접부의 용착금속이 냉각시 수축함으로써 발생되는 두께 방향의 변형에 의해 모재가 갈라지는 것을 라멜라테에어링(Lamellar-tearing)이라 한다.

1. 발생원인

층상균열을 일으키는 용착금속의 여러 층에 대한 국부변형도는 대단히 크다. 국부적으로 큰 변형도와 내적구속이 결합되어 층상균열을 일으키며, 강재는 두께 방향으로는 높은 강도를 갖고 있지만 탄성한계 변형을 초과하는 변형에 대해서는 내하력의 한계를 갖는다. 내적구속이란 용착금속의 국부적인 수축에 의한 큰 변형을 억제하는 내적인 구속을 뜻하며 비탄성 변형을 일으키는 성질이 연성이다. 구조재료 중 압연방향에 평행 또는 직각방향으로 하중을 받는 강재만이 이 같은 연성을 나타낸다.

2. 특성

① 주로 T형 접합 또는 접합 모서리에서 일어난다.

② 용접이 끝나면 냉각이 되면서 비금속 모재물과 철금속 사이의 접촉면에서는 격리가 발생될 정도까지 용접수축 변형도가 증가하며 강의 미시적인 균열이 형성된다. 용접이 완료되었을 때 주위 온도가 계속 강하하므로 변형도는 증가하여 결국 파괴에 의한 접촉면의 격리로 일어난 단층들은 층상 필렛균열을 형성한다.

3. 층상균열 발생영향 인자

1) 연결된 재료의 특성 : 강재에 두께 방향으로 응력을 주게 되는 연결부들이 반드시 불리한 작용을 하는 것은 아니지만 강하게 구속된 설계에 있어서 용착금속 수축변형이 두께 방향으로 흡인작용을 한다면 수축력이 부재면에 작용된 경우보다 연결부가 층상균열되는 경향이 커진다. 두 방향의 연성 감소현상은 미시적인 비금속 모재물에 의하여 일어날 수도 있다. 이 모재물들은 산소 함유량을 감소시켜 격자구조를 세립화함으로써 제품의 질을 개량하기 위해 용융강에 첨가된 첨가물이 잔류물로 남는 것이다. 이 모재물들은 주로 황화물, 산화물, 또는 규산염들이며 이들은 강판이나 형상으로 압연될 때 압연면에 평행하게 옆으로 확산되고 길이방향으로 성장된다. 강제품의 생산기술을 향상시키고 비금속 모재물을 감소시키기 위한 노력이 부단히 이루어지고 있으나 경제적으로 구조용 연강재의 이방성을 개선할 수 있는 획기적인 방안은 있을 것 같지 않다.

TIP | 라멜라테어링 |

2) 용착금속의 특징 : 모재에 가장 적합한 전극, 용접봉 또한 용제에 대한 규정은 1972년도에 제정한 AWS Structural Welding Code(D1.1-72)와 AISC 시방서에 잘 규정되어 있다. 일반적으로 모재에 제일 적합한 전극은 극한 인장강도에 준하여 결정된다. 설계자가 인장강도에 제일 적합한 전극을 선택하였다면 용접부의 항복점은 뚜렷이 높아질 것이다. 이 현상을 전변형도는 연결된 재료에 강제력으로 작용하게 되므로 필요 이상의 전극은 문제가 되고, 낮은 항복전극은 변형도의 재분보에 도움이 된다.

3) 구속 : 층상 균열은 높은 구속이 존재하는 플랜지에 용접을 실시할 때 일어난다. 이러한 구속은 재료의 두께, 특별한 연결부의 강성, 용착금속의 용적 또는 연결부나 국부에서의 변형 집중에 의해 일어나게 된다.

4. 대책

1) 재료의 적절한 선정

2) 용접 설계 시 부재방향을 고려한 적절한 절개(Grooving)와 용접방향을 설정하면 재료의 결함에도 불구하고 층상균열을 피할 수 있다.

6. 내후성 강재

일반적으로 강재는 대기 중에서 부식되기 수위나 대기 중에서 부식에 잘 견디고 녹슬음의 진행이 지연되도록 개선시킨 강재를 내후성 강재(SMA)라 한다. 특히 P, Cu, Cr, Ni, V계의 내후성 고장력강은 내후성이 우수하여 무도장으로 사용할 수 있는데, 도장 없이 사용하는 내후성 고장력강을 내후성 무도장 강재라고 분류한다. 내후성 확보에 효과적인 Cu, Cr, Ni등이 함유되어 대기에 노출되면 강재 표면에 치밀한 안정녹을 형성한다.

※ 내후성 강재는 무도장 강재의 경우 W로 표시하며, 도장을 실시하여 사용하는 경우 P로 표기한다.

1) 내후성 강재의 원리

대기에 강재가 노출되면 일반강과 유사하게 녹이 발생하나 기간이 경과함에 따라서 그 녹의 일부가 서서히 모재에 밀착한 녹층을 형성하는 녹안정화가 진행되고 이 녹층이 부식진행 유발인자인 산소와 물이 모재로 침투하는 것을 막는 보호막이 되어 부식의 진전이 억제된다.

2) 특징

① 내식성이 우수하다(일반강에 비해 4~8배).
② 저온에서 인성(toughness)이 좋다.
③ 내부식성이 우수하다
④ 녹슬음이 지연된다.

⑤ 무도장으로 사용이 가능하다.

⑥ 두께 증가 시 용접성이 저하되는 특징이 있다(볼트 연결).

⑦ 외부 녹 발생 시 부식시공의 오해가 발생할 수 있다.

3) 내후성 강재 적용 시 유의사항

① 용접성의 저하

내후성 강재는 내후성을 증가시키기 위해 인(P)의 양을 증가시켰기 때문에 강재두께가 두꺼울 수록 용접성이 떨어지는 단점을 가지고 있어 가능한 용접연결을 지양하고 볼트 연결을 사용하여야 한다. 적용되는 볼트는 강재와 동일한 내후성강용 고장력 볼트를 사용하여야 한다.

② 환경에 따른 제한조건

해수지역에서는 녹층 안정화가 지연되어 적용성이 제한될 수 있다.

③ LCC 비교

강교량의 가장 큰 취약점인 부식 문제를 어느 정도 극복할 수 있으며 초기도장 및 재도장의 생략으로 인한 초기 건설비용 및 유지관리 비용의 감소라는 경제성 측면에서 효과를 기대할 수 있다.

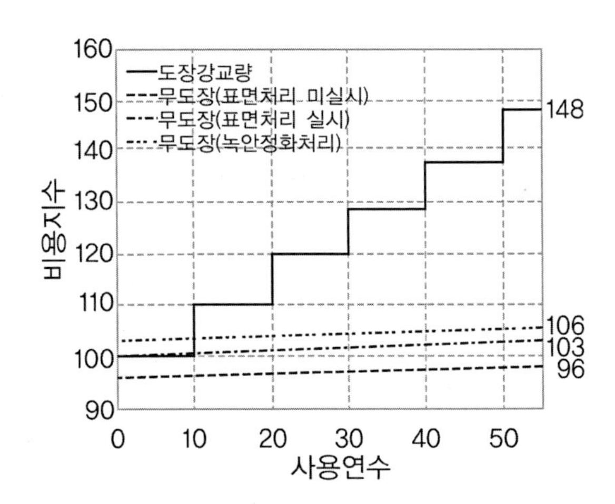

7. HSB (High performance Steel for Bridge)

100회 1-1 고성능강(High Performance steel)의 종류에 대해 설명

90회 3-4 고성능강의 종류를 기술하고 각각의 특성과 적용효과를 설명

86회 1-3 교량맞춤형 고성능강재(HSB : High Performance Steel for Bridge)의 주요 특성

개선된 고성능 강재의 특성을 동시에 보유한 통합 성능 개선형 고성능강재를 지칭하며 고강도, 고용접성, 고인성, 내후성 등을 동시에 보유한 강재로 구조 단순화, 제작성 향상, 초기 건설비용 및 유지관리비용 절감, 장수명화를 도모하기 위해서 제작되었다.

① 강재의 생산자 측면이 아니고 사용자 관점에서 목표성능을 설정하였다.
② TMCP 제조법을 적용하였으며 생산범위인 판 두께 100mm까지 항복강도가 일정하다.
③ 충격흡수에너지 성능을 -20℃에서 47J 이상으로 상향 설정하였다.
④ 용접 예열작업이 불필요하도록 화학성분을 조정하였다.

1) 고성능 강재의 활용방안

① 하이브리드(Hybrid) 설계법 적용 : 강도가 다른 2개의 강재를 한 단면 내에서 최적의 경제성을 확보할 수 있도록 혼용하여 주로 응력이 큰 지점부에서 고강도강을 적용하는 방법
② 구조의 단순화 : 경제성 개선을 위해 고성능 강재와 후판을 적용하여 용접이 많은 보강재를 최소화하는 구조적용
③ 기존 강교량의 합리화 : 큰 강박스 거더교를 지양하고 고성능 강재를 적용한 개구제형교, 소수거더교와 유사한 세폭의 박스거더교 등을 적용
④ 이중합성 구조의 도입 : 강거더의 상부플랜지와 상판을 전단연결재로 결합한 통상의 연속 합성거더교에 대해 압축력이 크게 작용하는 중간지점 영역의 강거더 하부플랜지 및 복부판 일부를 RC판을 연결해 합성시키는 이중합성교의 중간지점 영역의 거더의 강성이 경제적으로 증가시킬 수 있어 형고를 낮출 수 있고 중간지점 부근의 강형 하부 플랜지의 극후판화를 제한할 수 있으며 교량 전체의 강성이 증가하므로 연속합성 박스거더교 등의 지간을 장대화시킬 수 있다.

2) 국내 적용사례 : 이순신 대교

8. 일반구조용과 용접구조용 강재의 비교

98회 1-13 강재의 규격 표시방법(SS400, SM400A,B,C, SMA500)과 각 강재의 차이점

강재는 타 재료에 비해 고강도로 우수한 연성을 가지며 극한 내하력이 높고 인성이 커 충격에 강하며 조립이 용이한 특징을 가진다. 일반적으로 도로교 설계기준에서는 구조용으로 적용되는 탄

소강에 대해서 다음과 같이 4가지로 구분하여 적용하도록 하고 있다.

① 일반구조용 압연강재(SS) : SS400

② 용접구조용 압연강재(SM) : SM400, SM490, SM520, SM570, SM490Y

③ 용접구조용 내후성 열간 압연강재(SMA) : SMA400, SMA490, SMA 570

④ 교량구조용 압연강재(HSB) : HSB500, HSB600

1) 강재별 특성

① 일반구조용 압연강재(SS)

(1) 토목, 건축, 선박, 차량 등의 구조물에 가장 일반적으로 사용된다.

(2) S, P 에 대한 제한값(0.05이하)이 높으나 C, Si, Mn 등의 규정이 없다

(3) 휨 시험에서 휨 반지름도 크게 규정된다.

(4) 강도조건만 요구되는 곳에는 SS재의 적용이 가장 적절하며 강도에 따라 강종을 선택한다.

② 용접구조용 압연강재(SM)

(1) SS재와 같이 널리 사용되며 특히 우수한 용접성이 요구될 때 사용된다.

(2) 화학성분은 S, P 값은 0.04이하, C, Si, Mn에 대한 규정치는 강재의 종류별로 정해지며 용접구조용 강재의 특성을 좌우한다. 강도를 높이기 위해서는 C 값을 증가시키고, 용접성을 증가시키기 위해서는 Mn 값을 증가시킨다.

(3) 강도분류와 함께 인성치를 기준으로 범위를 분류한다.

※ A, B, C재 : 저온인성 판단기준으로 인성치인 샤르피(Charpy) 흡수에너지에 따라 분류한다.

A재 : 0°C V노치 샤르피 흡수에너지에 대한 규정이 없음

B재 : 0°C V노치 샤르피 흡수에너지에 대한 규정이 없음

C재 : 0°C V노치 샤르피 흡수에너지에 대한 규정이 없음

③ 용접구조용 내후성 열간 압연강재(SMA)

(1) 철골, 교량 등 대형구조물의 구조용 강재로서 내부 식성이 요구되는 경우에 사용한다.

(2) Cr, Cu를 기본으로 Ni, Mn, V, Ti등을 첨가하여 제조한다.

④ 교량구조용 압연강재(HSB : High Performance steel for Bridge)

(1) 내후성, 인성, 내라밀라테어링, 강도 등을 증진시켜 교량에 적합한 강재이다.

(2) 항복특성 및 용접성이 우수하다.

(3) 다양한 교량 설계와 제작조건에 대응이 유리하다.

(4) 저온인성이 좋다.

(5) 고강도, TMCP, 고인성, 저예열, 내라밀라테어링, 내후성 등의 특징을 고루 갖추고 있다.

TIP | SM490Y와 SM520 |

① 인장강도만 차이가 있고 항복점, 신장률, 기타 기계적 성질은 거의 같다.
② SM490Y는 진정강(killed steel)과 반진정강(Semi-killed steel)이 있다.
③ 반진정강으로 별 문제없이 사용될 수 있는 범위는 판 두께 25mm까지이다.
④ 후판일수록 압연비가 작아지므로 반진정강에서는 품질의 변화가 커지는 경향이 있다.
⑤ SM490Y는 25mm 이상에서는 진정강으로 제조되는 것이 필요하며, 40mm 이상에서는 반드시 SM520을 사용해야 한다.

7. 잔류응력

105회 1-4 잔류응력에 의한 휨 내하력 저하

101회 1-1 구조용 압연강재의 잔류응력 분포를 I형 단면 강재를 예로 설명

91회 2-4 강구조물 용접부에 발생하는 잔류응력의 발생원인과 영향, 경감대책

81회 2-5 용접이음 용접부 비파괴 검사, 용접이음 장단점, 잔류응력의 영향과 그 대책

72회 1-3 잔류응력에 대해 설명

63회 1-8 형강의 잔류응력에 대해 설명

소성변형의 결과로서 구조용 부재에 형성되는 것으로 외부하중이 가해지기 전에도 이미 부재 단면 내에 존재하는 응력을 말하며, 소성변형은 열연(Hot-rolling) 또는 용접, Framing-utting과 같은 제작과정 또는 Cambering 등에 의해 발생하게 된다. 압연형강에서의 소성변형은 언제나 압연 시 온도로부터 대기 온도로 식는 과정에 발생하게 되는데, 이는 형강의 어떤 부분이 다른 부분에 비해 훨씬 빨리 식게 되기 때문이며, 이때 늦게 식는 부분에 소성변형이 일어나게 된다. 용접과정 중에도 역시 국부적으로 열을 가하게 되므로 소성변형에 의한 잔류응력이 발생하게 된다. 즉, 잔류응력은 재료의 가공 중에 불균질한 항복을 받을 때 발생한다.

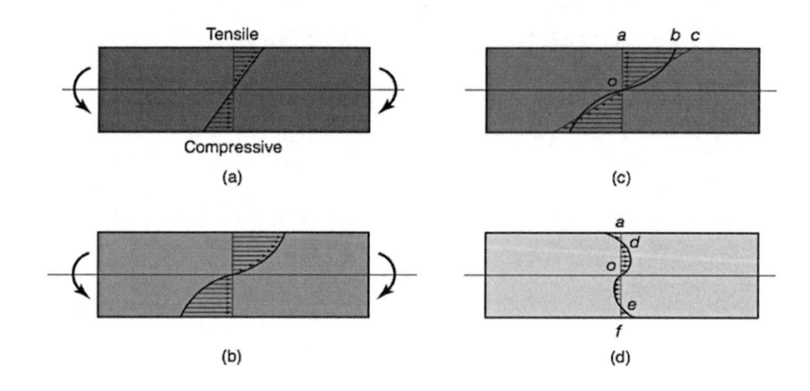

1) 잔류응력에 의한 영향

① 소성변형의 발생
② 인장잔류응력은 피로수명 및 파괴강도 저하
③ 부식 및 부식균열 촉진
④ 좌굴응력 저하
⑤ 뒤틀림 발생

2) 잔류응력의 구조적 특징 : 내하력 저하

① 좌굴응력 및 허용응력 저하

(1) I형단면의 압축잔류응력은(0.2~0.3)f_y 도달하며 박스형의 경우 0.3f_y 이상된다.

(2) 잔류응력을 가진 부재에 압축하중을 작용하면 압축잔류응력이 큰 플랜지 끝부분으로부터 항복점(f_y)에 도달하게 되어 그 분포 폭이 플랜지 안쪽으로 넓어지게 되며 그만큼 유효단면이 감소하게 된다. 이러한 유효단면의 I값은 부재축에 따라 서로 다르게 되므로 좌굴축에 관한 좌굴응력 역시 서로 달라지며, 결국 잔류응력의 영향으로 좌굴응력, 즉 내하력이 저하된다. 또한 압축잔류응력으로 단면의 일부가 먼저 항복점에 도달하여 소성화가 진행되므로 극한강도도 저하된다.

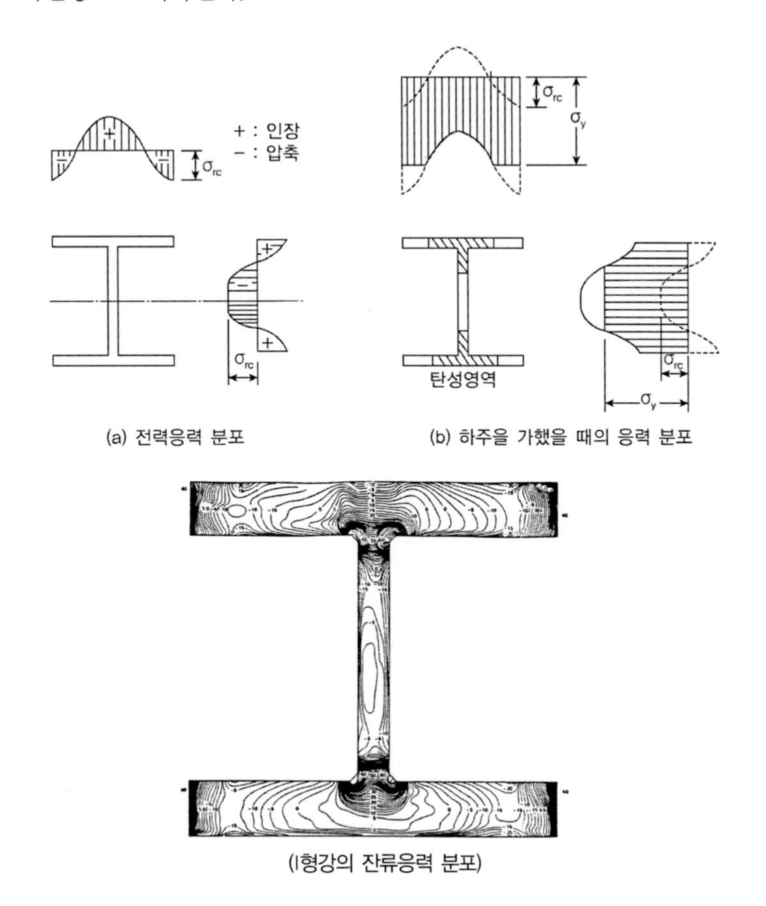

(a) 전력응력 분포
(b) 하주을 가했을 때의 응력 분포

(I형강의 잔류응력 분포)

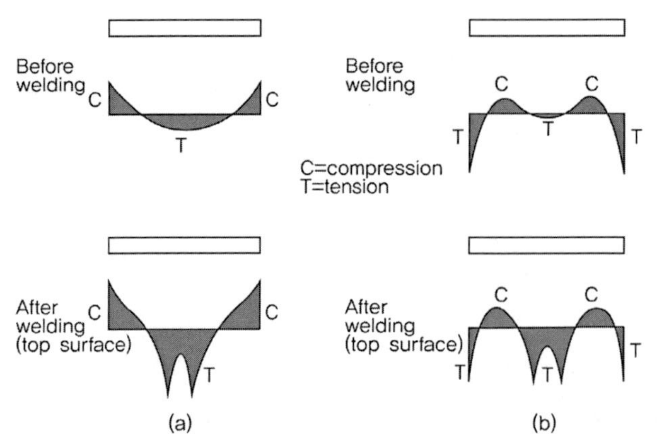

Qualitaive comparison of residual stesses in as-received and center-welded universal mill and oxygen-cut plates: (a) Universal mill plate; (b) oxygen-cut plate.

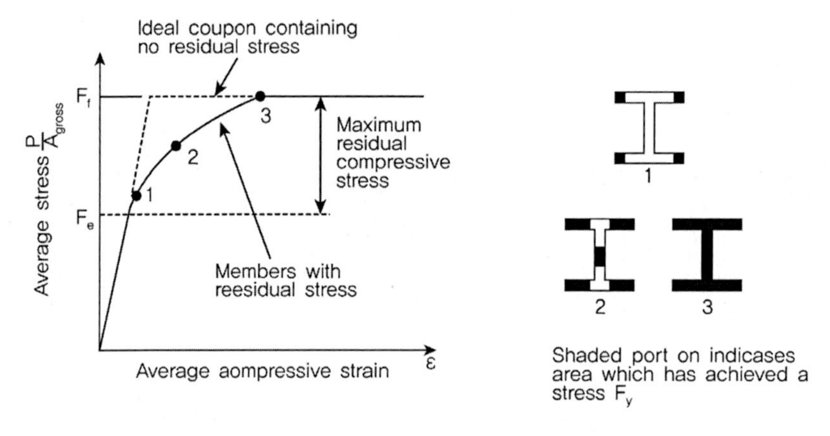

Influence of residual stress on average stress-strain curve.

② 휨 내하력 저하

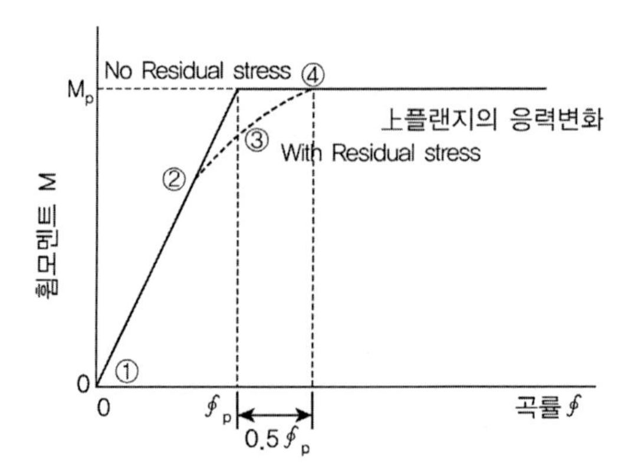

(1) LRFD에서는 보의 파괴를 다음과 같이 3가지 경우로 구분하여 다른 강도를 적용한다.

- ①~② 구간 : M이 $M_r(\lambda \fallingdotseq \lambda_r)$보다 작은 구간
- ②~③ 구간 : M이 M_r과 $M_p(\lambda \fallingdotseq \lambda_p)$ 사이에 있는 구간
- ④ 구간 이후 : M_p보다 큰 구간

(2) 잔류응력으로 인하여 모멘트-곡률 곡선의 Slope이 작아진다. 이는 강성의 저하를 의미하며 이로 인하여 M_p나 M_y가 발생되기 전에 불안정한 단면(Instability : Local buckling, Global buckling)이 된다.

(3) 잔류응력으로 인하여 강성이 줄어들어 ② 구간 이후에서부터는 M_y보다 낮은 곳부터 항복하기 시작되며 여기서 국부좌굴이 발생하게 된다.

3) 설계법에 따른 잔류응력의 고려

① ASD : G Schulz의 강도곡선 실험식에서 잔류응력의 분포를 단면형상에 따라 직선형 또는 포물선형으로 고려하고 잔류응력의 크기는 $f_r = (0.3 - 0.7)f_y$로 고려하였다. 따라서 허용 축방향 압축응력의 강도식에서 잔류응력을 고려한 강도를 산정하여 적용한다.

② LRFD : 압축부재와 휨부재에 초기변형, 잔류응력 및 편심이 존재함을 고려하여 강재의 단면을 조밀단면, 비조밀단면, 세장단면으로 구분하여 국부좌굴 발생 등에 따라 강도를 다르게 쓰도록 고려하였다.

4) 일반적인 잔류응력의 처리(제거)방법

① 응력제거 풀림처리(Stress Relief Annealing) 또는 열처리 : 구속된 부분을 Release시키는 방법과 열처리를 통해서 잔류응력을 제거한다.

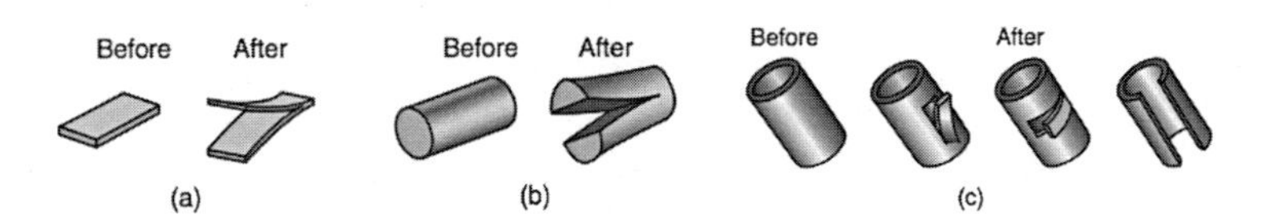

② 균질한 소성변형을 추가하는 방법 : 인장력을 가하여 균질한 소성변형을 하도록 유도

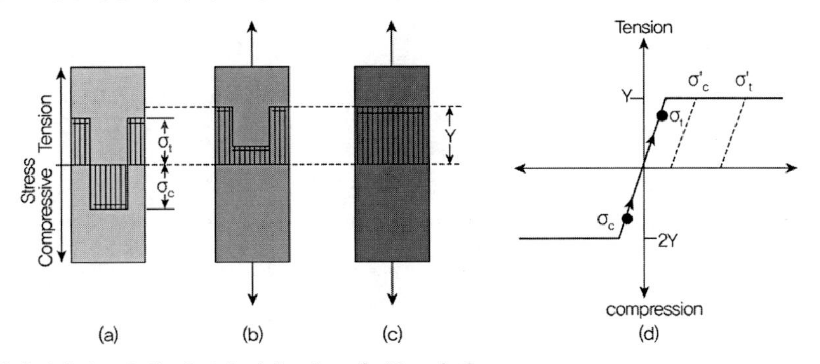

③ 응력이완작용을 통해 잔류응력을 감소시키는 방법

5) 용접부의 잔류응력

강구조물은 주로 용접연결 또는 볼트접합에 의해서 연결되며, 용접가공은 작업성, 안전성, 경제성 및 미관 등의 이점으로 많이 사용되고 있다. 용접연결 시 구조물 강도에 직접적으로 영향을 주는 것이 잔류응력으로 인한 문제이며 특히 강재가 고강도화되고 구조세목이 복잡 다양할 경우 국부응력의 집중현상을 수반하는 용접접합에 대한 면밀히 검토가 필요하다. 일반적으로 용접시공에서는 용접접합부 부근에 국부적가열, 냉각으로 열팽창변형의 불균일 분포와 고온 소성변형, 용착강의 응고수축으로 인하여 응력을 발생시키므로 상온으로 냉각된 후에도 반드시 응력이 잔류하게 된다.

① 용접이음의 특징

(1) 연결부재가 필요하지 않아 구조물을 단순, 경량화시킨다.
(2) 연속적 접합으로 응력전달이 원활하고 시공 시 소음이 적다.
(3) 인장이음이 확실하다.
(4) 현장제작 시 신뢰성이 감소한다(허용응력 90% 적용).
(5) 용접부에 응력집중 현상이 발생한다.
(6) 용접부 변형으로 인한 2차 응력 발생가능성이 있다.
(7) 고온으로 인한 용착금속부가 열변화의 영향에 의한 잔류응력이 발생한다.

② 잔류응력으로 인한 영향

용접구조물의 취성파괴를 유발시키며, 용접부에 응력집중과 반복하중으로 인한 피로파괴, 부식저항성능 저하 및 좌굴강도 저하 등의 영향을 미친다.

③ 용접의 검사방법(비파괴 검사)

구분	VT(Visual Test)	PT(Penetration Test)	MT(Magnetic Test)	RT(Radiographic test)	UT(Ultrasonic Test)
검사	육안검사, 표면부 결함조사	침투탐상, 표면부 결함조사	자분탐상, 표면부 결함조사	방사선투과, 내부 결함조사	초음파를 이용 표면/내부결함 조사
장점	수시검사가능, 경제적, 소요시간이 적음	장비가 간편, 이동성 편리, 장비가격이 저렴	검사속도가 빠름, 검사비용이 저렴, 장비가 간편, 이동성 편리, 검출능력 높음	내부결함 검사가능, 현상된 필름 영구 보존	3차원적 검사 수행, 한쪽 접촉면을 통해 내부검사가능, 현장휴대검사 적합
단점	표면에만 제한적 적용	표면결함만 적용, 검사시간 장시간 소요	강자성체만 적용, 자성 제거필요, 검사자 경험 필요	방사선으로 환경문제, 시험장비 고가, 별도 판독자 필요	검사표면 가공필요, 검사자 경험필요, 최소 두께 필요
예시					

④ 용접 잔류응력의 경감

(1) 용착금속량 경감 : 용착 금속량을 적게하면 수축 변형량이 적어지고 잔류응력의 크기도 작아진다. 용착금속양을 경감시키기 위해 용접 홈의 각도를 작게 만들고 루트간격을 좁혀서 용저부 자체에서 발생되는 내부 구속력을 경감시킨다.

(2) 적절한 용착법이 선정 : 비석법(skip)에 의한 비드 배치법이 잔류응력의 크기가 가장 적은 것으로 알려져 있으며 직선 비드 배치법이 대칭법이나 후퇴법에 비해 잔류응력이 경감된다. 잔류응력의 경감과 변형방지를 동시에 만족시키는 비드 배치법으로는 비석법이 가장 좋다.

(3) 예열 시행 : 용접부에 가해지는 용접열원은 단시간에 고온을 사용하는 관계로 분포도상에 용접열원의 분포가 급경사를 이루고 있는데 이것은 급냉에 의한 용접부위의 변화가 심해질 가능성이 있다는 것이다. 이로 인해 용접부에 잔류응력이 많이 생기게 되므로 이를 경감시키기 위해 용접 이음부에 50~150℃ 정도로 예열한 후 용접하면 용접 시 온도분포의 경사가 완만해지며 용접 후 수축변형량도 감소하고 구속응력도 줄어들게 된다.

(4) 용접순서의 선정 : 용접부재가 같은 크기나 형상이라도 용접 작업순서에 따라 수축변형이 크게 영향을 주므로 공작물의 크기와 구조, 작업조건에 따라서 용접부의 잔류응력 및 구속응력에 미치는 영향이 크다. 그러므로 적당한 용접순서와 용착법을 자유자재로 선택하기 위하여 용접 구조물을 알맞은 자세로 회전시킬 수 있는 포지셔너를 사용하면 편리하다.

8. Hot spot stress (핫스팟응력 해석을 위한 일반지침, 용접강도연구위원회, 2006)

102회 1-8 핫 스팟 응력(Hot spot stress)의 개념과 변동 폭에 대해 설명

핫스팟이란 피로균열의 발생이 예상되는 용접토우 등의 취약부를 말하며 핫스팟 방법은 핫스팟에서의 구적응력 Hot spot stress의 응력진폭을 기준으로 한다. 용접부의 국부적 용접열로 인해 발생하는 핫스팟 응력(HSS : Hot spot stress)은 용접이음부나 구조물의 피로강도에 영향을 미친다. 용적구조물에 대한 피로해석은 공칭응력을 기준으로 조인트 형상별 분류기준을 바탕으로 실시되며 이러한 공칭응력을 이용한 접근방법은 특정구조물의 실제 치수영향을 고려하지 못하며 이음부 형상이 복잡한 경우는 공칭응력을 평가하기가 어렵다. 이러한 이유로 균열발생 예상 취약부위(Hot spot)을 이용하는 방법이 이용되는데, 이 방법의 특징은 용접이음부의 치수 및 형상을 고려한 응력평가가 가능하며, 핫스팟의 응력을 비교적 체계적으로 평가할 수 있다는 장점이 있다.

1) 핫스팟의 종류

① 판재의 표면에 용접부가 있는 경우(Type-a)

② 판재의 가장자리(edge)에 용접부가 있는 경우(Type-b)

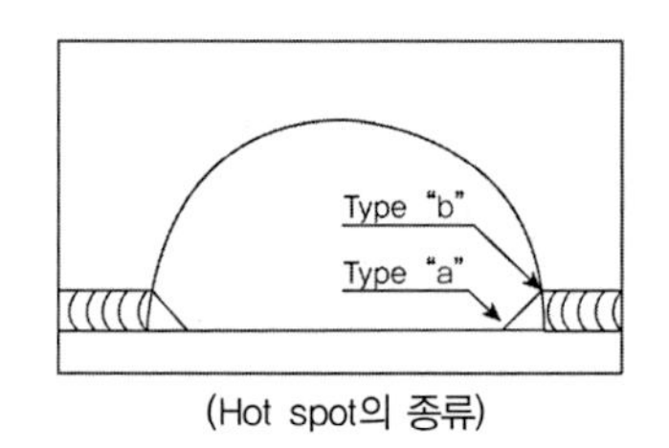

(Hot spot의 종류)

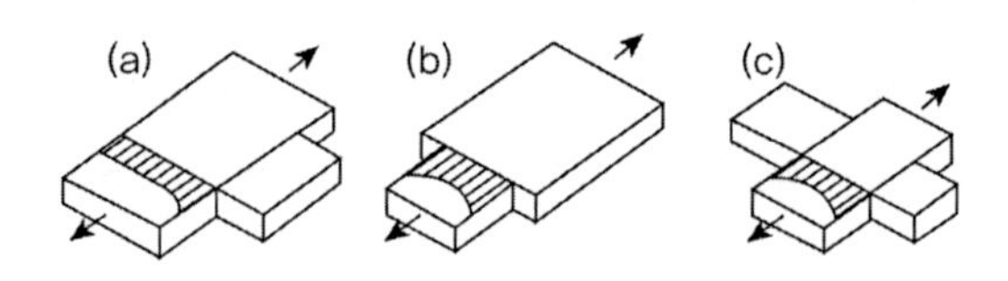

(판재 가장자리에 용접부가 있는 경우 Type-b)

2) Type-a 핫스팟의 구조적 응력의 정의

판재(plate or shell)표면에 작용하는 구조적 응력(σ_s)은 판재 표면에 작용하는 막응력(σ_m : Membrane stress, 표면응력)과 판재의 휨응력(σ_b)의 합으로 표현된다.

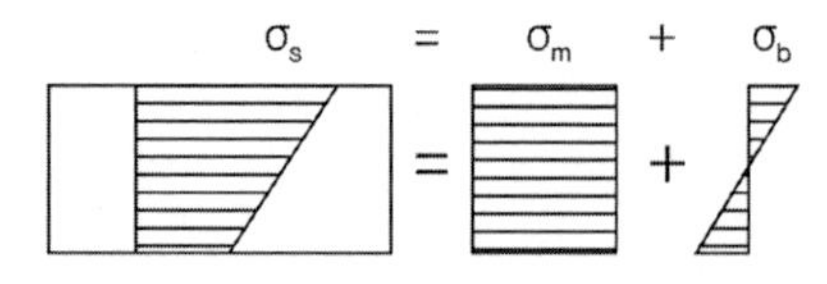

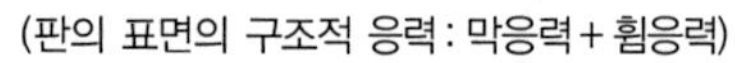

(판의 표면의 구조적 응력 : 막응력+휨응력)

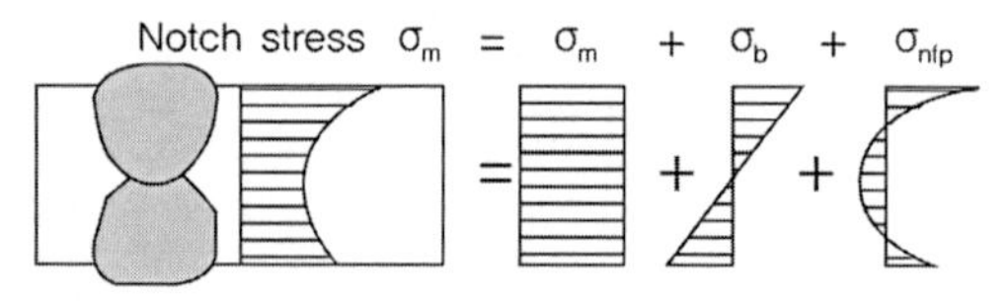

(Type-a 핫스팟의 판 두께 방향의 실제 비선형 응력분포)

용접부의 선단에서는 용접토우와 같은 국부 노치에 의하여 판재 두께 방향으로 비선형적인 응력분포가 형성되며 기본적으로 핫스팟 방법은 설계자가 실제 용접 토우 형상을 알 수 없기 때문에 비선형적인 응력(σ_{nlp})을 제외한 구조적 응력이며 노치의 영향은 실험에 의해 구해진 핫스팟 S-N 선도에 포함되어 있다.

3) 구조적 Hot spot stress(HSS)결정을 위한 실험적 근사방법(Type-a)

핫스팟에 대한 용접부 두께 방향의 응력분포는 용접토우로부터 $0.4t$(t : 판 두께) 떨어진 위치의 응력은 거의 선형적으로 분포하며 선형 외삽법[1]을 이용하여 구조적 Hot spot stress를 평가한다. 용접토우로부터 두 개의 변형률로 HSS를 산정할 경우 $0.4t(\epsilon_A)$와 $1.0t(\epsilon_B)$ 위치에 스트레인 게이지를 부착하여 측정하고 변형률 추정은 다음 식을 이용하여 계산한다.

$$\epsilon_{hs} = 1.67\epsilon_A - 0.67\epsilon_B$$

Nonlinear stress peak
Total stress
Structural stress
0.4t

(용접토우 인근 판 두께의 표면 응력분포)

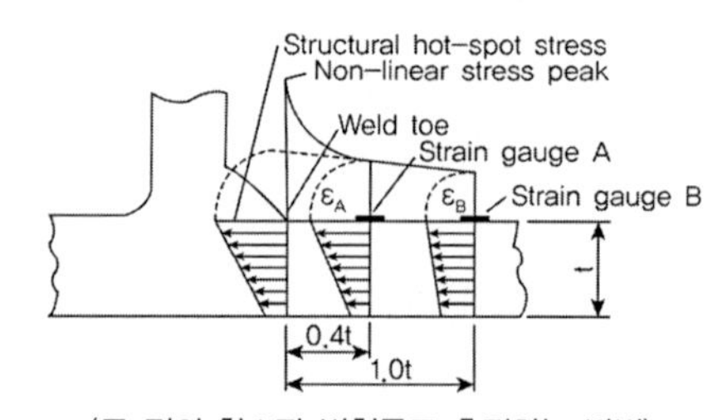

(두 점의 핫스팟 변형률로 추정하는 방법)

1) 외삽법 : 주어진 데이터 범위를 넘어선 데이터 추정방법, 주어진 데이터 범위 내의 추정은 보간법

응력상태가 1축인 경우 HSS는 $\sigma_{hs} = E\epsilon_{hs}$

4) 유한요소해석을 통한 HSS 변동폭

설계단계에서 유한요소해석을 통해 용접 토우에 수직 또는 ±45° 내의 판재 표면의 주응력을 이용하여 구조적 HSS를 산정할 수 있으며 이때 HSS의 변동폭은 재료 항복강도의 2배를 초과하지 않아야 하며 따라서 재료가 탄성거동한다고 가정하여 해석을 수행한다. 구조적 HSS의 변동폭을 구하는 것을 목적으로 하기 때문에 적어도 2개 이상의 최대, 최소 하중조건에 대해 해석하여야 하며 shell과 solid 2가지 요소가 사용된다.

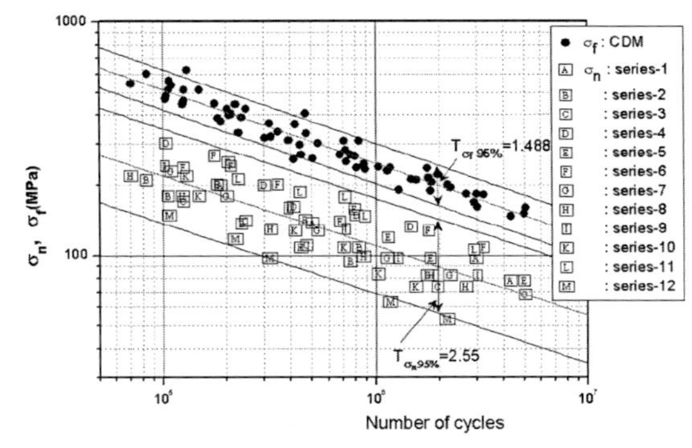

fatigue strength of the experimental results in terms of nominal stress(σ_n) and fatigue effective stress by CDM

fatigue effective stresses and maximum stress for various minimum edge length of FEM

9. 전단지연 (내적구속, 전단변형차, 응력전달지연)

108회 4-2 강교 설계시 전단지연 현상과 유효폭 산정시 주의사항 설명

85회 1-5 구조물 유효폭 산정개념을 전단뒤짐이론(shear lag)을 통해 설명

75회 1-2 전단지연현상을 예를 들어 설명

72회 1-2 전단지연현상을 설명

71회 1-11 전단지연현상을 설명하고 발생원인을 기술

68회 1-13 전단지연현상을 기술하고 강교 설계 시 유효폭과 연관성을 설명

기초 휨 이론에서 휨 전에 평면이었던 거더의 단면이 휨 이후에도 그대로 유지된다고 가정한다. 그러나 폭이 넓은 플랜지에서는 이 경우가 항상 받아들여지지는 않는다. 즉, 플랜지에서 평면내 전단 변형작용 때문에 복부판에서 멀리 떨어진 플랜지 부분에서 길이 방향의 변위는 복부판 근처

의 변위보다 지연된다. 이러한 현상을 전단지연(Shear lag)이라고 한다.

전단지연은 기초 휨 이론에 의해 제시되었던 것보다 더 큰 거더의 복부판 플랜지 연결부분에서 휨과 길이 방향의 응력의 결과로 설계의 목적에서 볼 때 각 플랜지의 실제 폭을 어떤 줄어든 폭으로 바꾸기 위해 넓은 플랜지 거더의 휨과 응력을 계산 할 때 변형된 단면에 대한 기본 휨 이론의 적용은 최대 휨과 길이방향의 응력의 옳은 값을 가져다 줄 만큼 편리하다. 그 줄어든 폭을 유효폭이라 한다.

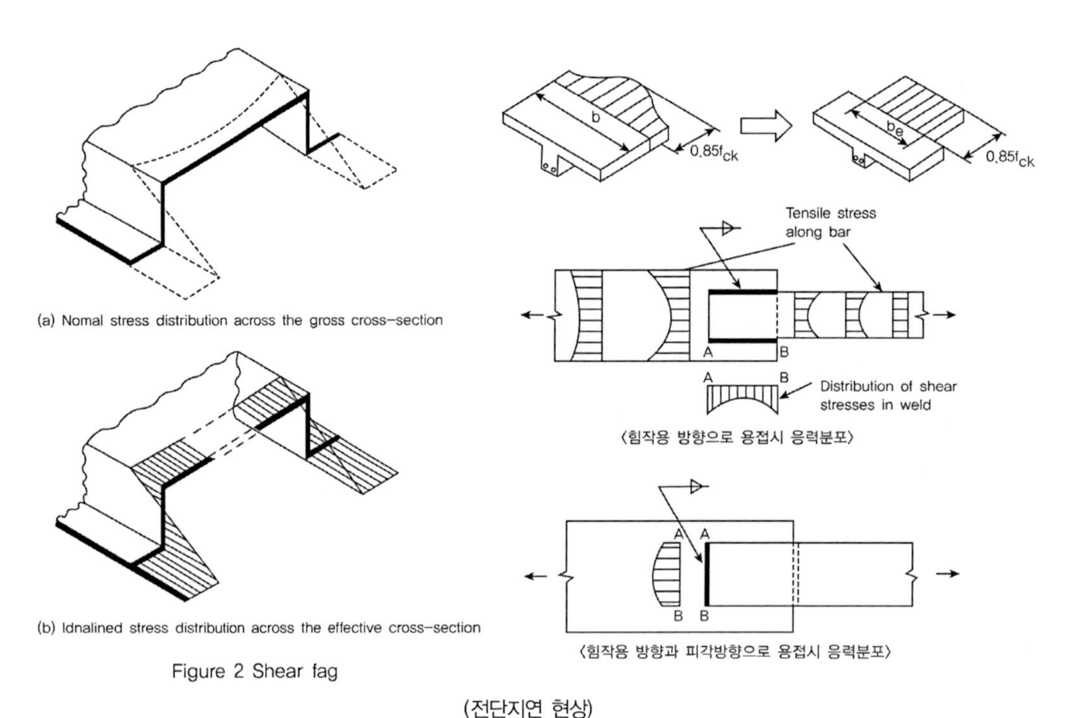

(전단지연 현상)

1) 교량에서의 전단지연 고려

교량의 바닥판은 전단에 대해 무한강성을 갖는 것이 아니기 때문에 복부판으로부터 전달되는 전단력에 대해서 불균등한 전단변형을 일으킨다.

이와 같은 전단지연현상은 폭이 좁은 I형 단면에서는 무시할 수 있지만, 상자형과 같이 플랜지의 폭이 넓은 경우에는 그 영향을 신중히 고려해야 한다. 전단지연현상을 고려한 플랜지의 축응력 분포상태는 거의 포물선에 가깝다. 이와 같은 축응력의 불균등 분포는 단면 내 전단력이 급격하게 변하는 위치(예를 들면 집중하중 밑이나 연속형의 지점 위)에서 특히 크다. 반면에 분포하중이 작용하는 지간부에서는 전단력의 변화가 그렇게 급격하지 않기 때문에 응력의 불균등분포는 지점부에 비교하여 작다.

판이나 쉘 이론에 입각한 해석이 아닌 경우, 응력의 작용 폭을 좁게 가정한 단면으로 대치함으로써 전단지연의 영향을 고려 할 수 있다. 유효폭은 복부판 바로 위 또는 바로 아래에 발생하는 최대 응력이 플랜지에 균일하게 작용하는 것으로 가정하여 구한 플랜지의 이상 폭이다. 이와 같이 유효폭에 의한 응력계산은 플랜지의 불균등한 응력분포를 고려하여 최대응력을 산정하기 위한 일종의 편법이며, 유효폭 범위 밖의 플랜지에 대해서도 좌굴에 대한 안정을 위해 필요한 판 두께 또는 보강재를 둘 필요가 있는 것에 주의 한다. 유효폭 범위 밖의 플랜지에서는 작용응력이 상당히 작은 것은 분명하지만 유효폭 내와 같은 외력이 작용하는 것으로 하여 보강위치를 설계하는 것이 간단할 뿐만 아니라 안전하다

2) 상자형의 전단지연 현상

플랜지폭이 좁은 I형 단면의 경우에는 기본적인 보 이론에서 가정한 것처럼 휨모멘트에 의한 수직응력이 플랜지의 전폭에 걸쳐서 균등하게 분포한다. 그러나 강 바닥판교나 강재 거더가 콘크리트 슬래브와 합성된 경우, 강 바닥판 또는 콘크리트 슬래브가 상부 플랜지의 역할을 수행하게 되지만, 이때에는 플랜지의 폭이 커지기 때문에 전단지연 현상에 의하여 플랜지의 교축방향 수직응력 분포가 주형 바로 위에서 응력이 최대가 되고 주형에서 멀어질수록 감소하는 포물선 형태로 나타나게 된다. 따라서 강 바닥판 또는 콘크리트 슬래브의 전 폭이 주형과 일체로 작용한다고 보고 단면계수(단면 2차 모멘트 등)를 산정하여 변위나 휨 응력 식에 의해 계산하면 불완전한 설계를 초래한다. 이와 같은 경우에는 플랜지의 특정한 폭만이 유효하고 이 폭에서는 최대 휨 응력 (f_0)과 동일한 응력이 균등하게 분포한다고 보는 '유효폭 개념'을 일반적으로 설계에 적용한다. $f(y)$의 분포는 b/L값과 주형의 휨모멘트 분포형상(포물선, 삼각형) 등에 의해 지배된다. 지간이 길어질수록 유효폭은 커진다.

3) 유효폭 산정

유효폭은 복부판 바로 위 또는 바로 아래에 발생하는 최대응력이 플랜지에 균일하게 작용하는 것으로 가정하여 구한 플랜지의 이상 폭이다. 이와 같이 유효폭에 의한 응력계산은 플랜지의 불균등한 응력분포를 고려하여 최대응력을 산정하기 위한 일종의 편법이며, 유효폭 범위 밖의 플랜지에 대해서도 좌굴에 대한 안정을 위해 필요한 판 두께 또는 보강재를 둘 필요가 있는 것에 주의한다. 유효폭 범위 밖의 플랜지에서는 작용응력이 상당히 작은 것은 분명하지만 유효폭 내와 같은 외력이 작용하는 것으로 하여 보강위치를 설계하는 것이 간단할 뿐 아니라 안전하다. 설계의 목적에서 볼 때 각 플랜지의 실제 폭을 어떤 줄어든 폭으로 바꾸기 위해 넓은 플랜지 거더의 휨과 응력을 계산할 때 변형된 단면에 대한 기본 휨 이론의 적용은 최대 휨과 길이방향의 응력의 옳은 값을 가져다 줄 만큼 편리하다. 그 줄어든 폭을 유효폭이라 한다. 플랜지의 유효폭은 지간에 따라 변하고 교량의 평면 치수뿐만 아니라 하중분포, 단면성질, 경계조건에 달려있다는 것으로 알려져 있다. 설계 부재력을 산정하기 위해 탄성해석과 보 이론을 적용할 때 전단지연 효과를 고려해야

한다. 구조해석에서 휨모멘트, 전단력의 영향을 계산하기 위한 단면의 성질은 전단지연 효과를 고려한 유효플랜지 폭을 사용해야 한다. 구조해석에 사용되는 유효폭을 도로교 설계기준에 의거하여 구한 다음 이를 단면계수 산정에 적용하여 모델링 입력자료로 사용한다.

① 유효폭의 정의 : 플랜지의 응력크기의 총합이 플랜지상의 최대응력(f_0)이 등분포로 작용한다고 가정할 경우의 응력크기의 총합과 같게 될 때의 분포 폭을 플랜지의 유효폭이라 한다.

$$b_e = \frac{\int_0^b f(x)\,dx}{f_o}$$

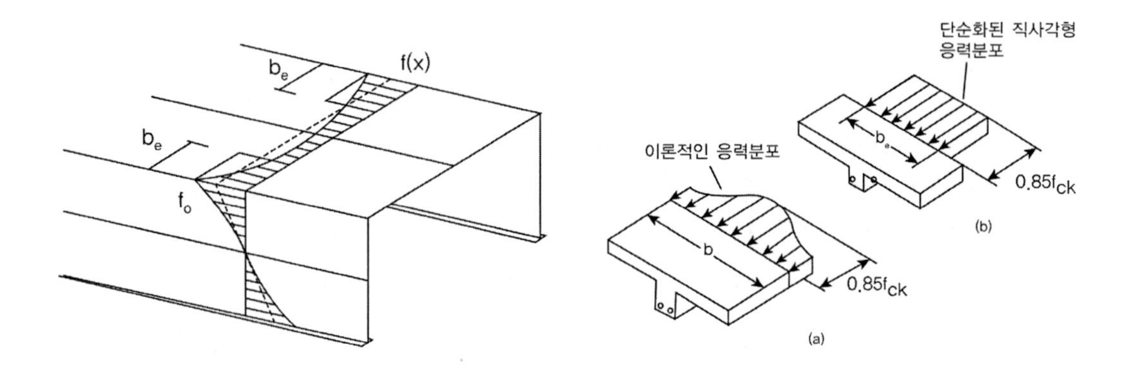

4) 전단지연의 영향요소

① 폭/지간비의 변화 : 지간에 대하여 플랜지 폭을 증가시키면 현저히 증가한다.
② 하중의 형태와 위치 : 길이방향의 불균일한 응력분포는 집중하중부, 지점부에서 빠르게 증가한다.
③ 보강재의 효과 : 유효폭 비는 보강재수가 증가함에 따라 현저히 감소한다.

5) 전단 변형의 차가 큰 곳은 집중하중이 작용하는 곳(연속형의 중간지점, 라멘교각의 우각부)으로, 실제 설계에서 전단지연 현상의 영향은 유효폭을 적용하여 플랜지에 작용하는 최대 축응력이 균일하게 작용하는 것으로 가정해서 설계한다. 유효폭 범위 외의 플랜지에 대해서도 좌굴 안전상 필요한 판 두께를 확보하거나 보강재로 보강하여야 한다.

Chapter

02 강구조물의 좌굴

01 좌굴이론

1. 강구조물의 좌굴현상

107회 1-6 강재 I형거더 파괴 형상

95회 4-2 강구조물의 좌굴현상과 설계상 대책

94회 2-3 플레이트 거더구조의 파손특성

일반적으로 강구조물의 파괴는 피로에 의한 파괴, 좌굴에 의한 파괴, 극도의 변형으로 인한 파괴로 구분할 수 있으며, 구조물의 좌굴현상은 주요 부재가 압축응력을 받아 그 크기가 부재의 극한치를 초과하면 이에 대응하는 변형상태가 갑자기 변하여 설계하중을 지탱할 수 없어 구조물이 붕괴되는 현상을 말한다. 좌굴이 발생되면 부재는 내하력을 잃고 구조물이 파괴된다. 좌굴은 탄성한도 내에서 발생하는 탄성 좌굴(Elastic Buckling, Euler's Buckling)과 탄성범위를 벗어나 불안정한 상태인 비탄성 좌굴(Inelastic Buckling)로 구분할 수 있으며, 좌굴이 발생하는 위치가 면내 또는 면외에서 발생하는지에 따라 면내 좌굴(In-plane Buckling)과 면외 좌굴(Out of plane Buckling)로 구분할 수 있다. 또한 좌굴현상이 발생할 때 구조물 전체가 동시에 내하력을 잃는 전체 좌굴(Global Buckling)과 구조계의 개개 부재에서 발생하는 국부좌굴(Local Buckling)로 구분할 수 있다.

1) 강구조물 부재별 좌굴 현상

① 압축부재의 좌굴 : 실제 부재는 제작상의 결함, 초기변형, 잔류응력, 지점조건, 하중의 편심에 따라 강도의 변화가 존재하며 실제부재에서 이러한 요건으로 인하여 좌굴강도가 저하되게 된다. 압축부재는 세장비가 클 경우 재료의 파괴보다는 좌굴로 인한 파괴의 안정성의 문제가 더 크게 되므로 도로교 설계기준에서는 세장비에 따라 압축부재의 강도를 정하도록 하고 있다.

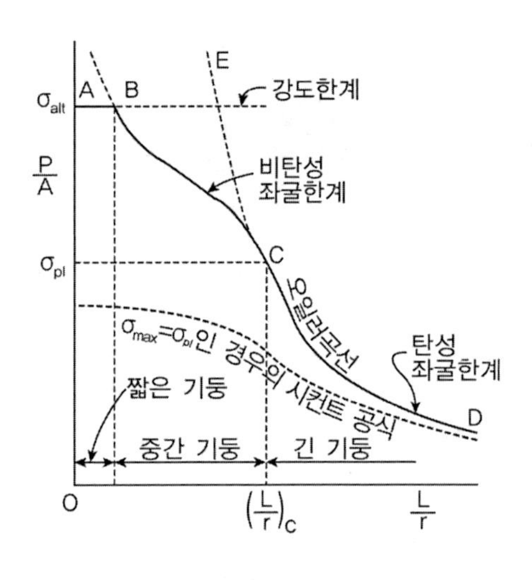

기둥의 좌굴은 탄성 좌굴과 비탄성 좌굴로 구분할 수 있으며 일반적으로 Euler의 좌굴응력이 재료의 비례한계에 도달할 때를 기준으로 구분한다.

- AB(단주) : 재료의 항복, 파쇄에 의한 파괴
- BC(중간주) : 비탄성 좌굴에 의한 파괴, 임계하중은 오일러하중보다 작다.

$$\sigma_{cr}{}' = \frac{P_{cr}}{A} = \frac{\pi^2 E_t}{(L/r)^2} \text{ (접선탄성계수 적용)}$$

- CD(장주) : 오일러 법칙에 따른다.

$$\sigma_{cr} = \frac{P_{cr}}{A} = \frac{\pi^2 E}{(L/r)^2}, \quad \lambda_c = \left(\frac{L}{r}\right)_c = \sqrt{\frac{\pi^2 E}{\sigma_{pl}}}$$

도로교 설계기준(허용응력설계법)에서는 압축부재의 좌굴강도를 G. Schulz의 실험식을 통해 세장비에 따라 다음과 같이 적용하고 있다.

$$\bar{f} = \frac{f_{cr}}{f_y} \quad \bar{\lambda} = \frac{\lambda}{\lambda_c} = \frac{1}{\pi}\sqrt{\frac{f_y}{E}}\left(\frac{l}{r}\right) \quad \text{(여기서 } \lambda_c \text{는 } f_{cr}=f_y \text{ 일 때의 세장비} \quad \because f_y = \frac{\pi^2 E}{\lambda_c^2}\text{)}$$

$$\bar{f} = \begin{cases} 1.0 & \bar{\lambda} \le 0.2 \quad \text{(단주)} \\ 1.109 - 0.545\bar{\lambda} & 0.2 < \bar{\lambda} \le 1.0 \quad \text{(중간주)} \\ 1.0/(0.773 + \lambda^2) & 1.0 < \bar{\lambda} \quad \text{(장주)} \end{cases} \quad \therefore f_a = \frac{f_{cr}}{S.F(\fallingdotseq 1.77)} = \frac{\bar{f} \times f_y}{S.F(\fallingdotseq 1.77)}$$

TIP | 비탄성 좌굴 |

중간길이의 기둥에서 Euler하중에 도달하기 이전에 응력이 비례한도에 도달함으로 인해 탄성 좌굴 이론과 다른 별도의 비탄성 좌굴 이론이 필요하게 되었다. 비탄성 좌굴 이론은 Shanley의 이론이 주로 정설로 입증되고 있으나 안정성이나 계산상의 편리성을 고려하여 접선계수 이론이 주로 적용된다.

① 접선계수 이론 : 비례한도 위의 점에서 재료의 탄성계수를 접선계수로 적용($E_t = d\sigma/d\epsilon$)

② 감소계수(등가계수) 이론 : 부재의 위치에 따라 탄성계수를 다르게 적용되므로(압축측은 E_t, 인장측은 E), 등가의 탄성계수(E_r)로 적용

$$E_r = \frac{4EE_t}{(\sqrt{E} + \sqrt{E_t})^2} \text{ (직사각형)}, \quad E_r = \frac{2EE_t}{E + E_t} \text{ (Wide Flange 보)}$$

③ Shanley 이론 : 처진 모양이 하중변화 없이 갑자기 발생하는 중립평형 대신 계속 증가하는 축하중을 가진 기중을 고려하여 중립평형대신 하중-처짐 사이 명확한 관계를 가지는 기둥을 고려하여 해석

② 휨 부재의 좌굴

휨부재의 파괴 모드는 소성파괴(Fully plastic failure by excessive deformation), 국부좌굴(Local Buckling : Web local buckling, Flange local buckling), 횡비틂좌굴(Lateral-Torsional buckling)로 구분할 수 있으며, 허용응력설계법에서는 휨모멘트를 받는 H형강 단면의 플랜지부 허용응력은 거더의 횡방향 좌굴응력을 기본 내하력으로 규정하고 있다. LRFD설계에서는 단면을 구분(조밀, 비조밀, 세장단면)하여 강도를 결정하도록 하고 있다. 횡비틂좌굴(또는 횡좌굴)은 단면의 강축면내에서 휨이 작용할 때 휨이 어느 일정치에 도달하면 부재가 처짐면내에서 처짐면외로 비틀림을 동반하여 횡방향으로 변형이 발생되어 내하력을 잃는 상태를 말한다.

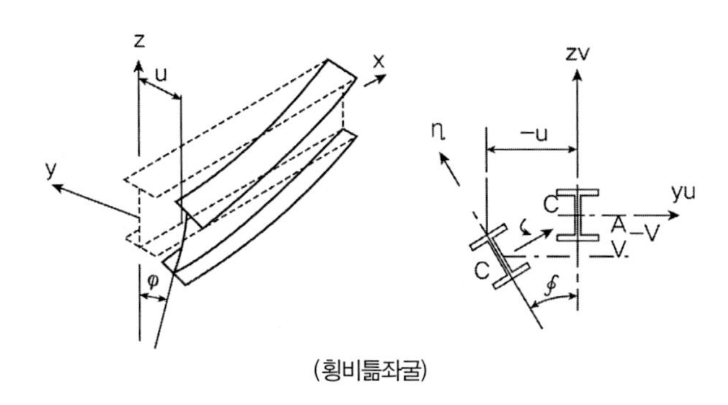

(횡비틂좌굴)

도로교 설계기준(허용응력설계법)에서는 휨부재에 대한 극한휨모멘트와 허용휨압축응력은 I형 단면의 횡방향 좌굴강도(A_w/A_c)를 기본으로 한 휨강도로 정해진다.

- 극한 휨모멘트 $M_u = \min[M_{bu},\ M_y]$, $M_{bu} = f_{bu}S_c$, $M_y = f_yS_t$
- 허용 휨모멘트 $M_a = \min[M_{ba},\ M_{ta}]$, $M_{ba} = f_bS_c$, $M_y = f_tS_t$
- 압축플랜지의 극한 휨압축응력 f_{bu}

$$\frac{f_{bu}}{f_y} = \begin{cases} 1.0 & \alpha \le 0.2 \\ 1 - 0.412(\alpha - 0.2) & \alpha > 0.2 \end{cases}, \qquad \alpha = \sqrt{\frac{f_y}{f_{cr}}} = \frac{2}{\pi}k\sqrt{\frac{f_y}{E}}\left(\frac{l}{b}\right)$$

$$f_{cr} = \frac{\pi^2 E}{4\left(k\frac{l}{b}\right)^2} \qquad k = \begin{cases} 2.0 & \frac{A_w}{A_c} \le 2.0 \\ \sqrt{3 + \frac{A_w}{2A_c}} & \frac{A_w}{A_c} > 2.0 \end{cases}$$

$$\therefore f_b = \frac{f_{bu}}{S.F(\fallingdotseq 1.7)}$$

③ 축방향력과 휨을 동시에 받는 부재의 좌굴

축방향 압축력과 휨을 동시에 받는 부재는 휨모멘트가 강축에 대해 작용하는 것이 보통이다. 이 경우 휨 작용면내의 휨 좌굴과 휨 작용 면외의 휨과 비틀림이 일어나 휨비틂 좌굴이 생길 가능성이 있다. 따라서 2가지의 안전성을 조사해야 하나 일반적으로 작용면외의 좌굴강도가 작다.

도로교 설계기준(허용응력설계법)에서는 조합하중에 대하여 다음과 같이 검토하고 있다.

$$\frac{f_c}{f_{ca}}+\frac{f_b}{f_{ba}(1-f_c/f_E{}')}<1.0, \qquad \text{여기서} \quad f_E{}'=\frac{1,200,000}{\left(\frac{l}{r_x}\right)^2}$$

④ 판(Plate)의 좌굴

강부재를 구성하는 판이 면내의 순압축력과 휨을 받아 압축응력이 어느 일정치에 도달하면 면외방향으로 휘는 현상을 국부좌굴이라 하며, 실제 구조물에서는 초기 변형과 잔류응력을 받는다. 판의 좌굴에는 거더의 복부판 및 강관 중에서 많이 나타나며, 거더에서 복부판 부분의 경우에는 후좌굴 현상이 발생된다.

도로교 설계기준(허용응력설계법)에서는 압축응력을 받는 평판에 대한 내하력을 다음과 같이 적용하고 있다.

$$\bar{f}=\frac{f_{cr}}{f_y}=\begin{cases}1.0 & R\le 0.7\\ \dfrac{1}{2R^2} & R>0.7\end{cases}, \qquad f_{cr}=k\frac{\pi^2E}{12(1-\nu^2)}\left(\frac{t}{b}\right)^2$$

$$R=\sqrt{\frac{f_y}{f_{cr}}}=\frac{1}{\pi}\sqrt{\frac{12(1-\nu^2)}{k}}\sqrt{\frac{f_y}{E}}\left(\frac{b}{t}\right) \qquad k=\begin{cases}4.0 & \text{양연지지}\\ 0.43 & \text{자유돌출}\end{cases}$$

또한 도로교 설계기준에서는 휨응력을 받고 있는 보에서 전체좌굴에 앞서 국부좌굴이 발생되지 않도록 판에 대해서 판·폭 두께 비를 제한하는 방식을 적용하고 있다.

$$\therefore\ R\le R_{cr}:\quad \left(\frac{b}{t}\right)_{limit}\ge \pi R_{cr}\sqrt{\frac{k}{12(1-\nu^2)}}\sqrt{\frac{E}{f_y}}$$

이 방식은 설계 시 국부좌굴을 고려하지 않아도 되므로 설계가 간편해지나 작용응력이 작을 경우에는 재료 강도를 충분히 활용하지 못하는 비경제적인 설계가 될 수 있다. 다른 방법으로는 $R>R_{cr}$인, 즉 판의 국부좌굴을 허용하는 방식으로 재료의 강도를 충분히 활용하여 경제적인 설계가 될 수 있다는 장점이 있는 반면, 웨브의 좌굴발생으로 인한 Post-Buckling Behavior로 인해 Flange에 추가적인 압축강도의 발생으로 Flange의 좌굴강도저하를 고려해야 한다는 점이다. 미국의 AISC는 이러한 판형의 후좌굴강도를 고려하여 복부판의 휨응력에 의한 국부좌굴을 허용하는 대신에 플랜지의 추가분담율을 고려하여 플랜지의 강도를 감소시키는 방법을 적용하고 있기도 하다.

2) 판형(Plate Girder)의 좌굴

상대적으로 긴 경간의 주형(Girder)은 단면에 발생하는 M, V가 대단히 크기 때문에 소요단면적을 공장제작 생산하는 압연보로 충족시키기 어렵다. 소요단면적의 충족을 위해서는 강판을 조립하여 만들어야 하며 이러한 주형을 Plate Girder, 판형이라고 한다. 국내의 압연보는 H=900mm, B=300mm로 제한적인 것으로 알려져 있다.

① 판형의 파손 : 판형은 용접이나 고강도 볼트를 이용하여 제작하기 때문에 연결부의 파손이 발생하기 쉬우며 또한 휨모멘트와 전단력에 의해서 좌굴이 발생할 수 있다.

② 휨 좌굴

조밀단면의 경우 잔류응력을 포함하여 최대응력이 항복점에 도달하면 소성화되며 이 때 얇은 Web 판형은 전단변형의 영향도 받기 때문에 직선분포보다 더 큰 응력이 발생한다. 제작 시 초기처짐이나 좌굴에 의해 압축부의 전단면이 유효하지 않기 때문에 최대 압축응력이 최대 인장응력보다 크게 된다. 따라서 판형의 강도는 Flange의 좌굴을 고려하여야 한다. 압축 플랜지의 좌굴유형은 압축 flange 자체의 좌굴, 횡방향 좌굴, 비틀림 좌굴, 복부판 연결부 수직좌굴이 발생할 수 있다.

- 횡방향 좌굴 : 가로보에 의해 횡방향으로 지지된 지지점 사이에서 일어난 단면 전체의 횡방향 좌굴의 결과에 의해 발생하는 측방향 변위이다.
- 비틀림 좌굴 : 주로 국부좌굴현상으로 한계압축응력이 항복응력과 같거나 그 이상이 되도록 폭 두께 비를 제한하여 방지할 수 있다.
- 복부판 연결부의 수직좌굴 : 휨에 의한 만곡부에서 flange의 응력방향이 변화되고 판형의 곡률 때문에 복부판은 상하플랜지로부터 곡률반경 중심방향의 압축력을 받는다.

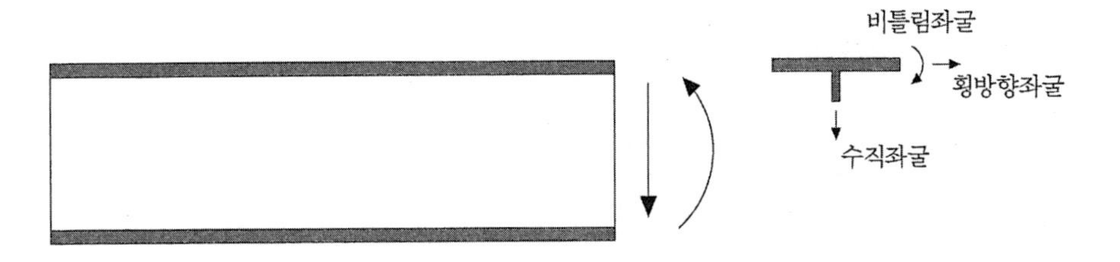

③ 전단좌굴

직접적인 지압, 전단력에 의한 좌굴로 보강재로 복부판 보강 시 압축 주응력 방향의 저항력은 상실되나 인장방향 저항력은 확보되어 Pratt truss 구조형식처럼 복부판이 인장력에만 견디는 인장장(Tension field)을 형성하여 전단력에 저항하게 된다. 인장장이 발생 시에는 flange에 추가 압축력이 발생하여 flange의 좌굴강도를 저하시키게 된다. 이를 방지하기 위해서 Web의 국부좌굴방지를 위한 b/t 제한 또는 플랜지의 좌굴강도를 저하시키는 허용응력 저하하는 방법이 있다.

3) 좌굴에 대한 설계상의 대책

좌굴에 대한 설계상의 대책은 허용응력의 감소를 통해서 부재의 안정성을 확보하는 방법과 보강재를 통해서 강도 증가, 비지지길이 감소, 세장비 감소, 국부좌굴방지 등을 통해서 강도를 확보하는 방법으로 크게 구분할 수 있다.

① 허용응력의 저감

강구조의 허용압축응력은 기둥의 좌굴강도, 보의 횡좌굴 강도를 기본 내하력으로 하여 결정된다. 기본 내하력은 부재의 잔류응력, 초기 변형 등의 불완선 성질을 고려한 실험적 방법으로 구해진다. 허용응력은 기본 내하력에 안전율로 나누어 구한다.

② 각종 보강재를 이용한 보강 설계

강부재의 면외좌굴로 인한 국부좌굴을 방지하기 위하여 각종 보강재를 설치하여 국부좌굴을 방지하도록 한다.

4) 부재별 설계 시 대책

① 기둥 : 세장비에 의해 허용압축응력이 결정된다. 세장비는 기둥단면과 유효 좌굴길이로 결정되며, 기둥 부재의 양단 지지조건에 따라 좌굴형태 및 유효 좌굴길이가 다르다. 그러므로 부재 설계 시 양단 지지조건과 세장비를 고려하여 허용 압축응력을 구할 수 있다.

② 보 : 압축 플랜지의 고정점 거리(l)와 플랜지 폭(b)의 비(l/b)로 허용 휨압축응력이 결정된다. l/b가 크게 되면 횡좌굴 현상에 의해 허용 휨압축응력이 크게 저하되므로 상한치를 정하여 그 이하로 제한하는 방법이 적용된다.

③ 판 : 판좌굴의 대책은 판의 폭, 두께를 제한하거나 보강재를 설치한다. 판 두께의 상한치는 판의 지지상태 및 하중조건에 의해 국부좌굴이 발생하지 않는 범위가 결정된다. 보강재를 설치하는 방법은 국부좌굴과 전체 좌굴의 연관성을 고려하여 판에 가로와 세로방향으로 보강재를 설치한다. 보의 복부판에서 휨 및 전단좌굴에 대한 대책은 최소 복부판 두께를 정하고 필요한 간격 및 강도를 갖는 수평, 수직 보강재를 설치한다.

107회 1-6

강재거더의 파괴형상

강재 I형 거더의 파괴형상을 4가지이상 들고, 각각의 파괴형상에 대한 보강방법에 대하여 설명하시오

풀 이

➤ 개요

일반적으로 강구조물의 파괴는 피로에 의한 파괴, 좌굴에 의한 파괴, 극도의 변형으로 인한 파괴로 구분할 수 있으며, 구조물의 좌굴현상은 주요 부재가 압축응력을 받아 그 크기가 부재의 극한치를 초과하면 이에 대응하는 변형상태가 갑자기 변하여 설계하중을 지탱할 수 없어 구조물이 붕괴되는 현상을 말한다. 좌굴이 발생되면 부재는 내하력을 잃고 구조물이 파괴된다. 좌굴은 탄성한도 내에서 발생하는 탄성 좌굴(Elastic Buckling, Euler's Buckling)과 탄성범위를 벗어나 불안정한 상태인 비탄성 좌굴(Inelastic Buckling)로 구분할 수 있으며, 좌굴이 발생하는 위치가 면내 또는 면외에서 발생하는지에 따라 면내 좌굴(In-plane Buckling)과 면외 좌굴(Out of plane Buckling)로 구분할 수 있다. 또한 좌굴현상이 발생할 때 구조물 전체가 동시에 내하력을 잃는 전체 좌굴(Global Buckling)과 구조계의 개개 부재에서 발생하는 국부좌굴(Local Buckling)로 구분할 수 있다.
상대적으로 긴 경간의 주형(Girder)을 갖는 I형 거더 단면에 발생하는 M, V가 대단히 크기 때문에 소요단면적을 공장제작 생산하는 압연보로 충족시키기 어렵다. 소요단면적의 충족을 위해서는 강판을 조립하여 만들어야 하며 이러한 주형을 Plate Girder, 판형이라고 한다. 국내의 압연보는 H=900mm, B=300mm로 제한적인 것으로 알려져 있다.

➤ 파괴형상 : 판형의 손상

판형은 용접이나 고강도 볼트를 이용하여 제작하기 때문에 연결부의 파손이 발생하기 쉬우며 또한 휨모멘트와 전단력에 의해서 좌굴이 발생할 수 있다.

➤ 파괴형상 : 휨좌굴

조밀단면의 경우 잔류응력을 포함하여 최대응력이 항복점에 도달하면 소성화되며 이 때 얇은 Web 판형은 전단변형의 영향도 받기 때문에 직선분포보다 더 큰 응력이 발생한다. 제작 시 초기처짐이나 좌굴에 의해 압축부의 전단면이 유효하지 않기 때문에 최대 압축응력이 최대 인장응력보다 크게 된다. 따라서 판형의 강도는 Flange의 좌굴을 고려하여야 한다. 압축 플랜지의 좌굴유형은 압축 flange 자체의 좌굴, 횡방향 좌굴, 비틀림 좌굴, 복부판 연결부 수직좌굴이 발생할 수

있다.

• 횡방향 좌굴 : 가로보에 의해 횡방향으로 지지된 지지점 사이에서 일어난 단면 전체의 횡방향 좌굴의 결과에 의해 발생하는 측방향 변위이다.
• 비틀림 좌굴 : 주로 국부좌굴현상으로 한계압축응력이 항복응력과 같거나 그 이상이 되도록 폭두께 비를 제한하여 방지할 수 있다.
• 복부판 연결부의 수직좌굴 : 휨에 의한 만곡부에서 flange의 응력방향이 변화되고 판형의 곡률 때문에 복부판은 상하플랜지로부터 곡률반경 중심방향의 압축력을 받는다.

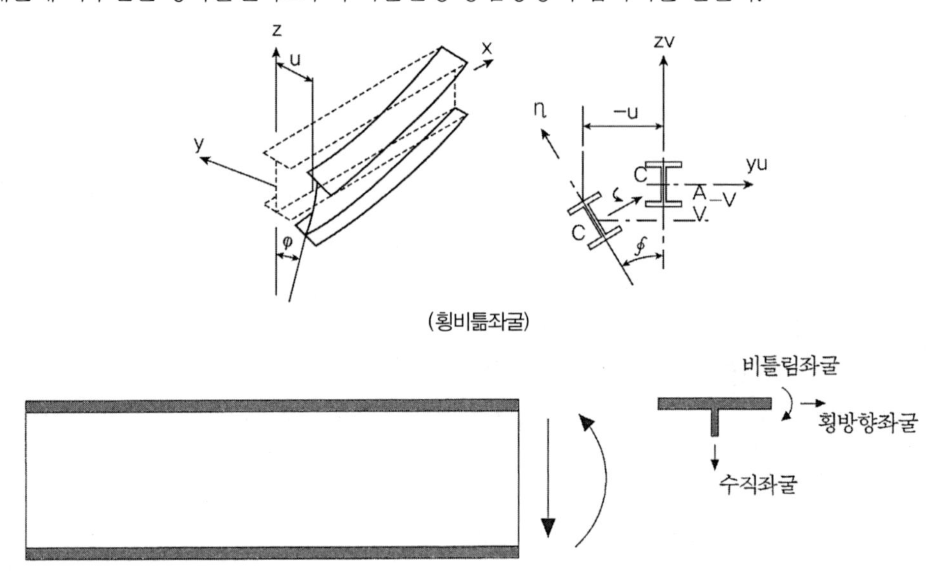

➤ 파괴형상 : 전단좌굴

직접적인 지압, 전단력에 의한 좌굴로 보강재로 복부판 보강 시 압축 주응력 방향의 저항력은 상실되나 인장방향 저항력은 확보되어 Pratt truss 구조형식처럼 복부판이 인장력에만 견디는 인장장(Tension field)을 형성하여 전단력에 저항하게 된다. 인장장이 발생 시에는 flange에 추가 압축력이 발생하여 flange의 좌굴강도를 저하시키게 된다. 이를 방지하기 위해서 Web의 국부좌굴 방지를 위한 b/t 제한 또는 플랜지의 좌굴강도를 저하시키는 허용응력 저하하는 방법이 있다.

➤ 파괴형상에 대한 보강방법 : 좌굴에 대한 설계상의 대책

좌굴에 대한 설계상의 대책은 허용응력의 감소를 통해서 부재의 안정성을 확보하는 방법과 보강재를 통해서 강도 증가, 비지지길이 감소, 세장비 감소, 국부좌굴방지 등을 통해서 강도를 확보하는 방법으로 크게 구분할 수 있다.

① 허용응력의 저감

강구조의 허용압축응력은 기둥의 좌굴강도, 보의 횡좌굴 강도를 기본 내하력으로 하여 결정된다. 기본 내하력은 부재의 잔류응력, 초기 변형 등의 불완선 성질을 고려한 실험적 방법으로 구해진다. 허용응력은 기본 내하력에 안전율로 나누어 구한다.

② 각종 보강재를 이용한 보강 설계

강부재의 면외좌굴로 인한 국부좌굴을 방지하기 위하여 각종 보강재를 설치하여 국부좌굴을 방지하도록 한다.

➤ 파괴형상에 대한 보강방법 : 부재별 설계 시 대책

① 기둥 : 세장비에 의해 허용압축응력이 결정된다. 세장비는 기둥단면과 유효 좌굴길이로 결정되며, 기둥 부재의 양단 지지조건에 따라 좌굴형태 및 유효 좌굴길이가 다르다. 그러므로 부재 설계 시 양단 지지조건과 세장비를 고려하여 허용 압축응력을 구할 수 있다.

② 보 : 압축 플랜지의 고정점 거리(l)와 플랜지 폭(b)의 비(l/b)로 허용 휨압축응력이 결정된다. l/b가 크게 되면 횡좌굴 현상에 의해 허용 휨압축응력이 크게 저하되므로 상한치를 정하여 그 이하로 제한하는 방법이 적용된다.

③ 판 : 판좌굴의 대책은 판의 폭, 두께를 제한하거나 보강재를 설치한다. 판 두께의 상한치는 판의 지지상태 및 하중조건에 의해 국부좌굴이 발생하지 않는 범위가 결정된다. 보강재를 설치하는 방법은 국부좌굴과 전체 좌굴의 연관성을 고려하여 판에 가로와 세로방향으로 보강재를 설치한다. 보의 복부판에서 휨 및 전단좌굴에 대한 대책은 최소 복부판 두께를 정하고 필요한 간격 및 강도를 갖는 수평, 수직 보강재를 설치한다.

2. 탄성 좌굴 비탄성 좌굴

강재단면 구성하는 판 요소의 판 두께 폭 비에 따라 Compact section, Non-compact section, Slender section으로 구분한다. 강재의 판 폭 두께 비가 Non-compact section의 한계 판 폭 두께 비를 초과하지 않으면 국부좌굴 방지를 위한 내력 감소는 필요하지 않으나 압축재가 길어지면 압축재 전체가 불안정 현상을 나타내는 부재좌굴이 발생하여 구조물 안전에 문제가 생긴다.

1) 탄성과 비탄성 좌굴

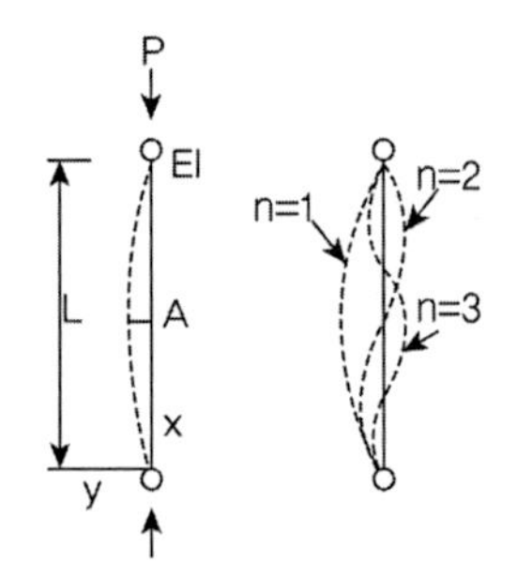

부재가 세장한 경우 저항할 수 있는 하중은 작고 따라서 부재에 생기는 압축응력도가 탄성범위 내에서 좌굴이 발생한다. 이와 같은 좌굴을 탄성 좌굴이라고 하고 탄성 좌굴하중은 오일러가 중심압축력을 받는 부재의 좌굴미분방정식으로부터 구하였다.

$$\frac{d^2y}{dx^2} + \frac{P_{cr}y}{EI} = 0 \quad \therefore P_{cr} = \frac{\pi^2 EI}{L^2}$$

오일러의 탄성 좌굴은 강재가 탄성범위 내에 있을 때 성립되며 축하중이 증가하여 기둥의 응력이 탄성범위를 벗어나면 그대로 적용할 수 없으며 이러한 불안정한 현상을 비탄성 좌굴(inelastic buckling)이라고 한다.
압축재는 세장비의 크기에 따라서 탄성 좌굴 또는 비탄성 좌굴이 발생하며 그 세장비를 한계세장비라고 한다.

2) 비탄성 좌굴 이론

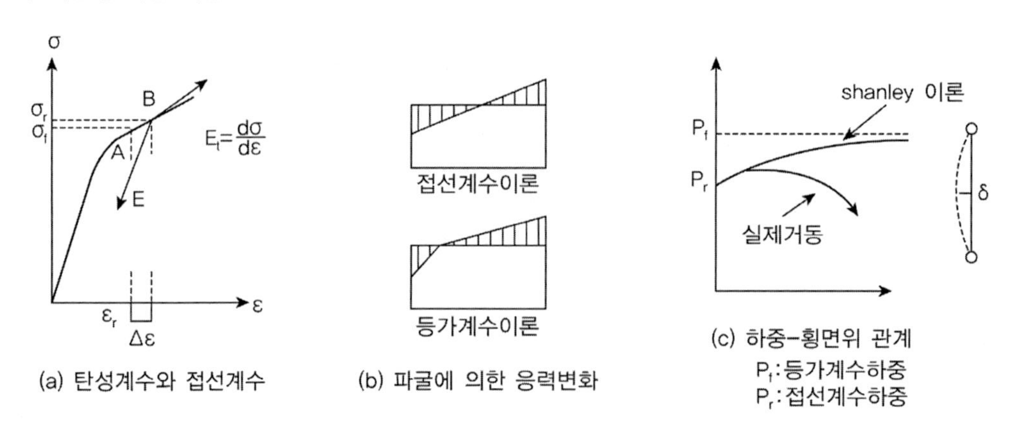

(a) 탄성계수와 접선계수　(b) 파굴에 의한 응력변화　(c) 하중-횡면위 관계
P_f: 등가계수하중
P_r: 접선계수하중

① 등가계수이론(감소계수이론, Reduced Modulus theory)은 기둥의 횡변위가 생기지 않고 단면 내에 압축응력이 균등하게 분포하면서 등가계수하중[그림(a)의 B점]에 도달하고 이점에 도달

하자마자 횡변위에 의한 응력변화가 일어나서 단면 내의 응력이 증가하는 부분과 감소하는 부분에서 서로 상이한 탄성계수 E와 E_t가 존재한다는 이론이다.

② 접선계수이론(Tangent Modulus theory)은 하중이 그림(a)의 A점에 도달하여 휨변형 발생 시 응력증감영역에서 동일한 접선계수 E_t가 존재한다는 이론

③ Shanley의 이론 : 접선계수하중(P_t)와 감소계수하중(P_r)은 P_{cr}보다 작은 값이므로 기둥이 오일러 좌굴과 유사한 방법으로 비탄성 좌굴을 일으키는 것은 불가능하며, 처진모양이 하중변화 없이 갑자기 발생하는 중립평형 대신 계속 증가하는 축하중을 가진 기둥을 고려해야 한다는 이론, 이 경우 중립평형대신 하중-처짐 사이 명확한 관계를 가지는 기둥을 고려하여 해석해야 한다. Shanley의 이론은 비탄성 좌굴의 정설로 입증되고 있으나 계산상의 실용적이 이유로 안전율을 고려하여 접선계수 하중이 많이 적용되고 있다.

④ 등가계수이론은 단면내부에 탄성계수 E가 존재한다고 생각하므로 E_t만 고려하는 접선계수이론보다 그 값이 크다.

⑤ Shanley의 실험에 따르면 비탄성 영역의 좌굴하중은 접선계수하중보다 크고 등가계수이론보다 작다.

⑥ 또한 실제거동은 과도한 휨변형에 의해 재료파괴로 인하여 그림 (c)와 같이 나타난다.

3) 초기변형, 편심, 잔류응력

실제부재에서는 초기변형, 잔류응력 및 편심이 존재하므로 이로 인해 부재의 좌굴내력을 감소시킨다.

4) 강재단면의 분류

① Compact section : $\lambda < \lambda_p$

좌굴이 생기기전에 전체 소성응력분포를 받을 수 있고 국부좌굴 발생 전 약 3 정도의 연성비를 갖는다.

② Non-compact section : $\lambda_p < \lambda \le \lambda_r$

국부좌굴이 발생하기 전에 압축부재에서 항복응력이 발생할 수 있으나 완전소성응력분포를 위해 요구되는 변형값에서 소성국부좌굴에는 저항하지 못한다. 압축세장판부재는 부재가 항복응력 도달 전에 탄성적으로 좌굴한다.

③ Slender section : $\lambda > \lambda_r$

판 폭 두께 비가 지나치게 커서 국부좌굴 발생 전에 비틀림에 의해 부재가 파괴된다.

3. 장주의 기본이론

장주는 기둥의 길이가 길다는 의미보다는 단면의 크기 또는 강성에 비해서 길이가 상대적으로 긴 압축부재를 말하며, 주로 세장비를 기준으로 장주로 구분한다. 길이가 긴 압축부재는 변형이 크게 발생하고 그로 인해 축방향력이 추가로 모멘트를 발생시켜서 좌굴의 위험이 있으므로 이를 고려해야 한다.

1) 편심이 없는 하중이 작용하는 경우 장주의 기본이론(단부 모멘트 없는 경우)

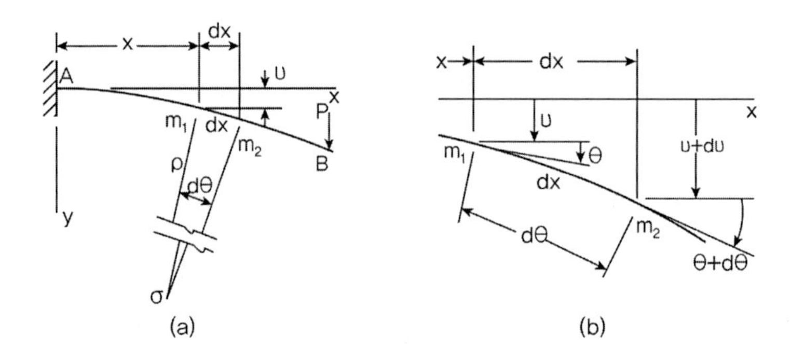

$$\text{Let,}\quad \kappa = \frac{1}{\rho} \qquad dx \approx ds = \rho d\theta \qquad \therefore \kappa = \frac{1}{\rho} = \frac{d\theta}{dx}$$

중립축에서 y만큼 떨어진 임의의 위치에서 부재의 원래길이를 l_1, 변형 후의 길이를 l_2라 하면,

$$l_1 = dx$$

$$l_2 = (\rho - y)d\theta = \rho d\theta - yd\theta = dx - y\left(\frac{dx}{\rho}\right)$$

$$\therefore \epsilon_x = \frac{l_2 - l_1}{l_1} = -y\left(\frac{dx}{\rho}\right)\frac{1}{dx} = -\frac{y}{\rho} = -\kappa y$$

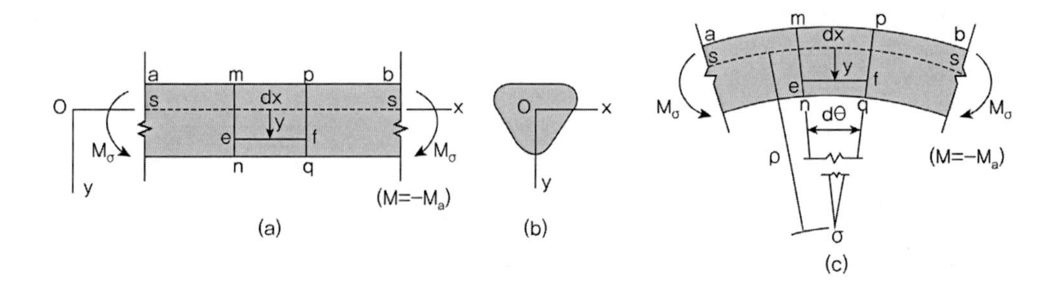

$\sigma_x = E\epsilon_x = -E\kappa y$ 이므로,

$$\therefore M = \int \sigma_x y dA = \int y(-E\kappa y)dA = -\kappa E\int y^2 dA = -\kappa EI = -\frac{EL}{\rho}$$

$$\theta \approx \tan\theta = \frac{dv}{dx} \text{이므로,} \qquad \kappa = \frac{1}{\rho} = \frac{d\theta}{dx} = \frac{d^2v}{dx^2} \quad \text{(여기서 } v\text{는 처짐)}$$

$$\therefore M = -EI\frac{d^2v}{dx^2} = -EIv'' \quad \text{(보의 처짐곡선의 기본 미분방정식)}$$

2) Euler의 좌굴하중

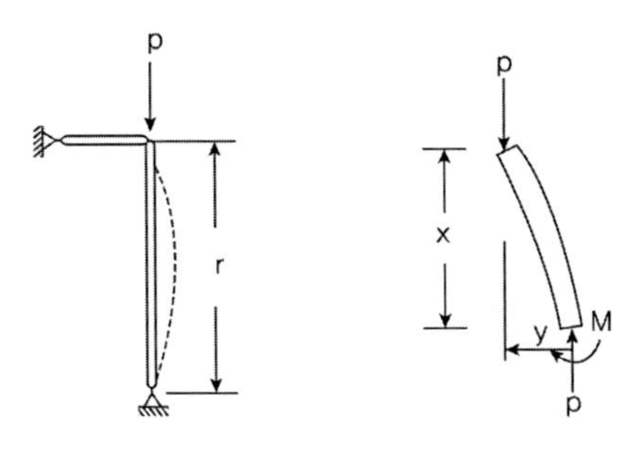

$M = -EIy'' = Py$

$EIy'' + Py = 0 \quad \text{let} \quad \lambda^2 = \dfrac{P}{EI}$

General solution $\quad y = Asin\lambda x + Bcos\lambda x$

From B.C

$y(0) = 0 \; : \; B = 0$

$y(l) = 0 \; : \; Asin\lambda l = 0$

if $A = 0 \rightarrow$ trivial solution (무용해)

$$\therefore A \neq 0, \quad \sin\lambda l = 0 \quad \lambda l = n\pi \quad \lambda = \frac{n\pi}{l} \quad P_{cr} = \frac{\pi^2 EI}{l_e^2} = \frac{\pi^2 EI}{(kl)^2} = \frac{\pi^2 EA}{(kl/r)^2}$$

$$\lambda = kl/r = \sqrt{\frac{\pi^2 E}{f_y}} \; : \text{세장비}$$

3) 유효길이

여러 가지 경우의 단부조건을 가진 기둥에 대한 임계하중을 양단이 힌지로 된 기둥의 임계하중(즉, 좌굴의 기본형에 대한 좌굴하중)으로 나타낼 때 각 단부조건이 양단 힌지로 된 기둥과 같은 처짐 형상을 갖는 기둥의 길이를 유효길이라 하며, 양단 힌지인 기둥 길이 L에 대해 상수값을 곱하여 구해지며, 이 때 양단힌지인 기둥 길이 L에 곱해지는 상수값을 기둥의 유효길이 계수(Effective Length Factor, k)라 한다. 다시 말하면, 기둥의 유효길이는 변곡점(Inflection Points) 사이에서 좌굴의 기본 형상을 나타내는 기둥의 길이이다.

	1	2	3	4	5	6
좌굴모양이 점선과 같은 경우	L					
k의 이론값	0.50	0.7	1.0	1.0	2.0	2.0
k의 설계값	0.65	0.8	1.2	1.0	2.1	2.0

4) 구속조건에 따른 좌굴길이

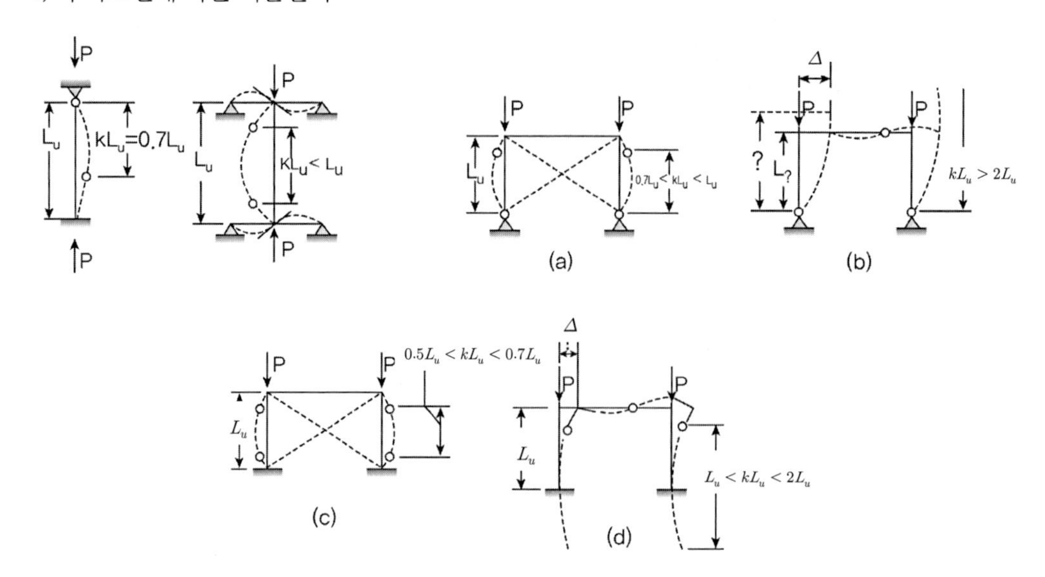

5) 도표를 이용한 유효좌굴 길이 산정

① 유효좌굴길이 kl_u는 양단의 B.C에 따라 결정하도록 되어 있어 실제 설계에서는 다음의 방식으로 구하도록 하고 있다.

$$\Psi_A = \frac{\left[\Sigma \frac{EI}{l}\right]_{column}}{\left[\Sigma \frac{EI}{l}\right]_{beam}} \text{(상단)},\quad \Psi_B = \frac{\left[\Sigma \frac{EI}{l}\right]_{column}}{\left[\Sigma \frac{EI}{l}\right]_{beam}} \text{(하단)}$$

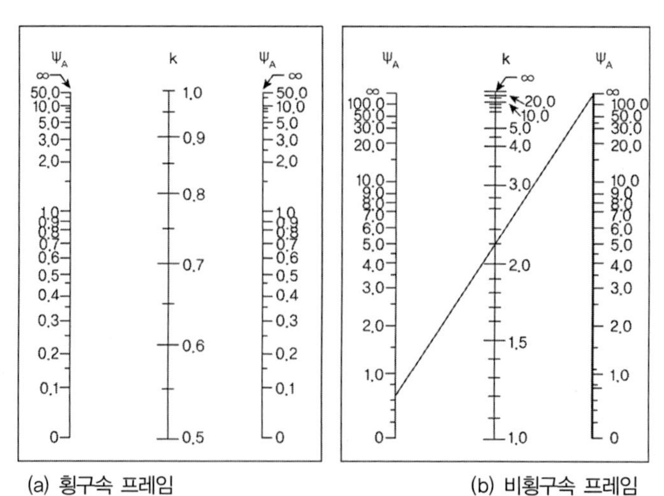

(a) 횡구속 프레임　　　　(b) 비횡구속 프레임

Ψ= 압축부재 단부의 강성도비 $=\Sigma(EI/L_c)_{기둥}/\Sigma(EI/L)_{보}$　　Find k by Ψ_A, Ψ_B → 도표에서 직선연결

(유효길이계수 k 직선연결도표)

② 도표를 이용한 해석상의 문제점

(1) 횡구속 여부의 판단이 명확하지 않다. Q(안정지수, stability index)를 통해서 횡구속 여부를 판별하거나 또는 자율적으로 결정하도록 되어 있어 이로 인하여 유효좌굴길이(kl_u)가 실제와 다를 수 있다.

(2) 휨부재의 B.C도 기둥의 유효좌굴길이에 영향을 미치지만 설계 계산 시 휨부재의 강성만 고려하도록 되어있어 휨부재의 실제거동이 반영되지 않은 문제점이 있다.

(3) 기둥 상, 하단의 강성산정에서 기둥과 휨부재의 재료가 다를 경우 강성비의 변화로 지점 경계조건에서 발생하는 실제거동과 해석상의 거동이 다를 수 있다. 특히 기둥과 slab가 이종자재인 기둥과 두께가 얇은 slab에서는 횡구속 효과를 보지 못하는 경우가 있다.

6) 하중 변위 곡선

(i) 완벽하게 직선인 기둥
(iia) 작은 초기의 휨변형이 있는 경우
(iib) 초기의 휨변형이 큰 경우
(iii) 편심을 가진 하중이 가해진 경우

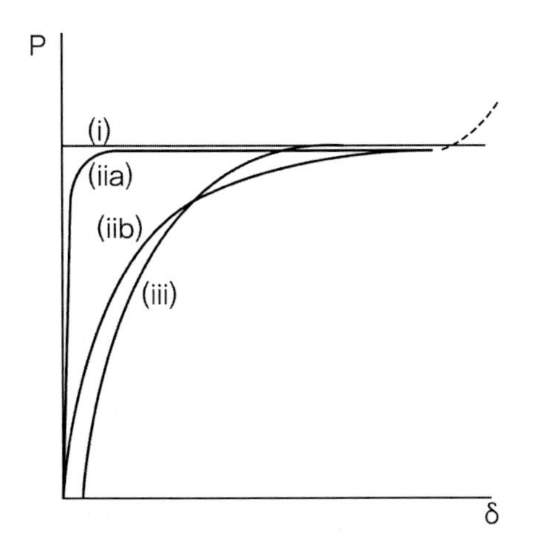

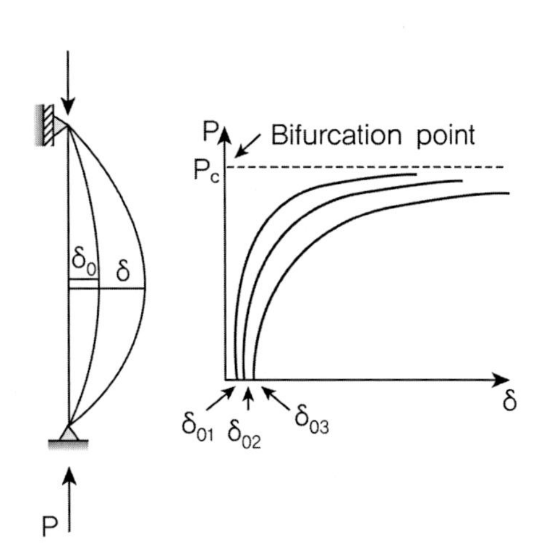

4. Beam- Column 부재

$f = \dfrac{P}{A} + \dfrac{M}{S}$ 만약 $f = f_y$라면, $\dfrac{P}{Af_y} + \dfrac{M}{Sf_y} = 1.0$ $\therefore \dfrac{P}{P_Y} + \dfrac{M}{M_Y} = 1.0$

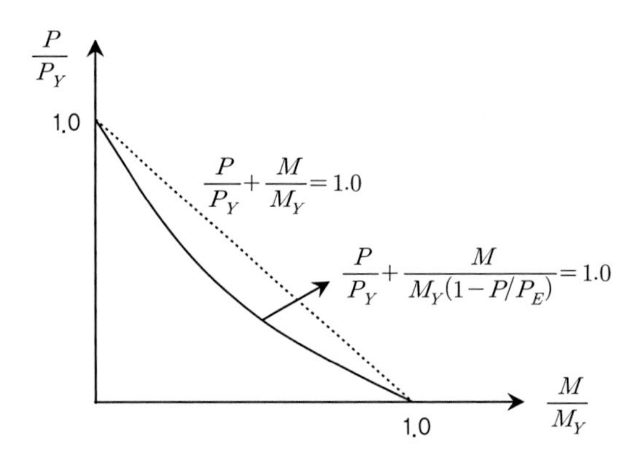

① 축방향력과 횡방향 처짐으로 인한 2차모멘트를 근사적으로 1차모멘트의 $\dfrac{1}{1-P/P_E}$ 만큼 증가

② 상태변화(I형, ㅁ형, 알루미늄, 강재, 편심축하중, 횡하중 등)을 고려하여 감소계수 C_m 적용

$$\frac{P}{P_Y} + \frac{M}{M_Y}\frac{C_m}{1-P/P_E} = 1.0$$

③ 위 식에서 P_Y(비탄성 한계치)를 P_{cr}로 대치하고 안전율 n을 도입하면,

$$\frac{nP}{P_{cr}} + \frac{nM}{M_Y}\frac{C_m}{1-nP/P_E} = 1.0$$

→ 하중을 A, 모멘트는 S로 나누면 $\dfrac{f_c}{f_{cr}/n} + \dfrac{f_b}{f_y/n}\dfrac{C_m}{1-f_a/(f_E/n)} = 1.0$

$\therefore \dfrac{f_c}{f_{ca}} + \dfrac{f_b}{f_{ba}}\dfrac{C_m}{1-f_c/f_E'} = 1.0,$ 여기서 $f_E' = \dfrac{1,200,000}{\left(\dfrac{l}{r_x}\right)^2}$

1) 휨모멘트와 압축력이 동시에 작용하는 경우의 확대모멘트(모멘트 확대계수 유도)

① Beam Column with concentrated lateral load

$$M_x = Py + \frac{Qx}{2}, \quad EIy'' = -M_x = -\left(Py + \frac{Q}{2}x\right)$$

$$EIy'' + Py = -\frac{Q}{2}x, \qquad k^2 = \frac{P}{EI}$$

$$y'' + k^2 y = -\frac{Q}{2EI}x = -k^2\frac{Q}{2P}x$$

$$\therefore\ y = A\cos kx + B\sin kx - \frac{Qx}{2P} \quad \rightarrow \quad y' = -Ak\sin kx + Bk\cos kx - \frac{Q}{2P}$$

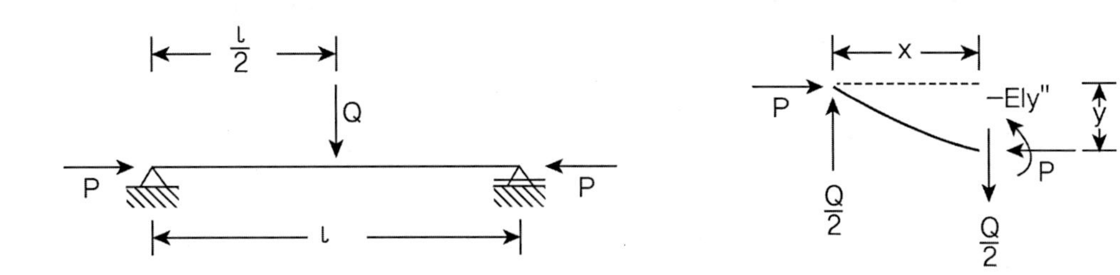

From B.C

$$x = 0,\ y = 0 \quad : \quad A = 0$$

$$x = \frac{l}{2},\ y' = 0 : \quad Bk\cos\frac{kl}{2} - \frac{Q}{2P} = 0, \quad B = \frac{Q}{2Pk}\frac{1}{\cos\left(\frac{kl}{2}\right)}$$

$$\therefore\ y = \frac{Q}{2Pk}\frac{1}{\cos\left(\frac{kl}{2}\right)}\sin kx - \frac{Qx}{2P} = \frac{Q}{2kP}\left[\frac{\sin kx}{\cos\left(\frac{kl}{2}\right)} - kx\right]$$

$$\delta_{y=\frac{l}{2}} = \frac{Q}{2kP}\left(\tan\frac{kl}{2} - \frac{kl}{2}\right) \qquad \cdots\ (1)$$

$\delta_0 = \dfrac{Ql^3}{48EI}$ 이므로, $\delta = \dfrac{Ql^3}{48EI}\dfrac{24EI}{kPl^3}\left(\tan\dfrac{kl}{2} - \dfrac{kl}{2}\right) = \dfrac{Ql^3}{48EI}\dfrac{3}{\left(\frac{kl}{2}\right)^3}\left(\tan\dfrac{kl}{2} - \dfrac{kl}{2}\right)$

Let $u = \dfrac{kl}{2}, \quad \delta_0 = \dfrac{Ql^3}{48EI}$

$\therefore\ \delta = \delta_0 \circ \dfrac{3(\tan u - u)}{u^3}$, 여기서 $u^2 = \left(\dfrac{kl}{2}\right)^2 = \dfrac{P}{EI}\left(\dfrac{l}{2}\right)^2 = \dfrac{P}{\frac{\pi^2 EI}{l^2}}\dfrac{\pi^2}{4} = 2.46\dfrac{P}{P_{cr}}$

$\tan u$의 무한급수 전개는

$$\tan u = u + \frac{u^3}{3} + \frac{2}{15}u^5 + \frac{17}{315}u^7 + \cdots$$

$$\therefore \delta = \delta_0\left(1+\frac{2}{5}u^2+\frac{17}{315}u^4+\cdots\right)=\delta_0\left(1+0.984\frac{P}{P_{cr}}+0.998\left(\frac{P}{P_{cr}}\right)^2+\cdots\right)$$

$$\approx \delta_0\left(1+\frac{P}{P_{cr}}+\left(\frac{P}{P_{cr}}\right)^2+\cdots\right)=\delta_0\cdot\frac{1}{1-\left(\frac{P}{P_{cr}}\right)}$$

TIP | Beam Colum with concentrated lateral load | Assume deflection shape mode by Reyligh & Ritz method

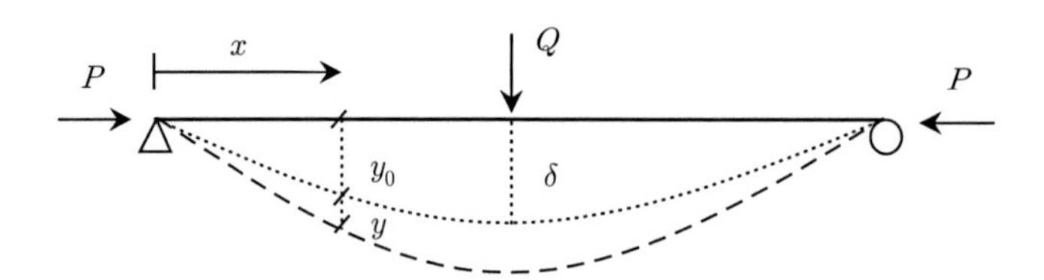

하중 Q에 의한 처짐곡선을 다음과 같이 가정 $y_0=\delta_0\sin\left(\frac{\pi x}{L}\right)$

x 위치에서의 모멘트는 $EIy''=-M=-P(y+y_0)$, $y''+k^2y=-k^2y_0=-k^2\delta_0\sin\left(\frac{\pi x}{L}\right)$

따라서 $y_p=Asin\frac{\pi x}{L}+B\cos\frac{\pi x}{L}$ 이므로,

$$y_p{}'=A\left(\frac{\pi}{L}\right)\cos\frac{\pi x}{L}-B\left(\frac{\pi}{L}\right)\sin\frac{\pi x}{L},\quad y_p{}''=-A\left(\frac{\pi}{L}\right)^2\sin\frac{\pi x}{L}-B\left(\frac{\pi}{L}\right)^2\cos\frac{\pi x}{L}$$

정리하면, $\left[-A\left(\frac{\pi}{L}\right)^2+Ak^2+k^2\delta_0\right]\sin\frac{\pi x}{L}+\left[-B\left(\frac{\pi}{L}\right)^2+Bk^2\right]\cos\frac{\pi x}{L}=0$

여기서, $k^2=\left(\frac{\pi}{L}\right)^2$ 이면 $P_{cr}=\frac{\pi^2EI}{L^2}$ 으로 무의미한 해이므로 $k^2\neq\left(\frac{\pi}{L}\right)^2$, $B=0$

$$-A\left[\left(\frac{\pi}{L}\right)^2+k^2\right]+k^2\delta_0=0\qquad \therefore A=-\frac{k^2\delta_0}{k^2-\left(\frac{\pi}{L}\right)^2}=\frac{\frac{P}{EI}\delta_0}{\frac{P}{EI}-\left(\frac{\pi}{L}\right)^2}=-\frac{\delta_0}{1-\frac{P_{cr}}{P}}=\frac{\delta_0}{\frac{P_{cr}}{P}-1}$$

$$\therefore y=\left(\frac{\delta_0}{\frac{P_{cr}}{P}-1}\right)\sin\frac{\pi x}{L}$$

$$M=P(y+\delta_0)=P\left(\frac{\delta_0}{\frac{P_{cr}}{P}-1}+\delta_0\right)\sin\frac{\pi x}{L}=P\delta_0\left(\frac{\frac{P_{cr}}{P}}{\frac{P_{cr}}{P}-1}\right)\sin\frac{\pi x}{L}=P\delta_0\left(\frac{1}{1-\frac{P}{P_{cr}}}\right)\sin\frac{\pi x}{L}$$

$$\therefore M_{\max(x=\frac{L}{2})}=P\delta_0\left(\frac{1}{1-\frac{P}{P_{cr}}}\right)$$

② Beam Column with distributed lateral load

(1) Assume deflection shape mode by Reyligh & Ritz method

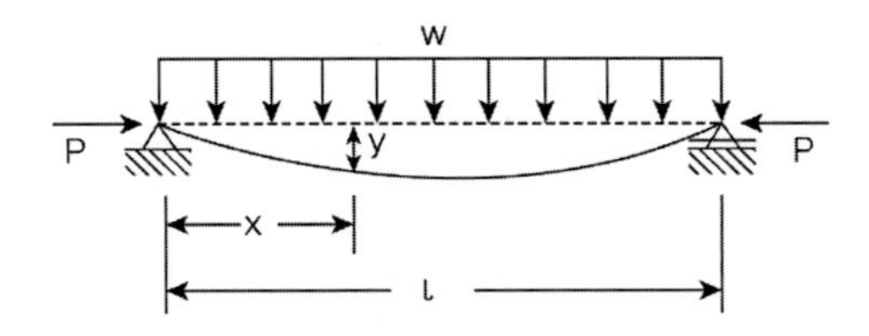

Assume $\quad y_0 = e\sin\frac{\pi x}{l}$

$$M = P(y_0 + y)$$

$$EIy'' = -M = -P(y_0+y), \qquad y'' + k^2 y = k^2 y_0 = k^2 e\sin\frac{\pi x}{l}$$

$$\therefore\ y = Asin\frac{\pi x}{l} + B\cos\frac{\pi x}{l}$$

$$y' = \frac{A\pi}{l}cos\frac{\pi x}{l} - \frac{B\pi}{l}sin\frac{\pi x}{l}, \qquad y'' = -A\left(\frac{\pi}{l}\right)^2\sin\frac{\pi x}{l} - B\left(\frac{\pi}{l}\right)^2\cos\frac{\pi x}{l}$$

원식에 대입하면,

$$-A\left(\frac{\pi}{l}\right)^2\sin\frac{\pi x}{l} - B\left(\frac{\pi}{l}\right)^2\cos\frac{\pi x}{l} + k^2\left[Asin\frac{\pi x}{l} + B\cos\frac{\pi x}{l}\right] = k^2 e\sin\frac{\pi x}{l}$$

$$\left[Ak^2 - A\left(\frac{\pi}{l}\right)^2 + k^2 e\right]\sin\frac{\pi x}{l} + \left[k^2 B - B\left(\frac{\pi}{l}\right)^2\right]\cos\frac{\pi x}{l} = 0$$

$$\therefore\ B = 0, \quad A = \frac{k^2 e}{\left(\frac{\pi}{l}\right)^2 - k^2} = \frac{\frac{P}{EI}e}{\frac{\pi^2 EI}{Pl^2} - 1} = \frac{e}{\frac{P_{cr}}{P} - 1}$$

$$\therefore\ y = Asin\frac{\pi x}{l} + B\cos\frac{\pi x}{l} = Asin\frac{\pi x}{l} = \left(\frac{e}{\frac{P_{cr}}{P} - 1}\right)\sin\frac{\pi x}{l}$$

$$M = P(y_0 + y) = P\left(e + \frac{e}{\frac{P_{cr}}{P} - 1}\right)\sin\frac{\pi x}{l}, \qquad M_{max}\text{는 } x = \frac{l}{2}\text{ 이므로,}$$

$$\therefore\ M_{max\left(x=\frac{l}{2}\right)} = Pe\left(\frac{\frac{P_{cr}}{P}}{\frac{P_{cr}}{P} - 1}\right) = Pe \cdot \frac{1}{1 - \left(\frac{P}{P_{cr}}\right)}$$

TIP | Beam Column with distributed lateral load | Energy Method

Deflection shape Assumption $y=\delta\sin\frac{\pi x}{l}$

Strain Energy $U=\frac{EI}{2}\int_0^l\left(\frac{d^2y}{dx^2}\right)^2dx$

Potential Energy $V=-w\int_0^l ydx-\frac{P}{2}\int_0^l\left(\frac{dy}{dx}\right)^2dx$

Total Energy

$$U+V=\frac{EI}{2}\int_0^l\left(\frac{d^2y}{dx^2}\right)^2dx-w\int_0^l ydx-\frac{P}{2}\int_0^l\left(\frac{dy}{dx}\right)^2dx$$

$$=\frac{EI\delta^2\pi^4}{2l^4}\int_0^l\sin^2\frac{\pi x}{l}dx-w\delta\int_0^l\sin\frac{\pi x}{l}dx-\frac{P\delta^2\pi^2}{2l^2}\int_0^l\cos^2\frac{\pi x}{l}dx$$

여기서, $\int_0^l\sin^2\frac{\pi x}{l}dx=\int_0^l\cos^2\frac{\pi x}{l}dx=\frac{l}{2}$, $\int_0^l\sin\frac{\pi x}{l}dx=\frac{2l}{\pi}$

$$\therefore\ U+V=\frac{EI}{4}\frac{\delta^2\pi^4}{l^3}-\frac{2w\delta l}{\pi}-\frac{P\delta^2\pi^2}{4l}$$

$$\frac{\partial(U+V)}{\partial\delta}=\frac{EI\delta\pi^4}{2l^3}-\frac{2wl}{\pi}-\frac{P\delta\pi^2}{2l}=0\ :\ \delta=\frac{4wl^4}{\pi}\frac{1}{EI\pi^4-P\pi^2l^2}$$

Let, $\delta_0=\frac{5wl^4}{384EI}$

$$\therefore\ \delta=\frac{5wl^4}{384EI}\frac{1536EI}{5\pi}\frac{1}{EI\pi^4-P\pi^2l^2}=\frac{5wl^4}{384EI}\frac{1536}{5\pi^5}\frac{1}{1-(P/P_{cr})}\approx\delta_0\cdot\frac{1}{1-(P/P_{cr})}$$

$$M_{\max}=\frac{wl^2}{8}+P\delta=\frac{wl^2}{8}+\frac{5Pwl^4}{384EI}\frac{1}{1-(P/P_{cr})}=\frac{wl^2}{8}\left[1+\frac{5Pl^2}{48EI}\frac{1}{1-(P/P_{cr})}\right]$$

$$=\frac{wl^2}{8}\left[1+1.03P/P_{cr}\frac{1}{1-(P/P_{cr})}\right]=\frac{wl^2}{8}\left[\frac{1+(0.03P/P_{cr})}{1-(P/P_{cr})}\right]=M_0\left[\frac{1+(0.03P/P_{cr})}{1-(P/P_{cr})}\right]$$

모멘트 확대계수(Moment magnification factor) : $\frac{1}{1-(P/P_{cr})}$

104회 4-2

확대모멘트

(강구조 p1189)

다음 그림과 같이 공용중인 하부도로로 인하여 단선 철도교량에서 받침의 중심선이 강재 교각 기둥의 중심선으로부터 불가피하게 0.3m이격되도록 설계되었다. 철도교 교각 상단 2개의 받침에 작용하는 연직반력의 합이 5,000kN일 때, 이 연직반력에 의해 교각 기둥부 하단에 발생하는 기저모멘트(Base Moment)를 산정하시오. (단, 교각의 자중은 무시하고 철도교 교각 받침에는 수평반력이 작용하지 않음. 기저 모멘트 산정시 모멘트 확대에 의한 2차 모멘트도 고려해야 함. 강재의 탄성계수 $E = 2.10 \times 10^8 kN/m^2$)

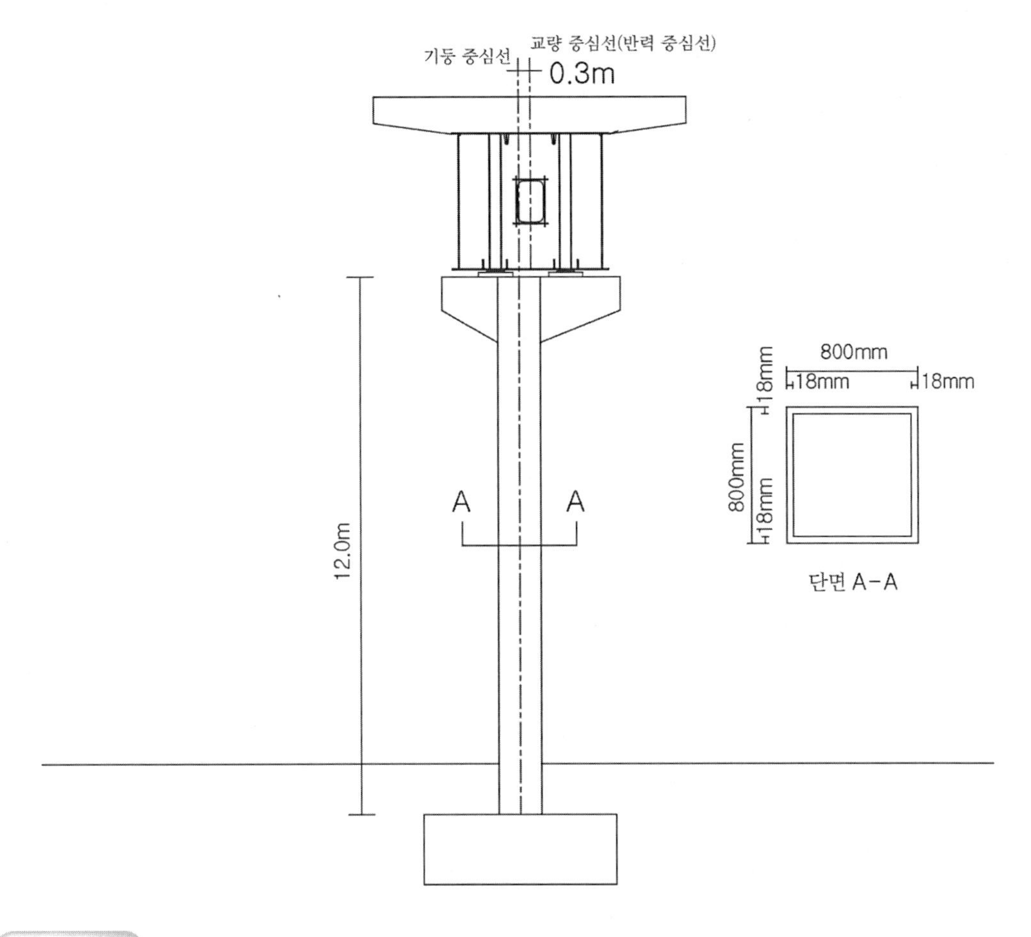

풀 이

▶ 개요

도로교 설계기준에서 제시하고 있는 2차 모멘트 고려하는 간략식을 적용하여 계산할 수 있다. 주어진 문제에서의 구조물은 축력 5,000kN에 편심으로 인한 모멘트 1500kNm가 발생하는 휨과 축력이 동시에 발생하는 구조물이다.

➤ 발생 모멘트 산정

단면2차 모멘트 $I=\dfrac{1}{12}(800^4-(800-2\times 18)^4)=5.741\times 10^9 mm^4=0.005742m^4$

편심하중으로 인한 상부 수평변위 산정

Castigliano의 제2정리에 따라서 수평방향으로의 부정정력 $F(=0)$에 대해 정리하면,

$$M=Fx+0.3P,\quad \frac{\partial M}{\partial F}=x$$

$$\Delta_h=\frac{\partial U}{\partial F}=\int_0^{12}\frac{M}{EI}\left(\frac{\partial M}{\partial F}\right)dx=\frac{1}{EI}\int_0^{12}(Fx+1500)xdx=\frac{288(2F+375)}{EI}$$

$$\therefore\ \Delta_h=0.0896m\ (\because F=0)$$

➤ 모멘트 확대계수 산정

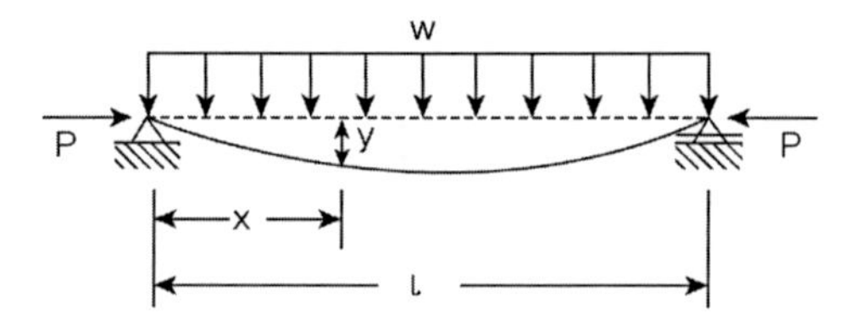

Deflection shape Assumption $\quad y=\delta\sin\dfrac{\pi x}{l}$

Strain Energy $\quad U=\dfrac{EI}{2}\displaystyle\int_0^l\left(\frac{d^2y}{dx^2}\right)^2dx$

Potential Energy $\quad V=-w\displaystyle\int_0^l ydx-\frac{P}{2}\int_0^l\left(\frac{dy}{dx}\right)^2dx$

Total Energy

$$U+V=\frac{EI}{2}\int_0^l\left(\frac{d^2y}{dx^2}\right)^2dx-w\int_0^l ydx-\frac{P}{2}\int_0^l\left(\frac{dy}{dx}\right)^2dx$$

$$=\frac{EI\delta^2\pi^4}{2l^4}\int_0^l\sin^2\frac{\pi x}{l}dx-w\delta\int_0^l\sin\frac{\pi x}{l}dx-\frac{P\delta^2\pi^2}{2l^2}\int_0^l\cos^2\frac{\pi x}{l}dx$$

여기서, $\displaystyle\int_0^l\sin^2\frac{\pi x}{l}dx=\int_0^l\cos^2\frac{\pi x}{l}dx=\frac{l}{2}$, $\displaystyle\int_0^l\sin\frac{\pi x}{l}dx=\frac{2l}{\pi}$

$$\therefore\ U+V=\frac{EI}{4}\frac{\delta^2\pi^4}{l^3}-\frac{2w\delta l}{\pi}-\frac{P\delta^2\pi^2}{4l}$$

$$\frac{\partial(U+V)}{\partial\delta}=\frac{EI\delta\pi^4}{2l^3}-\frac{2wl}{\pi}-\frac{P\delta\pi^2}{2l}=0\ ;\ \ \delta=\frac{4wl^4}{\pi}\frac{1}{EI\pi^4-P\pi^2l^2}$$

$$\text{Let, } \delta_0=\frac{5wl^4}{384EI}$$

$$\therefore\ \delta=\frac{5wl^4}{384EI}\frac{1536EI}{5\pi}\frac{1}{EI\pi^4-P\pi^2l^2}=\frac{5wl^4}{384EI}\frac{1536}{5\pi^5}\frac{1}{1-(P/P_{cr})}\approx\delta_0\cdot\frac{1}{1-(P/P_{cr})}$$

∴ 모멘트 확대계수(Moment magnification factor) : $\frac{1}{1-(P/P_{cr})}$

$$P_{cr}=\frac{\pi^2EI}{(kL)^2}=\frac{\pi^2\times2.1\times10^8\times0.005742}{(2\times12)^2}=20{,}661kN$$

$$\therefore\ MMF=\frac{1}{1-(P/P_{cr})}=\frac{1}{1-(5{,}000/20{,}661)}=1.32>1.0$$

➤ 기저 모멘트 산정

1) 편심에 의한 발생 모멘트 량 : $P\times e=1500kNm$

2) 2차 모멘트에 의한 발생 모멘트 량 : $P\times\Delta_h\times MMF=591.36kN$

3) 총 발생 기저 모멘트 : $M_{base}=2091.36kNm$

96회 1-7

판의 휨변형 가정사항

판의 휨변형에 대한 탄성해석에 도입되는 기본 가정사항에 대하여 설명하시오.

풀 이

➤ 개요

판의 해석은 크게 후판(Thick Plate)과 박판(Thin plate)로 구분되며, 후판의 경우 판의 두께 방향에 따른 응력과 변형에 대한 고려가 필요하고, 박판의 경우에는 그 두께가 길이에 비하여 작기 때문에 일반적으로 두께방향의 응력과 변형은 무시하고 해석을 수행한다. 일반적으로 판의 휨변형에 대한 탄성해석은 박판 구조물을 기준으로 하므로, 고전적 이론(Small deflection theory)에 따른 박판 구조물에 대한 해석 시 기본 가정사항에 대하여 설명한다.

➤ 판(Thin Plate)의 해석 시 가정사항

1) 두께방향의 전단응력과 전단응력 변형률은 무시한다.
2) 단면은 평면을 유지한다.
3) 두께방향의 응력과 변형률은 무시한다.
4) 재료는 등방성 균질한 재료로 구성되어 있다.

이상의 가정사항을 기본으로 판의 휨변형 해석은 2차원 구조체로 가정해서 해석을 수행할 수 있다(두께 방향의 변형이나 응력은 무시한다).

➤ 후판 구조물

후판 구조물의 경우에는 두께방향의 응력이나 변형률을 무시할 수 없을 정도의 두께를 가지므로 일반적으로 두께방향의 응력이나 변형률에 대하여 고려하여 해석을 수행한다. 예를 들어 박판구조물의 이론과 후판구조물의 이론을 각각 등방성 재료와 직교이방성 재질로 비교한다면 그 해석값이 다를 수 있으므로 이에 대한 설계 시 주의가 필요하다.

5. 휨응력을 받고 있는 판의 좌굴

복부판에 순수 휨응력이 가해질 경우 탄성 좌굴응력 f_{cr}은

$$f_{cr} = k\frac{\pi^2 E}{12(1-\nu^2)}\left(\frac{t}{b}\right)^2$$

여기서 E는 탄성계수, ν는 포아송비, k는 휨응력에 대한 좌굴계수로 판요소의 형상비(a/b)와 4변의 경계조건에 따라 결정된다. 설계 시에는 안전측으로 형상비가 무한대인 경우로 간주한다.

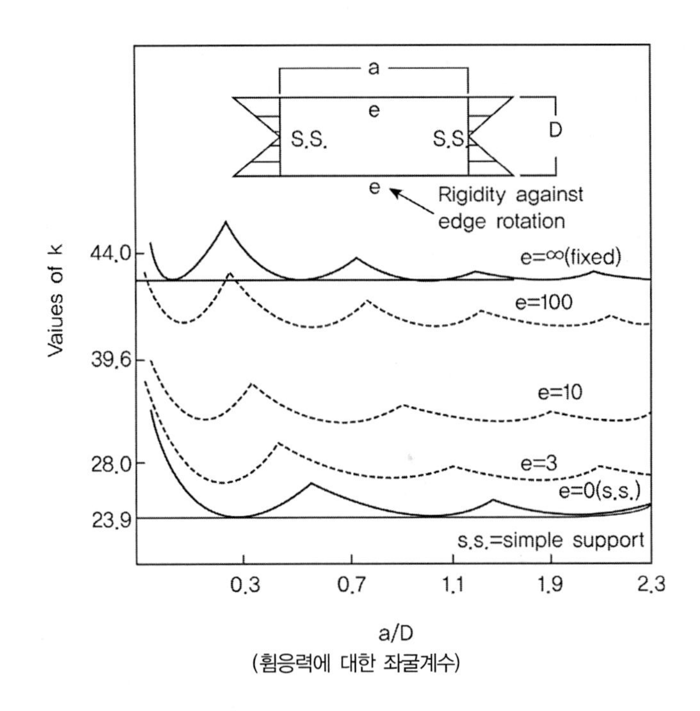

(휨응력에 대한 좌굴계수)

1) 지지조건

① 수직보강재를 설계할 때 단순지지조건을 만족하도록 하는 소요강성을 결정하기 때문에 복부판에서 수직보강재와 접하는 변의 경계조건은 단순지지로 취급한다. 그러나 플랜지와 접하는 변에서의 경계조건은 단순지지와 고정지지의 중간인 탄성지지(elastically restrained)된 상태이며 플랜지의 복부판에 대한 상대적인 강성에 따라 단순 또는 고정지지에 근접할 수 있다.

② 미구의 AISC에서는 플랜지와 복부판의 경계조건을 단순지지에서 고정지지 쪽으로 80%정도된다고 가정하고 있다.

③ AASHTO의 경우 단순지지로 가정하기도 하고 AISC와 같이 고정지지측의 80% 정도로 가정하기도 한다.

④ 국내 도로교 설계기준(2008)에서는 단순지지로 가정하고 $k = 23.9$로 적용한다.

2) b/t 비율 규정

① 수평보강재가 없는 경우

$$\frac{f_{cr}}{n} = \frac{k}{n}\frac{\pi^2 E}{12(1-\nu^2)}\left(\frac{t}{b}\right)^2 \le f_a \qquad \text{여기서 } n = 1.4(\text{안전계수}), \quad k = 23.9$$

$$\therefore \frac{b}{t} \ge \sqrt{\frac{k}{nf_a}\frac{\pi^2 E}{12(1-\nu^2)}}$$

SM400강재 적용 시 $f_a = 140^{MPa}$이므로 복부판의 최소 두께는 설계기준에서 정하고 있는 $b/152$가 된다. 따라서 위의 값 이상이면 복부판의 최대 휨응력이 허용 휨인장응력에 도달하기 이전에 국부좌굴이 발생하지 않는다는 것을 의미한다.② 수평보강재가 있는 경우

플레이트 거더의 높이가 큰 경우 복부판의 휨좌굴 강도를 높이기 위하여 복부판 두께를 증가시키거나 수평보강재를 대는 방법을 사용할 수 있다. 한 개의 수평보강재를 사용하는 경우 압축플랜지에서 0.2b 지점에 위치하는 것이 가장 효과적으로 응력이 각각 작용할 경우 동시에 좌굴이 발생할 수 있다. 2단을 사용할 경우 각각 0.14b, 0.36b에 위치하는 것이 효과적이다. 다만 수평보강재를 많이 사용하면 그만큼 복부판 휨좌굴강도는 증가하나 복부판과 보강재의 용접연결부에서 피로파괴의 우려가 있으므로 용접부에서 피로균열이 발생할 경우 구조물에 미치는 손상이 좌굴강도 증가효과보다 크기 때문에 AASHTO의 경우 2단 이상의 수평보강재의 설치를 권장하지 않는다.

수평보강재 1단 설치된 복부판은 수평보강재가 없는 경우에 비해 휨좌굴응력이 약 4.4배 증가한다. 따라서 수평보강재가 없는 경우 최소 두께를 $\sqrt{4.4} = 2.1$로 나눈 값이 최소 두께가 되지만 안전측으로 약 1.7로 나누어 적용하였다.

수평보강재 2단 설치된 경우 휨좌굴응력이 약 5.8배 증가하므로 수평보강재가 없는 경우 최소 두께를 $\sqrt{5.8} = 2.4$로 나눈값이 최소 두께가 되며 기준에서는 2~2.4로 나누어 적용하였다.

6. 인장장(Tension field)

96회 1-8 I형 거더의 인장역작용과 후좌굴강도

93회 1-1 강교량의 복부에 발생하는 인장장

축압축부재는 좌굴 후 즉시 붕괴하나, 판형(Plate Girder)의 복부에는 면내력이 작용할 때 좌굴 후에도 계속 저항력을 나타내어 바로 극한상태에 도달하지 않는 경우가 있는데 이렇게 좌굴후에도 강도를 가지는 현상을 Post Buckling Behavior(후좌굴강도)라고 한다. 후좌굴이 작용하는 면내의 인장력을 인장장(Tension Field) 또는 인장력 작용(Tension Field Action)이라 한다.

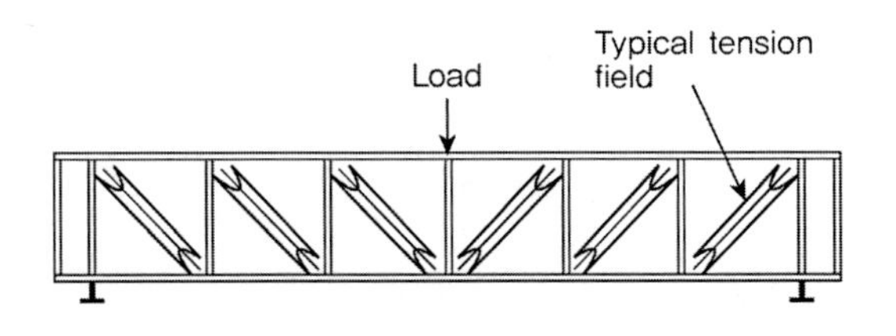

(a) Tansion field action in individual sub panels of a girder with transverse stiffeners

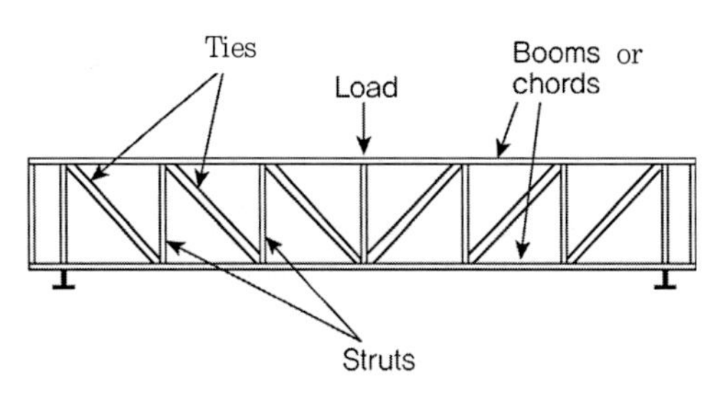

(b) Typical N–trues for comparison

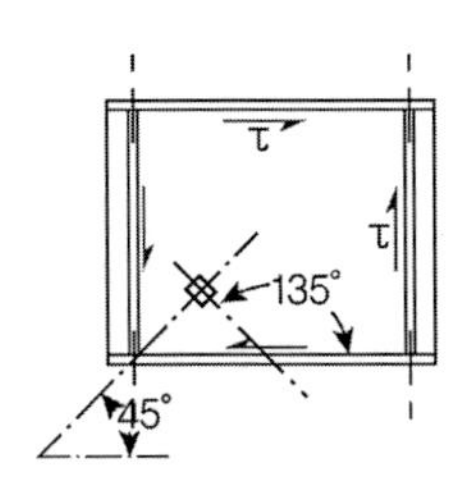

(a) Prior to buckling

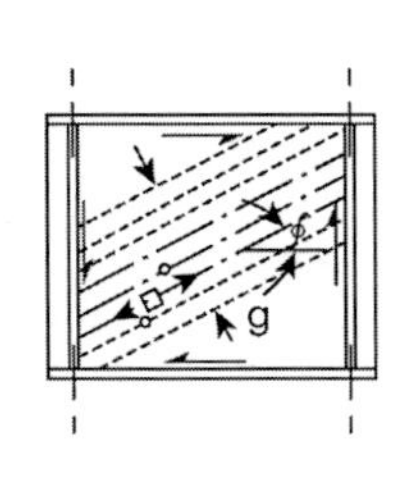

(b) Post buckling

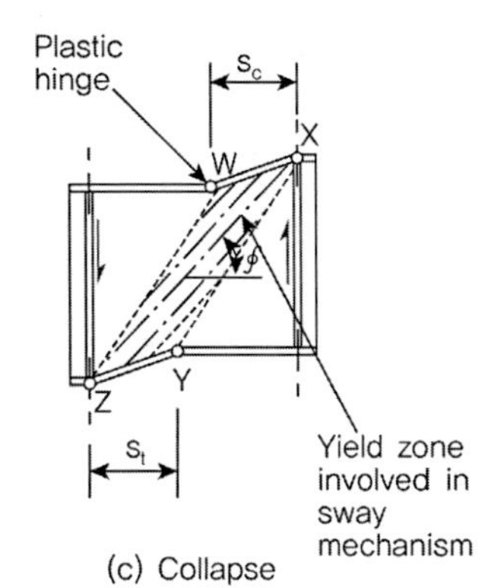

(c) Collapse

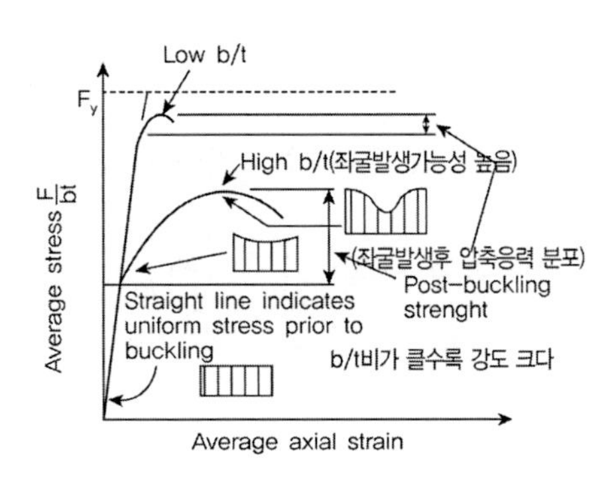

(단부의 압축력에 의한 판의 거동)

(인장장 좌굴 형상)

1) 판의 좌굴 후 거동(Post Buckling behavior)의 발생원리

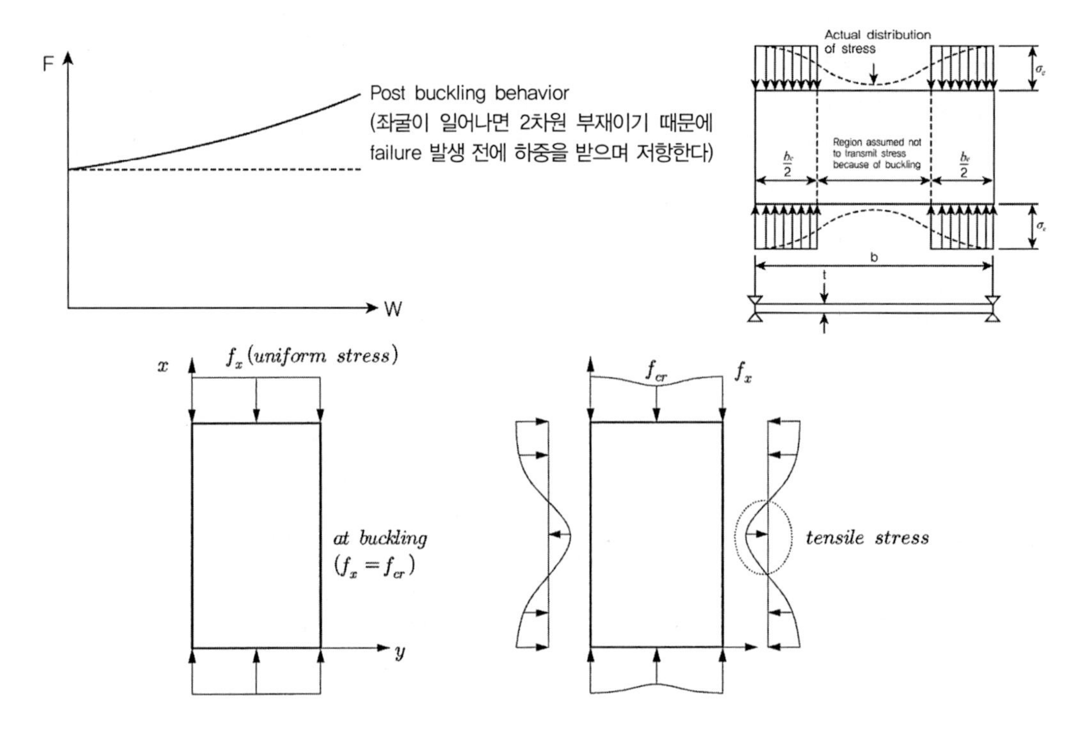

① 응력이 서로 다른 것은 늘어나는 면에 대해서 직선적으로 변형되기 위한 응력이다.

$\therefore \Sigma \int f_Y = 0$ (수평방향 힘의 합력은 0)

② 여기서 발생되는 인장력은 수직응력에 영향을 주어서 Post buckling strength가 발생한다. 양끝단에서는 supported되었기 때문에 강성(stiffness)이 강하다. 따라서 가운데 부분에서는 f_{cr} 이상의 하중은 받지 못하고 양끝단에서 하중을 받는다.

③ Y방향의 인장응력 : 횡방향 변위에 저항하는 판의 강성(지지조건)은 좌굴 후 강도에 영향을 준다.

④ 종방향 끝단 인근 판의 좌굴발생 후 변형 형상은 횡방향 변형에 큰 강성을 가지며, 좌굴 후의 증가하중의 대부분을 부담한다.

⑤ 좌굴 후 강도(Post Buckling Strength)

- 면외 방향의 좌굴 변형으로 등분포되지 않은 응력 분포로 나타난다.
- 인장응력으로 인하여 추가적인 강도가 발생된다.
- 좌굴 후 강도는 b/t 비율이 클수록 크게 나타난다.
- 지점이 지지된 부재(stiffened element)가 지지되지 않은 부재(unstiffened element)보다 좌굴 후 강도가 크다.

2) 인장장의 작용현상

판형의 상, 하 플랜지와 복부판의 수직보강재로 둘러싸인 Pannel 부분에 큰 전단력이 작용할 경우 복부판에 전단응력이 크게 발생되어 전단 좌굴 후에도 바로 파괴되지 않는데, 이는 상, 하 플랜지와 복부판의 수직 보강재가 각각 Pratt Truss의 현재와 수직재로 작용하여 약 45° 방향으로 주름이 생기면서 인장응력이 작용하는 인장력장(Tension Field)이 발생하게 된다. 이 인장응력장은 트러스에 사재와 같은 개념으로 작용하여 들보작용의 전단력 이외 추가적인 전단력을 저항할 수 있기 때문에 좌굴 후에도 하중을 지탱할 수 있게 되는 것이다.

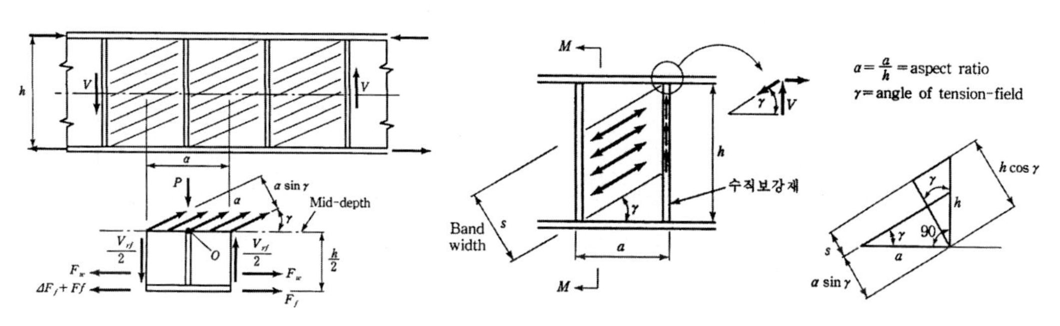

보강재를 고려한 복부판 단면력 해석

3) 보강재 설치 규정

99회 1-2 Plate girder교 복부판에 설치되는 수직 및 수평보강재의 설치목적과 역할

91회 4-3 강재교량의 수직, 수평보강재의 설치목적과 방법

① 수평보강재 설치 기준

수평보강재는 복부판의 좌굴강도를 높이고 복부판 두께가 비경제적으로 두꺼워지지 않도록 하는 역할을 하지만 제작측면에서는 수평보강재의 단수를 다단으로 하고 복부판 두께를 줄이는 것이 바람직하지 않다. 비합성 플레이트거더의 복부판 최소 두께 규정은 복부판의 국부좌굴을 고려하여 결정되어진 식으로 다음과 같이 계산된다.

☞ k=23.9(Simple-Simple supported), 안전계수 n=1.4 적용(수평보강재가 없는 경우)

$$\frac{f_{cr}}{n} = \frac{k}{n}\frac{\pi^2 E}{12(1-\mu^2)}\left(\frac{t}{b}\right)^2 \leq f_a \quad \rightarrow \quad \text{도로교 설계기준의 복부판 최소 두께 규정}$$

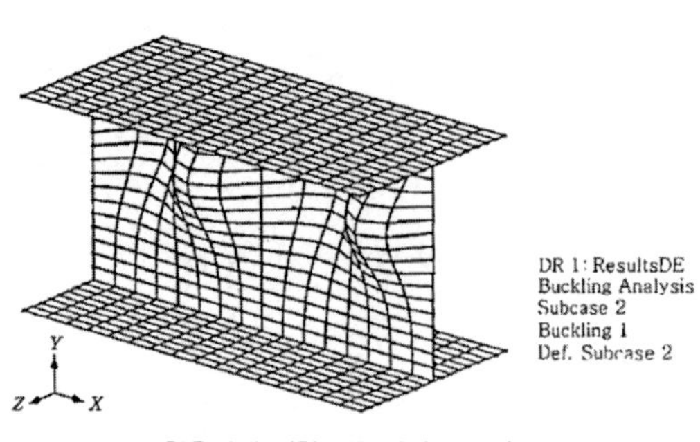

휨응력에 의한 복부판의 국부좌굴

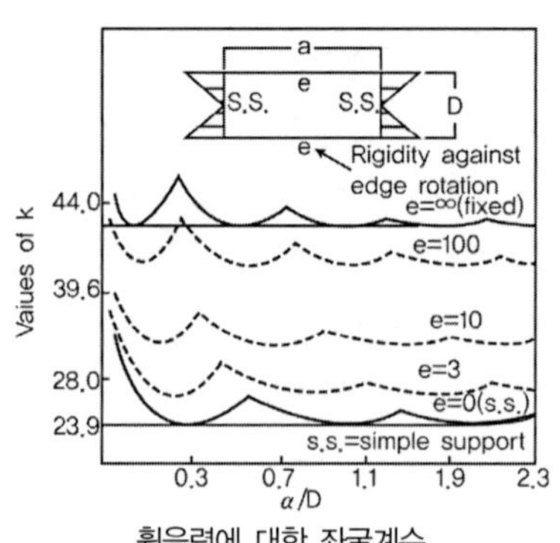

휨응력에 대한 좌굴계수

강 종	SS400 SM400 SMA400	SM490	SM490Y SM520 SMA520	SM570 SMA570
수평보강재가 없을 때	$\frac{b}{152}$	$\frac{b}{130}$	$\frac{b}{123}$	$\frac{b}{110}$
수평보강재 1단을 사용할 때	$\frac{b}{256}$	$\frac{b}{220}$	$\frac{b}{209}$	$\frac{b}{188}$
수평보강재 2단을 사용할 때	$\frac{b}{310}$	$\frac{b}{310}$	$\frac{b}{294}$	$\frac{b}{262}$

주 : TMC, HSB 강재에 대해서는 [도 · 설 3.8.4.1, 표 3.8.2(b)]를 따른다.

비합성 플레이트 거더의 복부판 최소두께

TIP | AASHTO와 도로교의 Post Buckling Behavior 고려 비교 |

전단좌굴에 의한 보의 국부좌굴로 Post Buckling Behavior가 발생할 경우, 복부판이 분담해야 하는 휨모멘트의 일부가 플랜지로 전가되어 추가적인 하중이 증가하므로 AISC에서는 Web의 국부좌굴을 허용하는 대신에 플랜지의 추가적인 하중증가를 고려하여 강도를 감소시키도록 하고 있다. 국내의 도로교 설계기준에서는 AASHTO 설계기준과 같이 Web의 국부좌굴 방지를 위한 b/t 규정제한에 따라 허용하지 않는 대신 Post Buckling Behavior에 대한 부분을 국부좌굴에 대한 안전계수를 낮추는 방법으로 간접적으로 고려하고 있다.

② 수평보강재의 간격

수평보강재를 3단 이상 사용 시의 강재 위치는 패널의 국부응력을 고려하여 결정한다.

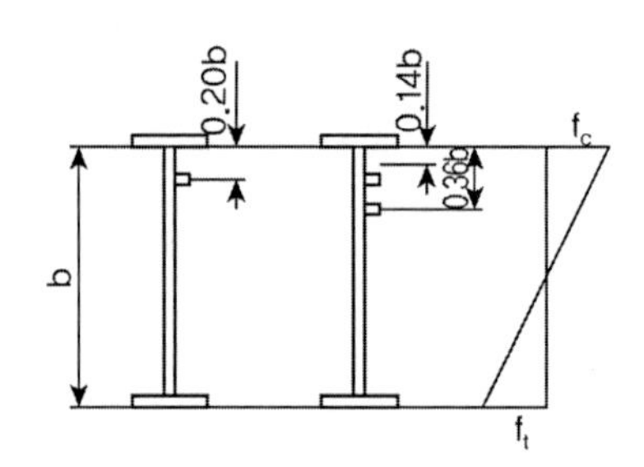

TIP | 수평보강재가 있는 경우 |

플레이트 거더의 높이가 큰 경우 복부판의 휨좌굴강도를 높이기 위하여 복부판 두께를 증가시키거나 수평보강재를 대는 방법이 사용된다. 연구에 의하면 한 개의 수평보강재만 사용하는 경우 압축플랜지에서부터 0.2b되는 곳에 위치하는 것이 가장 효과적인 것으로 알려져 있다. 이 위치에 수평보강재를 대면 보강재로 구분되는 두 개의 사변 단순지지판에 위의 그림과 같은 응력이 작용할 경우 동시에 좌굴이 발생한다. 그리고 2단을 사용할 경우에는 각각 0.14b, 0.36b에 위치하는 것이 좋다.
수평보강재를 많이 사용하면 그만큼 복부판의 휨좌굴강도는 증가하나 복부판과 보강재의 용접 연결부에서 피로파괴가 발생할 우려가 있다. 수평보강재를 추가로 대어 얻는 휨좌굴강도의 증가효과보다는 만일의 경우 용접부에서 피로균열이 발생할 경우 구조물에 미치는 손상이 훨씬 크기 때문에 미국 AASHTO시방서에서는 2단 이상의 수평보강재가 있는 복부판에 대한 규정이 없으며 이를 권장하지 않는다.

③ 수평보강재의 설계강도

$$I = \frac{tb^3}{12} \geq \ I_{req} = \frac{bt^3}{10.92}\gamma \qquad \gamma = 30\left(\frac{a}{b}\right)$$

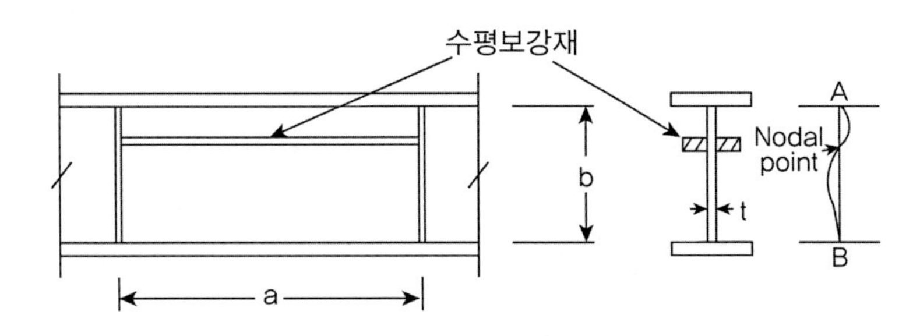

④ 부식, 용접성 등을 고려하여 경험적으로 수직보강재의 두께가 그 폭의 1/16 이상되게 하고 복부판 높이의 1/30+50mm보다 크게 하도록 규정

$$t \geq \frac{1}{16}b, \quad \frac{h_{web}}{30} + 50^{mm}$$

⑤ 수직보강재

복부판의 최소 두께는 휨응력에 의한 국부좌굴만 고려하여 구한 값이므로 복부판에서는 휨응력뿐만 아니라 전단응력이 동시에 작용하므로 합성작용에 의한 국부좌굴을 고려하여야 하며 필요시 수직보강재를 설치하여야 한다.

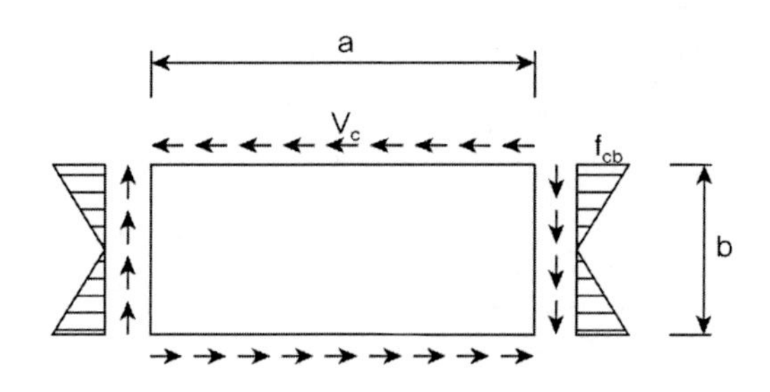

휨응력과 전단응력의 동시작용

⑥ 수직보강재의 간격

다음식의 관계를 만족하도록 결정하되

지점부에서는 a/b≤1.5로 하고 그 밖에는 a/b≤3.0으로 한다.

- 수평보강재를 사용하지 않을 경우(아래 식을 대입하여 산정)

$$\frac{a}{b}>1,\ \left[\frac{b}{100t}\right]^4\left[\left\{\frac{f}{365}\right\}+\left\{\frac{v}{81+61(b/a)^2}\right\}\right]^2\le 1$$

$$\frac{a}{b}>1,\ \left[\frac{b}{100t}\right]^4\left[\left\{\frac{f}{365}\right\}+\left\{\frac{v}{61+81(b/a)^2}\right\}\right]^2\le 1$$

- 수평보강재 1단을 사용할 경우(복부판 높이 b대신 0.85b, f대신 0.6f 대입)

$$\frac{a}{b}>0.80,\ \left[\frac{b}{100t}\right]^4\left[\left\{\frac{f}{950}\right\}+\left\{\frac{v}{127+61(b/a)^2}\right\}\right]^2\le 1$$

$$\frac{a}{b}>0.80,\ \left[\frac{b}{100t}\right]^4\left[\left\{\frac{f}{950}\right\}+\left\{\frac{v}{95+81(b/a)^2}\right\}\right]^2\le 1$$

- 수평보강재 2단을 사용할 경우(복부판 높이 b대신 0.64b, f대신 0.28f 대입)

$$\frac{a}{b}>0.64,\ \left[\frac{b}{100t}\right]^4\left[\left\{\frac{f}{3,150}\right\}+\left\{\frac{v}{197+61(b/a)^2}\right\}\right]^2\le 1$$

$$\frac{a}{b}>0.64,\ \left[\frac{b}{100t}\right]^4\left[\left\{\frac{f}{3,150}\right\}+\left\{\frac{v}{148+81(b/a)^2}\right\}\right]^2\le 1$$

TIP | 휨응력(f)와 전단응력(v)가 동시작용 시 좌굴에 대한 상관관계식|

$$\left[\frac{f}{f_{cr}}\right]^2 + \left[\frac{v}{v_{cr}}\right]^2 \leq 1 \qquad \text{(S.F 1.25 사용)}$$

여기서, $f_{cr} = k\dfrac{\pi^2 E}{12(1-\mu^2)}\left(\dfrac{t}{b}\right)^2$, $v_{cr} = k_v\dfrac{\pi^2 E}{12(1-\mu^2)}\left(\dfrac{t}{b}\right)^2$

k_v(전단좌굴계수) : 형상비에 따라 정의된다.

$a/b > 1$: $k_v = 5.34 + \dfrac{4.00}{(a/b)^2}$ $\qquad$ $a/b \leq 1$: $k_v = 4.00 + \dfrac{5.34}{(a/b)^2}$

$$\left[\frac{f}{1.25f_{cr}}\right]^2 + \left[\frac{v}{1.25v_{cr}}\right]^2 \leq 1$$

$$\rightarrow (1.25)^2\left[\frac{b}{t}\right]^4\left[\frac{12(1-\mu^2)}{\pi^2 E}\right]^2\left[\left\{\frac{f}{23.9}\right\}^2 + \left\{\frac{v}{k_v}\right\}^2\right] \leq 1$$

$$\rightarrow (1.25)^2\left[\frac{b}{100t}\right]^4\left[\left\{\frac{f}{(190)(23.9)}\right\}^2 + \left\{\frac{v}{190k_v}\right\}^2\right] \leq 1$$

이 식에서 전단좌굴계수만 변하는 값이고 나머지는 고정된 값을 가지고 있다. 전단좌굴계수 k_v는 수직보강재의 간격 a의 함수로 표현된다. 설계 시에는 복부판에 작용하는 전단응력의 크기에 따라 k_v를 조절함으로써 다시 말해서 수직보강재의 간격을 조절함으로써 만족시키면 된다. 국내에서는 관습적으로 수직보강재를 불필요할 정도로 촘촘하게 설치하는 경향이 있다. 그러나 수직보강재를 과다하게 설치하면 제작비용이 증가하고 복부판의 피로강도에 나쁜 영향을 미치게 되므로 간격을 규정에 맞게 합리적으로 결정하여야 한다.

⑦ 수직보강재의 설계강도

$$I = \frac{tb^3}{12} \geq I_{req} = \frac{bt^3}{10.92}\gamma, \qquad \gamma = 8.0\left(\frac{b}{a}\right)^2$$

⑧ 수직보강재의 폭은 복부판 높이의 1/30+50mm보다 크게, 두께는 수직보강재 폭의 1/13 이상

$$b \geq \frac{h_{web}}{30} + 50^{mm}, \qquad t \geq \frac{1}{13}b$$

⑨ 하중집중점의 보강재

- 지점, 가로보, 세로보, 수직브레이싱 등의 연결부와 같은 집중하중점에는 반드시 보강재를 설치하여야 한다.

- 지점부에 설치하는 수직보강재는 압축력을 받는 기둥으로 보고 허용축방향압축응력에 따라 설계한다. 이 때 보강재 전단면과 복부판 가운데 보강재 부착재에서 양쪽으로 각각 복부판 두께의 12배(총 24t)까지 유효단면이라고 생각할 수 있으며, 전체 유효단면은 보강재 단면의 1.7배를 넘어서는 안 된다.
- 허용응력의 계산에 사용하는 단면회전반경은 복부판의 중심선에 대해 구하고 유효좌굴길이는 플레이트거더 높이의 1/2로 한다(스캘럽에 의한 단면손실 고려안함).
- 교좌받침 교체를 위한 보강부재의 설계 시 설계반력은 할증한다($R_D + 1.5R_L$).

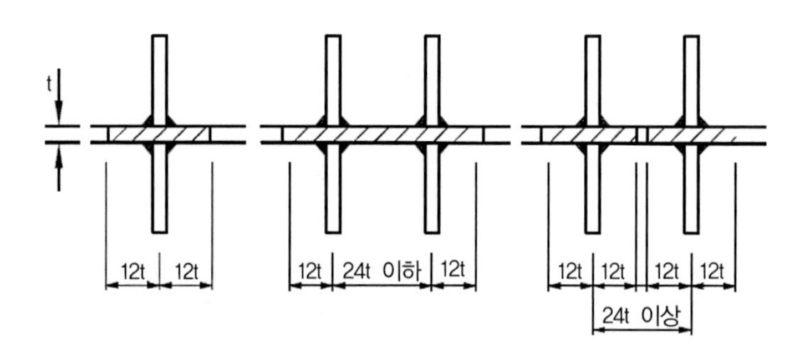

5. 조밀단면과 비조밀단면

94회 1-8 조밀단면과 비조밀단면

89회 1-1 휨을 받는 강구조부재의 조밀단면, 비조밀단면, 세장단면

일반적으로 국부좌굴이 발생되기 전에 부재가 완전소성 영역상태에 도달하고 소성힌지가 형성되어 회전이 가능한 단면을 조밀단면(Compact Section)이라고 하며, 국부좌굴이 발생되기 전에 압축부는 항복점에 도달하지만 완전 소성영역 상태 시 변형에 따른 비탄성 좌굴에는 저항하지 못하는 단면을 비조밀단면(Non-Compact Section)이라고 한다. 또한 압축부가 항복점에 도달하기 이전에 국부좌굴이 발생하는 단면을 세장단면(Slender Section)이라고 한다.

① 조밀단면(Compact Section, $\lambda < \lambda_p$) : 완전소성상태 도달

② 비조밀단면(Non-Compact Section, $\lambda_p \le \lambda < \lambda_r$) : 항복점에 도달하지만 완전소성 이전에 국부좌굴발생

③ 세장단면(Slender Section, $\lambda > \lambda_r$) : 항복점에 도달하기 이전에 국부좌굴 발생, 일반적으로 세장단면은 춤이 큰 보로 플레이트 거더로 설계된다.

1) 판정기준

① 허용응력설계법 : 일반적으로 플랜지를 기준으로 할 것인지 복부를 기준으로 할 것인지에 따라 구분된다.

- 플랜지 기준 조밀단면 : $\lambda\left(=\dfrac{b_f}{2t_f}\right)$, • 복부 기준 조밀단면 : $\lambda\left(=\dfrac{h}{t_w}\right)$

구분	플랜지기준	복부기준	허용응력
조밀단면	$\lambda \le \dfrac{170}{\sqrt{f_y}}$	$\lambda \le \dfrac{1680}{\sqrt{f_y}}$	$f_b = 0.66f_y$
비조밀단면	$\dfrac{170}{\sqrt{f_y}} < \lambda \le \dfrac{250}{\sqrt{f_y}}$	$\lambda > \dfrac{1680}{\sqrt{f_y}}$	직선보간
세장단면	$\lambda > \dfrac{250}{\sqrt{f_y}}$		$f_b = 0.60f_y$

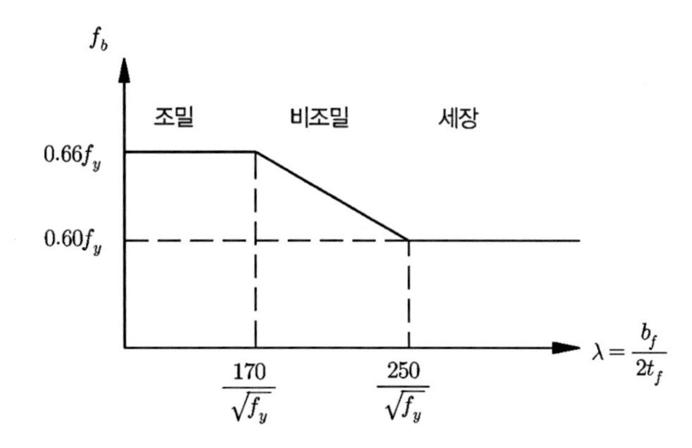

② LRFD : 경우에 따라 달라지며, 압연H형강 휨부재를 기준으로 분류하면 다음과 같다.

구분	플랜지기준	복부기준	공칭휨강도
조밀단면	$\lambda\left(=\dfrac{b_f}{2t_f}\right) \le 0.38\sqrt{\dfrac{E}{f_y}}$	$\lambda\left(=\dfrac{h}{t_w}\right) \le 3.76\sqrt{\dfrac{E}{f_y}}$	$M_n = M_p = Z_x f_y$
비조밀단면	$0.38\sqrt{\dfrac{E}{f_y}} < \lambda \le 0.83\sqrt{\dfrac{E}{f_y}}$	$3.76\sqrt{\dfrac{E}{f_y}} < \lambda \le 5.70\sqrt{\dfrac{E}{f_y}}$	$M_n = M_p - (M_p - M_r)\left(\dfrac{\lambda - \lambda_p}{\lambda_r - \lambda_p}\right) \le M_p$
세장단면	$\lambda > 0.83\sqrt{\dfrac{E}{f_y}}$	$\lambda > 5.70\sqrt{\dfrac{E}{f_y}}$	$M_n = M_{cr} = f_{cr} S < M_p$

여기서, f_{cr}은 압연 H형강 : $f_{cr} = \dfrac{0.69E}{\lambda^2}$, 용접 H형강 : $f_{cr} = \dfrac{0.90E}{\lambda^2}$

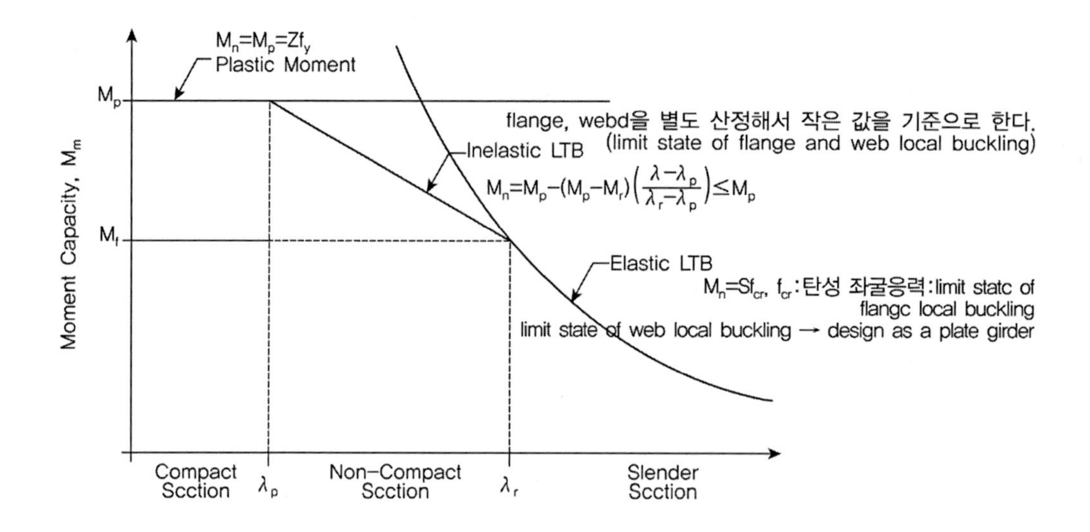

(Variation of M_n with λ)

참고자료

판의 좌굴(Differential Equation of Plate buckling : Linear Theory)

TIP | Plate의 구분|

1. Thin Plate(박판) : 두께를 고려하지 않음(두께방향 응력, 변형률 미고려, 2차원 해석)
2. Thick Plate(후판) : 두께 고려(Shear deformation 고려) → axial, bending으로 하중에 저항
3. Membrane(박막) : axial 방향의 강성만 고려

➤ 개 요

중립축 이론을 이용하여 박판의 면내 임계하중을 산정하기 위해서는 휨변형 구성에서의 평형방정식을 통해서 산정할 수 있다. 횡방향 휨을 받는 판은 다음의 두 개의 힘으로 분류할 수 있다.
(To Determine the critical in-plane loading of a flat plate by the concept of neutral equlibrium, it is necessary to have the equation of equilibrium for the plate in a slightly bent configuration. An element of a laterally bent plate is acted on by two sets of forces.)

① in-plane forces : equal to the externally applied loads

② moments and shear : result from the transverse bending of the plate

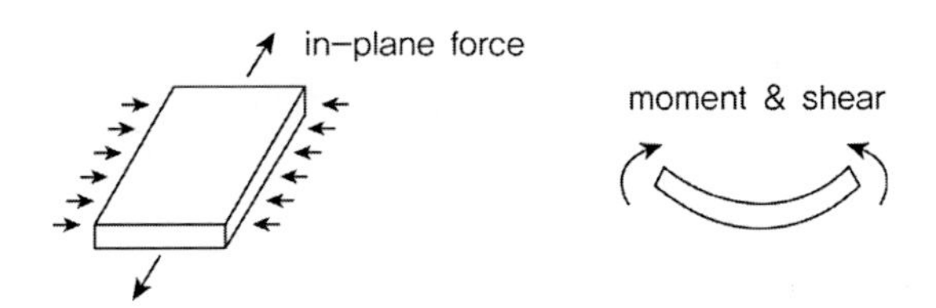

➤ Equilibrium of In-plane Forces

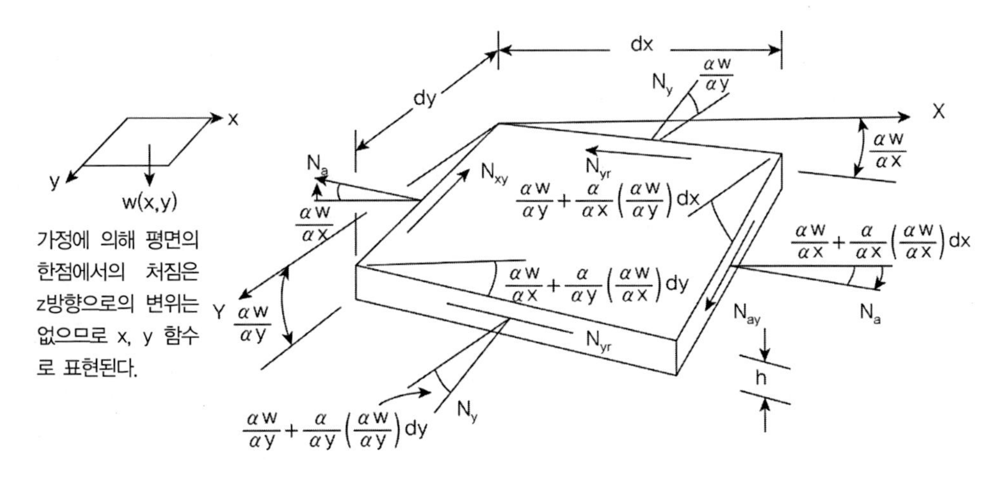

if θ is small($\cos\theta \approx 1$, $\sin\theta \approx 0$), downward is positive

z축의 N_x 의 분력성분의 합은

$$N_x\left(\frac{\partial w}{\partial x}+\frac{\partial^2 w}{\partial x^2}dx\right)dy - N_x\frac{\partial w}{\partial x}dy = N_x\frac{\partial^2 w}{\partial x^2}dxdy \tag{1}$$

z축의 나머지 분력성분의 합은

$$\left(N_y\frac{\partial^2 w}{\partial y^2}+N_{xy}\frac{\partial^2 w}{\partial x\partial y}+N_{yx}\frac{\partial^2 w}{\partial x\partial y}\right)dxdy \tag{2}$$

$N_{xy}=N_{yx}$ 를 고려하여 z축 성분의 총합은(위의 두 식의 합)

$$\therefore \left(N_x\frac{\partial^2 w}{\partial x^2}+N_y\frac{\partial^2 w}{\partial y^2}+2N_{xy}\frac{\partial^2 w}{\partial x\partial y}\right)dxdy \quad : \text{In-Plane Forces} \tag{3}$$

▶ Equilibrium of Bending Moments, Twisting Moment, and Shear

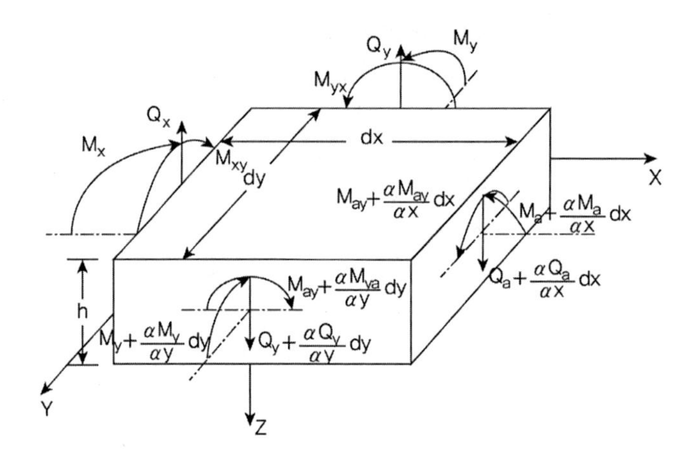

z축의 전단력 성분의 합은

$$\left(\frac{\partial Q_x}{\partial x}+\frac{\partial Q_y}{\partial y}\right)dxdy \tag{4}$$

z축방향의 전단력과 면내력의 합력은 Zero이므로,

(3) + (4) = 0

$$\frac{\partial Q_x}{\partial x}+\frac{\partial Q_y}{\partial y}+N_x\frac{\partial^2 w}{\partial x^2}+N_y\frac{\partial^2 w}{\partial y^2}+2N_{xy}\frac{\partial^2 w}{\partial x\partial y}=0 \tag{5}$$

$\Sigma M_x = 0$:

$$\frac{\partial M_y}{\partial y}dydx - \frac{\partial M_{xy}}{\partial x}dxdy - \frac{\partial Q_x}{\partial x}\frac{dxdydz}{2} - Q_y dxdy - \frac{\partial Q_y}{\partial y}dxdydz = 0 (\because\ dxdydz \approx 0)$$

$$\rightarrow \frac{\partial M_y}{\partial y} - \frac{\partial M_{xy}}{\partial x} - Q_y = 0 \quad (6)$$

$\Sigma M_y = 0$:

$$\rightarrow \frac{\partial M_x}{\partial x} - \frac{\partial M_{xy}}{\partial y} - Q_x = 0 \quad (7)$$

From (5), (6), (7) → Plate의 좌굴 편미분 방정식

$$\therefore \frac{\partial^2 M_x}{\partial x^2} - 2\frac{\partial^2 M_{xy}}{\partial x \partial y} + \frac{\partial^2 M_y}{\partial y^2} + N_x\frac{\partial^2 w}{\partial x^2} + N_y\frac{\partial^2 w}{\partial y^2} + 2N_{xy}\frac{\partial^2 w}{\partial x \partial y} = 0 \quad (8)$$

➤ Differential Equation of plate buckling의 유도

from Moment–Stress, Stress–Strain, Strain–Displacement → Moment–Displacement relations

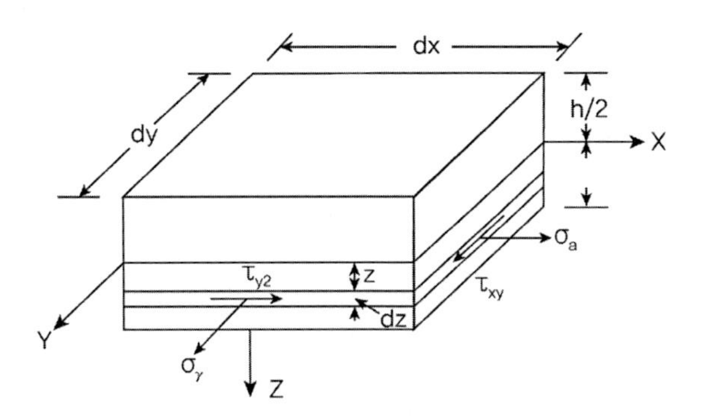

1) M − σ

$$M_x = \int_{-h/2}^{h/2} \sigma_x z dz, \quad M_y = \int_{-h/2}^{h/2} \sigma_y z dz, \quad M_{xy} = \int_{-h/2}^{h/2} \tau_{xy} z dz \quad (9)$$

2) ϵ − σ

$$\sigma_x = \frac{E}{1-\mu^2}(\epsilon_x + \mu\epsilon_y), \quad \sigma_y = \frac{E}{1-\mu^2}(\epsilon_y + \mu\epsilon_x), \quad \tau_{xy} = \frac{E}{2(1+\mu)}\gamma_{xy} \quad (10)$$

$(\because\ \epsilon_x = \frac{1}{E}[\sigma_x - \mu(\sigma_y + \sigma_z)],\ \epsilon_y = \frac{1}{E}[\sigma_y - \mu(\sigma_x + \sigma_z)],\ \gamma_{xy} = \frac{1}{G}\tau_{xy} = \frac{2(1+\mu)}{E}\tau_{xy}$

$\& \ \sigma_z = 0)$

3) ϵ − Displacement

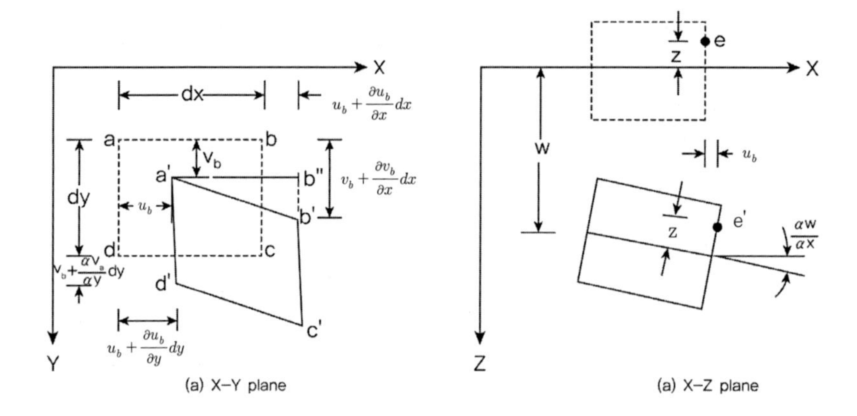

$a'b'' \doteqdot a'b'$,

u_0 & v_0 : in−plane force에 의한 변위(균일)

u_b & v_b : 좌굴, bending에 의해 생기는 변위(middle surface에서는 zero)

$$u = u_0 + u_b,\ v = v_0 + v_b \tag{11}$$

$$\epsilon_x = \frac{a'b' - ab}{ab} = \frac{dx - u_b + u_b + (\frac{\partial u_b}{\partial x})dx - dx}{dx} = \frac{\partial u_b}{\partial x},\quad \epsilon_y = \frac{\partial v_b}{\partial y},\ \gamma_{xy} = \frac{\partial u_b}{\partial y} + \frac{\partial v_b}{\partial x} \tag{12}$$

$$u_b = -z\frac{\partial w}{\partial x},\quad v_b = -z\frac{\partial w}{\partial y} \tag{13}$$

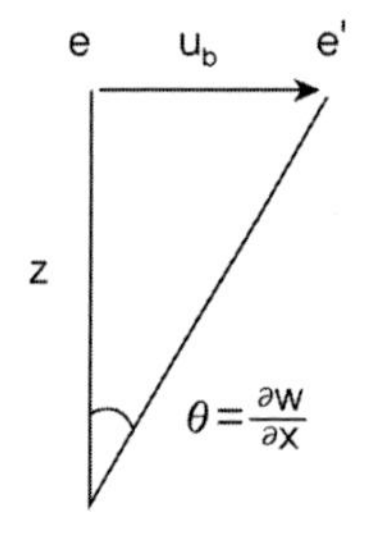

$$u_b = -z sin\theta \approx -z\theta = -z\frac{\partial w}{\partial x}$$

From (12), (13) $\epsilon - w$

$$\epsilon_x = -z\frac{\partial^2 w}{\partial x^2},\quad \epsilon_y = -z\frac{\partial^2 w}{\partial y^2},\quad \gamma_{xy} = -2z\frac{\partial^2 w}{\partial x \partial y} \tag{14}$$

From (14), (10) $\sigma - w$

$$\sigma_x = -\frac{Ez}{1-\mu^2}\left(\frac{\partial^2 w}{\partial x^2} + \mu\frac{\partial^2 w}{\partial y^2}\right),\ \sigma_y = -\frac{Ez}{1-\mu^2}\left(\frac{\partial^2 w}{\partial y^2} + \mu\frac{\partial^2 w}{\partial x^2}\right),\ \tau_{xy} = -\frac{Ez}{1+\mu^2}\left(\frac{\partial^2 w}{\partial x \partial y}\right) \tag{15}$$

From (15), (9) $M - w$

$$M_x = -D\left(\frac{\partial^2 w}{\partial x^2} + \mu\frac{\partial^2 w}{\partial y^2}\right),\quad M_y = -D\left(\frac{\partial^2 w}{\partial y^2} + \mu\frac{\partial^2 w}{\partial x^2}\right),\quad M_{xy} = -D(1-\mu)\frac{\partial^2 w}{\partial x \partial y} \tag{16}$$

여기서, $D = \dfrac{Eh^3}{12(1-\mu^2)}$

Differential Equation of plate buckling (16), (8)

$$\therefore D\left(\frac{\partial^4 w}{\partial x^4} + 2\frac{\partial^4 w}{\partial x^2 \partial y^2} + \frac{\partial^4 w}{\partial y^4}\right) = N_x\frac{\partial^2 w}{\partial x^2} + N_y\frac{\partial^2 w}{\partial y^2} + N_{xy}\frac{\partial^2 w}{\partial x \partial y},\quad D = \frac{Eh^3}{12(1-\mu^2)} \tag{17}$$

▶ Critical Load of Plate Uniformly Compressed in One Direction(B.C : Simply Supported)

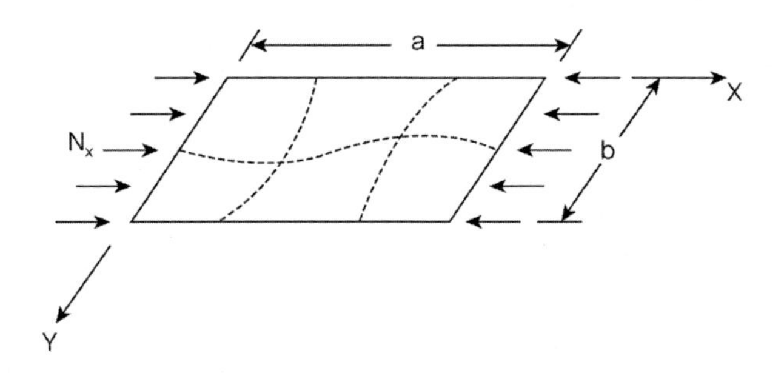

Simply Supported plate Uniformly Compressed in x-direction

$N_y = N_{xy} = 0,\quad N_x$: Negative

$$(17) : D\left(\frac{\partial^4 w}{\partial x^4} + 2\frac{\partial^4 w}{\partial x^2 \partial y^2} + \frac{\partial^4 w}{\partial y^4}\right) + N_x\frac{\partial^2 w}{\partial x^2} = 0 \tag{18}$$

From B.C

$$w = \frac{\partial^2 w}{\partial x^2} + \mu\frac{\partial^2 w}{\partial y^2} = 0 \quad \text{at } x = 0,\ a,\qquad w = \frac{\partial^2 w}{\partial y^2} + \mu\frac{\partial^2 w}{\partial x^2} = 0 \quad \text{at } x = 0,\ b \tag{19}$$

Lateral deflection and bending moment vanish along each edge

$$\frac{\partial^2 w}{\partial y^2}=0 \quad \text{at} \quad x=0,\ a, \qquad \frac{\partial^2 w}{\partial x^2}=0 \quad \text{at} \quad x=0,\ b \tag{20}$$

From (19), (20)

$$w=\frac{\partial^2 w}{\partial x^2}=0 \quad \text{at} \quad x=0,\ a, \qquad w=\frac{\partial^2 w}{\partial y^2}=0 \ \text{at} \ x=0,\ b$$

Assume

$$w=\Sigma\Sigma A_{mn}\sin\frac{m\pi x}{a}sin\frac{n\pi y}{b}$$

From Assumption → (18)

$$\Sigma\Sigma A_{mn}\left(\frac{m^4\pi^4}{a^4}+2\frac{m^2n^2\pi^4}{a^2b^2}+\frac{n^4\pi^4}{b^4}-\frac{N_x}{D}\frac{m^2\pi^2}{a^2}\right)\times\sin\frac{m\pi x}{a}sin\frac{n\pi y}{b}=0$$

$$\therefore\ A_{mn}\left[\pi^4\left(\frac{m^2}{a^2}+\frac{n^2}{b^2}\right)^2-\frac{N_x}{D}\frac{m^2\pi^2}{a^2}\right]=0$$

$$\rightarrow N_x=\frac{D\pi^2}{b^2}\left[\frac{mb}{a}+\frac{n^2a}{mb}\right]^2 \qquad \text{(4변이 S.S 조건인 경우의 좌굴하중)}$$

Minimum Value of N_x : $n=1,\quad \frac{dN_x}{dm}=0$

$$\frac{dN_x}{dm}=\frac{2D\pi^2}{b^2}\left[\frac{mb}{a}+\frac{a}{mb}\right]\left[\frac{b}{a}-\frac{a}{bm^2}\right]=0 \qquad m=\frac{a}{b},\quad k=4$$

$$\therefore\ N_x=\frac{4D\pi^2}{b^2},\quad D=\frac{Eh^3}{12(1-\mu^2)},\quad h=t$$

General Case $N_x=\frac{kD\pi^2}{b^2},\quad k=\left(\frac{mb}{a}+\frac{n^2a}{mb}\right)^2$

$$\therefore\ N_x=\sigma_x t \ \rightarrow\ \sigma_x=\frac{k\pi^2E}{12(1-\mu^2)(b/t)^2}$$

① Buckling stress coefficient k for uniaxially compressed plate

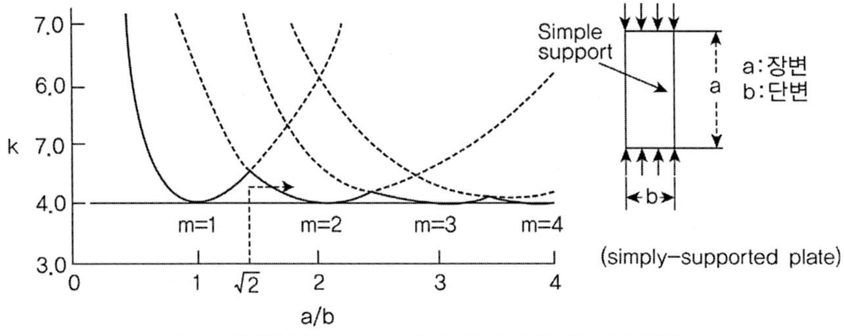

* a가 길어질수록 half sine이 많아져야 최저 좌굴하중 발생

simply supported : minimum $k = 4.0$

② Various end condition

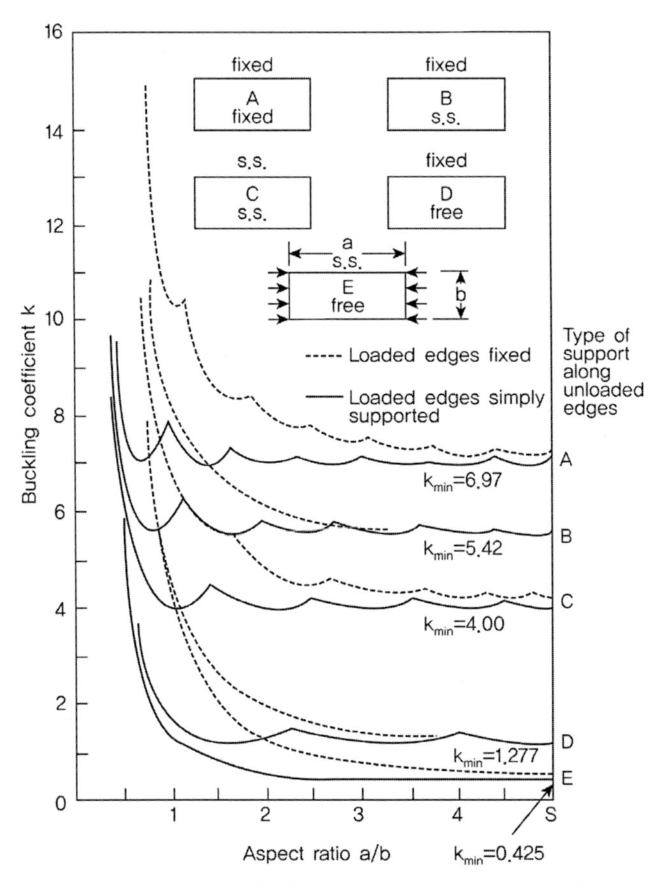

※ 도로교 설계기준 강구조물의 허용응력(양연지지판 $k = 4.0$, 3연지지판 $k = 0.43$)

Loading	Ratio of Bending stress to Uniform Compresion Stress σ_{cb}/σ_c	Minimum Bucking Coefficient, $^*k_c$					
		Unloaded Edges Simply Supported		Top Edge Free		Bottom Edge Free	
			Unloaded Edges Fixed	Bottom Edge Simpl Supported	Bottom Edge Fixed	Top Edge Simply Supported	Top Edge Fixed
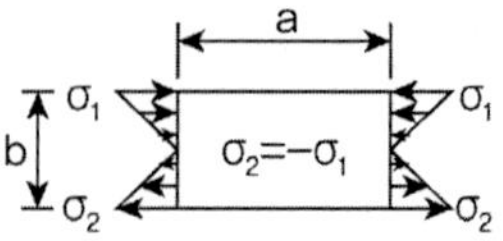 a, b, σ_1, σ_2, $\sigma_2=-\sigma_1$	∞ (pure bending)	23.9	39.6	0.85	2.15		
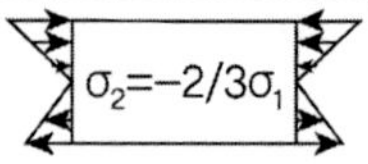 $\sigma_2=-2/3\sigma_1$	5.00	15.7					
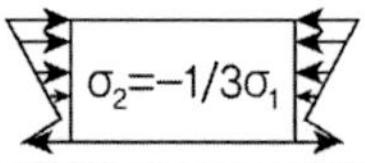 $\sigma_2=-1/3\sigma_1$	2.00	11.0					
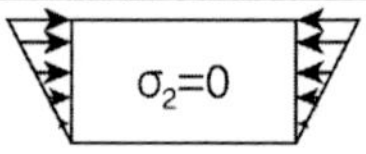 $\sigma_2=0$	1.00	7.8	13.6	0.57	1.61	1.70	5.93
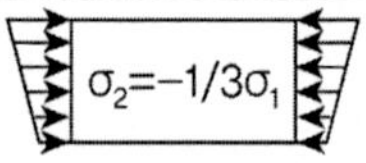 $\sigma_2=-1/3\sigma_1$	0.50	5.8					
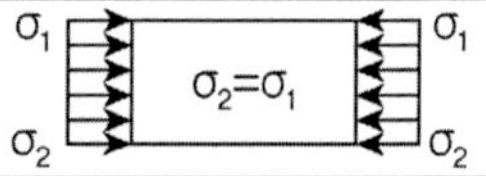 σ_1, σ_2, $\sigma_2=\sigma_1$	0.0 (pure compression)	4.0	6.97	0.42	1.33	0.42	1.33

* Values given are based on plates having loaded edges simply supported and are conservative for plates having loaded edges fixed.

87회 4-3

축하중을 받는 양영지지판의 국부좌굴

다음 그림은 도로교설계기준에서 정하고 있는 압축응력을 받는 양연지지판의 기준강도곡선을 나타낸 것이다. 이를 참고로 하여 구성판 요소의 국부좌굴에 대한 대처방법(2가지)과 장단점을 비교하시오.

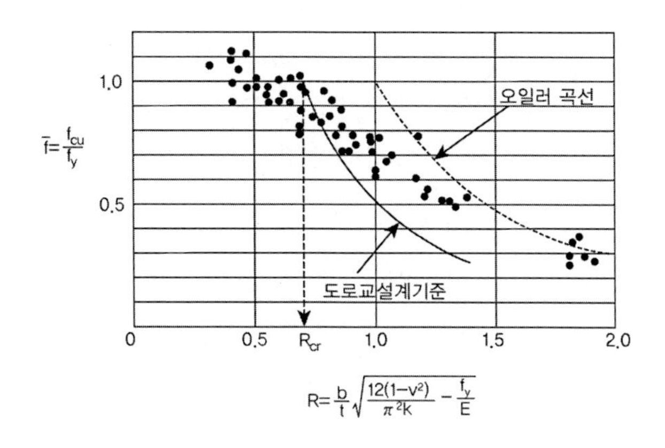

풀 이

➤ 개요

강 부재를 구성하는 판이 면내의 순압축력과 휨을 받아 압축응력이 어느 일정치에 도달하면 면외 방향으로 휘는 현상을 국부좌굴이라 하며, 실제 구조물에서는 초기 변형과 잔류응력을 받는다. 판의 좌굴에는 거더의 복부판 및 강관 중에서 많이 나타나며, 거더에서 복부판 부분의 경우에는 후좌굴 현상이 발생된다. 도로교 설계기준(허용응력설계법)에서는 평판에 대한 내하력을 다음과 같이 적용하고 있다.

$$\bar{f}=\frac{f_{cr}}{f_y}=\begin{cases}1.0 & R\le 0.7\\ \dfrac{1}{2R^2} & R>0.7\end{cases},\qquad f_{cr}=k\frac{\pi^2 E}{12(1-\nu^2)}\left(\frac{t}{b}\right)^2$$

$$R=\sqrt{\frac{f_y}{f_{cr}}}=\frac{1}{\pi}\sqrt{\frac{12(1-\nu^2)}{k}}\sqrt{\frac{f_y}{E}}\left(\frac{b}{t}\right),\qquad k=\begin{cases}4.0 & \text{양연지지}\\ 0.43 & \text{자유돌출}\end{cases}$$

➤ 압축응력을 받는 양연지지판의 국부좌굴 방지 방법

$$R_{cr}(=0.7)=\frac{1}{\pi}\sqrt{\frac{12(1-\nu^2)}{k}}\sqrt{\frac{f_y}{E}}\left(\frac{b}{t}\right)$$

$$R \leq R_{cr} : \left(\frac{b}{t}\right)_{limit} \geq \pi R_{cr} \sqrt{\frac{k}{12(1-\nu^2)}} \sqrt{\frac{E}{f_y}}$$

일반적으로 국부좌굴을 방지하기 위한 방법은 다음의 2가지 경우로 고려될 수 있다.

① 판·폭 두께 비 제한

도로교 설계기준에서는 전체좌굴에 앞서 국부좌굴이 발생되지 않도록 판에 대해서 판·폭 두께 비를 제한하는 방식을 적용하고 있다. $R_{cr} \leq 0.7$ 적용함으로써 국부좌굴이 발생하지 않도록 하는 방법이다. 이 방식은 설계 시 국부좌굴을 고려하지 않아도 되므로 설계가 간편해지나 작용응력이 작을 경우에는 재료 강도를 충분히 활용하지 못하는 비경제적인 설계가 될 수 있다.

② 국부좌굴을 허용하되 허용응력을 저감하는 방법

$R > R_{cr}$인 즉 판의 국부좌굴을 허용하는 방식으로 $R_{cr} > 0.7$인 경우에 허용응력을 그만큼 감소시키는 방법으로 $f_{cr} = f_y/2R^2$으로 감소시키는 방법이다. 이 방법은 재료의 강도를 충분히 활용하여 경제적인 설계가 될 수 있다는 장점이 있는 반면, 설계 시 복잡해진다는 단점이 있다.

86회 3-5

판의 좌굴

도로교설계기준해설(2008)의 좌굴식 $f_{cr} = \dfrac{k\pi^2 E}{12(1-\mu)^2(b/t)^2}$ 의 좌굴계수 k에 대하여, k의 적용 사항과 k값에 의한 복부판 최소 두께 결정기준에 대해 설명하시오.
(단, E 는 탄성계수, μ 는 포아송비, b/t는 폭-두께 비)

풀 이

➤ 판의 좌굴식

판의 좌굴 강도식(Differential Equation of plate buckling)은 다음과 같이 유도되며,

$$D\left(\frac{\partial^4 w}{\partial x^4} + 2\frac{\partial^4 w}{\partial x^2 \partial y^2} + \frac{\partial^4 w}{\partial y^4}\right) = N_x \frac{\partial^2 w}{\partial x^2} + N_y \frac{\partial^2 w}{\partial y^2} + N_{xy} \frac{\partial^2 w}{\partial x \partial y}, \quad D = \frac{Eh^3}{12(1-\mu^2)}$$

판의 처짐 방정식은 $w = \sum\sum A_{mn} \sin\dfrac{m\pi x}{a} sin\dfrac{n\pi y}{b}$

이때의 축방향력은 $N_x = \dfrac{kD\pi^2}{b^2}$, $k = \left(\dfrac{mb}{a} + \dfrac{n^2 a}{mb}\right)^2$ 로 표현되며,

$N_x = f_{cr} t$ 로부터 $f_{cr} = \dfrac{k\pi^2 E}{12(1-\mu^2)(b/t)^2}$

➤ k값

위의 식에서부터 k값은 지점 조건에 따라 다음과 같이 변화하며, 지지조건과 (a/b)에 따라 k값은 아래의 그림과 같다. 도로교 설계기준에서는 양연지지판(s-s) $k = 4.0$, 3연지지판(s-f) $k = 0.43$ 으로 적용하고 있다.

$k = \left(\dfrac{mb}{a} + \dfrac{n^2 a}{mb}\right)^2$ 에서 $n = 1$ 이고 $\dfrac{a}{b} = X$라고 하면,

$$k = X^2\left(\frac{m}{X^2} + \frac{1}{m}\right)^2$$

$$\frac{\partial k}{\partial X} = 0 \ : \ X = m \qquad \therefore k = 4$$

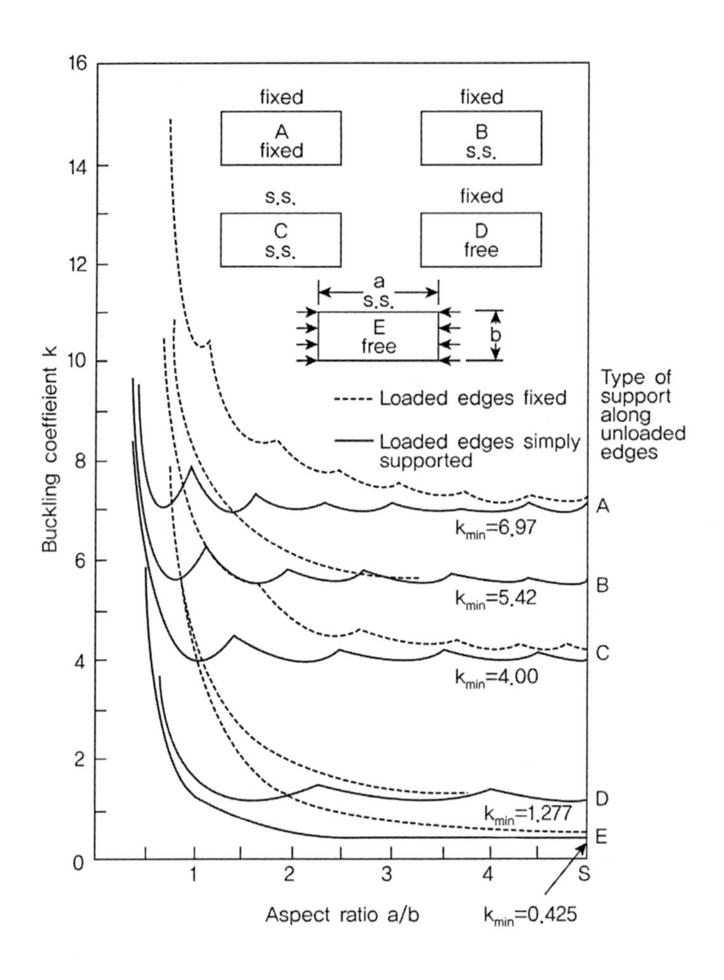

➤ 복부판 최소 두께 결정방법

도로교 설계기준에서는 판의 국부좌굴의 방지를 위하여 b/t 규정을 두고 있으며, 이러한 b/t의 규정은 다음과 같이 유도된다.

$$\bar{f}=\frac{f_{cr}}{f_y}=\begin{cases}1.0 & R\le 0.7\\ \dfrac{1}{2R^2} & R>0.7\end{cases},\quad f_{cr}=k\frac{\pi^2 E}{12(1-\nu^2)}\left(\frac{t}{b}\right)^2$$

$$R=\sqrt{\frac{f_y}{f_{cr}}}=\frac{1}{\pi}\sqrt{\frac{12(1-\nu^2)}{k}}\sqrt{\frac{f_y}{E}}\left(\frac{b}{t}\right)\qquad k=\begin{cases}4.0 & \text{양연지지}\\ 0.43 & \text{자유돌출}\end{cases}$$

$$R_{cr}(=0.7)=\frac{1}{\pi}\sqrt{\frac{12(1-\nu^2)}{k}}\sqrt{\frac{f_y}{E}}\left(\frac{b}{t}\right)$$

$$R\le R_{cr}\ :\ \left(\frac{b}{t}\right)_{limit}\ge \pi R_{cr}\sqrt{\frac{k}{12(1-\nu^2)}}\sqrt{\frac{E}{f_y}}$$

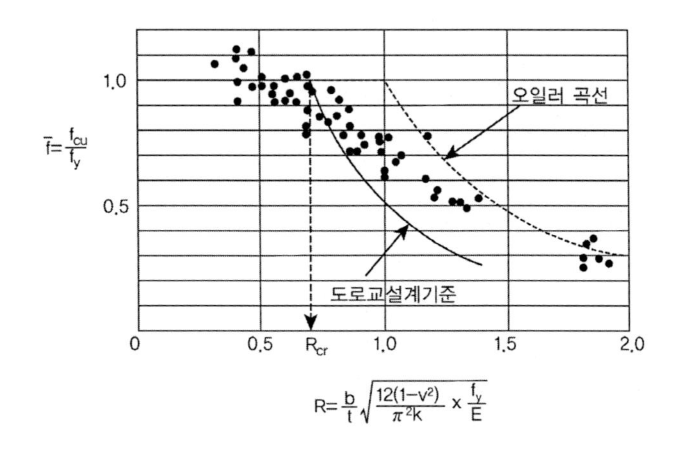

용접에 의한 변형이나 취급 시 예상치 못한 외력에 의한 손상 및 강성저하를 막기 위해서는 $R \leq 1.0$이 되도록 한다. 압축력만 작용하고 SS400인 강재의 복부판은 $k = 4.0$일 경우

$$\left(\frac{b}{t}\right)_{\min} = R_{\max}\pi\sqrt{\frac{k}{12(1-\nu^2)}}\sqrt{\frac{E}{f_y}} = 56.2$$

이 값에 응력구배계수 i를 적용하면 도로교 설계기준에서 제시된 압축응력을 받는 양연지지판의 최소판 두께 기준이 된다.

$t < 40^{mm}$	SS400	SM490	SM520	SM570
$t_{\min}$	$\frac{b}{56i}$	$\frac{b}{48i}$	$\frac{b}{46i}$	$\frac{b}{40i}$

여기서, $i = 0.65\left(\frac{\phi}{n}\right)^2 + 0.13\left(\frac{\phi}{n}\right) + 1.0$

$\phi = \frac{f_1 - f_2}{f_1}$ (응력구배)

n : 종방향 보강재에 의한 패널 수

TIP | LRFD 강교의 좌굴| Guide to stability design criteria for metal structure (Theodore V. Galambos)

1. Plate buckling

1) 판의 좌굴방정식 : 축방향 압축력 (Differential Equation of plate buckling, Linear theory, uniform longitudinal compressive stress)

(page 1145. 참고자료) 등분포 압축하중을 받을 때의 판의 좌굴 유도

$$\sigma_x = k\frac{\pi^2 E}{12(1-\mu^2)(b/t)^2}, \quad k = \left(\frac{mb}{a} + \frac{n^2 a}{mb}\right)^2$$

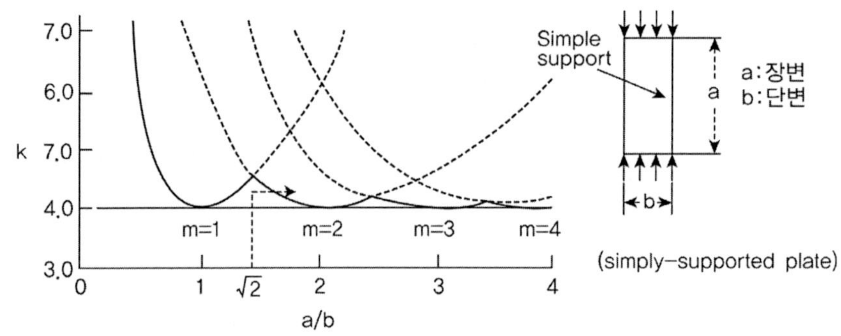

* a가 길어질수록 half sine이 많아져야 최저 좌굴하중 발생 (simply supported : minimum $k=4.0$)

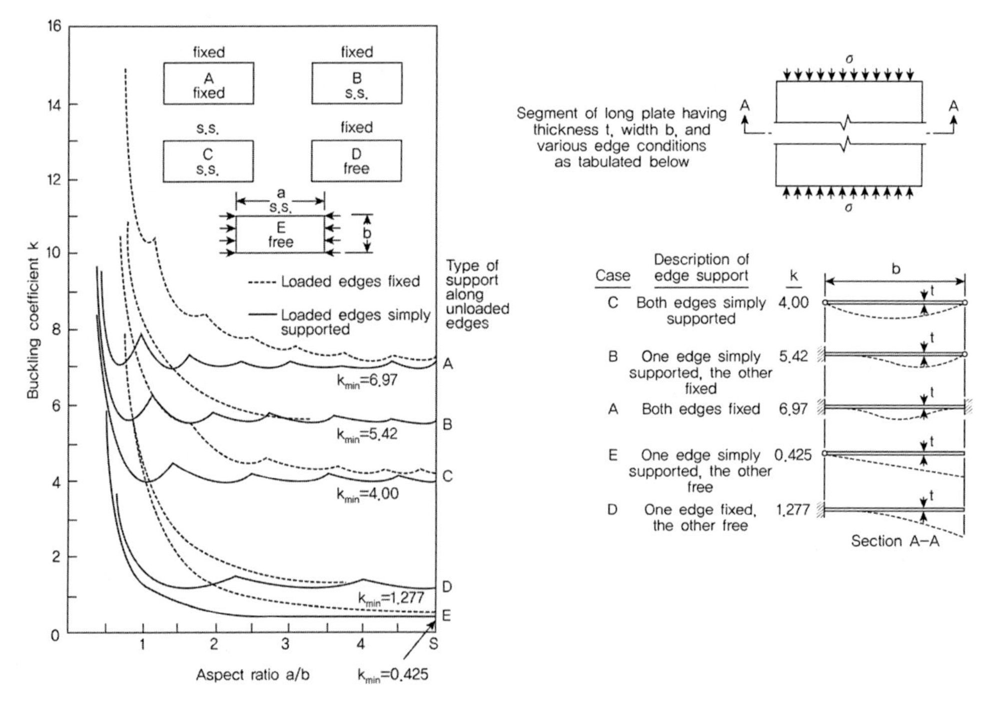

* a/b가 작으면(a/b≪1) 기둥과 같이 거동

2) 판의 좌굴 후 거동 : 축방향 압축력 (Post Buckling behavior, Inelastic buckling, uniform longitudinal compressive stress)

축방향 하중의 변화에 따라 비례한계이후의 강도의 증가로 인해 비선형 좌굴에 대한 보정식은 다음과 같이 표현한다.

$$\sigma_x = k\frac{\pi^2 E\sqrt{\eta}}{12(1-\mu^2)(b/t)^2}, \quad \eta = E_t/E$$

판의 국부좌굴(local buckling)의 발생으로 인해 일부구간에서 강성을 잃게 되고 그로 인해 응력이 재분배되는 결과가 나타나서 단부의 등분포 압축력이 좌굴 후에는 균일하게 분포하지 않게 된다. 좌굴된 판의 강성은 단부지점으로 이동하게 되어 단부에서의 강성이 커지게 된다.

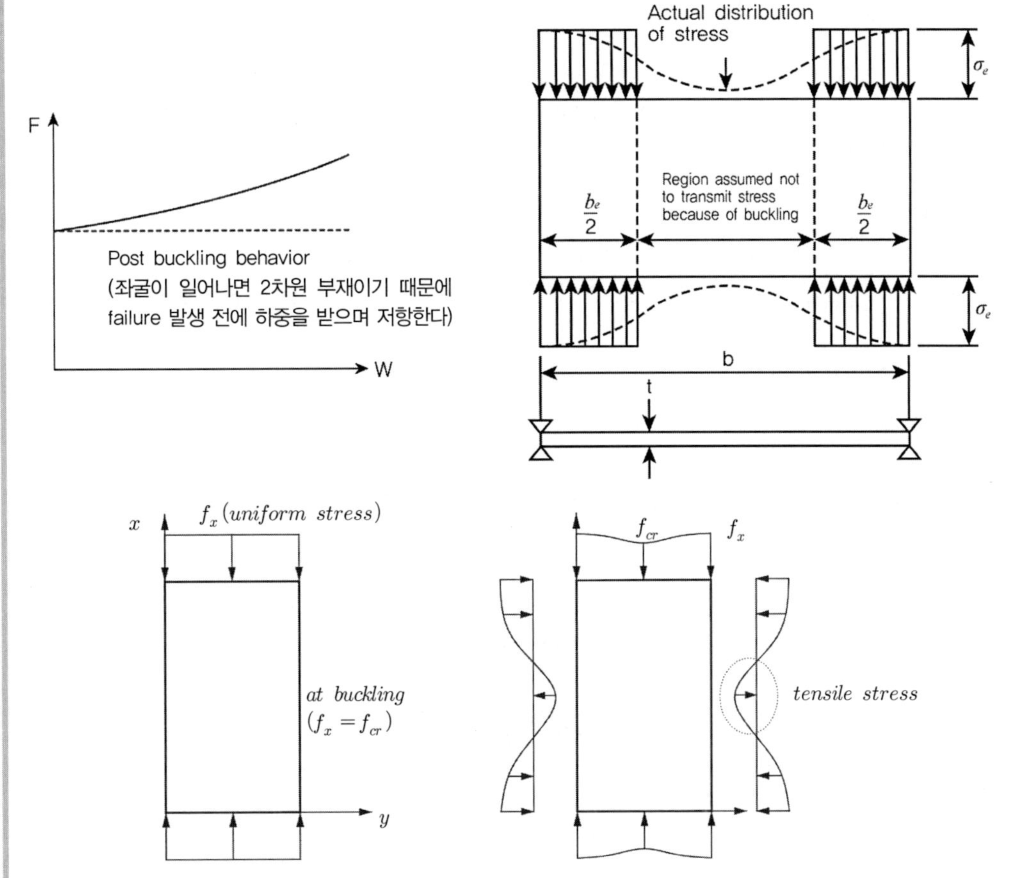

좌굴발생이후 강도를 추정하는 방법으로는 양단부 지점에서 강성이 커지는 사실로부터 단부에 두 개의 분리된 등분포하중이 작용하고 중앙부에서는 하중이 분배되지 않는다는 가정을 통해서 산정한다. 이때 단부에 등분포하중이 분포되는 유효폭 개념(Effective width concept)을 도입하게 되었으며 AISC(1993) 등의 설계기준에서 적용하고 있다.

TIP | LRFD 강교의 좌굴| Guide to stability design criteria for metal structure (Theodore V. Galambos)

von Karman의 유효폭 제안식(1932) $b_e = \left[\frac{\pi}{\sqrt{3(1-\mu^2)}}\sqrt{\frac{E}{\sigma_e}}\right]t$

k=4.0일 때, 등분포 압축하중을 받을 때의 판의 좌굴방정식을 고려하면 $\frac{b_e}{b} = \sqrt{\frac{\sigma_c}{\sigma_e}}$

단부 등분포하중을 받는 양쪽의 폭을 $b_e/2$라고 하면 평균응력은 $\sigma_{av} = \frac{b_e}{b}\sigma$

$\therefore \sigma_{av} = \sqrt{\sigma_c \sigma_y} \quad (\sigma_e = \sigma_y)$

Post Buckling behavior

① 응력이 서로 다른 것은 늘어나는 면에 대해서 직선적으로 변형되기 위한 응력이다.

$\therefore \Sigma \int f_Y = 0$ (수평방향 힘의 합력은 0)

② 여기서 발생되는 인장력은 수직응력에 영향을 주어서 Post buckling strength가 발생한다. 양끝단에서는 supported되었기 때문에 강성(stiffness)이 강하다. 따라서 가운데 부분에서는 f_{cr} 이상의 하중은 받지 못하고 양끝단에서 하중을 받는다.

③ Y방향의 인장응력 : 횡방향 변위에 저항하는 판의 강성(지지조건)은 좌굴 후 강도에 영향을 준다.

④ 종방향 끝단 인근 판의 좌굴발생 후 변형 형상은 횡방향 변형에 큰 강성을 가지며, 좌굴 후의 증가하중의 대부분을 부담한다.

⑤ 좌굴 후 강도(Post Buckling Strength)

- 면외 방향의 좌굴 변형으로 등분포되지 않은 응력 분포로 나타난다.
- 인장응력으로 인하여 추가적인 강도가 발생된다.
- 좌굴 후 강도는 b/t 비율이 클수록 크게 나타난다.
- 지점이 지지된 부재(stiffened element)가 지지되지 않은 부재(unstiffened element)보다 좌굴 후 강도가 크다.

3) 축력과 휨을 받는 판의 좌굴

축력과 휨을 받는 판은 판의 좌굴은 단부에서 발생하는 최대 응력 σ_1과 최소 응력 σ_2의 내력변화에 따라 달라진다. 판의 탄성 한계응력은 단부경계조건과 등분포 축응력을 받는 판에 대한 휨응력의 비율에 따라 달라지게 되며, 등분포 축응력을 받을 때의 k값 대신 k_c를 사용한다. k_c는 중간의 응력비(σ_{cb}/σ_c)로 선형보간에 의해 산정한다.

Loading	Ratio of Bending stress to Uniform Compression Stress σ_{cb}/σ_c	Minimum Bucking Coefficient, $*k_c$					
		Unloaded Edges Simply Supported	Top Edge Free			Bottom Edge Free	
			Unloaded Edges Fixed	Bottom Edge Simpl Supported	Bottom Edge Fixed	Top Edge Simply Supported	Top Edge Fixed
a, b, σ_1, σ_2, $\sigma_2=-\sigma_1$	∞ (pure bending)	23.9	39.6	0.85	2.15		
$\sigma_2=-2/3\sigma_1$	5.00	15.7					
$\sigma_2=-1/3\sigma_1$	2.00	11.0					

TIP | LRFD 강교의 좌굴| Guide to stability design criteria for metal structure (Theodore V. Galambos)

Loading	Ratio of Bending stress to Uniform Compresion Stress σ_{cb}/σ_c	Minimum Bucking Coefficient, $*k_c$					
		Unloaded Edges Simply Supported		Top Edge Free		Bottom Edge Free	
			Unloaded Edges Fixed	Bottom Edge Simpl Supported	Bottom Edge Fixed	Top Edge Simply Supported	Top Edge Fixed
$\sigma_2=0$	1.00	7.8	13.6	0.57	1.61	1.70	5.93
$\sigma_2=-1/3\sigma_1$	0.50	5.8					
σ_1 $\sigma_2=\sigma_1$ σ_1 σ_2 σ_2	0.0 (pure compression)	4.0	6.97	0.42	1.33	0.42	1.33

* Values given are based on plates having loaded edges simply supported and are conservative for plates having loaded edges fixed.

4) 순수 전단을 받는 판의 좌굴

판 구조에서 순수전단을 받게 되어 인장과 압축응력이 동일한 크기로 발생되면 45°방향으로 전단응력이 존재한다. 압축응력의 불안정한 영향은 수직방향의 인장응력에 의해 저항된다. 단부의 압축을 받는 경우와는 다르게 순수전단을 받는 경우에 좌굴모드는 여러 파형의 조합으로 나타나게 된다. 한계전단응력은 전단응력 τ_c와 전단좌굴응력의 좌굴계수인 k_s로 표현된다.

순수전단상태의 전단좌굴계수 k_s는 단부지지조건에 따라 다음의 3가지로 구분되어 평가되어진다. 여기서 단변 b는 플레이트거더에 적용할 때에는 웨브의 높이 h로 적용된다.

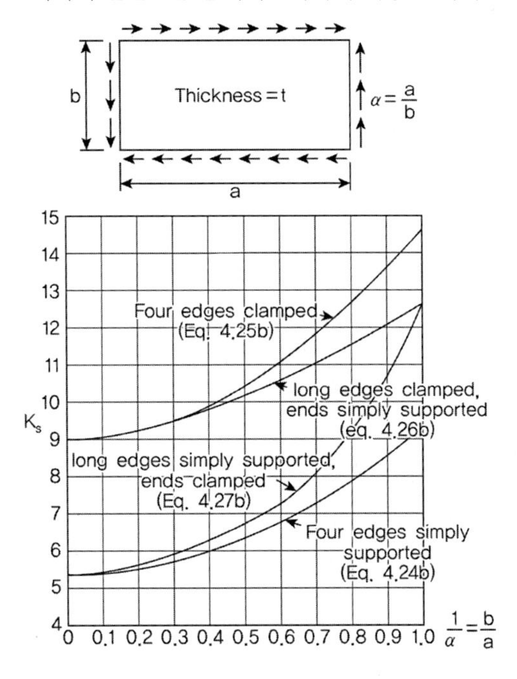

네 지점이 단순지지인 경우

$$k_s = 4.00 + \frac{5.34}{\alpha^2}\ (\alpha \leq 1),\quad 5.34 + \frac{4.00}{\alpha^2}\ (\alpha \geq 1)$$

네 지점이 고정지지인 경우

$$k_s = 5.6 + \frac{8.98}{\alpha^2}\ (\alpha \leq 1),\quad 8.98 + \frac{5.6}{\alpha^2}\ (\alpha \geq 1)$$

두 지점 고정, 두 지점 단순지지인 경우

(장변이 고정인 경우)

$$k_s = \frac{8.98}{\alpha^2} + 5.61 - 1.99\alpha\ (\alpha \leq 1)$$

$$= 8.98 + \frac{5.61}{\alpha^2} - \frac{1.99}{\alpha^3}\ (\alpha \geq 1)$$

(단변이 고정인 경우)

$$k_s = \frac{5.34}{\alpha^2} + \frac{2.31}{\alpha} - 3.44 + 8.39\alpha\ (\alpha \leq 1)$$

$$= 5.34 + \frac{2.31}{\alpha} - \frac{3.44}{\alpha^2} + \frac{8.39}{\alpha^3}\ (\alpha \geq 1)$$

TIP | LRFD 강교의 좌굴| Guide to stability design criteria for metal structure (Theodore V. Galambos)

5) 합성응력을 받는 판의 좌굴

전단과 종방향 압축력을 받는 경우 : 단순지지인 경우

$\frac{\sigma_c}{\sigma_c^*}+\left(\frac{\tau_c}{\tau_c^*}\right)^2=1$ 여기서, σ_c^*, τ_c^*는 각각 압축, 전단만 받을 때의 한계 응력

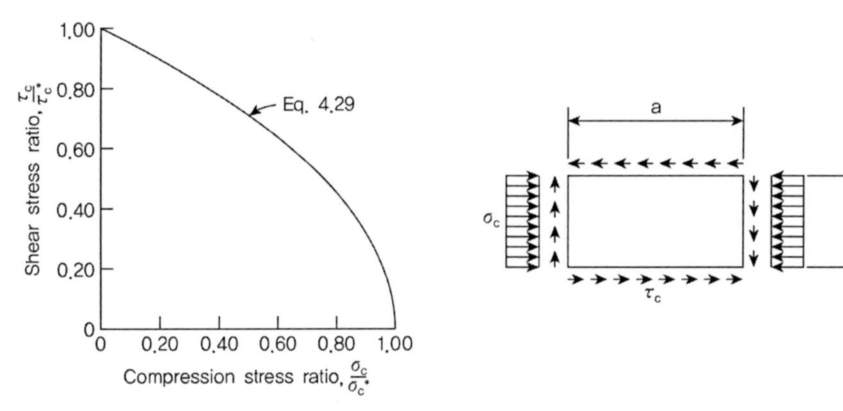

Peters(1954)에 의해 비탄성영역에서의 합성응력에서는 다음의 식이 더 보수적인 결과를 나타내는 것으로 발표

$$\left(\frac{\sigma_c}{\sigma_c^*}\right)^2+\left(\frac{\tau_c}{\tau_c^*}\right)^2=1$$

전단과 휨응력을 받는 경우 : 단순지지인 경우

Timoshenko(1934)는 α=0.5, 0.8, 1.0일 때의 τ_c/τ_c^* 값과 연관하여 k_c값을 줄여서 조정하는 방정식을 제시하였고, Stein and Way(1936)에 의해 아래의 그래프와 같이 제시되었다. Chwalla(1936)는 현재 많이 사용되고 있는 아래의 개략적인 관계식을 제시하였고 그 값이 그래프의 값과 유사하게 나타난다.

$\left(\frac{\sigma_{cb}}{\sigma_{cb}^*}\right)^2+\left(\frac{\tau_c}{\tau_c^*}\right)^2=1$ 여기서, σ_{cb}^*, τ_c^*는 각각 휨, 전단만 받을 때의 한계 응력

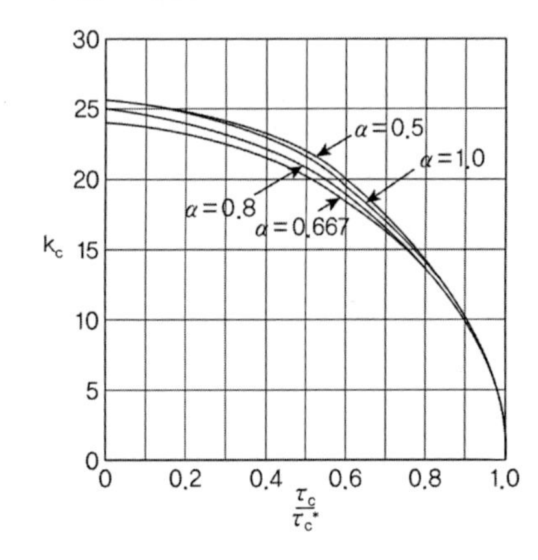

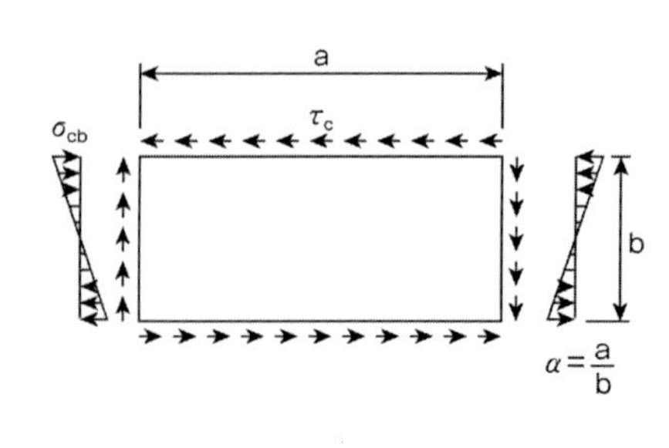

전단과 휨응력과 압축력을 받는 경우 : 단순지지인 경우

Gerard and Becker(1958)에 의해 다음의 3개의 텀으로 구성된 개략식이 제시되었다.

$\frac{\sigma_c}{\sigma_c^*}+\left(\frac{\sigma_{cb}}{\sigma_{cb}^*}\right)^2+\left(\frac{\tau_c}{\tau_c^*}\right)^2=1$ 여기서, σ_c^*, σ_{cb}^*, τ_c^*는 각각 압축, 휨, 전단만 받을 때의 한계 응력

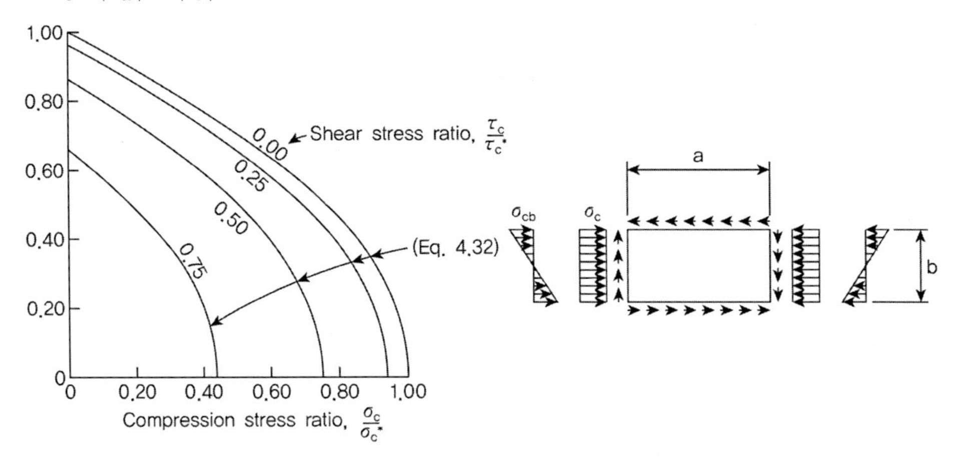

6) 보강된 판의 국부좌굴(Local buckling of stiffende plates)

종방향 또는 횡방향 보강재로 보강된 판은 판의 압축강도를 향상시키기 때문에 일반적으로 사용하는 경제적인 방법이다. 다음의 조건은 단순지지된 경우로 가정한다.

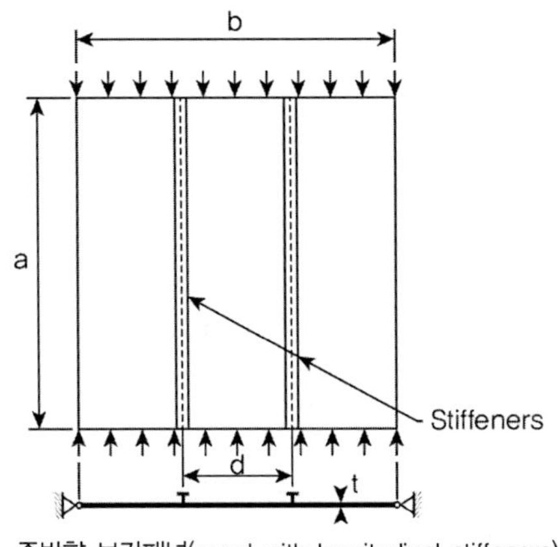

종방향 보강패널(panal with longitudinal stiffeners)

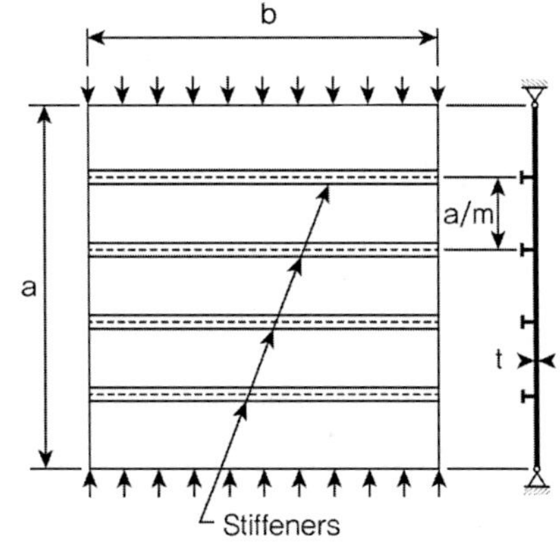

횡방향 보강패널(panal with transverse stiffeners)

종방향 보강패널(panal with longitudinal stiffeners)

종방향 보강재는 비틀림강성을 가지지 않는다고 가정한다.Sharp(1966)에 의해 제시된 보수적인 방법은 2가지 영역 구분한다. 첫 번째 영역은 좌굴된 모양이 종방향과 횡방향 모두에서 1/2사인곡선을 가지는 짧은 판에 적용되며, 두 번째 영역은 횡방향으로는 1/2 사인곡선을 가지면서 종방향으로 여러개의 파형을 가지는 긴 판에 적용된다. 짧은 판에서 보강재와 판의 폭은 동일한 길이 d를 가지며 이는 세장비와 함께 기둥의 길이 a와 같이 해석된다.

$\left(\frac{L}{r}\right)_{eq} = \frac{a}{r_e}$ 여기서 r_e는 보강재와 판으로 구성된 단면의 회전반경

긴 판의 경우 기둥강도식을 사용하기 위해서는 세장비에 대한 정의가 필요하다.

$$\frac{L}{r_{eq}} = \sqrt{6(1-\nu^2)}\,\frac{b}{t}\sqrt{\frac{1+(A_s/bt)}{1+\sqrt{(EI_e/bD)+1}}}$$

여기서, b =Nd : 종방향으로 보강된 판의 전체 폭

N : 종방향보강재로 나뉘어진 판의 개수

I_e : 종방향 보강재와 폭 d와 동등한 판으로 구성된 단면의 단면2차 모멘트

A_s : 보강재의 면적

$$D = \frac{Et^3}{12(1-\nu^2)}$$

위의 두 식중 작은 값을 취하며, 판은 패널의 폭 d가 모두 사용되는 것으로 가정한다.

횡방향 보강패널(panal with transverse stiffeners)

축방향 압축력을 받는 판의 횡방향 보강재의 필요크기는 Timoshenko and Gere(1961)에 의해서 1~3의 보강재가 동일간격으로 보강된 경우와 Klitchieff(1949)에 여러개의 보강재인 경우 등에 대해서 제시되어져 왔다. 보강된 판의 강도는 보강재 사이의 판의 좌굴강도에의해 제한된다.

Klitchieff가 제시한 필요한 최소한의 값 γ는

$$\gamma = \frac{(4m^2-1)[(m^2-1)^2-2(m^2+1)\beta^2+\beta^4]}{2m5m^2+1-\beta^2\alpha^3}$$

여기서, $\beta = \frac{\alpha^2}{m}$, $\alpha = \frac{a}{b}$, $\gamma = \frac{EI_s}{bD}$

m은 보강재로 나뉘어진 패널의 수, EI_s는 횡방향보강재의 휨강성

Timoshenko and Gere 제시 완전히 강체로 거동할 수 있는 기둥의 탄성지점조건의 스프링계수 K

$K = \frac{mP}{Ca}$, 여기서 $P = \frac{m^2\pi^2(EI)_c}{a^2}$, a는 기둥의 총 길이

이 때, C는 m에 따른 상수로 m=2일 때, C=0.5, m이 무한대일 때 0.25를 가진다.

횡방향 보강된 판에서 보강재에 의해 종방향으로의 구분된 판은 횡방향 보강재에 의해 탄성 지지된 기둥과 같이 거동한다고 가정할 수 있으며 보강재에 의해 종방향으로의 구분된 판에 작용하는 하중은 보강재의 변위에 비례한다. 1/2 사인곡선 변위를 가질때의 스피링 상수 K는

$$K = \frac{\pi^4(EI)_s}{b^4}$$

$\therefore \frac{(EI)_s}{b(EI)_c} = \frac{m^3}{\pi^2 C(a/b)^3}$ 여기서 종방향 보강재가 없을 때 $(EI)_c = D$이므로 좌측식은 γ와 같다.

TIP | LRFD 강교의 좌굴 | Guide to stability design criteria for metal structure (Theodore V. Galambos)

종방향 보강재와 횡방향 보강재로 구성된 패널(panal with longitudinal and transverse stiffeners)

Gerard and Becker(1957/1958)에 의해서 제안된 방법으로 종방향 보강재와 횡방향 보강재가 조합된 변수함수 α에 대해 최소값 γ를 제시하였다.

$\frac{(EI)_s}{b(EI)_c}=\frac{m^3}{\pi^2 C(a/b)^3}$ 의 방정식이 사용되며 스프링 상수 K값이 종방향 보강재의 개수에 따라 변화한다. 횡방향 보강재의 휨강성 $(EI)_c$은 판의 종방향 보강재의 단위 폭당 평균 강성으로 표현한다.

Number and spacing of longitudinal stiffeners	Spring Constant K	$\frac{(EI)_s}{b(EI)_c}=\gamma$
One centrally located	$\frac{48(EI)_s}{b^3}$	$\frac{0.206m^3}{C(a/b)^3}$
Two equally spaced	$\frac{162}{5}\frac{(EI)_s}{b^3}$	$\frac{0.206m^3}{C(a/b)^3}$
Four equally spaced	$\frac{18.6(EI)_s}{b^3}$	$\frac{0.133m^3}{C(a/b)^3}$
Infinite number equally spaced	$\frac{\pi^4(EI)_s}{b^3}$	$\frac{m^3}{\pi^2 C(a/b)^3}=\frac{0.1013m^3}{C(a/b)^3}$

횡방향 보강재의 필요크기는 종방향 보강재를 포함하여 개략적으로 표현된다.

$$\frac{(EI)_s}{b(EI)_c}=\frac{m^3}{\pi^2 C(a/b)^3}\left(1+\frac{1}{N-1}\right)$$

2. Beam buckling

휨에 의해 지배되는 빔, 거더, 들보(joist), 트러스는 약축의 판보다는 큰 강도와 강성을 갖는다. 적절한 브레이싱으로 보강되지 않을 경우에는 내부판이 보유하고 있는 최대 저항력에 도달하기 이전에 횡비틀림 좌굴(Lateral-torsional buckling)에 의해 파괴된다. 이러한 좌굴파괴현상은 브레이싱이 없거나 완공후 구조물과 다른 형태로 보강된 공사 중에 발생되기 쉽다.

횡비틀림좌굴은 구조적 유용성의 한계상태로 하중저항성능은 변화가 없음에도 주로 면내에서의 빔의 변형이 발생되었던 구조가 횡방향으로의 변위와 뒤틀림의 조합으로 변경되게 된다.

적절한 간격으로 횡브레이싱을 설치하거나 비틀림 강성이 큰 박스단면이나 다이아프램과 같은 횡비틀림저항을 할 수 있는 개단면 보를 사용할 경우 횡비틀림 좌굴을 방지할 수 있다. 횡비틀림좌굴 강도의 주요 영향요소로는 횡브레이싱의 간격, 하중의 종류와 위치, 단부조건, 단면의 크기, 지점의 연속성, 보강재의 여부, 와핑(Warping)저항성, 단면성능, 잔류응력의 크기와 분포, 프리스트레스힘, 기하학적 초기결함, 하중의 편심, 단면의 뒤틀림 등이 있다.

횡비틀림좌굴거동은 아래의 그림과 같이 비지지된 길이와 연관된 한계모멘트로 표현되며, 아래의 그래프에서 실선은 완전히 직선인 보에서의 관계를 나타내고, 점선은 초기결함이 존재할 경우를 나타낸다. 그래프는 3가지 범위로 구분되며, (1) 탄성좌굴구간(Elastic buckling, 긴 보가 지배적), (2) 비탄성좌굴구간(Inelastic buckling, 보의 일부가 항복한 후 발생), (3) 소성영역(Platic behavior, 비지지된 길이가 소성모멘트에 도달하기 이전에 좌굴이 발생)

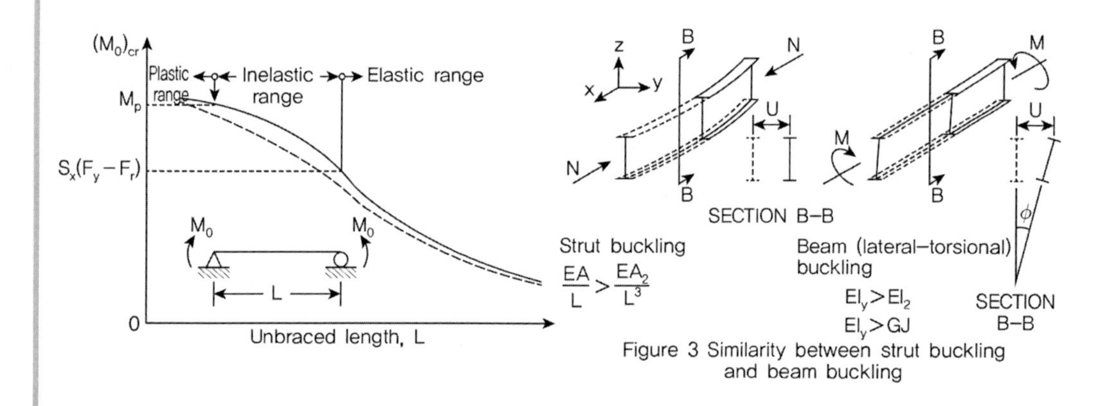

Figure 3 Similarity between strut buckling and beam buckling

1) 탄성 횡비틀림 좌굴(Elastic Lateral-Torsional Bucling, Elastic LTB)

단순지지된 2축 대칭 동일 단면 보(Simply supported doubly symmetric beams of constant sections)

Uniform Bending.

$$M_{cr} = \frac{\pi}{L}\sqrt{EI_y GJ}\sqrt{1+W^2}, \quad \text{여기서 } W = \frac{\pi}{L}\sqrt{\frac{EC_w}{GJ}}$$

보의 단부는 횡방향 변위($u=0$)와 뒤틀림($\beta=\phi=0$)은 제한되고 횡방향 회전($u''=0$)과 와핑($\phi''=0$)은 가능

Nonuniform Bending.

$M_{cr} = C_b M_{cr}$

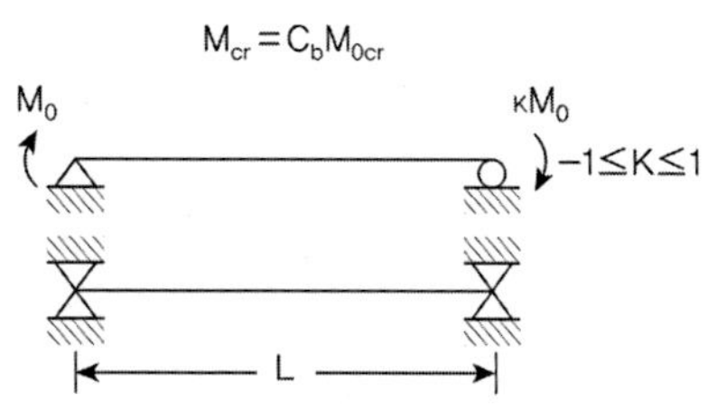

C_b : equivalent uniform moment factor

$$C_b = \frac{12.5 M_{\max}}{2.5 M_{\max} + 3M_A + 4M_B + 3M_C}$$

고정지지된 2축 대칭 동일 단면 보(End-Restrained doubly symmetric beams of constant sections)

Nethercot and Rockey(1972).

I	II	III	IV	V
Simply supported $u=\phi=u''=\phi''=0$	Warping prevented $u=\phi=u''=\phi'=0$	Lateral bending prevented $u=\phi=u'=\phi''=0$	Fixed end $u=\phi=u'=\phi'=0$	Lateral support at center. Restraint : equal at both ends

$M_{cr} = C M_{cr}$

$C = A/B$ Top flange loading

$= A$ mid-height loading

$= AB$ bottom flange loading

Loading	Restraint	A	B
L/2 L/2 (concentrated load at center)	I	1.35	$1-0.180W^2+0.649W$
	II	$1.43+0.485W^2+0.463W$	$1-0.317W^2+0.619W$
	III	$2.0-0.074W^2+0.304W$	$1-0.207W^2+1.047W$
	IV	$1.916-0.424W^2+1.851W$	$1-0.466W^2+0.923W$
	V	$2.95-1.143W^2+4.070W$	1
(uniform load)	I	1.13	$1-0.154W^2+0.535W$
	II	$1.2+0.416W^2+0.402W$	$1-0.225W^2+0.571W$
	III	$1.9-0.120W^2+0.006W$	$1-0.100W^2+0.806W$
	IV	$1.643-0.405W^2+1.771W$	$1-0.339W^2+0.625W$
	V	$2.093-0.947W^2+3.117W$	$1.073+0.044W$

Trahair and Bradford (1988).

ⓐ Compute the in-plane BMD

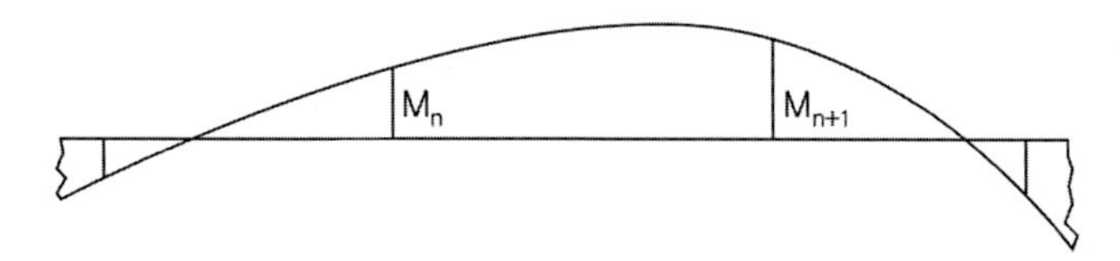

ⓑ Determine C_b, M_{cr} for each unbraced segment in the beam, using the actual unbraced length as the effective length in $M_{cr} = \frac{\pi}{L}\sqrt{EI_y GJ}\sqrt{1+W^2}$ and identify the segment with the lowest critical load.

The critical loads for buckling assuming simply supported ends for the weakest segment and the two adjacent segment are P_m, P_{rL} and P_{rR}, respectively.

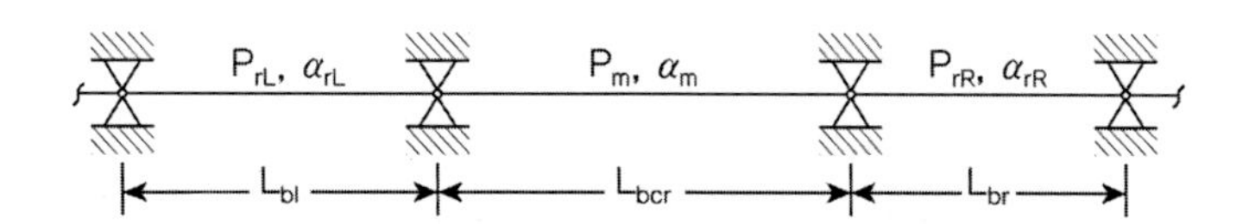

TIP | LRFD 강교의 좌굴| Guide to stability design criteria for metal structure (Theodore V. Galambos)

ⓒ Compute the stiffness ratios for the three segments as follows : for the critical segment

$$\alpha_m = \frac{2EI_y}{L_{bcr}}$$

and for each adjacent segment $\alpha_r = n\frac{EI_y}{L_b}\left(1-\frac{P_m}{P_r}\right)$

where n=2 if the far end of the adjacent segment is continuous, n=3 if it is pinned and n=4 is it is fixed.

ⓓ Determine the stiffness ratios $G=\alpha_m/\alpha_r$ and obtain the effective length factor K from the nonsway restrained column nomographs.

ⓔ Compute the critical moment and the buckling load of the critical segment from the equation

$$M_{cr} = \frac{C_b\pi\sqrt{EI_yGJ}}{KL}\sqrt{1+\frac{\pi^2EC_w}{GJ(KL)^2}}$$

횡방향(lateral)과 뒤틀림(waroing)에 대한 단부지점이 동일하지 않을 때는 다음의 개략식을 사용할 수 있다.

$$M_{cr} = \frac{C_b\pi\sqrt{EI_yGJ}}{K_yL}\sqrt{1+\frac{\pi^2EC_w}{GJ(K_zL)^2}}$$

II의 조건에서 $K_y = 1.0(u''=0)$, $K_z = 0.5(\phi'=0)$

pin – fix 조건 $K_z = 0.7$

캔틸레버 보 (Cantilever beams)

Nethercot(1983)

$$M_{cr} = \frac{\pi}{KL}\sqrt{EI_yGJ}\sqrt{1+\frac{\pi^2EC_w}{(KL)^2GJ}}$$

경계 조건별 유효길이 factor K는 다음과 같이 고려

Restraint conditions		Effective length	
At root	At tip	Top flange loading	All other cases
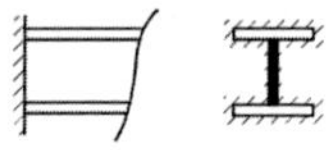		1.4L	0.8L
	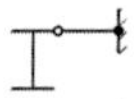	1.4L	0.7L
	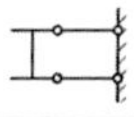	0.6L	0.6L
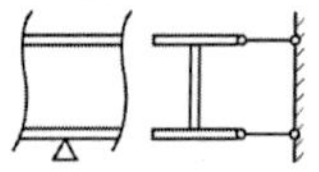		2.5L	1.0L
	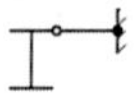	2.5L	0.9L
	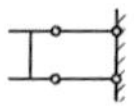	1.5L	0.8L
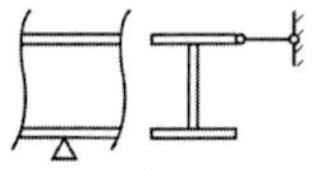		7.5L	3.0L
	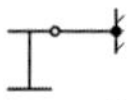	7.5L	2.7L
	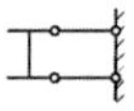	4.5L	2.4L

3. 횡방향 보강재가 없는 보의 설계 (Design of Laterally unsupported beams)

횡비틀림 좌굴에 대한 설계는 갑작스런 파괴를 방지하기 위해서 주요한 설계내용이다. 그러나 횡비틀림 좌굴설계는 복잡한 문제이고 여러 변수를 포함하기 때문에 상세설계에서는 모든 가능성을 포함하여 설계를 수행하여야 한다. 따라서 상세설계 기준에서는 단부경계조건을 보수적인 가정을 기준으로 하며 대부분 설계기준은 단순지지조건($u=\phi=u''=\phi''=0$)을 기준으로 하게 되며, 일반적으로 뒤틀림(Warping)이 방지된 보와 방지되지 않은 보에서의 좌굴하중은 방지된 보가 약 33% 더 크게 나타나는 것으로 알려져 있다.

탄성 한계 모멘트는 $M_{cr}=\frac{\pi}{L}\sqrt{EI_yGJ}\sqrt{1+W^2}$ 식을 이용하며,

비탄성 좌굴은 경험곡선의 형태로 결정되어 진다. 이 경험곡선은 대체로 긴 보에 대한 탄성해석에서 필수적인 해법을 제시하며, 짧은 보에서는 $M_{cr}=M_p$인 소성모멘트로 종료된다.
다음의 경험적인 방법은 비탄성영역에서 좌굴하중을 결정하는 데 이용된다.

(Eurocode 3, SSRC) 비탄성영역에서 보와 기둥은 유사하게 거동한다고 가정하므로 횡비틀림 좌굴강도는 동등한 세장비를 가지는 유사한 기둥 방정식을 통해 산정한다.

$$\lambda_{eq}=\sqrt{\frac{M_p}{M_E}}$$

(German specifications for stability) 경험적 방정식 이용

$$\frac{M_{cr}}{M_p}=\left(\frac{1}{1+\lambda_{eq}^{2n}}\right)^{1/n}$$ 여기서 n은 2.5~1.5의 상수

(LRFD, AISC 1993) 탄성 좌굴곡선에서 직선 변환선으로 작성된 곡선으로 $L=L_r$ 일 때 $M_{cr}=M_r$
$L=L_p$ 일 때 $M_{cr}=M_p$ 인 곡선

$$M_r=S_x(F_y-F_r),\ L_p=1.762\sqrt{\frac{E}{F_y}}r_y$$

단순지지되어 등분포 모멘트를 받는 보에서

$$M_{cr}=\begin{cases} M_p & L\le L_p \\ C_b\left[M_p-(M_p-M_r)\frac{L-L_p}{L_r-L_p}\right]\le M_p & L_p\le L\le L_r \\ M_E & L\ge L_r \end{cases}$$

Simply supported beam under uniform moment, W24x55, L=150in(3.81m), $C_b=1.0$
$F_y=36ksi$(248MPa), $F_r=10ksi$(69MPa), $E=29{,}000ksi$(200,000MPa), G/E=0.385
r_y=1.34in(34mm), J=1.18in^4 ($0.491\times10^6 mm^4$), $C_w=3870in^6$ ($1.039\times10^{12}mm^6$)

$$M_{cr}=M_E=\frac{\pi}{L}\sqrt{EI_yGJ}\sqrt{1+\frac{\pi^2EC_w}{L^2GJ}}=4806\text{in-kips}\ (543\text{kNm})$$

$$M_p=F_yZ_x=4824\text{in-kips}\,(545\text{kNm}),\quad \lambda=\sqrt{M_p/M_E}=1.00$$

TIP | LRFD 강교의 좌굴| Guide to stability design criteria for metal structure (Theodore V. Galambos)

Equivalent column method	European beam formula	AISC LRFD method
SSRC column curve no.2 $\alpha = 0.293$ $Y = 1 + \alpha(\lambda - 0.15) + \lambda^2 = 2.253$ $\frac{M_{cr}}{M_p} = \frac{Y - \sqrt{Y^2 - 4\lambda^2}}{2\lambda^2} = 0.609$	$\frac{M_{cr}}{M_p} = \left(\frac{1}{1+\lambda^{2n}}\right)^{1/n} = 0.756$	$M_r = S_x(F_y - F_r) = 2964$in-kips (335kNm) $M_r = \frac{\pi}{L_r}\sqrt{EI_y GJ}\sqrt{1 + \frac{\pi^2 EC_w}{L_r^2 GJ}}$ 로부터 $\therefore L_r = 198.1$in (5.03m) 〉 $L = 150$in $L_p = \frac{300r_y}{\sqrt{F_y}} = 67.0$in(1.70m) 〈 $L = 150$in $\therefore M_{cr} = C_b\left[M_p - (M_p - M_r)\frac{L - L_p}{L_r - L_p}\right]$ $= 3646$in-kips
$M_{cr} = 2938$in-kips (332kNm)	$M_{cr} = 3656$in-kips (413kNm)	$M_{cr} = 3646$in-kips (412kNm)

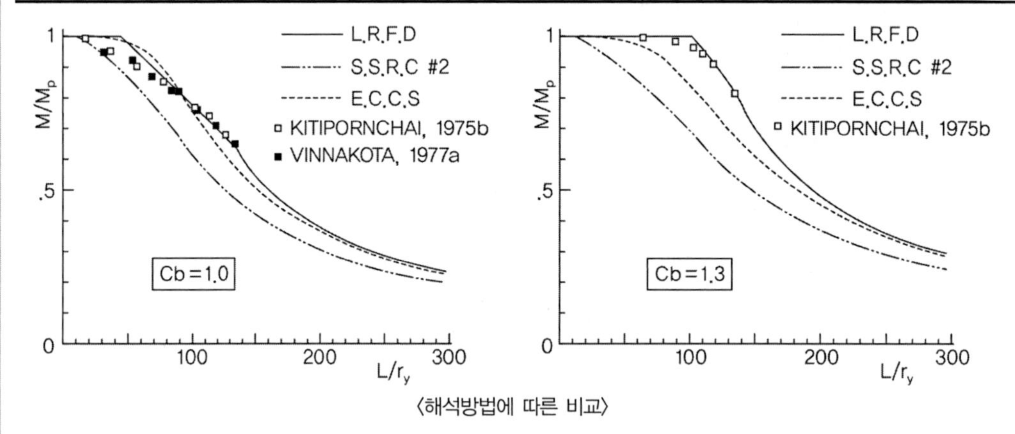

〈해석방법에 따른 비교〉

TIP | LRFD 강교의 좌굴| Guide to stability design criteria for metal structure (Theodore V. Galambos)

4. PLATE GIRDER

곡선교와 박스거더를 제외한 플레이트 거더교에 대한 규정을 포함한다. 횡비틀림좌굴(LTB, Lateral Torsional Buckling)과 보에서의 플랜지 국부좌굴(FLB, Flange Local Buckling), 웨브 국부좌굴(WLB, Web Local Buckling)을 고려한다. 플레이트거더에서는 보강재의 보강으로 인해서 좌굴후 강도(Post buckling strength)로 상당한 크기로 발휘되나 좌굴후 강도에 대해서는 다른 요소에 의한 파괴나 항복에 비해 웨브 좌굴의 안전율을 작게 설정하여 대부분의 규정에 적용하는 방법이 사용되고 있다. 보강재로 보강된 플레이트 거더의 전단에 대한 웨브의 좌굴후 강도는 Wilson(1886)의 실험결과에 따르면, "얇은 유연한 웨브의 모델이 적절하게 보강재로 보강되어 압축에 대해 더 이상 저항하지 못하게 되었을 때, 보강재가 압축저항력을 인장으로 부담한다. Pratt truss처럼 보강재로 나뉘어진 패널(panal)은 오픈 트러스와 등가의 역할을 하며 각 패널에서의 웨브는 연결된 타이로서의 역할을 수행한다." 라고 언급하였다.

일반적으로 플레이트 거더 웨브의 설계는 다음의 두가지 접근법이 사용된다.

좌굴후 강도를 허용하기 위해 안전율을 상대적으로 낮게 설정한 한계상태를 기준으로 하는 방법

다른 부재들과 마찬가지로 항복이나 극한강도에 대한 안전율을 동등하게 설정한 한계상태를 기준으로 하는 방법

구분	Shear Buckling of web	Lateral-torsional buckling of girder	Local buckling of compression flange
형상			

구분	Compression buckling of web	Flange induced buckling of the web	Local buckling of web (Due to vertical load)
형상			Distributed Concentrated Bending

1) 웨브의 좌굴(Web buckling as a basis for design)

좌굴이 플레이트 거더 웨브의 기본 설계의 개념으로 정의할 때 보수적인 보이론에 따라 계산된 웨브의 최대 응력은 안전율을 고려한 좌굴응력을 초과하여서는 안된다.

플레이트 거더 웨브의 좌굴을 결정하는 기하학적 변수는 웨브의 두께(t), 웨브의 깊이(h), 횡방향보강재의 간격(a)이며 다음의 4가지 웨브의 세장비 값이 정의되어야 한다.

종방향보강재가 없는 웨브의 휨 좌굴을 방지하기 위한 h/t 제한값

종방향보강재가 있는 웨브의 휨 좌굴을 방지하기 위한 h/t 제한값

횡방향보강재가 없는 웨브의 전단 좌굴을 방지하기 위한 h/t 제한값

종방향보강재가 있는 웨브의 전단 좌굴을 방지하기 위한 a/t 제한값

TIP | LRFD 강교의 좌굴| Guide to stability design criteria for metal structure (Theodore V. Galambos)

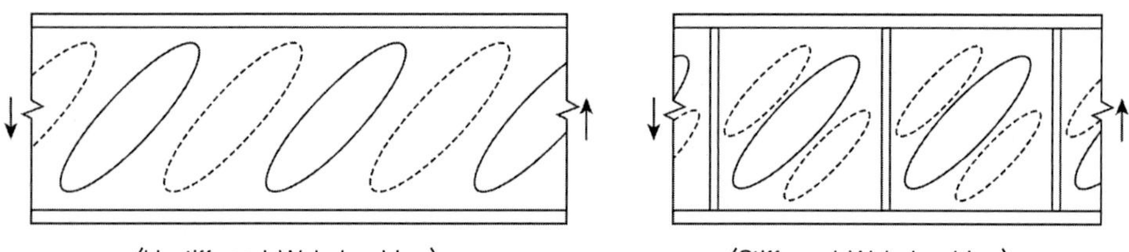

〈Unstiffened Web bucking〉 〈Stiffened Web bucking〉

이 제한사항은 좌굴에 대한 안전율을 고려하기 위해서 정의되며 대부분 플랜지와 보강재에서의 웨브연결을 단순지지로 가정하여 산정한다. 예를 들어 휨좌굴에 대해서 안전율이 1.25일 때 종방향 보강재가 없을 때의 휨좌굴은 h/t제한사항에 따르며, 판의 좌굴방정식으로부터 다음과 같이 산정된다.(k=23.9)

$$\sigma_x = k\frac{\pi^2 E}{12(1-\mu^2)(b/t)^2} \rightarrow 1.25 f_b = 23.9\frac{\pi^2 E}{12(1-\mu^2)(h/t)^2} \quad \therefore \frac{h}{t} = \frac{23,000}{\sqrt{f_{b,psi}}} = 4.2\sqrt{\frac{E}{f_b}}$$

이 규정은 AASHTO(1994)에서는 제한규정을 F_y로 표현하고 있다.

$$\frac{h}{t} = \frac{32,500}{\sqrt{F_{y,psi}}} = 6.04\sqrt{\frac{E}{F_y}} \quad (f_b = 0.55F_y \text{로 볼 때의 값})$$

횡방향 보강재로 보강된 경우에는 형상비(aspect ratio) $\alpha = a/h$를 k_s로 표현하여 제한한다.

(Gaylord 1972) $\frac{a}{t} = \frac{10,500}{\sqrt{f_{v,psi}}}$

AASHTO(1994) $k_s = 5(1+1/\alpha^2)$, $f_v = \frac{7\times 10^7(1+1/\alpha^2)}{(h/t)^2} \rightarrow \frac{a}{t} = \frac{8370}{\sqrt{f_v} - [8370/(h/t)]^2}$

위의 식은 좌굴후 강도를 고려하지 않기 때문에 다소 보수적인 값을 가진다.

2) 플레이트 거더의 전단강도(Shear strength of plate girder)

플레이트 거더의 전단에 대한 거동을 평가하기 위해서는 웨브가 재려적으로 탄소성 거동을 한다고 가정한다. 웨브의 변화로 인한 좌굴후 응력분배와 상당한 좌굴후 강도는 사인장(diagonal tension)에 의해서 발휘되며, 이러한 현상을 인장장 작용(tension field action)이라고 한다.

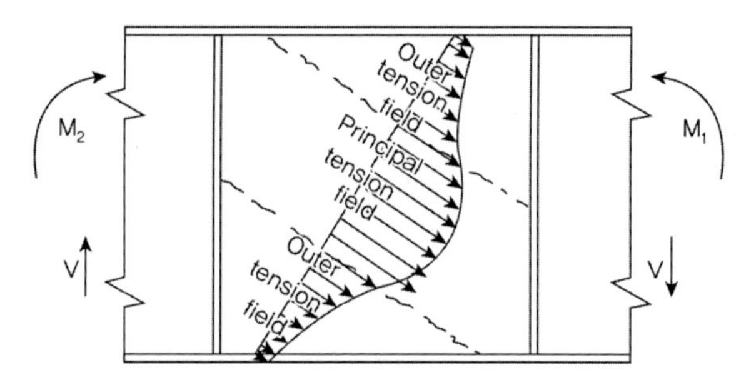

〈Tension field action〉

TIP | LRFD 강교의 좌굴| Guide to stability design criteria for metal structure (Theodore V. Galambos)

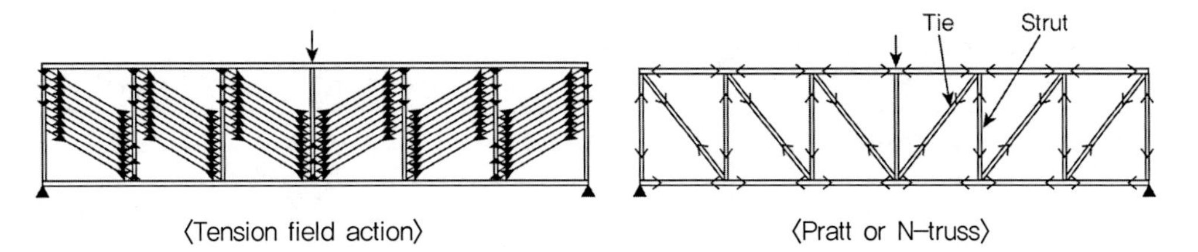

⟨Tension field action⟩ ⟨Pratt or N-truss⟩

보강재로 보강된 거더에서의 인장장은 플랜지와 보강재에 고정되어 나타나며, 그 결과로 아래와 같이 플랜지에서의 횡방향 하중이 작용한다. 이 결과로 내부방향으로의 휨이 발생된다. 그러므로 인장장은 플랜지의 휨강성에 의해 영향을 받는다. 예를 들어 플랜지의 강성이 웨브에 비해 상대적으로 클 경우 인장장은 전체 패널에 걸쳐서 균일하게 발생된다. 지속적으로 증가하는 하중에서 인장 막응력(tensile membrane stress)은 웨브의 항복을 일으키는 전단좌굴응력과 합산되고 웨브에서의 항복구역과 플랜지에서 소성힌지가 발생되는 파괴 매커니즘을 지닌 패널의 파괴형상을 가지게 된다. 가능한 3가지 파괴모드는 아래와 같다.

각 플랜지에서의 빔 파괴 패널 파괴 패널과 빔의 조합파괴

플랜지의 소성힌지를 포함하는 파괴 메커니즘의 형성과 관계되어 추가적인 전단을 플랜지작용(flange action)이라고 한다.

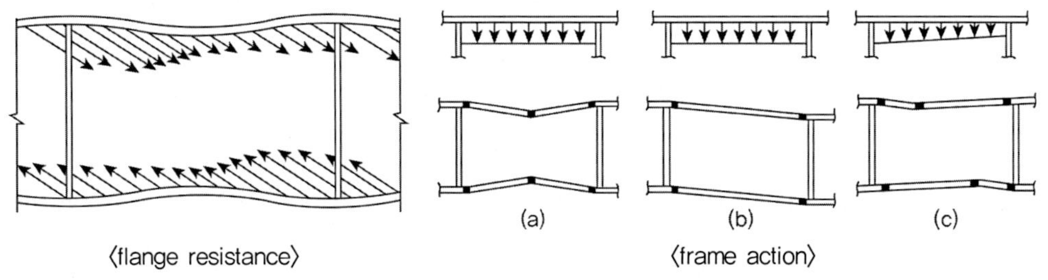

⟨flange resistance⟩ ⟨frame action⟩

인장장에서의 플랜지가 횡방향 하중을 지지하기에 너무 유연하다고 가정하면, 전단강도는 아래의 여러 가정조건인 항복영역을 어떻게 결정하는 가에 따라 결정되게 된다.

⟨Basler 1963⟩ 전단응력 $\tau_u = \tau_{cr} + \frac{1}{2}\sigma_t \sin\theta_d$

여기서, τ_{cr}은 전단좌굴응력, σ_t는 인장장응력, θ_d 플랜지에 대한 사인장 패널의 각도

Von Mises의 항복조건으로부터 빔의 전단 τ_{cr}과 좌굴후 인장 σ_t를 산정하면,

$$\sigma_t = -\frac{3}{2}\tau_{cr}\sin 2\theta + \sqrt{\sigma_{yw}^2 + \left(\frac{9}{4}sin^2 2\theta - 3\right)\tau_{cr}^2}$$

Basler의 식을 단순화하기 위해서 45°로 인장장이 작용한다고 가정하면, $\sigma_t = \sigma_{yw}\left(1 - \frac{\tau_{cr}}{\tau_{yw}}\right)$

TIP | LRFD 강교의 좌굴| Guide to stability design criteria for metal structure (Theodore V. Galambos)

〈Various Tension Field Theories for Plate Girders〉

Investigatior	Mechanism	Web Buckling Edge Support	Unequal Flanges	Longitudinal Stiffener	Shear and Moment
Basier (1963-a)	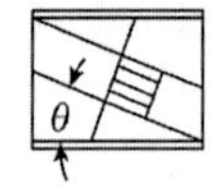 θ	S / S S / S	Immaterial	Yes, Cooper (1965)	Yes
Takeuchi (1964)	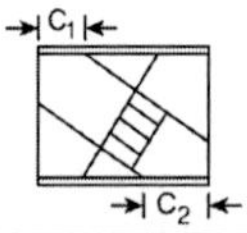 c_1, c_2	S / S S / S	Yes	No	No
Fujii (1968, 1971)	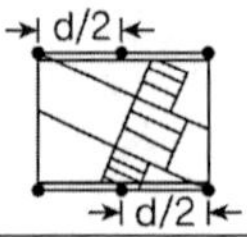 d/2, d/2	F / S S / F	Yes	Yes	Yes
Komatsu (1971)	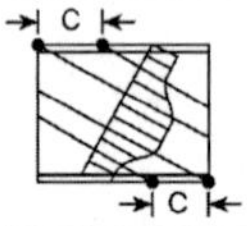 c, c	F / S S / F	No	Yes, at mid-depth	No
Chem and ostapenko (1969)	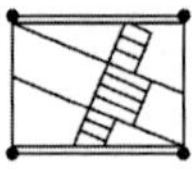	F / S S / F	Yes	Yes	Yes
Porter et al. (1975)	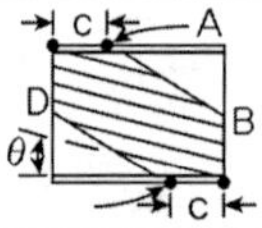 c, A, B, D, θ, c	S / S S / S	Yes	Yes	Yes
Hoglund (1971-a, b)	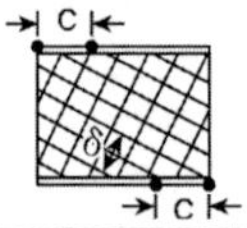 c, δ, c	S / S S / S	No	No	Yes
Herzog (1974-a, b)	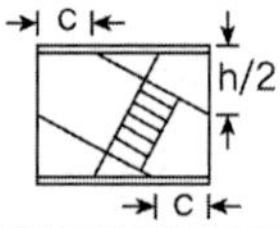 c, h/2, c	Web bucking component neglected	Yes, in evaluating c	Yes	Yes
Sharp and Clark (1971)	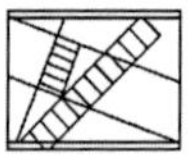	F/2 / S S / F/2	No	No	No
Steinhardt and Schroter (1971)	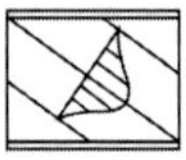	S / S S / S	Yes	Yes	Yes

TIP | LRFD 강교의 좌굴| Guide to stability design criteria for metal structure (Theodore V. Galambos)

Eurocode 3의 전단좌굴강도 산정

Eurocode 3에서 전단좌굴강도 산정 방법 : 단순한계산정 방법(Simple post-critical method)

$$V_{bb,Rd} = \frac{dt_w \tau_{ba}}{\gamma_{M1}}, \quad \overline{\lambda_w} = \frac{(d/t_w)}{37.4\sqrt{k_\tau}}$$

$k_\tau = 4 + \frac{5.34}{(a/d)^2}$ (a/d 〈1.0), $5.34 + \frac{4}{(a/d)^2}$ (a/d 〈1.0), 5.34 (보강재없는 경우)

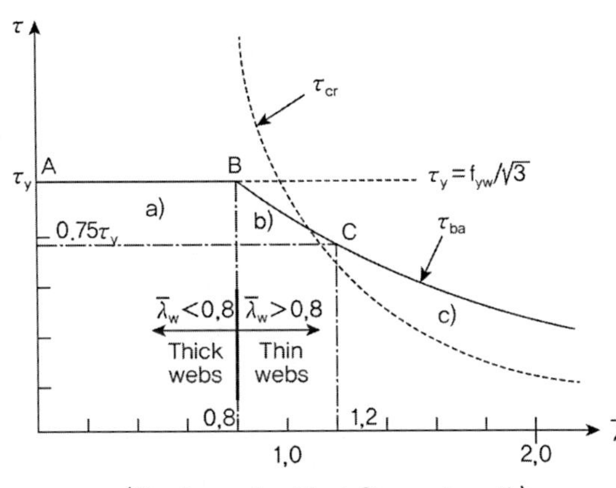

〈Simple post-critical Shear strength〉

(a) thick web (AB, $\overline{\lambda_w} \leqq 0.8$)

$\tau_{bb} = f_{yw}/\sqrt{3}$

(b) intermediate (BC, $0.8 < \overline{\lambda_w} < 1.2$)

$\tau_{bb} = \left(1 - 0.625(\overline{\lambda_w} - 0.8)\right)\left(f_{yw}/\sqrt{3}\right)$

(c) thin (CD, $\overline{\lambda_w} \geqq 1.25$)

$\tau_{bb} = \left(\frac{0.9}{\overline{\lambda_w^2}}\right)\left(f_{yw}/\sqrt{3}\right)$

Eurocode 3에서 전단좌굴강도 산정 방법 : 인장장 방법을 고려한 전단좌굴강도 산정

전단좌굴강도($V_{bb,Rd}$)를 초기 탄성좌굴 강도와 좌굴후 강도의 합산으로 나타낸다.

Total Shear Resistance = Elastic Buckling resistance + Post-Buckling resistance

$$V_{bb,Rd} = \frac{dt_w \tau_{bb}}{\gamma_{M1}} + 0.9\frac{gt_w \sigma_{bb} \sin\phi}{\gamma_{M1}}$$

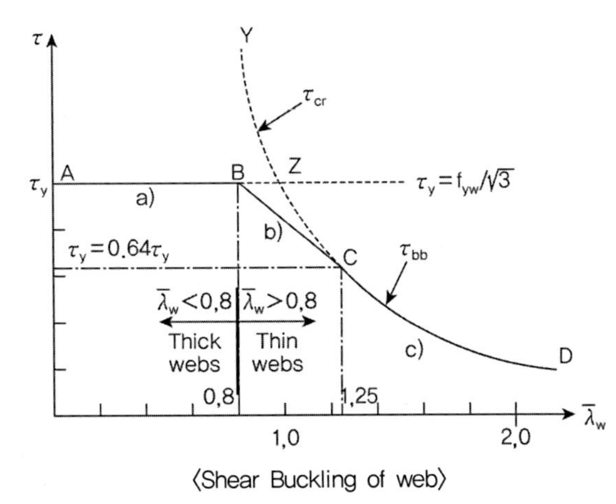

〈Shear Buckling of web〉

(a) thick web (AB, $\overline{\lambda_w} = 0.8$)

$\tau_{bb} = f_{yw}/\sqrt{3}$

(b) intermediate (BC, $0.8 < \overline{\lambda_w} < 1.25$)

$\tau_{bb} = \left(1 - 0.8(\overline{\lambda_w} - 0.8)\right)\left(f_{yw}/\sqrt{3}\right)$

(c) thin (CD, $\overline{\lambda_w} \geqq 1.25$)

$\tau_{bb} = \left(1/\overline{\lambda_w^2}\right)\left(f_{yw}/\sqrt{3}\right)$

$\sigma_{bb} = [f_{yw}^2 - 3\tau_{bb}^2 + \psi^2]0.5 - \psi, \quad g = d\cos\phi - (a - s_c - s_t)\sin\phi$

TIP | LRFD 강교의 좌굴| Guide to stability design criteria for metal structure (Theodore V. Galambos)

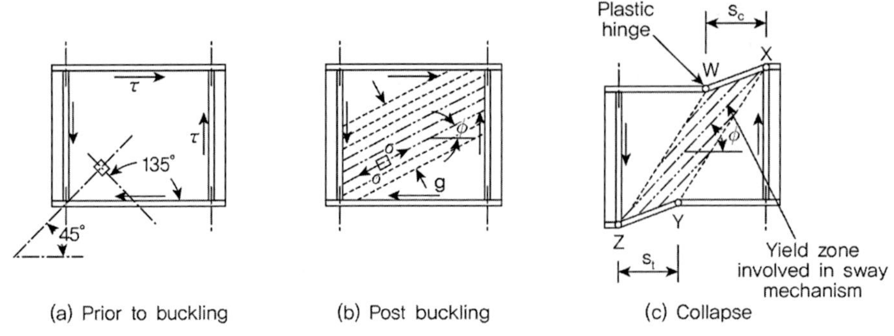

⟨Phases in behavior up to collapse of a typical panel in shear⟩

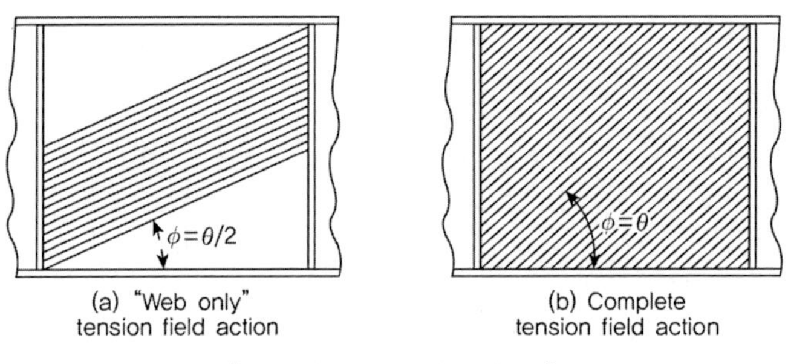

⟨Inclination of tension fields⟩

3) 플레이트 거더의 휨강도(Bending strength of plate girder)

휨모멘트를 주로 받는 플레이트 거더는 횡비틀림 좌굴, 압축플랜지의 국부좌굴이나 양 플랜지 혹은 한쪽 플랜지의 항복으로 파괴된다. 압축을 받는 플랜지의 웨브 방향으로의 좌굴(수직좌굴)이 많은 실험결과로 검토되어졌으며 다음의 웨브의 세장비 한계값이 Basler and Thurlimann(1963)에 제시되었다.

$\frac{h}{t}=\frac{0.68E}{\sqrt{\sigma_y(\sigma_y+\sigma_r)}}\sqrt{\frac{A_w}{A_f}}$ 여기서 A_w : 웨브 면적, A_f : 플랜지 면적, σ_r : 잔류응력

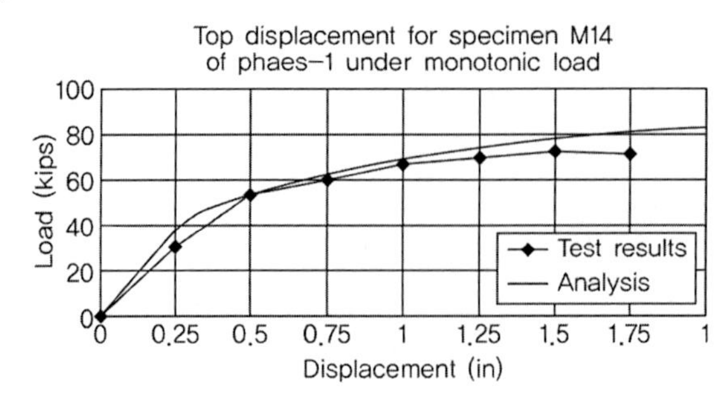

TIP | LRFD 강교의 좌굴| Guide to stability design criteria for metal structure (Theodore V. Galambos)

수직좌굴은 일반적으로 패널의 압축플랜지가 항복한 후에 발생된다. 따라서 위의 식은 다소 보수적인 값을 가진다. 하지만 웨브의 세장비는 제작의 용이성과 반복하중에 의한 면외 웨브 변형에 의한 피로균열을 방지하기 위해서 제한이 필요하다.

전단의 경우 휨에 의한 웨브의 좌굴은 패널의 능력을 초과해서는 안된다. 그러나 좌굴후에 휨응력 재분배로 웨브는 비효율적으로 되어지게 되며 이러한 문제의 해결책으로 일부 웨브가 유효하지 않다는 가정으로 제시되었다. Basler and Thurlimann은 아래의 그림과 같이 압축력이 항복이나 한계응력에 도달할 때 유효한 단면에서 응력의 직선 재분배가 발생된다고 가정하고 휨강도를 웨브가 좌굴없이 항복강도에 도달하는 거더에 대하여 직선적으로 증가한다고 가정하였다.

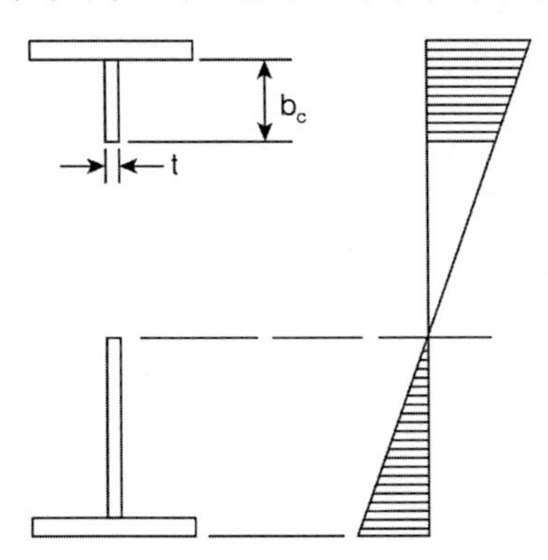

$$\frac{M_u}{M_y}=1-C\left[\frac{h}{t}-\left(\frac{h}{t}\right)_y\right]$$

여기서 C는 상수, $(h/t)_y$는 좌굴없이 휨에 의해 항복되는 웨브의 세장비

$$\frac{M_u}{M_y}=1-0.0005\frac{A_w}{A_f}\left[\frac{h}{t}-5.7\sqrt{\frac{E}{\sigma_y}}\right]$$

AISC에서 $\sigma_y=33\text{ksi}(228\text{MPa})$이고 힌지단부 패널조건일 때 $(h/t)_y$=170

(Astapenko et al, 1971) Basler의 방정식을 수정하여 제안

$$M_u=\frac{I}{y_c}\sigma_c\left[1-\frac{I_w}{I}+\frac{\sigma_{yw}}{\sigma_c}\left[\frac{I_w}{I}-0.002\frac{y_c t}{A_c}\left(\frac{y_c}{t}-2.85\sqrt{\frac{E}{\sigma_{yw}}}\right)\right]\right]$$

여기서 I : 단면의 2차 모멘트, I_w : 웨브의 단면2차 모멘트

y_c : 중립축으로부터 압축 웨브 끝단까지의 거리, A_c : 압축플랜지의 면적

σ_c : 압축플랜지의 좌굴응력, $\frac{y_c}{t}\geq 2.85\sqrt{\frac{E}{\sigma_{yw}}}$, $\sigma_{yf}\geq\sigma_{yw}$

TIP | Lateral Buckling of I-beams under Axial and Transverse Loads| Buckling strength of metal structures (Bleich. F)

길이 L인 I형 보에서 웨브에 편심을 가지는 축력 P와 수직하중 w_y가 작용할 때, 전단중심을 x_0, y_0라고 하면, y축에 대해서 대칭이므로 $x_0=0$, 전단중심으로부터 변형후의 ξ, η축으로의 변위를 u, v라고 정의하고 다음의 사항을 가정으로 해석한다.

단면은 변화하지 않는다.

외부하중으로 인한 응력은 좌굴발생시 비례한계를 넘지 않는다.

휨이나 뒤틀림을 받을 때의 보의 변형은 단면의 모양을 변화시키지 않는다.

변형 후에도 외부하중은 기존 축에 평행하게 작용한다.

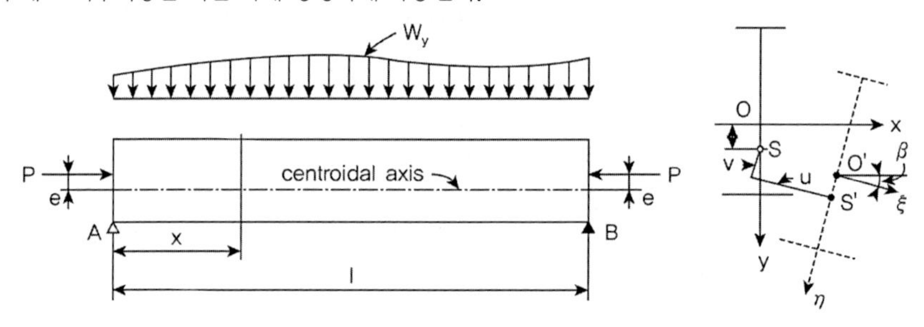

Potential Energy U

Internal Strain Energy V

- 좌굴발생 전의 휨과 압축으로 인한 $EI_x v''^2$과 $EA\epsilon^2$ term은 생략되므로

$$V=\frac{1}{2}\int_0^L (EI_y u''^2 + EC_w \beta''^2 + GJ\beta'^2)dz$$

- 하중 P에 의한 Potential Energy U_w

$\sigma=\dfrac{P}{A}-\dfrac{Pe}{I_x}y$, 미소면적 dA에 작용하는 σ에 대해서 $dU_w=-\sigma dA\left(\delta_c+\dfrac{1}{E}\displaystyle\int_0^L \Delta\sigma_z dz\right)$

$$U_w=-\int_A \sigma\delta_c dA-\frac{1}{E}\int_0^L\left(\int_A \sigma\Delta\sigma_z dA\right)dz$$

여기서, $\Delta\sigma_z$은 좌굴로 인한 응력 변화량, δ_c는 축력 인해 좌굴 되었을때 보의 전체 신축량

보에서 $\Delta\sigma_z$는 z축에 평행하여야 하며 x축에 대한 모멘트는 상쇄되므로,

$$\int_A \Delta\sigma_z dA=0 \text{ and } \int_A y\Delta\sigma_z dA=0$$

$$U_w=-\frac{P}{A}\int_A \delta_c dA+\frac{Pe}{I_x}\int_A y\delta_c dA$$

$$\therefore\ U_w=-\frac{1}{2}\int_0^L\left[P(u'^2+v'^2)+2P(y_0+e)u'\beta'+P\left(\frac{I_p}{A}+e\frac{Z}{I_x}\right)\beta'^2\right]dz$$

여기서, $Z=2y_0I_x-\displaystyle\int_A y(x^2+y^2)dA$ (x축에 대칭인 단면인 경우 $Z=0$)

좌굴 발생전에는 $u'=\beta'=0$이므로 $U_w=-\dfrac{1}{2}\displaystyle\int_0^L Pv'^2 dz$

$$\therefore\ U_w=-\frac{1}{2}\int_0^L\left[Pu'^2+2P(y_0+e)u'\beta'+P\left(\frac{I_p}{A}+e\frac{Z}{I_x}\right)\beta'^2\right]dz$$

TIP | Lateral Buckling of I-beams under Axial and Transverse Loads| Buckling strength of metal structures (Bleich. F)

- 하중 w_y에 의한 Potential Energy U_w'

$\beta \approx 0$, $1-\cos\beta = \beta^2/2$

$$U_w' = -\int_0^L w_y y_s dz - \frac{a}{2}\int_0^L w_y \beta^2 dz$$

$\dfrac{dQ_w}{dz} = -w_y$, $\dfrac{dM_w}{dz} = Q_w$ 이므로,

$$-\int_0^L w_y y_s dz = [Q_w y_s]_0^L - \int_0^L Q_e \frac{dy_s}{dz} dz = [Q_w y_s]_0^L - \left[M_w \frac{dy_s}{dz}\right]_0^L + \int_0^L M_w \frac{d^2 y_s}{dz^2} dz$$

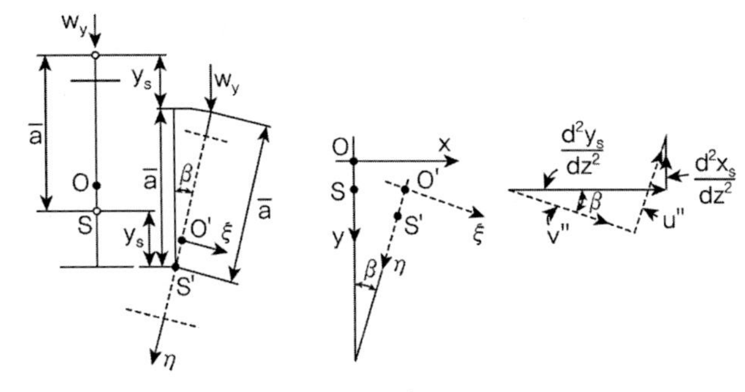

보의 단부에서 $y_s = 0$, $M_w = 0$이므로, $U_w' = \int_0^L M_w \dfrac{d^2 y_s}{dz^2} dz - \dfrac{a}{2}\int_0^L w_y \beta^2 dz$

$$\frac{d^2 y_s}{dz^2} = v'' + \beta u''$$

$$\therefore\ U_w' = \int_0^L M_w v'' dz + \int_0^L M_w \beta u'' dz - \frac{a}{2}\int_0^L w_y \beta^2 dz$$

좌굴 발생전에는 $\beta = u'' = 0$이므로 $U_w = \int_0^L M_w v'' dz$

$$\therefore\ U_w' = \int_0^L M_w \beta u'' dz - \frac{a}{2}\int_0^L w_y \beta^2 dz$$

- 전체 Potential Energy U

$$U = V + U_w + U_w'$$

$$= \frac{1}{2}\int_0^L \left[(EI_y u''^2 + EC_w \beta''^2 + GJ\beta'^2 - Pu'^2 - 2P(y_0+e)u'\beta' - P\left(\frac{I_p}{A} + e\frac{Z}{I_x}\right)\beta'^2 + 2M_w u''\beta - aw_y\beta^2)dz\right]$$

여기서, $\int_0^L [-2P(y_0+e)u'\beta']dz = -2P(y_0+e)[u'\beta]_0^L + \int_0^L 2P(y_0+e)u''\beta dz$

$z = 0$에서 $\beta = 0$, $2P(y_0+e)u''\beta + 2M_w u''\beta = 2(Py_0 + Pw + M_w)u''\beta = 2Mu''\beta$

$(\because\ M = M_w + Py_0 + Pe)$

$$\therefore\ U = \frac{1}{2}\int_0^L \left[EI_y u''^2 + EC_w \beta''^2 + GJ\beta'^2 - Pu'^2 + 2Mu''\beta - P\left(\frac{I_p}{A} + \frac{eZ}{I_x}\right)\beta'^2 - aw_y\beta^2\right]dz$$

위의 식은 보의 좌굴 방정식이며 이 방정식의 해를 구하기 위해서는 Ritz method나 기타 유사한 방법을 통해서 한계하중을 산정할 수 있다.

TIP | Lateral Buckling of I-beams under Axial and Transverse Loads | Buckling strength of metal structures (Bleich, F)

Euler의 방정식으로부터

$$EI_y u^{IV} + Pu'' + \frac{d}{dz^2}(M\beta) = 0$$

$$EC_w \beta^{IV} + \left(P\frac{I_p}{A} - GJ + Pe\frac{Z}{I_x}\right)\beta'' - aw_y\beta + Mu'' = 0$$

식을 2번 적분하면, $EI_y u'' + Pu + M\beta = C_1 + C_2 z$

일반적인 경계조건에서 단부에서 $u = u'' = \beta = 0$이므로 $C_1 = C_2 = 0$

$$\therefore\ EI_y u'' + Pu + M\beta = 0,\quad EC_w \beta^{IV} + \left(P\frac{I_p}{A} - GJ + Pe\frac{Z}{I_x}\right)\beta'' - aw_y\beta + Mu'' = 0$$

- **축방향 하중이 없는 경우**($P = 0$)

$EI_y u'' + M\beta = 0$, $EC_w \beta^{IV} - GJ\beta'' - aw_y\beta + Mu'' = 0$ 이므로, u''을 소거하면

$$EC_w \beta^{IV} - GJ\beta'' - \left(aw_y + \frac{M^2}{EI_y}\right)\beta = 0$$

여기서 M이 일정한 값을 갖는다면 $w_y = 0$이므로, $EC_w \beta^{IV} - GJ\beta'' - \frac{M^2}{EI_y}\beta = 0$

단순지지된 지점에서 $\beta = \beta'' = 0$이므로, $\therefore\ M_{cr} = \frac{\pi}{L}\sqrt{EI_y GJ}\sqrt{1 + \frac{\pi^2}{L^2}\frac{EC_w}{GJ}}$

108회 1-4

뒤틀림

뒤틀림(warping)현상을 도식적으로 설명하시오

풀 이

➤ 뒤틀림(warping)의 정의

원형단면과는 달리 박스형 단면이나 I형 단면의 경우에는 비틀림이 작용할 경우, 아래의 그림과 같이 단면의 앞뒤로 변형이 발생된다. 이러한 변형(distortion)은 변형이 구속되거나 회전각이 일정하지 않을 경우에는 길이방향으로의 축응력이 발생하게 되며 이를 뒤틀림 응력(warping)이라고 한다.

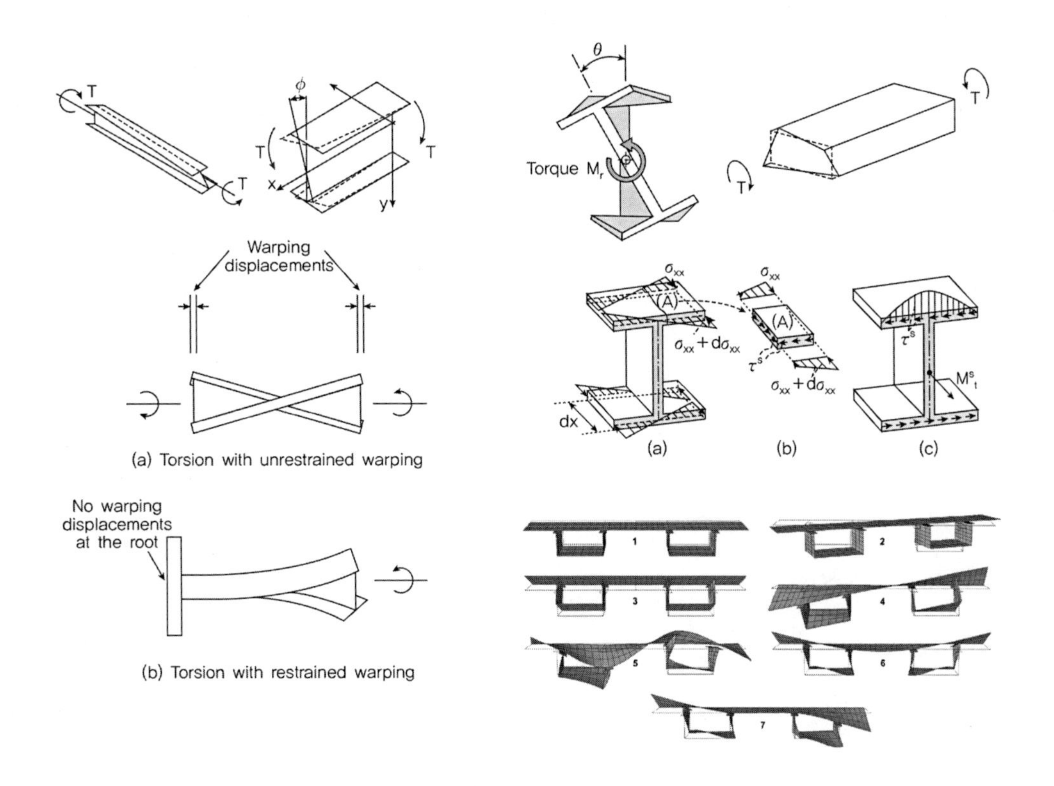

(a) Torsion with unrestrained warping

(b) Torsion with restrained warping

➤ 뒤틀림(warping)의 고려

박스형 단면은 큰 비틀림 저항성을 갖는데 반해 I형 거더와 같은 개단면(Open Section)부재는 비틀림 저항성이 작다. 일반적으로 박스형 거더의 경우에는 Diaphram을 일정간격 설치하여 뒤틀림을 방지하고 있어 큰 문제가 발생하지 않지만 I형 거더와 같은 비틀림 저항력이 작고 플랜지 폭이 넓은 경우에는 무시할 수 없는 응력이 발생할 수 있으므로 설계상에서는 파라메트를 기준으로 뒤

틀림 응력에 대한 고려여부를 확인하도록 하고 있다.(도로교 설계기준 2010)

$$\alpha = l\sqrt{\frac{GK}{EI_w}}$$ (G: 전단탄성계수 K: 순수 비틀림 상수 E: 탄성계수 I_w: 뒴비틀림 상수)

① $\alpha < 0.4$: 뒴비틀림에 의한 전단응력과 수직응력에 대해서 고려한다.

② $0.4 \le \alpha \le 10$: 순수비틀림과 뒴비틀림 응력 모두 고려한다.

③ $\alpha > 10$: 순수비틀림 응력에 대서만 고려한다.

▶ 비틀림 하중에 의한 순수비틀림과 뒤틀림(warping)

원형단면이 아닌 부재가 비틀림 하중을 받게 되면 뒤틀림변형을 동반하게 되며 H형강의 경우 그림과 같이 단면에 작용하는 뒤틀림모멘트는 양쪽 플랜지에 작용하는 힘 V_f의 우력으로 치환할 수 있다. $V_f = T_w/h$로 계산되고 변형된 부재의 전단중심에서의 각 변위를 ϕ라고 하면 횡변위 $u_f = h\phi/2$가 된다. M_f와 u_f의 관계는 모멘트-곡률 관계식으로부터 다음과 같이 표현할 수 있다.

$$M_f = -EI_f\frac{d^2u_f}{dz^2}$$

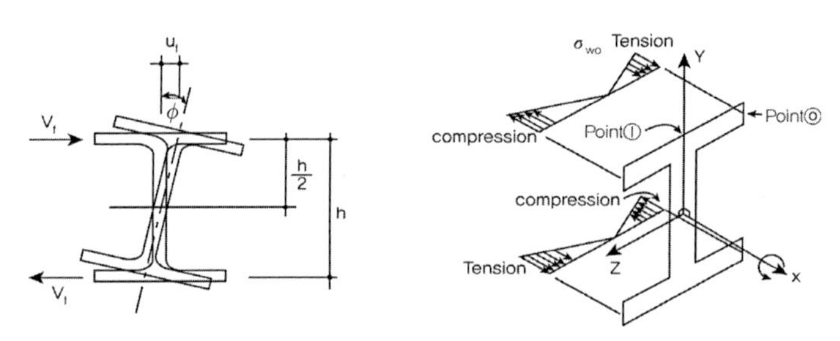

위의 식에서 I_f는 한 플랜지의 y축에 대한 단면2차 모멘트이고 $V_f = dM_f/dz$이므로 단부에서의 뒤틀림 모멘트는 다음과 같이 비틀림 각으로 표시할 수 있다.

$$T_w = V_f h = -EI_f\frac{d^3u_f}{dz^3}h,\quad u_f = \frac{h}{2}\phi,\quad \therefore\ T_w = -EI_f\frac{h}{2}\frac{d^3\phi}{dz^3}h \quad \text{여기서 } I_y \approx 2I_f$$

$$T_w = -E\left(\frac{I_y}{2}\right)\frac{h^2}{2}\frac{d^3\phi}{dz^3}$$

H형강의 뒤틀림상수(Warping constant)를 $C_w = \frac{h^2}{4}I_y$로 정의하면, $T_w = -EC_w\frac{d^3\phi}{dz^3}$

따라서 뒤틀림이 발생하는 H형강과 같은 부재의 비틀림 응력전달은 다음과 같이 순수비틀림과 뒤틀림에 의한 2개의 성분의 합으로 표시한다.

$$T = T_s + T_w = GJ\frac{d\theta}{dz} - EC_w\frac{d^3\phi}{dz^3}$$

Chapter

03 허용응력 설계법

01 허용응력

92회 1-4 도로교설계기준 구조용강재의 허용압축응력의 종류와 좌굴기준, 유효좌굴길이

1. 허용 축방향인장응력 및 허용 휨인장응력(MPa)

기본적으로 기준항복점에 대해서 안전율을 약 1.7로 본 값이다. 다만 SM570 및 SMA570에 관해서는 인장강도와 항복점의 비가 다른 강재에 비해 높음을 고려하여 안전율을 약간 높게 취하였다(항복비가 높으면 변형능력이 작아지고, 인성이 작다).

강 종	SS400, SM400 SMA400		SM490		SM490Y, SM520 SMA490			SM570 SMA570		
판두께 (mm)	40 이하	40~100	40 이하	40~100	40 이하	40~75	75~100	40 이하	40~75	75~100
기준항복점	240	220	320	300	360	340	330	460	440	430
허용축방향 인장응력	140	130	190	175	210	200	195	260	250	245
안전율	1.71	1.69	1.68	1.71	1.71	1.70	1.69	1.77	1.76	1.76

2. 허용 축방향 압축응력

초기변형, 하중의 편심, 잔류응력, 부재단면 내에세 항복점의 기복 등의 압축부재의 불완전성을 고려한 강도곡선에 근거하여 G Schulz의 강도곡선을 기준으로 한다.

TIP | G Schulz 강도곡선 3가지 조건고려사항 |

1) 실제로 발생하는 부재의 초기변형으로 부재의 중앙점에서 $f = l/1{,}000$의 처짐을 갖는 Sine형의 변형을 고려.
2) 잔류응력분포는 단면형상에 따라 직선 또는 포물선형을 쓰고 잔류응력의 크기는 $f_r = (0.3 - 0.7)f_y$를 사용.
3) 부재 양단은 단순지점으로 가정하고 하중은 편심없이 작용하는 것으로 한다

허용축방향압축응력 강도식

$$\bar{f} = \frac{f_{cr}}{f_y}, \quad \bar{\lambda} = \frac{1}{\pi}\sqrt{\frac{f_y}{E}}\frac{l}{r}$$

- $\bar{f} = 1.0$ $(\bar{\lambda} \leq 0.2)$
- $\bar{f} = 1.109 - 0.545\bar{\lambda}$ $(0.2 < \bar{\lambda} \leq 1.0)$
- $\bar{f} = 1.0/(0.773 + \bar{\lambda}^2)$ $(\bar{\lambda} > 1.0)$

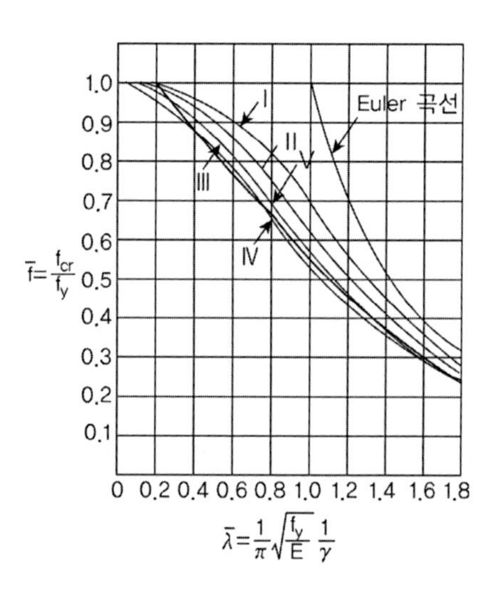

G Schulz의 강도곡선식의 곡선Ⅲ, Ⅳ와 거의 같은 곡선이며, 안전율 1.7을 적용하여 결정한 것이다. SM570과 SMA570은 허용축방향압축응력의 상한값을 260MPa로 제한하고 있어서 $\bar{\lambda}$가 작은 영역에서 안전율을 1.7보다 크게 취하였다

① 허용 축방향 압축응력(f_{ca})=$f_{cag} \times f_{cal}/f_{cao}$

- f_{cal} : 양연지지판, 자유돌출판 및 보강된 판에 대해서 규정된 국부좌굴응력에 대한 허용응력
- f_{cag} : 국부좌굴을 고려하지 않는 허용 축방향압축응력
- f_{cao} : 국부좌굴을 고려하지 않는 허용 축방향압축응력의 상한값

② 국부좌굴을 고려하지 않는 허용 축방향압축응력(f_{cag}, f_{cao})

판 두께	SS400, SM400 SMA400		SM490		SM490Y, SM520 SMA490		SM570 SMA570	
40 이하	$20 \geq \frac{l}{r}$	140	$15 \geq \frac{l}{r}$	190	$14 \geq \frac{l}{r}$	210	$18 \geq \frac{l}{r}$	260
	$20 < \frac{l}{r} \leq 93$	$140 - 0.84(\frac{l}{r} - 20)$	$15 < \frac{l}{r} \leq 80$	$190 - 1.3(\frac{l}{r} - 15)$	$14 < \frac{l}{r} \leq 76$	$210 - 1.5(\frac{l}{r} - 14)$	$18 < \frac{l}{r} \leq 67$	$260 - 2.2(\frac{l}{r} - 18)$
	$\frac{l}{r} > 93$	$\frac{1{,}200{,}000}{6{,}700 + (\frac{l}{r})^2}$	$\frac{l}{r} > 80$	$\frac{1{,}200{,}000}{5{,}000 + (\frac{l}{r})^2}$	$\frac{l}{r} > 76$	$\frac{1{,}200{,}000}{4{,}500 + (\frac{l}{r})^2}$	$\frac{l}{r} > 67$	$\frac{1{,}200{,}000}{3{,}500 + (\frac{l}{r})^2}$

③ 국부좌굴을 고려한 허용응력(f_{cal})

판 두께	SS400, SM400 SMA400		SM490		SM490Y, SM520 SMA490		SM570 SMA570	
양연지지판								
40 이하	$\frac{b}{39.6i} \le t$	140	$\frac{b}{34.0i} \le t$	190	$\frac{b}{32.4i} \le t$	210	$\frac{b}{29.1i} \le t$	260
	$\frac{b}{80i} \le t < \frac{b}{39.6i}$	$220,000(\frac{ti}{b})^2$	$\frac{b}{80i} \le t < \frac{b}{34i}$	$220,000(\frac{ti}{b})^2$	$\frac{b}{80i} \le t < \frac{b}{32.4i}$	$220,000(\frac{ti}{b})^2$	$\frac{b}{80i} \le t < \frac{b}{29.1i}$	$220,000(\frac{ti}{b})^2$
자유돌출판								
40 이하	$\frac{b}{13.1} \le t$	140	$\frac{b}{11.2} \le t$	190	$\frac{b}{10.7} \le t$	210	$\frac{b}{9.6} \le t$	260
	$\frac{b}{16} \le t < \frac{b}{13.1}$	$24,000(\frac{t}{b})^2$	$\frac{b}{16} \le t < \frac{b}{11.2}$	$24,000(\frac{t}{b})^2$	$\frac{b}{16} \le t < \frac{b}{10.7}$	$24,000(\frac{t}{b})^2$	$\frac{b}{16} \le t < \frac{b}{9.6}$	$24,000(\frac{t}{b})^2$

3. 판의 국부좌굴

$$\overline{f} = \frac{f_{cr}}{f_y},\quad \frac{f_{cr}}{f_y} = \frac{1}{R^2},\quad f_{cr} = k\frac{\pi^2 E}{12(1-\mu^2)}\left(\frac{t}{b}\right)^2,\qquad k = 4.0(\text{양연지지})\quad k = 0.43(\text{3연지지})$$

- $\overline{f} = 1.0 \qquad (R \le 0.7)$
- $\overline{f} = \frac{1}{2R^2} \qquad (R > 0.7)$

TIP | 보강된 판의 국부좌굴 기준식 |

$$\frac{f_{bu}}{f_y} = 1.0 \qquad (R_R \le 0.5)$$

$$= 1.5 - R_R \qquad (0.5 < R_R \le 1.0)$$

$$= \frac{1}{2R_R^2} \qquad (R_R > 1.0)$$

$$R_R = \frac{b}{t}\frac{1}{\pi}\sqrt{\frac{f_y}{E}}\sqrt{\frac{12(1-\mu)^2}{k_R}}$$

$$k_R = 4n^2$$

참고자료

압축부재의 국부좌굴

▶ 평편의 좌굴강도

기둥의 공칭 압축강도는 전체 좌굴뿐만 아니라 부재의 국부좌굴에 의해서 제한된다. 전체좌굴 강도에 도달하기 이전에 구성 판요소에 좌굴이 발생하는 현상을 국부좌굴이라고 하며 이러한 판 부재의 국부좌굴 강도는 평판 좌굴이론에 의해 평가된다.

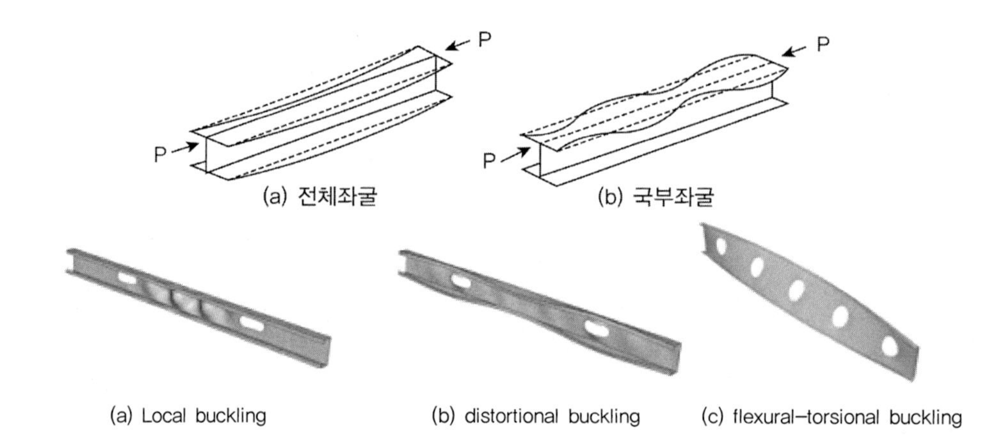

(a) 전체좌굴 (b) 국부좌굴

(a) Local buckling (b) distortional buckling (c) flexural–torsional buckling

$$f_{cr} = k\frac{\pi^2 E}{12(1-\mu^2)}(\frac{t}{b})^2, \quad \alpha = \frac{a}{b}\,(\text{형상비}), \quad k : \text{평판의 좌굴계수}$$

하 중	압 축		휨	전 단
	4변단순지지	3변단순지지	4변단순지지	4변단순지지
지점 조건	a b f_b	f_b	f_b	f_v
좌굴 계수	$k=\left(\frac{m}{a}+\frac{a}{m}\right)^2$ $m=1, 2, 3...$ $k=4.0$	$a>0.66$ $k=0.42+\frac{1}{a^2}$ $a\le 0.66$ $k=2.366+$ $=5.3a^2+\frac{1}{a^2}$	$a>\frac{2}{3}$ $k=23.9$ $a\le\frac{2}{3}$ $k=15.87+$ $1.87a^2+\frac{8.6}{a^2}$	$a>1$ $k=5.34+4.00/a^2$ $a\le 1$ $k=4.00+5.34/a^2$

(평판의 좌굴계수)

4. 허용 휨압축응력

보의 횡방향 좌굴강도를 기본으로 하여 허용휨압축응력을 정하고 있다. 즉 횡방향 좌굴에 대해서 보는 압축플랜지의 고정점에서 단순지지되어 있고, 양단에 같은 휨모멘트가 작용할 때의 압축연 허용횡방향 좌굴응력에 의해 허용휨압축응력을 규정하고 있다

횡방향 좌굴강도는 A_w/A_c 및 l/b의 함수로 근사적으로 표현할 수 있다. 이 설계기준에서 횡좌굴의 기준 강도곡선은 A_w/A_c의 크기에 따라 다음과 같은 두 종류의 기본식으로 된다.

$$f_{cr}/f_y = 1.0 \qquad (\alpha \le 0.2)$$

$$f_{cr}/f_y = 1.0 - 0.412(\alpha - 0.2) \qquad (\alpha > 0.2)$$

여기서, $\alpha = \dfrac{2}{\pi} k \sqrt{\dfrac{f_y}{E}} \dfrac{l}{b}$, $\quad k = 2 \qquad (A_w/A_c \le 2.0)$

$$= \sqrt{3 + \frac{A_w}{2A_c}} \qquad (A_w/A_c > 2.0)$$

두께 40mm 이하.

강 종	SS400, SM400 SMA400		SM490		SM490Y, SM520 SMA490		SM570 SMA570	
$\frac{A_w}{A_c} \le 2.0$	$4.5 \ge \frac{l}{b}$	140	$4.0 \ge \frac{l}{b}$	190	$3.5 \ge \frac{l}{b}$	210	$5.0 \ge \frac{l}{b}$	260
	$4.5 < \frac{l}{b} \le 30$	$140 - 2.4(\frac{l}{b} - 4.5)$	$4.0 < \frac{l}{b} \le 30$	$190 - 3.8(\frac{l}{b} - 4.0)$	$3.5 < \frac{l}{b} \le 27$	$210 - 4.4(\frac{l}{b} - 3.5)$	$5.0 < \frac{l}{r} \le 25$	$260 - 6.6(\frac{l}{b} - 5.0)$
$\frac{A_w}{A_c} > 2.0$	$\frac{9}{K} \ge \frac{l}{b}$	140	$\frac{8}{K} \ge \frac{l}{b}$	190	$\frac{7}{K} \ge \frac{l}{b}$	210	$\frac{10}{K} \ge \frac{l}{b}$	260
	$\frac{9}{K} < \frac{l}{b} \le 30$	$140 - 1.2(K\frac{l}{b} - 9)$	$\frac{8}{K} < \frac{l}{b} \le 30$	$190 - 1.9(K\frac{l}{b} - 8)$	$\frac{7}{K} < \frac{l}{b} \le 27$	$210 - 2.2(K\frac{l}{b} - 7)$	$\frac{10}{K} < \frac{l}{b} \le 25$	$260 - 3.3(K\frac{l}{b} - 10$

5. 허용 전단응력 및 허용지압응력

허용전단응력은 Von Mises의 항복조건 $v_y = f_y / \sqrt{3}$ 을 적용하고 안전율 약 1.7을 고려하였다.

판 두께	SS400, SM400 SMA400	SM490	SM490Y, SM520 SMA490	SM570 SMA570
전단 응력	허용축방향인장응력× $\sqrt{3}$			
	140× $\sqrt{3}$	190× $\sqrt{3}$	210× $\sqrt{3}$	260× $\sqrt{3}$
	80	110	120	150
지압 응력	210	280	310	390

TIP | 고강도강의 허용응력 |

1. 허용인장인장(허용축방향 인장/허용휨인장응력, MPa)

강종	SM490C-TMC	SM520C-TMC	HSB500	HSB600 SM570-TMC	HSB800
판두께(mm)	100 이하				80 이하
기준항복점	315	355	380	450	690
허용축방향인장/ 허용휨인장응력	190	215	230	270	380

2. 허용축방향압축응력(전체좌굴, MPa)

강종	SM490C-TMC		SM520C-TMC		HSB500		HSB600, SM570-TMC	
100 이하	$16 \geq \frac{l}{r}$	190	$15.1 \geq \frac{l}{r}$	215	$14.6 \geq \frac{l}{r}$	230	$13.4 \geq \frac{l}{r}$	270
	$16 < \frac{l}{r} \leq 80.1$	$190 - 1.29(\frac{l}{r} - 16)$	$15.1 < \frac{l}{r} \leq 75.5$	$215 - 1.55(\frac{l}{r} - 15.1)$	$14.6 < \frac{l}{r} \leq 73$	$230 - 1.72(\frac{l}{r} - 14.6)$	$13.4 < \frac{l}{r} \leq 67.1$	$270 - 2.19(\frac{l}{r} - 13.4)$
	$\frac{l}{r} > 80.1$	$\frac{1,200,000}{5,000 + (\frac{l}{r})^2}$	$\frac{l}{r} > 75.5$	$\frac{1,200,000}{4,400 + (\frac{l}{r})^2}$	$\frac{l}{r} > 73$	$\frac{1,200,000}{4,100 + (\frac{l}{r})^2}$	$\frac{l}{r} > 67.1$	$\frac{1,200,000}{3,500 + (\frac{l}{r})^2}$

3. 허용전단응력과 허용지압응력(MPa)

강 종	SM490C-TMC	SM520C-TMC	HSB500	HSB600 SM570-TMC	HSB800
판두께(mm)	100 이하				80 이하
전단응력	110	125	135	155	220
지압응력 (강판과 강판 사이)	285	325	345	405	570

95회 1-12

한계세장비

한계세장비 λ_c를 정의하고, $E_s = 2\times10^5 MPa$, $f_y = 460MPa$일 때, λ_c를 구하고 도로교 설계기준상 이 값이 의미하는 바를 간단히 설명하시오.

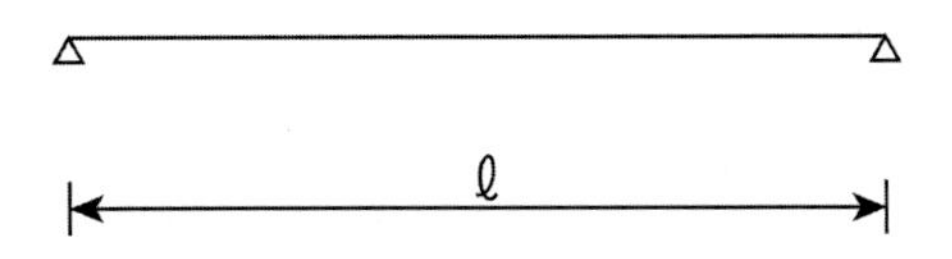

풀 이

▶ 한계세장비(λ_c) : Euler의 좌굴응력이 항복응력과 같을 때의 세장비

$$f_y = \frac{\pi^2 E}{\lambda_c^2} \qquad \lambda_c = \pi\sqrt{\frac{E}{f_y}} = \pi\sqrt{\frac{2\times10^5}{460}} = 65.5 \approx 67$$

▶ 도로교 설계기준(2010)

도로교 설계기준에서는 전통적인 Euler의 좌굴방정식이나, 비탄성 좌굴이론(접선계수이론, 감소계수이론, Shanley의 이론 등)에 의해 산정하기 보다는 부재의 제작이나 시공상의 오차, 편심, 초기변형, 잔류응력 등을 고려하여 G. Schulz의 실험식을 근거로 허용응력을 산정하고 있다.

(1) G Schulz의 실험식

$$\bar{f} = \frac{f_{cr}}{f_y}, \qquad \bar{\lambda} = \frac{\lambda}{\lambda_c} = \frac{1}{\pi}\sqrt{\frac{f_y}{E}}\left(\frac{l}{r}\right)$$

① $\bar{\lambda} \leq 0.2$ $\qquad \bar{f} = 1.0$

② $0.2 < \bar{\lambda} \leq 1.0$ $\qquad \bar{f} = 1.109 - 0.545\bar{\lambda}$

③ $\bar{\lambda} > 1.0$ $\qquad \bar{f} = \dfrac{1.0}{0.773 + \bar{\lambda}^2}$

(2) 도로교 설계기준에서의 의미

도로교 설계기준에서는 실험식에 안전율(약 1.7)을 적용하여 허용압축응력을 정하고 있으며 주어진 $f_y = 460MPa$은 SM570의 항복응력으로 SM570의 경우 인장강도와 항복점의 비가 다른 강재에 비해 작은 점을 고려하여 안전율을 약간 높게 취하고 허용축방향 압축응력의 상한값을 260MPa로 제한하고 있다.

도로교 설계기준의 SM570의 허용축방향응력은 세장비에 따라 다음과 같이 구분된다.

① 단주 $\lambda \leqq 18$ $\quad f_a = 260 \quad (MPa)$

② 중간주 $18 < \lambda \leqq 67$ $\quad f_a = 260 - 2.2(\lambda - 18) \quad (MPa)$

② 장주 $\lambda > 67$ $\quad f_a = \dfrac{1,200,000}{3500 + \lambda^2} \quad (MPa)$

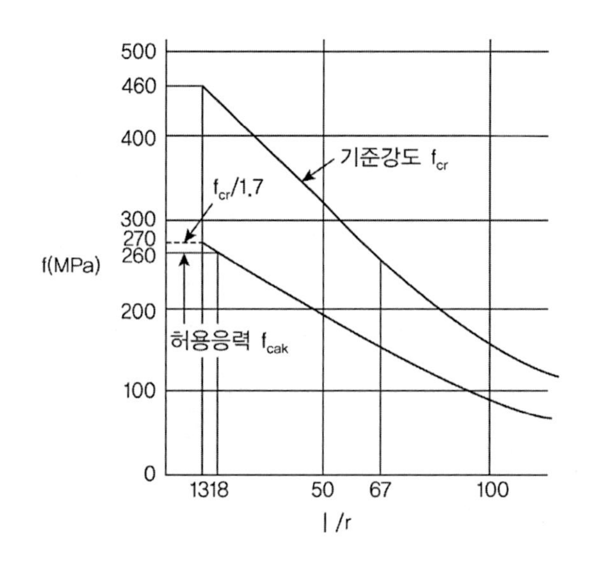

즉 주어진 문제에서의 한계세장비(λ_c)는 장주와 중간주의 구분을 나타내는 세장비를 의미한다.

87회 1-13

한계세장비

다음 그림은 도로교설계기준의 허용축방향 압축응력의 기준이 되는 강도곡선을 나타낸 것이다. 다음 물음에 답하시오.

1) 환산세장비 또는 세장비파라메타를 나타내는 $\overline{\lambda} = \frac{1}{\pi}\sqrt{\frac{f_y}{E}} \cdot \frac{l}{r}$ 이 되는 과정,

2) 도로교설계기준에서 기준강도곡선의 설정방법

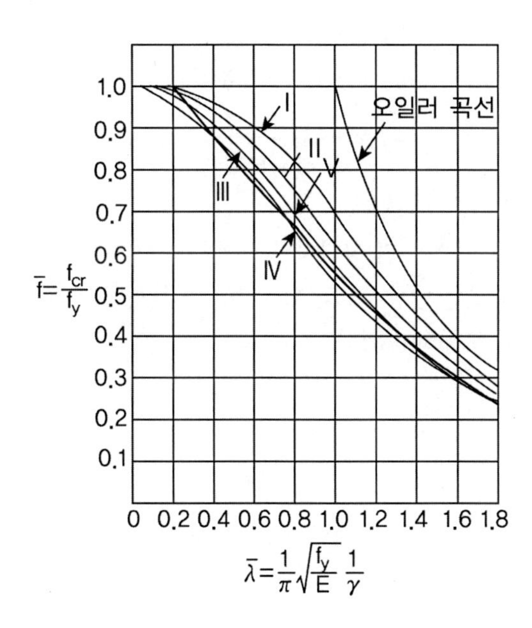

풀 이

➤ 개 요

한계세장비(λ_c)는 Euler의 좌굴응력이 항복응력과 같을 때의 세장비를 나타내며 이 세장비를 무차원화시킨 세장비를 환산세장비 또는 세장비파라메타라고 한다.

$$f_y = \frac{\pi^2 E}{\lambda_c^2} \qquad \lambda_c = \pi\sqrt{\frac{E}{f_y}}$$

$$\therefore\ \overline{\lambda} = \frac{\lambda}{\lambda_c} = \frac{1}{\pi}\sqrt{\frac{f_y}{E}}\left(\frac{l}{r}\right)$$

➤ 도로교 설계기준(2010)

도로교 설계기준에서는 전통적인 Euler의 좌굴방정식이나, 비탄성 좌굴이론(접선계수이론, 감소계수이론, Shanley의 이론 등)에 의해 산정하기 보다는 부재의 제작이나 시공상의 오차, 편심, 초기변형, 잔류응력 등을 고려하여 G. Schulz의 실험식을 근거로 허용응력을 산정하고 있다.

(1) G Schulz의 실험식

$$\bar{f}=\frac{f_{cr}}{f_y},\quad \bar{\lambda}=\frac{\lambda}{\lambda_c}=\frac{1}{\pi}\sqrt{\frac{f_y}{E}}\left(\frac{l}{r}\right)$$

① $\bar{\lambda}\leq 0.2$(단주) $\bar{f}=1.0$

② $0.2<\bar{\lambda}\leq 1.0$(중간주) $\bar{f}=1.109-0.545\bar{\lambda}$

③ $\bar{\lambda}>1.0$(장주) $\bar{f}=\dfrac{1.0}{0.773+\bar{\lambda}^2}$

(2) 도로교 설계기준에서의 기준강도곡선

도로교 설계기준에서는 G. Schulz의 실험식에 안전율(약 1.7)을 적용하여 허용압축응력을 정하고 있다. 다만, SM570의 경우 인장강도와 항복점의 비가 다른강재에 비해 작은 점을 고려하여 안전율(약1.77)을 다소 높게 취하고 있다.

$$f_{cr}=\bar{f}\times f_y \qquad f_a=\frac{f_{cr}}{S.F}$$

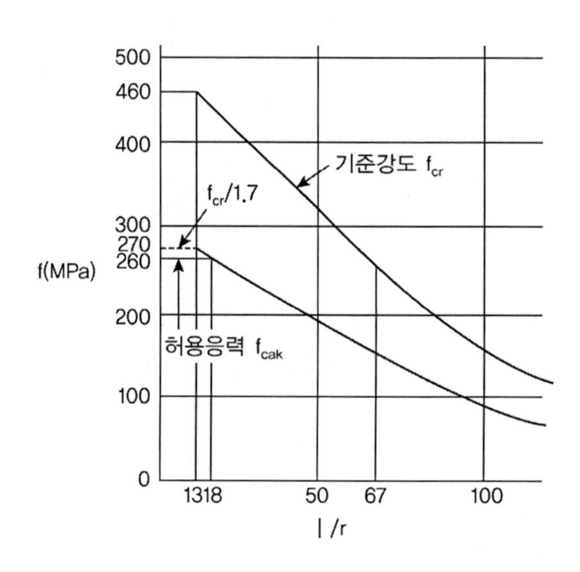

97회 2-6

국부좌굴 안정성평가

Steel Box 상하부플랜지에 휨에 의한 압축응력 160MPa이 작용할 때, 하부플랜지의 국부좌굴에 대한 안전성을 평가하고, 필요시 최소의 종방향 보강재를 설치하는 경우 및 하부플랜지 판 두께를 늘이는 경우의 안전성과 경제성을 검토하시오.(도로교설계기준 2010적용, 종방향 보강재 배치 시 종방향 보강재 사이의 최소 간격은 300mm 이상 확보)

• 하부플랜지 SM490, 하부플랜지 두께(t) = 12mm

양연지연 판	190	$\frac{b}{34.0i} \le t$
	$220{,}000(\frac{ti}{b})^2$	$\frac{b}{80i} \le t < \frac{b}{34.0i}$
보강된 판	190	$\frac{b}{24in} \le t$
	$190 - 3.9(\frac{b}{tin} - 24)$	$\frac{b}{49in} \le t < \frac{b}{24in}$
	$220{,}000(\frac{tin}{b})^2$	$\frac{b}{80in} \le t < \frac{b}{49in}$

〈SM490 강재의 국부좌굴에 대한 허용응력(MPa)〉

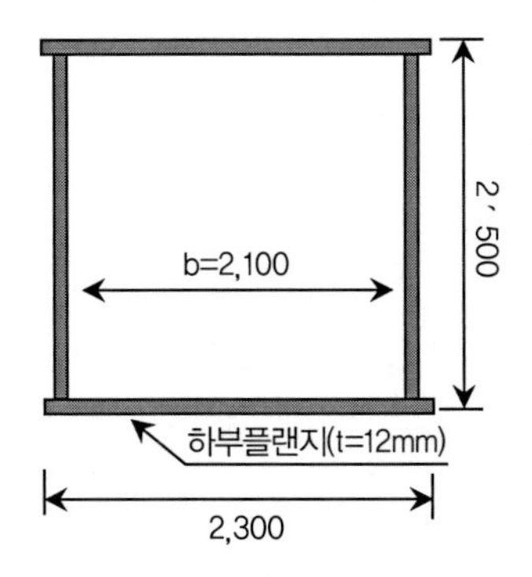

풀 이

➤ 강재의 국부좌굴 강도

$$f_{cr} = k\frac{\pi^2 E}{12(1-\mu^2)}(\frac{t}{b})^2, \quad \frac{f_{cr}}{f_y} = \frac{1}{R^2}, \quad \therefore R = \sqrt{\frac{f_y}{f_{cr}}} = \frac{1}{\pi}\sqrt{\frac{f_y}{E}}\sqrt{\frac{12(1-\mu^2)}{k}}(\frac{b}{t})$$

여기서 k=4.0(양연지지판), k=0.43(3연지지판)

$$R = \frac{1}{\pi}\sqrt{\frac{320}{2.1\times10^5}}\sqrt{\frac{12(1-0.3^2)}{4.0}}\left(\frac{2100}{12}\right) = 1.874 > 0.7$$

여기서 $\frac{f_{bu}}{f_y} = 1.0(R \le 0.7)$, $\frac{f_{bu}}{f_y} = \frac{1}{2R^2}(R > 0.7)$이므로,

$$f_{bu} = f_y \times \frac{1}{2R^2} = 320 \times \frac{1}{2\times2.7^2} = 45.53$$

$$\therefore f_{ca} = \frac{f_{bu}}{S.F} = \frac{21.92}{1.7} = 26.78MPa < f_b(=160MPa)$$

N.G(보강재 보강 또는 판두께 변경!!)

➤ 보강재로 보강하는 경우

주어진 보강재 최소 간격 300mm

$$n_{max} = \frac{2100}{300} = 7 \text{ (n : 보강재로 구분되는 패널의 수)}$$

보강재 판두께와 동일한 12mm 6^{EA} 사용 검토

TIP | 보강된 판의 국부좌굴 기준식 |

$$\frac{f_{bu}}{f_y} = 1.0 \quad (R_R \le 0.5)$$

$$= 1.5 - R_R \quad (0.5 < R_R \le 1.0)$$

$$= \frac{1}{2R_R^2} \quad (R_R > 1.0)$$

$$R_R = \frac{b}{t}\frac{1}{\pi}\sqrt{\frac{f_y}{E}}\sqrt{\frac{12(1-\mu)^2}{k_R}}$$

$$k_R = 4n^2$$

$$\therefore R_R = \frac{2100}{12}\times\frac{1}{\pi}\times\sqrt{\frac{320}{2.1\times10^5}}\sqrt{\frac{12(1-0.3^2)}{4\times7^2}} = 0.513 > 0.5$$

$$\frac{f_{bu}}{f_y} = 1.5 - R_R = 1.5 - 0.513 = 0.986 \quad , \quad f_{bu} = 315.76MPa$$

$$\therefore f_{ca} = \frac{315.76}{S.F} = 185.7MPa > f_b(=160MPa) \quad \text{O.K}$$

▶ **판 두께 조정하는 경우**

$R_{cr} = 0.7$ 이라고 하면,

$$R_{cr} = \frac{1}{\pi}\sqrt{\frac{f_y}{E}}\sqrt{\frac{12(1-\mu^2)}{k}}\left(\frac{b}{t}\right)_{min} \qquad \therefore \left(\frac{b}{t}\right)_{min} = R_{cr} \times \pi\sqrt{\frac{E}{f_y}}\sqrt{\frac{k}{12(1-\mu^2)}}$$

$$\left(\frac{b}{t}\right)_{min} = 0.7 \times \pi\sqrt{\frac{2.1\times10^5}{320}}\sqrt{\frac{4}{12(1-0.3^2)}} = 34.10$$

$$t_{min} = \frac{2100}{34.10} = 61.58mm \qquad \therefore \text{Use } t = 62mm$$

▶ **안전성과 경제성 검토 (판의 국부좌굴 → b/t 제한(R_{min}), 보강재 설치)**

모재의 두께 조정을 통한 안정성확보 방안은 용접의 최소화 및 국부좌굴 발생이전에 모재의 강도 확보 등의 이점이 있으나, 강재량의 과다사용 및 강재의 효율적 이용 측면에서 불리하며,
보강재를 통한 국부좌굴 안정성 확보방안은 설계의 간편성 모재의 효율적 이용 등의 이점이 있으나 보조부재의 연결을 위한 용접과다, 용접으로 인한 잔류응력 및 초기변형 등의 영향을 받을 것으로 사료된다. 부재의 효율적인 사용이나 경제성 면에서 보강재를 통한 강도확보가 유리 할 것으로 사료되며, 다만 공장 용접을 통하여 용접의 신뢰성을 높이고 용접으로 인한 잔류응력 및 응력집중 등을 최소화하도록 노력해야 한다.

97회 3-3

Jack Up 보강재

공용중인 Steel Box Girder교의 교량받침 교체를 위해 복부판에 L형강으로 보강 후 인상하려고 한다. 잭업보강재 설계지침에 대하여 설명하고 다음 그림의 잭업보강재를 설계하시오.

- 고정하중 500kN
- 활하중 250kN
- 보강재 길이 : 1000mm

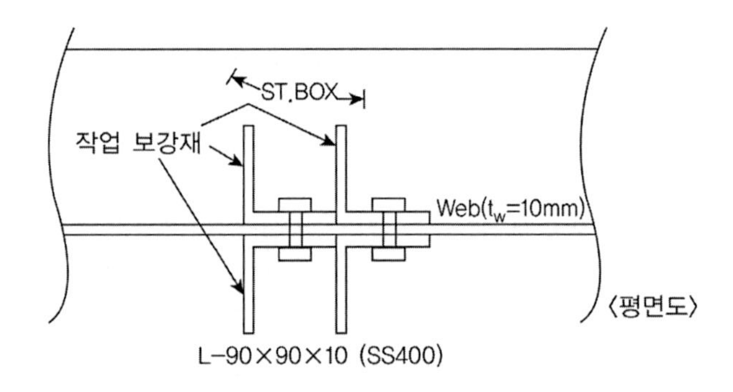

풀 이

➤ 적용하중

교좌받침 교체를 위한 보강부재의 설계 시 설계반력은 평상시 지점반력을 할증한 값(D+1.5L)으로 검토한다.

$$\therefore\ P = 1.0D + 1.5L = 500 + 1.5 \times 250 = 875kN$$

➤ 보강재

보강재의 길이 $l = 1{,}000mm$, 보강재의 폭 $b = 90mm$,

보강재의 두께 $t_s = 10mm > b/16(= 90/16 = 5.625mm)$ O.K

보강재의 설치간격 $d = 90mm$

보강재의 사용열수 $n = 2EA$

웹의 두께 $t_w = 10.0mm$

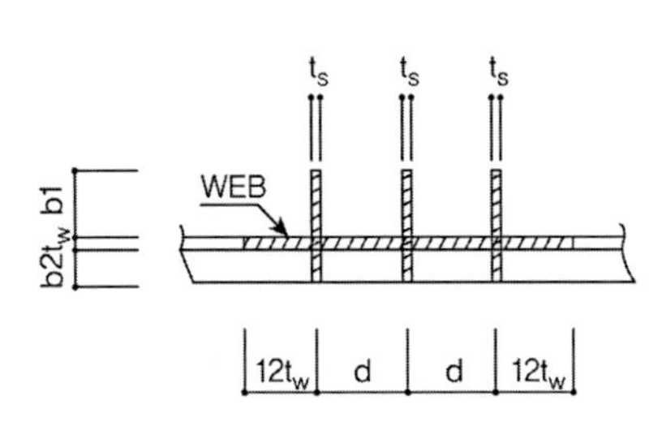

- 단면 유효폭 $d=90<24t_w=240mm$ 이므로,

  $B_e=2t_w+d=2\times10+90=110mm$
- 보강재의 단면적(A_s)

  $A_s=4^{ea}\times(90\times10)=3600mm^2$
- 유효 단면적(A_e)

  $$A_e=B_e\times t_w+A_s$$
  $$=110\times10+90\times10\times4+3600$$
  $$=8300mm^2>1.7A_s$$

1) 중립축은 Web 상에 위치(대칭단면)

2) 단면2차 모멘트

$$I=\frac{B_e\times t_w^3}{12}+\frac{t_s\times b^3}{12}=\frac{110\times10^3}{12}+4\times\frac{90\times10^3}{12}+4\times\frac{10\times90^3}{12}=2,469,167mm^4$$

3) 단면2차 반경 $r=\sqrt{\frac{I}{A_e}}=\sqrt{\frac{2469167}{8300}}=17.25$

4) 유효좌굴길이 $l_e=0.5l=500mm$

5) 허용축방향 압축응력 $\lambda=\frac{l_e}{r}=28.99$

① f_{cag}(국부좌굴을 고려하지 않은 허용축방향 압축응력)

SS400 $20<\frac{l_e}{r}\le93$일 때,

$f_{cag}=140-0.84(\lambda-20)=132.45MPa$(국부좌굴을 고려하지 않은 허용축방향 압축응력)

CF | G Schulz |

$\because\ f_{cr}=\frac{\pi^2E}{\lambda_c^2}=f_y,\quad \bar{\lambda}=\frac{\lambda}{\lambda_c}=\frac{1}{\pi}\times\sqrt{\frac{f_y}{E}}\times\lambda=0.31>0.2,\quad \bar{f}=1.109-0.545\bar{\lambda}=0.826$

$\bar{f}=\frac{f_{bu}}{f_y}=0.826,\quad f_{cr}=\frac{f_{bu}}{S.F}=\frac{225.4}{1.7}=132.56MPa$

② f_{cal}(국부좌굴에 대한 허용응력)

$$f_{cr}=k\frac{\pi^2E}{12(1-\mu^2)}\left(\frac{t}{b}\right)^2,\quad \frac{1}{R^2}=\frac{f_{cr}}{f_y}$$

$$R = \frac{1}{\pi}\sqrt{\frac{f_y}{E}} \times \sqrt{\frac{12(1-\mu^2)}{k}} \times \left(\frac{b}{t}\right)$$

$$= \frac{1}{\pi}\sqrt{\frac{240}{2.1\times10^5}} \times \sqrt{\frac{12(1-0.3^2)}{0.43}} \times \left(\frac{90}{10}\right) = 0.358 < 0.7$$

$$\frac{f_{bu}}{f_y} = 1.0, \quad f_{cal} = f_{cr} = \frac{f_{bu}}{S.F} = 140MPa$$

③ f_{ca}(허용축방향 압축응력)

$$f_{ca} = f_{cag} \times \frac{f_{cal}}{f_{cao}} = 132.45MPa$$

6) 보강재에서의 압축응력

$$f_c = \frac{P}{A_e} = \frac{875\times10^3}{8300} = 105.4MPa < f_{ca}(132.45MPa) \qquad \text{O.K}$$

➤ 보강재의 설계

L-90×90×10의 보강재를 2개씩 양측에 붙여서 적용한다.

88회 2-3

보강재

아래 그림과 같이 형고 2.0m인 강합성박스거더의 단지점부에 잭업 보강재를 설치할 때, 이 보강재의 안전을 검토하시오. 단, 사용 강종 : SM490

최대지점반력 : R_D(자중반력) = 1350.0KN, R_L (활하중반력)=1540.0KN

보강재의 폭 : b_1=100.0mm, b_2=80.0mm　　　보강재의 높이 : H=1000.0mm

보강재의 두께 : t_s=20.0mm　　　보강재의 설치간격 : d=200.0mm

보강재의 사용열수 : n=3개　　　복부의 두께 : t_w=12.0mm

보강재 3열이 동시에 반력을 받는다고 가정

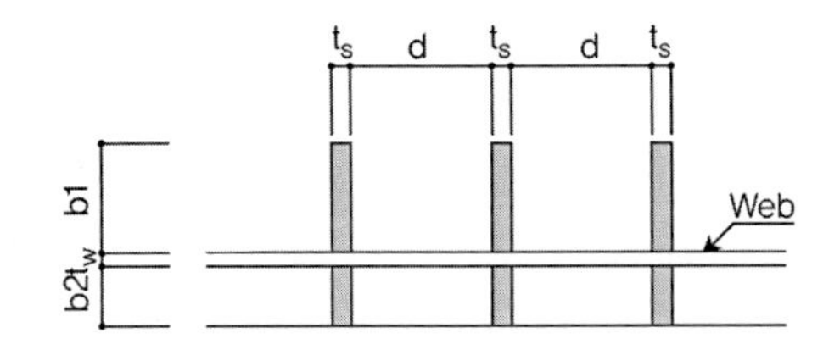

강 종	허용응력(MPa)	
SM490	190	$: \frac{1}{r} \le 15$
	$190-1.3\left(\frac{1}{r}-15\right)$	$: 15 < \frac{1}{r} \le 80$

강 종	허용응력(MPa)	
SM490	190	$: \frac{b}{11.2} \le t$
	$24,000\left(\frac{1}{b}\right)^2$	$: \frac{b}{16} \le t < \frac{b}{11.2}$

풀 이

➤ 하중 산정

잭업 보강재를 위한 하중은 $R_D + 1.5R_L = 3,660kN$

➤ 단면의 유효폭

$$d_e = 24t_w = 24 \times 12 = 288^{mm} \rangle \text{d}(= 200^{mm})$$

$$\therefore b_e = 24t_w + 2d = 24 \times 12 + 400 = 688^{mm}$$

➤ 보강재의 단면적

$$A_s = \Sigma(b \times t_s \times n) = 100 \times 20 \times 3 + 80 \times 20 \times 3 = 10,800^{mm^2}$$

유효단면적 $A_e = b_e \times t_w + A_s = 688 \times 12 + 10,800 = 19,056^{mm^2} \rangle 1.7A_s$　　N.G

$$\therefore A_e = 1.7A_s = 18,360^{mm^2}$$

▶ **보강재의 단면2차 모멘트**

$b_1 \neq b_2$ 이므로 중립축이 web에 있지 않다.

$$y_0 = \frac{\Sigma Ay}{\Sigma A_e} = \frac{688 \times 12 \times 86 + 80 \times 20 \times 40 \times 3 + 100 \times 20 \times (80 + 12 + 50) \times 3}{19056} = 92.045^{mm}$$

$$I = \Sigma\left(\frac{bh^3}{12} + Ad^2\right)$$

$$= \left(\frac{20 \times 80^3}{12} + 20 \times 80 \times (92.045 - 40)^2\right) \times 3^{EA} + \left(\frac{688 \times 12^3}{12} + 688 \times 12 \times (92.045 - 80 - 6)^2\right)$$

$$+ \left(\frac{20 \times 100^3}{12} + 20 \times 100 \times (92.045 - 80 - 12 - 50)^2\right) \times 3^{EA} = 3.5935 \times 10^7 mm^4$$

▶ λ

$$r = \sqrt{\frac{I}{A_e}} = \sqrt{\frac{3.5935 \times 10^7}{18{,}360}} = 44.24, \qquad \lambda = \frac{kl}{r} = \frac{0.5 \times 1000}{44.24} = 11.30$$

▶ **허용응력 산정**

① f_{cag} (국부좌굴을 고려하지 않은 허용축방향 압축응력)

SM490에서 $\lambda \leq 15$ 일 때, $f_{cag} = 190^{MPa}$

② f_{cal} (국부좌굴에 대한 허용응력)

$$\frac{b}{11.2} (= 7.1 \text{ or } 8.9) \langle\, t (= 20^{mm}) \qquad \therefore f_{cal} = 190^{MPa}$$

③ f_{ca} (허용축방향 압축응력)

$$f_{ca} = f_{cag} \times \frac{f_{cal}}{f_{cao}} = 190^{MPa}$$

단, 잭업 보강재는 허용축방향 압축응력을 25% 할증하여 적용할 수 있다.

$$\therefore f_{ca}' = 1.25 \times 190 = 237.5^{MPa}$$

▶ **보강재에서의 압축응력**

$$f_c = \frac{R_{\max}}{A_e} = \frac{3660 \times 10^3}{18360} = 199.35^{MPa} < f_{ca}' (= 237.5^{MPa}) \quad \text{O.K}$$

87회 3-5

보강재

다음과 같이 형고 2.2m인 강합성박스거더의 단지점부가 보강재로 보강되어 있을 때 안전을 검토하시오. 단, 사용강종 : SM520, 지점반력 $R_{\max}$=3500kN, 강재의 폭 b = 240mm, 보강재두께 t_s=20mm, 보강재 설치간격 d = 200mm, 단지점부 다이아프램 두께 t_d=20.0mm이다.

허용축방향압축응력(전체좌굴)

강종	허용응력(MPa)	
SM490Y	210	: $\frac{l}{r} \le 14$
SM520	$210-1.5\left(\frac{l}{r}-14\right)$	: $14 < \frac{l}{r} \le 76$

자유돌출판 국부좌굴에 대한 허용응력

강종	허용응력(MPa)	
SM490Y	210	: $\frac{b}{10.7} \le t$
SM520	$24{,}000\left(\frac{t}{b}\right)^2$	: $\frac{b}{16} \le t < \frac{b}{10.7}$

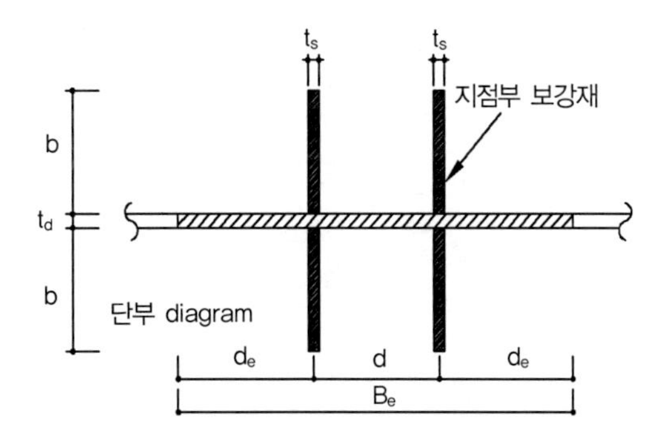

풀 이

➤ 보강재의 두께 검토

$t_s = 20\text{mm} \rangle t_{s.\min}(= b/16) = 15\text{mm}$

➤ 단면의 유효폭

$d_e = 24t_d = 24 \times 20 = 480^{mm} \rangle \text{d}(= 200^{mm}) \quad \therefore b_e = 24t_d + d = 24 \times 20 + 200 = 680^{mm}$

➤ 보강재의 단면적

$A_s = b \times t_s \times n = 240 \times 20 \times 4 = 19{,}200^{mm^2}$

유효단면적 $A_e = b_e \times t_d + A_s = 680 \times 20 + 19200 = 32{,}800^{mm^2} \rangle 1.7A_s(= 32{,}640^{mm^2})$ N.G

$\therefore A_e = 1.7A_s = 32{,}640^{mm^2}$

▶ **보강재의 단면2차 모멘트**

$$I=\frac{b_e t_d^3}{12}+\left(\frac{t_s b^3}{12}+t_s b\times\left(\frac{b}{2}+\frac{t_d}{2}\right)^2\right)\times 4^{EA}$$

$$=\frac{680\times 20^3}{12}+\left(\frac{20\times 240^3}{12}+20\times 240\times\left(\frac{240}{2}+\frac{20}{2}\right)^2\right)\times 4^{EA}\quad=1.088\times 10^8 mm^4$$

▶ λ

$$r=\sqrt{\frac{I}{A_e}}=\sqrt{\frac{1.088\times 10^8}{32640}}=57.74 \qquad \lambda=\frac{kl}{r}=\frac{0.5\times 2200}{57.74}=19.05$$

▶ **허용응력 산정**

① f_{cag}(국부좌굴을 고려하지 않은 허용축방향 압축응력)

SM520에서 $14<\lambda\leqq 76$일 때, $f_{cag}=210-1.5(\lambda-14)=202.425^{MPa}$

또는 $f_{cr}=\frac{\pi^2 E}{\lambda_c^2}=f_y$, $\bar{\lambda}=\frac{\lambda}{\lambda_c}=\frac{1}{\pi}\times\sqrt{\frac{f_y}{E}}\times\lambda=0.251>0.2$

$$\bar{f}=1.109-0.545\bar{\lambda}=0.972,\quad \bar{f}=\frac{f_{bu}}{f_y}=0.972,\quad \therefore f_a=\frac{f_{bu}}{S.F}=\frac{350}{1.7}=205.8MPa$$

② f_{cal}(국부좌굴에 대한 허용응력)

$$\frac{b}{16}(=15^{mm})\leq t(=20^{mm})<\frac{b}{10.7}(=22.43^{mm}) \qquad \therefore$$

$$f_{cal}=24{,}000\left(\frac{t}{b}\right)^2=166.67^{MPa}$$

또는, $f_{cr}=k\frac{\pi^2 E}{12(1-\mu^2)}(\frac{t}{b})^2$, $\frac{1}{R^2}=\frac{f_{cr}}{f_y}$

$$R=\frac{1}{\pi}\sqrt{\frac{f_y}{E}}\sqrt{\frac{12(1-\mu^2)}{k}}\left(\frac{b}{t}\right)=\frac{1}{\pi}\sqrt{\frac{360}{2.1\times 10^5}}\times\sqrt{\frac{12(1-0.3^2)}{0.43}}\times\left(\frac{240}{20}\right)=0.796>0.7$$

$$\frac{f_{bu}}{f_y}=\frac{1}{2R^2}\qquad \therefore f_{bu}=\frac{360}{2R^2}=\frac{360}{2\times 0.796^2}=284.1^{MPa}\qquad \therefore f_{cal}=\frac{f_{bu}}{S.F}=167.1MPa$$

③ f_{ca}(허용축방향 압축응력)

$$f_{ca}=f_{cag}\times\frac{f_{cal}}{f_{cao}}=202.4\times\frac{167.1}{210}=161.05^{MPa}$$

▶ **보강재에서의 압축응력** $f_c=\frac{R_{\max}}{A_e}=\frac{3500\times 10^3}{32640}=107.23^{MPa}<f_{ca}(=161.05^{MPa})$ O.K

108회 3-6

잭업보강재의 안전성 검토

다음 강합성 박스거더의 잭업 보강재에 대한 안전성을 검토하시오

- 사용강종 : SM490, 보강재의 압축응력 할증 25%
- 최대지점반력 : R_D(자중반력)=1400.0kN, R_L(활하중 반력)=1600.0kN
- 하중조합 : $1.0R_D$+$1.5R_L$
- 보강재의 두께 : t_s=20.0mm, Web의 두께 : t_w=16.0mm
- 전체좌굴에서 강종(SM490)의 허용응력

  ① $\frac{l}{r} \le 15$: 190MPa ② $15 < \frac{l}{r} \le 80$: $190-1.3\left(\frac{l}{r}-15\right)$MPa $\frac{l}{r}$: 세장비
- 국부좌굴에서 강종(SM490)의 허용응력

  ① $\frac{b}{11.2} \le$ t : 190MPa ② $\frac{b}{16} \le t < \frac{b}{11.2}$: $24,000\left(\frac{t}{b}\right)^2$ MPa

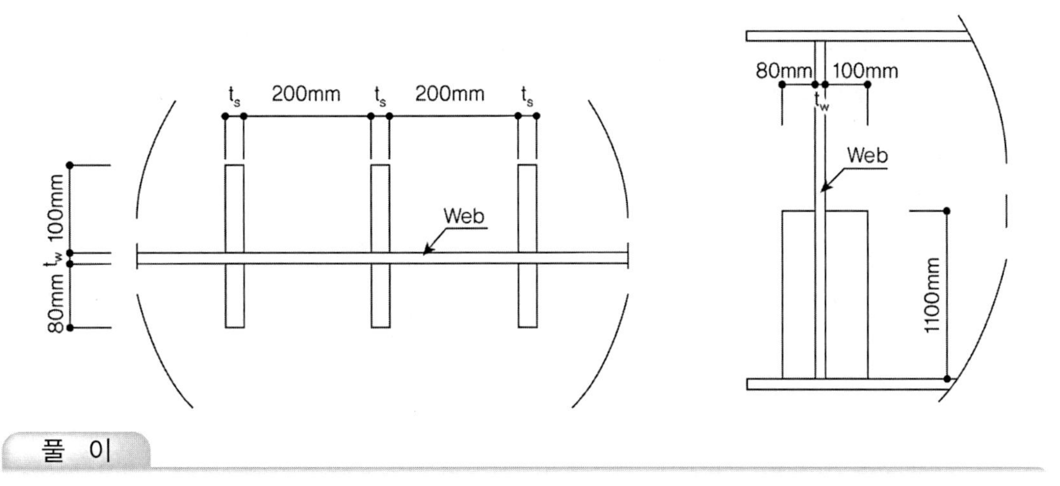

풀 이

➤ 개요

2010 도로교설계기준 허용응력법에 따라 잭업보강재의 안정성 평가를 검토한다.

➤ 적용하중

교좌받침 교체를 위한 보강부재의 설계 시 설계반력은 평상시 지점반력을 할증한 값(D+1.5L)으로 검토한다.

$$\therefore P = 1.0R_D + 1.5R_L = 1.0 \times 1,400 + 1.5 \times 1,600 = 3,800kN$$

➤ 보강재

보강재의 길이 $l = 1,100mm$, 보강재의 폭 $b_{\max} = 100mm$,

보강재의 두께 $t_s = 20mm > b/16(= 100/16 = 6.25mm)$　　O.K

보강재의 설치간격 $d = 200mm$

보강재의 사용열수 $n = 3EA$

웹의 두께 $t_w = 16.0mm$

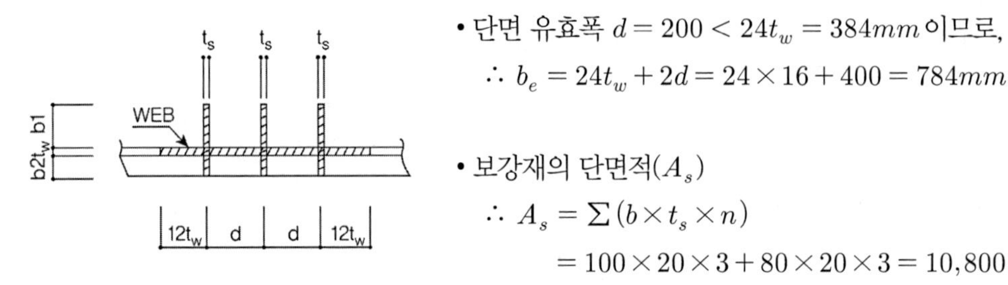

• 단면 유효폭 $d = 200 < 24t_w = 384mm$ 이므로,

$\therefore\ b_e = 24t_w + 2d = 24 \times 16 + 400 = 784mm$

• 보강재의 단면적(A_s)

$\therefore\ A_s = \Sigma(b \times t_s \times n)$

$= 100 \times 20 \times 3 + 80 \times 20 \times 3 = 10,800㎟$

• 보강재의 유효 단면적(A_s)

$A_e = b_e \times t_w + A_s = 784 \times 12 + 10,800 = 20,208㎟ \rangle\ 1.7A_s(= 18,360㎟)$　　N.G

$\therefore\ A_e = 1.7A_s = 18,360^{mm^2}$

➤ 보강재의 단면2차 모멘트

$b_1 \neq b_2$ 이므로 중립축이 web에 있지 않다.

$$y_0 = \frac{\Sigma Ay}{\Sigma A_e} = \frac{784 \times 16 \times (80 + 16/2) + 80 \times 20 \times 3 \times (80/2) + 100 \times 20 \times 3 \times (80 + 16 + 50)}{20,208}$$

$= 107.476㎜$ (단면 하단으로부터의 길이)

$$I = \Sigma\left(\frac{bh^3}{12} + Ad^2\right)$$

$$= \left(\frac{20 \times 80^3}{12} + 20 \times 80 \times (107.476 - 40)^2\right) \times 3^{EA} + \left(\frac{784 \times 16^3}{12} + 784 \times 16 \times (107.476 - 80 - 8)^2\right)$$

$$+ \left(\frac{20 \times 100^3}{12} + 20 \times 100 \times (107.476 - 80 - 16 - 50)^2\right) \times 3^{EA} = 4.334 \times 10^7 mm^4$$

➤ 세장비 λ

$$r = \sqrt{\frac{I}{A_e}} = \sqrt{\frac{4.334 \times 10^7}{18,360}} = 48.59,\qquad \lambda = \frac{kl}{r} = \frac{0.5 \times 1100}{48.59} = 11.32$$

➤ 허용응력 산정

① f_{cag}(국부좌굴을 고려하지 않은 허용축방향 압축응력)

SM490에서 $\lambda \leqq 15$일 때, $f_{cag} = 190^{MPa}$

② f_{cal}(국부좌굴에 대한 허용응력)

$$\frac{b}{11.2}(=7.1 \text{ or } 8.9) \langle t_s(=20^{mm}) \qquad \therefore f_{cal} = 190^{MPa}$$

③ f_{ca}(허용축방향 압축응력)

$$f_{ca} = f_{cag} \times \frac{f_{cal}}{f_{cao}} = 190^{MPa}$$

주어진 조건에서 잭업 보강재는 허용축방향 압축응력을 25% 할증하여 적용할 수 있다.

$$\therefore f_{ca}' = 1.25 \times 190 = 237.5^{MPa}$$

➤ 보강재에서의 압축응력

$$f_c = \frac{R_{\max}}{A_e} = \frac{3,800 \times 10^3}{18,360} = 206.97MPa < f_{ca}'(=237.5MPa) \quad \text{O.K}$$

100회 2-5

축하중 구조, 허용응력설계법

다음 그림 및 조건과 같이 양단힌지로 지지되고 있는 길이 6m 기둥이 있다. 이 기둥에 대해 잔류응력, 편심하중, 초기처짐 등의 영향을 고려하지 않을 때 허용응력 설계법을 이용하여 허용 축하중을 구하시오. (단, SM520강재, 항복강도 $F_y = 355MPa$이다).

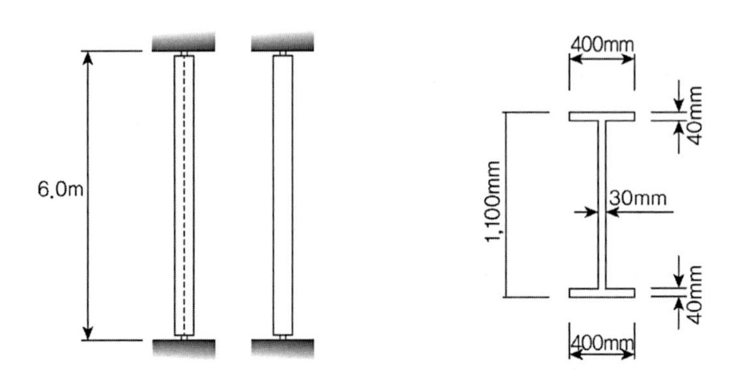

〈조 건〉

국부좌굴 여부	판의 지지조건	허용압축응력(MPa)	적용 범위
국부좌굴에 대한 허용응력	양연지지판	215	$\frac{b}{32.0i} \le t$
		$220{,}000\left(\frac{ti}{b}\right)^2$	$\frac{b}{80.0i} \le t < \frac{b}{10.5}$
	자유돌출판	215	$\frac{b}{10.0} \le t$
		$24{,}000\left(\frac{t}{b}\right)^2$	$\frac{b}{16.0} \le t < \frac{b}{10.5}$
국부좌굴 미고려 시 허용 축방향 압축응력	–	215	$\frac{l}{r} \le 15.1$
	–	$215 - 1.55\left(\frac{l}{r} - 15.1\right)$	$15.1 < \frac{l}{r} \le 75.5$

l : 부재의 유효좌굴길이(mm)

r : 부재 총 단면의 단면회전반경(mm)

t : 판 두께(mm), b : 판의 고정연 사이의 거리(mm)

i : 응력구배계수 $[i = 0.65\phi^2 + 0.13\phi + 1.0]$

ϕ : 응력구배$\left[\phi = \frac{f_1 - f_2}{f_1}\right]$

f_1, f_2 : 각각 판의 양연에서의 응력(MPa)

풀 이

▶ f_{cag}(국부좌굴을 고려하지 않은 허용축방향 압축응력)

$$A = 400 \times 1,100 - (400-30)(1,100-80) = 62,600mm^2$$

$$I = \Sigma \frac{bh^3}{12} = \frac{400 \times 1,100^3}{12} - \frac{(400-30)(1,100-80)^3}{12} = 11,646,086,667mm^4$$

$$r = \sqrt{\frac{I}{A}} = \sqrt{\frac{11,646,086,667}{62,600}} = 431.32^{mm}$$

$$\lambda = \frac{kl}{r} = \frac{1.0 \times 6000}{431.22} = 13.91$$

SM520 $\lambda \leq 15$ $\quad\quad \therefore f_{cag} = 215^{MPa}$

▶ f_{cal}(국부좌굴에 대한 허용응력)

1) flange

자유돌출판 $t(=40mm) > \frac{b}{10.5}(=19.04) \quad\quad f_{cal} = 215^{MPa}$

2) Web

판의 양연에서의 응력은 동일하다고 가정하면, $\phi = 1.0$

양연지지판 $t(=40mm) > \frac{b}{30.2}(=31.87) \quad\quad f_{cal} = 215^{MPa}$

▶ 허용응력 산정

$$f_{ca} = f_{cag} \times \frac{f_{cal}}{f_{cao}} = 215^{MPa}$$

$$\therefore P_{ca} = f_{ca}A = 13,459^{kN}$$

참고자료

수직브레이싱/수평브레이싱 설계 도로설계편람

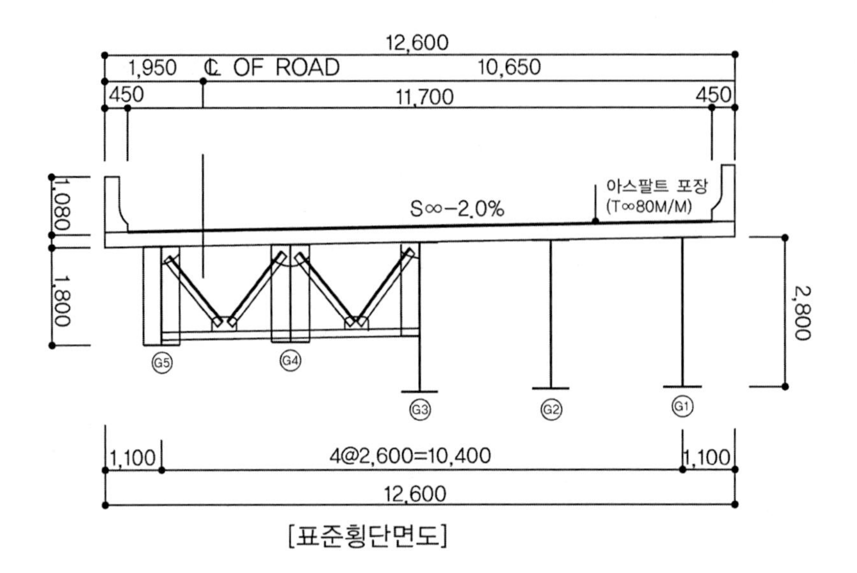

[표준횡단면도]

풀 이

➤ 수직브레이싱 설계

1) 하중산정

① 풍하중

D = 방호벽 높이 + 슬래브 두께 + 주형높이 = 1,080 + 240 + 1,800 = 3,120mm

B = 12,600mm

B/D = 4.038 ∴ 1 ≤ B/D 〈 8이므로, $P_w = (4.0 - 0.2B/D)D = 9.96kN/m > 6kN/m$

수직브레이싱의 간격을 5.0m로 가정(6m 이내, 플랜지폭의 30배 이하)

∴ 1개의 수직브레이싱에 작용하는 하중 = 9.96×5 = 49.8kN

② 지진하중

전체 고정하중 : 24,021.469 kN

H_e = (전체고정하중/연장)×1/2×가속도 = (24,021,469/170)×0.5×0.11 = 7.77kN/m

∴ 1개의 수직브레이싱에 작용하는 하중 = 7.77×5 = 38.85kN

∴ 풍하중으로 설계한다.

2) 부재력 계산

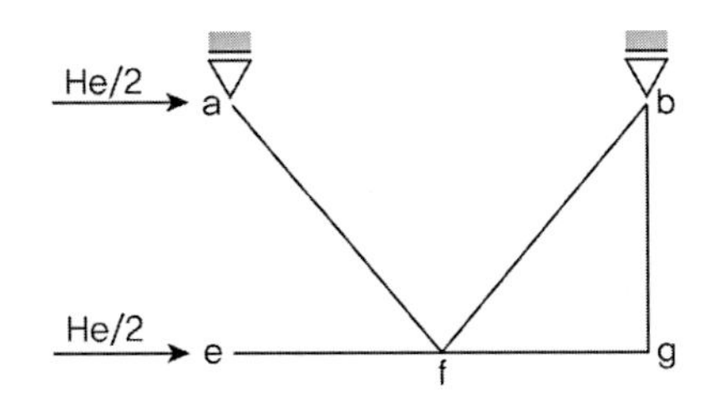

① 부재 제원(mm)

(1) 상현재 : L100×100×10(SM400)

(2) 하현재 : L100×100×10(SM400)

(3) 사 재 : L 90× 90×10(SM400)

② 부재력 계산

(1) 하현재 : $f_{ef,fg} = -\frac{1}{2} \times H_e = -24.9kN$

(2) 사 재 : $f_{af} = -\frac{1}{2} \times f_{ef} \times \frac{d}{l} = -\frac{1}{2} \times -24.9 \times \frac{1,896.882}{1,124} = 21.011kN$

$f_{fb} = -f_{af} = -21.011kN$

(3) 상현재 : $f_{ab} = -\frac{1}{2} \times H_e - f_{af} \times \frac{l}{d} = -\frac{1}{2} \times 49.8 - 21.011 \times \frac{1,124}{1,896.882} = -37.35kN$

3) 단면검토

① 상현재 [L100×100×10×2,448(SM400)]

$A = 1,900mm^2, \quad r_{\min} = 19.5mm, \quad r_x(=r_y) = 30.4mm$

(1) 세장비 $\lambda = \frac{l}{r_{\min}} = \frac{2,448}{19.5} = 125.538 < 150$

(2) 허용압축응력

$\lambda = \frac{l}{r_y} = \frac{2,448}{30.4} = 80.526, \quad f_{ca} = 140 - 0.84(\lambda - 20) = 89.158MPa$

거셋판에 연결된 경우 허용압축응력 저감

$$f_{ca}' = f_{ca} \times \left(0.5 + \frac{l/r_y}{1,000}\right) = 89.158 \times \left(0.5 + \frac{80.526}{1,000}\right) = 51.759MPa$$

(3) 응력검토 $f = \frac{P}{A} = \frac{37,350}{1,900} = 19.658 < f_{ca}'$

② 사재 [L90×90×10×1,897(SM400)]

$A = 1,700mm^2, \quad r_{\min} = 17.4mm, \quad r_x(=r_y) = 27.1mm$

(1) 세장비 $\lambda = \dfrac{l}{r_{\min}} = \dfrac{1,897}{17.4} = 109.023 < 150$

(2) 허용압축응력

$\lambda = \dfrac{l}{r_y} = \dfrac{1,897}{27.1} = 109.023,\quad f_{ca} = 140 - 0.84(\lambda - 20) = 98.0MPa$

거셋판에 연결된 경우 허용압축응력 저감

$f_{ca}' = f_{ca} \times \left(0.5 + \dfrac{l/r_y}{1,000}\right) = 98 \times \left(0.5 + \dfrac{70}{1,000}\right) = 55.860MPa$

(3) 응력검토 $f = \dfrac{P}{A} = \dfrac{21,010.833}{1,700} = 12.359 < f_{ca}'$

③ 하현재 [L100×100×10×2,448(SM400)]

$A = 1,900mm^2,\quad r_{\min} = 19.5mm,\quad r_x(=r_y) = 30.4mm$

(1) 세장비 $\lambda = \dfrac{l}{r_{\min}} = \dfrac{2,448}{19.5} = 125.538 < 150$

(2) 허용압축응력

$\lambda = \dfrac{l}{r_y} = \dfrac{2,448}{30.4} = 80.526,\quad f_{ca} = 140 - 0.84(\lambda - 20) = 89.158MPa$

거셋판에 연결된 경우 허용압축응력 저감

$f_{ca}' = f_{ca} \times \left(0.5 + \dfrac{l/r_y}{1,000}\right) = 89.158 \times \left(0.5 + \dfrac{80.526}{1,000}\right) = 51.759MPa$

(3) 응력검토 $f = \dfrac{P}{A} = \dfrac{24,900}{1,900} = 13.105 < f_{ca}'$

➤ 수평브레이싱 설계

1) 하중산정

수평하중(풍하중)에 대해 상판과 수평브레이싱이 1/2씩 분담하므로, $H_e = 9.96/2 = 4.98kN$

2) 부재력 계산(트러스 사재 영향선)

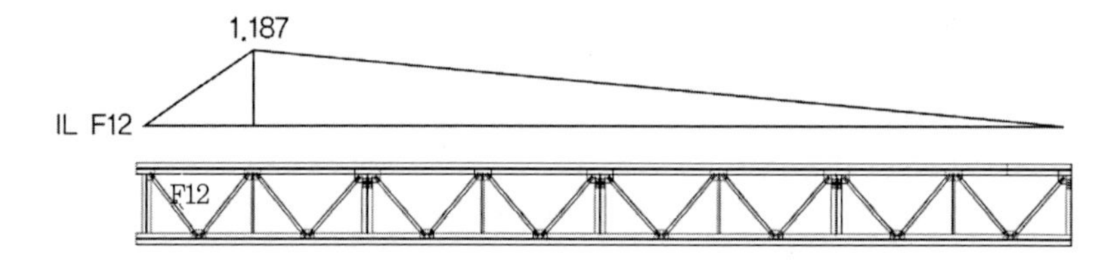

수평브레이싱에 대한 영향선 면적 : 23.74

수평하중에 대한 수평브레이싱의 최대부재력은 $F_{12\max} = 4.98 \times 23.74 = 118.23kN$

3) 단면검토(L130×130×9×3,070 (SM400))

$$A = 2{,}259mm^2, \quad r_{\min} = 25.7mm, \quad r_x(= r_y) = 40.1mm$$

① 세장비 $\lambda = \dfrac{l}{r_{\min}} = \dfrac{3{,}070}{25.7} = 119.455 < 150$

② 허용압축응력

$$\lambda = \frac{l}{r_y} = \frac{3{,}070}{30.4} = 76.559, \quad f_{ca} = 140 - 0.84(\lambda - 20) = 92.491MPa$$

거셋판에 연결된 경우 허용압축응력 저감

$$f_{ca}{}' = f_{ca} \times \left(0.5 + \frac{l/r_y}{1{,}000}\right) = 92.49 \times \left(0.5 + \frac{76.559}{1{,}000}\right) = 53.326MPa$$

③ 응력검토 $f = \dfrac{P}{A} = \dfrac{118{,}225.2}{2{,}259} = 52.335 < f_{ca}{}'$

99회 2-5

다이아프램 응력검토

다음 그림과 같은 지점부 다이아프램에서 단면 A와 단면 B의 응력을 검토하시오.

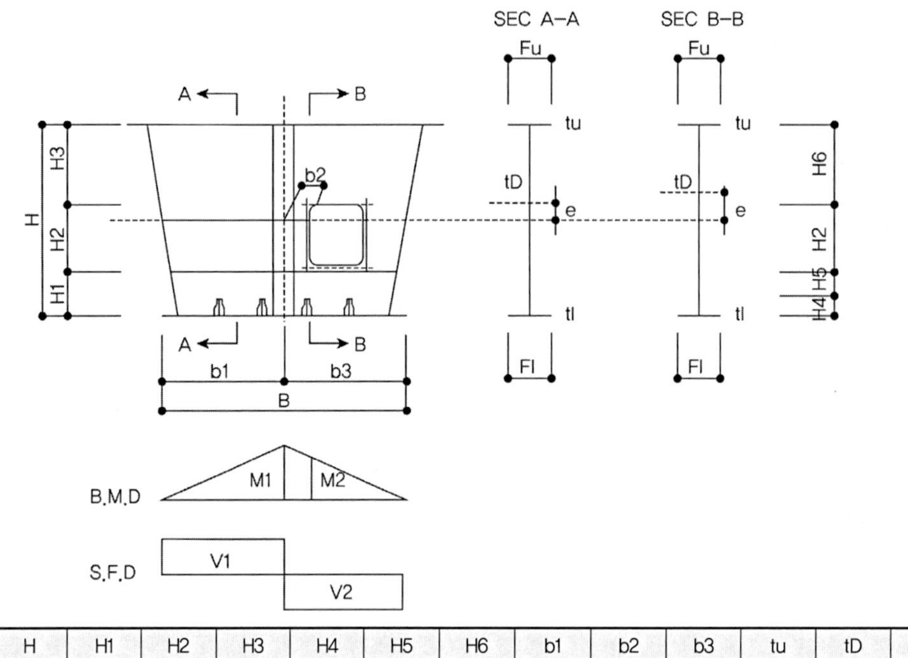

B	H	H1	H2	H3	H4	H5	H6	b1	b2	b3	tu	tD	tl
1,800	2,700	400	800	1,500	150	250	1,500	900	200	900	20	14	16

지점부 반력(kN) 6,000kN

$f_v = 215.0MPa$ (지점부 보강재 수직응력), 강종(HSB500)

풀 이

➤ 단면 A-A 상수

$F_u = 24t_u = 480^{mm}$, $F_l = 24t_l = 384^{mm}$

구분	A(mm²)	Y(mm)	AY(mm²)	AY2(mm⁴)	I(mm⁴)
UP-FLG($24t_u \times t_u$)	9,600	1,360	13,056,000	17,756,160,000	320,000
DIA-PL(2700×14)	37,800	–	–		10,804,500,000
LOW-FLG($24t_l \times t_l$)	6,144	–1,358	–8,343,552	11,330,543,616	131,072
계	53,544		4,712,448	29,086,703,616	10,804,951,072

$$e = \Sigma Ay / \Sigma A = 4,712,448/53,544 = 88.01$$

$$I = \Sigma I_0 + \Sigma Ay^2 - \Sigma A \times e^2 = 10,804,951,072 + 29,086,703,616 - 53,544 \times 88.01^2 = 3.9477 \times 10^{10mm^4}$$

➤ 단면 A-A 응력검토

$$V_1 = V_2 = 3000^{kN}, \quad M_1 = 3000 \times 0.9 = 2700^{kNm}$$

$$f_b = \frac{M_1}{I}y = \frac{2700 \times 10^{6Nmm}}{3.9477 \times 10^{10mm^4}} \times (1350 + 16) = 93.43^{MPa} \ \langle \ f_a(230^{MPa})$$

$$f_v = \frac{V_1}{A_{dia}} = \frac{3000 \times 10^{3N}}{37800^{mm^2}} = 79.4^{MPa} \ \langle \ f_{Va}(135^{MPa})$$

2축 응력 상태 검토

$$\left(\frac{f_v}{f_a}\right)^2 - \left(\frac{f_v}{f_a}\right)\left(\frac{f_l}{f_a}\right) + \left(\frac{f_l}{f_a}\right)^2 + \left(\frac{v}{v_a}\right)^2 = \left(\frac{215}{230}\right)^2 - \left(\frac{215}{230}\right)\left(\frac{93.43}{230}\right) + \left(\frac{93.43}{230}\right)^2 + \left(\frac{79.4}{135}\right)^2 = 1.01 \ \langle 1.2$$

O.K

➤ 단면 B-B 상수

구분	A(mm²)	Y(mm)	AY(mm²)	AY2(mm⁴)	I(mm⁴)
UP-FLG($24t_u \times t_u$)	9,600	1,360	13,056,000	17,756,160,000	320,000
DIA-PL(1500×14)	21,000	600	1,260,000	756,000,000	3,937,500,000
DIA-PL(400×14)	5,600	−1,150	−6,440,000	7,406,000,000	74,666,667
LOW-FLG($24t_l \times t_l$)	6,144	−1,358	−8,343,552	11,330,543,616	131,072
계	42,344		−467,552	37,248,703,616	4,012,617,739

$$e = \Sigma Ay / \Sigma A = -467{,}552/42{,}344 = -11.042$$

$$I = \Sigma I_0 + \Sigma Ay^2 - \Sigma A \times e^2 = 4{,}012{,}617{,}739 + 37{,}248{,}703{,}616 - 42{,}344 \times 11.042^2 = 4.1256 \times 10^{10mm^4}$$

➤ 단면 B-B 응력검토

$$M_2 = M_1 \times \frac{(b_3 - b_2)}{b_3} = 2700 \times \frac{7}{9} = 2100^{kNm}$$

$$f_b = \frac{M_2}{I}y = \frac{2100 \times 10^{6Nmm}}{4.1256 \times 10^{10mm^4}} \times (1350 + 16 - 11.042) = 68.97^{MPa} \ \langle \ f_a(230^{MPa})$$

$$f_v = \frac{V_1}{A_{dia}} = \frac{3000 \times 10^{3N}}{26600^{mm^2}} = 112.78^{MPa} \ \langle \ f_{Va}(135^{MPa})$$

2축 응력 상태 검토

$$\left(\frac{f_v}{f_a}\right)^2 - \left(\frac{f_v}{f_a}\right)\left(\frac{f_l}{f_a}\right) + \left(\frac{f_l}{f_a}\right)^2 + \left(\frac{v}{v_a}\right)^2 = \left(\frac{215}{230}\right)^2 - \left(\frac{215}{230}\right)\left(\frac{68.97}{230}\right) + \left(\frac{68.97}{230}\right)^2 + \left(\frac{112.78}{135}\right)^2 = 1.38 \rangle \ 1.2$$

N.G

6. 인장부재의 허용응력

$T=f_tA_g$, $T=f_tA_n$ (볼트용 구멍 등 단면손실이 있는 경우)

① 강구조 설계기준

$f_t=0.6f_y$ (총 단면적에 대한 검토 시)

$f_t=0.5f_u$ (유효 순단면적에 대한 검토 시)

② 도로교 설계기준 : 강재의 종류에 따라서 일괄로 규정

강 종	SS400, SM400 SMA400		SM490		SM490Y, SM520, SMA490			SM570 SMA570		
판두께(mm)	40 이하	40~100	40 이하	40~100	40 이하	40~75	75~100	40 이하	40~75	75~100
기준항복점	240	220	320	300	360	340	330	460	440	430
f_t	140	130	190	175	210	200	195	260	250	245
안전율	1.71	1.69	1.68	1.71	1.71	1.70	1.69	1.77	1.76	1.76

③ 유효순단면적

$A_n=b_n\times t$

$b_n=b_g-\Sigma(d+3^{mm})+\Sigma\frac{p^2}{4g}$

여기서 $d+3^{mm}$는 M20, M22, M24에 적용하고 $d+4^{mm}$는 M27, M30에 적용

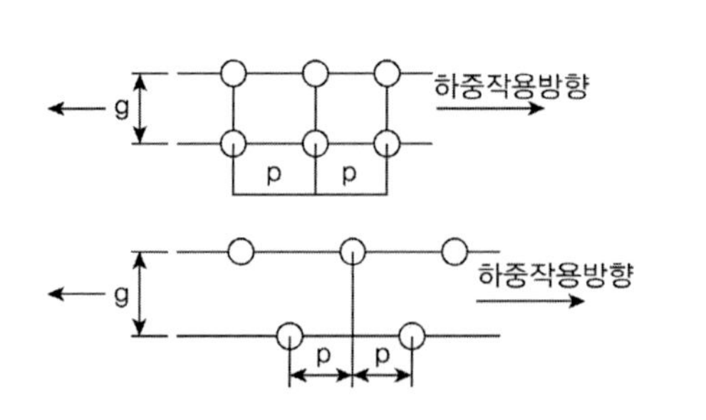

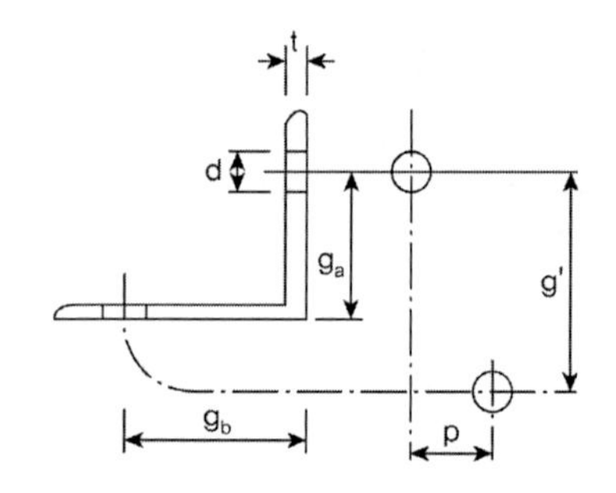

7. 휨부재의 허용 휨응력

도로교 설계기준(허용응력설계법)에서는 휨부재에 대한 극한휨모멘트와 허용휨압축응력은 I형 단면의 횡방향 좌굴강도(A_w/A_c)를 기본으로 한 휨강도로 정해진다.

- 극한 휨모멘트 $M_u = \min[M_{bu},\ M_y]$, $M_{bu} = f_{bu}S_c$, $M_y = f_yS_t$
- 허용 휨모멘트 $M_a = \min[M_{ba},\ M_{ta}]$, $M_{ba} = f_bS_c$, $M_y = f_tS_t$
- 압축플랜지의 극한 휨압축응력 f_{bu}

$$\frac{f_{bu}}{f_y} = \begin{cases} 1.0 & \alpha \le 0.2 \\ 1-0.412(\alpha-0.2) & \alpha > 0.2 \end{cases}, \qquad \alpha = \sqrt{\frac{f_y}{f_{cr}}} = \frac{2}{\pi}k\sqrt{\frac{f_y}{E}}\left(\frac{l}{b}\right)$$

$$f_{cr} = \frac{\pi^2 E}{4\left(k\frac{l}{b}\right)^2} \qquad k = \begin{cases} 2.0 & \frac{A_w}{A_c} \le 2.0 \\ \sqrt{3+\frac{A_w}{2A_c}} & \frac{A_w}{A_c} > 2.0 \end{cases} \qquad \therefore f_b = \frac{f_{bu}}{S.F(\fallingdotseq 1.7)}$$

예 제

허용휨모멘트

경간 6.0m 단순 휨을 받는 비대칭 판형교의 극한 휨모멘트 M_u와 허용휨모멘트 M_a를 구하시오. 단, SS400강재를 사용하고 도로교 설계기준에 따르며 자중은 무시한다. 주어진 단면의 제원은 다음과 같다.

구 분		A	y	Ay	$I(=Ay^2)$
Upper fl.	PL 250×20	5,000	-510	-2,550,000	1,300,500,000
Web	PL 1000×10	10,000	0	0	833,330,000
Lower fl.	PL 200×20	4,000	510	2,040,000	1,040,400,000
계		19,000		-510,000	3,174,230,000

250x20
1000x10
200x20

풀 이

➤ 단면계수

$$e = -510,000/19,000 = -26.8mm, \quad I_y = I_x - Ad^2 = 3,160,580,000mm^4$$

$$y_c = 520 - 26.8 = 493.2^{mm}, \quad y_t = 520 + 26.8 = 546.8^{mm}$$

$$S_c = I_y/y_c = 6,408,000^{mm^3}, \quad S_t = I_y/y_t = 5,780,000^{mm^3}$$

➤ 극한 휨 압축응력 산정

$$\frac{A_w}{A_c} = \frac{10,000}{5,000} = 2.0 \leq 2.0 \quad \therefore k = 2.0, \quad \frac{l}{b} = \frac{6,000}{250} = 24$$

$$f_{cr} = \frac{\pi^2 E}{4\left(k\frac{l}{b}\right)^2} = \frac{\pi^2 \times 2.1 \times 10^5}{4(2.0 \times 24)^2} = 224.9^{MPa}, \quad \alpha = \sqrt{\frac{f_y}{f_{cr}}} = \sqrt{\frac{240}{224.9}} = 1.033 > 0.2$$

$$\frac{f_{bu}}{f_y} = 1 - 0.412(\alpha - 0.2) \quad \therefore f_{bu} = 157.63^{MPa}, \quad f_{ba} = \frac{f_{bu}}{S.F} = \frac{157.63}{1.7} = 92.72^{MPa}$$

➤ 극한 휨모멘트 산정

$$M_{bu} = f_{bu} \times S_c = 157.6 \times 6,408,000 = 1,010kNm \text{ (C)},$$

$$M_y = f_y S_t = 240 \times 5,780,000 = 1,387kNm \text{ (T)} \quad \therefore M_u = \min[M_{bu}, M_y] = 1,010kNm$$

➤ 허용 휨모멘트 산정

$$M_{ba} = f_{ba} \times S_c = 92.72 \times 6,408,000 = 597kNm$$

$$M_t = f_a \times S_t = 140 \times 5,780,000 = 809kNm \quad \therefore M_a = \min[M_{ba}, M_t] = 597kNm$$

8. 축력과 휨을 받는 부재

보-기둥(Beam-Column)구조는 휨모멘트와 축방향 압축력을 동시에 받는 구조로 기둥과 보의 중간적으로 조합된 거동양상을 하며 실제 거동은 P-Δ 해석을 통한 고도의 해석과 설계과정이 필요하다. 실무에서는 설계의 편리성을 위해서 도로교 설계기준에서 제시하는 모멘트 증가계수(MMF, MAF)를 이용한 방법이 주로 사용된다.

P-Δ 효과(2차 모멘트) ⇨ 비선형 해석요구 ⇨ 설계간편식 ⇨ 적용용이, 소요정확성 확보

1) 축응력과 휨응력의 단순중첩($P_c/P_{ca} \leq 0.15$)

단순선형이론으로 2차 모멘트에 의한 비선형 효과를 고려하지 않는다.

$f = \dfrac{P}{A} \pm \dfrac{M}{I}c$, $\quad f = \dfrac{P}{A} \pm \dfrac{M_z}{I_z}y \pm \dfrac{M_y}{I_y}z$ (y축과 z축 휨이 동시 발생시)

2) P-Δ 효과(축하중 P를 받는 초기처짐 δ_0가 있는 보)

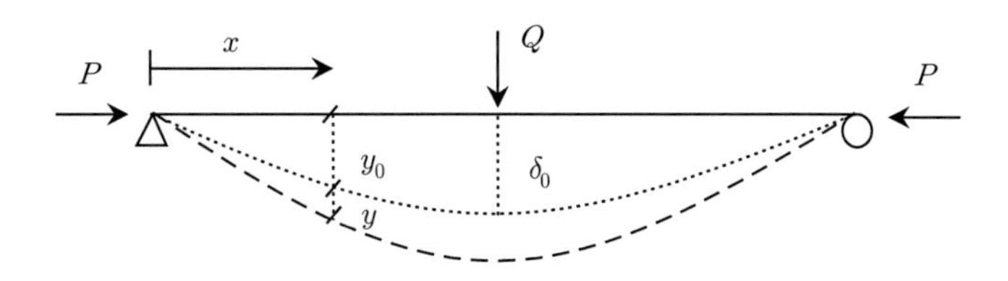

$M_{\max} = P\delta_0\left(\dfrac{\dfrac{P_{cr}}{P}}{\dfrac{P_{cr}}{P}-1}\right) = P\delta_0\left(\dfrac{1}{1-\dfrac{P}{P_{cr}}}\right)$ MAF(Moment Amplification factor)=$\left(\dfrac{1}{1-\dfrac{P}{P_{cr}}}\right)$

3) P-Δ 효과를 고려한 P-M상관식

1차 모멘트 증가계수를 포함하여 평가하며, 이를 고려하지 않을 경우 실제 파괴하중을 과소평가하게 된다.

$\dfrac{P}{P_y} + \dfrac{M}{M_y(1-P/P_E)} = 1$ $\qquad P_E$: 오일러 하중

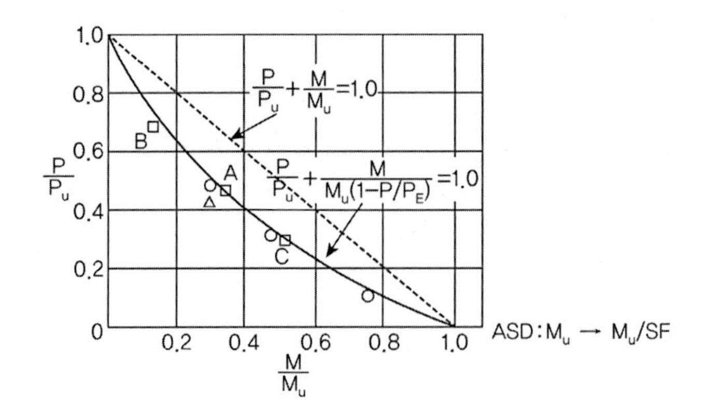

4) 휨모멘트 크기 변화를 고려한 P-M상관식

부재의 양끝에서 모멘트 M_1과 M_2의 효과를 고려

$$\frac{P}{P_y}+\frac{C_m M}{M_y(1-P/P_E)}=1, \qquad C_m \text{ : 휨모멘트 감소계수}$$

도로교 설계기준 : 양단 사이에서 휨모멘트가 직선적으로 변화하는 경우 M/M_{eq}를 곱하여 허용응력을 증가한다. 환산휨모멘트는 다음식의 두 값 중 큰 값으로 고려한다.

$$M_{eq}=0.6M_1+0.4M_2\ (M_1 \geqq M_2), \quad M_{eq}=0.4M_1$$

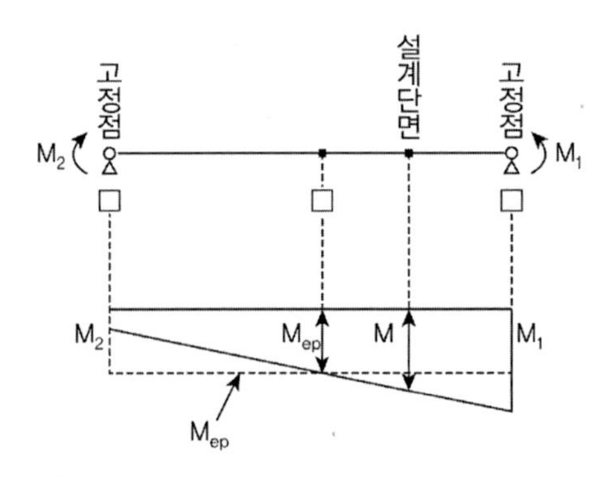

5) 허용응력 P-M상관식

① 안전계수를 고려한 상관식

$$\frac{f_c}{f_{ca}}+\frac{C_m f_b}{f_{ba}(1-f_c/f_{Ea})}=1, \qquad \frac{f_c}{f_{ca}}+\frac{C_{my} f_{by}}{f_{bay}(1-f_c/f_{Eay})}+\frac{C_{mz} f_{bz}}{f_{baz}(1-f_c/f_{Eaz})}=1$$

② 도로교 설계기준

- 축방향력(인장)과 휨모멘트를 받는 부재 : 다음조건에 대하여 검사한다.

$$f_t + f_{bty} + f_{btz} \leqq f_{ta}, \quad -\frac{f_t}{f_{ta}} + \frac{f_{bty}}{f_{bagy}} + \frac{f_{bcz}}{f_{bao}} \leqq 1.0, \quad -f_t + f_{bcy} + f_{bcz} \leqq f_{cal}$$

- 축방향력(압축)과 휨모멘트를 받는 부재 : 다음조건에 대하여 검사한다.

보-기둥효과 검토 : $\dfrac{f_c}{f_{caz}} + \dfrac{f_{bcy}}{f_{bag}(1 - f_c/f_{Ey})} + \dfrac{f_{bcz}}{f_{bao}(1 - f_c/f_{Ez})} \leqq 1.0$

국부좌굴 영향 검토 : $f_c + \dfrac{f_{bcy}}{(1 - f_c/f_{Ey})} + \dfrac{f_{bcz}}{(1 - f_c/f_{Ez})} \leqq f_{cal}$

$$f_{Ey} = \frac{1,200,000}{\left(\dfrac{l}{r_y}\right)^2}, \quad f_{Ez} = \frac{1,200,000}{\left(\dfrac{l}{r_z}\right)^2}$$

참고자료

MAF, MMF 유도

▶ 무한급수를 이용한 해석방법

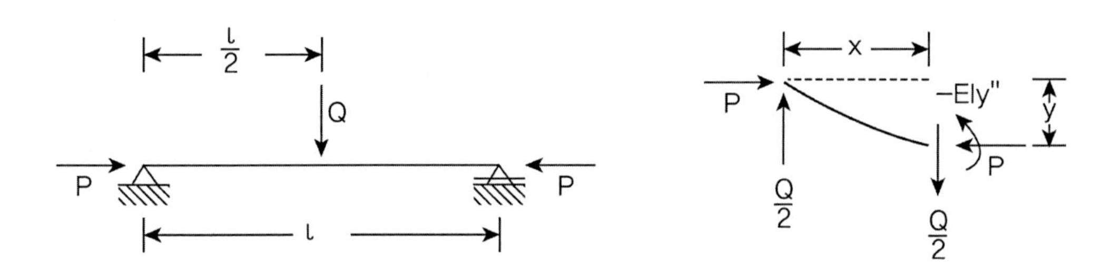

$$M_x = Py + \frac{Qx}{2},\quad EIy'' = -M_x = -\left(Py + \frac{Q}{2}x\right)$$

$$EIy'' + Py = -\frac{Q}{2}x,\quad k^2 = \frac{P}{EI},\quad y'' + k^2y = -\frac{Q}{2EI}x = -k^2\frac{Q}{2P}x$$

$$\therefore y = A\cos kx + B\sin kx - \frac{Qx}{2P} \quad\rightarrow\quad y' = -Ak\sin kx + Bk\cos kx - \frac{Q}{2P}$$

From B.C $\quad x=0,\ y=0\ :\ A=0$

$$x = \frac{l}{2},\ y'=0\ :\ Bk\cos\frac{kl}{2} - \frac{Q}{2P} = 0,\quad B = \frac{Q}{2Pk}\frac{1}{\cos\left(\frac{kl}{2}\right)}$$

$$\therefore y = \frac{Q}{2Pk}\frac{1}{\cos\left(\frac{kl}{2}\right)}\sin kx - \frac{Qx}{2P} = \frac{Q}{2kP}\left[\frac{\sin kx}{\cos\left(\frac{kl}{2}\right)} - kx\right]$$

$$\delta_{y=\frac{l}{2}} = \frac{Q}{2kP}\left(\tan\frac{kl}{2} - \frac{kl}{2}\right) \tag{1}$$

$\delta_0 = \frac{Ql^3}{48EI}$ 이므로, $\delta = \frac{Ql^3}{48EI}\frac{24EI}{kPl^3}\left(\tan\frac{kl}{2} - \frac{kl}{2}\right) = \frac{Ql^3}{48EI}\frac{3}{\left(\frac{kl}{2}\right)^3}\left(\tan\frac{kl}{2} - \frac{kl}{2}\right)$

Let $u = \frac{kl}{2},\quad \delta_0 = \frac{Ql^3}{48EI}$

$\therefore \delta = \delta_0 \circ \frac{3(\tan u - u)}{u^3}$, 여기서 $u^2 = \left(\frac{kl}{2}\right)^2 = \frac{P}{EI}\left(\frac{l}{2}\right)^2 = \frac{P}{\frac{\pi^2 EI}{l^2}}\frac{\pi^2}{4} = 2.46\frac{P}{P_{cr}}$

$\tan u$의 무한급수 전개는

$$\tan u = u + \frac{u^3}{3} + \frac{2}{15}u^5 + \frac{17}{315}u^7 + \cdots$$

$$\therefore \ \delta = \delta_0\left(1 + \frac{2}{5}u^2 + \frac{17}{315}u^4 + \cdots\right) = \delta_0\left(1 + 0.984\frac{P}{P_{cr}} + 0.998\left(\frac{P}{P_{cr}}\right)^2 + \cdots\right)$$

$$\approx \delta_0\left(1 + \frac{P}{P_{cr}} + \left(\frac{P}{P_{cr}}\right)^2 + \cdots\right) = \delta_0 \bullet \frac{1}{1-\left(\frac{P}{P_{cr}}\right)}$$

▶ 처짐형상 가정을 통한 해석방법

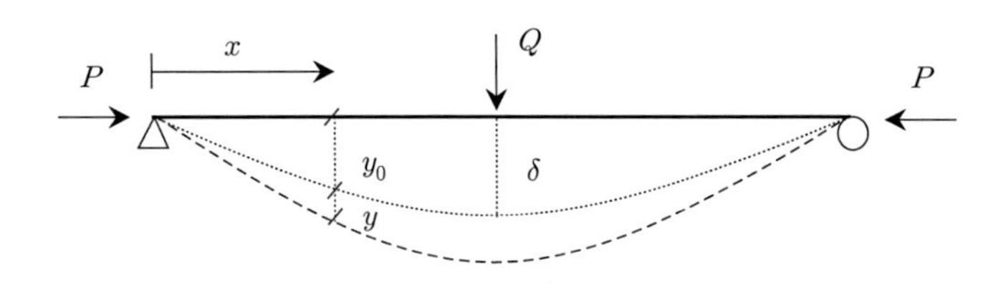

하중 Q에 의한 처짐곡선을 다음과 같이 가정 $\quad y_0 = \delta_0 \sin\left(\frac{\pi x}{L}\right)$

x 위치에서의 모멘트는 $\quad EIy'' = -M = -P(y+y_0)$

$$y'' + k^2 y = -k^2 y_0 = -k^2 \delta_0 \sin\left(\frac{\pi x}{L}\right)$$

따라서 $y_p = A sin\frac{\pi x}{L} + B\cos\frac{\pi x}{L}$ 이므로,

$$y_p{}' = A\left(\frac{\pi}{L}\right)\cos\frac{\pi x}{L} - B\left(\frac{\pi}{L}\right)\sin\frac{\pi x}{L}, \quad y_p{}'' = -A\left(\frac{\pi}{L}\right)^2\sin\frac{\pi x}{L} - B\left(\frac{\pi}{L}\right)^2\cos\frac{\pi x}{L}$$

정리하면,

$$\left[-A\left(\frac{\pi}{L}\right)^2 + Ak^2 + k^2\delta_0\right]\sin\frac{\pi x}{L} + \left[-B\left(\frac{\pi}{L}\right)^2 + Bk^2\right]\cos\frac{\pi x}{L} = 0$$

여기서, $k^2 = \left(\frac{\pi}{L}\right)^2$ 이면 $P_{cr} = \frac{\pi^2 EI}{L^2}$ 으로 무의미한 해이므로 $k^2 \neq \left(\frac{\pi}{L}\right)^2, \quad B = 0$

$$-A\left[\left(\frac{\pi}{L}\right)^2 + k^2\right] + k^2\delta_0 = 0$$

$$\therefore A = -\frac{k^2\delta_0}{k^2 - \left(\frac{\pi}{L}\right)^2} = \frac{\frac{P}{EI}\delta_0}{\frac{P}{EI} - \left(\frac{\pi}{L}\right)^2} = -\frac{\delta_0}{1 - \frac{P_{cr}}{P}} = \frac{\delta_0}{\frac{P_{cr}}{P} - 1}$$

$$\therefore y = \left(\frac{\delta_0}{\frac{P_{cr}}{P} - 1}\right)\sin\frac{\pi x}{L} = \delta_0 \cdot \frac{1}{1 - \left(\frac{P}{P_{cr}}\right)} sin\frac{\pi x}{L}$$

$$M = P(y + \delta_0) = P\left(\frac{\delta_0}{\frac{P_{cr}}{P} - 1} + \delta_0\right)\sin\frac{\pi x}{L} = P\delta_0\left(\frac{\frac{P_{cr}}{P}}{\frac{P_{cr}}{P} - 1}\right)\sin\frac{\pi x}{L} = P\delta_0\left(\frac{1}{1 - \frac{P}{P_{cr}}}\right)\sin\frac{\pi x}{L}$$

$$\therefore M_{\max(x = \frac{L}{2})} = P\delta_0\left(\frac{1}{1 - \frac{P}{P_{cr}}}\right)$$

02 연결

92회 1-9 강교부재의 연결설계에서 고려사항

91회 1-6 인장력을 받는 강판을 볼트로 연결하였을 때 볼트 및 이음판의 파괴형태

1. (고장력)볼트연결의 특징

고장력 볼트는 볼트에 도입된 높은 인장력이 접합재의 접촉면에 발생하는 마찰저항력을 유발시켜 소요 전단력에 견디도록 설계된 볼트로 볼트의 체결력과 마찰계수에 따라 저항력이 결정되며 소요 전단력에 견디지 못하고 미끄러질 경우 파괴된다고 가정하며 미끄럼 발생 후에는 일반볼트의 파괴형태와 동일하게 나타난다.

1) 볼트 연결의 특징

장점	단점
• 적은 작업 인원수 • 볼트수가 리벳수보다 적음 • 숙련도 적은 사람도 이음이 가능 • 가설볼트가 불필요 • 소음이 작고 장비가 저렴 • 화재안전에 대한 위험이 적음 • 피로강도가 크고 구조물변경, 해체가 용이	• 볼트구멍 설치에 의한 부재 단면적 감소 • 연결판이 필요하고 볼트 돌출로 외관이 손상 • 볼트 체결력 손실이나 지연파괴 우려

2) 볼트연결의 파괴형태

① 이음판의 파괴

- 지압파괴 : 볼트와 맞닿는 부분의 지압판 응력이 허용지압응력 초과 시 발생
- 인장파괴 : 볼트 작용방향의 수직방향으로 이음판이 찢어져 발생
- 전단파괴 : 연단부 전단력이 큰 경우 허용전단력 초과하여 발생, 이음판이 잘리듯 파괴

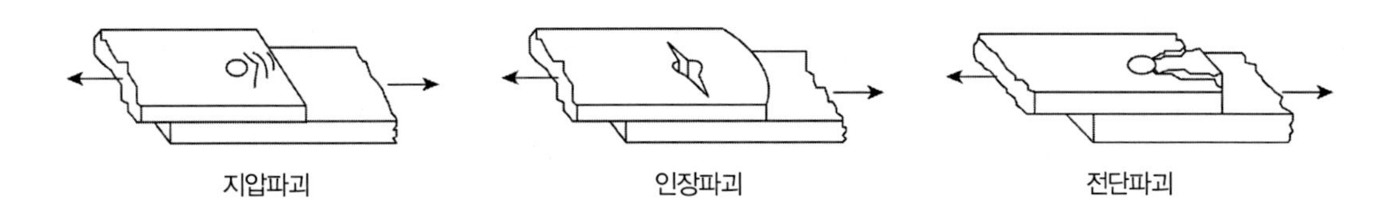

② 볼트의 파괴

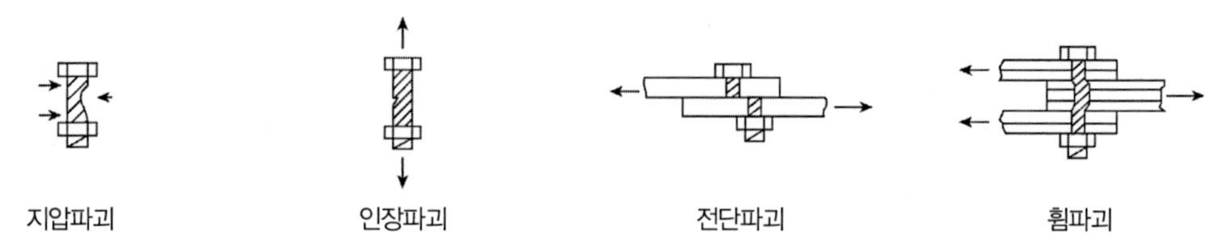

3) 볼트 이음의 종류

① 전단이음 : 전단력이 작용하는 면의 수에 따라 전단저항이 발생하며, 전단면이 1개인 경우 1면 전단, 2개인 경우 2면 전단으로 구분한다. 전단면의 수가 늘어날수록 전단강도는 증가한다.

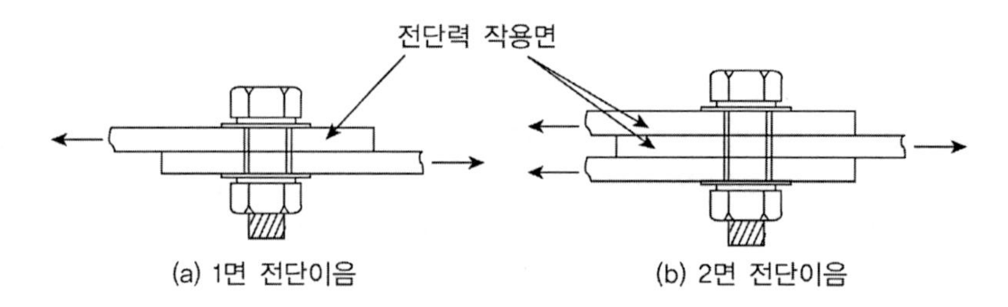

(a) 1면 전단이음 (b) 2면 전단이음

② 지압이음 : 볼트 체결 시 발생하는 접촉면의 마찰력보다 더 큰 하중을 전달하는 것으로 가정하며 연결부재의 상대적인 미끄러짐이 약간 발생하고 이 때문에 볼트는 볼트 구멍과 볼트 몸체 사이의 접촉면에 발생하는 지압력과 전단력을 받게 된다.

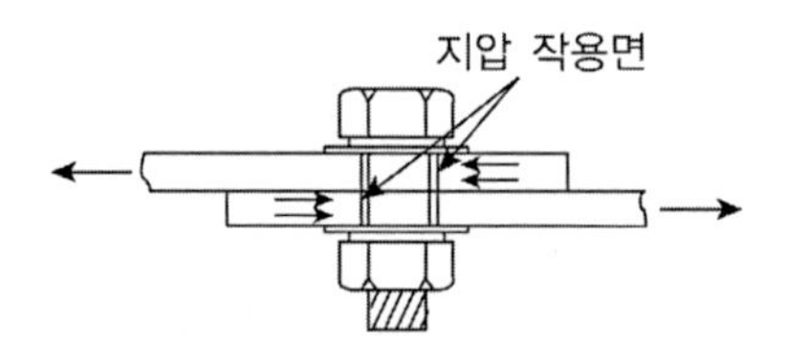

③ 마찰이음 : 볼트 체결 시 볼트의 길이방향으로 미리 일정한 크기의 인장력을 도입하여 조이는 방법으로 볼트에 도입된 인장력에 대한 반력으로 연결하는 부재들의 접촉면에는 압축력이 작용하며 압축력을 받고 있는 접촉면에서는 전단력이 작용할 때 마찰력이 발생하여 저항하므로 미끄러짐이 발생하지 않는다.

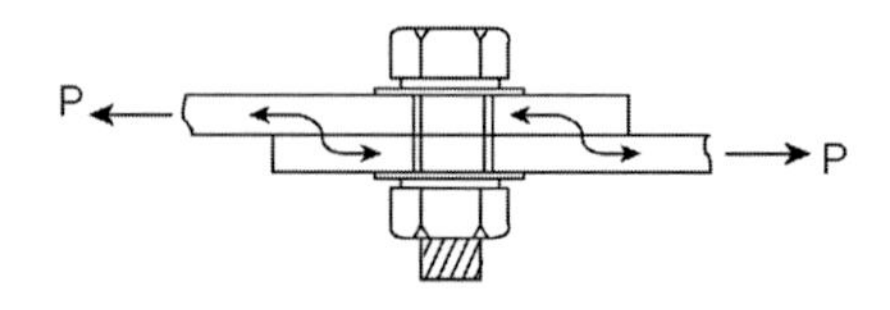

2. 용접이음의 특징

용접이음은 연결부재가 필요하지 않아 구조물을 단순, 경량화시킬 수 있는 특징을 가진다. 구조물을 연속적으로 접합시켜 응력전달이 원활하고 인장이음이 확실하다는 특징이 있으며 다만 현장에서 용접이음 시에는 신뢰성이 저하되어 허용응력의 90%를 적용하도록 하고 있다. 또한 용접부의 응력집중으로 피로, 부식, 좌굴강도 저하 등의 현상이 발생할 수 있으며 용접 시 변형으로 인한 2차 응력이 발생될 수 있다. 고온으로 인한 용착금속부의 열변화의 영향으로 잔류응력이 발생할 수 있다.

장점	단점
• 강중량이 절약(거셋판, 용접판, 볼트머리 불필요) • 사용성이 크다(강관 기둥부 연결 등). • 강절 구조에 적합하다 • 응력전달이 원활하고 안정성이 높음 • 소음이 적고 인장이음이 확실함 • 소형 폐단면과 곡선부에 적용이 가능 • 설계변경 및 오류수정이 용이	• 용접부 응력집중현상이 발생 • 용접부 변형으로 2차 응력 발생가능 • 고온으로 잔류응력이 발생

1) 용접이음의 적용성

① 탱크나 관로 등 수밀성, 기밀성이 요구되는 구조

② 포장의 내구성을 중시하는 강상판형교

③ 고장력 볼트의 시공이 어려운 곡선부재나 소형 폐단면 부재

④ 도시고가교와 같이 미관이 중시되는 구조물

2) 용접부 잔류응력의 영향과 대책

용접시공에서는 용접 접합부 부근에 국부적 가열, 냉각으로 열팽창 변형의 불균일 분포와 고온소성변형, 용착강의 응고수축으로 응력이 발생되므로 상온에서 냉각된 후에도 잔류응력이 존재하게 된다. 이러한 잔류응력은 구조물의 취성파괴 유발, 피로파괴유발, 부식저항 성능 저하, 좌굴강도 저하 등의 영향을 미친다.

3) 잔류응력 경감 대책 (01 강구조물의 성질 '잔류응력' 참조)

① 용착금속량 경감

② 적절한 용착법이 선정

③ 예열 시행

④ 용접순서의 선정

4) 용접설계시 유의사항

① 두께와 폭의 경사는 서서히 변화시킨다.
② T이음의 필렛용접은 양쪽을 원칙으로 한다.
③ 교각 60° 이하, 120° 이상의 T이음에서 필렛 용접은 강도계산 시 무시하고 완전용입 홈용접으로 해야 한다.
④ 응력전달을 위해 용접이음을 매끈하게 한다.
⑤ 리벳과 용접의 병용은 금지한다.

3. 강교량 부재의 연결부설계

94회 1-10 강재로 된 부재의 용접 시 용접설계원칙과 용접종류별 응력산정식을 설명

1) 설계 일반사항

① 부재의 연결은 작용응력에 대해 설계하는 것을 원칙으로 한다.
② 주요부재의 연결은 적어도 모재의 강도에 75% 이상의 강도를 갖도록 설계하여야한다. 다만 전단력에 대해서는 작용응력으로 설계하여도 좋다.
③ 부재의 연결부 구조는 다음의 사항을 만족하도록 설계하여야 한다.
- 연결부의 구조가 단순하여 응력의 전달이 확실할 것
- 구성하는 각 재편에 있어서 가급적 편심이 일어나지 않도록 할 것
- 응력집중이 생기지 않도록 할 것
- 해로운 잔류응력이나 2차 응력이 생기지 않도록 할 것

④ 연결부에서 단면이 변하는 경우 작은 단면을 기준으로 연결 제규정을 적용한다.

2) 용접, 고장력 볼트의 병용

101회 1-4 LRFD에 의한 강구조설계 시 용접과 볼트 이음 병용 시 고려사항

① 그루브용접(Groove, 홈용접)을 사용한 맞대기 이음과 고장력 볼트 마찰이음의 병용 또는 응력방향에 평행한 필렛용접과 고장력 볼트 마찰이음을 병용하는 경우 이들이 각각 응력을 분담하는 것으로 본다. 다만 분담상태에 대해서는 충분한 검토를 하여야 한다.
② 응력방향과 직각을 이루는 필렛용접과 고장력 볼트 마찰이음을 병용해서는 안 된다.
③ 용접과 고장력 볼트 지압이음을 병용해서는 안 된다.
④ 용접선에 대해 직각방향으로 인장응력을 받는 이음에는 전단면 용입 홈용접을 사용함을 원칙으로 하며 부분용입 홈용접을 써서는 안 된다.
⑤ 플러그 용접과 슬롯용접은 주요부재에 사용해서는 안 된다.

3) 고장력 볼트 이음

① 고장력 볼트 이음은 마찰이음, 지압이음 및 인장이음으로 하며 주요부재는 마찰이음을 원칙으로 한다.

② 고장력 볼트 지압이음을 사용은 압축부재 및 2차 부재 연결 등 부득이한 경우에 한한다.

③ 고장력 볼트 인장이음을 채용하는 경우에는 볼트의 허용응력, 체결력, 이음부의 강성 및 응력상태 등에 대한 충분한 검토를 하여야 한다.

④ 반복 인장력을 받는 볼트의 피로 : 반복해서인장력을 받게 되는 볼트의 접합부는 공용하중으로 인한 인장력 및 프라잉력의 합에 의한 볼트의 인장응력으로 다음 값(MPa)을 초과하지 않아야 한다(프라잉력은 볼트 연결부에서 작용력의 편심으로 연결판의 변형이 발생하게 될 경우 연결부에 추가적으로 작용하게 되는 인장력을 말하며, 공용하중의 60% 이하여야 한다).

반복횟수	F8T	F10T(S10T)	F13T(S13T)
10만회	200	210	160
50만회	110	120	90
50만회 이상	100	110	80

4) 지압이음 고장력 볼트 설계

접합부에서 상대적인 미끄러짐을 허용하는 지압이음은 연결부재의 지압파괴와 볼트의 전단파괴가 가능하며, 따라서 허용력은 연결부재의 허용지압력과 볼트의 허용전단력 중 작은 값에 의해서 결정된다.

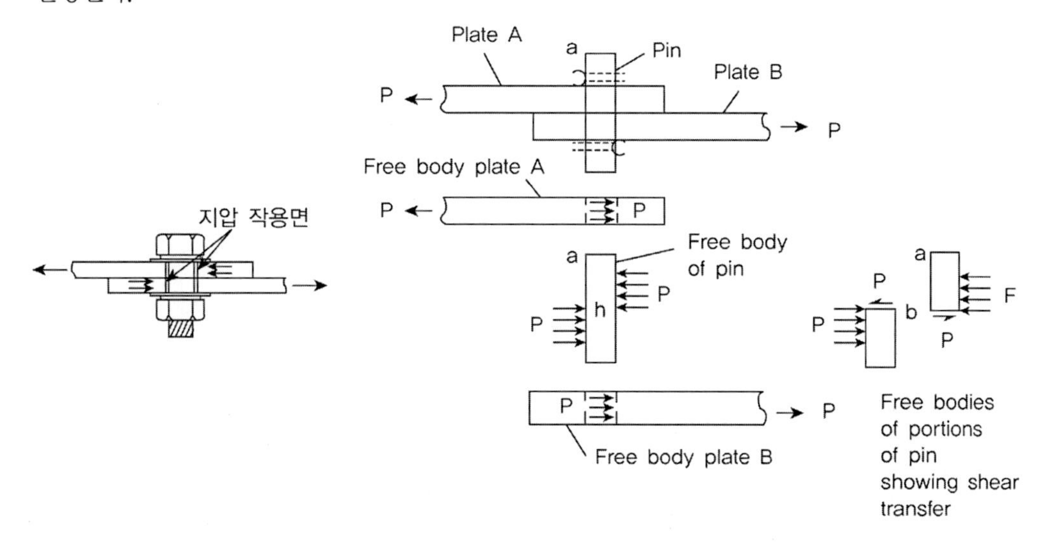

① 지압이음 고장력 볼트의 허용지압응력

$P_{ba} = f_{ba}dt$　　(d : 볼트의 공칭지름, t : 부재 또는 연결판의 두께)

구분	SM400	SM490	SM520	SM570
40mm이하 강재판 f_{ba}	235	315	355	450

② 지압이음 고장력 볼트의 허용전단응력

$P_{va} = v_a A_b$ (A_b : 볼트의 공칭단면적)

볼트 등급	B8T	B10T	B13T
허용전단응력 v_a	150	190	245

103회 1-2

용접이음

용접이음의 종류와 유효두께

풀 이

➤ 개요

용접이음은 연결부재가 필요하지 않아 구조물을 단순, 경량화시킬 수 있는 특징을 가진다. 구조물을 연속적으로 접합시켜 응력전달이 원활하고 인장이음이 확실하다는 특징이 있으며 다만 현장에서 용접 이음시에는 신뢰성이 저하되어 허용응력의 90%를 적용하도록 하고 있다. 또한 용접부의 응력집중으로 피로, 부식, 좌굴강도 저하 등의 현상이 발생할 수 있으며 용접시 변형으로 인한 2차 응력이 발생될 수 있다. 고온으로 인한 용착금속부의 열변화의 영향으로 잔류응력이 발생할 수 있다.

장점	단점
• 강중량이 절약(거셋판, 용접판, 볼트머리 불필요) • 사용성이 크다(강관 기둥부 연결 등). • 강절 구조에 적합하다 • 응력전달이 원활하고 안정성이 높음 • 소음이 적고 인장이음이 확실함 • 소형 폐단면과 곡선부에 적용이 가능 • 설계변경 및 오류수정이 용이	• 용접부 응력집중현상이 발생 • 용접부 변형으로 2차 응력 발생가능 • 고온으로 잔류응력이 발생

➤ 용접이음의 종류

용접은 2개 이상의 강재를 국부적으로 원자간 결합에 의하여 일체화한 접합으로 접합부에 용융금속을 생성 또는 공급하여 국부용융으로 접합하는 것이고 모재의 용융을 동반한다. 건설분야에서는 주로 아크용접을 사용하며 강재의 용접에서는 국부적으로 급속한 고온에서 급속한 냉각이 수반되므로 모재의 재질변화, 용접변형, 잔류응력이 발생한다.

1) 홈용접(Groove welding) : 맞댐용접이라고도 하며 양쪽 부재의 끝을 용접이 양호하도록 끝단면을 비스듬히 절단하여 용접하는 방법이다. 완전용입용접은 용접 유효목두께가 판두께 이상이 확보되는 건전한 용접부로 이음부의 판폭에 대해서도 충분히 용접되어 일반적으로 이음부 소재의 전체 판두께 및 전체 폭을 용접하는 것이다. 부분용입용접은 응력의 흐름으로 보아 완전용입과 같이 전단면의 유효용접면적이 불필요할 때에 채택하는 방식으로 용접에 의한 H형강의 플랜지와 웨브의 용접, 기둥과 기둥의 이음 또는 후판의 상자형 단면 부재를 조립용접할 때 채택된다.

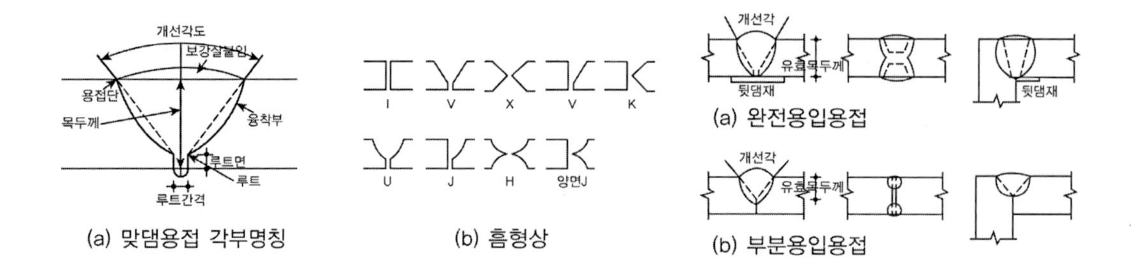

(a) 맞댐용접 각부명칭 (b) 홈형상 (a) 완전용입용접 (b) 부분용입용접

2) 필렛용접(fillet welding, 모살용접) : 종국적으로 용접부에 대해 전단에 의해 파단되므로 거의 가 용접유효면적에 대해 전단응력으로 설계되는 용접으로 구조물의 접합부에 상당히 많이 사용되는 방법이다.

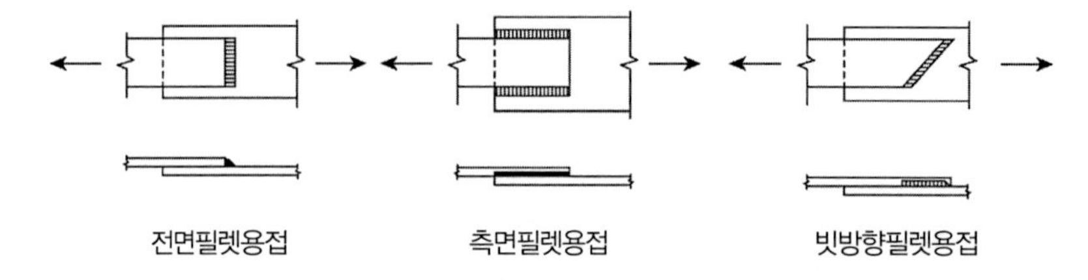
전면필렛용접 측면필렛용접 빗방향필렛용접

3) 플러그(plug)용접과 슬롯(slot)용접 : 겹친 두장의 판 한쪽에 원형 또는 슬롯구멍을 뚫고 그 구멍주위를 용접하는 방법으로 겹칩이음의 전단응력을 전달할 때 겹침부분의 좌굴 또는 분리를 방지하기 위해서 필렛용접길이가 확보되지 않을 때 활용될 수 있다.

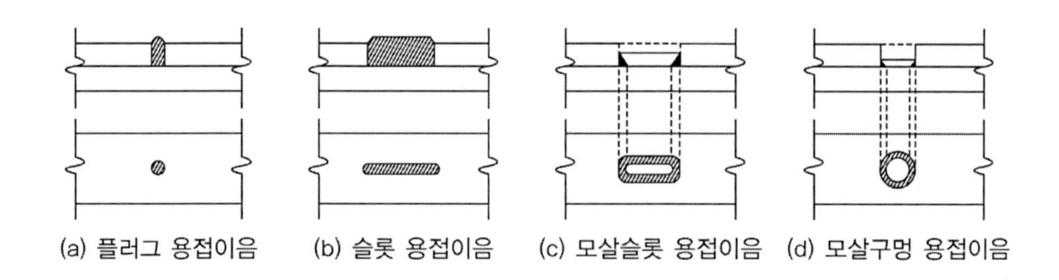
(a) 플러그 용접이음 (b) 슬롯 용접이음 (c) 모살슬롯 용접이음 (d) 모살구멍 용접이음

➤ 용접이음의 목두께

① 전단면용입 홈용접의 목두께는 다음과 같이 취하고 두께가 다를 경우 얇은 부재의 두께로 한다.

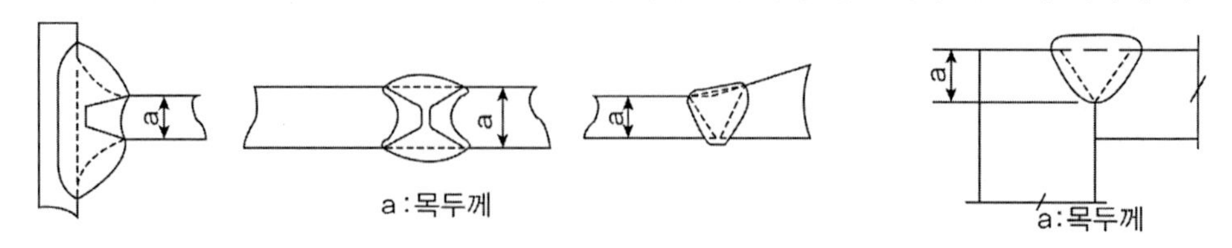

a : 목두께 a : 목두께

② 부분용입 홈용접의 목두께는 용입깊이로 한다.

③ 필렛용접의 목두께는 이음의 루우트를 꼭지점으로 하는 2등변 삼각형의 높이로 한다.

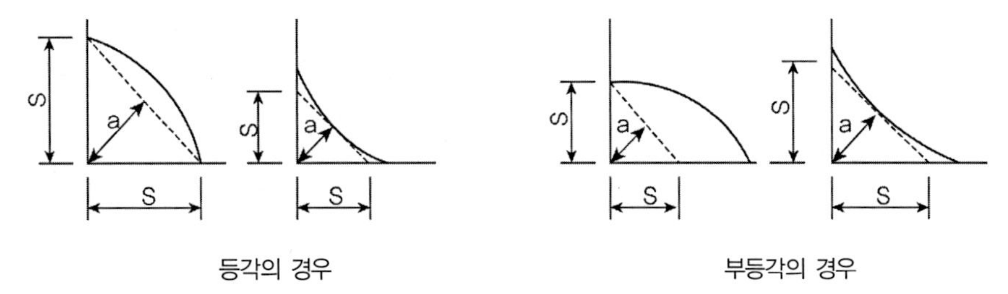

④ 용접부의 유효길이는 이론상의 목두께를 가지는 용접부의 길이로 한다. 다만 전단면용입 홈용접에서 용접선이 응력방향에 직각이 아닌 경우에는 실제적인 유효길이를 응력에 직각인 방향에 투영시킨 길이로 할 수 있다.

⑤ 필렛용접에서 끝돌림용접을 실시한 경우에는 끝돌림용접부분은 유효길이에서 제외한다.

⑥ 주요부재의 응력을 전달하는 필렛용접의 치수는 6^{mm} (20^{mm} 초과 모재는 8^{mm}) 이상, 용접부의 얇은 쪽 모재 두께 미만의 범위로 한다.

⑦ 필렛용접의 최소 유효길이는 치수의 10배 이상, 80^{mm} 이상으로 한다.

➤ **(참고) 용접이음의 설계 (강구조 LRFD편 참조)**

103회 2-3

마찰접합과 전단접합

고장력 볼트 마찰접합 이음부의 강도 및 응력분포 특성을 리벳접합의 경우와 비교 설명하시오

풀 이

▶ 개요

볼트 연결의 접합방법은 크게 전단접합과 마찰접합으로 구분할 수 있으며, 리벳접합은 전단접합으로 볼 수 있다.

▶ 리벳접합

가열한 리벳을 양판재의 구멍에 끼우고 압력을 이용하여 열간타격으로 접합하는 방식으로 리벳은 900~1,000℃로 가열한 것을 사용하며 600℃이하로 냉각된 것은 사용이 불가하다.

1) 특징

① 경합금과 같이 용접이 곤란한 재료의 결합에 신뢰성이 좋다.

② 리벳 길이 방향의 하중에 약하다.

③ 기밀 및 수밀의 유지가 불리하며 리벳이음시 소음이 발생한다.

④ 숙련도가 요구된다.

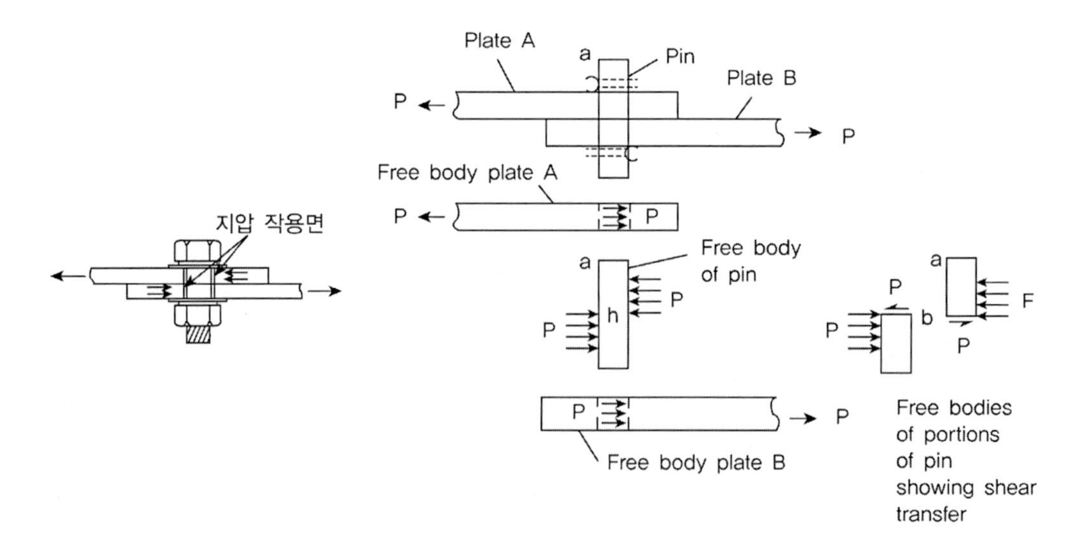

▶ 고장력 볼트 마찰접합

고장력볼트를 조여서 생기는 인장력으로 접합재 상호간 발생하는 마찰력으로 접합하는 방식으로

강구조물에서 주로 사용되는 접합방식이다.

1) 특징

① 접합부 강성이 크다.

② 소음이 적고 불량개수 수정이 쉽다.

③ 현장설비가 간단하여 노동력 절감 및 공기단축이 가능하다.

④ 피로강도가 높다.

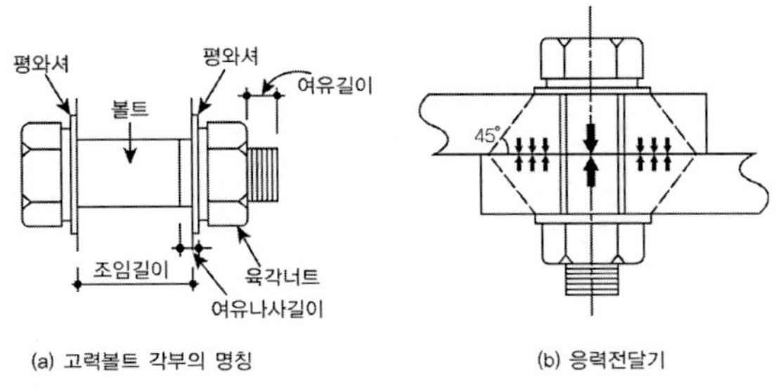

(a) 고력볼트 각부의 명칭　　(b) 응력전달기

고장력볼트 마찰접합의 응력전달기구

2) 마찰접합 이음부의 강도와 응력분포 특성

볼트에 도입된 인장력에 의해서 접합되는 부재의 접촉면에서 마찰 저항력이 생기도록 하여 부재간에 작용하는 전단력에 저항하도록 한다. 마찰력은 볼트 체결력과 표면의 마찰계수에 비례한다. 리벳접합의 경우 전단접합으로 부재 접촉면에서의 마찰저항력은 고려하지 않는다.

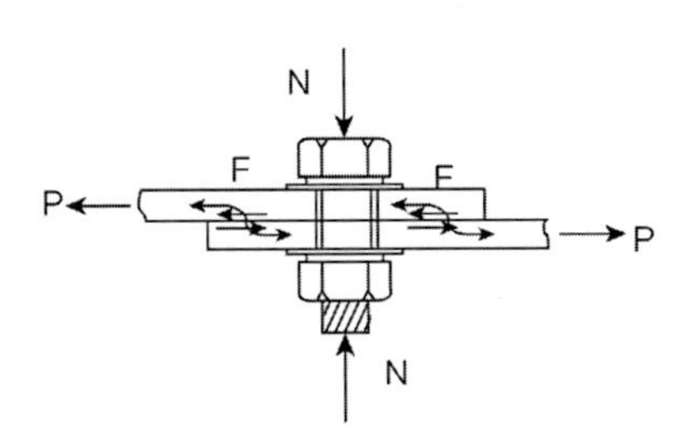

· 마찰이음을 할 경우 볼트에 작용하는 설계볼트 축력

$N = \alpha f_y A_s$

α : 볼트 항복강도 비율, $F8T(0.85)$, $F10T(0.75)$

· 마찰이음 볼트 하나의 마찰면에 대한 허용력

$$\rho_a = \mu \frac{N}{S.F}$$

μ : 마찰계수(0.4)

$S.F$: 이음의 미끄러짐에 대한 안전율(1.7))

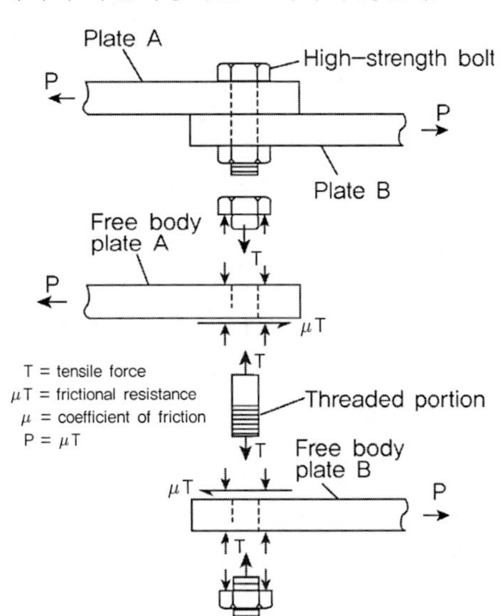

예 제

지압이음

SS400 강판을 2면 전단 연결하여 강판의 인장능력을 최대로 활용하고자 한다. 고장력 볼트 M22-B8T를 사용하여 지압이음으로 점선위치에 배열할 때 볼트의 총 소요 개수를 산정하라.

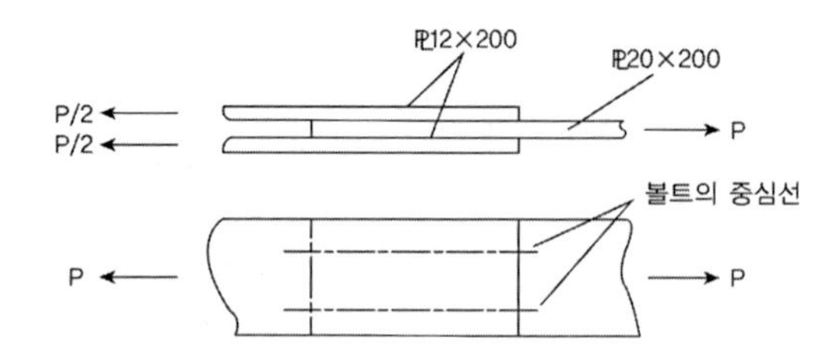

풀 이

➤ 강판의 허용인장력

가운데 부재의 두께가 바깥쪽 부재의 두께의 합보다 작으므로 가운데 부재에 대한 최대 허용인장력을 계산한다.

- 전체 단면적 $A_g = 2000 \times 20 = 4000mm^2$
- 순 단면적 $A_n = 400 - 2 \times 20 \times (22+3) = 3000cm^2$
- SS400의 허용 축방향 인장력 $P_{ta} = 140 \times 3000 = 420^{kN}$

➤ 볼트의 허용 전단력 및 볼트 소요개수

- 지압이음 고장력 볼트 M22-B8T의 허용 전단응력 $v_a = 150^{MPa}$
- 1면 전단에 대한 볼트 1개당 허용 전단력 $P_{va} = 15 \times \dfrac{\pi}{4} \times 22^2 = 57.02^{kN}$
- 필요한 볼트 개수(2면 전단) $n_b = \dfrac{420}{57.02 \times 2} = 3.68^{EA}$

∴ 한 열에 3개씩 총 6개의 볼트 사용

➤ 지압이음에 대한 검토

- 볼트 하나에 대한 허용지압력 $P_{ba} = f_{ba} \times d \times t = 235 \times 22 \times 20 = 103.4^{kN}$
- 볼트 1개당 가운데 부재에 작용하는 지압력 $P_b = \dfrac{420}{6} = 70^{kN} < P_{ba}$ O.K

5) 마찰이음 고장력 볼트 설계

볼트에 도입된 인장력에 의해서 접합되는 부재의 접촉면에서 마찰 저항력이 생기도록 하여 부재 간에 작용하는 전단력에 저항하도록 한다. 마찰력은 볼트 체결력과 표면의 마찰계수에 비례한다.

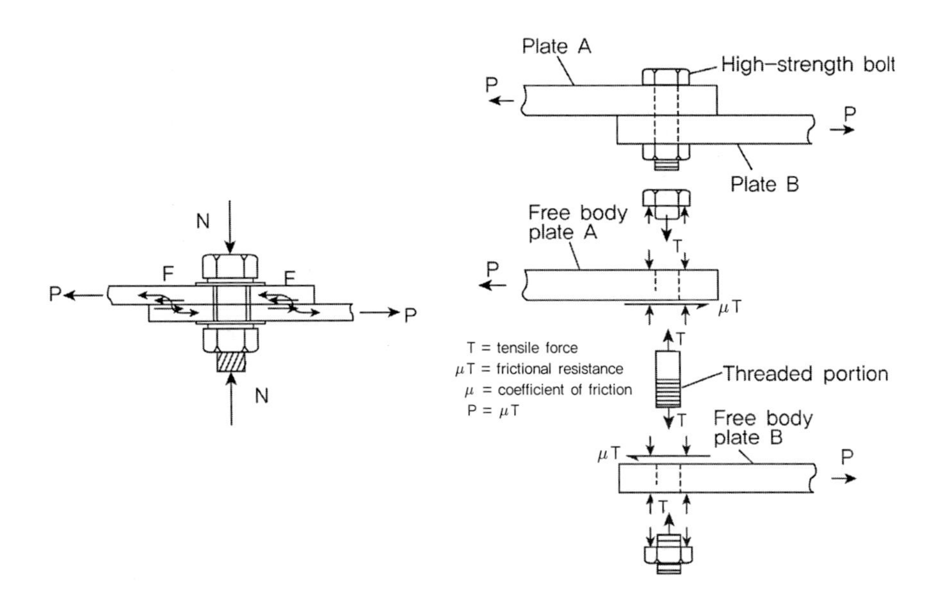

- 마찰이음을 할 경우 볼트에 작용하는 설계볼트 축력

  $N = \alpha f_y A_s$ [α : 볼트이 항복강도에 대한 비율, $F8T(0.85)$, $F10T(0.75)$]

- 마찰이음 볼트 하나의 마찰면에 대한 허용력

  $\rho_a = \mu \dfrac{N}{S.F}$ [μ : 마찰계수(0.4), $S.F$: 이음의 미끄러짐에 대한 안전율(1.7)]

① 마찰이음 고장력 볼트의 허용력(M20, M22, M24, M27, M30 : 1볼트 1마찰면 기준)

	F8T(MPa)	F10T(MPa)	F13T(MPa)
M20	31	39	50
M22	39	48	63
M24	45	56	73

※ 도로교설계기준에서 미끄럼 내력이 강재의 항복점에 상당하다고 평가하여 $S.F$는 허용인장응력의 항복점에 대한 안전율과 동일한 1.7을 사용하며, 마찰계수 μ는 볼트의 배치, 접촉면 사이의 불균질한 압축력 등으로 인한 영향과 볼트의 크리프, 릴렉세이션에 의한 축력의 감소를 고려하여 0.4를 적용하였다.

예 제

마찰이음

강판의 마찰이음용 고장력 볼트 M22-F8T를 사용하였다. 1면 전단 마찰이음으로 한다. 연결된 두 부재의 접촉면에서 미끄러짐이 발생할 때 볼트 1개당 마찰면 하나가 미끄러짐에 저항하는 힘 P_{slip}과 볼트 자체의 가상 전단면에 대한 전단응력을 산정하라. 단, 마찰계수 μ는 0.4, 볼트의 항복강도의 85%에 해당하는 인장응력이 볼트의 응력단면에 작용하도록 체결이 이루어진 것으로 가정한다.

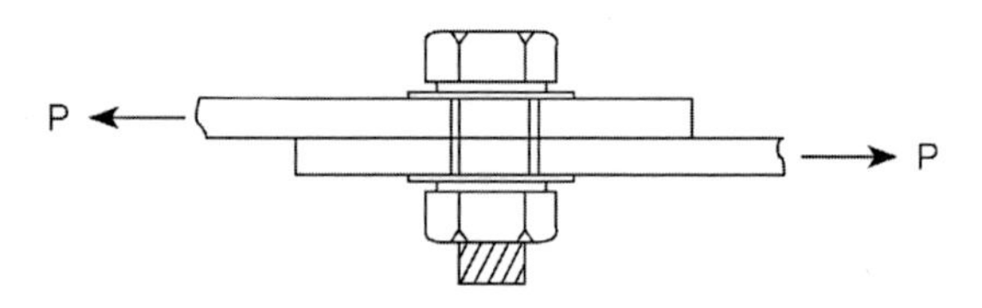

풀 이

▶ 변수 산정

$$N = \alpha f_y A_s = 0.85 \times 64 \times 3.034 = 165^{kN}$$

$$P_{slip} = \mu \times N = 0.4 \times 165 = 66^{kN}$$

$$A_b = \pi \times 2.2^2/4 = 3.801cm^2$$

$$v_{slip} = P_{slip}/A_b = 66/3.801 = 17.36kN/cm^2$$

▶ 안전율 적용

$$\rho_a = \frac{P_{slip}}{SF} = \frac{\mu N}{SF} = \frac{66}{1.7} = 39^{kN}$$

$$v_a = \frac{v_{slip}}{SF} = 10.0^{kN/cm^2}$$

▶ 마찰면이 2개인 경우 볼트 1개당 마찰면 하나가 미끄러짐에 저항하는 힘

$$P_{slip} = 1/2 \times 66 = 33^{kN}$$

예 제

마찰이음, 연결판

SS400강판에 4개의 표준규격 볼트 HOLE을 만들었다. 마찰이음용 고장력 볼트 M22-F10T를 사용할 때 연결부재에 180kN의 인장력 작용 시 볼트 연결부의 안전성을 검토하라.

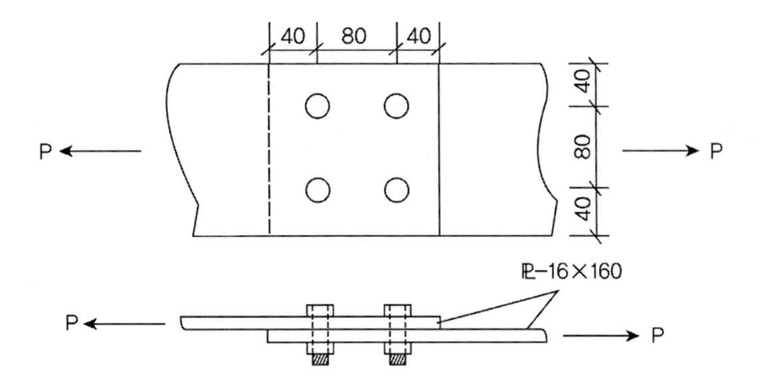

풀 이

▶ 강판에 대한 안전성 검토

$A_g = 160 \times 16 = 2560mm^2$

$A_n = 2560 - 2 \times 1.6 \times (22 + 3) = 1770mm^2$

SS400 허용축방향 인장력 $T_a = 140 \times 1770 = 246.4^{kN} > 180^{kN}$ O.K

▶ 볼트에 대한 안전성 검토

M22-F10T볼트 1개당 마찰면에 대한 허용력 $\rho_a = 48^{kN}$

연결부 미끄러짐에 대한 허용력 $P_a = 4 \times \rho_a = 192^{kN} > 180^{kN}$ O.K

6) 인장이음

볼트의 축방향과 일치하여 하중이 직접 볼트 인장력에 의해 지지된다.

$P_{ta} = f_{ta} \times A_b$

(P_{ta} : 볼트 1개당 허용축방향 인장력, A_b: 볼트의 공칭 단면적, f_{ta} : 볼트의 허용인장응력)

① 볼트 외부에 인장력 작용 시 역학적 거동

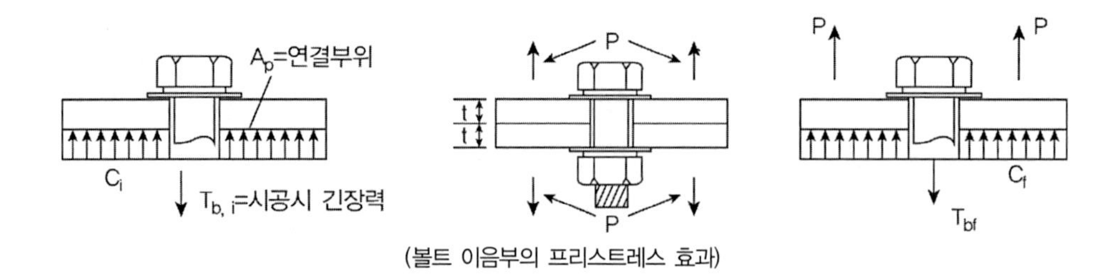

(볼트 이음부의 프리스트레스 효과)

$C_i = T_{b,i}$

$P + C_f = T_{b,f}$

(C_f : 하중 P 작용 시 접촉면의 압축력, $T_{b,f}$: 하중 P 작용 시 볼트의 인장력)

하중 P의 작용으로 볼트의 머리와 너트 사이 간격이 증가하면서 압축력을 받고 있는 연결판은 압축력이 감소되고 볼트의 인장력은 증가한다.

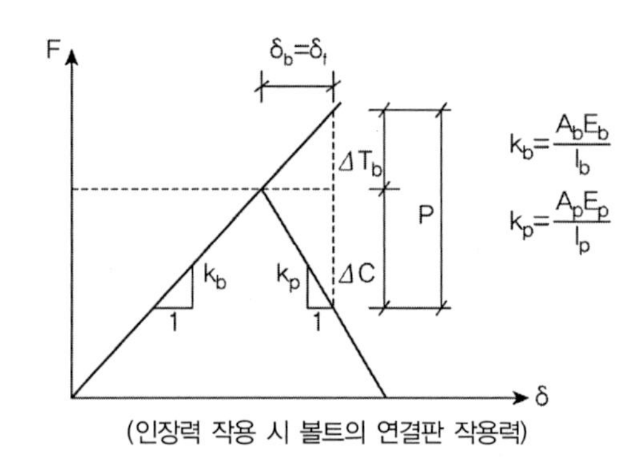

(인장력 작용 시 볼트의 연결판 작용력)

- 볼트 증가길이 $\delta_b = (T_{b,f} - T_{b,i})\dfrac{l_b}{A_bE_b}$ 여기서 $l_b = 2t$: 볼트의 체결길이
- 연결판 증가길이 $\delta_p = (C_i - C_f)\dfrac{2t}{A_pE_p}$ 여기서 A_p, E_p 유효접촉면적과 탄성계수
- $\delta_b = \delta_p$: 접촉면이 분리되지 않을 경우 $(T_{b,f} - T_{b,i})\dfrac{l_b}{A_bE_b} = (C_i - C_f)\dfrac{2t}{A_pE_p}$

  $E_b \fallingdotseq E_p$, 볼트 체결길이와 연결판 두께가 같으므로

$$T_{b,f} = T_{b,i} + \frac{P}{1 + A_p/A_b}$$

$$\Delta T_b = \frac{A_b}{A_b + A_p} P$$ (하중작용으로 인한 볼트의 인장력 변화)

$$\Delta C = \frac{A_p}{A_b + A_p} P$$ (접촉면 압축면의 변화량)

연결판의 유효접촉면적 산정 시 접촉면의 지름은 볼트 공칭지름의 약 4배 사용

예 제

인장연결

고장력 볼트 M22-F10T를 사용, 연결부재의 80kN 연직하중 작용 시 볼트의 인장력 증가량을 계산하라. 연결부재의 접촉면적은 60㎠이고 볼트는 시방서 규정의 긴장력이 도입되었다.

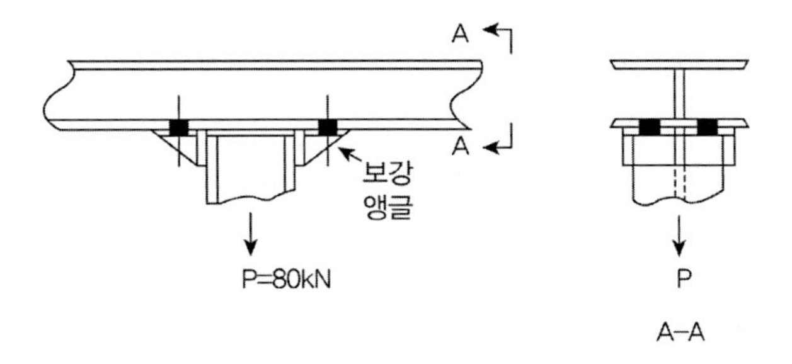

풀 이

➤ **도입되는 인장력** $T_{b,i} = \alpha A_s f_y = 0.75 \times 3.034 \times 90 = 204.80^{kN}$

➤ **볼트의 단면적과 강판의 접촉면적 비** $A_p/A_b = 60/3.80 = 15.79$

➤ **하중 작용 시 볼트가 받는 인장력** $T_{b,f} = T_{b,i} + \frac{P}{1 + A_p/A_b} = 204.8 + \frac{80}{1 + 15.79} = 209.6^{kN}$

➤ **하중으로 인한 볼트의 안장력 증가비율** $\frac{209.6 - 204.8}{204.8} = 2.3\%$

② 프라잉 작용(Prying action)

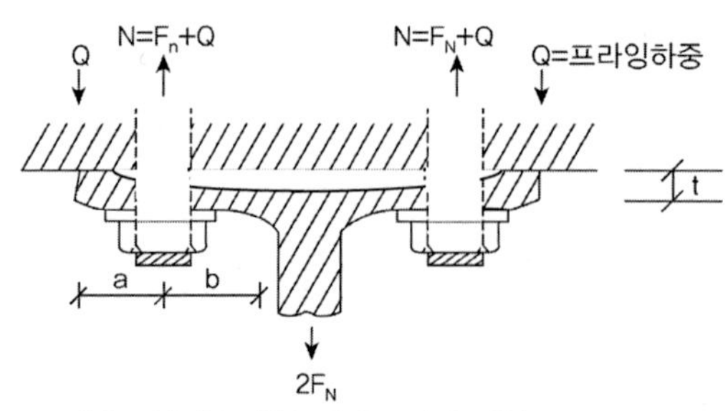

(볼트 연결된 T형 부재의 프라잉 작용)

- T형 부재 플랜지에 설치된 볼트가 하중을 지지하기 위해 인장력을 받게 된다.
- 플랜지가 변형되면서 볼트 체결점 외측 지점이 있는 지렛대 역할을 하여 접촉면에 Q라는 반력이 생성된다.
- 직접적인 인장력 + 추가반력 Q가 작용
- 인장하중이 클수록 플랜지 볼트간의 거리가 클수록 프라잉 작용 영향은 커진다.
- 파괴형태
  (1) 플랜지가 파괴되는 경우 : 프라잉 작용 있음
  (2) 플랜지와 볼트가 파괴되는 경우 : 프라잉 작용 없음
  (3) 볼트가 파괴되는 경우 : 프라잉 작용 없음

TIP | AASHTO |

AASHTO 시방서에서의 프라잉 작용에 의한 볼트 인장력 증가

$$Q=\left[\frac{3b}{8a}-\frac{t^3}{328}\right]F_s \geqq 0$$

여기서, Q : 외부하중으로 인한 볼트 1개당 인장력

a : 플랜지 연단에서 볼트 중심까지의 거리

b : 볼트 중심에서 하중이 작용하는 복부의 용접단부까지의 거리

t : 플랜지의 두께(cm)

7) 전단-인장 이음

지압이음에서 볼트에 인장력과 전단력이 동시 작용(원형 상호작용 곡선)

$$\left[\frac{P_t}{P_{ta}}\right]^2+\left[\frac{P_v}{P_{va}}\right]^2 \leqq 1.0$$

여기서 P_t : 볼트의 축방향 인장력 P_v : 볼트의 축에 직각으로 작용하는 전단력

P_{ta} : 볼트 축방향 인장력만 작용할 경우 허용인장력

P_{va} : 볼트에 전단력만 작용할 경우 허용 전단력

마찰이음인 경우 안전측으로 계산한다 (직선식).

$$\left[\frac{P_t}{P_{ta}}\right] + \left[\frac{P_v}{P_{va}}\right] \leqq 1.0$$

8) 편심하중을 받는 볼트 연결부

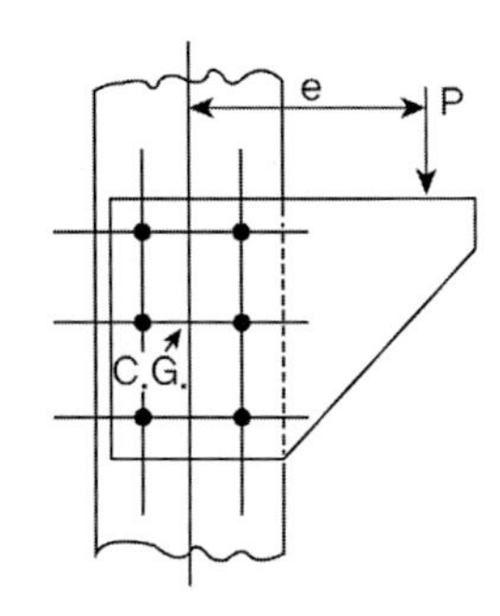

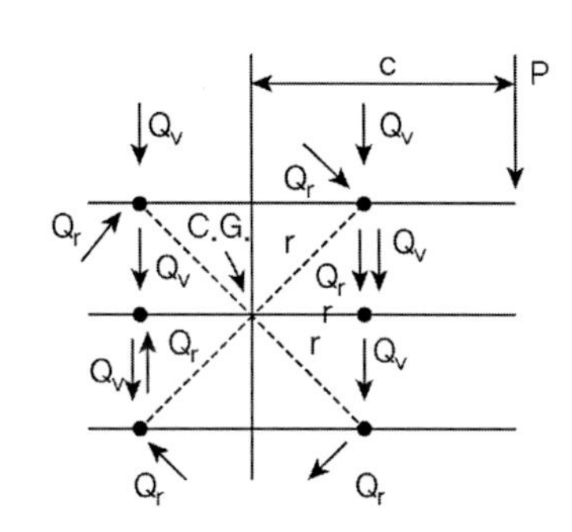

집중하중(Q_v)와 비틂 모멘트(Q_T)가 작용한다.

$v = \dfrac{M_T}{J} r$: 임의 볼트에서의 비틂 모멘트에 의한 전단응력

여기서, J : 극관성 2차 모멘트 $\sum A r^2 = \sum A(x_i^2 + y_i^2)$

- 비틂에 의해서 볼트 하나가 받는 힘 : $Q_T = vA = \dfrac{M_T A}{J} r = \dfrac{PeA}{\sum A(x_i^2 + y_i^2)} r = \dfrac{Pe}{\sum(x_i^2 + y_i^2)} r$
- 편심하중을 받는 볼트군의 볼트 하나가 받게 되는 힘(R)

$$R = \sqrt{R_n^2 + v_n^2 + 2R_n v_n \cos\theta} \quad \text{또는} \quad R = \sqrt{(Q_x + Q_{Tx})^2 + (Q_y + Q_{Ty})^2}$$

예 제

인장연결

볼트연결 부재에 편심하중 작용 시 A볼트의 반력을 산정하라. 모든 볼트의 규격은 동일하다.

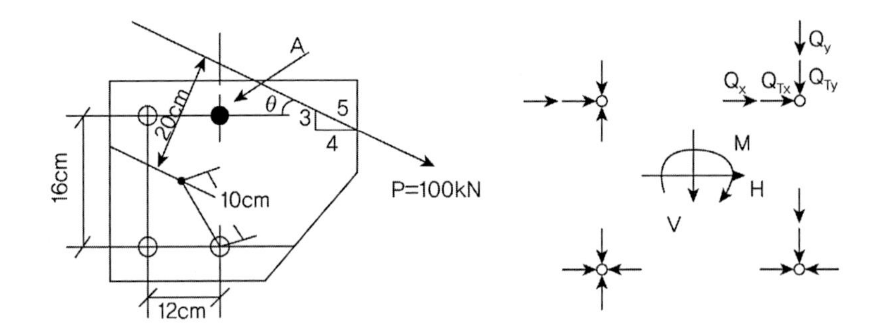

풀 이

▶ 단면치수

$$e_p = 20cm, \quad x_e = 6cm, \quad y_e = 8cm, \quad \sum(x_i^2 + y_i^2) = 4 \times (6^2 + 8^2) = 400cm^2$$

▶ 외력

$$H = 100 \times \frac{4}{5} = 80^{kN}, \quad V = 100 \times \frac{3}{5} = 60^{kN}, \quad M_T = Pe_p = 100 \times 0.2 = 20^{kNm}$$

▶ 볼트 작용력

$$Q_x = \frac{80}{4} = 20^{kN}, \quad Q_y = \frac{60}{4} = 15^{kN}$$

$$Q_{Tx} = 20 \times \frac{100}{400} \times 8 = 40^{kN}, \quad Q_{Ty} = 20 \times \frac{100}{400} \times 6 = 30^{kN}$$

$$R = \sqrt{(20+40)^2 + (15+30)^2} = 75^{kN}$$

9) 전단력과 인장력을 동시에 받는 볼트 연결부

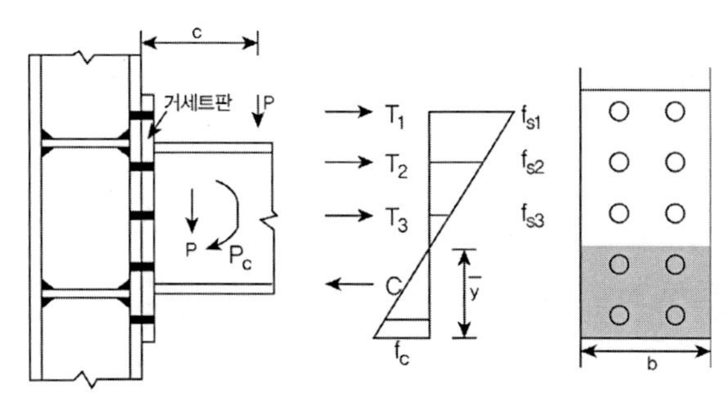

(볼트군의 전단면과 직각으로 편심하중을 받는 경우)

중립축 윗부분인 인장부는 볼트의 축력만을 중립축 아랫부분은 접촉강판이 압축력을 받는 것으로 보고 볼트의 축방향력을 산정한다.

$C = T_1 + T_2 + T_3$ $\qquad C = \frac{1}{2} f_c b \bar{y}$, $\quad T =$ (볼트인장응력)×(볼트단면적)

예 제

인장연결

고장력 볼트 M20-F10T로 연결된 브라켓에서 프라잉 작용은 무시하고 이 접합부가 적절한지 검토하라. M20의 유효단면적 $A_s = 2.448cm^2$이다.

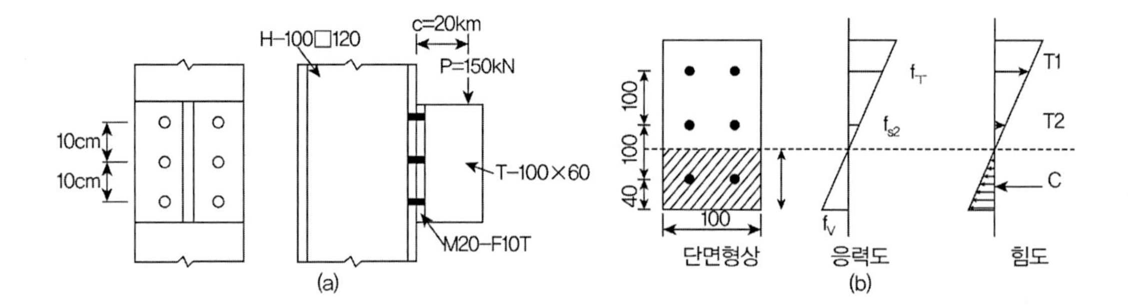

풀 이

▶ 단면 상수 산정

중립축이 그림과 같이 위치해 있다고 가정하면 그림의 응력도로부터

$$f_{s1} = \frac{24-\bar{y}}{\bar{y}} f_c, \quad f_{s2} = \frac{14-\bar{y}}{\bar{y}} f_c$$

힘도로부터

$$C = \frac{1}{2} f_c b \bar{y}, \quad T_1 = f_{s1} A_s n_1 = \frac{24-\bar{y}}{\bar{y}} f_c A_s n_1, \quad T_2 = f_{s2} A_s n_2 = \frac{14-\bar{y}}{\bar{y}} f_c A_s n_2$$

힘의 평형방정식으로부터

$$T_1 + T_2 - C = 0 : \frac{24-\bar{y}}{\bar{y}} f_c A_s n_1 + \frac{14-\bar{y}}{\bar{y}} f_c A_s n_2 - \frac{1}{2} f_c b \bar{y} = 0$$

$$n_1 = n_2 = 2, \quad A_s = 2.448cm^2, \quad b = 10cm \qquad \therefore \bar{y} = 5.20cm$$

단면 2차 모멘트 산정

$$I = \frac{1}{12} \times 10 \times 5.2^3 + (5.2 \times 10) \times \left(\frac{5.2}{2}\right)^2 + 2.448 \times 2 \times (24-5.2)^2 + 2.448 \times 2 \times (14-5.2)^2$$

$$= 2578cm^4$$

➤ 작용력 산정

모멘트 $M = 150 \times 20 = 3000^{kNm}$

전단력 $P_v = \dfrac{150}{6} = 25^{kN}$

$$f_{s1} = \frac{M}{I} y_{max} = \frac{3000}{2578} \times 18.80 = 21.877^{kN/cm^2}$$

인장력 $P_t = 21.877 \times 2.448 = 53.555^{kN}$

전단 인장 검토

$$\left[\frac{P_t}{P_{ta}}\right] + \left[\frac{P_v}{P_{va}}\right] = \left[\frac{53.555}{75.89}\right] + \left[\frac{25}{36.72}\right] = 1.387 > 1.0 \qquad \text{N.G}$$

10) 보와 기둥의 연결

- 골조 구조물의 볼트 연결 : ① 보연결, ② 기둥연결, ③ 보-기둥 연결
- 보(휨모멘트와 전단력의 영향) : 전단이음
- 기둥(압축력, 전단력, 휨모멘트 영향) : 전단이음, 기둥단부에 머리판 용접과 볼팅
- 보-기둥의 연결 형태

  강절 연결(TYPE 1) : 연결부에서 부재의 연속성 유지

  단순 연결(TYPE 2) : 연결부에서 회전에 대한 구속을 작게하며 전단만 전달하게 하고 연결부를 힌지로 가정(이론적 회전각의 80%이상 발생)

  반 강절 연결(TYPE 3) : 연결부에서 두 부재 단부의 회전에 대한 구속이 20~90%

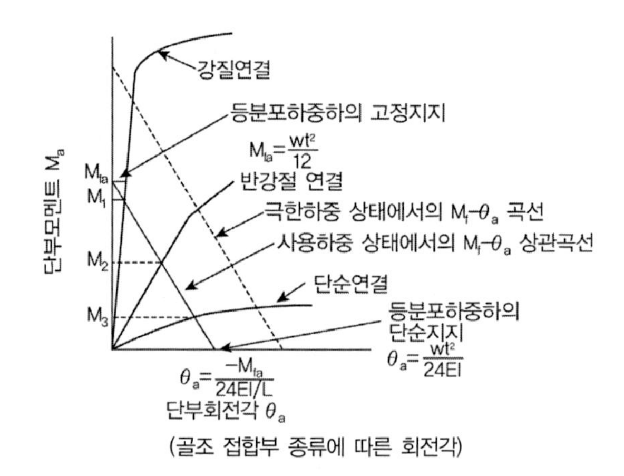

(골조 접합부 종류에 따른 회전각)

① 보의 연결

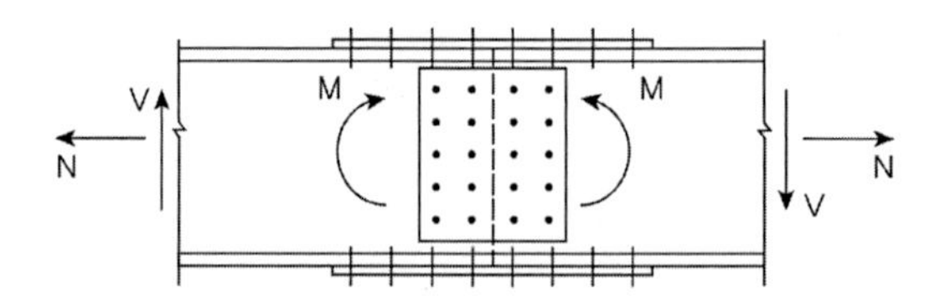

연결부에서 발생하는 전단력은 모두 복부판이 받고 휨모멘트와 축력은 모두 플랜지가 받는다.

- 플랜지 연결 : 휨모멘트에 의한 힘 + 축력에 의한 힘

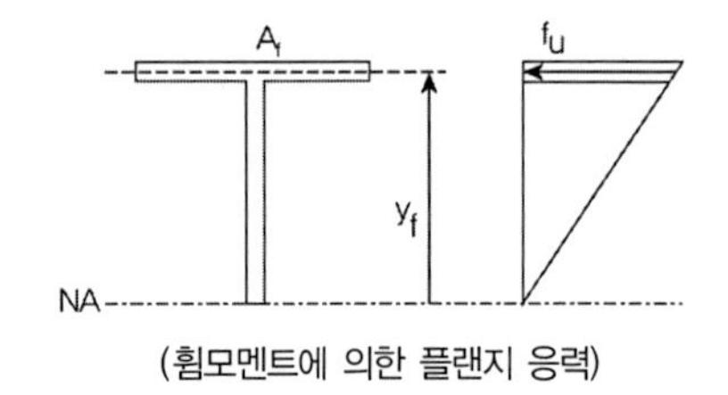

(휨모멘트에 의한 플랜지 응력)

플랜지 연결판에 작용하는 힘

$$P_j = P_{f,M} + P_{f,N} = \left[\frac{M}{I}y_f + \frac{N}{A}\right]A_f$$

• 복부 연결 : 보에 작용하는 전체 단면력, 볼트 1개가 1면 전단인 경우로 받는 힘

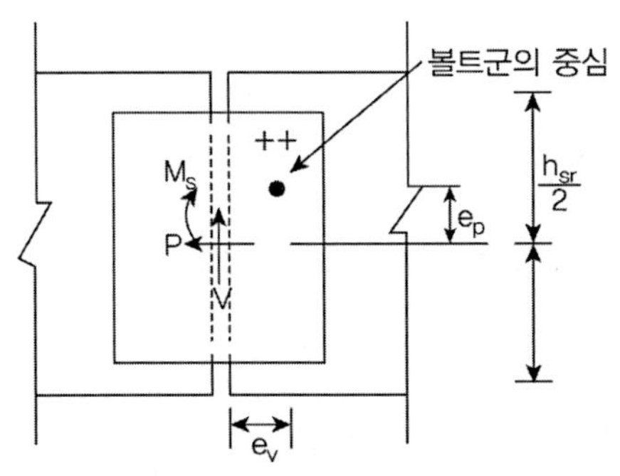

(휨모멘트에 의한 플랜지 응력)

수직방향 전단력 $R_{w,v} = \dfrac{V}{n_b \times n_s}$ (n_b : 볼트 개수, n_s : 볼트이음의 전단면수)

축력에 의해 볼트 하나가 받는 힘 $R_{w,p} = \dfrac{P\left(\dfrac{A_w}{A}\right)}{n_b \times n_s} = \dfrac{P_w}{n_b \times n_s}$

(A_w : 복부의 단면적, P_w : 연결되는 보의 축력 중 복부판이 분담하는 힘)

볼트 군이 받는 우력

$$M_s = M_w + Ve_v + Pe_p$$

여기서, M_w : 휨모멘트에 대한 복부 분담력(=$\dfrac{I_w}{I}M$)

e_v : 전단력 작용점과 볼트군의 중심과의 거리

e_p : 축력 작용점과 볼트군의 중심과의 거리

볼트 최대반력은 볼트군의 중심에서 가장 멀리 떨어져 있는 최외곽 볼트에서 발생

$$R_{w,M_x} = \frac{M_s y_e}{\sum(x_i^2 + y_i^2)}, \quad R_{w,M_y} = \frac{M_s x_e}{\sum(x_i^2 + y_i^2)}$$

외측 볼트 1개가 받는 힘의 수직과 수평성분의 힘의 합력

$$R = \sqrt{(R_{w,p} + R_{w,Mx})^2 + (R_{w,v} + R_{w,My})^2}$$

TIP | 도로교 설계기준 |

① 축방향력 또는 전단력을 받는 판에 연결한 볼트 $\rho = \dfrac{P}{n} \le \rho_a$

② 휨모멘트가 작용하는 판에 연결한 볼트 $\rho = \dfrac{M}{\sum y_i^2} y_i \le \dfrac{y_i}{y_n}\rho_a$

③ 축방향력, 휨모멘트, 전단력이 함께 작용하는 판에 연결한 볼트

$$\sqrt{(\rho_p + \rho_m)^2 + \rho_s^2} \le \rho_a$$

④ 휨에 의한 전단력을 받는 판을 수평방향으로 연결한 볼트

$$\rho_h = \frac{VQ}{I}\frac{p}{n} \le \rho_a \ (p: \text{볼트의 피치})$$

⑤ 이음판의 설계

인장력이 작용하는 판의 이음판은 순단면적에 생기는 응력이 허용응력 이하가 되도록

압축력이 작용하는 판의 이음판은 총단면에 생기는 응력이 허용압축응력 이하가 되도록

휨모멘트가 작용하는 판의 이음판은 다음에 만족하도록 $f = \dfrac{M}{I} y \le f_a$

⑥ 비틀림 : $R_n = \tau A = \left(\dfrac{Tr}{J}\right) \times a = \dfrac{Ped_i}{\sum (x_i^2 + y_i^2)}$ (용접, $J = I_x + I_y$)

② 보-기둥 연결

보-기둥 접합 시 연결판 또는 머리판을 이용한다. 압축력은 연결판이 부담하고 인장력은 볼트가 받는다. 이 때 볼트의 기능은 휨모멘트와 축력에 의해서 축방향의 힘을 받는다(마찰이음, 지압이음) 전단력에 의해서는 복트 축 직각방향의 힘을 받는다.

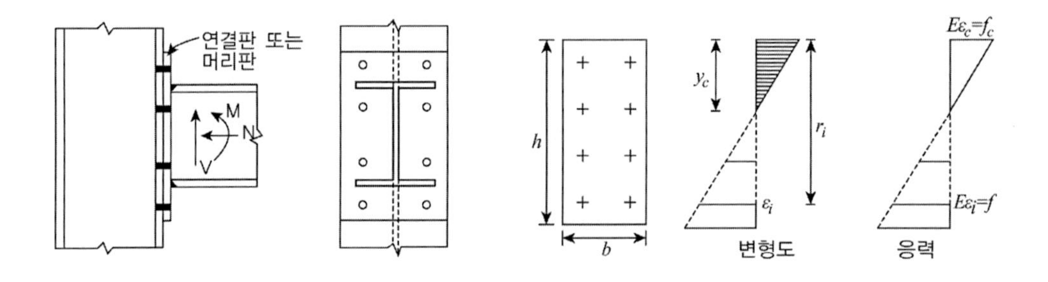

보-기둥 연결부의 계산산정

- 볼트 해체
- 중립축 y_c위치 산정, 압축측 변형도 ϵ_c로 가정

• 압축력은 연결판 부담, 인장력은 볼트가 부담

$$\epsilon_c : y_c = \epsilon_i : (r_i - y_c) \qquad \therefore \epsilon_i = \frac{r_i - y_c}{y_c}\epsilon_c$$

후크의 법칙에 의해 i번째 볼트의 응력 $f_i = E\epsilon_i = E\dfrac{r_i - y_c}{y_c}\epsilon_c = \dfrac{r_i - y_c}{y_c}f_c$

• 축력에 대한 평형방정식

$N = C - T$ (압축력이 없는 경우 $N = 0$)

압축력 $C = \dfrac{1}{2}E\epsilon_c b y_c = \dfrac{1}{2}f_c b y_c$

인장력 $T = \displaystyle\sum_{i=1}^{k} E\epsilon_i A_{si} = \sum_{i=1}^{k} E\frac{r_i - y_c}{y_c}\epsilon_c A_{si} = \sum_{i=1}^{k}\frac{r_i - y_c}{y_c}f_c A_{si}$

중립축에서의 모멘트 식 : $M = C\left(\dfrac{2}{3}y_c\right) + \displaystyle\sum_{i=1}^{k}\frac{(r_i - y_c)^2}{y_c}f_c A_{si}$

• 가정한 y_c와 구한 y_c가 일치하는 지 검토하고 불일치 시 반복
• 위에서 구한 중립축에 대해 단면 2차 모멘트 산정
• 최대 응력(인장응력, 압축응력) 계산
• 재료의 허용응력 산정
• 최대응력과 허용응력을 비교, 허용응력 초과 시 위의 과정 반복

11) 용접이음

① 전단면용입 홈용접의 목두께는 다음과 같이 취하고 두께가 다를 경우 얇은 부재의 두께로 한다.

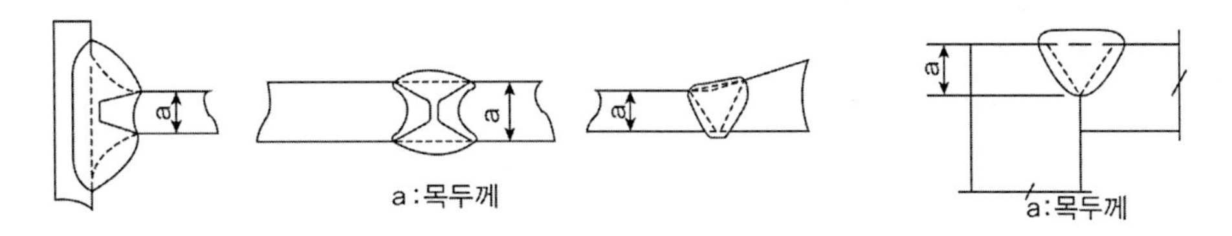

② 부분용입 홈용접의 목두께는 용입깊이로 한다.

③ 필렛용접의 목두께는 이음의 루우트를 꼭짓점으로 하는 2등변 삼각형의 높이로 한다.

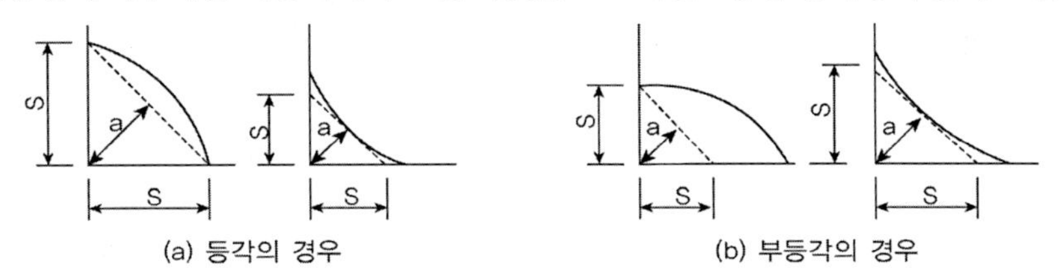

(a) 등각의 경우 (b) 부등각의 경우

④ 용접부의 유효길이는 이론상의 목 두께를 가지는 용접부의 길이로 한다. 다만 전단면용입 홈 용접에서 용접선이 응력방향에 직각이 아닌 경우에는 실제적인 유효길이를 응력에 직각인 방향에 투영시킨 길이로 할 수 있다.

⑤ 필렛 용접에서 끝돌림 용접을 실시한 경우에는 끝돌림용접 부분은 유효길이에서 제외한다.

⑥ 주요부재의 응력을 전달하는 필렛 용접의 치수는 6^{mm} (20^{mm} 초과 모재는 8^{mm}) 이상, 용접부의 얇은 쪽 모재 두께 미만의 범위로 한다.

⑦ 필렛용접의 최소 유효길이는 치수의 10배 이상, 80^{mm} 이상으로 한다.

12) 용접이음의 설계

① 축방향력 또는 전단력 : 필렛 용접 및 부분용입홈용접의 응력은 작용하는 힘의 종류와 관계없이 항상 전단응력만 받는 것으로 보고 계산한다.

(용접부 수직응력) $f = \dfrac{P}{\sum al}$

(용접부 전단응력) $v = \dfrac{P}{\sum al}$

② 휨모멘트

(전단면 용입 홈용접, 수직응력) $f = \dfrac{M}{I}y$

(필렛용접, 전단응력) $v = \dfrac{M}{I}y$

③ 합성응력

(전단면 용입 홈용접) $\left(\dfrac{f}{f_a}\right)^2 + \left(\dfrac{v_s}{v_a}\right)^2 \leq 1.2$

(필렛용접) $\left(\dfrac{v_b}{v_a}\right)^2 + \left(\dfrac{v_s}{v_a}\right)^2 \leq 1.0$

④ 비틀림 : $R_n = \tau A = \left(\dfrac{Tr}{J}\right) \times a = \dfrac{Ped_i}{\sum(x_i^2 + y_i^2)}$ (용접, $J = I_x + I_y$)

합성력 $R = \sqrt{R_n^2 + v_n^2 + 2R_n v_n \cos\theta}$

예 제

인장연결

축력과 모멘트를 받는 보와 기둥의 접합부를 설계시 연결부 중립축의 위치와 최대 인장응력을 산정하라. 고장력 볼트 M20 유효단면적 $A_s = A_b = \pi \times \frac{2^2}{4} = \pi cm^2$

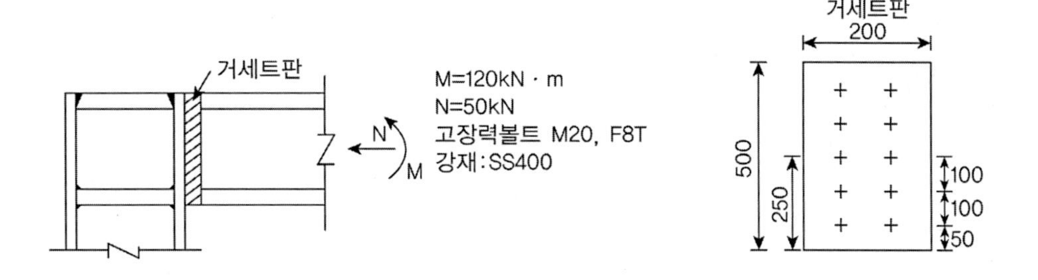

풀 이

➤ 중립축 및 응력분포 가정

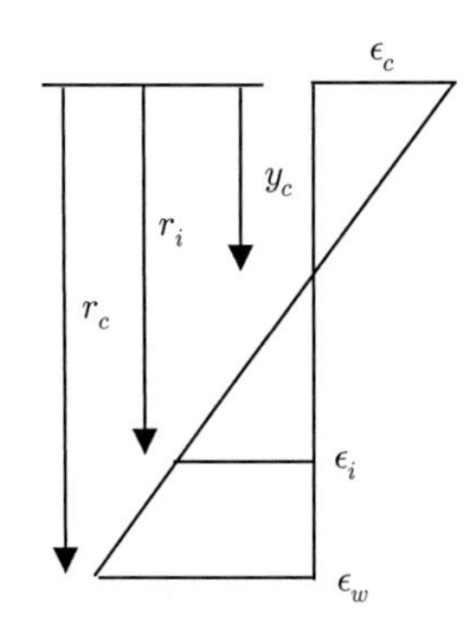

중립축의 위치를 $15 < y_c < 25$로 가정

응력분포식 $f_i = \frac{r_i - y_c}{y_c} E\epsilon_c = \frac{r_i - y_c}{y_{cf_c}}$

➤ 축력에 대한 평형식

압축력 : $C = \frac{1}{2}E\epsilon_c b y_c = \frac{1}{2}f_c b y_c$

인장력 : $T = \sum_{i=1}^{k} f_i A_{si}$

축력에 대한 평형식 : $N = C - T$

$$50 = \frac{1}{2}f_c \times 20 \times y_c - \frac{2 \times A_s \times f_c}{y_c} \times [(45 - y_c) + (35 - y_c) + (25 - y_c)]$$

▶ **모멘트에 대한 평형식**

$$M = C\left(\frac{2}{3}y_c\right) + \sum_{i=1}^{k}\frac{(r_i - y_c)^2}{y_c}f_c A_{si}$$

$$12000 = \frac{20}{3}f_c y_c^2 + \frac{f_c}{y_c}2\pi[(45-y_c)^2 + (35-y_c)^2 + (25-y_c)^2] \qquad \therefore y_c = 7.69cm$$

가정사항($15 < y_c < 25$)과 상이하므로 N.G

▶ **중립축 재가정** $5 < y_c < 15$

축력에 대한 평형식

$$50 = \frac{1}{2}f_c \times 20 \times y_c - \frac{2\times A_s \times f_c}{y_c} \times [(45-y_c) + (35-y_c) + (25-y_c) + (15-y_c)]$$

모멘트에 대한 평형식

$$12000 = \frac{20}{3}f_c y_c^2 + \frac{f_c}{y_c}2\pi[(45-y_c)^2 + (35-y_c)^2 + (25-y_c)^2 + (15-y_c)^2]$$

$\therefore y_c = 7.95cm$ 가정사항($5 < y_c < 15$)과 동일하므로 O.K

▶ **단면 2차 모멘트 산정**

$$I = \frac{1}{3}\times 20 \times 7.95^3 \times 2\pi[(45-7.95)^2 + (35-7.95)^2 + (25-7.95)^2 + (15-7.95)^2] = 18.71cm^2$$

▶ **볼트의 최대 인장응력**

$$f_{\max} = \frac{M}{I}y_{\max} + \frac{P}{A} = \frac{120\times 100}{18711}\times(45-7.95) - \frac{50}{20\times 7.95 + 6\times\pi\times 2^2/4} = 23.48^{kN/cm^2}$$

여기서 단면 A는 휨모멘트에 의해서 압축을 받는 강판면적($20\times 7.95 = 159cm^2$)과 인장을 받는 6개의 M20볼트의 단면적($6\times\pi = 18.84cm^2$)의 합으로 산정

▶ **최대 인장력**

$$P_{\max} = f_{\max}\times A_s = 23.48\times\pi\times\frac{2^2}{4} = 73.8^{kN}$$

▶ **허용인장력**

$$P_a = 25\times\pi\times\frac{2^2}{4} = 78.5^{kN} > 73.8^{kN} \qquad \text{O.K}$$

예 제

플레이트거더 이음부 설계 (도로설계편람 506)

다음 이음부의 적정성 및 설계를 검토하시오.

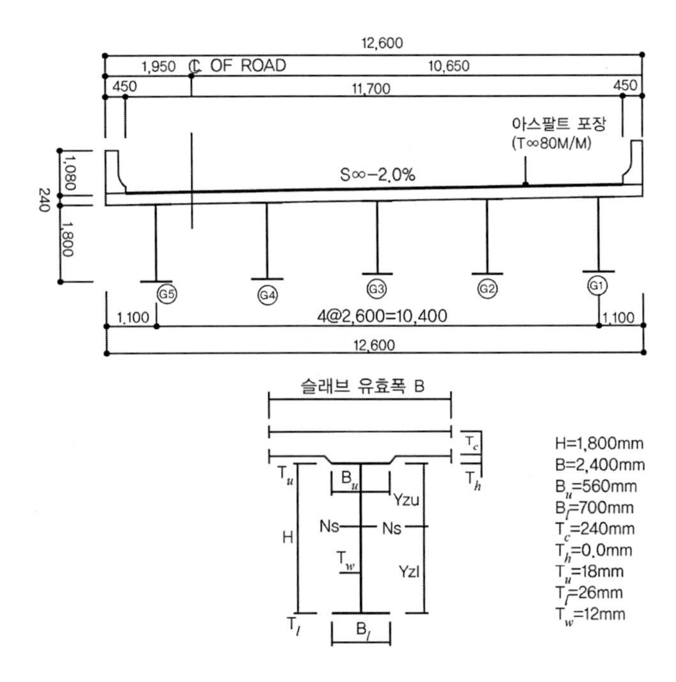

1) 압축부 상부플랜지

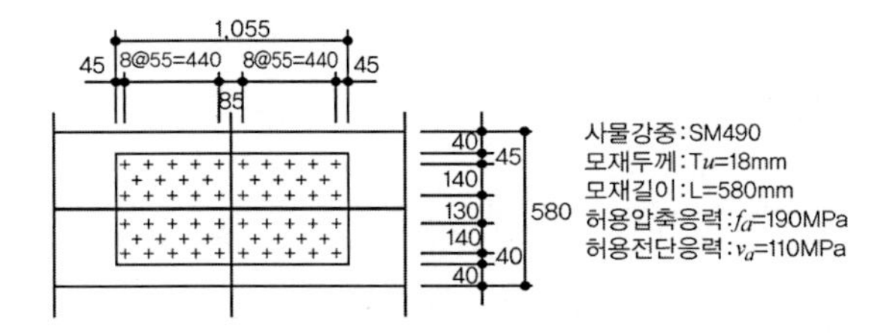

2) 인장부 하부플랜지

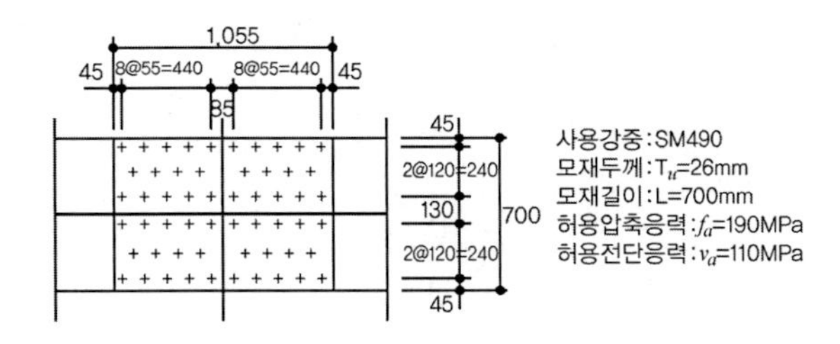

3) 복부 연결부

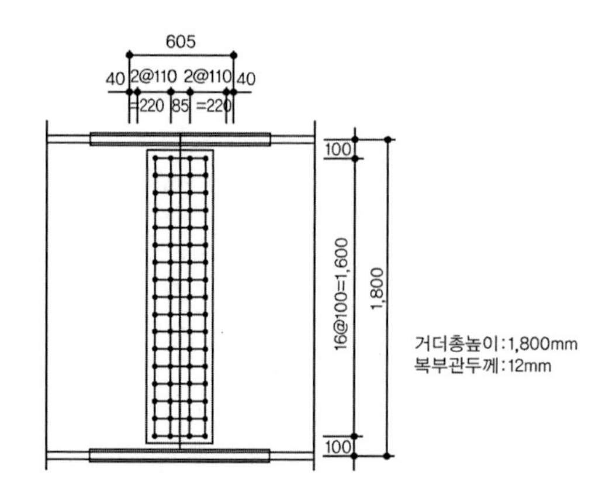

합성 전 휨모멘트 $M_s = 1606.73^{kNm}$

합성 후 휨모멘트 $M_v = 3990.91^{kNm}$

합성 전 전단력 $S_s = -119.42^{kN}$

합성 후 전단력 $S_v = -363.13^{kN}$

총 비틀림 모멘트 $M_t = 0.11^{kNm}$

상부 플랜지 응력 $f_u = 63.6^{MPa}$

하부 플랜지 응력 $f_l = -91.9^{MPa}$

볼트 HT(M22 F10T) $\rho_a = 48 \times 2$면마찰 $= 96^{kN}$

합성전 중립축으로부터 압축부(인장부) 플랜지 최외단까지의 거리 : 1041.9mm (802.1mm)

합성후 중립축으로부터 압축부(인장부) 플랜지 최외단까지의 거리 : 279.1mm (1564.9mm)

합성전 중립축에 대한 총단면의 단면 2차 모멘트 $I_s = 28,619,709,085mm^4$

합성후 중립축에 대한 총단면의 단면 2차 모멘트 $I_v = 68,900,000,000mm^4$

풀 이

➤ 압축부 플랜지

$f_s = 63.6MPa,\quad f_s{}' = 0.75 \times 190 = 142.5MPa$ (모재강도의 75%)

∴ 이음부 설계응력은 142.5MPa를 적용한다.

1) 필요 볼트수 산정

$$n = \frac{A_s \times f_s}{\rho_a} = \frac{18 \times 580 \times 142.5}{96 \times 10^3} = 16^{EA} \qquad \therefore n_{use} = 28^{EA}$$

2) 이음판의 결정

필요단면적 : $A_{s(req)} = \dfrac{18 \times 580 \times 142.5}{190} = 7830^{mm^2}$

사용이음판 A_s = 1–PL 500×12×1=6000㎟, 2–PL 220×12×2=5280㎟

$$\sum A_s = 11{,}280mm^2 > A_{s(req)} \quad \text{O.K}$$

이음판의 응력 검토 : $f_s = \dfrac{18 \times 580 \times 142.5}{11280} = 131.89^{MPa} \langle f_{sa} \quad$ O.K

3) 볼트의 응력검토

① 직응력

$$\rho_p = \frac{P}{n} = \frac{18 \times 580 \times 142.5}{28} = 53.132^{kN/EA} \langle \rho_a \quad \text{O.K}$$

② 휨 전단응력

합성 전 전단력 $S_s = -119.42^{kN}$, 합성 후 전단력 $S_v = -363.13^{kN}$

합성전 단면 1차 모멘트 $Q_s = 580 \times 18 \times (1041.9 - 9) = 10{,}783{,}476mm^3$

합성후 단면 1차 모멘트 $Q_v = 580 \times 18 \times (279.1 - 9) = 2{,}819{,}844mm^3$

합성전 $I_s = 28{,}619{,}709{,}085mm^4$, 합성 후 $I_v = 68{,}900{,}000{,}000mm^4$

p : 접합선 방향의 볼트의 평균피치=플랜지전폭 / 횡방향볼트수=580/(28/9)=186.4mm

$$\therefore \rho_h = \left(\frac{S_s Q_s}{I_s} + \frac{S_v Q_V}{I_v}\right) \times \frac{p}{n} = -1239.9^{N/EA}$$

③ 합성응력 검토

$$\rho = \sqrt{\rho_p^2 + \rho_h^2} = 53.146^{kN/EA} < \rho_a \quad \text{O.K}$$

➤ 인장부 하부플랜지

$f_s = 91.9MPa$, $f_s{}' = 0.75 \times 190 = 142.5MPa$ (모재강도의 75%)

∴ 이음부 설계응력은 142.5MPa를 적용한다.

1) 필요 볼트 수 산정

$$n = \frac{A_s \times f_s}{\rho_a} = \frac{26 \times 700 \times 142.5}{96 \times 10^3} = 28^{EA} \qquad \therefore n_{use} = 28^{EA}$$

2) 이음판의 결정

필요단면적 : $A_{s(req)} = \dfrac{26\times700\times142.5}{190} = 13{,}650^{mm^2}$

사용이음판 A_s = 1-PL 700×12×1=8,400㎟, 2-PL 320×12×2=7,680㎟

$\Sigma A_s = 13{,}680mm^2 > A_{s(req)}$ O.K

이음판의 응력 검토 : $f_s = \dfrac{26\times700\times142.5}{13{,}680} = 189.583^{MPa} \langle f_{sa}$ O.K

3) 볼트의 응력검토

① 직응력

$\rho_p = \dfrac{P}{n} = \dfrac{26\times700\times142.5}{28} = 92.625^{kN/EA} \langle \rho_a$ O.K

② 휨 전단응력

합성 전 전단력 $S_s = -119.42^{kN}$, 합성 후 전단력 $S_v = -363.13^{kN}$

합성 전 단면 1차 모멘트 $Q_s = 700\times26\times(802.1-13) = 14{,}361{,}620mm^3$

합성 후 단면 1차 모멘트 $Q_v = 700\times26\times(1564.9-13) = 28{,}244{,}580mm^3$

합성 전 $I_s = 28{,}619{,}709{,}085mm^4$, 합성 후 $I_v = 68{,}900{,}000{,}000mm^4$

p : 접합선 방향의 볼트의 평균피치=플랜지전폭 / 횡방향 볼트 수=700/(28/9)=225mm

$\therefore \rho_h = \left(\dfrac{S_s Q_s}{I_s} + \dfrac{S_v Q_V}{I_v}\right)\times\dfrac{p}{n} = -5219.65^{N/EA}$

③ 합성응력 검토

$\rho = \sqrt{\rho_p^2 + \rho_h^2} = 92.772^{kN/EA} < \rho_a$ O.K

④ 모재의 응력검토

플랜지의 총단면적 $A_s = 26\times700 = 18{,}200mm^2$

볼트구멍을 공제한 플랜지의 순단면적 $A_n = 15{,}600mm^2$

모재의 응력 검토 $f_l = \dfrac{18{,}200\times142.5}{15{,}600} = 166.25^{MPa} < f_{sa}$ O.K

➤ 복부 연결부의 계산

1) 볼트의 응력계산

볼트 1개의 휨작용력

$$\sum y_i^2 = 2\text{열} \times (100^2 + 200^2 + ... + 800^2) \times 2 = 8,160,000mm^2$$

휨모멘트 성분

$$M_w = \frac{f \times t_w \times h_w^2}{6} = \frac{142.5 \times 12 \times 1800^2}{6} = 923.400^{kNm}$$

$$\rho_m = \frac{M_w}{\sum y_i^2} y = \frac{923,400,000}{8,160,000} \times 800 = 92.529^{kN}$$

$$\rho_s = \frac{363,130}{34} = 10.680^{kN}$$

$$\rho = \sqrt{\rho_m^2 + \rho_s^2} = 91.127^{kN} < \rho_a \qquad \text{O.K}$$

2) 이음판의 응력계산

① 복부판의 단면 2차 모멘트

$$\text{합성 전 } I_{sw}' = \frac{12 \times 1800^3}{12} + 12 \times 1800 \times (900 - 802.1)^2 = 6,039,023,256mm^4$$

$$\text{합성 후 } I_{vw'} = \frac{12 \times 1800^3}{12} + 12 \times 1800 \times (1564.9 - 900)^2 = 15,381,187,416mm^4$$

② 복부에 작용하는 모멘트

$$\text{합성 전 모멘트 } M_{sw} = M_s \times \frac{I_{sw}'}{I_s} = 1606.7 \times \frac{6,039,023,256}{28,619,709,085} = 339^{kNm}$$

$$\text{합성 후 모멘트 } M_{vw} = M_v \times \frac{I_{sw}'}{I_s} = 3,990.9 \times \frac{15,381,187,416}{68,900,000,000} = 890.9^{kNm}$$

③ 이음판의 단면 2차 모멘트 산정(단위 mm)

Splice	A	Y	AY	AY^2	I_0
2PL 1,600×10	32,000	0	0	0	6,826,666,666

합성전 중립축에 대한 이음판의 단면 2차 모멘트

$$I_{sw} = 6,826,666,666 + 32,000 \times (900 - 802.1)^2 = 7,133,367,786mm^4$$

합성후 중립축에 대한 이음판의 단면 2차 모멘트

$$I_{vw} = 6,826,666,666 + 32,000 \times (1564.9 - 900)^2 = 20,973,610,986mm^4$$

합성전 중립축에서 이음판 상, 하연까지의 거리

$$Y_{su} = 1041.9mm, \; Y_{sl} = 802.1mm$$

합성후 중립축에서 이음판 상, 하연까지의 거리

$Y_{vu} = 279.1mm,\ Y_{vl} = 1564.9mm$

④ 이음판의 응력 산정

이음판의 상연응력

$$f_u = \frac{M_{sw}}{I_{sw}} Y_{su} + \frac{M_{vw}}{I_{vw}} Y_{vu} = \frac{339.035 \times 10^6}{7{,}133{,}367{,}786} \times 1041.9 + \frac{890.928 \times 10^6}{20{,}973{,}610{,}986} \times 279.1$$

$$= 61.375^{MPa} < f_{sa} \qquad \text{O.K}$$

이음판의 하연응력

$$f_u = \frac{M_{sw}}{I_{sw}} Y_{sl} + \frac{M_{vw}}{I_{vw}} Y_{vl} = \frac{339.035 \times 10^6}{7{,}133{,}367{,}786} \times 802.1 + \frac{890.928 \times 10^6}{20{,}973{,}610{,}986} \times 1564.9$$

$$= 104.597^{MPa} < f_{sa} \qquad \text{O.K}$$

98회 1-12

fillet 용접

아래 그림과 같은 T형보를 전면 필렛 용접으로 공장에서 제작한다. 하중은 용접선에 수직으로 작용하고 강종은 SM400, 모재의 두께는 40mm이하이다. 용접선에 작용하는 응력과 합성응력을 구하시오 (P=120kN, f=15.0mm, h=10.0mm, L=100.0mm).

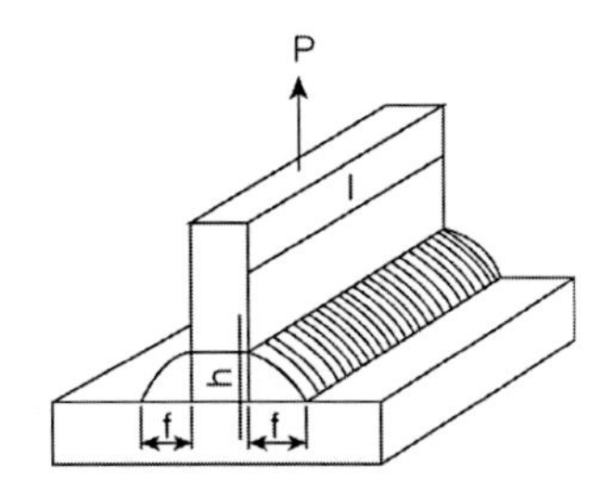

94회 1–10 강재부재 용접연결시 용접설계원칙 용접종류별 설계에 적용하는 응력산정식

79회 3–5 축방향력, 전단력, 휨모멘트를 받는 용접이음부 응력계산법/합성응력 검토방법

풀 이

➤ 개요

필렛용접의 검토는 전단에 대해서 검토하도록 규정하고 있으므로 전단에 대해서 검토

1) 필렛용접의 응력검토

① 축방향력(전단으로 검토) $f_p = \Sigma \frac{P}{al}$ ② 전단 $v_s = \Sigma \frac{P}{al}$

③ 휨 $f_b = \frac{M}{I}y$ ④ 합성응력 검토 $\left(\frac{f}{f_a}\right)^2 + \left(\frac{v}{v_a}\right)^2 \leq 1.0(fillet),\ \ 1.2(groove)$

⑤ 비틀림 $R_n = \tau A = (\frac{Tr}{J}) \times a = \frac{Ped_i}{\Sigma(x_i^2 + y_i^2)}$ (용접, $J = I_x + I_y$)

⑥ 합성력 $R = \sqrt{R_n^2 + v_n^2 + 2R_n v_n \cos\theta}$

2) 용접 일반사항

① 용접은 잔류응력의 발생으로 인해서 취성파괴, 피로파괴, 부식저항, 좌굴강도의 영향이 발생하며, 용접의 잔류응력의 최소화하기 위해서는 용착금속량의 최소화, 용착법 순서 준수, 예열 및 용접방향을 응력방향과 평행하게 수행 하는 등의 대책을 마련하여야 한다.

② 용접의 종류로는 홈용접(Groove), 모살용접(fillet), 슬롯용접, 플러그 용접 등이 있다.

③ 홈용접(축력)의 허용응력은 $f_a = f_y$로 하며, 홈용접, 부분홈용접 및 필렛(전단)용접의 허용응력은 $v_a = f_a/\sqrt{3}$로 하되 현장용접은 공장용접의 90%를 적용한다.

④ 용접의 최대치수의 제한(모재응력 이상방지) 및 최소치수의 제한(냉각속도가 빨라져 균열방지)을 위해 $t_1 > s > \sqrt{2t_2}$로 규정한다.

⑤ 용접의 장단점

장점	단점
• 강중절약(거셋/연결판등) • 사용성 유리(강관기둥연결) • 강절구조에 적합 • 설계변경, 오류수정용이 • 소음이 작고 확실한 인장이음 • 곡선부, 소형 폐단면적용 유리 • 수밀성 확보	• 용접부 응력집중 • 용접부 변형에 의한 2차응력 발생가능 • 잔류응력의 영향 → 피로, 부식, 좌굴, 취성파괴 영향

➤ 용접 목 두께 산정

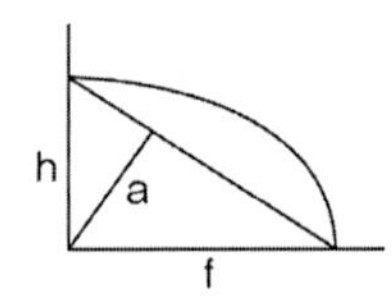

$h = 10.0mm,\ f = 15mm$ (삼각형의 면적비로부터)

$h \times f = \sqrt{h^2 + f^2} \times a$

$\therefore\ a = 8.32mm$

용접길이(l) = 100mm

➤ 용접선 작용응력

$SM400$의 허용응력 $f_a = 140MPa$ → 모재강도의 75%　$105MPa$

① 작용하중에 의한 응력

$$v = \frac{P}{\Sigma al} = \frac{120 \times 10^3}{8.32 \times 2 \times 100} = 72.12MPa \ \langle\ v_a = f_a/\sqrt{3} = 80MPa \qquad \text{O.K}$$

② 만약 용접 길이 중 단부에 a만큼 양단의 용접 길이를 제외하여 계산할 경우

$$v = \frac{P}{\Sigma al} = \frac{120 \times 10^3}{8.32 \times 2 \times (100 - 2 \times 8.32)} = 86.51MPa \ \rangle\ v_a = f_a/\sqrt{3} = 80MPa \qquad \text{N.G}$$

➤ ②인 경우

목두께 변경 시(h → $15mm$) $s = 10.61mm$

$$v = \frac{P}{\Sigma al} = \frac{120 \times 10^3}{10.61 \times 2 \times (100 - 2 \times 10.61)} = 71.78MPa \ \langle\ v_a = f_a/\sqrt{3} = 80MPa \qquad \text{O.K}$$

90회 2-4

지압이음

다음그림과 같은 구조로 500kN의 인장력을 전달하기 위한 구조를 지압이음으로 설계하려고 한다. SS400강재와 M22-B10T(지압이음용 고장력 볼트)를 사용할 때 구조검토를 수행하고 연결에 필요한 볼트의 최소개수를 구하시오.

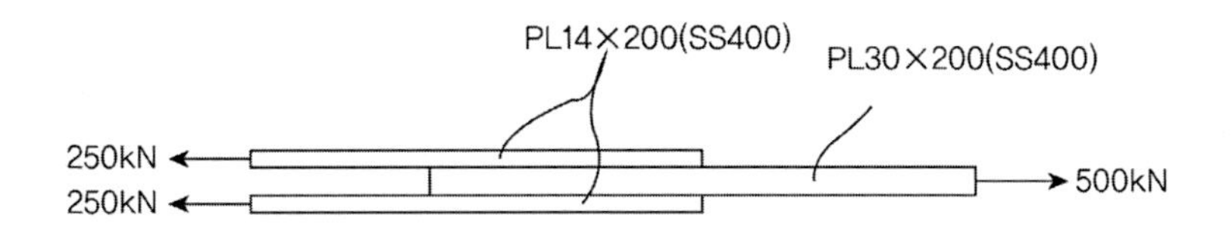

풀 이

➤ 강판의 허용인장력

볼트의 배열은 2열 배치로 검토한다.
가운데 부재의 두께가 바깥쪽 부재의 두께의 합보다 크므로 바깥쪽 부재에 대한 최대 허용인장력을 계산한다.

전체 단면적 $A_g = 14 \times 2 \times 200 = 5,600mm^2$

순 단면적 $A_n = A_g - 2 \times 14 \times 2 \times (22+3) = 4,200mm^2$

SS400의 허용 축방향 인장력 $P_{ta} = 140^{MPa} \times 4200^{mm^2} = 588^{kN}$

➤ 볼트의 허용 전단력 및 볼트 소요개수

지압이음용 고장력 볼트 M22-B8T의 허용전단응력 $v_a = 150^{MPa}$

1면 전단에 대한 볼트 1개당 허용전단력 $P_{va} = 150 \times \frac{\pi}{4} \times 22^2 = 57.02^{kN}$

필요한 볼트 개수(2면 전단) $n_b = \frac{P_{ta}}{2 \times P_{va}} = 5.16^{EA}$

∴ 한 열에 3개씩 총 6개의 볼트 사용

➤ 지압이음에 대한 검토

볼트 하나에 대한 허용지압력 : $P_{ba} = f_{ba} \times d \times t = 235^{MPa} \times 22 \times 28 = 144.76^{kN}$

볼트 1개당 측면 부재에 작용하는 지압력 : $P_b = \frac{588}{6} = 98^{kN} < P_{ba}(= 144.76^{kN})$ O.K

89회 1-8

전단응력

휨부재로 사용되는 강재 H-400×200×8×13 의 단면 복부판 축을 따라 전단력 V = 200 kN이 작용한다. 이 때 이 단면에 발생하는 최대전단응력을 구하시오(단, H-형강의 구석살(fillet)은 무시한다).

풀 이

▶ 단면의 성질

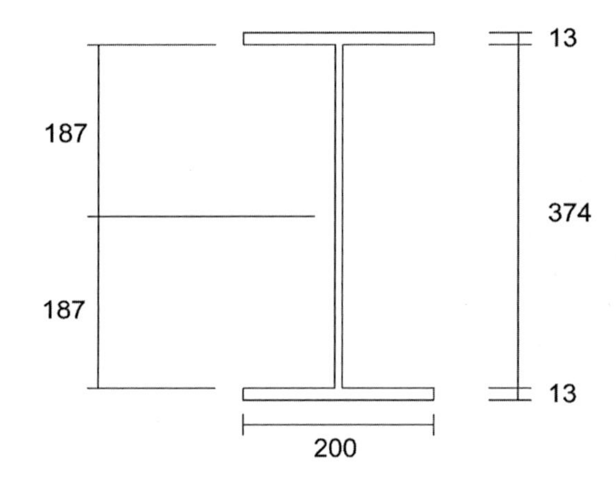

$$I=\frac{BH^3}{12}-\frac{bh^3}{12}=\frac{200\times400^3}{12}-\frac{(200-8)(400-13\times2)^3}{12}=229,648,683mm^4$$

$$Q_{\max}=200\times13\times\left(200-\frac{13}{2}\right)+187\times8\times\frac{1}{2}\times(200-13)=642,976mm^3$$

▶ 최대전단응력 산정

복부판 중앙에서 $Q_{\max}$ 이므로,

$$\tau_w=\frac{VQ}{It}=\frac{200\times10^3\times642,976}{2.29649\times10^8\times8}=69.996^{MPa}$$

88회 3-3

볼트의 조합력

그림과 같은 브래킷의 연결에서 모든 볼트가 동일한 직경의 볼트로 연결 되어 하중 P=100 kN 가 작용할 경우 각각의 볼트가 받는 전단력을 계산하고, 최대의 전단력을 받는 볼트는 6개 중 어느 것인가 확인하시오[단, 볼트는 그림과 같이 편심전단 하중을 받는 경우로서, 전체 볼트군(fastener group)은 도심(centroid)에 대하여 비틀림 모멘트와 직접전단(direct shear)을 받으며, 브라켓의 판(plate)은 강체(rigid)로 연결되었고, 판(plate) 사이의 마찰은 없는 것으로 가정].

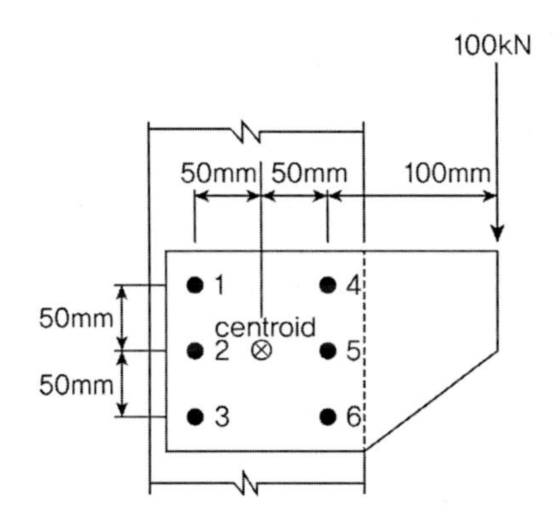

풀 이

➤ 전단력 산정

$$R_V = \frac{V}{n} = \frac{100}{6} = 16.67^{kN}$$

➤ 비틀림 산정

1) 거리산정(볼트 1, 3, 4, 6) $d_1 = \sqrt{x^2 + y^2} = \sqrt{50^2 + 50^2} = 70.71^{mm}$

2) 거리산정(볼트 2, 5) $d_2 = 50^{mm}$

3) 비틀림력 산정

$$R_T = \frac{Pe}{\Sigma(x^2 + y^2)} d_i$$

① 볼트 1, 3, 4, 6 : $R_T = \dfrac{100 \times 150}{4 \times 5000 + 2 \times 2500} \times 70.71 = 42.43^{kN}$

② 볼트 2, 5 : $R_T = \dfrac{100 \times 150}{4 \times 5000 + 2 \times 2500} \times 50 = 30^{kN}$

▶ **볼트별 합성 전단력 산정**

합성력 산정 $R = \sqrt{R_V^2 + R_T^2 + 2R_V R_T \cos\theta}$

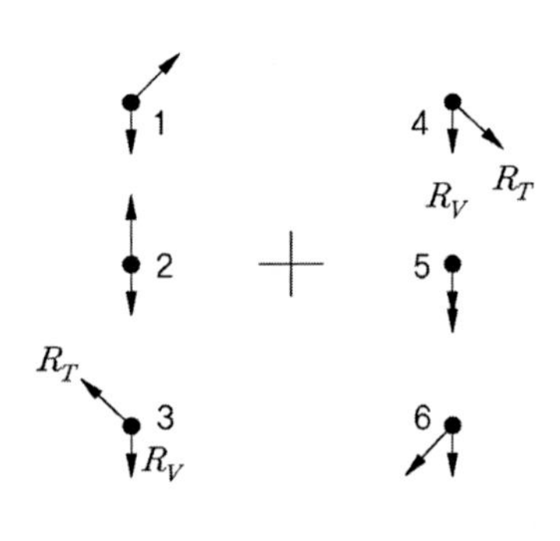

번호	θ	R_V	R_T	R
1	135°	16.67	42.43	$R_1 = 32.829^{kN}$
2	180°	16.67	30.0	$R_2 = 13.333^{kN}$
3	135°	16.67	42.43	$R_3 = R_1 = 32.829^{kN}$
4	45°	16.67	42.43	$R_4 = 55.478^{kN}$
5	0°	16.67	30.0	$R_5 = 46.667^{kN}$
6	45°	16.67	42.43	$R_6 = R_4 = 55.478^{kN}$

$\therefore R_{\max} = 55.478^{kN}$ (4, 6번 볼트에서 발생)

87회 1-12

연결부 허용하중

다음 그림과 같이 덧댐판에 $200\times10\ mm$의 강판을 (가)현장필렛용접(끝돌림 실시) 또는 (나)고장력 볼트이음을 하려고 할 때 이음부의 허용인장하중 P_{ta}를 비교하시오. (단, SS 400 강재, F10T(M22) 볼트사용)

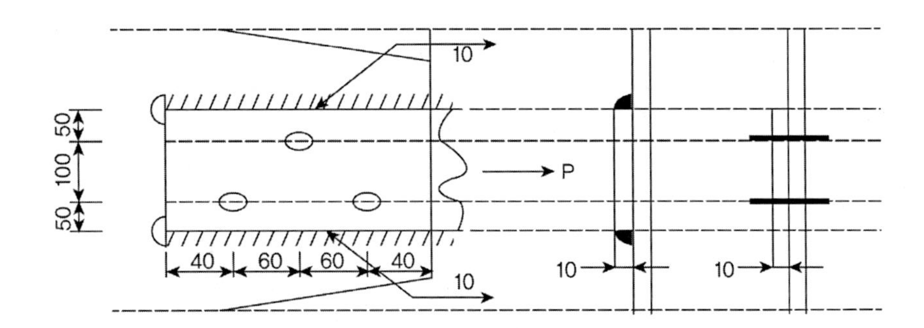

풀 이

➤ 현장 필렛 용접

SS400의 필렛 용접 허용 전단응력 $v_a = 0.9\times80 = 72^{MPa}$ (현장용접은 공장용접의 90%)

$a = 0.707s = 7.07^{mm}$

끝돌림 용접이므로 끝돌림 길이를 a로 가정하여 유효길이에서 제외

$l = 2\times(200-2\times a)^{mm} = 371.7^{mm}$

$\therefore$ 이음부 허용하중 $P_{ta} = v_a\times a\times l = 72\times7.07\times371.7 = 189.21^{kN}$

➤ 고장력 볼트 이음

F10T(M22)의 허용 전단력 $\rho_a = 48^{kN/EA}$

이음부의 허용인장하중은 1면 전단이므로

$\therefore$ 이음부 허용하중 $P_{ta} = 3\rho_a = 144^{kN}$

강재라멘의 좌굴

도로설계편람 교량편 509-218

다음과 같은 상자형 단면 강재 라멘교각 기둥부재의 면내 및 면외방향 유효폭과 유효좌굴길이를 도로교설계기준에 의거하여 산정하시오(단, 보와 기둥의 단면 2차 모멘트는 각각 I_B와 I_C이다).

유효폭의 산정식 : $\lambda = b \qquad (b/L_e \leqq 0.02)$

$= [1.06 - 3.2(b/L_e) + 4.5(b/L_e)^2]b \qquad (0.02 < b/L_e < 0.3)$

$= 0.15L_e \qquad (0.3 \leqq b/L_e)$

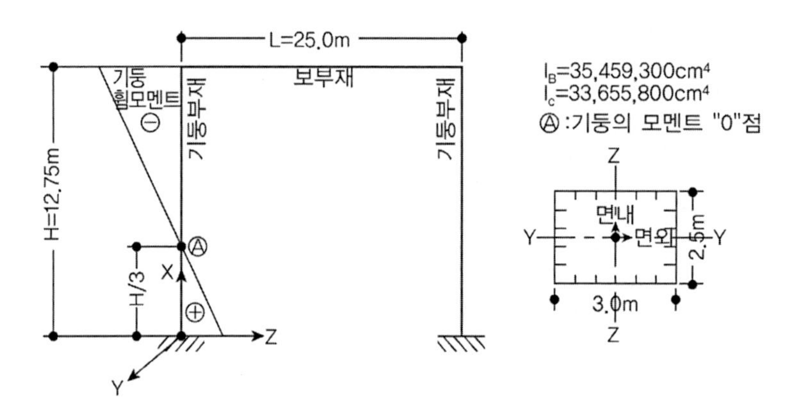

풀 이

➤ 유효폭

도로교 설계기준 3.8.3.4에 따라 플랜지 유표폭에 준하여 산정하도록 하고 있다.

구분	유효폭의 변화 상태	구 간	등가지간장
단순 거더	① λL L	①	λL(거더전장) : $l = L$
연속 거더	① ②③④ ⑤ ⑥⑦⑧ λS₁ λL₂ λS₂ 0.2L₁ 0.2L₂ 0.2L₂ 0.2L₁ L₁ L₂ L₃	①	λL_1(지간중앙부) : $l = 0.8L_1$
		⑤	λL_2(지간중앙부) : $l = 0.6L_2$
		③	λS_1(지간중앙부) : $l = 0.2(L_1 + L_2)$
		⑦	λS_2(지간중앙부) : $l = 0.2(L_2 + L_3)$
		②④⑥⑧	양단의 유효폭을 사용하여 직선적으로 변화한다.

➤ 면내변형에 대한 등가지간길이

응력계산을 위한 유효폭은 도로교 설계기준 3.8.3.4에 따라 플랜지 유효폭에 준하여 산정하는 것으로 하고 있으나 하부구조의 등가지간길이 l에 대해서는 명시되어 있지 않으므로 지배적인 하중재하 상태에서의 휨모멘트 분포형상을 고려하여 결정하여야 한다.

구분	교각형식	구 간	등가지간길이	적 용	비 고
역L형 교각	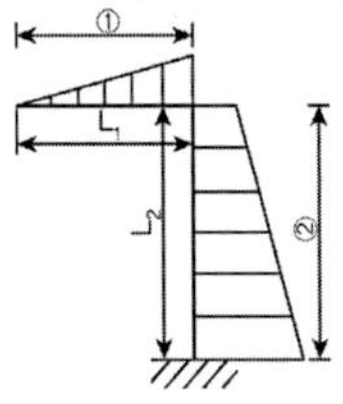	①	$l=2L_1$	캔틸레버부	L_1:보의 내민길이
		②	$l=2L_2$	캔틸레버부	L_2:기둥 기초부로부터 접합부까지의 높이
라멘 교각	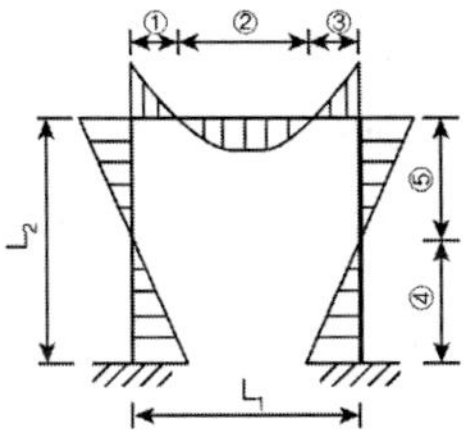	①	$l=2\cdot(0.2L_1)$	캔틸레버부	L_1:기둥간격
		②	$l=0.6L_1$	지간중앙부	
		③	$l=2(0.2L_1)$	캔틸레버부	
		④	$l=2\left(\frac{1}{3}L_2\right)$	캔틸레버부	L_2:기둥 기초부로부터 접합부까지의 높이
		⑤	$l=2\left(\frac{1}{3}L_2\right)$	캔틸레버부	

(면내방향 등가지간길이)

라멘교각의 보 경간부에 대해서는 연속거더 지간 중앙부에 준하는 것으로 하며, 기둥에 대해서는 캔틸레버부를 적용하되 이때의 거리는 모멘트 변화 위치를 고려하여 기둥기초부로부터 높이의 1/3지점까지 거리를 택하여 적용한다.

➤ 면외변형에 대한 등가지간길이

라멘교각의 기둥은 캔틸레버부로 간주하여 등가지간길이를 계산토록 한다.

구분	교각형식	구 간	등가지간길이	적 용	비 고
역L형 교각	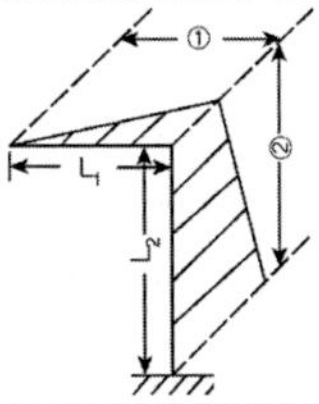	①	$l=2L_1$	캔틸레버부	L_1:보의 내민길이
		②	$l=2L_2$	캔틸레버부	L_2:기둥 기초부로부터 접합부까지의 높이
라멘 교각	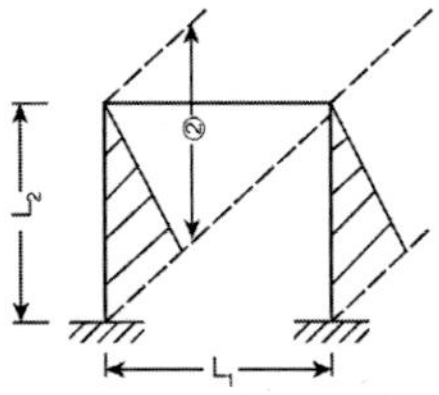	②	$l=2L_2$	캔틸레버부	L_2:기둥 기초부로부터 접합부까지의 높이

(면외방향 등가지간길이)

➤ 유효좌굴길이 설계기준

1) 도로교 설계기준

도로교 설계기준에서는 라멘기둥의 유효좌굴길이 l은 특별히 엄밀한 계산을 하지 않을 때는 다음과 같이 계산하도록 하고 있다.

부재 ＼ 좌굴형식		면내좌굴	
1층기둥	하단고정	$l=1.5h$	$k \le 5$
		$=[1.5+0.04(k-5)]h$	$5<k \le 10$
	하단힌지	$l=3.5h$	$k \le 5$
		$=[3.5+0.2(k-5)]h$	$5<k \le 10$
2층이상의 기둥		$l=1.9h$	$k \le 5$
		$=[1.9+0.14(k-5)]h$	$5<k \le 10$
외다리 기둥		$l=2.0h$	
2층 이상의 외다리 기둥		$l=2.2h$	

여기서 $k=\dfrac{I_C/h}{I_B/L}$ I_C , I_B: 기둥, 거더의 단면 2차 모멘트, h : 각층의 라멘기둥 높이

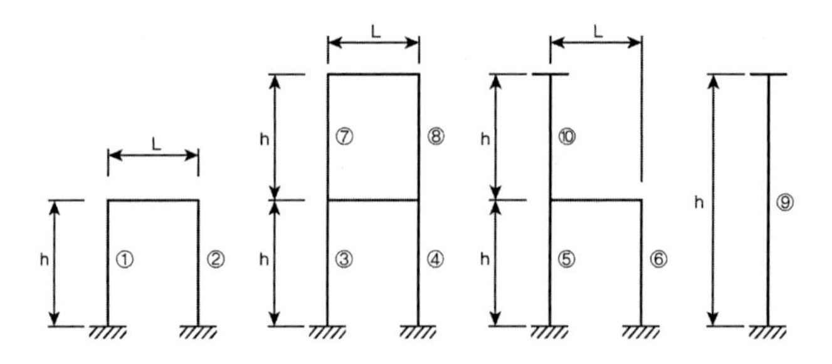

2) 철도설계기준

라멘 기둥의 유효좌굴길이는 철도설계기준에서는 라멘 교각에 대해서는 보와 기중의 강비, 지점이 고정 또는 힌지 인지 여부, 라멘의 보에 올린 교량의 주거더가 라멘구조를 어떻게 구속하고 있는지에 의해 압축부분을 검토하기 위한 l의 산정방법이 달라진다.
라멘구조의 형식은 1층 라멘의 보 위에 교량의 주거더를 올려놓는 방식이 가장 많이 사용되며 이러한 경우의 l을 결정하는 방법은 아래와 같다. 기둥의 l은 아래의 값에 따라 기둥의 길이 H를 곱하여 구한다.

부재 ＼ 기둥의 받침조건		힌지	고정
보		$l=B$	$l=B$
기둥	라멘 면내	$\eta=1.64\sqrt{\dfrac{B}{B-a}} \le 2.32$	$\eta=0.82\sqrt{\dfrac{B}{B-a}} \le 1.16$
	라멘 면외	$\eta=\left(\dfrac{4a}{B}+0.3\right)\left(1-\dfrac{b}{B}\right)+0.7 \ge 1$	$\eta=2$

여기서 η : 기둥 좌굴계산 시 기둥길이에 곱하는 계수 ($l=\eta\times H$)

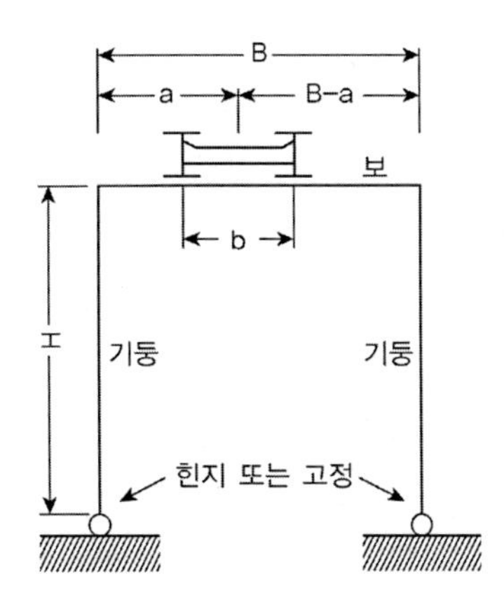

➤ 라멘교각 기둥부재의 면내 및 면외방향 유효폭 산정

1) 면내방향

면내방향 등가지간장(l)=$2\left(\frac{1}{3}H\right)=\frac{2}{3}\times 12.75=8.5^m$

$\frac{b}{l}=\frac{2.5}{8.5}=0.294$ $\therefore\ 0.02<\frac{b}{l}<0.3$

$\therefore \lambda=[1.06-3.2(b/l)+4.5(b/l)^2]b=[1.06-3.2\times 0.294+4.5\times 0.294^2]\times 2.5=1.05^m$

2) 면외방향

면외방향 등가지간장(l)=$2H=2\times 12.75=25.5^m$

$\frac{b}{l}=\frac{3.0}{25.5}=0.118$ $\therefore\ 0.02<\frac{b}{l}<0.3$

$\therefore \lambda=[1.06-3.2(b/l)+4.5(b/l)^2]b=[1.06-3.2\times 0.118+4.5\times 0.118^2]\times 3.0=2.24^m$

➤ 도로교 설계기준에 따른 라멘교각 기둥부재의 유효좌굴길이 산정

$$k=\frac{I_C/h}{I_B/L}=\frac{33,655,800^{cm^4}/1275^{cm}}{35,459,300^{cm^4}/2500^{cm}}=1.861\le 5$$

$\therefore\ l=1.5H=1.5\times 12.75=19.125^m$

100회 2-6

합성구조 안정성 해석

도로설계편람 교량편 506-78

다음 그림 및 조건과 같은 교각 지점부 단면의 휨응력, 전단응력, 조합응력 및 항복에 대한 안정성을 해석하시오(단, 크리프, 건조수축, 온도 및 비틀림 영향은 무시한다).

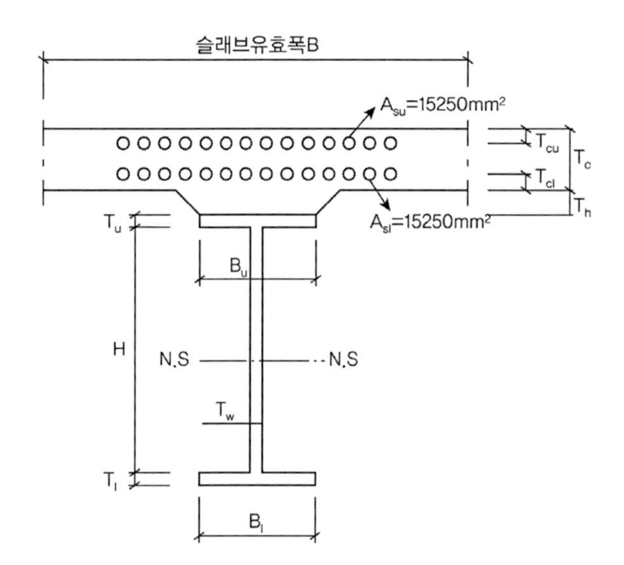

H=3,200mm
B=2,300mm
B_u=550mm
B_l=660mm
T_c=240mm
T_h=0.0mm
T_u=30mm
T_l=30mm
T_w=12mm

< 조 건 >

M_{s1} : 합성전 고정하중에 의한 모멘트= - 7500.0 kN · m
M_{s2} : 합성후 고정하중에 의한 모멘트= - 3500.0 kN · m
M_v : (활하중+지점침하)에 의한 모멘트= - 4100.0 kN · m
S_{s1} : 합성전 고정하중에 의한 전단력= - 1400.0 kN
S_{s2} : 합성후 고정하중에 의한 전단력= - 600.0 kN
S_v : (활하중+지점침하)에 의한 전단력= - 480.0 kN
T_{cu}, T_{cl} : 교축방향 철근의 피복두께(상면, 하면) 60 mm, 40 mm
강재 : SM490, f_y=320MPa, f_{ta}=190MPa, v_a=110MPa

$$f_{ca}\ ;\ \frac{b}{11.1} \le t, \qquad f_{ca} = 190\ \text{MPa}$$

$$\frac{b}{16} \le t < \frac{b}{11.1},\ f_{ca} = 24000\left(\frac{T_\ell}{b}\right)^2\ \text{MPa}$$

철근 : SD400, f_{ta}=160MPa, f_{ca}=180MPa
탄성계수 : E_s = 200,000MPa, E_c = 27,000MPa

풀 이

➤ 단면검토

$n = E_s/E_c = 7.4$

단면	B(mm)	H(mm)	A(mm²)	Y(mm)	AY(㎣)	AY2(㎣)	$I_x\,(mm^4)$
상부플랜지	550	30	16,500	1,615	26,647,500	43,035,712,500	1,237,500
복부	12	3200	38,400	–	–	–	32,768,000,000
하부플랜지	660	30	19,800	–1615	–31,977,000	51,642,855,000	1,485,000
강단면합계	–	–	74,700	–	–5,329,500	94,678,567,500	32,770,722,500
상부철근	–	–	15,250	1,780	27,145,000	48,318,100,000	–
하부철근	–	–	15,250	1,640	25,010,000	41,016,400,000	–
철근합계	–	–	30,500	–	52,155,000	89,334,500,000	–
바닥판	2,300	240	552,000	1,720	949,440,000	1,633,036,800,000	2,649,600,000

➤ 응력검토

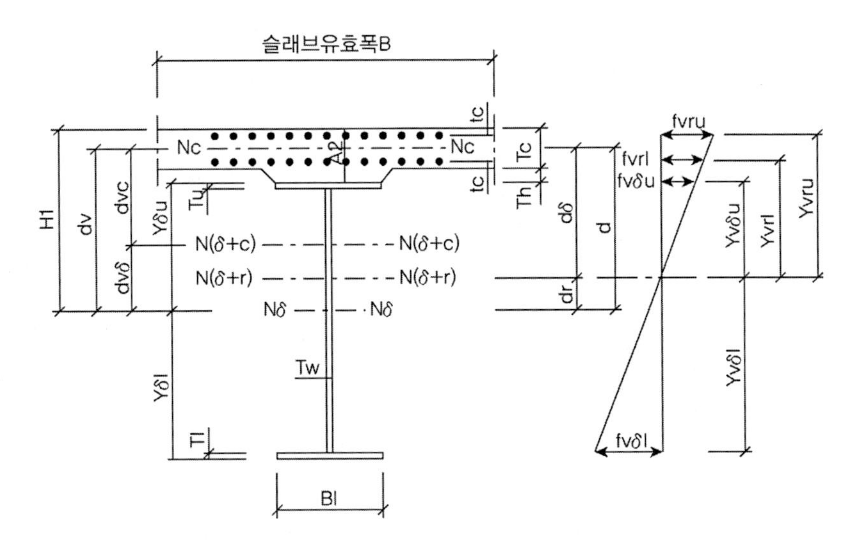

1) 합성 전

$I_s' = A_s Y^2 + \Sigma I_s =$ 127,449,290,000 mm^4

$\delta_s = \Sigma(AY)/A_s =$ –71.34538153 mm

$I_s = I_s' - A_s\delta_s^2 =$ 127,069,054,789 mm^4

$Y_{su} = H/2 + T_u - \delta_s =$ 1,701.35 mm

$Y_{sl} = H/2 + T_l + \delta_s =$ –1,558.65 mm

$f_{su} = M_{s1} \times Y_{su}/I_s =$ −100.4 MPa

$f_{sl} = M_{s1} \times Y_{sl}/I_s =$ 92.0 MPa

$K = \sum bt^3/3 =$ 12,733,200 mm

$\tau_s = S_{s1}/A_{web} + M_{st}t_w/K =$ −36.46 MPa

A_s : 강재의 단면적, M_{st} : 합성 전 고정하중에 의한 비틀림 모멘트

2) 합성 후

$A_v = A_s + A_r =$ 105,200 mm^2

$d = Y_{su} - T_u + T_h + t_{cl} + (T_c - T_{cu} - T_{cl})A_{ru}/Ar =$ 1,781.35 mm

$d_r = dA_s/(A_s + A_r) =$ 1,264.89 mm

$d_s = d - d_r =$ 516.45 mm

$Y_{vru} = d_r + (T_c - T_{cu} - T_{cl})A_{rl}/A_r =$ 1,334.89 mm

$Y_{vrl} = d_r - (T_c - T_{cu} - T_{cl})A_{ru}/A_r =$ 1,194.89 mm

$Y_{vsu} = Y_{vrl} - T_{cl} - T_h + T_u =$ 1,184.89 mm

$Y_{vsl} = Y_{vsu} - (H + T_u + T_l) =$ −2075.11 mm

$I_{rv} = I_s + A_s d_s^2 + A_r d_r^2 =$ 195,791,873,742 mm^4

$f_{vru} = M_{s2} \times Y_{vru}/I_{rv} =$ −23.86 MPa

$f_{vrl} = M_{s2} \times Y_{vrl}/I_{rv} =$ −21.36 MPa

$f_{vsu} = M_{s2} \times Y_{vsu}/I_{rv} =$ −21.18 MPa

$f_{vsl} = M_{s2} \times Y_{vsl}/I_{rv} =$ 37.09 MPa

$K' = K + \sum Bt^3/3/n =$ 1,444,949,416 mm^4

$\tau_{sv} = S_{s2}/A_{web} + M_{sct}t_w/K' =$ −15.625 MPa

A_r : 철근의 단면적, M_{sct} : 합성 후 고정하중에 의한 비틀림 모멘트

3) 활하중

$f_{vru} = M_v \times Y_{vru}/I_{rv} =$ −27.95 MPa

$f_{vrl} = M_v \times Y_{vrl}/I_{rv} =$ −25.02 MPa

$f_{vsu} = M_v \times Y_{vsu}/I_{rv} =$ −24.81 MPa

$f_{vsl} = M_v \times Y_{vsl}/I_{rv} =$ 43.45 MPa

$v = S_v / A_{web} + M_{vt} t_w / K' =$ −12.50 MPa

M_{vt} : (활하중+지점침하)에 의한 비틀림 모멘트

4) 전단 및 비틀림

비틀림력은 없으므로 순수비틀림에 의한 전단응력, 뒴비틀림에 의한 전단과 수직응력의 검토는 생략한다.

$v = (S_{s1} + S_{s2} + S_v)/A_{web} = 2480 \times 10^3/3200 = 64.58MPa \; \langle \; v_a (= 110MPa)$ O.K

5) 조합응력 검토

① 인장(상부) 플랜지의 허용응력(SM490) $f_{ta} = 190^{MPa}$

$f_u = f_{su} + f_{vsu} + f_{vsu}(\text{활하중}) = -146.41MPa \; \langle \; f_{ta} = 190^{MPa}$ O.K

② 압축(하부) 플랜지의 허용응력(SM490)

$b = (B_l - t_w)/2 = (660 - 12)/2 = 324mm$

$\dfrac{b}{11.2} = 28.93^{mm} \leq t_l (= 30^{mm})$ $\therefore f_{ca} = 190^{MPa}$

$f_l = f_{sl} + f_{vsl} + f_{vsl}(\text{활하중}) = 172.55MPa \; \langle \; f_{ca} = 190^{MPa}$ O.K

③ 합성응력 검토

상연 : $\left(\dfrac{f}{f_a}\right)^2 + \left(\dfrac{v}{v_a}\right)^2 = \left(\dfrac{146.41}{190}\right)^2 + \left(\dfrac{64.58}{110}\right)^2 = 0.94 < 1.2$ O.K

하연 : $\left(\dfrac{f}{f_a}\right)^2 + \left(\dfrac{v}{v_a}\right)^2 = \left(\dfrac{172.75}{190}\right)^2 + \left(\dfrac{64.58}{110}\right)^2 = 1.17 < 1.2$ O.K

6) 항복에 대한 안전도 검사

$\Sigma f =$ 1.2(합성 전 고정하중 응력 + 합성 후 고정하중 응력) + 1.6(활하중에 의한 응력)

① 바닥판 콘크리트

합성 후 고정하중 응력 : $f_{vru} = M_{s2} \times Y_{vru} / I_{rv} =$ −23.86 MPa

합성 후 활하중 응력 : $f_{vru} = M_v \times Y_{vru} / I_{rv} =$ −27.95 MPa

$1.3 \times -23.86 + 1.6 \times -27.95 = -75.738MPa \; \langle \; f_y$(=400MPa) O.K

② 강재주형 상부플랜지

합성 전 고정하중 응력 : $f_{su} = M_{s1} \times Y_{su}/I_s =$ −100.4 MPa

합성 후 고정하중 응력 : $f_{vsu} = M_{s2} \times Y_{vsu}/I_{rv} =$ −21.18 MPa

합성 후 활하중 응력 : $f_{vsu} = M_v \times Y_{vsu}/I_{rv} =$ −24.81 MPa

$1.3 \times (-100.4 - 21.18) + 1.6 \times -24.81 = -197.75MPa$ 〈 f_y(=320MPa)　　O.K

③ 강재주형 하부플랜지

합성 전 고정하중 응력 : $f_{sl} = M_{s1} \times Y_{sl}/I_s =$ 92.0 MPa

합성 후 고정하중 응력 : $f_{vsl} = M_{s2} \times Y_{vsl}/I_{rv} =$ 37.09 MPa

합성 후 활하중 응력 : $f_{vsl} = M_v \times Y_{vsl}/I_{rv} =$ 43.45 MPa

$1.3 \times (92.0 + 37.09) + 1.6 \times 43.45 = 237.337MPa$ 〈 f_y(=320MPa)　　O.K

98회 2-4

잔류응력

다음그림과 같은 봉을 용접하여 연결하고자 한다.

1) 용접부에서 발생하는 잔류응력의 원인과 영향 및 저감대책에 대해 설명하시오.
2) 봉의 양단이 그림a와 같이 자유단일 때와 그림b와 같이 고정단일 때에 용접에 의해서 발생되는 변형률과 잔류응력을 구하시오.

〈조 건〉
• 용접열 = 500℃ · 선팽창계수 = 1.2×10^{-5}/℃
• 강재탄성계수(E) = 200,000MPa · 두께 = 일정

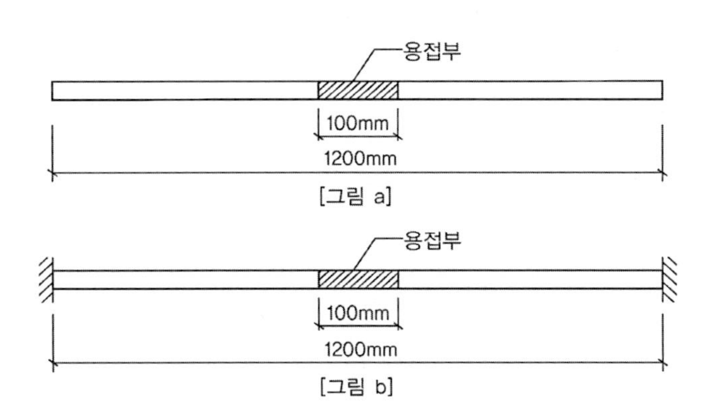

[그림 a]

[그림 b]

91회 2-4 강구조물 용접부 발생하는 잔류응력의 발생원인, 구조적 영향, 경감방법

81회 2-5 용접의 비파괴 검사방법 및 용접이음의 장단점, 잔류응력의 영향과 대책

72회 1-3 잔류응력(Residual Stress)을 설명

63회 1-8 형강(예, I Section)의 잔류응력에 대하여 설명

풀 이

➤ 개 요

강구조물의 잔류응력은 열연이나 압연 또는 구조물의 캠버(Camber)조정 시 소성변형의 발생으로 인하여 발생되며 잔류응력으로 인하여 구조물의 취성파괴, 좌굴강도 감소, 용접부의 응력집중, 부식저항성능 저하, 피로강도 저하 등의 영향을 미친다.

➤ 용접부의 잔류응력 원인 및 영향, 대책

용접부에서 발생하는 잔류응력은 열가공으로 인하여 열온도의 응력구배가 발생하고 이로 인하여 냉각되는 속도차에 의하여 잔류변형 및 이로 인한 잔류응력이 필연적으로 발생된다.
실험을 통해서 I형강의 경우 잔류응력(f_r)의 크기는 (0.2~0.3)f_y, 강박스 구조물은 0.3f_y정도를 가지는 것으로 보고되고 있다.

1) 용접부 잔류응력으로 인한 영향

① 강재의 취성파괴 : 용접부의 잔류응력으로 인한 강도저하로 취성파괴를 유발한다.
② 강재의 피로수명 및 피로강도 저하 : 잔류응력으로 인한 피로수명과 강도가 저하된다.
③ 강재의 좌굴강도 저하 : 잔류응력으로 인한 강재의 좌굴강도가 저하된다.
④ 부식저항성능 저하 : 용접부의 응력집중으로 인하여 부식저항성능이 저하된다.
⑤ 용접부의 응력집중 : 잔류응력부에 응력이 집중되어 취성파괴 및 피로파괴를 유발한다.
⑥ 극한강도 및 휨내력 저하
⑦ 잔류변형으로 인한 뒤틀림 발생

2) 용접부 잔류응력 저감 대책

① 용착금속양 및 용접부 최소화
② 용접방향(응력방향과 평행하게) 및 용접순서(구속이 적게) 준수로 잔류변형 최소화
③ 예열 준수 : 온도응력 구배를 최소화시키기 위하여 예열 처리
④ 잔류응력부 잔류변형 풀림처리 : 구속해제로 잔류응력 해제
⑤ 소성변형 추가로 인한 잔류응력 최소화 : 소성변형을 추가하여 잔류응력을 한 방향으로 처리
⑥ 응력이완작용으로 잔류응력 최소화

➤ 용접에 의한 변형률 및 잔류응력검토

1) a 구조계 : 내부구속이 없으므로 변형률 발생

변형률 : $\epsilon = \alpha \Delta T = 1.2 \times 10^{-5} \times 500 = 0.006$
잔류응력 : $\sigma = 0$

2) b 구조계 : 내부구속으로 잔류변형에 의한 잔류응력 발생

변형률 : $\epsilon = \Delta l / l = 0$
잔류응력 : $\sigma = \alpha E \Delta T = 0.006 \times 200,000 = 1,200 MPa$

101회 3-3

볼트연결 : 허용응력설계법

그림과 같이 강판을 접합하고자 할 때 4-ϕ22의 볼트가 저항할 수 있는 최대인장력의 크기를 구하시오(단, 마찰 연결의 경우 F10T, 지압연결의 경우 B10T볼트를 사용하고 덧댐판의 재질은 SM490으로 한다).

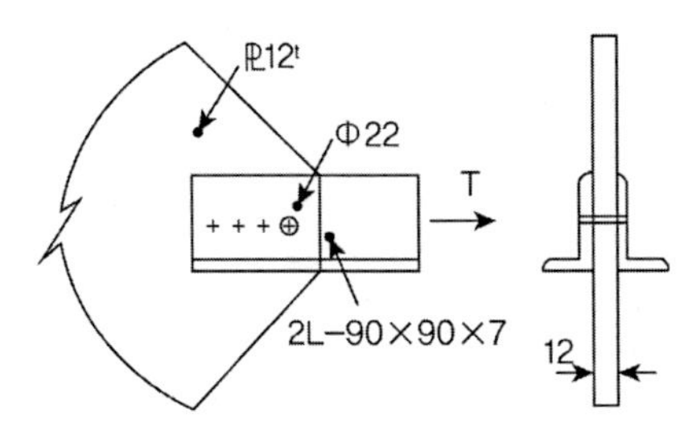

풀 이

➤ 개요

LRFD에 의하거나 허용응력설계법에 따라 마찰이음과 지압이음에 대한 검토를 수행할 수 있다.

➤ 허용응력 설계법

볼트 구멍 직경 : $d = 22 + 3 = 25mm$

총단면적 : $A_g = [(90 + 90 - 7) \times 7] \times 2^{EA} = 2422mm^2$

1) 강판의 허용인장력

순폭 :$(90 + 90 - 7) - 25 = 148mm$

$A_n = 2 \times 148 \times 7 = 2072^{mm^2}$

SM490의 허용 축방향 인장력　　$P_{ta} = 160^{MPa} \times A_n = 331.52^{kN}$

2) 마찰이음

F10T의 허용력 : 2면마찰　$\rho_a = 2 \times 48 = 96MPa$

$P_{ta} = P_{va} \times 4^{EA} = 384^{kN}$ 〉 강판P_{ta}

∴ 강판의 허용 축방향 인장력 $P_{ta} = 331.52^{kN}$을 사용한다.

3) 지압이음

B10T $v_a = 190^{MPa}$

1면 전단 대한 볼트 1개당 허용전단력 $P_{va} = 190 \times \frac{\pi}{4} \times 22^2 = 72.22^{kN}$

2면 전단 $P_{ta} = 2 \times P_{va} \times 4^{EA} = 577.8^{kN}$ 〉 강판P_{ta}

∴ 강판의 허용 축방향 인장력 $P_{ta} = 331.52^{kN}$을 사용한다.

101회 2-3

고장력 볼트, 이음판 설계

플레이트 거더교의 주형 설계시 현장연결부(연결판 : 전단판 및 모멘트 판)의 단면력(휨모멘트, 전단력)을 산정하는 이유와 연결판 계산방법에 대해 설명하고 고장력 볼트 이음시 연결판을 개략적으로 그리시오.

풀 이

➤ 개요

플레이트 거더의 제작상의 한계로 인하여 불가피하게 연결부가 발생하게되며, 현장에서의 연결의 시공성 및 편리성 등을 감안하여 고장력 볼트를 이용한 연결이 주로 사용된다. 주형의 단면력을 연속적으로 전달할 수 있도록 현장연결부를 설계토록 하고 있는데 이음판의 설계에 대한 허용응력설계법의 일반사항은 아래와 같다.

➤ 이음판 설계

1) 주요부재의 연결은 작용응력에 대해 설계하는 경우라도 모재 전강도의 75%이상의 강도를 갖도록 설계한다. 전단력에 대해서는 작용응력을 사용하여 설계해도 좋다. 또한 부재의 연결부 구조는 다음사항을 만족하도록 하여야 한다.

① 연결부 구조가 단순하고 응력전달이 확실히 할 것
② 구성하는 각 재편에 있어서 가능한 한 편심이 일어나지 않게 할 것
③ 유해한 응력집중이나 2차 응력이 생기지 않도록 할 것
④ 연결부에서 단면이 변하는 경우 작은 단면을 기준으로 연결의 제규정을 적용한다.

2) 인장력이 작용하는 판은 순단면에 생기는 응력이 허용응력 이하가 되도록 설계한다.

3) 압축판이 작용하는 판의 이음판은 총단면적에 생기는 응력이 허용압축응력 이하가 되도록 한다.

4) 휨모멘트가 작용하는 판의 이음판은 다음의 식을 만족하여야 한다.

$$f = \frac{M}{I}y \leq f_a$$

5) 모재 한쪽의 이음판 소요두께가 25mm를 초과하는 경우에는 두께 10mm 이상, 21mm 이하의 2개 또는 3개의 판재를 사용하도록 한다.

6) 연결위치는 아래의 그림과 같은 위치가 바람직하며 천공에 의한 단면보강을 하지 않아도 좋을 위치를 선정하는 것이 좋다. 수직브레이싱의 간격 및 배치, 중간 보강재 배치 등과의 중첩을 피하도록 한다.

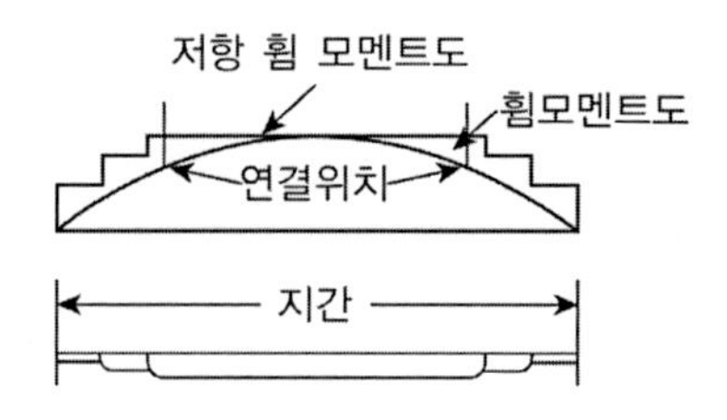

➤ 연결판의 계산방법

연결부에서 발생하는 전단력은 모두 복부판이 받으며 휨모멘트와 축력은 모두 플랜지가 받는다.

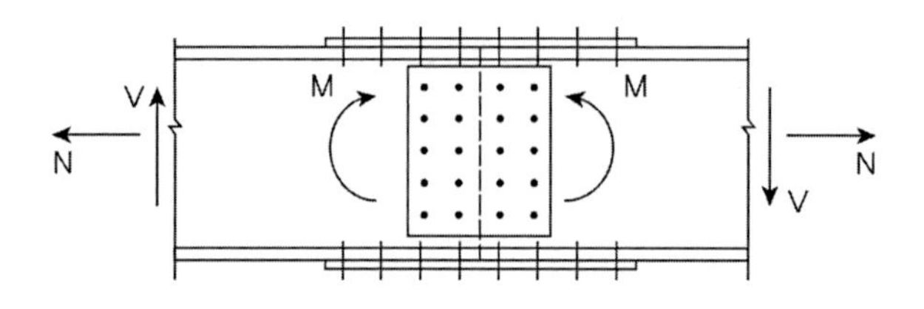

1) 압축부/인장부 플랜지

플랜지 연결은 모재 전강도의 75% 이상의 강도를 갖도록 설계하여야 하며, 하중에 의한 부분에 대해서는 휨모멘트에 의한 힘 + 축력에 의한 힘에 대해서 검토한다. 하중에 의한 응력과 모재 전강도의 75% 중 큰 값에 대해서 설계한다.
인장력이 작용하는 판의 이음판은 순단면적에 생기는 응력이 허용응력 이하가 되도록, 압축력이 작용하는 판의 이음판은 총단면에 생기는 응력이 허용압축응력 이하가 되도록 한다.

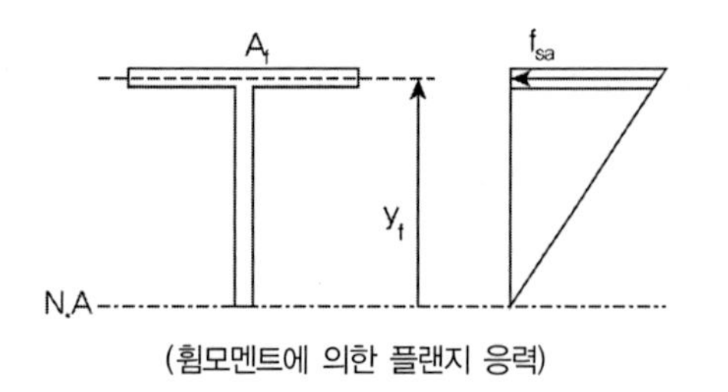

(휨모멘트에 의한 플랜지 응력)

플랜지 연결판에 작용하는 힘

$$P_j = P_{f,M} + P_{f,N} = \left[\frac{M}{I}y_f + \frac{N}{A}\right]A_f$$

① 이음판 : $A_{s(use)} \geqq A_{s(req)} = A_s \times \dfrac{f_s}{f_{sa}}$

② 볼트 연결

• 직응력 검토 : $\rho_p = \dfrac{P}{n} < \rho_a$

• 휨 전단응력 검토 : $\rho_h = \left(\frac{S_s Q_s}{I_s} + \frac{S_v Q_V}{I_v} \right) \times \frac{p}{n} < \rho_a$

• 합성응력 검토 : $\rho = \sqrt{\rho_p^2 + \rho_h^2} < \rho_a$

2) 복부 연결 : 보에 작용하는 전체 단면력, 볼트 1개가 1면 전단인 경우로 받는 힘

① 이음판 : 합성 전후의 모멘트와 단면2차 모멘트를 산정하여 이음판의 상하연 응력이 허용응력 이내 인지 여부를 검토한다.

(상연응력) $f_u = \frac{M_{sw}}{I_{sw}} Y_{su} + \frac{M_{vw}}{I_{vw}} Y_{vu} < f_{sa}$

(하연응력) $f_u = \frac{M_{sw}}{I_{sw}} Y_{sl} + \frac{M_{vw}}{I_{vw}} Y_{vl} < f_{sa}$

② 볼트 연결 : 볼트의 휨작용력을 산정하고 모멘트에 의한 응력과, 전단에 의한 응력을 검토하고 합성응력에 대해서 검토한다.

• 전단응력 검토 : $\rho_s = \frac{V}{n} < \rho_a$

• 휨 응력 검토 : $\rho_m = \frac{M_w}{\Sigma y_i^2} y < \rho_a$

• 합성응력 검토 : $\rho = \sqrt{\rho_m^2 + \rho_s^2} < \rho_a$

➤ 고장력 이음시 개략적인 이음판의 형상

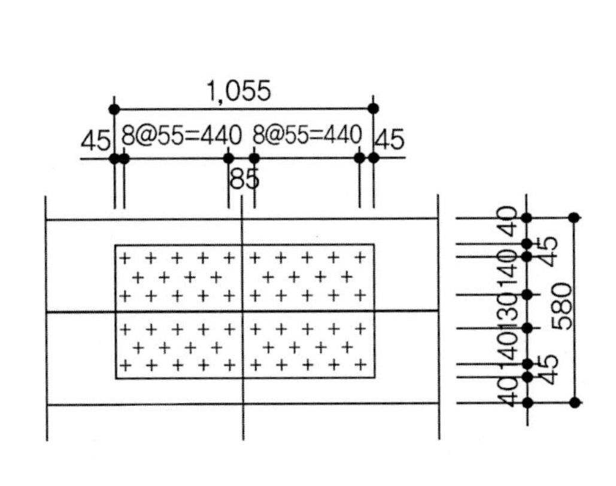

압축부/인장부 플랜지

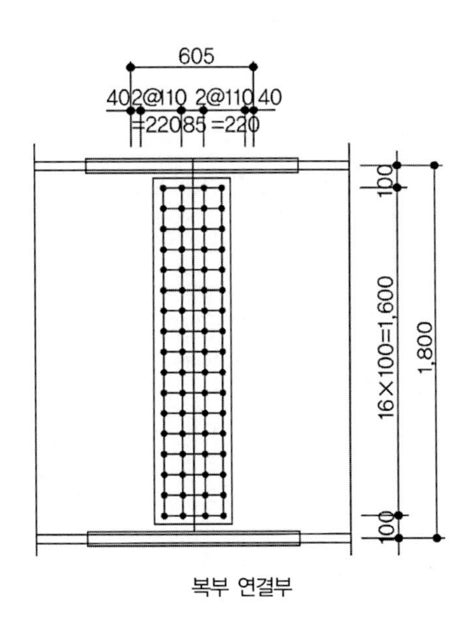

복부 연결부

Chapter

04 한계상태 설계법

01 LRFD 설계 일반

1. LRFD의 개념적 기초

1) ASD와의 차이점

① 하중과 저항에 대한 다중(또는 부분) 안전계수 사용
② 종래의 단순한 설계공식을 지양하고 실험과 이론의 발전결과를 체계적으로 반영하여 구조거동 중심으로 설계식화
③ 하중조합의 취급에서 보다 더 개선되고 합리적인 방법의 사용
④ 구조신뢰성 방법에 의한 부분안전계수들의 보정
⑤ 상이한 재료 및 시공형식에 대한 공통의 기본설계기준 및 공통하중계수의 사용

2) 한계상태

① 강도한계상태(Strength limit state) : Yielding(Strength, plastic strength), fracture, buckling, sliding, fatigue, overturning
구조물의 일부분 또는 전체의 붕괴와 관련되는 한계상태로 인명손실이나 재정적 손실, 정치, 사회, 경제적 문제점 야기되므로 매우 낮은 발생확률을 가져야 한다.
(1) 구조물의 일부 또는 전체의 평형상실(전도, 인발, 슬라이딩)
(2) 재료의 강도, 파손, 파괴, 피로파괴 등의 한계 초과로 부재 내하력 상실
(3) 최초의 국부적인 파손이 전체 구조붕괴로 확대(점진적 붕괴, 구조 건전도 결핍)
(4) 붕괴 메커니즘이나 전체적인 불안정으로 변환시키는 과도한 변형이나 진동
② 사용성한계상태(Serviceability limit state) : Excessive deflection, vibration, permanent deformation, cracking

열화손상 등으로 구조물의 용도상 구조적 기능이 저하 손상되는 구조물의 한계상태로 인명손실 위험이 적기 때문에 강도한계상태보다는 더 큰 발생확률을 허용할 수 있다.

(1) 구조물의 용도, 배수, 외관을 저해하거나 비구조적 요소나 부착물의 손상을 유발하는 과도한 처짐이나 회전
(2) 구조물 외관, 구조물의 용도나 내구성에 나쁜 영향을 미치는 국부적 손상(균열, 할렬, 파단, 항복, 활동)
(3) 거주자의 안락감이나 장비 작동에 나쁜 영향을 주는 과도한 진동

2. 확률적 안전도

103회 1-6 신뢰성 지수(reliability)

1) 구조물의 파괴확률

확률적인 개념에 의한 구조안전도는 구조물의 신뢰도 P_r 또는 한계상태확률 또는 파괴확률 P_f에 의해 정의. 작용외력 S와 저항 R은 기지의 확률밀도 함수 $f_S(x)$와 $f_R(x)$라 하면 구조부재의 안전도는 랜덤변량인 안전여유 $Z=R-S$에 의해 좌우되며 $Z \le 0$일 때 안전성을 상실한 파손 또는 파괴 상태가 된다.

$$P_f = P(R \le S) = P(R-S \le 0) \quad \text{또는} \quad P_f = P(R/S \le 1) = P(\ln R - \ln S \le 0)$$

$$P_f = P(R-S \le 0) = \iint_D f_{R,S}(r,s)drds$$

$f_{R,S}(r,s)drds$: R, S의 결합밀도 함수, D는 파괴영역

R과 S가 독립일 때 $f_{R,S}(r,s)drds = f_R(r)f_S(s)$

$$P_f = P(R-S \le 0) = \int_{-\infty}^{\infty}\int_{-\infty}^{s \ge r} f_R(r)f_S(s)drds = \int_{-\infty}^{\infty} f_R(x)f_S(x)dx$$

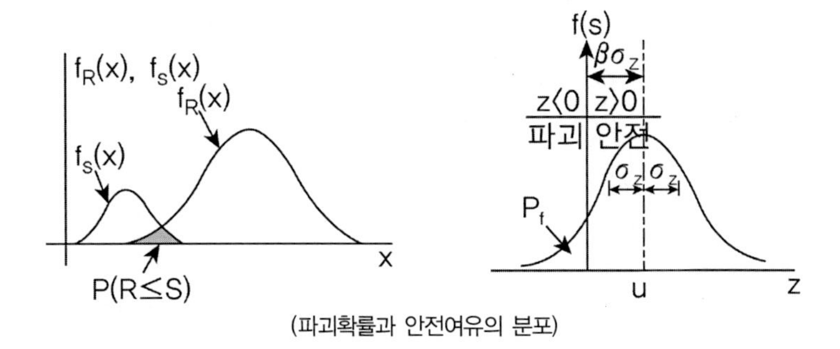

(파괴확률과 안전여유의 분포)

2) 신뢰성 지수

확률적인 안전도의 정의로 전술한 파괴확률 대신에 상대적인 안전여유를 나타내는 신뢰성 지수(reliability index) 즉, 안전도지수(safety index)를 사용하는데 기본적인 정의는 다음과 같다. R과 S의 각각의 평균 μ_R, μ_S, 분산을 σ_R^2, σ_S^2을 갖는 정규분포일 경우 안전여유 Z =R-S는 다음과 같은 평균과 분산을 가진다.

$$\mu_Z = \mu_R - \mu_S,\ \sigma_Z^2 = \sigma_R^2 + \sigma_S^2, \quad \beta = \frac{\mu_Z}{\sigma_Z} = \frac{(\mu_R - \mu_S)}{\sqrt{\sigma_R^2 + \sigma_S^2}}$$

$$P_f = P(R - S \leq 0) = P(Z \leq 0) = \phi\left[\frac{-(\mu_R - \mu_S)}{\sqrt{\sigma_R^2 + \sigma_S^2}}\right] = \phi(-\beta), \qquad \beta : \text{신뢰성지수}$$

또는 $Z = \ln(R/Q)$ 확률분포도에서 $\ln(R/Q)$의 평균으로부터 한계상태점은 $Z=0$까지의 거리를 표준편차 $\sigma_{\ln R/Q}$의 β배로 나타내는 경우 β를 신뢰성 지수로 정의한다.

$$P_f = P[Z \leq 0] = P[\ln R/Q \leq 0] \quad \text{이때 } \beta = \frac{\ln R_m - \ln Q_m}{\sqrt{V_R^2 + V_Q^2}}$$

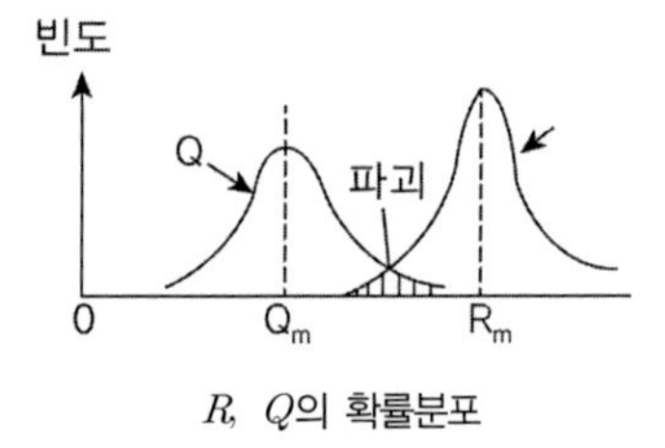

R, Q의 확률분포

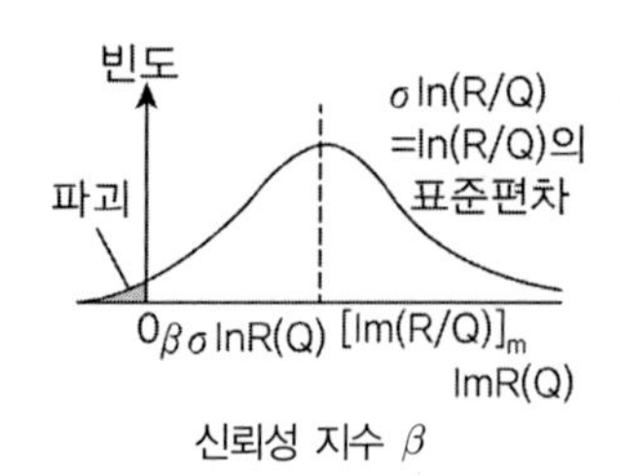

신뢰성 지수 β

3) 목표 신뢰성 지수(β)

강구조 부재의 신뢰성 지수 β는 부재 형식별로 상이하지만 통상적으로 전형적인 강재보의 β는 3 내외이며, 전형적인 연결부의 β는 4~5의 범위에 있다. LRFD 설계기준의 보정에 사용된 신뢰성 방법에 기초한 보정방법의 특징은 구 설계기준에 의해 설계된 전형적인 강구조물의 신뢰성지수에 기초를 두고 부재별로 합리적인 대표치를 사용하여 목표 신뢰성지수를 선정하므로서 이들 목표신뢰성 지수에 맞는 다중하중 및 저항계수를 2차 모멘트 신뢰성 방법에 의해 결정한다.

하중조합	목표신뢰성지수 β_0	비고
고정하중+활하중	3.0	부재
	4.5	연결부
고정하중+활하중+풍하중	2.5	부재
고정하중+활하중+지진	1.75	부재

3. ASD와 LRFD비교

1) 안전율 비교

LRFD : $\phi R_n \geq \Sigma \gamma_i Q_i$　　　　ASD : $\dfrac{\phi R_n}{S.F} \geq \Sigma Q_i$

인장부재에 대한 안전율 비교

LRFD : $1.2D + 1.6L = 0.9R_n$ (사하중과 활하중 재하 시),　　$1.4D = 0.9R_n$ (사하중 재하 시)

ASD : $D + L = \dfrac{R_n}{1.67}$

$$\frac{LRFD}{ASD} = \frac{1.33D + 1.78L}{1.67D + 1.67L} = \frac{0.8 + 1.07(L/D)}{1 + (L/D)}, \quad \frac{1.56D}{1.67D + 1.67L} = \frac{0.93}{1 + (L/D)}$$

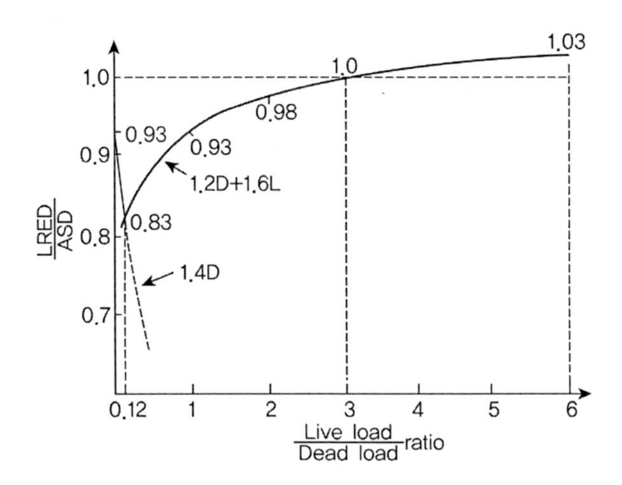

① L/D의 비가 3 이하에서는 LRFD가 더 효율적/경제적이다(일반적인 구조물).

② L/D의 비가 3 이상에서도 그 차이가 크지 않다.

③ 고정하중이 지배적인 구조물은 LRFD가 활하중이 지배적인 구조물은 ASD가 효율적

4. 저항계수 ϕ

구분	인장재	압축재	빔	채결재
ϕ	$\phi_t = 0.90$ (도설 ϕ_t=0.95) (yielding limit state) $\phi_t = 0.75$ (도설 ϕ_t=0.80) (fracture limit state)	$\phi_c = 0.90$ (buckling limit state)	$\phi_b = 0.90$ (flexure and shear)	$\phi = 0.75$ (tensile and shear)

5. 강재의 특성(Stress-strain curve)

103회 1-4 0.2% 오프셋 방법

100회 1-8 인장강도, 인성, 취성, 강성, 연성, 전성(malleability) 및 경성(hardness)

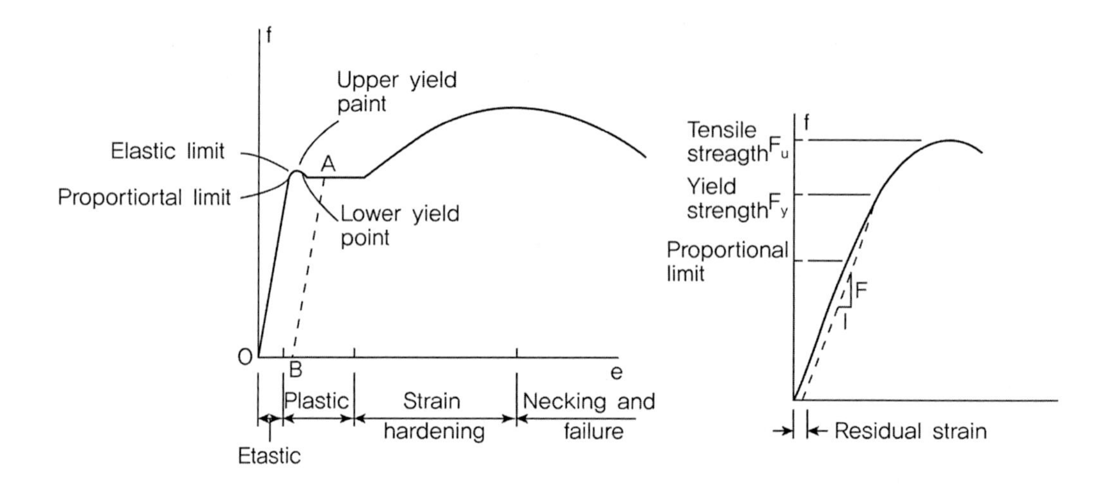

① 0.2% Offset Method : 항복점이 정확히 정의되지 않은 특성을 가진 강재의 항복점을 정의 도로교 설계기준에서는 변형률 0.0035를 기준으로 항복응력 산정토록 규정

② 연성(Ductility) : 파괴까지의 영구변형량을 기준으로 정의

$$\text{Ductility ratio}(\gamma) = \frac{\epsilon_{fracture}}{\epsilon_{elastic}}$$

③ 인성(Material Toughness) : 인성은 파괴에 저항하는 강재의 능력을 의미하며, 축방향인장을 받는 부재의 인성은 응력-변형률 곡선의 하부 면적에 해당한다. 노치의 인성의 경우 샤르피노치 테스트를 통해서 측정한다.

④ 취성파괴(Brittle failure) : 소성힌지발생이 없이 갑자기 파괴되는 경우에 취성파괴라고 한다. 취성파괴의 영향인자로는 온도, 재하비율, 응력레벨, 결함의 크기, 판의 두께, 구속조건, 기하학적 조이트 형상 등이 있다.

※ 판 두께의 효과(thickness effect) : 후판의 경우 비교적 취성적인 특성을 지니는데 이는 3축응력과 제조과정에서의 열이 식는 비율이 다름 등의 영향을 받기 때문이다.

⑤ 전성(malleability) : 부재의 압축에서 소성변형이 발생할 수 있는 능력을 의미한다.

⑥ 경성(Hardness) : 국부적인 압축하중에 대해 소성변형이 없이 견딜수 있는 능력을 의미한다.

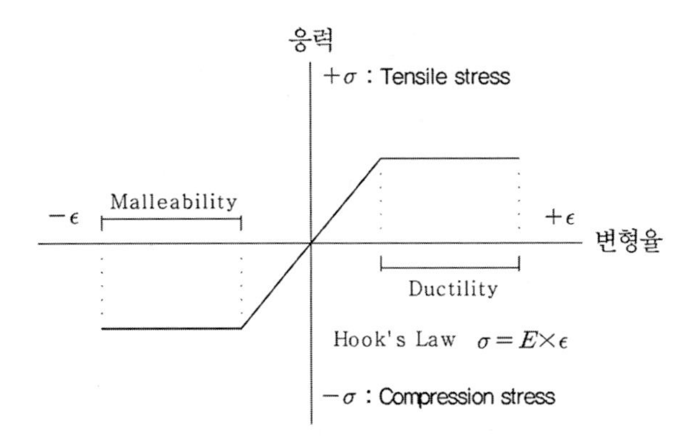

Rockwell Hardness Test

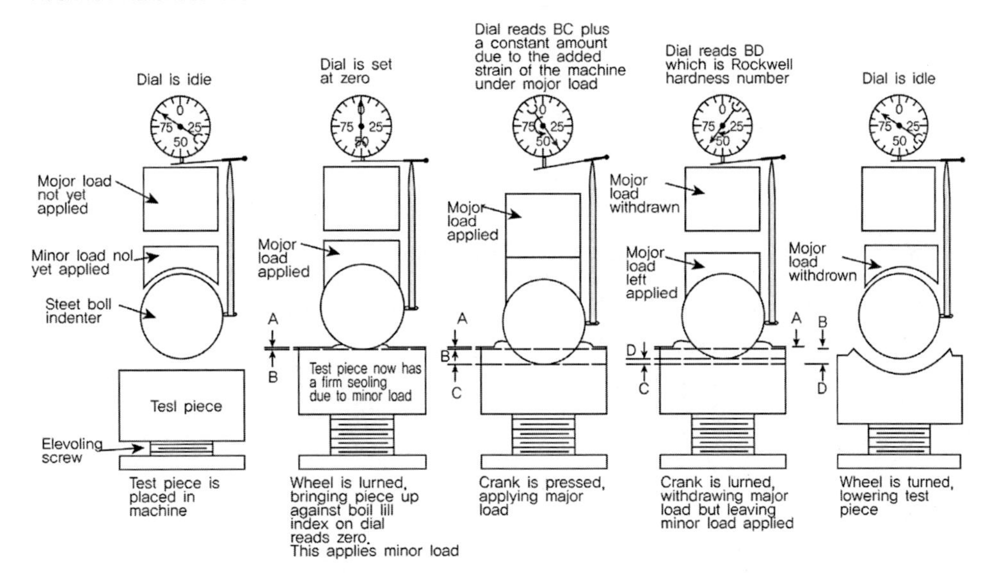

AB=Depth of hole mode by minor load.
AC=Depth of hole made by major load and minor load combined.
DC=Recovery of metal upon withdrawn of major load. This is coused by elastic recovery of the metal under test, and does nol enter the hardness number.
BD= Difference in depth of holes made=Rockwell hardness number.

⑦ 다축상태의 항복강도(Von Mises' Yield Criterion)

In 3D

$$\sigma_y^2 = \frac{1}{2}\left[(\sigma_1 - \sigma_2)^2 + (\sigma_2 - \sigma_3)^2 + (\sigma_3 - \sigma_1)^2\right] \qquad \sigma_1,\ \sigma_2,\ \sigma_3 : \text{주응력}$$

평면내의 응력문제로 본다면($\sigma_3 = 0$) $\quad \sigma_y^2 = \sigma_1^2 + \sigma_2^2 - \sigma_1\sigma_2$

순수전단 조건에서는 $\sigma_1 = -\sigma_2 = \tau$ $\quad \sigma_y^2 = \sigma_1^2 + \sigma_1^2 - \sigma_1(-\sigma_1) = 3\sigma_1^2$

$\therefore\ \tau_y = \sigma_1 = \sigma_y / \sqrt{3}$ (Shear yield)

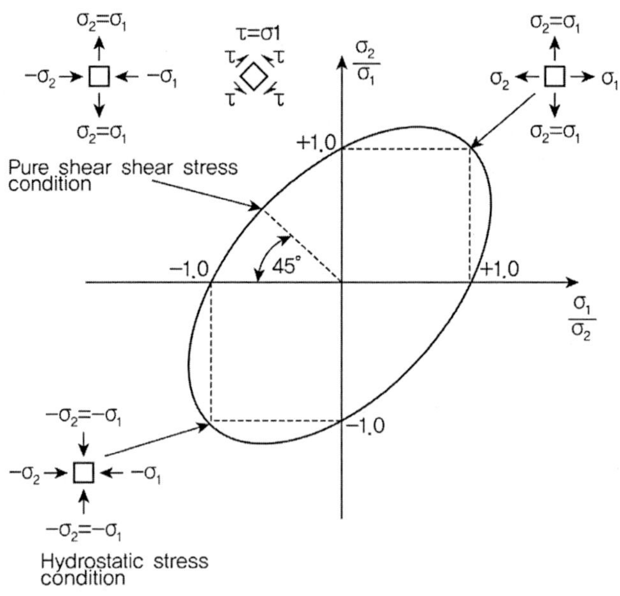

(Energy of distortion yielding criterion of plane stress)

⑧ 고온에서의 거동 : 용접이나 화재 등에 대한 고려 필요

(1) 고탄소강의 경우 200°F(93°C) 이상에서 응력-변형률 곡선이 비선형을 보인다.

(2) 탄성계수(E), 항복응력(σ_y), 극한응력(σ_u)가 감소한다.

(3) 변형률 시효(Strain aging)로 인해서 430°C 〈 T 〈 540°C에서 상대적으로 항복응력(σ_y), 극한응력(σ_u)가 증가한다.

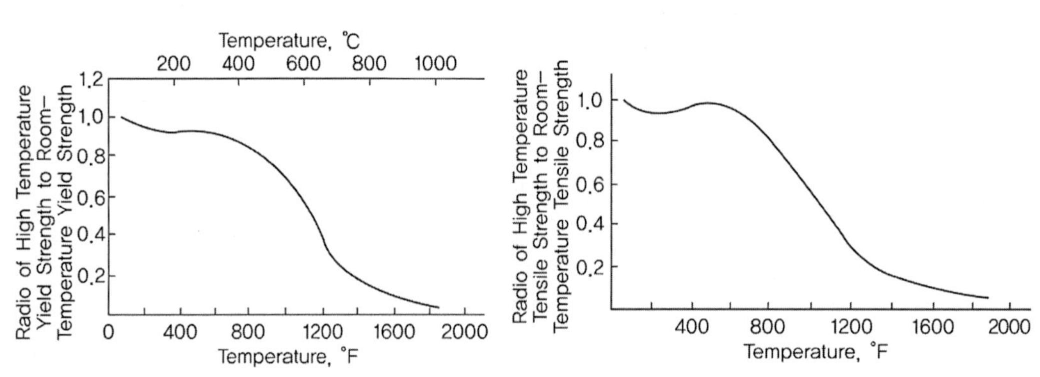

(a) Average Effect of Temperature on Yield Strength (b) Average Effect of Temperature on Tensile Strength

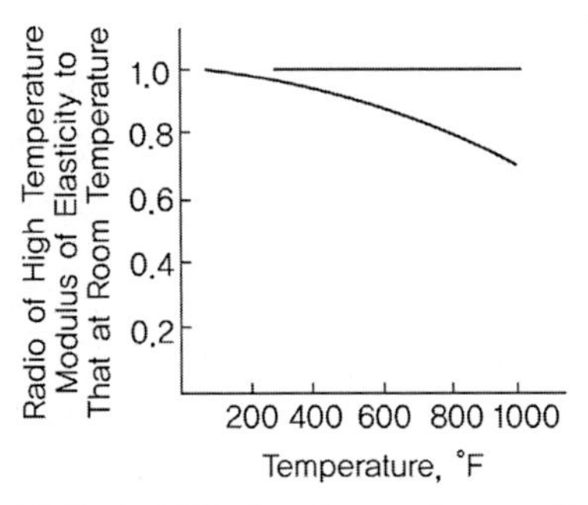

(c) Typical Effect of Temperature on Modulus Elasticity

⑨ 저온에서의 거동과 변형률 경화

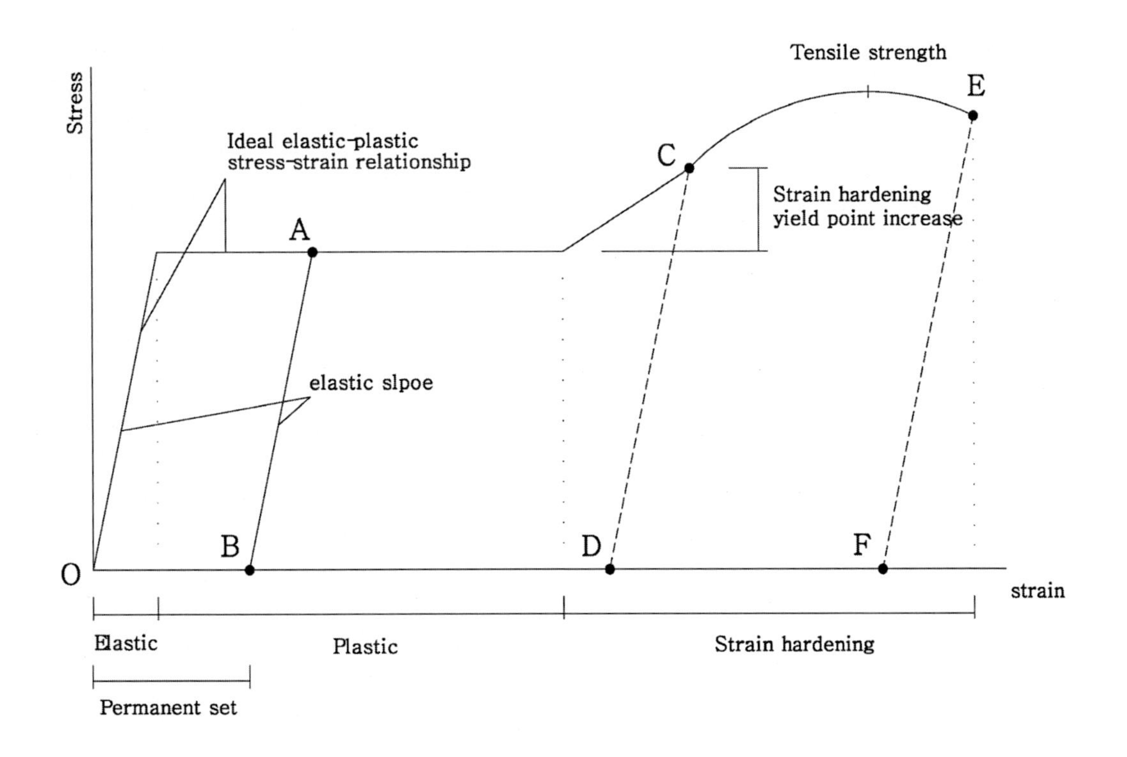

(1) D점에서 재재하시 항복응력 증가 (변형률 경화, 잔여 연성은 감소)

(2) 변형시효(strain aging : 냉간 가공한 강을 실내온도로 방치하면 시간과 함께 경도의 증가, 연신율의 증가, 충격치의 저하 등이 일어나는 것)로 저온에서 항복강도(σ_y)가 다소 증가하기도 하나 연성은 감소, 취성파괴

6. 강재의 강도

강구조 설계기준(2009, 하중저항계수설계법), 도로교설계기준(2012, 한계상태설계법), 도로교설계기준(2010)에서 제시된 강도를 비교한다. 강구조에서 응력은 소문자로 표기하고 강도는 대문자로 표기하는 것을 원칙으로 하고 있다. 따라서 강재의 항복강도(F_u)와 인장강도(F_y)는 대문자로 표시하고 콘크리트나 강재, 철근의 응력은 소문자(f_c, f_{cw}, f_r)로 표시하도록 한다.

구분 (40mm이하)		SS400(SM400)	SM490	SM520(SM490Y)	SM570
강구조설계기준(2014) 도로교설계기준(2015)	F_y	235	315	355	450
	F_u	400	490	520 (490)	570
도로교설계기준(2010)	F_y	235	315	355	450
	F_u	400~510	490~610	490~610 520~640(SM520)	570~720
	f_a	140	190	215	270

구분 (100mm이하)		SM490C-TMC	SM520C-TMC	SM570-TMC	HSB500	HSB600	HSB800
강구조설계기준(2014) 도로교설계기준(2015)	F_y	315	355	450	380	450	690
	F_u	490	520	570	500	600	800
도로교설계기준(2010)	F_y	315	355	450	380	450	690
	F_u	490~610	520~640	570~720	500이상	600이상	800이상
	f_a	190	215	270	230	270	380

104회 3-6

강교의 화재손상

화재로 손상을 입은 강교의 조사방법, 고온에 따라 발생하는 강교 손상 및 강교 부재 변형의 평가에 대한 기술적 대책에 대하여 기술하시오

풀 이

화재손상에 대한 구조물의 위험도 평가(2013, 한국도로공사)

➤ 개요

교량의 하부에서의 화재나 가스관 폭발과 같은 고온에 의해서 강교가 손상을 받게 되면 부재의 강도가 저하되는 현상이 발생된다. 일반적으로 고온에서의 강재의 거동은 다음과 같은 특징을 가진다.

(1) 고탄소강의 경우 200°F(93°C) 이상에서 응력-변형률 곡선이 비선형을 보인다.

(2) 탄성계수(E), 항복응력(σ_y), 극한응력(σ_u)가 감소한다.

(3) 변형률 시효(Strain aging)로 인해서 430°C 〈 T 〈 540°C에서 상대적으로 항복응력(σ_y), 극한응력(σ_u)가 증가한다.

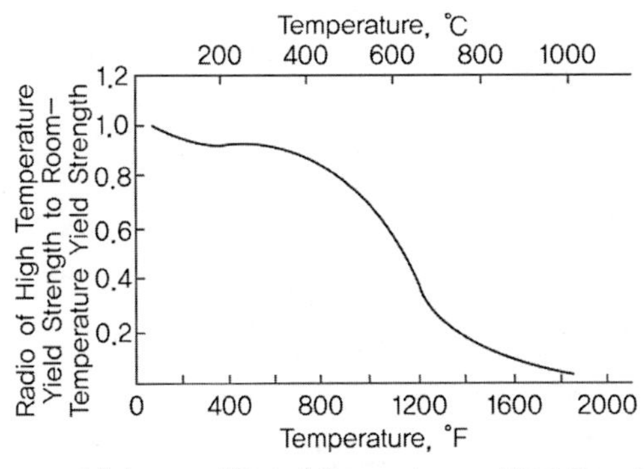

(a) Average Effect of Temperature on Yield Strength

Radio of High Temperature Tensile Strength to Room-Temperature Tensile Strength
1.0 0.8 0.6 0.4 0.2
400 800 1200 1600 2000
Temperature, °F

(b) Average Effect of Temperature on Tensile Strength

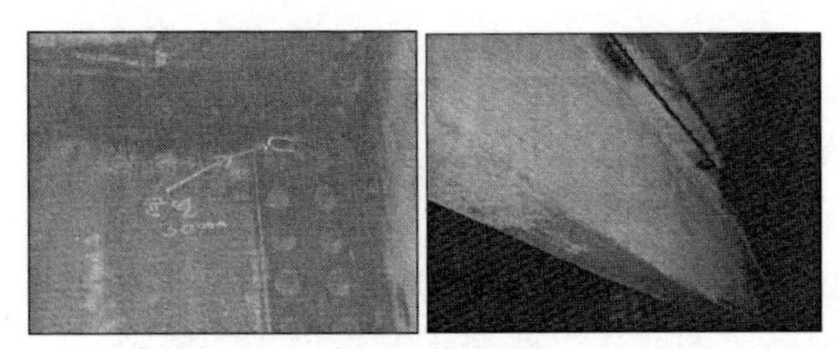

강교 하부 화재로 연결상세부 균열, 가로보 좌굴

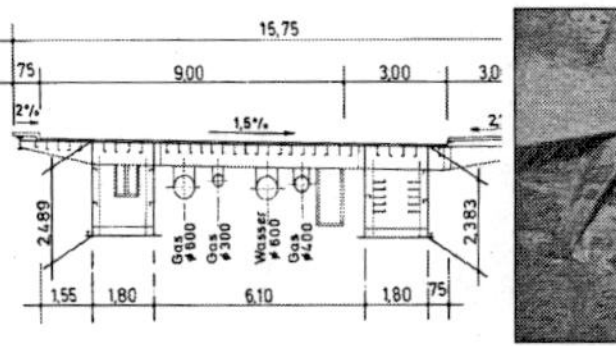

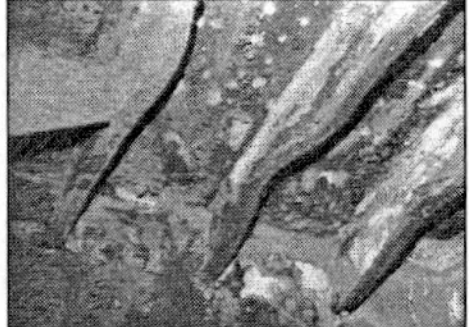

GAS관폭발로 인한 상부리브 좌굴

교량명	발생일시	화재원인	교량재료	손상 및 보수
안성 JCT	'03.5	교량상부 트럭 추돌사고로 화재발생	강재박스거더+콘크리트바닥판 연속교	바닥판 손상 및 강재거더 복부판 좌굴
서해대교	'06.6	교량상부 화물트럭 등 29중 충돌사고로 폭발, 화재발생	PSC 박스거더	바닥판, 방호벽 등의 시설물 손상
굴현대교	'10.2	교량 하부 불법적재물 화재	강재거더+강상판교량+콘크리트 교각	콘크리트 교각 손상 및 박스거더 복부판, 가로보 좌굴
부천고가교	'10.12	교량 하부 불법주차 유조 탱크로리 화재	강재박스거더+콘크리트바닥판 연속교	교량처짐, 거더의 균열 및 좌굴발생, 손상 구간 철거 및 재가설
OO고가교(철도)	'10.12	교량인근 쇼파공장화재로 교량하부 적치된 콘테이너 등 전소	PSC거더+콘크리트바닥판	12개 PSC거더 중 5개 PSC거더와 콘크리트 바닥판 박리, 박락 및 철근 노출 발생, 단면복구실시

국내 교량 화재 사례 및 손상 유형

▶ 국내교량 화재 발생 특성

1) 대부분 교량관련 대형화재는 위험물질을 탑재한 탱크로리 차량에 의해 발생하는 탄화수소 화재(Hydrocarbon Fire)였다.
2) 교고가 낮은 강재 거더교의 하부에서 발생한 화재를 제외하고는 화재 손상을 입은 대부분의 교량에서는 급격한 붕괴가 발생하지 않았다.
3) 제한된 부위에서 손상이 발생된 경우에도 손상부위의 보수, 보강을 위해 교량의 일시적인 차단에 따른 교통통제로 인하여 많은 피해가 발생하였다.
4) 심각한 구조적인 손상은 탱크로리 트럭에 의해 교량 하부에서 화재가 발생한 경우에 나타났으며, 교량상부에서의 전도, 추돌사고 등에 의해 발생하는 화재가 구조물에 미치는 영향은 제한적이었다.

▶ 화재손상 조사방법

화재가 발생하지 않도록 사전예방을 하는 것이 최선책이나 화재가 발생한 경우에는 안전도 평가를 통해서 화재로 인해 손상된 정도를 파악하고 그에 맞게 대책을 수립하는 것이 중요하다.
일반적으로 화재발생으로 인한 화재손상 조사방법은 크게 열 영향범위의 조사, 구조용 재료의 물성변화 조사, 안전도 평가의 단계를 거치며 각각의 조사내용은 다음과 같다.

1) 열 영향범위 조사 : 외관상태조사, 방사선 투과시험, 코아채취, 내구성조사, 물성시험 등으로 열 영향범위를 조사
2) 구조용 재료의 물성변화 조사
3) 안전도 평가 : 재료상수 결정, 단계별 허용응력, 파괴에 대한 안전도 검토

화재가 발생된 경우 손상된 정도의 파악을 위해서는 화재부위의 시편을 채취하여 시차열분석법이나 주사전자현미경 관찰, X-RAY회절분석 등으로 통해 화재로 인한 열손상정도를 평가할 수 있다.

구분	화재손상구간 조사 및 분석내용
1. 콘크리트 내구성조사	비파괴 조사와 코어채취에 의한 조사 실시
- 비파괴 조사	측정장비를 사용하여 콘크리트 강도, 품질, 균열 깊이 및 중성화 상태, 철근배근조사 실시
- 코어채취조사	채취된 코어는 실내시험을 실시하여 콘크리트 강도, 염화물 함유량시험 등 콘크리트 품질에 관한 시험을 실시
2. 화재손상조사	화재 손상 조사를 위해 콘크리트 코어 및 시편을 채취하여 실내시험 실시
- 시차열 분석	화상으로 인한 시차열 분석은 건전한 부위와 화상부위의 시차열에 따른 결과를 상호비교하여 수열온도를 분석
- X-ray 회절분석	XRD를 통해 화상으로 인한 콘크리트 재료의 성분변화를 조사하여 수열온도 분석
- SEM(주사현미경)	주사현미경을 통해 화상으로 인한 콘크리트 세부 조직변화 조사
3. 강재인장시험	강재시편을 채취하여 실내에서 인장시험 실시
4. 재하시험	부재의 내력 및 강성저하 정도를 판단하기 위해 재하시험 실시

또한 교량 구조물의 화재손상정도는 화재의 규모뿐만 아니라 교량부재와 화재 발생원으로부터의 이격거리에 따라서도 차이가 발생할 수 있으므로 CFD(Computational Fluid Dynamics)해석을 통해 화재발생원으로부터 이격거리에 따라 영향범위를 파악할 수 있으며 이를 통해 내화대책을 수립할 수 있다.

▶ 강교 손상 및 강교 부재 변형의 평가에 대한 기술적 대책

1) 교량하부의 교각과 같은 콘크리트 부위는 화재로 인해 폭렬현상 등이 발생할 수 있으며, 강교의 강재의 경우 화재로 인한 강도저하, 좌굴발생 등의 영향이 발생할 수 있다. 화재가 발생할 경우에 대책 수립을 위해서는 먼저 설계시 화재발생 시나리오를 구성하고 이에 따라 발생될 수 있는 화재로 인해서 피해를 받는 구조물에 대해 내화성능 등급에 따라 구조물을 설계할 수 있는 체계의 구축이 우선적으로 수반되어져야 한다.

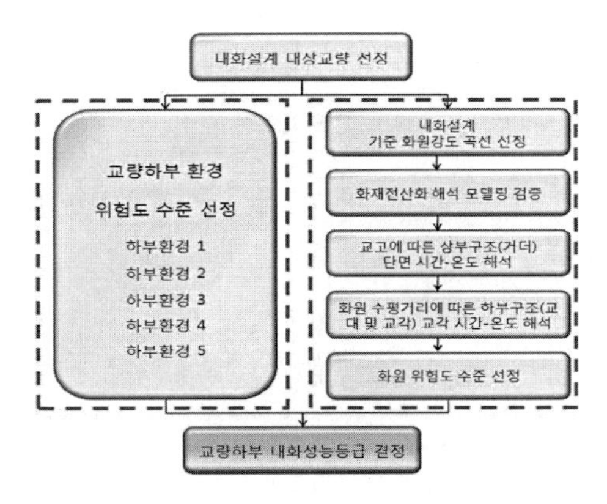

2) 강교의 손상이나 부재의 변형의 수반은 화재영향범위에 따라서 구조물에 local적인 영향을 미칠 것인지 Global하게 영향을 미칠 것인지 달라질 수 있다. 뿐만 아니라 화재 영향을 받을 당시의 영향을 미친 온도에 따라서도 변형이 달라질 수 있다.

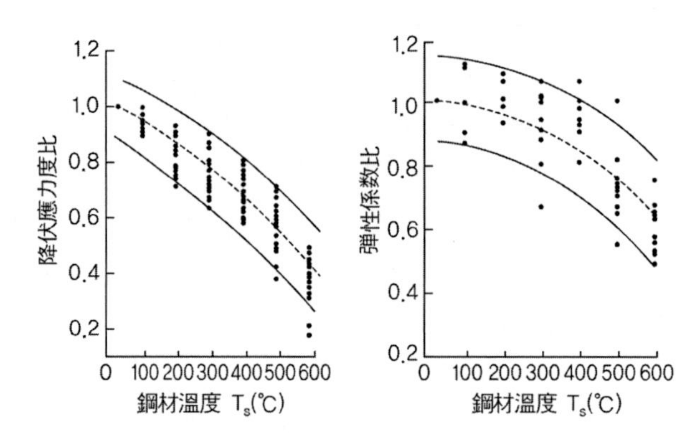

SM490강재의 온도에 따른 항복강도와 탄성계수 변화

3) 합리적인 구조부재의 손상 및 변형으로 인한 영향을 평가하기 위해서는 구조부재의 안전도 평가가 필요하며, 이러한 평가방법으로는 과도 비선형 열-구조 연성해석(Transient nonlinear thermal structural interaction)을 통해서 온도상승에 따른 전체적인 부재 거동, 단면력 손실, 국부좌굴 등에 대한 평가가 이루어질 수 있다.

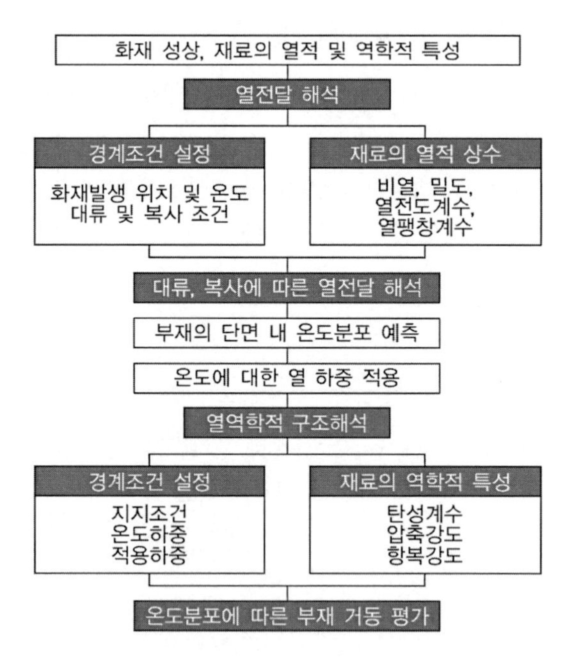

열전달 및 열역학적 구조해석 절차

02 인장부재

1. 공칭강도(Nominal strength)

1) 한계상태

① 전단면 항복 : $T_n = F_y A_g$ (F_y : 항복강도, A_g : 전단면), 도·설(2015) $\phi_y = 0.95$

② 유효단면의 파괴 : $T_n = F_u A_e$ (F_u : 인장강도, A_e : 유효단면($= UA_n$)), 도·설(2015) $\phi_u = 0.80$

TIP | 도로교설계기준 : 한계상태설계법(2015)| 전단지연을 고려하기 위한 감소계수 U

연결부에서 전단지연으로 인한 인장부재의 유효순단면적 개념을 적용하기 위한 감소계수 U
① 볼트나 용접 연결 단면내에서 각 연결요소에 직접적으로 인장력이 전달되는 단면 : U=1.0
② 플랜지폭이 복부판 높이의 2/3이상인 압연 I형 단면 및 I형 단면으로부터 한쪽 플랜지가 제거된 T형 단면에서 응력방향으로 한 접합선당 3개 이상 볼트로 플랜지에서 연결된 부재 : U=0.90
③ ①에 해당되지 않는 부재에서 응력방향으로 한 접합선당 3개 이상의 볼트를 사용한 부재 : U=0.85
④ 응력방향으로 한 접합선당 2개의 볼트를 사용한 모든 부재 : U=0.75

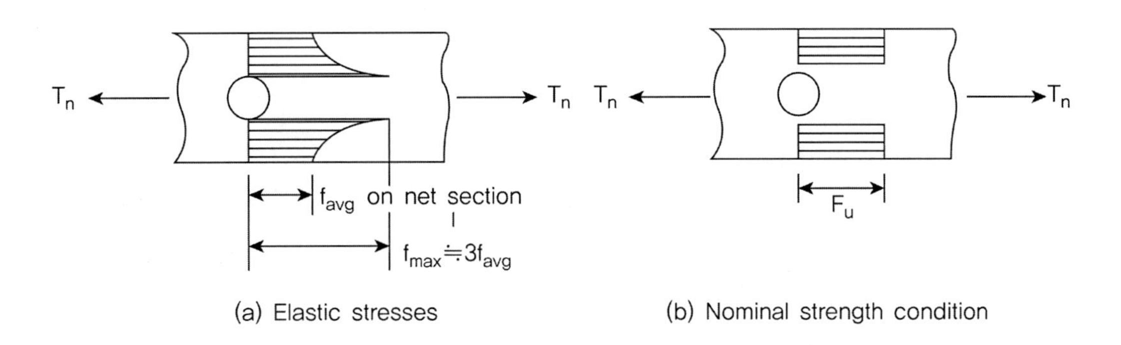

(a) Elastic stresses (b) Nominal strength condition

③ 블록전단파괴(block shear fracture)

96회 1-6 LRFD 인장재설계에서 블록전단파단 설명

고력볼트의 사용 증가에 따라 접합부 설계는 보다 적은 개수의 그리고 보다 큰 직경의 볼트를 사용하려는 경향이 되었다. 이로 인하여 전단파괴와 인장파단에 의해 접합부의 일부분이 찢겨나가는 파괴형태인 블록전단파괴(Block shear rupture) 양상이 일어날 확률이 크게 되었다. 그림(a)에서와 같이 a-b 부분의 전단파괴와 b-c 부분의 인장파괴에 의해 접합부의 일부분이 찢겨서 나가는 파괴형태이다.

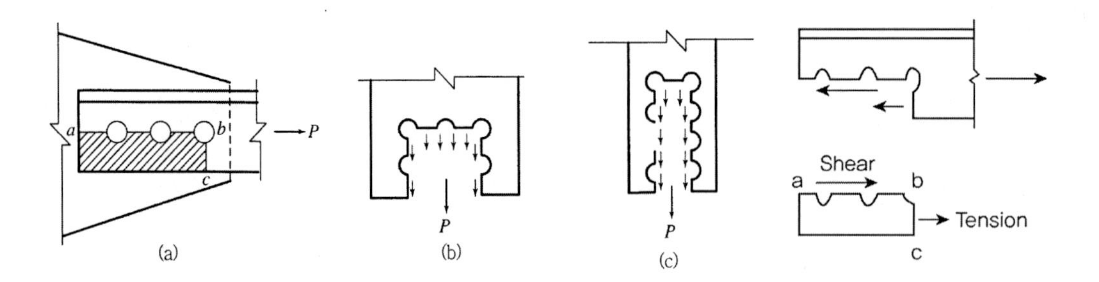

(1) 블록전단파단의 설계강도 산정

허용응력 설계법에서는 이러한 블록전단파괴를 순전단면적과 순인장면적을 강재의 인장강도와 함께 표현하여 1개의 식으로 고려하였으나 LRFD(한계상태설계법, 하중저항계수설계법)에서는 전단파괴강도와 인장파괴강도를 구한뒤 그 값에 따라 식을 구분하여 산정토록 하였다.

(2) 인장파괴 강도에 지배되는 경우(전단영역의 항복과 인장영역의 파괴에 관한 것)

$$F_u A_{nt} \geq 0.6 F_u A_{nv} : \phi R_n = \phi[0.6 F_y A_{gv} + F_u A_{nt}]$$

(3) 전단파괴 강도에 지배되는 경우(전단영역의 파괴와 인장영역의 항복에 관한 것)

$$F_u A_{nt} < 0.6 F_u A_{nv} : \phi R_n = \phi[0.6 F_u A_{nv} + F_y A_{gt}]$$

여기서, $\phi = 0.75$

④ 세장비 : 교량을 제외한 강구조물은 과대 처짐이나 진동 등을 제어하기 위해서 인장부재의 세장비를 다음과 같이 제한한다. 단, 인장로드(tension rod)는 제외

$$\lambda = \left(\frac{l}{r}\right)_{max} \leqq 300$$

교량강구조의 경우 아이바, 봉강, 케이블 및 판을 제외한 모든 인장부재의 세장비는 다음을 만족해야 한다.

- 교번응력을 받는 주부재 $\lambda = \left(\frac{l}{r}\right)_{max} \leqq 140$
- 교번응력을 받지 않는 주부재 $\lambda = \left(\frac{l}{r}\right)_{max} \leqq 200$
- 2차 부재 $\lambda = \left(\frac{l}{r}\right)_{max} \leqq 240$

2) 유효단면적

① A_e 유효단면$(= UA_n)$: 볼트

Shear leg의 영향을 고려하기 위해 유효순단면적 개념을 도입. 접합부 부근에서는 접합의 형

태에 따라 응력의 분포가 달라 질 수 있다. 접합의 중심과 인장재 중심이 일치하지 않아서 편심이 발생하는 접합부에서는 인장력은 먼저 접합에 사용된 면을 통해서 전단응력의 형태로 점차 전체 단면으로 전달된다. 이 때 전체가 인장력을 받게 되나 접합에 상용되지 않은 면에는 인장력이 불균등하게 생기는데 이러한 현상을 shear leg라 한다. shear leg 현상은 인장부재 중심축과 인장력의 축이 일치하지 않을 때 발생되며 두 축 사이의 거리 $\bar{x}$가 클수록 심해지며 접합부의 길이 l이 길어질수록 그 영향이 줄어든다.

(1) $A_n = A_g - n(d+3)t, \quad A_g - \left[n(d+3) - \left(\frac{p^2}{4g}\right)\right]t$

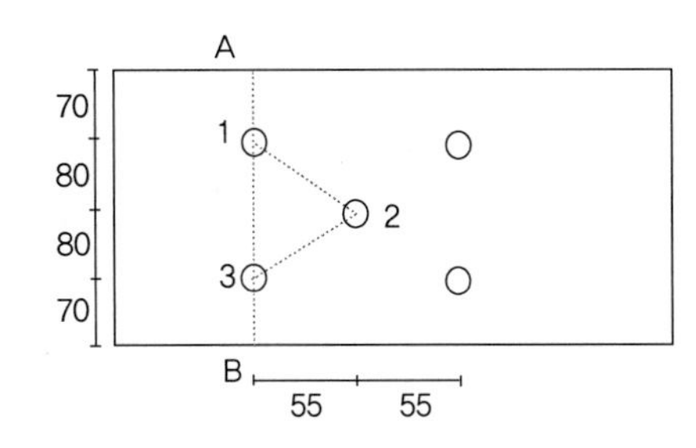

(ㄱ) 파단선 A-1-3-B

$$A_n = (300 - 2 \times (20+3)) \times 6 = 1524mm^2$$

(ㄴ) 파단산 A-1-2-3-B

$$A_n = (300 - 3 \times (20+3)) \times 6 + \frac{55^2}{4 \times 80} \times 2 \times 6$$

$$= 1499mm^2$$

$$\therefore A_n = 1499mm^2$$

(2) U(감소계수)

$U = 1 - \frac{\bar{x}}{L} \leq 0.9$ $\bar{x}$: 편심연결된 요소의 도심으로부터 하중전달면까지의 거리

($\bar{x}$는 x_1, x_2중 큰 값), L : 격점의 길이

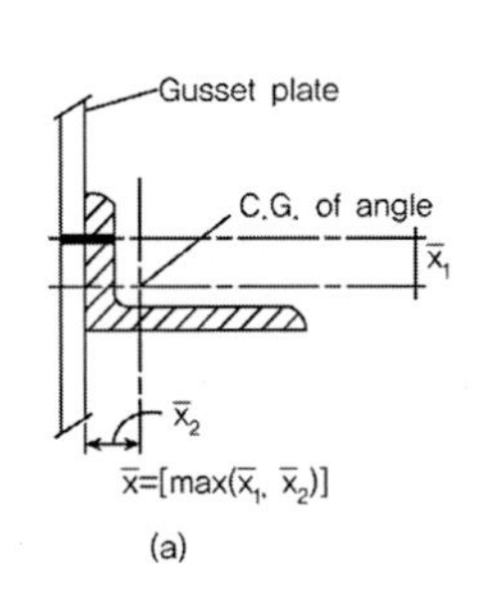

(a)

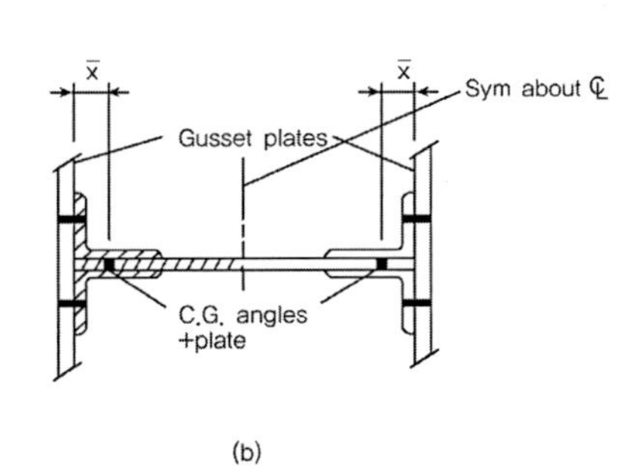

(b)

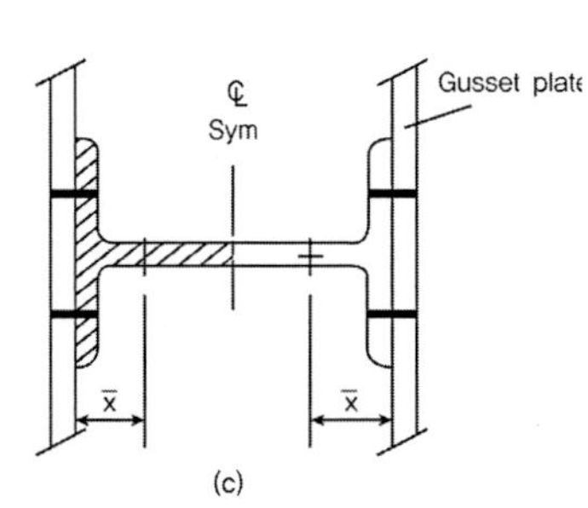

(c)

(3) U(조건에 따른 감소계수, 도로교설계기준 2015)

구분	조건	U
볼트	$b_f \geq (2/3)h$인 I형, T형중 응력방향으로 한 접합선당 3개이상 볼트 연결	0.90
	이외의 부재 중 3개 이상 볼트 연결	0.85
	2개 볼트 사용	0.75

TIP | 유효순단면적 산정예|

구멍직경 D22, L=100×100×7의 단면적 $A = 1362mm^2$

$\overline{x_1} = 27.9mm$, $\overline{x_2} = 27.1mm$

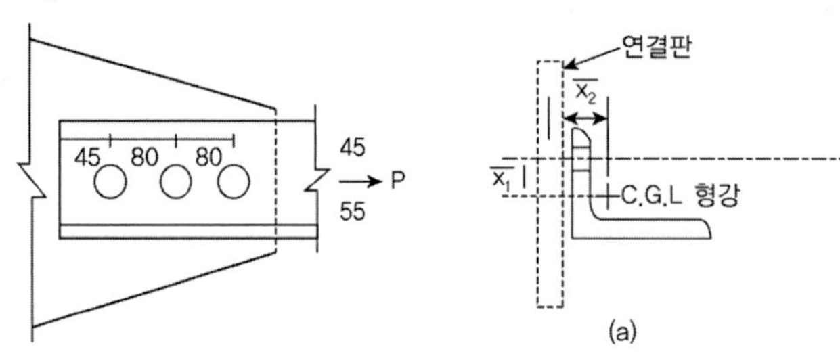

① $A_n = A_g - ndt = 1362 - (22+3) \times 7 = 1187mm^2$

② U결정

- 조건에 따른 결정 : $U = 0.85$
- 계산에 따른 결정 : $L = 80 + 80 = 160mm$, $\overline{x} = 27.9mm$

$$U = 1 - \frac{27.9}{160} = 0.83$$

③ $A_e = UA_n = 0.83 \times 1187 = 985mm^2$

TIP | AISC Block shear failure (bolts) |

$R_n = Min(0.6F_uA_{nv} + U_{bs}F_uA_{nt},\ \ 0.6F_yA_{gv} + U_{bs}F_uA_{nt})$ $\qquad \phi = 0.75$ (LRFD)

$U_{bs} = 1.0$: Tensile stress is uniform

$U_{bs} = 0.5$: Tensile stress is nonuniform

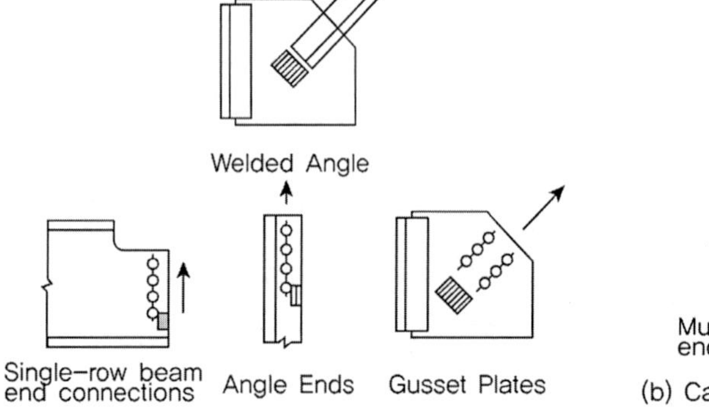

(a) Cases for which U_{bs}=1.0

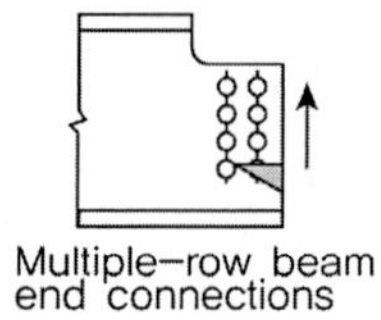

(b) Cases for which U_{bs}=0.5

② A_e 유효단면 : 용접

(1) 횡방향(하중작용방향의 직각)으로 편심없이 용접된 경우 : 용접 연결된 면적 전체

$$A_e = UA_n = A_{connected}$$

(2) 종방향(하중작용방향)으로 편심없이 용접된 경우 : 조건에 따른 감소계수(U) 적용

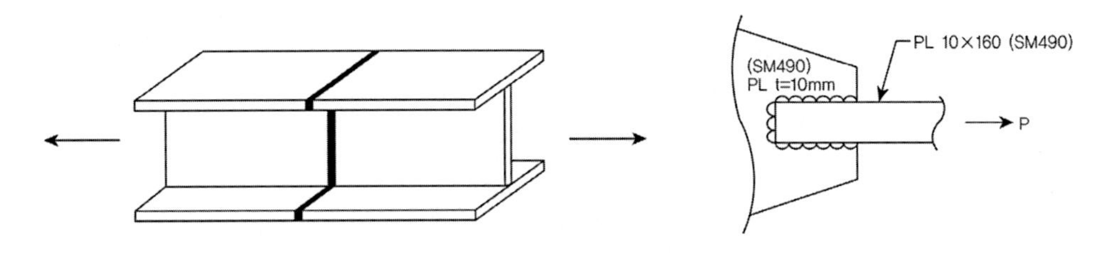

구분	조건	U
용접 (⑤-(2))	$l \geq 2w$	1.00
	$1.5w \leq l < 2w$	0.87
	$w \leq l < 1.5w$	0.75

(3) 편심이 있는 경우 : 볼트와 동일하게 감소계수 적용

$$A_e = UA_n = UA_g$$

$$U = 1 - \frac{\bar{x}}{L} \leqq 0.9$$

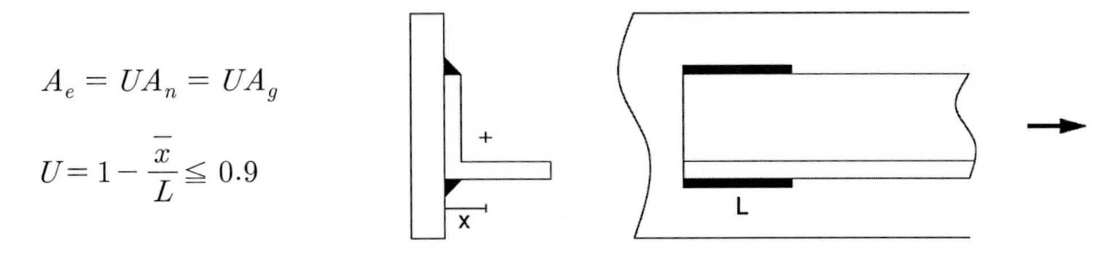

2. 인장부재의 설계

$$P_u \leq \phi_t P_n$$

1) LRFD에서는 총단면적의 항복과 순단면적의 파단이라는 2가지 한계상태에 대해 검토

2) ϕ_t는 연성을 갖는 총단면적의 항복강도에 대해서는 0.9를 적용, 급격한 파괴를 가져오는 유효순단면적의 파단강도에 대해서는 0.75를 적용(강구조설계기준, 2014)

3) 다음의 두가지 경우 중 작은 값으로 강도 결정

① 총단면적이 항복 : $P_n = F_y A_g$ 강·설(2014, $\phi_t = 0.90$), 도·설(2015, $\phi_y = 0.95$)

② 유효순단면의 파단 : $P_n = F_u A_e$ 강·설(2014, $\phi_t = 0.75$), 도·설(2015, $\phi_u = 0.80$)

예 제

블록전단파괴 검토

그림과 같이 12mm 연결보강판에 3개의 30mm 볼트로 체결된 L=100×100×7의 단면적 $A=1362mm^2$ 형강의 전단파괴모드에 대하여 검사하라. 강재는 SM400이다. 사용고력볼트 M20(F10T)

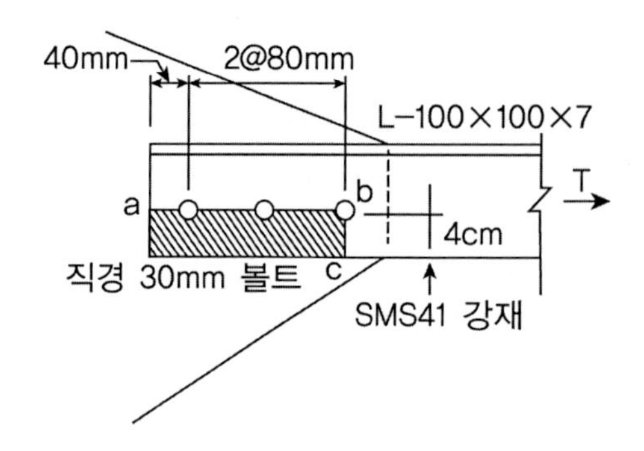

풀 이

강구조설계기준2014, 도로교설계기준 2015(판두께 40㎜이하, 단위 MPa)

구 분	SM400	SM490	SM520	SM570
F_y(항복강도)	235	315	355	450
F_u(인장강도)	400	490	520	570
f_a(허용응력)	140	190	210	260

➤ 인장부재의 해석

1) 총단면적이 항복하는 경우 : $\phi_t T_n = \phi_t F_y A_g$

$$\phi_t T_n = 0.9 \times 240 \times 1362 = 294.2kN$$

2) 순단면이 파단하는 경우 : $\phi_t T_n = \phi_t F_u A_e = \phi_t F_u (UA_n)$

조건에 따라 $U = 0.85$

$$\phi_t T_n = 0.75 \times 400 \times 0.85 \times (1362 - (30+3) \times 7) = 288.405kN$$

(강구조설계기준 $\phi_t = 0.75$, 도로교설계기준 $\phi_t = 0.80$)

3) 블록전단파괴

① A_{nt} : (b-c경로길이 - 0.5×볼트구멍)×두께

$$A_{nt} = (40 - 0.5 \times (30 + 3)) \times 7 = 165mm^2$$

$$A_{gt} = 40 \times 7 = 280mm^2$$

② A_{nv} : (a-b경로길이 - 2.5×볼트구멍)×두께

$$A_{nv} = (200 - 2.5 \times (30 + 3)) \times 7 = 823mm^2$$

$$A_{gv} = (40 + 80 + 80) \times 7 = 1400mm^2$$

③ $f_u A_{nt} = 400 \times 165 = 66kN \langle 0.6 f_u A_{nv} = 0.6 \times 400 \times 823 = 197.52$ (전단영역에 의해 지지)

$$\therefore \phi R_{bs} = \phi[0.6F_u A_{nv} + F_y A_{gt}] = 0.75 \times [0.6 \times 400 \times 823 + 235 \times 40 \times 7] = 197.49kN$$

99회 3-5

필렛용접 블록전단

다음 그림과 같이 인장부재가 연결판에 접합되어 있을 때 부재의 총 인장강도를 발휘할 수 있는 필렛용접을 하중저항계수 설계법으로 설계하고 블록전단에 대한 안전성을 검토하시오(단, 최소 용접치수를 사용하고 강재의 항복강도 $F_y = 325MPa$, 강재의 인장강도 $F_u = 490MPa$).

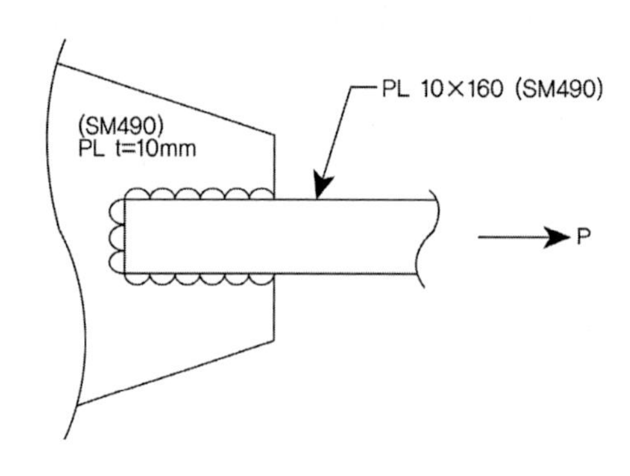

풀 이

➤ LRFD 용접설계 (강구조설계, 한국강구조학회)

1) Fillet 용접(모살용접)

유효면적은 유효길이에 유효목두께를 곱한 것으로 하고 필렛 용접의 유효길이는 필렛 용접의 총 길이에서 필렛사이즈 s의 2배를 공제한 값으로 한다.

① 필렛 용접 사이즈

두꺼운 판 두께	$t < 6$	$6 \leq t < 12$	$12 \leq t < 20$	$t > 20$
최소사이즈	3	5	6	8

② 설계강도

$P_n = \phi P_w = \phi F_w A_w \quad (\phi = 0.9)$

용접구분	응력구분	공칭강도
완전 용입 용접	유표단면의 직교인장, 직교압축	F_y
	유표단면의 전단	$0.6F_y$
부분 용입 용접	유효단면 직교 압축	F_y
	유효단면 직교 인장	$0.6F_y$
	용접선 평행 인장, 압축	F_y
	용접선 평행 전단	$0.6F_y$
필렛 용접	전단, 인장, 압축	$0.6F_y$

▶ **필렛 용접부의 내력**

$\phi = 0.9, \quad F_y = 325MPa, \quad F_u = 490MPa, \quad F_w = 0.6F_y = 195MPa$

$A_w = a \times [160 + 2(l - 2s)], \quad a = 0.707s$

$A_w = 0.707s[160 + 2(l - 2s)], \quad s = 10$(모재두께 10mm)

$0.9 \times (0.6F_y) \times A_w = F_u \times 160 \times 10 \quad \therefore s \geqq 255.9mm$ ∴ Use s = 260mm

Check 전단면 항복, 유효단면 파괴

▶ **블록전단 검토**

용접접합일 때 감소계수(U)

조건	U	비고
$l \geqq 2w$	1.0	l : 용접 길이(mm), w : 플레이트 폭 (용접선간 거리, mm)
$2w > l \geqq 1.5w$	0.87	
$1.5w > l \geqq w$	0.75	

① 인장영역

$A_{nt} = a(160 - 2 \times s) = a \times 140mm = 989.8mm^2 \qquad A_{gt} = 160a = 1131.2mm^2$

② 전단영역

$A_{nv} = a[2(l - 2s)] = 3393.6mm^2 \qquad A_{gv} = a \times 2l = 3676.4mm^2$

③ $F_u A_{nt} = 485kN \langle 0.6F_u A_{nv} = 997.7kN$

$\phi R_n = \phi[0.6F_u A_{nv} + F_y A_{gt}] = 0.75 \times [0.6 \times 490 \times 3393.6 + 325 \times 1131.2] = 1024kN$

④ $P_u = F_u A = 490 \times 160 \times 10 = 784kN$

$\phi R_n > P_u$ O.K

(건축) 104회4-4

고력볼트 접합부의 전단지연계수 및 유효순단면적 산정

다음 그림과 같은 L형강 L-150×100×9 인장재의 고력볼트 접합부에서 전단지연계수 U를 산정하고 유효순단면적(A_e)을 구하시오
단, 사용고력볼트는 M20(F10T), L형강의 단면적은 A_g=2,184㎟, 도심 위치는 (23.2㎜, 47.7㎜)라고 한다.

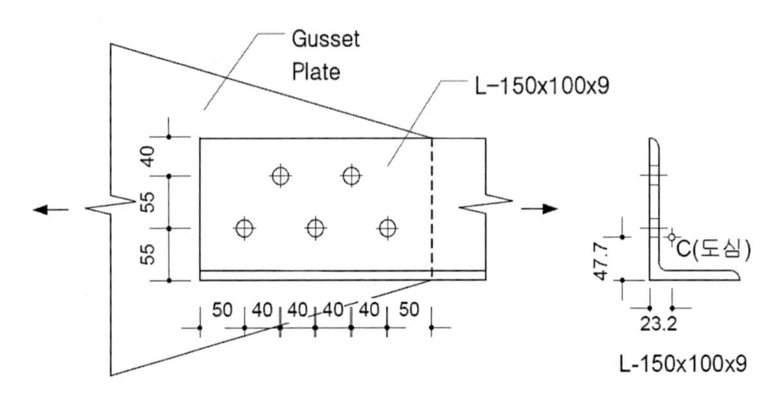

풀 이

➤ 개요

Shear leg의 영향을 고려하기 위해 유효순단면적 개념이 도입되었으며, 접합부 부근에서는 접합의 형태에 따라 응력의 분포가 달라 질 수 있다. 접합의 중심과 인장재 중심이 일치하지 않아서 편심이 발생하는 접합부에서는 인장력은 먼저 접합에 사용된 면을 통해서 전단응력의 형태로 점차 전체 단면으로 전달된다. 이 때 전체가 인장력을 받게 되나 접합에 상용되지 않은 면에는 인장력이 불균등하게 생기는데 이러한 현상을 shear leg라 한다. shear leg 현상은 인장부재 중심축과 인장력의 축이 일치하지 않을 때 발생되며 두 축 사이의 거리 $\bar{x}$가 클수록 심해지며 접합부의 길이 l이 길어질수록 그 영향이 줄어든다.

➤ 전단지연계수(감소계수) 산정

1) 도로교설계기준(2012)에 따라 조건에 따른 감소계수 산정 : $U = 0.85$

구분	조건	U
볼트	$b_f \geq (2/3)h$인 I형, T형중 응력방향으로 한 접합선당 3개이상 볼트 연결	0.90
	이외의 부재 중 3개 이상 볼트 연결	**0.85**
	2개 볼트 사용	0.75

2) 거리를 이용한 산정방법

$U = 1 - \dfrac{\bar{x}}{L} \leqq 0.9$ $\bar{x}$: 편심연결된 요소의 도심으로부터 하중전달면까지의 거리

($\bar{x}$는 x_1, x_2중 큰 값), L : 격점의 길이

$L = 40+40+40+40 = 160$㎜

$\bar{x} = \max(23.2,\ 55-47.7) = 23.2$㎜

$U = 1 - \dfrac{\bar{x}}{L} = 1 - \dfrac{23.2}{160} = 0.855 \leqq 0.9$ ∴ Use $U = 0.86$

➤ 유효단면적 산정

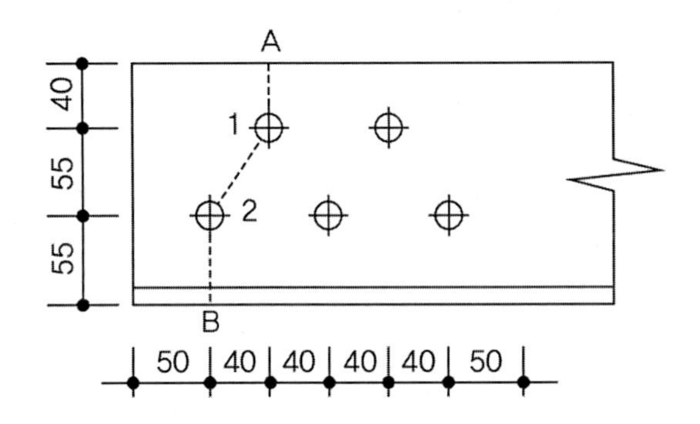

파단선 A-1-단부, A-1-2-B 중 A-1-2-B 경로의 유효단면적이 더 작으므로,

$$A_n = A_g - \left[n(d+3) - \left(\frac{p^2}{4g}\right)\right]t = 2{,}184 - \left[2(20+3) - \frac{40^2}{4\times 55}\right]\times 9 = 1835.45$$

$\therefore\ A_e = UA_n = 0.85 \times 1835.45 = 1560.14$㎟

104회 3-1

한계상태설계법

한계상태설계법에서 인장강도 산정방법을 기존의 강도설계법과 비교하여 설명하시오

풀 이

➤ 개요

부재의 인장강도 산정시 콘크리트에서는 인장강도를 무시하고 설계하므로 강재의 인장강도 산정방법에 대해서 비교한다.

➤ 한계상태설계법에서의 인장강도 산정방법

LRFD에서는 인장강도의 항복강도 산정시에 전단면이 항복하는 경우와 유효단면이 파괴되는 경우의 두가지 경우에 대해서 비교토록 하고 있으며, 고장력볼트를 사용하는 경우에는 전단파괴와 인장파단에 의해 접합부의 일부분이 찢겨나가는 파괴형태인 블록전단파괴(Block shear rupture) 양상이 일어날 확률이 크므로 이에 대한 고려도 하도록 하고 있다.

1) 인장부재의 공칭강도 산정

① 전단면 항복 : $T_n = f_y A_g$ (f_y : 항복응력, A_g : 전단면)

② 유표단면의 파괴 : $T_n = f_u A_e$ (f_u : 인장강도, A_e : 유효단면$(= UA_n)$)

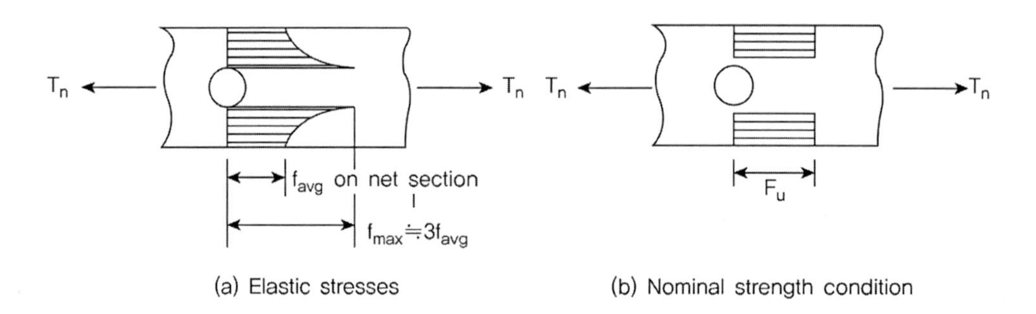

(a) Elastic stresses (b) Nominal strength condition

2) 고장력 볼트사용시 블록전단파괴(block shear fracture)

고력볼트의 사용 증가에 따라 접합부 설계는 보다 적은 개수의 그리고 보다 큰 직경의 볼트를 사용하려는 경향이 되었다. 이로 인하여 전단파괴와 인장파단에 의해 접합부의 일부분이 찢겨나가는 파괴형태인 블록전단파괴(Block shear rupture) 양상이 일어날 확률이 크게 되었다. 그림(a)에서와 같이 a-b 부분의 전단파괴와 b-c 부분의 인장파괴에 의해 접합부의 일부분이 찢겨서 나가는 파괴형태이다.

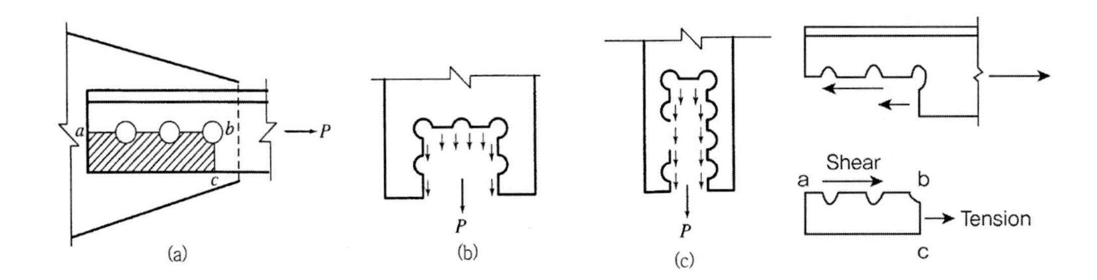

① 블록전단파단의 설계강도 산정

허용응력 설계법에서는 이러한 블록전단파괴를 순전단면적과 순인장면적을 강재의 인장강도와 함께 표현하여 1개의 식으로 고려하였으나 LRFD(한계상태설계법, 하중저항계수설계법)에서는 전단파괴강도와 인장파괴강도를 구한뒤 그 값에 따라 식을 구분하여 산정토록 하였다.

② 인장파괴 강도에 지배되는 경우(전단영역의 항복과 인장영역의 파괴에 관한 것)

$$F_u A_{nt} \geq 0.6 F_u A_{nv} : \phi R_n = \phi[0.6 F_y A_{gv} + F_u A_{nt}]$$

③ 전단파괴 강도에 지배되는 경우(전단영역의 파괴와 인장영역의 항복에 관한 것)

$$F_u A_{nt} < 0.6 F_u A_{nv} : \phi R_n = \phi[0.6 F_u A_{nv} + F_y A_{gt}]$$

여기서, $\phi = 0.75$

3) LRFD 인장부재의 설계

$P_u \leq \phi_t P_n$

① LRFD에서는 총단면적의 항복과 순단면적의 파단이라는 2가지 한계상태에 대해 검토

① ϕ_t는 연성을 갖는 총단면적의 항복강도에 대해서는 0.9를 적용, 급격한 파괴를 가져오는 유효순단면적의 파단강도에 대해서는 0.75를 적용

① 다음의 두가지 경우 중 작은 값으로 강도 결정

(1) 총단면적이 항복 : $P_n = f_y A_g \ (\phi_t = 0.90)$

(2) 유효순단면의 파단 : $P_n = f_u A_e \ (\phi_t = 0.75)$

▶ 한계상태설계법과 기존 설계법의 비교

한계상태설계법과 기존의 강교에서 사용하는 허용응력설계법과 안전율을 비교해 보면, 한계상태설계법에서는 부재의 계수하중과 재료감소계수를 고려하는 반면에 허용응력설계법에서는 안전율(SF=1.67) 개념을 도입하여 설계토록 하고 있다.

1) LRFD : $\phi R_n \geq \Sigma \gamma_i Q_i$

2) ASD : $\dfrac{\phi R_n}{S.F} \geq \Sigma Q_i$

3) 인장부재에서의 안전율 비교

LRFD : $1.2D + 1.6L = 0.9R_n$ (사하중과 활화중 재하 시), $1.4D = 0.9R_n$ (사하중 재하 시)

ASD : $D + L = \dfrac{R_n}{1.67}$

$$\frac{LRFD}{ASD} = \frac{1.33D + 1.78L}{1.67D + 1.67L} = \frac{0.8 + 1.07(L/D)}{1 + (L/D)}, \quad \frac{1.56D}{1.67D + 1.67L} = \frac{0.93}{1 + (L/D)}$$

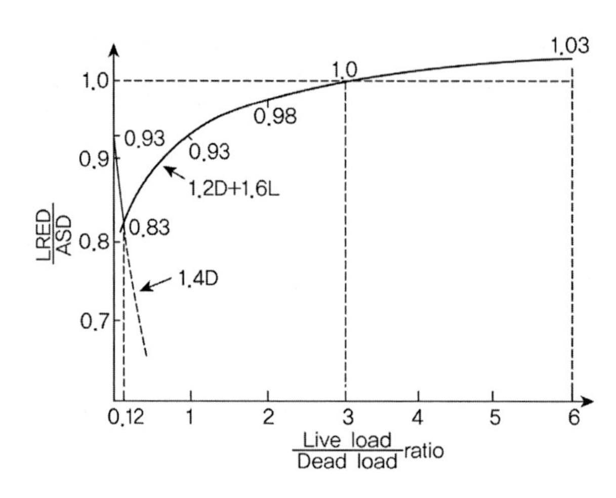

4) LRFD(한계상태설계법)와 ASD(허용응력설계법)의 비교

① L/D의 비가 3 이하에서는 LRFD가 더 효율적/경제적이다(일반적인 구조물).

② L/D의 비가 3 이상에서도 그 차이가 크지 않다.

③ 고정하중이 지배적인 구조물은 LRFD가 활하중이 지배적인 구조물은 ASD가 효율적이다.

107회 1-13

순 단면적(net area)

그림과 같은 ㄷ형강(channel)의 순 단면적(net area)을 구하시오. 단, 볼트구멍의 직경은 25㎜로 한다.

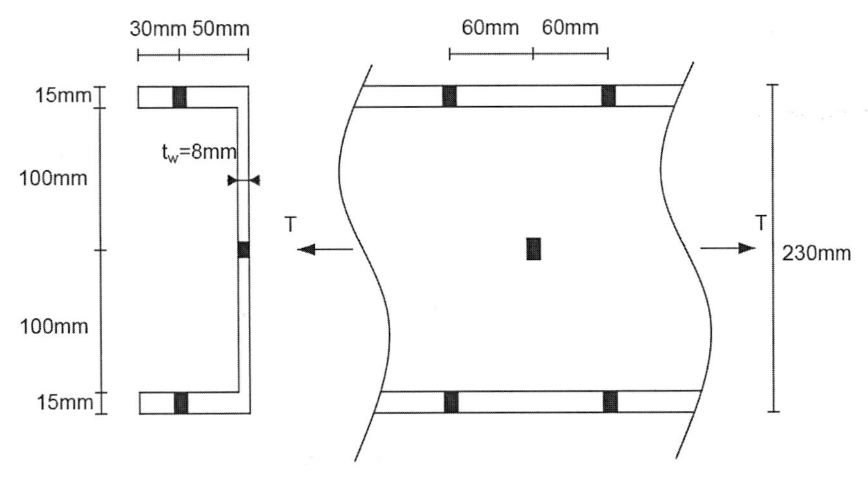

풀 이

➤ 개요

부재의 순단면적 A_n은 두께와 계산된 각 요소의 순폭을 곱한 값들의 합으로 나타낸다. 인장과 전단을 받는 부재의 순단면적을 산정하는 경우 볼트구멍의 폭은 구멍직경에 3mm를 더한 값으로 한다. 중심인장을 받는 연결재 접합부재의 순단면적은 연결재 구멍의 영향을 고려하여 산정해야 한다. 순단면적 A_n은 최소순단면적을 갖는 파단선으로부터 구한다.

(1) 정열배치인 경우

$$A_n = A_g - ndt$$

여기서, n : 인장력에 의한 파단선상에 있는 구멍의 수

d : 연결재 구멍의 직경 (mm)

t : 부재의 두께 (mm)

(2) 불규칙배치(엇모배치)인 경우

$$A_n = A_g - ndt + \Sigma \frac{s^2}{4g} t$$

여기서, s : 인접한 2개 구멍의 응력 방향 중심간격 (mm)

g : 연결재 게이지선 사이의 응력 수직방향 중심간격 (mm)

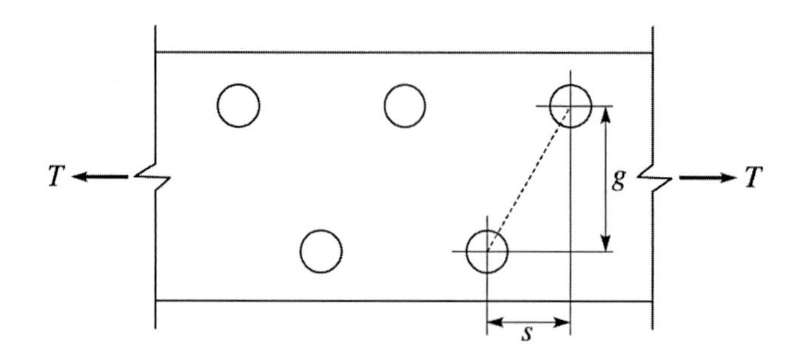

➤ 순단면적 산정

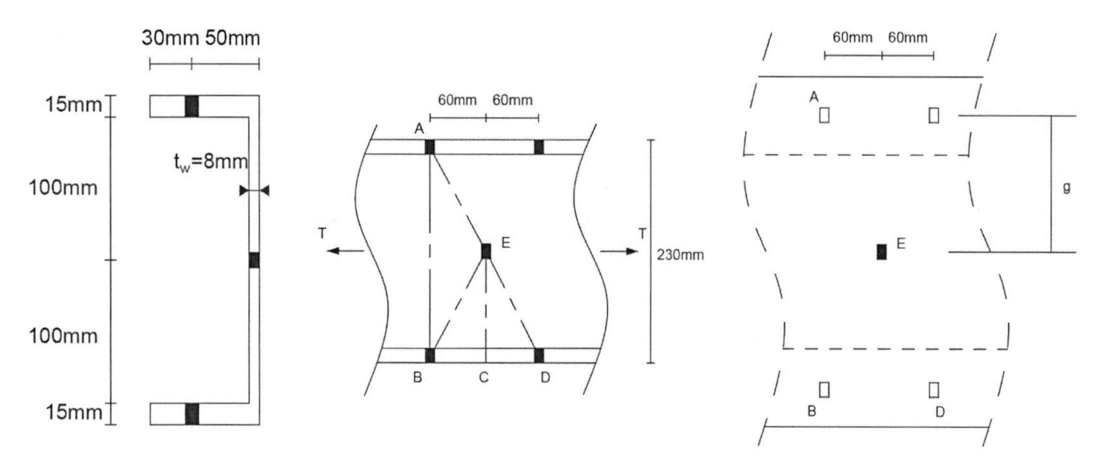

A_g =80x15+200x8+80x15=4,000㎟, 유효구멍의 직경 : 25+3=28㎜

1) 파괴선 A-B

$A_n = A_g$ − 2x(28)x15 = 3,160㎟

2) 파괴선 A-E-B

$$A_n = A_g - ndt + \Sigma \frac{s^2}{4g} t$$

s=60㎜, g=50+100−15/2=142.5㎜

$A_n = A_g - 2x(28)x15 - 28x8 + 2\times \dfrac{60^2}{4\times 142.5}\times 8 = 3,037$㎟

(t_w와 t_f가 다르므로 안전측으로 t_w로 고려)

∴ $A_n = 3,037$㎟

03 압축부재

1. ASD와 LRFD의 압축부재 강도 비교(AISC)

1) ASD

$$P_a \leqq \frac{P_n}{SF(=1.67)}, \qquad f_a \leqq F_a = \frac{f_{cr}}{1.67} = 0.6 f_{cr}$$

2) LRFD

$$P_n = A_g F_{cr}, \qquad F_e = P_e / A = \frac{\pi^2 E}{(kL/r)^2}$$

① $\lambda_c \leqq 1.5 \quad F_{cr} = (0.658^{\lambda_c^2}) F_y = (0.658^{F_y/F_e}) F_y, \quad \frac{kL}{\gamma} \leqq 4.71 \sqrt{\frac{E}{F_y}}$ or $F_e \geqq 0.44 F_y$

② $\lambda_c > 1.5 \quad F_{cr} = \left(\frac{0.877}{\lambda_c^2} \right) F_y = 0.877 F_e, \quad \frac{kL}{\gamma} > 4.71 \sqrt{\frac{E}{F_y}}$ or $F_e < 0.44 F_y$

$$\lambda_c = 1.5 \rightarrow \frac{F_{cr}}{F_y} = \frac{1}{2.25} = 0.44$$

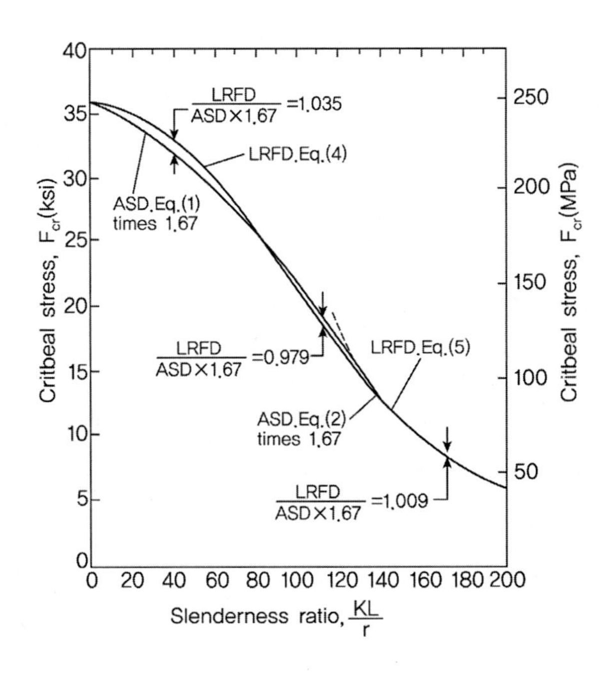

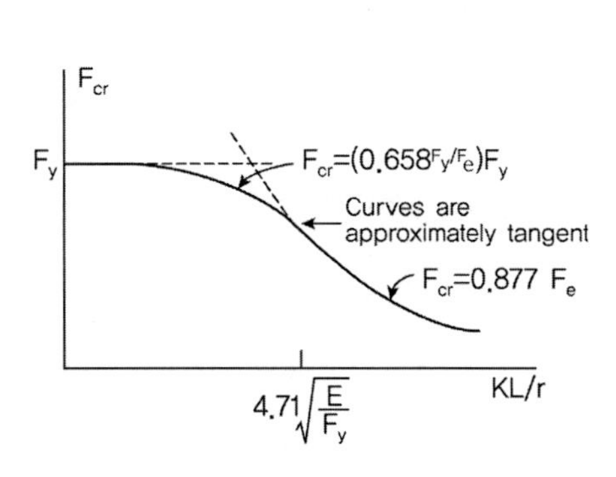

2. 압축부재의 설계

압축부재의 설계압축강도 $\phi_c P_n$은 공칭압축강도 $P_n(=P_r)$은 휨좌굴, 비틀림좌굴, 휨-비틀림좌굴의 한계상태 중에서 가장 작은 값으로 한다. 이때 2축 대칭부재와 1축 대칭부재는 휨좌굴에 대한 한계상태를 적용하며, 1축대칭부재와 비대칭부재 그리고 십자형이나 조립기둥과 같은 2축대칭부재는 비틀림좌굴 또는 휨-비틀림좌굴에 대한 한계상태를 적용한다. 별도의 규정이 없으면 강도저항계수는 $\phi_c = 0.90$을 적용한다.

TIP | 도로교설계기준(2015) 압축강도 산정 |

도로교설계기준(2015)에서는 압축부재에 대해서 비세장부재(Non-slender member)를 기준으로 폭-두께비를 제한한다. AISC(2005)의 기둥설계식과 같으며, Galambos의 기둥강도곡선식을 적용하였다. 초기변형값을 L/1500을 사용한다.
도로교설계기준(2015)에서 압축부재는 최소 하나의 대칭면을 갖고 횡방향 압축 또는 축방향 압축과 대칭축에 대한 휨을 동시에 받는 균일단면 강부재에 적용한다.

1) 축방향 압축 : $P_r = \phi_c P_n$ 여기서 $\phi_c = 0.90$, P_n은 공칭압축강도

2) 축방향 압축과 휨

기존의 기둥설계공식에 일반적인 제작, 가설 중에 발생할 수 있는 편심 및 제작오차 등의 영향을 고려되어 있으며, 교량 설계시에는 추가적인 현저한 편심의 영향도 고려하도록 하고 있다.

$\dfrac{P_u}{P_r} < 0.2$인 경우 $\dfrac{P_u}{2.0P_r} + \left(\dfrac{M_{ux}}{M_{rx}} + \dfrac{M_{uy}}{M_{ry}}\right) \le 1.0$

$\dfrac{P_u}{P_r} \ge 0.2$인 경우 $\dfrac{P_u}{P_r} + \dfrac{8.0}{9.0}\left(\dfrac{M_{ux}}{M_{rx}} + \dfrac{M_{uy}}{M_{ry}}\right) \le 1.0$

1) 세장비의 제한(도로교설계기준 2015, 강구조설계기준 2014)

주부재 $\dfrac{kl}{r} \le 120$ 브레이싱 $\dfrac{kl}{r} \le 140$

2) 축방향 압축부재의 판 폭-두께비 제한($\lambda_r = k'\sqrt{\dfrac{E}{F_y}}$, 2015 도로교설계기준)

판의 세장비 b/t는 다음의 조건을 만족해야 한다.

$\lambda\left(=\dfrac{b}{t}\right) \le k'\sqrt{\dfrac{E}{F_y}}$ (원형강관 $\dfrac{D}{t} \le 2.8\sqrt{\dfrac{E}{F_y}}$, 사각형 강관 $\dfrac{b}{t} \le 1.7\sqrt{\dfrac{E}{F_y}}$)

한쪽 단이 지지된 판	k'	b
플랜지와 자유돌출판	0.56	I형 단면의 플랜지 폭의 반
		ㄷ형 단면의 플랜지 전폭
		자유단과 판의 첫 번째 볼트 연결선 또는 용접선간의 거리
		맞대어진 두 L형강에서 맞대어지지 않은 한 L형강의 다리길이
압연 T형강의 복부판	0.75	T형강
기타 돌출부재	0.45	단일 L형강 또는 분리재를 갖는 이중 L형강에 있어서 돌출다리의 전체폭
		기타 경우는 전 돌출폭
양단이 지지된 판	k'	b
박스거더 단면의 플랜지와 덮개판	1.40	박스거더 단면의 플랜지의 경우 복부판간 순간격에서 내부 모서리 반경을 뺀 거리
		플랜지 덮개판의 용접선 또는 볼트선간 거리
복부판과 기타 판 요소	1.49	압연 보의 복부판에서 플랜지간 순간격에서 필렛 반경을 뺀 거리
		기타의 모든 경우는 지지점간 순 간격
유공덮개판(cover plate)	1.86	지지점간 순 간격

☞ $F_{cr} = \sigma_x = k\dfrac{\pi^2 E}{12(1-\mu^2)(b/t)^2}$, $k = \left(\dfrac{mb}{a} + \dfrac{n^2 a}{mb}\right)^2$ 의 좌굴 식으로부터,

좌굴계수 k는 하중 및 지지조건의 함수로 한쪽 단순지지인 경우 k=0.425, 양쪽이 모두 단순지지된 경우에 k=4.0이다. 이를 판-폭 두께 제한식(b/t)로 정리하면 각각 k'=0.620, 1.901이 된다. 이 값을 해석과 많은 실험결과를 통해서 잔류응력, 초기결함, 실제 지지조건 등을 고려하여 위의 표와 같은 값이 결정되었다.

3) 휨좌굴에 대한 압축강도(비합성단면)

① 도로교설계기준(2015)

$\lambda' \le 2.25$ ($\overline{\lambda_c} \le 1.5$)	$\lambda' > 2.25$ ($\overline{\lambda_c} > 1.5$)
$P_n = 0.66^{\lambda'} F_y A_s$ 또는 $F_{cr} = (0.66^{\overline{\lambda_c^2}}) F_y$	$P_n = \dfrac{0.88 F_y A_s}{\lambda'}$ 또는 $F_{cr} = \left(\dfrac{0.88}{\overline{\lambda_c^2}}\right) F_y$

$$\lambda' = \overline{\lambda_c^2} = \left[\frac{1}{\pi}\sqrt{\frac{F_y}{E}}\left(\frac{kl}{r}\right)\right]^2 = \left(\frac{kl}{r\pi}\right)^2 \frac{F_y}{E} \quad (\overline{\lambda_c} = \frac{\lambda}{\lambda_0},\ \lambda_0 \text{는 } F_y = F_{cr} = \frac{\pi^2 E}{\lambda_0^2},\ \therefore \lambda_0 = \pi\sqrt{\frac{E}{F_y}})$$

② 강구조설계기준(2014)

비세장 단면	$\dfrac{kl}{r} \le 4.71\sqrt{\dfrac{E}{F_y}}$, $\dfrac{F_y}{F_e} \le 2.25$	$\dfrac{kl}{r} > 4.71\sqrt{\dfrac{E}{F_y}}$, $\dfrac{F_y}{F_e} > 2.25$
	$F_{cr} = (0.658^{\left(\frac{F_y}{F_e}\right)}) F_y$	$F_{cr} = 0.877 F_e$
세장 단면	$\dfrac{kl}{r} \le 4.71\sqrt{\dfrac{E}{QF_y}}$, $\dfrac{QF_y}{F_e} \le 2.25$	$\dfrac{kl}{r} > 4.71\sqrt{\dfrac{E}{QF_y}}$, $\dfrac{QF_y}{F_e} > 2.25$
	$F_{cr} = Q\left[0.658^{\left(\frac{QF_y}{F_e}\right)}\right] F_y$	$F_{cr} = 0.877 F_e$

$$P_n = F_{cr} A_g, \quad F_e = \frac{\pi^2 E}{\lambda^2} = \frac{\pi^2 E}{(kl/r)^2}$$

여기서, Q는 모든 세장압축요소를 고려하는 순감소계수로 균일압축을 받는 단면에 대해 세장판 요소가 없는 부재는 1.0, 세장판 요소를 갖는 부재는 $Q_s Q_a$로 산정한다. 자유돌출판으로만 조합된 단면이나 양연지지판으로만 조합된 경우에는 Q_a=1.0을 적용하여 $Q = Q_s$로 산정되며, 자유돌출판과 양연지지판이 조합된 경우에만 $Q = Q_s Q_a$로 산정된다. Q_s와 Q_a는 조건에 따라 산정된다. (강구조설계기준 5.7.1, 5.7.2 참고)

TIP | 도로교설계기준과 강구조설계기준의 휨좌굴 강도 비교 |

1) 강구조설계기준의 기준식 $\frac{kl}{r} \leq 4.71\sqrt{\frac{E}{F_y}}$

$\lambda = \left(\frac{kl}{r}\right)$ 이므로 양변을 $\lambda_0 = \pi\sqrt{\frac{E}{F_y}}$ 으로 나누어 무차원화 하면,

$$\frac{\lambda}{\lambda_0} = \overline{\lambda} \leq 4.71\sqrt{\frac{E}{F_y}} \times \frac{1}{\pi}\sqrt{\frac{F_y}{E}} = \frac{4.71}{\pi}$$

양변을 제곱하여 도로교 설계기준과 동일하게 비교하면,

$\lambda' = (\overline{\lambda})^2 \leq \left(\frac{4.71}{\pi}\right)^2 \fallingdotseq 2.25$ 따라서 주어진 구분식은 도로교설계기준과 동일하다.

2) 강구조설계기준의 기준식 $F_e \geq 0.44F_y$

$F_e = \frac{\pi^2 E}{\lambda^2}$ 이므로, $\frac{\pi^2 E}{\lambda^2} \geq 0.44F_y$

$\therefore \lambda \leq \pi\sqrt{\frac{E}{0.44F_y}} \fallingdotseq 4.71\sqrt{\frac{E}{F_y}}$ 이므로 ①식과 동일하다.

3) 강구조설계기준의 $\frac{F_y}{F_e}$

$F_e = \frac{\pi^2 E}{\lambda^2}$ 이므로, $\frac{F_y}{F_e} = \frac{F_y \lambda^2}{\pi^2 E} = \left(\frac{kl}{r\pi}\right)^2 \frac{F_y}{E} = \overline{\lambda_c^2} = \lambda'$ 이므로 도로교와 동일하다.

4) 강구조설계기준의 $F_{cr} = 0.877F_e$

$F_e = \frac{\pi^2 E}{\lambda^2}$ 이므로,

$F_{cr} = 0.877F_e = \frac{0.877F_y}{\left(\frac{F_y}{F_e}\right)} = \frac{0.877}{\lambda_c^2}F_y = \frac{0.877}{\lambda'}F_y$ 이므로 도로교와 동일하다.

5) 강구조설계기준(2014)의 강도와 도로교설계기준(2015)의 강도는 동일한 식이며, 다만 도로교설계기준에서는 표현의 편리성을 위해 계수를 소수점이하 2자리에서 반올림하여 표현하였다.

4) 압축부재의 설계절차

① 모든 하중조합을 사용하여 계수하중 P_u 산정

② 가정한 $\lambda(=kl/r)$을 바탕으로 임계응력 F_{cr}, λ_c 산정

③ $A_g = P_u/\phi_c F_{cr}$ 로부터 A_g 산정

④ 단면선정, 이 때 국부좌굴 방지를 위한 판폭 두께비 λ_r의 한계값 검토

⑤ $(kl/r)_x$, $(kl/r)_y$ 중 큰 값을 바탕으로 F_{cr} 계산

⑥ $\phi_c P_n = \phi_c F_{cr} A_g$ 계산

⑦ 계산된 $\phi_c P_n$과 P_u 비교

1. 압축판요소의 판폭두께비(자유돌출판)

	구분	판요소에 대한 설명	판폭 두께비 λ	판폭 두께비 상한값		예
				λ_p(조밀단면)	λ_r(비조밀단면)	
자유돌출판	1	균일압축을 받는 - 압연 H형강의 플랜지 - 압연 H형강으로부터 돌출된 플레이트 - 서로 접한 쌍ㄱ형강의 돌출된 다리 - ㄷ형강의 플랜지	b/t	–	$0.56\sqrt{E/F_y}$	
	2	균일압축을 받는 - 용접 H형강의 플랜지 - 용점 H형강으로부터 돌출된 플레이트와 ㄱ형강 다리	b/t	–	$0.64\sqrt{k_c E/F_y}$ 1)	
	3	균일압축을 받는 - ㄱ형강의 다리 - 낄판을 낀 쌍ㄱ형강의 다리 - 그 외 모든 한쪽만 지지된 판요소	b/t	–	$0.45\sqrt{E/F_y}$	
	4	압축을 받는 원형강관	d/t	–	$0.75\sqrt{E/F_y}$	

1) $k_c = \dfrac{4}{\sqrt{h/t_w}}$, $0.35 \le k_c \le 0.76$

2. 압축판요소의 판폭두께비(양연지지판)

	구분	판요소에 대한 설명	판폭 두께비 λ	판폭 두께비 상한값		예
				λ_p(조밀단면)	λ_r(비조밀단면)	
양연지지판	5	균일압축을 받는 2축 대칭 H형강의 웨브	h/t_w	–	$1.49\sqrt{E/F_y}$	
	6	균일압축을 받는 - 각형강관의 플랜지 - 플랜지 커버 플레이트 - 연결재 또는 용접선 사이의 다이아프램 플레이트	b/t	$1.12\sqrt{E/F_y}$	$1.40\sqrt{k_c E/F_y}$	
	7	균일압축을 받는 그 외 모든 양쪽이 지지된 판요소	b/t	–	$1.49\sqrt{E/F_y}$	
	8	압축을 받는 원형강관	D/t	–	$0.11E/F_y$	

5) 휨좌굴에 대한 압축강도(합성단면)

① 도로교설계기준(2015, 휨을 받지 않는 합성단면 기둥)

$\lambda' \le 2.25$ ($\overline{\lambda_c} \le 1.5$)	$\lambda' > 2.25$ ($\overline{\lambda_c} > 1.5$)
$P_n = 0.66^{\lambda'} F_e A_s$ 또는 $F_{cr} = (0.66^{\overline{\lambda_c^2}}) F_e$	$P_n = \dfrac{0.88 F_e A_s}{\lambda'}$ 또는 $F_{cr} = \left(\dfrac{0.88}{\overline{\lambda_c^2}}\right) F_e$

$$\lambda' = \overline{\lambda_c^2} = \left[\frac{1}{\pi}\sqrt{\frac{F_e}{E_e}}\left(\frac{kl}{r}\right)\right]^2 = \left(\frac{kl}{r\pi}\right)^2 \frac{F_e}{E_e} \quad (\overline{\lambda_c} = \frac{\lambda}{\lambda_0},\ \lambda_0\text{는 } F_e = f_{cr} = \frac{\pi^2 E_e}{\lambda_0^2},\ \therefore \lambda_0 = \pi\sqrt{\frac{E_e}{F_e}})$$

여기서, F_e는 합성부재의 공칭압축강도(MPa), $F_e = F_y + C_1 F_{yr}\left(\dfrac{A_r}{A_s}\right) + C_2 f_{ck}\left(\dfrac{A_c}{A_s}\right)$

E_e는 합성부재의 탄성계수, $E_e = E\left[1 + \left(\dfrac{C_3}{n}\right)\left(\dfrac{A_c}{A_s}\right)\right]$

C_1, C_2, C_3는 합성단면기둥의 상수, n는 탄성계수비

구분	콘크리트로 채워진 강판	콘크리트로 둘러싸인 강재
C_1	1.0	0.7
C_2	0.85	0.6
C_3	0.4	0.2

② 강구조설계기준(2014) : 매입형 합성부재와 충전형 합성부재를 구분하여 적용하도록 하고 있으며 각 부재별 압축강도 산정은 Chapter 5. 합성부재편을 참조.

6) 비틀림 좌굴 및 휨비틀림좌굴에 대한 압축강도 (강구조설계기준 2014)

휨-비틀림좌굴 및 비틀림좌굴에 대한 한계상태의 공칭압축강도 $P_n = F_{cr} A_g$을 사용하며, 좌굴강도 F_{cr}은 부재에 따라 구분하나 여기에서는 2축대칭부재와 1축대칭부재에 대해서만 제시한다. 다른 경우에 대하여는 강
구조설계기준을 참조하기 바란다.

① 2축 대칭부재의 경우

$$F_e = \left[\frac{\pi^2 E C_w}{(k_z l)^2} + GJ\right]\frac{1}{I_x + I_y}$$

② y축에 대칭인 1축대칭부재의 경우

$$F_e = \left(\frac{F_{ey}+F_{ez}}{2H}\right)\left[1-\sqrt{1-\frac{4F_{ey}F_{ez}H}{(F_{ey}+F_{ez})^2}}\right]$$

C_w : 뒤틀림상수 (2축대칭 H형강의 경우 $C_w = I_y h_0^2/4$, mm^6, h_0는 플랜지 중심간 거리)

$$F_{ex} = \frac{\pi^2 E}{\left(\frac{k_x l}{r_x}\right)^2}, \quad F_{ey} = \frac{\pi^2 E}{\left(\frac{k_y l}{r_y}\right)^2}, \quad F_{ez} = \left[\frac{\pi^2 EC_w}{(k_z l)^2} + GJ\right]\frac{1}{A_g \overline{r_0^2}}$$

3. 탄성좌굴과 비탄성좌굴

(건축) 101회 1-7 압축재의 탄성좌굴과 비탄성좌굴의 개념을 비교 설명

강재단면 구성하는 판요소의 판두께 폭비에 따라 Compact section, Non-compact section, Slender section으로 구분한다. 강재의 판 폭두께비가 Non-compact section의 한계 판폭두께비를 초과하지 않으면 국부좌굴 방지를 위한 내력 감소는 필요하지 않으나 압축재가 길어지면 압축재 전체가 불안정 현상을 나타내는 부재좌굴이 발생하여 구조물 안전에 문제가 생긴다.

1) 탄성과 비탄성 좌굴

부재가 세장한 경우 저항할 수 있는 하중은 작고 따라서 부재에 생기는 압축응력도가 탄성범위 내에서 좌굴이 발생한다. 이와같은 좌굴을 탄성좌굴이라고 하고 탄성좌굴하중은 오일러가 중심압축력을 받는 부재의 좌굴미분방정식으로부터 구하였다.

$$\frac{d^2 y}{dx^2} + \frac{P_{cr} y}{EI} = 0 \quad \therefore P_{cr} = \frac{\pi^2 EI}{L^2}$$

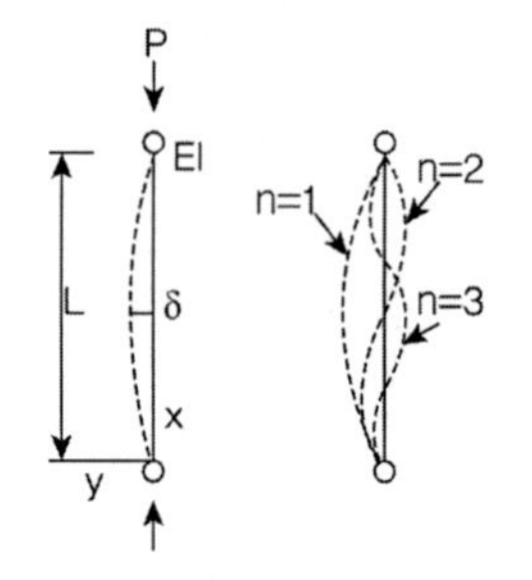

오일러의 탄성좌굴은 강재가 탄성범위 내에 있을 때 성립되며 축하중이 증가하여 기둥의 응력이 탄성범위를 벗어나면 그대로 적용할 수 없으며 이러한 불안정한 현상을 비탄성좌굴(inelastic buckling)이라고 한다. 압축재는 세장비의 크기에 따라서 탄성좌굴 또는 비탄성좌굴이 발생하며 그 세장비를 한계세장비라고 한다.

TIP | Elastic buckling |

· Euler's column equation, Elastic buckling

$$P_{cr} = \frac{\pi^2 EI}{L^2}$$

Mode shape :

$$y = B\sin kx = B\sin\left(\sqrt{\frac{P_{cr}}{EI}}\,x\right) = B\sin\frac{n\pi x}{L}$$

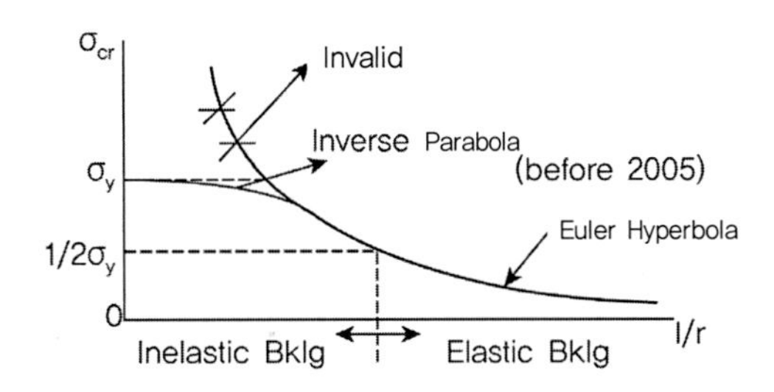

· Residual stress

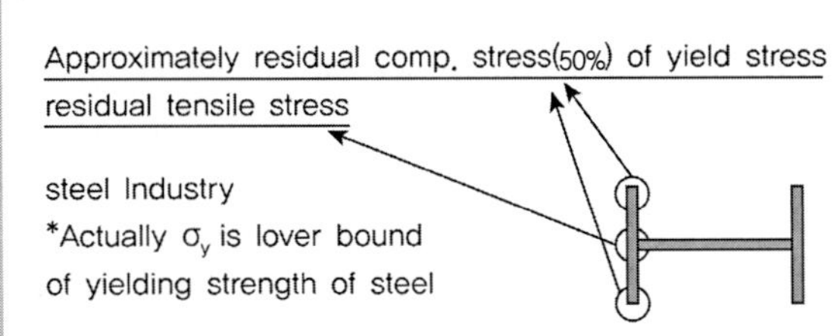

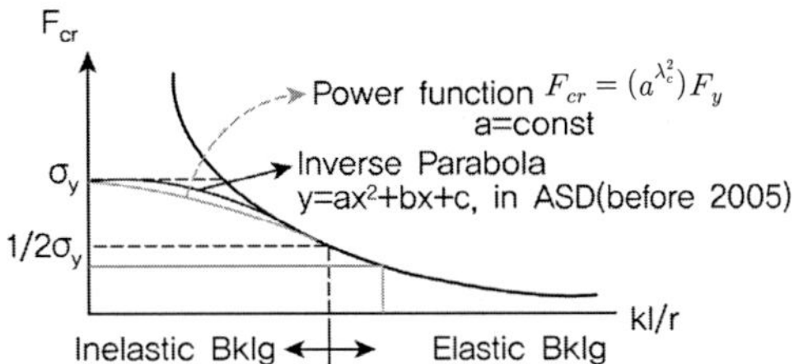

$$C_c = \frac{kl}{r} \text{ when } \sigma_{cr} = ;\ \frac{1}{2}\sigma_y = \frac{\pi^2 E}{(kl/r)^2} \rightarrow \frac{kl}{r} = C_c = \sqrt{\frac{2\pi^2 E}{F_y}}$$

$$\lambda_c = 1.5 \text{ means } \lambda_c = \sqrt{\frac{F_y}{F_e}} = 1.5 \rightarrow F_e = 0.44F_y$$

2) 비탄성좌굴 이론

① 등가계수이론(감소계수이론, Reduced Modulus theory)은 기둥의 횡변위가 생기지 않고 단면내에 압축응력이 균등하게 분포하면서 등가계수하중(그림(a)의 B점)에 도달하고 이점에 도달하자마자 횡변위에 의한 응력변화가 일어나서 단면내의 응력이 증가하는 부분과 감소하는 부분에서 서로 상이한 탄성계수 E와 E_t가 존재한다는 이론이다.

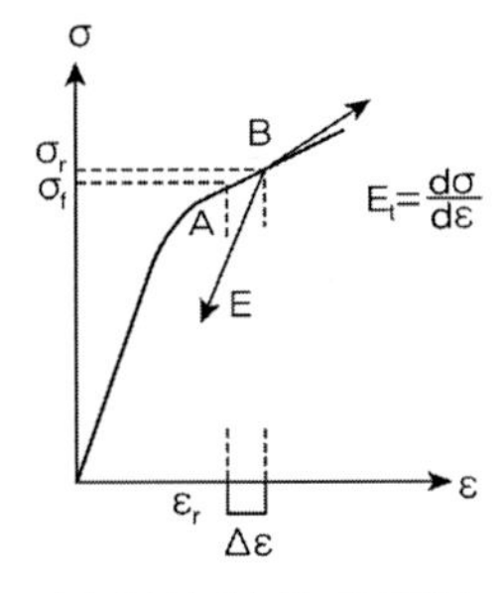

(a) 탄성계수와 접선계수

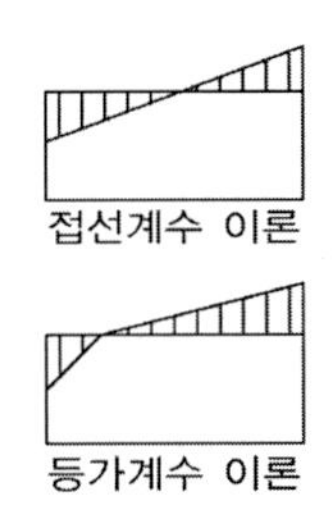

(b) 파굴에 의한 응력변화

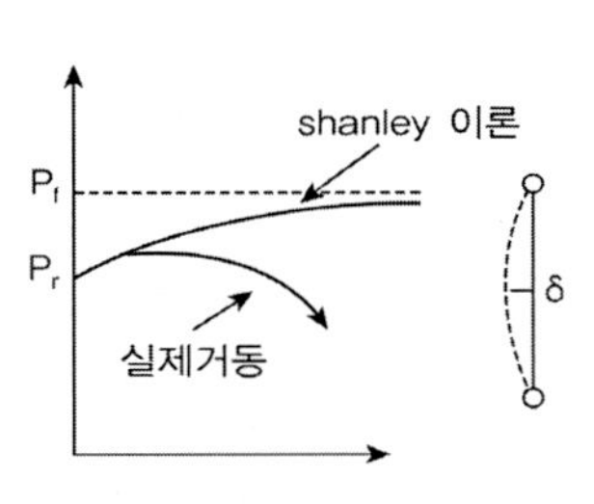

(c) 하중-횡면위 관계
P_r : 등가계수하중
P_t : 접선계수하중

② 접선계수이론(Tangent Modulus theory)은 하중이 그림(a)의 A점에 도달하여 휨변형 발생 시 응력증감 영역에서 동일한 접선계수 E_t가 존재한다는 이론이다.

③ 등가계수이론은 단면내부에 탄성계수 E가 존재한다고 생각하므로 E_t만 고려하는 접선계수이론보다 그 값이 크다.

④ Shanley의 실험에 따르면 비탄성 영역의 좌굴하중은 접선계수하중보다 크고 등가계수이론보다 작다.

⑤ 또한 실제거동은 과도한 휨변형에 의해 재료파괴로 인하여 그림 (c)와 같이 나타난다.

3) 초기변형, 편심, 잔류응력

실제부재는 초기변형, 잔류응력 및 편심이 존재하므로 이로 인해 부재의 좌굴내력을 감소시킨다.

4) 강재단면의 분류

① Compact section : $\lambda < \lambda_p$

전단면이 소성영역에 도달할 때까지 단면상에 국부좌굴이 발생하지 않는 단면, 좌굴이 생기기 전에 전체 소성응력분포를 받을 수 있고 국부좌굴 발생 전 약 3정도의 연성비를 갖는다.

② Non-compact section : $\lambda_p < \lambda \le \lambda_r$

단면국부좌굴이 발생하기 전에 압축부재에서 항복응력이 발생할 수 있으나 완전소성응력분포를 위해 요구되는 변형값에서 소성국부좌굴에는 저항하지 못하는 단면, 압축세장판부재는 부재가 항복응력 도달 전에 탄성적으로 좌굴한다.

③ Slender section : $\lambda > \lambda_r$

판 폭두께비가 지나치게 커서 국부좌굴 발생 전에 비틀림에 의해 부재가 파괴된다.

TIP | Theories of Inelastic buckling | **Reduced(Double) Modulus theory** – by Engesser, 1989

감소계수 이론은 실제 강도보다 큰 결과를 보인다.

① Assumptions

- small Δ → material nonlinearity only
- Plane sections remains plane → Bernoullis' Hypothesis
- The relationship between stress-strain and longitudinal fiber is given by stress-strain diagram of the material
- The column section is at least singly symmetric and the plane of bending is a plane of symmetry
- The axial load remains constant as the member moves from the straight to deformed position

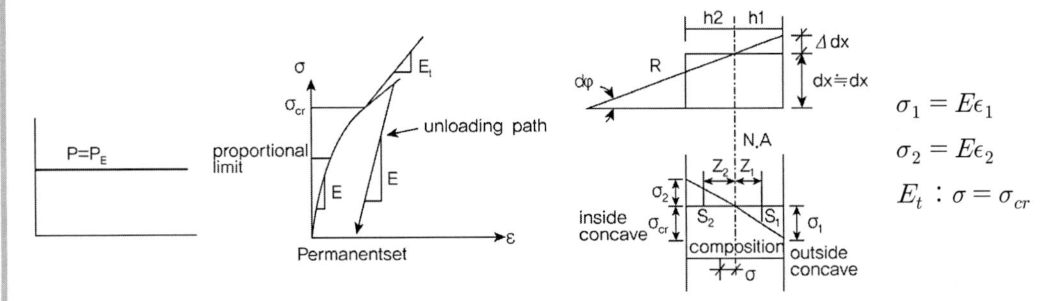

$\sigma_1 = E\epsilon_1$

$\sigma_2 = E\epsilon_2$

E_t : $\sigma = \sigma_{cr}$

② 수식 유도과정

$$Curvature = \frac{1}{R} \approx \frac{d^2y}{dx^2} = \frac{d\phi}{dx} \text{ (미소변위 이론)}$$

$$\epsilon_1 = Z_1 y'', \quad \epsilon_2 = Z_2 y'', \quad \sigma_1 = Eh_1 y'', \quad \sigma_2 = E_t h_2 y'' \rightarrow S_1 = EZ_1 y'', \quad S_2 = E_t Z_2 y''$$

$$\int_0^{h_1} S_1 dA - \int_0^{h_2} S_2 dA = 0 \text{ : Pure bending only}$$

$$\int_0^{h_1} S_1(Z_1 + e)dA + \int_0^{h_2} S_2(Z_2 - e)dA = Py \text{ : y remained from C.G}$$

$$\text{C+T=0 : } Ey''\int_0^{h_1} Z_1 dA - E_t y''\int_0^{h_2} Z_2 dA = 0, \quad \text{Let } Q_1 = \int_0^{h_1} Z_1 dA, \quad Q_2 = \int_0^{h_1} Z_2 dA$$

$$EQ_1 - E_t Q_2 = 0$$

$$\therefore y''\left(E\int_0^{h_1} Z_1^2 dA + E_t\int_0^{h_2} Z_2^2 dA + ey''\left(E\int_0^{h_1} Z_1 dA - E_t\int_0^{h_2} Z_2\right)\right) = Py$$

$$\text{Let } \overline{E} = \frac{EI_1 + E_t I_2}{I}$$

$$\overline{E}Iy'' + Py = 0 \rightarrow P_r = \frac{\pi^2 E_r I}{L^2}, \quad \sigma_r = \frac{\pi^2 E_r}{(L/r)^2}$$

$$\text{Let } \tau_r = \overline{E}/E, \quad \tau = E_t/E < 1.0$$

$$EI\tau_r y'' + Py = 0, \quad \tau_r = \frac{E_t}{E}\frac{I_2}{I} + \frac{I_1}{I} = \tau\frac{I_2}{I} + \frac{I_1}{I}, \quad \sigma_r = \frac{P_r}{A} = \frac{\pi^2 E\tau_r}{(L/r)^2}$$

TIP | Theories of Inelastic buckling | Tangent Modulus Theory

① Assumptions : 감소계수이론의 마지막 가정(The axial load remains constant as the member moves from the straight to deformed position)만 제외하고 동일하다.

The axial load increases during the transition from straight to slight bent position such that the increase in average stress in compression is greater than the decrease in stress due to bending at the extreme fiber on the convex side, i.e., no strain reversal takes place on the convex side. The compressible stress increases at all point : the tangent modulus governs the entire cross-section.

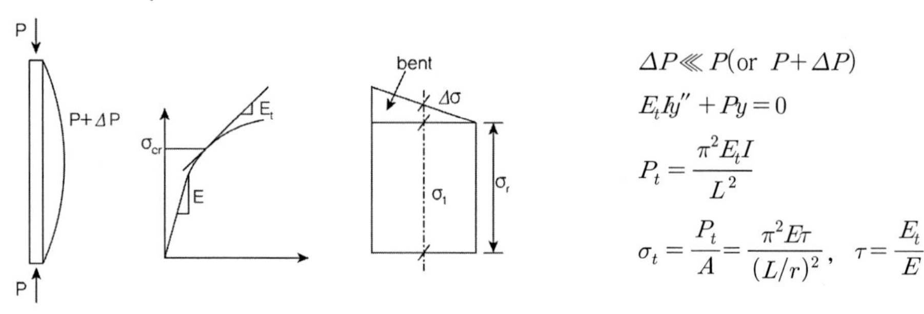

접선계수 이론은 실제 강도보다 작은 결과를 보인다.

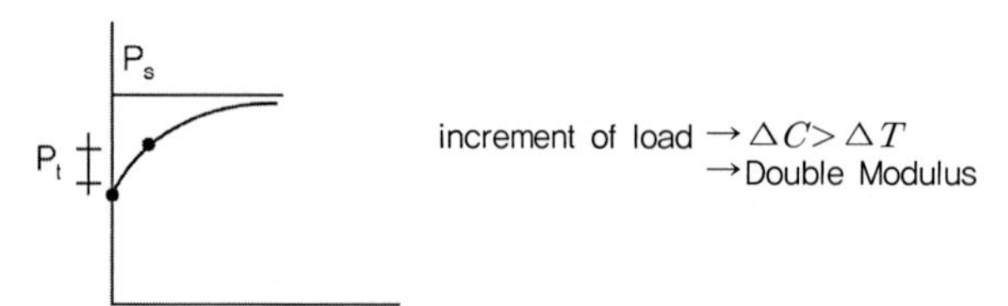

TIP | Theories of Inelastic buckling | Shanley concept

① Tangent Modulus Theory : $P_t = \pi^2 E_t I / L^2$

② Reduced(Double) Modulus Theory : $P_r = \pi^2 E_r I / L^2$, $E_r = (EI_1 + E_t I_2)/I$

③ Post Buckling Behavior(by Shanley, 1947)

$P = P_t$일 때 좌굴이 발생

→ After Buckling, increase in stiffness due to elastic unloading of some fibers in the section, results in increase in load, without further yielding($P \to P_r$), further yielding (further decrease in stiffness & $P \to P_{\max}$, $P_t < P_{\max} < P_r$)

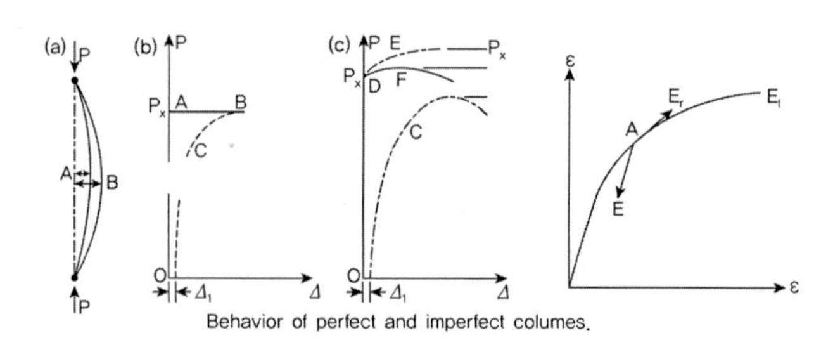

Behavior of perfect and imperfect columes.

TIP | Inelastic buckling strength without any imperfection|

① 압축부재 강도의 영향인자

- 초기틀림(Imperfection : out-of-straightness, eccentricity of axial load)
- 재료의 비선형(Material nonlinearity)
- 구속조건(End restraints)
- 잔류응력(Residual stress)

② 압축부재의 강도이론 변천

- 실험결과에 따른 식 : 실험식에만 의존하고 구속조건에 대한 고려가 없음
- 항복상태기준(Yield limit state) 식 : 초기틀림이 있는 하중조건에서의 탄성 응력범위만 고려, 구속조건에 대한 합리적인 고려가 없어 압축부재에 대한 비선형성의 고려가 미흡
- 접선계수이론에 따른 식 : 초기틀림에 대해 2가지 방법으로 고려하도록 하고 있으며, 단부 구속조건에 대해 비교적 정확히 고려됨
- 최대강도를 기준으로 정립된 식 : 초기틀림과 잔류응력을 고려하여 최대 강도 곡선으로부터 수식적으로 유도된 식으로 현재 설계기준을 정립하고 있음(SSRC curves 1,2,3, Euro code3, Canadian standard)

③ 잔류응력의 영향

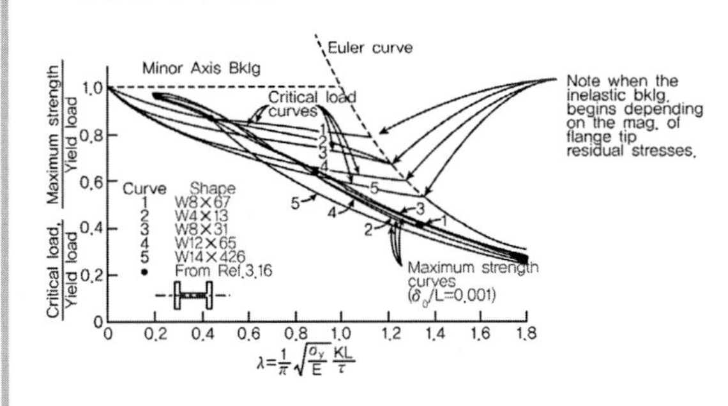

(압연기둥 : Hot-rolled shape)

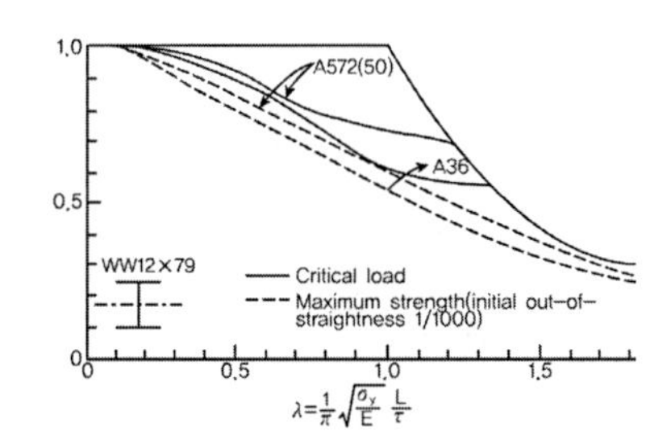

(용접기둥 : welded column)

④ 잔류응력으로 인한 압축부재의 비선형 거동

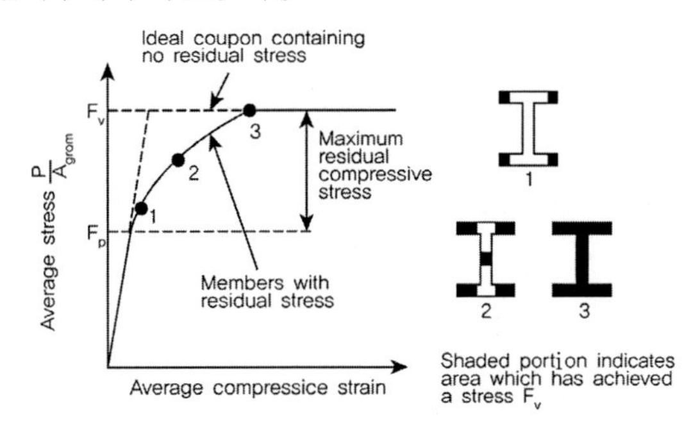

Influence of residual stress on average stress-strain curve.

예 제

압축부재의 설계

단순지지된 H200×200×8×12이 압축력 $N_D = 500kN$, $N_L = 400kN$ 작용시 안정성을 검토하시오.

$L = 3.0m$, SM490($f_y = 315MPa$, $E = 2.06 \times 10^5 MPa$)

풀 이

▶ 단면의 성질

$A_s = 63.53 \times 10^2 mm^2$, $I_x = 4720 \times 10^4 mm^4$,
$r_x = 86.2mm$, $r_y = 50.2mm$, $r = 13mm$

▶ 판 폭두께비 검토

Flange : $b/t_f = (200/2)/12 = 8.3$

$\lambda_r = 0.56\sqrt{E/F_y} = 0.56\sqrt{2.06 \times 10^5/325} = 14.1$ $\therefore b/t_f < \lambda_r$

Web : $h/t_w = [200 - 2 \times (12 + 13)]/8 = 18.8$

$\lambda_r = 1.49\sqrt{E/F_y} = 1.49\sqrt{2.06 \times 10^5/325} = 37.5$ $\therefore h/t_w < \lambda_r$

$\therefore$ 비조밀(비세장) 단면($\lambda < \lambda_r$)

▶ f_{cr} 의 산정

유효좌굴계수 $k = 1.0$(단순지지), $\overline{\lambda_c} = \dfrac{kL}{r}\sqrt{\dfrac{F_y}{\pi^2 E}} = \dfrac{1.0 \times 3000}{50.2 \times \pi} \times \sqrt{\dfrac{325}{206000}} = 0.76 < 1.5$

$\therefore F_{cr} = (0.66^{\overline{\lambda_c^2}})F_y = 0.66^{0.76^2} \times 325 = 255MPa$

▶ 설계강도

$\phi_c = 0.9$, $P_n = A_g F_{cr} = 63.53 \times 10^2 \times 255 = 1620kN$
$\phi_c P_n = 0.9 \times 1620 = 1458kN$

▶ 안정성 검토

소요압축강도 $P_u = 1.2N_D + 1.6N_L = 1240kN > 1.4N_D$ $\therefore P_u < \phi_c P_n$ 안전함

예 제

압축부재의 설계

그림과 같이 브레이싱된 구조물에서 고정하중 200N과 활하중 400N을 축방향 압축력으로 받을 수 있는 길이 9m인 주부재로 사용할 SM400강재로 된 최경량 H형강을 선정 안정성을 검토하라. 부재는 상하부 핀지지되고 부재 중간에 약축 방향으로 지지되어 있다(H300×200×8×12 사용).

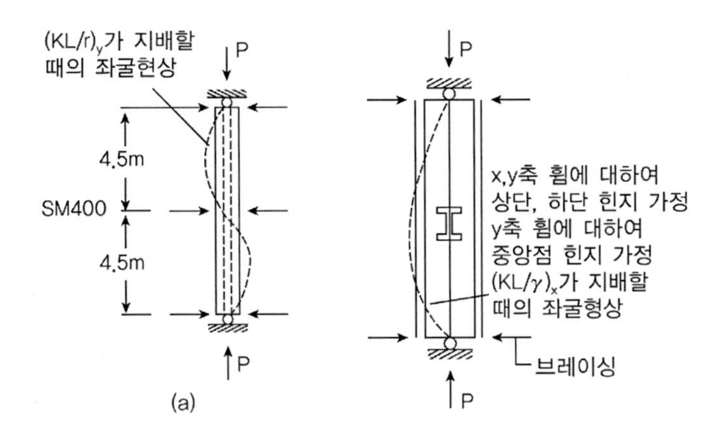

풀 이

➤ 하중 산정

$$P_u = 1.2D + 1.6L = 880^{kN}$$

➤ 단면 검토

강축, 약축 모두 좌굴 유효길이계수 $k = 1.0$

$(kL)_x = 2(kL)_y$ 이므로 $r_x/r_y \geq 2$ 인 경우에 약축이 지배한다.

여기서 $H-300 \times 200$ 의 $r_x/r_y = 2.65$ 이므로 약축이 지배한다.

$$\therefore \lambda = \frac{kL}{r_y} = \frac{450}{4.71} = 95.5, \quad \lambda_0 = \pi\sqrt{\frac{E}{f_y}}$$

[SM400 $F_y = 235MPa$(도로교설계기준, 2015)]

$$\overline{\lambda_c} = \frac{\lambda}{\lambda_0} = \frac{95.5}{\pi}\sqrt{\frac{F_y}{E}} = \frac{95.5}{\pi}\sqrt{\frac{235}{2.0 \times 10^5}} = 1.042 < 1.5$$

$$F_{cr} = (0.66^{\overline{\lambda_c^2}})F_y = 0.66^{1.042^2} \times 235 = 149.7^{MPa}$$

➤ 안정성 검토

$$\phi_c P_n = \phi_c F_{cr} A_s = 0.9 \times 149.7 \times 7238 = 975.0^{kN} \rangle\ P_u = 880^{kN} \qquad \text{O.K}$$

➤ 압축부재의 유효길이

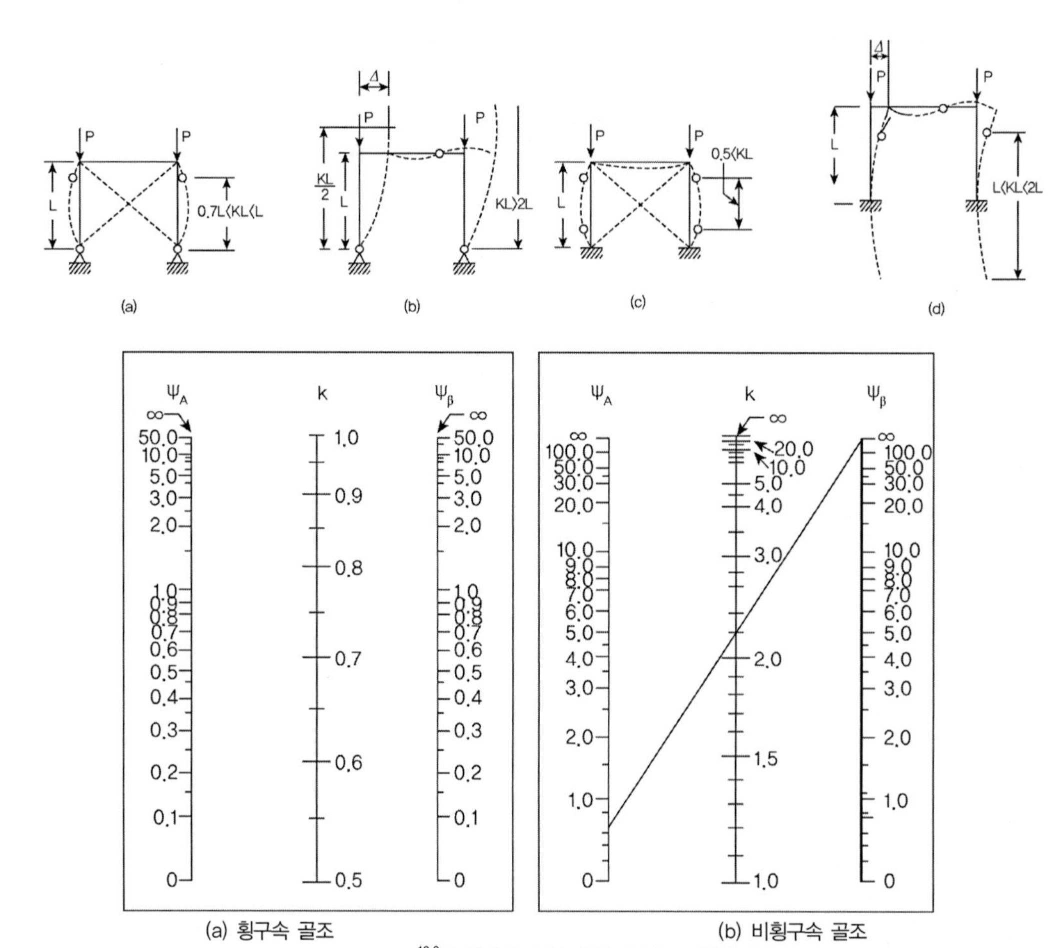

(a) 횡구속 골조　　　　(b) 비횡구속 골조

Jackson-Moreland[10.3]의 유효길이계수 k를 구하는 직선연결도표 :
(a) 횡구속 골조, (b) 비횡구속 골조, Ψ=압축부재 단부의강성도비= $\Sigma(EI/l_c)_{(기둥)}/\Sigma(EI/l)_{(보)}$

$$\Psi_A = \frac{\left[\Sigma \dfrac{EI}{l}\right]_{column}}{\left[\Sigma \dfrac{EI}{l}\right]_{beam}} \text{(상단)}, \quad \Psi_B = \frac{\left[\Sigma \dfrac{EI}{l}\right]_{column}}{\left[\Sigma \dfrac{EI}{l}\right]_{beam}} \text{(하단)}$$ Find k by Ψ_A, Ψ_B & 직선연결

(대부분의 힌지연결은 $\Psi = 10$, 고정지점은 $\Psi = 1.0$)

(건축) 104회 3-5

압축재의 설계압축강도

그림과 같은 용접 H형강 압축재의 설계압축강도를 건축구조기준에 따라 산정하시오
단, 부재의 양단은 양방향으로 핀 접합되어 있으며 다음과 같은 강재를 사용하며 국부좌굴에 대한 검토는 생략하고 계산 값의 유효수사는 3자리로 한다.
재료강도 : $F_y = 325MPa$, 탄성계수 : $E = 205{,}000MPa$, 전단탄성계수 : $G = 79{,}000MPa$

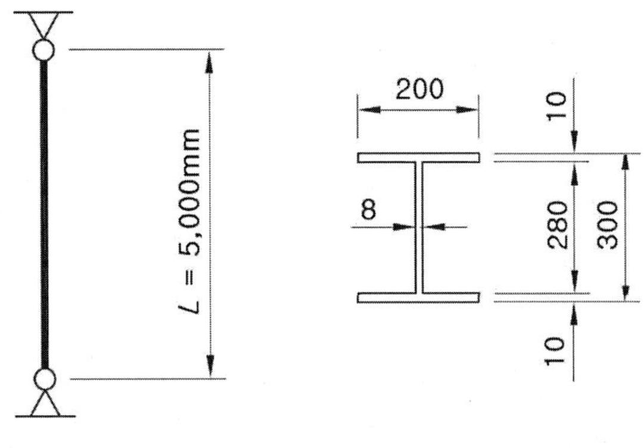

(단위 : mm)

설계압축강도 $\phi_c P_n$의 산정은 건축구조기준의 다음식을 사용한다.

$P_n = F_{cr} A_g$, $\phi_c = 0.90$

$$F_e = \frac{\pi^2 E}{\left(\frac{KL}{r}\right)^2},\quad F_e = \left[\frac{\pi^2 E C_w}{(K_z L)^2} + GJ\right]\frac{1}{I_x + I_y},\quad C_w = \frac{I_y h_0^2}{4},\quad J = \Sigma\frac{bt^3}{3}$$

풀 이

➤ 개요

압축부재의 설계압축강도 $\phi_c P_n$은 공칭압축강도 $P_n (= P_r)$은 휨좌굴, 비틀림좌굴, 휨-비틀림좌굴의 한계상태 중에서 가장 작은 값으로 한다. 이때 2축 대칭부재와 1축 대칭부재는 휨좌굴에 대한 한계상태를 적용하며, 1축대칭부재와 비대칭부재 그리고 십자형이나 조립기둥과 같은 2축대칭부재는 비틀림좌굴 또는 휨-비틀림좌굴에 대한 한계상태를 적용한다. 별도의 규정이 없으면 강도저항계수는 $\phi_c = 0.90$을 적용한다.

➤ 단면 검토

강축, 약축 모두 좌굴 유효길이계수 $k = 1.0$

$A_g = 2 \times 200 \times 10 + 280 \times 8 = 6240㎟$

$I_x = \frac{200 \times 300^3}{12} - \frac{192 \times 280^3}{12} = 98768000mm^4$, $r_x = \sqrt{\frac{I_x}{A}} = 125.8㎜$, $\frac{kL}{r_x} = 39.7$

$I_y = \frac{300 \times 200^3}{12} - \frac{280 \times 192^3}{12} = 34849280mm^4$, $r_y = \sqrt{\frac{I_y}{A}} = 74.7㎜$, $\frac{kL}{r_y} = 66.9$

$h_0 = 290㎜$ (플랜지 중심간 거리)

$C_w = \frac{I_y h_0^2}{4} = 7.327 \times 10^7$, $J = \Sigma \frac{bt^3}{3} = 58672000mm^4$

$F_e = \frac{\pi^2 E}{\left(\frac{KL}{r}\right)^2} = 451.98$, $F_e = \left[\frac{\pi^2 EC_w}{(K_z L)^2} + GJ\right]\frac{1}{I_x + I_y} = 35{,}133$

➤ 판 폭두께비 검토

Flange : $b/t_f = (200/2)/10 = 10$

$\lambda_r = 0.56\sqrt{E/F_y} = 0.56\sqrt{2.05 \times 10^5/325} = 14.1$ $\quad \therefore b/t_f < \lambda_r$

Web : $h/t_w = 280/8 = 35$

$\lambda_r = 1.49\sqrt{E/F_y} = 1.49\sqrt{2.05 \times 10^5/325} = 37.4$ $\quad \therefore h/t_w < \lambda_r$

$\therefore$ 비조밀(비세장) 단면($\lambda < \lambda_r$)

➤ 압축강도 검토

1) 세장비 제한

주부재 $\frac{kL}{r_y} = 66.9 \le 120$ O.K

2) 휨좌굴 압축강도

비세장단면 $\frac{kL}{r} = 66.9 \le 4.71\sqrt{\frac{E}{F_y}} = 118.3$

$F_{cr} = (0.658^{\left(\frac{F_y}{F_e}\right)})F_y = 240.5MPa$

➤ 설계압축강도 산정

$\phi_c P_n = \phi_c F_{cr} A_s = 0.9 \times 240.5 \times 6240 = 1351^{kN}$

04 휨부재 : 압연재

1. AISC Beam definition of beam and plate girder

1) Beam : $\dfrac{h}{t_w} \leqq 5.70\sqrt{\dfrac{E}{F_y}}$ (압연보와 일부 판형보)

2) Plate girder : $\dfrac{h}{t_w} > 5.70\sqrt{\dfrac{E}{F_y}}$ (일부 판형보)

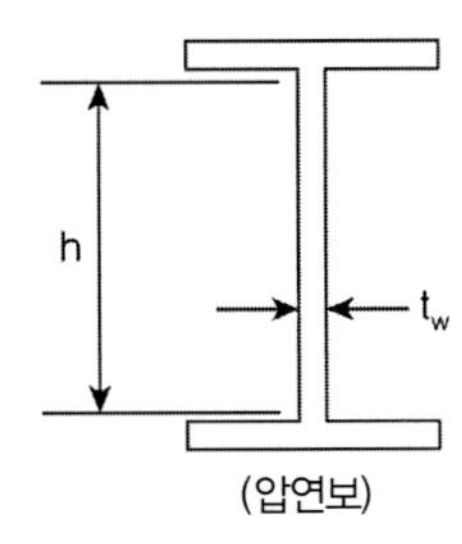

(압연보)

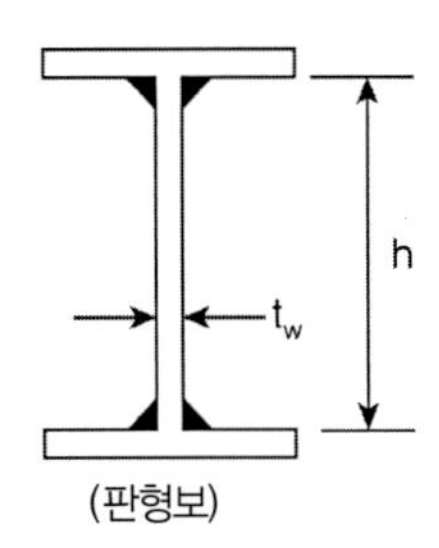

(판형보)

2. Bending of symmetrical section

$$f = \frac{M_{xx}}{S_x} + \frac{M_{yy}}{S_y}, \quad S_x = \frac{I_x}{C_y}, \quad S_y = \frac{I_y}{C_x}$$

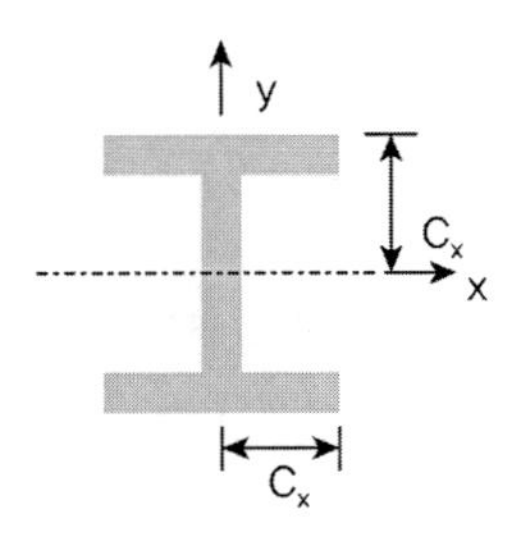

3. Behavior of laterally stable beams

횡방향으로 안정한 보는 횡방향으로 지지되어 있음을 의미하며 이로 인하여 횡방향 좌굴에 대해 안정한 구조를 의미한다.

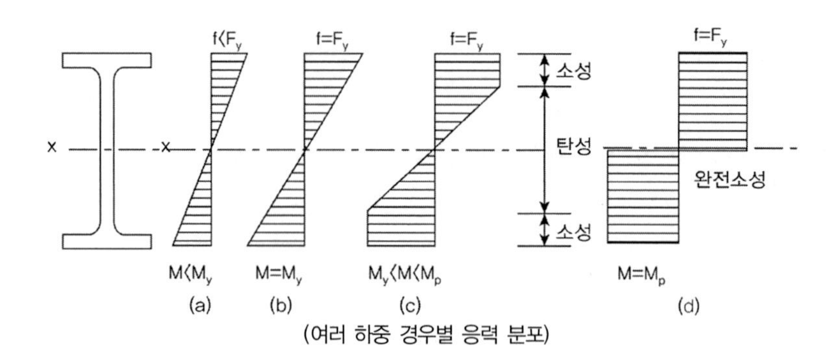

(여러 하중 경우별 응력 분포)

1) 단부항복상태(그림 (b)) : $M_n = M_y = S_x f_y$

2) 소성상태(그림 (d)) : $M_n = M_p = Zf_y$, $\quad Z = \int y dA$: 소성계수

일반적인 I형강 보에서 형상계수(Z/S)는 1.09~1.18사이로 M_p가 M_y보다 10% 정도 더 크다.

4. 휨 구조 설계 시 고려사항

1) 보의 설계 시 고려사항

① 항복강도 또는 소성강도(Yielding strength or Plastic strength)
② 국부좌굴(Flange local buckling, Web local buckling)
③ 횡 비틂좌굴(Lateral torsional buckling)
④ 붕괴 메커니즘(collapse mechanism)

2) 보의 설계

① 조밀단면(Compact Section)

- $\phi_b M_n = \phi_b M_p = \phi_b Z F_y \leq 1.5 M_y$ (작업하중 변형 제어 목적)
- 소성상태 도달전에 국부좌굴이 발생하지 않는다.
- $\lambda \leq \lambda_p$ (flange, web 모두 만족하여야 하며, 가장 불리한 단면을 기준으로 한다)

② 비조밀단면(Non-compact Section, Partially Compact Section)

- Flange Non-compact Section $\lambda_p < \lambda \leq \lambda_r$

$$M_n = M_p - (M_p - M_r)\left(\frac{\lambda - \lambda_p}{\lambda_r - \lambda_p}\right) \leq M_p$$

여기서, $\lambda_r = 0.83\sqrt{\dfrac{E}{f_y - f_r}}$, $\quad \lambda_p = 0.38\sqrt{\dfrac{E}{f_y}}$, $\quad M_r = (f_y - f_r)S_x$

f_r : 플랜지내 잔류압축응력(압연형강 $69MPa$, 용접형강 $114MPa$)

- Web Non-compact Section $\lambda_p < \lambda \leqq \lambda_r$

$$M_n = M_p - (M_p - M_r)\left(\frac{\lambda - \lambda_p}{\lambda_r - \lambda_p}\right) \leqq M_p$$

여기서, $\lambda_r = 5.70\sqrt{\frac{E}{F_y}}$, $\lambda_p = 3.76\sqrt{\frac{E}{F_y}}$, $M_r = F_y S_x$

③ 세장단면(Slender Section)

- $\lambda > \lambda_r$
- $M_n = SF_{cr} = M_{cr} \leqq M_p$

(Width-Thickness Parameters(압연보), 여기서 b_f는 전체 플랜지 폭)

구분	λ	λ_p	λ_r
Flange	$\frac{b_f}{2t_f}$	AISC) $0.38\sqrt{E/F_y}$	AISC) $1.0\sqrt{E/F_y}$
		도로교 2012) $0.382\sqrt{E/F_y}$	도로교 2015) 12.0
Web	$\frac{h}{t_w}$	$3.76\sqrt{E/F_y}$	$5.70\sqrt{E/F_y}$

(강구조설계기준, 2009 판폭 두께비)

	판요소에 대한 설명	판폭 두께비 λ	판폭 두께비 상한값 λ_p(조밀단면)	판폭 두께비 상한값 λ_r(비조밀단면)	예
자유돌출판	① 압연 H형강과 ㄷ형강 휨재의 플랜지	b/t	$0.38\sqrt{E/F_y}$	$1.0\sqrt{E/F_y}$	b, t
자유돌출판	② 2축 또는 1축 대칭인 용접 H형강 휨재의 플랜지	b/t	$0.38\sqrt{E/F_y}$	$0.95\sqrt{k_c E/F_L}$ 1), 2)	b, t
자유돌출판	③ 휨을 받는 ㄱ형강의 다리	b/t	$0.54\sqrt{E/F_y}$	$0.91\sqrt{E/F_y}$	b, t
자유돌출판	④ 휨을 받는 T형강의 플랜지	b/t	$0.38\sqrt{E/F_y}$	$1.0\sqrt{E/F_y}$	b, t

	판요소에 대한 설명	판폭 두께비 λ	판폭 두께비 상한값 λ_p(조밀단면)	λ_r(비조밀단면)	예
양연지지판	① 휨을 받는 -2축 대칭 H형강의 웨브 -ㄷ형강의 웨브	h/t_w	$3.76\sqrt{E/F_y}$	$5.70\sqrt{E/F_y}$	
	② 휨을 받는 1축 대칭 H형강의 웨브	h_c/t_w	$\dfrac{\frac{h_c}{h_p}\sqrt{\frac{E}{F_y}}}{(0.54\frac{M_p}{M_y}-0.09)^2} \le \lambda_r$	$5.70\sqrt{E/F_y}$	
	③ 휨을 받는 각 형강관의 웨브	h/t	$2.42\sqrt{E/F_y}$	$5.70\sqrt{E/F_y}$	
	④ 휨을 받는 원형강관		$0.07\sqrt{E/F_y}$	$0.31\sqrt{E/F_y}$	

1) $F_L = 0.7F_y zz$: 약축휨을 받는 경우, 웨브가 세장판 요소인 용접 H형강이 강축휨을 받는 경우, 그리고 조밀단면웨브 또는 비조밀단면웨브이고 $S_{xt}/S_{xx} \ge 0.7$ 인 용접 H형감이 강축휨을 받는 경우

2) $F_L = F_y S_{xt}/S_{xx} \ge 0.5F_y$: 조밀단면웨브 또는 비조밀단면웨브이고 $S_{xt}/S_{xx} < 0.7$ 인 용접 H형강이 강축휨을 받는 경우

3) Lateral Buckling

① Elastic Lateral Buckling (Theory of elastic stability, Timoshenko & Gere)

$$M_n = F_{cr}S_x, \quad F_{cr} = \frac{\pi}{L_b S_x}\sqrt{EI_y GJ + \left(\frac{\pi E}{L_b}\right)^2 I_y C_w}$$

여기서, I_y : 약축의 단면 2차 모멘트

L_b : 비지지 길이

G : 전단계수

J : 비틀림 계수

C_w : Warping상수

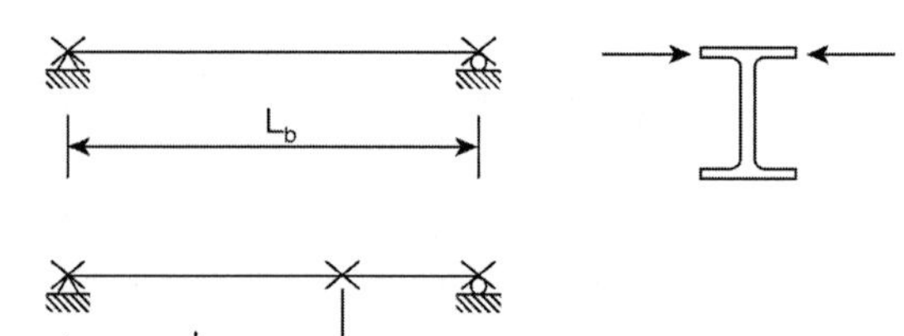

1. 비틀림

강구조물에서 비틀림 응력은 주요한 발생응력이라 할 수 없지만 휨부재의 횡방향 안정성(Lateral stability)과 밀접한 관련이 있으므로 비틀림 거동에 대한 이해가 필요하다. 외력이 부재의 전단중심에서 벗어나 작용하면 편심으로 인한 비틀림 모멘트가 발생하며 이러한 부재의 비틀림에는 순수비틀림(Pure torsion)과 뒤틀림(Warping torsion)로 분류할 수 있다. 순수비틀림은 단면의 변형이나 길이방향의 직응력을 일으키지 않고 단면전체가 일정하게 각 변위를 일으키는 비틀림이다. 이를 Saint vernant Torsion이라고도 하며 T_s로 나타내고 순수 비틀림에 의한 부재의 단위길이당 비틀림 각과 비틀림 모멘트는 다음과 같이 표시한다.

$$\frac{d\theta}{dz}=\frac{T_s}{GJ} \quad T_s = GJ\frac{d\theta}{dz}$$

GJ : 단위길이당 단위비틀림각을 유발하는데 필요한 비틀림 모멘트, 비틀림 강성(torsional rigidity)

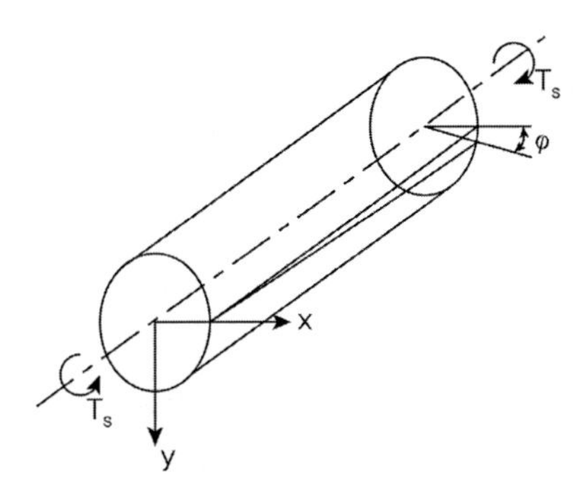

원형단면이 아닌 부재가 비틀림 하중을 받게 되면 뒤틀림변형을 동반하게 되며 H형강의 경우 그림과 같이 단면에 작용하는 뒤틀림모멘트는 양쪽 플랜지에 작용하는 힘 V_f의 우력으로 치환할 수 있다. $V_f = T_w/h$로 계산되고 변형된 부재의 전단중심에서의 각 변위를 ϕ라고 하면 횡변위 $u_f = h\phi/2$가 된다. M_f와 u_f의 관계는 모멘트-곡률 관계식으로부터 다음과 같이 표현할 수 있다.

$$M_f =- EI_f\frac{d^2u_f}{dz^2}$$

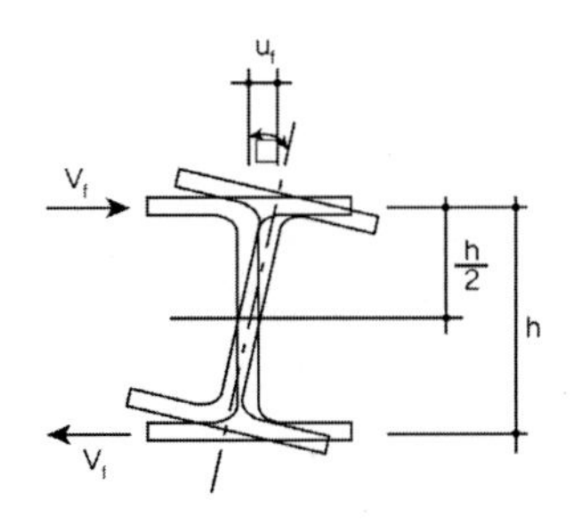

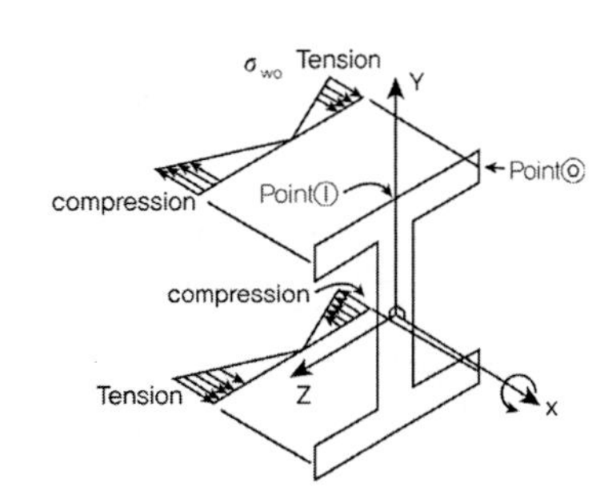

위의 식에서 I_f는 한 플랜지의 y축에 대한 단면2차 모멘트이고 $V_f = dM_f/dz$이므로 단부에서의 뒤틀림 모멘트는 다음과 같이 비틀림 각으로 표시할 수 있다.

$$T_w = V_f h = -EI_f \frac{d^3 u_f}{dz^3} h, \quad u_f = \frac{h}{2}\phi, \quad \therefore T_w = -EI_f \frac{h}{2}\frac{d^3\phi}{dz^3} h \quad \text{여기서 } I_y \approx 2I_f$$

$$T_w = -E\left(\frac{I_y}{2}\right)\frac{h^2}{2}\frac{d^3\phi}{dz^3}$$

H형강의 뒤틀림상수(Warping constant)를 $C_w = \frac{h^2}{4}I_y$로 정의하면,

$$T_w = -EC_w \frac{d^3\phi}{dz^3}$$

따라서 뒤틀림이 발생하는 H형강과 같은 부재의 비틀림 응력전달은 다음과 같이 순수비틀림과 뒤틀림에 의한 2개의 성분의 합으로 표시한다.

$$T = T_s + T_w = GJ\frac{d\theta}{dz} - EC_w\frac{d^3\phi}{dz^3}$$

2. 횡좌굴(횡비틀림좌굴)

(건축) 100회 1-2 보의 횡좌굴(lateral buckling)

① 수직하중에 대해 경제적으로 설계함에 따라 보의 단면은 복부에 평행한 수직축(약축)에 대한 휨과 비틀림에는 상대적으로 약한 성질을 갖는다. 휨변형 발생시 휨모멘트가 어느 한계값에 도달하면 압축플랜지는 압축응력에 의해 횡방향으로 좌굴하게 되고 보의 단면은 비틀림 변형이 발생하며 휨강도는 감소한다. 이러한 현상을 횡좌굴(lateral buckling) 또는 횡비틀림좌굴(lateral torsional buckling)이라고 한다.

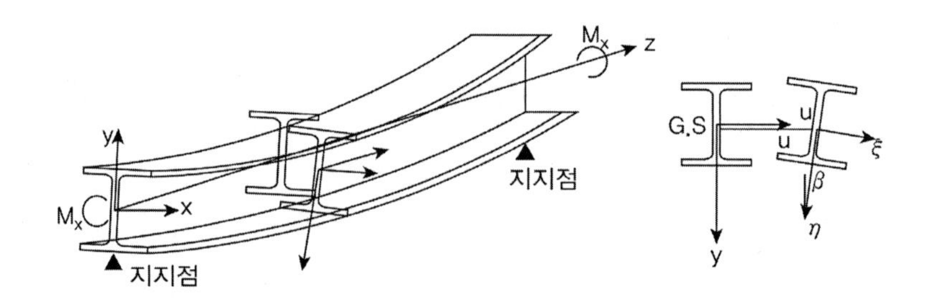

② 횡좌굴을 방지하고 휨강도를 증가시키기 위해서는 압축플랜지의 횡방향 변위를 구속할 수 있는 브레이싱이나 슬래브 등에 의해 보를 횡방향으로 지지해야 한다. 이때 횡방향 지지점 사이의 거리를 비지지길이(unbraced length) L_b라고 한다.

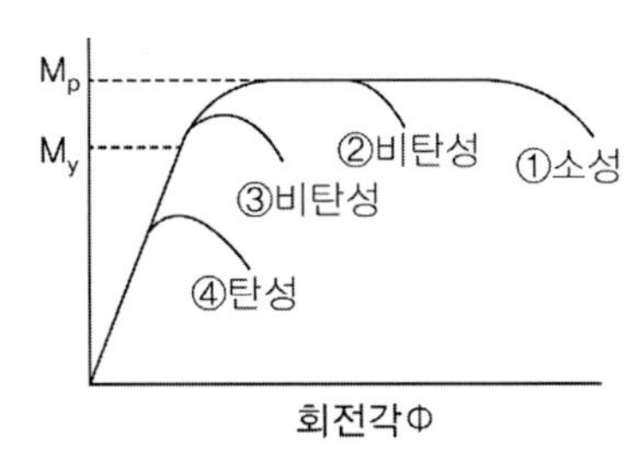

(단순보의 L_b/r_y에 따른 휨거동)

①은 세장비가 매우 작아 소성모멘트에 도달 또는 초과, 변형능력이 매우 큰 거동

②은 보의 세장비가 ①보다는 큰 경우로 소성모멘트에는 도달하나 회전변형능력이 크지 않은 비탄성 거동을 보임. 플랜지에 비탄성변형이 생긴 상태에서 횡좌굴이 발생하며 이때의 휨강도는 소성모멘트가 된다.

③은 보의 세장비가 다소 큰 경우 비탄성좌굴에 의해 소성모멘트보다는 작고 항복모멘트보다는 큰 휨강도를 갖는다. 보의 플랜지에 있는 잔류응력의 영향으로 비탄성거동을 보이고 횡좌굴을 일으켜 한계상태에 도달한다. 이때의 휨강도는 비탄성좌굴강도가 된다.

④는 보의 횡방향 지지길이가 매우 큰 경우로 보는 탄성횡좌굴에 의해 한계상태에 도달하며 최대 모멘트는 항복모멘트에 도달하지 못하며 휨강도는 탄성좌굴강도가 된다.

③ 탄성 횡좌굴 모멘트

보의 단면중심의 x, y방향의 변위를 u, v라하고 단면 비틀림 각을 β라 하면

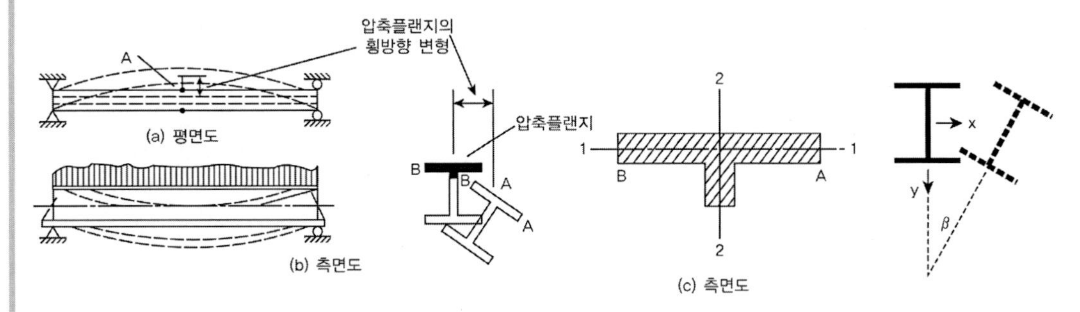

(단부가 횡방향으로 지지된 보)

면내 휨에 대해 $EI_x\dfrac{d^2v}{dz^2}+M_x=0$

면외 휨에 대해 $EI_y\dfrac{d^2u}{dz^2}+\beta M_x=0$

비틀림에 대해 $EC_w\dfrac{d^3\beta}{dz^3}-GJ\dfrac{d\beta}{dz}+\dfrac{du}{dz}M_x=0$ $\left(C_w=\dfrac{h^2}{4}I_y\right.$: Warping constant$\left.\right)$

$$\therefore\ M_{cr} = \sqrt{EI_y GJ\left(\frac{\pi}{L}\right)^2 + E^2 I_y C_w\left(\frac{\pi}{L}\right)^4} = \frac{\pi}{L}\sqrt{EI_y GJ + \left(\frac{\pi E}{L}\right)^2 I_y C_w}$$

$$f_{cr} = \frac{M_{cr}}{S} \equiv \frac{\pi}{LS}\sqrt{EI_y GJ + \left(\frac{\pi E}{L}\right)^2 I_y C_w}$$

단면형상, 횡지지길이, 지점조건, 하중패턴, 하중작용위치에 영향을 받으며 Open Section의 경우 비틀림강성(GJ)이 매우 낮아서 횡비틀림좌굴에 취약하다.

3. 보의 국부좌굴

보의 단면이 항복모멘트에 도달하기 위해 압축플랜지가 항복응력에 도달할 수 있어야 하고 복부는 상응하는 전단응력을 지지해야 한다. 일반적인 형강의 플랜지와 복부는 국부좌굴을 방지하기 위해 판폭두께비를 제한하고 있다.

① 플랜지의 판폭두께비 : $\lambda_f = \frac{b}{t_f} = \frac{b_f}{2t_f}$ ② 복부의 판폭두께비 : $\lambda_w = \frac{h_c}{t_w}$

	판요소에 대한 설명	판폭 두께비	판폭 두께비 상한값	
			λ_p	λ_r
한쪽만 지지된 판요소	압연 H형강과 ㄷ형강 휨재의 플랜지	b/t	$0.38\sqrt{E/F_y}$	$0.83\sqrt{E/F_L}$ 1)
	용접 H형강 휨부재의 플랜지	b/t	$0.38\sqrt{E/F_{yf}}$	$0.95\sqrt{E/(F_L/k_c)}$ 2)
양쪽이 지지된 판요소	박스형강 및 각형강관 휨부재의 플랜지	b/t	$1.12\sqrt{E/F_y}$ 3)	$1.40\sqrt{E/F_y}$
	휨부재의 복부	h/t_w	$3.76\sqrt{E/F_{yf}}$	$5.70\sqrt{E/F_y}$
	휨과 압축을 받는 부재의 복부	h/t_w	$P_u/\phi_b P_y \le 0.125$인 경우 $3.76\sqrt{E/F_y}\left[1-\frac{2.75P_u}{\phi_b P_y}\right]$	$5.70\sqrt{E/F_y}\left[1-\frac{0.74P_u}{\phi_b P_y}\right]$
			$P_u/\phi_b P_y > 0.125$인 경우 $1.12\sqrt{E/F_y}\left[2.33-\frac{P_u}{\phi_b P_y}\right] \ge 1.49\sqrt{E/F_y}$	
	원형강관 휨부재	D/t	$0.07E/F_y$	$0.31E/F_y$

1) F_L : (Fyf−Fr)과 Fyw 중 작은 값

F_r : 플랜지 내의 압축잔류응력, 압연형강의 경우 69N/mm², 용접형강의 경우 114N/mm²

2) $k_c = \frac{4}{\sqrt{h/t_w}}$, $0.35 \le k_c \le 0.76$

3) 소성해석인 경우 $0.939\sqrt{E/F_y}$ 적용

4) 소성설계 경우 $0.045E/F_y$ 적용 p : 조밀단면의 한계판폭두께비 r : 비조밀단면의 한계판폭두께비

② AISC Lateral Buckling Specification

$$M_n = F_{cr}S_x \leqq M_p, \qquad F_{cr} = C_b \times \frac{\pi^2 E}{(L_b/r_{ts})^2}\sqrt{1+0.078\frac{Jc}{S_x h_0}\left(\frac{L_b}{r_{ts}}\right)^2}$$

여기서 C_b : 비지지 길이 내에서 비 대칭 휨 고려 계수

$r_{ts}^2 = \dfrac{\sqrt{I_y C_w}}{S_x}$, h_0 : 플랜지 중심 간의 거리($d-t_f$)

c : 대칭단면(I형, 1.0), 채널단면($= \dfrac{h_0}{2}\sqrt{\dfrac{I_y}{C_w}}$)

최초 항복이 발생할 때의 모멘트 $M_r = 0.7 f_y S_x$

L_r : $M_{cr} = M_r$ 일 때의 비지지 길이

$$L_r = 1.95 r_{ts}\frac{E}{0.7F_y}\sqrt{\frac{Jc}{S_x h_0}}\sqrt{1+\sqrt{1+6.76\left(\frac{0.7F_y S_x h_0}{EJc}\right)^2}}$$

L_p : LTB가 발생하지 않을 때 비지지 길이

$$L_p = 1.76 r_y\sqrt{\frac{E}{F_y}}$$

③ AISC Lateral Torsional Buckling Strength

$L_b \leqq L_p$: $M_n = M_p$

$L_p < L_b \leqq L_r$: $M_n = C_b\left[M_p - (M_p - 0.7F_y S_x)\left(\dfrac{L_b - L_p}{L_r - L_p}\right)\right] \leqq M_p$

$L_b > L_r$: $M_n = F_{cr}S_x \leqq M_p$ 여기서 C_b : Moment Gradient effect

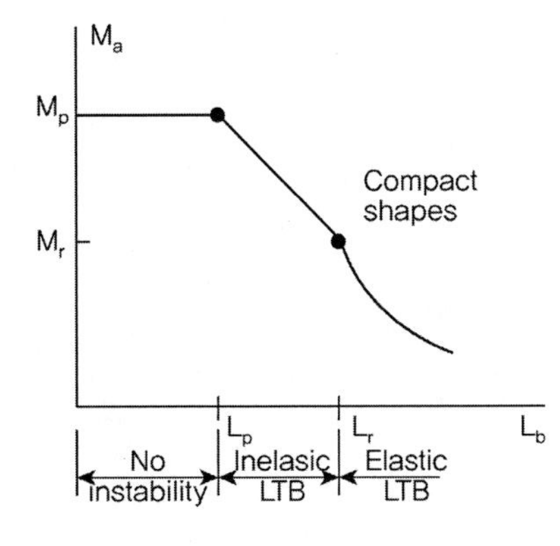

$$C_b = \frac{12.5M_{\max}}{2.5M_{\max}+3M_A+4M_B+3M_C}R_m \leqq 3.0$$

$M_{\max}$: 비지지 길이내의 최대 절댓값(단부 포함)

M_A : 비지지 길이의 1/4지점 절댓값

M_B : 비지지 길이의 1/2지점 절댓값

M_C : 비지지 길이의 3/4지점 절댓값

R_m : 대칭단면(1.0), 채널과 같은 1축 대칭$(0.5+2(I_{yc}/I_y)^2$

I_{yc} : 압축플랜지의 y축에 대한 단면 2차 모멘트

TIP | Lateral Buckling of I-beams under Axial and Transverse Loads | Buckling strength of metal structures (Bleich. F)

보의 횡 좌굴(Lateral Buckling)

길이 L인 I형 보에서 웨브에 편심을 가지는 축력 P와 수직하중 w_y가 작용할 때, 전단중심을 x_0, y_0라고 하면, y축에 대해서 대칭이므로 $x_0=0$, 전단중심으로부터 변형후의 ξ, η축으로의 변위를 u, v라고 정의하고 다음의 사항을 가정으로 해석한다.

단면은 변화하지 않는다.

외부하중으로 인한 응력은 좌굴발생시 비례한계를 넘지 않는다.

휨이나 뒤틀림을 받을 때의 보의 변형은 단면의 모양을 변화시키지 않는다.

변형 후에도 외부하중은 기존 축에 평행하게 작용한다.

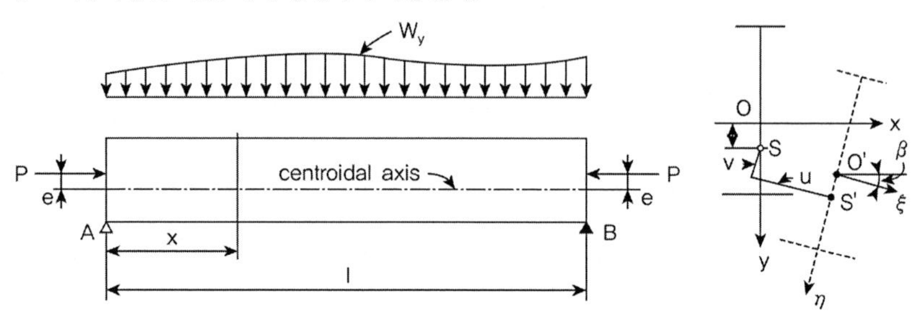

Potential Energy U

Internal Strain Energy V

- 좌굴발생 전의 휨과 압축으로 인한 $EI_x v''^2$과 $EA\epsilon^2$ term은 생략되므로

$$V=\frac{1}{2}\int_0^L (EI_y u''^2 + EC_w \beta''^2 + GJ\beta'^2)dz$$

- 하중 P에 의한 Potential Energy U_w

$\sigma=\frac{P}{A}-\frac{Pe}{I_x}y$, 미소면적 dA에 작용하는 σ에 대해서 $dU_w=-\sigma dA\left(\delta_c+\frac{1}{E}\int_0^L \Delta\sigma_z dz\right)$

$$U_w=-\int_A \sigma\delta_c dA-\frac{1}{E}\int_0^L\left(\int_A \sigma\Delta\sigma_z dA\right)dz$$

여기서, $\Delta\sigma_z$은 좌굴로 인한 응력 변화량, δ_c는 축력 인해 좌굴 되었을때 보의 전체 신축량

보에서 $\Delta\sigma_z$는 z축에 평행하여야 하며 x축에 대한 모멘트는 상쇄되므로,

$$\int_A \Delta\sigma_z dA=0 \text{ and } \int_A y\Delta\sigma_z dA=0$$

$$U_w=-\frac{P}{A}\int_A \delta_c dA+\frac{Pe}{I_x}\int_A y\delta_c dA$$

$$\therefore\ U_w=-\frac{1}{2}\int_0^L\left[P(u'^2+v'^2)+2P(y_0+e)u'\beta'+P\left(\frac{I_p}{A}+e\frac{Z}{I_x}\right)\beta'^2\right]dz$$

여기서, $Z=2y_0I_x-\int_A y(x^2+y^2)dA$ (x축에 대칭인 단면인 경우 $Z=0$)

좌굴 발생전에는 $u'=\beta'=0$이므로 $U_w=-\frac{1}{2}\int_0^L Pv'^2 dz$

$$\therefore\ U_w=-\frac{1}{2}\int_0^L\left[Pu'^2+2P(y_0+e)u'\beta'+P\left(\frac{I_p}{A}+e\frac{Z}{I_x}\right)\beta'^2\right]dz$$

- 하중 w_y에 의한 Potential Energy $U_w{}'$

$\beta \approx 0$, $1-\cos\beta = \beta^2/2$

$$U_w{}' = -\int_0^L w_y y_s dz - \frac{a}{2}\int_0^L w_y \beta^2 dz$$

$\frac{dQ_w}{dz} = -w_y$, $\frac{dM_w}{dz} = Q_w$ 이므로,

$$-\int_0^L w_y y_s dz = [Q_w y_s]_0^L - \int_0^L Q_e \frac{dy_s}{dz} dz = [Q_w y_s]_0^L - \left[M_w \frac{dy_s}{dz}\right]_0^L + \int_0^L M_w \frac{d^2 y_s}{dz^2} dz$$

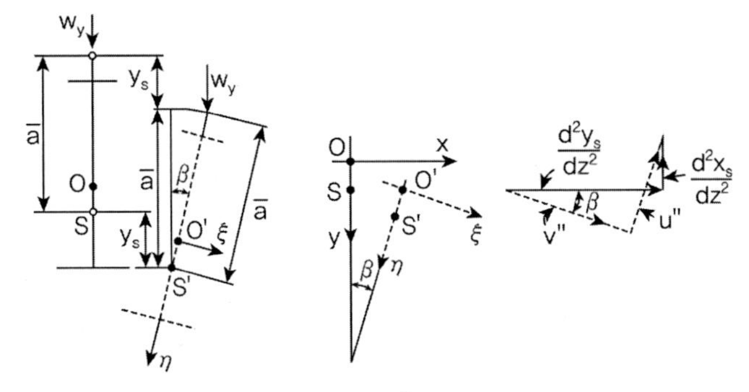

보의 단부에서 $y_s = 0$, $M_w = 0$이므로, $U_w{}' = \int_0^L M_w \frac{d^2 y_s}{dz^2} dz - \frac{a}{2}\int_0^L w_y \beta^2 dz$

$$\frac{d^2 y_s}{dz^2} = v'' + \beta u''$$

$$\therefore\ U_w{}' = \int_0^L M_w v'' dz + \int_0^L M_w \beta u'' dz - \frac{a}{2}\int_0^L w_y \beta^2 dz$$

좌굴 발생전에는 $\beta = u'' = 0$이므로 $U_w = \int_0^L M_w v'' dz$

$$\therefore\ U_w{}' = \int_0^L M_w \beta u'' dz - \frac{a}{2}\int_0^L w_y \beta^2 dz$$

- 전체 Potential Energy U

$$U = V + U_w + U_w{}'$$

$$= \frac{1}{2}\int_0^L \left[(EI_y u''^2 + EC_w \beta''^2 + GJ\beta'^2 - Pu'^2 - 2P(y_0+e)u'\beta' - P\left(\frac{I_p}{A} + e\frac{Z}{I_x}\right)\beta'^2 + 2M_w u''\beta - aw_y \beta^2) dz \right]$$

여기서, $\int_0^L [-2P(y_0+e)u'\beta'] dz = -2P(y_0+e)[u'\beta]_0^L + \int_0^L 2P(y_0+e)u''\beta dz$

$z=0$에서 $\beta = 0$, $2P(y_0+e)u''\beta + 2M_w u''\beta = 2(Py_0 + Pw + M_w)u''\beta = 2Mu''\beta$

$(\because\ M = M_w + Py_0 + Pe)$

$$\therefore\ U = \frac{1}{2}\int_0^L \left[EI_y u''^2 + EC_w \beta''^2 + GJ\beta'^2 - Pu'^2 + 2Mu''\beta - P\left(\frac{I_p}{A} + \frac{eZ}{I_x}\right)\beta'^2 - aw_y \beta^2 \right] dz$$

위의 식은 보의 좌굴 방정식이며 이 방정식의 해를 구하기 위해서는 Ritz method나 기타 유사한 방법을 통해서 한계하중을 산정할 수 있다.

TIP | Lateral Buckling of I-beams under Axial and Transverse Loads | Buckling strength of metal structures (Bleich. F)

Euler의 방정식으로부터

$$EI_y u^{IV} + Pu'' + \frac{d}{dz^2}(M\beta) = 0$$

$$EC_w \beta^{IV} + \left(P\frac{I_p}{A} - GJ + Pe\frac{Z}{I_x}\right)\beta'' - aw_y\beta + Mu'' = 0$$

식을 2번 적분하면, $EI_y u'' + Pu + M\beta = C_1 + C_2 z$

일반적인 경계조건에서 단부에서 $u = u'' = \beta = 0$이므로 $C_1 = C_2 = 0$

$$\therefore\ EI_y u'' + Pu + M\beta = 0,\quad EC_w \beta^{IV} + \left(P\frac{I_p}{A} - GJ + Pe\frac{Z}{I_x}\right)\beta'' - aw_y\beta + Mu'' = 0$$

- **축방향 하중이 없는 경우**($P=0$)

  $EI_y u'' + M\beta = 0$, $EC_w\beta^{IV} - GJ\beta'' - aw_y\beta + Mu'' = 0$ 이므로, u''을 소거하면

  $$EC_w\beta^{IV} - GJ\beta'' - \left(aw_y + \frac{M^2}{EI_y}\right)\beta = 0$$

  여기서 M이 일정한 값을 갖는다면 $w_y = 0$이므로, $EC_w\beta^{IV} - GJ\beta'' - \frac{M^2}{EI_y}\beta = 0$

  단순지지된 지점에서 $\beta = \beta'' = 0$이므로, $\therefore\ M_{cr} = \frac{\pi}{L}\sqrt{EI_y GJ}\sqrt{1 + \frac{\pi^2}{L^2}\frac{EC_w}{GJ}}$

5. 강구조설계기준(2014)에 따른 휨부재의 설계

1) 강축휨을 받는 2축대칭 H형강(또는 ㄷ형강) 조밀단면부재

① 소성휨모멘트 : $M_n = M_p = Z_x F_y$

② 횡비틀림좌굴강도 :

- $L_b \leqq L_p$: $M_n = M_p$ (횡좌굴강도를 고려하지 않는다)
- $L_p < L_b \leqq L_r$: $M_n = C_b\left[M_p - (M_p - 0.7F_y S_x)\left(\dfrac{L_b - L_p}{L_r - L_p}\right)\right] \leqq M_p$
- $L_b > L_r$: $M_n = F_{cr} S_x \leqq M_p$

여기서, $F_{cr} = C_b \times \dfrac{\pi^2 E}{(L_b/r_{ts})^2}\sqrt{1 + 0.078\dfrac{Jc}{S_x h_0}\left(\dfrac{L_b}{r_{ts}}\right)^2}$, $L_p = 1.76 r_y \sqrt{\dfrac{E}{F_y}}$

$$L_r = 1.95 r_{ts}\frac{E}{0.7F_y}\sqrt{\frac{Jc}{S_x h_0}}\sqrt{1 + \sqrt{1 + 6.76\left(\frac{0.7F_y S_x h_0}{EJc}\right)^2}}$$

$r_{ts}^2 = \dfrac{\sqrt{I_y C_w}}{S_x}$, c=1 (2축대칭 H형강), $\dfrac{h_0}{2}\sqrt{\dfrac{I_y}{C_w}}$ (ㄷ형강)

h_0 : 상하부 플랜지간 중심거리

2) 강축휨을 받는 2축대칭 H형강 (웨브 조밀단면, 플랜지 비조밀단면, 플랜지 세장판단면)

① 횡좌굴강도 : 조밀단면부재 산정식에 따른다.

② 압축플랜지 국부좌굴강도

- 비조밀단면 플랜지 $M_n = M_p - (M_p - 0.7F_y S_x)\left(\dfrac{\lambda - \lambda_{pf}}{\lambda_{rf} - \lambda_{pf}}\right)$
- 세장판단면 $M_n = \dfrac{0.9Ek_c S_x}{\lambda^2}$

여기서, $\lambda = \dfrac{b_f}{2t_f}$, $k_c = \dfrac{4}{\sqrt{h/t_w}}$, $0.35 \leq k_c \leq 0.76$

3) 조밀단면 웨브 또는 비조밀단면웨브를 갖는 강축휨을 받는 H형강부재

비조밀단면 웨브를 갖는 강축 휨 받는 2축대칭 H형강, 조밀단면웨브 또는 비조밀단면 웨브를 갖는 강축 휨받는 1축 대칭 H형강을 대상으로 하며, 공칭휨강도는 플랜지 압축항복강도, 횡좌굴강도, 플랜지 국부좌굴강도 및 플랜지 인장항복강도를 산정하여 최솟값으로 한다.

① 플랜지 압축항복강도

$$M_n = R_{pc}M_{yc} = R_{pc}F_yS_{xc}$$

여기서, R_{pc}는 웨브 소성화 계수

$$R_{pc} = \frac{M_p}{M_{yc}} \qquad (\frac{h_c}{t_w} \le \lambda_{pw})$$

$$= \left[\frac{M_p}{M_{yc}} - \left(\frac{M_p}{M_{yc}} - 1\right)\left(\frac{\lambda - \lambda_{pw}}{\lambda_{rw} - \lambda_{pw}}\right)\right] \le \frac{M_p}{M_{yc}} \qquad (\frac{h_c}{t_w} > \lambda_{pw},\ \lambda = \frac{h_c}{t_w})$$

h_c : 중립축에서 압축플랜지 내측면 거리에서 코너반경을 제외한 거리의 2배값

$M_p = Z_xF_y \le 1.6S_{xc}F_y$

S_{xc}, S_{xt} : 압축, 인장플랜지 각각의 단면계수

② 횡비틀림 좌굴강도

항복한계상태에서의 한계비지지 길이 L_p는 $\quad L_p = 1.1r_t\sqrt{\frac{E}{F_y}}$

비탄성 비틀림좌굴 한계상태에서의 한계비지지 길이 L_r는

$$L_r = 1.95r_t\frac{E}{F_L}\sqrt{\frac{J}{S_{xc}h_0}}\sqrt{1+\sqrt{1+6.76\left(\frac{F_L}{E}\frac{S_{xc}h_0}{J}\right)^2}}$$

- $L_b \leqq L_p$: 횡좌굴강도를 고려하지 않는다.
- $L_p < L_b \leqq L_r$: $M_n = C_b\left[R_{pc}M_{yc} - (R_{pc}M_{yc} - F_LS_{xc})\left(\frac{L_b - L_p}{L_r - L_p}\right)\right] \leqq R_{pc}M_{yc}$
- $L_b > L_r$: $M_n = F_{cr}S_{xc} \leqq R_{pc}M_{yc}$

여기서,

$$M_{yc} = F_yS_{xc},\quad F_{cr} = C_b \times \frac{\pi^2E}{(L_b/r_{ts})^2}\sqrt{1+0.078\frac{Jc}{S_xh_0}\left(\frac{L_b}{r_{ts}}\right)^2} \quad (\frac{I_{yc}}{I_y} \le 0.23\text{이면 } J=0)$$

$$F_L = 0.7F_y \qquad (\frac{S_{xt}}{S_{xc}} \ge 0.7)$$

$$= F_y\frac{S_{xt}}{S_{xc}} \ge 0.5F_y \qquad (\frac{S_{xt}}{S_{xc}} < 0.7)$$

r_t (횡비틀림에 대한 유효단면2차 반경)

(사각형 압축플랜지를 갖는 H형강 부재) $r_t = \dfrac{b_{fc}}{\sqrt{12\left(\dfrac{h_0}{d} + \dfrac{1}{6}a_w \dfrac{h^2}{h_{0d}}\right)}}$

(압축플랜지에 ㄷ형강으로 캡을 씌우거나 커버플레이트가 부착된 H형강, 사각형 압축플랜지를 갖는 H형강 부재의 근사식) $r_t = \dfrac{b_{fc}}{\sqrt{12\left(1 + \dfrac{1}{6}a_w\right)}}$

여기서, $a_w = \dfrac{h_c t_w}{b_{fc} t_{fc}}$ (압축 웨브면적에 2배한 값과 압축플랜지 면적의 비)

b_{fc} (압축플랜지의 폭), t_{fc} (압축플랜지의 두께)

③ 압축플랜지 국부좌굴강도

- 조밀단면 플랜지 : 국부좌굴강도를 산정하지 않는다.
- 비조밀단면 플랜지 : $M_n = \left[R_{pc}M_{yc} - (R_{pc}M_{yc} - F_L S_{xc})\left(\dfrac{\lambda - \lambda_{pf}}{\lambda_{rf} - \lambda_{pf}}\right)\right]$
- 세장판단면 플랜지 : $M_n = \dfrac{0.9 E k_c S_{xc}}{\lambda^2}$

여기서, $k_c = \dfrac{4}{\sqrt{h/t_w}}$, $\lambda = \dfrac{b_{fc}}{2t_{fc}}$, $\lambda_{pf} = \lambda_p$, $\lambda_{rf} = \lambda_{pr}$

④ 인장플랜지 항복강도

- $S_{xt} \geq S_{xc}$: 플랜지 인장항복강도를 산정하지 않는다.
- $S_{xt} < S_{xc}$: $M_n = R_{pt} M_{yt}$, $M_{yt} = F_y S_{xt}$

여기서, $R_{pc} = \dfrac{M_p}{M_{yt}} \qquad (\dfrac{h_c}{t_w} \leq \lambda_{pw})$

$$= \left[\frac{M_p}{M_{yt}} - \left(\frac{M_p}{M_{yt}} - 1\right)\left(\frac{\lambda - \lambda_{pw}}{\lambda_{rw} - \lambda_{pw}}\right)\right] \leq \frac{M_p}{M_{yt}} \qquad (\frac{h_c}{t_w} > \lambda_{pw},\ \lambda = \frac{h_c}{t_w})$$

4) 강축 휨을 받는 세장한 웨브단면의 1축 또는 2축대칭 H형강 부재

플랜지 압축항복강도, 횡좌굴강도, 플랜지 국부좌굴강도 및 플랜지 인장항복강도 중 최소값으로 한다.

① 압축플랜지 항복강도

$M_n = R_{pg} F_y S_{xc}$

$$\text{여기서, } R_{pg} = 1 - \frac{a_w}{1200 + 300a_w}\left(\frac{h_c}{t_w} - 5.7\sqrt{\frac{E}{F_y}}\right) \leq 1.0 \text{ : 휨강도 감소계수}$$

② 횡비틀림 좌굴강도 : $M_n = R_{pg} F_{cr} S_{xc}$

항복한계상태에서의 한계비지지 길이 L_p는 $L_p = 1.1 r_t \sqrt{\dfrac{E}{F_y}}$

횡좌굴한계상태에서의 한계비지지 길이 L_r는 $L_r = \pi r_t \sqrt{\dfrac{E}{0.7F_y}}$

- $L_b \leqq L_p$: 횡좌굴강도를 고려하지 않는다.
- $L_p < L_b \leqq L_r$: $F_{cr} = C_b\left[F_y - (0.3F_y)\left(\dfrac{L_b - L_p}{L_r - L_p}\right)\right] \leq F_y$
- $L_b > L_r$: $F_{cr} = \dfrac{C_b \pi^2 E}{\left(\dfrac{L_b}{r_t}\right)^2} \leq F_y$

③ 압축플랜지 국부좌굴강도 : $M_n = R_{pg} F_{cr} S_{xc}$

- 조밀단면 플랜지 : 국부좌굴강도를 산정하지 않는다.
- 비조밀단면 플랜지 : $F_{cr} = \left[F_y - (0.3F_y)\left(\dfrac{\lambda - \lambda_{pf}}{\lambda_{rf} - \lambda_{pf}}\right)\right]$
- 세장판단면 플랜지 : $F_{cr} = \dfrac{0.9Ek_c}{\left(\dfrac{b_f}{2t_f}\right)^2}$

④ 플랜지 인장항복강도

- $S_{xt} \geq S_{xc}$: 플랜지 인장항복강도를 산정하지 않는다.
- $S_{xt} < S_{xc}$: $M_n = F_y S_{xt}$

5) 약축 휨을 받는 H형강 또는 ㄷ형강부재

항복강도(전소성모멘트) 및 플랜지 국부좌굴강도 중 최소값으로 한다.

① 항복강도

$$M_n = M_p = Z_y F_y \le 1.6 F_y S_y$$

여기서, Z_y, S_y : 약축의 소성계수, 단면계수

② 플랜지 국부좌굴강도

- 조밀단면플랜지 : 국부좌굴강도를 산정하지 않는다.
- 비조밀단면 플랜지 : $M_n = M_p - (M_p - 0.7F_y S_x)\left(\dfrac{\lambda - \lambda_{pf}}{\lambda_{rf} - \lambda_{pf}}\right)$
- 세장판단면 : $M_n = F_{cr} S_y$, $F_{cr} = \dfrac{0.69E}{\left(\dfrac{b_f}{2t_f}\right)^2}$

TIP | C_b 산정 예 |

단순보에서 단부에서 횡방향으로 지지시 C_b

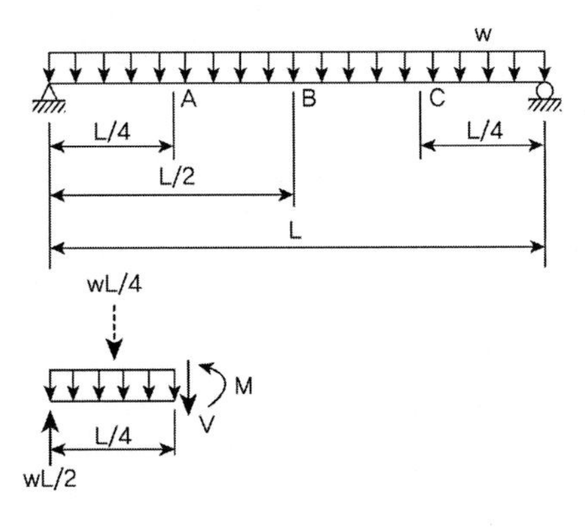

$$M_{max} = M_B = \frac{1}{8}wL^2$$

$$M_A = M_B = \frac{wL}{2}\frac{L}{4} - \frac{wL}{4}\frac{L}{8} = \frac{3}{32}wL^2$$

$$C_b = \frac{12.5M_{max}}{2.5M_{max} + 3M_A + 4M_B + 3M_C}$$

$$= \frac{12.5\frac{1}{8}}{2.5\frac{1}{8} + 3\frac{3}{32} + 4\frac{1}{8} + 3\frac{3}{32}} = 1.14$$

예 제

안정성 검토 (AISC)

40ft길이를 가진 단순지지된 보가 단부에서 횡방향으로 지지되어 있다. 보의 자중을 포함하여 사하중이 400lb/ft, 활하중이 1000lb/ft가 재하될 때, W14×90, $f_y = 50ksi$의 단면이 적정한지 검토하시오.

구분	A	Depth	Web	Flange		X-X			Y-Y		
	(in^2)	(in)	$t_w(in)$	$b_f(in)$	$t_f(in)$	$I(in^4)$	$Z(in^3)$	$r_x(in)$	$I(in^4)$	$Z(in^3)$	$r_y(in)$
W14×90	26.5	14.0	0.440	14.5	0.710	999	157	6.14	362	75.6	3.70

$L_p = 15.1^{ft}$(X-X축), $L_r = 38.4^{ft}$(X-X축), $J = 4.06in^4$, $C_w = 16{,}000in^6$

풀 이

➤ 하중산정

$$w_u = 1.2w_d + 1.6w_L = 1.2\times 0.4 + 1.6\times 1.0 = 2.08kips/ft$$

$$M_u = \frac{1}{8}w_u L^2 = \frac{2.08\times 40^2}{8} = 416ft-kips$$

➤ 단면의 구분

1) Flange Local buckling

$$\lambda = \frac{b_f}{2t_f} = \frac{14.5}{2\times 0.710} = 10.2,\quad \lambda_p = 0.38\sqrt{\frac{E}{f_y}} = 0.38\sqrt{\frac{29000}{50}} = 9.15,$$

$$\lambda_r = 0.83\sqrt{\frac{E}{f_y - f_r}} = 0.83\sqrt{\frac{29000}{50-10}} = 22.3 \qquad \therefore \lambda_p < \lambda \leqq \lambda_r \text{ Non-compact section}$$

설계강도 산정

$$M_p = f_y Z_p = \frac{50(157)}{12} = 654.2ft-kips$$

$$M_r = (f_y - f_r)S_x = \frac{(50-10)(143)}{12} = 476.7ft-kips$$

$$M_n = M_p - (M_p - M_r)\left(\frac{\lambda - \lambda_p}{\lambda_r - \lambda_p}\right) = 654.2 - (654.2 - 476.7)\left(\frac{10.2 - 9.15}{22.3 - 9.15}\right)$$

$$= 640.0ft-kips \leqq M_p$$

2) Lateral torsional buckling

$$L_p = 1.76 r_y \sqrt{\frac{E}{f_y}} = 15.1ft$$

$A = 26.5in^2,\quad S_x = 143in^3,\quad I_y = 362in^4,\quad J = 4.06in^4,\quad C_w = 16,000in^6$

$$X_1 = \frac{\pi}{S_x}\sqrt{\frac{EGJA}{2}} = \frac{\pi}{143}\sqrt{\frac{29000(11200)(4.06)(26.5)}{2}} = 2,904ksi,$$

$$X_2 = \frac{4C_w}{I_y}\left(\frac{S_x}{GJ}\right)^2 = \frac{4(16000)}{362}\left(\frac{143}{11200\times 4.06}\right)^2 = 0.001748ksi^{-2}$$

$$L_r = \frac{r_y X_1}{(f_y - f_r)}\sqrt{1+\sqrt{1+X_2(f_y-f_r)^2}} = \frac{3.70\times 2904}{(50-10)}\sqrt{1+\sqrt{1+0.001748\times)50-10)^2}}$$

$L_r = 461.2in = 38.4ft \quad \therefore L_b(=40ft) > L_r$ Elastic LTB

$$\text{단순보에서 } C_b = \frac{12.5M_{\max}}{2.5M_{\max}+3M_A+4M_B+3M_C} \equiv \frac{12.5\frac{1}{8}}{2.5\frac{1}{8}+3\frac{3}{32}+4\frac{1}{8}+3\frac{3}{32}} = 1.14$$

$$M_n = M_{cr} = C_b\frac{\pi}{L_b}\sqrt{EI_yGJ+\left(\frac{\pi E}{L_b}\right)^2 I_y C_w}$$

$$= 1.14\frac{\pi}{40(12)}\sqrt{29000(362)(11200)(4.06)+\left(\frac{\pi\times 29000}{40\times 12}\right)^2(362)(16000)}$$

$$= 6180^{inkips} = 515^{ftkips}$$

$M_n = 515.0^{ftkips} < M_p = 654.2^{ftkips}$ O.K

LTB에 의해서 결정되므로(515.0 < 640.0)

$\therefore \phi_b M_n = 0.9\times 515 = 464^{ftkips} > M_u = 416^{ftkips}$

6) 휨부재의 단면산정

① 구멍단면적 공제에 따른 강도저감

- $F_u A_{fn} \geq Y_t F_y A_{fg}$: 인장파괴에 대한 한계상태를 산정하지 않는다.
- $F_u A_{fn} < Y_t F_y A_{fg}$: 인장플랜지에 구멍이 있는 위치에서의 공칭휨강도는 다음 값을 초과할 수 없다.

$$M_n = \frac{F_u A_{fn}}{A_{fg}} S_x$$

여기서, A_{fg} (인장플랜지의 총단면적), A_{fn}(인장플랜지의 순단면적)

Y_t = 1.0 ($F_y/F_u \leq 0.8$), 1.1 (그 외의 경우)

② H형강 부재의 단면제한

(1축 대칭 H형강 부재) $0.1 \leq \dfrac{I_{yc}}{I_y} \leq 0.9$

여기서, I_{yc} : y축에 대한 압축플랜지의 단면2차모멘트 또는 복곡률의 경우 압축플랜지 중 작은 플랜지의 단면2차모멘트

(세장판 단면 웨브를 갖는 H형강 부재)

$\dfrac{a}{h} \leq 1.5$: $\left(\dfrac{h}{t_w}\right)_{\max} = 11.7\sqrt{\dfrac{E}{F_y}}$, $\dfrac{a}{h} > 1.5$: $\left(\dfrac{h}{t_w}\right)_{\max} = \dfrac{0.42E}{F_y}$

6. 강구조설계기준(2014)에 따른 전단 설계

강구조설계기준에서의 전단강도는 부재의 후좌굴강도의 고려여부에 따라 식이 구분된다. 또한 설계전단강도에서의 강도저항계수 $\phi_v = 0.90$을 주로 적용하지만, $h/t_w \le 2.45\sqrt{E/f_y}$ 인 압연 H형강의 웨브에서는 $\phi_v = 1.00$을 적용한다.

강구조설계기준(2014)에서의 전단강도의 산정은 부재의 인장역 작용으로 인한 후좌굴강도를 고려하지 않고 산정하는 방법과 인장역작용을 고려하여 산정하는 경우로 구분하고 있다.

1) 부재의 후좌굴강도를 고려하지 않는 웨브가 수직보강재에 의해 보강 또는 보강되지 않는 부재

① 공칭전단강도 : $V_n = 0.6 f_y A_w C_v$, A_w : 웨브의 단면적

- $h/t_w \le 2.24\sqrt{E/f_y}$ 인 압연 H형강 : $\phi_v = 1.00$, $C_v = 1.00$
- 원형강관을 제외한 2축 대칭단면, 1축대칭단면, ㄷ형강

$$h/t_w \le 1.10\sqrt{k_v E/f_y} \quad : C_v = 1.00$$

$$1.10\sqrt{k_v E/f_y} < h/t_w \le 1.37\sqrt{k_v E/f_y} \quad : C_v = \frac{1.10\sqrt{k_v E/f_y}}{h/t_w}$$

$$h/t_w > 1.37\sqrt{k_v E/f_y} \quad : C_v = \frac{1.51 E k_v}{(h/t_w)^2 f_y}$$

여기서, k_v는 웨브판좌굴계수

- T형강 스템을 제외한 $h/t_w < 260$ 인 비구속지지된 판요소웨브 : $k_v = 5$
- $h/t_w < 260$ 인 T형강 스템 : $k_v = 1.2$
- 구속판요소웨브 : $k_v = 5 + \dfrac{5}{(a/h)^2}$

단, $a/h > 3.0$이거나 $a/h > \left[\dfrac{260}{(h/t_w)}\right]^2$ 인 경우 $k_v = 5$

② 수직보강재

- $h/t_w \le 2.45\sqrt{E/f_y}$ 이거나 소요전단강도가 $k_v = 5$를 적용한 전단강도 이하일 때 수직보강재 필요없다.
- 양면보강재의 경우 웨브중심축에 대한 단면2차모멘트와 단일 보강재의 경우 웨브판과 보강재의 접합면에 대한 단면2차모멘트는 $a t_w^3 j$ 이상이어야 한다.

여기서, $j = \dfrac{2.5}{(a/h)^2} - 2 \ge 0.5$

2) 인장역작용을 이용한 설계전단강도

① 제한사항 : Tension field action을 사용하기 위해서는 웨브의 4면 모두가 플랜지나 보강재에 의해 지지되어 있어야 하며, 다음의 경우에는 인장역작용을 사용할 수 없고 공칭전단강도는 후 좌굴강도를 고려하지 않는 경우에 따라 산정한다.

- 수직보강재를 갖는 모든 부재내의 단부 패널
- $a/h > 3.0$ 또는 $a/h > \left[\dfrac{260}{(h/t_w)}\right]^2$ 인 경우 h : 웨브의 높이, a : 보강재 간격
- $\dfrac{2A_w}{A_{fc}+A_{ft}} > 2.5$ 인 경우 A_{fc} : 압축플랜지 면적, A_{ft} : 인장플랜지 면적
- $\dfrac{h}{b_{fc}}$ 또는 $\dfrac{h}{b_{ft}} > 6.0$ 인 경우 b_{fc} : 압축플랜지 폭, b_{ft} : 인장플랜지 폭

② 인장역작용을 이용한 공칭전단강도

- $h/t_w \le 1.10\sqrt{k_v E/f_y}$: $V_n = 0.6 f_{yw} A_w$
- $h/t_w > 1.10\sqrt{k_v E/f_y}$: $V_n = 0.6 f_{yw} A_w \left(C_v + \dfrac{1-C_v}{1.15\sqrt{1+(a/h)^2}}\right)$

③ 수직보강재

인장역작용을 이용할 때 수직보강재는 다음 조건을 만족해야 한다.

- $\left(\dfrac{b}{t}\right)_{st} \leqq 0.56\sqrt{\dfrac{E}{f_{yst}}}$
- $I_{st} \geqq I_{st1} + (I_{st2} - I_{st1})\left(\dfrac{V_r - V_{c1}}{V_{c2} - V_{c1}}\right)$

여기서, $(b/t)_{st}$: 보강재의 폭두께비, f_{yst} : 보강재의 항복강도

I_{st} : 양면보강재의 경우 웨브중심축, 일면보강재는 웨브면에 대한 단면2차모멘트

I_{st1} : 인장장이 없는 경우의 단면2차모멘트

I_{st2} : 좌굴 또는 후좌굴 전단강도가 발현되는 단면2차모멘트 $\dfrac{h^4 \rho_{st}^{1.3}}{40}\left(\dfrac{f_{yw}}{E}\right)^{1.5}$

V_r : 하중조합에 의한 인접 웨브패널의 소요전단강도 중 큰 값

V_{c1} : 인장장 작용없이 계산된 인접 웨브패널의 전단강도 중 작은 값

V_{c2} : 인장장 작용 고려해 계산된 인접 웨브패널의 전단강도 중 작은 값

ρ_{st} : f_{yw}/f_{yst}와 1.0 중 큰 값

TIP | 참고자료 | 강구조설계기준 2005

1. 공칭 휨강도 : 강구조 설계기준

한계상태설계법에서 구조물의 설계방법은 소성해석법과 탄성해석법을 모두 포함하고 있다. 소성해석에 기초한 소성설계법은 여러 가지 제한조건이 부과되고 해석법 자체가 통상기술자에게는 충분히 익숙치가 않으므로 거의 대부분이 탄성해석법에 의해 구조물을 설계하고 있다.

1) 소성해석

소성해석에 의해 설계할 경우 보는 소성모멘트에 도달한 이후 충분한 비탄성 변형을 통하여 모멘트 재분배를 보장할 수 있어야 한다.

$M_n = M_p$

이때 단면의 플랜지와 웨브의 판폭두께비 λ는 콤팩트단면의 조건을 만족하도록 소성한계판폭두께비 λ_p 이하이어야 하고 보의 횡지지 세장비 Λ_b는 소성설계한계세장비 Λ_{pd} 이하이어야 한다.

$\lambda \le \lambda_p,\ \Lambda_b \le \Lambda_{pd}$

여기서 Λ_b : 보의 약축세장비($= L_b/r_y$)

L_b : 보의 비지지 길이(mm)

r_y : 약축에 대한 단면2차 반경(mm)

Λ_{pd} : 소성설계 한계세장비

① Λ_{pd}

웨브면 내 재하되며 인장플랜지보다 작지 않은 압축 플랜지를 갖는 1축 또는 2축 대칭의 H형단면의 경우

$$\Lambda_{pd} = \left[0.12 + 0.076\left(\frac{M_1}{M_2}\right)\right]\frac{E}{f_y}$$

M_1 : 보 횡지지점 모멘트 중 작은 값

M_2 : 보 횡지지점 모멘트 중 큰 값

(M_1/M_2) : 복곡률 모멘트 (+), 단곡률 모멘트 (−)

2) 탄성해석($\phi_b = 0.90$)

탄성해석 시 보의 공칭휨강도는 횡좌굴과 국부좌굴을 구분하여 각각 산정한 후 작은 휨강도를 공칭휨강도로 한다. 횡좌굴강도는 소성강도, 비탄성횡좌굴강도 그리고 탄성횡좌굴강도로 구분되며 국부좌굴강도는 콤펙트단면(조밀단면), 비콤펙트단면(비조밀단면), 세장판단면(세장단면)으로 구분하여 산정한다.

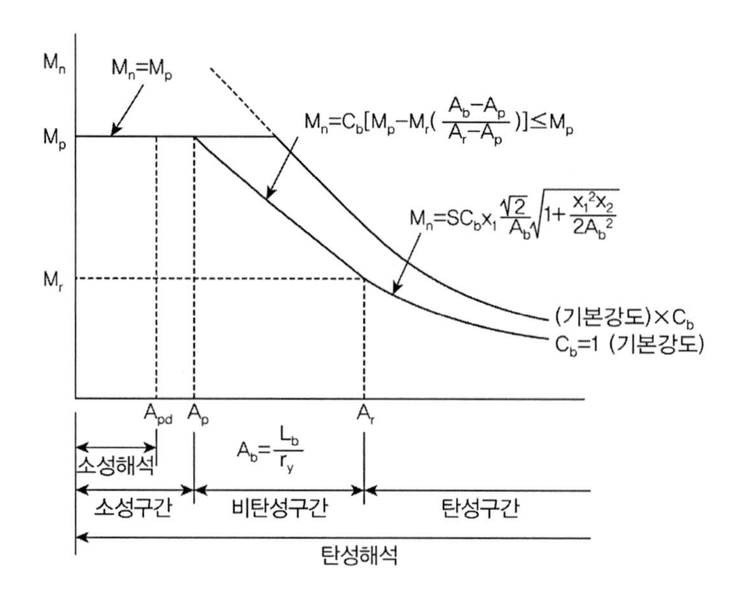

① 횡좌굴강도

비지지 길이에 의해 결정되는 약축세장비에 따라 소성구간, 비탄성횡좌굴구간, 탄성횡좌굴구간으로 나누어 산정한다.

(1) $\Lambda_b \le \Lambda_p$

보의 압축플랜지가 횡방향으로 매우 좁은 간격으로 지지되어 보가 소성모멘트를 발휘할 수 있는 경우 공칭휨강도는 소성모멘트가 된다.

$M_n = M_p = Z_x f_y$

• Λ_p는 소성한계세장비로 보의 단면이 강축에 대해 휨을 받는 H형강의 경우

$\Lambda_p = 1.76\sqrt{\dfrac{E}{f_{yf}}}$ (f_{yf} : 플랜지의 항복강도)

(2) $\Lambda_p < \Lambda_b \le \Lambda_r$

보의 압축플랜지가 횡지지 간격이 충분치 않아서 비탄성거동을 보이면서 횡좌굴을 발생하는 경우로 세장비에 따라 반비례적으로 공칭휨강도가 감소한다. 이때의 공칭휨강도는 다음과 같이 소성모멘트와 탄성횡좌굴모멘트를 횡지지 세장비에 따라 직선보간하여 산정한다.

$$M_n = C_b\left[M_p - (M_p - M_r)\left(\frac{\Lambda - \Lambda_p}{\Lambda_r - \Lambda_p}\right)\right] \le M_p$$

• Λ_r는 탄성한계세장비로 보의 단면이 강축에 대해 휨을 받는 H형강인 경우

$$\Lambda_r = \frac{X_1}{f_L}\sqrt{1+\sqrt{1+f_L^2 X_2}}$$

여기서 $X_1 = \dfrac{\pi}{S_x}\sqrt{\dfrac{E_s GJA}{2}}$, $X_2 = 4\dfrac{C_w}{I_y}\left(\dfrac{S_x}{GJ}\right)^2$

f_L : $(f_{yf} - f_r)$과 f_{yw}중 작은 값

f_r : 플랜지내 잔류압축응력(압연형강 $69MPa$, 용접형강 $114MPa$)

S_x : 강축에 대한 탄성단면계수

C_w : 뒤틀림상수(mm^6, $I_x h^2/2$ 또는 $I_y h^2/2$)

- M_r은 탄성한계세장비에 대응하는 탄성횡좌굴모멘트로서 잔류응력의 영향 고려

$$M_r = f_L S_x$$

- C_b는 보가 등분포 휨모멘트를 받는 경우는 가장 불리한 경우로 1.0이 적용된다. 그러나 보의 비지지길이 내의 모멘트가 등분포가 아닌 경우는 보의 횡좌굴강도는 증가하게 되므로 보에 작용하는 모멘트분포가 등분포가 아닌 경우 적용

$$C_b = 1.75 + 1.05(M_1/M_2) + 0.3(M_1/M_2)^2 \le 2.3$$

(3) $\Lambda_b > \Lambda_r$

보의 압축플랜지의 횡지지 간격이 너무 넓어서 단면의 어느 부분도 항복하지 않고 조기에 횡좌굴이 발생하는 경우로 공칭휨강도는 탄성좌굴강도 M_{cr}과 같다.

강축 휨을 받는 H형강의 경우

$$M_n = M_{cr} = f_{cr} S$$

여기서 $f_{cr} = \dfrac{M_{cr}}{S} = \dfrac{C_b \pi}{L_b S}\sqrt{\left(\pi^2 \dfrac{E}{L_b}\right)^2 C_w I_y + E I_y G J} = \dfrac{\sqrt{2}\, C_b X_1}{\Lambda_b}\sqrt{1 + \dfrac{X_1^2 X_2}{2\Lambda_b^2}}$

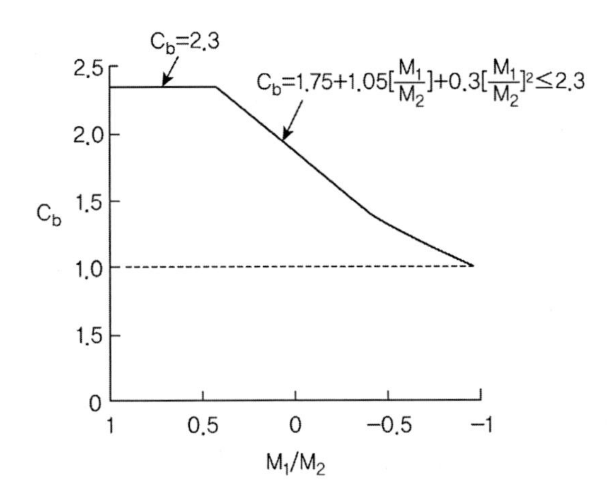

② 국부좌굴강도

휨재의 국부좌굴강도는 플랜지와 웨브의 판폭두께비에 따라 단면을 콤펙트단면(조밀단면), 비콤펙트단면(비조밀단면), 세장판단면(세장단면)으로 구분하여 산정한다.

(1) 조밀단면(Compact Section, $\lambda < \lambda_p$) : 플랜지와 웨브가 모두 조밀한 요소인 경우로 국내에서 생산되는 대부분의 압연 H형강은 콤팩트 단면이다. 이 때 공칭휨강도는 전소성모멘트가 된다.

$$M_n = M_p = Z_x f_y$$

(2) 비조밀단면(Non-Compact Section, $\lambda_p < \lambda \le \lambda_r$) : 플랜지 또는 웨브의 판폭두께비가 소성한계 판폭두께비 λ_p보다 크고 탄성한계 판폭두께비 λ_r보다 작은 경우 판요소는 비탄성국부좌굴을 일으키게 된다. 국내에서 생산되는 압연 H형강 단면의 종류가 많지 않기 때문에 설계 시 유의할 필요가 있다. 비콤펙트단면 보의 공칭휨강도 M_n은 다음과 같이 산정하며 국부좌굴강도는 플랜지 국부좌굴강도와 웨브 국부좌굴강도를 구분하여 산정하고 플랜지의 판폭두께비와 웨브의 판폭두께비에 따라 아래 식으로 각각 산정하여 작은 값을 택한다.

$$M_n = M_p - (M_p - M_r)\left(\frac{\lambda - \lambda_p}{\lambda_r - \lambda_p}\right) \le M_p,$$

여기서 M_r은 H형강단면보의 플랜지 국부좌굴은 $M_r = f_L S_x$,

강축 휨을 받는 H형강 단면보의 웨브 국부좌굴의 경우 $M_r = f_{yf} S_x$이다.

(3) 세장단면(Slender Section, $\lambda > \lambda_r$) : 플랜지 또는 웨브의 판폭두께비가 탄성한계 판폭두께비 λ_r보다 큰 경우 판요소는 탄성 국부좌굴을 일으킨다. 다만 플랜지가 탄성국부좌굴을 일으키는 경우만 해당되고 웨브의 판폭두께비 λ가 λ_r보다 큰 단면을 갖는 부재는 플레이트 거더로 설계한다.

$$M_n = M_{cr} = f_{cr} S < M_p$$

- 압연 H형강 : $f_{cr} = \dfrac{0.69E}{\lambda^2}$
- 용접 H형강 : $f_{cr} = \dfrac{0.90E}{\lambda^2}$

3) 전단설계 ($\phi_v = 0.90$)

보의 전단강도는 전단력에 웨브가 항복하거나 좌굴하는 한계상태로 구분된다. 웨브의 판폭두께비가 작은 경우에는 전단항복에 의한 한계상태가 되지만 큰 경우에는 웨브는 전단에 의해 비탄성 또는 탄성좌굴을 일으킨다. 따라서 한계상태설계법에서는 판폭두께비 h/t_w에 따라서 세 개의 한계상태영역으로 나누어 웨브의 전단항복, 웨브의 비탄성좌굴, 웨브의 탄성좌굴로 구분하여 공칭전단강도를 규정한다.

① $h/t_w \le 2.45\sqrt{E/f_{yw}}$

웨브의 항복에 의해 한계상태에 도달하는 경우로 보의 공칭전단강도는 Von mises항복이론에 근거하여 산정, 강재의 전단항복강도는 $f_y/\sqrt{3} = 0.58f_y$ 이므로 이를 근거로 한계상태설계기준에서 웨브의 총단면적에 대한 공칭전단강도는

$V_n = 0.6f_{yw}A_w$ (A_w는 웨브의 면적(=dt_w))

② $2.45\sqrt{E/f_{yw}} < h/t_w \le 3.07\sqrt{E/f_{yw}}$

웨브에 비탄성좌굴이 발생하는 경우로

$$V_n = 0.6f_{yw}A_w\left[\frac{2.45\sqrt{E/f_{yw}}}{h/t_w}\right]$$

③ $3.07\sqrt{E/f_{yw}} < h/t_w \le 260$

웨브에 탄성좌굴이 발생하는 경우로

$$V_n = A_w\left[\frac{4.52E}{(h/t_w)^2}\right]$$

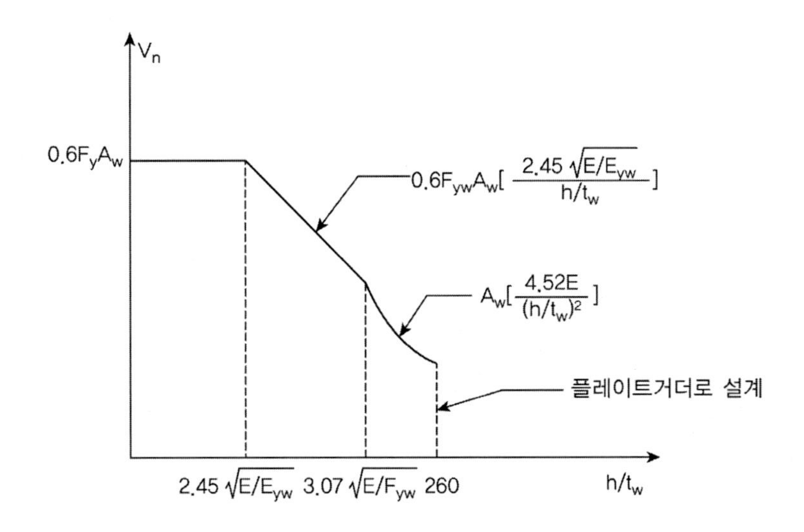

예 제

휨부재의 설계

7m의 단순지지된 보에 활하중 $w_L = 18kN/m$, 고정하중 $w_D = 10kN/m$가 작용하고 있다. 단순보의 비지지길이 $L_b = 7.0m$이다. 이 때 보의 단면을 H–500×200×10×16 (SM490)을 사용할 때 다음을 검토하라

H–500×200×10×16 $S_x = 1910 \times 10^3 mm^3$, $Z_x = 2180 \times 10^3 mm^2$, $r = 20mm$, $r_y = 43mm$

1) 공칭 휨강도 2) 공칭 전단강도 3) 소요강도 4) 안정성 검토

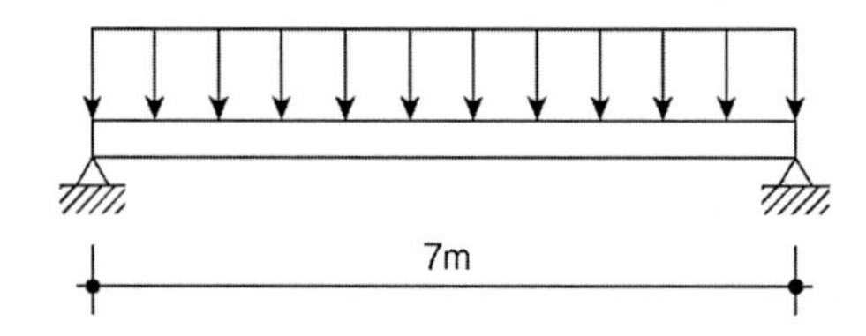

풀 이

➤ 공칭휨강도 산정

1) 국부좌굴강도 산정

① 플랜지 국부좌굴강도

$$\lambda = \frac{b}{t_f} = \frac{200/2}{16} = 6.3,$$

$\lambda_p = 0.38\sqrt{E/f_{yp}} = 0.38\sqrt{2.0 \times 10^5/325} = 9.43$, $\lambda < \lambda_p$: 조밀단면(Compact Section)

$M_n = M_p = Z_x f_y = 2180 \times 10^3 \times 10^{-6} \times 325 = 708.5^{kNm}$

② 웨브 국부좌굴강도

$$\lambda = \frac{h}{t_w} = \frac{(500 - 2 \times 16 - 2 \times 20)}{10} = 42.8$$

$\lambda_p = 3.76\sqrt{E/f_{yp}} = 3.76\sqrt{2.0 \times 10^5/325} = 93.27$, $\lambda < \lambda_p$: 조밀단면(Compact Section)

$M_n = M_p = Z_x f_y = 2180 \times 10^3 \times 10^{-6} \times 325 = 708.5^{kNm}$

∴ 국부좌굴강도 $M_n = 708.5^{kNm}$

2) 횡좌굴강도 산정

$$\Lambda_b = L_b/r_y = 7000/(4.3\times 10) = 162.8$$

$$\Lambda_p = 1.76\sqrt{E/f_{yf}} = 1.76\sqrt{2.0\times 10^5/325} = 43.66$$

$$f_L = f_{yf} - f_r = 325 - 69 = 256^{MPa}$$

$$X_1 = 13600N/mm^2,\quad X_2 = 2.64\times 10^{-4}mm^4/N^2$$

$$\Lambda_r = \frac{X_1}{f_L}\sqrt{1+\sqrt{1+f_L^2X_2}} = \frac{13600}{256}\sqrt{1+\sqrt{1+256^2\times 2.64\times 10^{-4}}} = 122$$

$$\therefore \Lambda_b > \Lambda_r$$

$$f_{cr} = \frac{M_{cr}}{S} = \frac{C_b\pi}{L_bS}\sqrt{\left(\pi^2\frac{E}{L_b}\right)^2 C_wI_y + EI_yGJ} = \frac{\sqrt{2}\,C_bX_1}{\Lambda_b}\sqrt{1+\frac{X_1^2X_2}{2\Lambda_b^2}}$$

$$= \frac{1.0\times 13600\times\sqrt{2}}{162.8}\sqrt{1+\frac{13600^2\times 2.64\times 10^{-4}}{2\times 162.8^2}} = 163.8^{MPa}$$

$$\therefore M_n = f_{cr}S_x = 163.8\times 1910\times 10^3\times 10^{-6} = 312.9^{kNm}$$

공칭휨강도는 국부좌굴강도와 횡좌굴강도 중 작은 값이므로

$$\therefore M_n = 312.9^{kNm}$$

➤ 공칭전단강도 산정

$$h/t_w = \frac{(500-2\times 16-2\times 20)}{10} = 42.8$$

$$2.45\sqrt{E/f_{yw}} = 2.45\times\sqrt{2.0\times 10^5/325} = 61.7$$

$h/t_w \le 2.45\sqrt{E/f_{yw}}$ 이므로

$$\therefore V_n = 0.6f_{yw}A_w = 0.6\times 325\times 500\times 10\times 10^{-3} = 975^{kN}$$

➤ 소요강도 산정

$$W = 1.2W_D + 1.6W_L = 1.2\times 10 + 1.6\times 19 = 40.8^{kN/m}$$

$$M_u = \frac{40.8\times 7^2}{8} = 249.9^{kNm},\quad V_u = \frac{40.8\times 7}{2} = 142.8^{kN}$$

➤ 안정성 검토

$M_u(=249.9^{kNm}) < \phi M_n = 0.9\times 312.9 = 281.6^{kNm}$ O.K

$V_u(=142.8^{kN}) < \phi V_n = 0.9\times 975 = 877.5^{kN}$ O.K

(건축)101회 4-2

휨부재의 설계

다음과 같은 조건하에서 경간이 12m인 강재 철골보의 설계휨강도 및 설계전단강도를 검토하시오 (단, KBC 2009적용, 철골보의 자중은 무시한다).

[검토조건]
작용하중 : P ($P_D = 71kN$, $P_L = 88kN$)
경계조건(강재보) : 양단고정, 3등분점 횡지지
강재 철골보 : H-600×200×11×17(SS400)
$I_x = 776 \times 10^6 mm^4$, $S_x = 2.59 \times 10^6 mm^3$,
$Z_x = 2.98 \times 10^6 mm^3$
$I_y = 22.8 \times 10^6 mm^4$, $J = 1.13 \times 10^6 mm^3$,
$C_w = 1.94 \times 10^{12} mm^6$
$h_o = 583mm$, $r_y = 41.2mm$, $r = 22mm$
$E = 2.05 \times 10^5 MPa$

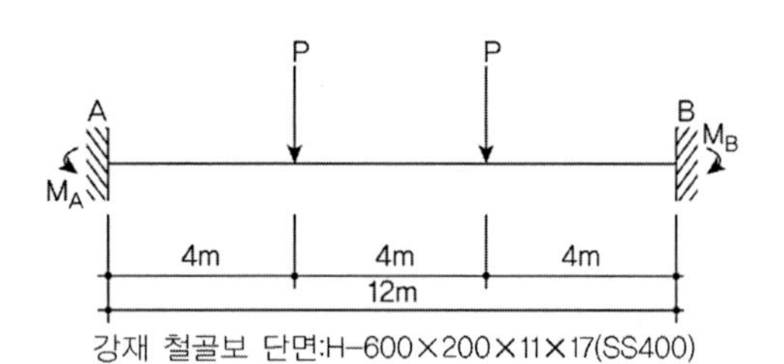

강재 철골보 단면:H-600×200×11×17(SS400)

풀 이

➤ 공칭휨강도 산정

1) 국부좌굴강도 산정

① 플랜지 국부좌굴강도

$$\lambda = \frac{b}{t_f} = \frac{200/2}{17} = 5.88$$

$$\lambda_p = 0.38\sqrt{E/f_{yp}} = 0.38\sqrt{2.05 \times 10^5/235} = 11.223 \qquad \therefore \lambda < \lambda_p \text{ : 조밀단면}$$

$$M_n = M_p = Z_x f_y = 2.98 \times 10^6 \times 10^{-6} \times 235 = 700.3^{kNm}$$

② 웨브 국부좌굴강도

$$\lambda = \frac{h}{t_w} = \frac{(600 - 2 \times 17 - 2 \times 22)}{11} = 47.45$$

$$\lambda_p = 3.76\sqrt{E/f_{yp}} = 3.76\sqrt{2.05 \times 10^5/235} = 111.05 \qquad \therefore \lambda < \lambda_p \text{ : 조밀단면}$$

$$M_n = M_p = Z_x f_y = 2.98 \times 10^6 \times 10^{-6} \times 235 = 700.3^{kNm}$$

$\therefore$ 국부좌굴강도 $M_n = 700.3^{kNm}$

2) 횡좌굴강도 산정

① 단면 검토

$$L_b = \frac{12,000}{3} = 4,000mm$$

$$L_p = 1.76 r_y \sqrt{\frac{E}{f_y}} = 2,141.67mm$$

$$r_{ts}^2 = \frac{\sqrt{I_y C_w}}{S_x} = \frac{\sqrt{22.8\times10^6\times1.94\times10^{12}}}{2.59\times10^6} = 2567.84 \qquad \therefore r_{ts} = 50.67\text{mm}$$

$$L_r = 1.95 r_{ts}\frac{E}{0.7f_y}\sqrt{\frac{Jc}{S_x h_0}}\sqrt{1+\sqrt{1+6.76\left(\frac{0.7f_y S_x h_0}{EJc}\right)^2}}$$

$$= 1.95\times50.67\times\frac{2.05\times10^5}{0.7\times235}\times\sqrt{\frac{1.13\times10^3\times1.0}{2.59\times10^6\times583}}$$

$$\times\sqrt{1+\sqrt{1+6.76\left(\frac{0.7\times235\times2.59\times10^6\times583}{2.05\times10^5\times1.13\times10^3\times1.0}\right)^2}} = 5,625.279mm$$

$\therefore L_p < L < L_r$ 인 Compact Section이므로 소성모멘트와 비탄성횡좌굴강도를 산정한 후 최솟값이 공칭휨강도가 된다.

② 휨모멘트 산정

$$P_u = 1.2P_D + 1.6P_L = 1.2\times71 + 1.6\times88 = 226^{kN} > 1.4P_D$$

$$R_A = R_B = P_u$$

$$M_A = -M_B = -\Sigma\left(\frac{Pab^2}{L^2}\right) = -\left[\frac{P\left(\frac{L}{3}\right)\left(\frac{2L}{3}\right)^2}{L^2} + \frac{P\left(\frac{2L}{3}\right)\left(\frac{L}{3}\right)^2}{L^2}\right] = -\frac{6}{27}PL = -602.67^{kNm}$$

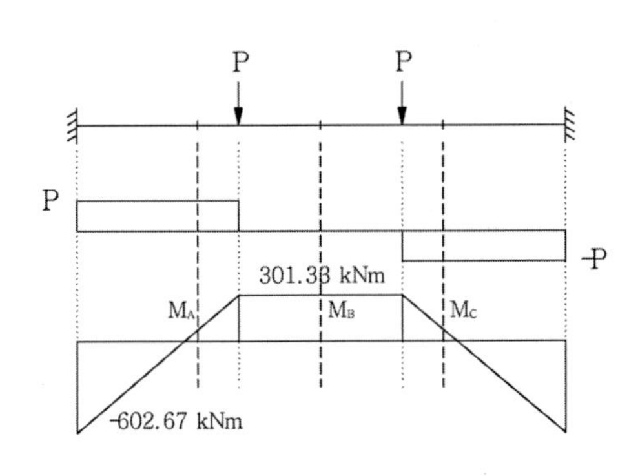

$$C_b = \frac{12.5M_{\max}}{2.5M_{\max} + 3M_A + 4M_B + 3M_C}R_m \leqq 3.0$$

$M_{\max}$: 비지지 길이 내의 최대 절댓값(단부포함)

M_A : 비지지 길이의 1/4지점 절댓값

M_B : 비지지 길이의 1/2지점 절댓값

M_C : 비지지 길이의 3/4지점 절댓값

R_m : 대칭단면(1.0),

채널과 같은 1축 대칭$(0.5 + 2(I_{yc}/I_y)^2$

I_{yc} : 압축플랜지의 y축에 대한 단면 2차 모멘트

$M_{\max} = M_A = 602.67kNm, \quad M_A = M_C = |-602.67 + 226 \times 3| = 75.33kNm$
$M_B = 301.33kNm, \quad R_m = 1.0$

$$\therefore C_b = \frac{12.5M_{\max}}{2.5M_{\max} + 3M_A + 4M_B + 3M_C} \times 1.0 = 2.38 < 3.0$$

$M_n = M_p = Z_x f_y = 2.98 \times 10^6 \times 10^{-6} \times 235 = 700.3^{kNm}$

$$M_n = C_b\left[M_p - (M_p - M_r)\left(\frac{\Lambda - \Lambda_p}{\Lambda_r - \Lambda_p}\right)\right] = C_b\left[M_p - (M_p - 0.7f_y S_x)\left(\frac{L_b - L_p}{L_r - L_p}\right)\right] \le M_p$$

$$= 2.38\left[700.3 \times 10^6 - (700.3 \times 10^6 - 0.7 \times 235 \times 2.59 \times 10^6)\left(\frac{4000 - 2414.67}{5625.279 - 2414.67}\right)\right]$$

$= 1,344.98^{kNm} > M_p$

$\therefore \phi M_n = \phi M_p = 0.9 \times 700.3^{kNm} = 630.27^{kNm} \rangle M_u (= 602.67^{kNm})$ O.K

➤ 전단강도 산정

$V_u = P_u = 226^{kN}$

1) 전단상수 산정

$h = d - 2t_f - 2r = 600 - 2 \times 17 - 2 \times 22 = 522mm$
$h/t_w = 522/11 = 47.5 \langle 2.24\sqrt{E/f_y} = 66.16$

$\therefore h/t_w \le 2.24\sqrt{E/f_y}$ 인 압연 H형강 $\quad C_v = 1.00, \ \phi_v = 1.00$

2) 공칭전단강도 산정

$A_w = dt_w = 600 \times 11 = 6600mm^2$
$V_n = 0.6f_y A_w C_v = 0.6 \times 235 \times 6600 \times 1.0 \times 10^{-3} = 930.6kN$

$\therefore \phi_v V_n = 930.6kN$

(건축) 98회 2-2

비대칭 형강의 설계휨강도

경간 6m의 3스팬 연속된 비대칭 Z형강 중도리에 등분포하중 $w_D = 0.5kN/m$, $w_L = 1.8kN/m$ 이 아래와 같이 작용하고 있다. 이러한 경우 Z형강(KS D3503 SS400)의 설계휨강도를 산정하시오. 단, 이 부재는 콤팩트 단면이며 각 부재의 양단과 3등분점에서 Z형강의 중심에 횡구속이 되어 있는 것으로 한다.

$$I_y = 1.87 \times 10^6 mm^4, \quad F_{cr} = 0.5 \times \frac{C_b \pi^2 E}{\left(\frac{L_b}{r_{ts}}\right)^2}, \quad C_b = 1.0, \quad r_{ts} = 0.62 r_y$$

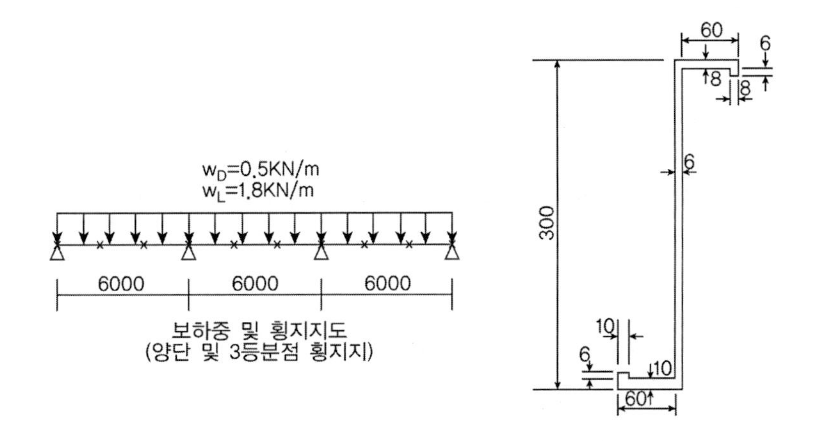

풀 이

TIP | 비대칭단면의 휨강도 | 강구조설계기준 6.2.1.1.12 비대칭단면

1. 비대칭단면의 휨강도

공칭휨강도 M_n은 항복강도(전소성모멘트), 횡좌굴강도 및 국부좌굴강도 중 최솟값으로 한다.

$M_n = f_n S$ S : 휨축에 대한 탄성단면계수 중 최솟값

1) 항복강도 : $f_n = f_y$

2) 횡좌굴강도 : $f_n = f_{cr} \le f_y$, f_{cr} : 해석으로부터 산정된 좌굴응력

3) 국부좌굴강도 : $f_n = f_{cr} \le f_y$, f_{cr} : 해석으로부터 산정된 좌굴응력

➤ 부재의 공칭 휨강도 산정

1) 콤팩트 단면이므로 국부좌굴에 대해서는 검토하지 않는다.

2) 횡좌굴 강도

① 단면 검토

$$L_b = \frac{6,000}{3} = 2,000mm, \quad I_y = 1.87 \times 10^6 mm^4$$

$$A = (6 \times 8 + 60 \times 8) + (6 \times 300) + (6 \times 10 + 60 \times 10) = 2,988mm^2$$

$$r_y = \sqrt{\frac{I_y}{A}} = 25.017mm \qquad \therefore r_{ts} = 0.62r_y = 15.51mm$$

SS400이므로 $f_y = 235MPa$, $E = 2.05 \times 10^5 MPa$라고 하면,

$$L_p = 1.76r_y\sqrt{\frac{E}{f_y}} = 1,300.4mm$$

$$L_r = 1.95r_{ts}\frac{E}{0.7f_y}\sqrt{\frac{Jc}{S_x h_0}}\sqrt{1+\sqrt{1+6.76\left(\frac{0.7f_y S_x h_0}{EJc}\right)^2}} \approx \pi r_{ts}\sqrt{\frac{E}{0.7f_y}} = 1,720.1mm$$

∴ $L_b > L_r$인 콤팩트 Z형 강보의 경우에는 탄성횡좌굴응력 f_{cr}은 등가의 ㄷ형강의 탄성횡좌굴응력의 1/2로 산정한다.

$$f_{cr} = 0.5 \times \frac{C_b \pi^2 E}{\left(\frac{L_b}{r_{ts}}\right)^2} = 0.5 \times \frac{1.0\pi^2 \times 2.05 \times 10^5}{\left(\frac{2000}{15.51}\right)^2} = 60.84MPa$$

$$\therefore f_n = \min[f_y,\ f_{cr}] = f_{cr}$$

➤ 부재의 단면상수

1) 중립축

부재의 상단으로부터의 거리를 y라고 하면,

$$\bar{y} = \frac{(6\times8)(8+3)+(60\times8)\times4+(300\times6)\times150+(60\times10)(300-5)+(6\times10)(300-10-3)}{A}$$

$$= 156.1807mm$$

2) I_x

$$I_x = \left[\frac{8\times6^3}{12}+8\times6\times(156.1807-8-3)^2\right]+\left[\frac{60\times8^3}{12}+60\times8\times(156.1807-4)^2\right]$$
$$+\left[\frac{6\times300^3}{12}+6\times300\times(156.1807-150)^2\right]+\left[\frac{60\times10^3}{12}+60\times10\times(300-156.1807-5)^2\right]$$

$$+\left[\frac{10\times6^3}{12}+6\times10\times(300-156.1807-10-3)^2\right]=38.294\times10^6mm^4$$

3) S_x

$$S_t=\frac{I_x}{y_t}=\frac{1.87\times10^6}{300-156.1807}=266,264mm^3,\quad S_c=\frac{I_x}{y_t}=\frac{1.87\times10^6}{156.1807}=245,190mm^3$$

$$S_x=\min[S_t,S_c]=245,190mm^3$$

➤ 공칭휨강도

$$M_n=f_{cr}S_x=14.92kNm \qquad \therefore\ \phi_bM_n=13.43kNm$$

➤ 부재의 휨모멘트 산정

$$w_u=1.2w_D+1.6w_L=3.48kN/m$$

3연 모멘트 방정식에 따라서

$$M_L\frac{L_L}{I_L}+2M_C\left(\frac{L_L}{I_L}+\frac{L_R}{L_R}\right)+M_R\frac{L_R}{I_R}=-\frac{1}{I_L}\left(\frac{6A_L\overline{x_L}}{L_L}\right)-\frac{1}{I_R}\left(\frac{6A_R\overline{x_R}}{L_R}\right)+6E\left[\frac{\Delta_L}{L_L}-\Delta_C\left(\frac{1}{L_L}+\frac{1}{L_R}\right)+\frac{\Delta_R}{L_R}\right]$$

대칭이므로 $M_C=M_R,\ 2M_C(6+6)+M_R(6)=-2\times\frac{w_u\times6^3}{4}\quad\therefore\ M_{center}=-12.528kNm$

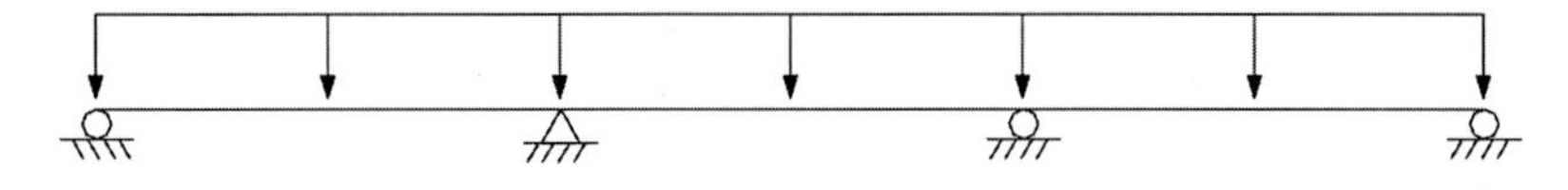

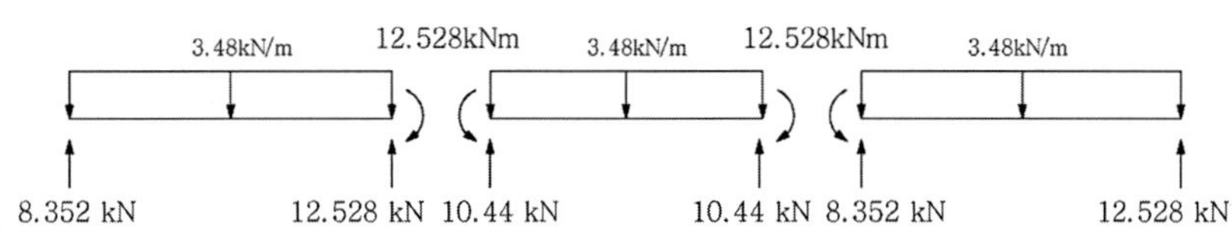

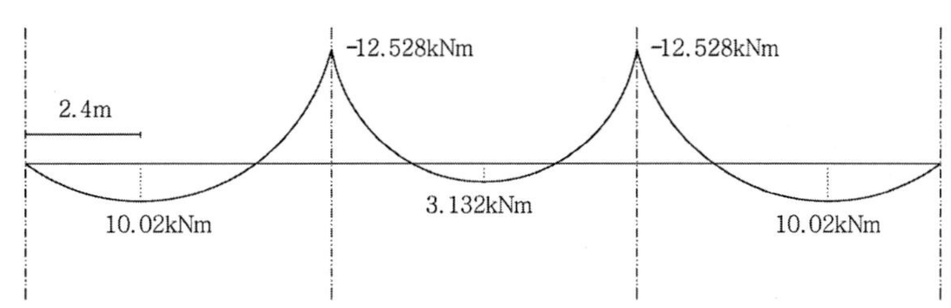

$\therefore\ M_u=12.528kNm<\phi_bM_n$ O.K

100회 1-11

LRFD 비틀림강도 강구조 설계기준

다음 그림과 같은 각형강관 □-150×100×6(SPSR490)의 설계비틀림강도($\phi_T T_n$)를 하중저항계수 설계법에 의해 구하시오(단, E=208,000MPa, 항복강도 F_y=315MPa이다).

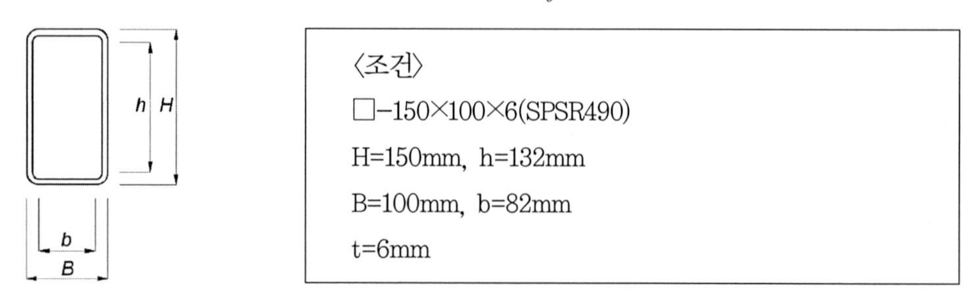

〈조건〉
□-150×100×6(SPSR490)
H=150mm, h=132mm
B=100mm, b=82mm
t=6mm

풀 이

▶ **비틀림 강도 산정**

① $\dfrac{h}{t_w} = \dfrac{132}{6} = 22 > \dfrac{b}{t_f} = \dfrac{82}{6} = 13.67$

$2.45\sqrt{E/f_{yw}} = 2.45\sqrt{208000/315} = 62.96 > h/t_w$

$\therefore f_{cr} = 0.6 f_y = 0.6 \times 315 = 189^{MPa}$

② 비틀림 상수(C) 산정

$$C = 2(B-t)\times(H-t)\times t - 4.5(4-\pi)t^3 = 2(150-6)(100-6)\times 6 - 4.5(4-\pi)\times 6^3$$
$$= 161,598mm^3$$

③ 설계비틀림 강도 산정

$T_n = f_{cr}\times C = 189^{MPa}\times 161,598^{mm^3}\times 10^{-6} = 30.54^{kNm}$

$\therefore \phi_T T_n = 0.9\times 30.54 = 27.49^{kNm}$

TIP | 박판구조물 |

1. $T = 2\tau A_m$, $\tau = 0.6 f_y$(LRFD 전단에 대한 항복강도)
2. $A_m = 144\times 94 - 4\times 6^2 + \dfrac{\pi}{4}\times 6^2 = 13420.27mm^2$
3. $\phi T = \phi 2\tau A_m = \phi \times 2\times(0.6 f_y)\times A_m = 27.39kNm$

참고자료

강구조설계기준 7.3 비틀림

1. 원형과 각형강관의 비틀림 강도

원형과 직사각형 강관의 설계비틀림강도 $\phi_T T_n (\phi_T = 0.90)$은 다음과 같이 산정한다.

$T_n = f_{cr} \times C$ (여기서 C는 강관의 비틀림 상수)

비틀림전단상수 C는 보수적으로 다음과 같이 취할 수 있다.

원형강관 : $C = \dfrac{\pi(D-t)^2 t}{2}$

각형강관 : $C = 2(B-t) \times (H-t) \times t - 4.5(4-\pi)t^3$

1) 원형강관의 f_{cr}

다음의 값 중에 큰 값을 적용하나 $0.6f_y$ 이하로 한다.

$$f_{cr} = \max\left[\frac{1.23E}{\sqrt{\dfrac{L}{D}}\left(\dfrac{D}{t}\right)^{\frac{5}{4}}},\ \frac{0.60E}{\left(\dfrac{D}{t}\right)^{\frac{3}{2}}}\right]$$

L : 부재의 길이(mm), D : 외경(mm)

2) 각형강관의 f_{cr}

① $h/t \le 2.45\sqrt{E/f_y}$: $f_{cr} = 0.6f_y$

② $2.45\sqrt{E/f_y} < h/t \le 3.07\sqrt{E/f_y}$: $f_{cr} = 0.6f_y(2.45\sqrt{E/f_y})/(h/t)$

③ $3.07\sqrt{E/f_y} < h/t \le 260$: $f_{cr} = 0.458\pi^2 E/(h/t)^2$

05 휨부재 : 판형

판형과 압연보의 차이는 압연보는 주로 표준압연조밀단면을 사용하는 데 반해 판형은 플랜지와 복부를 세장한 강판으로 제작하여 만든 것이기 때문에 거동면에서 상이한 특성을 보인다. 그러나 판형도 깊은 보의 일종이므로 압연보의 한계상태가 그대로 적용된다. LRFD에서는 기본 휨한계상태에 대한 λ와 M_n의 관계를 횡비틀림좌굴, 플랜지국부좌굴, 복부국부좌굴로 구분하여 적용할 수 있다. 플랜지가 세장한 경우($\lambda > \lambda_n$)에는 LRFD 판형설계기준에 따라서 설계하여야 하지만 λ가 λ_n을 초과하지 않는 경우에는 요소 내 응력이 탄성좌굴이 일어나지 않고 항복응력에 도달할 수 있다.

판형이 압연보와 상이하게 다른 구조적 특성 중 하나는 규칙적으로 배열된 보강재를 사용한다는 점이다. 보강재는 복부의 전단 저항내력을 증가시켜준다. 판형 복부의 탄성 또는 비탄성좌굴이 최대 전단강도를 나타내는 척도는 아니며 적절한 간격의 보강재를 사용한 경우에는 좌굴 후에 상당한 크기의 후좌굴강도를 발휘한다.

TIP | AISC의 휨부재 구분 적용 |

① AISC 시방서는 비조밀 복부판을 가지는 휨부재 및 세장한 복부판이 적용된 휨부재, 즉 플레이트 거더로 간주는 되는 범주를 다음의 구분에서 적용토록하고 있다.

F4(비조밀 복부판을 가지는 휨부재) : Other I-Shape Members with Compact or Noncompact Webs Bents About Their Major Axis

F5(세장한 복부판이 적용된 휨부재) : Doubly Symmetric and Singly Symmetric I-Shape Members with Slender Webs Bents About Their Major Axis

② AISC 휨부재의 전단규정은 G장에서 다루며, 다른 요구사항은 F13에서 명시하고 있다.

G(휨부재의 전단규정) : Design of Members for Shears

F13(기타 요구사항) : Proportions of Beams and Girders

③ 압연보와 플레이트 거더교의 구분

- Beam : $\dfrac{h}{t_w} \le 5.70\sqrt{\dfrac{E}{f_y}}$ (압연보와 일부 판형보)
- Plate girder : $\dfrac{h}{t_w} > 5.70\sqrt{\dfrac{E}{f_y}}$ (일부 판형보)

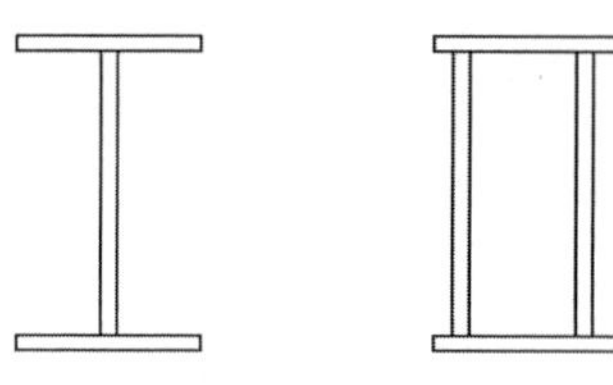

용접연결 플레이트 거더

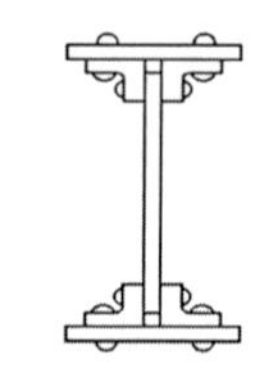

리벳연결 플레이트 거더

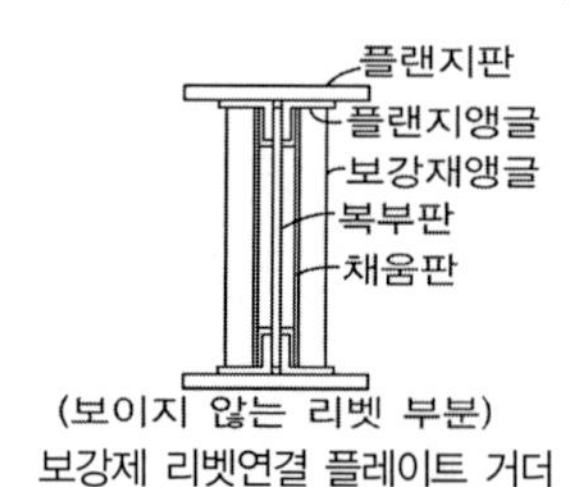

(보이지 않는 리벳 부분)
보강제 리벳연결 플레이트 거더

1. 플레이트 거더의 특징

1) 플레이트 거더의 좌굴

강구조 설계는 대부분 국부적 또는 전체적 안정에 관한 Stability에 관한 문제이다. 플레이트 거더의 경우 설계자는 압연 형강의 경우에는 대부분 문제되지 않던 여러요인을 고려해야 하는데 깊고 얇은 복부판이 사용됨으로 인하여 국부좌굴 문제를 포함한 특별한 문제를 고려해야 한다. 이는 판의 좌굴에 대한 문제로 귀결되므로 탄성안정론에 대한 기본지식이 필요로 하게 된다.
플레이트 거더는 복부판에 좌굴이 일어난 후의 가용한 강도에 의존하기 때문에 대부분 휨강성은 플랜지로부터 얻어지게 되며, 고려되어 지는 한계상태는 인장플랜지의 항복 및 압축 플랜지의 좌굴이다. 압축플랜지의 좌굴은 복부판의 수직좌굴, 플랜지의 국부좌굴(FLB : Flange Local Buckling)의 형태로 발생되며 횡-비틀림좌굴(LTB : Lateral-Torsional Buckling)을 유발할 수도 있다.

2) 플레이트 거더의 전단(Tension-Field Action)

지점부 및 중립축 부근과 같이 복부판에 큰 전단이 발생하는 위치에서 주평면은 부재의 종축이 사선방향이며 주응력은 사선방향의 인장 및 압축응력이다. 사선방향의 인장응력은 아무런 문제가 되지 않지만 사선방향 압축응력은 복부판의 좌굴을 유발한다. 이러한 문제의 해결을 위해서는 다음의 방법 중에 선택하여 적용하고 있다.

① 복부판의 깊이와 두께의 비를 충분히 작게 한다.
② 전단 강도가 증가된 패널을 형성할 수 있도록 복부판 보강재를 사용한다.
③ 인장장 작용(Tension-Field Action)을 통하여 사방향 압축력에 저항하는 패널을 형상할 수 있는 복부판 보강재를 사용한다.

인장장 작용은 좌굴이 발생하는 시점에서 복부판은 사선방향 압축에 저항할 능력을 상실하게 되며 이 응력은 수직보강재와 플랜지로 전이하게 된다. 보강재는 사방향 압축의 수직분력에 플랜지는 수평분력에 대해 저항하게 된다. 복부판은 단지 사방향 인장력에 대해서만 저항하게 되며 따라서 인장장 작용이라 부른다. 이러한 거동은 수직복부재는 압축력을 사재는 인장을 받는 플랫트러스(Pratt Truss)와 유사하며 복부판의 좌굴이 시작되기 전에는 인장장이 존재하지 않으므로 복부판의 좌굴이 발생하기 전까지는 복부판의 전단강도에 기여하지 못하게 된다. 전체 강도는 좌굴전의 강도와 인장장 작용에 의한 후좌굴 강도(Post-Buckling Strength)를 더한 것이 된다.

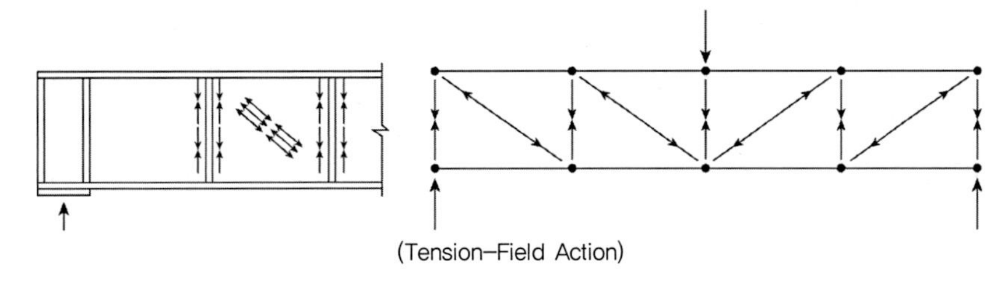

(Tension-Field Action)

2. 플레이트 거더의 공칭휨강도 산정

압연보와 달리 판형에서는 공칭휨강도 계산에 수반되는 모든 단면의 성질이나 비틀림 강성의 계산이 각 거더별로 이루어져야 하므로 판형에 대해서는 LRFD에서 별도의 설계기준에 수록하고 있다. 판형은 통상 $\lambda > \lambda_n$이 되는 세장한 단면을 가지므로 최대 강도는 플랜지 최외단 응력이 항복응력 f_y에 도달하는데 기초를 두고 있다. 따라서 설계상에서는 비탄성거동을 고려하지 않는다. 세장한 복부를 가진 판형의 공칭 휨강도 M_n은 인장플랜지의 항복 한계상태나 압축플랜지에서의 좌굴한계상태에 바탕을 두고 계산된다.

1) 인장플랜지의 항복

$M_n = f_{yt} S_{xt}$ S_{xt} : 인장플랜지 단면계수($=I_x/y_t$)

2) 압축플랜지의 좌굴

$$M_n = f_{cr} S_{xc} R_{PG}$$

$$R_{PG} = 1 - \frac{a_r}{1200 + 300a_r}\left(\frac{h_c}{t_w} - 5.7\sqrt{E/f_{cr}}\right) < 1$$: 휨강도 감소계수

여기서 $a_r = A_w/A_f \leqq 10$, h_c : I형판형의 경우 복부판의 높이

플랜지의 임계응력 f_{cr}은 플랜지가 조밀, 비조밀, 세장인지에 따라 구분된다. AISC에서는 플랜지의 폭–두께 비와 그 한계를 정의하기 위해 다음과 같이 표기한다.

$$\lambda = \frac{b_f}{2t_f}, \quad \lambda_p = 0.38\sqrt{\frac{E}{f_y}}, \quad \lambda_r = 0.95\sqrt{\frac{k_c E}{f_L}}, \quad k_c = \frac{4}{\sqrt{h/t_w}}(0.35 \leqq k_c \leqq 0.76)$$

$f_L = 0.7 f_y$ (세장한 복부판을 가진 플레이트 거더의 경우)

① $\lambda \leqq \lambda_p$: 플랜지 조밀, 항복한계상태가 지배, $f_{cr} = f_y$

$\therefore$ 공칭 휨강도 $M_n = f_y S_{xc} R_{PG}$

② $\lambda_p < \lambda \leqq \lambda_r$: 플랜지 비조밀, 비탄성 FLB가 지배

$\therefore$ 공칭 휨강도 $M_n = f_{cr} S_{xc} R_{PG}$ $\quad f_{cr} = \left[f_y - 0.3 f_y\left(\frac{\lambda - \lambda_p}{\lambda_r - \lambda_p}\right)\right]$

③ $\lambda > \lambda_r$: 플랜지 세장, 탄성 FLB가 지배

$\therefore$ 공칭 휨강도 $M_n = f_{cr} S_{xc} R_{PG}$ $\quad f_{cr} = \dfrac{0.9 E k_c}{\left(\dfrac{b_f}{2t_f}\right)^2}$

TIP | 강구조설계기준의 공칭휨강도| 압축플랜지 좌굴

$M_n = f_{cr} S_{xc} R_{PG}$

① 조밀단면 $\lambda\left(=\frac{b_f}{2t_f}\right) \leqq \lambda_p\left(=0.38\sqrt{\frac{E}{f_{yf}}}\right)$: $f_{cr} = f_{yf}$

② 비조밀단면 $\lambda_p\left(=0.38\sqrt{\frac{E}{f_{yf}}}\right) < \lambda\left(=\frac{b_f}{2t_f}\right) \leqq \lambda_r\left(=0.83\sqrt{\frac{E}{f_L}}\right)$: $f_{cr} = f_{yf}\left[1-\frac{1}{2}\left(\frac{\lambda-\lambda_p}{\lambda_r-\lambda_p}\right)\right] \leqq f_{yf}$

③ 세장단면 $\lambda\left(=\frac{b_f}{2t_f}\right) > \lambda_r\left(=0.83\sqrt{\frac{E}{f_L}}\right)$: $f_{cr} = \frac{7{,}900}{(L_b/r_T)^2}$

3) 횡-비틀림 좌굴

$$M_n = f_{cr} S_{xc} R_{PG}$$

횡비틀림좌굴은 횡방향 지지이 정도 즉, 전체 개수에 따른 비지지 길이 L_b에 따라 결정된다. 비지지 길이가 충분히 짧으면 횡비틀림좌굴 전에 항복 또는 플랜지 국부좌굴이 발생된다. 길이인자은 L_p와 L_r이며 다음과 같이 정의한다.

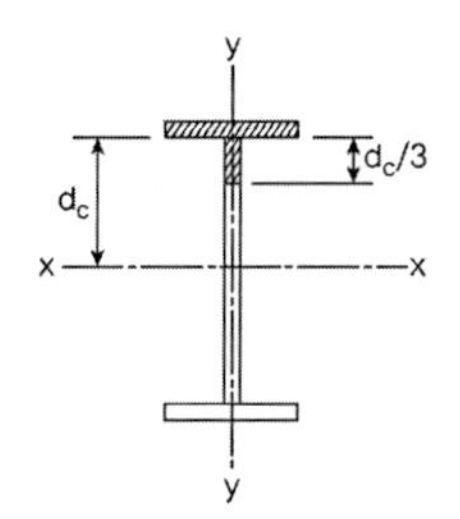

$$L_p = 1.1 r_t \sqrt{\frac{E}{f_y}}, \; L_r = \pi r_t \sqrt{\frac{E}{0.7 f_y}}$$

r_t : 압축플랜지와 복부판 압축부의 1/3단면 부분의 약축 회전반경, 2축 대칭의 경우 복부판 높이의 1/6이다.

① $L_b \leqq L_p$: 횡비틀림 좌굴이 발생하지 않는다.

② $L_p < L_b \leqq L_r$: 비탄성 LTB에 의해 파괴가 발생한다.

∴ 공칭 휨강도 $M_n = f_{cr} S_{xc} R_{PG}$ $\qquad f_{cr} = C_b\left[f_y - 0.3 f_y\left(\frac{L_b - L_p}{L_r - L_p}\right)\right] \leqq f_y$

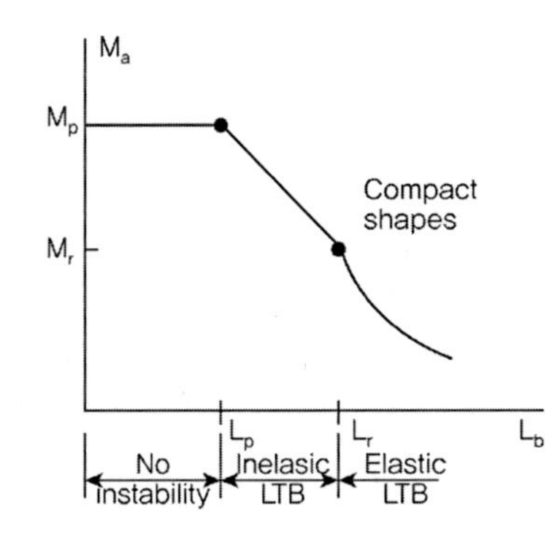

$$C_b = \frac{12.5 M_{max}}{2.5 M_{max} + 3M_A + 4M_B + 3M_C} R_m \leqq 3.0$$

M_{max} : 비지지 길이내의 최대 절댓값(단부 포함)

M_A : 비지지 길이의 1/4지점 절댓값

M_B : 비지지 길이의 1/2지점 절댓값

M_C : 비지지 길이의 3/4지점 절댓값

R_m : 대칭단면(1.0), 채널과 같은 1축 대칭$(0.5 + 2(I_{yc}/I_y)^2$

I_{yc} : 압축플랜지의 y축에 대한 단면 2차 모멘트

③ $L_b > L_r$: 탄성 LTB에 의해 파괴가 발생한다.

$$\therefore \text{ 공칭 휨강도 } M_n = f_{cr} S_{xc} R_{PG} \quad f_{cr} = \frac{C_b \pi^2 E}{\left(\frac{L_b}{r_t}\right)^2} \leq f_y$$

TIP | 강구조설계기준의 공칭휨강도 | 횡비틀림 좌굴

$M_n = f_{cr} S_{xc} R_{PG}$

① $\lambda\left(=\frac{L_p}{r_T}\right) \leq \lambda_p\left(=1.76\sqrt{\frac{E}{f_{yf}}}\right)$: $f_{cr} = f_{yf}$

② $\lambda_p\left(=1.76\sqrt{\frac{E}{f_{yf}}}\right) < \lambda\left(=\frac{L_p}{r_T}\right) \leq \lambda_r\left(=4.45\sqrt{\frac{E}{f_{yf}}}\right)$: $f_{cr} = C_b f_{yf}\left[1-\frac{1}{2}\left(\frac{\lambda-\lambda_p}{\lambda_r-\lambda_p}\right)\right] \leq f_{yf}$

③ $\lambda\left(=\frac{L_p}{r_T}\right) > \lambda_r\left(=4.45\sqrt{\frac{E}{f_{yf}}}\right)$: $f_{cr} = \frac{201{,}000 C_b}{(L_b/r_T)^2}$

3. 휨을 받는 I형 단면의 설계 (도로교설계기준 한계상태설계법 2015)

복부판 중심선의 수직축에 대하여 대칭인 직선 플레이트 거더의 휨설계에 적용한다. 조밀 또는 비조밀단면과 합성 또는 비합성단면에 적용된다. 곡률을 갖는 거더교는 상세 구조해석을 적용하거나 강구조설계기준(2014)에 따른다.

① 단면비의 제한 $\quad 0.1 \leq \frac{I_{yc}}{I_y} \leq 0.9$

② 복부판의 세장비

- 수평보강재가 없는 경우 : $\frac{2D_c}{t_w} \leq 6.77\sqrt{\frac{E}{f_c}} \leq 200$ $\qquad$ cf)강구조(2014) $\frac{D}{t_w} \leq 150$

- 수평보강재가 있는 경우 : $\frac{2D_c}{t_w} \leq 13.54\sqrt{\frac{E}{f_c}} \leq 400$ $\qquad$ cf)강구조(2014) $\frac{D}{t_w} \leq 300$

여기서, D_c는 탄성영역내에서 압축을 받는 복부판의 높이

f_c는 설계하중에 의한 압축플랜지의 응력

③ 플랜지의 단면비

- 압축플랜지 $\quad b_f \geq 0.3D_c \quad$ b_f는 압축플랜지의 폭, D_c 탄성영역 압축받는 복부판 높이
- 인장플랜지 $\quad \frac{b_t}{2t_t} \leq 12.0 \quad$ 여기서, b_t는 인장플랜지의 폭, t_t 인장플랜지 두께

cf) 강구조(2014) 인장·압축플랜지 $\frac{b_f}{2t_f} \leq 12.0,\ b_f \geq D/6,\ t_f \geq 1.1t_w,\ 0.1 \leq I_{yc}/I_{yt} \leq 10$

1) 합성단면

(1) 복부판의 압축 측 높이 D_c

① 탄성모멘트 적용시

- 정모멘트를 받는 단면의 경우 고정하중, 활하중 및 충격하중에 의한 강재단면, 장기합성단면과 단기합성단면의 합응력이 압축인 복부판 높이로 한다.

$$D_c = \left(\frac{|f_c|}{|f_c| + f_t}\right)d - t_f$$

여기서, f_c는 여러 하중에 의해 발생된 압축플랜지의 휨 응력의 합 (DC1 + DC2 + DW + LL+IM)

f_t는 여러 하중에 의한 인장플랜지의 휨 응력의 합

d는 강재단면의 높이, t_f는 압축플랜지의 두께

- 부모멘트를 받는 단면의 경우 강재거더와 축방향 철근만으로 구성된 단면으로 계산한다.

② 소성모멘트 적용시

- 정모멘트를 받는 단면에서 소성중립축이 복부판 내에 있을 때

$$D_{cp} = \frac{D}{2}\left(\frac{F_{yt}A_t - F_{yc}A_c - 0.85f_{ck}A_s - F_{yr}A_r}{F_{yw}A_w} + 1\right)$$

- 위의 경우를 제외한 정모멘트 단면에서는 $D_{cp} = 0$으로 하고 복부판은 조밀단면 복부판 세장비 조건을 만족해야 한다.
- 부모멘트를 받는 단면에서 소성중립축이 복부판 내에 있을 때

$$D_{cp} = \frac{D}{2A_w f_{yw}}(F_{yt}A_t + F_{yw}A_w + F_{yr}A_r - F_{yc}A_c)$$

- 그 밖의 모든 부모멘트 단면에서 D_{cp}는 D로 한다.

(2) 합성단면의 시공성 검토

합성단면은 먼저 합성단면으로 작용하는 최종단계의 거더와 바닥판 콘크리트가 굳기 이전 비합성단면으로 거동하는 거더의 시공성을 검토하여야 한다. 시공성을 확보하기 위하여 시공 중 비합성인 단면은 적절한 하중조합에 바닥판의 시공단계별로 비합성단면 검토를 수행하여야 하며, 이는 바닥판이 동시에 타설되지 않고 시공순서에 따라 단계적으로 거더가 합성이 되기 때문에 타설 중 일시적인 모멘트가 완공 후 최대 비합성 단면 고정하중 모멘트보다 클 수도 있기 때문이다.

① 공칭 휨강도 $f_{cw} = \dfrac{0.9E\alpha k}{\left(\dfrac{D}{t_w}\right)^2} \leq F_{yw}$

여기서, f_{cw} : 복부판의 최대 휨압축응력

α : 1.25(수평보강재 없는 경우), 1.00(수평보강재 있는 경우)

D : 복부판의 높이, t_w : 복부판의 두께

F_{yw} : 복부판의 항복강도

k : (수평보강재가 없는 경우) $9.0(D/D_c)^2$

(수평보강재가 있는 경우) $d_s/D_c \geq 0.4$이면 $k = 5.17(D/d_s)^2 \geq 9.0(D/D_c)^2 \geq 7.2$

$d_s/D_c < 0.4$이면 $k = 11.64(D/(D_c - d_s))^2 \geq 9.0(D/D_c)^2 \geq 7.2$

② 공칭전단강도 $V_n = CV_p$

여기서, C는 조밀단면에서 전단항복강도에 대한 전단좌굴응력의 비, V_p는 소성전단강도를 나타낸다.

(6. 강구조설계기준(2014)에 따른 전단설계, 부재의 후좌굴강도를 고려하지 않는 웨브가 수직보강재에 의해 보강 또는 보강되지 않는 부재의 C_v값과 소성전단강도 산정식 참조)

2) 비합성단면

(1) 소성모멘트 적용시 복부판의 압축 측 높이 D_c

– $F_{yw}A_w \geq |F_{yc}A_c - F_{yt}A_t|$ 인 경우 : $D_{cp} = \dfrac{D}{2A_w f_{yw}}(F_{yt}A_t + F_{yw}A_w - F_{yc}A_c)$

– 그 밖의 경우 : $D_{cp} = D$

TIP | 도로교설계기준(2015) 소성모멘트 Mp 산정|

소성모멘트 산정시 합력은 다음의 세가지 경우로 구분할 수 있다.

1) 플랜지와 슬래브의 중심점　2) 복부판의 중간점　3) 철근의 중심

소성중립축의 위치와 소성모멘트는 아래의 순서에 따라 검토하여 합력조건을 맨 먼저 만족하는 경우로 선택한다.

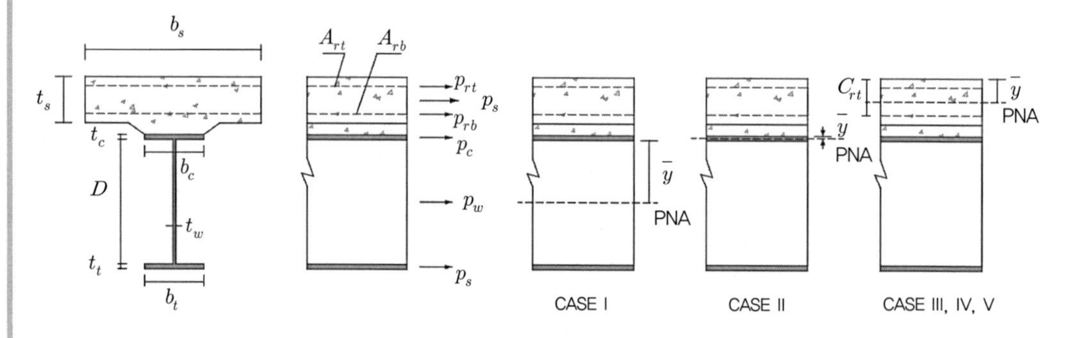

〈정모멘트 단면의 소성중립축과 소성모멘트〉

구분	소성중립축	조건	소성중립축($\bar{y}$)과 소성모멘트(M_p)
I	복부판	$P_t + P_w \geq P_c + P_s + P_{rb} + P_{rt}$	$\bar{y} = \left(\dfrac{D}{2}\right)\left[\dfrac{P_t - P_c - P_s - P_{rt} - P_{rb}}{P_w} + 1\right]$ $M_p = \dfrac{P_w}{2D}\left(\bar{y}^2 + (D - \bar{y})^2\right) + (P_s d_s + P_{rt} d_{rt} + P_{rb} d_{rb} + P_c d_c + P_t d_t)$

TIP | 도로교설계기준(2015) 소성모멘트 Mp 산정|

구분	소성중립축	조건	소성중림축($\bar{y}$)과 소성모멘트(M_p)
II	상부플랜지	$P_t+P_w+P_c \geqq P_s+P_{rb}+P_{rt}$	$\bar{y}=\left(\frac{t_c}{2}\right)\left[\frac{P_w+P_t-P_s-P_{rt}-P_{rb}}{P_c}+1\right]$ $M_p=\frac{P_w}{2t_c}\left(\overline{y^2}+\left(t_c-\bar{y}\right)^2\right)+M_p=\frac{P_w}{2t_c}\left(\overline{y^2}+\left(t_c-\bar{y}\right)^2\right)+$ $\left(P_sd_s+P_{rt}d_{rt}+P_{rb}d_{rb}+P_wd_w+P_td_t\right)$
III	슬래브 (P_{rb}아래)	$P_t+P_w+P_c \geqq \left(\frac{C_{rb}}{t_s}\right)P_s+P_{rb}+P_{rt}$	$\bar{y}=(t_s)\left[\frac{P_c+P_w+P_t-P_{rt}-P_{rb}}{P_s}\right]$ $M_p=\left(\frac{\overline{y^2}P_s}{2t_s}\right)+\left(P_{rt}d_{rt}+P_{rb}d_{rb}+P_cd_c+P_wd_w+P_td_t\right)$
IV	슬래브 (P_{rb}부분)	$P_t+P_w+P_c+P_{rb} \geqq \left(\frac{C_{rb}}{t_s}\right)P_s+P_{rt}$	$\bar{y}=c_{rb}$ $M_p=\left(\frac{\overline{y^2}P_s}{2t_s}\right)+\left(P_{rt}d_{rt}+P_cd_c+P_wd_w+P_td_t\right)$
V	슬래브 (P_{rb}상부)	$P_t+P_w+P_c+P_{rb} \geqq \left(\frac{C_{rt}}{t_s}\right)P_s+P_{rt}$	$\bar{y}=(t_s)\left[\frac{P_{rb}+P_c+P_w+P_t-P_{rt}}{P_s}\right]$ $M_p=\left(\frac{\overline{y^2}P_s}{2t_s}\right)+\left(P_{rt}d_{rt}+P_{rb}d_{rb}+P_cd_c+P_wd_w+P_td_t\right)$

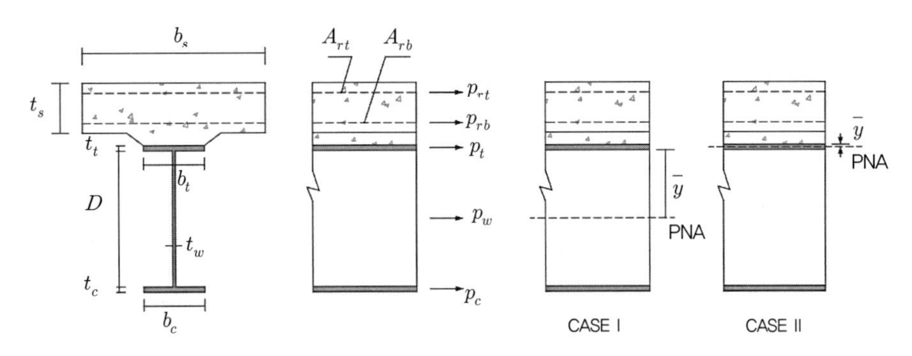

〈부모멘트 단면의 소성중립축과 소성모멘트〉

구분	소성중립축	조건	소성중림축($\bar{y}$)과 소성모멘트(M_p)
I	복부판	$P_c+P_w \geqq P_t+P_{rb}+P_{rt}$	$\bar{y}=\left(\frac{D}{2}\right)\left[\frac{P_c-P_t-P_{rt}-P_{rb}}{P_w}+1\right]$ $M_p=\frac{P_w}{2D}\left(\overline{y^2}+\left(D-\bar{y}\right)^2\right)+\left(P_{rt}d_{rt}+P_{rb}d_{rb}+P_td_t+P_cd_c\right)$
II	상부플랜지	$P_c+P_w+P_t \geqq P_{rb}+P_{rt}$	$\bar{y}=\left(\frac{t_t}{2}\right)\left[\frac{P_w+P_c-P_{rt}-P_{rb}}{P_t}+1\right]$ $M_p=\frac{P_t}{2t_t}\left(\overline{y^2}+\left(t_t-\bar{y}\right)^2\right)+\left(P_{rt}d_{rt}+P_{rb}d_{rb}+P_wd_w+P_cd_c\right)$

여기서, $P_{rt}=F_{yrt}A_{rt}$, $P_s=0.85f_{ck}b_st_s$, $P_{rb}=F_{yrb}A_{rb}$, $P_c=F_{yc}b_ft_b$, $P_w=F_{yw}Dt_w$, $P_t=F_yt_bt_t$

3) 극한한계상태에 대한 휨강도

강재의 항복강도가 460MPa를 넘는 경우, 단면의 높이가 변하는 경우, 수평보강재가 설치된 경우에 연성에 관한 연구자료가 많지 않고 인장플랜지에 구멍을 뚫게 되는 경우의 소성거동에 대한 연구결과가 부족하기 때문에 소성모멘트를 적용하는데 제한을 둔다. 따라서 도로교설계기준(2015)에서는 강재의 항복강도가 460MPa이하이고, 거더의 높이가 일정하고, 복부판에 수평보강재가 없고 인장플랜지에 구멍이 없는 경우에는 조밀단면의 복부판 세장비 규정에서부터 휨강도 검토를 수행하며, 그 외의 경우에는 정모멘트를 받는 합성단면은 비조밀단면의 플랜지 휨강도 규정을 적용하여 각 플랜지의 휨강도를 구하고, 기타 단면은 비조밀단면 압축플랜지 세장비 규정을 검토하도록 하고 있다.

$M_r = \phi_f M_n, \quad F_r = \phi_f F_n$ 　여기서 $\phi_f = 1.0$

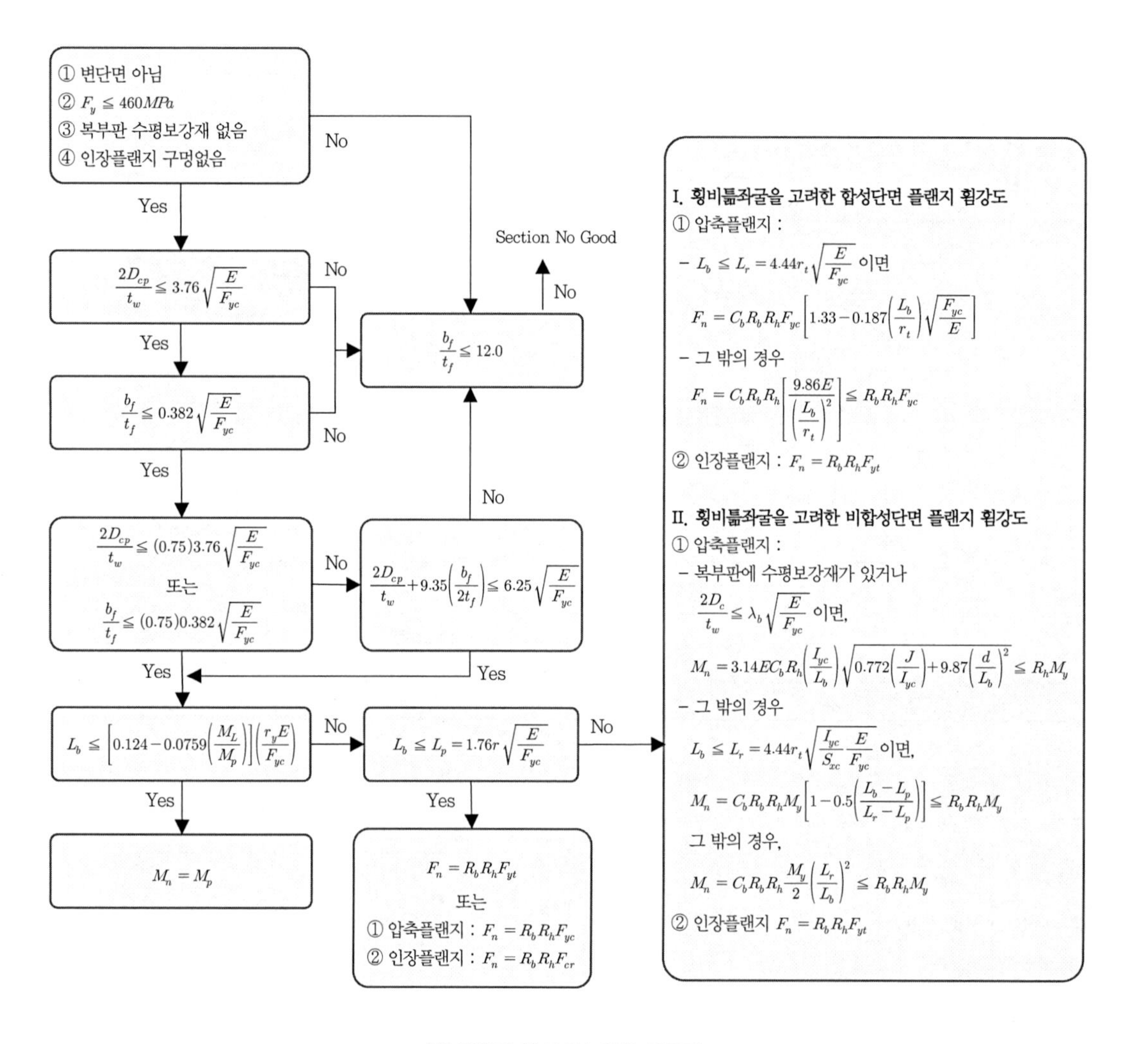

〈I형 단면의 휨설계를 위한 흐름도〉

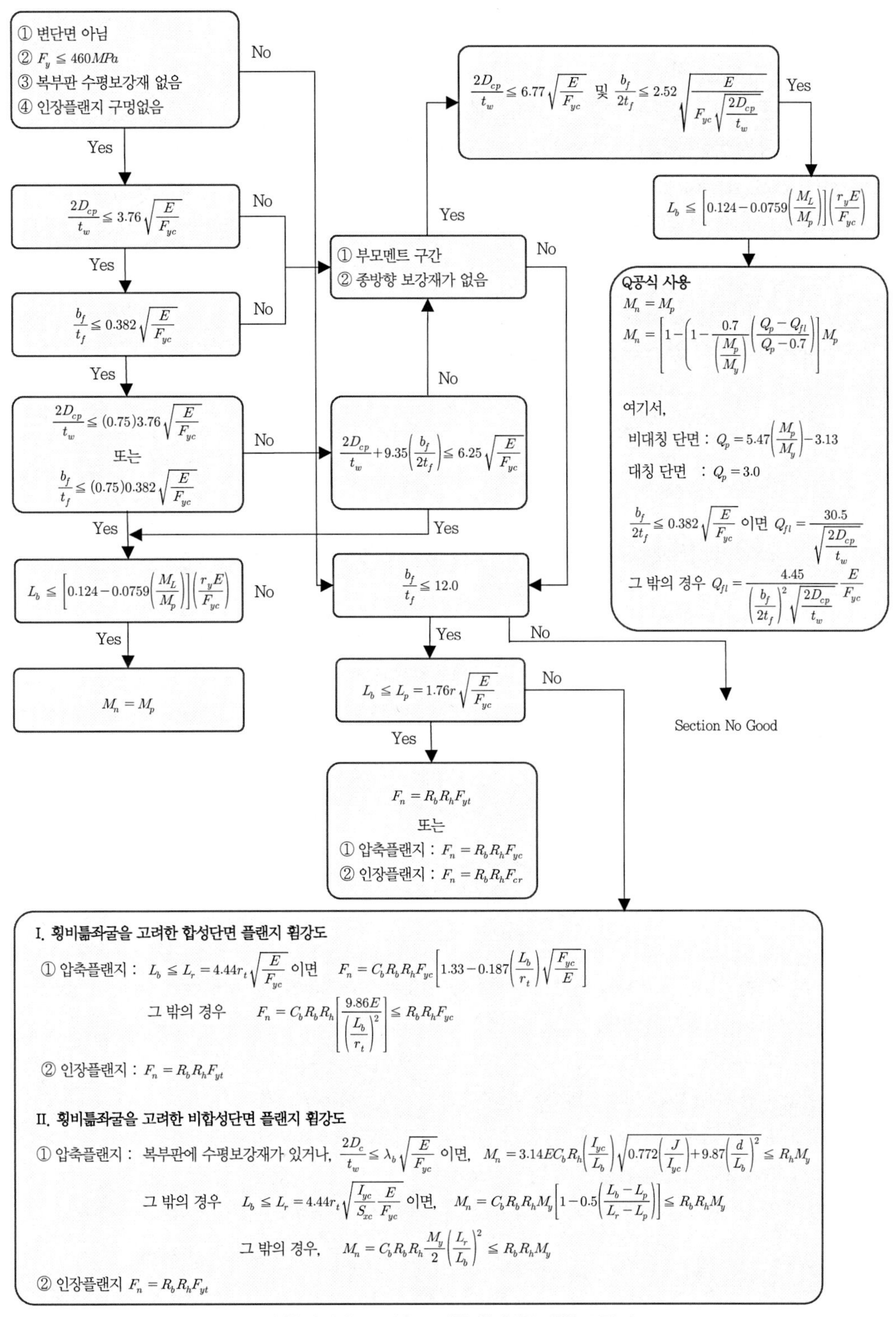

〈I형 단면의 Q공식을 고려한 휨설계를 위한 흐름도〉

TIP | 도로교설계기준(2015) Q공식| (107회 1-9)

1. 도로교설계기준 Q공식

도로교설계기준 한계상태설계법에서는 압축플랜지 또는 거더단면의 휨강도 규정은 조밀성에 따라 다른 강도 산정식을 적용하도록 규정하고 있는데 단면 휨강도는 조밀단면인 경우 소성모멘트, 비조밀단면인 경우 Q공식을 적용할 수 있는 경우 소성모멘트 이하, Q공식을 적용할 수 없는 경우에는 압축플랜지 국부좌굴 및 횡-비틀림 좌굴을 고려하여 항복모멘트 이하로 규정하고 있다.

조밀단면의 휨강도식 $M_n = M_p$

Q-공식을 적용할 수 있는 단면의 M_n은 $M_n = \left[1-\left(1-\frac{0.7}{\left(\frac{M_p}{M_y}\right)}\right)\left(\frac{Q_p - Q_{fl}}{Q_p - 0.7}\right)\right]M_p$

M_y : 단면의 항복모멘트

Q_p : 대칭단면 3.0, 비대칭단면 $5.47\left(\frac{M_p}{M_y}\right) - 3.13$

Q_{fl} : 조밀 압축플랜지 $\frac{30.5}{\sqrt{\frac{2D_{cp}}{t_w}}}$, 비조밀 압축플랜지 $\frac{4.45}{\left(\frac{b_f}{2t_f}\right)^2\sqrt{\frac{2D_{cp}}{t_w}}}\frac{E}{F_{yc}}$

여기서, D_{cp} : 단면 소성모멘트 상태에서 압축을 받는 복부판의 높이

t_w : 복부판의 두께

E : 강재의 탄성계수

F_{yc} : 압축플랜지의 항복강도

b_f : 압축플랜지의 폭

t_f : 압축플랜지의 두께

r_y : 수직축에 대한 강재단면의 회전반경

조밀단면의 휨강도식과 Q-공식에 의한 휨강도식은 강재의 항복강도 460MPa이하인 강재로 제작된 거더에만 적용되도록 제한하고 있다.

Q-공식을 적용할 수 없는 비조밀단면의 압축플랜지 공칭휨강도 $F_n = R_b R_h F_{cr}$

R_b : 복부판 국부좌굴에 대한 플랜지 강도감소계수

R_h : 하이브리드단면의 플랜지 강도감소계수

F_{cr} : 압축플랜지 국부좌굴강도로 복부판에 수평보강재가 없는 경우는 아래와 같다.

$F_{cr} = \frac{1.904E}{\left(\frac{b_f}{2t_f}\right)\sqrt{\frac{2D_c}{t_w}}} \le F_{yc}$, D_c ; 탄성영역에서 압축을 받는 복부판의 높이

2. Q공식의 유도과정

횡좌굴에 대해 구속된 H형 단면 보의 휨강도는 압축측 플랜지와 웨브의 국부좌굴에 의해 결정된다. 판 요소의 좌굴강도는 폭-두께비와 경계조건에 따라 달라지게 되며 H형 단면의 경우 플랜지와 웨브는 상호작용을 통해서 서로에 대해 어느 정도 구속효과를 갖게 된다. 폭-두께비가 큰 웨브를 갖는 보에서는 웨브가 먼저 국부좌굴을 일으키게 되나 그 후에도 보는 응력의 재분배를 통해 계속하여 힘을 받을 수 있으며 최종적인 보의 파괴는 플랜지가 좌굴함으로서 일어난다. 그러므로 플랜지의 좌굴강도가 보의 휨강도를 결정하는데 중요한 역할을 하게 된다.

AASHTO LRFD규준에서는 플랜지의 탄성좌굴강도식을 항복응력 f_y로 나눈 값을 Q로 나타내며 이를 보의 휨강도를 결정하는 지표로 사용한다.

플랜지의 탄성좌굴강도 : $F_y = \dfrac{k\pi^2 E}{12(1-\mu^2)(b/t)^2}$

$$Q = \frac{k\pi^2 E}{12(1-\mu^2)(b/t)^2 F_y}$$

여기서 k는 웨브의 구속효과를 무시한 단순지지의 경우 k=0.425, 완전시 구속된 고정단인 경우 k=1.277으로 1986년 LRFD에서는 중간값인 0.76을 임의로 사용하였으나 Donald Johnson의 실험결과에 따라 플랜지에 대한 웨브의 구속효과는 웨브의 폭-두께비에 따라 달라지며 웨브의 폭-두께비가 매우 큰 경우에는 웨브의 좌굴에 의한 마이너스 구속효과가 발생하여 k의 값이 단순지지 경우의 값인 0.425이하로 발생될 수 있다는 결과를 보였으며, 실험결과에 따라 플랜지와 웹브의 상호작용을 고려한 좌굴계수를 아래와 같이 유도하였다.

$$k = \frac{4.05}{(h/t)^{0.46}}$$

LRFD에서는 위의 식을 단순화된 형태로 다음의 식을 사용한다.

$$k = \frac{4.92}{\sqrt{h/t}}$$

의 식을 에 대입하고 프아송비 $\mu = 0.3$을 적용하면

$$Q = \frac{4.45}{\left(\dfrac{b_f}{2t_f}\right)^2 \sqrt{\dfrac{2D_{cp}}{t_w}}} \left(\frac{E}{F_y}\right)$$

여기서 D_{cp}는 소성모멘트 상태에서 웨브의 압축응력을 받는 부분의 깊이를 나태내며 비대칭단면의 경우도 고려하기 위해서 의 식에서 웨브의 폭-두께비 h/t대신에 $2D_{cp}/t_w$를 사용하였다.

식은 탄성좌굴응력과 항복응력의 비이므로 탄성상태에서의 보의 휨강도는 의 식으로 구한 Q값에 항복모멘트 M_y를 곱함으로써 구해진다. 보의 최대 잔류응력의 크기를 $0.3F_y$로 가정하면 $Q=0.7$일 때 탄성한계에 도달하게 된다. 의 식으로 구한 Q의 값이 0.7보다 커지게 되면 보는 비탄성영역에 있게 된다. 휨강도가 소성모멘트 M_p에 도달할 때의 Q의 값을 Q_p로 나타내면 비탄성영역에서의 휨강도는 탄성한계점과 소성모멘트점을 연결하는 직선으로 구해진다.

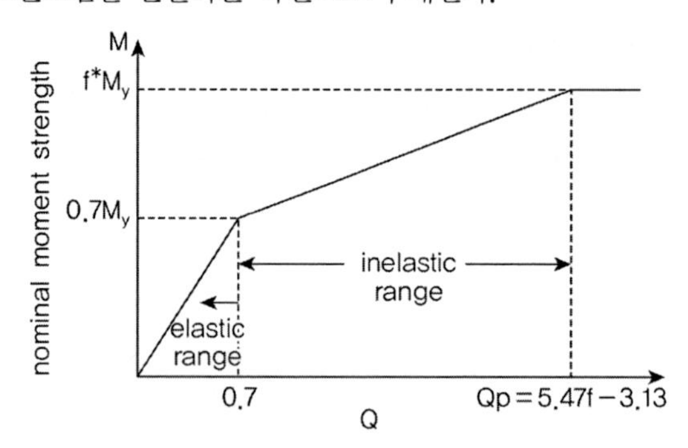

(Nominal moment strength vs Q value of the Q formula)

1) $Q<0.7$: $M_n = QM_y$

2) $Q_p > Q \geqq 0.7$: $M_n = M_p - (M_p - 0.7M_y)\left(\dfrac{Q_p - Q}{Q_p - 0.7}\right)$

3) $Q \geqq Q_p$: $M_n = M_p$

비대칭단면의 소성모멘트에 도달하기 위해서는 대칭단면의 경우보다 더 큰 압축측 플랜지의 변형도가 필요하게 되며 이를 고려하기 위해 Q_p는 단면의 형상계수의 함수로 구해진다.

$$Q_p = 5.47\left(\frac{M_p}{M_{yc}}\right) - 3.13$$

여기서 M_p/M_{yc}는 형상계수이며, M_{yc}는 압축측 플랜지가 항복응력에 도달할 때의 모멘트를 나타낸다.

참고자료

도로교 설계기준(2015) 극한한계상태의 휨강도산정

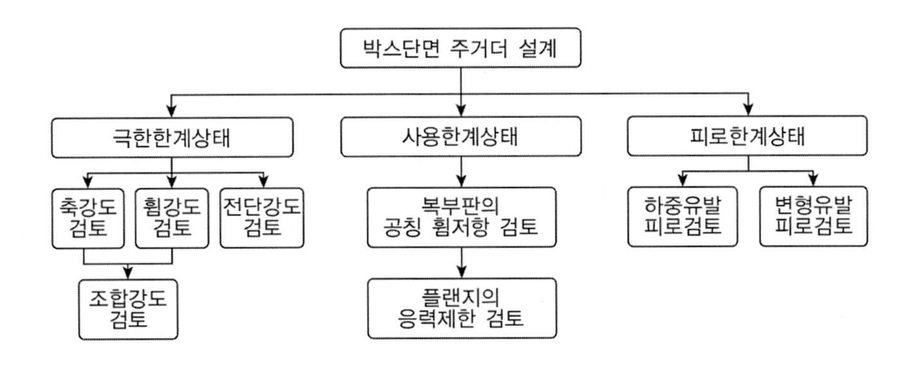

1) 극한한계상태에서의 I형단면의 휨강도

$$M_r = \phi_f M_n,\quad f_r = \phi_f F_n \quad \phi_f = 1.0$$

2) 조밀단면과 비조밀단면의 구분

단면 구분	복부판 세장비	압축플랜지 세장비
조밀단면	$\dfrac{2D_{cp}}{t_w} \leq 3.76\sqrt{\dfrac{E}{F_{yc}}}$	$\dfrac{b_f}{2t_f} \leq 0.382\sqrt{\dfrac{E}{F_{yf}}}$
비조밀단면	–	$\dfrac{b_f}{2t_f} \leq 12$

D_{cp} : 소성모멘트 적용 시 압축력 측 복부판의 높이(mm)

3) 조밀단면과 비조밀 단면의 세장비의 검토 및 휨강도

휨강도는 Q공식하여 산정하거나 다음의 식을 적용하여 산정할 수 있다. Q공식의 적용을 위해서는 부모멘트 구간에서 강재의 항복강도가 460MPa를 초과하지 않고 거더의 높이가 일정하면서 복부판 수평보강재가 설치되어 있지 않고 인장플랜지에 구멍이 없는 경우 다음의 복부판과 압축플랜지 세장비 규정을 만족해야 한다.

(1) 조밀단면 $\lambda\left(=\dfrac{b_f}{2t_f}\right) \leq \lambda_p\left(=0.382\sqrt{\dfrac{E}{F_{yf}}}\right)$의 복부판과 압축플랜지 세장비 상관관계 검토

$$\frac{2D_{cp}}{t_w} \leq 0.75(3.76)\sqrt{\frac{E}{F_{yc}}},\quad \text{또는}\ \frac{b_f}{2t_f} \leq 0.75(0.382)\sqrt{\frac{E}{F_{yf}}}$$

① 위의 두 조건중 하나를 만족할 경우 압축플랜지 비지지 길이 규정을 검토한다.

$$L_b \leq \left[0.124 - 0.0759\left(\frac{M_L}{M_p}\right)\right]\frac{r_y E}{F_{yc}}$$

② 위의 두 조건을 모두 만족하지 못할 경우 상호작용 검토 후 비지지 길이 규정검토

$$\frac{2D_{cp}}{t_w} + 9.35\left(\frac{b_f}{2t_f}\right) \leq 6.25\sqrt{\frac{E}{F_{yc}}} \quad \rightarrow \quad \text{만족 시 } L_b \leq \left[0.124 - 0.0759\left(\frac{M_L}{M_p}\right)\right]\frac{r_y E}{F_{yc}}$$

여기서, M_L : 설계하중에 의한 비지지 지간의 양단에 발생하는 모멘트 중 작은 값

③ 조밀단면의 설계휨강도

$D_p \leq D'$ $\qquad M_n = M_p$

$D' < D_p \leq 5D'$ $\qquad M_n = \dfrac{5M_p - 0.85M_y}{4} + \dfrac{0.85M_y - M_p}{4}\left[\dfrac{D_p}{D}{}'\right]$

여기서 D_p : 슬래브 상단에서 소성모멘트 중심까지 거리

$$D' = \beta\frac{(d + t_s + t_h)}{7.5},$$

d : 강재단면의 높이, t_s : 슬래브의 두께, t_h : 헌치의 두께

(2) 비조밀 단면 $\lambda_p\left(= 0.382\sqrt{\dfrac{E}{F_{yf}}}\right) < \lambda\left(= \dfrac{b_f}{2t_f}\right) \leq \lambda_r(= 12)$의 복부판과 압축플랜지 세장비 상관관계 검토

$$\frac{b_f}{2t_f} \leq 12$$

① 압축플랜지 비지지 길이 규정을 검토

$$L_b \leq L_p = 1.76 r_t\sqrt{\frac{E}{F_{yc}}}$$

② 비조밀단면의 설계휨강도

(위의 조건 ① 만족 시) 비조밀단면의 압축플랜지 휨강도 규정 적용

강재 $f_y > 460$MPa인 경우 비조밀단면 플랜지 휨강도 적용

- 압축플랜지 $F_n = R_b R_h F_{yc}$ (정모멘트 구간 합성단면)

$F_n = R_b R_h F_{cr}$ (기타단면과 시공중인 단면)

여기서 $F_{cr} = \dfrac{1.904E}{\left[\dfrac{b_f}{2t_f}\right]^2 \sqrt{\dfrac{2D_c}{t_w}}} \leq F_{yc}$: 복부판에 수평보강재가 없는 경우

$= \dfrac{0.166E}{\left[\dfrac{b_f}{2t_f}\right]^2} \leq F_{yc}$: 복부판에 수평보강재가 있는 경우

D_c : 탄성영역 내에서 압축을 받는 복부판의 높이

R_h : 하이브리드단면의 플랜지 강도감소계수

R_b : 복부판 국부좌굴에 대한 플랜지 강도감소계수

- 인장플랜지 $F_n = R_b R_h f_{yt}$

(위의 조건 ① 미 만족 시) 횡비틀림 좌굴을 고려한 플랜지 휨강도 규정 적용

CF | 횡비틂좌굴 고려한 플랜지의 휨강도(도로교설계기준 한계상태설계법, 2015) |

1. 횡비틂좌굴을 고려한 합성단면 플랜지의 휨강도

1) 압축플랜지 : 응력으로 표시되는 압축플랜지의 공칭휨강도는 위에 산정된 값으로 구하나, 횡비틀림을 고려한 다음의 식을 초과할 수 없다

$$L_b \leq L_r\left(=4.44 r_t \sqrt{\frac{E}{F_{yc}}}\right) \quad F_n = C_b R_b R_h F_{yc}\left\{1.33 - 0.187\left(\frac{L_b}{r_t}\right)\sqrt{\frac{F_{yc}}{E}}\right\} \leq R_b R_h F_{yc}$$

$$L_b > L_r\left(=4.44 r_t \sqrt{\frac{E}{f_{yc}}}\right) \quad F_n = C_b R_b R_h \left[\frac{9.86E}{\left(\dfrac{L_b}{r_t}\right)^2}\right] \leq R_b R_h F_{yc}$$

여기서 $C_b = 1.0$ (브레이싱이 없는 캔틸레버나 브레이싱 사이에 휨모멘트가 부재 양단의 모멘트 중 큰 값을 초과하는 경우)

$$= 1.75 - 1.05\left(\frac{P_L}{P_h}\right) + 0.3\left(\frac{P_L}{P_h}\right)^2 \leq K_b \text{ (그 외의 경우)}$$

P_L : 설계하중 하에서 양 브레이싱에서 발생하는 압축플랜지 단면력 중 작은 값

P_h : 설계하중 하에서 양 브레이싱에서 발생하는 압축플랜지 단면력 중 큰 값

L_b : 브레이싱 간의 거리

K_b : 1.75 또는 2.3

이 때, C_b값은 AISC의 $C_b = \dfrac{12.5P_{\max}}{2.5P_{\max} + 3P_A + 4P_B + 3P_C}$를 사용할 수도 있다.

2) 인장플랜지 $F_n = R_b R_h F_{yt}$

2. 횡비틂좌굴을 고려한 비합성단면 플랜지의 휨강도

1) 압축플랜지 : 응력으로 표시되는 압축플랜지의 공칭휨강도는 위에 산정된 값으로 구하나, 횡비틀림을 고려한 다음의 식을 초과할 수 없다

CF | 횡비틂좌굴 고려한 플랜지의 휨강도(도로교설계기준 한계상태설계법, 2015) |

① 복부판에 수평보강재가 있거나 $\dfrac{2D_c}{t_w} \leq \lambda_b \sqrt{\dfrac{E}{F_{yc}}}$ 일 경우 :

$$M_n = 3.14EC_bR_h\left(\frac{I_{yc}}{L_b}\right)\sqrt{0.772\left(\frac{J}{I_{yc}}\right)+9.82\left(\frac{d}{L_b}\right)^2} \leq R_hM_y$$

② 복부판에 수평보강재가 없거나 $\dfrac{2D_c}{t_w} > \lambda_b \sqrt{\dfrac{E}{F_{yc}}}$ 일 경우 :

- $L_b \leq L_r\left(=4.44\sqrt{\dfrac{I_{yc}d}{S_{xc}}\dfrac{E}{F_{yc}}}\right)$: $M_n = C_bR_bR_hM_y\left[1-0.5\left(\dfrac{L_b-L_p}{L_r-L_p}\right)\right] \leq R_bR_hM_y$
- $L_b > L_r\left(=4.44\sqrt{\dfrac{I_{yc}d}{S_{xc}}\dfrac{E}{F_{yc}}}\right)$: $M_n = C_bR_bR_h\dfrac{M_y}{2}\left(\dfrac{L_r}{L_b}\right)^2 \leq R_bR_hM_y$

여기서, $J=\dfrac{Dt_w^3+b_ft_f^3+b_tt_t^3}{3}$, $L_p = 1.76r_t\sqrt{\dfrac{E}{F_{yc}}}$

(3) Q공식에 의한 플랜지 휨강도

강재의 항복강도(f_y)가 460MPa 이하인 경우에만 Q공식 적용토록 제한, 휨강도 M_n은 다음의 값 중 작은 값을 적용한다.

$$M_n = M_p, \quad M_n = \left[1-\left(1-\frac{0.7}{\left(\frac{M_p}{M_y}\right)}\right)\left(\frac{Q_p-Q_{fl}}{Q_p-0.7}\right)\right]M_p$$

여기서 $Q_p = 3.0$ (대칭단면)

$= 5.47\left(\dfrac{M_p}{M_y}\right)-3.13$ (비대칭단면)

$Q_{fl} = \dfrac{30.5}{\sqrt{\dfrac{2D_{cp}}{t_w}}}$ (조밀단면 압축플랜지, $\dfrac{b_f}{2t_f} \leq 0.382\sqrt{\dfrac{E}{F_{yf}}}$)

$= \dfrac{4.45}{\left(\dfrac{b_f}{2t_f}\right)^2\sqrt{\dfrac{2D_{cp}}{t_w}}}\dfrac{E}{F_{yc}}$ (비조밀단면 압축플랜지, $0.382\sqrt{\dfrac{E}{F_{yf}}} < \dfrac{b_f}{2t_f} \leq 12$)

4) 강교의 주거더 단면설계 Flow (도로교설계기준 한계상태설계법 : MIDAS IT 교육자료)

(1) 극한한계상태검토 : 축강도 검토

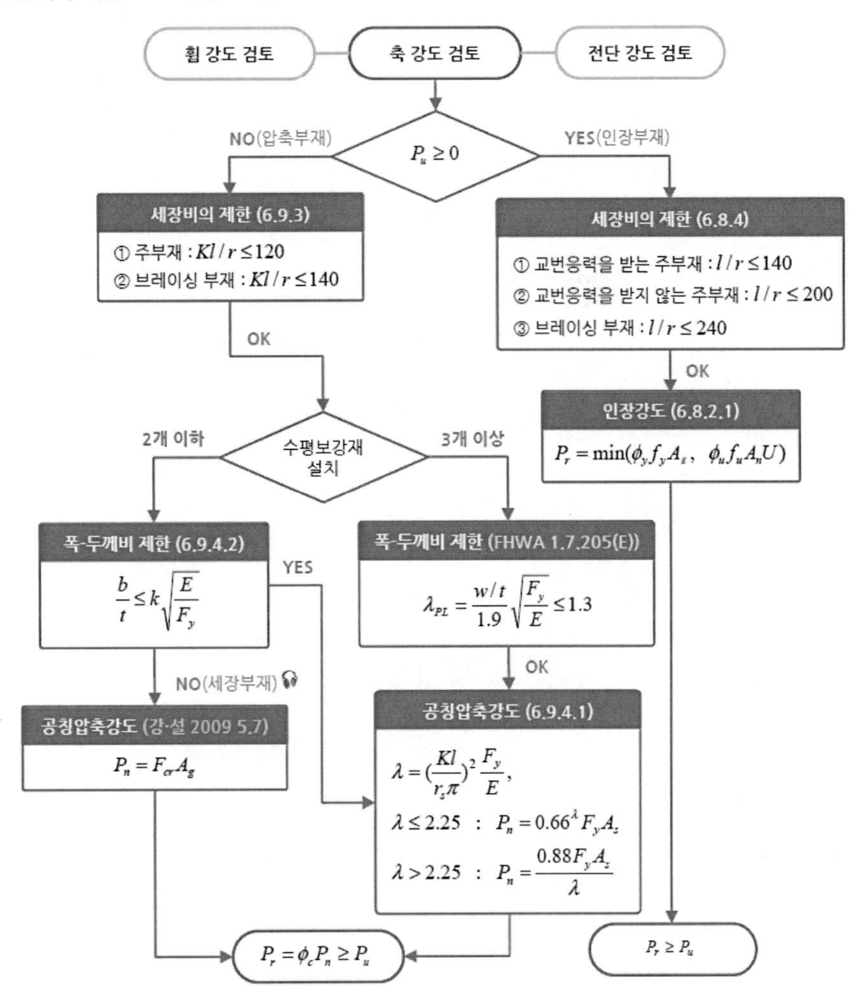

(2) 극한한계상태검토 : 휨강도 검토

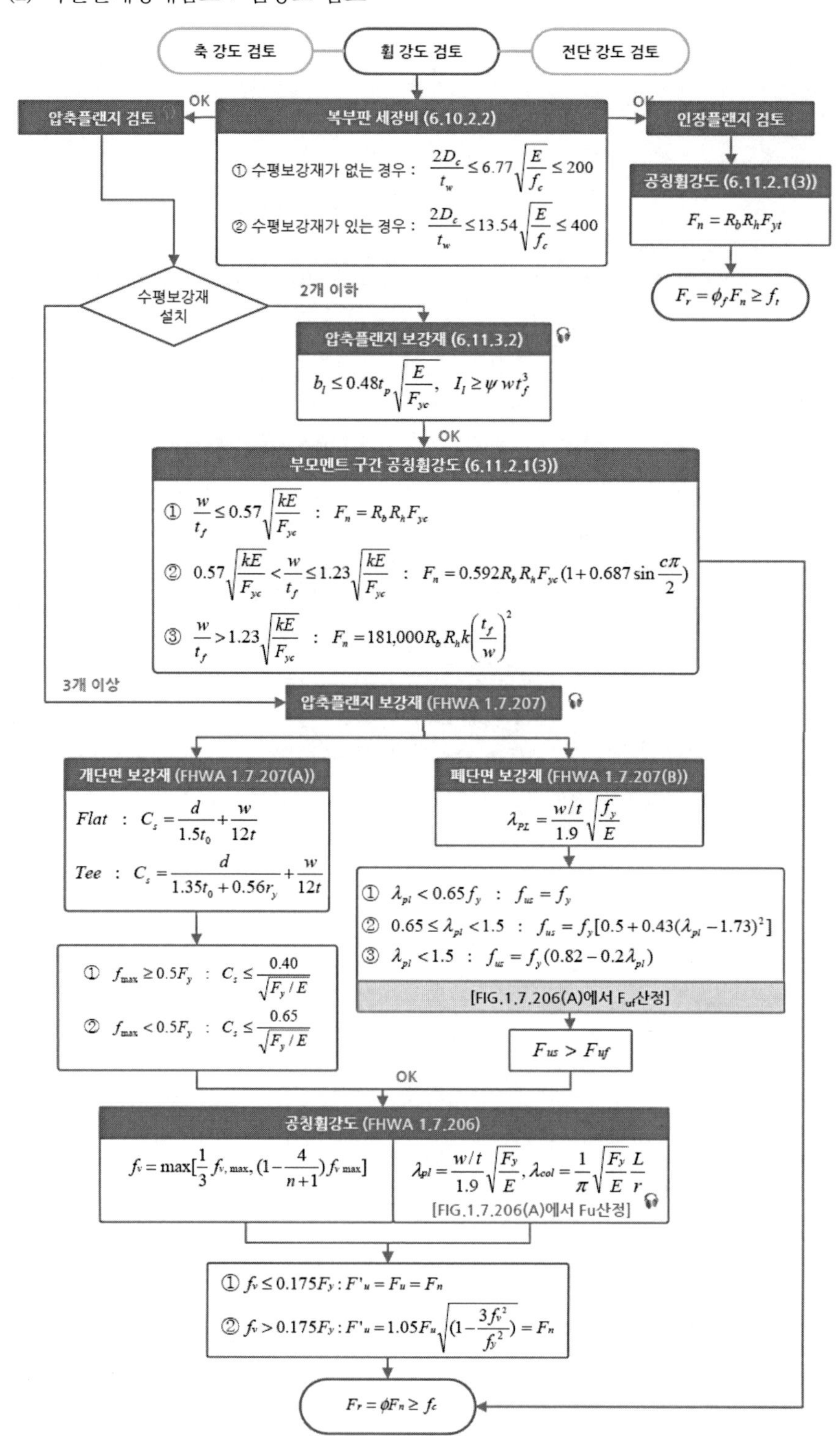

(3) 극한한계상태검토 : 조합강도 및 전단강도 검토

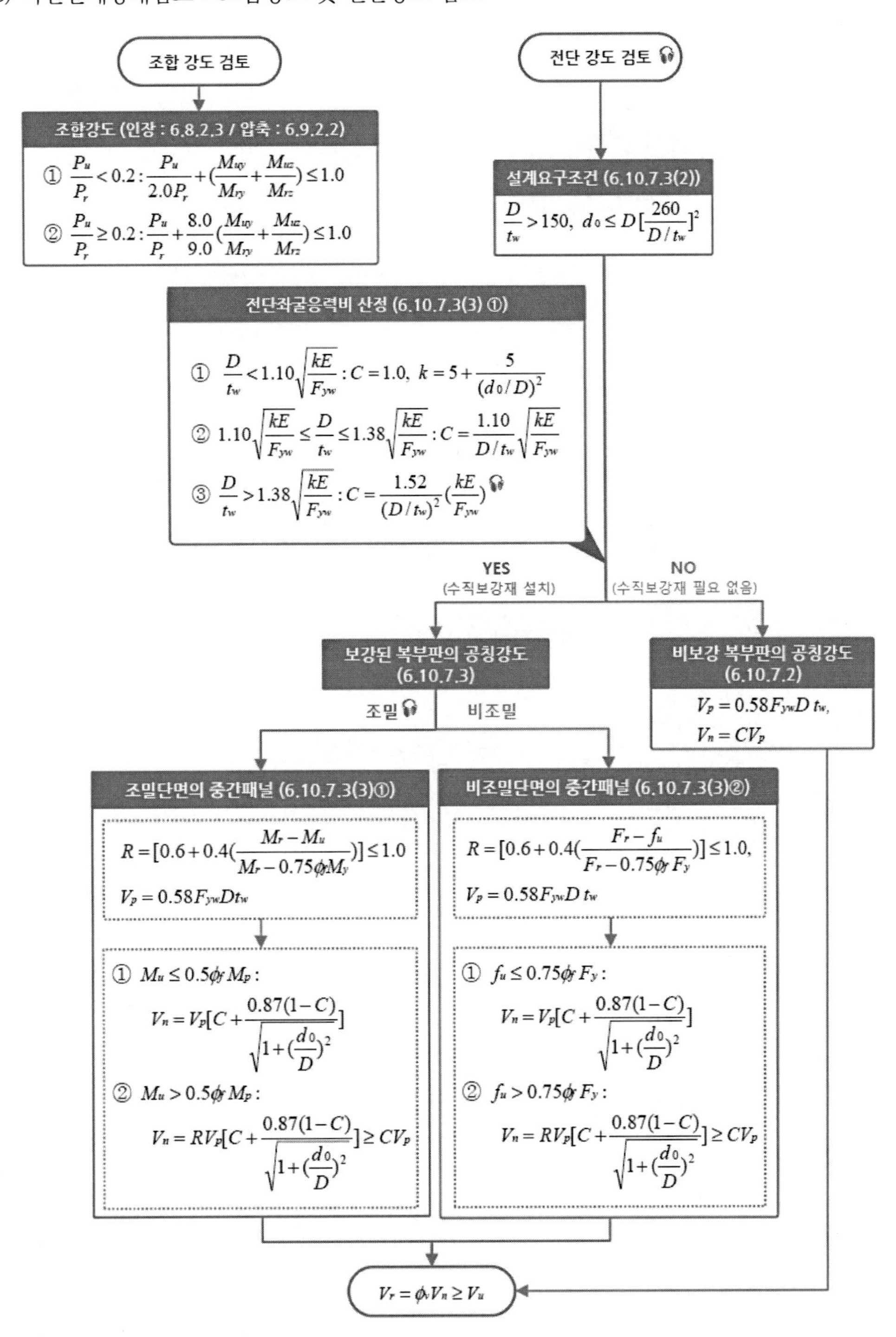

(4) 사용한계상태검토

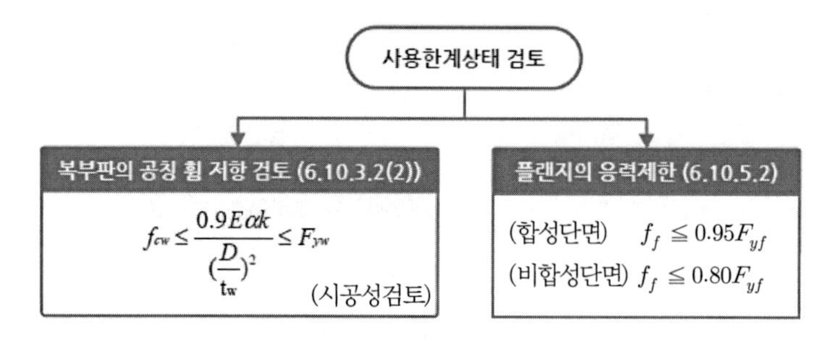

(5) 피로한계상태검토

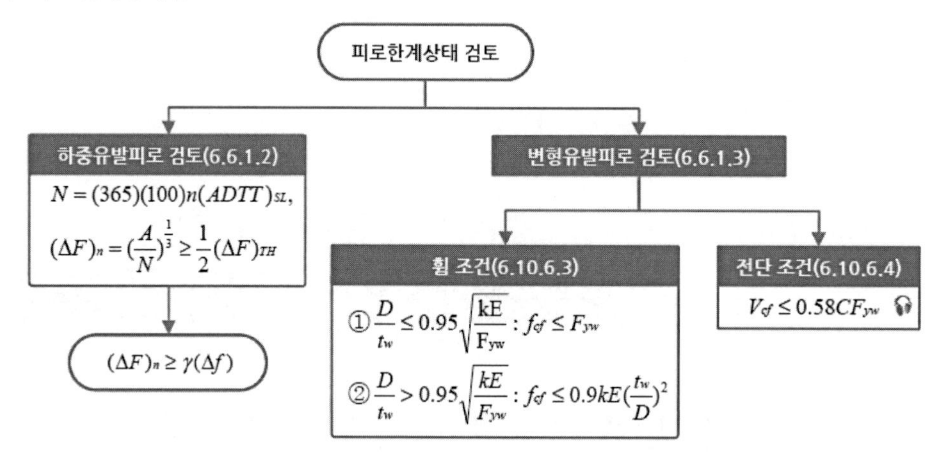

예 제

판형교의 설계

2경간 연속 판형교(18@2=36m)에 고정하중이 31kN/m, 활하중이 47kN/m 작용할 때 단면(H−1800×550×13×25)이 휨에 안전한지 여부를 판별하라.
단, $E_s = 2.06 \times 10^5 MPa$, $F_y = 240MPa$, 판형의 자중은 6kN/m로 가정한다.

풀 이

➤ 하중산정

$$w_d = 31 + 6 = 37kN/m, \quad w_l = 47kN/m$$

$$w_u = 1.2w_d + 1.6w_l = 119.6kN/m$$

$$M_u = M_{\max} = \frac{w_u L^2}{8} = \frac{119.6 \times 18^2}{8} = 4844kNm$$

➤ 단면계수 산정

$$A_w = ht_w = 1,800 \times 13 = 23,400^{mm^2}$$

$$A_f = b_f t_f = 550 \times 25 = 13,750^{mm^2}$$

$$I_x = 2 \times \left[\frac{b_f t_f^3}{12} + A_f \left(\frac{h}{2} + \frac{t_f}{2} \right)^2 \right] + \frac{t_w h^3}{12} = 2.92 \times 10^{10} mm^4$$

복부의 세장비 $\lambda_w = \frac{h}{t_w} = \frac{1,800}{13} = 138$

플랜지의 세장비 $\lambda_f = \frac{b_f}{2t_f} = \frac{550}{2 \times 25} = 11$

탄성단면계수 $S_x = \frac{I_x}{y} = \frac{I_x}{h/2 + t_f} = 3.24 \times 10^7 mm^3$

➤ 플랜지좌굴응력 산정

① 횡비틀림좌굴(LTB) : 거더가 횡지지되어 있기 때문에 고려하지 않는다.
② 플랜지국부좌굴(FLB)

$$\lambda_p = 0.38 \sqrt{\frac{E}{F_y}} = 10.97, \quad \lambda_r = 0.83 \sqrt{\frac{E}{F_L}} = 0.83 \sqrt{\frac{E}{(F_{yf} - F_r)}} = 33.56$$

$F_r = 114MPa$ (용접형강), $F_r = 69MPa$(압연형강)

$\therefore \lambda_p < \lambda < \lambda_r$

$$F_{cr} = F_y\left(1-\frac{1}{2}\left(\frac{\lambda_f-\lambda_p}{\lambda_r-\lambda_p}\right)\right) = 240\times\left(1-\frac{1}{2}\frac{11-10.97}{33.56-10.97}\right) = 239.8MPa$$

➤ 설계휨강도 산정

$$a_r = \frac{A_w}{A_f} = \frac{23400}{13750} = 1.7$$

$$R_{PG} = 1-\frac{a_r}{1200+300a_r}\left(\frac{h_c}{t_w}-5.7\sqrt{E/F_{cr}}\right)$$

$$= 1-\frac{1.7}{1200+300\times1.7}\left(\frac{1800}{13}-5.7\sqrt{206,000/239.7}\right) = 1.04 > 1.0 \;\therefore\; R_{PG} = 1.0$$

$$M_n = S_x R_{PG} F_{cr} = 3.24\times10^7\times239.7 = 7,766kNm$$

$\phi M_n = 0.9\times7,766 = 6,989kNm > M_u(=4,844kNm)$ O.K

105회 4-5

강교 영구처짐

강교에서 영구처짐의 사용한계 상태 검토에 대하여 설명하시오

풀 이

참조. 도로교설계기준 6.10.5 (한계상태설계법, 2015)

➤ 개요

교량구조물에서의 처짐은 바람직하지 못한 구조적 또는 심리적 영향을 배제할 수 있도록 제한규정을 두고 있다. 직교이방성 강바닥판을 제외하고 처짐과 높이의 제한이 선택적으로 적용하나 설계검토를 수행하여 교량의 적절한 기능이 수행될 수 있도록 결정하여야 한다.
2015 한계상태설계법에서는 콘크리트교와 강교에서의 처짐산정하는 방법을 별도로 규정하고 있으며, 콘크리트교의 경우 처짐의 한계상태를 지간/깊이의 비로 제한하는 방법과 직접 계산한 처짐량과 한계값을 비교하는 방법 중에서 하나를 선택하여 검증하도록 하고 있으며, 강교의 경우 탄성적인 처짐과 I형 강재 보와 거더 그리고 강박스 및 튜브형 거더와 같은 강교에서는 플랜지 응력 조정으로 영구처짐을 제한하는 경우에 별도의 규정을 적용하도록 하고 있다.

➤ 강교의 사용한계상태에 따른 영구처짐의 제한 규정

사용한계상태는 일상적인 사용조건에서 처짐, 균열, 진동, 영구변형 등이 과도하여 사용성에 문제가 발생하지 않도록 하기 위한 한계상태로 탄성적인 처짐과 영구처짐을 모두 검토하도록 규정하고 있다. 도로교설계기준 한계상태설계법에서는 복부판 상하부플랜지의 휨강도 검토기준을 규정하고 있으며 복부판의 휨강도 검토기준으로 영구처짐에 대한 요구조건을 만족하도록 규정하고 있다.
도로교설계기준에서 처짐검토시 사용한계상태조합 II를 적용하도록 규정하며, 영구처짐에 대한 검토시에도 극한한계상태 검토시와 마찬가지로 탄성 또는 비탄성해석으로 수행할 수 있으며 다만 일관성있는 동일한 해석방법을 적용하여야 한다.

1) 사용한계상태조합 II : 1.00DC + 1.00DW + 1.30MV

2) 탄성영역에서 압축을 받는 복부판의 높이 D_c를 사용할 경우공칭휨강도 만족

$$f_{cw} \leqq \frac{0.9E\alpha k}{\left(\dfrac{D}{t_w}\right)^2} \leqq F_{yw}$$

f_{cw} : 복부판 최대 휨압축응력, α=1.25(수평보강재 없는 경우), 1.00(수평보강재 있는 경우)

D : 복부판 높이(mm), t_w : 복부판 두께(mm), F_{yw} : 복부판의 항복강도

D_c : 탄성범위내에서 복부판의 압축측 높이(mm)

(수평보강재 없는 경우) $k = 9.0(D/D_c)^2 \geq 7.2$

(수평보강재 있는 경우) $\dfrac{d_s}{D_c} \geq 0.4 \quad ; k = 5.17\left(\dfrac{D}{d_s}\right)^2 \geq 9.0\left(\dfrac{D}{D_c}\right)^2 \geq 7.2$

$$\frac{d_s}{D_c} < 0.4 \quad ; k = 11.64\left(\frac{D}{D_c - d_s}\right)^2 \geq 9.0\left(\frac{D}{D_c}\right)^2 \geq 7.2$$

여기서, d_s : 수평보강재 중심선과 압축플랜지 안쪽면 사이 거리(mm)

3) 플랜지 응력 제한(I형강) : 정모멘트 및 부모멘트에 의한 플랜지응력

① 합성단면의 상하 플랜지 : f_f(설계하중에 이한 플랜지 탄성응력) $\leq 0.95F_{yf}$(플랜지 항복강도)

② 비합성단면의 상하 플랜지 : f_f(설계하중에 이한 플랜지 탄성응력) $\leq 0.80F_{yf}$(플랜지 항복강도)

4) 플랜지 응력 제한(박스거더) : 정모멘트구간에서 플랜지 응력

f_f(설계하중에 이한 플랜지 탄성응력) $\leq 0.95F_{yf}$(플랜지 항복강도)

4. 플레이트 거더의 전단강도 산정

플레이트 거더의 전단강도는 복부판의 깊이-두께 비와 중간 수직보강재 간격의 함수이다. 전단강도는 좌굴 전 강도와 후좌굴강도의 두가지 구성요소로 구분되며, 후좌굴강도는 인장장 작용에 의한 것이며 중간 수직보강재가 있어 가능하다. 보강재가 없거나 간격이 매우 큰 경우 인장장작용이 일어나지 않으며 전단저항력은 좌굴 전 강도에 지배된다.

1) 판의 좌굴계수 k_v

$$k_v = 5 + \frac{5}{(a/h)^2}$$

$k_v = 5$: $a/h > 3$ 이거나 $a/h > \left[\frac{260}{(h/t_w)}\right]^2$ 이거나 $h/t_w < 260$ 인 보강되지 않은 복부판

2) 계수 C_v : 복부전단 좌굴응력과 복부전단 항복응력의 비

① $\frac{h}{t_w} \leqq 1.10\sqrt{\frac{k_v E}{F_y}}$　　$C_v = 1.0$

② $1.10\sqrt{\frac{k_v E}{F_y}} < \frac{h}{t_w} \leqq 1.37\sqrt{\frac{k_v E}{F_y}}$　　$C_v = \frac{1.10\sqrt{k_v E/F_y}}{h/t_w}$

③ $\frac{h}{t_w} > 1.37\sqrt{\frac{k_v E}{F_y}}$　　$C_v = \frac{1.51 E k_v}{(h/t_w)^2 F_y}$

3) 전단강도

전단강도가 복부판 전단항복 또는 전단좌굴을 근거로 하는지 여부는 복부판의 깊이-두께의 비 h/t_w 에 따라 결정된다.

① $\frac{h}{t_w} \leqq 1.10\sqrt{\frac{k_v E}{F_y}}$: 강도는 전단항복에 근거

∴ 전단강도 $V_n = 0.6 F_y A_w$　　A_w : 복부판의 면적

② $\frac{h}{t_w} > 1.10\sqrt{\frac{k_v E}{F_y}}$: 강도는 전단좌굴 또는 전단좌굴과 인장장 작용에 따라 결정

∴ 전단강도 $V_n = 0.6 F_y A_w\left(C_v + \frac{1 - C_v}{1.15\sqrt{1 + (a/h)^2}}\right)$

$= 0.6 F_y A_w C_v + 0.6 F_y A_w \frac{1 - C_v}{1.15\sqrt{1 + (a/h)^2}}$　(복부판 전단좌굴강도+후좌굴강도)

$= 0.6 F_y A_w C_v$　(인장장작용이 없는 경우)

③ 인장장이 일어나지 않을 조건

인장장은 보통 단부패널에서는 완전하게 일어나지 않는다. 인장장의 수직분력은 수직보강재가 저항하므로 수평성분을 고려해 보면 아래 그림의 패널 CD 내의 인장장은 패널 BC 내의 인장장에 의해 왼쪽 면에서 균형을 맞추게 된다. 내부 패널은 인접한 패널에 의해 지지된다. 그러나 패널 AB는 왼쪽면에 이러한 지지 구조가 없으며 인장장에 의한 휨에 저항하도록 단부보강재를 설치하더라도 일반적으로 인장장이 완전히 형성되지 않는다. 인장장이 복부판의 전 깊이에 걸쳐 있는 것이 아니고 내부 보강재는 인접한 패널에서 인장장에 의해 어느 정도 휨모멘트를 받게되지만 이 모멘트는 미미하다. 따라서 패널 BC에 대해 왼쪽 면에 인장장 패널보다는 보-전단 패널에 의해 지지구조를 가질 수 있도록 해야 한다.

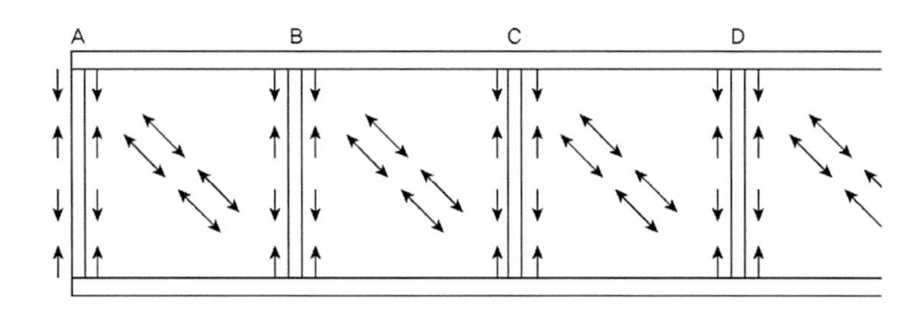

AISC에서는 인장장이 적용될 수 없는 조건을 다음과 같이 정의한다.

- 단부패널
- $a/h > 3$ 인 경우나 또는 $a/h > \left[\dfrac{260}{(h/t_w)}\right]^2$ 인 경우 ($k_v = 5$)
- $\dfrac{2A_w}{(A_{fc}+A_{ft})} > 2.5$ 인 경우　　여기서, $A_{fc}(A_{ft})$: 압축(인장)플랜지의 면적
- $\dfrac{h}{b_{fc}}$ 또는 $\dfrac{h}{b_{ft}} > 6$ 인 경우　　여기서, $b_{fc}(b_{ft})$: 압축(인장)플랜지의 폭

CF | 휨을 받는 I형 단면의 전단설계 (도로교설계기준 한계상태설계법, 2015) |

도로교설계기준 한계상태설계법(2015)에서 적용되는 전단저항강도는 다음의 경우로 한정한다.
① 보강재가 없는 단면들 ② 수직보강재만 있는 단면들 ③수직보강재와 수평보강재가 있는 단면들 하이브리드단면이나 균일단면거더의 비보강 복부판 패널들의 공칭전단강도는 복부판의 세장비에 의해서 ①전단항복, ②전단좌굴 중의 하나로 정의되며, 규질단면 거더의 보강된 내부 복부판 패널들의 공칭전단강도는 ①전단항복, ②전단좌굴, ③모멘트-전단 상호작용 효과를 고려하여 수정된 인장영역 작용으로 발생되는 후좌굴강도의 합으로 정의된다.

$V_r = \phi_v V_n,\ \ \phi_v = 1.0$

CF | 휨을 받는 I형 단면의 전단설계 (도로교설계기준 한계상태설계법, 2015) |

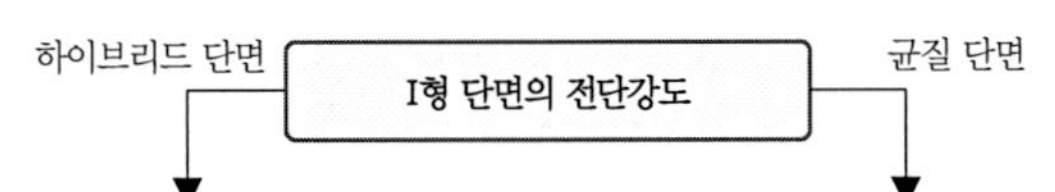

하이브리드 단면 : 인장역 작용 없음

$V_n = CV_P$

여기서, C : 전단항복강도에 대한 전단좌굴응력의 비

- $\dfrac{D}{t_w} < 1.10\sqrt{\dfrac{Ek}{F_{yw}}}$: $C = 1.0$
- $1.10\sqrt{\dfrac{Ek}{F_{yw}}} \leq \dfrac{D}{t_w} \leq 1.38\sqrt{\dfrac{Ek}{F_{yw}}}$: $C = \dfrac{1.10}{\dfrac{D}{t_w}}\sqrt{\dfrac{Ek}{F_{yw}}}$
- $\dfrac{D}{t_w} > 1.38\sqrt{\dfrac{Ek}{F_{yw}}}$: $C = \dfrac{1.52}{\left(\dfrac{D}{t_w}\right)^2}\left(\dfrac{Ek}{F_{yw}}\right)$

여기서, $k = 5 + \dfrac{5}{\left(\dfrac{d_0}{D}\right)^2}$

균질 단면 (비보강 복부판) : 전단항복 또는 전단좌굴

비보강 복부판의 공칭강도 $V_n = CV_P$

여기서, $V_P = 0.58F_{yw}Dt_w$

- C : 전단항복강도에 대한 전단좌굴응력의 비
- V_P : 소성전단력
- F_{yw} : 복부판 항복강도
- D: 복부판 높이
- t_w: 복부판 두께

균질 단면 (보강 복부판) : 내부패널과 단부패널 구분

수평보강재가 있는 복부판 패널의 공칭전단강도를 구할 때는 복부판의 전체높이 D를 사용한다. 수직보강재는 패널에 작용하는 최대 전단력을 고려하여 간격을 정한다.

설계요구조건

① 수평보강재가 없는 복부판 패널에서 다음 조건일 경우 수직보강재를 사용해야 한다.

$$\frac{D}{t_w} > 150$$

② 수직보강재의 간격(d_0) $d_0 \leq D\left(\dfrac{260}{(D/t_w)}\right)^2$

내부 패널

균질 단면 (보강 복부판) : 내부패널, 전단-휨 상호작용, 인장역 작용

① 조밀단면의 중간패널

- $M_u \leq 0.5\phi_f M_p$: $V_n = V_p\left[C + \dfrac{0.87(1-C)}{\sqrt{1+\left(\dfrac{d_0}{D}\right)^2}}\right]$
- $M_u > 0.5\phi_f M_p$: $V_n = RV_p\left[C + \dfrac{0.87(1-C)}{\sqrt{1+\left(\dfrac{d_0}{D}\right)^2}}\right] \geq CV_p$

여기서, $R = \left[0.6 + 0.4\left(\dfrac{M_r - M_u}{M_r - 0.75\phi_f M_y}\right)\right] \leq 1.0$

$V_p = 0.58F_{yw}Dt_w$

② 비조밀단면의 중간패널

- $f_u \leq 0.75\phi_f F_y$: $V_n = V_p\left[C + \dfrac{0.87(1-C)}{\sqrt{1+\left(\dfrac{d_0}{D}\right)^2}}\right]$
- $f_u > 0.75\phi_f F_y$: $V_n = RV_p\left[C + \dfrac{0.87(1-C)}{\sqrt{1+\left(\dfrac{d_0}{D}\right)^2}}\right] \geq CV_p$

여기서, $R = \left[0.6 + 0.4\left(\dfrac{F_r - f_u}{F_r - 0.75\phi_f F_y}\right)\right]$

단부 패널

균질 단면 (보강 복부판) : 단부패널, 인장역 작용 없음

단부 패널의 공칭전단강도는 다음 전단좌굴강도 또는 전단항복강도 이하이어야 한다.

$V_n = CV_p$

여기서, $V_p = 0.58F_{yw}Dt_w$

수평보강재 유무에 상관없이 단부패널에서의 수직보강재 간격은 $1.5D$를 초과할 수 없다.

〈I형 단면의 전단설계를 위한 흐름도〉

5. 중간 수직보강재(Intermediate Stiffeners)

플레이트 거더는 중간 수직보강재 없이 설계할 수 있으며 이 경우 $k_v = 5$를 적용하며 충분히 두꺼운 복부판을 사용하여 $V_u \leq \phi V_n$이 되도록 h/t_w가 충분히 작아야 한다. 보강재를 설치할 경우에는 다음의 2가지 거동에 대비하여 배치한다.

1) 항복 또는 좌굴 → 인장장 작용 없음

인장장 작용이 없는 경우의 보강재는 다음의 한 쌍의 수직보강재의 복부 축에 대한 단면 2차 모멘트의 조건을 만족하여야 한다.

$$I_{st} \geq bt_w^3 j,\ j = \frac{2.5}{(a/h)^2} - 2 \geq 0.5$$ 여기서 $b = a$와 h중 작은 값

2) 좌굴 및 후좌굴 전단강도 → 인장장 작용

인장장 작용이 있는 경우의 보강재는 다음의 2가지 조건을 만족해야 한다.

① $\left(\frac{b}{t}\right)_{st} \leq 0.56\sqrt{\frac{E}{F_{yst}}}$

여기서 $\left(\frac{b}{t}\right)_{st}$는 보강재의 폭두께의 비, F_{yst}는 보강재의 항복응력

② $I_{si} \geq I_{st1} + (I_{st2} - I_{st1})\left(\frac{V_r - V_{c1}}{V_{c2} - V_{c1}}\right)$

여기서 I_{st1} = 인장장이 없는 경우에 계산된 단면 2차 모멘트

I_{st2} = 좌굴 또는 후좌굴 전단강도가 발현될 수 있도록 하는 단면 2차 모멘트

$= \frac{h^4 \rho^{1.3}}{40}\left(\frac{F_{yw}}{E}\right)^{1.5}$, $\rho_{st} = \max\left(\frac{F_{yw}}{F_{yst}}, 1\right)$, F_{yw} = 거더 복부판 항복응력

V_r = 보강재 각 면(인접한 복부판 패널)에 요구되는 전단강도(V_u)중 큰 값

V_{c1} = 인장장 작용 없이 계산된 인접패널의 전단강도($\phi_v V_n$)중 작은 값

V_{c2} = 인장장 작용을 고려해 계산된 인접패널의 전단강도($\phi_v V_n$)중 작은 값

6. 지압보강재

복부판이 복부항복, 국부좌굴 또는 면 외 복부좌굴의 한계상태에 충분한 강도가 없다면 지방보강재를 설치하여야 한다. 복부판의 공칭강도는 다음과 같이 구분한다.

1) 하중이 단부로부터 거더 높이보다 먼 거리에 있는 경우

$$R_n = (5k + l_b)F_{yw}t_w$$

2) 하중이 단부로부터 거더 높이 이내에 있는 경우

$$R_n = (2.5k + l_b)F_{yw}t_w$$

여기서, k = 플랜지 바깥면으로부터 복부판의 필렛지단까지 도는 용접지단까지의 거리

l_b = 거더 종방향으로의 집중하중의 지압길이

F_{yw} = 복부판의 항복응력

CF | 휨을 받는 I형 단면의 보강재 (도로교설계기준 한계상태설계법, 2015) |

1. 중간수직보강재

1) 수직보강재는 복부판에 부착시키는 용접 끝에서 인접한 복부판과 플랜지 필렛용접단까지의 거리는 $4t_w$ 이상이고 $6t_w$ 이하이어야 한다.

2) 수직보강재의 돌출폭 b_t 조건

$$b_t \geqq 50.0 + \frac{d}{30.0}, \quad 0.25b_f \leqq b_t \leqq 16.0t_p,$$

여기서, d 강재 단면 높이, t_p는 수직보강재 두께, b_f는 플랜지의 전폭

3) 수직보강재의 단면2차 모멘트 I_t의 조건

$$I_t \geqq d_0 t_w^3 J, \quad J = 2.5\left(\frac{D}{d_0}\right)^2 - 2.0 \geqq 0.5$$

여기서, I_t는 한쪽 면만 보강된 경우는 복부판과 접합면에 대하여, 양면 보강된 경우에는 복부판의 중심축에 대한 수직보강재의 단면2차모멘트

t_w는 복부판 두께, d_0는 수직보강재의 간격, D는 복부판의 높이

수평보강재가 있는 경우에는 다음의 조건도 만족해야 함

$$I_t \geqq \left(\frac{b_t}{b_l}\right)\left(\frac{D}{3d_0}\right)I_l$$

여기서, b_t는 수직보강재의 돌출폭, b_l은 수평보강재의 돌출폭, I_l은 복부판과의 접합면에 대한 수평보강재의 단면2차모멘트, D는 복부판의 높이

4) 복부판 사인장작용에 의한 힘을 지지해야 하는 중간수직보강재의 면적 조건

$$A_s \geqq \left[0.15B\frac{D}{t_w}(1-C)\frac{V_u}{V_r} - 18\right]\left(\frac{F_{yw}}{F_{cr}}\right)t_w^2, \quad F_{cr} = \frac{0.311E}{\left(\frac{b_t}{t_p}\right)} \leqq F_{ys}$$

여기서, V_r은 설계전단강도, V_u는 극한한계상태의 설계하중에 의한 전단력, A_s는 수직보강재의 단면적, B=1.0(양면보강), 1.8(한쪽면만 ㄴ형강으로 보강), 2.4(한쪽면만 판으로 보강), C는 전단좌굴응력대 전단항복강도의 비, F_{yw}는 복부판의 항복강도, F_{ys}는 수직보강재의 항복강도

2. 하중 집중점 지압보강재

1) 압연형강보의 모든 지점과 집중하중이 작용 위치에서 다음 조건이 성립되면 수직 지압보강재를 설치하여야 한다. 플레이트 거더의 경우 모든 지점과 집중하중이 작용하는 위치에서 지압보강재를 두어야 하며, 규정된 지압보강재를 두지 않을 경우 AISC의 web crippling 규정을 적용하여 하중집중을 검토해야 한다.

$V_u > 0.75\,\phi_b V_n$, $(\phi_b = 1.0)$

2) 지압보강재의 돌출폭 b_t는 다음 조건을 만족해야 한다.

$b_t \leqq 0.48 t_p \sqrt{\dfrac{E}{F_{ys}}}$ 여기서, t_p는 지압보강재의 두께, F_{ys}는 지압보강재의 항복강도

3) 설계지압강도 B_r 산정

$B_r = 1.4\phi_b A_{pn} F_{ys}$ 여기서, A_{pn}은 복부판 용접면으로부터 돌출된 지압보강재의 단면적

4) 지압보강재의 축방향 P_r강도

① 회전반경은 복부판중심축에 대해 계산하며, 유효폭은 0.75D(복부판 높이)를 사용한다.

② 볼트로 보강된 보강재는 지압보강재만을 유효기둥단면으로 취급, 용접된 경우 모든 지압보강재와 지압보강재 중 가장 외측 돌출 요소로부터 $9t_w$ 이내의 복부판을 유효기둥단면으로 본다. 하이브리드단면으로 된 연속지간의 내부지점에서 다음조건이 만족되면 복부판은 유효단면에서 제외시켜야 한다.

$\dfrac{F_{yw}}{F_{yf}} < 0.70$

3. 수평보강재

1) 설계하중에 의해 발생하는 수평보강재의 휨응력은 $\phi_f F_{ys}$를 초과해서는 안된다 $(\phi_f = 1.0)$

2) 수평보강재의 돌출폭 b_l의 조건 $b_l \leqq 0.48 t_s \sqrt{\dfrac{E}{F_{ys}}}$ 여기서, t_s는 수평보강재의 두께

3) 단면2차모멘트는 유효단면을 기초로 구하고, 복부판 중심선에서 $18t_w$를 초과할 수 없다.

$I_l = D t_w^3 \left(2.4\left(\dfrac{d_0}{D}\right)^2 - 0.13\right)$, $r \geqq 0.23 d_0 \sqrt{\dfrac{F_{ys}}{E}}$

여기서, I_l은 복부판과 만나는 끝단에서 복부판과 수평보강재의 단면2차모멘트, r은 수평보강재의 회전반경, D는 복부판의 높이, d_0는 수평보강재의 간격, t_w는 복부판의 두께, F_{ys}는 수평보강재의 항복강도

06 연결부재

강구조물 부재의 연결은 볼트접합과 고력볼트접합과 같은 기계적인 접합방식과 용접접합과 같은 야금적인 접합방식으로 구분된다. 일반적으로 공사현장에서의 접합은 주로 고력볼트접합이지만 후판부재의 접합인 경우 현장용접으로 접합해야 한다. 특히 주요한 부재의 접합부에는 부재의 존재응력이 낮은 값이더라도 볼트 및 고력볼트 접합인 경우 2개 이상으로 설계하여야 한다. 접합부는 연속부의 구속조건에 따라 다음과 같이 구분한다.

① 단순연결(Simple frame) : 회전능력이 있으며 F와 V에 대해 설계

전단이음이나 전단접합은 보의 단부가 회전저항에 유연해서 모멘트를 전달하지 않는 접합의 형태이다. 실제 구조물의 전단접합은 플랜지를 연결하지 않고 웨브만 접합한 형태이다. 전단접합은 어느 정도 모멘트 저항을 갖고 있지만 모멘트 저항의 정도가 부재의 모멘트 내력보다 상대적으로 작을 때 이 저항을 무시하고 전단에만 저항하는 것으로 본다.

② 완전강결연결(Rigid frame) : M, V, F의 조합력에 따라 설계

강접합은 이론적으로 보 단부에서 회전을 허용하지 않고 100%에 가까운 단부 모멘트를 기둥 또는 이음부에 전달하는 접합부이다. 충분한 회전저항력을 확보하기 위해 기둥의 웨브에 스티프너가 필요하고 기둥의 패널존의 강성이 보의 모멘트 내력보다 크게 설계되어야 한다.

③ 반강절 연결(Semi-Rigid frame)

반강접 접합은 부재 단부의 회전저항에 따른 단부모멘트를 발생시킬 수 있는 접합부이다. 보통 설계에서는 모든 접합부는 단순접합 또는 강접합으로 가정하여 단순하게 수행된다. 그러나 실제 구조물에서는 단순접합과 강접합의 중간인 반강접합의 상태가 대부분이다.

1. 볼트 연결

볼트이 축단면 전단력으로 저항하는 접합을 전단접합이라고 하고 볼트가 인장력으로 저항하는 접합을 인장접합이라고 한다. 전단접합의 파괴형식은 볼트의 전단파괴, 지압파괴, 측단부 파괴, 연단부 파괴로 구분되며 인장접합의 파괴형식에는 볼트의 인장파괴가 있다.

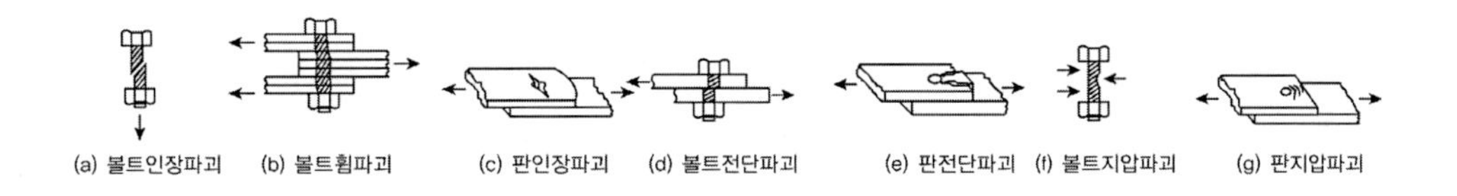

(a) 볼트인장파괴 (b) 볼트휨파괴 (c) 판인장파괴 (d) 볼트전단파괴 (e) 판전단파괴 (f) 볼트지압파괴 (g) 판지압파괴

1) 고력볼트

일반적으로 고력볼트접합은 마찰접합을 말하는 것으로 F11T는 지연파괴가 있어 사용하지 않는 것이 바람직하다. 고력볼트접합은 고력볼트를 강력히 조여서 얻어지는 원응력을 응력전달에 이용

하는 시스템으로 고력볼트접합은 큰 힘을 전달할 수 있으며 높은 접합강성을 유지할 수 있는 접합방식이다. 고력볼트접합의 구조적 장점은 다음과 같다.

• 강한 조임력으로 너트의 풀림이 생기지 않는다.
• 응력방향이 바뀌더라도 혼란이 발생하지 않는다.
• 응력집중이 적으므로 반복응력에 강하다.
• 고력볼트에 전단 및 판에 지압응력이 생기지 않는다.
• 유효단면적당 응력이 작으며 피로강도에 강하다.

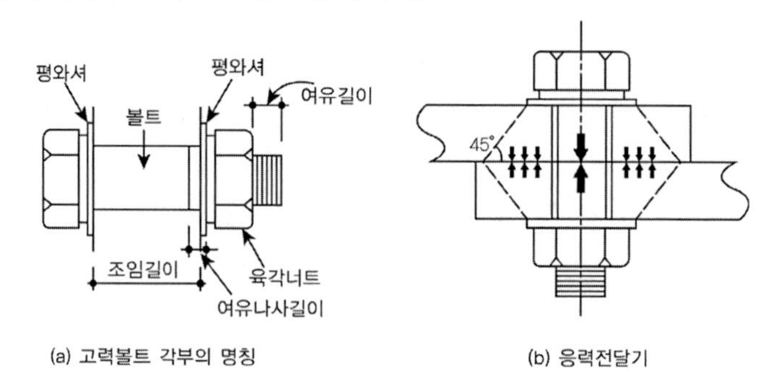

(a) 고력볼트 각부의 명칭 (b) 응력전달기

2) 마찰접합

마찰접합은 고력볼트이 강력한 체결력에 의해 부재간의 마찰력을 이용하여 접합하는 형식이다. 응력의 흐름이 원활하며 접합부의 강성이 높다. 볼트접합은 구멍 주변에 집중응력이 생기지만 마찰접합은 부재의 접합면에서 응력이 전달되기 때문에 국부적인 응력집중현상이 생길 염려가 없다. 응력이 부재간의 마찰력을 초과하게 되면 미끄럼 현상이 일어나게 되는데 이때의 마찰계수를 미끄럼계수라고 한다.

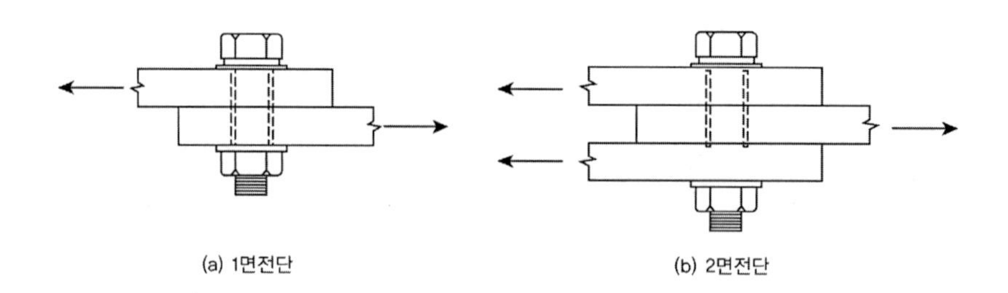
(a) 1면전단 (b) 2면전단

3) 인장접합

인장접합은 마찰접합과 같이 고력볼트를 체결할 때의 부재 간 압축력을 이용하여 응력을 전달시키지만 응력의 전달메커니즘에서 마찰이 전혀 관여하지 않는다는 점에서 마찰접합과 다르다. 인장접합은 충분한 축력에 의하여 체결된 접합부에 인장외력이 작용할 때 부재간 압축력과 인장력이 평형상태를 이루기 때문에 부가되는 축력은 미소하게 된다. 따라서 접합부의 변형은 극히 적고 강성은 크며 조립시공 시 편리한 경우가 있다. 그러나 볼트에 일어나는 부가응력의 정도, 접합부의 강성, 접합부의 부재에서 일어나는 응력상태 등의 변동폭이 접합부의 구조디테일에 따라 매우 크게 나타나며 인장외력이 고력볼트 조임력에 가까워지면 접합된 부재가 분리되기 시작하면서 접합부의 강성이 저하된다.

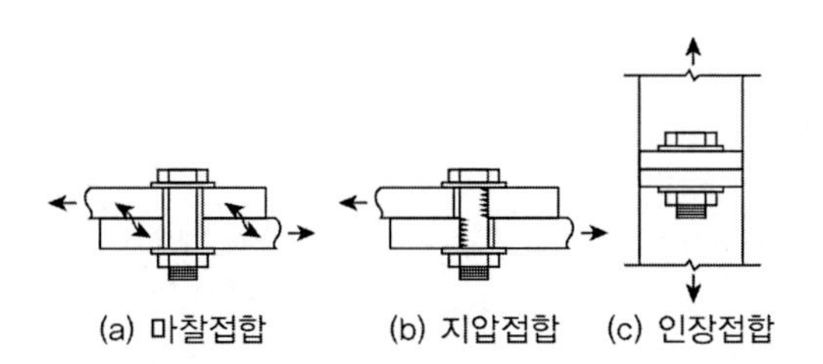

(a) 마찰접합 (b) 지압접합 (c) 인장접합

105회 1-5

패널존

강구조에서의 패널 존(panel zone)

풀 이

▶ 보와 기둥의 연결부 개요

강구조에서 보와 기둥의 연결부는 연속부의 구속조건에 따라 다음과 같이 3가지로 구분한다.

① 단순연결(Simple frame, 단순접합 Simple connection) : 회전능력이 있으며 F와 V에 대해 설계
전단이음이나 전단접합은 보의 단부가 회전저항에 유연해서 모멘트를 전달하지 않는 접합의 형태이다. 실제 구조물의 전단접합은 플랜지를 연결하지 않고 웨브만 접합한 형태이다. 전단접합은 어느 정도 모멘트 저항을 갖고 있지만 모멘트 저항의 정도가 부재의 모멘트 내력보다 상대적으로 작을 때 이 저항을 무시하고 전단에만 저항하는 것으로 본다.

② 완전강결연결(Rigid frame, 강접합 Rigid connection) : M, V, F의 조합력에 따라 설계
강접합은 이론적으로 보 단부에서 회전을 허용하지 않고 100%에 가까운 단부 모멘트를 기둥 또는 이음부에 전달하는 접합부이다. 충분한 회전저항력을 확보하기 위해 기둥의 웨브에 스티프너가 필요하고 기둥의 패널존의 강성이 보의 모멘트 내력보다 크게 설계되어야 한다.

③ 반강절 연결(Semi-Rigid frame, 반강접합 Semi-Rigid connection)
반강접 접합은 부재 단부의 회전저항에 따른 단부모멘트를 발생시킬 수 있는 접합부이다. 보통 설계에서는 모든 접합부는 단순접합 또는 강접합으로 가정하여 단순하게 수행된다. 그러나 실제 구조물에서는 단순접합과 강접합의 중간인 반강접합의 상태가 대부분이다.

실제 구조물은 완전강성 또는 완전회전인 접합은 없기 때문에 접합부의 형식은 완전강성 또는 완전 모멘트저항을 발휘할 수 있는 모멘트에 대한 비율에 따라 분류하는 것이 일반적인 관례이다. 모멘트저항을 발휘할 수 있는 정도에 따라 단순연결은 0~20%, 반강절 연결은 20~90%, 완전강결 연결은 90~100% 모멘트에 대한 저항을 갖는 것으로 분류한다.

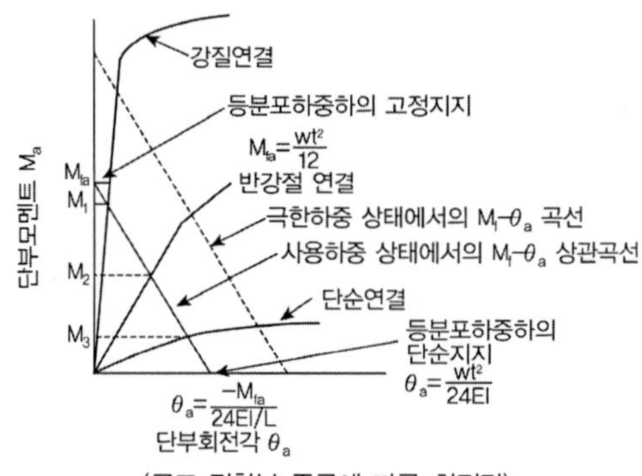

(골조 접합부 종류에 따른 회전각)

➤ 패널존

패널존은 강접합의 기둥-보 접합부에 기둥과 보로 둘러싸인 부분으로 아래의 그림에 빗금친 부분에 해당된다. 완전강결연결(Rigid frame, 강접합 Rigid connection)은 접합부가 모멘트 내력을 가지고 부재의 연속성이 유지되도록 충분한 회전강성을 갖는 접합으로 응력의 변화가 급격하며 응력집중으로 최대응력이 발생하게 되는데 특히 패널존의 기둥 플랜지와 웨브는 국부휨, 국부항복 등으로 파괴를 유발할 가능성이 높은 구역이다.

패널존에 수평하중이 작용하는 경우는 상하 기둥의 단부와 좌우 보의 단부로부터 커다란 전단력과 휨모멘트가 작용하므로 패널존에 복잡한 응력분포가 나타난다. 이 경우에 패널존의 전단항복에 의한 과도한 전단 변형으로 골조 전체의 안전에 나쁜 영향을 미칠수 있다. 그러므로 패널존의 판 두께에 대한 충분한 검토를 통하여 전단강도와 강성을 높일 필요가 있다.

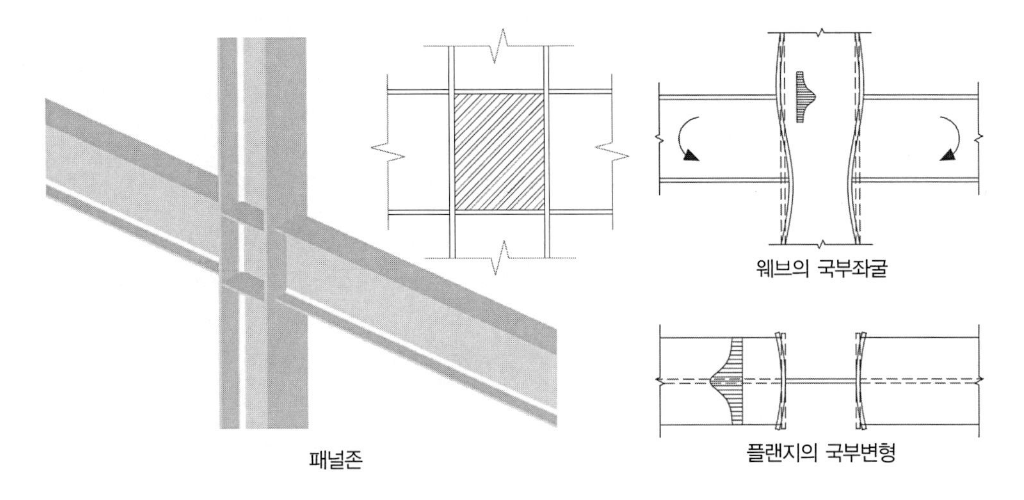

패널존

기둥과 보의 접합부는 기둥 관통형이 보통이며, 이 경우 보 단부에 생기는 휨모멘트가 보 플랜지 위치에서 기둥에 집중력으로 작용한다. 보 단부의 휨모멘트가 클 경우에는 위의 그림과 같이 국부적으로 대변형이 발생되어 파괴를 유발하게 되며 이를 방지하기 위해서는 수평보강재(diaphragm)을 설치하여야 한다.

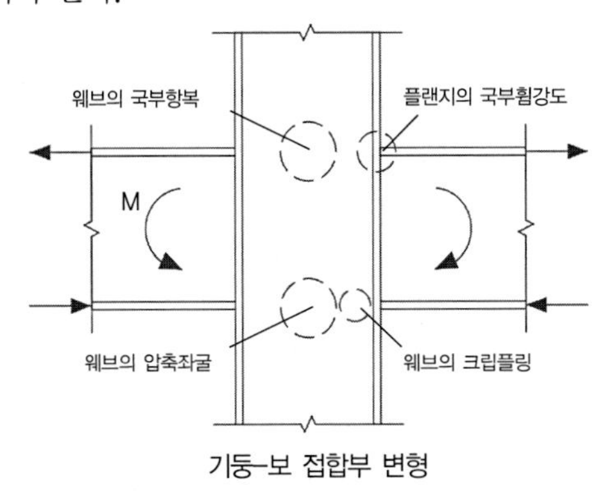

기둥-보 접합부 변형

▶ 기둥-보 접합부 설계시 고려사항

1) 기둥-보 접합부를 구성하는 요소들은 구조체에 작용하는 계수하중에 대한 소요강도 이상이 되거나 접합부와 충분한 내력을 발휘할 수 있는 강도이상이 되도록 해야 한다.
2) 기둥-보 접합부는 구성요소가 설계강도의 50%이상이 되도록 설계하는 것이 바람직하다.
3) 접합부 패널의 보 플랜지 위치에는 다이아프램을 설치해야 한다.
4) 기둥-보 접합부에서 기둥 플랜지에 수직이며 웨브에 대하여 대칭인 집중하중을 받는 경우에 기둥 플랜지 및 웨브는 플랜지의 국부휨, 웨브의 국부항복, 웨브 크립플링에 대하여 설계한다.
5) 기둥-보 접합부에서 기둥 양측에 보 플랜지로부터 집중하중을 받는 경우 기둥 웨브는 웨브 국부항복, 웨브 크립플링 및 웨브의 압축좌굴에 대하여 설계한다.
6) 큰 전단력을 받는 기둥의 웨브는 패널존 항복에 대하여 설계한다.

105회 1-8

부분구속 연결

부분구속 연결(partially restrained connection or semirigid connection)

풀 이

➤ 강구조물의 연결

강구조물 부재의 연결은 볼트접합과 고력볼트접합과 같은 기계적인 접합방식과 용접접합과 같은 야금적인 접합방식으로 구분된다. 일반적으로 공사현장에서의 접합은 주로 고력볼트접합이지만 후판부재의 접합인 경우 현장용접으로 접합하는 경우도 발생된다. 이러한 부재의 접합부는 하중의 전달여부에 따라 연속부의 구속조건을 단순연결(Simple frame connection), 완전강결연결(Rigid frame connection), 부분구속연결(Semi-Rigid frame connection)로 구분할 수 있다.

➤ 접합부의 연결방법

강구조에서 보와 기둥의 연결부는 연속부의 구속조건에 따라 다음과 같이 3가지로 구분한다.

① 단순연결(Simple frame, 단순접합 Simple connection) : 회전능력이 있으며 F와 V에 대해 설계
전단이음이나 전단접합은 보의 단부가 회전저항에 유연해서 모멘트를 전달하지 않는 접합의 형태이다. 실제 구조물의 전단접합은 플랜지를 연결하지 않고 웨브만 접합한 형태이다. 전단접합은 어느 정도 모멘트 저항을 갖고 있지만 모멘트 저항의 정도가 부재의 모멘트 내력보다 상대적으로 작을 때 이 저항을 무시하고 전단에만 저항하는 것으로 본다.

② 완전강결연결(Rigid frame, 강접합 Rigid connection) : M, V, F의 조합력에 따라 설계
강접합은 이론적으로 보 단부에서 회전을 허용하지 않고 100%에 가까운 단부 모멘트를 기둥 또는 이음부에 전달하는 접합부이다. 충분한 회전저항력을 확보하기 위해 기둥의 웨브에 스티프너가 필요하고 기둥의 패널존의 강성이 보의 모멘트 내력보다 크게 설계되어야 한다.

③ 반강절 연결(Semi-Rigid frame, 반강접합 Semi-Rigid connection)
반강접 접합은 부재 단부의 회전저항에 따른 단부모멘트를 발생시킬 수 있는 접합부이다. 보통 설계에서는 모든 접합부는 단순접합 또는 강접합으로 가정하여 단순하게 수행된다. 그러나 실제 구조물에서는 단순접합과 강접합의 중간인 반강접합의 상태가 대부분이다.

실제 구조물은 완전강성 또는 완전회전인 접합은 없기 때문에 접합부의 형식은 완전강성 또는 완전 모멘트저항을 발휘할 수 있는 모멘트에 대한 비율에 따라 분류하는 것이 일반적인 관례이다. 모멘트저항을 발휘할 수 있는 정도에 따라 단순연결은 0~20%, 반강절 연결은 20~90%, 완전강결 연결은 90~100% 모멘트에 대한 저항을 갖는 것으로 분류한다.

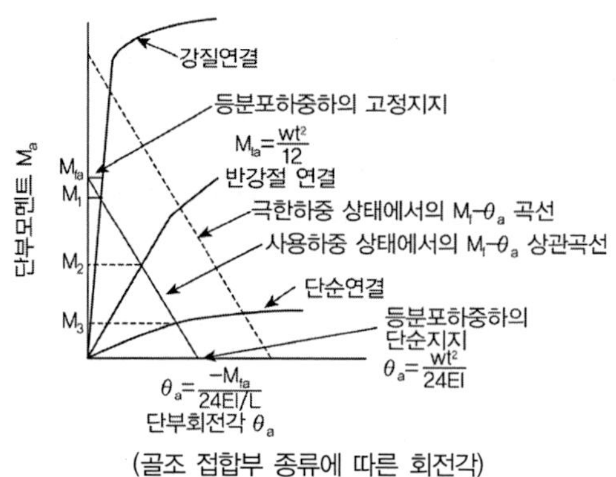

(골조 접합부 종류에 따른 회전각)

▶ **부분구속연결** **(반강절 연결 Semi-Rigid frame, 반강접합 Semi-Rigid connection)**

부분구속연결은 모멘트 저항능력이 20~90%정도인 접합부를 말한다. 모멘트 저항능력이 전혀없는 단순접합연결과 완전모멘트 저항능력을 갖는 강접합부의 중간적인 거동특성을 나타낸다. 등분포하중을 받는 보의 경우 단순접합부의 회전저항에 따라서 최대모멘트의 위치가 아래와 같이 달라지게되며 아래의 (d)의 경우 단순지지인 (a)의 경우보다 최대 모멘트 50%에 불가함을 알 수 있으며, 강접합인 (b)의 경우의 75%에 불과함을 알 수 있다. 강접합의 경우보다 60~70% 단부구속을 갖는 부분구속연결을 사용할 경우 부재의 단면을 감소시켜 강접합이나 단순접합보다 경제적인 설계가 가능하다.

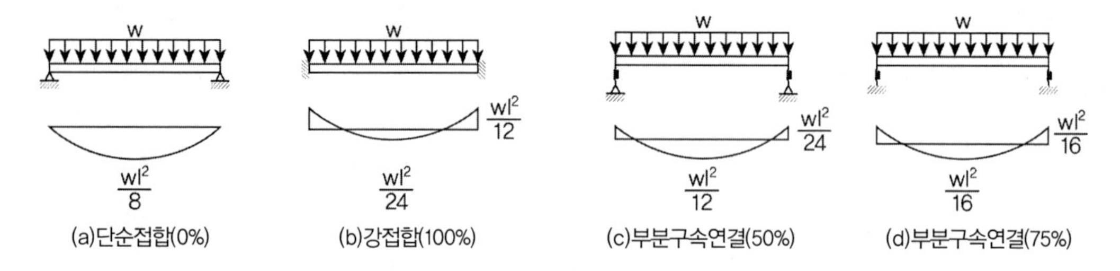

(a)단순접합(0%) (b)강접합(100%) (c)부분구속연결(50%) (d)부분구속연결(75%)

일반적으로 헤더플레이트 접합, 탑앤시트 ㄱ형강 접합, 엔드플레이트 접합 등이 부분구속연결에 해당한다. AASHTO LRFD설계기준에서는 부분접합(Type PR)으로 분류하고 있으며 일반적으로 소성해석을 통하여 건물이 설계되는 경우는 반강접합부는 사용하고 있지 않다.

2. 볼트 설계 (강구조 설계기준, 2014)

1) 볼트의 인장 및 전단강도

〈고장력 볼트의 강도, 도설2015, 강구조 2014〉

강도		F8T	F10T	F13T	SS(SM)400 일반볼트
F_y		640	900	1170	235
F_u		800	1000	1300	400
공칭인장강도 F_{nt} (인장강도 0.75배)		600	750	975	300
지압접합 공칭전단강도 F_{nv}	나사부 전단면에 포함 (인장강도 0.4배)	320	400	520	160
	나사부 전단면에 불포함(인장강도 0.5배)	400	500	650	200

밀착조임 볼트, 장력도입 볼트 또는 나사 강봉의 설계인장강도 또는 설계전단강도 ϕR_n는 인장파단과 전단파단의 한계상태에 대해 다음과 같이 산정한다.

$$\phi R_n = \phi F_n A_b \quad (\phi = 0.75)$$

여기서, F_n은 위 표의 공칭인장강도 F_{nt} (인장강도의 0.75배),
또는 공칭전단강도 F_{nv} (인장강도의 0.5배 또는 0.4배)
A_b는 볼트 또는 나사 강봉의 나사가 없는 부분의 공칭단면적

CF | 강구조 설계기준 2009 |

① 인장강도 $T_n = F_{ub}A_n = F_{ub}(0.75A_b)$

F_{ub} : 볼트의 인장강도, A_n : 순단면적, A_b: 최소공칭직경에 대한 볼트 단면적

② 전단강도 (극한전단강도 f_{vu}는 실험적으로 인장강도의 62%)

$R_n = mA_bF_{vu} = mA_b(0.62F_{ub})$

F_{vu} : 극한 전단강도, m : 전단 단면 수 (1면 전단 $m=1$, 2면 전단 $m=2$)

- 전단평면에 나사부가 없는 경우
  전단에 해하여 $\phi = 0.75$를 사용하며 연결 길이 효과에 따른 약 20%의 전단강도 감소를 반영하기 위해서 공칭강도에 0.8을 곱하여 공칭전단강도를 계산한다.
  $R_n' = 0.8 \times (mA_bf_{vu}) = (0.8)(0.62f_{ub})mA_b = (0.50f_{ub})mA_b \quad \therefore \phi R_n = (0.75)(0.50f_{ub})mA_b$
- 전단평면에 나사부가 있는 경우
  나사부가 없는 경우 단면적의 70~75%값을 사용한다.
  $R_n' = 0.8 \times (mA_bf_{vu}) = (0.8)(0.62f_{ub})m(0.75A_b) \approx (0.40f_{ub})mA_b$
  $\therefore$ 설계강도 $\phi R_n = (0.75)(0.40f_{ub})mA_b$

CF | 도로교설계기준 2015 |

① 인장강도 $T_n = 0.76 F_{ub} A_b$

F_{ub} : 볼트의 인장강도, A_b: 최소공칭직경에 대한 볼트 단면적

② 전단강도

– 길이가 1270㎜이하인 연결부

· 전단 단면에 나사산이 없을 경우 : $R_n = 0.48 A_b F_{ub} N_s$

· 전단 단면에 나사산이 있을 경우 : $R_n = 0.38 A_b F_{ub} N_s$

여기서, A_b는 공칭직경에 의한 볼트 단면적, F_{ub}는 볼트의 인장강도, N_s는 볼트1개당 전단면수

– 길이가 1270㎜이상인 연결부 : 볼트 1개당 공칭 전단강도 값의 0.8배

2) 지압접합에서 인장과 전단의 조합

지압접합이 인장과 전단의 조합력을 받는 경우 볼트의 설계강도는 다음의 인장과 전단파괴의 한계상태에 따라 결정한다.

$$\phi R_n = \phi F_{nt}' A_b \quad (\phi = 0.75)$$

여기서, F_{nt}'은 전단응력의 효과를 고려한 공칭 인장강도

$$F_{nt}' = 1.3 F_{nt} - \frac{F_{nt}}{\phi F_{nv}} f_v \leq F_{nt}, \quad f_v \text{는 소요전단응력}$$

3) 볼트구멍의 지압강도

지압강도 한계상태에 대한 볼트구멍에서 설계강도 ϕR_n는 다음과 같이 산정한다.

① 표준구멍, 과대구멍, 단슬롯이 모든 방향에 대한 지압력 또는 장슬롯이 지압력 방향에 평행

– 사용하중상태에서 볼트구멍의 변형을 설계에 고려할 필요가 있을 때

$R_n = 1.2 L_c t F_u \leq 2.4 dt F_u$

– 사중하중상태에서 볼트구멍의 변형을 설계에 고려할 필요가 없을 때

$R_n = 1.5 L_c t F_u \leq 3.0 dt F_u$

② 장슬롯이 구멍의 방향에 직각방향으로 지압력을 받을 경우

$R_n = 1.0 L_c t F_u \leq 2.0 dt F_u$

여기서, d는 볼트 공칭직경, F_u는 피접합재의 공칭인장강도, L_c는 하중방향 순간격(구멍의 끝과 피접합재의 끝 또는 인접구멍의 끝까지 거리), t는 피접합제의 두께

CF | 강구조 설계기준 2009|

1. 지압강도 : 연결판의 볼트구멍이 찢어지는 것에 대항하는 힘을 의미,

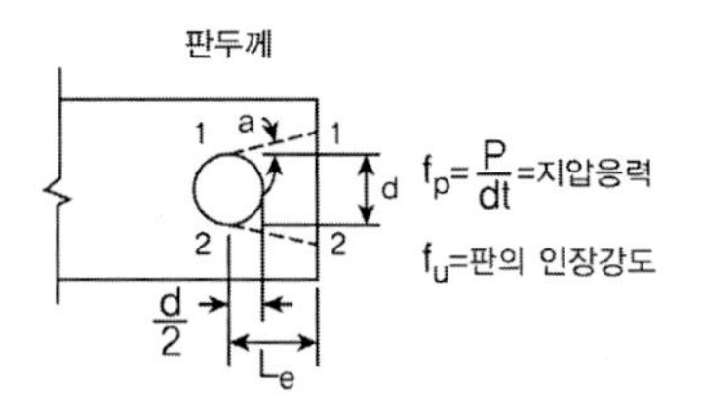

$\alpha = 0$을 취하여, $R_n = 2t\left(L_e - \frac{d}{2}\right)f_{vu}$

$R_n = 2t\left(L_e - \frac{d}{2}\right)(0.62f_u) = 1.24f_u dt\left(\frac{L_e}{d} - \frac{1}{2}\right) \approx f_u t L_e$

실험적으로 $L_e = 3.0d$ $\quad \therefore R_n = 3.0 f_u dt$

(1) 힘의 작용선에 수직인 볼트구멍이 없고 2개 이상 볼트가 있는 경우 $\phi R_n = \phi(2.4dtf_u)$

(2) 힘의 작용선에 수직인 볼트구멍이 있고 2개 이상 볼트가 있는 경우 $\phi R_n = \phi(2.0dtf_u)$

(3) 연단근처에 있는 볼트 $\phi R_n = \phi L_e t f_u$

(4) 볼트구멍에 변형이 6mm 초과하는 강도한계상태 $\phi R_n = \phi(3.0dtf_u)$

CF | 도로교설계기준 2015 |

1. 연결부재 지압에 대한 공칭강도 : 볼트의 유효지압면적은 볼트의 지름과 연결부재의 두께의 곱
   1) 지압력 방향과 평행한 긴 슬롯
      · 볼트구멍의 순간격, 또는 응력방향의 순연단거리가 2d이상으로 배열된 경우 : $R_n = 2.4dtF_u$
      · 볼트구멍들의 순간격, 또는 응력방향의 순연단거리가 2d보다 작은 경우 : $R_n = 1.2L_c tF_u$
   2) 지압력 방향과 수직인 긴 슬롯
      · 볼트구멍의 순간격 및 순연단 거리가 2d이상인 경우 : $R_n = 2.0dtF_u$
      · 볼트구멍들의 순간격, 또는 응력방향의 순연단거리가 2d보다 작은 경우 : $R_n = L_c tF_u$

4) 마찰접합의 미끄럼 강도

미끄럼 한계상태에 대한 마찰접합의 설계강도 ϕR_n는 다음과 같이 산정한다.

$$R_n = \mu h_f T_0 N_s$$

여기서 ϕ는 표준구멍 또는 하중방향에 수직인 단슬롯($\phi = 1.0$)
과대구멍 또는 하중방향에 평행인 단슬롯($\phi = 0.85$)
장슬롯 구멍 ($\phi = 0.70$)

μ는 미끄럼계수(무도장 블라스트처리 마찰면 0.5, 무기질 아연말 프라이머도장표면 0.45)

T_0 고장력볼트의 설계볼트 장력

N_s는 전단면의 수

볼트등급	볼트 호칭	1) 최소 인장하중(KN)	2) 설계볼트장력(KN) (1)×0.67)
F8T	M16	125.4	84
	M20	195.8	131
	M22	242.7	163
	M24	282.0	189
F10T	M16	156.7	105
	M20	244.8	164
	M22	303.4	203
	M24	352.5	236
	M27	458.8	307
	M30	561.3	376
F13T	M16	203.7	136
	M20	318.2	213
	M22	394.4	264
	M24	458.3	307

5) 마찰접합에서 인장과 전단의 조합

마찰접합이 인장하중을 받아 장력이 감소할 경우 위에 산정된 설계미끄럼강도에서 다음계수를 사용하여 감소한 후 산정한다

$$k_s = 1 - \frac{T_u}{T_0 N_b}$$

여기서, N_b는 인장력을 받는 볼트의 수, T_u는 소요인장력

6) 접합부재의 설계인장강도

접합부재의 설계인장강도 ϕR_n은 인장항복과 인장파단의 한계상태에 따라 다음중 작은 값으로 한다.

① 접합부재의 인장항복$(\phi = 0.90)$: $R_n = F_y A_g$

② 접합부재의 인장파단$(\phi = 0.75)$: $R_n = F_u A_e$

7) 접합부재의 설계전단강도

접합부재의 설계전단강도 ϕR_n은 전단항복과 전단파단의 한계상태에 따라 다음중 작은 값으로 한다.

① 접합부재의 전단항복$(\phi = 1.00)$: $R_n = 0.60 F_y A_{gv}$

② 접합부재의 전단파단$(\phi = 0.75)$: $R_n = 0.6 F_u A_{nv}$

7) 접합부재의 블록전단강도

전단파괴선을 따라 발생하는 전단파단과 직각으로 발생하는 인장파단의 블록전단파단 한계상태에 대한 전단강도는 다음과 같이 산정한 공칭강도에 $\phi = 0.75$를 적용하여 구한다.

$$R_n = [0.6F_uA_{nv} + U_{bs}F_uA_{nt}] \leq [0.6F_yA_{gv} + U_{bs}F_uA_{nt}]$$

여기서, U_{bs}는 인장응력이 균일할 경우 1.0, 불균일할 경우 0.5

CF | 연결 (도로교설계기준 한계상태설계법, 2015) |

1. 일반사항

1) 설계부재력

① 주부재 연결부 : 다음의 하중조건 중 큰 값에 대해 설계

- 연결부에서의 설계하중에 의한 단면력과 이음되는 부재의 설계강도의 평균값
- 부재의 설계강도의 75%

② 부부재 연결부 : 설계하중에 의한 부재력에 대해 설계

2) 연결은 가능한 한 부재의 축에 대칭되도록 하며, 한 볼트군당 2개 이상의 볼트 또는 이와 동등한 용접이 되어야 한다.

3) 부재는 편심연결이 되지 않도록 하며, 불가피시 편심에 의한 전단과 모멘트를 고려한다.

4) 보, 거더 및 바닥판의 가로보 등의 단부는 고장력 볼트를 사용하여 연결해야 한다. 불가시 용접연결도 허용된다.

5) 고장력 볼트에 의한 연결은 마찰연결 또는 지압연결로 설계한다.

① 마찰연결 : 교번응력, 충격하중, 심한 진동을 받는 연결부

② 지압연결 : 축방향 압축을 받는 연결부 또는 브레이싱 연결부에 대해서만 허용

2. 설계강도

1) **사용한계상태의 하중조합 II 상태**에서 볼트의 설계강도 R_r, $R_r = R_n$(공칭마찰강도)

$$R_n = K_hK_sN_sP_t$$

여기서, N_s는 볼트 1개당 미끄러짐 면의 수

P_t는 볼트의 설계축력(N)

볼트 직경	볼트 축력 P_t(kN)		
(㎜)	F8T	F10T	F13T
20	130	160	215
22	160	200	265
24	190	235	305
27	–	310	–
30	–	375	–

K_h는 볼트 연결부에서의 구멍크기계수

표준구멍	과대볼트구멍 또는 짧은 슬롯	재하방향에 직각인 긴 슬롯	재하방향에 평행인 긴 슬롯
1.0	0.85	0.70	0.60

K_s는 볼트 연결부에서의 표면상태계수

등급 A 표면상태	등급 B 표면상태	등급 C 표면상태
페인트 칠하지 않은 깨끗한 흑피 또는 녹을 제거하고 A등급 도장 표면	도장하지 않고 녹 제거한 깨끗한 표면 또는 녹을 제거한 표면에 B등급 도장 표면	용융 도금한 표면과 거친 표면
0.33	0.40	0.33

2) **극한한계상태**에서 볼트연결부 설계강도는 R_n(볼트연결부 공칭강도) 또는 T_n(볼트의 공칭강도) 중 하나를 취한다.

3) 볼트연결부의 공칭강도, R_n

① 볼트의 전단에 대한 공칭강도

– 길이가 1270㎜이하인 연결부

· 전단 단면에 나사산이 없을 경우 : $R_n = 0.48A_bF_{ub}N_s$

· 전단 단면에 나사산이 있을 경우 : $R_n = 0.38A_bF_{ub}N_s$

여기서, A_b는 공칭직경에 의한 볼트 단면적, F_{ub}는 볼트의 최소인장강도, N_s는 볼트 1개당 전단면수

– 길이가 1270㎜이상인 연결부 : 볼트 1개당 공칭 전단강도 값의 0.8배

② 연결부재 지압에 대한 공칭강도 : 볼트의 유효지압면적은 볼트의 지름과 연결부재의 두께의 곱

– 지압력 방향과 평행한 긴 슬롯

· 볼트구멍의 순간격, 또는 응력방향의 순연단거리가 2d이상으로 배열된 경우 : $R_n = 2.4dtF_u$

· 볼트구멍들의 순간격, 또는 응력방향의 순연단거리가 2d보다 작은 경우 : $R_n = 1.2L_ctF_u$

– 지압력 방향과 수직인 긴 슬롯

· 볼트구멍의 순간격 및 순연단 거리가 2d이상인 경우 : $R_n = 2.0dtF_u$

· 볼트구멍들의 순간격, 또는 응력방향의 순연단거리가 2d보다 작은 경우 : $R_n = L_ctF_u$

③ 연결부재의 인장 또는 전단에 대한 공칭강도

– 인장에 대한 설계강도 R_r은 항복과 파괴에 대한 식과 블록전단파괴 강도 중에서 작은 값

· 전단면 항복 : $T_n = F_yA_g$, $\phi_y = 0.95$

· 유효단면의 파괴 : $T_n = F_uA_e$, $\phi_u = 0.80$

· 블록전단파괴

$A_{nt} \geq 0.58A_{nv}$: $R_r = \phi_{bs}[0.58F_yA_{gv} + F_uA_{nt}]$

$A_{nt} < 0.58A_{nv}$: $R_r = \phi_{bs}[0.58F_uA_{nv} + F_yA_{gt}]$, $\phi_{bs} = 0.75$

4) 볼트의 공칭강도, T_n

① 볼트의 축방향 인장력에 대한 공칭강도 : $T_n = 0.76 F_{ub} A_b$

여기서, F_{ub} : 볼트의 인장강도, A_b: 최소공칭직경에 대한 볼트 단면적

② 볼트의 축방향 인장력과 전단력의 조합에 대한 공칭강도

$\dfrac{P_u}{R_n} \leqq 0.33$ 인 경우 : $T_n = 0.76 A_b F_{ub}$

$\dfrac{P_u}{R_n} > 0.33$ 인 경우 : $T_n = 0.76 A_b F_{ub} \sqrt{1 - \left(\dfrac{P_u}{\phi_s R_n}\right)^2}$

여기서, P_u는 설계하중에 의한 볼트의 전단력, R_n는 볼트의 전단에 대한 공칭강도

예 제

접합부 설계

그림과 같이 연결부에서 고정하중 300kN이 작용할 때 전단력에 대한 최대내력(ϕT_n)을 검토하라. 단, 강재의 재질은 SS400($f_y = 240MPa$, $f_u = 400MPa$)이며, 볼트는 F10T M22(인장강도 $f_{ub} = 1000MPa$)이라고 가정한다.

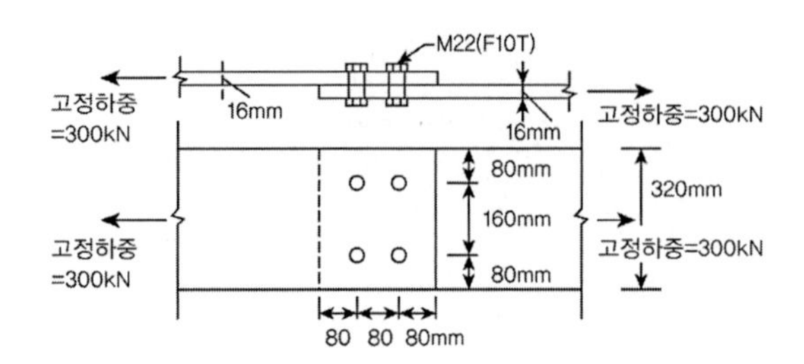

풀 이

➤ 연결부 플레이트의 설계강도 산정

1) 총단면적 항복 시

$$A_g = 320 \times 16 = 5120mm^2$$
$$\phi T_n = \phi f_y A_g = 0.9 \times 240 \times 5120 \times 10^{-3} = 1105.9^{kN}$$

2) 순단면적 파단 시

$$A_n = [320 - (22+2) \times 2] \times 16 = 4352mm^2$$
$$\phi_t T_n = \phi_t f_u A_n = 0.75 \times 400 \times 4352 \times 10^{-3} = 1305.6^{kN}$$

➤ 전단력에 대한 최대 내력(ϕT_n)검토

$$f_v = 0.6 f_{ub} = 0.6 \times 1000 = 600^{MPa}$$
$$\phi T_n = \phi n A_b f_v = 0.6 \times 1 \times \pi \times 22^2/4 \times 600 = 136.9^{kN}$$

고력볼트가 4개 이므로 $136.9 \times 4 = 547.6^{kN}$

$$P_u = 1.4D = 1.4 \times 300 = 420^{kN}$$
$$\therefore \phi T_n > P_u \qquad \text{O.K}$$

3. 용접 연결

용접은 2개 이상의 강재를 국부적으로 원자간 결합에 의하여 일체화한 접합으로 접합부에 용융금속을 생성 또는 공급하여 국부용융으로 접합하는 것이고 모재의 용융을 동반한다. 건설분야에서는 주로 아크용접을 사용하며 강재의 용접에서는 국부적으로 급속한 고온에서 급속한 냉각이 수반되므로 모재의 재질변화, 용접변형, 잔류응력이 발생한다.

1) 홈용접(Groove welding) : 맞댐용접이라고도 하며 양쪽 부재의 끝을 용접이 양호하도록 끝단면을 비스듬히 절단하여 용접하는 방법이다. 완전용입용접은 용접 유효목두께가 판두께 이상이 확보되는 건전한 용접부로 이음부의 판폭에 대해서도 충분히 용접되어 일반적으로 이음부 소재의 전체 판두께 및 전체 폭을 용접하는 것이다. 부분용입용접은 응력의 흐름으로 보아 완전용입과 같이 전단면의 유효용접면적이 불필요할 때에 채택하는 방식으로 용접에 의한 H형강의 플랜지와 웨브의 용접, 기둥과 기둥의 이음 또는 후판의 상자형 단면 부재를 조립용접할 때 채택된다.

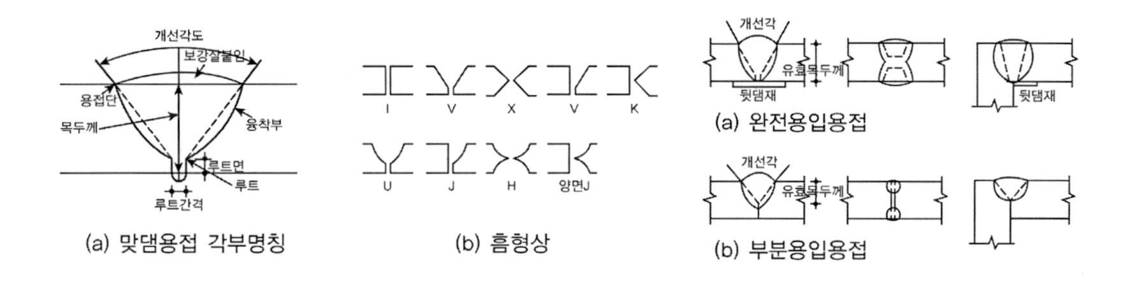

(a) 맞댐용접 각부명칭 (b) 홈형상 (a) 완전용입용접 (b) 부분용입용접

2) 필렛용접(fillet welding, 모살용접) : 종국적으로 용접부에 대해 전단에 의해 파단되므로 거의가 용접유효면적에 대해 전단응력으로 설계되는 용접으로 구조물의 접합부에 상당히 많이 사용되는 방법이다.

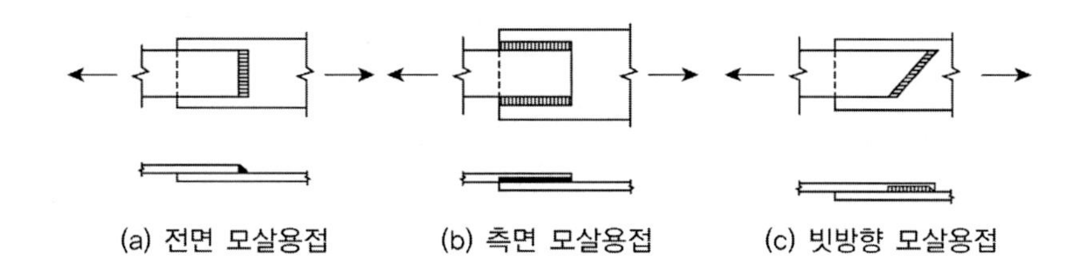
(a) 전면 모살용접 (b) 측면 모살용접 (c) 빗방향 모살용접

3) 플러그(plug)용접과 슬롯(slot)용접 : 겹친 2장의 판 한쪽에 원형 또는 슬롯구멍을 뚫고 그 구멍주위를 용접하는 방법으로 겹침이음의 전단응력을 전달할 때 겹침 부분의 좌굴 또는 분리를 방지하기 위해서 필렛용접 길이가 확보되지 않을 때 활용될 수 있다.

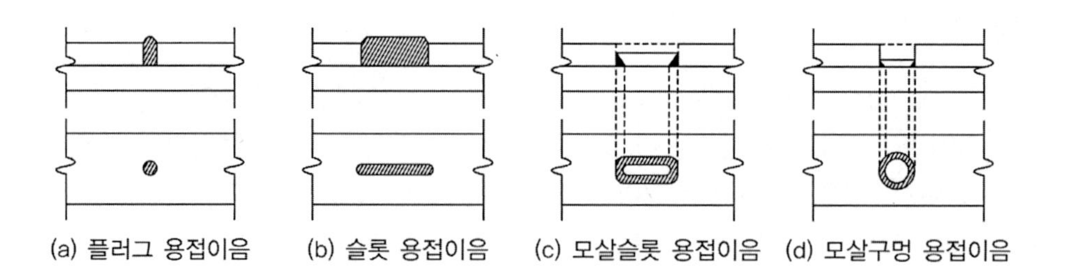

(a) 플러그 용접이음 (b) 슬롯 용접이음 (c) 모살슬롯 용접이음 (d) 모살구멍 용접이음

4. 용접 설계

1) 홈용접의 공칭강도

인장, 압축 $R_{nw}=t_e f_y$

전단 $R_{nw}=t_e(0.6f_y)$ t_e : 유효두께, f_y : 연결부재의 항복응력

2) 필렛용접의 공칭강도

용접금속 $R_{nw}=t_e(0.60f_{EXX})$

모재 $R_{nw}=t_e(0.60f_u)$ f_{EXX} : 용접금속의 강도

3) 용접의 설계

$\phi R_{nw} \geq \sum \gamma_i Q_i$ ($\phi=0.9$~0.75)

완전용입 홈용접 $\phi=0.9$, 필렛용접 (용접선과 평행한 전단 $\phi=0.75$, 인장 압축 $\phi=0.9$)

① 홈용접

(인장, 압축) $\phi R_{nw}=0.90t_e f_y$ (f_y는 모재와 용접금속의 항복응력 중 작은 값)

(전단) 모재 $\phi R_{nw}=0.90t_e(0.60f_y)$

용접금속 $\phi R_{nw}=0.80t_e(0.60f_{EXX})$

② 필렛용접

$\phi R_{nw}=0.75t_e(0.60f_{EXX})$

설계강도가 인접한 모재의 전단 파괴강도보다 작을 때는 $\phi R_{nw}=0.75t_e(0.60f_u)$ (모재)

4) 용접의 강도감소계수

용접구분	응력구분	강도감소계수(ϕ)	공칭강도
완전용입 홈용접	유효단면에 직교인장	0.9	f_y
	유효단면에 직교압축	0.9	f_y
	용접선에 평행 인장, 압축		
	유효단면에 전단	0.9	$0.6f_y$
부분용입 홈용접	유효단면에 직교압축	0.9	f_y
	용접선에 평행 인장, 압축		
	용접선에 평행한 전단	0.75	$0.6f_y$
	유효단면 직교 인장	0.9	$0.6f_y$
필렛용접	용접선에 평형한 전단	0.75	$0.6f_y$
	용접선에 평형 인장, 압축	0.9	f_y
플러그/슬롯용접	유효단면 평행 전단	0.75	$0.6f_y$

5. 전단 연결(Eccentric Shear)

전단연결은 보에서 전달되는 전단력을 충분히 저항할 수 있는 강도와 연성이 요구되고 기중 등의 지지부재에 모멘트가 전달되지 않고 충분히 회전할 수 있는 휨강성과 연성이 요구된다. 특히 전단연결부는 연결부에 회전성이 단순보의 재단과 같이 휨모멘트에 대하여 충분히 회전할 수 있도록 연성이 요구되는 연결로 이러한 연결부는 기둥과 같이 지지부재에 휨모멘트를 전달하지 않고 전단력만 전달하는 것으로 가정하여 설계할 수 있다. 그러나 실제 구조물의 전단 연결부는 어느 정도 휨모멘트 저항을 갖게 되는데 연결부에서 발생되는 모멘트 저항이 보의 고정단모멘트에 비하여 충분히 적을 때는 전단연결부라고 할 수 있다.

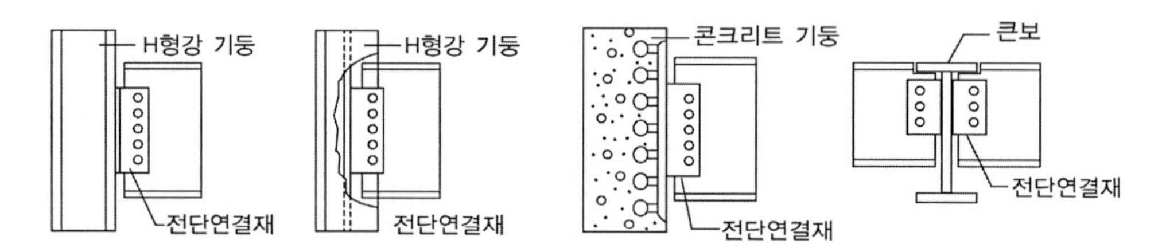

LRFD 설계기준에서 전단연결부는 (a) 연결부나 연결부재는 단순지지보와 같이 계수화된 연직하중을 충분히 지지하도록 하여야 한다. (b) 연결부나 연결부재는 계수화된 수평하중을 충분히 지지하도록 하여야 한다. (c) 연결부는 계수화된 연직하중과 수평하중의 조합하중에서 충분한 비탄성 회전능력을 가져야 한다.

전단연결은 연결재의 종류에 따라 플레이트 연결(single plate connection), 티연결(tee connection), 엔드플레이트 연결(shear end plate connection), 단L형강연결(single angle connection), 복L형강연결(double angle connection) 등으로 분류되고 주로 플레이트 연결과 복L형강 연결이 가장 많이 사용된다.

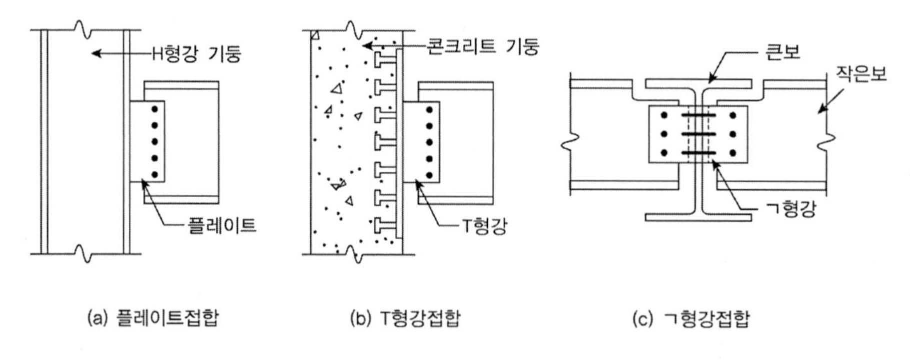

(a) 플레이트접합 (b) T형강접합 (c) ㄱ형강접합

1) 전단연결의 설계방법 : 전단하중만을 받는 전단연결은 볼트의 전단파괴, 연결판의 지압파괴, 연결판의 블록전단파괴와 같은 3가지 한계상태가 문제시되므로 이에 대한 설계를 검토한다. 볼트의 전단은 연결판의 배치에 따라 1면 전단과 2면 전단으로 구분되며 볼트의 전단응력은 계수화된 하중

을 볼트의 단면적으로 나누어 계산한다. 볼트의 저항계수값은 $\phi = 0.6$을 사용한다. 연결판의 지압에 의한 한계상태는 볼트간격과 연단거리에 따라 변화되는데 저항내력식은 다음과 같다.

① 연단파괴

$$\phi V_n = \phi f_u t ED$$

여기서 $\phi = 0.75$, f_u :연결재의 인장강도, t : 연결재의 두께, ED : 연단거리

② 볼트구멍의 지압 : 볼트간격이 볼트지름의 1.5배 이상인 경우

$$\phi V_n = \phi(2.4 f_u)dt$$

여기서 $\phi = 0.75$, f_u :연결재의 인장강도 , d : 볼트직경, t : 연결재의 두께

③ 연결판의 블록전단 검토 : 연결판의 인장응력 저항면과 전단저항면이 볼트구멍 주변에서 형성되어 파괴되는 것으로 다음 식으로 검토한다.

$$F_u A_{nt} \geq 0.6 F_u A_{nv} : \phi R_n = \phi[0.6 F_y A_{gv} + F_u A_{nt}]$$
$$F_u A_{nt} < 0.6 F_u A_{nv} : \phi R_n = \phi[0.6 F_u A_{nv} + F_y A_{gt}]$$ 여기서 $\phi = 0.75$

2) 플레이트 연결

플레이트 연결은 일반적으로 시공이 편리성 때문에 공장에서 기둥과 같은 지지부재에 플레이트를 용접하고 현장에서 보 복부에 고력볼트를 조이는 방법이 이용된다. 이 연결부의 거동은 회전용량이 다른 것을 제외하고는 복L형강의 다리에 의하여 연성과 회전이 확보된다. 그러나 단일 플레이트 연결은 다리가 없으므로 회전에 대하여 강하다. 그러한 이유로 연결부에 약간의 모멘트가 작용하게 되고 볼트와 용접부에 편심이 발생한다.
플레이트 전단 연결부는 연결부의 구조적 거동이 전단연결재의 휨 작용으로 전단내력 감소를 방지하기 위하여 연결부 편심거리(e)에 대한 전단연결재의 길이(L)를 2 이상이 되도록 한다. 플레이트 전단연결부의 한계상태설계는 다음과 같이 검토된다.

① 플레이트 총단면적의 전단항복

$$\phi V_n = 0.9(0.6) f_y L_g t$$ 여기서 L_g : 플레이트 전체길이

② 플레이트 유효단면적의 전단파단

$$\phi V_n = 0.75(0.6) f_u L_n t$$ 여기서 L_n : 플레이트 유효길이

③ 보복부나 플레이트 지압파괴

$$\phi V_n = C(0.75)(2.4) f_u dt$$ 여기서 C : 볼트의 편심에 의한 편심계수

④ 볼트의 전단파괴

$$\phi V_n = C(0.6) n A_b f_s = C(0.6) n A_b (0.6 f_u)$$

예 제

전단연결부(복L형강) 설계

그림과 같은 복L형강 전단 연결부에 계수하중 300kN이 작용된 경우 안전성을 검토하시오.
보는 H450×200×9×14(SS400)이고 고력볼트는 M22(F10T)이며 연결 L형강은 2L-150×150×12 (SS400)이다.

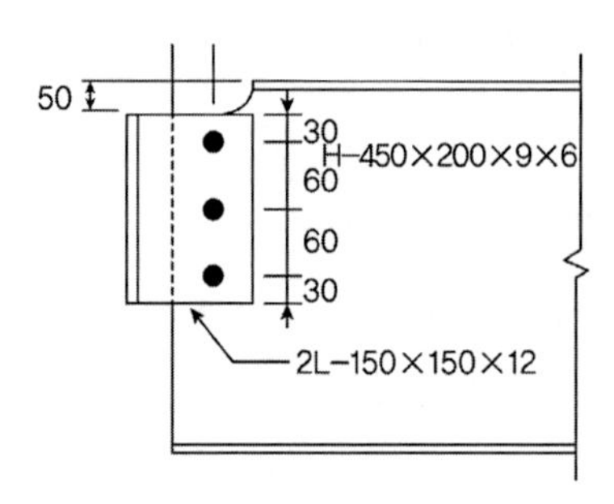

풀 이

➤ 볼트 전단검토

고력볼트 1개의 설계강도 $\phi_s P_{ns}$

$\phi_s = 0.6$

$P_{ns} = nA_b f_s = nA_b(0.6f_u) = 2 \times 380^{mm^2} \times (0.6 \times 410) \times 10^{-3} = 186.96^{kN}$ (2면전단)

$\phi_s P_{ns} = 0.6 \times 186.96 = 112.2^{kN}$

$\phi P_s = 3^{EA} \times 112.2 = 336.6^{kN} \rangle P_u = 300^{kN}$ O.K

➤ 보의 복부지압강도 검토

보 복부의 지압검토는 최상단 볼트에 의한 판의 연단파단과 나머지 볼트에 의한 복부판 지압을 고려한다.

1) 연단파괴

볼트의 연단거리 =30mm < 1.5 × 볼트직경 (=1.5×22 = 33mm)

$\phi V_n = \phi f_u tED = 0.75 \times 410 \times 9 \times 30 \times 10^{-3} = 83^{kN}$

2) 판(볼트구멍)의 지압

$\phi V_n = \phi(2.4f_u)dt = 0.75 \times 2.4 \times 410 \times 22 \times 9 = 146^{kN}$

3) 보 복부의 지압내력

$$83^{kN} + 146 \times 2 = 375^{kN} > 300^{kN} \qquad \text{O.K}$$

➤ 보 복부의 블록전단

$$F_u A_{nt} = 410 \times (50 - 12) \times 9 = 140.2^{kN}$$

$$0.6 F_u A_{nv} = 0.6 \times 410 \times (30 + 160 - (2.4 \times 25)) \times 9 = 288^{kN}$$

$$\therefore \phi R_n = \phi[0.6 F_u A_{nv} + F_y A_{gt}] = 0.75 \times [0.6 \times 410 \times 1300 + 240 \times 450] = 321^{kN} > P_u$$

➤ L형강판의 지압

L형강판의 지압은 L형강의 판두께가 보 복부판 두께보다 크므로 안전하다.

➤ L형강판의 전단

$$A_{nv} = [220 - 30 \times 2.4] \times 12 = 1780^{mm^2} \quad \text{(전단저항 순단면적)}$$

$$\phi R_n = \phi(0.6 f_u) A_{nv} = 0.75 \times 0.6 \times 410 \times 1780 = 328^{kN} > P_u \qquad \text{O.K}$$

예 제

단순접합부의 설계

그림과 같이 계수하중에 의한 부재력 $V_u = 310^{kN}$을 받는 단순접합부를 다음 조건에 따라 설계하시오.

기둥부재는 H400×400×13×21(SM490)이고 보부재는 H488×300×11×18(SS400)

1) 볼트연결 시 볼트는 M24(F10T), 플레이트는 PL-10×90×310(SS400)를 사용하시오.

2) 용접연결 시 양면 필렛용접으로 하고 $S = 10^{mm}$로 가정

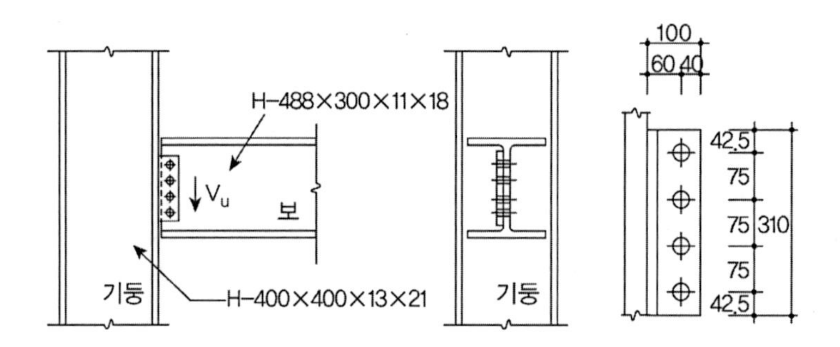

풀 이

➤ 볼트 연결 설계

1) 보-웨브의 볼트 설계

① 볼트 형식 가정 : 4-M24(F10T) 사용

② 볼트의 수직전단력 P_u 산정 $\quad P_u = \dfrac{V_n}{n} = \dfrac{310}{4} = 77.5^{kN}$

③ 설계미끄럼 강도 산정

$$\phi S_s = \phi n A_b f_{ss} = 0.9 \times 1 \times \left(\frac{\pi \times 24^2}{4}\right) \times 220 = 89.5^{kN} \rangle\ P_u \qquad \text{O.K}$$

2) 플레이트

① 전단 항복강도

$$\phi V_n = \phi(0.6 f_y) A_g = 0.9 \times 0.6 \times 235 \times (310 \times 10) = 393.4^{kN} > 310^{kN} \qquad \text{O.K}$$

② 전단 파단강도

$$\phi V_n = \phi(0.6 f_u) A_n = 0.75 \times 0.6 \times 400 \times (310 - 4 \times 26) \times 10 = 370.1^{kN} > 310^{kN} \qquad \text{O.K}$$

③ 조합응력 검토

(1) 전단응력

$$f_{uv} = \frac{V_u}{A} = \frac{310 \times 10^3}{310 \times 10} = 100^{MPa}$$

(2) 편심모멘트에 의한 휨응력

$$M = 310 \times 60 = 18.6^{kNm}$$

$$S = \frac{bh^2}{6} = \frac{10 \times 310^2}{6} = 1.6 \times 10^{5(mm^3)} \qquad f_{ub} = \frac{M}{S} = 116^{MPa}$$

(3) 조합응력검토

$$f_u = \sqrt{f_{ub}^2 + 3f_{uv}^2} = \sqrt{116^2 + 3 \times 100^2} = 208^{MPa}$$

$$\phi f_y = 0.9 \times 235 = 212^{MPa} \rangle f_u \qquad \text{O.K}$$

➤ 용접 연결 설계

1) 플레이트 양면에 필렛용접

$s = 10^{mm}$ 이고 유효용접길이 $l_e = 310 - 2 \times 10 = 290^{mm}$

∴ 유효면적 $A_w = l_e \times (2a) = 290 \times (2 \times 0.707 \times 10) = 4060^{mm^2}$

2) 응력검토

① 전단력에 의한 전단응력

$$f_{uv} = \frac{V_u}{A_w} = \frac{310 \times 10^3}{4060} = 76^{MPa}$$

② 편심모멘트에 의한 휨응력

$$S = a\frac{l_e^2}{6} = \frac{(2 \times 0.707 \times 10) \times 290^2}{6} = 1.96 \times 10^{5(mm^3)}$$

$$f_{ub} = \frac{M}{S} = \frac{1.86 \times 10^7}{1.96 \times 10^5} = 95^{MPa}$$

③ 조합응력 검토

$$f_u = \sqrt{f_{ub}^2 + f_{uv}^2} = \sqrt{95^2 + 76^2} = 122^{MPa}$$

$$\phi(0.6f_y) = 0.9 \times 0.6 \times 235 = 127^{MPa} \rangle f_u \qquad \text{O.K}$$

예 제

필렛용접부 안정성 검토

그림과 같이 H-400×200×8×13을 사용한 보의 필렛용접 안정성을 검토하시오.
$M_u = 140^{kNm}$, $V_u = 120^{kN}$이고 강재는 SS400이다.

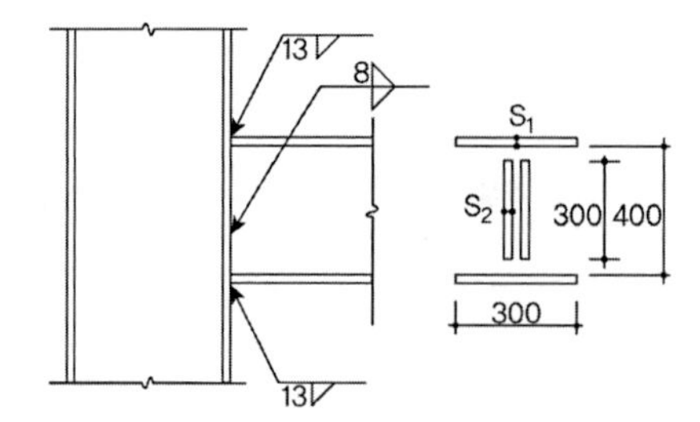

풀 이

➤ 유효 목두께

1) 플랜지 : $a = 0.707 s_1 = 0.707 \times 13 = 9.1^{mm}$

2) 복 부 : $a = 0.707 s_2 = 0.707 \times 8 = 5.6^{mm}$

➤ 용접부의 단면2차 모멘트 및 복부부의 단면적

$$I_w = 2\left[\frac{t_{ww}h_1^3}{12} + t_{wf}B\left(\frac{H}{2}\right)^2 + \frac{Bt_{wf}^3}{12}\right] = 2\left[\frac{5.6\times 300^3}{12} + 9.1\times 200\left(\frac{400+9.1}{2}\right)^2 + \frac{200\times 9.1^3}{12}\right]$$

$$= 1.78\times 10^{8(mm^4)}$$

$$A_{ww} = 2t_{ww}h_1 = 2\times 5.6\times 300 = 3360^{mm^2}$$

➤ 플랜지 검토

$$y = \frac{H}{2} = 200^{mm}, \qquad \sigma_w = \frac{M_u}{I_w}y = \frac{140\times 10^6}{1.78\times 10^6}\times 100 = 79^{MPa}$$

$$\phi f_w = \phi 0.6 f_y = 0.9\times 0.6\times 235 = 127^{MPa} \rangle\ \sigma_w \qquad \text{O.K}$$

➤ 복부 검토

$$y_1 = \frac{h_1}{2} = 150^{mm}, \quad \sigma_{wm} = \frac{M_u}{I_w}y_1 = \frac{140\times 10^6}{1.78\times 10^8}\times 150 = 118^{MPa}$$

$$v = \frac{V_u}{A_{ww}} = \frac{120\times 10^3}{3360} = 36^{MPa}, \qquad \sigma_{wv} = \sqrt{\sigma_{wm}^2 + v^2} = 123^{MPa} < \phi f_w \qquad \text{O.K}$$

(건축) 101회4-4

접합부 안정성 검토

계수하중에 의한 부재력 $M_u = 450kNm$, $V_u = 190kN$을 받는 강접합부에 대해 안정성을 검토하시오.

단, 기둥부재는 H-400×400×13×21(SM490, r=22mm), 보 부재는 H-600×300×12×20(SM490), 고력볼트는 M22(F10T, 표준구멍)를 사용하고 H형강기둥과 보 플랜지는 맞댐용접으로 한다.

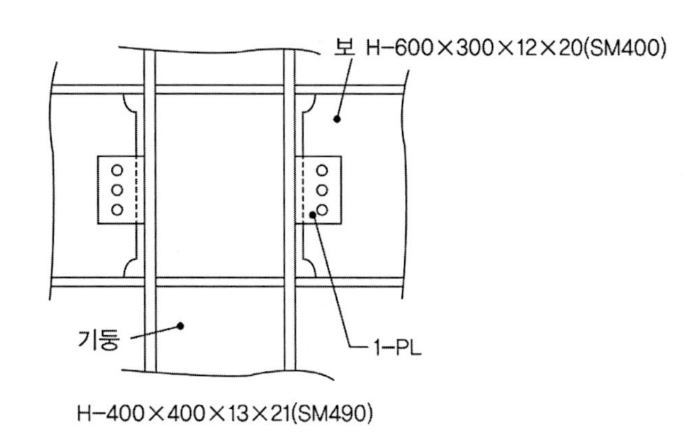

풀 이

➤ 개요

강구조설계기준에 따라 설계 안정성을 검토한다.

➤ 보 플랜지의 용접설계

① 휨모멘트에 의한 보 플랜지의 응력

$$P_{uf} = \frac{M_u}{d - t_f} = \frac{450 \times 10^3}{600 - 20} = 775.86^{kN}$$

② 보 플랜지의 항복 인장력

$$\phi P_{yf} = \phi A_f f_{by} = 0.9 \times 300 \times 20 \times 235 \times 10^{-3} = 1269^{kN} > P_{uf} \qquad \text{O.K}$$

휨모멘트는 보 플랜지가 지지하는 것으로 하며 완전 용입 맞댐 용접으로 한다.

➤ 웨브 볼트 설계

전단력만 지지하는 것으로 가정한다.

① 미끄럼 강도에 의한 볼트 개수 산정

$$\phi S_s = \phi n A_b f_{ss} = 0.9 \times 1 \times \left(\frac{\pi \times 22^2}{4} \right) \times 220 \times 10^{-3} = 75.266^{kN}$$

$$n \geq \frac{V_u}{\phi S_s} = \frac{190}{75.266} = 2.52^{EA} \qquad \therefore 3 - \text{M22(F10T) 사용}$$

➤ 웨브 플레이트의 설계

PL−9×90×230(SM490) 사용으로 가정한다.

① 전단 항복강도

$$\phi V_n = 0.9 \times (0.6 f_y A_g) = 0.9 \times 0.6 \times 325 \times (230 \times 9) \times 10^{-3} = 363.3^{kN} > 190^{kN} \quad \text{O.K}$$

② 전단 파단 강도

50 40

40 75 75 40

그림과 같이 웨브플레이트를 가정하면,

$$A_n = 230 - 3 \times (22 + 3) \times 9 = 1395 mm^2$$

$$\phi V_n = 0.75 \times (0.6 f_u A_n) = 0.75 \times 0.6 \times 490 \times 1395 = 307.6^{kN}$$

$$\therefore \phi V_n > V_u \qquad \text{O.K}$$

➤ 기둥 플랜지에 플레이트 용접

용접두께 $s = 8.0mm$ 인 양면 필렛용접으로 설계한다.

유효 용접길이 $l_e = 230 - 2 \times 8 = 214^{mm}$

유효 면적 $A_w = l_e(2a) = 214 \times (2 \times 0.707 \times 8) = 2,420.768^{mm^2}$

플레이트의 용접부 검토

$$\phi f_w A_w = 0.9(0.6 f_y) A_w = 0.9 \times (0.6 \times 325) \times 2420.768 \times 10^{-3} = 424.84^{kN} > V_u \quad \text{O.K}$$

➤ 집중하중을 받는 기둥 웨브 및 플랜지 강도 검토

$$P_{uf} = \frac{M_u}{d - t_f} = \frac{450 \times 10^3}{600 - 20} = 775.86^{kN}$$

① 기둥 플랜지의 국부 휨강도

$$\phi R_n = 0.9 \times 6.25 \times t_f^2 \times f_{yf} = 0.9 \times 6.25 \times 21^2 \times 325 \times 10^{-3} = 806^{kN} > P_{uf} \qquad \text{O.K}$$

② 기둥 웨브의 국부 항복강도

$$\phi R_n = 1.0 \times (5k + l_c) t_w f_{yw} = 1.0 \times [5 \times (21 + 22) + 18] \times 13 \times 325 \times 10^{-3} = 984^{kN} \rangle P_{uf} \quad \text{O.K}$$

③ 기둥 웨브의 크립플링 강도

$$\phi R_n = 0.75 \times 0.8 t_w^2 \left[1 + 3 \frac{l_c}{d} \left(\frac{t_w}{t_f} \right)^{1.5} \right] \sqrt{\frac{E f_{yw} t_f}{t_w}}$$

$$= 0.75 \times 0.8 \times 13^2 \times \left[1 + 3 \frac{18}{400} \left(\frac{13}{21} \right)^{1.5} \right] \sqrt{\frac{210{,}000 \times 325 \times 21}{13}} \times 10^{-3} = 1134.71^{kN}$$

$\therefore \phi R_n \rangle P_{uf}$ O.K

④ 기둥 웨브의 압축좌굴강도

$$\phi R_n = 0.9 \times \frac{24 t_w^3 \sqrt{E f_{yw}}}{h} = 0.9 \times \frac{24 \times 13^3 \times \sqrt{210{,}000 \times 325}}{(400 - 21 \times 2 - 22 \times 2)} \times 10^{-3} = 1248.5^{kN} \rangle P_{uf} \quad \text{O.K}$$

(여기서, $h = H - 2t_f - 2r$)

∴ 기둥 플랜지의 국부 휨강도가 보 플랜지의 인장력보다 크므로 스티프너가 필요하지 않다.

TIP | Stiffener가 필요할 경우 |

만약 $P_{uf} = 1064^{kN}$이라면,

① 스티프너의 필요 단면적

$$A_r = \frac{P_{uf} - \phi R_n}{\phi f_{yst}} = \frac{1064 - 806}{0.85 \times 325} = 934^{mm^2}$$

② 기둥 웨브의 양면에 보 플랜지의 폭과 일치하게 스티프너 설치
두께를 9mm로 가정하면,

$$A_{st} = 2 \times 9 \times 200 = 1800 mm^2 > A_r \quad \text{O.K}$$

108회 4-6

보-기둥 접합부

다음 그림과 같은 보-기둥 연결부에 수직하중 V_u=300kN을 받는 볼트접합부를 한계상태설계법으로 검토하시오. (단, 기둥 H-400×400×21×21(SM490), 보 H-500×300×11×18(SS400), 연결볼트 M24(F10T), 플레이트는 PL-10×100×325(SS400), 볼트미끄럼강도 220MPa, 볼트공차 2mm, 미끄럼저항계수 ϕ=0.75, 치수의 단위는 ㎜)

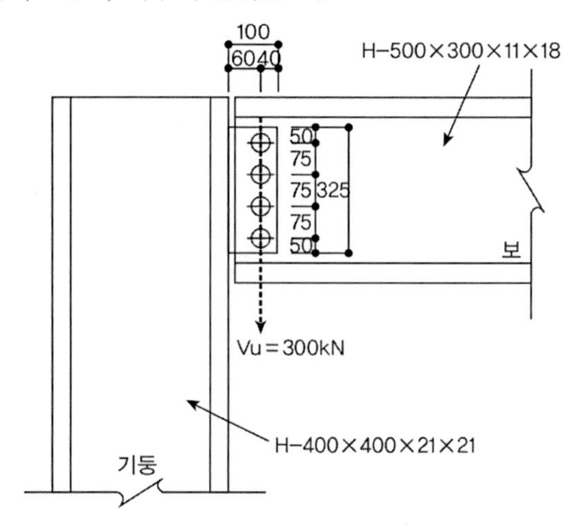

풀 이

➤ 개요

강구조 설계기준에 따라 풀이한다.

➤ 볼트 연결 설계

1) 보-웨브의 볼트 설계

① 볼트 형식 가정 : 4-M24(F10T) 사용

② 볼트의 수직전단력 P_u 산정 $\quad P_u = \dfrac{V_u}{n} = \dfrac{300}{4} = 75kN$

③ 설계미끄럼 강도 산정

$$\phi S_s = \phi n A_b f_{ss} = 0.75 \times 1 \times \left(\frac{\pi \times 24^2}{4}\right) \times 220 = 74.6^{kN} \langle P_u \qquad \text{N.G}$$

∴ 볼트의 개수를 5개로 하여 검토한다.

2) 보-웨브의 볼트 설계

① 볼트 형식 가정 : 5-M24(F10T) 사용

② 볼트의 수직전단력 P_u 산정 $P_u = \dfrac{V_n}{n} = \dfrac{300}{5} = 60kN$

③ 설계미끄럼 강도 산정

$$\phi S_s = \phi n A_b f_{ss} = 0.75 \times 1 \times \left(\frac{\pi \times 24^2}{4}\right) \times 220 = 74.6^{kN} > P_u \quad \text{O.K}$$

3) 플레이트

① 전단 항복강도

$$\phi V_n = \phi(0.6f_y)A_g = 0.9 \times 0.6 \times 235 \times (325 \times 10) = 412.4kN > 300kN \quad \text{O.K}$$

② 전단 파단강도

$$\phi V_n = \phi(0.6f_u)A_n$$

$$= 0.75 \times 0.6 \times 400 \times (325 - 5 \times (24 + 2)) \times 10 = 351kN > 300kN \quad \text{O.K}$$

③ 조합응력 검토

(1) 전단응력

$$f_{uv} = \frac{V_u}{A} = \frac{300 \times 10^3}{325 \times 10} = 92.3MPa$$

(2) 편심모멘트에 의한 휨응력

$$M = 300 \times 60 = 18kNm$$

$$S = \frac{bh^2}{6} = \frac{10 \times 325^2}{6} = 1.76 \times 10^5 mm^3 \qquad f_{ub} = \frac{M}{S} = 102MPa$$

(3) 조합응력검토

$$f_u = \sqrt{f_{ub}^2 + 3f_{uv}^2} = \sqrt{102^2 + 3 \times 92.3^2} = 189.6MPa$$

$$\phi f_y = 0.9 \times 235 = 212MPa > f_u \quad \text{O.K}$$

➤ 개요

도로교 설계기준(한계상태설계법 2015)에 따라 풀이한다. 마찰연결은 사용한계상태 II에 대해 미끄럼을 방지하여야 하며, 극한한계상태에 대해 지압, 전단 및 인장에 대해 저항 할 수 있어야 한다.

➤ 볼트 연결 설계

1) 미끄럼 방지 마찰강도 산정

$$R_n = K_h K_s N_s P_t$$

여기서, N_s : 볼트 1개당 미끄러짐면의 수

P_t : 볼트의 설계축력(N)

볼트 직경(㎜)	볼트 축력 P_t (kN)		
	F8T	F10T	F13T
20	130	160	215
22	160	200	265
24	190	235	305
27	–	310	–
30	–	375	–

K_h : 볼트 연결부에서의 구멍크기 계수

표준구멍	과대볼트구멍 또는 짧은 슬롯	재하방향에 직각인 긴 슬롯	재하방향에 평행인 긴 슬롯
1.0	0.85	0.70	0.60

K_s : 볼트 연결부에서의 표면상태계수

등급 A 표면상태	등급 B 표면상태	등급 C 표면상태
페인트칠하지 않은 깨끗한 흑피 또는 녹을 제거하고 A등급 도장을 한 표면	도장을 하지 않고 녹을 제거한 깨끗한 표면, 녹을 제거한 깨끗한 표면에 등급 B도장을 한 표면	용융 도금한 표면과 거친 표면
0.33	0.40	0.33

주어진 조건에서 볼트의 미끄럼 강도가 220MPa로 주어졌으므로

$$R_n = 220 \times \frac{\pi \times 24^2}{4} = 99.525kN \text{ (1EA 당)}$$

전단력을 받는 고장력 볼트(F8T, F10T, F13T)에 대한 $\phi_t = 0.80$ 이므로

$$R_r = \phi_t R_n = 79.6kN \rangle \ V_u / n = 75kN$$ O.K

2) 플레이트의 지압검토

볼트 구멍의 유효지압 면적은 볼트지름×연결부재 두께
지압력 방향에 평행한 긴슬롯
볼트 구멍의 순간격 75−24=51
볼트구멍의 순연단 거리 50−24/2=38 두값의 min 〈2d

$\therefore$ 지압강도 $R_n = 1.2L_c tF_u \times 4 = 1.2 \times 38 \times 10 \times 235 = 428.640kN$

$R_r = \phi_{bb} R_n = 0.8R_n = 342.912kN$
$1.25\,V_u = 375kN \quad \therefore R_r < 1.25\,V_u$ N.G

3) 볼트 전단에 대한 검토

전단단면의 나사산에 대한 언급이 없으므로 나사산이 없는 경우로 가정

$$R_n = 0.48A_b F_{ub} N_s = 0.48 \times \frac{\pi d^2}{4} \times 1000 \times 1 \times 4$$
$$\phi_{vy}(0.48A_b F_{yb}) \times 4 = 703.556kN$$
$$\phi_{vu}(0.48A_b F_{ub}) \times 4 = 651.441kN \qquad \therefore R_r = 651.441kN > 1.25\,V_u$$ O.K

4) 인장 및 블록전단

인장력이 작용하지 않으므로 생략

5) 플레이트의 전단 검토

$$R_r = \phi_v(0.58A_g F_y) = 398.678kN > 1.25\,V_u$$ O.K

6. 보의 지압판(Concentrated Loads Applied to Rolled beams)

웹의 항복이나 큰 충격을 주지 않을 N값, 반력에 저항할 수 있는 B, t의 값을 산정하기 위해서는 다음의 사항에 대해 고려하여야 한다.

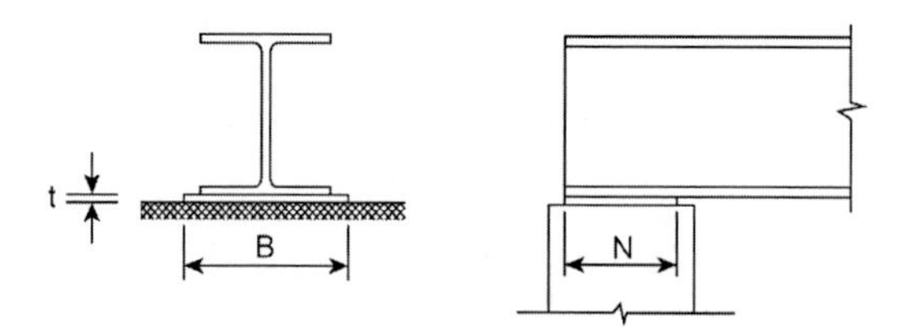

① Local web yielding → Determine N

② Web inelastic buckling(crippling) → Determine N

③ Side-sway web buckling

④ Web compression buckling

1) Local web yielding

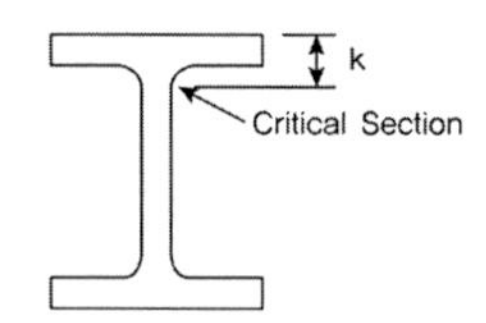

임계단면(Critical section) : 플랜지 상단에서 용접 하단부까지 거리 k만큼 떨어진 지점에서의 단면

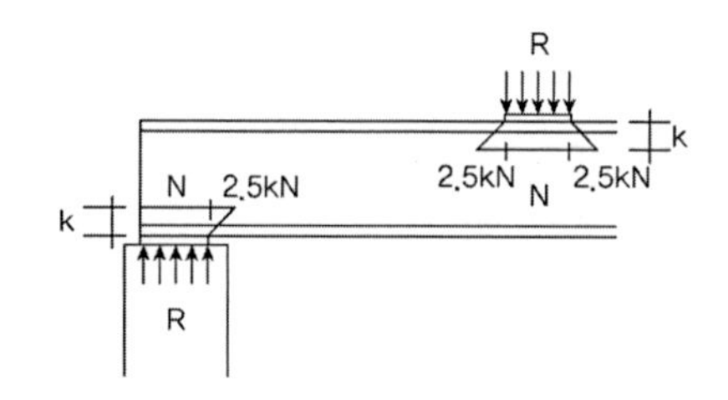

① AISC LRFD ($\phi = 1.0$)

- Interior loads : $R_n = (N + 5k) f_{yw} t_w$
- End reaction : $R_n = (N + 2.5k) f_{yw} t_w$

② ASD ($\Omega = 1.5$)

- Interior loads : $f_c = \dfrac{R}{t_w (N + 5k)} \leq 0.66 f_y \left(= \dfrac{f_y}{SF} \right)$
- End reaction : $f_c = \dfrac{R}{t_w (N + 2.5k)} \leq 0.66 f_y \left(= \dfrac{f_y}{SF} \right)$

2) Web crippling

① AISC LRFD($\phi = 0.75$)

- Interior loads : $R_n = 0.80 t_w^2 \left[1 + 3 \left(\dfrac{N}{d} \right) \left(\dfrac{t_w}{t_f} \right)^{1.5} \right] \sqrt{\dfrac{E f_{yw} t_f}{t_w}}$

– End reaction

$$R_n = 0.4t_w^2\left[1+3\left(\frac{N}{d}\right)\left(\frac{t_w}{t_f}\right)^{1.5}\right]\sqrt{\frac{Ef_{yw}t_f}{t_w}} \qquad (N/d \leqq 0.2)$$

$$R_n = 0.4t_w^2\left[1+3\left(\frac{4N}{d}-0.2\right)\left(\frac{t_w}{t_f}\right)^{1.5}\right]\sqrt{\frac{Ef_{yw}t_f}{t_w}} \qquad (N/d > 0.2)$$

② ASD($\Omega = 2.0$)

$$P_{all} = 0.5R_n$$

3) Concrete bearing strength

$$P_p = 0.85f_{ck}A_1 \quad \text{or} \quad P_p = 0.85f_{ck}A_1\sqrt{\frac{A_2}{A_1}} \leqq 1.7f_{ck}A_1$$

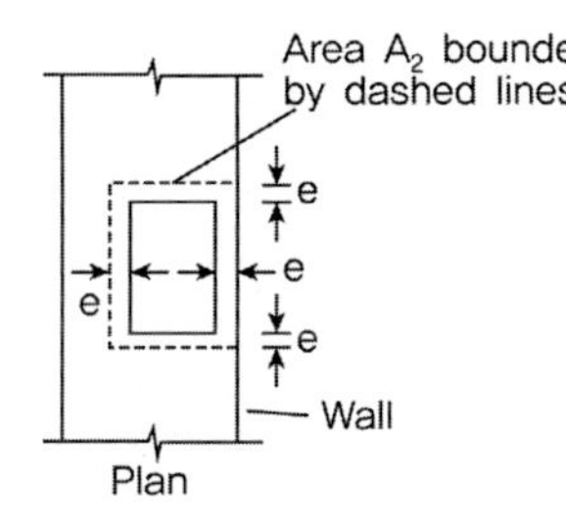

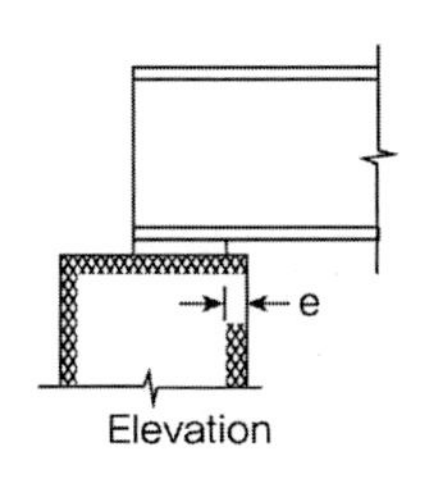

4) Plate thickness

$$\phi_b M_n \geq M_u$$

$$0.9f_y\frac{t^2}{4} \geq \frac{R_u n^2}{2BN} \qquad \therefore t \geq \sqrt{\frac{2R_u n^2}{0.9BNf_y}} = \sqrt{\frac{2.22R_u n^2}{BNf_y}}$$

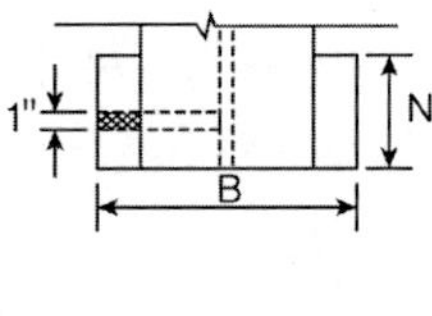

Critical Section

$$M_n = M_p = f_y\frac{t^2}{4}$$

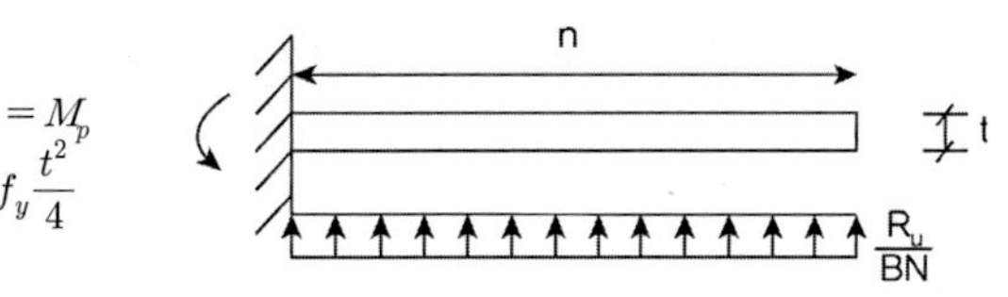

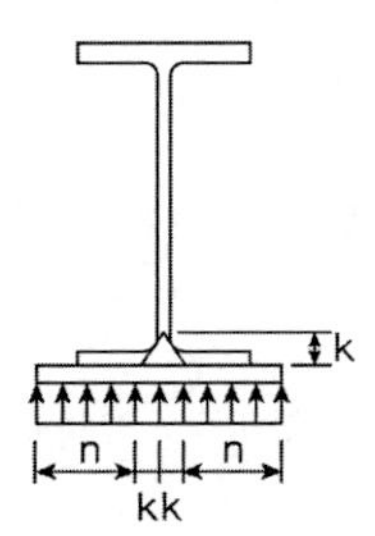

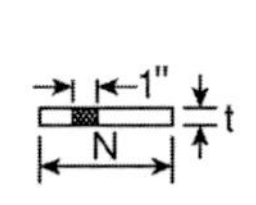

$$\therefore M_u = \frac{R_u}{BN}\times n\times\frac{n}{2} = \frac{R_u}{2BN}n^2$$

7. 기둥의 기초판

보의 지압판과 마찬가지로 기둥의 기초판의 설계는 지지재료의 지압응력과 판의 휨을 고려하여야 한다. 보의 지압판은 일방향 휨인데 비해서 기둥의 기초판은 두 방향 휨을 받는 것이 다른 점으로 기둥의 기초판의 설계에서는 웨브의 항복과 국부손상은 설계인자가 아니다. 기둥의 기초판은 대형과 소형으로 분류하며 소형은 판의 크기와 기둥의 단면이 거의 비슷한 경우로 하중이 작은 경우 하중이 큰 경우와는 다른 거동을 보인다.

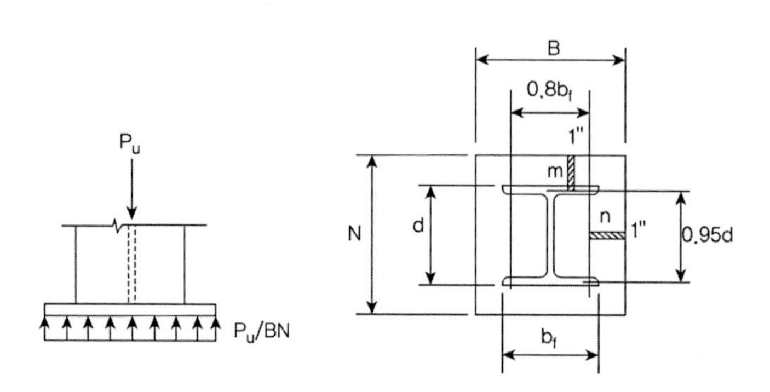

① 대형판의 두께는 기둥의 외곽선 바깥으로 연장된 부분의 휨을 고려하여 결정한다. 휨은 기둥 플랜지의 모서리 부근 판 두께의 중심축에 대하여 발생한다고 가정한다. 웨브와 평행한 두 축은 서로 $0.8b_f$만큼 떨어져 있고 플랜지와 평행한 두 축은 $0.95d$만큼 떨어져 있다. 판 두께를 구하기 위해서 m, n으로 표기된 1in인 폭 캔틸레버 스트립(strip) 중에서 큰 값을 다음의 식(보의 지압판 판의 두께 산정식)의 n으로 사용한다.

$$t \geq \sqrt{\frac{2R_u n^2}{0.9BNf_y}} = \sqrt{\frac{2P_u n^2}{0.9BNf_y}}$$

② 소형판의 경우에는 Murry-Stockwell의 방법을 이용하여 설계한다. 이 방법은 기둥경계인 면적 $b_f d$의 내부에 재하되는 하중은 아래그림의 H형강 모양의 면적에 등분포한다고 가정한다. 따라서 지압은 기둥의 외곽선 부근에 집중된다. 판의 두께는 단위 폭과 길이 c인 캔틸레버 스트립의 휨해석을 통하여 결정된다.

$$t \geq \sqrt{\frac{2P_0 c^2}{0.9A_H f_y}}$$

여기서, $P_0 = \dfrac{P_u}{BN} \times b_f d$ (면적 $b_f d$의 내부하중, H면적상 하중)

A_H : H형태의 면적

c : 응력 P_0/A_H를 지점 재료의 설계지압응력과 같도록 하는 크기

③ 큰 하중이 재하되는 기초판에 대하여는 Thornton이 플랜지와 웨브 사이의 판면적의 두 방향 휨에 근거한 해석방법을 제안하였다. 판 조각은 웨브에서는 고정단으로 플랜지에서는 단순지지로 그리고 다른 모서리는 자유단으로 가정한다.

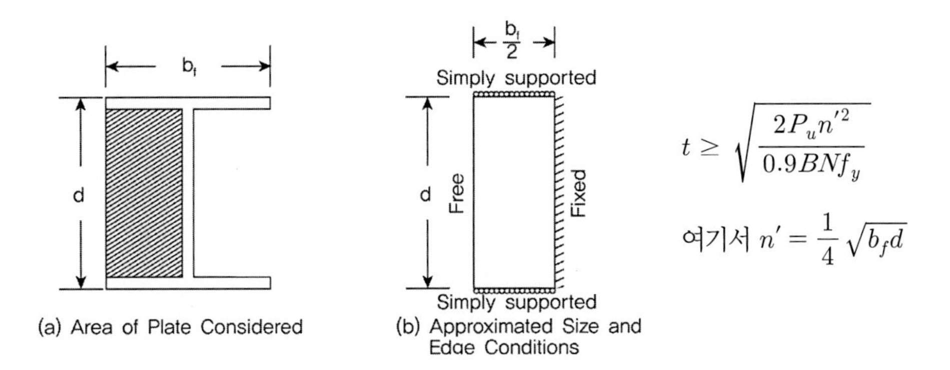

(a) Area of Plate Considered
(b) Approximated Size and Edge Conditions

$$t \geq \sqrt{\frac{2P_u n'^2}{0.9BNf_y}}$$

여기서 $n' = \frac{1}{4}\sqrt{b_f d}$

④ 이 3가지 접근방법에 대해서 Thornton에 의해 조합되어 통합되었으며 통합된 소요두께 산정식은 아래와 같다.

$$t \geq \sqrt{\frac{2P_u l^2}{0.9BNf_y}} = l\sqrt{\frac{2P_u}{0.9BNf_y}}$$

여기서 $l = \max(m, n, \lambda n')$

$$m = \frac{N - 0.95d}{2}, \quad n = \frac{B - 0.8b_f}{2}, \quad \lambda = \frac{2\sqrt{X}}{1 + \sqrt{1 - X}} \leq 1$$

$$X = \left(\frac{4b_f d}{(b_f + d)^2}\right)\frac{P_u}{\phi_c P_p}, \quad n' = \frac{1}{4}\sqrt{b_f d}, \quad \phi_c = 0.65, \quad P_p$$: 공칭지압강도

계산의 편의를 위해서 λ는 안전치인 1.0을 취한다. 이 방법은 LRFD에 적용된 방법과 같다.

TIP | ASD |

① P_u 대신에 P_a, ϕ 대신에 $1/\Omega(=1.67)$을 적용한다.

$$t \geq l\sqrt{\frac{2P_a}{(1/\Omega)BNf_y}} = l\sqrt{\frac{2P_a}{BNf_y/1.67}}$$

② X에 관한 식에서도 P_u 대신에 P_a, ϕ 대신에 $1/\Omega_c(=2.31)$을 적용

$$X = \left(\frac{4b_f d}{(b_f + d)^2}\right)\frac{P_u}{\phi_c P_p} = \left(\frac{4b_f d}{(b_f + d)^2}\right)\frac{P_a}{P_p/\Omega_c}$$

③ l, m, n, λ, n'는 LRFD와 같다.

(건축) 92회4-3

축방향 하중을 받는 베이스 플레이트의 두께 산정

그림과 같은 주각이 중심축하중 $P_u = 7500^{kN}$을 받을 때, 베이스플레이트(SM490)를 한계상태설계법으로 설계하시오(단, H-428×407×20×35, SM490). 기초크기는 4,000mm×4,000mm, $f_{ck} = 24^{MPa}$

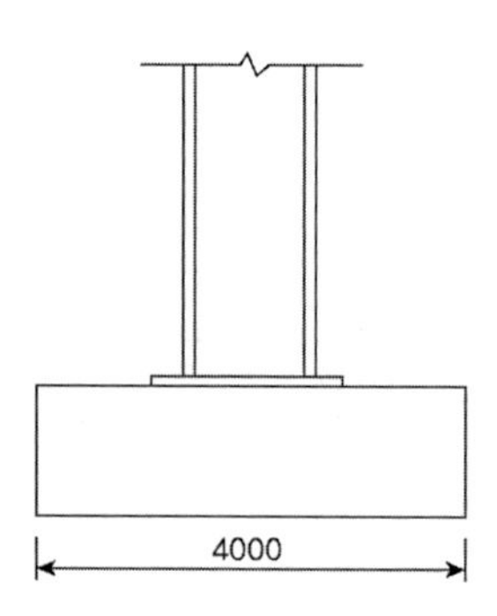

풀 이

➤ 베이스 플레이트 크기 결정

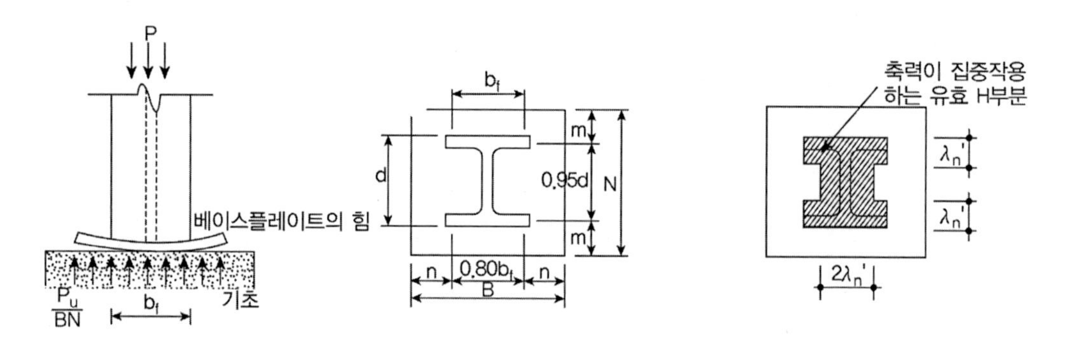

① 콘크리트의 지압강도

$A_2 = 4000 \times 4000 = 16,000,000mm^2$

지지 콘크리트의 면적이 베이스 플레이트 면적을 $\sqrt{A_2/A_1} \geq 2$가 되도록 가정하면,

$P_u = \phi_B P_p = \phi_B\left(0.85 f_{ck} A_1 \sqrt{\dfrac{A_2}{A_1}}\right)$으로부터,

$$A_1 = \frac{P_u}{\phi_B(0.85f_{ck})\sqrt{A_2/A_1}} = \frac{7500 \times 10^3}{0.6 \times 0.85 \times 24 \times 2.0} = 306,372mm^2$$

$\sqrt{A_2/A_1} = 7.22 \geq 2$　　　　O.K

② 기둥의 크기 고려

베이스 플레이트는 기둥보다 커야 하므로

$A = db_f = 428 \times 407 = 174,200mm^2 \langle A_1 = 306,372mm^2$ O.K

③ 최적 베이스 플레이트의 크기

$$\Delta = \frac{0.95d - 0.8b_f}{2} = \frac{0.95 \times 428 - 0.8 \times 407}{2} = 40.5mm$$

$N = \sqrt{A_1} + \Delta = \sqrt{306,372} + 40.5 = 594mm$ ∴ USE 650mm

$B = A_1/N = 306372/650 = 470mm$ ∴ USE 550mm

➤ 베이스 플레이트의 지압검토

$$\phi_B P_B = \phi_B(0.85f_{ck})A_1\sqrt{A_2/A_1} = \phi_B(0.85f_{ck})(2BN)$$

$$= 0.6 \times 0.85 \times 24 \times 2 \times 650 \times 550 \times 10^{-3} = 8751.6^{kN} \rangle P_u = 7500^{kN}$$ O.K

➤ 베이스 플레이트의 두께 산정

$$m = \frac{N - 0.95d}{2} = \frac{650 - 0.95 \times 428}{2} = 121.7mm$$

$$n = \frac{B - 0.8b_f}{2} = \frac{550 - 0.8 \times 407}{2} = 112.2mm$$

$$X = \left(\frac{4b_f d}{(b_f + d)^2}\right)\frac{P_u}{\phi_B P_B} = \left(\frac{4 \times 428 \times 407}{(428 + 407)^2}\right)\frac{7500}{8751.6} = 0.8564$$

$$\lambda = \frac{2\sqrt{X}}{1 + \sqrt{1 - X}} = 1.342 > 1 \qquad \therefore \lambda = 1.0$$

$$\lambda_n{}' = \frac{\lambda\sqrt{db_f}}{4} = \frac{\sqrt{428 \times 407}}{4} = 104.342mm$$

$$l = \max(m,\ n,\ \lambda_n{}') = 121.7mm$$

$$\therefore t_p \geqq \max(m,\ n,\ \lambda_n{}') \times \sqrt{\frac{2P_u}{\phi_b BNf_y}} = 121.7 \times \sqrt{\frac{2 \times 7500 \times 10^3}{0.9 \times 550 \times 650 \times 325}} = 46.09mm$$

∴ 베이스 플레이트는 PL−50×550×650을 사용한다.

(건축) 93회2-6

휨과 압축을 받는 경우의 베이스 플레이트 산정

철골기둥 주각부의 설계지압을 검토하고 설계조건에서 주어진 Base Plate 크기로 두께를 산정하시오(건축구조 기준 KBC2009적용 : 한계상태설계법).

- 콘크리트 설계 압축강도 $f_{ck} = 24MPa$, 철골기둥 H-400×400×13×21(SS400), Base Plate SS400
- 소요강도 $P_D = 1,400^{kN}$, $P_L = 1,200^{kN}$, $M_D = 50^{kNm}$, $M_L = 40^{kNm}$ (모멘트는 강축방향)
- Pedestal 크기 700×600(철근콘크리트), Base Plate산정 시 캔틸레버 방법으로 할 것, Rib Plate 없음
- 예시공식

$$t_p = \max(m,\ n,\ \lambda_n{}')\times\sqrt{\frac{2P_u}{\phi_b BNf_y}},\quad m=\frac{N-0.95d}{2},\quad n=\frac{B-0.8b_f}{2}$$

$$\lambda_n{}' = \frac{\lambda\sqrt{db_f}}{4}\ \lambda=\frac{2\sqrt{X}}{1+\sqrt{1-X}}\le 1,\quad X=\left(\frac{4b_fd}{(b_f+d)^2}\right)\frac{P_u}{\phi_c P_p}$$

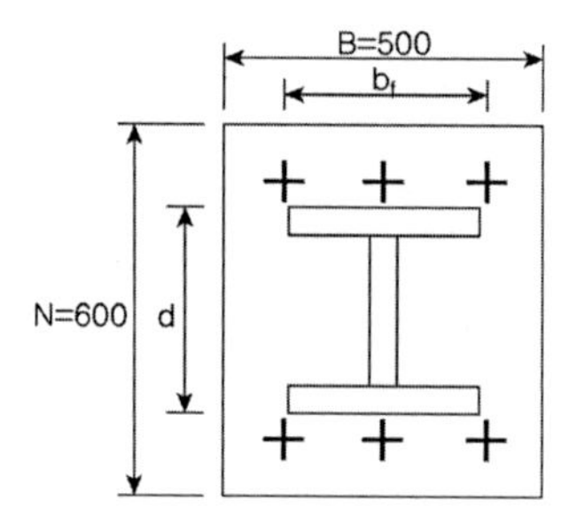

풀 이

➤ 개요

축하중과 휨모멘트를 받는 베이스 플레이트의 설계는 모멘트를 축하중으로 나누어서 구한 등가편심거리 e를 이용하여 산정하다. 주어진 축하중과 모멘트는 기둥 중심으로부터 e만큼 떨어진 지점에서 작용하는 등가 축하중으로 대치시켜서 설계한다.

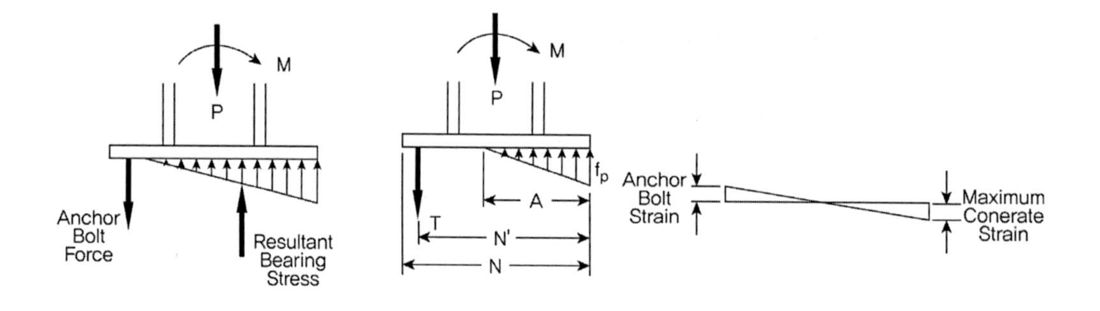

▶ 계수하중의 산정

$$P_u = 1.2P_D + 1.6P_L = 1.2 \times 1400 + 1.6 \times 1200 = 3600^{kN}$$
$$M_u = 1.2M_D + 1.6M_L = 1.2 \times 50 + 1.6 \times 40 = 124^{kNm}$$

▶ 등가편심거리 e와 한계편심거리 e_{crit} 산정

$$e = M/P = 124/3600 = 0.0344^{m} = 34.4mm < N/6 = 100^{mm}, \quad N/2 = 300^{mm}$$
$$I = \frac{BN^3}{12} = 9.0 \times 10^9 mm^4,$$
$$f_{1,2} = \frac{P}{BN} \pm \frac{Mc}{I} = \frac{3600 \times 10^3}{500 \times 600} \pm \frac{124 \times 10^6 \times 300}{9.0 \times 10^9} = 16.13^{MPa},\ 7.87^{MPa}$$

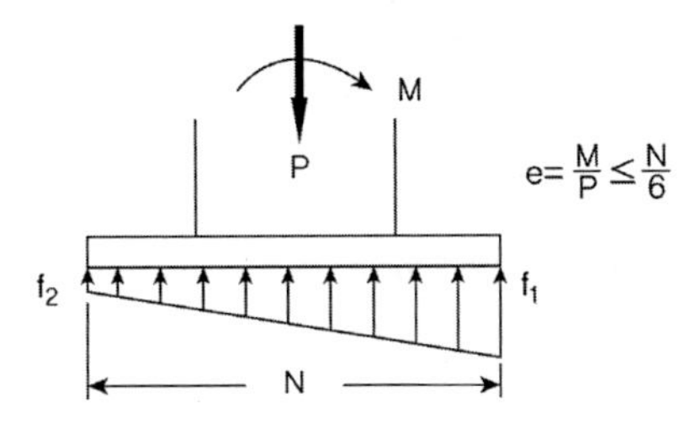

$$A_1 = 600 \times 500, \quad A_2 = 700 \times 600, \quad A_2/A_1 = 1.4$$
$$f_{p(\max)} = \phi_B f_p = \phi_B \left(0.85 f_{ck} \sqrt{\frac{A_2}{A_1}} \right) = 0.6 \times 0.85 \times 24 \times \sqrt{1.4} = 14.48^{kN}$$
$$q_{\max} = f_{p(\max)} \times B = 14.48 \times 500 = 7240 N/mm$$

$$\therefore\ e_{crit} = \frac{N}{2} - \frac{P_u}{2q_{\max}} = 300 - \frac{3600 \times 10^3}{2 \times 7240} = 51.38^{mm} > e$$

Small Moment를 가진 경우의 베이스 플레이트 설계경우에 따른다.

▶ Bearing length Y

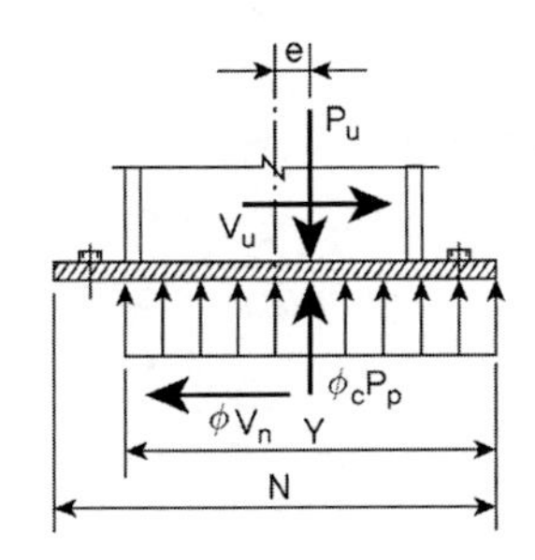

$$Y = N - 2e = 600 - 2 \times 34.4 = 531.2^{mm}$$
$$q = \frac{P_u}{Y} = \frac{3600 \times 10^3}{531.2} = 6777.108 N/mm < q_{\max} \quad \text{O.K}$$

▶ Determine minimum plate thickness

$$f_p = \frac{P_u}{BY} = 13.554^{MPa}$$

$$m = \frac{N - 0.95d}{2} = \frac{600 - 0.95 \times 400}{2} = 110$$

$Y \geq m$ 이므로 $\quad \therefore t_{p(req)} = 1.5m\sqrt{\frac{f_p}{f_y}} = 1.5 \times 110 \times \sqrt{\frac{13.554}{400}} = 30.37^{mm}$

▶ Check the Thickness

$$n = \frac{B - 0.8b_f}{2} = \frac{500 - 0.8 \times 400}{2} = 90^{mm}$$

$t_p = 1.5n\sqrt{\frac{f_p}{f_y}} = 1.5 \times 90 \times \sqrt{\frac{13.554}{400}} = 24.85^{mm} < t_{p(req)}$ O.K

∴ Base Plate의 두께를 안전율을 고려하여 32mm로 한다.

TIP | AISC Base Plate Design : LRFD | AISC Design Guide : Base Plate and Anchor Rod Design 2nd

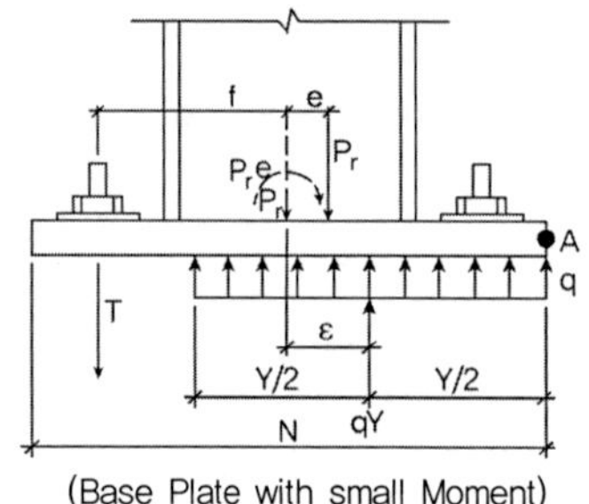

(Base Plate with small Moment)

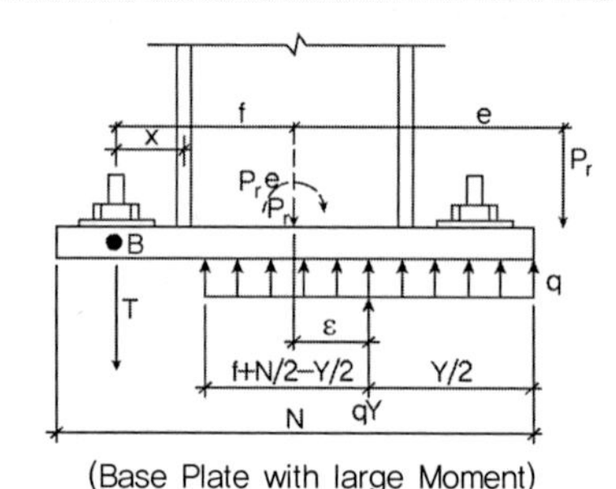

(Base Plate with large Moment)

1. Design of Column Base Plate with small Moment

   Given P_u, M_u $\quad \therefore e = M_u / P_u$

   Small Moment without up lifting : $0 < M_u < \frac{P_u N}{6}$ or $0 < e < \frac{N}{6}$

   편심이 작은 경우에는 축력은 지지력으로만 지지되며, 편심이 큰 경우에는 앵커로드가 필요하다. 위의 그림과 같이 모멘트가 작은 경우에는 지지반력이 qY로 정의되며 이때의 q는 다음과 같다.

   $q = f_p \times B$

   f_p : bearing stress between the plate and concrete

   B : Base plate width

A점을 기준으로 합력은 $Y/2$의 거리에서 작용하므로 플레이트의 중앙에서 합력과의 거리 ϵ는

$$\epsilon = \frac{N}{2} - \frac{Y}{2}$$

Y가 작아질수록 ϵ는 커진다. Y는 q가 최댓값을 가질 때 최솟값을 가지게 된다.

$$Y_{\min} = \frac{P_r}{q_{\max}}, \quad \text{여기서 } q = f_{p(\max)} \times B$$

$$\therefore\ \epsilon_{\max} = \frac{N}{2} - \frac{Y_{\min}}{2} = \frac{N}{2} - \frac{P_u}{2q_{\max}} \quad \rightarrow \quad \therefore\ e_{crit} = \epsilon_{\max} = \frac{N}{2} - \frac{Y_{\min}}{2} = \frac{N}{2} - \frac{P_u}{2q_{\max}}$$

$e \leqq e_{crit}$인 경우 모멘트 평형을 위해 전도되고 앵커로드가 필요하지 않으므로, 이때의 경우를 Small Moment를 갖는 경우로 본다. 만약 $e > e_{crit}$인 경우에는 앵커로드가 필요하게 된다. 이러한 경우를 Large Moment를 갖는 경우로 본다.

2. Design of Column Base Plate with small Moment

1) Concrete bearing stress

콘크리트의 지압력은 등분포하중이 $Y \times B$에 작용하는 것으로 가정한다.

$e = \epsilon$이면, $\frac{N}{2} - \frac{Y}{2} = e$이므로 $\therefore\ Y = N - 2e$

Small Moment인 경우 ($e \leqq e_{crit},\ q \leqq q_{\max},\ f_p \leqq f_{p(\max)}$) 따라서 지압응력은 $q = \frac{P_r}{Y}$

$(\because f_p = \frac{P_r}{BY})$

$e = e_{crit}$이라면, $Y = N - 2e = N - 2\left(\frac{N}{2} - \frac{P_u}{2q_{\max}}\right) = \frac{P_u}{q_{\max}}$

$(\because\ e_{crit} = \epsilon_{\max} = \frac{N}{2} - \frac{Y_{\min}}{2} = \frac{N}{2} - \frac{P_u}{2q_{\max}})$

2) Base Plate Flexural Yielding Limit at Bearing Interface

콘크리트와 플레이트의 지압력은 강축의 캔틸레버 길이 m을 가지는 휨과 약축 캔틸레버 길이 n을 가지는 휨을 유발한다. 강축에 대한 휨에 대해서는

$$f_p = \frac{P_r}{BY} = \frac{P_r}{B(N-2e)}$$

베이스 플레이트에 필요한 강도는 다음과 같이 구분하여 결정된다.

① $Y \geqq m \quad M_{pl} = f_p\left(\frac{m^2}{2}\right)$ ② $Y < m \quad M_{pl} = f_{p(\max)} Y\left(m - \frac{Y}{2}\right)$

여기서 M_{pl} : Plate bending moment per unit width

단위 폭당 플레이트의 저항 모멘트는 $M_n = R_n = f_y t_p^2/4$

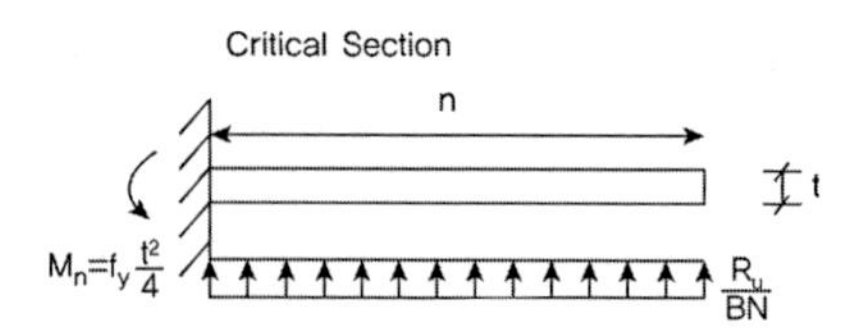

(LRFD) $\phi_b R_n = \phi_b f_y \dfrac{t_p^2}{4}$ (ASD) $\dfrac{R_n}{\Omega} = \dfrac{f_y}{\Omega}\dfrac{t_p^2}{4}$

($\phi_b = 0.90$: 휨강도감소계수, $\Omega = 1.67$: 휨 안전계수)

3) Base Plate thickness

구분	LRFD	ASD
$Y \geqq m$	$t_{p(req)} = \sqrt{\dfrac{4\left[f_p\left(\dfrac{m^2}{2}\right)\right]}{0.90f_y}} = 1.5m\sqrt{\dfrac{f_p}{f_y}}$	$t_{p(req)} = \sqrt{\dfrac{4\left[f_p\left(\dfrac{m^2}{2}\right)\right]}{f_y/1.67}} = 1.83m\sqrt{\dfrac{f_p}{f_y}}$
$Y < m$	$t_{p(req)} = \sqrt{\dfrac{4\left[f_p Y\left(m-\dfrac{Y}{2}\right)\right]}{0.90f_y}}$	$t_{p(req)} = \sqrt{\dfrac{4\left[f_p Y\left(m-\dfrac{Y}{2}\right)\right]}{f_y/1.67}}$

* 만약 $n > m$ 인 경우에는 n에 의해서 지배되므로 크기를 비교하여 검토한다(if $n > m$, $m \rightarrow n$).

4) General Design Procedure

① Determine the axial load and moment

② Pick a trial base plate size, $N \times B$

③ Determine the equivalent eccentricity $e = M_r/P_r$, $e \leqq e_{crit}$이면 다음단계로 가고 그렇지 않으면 large moment 설계방법에 따른다.

④ Determine $Y \rightarrow$ Determine $t_{req} \rightarrow$ Determine the anchor rod size

3. Design of Column Base Plate with large Moment

$M_u > \dfrac{P_u N}{6}$ or $e > \dfrac{N}{6}$ and $e > e_{crit} = \dfrac{N}{2} - \dfrac{P_r}{2q_{\max}}$ (앵커로드가 필요한 경우)

1) Concrete bearing and anchor rod forces

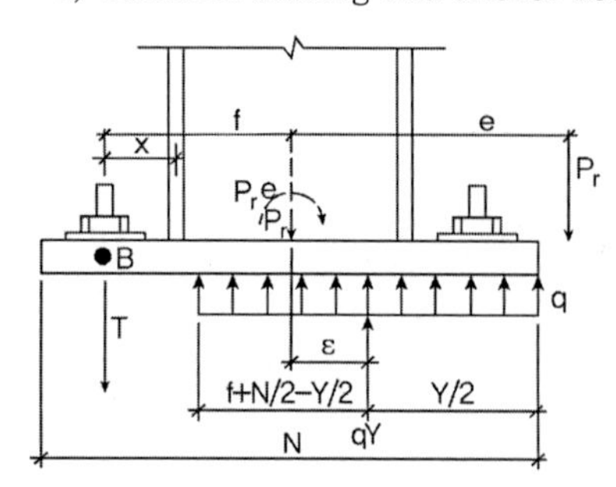

$\Sigma F_v = 0$: $T = q_{\max} Y - P_r$

여기서 T는 앵커로드가 필요로 하는 인장강도

$\Sigma M_B = 0$: $q_{\max} Y\left(\dfrac{N}{2} - \dfrac{Y}{2} + f\right) - P_r(e+f) = 0$

Y에 관한 2차 방정식으로 풀이하면

$\therefore\ Y = \left(f + \dfrac{N}{2}\right) \pm \sqrt{\left(f + \dfrac{N}{2}\right)^2 - \dfrac{2P_r(e+f)}{q_{\max}}}$

위의 값은 $\left(f+\frac{N}{2}\right)^2 \geq \frac{2P_r(e+f)}{q_{max}}$ 인 경우에만 만족되므로 $e=e_{crit}=\frac{N}{2}-\frac{P_r}{2q_{max}}$ 로 표현하면,

$$Y=\left(f+\frac{N}{2}\right)\pm\sqrt{\left(f+\frac{N}{2}\right)^2-\frac{2P_r\left[f+\left(\frac{N}{2}-\frac{P_r}{2q_{max}}\right)\right]}{q_{max}}}=\left(f+\frac{N}{2}\right)\pm\left[\left(f+\frac{N}{2}\right)-\frac{P_r}{q_{max}}\right]$$

$Y<N$이므로 $\therefore\ Y=\frac{P_r}{q_{max}}$

2) Base Plate Flexural Yielding Limit at Bearing Interface

Large Moment의 경우 지압응력은 최대 한계값을 갖는다.

$$f_p=f_{p(max)}$$

따라서 필요한 베이스 플레이트의 두께는 small moment를 갖는 경우에서 f_p 대신 $f_{p(max)}$로 한다.

구분	LRFD	ASD
$Y\geq m$	$t_{p(req)}=\sqrt{\frac{4\left[f_{p(max)}\left(\frac{m^2}{2}\right)\right]}{0.90f_y}}=1.5m\sqrt{\frac{f_{p(max)}}{f_y}}$	$t_{p(req)}=\sqrt{\frac{4\left[f_{p(max)}\left(\frac{m^2}{2}\right)\right]}{f_y/1.67}}=1.83m\sqrt{\frac{f_{p(max)}}{f_y}}$
$Y<m$	$t_{p(req)}=\sqrt{\frac{4\left[f_{p(max)}Y\left(m-\frac{Y}{2}\right)\right]}{0.90f_y}}$	$t_{p(req)}=\sqrt{\frac{4\left[f_{p(max)}Y\left(m-\frac{Y}{2}\right)\right]}{f_y/1.67}}$

* 만약 $n>m$ 인 경우에는 n에 의해서 지배되므로 크기를 비교하여 검토한다(if $n>m$, $m\rightarrow n$).

3) Base Plate Yielding Limit at tension Interface

앵커로드의 인장력(T_u: LRFD, T_a : ASD)이 플레이트에 휨으로 작용되므로 캔틸레버 작용이 앵커의 중앙과 기둥 플랜지의 중앙까지의 등가거리 x에 따라 작용된다.

$$x=f-\frac{d}{2}+\frac{t_f}{2},\quad M_{pl}=\frac{T_ux}{B}\text{(LRFD)},\quad M_{pl}=\frac{T_ax}{B}\text{(ASD)}$$

$$\phi_bR_n=\phi_bf_y\frac{t_p^2}{4}=M_{pl}$$

$$\therefore\ t_{p(req)}=\sqrt{\frac{4T_ux}{0.9Bf_y}}=2.11\sqrt{\frac{T_ux}{Bf_y}}\text{(LRFD)},\quad 2.58\sqrt{\frac{T_ux}{Bf_y}}\text{(ASD)}$$

TIP | LRFD 강교의 좌굴 | Guide to stability design criteria for metal structure (Theodore V. Galambos)

1. Plate buckling

1) 판의 좌굴방정식 : 축방향 압축력 (Differential Equation of plate buckling, Linear theory, uniform longitudinal compressive stress)

(page 1145. 참고자료) 등분포 압축하중을 받을 때의 판의 좌굴 유도

$$\sigma_x = k\frac{\pi^2 E}{12(1-\mu^2)(b/t)^2},\quad k=\left(\frac{mb}{a}+\frac{n^2 a}{mb}\right)^2$$

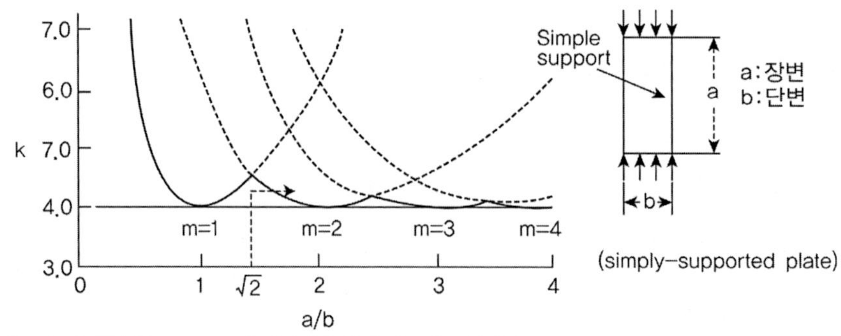

* a가 길어질수록 half sine이 많아져야 최저 좌굴하중 발생 (simply supported : minimum $k=4.0$)

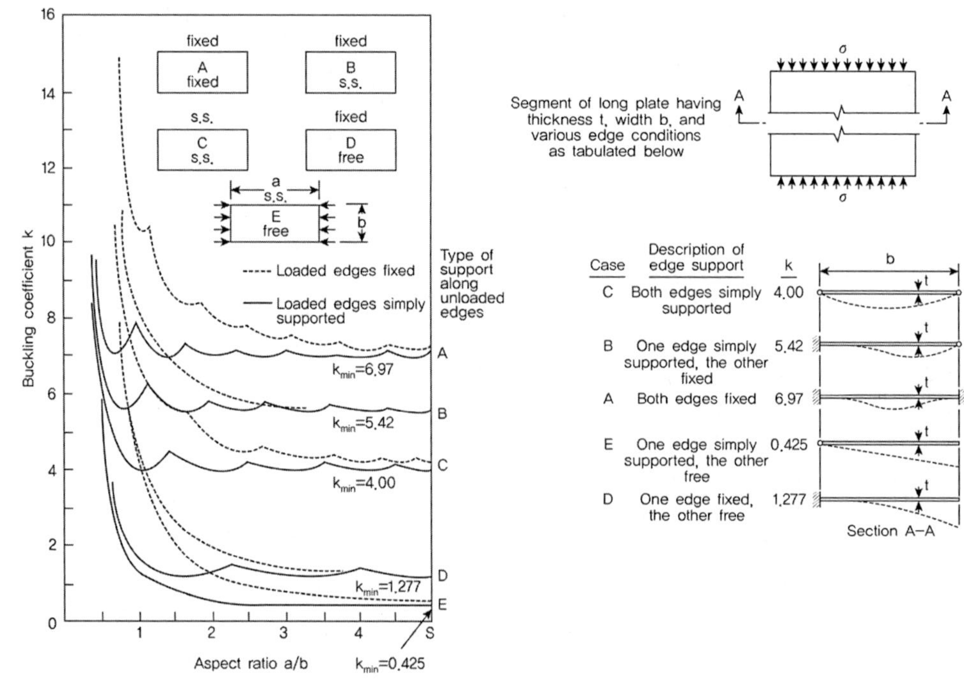

* a/b가 작으면(a/b≪1) 기둥과 같이 거동

TIP | LRFD 강교의 좌굴| Guide to stability design criteria for metal structure (Theodore V. Galambos)

2) 판의 좌굴 후 거동 : 축방향 압축력 (Post Buckling behavior, Inelastic buckling, uniform longitudinal compressive stress)

축방향 하중의 변화에 따라 비례한계이후의 강도의 증가로 인해 비선형 좌굴에 대한 보정식은 다음과 같이 표현한다.

$$\sigma_x = k\frac{\pi^2 E\sqrt{\eta}}{12(1-\mu^2)(b/t)^2}, \quad \eta = E_t/E$$

판의 국부좌굴(local buckling)의 발생으로 인해 일부구간에서 강성을 잃게 되고 그로 인해 응력이 재분배되는 결과가 나타나서 단부의 등분포 압축력이 좌굴 후에는 균일하게 분포하지 않게 된다. 좌굴된 판의 강성은 단부지점으로 이동하게 되어 단부에서의 강성이 커지게 된다.

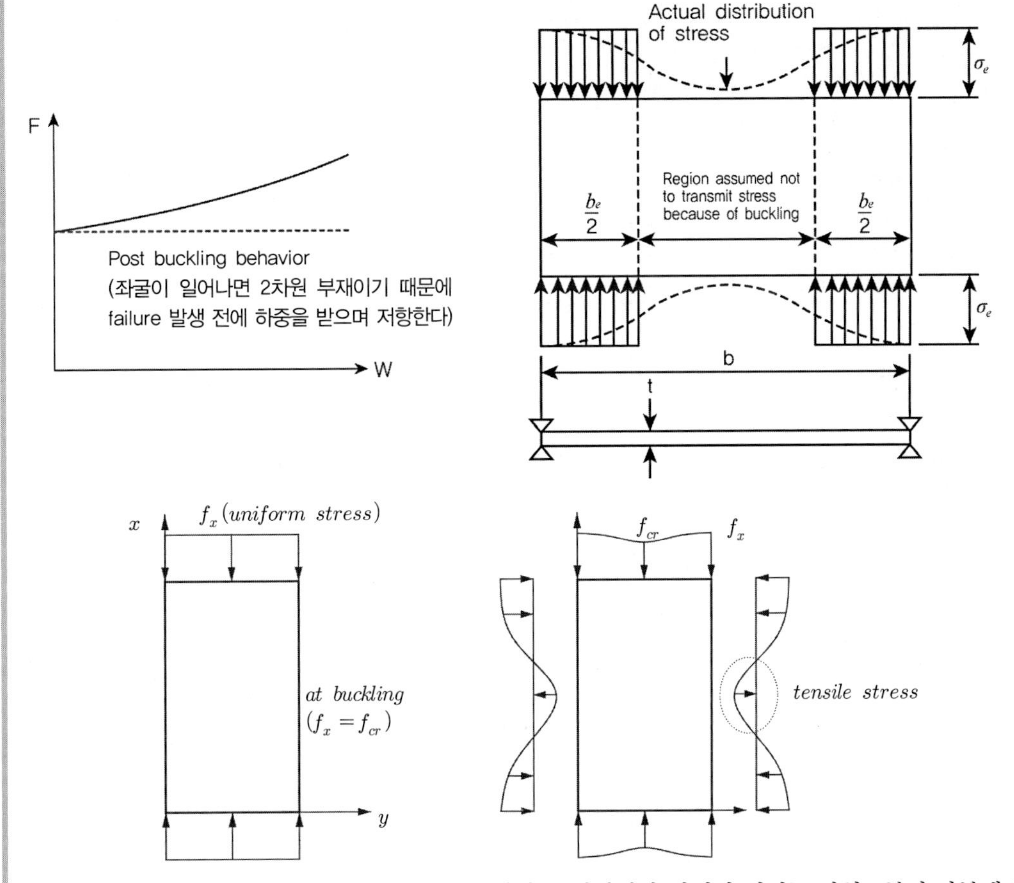

좌굴발생이후 강도를 추정하는 방법으로는 양단부 지점에서 강성이 커지는 사실로부터 단부에 두 개의 분리된 등분포하중이 작용하고 중앙부에서는 하중이 분배되지 않는다는 가정을 통해서 산정한다. 이때 단부에 등분포하중이 분포되는 유효폭 개념(Effective width concept)을 도입하게 되었으며 AISC(1993) 등의 설계기준에서 적용하고 있다.

TIP | LRFD 강교의 좌굴 | Guide to stability design criteria for metal structure (Theodore V. Galambos)

von Karman의 유효폭 제안식(1932) $b_e = \left[\dfrac{\pi}{\sqrt{3(1-\mu^2)}}\sqrt{\dfrac{E}{\sigma_e}}\right]t$

k=4.0일 때, 등분포 압축하중을 받을 때의 판의 좌굴방정식을 고려하면 $\dfrac{b_e}{b} = \sqrt{\dfrac{\sigma_c}{\sigma_e}}$

단부 등분포하중을 받는 양쪽의 폭을 $b_e/2$라고 하면 평균응력은 $\sigma_{av} = \dfrac{b_e}{b}\sigma$

$\therefore\ \sigma_{av} = \sqrt{\sigma_c \sigma_y}\ \ (\sigma_e = \sigma_y)$

Post Buckling behavior
① 응력이 서로 다른 것은 늘어나는 면에 대해서 직선적으로 변형되기 위한 응력이다. $\therefore\ \Sigma \int f_Y = 0$ (수평방향 힘의 합력은 0) ② 여기서 발생되는 인장력은 수직응력에 영향을 주어서 Post buckling strength가 발생한다. 양끝단에서는 supported되었기 때문에 강성(stiffness)이 강하다. 따라서 가운데 부분에서는 f_{cr} 이상의 하중은 받지 못하고 양끝단에서 하중을 받는다. ③ Y방향의 인장응력 : 횡방향 변위에 저항하는 판의 강성(지지조건)은 좌굴 후 강도에 영향을 준다. ④ 종방향 끝단 인근 판의 좌굴발생 후 변형 형상은 횡방향 변형에 큰 강성을 가지며, 좌굴 후의 증가하중의 대부분을 부담한다. ⑤ 좌굴 후 강도(Post Buckling Strength) • 면외 방향의 좌굴 변형으로 등분포되지 않은 응력 분포로 나타난다. • 인장응력으로 인하여 추가적인 강도가 발생된다. • 좌굴 후 강도는 b/t 비율이 클수록 크게 나타난다. • 지점이 지지된 부재(stiffened element)가 지지되지 않은 부재(unstiffened element)보다 좌굴 후 강도가 크다.

3) 축력과 휨을 받는 판의 좌굴

축력과 휨을 받는 판은 판의 좌굴은 단부에서 발생하는 최대 응력 σ_1과 최소 응력 σ_2의 내력변화에 따라 달라진다. 판의 탄성 한계응력은 단부경계조건과 등분포 축응력을 받는 판에 대한 휨응력의 비율에 따라 달라지게 되며, 등분포 축응력을 받을 때의 k값 대신 k_c를 사용한다. k_c는 중간의 응력비 (σ_{cb}/σ_c)로 선형보간에 의해 산정한다.

Loading	Ratio of Bending stress to Uniform Compression Stress σ_{cb}/σ_c	Minimum Bucking Coefficient, $*k_c$					
		Unloaded Edges Simply Supported		Top Edge Free		Bottom Edge Free	
			Unloaded Edges Fixed	Bottom Edge Simpl Supported	Bottom Edge Fixed	Top Edge Simply Supported	Top Edge Fixed
a, σ_1, b, $\sigma_2=-\sigma_1$, σ_2	∞ (pure bending)	23.9	39.6	0.85	2.15		
$\sigma_2=-2/3\sigma_1$	5.00	15.7					
$\sigma_2=-1/3\sigma_1$	2.00	11.0					

TIP | LRFD 강교의 좌굴| Guide to stability design criteria for metal structure (Theodore V. Galambos)

Loading	Ratio of Bending stress to Uniform Compresion Stress σ_{cb}/σ_c	Minimum Bucking Coefficient, $*k_c$					
		Unloaded Edges Simply Supported		Top Edge Free		Bottom Edge Free	
			Unloaded Edges Fixed	Bottom Edge Simpl Supported	Bottom Edge Fixed	Top Edge Simply Supported	Top Edge Fixed
$\sigma_2=0$	1.00	7.8	13.6	0.57	1.61	1.70	5.93
$\sigma_2=-1/3\sigma_1$	0.50	5.8					
σ_1 $\sigma_2=\sigma_1$ σ_1 σ_2 σ_2	0.0 (pure compression)	4.0	6.97	0.42	1.33	0.42	1.33

* Values given are based on plates having loaded edges simply supported and are conservative for plates having loaded edges fixed.

4) 순수 전단을 받는 판의 좌굴

판 구조에서 순수전단을 받게 되어 인장과 압축응력이 동일한 크기로 발생되면 45°방향으로 전단응력이 존재한다. 압축응력의 불안정한 영향은 수직방향의 인장응력에 의해 저항된다. 단부의 압축을 받는 경우와는 다르게 순수전단을 받는 경우에 좌굴모드는 여러 파형의 조합으로 나타나게 된다. 한계전단응력은 전단응력 τ_c와 전단좌굴응력의 좌굴계수인 k_s로 표현된다.

순수전단상태의 전단좌굴계수 k_s는 단부지지조건에 따라 다음의 3가지로 구분되어 평가되어진다. 여기서 단변 b는 플레이트거더에 적용할 때에는 웨브의 높이 h로 적용된다.

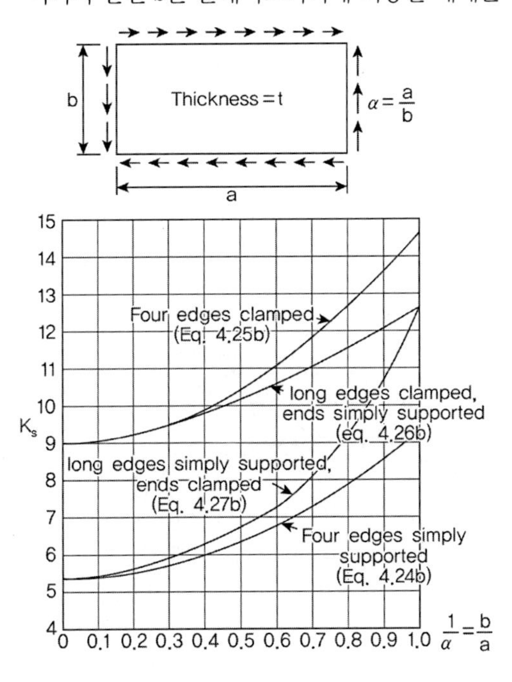

네 지점이 단순지지인 경우

$$k_s = 4.00 + \frac{5.34}{\alpha^2}(\alpha \le 1),\quad 5.34 + \frac{4.00}{\alpha^2}(\alpha \ge 1)$$

네 지점이 고정지지인 경우

$$k_s = 5.6 + \frac{8.98}{\alpha^2}(\alpha \le 1),\quad 8.98 + \frac{5.6}{\alpha^2}(\alpha \ge 1)$$

두 지점 고정, 두 지점 단순지지인 경우

(장변이 고정인 경우)

$$k_s = \frac{8.98}{\alpha^2} + 5.61 - 1.99\alpha \ (\alpha \le 1)$$

$$= 8.98 + \frac{5.61}{\alpha^2} - \frac{1.99}{\alpha^3} \ (\alpha \ge 1)$$

(단변이 고정인 경우)

$$k_s = \frac{5.34}{\alpha^2} + \frac{2.31}{\alpha} - 3.44 + 8.39\alpha \ (\alpha \le 1)$$

$$= 5.34 + \frac{2.31}{\alpha} - \frac{3.44}{\alpha^2} + \frac{8.39}{\alpha^3} \ (\alpha \ge 1)$$

5) 합성응력을 받는 판의 좌굴

전단과 종방향 압축력을 받는 경우 : 단순지지인 경우

$\frac{\sigma_c}{\sigma_c^*}+\left(\frac{\tau_c}{\tau_c^*}\right)^2=1$ 여기서, σ_c^*, τ_c^*는 각각 압축, 전단만 받을 때의 한계 응력

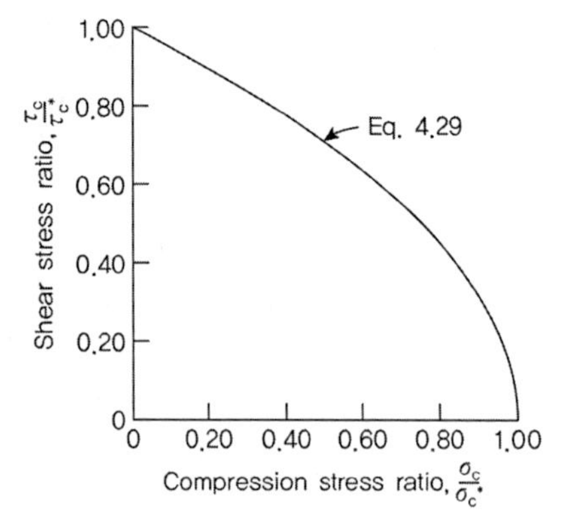

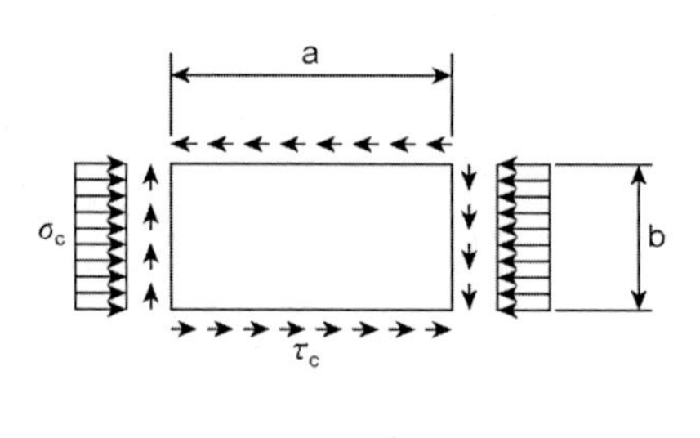

Peters(1954)에 의해 비탄성영역에서의 합성응력에서는 다음의 식이 더 보수적인 결과를 나타내는 것으로 발표

$$\left(\frac{\sigma_c}{\sigma_c^*}\right)^2+\left(\frac{\tau_c}{\tau_c^*}\right)^2=1$$

전단과 휨응력을 받는 경우 : 단순지지인 경우

Timoshenko(1934)는 α=0.5, 0.8, 1.0일 때의 τ_c/τ_c^* 값과 연관하여 k_c값을 줄여서 조정하는 방정식을 제시하였고, Stein and Way(1936)에 의해 아래의 그래프와 같이 제시되었다. Chwalla(1936)는 현재 많이 사용되고 있는 아래의 개략적인 관계식을 제시하였고 그 값이 그래프의 값과 유사하게 나타난다.

$\left(\frac{\sigma_{cb}}{\sigma_{cb}^*}\right)^2+\left(\frac{\tau_c}{\tau_c^*}\right)^2=1$ 여기서, σ_{cb}^*, τ_c^*는 각각 휨, 전단만 받을 때의 한계 응력

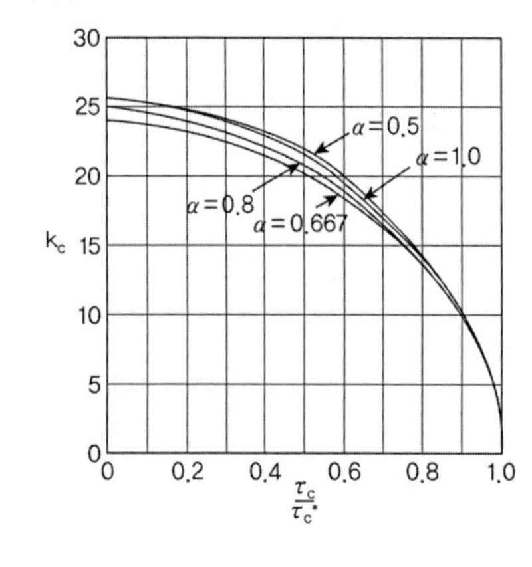

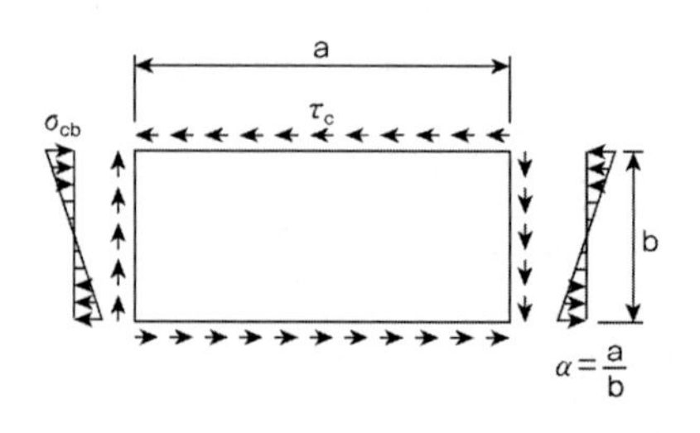

전단과 휨응력과 압축력을 받는 경우 : 단순지지인 경우

Gerard and Becker(1958)에 의해 다음의 3개의 텀으로 구성된 개략식이 제시되었다.

$\dfrac{\sigma_c}{\sigma_c^*}+\left(\dfrac{\sigma_{cb}}{\sigma_{cb}^*}\right)^2+\left(\dfrac{\tau_c}{\tau_c^*}\right)^2=1$ 여기서, σ_c^*, σ_{cb}^*, τ_c^*는 각각 압축, 휨, 전단만 받을 때의 한계 응력

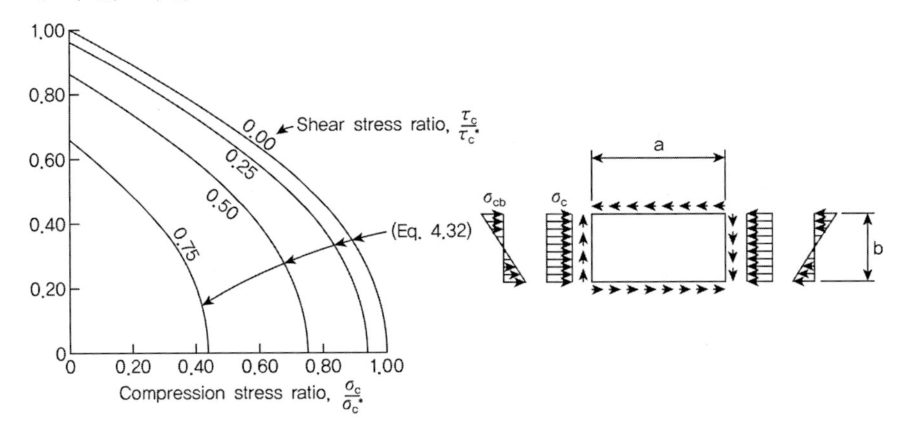

6) 보강된 판의 국부좌굴(Local buckling of stiffende plates)

종방향 또는 횡방향 보강재로 보강된 판은 판의 압축강도를 향상시키기 때문에 일반적으로 사용하는 경제적인 방법이다. 다음의 조건은 단순지지된 경우로 가정한다.

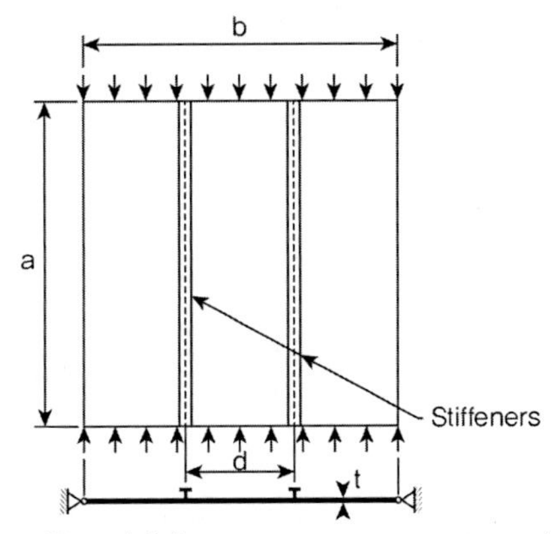

종방향 보강패널(panal with longitudinal stiffeners)

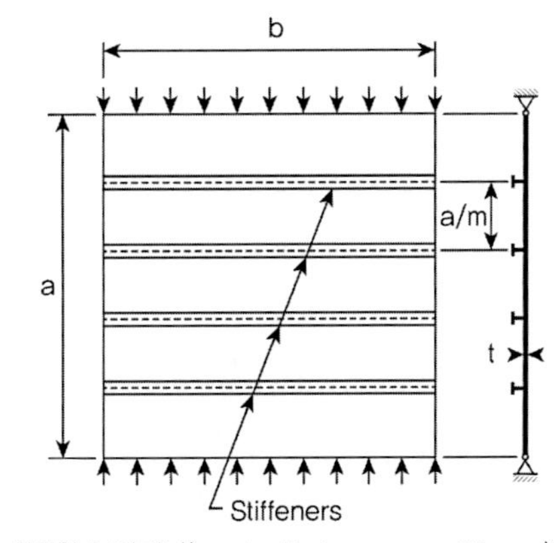

횡방향 보강패널(panal with transverse stiffeners)

종방향 보강패널(panal with longitudinal stiffeners)

종방향 보강재는 비틀림강성을 가지지 않는다고 가정한다.Sharp(1966)에 의해 제시된 보수적인 방법은 2가지 영역 구분한다. 첫 번째 영역은 좌굴된 모양이 종방향과 횡방향 모두에서 1/2사인곡선을 가지는 짧은 판에 적용되며, 두 번째 영역은 횡방향으로는 1/2 사인곡선을 가지면서 종방향으로 여러개의 파형을 가지는 긴 판에 적용된다. 짧은 판에서 보강재와 판의 폭은 동일한 길이 d를 가지며 이는 세장비와 함께 기둥의 길이 a와 같이 해석된다.

TIP | LRFD 강교의 좌굴| Guide to stability design criteria for metal structure (Theodore V. Galambos)

$\left(\frac{L}{r}\right)_{eq} = \frac{a}{r_e}$ 여기서 r_e는 보강재와 판으로 구성된 단면의 회전반경

긴 판의 경우 기둥강도식을 사용하기 위해서는 세장비에 대한 정의가 필요하다.

$$\frac{L}{r_{eq}} = \sqrt{6(1-\nu^2)}\,\frac{b}{t}\sqrt{\frac{1+(A_s/bt)}{1+\sqrt{(EI_e/bD)+1}}}$$

여기서, b =Nd : 종방향으로 보강된 판의 전체 폭

N : 종방향보강재로 나뉘어진 판의 개수

I_e : 종방향 보강재와 폭 d와 동등한 판으로 구성된 단면의 단면2차 모멘트

A_s : 보강재의 면적

$$D = \frac{Et^3}{12(1-\nu^2)}$$

위의 두 식중 작은 값을 취하며, 판은 패널의 폭 d가 모두 사용되는 것으로 가정한다.

횡방향 보강패널(panal with transverse stiffeners)

축방향 압축력을 받는 판의 횡방향 보강재의 필요크기는 Timoshenko and Gere(1961)에 의해서 1~3의 보강재가 동일간격으로 보강된 경우와 Klitchieff(1949)에 여러개의 보강재인 경우 등에 대해서 제시되어져 왔다. 보강된 판의 강도는 보강재 사이의 판의 좌굴강도에의해 제한된다.

Klitchieff가 제시한 필요한 최소한의 값 γ는

$$\gamma = \frac{(4m^2-1)[(m^2-1)^2 - 2(m^2+1)\beta^2 + \beta^4]}{2m5m^2+1-\beta^2\alpha^3}$$

여기서, $\beta = \frac{\alpha^2}{m}$, $\alpha = \frac{a}{b}$, $\gamma = \frac{EI_s}{bD}$

m은 보강재로 나뉘어진 패널의 수, EI_s는 횡방향보강재의 휨강성

Timoshenko and Gere 제시 완전히 강체로 거동할 수 있는 기둥의 탄성지점조건의 스프링계수 K

$K = \frac{mP}{Ca}$, 여기서 $P = \frac{m^2\pi^2(EI)_c}{a^2}$, a는 기둥의 총 길이

이 때, C는 m에 따른 상수로 m=2일 때, C=0.5, m이 무한대일 때 0.25를 가진다.

횡방향 보강된 판에서 보강재에 의해 종방향으로의 구분된 판은 횡방향 보강재에 의해 탄성 지지된 기둥과 같이 거동한다고 가정할 수 있으며 보강재에 의해 종방향으로의 구분된 판에 작용하는 하중은 보강재의 변위에 비례한다. 1/2 사인곡선 변위를 가질때의 스피링 상수 K는

$$K = \frac{\pi^4(EI)_s}{b^4}$$

$\therefore \frac{(EI)_s}{b(EI)_c} = \frac{m^3}{\pi^2 C(a/b)^3}$ 여기서 종방향 보강재가 없을 때 $(EI)_c = D$이므로 좌측식은 γ와 같다.

TIP | LRFD 강교의 좌굴| Guide to stability design criteria for metal structure (Theodore V. Galambos)

종방향 보강재와 횡방향 보강재로 구성된 패널(panal with longitudinal and transverse stiffeners)

Gerard and Becker(1957/1958)에 의해서 제안된 방법으로 종방향 보강재와 횡방향 보강재가 조합된 변수함수 α에 대해 최소값 γ를 제시하였다.

$\dfrac{(EI)_s}{b(EI)_c}=\dfrac{m^3}{\pi^2 C(a/b)^3}$ 의 방정식이 사용되며 스프링 상수 K값이 종방향 보강재의 개수에 따라 변화한다. 횡방향 보강재의 휨강성 $(EI)_c$은 판의 종방향 보강재의 단위 폭당 평균 강성으로 표현한다.

Number and spacing of longitudinal stiffeners	Spring Constant K	$\dfrac{(EI)_s}{b(EI)_c}=\gamma$
One centrally located	$\dfrac{48(EI)_s}{b^3}$	$\dfrac{0.206m^3}{C(a/b)^3}$
Two equally spaced	$\dfrac{162}{5}\dfrac{(EI)_s}{b^3}$	$\dfrac{0.206m^3}{C(a/b)^3}$
Four equally spaced	$\dfrac{18.6(EI)_s}{b^3}$	$\dfrac{0.133m^3}{C(a/b)^3}$
Infinite number equally spaced	$\dfrac{\pi^4(EI)_s}{b^3}$	$\dfrac{m^3}{\pi^2 C(a/b)^3}=\dfrac{0.1013m^3}{C(a/b)^3}$

횡방향 보강재의 필요크기는 종방향 보강재를 포함하여 개략적으로 표현된다.

$$\frac{(EI)_s}{b(EI)_c}=\frac{m^3}{\pi^2 C(a/b)^3}\left(1+\frac{1}{N-1}\right)$$

2. Beam buckling

휨에 의해 지배되는 빔, 거더, 들보(joist), 트러스는 약축의 판보다는 큰 강도와 강성을 갖는다. 적절한 브레이싱으로 보강되지 않을 경우에는 내부판이 보유하고 있는 최대 저항력에 도달하기 이전에 횡비틀림 좌굴(Lateral-torsional buckling)에 의해 파괴된다. 이러한 좌굴파괴현상은 브레이싱이 없거나 완공후 구조물과 다른 형태로 보강된 공사 중에 발생되기 쉽다.

횡비틀림좌굴은 구조적 유용성의 한계상태로 하중저항성능은 변화가 없음에도 주로 면내에서의 빔의 변형이 발생되었던 구조가 횡방향으로의 변위와 뒤틀림의 조합으로 변경되게 된다.

적절한 간격으로 횡브레이싱을 설치하거나 비틀림 강성이 큰 박스단면이나 다이아프램과 같은 횡비틀림저항을 할 수 있는 개단면 보를 사용할 경우 횡비틀림 좌굴을 방지할 수 있다. 횡비틀림좌굴 강도의 주요 영향요소로는 횡브레이싱의 간격, 하중의 종류와 위치, 단부조건, 단면의 크기, 지점의 연속성, 보강재의 여부, 와핑(Warping)저항성, 단면성능, 잔류응력의 크기와 분포, 프리스트레스힘, 기하학적 초기결함, 하중의 편심, 단면의 뒤틀림 등이 있다.

횡비틀림좌굴거동은 아래의 그림과 같이 비지지된 길이와 연관된 한계모멘트로 표현되며, 아래의 그래프에서 실선은 완전히 직선인 보에서의 관계를 나타내고, 점선은 초기결함이 존재할 경우를 나타낸다. 그래프는 3가지 범위로 구분되며, (1) 탄성좌굴구간(Elastic buckling, 긴 보가 지배적), (2) 비탄성좌굴구간(Inelastic buckling, 보의 일부가 항복한 후 발생), (3) 소성영역(Platic behavior, 비지지된 길이가 소성모멘트에 도달하기 이전에 좌굴이 발생)

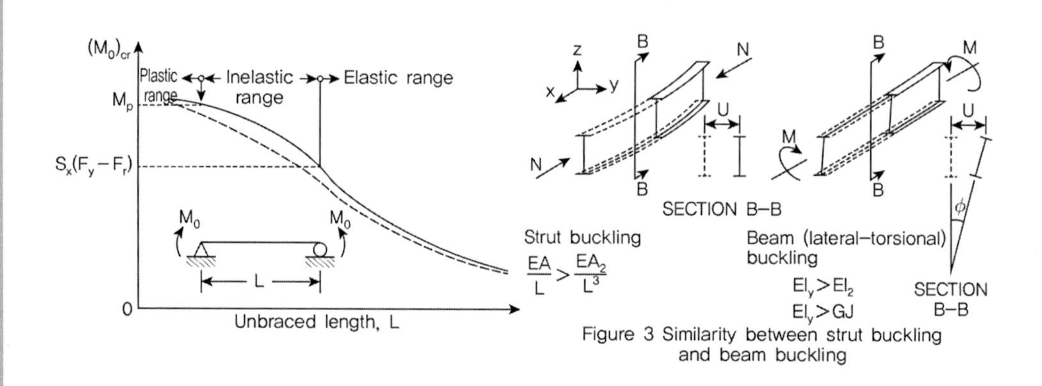

Figure 3 Similarity between strut buckling and beam buckling

1) 탄성 횡비틀림 좌굴(Elastic Lateral-Torsional Bucling, Elastic LTB)

단순지지된 2축 대칭 동일 단면 보(Simply supported doubly symmetric beams of constant sections)

Uniform Bending.

$M_{cr}=\frac{\pi}{L}\sqrt{EI_yGJ}\sqrt{1+W^2}$, 여기서 $W=\frac{\pi}{L}\sqrt{\frac{EC_w}{GJ}}$

보의 단부는 횡방향 변위($u=0$)와 뒤틀림($\beta=\phi=0$)은 제한되고 횡방향 회전($u''=0$)과 와핑($\phi''=0$)은 가능

TIP | LRFD 강교의 좌굴| Guide to stability design criteria for metal structure (Theodore V. Galambos)

Nonuniform Bending.

$M_{cr} = C_b M_{cr}$

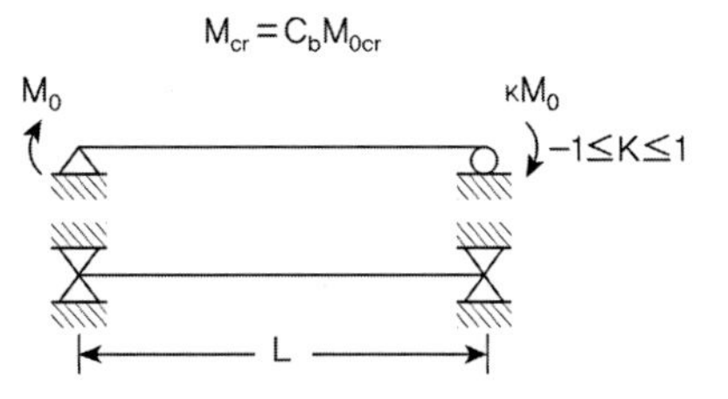

C_b : equivalent uniform moment factor

$$C_b = \frac{12.5M_{max}}{2.5M_{max} + 3M_A + 4M_B + 3M_C}$$

고정지지된 2축 대칭 동일 단면 보(End-Restrained doubly symmetric beams of constant sections)

Nethercot and Rockey(1972).

I	II	III	IV	V
Simply supported $u=\phi=u''=\phi''=0$	Warping prevented $u=\phi=u''=\phi'=0$	Lateral bending prevented $u=\phi=u'=\phi''=0$	Fixed end $u=\phi=u'=\phi'=0$	Lateral support at center. Retsraint : equal at both ends

$M_{cr} = CM_{cr}$

$C = A/B$ Top flange loading

$= A$ mid-height loading

$= AB$ bottom flange loading

Loading	Restraint	A	B
Concentrated load at center (L/2, L/2)	I	1.35	$1-0.180W^2+0.649W$
	II	$1.43+0.485W^2+0.463W$	$1-0.317W^2+0.619W$
	III	$2.0-0.074W^2+0.304W$	$1-0.207W^2+1.047W$
	IV	$1.916-0.424W^2+1.851W$	$1-0.466W^2+0.923W$
	V	$2.95-1.143W^2+4.070W$	1
Uniformly distributed load	I	1.13	$1-0.154W^2+0.535W$
	II	$1.2+0.416W^2+0.402W$	$1-0.225W^2+0.571W$
	III	$1.9-0.120W^2+0.006W$	$1-0.100W^2+0.806W$
	IV	$1.643-0.405W^2+1.771W$	$1-0.339W^2+0.625W$
	V	$2.093-0.947W^2+3.117W$	$1.073+0.044W$

Trahair and Bradford (1988).

ⓐ Compute the in-plane BMD

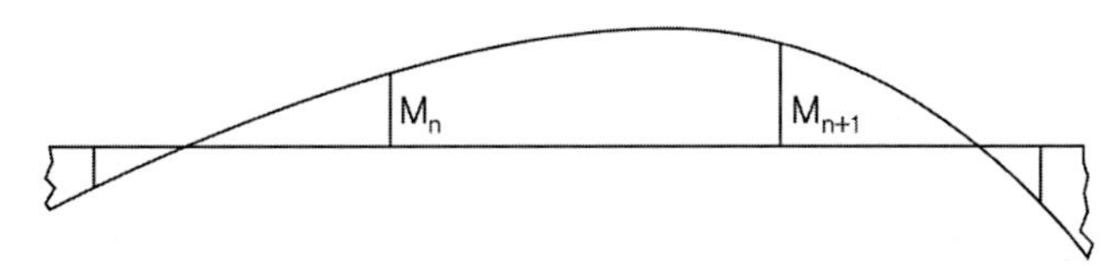

ⓑ Determine C_b, M_{cr} for each unbraced segment in the beam, using the actual unbraced length as the effective length in $M_{cr} = \frac{\pi}{L}\sqrt{EI_y GJ}\sqrt{1+W^2}$ and identify the segment with the lowest critical load. The critical loads for buckling assuming simply supported ends for the weakest segment and the two adjacent segment are P_m, P_{rL} and P_{rR}, respectively.

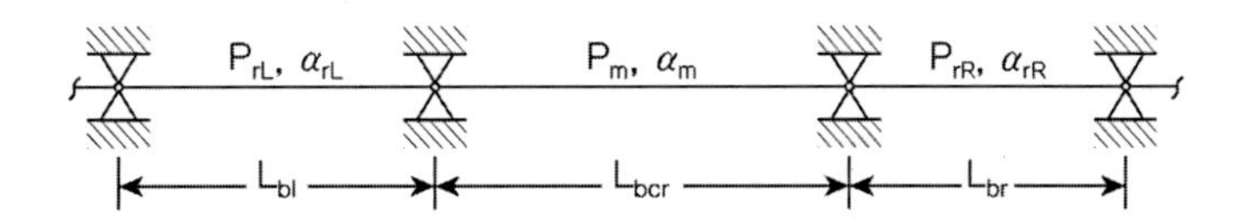

ⓒ Compute the stiffness ratios for the three segments as follows : for the critical segment

$$\alpha_m = \frac{2EI_y}{L_{bcr}}$$

and for each adjacent segment $\alpha_r = n\frac{EI_y}{L_b}\left(1-\frac{P_m}{P_r}\right)$

where n=2 if the far end of the adjacent segment is continuous, n=3 if it is pinned and n=4 is it is fixed.

ⓓ Determine the stiffness ratios $G=\alpha_m/\alpha_r$ and obtain the effective length factor K from the nonsway restrained column nomographs.

ⓔ Compute the critical moment and the buckling load of the critical segment from the equation

$$M_{cr} = \frac{C_b\pi\sqrt{EI_y GJ}}{KL}\sqrt{1+\frac{\pi^2 EC_w}{GJ(KL)^2}}$$

횡방향(lateral)과 뒤틀림(waroing)에 대한 단부지점이 동일하지 않을 때는 다음의 개략식을 사용할 수 있다.

$$M_{cr} = \frac{C_b\pi\sqrt{EI_y GJ}}{K_y L}\sqrt{1+\frac{\pi^2 EC_w}{GJ(K_z L)^2}}$$

II의 조건에서 $K_y = 1.0(u''=0)$, $K_z = 0.5(\phi'=0)$

pin − fix 조건 $K_z = 0.7$

캔틸레버 보 (Cantilever beams)

Nethercot(1983)

$$M_{cr} = \frac{\pi}{KL}\sqrt{EI_y GJ}\sqrt{1+\frac{\pi^2 EC_w}{(KL)^2 GJ}}$$

경계 조건별 유효길이 factor K는 다음과 같이 고려

Restraint conditions		Effective length	
At root	At tip	Top flange loading	All other cases
		1.4L	0.8L
		1.4L	0.7L
		0.6L	0.6L
		2.5L	1.0L
		2.5L	0.9L
		1.5L	0.8L
		7.5L	3.0L
		7.5L	2.7L
		4.5L	2.4L

3. 횡방향 보강재가 없는 보의 설계 (Design of Laterally unsupported beams)

횡비틀림 좌굴에 대한 설계는 갑작스런 파괴를 방지하기 위해서 주요한 설계내용이다. 그러나 횡비틀림 좌굴설계는 복잡한 문제이고 여러 변수를 포함하기 때문에 상세설계에서는 모든 가능성을 포함하여 설계를 수행하여야 한다. 따라서 상세설계 기준에서는 단부경계조건을 보수적인 가정을 기준으로 하며 대부분 설계기준은 단순지지조건($u=\phi=u''=\phi''=0$)을 기준으로 하게 되며, 일반적으로 뒤틀림(Warping)이 방지된 보와 방지되지 않은 보에서의 좌굴하중은 방지된 보가 약 33% 더 크게 나타나는 것으로 알려져 있다.

탄성 한계 모멘트는 $M_{cr}=\frac{\pi}{L}\sqrt{EI_yGJ}\sqrt{1+W^2}$ 식을 이용하며,

비탄성 좌굴은 경험곡선의 형태로 결정되어 진다. 이 경험곡선은 대체로 긴 보에 대한 탄성해석에서 필수적인 해법을 제시하며, 짧은 보에서는 $M_{cr}=M_p$인 소성모멘트로 종료된다.

다음의 경험적인 방법은 비탄성영역에서 좌굴하중을 결정하는 데 이용된다.

(Eurocode 3, SSRC) 비탄성영역에서 보와 기둥은 유사하게 거동한다고 가정하므로 횡비틀림 좌굴강도는 동등한 세장비를 가지는 유사한 기둥 방정식을 통해 산정한다.

$$\lambda_{eq}=\sqrt{\frac{M_p}{M_E}}$$

(German specifications for stability) 경험적 방정식 이용

$$\frac{M_{cr}}{M_p}=\left(\frac{1}{1+\lambda_{eq}^{2n}}\right)^{1/n}$$ 여기서 n은 2.5~1.5의 상수

(LRFD, AISC 1993) 탄성 좌굴곡선에서 직선 변환선으로 작성된 곡선으로 $L=L_r$일 때 $M_{cr}=M_r$ $L=L_p$일 때 $M_{cr}=M_p$인 곡선

$$M_r=S_x(F_y-F_r),\ L_p=1.762\sqrt{\frac{E}{F_y}}r_y$$

단순지지되어 등분포 모멘트를 받는 보에서

$$M_{cr}=\begin{cases} M_p & L\le L_p \\ C_b\left[M_p-(M_p-M_r)\dfrac{L-L_p}{L_r-L_p}\right]\le M_p & L_p\le L\le L_r \\ M_E & L\ge L_r \end{cases}$$

Simply supported beam under uniform moment, W24x55, L=150in(3.81m), $C_b=1.0$
$F_y=36ksi$(248MPa), $F_r=10ksi$(69MPa), $E=29,000ksi$(200,000MPa), G/E=0.385
r_y=1.34in(34mm), J=1.18in^4 $(0.491\times10^6mm^4)$, $C_w=3870in^6$ $(1.039\times10^{12}mm^6)$

$$M_{cr}=M_E=\frac{\pi}{L}\sqrt{EI_yGJ}\sqrt{1+\frac{\pi^2EC_w}{L^2GJ}}=4806\text{in-kips}\ (543\text{kNm})$$

$$M_p=F_yZ_x=4824\text{in-kips}\ (545\text{kNm}),\quad \lambda=\sqrt{M_p/M_E}=1.00$$

TIP | LRFD 강교의 좌굴| Guide to stability design criteria for metal structure (Theodore V. Galambos)

Equivalent column method	European beam formula	AISC LRFD method
SSRC column curve no.2 $\alpha=0.293$ $Y=1+\alpha(\lambda-0.15)+\lambda^2=2.253$ $\frac{M_{cr}}{M_p}=\frac{Y-\sqrt{Y^2-4\lambda^2}}{2\lambda^2}=0.609$	$\frac{M_{cr}}{M_p}=\left(\frac{1}{1+\lambda^{2n}}\right)^{1/n}=0.756$	$M_r=S_x(F_y-F_r)=2964$ in-kips (335kNm) $M_r=\frac{\pi}{L_r}\sqrt{EI_yGJ}\sqrt{1+\frac{\pi^2EC_w}{L_r^2GJ}}$ 로부터 $\therefore\ L_r=198.1$in (5.03m) 〉 $L=150$in $L_p=\frac{300r_y}{\sqrt{F_y}}=67.0$in(1.70m) 〈 $L=150$in $\therefore M_{cr}=C_b\left[M_p-(M_p-M_r)\frac{L-L_p}{L_r-L_p}\right]$ $=3646$ in-kips
$M_{cr}=2938$ in-kips (332kNm)	$M_{cr}=3656$ in-kips (413kNm)	$M_{cr}=3646$ in-kips (412kNm)

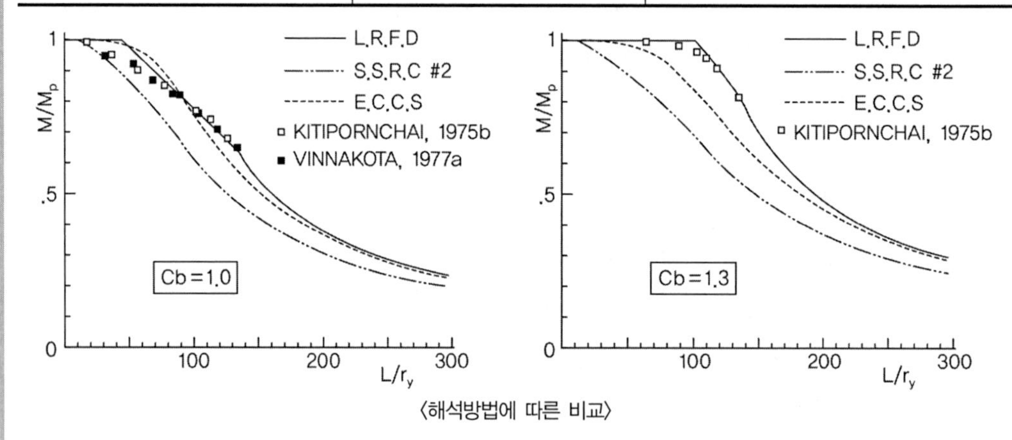

〈해석방법에 따른 비교〉

4. PLATE GIRDER

곡선교와 박스거더를 제외한 플레이트 거더교에 대한 규정을 포함한다. 횡비틀림좌굴(LTB, Lateral Torsional Buckling)과 보에서의 플랜지 국부좌굴(FLB, Flange Local Buckling), 웨브 국부좌굴(WLB, Web Local Buckling)을 고려한다. 플레이트거더에서는 보강재의 보강으로 인해서 좌굴후 강도(Post buckling strength)로 상당한 크기로 발휘되나 좌굴후 강도에 대해서는 다른 요소에 의한 파괴나 항복에 비해 웨브 좌굴의 안전율을 작게 설정하여 대부분의 규정에 적용하는 방법이 사용되고 있다. 보강재로 보강된 플레이트 거더의 전단에 대한 웨브의 좌굴후 강도는 Wilson(1886)의 실험결과에 따르면, "얇은 유연한 웨브의 모델이 적절하게 보강재로 보강되어 압축에 대해 더 이상 저항하지 못하게 되었을 때, 보강재가 압축저항력을 인장으로 부담한다. Pratt truss처럼 보강재로 나뉘어진 패널(panal)은 오픈 트러스와 등가의 역할을 하며 각 패널에서의 웨브는 연결된 타이로서의 역할을 수행한다." 라고 언급하였다.

일반적으로 플레이트 거더 웨브의 설계는 다음의 두가지 접근법이 사용된다.

좌굴후 강도를 허용하기 위해 안전율을 상대적으로 낮게 설정한 한계상태를 기준으로 하는 방법

다른 부재들과 마찬가지로 항복이나 극한강도에 대한 안전율을 동등하게 설정한 한계상태를 기준으로 하는 방법

구분	Shear Buckling of web	Lateral-torsional buckling of girder	Local buckling of compression flange
형상	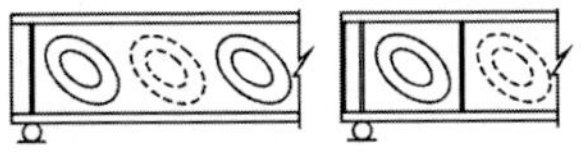	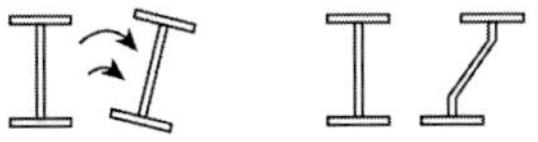	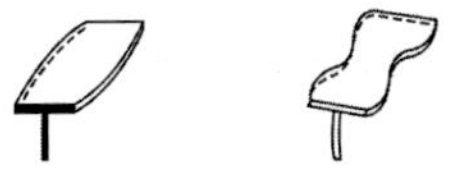

구분	Compression buckling of web	Flange induced buckling of the web	Local buckling of web (Due to vertical load)
형상			Distributed Concentrated Bending

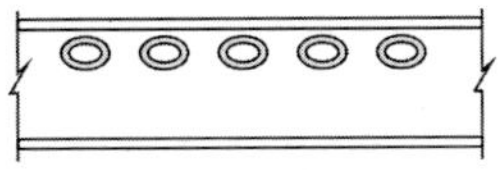

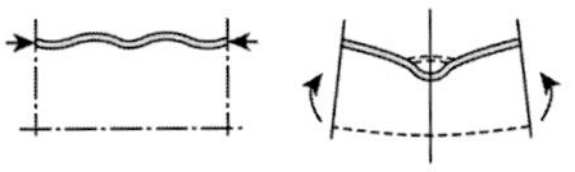

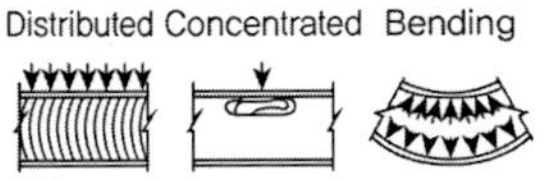

1) 웨브의 좌굴(Web buckling as a basis for design)

좌굴이 플레이트 거더 웨브의 기본 설계의 개념으로 정의할 때 보수적인 보이론에 따라 계산된 웨브의 최대 응력은 안전율을 고려한 좌굴응력을 초과하여서는 안된다.

플레이트 거더 웨브의 좌굴을 결정하는 기하학적 변수는 웨브의 두께(t), 웨브의 깊이(h), 횡방향보강재의 간격(a)이며 다음의 4가지 웨브의 세장비 값이 정의되어야 한다.

종방향보강재가 없는 웨브의 휨 좌굴을 방지하기 위한 h/t 제한값

종방향보강재가 있는 웨브의 휨 좌굴을 방지하기 위한 h/t 제한값

횡방향보강재가 없는 웨브의 전단 좌굴을 방지하기 위한 h/t 제한값

종방향보강재가 있는 웨브의 전단 좌굴을 방지하기 위한 a/t 제한값

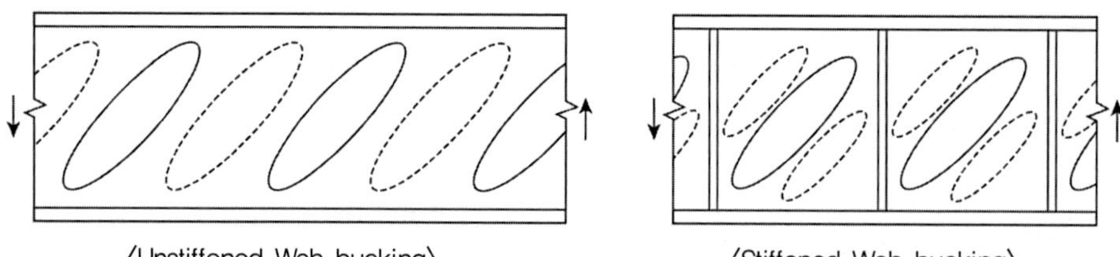

〈Unstiffened Web bucking〉 〈Stiffened Web bucking〉

이 제한사항은 좌굴에 대한 안전율을 고려하기 위해서 정의되며 대부분 플랜지와 보강재에서의 웨브연결을 단순지지로 가정하여 산정한다. 예를 들어 휨좌굴에 대해서 안전율이 1.25일 때 종방향 보강재가 없을 때의 휨좌굴은 h/t제한사항에 따르며, 판의 좌굴방정식으로부터 다음과 같이 산정된다.(k=23.9)

$$\sigma_x = k\frac{\pi^2 E}{12(1-\mu^2)(b/t)^2} \rightarrow 1.25 f_b = 23.9\frac{\pi^2 E}{12(1-\mu^2)(h/t)^2} \quad \therefore \frac{h}{t} = \frac{23,000}{\sqrt{f_{b,psi}}} = 4.2\sqrt{\frac{E}{f_b}}$$

이 규정은 AASHTO(1994)에서는 제한규정을 F_y로 표현하고 있다.

$$\frac{h}{t} = \frac{32,500}{\sqrt{F_{y,psi}}} = 6.04\sqrt{\frac{E}{F_y}} \quad (f_b = 0.55F_y \text{로 볼 때의 값})$$

횡방향 보강재로 보강된 경우에는 형상비(aspect ratio) $\alpha = a/h$를 k_s로 표현하여 제한한다.

(Gaylord 1972) $\frac{a}{t} = \frac{10,500}{\sqrt{f_{v,psi}}}$

AASHTO(1994) $k_s = 5(1+1/\alpha^2)$, $f_v = \frac{7\times10^7(1+1/\alpha^2)}{(h/t)^2} \rightarrow \frac{a}{t} = \frac{8370}{\sqrt{f_v - [8370/(h/t)]^2}}$

위의 식은 좌굴후 강도를 고려하지 않기 때문에 다소 보수적인 값을 가진다.

2) 플레이트 거더의 전단강도(Shear strength of plate girder)

플레이트 거더의 전단에 대한 거동을 평가하기 위해서는 웨브가 재려적으로 탄소성 거동을 한다고 가정한다. 웨브의 변화로 인한 좌굴후 응력분배와 상당한 좌굴후 강도는 사인장(diagonal tension)에 의해서 발휘되며, 이러한 현상을 인장장 작용(tension field action)이라고 한다.

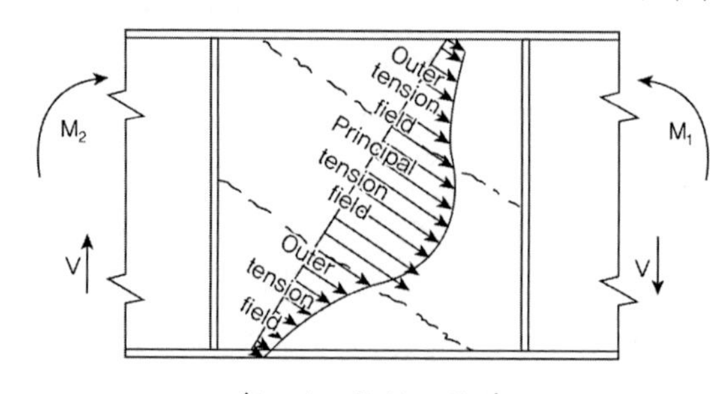

〈Tension field action〉

TIP | LRFD 강교의 좌굴| Guide to stability design criteria for metal structure (Theodore V. Galambos)

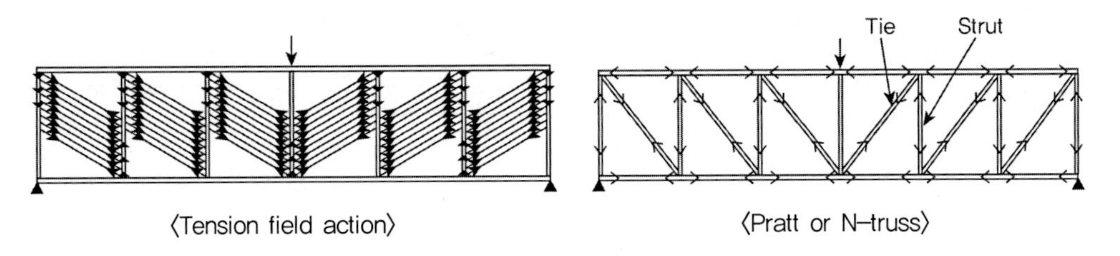

〈Tension field action〉 〈Pratt or N-truss〉

보강재로 보강된 거더에서의 인장장은 플랜지와 보강재에 고정되어 나타나며, 그 결과로 아래와 같이 플랜지에서의 횡방향 하중이 작용한다. 이 결과로 내부방향으로의 휨이 발생된다. 그러므로 인장장은 플랜지의 휨강성에 의해 영향을 받는다. 예를 들어 플랜지의 강성이 웨브에 비해 상대적으로 클 경우 인장장은 전체 패널에 걸쳐서 균일하게 발생된다. 지속적으로 증가하는 하중에서 인장 막응력(tensile membrane stress)은 웨브의 항복을 일으키는 전단좌굴응력과 합산되고 웨브에서의 항복구역과 플랜지에서 소성힌지가 발생되는 파괴 매커니즘을 지닌 패널의 파괴형상을 가지게 된다. 가능한 3가지 파괴모드는 아래와 같다.

각 플랜지에서의 빔 파괴 패널 파괴 패널과 빔의 조합파괴

플랜지의 소성힌지를 포함하는 파괴 메커니즘의 형성과 관계되어 추가적인 전단을 플랜지작용(flange action)이라고 한다.

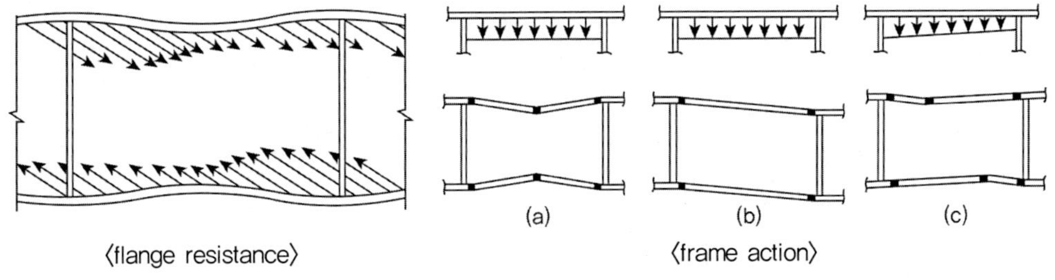

〈flange resistance〉 〈frame action〉

인장장에서의 플랜지가 횡방향 하중을 지지하기에 너무 유연하다고 가정하면, 전단강도는 아래의 여러 가정조건인 항복영역을 어떻게 결정하는 가에 따라 결정되게 된다.

〈Basler 1963〉 전단응력 $\tau_u = \tau_{cr} + \frac{1}{2}\sigma_t \sin\theta_d$

여기서, τ_{cr}은 전단좌굴응력, σ_t는 인장장응력, θ_d 플랜지에 대한 사인장 패널의 각도

Von Mises의 항복조건으로부터 빔의 전단 τ_{cr}과 좌굴후 인장 σ_t를 산정하면,

$$\sigma_t = -\frac{3}{2}\tau_{cr}\sin 2\theta + \sqrt{\sigma_{yw}^2 + \left(\frac{9}{4}sin^2 2\theta - 3\right)\tau_{cr}^2}$$

Basler의 식을 단순화하기 위해서 45°로 인장장이 작용한다고 가정하면, $\sigma_t = \sigma_{yw}\left(1 - \frac{\tau_{cr}}{\tau_{yw}}\right)$

TIP | LRFD 강교의 좌굴| Guide to stability design criteria for metal structure (Theodore V. Galambos)

〈Various Tension Field Theories for Plate Girders〉

Investigatior	Mechanism	Web Buckling Edge Support	Unequal Flanges	Longitudinal Stiffener	Shear and Moment
Basier (1963-a)	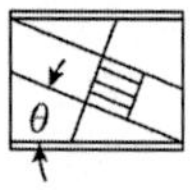	S S S S	Immaterial	Yes, Cooper (1965)	Yes
Takeuchi (1964)	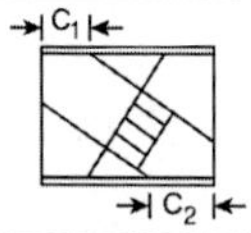	S S S S	Yes	No	No
Fujii (1968, 1971)	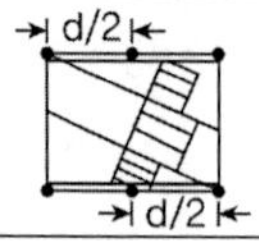	F S S F	Yes	Yes	Yes
Komatsu (1971)	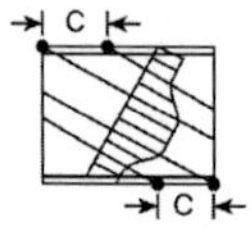	F S S F	No	Yes, at mid-depth	No
Chem and ostapenko (1969)	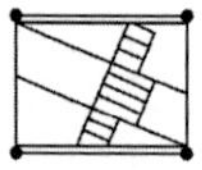	F S S F	Yes	Yes	Yes
Porter et al. (1975)	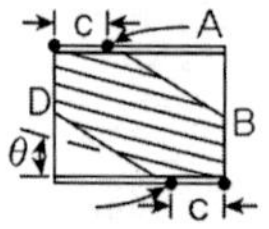	S S S S	Yes	Yes	Yes
Hoglund (1971-a, b)	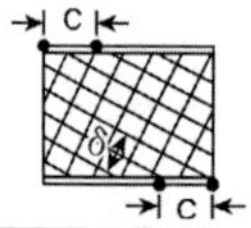	S S S S	No	No	Yes
Herzog (1974-a, b)	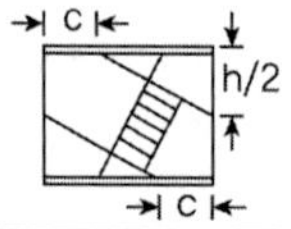	Web bucking component neglected	Yes, in evaluating c	Yes	Yes
Sharp and Clark (1971)	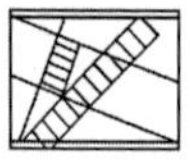	F/2 S S F/2	No	No	No
Steinhardt and Schroter (1971)	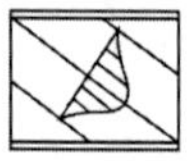	S S S S	Yes	Yes	Yes

Eurocode 3의 전단좌굴강도 산정

Eurocode 3에서 전단좌굴강도 산정 방법 : 단순한계산정 방법(Simple post-critical method)

$$V_{bb,Rd} = \frac{dt_w \tau_{ba}}{\gamma_{M1}}, \quad \overline{\lambda_w} = \frac{(d/t_w)}{37.4\sqrt{k_\tau}}$$

$$k_\tau = 4 + \frac{5.34}{(a/d)^2} \text{(a/d 〈1.0)}, \quad 5.34 + \frac{4}{(a/d)^2} \text{(a/d 〈1.0)}, \quad 5.34 \text{ (보강재없는 경우)}$$

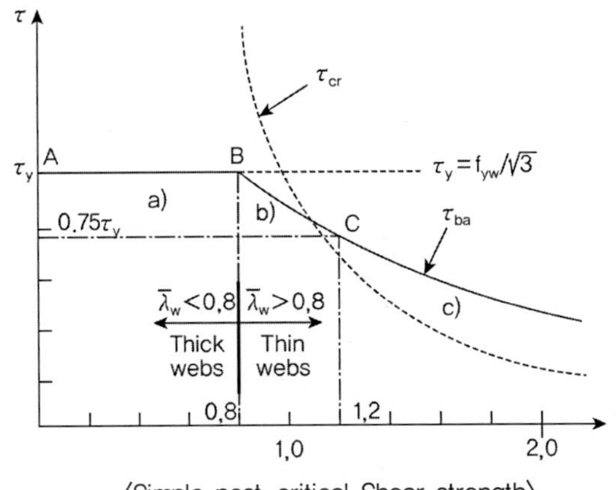

〈Simple post-critical Shear strength〉

(a) thick web (AB, $\overline{\lambda_w} \leq 0.8$)

$$\tau_{bb} = f_{yw}/\sqrt{3}$$

(b) intermediate (BC, $0.8 < \overline{\lambda_w} < 1.2$)

$$\tau_{bb} = \left(1 - 0.625(\overline{\lambda_w} - 0.8)\right)\left(f_{yw}/\sqrt{3}\right)$$

(c) thin (CD, $\overline{\lambda_w} \geq 1.25$)

$$\tau_{bb} = \left(\frac{0.9}{\overline{\lambda_w^2}}\right)\left(f_{yw}/\sqrt{3}\right)$$

Eurocode 3에서 전단좌굴강도 산정 방법 : 인장장 방법을 고려한 전단좌굴강도 산정

전단좌굴강도($V_{bb,Rd}$)를 초기 탄성좌굴 강도와 좌굴후 강도의 합산으로 나타낸다.

Total Shear Resistance = Elastic Buckling resistance + Post-Buckling resistance

$$V_{bb,Rd} = \frac{dt_w \tau_{bb}}{\gamma_{M1}} + 0.9\frac{gt_w \sigma_{bb} \sin\phi}{\gamma_{M1}}$$

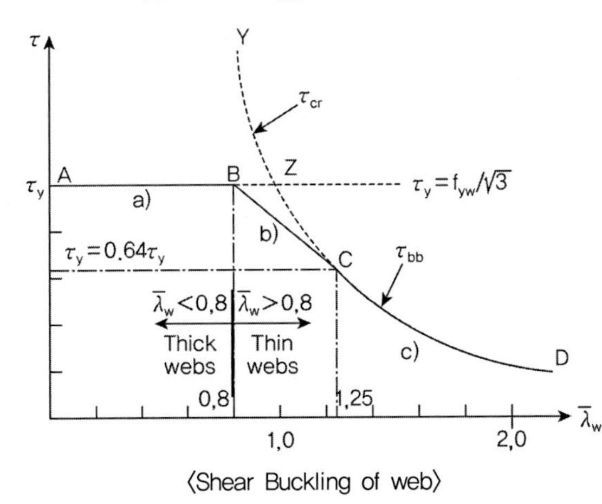

〈Shear Buckling of web〉

(a) thick web (AB, $\overline{\lambda_w} = 0.8$)

$$\tau_{bb} = f_{yw}/\sqrt{3}$$

(b) intermediate (BC, $0.8 < \overline{\lambda_w} < 1.25$)

$$\tau_{bb} = \left(1 - 0.8(\overline{\lambda_w} - 0.8)\right)\left(f_{yw}/\sqrt{3}\right)$$

(c) thin (CD, $\overline{\lambda_w} \geq 1.25$)

$$\tau_{bb} = \left(1/\overline{\lambda_w^2}\right)\left(f_{yw}/\sqrt{3}\right)$$

$$\sigma_{bb} = [f_{yw}^2 - 3\tau_{bb}^2 + \psi^2]0.5 - \psi, \quad g = d\cos\phi - (a - s_c - s_t)\sin\phi$$

TIP | LRFD 강교의 좌굴| Guide to stability design criteria for metal structure (Theodore V. Galambos)

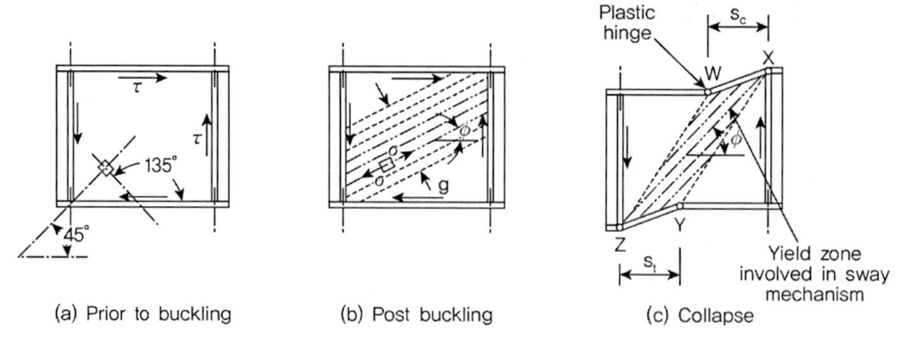

〈Phases in behavior up to collapse of a typical panel in shear〉

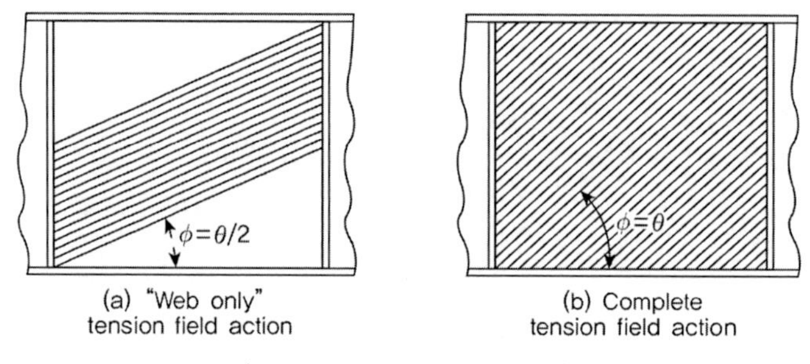

〈Inclination of tension fields〉

3) 플레이트 거더의 휨강도(Bending strength of plate girder)

휨모멘트를 주로 받는 플레이트 거더는 횡비틀림 좌굴, 압축플랜지의 국부좌굴이나 양 플랜지 혹은 한쪽 플랜지의 항복으로 파괴된다. 압축을 받는 플랜지의 웨브 방향으로의 좌굴(수직좌굴)이 많은 실험결과로 검토되어졌으며 다음의 웨브의 세장비 한계값이 Basler and Thurlimann(1963)에 제시되었다.

$\frac{h}{t}=\frac{0.68E}{\sqrt{\sigma_y(\sigma_y+\sigma_r)}}\sqrt{\frac{A_w}{A_f}}$ 여기서 A_w : 웨브 면적, A_f : 플랜지 면적, σ_r : 잔류응력

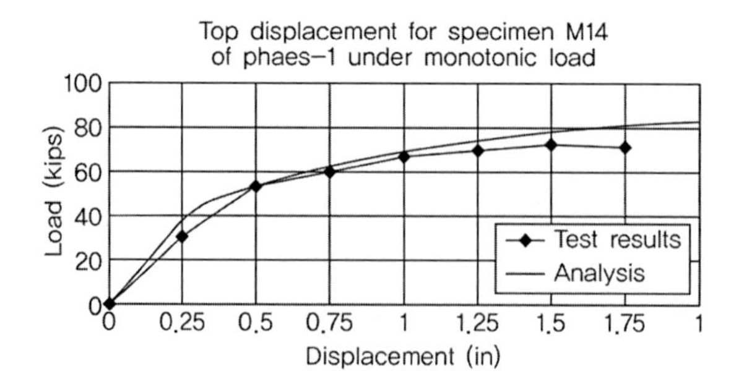

TIP | LRFD 강교의 좌굴| Guide to stability design criteria for metal structure (Theodore V. Galambos)

수직좌굴은 일반적으로 패널의 압축플랜지가 항복한 후에 발생된다. 따라서 위의 식은 다소 보수적인 값을 가진다. 하지만 웨브의 세장비는 제작의 용이성과 반복하중에 의한 면외 웨브 변형에 의한 피로균열을 방지하기 위해서 제한이 필요하다.

전단의 경우 휨에 의한 웨브의 좌굴은 패널의 능력을 초과해서는 안된다. 그러나 좌굴후에 휨응력 재분배로 웨브는 비효율적으로 되어지게 되며 이러한 문제의 해결책으로 일부 웨브가 유효하지 않다는 가정으로 제시되었다. Basler and Thurlimann은 아래의 그림과 같이 압축력이 항복이나 한계응력에 도달할 때 유효한 단면에서 응력의 직선 재분배가 발생된다고 가정하고 휨강도를 웨브가 좌굴없이 항복강도에 도달하는 거더에 대하여 직선적으로 증가한다고 가정하였다.

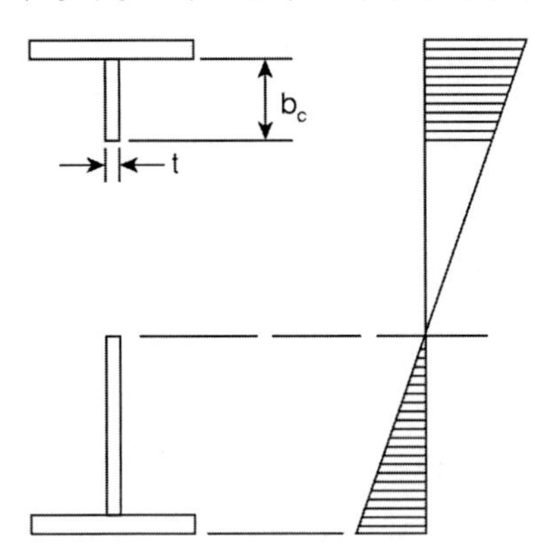

$$\frac{M_u}{M_y}=1-C\left[\frac{h}{t}-\left(\frac{h}{t}\right)_y\right]$$

여기서 C는 상수, $(h/t)_y$는 좌굴없이 휨에 의해 항복되는 웨브의 세장비

$$\frac{M_u}{M_y}=1-0.0005\frac{A_w}{A_f}\left[\frac{h}{t}-5.7\sqrt{\frac{E}{\sigma_y}}\right]$$

AISC에서 $\sigma_y=33\,\text{ksi}(228\text{MPa})$이고 힌지단부 패널조건일 때 $(h/t)_y=170$

(Astapenko et al, 1971) Basler의 방정식을 수정하여 제안

$$M_u=\frac{I}{y_c}\sigma_c\left[1-\frac{I_w}{I}+\frac{\sigma_{yw}}{\sigma_c}\left[\frac{I_w}{I}-0.002\frac{y_c t}{A_c}\left(\frac{y_c}{t}-2.85\sqrt{\frac{E}{\sigma_{yw}}}\right)\right]\right]$$

여기서 I : 단면의 2차 모멘트, I_w : 웨브의 단면2차 모멘트

y_c : 중립축으로부터 압축 웨브 끝단까지의 거리, A_c : 압축플랜지의 면적

σ_c : 압축플랜지의 좌굴응력, $\frac{y_c}{t}\geqq 2.85\sqrt{\frac{E}{\sigma_{yw}}}$, $\sigma_{yf}\geqq\sigma_{yw}$

Chapter

05 합성부재의 설계

01 합성부재의 설계 개요

합성단면의 가용강도(available strength)는 소성응력분포법이나 변형도적합법을 사용하여 구할 수 있으며 본 장에서는 소성응력분포법을 근거로 하였다.
합성단면의 설계는 강재와 콘크리트의 거동을 동시에 고려해야 하며, 강구조설계기준과 콘크리트 설계기준 사이의 모순점을 최소화하고 합성설계의 장점을 나타내도록 하여야 하며 이를 위하여 기둥의 설계에 있어서 콘크리트 구조설계기준에서 사용되는 단면강도법을 주로 사용한다. 이를 통해서 합성기둥과 합성보 모두에 대해 단면강도를 사용하는 일관성을 유지할 수 있다.

1. 일반사항

합성부재의 가용 압축강도는 단면을 구성하는 모든 요소의 강도의 합으로 구해진다. 인장부재의 경우 콘크리트 인장강도는 무시하며 강재의 강도와 적절하게 정착된 철근의 강도를 사용하여 가용인장강도를 구한다. 전단에 저항하는 경우 강재와 콘크리트 사이에 발생할 수 있는 변형의 차이를 고려하여 강재와 철근 콘크리트 중에서 하나만을 사용하여 가용전단강도를 구한다. 매입형 합성 기둥과 충전형 합성기둥 모두에 대해 합성부재 내의 하중의 전달경로를 고려하여야 하며 전단전달기구 및 관련 상세가 제시되어야 한다.

2. SRC구조물의 특징

95회 1-4 철골 철근콘크리트(Steel Reinforced Concrete)구조물의 특징, 용도 및 해석방법

SRC 구조는 철근 콘크리트와 철골의 각기 단점을 보충하여 장점을 살린 일종의 합성구조로서 철골둘레에 철근을 배치하고 콘크리트를 타설한 것으로 역학적으로 일체로 작용토록 한 구조물이다. SRC의 종류로는 원형강관과 각형강관이 많이 사용되고 강관 내부에 콘크리트를 친 충전형,

외부를 콘크리트로 감싼 피복형, 내외부 모두 콘크리트를 친 충전 피복형 등이 있다.

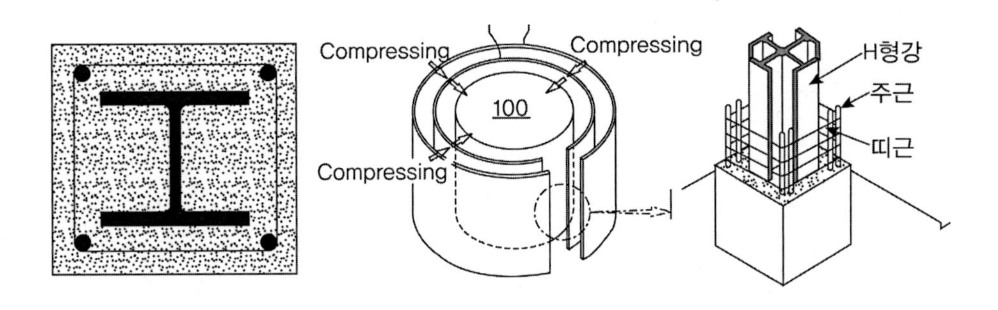

구분	RC구조물과 비교	강구조물과 비교
장 점	① 단면치수의 감소로 경제적이다. ② 인성이 증가되어 내진성이 우수하다. ③ 자중감소가 기대된다. ④ 철근량이 감소된다. ⑤ 극한하중 작용 시 철골의 소성저항능력으로 안전성이 확보된다. ⑥ 구조체의 신뢰성이 향상 ⑦ 철골 우선시공으로 시공성 향상	① 방청, 방화 등 유지관리 불필요하다. ② 강성이 커서 변형량이 작아진다. ③ 소음, 진동이 경감된다. ④ 공사비가 감소한다.
단 점	① 콘크리트와 부착력이 낮아 분리가능 ② 철골비율이 높으면 콘크리트 균열폭 증가 ③ RC구조에 비해 고가 ④ 강재비율이 높으면 콘크리트 타설 곤란 ⑤ 철근 설계가 복잡하다.	① 자중의 증대 ② 철근 조립 후 콘크리트 타설로 공사기간 증가

1) SRC 구조의 특징(*Tip*. 강구조와 콘크리트 구조의 차이점)

① RC구조에 비해 변위 및 내진성능향상 : RC에 비하여 인성이 대단히 크다.

② 강관으로 인한 내부 콘크리트 구속으로 변위에너지 증가 : 강관의 구속효과에 따라 내부 콘크리트의 강도상승 (내진보강개념→소성힌지 형성)

③ 국부좌굴방지 및 연성도 증가 : 강관의 국부좌굴방지를 위하는데 내부콘크리트는 효과적이고 변형성능도 좋아진다.

④ 내화성능 향상 : 충전형의 경우 내부에 콘크리트가 충전되어 있음으로써 내화피복이 일반 강구조에 비하여 경제적으로 할 수도 있다.

⑤ 시공성 개선 : 충전형에서는 콘크리트 치기용 기둥 거푸집이 필요 없다.

⑥ 부착강도와 균열의 문제점 해결이 관건 : 철골과 콘크리트의 부착강도 저하로 인하여 균열 및 부착성능이 저하될 수 있다.

⑦ 합리적인 설계법의 개발 필요 : 섬유요소(Fiber element)를 이용한 프레임 요소 비선형 해석이 대안이 될 수 있을 것으로 생각된다.

2) SRC 구조의 내진특성

① 부재의 연성능력(Ductility capacity)이 RC부재보다 크다.
→ RC부재의 내진성능개선, RC부재의 전단파괴 가능성이 있는 부재의 보강용
② 부재의 감쇠력이 RC부재보다 크다.
→ SRC $\xi=5\sim7\%$, RC $\xi=3\sim5\%$(감쇠증가로 변위응답이 작다, 내진에 유리)

3) 사용용도

① RC구조에서 내진성이 약한 경우
② 강구조물에서 강성이 부족한 경우
③ 장기간 보를 지지하는 기둥
④ 전단파괴가 예상되는 기둥
⑤ 응력과 변형집중이 예상되는 경우

4) 설계방법

① 철근콘크리트방식 : SRC의 휨에 대한 극한모멘트는 철골을 이것과 동량의 철근으로 바꾸어 놓은 철근콘크리트 보와 거의 같다고 보고, 철골을 철근의 일부로 간주하여 SRC 부재단면을 RC단면으로 가정하여 설계하는 방식.
② 철골방식 : 철근을 철골의 일부로 대치하여 콘크리트 부분을 계산상 무시하는 것이며 따라서 경제적 측면에서 불리하다.
③ 누가강도방식 : 누가강도방식은 재료의 허용응력에 기준을 둔 것으로 종국강도방식과는 차이가 있으며 RC의 허용단면력과 철골의 허용단면력을 합산하여 SRC구조의 단면력으로 한다.
④ 해석시 유의사항
SRC의 극한 내하력은 누가강도방식으로 적용하여 해결하였으나 구조물의 변형문제에 대하여는 다음과 같은 검토가 필요하다(RC는 극한강도개념설계로 중립축에 비례하여 응력계산하는데 반해 철골은 허용응력을 기준으로 하기 때문에 변위 및 변형 등의 상관관계에 중립축이 일치하지 않아 주의가 요구된다).
(1) 기둥의 축압축력과 변형의 상관관계
(2) 철골단면과 변형의 상관관계
(3) 횡방향 구속철근과 변형의 상관관계

5) 시공상 주의점과 문제점

① 주의사항
(1) 철골과 콘크리트 사이의 부착에 대하여 검토할 필요가 있다.
(2) 띠철근, 축방향 철근을 배치하는 것이 바람직하다.

(3) 철골 판요소의 폭두께비를 제한치보다 크게 잡지 말아야 한다.

② 문제점

(1) 기둥, 보의 접속에서 주근의 정착길이를 다루기 어렵다.

(2) 폐쇄형 전단보강 철근을 넣기 어렵다.

(3) HooK, 걸쇠를 구부리기가 어렵다.

(4) 유공보의 보강철근을 배근하기 어렵다.

(5) 상하층 벽근을 통하기 어렵다.

6) SRC 구조물은 일본 관동대지진 때에 큰 내진성을 보여 주었고 지진이 많은 일본에서 발달한 구조물이다. 일반적으로 단면력 계산은 누가 강도 방식에 의하고 응력, 균형넓이, 변형량 산정은 철근 콘크리트 방식에 의한다.

3. 합성기둥의 설계(강구조설계기준 2009 – 한계상태설계법)

102회 4-4 LRFD에 강관이 콘크리트와 함께 거동하도록 설계하는 경우 공칭강도 계산방법

강구조설계기준의 합성기둥의 한계상태설계법은 미국의 AISC LRFD를 기본개념으로 하며, 부분적으로 유럽기준(Eurocode 4)과 일본의 SRC기준을 참고하여 개발되었다.

1) 적용범위

① 매입형과 충전형으로 분류하며 매입형은 강재가 철근콘크리트 속에 매입되어 있으며, 충전형은 강관 속에 콘크리트가 충전되어 있다.

② 매입형 합성기둥은 기둥 단면 내에 한 개의 압연형강 또는 용접형강이 매입되어 구성되는 합성기둥에 국한된다. 또한 합성기둥에 있어서 강재만의 기둥좌굴이나 횡비틀림 좌굴, 강재의 국부좌굴은 없는 것으로 가정한다. 이는 아래 명시된 구조제한을 만족시키는 경우 내부의 주철근, 띠철근, 콘크리트에 의해 좌굴이 방지되기 때문이다. 다만, 합성단면의 압축재좌굴은 고려한다.

③ 합성기둥에 작용하는 축력이 인장이거나 인장력과 휨모멘트에 저항하는 경우 콘크리트 단면은 무시하고 강재와 철근의 단면만을 사용한다.

④ 본 기준의 합성단면은 양방향 대칭이어야 하며 전체길이에 걸쳐 등단면이어야 한다. 어느 한 방향에 대해 비대칭일 경우 안전성이 확실하면 적절한 대칭단면으로 변환하여 설계할 수 있다.

2) 합성단면의 공칭강도 : 소성응력분포법과 변형률적합법의 2가지 방법을 사용할 수 있으며, 합성단면의 공칭강도를 결정하는데 있어 콘크리트의 인장강도는 무시한다.

① 소성응력분포법 : 소성응력분포법에서는 강재가 인장 또는 압축으로 항복응력에 도달할 때 콘크리트는 압축으로 $0.85f_{ck}$의 응력에 도달한 것으로 가정하여 공칭강도를 계산한다. 충전형 원형 강관 합성기둥의 콘크리트가 균일한 압축응력을 받는 경우 구속효과를 고려한다.
② 변형률 적합법 : 변형률 적합법에서는 단면에 걸쳐 변형률이 선형적으로 분포한다고 가정하며 콘크리트의 최대 압축변형률을 0.003㎜/㎜로 가정한다. 강재 및 콘크리트의 응력 변형률 관계는 공인된 실험을 통해 구하거나 유사한 재료에 대한 공인된 결과를 사용한다.

3) 재료강도 제한

① 콘크리트 설계기준강도 f_{ck}는 21MPa 이상, 70MPa 미만
② 강재 및 철근의 항복강도는 440MPa 미만

4) 매입형과 충전형의 공통 구조제한

① 교량강구조의 경우 강재단면적은 총단면적의 4%이하일 경우에는 철근콘크리트 기둥으로 계산하며, 4% 이상일 경우에는 합성기둥의 압축강도 규정에 따라 결정한다.
② 콘크리트의 압축강도는 20MPa 이상, 55MPa 이하로 한다.
③ 강재와 종방향 철근의 항복강도는 420MPa 이하로 한다.
④ 기둥과 보의 접합부에서 합성기둥의 유효단면을 연속적으로 확보하기 위해서는 콘크리트가 불완전 충전 등 접합부위에서의 단면결손이 있어서는 안 된다.

4. 매입형 합성기둥의 구조제한

1) 건축물강구조인 경우

① 강재코아의 단면적은 합성 기둥 총단면적의 1% 이상으로 한다.
② 강재코아를 매입한 콘크리트는 연속된 길이방향철근과 띠철근 또는 나선철근으로 보강해야 한다. 횡방향 철근의 단면적은 띠철근 1mm 당 0.23mm^2 이상으로 한다.
③ 연속된 길이방향철근의 최소 철근비 ρ_{sr}은 0.004로 하며 다음과 같은 식으로 구한다.

$$\rho_{sr} = \frac{A_{sr}}{A_g} \quad A_{sr} : \text{연속길이 방향 철근량}, \quad A_g : \text{합성부재 총단면}$$

2) 교량강구조

① 콘크리트로 둘러싸인 단면은 종방향 및 횡방향으로 보강해야 한다. 보강방법은 콘크리트단면의 설계규정에 따른다.
② 횡방향 띠철근 간격은 다음을 초과할 수 없다.

• 종방향 철근지름의 16배
• 띠철근 지름의 48배
• 합성단면 최소변길이의 1/2

3) 매입형 합성기둥의 압축강도 : 축하중을 받는 매입형 합성기둥의 설계압축강도 $\phi_c P_n$은 기둥세장비에 따른 휨좌굴 한계상태로부터 다음과 같이 하며 강도저항계수 $\phi_c = 0.75$를 적용한다.

① $P_e \geq 0.44P_0$ $\qquad P_n = P_0\left[0.658^{\left(\frac{P_0}{P_e}\right)}\right]$

② $P_e < 0.44P_0$ $\qquad P_n = 0.877P_e$

여기서 $P_0 = A_s f_y + A_{sr} f_{yr} + 0.85A_c f_{ck}$, $\quad P_e = \dfrac{\pi^2(EI_{eff})}{(KL)^2}$

$$EI_{eff} = E_s I_s + 0.5E_s I_{sr} + C_1 E_c I_c$$

$$C_1 = 0.1 + 2\left(\frac{A_s}{A_c + A_s}\right) \leq 0.3$$

4) 매입형 합성기둥의 인장강도 : $\phi_t = 0.90$을 적용한다.

$$P_n = A_s f_y + A_{sr} f_{yr}$$

5) 매입형 합성기둥 상세요구사항

① 최소 4개 이상의 연속된 길이방향 철근을 사용한다.
② 횡방향 철근의 배치간격은 길이방향철근직경의 16배, 띠철근 직격의 48배 또는 합성단면 최소치수의 0.5배 중 작은 값 이하로 한다.
③ 철근의 피복두께는 40mm 이상이어야 한다.

5. 충전형 합성기둥의 구조제한

1) 건축물강구조인 경우

① 강관이 단면적은 합성기둥 총단면적의 1% 이상으로 한다.
② 판복두께비의 제한
각형 강관의 판폭두께비 $\qquad b/t \leq 2.26\sqrt{E_s/f_y}$
원형 강관의 지름두께비 $\qquad D/t \leq 0.15E_s/f_y$

2) 교량강구조

① 판복두께비의 제한

각형 강관의 판폭두께비 $b/t \leqq 1.7\sqrt{E_s/f_y}$

원형 강관의 지름두께비 $D/t \leqq 2.8\sqrt{E_s/f_y}$

3) 충전형 합성기둥의 압축강도 : 축하중을 받는 충전형합성기둥의 설계압축강도 $\phi_c P_n$은 기둥세장비에 따른 휨좌굴한계상태로부터 다음과 같이 하며 강도저항계수 $\phi_c = 0.75$를 적용한다.

① $P_e \geqq 0.44P_0 \quad P_n = P_0\left[0.658^{\left(\frac{P_0}{P_e}\right)}\right]$

② $P_e < 0.44P_0 \quad P_n = 0.877P_e$

여기서 $P_0 = A_s f_y + A_{sr} f_{yr} + C_2 A_c f_{ck}, \quad P_e = \dfrac{\pi^2(EI_{eff})}{(KL)^2}$

$C_2 = 0.85$: 각형강관

$= 0.95$: 원형강관 (교량 강구조)

$= 0.85\left(1 + 1.8\dfrac{tf_y}{Df_{ck}}\right)$: 원형강관(건축물 강구조)

$EI_{eff} = E_s I_s + 0.5E_s I_{sr} + C_3 E_c I_c$

$C_3 = 0.6 + 2\left(\dfrac{A_s}{A_c + A_s}\right) \leqq 0.9$

4) 매입형 합성기둥의 인장강도 : $\phi_t = 0.90$을 적용한다.

$P_n = A_s f_y + A_{sr} f_{yr}$

6. 합성기둥의 단면성능

1) 압축력을 받는 합성기둥

축방향력을 받는 합성기둥의 설계압축강도 $\phi_c P_n$에서 ϕ_c는 0.75

2) 순수 휨을 받는 합성기둥

순수 휨을 받는 합성기둥의 설계휨강도 $\phi_b M_n$은 매입형 합성보의 설계휨강도와 동일한 방법으로 산정

3) 휨과 압축력을 동시에 받는 합성기둥(휨과 축력이 작용하는 1축 및 2축 대칭단면부재)

합성기둥이 축방향 압축력과 x방향 또는 y방향의 휨모멘트를 동시에 받는 경우 다음과 같이 수

정 후 조합식에 적용시킨다.

① $\frac{P_u}{\phi_c P_n} \geqq 0.2$: $\frac{P_u}{\phi_c P_n} + \frac{8}{9}\left(\frac{M_{ux}}{\phi_b M_{nx}} + \frac{M_{uy}}{\phi_b M_{ny}}\right) \leqq 1.0$

② $\frac{P_u}{\phi_c P_n} < 0.2$: $\frac{P_u}{2\phi_c P_n} + \left(\frac{M_{ux}}{\phi_b M_{nx}} + \frac{M_{uy}}{\phi_b M_{ny}}\right) \leqq 1.0$

TIP | 합성부재의 설계 | KBC 2005

1. 합성기둥의 단면성능

합성기둥 부재의 단면내력을 산정할 때 사용되는 단면적, 항복강도, 단면 2차 반경 및 탄성계수는 다음에 따른다. 이 때 각종 단면성능들의 수식은 합성기둥의 단면적을 강재의 단면적으로 고정시킨 상태에서 항복응력 및 기타 다른 단면성능의 모든 값을 환산하였다.

1) 합성단면적(A_m) : 강재의 단면적을 사용한다.

$$A_m = A_s$$

2) 합성항복강도(f_{ym}) : 강재뿐만 아니라 철근과 콘크리트의 항복강도와 단면적을 고려

① 매입형 합성기둥 $f_{ym} = f_y + 0.7 f_{yr}\frac{A_r}{A_s} + 0.6 f_{ck}\frac{A_c}{A_s}$

② 충전형 각형강관 합성기둥 $f_{ym} = f_y + f_{yr}\frac{A_r}{A_s} + 0.6 f_{ck}\frac{A_c}{A_s}$

③ 충전형 원형강관 합성기둥 $f_{ym} = f_y + f_{yr}\frac{A_r}{A_s} + \left(1 + 1.8\frac{t}{D}\frac{f_y}{f_{ck}}\right)0.6 f_{ck}\frac{A_c}{A_s}$

f_{ym} : 합성항복강도(MPa), f_y : 강재의 항복강도(MPa), f_{yr} : 주근의 항복강도(MPa)
f_{ck} : 콘크리트 강도(MPa), A_r : 철근의 단면적(㎟), A_c : 콘크리트 단면적(㎟)

3) 합성단면2차반경 : 좌굴을 고려할 경우 합성단면2차 반경

$r_m = r_s$ (강재만의 단면2차 반경, ㎜)

다만, 강재만의 단면2차 반경 r_s가 합성단면 폭의 0.3배 이하면 0.3배 값으로 한다.

4) 합성탄성계수 : 좌굴을 고려할 경우 합성탄성계수

① 매입형 합성기둥 $E_m = E_s + 0.2 E_c\frac{A_c}{A_s}$

② 충전형 합성기둥 $E_m = E_s + 0.4 E_c\frac{A_c}{A_s}$

95회 1-4

철골 철근 콘크리트(SRC)

철골철근콘크리트(Steel Reinforced Concrete) 구조물의 특징, 용도 및 해석방법에 대하여 설명하시오.

92회 4-2 철골철근콘크리트(SRC)보 부재 설계방법과 각 방법별 정의, 가정 및 개념

풀 이

➤ 정의

SRC 구조는 철근콘크리트와 철골의 각기 단점을 보충하여 장점을 살린 일종의 합성구조로서 철골둘레에 철근을 배치하고 콘크리트를 타설한 것으로 역학적으로 일체로 작용토록 한 구조물이다. SRC의 종류로는 원형강관과 각형강관이 많이 사용되고 강관내부에 콘크리트를 친 충전형, 외부를 콘크리트로 감싼 피복형, 내외부 모두 콘크리트를 친 충전피복형 등이 있다.

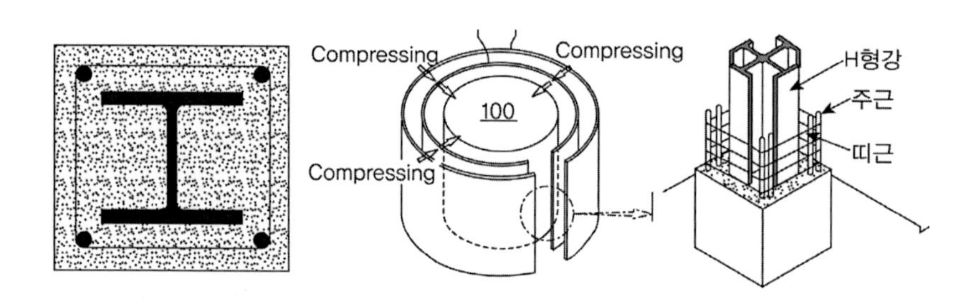

➤ SRC 구조의 특징 (강구조와 콘크리트 구조의 차이점)

1) RC구조에 비해 변위 및 내진성능향상 : RC에 비하여 인성이 대단히 크다.

2) 강관으로 인한 내부 콘크리트 구속으로 변위에너지 증가 : 강관의 구속효과에 따라 내부 콘크리트의 강도상승(내진보강개념→소성힌지 형성)

3) 국부좌굴방지 및 연성도 증가 : 강관의 국부좌굴방지를 위하는데 내부콘크리트는 효과적이고 변형성능도 좋아진다.

4) 내화성능 향상 : 충전형의 경우 내부에 콘크리트가 충전되어 있음으로써 내화피복이 일반 강구조에 비하여 경제적으로 할 수도 있다.

5) 시공성 개선 : 충전형에서는 콘크리트 치기용 기둥 거푸집이 필요 없다.

6) 부착강도와 균열의 문제점 해결이 관건 : 철골과 콘크리트의 부착강도 저하로 인하여 균열 및 부착성능이 저하될 수 있다.

7) 합리적인 설계법의 개발 필요 : 섬유요소(Fiber element)를 이용한 프레임 요소 비선형 해석이 대안이 될 수 있을 것으로 생각된다.

➤ SRC 구조의 내진특성

1) 부재의 연성능력(Ductility capacity)이 RC부재보다 크다.

→ RC부재의 내진성능개선, RC부재의 전단파괴 가능성이 있는 부재의 보강용

2) 부재의 감쇠력이 RC부재보다 크다.

→ SRC $\xi = 5 \sim 7\%$, RC $\xi = 3 \sim 5\%$ (감쇠증가로 변위응답이 작다, 내진에 유리)

구분	RC구조물과 비교	강구조물과 비교
장 점	① 단면치수의 감소로 경제적이다. ② 인성이 증가되어 내진성이 우수하다. ③ 자중감소가 기대된다 ④ 철근량이 감소된다. ⑤ 극한하중 작용 시 철골의 소성저항능력으로 안전성이 확보된다. ⑥ 구조체의 신뢰성이 향상 ⑦ 철골 우선시공으로 시공성 향상	① 방청, 방화 등 유지관리 불필요하다. ② 강성이 커서 변형량이 작아진다. ③ 소음, 진동이 경감된다. ④ 공사비가 감소한다.
단 점	① 콘크리트와 부착력이 낮아 분리가능 ② 철골비율이 높으면 콘크리트 균열 폭 증가 ③ RC 구조에 비해 고가 ④ 강재비율이 높으면 콘크리트 타설 곤란 ⑤ 철근 설계가 복잡하다.	① 자중의 증대 ② 철근 조립후 콘크리트 타설로 공사기간 증가

➤ 사용용도

1) RC구조에서 내진성이 약한 경우

2) 강구조물에서 강성이 부족한 경우

3) 장기간 보를 지지하는 기둥

4) 전단파괴가 예상되는 기둥

5) 응력과 변형집중이 예상되는 경우

➤ 설계방법

1) 철근콘크리트방식 : SRC의 휨에 대한 극한모멘트는 철골을 이것과 동량의 철근으로 바꾸어 놓은 철근콘크리트 보와 거의 같다고 보고, 철골을 철근의 일부로 간주하여 SRC 부재단면을 RC단면으

로 가정하여 설계하는 방식

2) 철골방식 : 철근을 철골의 일부로 대치하여 콘크리트 부분을 계산상 무시하는 것이며 따라서 경제적 측면에서 불리하다.

3) 누가강도방식 : 누가강도방식은 재료의 허용응력에 기준을 둔 것으로 종국강도방식과는 차이가 있으며 RC의 허용단면력과 철골의 허용단면력을 합산하여 SRC 구조의 단면력으로 한다.

4) 해석 시 유의사항

SRC의 극한 내하력은 누가강도방식으로 적용하여 해결하였으나 구조물의 변형문제에 대하여는 다음과 같은 검토가 필요하다(RC는 극한강도개념설계로 중립축에 비례하여 응력 계산하는데 반해 철골은 허용응력을 기준으로 하기 때문에 변위 및 변형 등의 상관관계에 중립축이 일치하지 않아 주의가 요구된다).
① 기둥의 축압축력과 변형의 상관관계
② 철골단면과 변형의 상관관계
③ 횡방향 구속철근과 변형의 상관관계

➤ 시공상 주의점과 문제점

1) 주의사항

① 철골과 콘크리트 사이의 부착에 대하여 검토할 필요가 있다.
② 띠철근, 축방향 철근을 배치하는 것이 바람직하다.
③ 철골 판요소의 폭두께비를 제한치보다 크게 잡지 말아야 한다.

2) 문제점

① 기둥, 보의 접속에서 주근의 정착길이를 다루기 어렵다.
② 폐쇄형 전단보강 철근을 넣기 어렵다.
③ HooK, 걸쇠를 구부리기가 어렵다.
④ 유공보의 보강철근을 배근하기 어렵다.
⑤ 상하층 벽근을 통하기 어렵다.

➤ 결론

SRC 구조물은 일본 관동대지진 때에 큰 내진성을 보여 주었고 지진이 많은 일본에서 발달한 구조물이다. 일반적으로 단면력 계산은 누가 강도 방식에 의하고 응력, 균형넓이, 변형량 산정은 철근 콘크리트 방식에 의한다.

(건축) 99회 3-4

압축력을 받는 매입형 합성기둥 강구조 설계기준 2009

매입형 합성기둥의 설계기준(KBC 2009) 구조제한을 검토하고 이 기둥이 받을 수 있는 최대 설계압축강도를 산정하시오(단, 휨 및 전단에 대한 조건은 무시하고 양단부의 경계조건은 핀으로 가정).

[설계조건]

- 콘크리트 $f_{ck} = 24^{MPa}$, $E_c = 29,800^{MPa}$
- 철근 $f_y = 400^{MPa}$, $E_s = 200,000^{MPa}$

  HD25철근($A_g = 507^{mm^2}$), HD13철근($A_g = 127^{mm^2}$)
- 철골강재 $f_y = 325^{MPa}$, $f_u = 490^{MPa}$, $E_s = 205,000^{MPa}$

  H-300×300×10×15(SM490)

  $A_s = 11,980mm^2$,

  $I_x = 20,400 \times 10^4 mm^4$

  $I_y = 6,750 \times 10^4 mm^4$
- 기둥의 순높이 : 4.5m

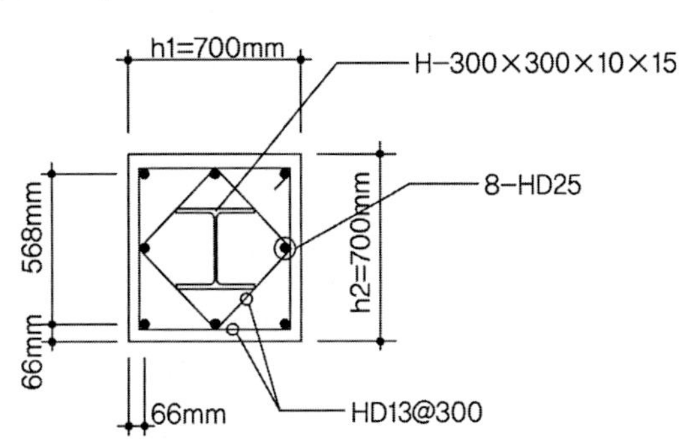

풀 이

➤ 구조제한 검토

1) 콘크리트 압축강도 $21MPa \leq f_{ck} < 70MPa$

2) 강재 및 철근의 항복강도 $f_y \leq 440MPa$

3) 강재비

$$\rho_s = \frac{A_s}{A_g} = \frac{11,980}{700 \times 700} = 0.02449 > 0.01 \quad \text{O.K}$$

4) 주철근비

주철근 $8 - HD25 \;\; A_{sr} = 8 \times 507 = 4056mm^2$

$$\rho_{sr} = \frac{A_{sr}}{A_g} = \frac{4056}{700 \times 700} = 0.00827 > 0.004 \quad \text{O.K}$$

5) 띠철근비 $\rho_h = \dfrac{A_h}{s} = \dfrac{2 \times 127}{300} = 0.8467mm^2/mm \geq 0.23mm^2/mm$ O.K

➤ 단면성능

1) 세장효과를 고려하지 않는 압축강도(소성압축강도)

$$A_c = A_{cg} - A_s - A_{sr} = 700^2 - 11{,}980 - 4{,}056 = 473{,}964mm^2$$

$$P_0 = A_s f_y + A_{sr} f_{yr} + 0.85 A_c f_{ck} = 11{,}980 \times 325 + 4{,}056 \times 400 + 0.85 \times 473{,}694 \times 24$$
$$= 15{,}184.8kN$$

2) 합성단면의 유효강성

$$C_1 = 0.1 + 2\left(\frac{A_s}{A_c + A_s}\right) = 0.149 \leq 0.3$$

$$I_{sr} = \Sigma\left(\frac{\pi D^4}{64}\right) + \Sigma A d^2 = 8 \times \left(\pi \times \frac{25^4}{64}\right) + 6 \times 507 \times \left(\frac{568}{2}\right)^2 = 245{,}508{,}950mm^4$$

$$I_c = I_{cg} - I_s - I_{sr} = \frac{700 \times 700^3}{12} - 6{,}750 \times 10^4 - 245{,}508{,}950 = 19.695 \times 10^9 mm^4$$

$$EI_{eff} = E_s I_s + 0.5 E_s I_{sr} + C_1 E_c I_c$$
$$= 205{,}000 \times 6{,}750 \times 10^4 + 0.5 \times 200{,}000 \times 2.455 \times 10^8$$
$$+ 0.149 \times 29{,}800 \times 19.695 \times 10^9 = 126.019 \times 10^{12} Nmm^2$$

3) 좌굴하중

$$P_e = \frac{\pi^2 (EI_{eff})}{(KL)^2} = 61{,}420{,}243N = 61{,}420kN$$

➤ 설계압축강도 산정

$$\frac{P_e}{P_0} = 4.04 > 0.44 \ \therefore \ P_n = P_0\left[0.658^{\left(\frac{P_0}{P_e}\right)}\right] = 15{,}184.8\left[0.658^{(0.25)}\right] = 13{,}676kN$$

$$\therefore \ \phi_c P_n = 0.75 \times 13{,}676 = 10{,}257.1kN$$

예 제

압축력과 휨을 받는 매입형 합성기둥 2005 KBC

부재 유효좌굴길이 $kL=4.5m$ 이다. 내부강재 H 400×400×20×30($f_y=325MPa$)

$A_s=30,800mm^2$, $I_{sx}=8,890,000\times10^4mm^4$, $I_{sy}=32,000\times10^4mm^4$

내부철근 12-HD32($A=794mm^2$, $f_{yr}=400MPa$), 콘크리트 $f_{ck}=23.5MPa$, 띠철근 D10@200

1) 그림과 같은 매입형 합성기둥이 순수 압축력만 받는 경우 설계압축강도를 구하시오.
2) 강축에 대해 순수 휨모멘트를 받는 경우 설계휨강도를 구하시오.
3) $P_D=1,500kN$, $P_L=750kN$, $M_D=900kNm$, $M_L=600kNm$ 일 경우 안전여부를 판단하시오(2차 효과는 무시한다).

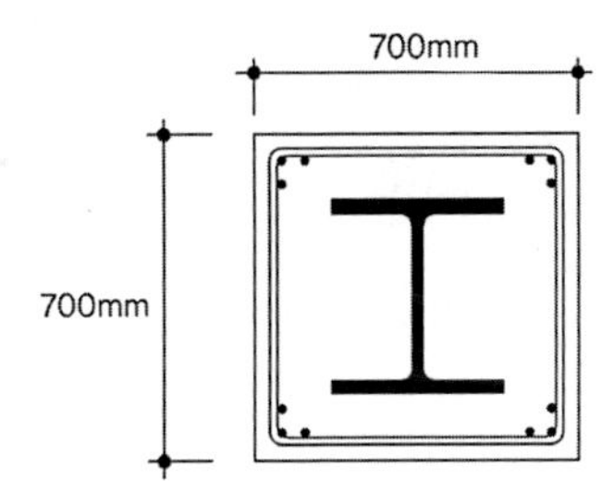

풀 이

▶ 설계압축강도 산정

1) 구조제한 검토

① 강재비 : $\rho_s=\dfrac{A_s}{A_g}=\dfrac{30,800}{700\times700}=0.063>0.03$

② 주철근비 : $\rho_r=\dfrac{A_r}{A_g}=\dfrac{12\times794}{700\times700}=0.019>0.003$

③ 띠철근비 : $\rho_h=\dfrac{A_h}{hs}=\dfrac{2\times71}{700\times200}=0.001$

2) 단면성능

① 합성단면적 $A_m=A_s=30,800mm^2$

② 합성단면 2차 반경

강재의 단면 2차 반경 $r_s = \sqrt{\frac{I_{sy}}{A_s}} = \sqrt{\frac{32,000 \times 10^4}{30,800}} = 101.9mm$

$r_m = 0.3B = 0.3 \times 700 = 210mm > 101.9mm \quad \therefore r_m = 210mm$

③ 합성항복강도

$$f_{ym} = f_y + 0.7f_{yr}\frac{A_r}{A_s} + 0.6f_{ck}\frac{A_c}{A_s} = 325 + 0.7 \times 400 \times \frac{12 \times 794}{30,800} + 0.6 \times 23.5 \times \frac{449,672}{30,800} = 617.5^{MPa}$$

④ 합성탄성계수

$$E_c = 8500\sqrt[3]{f_{cu}} = 26,845MPa, \quad E_m = E_s + 0.2E_c\frac{A_c}{A_s} = 284,385MPa$$

3) 설계압축강도 산정

① 한계세장비 $\overline{\lambda_c} = \left[\frac{1}{\pi}\sqrt{\frac{f_y}{E}}\left(\frac{kl}{r}\right)\right] = \left(\frac{kL}{r_m \pi}\right)\sqrt{\frac{f_{ym}}{E_m}} = \frac{4,500}{210 \times 3.14} \times \sqrt{\frac{617.5}{284,385}} = 0.33$

② 좌굴응력 $f_{cr} = (0.66^{\overline{\lambda_c^2}})f_{ym} = 0.66^{0.33^2} \times 617.5 = 589.8MPa$

③ 설계압축강도 $\phi_c P_n = 0.85A_m f_{cr} = 0.85 \times 30,800 \times 589.8 \times 10^{-3} = 15,442kN$

➤ 설계휨강도 산정

1) 철근 및 콘크리트 효과를 무시하고 강재단면만으로 검토 시

① 소성단면계수 $Z = \frac{1}{4}(400 \times 400^2 - 380 \times 340^2) = 5,018,000mm^3$

② 공칭휨강도(횡좌굴과 판폭두께비를 고려하지 않아도 무방)

$$M_n = M_p = Zf_y = 5018 \times 10^3 \times 325 = 1,631kNm$$

2) 철근 및 콘크리트 효과를 포함하여 합성단면으로 검토 시

① 탄성계수비

$$n = \frac{E_s}{E_c} = \frac{2.06 \times 10^5}{2.28 \times 10^4} = 9.04$$

② 단면의 도심산정

$$\frac{1}{n} \times 700 \times y_0 \times \frac{y_0}{2} - 12 \times 794 \times (350 - y_0) - 30800 \times (350 - y_0) = 0 \quad \therefore y_0 = 277mm$$

③ 환산단면2차 모멘트

$$I_{tr} = \frac{1}{9.04} \times \frac{1}{3} \times 700 \times 277^3 + 4 \times 794 \times (277-70)^2 2 \times 794 \times (277-70-80)^2$$
$$+ 2 \times 794 \times (423-70-80)^2 + 4 \times 794 \times (423-70)^2 + 1/12 \times (400 \times 400^3 - 380 \times 340^3)$$
$$+ 308 \times (350-277)^2 = 2.11 \times 10^9 mm^4$$

④ 소성단면계수

$$Z_c = \frac{2.11 \times 10^9}{277} = 7.62 \times 10^6 mm^3, \qquad Z_s = \frac{2.11 \times 10^9}{(350+200-277)} = 7.73 \times 10^6 mm^3$$

$$Z_r = \frac{2.11 \times 10^9}{(423-70)} = 5.98 \times 10^6 mm^3$$

⑤ 공칭휨강도

$$M_{n \cdot c} = nZ_c \times (0.85 f_{ck}) = 1{,}376 kNm$$
$$M_{n \cdot s} = Z_s f_y = 2{,}512 kNm$$
$$M_{n \cdot r} = Z_r f_{yr} = 2{,}392 kNm$$

∴ 세 값 중에서 콘크리트 단면이 가장 먼저 한계상태에 도달하므로 $M_n = 1{,}376 kNm$

3) 합성부재의 설계휨강도

철근과 콘크리트 효과를 무시하고 강재단면만을 하는 경우가 가장 큰 값이므로

$$\therefore M_n = 1{,}631 kNm$$
$$\phi_b M_n = 0.9 \times 1{,}631 = 1{,}467.9 kNm$$

➤ 휨과 압축동시 작용시 안정성

1) 소요강도 계산

$$P_u = 1.2P_D + 1.6P_L = 3{,}000 kN, \quad M_u = 1.2M_D + 1.6M_L = 2{,}040 kNm$$

2) 공칭휨강도

소성중립축이 웨브에 있다고 가정하면,

$$700 \times y_p \times (0.85 \times 23.5) - 2 \times 20 \times (350 - y_p) \times 325 = 4{,}705{,}00$$
$$\therefore y_p = 343mm \text{(웨브에 존재)}$$

$$M_{n3} = 5{,}018 \times 10^3 \times 325 + [(4 \times 794) \times (700 - 2 \times 70) \times 400 + 2 \times 794 \times (700 - 2 \times 150) \times 400]$$
$$+ 700 \times 343 \times (343/2 + 7) \times 23.5 = 3{,}604 \times 10^6 Nmm = 3{,}604 kNm$$

$$M_{n0} = 1{,}631kNm$$

$$M_n = M_{n0} + (M_{n3} - M_{n0})\frac{P_u}{0.3\phi_c P_n} = 1{,}631 + (3{,}604 - 1{,}631) \times \frac{3{,}000}{4{,}640} = 2{,}906.6kNm$$

3) 휨과 압축을 받는 합성기둥 검토

$$\frac{P_u}{\phi_c P_n} = \frac{3{,}000}{0.85 \times 18{,}197} = 0.19 < 0.3$$

$$\therefore \frac{P_u}{2\phi_c P_n} + \frac{M_u}{\phi_b M_n} = 0.097 + 0.780 = 0.88 < 1.0$$ 안전하다.

105회 2-1

복합구조

다음 그림과 같이 중심축하중을 받는 길이 L=10.0m인 콘크리트로 채워진 원형강관에서 합성기둥의 설계압축강도(P_r)를 도로교 설계기준(2012 한계상태설계법)에 따라 산정하시오
(단, 극한한계상태로 가정하며, 콘크리트의 설계기준강도 $f_{ck}=27MPa$, 강재의 항복강도 $f_y=315MPa$(강종 : STK490), 콘크리트의 탄성계수 $E_c=26,700MPa$, 강재의 탄성계수 $E_c=205,000MPa$, 기둥외경 $D=300mm$, 강재두께 $t=10mm$)

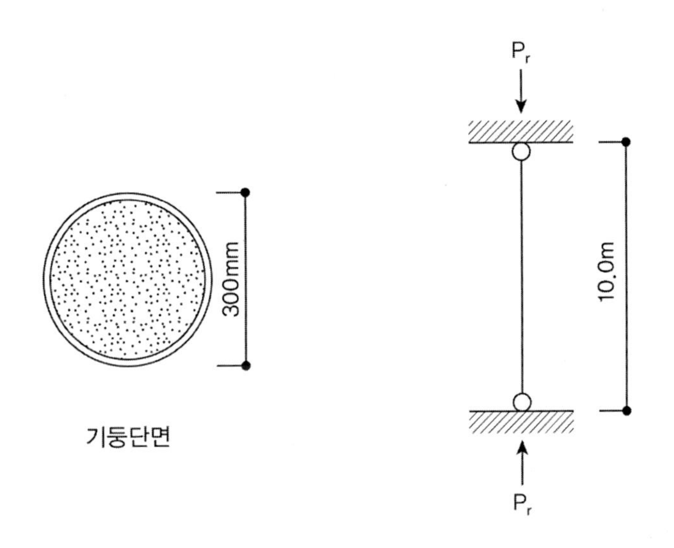

풀 이

➤ 재료의 특성

강관 : $f_y=315MPa, \quad E_s=205,000MPa$

콘크리트 : $f_{ck}=27MPa, \quad E_c=26,700MPa$

➤ 강관의 특성

$$A_s=\frac{\pi}{4}(D^2-d^2)=9,110.6mm^2, \quad I_s=I_x=I_y=\frac{\pi}{64}(D^4-d^4)=9.589\times10^7mm^4$$

➤ 콘크리트의 특성

$$A_c=\frac{\pi}{4}(300-10\times2)^2=61,575.2mm^2, \quad I_c=\frac{\pi}{64}(300-20)^4=3.017\times10^8mm^4$$

➤ 구조제한 검토 ; 충전형 합성기둥

1) 콘크리트 설계기준 압축강도 $21^{MPa} \leqq f_{ck} \leqq 70^{MPa}$

2) 강재의 설계기준 항복강도 $f_y \leqq 440^{MPa}$

3) 강관의 단면적 $\rho_s = \dfrac{A_s}{A_g} = \dfrac{9111}{61575} = 0.15 > 0.04$

4) 원형강관의 두께비 (교량강구조) $\left[\dfrac{D}{t} = \dfrac{300}{10} = 30\right] \leqq \left[2.8\sqrt{\dfrac{E_s}{f_y}} = 71.43\right]$

➤ 설계압축강도

1) P_0

$C_2 = 0.95$: 원형강관(교량강구조)

$P_0 = A_s f_y + A_{sr} f_{yr} + C_2 A_c f_{ck} = A_s f_y + C_2 A_c f_{ck}$

$\therefore P_0 = A_s f_y + C_2 A_c f_{ck} = 9{,}111 \times 315 + 0.95 \times 61{,}575 \times 27 = 4{,}449kN$

2) EI_{eff}

$C_3 = 0.6 + 2\left(\dfrac{A_s}{A_c + A_s}\right) = 0.6 + 2 \times \left(\dfrac{9{,}111}{61{,}575 + 9{,}111}\right) = 0.86 < 0.9$

0.9보다 작으므로 $C_3 = 0.86$

$$EI_{eff} = E_s I_s + E_s I_{sr} + C_3 E_c I_c = 205{,}000 \times 9.589 \times 10^7 + 0.86 \times 26{,}700 \times 3.017 \times 10^8$$
$$= 2.657 \times 10^{13} Nmm^2$$

3) P_e

$$P_e = \frac{\pi^2 EI_{eff}}{(kL)^2} = \frac{\pi^2 \times 2.657 \times 10^{13}}{10000^2} \times 10^{-3} = 2{,}622kN$$

4) P_n

$P_e / P_0 = 0.59 \rangle 0.44$ $\therefore P_n = P_0\left[0.658^{\left(\frac{P_0}{P_e}\right)}\right] = 2{,}187kN$

충전형 합성기둥 $\phi_c = 0.75$ $\therefore \phi_c P_n = 1{,}640kN$

예 제

압축력을 받는 각형 충전형 합성기둥 강구조 설계기준 2009

직사각형 강관 250×150×9(SM490)에 콘크리트($f_{ck}=35MPa$)로 채워진 4.2m 높이의 합성기둥에 고정하중 250kN, 활하중 750kN의 압축력이 작용할 때 기둥의 적정성을 검토하시오 단, 기둥의 양단부의 경계조건은 핀지지이고 베이스플레이트 상부에서 하중이 직접 지압으로 콘크리트에 전달된다.

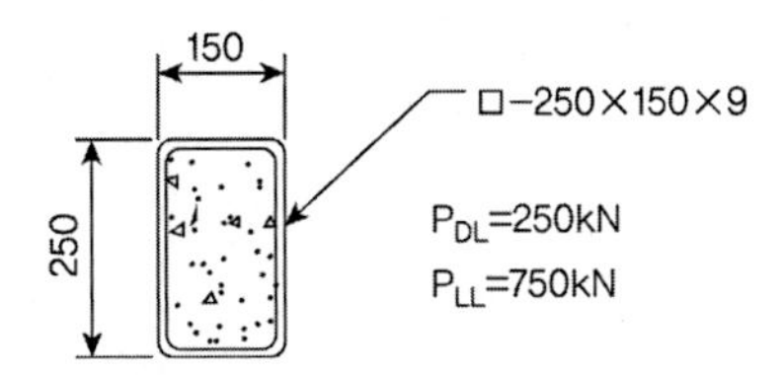

풀 이

➤ 소요 압축강도

$$P_u = 1.2P_D + 1.6P_L = 1{,}500kN > 1.4P_D(=350kN)$$

➤ 재료의 특성

강관 : $f_y = 325MPa$, $f_u = 490MPa$, $E_s = 205{,}000MPa$
콘크리트 : $f_{ck} = 35MPa$, $E_C = 29{,}800MPa$

➤ 강관의 특성

$$A_s = 6{,}670mm^2,\quad I_x = 54.8\times10^6mm^4,\quad I_y = 24.7\times10^6mm^4,\quad h/t = 27.7$$

➤ 콘크리트의 특성

① 콘크리트의 단면적

$r = 2t = 2\times9 = 18mm$(외경)
$b_f = b-2r = 250-2\times18 = 214mm$
$h_f = h-2r = 150-2\times18 = 114mm$
$A_c = b_fh_f + \pi(r-t)^2 + 2b_f(r-t) + 2h_f(r-t)$
$\quad = 214\times114+\pi\times(18-9)^2+2\times214\times(18-9)+2\times114\times(18-9) = 30{,}600mm^2$

② 콘크리트의 단면2차 모멘트

$$I_c = \frac{b_1h_1^3}{12}+\frac{2b_2h_2^3}{12}+2(r-t)^4\left(\frac{\pi}{8}-\frac{8}{9\pi}\right)+2\left(\frac{\pi(r-t)^2}{2}\right)\left(\frac{h_2}{2}+\frac{4(r-t)}{3\pi}\right)^2$$

단면의 약축에 대한 검토

$h_1 = 150 - 2 \times 9 = 132mm$, $b_1 = 250 - 4 \times 9 = 214mm$,

$h_2 = 150 - 4 \times 9 = 114mm$, $b_2 = 9mm$, $(r-t) = 18 - 9 = 9mm$

$I_c = 44.2 \times 10^6 mm^4$

③ 구조제한 검토

콘크리트 설계기준 압축강도 $21MPa \leqq f_{ck} \leqq 70MPa$

강재의 설계기준항복강도 $f_y \leqq 440MPa$

강관의 단면적 $\rho_s = \dfrac{A_s}{A_g} = \dfrac{6670}{(30,600 + 6,670)} = 0.179 > 0.01$

각형강관의 판폭두께비 $b/t = 232/9 = 25.7 \leqq 2.26\sqrt{\dfrac{E_s}{f_y}} = 2.26\sqrt{\dfrac{205,000}{325}} = 56.8$

➤ 설계압축강도

① 세장효과를 고려하지 않는 압축강도(소성압축강도, 각형단면의 경우)

$$P_0 = A_s f_y + A_{sr} f_{yr} + 0.85 A_c f_{ck}$$
$$= 6,670 \times 325 + 0 \times 0 + 0.85 \times 30,600 \times 35 = 3,080kN$$

② 합성단면의 유효강성

$$C_2 = 0.6 + 2\left(\frac{A_s}{A_c + A_s}\right) = 0.6 + 2 \times \left(\frac{6,670}{30,600 + 6,670}\right) = 0.958 > 0.9 \qquad \therefore\ C_2 = 0.9$$

$$EI_{eff} = E_s I_s + E_s I_{sr} + C_2 E_c I_c$$
$$= 205,000 \times 24.7 \times 10^6 + 200,000 \times 0 + 0.9 \times 29,800 \times 44.2 \times 10^6 = 6.25 \times 10^{12} Nmm^2$$

③ 오일러좌굴하중 $P_e = \dfrac{\pi^2 EI_{eff}}{(kL)^2} = \dfrac{\pi^2 \times 6.25 \times 10^{12}}{4200^2} = 3.5 \times 10^6 N$

④ 공칭압축강도

$$\frac{P_0}{P_e} = \frac{3,080,000}{3,500,000} = 0.880 \leqq 2.27$$

$$\therefore\ P_n = P_0[0.658^{\left(\frac{P_0}{P_e}\right)}] = 3,080,000 \times 0.658^{0.880} = 2,130 \times 10^3 N$$

⑤ 설계압축강도 $\phi_c = 0.75$, $\therefore\ \phi_c P_n = 0.75 \times 2,130 = 1,600kN > P_u (= 1,500kN)$

103회 2-5

압축력을 받는 각형 충전형 합성기둥 　　　　　　　　　　　　　　　　　　　강구조 설계기준 2009

그림과 같이 중심축하중을 받는 길이 $L = 5.0m$(양단힌지)인 교각용 콘크리트 충전 합성기둥의 설계강도 P_d를 강구조 설계기준(하중저항계수설계법)에 의해 구하시오

조건. $f_{ck} = 21MPa$, $f_y = 245MPa$, $E_c = 24,900MPa$, $E_s = 205,000MPa$, $t = 8^{mm}$

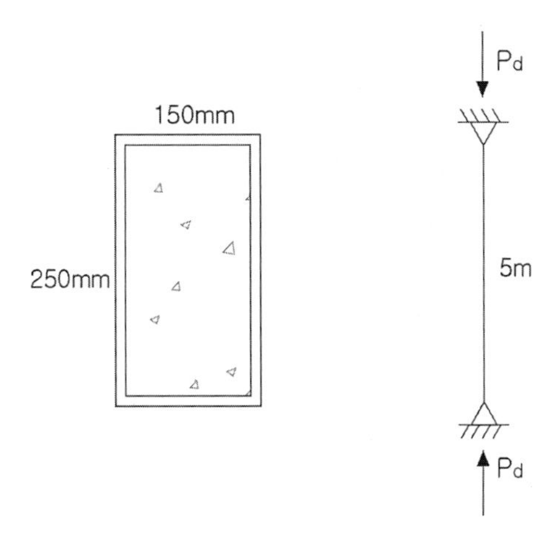

풀 이

➤ 단면의 특성

콘크리트의 단면 2차 모멘트

$$강축 : I_x = \frac{bh^3}{12} = \frac{(150-18)(250-18)^3}{12} = 143,077,428mm^4$$

$$약축 : I_y = \frac{b^3h}{12} = \frac{(150-18)^3(250-18)}{12} = 46,919,028mm^4$$

강재의 단면 2차 모멘트

$$강축 : I_x = \frac{b_1h_1^3}{12} - \frac{b_2h_2^3}{12} = 195,312,500 - 143,077,428 = 52,235,072mm^4$$

$$약축 : I_y = \frac{b_1^3h_1}{12} - \frac{b_2^3h_2}{12} = 70,312,500 - 46,919,028 = 23,393,472mm^4$$

➤ 강구조설계기준에 따른 구조제한 검토

1) 콘크리트 설계기준 압축강도 　　$21MPa \leqq f_{ck} \leqq 70MPa$ 　　O.K

2) 강재의 설계기준항복강도 $f_y \leqq 440MPa$ O.K

3) 강관의 단면적 비율 검토

$$A_s = 250 \times 150 - (250 - 8 \times 2)(150 - 8 \times 2) = 6,144mm^2$$

$$A_g = A_c + A_s = 250 \times 150 = 37,500mm^2, \quad A_c = 31,356mm^2$$

$$\therefore \rho_s = \frac{A_s}{A_g} = \frac{6,144}{37,500} = 0.164 > 0.01 \quad \text{O.K}$$

4) 각형강관의 판폭두께비

$$\frac{b}{t} = \frac{250}{8} = 31.25 \leqq 2.26\sqrt{\frac{E_s}{f_y}} = 2.26\sqrt{\frac{205,000}{245}} = 65.4 \quad \text{O.K}$$

설계압축강도

1) 세장효과를 고려하지 않는 압축강도(소성압축강도, 각형단면의 경우)

$$P_0 = A_s f_y + A_{sr} f_{yr} + 0.85 A_c f_{ck}$$
$$= 6,144 \times 245 + 0 \times 0 + 0.85 \times 31,356 \times 21 = 2,065kN$$

2) 합성단면의 유효강성

$$C_2 = 0.6 + 2\left(\frac{A_s}{A_c + A_s}\right) = 0.6 + 2 \times \left(\frac{6,144}{37,500}\right) = 0.928 > 0.9 \quad \therefore C_2 = 0.9$$

$$EI_{eff} = E_s I_s + E_s I_{sr} + C_2 E_c I_c = 205,000 \times 23,393,472 + 0.9 \times 24,900 \times 46,919,028$$
$$= 5.847 \times 10^{12} Nmm^2$$

3) 오일러좌굴하중

$$P_e = \frac{\pi^2 EI_{eff}}{(kL)^2} = \frac{\pi^2 \times 5.847 \times 10^{12}}{5000^2} = 2.31 \times 10^6 N$$

4) 공칭압축강도

$$\frac{P_0}{P_e} = \frac{2,065}{2,310} = 0.894 \leqq \frac{1}{0.44}(= 2.27)$$

$$\therefore P_n = P_0[0.658^{\left(\frac{P_0}{P_e}\right)}] = 2,065 \times 0.658^{0.894} = 1,420kN$$

5) 설계압축강도

$$\phi_c = 0.75, \quad \therefore P_d = \phi_c P_n = 0.75 \times 1,420 = 1,065kN$$

99회 3-4

합성기둥의 설계 강구조 설계기준 2009

그림과 같은 단면을 갖는 길이 L=12m인 콘크리트 충전 강관 합성기둥의 안정성을 하중저항계수 설계법에 의해 검토하시오(단, 합성단면의 공칭강도 계산 시 소성응력 분포법을 사용하며 안전성은 휨과 압축에 관한 상관식을 사용한다).

(조 건)

작용하중	계수축하중 $P_u=5{,}000kN$ 계수휨모멘트 $M_u=700kN\cdot m$
사용재료	• 강재 SM490 항복강도 $F_y=325MPa$ 인장강도 $F_u=490MPa$ 탄성계수 $E_S=205GPa$
	• 콘크리트 설계기준강도 $f_{ck}=50MPa$ 탄성계수 $E_c=32GPa$
단면상수	총단면적 $A_g=3{,}025cm^2$ 총단면 2차 모멘트 $I_g=762{,}552cm^2$ 콘크리트 단면적 $A_c=2{,}809cm^2$ 콘크리트 단면 2차 모멘트 $I_c=657{,}540cm^2$ 강재 단면적 $A_s=216cm^2$ 강재 단면 2차 모멘트 $I_s=105{,}012cm^2$

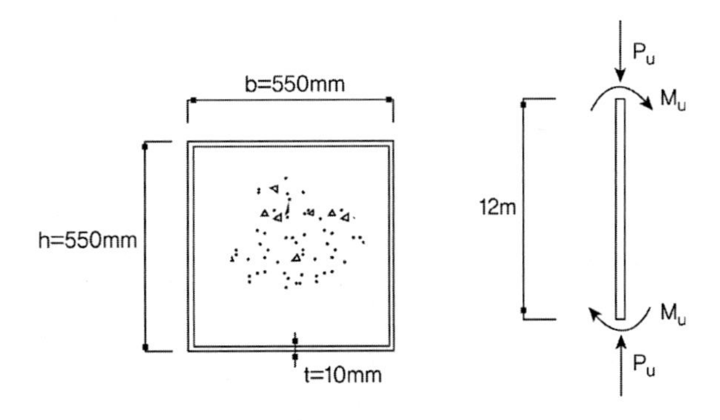

풀 이

➤ 개 요

2009 강구조설계기준 하중저항계수설계법에 따라 검토하며, 휨과 압축을 동시에 받는 구조물로 교량구조물이 아닌 강구조물로 보고 설계한다(교량구조물로 볼 경우 충전형 각형강관의 구조제한 N.G).

➤ 구조제한 검토

1) 콘크리트 압축강도 $21MPa \le f_{ck} < 70MPa$

2) 강재 및 철근의 항복강도 $f_y \leqq 440MPa$

3) 강재비 $\rho_s = \dfrac{A_s}{A_g} = \dfrac{21,600}{550 \times 550} = 0.0714 > 0.01$ O.K

4) 충전형 각형강관 구조제한 검토 $\dfrac{b}{t} = \dfrac{550}{12} = 45.83 < 2.26\sqrt{\dfrac{E_s}{f_y}} = 56.76$ O.K

➤ 설계압축강도 산정

1) P_0

$C_2 = 0.85$ (각형강관) $P_0 = A_s f_y + A_{sr} f_{yr} + C_2 A_c f_{ck}$

$$\therefore P_0 = A_s f_y + A_{sr} f_{yr} + C_2 A_c f_{ck} = 216 \times 10^2 \times 325 + 0.85 \times 2809 \times 10^2 \times 50$$
$$= 18,958.25kN$$

2) EI_{eff}

$$C_3 = 0.6 + 2\left(\frac{A_s}{A_c + A_s}\right) = 0.7428 \leqq 0.9$$

$$\therefore EI_{eff} = E_s I_s + 0.5 E_s I_{sr} + C_3 E_c I_c$$
$$= 205,000 \times 105,012 \times 10^4 + 0.7428 \times 32,000 \times 657,540 \times 10^4 = 3.7157 \times 10^{14} Nmm^2$$

3) P_e

양단에 모멘트가 발생하므로 양단 고정조건으로 가정한다. $K = 0.5$

$$\therefore P_e = \frac{\pi^2 (EI_{eff})}{(KL)^2} = 101,868kN$$

4) P_n

$$P_e / P_0 = 5.373 > 0.44 \quad \therefore P_n = P_0\left[0.658^{\left(\frac{P_0}{P_e}\right)}\right] = 17,537.56kN$$

$$\phi_c = 0.75 \quad \therefore \phi_c P_n = 13,153kN > P_u (= 5,000kN)$$

➤ 설계휨강도 산정

1) 콘크리트 효과를 무시하고 강재단면만으로 검토 시

① 소성단면계수

$$Z = \frac{1}{4}(550^3 - 530^3) = 4,374,500mm^3$$

② 공칭휨강도(횡좌굴과 판폭두께비를 고려하지 않아도 무방)

$$M_n = M_p = Zf_y = 4,374,500 \times 325 = 1,421.7kNm$$

2) 철근 및 콘크리트 효과를 포함하여 합성단면으로 검토 시

① 탄성계수비 $n = \frac{E_s}{E_c} = \frac{205}{32} = 6.4$

② 단면의 도심산정 대칭이므로 $y_0 = 275mm$

③ 환산단면2차 모멘트 $I_{tr} = \frac{1}{12}(550^4 - 530^4) + \frac{1}{6.4} \times \frac{530^4}{12} = 2,077,526,380mm^4$

④ 소성단면계수

$$Z_c = Z_t = \frac{2,077,526,380}{(275-10)} = 7,839,722.19mm^3$$

$$Z_c = Z_t = \frac{2,077,526,380}{275} = 7,554,641.38mm^3$$

⑤ 공칭휨강도

$$M_{n.c} = nZ_c \times (0.85f_{ck}) = 2,134.5kNm$$

$$M_{n.s} = Z_s f_y = 2,455.3kNm$$

∴ 두 값 중에서 콘크리트 단면이 가장 먼저 한계상태에 도달하므로 $M_n = 2,134.5kNm$

3) 합성부재의 설계휨강도

콘크리트 효과를 포함하는 경우가 가장 큰 값이므로

$$\therefore M_n = 2,134.5kNm$$

$$\phi_b M_n = 0.9 \times 2,134.5 = 1,921.04kNm$$

➤ 휨과 압축동시 작용시 안정성

$$P_u = 5,000kN, \quad M_u = 700kNm$$

$$\frac{P_u}{\phi_c P_n} = \frac{5000}{13153.17} = 0.38 > 0.2 \qquad \therefore M_n = 2,134.5kNm$$

$$\therefore \frac{P_u}{\phi_c P_n} + \frac{8}{9}\frac{M_u}{\phi_b M_n} = 0.19 + 0.324 = 0.51 < 1.0$$ 안전하다.

(건축) 101회 3-6

압축력을 받는 매입형 합성기둥 강구조 설계기준 2009

그림과 같은 강구조 건축물에서 원형강관($\phi-500\times 9$, SM490)에 콘크리트($f_{ck}=24MPa$)로 채워진 5m높이의 충전합성기둥의 중심에 압축력이 작용할 때 기둥의 안정성을 검토하시오. 단, KBC2009 적용, 기둥의 양단부 경계조건은 핀이고 베이스플레이트 상부에서 하중이 직접 지압콘크리트에 전달된다.

[검토조건]
원형강관 ($\phi-500\times 9$, SM490)
$f_y=325MPa,\quad f_u=490MPa,$
$E_s=2.05\times 10^5 MPa,\quad A_s=13,880mm^2$
콘크리트 $f_{ck}=24MPa,\quad E_c=2.98\times 10^4 MPa$
$P_{DL}=1000kN,\quad P_{LL}=1400kN$

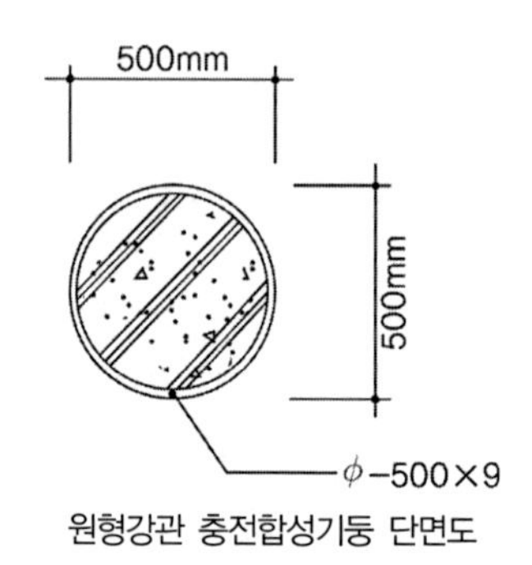

원형강관 충전합성기둥 단면도

풀 이

➤ 소요 압축강도

$$P_u=1.2P_D+1.6P_L=3,440kN>1.4P_D(=1,400kN)$$

➤ 재료의 특성

강관 : $f_y=325MPa,\quad f_u=490MPa,\quad E_s=205,000MPa$

콘크리트 : $f_{ck}=24MPa,\quad E_c=2.98\times 10^4 MPa$

➤ 강관의 특성

$$A_s=13,880mm^2,\quad I_x=I_y=\frac{\pi}{64}(D^4-d^4)=3.742\times 10^8 mm^4$$

➤ 콘크리트의 특성

$$A_c=\frac{\pi}{4}(500-8\times 2)^2=183,984mm^2,\quad I_c=\frac{\pi}{64}(500-16)^4=2.693\times 10^9 mm^4$$

➤ 구조제한 검토

1) 콘크리트 설계기준 압축강도 $21^{MPa} \leqq f_{ck} \leqq 70^{MPa}$

2) 강재의 설계기준 항복강도 $f_y \leqq 440^{MPa}$

3) 강관의 단면적 $\rho_s = \dfrac{A_s}{A_g} = \dfrac{13880}{196349} = 0.07 > 0.01$

4) 원형강관의 두께비 $\dfrac{D}{t} = \dfrac{500}{9} = 55.55 < 0.15E/f_y = 94.61$

➤ 설계압축강도

1) P_0

$$C_2 = 0.85\left(1 + 1.8\frac{tf_y}{Df_{ck}}\right) = 0.85\left(1 + 1.8\frac{9 \times 325}{500 \times 24}\right) = 1.2229$$: 원형강관(건축물강구조)

$$P_0 = A_s f_y + A_{sr} f_{yr} + C_2 A_c f_{ck}$$

$$\therefore P_0 = A_s f_y + A_{sr} f_{yr} + C_2 A_c f_{ck} = 13,880 \times 325 + 1.2229 \times 183,984 \times 24 = 9,911.02kN$$

2) EI_{eff}

$$C_3 = 0.6 + 2\left(\frac{A_s}{A_c + A_s}\right) = 0.6 + 2 \times \left(\frac{13,880}{183,894 + 13,880}\right) = 0.74 < 0.9$$

0.9보다 작으므로 $C_3 = 0.74$

$$EI_{eff} = E_s I_s + E_s I_{sr} + C_3 E_c I_c = 205,000 \times 3.742 \times 10^8 + 0.74 \times 29,800 \times 2.693 \times 10^9$$
$$= 1.361 \times 10^{14} Nmm^2$$

3) P_e

$$P_e = \frac{\pi^2 EI_{eff}}{(kL)^2} = \frac{\pi^2 \times 1.361 \times 10^{14}}{5000^2} \times 10^{-3} = 53,728kN$$

4) P_n

$P_e / P_0 = 0.01 \langle 0.44$ $\therefore P_n = 0.877 P_e = 47,119kN$

$\phi_c = 0.75$ $\therefore \phi_c P_n = 35,339kN \langle P_u$ O.K

(건축) 104회 4-5

압축력을 받는 각형 충전형 합성기둥 강구조 설계기준 2009

그림과 같은 충전형 각형강관 합성기둥의 설계압축강도를 산정하시오

가정조건 1) □-600×600×12 (SM490, $f_y = 325MPa$)

2) 콘크리트 설계기준강도 $f_{ck} = 27MPa$

3) 부재의 길이 6m, 양단 핀지지

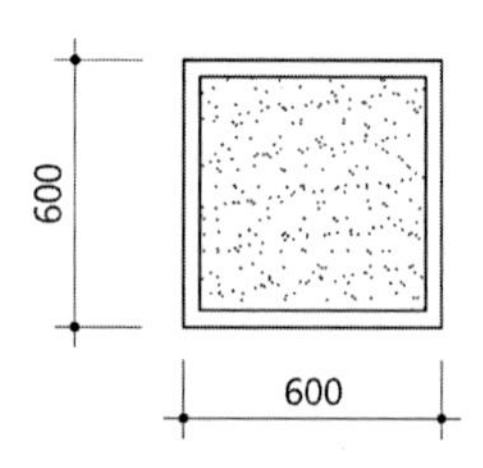

풀 이

➤ 단면의 특성

콘크리트의 단면 2차 모멘트

$$I_x = I_y = \frac{bh^3}{12} = \frac{(600-12\times 2)^4}{12} = 9,172,942,848mm^4$$

강재의 단면 2차 모멘트

$$I_x = I_y = \frac{b_1 h_1^3}{12} - \frac{b_2 h_2^3}{12} = 10,800,000,000 - 9,172,942,848 = 1,627,057,152mm^4$$

➤ 강구조설계기준에 따른 구조제한 검토

1) 콘크리트 설계기준 압축강도 $21MPa \leqq f_{ck} \leqq 70MPa$ O.K

2) 강재의 설계기준항복강도 $f_y \leqq 440MPa$ O.K

3) 강관의 단면적 비율 검토

$$A_s = 600^2 - (600-12\times 2)^2 = 28,224mm^2$$

$$A_g = A_c + A_s = 600\times 600 = 360,000mm^2, \quad A_c = 331,776mm^2$$

$$\therefore \rho_s = \frac{A_s}{A_g} = \frac{28,224}{360,000} = 0.0784 > 0.01 \qquad \text{O.K}$$

4) 각형강관의 판폭두께비

$$\frac{b}{t} = \frac{600}{12} = 50 \leqq 2.26\sqrt{\frac{E_s}{f_y}} = 2.26\sqrt{\frac{205,000}{325}} = 56.8 \qquad \text{O.K}$$

➤ 설계압축강도

1) 세장효과를 고려하지 않는 압축강도(소성압축강도, 각형단면의 경우)

$$P_0 = A_s f_y + A_{sr} f_{yr} + 0.85 A_c f_{ck}$$
$$= 28,224 \times 325 + 0 \times 0 + 0.85 \times 331,776 \times 27 = 16,787kN$$

2) 합성단면의 유효강성

$$C_2 = 0.6 + 2\left(\frac{A_s}{A_c + A_s}\right) = 0.6 + 2 \times \left(\frac{28,224}{360,000}\right) = 0.76 < 0.9 \qquad \therefore\ C_2 = 0.76$$

$$E_c = 8,500\sqrt[3]{f_{cu}} = 8,500\sqrt[3]{27+8} = 27,804MPa$$

$$EI_{eff} = E_s I_s + E_s I_{sr} + C_2 E_c I_c$$
$$= 205,000 \times 1,627,057,152 + 0.76 \times 27,804 \times 9,172,942,848$$
$$= 5.2656 \times 10^{14} Nmm^2$$

3) 오일러좌굴하중

$$P_e = \frac{\pi^2 EI_{eff}}{(kL)^2} = \frac{\pi^2 \times 5.2656 \times 10^{14}}{6000^2} = 1.4436 \times 10^8 N$$

4) 공칭압축강도

$$\frac{P_0}{P_e} = \frac{16,787}{144,360} = 0.116 \leqq \frac{1}{0.44}(=2.27) \quad \because\ P_e \geqq 0.44 P_0$$

$$\therefore\ P_n = P_0\left[0.658^{\left(\frac{P_0}{P_e}\right)}\right] = 16,787 \times 0.658^{0.116} = 15,989kN$$

5) 설계압축강도

$$\phi_c = 0.75,\quad \therefore\ P_d = \phi_c P_n = 0.75 \times 15,989 = 11,992kN$$

7. 합성보의 설계

강재보를 사용하는 대부분의 교량은 합성구조이며, 합성보는 건축물에서도 가장 경제적인 대안으로 자주 고려된다. 합성구조의 효율로 인해서 높이가 낮은 보가 사용되거나 처짐 등에서 비합성 구조보다 작은 등 더 유리하다.

1) 합성보의 탄성응력

합성보의 설계강도는 보통 파괴시의 상태를 기본으로 하며, 하나의 재료로 이루어진 것이 아니므로 환산단면으로 환산하여 계산한다. 미소처짐이론에 따라 휨을 받기전에 평면이었던 단면은 휨 이후에도 평면을 유지한다는 가정은 보가 균질한 재료로 이루어졌을 때만 성립된다. 따라서 콘크리트 면적을 탄성계수비로 나누어 환산단면적을 이용하여 적용할 수 있다.

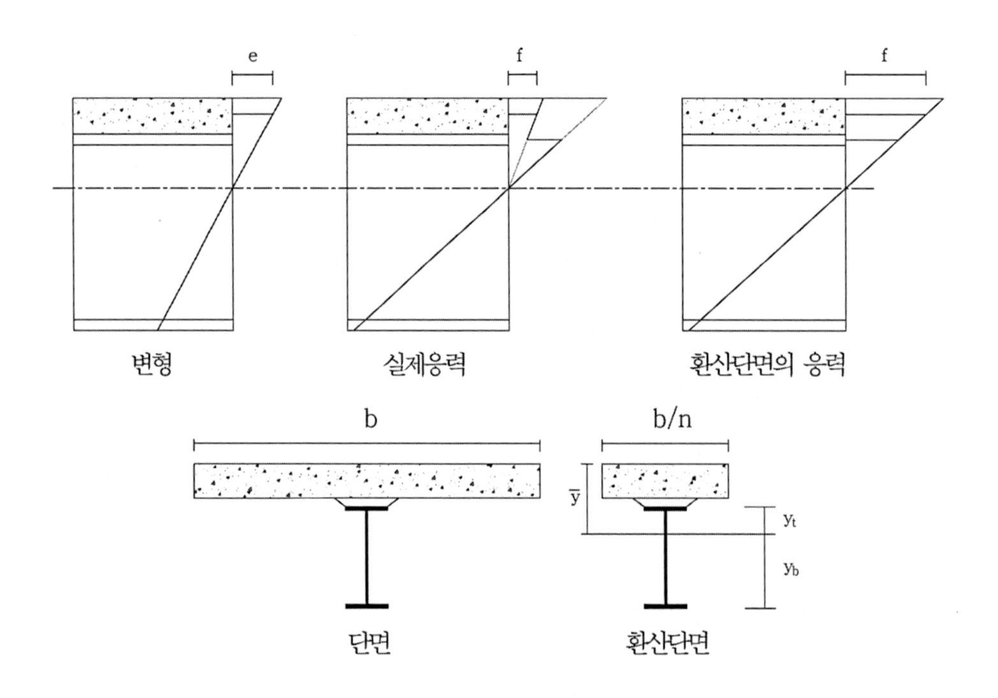

강재보의 상연응력 $f_{st} = \frac{M}{I_{tr}} y_t$ 강재보의 하연응력 $f_{sb} = \frac{M}{I_{tr}} y_b$

콘크리트의 응력 $f_c = \frac{1}{n} \frac{M}{I_{tr}} \bar{y}$

2) 휨강도 산정

대부분 정모멘트를 받을 때 강재 전단면이 항복되고 콘크리트가 압축상태로 파괴될 때의 공칭휨강도에 도달하게 된다. 이 때 합성단면의 응력분포를 소성응력분포(plastic stress distribution)이라고 하며 휨강도에 대한 AISC시방규정은 다음과 같다.

① 조밀한 복부를 갖는 형강에 대해 공칭강도 M_n은 소성응력 분포상태로부터 구한다(조밀한 복부를 갖는 형강 : $h/t_w \leq 3.76\sqrt{E/f_y}$).

② 비조밀 복부를 갖는 형강에 대해 공칭강도 M_n은 강재가 처음 항복할 때인 탄성응력 분포상태로부터 구한다(비조밀한 복부를 갖는 형강 : $h/t_w > 3.76\sqrt{E/f_y}$).

③ LRFD의 경우 설계강도는 $\phi_b M_n$으로 $\phi_b = 0.90$을 적용하고 ASD의 경우 허용강도는 M_n/SF로 $SF = 1.67$을 적용한다.

3) 소성한계상태

합성보가 소성한계상태에 도달할 때에는 Whitney의 등가응력블록(RC편 참조) 가정에 따라 콘크리트 응력은 $0.85f_{ck}$의 균일한 압축응력블럭으로 슬래브 상면으로부터 하면까지 분포된다고 가정한다. 응력의 분포는 소성중립축의 위치에 따라 다음의 3가지 경우로 구분할 수 있다.

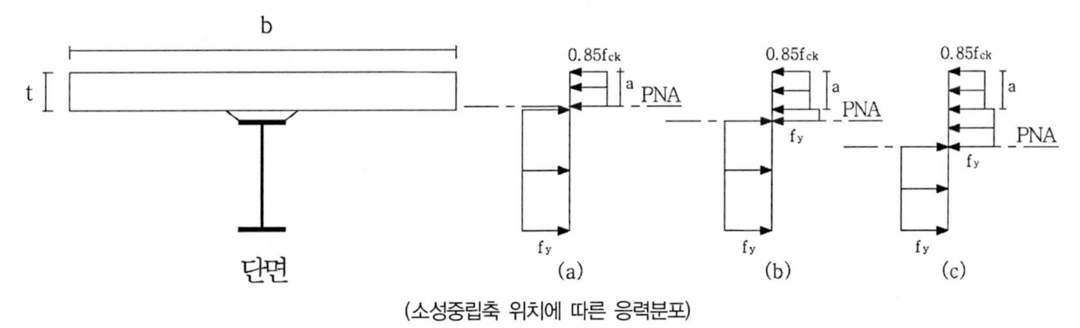

(소성중립축 위치에 따른 응력분포)

(a) : 강재는 완전 인장항복상태에 있고 콘크리트는 부분 압축상태로 소성중립축이 슬래브 안에 있을 경우, 콘크리트의 인장응력은 무시, 충분한 전단연결재로 연결되어 완전합성거동을 이룰 경우 보통 대부분의 응력분포

(b) : 콘크리트 응력분포가 슬래브 전 두께에 걸쳐 분포되며 강형 플랜지의 일부분이 압축상태인 경우로 슬래브의 압축력이 증가된다.

(c) : 소성중립축이 강재 복부에 존재하는 경우

4) 압축력 산정

$$C = Min[A_s f_y,\ 0.85 f_{ck} A_c,\ \Sigma Q_n],\quad \Sigma Q_n : \text{전단연결재의 총 전단강도}$$

5) 휨강도 산정

콘크리트 합성작용시 횡-비틂좌굴은 발생하지 않으므로 모멘트 합력으로 산정

102회 1-13

합성보

그림과 같은 합성보에 대해 설계 휨강도를 강도설계법으로 구하시오(단, 콘크리트 변형률은 극한 변형률, 철근과 강재 변형률은 항복변형률 이상으로 가정한다).

〈조건〉
콘크리트 강도는 28MPa, 강재 및 철근의 항복강도는 300MPa
탄성계수비 n = 7
콘크리트 단면적 계산시 철근 단면적 공제 무시

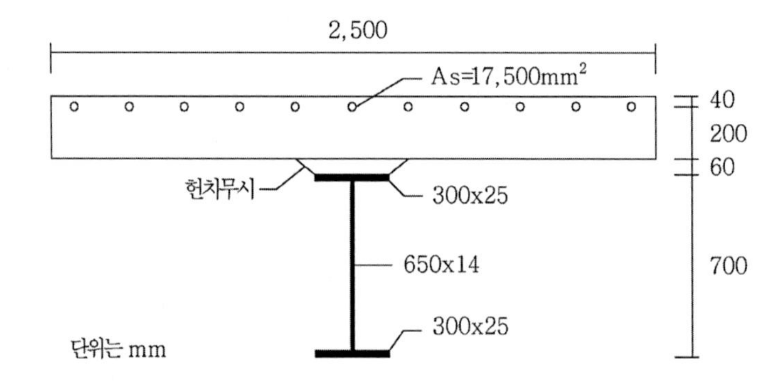

풀 이

➤ 중립축 산정

$$b/n = 2500/7$$

$$\Sigma Ay = 2500/7 \times 240 \times 120 + 300 \times 25 \times (300 + 25/2)$$
$$+ 650 \times 14 \times (300 + 700/2) + 300 \times 25 \times (1000 - 25/2)$$
$$= 25{,}950{,}714mm^3$$

$$\Sigma A = 2500/7 \times 240 + 300 \times 25 + 650 \times 14 + 300 \times 25 = 109{,}814mm^2$$

$$\therefore \bar{y} = \frac{\Sigma Ay}{\Sigma A} = 236.31mm \ \langle \ t_{con}$$

단면의 중립축이 콘크리트 슬래브 두께 내에 존재하고 콘크리트의 인장력을 무시한다.

➤ 콘크리트의 압축력 산정

완전합성작용이 일어난다고 가정하고 콘크리트가 극한변형률에 도달했을 때 압축철근도 항복변

형률에 도달하여 f_y를 발휘하고 강재도 f_y를 발휘한다고 가정하면,

콘크리트의 극한변형률 0.003에 도달할 때 철근은 $\epsilon^r = 0.003 \times \dfrac{196.31}{236.31} = 0.00249 > \epsilon_y$

강재 최하단의 변형률 $\epsilon_s = 0.003 \times \dfrac{(1000-236.31)}{236.31} = 0.009695 > \epsilon_y$

완전합성작용이 일어난다고 가정하면 $A_s f_y$와 $0.85 f_{ck} A_c + A_s^r f_y^r$ 중에서 작은 값이 콘크리트의 압축력으로 본다.

$$A_s f_y = (300 \times 25 + 650 \times 14 + 300 \times 25) \times 300 = 7230kN$$

$$0.85 f_{ck} A_c + A_s^r f_y^r = 0.85 \times 28 \times 240 \times 2500 + 17500 \times 300 = 19,530kN$$

$$\therefore C = A_s f_y = 7230kN$$

➤ 설계휨강도 산정

콘크리트의 인장력과 헌치는 무시하고 산정한다.

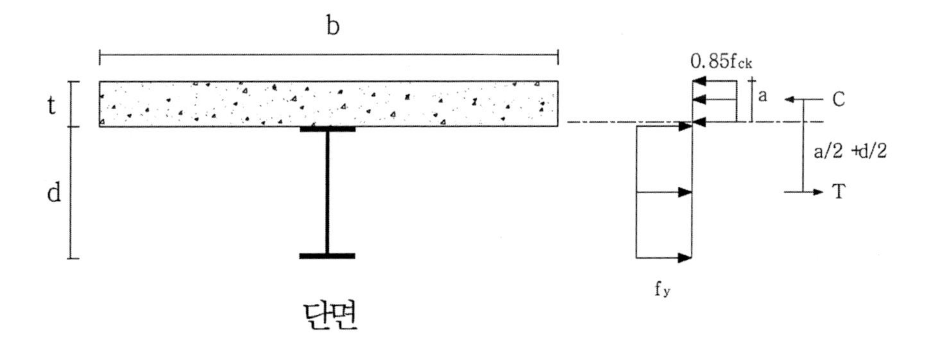

단면

$$M_n = C\left(\frac{a}{2} + \frac{d}{2}\right) = 7230 \times \left(\frac{236.31}{2} + \frac{700}{2}\right) = 3,384.76kNm$$

$\phi_b = 0.90$이므로

$$\therefore M_d = \phi_b M_n = 3046.3kNm$$

02 도로교설계기준(한계상태설계법) 주요개정사항

1. 강교 주요 개정사항

1) ASD → AASHTO LRFD, 강구조설계기준(하중저항계수설계법)으로 설계개념의 변경

2) 정모멘트부 강거더의 휨거동(합성조밀단면의 휨강도)

① 휨강도 설계요구조건 $M_u < M_r$

② 공칭휨강도 및 연성 요구조건

$D_p/D' \leqq 1 \qquad M_r = M_p$

$1 < D_p/D' \leqq 5 \qquad M_r = \dfrac{5M_p - 0.85M_y}{4} + \dfrac{0.85M_y - M_p}{4}\left[\dfrac{D_p}{D'}\right]$

D_p : 슬래브 상단에서 소성모멘트 중립축까지의 거리

D' : $\beta\left(\dfrac{d+t_s+t_h}{7.5}\right)$

$\beta = 0.9(f_y = 240MPa),\quad 0.7(f_y = 360MPa),\quad 0.7(f_y = 460MPa)$

t_s : 콘크리트 슬래브의 두께(mm), t_h : 콘크리트 헌치의 두께(mm)

d : 강재단면의 높이(mm)

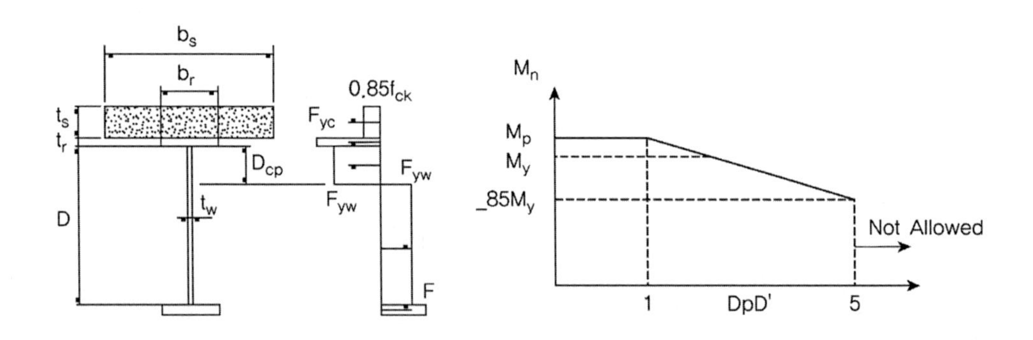

3) 부모멘트부 압축플랜지 휨강도 - 플랜지 국부좌굴(Flange local buckling : FLB)

$\lambda_f \leqq \lambda_{pf}$: $\quad f_{nc} = R_b R_h f_{yc}$

$\lambda_f > \lambda_{pf}$: $\quad f_{nc} = \left[1-\left(1-\dfrac{f_{yr}}{R_h f_{yc}}\right)\left(\dfrac{\lambda_f - \lambda_{pf}}{\lambda_{rf} - \lambda_{pf}}\right)\right] R_b R_h f_{yc}$

$$f_{yr} = \min[0.75f_{yc},\quad f_{yw}] \geqq 0.5f_{yc}$$

$$\lambda_f = \frac{b_{fc}}{2t_{fc}},\quad \lambda_{pf} = 0.38\sqrt{\frac{E}{f_{yc}}},\quad \lambda_{rf} = 0.56\sqrt{\frac{E}{f_{yr}}}$$

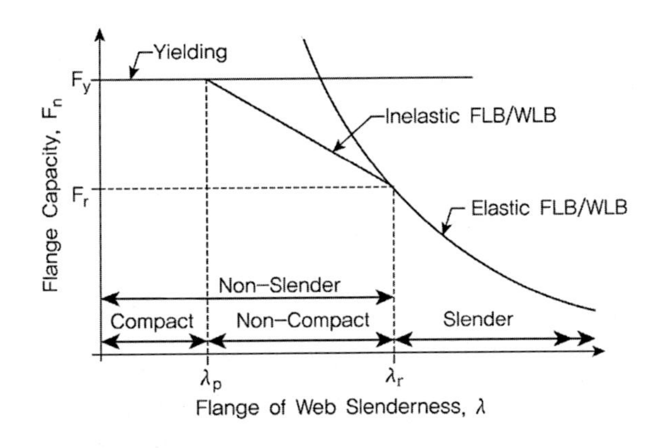

4) 부모멘트부 횡-비틀림 좌굴(LTB : Lateral-torsional buckling)

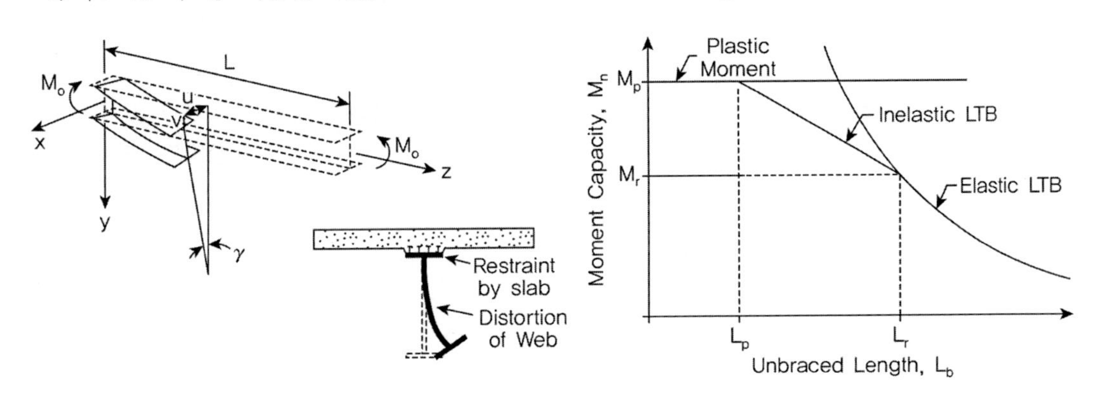

$$L_b \leqq L_p : \quad f_{nc} = R_b R_h f_{yc}$$

$$L_p < L_b \leqq L_r : \quad f_{nc} = C_b \left[1 - \left(1 - \frac{f_{yr}}{R_h f_{yc}} \right) \left(\frac{L_b - L_p}{L_r - L_p} \right) \right] R_b R_h f_{yc}$$

$$L_b > L_r : \quad f_{nc} = f_{cr} \leqq R_b R_h f_{yc}$$

$$L_p = 1.0 r_t \sqrt{\frac{E}{f_{yc}}}, \quad L_r = \pi r_t \sqrt{\frac{E}{f_{yc}}}$$

$$r_t = \frac{b_{fc}}{\sqrt{12 \left(1 + \frac{1}{3} \frac{D_c t_w}{b_{fc} t_{fc}} \right)}}, \quad f_{cr} = \frac{C_b R_b \pi^2 E}{\left(\frac{L_b}{r_t} \right)^2}$$

5) 정/부모멘트부 복부판의 휨좌굴강도

복부판 휨좌굴 강도 : $f_{crw} = \dfrac{0.9Ek}{\left(\frac{D}{t_w} \right)^2}$

종방향보강재 미사용 시 $k = \dfrac{9}{(D_c/D)^2}$

종방향보강재 사용 시 $\dfrac{d_s}{D_c} \geqq 0.4 \qquad k = \dfrac{5.17}{(d_s/D)^2} \geqq \dfrac{9}{(D_c/D)^2}$

$\dfrac{d_s}{D_c} < 0.4 \qquad k = \dfrac{11.64}{\left(\dfrac{D_c - d_s}{D}\right)^2}$

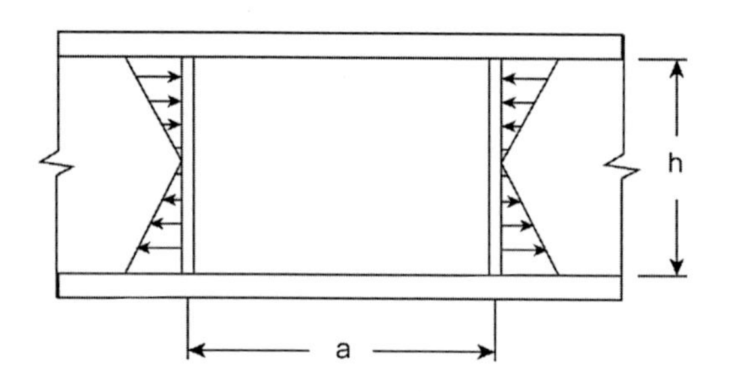

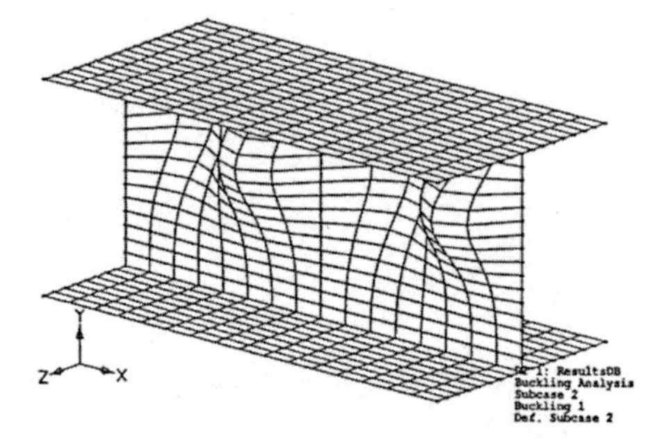

REFERENCE

1	도로교 설계기준 해설	대한토목학회 2008
2	도로교 설계기준 한계상태설계법	대한토목학회 2012
3	도로교 설계기준 한계상태설계법	대한토목학회 2015
4	도로설계편람	국토해양부 2008
5	강구조설계기준	한국강구조학회 2009
6	강구조설계기준-하중저항계수설계법	한국강구조학회 2014
7	ASSHTO LRFD	ASSHTO
8	강도로교 상세부 설계지침	한국강구조학회 2006
9	강구조설계 예제집	한국강구조학회 2009
10	대한토목학회지	대한토목학회
11	한국강구조학회지	한국강구조학회
12	강구조공학	조효남 구미서관 2008
13	강구조설계	한국강구조학회 구미서관 2009.
14	Stability design criteria for metal structure	Galambos
15	Structural stability : theory and implementation	Wai-Fah Chen
16	Principles of structural stability theory	Alexander Chajes
17	Steel Design	William T.Segui
18	고려대학교 강구조공학 강의노트	고려대학교
19	핫스팟 응력 해석을 위한 일반지침	용접강도연구위원회, 2006

제5편

교량계획 및 설계(Bridge Design)

교량 기출문제 분석('00~'13년)

	기출내용	'00~'07	'08~'13	계
설계기준 교량계획	설계법(ASD, LRFD, LSD, PD) 안전도, 설계개념, 비교 장단점, 콘크리트 강교 적용성	6	4	10
	강교의 극한한계상태의 종류, 사용한계상태 종류에 대응하는 하중과 현상	1	0	1
	강도설계법, 하중계수, 강도감소계수, 값 결정 시 고려사항	1	1	2
	극한강도 설계시 하중조합계수, 신축장치 설치 여유량, 철근의 최소피복 문제점 및 개선방안	1	0	1
	교량등급	1	0	1
	도로교설계하중 – 주하중, 풍하중, 원심하중, 충돌하중, 선박충돌하중 및 방지시설(수해방지)	10	5	15
	해상교량 계획 시 고려사항	1	1	2
	활하중 재하방법	0	1	1
	도기에서 제시한 교량의 가설위치와 형식 선정 시 고려사항, 설계기본 원리, 설계 시 조사항목	2	1	3
	교량계획 시 다리밑 공간 계획에 기본 고려사항, 교차조건별 계획상세, 도심지 교량	2	1	3
	하천설계기준 교량 계획고	1	0	1
	교량의 계획으로부터 설계에 이르기까지 흐름도 작성	1	0	1
	미관설계	1	1	2
	고가교(하천과 시가지 횡단, 경전철, 복선), 과선교, 부체교	2	1	3
	취수탑 구조물, 하중종류, 하중개념	0	1	1
	하천횡단 교량, 하부구조 설계검토, 하천 사각횡단 시 평면배치방법설명 및 특성, 문제점	4	1	5
	LCC, VE, LCC 관점에서 RC와 PSC 구조의 특징과 적용성	2	2	4
곡선교 사교	곡선교 받침 배치방법, 곡선교 구조설계 시 고려사항, 해석방법, 설계하중	6	1	7
	횡분배이론, 계수, 곡선교의 횡분배	3	1	4
	곡선구간에서 Precast beam배치방법	0	1	1
	사교설계 시 유의점, 부반력 감소방안, 제어 장치, 검토기준	2	2	4
바닥판	철도교 바닥판, 궤도 위 윤하중 분포, 철도 하중, 지하 BOX 구조물 장대레일 종하중 고려방법	0	3	3
	바닥판 설계방법	1	0	1
	프리캐스트 바닥판 교량의 특징, 장단점	0	1	1
	경험적 설계법(등방배근), 배력철근 역할 및 산정방법	5	1	6
	바닥판 균열, PSC 바닥판 균열원인	1	1	2
	프리캐스트 합성바닥판의 주요 고려사항	0	1	1
라멘교 거더교 합성교	강역(라멘접합부), 라멘절점부 검토 이유, 라멘 우각부 응력, 균열, 배근	2	1	3
	3경간 연속라멘교의 문제점, 발생원인, 해결방안	0	1	1
	PSC BEAM(30M) 설계 시 검토사항, 단순교연속화	2	0	2
	거더교의 종류를 사용재료에 따라 분류, 내구성, 시공성, 유지관리성 설명	0	1	1
	I형 플레이트 거더교의 전단강도	1	0	1
	강라멘 교각기둥 기초부의 앵커프레임 설계에 대하여 도,기에 의거 설명	1	0	1
	연속거더교 중간 받침부 설계 휨모멘트	2	0	2
	3경간 PS거더 중앙경간에 횡방향 균열(30~80CM) 원인과 보수보강방법	1	0	1

기출내용		'00~'07	'08~'13	계
강교 강박스교	붕괴유발재	2	1	3
	직교이방성 강판(강바닥판)	1	0	1
	등간격인 3경간 연속 강합성 박스거더교에서 발생하는 2차 부정정력에 대하여 설명	1	0	1
	강바닥판교의 장점을 3가지만 설명	0	1	1
	강상판의 거동특성을 3가지 기본 구조계로 분류 설명, 강상판 응력의 합성 설명	0	1	1
	강교의 바닥틀에서 세로보와 가로보의 볼트 연결방법에 대하여 구조도를 그려 기술	1	0	1
	소수주형 판형교, 설계, 시공 시 고려사항	2	1	3
	강교 구조형식 분류, 특징, 강교와 플레이트 거더교 비교설명	0	2	2
	휨 모멘트를 받는 강재보의 설계순서를 단계별로 설명	0	1	1
	개구제형(Open Top), 폐단면 장단점	1	1	2
	강교 수직, 수평브레이싱의 역할과 설계법, 바닥판 없는 플레이트 거더에서 수직브레이싱 기능	2	0	2
	다이아프램, 맨홀 설치 시 고려사항, 격벽의 역할 및 설치 시 유의사항	1	2	3
	강합성교에 현장이음 설계방법, 강교 현장용접 도입 필요성 및 장단점	1	1	2
	강교 가설공법, 강아치교 가설공법, 고려사항	2	3	5
	강박스 거더교에서 합성방식의 종류와 특징	1	0	1
	강합성교량 화재피해	0	1	1
	강교 캠버도 작성	0	1	1
	강구조물의 노후화에 대해 설명	1	0	1
	해안 강교 도장, 무도장 내후성	2	0	2
	교량상부구조 2차 부재 종류, 기능	0	1	1
아치교 트러스	콘크리트 충진 아치박스	0	1	1
	닐센아치교의 특성 검토, 랭거와 로제 아치의 차이점	1	1	2
	상로형 콘크리트 아치교의 교대설계 시 주요 고려사항	1	0	1
	강관부재(아치)의 특징, 강관 아치교의 구조해석, 아치형식별 개념 및 검토사항, 상로 RC아치교	0	3	3
	트러스 구성과 유형	1	0	1
PSC 장대교량 /ED교	합성구조, 혼합구조	1	0	1
	복합구조 교량의 특성, 파형강판, 하이브리드 거더의 플랜지 웨브 허용 휨응력, 합성응력	2	4	6
	PSC 교량설계시 차선과 지간 길이에 따라 단면형상을 결정하는 방법	1	0	1
	PSC 박스거더교의 철근 배근현황, 물량절감, 품질향상의 개선방안	1	0	1
	PSC BOX 거더교 가설공법, 포물선 배치 강연선량 산출방법	3	1	4
	ILM 가설공법의 PSC 박스를 구조계획 시 압출방식의 선정과 세그 분할, 압출 시 발생단면력	2	0	2
	FCM 공법에서 KEY SEG 설계시공 시 유의점	1	0	1
	캔틸레버 공법을 이용한 PSC박스의 상부구조형식 분류 장단점, 라멘식 구조와 연속구조	2	0	2
	FCM 웨브 사인장 균열 발생원인, 대책	1	0	1
	FCM교 가설타워 외력 및 교각에 임시 고정하는 경우 검토할 하중	0	2	2
	FCM 공법으로 가설되면서 구조계 변화에 의한 크리프 응력 재분배 개념	1	0	1
	MSS 고려사항 및 텐던배치 방법	0	1	1
	PSC BOX, 엑스트라도즈교, 사장교의 하중지지 개념	4	1	5
	교량 가설공법(강교, 콘크리트교), 복합 트러스교	0	1	1

구분	기출내용	'00~'07	'08~'13	계
사장교 현수교	강거더교, 트러스, 사장교, 현수교에 하중작용에 다른 상부 구조형식별 원리	1	0	1
	사장교의 케이블 진동저감 대책, 사장교 케이블의 진동원인, 종류, 관련 설계기준	2	2	4
	다경간 사장교, 다경간 사장교의 구조시스템 및 적용성	1	1	2
	3주탑 이상의 사장교, 2주탑 이하의 구조 차이점, 보강형 계획	1	0	1
	사장교의 측경간 교각부에 부반력 발생할 경우 대책	1	0	1
	사장교에서 케이블 프리스트레스 도입의 이유와 대표적인 도입방법	1	0	1
	사장교가 거더교와 다른 설계사항을 열거하고 그 설계의 특징을 설명	1	0	1
	사장교 장단점, 측경간비	0	2	2
	사장교 고려해야 될 기본사항, 고속철도용 사장교 건설시 구조계획	1	1	2
	사장교의 초기치 해석, 무응력장, 순방향 해석과 역방향 해석	3	1	4
	PSC사장교와 강사장교 비교	0	1	1
	사장교 주탑에 대해서 설명(재료, 케이블 정착방식, 유지관리, 주탑형식), 강재와 콘크리트 주탑	1	2	3
	사장교에서 비선형 해석을 해야 하는 이유 3가지	0	1	1
	현수교, 사장교 차이	1	0	1
	케이블 파단 검토	0	1	1
	3경간 2힌지 보강트러스 형식의 장대 현수교에서 중앙경간장, 세그비, 고정하중	0	1	1
	현수교 주케이블 시공방법, 장력 및 특징 및 계산	0	2	2
내풍설계	한계풍속(Critical Wind Velocity)	0	1	1
	교량의 내풍설계(거스트계수, 지진응답스펙트럼과 풍속파워스펙트럼의 차이)	0	1	1
	장대교량 진동종류, 풍동실험, CFD	2	1	3
	와류진동, 제한진동(Buffeting), 발산(Flutter) 설명, 겔로핑	2	1	3
부대시설 하부구조	교면배수 계획, 교량용 방호울타리	0	2	2
	설계지진력을 감소시키기 위해 탄성받침을 사용할 경우 탄성받침의 강성과 배치	0	1	1
	교량 받침 Pre-Setting, 교량받침 파손원인 및 형식선정	1	1	2
	신축이음 설계방법, 종류, 특성, 장지간 교량	2	0	2
	온도 신축량 계산, 수평이동 발생원인, 받침이동량 산정	0	2	2
	박스 종방향 해석 고려	0	1	1
	교량 교각길이 변경에 따른 구조적 영향 및 검토사항	0	1	1
	온도하중, 중공교각	0	1	1
	연약지반상의 교대의 측방유동 발생원인과 대책	0	1	1
	교대 흉벽설계	0	1	1
	Mononobe-Okabe의 토압공식	0	1	1
	지중구조물의 토압변위	0	1	1
	장대해상교량에 기초공법 중 케이슨 공법 종류 및 특징	0	1	1
	일체식 교대	1	1	2
	기존 시설물 유지관리 자산관리개념	0	1	1

기출내용		'00~'07	'08~'13	계
유지관리 기타	비선형 해석 시 섬유요소	0	1	1
	구조물 설계 최적화	0	1	1
	구조물 좌표, 구조물 형상에 따른 좌표 종류	1	1	2
	구조해석(FEM, 프레임, 쉘, 솔리드 요소)	1	0	1
	교량 유지관리 동적 특성	1	0	1
	교량보수보강 설계 시 유의점, 콘크리트 교량의 보수보강공법 선정 시 고려해야 할 사항	1	1	2
	사후유지관리 및 예방적 유지관리	2	0	2
	수조구조 부재력도, 주철근 배근	0	1	1
	시공이음부 결정원칙	0	1	1
	교량 안정성 평가 – 재하시험방법과 재하시험 결과로부터의 공학적 결과값	0	1	1
계		17.6%	19.5%	19.9%
		240/1209		

교량 기출문제 분석('14~'16년)

기출내용	2014	2015	2016	계
다재하경로 구조물, 붕괴유발부재, 여유도			2	2
라멘의 강역	1			1
라멘교각의 응력검토	1			1
고정라멘, 포탈라멘, 단경간교량 차이		1		1
하천교량 고려사항		1	1	2
하천교량 세굴			1	1
충돌하중 보호대책		1		1
설계 VE, 경관설계		1	1	2
뒤틀림			1	1
슬래브교와 라멘교의 구조적 특징	1			1
바닥판 등방배근	1			1
사교, 곡선교	1		3	4
강상형 곡선 박판보의 응력			1	1
곡선교의 횡방향 변위 원인 추정		1		1
곡선교 거동과 설계 고려사항		1		1
확대기초 말뚝	1			1
PSM이음부 설계	1			1
ILM			2	2
곡률연성계수	1			1
교량설계시 추가하중	1			1
보와 슬래브 구속조건에 따른 유효경간		1		1
타이드 아치교	1			1
콘크리트 아치구조 검토사항		1		1
FRP스트럿	1			1
부체교	1			1
합성형교의 유형과 특징		1		1
개량형 강박스거더교			1	1
파형강판 웨브교			2	2
면진받침	1			1
한계상태설계법 문제점, 활하중, 하중계수	1		1	2
한계상태설계법 온도경사		1		1
한계상태설계법 파괴확률, 안전지수, 신뢰성 지수	1	1		2
한계상태설계법, 캔틸레버부 철근량 산정		1		1
ED교 사재의 응력변동과 사재 방청방법	1			1
케이블의 긴장작업	1			1
사장교 케이블 정착방식	1			1
사장교 케이블 형상관리 및 케이블 설치	1			1
현수교 케이블의 구조세목		1		1
사장교 콘크리트 바닥판 설치시 보강방법		1		1
사장교 부반력			1	1
케이블 댐퍼		1		1
케이블 장력측정방법		1		1
케이블 피로검토		1		1
케이블교 부재 응력분포, 사장교 지간장 한계이유			1	1
사장교 지지방식에 따른 분류			1	1
사장현수교			1	1
장대교의 비선형 해석		1		1
프리스트레스트 사장교와 강사장교 비교		1		1

기출내용	2014	2015	2016	계
풍우진동		1		
플러터		1		
시공기준풍속		1		
풍하중에 의한 교량의 정적, 동적 거동			1	
케이블교 내풍대책			1	
한계풍속			1	
교량의 동적거동에 대한 내풍대책			1	
영구처짐의 사용한계상태 검토		1		1
교량의 진동특성			1	1
핑거형 신축이음 요구성능		1		1
격벽설계	1			1
정밀안전진단 재하시험		1		1
내하력 평가방법		1		1
신축이음			1	1
계	21.5%	26.9%	27.9%	25.4%
	71/279			

Chapter

01 설계기준과 교량계획

01 도로교 설계기준

1. 2012 한계상태 설계법 하중일반

108회 1-9 한계상태설계법에서의 하중수정계수 η_i에 대하여 설명

1) 한계상태설계법(2012)은 확률론적 신뢰성이론에 따라 다음과 같이 한계상태를 구분하여 각각의 한계상태에 대하여 만족할 수 있다.

$$\Sigma \eta_i \gamma_i Q_i \le R_r$$

① 최대하중계수가 적용되는 하중의 경우, $\eta_i = \eta_D \eta_R \eta_I \ge 0.95$

② 최소하중계수가 적용되는 하중의 경우, $\eta_i = \dfrac{1}{\eta_D \eta_R \eta_I} \le 1.0$

η_i : 하중수정계수(연성, 여용성, 구조물의 중요도에 관련된 계수)

η_D (Damping) : 연성에 관련된 계수

$\eta_D \ge 1.05$: 비연성 구조요소 및 연결부

$\eta_D = 1.00$: 통상적인 설계 및 상세

$\eta_D \ge 0.95$: 추가 연성보강장치가 규정되어 있는 구성요소 및 연결부

η_R (Redundancy) : 여용성에 관련된 계수

$\eta_R \ge 1.05$: 비여용 부재

$\eta_R = 1.00$: 통상적 여용수준

$\eta_R \ge 0.95$: 특별한 여용수준

η_I (Importance) : 중요도에 관련된 계수

$\eta_I \geq 1.05$: 중요교량

$\eta_I = 1.00$: 일반교량

$\eta_I \geq 0.95$: 상대적으로 중요도가 낮은 교량

2) 한계상태

① 사용한계상태 : 정상적인 사용조건 하에서 응력, 변형 및 균열 폭을 제한하는 것을 규정

② 피로와 파단한계상태 : 피로한계상태는 기대응력범위의 반복횟수에서 발생하는 단일 피로설계트럭에 의한 응력범위를 제한하는 것으로 규정하며, 파단한계상태는 재료인성 요구사항으로 규정

③ 극한한계상태 : 교량의 설계수명 이내에 발생할 것으로 기대되는 통계적으로 중요하다고 규정한 하중조합에 대하여 국부적/전체적 강도와 안정성을 확보하는 것으로 규정

④ 극단상황한계상태 : 지진 또는 홍수 발생 시 또는 세굴된 상황에서 선박, 차량 또는 유빙에 의한 충돌 시의 상황에서 교량의 붕괴를 방지하는 것으로 규정한다.

3) 하중조합

하중계수를 고려한 총 설계하중은 $Q = \sum \eta_i \gamma_i q_i$로 결정된다($q_i$: 하중 또는 하중효과).

① 극한한계상태 하중조합 Ⅰ : 일반적인 차량통행을 고려한 기본하중조합. 이때 풍하중은 고려하지 않는다.

② 극한한계상태 하중조합 Ⅱ : 발주자가 규정하는 특수차량이나 통행허가차량을 고려한 하중조합. 이때 풍하중은 고려하지 않는다.

③ 극한한계상태 하중조합 Ⅲ : 풍속 90km/hr(25m/sec)를 초과하는 풍하중을 고려한 하중조합

④ 극한한계상태 하중조합 Ⅳ : 활하중에 비해서 고정하중이 매우 큰 경우에 적용하는 하중조합

⑤ 극한한계상태 하중조합 Ⅴ : 90km/hr의 풍속과 일상적인 차량통행에 의한 하중효과를 고려한 하중조합

⑥ 극단상황한계상태 하중조합 Ⅰ : 지진하중을 고려하는 하중조합

⑦ 극단상황한계상태 하중조합 Ⅱ : 빙하중, 선박 또는 차량의 충돌하중 및 감소된 활하중을 포함한 수리학적 사건에 관계된 하중조합. 이때 차량충돌하중 CT의 일부분인 활하중은 제외된다.

⑧ 사용한계상태 하중조합 Ⅰ : 교량의 정상운용상태에서 발생 가능한 모든 하중의 표준 값과 25m/s의 풍하중을 조합한 하중상태, 교량의 설계수명 동안 발생확률이 매우 적은 하중조합으로 RC의 사용성 검증에 사용할 수 있으며 옹벽과 사면의 안정성 검증, 매설된 금속구조물, 터널라이닝판과 열가소성 파이프에서의 변형제어에도 사용한다.

⑨ 사용한계상태 하중조합 Ⅱ : 차량하중에 의한 강구조물의 항복과 마찰이음부의 미끄러짐에 대

한 하중조합

⑩ 사용한계상태 하중조합 Ⅲ : 교량의 정상운용상태에서 설계수명 동안 종종 발생 가능한 하중조합으로 부착된 프리스트레스 강재가 배치된 상부구조의 균열 폭과 인장응력 크기를 검증하는 데 사용한다.

⑪ 사용한계상태 하중조합 Ⅳ : 설계수명 동안 종종 발생 가능한 하중조합으로 교량 특성상 하부구조는 연직하중보다 수평하중에 노출될 때 더 위험하기 때문에 연직 활하중 대신에 수평 풍하중을 고려한 하중조합이다. 따라서 이 조합은 부착된 프리스트레스 강재가 배치된 하부구조의 사용성 검증에 사용해야 한다. 물론 하부구조는 사용하중조합 Ⅲ에서의 사용성 요구조건도 동시에 만족하여야 한다.

⑫ 피로한계상태 하중조합 : 피로 설계 트럭하중을 이용하여 반복적인 차량하중과 동적응답에 의한 피로파괴를 검토하기 위한 하중조합

3) 설계차량 활하중

101회 1-3　DB24하중과 KL-510하중의 설계 시 유불리를 비교 설명

한계상태 설계법에서는 이전의 DB하중 대신에 한국형 차량하중인 KL-510하중을 도입하였으며, DL하중에 대신하여 일괄적으로 적용하던 방식과 달리 교량의 지간을 고려하도록 하였다. 또한 이전의 설계법과 달리 활하중의 동시재하에 대하여 세분화하여 재하차로별로 다차로 재하계수를 적용하여 비교, 검토하도록 하였다.

① 표준 트럭하중(KL-510)

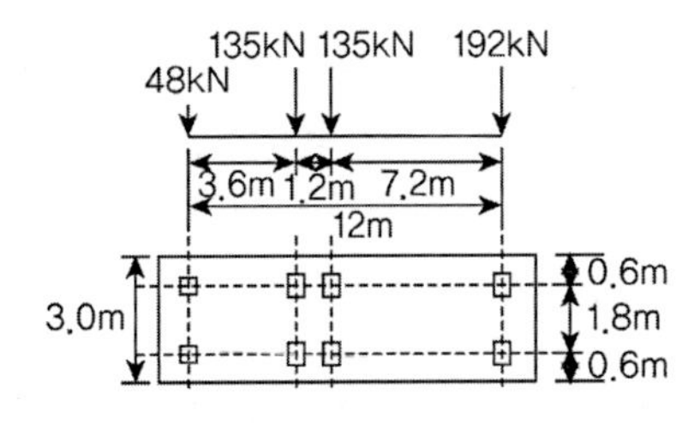

② 표준차로하중

(1) $L \leq 60^{m}$: $\omega = 12.7^{kN/m}$

(2) $L > 60^{m}$: $\omega = 12.7 \times \left(\dfrac{60}{L}\right)^{0.18kN/m}$　　L : 표준차로하중이 재하되는 부분의 지간

☞ $w = 12.7 \times (60/L)^{0.1}$로 변경 검토 중

③ 활하중의 동시재하활하중의 최대 영향을 다차로재하계수(m)를 곱한 재하차로의 모든 가능한 조합에 의한 영향을 비교하여 결정한다.

재하차로수	1	2	3	4	5 이상
KL510 재하계수(m)	1.0	0.9	0.8	0.7	0.65
DB24 재하계수(m)	1.0		0.9	0.75	

TIP | 교량의 등급별 KL하중의 적용 |

① 1등급 : KL-510 차량 활하중 설계
② 2등급 : 1등급 활하중의 75% 적용
③ 3등급 : 2등급 활하중의 75% 적용

4) 충격하중(IM)

원심력과 제동력 이외의 표준트럭하중에 의한 정적효과는 충격하중의 비율에 따라 증가시키도록 하고 있으며, 이전의 일괄적인 충격계수와 달리 구조물과 트럭하중과의 직접 저촉으로 인하여 파손 등을 유발시키는 부재에 대하여 강화하여 적용토록 하고 있다.

구분		IM
바닥판, 신축이음장치의 모든 한계상태		70%
모든 다른 부재	피로한계상태 제외한 모든 한계상태	25%
	피로한계상태	15%

예외규정 1. 상부구조물로부터 수직반력을 받지 않는 옹벽
2. 전체가 지표면이하인 기초부재

① 매설된 부재(암거나 매설된 구조물에 대한 충격하중)

$IM = 40(1.0 - 4.1 \times 10^{-4} D_E) \ge 0\%$, D_E : 구조물을 덮고 있는 최소 깊이(mm)

② 목재 부재 : 1)에서 제시된 충격하중을 50%로 줄일 수 있다.

5) 피로하중

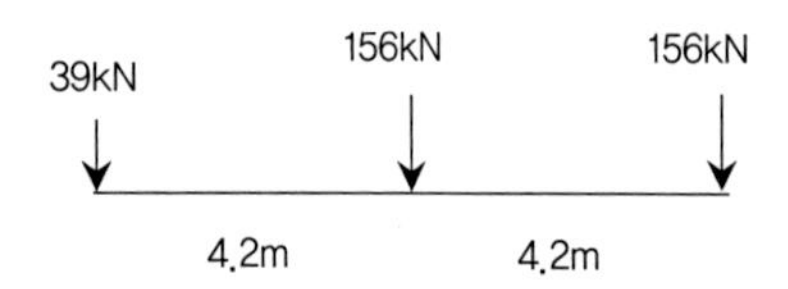

$ADTT_{SL}$(피로하중빈도) = $p \times ADTT$

① $ADTT$: 단일차로 일평균트럭 교통량

② p : 1차로(1.0), 2차로(0.85), 3차로(0.80)

6) 풍하중

$$p = \frac{1}{2}\rho V_d^2 C_d G \quad (Pa)$$

$$G = \begin{cases} G_r : \text{ 강체구조물(1차모드 고유진동수가 } 1Hz \text{ 이상 } f_1 > 1Hz) \\ G_f : \text{ 유연구조물(1차모드 고유진동수가 } 1Hz \text{ 이하 } f_1 \le 1Hz) \end{cases}$$

$$G_r = K_p \frac{1+5.78 I_z Q}{1+5.78 I_z}, \quad G_f = K_p \frac{1+1.7 I_z \sqrt{11.56 Q^2 + g_R^2 R^2}}{1+5.78 I_z}$$

7) 온도변화

105회 1-1 도로교 한계상태설계법에서의 온도경사

교량의 수직온도의 분포를 실측한 결과 콘크리트 박스거더의 경우 다음과 같이 분포됨을 확인하고 이때 단면 내에 발생하는 변형 또는 응력의 분포를 축방향변형, 곡률변형, 자기평형응력으로 구분할 수 있다.

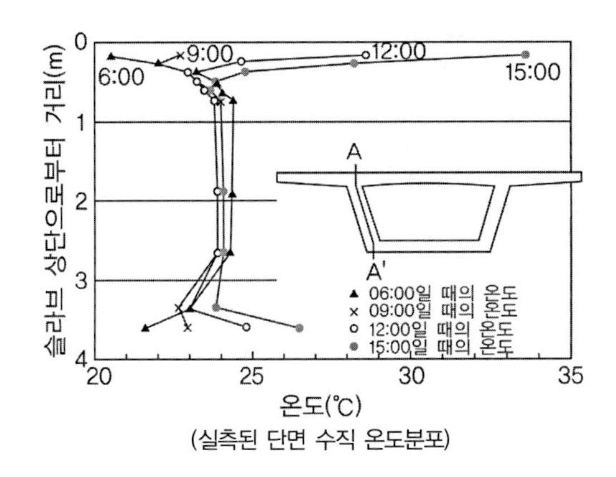

(실측된 단면 수직 온도분포)

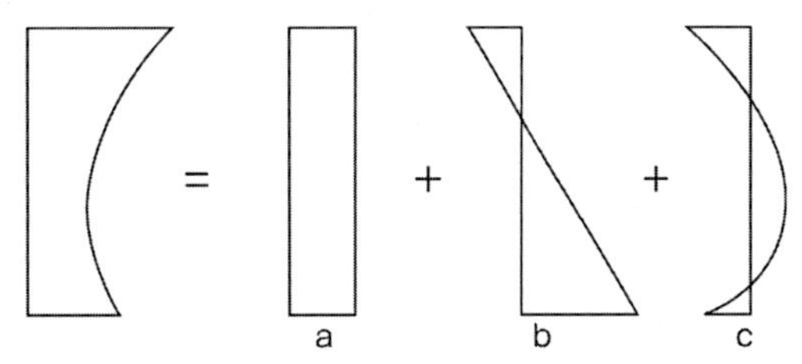

(수직온도분포에 의한 단면변형 또는 응력의 구분)

(단면평균온도로 인한 축방향 변형) $T_0 = \dfrac{\int T(y)dA}{A} = \dfrac{\sum_i T_i A_i}{A}$

(수직방향선형온도차로 인한 곡률변형) $\Delta T_v = -D\dfrac{\int T(y)ydA}{I_h} = -D\dfrac{\sum_i T_i \overline{y}_i A_i}{I_h}$

여기서 T_i, A_i : 절점i에서의 온도와 영향단면적, I_h : 중립축에 대한 단면2차모멘트

D : 단면의 높이, y: 중립축으로부터 거리

온도하중은 크게 단면 평균온도와 온도경사(수직온도분포)하중으로 구분되며, 국내외 연구결과를 반영하여 단면평균온도(TU, ① 온도의 범위)는 기존 도로교 설계기준과 동일하게 유지하되 온도경사하중(TG, ② 온도경사)는 다음과 같이 적용토록 하였다.

① 온도의 범위 : 가설기준온도는 가설직전 24시간 평균값을 적용하고 온도에 대한 정확한 자료가 없을 때 다음을 적용.

기후	강교(바닥판)	합성교(강거더와 콘크리트 바닥판)	콘크리트교
보통	−10°C ~ 50°C	−10°C ~ 40°C	−5°C ~ 35°C
한랭	−30°C ~ 50°C	−20°C ~ 40°C	−15 ~ 35°C

② 온도경사 : 바닥판이 콘크리트인 강재나 콘크리트 상부구조

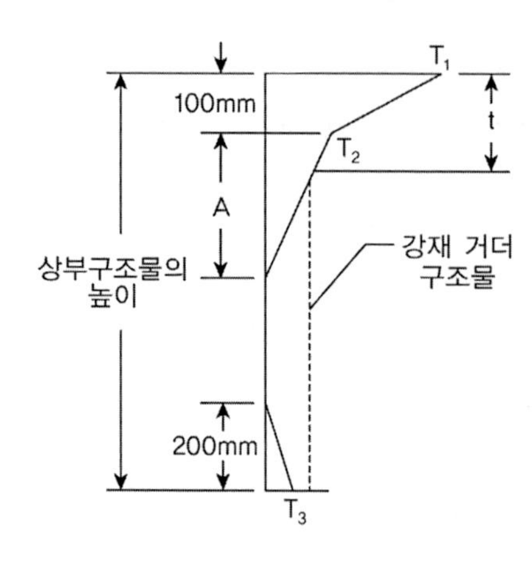

T_1(°C) = 23, T_2(°C) = 6, T_3(°C) = 실측 또는 0

(1) 두께 400mm 이상 콘크리트 상부구조물 : A=300mm

(2) 두께 400mm 이하 콘크리트 상부구조물 : A=실 두께보다 100mm 작은 값

(3) 강재로 된 상부구조물 : A=300mm

TIP | KL-510하중과 DB하중 | 도로교 설계기준(한계상태설계법) 하중편 소개, 한국강구조학회지, 황의승

1. KL-510 하중 개발 배경

국내 도로교 설계기준에서 적용되었던 DB하중은 1944년에 제정된 미국의 HS하중을 기본으로 하여 제정되었다. 미국의 HS하중은 AASHTO 연구에서는 교량지간이 약 30m(100ft)까지의 교량을 대상으로 차량하중의 효과를 연구하여 개발된 모델이다. 따라서 현재의 중장지간 교량에서는 적합하지 않아 AASHTO에서도 1994년에 LRFD를 제정하면서 기존의 HS20하중모델을 HL-93하중모형으로 수정하였다. 중경간에서는 기존보다 증가된 하중을 사용하며 국내에서도 차량의 대형화와 물동량 증가를 고려하여 DB하중의 불합리성을 개선하기 위해서 새로운 활하중모형을 개발하였다.

2. KL-510 하중의 특징

① 합리성 : 국내 통계자료의 반영, 가능한 목표수준에 근접하도록 과다설계 방지

기존의 DB하중은 교량형식별, 지간별로 상이한 안전수준을 제공하므로 이를 합리적으로 보완할 필요가 있었다. KL-510하중은 국내의 통계자료를 활용하여 기존의 DB하중에 비해 중경간(30~80m)에서 하중이 다소 증가되고 장경간(약 80m 이상)에서는 하중이 감소되는 합리적인 모델을 제시하였다.

(통계자료 분석결과) 약 30m까지는 1축의 중량 또는 1대의 중차량의 효과가 크며, 30~80m에서는 2대의 연행차량이 80m 이상에서는 3대의 연행차량의 효과가 지배적임

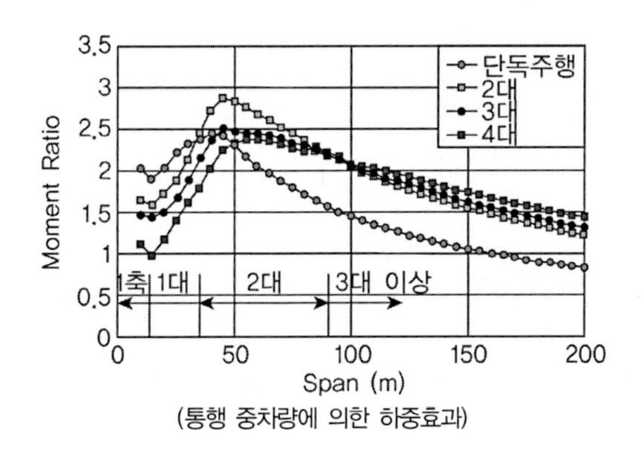

(통행 중차량에 의한 하중효과)

② 연속성 : 가능한 기존 모형과 유사, 가능한 기존 횡방향 설계수준 유지

③ 설계편의성 : 일관된 재하방법, 재하방법의 간편성

국내 통계자료를 통해 분석된 하중효과를 만족하면서 기존의 횡방향 설계수준을 유지하고 재하방법이 간편하고 일관된 모형으로 KL-510 하중이 제안되었으며, 표준트럭하중은 실제 트럭의 모형에 가깝도록 축간거리를 정하고 단지간 교량의 설계를 위한 탠덤축을 가운데 축에 비치하여 AASHTO LRFD HL-93하중의 트럭하중과 탠덤하중을 조합한 형태이다. 표준차로하중은 지간이 길어질수록 등분포하중의 크기를 감소시키는 것이 합리적이지만 설계의 편의를 위해 지간 60m 이하에서는 동일한 값을 사용하도록 하였다.

④ 신뢰도 분석 결과 반영

신뢰도분석에 의해 결정된 활하중에 대한 하중계수는 기본 하중조합에 대해 1.80이며 다차로 재하계수는 국내외 재하계수와 비교하여 산정되었다.

재하차로	도로교(한계상태)	도로교(2010)	AASHTO LRFD	CSA	Eurocode
1	1.00	1.00	1.20(1.00)	1.00	1.0
2	0.90		1.00(0.83)	0.90	0.80
3	0.80	0.90	0.85(0.71)	0.80	0.66
4	0.70	0.75	0.65(0.54)	0.70	0.55
5	0.65			0.60	0.55
6이상				0.55	–

3. KL-510 하중모형의 하중효과

① KL-510의 하중효과

교량설계 핵심기술단의 결과 단순보 및 2경간 연속교의 1차로 재하에 대해서 KL-510의 하중효과를 보면, 연속보의 내부지점 부모멘트는 다소 안전 측으로 나타난다.

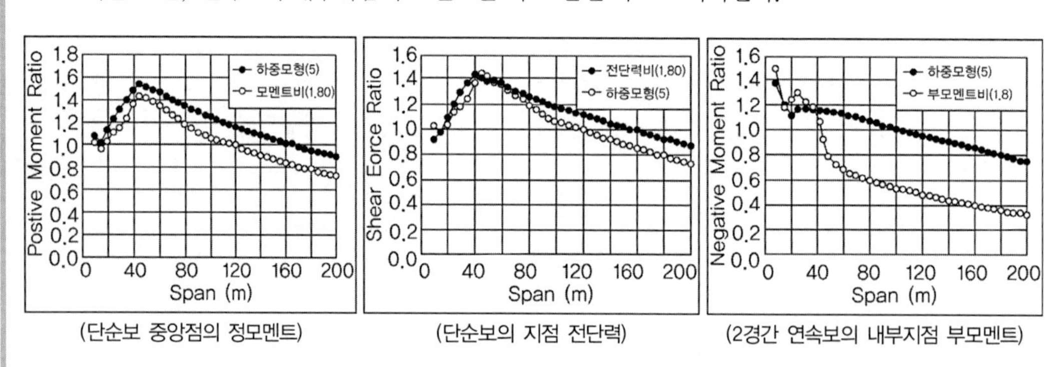

(단순보 중앙점의 정모멘트) (단순보의 지점 전단력) (2경간 연속보의 내부지점 부모멘트)

② DB/DL24하중과 KL-510 하중효과 비교

사용하중이 지간별로 그 비율이 다르게 나타나며 40~45m 지간에서 정모멘트는 약 55%, 전단력은 약 42%, 부모멘트는 약 38% 정도 더 큰 값을 나타내고 다른 지간에서는 약간 증가하거나 오히려 감소한다. 반면에 계수하중을 비교하면 활하중계수의 감소로 인하여 정모멘트는 지간 40~45m에서 기존 DB하중대비 약 32%, 전단력은 22%, 부모멘트는 19% 정도 증가하며 지간 20m 이하, 또는 120m 이상에서는 기존 DB하중대비 오히려 감소한다. 2차로로 재하하는 경우 다차로 재하계수가 1.0에서 0.9로 감소하므로 기존 DB하중대비 정모멘트는 40~45m지간에서 20%, 전단력은 10%, 부모멘트는 8% 정도 증가하며 정모멘트의 경우 지간 30m 이하 또는 100m 이상에서는 기존 DB하중대비 오히려 감소하고 부모멘트의 경우 대부분 기존대비 감소하는 경향을 나타낸다.

고정하중과 활하중 효과의 합을 비교하면 고정하중에 의한 영향이 같다고 가정할 경우 활하중 대비 고정하중의 비가 4~5 정도(중간지간의 경우)이므로 총하중효과의 증감은 ±10% 이내이다.

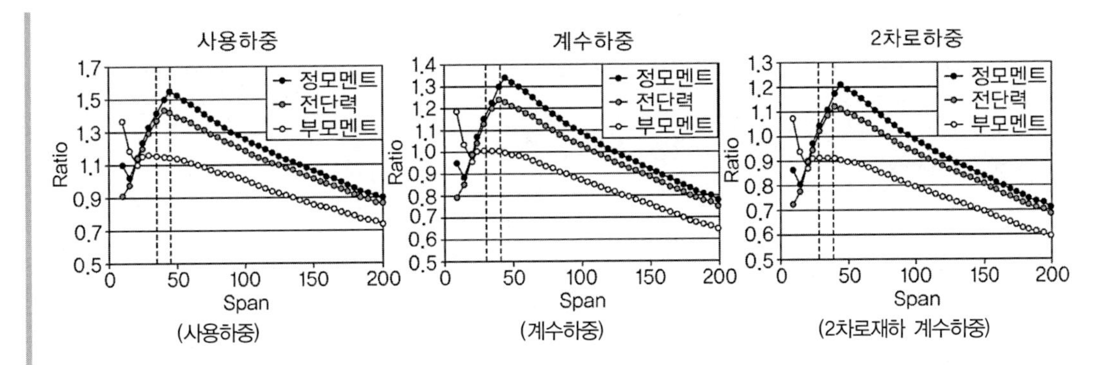

(사용하중) (계수하중) (2차로재하 계수하중)

$$Ratio = \frac{DB/DL24\text{하중효과}}{KL510\text{하중효과}}$$

③ KL-510하중과 국외설계기준의 비교

KL-510모형은 기존의 DB-24트럭모형에 탠덤하중을 결합한 형태로 표준차로하중은 미국, 캐나다, 일본의 값보다는 다소 크나, 하중계수를 고려하더라도 Eurocode보다는 작다. 재하방법도 기존의 DB하중은 표준트럭하중 또는 표준차로하중을 사용하였으나 대부분의 국외기준 및 도로교설계기준 한계상태법에서는 표준트럭하중과 표준차로하중을 조합하여 사용하며 캐나다와 도로교설계기준 한계상태법에서는 조합을 하는 경우 표준트럭하중의 크기를 약간씩 줄이고 있다.

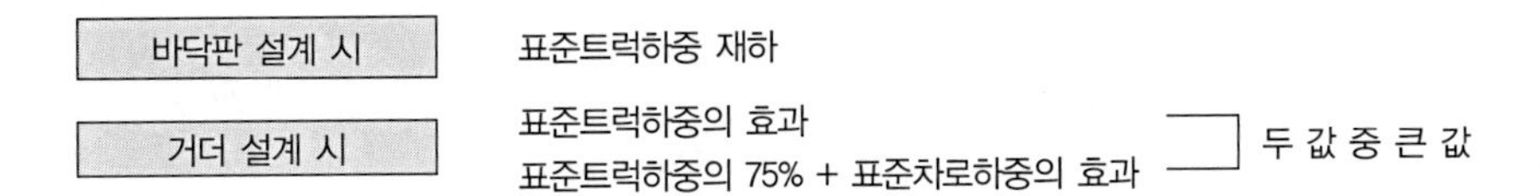

준보다는 크며, 캐나다의 기준과 유사하나 지간이 길어질수록 더 작아진다. 하중계수를 고려한 계수활하중의 크기는 단지간과 장대지간에서는 캐나다 기준보다는 크고 AASHTO LRFD에 비해 조금 작고, 중지간에서는 조금 크다. 2차로 재하를 고려하는 경우에는 단지간, 장대지간에서 AASHTO LRFD와 캐나다기준과 유사하며 중지간에서 유로코드 기준과 유사하다.

KL-510하중의 활하중 모형은 국외기준과 비교하여 일부지간에서 조금 크거나 작은 정도이며 대체적으로 유사한 영향을 주도록 제안되었다.

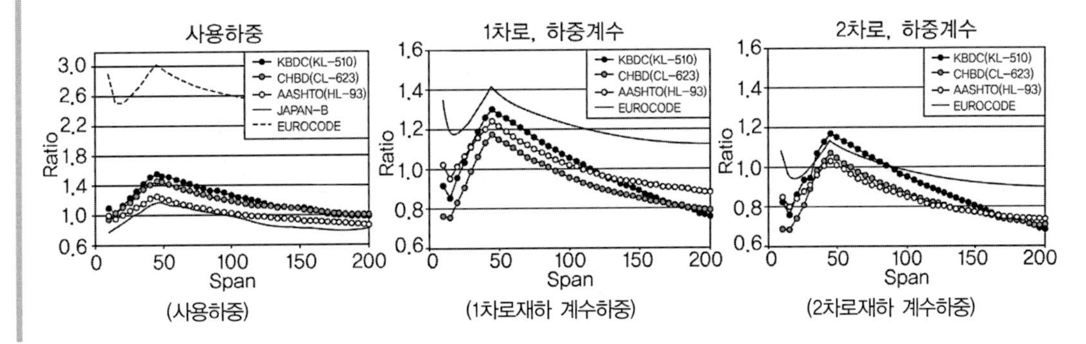

(사용하중) (1차로재하 계수하중) (2차로재하 계수하중)

(각국의 활하중 모형)

설계기준	표준트럭하중(T)	표준차로하중(L)	재하방법
한국(DB 24하중)	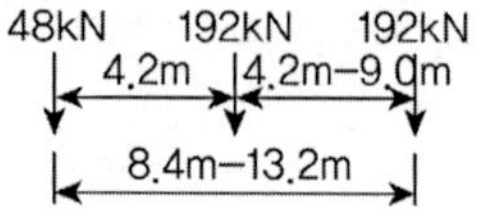 48kN 192kN 192kN 4.2m 4.2m–9.0m 8.4m–13.2m	12.7 kN/m + 1 axle	T or L
한국(KL 510하중)	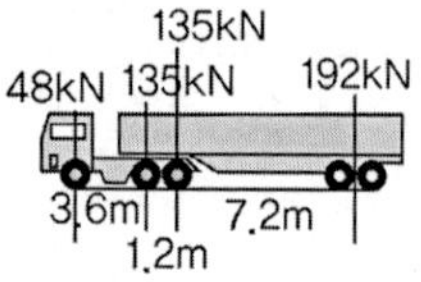 135kN 48kN 135kN 192kN 3.6m 7.2m 1.2m	12.7kN/m $L \leq 60$ $12.7(60/L)^{0.18}$ kN/m $60<L<200$	T or 0.75T+L
미국(AASHTO LRFD)	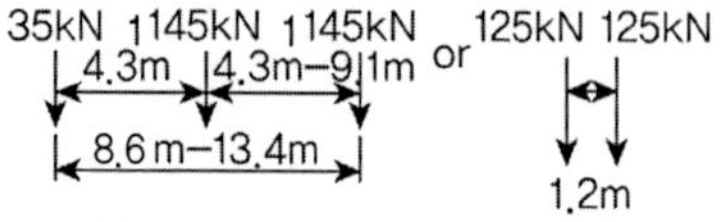 35kN 145kN 145kN or 125kN 125kN 4.3m 4.3m–9.1m 8.6 m–13.4m 1.2m	9.3 kN/m	T+L
캐나다(CSA)	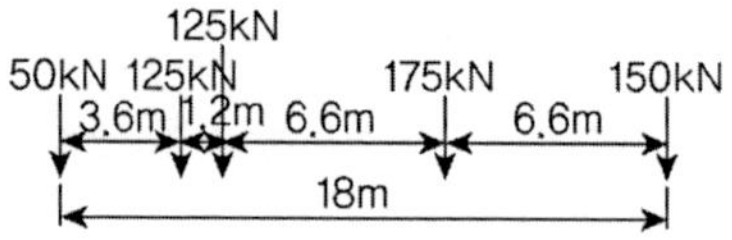 125kN 50kN 125kN 175kN 150kN 3.6m 1.2m 6.6m 6.6m 18m	9.0 kN/m	T or 0.8T+L
Eurocode	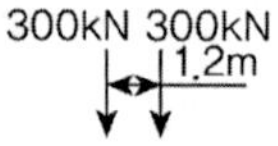 300kN 300kN 1.2m	27.0 kN/m	T+L
일본	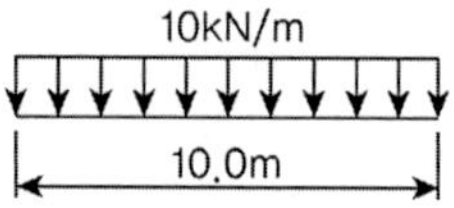 10kN/m 10.0m	9.625~8.25 kN/m (지간에 따라 감소)	T+L
영국(BS 5400)	$KEL = 120kN/lane$	$336(1/L)^{0.67}$ kN/m, $L<50$ $36(1/L)^{0.1}$ kN/m, $50<L<1600$	T+L

103회 1-1

초과하중 검토

교량설계시 초과하중에 대한 검토

풀 이

➤ 개요

교량설계시 하중의 고려는 발생가능한 하중에 대해서는 모든 경우수를 고려하여 고려하는 것이 바람직하다. 그러나 하중의 변동성과 같이 구조물에 작용되는 최대하중에 대한 불확실성에 대한 고려를 위해 최대하중에 대한 통계자료를 통해서 확률모델을 통해 도수곡선을 통해서 하중계수(γ_i)를 결정하여 고려하며, 구조물이 저항하는 강도가 실제강도와 다를 수 있는 상황을 마찬가지로 확률모델을 통해 강도감소계수(ϕ_i)로 고려하고 있다.

➤ 초과하중과 강도저하에 대한 고려방법 : 하중계수와 강도저감계수

1) 하중계수 적용사유 ; 과재하 발생가능성 대비

① 부재의 크기변화, 재료 밀도 변화, 구조 및 비구조재의 변경 등에 의한 고정하중 변경
② 하중 영향 계산시 강성 및 지간길이 가정, 해석시 모델링의 부정확성 등의 불확실성
③ 파괴형태, 파괴경고, 부재수명의 잠재적 감소, 구조물의 구조부재의 중요성, 구조물 교체에 따른 비용 등의 요인을 고려하기 위해서 적용

2) 강도감소계수 적용사유 ; 재료, 부재의 강도가 예상보다 작을 수 있다.

① 재료강도의 가변성, 시험재하 속도의 영향, 현장강도와 공시체 강도의 차이, 건조수축의 영향에 따른 설계시 예상값과의 차이
② RC구조물에서 철근의 위치, 철근의 휘어짐, 부재의 치수의 오차 등과 같은 제작시의 오차로 예상과 실제 부재의 차이
③ RC구조물에서 콘크리트 직사각형 응력블록, 최대변형율 0.003 등과 같은 가정과 식의 단순화에 의한 오차

3) 하중계수와 강도감소계수 같은 안전계수를 각각 틀리게 적용하는 이유

① 저항성능의 변동성(Variability of resistance) ; 보와 기둥과 같은 구조요소의 실제적인 강도(저항능력)는 설계자의 계산값과 상이할 수 있다.
(1) 콘크리트와 보강철근의 강도 변동성
(2) 설계도면 상의 단면과 시공된 단면과의 차이 발생

(3) 단면 저항능력 계산식의 단순화와 가정사항

② 작용하는 하중의 변동성(Variability of Loading) ; 작용하는 모든 하중의 크기는 변동이 가능하며 특히 환경적인 하중인 활하중, 적설하중, 풍하중, 지진하중 등은 변동가능성이 크다. 따라서 극한상황에서의 파괴확률을 낮출 수 있도록 하중계수 및 저항계수 산정이 필요하다.

③ 파괴의 결과(Consequence of Failure) ; 특정구조물의 안전도 결정시에는 다음과 같은 주관적인 요소가 포함되어야 한다.

(1) 구조물 파괴시 철거후 새로 건설하는 비용

(2) 인명피해 가능성(창고보다 강당의 안전율이 더 높게 설정)

(3) 구조물의 파괴로 인한 사회적 시간손실, 세입손실, 인명 및 재산의 간접손실

(4) 파괴의 종류, 파괴에 대한 경고, 대체 하중경로의 존재여부(기둥이 보보다 더 높은 안전율 요구)

▶ 초과하중이나 강도저하에 대한 안정성 고려 : 파괴확률

1) 파괴확률의 결정

RC의 USD(Ultimate Strength Design)와 강구조물의 PD(Plastic Design)은 설계기준형식면에서는 유사하다. LRFD(또는 LSD)는 USD와 PD와 다르게 하중계수(γ_i)와 강도감소계수(ϕ_i)를 경험에 의해서 확정적으로 결정하는 것이 아니라 하중과 구조저항과 관련된 불확실성을 확률통계적으로 처리하는 구조 신뢰성 이론에 따라 다중 하중계수와 저항계수를 보정함으로써 구조물의 일관성 있는 적정수준의 안전율을 갖도록 하고 있다.

「기존 USD 파괴확률 = 초과하중 작용확률(0.1%) × 설계강도이하일 확률(1%) = 1/100,000」

① LRFD의 파괴확률

$\phi R_n \geq \Sigma \gamma_i Q_i$

$$P_f = P(R \leq S) = P(R - S \leq 0) \quad \text{또는} \quad P_f = P(R/S \leq 1) = P(\ln R - \ln S \leq 0)$$

$$P_f = P(R - S \leq 0) = \iint_D f_{R,S}(r,s)\,drds$$

$f_{R,S}(r,s)drds$: R, S의 결합밀도 함수, D는 파괴영역

R과 S가 독립일 때 $f_{R,S}(r,s)drds = f_R(r) f_S(s)$

$$P_f = P(R - S \leq 0) = \int_{-\infty}^{\infty}\int_{-\infty}^{s \geq r} f_R(r) f_S(s)\,drds = \int_{-\infty}^{\infty} f_R(x) f_S(x)\,dx$$

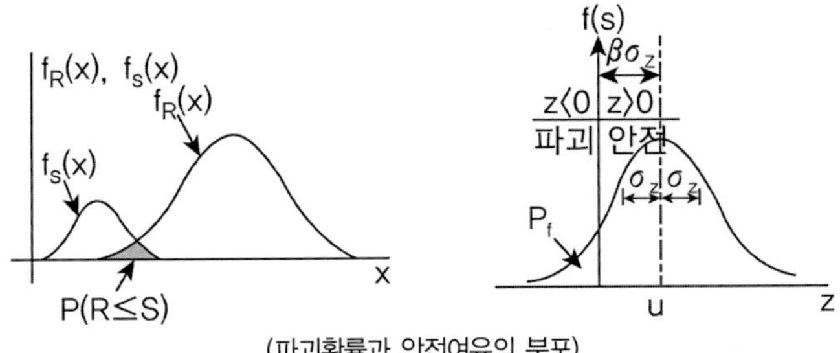

(파괴확률과 안전여유의 분포)

② 신뢰성 지수(Reliability Index, 안전도지수 Safety Index, β)

확률적인 안전도의 정의로 전술한 파괴확률 대신에 상대적인 안전여유를 나타내는 신뢰성 지수(reliability index) 즉, 안전도지수(safety index)를 사용하는데 기본적인 정의는 다음과 같다. R과 S의 각각의 평균 μ_R, μ_S, 분산을 σ_R^2, σ_S^2을 갖는 정규분포일 경우 안전여유 Z =R−S는 다음과 같은 평균과 분산을 가진다.

$$\mu_Z = \mu_R - \mu_S,\ \sigma_Z^2 = \sigma_R^2 + \sigma_S^2,\quad \beta = \frac{\mu_Z}{\sigma_Z} = \frac{(\mu_R - \mu_S)}{\sqrt{\sigma_R^2 + \sigma_S^2}}$$

$$P_f = P(R - S \le 0) = P(Z \le 0) = \phi\left[\frac{-(\mu_R - \mu_S)}{\sqrt{\sigma_R^2 + \sigma_S^2}}\right] = \phi(-\beta),\qquad \beta\ :\ \text{신뢰성지수}$$

또는 $Z = \ln(R/Q)$ 확률분포도에서 $\ln(R/Q)$의 평균으로부터 한계상태점은 $Z = 0$까지의 거리를 표준편차 $\sigma_{\ln R/Q}$의 β배로 나타내는 경우 β를 신뢰성 지수로 정의한다.

$$P_f = P[Z \le 0] = P[\ln R/Q \le 0]\quad \text{이때 } \beta = \frac{\ln R_m - \ln Q_m}{\sqrt{V_R^2 + V_Q^2}}$$

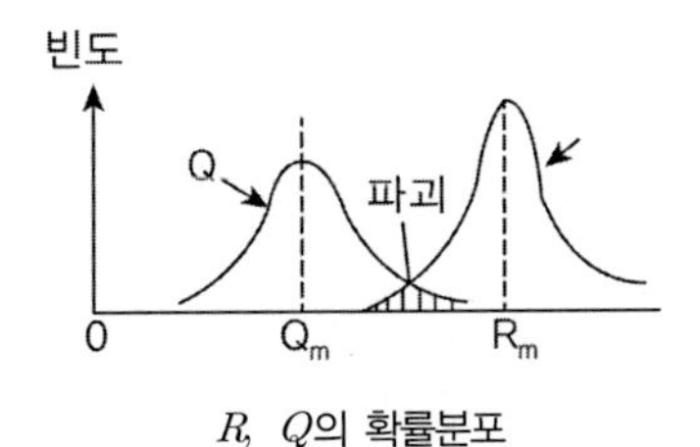

R, Q의 확률분포

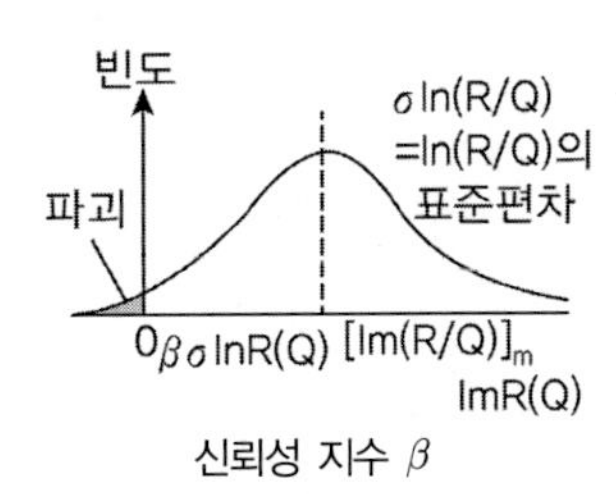

신뢰성 지수 β

3) 목표 신뢰성 지수(β)

강구조 부재의 신뢰성 지수 β는 부재 형식별로 상이하지만 통상적으로 전형적인 강재보의 β는 3 내외이며, 전형적인 연결부의 β는 4~5의 범위에 있다. LRFD 설계기준의 보정에 사용된 신뢰성 방법에 기초한 보정방법의 특징은 구 설계기준에 의해 설계된 전형적인 강구조물의 신뢰성지수에 기초를 두고 부재별로 합리적인 대표치를 사용하여 목표 신뢰성지수를 선정하므로서 이들 목표신뢰성 지수에 맞는 다중하중 및 저항계수를 2차 모멘트 신뢰성 방법에 의해 결정한다.

하중조합	목표신뢰성지수 β_0	비고
고정하중+활하중	3.0	부재
	4.5	연결부
고정하중+활하중+풍하중	2.5	부재
고정하중+활하중+지진	1.75	부재

일반적으로 주요부재에서 β는 3.0, 연결부에서는 β는 4.0~5.0

여기서 β=3.0~4.0 정도면 파괴확률은 1% ×0.1%, 즉 $\frac{1}{100,000}$ 이다.

105회 2-2

파괴확률

파괴확률 P_f(probability of failure)과 안전지수 β(safety index)의 상관관계를 설명하고 다음 조건의 교량에 대한 안전지수 β를 구하시오

대표거더의 휨모멘트 통계자료(지간 30m, 거더간격 2.4m의 단순 PSC교)			
하중영향(정규분포)		저항모멘트(대수정규분포)	
계수모멘트의 평균값 $\overline{Q}$	5,000 kNm	공칭저항모멘트 R_m	7,000 kNm
		저항모멘트에 대한 편심계수 λ_R	1.05
계수모멘트의 표준편차 σ_Q	400 kNm	저항모멘트의 변동계수 V_R	0.075

풀 이

개 요

LRFD에서는 하중계수(γ_i)와 강도감소계수(ϕ_i)를 경험에 의해서 확정적으로 결정하는 것이 아니라 하중과 구조저항과 관련된 불확실성을 확률통계적으로 처리하는 구조 신뢰성 이론에 따라 다중 하중계수와 저항계수를 보정함으로써 구조물의 일관성 있는 적정수준의 안전율을 갖도록 하고 있다. 또한 구조물의 신뢰도는 하중, 재료성질, 해석이론 등의 설계변수가 갖는 불확실성을 확률과 통계이론을 사용하여 구하며, 기본자료의 정확도, 해석의 복잡성 등에 따라 4가지 단계로 나뉜다. 통상적으로 아래의 2단계의 신뢰도 해석방법을 사용하여 설계법에 적용하고 있다.

① 각 기본변수의 불확실성을 하나의 특성값(Characteristic value)으로 표현(예, 하중계수 $D=1.25$)

② 각각의 기본변수가 갖는 불확실성을 두 개의 특성값(평균과 변동계수)로 표현(예, 하중발생의 확률이 90%, 변동계수가 0.1인 변수로 표현하여 신뢰도 해석하는 단계)

③ 각각의 불확실 변수의 분포함수를 이용하여 파괴확률을 계산

④ 각 변수들의 상호분포함수, 경제성을 고려

파괴확률과 안전지수(신뢰성 지수, 안전도 지수)의 정의

1) 구조물의 파괴확률(probability of failure)

확률적인 개념에 의한 구조안전도는 구조물의 신뢰도 P_r 또는 한계상태확률 또는 파괴확률 P_f에 의해 정의된다. 작용외력 S와 저항 R은 기지의 확률밀도 함수 $f_S(x)$와 $f_R(x)$라 하면 구조부재의 안전도는 랜덤변량인 안전여유 $Z=R-S$에 의해 좌우되며 $Z \le 0$일 때 안전성을 상실한 파손 또는 파괴 상태가 된다.

$$P_f = P(R \le S) = P(R - S \le 0) \quad \text{또는} \quad P_f = P(R/S \le 1) = P(\ln R - \ln S \le 0)$$

$$P_f = P(R - S \le 0) = \iint_D f_{R,S}(r,s)drds$$

$f_{R,S}(r,s)drds$: R, S의 결합밀도 함수, D는 파괴영역

R과 S가 독립일 때 $f_{R,S}(r,s)drds = f_R(r)f_S(s)$

$$P_f = P(R - S \le 0) = \int_{-\infty}^{\infty}\int_{-\infty}^{s \ge r} f_R(r)f_S(s)drds = \int_{-\infty}^{\infty} f_R(x)f_S(x)dx$$

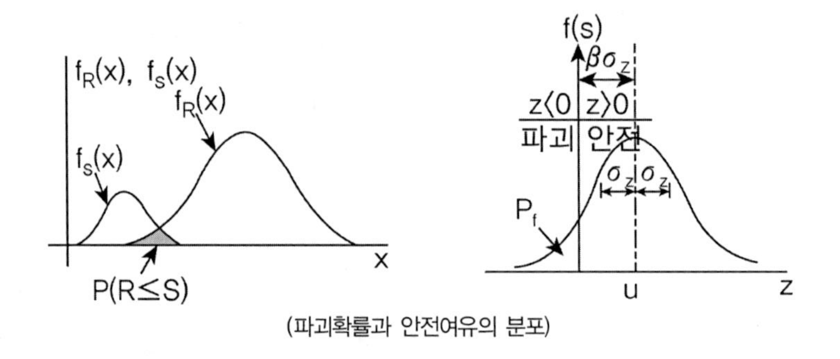

(파괴확률과 안전여유의 분포)

2) 신뢰성 지수 (safety index)

확률적인 안전도의 정의로 전술한 파괴확률 대신에 상대적인 안전여유를 나타내는 신뢰성 지수(reliability index) 즉, 안전도지수(safety index)를 사용하는데 기본적인 정의는 다음과 같다. R과 S의 각각의 평균 μ_R, μ_S, 분산을 σ_R^2, σ_S^2을 갖는 정규분포일 경우 안전여유 Z =R-S는 다음과 같은 평균과 분산을 가진다.

$$\mu_Z = \mu_R - \mu_S,\ \sigma_Z^2 = \sigma_R^2 + \sigma_S^2, \quad \beta = \frac{\mu_Z}{\sigma_Z} = \frac{(\mu_R - \mu_S)}{\sqrt{\sigma_R^2 + \sigma_S^2}}$$

$$P_f = P(R - S \le 0) = P(Z \le 0) = \phi\left[\frac{-(\mu_R - \mu_S)}{\sqrt{\sigma_R^2 + \sigma_S^2}}\right] = \phi(-\beta), \qquad \beta : \text{신뢰성지수}$$

또는 $Z = \ln(R/Q)$ 확률분포도에서 $\ln(R/Q)$의 평균으로부터 한계상태점은 $Z = 0$까지의 거리를 표준편차 $\sigma_{\ln R/Q}$의 β배로 나타내는 경우 β를 신뢰성 지수로 정의한다.

$$P_f = P[Z \le 0] = P[\ln R/Q \le 0] \quad \text{이때 } \beta = \frac{\ln R_m - \ln Q_m}{\sqrt{V_R^2 + V_Q^2}}$$

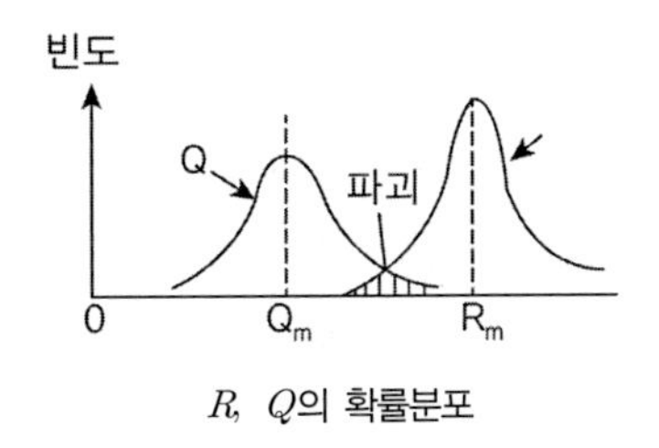

R, Q의 확률분포

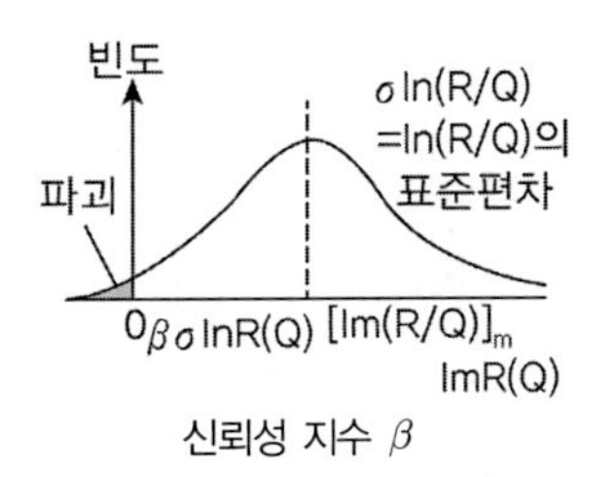

신뢰성 지수 β

3) 목표 신뢰성 지수(β)

강구조 부재의 신뢰성 지수 β는 부재 형식별로 상이하지만 통상적으로 전형적인 강재보의 β는 3내외이며, 전형적인 연결부의 β는 4~5의 범위에 있다. LRFD 설계기준의 보정에 사용된 신뢰성 방법에 기초한 보정방법의 특징은 구 설계기준에 의해 설계된 전형적인 강구조물의 신뢰성지수에 기초를 두고 부재별로 합리적인 대표치를 사용하여 목표 신뢰성지수를 선정하므로서 이들 목표신뢰성 지수에 맞는 다중하중 및 저항계수를 2차 모멘트 신뢰성 방법에 의해 결정한다.

하중조합	목표신뢰성지수 β_0	비고
고정하중+활하중	3.0	부재
	4.5	연결부
고정하중+활하중+풍하중	2.5	부재
고정하중+활하중+지진	1.75	부재

➤ 안전지수(신뢰성지수, 안전도 지수, β) 산정

대표거더의 휨모멘트 통계자료(지간 30m, 거더간격 2.4m의 단순 PSC교)			
하중영향(정규분포)		저항모멘트(대수정규분포)	
계수모멘트의 평균값 $\overline{Q}$	5,000 kNm	공칭저항모멘트 R_m	7,000 kNm
		저항모멘트에 대한 편심계수 λ_R	1.05
계수모멘트의 표준편차 σ_Q	400 kNm	저항모멘트의 변동계수 V_R	0.075

$Q_m = 5000 \text{ kNm},\ R_m = 7000 \text{ kNm}$

$\sigma_Q = 400 \text{ kNm}$

변동계수 = 표준편차/평균 $\quad \therefore \sigma_R = 0.075 \times 7000 = 525 \text{ kNm}$

$$\therefore \ \beta = \frac{\mu_z}{\sigma_z} = \frac{\mu_R - \mu_S}{\sqrt{\sigma_R^2 + \sigma_Q^2}} = \frac{7000 - 5000}{\sqrt{400^2 + 525^2}} = 3.03$$

2. 선박충돌하중

항로상 또는 항로근처에 교각이 설치하여 선박과 충돌할 우려가 있는 경우에는 이를 설계에 고려하여야 한다. 선박충돌에 대한 설계법은 주로 AASHTO의 설계법으로 이루어지며, 국내의 설계기준(2012. 도로교 설계기준-한계상태설계법, 2006. 케이블교량설계지침)에 준용되고 있다.

1) 2012 도로교 설계기준

선박과의 충돌이 예상될 때에는
① 충돌하중에 견디도록 설계하거나, ② 방호물, 계선말뚝, 안전시설 등으로 적절히 보호

충돌에 의한 충격하중 고려 시에는 다음을 고려한다.
① 수로의 기하학적 형상, ② 수로이용 선박크기, 형태, 하중조건, 통과 빈도
③ 가용수심, ④ 선박속도와 방향, ⑤ 충돌에 의한 교량의 구조적 거동

2) AASHTO Guide specification and commentary for vessel collision design of highway bridges

① Method I : 교량설치 여건이 복잡하지 않은 경우에 적용되며 Method II, III에 의한 해석이 없을 경우 설계 선박을 결정하기 쉽다.

- 위험교량(Critical bridge) : 충돌가능성이 큰 교량, 설계 선박은 연간 최대 50회 이상 통행하는 선박보다 크거나, 화물선 전체 통행량의 5% 이내 포함되는 선박
- 일반교량(Regular bridge) : 연간 최대 200번 이상 통행하는 선박보다 크거나 통행량의 10% 이내에 포함되는 선박

② Method II : 설계 선박을 결정하는 데 확률론적 방법을 선박, 교량, 항로 등에 대한 많은 데이터가 필요하다.

- 위험교량(Critical bridge) : 연 붕괴 빈도수(AF)는 100년 내 0.01 이하(AF=0.0001)
- 일반교량(Regular bridge) : 연 붕괴 빈도수(AF)는 100년 내 0.1 이하(AF=0.001)

$AF = N \times PA \times PG \times PC$
= 교량 충돌할 수 있는 선박수 × 항로이탈 확률 × 선박충돌확률 × 교량붕괴확률

③ Method III : 설계 선박 결정시 비용-유효성 해석을 이용하는 방법으로 교량부재의 설계 강도를 결정하거나 교량에 대한 방호공의 등급을 지정하는 데 이용된다.

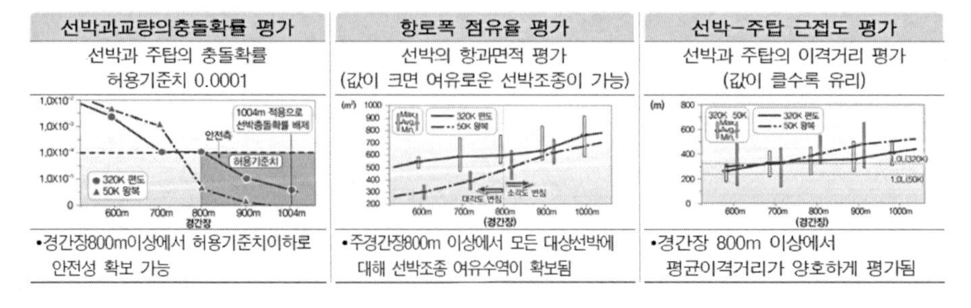

3) 선박 충돌력 산정

① 충돌에너지 $KE = 500\,C_H M V^2$ (J) C_H : 수리동적질량계수

② 충돌력(기초) $P_S = 1.2 \times 10^5\, V \sqrt{DWT}$ DWT : 선박의 적재중량톤수

③ 충돌속도

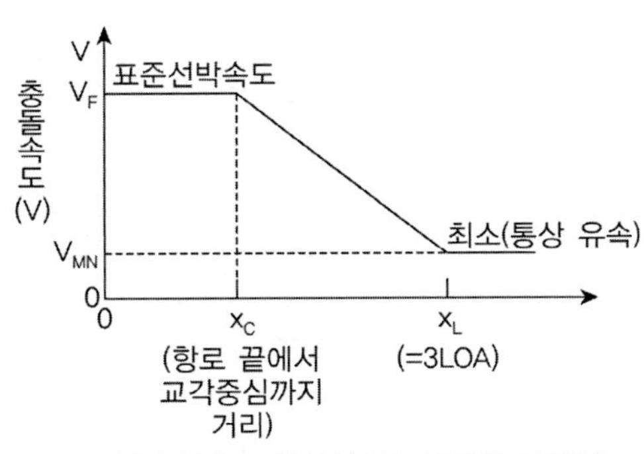

④ 충돌력과 작용위치

- 항해수로의 중앙선과 평행한 방향(100%), 수직인 방향(50%) 적용
- 전체적인 안정검토 : 수로의 평균수위 높이에서 하부구조물에 집중하중으로 작용
- 국부적인 충돌하중 : 이물 깊이에 대하여 등분포된 수직선상의 하중

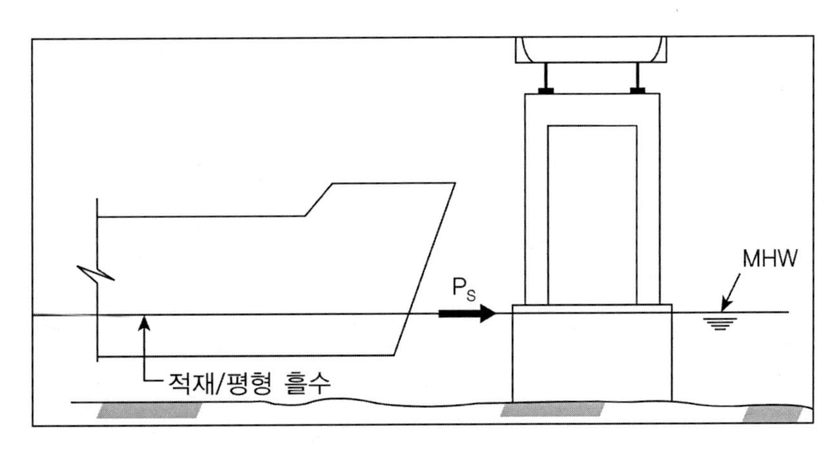

(교각에 작용되는 배의 집중충격력)

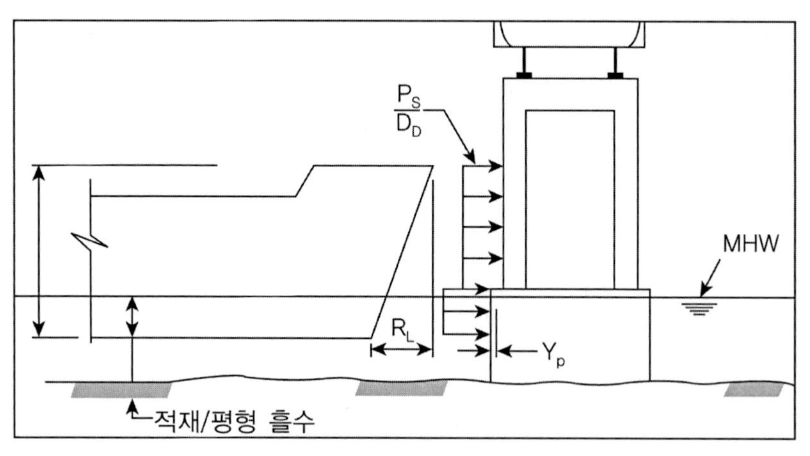

(교각에 작용되는 배의 선충격력)

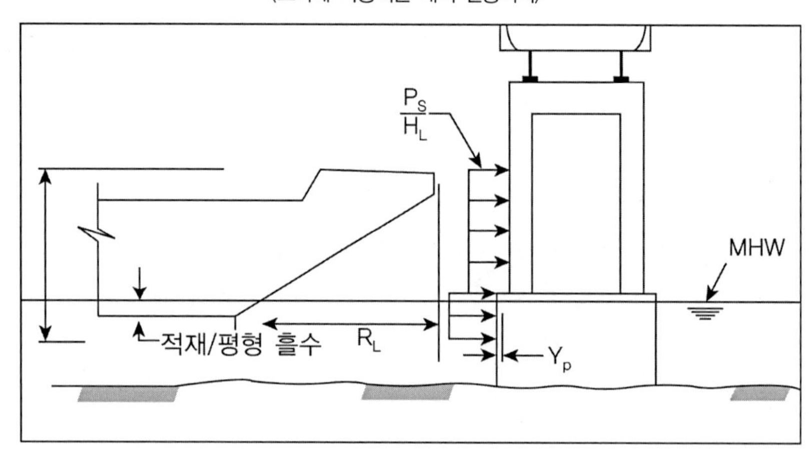

(교각에 작용되는 바지선의 충격력)

⑤ 충돌방호공 분류

구분	직접구조		
에너지 흡수	탄성변형형	파괴변형형	변위형
종류	Fender 방식	강재다실형 방식(버퍼방식)	중력방식
적용례	–	일본 아카시대교	–
형태	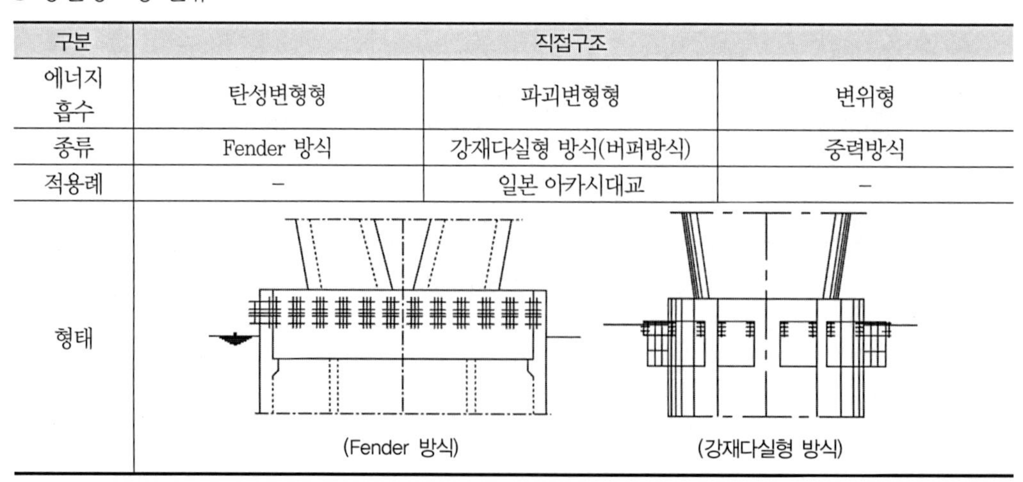 (Fender 방식)	(강재다실형 방식)	

구분	간접구조		
에너지흡수	탄성변형형	파괴변형형	변위형
종류	Dolphine 방식, Pile 방식	축도, 케이슨	Barrier 방식
적용례	인천대교	여수산단	–
형태	(Dolphine 방식) (축도방식) (Barrier 방식)		

예 제

충돌하중 산정 도로설계편람 509-335

선박톤급별(GT)		20XX년 연간 입항 선박합계	누적률(%)	DWT(Mg)	전장(LOA, m)	만재흘수(m)
1	100,000톤 이상	38	0.37	111,600	332	14.5
2	90,000~100,000톤	106	1.42	106,200	326	14.4
3	80,000~90,000톤	92	2.32	95,400	314	14.1
4	70,000~80,000톤	158	3.88	84,600	300	13.9
5	60,000~70,000톤	453	8.33	73,700	285	13.5
6	50,000~60,000톤	492	13.17	62,800	269	13.1
……(중간 생략)						
14	500~3,000톤	1,009	99.04	2,600	42	3.0
15	500톤 미만	98	100.00	400	28	3.0
합계		10,164				

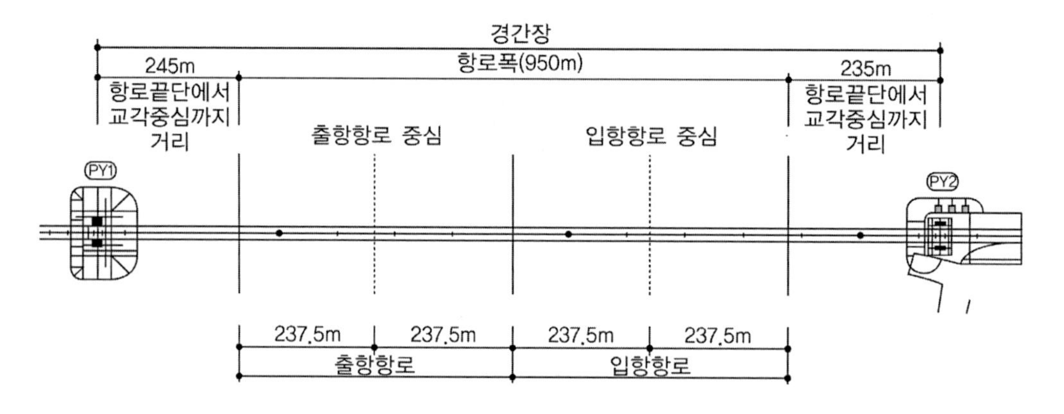

풀 이

▶ Method I에 의한 충돌력 산정

1) 설계대상 선박 선정

① 51번째 큰 선박의 범위 : 90,000~100,000톤

② 연간 전체 선박 통행수의 5% 이내 선박범위 : 60,000~70,000톤

두 조건 중 작은 값의 중간값 적용 65,000톤(73,700DWT, LOA 285m)

2) 설계대상 선박의 충돌 속도 산정

① 주항로폭(입항항로 또는 출항항로, $2X_c$) : 475m

② 주탑(PY1 또는 PY2)에서 주항로폭 중심까지의 거리(X) : 245+237.5=482.5m

③ 최저속도는 엔진정지시 조류속도인 0.93m/sec(1.8knot)로 가정

최대속도는 주탑으로부터 주항로폭의 반폭인 X_c만큼 선박이 떨어져 있을 때 선박의 운항속도(4.63m/sec)를 최대 속도로 하고, 3LOA일 때를 최대거리로 보고 최소속도인 조류속도 0.93m/sec를 적용하여 직선보간법을 이용하여 주탑으로부터 주항로폭 중심까지의 거리 X일 때의 선박충돌속도를 산출하면,

$$V = 4.63 - \frac{4.63 - 0.93}{3LOA - X_c} \times (X - X_c) = 4.63 - \frac{4.63 - 0.93}{3 \times 285 - 237.5} \times (482.5 - 237.5)$$

$$= 3.16 m/\sec$$

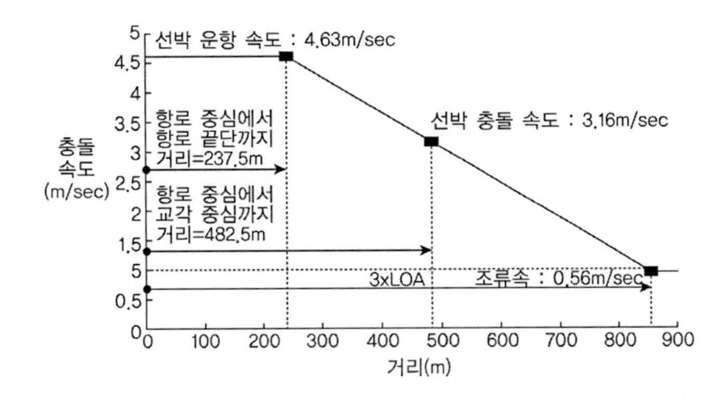

3) 설계대상 선박의 충돌력 산정

$$P_S = 1.2 \times 10^5 V \sqrt{DWT} = 1.2 \times 10^5 \times 3.16 \times \sqrt{73,700} = 102.9 MN$$

4) 충돌력의 재하

산정된 충돌력은 항로와 평행하게 구조물에 작용하도록 적용한다. 또한 충돌력의 50%를 직각방향에 별도로 재하하여 교량의 안정성을 검토하도록 한다. 다만 두 하중을 동시에 재하시키지는 않는다.

➤ Method II에 의한 충돌력 산정

$$AF = n \times PA \times PG \times PC$$

1) 항로이탈확률(PA)

$$PA = BR(R_B)(R_C)(R_{XC})(R_D)$$

① 기준이탈확률(BR)

- 선박 : $BR = 0.6 \times 10^{-4}$, • 바지선 : $BR = 1.2 \times 10^{-4}$

② 교량위치 보정계수(R_B)

- 직선항로 $R_B = 1.0$
- 전이영역 $R_B = 1 + \frac{\theta}{90°}$
- 직선 또는 곡선 만고부 $R_B = 1 + \frac{\theta}{45°}$

③ 항로에 평행한 조류속 계수(R_C)

$R_C = 1 + \frac{V_C}{19}$ [V_C : 항로에 수평 방향 성분 조류속(km/hr)]

④ 항로를 횡단하는 조류속 계수(R_{XC})

$R_{XC} = 1 + 0.54\,V_{XC}$ [V_{XC} : 항로를 횡단하는 방향 성분 조류속(km/hr)]

⑤ 선박 교통밀도에 따른 보정계수(R_D)

- 교량인접부근에서 선박이 서로 만나거나 추월하는 것이 드문 경우(Low Density) : 1.0
- 교량인접부근에서 선박이 서로 만나거나 추월하는 것이 간혹 있는 경우(Average Density) : 1.3
- 교량인접부근에서 선박이 서로 만나거나 추월하는 것이 자주 있는 경우(High Density) : 1.6

∴ 주어진 조건에서 선박이고, 직선항로이며, 평행조류속도가 3.35km/hr, 횡단 조류속이 0km/hr 이며 선박의 밀도가 High Density라고 가정하면,

$$PA = BR(R_B)(R_C)(R_{XC})(R_D) = 0.6\times10^{-4}\times1.0\times\left(1+\frac{V_C}{19}\right)(1+0.54\,V_{XC})\times1.6$$
$$= 0.6\times10^{-4}\times1.0\times\left(1+\frac{3.35}{19}\right)(1+0.54\times0)\times1.6 = 1.13\times10^{-4}$$

2) 기하학적 충돌확률(PG)

기하학적 충돌확률은 교량인근을 통행하는 선박이 여러 요인으로 인해 제어불능의 상태가 되었을 경우 교량과 충돌할 확률을 나타내며 과거 사고사례 분석결과 기하학적 충돌 확률분포는 다음과 같은 정규 분포곡선으로 나타낸다.
설계대상 선박 전장(LOA)의 표준편차 함수로 선박의 이상 통행 가능성을 나타내며, 항로중심으로부터 교량의 최근접 지점까지 표준편차거리를 각 항로에 대하여 계산하고 이를 기하학적 충돌 위험도에 나타내게 된다. 여기서 교각의 기초 폭을 38m로 선폭(Beam)을 32.3m로 가정하면,

$$X_1 = \frac{\left(X-\frac{38}{2}-\frac{선폭}{2}\right)}{LOA} = \frac{\left(482.5-\frac{38}{2}-\frac{32.3}{2}\right)}{285} = 1.569$$

$$X_2 = \frac{\left(X + \frac{38}{2} + \frac{선폭}{2}\right)}{LOA} = \frac{\left(482.5 + \frac{38}{2} + \frac{32.3}{2}\right)}{285} = 1.816$$

정규분포 식으로부터 $PG = \int_{X_1}^{X_2} \frac{1}{\sqrt{2\pi}} e^{-\frac{1}{2}x^2} dx = 0.02286$

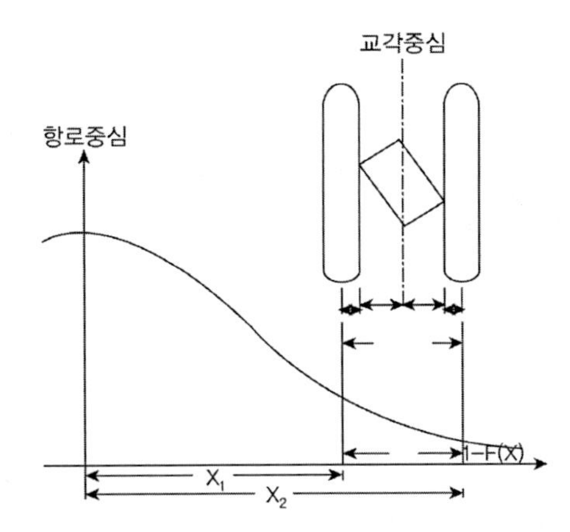

3) 이탈된 선박에 의한 교량붕괴 확률(PC)

횡방향 극한강도(H)와 선박의 충돌하중(P) 간의 비율에 따라서 분류한다.

① $0 \le H/P \le 0.1$ $\quad PC = 0.1 + 9\left(0.1 - \frac{H}{P}\right)$

② $0.1 \le H/P \le 1.0$ $\quad PC = 0.111\left(1 - \frac{H}{P}\right)$

③ $H/P \ge 1.0$ $\quad PC = 0$

Method I에서 산정한 충돌력 $P = 102.9MN$과 주탑의 기초의 극한강도를 50MN으로 가정하면,

$$\frac{H}{P} = \frac{50}{102.9} = 0.486 \qquad \therefore\ PC = 0.111\left(1 - \frac{H}{P}\right) = 0.0571$$

4) Method Ⅱ에 의한 충돌력 산정 및 적정성 검토

$AF = n \times PA \times PG \times PC$

60,000~70,000톤급의 연간 운행횟수 $n = 453$이므로

$AF = 453 \times 2^{입출항} \times (1.13 \times 10^{-4}) \times (0.02286) \times (0.0571) = 0.000134 \rangle 0.0001$

※ 위험교량(Critical bridge) : 연 붕괴 빈도수(AF)는 100년 내 0.01이하 (AF=0.0001)

본 설계교량이 일반교량(AF≤0.001)이 아닌 위험교량일 경우 연 붕괴 빈도수(AF=0.0001) 이상이므로 교량의 극한강도 재산정을 수반하거나 충돌방지공의 설계가 필요하다.

103회 4-3

부체교 부체교의 특성과 국내외 사례, 강구조 학회지, 2006

부체교(Floating Bridge)의 주행안정성에 대해 설명하시오

풀 이

➤ 개요

부체교는 교량의 하부구조가 직접 지면에 접촉되지 않고 수면에 설치되어 있는 폰툰(ponton)의 부력에 의해 지지되는 교량이다. 하부구조 시공이 곤란한 깊은 수심이나 연약지반층이 깊은 지역에 적합한 형식으로 자연현경 보존을 위한 늪지, 습지에 적합한 형식으로 기존의 사장교나 현수교를 대체할 수 있는 형식이다.

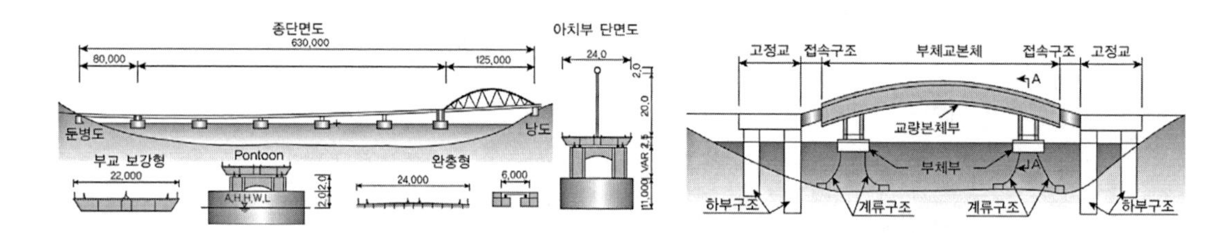

➤ 부체교의 구조

부체교는 교량 부체교 본체부, 부체부, 계류구조, 하부구조, 접속구조로 이루어지며, 각 구조별 역할은 다음의 표와 같다.

구분	구조체의 역활
교량 본체부	차도부가 있는 구조체로 교량거더 부분 및 폰툰 위의 교각 부분을 포함하며 폰툰 상판이 그대로 차도부로 이용되는 경우도 있다.
부체부	수몰부분이 있어 부력을 받는 구조체로 폰툰부를 말한다.
계류구조	장기간 교량본체부를 일정한 장소에 유지시켜 표류하지 않게 하는 장치로 케이블, 체인 및 이를 지지하는 싱커, 계류용 돌핀의 펜더, 말뚝 등을 말한다.
하부구조	부체교 본체에 작용하는 하중을 기초지반에 전달하는 구조부분으로 교대를 포함한 고정교 및 기 기초를 말한다.
접속구조	부체교 본체와 고정교 사이에 설치되어 부체교 본체의 동요에 대해 고정교와의 접속을 원할히 하기 위해서 설치되는 차도부를 가지는 구조체로 완충거더를 포함한다.

➤ 부체교 특유의 하중

① 파랑하중 : 평상시, 폭풍시에 해당하는 파랑의 영향

② 지진하중 : 동수압의 영향

③ 조석, 조위 : 조류의 영향과 조위의 변동의 영향
④ 부 하중 : 지항적인 특성에 따른 수면의 자유진동으로 인한 영향
⑤ 항적파 : 선박에 의한 파도의 영향
⑥ 얼음 영향 : 유빙이나 착빙의 영향
⑦ 생물 부착 : 조개류와 따개비류와 같은 부착생물이 부체교에 미치는 영향

▶ 부체교의 요구성능

일반적인 교량에서 요구하는 성능과 유사하며 부체교 고유의 특성을 고려하는 안정성, 사용성, 복구성, 시공성, 유지관리성으로 구분할 수 있다.

1) 안정성 : 예상되는 모든 하중에 대해 구조적으로 안정성 확보하는 성능

① 정적안정성 : 횡가상중심 M이 중심위치 G보다 위에 있는 것을 필요조건으로 규정하며 GM의 거리가 클수록 부체 복원력이 커져서 안정성이 높아진다. 바람, 파랑과 같은 외력에 의한 변위나 동요를 고려하여 동적 안정성 평가와 함께 GM거리를 어느 정도 크게 고려하는 것이 필요하다.

② 동적안정성 : 부체교에 풍하중과 활하중이 재하될 때 경사모멘트와 복원모멘트를 비교하여 하중재하시의 동적안정성을 확보하여야 한다.

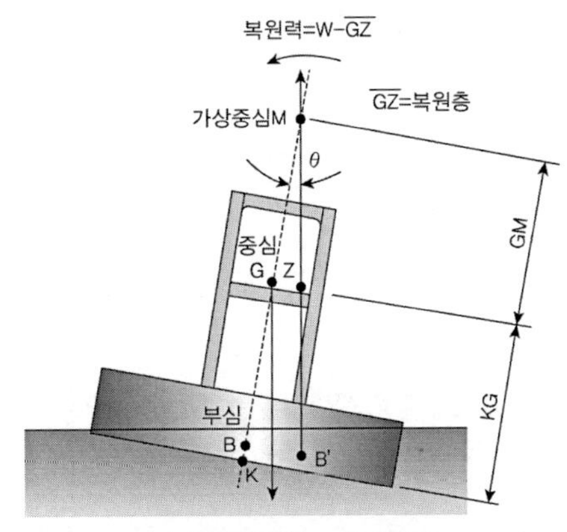

(a) 정적안정성 : 거리GM>0

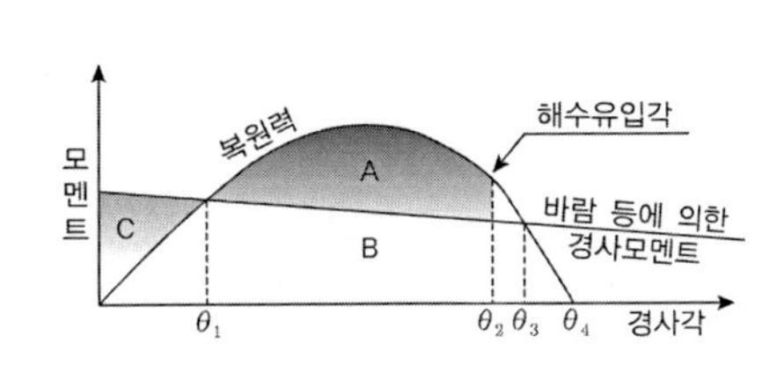

(b) 동적안정성 : A+B(면적) > B+C(면적)

2) 사용성 : 주행안정성에 관한 성능, 승차감, 외관, 진동, 소음과 같은 부체교의 사용성에 관한 성능
3) 복구성 : 손상을 받았을 때 기능 회복에 관한 성능
4) 시공성 : 공사 중 시공의 안전성과 품질 확보를 위한 성능
5) 유지관리성 : 공용기간 중에 기능을 확보하는 성능

▶ 부체교에서의 주행안정성 확보

부체교에서의 주행안정성 확보를 위해서는 계류구조, 접속구조를 통해서 안정성을 확보하도록 하

여야 한다.

1) 계류구조 : 부체교의 수평하중에 저항하는 구조로 아래의 그림과 같은 형식으로 구분된다.

① 돌핀 계류 구조 : 해저에 지지된 돌핀 및 부체교량과의 설치된 고무펜더 등에 의해 부체를 계류하는 방법으로 고정식 구조이기 때문에 비교적 얕은 수심에 적용되므로 변위 억제에 유효하다. 돌핀형식으로는 중력, 조항식, 자켓식이 있다.

② 카테나리 계류 구조 : 체인계류와 같이 카테나리 형상으로 기하학적 변형에 따르는 복원력에 의해 계류하는 방법으로 수심 10m이상의 수심에 적용되는 사례가 많으며, 깊은 수심에 대해서는 경제적이나 수평이동이 커서 계류구조의 수역 점유면적이 크게 된다.

③ TLP(Tension Leg Platform)방식 계류 구조 : 체인, 강관 테더(tether), 와이어 등의 텐던에 의해 부체를 정적 평형 상태보다도 하부로 끓어 당겨 이것에 의해 발생되는 과잉 부력과 초기 장력에 의해 부체를 계류하는 방법이다.

④ 양단고정 계류 구조 : 폰툰 등의 부체부를 직접 계류하는 것이 아니라 부체교에 작용하는 하중을 교량 단부에서 지지하는 계류방법이다.

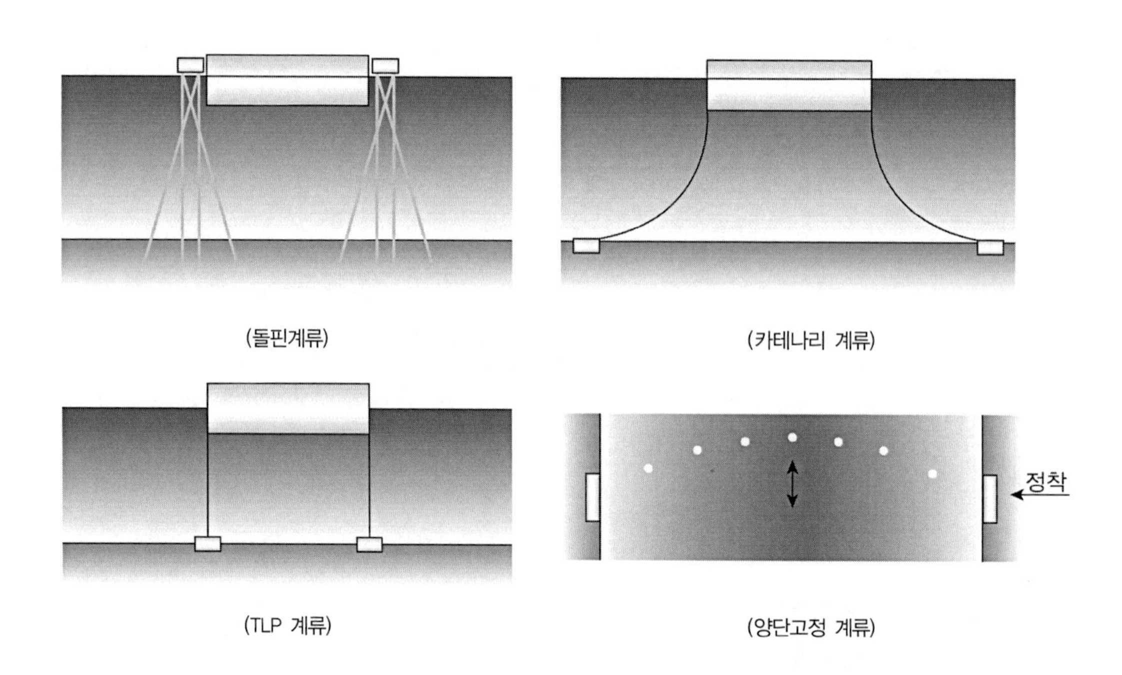

(돌핀계류) (카테나리 계류)

(TLP 계류) (양단고정 계류)

2) 접속구조

부체교에서는 고정교와 같이 접속구조, 받침, 신축이음 장치 등의 부대설비가 있으며 부체교에서 발생하는 진동에 의한 영향 및 지반변동에 대한 영향으로부터 주행안정성 확보할 수 있어야 한다.

접속구조는 수면의 변동에 따라 끊임없이 동요하므로 주행차량의 허용경사, 절곡부의 곡률을 고려하여 설계하여 하며, 이동량(고정교와 부체교의 상대변위)은 계류구조와도 밀접한 관계가 있으므로 계류구조에서 부체교의 구속도를 높이면 동요에 의한 신축량이 작아져 접속구조를 보다 간단하고 쉬운 구조로 할 수 있는 반면에 계류구조의 반력이 증대하는 단점이 있다.

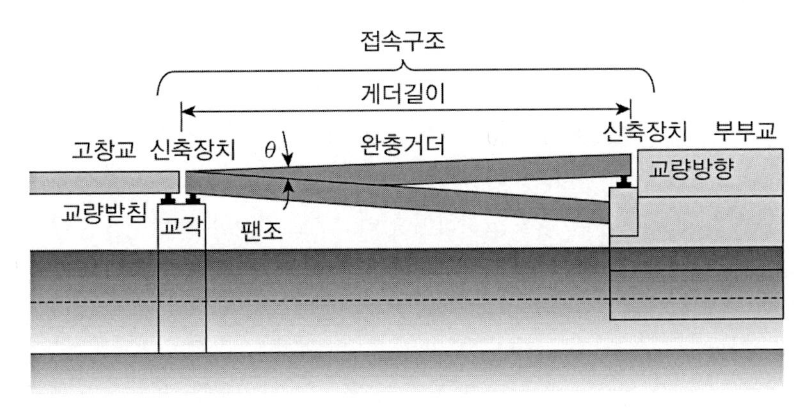

(접속구조의 개념)

➤ 국외의 대표적인 부체교

(Dubai Flating Bridge, 2007)

(Yumemai교, Japan, 2000)

3. 풍하중

1) 풍속

① 기본풍속(V_{10}) : 재현기간 100년 동안 개활지에서 지상 10m의 10분 평균풍속

[V_{10} : 내륙(30), 서해안(35), 남해안(40), 동해 및 제주(45), 울릉도(50)]

② 설계기준풍속(V_D)

(1) 일반중소지간 교량의 설계기준 풍속은 40m/s로 한다.

(2) 태풍이나 돌풍이 취약한 지역의 중대지간 교량의 설계기준풍속은 풍속기록, 구조물 주변의 지형과 환경, 구조물 높이 등을 고려하여 합리적으로 결정한 10분 평균 풍속이다.

(3) 가용자료가 없는 경우

$$V_D = 1.723\left(\frac{z_D}{z_G}\right)^{\alpha} V_{10}$$

α : 지표조도계수

z_G : 해안(200), 고층건물이나 기복이 심한 구릉지(500)

z_D : 수평구조물의 수평평균높이, 수직구조물의 총높이의 65%와 z_b 중 큰 값

③ 시공기준풍속(V_C) : 태풍에 취약한 지역에 위치한 중장대 지간 교량의 시공중 검토를 위한 풍속으로 공사기간에 대한 최대풍속 비초과확률 80%에 해당하는 10분 평균 풍속

$$R = \frac{1}{1-(P_{NE})^{1/N}}$$

R(재현기간), P_{NE}(비초과확률), N(공사기간)

2) 설계풍압(일반 중소지간교량)

① 박스거더교, 플레이트 거더교, 슬래브교

$1 \le B/D < 8$ $\quad$ $P(kPa) = 4.0 - 0.2(B/D)$

$B/D \ge 8$ $\quad$ $P(kPa) = 2.4$

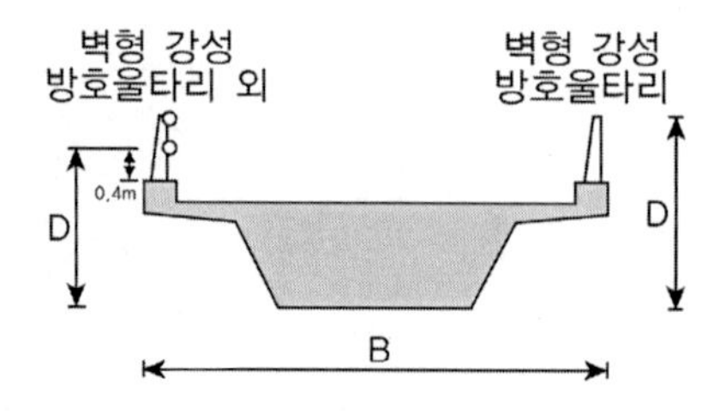

② 풍상측 트러스 활화중 비재하 시 $2.4/\sqrt{\phi}$, 풍하측 트러스는 $0.5 \times 2.4/\sqrt{\phi}$ (ϕ : 충실률)

③ 기타 교량부재 원형[풍상측(1.5), 풍하측(1.5)], 각형[풍상측(3.0), 풍하측(1.5)]

④ 병렬거더는 영향을 고려하여 보정(2008. 보정계수 1.3, $S_V \leqq 2.5D$, $S_h \leqq 1.5B$)

⑤ 활하중 재하시는 풍압을 절반만 재하할 수 있다.

3) 설계풍압(태풍이나 돌풍에 취약한 지역 중대지간)

① $p(Pa) = \frac{1}{2}\rho V_D^2 C_d G$

강체구조물($G = G_r$, $f_1 > 1Hz$) $G_r = K_p \frac{1 + 5.78 I_z Q}{1 + 5.78 I_z}$

유연구조물($G = G_f$, $f_1 \leqq 1Hz$) $G_r = K_p \frac{1 + 1.7 I_z \sqrt{11.56 Q^2 + g_R^2 R^2}}{1 + 5.78 I_z}$

f_1 : 구조물의 바람방향 1차 모드 고유진동수

C_d : 항력계수, 기존문헌, 실험, 해석 등의 합리적인 방법으로 산정

G : 거스트계수, 풍속의 순간적인 변동의 영향을 보정하기 위한 계수

$I_z = c\left(\frac{10}{z_D}\right)^{1/6}$: 난류강도 $L_z = l\left(\frac{z_D}{10}\right)^c$: 난류길이

z_5 : z와 5m중 큰 값 $K_p = 2.01\beta^2\left(\frac{10 z_5}{z_D z_G}\right)^{\alpha_2}$: 풍압보정계수

$$Q = \sqrt{\frac{1}{1 + 0.63\left(\frac{L + D}{L_z}\right)^{0.63}}}$$

② 하부구조에 작용하는 풍압

하부구조에 직접 작용하는 풍압은 교축직각방향 및 교축방향에 작용하는 수평하중으로 하며, 동시에 작용하지 않는 것으로 한다.

$p(Pa) = \frac{1}{2}\rho V_D^2 C_d G$, C_d[원형(0.6), 각형(1.2)]

4) 공기역학적 안정성

주경간 200m 이상인 장대특수교량이나 주경간 길이와 폭의 비율이 30 이상인 교량이나 부재는 바람에 의한 진동이 발생하기 쉬우므로, 풍압에 의한 정적설계 결과에 대하여 동적해석과 풍동실험을 통하여 풍하중의 동적효과에 대한 제반 공기역학적 안정성을 검토하여야 한다.

TIP | 플레이트 거더교의 병렬효과 | (2008 도로교설계기준 해설)

1. 2012 한계상태설계법 : 병렬로 인하여 상호 영향이 있는 경우 적절히 반영한다.
2. 2008 도로교 설계기준 해설
   ① 병렬로 된 경우에 상류층과 하류층에 작용하는 풍하중은 단일교량일 때와 다르다. 병렬교의 보정은 $S_h \leqq 1.5B_1$, $S_v \leqq 2.5D_1$인 경우에 고려한다.
   ② 병렬효과는 위치관계에 따라 변하지만 일반적으로 계산된 풍하중에 보정계수 1.3(상부구조의 경우)을 곱하여 얻는다.

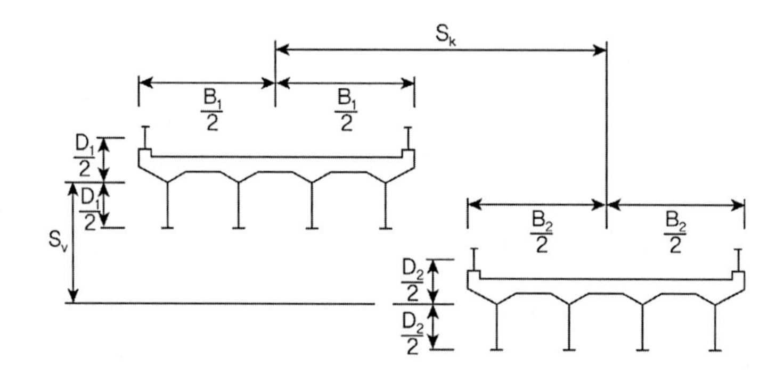

02 철도교 설계기준

1. 철도교와 도로교 하중의 비교

1) 도로교와 철도교의 차이

① 연속교와 단순교 : 도로교는 연속교로 구조효율성 극대화, 철도교는 단순교로 사고로 인한 교량 붕괴시 복구 신속성을 감안

② 하중 : 철도교가 도로교의 약 5배 가량 크며, 철도교는 레일의 위로 하중 위치가 고정되어 있다. 철도교는 하중의 연속성과 속도로 인하여 공진성 검토가 중요한 인자(동적안정성 검토 필요)

③ 고속열차의 특수한 검토 : 궤도의 틀림(면틀림, 궤간틀림 등), 승차감, 공진 등 검토

④ 장대레일의 연속화로 인한 하중 검토 : 교량과 장대레일간의 인터액션(interaction), 좌굴 등에 대한 검토 필요

⑤ 철도교는 유지관리, 피로문제로 인하여 케이블 교량 지양

2) 도로교와 철도교의 하중 비교

① 도로교와 철도교는 크게 주하중, 부하중, 부하중 또는 부하중에 상당하는 특수하중으로 구분되고 있으며 도로교에서는 총 21개의 설계하중이 철도교에서는 장대레일 종하중, 차량횡하중, 시동 및 제동하중, 탈선하중 등이 추가로 고려되어 24개의 설계하중이 존재.

② 도로교와 철도교의 가장 큰 차이는 활하중의 차이에 있으며, 도로교에 비해 철도교의 활하중이 더 크기 때문에 동적거동에 의한 영향이 더 크게 작용.

③ 도로교의 경우 활하중의 등급을 1~3등급으로 구분하며, 기존의 DB하중과 2012 도로교 설계기준에서 변경된 KL-510 하중을 적용하며, 철도교 하중의 경우 철도차량에 따라 HL-25, LS-22, EL-18하중으로 분류.

④ 고정하중의 경우 도로교의 경우에는 포장하중이 추가되며, 철도교의 경우 레일, 침목, 도상 등의 2차 고정하중이 추가

⑤ 충격계수의 경우 도로교에서는 하나의 공식으로 적용되는 반면 철도교의 경우 교량의 형식별로 충격계수를 산정

⑥ 추가적으로 철도교에서 고려하는 주하중은 원심하중과 장대레일 종하중이 있으며, 도로교의 경우 원심하중의 영향이 작아 곡선교에서 특수하중으로 구분하나 철도교의 경우 선로 캔트 등의 영향으로 원심하중이 매우 커서 슈뿐만 아니라 교각의 단면력 산정시에도 활용. 장대레일 종하중은 온도 등의 변화에 따른 레일 신축이 교량 상부에 전달하는 수평력으로 1궤도당 10kN/m의 하중이 레일면상에 작용하는 것을 고려

⑦ 부하중의 경우 풍하중, 설하중 등은 도로교와 비슷하나 철도교에서는 철도의 사행운동을 고려

하기 위해 차량횡하중과 탈선하중을 추가로 적용

⑧ 도로의 경우에는 등급에 따른 차선하중과 차량하중을 적용하며, 철도의 경우에는 추가적인 고정하중(도상/레일/침목)을 고려하고 차선하중과 차량하중 대신에 LS-22 하중 등을 등급에 관계없이 적용. 철도차량의 이동시 발생하는 차량횡하중, 시제동하중 및 원심하중이 도로교에 비해서 비중 있게 다뤄지고 있으며, 레일 특성에 따른 장대레일의 종방향 하중에 추가적으로 고려되는 점이 두 하중의 큰 차이점임. 즉, 고정하중에 비해 활하중이 철도 하중에서는 훨씬 크게 작용하고 있으며 이러한 설계하중의 차이로 도로교와 철도교는 상부구조 형식별로 적용 지간장이 다르게 적용된다. 도로교에서는 PSC 빔 교량은 지간장이 최대 35m까지 적용되고, 50m 구간에는 PSC Box교나 강교를 적용하나 철도교에서는 PSC Beam 지간장이 최대 25m정도까지 적용하고 PSC BOX교나 강교는 40m 이상인 경우에 사용하며, 최근에는 IPC, Precom, PPC교 등의 개량된 거더교들이 주로 적용되고 있음. 닐센아치교를 제외한 케이블 교량은 철도차량의 진동에 취약점을 보이기 때문에 그 적용 성을 지양하는 추세임

2. 철도교 하중

1) 철도교 하중의 종류(2011 철도설계기준)

영구하중	운행하중
① 고정하중(자중) ② 2차 고정하중(레일, 침목, 도상, 콘크리트 도상) ③ 환경적인 작용하중(토압, 수압, 파압, 설하중) ④ 간접적인 작용하중(PS하중, 크리프, 건조수축, 지점변위)	① 표준열차하중(HL하중, LS22, EL18) ② 충격하중 ③ 수평하중(차량횡하중, 캔트, 원심하중, 시동하중, 제동하중)
기타하중	**특수하중**
① 풍하중 ② 온도변화의 영향 ③ 장대레일 종하중 ④ 2차 구조부분, 장비, 설비 하중 ⑤ 기타하중 : 마찰저항하중 등	① 충돌하중 ② 탈선하중 ③ 가설시의 하중 ④ 지진의 영향

2) 운행하중

① HL 표준열차하중 : 시속 200km 이상 고속철도 구조물

② LS-22 표준열차하중 : 시속 200km 이하 철도 구조물

③ EL-18 표준열차하중

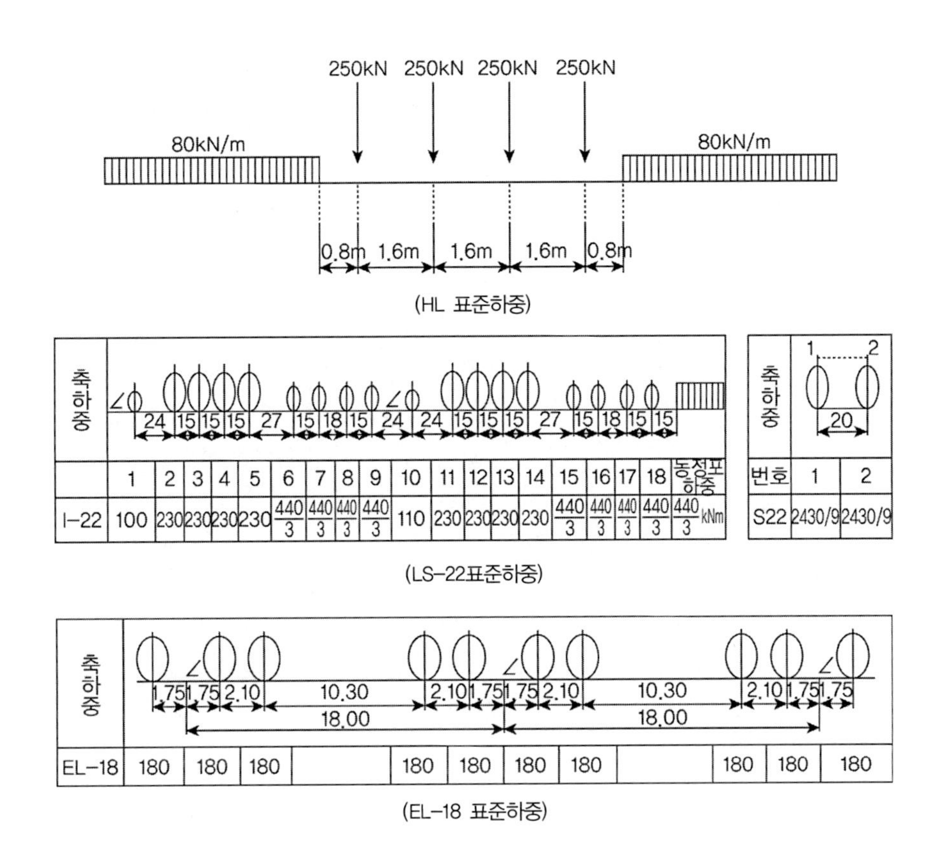

(HL 표준하중)

축하중	1	2	3	4	5	6	7	8	9	10	11	12	13	14	15	16	17	18	등분포하중
I-22	100	230	230	230	230	440/3	440/3	440/3	440/3	110	230	230	230	230	440/3	440/3	440/3	440/3	440/3 kNm

번호	1	2
S22	2430/9	2430/9

(LS-22표준하중)

축하중												
EL-18	180	180	180		180	180	180	180		180	180	180

(EL-18 표준하중)

3) 충격하중 : 구조물의 길이 특성치 L_c에 의존해서 산정하며, 바닥부재, 주거더 부재 특성에 따라 산정한다.

4) 차량횡하중 : 차량의 횡하중은 운행열차에 따라 달리 적용하며 다음과 같이 구분하여 적용한다.

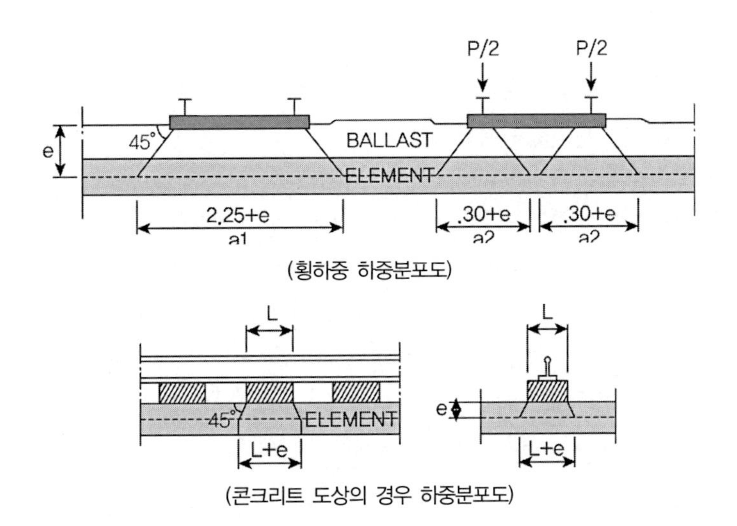

(횡하중 하중분포도)

(콘크리트 도상의 경우 하중분포도)

① HL차량의 차량횡하중

차축으로부터 레일로 전달되는 차량횡하중은 연행집중이동 하중으로 적용하며, 이 하중은 가장 불리한 위치에서 궤도 중심선과 직각을 이룬 레일의 윗면에 수평하게 작용하는 것으로 한다.

차량횡하중은 레일 체결구와 직접적으로 접촉하는 구조부재(자갈도상이 없는 궤도가 사용되어 질 때)에 고려하며, 자갈도상이 있는 교량상부 설계에는 적용하지 않는다. 그러나 슬래브 궤도 구조(콘크리트 도상)인 경우에는 고려한다.

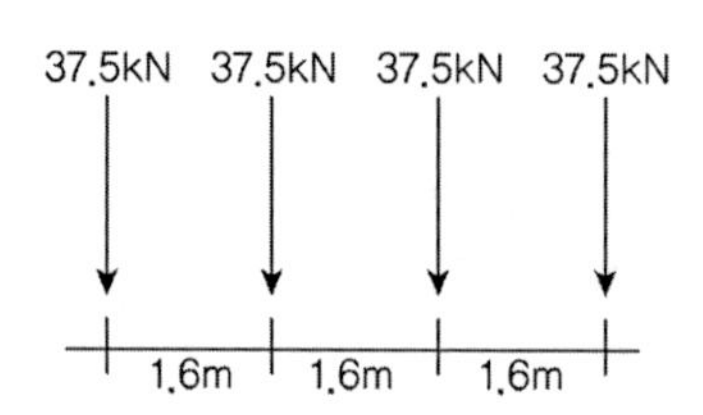

② 시속 200km이하 차량의 차량횡하중

횡하중은 연행집중이동하중으로 하고 레일면의 높이에서 교축에 직각이고 수평으로 작용하는 것으로 한다. 그 크기 Q는 L하중의 1동륜축중의 15%와 EL하중 축중의 20%로 한다. 복선이상의 선로지지 구조물은 차량횡하중은 1궤도에 대한 것만 고려한다.

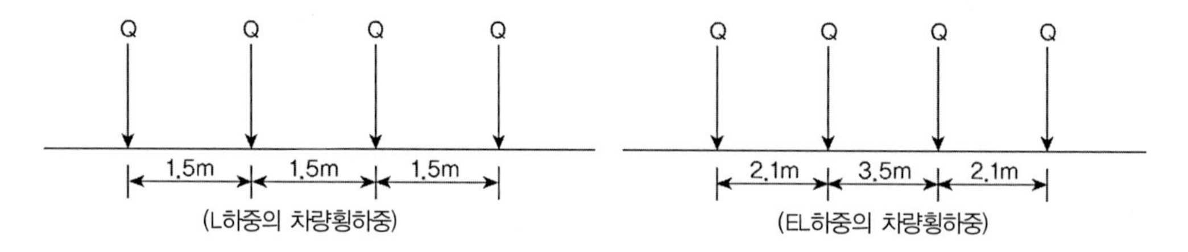

5) 장래레일의 종하중

교량상의 궤도에 장대레일을 적용하는 경우 궤도에 있어서 궤도와 슬래브 각각에서의 신축이음 적용여부에 따라 종방향 응력 결과가 다르며 이러한 응력은 궤도에서부터 슬래브 위쪽 면으로 마찰 등에 의해 전달되거나 상호 작용하게 된다.

① 한쪽 끝단에 고정받침을 가지는 자갈도상

(1) 레일 신축이음장치가 없는 경우 : $f_{v0} = \pm 3L$ (kN) 1레일당

(여기서, L은 슬래브의 팽창이 고려될 수 있는 길이)

(2) 구조물의 가동끝단에서 레일 신축이음이 있을 경우 $f_{v0} = \pm 500$ (kN) 1레일당

② 한쪽 끝단에 고정받침을 가지는 콘크리트 도상

(1) 레일 신축이음장치가 없는 경우 : $f_{v0} = \pm 6L$ (kN) 1레일당

(여기서, L은 슬래브의 팽창이 고려될 수 있는 길이)

(2) 구조물의 가동끝단에서 레일 신축이음이 있을 경우 $f_{v0} = \pm 1000$ (kN) 1레일당

6) 시동하중과 제동하중

① 시동 및 제동하중은 레일의 윗면에 레일방향인 교량 종방향 하중으로 작용하여야 한다. HL하중은 1.8m, LS하중은 2.0m, EL하중은 1.5m 높이에서 교축방향으로 수평으로 작용하는 것으로 하고 구조물에 고려되어진 하중의 작용 영향길이 L_f 위에 일정하게 분포되어야 한다. 복선 이상의 경우에는 복선재하 상태에서 검토한다. 충격은 고려하지 않는다.

② HL열차하중
- 시동하중 : $33^{kN/m} \times L^m \le 1000^{kN}$
- 제동하중 : $20^{kN/m} \times L^m \le 6000^{kN}$　　　여기서 L : 하중 재하된 길이

③ 시속 200^{km} 이하 열차하중
- 시동하중 : 동륜하중의 25%
- 제동하중 : LS하중의 15%

④ EL하중
- 시동하중 : $(0.27 + 0.95 \times L/L_V) \times T$
- 제동하중 : $(0.27 + 1.00 \times L/L_V) \times T$

(L_V : 차량장(1차량길이), L : 부재에 최대영향을 주는 하중재하 길이, T : EL하중의 축중)

⑤ 시동 및 제동하중은 표준열차하중과 조합하여 검토되어야 한다.

TIP | 지하 BOX 구조물에서 장대레일 종하중 고려방법 |

① 일반적으로 지하 BOX구조물은 해석 가능한 모델로 이상화하여 해석 모델을 통해서 고려되어 진다. 지하구조물의 경우 지점의 경계조건은 기초지반의 종류에 관계없이 저판의 모든 부위에 지반반력계수와 설치간격으로부터 환산된 스프링을 설치(간격 1.0m 이내)한 모델로 계산하고 부력 등에 의해서 스프링에 인장이 발생한 경우 인장받는 스프링을 제외시켜 최종적으로 압축만 받는 스프링만 남겨둔 상태의 모델해석 결과를 취하여야 한다.

② 지하 BOX구조물의 궤도는 통상적으로 콘크리트 도상을 많이 적용하므로 레일의 신축이음 유무에 따라서 2. 2)에서 제시된 장대레일 종하중을 적용한다.
- 한쪽 끝단에 고정받침을 가지는 콘크리트 도상

레일 신축이음장치가 없는 경우 : $f_{v0} = \pm 6L \ (kN)$ 1레일당

(여기서, L은 슬래브의 팽창이 고려될 수 있는 길이)

구조물의 가동끝단에서 레일 신축이음이 있을 경우 $f_{v0} = \pm 1000 \ (kN)$ 1레일당

03 교량계획

1. 교량계획의 설계과정

1) 계획조사 : 가교지점, 교장, 교폭, 형하공간, 구조형식을 결정하기 위한 조사로 다음과 같은 사항을 조사한다.

① 지형조사 : 지형도 작성
② 기상조사 : 기온, 습도, 강우량, 적설량, 풍향, 풍속, 지진 등에 대한 조사
③ 하천조사 : 이수상황 조사, 유량, 유속, 하천구배, 연간 수위변화
④ 지질 및 토질조사
⑤ 교통량조사
⑥ 상위계획 및 연관 개발계획 조사

2) 기본계획 및 타당성조사(Feasibility Study) : 교량형식, 경제성 검토, VE, B/C(IRR, NPV)

계획조사 결과를 이용하여 교량설치 위치와 교폭을 결정한 후 적용 가능한 구조형식을 선정 비교 검토

3) 기본설계(Basic Design)

기본계획 및 타당성 조사에 작성된 자료를 이용하여 안전성, 사용성, 경제성, 미관 등을 고려한 최적 안을 결정하고 경간장, 주요부재 단면 및 시공법, 사용재료 등을 결정한다.

4) 설계조사

① 지질 및 지반조사 : 토질 성형상태 파악, 지지층 결정, 기초형식 결정에 필요한 제반조사, 보링, 샘플링, 원위치 시험, 토질시험, 재하시험, 물리탐사, 표준관입시험 등
② 골재원 조사
③ 지장물 조사 및 용지조사
④ 설계기준의 각종 규정에 대한 검토

5) 상세설계(Detail Design)

설계도면, 구조계산서, 수량산출서, 단가산출서, 내역서, 시방서, 설계보고서 등의 작성

2. 교량의 경제성 검토 방법

1) 경제성 산정방법 : 편익비용법(B/C), 내부수익율법(IRR), 순현재가치법(NPV)이 주로 사용된다.

① 편익비용법(B/C Ratio) : 편익/비용비는 장래에 발생할 편익과 비용을 현재가치로 환산하여 편익을 비용으로 나눈 비율. 일반적으로 B/C≥1이면 경제성이 있는 것으로 본다.

$$B/C\ ratio = \frac{\sum_{t=0}^{n} \frac{B_t}{(1+r)^t}}{\sum_{t=0}^{n} \frac{C_t}{(1+r)^t}}$$

B_t : 편익의 현재가치 C_t : 비용의 현재가치

r : 할인율(이자율) n : 교통사업의 분석연도

② 내부수익율법(IRR) : 내부수익률은 편익과 비용을 현재가치로 환산한 값이 같아지는 할인율을 구하는 방법으로서 사업시행에 의한 순현재가치를 0으로 만드는 할인율이다. 일반적으로 IRR ≥ r(%, 5.5%)이면 경제성이 있는 것으로 본다.

$$IRR\ ; \quad \sum_{t=0}^{n} \frac{B_t}{(1+r)^t} = \sum_{t=0}^{n} \frac{C_t}{(1+r)^t}$$

③ 순현재가치법(NPV) : 순현재가치는 사업에 수반된 모든 비용과 편익을 기준년도의 현재가치로 할인하여 총편익에서 총비용을 제한 값이다. 일반적으로 NPV ≥ 0이면 경제성이 있는 것으로 본다.

$$NPV = \sum_{t=0}^{n} \frac{B_t}{(1+r)^t} - \sum_{t=0}^{n} \frac{C_t}{(1+r)^t}$$

2) 경제성 산정방법의 비교

구분	판단기준	장점	단점
B/C	$B/C \geq 1$	이해가 용이하고 사업규모를 고려할 수 있으며 비용과 편익의 발생시기를 고려할 수 있음	편익과 비용의 명확한 구분이 어렵고 상호 배타적 대안선택의 오류가 발생할 수 있음
IRR	$IRR \geq r$	사업의 수익성 파악이 가능하며 타대안과 비교가 용이하고 평가과정과 결과에 대한 이해가 용이	사업의 절대적 규모를 고려하지 못하며 다수의 내부수익율이 동시에 도출될 가능성이 있음
NPV	$NPV \geq 0$	대안 선택 시 명확한 기준을 제시할 수 있으며 장재 발생편익의 현재가치를 제시할 수 있음	할인율의 분명한 파악이 필요하며 대안 우선순위 결정시 오류를 발생할 수 있음

3. 가설위치 및 교량계획

1) 교량계획시 고려사항

교량계획에서는 노선의 선형과 지형, 지질, 기상, 교차물 등의 외부적인 제조건, 시공성, 유지관리, 경제성 및 환경과의 미적인 조화를 고려하여 가설위치 및 교량형식을 선정하여야한다.

① 가설위치와 노선 선형
② 외적 제반조건
③ 구조적 안정성과 경제성
④ 주행안정성과 쾌적성
⑤ 시공성과 유지관리성
⑥ 미관 및 지역주민의 의견

2) 교량형식의 선정

설계기준 범위에서 교량의 가설목적과 기능을 만족하면서 생애주기 비용이 최소화될 수 있도록 하고, 시공성, 유지관리성, 주변경관과의 조화를 고려하여 선정한다.

① 설계, 시공, 경제적으로 유리한 선형에 적합한 형식
② 교량의 가설목적에 부합하는 형식(교장, 지간, 교대, 교각의 위치와 방향에 적합한 형식)
③ 구조적 안전성과 시공성이 우수하고 계획된 도로선형에 적합한 형식
④ 생애주기비용이 최소화될 수 있는 형식
⑤ 공사비가 유리할 경우에는 시공성과 조형미, 경관미가 우수한 형식

4. 경간분할

1) 미관을 고려한 경간분할

① 연속교는 중앙경간을 측경간보다 크게 분할하면 안정감이 크다
② 3경간 연속구조일 때는 경간의 개략적인 비율이 3:5:3, 4경간 연속구조일 때는 3:4:4:3이 비례적으로 우수하다.
③ 교량길이가 길고 지형이 평탄할 때는 등경간이 좋다.
④ 접속교와의 연결은 경간이 점점 변하여 조화되도록 분할하는 것이 좋다.

2) 하천통과구간의 경간분할

① 유속이 급변하거나 하상이 급변하는 지역에는 교각을 설치하지 않는다.
② 지수로 지역에서는 경간을 크게 분할한다.
③ 하천단면을 줄이지 않도록 하고 교각설치로 인한 수위상승과 배수를 검토한다.

④ 유로가 일정하지 않은 하천에서는 가급적 장경간을 선택한다.

⑤ 기존교량에 근접하여 신설교량을 건설할 때는 경간분할을 같게 하거나 하나씩 건너뛰는 교각 배치를 하는 것이 좋다.

3) 경제성을 고려한 경간분할

① 상부구조와 하부구조의 단위길이당 건설비가 같거나 상부구조 공사비가 하부구조보다 약간 크게 하는 것이 적절하다.

② 기초지반이 불량할 때 장경간이 유리, 기초지반이 양호할 때 짧은 경간이 유리하다.

③ 하저지반이 불균일할 때는 각 구간별로 나누어 경제성을 검토한 후 경간을 분할한다.

5. 상부구조형식의 선정

교량의 상부구조 형식을 선정할 때에는 구조적으로 안전하고 기능성, 시공성, 경제성, 장래 유지관리성, 편의성 등을 고려하여 주변경관과 조화되도록 경관미들 고려하여 선정하여야 한다. 교량형식의 선정을 위한 기본적인 검토사항은 도로의 평면선형, 종단선형, 교차시설의 교차각, 다리밑 공간, 교량가설 여건을 고려해야 하며 가설 목적과 주변여건에 따라 경제성을 우선적으로 고려할 것인지, 경관미를 고려할 것인지를 검토하여야 한다. 최근의 교량설계에서는 상부구조의 형식선정과정에서 VE에서 도입되는 AHP 기법이나 가중치 매트릭스 등을 고려하여 구조안전성, 기능성, 시공성, 경제성, 유지관리 편의성, 경관 등의 개별요소에 가중치를 반영하여 종합적인 검토를 통해 선정하는 사례가 늘고 있다.

평가항목	가중치	원안		대안 1		대안 2	
		등급	점수	등급	점수	등급	점수
계획성	17	4.8	82	10	170	6.2	105
시공성	25	6.6	165	9.8	245	4.4	110
안정성	11	7.4	81	9.8	108	7.2	79
유지관리성	10	6.4	64	10	100	7.0	70
환경성	15	6.6	99	9.2	138	7.4	111
경관성	22	6.0	136	9.3	205	7.8	172
합계	100	627		965		647	
성능점수	-	62.7		96.5		64.7	
성능 그래프	-	 계획성, 시공성, 안정성, 유지관리성, 환경성, 경관성 / 성능(P) 62.7		 계획성, 시공성, 안정성, 유지관리성, 환경성, 경관성 / 성능(P) 96.5.7		 계획성, 시공성, 안정성, 유지관리성, 환경성, 경관성 / 성능(P) 64.7	

상부구조 형식 선정 시 주된 검토사항은 다음과 같다.

1) 구조적 측면

① 교량가설의 최적위치 선정
② 구조상 안전성 및 경제성
③ 구조물의 표준화 도모

2) 미적측면

① 주변경관 및 구조물과의 조화
② 구조의 형식미(소음 진동 등의 환경요인으로 강교보다 철근콘크리트, PSC교량이 유리, 내진성에서는 강교가 유리)

3) 경제성

공사비, 공사기간, 유지관리측면에서의 LCC 분석 검토

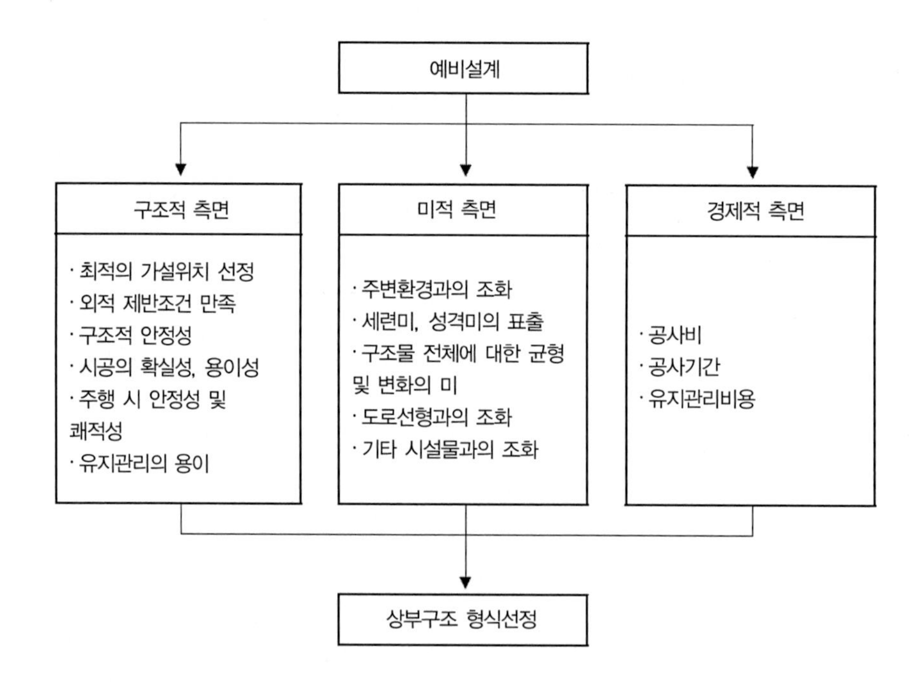

5. 하부구조 형식의 선정

하부구조 형식은 상부구조 형식의 특징, 상부공의 가설공법 등 상부구조 계획과 연관시켜 다음의 사항을 고려하여 선정한다.

① 상부구조와의 조화

② 구조적 안전성, 간편성

③ 미관, 유지관리 고려

④ 하부구조 설치에 따른 수위상승영향, 유수저항계수가 작은 단면 채택

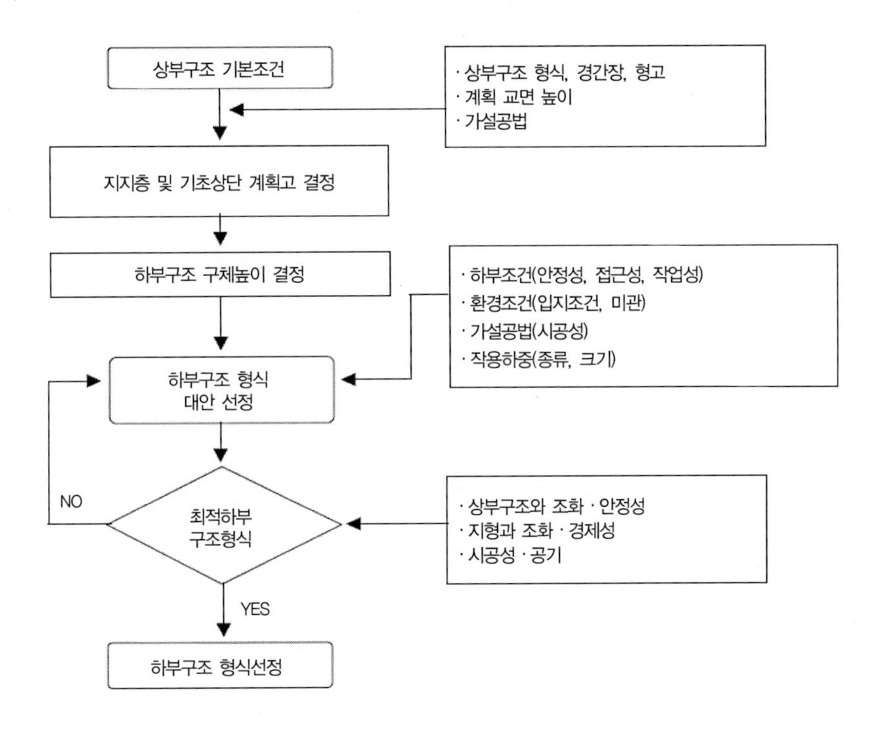

6. 기초구조형식의 선정

기초형식은 기초지반의 지질조건, 수심, 유속, 상부구조의 형식 등과 다음의 사항을 고려하여 선정

① 하부공간(하천, 도로 등) 제반여건고려, 시공성, 안전성 확보

② 지진 수평저항력, 세굴영향 고려

③ 측방유동에 대한 검토

구분		선정기준	적용성	비고
직접기초		• 기초심도(Df) : 5.0 이내 • 연직하중 : 제한 없음 • 터파기 영향권 내 장애물이 없고 시공 중 배수처리가 곤란하지 않을 것	• Df ≤ 5.0m • 주변에 장애물이 없으며 시공 중 배수처리가 용이한 지역	터파기 영향권 내에 장애물이 있거나 시공 중 배수처리가 곤란할 경우에는 특수 가시설 설치 또는 기초형식 변경
말뚝기초	기설말뚝기초	• 기초심도(Df) : 5.0~60.0m • 연직하중 : 500t 이내 • 자갈, 호박돌, 전석층이 없고 소음, 진동에 무관한 지역	• 5.0m < Df < 60.0m • 연직하중 : 500t 이내	자갈, 호박돌, 전석층 등이 존재하거나 소음, 진동이 문제가 될 경우 프리보링, 매입 공법 등으로 보완하거나 기초형식 변경
말뚝기초	현장타설말뚝기초	• 기초심도(Df) : 10.0~60.0m • 연직하중 : 1,500t 이내 • 인접 구조물에 대한 영향이 큰 지역	• 5.0m < Df < 60.0m • 연직하중 : 15,00t 이내	유심부의 경우 강관+현장 타설 말뚝기초 형식 검토
케이슨기초	Open 케이슨 기초	• 기초심도(Df) : 제한 없음 • 연직하중 : 1,500t 이상 • 지하수의 영향이 큰 지역	• Df > 5.0m • 연직하중 : 15,00t 이상	대구경 현장 타설 말뚝 기초와 경제성, 시공성 비교, 검토 후 형식 선정
케이슨기초	공기 케이슨 기초	• 기초심도(Df) : 20.0m 이내 • 연직하중 : 1,500t 이상 • 하상, 수상 등 특수지역	• 5.0m < Df < 20.0m • 연직하중 : 15,00t 이내	시공성 복잡, 전문 기능공 부족 등으로 특수한 경우를 제외하고는 적용 배제
특수기초		지간장 100m 이상의 대형특수 교량기초 또는 특수한 현장 여건일 경우 적용	–	–

7. 하천횡단 교량계획

107회 1-4 하천에 계획되는 교량의 고려사항

100회 1-2 하천에 계획되는 교량의 계획고와 경간장 결정방법

1) 하천횡단 교량의 경간분할

① 유속이 급변하거나 하상이 급변하는 지역에는 교각설치 배제

② 저수로 지역에서는 경간을 크게 분할

③ 하천 단면을 줄이지 않도록 하고 교각설치로 인한 수위상승과 배수를 검토

④ 유목, 유빙이 있는 하천, 하천 협소부에서는 교각수를 최소화

⑤ 유로가 일정하지 않은 하천에서는 가급적 장경간 선택

⑥ 기존교량에 근접하여 신설교량을 건설할 때는 경간분할을 같게 하거나 하나씩 건너뛰는 교각 배치를 검토

2) 교량 다리밑 공간 확보(하천설계기준)

하천설계기준에 따라 하천을 횡단하는 경우 계획홍수량에 따라 홍수위로부터 교각이나 교대 중 가장 낮은 교각에서 교량상부구조를 받치고 있는 받침장치 하단부까지의 높이인 여유고를 확보하여야 한다.

계획홍수량(m^3/sec)	여유고(m)
200 미만	0.6 이상
200~500	0.8 이상
500~2,000	1.0 이상
2,000~5,000	1.2 이상
5,000~10,000	1.5 이상
10,000 이상	2.0 이상

3) 경간장(하천설계기준)

① 교량의 길이는 하천폭 이상으로 한다.

② 경간장은 치수상 지장이 없다고 인정되는 특별한 경우를 제외하고 다음의 값 이상으로 한다. 다만 70m 이상인 경우는 70m로 한다.

$L = 20 + 0.005Q$ (Q : 계획홍수량 m^3/sec)

③ 다음 항목에 해당하는 교량의 경간장은 하천관리상 큰 지장이 없을 경우 ②와 관계없이 다음의 값 이상으로 할 수 있다.

- $Q < 500m^3/\text{sec}$, B(하천폭)$< 30.0^m$ 인 경우 : $L \geqq 12.5^m$
- $Q < 500m^3/\text{sec}$, B(하천폭)$\geqq 30.0^m$ 인 경우 : $L \geqq 15.0^m$
- $Q = 500 \sim 3{,}000m^3/\text{sec}$인 경우 : $L \geqq 20.0^m$

④ 하천의 상황 및 지형학적 특성상 위의 경간장 확보가 어려운 경우 치수에 지장이 없다면 교각 설치에 따른 하천폭 감소율(교각 폭의 합계/설계홍수위 시 수면의 폭)이 5%를 초과하지 않는 범위 내에서 경간장을 조정할 수 있다.

4) 교대 및 교각 설치의 위치

교대, 교각은 부득이한 경우를 제외하고 제체 내에 설치하지 않아야 한다. 제방 정규단면 에 설치 시에는 제체 접속부의 누수발생으로 인한 제방 안정성을 저해할 수 있으며 통수능이 감소로 인한 치수의 어려움이 발생할 수 있다. 따라서 교대 및 교각의 위치는 제방의 제외지측 비탈끝으로부터 10m 이상 떨어져야 하며, 계획홍수량이 $500m^3$/sec 미만인 경우 5m 이상 이격하도록 하고 있다.

8. 도심지내 교량계획

97회 3-1 기존도로 선형을 고려한 도심지 교량계획시 교량형식과 설계, 시공 시 고려사항

75회 3-2 도심지 교량계획시 고려사항 및 급속시공이 가능한 공법을 제시하고 설명

1) 도심지내 교량계획시 주변여건에 대한 검토사항

① 교차지점의 도로의 폭원 및 폭원구성요소 : 도로와 교차하는 지점에서 교차하는 도로의 폭원 감안 경간장 결정하여야 하며, 운전자의 시야 확보를 위한 경간장 고려, 교차부 중앙에 교각 설치 지양하고 부득이한 경우 좌우회전 차량에 대한 안전대책 검토(Fender System, 상하행선 분리 등) 필요

② 교차도로의 장래 확장계획을 감안한 경간장 결정 필요

③ 시설한계에 대한 검토 : 도로의 시설한계는 4.7m 이상을 원칙으로 하며, 장래포장계획을 고려하여 150mm를 추가하도록 하고 있다. 철도를 횡단하는 경우 철도과선교의 경우에는 7.01m 이상으로 규정하고 있다. 기타 철도교의 경우 직선구간 및 곡선구간의 건축한계를 고려하도록 하고 있으므로 이에 대한 검토가 필요하다.

④ 고가도로 공용시 교차로부 교통처리계획 검토

⑤ 지하구조물 매설위치 및 규모 검토 : 통신구, 전력구, 공동구, 지하차도, 지하보도 등을 감안하여 교량경간검토 필요하다.

⑥ 장래의 지하시설 계획

⑦ 교량기초 시공시 인접 건물과의 관계 : 근접시공으로 인한 인접 구조물 안정성 및 가시설 계획 등으로 인한 근접시공영향에 대한 검토가 필요하다.

⑧ 도시 소하천 횡단교량 또는 복개교 검토

2) 도심지내 교량형식(설계시)에 대한 검토사항

도심지내 도로의 선형은 기 설치된 지장물이 과다함으로 인해서 이를 고려한 도로선형설계상 곡선부가 많이 상존하게 된다. 이러한 도로 선형 상에서의 교량형식은 곡선교나 사교 형식의 교량형식이 많이 발생할 수밖에 없으며, 또한 하부여건에 따라 장지간의 교량의 건설이 필요한 경우가 많다. 도로의 선형상내에 지장물이 상존하는 경우 하부 교각의 형식 또한 T형 교각 이외에도 라멘형 교각이 요구되는 경우도 빈번하며, 라멘형 교각의 경우 콘크리트교각 이외에도 강재나 합성형으로 이루어진 교각이 사용되는 경우도 빈번히 발생된다. 또한 하부 교통흐름에 영향을 최소화하고 공기를 단축하기 위해서 프리캐스트를 이용한 교각도 연구진행 중에 있다.

① 곡선교 적용시 검토사항

곡선교는 구조물의 특성상 비틀림 모멘트가 발생하고 편심으로 인한 부반력이 발생할 수 있어 이를 고려한 검토가 수반되어야 한다. 또한 곡선교에서는 받침의 배치가 일반 직선교와 달리

적용되기 때문에 주의가 필요하다.

- 비틀림 모멘트에 대한 저항성능확보 : 비틀림 모멘트 산정후 단면형식의 결정(I형에 비해 박스형이 유리), 충분한 격벽과 가로보의 설치하여 비틀림 모멘트에 대한 저항성능을 확보한다.
- 부반력 고려, 전도방지대책 수립 : 부반력 발생 시 1개의 박스거더에 1개의 받침을 설치하거나 Counter-weight, Out-rigger등에 대한 검토나 하중의 적정한 분배를 위해 충분한 가로보와 격벽 설치하여 부반력과 전도방지대책을 수립한다.

② 사교 적용시 검토사항

사교는 편심재하뿐만 아니라 교축중심에 실린 하중에 의해서도 주거더에 비틀림이 발생한다. 이로 인해서 가로보의 휨모멘트 증가 및 둔각부의 응력집중 현상, 예각부의 부반력 등이 발생하므로 이에 대한 대책 마련 검토가 필요하다.

- 비틀림 모멘트, 가로보 휨모멘트 증가, 휨모멘트 비대칭(둔각부), 단부응력 증가에 대한 검토
- 사교의 영향을 충분히 반영할 수 있도록 격자해석을 적용

③ 시간적, 공간적 제약사항 검토

- 공간적 제약 : 도심지내 고가교는 그 공간적 제약으로 인해 지장물 등의 위치를 피하기 위해서 강재나 개량된 PSC빔(e-beam, UD beam, IPC, PF 등)을 이용하여 슬림한 단면이 요구되거나 라멘형 교각(슈높이 배제)이 요구되는 경우가 있다. 또한 이러한 경우 단면의 크기의 축소를 위해 강합성 교각을 설치하기도 한다.
- 시간적 제약 : 도심지내 교통흐름 유지를 위해서 일정시간 내에 공기를 완료해야하는 긴급한 공사가 필요한 지역이 있으며 이러한 경우 공장에서 제작된 프리캐스트 부재를 이용하여 현장에서 조립하는 방법으로 공기를 단축시킬 수 있다. 프리캐스트형 교각이나 프리캐스트 바닥판도 그 한 예로 볼 수 있으며, 이 경우 일체거동을 위한 합성부에 대한 검토가 수반되어야 한다.

(프리캐스트 옹벽)

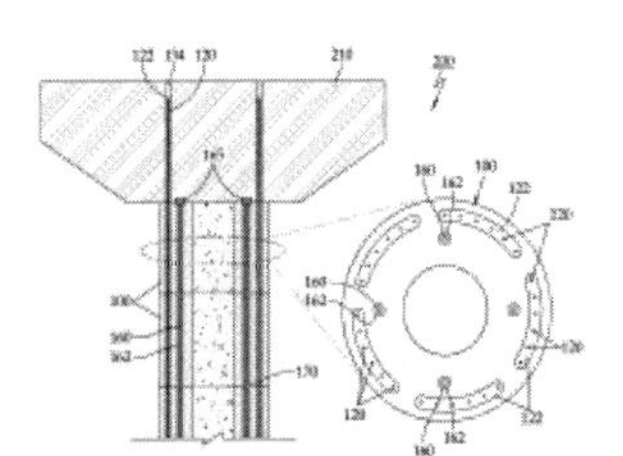

(프리캐스트 교각)

(프리캐스트 거더 : 바닥판)

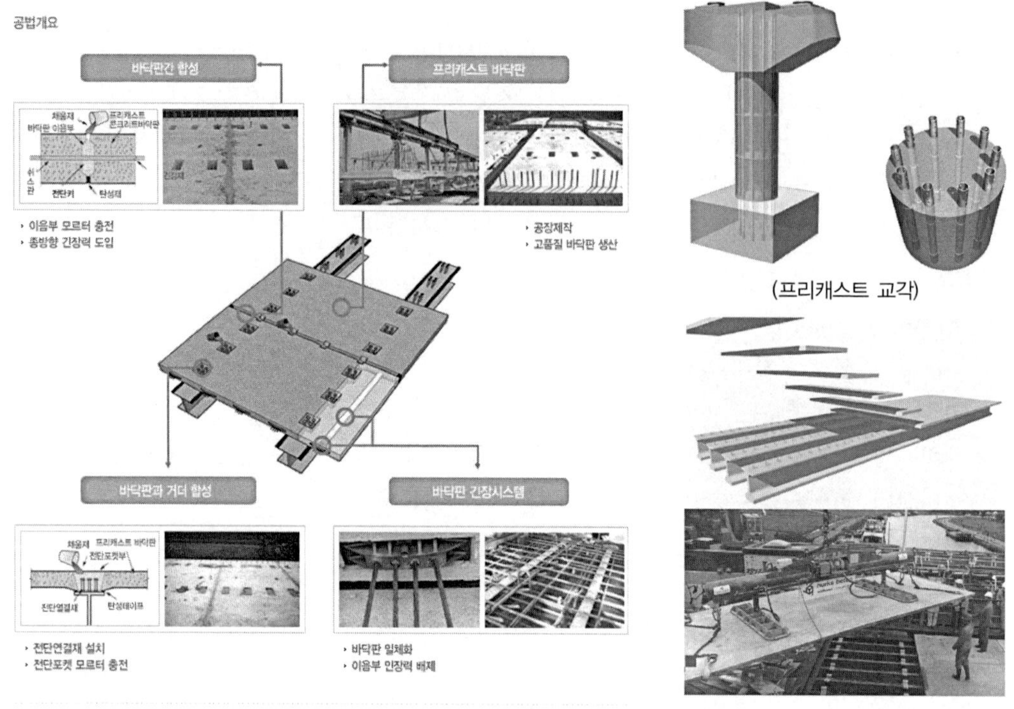

(프리캐스트 교각)

(프리캐스트 바닥판 연결)

3) 도심지내 고가교 시공 시 고려사항

① 공간적 제약 확보 : 하부공간 활용을 위한 MSS, PSM, ILM 공법, 형하고 및 지장물 제약에 따른 강합성부재나 개량된 PSC빔(e-beam, UD beam, IPC, PF 등) 이용
도심지내 설치할 경우 하부공간의 활용이 필요한 경우가 많으며 이러한 경우 MSS, PSM, ILM 등의 하부공간 이용이 가능하도록 하는 공법을 선정할 수 있으며, 강교의 경우 크레인 일괄거치 등을 적용할 수 있다. 형하고의 문제나 지장물 저촉을 피하기 위해서는 강합성부재나 개량된 PSC빔(e-beam, UD beam, IPC, PF 등), 라멘형교각 등을 적용할 수 있다.

② 시간적 제약 확보 : 도심지내 고가교의 교통 체증 해소 및 민원 최소화를 위하여 급속시공이 필요한 구간이 발생할 수 있으며, 이러한 경우 급속한 시공을 통해 시간적 제약을 최소화하도록 현장타설보다는 운송이 허락하는 범위에서 공장제작 부재를 사용하는 프리캐스트 부재(프리캐스트 교각, 프리캐스트 바닥판 등)나 공장 제작된 강교 등을 통해서 시공기간 단축을 등을 할 수가 있다.

참고자료

교량계획시 협의사항 (LH공사 도로매뉴얼)

➤관할기관(유관기관)과의 협의사항

법률에 의한 허가가 필요한 공공지역	연관 시설
• 하천보전지역, 하천 예정지 • 사방 지정지 • 해안 보전지역 • 자연환경 보전지역, 국립공원 • 문화재 매장지역 • 국가 주요시설 지역 • 군사작전 시설지역	• 공항 • 항만 • 송전선 • 전파시설 • 도시계획

➤교차시설에 따른 조사, 협의사항

1) 교량이 도로와 교차하는 경우

관련기관 협의전 사전 확인사항	주요 협의 사항
a. 도로의 현황 b. 도로의 장래 계획 c. 지하 매설물	a. 교량의 길이, 경간 길이, 교량형식 b. 교대, 교각의 우치 c. 다리밑 공간(시설한계) d. 부체도로, 우회도로 e. 시공방법(안전시설 포함), 가시설 및 교통처리 계획 f. 지하매설물 이설가능 여부(관리 기관과의 협의) 및 시공 중 보호공 g. Over Bridge의 경우 첨가물(상수도, 전기, 통신 Cable 등)

2) 교량이 철도와 교차하는 경우

관련기관 협의전 사전 확인사항	주요 협의 사항
a. 철도의 현황(노선종별, 선로 등급, 궤도 폭, 건축한계, 차량한계, 전철화 여부) b. 장래 노선 개량 및 증선 계획 c. 지하 매설물 d. 국유철도 건설규칙	a. 교량의 길이, 경간길이, 교량형식 b. 교대, 교각의 위치, 교대형상 및 교각형상 c. 다리밑 공간(시설한계) d. 지하매설물, 지하구조물(관할 기관) e. 시공계획 - 기존철로 보호방안(방호책) - 상부구조 가설공법, 지하매설물 보호공 - 철도시설이설 등 g. 교량 위에서 낙하물 방지공 설치 범위 h. 공사위탁의 가능 유무 i. 공사 중 감독원 파견 유무

3) 교량이 하천에 평행으로 가설되거나, 횡단하는 경우

관련기관 협의전 사전 확인사항	주요 협의 사항
a. 하천의 현황(하천횡단면의 치수, 수심, 홍수량, 홍수위 등) b. 하천 개수 계획 유무 및 유로변경여부 c. 유수의 방향, 계획 단면 치수, 제방고, 제방형상 및 구성, 계획 홍수량, 계획 홍수위, 하천 관리용 도로, 하상경사, 저수부 및 고수부(둔치부) 길이, 농업용수용 보 규모 d. 주운 사용여부 및 장래 계획(유람선, 화물선 운행 여부) e. 수원사용 여부(상수원 보호구역, 농업용수) f. 가설지점 및 하류측 양식장 유무(어업권 권리자와 협의) g. 매설물 조사(차집관로, 상수도관로, 한전 및 통신관로, 가스관 등)	a. 교량의 길이, 경간길이(지간장) b. 교대, 교각의 위치 c. 교각의 형상 및 기초 근입 깊이 d. 세굴심도 및 세굴 방지공 설치 유무 e. 하천 관리용 도로와 교차방안 f. 교각에 의한 유수단면 감소율(하폭 감소율) g. 호안공 h. 교각 설치에 따른 상류 수위 상승 높이 i. 시공 중 하천 오염 등 환경대책

4) 도시 고가교(Over Bridge)의 경우

관련기관 협의전 사전 확인사항	주요 협의 사항
a. 도로의 현황 (도로의 폭원, 교차로 간격, 차로폭, 주변 도로현황, 횡단보도의 위치 및 간격) b. 교통 처리 현황 c. 인접건물 규모 현황(구조형상, 지하·지상 층수, 건물의 상태, 건물의 용도) d. 보도교(육교), 고가교 위치 및 규모 e. 지하 매설물 및 지하 구조물 현황 (도시철도, 지하차도, 공동구, 전력·통신 케이블, 상수도, 도시 가스관, 지하상가, 지하도 도시철도, 지하 터널 등) f. 도로의 장래 계획 (장래 확장유무, 도시계획 확장 고시 여부) g. 주요 문화재 위치	a. 교량의 길이(교량의 시점·종점 위치), 경간길이 b. 교량 상부구조 형식 및 교각 형식/위치 c. 다리밑 공간, 하부구조 이용방안 d. 시공 중 교통처리 방안 및 장래 교통처리 방안 e. 교각·교대 기초 시공방법 - 안전시설 - 인접 건물 및 지하구조물의 근접시공 안전성 확보 - 기초 시공 중 지하수 처리 방안 등 f. 지하매설물 보호공 및 이설대책 g. 교량 상부구조 시공방안(공법) h. 교량의 미관설계에 대한 사항 i. 방음벽 설치 규모(높이, 연장, 형식) j. 건설자재 적치장소 및 가공 장소 k. 환경대책 (공사중 소음, 진동, 공사용 하수처리 등) l. 주요 문화재 보호 및 보존대책

5) 저수지, 호수, 댐 등을 횡단하는 교량의 경우

관련기관 협의전 사전 확인사항	주요 협의 사항
a. 수자원 사용용도(다목적 댐, 상수원, 공업용수, 담수·농업용수) b. 관할 기관 c. 어업권 설정여부(담수어 양식장의 담수 어종) d. 교량가설 지점의 수심(담수 최대수위, 평균수위, 최저수위)	a. 교량의 길이(교량의 시점, 종점이 담수지역 침범 가능여부), 경간길이 b. 교각 및 교각기초 시공방법(수중공사 가능공법) c. 교량 상부공 형식 및 시공공법(가설공법) d. 기초공사 중 오탁수 처리방안 e. 어업권 보상방안 f. 건설가능 공기(배수 후 기초공사시) g. 교각기초와 댐의 언제(제방)와의 근접시공 사항

6) 항만, 해안, 해협을 횡단하는 교량의 경우

관련기관 협의전 사전 확인사항	주요 협의 사항
a. 박 톤수(G/T : Gross Tonnage) b. 마스트 높이(공선시의 수면위의 높이) c. 항로 현황(항로폭) d. 교량가설 위치의 조위 e. 해상 국립공원, 자연환경 보전지역 및 해안 보전지역 지정여부 f. 양식장 등 어업권 설정 지역 g. 태풍의 경로, 방향, 풍속	a. 교량의 형식, 교량의 길이, 경간길이(항로부 주경간 길이, 접속 교량 경간길이) b. 교대, 교각의 위치 및 교각 형상 c. 다리밑 공간 d. 교각 기초의 형상 및 근입 깊이 e. 교각에 선박 충돌에 대한 보호시설 설치 유무 및 충돌하중의 크기 f. 시공계획 – 기초공사 방법 – 상부구조 가설공법 – 시공 중 항로 저해 여부 – 선박 안전운행을 위한 안전표시 설치방안 등 g. 어업권 보상대책 h. 고량 첨가물 (상수도, 전력, 통신 등)

7) 계곡, 산지에 가설하는 교량의 경우

관련기관 협의전 사전 확인사항	주요 협의 사항
a. 임야의 소유주 조사(국유림, 사유림, 공동단체 소유림 등) b. 국립공원, 자연경관 보전지역, 관광지 지정여부 c. 주요 문화재 또는 고분 위치 d. 공동묘지(국립묘지, 도립·시립 공동묘지, 각종 이익단체 공동묘지 등) e. 국지도로 현황조사 f. 공사용 임시도로 개설 가능 여부	a. 교량의 형식, 교량길이, 경간길이 b. 교각의 위치 – 교각에 의한 계곡의 유수에 대한 지장 초래 여부 – 수로 변경 가능 여부 c. 임야 훼손 과다 여부(자연경관 훼손에 따른 환경 침해) d. 고교각의 시공방법 – 대형 패널 공법 – Climbing Form 공법 – Sliding Form 공법 등 e. 상부구조 가설 공법 f. 자재 운반용 도로(공사용 가도) g. 공사용 기, 자재 적치 장소 확보 방안

8) 기타 교량 계획 시 협의 사항

- 교량 건설공기
- 교량의 받침형식(면진 교량 받침 사용여부)
- 신축이음 장치 형식
- 난간, 교명주 형상, 방호벽 및 중앙분리대, 배수시설, 방음벽 및 방호벽 등
- 점검시설(고정방식, 이동방식, 점검 등, 점검통로), 교각 보호공(충돌 방지공),
- 가로등 설치여부

9. 경관설계

110회 4-6	교량의 경관설계
101회 2-5	경관을 고려한 도로상 구조물 설계개념
98회 4-3	교량의 미관설계를 고려한 교량계획
64회 3-2	미관설계의 설계원리와 기본요소 및 고려사항

교량은 기능성, 구조적 안정성, 유지관리의 편의성, 경제성, 시공성 등을 종합적으로 고려하여 설계 및 시공되어져야 하며, 교량의 기능적, 구조적 요구조건 이외에 지역주민과 도로이용자에게 시각적으로 안정감을 주고 환경과 조화를 이룰 수 있도록 아름답게 설계되어져야 하는데 이를 교량의 경관설계(Aesthetic Design)라고 한다.

1. 미관설계시 주요 고려사항

교량경관설계는 교량자체의 미학적 가치를 중시하는 내적 요구와 교량 주변 환경과의 관계를 중시하는 외적요구를 고려하여야 한다. 경관설계에서는 기본적으로 미적 조형원리와 상징성이 주요 고려사항이며 대상물이 갖는 상징성을 제외하고 아름다움의 조건을 설명하는 것을 미적 조형원리라고 한다.

① 조형미 : 비례(Proportion), 내부 및 외부 조화(Harmony), 대칭(Symmetry), 균형(Balance)
② 기능미 : 간결성(Simplicity), 명료성(Clearance)
③ 조 화 : 내적, 외적 조화, 교량의 색채

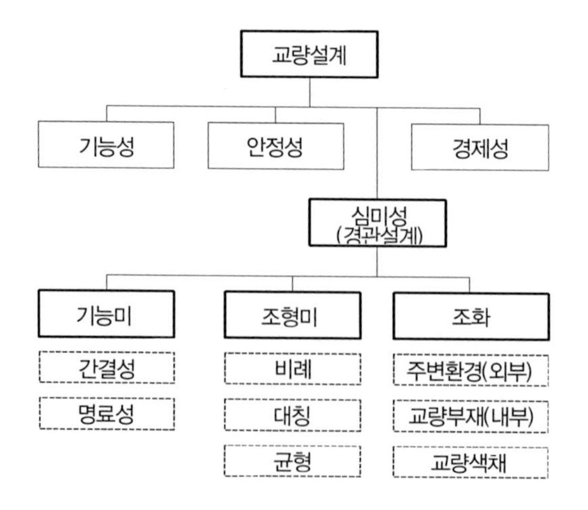

1) 비례(Proportion)

사물의 부분과 부분 또는 전체의 수치적 관계로서 길이나 면적의 비례관계를 의미하며 구조물의 비례는 구조적 안정감은 물론 시각적 아름다움을 주는 조형원리로 작용한다.

① 경간분할

교량설계에서의 경간분할은 중앙경간과 측경간의 분할, 교장에 따른 교고 또는 거더의 높이, 교각과 교각 간격 설정 등에 활용될 수 있다.

일반적으로 미관설계 시 3경간 교량의 경우 3:5:3, 4경간 교량의 경우 3:4:4:3으로 계획하거나 평지지대에 장경간교량의 경우 등분포로 경간분할 하는 것이 조형원리에 적합하다. 교고가 비교적 낮은 하천횡단 교량의 경우 경간수는 홀수가 적합하며 특히 경간장의 구성은 중앙경간장에서 측경간으로 갈수록 경간장을 감소시키는 것이 시각적으로 안정감을 주는 것으로 알려져 있다.

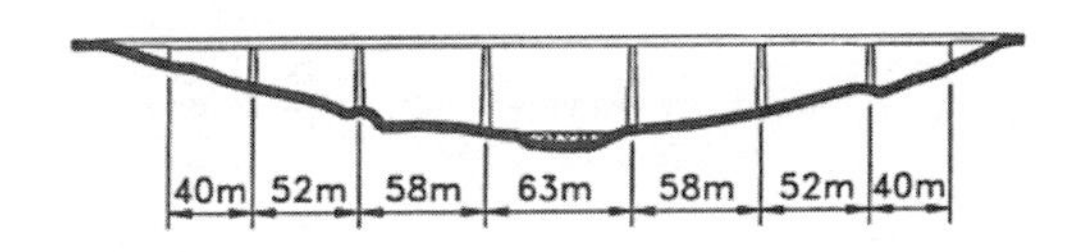

2) 균형(Balance)과 대칭(Symmetry)

균형은 구조물에 작용하는 힘이 평형상태를 이루는 역학적 개념으로서 역학적인 균형이 시각적인 균형으로 인지되는 조형원리의 기본개념으로 비례와 관계가 있다.

대칭은 좌우대칭의 정적균형(Static Symmetry)과 비대칭의 동적균형(Dynamic Symmetry)으로 구분되며, 정적균형은 단순하고 명확하며 안정감 있는 조형미로서 구조물의 대충 축을 중심으로 등거리에 동일한 형상이 좌우에 위치한다.

비대칭의 동적균형은 운동과 성장의 역동적이고 현대적인 조형미를 이룬다. 일반적인 교량형식의 설계단계에서는 좌우대칭의 정적균형을 고려하고 있으나 단조로움을 줄 수 있다. 상징성을 부여하고 세련된 교량의 설계를 위해서는 비대칭 사장교와 같은 동적 균형미를 고려할 수도 있다.

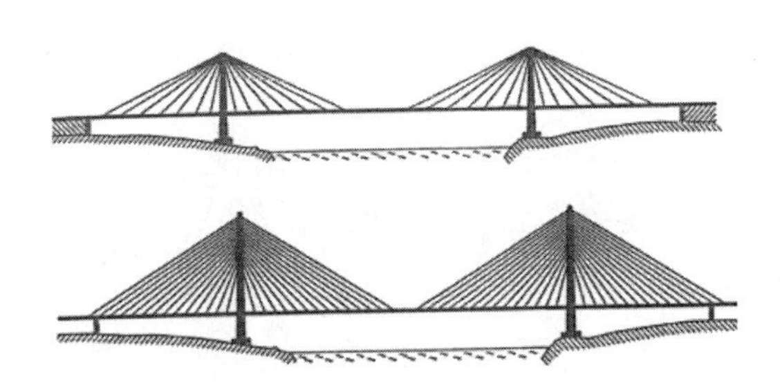

3) 조화(Harmony)

교량은 내적조화와 외적조화가 이루어지는 것이 바람직하며, 내적조화란 교량을 구성하는 부재가 교량의 다른 구성요소와 조화를 이루는 것을 의미하며 외적조화는 교량의 주변을 구성하는 다양한 요소들과의 조화를 이루는 것을 말한다.

교량구조물은 경간장, 거더의 높이, 교각의 크기 등을 적절하게 설정하여 시각 및 공간적인 조화를 확보하는 것이 좋다. 교량과 주변 환경과의 조화는 주변 환경대비 구조물의 규모나 크기가 좌우한다.

도심지에서는 날렵한(Slender) 단면으로 구성하는 것이 조화측면에서 바람직하나 상부와 하부구조는 조화와 균형을 이루어야 한다.

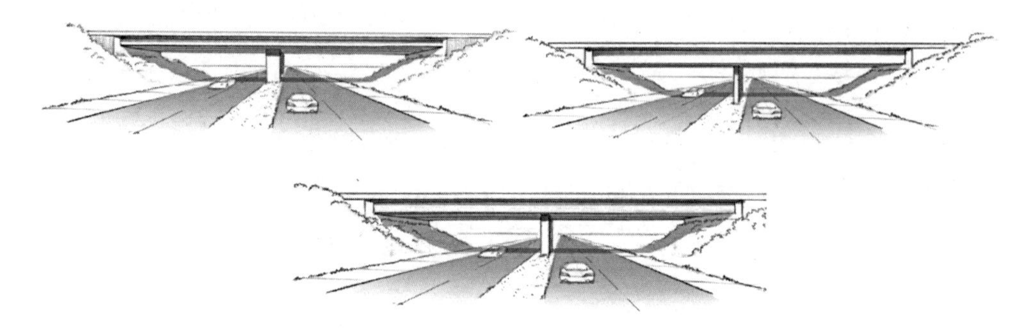

2. 미관을 고려한 교량계획

교량경관설계에서 교량 상부구조 형식의 선정은 교량 자체의 경관은 물론 전체 경관을 좌우하는 요소이다. 경관을 고려한 교량설계에서 교량형식의 선정은 다음의 두 가지 요인을 참고하여 결정하는 것이 좋다.

① 교량의 전체경관(자연경관 포함)의 한 요소로 가정하여 교량이 강조되지 않도록 하는 교량형식을 선정하는 방법. 이 경우 교량의 구조형식은 비교적 단순한 형식이 적합하다.

② 교량의 전체 경관에서 강조할 수 있도록 교량형식을 선정하는 방법. 이 경우 교량 자체의 경관미를 강조하게 되므로 교량의 형식은 다소 복잡하게 되며 교량의 가설지역의 상징적인 구조물로 계획하거나 랜드마크화 하고자 할 때 적합하다.

3. 미관을 고려하여 교량계획을 하여야 할 지형

일반적으로 미관을 고려한 교량의 계획은 도심지내의 유동인구가 많은 지역이거나 자연경관을 보호하여야 하는 지역에 위치하는 특수교량의 경우에 많이 적용되고 있다.

자연경관 보호가 필요한 산림지 등에서는 주변여건에 순응하는 형식의 경관설계가 주를 이루며, 도심지내의 중소규모 교량의 경우에도 교량구조물로 인한 경관 저해를 최소화할 수 있는 지역여건에 맞는 형식의 교량형태가 주를 이룬다.

4. 경관을 고려한 교량계획 실례

① 다리 밑 공간의 높이가 경간장보다 큰 경우는 경간장(L)과 거더높이(h)의 비율을 자게 할 수 있으나 경간장이 긴 연속교량의 경우에는 그 비율을 높게 하는 것이 경관측면에서 유리하다. 비율이 높을수록 교량의 미적측면에서 날렵하게 보이지만 진동과 처짐에 불리할 수 있으므로

비율 선정 시 사용성 측면에 대한 검토가 필요하다.

② 교량의 구조적인 특성으로 인하여 거더의 경간장과 높이의 비율을 높게 할 수 없는 경우 바닥판 캔틸레버의 지간장을 조절하여 경관을 좋게 할 수 있다. 거더의 높이가 같더라도 거더 측면에 그림자가 발생하도록 바닥판 캔틸레버 단면을 설계하는 경우 교량은 날렵하게 보이는 시각적 효과가 발생한다.

③ 도로를 가로지르는 횡단육교는 가능하면 하부도로에 교각을 설치하지 않는 것이 경관 면에서 좋다. 횡단육교의 거더높이나 교각단면이 크면 운전자의 시야를 좁게 하고 병목으로 빠져들어 가는 느낌을 줄 수 있다.

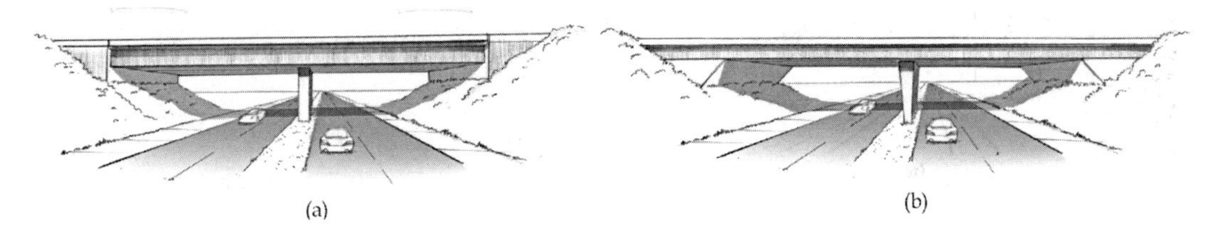

④ 도심지에 가설되는 교량의 경우 경관을 좋게 하기 위해서는 육중하게 보이는 교각보다는 교각의 단면을 세장하게 설계하는 것이 바람직하다. 거더교에 대해서는 교각의 두부(Pier Cap)를 없애거나 상부구조 내부에 격벽을 두는 방안을 검토하는 것이 적합하다.

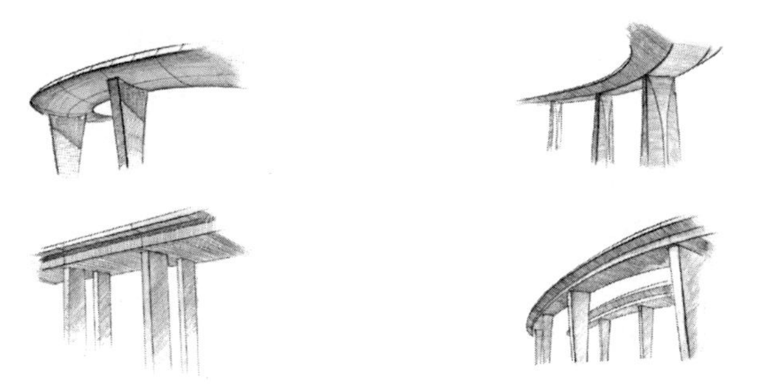

⑤ 부대시설 설치 시에도 배수관을 외부에 설치하는 것보다 내부에 설치함으로써 단순성을 강조한 교량계획 등을 검토할 수 있다. 다만 내부로 배수관을 설치 시에는 강교의 경우 누수로 인한 부식의 문제가 발생할 수 있으므로 신중한 검토가 필요하다.

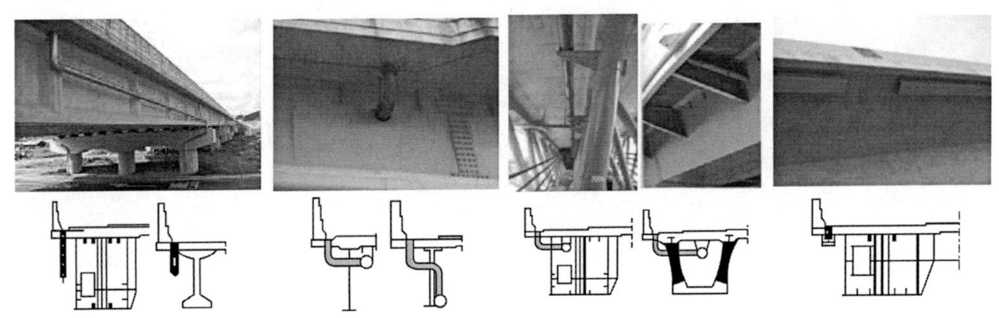

10. VE 와 LCC

107회 4-4 설계 VE의 정의, 목적, 절차

95회 4-3 구조물의 LCC를 설명

1. VE(Value Engineering, 가치공학)

수요자가 요구하는 품질, 소정의 성능, 신뢰성, 안전을 유지하면서 적용공법, 설비나 자재 , 서비스, 절차 등으로부터 불필요한 COST를 찾아내어 제거하는 과정으로 해당교량의 계획과 설계, 시공, 유지관리, 해체 및 폐기까지 소요되는 전 생애 기간 동안 발생하는 총비용인 생애주기비용(LCC)을 고려하여 경제적인 대안을 선정하는 과학적인 공사관리 기법으로 국내에서는 건설관리법에 따라 100억 원 이상인 공사에 대해 필수적으로 적용하도록 하고 있다.

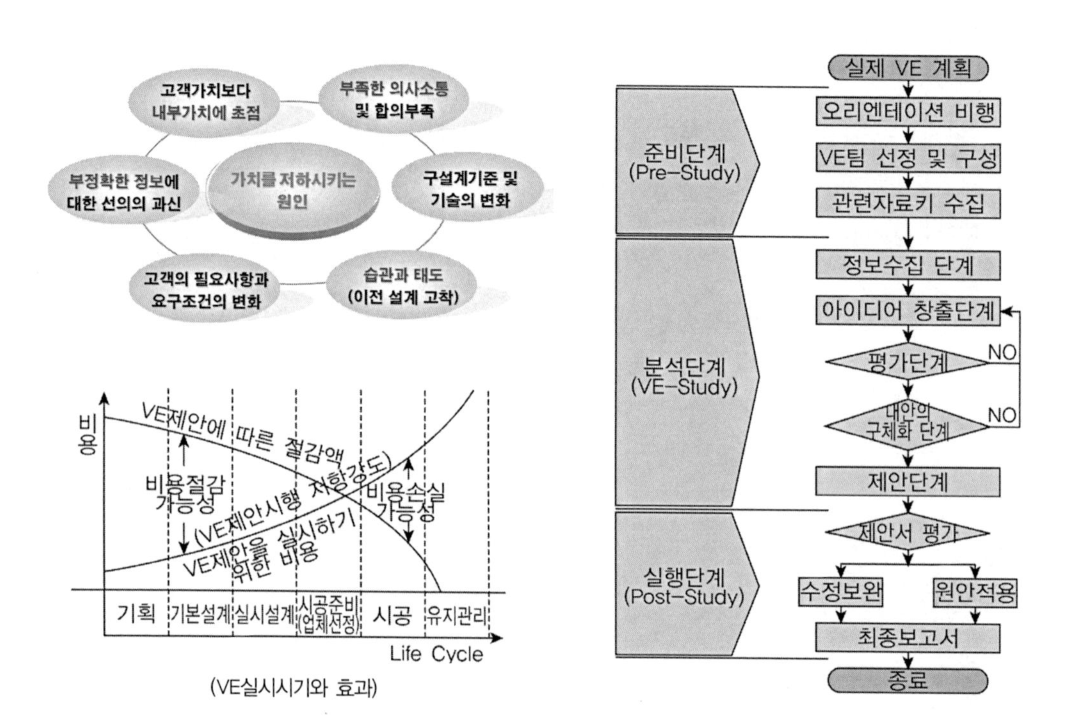

(VE실시시기와 효과)

2. VE 시행기법

설계VE의 시행목적은 건설공사의 예산절감, 기능향상, 구조적 안전 및 품질확보를 통해서 가치를 향상하고 고객 만족을 유도하는 데 그 목적이 있다.

1) 가치평가

① 기능의 분석(Fast Diagram) : 설계의 목적을 정확히 파악하기 위한 기능계통도 작성

② 가치의 평가(Function/Cost)

비용절감형($V=\frac{F\rightarrow}{C\downarrow}$)	본래의 기능수준을 유지하면서 대상물에 포함되어 있는 불필요, 중복, 과잉기능을 찾아내 제거함으로써 동일한 기능수준을 유지하면서도 비용을 절감하는 가치향상 유형
기능향상형($V=\frac{F\uparrow}{C\rightarrow}$)	재료변경, 제작방법의 변경 등을 통해 원가 상승 없이 제품의 기능을 향상시켜 가치를 향상시키는 유형
가치혁신형($V=\frac{F\uparrow}{C\downarrow}$)	기능을 향상시키면서도 비용은 절감시키는 가장 이상적인 가치향상 유형
기능강조형($V=\frac{F\uparrow}{C\uparrow}$)	일부 비용이 증가되더라도 기능을 월등히 향상시킴으로써 가치를 향상시키는 유형

2) 성능분석 : 성능점수(F)의 추정

① 성능수준 : 정량적인 평가를 위해 Matrix 방법, AHP 기법 등을 활용

② 성능평가 : VE팀을 통해 아이디어 도출하고 각 대안별 성능 달성도를 수치화

5) 대안별 형식검토

	검토1안	검토2안
생애주기비용(백만원)	4.905	3.291
상대절감액(백만원)	–	1.613
상대 LCC	1.49	1.00

6) 대안의 VE평가

□ 평가기준

- 항목항목별 비교안의 등급(RANK) 결정은 장단점 분석 및 분야별 전문가 의견조사를 통한 상대적 평가 수행
- 각 평가항목당 등급은 10단계의 등급으로 평가
- 평가항목의 가중평가치를 합산하여 총가중평가치 산정 ⇒ Σ(등급×가중치) = 총가중평가치
- 총가중평가치×0.1 = 설계성능점수(P)

▮ Caltrans의 10점 평가

1	2	3	4	5	6	7	8	9	10
치명적임	문제많음	아주불리	불리	약간문제	이점없음	보통	우수	매우우수	탁월

□ 가중비교 매트릭스(Weighted Comparison Matrix)

평가항목	가중치 (①)	검토1안		검토2안	
		등급(②)	점수(①×②/10)	등급(②)	점수(①×②/10)
계획성	12	7	8.4	8	9.6
안정성	13	10	13.0	8	10.4
시공성	13	10	13.0	8	10.4
유지관리성	13	10	13.0	8	10.4
내구성	13	10	13.0	10	13.0
민원성	23	4	9.2	7	16.1
환경성	13	10	13.0	9	11.7
Performance DIAGRAM		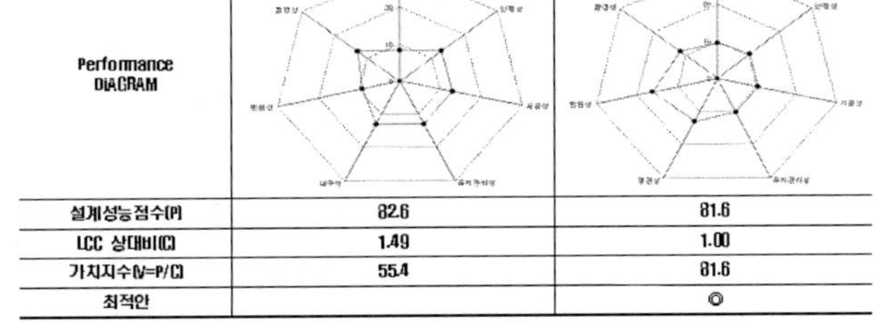			
설계성능점수(P)		82.6		81.6	
LCC 상대비(C)		1.49		1.00	
가치지수(V=P/C)		55.4		81.6	
최적안				◎	

(VE평가 예)

3) 비용의 분석(LCC 산정)

① 확정론적 방법 : 예측비용을 할인율 고려 추정하는 방법
② 확률론적 방법 : 재입력 변수들의 불확실성을 반영할 수 있도록 확률론적 특성 값을 적용하여 분석하는 방법
③ 고려요소 : 초기건설비용, 유지관리비용, 해체폐기비용, 간접비용

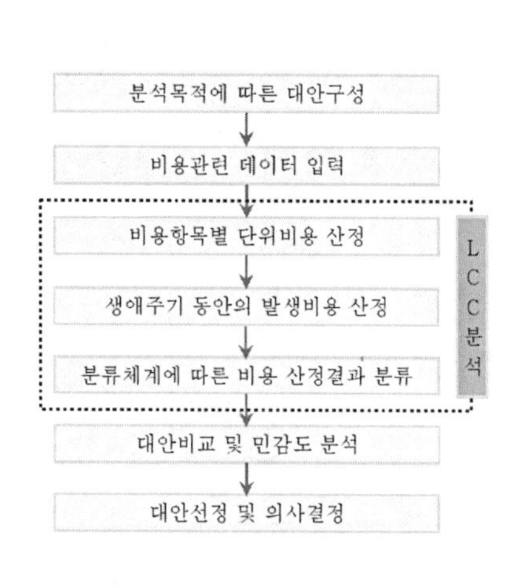

(확정적 LCC 분석 수행절차)

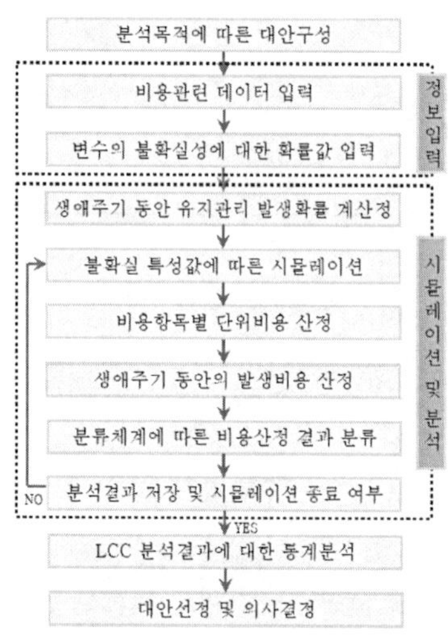

(확률적 LCC 분석 수행절차)

3. LCC(Life Cycle Cost, 생애주기비용)의 고려사항

LCC(Life-Cycle Cost)는 시설물의 공용수명기간 전체에 걸쳐 발생하는 계획/설계, 시공, 유지관리, 폐기처분 등에 소요되는 전체 비용의 총계를 말한다. LCC는 건설을 위한 초기공사비 외에 시설물의 수명기간 전체에 걸친 유지관리 비용까지 포함한다. LCC는 장기간에 걸친 비용을 산정하여야 하기 때문에 경제성 분석 시 가치비용에 대한 기준이 필요하며 이를 반영하기 위한 방법이 할인율이다. 현재와 미래의 비용을 첫 번째 비용이 발생되는 시점으로 변환시키는 시간가치 측정 방법으로 현재가치법을 주로 사용하는 데 미래에 소요되는 비용을 현재가치로 환산하기 위해서 필요한 것이 할인율(Discount Rate)이며 이를 공칭할인율과 실질할인율로 분류한다.

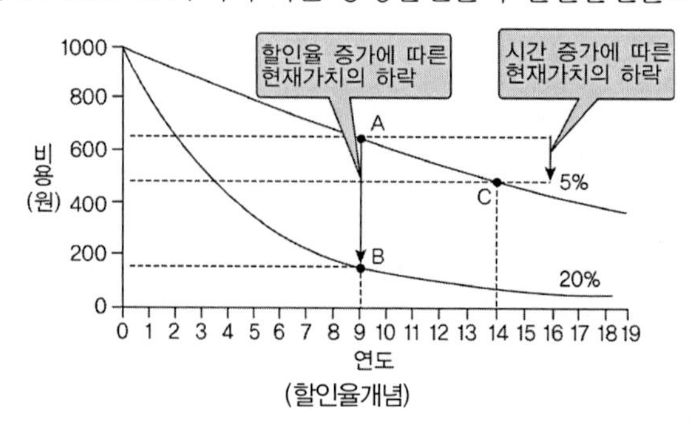

(할인율개념)

1) LCC의 구성항목과 세부항목

대분류	중분류	소분류
초기건설비용	계획, 설계비	기본설계비
		실시설계비
	시공비	직접공사비
		간접공사비
		일반관리비, 이윤
	감리, 감독비	공사감리비
		감독비
유지관리비용	일반관리비	인건비
		장비비
		경비
	점검, 진단비	정기점진비/정밀점검비
		정밀안전진단비
	유지보수비	보수비
		교체비
		보강비
해체폐기비용	해체폐기비	해체, 폐기, 처분비
간접비용	사용자비용	차량운행비
		시간지연비
		교통사고비용
		환경비용
	사회경제손실비용	직접손실
		간접손실

① 초기건설비용 : 설계비용, 시공비용, 감리비용 등 일반적으로 교량이 준공되기 전까지 발생하는 비용으로 최초에 투자하는 기본적인 투자비용을 의미한다.

② 유지관리비용 : 관리비용, 점검 및 진단비용, 유지보수비용 등이 고려되어야 하며 이러한 데이터는 통계자료, 설문조사자료 등을 통해 추정이 가능하다.

③ 해체폐기비용 : 철거비용과 재활용비용이 고려되어야 한다. 이 비용을 현재가치로 환산할 경우 그 값이 상대적으로 작아서 주로 통계자료를 활용한다.

④ 간접비용 : 교량의 이용자들에게 적용되는 사용자비용과 사회, 경제적 손실비용으로 구분될 수 있으며 대상교량 또는 현장에 따라 발생여건이 다르므로 주로 기존 연구결과 등을 활용하여 해당 여건에 맞게 조정하여 사용한다.

사장교 형식 검토

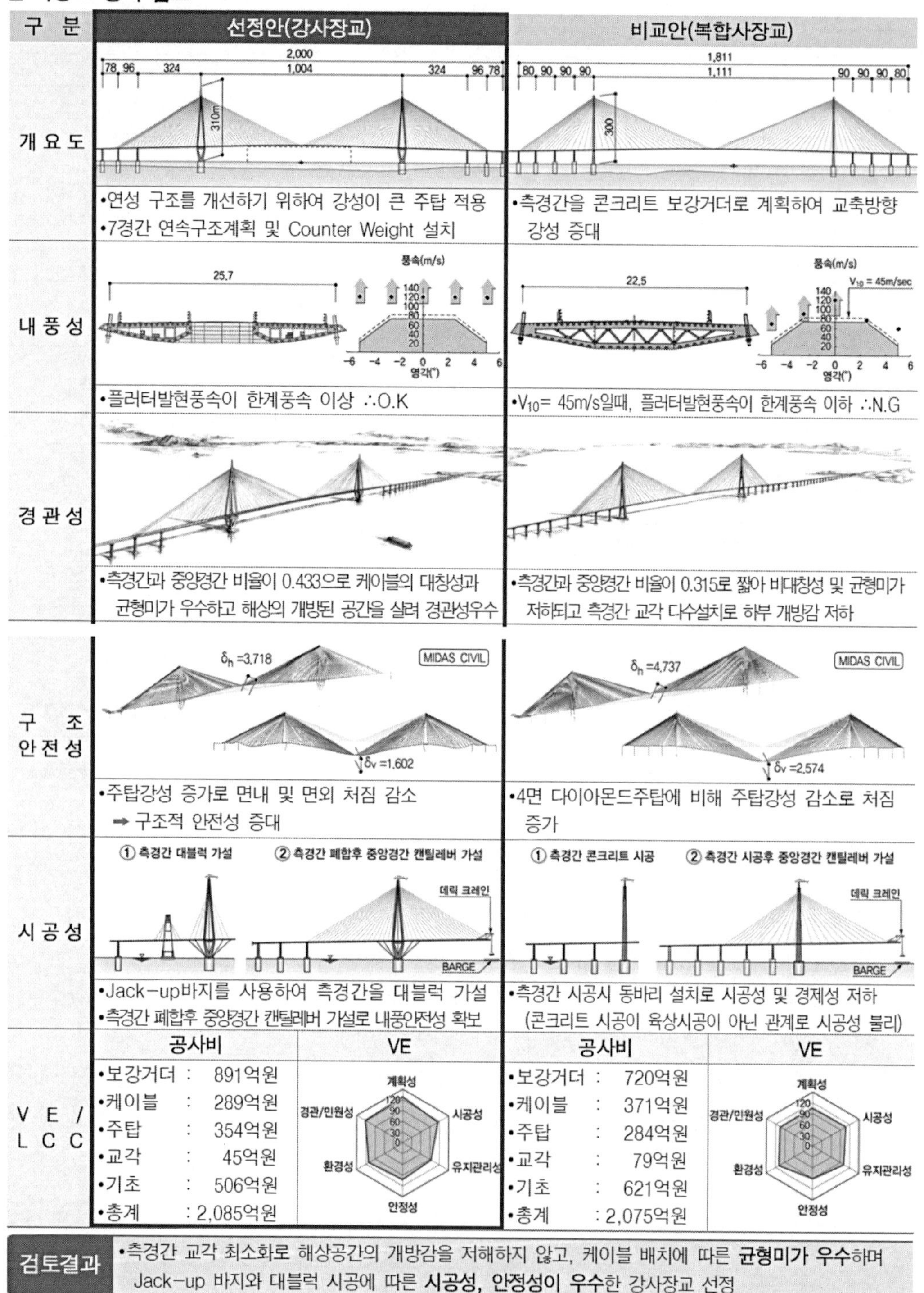

구 분	선정안(강사장교)	비교안(복합사장교)
개 요 도	•연성 구조를 개선하기 위하여 강성이 큰 주탑 적용 •7경간 연속구조계획 및 Counter Weight 설치	•측경간을 콘크리트 보강거더로 계획하여 교축방향 강성 증대
내 풍 성	•플러터발현풍속이 한계풍속 이상 ∴O.K	•V_{10}= 45m/s일때, 플러터발현풍속이 한계풍속 이하 ∴N.G
경 관 성	•측경간과 중앙경간 비율이 0.433으로 케이블의 대칭성과 균형미가 우수하고 해상의 개방된 공간을 살려 경관성우수	•측경간과 중앙경간 비율이 0.315로 짧아 비대칭성 및 균형미가 저하되고 측경간 교각 다수설치로 하부 개방감 저하
구 조 안전성	•주탑강성 증가로 면내 및 면외 처짐 감소 ➡ 구조적 안전성 증대	•4면 다이아몬드주탑에 비해 주탑강성 감소로 처짐 증가
시 공 성	•Jack-up바지를 사용하여 측경간을 대블럭 가설 •측경간 폐합후 중앙경간 캔틸레버 가설로 내풍안전성 확보	•측경간 시공시 동바리 설치로 시공성 및 경제성 저하 (콘크리트 시공이 육상시공이 아닌 관계로 시공성 불리)
V E / L C C	공사비 •보강거더 : 891억원 •케이블 : 289억원 •주탑 : 354억원 •교각 : 45억원 •기초 : 506억원 •총계 : 2,085억원	공사비 •보강거더 : 720억원 •케이블 : 371억원 •주탑 : 284억원 •교각 : 79억원 •기초 : 621억원 •총계 : 2,075억원

검토결과	•측경간 교각 최소화로 해상공간의 개방감을 저해하지 않고, 케이블 배치에 따른 **균형미가 우수**하며 Jack-up 바지와 대블럭 시공에 따른 **시공성, 안정성이 우수**한 강사장교 선정

(LCC비교 예)

11. 관련 법규

101회 1-12 설계감리, 설계VE, 설계도서 검토, 사전재해 영향성 검토

1. 설계기준의 위계

1) 설계기준 : 각 시설물별로 설계자가 설계업무를 수행하는데 있어 시설물이나 작업에 대해 품질, 강도, 안전, 성능 등을 유지하기 위한 설계조건의 한계(최저한계)를 규정한 기준. 건설기술관리법 제34조 1항에 준하는 기준을 말함(설계와 관련된 시설기준을 모두 포함)

2) 설계지침 : 기준과 편람의 중간적 성격, 특별히 분야별로 설계 또는 시공방법 및 유지관리에 관한 상세한 기술적 기준을 요소별로 정의하여 방침을 정한 것

3) 설계편람 : 계획, 조사, 설계, 시공, 유지관리 단계에서 나열할 사항이 많으며 특별한 작업과 관련되지 않아 설계기준 및 시방서에 기술하기가 곤란한 사항, 기술자가 효율적인 업무 수행을 위하여 필요한 사항들을 관련 기술자들이 실무에 쉽게 적용하도록 만든 것

4) 설계요령 : 설계 및 시공의 재료시험방법 등에 대하여 현장기술자가 능률적으로 업무를 수행할 수 있도록 시방서나 규격의 범위를 쉽게 풀이한 것

5) 기술지도서 : 기술 및 창의력의 향상을 위하여 새로운 설계기법 및 시험방법, 신개발 자재 등을 현장 실무자에게 활용하게 할 수 있도록 제시된 것

2. 도로건설 절차

국내의 도로설치를 위한 관련법으로는 크게 「도로법」, 「국토의 계획 및 이용에 관한 법률」에 의한 절차로 구분할 수 있다.

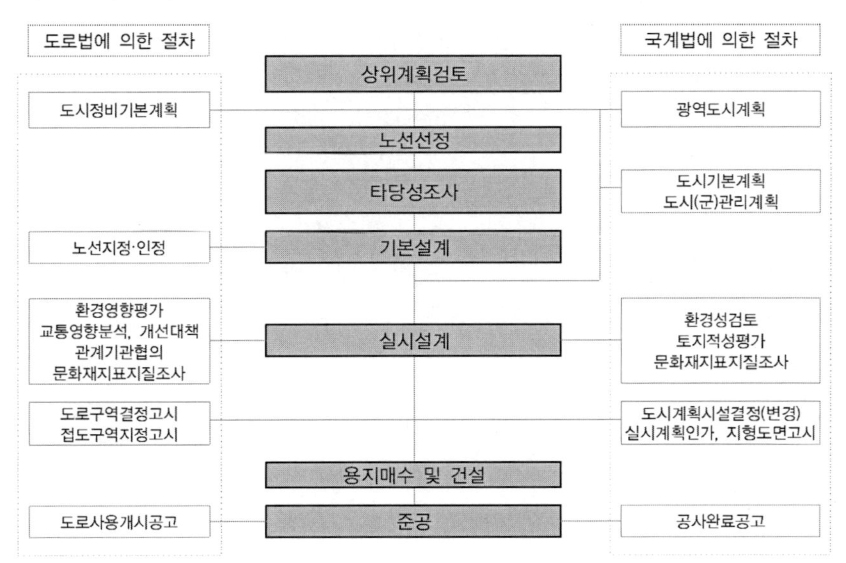

3. 도로 및 철도 등 건설공사를 위한 제반 영향성 검토

1) 사전환경성 검토 : 각종 개발계획이나 개발사업을 수립 · 시행함에 있어 타당성조사 등 초기단계에서 입지의 타당성, 주변환경의 조화 등 환경에 미치는 영향을 고려함으로써 개발과 보전, 환경 친화적인 개발을 도모코자 도입된 제도로 「환경영향평가법」 제4조 제1항의 규정에 의한 환경영향평가대상사업을 내용으로 하는 행정계획과 보전이 필요한 지역 안에서 시행되는 개발사업을 대상으로 규정한다.

(환경정책기본법) 제25조의 2, 동법 시행령 제7조

2) 환경영향평가 : 환경 · 교통 · 재해 또는 인구에 미치는 영향이 큰 사업에 대한 계획을 수립 · 시행함에 있어서 당해 사업으로 인해 미치는 영향을 미리 평가 · 검토하여 건전하고 지속가능한 개발이 되도록 함으로써 쾌적하고 안전한 국민생활을 도모코자 도입한 제도로 통상 25m 폭의 도로로 4km 이상의 신설 도로의 경우에 해당된다.

(환경영향평가법) 시행령 및 시행규칙, 환경영향조사 등에 관한 규칙

3) 사전재해영향성검토협의 : 도시화와 산업화에 따른 개발로 인해 발생 가능한 재해영향요인을 개발사업 시행이전에 예측 · 분석하고 적절한 저감방안을 수립 · 실행토록 함으로 예방차원에서 개발사업에 대한 종합적이고 체계적인 평가에 따른 재해영향을 최소화 하고자 도입한 제도로 통상 2km 이상의 도로의 경우에 해당된다.

(자연재해대책법) 시행령

4) 교통영향분석 및 개선대책 수립 : 도시교통정비지역 또는 그 교통권역에서 도로건설사업 시행시 사업자는 교통영향분석 및 개선대책을 수립하여 당해 사업으로 인해 미치는 영향을 미리 분석 · 검토하여 쾌적하고 안전한 국민생활을 도모하고자 도입한 제도로 총길이 5km이상 신설 도로의 경우에 해당된다.

(도시교통정비촉진법) 시행령 및 시행규칙, 교통영향평가지침

5) 도로교통 안전진단 : 교통사고 발생 전 사고유발 요인을 발견하고 설계추진 중 개선내용을 반영하기 위한 교통안전법이 개정 발효('08.7.)됨에 따라 도로 개설사업 시 관할 지자체로부터 교통안전진단 결과를 제출

(교통안전법) 제33조, 제34조 및 동법 시행령 제20조, 제22조, 교통안전진단지침

예 제

설계기준, 편람, 지침

설계기준, 설계지침, 설계편람에 관해서 국내외 기준을 비교, 설명하시오.

풀 이

➤ 개요

설계기준과 지침, 편람의 차이는 기본적으로 설계기준의 경우 법적으로 반드시 지켜야 하는 상위의 기준이 된다. 지침의 경우에는 국내의 발주처별로 설계기준이내에서 세부적으로 수립되는 설계사항을 말하며 설계편람의 경우에는 설계자의 편의를 위해서 설계과정을 풀이한 내용을 말한다. 국내뿐만 아니라 해외에서도 설계기준, 지침, 편람 등이 상존한다.

➤ 설계기준

국내의 설계기준에는 콘크리트 설계기준, 강구조설계기준, 도로교설계기준, 철도교설계기준 등의 상위 설계기준이 존재하며, 일반적으로 설계기준간의 상충이 있을 때에는 재료에 대한 설계기준을 우선시 하는 것이 원칙이다. 재료에 대한 설계기준과 함께 구조물의 특성별로 구분된 도로교나 철도교의 설계기준이 존재하며 국외에서도 AASHTO LRFD, Eurocode 등의 설계기준이 있다.

➤ 설계지침

국내에서는 강도로교 상세부 설계지침, 케이블 강교량설계지침 등의 세부 상세별 설계지침이나 발주청별로 따로 규정한 설계지침 도로공사 설계지침, LH 공사 설계지침 등이 존재하며 각각의 설계지침은 설계기준의 범주 내에서 공사의 특성별로 지정하고 있다.

➤ 설계편람

국내에서는 도로설계편람, 도로설계요령 등이 존재하며 해외에서는 AASHTO Guide Specification for Horizontally Curved Steel Girder Highway과 같은 설계편람이 존재한다. 설계편람은 설계기준에 따라 설계자가 이해하기 쉽도록 설계과정을 예와 함께 쉽게 풀어놓은 가이드 북 형식이다.

➤ 국내외 설계기준, 지침, 편람에 대한 고찰

현재 국내 설계기준은 ASD, USD, LRFD가 공존하는 형태로 그 설계방법의 혼재로 인해 설계자가 혼돈을 일으키기 쉽다. 앞으로의 추세는 LRFD, LSD의 방식으로 추구해 가는 과정에 있어서 아직까지 이에 대한 설계지침이나 편람은 잘 정비되어 있지는 않지만 지속적으로 설계방향에 대한 세부적인 설계 예제가 국내 실정에 맞도록 정비될 필요가 있다.

Chapter

02 곡선교와 사교

01 사교

1. 일반사항 : 비틀림, 가로보 휨모멘트 증가, 휨모멘트 비대칭(둔각부), 단부응력, 부반력

사교는 편심재하 뿐만 아니라 교축중심에 실린 하중에 의해서도 주거더에 비틀림이 발생한다. 이로 인해서 가로보의 휨모멘트 증가 및 둔각부의 응력집중 현상, 예각부의 부반력 등이 발생하므로 이에 대한 대책 마련, 검토가 필요하다.

1) 사교의 특징

① 직교와 달리 사각이 커지는 만큼 주거더의 휨모멘트는 작아지고 가로보의 휨모멘트는 증가한다. 이는 주거더의 비틀림 강성이 클수록 뚜렷하다.

② 사교의 휨모멘트 최대는 외측 주거더 지간중앙보다는 둔각부로 옮겨지는 경향으로 최대휨모멘트의 분포가 비대칭성을 갖는다.

③ 사각이 크면 주거더 단부의 바닥판의 응력분포가 복잡해져서 손상이 발생하기 쉬우며, 받침반력에 큰 영향을 주는 경우가 많으므로 설계 시 고려가 필요하다.

④ 거더 단부의 바닥판이 중요한 역할을 하는 합성거더의 사각은 30° 이하로 하는 것이 바람직하다.

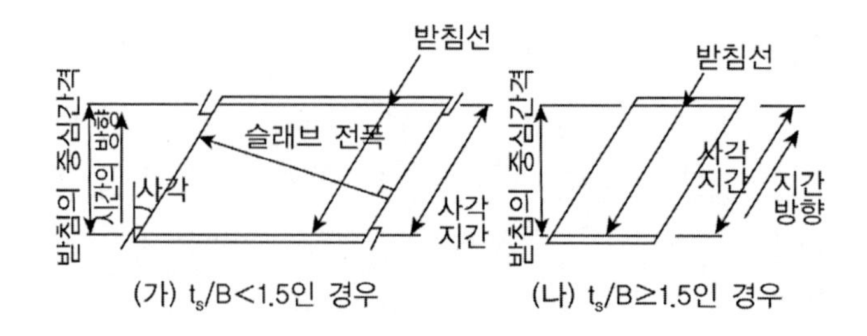

(가) $t_s/B<1.5$인 경우 (나) $t_s/B\geq 1.5$인 경우

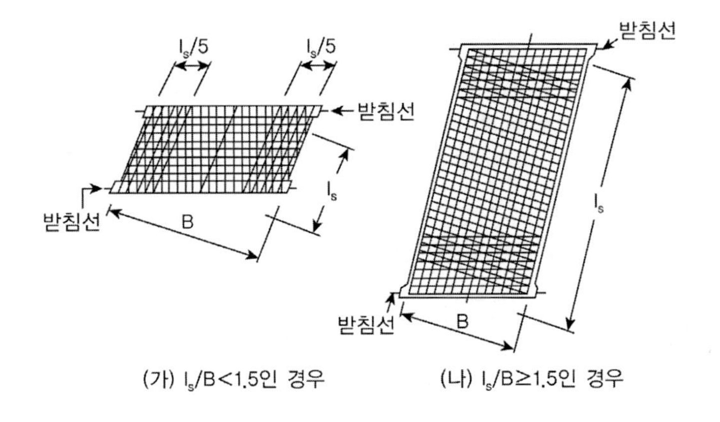

(가) $l_s/B<1.5$인 경우　　(나) $l_s/B\geq1.5$인 경우

2) 사교의 가로보 배치

(a) 사각이 20° 이하인 경우 (b) 사각이 20° 이상이거나 교폭에 비해 경간이 긴 경우

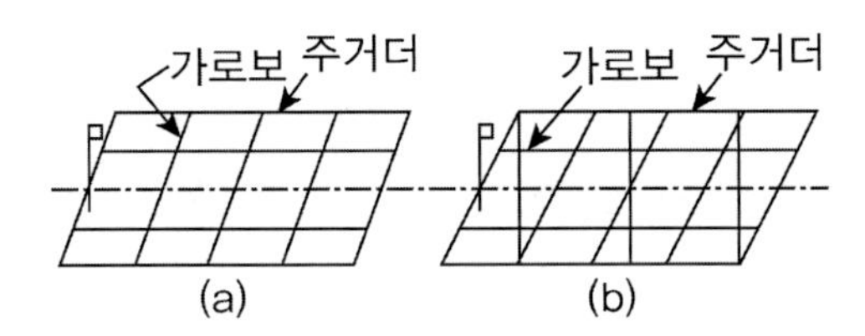

① (b)는 주거더의 상호간의 캠버차이가 생기기 때문에 가조립, 가설시의 위치를 고려할 필요가 있다.
② (b)는 주거더와 가로보, 수직브레이싱의 연결을 제외하면 제작이 용이하다.
③ (b)는 (a)에 비해 하중분배효과가 크다.

3) 사교의 설계법

① 직교이방성판이론(Guyon Massonnet) : 사방향 교차 이방성판으로 치환하여 그 기초방정식을 추차법으로 계산
② 격자이론(Leonhardt, Homberg)
③ 변형법을 이용한 격자구조계산

4) 단부 수직브레이싱 설치방법

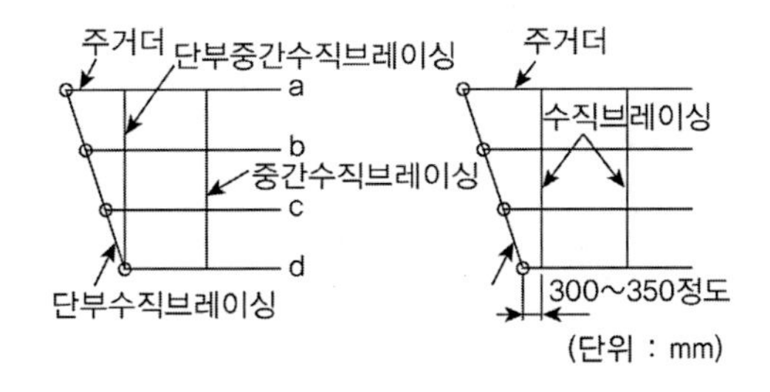

① (a)는 d거더의 지점부에 3개의 부재 연결로 세부구조가 복잡해지며, 단부 수직브레이싱에도 힘이 전달되므로 실제로 각 거더에 발생하는 응력도 복잡한 상태가 된다.
② (a)는 단부의 중간수직브레이싱은 d거더의 지점부에서 단부수직브레이싱에 의해 횡방향 변위가 구속되며 받침부분이 움직일 수 있어서 통상의 계산가정과 일치하지 않는다.
③ (b)는 세부구조가 (a)에 비해 간편하며 받침의 반력분포 영향도 그다지 없지만 단부부근의 주거더에 비틀림이 발생하기 때문에 주의를 요한다.

5) 박스거더의 다이아프램 방향 : 직각 설치

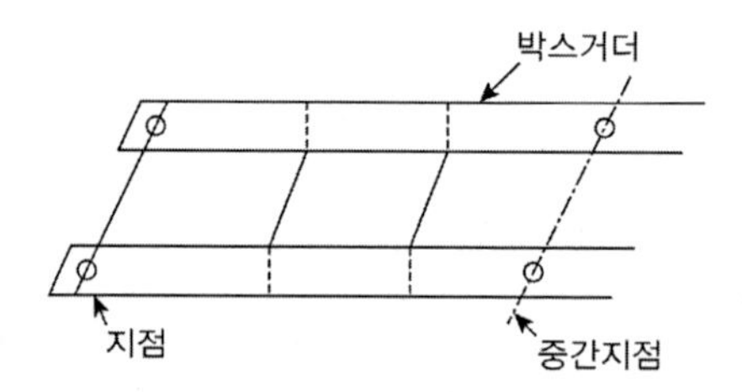

6) 받침배치 : 이동방향과 회전방향이 일치하지 않으므로 전방향 회전이 가능한 받침을 사용하는 것이 좋다.

① 받침의 이동방향은 교량의 중앙선에 평행하게 설치되어야 하며, 사각의 교대나 교각에 대해 직각방향이어서는 안 됨 : 신축에 의해 발생하는 수평력 완화
② 고정단의 일방향 가동단은 사각방향으로 설치하는 것이 원칙이나 PSC합성거더교를 포함한 거더교는 교축 직각방향으로 배치하고 있다.

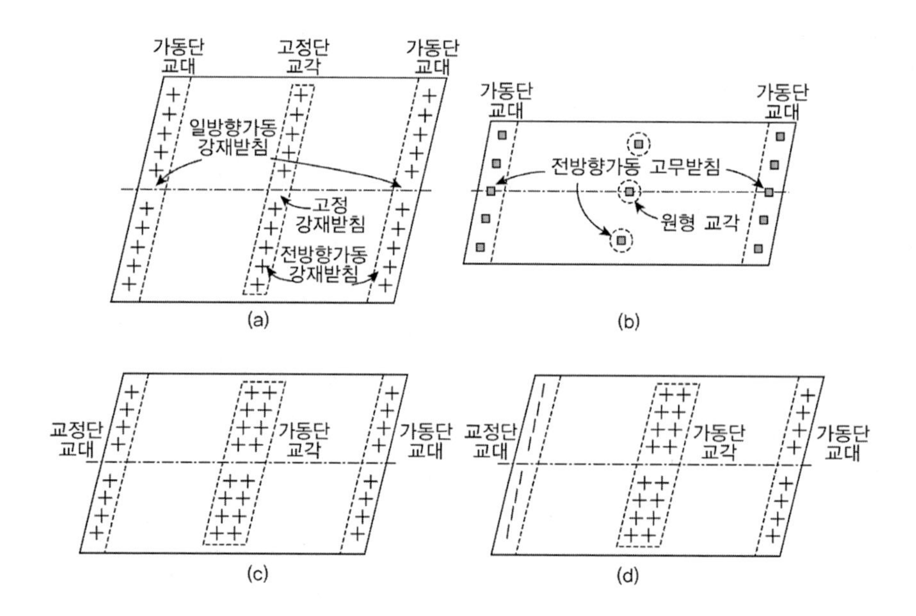

02 곡선교

1. 일반사항

108회 1-2 단경간 곡선교 계획시 주안점 및 해결책

107회 4-5 곡선교의 거동과 설계시 고려할 사항

101회 4-3 교량의 상부구조 형식 중 곡선교에 유리한 강박스 거더의 특징과 유의사항

곡선교 : Bridge Terenez, England

곡선교는 구조물의 특성상 비틀림 모멘트가 발생하고 편심으로 인한 부반력이 발생할 수 있어 이를 고려한 검토가 수반되어야 한다. 또한 곡선교에서는 받침의 배치가 일반 직선교와 달리 적용되기 때문에 다음에 사항에 대한 주의가 필요하다.

1) 단면형식의 결정

2) 비틀림 모멘트 산정

3) 부반력 발생 고려

4) 전도방지 대책

5) 곡선교 받침 배치

2. 곡선교의 구조설계 시 주요고려사항

1) 단면형식의 결정

곡선교는 비틀림 모멘트로 인하여 중심각에 따라서 상부단면 형식 선정 시 주의가 필요하다. 일

반적으로 곡선교의 중심각에 따라 요구되는 비틀림 강성비가 다르고 강성비는 I형 병렬거더교 〈 박스거더 병렬교 〈 단일박스거더교 순서로 중심각에 따른 강성비가 증가하므로 이를 고려하여 단면형식을 결정하여야 한다.

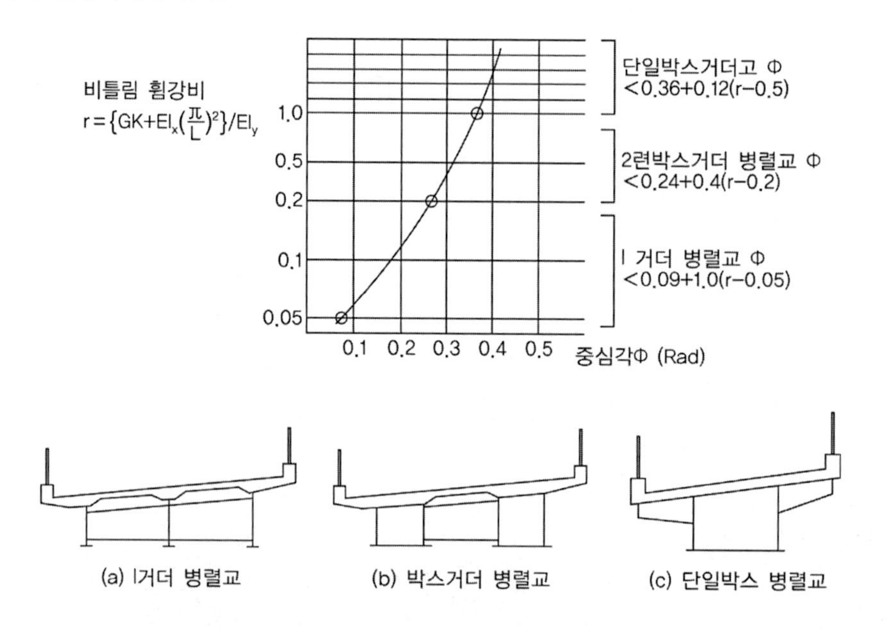

5~15°에서는 I거더 병렬교가 유리하고, 15~20°에서는 단일박스거더교가 유리하다. 중심각이 25° 초과 시에는 설계에 무리가 있으며 5° 이하에서는 직선교에 가깝다.

2) 단면력 고려시 뒤틀림 모멘트(Warping) 고려

박스형 단면은 큰 비틀림 저항성을 갖는데 반해 I형 거더와 같은 개단면(Open Section)부재는 비틀림 저항성이 작아 비틀림에 의해 큰 변형을 받는 동시에 뒤틀림이 발생한다. 이러한 뒤틀림(뒴, Warping)이 구속되거나 회전각($d\phi/dx$)이 일정하지 않은 경우 길이방향으로 축응력(뒤틀림응력 f_w)이 발생한다.

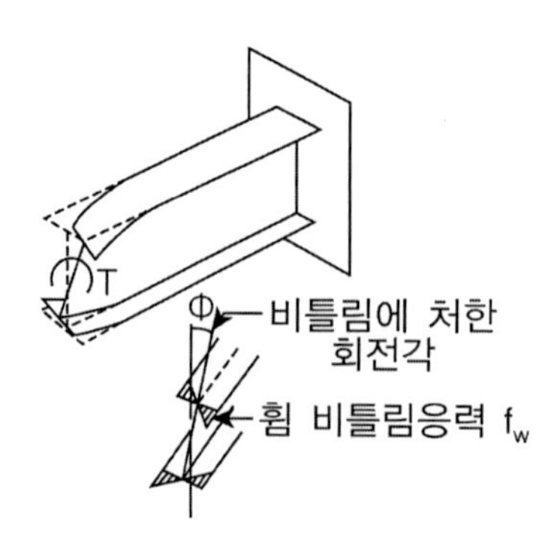

일반적으로 박스형 거더의 경우에는 Diaphram을 일정간격 설치하여 뒤틀림을 방지하고 있어 큰 문제가 발생하지 않지만 I형 거더와 같은 비틀림 저항력이 작고 플랜지 폭이 넓은 경우에는 무시할 수 없는 응력이 발생할 수 있으므로 설계상에서는 파라메트를 기준으로 뒤틀림 응력에 대한 고려여부를 확인하여야 한다.

$$\alpha = l\sqrt{\frac{GK}{EI_w}}$$ (G: 전단탄성계수 K: 순수 비틀림 상수 E: 탄성계수 I_w: 뒴비틀림 상수)

① $\alpha < 0.4$: 뒴비틀림에 의한 전단응력과 수직응력에 대해서 고려한다.
② $0.4 \leq \alpha \leq 10$: 순수비틀림과 뒴비틀림 응력 모두 고려한다.
③ $\alpha > 10$: 순수비틀림 응력에 대서만 고려한다.

$$f = f_b + f_w, \quad v = v_b + v_s + v_w, \; f \leqq f_a, \quad v \leqq v_a, \quad \left(\frac{f}{f_a}\right)^2 + \left(\frac{v}{v_a}\right)^2 \leqq 1.2$$

일반적으로 I형 단면 주거더에서는 α값이 0.4 이하, 박스거더의 경우 30~100이다.
곡선교 구조계 전체를 단일 곡선부재로 치환하여 취급하는 경우에 뒴비틀림응력을 무시하는 범위는 다음과 같다.

$\alpha > 10 + 40\Phi$ $(0 \leq \Phi < 0.5)$, $\alpha > 30$ $(0.5 \leq \Phi)$, Φ: 곡선부재의 1경간 회전 중심각(radian)

3) 가로보 및 수평브레이싱

① 곡선교의 가로보는 비틀림 전달기구 중 가장 중요한 역할을 하기 때문에 충복단면을 사용하여 충분한 강성을 갖도록 하고 주거더와 강결시키는 것을 원칙으로 한다.
② I거더 병렬의 곡선교에서는 상부와 하부에 수평브레이싱을 설치하는 것을 원칙으로 한다. 이는 교량전체의 전도 및 좌굴에 대한 안정성을 높이고 플랜지에 발생하는 부가응력을 경감하기 위해서이다.

4) 부반력 검토

① 평면사각이 작은 부분에서 부반력이 발생할 수 있으며 이를 고려하여 받침수 산정 및 받침위치를 선정하도록 해야 한다.
② 부반력 발생시 2-shoe의 사용보다는 1-shoe의 사용이 적절하며 Out-rigger 형태나 Counter Weight도 고려할 수 있다.
③ 받침의 이동방향은 고정단에서 방사상의 현방향으로 설치하거나 곡선반경에 대해 접선방향으로 설치한다. 접선방향의 이동방향은 곡률이 일정한 교량에 적합하며 현방향 설치는 곡률이 일정하거나 변화하는 교량 모두에 적용된다.

4) 전도방지검토

곡선 외측 받침을 기준으로 전도에 대한 검토를 수행하여야 한다(제천신동IC 부반력에 의한 전도).

$$M_o = W_1 L_1 (\text{전도모멘트}), \quad M_r = W_2 L_2 (\text{저항모멘트})$$

$$F.S = \frac{M_r}{M_0} > 1.2 (\text{고정하중+활하중})\ 2.5 (\text{고정하중})$$

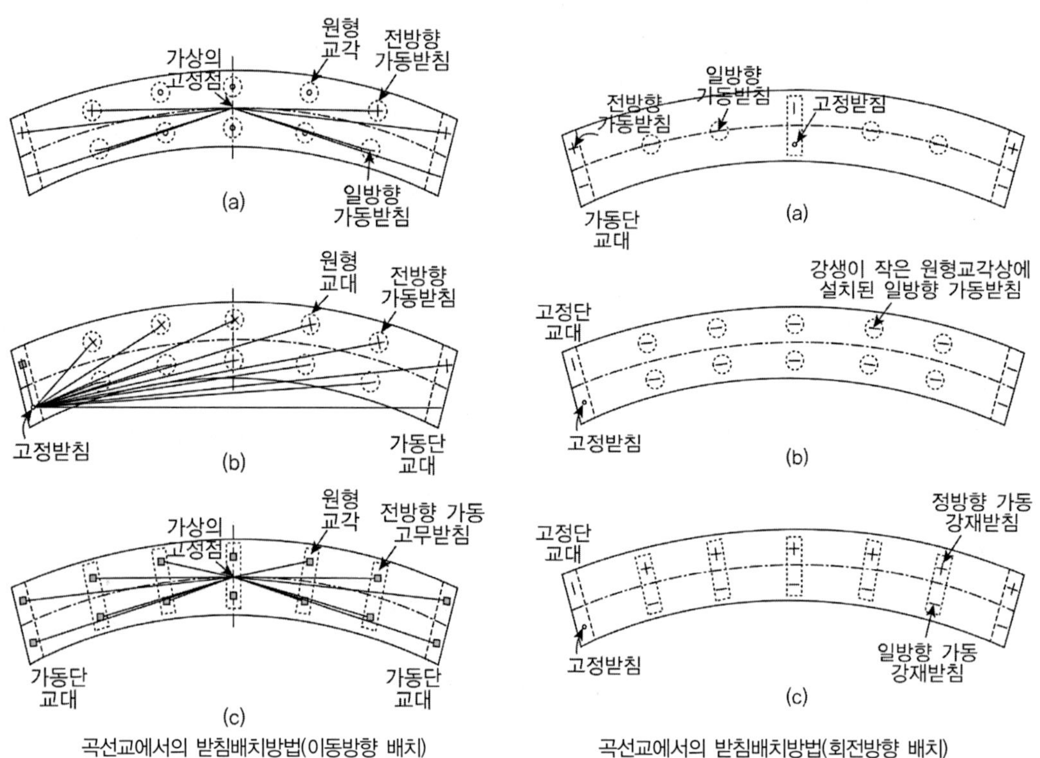

곡선교에서의 받침배치방법(이동방향 배치)　　곡선교에서의 받침배치방법(회전방향 배치)

Chapter

03 바닥판

01 콘크리트 바닥판의 설계

1. 경험적 설계법

102회 2-1 바닥판 등방배근 설계원리, 장단점, 기존배근방법과 비교 설명

1) 교량 바닥판의 거동이 휨거동이 아닌 바닥판 단면에 면내 압축력이 발생하는 아치작용에 근거한다는 이론

2) 이 아치작용은 정모멘트 구간의 균열이 발생하면 바닥판의 중립축이 상승하고 바닥판을 지지하는 거더나 바닥틀의 횡구속력에 의해 면내 압축력이 발생하여 바닥판의 휨강성을 더욱 증가

3) 이 작용으로 인해 바닥판은 휨파괴가 발생하지 않고 펀칭전단파괴가 발생한다.

4) 이때 파괴각도는 일반적으로 면내 압축력에 의하여 45°보다 크며 통상 파괴하중은 횡하중의 10배 이상이다.

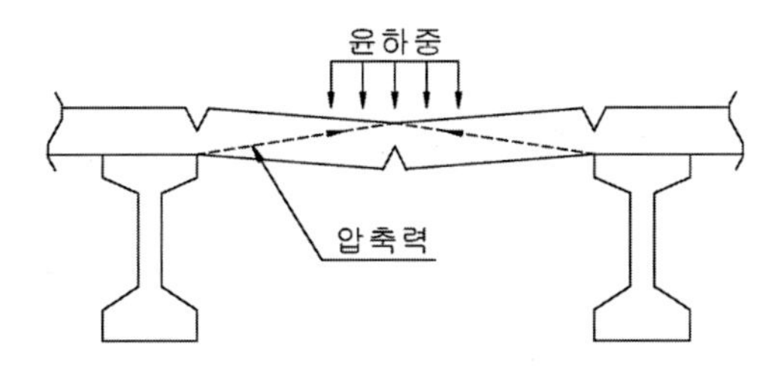

5) 적용범위

① 3개 이상의 강재 주거더 또는 콘크리트 지지보와 합성으로 거동하고 바닥판의 지간방향이 차량진행방향의 직각인 경우에 적용

② 바닥판의 설계 두께는 바닥판의 흠집, 마모, 보호피복두께를 제외한 수치로 다음의 조건을 만족시켜야 한다.

- 콘크리트는 현장 타설되고 습윤양생
- 전체적으로 바닥판의 두께가 일정
- 바닥판 두께에 대한 유효지간의 비가 6~15
- 바닥판 상하부 철근의 외측면 사이의 두께가 150mm 이상

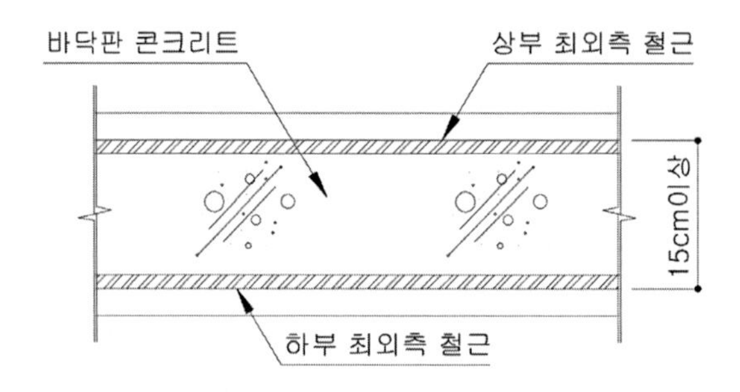

- 유효지간은 표준차선폭(3.6m) 이하
- 바닥판의 최소두께는 240mm 이상
- 캔틸레버부의 길이는 내측바닥판의 5배 이상이거나 3배 이상이면서 구조적으로 연속한 콘크리트 방호벽과 합성
- 콘크리트 28일 압축강도가 27MPa 이상
- 철근콘크리트 바닥판은 거더와 완전합성거동

③ 바닥판과 주거더를 합성시키는 전단연결재가 충분히 배치

④ 캔틸레버부나 연속부 지점에서는 적용불가

6) 철근의 배근

① 4개 층이 철근을 배근하며, 피복두께 요구조건의 허용범위에서 최대한 바깥표면에 배근한다.

② 지간방향 하부철근량 : 콘크리트 바닥판 단면의 0.4% 이상
지간방향 상부철근량 : 콘크리트 바닥판 단면의 0.3% 이상
지간의 직각방향 하부철근량 : 콘크리트 바닥판 단면의 0.3% 이상
지간의 직각방향 상부철근량 : 콘크리트 바닥판 단면의 0.3% 이상

③ SD40이상의 철근을 배근하며 철근은 직선으로 배근하고 겹침 이음만 사용한다.

④ 철근의 중심간 간격은 100~300mm 이내로 한다.

⑤ 사교의 경사각이 20°이상인 경우 단부 바닥판의 철근은 바닥판의 유효지간 위치까지 2배의 최소철근량을 배근한다.

7) 유효지간

① 콘크리트교

- 헌치가 없는 보, 벽체와 일체인 경우 : 순경간
- 헌치가 있는 보 : 헌치고려 두께가 바닥판 두께의 1.5배되는 위치에서 순경간 산정
- 프리스트레스트 콘크리트보

  (상부플랜지폭 : 바닥판두께)비 〈 4의 경우 : 인접 상부플랜지 끝단~끝단(L_2)

  (상부플랜지폭 : 바닥판두께)비 〉 4의 경우 : 인접 상부플랜지 돌출폭의 중앙점~중앙점(L_1)

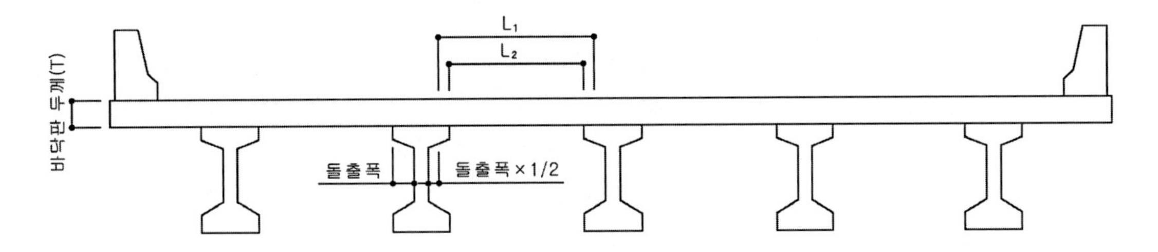

② 강교 : 인접한 상부 플랜지 돌출폭 중앙점 사이의 거리

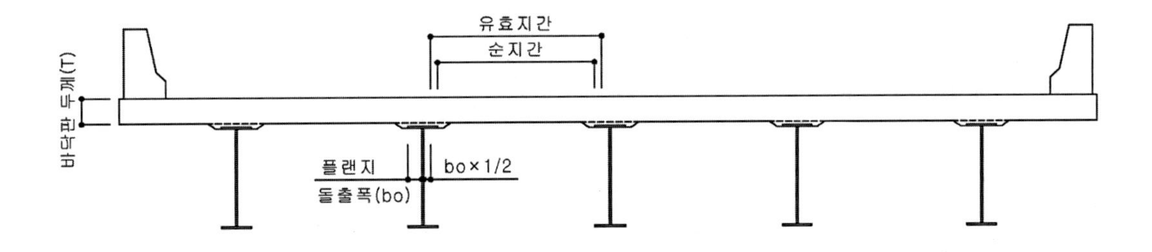

2. RC 바닥판의 설계

1) 바닥판의 최소두께(도로교설계기준)

차도부 바닥판의 최소두께는 다음 표의 값과 220mm 중 큰 값으로 한다.

판의 구분	바닥판 지간의 방향	
	차량진행 직각방향	차량진행방향
단순판	40L+130	65L+150
연속판	30L+130	50L+150
캔틸레버판	0〈L≤0.25 280L+180 L〉0.25 80L+230	240L+150

TIP | 콘크리트 설계기준 | 처짐을 고려하지 않아도 되는 휨부재의 최소두께 및 높이 규정

	최소두께 t_{min}			
	단순지지	1단 연속	양단 연속	캔틸레버
1방향슬래브	$l/20$	$l/24$	$l/28$	$l/10$
보	$l/16$	$l/18.5$	$l/21$	$l/8$

※ $f_y \neq 400MPa$ 인 경우에는 t_{min} 에 $(0.43 + f_y/700)$ 을 곱한다.

2) 주거더 단부의 바닥판

① 주거더 단부의 차도부분의 바닥판은 단부바닥판거더(단가로보) 및 단부브레이싱 등으로 지지시키는 것이 좋다. 이 경우 단가로보 및 단부 브래킷 등은 단독으로 윤하중에 저항하여야 한다.

② 주거더 단부의 중간지간의 바닥판을 단가로보 등으로 지지하는 않는 경우, 주거더 단부로부터 바닥판 지간의 1/2 사이에 있는 바닥판에 대해서는 주거더 단부 이외의 중간지간에 있는 바닥판에서 필요한 철근량의 2배를 주철근으로 배치하여야 한다.

③ 주거더 단부의 캔틸레버거더의 바닥판을 브래킷 등으로 지지하지 않는 경우, 주거더 단부 이외의 캔틸레버부 바닥판에서 필요한 주철근량의 2배를 주철근량으로 배치하여야 한다. 그러나 이 부분에는 주거더 단부 이외의 캔틸레버부 바닥판의 상측에 배력철근량의 2배의 배력철근을 배치하야여 한다.

④ 주거더 단부의 차도 부분 바닥판은 바닥판 두께를 헌치높이만큼 증가시켜야 한다.

3) 배력철근

① 배력철근의 양은 정모멘트 구간에 필요한 주철근에 대한 비율로 나타낸다.

(1) 주철근이 차량진행방향에 직각인 경우 : $\dfrac{120}{\sqrt{L}}$ 과 67% 중 작은 값

(2) 주철근이 차량진행방향에 평행인 경우 : $\dfrac{55}{\sqrt{L}}$ 과 50% 중 작은 값

② 주철근이 차량진행방향에 직각인 경우 캔틸레버부를 제외한 구간에서는 위에서 산정된 배력철근을 바닥판 지간 중앙부의 1/2 구간에 배근하며 나머지 구간에는 산정된 배력철근량의 50% 이상만 배근하여도 좋다.

③ 배근되는 배력철근량은 온도 및 건조수축 철근량 이상이어야 한다($\rho_s = 0.0002bh$).

02 강바닥판의 설계

1. 강바닥판의 특징

강바닥판은 주거더의 일부로서 작용하며, 바닥판과 바닥틀로서의 작용에 대해 안전하게 설계되어야 한다.

충격계수는 세로리브는 0.3, 가로리브는 15/(50+L)로 계산하고 L은 가로리브 지간으로 한다.

① 경량구조이며 휨과 비틀림에 대한 저항이 크다.

② 하중분배효과가 좋다

③ 바닥판 자체가 높은 극한강도를 보유한다.

④ 비상시 중차량이 통과할 때 생기는 과대 집중하중에 대한 저항능력이 크다.

⑤ 교각의 부모멘트 영역에서도 인장응력에 대해 거더와 일체로 거동한다.

2. 종방향 보강재

1) 개단면 보강재(I형)

① 용접이 용이하고 유지관리가 수월하다.

② 횡방향으로의 하중분재 능력이 약하다.

③ 바닥틀의 단위면적당 소요강재량과 용접량이 폐단면 보강재(U-Rib)보다 많다.

2) 폐단면 보강재(U-Rib)

① 횡방향으로 윤하중 분포 기능이 우수하다.

② 개단면 보강재에 비해 강재량 및 용접량이 적다.

③ 용접에 의한 뒤틀림 및 변형이 적으며 자중도 줄일 수 있다.

④ 얇은 강재를 사용하므로 패널별로 국부응력을 산출하여 설계 적용하여야 한다.

⑤ 제작이 어렵고 현장이음이 곤란하여 제작 및 시공시 주의가 요구된다.

3) 강바닥판의 설계시 유의 사항

① 강바닥판은 용접에 의한 변형이 작은 구조로 하여야 한다.

② 종방향 보강재는 특별한 경우를 제외하고 횡방향 보강재의 복부를 통하여 연속시키는 것이 좋다. 한편 종방향 보강재로 부터의 전단력을 확실히 횡방향 보강재에 전달할 수 있는 구조로 하여야 한다.

③ 강바닥판의 온도차에 의한 영향 고려

④ 종방향 보강재의 최소 두께는 개단면일 경우 6mm, 폐단면일 경우 8mm로 한다.

⑤ 강바닥판의 종방향 보강재는 폐단면 보강재를 표준으로 한다. 곡선교의 경우나 교량 폭이 변하는 경우에 부분적으로 개단면 보강재를 사용해도 좋다.

⑥ 횡방향 보강재는 바닥강판을 상부 플랜지로 복부판과 하부 플랜지로 구성된 I형 단면으로 하며 횡방향 보강재의 간격은 폐단면 종방향 보강재로 사용하는 경우에는 2~3m, 개단면 종방향 보강재를 사용할 경우에는 1.3~2m 를 표준으로 한다.

⑦ 포장시공시 고온의 혼합물로 인한 강바닥판의 열변형, 받침의 이동여유량 ac 신축이음장치의 유간 등에 대해 검토해야 한다.

4) 강상판 해석 방법(Pelikan-Esslinger Method)에 의한 응력 검토

① 개요

강바닥판을 종리브와 횡리브 및 바닥강판으로 이루어진 바닥틀 구조로 적용

강바닥판을 보강형에 의해 무한 강성 지지되고 횡리브에 의해 탄성지지된 직교 이방성 판구조로 가정

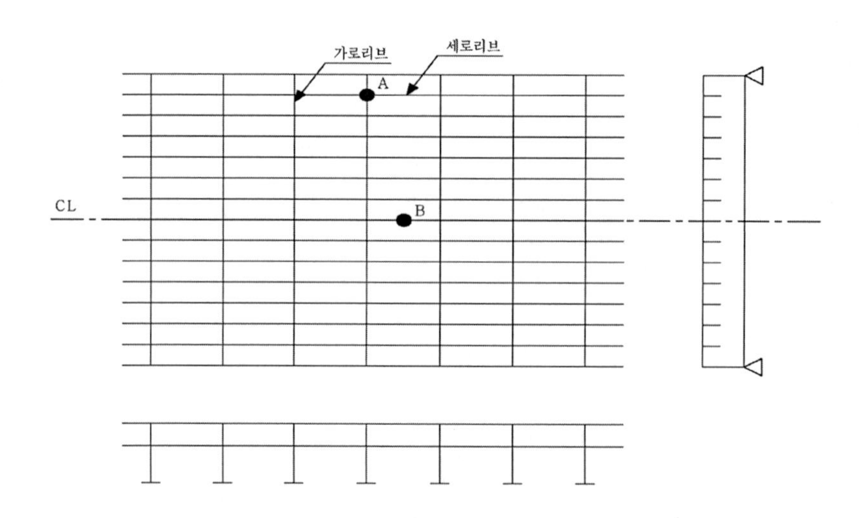

② 해석 방법

1단계 : 바닥판과 종리브를 무한강성의 횡리브를 지점부로 하는 직교 이방성 판구조로 치환하여 최대 휨모멘트 계산(M_1)

2단계 : 횡리브의 탄성처짐을 고려하여 1단계에서 구한 휨모멘트를 수정(M_2)

3단계 : $M_{total} = M_d + M_1 + M_2$

여기서, M_{total} : 부재에서 발생하는 총모멘트, M_d: 고정하중에 의한 발생 모멘트

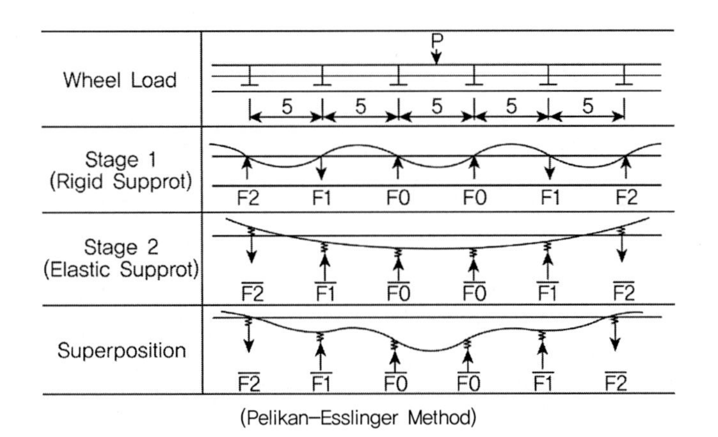

(Pelikan–Esslinger Method)

5) 강상판 리브 설계 예

종리브의 적정단면 및 지간을 설정하여 구조적 안정성과 상부포장의 변형을 제어하며 종리브와 횡리브 교차부의 응력분포를 파악하고 응력집중을 고려하여 종리브 및 스캘럽 형상 결정

① 설계기준

구 분	도로교 설계기준(2005)	혼슈-시고쿠 연락공단	적 용
바닥판 최소 두께(mm)	14	14	14
종리브	폐단면 표준, 부분적 개단면	–	차도: 폐단면
종리브 두께 (폐단면)	8	6	8
종리브의 간격	폐단면 2–3m, 개단면 1.3~2m	리브의 단면 2차 모멘트와 지간의 상관관계를 도식화하여 단면 및 지간 결정	두기준 종합하여 평가

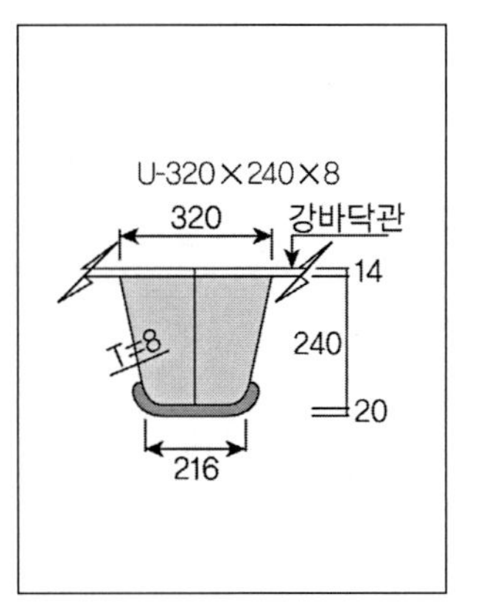

② 국내 강상판 실적

교량명	Rib	간격 (m)	지간 (m)	바닥판 두께 (mm)	교량명	Rib	간격 (m)	지간 (m)	바닥판 두께 (mm)
서강대교	U-Rib 320×260×6T	0.66	3.0	12	성수대교	U-Rib 325×300×8T	0.65	4.8	14
남포대교	U-Rib 320×260×6T	0.64	2.14	14	영동대교	U-Rib 320×240×6T	0.6	3.0	12
칠천연륙교	U-Rib 320×240×8T	0.62	2.0	12	제2진도대교	U-Rib 320×240×8T	0.64	3.4	14
갈현대교	U-Rib 320×240×8T	0.62	1.25	12	청담대교	U-Rib 320×240×6T	0.64	2.83	12
가양대교	U-Rib 320×240×8T	0.62	2.5	12	굴포교	U-Rib 320×240×8T	0.64	2.5	14
검토의견	•세로리브는 U-Rib를 적용하였으며 간격은 유사함 •U-Rib의 지간은 큰 편차를 보이며 바닥판 두께는 도로교 설계기준에 따라 14mm이상 적용								

③ 종리브의 형상 및 간격

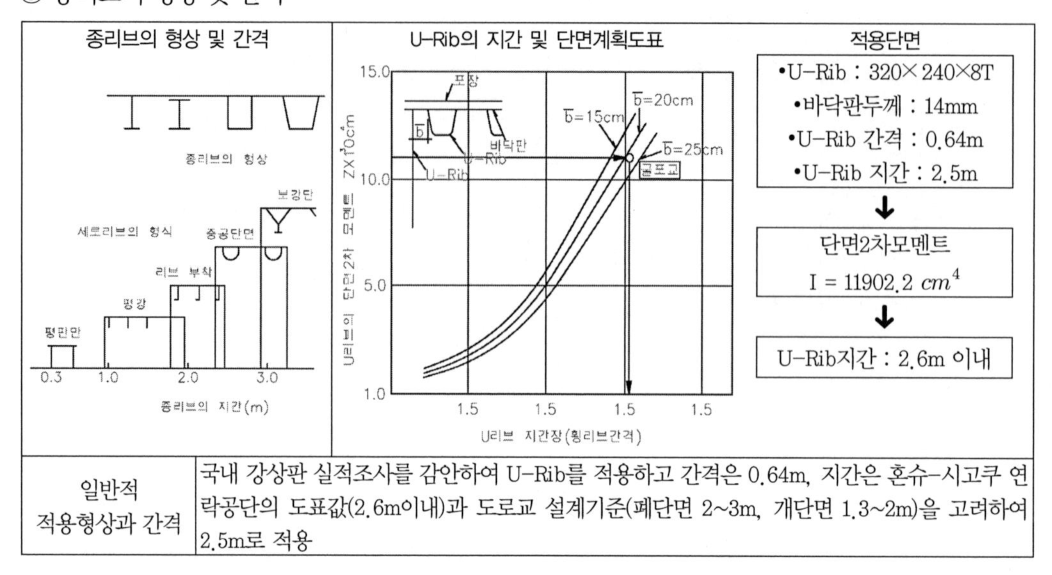

일반적 적용형상과 간격	국내 강상판 실적조사를 감안하여 U-Rib를 적용하고 간격은 0.64m, 지간은 혼슈-시고쿠 연락공단의 도표값(2.6m이내)과 도로교 설계기준(폐단면 2~3m, 개단면 1.3~2m)을 고려하여 2.5m로 적용

④ 강상판 해석 예

3차원 격자해석과 Peliken-Esslinger 해석법을 통한 정확한 응력분포를 산출하여 구조적 안정성 확보 및 리브의 적정단면 및 배치를 통한 강상판 설계의 검토

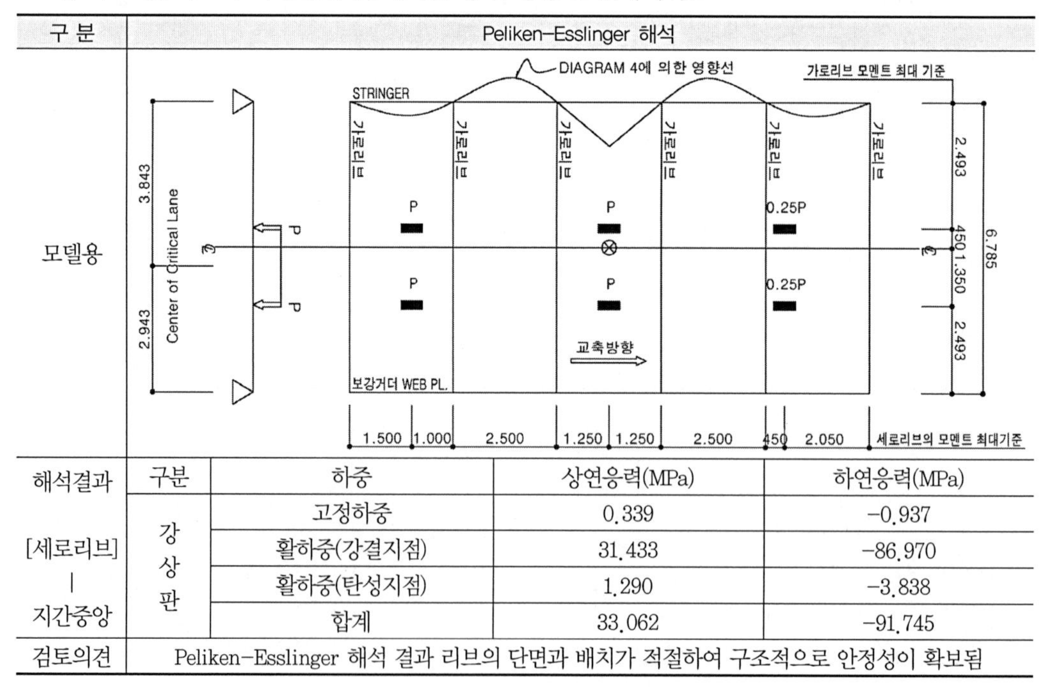

해석결과 [세로리브] | 지간중앙	구분	하중	상연응력(MPa)	하연응력(MPa)
	강상판	고정하중	0.339	-0.937
		활하중(강결지점)	31.433	-86.970
		활하중(탄성지점)	1.290	-3.838
		합계	33.062	-91.745
검토의견	Peliken-Esslinger 해석 결과 리브의 단면과 배치가 적절하여 구조적으로 안정성이 확보됨			

참고자료

직교이방성 강바닥판의 피로검토(2012 한국구조물진단유지관리공학회 논문집)

➤P-E method(Pelikan-Esslinger Method)를 활용한 피로응력 산정

PE method에는 피로응력범위 산정에 대한 내용이 포함되어 있지 않으며, 이 방법의 주요개념은 강바닥판이 바닥판으로 기능을 할 때 작용하는 국부응력과 주형의 플랜지로서 기능을 할 때 작용하는 응력을 함께 고려하여 강재의 허용응력 이내로 들어오는지를 확인하는 것이다. 일반적으로 강바닥판의 피로응력범위는 피로균열이 자주 보고되고 있는 데크플레이트와 종리브 사이의 용접부, 종리브와 횡리브 사이에 용접부 위치에서 발생한다.

검토위치	주응력도(①)	S-N 선도(①)	피로수명평가결과(MPa)			
② 강바닥판과 가로리브 교차부 ① U리브와 가로리브 교차부	LUSAS	검토위치 ① 72.8MPa 47.0MPa 설계응력 13.9MPa 응력(MPa) 반복회수(Number of Cycles) (x10⁶)	검토 위치	설계 응력	피로균열 진전개시	설계응력 반복회수
			①	13.9	47.0	72.8
			②	14.7	42.0	66.1

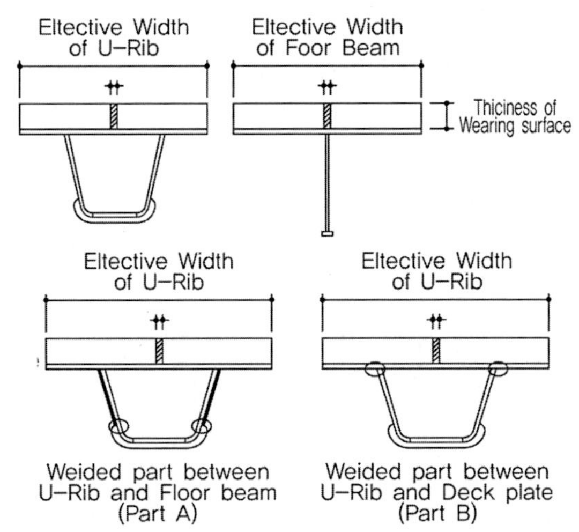

Part A : 횡리브와 종리브사이의 용접부 하단　　Part B : 종리브와 데크플레이트 사이의 용접부

➤종리브와 데크플레이트 사이의 용접부 피로응력(Part B)

① 강바닥판 횡리브 간격을 1이라고 했을 때 종리브 중앙에서의 모멘트 영향선도와 피로응력평가

② 최대 정모멘트와 부모멘트를 발생시키도록 차륜하중을 재하하고 PE method를 이용하면 종리브의 중앙에서의 최대 정모멘트와 최대 부모멘트를 산정할 수 있다. 종리브 유효단면의 단면2

차 모멘트와 중립축에서 용접부까지의 거리를 사용하여 최대 압축응력 및 최대 인장응력을 계산하면 두 응력간의 차이가 피로응력의 범위가 된다.

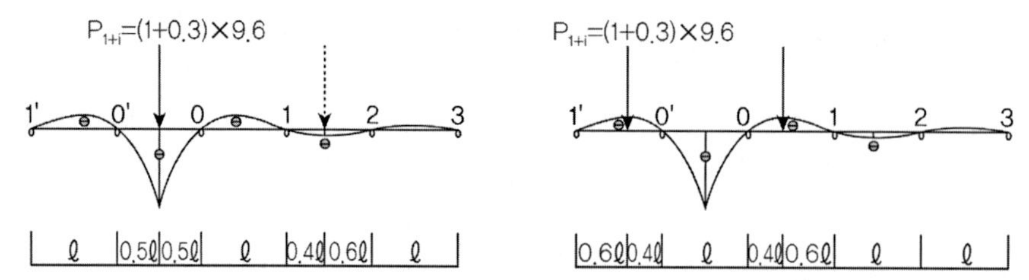

Location of Wheel load for positive moment Location of Wheel load for negative moment
(0–0'지간 중앙의 모멘트 영향선)

➤횡리브와 종리브 용접부 피로응력(Part A)

① 횡리브를 종리브의 지점이라고 가정하고 지점에 대한 모멘트 영향선도 상에 최대 정모멘트와 최대 부모멘트를 유발할 수 있는 위치에 차륜을 재하한 뒤 PE method를 적용하면 피로응력을 산정할 수 있다.

② 이 경우 피로응력 산정에는 종리브의 지점부에 작용하는 교축방향 응력들이 사용된다. 하지만 종리브에 차륜하중을 재하할 경우 그 하중은 횡리브에도 반력을 발생시켜 횡리브에는 교축직각방향의 응력을 발생시키게 된다. 따라서 종리브와 횡리브 사이의 용저부에는 교축방향 응력과 교축 직각방향 응력이 동시에 작용하는 상태가 된다.

③ 다축방향으로 응력이 작용하는 경우 한쪽 방향으로만 응력이 작용할 때보다 합성작용에 의해 더 빨리 항복점에 도달하므로 Von-Mises의 등가응력 개념을 사용하여 다축방향 응력 하에 재료의 항복점을 계산할 수 있다.

Von-Mises의 등가응력(2축) : $\sigma_v = \sqrt{\sigma_x^2 + \sigma_y^2 - \sigma_x \sigma_y + 3\tau_{xy}}$

④ Von-Mises의 등가응력은 응력의 크기만 산정되므로 피로응력산정을 위해서는 등가응력에 부호를 부여한 Signed Von-Mises의 등가응력을 산정하기 위해서 다음과 같이 수정한다.

$$\sigma_e = \sigma_1 \times \sqrt{1 + \left(\frac{\sigma_2}{\sigma_1}\right)^2 - \left(\frac{\sigma_2}{\sigma_1}\right)}$$

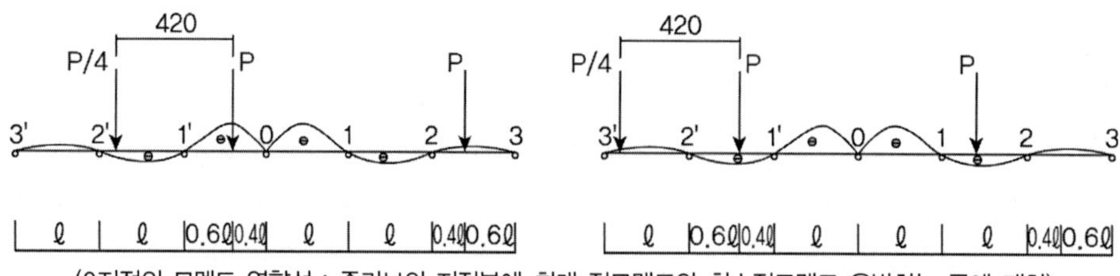

(0지점의 모멘트 영향선 : 종리브의 지점부에 최대 정모멘트와 최소정모멘트 유발하는 곳에 재하)

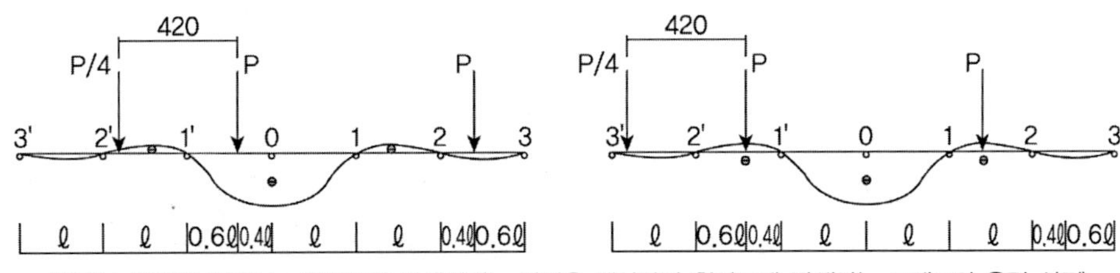

(횡리브 반력의 영향선 : 횡리브에 발생시키는 반력을 계산하여 횡리브에 발생하는 모멘트와 응력 산정)

➤피로응력의 영향인자

① 교면포장의 두께 : 교면표장의 두께가 감소함에 따라 피로응력이 증가한다(A, B).

② 데크플레이트의 두께 : 두께가 감소할수록 B부분의 피로응력의 증가에 영향이 크다.

③ 횡리브의 간격 : 횡리브간격이 증가할수록 피로응력이 증가한다(A, B).

④ 횡리브의 복부길이 : 횡리브 복부길이가 증가할수록 A부분의 피로응력이 감소한다.

⑤ 교면포장 재료강성 : B부분에 주로 영향을 주며, 강성이 클수록 피로응력이 감소한다.

3. 전단연결재

102회 1-5 강합성보의 전단연결재(shear connector)의 역할과 종류

전단연결재는 콘크리트 바닥판과 강형을 연결하여 주형과 바닥판이 외력에 대해 일체로서 저항하도록 해주는 구조물을 말하며 합성형에서 가장 중요한 역할을 수행한다. 도로교 설계기준(2008)에서는 스터드(stud)를 표준으로 하고 전단연결재는 전단력에 저항할 수 있는 충분한 내력과 바닥판이 들뜨는 것을 방지하는데 효율적인 구조여야 하며 피로설계시 스터드 전단연결재의 높이 지름의 비(L/d)는 4 이상이 되도록 규정하고 있다.

1) 전단연결재의 종류

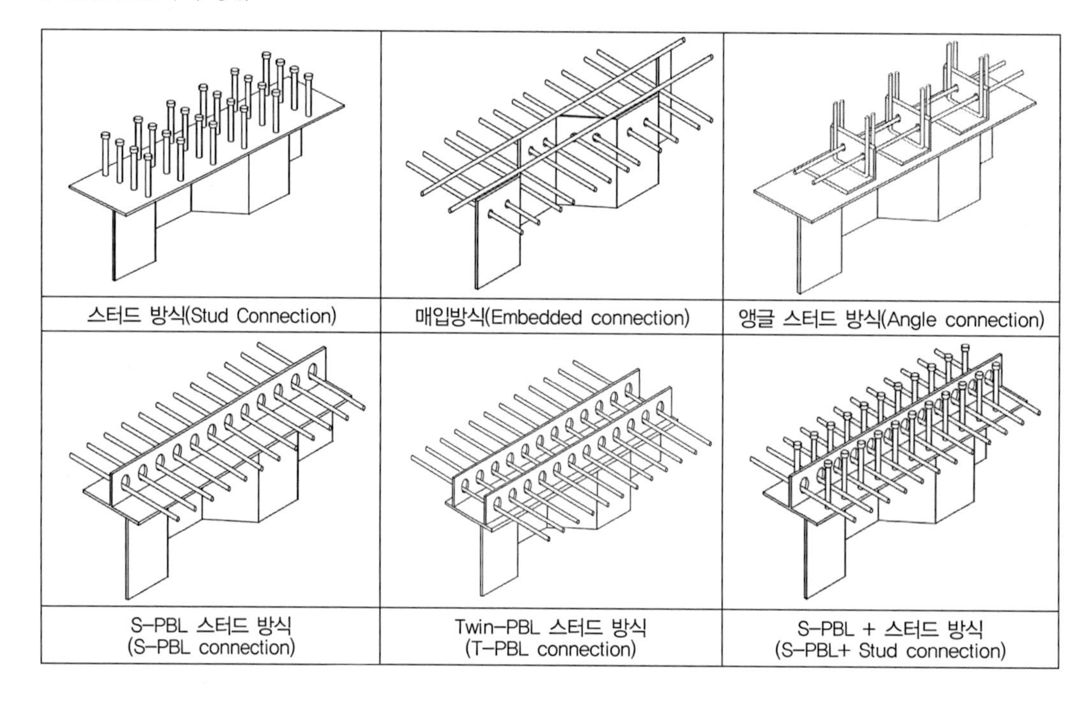

2) 전단연결재 설계 시 고려하중

전단연결재 설계에 적용하는 하중으로는 합성 후 사하중, 활하중, 프리스트레스, 크리프, 건조수축 및 온도차 등이 있으며 일반적으로 최대하중이 작용하는 곳은 단지점 또는 중간 지점 부근으로서 다음과 같은 조합된 하중을 받는다.

① 지간 부분으로 부터 지점 부분을 향한 합성 후 사하중, 활하중, 프리스트레스 및 온도차(바닥판 콘크리트가 강재 들보보다 고온의 경우)에 의한 하중

② 단지점 부분으로 부터 지간 부분을 향한 건조수축 및 온도차(강재 주거더가 바닥판 콘크리트보다 고온의 경우)에 의한 하중

③ 이와 같은 하중의 경우 허용응력의 증가를 고려해서는 안 된다.

바닥판 콘크리트의 건조수축 및 바닥판 콘크리트와 강재 주거더의 온도차에 의해서 생기는 전단력은 지점에서 최대, 지간 중앙에서 0으로 되는 분포를 나타내는 데 실용상 편의를 위해 삼각형 분포로 취급하고 분포범위는 주형간 간격 a와 L/10 중 작은 값을 취한다.

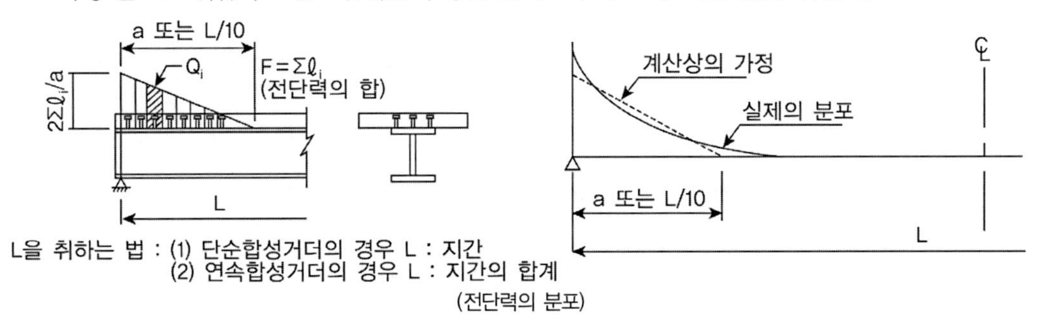

(전단력의 분포)

3) 구조세목

① 전단연결재의 최대 간격 : 상판 두께의 3배 이하, 600mm 이하

② 전단연결재의 최소 간격 : (교축방향) 5d 또는 100mm 이상, (축직각방향) d+30mm이상

③ 스터드와 플랜지 연단의 최소거리 : 25mm 이상

4) 전단연결재의 허용전단력

실험결과에 따라 $H/d \geqq 5.5$인 경우 전단연결재의 파괴는 스터드의 전단에 의해 발생하고 $H/d < 5.5$인 경우는 바닥판 콘크리트의 균열에 의해 발생하는 것으로 나타났다. 허용전단력은 두 경우를 구분하여 규정하고 있다.

① $H/d \geqq 5.5$ $\quad Q_a = 9.5d^2\sqrt{f_{ck}}$ $\quad H$: 스터드 높이(150mm 표준), $\quad d$: 스터드 지름

② $H/d < 5.5$ $\quad Q_a = 1.74dH\sqrt{f_{ck}}$

5) 피로강도를 고려한 전단연결재의 간격

① 수평전단력 범위 : $\tau = \dfrac{VQ}{Ib}$ 로부터 단위길이당 $S_r(N/mm) = \dfrac{V_rQ}{I}$

② 허용수평전단력 범위 : $Z_r = \beta d^2$

β는 반복횟수에 따른 계수

(100,000회 : 90, 500,000회 : 73, 2,000,000회 : 54, 2,000,000회 이상 : 38)

③ 전단연결재의 간격 : $d_0 = \dfrac{\sum Z_r}{S_r} = \dfrac{nZ_r}{S_r}$

6) 극한강도 검토

① 전단연결재의 개수

- 최대 정모멘트부와 인접한 교대 지점부 전단연결재 $N_1 = \dfrac{P}{\phi V_u}$, $\phi = 0.85$

- 최대 정모멘트부와 인접한 최대부멘트 사이 전단연결재 $N_2 = \dfrac{P+P_3}{\phi V_u}$, $\phi = 0.85$

② 전단연결재의 극한강도 $V_u = 0.4d^2\sqrt{f_{ck}E_c} \leqq A_{sc}f_u$ A_{sc} : 단면적, f_u : 인장강도

③ 슬래브 작용하중 $P = \min[A_s f_y,\ 0.85 f_{ck} b t_s]$, $P_3 = A_r f_y^r$ (철근)

4. 기존 교량 확장 시공

101회 3-1 기존교량 차량 통행시키면서 일체접합시공시 구조적 문제점과 대처방안

70회 4-5 교량강결 확장시 접속부에 발생가능한 문제점과 그 대책

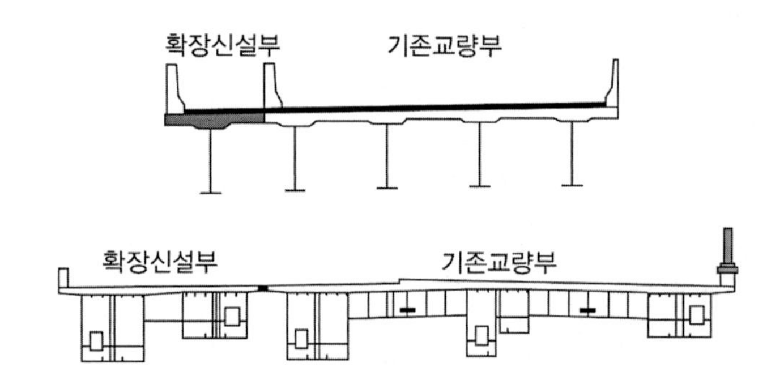

1. 기존 교량 확장 방법

① 독립교량 분리 신설 : 기존교량 옆으로 분리해서 독립적인 교량을 확폭 신설
② 종방향 조인트로 분리 신설 : 종방향 조인트를 설치하여 기존교량과 신설부 교량을 분리하여 설치
③ 기존교량과 일체 접합 : 기존 교량과 신설 교량을 맞대어 일체접합 시공

기존교량을 확장하기 위해서는 통상 다음의 방법을 사용하며 기존 교량의 교통통제가 원활하지 못한 경우가 다수이므로 차량통행과 함께 고려하여 확장방법을 선택하여야 한다. 기존교량을 일체 접합하여 일체로 거동시키는 방법의 경우에는 단경간이나 교량의 지간이 짧아 확장부로 인해서 기존교량에 미치는 영향이 적은 경우에 주로 적용되며, 부지확보가 어렵거나 제약이 있는 경우에 주로 적용된다. 이 경우에는 차량진동으로 인한 진동의 영향으로 철근에 공동

이 발생하거나 시공단차, 부등 처짐으로 인한 영향이 발생할 수 있다. 별도의 교량을 분리하여 시공하는 경우 시공은 용이하나 하부 부지확보 및 공사비가 증가하는 단점이 있으며, 종방향 조인트를 설치하는 경우는 기존교량과 신설교량이 분리되어 거동하므로 구조적으로 유리하나 부등 처짐으로 인한 단차가 발생할 수 있고 종방향 조인트의 유지보수에 문제가 발생할 수 있다.

TIP | 일체접합시공 주요검토사항 |

① 신설부 부등침하발생시 : 기존교량에 2차 하중 증가

② 내진해석 : 질량증가로 인한 수평력 증가, 하부구조물에 하중 증가

③ 캠버조절 : 타설시기 차이로 인한 크리프, 건조수축 등으로 인한 단차 발생

2. 기존교량과 일체접합 시공방법

1) 일체접합 시공순서

① 기존교량 캔틸레버부(난간부) 파쇄, 주철근 뽑기, 위치확인

② 차량통행이 필요할 경우 임시 방호벽을 설치

③ 신설부 교량 주형 거치

④ 슬래브 접합부를 제외한 격벽 브레이싱 등의 2차부재 가설치

⑤ 상판 슬래브 거푸집을 거치하고 콘크리트 타설

⑥ 접합부의 2차부재 체결

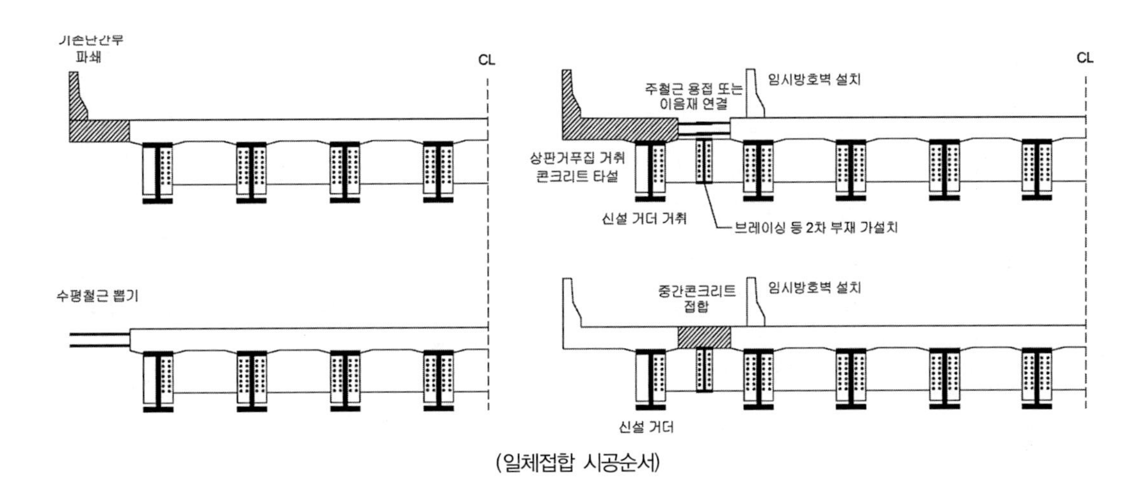

(일체접합 시공순서)

2) 일체접합 확장 시 고려사항

① 부착강도 감소 : 기존교량 차량 통행 시 신설부의 콘크리트에 진동이 전달되므로 콘크리트 타설시 철근 연결부의 진동으로 인한 공동현상 발생우려 공동발생시 철근과 콘크리트의 부착강

도 감소, 콘크리트 타설 중 신설 확장부 처짐은 지속적으로 발생하므로 이로 인하여 기존교량 철근과 상대적 변위로 인한 철근주위의 공동현상 촉진

② 2차응력 유발 : 크리프, 건조수축 변형이 거의 정지된 기존교량에 비해 신설교량의 콘크리트는 크리프, 건조수축 변형이 활발히 발생하므로 이로 인하여 기존교량에 2차응력을 유발한다. 종방향변형은 기존교량과 신설교량이 서로 분담하나 횡방향변형은 기존교량에 압축응력으로 작용되고 신설교량부에는 인장응력으로 작용, 또한 부등침하 발생시 기존교량과 신설교량 연결부에 변형으로 인한 2차응력이 유발됨

③ 종방향 균열 유발 : 접합부가 종방향으로 연속되어 한 위치에 집중되므로 접합면 부위에 균열 발생이 쉽고, 부등침하나 단차로 인한 응력집중으로 종방향 균열전진 우려.

④ 강교의 경우 2차부재 연결부 : 시공오차 등으로 인한 단차가 발생되고 쉽고 이로 인하여 접합부의 시공이나 2차 부재의 연결부 단차로 인한 연결이 어려움

⑤ 받침배치 : 신설 교량설치로 인한 수평력 추가로 기존교량부 고정받침의 받침용량 검토가 필요하며 기존교량의 받침방향을 고려하여 신설부 받침배치부 배치 고려 필요

3) 일체접합 시공방법 : 중간 콘크리트에 의한 접합시공

확장교량부와 기존교량부 간의 일체접합 시 차량통행 등으로 인한 철근 이음부 공동현상의 방지와 크리프, 건조수축 등의 영향 최소화, 시공오차 등으로 인한 교량 캠버 조정 등을 위하여 신설교량을 철근의 겹이음 길이만큼 기존교량과 간격을 두고 선 시공하고 그 사이를 중간콘크리트로 접합하는 방법으로 다음과 같은 특징을 가진다.

① 철근의 겹이음부에 기존 교량과 간격을 두고 시공하므로 차량진동에 의한 철근의 진동의 영향을 다소 줄일 수 있다.

② 확장신설부 교량의 콘크리트를 선 타설하여 미리 처짐을 발생시킨 후 중간콘크리트를 타설하므로 상대변위로 인한 철근 주위의 공동을 방지할 수 있다.

③ 시공오차 등에 의한 단차를 중간콘크리트 타설시 조정할 수 있으며 추후의 잔여 단차는 아스콘 두께변화로 조절하여 평탄성을 확보할 수 있다.

④ 중간 타설 콘크리트를 수축성이 작은 무수축 콘크리트 또는 팽창콘크리트를 사용하여 건조수축, 크리프 변형을 최소화할 수 있어 직접 접합보다 유리하다.

⑤ 다만, 2번의 타설로 인한 시공성이 떨어지며, 상판의 접합면이 2개소가 발생하므로 접합면의 시공결함에 의한 파손 가능성이 큰 단점이 있다.

3. 종방향조인트를 이용한 분리시공

두 교량 사이에 종방향의 조인트를 설치하여 두 교량이 구조적으로 독립된 교량으로 작용하는 공법으로 종방향조인트를 이용한 분리시공 시 시공성은 유리하나 다음과 같은 문제점 유발한다.

1) 콘크리트 타설시 동바리의 처짐, 솟음량의 제작오차, 차량하중에 의한 부등처짐, 장기처짐의 영향

으로 두 교량 사이에 필연적으로 단차 발생

2) 제설작업에 의한 염화물 유입으로 조인트 부식 및 주형과 하부구조에 손상가중으로 내구수명저하의 주요인으로 작용

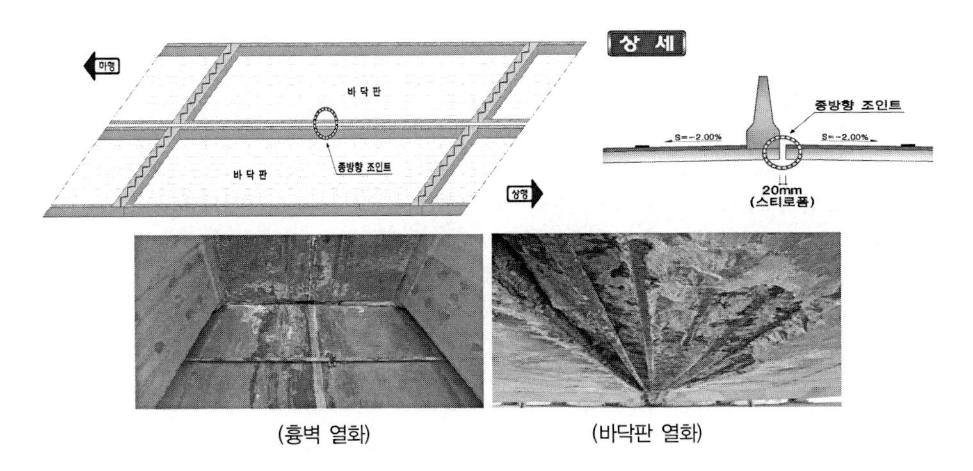

(흉벽 열화) (바닥판 열화)

3) 설계 및 시공시 중점고려 사항

① 교각, 교대 일체화 및 슈 고정단 중앙부 배치
② 편경사 교량의 경우 중분대측 배수구 설치 가능여부 사전검토
③ 슬래브 시공이음부 발생방지 위하여 동시타설 또는 중앙분리대에 시공이음부 위치하도록 계획수립
④ 지반변동이 큰 지형에 기초설치 시 비틀림에 대한 안정성 검토
⑤ 교대부 균열발생 저감을 위하여 수축줄눈 시공 등 별도검토

당 초(빔 본수 : 10본)	개 선(빔 본수 : 9본)

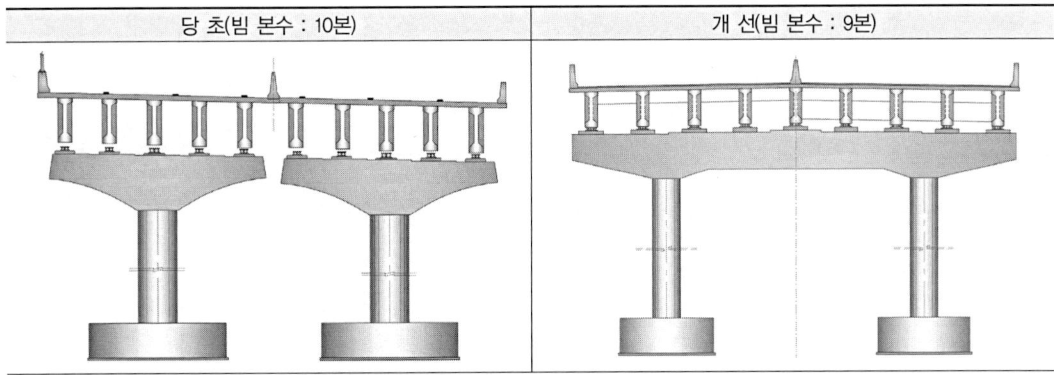

교량슬래브 일체화 → 내진성능 향상기대, 하부구조 여용력 증대로 안정성확보
교량슬래브 종방향 누수방지로 내구성향상 기대

4. 교량확장공법의 비교

구분	분리시공	중간콘크리트 접합	직접접합시공
개요	두 교량 사이에 종방향의 조인트를 설치하여 두 교량이 구조적으로 독립된 교량으로 작용	두 교량을 서로 분리하여 독립적으로 완료한 후 두 교량 사이의 상하부 접합부를 중간콘크리트에 의해 접합하는 방식으로 차량의 고속주행, 안전성 및 공용중의 유지관리에 유리하며 고속도로 교량의 확폭 시공에 적합	기설부와 신설부 교량을 직접 맞대어 시공하여 일체구조로 작용
구조 안전성	• 콘크리트 타설시 동바리의 처짐, 솟음량의 제작오차, 차량하중에 의한 부등처짐, 장기처짐의 영향으로 두 교량 사이에 필연적으로 단차 발생 • 제설작업에 의한 염화물 유입으로 조인트 부식 및 주형과 하부구조에 손상 가중	• 상부슬래브 시공시 신설부 교량의 동바리를 제거하여도 신설부 교량의 사하중이 기설부 교량의 추가처짐 및 응력 유발안함 • 신설부 교량의 상부구조가 완성된 뒤 두 교량의 상, 하부구조의 접합부를 중간콘크리트로 접합시공하면 신설부 교량의 상부하중은 기설부 교량의 하부구조에 추가처짐 및 응력 유발 안함 • 게르버보의 경우 두 교량 사이에 발생한 처짐 단차는 중간콘크리트로 쉽게 조정하여 급격한 단차를 완만한 경사가 되도록 함 • 신설부 교량의 방치 기간 동안 신설부 콘크리트의 건조수축 및 크리프 변형에 의해서 기설부 교량에는 추가처짐 및 응력 유발 안함	• 신설부의 상부구조를 시공하기 전에 두 교량의 하부구조를 접합 후 시공되는 상부하중은 기설부 하부구조에 추가하중으로 작용 • 기설교량에 차량통행시 신설교량과의 접합부가 차량진동으로 강도저하 우려
시공성	• 분리시공으로 시공성 양호	• 2번의 시공으로 시공이 다소 복잡	• 일체시공으로 시공양호
사용성	• 조인트부 단차발생으로 승차감 및 교통사고 유발 • 조인트 보수 시 사고위험성과 교통지체 유발	• 구조물이 일체가 되어 주행성이 양호 • 유지관리에 대한 우려 없음	• 구조물이 일체되어 주행성 양호 • 유지관리에 대한 우려 없음
경제성	• 조인트 시공 및 보수 유지비 과다	• 2번의 시공으로 공사비 다소 증가	• 공사비 저렴

108회 1-7

프리캐스트 콘크리트 바닥판

프리캐스트 콘크리트 바닥판을 사용한 교량의 특징 및 향후 과제에 대하여 설명하시오

풀 이

➤ 개요

현재 교량에 사용되고 있는 바닥판은, ① 중소 지간용의 현장타설 RC바닥판, ② 장대교 등을 대상으로 한 강바닥판, ③ 품질향상과 공사의 신속화를 위한 RC 또는 PC 프리캐스트 바닥판 및 ④ 합성바닥판 등으로 구별될 수 있다

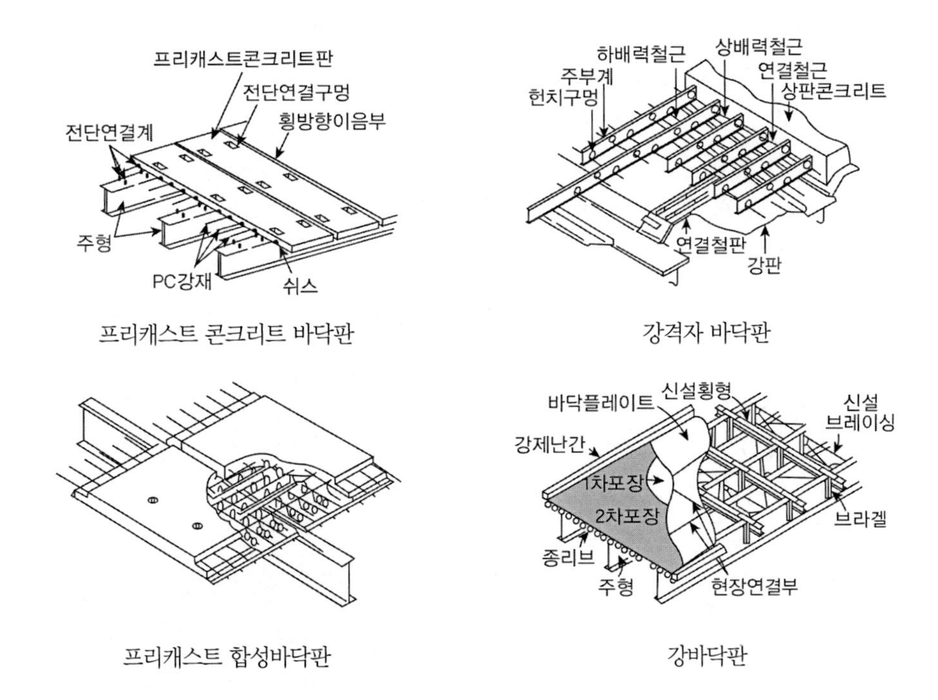

프리캐스트 콘크리트 바닥판 강격자 바닥판

프리캐스트 합성바닥판 강바닥판

도로교의 바닥판은 차량하중을 직접 지지하는 등 통상적으로 다른 구조부재보다도 가혹한 사용환경 하에 있다. 바닥판의 손상은 차량의 대형화 및 통행량의 증가, 피로현상에 대한 사전조치미흡 및 재료의 열화 등이 복합적으로 작용하여 발생된다.
또한 건설현장의 작업원 중 숙련된 인력이 부족하고 고령화되어 산업생산성이 저하되는 실정이어서 거푸집제작, 철근 배근, 콘크리트 타설 등에 많은 인력이 요구되는 현장타설 RC 바닥판은 공기지연이나 부실시공 등의 우려가 있다.

➤ 프리캐스트 콘크리트 교량 바닥판의 특징

내구성의 증대, 유지 보수 필요성의 감소, 시공의 간편성과 시공기간의 단축 및 교통흐름의 방해 없이 교통을 유지할 수 있다는 점 등이 프리캐스트 콘크리트 바닥판을 이용하는 주요 장점이다. 특히 바닥판과 바닥판의 연결형태가 female-female 형태는 갖는 경우는 이음부의 현장타설을 최소로 하며, 종방향 내부긴장재를 이용하여 압축상태를 유지하므로서 사용성을 확보하고 피로수명을 대폭 향상시킬 수 있는 장점이 있다.

1) 품질 및 공기단축

프리캐스트 바닥판은 공장제작 제품으로 고강도화 및 현장작업의 최소화를 통한 고내구성 바닥판의 시공이 가능하며, 기존의 철근콘크리트 바닥판에서 초기에 발생하는 건조수축량을 대폭 감소시킬 수 있어 교량 바닥판의 초기 균열을 방지 할 수 있으며 현장의 여건에 따라 발생 할 수 있는 재료적, 구조적 초기 결함을 대폭 줄일 수 있다.
또한 프리캐스트 바닥판의 시공은 기후의 영향을 많이 받지 않고 동바리 설치와 거푸집 제작, 장기간의 양생 기간을 필요로 하지 않기 때문에 시공기간을 현저히 단축시킬 수 있을 뿐만 아니라 산악지형과 같은 고공의 교량 건설시 더욱 유리하다. 프리캐스트 콘크리트 바닥판의 시공기간은 현장 RC타설 바닥판의 공사기간과 비교해 아래 그림11과 같이 약 50% 가량 단축이 가능하다.

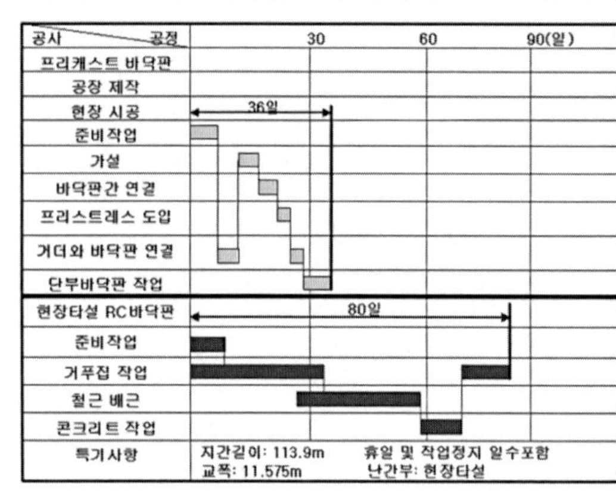

〈프리캐스트 콘크리트 바닥판의 공장제작 공기〉

2) 기계화 시공

현장에서 콘크리트를 타설 하는 작업 대신에 미리 제작한 규격화된 프리캐스트 바닥판을 현장에서 크레인 등의 가설장비를 이용하여 가설함으로써 기계화 시공을 달성할 수 있고 인력절감이 가능하며, 교량제원에 따라 바닥판의 제원을 변동하여 제작할 수 있으므로 적응성이 뛰어나다.
현장타설 바닥판의 경우 작업이 기후조건에도 많은 영향을 받게 되는데, 프리캐스트 바닥판을 사용하게 되면 전천후시공이 가능하여 공기지연도 방지할 수 있다. 신설교량의 바닥판 가설은 물론 급속시공 및 교차시공을 통한 노후 교량바닥판 교체에 적용할 수 있으며, 통행량이 증가에 따라 확폭 하는 경우에도 기존 바닥판을 철거한 후 거더만 보수하고 고강도콘크리트 등을 사용하면 사하중 증가 없이 기존 교량의 확폭 및 내하력 증대가 가능하여 바닥판 가설작업에는 그 적용성이 뛰어나다.

3) 공사비

초기투자비는 통상 현장타설 RC 바닥판에 비해 고가이나 교량바닥판의 내구수명을 기존 현장타설 콘크리트 바닥판보다 약 3배 이상 연장 할 수 있어, 고내구성의 특성으로 유지관리비 지출을 최소화할 수 있으므로 전체 교량 바닥판의 생애주기 비용을 비교할 때 기존 공법에 비해 3배 이상의 절감효과를 얻을 수 있다.
또한 기존의 공법으로 노후바닥판을 교체하는 경우 현장 타설로 현장 작업이 많고 콘크리트의 강도발현에 많은 시간이 소요되며, 본 공사와 같이 프리캐스트 바닥판을 이용한 상·하행차선의 교차시공을 통해 공사 중 계속교통소통이 가능하게 되므로 도심지 시공사 및 교통의 전면적 차단 없이 공사가 가능하므로 막대한 사회 간접비용 지출을 방지하고 우회도로 건설비용 등을 절감할 수 있다.
기술적으로는 반폭교체시공인 경우 한쪽차선 교행에 따른 진동문제로 인하여 콘크리트의 양생 시 문제가 야기 될 소지가 많아 향후 교체공사 후에도 바닥판의 초기 손실로 인하여 유지관리 및 바닥판의 수명에 결정적인 영향을 미칠 수 있으므로 구조적으로도 유리하다.

➤ 프리캐스트 콘크리트 교량 바닥판의 향후과제

프리캐스트콘크리트 바닥판은 품질관리가 확실하고, 현장공정의 생략으로 공기단축 및 인력절감이 가능하며 특히 차선별 교차시공으로 공사 중에도 교통 통제 없이 계속 시공할 수 있다는 점 등의 장점을 가지고 있다.
다만, 공장제작으로 현장타설 바닥판에 비해 여건에 따른 표준화가 필요하며, 연결부에 대한 품질확보 등의 요구된다.

Chapter

04 라멘교, 거더교와 합성교

01 라멘교의 설계

1. 라멘구조의 이상화 및 절점부의 강성해석

1) 구조해석 모델

① 단면력을 계산할 때의 라멘축선은 부재단면의 도심에 일치시키는 것을 원칙으로 한다.
② 기둥과 기초가 일체 강결된 경우는 기초구조의 상면, 힌지구조인 경우는 힌지의 중심을 기둥 축선의 하단으로 한다.
③ 단면력 계산 시 부재단면의 변화와 강역의 영향을 고려하는 것을 원칙으로 한다.

2) 강역(Rigid Zone)

① 강역이란 부재가 만나는 절점에서 부재변형을 무시할 수 있고, 회전변위나 처짐이 일체로 거동하여 강체로 볼 수 있는 영역을 말한다.
- 부재단면에 비해 헌치 크기가 작은 경우 헌치 휨강성을 무시할 수 있다.
- 경간이 비교적 긴 라멘에서 강역을 무시해도 오차가 작아 무시할 수 있다.
- 절점부에 헌치가 큰 경우, 부재의 두께가 매우 큰 경우에는 고려한다.

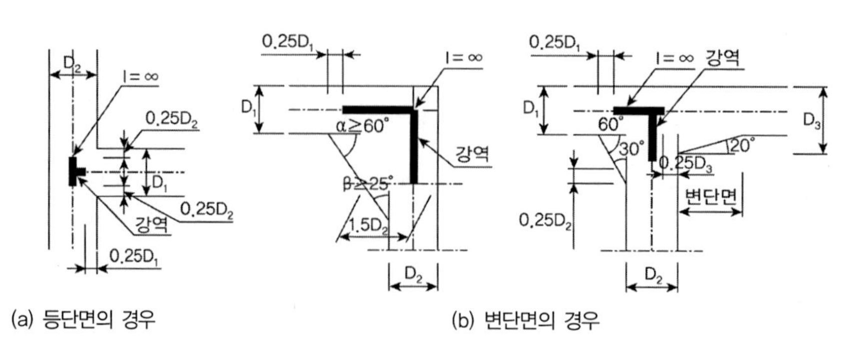

(a) 등단면의 경우 (b) 변단면의 경우

2. 절점부의 단면력 산정 및 유효단면

1) 라멘부재의 설계 휨모멘트

라멘부재의 헌치부는 헌치부를 고려하여 모델링하거나 또는 헌치부를 무시하고 모델링할 수 있다. 헌치부를 무시하고 모델링할 경우에는 벽체전면의 휨모멘트를 수직수평부재가 만나는 점의 휨모멘트 값으로 정의하므로 주의를 요한다.

① 헌치 및 단면 변화를 고려하여 모델링할 경우 벽체 전면의 모멘트를 설계 휨모멘트로 한다.

② 헌치의 영향을 무시하고 모델링할 경우 수평, 수직부재가 만나는 절점의 값을 설계 휨모멘트로 한다.

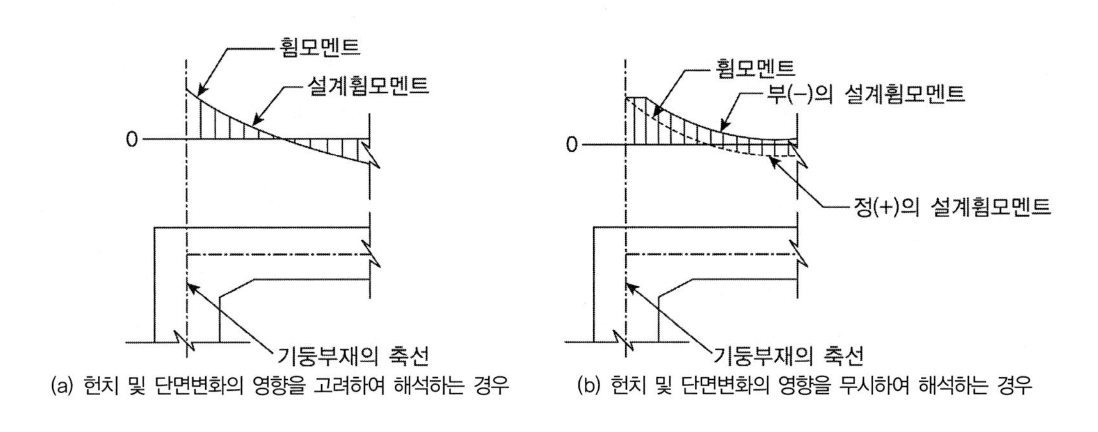

(a) 헌치 및 단면변화의 영향을 고려하여 해석하는 경우 (b) 헌치 및 단면변화의 영향을 무시하여 해석하는 경우

3. 라멘 절점부의 응력분포와 균열도

라멘절점부의 모멘트에 대한 설계는 허용응력 설계법에 따라 설계하거나 STM 모델에 따라 설계할 수 있으며 각각의 경우에 대해서는 다음과 같다.

1) 외측인상(닫침 모멘트)

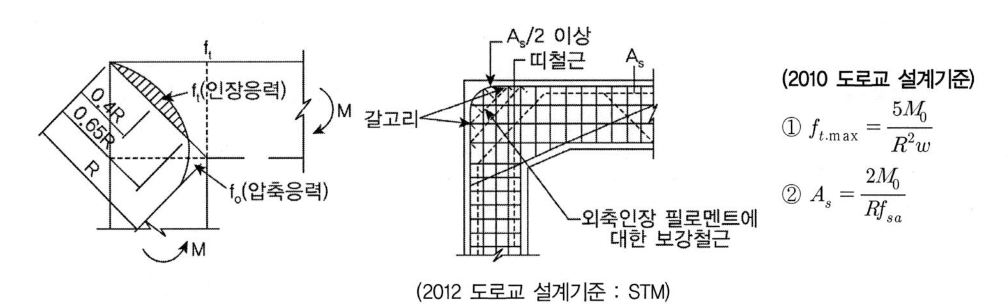

(2012 도로교 설계기준 : STM)

(2010 도로교 설계기준)

① $f_{t.\max} = \dfrac{5M_0}{R^2 w}$

② $A_s = \dfrac{2M_0}{Rf_{sa}}$

① 기둥과 보의 깊이가 비슷한 경우, 보 기둥 접합부내의 전단철근 설계와 정착 길이 검토는 수행하지 않아도 된다. 보의 모든 인장 철근은 우각부 주위에서 구부려서 배치하여야 한다.
② 정착길이 l_{db}는 $\Delta F_{td} = F_{td2} - F_{td1}$에 의해서 결정하여야 한다.
③ 면내 절점에 수직으로 작용하는 횡방향 인장력에 대하여 철근을 배치하여야 한다.

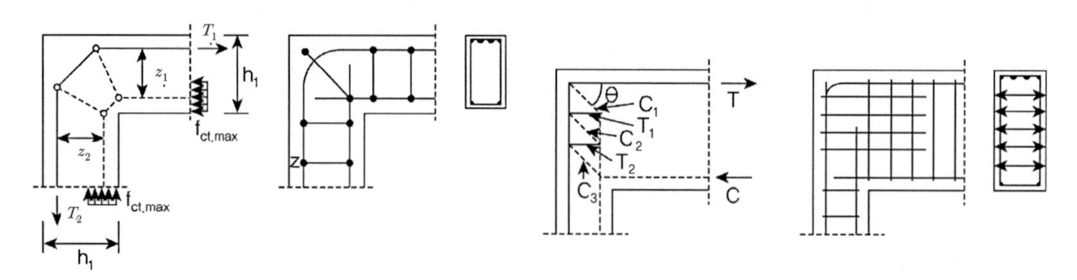

(a) 기둥과 보의 깊이가 비슷한 경우　　(b) 기둥과 보의 깊이가 크게 다른 경우

2) 내측인장(열림 모멘트)

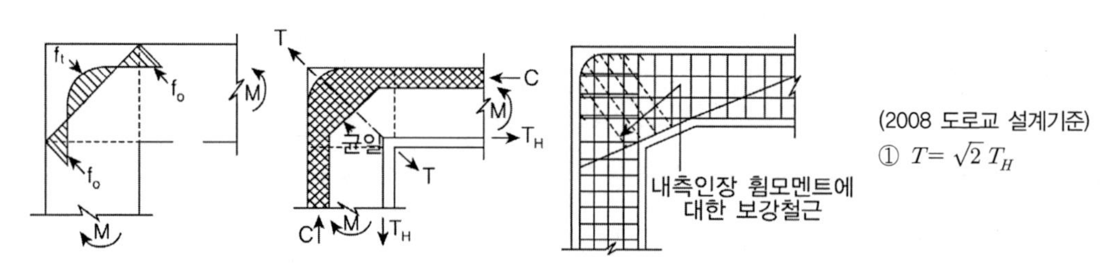

① $T = \sqrt{2}\,T_H$

(2012 도로교 설계기준 : STM)

① 기둥과 보의 깊이가 비슷한 경우는 스트럿-타이 모델을 사용할 수 있다. 폐합형태 또는 두 개의 U형 철근을 겹친 형태와 경사방향 연결 철근의 조합으로 구성하여야 한다.
② 열림 모멘트가 크게 작용하는 우각부는 쪼갬을 방지하기 위한 경사철근과 전단철근을 배치한다.

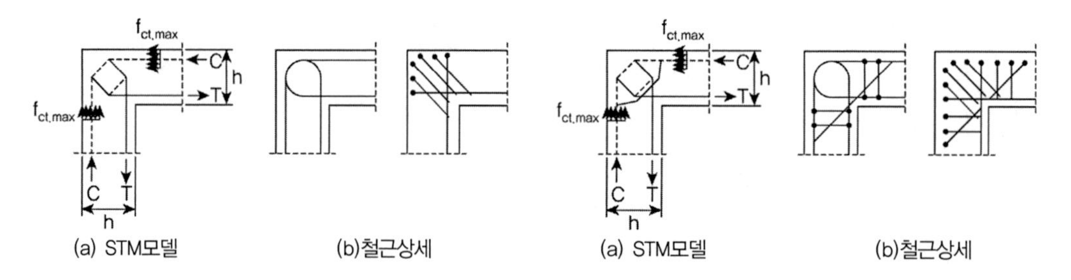

(a) STM모델　(b)철근상세　(a) STM모델　(b)철근상세

(작은 열림 모멘트가 작용하는 경우($A_s/bh \le 2\%$)) (큰 열림 모멘트가 작용하는 경우($A_s/bh > 2\%$))

102회 1-6

라멘 강역

라멘골조에서 강역(Rigid zone)에 대해 설명하고 그 개요를 그림으로 나타내시오.

98회 3-2 RC라멘 접합부의 보강철근 개념과 스트럿-타이모델 적용 설명

89회 1-13 RC 라멘 단절점부에 외측인장 휨모멘트 작용시 보강 검토하는 이유

79회 3-4 라멘의 강절점에 작용하는 모멘트와 이때 발생하는 응력, 균열형태, 배근방법

64회 4-2 라멘 구조의 접합부 설계에서 강역의 영역 고려 설명

풀 이

➤ 개요

RC라멘의 접합부는 거더 및 슬래브와 기둥이 일체로 강결된 구조로 회전 및 변위에 대하여 일체로 거동하기 때문에 절점부의 강역이나 헌치부 등으로 인한 단면변화 등을 고려하여 설계하여야 한다. 절점부의 단면력을 계산 시에는 부재단면의 휨 강성의 변화 및 강역의 영향을 고려하여 해석하여야 하기 때문에 헌치 등으로 인한 강역지역에 대한 고려가 필요하다.

➤ 강역에 대한 일반사항

① 기둥과 보의 절점부에 특히 큰 헌치가 있는 경우나 보부재 또는 기둥부재 두께가 매우 큰 경우 강역의 영향을 고려한다.

② 부재단부가 다른 부재와 접합할 때는 그 부재단에서 부재두께의 1/4 안쪽 점에서부터 절점까지로 한다.

③ 부재가 그 축선에 대해 25° 이상 경사진 헌치를 갖는 경우에는 부재두께가 1.5배가 되는 점에서부터 절점까지로 한다. 다만 헌치의 경사가 60° 이상의 경우 헌치의 시점에서 부재두께의 1/4안쪽 점에서부터 절점까지로 한다.

④ 양측의 헌치의 크기가 다른 경우 등의 사유로 ②, ③로 정한 점이 2점 이상 동시에 존재하는 경우에는 강역의 범위는 큰 쪽을 취한다.

⑤ 라멘 절점부의 휨모멘트는 다음과 같이 고려한다.

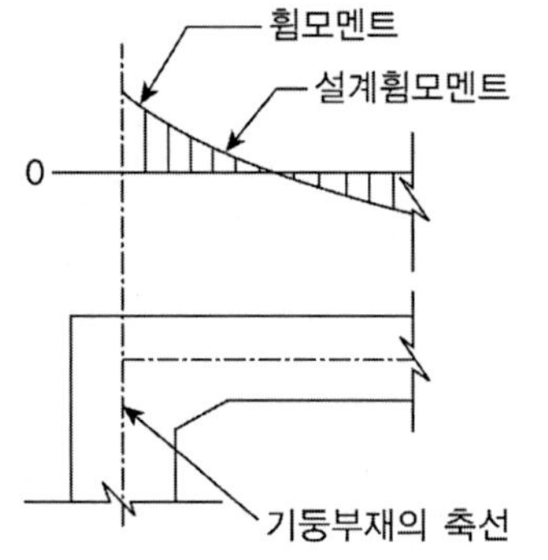

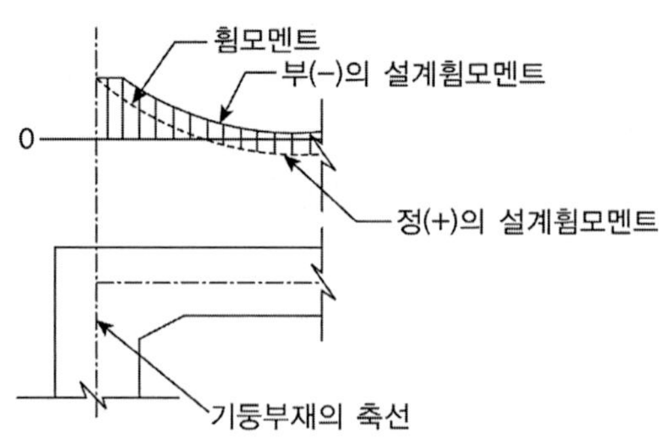

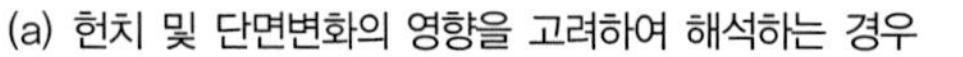
(a) 헌치 및 단면변화의 영향을 고려하여 해석하는 경우

(b) 헌치 및 단면변화의 영향을 무시하여 해석하는 경우

⑥ 기둥의 단면이 원형인 경우는 거더 또는 슬래브의 응력 등을 검토할 단면의 위치는 기둥 표면에서 기둥 직경의 1/10만큼 들어간 위치로 하거나 단면적이 같은 가상의 정사각형 단면으로 치환했을 때의 표면위치로 한다.

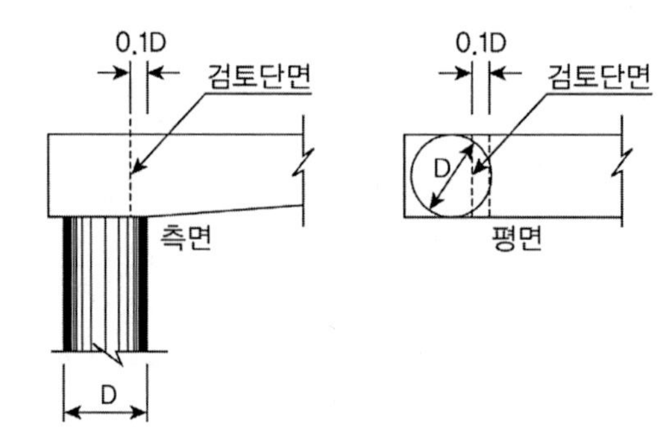

⑦ 절점부는 스트럿-타이 모델해석에 의해 철근 상세를 설계할 수 있다.

➤ 라멘단절점부에 외측인장 휨모멘트가 작용하는 경우

① 그림과 같이 외측인장 휨모멘트가 단절점부에 작용하는 경우에는 대각선 방향의 단면에 인장응력 f_t가 발생하므로 이 인장응력이 허용휨인장응력 $0.13\sqrt{f_{ck}}$를 초과하는 경우에는 그림과 같이 보강철근을 배치하여야 한다.

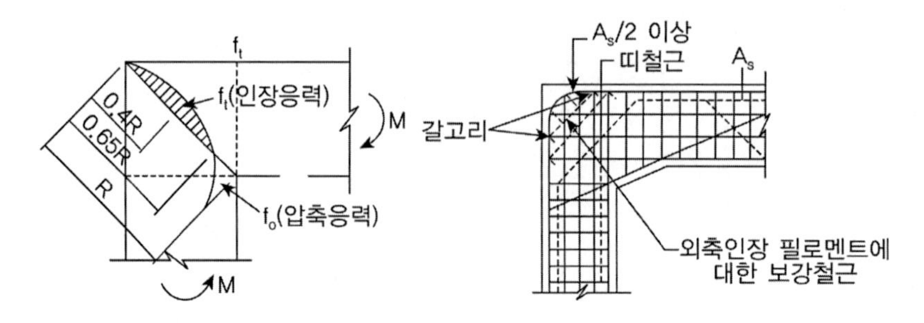

② 이때의 인장응력의 최대값 $f_{t \cdot \max}$는 다음의 식에 의해서 구해도 좋다.

$$f_{t \cdot \max} = \frac{5M_0}{R^2 \cdot w}$$

여기서, $f_{t,\max}$: 그림에서 보여주는 인장응력의 최댓값(MPa)

M_0 : 절점휨모멘트(N-mm), R : 절점부 대각선 길이(mm)

$R^2 = a^2 + b^2$, a : 연직방향부재의 폭(mm)

b : 수평방향 부재의 높이(mm), w : 절점부의 구조물 폭(mm)

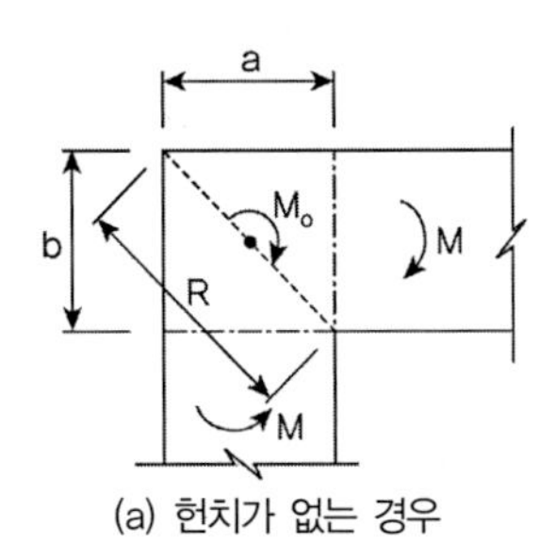

(a) 헌치가 없는 경우

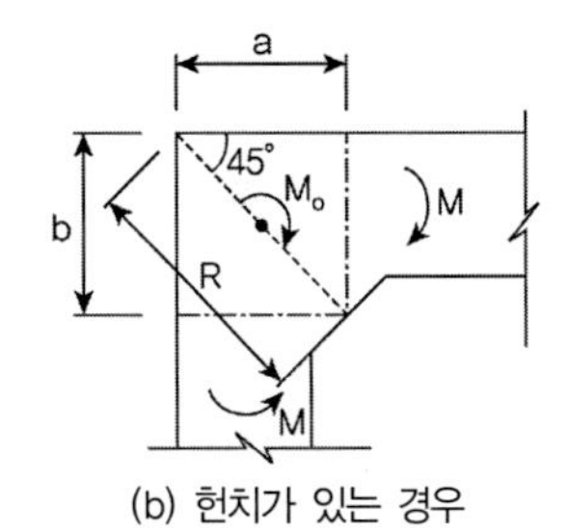

(b) 헌치가 있는 경우

③ 인장응력 f_t 에 대한 보강철근량은 다음의 식에 의해 구해도 좋다.

$$A_s = \frac{2 \cdot M_0}{R \cdot f_{sa}}$$

여기서, A_s : 외측인장에 대한 보강철근량(㎟), f_{sa} : 보강철근의 허용응력(MPa)

④ 갈고리를 붙인 주철근 및 절점부에 접합하는 부재의 주철근 중에서 외측에 연하여 배치한 주철근 이외의 구부린 주철근으로 그림에 표시된 0.65R 범위에 배치된 철근은 보강철근의 일부로 보아도 좋다.

➤ 라멘 단절점부에 내측인장 휨모멘트가 작용하는 경우

① 단절점부에 내측인장 휨모멘트가 작용하는 경우에는 대각선 방향으로 그림과 같은 응력상태가 되어, 압축응력의 합력의 작용에 의해 균열이 발생하므로 대각선 방향으로 철근을 배치하여 보강하여야 한다.

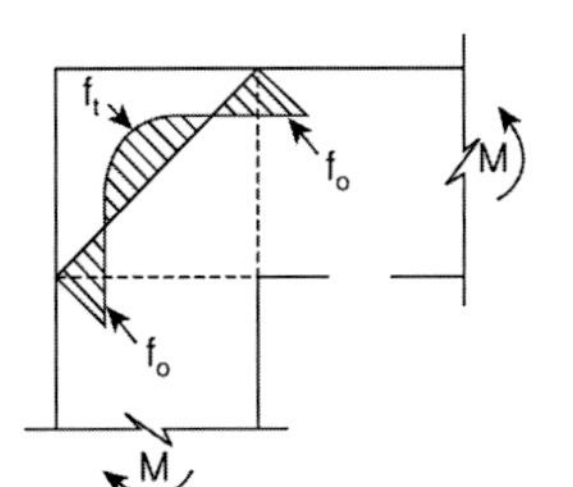

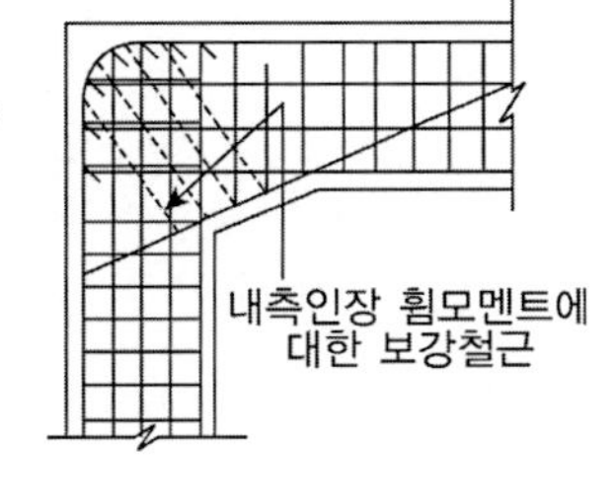

② 이 경우 인장력의 합력T는 아래의 식에 의해 구해도 좋다.

$$T = \sqrt{2} \cdot T_H$$

여기서, T : 대각선방향의 인장응력의 합력(N)

T_H : 수평부재 또는 연직부재에 작용하는 인장응력의 합력(N)

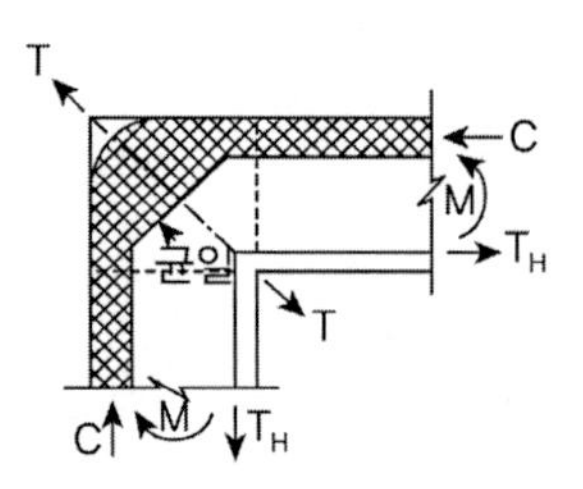

C : 압축응력의 합력(N)

T, T_H : 인장응력의 합력(N)

➤ 절점부의 철근의 배치

① 단절점부에서는 절점부에서 결합하는 부재의 주철근량의 적어도 1/2은 외측에 연해서 배치하는 것이 좋다. 그림에서 파선으로 표시된 철근은 외측인장 및 내측인장 휨모멘트에 의해 발생하는 인장응력에 대하여 필요한 경우 배치하는 철근이다.

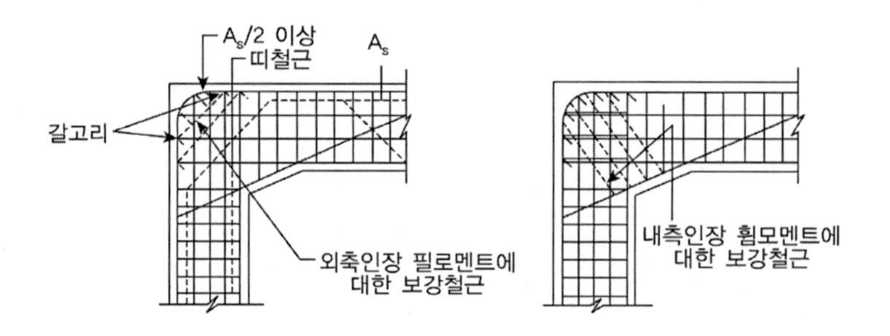

② 중간절점부에서의 기둥의 주철근은 원칙적으로 모서리에서 거더 및 슬래브 부재높이의 1/2 또는 기둥의 유효높이의 1/2 중 작은 값만큼 지나서 이점부터 정착길이 이상으로 연장하여야 한다.

③ 박스거더교 등에서는 격벽에 설치된 개구부 등으로 인하여 축방향 철근이 끊기는 경우가 많으므로 이 경우도 아래그림의 a-a단면에서 소요 철근량은 이 규정에 따라 정착시켜야 한다.

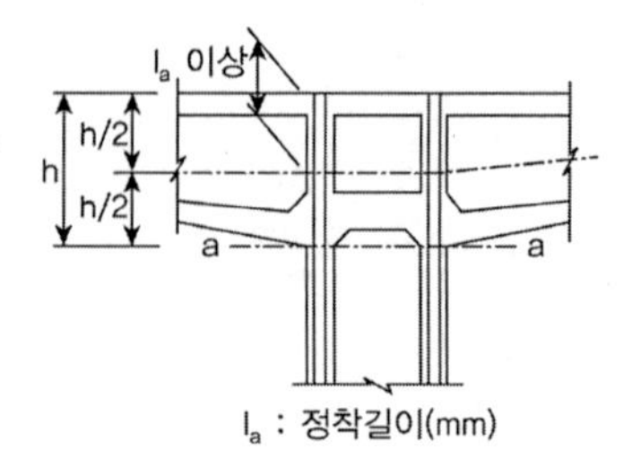

④ 헌치에는 계산상 필요 없는 경우라도 헌치에 연하여 가외철근을 배치한다.
⑤ 부재 절점부 및 그 부근에서는 주철근의 이음을 두지 않는 것을 원칙으로 한다.

➤ 라멘절점부의 STM 모델

도로교설계기준(2010)에서는 허용응력설계법을 기준으로 하여 STM 모델 등에 따른 라멘 절점부 설계도 할 수 있도록 하여 기존 설계법을 유지한데 반하여 콘크리트 구조설계기준(2007)에서는 설계법을 STM, 유한요소해석, 허용응력설계법(근사해법)으로 규정하여 선택적으로 설계토록 하고 있다.

1) STM에 따른 접합부 설계기준(콘크리트 구조설계기준, 2007)

① 부모멘트가 최외측 접합부에 작용하는 경우에 대각선 방향의 단면에 유발되는 계수인장응력 f_t 가 $\sqrt{f_{ck}}/3$를 넘을 경우는 보강철근을 배치하여야 한다.
② 접합부에 정모멘트가 작용하면, 접합부 대각선 방향과 대각선의 직각방향의 단면에 인장응력이 작용하므로 경사방향으로 철근을 배치하여 보강하여야 한다.

2) STM 모델

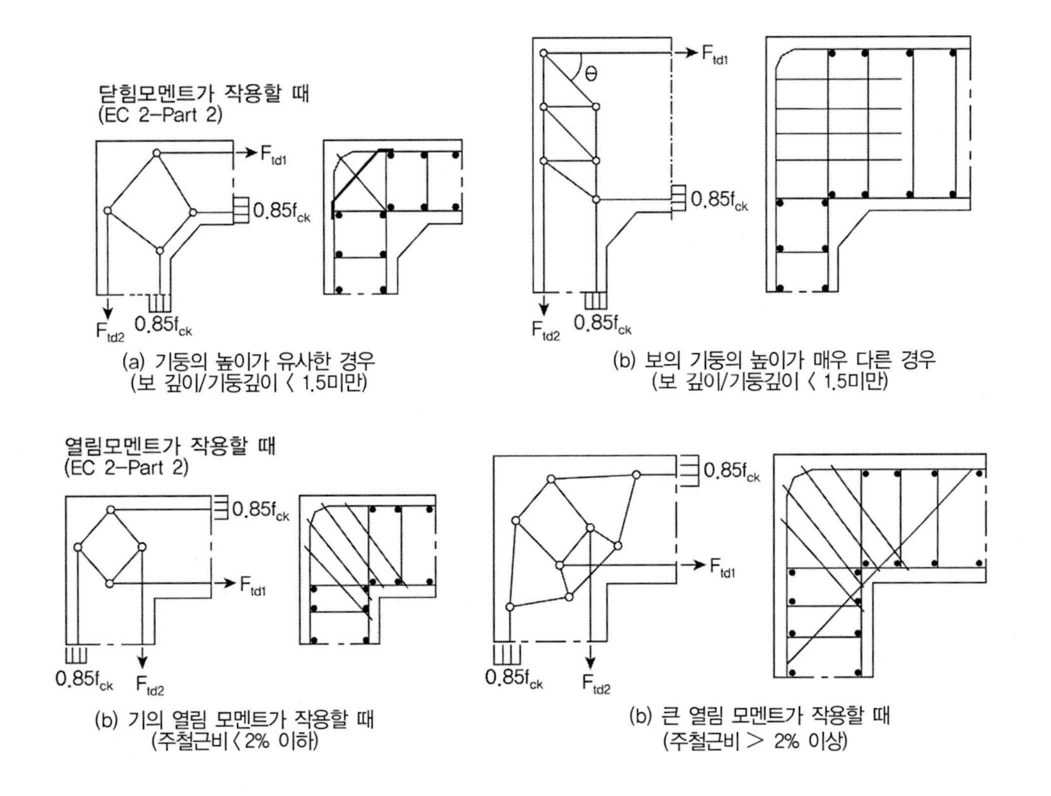

(a) 기둥의 높이가 유사한 경우
(보 깊이/기둥깊이 〈 1.5미만)

(b) 보의 기둥의 높이가 매우 다른 경우
(보 깊이/기둥깊이 〈 1.5미만)

(b) 기의 열림 모멘트가 작용할 때
(주철근비 〈 2% 이하)

(b) 큰 열림 모멘트가 작용할 때
(주철근비 > 2% 이상)

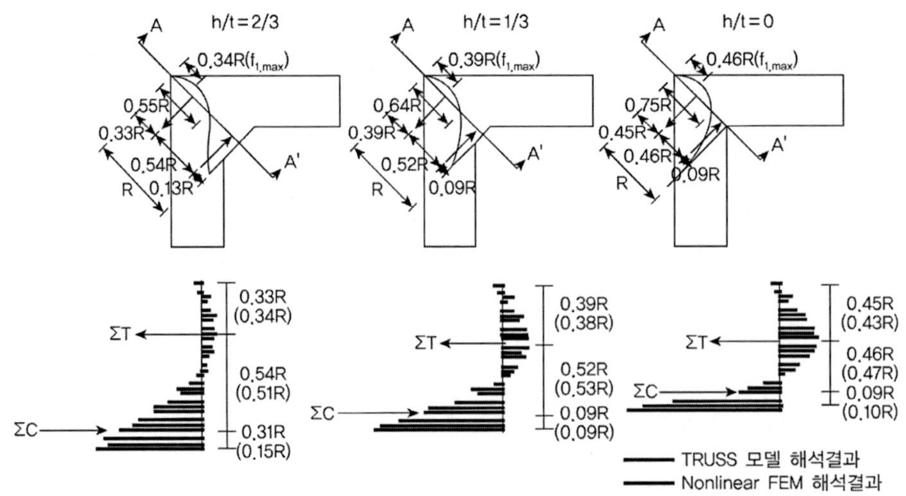

(헌치(h)유무에 따른 내부모멘트의 팔길이 변화(보두께=벽체두께=t))

① 스트럿-타이모델 선정에서 가장 중요한 것은 구조계에 발생하는 응력분포에 적합한 절점 구성을 하는 것이며, 인장타이의 위치는 반드시 충분한 길이의 철근을 배치해야 한다.

② 토목구조물에서 박스구조물과 같은 라멘절점부는 일반적으로 보와 기둥의 깊이가 유사한 경우가 대부분이며, 지중에 설치되는 경우 우각부는 주로 닫힘 모멘트를 받는다. 헌치가 있을 경우에 내부모멘트 팔 길이 z가 커지기 때문에 가능한 헌치를 설치하는 것이 구조적으로 유리하다.

③ 이때 우각부 절점 구성의 중요한 점은 응력교란을 받는 우각부의 인장타이와 압축절점 사이 거리 z가 $0.45R$~$0.55R$ 범위에 있으므로 z값이 가급적 $0.55R$ 이하가 되도록 절점을 구성하는 것이 바람직하다.

3. 라멘 절점부의 STM 설계 예

1) 라멘단절점부에 외측인장 휨모멘트가 작용하는 경우 STM 설계 예

$f_{ck} = 28MPa$, $f_y = 400MPa$, 자중과 전단력 효과는 무시하고 우각부의 휨모멘트만 고려
휨철근비는 0.68%(일반적인 박스의 주철근비는 1.5% 미만임)

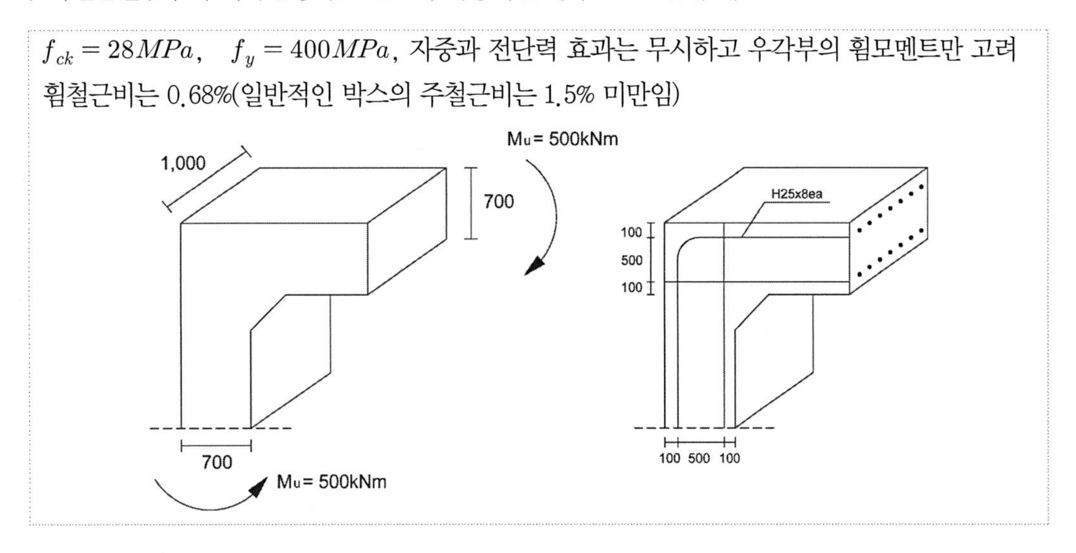

① STM 모델

가. 스트럿의 θ값은 가급적 25~65°범위 내로 한다(CEB-FIP MC90)

나. 닫힘 모멘트를 받는 우각부의 절점구성은 도로교 설계기준에 근거하여 스트럿과 타이의 간격이 $0.5R$이 되도록 구성한다.

다. 기존 휨 주철근의 회전반경에 인장타이가 위치하지 않기 때문에 보강효과가 없는 것으로 간주하고 휨철근의 인장 보강효과를 고려하기 위해서는 별도의 절점구성을 해야 한다.

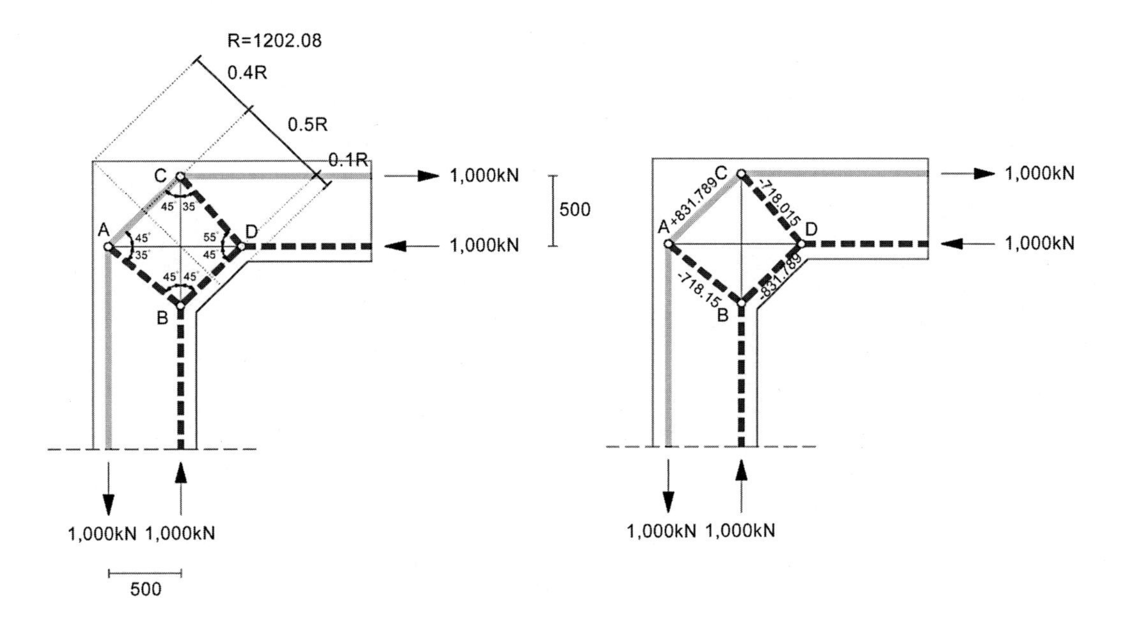

② 인장타이 필요철근량 산정(AC타이)

$$A_{st} = \frac{F_u}{\phi f_u} = \frac{832 \times 10^3}{0.9 \times 400} = 2{,}311mm^2 \quad —— \quad \text{Use } H29@4^{ea} \quad A_{use} = 2{,}570mm^2$$

③ 스트럿과 절점영역의 강도 검토

$$w_{req} = \frac{F_u}{\phi 0.85 \beta_{s.\text{mod}} f_{ck} b}$$

$$\text{AB 스트럿 : } w_{req} = \frac{F_u}{\phi 0.85 \beta_{s.\text{mod}} f_{ck} b} = \frac{7.18 \times 10^3}{0.75 \times 0.85 \times 0.60 \times 28 \times 1000} = 67.1mm$$

요소	요소종류	β_s or β_n	$\beta_{s.\text{mod}}$	$0.85\beta_{s.\text{mod}} f_{ck}$	F_u(kN)	w_{req}(㎜)	비고
AB	스트럿 AB	0.60	0.60	14.28	718.15	67.1	만족
	NZ A(CTT)	0.60					
	NZ B(CCC)	1.00					
BD	스트럿 BD	0.60	0.60	14.28	831.789	77.7	만족
	NZ B(CCC)	1.00					
	NZ D(CCC)	1.00					
CD	스트럿 CD	0.60	0.60	14.28	718.15	67.1	만족
	NZ C(CTT)	0.60					
	NZ D(CCC)	1.00					

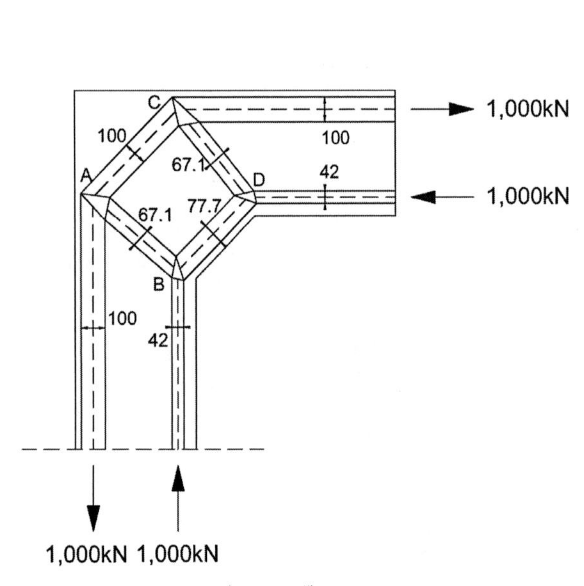

(STM 모델)

(닫힘 모멘트 작용 시 우각부 철근 배근)

2) 라멘단절점부에 내측인장 휨모멘트가 작용하는 경우 STM 설계 예

$f_{ck} = 28MPa$, $f_y = 400MPa$, 자중과 전단력 효과는 무시하고 우각부의 휨모멘트만 고려
휨철근비는 0.68% (일반적인 박스의 주철근비는 1.5% 미만임)

① STM 모델

가. 스트럿의 θ값은 가급적 25~65° 범위 내로 한다(CEB-FIP MC90).

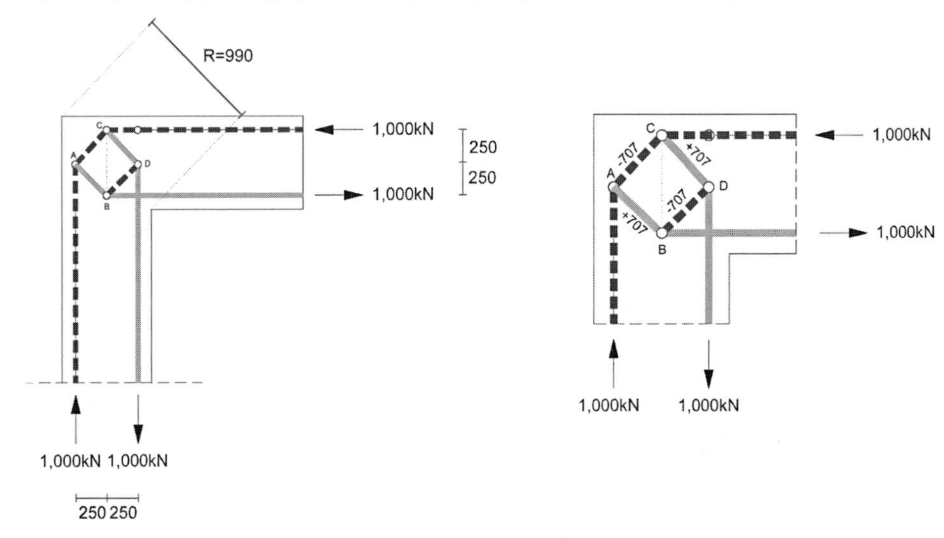

② 인장 타이 필요 철근량 산정(AB 타이)

$$A_{st} = \frac{F_u}{\phi f_u} = \frac{707 \times 10^3}{0.9 \times 400} = 1,965mm^2$$

인장력 전달을 위한 AB타이의 707kN의 단면력 전달을 위해 필요한 경사철근 배근

인장력을 전달하는 타이의 최대 유효폭 내에 넓게 분포된 스트럽의 배근형태를 가지며 H16 폐쇄스트럽을 사용하여 경사타이에 필요한 스트럽 수(n)을 구하면,

$$n = \frac{F_u}{\phi A_{st} f_u} = \frac{707 \times 10^3}{0.9 \times (4 \times 198.7) \times 400} \approx 3$$

결정한 스트럽 수를 이용하여 경사타이의 유효폭 354mm ($= 500 \times \sin 45^\circ$)내에서 필요배근간격($s$)는,

$$354/3 = 108mm$$

∴ AB 경사타이 방향으로 H16폐쇄스트럽(종방향 1000mm 내 스트럽 다리수 $n=4$)을 100mm 간격으로 배근한다.

$$A_{used} = 2383.2mm^2 (H16 \times 4^{ea}(종) \times 3^{ea}(횡))$$

③ 스트럿과 절점영역의 강도 검토

$$w_{req} = \frac{F_u}{\phi 0.85 \beta_{s.\mathrm{mod}} f_{ck} b}$$

AC 스트럿 : $w_{req} = \dfrac{F_u}{\phi 0.85 \beta_{s.\mathrm{mod}} f_{ck} b} = \dfrac{707.107 \times 10^3}{0.75 \times 0.85 \times 0.60 \times 28 \times 1000} = 66mm$

요소	요소종류	β_s or β_n	$\beta_{s.\mathrm{mod}}$	$0.85\beta_{s.\mathrm{mod}} f_{ck}$	F_u(kN)	w_{req}(㎜)	비고
AC	스트럿 AC	0.60	0.60	14.28	707	66	만족
	NZ A(CCT)	0.80					
	NZ C(CCT)	0.80					
BD	스트럿 BD	0.60	0.60	14.28	707	66	만족
	NZ B(CTT)	0.60					
	NZ D(CTT)	0.60					

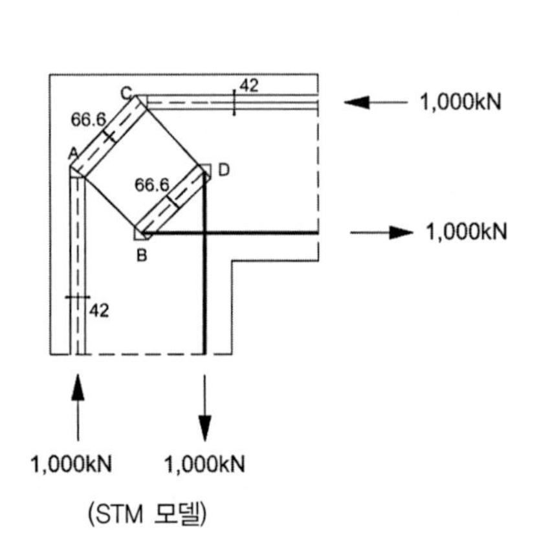

(STM 모델)

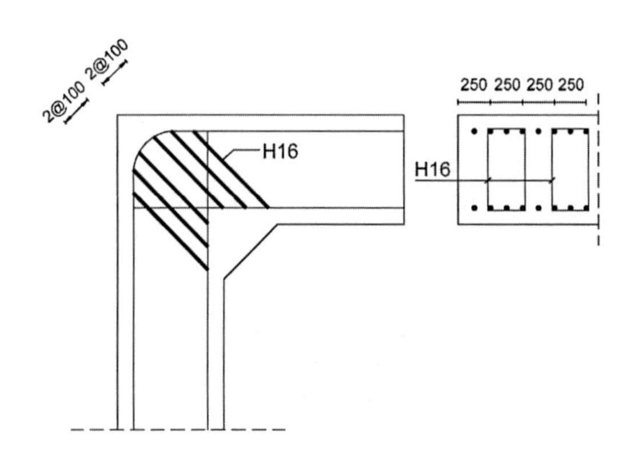

(열림 모멘트 작용 시 우각부 철근 배근)

④ 타이의 정착을 기계적 장치, 포스트텐션 정착장치, 표준갈고리 또는 철근 연장이 필요하므로, 가장 큰 인장력을 받는 AB타이의 정착을 위해 90° 표준갈고리 정착길이 l_{dh}는,

$$l_{dh} = 100\frac{d_b}{\sqrt{f_{ck}}} \times 보정계수 = 100 \times \frac{16}{\sqrt{28}} \times 0.7 \times \frac{1965}{2383.2} = 175mm$$

∴ AB 경사타이를 종방향 250mm를 폭으로 폐쇄스트럽으로 배근한다.

102회 4-2

강재 라멘교각 도로교설계기준 3.14.3.1

그림과 같은 라멘교각을 Plate Girder(강 I형 단면)로 설계하고자 한다. 이 교각의 모서리부 접합면 I형 단면에 대한 응력검토를 플랜지와 복부로 구분하여 설명하시오.

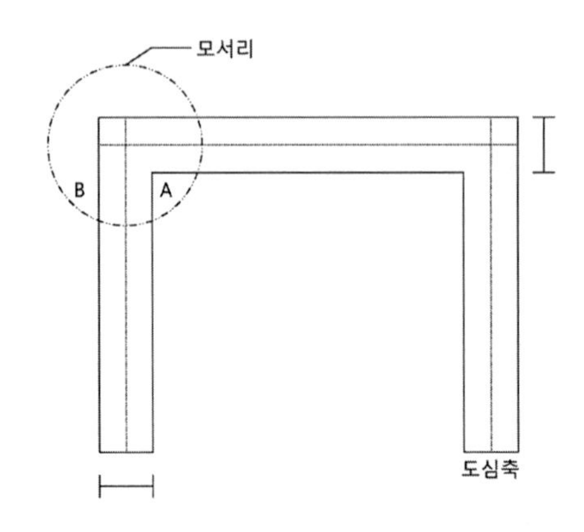

풀 이

▶ 강재 라멘교각의 설계

강재 라멘교각의 설계 시에는 부재에서 발생하는 휨, 축력, 전단에 대해서 허용응력 이내이도록 설계하여야 하며, 수직응력과 전단응력의 조합에 의한 합성응력에 대해서도 안전하도록 하여야 한다. 강재의 특성상 교각의 전체 좌굴에 대한 검토도 수행되어져야 하며, 사용성과 관련하여 처짐 등에 대한 검토도 함께 이루어지는 것이 바람직하다.

▶ 라멘의 설계 휨모멘트

모서리부에 작용하는 휨모멘트는 그림과 같이 강역(Rigid Zone)과 헌치부 등을 고려하여 A-A단면은 M_1, B-B단면은 M_2를 사용하여 단면을 결정한다.

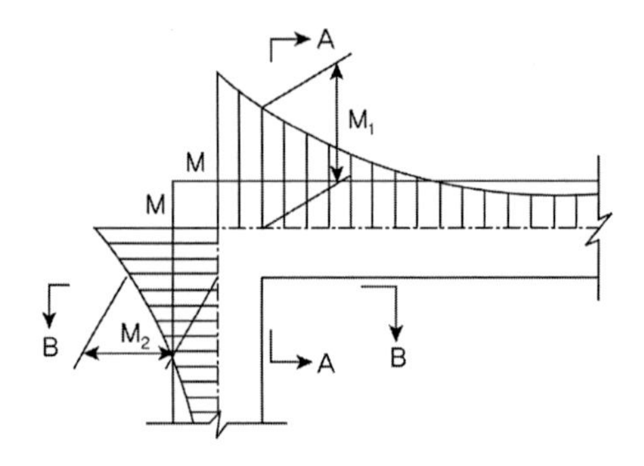

➤ 플랜지와 복부의 응력 검토

1) 플랜지

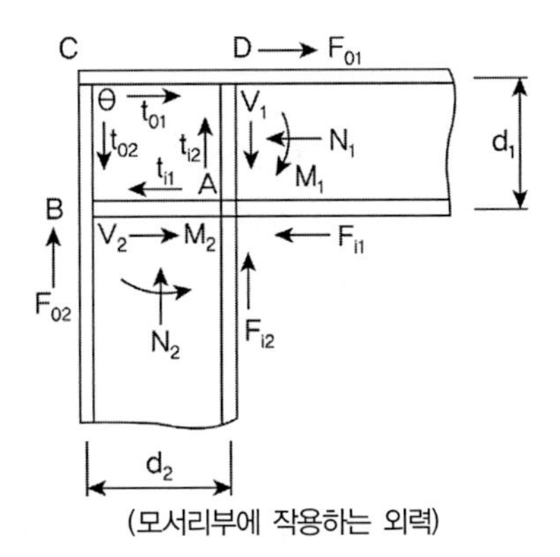

(모서리부에 작용하는 외력)

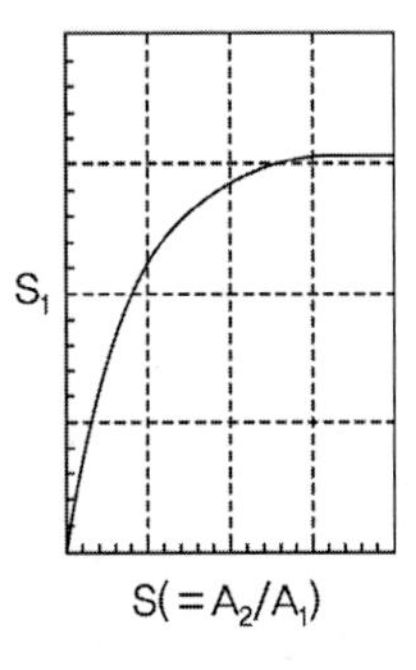

(전단지연의 추정도)

플랜지 단면은 전단지연을 고려한 수직응력에 대해 설계한다. 수직응력은 플랜지와 복부판이 분담하는 것으로 한다(다만, 원형단면의 기둥과 박스형 단면의 거더 모서리부는 복부판에 끼워 넣지 않는 것을 원칙으로 하고 수직응력은 플랜지 단면만으로 부담하도록 설계한다). 거더 또는 기둥 플랜지의 수직응력은 아래 그림의 AD 또는 AB부분에서 전단응력의 부호가 바뀌기 때문에 집중하중을 받는 것과 동일한 조건이 되고 전단지연에 의한 응력의 증가를 고려하여 결정해야 한다.
플랜지의 최대수직응력은 휨모멘트와 축력에 의한 수직응력과 전단지연에 의한 수직응력을 합한 값이며 다음의 방법에 의해 구한다.

① 휨모멘트와 축력에 의한 수직응력

A–A단면 : (외측) $f_{o1} = \dfrac{M_1}{W_1} - \dfrac{N_1}{A_1}$, (내측) $f_{i1} = -\dfrac{M_1}{W_1} - \dfrac{N_1}{A_1}$

B–B단면 : (외측) $f_{o2} = \dfrac{M_2}{W_2} - \dfrac{N_2}{A_2}$, (내측) $f_{i2} = -\dfrac{M_2}{W_2} - \dfrac{N_2}{A_2}$

M, N : 휨모멘트와 축력, $A_{f(w)}$: 플렌지(웨브) 단면적

② 전단지연에 의한 수직응력

$$f_{sl} = \frac{b}{d}\frac{F}{A_w}S_I,\quad S_I = 7.805 \times \frac{S}{(S+3)^2}\sqrt{\frac{10S+30}{10S+3}},\quad S = \frac{A_w}{A_f}$$

b : 복부판 중심 간격, d : 거더와 기중의 플랜지 중심 간격

F : 플랜지의 집중력으로 거더의 전단지연응력은 기둥의 것을 기둥의 전단지연응력은 거더의 것을 사용

$$F_{o1} = \frac{M_1}{d_1} - \frac{N_1}{2},\quad F_{i1} = \frac{M_1}{d_1} + \frac{N_1}{2},\quad F_{o2} = \frac{M_2}{d_2} - \frac{N_2}{2},\quad F_{i2} = \frac{M_2}{d_2} + \frac{N_2}{2}$$

③ 플랜지의 최대 수직응력

$$f_{fmax} = f_{①} + f_{②} \leqq f_a$$

2) 웨브

복부판의 판 두께는 전단응력에 의해 결정되며 허용전단응력 v_a 이하가 되어야 한다. 이때 복부판의 전단응력은 작용전단응력을 기준으로 한다.

$$v_w = \frac{V}{A_w} \leqq v_a$$

3) 합성응력 검토 : 합성응력의 검토는 휨모멘트와 휨에 따르는 전단력만 작용하는 경우에는 휨응력과 휨에 의한 전단응력이 허용응력의 45%를 초과하는 경우에 합성응력에 대한 검토를 수행한다.

$$\left(\frac{f_b}{f_a}\right)^2 + \left(\frac{v_b}{v_a}\right)^2 \leq 1.2,\ f_b \leqq f_a,\ v_b \leqq v_a$$

103회 1-11

라멘교와 슬래브교

슬래브교와 라멘교의 구조적 특성

풀 이

➤ 슬래브교

슬래브교는 2방향으로 구성된 자유로운 판구조의 교량을 말하며, 판두께가 얇고 판자중이 작은 범위의 단순지간에서는 10~15m 이하의 짧은 지간의 교량에 주로 적용한다. 판 두께가 얇기 때문에 형고의 제약을 받는 곳에서 적합한 단순한 구조로 시공성이 높고 지간 길이나 교각 구조에 따라 Slender하여 경쾌한 느낌을 준다. 다리 밑 공간을 충분히 확보하여 경관을 고려하는 곳에 적합한 구조다.

1) 구조적 특징

① 형고가 타 형식에 비해 낮아 상부구조 높이에 제약을 받는 경우에 적합하다.
② 단순한 구조이며 시공성이 좋다.
③ 도로 폭의 변화나 평면 곡선에 대응이 유리하다.
④ 단위 면적당 고정하중이 크기 때문에 경간길이가 짧다.
⑤ 슬래브의 형고비(h/L)는 1/16~1/20정도에서 적용하며 적용지간은 통상 단순교는 5~15m, 연속교는 10~30m 범위에서 적정하다.
⑥ 슬래브의 형식은 RC 슬래브, 중공슬래브, PSC 슬래브 등이 있다.
⑦ 사교의 경우 경사슬래브에서 경간을 취하는 범위가 변화하므로 주의를 요하며, 경사지간(l_s)와 슬래프 폭(B)의 비(l_s/B)가 작아질수록 과대 휨모멘트에 대해 설계할 수 있으므로 0.5이하가 될 때에는 판이론에 따라 해석하는 것이 좋다.

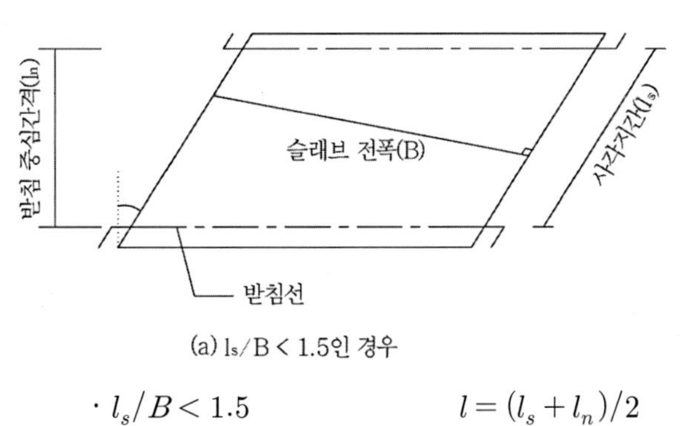

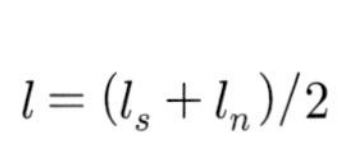

(a) $l_s/B < 1.5$인 경우

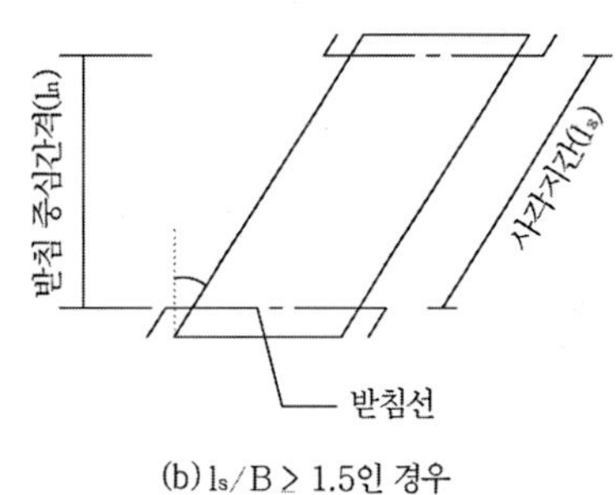

(b) $l_s/B \geq 1.5$인 경우

· $l_s/B < 1.5$ $\quad l = (l_s + l_n)/2$

· $l_s/B \geq 1.5$ $\quad l = l_s$

➤ 라멘교

부재의 절점들이 강결되어 있는 뼈대 구조물을 라멘(Rahmen, Rigid frame)이라고 하며, 라멘교는 교량의 상부구조와 기둥 또는 슬래브와 벽을 강결한 구조로 절점에서 발생하는 부모멘트가 일반 연속교에 비해서 경감되어 단순교에 비해 형고를 낮출 수 있으며 교량의 상하부구조를 일체화 시켜 교량받침이 없고 동시에 신축이음이 없어 유지관리에 유리하고 내진성능도 향상되는 구조다. 다만 기초의 부등침하나 수평이동, 회전 등으로 인해 영향을 받으므로 이에 대한 고려가 필요하다.

1) 구조적 특징

① 신축이음이 없고 강결구조이므로 내진저항성이 크다.
② 연속교에 비해 부모멘트가 작으므로 형고제한이 적어 상부 높이 제한을 받는 곳이나 도로폭이 작인 도로의 횡단시 유리하다.
③ 교량 받침 및 신축이음이 없어 유지관리에 유리하다.
④ 라멘교의 형식으로는 문형라멘교, T형 라멘교, π형라멘교, 경사교각 라멘교, V각 라멘교, 연속라멘교 등이 있다.

105회 2-3

구조형상에 따른 차이점

다음 그림과 같은 고정라멘교량(그림 a), 포탈라멘교량(그림 b), 단순교교량(그림 c)이 있다. 벽체와 상부구조 연결점 및 상부구조 경간중앙점에 대한 구조적 차이점과 각각의 특성 및 설계상의 대책을 설명하시오 (단, 전 교량형식의 강성 및 탄성계수는 일정하고, 상부구조에 작용하는 활하중과 고정하중, 벽체에 작용하는 토압은 동일하며, 그 밖의 하중은 무시한다)

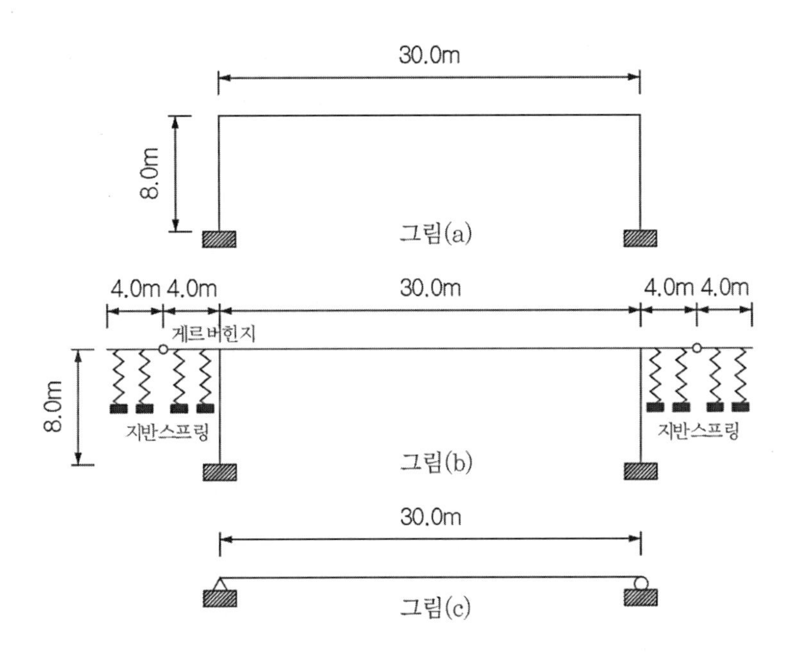

풀 이

➤ 개요(구조적 차이점)

그림(c)와 그림(a) 또는 (b)에서 단순교와 라멘교의 차이는 단부로의 모멘트분배로 인해서 단순교에 비해서 라멘교에서 교량의 중앙의 모멘트의 크기가 줄고 다만 단순교에서는 지점부 모멘트가 없는 반면 라멘교에서는 지점부에서 부모멘트가 발생하는 구조적 차이점을 가지고 있다. 또한 그림(a)와 그림(b)의 고정라멘교량과 포탈라멘교량의 차이는 고정라멘교의 경우 우각부에서 상부하중의 분배가 벽체로만 전달되어지는데 반해 포탈라멘형식은 지반상부로까지 연장된 부분으로 하중이 전달되어짐으로 인해서 벽체로 전달되어지는 하중의 분배가 더 작아지는 특징을 갖는다. 하중적인 차이점으로는 단순교는 상부활하중과 자중에 의해 지배되는 구조인 반면에 라멘형 교량은 측면에서 발생되는 토압도 고려되어져야 한다는 차이가 있다.

➤ 단순교 특성

단순교는 상부구조물에서 발생하는 하중을 양 지점으로 전달하는 구조형식으로 지점에서의 모멘트는 0으로 수렴되고 최대모멘트가 발생되는 지점은 등분포하중의 경우에는 지간의 중앙에서 발생된다. 부모멘트등을 고려할 필요가 없기 때문에 구조적 개념이 단순하고 최대 모멘트 등으로 인해 발생하는 최대응력에 대해 부재가 견딜 수 있도록 설계하면 전체 구조물의 안정성에 문제가 없도록 설계할 수 있다. 종방향으로의 신축이음이 가능하도록 해야 하기 때문에 단부에 고정단과 가동단을 두어야 하며 이로 인해서 받침과 신축이음장치를 설치하여야 하며 부재를 최대내력이 발생되는 단면을 기준으로 설계하기 때문에 다소 비경제적인 설계가 된다는 단점이 있다.

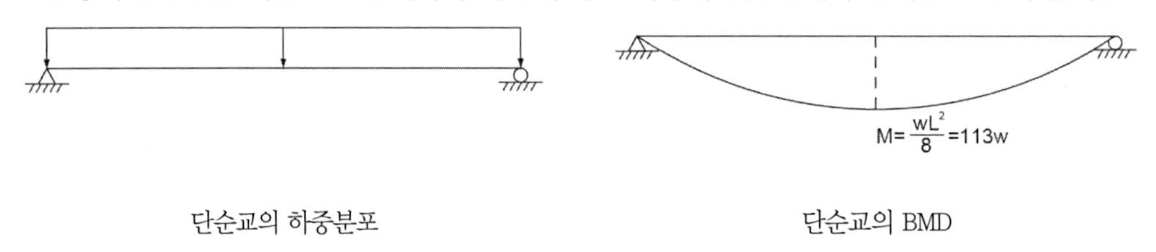

단순교의 하중분포　　　단순교의 BMD

➤ 고정라멘교의 특성

단순교에 비해서 중앙부의 최대 모멘트의 크기를 줄일 수 있으며, 가동단과 고정단이 따로 없어 받침슈와 신축이음장치를 둘 필요가 없어 유지관리면에서 단순교에 비해 유리하다. 또한 단순교에 비해 단면의 크기가 줄어들 수 있기 때문에 Slender한 단면형상을 가질 수 있어 미적으로도 우수한 특성이 있다. 그러나 단순교의 경우 상부구조물과 하부구조물이 분리되어 있기 때문에 토압에 의한 하부구조에서 발생하는 구조물은 상부구조에 미치는 영향이 거의 없는 반면에 라멘교 형식은 일체형이기 때문에 하부 토압에 의해서 상부구조에 영향을 받게 되는 특성이 있다. 또한 부모멘트가 발생하는 우각부에서 벽체로의 하중전달로 인해서 지간이 길어질수록 우각부의 모멘트가 커지는 특성이 있어 취약할 수 있으며 일반적으로 라멘형 교량형식은 20m내외에서 설계되어지는 것이 통상적이다. 20m이상으로 커질 경우 우각부의 모멘트가 커지고 단면의 크기가 비대해져 비경제적인 설계가 된다. 이러한 특성을 개량하고자 통상 20m이상이 되는 라멘교형식에서는 합성형 라멘교가 많이 적용되고 있는 추세이다. 라멘교의 교대 높이가 감소할수록 지점반력의 증가로 불합리한 설계가 발생할 우려도 있다.

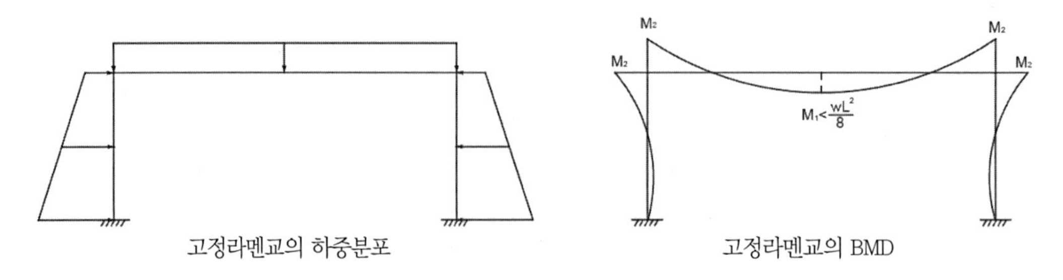

고정라멘교의 하중분포　　　고정라멘교의 BMD

▶ 포탈라멘교의 특성

고정라멘교의 특성과 유사하며, 추가적으로 우각부에서 교축방향으로 지면으로 구조물을 연장하여 설치한 구조형식으로 고정라멘에 비해 하부 벽체로 전달되는 하중이 지반상부로까지 연장된 부분으로 일부 하중이 전달되어짐으로 인해 벽체에서 발생하는 하중의 크기가 고정라멘형식에 비해서 작아지는 특징을 갖는다.

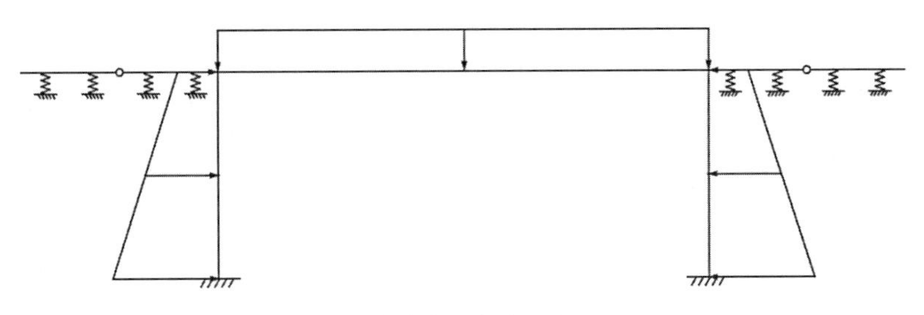

포탈라멘교의 하중분포

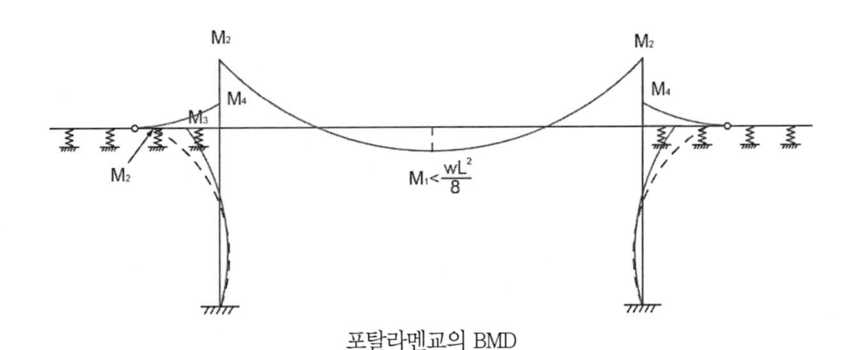

포탈라멘교의 BMD

일반적으로 지반에 구조물 연장시에는 탄성지지되는 것으로 간주하고 설계하게 되며, 지반반력계수와 설치간격으로부터 환산된 스프링을 설치(간격 1.0m 이내)한 모델로 계산한 방법이 주로 사용된다. 지반스프링은 인장을 받지 못하므로 인장을 받는 스프링이 있는 경우 차례로 제외시켜 최종적으로 압축만 받는 스프링만 남겨둔 상태의 해석모델로 설계하는 것이 일반적이다.

지반반력계수 : $K_v = K_{v0}\left(\dfrac{B_v}{0.3}\right)^{-0.3}$ (토사지반)

K_v : 연직방향 지반반력계수(kN/m^3)

K_{v0} : 지름 0.3m의 강체원판에 의한 평판재하 시험값에 상당하는 연직방향 지반반력계수로

지반조사로부터 $K_{v0} = \dfrac{1}{0.3}\alpha E_0$로 추정 ($E_0$: 지반변형계수, α : 계수)

B_v : 기초의 환산재하폭 B_v는 구조물 저판의 지간을 적용

포탈라멘형식과 같은 구조적 형식은 신축이음장치나 교량받침을 설치하지 않아도 되면서 구조물에 발생하는 내력을 일부 경감시킬수 있는 장점이 있기 때문에 여러 가지 방식으로 적용되고 있으며, 국내외에서 무조인트 교량(Full integral bridge, Slab extension bridge)형식과 같은 방식으로 적용하여 구조적 안정성 확보와 함께 경제적인 설계, 유지관리성능의 향상이 되도록 하는 추세이다. 다만 포탈라멘교 형식은 지반부의 뒷채움 시공여건에 따라 취약부가 발생할 수 있는 우려가 있다.

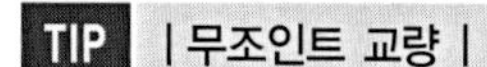

TIP | 무조인트 교량 |

Full Integral*
- 강교 : 90m
- 콘크리트교 : 150m
- 파일길이(최소길이 : 7.6m)
- 직선거더 및 평행배치

적용 불가시 ⇨

Semi Integral**
- 강교 : 136m
- 콘크리트교 : 225m
- 직선거더 및 평행배치

적용 불가시 ⇨

SLAB Extension***
- 강교 : 135m
- 콘크리트교 : 225m

적용 불가시 ⇨

Conventional Design
- 강교 : 135m
- 콘크리트교 : 225m

1) Full integral : 교량 온도변화에 따른 변위와 거더 단부회전에 대해 유연성을 가진 일렬 말뚝(H말뚝)으로 지지되는 교량형식
2) Semi integral : 상부구조를 벽체교대로 일체화하고 신축에 대한 이동을 할 수 있도록 벽체교대 하부와 구체상면에 교좌장치를 두어 상하부 구조물을 분리한 단경간 또는 다경간 교량
3) SLAB Extension : Slab를 교면 후면까지 연장 설치하는 방법

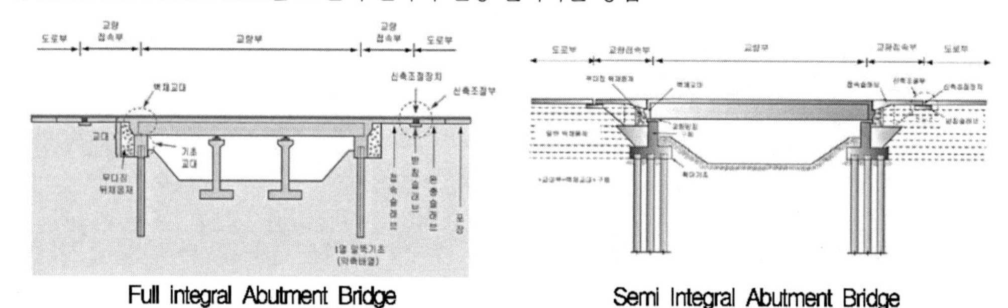

Full integral Abutment Bridge　　　Semi Integral Abutment Bridge

02 플레이트 거더교

1. 플레이트 거더교의 장단점

플레이트 거더교는 강교에 비교 강재량이 적게 소요되면서 재료를 효율적으로 사용할 수 있는 장점이 있는 반면 강교에 비해 곡선교에 적용성이 떨어지며 브레이싱, 가로보 등 부부재가 많아 용접 등으로 인한 시공성 저하, 유지관리 불리 등으로 현재는 많이 사용되고 있지는 않은 형식이다. 근래에는 소수주형교 형식으로 고강도 강재를 이용하여 부부재를 최소화하는 형식으로 교량형식의 합리화하는 공법의 도입에 따라 재 주목받고 있다.

① 중량이 가볍고 제작이 용이하며 경제적이다.
② 응력의 상태가 간단하다.
③ 현장이음 등의 시공이 용이하다.
④ 가설 중 횡전도를 일으키기 쉽다.
⑤ 비틀림에 대한 저항성이 약하다.
⑥ 단일부재로는 강성이 작기 때문에 부재 길이가 길면 수송 중 및 가설 중 주의필요

2. 형식 결정시 유의사항

① 평면선형 : 비틀림 강성이 작으므로 가급적 직선구간에 설치
② 종단선형 : 종단선형의 제약이 거의 없기 때문에 종곡선 구간에도 적용가능
③ 사각 : 사각이 크면 부반력이 발생, 보의 부등 휨에 의한 비틀림 발생으로 슬래브 파손이 우려되므로 30° 이하로 계획하는 것이 바람직하다.

3. 플레이트 거더교의 구조형식

1) 플레이트 거도교의 구조

플레이트 거더교는 얇은 강판을 조립, 용접 등에 의하여 연결한 형식으로 지간이 10~25m 정도의 플레이트거더교에는 단일 성형된 압연 I형강을 주로 이용하지만, 지간이 커지면 단일부재로는 설계할 수 없게 되므로 적당한 치수의 강판을 조합한 플레이트거더가 이용되고 있다. 이러한 형태에는 I형 단면, II형 단면, 박스형 단면이 있으며, I형 단면이 기본적으로 단순플레이트 거더에 사용된다.

2) 주거더의 간격

주거더 간격은 철근 콘크리트 바닥판의 지간이 되는 경우가 많다. 주거더 간격을 크게 하면 철근

콘크리트 바닥판이 두꺼워져 바닥판에 의한 자중이 커진다. 또 주거더 간격을 작게 해서 주거더의 개수를 늘리면 강재중량이 커져 비경제적이다. 따라서 주거더 간격과 바닥판의 관계에 대한 분석을 통해 경제적인 간격과 단면을 결정하여야 한다.

① RC 바닥판의 경우 통상 지지거더의 간격을 최대 3m로 한다.

② 통상 캔틸레버부의 길이는 1.0~1.5m로 한다.

3) 합성작용

바닥판에서는 철근콘크리트 바닥판뿐만 아니라 I형강 격자 바닥판 등이 있는데, 철근콘크리트 바닥판이 저렴하고 또 시공이 비교적 용이하므로 많이 사용된다. 철근콘크리트 바닥판과 강거더와의 연결 상태에 따라 슬래브 앵커를 사용한 연결강도가 작은 비합성거더와 전단연결재를 사용한 연결강도가 큰 합성거더로 분류된다.

4. 플레이트 거더교의 보강재

99회 1-2 Plate girder교 복부판에 설치되는 수직 및 수평보강재의 설치목적과 역할

1) 수평보강재

수평보강재는 복부판의 좌굴강도를 높이고 복부판 두께가 비경제적으로 두꺼워지지 않도록 하는 역할을 하지만 제작측면에서는 수평보강재의 단수를 다단으로 하고 복부판 두께를 줄이는 것이 바람직하지 않다. 비합성 플레이트거더의 복부판 최소 두께 규정은 복부판의 국부좌굴을 고려하여 결정되어진 식으로 다음과 같이 계산된다.

☞ k=23.9, 안전계수 n=1.4 적용(수평보강재가 없는 경우)

$$\frac{f_{cr}}{n} = \frac{k}{n}\frac{\pi^2 E}{12(1-\mu^2)}\left(\frac{t}{b}\right)^2 \leq f_a \quad \rightarrow \quad \text{도로교 설계기준의 복부판 최소 두께 규정}$$

SM400의 경우

$$\sqrt{\frac{k}{nf_a}\frac{\pi^2 E}{12(1-\mu^2)}} \leq \left(\frac{b}{t}\right)_{\min} \qquad f_a = 140^{MPa},\ \ n=1.4,\ k=23.9\text{이면} \left(\frac{b}{t}\right)_{\min} \geq 152.1$$

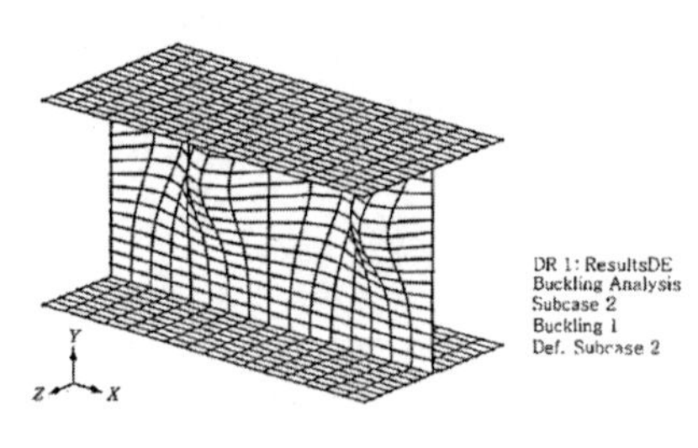

(휨응력에 의한 복부판의 국부좌굴)

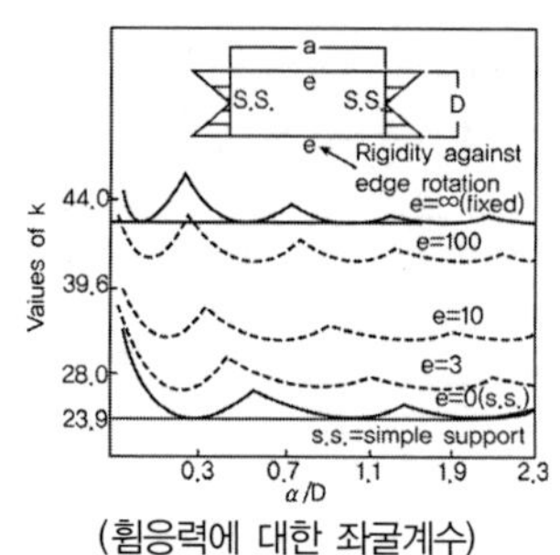

(휨응력에 대한 좌굴계수)

(비합성 플레이트 거더의 복부판 최소 두께)

강종	SS400(SM400)	SM490	SM520(SM490Y)	SM570
수평보강재 없을 때	$b/152$	$b/130$	$b/123$	$b/110$
수평보강재 1단 사용	$b/256$	$b/220$	$b/209$	$b/188$
수평보강재 2단 사용	$b/310$	$b/310$	$b/294$	$b/262$

TIP | 보강된 판의 좌굴 |

① 플랜지와 접하는 변의 경계조건은 단순지지와 고정지지의 중간 상태인 탄성적으로 지지(Elastically restrained)된 상태이며 플랜지의 웹에 대한 상대적인 강성에 따라 지지조건이 바뀐다. AISC시방에서는 경계조건을 고정지지의 80% 정도로 가정하고 있으며 AASHTO의 경우에는 단순지지로 가정하거나 AISC처럼 고정지지의 80%로 가정하기도 한다. 국내 설계기준에서는 단순지지로 보고 $k = 23.9$로 적용하였다.

② 전단좌굴에 의한 보의 국부좌굴로 Post Buckling Behavior가 발생할 경우, 복부판이 분담해야 하는 휨모멘트의 일부가 플랜지로 전가되어 추가적인 하중이 증가하므로 AISC에서는 Web의 국부좌굴을 허용하는 대신에 플랜지의 추가적인 하중증가를 고려하여 강도를 감소시키도록 하고 있다. 국내의 도로교 설계기준에서는 AASHTO 설계기준과 같이 Web의 국부좌굴 방지를 위한 b/t 규정제한에 따라 허용하지 않는 대신 Post Buckling Behavior에 대한 부분을 국부좌굴에 대한 안전계수를 낮추는 방법으로 간접적으로 고려하고 있다.

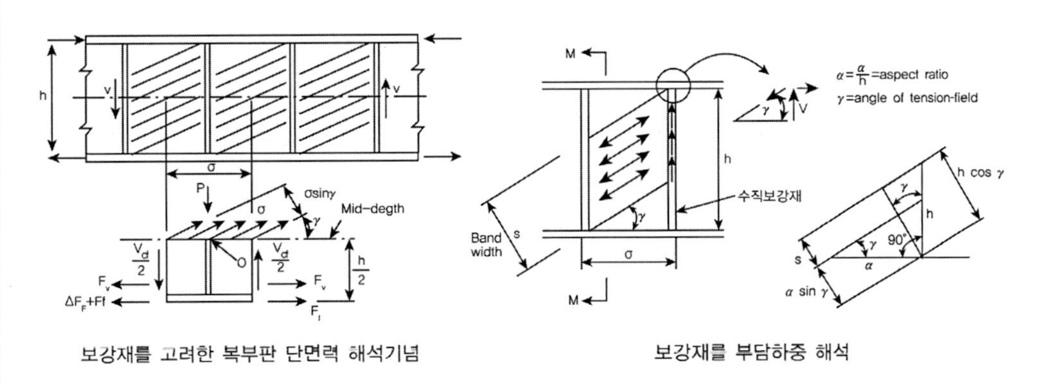

보강재를 고려한 복부판 단면력 해석기념

보강재를 부담하중 해석

① 수평보강재의 간격

수평보강재를 3단 이상 사용 시의 강재 위치는 패널의 국부응력을 고려하여 결정한다.

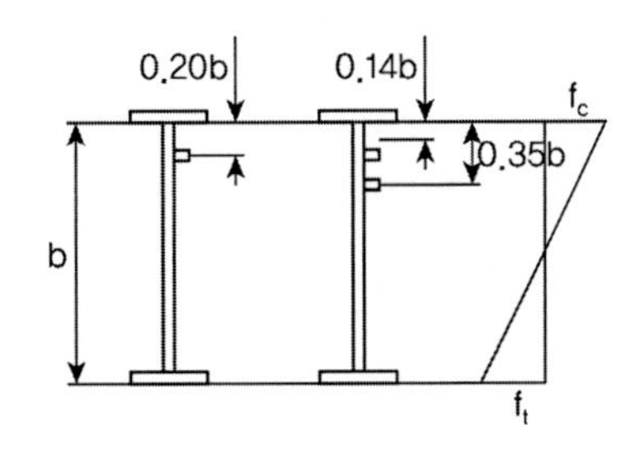

☞ 수평보강재가 있는 경우

플레이트 거더의 높이가 큰 경우 복부판의 휨좌굴강도를 높이기 위하여 복부판 두께를 증가시키거나 수평보강재를 대는 방법이 사용된다. 연구에 의하면 1개의 수평보강재만 사용하는 경우 압축플랜지에서부터 0.2b되는 곳에 위치하는 것이 가장 효과적인 것으로 알려져 있다. 이 위치에 수평보강재를 대면 보강재로 구분되는 2개의 사변 단순지지판에 위의 그림과 같은 응력이 작용할 경우 동시에 좌굴이 발생한다. 그리고 2단을 사용할 경우에는 각각 0.14b, 0.36b에 위치하는 것이 좋다.

수평보강재를 많이 사용하면 그만큼 복부판의 휨좌굴강도는 증가하나 복부판과 보강재의 용접 연결부에서 피로파괴가 발생할 우려가 있다. 수평보강재를 추가로 대어 얻는 휨좌굴강도의 증가효과보다는 만일의 경우 용접부에서 피로균열이 발생할 경우 구조물에 미치는 손상이 훨씬 크기 때문에 미국 AASHTO시방서에서는 2단 이상의 수평보강재가 있는 복부판에 대한 규정이 없으며 이를 권장하지 않는다.

② 수평보강재의 설계강도

$$I=\frac{tb^3}{12} \geq \ I_{req}=\frac{bt^3}{10.92}\gamma \qquad \gamma=30\left(\frac{a}{b}\right)$$

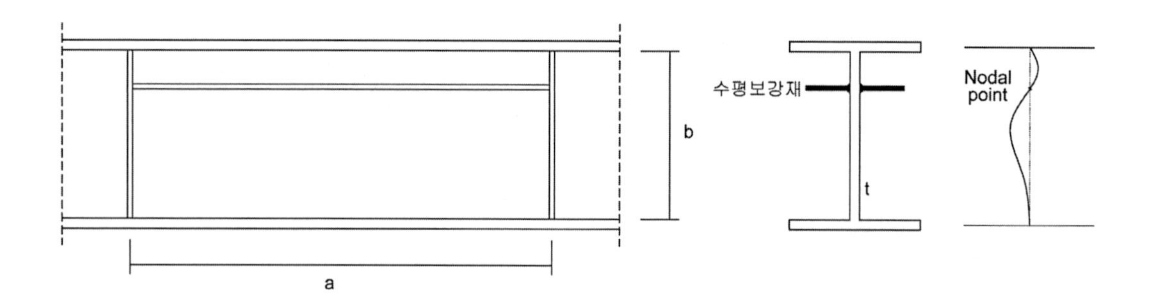

③ 부식, 용접성 등을 고려하여 경험적으로 수직보강재의 두께가 그 폭의 1/16 이상 되게 하고 복부판 높이의 1/30+50mm보다 크게 하도록 규정

$$t \geq \frac{1}{16}b,\ \frac{h_{web}}{30}+50^{mm}$$

2) 수직보강재

복부판의 최소 두께는 휨응력에 의한 국부좌굴만 고려하여 구한 값이므로 복부판에서는 휨응력뿐만 아니라 전단응력이 동시에 작용하므로 합성작용에 의한 국부좌굴을 고려하여야 하며 필요시 수직보강재를 설치하여야 한다.

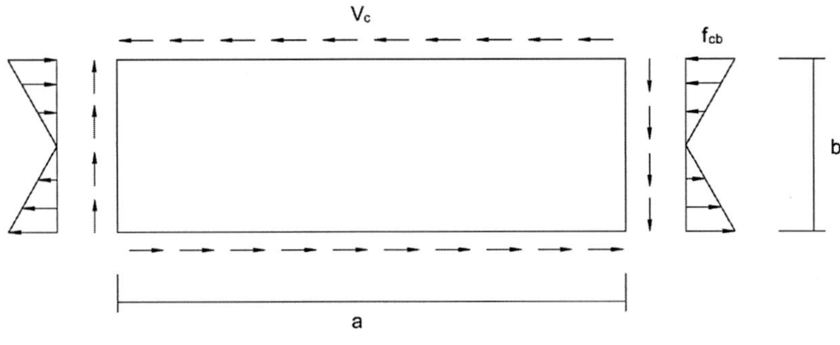

(휨응력과 전단응력의 동시작용)

① 수직보강재의 간격

다음식의 관계를 만족하도록 결정하되

지점부에서는 a/b ≤ 1.5로 하고 그 밖에는 a/b ≤ 3.0으로 한다.

– 수평보강재를 사용하지 않을 경우(아래 식을 대입하여 산정)

$$\frac{a}{b}>1,\ \left[\frac{b}{100t}\right]^4\left[\left\{\frac{f}{365}\right\}^2+\left\{\frac{v}{81+61(b/a)^2}\right\}^2\right]\le 1$$

$$\frac{a}{b}\le 1,\ \left[\frac{b}{100t}\right]^4\left[\left\{\frac{f}{365}\right\}^2+\left\{\frac{v}{61+81(b/a)^2}\right\}^2\right]\le 1$$

– 수평보강재 1단을 사용할 경우(복부판 높이 b대신 0.85b, f대신 0.6f 대입)

$$\frac{a}{b}>0.80,\ \left[\frac{b}{100t}\right]^4\left[\left\{\frac{f}{950}\right\}^2+\left\{\frac{v}{127+61(b/a)^2}\right\}^2\right]\le 1$$

$$\frac{a}{b}\le 0.80,\ \left[\frac{b}{100t}\right]^4\left[\left\{\frac{f}{950}\right\}^2+\left\{\frac{v}{95+81(b/a)^2}\right\}^2\right]\le 1$$

– 수평보강재 2단을 사용할 경우(복부판 높이 b대신 0.64b, f대신 0.28f 대입)

$$\frac{a}{b}>0.64,\ \left[\frac{b}{100t}\right]^4\left[\left\{\frac{f}{3150}\right\}^2+\left\{\frac{v}{197+61(b/a)^2}\right\}^2\right]\le 1$$

$$\frac{a}{b}\le 0.64,\ \left[\frac{b}{100t}\right]^4\left[\left\{\frac{f}{3150}\right\}^2+\left\{\frac{v}{148+81(b/a)^2}\right\}^2\right]\le 1$$

☞ 휨응력(f)와 전단응력(v)가 동시작용 시 좌굴에 대한 상관관계식

$$\left[\frac{f}{f_{cr}}\right]^2+\left[\frac{v}{v_{cr}}\right]^2\le 1 \text{ (S.F 1.25 사용)}$$

여기서, $f_{cr}=k\dfrac{\pi^2E}{12(1-\mu^2)}\left(\dfrac{t}{b}\right)^2,\quad v_{cr}=k_v\dfrac{\pi^2E}{12(1-\mu^2)}\left(\dfrac{t}{b}\right)^2$

k_v(전단좌굴계수) : 형상비에 따라 정의된다.

$$a/b > 1 : k_v = 5.34 + \frac{4.00}{(a/b)^2} \qquad a/b \leq 1 : k_v = 4.00 + \frac{5.34}{(a/b)^2}$$

$$\left[\frac{f}{1.25 f_{cr}}\right]^2 + \left[\frac{v}{1.25 v_{cr}}\right]^2 \leq 1$$

$$\rightarrow (1.25)^2 \left[\frac{b}{t}\right]^4 \left[\frac{12(1-\mu^2)}{\pi^2 E}\right]^2 \left[\left\{\frac{f}{23.9}\right\}^2 + \left\{\frac{v}{k_v}\right\}^2\right] \leq 1$$

$$\rightarrow (1.25)^2 \left[\frac{b}{100t}\right]^4 \left[\left\{\frac{f}{(190)(23.9)}\right\}^2 + \left\{\frac{v}{190 k_v}\right\}^2\right] \leq 1$$

이 식에서 전단좌굴계수만 변하는 값이고 나머지는 고정된 값을 가지고 있다. 전단좌굴계수 k_v는 수직보강재의 간격 a의 함수로 표현된다. 설계 시에는 복부판에 작용하는 전단응력의 크기에 따라 k_v를 조절함으로써 다시 말해서 수직보강재의 간격을 조절함으로써 만족시키면 된다. 국내에서는 관습적으로 수직보강재를 불필요할 정도로 촘촘하게 설치하는 경향이 있다. 그러나 수직보강재를 과다하게 설치하면 제작비용이 증가하고 복부판의 피로강도에 나쁜 영향을 미치게 되므로 간격을 규정에 맞게 합리적으로 결정하여야 한다.

② 수직보강재의 설계강도

$$I = \frac{tb^3}{12} \geq \; I_{req} = \frac{bt^3}{10.92}\gamma \qquad \gamma = 8.0\left(\frac{b}{a}\right)^2$$

③ 수직보강재의 폭은 복부판 높이의 1/30+50mm보다 크게, 두께는 수직보강재 폭의 1/13 이상

$$b \geq \frac{h_{web}}{30} + 50^{mm}, \quad t \geq \frac{1}{13} b$$

3) 하중 집중점의 보강재

① 지점, 가로보, 세로보, 수직브레이싱 등의 연결부와 같은 집중 하중점에는 반드시 보강재를 설치하여야 한다.

② 지점부에 설치하는 수직보강재는 압축력을 받는 기둥으로 보고 허용축방향 압축응력에 따라 설계한다. 이때 보강재 전단면과 복부판 가운데 보강재 부착재에서 양쪽으로 각각 복부판 두께의 12배(총 24t)까지 유효단면이라고 생각할 수 있으며, 전체 유효단면은 보강재 단면의 1.7배를 넘어서는 안 된다.

③ 허용응력의 계산에 사용하는 단면회전반경은 복부판의 중심선에 대해 구하고 유효좌굴길이는 플레이트거더 높이의 1/2로 한다(스캘럽에 의한 단면손실 고려안 함).

④ 교좌받침 교체를 위한 보강부재의 설계 시 설계반력은 할증한다($R_d + 1.5R_l$).

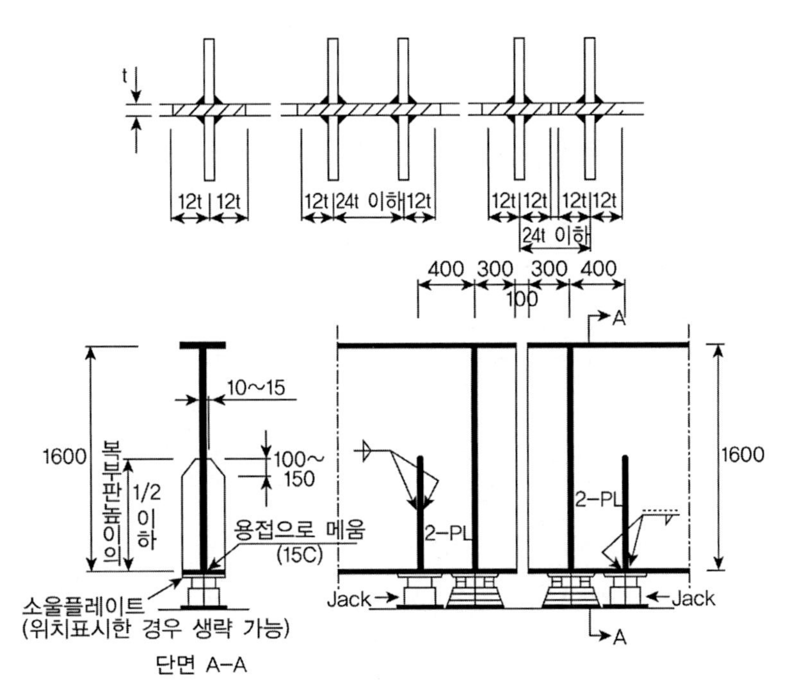

(Jack-up 보강재 단지점부)

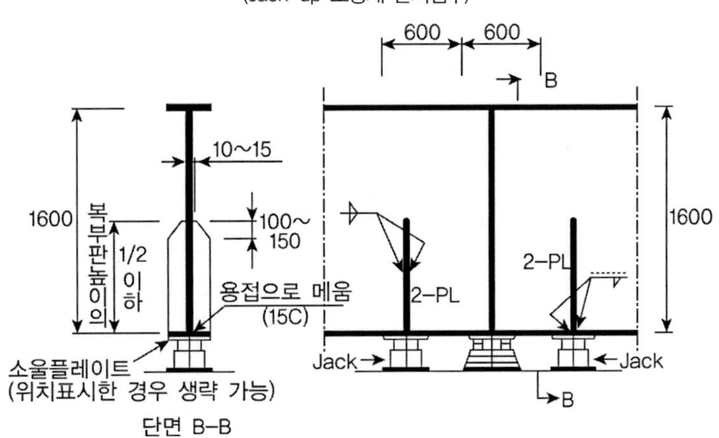

(Jack-up 보강재 중간지점부)

4) 분배 가로보의 설계

거더교는 분배가로보를 고려하여 격자이론 해석에 따라 응력검토를 수행하며, 가로보의 수와 분배효과와의 관계는 다음과 같이 일정 개수 이상에서의 효과는 미미하다.

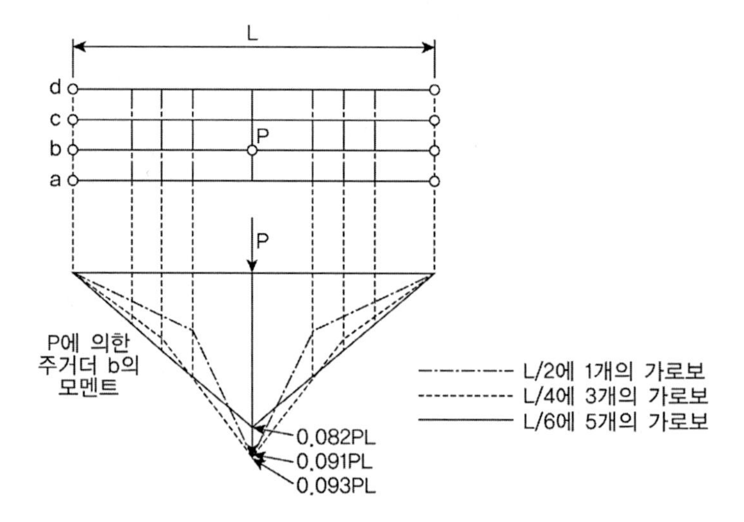

① H. Leonhardt의 연구에 따르면 가로보를 같은 간격으로 배치한 경우의 환산격자강도(지간 중앙의 등가의 1개의 분배가로보로 환산한 경우) 근사적으로 다음과 같다.

$$Z' = i\frac{I_a}{I}\left(\frac{l}{2a}\right)^3 = iZ$$

i(환산계수) : 가로보(1~2, $i = 1.0$), 가로보(3~4, $i = 1.6$), 가로보(5~6, $i = 2.6$)

② 통상적으로 5~6개의 경우에 비해 1~2개의 경우의 2.6배로 비경제적이고, 제작측면에서 $Z = 10$ 이상 확보하는 것이 용이하므로 분배가로보를 1~3개 정도 배치하는 것이 경제적이다.

③ 다만 지간이 길어지는 경우 지간 중앙에 배치한 1개의 가로보의 분배효과는 지간방향으로 일정한 거리 이상 영향을 미치니 않으므로 분배가로보 간격은 20m 이하로 억제한다. 따라서 지간이 35~40m 이하의 경우는 지간 중앙에 1개, 40m 이상인 경우에는 지간중앙과 그 양측으로 총 3개를 사용하는 것이 좋다.

5) 중간 수직브레이싱의 설계

① 주거더의 전도를 방지하고 안정시키며 주거더를 계산시의 모델대로 보로서 거동하도록 하는 역할을 한다.

② 주거더의 상대변위를 억제하고 바닥판을 보호함과 동시에 하중분배작용에 기여한다.

③ 횡하중에 대해 주거더, 수평브레이싱 및 중간수직브레이싱에 의한 평면트러스계를 형성한다.

④ 가설시의 위치결정에 필요한 부재이다.

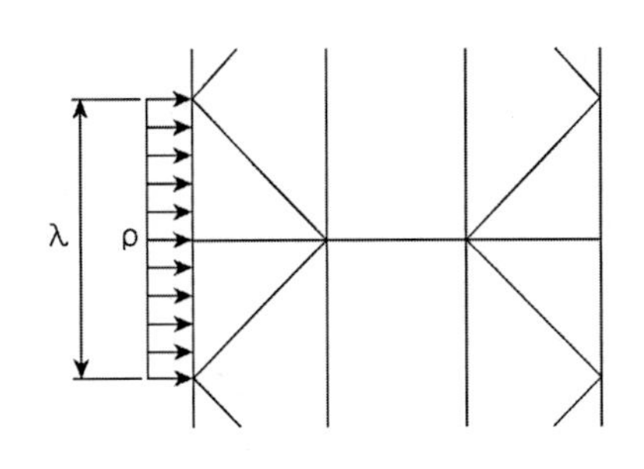

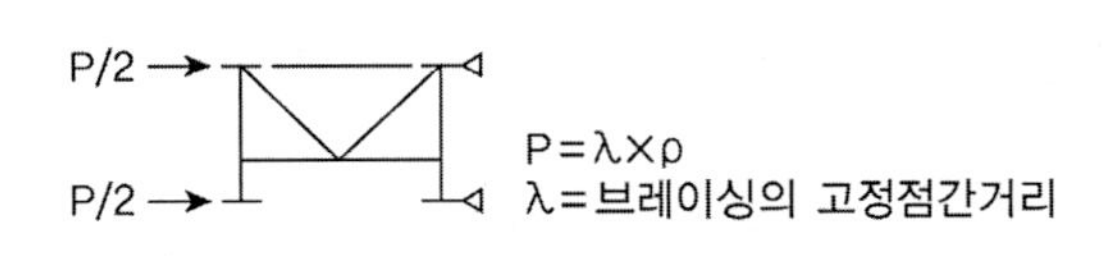

6) 단부 수직브레이싱의 설계

① 주거더의 위치를 확보하고 비틀림 변형을 구속한다. 즉, 연직하중, 수평하중 등에 의해 주거더에 가해지는 비틀림 모멘트를 받침위치에서 연직력의 성분으로 변환한다.

② 교량 단부의 바닥판을 두껍게 증가시켜 단부수직브레이싱의 상현재와 결합시키지만 이 상현재는 윤하중을 지지할 수 있도록 설계한다.

☞ 수직브레이싱 설계

1. 플레이트거더교에서는 수직브레이싱 간격을 6m 이내로 설계하되 플랜지폭의 30배 이하 간격으로 중간수직브레이싱을 설계한다.
2. 하중분배거더로 하여 설계하는 경우 중간주거더와의 연결부에서 휨모멘트가 충분히 전달될 수 있는 구조로 하고 DL하중에 의하여 설계하여야 한다.

7) 수평브레이싱의 설계

① 지진하중, 풍하중 등의 수평하중을 지점까지 전달한다.

② 가설시의 위치결정재이다.

③ 하부플랜지의 횡방향 진동을 방지한다.

④ 주거더와 공동으로 일종의 준 박스형 거더를 형성한다.

☞ 수평브레이싱 설계

1. 지간이 25m초과 시 횡하중을 받침에 전달하기 위해 수평브레이싱을 설계한다. 일반적으로 상부수평브레이싱은 바닥판으로 대용하므로 하부수평브레이싱이 횡하중의 1/2를 받는 것으로 설계한다(횡하중은 풍하중과 지진하중 고려).
2. 수평브레이싱의 평면은 보통 수직브레이싱의 하부면과 일치하고 L형강 또는 ㄷ형강을 사용하되 최소 L형강 75mm×75mm 이상으로 한다.
3. 지간이 25m 이하면서 수직브레이싱이 있고 바닥판이 주거더를 충분히 고정시키고 있다고 볼 때, 하부수평브레이싱을 생략할 수 있으나 가설시 형상유지 등을 고려하여 충분히 고려하여야 한다.
4. 곡선교에서 하부수평브레이싱을 생략하면 안 된다.

참고자료

거더교의 횡분배 이론

➤ 윤하중의 분배개념

거더교에서 윤하중의 분배란 주형거더에 작용하는 하중을 이웃 주형거더가 분담하는 개념을 말하며 가로보의 유무에 따른 효과로 볼 수 있다.

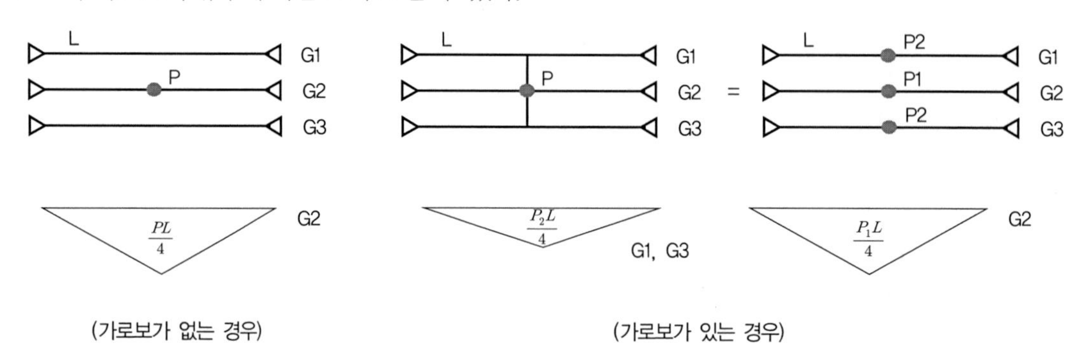

➤ 윤하중 분배계수 산정방법

1) 관용계산법(1-Zero법)

2) 시방규정에 의한 방법

3) 격자이론에 의한 방법(Leonhardt-Homberg)

4) 직교이방성 판 이론에 의한 해법(Guyon-Manssonet)

➤ 관용계산법(1-Zero법)

각 주형에 반력 영향선은 바로 인접한 주형외의 주형과는 무관하다고 본 반력 영향선에서 주형에 작용하는 하중을 구하는 방법으로 횡부재의 강성은 고려하지 않는다. 횡형의 휨강성이 작거나 폭이 좁은 교량에 적용한다.

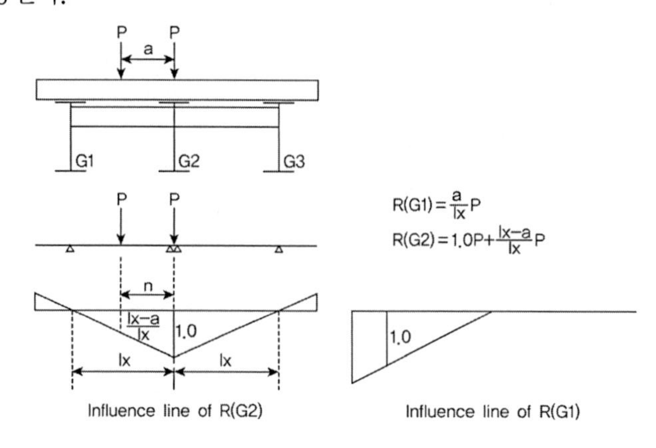

➤ 시방규정에 의한 방법

1) 내측거더 하중분배계수

DF = (L/2.1),　L ≤ 3.0 DF = (L/1.65),　L ≤ 4.2

2) 외측거더 하중분배계수

DF = (L/1.65),　L 〈 1.8 DF = [L/(1.2+0.25L)],　1.8 ≤ L 〈 4.2

➤ 격자이론에 의한 방법(Leonhardt-Homberg)

주형과 횡형으로 구성된 격자구조의 지점에서 처짐각과 비틀림 각의 관계를 이용하여 하중분포를 계산하는 방법

1) 격자 휨 강도

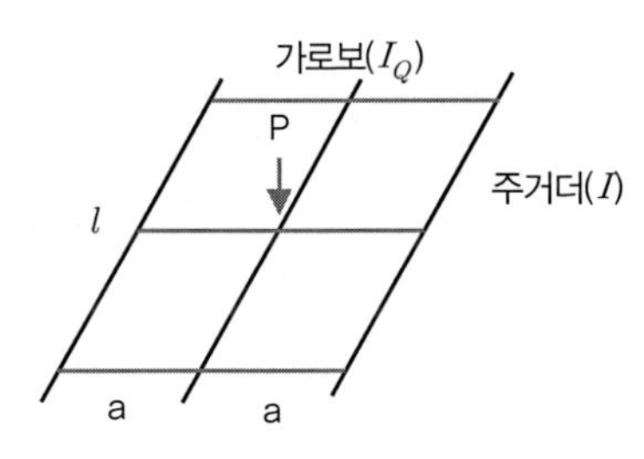

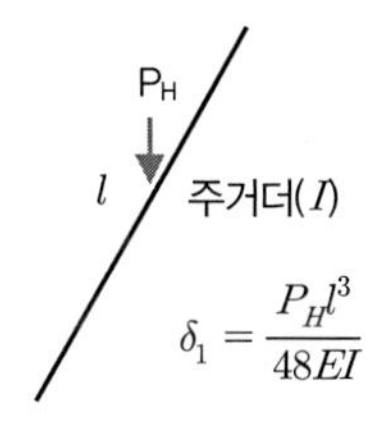

P_Q 가로보(I_Q)

2a

$\delta_2 = \frac{P_Q (2a)^3}{48EI_Q}$

$$\delta_1 = \delta_2 \ : \ \frac{P_H l^3}{48EI} = \frac{P_Q (2a)^3}{48EI_Q} \qquad \therefore \ Z = \frac{P_Q}{P_H} = \left(\frac{l}{2a}\right)^3 \frac{I_Q}{I}$$

2) 격자 비틂 강도

$$Z_T = \left(\frac{EI_Q}{GJ}\right)\left(\frac{l}{8a}\right)$$

TIP | 하중 횡분배 계수 산정 예 |

• 주형이 3개인 경우 하중 분배계수

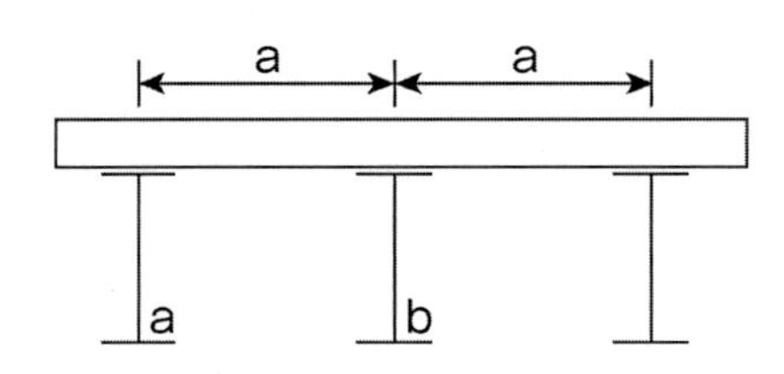

여기서, k_{ij}=하중이 j에 재하되었을 때 i점의 단면력을 의미

$\cdot k_{aa} - 1 = -1/N = k_{ac}$

$\cdot k_{ab} = +2j/N$

$\cdot k_{bb} - 1 = -4j/N$

$\cdot k_{ba} = k_{ab}/j$

$\cdot k_{bc} = k_{ba}$

$\cdot N = 4j/Z + (4j+2)$

• 계산 예[조건 : a=2.0m, l=20m, 주형 모두 동일강서(j=1), lq=0.21]

$$Z=\left(\frac{l}{2a}\right)^3\left(\frac{I_q}{I}\right)=\left(\frac{20}{2\times2}\right)^3\left(\frac{0.2I}{I}\right)=25$$

$N=4j/Z+(4j+2)=4\times1/25+(4\times1+2)=6.16$

$k_{aa}=1-1/N=1-1/6.16=0.837,\qquad k_{ba}=k_{ab}/j=(2j/N)/j=2/6.16=0.324$

$k_{ca}=-1/N=-1/6.16=-0.162$

• 격자강도에 따른 G1의 영향선

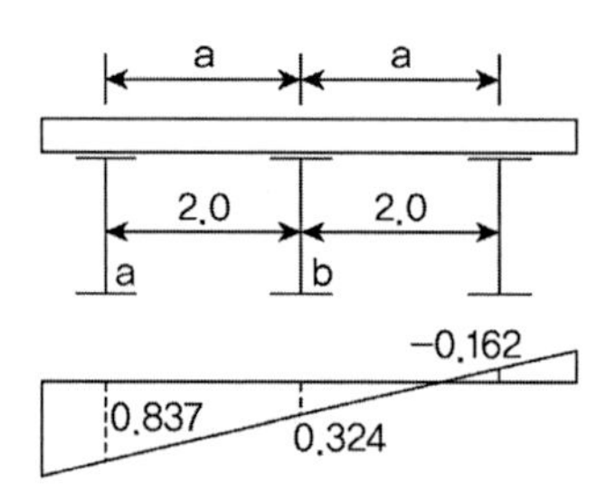

Influence line of R(G1) : Z=25

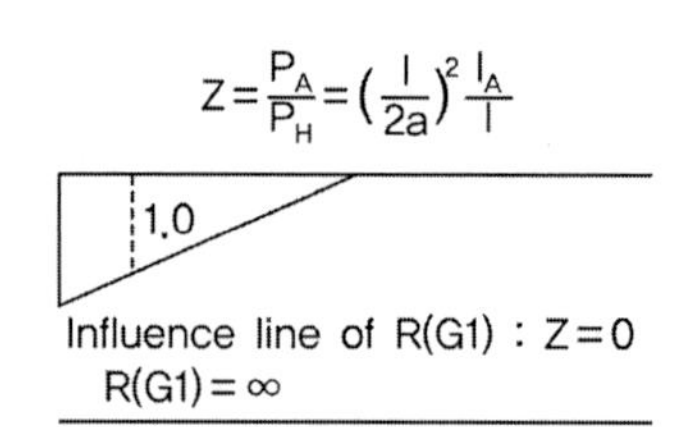

Influence line of R(G1) : Z=0
R(G1)=∞

Influence line of R(G1) : Z=∞

· $Z=0$: 격자강도 고려한함–횡형 강성의 영향 없음(관용설계법), $l_q=0$ · $Z>0$: 횡형의 강성 반영(격자 설계법) · $Z=\infty$: 횡형 강성이 무한대 $l_q=\infty$, 횡방향으로 강체 거동

➤ 직교이방성 판이론

판의 처짐에 대한 미분방정식을 이용하여 계산하며, 주로 도표를 이용한다. 사교나 돌출길이가 긴 캔틸레버에서는 적용이 불가한다.

※ 부재 중앙에서는 판이론에 의한 값보다는 격자이론에 의한 값이 보수적(더 크다)이며, 단부에서는 격자이론에 의한 값보다는 판이론에 의한 값이 보수적(더 크다)이다.

103회 3-2

구조물의 해석방법

구조물의 해석방법(보, 판, 격자, 입체)에 대해 설명하시오

풀 이

▶ 개요

구조물의 해석방법은 구조물에 발생하는 주된 응력의 분포가 가정된 해석방법과 적절한지 여부에 따라 해석방법을 구분해서 적용할 수 있다. 연속된 구조물과 같이 Plane strain 조건에서는 2D모델을 통해 대표 단면해석을 수행할 수 있으나, 3차원적 거동이 예상되는 구조물에서는 입체해석을 통해서 그 구조물의 적정성을 검토한다. 구조물의 해석방법의 선택은 가정된 구조물의 모델이 실제 구조물과 유사하게 거동할 수 있도록 모델링하는 것이 원칙이다.

▶ 구조물의 해석방법

1) 보 해석

2D해석을 위해 대표되는 단면을 하나의 Element를 모델링하여 해석하는 방법으로 3차원적인 모델을 하지 않음으로 인해 해석시간을 단축하고 대표적인 거동을 예측할 수 있는 해석방법이다.

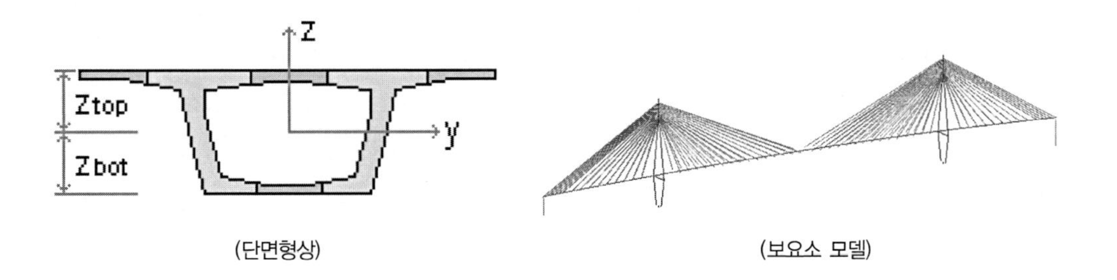

(단면형상) (보요소 모델)

2) 판 해석

보해석과 달리 판해석은 2방향으로의 거동을 고려하여 해석하는 방법으로 슬래브와 같은 판에 적용되는 해석방법으로 통상 직교이방성판이론(Guyon Massonnet)을 근거로 해석한다. 교대의 날개벽같은 구조물에서 적용할 수 있으며 판 내에서 2방향으로의 거동을 분석하므로 보해석에 비해 정밀도가 높다. 다만, 경계조건 설정에 주의가 필요하다.

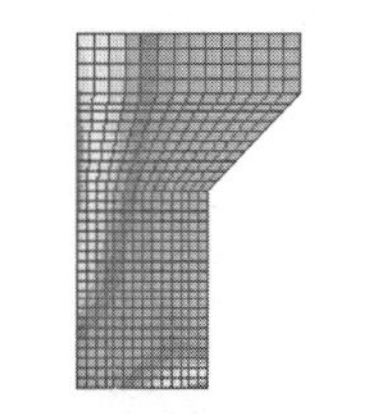
(교대 날개벽의 판해석)

3) 격자 해석

주형과 횡형으로 이루어진 구조물이 지점에서의 처짐각과 비틀림각의 관계를 이용하여 하중분배되는 분포형상을 계산하는 방법으로 주 Girder가 여러개인 교량에서 주로 사용되는 방법이다. Leonhardt-Homberg에 의한 격자이론방법으로 거더교의 횡분배이론으로 주로 사용된다.

① 격자 휨 강도

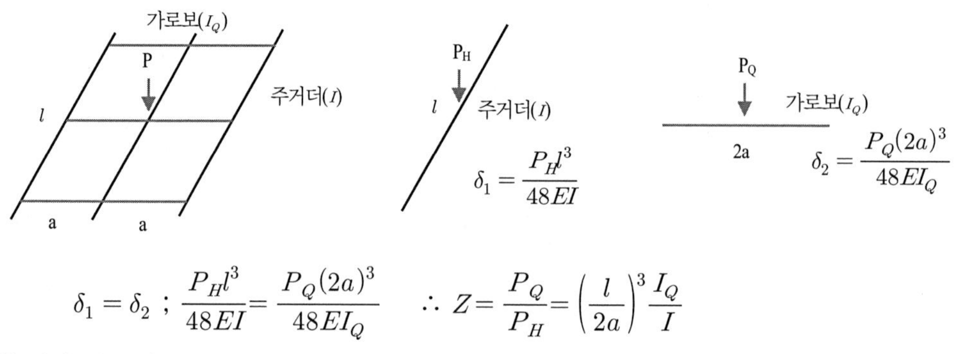

$$\delta_1 = \delta_2 \ ; \ \frac{P_H l^3}{48EI} = \frac{P_Q(2a)^3}{48EI_Q} \qquad \therefore \ Z = \frac{P_Q}{P_H} = \left(\frac{l}{2a}\right)^3 \frac{I_Q}{I}$$

② 격자 비틂 강도

$$Z_T = \left(\frac{EI_Q}{GJ}\right)\left(\frac{l}{8a}\right)$$

4) 입체 해석

구조물의 형상을 그대로 모델링하는 3D해석방법으로 구조물의 형상을 실제와 똑같이 모델링할 수 있는 장점이 있다. 다만, 해석모델이 클수록 해석시간과 모델링하는데 필요한 시간이 많이 수반되고, 컴퓨터의 용량의 제한을 받는다. 최근에는 BIM(Building Information Modeling)과 같이 3D모델해석과 함께 시공단계간 검토, 물량산출과 같은 일을 동시에 할 수 있는 방법에 대한 기술개발이 대두되고 있으며, 향후 기술발전에 따라 입체해석을 통해 구조해석방법이 점차 확대될 것으로 보인다.

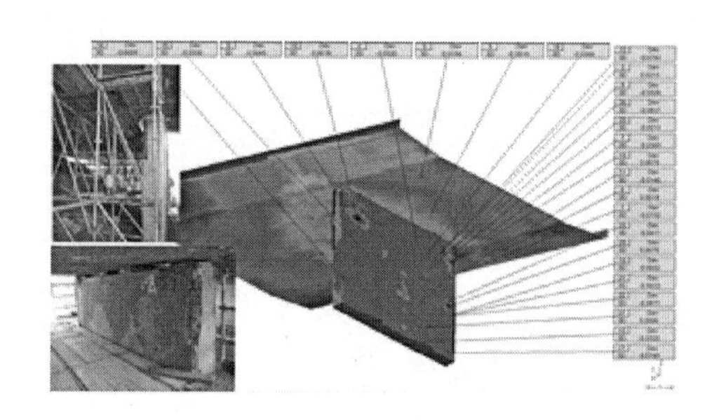

86회 3-5

압축응력을 받는 복부판 최소 두께 결정기준

도로교 설계기준(2008)의 좌굴식 $fcr = \dfrac{k\pi^2 E}{12(1-\mu)^2(b/t)^2}$ 의 좌굴계수 k에 대하여, k의 적용 사항과 k값에 의한 복부판 최소 두께 결정기준에 대해 설명하시오(단, E는 탄성계수, μ는 포아송비, b/t는 폭–두께비).

풀 이

➤ 판의 좌굴방정식 (강구조 p1145 참조)

사각형 판의 하중에 의한 지배미분 방정식은

$$D\left(\frac{\partial^4 w}{\partial x^4} + 2\frac{\partial^4 w}{\partial x^2 \partial y^2} + \frac{\partial^4 w}{\partial y^4}\right) = N_x \frac{\partial^2 w}{\partial x^2} + N_y \frac{\partial^2 w}{\partial y^2} + N_{xy}\frac{\partial^2 w}{\partial x \partial y}, \quad D = \frac{Eh^3}{12(1-\mu^2)}$$

여기서 지배미분 방정식은 B.C와 하중형태에 따라서 해가 달라진다.

4변이 단순지지된 경우의 해는 $w = \Sigma\Sigma A_{mn}\sin\dfrac{m\pi x}{a} sin\dfrac{n\pi y}{b}$ 로 가정하여

$$\Sigma\Sigma A_{mn}\left(\frac{m^4\pi^4}{a^4} + 2\frac{m^2n^2\pi^4}{a^2b^2} + \frac{n^4\pi^4}{b^4} - \frac{N_x}{D}\frac{m^2\pi^2}{a^2}\right) \times \sin\frac{m\pi x}{a} sin\frac{n\pi y}{b} = 0$$

$$\therefore A_{mn}\left[\pi^4\left(\frac{m^2}{a^2} + \frac{n^2}{b^2}\right)^2 - \frac{N_x}{D}\frac{m^2\pi^2}{a^2}\right] = 0 \quad \therefore N_x = \frac{D\pi^2}{b^2}\left[\frac{mb}{a} + \frac{n^2 a}{mb}\right]^2$$

Minimum Value of N_x : $n = 1, \quad \dfrac{dN_x}{dm} = 0$

$$\frac{dN_x}{dm} = \frac{2D\pi^2}{b^2}\left[\frac{mb}{a} + \frac{a}{mb}\right]\left[\frac{b}{a} - \frac{a}{bm^2}\right] = 0 \quad m = \frac{a}{b}, \quad k = 4$$

$$\therefore N_x = \frac{4D\pi^2}{b^2}, \quad D = \frac{Eh^3}{12(1-\mu^2)}, \quad h = t$$

General Case $N_x = \dfrac{kD\pi^2}{b^2}, \quad k = \left(\dfrac{mb}{a} + \dfrac{n^2 a}{mb}\right)^2$

$$\therefore N_x = \sigma_x t \quad \rightarrow \quad \sigma_x = \frac{k\pi^2 E}{12(1-\mu^2)(b/t)^2}$$: 평판의 좌굴응력

※ 여기서 k는 평판의 B.C와 하중조건에 따라 결정

➤ 좌굴계수 k

1) 4변이 단순지지 되는 균일한 압축응력 작용 시 : 웨브

$k = \left(\frac{mb}{a} + \frac{n^2 a}{mb}\right)^2$ 로부터 $\frac{a}{b} = X$라고 하면 $k = X^2\left[\frac{m}{X^2} + \frac{1}{m}\right]^2$

최솟값은 $\frac{\partial k}{\partial X} = 0$ $\quad \therefore X = m$일 때 최솟값을 가지며 이때 $k = 4.0$ (도·설의 양연지지판)

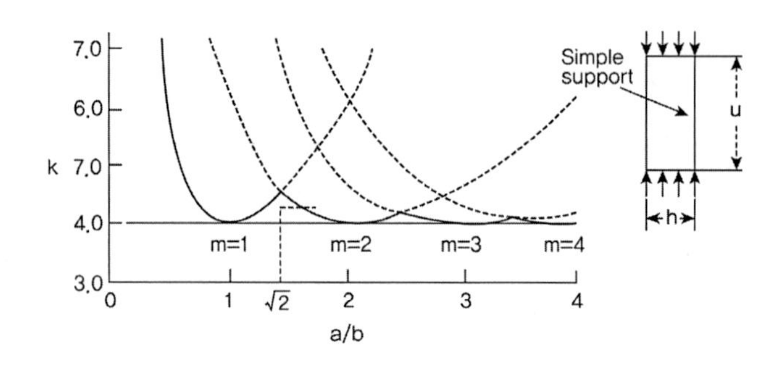

2) 3변 단순지지에 균일한 압축응력 작용시 : 플랜지

$$k = 0.42 + \frac{t}{(a/b)^2} \quad \frac{a}{b} > 0.66$$

$$k = 2.366 + 5.3\left(\frac{a}{b}\right)^2 + \frac{t}{(a/b)^2} \quad \frac{a}{b} \le 0.66$$

도로교 설계기준에서는 플랜지의 국부좌굴은 3변 단순지지로 보고 보수적으로 설계하기 위해서 $\frac{a}{b} > 0.66$인 경우로 보고 $k = 0.43$을 적용한다.

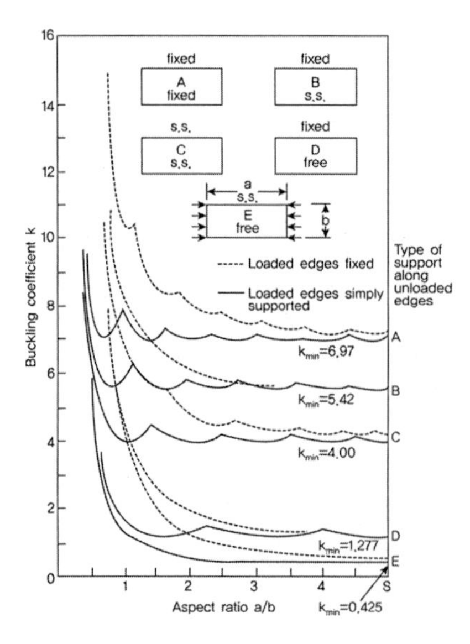

※ 도로교 설계기준 강구조물의 허용응력
양연지지판 $k = 4.0$
3연지지판 $k = 0.43$

➤ 도로교 설계기준의 복부판 최소 두께 결정기준

도로교 설계기준의 국부좌굴 허용응력

$$\bar{f}=\frac{f_{cr}}{f_y},\ \frac{f_{cr}}{f_y}=\frac{1}{R^2},\quad f_{cr}=k\frac{\pi^2 E}{12(1-\mu^2)}\left(\frac{t}{b}\right)^2\quad k=4.0\text{(양연지지)}\quad k=0.43\text{(3연지지)}$$

$$\text{-}\bar{f}=1.0\ (\ R\le 0.7\ )\qquad \text{-}\bar{f}=\frac{1}{2R^2}\quad (\ R>0.7\ )$$

$$\therefore\ R=\frac{1}{\pi}\sqrt{\frac{12(1-\mu^2)}{k}}\sqrt{\frac{f_y}{E}}\left(\frac{b}{t}\right)$$

일반적으로 용접에 의한 변형이나 취급 시 예상치 못한 외력에 의한 손상 및 강성저하를 막기 위해서 $R\le 1.0$을 적용하게 되며 압축력만 작용하고 SM400인 강재의 복부판의 경우

$$\therefore\ \left(\frac{b}{t}\right)_{\min}=R_{\max}\sqrt{\frac{k\pi^2}{12(1-\mu^2)}}\sqrt{\frac{E}{f_y}}=1.0\sqrt{\frac{4\pi^2}{12(1-0.3^2)}}\sqrt{\frac{2.1\times 10^5}{240}}=56.2$$

$$\text{SM 490 : }\left(\frac{b}{t}\right)_{\min}=48.7,\quad \text{SM 520 : }\left(\frac{b}{t}\right)_{\min}=45.9,\quad \text{SM 570 : }\left(\frac{b}{t}\right)_{\min}=40.6$$

도로교 설계기준에서는 이 값에 응력구배계수($i=0.65\phi^2+0.13\phi+1.0,\ \phi=\frac{f_1-f_2}{f_1}$)를 적용하여 아래와 같이 최소 두께를 규정하고 있다.

(압축응력을 받는 양연지지판의 최소 두께)

강종	SS400(SM400)	SM490	SM520(SM490Y)	SM570
40mm 이하	$\frac{b}{56i}$	$\frac{b}{48i}$	$\frac{b}{46i}$	$\frac{b}{40i}$

87회 4-3

압축응력을 받는 복부판 최소 두께 결정기준

다음 그림은 도로교설계기준에서 정하고 있는 압축응력을 받는 양연지지판의 기준강도곡선을 나타낸 것이다. 이를 참고로 하여 구성판 요소의 국부좌굴에 대한 대처방법(2가지)과 장단점을 비교하시오.

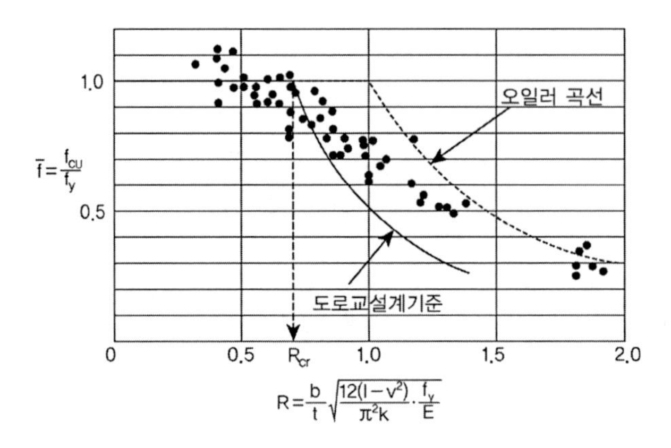

풀 이

➤ 도로교 설계기준의 국부좌굴 허용응력

$$\bar{f}=\frac{f_{cr}}{f_y},\quad \frac{f_{cr}}{f_y}=\frac{1}{R^2},\quad f_{cr}=k\frac{\pi^2 E}{12(1-\mu^2)}\left(\frac{t}{b}\right)^2 \quad k=4.0(\text{양연지지})\quad k=0.43(\text{3연지지})$$

· $\bar{f}=1.0\ (\ R\le 0.7\ )$

· $\bar{f}=\frac{1}{2R^2}\quad (\ R>0.7\ )$ $\qquad\therefore\ R=\frac{1}{\pi}\sqrt{\frac{12(1-\mu^2)}{k}}\sqrt{\frac{f_y}{E}}\left(\frac{b}{t}\right)$

판의 국부좌굴	보강된 판의 국부좌굴
$R_{cr}=0.7$ $R_{cr}=\frac{1}{\pi}\sqrt{\frac{12(1-\mu^2)}{k}}\sqrt{\frac{f_y}{E}}\left(\frac{b}{t}\right)$ $k=4.0$(양연지지판), 0.43(자유돌출판)	$R_{cr}=0.5$* $R_{cr}=\frac{1}{\pi}\sqrt{\frac{12(1-\mu^2)}{k_R}}\sqrt{\frac{f_y}{E}}\left(\frac{b}{t}\right)$ $k_R=4n^2$(n은 보강재로 구분된 패널 수) *보강된 판요소가 얇고 용접에 의한 초기변형 및 잔류응력의 영향 고려

➤ 국부좌굴의 대처방안

① 국부좌굴이 발생하지 않도록 b/t 제한

전체 좌굴이 발생하기 전에 국부좌굴이 발생하지 않도록 하는 도로교 설계기준에서 정하고 있는 판-폭의 최소 두께비로 제한한다. 도로교 설계기준에서는 $R_{max} = 1.0$을 기준으로 하여 웨브의 최소 두께를 규정하고 있으며 최소 두께를 기준으로 설계 시에는 국부좌굴을 별도로 고려하지 않으므로 설계가 단순해지는 이점이 있으나 작용응력이 작은 경우 재료의 강도를 충분히 활용하지 못하는 단점이 있다.

② 국부좌굴을 허용

R값을 기준으로 국부좌굴에 대한 허용응력을 별도로 산정하여 부재가 허용응력 이내로 설계되도록 할 수 있으며 이 경우 재료의 강도를 충분히 활용할 수 있으나 국부좌굴을 허용하므로 인하여 허용응력을 별도로 산정하여 그에 맞게 설계하여야 하는 복잡한 과정이 필요하다.

78회 4-5

휨응력을 받는 복부판 최소 두께 결정기준

도로교 설계기준에서 그림에서와 같은 휨을 받는 거더교의 복부판의 최대 폭-두께비(h/t)로서 SS강재의 경우 152로 정하고 있다. 그 근거를 제시하시오(단위 mm).

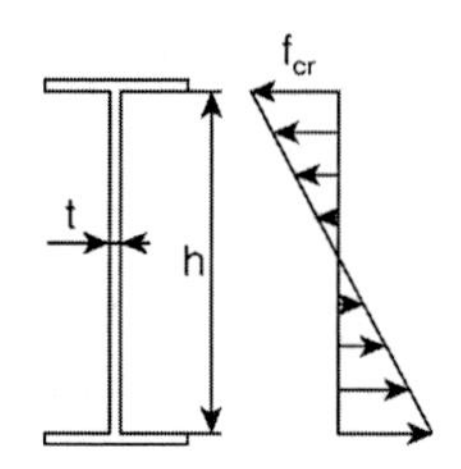

풀 이

➤ 개요

주형 전체의 단면 2차 모멘트에서 복부판의 높이가 좌우하며 두께는 기여도가 작기 때문에 가급적 복부판의 두께는 얇게 하고 그 부분을 플랜지 단면이 부담하게 하여 주형의 강성을 높이려 한다. 그러나 복부판이 너무 얇으면 휨에 의해서 좌굴이 발생할 수 있으므로 수직, 수평보강재 사용이 필요할 수 있으며 이로 인하여 제작경비가 증가할 수 있다.

➤ 복부판에 휨응력 작용시의 $\left(\frac{b}{t}\right)_{min}$ 규정

플랜지와 접하는 변의 경계조건은 단순지지와 고정지지의 중간 상태인 탄성적으로 지지(Elastically restrained)된 상태이며 플랜지의 웹에 대한 상대적인 강성에 따라 지지조건이 바뀐다. AISC시방에서는 경계조건을 고정지지의 80%정도로 가정하고 있으며 AASHTO의 경우에는 단순지지로 가정하거나 AISC처럼 고정지지의 80%로 가정하기도 한다. 국내 설계기준에서는 단순지지로 보고 $k = 23.9$로 적용하였다.

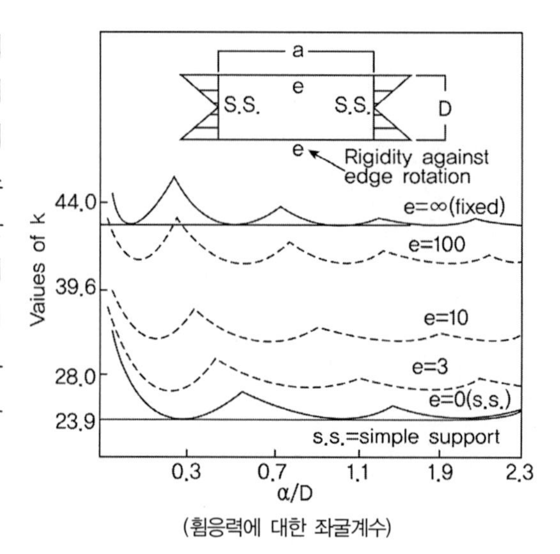

(휨응력에 대한 좌굴계수)

➤ 휨응력 작용시의 좌굴응력

$$f_{cr} = k\frac{\pi^2 E}{12(1-\mu^2)}\left(\frac{t}{b}\right)^2$$ 여기서 $a/b > 2/3$: $k = 23.9$

$a/b \leqq 2/3$: $k = 15.87 + 1.87a^2 + \frac{8.6}{a^2}$

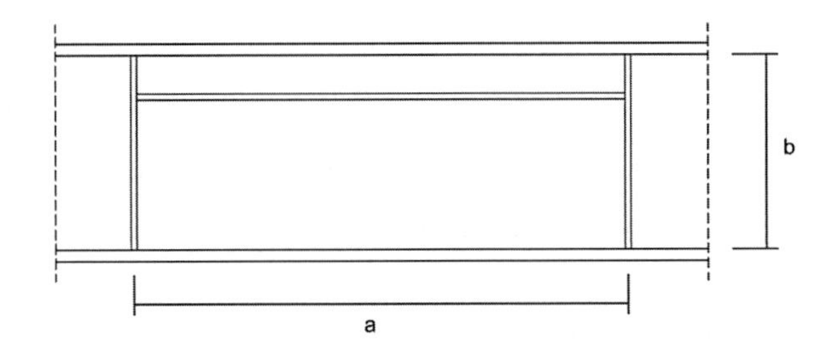

통상 $a/b > 2/3$

허용응력 설계법에서는 안전율 $n = 1.4$를 적용하여 SS400강재를 사용할 경우
k=23.9, 안전계수 n=1.4 적용(수평보강재가 없는 경우)

$$\frac{f_{cr}}{n} = \frac{k}{n}\frac{\pi^2 E}{12(1-\mu^2)}\left(\frac{t}{b}\right)^2 \leqq f_a$$ → 도로교 설계기준의 복부판 최소 두께 규정

SM400의 경우

$$\sqrt{\frac{k}{nf_a}\frac{\pi^2 E}{12(1-\mu^2)}} \leqq \left(\frac{b}{t}\right)_{\min}$$ $f_a = 140^{MPa}$, $n = 1.4$, $k = 23.9$이면 $\left(\frac{b}{t}\right)_{\min} \geqq 152.1$

(비합성 플레이트 거더의 복부판 최소 두께)

강종	SS400(SM400)	SM490	SM520(SM490Y)	SM570
수평보강재 없을 때	$\frac{b}{152}$	$\frac{b}{130}$	$\frac{b}{123}$	$\frac{b}{110}$
수평보강재 1단 사용	$\frac{b}{256}$	$\frac{b}{220}$	$\frac{b}{209}$	$\frac{b}{188}$
수평보강재 2단 사용	$\frac{b}{310}$	$\frac{b}{310}$	$\frac{b}{294}$	$\frac{b}{262}$

➤ 판의 좌굴방정식 유도 : 강구조(Steel Design) 1145page 참조

5. 플레이트 거더교 거더 단부 절취부의 설계

도심지 고가교 등에 있어서는 거더 아래의 공간제약으로 인해 거더 단부를 절취하는 경우가 있으며 이 경우는 비교적 간단하고 자주 이용됨에도 불구하고 구체적인 설계법이 명확하게 되어 있지 않다. 또 종래의 예에서도 구조상세에 대해 신중한 배려가 없어 설계에 있어 충분한 주의가 필요하다.

1) 절취부 설계 시 주의사항

① 일반적으로 절취부의 형상은 아래 그림과 같으며 노치부는 가급적 곡선 처리하는 것을 원칙으로 한다.

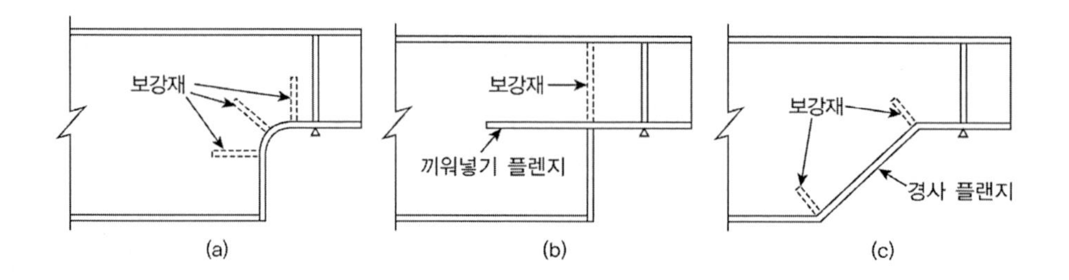

② 절취부 복부판의 전단응력과 절취부 하부플랜지의 휨응력은 응력집중의 영향을 고려하여 단순보로 설계한 값의 1.7배로 한다.

③ 절취부도 일반부와 같이 휨과 전단에 의한 합성응력을 검토한다.

④ 절취부 용접부의 응력집중은 ①의 전단응력으로 복부판의 응력검토를 해 놓으면 별도로 검토할 필요가 없다.

⑤ 끼워 넣는 플랜지의 길이 l은 거더의 절취 깊이 h' 정도로 한다.

⑥ 끼워 넣는 플랜지 단부에서 보강재를 설치하지 않아도 좋다

⑦ 보강재의 단면적은 절취한 하부플랜지 단면의 70% 이상으로 한다.

⑧ 끼워 넣는 플랜지 선단의 복부판과 보강재에도 응력집중의 영향을 보이므로 복부판 두께의 변화위치는 끼워 넣는 플랜지의 선단으로부터 $h/5$ 이상 떨어진 지점에서 하고 그 사이는 절취부와 동일한 복부판 두께로 한다.

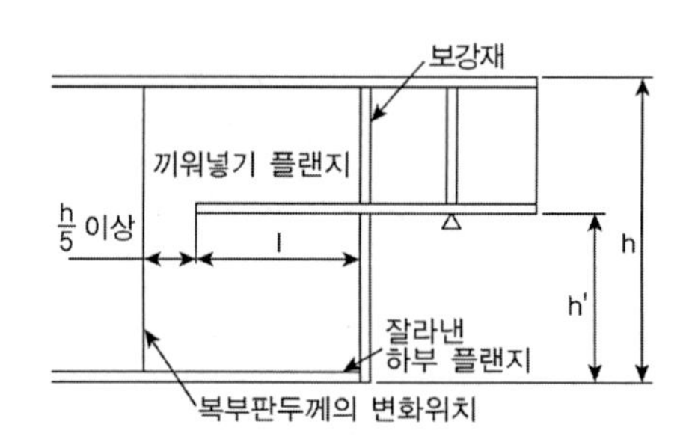

03 소수주형교(합리화 2주거더교)

소수주형교는 종래의 다주형교와 비교해 주거더의 개수를 최소화하여 합리화하고, 보강재의 사용을 최소화하며, PS가 도입과 같이 장지간 바닥판을 사용하여 교량형식의 합리화를 함으로써 교량 제작비의 저감, 유지관리비의 저감 및 공사기간의 단축을 할 수 있는 경제적인 교량형식이다(강교의 경제성 도모 및 합리화를 위해 채용되는 형식으로 횡방향으로 프리스트레스력을 도입하여 바닥판의 내구성을 증진시키면서 주거더 간격을 종래의 3^m 정도에서 6^m 이상으로 크게 하여 주거더의 개수를 최소화한 교량).

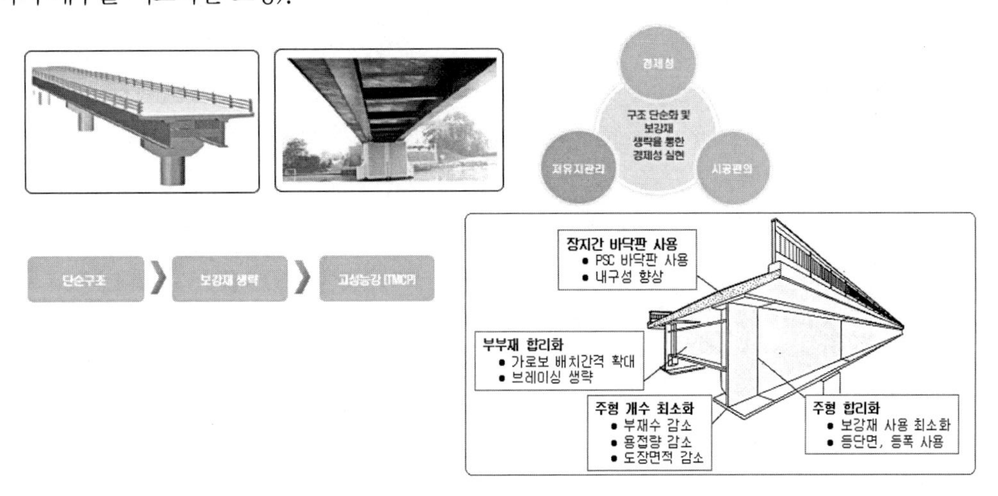

1. 특징

① 강재 제작기술의 발달과 후판적용 및 용접기술의 발달로 주거더의 개수 감소가 가능해짐
② 고강도 강재의 적용으로 판두께를 최소화시킴(구조물의 경량화, 절단, 천공 등 기계 가공이 용이해지고 비파괴검사시 정밀도 향상, 구조 합리화 및 단순화로 경제성 향상)
③ 주거더 단면 단순화로 수평, 수직 보강재 최소화
④ 가로보 구조 단순화로 설치간격 최대화
⑤ 바닥판의 장지간화(Precast 또는 현타후 횡방향 PS도입) : 8~10m까지 사례 있음
⑥ 제작비, 유지관리비 저렴한 강교 가능, 미관 유리

장점	단점
① 기본적인 플레이트 거더교의 장점유지 ② 2개의 주형만 사용하므로 미관유리 ③ 다수의 거더교에 비해 상대적으로 거더수가 줄어 제작상 유리 ④ 후판의 사용으로 국부좌굴에 대한 안전도가 높아 보강재 생략 또는 절감	① 바닥판의 지간과 캔틸레버 길이가 길어져 장지간 바닥판 성능확보 방안 필요 ② 다주형교에 비해 형고가 높음 ③ 피로검토시 단재하 경로를 적용하여야 하므로 허용피로응력범위가 줄어서 다소 불리

구분	일반 판형교		소수주형 판형교	
단면도	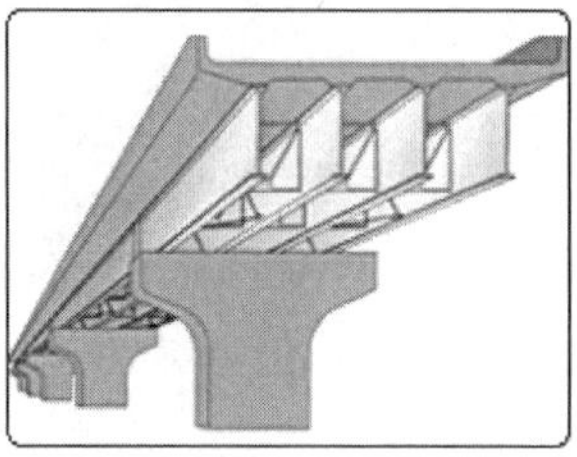		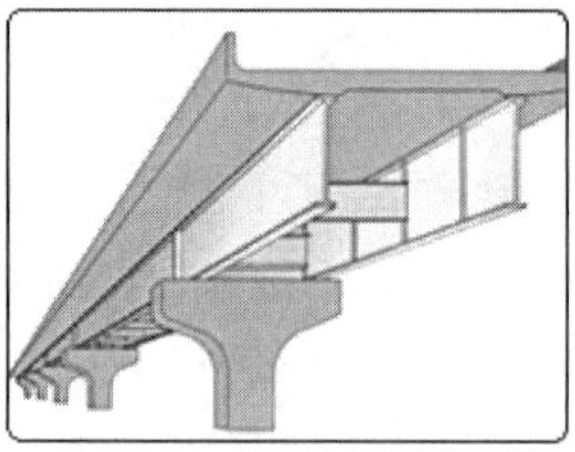	
주형수	많음	2,3차선 교량기준 5~7개 주형	적음	주형개수를 2~3개 제한 가설이 간단하고 경관이 수려함
강판두께	박판	여러개의 박판 주형을 사용하여 전체강성을 확보하였으며 집중하중의 영향으로 비경제적 설계	후판	주형수를 줄여 하중을 주형에 효과적으로 분배하는 대신 후판의 사용으로 전체강성을 확보
강종	일반강재	일반강재 사용으로 단위강재중량에 대한 강성이 작음	고장력강	고강도 강재(TMCP강)를 사용하여 구조물 중량을 감소시켜 강재의 사용효율 및 내구성을 극대화하고 형고를 낮추어 미관 개선
용접	복잡	주형의 맞댐 용접으로 품질관리가 어렵고 주형개수가 많아 용접개소수 및 연장이 길어져 시공성 불리	단순	주형의 맞댐 이음이 없고 이음부위에서 채움판에 의해 플랜지 두께를 변화시켜 품질관리 우수, 주형 및 부재 개수가 적어 용접개소수 및 연장이 일반 판형교의 50% 이하로 작업이 단순하고 시공성이 좋음
품질관리 및 유지보수	보통	부재수 및 용접개소수가 많아 품질관리 및 유지보수 어려움	양호	부재수 및 용접개소수가 적어 품질관리 및 유지보수 양호
경제성	불량	강재 사용량과 제작비가 높아 경제성이 불량	우수	강재사용량과 제작비가 낮아 경제성 우수
가설	불량	부재수가 많아 가설에 장시간을 요하며 시공성이 불량	우수	가설 부재수가 적아 시공성이 우수하고 가설시간이 짧아 공기단축 공사에 적합
미관	보통	주형수가 많고 하부구조 규모가 커서 미관 불량	양호	주형수가 작고 하부구조 규모수가 작아 미관 양호

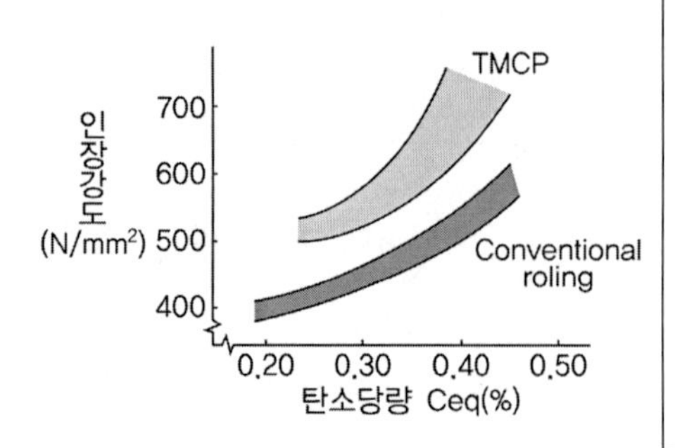

TMCP강(Termo Mechanical Control Process)

열가공 제어 프로세스로 제조되는 강재로 제어냉각을 통해 동일강도의 일반강에 비해 탄소당량(Ceq)을 낮추어서 판두께 방향으로 균일한 경도와 안정적인 품질을 확보하여 판두께가 40mm초과 후판에서도 설계기준강도를 낮출 필요가 없다. 일반강에 비해 탄소당량과 용접균열감응도(Pcm)이 낮기 때문에 예열조건을 대폭 완화할 수 있어 용접성이 우수하다.

2. 설계시 고려사항

1) 교량의 여유도

소수거더교는 일반적으로 2거더 시스템으로 설계되며 다수거더교와 다르게 거더의 최소화, 가로보와 수평브레이싱의 단순화 또는 생략을 통해 경제성, 시공성, 유지관리측면에서 합리화를 도모한 거더형식이므로 주요부재가 소성상태 또는 다른 원인으로 하중을 지지할 수 없는 경우 교량전체가 붕괴로 이어질 수 있는 구조적 여유도(Redundancy)가 낮은 교량형식이다.

① 단순교의 여유도 설계 : 단순교의 여유도 확보를 위해 주거더의 휨인장응력을 허용응력 대비 낮추어 설계하고 효과적인 여유도 확보를 위해 거더 하부플렌지 위치에 수평브레이싱을 설치한다.

② 연속교의 여유도 설계 : 연속교는 일반적으로 충분한 구조적 여유도를 확보하고 있으므로 설계시 여유도를 검토하지 않아도 된다.

3. 곡선 적응성

소수주형거더교는 비틀림 저항성능이 박스거더 단면에 비해 떨어지기 때문에 박스거더교에 비해 불리한 측면이 있으나 도로교 설계기준에서 제시하고 있는 곡률반경이 일정정도 이상인 경우에는 적용이 가능하다.

1) AASHTO의 경우 단순교와 연속교를 구분하여 직선교로서 고려할 수 있는 곡률각도를 제시하고 있으며, 국내에서도 동일한 수치의 곡률각도를 채택하여 도로설계기준 해설편에 반영하였으므로 제시된 각도 이내의 교량의 경우 기존 직선교의 설계와 동일한 방법으로 설계가 가능하다

2) 다만 곡선교로서 설계시 교량의 해석은 기존의 직선교로 사용되는 보요소에서는 6자유도 요소로 단면의 뒴모멘트(Warping)를 고려할 수 없기 때문에 구조물의 처짐, 응력 검토에 부정확한 결과를 줄 수 있다. 따라서 뒴모멘트를 고려한 7자유도 보요소를 이용하거나 뒴모멘트를 고려할 수 있도록 플랜지는 보요소, 복부판은 판요소를 사용한 모델을 적용할 수 있다.

(소수주형교 곡선교 적용례)

4. 주거더의 배치와 형고, 가로보의 간격

1) 주거더의 배치

일반적으로 주거더 간격은 최대 7m로 하는 것이 좋다. 프랑스의 경우 주거더 간격은 2차선의 경우 5m, 3차선의 경우 6.75m를 적용하고 있으며, 일본의 경우 바닥판 설계휨모멘트식의 적용범위가 6m로 제한되어 있으나 최근에는 바닥판 지간이 11m인 교량(Warashinagawa bridge)이 건설되었다. 유럽이나 일본에서 바닥판 캔틸레버부는 일반적으로 주거더 간격의 0.4~0.5배 길이를 가지며, 국내의 도로교 설계기준의 휨모멘트 산정식은 7.3m로 제한되어 있으며 연구결과도 8m 이하에서 바닥판 휨모멘트 산정식이 안전측으로 예측되어 주거더를 7m로 한정하는 것이 안전측이다.

2) 주거더의 형고

RIST보고서에 따르면 강중량 최소 방식을 전제로 한 경우는 주거더 높이/경간비는 1/13~ 1/15정도가 되지만, 부재의 후판화 및 제작성, 현장시공성을 종합적으로 평가해 주거더의 높이를 정하는 것이 필요하며, 강중량뿐만 아니라 제작성을 고려한 경우 최적 주거더 높이/지간비는 1/17~ 1/18로 하는 것이 좋다.

3) 가로보의 간격

압축플랜지의 고정점간 거리를 확보하기 위하여 가로보의 간격을 조정하며 최대 6m 정도로 하는 것이 좋다. 이때 시공시 안정성에 대한 검토를 수행하여야 하며 국내 도로교 설계기준에서는 경험적으로 얻은 6m를 가로보 간격의 최대치로 규정하고 있으며 유럽이나 일본의 경우 모멘트 영역에 따라 5~10m까지 가로보 간격을 변화시키고 있다.

5. 소수주형교의 바닥판

소수주형교의 바닥판은 소수주형교의 장점을 최대한 살려주는 안전하면서도 시공성이 우수한 바닥판의 형식이어야 하며, 공용시 피로손상을 최소화하는 내구성이 확보될 수 있어야 한다. 기존의 플레이트 거더교의 경우 주형간격이 대부분 3m 이내이므로 비교적 설계와 시공이 용이하나 소수주형교의 경우 대부분 주형의 간격이 5m 이상이며, 해외의 경우 최대 15m에 이르는 것도 있는 등 기존의 바닥판과 다른 형태를 가진다. 주로 프리캐스트 바닥판이나 횡방향 PS텐던을 이용한 방법 등이 이용되고 있다.

96회 3-1

강구조 · 합성- 합성단면

유효폭 b_e와 두께 t_c를 갖는 Deck Slab와 I-형 거더가 전단연결재에 의해 연결된 강-콘크리트 합성단면에서 환산단면적을 사용하여 휨과 비틀림 해석을 할 때 각각의 해석 시 적용단면에 대하여 설명하시오(여기서 콘크리트와 강재의 탄성계수는 각각 E_c와 E_s 이고 탄성계수비 $n = E_s/E_c$).

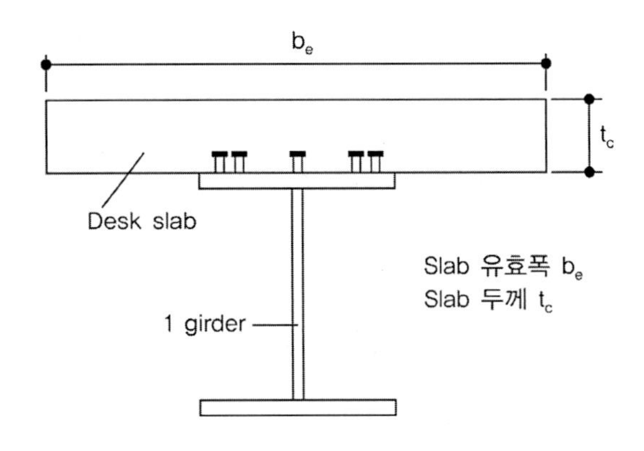

풀 이

➤ 개요

합성단면에 대한 해석은 통상적으로 탄성계수비를 이용하여 환산단면적을 통해서 해석하는 것이 일반적이다. 일반적으로 콘크리트 바닥판에 대한 경험적 설계법 또는 강도설계법을 통하여 설계한 후에 합성 후 거더의 중립축의 위치와 전단지연을 고려한 슬래브의 유효폭을 적용하여 합성단면의 해석을 수행하도록 한다.

➤ 환산단면적 산정

여기서 전단연결재는 충분히 배치하여 콘크리트와 강재가 완전 합성되어 거동한다고 가정하고, 콘크리트의 단면적을 탄성계수비(n)을 이용하여 환산단면적으로 변환시키고 합성후의 중립축을 구한다.

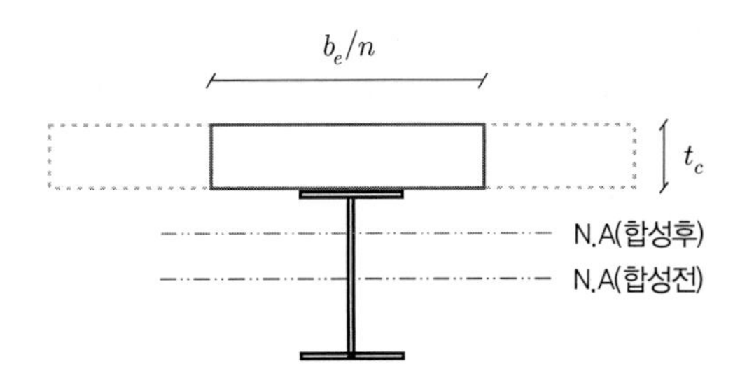

$$\text{Con} : b_e \rightarrow \frac{b_e}{n}, \quad t_c \rightarrow t_c$$

➤ 뒴 비틀림 적용여부 판단

뒴 비틀림(뒤틀림, Warping)에 의하여 순수비틀림과 달리 추가적으로 응력이 발생할 수 있으며 이에 대하여 순수 비틀림력만 고려할 것인지 아니면 뒴 비틀림력(warping)을 고려할 것인지를 판단하여 적용하여야 한다[폐단면의 경우 Warping으로 인한 변형(distortion)이 발생할 수도 있다].

$\alpha = l\sqrt{\dfrac{GK}{EI_w}}$ 로부터 α값 산정하여 비틀림력을 구분 적용

($\alpha > 10$: 순수비틀림만 고려, $0.4 \le \alpha \le 10$: 순수비틀림과 뒴비틀림 모두 고려, $\alpha < 0.4$: 뒴 비틀림만 고려)

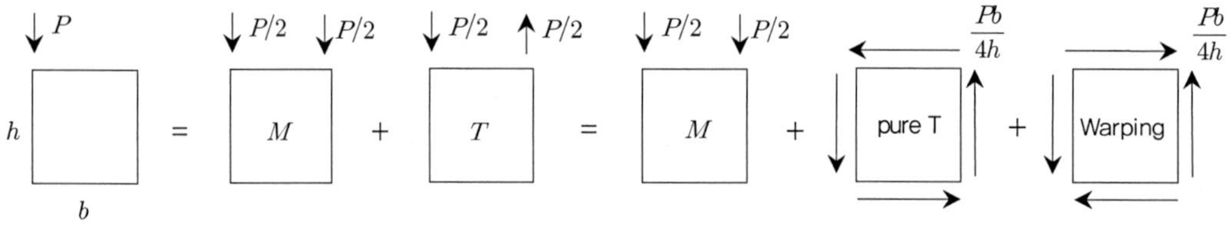

P, h, b = P/2 P/2 M + P/2 P/2 T = P/2 P/2 M + $\frac{Pb}{4h}$ pure T + $\frac{Pb}{4h}$ Warping

➤ 휨 및 비틀림 해석

1) 휨 응력 검토 : 휨에 의한 축방향응력(f_b)과 Warping에 의한 축방향응력(f_w)의 합이 허용응력범위 이내에 있는지 여부를 판별한다.

$$f < f_a \ (f = f_b + f_w), \quad f_b = \frac{M}{I}y, \ f_w = \frac{M_w}{I_w}w$$

여기서 M_w :뒴모멘트, I_w : 뒴비틀림 상수, w : 뒴좌표

2) 전단응력 검토 : 휨에 의한 전단응력(v_b)과 순수비틀림에 의한 전단응력(v_s), Warping에 의한 전단응력(v_w)의 합이 허용응력 범위 이내 여부를 판별한다.

$$v < v_a \ (v = v_b + v_s + v_w), \quad v_b = \frac{VQ}{Ib}, \ \frac{V}{A_w}, \quad v_s = \frac{T_s}{2F \cdot t}$$

여기서 T_s : 순수비틀림모멘트, F:폐단면부의 박판두께 중앙선으로 둘러싸인 면적,

t :박판두께

$$v_w = -\frac{T_w}{I_w \cdot t} S_w$$

여기서 T_w:뒴비틀림 모멘트, t: 박판의 두께,

$S_w = \int wdF$: 적분은 응력을 구하는 점에서 잘려나가는 단면에 대한 것이다.

3) 합성응력 검토 : 합성응력의 검토는 휨모멘트와 휨에 따르는 전단력만 작용하는 경우에는 휨응력과 휨에 의한 전단응력이 허용응력의 45%를 초과하는 경우에 합성응력에 대한 검토를 수행한다. 비틀림을 고려할 경우에는 휨모멘트와 휨에 따르는 전단력이 각각 최대로 되는 하중상태에 대하여 합성응력 검토를 수행하여야 한다.

$$(\frac{f}{f_a})^2 + (\frac{v}{v_a})^2 \le 1.2, \quad f < f_a \ (f = f_b + f_w), \quad v < v_a \quad (v = v_b + v_s + v_w)$$

TIP | 합성응력 검토 |

1) 비틀림이 고려되지 않을 경우

f_b/f_a, v_b/v_a의 어느 쪽이든지 0.45보다 작을 경우에는 반드시 만족되므로 휨응력 f_b, 전단응력v_b가 모두 허용응력의 45%를 초과하는 경우에만 검산하도록 한다. 통상적으로 무수히 많은 조합이 발생될 수 있으므로 1개의 단면에서 휨응력과 전단응력이 다 같이 크게 발생되는 점을 검산할 필요가 있다. 예를 들어 I형 단면에서는 플랜지와 복부판의 접합부, 박스형 단면에서는 모서리 등이 해당된다.

2) 비틀림이 고려되는 경우

비틀림이 고려되는 경우 1)과 같이 가장 위험한 하중상태를 선정하는 일은 불가능한 경우가 많다. 따라서 일반적으로 설계를 지배하는 휨모멘트와 휨에 따르는 전단력이 각각 최대로 되는 하중상태에 대한 것을 검산하면 좋다고 본 것이다.

04 PSC 합성거더 설계 시 유의사항

70회 2-2 PSC Beam 연속화 시 바닥판 및 격벽 연속화 방안

1. 개 요

PSC 합성거더는 프리캐스트로 제작된 PSC거더를 현장 거취 후 전단연결재 등을 이용하여 현장치기 바닥판과 합성시켜 거더와 바닥판이 일체로 작용하도록 한 구조형식이다.

최근에는 지점부 바닥판을 3경간 정도씩 연속화하여 재료의 내구성(신축이음장치의 유지보수)과 승차감이 향상되도록 하고 있지만 실제로 거더가 연속이 아니고 해석도 연속으로 하지 않지만 바닥판에 발생하는 부모멘트에 영향에 대해서는 합성 후 고정하중 및 활하중 연속합성구조로서 중간지점부를 설계하는 근사적인 접근법이 사용되고 있다.

① 바닥판의 설계 : 기존에는 바닥판을 폭 1m를 갖는 빔으로 모델링한 후 부재력을 구하여 설계하였으나 보다 정밀한 해석을 위해서는 Shell요소를 활용한 판 해석을 수행하는 것이 타당할 것으로 사료된다.

② 주거더 설계 : 과거에는 관용적 설계법(1-Zero법)으로 영향선을 통한 하중재하를 통해서 설계하기도 하였으나 근래에는 격자해석을 통한 해석방법이 주로 사용되고 있다. 주거더 설계시에는 주로 연속화 되었더라도 단경간으로 보고 안전측에서 설계한다.

③ 기존 모델링의 문제점 : 주거더는 단경간으로 해석하고 바닥판은 연속형으로 해석함으로서 실제 구조물의 거동과 다르게 해석 수행하는 문제점을 가지고 있다. 국부적인 영향 등을 반영하지 못하고 있으며, 주거더는 과다하게 설계됨으로서 경제적인 손실이 발생하게 된다.

연속이라고 정의하기 보다는 연속부에 격벽이나 가로보를 설치함으로서 연속화했다고 표현하며 연속화하였더라도 설계기준상 2개의 받침을 설치하기 때문에 합리화되지 못한 측면이 있다. 실제 설치되는 연속화된 Beam에 대하여 보다 정밀한 해석을 통해 합리화할 필요성이 있다.

2. PSC합성거더 설계 시 유의사항

① 일반적으로 PSC합성거더는 직선이므로 곡선평면상에 설치할 경우 지간 중앙부 캔틸레버 길이의 확장으로 인하여 외측거더에 과도한 하중이 재할 될 우려가 있으므로 이에 대한 검토 필요

② 캔틸레버 길이(외측거더 중앙에서 바닥판 끝단까지의 거리)는 거더 중심 간격의 1/2 이하로 하는 것이 좋으며 캔틸레버에 고정하중이나 특수하중이 과대하게 재하될 경우에는 주거더를 충분히 검토해야 한다.

③ 충분한 단면 검토를 통해 내·외측 거더의 응력이 비슷한 수준이 되도록 단면을 계획하는 것이 좋다.

④ 지점부에서 바닥판을 연속 처리하여 발생하는 부모멘트의 영향을 고려하여 종방향 철근을 배근함으로써 바닥판의 균열을 최소화시킨다.

⑤ 받침 중심간 간격 및 좌표를 산정할 때와 받침 상면에 소울플레이트를 부착할 경우에는 교량의 종단구배를 반드시 고려하여야 한다.

3. PSC합성거더 연속부 검토

① 연속교 형식으로 구성할 경우 교각 위의 거더 접합구간을 현장타설 콘크리트로 연결하게 되며 일반적인 시공순서는 다음과 같다.

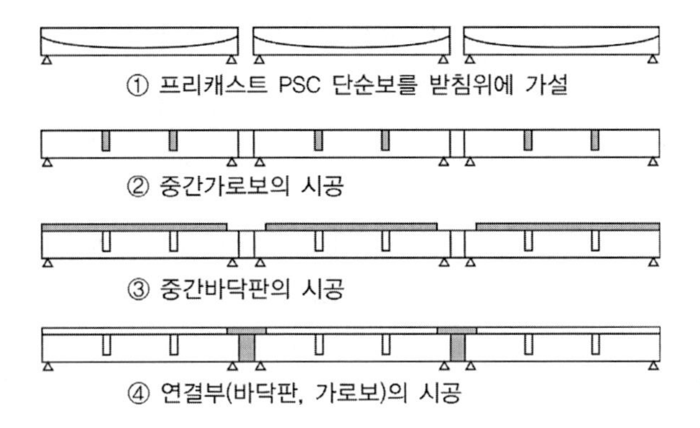

② 지점상의 연속부 검토 시 연결 후에 탄성받침을 갖는 연속보로서 구한 단면력으로 산정한다. 거더 연결 후에 발생하는 크리프, 건조수축 및 지점침하에 의한 영향은 고정하중 및 활하중과의 하중조합에서 가장 불리한 조합을 고려한다.

③ 연결부의 단면산정 시 부(-)의 휨모멘트에 대한 설계단면은 연결부 단면으로 하고 단면형태는 PSC거더의 단면형상을 복부로 하고 유효폭(도설 4.2.2.6, T형 거더 압축플랜지 유효폭)을 연결부 인장철근이 배근되는 플랜지의 유표폭으로 한다.

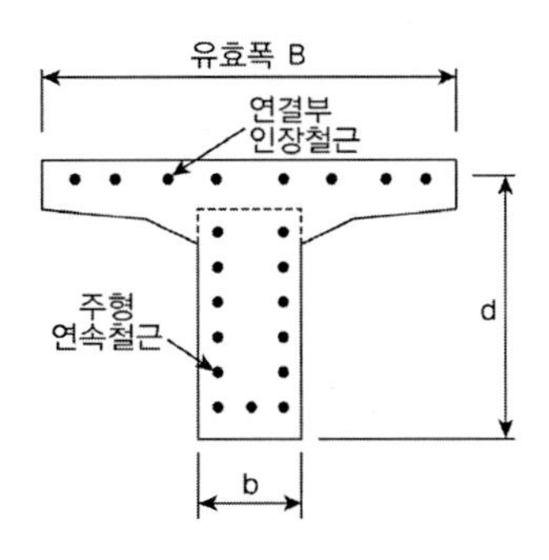

05 부재의 2차 응력

1. 부재의 2차 응력

구조의 각 부재는 부재의 편심, 격점의 강성, 단면의 급변, 가로보의 처짐, 부재길이의 변화에 의한 바닥틀의 변형, 자중에 의한 부재의 처짐 등의 영향에 의해 발생하는 2차 응력이 될 수 있는 한 작아지도록 설계하여야 한다.
일반적으로 교량이 구조에 있어서는 각종 원인에 의해 다소의 2차 응력이 생기는 것은 부득이 하나, 응력계산을 할 때 이를 무시하는 것이 보통이다. 따라서 구조의 각 부분을 설계할 때는 다음과 같은 점을 유의해서 2차 응력을 가급적 작게 설계하는 것이 바람직하다.

1) 2차 응력 유발 요인

① 부재의 편심 : 구조의 세부를 설계할 때 부재의 편심은 가급적 작아야 한다.

② 격점의 강성 : 하나의 격점에 모이는 부재조합의 강성에 비해 격점의 강성이 너무 크면 2차 응력이 커질 수 있으므로 격점의 강성을 부재에 알맞게 설계하여야 한다(회전구속).

③ 단면의 급변 : 부재가 변단면을 갖는 경우 단면을 너무 급격하게 변화시키면 변단면부에서 응력집중 현상이 발생할 수 있으므로 변단면을 적용할 때는 가급적 완만하게 단면이 변하도록 설계하여야 한다.

④ 가로보의 처짐 : 가로보의 처짐이 크면 그 단부에 연결방법에 따라 차이는 있지만, 가로보와 주형 연결부의 주거더면을 변형시켜서 2차 응력이 증가하므로 가로보의 처짐은 가급적 작게 설계하도록 하여야 한다.

⑤ 부재길이의 변화에 의한 바닥틀의 변형 : 긴 지간의 타이드 아치(Tied Arch) 등에서 큰 인장력이 작용하는 타이에 바닥틀이 강결되어 있으면 이 바닥틀은 일부 타이와 더불어 늘어나서 예기치 않은 변형을 발생시킬 수도 있다. 이와 같은 경우에는 세로보의 일부에 신축장치를 설치하는 등의 배려를 하는 것이 좋다.

⑥ 자중에 의한 부재의 처짐 : 트러스 부재와 같이 축 방향력만 기준으로 설계하는 부재에서는 부재의 자중에 의한 휨응력을 작게 하기 위하여 폭에 비해 높이를 크게 하는 편이 좋다. 그러나 폭에 비해 높이가 너무 커지면 격점의 강성이 불필요하게 커져서 2차 응력이 커지므로 이점을 주의하여야 한다.

⑦ 기 타 : 보의 가동단의 마찰, 지점침하, 온도변화 등의 영향에 의한 2차 응력이나 단면의 급변, 부식 등의 응력집중을 일으키는 원인에 대한 고려를 하고 이러한 2차 응력이나 응력집중을 가급적 작게 설계하는 것이 좋다. 보 높이가 매우 작은 가로보에 고강도강을 사용하는 경우에는 보통강을 사용하는 경우에 비해 강성이 작으므로 가로보의 처짐이 커지며 하로 플레이트 거더교에서는 주거더의 진동이 더 크게 발생된다. 트러스에서는 복부재에 고강도강을 사용하고 2

차 부재로 연강을 사용하는 경우 또는 주거더에 고강도강을 사용하고 보강재로 연강을 사용하는 경우에는 여러 가지의 2차적인 변형이나 응력이 발생되므로 주의하는 것이 바람직하다.

2) 2차 응력 대처방안

① (편심최소) 단면의 구성에 있어 단면의 도심이 되도록 단면의 중심과 일치하고 골조선과 일치하도록 한다.
② (격점의 강성영향 최소) 격점의 강성이 격점에 모이는 각 부재에 비해 너무 크지 않게 한다.
③ (가로보 처짐 억제) 가로보의 처짐을 적게 하여 주형면의 변형을 최소화한다.
④ (바닥틀 변형 억제) 세로보의 일부에 신축장치를 설치하여 바닥틀의 변형을 방지한다(타이드 아치).
⑤ (자중에 의한 처짐억제) 강성 증가를 위해 폭에 비해 높이를 가급적 크게 한다. 다만 높이가 너무 크면 격점의 강성의 증가로 2차 응력이 추가로 발생되므로 이에 유의하여야 한다(트러스 $h/l < 1/10$).

3) 2차 응력 대처방안(트러스)

① 트러스의 격점은 강결의 영향으로 인한 2차 응력이 가능한 한 작게 되도록 설계하여야 하며, 이를 위해서는 주 트러스 부재의 부재높이는 부재길이의 1/10보다 작게 하는 것이 좋다.
② 편심이 발생되지 않도록 주의, 또는 편심이 최소화되도록 부재의 폭을 최소화
③ 격점의 강성(Gusset Plate)으로 인한 영향을 최소화할 수 있도록 Compact하게 설계
④ 일반적으로 부재의 2차 응력의 값은 무시할 정도로 작지만, 2차 응력으로 인한 영향이 무시할 수 없을 정도일 경우에는 2차 응력을 고려한 부재의 응력검토를 수행하도록 하여야 한다.

Chapter

05 강교, 강박스교

01 붕괴 유발부재

1. 정의

110회 3-2 강교설계시 붕괴유발부재, 여유도

108회 1-2 다재하경로 구조물의 정의

붕괴유발부재(FCM, Fracture critical member) 또는 무여유도 부재(Non-redundancy member), 단재하경로 구조물은 한부재의 파괴로 인해 전체 구조물이 파괴되거나 교량의 설계 기능을 발휘할 수 없도록 하는 인장부재 또는 인장요소를 말한다. 붕괴유발부재의 예로는 2주형거더와 같은 구조물 또는 하나 또는 2개의 거더를 사용한 교량의 플랜지와 복부판, 단일요소의 주 트러스 부재, 행어플레이트와 하나 또는 2개의 기둥벤트의 캡 등이 있다.

1) 하중경로 여유도 - 단재하구조물, 다재하 구조물

3개 이상의 거더 또는 빔으로 설계된 교량을 하중경로 여유도가 있는 구조물 또는 다재해 구조물이라 한다. 한거더 또는 빔이 파손될 경우 파손된 거더가 받던 하중을 다른 거더로 재분배될 수 있는 여유도. 3개 이상의 거더가 있는 주형에 여유도가 있는 것으로 평가한다.

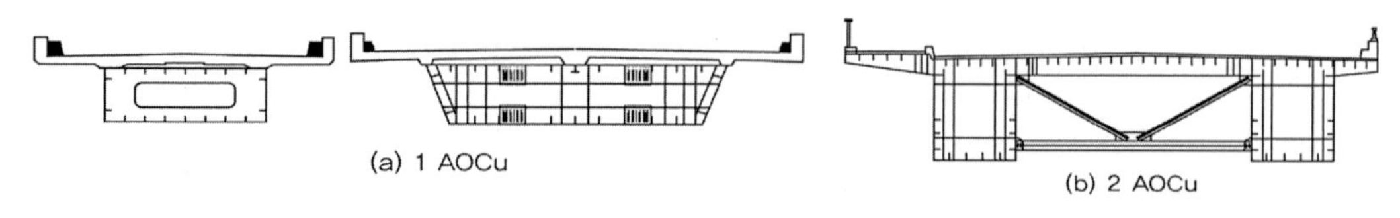

(a) 1개 주형 : 하중경로 여유도 없음　　(b) 2개 주형 : 하중경로 여유도 없음

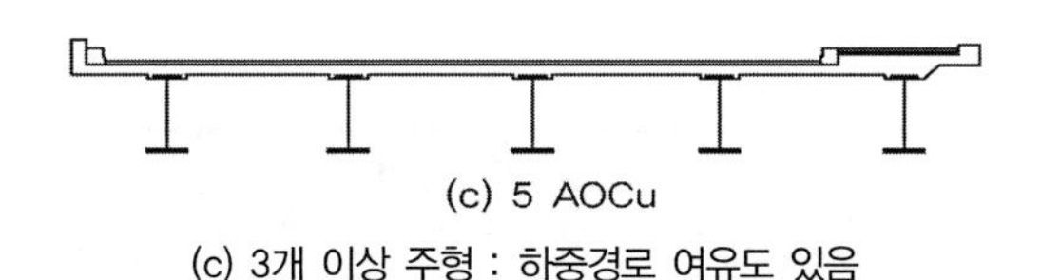

(c) 5 AOCu

(c) 3개 이상 주형 : 하중경로 여유도 있음

2) 구조적 여유도 - 무여유도 구조물, 여유도 구조물

구조적 여유도란 하중이 통과하는 경로와 평행하여 놓인 연속된 경간의 숫자로서 결정된다. 구조적으로 무여유도(Non-Redundancy)라 함은 두 개 이하의 경간을 갖고 있는 구조물을 의미한다. 구조적 여유도는 거더의 개수로 분류하는 것이 아니라 연속경간의 형식에 따라 분류한다.

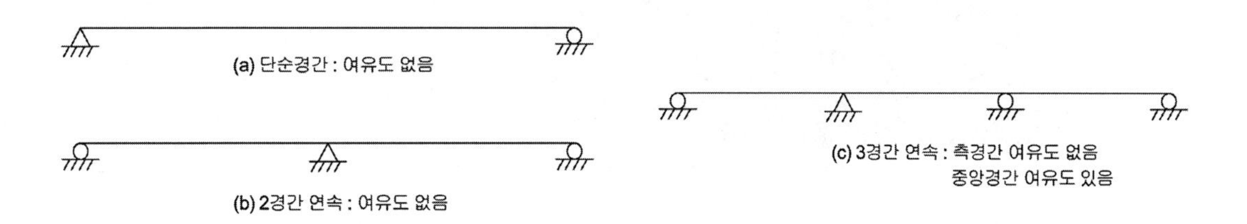

(a) 단순경간 : 여유도 없음

(b) 2경간 연속 : 여유도 없음

(c) 3경간 연속 : 측경간 여유도 없음
중앙경간 여유도 있음

3) 내적 여유도

내적 여유도를 갖고 있다는 뜻은 여러 부재가 복합적으로 구성된 구조물에서 한 부재가 파손되었다 하더라도 그 영향이 다른 부재에 미치지 않는다는 뜻이다. 내적여유도가 있는 부재와 없는 부재의 가장 큰 차이점은 한부재의 파손이 다른 부재에 어떠한 영향을 주는가에 달려 있다. 예를 들어 리벳으로 제작된 플레이트 거더는 내적 여유도를 갖고 있는데 그 이유는 플레이트와 앵글이 독립된 부재이기 때문에 리벳 하나가 파손된다 하더라도 앵글이나 플레이트에는 영향을 주지 않는다. 반면 용접으로 제작한 플레이트 거더는 내적 여유도가 없다. 일단 균열이 시작되면 강재가 균열을 막을 수 있을 만큼의 충분한 강도를 갖고 있지 않은 플레이트로 전파된다. 보통 내적 여유도는 부재가 붕괴유발부재인가를 고려하는 데는 고려되지 않으나 그 정도에 따라서 보수 보강을 요한다.

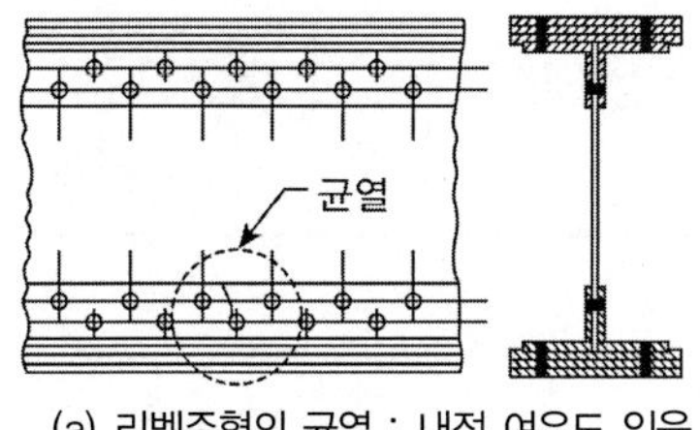

(a) 리벳주형의 균열 : 내적 여유도 있음

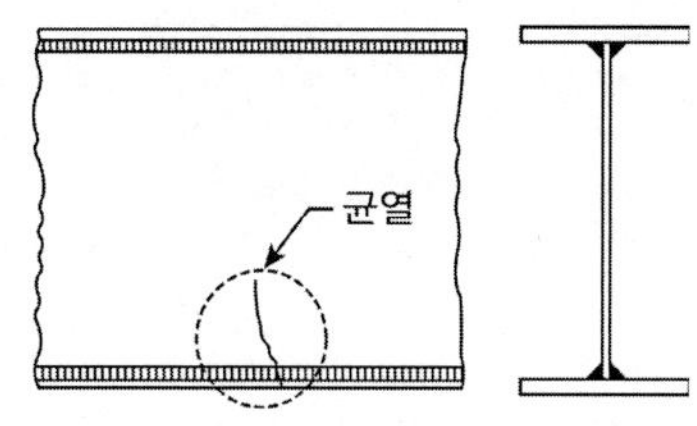

(b) 용접주형의 균열 : 내적 여유도 없음

4) 붕괴유발부재의 예

단재하 구조	단실과 다실상자형	타이드 아치
2개 이하의 주형이나 트러스 구조	플랜지가 일체로 연결된 주형	타이드 거더
사장교의 사장케이블		인장응력을 받는 강재교각 두부(Cap)

게르버교의 핀 및 행거	현수교의 주 케이블
2거더 단재하구조에서의 핀 및 행거	주케이블은 내적여유도가 있으나 단면 파괴시 붕괴

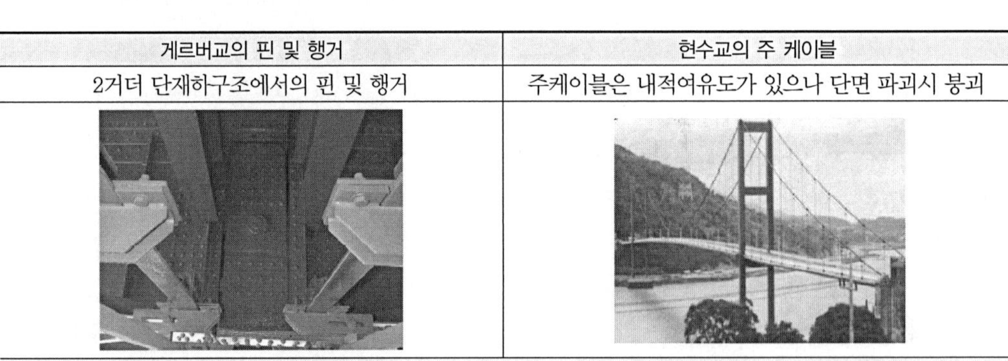

게르버 트러스교의 단부 가로보
- 하현재와 단부 가로보의 상·하 용접부(단부 가로보 파손시 가운데 현수거더 추락) - 현수경간에서 강판형교 주형단부의 변곡부(2거더 이내)

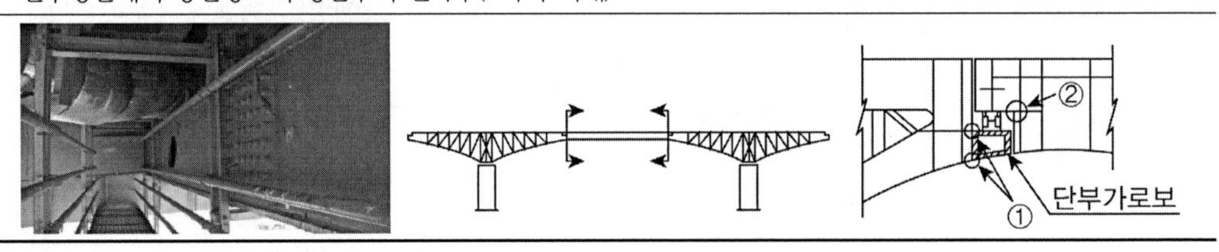

2. 붕괴유발부재의 판정방법

AASHTO LRFD 기준에서는 붕괴유발 부재요소의 인장부에 용접되고 인장응력 작용방향으로 100mm 이상의 길이를 갖는 부착물도 붕괴유발부재로 간주하도록 하고 있다. 붕괴유발부재는 도면상에 확실하게 표시하도록 하고 다음과 같이 붕괴조절계획(Fracture control plan)을 세우도록 하여 붕괴에 대한 방지를 미리 준비토록 하여야한다.

1) 붕괴를 유발시킬 수 있는 부재 및 부재요소의 결정

2) 붕괴유발 부재나 부재요소는 적합한 기술을 갖고 있는 작업원, 조직, 경험, 절차, 지식 및 장비를 보유한 공장에서 제작

3) 붕괴유발 부재나 부재요소의 용접에 대한 특별규정

4) 붕괴유발 부재 및 부재요소의 비파괴검사에 대한 특별규정

5) 붕괴유발 부재 및 부재요소의 재료 인성치에 대한 특별규정

3. 붕괴유발부재의 허용피로응력범위 산정

일반적으로 활하중에 의한 응력범위가 200만회 이상에 대한 허용피로응력 범위, 즉 일정진폭 피로 한계$(\Delta F)_{TH}$보다 작은 경우에는 피로강도에 대한 검토가 필요하지 않다. 활하중에 의한 진동수가 2×10보다 작은 경우에도 피로강도에 대한 평가를 할 필요가 없다.
단재하경로 부재에 대한 허용응력범위는 대부분 다재하경로 부재의 80% 정도로 규정하고 있다. 이는 단재하 경로 부재의 파괴 시 그 피해가 다재하경로 부재의 파괴시보다 심각하기 때문에 좀 더 안전측으로 설계하기 위한 것이다. 일반적으로 다재하경로 구조의 허용피로응력범위는 다음의 식에서 설계응력 반복횟수 N을 대입하여 구할 수 있다.

$$F_{sr}=(\frac{A}{N})^{1/3}\geq(\Delta F)_{TH}$$: A와 $(\Delta F)_{TH}$는 상세범주별로 주어지는 상수

4. 붕괴유발부재내의 피로취약부

붕괴유발부재가 손상되는 주원인은 반복하중 작용에 의하여 균열이 발생하는 '피로균열'이다. 일반적으로 피로균열은 응력이 집중하는 부위에서 발생하며 이러한 응력의 집중은 용접결함, 용접상세에 따라 다양하게 나타난다. 대상부위의 피로강도는 응력의 방향, 용접상세부의 형태에 따라 다르지만 일반적으로 피로균열은 용접의 상태가 조잡하거나 부재가 많이 첨가되어 있는 부위일수록 발생하기 쉬우므로 관통용접부, 복부의 보강재가 많이 부착된 부분 등을 피로취약부로 취급하여 상세한 점검을 실시하는 것이 바람직하다.

1) 인장부에 위치한 피로취약부(응력범주 D, E, E') 구조상세

도로교 표준시방서는 피로균열이 발생하기 쉬운 정도에 따라 상세범주를 A~E의 7가지로 구분하고 있으며 일반적으로 균열은 D급 이하의 용접상세부에서 주로 발견된다.
응력범주 D, E급인 피로취약부의 경우 면밀한 육안조사 및 강재비파괴검사 등 필요
– 허용피로응력범위(단재하경로 구조물, 200만회 이상)

상세범주	A	B	B'	C	D	E	E'
허용응력범위 f_{sr}(MPa)	168	112	77	70 84	56	42	28

2) 면외변형 발생부

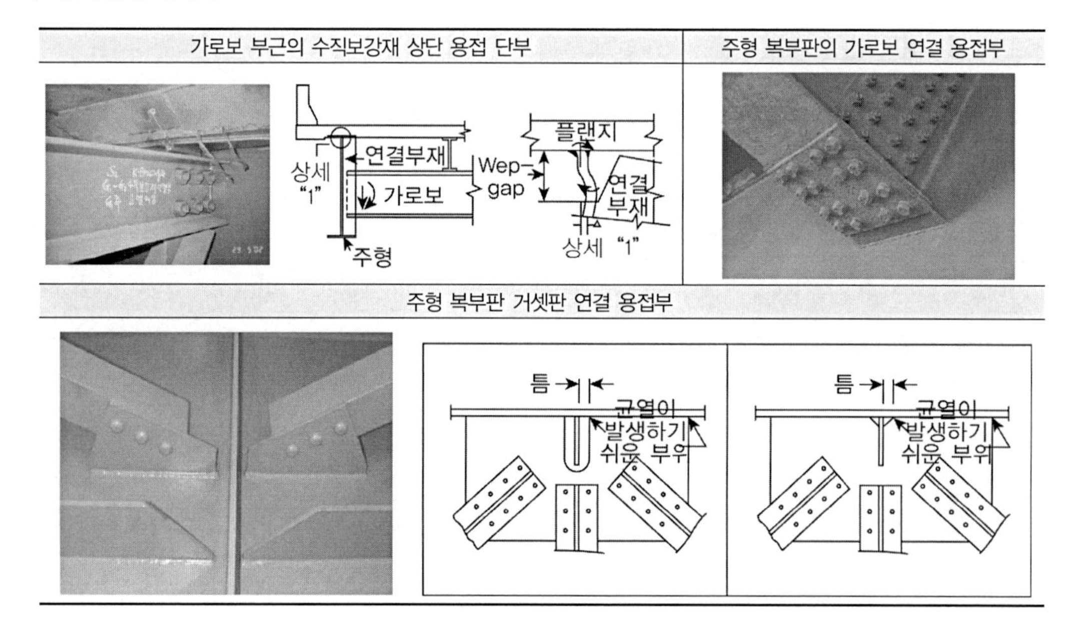

3) 부재 덧댐부 또는 용접 손상부를 용접으로 보수한 부분

5. 피로취약부 손상사례

- 하부플랜지의 맞대기 용접부 균열
- 응력범주 : 수평보강재의 맞대기 용접부 균열이 복부로 진전됨
- 용접교차부의 스캘럽(scallop)부 균열
- 리벳주형에서 하부플랜지와 복부연결 앵글의 리벳연결부 균열
- 수직브레이싱이 연결된 수직보강재 상단 용접부 균열(갈색)
- 거셋판과 수직보강재 끝부분 용접부에서의 균열
- 받침에 연결된 하부플랜지의 구속으로 받침부 수직보강재 하단 복부균열
- 복부판의 가로보 하부플랜지 연결부 균열
- 수직보강재 상단 복부판 균열징후(bleeding)
- 하부플랜지 덮개판 용접부 균열

02 강교의 피로/부식/파괴

1. 강교량의 손상원인

1) 부식 : 일반적인 노후화 현상으로 환경적/전류/박테리아/과대응력/마모/제설작업 염화칼슘, 황산염 등이 원인이며 강재의 부식속도는 1년에 0.02mm 정도이다. 교량 내하력과 피로파괴위험 유발인자이다.

2) 피로균열 : 반복하중으로 인한 응력집중부에 소성변형으로 균열이 발생되며 취성파괴를 유발하는 원인이다.

3) 과재하중 : 과재하중은 과대 모멘트로 인한 압축부재 좌굴 등을 유발한다.

4) 충격이나 화재에 의한 손상 : 화재 시 급격한 온도상승은 강재의 강도와 탄성계수를 저하시키며, 급작스런 충격 등 예기치 못한 외력발생시 강교량에 손상을 유발한다.

5) 붕괴유발부재(FCM) : 구조적 여유도가 부족한 붕괴유발부재의 파괴는 강교의 치명적 손상을 초래할 수 있다.

6) 강재의 위치별 결함 및 손상원인

구분	결함 및 손상유형	원인
강재거더 공통	도막손상 및 부식, 스플라이스 연결부, 볼트 이완 및 탈락	도장불량 및 열화, 수분침투, 볼트체결 불량, 볼트부식, 교량진동
강재거더 받침부	받침부 복부판 부식 및 단면결손, 국부좌굴(면외변형), 받침과 플렌지 접촉부 부식	도막손상, 누수, 받침편기, 받침고정을 위한 보강재의 임의절취, 보강재 간격 부적절, 단면부족과 하중, 물 튀김, 오물퇴적, 염화물 침투
강재거더 중앙부	중앙부 하부 플렌지 부식 및 거더 처짐, 하부플랜지 덧댐판 용접부, 맞대기용접부 균열	도막손상, 물고임 및 염화물 침투, 스플라이스 연결부 볼트 이완, 언더컷, 용입부족 등 용접 불량, 단면 변화부의 응력집중
보강재 용접부	거셋판 용접 단부 균열, 하중집중점의 수직부재 용접 끝부분 균열, 노치부 균열	면외변형에 의한 피로, 용접불량, 절취형상불량, 응력 집중
강재박스 거더	플랜지와 리브 용접 교차부 균열, 강박스바닥 물고임	윤하중에 의한 피로, 용접불량, 단부 물 유입, 스플라이스 틈 사이 누수

2. 강교량의 피로, 피로파괴(Fatigue, Fatigue Failure)

피로손상이 일어나는 곳은 대부분 연결부, 급격한 단면의 변화가 있는 곳 또는 표면이나 내부에 어떤 결함이 존재하는 곳으로서 국부적인 응력 집중현상이 일어나는 곳이다.
일반적으로 피로파괴는 반복하중이 응력집중부에 인장응력을 일으키면서 소성변형을 발생시켜서 허용응력이하의 작은 하중에 의해서도 피로균열이 발생하여 파괴로 이루어진다.
용접 결합된 교량요소가 리벳 또는 볼트로 결합된 교량의 구조요소보다는 더욱 피로에 취약하다.
① 응력이 반복되면서 생기는 파괴현상.
② 강재에 반복하중이 지속적으로 작용하여 취약부(Notch, 용접결함 등 초기결함 또는 기하학적 불연속에 의한 응력집중부 등)에 소성변형에 의한 균열이 진전되어 파괴에 이르는 현상

1) 피로파괴의 특징

강교량의 가장 전형적인 손상원인으로 내구성을 지배하는 요인이다. 피로는 반복주기의 횟수에 따라서 고싸이클 피로(N 〉 10^5), 저싸이클 피로(N 〈 10^5)로 구분하며, 피로로 인해 피로균열이 발생할 경우 부재단면의 감소로 인한 취성파괴의 위험이 있다.
이러한 강재의 취성파괴는 재료의 파괴인성치(fracture toughness)와 연관이 있으며 구조부재가 급격한 취성파괴를 이르게 할 수 있는 한계균열크기를 결정하는 중요한 인자로 분류된다. 한계균열크기는 구조상세, 최대인장응력과 균열방향에 좌우된다.

2) 원인

① 반복응력의 작용에 의한 균열의 진전
② 응력집중부에 반복하중 작용에 의한 소성변형 발생
③ 인장잔류응력
④ 부적절한 구조상세
⑤ 용접부 허용치 이상의 결함
⑥ 부적절한 용접자세(상향용접)

3) 피로 영향인자

① 응력범위(S) : 부재에 작용하는 외력 및 기타요인에 의해 발생하는 응력 최대-최솟값 거리
② 반복횟수(N) : 반복응력이 작용하는 횟수
③ 용접상세, 용접상태, 연결부 상세(구조 상세)
④ 결함부, 응력집중부 : 위치, 개소
⑤ 인장잔류응력
⑥ 재료 파괴인성(Fracture Toughness)
⑦ 강종

4) 피로설계방법

통상 피로강도 시험결과를 통계적으로 분석하여 피로강도 등급을 규정한다.
① 피로응력의 종류 : 하중유발 피로응력(Load-Induced Fatigue Stress)과 뒤틀림 유발 피로응

력(Distortion-Induced Fatigue Stress)이 있으며 피로설계 시에는 하중유발 피로응력을 고려한다. 뒤틀림 유발 피로응력의 경우 변형으로 인해 발생되는 변형유발피로로 설계 시에는 고려되지 않으며 변형에 의한 2차 응력으로 구분한다.

② 설계피로응력이 허용피로 응력 범위 내에 들도록 설계한다.

③ 피로설계방법의 종류

- 무한수명설계 : 모든 피로작용이 피로한계 이하가 되도록 설계하는 방법으로 높은 비파괴확률을 가진다.
- 안전수명설계 : 구조물의 수명 내에 용접이음에 초기결함 없다고 가정하는 방법으로 높은 비파괴확률을 가진다.
- 파손안전설계 : 부정정구조 또는 다재하경로구조가 되도록 설계하여 파손되더라도 파손의 검사 및 보수에 의한 기능회복이 가능하도록 하는 설계로 용접구조물은 일정한 비파괴확률에 의해 설계한다.
- 손상허용설계 : 결함의 허용결함치수를 가정하여 그 범위내의 손상을 허용하는 설계하는 방법으로 파괴역학적 접근법에 의해서 파손까지 수명을 계산한다. 용접구조물은 일정 비파괴확률로 설계한다.

④ 주요설계인자 : 피로강도등급, 응력반복횟수, 허용피로응력범위, 반복응력범위

⑤ 피로수명의 산정 : S-N 선도, P-S-N 선도 이용하여 하중작용범위와 반복횟수, 파괴확률, 구조상세범주를 변수로 고려하여 피로수명을 산정한다.

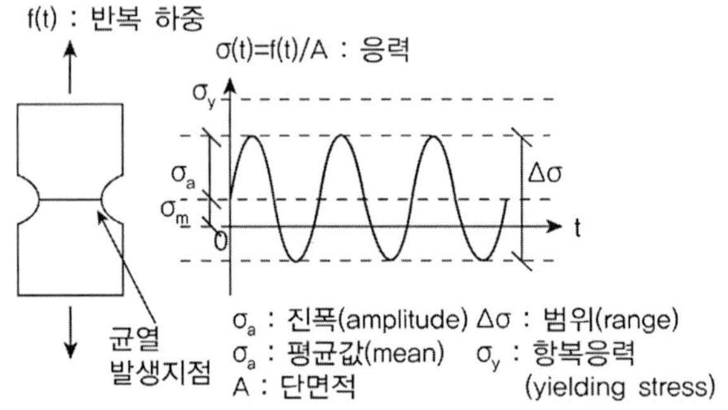

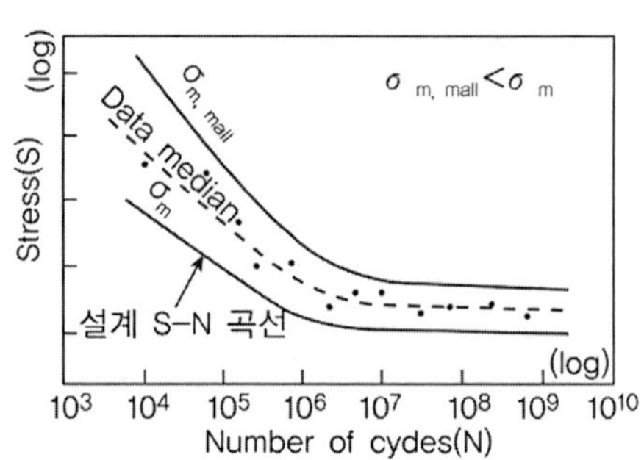

5) 강교 피로취약부 균열사례

① 균열발생과정 : 균열발생(initiation) → 진전(crack propagation) → 파단(fracture)

② 피로균열 주요 발생 사례

피로균열은 응력의 반복횟수가 많고 응력의 차이(범위)가 큰 곳이나, 초기결함이 발생할 가능성이 큰 곳에서 발생된다. 주로 응력의 집중이 예상되는 응력집중부로 용접부, 단면급변부, 2차 응력이 발생할 가능성이 큰 상대적 처짐이 큰 곳이나 연결부, 이차부재를 연결해서 본래의

거동을 하지 못하게 하는 접합부나 연결부에서 주로 발생된다. 이러한 곳은 도로교 설계기준에서 E' E, D, C 등의 등급으로 분류된 구조상세가 해당된다.

- 지점부 수직보강재 하단 : 2차 응력에 의한 대표적 균열. 받침장치 불량 시 복부판의 좁은 틈에 균열발생.
- 플랜지 맞대기용접부 : 용접부족 또는 용접보강지단부 형상불량. 표면마감처리가 중요
- 덮개판 용접부 끝부분 : 플랜지 t > 20mm 인장부측 용접부 응력집중
- 플랜지와 수직보강재 용접부 : 인장부 플랜지와 수직보강재 용접부 응력집중(보통 용접 생략)
- 거세트판 용접부 : 수직, 수평 브레이싱과 같이 좁고 복잡하게 용접된 곳
- 수평보강재 맞대기 용접부 : 수평보강재는 압축부나 교번응력부에 종방향으로 길게 설치되며 이음부는 맞대기 용접한다. 용접 불량 시 거더 복부판까지 균열이 진전된다.
- 복부판과 가로보 용접부
- 복부판과 플랜지 필렛용접부 : 각장이나 목두께 부족 시, 용접 불량 시. 종방향 필렛용접 또는 부분용입홈용접의 피로강도는 비드표면의 형상, 루트부 용입 및 결함에 좌우된다.
- 리벳거더 하부 앵글 : 내적 여유도가 있는 구조이나, 리벳구멍 주위 노치에 응력 집중되어 균열발생가능
- 수직보강재 용접교차부 : 용접교차부는 용접연속성 확보와 응력집중을 막기 위해 스캘럽 설치. 스캘럽 끝단 용접불량이나 표면마감불량시 균열발생가능
- 세로보 직각절취부 : 직각 절취하여 가로보에 연결 시 절취부에 응력집중. 잔류응력발생으로 피로균열
- 수직브레이싱 상단 : 거세트판이 연결된 거더의 수직보강재 상단. 바닥판, 브레이싱 거더에서 발생하는 하중이 집중되는 곳

③ 피로균열조사(외관조사)

도장생태 및 부식	좌굴 및 변형, 균열	볼트 및 리벳불량상태
오염, 물고임, 결빙, 변색, 부스러짐, 녹발생, 갈라짐 등	흠집, 좌굴 및 심한변형, 시공불량, 균열, 찢어짐	풀림, 변형, 탈락, 부식, 파단, 설치불량

6) 피로손상부 보수, 보강 1994. 강교량의 피로파괴에 관한 연구(한국도로공사)

① Grinding(연마) : 용접부 표면을 매끄럽게 하여 응력집중을 줄이는 방법으로 용접단부이 응력집중을 완화하여 피로균열 발생하는데 필요한 기간을 늘여줘서 피로수명 증가

② Peening(두드림) : 용접부위를 공기망치 등으로 소성변형이 일어날 때까지 두드려서 잔류 압축응력을 발생시켜 국부적으로 용접부위의 큰 응력범위의 발생을 억제하여 피로수명 연장하는 방법으로 용접부 상세의 피로강성을 증가시켜 균열 발생 및 성장을 억제하는 효과

③ GTA(Gas Tungsten Arc renelt) : 텅스텐 전극을 일정한 비율로 용접끝단을 따라 이동시킴으로 베이스 메탈과 필렛용접부이 적은 부분을 다시 녹여내는 것으로 용접단을 따라 존재하는

비금속성 침투물을 제거하고 응력집중 상태를 완화시켜 피로수명을 연장하는 방법, 녹여진 금속의 침투가 충분하도록 주의해야 한다.

④ Drilling(천공) : 균열 끝의 응력집중을 완화시켜 균열이 더 이상 진전되지 않도록 하는 방법으로 영구적인 보수 방법은 아니며 임시적인 균열 진전 방지 조치

⑤ 도장보수(보수) : 부식에 의한 단면손상이나 결함발생이 발생될 경우 피로에 의해 그 피해가 커질 수 있으므로 도장을 통해 단면의 감소를 예방한다.

⑥ 외부 PS 도입(보강) : 처짐이나 하중증가로 2차 응력 발생이 우려되는 경우 내하력 향상을 위하여 필요한 경우 외부에 긴장재 도입하는 방법이다.

7) 피로파괴 방지대책

① 설계시 허용반복응력크기와 반복횟수를 바탕으로 피로수명 결정(S-N 곡선이용)
② 피로에 유리한 구조상세 선택
③ 용접결함부 최소화
④ 용접부 마감처리 철저
⑤ 응력집중부 최소화
⑥ 구조상세 철저한 검토로 불필요한 2차 응력발생 억제
⑦ 각종 세부보강방법 적용

TIP | 도로교설계기준(2015) 피로와 파단 |

도로교설계기준(2015, 한계상태설계법)에서는 피로를 하중유발 피로와 변형유발 피로로 구분한다.

1) 하중유발 피로

강교량 구조상세에 대한 피로설계시에는 활하중에 의해 발생된 응력범위를 고려한다. 이 때 전 길이에 대해 전단연결재가 설치되고 부모멘트구간 최소바닥판 철근 규정을 만족하는 휨부재에 대해 적용한다. 용접에 대한 잔류응력은 피로설계시 중요한 지배요소인 응력범위 규정에 포함되어 있으므로 별도로 고려하지 않으며, 순인장응력을 받는 상세에만 적용한다.

다만 하중계수를 적용하지 않은 고정하중이 압축응력을 발생시키는 부분은 피로한계상태조합으로 잃해 최대 활하중 인장응력의 2배보다 작은 경우에만 피로를 고려한다.

2010 도로교설계기준(허용응력설계법)에서는 일정피로진폭 한계값을 다재하경로 구조물에서 200만회 이상의 반복회수에 대한 허용피로응력범위로 규정하였으나, 2015 도로교설계기준(한계상태설계법)에서는 설계수명을 100년으로 고려하고 있다. 만약 100년과 다른 설계수명이 요구될 경우에는 아래 식의 N(반복횟수)를 100이 아닌 다른 값으로 구해서 적용하여야 한다.

TIP | 도로교설계기준(2015) 피로와 파단 |

① 설계기준

$\gamma(\Delta f) \leq (\Delta F)_n$

여기서, γ는 피로한계상태 조합에 대한 하중계수(0.75)

Δf는 피로하중 통과시 발생되는 활하중 응력범위(MPa)

$(\Delta F)_n$은 공칭피로강도(MPa)

② 피로강도

$$(\Delta F)_n = \left(\frac{A}{N}\right)^{1/3} \geq \frac{1}{2}(\Delta F)_{TH}$$

여기서, $N = (365)(100)n(ADTT)_{SL}$

A : 구조 상세범주에 따른 상수(MPa³)

세부범주	A	B	B'	C	C'	D	E	E'	인장F8T	인장F10T	인장F13T
A×10¹¹	82.0	39.3	20.0	14.4	14.4	7.21	3.61	1.28	5.61	10.3	4.32

n : 트럭 한 대 통과시 발생하는 응력범위의 반복횟수

종방향 부재		경간길이	
		〉12,000 ㎜	≤ 12,000 ㎜
단순경간 거더		1.0	2.0
연속주형	1) 내측지점 부근	1.5	2.0
	2) 기타	1.0	2.0
캔틸레버 거더		5.0	
트러스		1.0	
횡방향 부재		간 격	
		〉6,000 ㎜	≤ 6,000 ㎜
		1.0	2.0

$(ADTT)_{SL}$: 한 차로당 ADTT(일평균 트럭교통량)

$(\Delta F)_{TH}$: 일정피로 진폭 한계값(MPa)

세부범주	A	B	B'	C	C'	D	E	E'	인장F8T	인장F10T	인장F13T
A	165.0	110.0	82.7	69.0	82.7	48.3	31.0	17.9	100	110	80

반복회수의 항으로 보면 일정피로진폭 한계값을 넘는 피로강도는 응력범위의 3제곱에 반비례한다. 응력범위가 1/2로 감소할 때 피로수명은 23배만큼 증가한다는 의미이다. 또한 많은 교통량을 갖는 교량에서 최대응력범위가 일정피로진폭 한계값보다 작으면 이론적으로 무한 피로수명이 된다. 일반적으로 설계시에는 설계응력범위가 일정피로진폭 한계값의 1/2보다 작으면 무한수명을 제공하므로 범주 E와 E'를 제외하고 무한수명 검토로 적용한다. 아래 표는 트럭한대가 1회의 반복회수를 발생시키고 100년 설계수명을 가정할 때 무한수명과 동등한 $(ADTT)_{SL}$을 나타낸다.

TIP | 도로교설계기준(2015) 피로와 파단 |

세부범주	A	B	B'	C	C'	D	E	E'
무한수명과 같은 100년 $(ADTT)_{SL}$	400	645	775	960	560	1400	2655	4890

2010 도로교설계기준(허용응력설계법)에서는 허용응력범위를 단재하와 다재하경로 구조물을 구분하여, 단재하 구조물의 경우 다재하경로 구조물의 허용응력의 80%를 적용하는 등 적용을 달리 하였다. 그러나 2015 도로교설계기준(한계상태설계법)에서는 설계기준에 엄격한 인성요구조건 규정을 도입하여 단재하경로 구조물의 허용응력 감소는 불필요한 것으로 보고 다재하와 단재하 구조물 모두 동일하게 적용하도록 하고 있다.

2) 변형유발 피로

변형유발피로는 주로 횡방향부재의 힘을 복부판으로부터 플랜지로 적절하게 전달하는 확실한 상세가 적용되지 않은 수직브레이싱 용접 연결판이 붙어 있는 플랜지에 가까운 복부판에 발생한다. 2015 도로교설계기준(한계상태설계법)에서는 횡방향 부재를 종방향 부재의 단면을 포함하는 적절한 구조요소에 연결하여 예상하거나 예상 못한 하중을 전달하기 충분한 하중경로를 제공하도록 규정하고 있다. 또한 종방향 또는 횡방향 부재에 피로균열 진전을 유도하는 2차응력이 발생되지 않도록 하는 연결구조를 가져야 한다. 복부판의 좌굴과 면외변형을 제어하기 위해서 설계기준에서는 별도의 복부판 피로설계조건을 만족시키도록 하고 있다.

① 복부판 피로설계조건(휨) : 반복적인 활하중하에 휨으로 인한 복부판 면외 휨 제한 규정

피로하중에 의한 활하중 휨응력과 전단응력은 피로하중조합으로 계산된 값의 2배로 적용한다.

복부판 종방향으로 보강재 유무에 관계없이 다음 식을 만족해야 한다.

$\dfrac{D}{t_w} \leq 0.95\sqrt{\dfrac{kE}{f_{yw}}}$ 인 경우 : $f_{cf} \leq f_{yw}$

$\dfrac{D}{t_w} > 0.95\sqrt{\dfrac{kE}{f_{yw}}}$ 인 경우 : $f_{cf} \leq 0.9kE\left(\dfrac{t_w}{D}\right)^2$

여기서, D : 복부판 높이(㎜)

f_{cf} : 하중계수를 곱하지 않은 압축플랜지에서 지속하중과 피로하중으로 인한 최대 탄성휨압축응력

f_{yw} : 복부판 항복강도

k : 복부판에 대한 탄성휨좌굴계수

- 종방향 보강재가 없을 경우 $9.0(D/D_c)^2 \geq 7.2$
- 종방향 보강재가 있을 경우 $\dfrac{d_s}{D_c} \geq 0.4$이면 $k = 5.17\left(\dfrac{D}{d_s}\right)^2 \geq 9.0\left(\dfrac{D}{D_c}\right)^2 \geq 7.2$

  $\dfrac{d_s}{D_c} < 0.4$이면 $k = 11.64\left(\dfrac{D}{D_c - d_s}\right)^2 \geq 9.0\left(\dfrac{D}{D_c}\right)^2 \geq 7.2$

D_c : 탄성범위에서 압축을 받는 복부판의 높이(㎜)

TIP | 도로교설계기준(2015) 피로와 파단 |

② 복부판 피로설계조건(전단) : 반복적인 활하중 하에 전단으로 인한 복부판 면외 휨 제한 규정
피로하중에 의한 활하중 휨응력과 전단응력은 피로하중조합으로 계산된 값의 2배로 적용한다.
수직보강재와 종방향 보강재 유무에 관계없이 다음 식을 만족해야 한다.

$v_{cf} \leq 0.58Cf_{yw}$

여기서, v_{cf} : 하중계수를 곱하지 않은 지속하중과 피로하중으로 발생하는 복부판 최대 탄성전단응력
C : 전단항복강도에 대한 전단좌굴응력비

- $\dfrac{D}{t_w} < 1.10\sqrt{\dfrac{Ek}{f_{yw}}}$ 이면 $C=1.0$
- $1.10\sqrt{\dfrac{Ek}{f_{yw}}} \leq \dfrac{D}{t_w} \leq 1.38\sqrt{\dfrac{Ek}{f_{yw}}}$ 이면 $C=\dfrac{1.10}{\left(\dfrac{D}{t_w}\right)}\sqrt{\dfrac{Ek}{f_{yw}}}$
- $\dfrac{D}{t_w} > 1.38\sqrt{\dfrac{Ek}{f_{yw}}}$ 이면 $C=\dfrac{1.52}{\left(\dfrac{D}{t_w}\right)^2}\left(\dfrac{Ek}{f_{yw}}\right)$ 　　여기서 $k=5+\dfrac{5}{\left(\dfrac{d_0}{D}\right)^2}$

3. 강재 부식 및 부식방지방법 (강교량의 부식 및 파손에 대한 수명평가, 2005 김동현)

1. 강재의 부식

부식(Corrosion)은 금속이 액체용액에 의해 퇴보되는 현상으로 강재에 부식이 발생되면 부재단면이 감소하므로 부재의 강도 및 강성이 저하된다. 강교에 있어서 피팅과 같은 국부부식의 경우는 부식부위를 보수 보강하여 내하성능을 회복시킬 수 있으나 주요부재에 부식이 현저히 진행되는 것과 같이 강교 전체적으로 부식되는 경우 안전성의 확보가 곤란해지며 보수 및 보강범위가 광범위해지고 장기간이 되어 경제적으로 많은 손실을 유발할 수 있다. 따라서 부식의 진행이 경미할 때 적절한 대책을 강구하거나 이를 위한 유지관리가 중요하다.

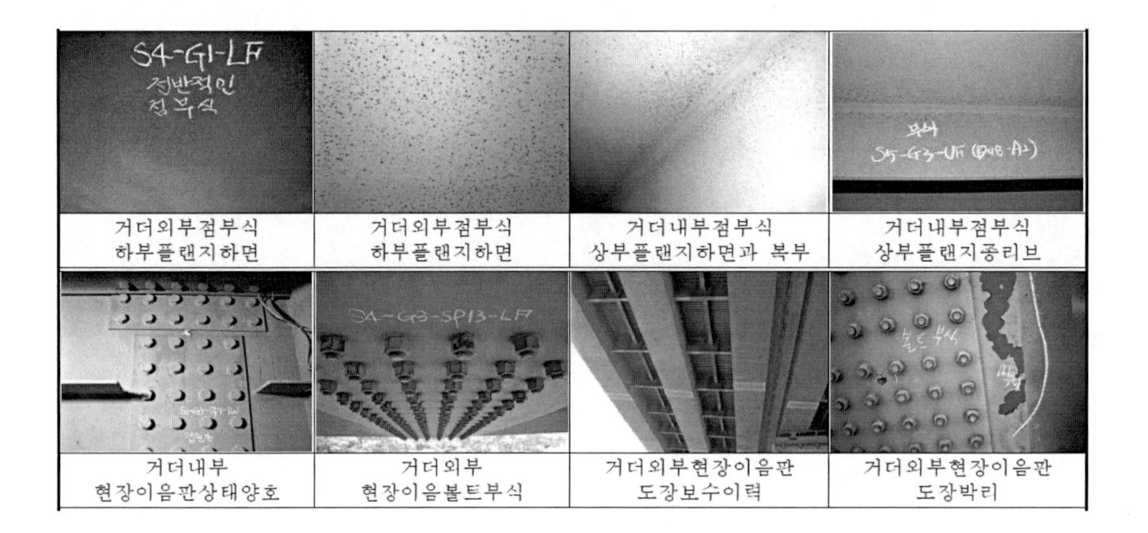

거더외부점부식 하부플랜지하면	거더외부점부식 하부플랜지하면	거더내부점부식 상부플랜지하면과 복부	거더내부점부식 상부플랜지종리브
거더내부 현장이음판상태양호	거더외부 현장이음볼트부식	거더외부현장이음판 도장보수이력	거더외부현장이음판 도장박리

2. 강교 부식취약부

1) 볼트 및 용접 이음부

① 볼트부 : 도막두께 불균일, 빗물침투, 도막불량, 도막 노후화

② 용접부 : 도막두께 불균일, 잔류응력, 용접부 결함, 수소기포

2) 거더단부 : 신축이음부 빗물침투, 물고임

3) 박스거더 내부 : 볼트이음부 및 거더단부 다이아프램 개구부 우수침투

4) 받침부 : 신축이음장치 배수기능 불량으로 우수침투, 물고임

3. 강재 부식으로 인한 피로 안전성 평가 방법

강교의 부식년수에 대한 단면감소와 경계조건 변화(수직이동, 수평이동)에 의한 손상가정을 하고

설계하중에 대한 최대응력과 최소응력을 산출하여 피로응력범주를 결정하고 이를 도로교 설계기준의 허용피로응력범위와 비교하여 피로안전성을 평가한다.

부식연수에 따른 단면감소와 경계조건 변화의 영향 검토	➜	구조해석을 통한 피로응력범위확인	➜	도로교 설계기준의 피로 강도범위 결정과 허용응력범위 비교	➜	교량의 피로 안전성 평가

1) 부식년수에 따른 구조물의 파괴양상

강구조물은 사용년수가 길어질수록 부식의 발생 및 진행으로 단면감소가 이루어지고 이에 따른 단면의 내하력이 감소된다. 제작 특성상 점진적으로 세장재의 국부좌굴이 발생되고 이로 인한 부재 단면에서의 응력집중과 2차 응력으로 주단면 또는 연결부에 피로균열이 발생되어 궁극적으로 전체 구조물이 파괴된다.

4. 강재 부식의 특징

1) 부식환경의 지역성 : 강재는 물 및 산소의 존재하에서 부식하여 녹으로 전환되는데 염분, 산성물질 등 부식성 물질과 접촉되면 부식반응은 더욱 촉진된다.

환경에 따른 부식 진행정도 : 해안환경(100) 〉 도시환경(20~30) 〉 산간지방(10~20)

2) 강재 부식의 특징 : 강재는 산소 및 수분의 존재하에서 부식이 진행되므로 비를 직접 맞는 부분에 비해 직접 맞지 않는 하부부분 및 내부부분은 발청이 상대적으로 적다. 특히 구조상 물이 고일 수 있는 부분이나 결로가 발생하는 부분은 발청이 크며 표면처리가 어려운 부분은 특히 녹발생에 취약하므로 이 부분에 대한 표면처리에 유의해야 한다. 도막의 방청성능은 도료의 종류와 도막의 두께나 시공의 품질에 따라 크게 달라진다. 이러한 특성을 고려하여 도장사양, 도막두께 등을 결정하여야 한다.

3) 강재 부식의 Mechanism

부식은 크게 건식(dry corrosion)과 습식(wet corrosion)이 있으며 건식은 금속표면에 액체인 물의 작용 없이 일어나는 부식이며 일반적으로 고온산화, 고온가스에 의한 부식 등이 이에 속하고 습식은 액체인 물 또는 전해질 용액에 접하여 발생되는 부식으로 우리주변에서 경험하는 부식의 대부분은 습식이다.

TIP | 부식 Mechanism |

철의 경우 철강표면은 금속의 조성, 조직, 표면상태의 불균일성 등으로부터 전위 분포상태가 일정하지 않고 수중에서는 국부적인 전지를 형성하게 된다. 중성 수용액 중에서는 양극으로부터 철이온(Fe^{3+})이 용출하게 되며, 음극에서는 수소이온이 환원되어 수소원자(H)로 된다. 이 반응에 의해 생기는 수소원자(H)는 H_2가스로 되어 발산하든가 수중에 용존되어 있는 산소와 결합하여 물(H_2O)을 형성하게 된다.

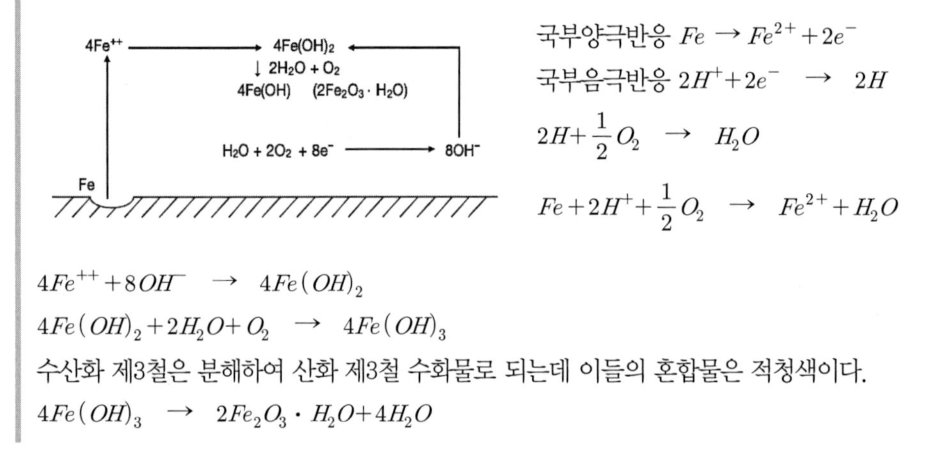

국부양극반응 $Fe \rightarrow Fe^{2+} + 2e^-$

국부음극반응 $2H^+ + 2e^- \rightarrow 2H$

$2H + \frac{1}{2}O_2 \rightarrow H_2O$

$Fe + 2H^+ + \frac{1}{2}O_2 \rightarrow Fe^{2+} + H_2O$

$4Fe^{++} + 8OH^- \rightarrow 4Fe(OH)_2$

$4Fe(OH)_2 + 2H_2O + O_2 \rightarrow 4Fe(OH)_3$

수산화 제3철은 분해하여 산화 제3철 수화물로 되는데 이들의 혼합물은 적청색이다.

$4Fe(OH)_3 \rightarrow 2Fe_2O_3 \cdot H_2O + 4H_2O$

4) 부식현상의 대책

철이 부식하게 되면 그 철재의 강도에 변화를 초래하며, 예를 들어 철재두께의 1%가 녹으로 변할 경우 강도는 5~10% 줄어들며, 또 양면에서 5%의 녹이 발생될 경우에는 사용할 수 없게 된다.

부식형태	환경의 분류	방식방법
건식(dry corrosion)	고온가스(200°C 이상)부식	내열도료 강재선택(내열합금)
습식(wet corrosion)	수중(담수, 해수)부식	방식도료 전기방식 라이닝 강재 선택
	화학약품(산, 알칼리, 염)부식	내약품성 도료 라이닝 강재의 선택
	지중(地中)에의 부식	방식도료(역청질계)라이닝, 전기방식

① 도막의 방청효과

도막의 방청효과는 발청의 원인(부식반응)을 억제시키거나 역행시킴으로서 얻어진다.

- 부식의 원인이 되는 물과 산소의 침투를 차단
- 철표면이 알카리성이 되게하여 부동태화
- 철보다 이온화 경향이 큰 안료(아연말)을 사용하여 금속지연이 전지의 Anode가 되어 철이 이온화하는 것을 방지
- 도막이 전기 저항체가 되어 Anode와 Cathode 간의 부식전류를 저지

5) 강재의 방청기법

① 강재표면 도장 처리 : 강구조물에서 사용되는 가장 일반적인 방법으로서 통상 방청 효과의 지속기간이 10년 이하이므로 반복적인 도장작업이 필요하다. 근래 재료적인 면에서의 비약적인 발달에 의해 장기간의 도장막이 보존되는 영구도장 등이 개발되어 있으나 이의 채용을 위해서는 충분한 조사, 연구가 필요하다.

② 강재표면의 도금 처리 : 도금재료로는 통상 아연도금이 사용되고 있으며 도장막에 비하여 방청력이 우수한 장점이 있으나 도금조의 크기가 한정되어 있으므로 20m 이상의 교량은 분할 시공을 해야 하며 분할 시공시 접합부의 처리방법에 문제가 있다. 또한 그 색조가 한정되어 있으므로 일반적으로는 사용되지 않는다.

③ 내후성 강재 사용 : 내후성 강재는 강재의 표면에 미리 녹을 발생시켜서 외부와 강재 표면을 차단시켜 부식을 방지하고 강재로서 도장이나 도금의 필요는 없으나, 습윤상태로 되는 경우가 많은 장소 또는 염분입자의 비산범위 내에 있는 장소에서는 사용할 수 없다는 사용 환경상의 제약이 있다.

참고자료

도장의 종류

➤ 내부도장의 종류

구분	후막형 에폭시계	타르 에폭시계	수용성 무기징크
개요	• 에폭시 수지에 체질안료 및 착색안료를 배합하여 제조한 도료 • 하도와 상도의 가교 역할 및 중도로서 차단역활을 하는 도료로 사용	• 에폭시 수지에 내수성이 탁월한 타르를 배합	• Silica와 Potassium배합 • 건조 후 탄산칼륨염이 존대 • 탄산칼륨과 물이 반응하여 수소와 탄산가스를 발생시켜 도막 층간 부착 불량
정점	• 다양한 색상 • 내수성, 내마모성, 내용제성 우수 • 수분접촉시 변색 없음 • 작업성, 경도, 부착성 우수	• 내수성, 방청성 우수 • 경도, 부착성 우수 • 경제적	• 시공 시 도장작업 조건이 적합할 경우 내구연한 우수
단점	• 공사비 고가	• 색상제한(흑색, 갈색) • 어두운 색으로 검사 및 점검불리 • 냄새로 작업 환경 열악, 수분 접촉 시 변색 • 내용제성, 내후성 불량(황변)	• 색상제한(회색) • 보수 어려움 • 시공환경에 민감(온도, 습도) • 점녹(Spot Rust), 균열(Mud crack), 아연염(Zinc salt) 등의 하자발생

➤ 외부도장의 종류

구분	염화고무계	폴리우레탄	수용성무기징크
개요	• 수투과성 및 공기투과성이 아주 낮은 염화고무수지에 체질안료 및 착색안료를 배합하여 만든 도료 • 건조가 빠르고 층간 밀착성이 우수하며 내수성 및 내약품성이 우수한 1액형 도료	• 이소시아네이트기를 다수가진 가교성분과 하이드로옥시기를 가진 폴리올 성분이 반응하여 도막을 형성하는 도료 • 화학반응에 의하여 경화되므로 치밀하고 단단한 도막 형상 • 2액형 도료	• Silica와 Potassium배합 • 건조 후 탄산칼륨염이 존대 • 탄산칼륨과 물이 반응하여 수소와 탄산가스를 발생시켜 도막 층간 부착 불량 • 1998년 이후 사용중단
정점	• 일액형이므로 작업이 편리하고 보수도장이 용이 • 색상이 다양	• 내후성 우수 • 경도, 광택, 내화학성, 내마모성 우수 • 색상이 다양, 밀착성 우수	• 시공 시 도장작업 조건이 적합할 경우 내구연한이 우수
단점	• 내열성 및 내용제성 불량	• 황변발생 • 가격고가	• 색상제한(회색) • 보수 어려움 • 시공환경에 민감(온도, 습도) • 점녹(Spot Rust), 균열(Mud crack), 아연염(Zinc salt) 등의 하자발생

※ 에폭시계 도료는 내후성이 불량하여 외부 상도용 도장으로는 사용 안 함

03 강박스교

1. 다이아프램 (도설 편람 506-171)

1) 개요

하중이 거더에 편심으로 작용하기도 하고 윤하중이 편심 작용하는 경우 거더 단면은 원래의 형상을 유지하지 못하고 단면변형이 발생할 수 있다. 이와 같이 국부응력의 증대를 초래하여 박스거더의 장점이 상실될 수 있으므로 단면 변형을 방지할 수 있도록 충분한 강성을 갖는 다이아프램을 적당한 간격으로 배치할 필요가 있다.

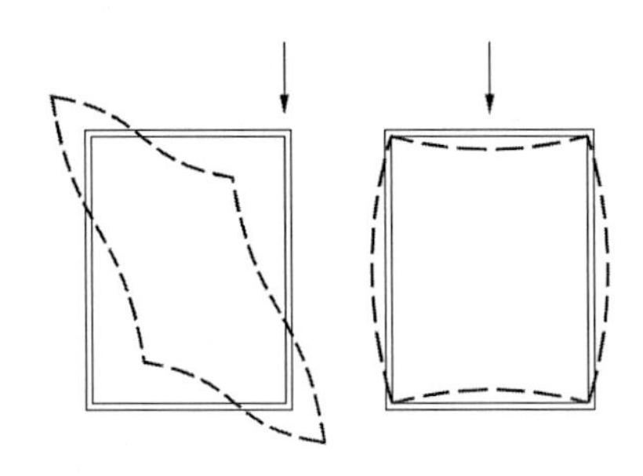

TIP | 강교 Distortion(뒤틀림변형)방지 방법 |

① Warping을 고려하여 뒴응력을 고려하는 방법
② 다이아프램을 적정 간격으로 배치하여 뒴응력을 생략하는 방법($\alpha > 10$)
미국의 경우에는 휨응력의 10% 이하, 일본의 경우 휨응력의 5% 이하로 발생하도록 다이아프램 설치
국내의 경우 일본의 경우보다 좀 더 보수적으로 다이아프램 설치간격 규정

[다이아프램의 효과]
① 단면형상을 유지한다.
② 강성을 증대시켜 응력을 감소시킨다.
③ 국부 집중하중을 원활하게 거더에 전달한다.

2) 다이아프램 설치간격

$L_D \leqq 6 \ (L_u \leqq 50), \quad L_D \leqq 0.14L_u - 1 \quad (L_u > 50)$ 단, $L_D \leqq 20$

① 그림의 실선 아래의 영역을 의미하며, 이 한계는 도로교에서 작용할 수 있는 편심활하중 하에서 박스단면의 과대한 변형을 방지하는 것을 목적으로 하며 바닥틀과의 관계나 제작, 운반, 가설의 상황에서는 L_D가 12m를 초과하면 2차적인 다이아프램을 중간에 설치하는 것을 고려할 수 있다.

② 파선영역은 f_{DW}/f_a (Distortion-Warping응력/허용응력)이 2, 4, 6%의 한계를 의미하며 지간이 커질수록 f_a중 고정하중의 비율이 증가하고 활하중 비율이 감소하여 f_{DW}를 최대로 하는 재하상태의 휨응력인 $f_d + f_{l+i}$가 f_a에 근접하게 되므로 지간이 작은 부분에서는 f_{DW}가 큰 값까지 허용하고 지간이 길면 이를 약간 엄격하게 억제하도록 결정한다.

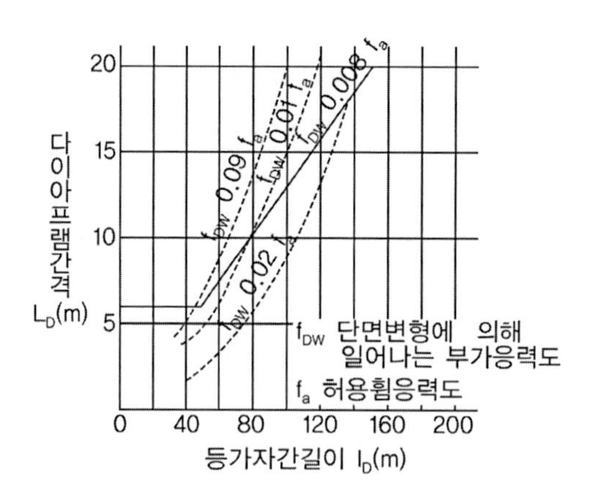

3) 다이아프램의 요구강성

$$K \geq 20\frac{EI_{DW}}{L_d^3}$$

4) 중간 다이아프램의 응력검토

① 충복식 방식의 다이아프램 응력검토 → 박판구조의 비틀림 응력식

$$v_u = \frac{B_l}{B_u}\frac{T_d}{2At_D}, \quad v_l = \frac{B_u}{B_l}\frac{T_d}{2At_D}, \quad v_h = \frac{T_d}{2At_D}$$

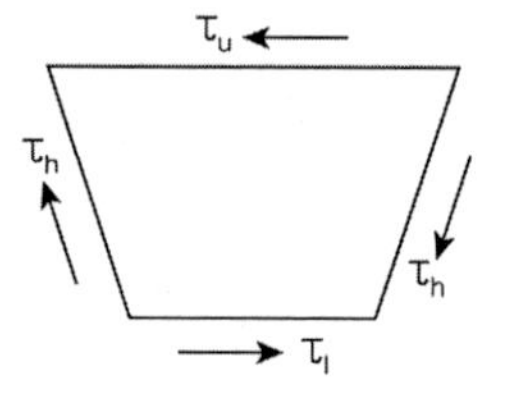

② 라멘방식의 다이아프램 응력검토 → 라멘구조로 환산 검토

(1) 국부집중하중이 없는 라멘방식

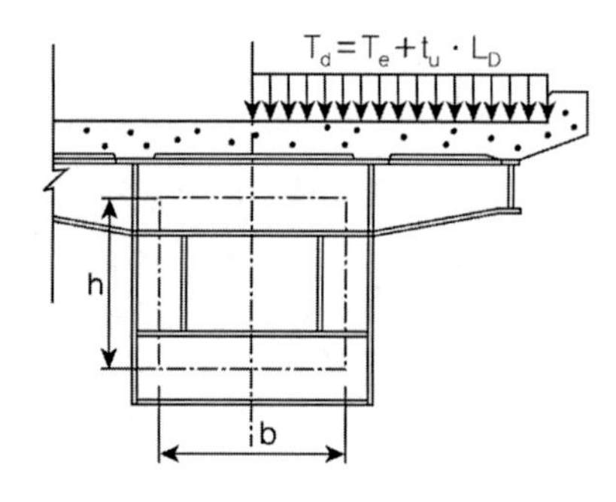

T_d : 다이아프램에 작용하는 마찰모멘트

T_c : 선하중에 의한 토크

T_u : 분포하중에 의한 단위길이당 토크

$I_{u(l,h)}$: 라멘의 상부(하부, 수직부재)의 단면 2차 모멘트
상부플랜지(하부플랜지, 복부판) 판두께의 24배까지 유효

(2) 국부집중하중이 있는 라멘방식

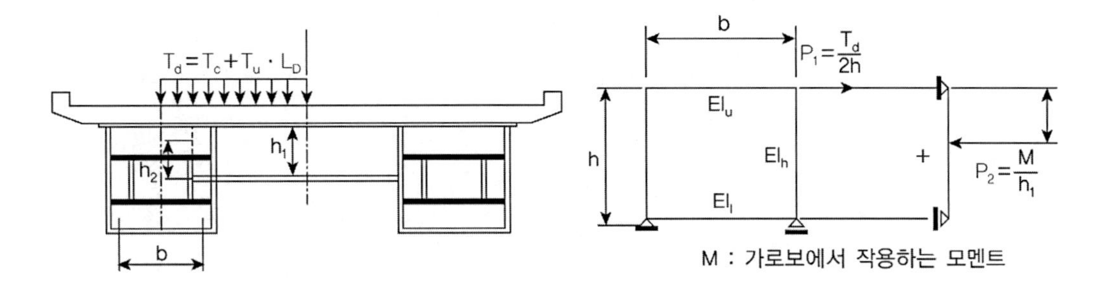

5) 지점 위의 다이아프램 응력검토

① 지압응력의 검토 : 받침 바로 위의 다이아프램의 응력

$$f_b = \frac{R_v}{A_s + B_e t_D}$$ B_e : 소울플레이트 폭(B)+ 하부플랜지판 두께($t_f \times 2$)

② 연직방향 응력의 검토

$$f_V = \frac{R_v}{A_s + B_e' t_D}$$ B_e' : 다이아프램의 유효폭

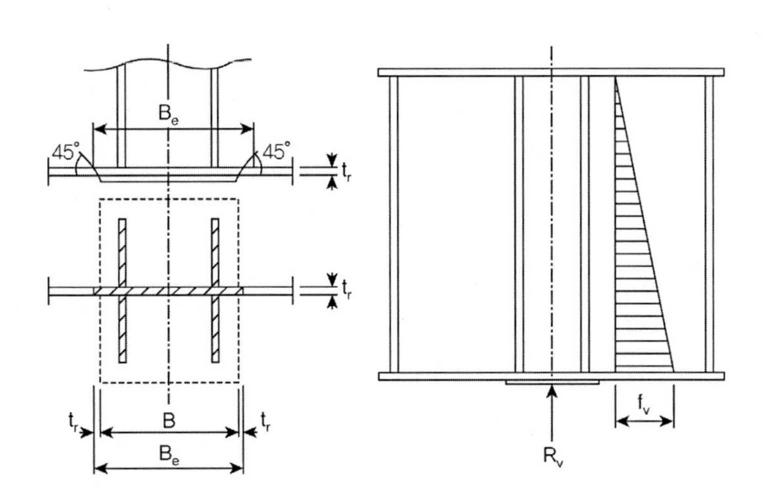

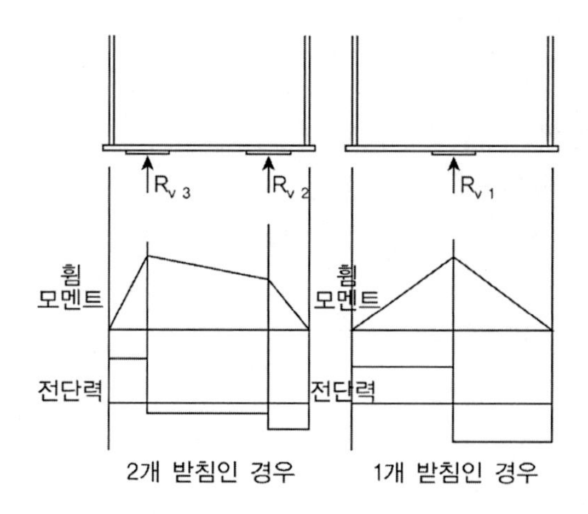

③ 수평방향응력의 검토

휨모멘트 및 전단력에 대해 검토하며 이러한 응력은 연직방향응력(f_v)를 이용하고 도설 3.8.2.5식에 따라 2축 응력상태의 검산을 수행한다.

(도설 3.8.2.5) $\left(\dfrac{f_x}{f_a}\right)^2 - \left(\dfrac{f_x}{f_a}\right)\left(\dfrac{f_y}{f_a}\right) + \left(\dfrac{f_y}{f_a}\right)^2 + \left(\dfrac{v}{v_a}\right)^2 \leq 1.2$

f_x, f_y : 검산하는 곳에서 서로 직교하는 방향으로 작용하는 수직응력(인장 +, 압축 −)

v : 검산하는 곳에 작용하는 전단응력

6) 다이아프램의 보강구조

100회 4-3 다이아프램 개구부 유지관리통로 확대시 다이아프램 보강방법

88회 4-5 다이아프램 구조검토시 맨홀 설치를 고려한 두께 산정 및 보강재 위치

다아이프램의 크기는 일반적으로 요구강성(K)을 통해서 결정할 수 있으며, 다이아프램의 형식은 개구율에 의해서 구분할 수 있다. 일반적으로 개구율은 다음과 같이 정의한다.

$$\rho = \sqrt{\frac{A'}{A}} = \sqrt{\frac{bh(\text{개구부면적})}{BH(\text{전체면적})}}$$

① 중간다이아프램의 보강구조

(1) 중간 다이아프램의 치수가 통판방식 ($\rho \leq 0.4$)이거나 통판과 라멘방식의 중간($0.4 < \rho < 0.8$)인 경우에는 그림과 같이 개구부 보강재는 다이아프램판의 양측에 설치하고 상하 및 좌우 플랜지들을 서로 배면에 배치하도록 하는 것을 원칙으로 한다.

(2) 라멘방식($\rho \geq 0.8$)인 경우에는 그림과 같이 모서리부를 이루는 부분에 대하여 수평보강판

은 끝가지 연장시키고 연직방향의 보강을 위해 보강재를 설치하는 것이 좋다. 이때 브라켓과 가로보가 연결되는 경우의 수평방향 보강재가 있을 경우에는 별도의 보강재 배치를 검토하여야 한다.

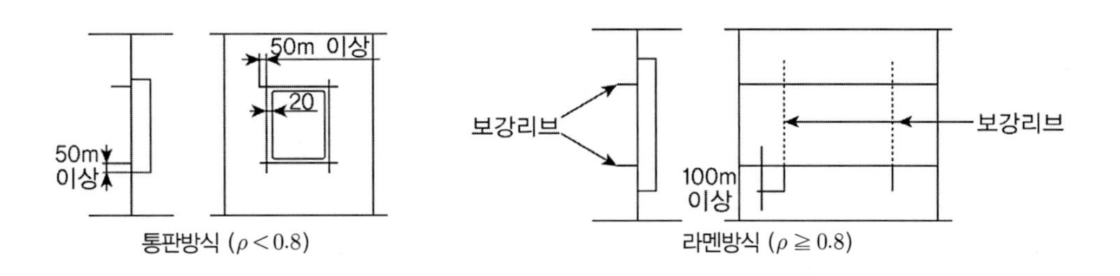

통판방식 ($\rho<0.8$) 라멘방식 ($\rho\geq0.8$)

② 지점부 다이아프램의 보강구조

지점부 다이아프램은 교좌장치가 박스거더 하단에 2개소 설치되는 경우나 1개소 설치되는 경우 모두 지점부 단면을 폐합시키는 것을 원칙으로 하고 맨홀을 설치하여 유지보수와 현장이음을 위한 출입이 가능토록 조치하여야 한다.

박스거더 지점부에는 박스거더의 단면 형상을 유지하고 박스거더 복부판에서 전단력을 받침에 원활하게 전달하기 위해 지점 상부에 다이아프램을 설치하여야 한다. 지점부 다이아프램의 맨홀은 그 크기가 작을수록 구조적으로 유리하나 표준적인 크기로 700×700으로 하되, 단면의 크기가 축소될 수 있으며 최소크기는 700×450으로 한다. 응력에 관계없이 다이아프램 맨홀은 그 하단이 사람이 통행할 수 있도록 하부 플랜지로부터 450mm 이하 부분에 설치하든가 또는 계단을 설치한다.

지점부 수직보강재가 2개 이상일 때 용접을 고려하여 간격을 최소 200mm로 한다.

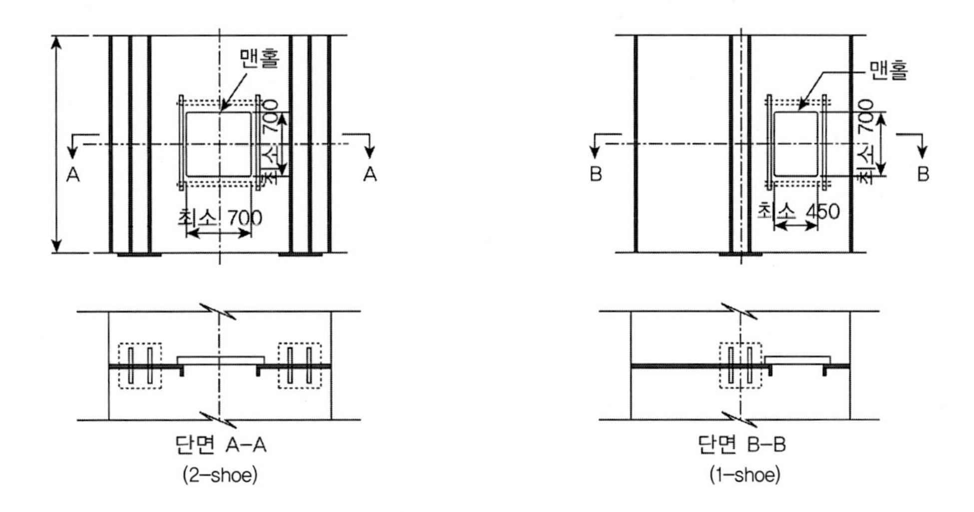

단면 A–A
(2-shoe)

단면 B–B
(1-shoe)

TIP | 강박스거더교의 압축플랜지 휨강도 평가방법비교 : ASD vs LRFD| 유신기술회보(제21회)

1. 개요

강박스거더교는 휨 및 비틀림강성이 크고 폐합단면을 이루고 있어 외관 및 미관이 양호하며 곡선교와 같은 큰 비틀림강성이 요구되거나 평면선형의 제약을 받는 도시고가교, I/C 등의 건설교량에 많이 사용된다. 그러나 강박스교의 플랜지는 비교적 얇은 강판으로 제작되기에 압축응력 작용위치에서 국부적으로 판의 좌굴현상이 발생하여 이에 대한 종·횡방향 보강재가 필요하다.

기존의 ASD에서는 보강된 판을 보강재로 둘러싸인 양연지지판으로 간주하고 좌굴계수 k값을 일률적으로 적용하여 탄성좌굴이론에 의해 설계압축강도를 산정하였으나 개정된 LRFD(도로교설계기준 한계상태설계법)에서는 보강된 판의 좌굴계수 k값을 보강재의 강성과 개수에 따라 조정하도록 규정하고 있다.

2. 보강된 판의 탄성좌굴이론

좌굴이론은 크게 판좌굴이론과 기둥이론에 근거하여 설계기준이 정립되어 있으며, 미·일·한에서는 판좌굴이론에 근거하여 종방향 보강재의 강성과 크기를 제한하여 국부좌굴만 발생하도록 허용한 반면, 유럽에서는 기둥이론에 근거하여 한 개의 종방향 보강재와 그에 인접한 플랜지 단면으로 구성된 보강재를 기둥단면으로 간주하여 구한 감소계수를 고려하여 보강판의 강도를 구하도록 하고 있다.

등분포 압축응력을 받고 있는 사각플레이트에 대한 이론적 탄성좌굴응력은

$$F_{cr} = \frac{k\pi^2 E}{12(1-\mu)}\left(\frac{t}{b}\right)$$

좌굴계수 k는 판의 좌굴강도에 큰 영향을 미치며 경계조건, 하중조건, 판의 형상비에 영향을 받는다. 좌굴계수 k는 4변 단순지지이며 형상비가 정수일 때는 최소값 4를 가지며, 지지조건이 고정이면 6.97의 값을 가진다. 실제 복부강성에 따라 하부플랜지에서 복부에 의한 구속도가 결정되지만 일반적으로 복부위치에서의 지점조건을 단순지지로 볼수 있으므로 좌굴계수 k가 가질 수 있는 최소값은 4로 볼 수 있다.

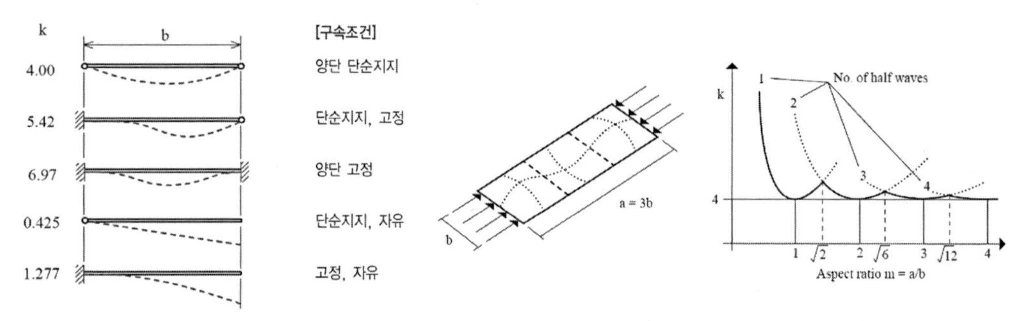

(경계조건별 등분포압축시 판의 좌굴계수) (단순지지조건에서 판의 좌굴형상과 좌굴계수)

3. ASD와 LRFD의 종방향 보강재 설계규정

ASD(도.설)와 LRFD(도.설.한) 모두 압축플랜지의 강도평가시 탄성좌굴이론을 적용하지만 보강재의 경계조건을 어떻게 가정하는지에 따라서 강도의 차이가 발생된다. ASD(도.설)의 경우 보강된 판이 종·횡방향 보강재에 의해 4변단순지지로 가정하여 좌굴계수 k를 일률적으로 4.0을 적용하고 보강재가 최소강성을 만족하는지 확인하도록 하고 있으나 LRFD(도.설.한)에서는 보강재의 개수 및 강성에 따라서 k값을 산정하여 1.0~4.0사이의 값을 적용하도록 하고 있다.

구분	ASD (도.설, 2010)	LRFD (도.설.한, 2012)
개요	종방향 보강재 한 개의 단면2차모멘트와 단면적은 다음을 만족해야 하며 보강재의 단면2차 모멘트는 보강재가 판의 한쪽에만 배치된 경우 보강되는 판의 보강재쪽 표면에 관하여 구한다.	보강재가 연결된 플랜지와 평형한 축에 관한 플랜지 중심면에서의 각 보강재 단면 2차 모멘트는 다음을 만족해야 한다.
기준식	$I_t \geq \frac{bt^3}{10.92}\gamma_l^*$, $A_t \geq \frac{bt}{10n}$ 여기서 t : 보강된 판의 두께(㎜) b : 보강된 판의 폭(㎜) n : 종방향 보강재에 의하여 나누어지는 패널수 γ_l^* : 종방향 보강재의 소요강비	$I_l \geq \psi \omega t_f^3$ 여기서, ψ=0.125k^3 (n=1), 0.07k^3n^4 (n=2~5) n : 등간격인 종방향보강재의 수 ω : 압축플랜지의 종방향 보강재 사이 폭과 복부판에서 가장 가까운 종방향보강재까지의 거리중 큰 값(㎜) t_f : 압축플랜지의 두께(㎜)
	종방향 보강재의 소요강비 γ_l^* $\alpha \leq \alpha_0$ 이면서 횡방향 보강재의 한 개의 단면 I_t 아래의 식을 만족하는 경우 $I_t \geq \frac{bt^3}{10.92}\left(\frac{(1+n\gamma_l^*)}{4\alpha^3}\right)$ $\gamma_l^* = 4\alpha^2 n\left(\frac{t_o}{t}\right)(1+n\delta_l) - \frac{(\alpha^2+1)^2}{n}$ $t \geq t_o$ $\gamma_l^* = 4\alpha^2 n(1+n\delta_l) - \frac{(\alpha^2+1)^2}{n}$ $t < t_o$ 횡방향 보강재가 없거나 규정을 만족하지 않는 경우 $\gamma_l^* = \frac{1}{n}\left[\left(2n^2\left(\frac{t_0}{t}\right)^2(1+n\delta_l)-1\right)^2-1\right]$ $t \geq t_o$ $\gamma_l^* = \frac{1}{n}\left[\left(2n^2(1+n\delta_l)-1\right)^2-1\right]$ $t < t_o$ 여기서, α : 보강판의 형상비 ($\alpha = a/b$) α_0 : 한계형상비 ($\alpha_0 = \sqrt[4]{1+n\gamma_l}$) a : 횡방향 보강재의 간격(㎜) δ_l : 종방향 보강재 1개의 단면적 비 ($\delta_l = A_l/bt$) γ_l : 사용된 종방향 보강재의 강비 ($\gamma_l = I_l/(bt^3/10.92)$) t_0 : 보강된 판의 두께(㎜) ($t_0 = b/24in(SS490)$)	$k = \left(\frac{8I_s}{\omega t_f^3}\right)^{1/3} \leq 4.0$ n=1인 경우 $k = \left(\frac{14.3I_s}{\omega t_f^3 n^4}\right)^{1/3} \leq 4.0$ n=2~5인 경우 종방향 보강재가 없는 압축플랜지에서의 공칭휨강도는 보강재가 있을 때의 규정값에 ω대신 복부판간 압축플랜지의 폭 b로 치환하고 복부판에서의 경계조건을 단순지지조건으로 가정하여 좌굴계수 k=4.0을 적용한다. (종방향보강재의 강성식은 좌굴계수 k의 식을 I_l에 의해서 치환하여 구한 것으로 보강재 강성이 클수록 좌굴계수 k가 증가하여 ASD에서 단순지지조건을 만족하게 된다.)

4. LRFD의 종방향 보강재 설계규정의 문제점

LRFD(도.설.한)에서는 보강재 수가 증가할수록 종방향 보강재의 소요강성이 증가하고 그 증가하는 비율은 종방향보강재와 판의 경계조건이 단순지지조건이 되어 뒤틀림의 발생을 방지하기 위해 좌굴계수 k값을 크게 할수록 급격하게 나타난다. LRFD(도.설.한)에 의한 보강판의 압축휨강도 평가시 보강재의 개수가 증가할수록 비현실적으로 큰 단면의 보강재를 요구하며 일반적으로 강박스거더교의 압축플랜지에 대하여 4~5개의 종방향보강재를 설치하는 국내의 실정을 고려할 때 LRFD(도.설.한)의 설계적용이 불가하다.

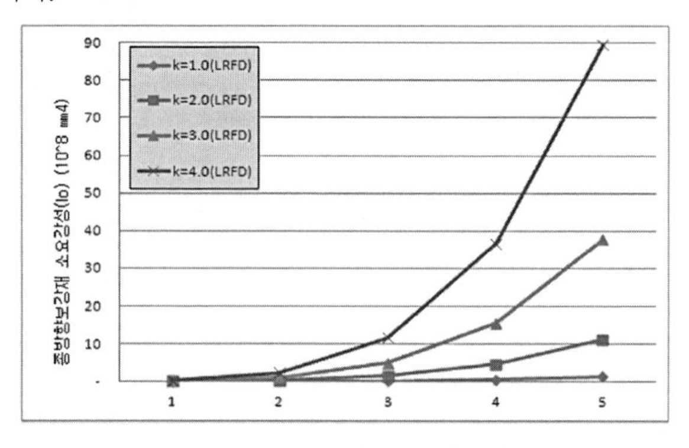

〈종방향보강재 개수에 따른 소요강성〉

AASHTO LRFD(2007)의 경우 종방향 보강재의 개수를 2개까지만 적용하도록 제한하고 있으며 경제적인 설계를 위해 가급적 1개의 보강재를 사용할 것을 권고하고 있다. 실제로 미국에서는 종방향보강재를 사용하는 대신 큰 T형리브를 사용하고 있으며 횡방향 보강재는 생략하는 추세이다. 따라서 개정된 LRFD(도.설.한)설계적용을 위해서는 보강재 개수의 최소화가 필요하며 이를 위해서 경사평복부판을 적용하여 하부플랜지의 폭을 최소화하고 동일 단면적 대비 큰 강성을 가지는 T형 보강재를 적용하여야 하는 문제점이 있다.

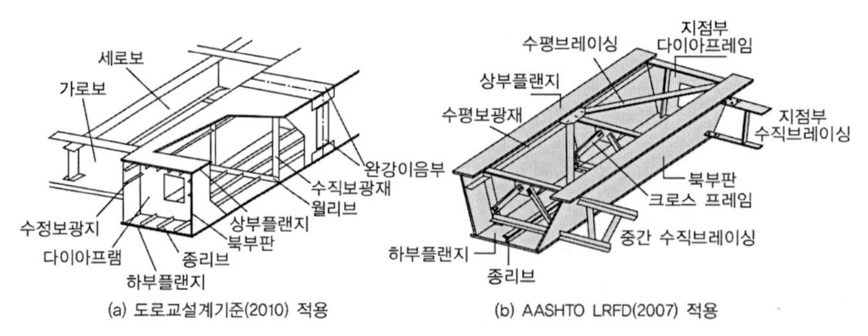

(a) 도로교설계기준(2010) 적용 (b) AASHTO LRFD(2007) 적용

〈설계방식에 따른 박스거더 형상〉

5. 보강된 압축플랜지 설계법

1) Chai H. Yoo (2001) 종방향 최소강성 제안

종방향 보강재의 강성이 증가할수록 압축플랜지의 좌굴형상이 대칭모드에서 역대칭모드로 전환되며 이때의 임계하중값은 보강재의 강성이 계속 증가하더라도 크게 증가하지 않음을 확인하고 압축플랜지가 역대칭 모드의 좌굴형상을 나타내는 종방향보강재의 단면2차모멘트식을 회귀분석을 통해 제안하였다. 다만 이 제안식은 종방향보강재의 형상을 동일단면적대비 단면2차 모멘트가 큰 T형으로 제한하였다.

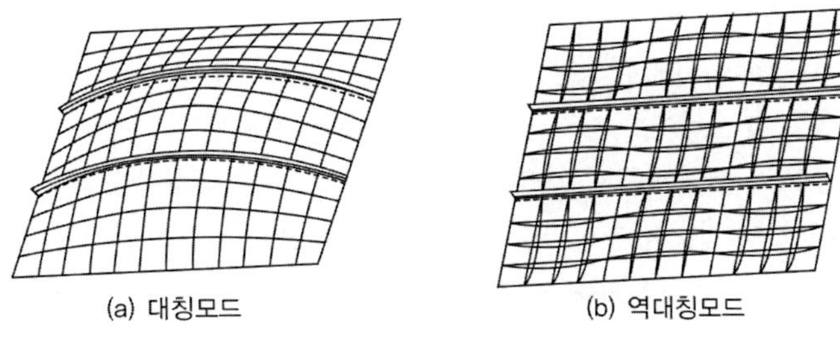

〈보강재 강성에 따른 좌굴형상〉

$$I_s = 0.3\alpha^2 \sqrt{n}\,\omega t^3$$

여기서, α : 플랜지 패널의 형상비

n : 등간격인 종방향보강재의 수

ω : 압축플랜지의 종방향보강재 사이 폭과 복부판에서 가장 가까운 종방향보강재까지의 거리 중 큰 값(㎜)

t : 압축플랜지의 두께(㎜)

2) FHWA-TS-80-205(1980)

도로교설계기준이나 AASHTO LRFD에서 보강재 사이의 패널이 등분포압축응력을 받는 것으로 가정하여 탄성좌굴응력을 구한 것과 달리 FHWA의 설계기준은 여러개의 종방향보강재로 보강된 판을 한 개의 보강재와 유효폭 구간에 위치한 저판으로 구성된 스트럿 기둥부재로 간주하고 그래프를 이용하여 보강판의 극한압축강도를 구한다.

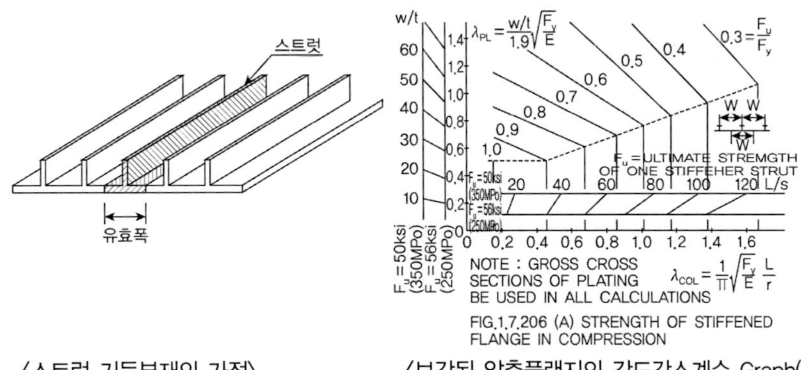

〈스트럿 기둥부재의 가정〉 〈보강된 압축플랜지의 강도감소계수 Graph(FHWA)〉

$F_u = \lambda F_y$

여기서, $\lambda_{pl} = \frac{(w/t)}{1.9}\sqrt{\left(\frac{F_y}{E}\right)}$, $\lambda_c = \frac{1}{\pi}\sqrt{\frac{F_y}{E}}\frac{L}{r}$

F_y : 강바닥판의 항복강도(MPa)

E : 강바닥판 강재의 탄성계수(MPa)

t : 강바닥판 두께(㎜)

w : 보강재 사이의 바닥판 폭 또는 보강재 중심간 간격(㎜)

L : 횡방향 보강재로 지지된 종방향 보강재의 비지지 길이(㎜)

r : 스트럿 단면의 플랜지 저판에 평행한 축에 대한 곡률반경(㎜)

AASHTO LRFD설계법을 적용한 인천대교 주경간의 보강거더 설계시에도 U-rib의 1/2형상을 스트럿 부재로 가정하여 이 그래프를 이용하여 극한압축강도를 사용한 설계가 있다.

3) 케이블교량설계지침(한계상태설계법)

기본적으로 FHWA와 같은 기둥좌굴이론에 근거하며 다만 감소계수를 구하기 위한 그래프를 단순히 제시한 FHWA와 달리 다양한 폐단면 종리브모델에 대한 해석결괄르 선형보간식으로 제시하여 설계자가 편리하도록 하였다. 3개 이상 종방향 보강재로 보강된 광폭 폐단면 박스에서 압축플랜지의 압축극한강도는 유효폭구간에 위치한 판폭과 한 개의 종방향보강재로 구성된 스트럿 기둥부재로 간주하여 공칭휨저항강도를 구한다. 보강판 압축극한강도 F_{uf}는 전체좌굴 및 국부좌굴에 대한 안정성 해석으로부터 유도된 아래의 식을 적용하여 구한다.

$F_{uf} = \lambda_{pc} F_y$

여기서, λ_{pc} : 보강재 트스럿에 대한 감소계수

$\lambda_{pl} < 0.3$ $\qquad \lambda_{pc} = \frac{1.0}{1.0 + 0.1\lambda_{col}}$

$0.3 \leqq \lambda_{pl} \leqq 1.3$ $\qquad \lambda_{pc} = \frac{1.15 - 0.5\lambda_{pl}}{1.0 + 0.1\lambda_{col}}$

λ_{pl} : 플랜지의 보강재사이 판에 대한 세장비 $\lambda_{pl} = \frac{(w/t)}{1.9}\sqrt{\left(\frac{F_y}{E}\right)}$

λ_{col} : 스트럿 기둥의 세장비 $\lambda_{col} = \frac{1}{\pi}\sqrt{\frac{F_y}{E}}\frac{L}{r}$

Chapter

06 아치교와 트러스

01 아치교

103회 1-5	타이드 아치(tied arch)교
98회 1-5	아치리브 단면형식에 따른 아치교의 종류
96회 3-5	아치교 형식별 기본개념, 구조적 특징, 상로RC아치교 설계고려사항
88회 4-3	닐센아치교의 정의와 부재의 역학적 특성 및 설계 시 검토사항
83회 1-8	상로형 콘크리트 아치교의 교대설계 시 주요 고려사항
74회 3-1	3힌지 아치교의 가설 채택조건 및 단점
67회 1-2	Langer arch와 Lohse arch의 차이점

아치교는 지점을 고정시켜 수직 외부하중에 대해서 지점 수평력이 발생하여 아치의 단면에서 휨 모멘트를 감소시키는 특성을 가지는 구조로, 단면을 결정하는 주 요인이 수평력에 의한 축방향 압축력이 되도록 한 구조체이다. 이러한 특성으로 아치교는 일반 거더교에 비해 강성이 커서 내풍 및 내진안정성에 우수하며 미적으로도 수려한 특징을 가진다.

그러나 타이드 아치와 같이 지점을 고정함으로 인해서 지점침하 등의 기초변위의 발생 시에 이로 인한 영향이 크며, 축방향 압축력의 영향으로 좌굴에 대한 안정성 검토가 필요하다.

아치의 좌굴에 의한 영향은 면내좌굴(In-plane Buckling)과 면외좌굴(Out of plane Buckling)에 대하여 검토한다.

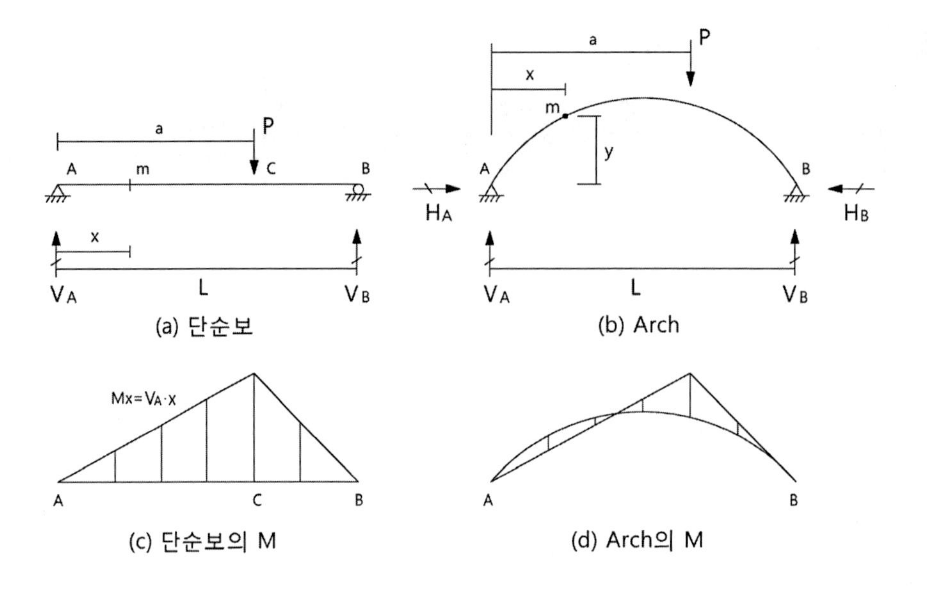

① 단순교의 휨모멘트 : $M = V \times x$

② 아치교의 휨모멘트 : $M = V \times x - H \times y$

단순교에 비하여 아치교의 휨모멘트가 $H \times y$만큼 감소하므로 단순보에 비해 적은 단면으로 동일한 조건에서 설계가 가능하다.

1. 아치교의 특징 (교량의 계획과 설계, 오제택)

아치교는 교량형식 선정 시 경제성을 중시하고 미관을 우선하는 구조형식으로 주구조가 아치 또는 보강 아치로 구성된 교량으로 연직하중의 재하로 인해 발생하는 수평반력이 효과적으로 작용하고 부재의 단면력을 줄일 수 있도록 알맞게 설계될 수 있는 형식이다. 아치교 이외의 교량에서는 일반적으로 활하중의 지간 만재하시에 발생하는 부재력에 의해 부재단면을 결정하지만 아치교에서는 지간의 편측재하에 발생하는 부재력으로 단면을 결정하는 경우가 많다. 이는 아치리브의 편재하중에 따른 변형에 의해서이다.

1) 아치교의 일반적 특징

① 수평력에 견딜 수 있는 지반조건이 필요하다.

② 현수교, 사장교 다음으로 적용지간이 길다.

③ 주위환경과 조화를 이룬다.

④ 90~100m정도의 지간에 많이 사용된다.

⑤ 아치지간이 장대화에 따른 비선형성의 불리한 거동을 한다.

2. 아치의 분류 (교량의 계획과 설계, 오제택)

① 주행노면 위치에 따른 분류 : 상로, 중로, 하로, 복층아치
② 아치리브의 지지상태에 따른 분류 : 힌지, 고정, 타이드 아치
③ 아치리브의 형상에 따른 분류 : Solid Arch, Spandrel braced Arch, Braced Arch

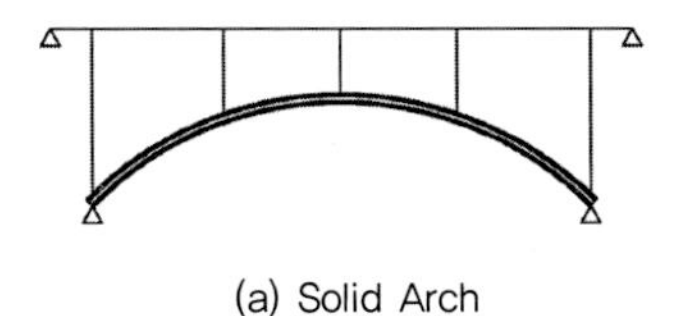
(a) Solid Arch

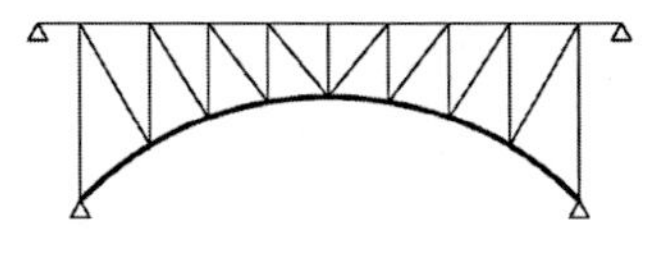
(b) Spandrel Braced Arch

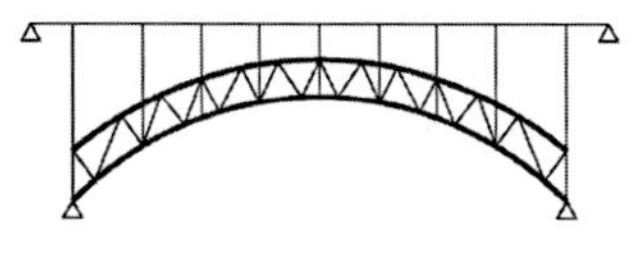
(c) Braced Arch

④ 보강형의 종류에 따른 분류 : 단순거더, 게르버 거더, 연속아치
⑤ 보강형의 단면에 따른 분류 : I형, Box형, Truss형
⑥ 바닥판 구조에 따른 분류 : 콘크리트, 격자구조, 강바닥판
⑦ 현재 배치에 따른 분류 : 평행 Rib, 경사 Rib, 1-Rib, 복층식
⑧ 사재 형상에 따른 분류 : 연직, Warren, Double Warren

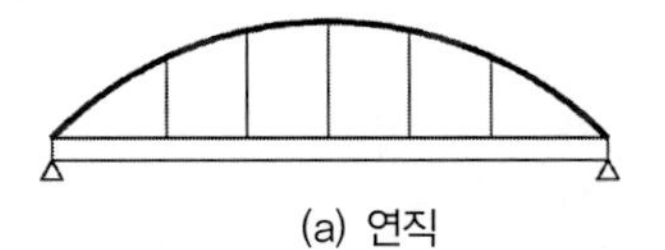
(a) 연직

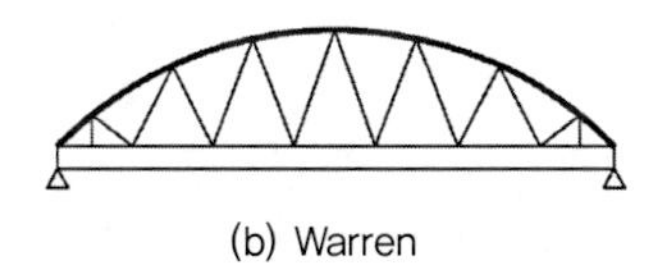
(b) Warren

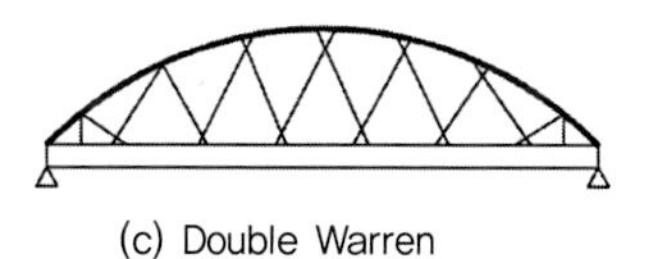
(c) Double Warren

⑨ 사재의 특성에 따른 분류 : 닐센아치, 트러스랭거
⑩ ①~⑨를 조합

1) 공용형식에 따른 분류

① 상로식 아치교 : 상판이 아치리브의 위쪽에 설치되어 있어 깊은 계곡이나 지면과 계획고와의 높이차가 심한 곳에 채용되는 형식으로 지면과 상부구조와의 공간이 넓을 때에는 미관이 양호하지만 평수위와 홍수위와의 변화가 심한 구간에는 적용이 부적절하며 상판과 아치리브 사이의 공간의 형태에 따라 개복식과 폐복식으로 분류된다.

(하로아치)

(상로아치)

② 중로식 및 하로식 아치교 : 콘크리트 아치교보다는 강아치교에 많이 적용되는 형식으로 상판이 아치리브의 중간 또는 하단에 설치되며 가교지점이 해협부 또는 하천, 호수에 위치할 경우나 도시 내에서 형하공간에 제한이 있는 경우에 주로 적용된다.

2) 구조계(힌지수)에 따른 분류

① 1힌지 아치교(1-Hinged Arch, 2차 부정정, 사용안 함)
아치 크라운부에 힌지를 설치한 형식으로 실제 시공 등 사용은 거의 하지 않는 형식
힌지 설치부의 설계 및 시공이 어렵고 유지관리가 어려운 특성을 가진다.

② 2힌지 아치교(2-Hinged Arch, 1차 부정정, 강아치교)
가장 많이 사용되는 아치 형식으로 지반상태가 좋은 곳에서 적용이 가능하다. 강아치교에 많이 사용하는 형식으로 아치 스프링부가 힌지구조로 되어 있어 휨모멘트 전달이 되지 않아 받침부 단면을 작게 할 수 있으나 좌굴 및 내진안정성이 고정아치교에 비해 떨어지고 아치 크라운부의 단면이 크기 때문에 중간 규모의 교량에 많이 적용된다. 아치리브를 트러스 구조의 Braced Rib를 적용할 경우 300m 이상의 교량에도 적용가능하다.

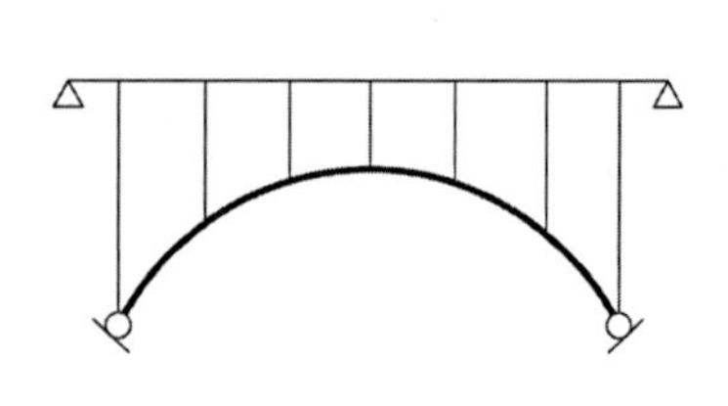

(Cold Springs Canyon Bridge)

(부산대교)

③ 3힌지 아치교(3-Hinged Arch, 정정구조)
아치크라운부와 스프링부에 힌지를 설치한 형식으로 가교지점의 지반이 불량함에도 불구하고 아치교를 채용해야 할 경우에 적용되는 구조로 힌지가 크라운부에 설치되어 있어 처짐이 크기 때문에 활하중에 의한 충격이 크게 되는 결점이 있다. 고속도로 및 철도교와 같이 큰 충격이 발생하는 곳에서는 사용이 곤란하며 정점부 Hinge에서 내하력이나 유지관리면에서 불리한 단점이 있다.

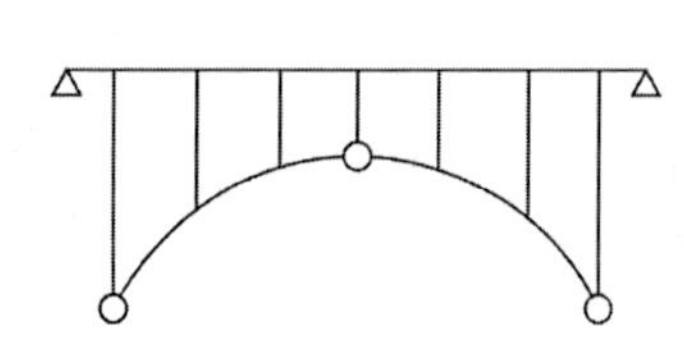

(High Bridge-미국)

(High Bridge의 내부힌지)

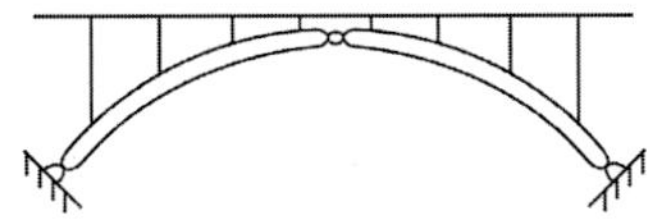

(Solid Rib Arch)

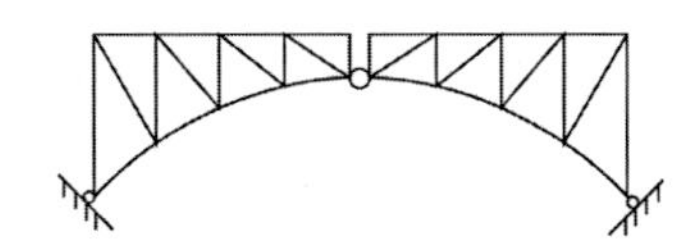

(Braced Rib Arch)

④ 고정아치교(Fixed Arch, 3차 부정정, 콘크리트 아치교)

아치교의 양단을 완전히 고정시킨 형식으로 양단의 고정모멘트가 크기 때문에 양호한 지반에 적용가능하며 다른 형식과 비교할 때 하부구조가 커지는 단점이 있으나 강성이 크기 때문에 아치리브 단면을 줄일 수 있는 장점이 있으며 구조 역학적으로는 3차 부정정 구조물이며 콘크리트 아치교에 많이 적용된다. 또한 지점에서 수평반력 외에 고정모멘트가 크게 발생하여 강성이 큰 지반에 적합하며, 다른 구조에 비해 처짐이 작으나 장지간 아치교에서는 부가응력이 크므로 세심한 검토가 필요하다.

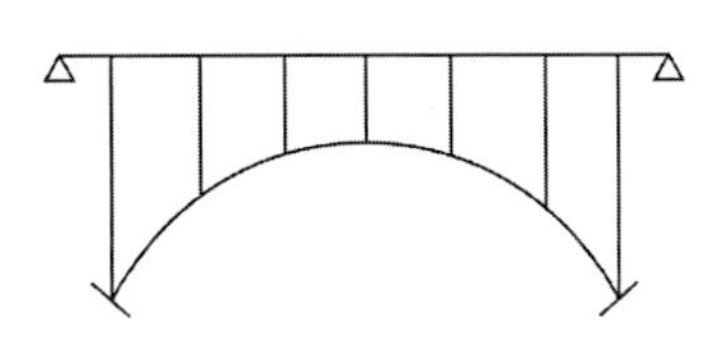

(Alexander Hamilton Bridge)

(Hiroshima Airport Br)

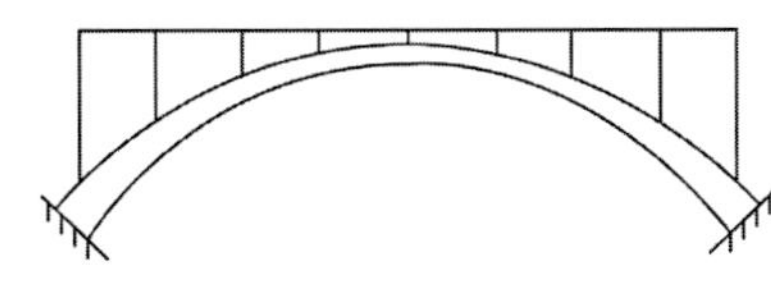

(Solid Rib Arch)

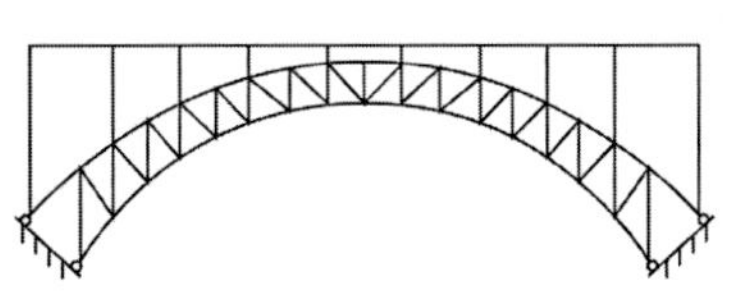

(Braced Rib Arch)

⑤ 타이드 아치교(Tied Arch, 고차부정정)

아치리브에서의 수평반력을 Tie로 부담시켜 아치 지점부에서는 연직반력만 전달된다. 이로 인하여 수평력이 크게 작용하지 않아 지방상태가 양호하지 않은 곳에서도 적용이 가능하다. 다만 아치리브가 과대해지는 경향이 있어 경제적인 측면에서 불리할 수 있으므로 이에 대한 검토가 필요하다.

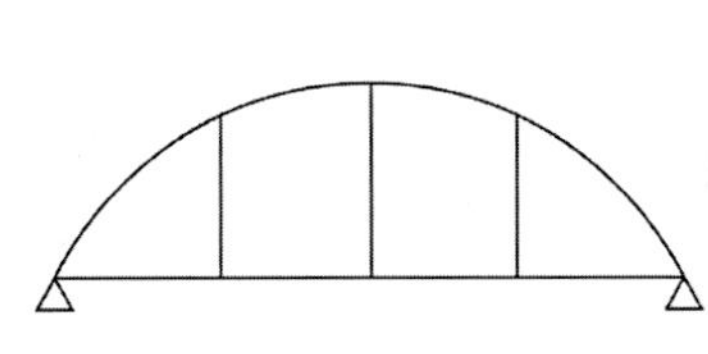

(한강대교)

(워싱톤 Tied-Arch교)

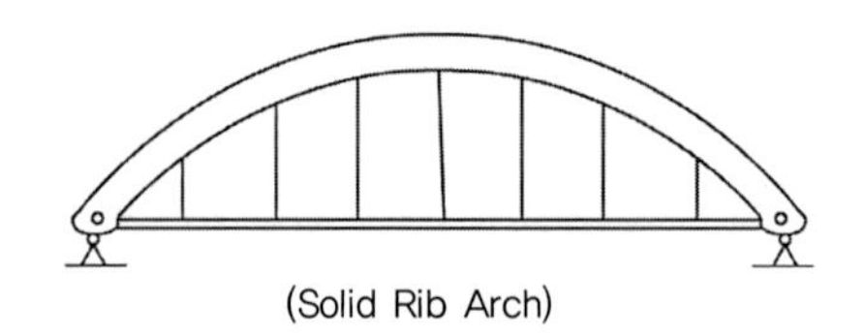

(Solid Rib Arch)

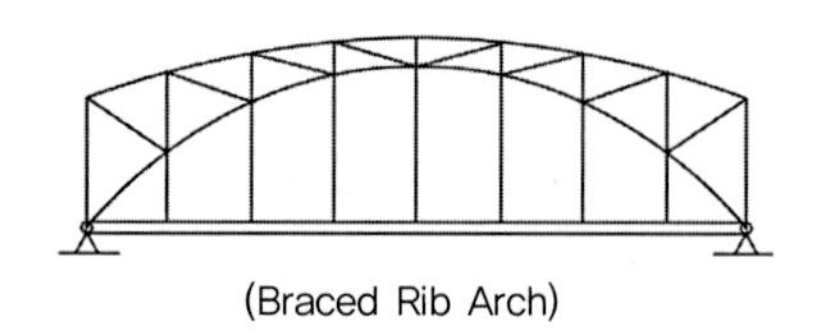

(Braced Rib Arch)

3) 구조계(타이드 아치)에 따른 분류

① 타이드 아치교(Tied Arch, 외적정정, 내적 1차 부정정)

아치의 양단을 Tie로 연결하여 1단 고정단 타단 가동단으로 지지하여 수평반력을 Tie로 받게 한 형식으로 아치Rib에는 모멘트 및 축력 작용하며, Tie에는 축력만 작용한다.

지점에서 일어나는 수평반력을 Tie가 받으므로 지점 수평반력이 생기지 않으며, 외적으로 정정구조이므로 반력은 단순보로 해석이 가능하다. 수평반력에 영향이 없으므로 지반상태가 양호하지 않은 곳에서 채택가능하나 타이의 가설이 어려운 문제가 있다.

② 랭거 아치교(Langer Arch, 1차부정정)

Langer교는 비교적 가는 Arch부재와 보강형을 수직재(평형재)와 다른 부재를 Pin 연결하여 Arch부재는 압축력만 받게 하고, 휨모멘트와 전단력은 별도 설치한 보강형이 받게 한 형식이다. 아치리브와 보강형의 접속부가 복잡하고 로제아치에 비해 아치리브의 강성이 작으므로 수직재(Hanger)의 간격이 좁아지는 단점이 있다. 50~200m까지 적용하며 Hanger를 수직재 대신 사재를 사용하는 교량은 트러스 랭거형(Truss Langer Girder)라고 한다. 아치Rib는 압축력만 받고 보강형이 휨모멘트 및 전단력을 받으므로 경제적이며, 아치Rib의 강성이 작으므로 좌굴 등이 발생할 수 있어 설계 시 주의를 요한다.

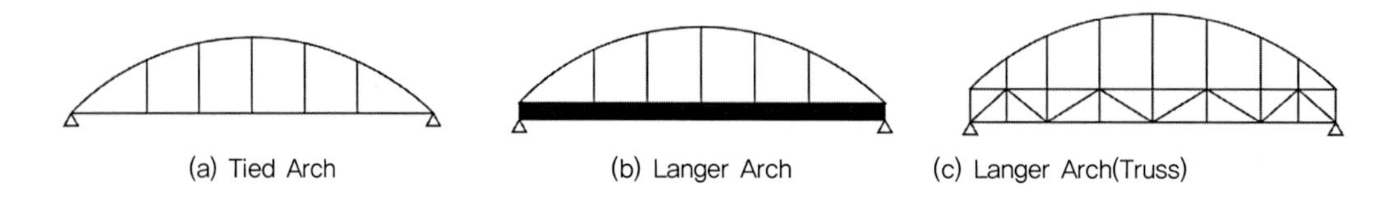

(a) Tied Arch (b) Langer Arch (c) Langer Arch(Truss)

③ 로제 아치교(Lohse Arch, 고차부정정)

Langer교의 아치단면을 크게 하고 접합점을 강결로 하여 아치부재도 휨모멘트, 전단력을 부담할 수 있게 한 구조 형식이다. 휨강성을 가지는 아치리브와 보강거더를 양단에서 연결하고 아치리브와 보강거더간을 양단힌지의 수직재로 연결한 구조로 랭거교와 타이드 아치교의 중간적인 성질을 가진다. 아치리브의 강성이 크기 때문에 랭거교에 비해 수직재 간격을 늘릴수 있으며 아치리브와 보강형의 접속부 연결이 용이하다. 아치Rib와 보강형의 강성이 같으므로 모멘트 분배를 효과적으로 할 수 있어 구조적으로 안정감이 있으며 양단 구조의 설계와 연결부의 설계가 용이하다. 아치리브와 보강형의 강성이 커서 수직재의 간격을 랭거교에 비해 넓게 배치가 가능하다. 다만 주 부재의 강성을 모두 크게 하여 비경제적인 설계가 될 수 있다.

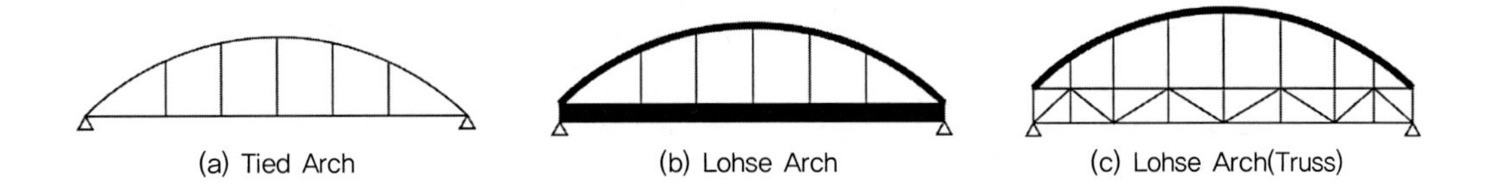

(a) Tied Arch (b) Lohse Arch (c) Lohse Arch(Truss)

④ 닐센 아치교(Nilsen Arch, 고차부정정)

타이드 아치, 랭거교, 로제교 등의 Arch의 부분을 가진 교량형식이 수직재를 Warren Truss형으로 조립하여 Flexible한 사인장재인 Rod, 강봉, Rope 등으로 수직재를 대신한 교량을 총칭하여 Nilsen Arch교량이라고 하며 경사재가 교량의 전단변형 억제에 기여하여 아치리브의 휨모멘트를 축방향력을 증가시키지 않고 저감할 수 있는 형식으로 일반아치교에 비해 처짐이 작으며 장경간에 유리하다. Lohse식 아치교의 복재를 중복 사재로 하여 전체적인 강성을 크게 한다는 형식으로 사재의 경사, 경사각을 적당하게 선정하면 사재는 인장력에 대해서만 설계할 수 있어 사재로서 케이블을 사용할 수 있으며 미관이 우수하게 된다. 또한 사재가 아치교의 전단변형에 크게 기여하기 때문에 이동하중에 의한 처짐변동이 작은 구조물에 적합하나 구조역학적으로는 고차부정정이므로 구조해석 작업이 대단히 복잡하다. 일반적으로 아치교의 휨진동이 1차(2차) 진동모드가 역대칭형이 되는데 비해 닐센계 교량은 대칭형이 되어 반대이다. 1차 고유진동수는 일반적인 아치교의 1.5~4.0배이고 진동에 대한 강성비는 진동수비의 제곱승이므로 동적강성은 정적강성보다 크다. 따라서 닐센계 교량이 진동면에서 더 유리하다.

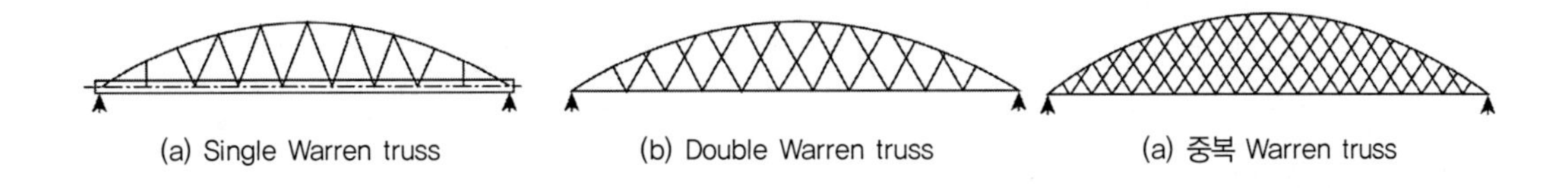

(a) Single Warren truss (b) Double Warren truss (a) 중복 Warren truss

TIP | Nilsen Arch 특징 |

① 강재의 휨모멘트는 일반적으로 사재의 지점길이 감소로 아치교와 비교할 때 크게 감소한다.
② 사재의 간격, 경사각을 적당히 선정함으로서 사재의 인장력에 대해서만 계산할 수 있다.
③ 최대 처짐이 일반적인 아치교보다 매우 적다
④ 일반적인 아치교의 휨 진동의 1차 모드가 역대칭인데 반해 닐센계 아치교의 휨 진동 1차 모드가 대칭형이어서 진동면에서 유리하다.
⑤ 케이블의 트러스 작용으로 휨모멘트가 감소하고 풍하중과 좌굴에 대해 안정성이 높다.
⑥ 케이블 정착부 등으로 설계 계산이 복잡하다.
⑦ 사재가 아치교의 전단변형에 크게 기여하기 때문에 이동하중에 의한 처짐변동이 작은 구조물이다.

4) 아치리브 형식에 따른 분류

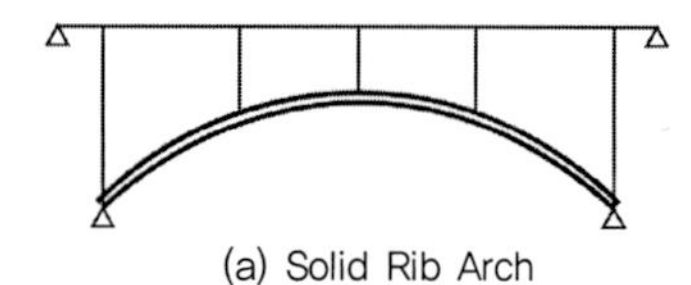
(a) Solid Rib Arch

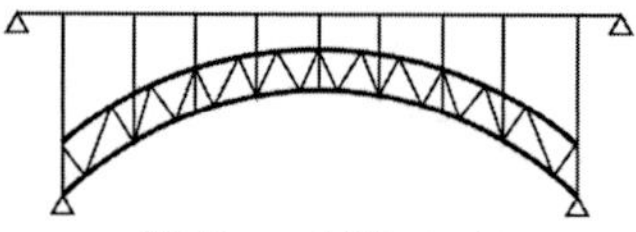
(b) Braced Rib Arch

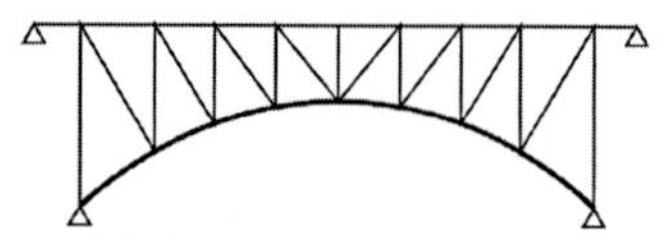
(c) Spandrel Braced Arch

① Solid Rib Arch

단일한 부재로 아치리브를 구성한 것으로 아치리브가 날렵하고 미관이 우수한 교량형식으로 지간이 긴 경우 단면이 커져서 비경제적이 될 수 있어 이러한 경우에는 Braced Rib Arch를 사용하며 Solid Rib Arch는 주로 콘크리트 아치교에 사용된다. 미관이 우수하나 지간이 길 경우 아치 리브의 중량이 증가하여 공사비가 증가하는 단점이 있다.

(Solid Rib Arch)

(Braced Rib Arch)

② Braced Rib Arch

장지간의 경우 Solid Rib Arch의 단면 효율성이 떨어지는 것을 보완하여 아치리브를 Brace로 보강하여 아치리브의 강성을 증가시킨 형식으로 경제성 및 아치리브 강도가 크고 고정아치교의 경우 지점부 처리가 용이하여 장지간의 아치교에 주로 사용된다. 미관적 측면에서는 Solid Rib Archry에 비해 불리하나 경제성이나 강도가 큰 장점이 있고 고정아치교에서는 아치 스피링에서 구조적 처리가 용이하여 교량길이가 긴 경우에 일반적으로 유리하다. Brace부재로 인하여 미관이 다소 저해된다.

③ Spandrel Braced Arch

아치복부(Spandrel)를 보강한 것으로 미관이나 강성측면에서는 Braced Rib Arch와 비슷한 특징을 가진다. 아치교에서는 일반적으로 전단력이 작으므로 지간이나 라이즈가 크면 Spandrel 재나 보강거더의 중량이 증가하여 비경제적이 된다. 지간 100m 이상에서는 거의 사용하지 않고 통상 연속구조로 FCM 공법을 이용할 때에 유리하다.

(Spandrel braced Arch)

5) Spandrel 형식에 따른 분류

① 충복식 아치교

아치리브 연단에 측벽을 두고 아치리브 위에 토사를 성토한 아치교로 콘크리트 아치교의 구조형식이다. 충복식 아치교는 성토재의 영향이 크고 상로식 이외에는 불가능하다. 또한 대부분 고정식 아치교로 이용되며 대부분 50m 이하로 계획된다. 일반토공부와 같이 동일구조로 연속적으로 도로단면을 형성할 수 있으므로 신축이음이 필요 없고 배수시설이 간단하여 유지관리가 용이하다. 최근에는 EPS블록을 사용하여 성토자중을 줄이는 방법도 사용되고 있다.

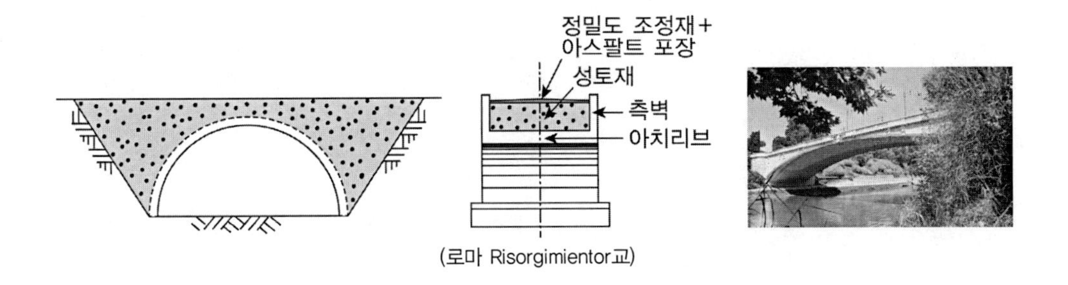

(로마 Risorgimientor교)

② 개복식 아치교

구조물의 작용하중을 직접 지지하는 수평부재와 이를 지지하여 하중을 아치리브로 전단하는 연직부재 및 아치리브의 3가지 부재로 구성된 아치교를 개복식 아치교라 하며, 충복식과 개복식은 스팬드럴부의 개폐여부에 따라 분류한다. 가장 실적이 많은 아치교 형식으로 콘크리트 개복식 아치교는 소교량부터 지간장이 가장 긴 중국의 Wanxian교(425m)까지 분포한다.

(Natchez Trace Parkway Arches, Tennessee)

(중국의 Wanxian교)

3. 아치교의 가설공법

1) 강아치교 가설공법

① 대블록 가설공법 : 공장 또는 현장에서 일체로 조립한 거더를 대형 운반기계와 가설기계를 이용하여 일괄적으로 가설하는 공법으로 공기단축이 가능하고 가설중 구조적으로 불안정하게 되는 기간이 짧아 내풍, 내진 안정성이 높다. 해상의 경우 플로팅 크레인(F/C)이나 대선이 가설지점에 진입 가능하여야 한다는 단점이 있다. 국내에서는 백야대교나 서강대교, 양화대교에 적용된 사례가 있다.

(백야대교 – F/C크레인)

(이탈리아 레오나르도 다빈치보도육교 – 크레인 일괄가설)

② 벤트 공법 : 가장 일반적인 공법으로 보강형 하부에 상부 구조를 지지하는 벤트를 설치하여 보강형을 직접 지지하는 형식이다. 형하고가 낮고 지반이 평평한 곳에 적용하는 것이 경제적이며 거더가 거의 응력을 받지 않는 상태에서 가설이 가능하며 곡선교나 사교에서도 적용이 용이하다.

(저도연육교 – 벤트가설)

(광주 유촌1교 – 벤트가설)

③ 케이블 공법 : 수심이 깊은 하천 가교각을 설치할 수 없는 계곡 등에서 많이 사용하는 공법으로 양쪽 교대 또는 교각 위에 철탑을 세워 그 사이에 케이블을 걸쳐 놓고, 이 케이블로부터 로프를 내려 단위부재를 매달아 가설하는 공법으로 단위부재를 운반하거나 조립하기 위해 케이블 크레인을 사용하며, 가설지점의 지형상 벤트를 설치하기 어려운 경우나 형하공간이 협소한 경우에 적용할 수 있는 공법이다. 매다는 방식에 따라 경사매달기 방식이나 수직매달기 방식으로 구분한다.

(케이블방식 : 경사매달기 공법)

④ 회전공법 : 가설 교량하부에 도로나 철도 등의 지장물이 있어 통제가 불가능할 경우와 같이 가설벤트를 설치할 수 없는 경우에 사용되는 공법으로 케이블공법에 비해 가설이 쉽고 단기간에 시공할 수 있는 특징이 있다. 교량 상부구조를 일괄 제작하여 한 지지점을 축으로 회전 이동시켜 거치하며, 회전 시 지지점의 변화가 없어 별도의 시공 단계별 구조 검토 없이 시공가능하다는 장점이 있다.

(경부고속철도 모암고가교)

(슬로바키아 Apollo Bridge, 바지선에 의한 회전공법)

⑤ 압출공법 : 아치교 전체나 일부를 제작하여 교축방향으로 압출시켜 거치하는 공법으로 지상 또는 수상에서 적용할 수 있다.

(프랑스 Strasbourg교 - 바지선에 의한 압출공법)

(프랑스 Bonpas Bridge - 이동장비 압출공법)

⑥ 캔틸레버 가설공법

아치교에 있어 캔틸레버 가설의 특징은 교각 좌우양측에서 균형을 이루면서 동시에 가설되는 형태가 아니라 아치 지점부에서 크라운을 향해 캔틸레버식으로 가설되는 특징이 있다.

(Chaotianmen Bridge – Cable + Truss 공법)

2) 콘크리트 아치교 가설공법

콘크리트 아치교의 가설 중 가장 중요한 것은 아치리브의 가설방법이다. 아치리브와 연직재, 상부바닥판의 가설방법에 따라서 가설공법을 구분할 수 있다. 크게 지보공을 이용하거나 캔틸레버 형식으로 가설하는 방법, 병용해서 가설하는 방법으로 구분할 수 있다.

① 지보공 : 동바리공법, 강재아치 선행공법, 철골구조–Melan공법, 합성아치 공법 등이 있다.

- 동바리 공법 : 비교적 평탄한 지형의 중·소 경간의 콘크리트 아치교에 적용되며, 전면적에 지보공을 설치하고 아치리브 콘크리트를 현장 타설하는 공법이다.
- 강재아치 선행공법(합성 아치공법) : 콘크리트의 아치리브를 직접 타설하지 않고 먼저 콘크리트보다 가벼운 철골 또는 강관을 아치로 가설한 다음 이동작업차 등을 이용하여 양측의 아치교대에서 크라운부를 향해 강재 아치를 콘크리트로 둘러싸 마감하는 공법이다. 강재 아치용으로 철골 부재를 사용하는 공법을 Melan공법이라 하고, 강관과 강관내부를 콘크리트로 충진시킨 합성부재를 사용하는 공법을 합성 아치공법이라 한다.

(Clos moreau bridge – 강재동바리 지지공법)

(Juscelion Kubitsch – 벤트 지지식 가설공법)

② 캔틸레버 가설공법 : Pylon공법, Truss공법, Pylon–Melan병용, Truss–Melan병용공법 등

- Pylon 공법 : 아치Abut상의 연직재 또는 Pylon에 경사케이블을 설치하고 케이블에 의해 아치리브 콘크리트를 지지하면서 캔틸레버로 가설하는 공법이다. 아치리브의 콘크리트 타설은

이동작업차로 수 미터의 block을 제작 타설하고, 타설 완료 후에는 완료된 Block선단까지 작업차를 이동 시킨 후 다음 Block을 시공하는 것을 반복한다.

(Colorado River Bridge – Pylon 공법)

(Svinesund Bridge – Pylon 공법)

- Truss 공법 : 아치리브상의 연직재와 보강형의 교점에 경사 Cable을 설치하여 아치리브를 결합시킨 캔틸레버 트러스 형태로 아치리브 콘크리트를 가설하는 공법이다.

(Creza Bridge – Truss공법)

(Tilo Bridge – Truss공법)

- Pylon–Melan 병용 공법 : Pylon공법과 Melan공법의 병용한 공법으로 아치리브 단부 양측은 Pylon공법에 의해 캔틸레버식으로 시공하고, 중앙부는 철골부재(Melan)로 임시 폐합시킨 다음 콘크리트를 덧씌워 완성하는 공법이다. 아치경간이 길어 Pylon공법으로 시공시 경사 cable의 경사각이 작아져 가설시 안정성이 감소되어 효율이 떨어질 경우에 적용되기 위해 고안된 공법이다.
- Truss–Melan 병용 공법 : 트러스 공법과 Melan 공법의 병용 공법으로 아치리브 양측에서 트러스공법으로 가설하다 중앙부에 와서는 철골부재(Melan)로 임시 폐합시킨 후 콘크리트로 마감시키는 공법이다.

4. 아치의 좌굴

1) 개요

아치는 이론적으로 부재 내에 압축력만 받도록 설계되는 구조체이므로 압축력에 의한 좌굴에 대한 검토가 가장 중요하다. 아치의 좌굴은 크게 면내좌굴과 면외좌굴로 구분되며 면내좌굴의 경우 Snap-Through Buckling, Bifurcation Buckling으로 구분되며 면외좌굴의 경우 기준식에 대한 검토를 수행한다.

① 면내좌굴

(1) Snap-Through Buckling : 주로 낮은 아치에서 발생하며, 부재를 비신축으로 가정하고 고전좌굴이론으로 임계하중을 계산 Snap-Through Buckling이 발생할 경우 하중-변위관계는 비선형이며 고전좌굴이론으로 계산된 좌굴하중은 과대평가됨

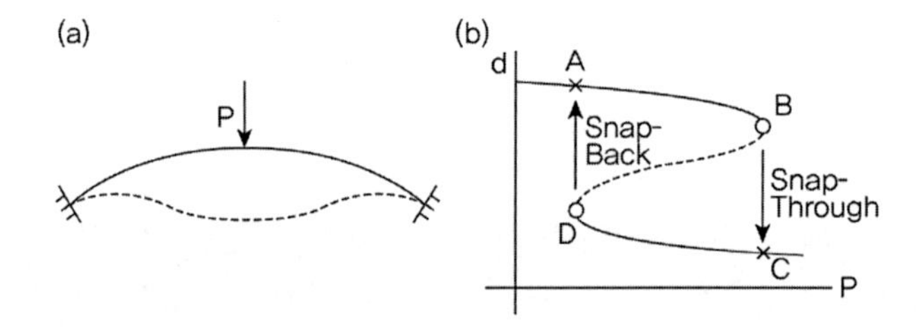

(2) Bifurcation Buckling : 분기좌굴, 주로 높은 아치에서 발생하며, 부재를 비신축으로 가정하고 고전좌굴이론으로 임계하중을 계산한다. 이때 좌굴하중을 Euler좌굴하중과 유사한 방법으로 구할 수 있다.

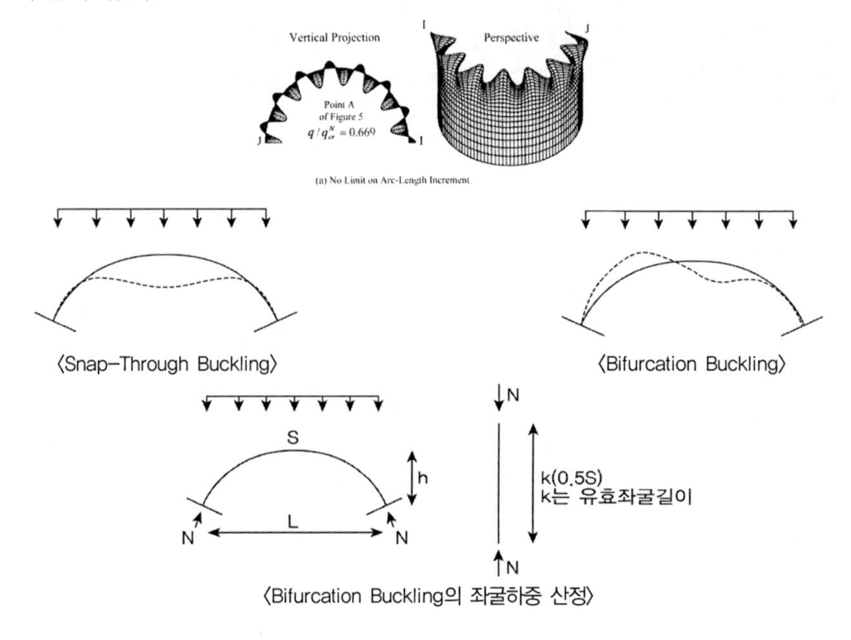

〈Snap-Through Buckling〉 〈Bifurcation Buckling〉

〈Bifurcation Buckling의 좌굴하중 산정〉

② 면외좌굴

(1) 아치부재의 면외좌굴은 직선보의 횡-비틂 좌굴(Lateral-Torsional Buckling)과 유사하다.
(2) 순수 압축력만 작용하는 원형아치의 경우 지배미분방정식이 성립되어 해를 구할 수 있다.
(3) 곡률이 변하는 포물선 아치의 경우 뒴 비틀림(Warping)을 고려한 지배미분방정식이 연구중이며, 이러한 미방의 해는 수치해석법에 의존하고 있다.
(4) 유한요소해석 또는 유한 차분법 해석이 주로 사용된다.

③ 도로교 설계기준 적용 예

도로교 설계기준에서는 강아치교와 콘크리트 아치교에서 면내좌굴과 면외좌굴에 대한 규정을 두고 있다.

(1) 강아치교

· 면내좌굴 : $w=\dfrac{8\alpha}{\gamma}\times\dfrac{EI}{L^3}\times\dfrac{f}{L}$ 과 1개의 아치구조당 고정하중 강도와 비교하여 면내좌굴 검토 수행 (α: 아치의 면내 좌굴계수, γ: 구조형식으로부터 변위의 형향에 따른 연단응력의 증가비율이 달라지는 것을 고려한 보정계수)

- $w>1$개의 아치구조당 고정하중 강도 : 면내좌굴에 대해 안전
- $w<1$개의 아치구조당 고정하중 강도 : 골조선 변위 영향을 고려한 극한강도 검토로 대신함

TIP | 면내좌굴 |

아치교 부재의 설계는 아치의 지간이 작을 경우 미소변위이론에 의하여 구해야 한다. 위의 면내좌굴식은 활하중에 의해 생기는 골조선 변위의 영향을 실용상 무시할 수 있는 한계치를 근사적으로 표시한 것이다. 위의 식의 근거는 다음 식과 같다.

$$M_D=M_E\times\frac{1}{1-\dfrac{H}{H_{cr}}}$$

(M_D, M_E는 각각 유한변위이론 및 미소변위이론에 의한 휨모멘트)
(H는 아치의 수평반력, H_{cr}은 한계수평반력)

· 면외좌굴 : 면외좌굴은 주구조에 작용하는 등분포활하중과 고정하중이 재하된 상태에서 검토

$$\frac{H}{A_g}\le 0.85f_{ca}$$

여기서 H : 하중재하에 의해 편측 아치부재에 작용하는 축방향력의 수평성분(N)
A_g: 편측 아치부재의 총단면적의 평균치(mm)
f_{ca}: 편측 아치부재의 L/4점의 허용축방향 압축응력(MPa)

l(유효좌굴길이) $=\phi\beta L$

$-\phi$ (하로보강) : $\phi=1-0.35k$, (상로보강) : $\phi=1+0.45k$, (중로보강) : $\phi=1$

−k는 행어 또는 지주가 분담하는 하중을 k(p+w)로 보고 구해지는 값으로 상로 보강 아치에서 아치와 보강거더를 아치 크라운부위에서 강결하지 않았을 때에는 k=1

−β는 라이즈비와 I_Z과 연관된 계수

② RC교

· 면내좌굴 : 세장비에 따라 면내좌굴 검토 수행

• $\lambda \leq 20$: 좌굴검사 필요없음

• $20 < \lambda \leq 70$: 유한변형을 편심하중에 의한 휨모멘트로 치환하여 극한 휨모멘트의 안정성 검토

소규모 아치 간략식 $H_{cr} = [4\pi^2(1-8(\frac{f}{L})^2)]\frac{EI_y}{L^2}$

• $70 < \lambda \leq 200$: 유한변형에 의한 영향에 더하여 콘크리트 재료 비선형성까지 고려하여 좌굴 안정성 검토

• $200 < \lambda$: 구조물로 적당하지 않음

· 면외좌굴 : 아치리브를 직선기둥으로 보고 단부의 수평력을 축방향력으로 좌굴검토,

소규모 아치의 간략식은 $H_{cr} = \gamma \times \frac{EI}{L^2}$ (γ: 면내좌굴에 관한 파라미터)

4. 아치의 라이즈비

95회 1-11 아치교에서 라이즈와 라이즈비의 정의, 구조물에 미치는 영향

아치교량의 미관과 경제성을 고려할 때 가장 중요한 요소는 라이즈 비이며 통상 아치의 기본설계 시에는 아치의 라이즈비를 매개변수로 하여 자중의 영향을 고려하여 설계하는 것이 통상적인 설계의 방법이다. 라이즈비는 아치의 길이와 라이즈의 비를 의미하며 통상적인 아치의 설계에서는 1/5~1/10 범위에서 사용되고 있다.

아치의 라이즈비 : f/L

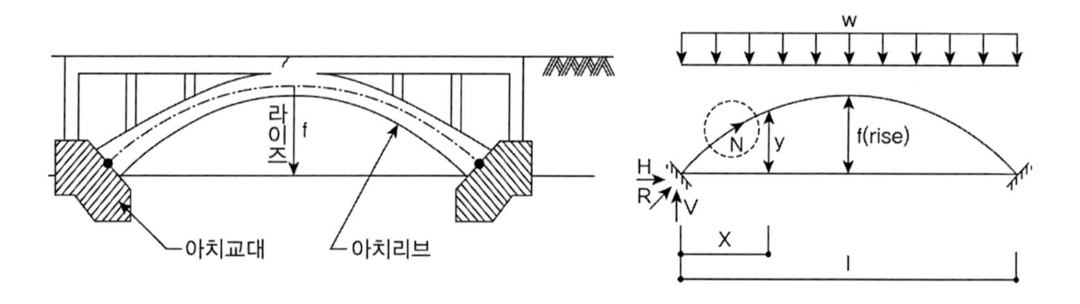

일반적으로 아치리브의 축선은 2차 포물선 또는 원곡선을 사용한다. 2차 포물선을 사용할 경우에는 다음과 같다.

$d(Ncos\phi)=0$, $d(Nsin\phi)+wdx=0$ 으로부터, $\tan\phi = dy/dx$

$$\therefore y=\frac{4f}{L^2}x(L-x)$$

TIP | 아치축선 : 원곡선 |

아치축선을 원곡선 식을 이용할 경우의 아치리브 축선은 다음과 같다.

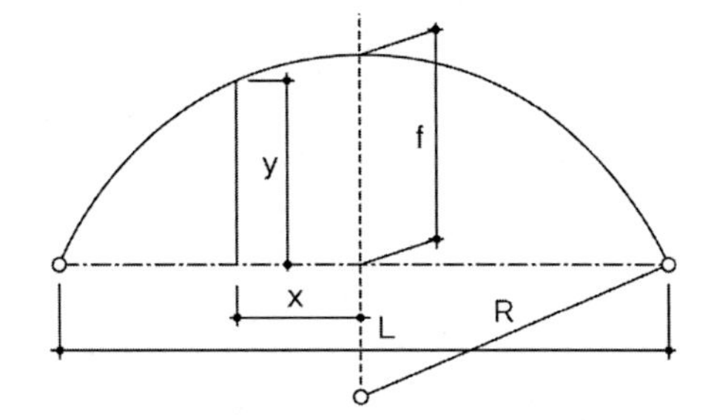

$$R=\frac{L^2+4f^2}{8f}$$

$$\therefore y=\sqrt{R^2-x^2}-\sqrt{R^2-(L/2)^2}$$

1) 라이즈비와 구조물의 영향 (랭거아치교의 라이즈-경관-형고의 최적관계를 위한 정적 및 동적해석, 허은미, 강구조학회논문집 2002)

① 일반적으로 아치의 강중은 라이즈비(f/L)와 사하중과 활하중의비(w/p)에 의해 많은 영향을 받는다. 또한 라이즈비가 변함에 따라 그에 따른 형고의 높이 또한 변화하게 된다.

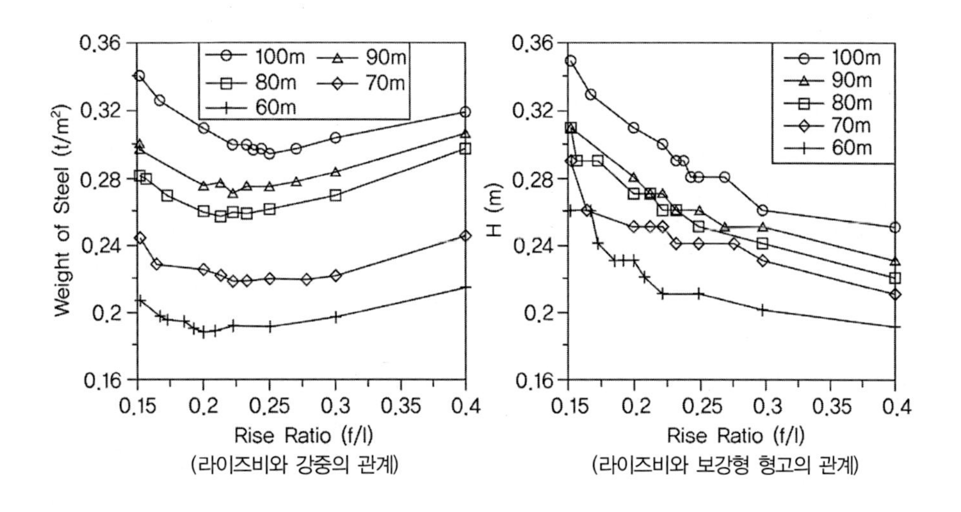

(라이즈비와 강중의 관계)

(라이즈비와 보강형 형고의 관계)

② 통상의 아치 설계 시 1/5~1/10의 범위는 일본의 도로교시방서의 활하중 규정에 따른 것으로

국내 설계기준 하중조건에 따라 검토 시에는 최적의 라이즈비는 1/4~1/5가 효과적이다.

③ 경간 100m의 아치교에서 라이즈비 1/4를 기준으로 이보다 라이즈비가 작으면 아치리브와 기타 부부재들이 강중이 감소되는 양보다 보강형의 형고가 높아져 전체강중이 증가하는 경향을 보이며, 라이즈비가 1/4보다 커지면 보강형의 형고가 낮아져 강중이 감소되는 양보다 아치리브와 기타 부재들의 강중이 증가하는 양이 많아져 전체 강중이 증가한다. 따라서 라이즈비와 보강형 형고와의 관계는 최적강중일때의 라이즈비 f/L에서의 보강형 형고가 그 의미를 갖는다.

(최적강중의 라이즈비에서 형고높이 h)

지간	100m	90m	80m	70m	60m
f/L	1/4	1/4.5	1/4.7	1/4.5	1/5
$h(m)$	2.8	2.7	2.7	2.5	2.3

④ F. Schleicher에 의하면 랭거교에서 보강거더의 높이 h는 일반거더보다 낮게 할 수 있으며 그 높이를 L/30~L/50이라고 제안했으며, G. Schaper에 의하면 L/25~L/40이 적정하다고 한다.

⑤ 아치교는 라이즈비가 너무 높으면 강중이 증가하고 아치의 좌굴안정성(면외좌굴)에 영향을 주며, 너무 낮아도 강중이 증가하는 데 최적의 라이즈비는 60~100m의 경간장을 가지는 랭거아치교의 경우 1/4~1/5를 갖는다. 또한 아치교의 경간당 라이즈비와 형고는 라이즈비가 커짐에 따라 형고높이는 작아진다.

2) 아치교 강재중량의 영향인자 (교량의 계획과 설계, 오제택)

강재의 소요중량은 교량의 등급, 지간, 교량의 폭원, 사용강재의 종류에 따라 다르나 일반적으로 아치교의 소요강재 중량에 영향을 주는 주요 인자는 다음과 같다.

① 사하중(g)과 활하중(p)의 비(g/p)
② 라이즈와 지간과의 비(f/L)
③ 패널수(Cross Beam수)
④ 아치교의 형식(랭거, 로제, 닐센 …)
⑤ 아치리브의 형상(Solid, Braced Rib …)

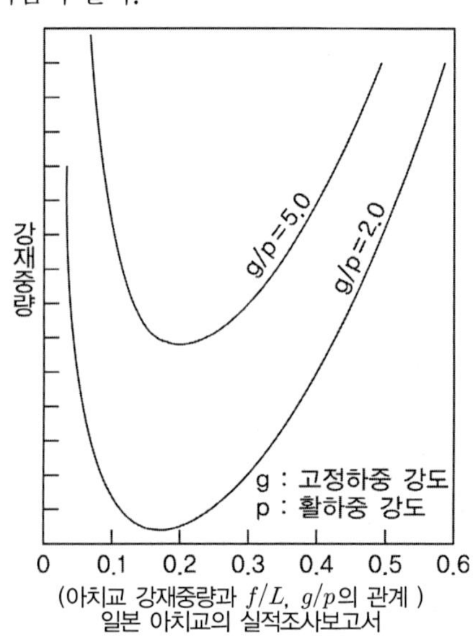

(아치교 강재중량과 f/L, g/p의 관계)
일본 아치교의 실적조사보고서

99회 1-3

무바닥판 콘크리트 아치교

무바닥판 콘크리트 아치교에 대하여 설명하시오.

풀 이

➤ 개요

무바닥판 콘크리트 아치교는 무신축이음장치, 무받침, 무바닥판 교량형식으로 미관이 매우 양호하고 유지관리가 거의 필요 없어 내구성이 양호한 교량형식이다.

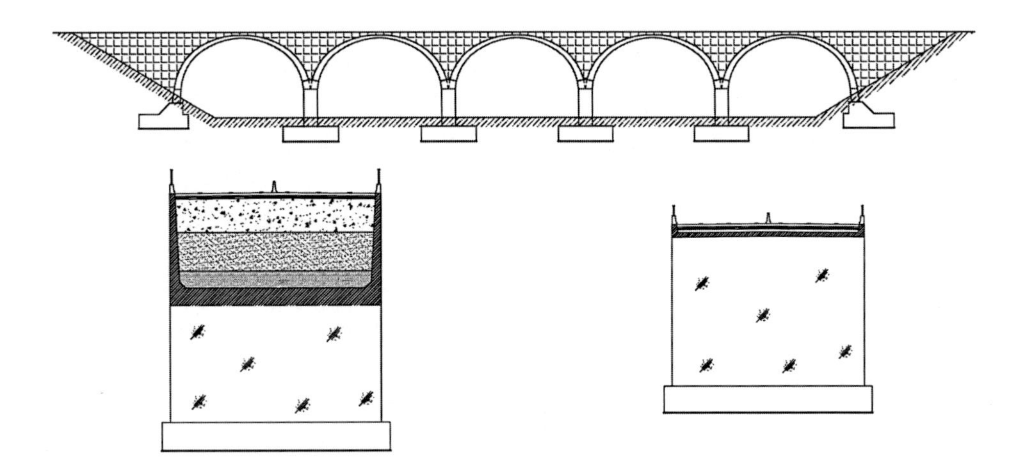

① 아치리브의 양측단에 강결된 측벽을 설치하고 그 내부에 채움재를 충진
② 교량의 주요 유지보수대상인 신축이음장치, 교량받침 및 바닥판을 배제한 교량형식

➤ 특징

장점	① 곡선아치형으로 미관 우수 ② 전단면 축력지배 구조로 인장력이 거의 없어 교량 내구성 증가 ③ 내부채움재에 의해 활하중 충격이 완화 및 분산되어 내구성측면에서 유리 ④ 온도신축이나 건조수축에 의한 거동이 리브가 상·하 방향으로 움직이는 아코디언효과로 흡수되기 때문에 신축이음장치가 불필요함 ⑤ 신축이음장치, 교량받침 및 바닥판이 없고 교대 뒤채움부가 없어 일반토공부와 같이 처리됨으로써 승차감이 양호하고 유지관리 측면에서 유리 ⑥ 특히 신축이음장치(Expansion Joint) 차량충격소음이 근원적으로 배제되어 연도주민 생활환경(심야수면) 보호에 유리
단점	① 온도 및 건조수축균열 제어 필요 ② 거더교에 비해 시공성 다소 복잡

▶ 적용성

1) 가설지역

입지조건	① 자연경관이 수려한 지역 등 경관설계가 필요한 구간 ② 주거 지역 통과 시 교량 신축이음장치 충격소음으로 인한 소음민원이 우려되는 구간에 적용성 우수 ③ 곡선구간, 사각이 있는 구간은 적용 제한
시공조건	① 가설을 위해서는 거푸집과 동바리 설치가 필요하므로 교통량이 많은 도로 또는 철도와 교차하는 교하조건에서는 다소 불리
기초조건	① 교대부에서는 교각부와 달리 큰 수평력이 발생하므로 교대부에서의 기초조건이 양호한 경우가 바람직함

2) 지간장

① 일본의 사례 : 연속아치에서는 최대 지간장 36.5m까지 있으나 일반적으로 20~30m의 지간이 대부분임

② 미학적 관점, 경제성 측면 및 국내외 설계·시공실적을 고려할 때 적정 지간장은 25~35m 사이가 바람직함

3) 형하고

① 일본의 사례 : 경제적인 관점에서 System Form 적용 전제하에서 형하고 30m전후를 적정 형하고로 제시하고 있음

② 시공성 및 경제성 측면을 고려할 때 30m 이내로 제한함이 바람직함

4) 교량연장

① 무바닥판 콘크리트아치교는 이론상 온도수축이나 건조수축에 의한 거동이 리브가 상·하 방향으로 움직이는 아코디언 효과로 흡수되기 때문에 이론상 적용 연장의 한계는 없으나 424m까지 시공사례가 있음

② 그러나 교량연장이 긴 경우에는 구조계가 고차부정정화함에 따라 발생하는 구속응력에 대한 균열제어 대책의 검토가 필요함

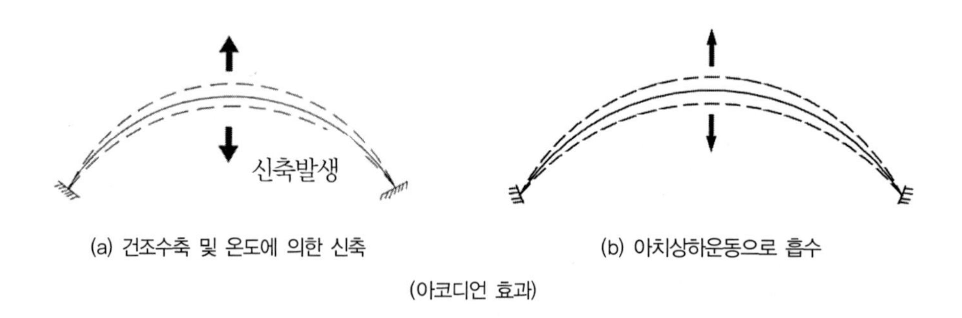

(a) 건조수축 및 온도에 의한 신축 (b) 아치상하운동으로 흡수

(아코디언 효과)

95회 3-1

강관 아치교 (유사기출 89회 2-1)

강관 아치교의 구조해석 및 설계 시 중점적으로 검토할 사항에 대하여 설명하시오.

89회 2-1

풀 이

➤ 개요

원형강관은 가공과 용접기술의 발달로 인해 강관의 제작과 접합이 비교적 용이해짐에 따라 강관 구조의 채용이 증가하는 추세이며, 아치교에 대한 적용이 가장 활발히 진행되고 있다.

➤ 강관구조의 특징

1) 구조역학적인 측면

① 좌굴저항이 크기 때문에 압축력에 강하다. 강관은 단면이 원통면을 이루고 있기 때문에 평판에 비해 국부좌굴에 대해 유리하며, 관 두께가 반경의 약 1/200 이상이면 좌굴을 방지하기 위한 종방향 보강재와 같은 보강재가 필요 없다. 기둥으로서의 전체 좌굴에 대해서도 강관은 소성영역에서의 여용력이 크므로 단주의 경우, L형 및 H형의 단면에 비해 유리하다.

② 단면에 방향성이 없기 때문에 설계가 간편하고 편심이 없기 때문에 압축과 인장에도 유리하다.

③ 다른 단면형상에 비해 비틀림 강성이 크다. 동일한 폐단면이라도 원은 다른 도형보다도 그 속에 둘러싸인 면적이 크다. 따라서 동일한 주변장이고 동일한 두께인 경우, 원형단면은 정방형 단면에 비해 60% 정도 비틀림 강성이 증가한다. 그리고 원형단면은 비틀림을 받더라도 단면에 뒤틀림을 일으키지 않기 때문에 2차응력이 발생하지 않아 응력상태가 명확하다.

④ 강관은 평판에 비해 유체에 대한 저항이 작기 때문에 풍압, 유수압, 파압 등에 대해 유리하다. 이는 장대교 및 높은 탑 형상의 구조물에 매우 효과적이다.

2) 제작 및 가설 측면

① 원형단면은 다른 어느 단면보다도 작은 표면적을 가지므로 부식도가 작고, 도장 면적도 최소가 된다. 설계기준 등에서도 다른 단면에 비해 최소두께의 규정을 완화하여 얇은 재료를 사용할 수 있도록 규정하고 있다.

② 강관과 강관을 연결하는 경우에 직접 용접할 수 있어서 Gusset Plate가 필요 없다.

③ 박스형 단면에 비해 용접선 수가 적기 때문에 제작비가 절감된다.

3) 기타

① 강관내부를 이용하여 유체를 수송할 수 있다. 강관은 내압에 대한 저항력이 좋으므로 일반적인 구조용 강관이라도 큰 압력에 견딜 수 있다. 이와 같은 장점을 이용하여 구조 부재의 내부를 통해 물, 기름, 가스 등을 압송할 수 있다.
② 강관구조는 일반적으로 세련된 이미지를 나타내므로 외관이 우수하다.

4) 단점

① 재료로서의 강관재질, 치수(직경, 두께) 등을 임의로 선정할 수 없는 경우도 있다. 특히 고강도 강재이거나 직경이 크고 두꺼운 것은 문제가 될 수 있다.
② 국부적인 집중하중이 작용하는 지점에서는 관이 편평화되기 쉽기 때문에 보강이 필요하다.
③ 강관을 제조할 때 냉간가공하기 때문에 일반적으로 강도 및 항복점은 상승하지만, 비례한계가 저하하는 경우가 있다.
④ 강관기둥에 풍압이 작용하면 칼만 소용돌이가 발생하여 세장비가 긴 기둥에서는 유해한 진동을 일으키는 경우가 있다.

➤ 구조설계

1) 면내 및 면외좌굴 안정성 검토

아치계 교량은 축력지배 구조이므로 외력에 대한 구조적인 안정성 및 사용성 확보와 더불어 좌굴에 대해서도 충분히 안정한 구조가 되도록 설계하는 것이 중요하다. 아치계 교량의 좌굴은 면내좌굴 및 면외좌굴로 구분된다.

2) 변위의 영향 검토

아치계 교량은 구조특성상 사장교 및 현수교 등의 장대교량과 같이 다소 큰 변위가 발생되는 구조형식이므로 아치골조선의 변위영향이 고려된 해석을 수행해야 한다.

3) 전체계 해석 및 응력 검토

① 아치리브 및 보강거더에 접합되는 수직재의 경계조건은 안전측의 설계를 위해 강결된 것으로 간주한다(수직재는 양단이 강결된 것으로 모델링된 관계로 휨이 지배적인 영향인자임).
② 설계활하중은 이동하중으로 고려
③ 가설 단계에 따라 구조특성 및 하중조건이 변화하는 점을 감안하여 구조해석 단계를 총 4단계, 즉 아치리브 가설 시, 바닥판 타설 시, 2차 고정하중 작용 시 및 사용하중 작용 시로 구분
④ 아치리브와 수직재는 축방향력 및 휨모멘트를 동시에 받는 부재이므로 좌굴의 영향을 고려하

여 응력검토

⑤ 사용하중 작용 시에 대한 응력 검토

⑥ 주하중과 주하중에 해당하는 특수하중의 조합에 의해 단면이 결정

4) 국부응력

아치리브 구조 중 큰 집중하중이 작용하고 구조상세가 복잡한 아치리브와 수직재의 접합부 및 아치리브의 단부에 대해서는 상세유한요소 해석을 통해 국부응력을 검토한다.

5) 내진설계 : 다중모드 응답스펙트럼 해석법을 적용한다.

6) 칼만 소용돌이에 의한 수직재의 진동검토

강관 기둥과 같은 원통형의 물체가 동일한 공기류에 놓이는 경우에 풍향의 직각방향 진동 이 발생하는 경우가 있다. 이와 같은 진동을 풍금진동(Aeolian Oscillation)이라 하며, 그 발생 기구에 대해서는 불명확한 점이 많지만 이른바 칼만 소용돌이에 의한 것으로 추정된다.
만약 강관 기둥이 자유롭게 진동할 수 있는 상태에 있으며, 더욱이 이 규칙적인 소용돌이의 초당 발생 횟수가 강관 기둥의 고유진동수와 일치하는 경우에 다소 큰 진폭의 진동이 발생한다. 이에 따라 기둥에 반복적인 큰 휨응력이 발생하여 피로파괴의 원인이 되거나 초기 처짐으로 인해 좌굴 안전도가 저하하여 종종 구조물 안정성이 문제가 되는 경우가 있다.

7) 상세해석

① 구조안정성 : 기하비선형 해석에 의한 모멘트 증가계수 검증

② 좌굴안정성 : 좌굴해석에 의한 면내 및 면외좌굴 안정성 검토

③ 피로안정성 : 실교통류에 의한 변동응력을 이용한 피로 안정성 검토, Hot Spot 응력을 이용한 강관 용접이음부의 피로 안정성 검토

④ 지진에 대한 안정성 : MASW에 의한 현장지반 물성치를 고려한 지진해석

⑤ 바람에 대한 안정성 : 전산유동 해석에 의한 정적, 동적 내풍 안정성 검토

⑥ 내구성 및 사용성 : 매스콘크리트에 대한 수화열 해석

⑦ 노면조도의 영향을 고려한 이동하중에 의한 시간이력해석

8) 아치리브의 기울기가 부재의 변위와 부재력에 미치는 영향

① Unbraced Tubular 아치교에서 아치리브의 기울기는 부재의 변위와 면내력 측면에서 20° 이내로 설정하는 것이 적절하다.

② 아치리브의 기울기는 아치리브의 자중에 의한 처짐에 크게 영향을 미치므로, 시공 시 강의 자

중에 의한 초기처짐에 대한 적절한 대책이 필요하다. 한편, 강구조물의 자중이 면내력에 미치는 영향은 작다.

③ 아치리브의 기울기에 따른 부재의 축력에 미치는 영향은 작다.

④ 리브의 기울기에 의해 가로보 모멘트는 기울기 각도 20° 이내에서는 모멘트가 작게 발생하나 리브의 기울기가 증가함에 따라 급격히 증가한다.

⑤ 아치리브의 모멘트는 리브의 기울기의 증가에 따라 중앙부와 단부에서 모멘트가 반발생하고, 그 값은 기울기에 따라 점점 증가한다.

▶ 아치행거

아치리브와 보강형을 연결하는 행어의 형식으로는 케이블형식, H형강, 강봉 등이 널리 사용되고 있으나, H형강과 강봉은 와류진동에 의한 피로 및 정착부 피로에 불리하므로 내풍 안정성과 미관이 우수한 케이블형식이 유리하다. 케이블의 종류로는 인장강도와 피로강도가 높고 정착판의 크기가 작아 일반 중소지간 교량의 행어로 많이 사용되는 PWS형식의 케이블이 있으며, 케이블의 정착방식으로는 행어와 주형을 핀형식으로 연결하여 보강형 구조체와 간섭이 적고 제작과 유지관리에 유리하며 시공성이 양호한 Open Socket 방식이 있다.

참고자료

콘크리트 아치교의 설계

➤ 콘크리트 아치교 설계 일반사항

1) 아치의 축선은 아치 리브의 단면 도심을 연결하는 선으로 할 수 있다.

2) 단면력을 산정할 때에는 콘크리트의 수축과 온도변화의 영향을 고려하여야 한다.

3) 부정정력을 계산할 때에는 아치 리브 단면변화를 고려하여야 한다.

4) 기초의 침하가 예상되는 경우에는 그 영향을 고려하여야 한다.

5) 아치 리브에 발생하는 단면력은 축선 이동의 영향을 받지만 일반적인 경우 그 영향이 작아서 무시할 수 있으므로 미소변형이론에 기초하여 단면력을 계산할 수 있다.

6) 아치 리브의 세장비가 35를 초과하는 경우에는 유한변형이론 등에 의해 아치 축선 이동의 영향을 고려하여 단면력을 계산하여야 한다.

아치 리브의 세장비 : $\lambda = l_{tr}\sqrt{\dfrac{A_{l/4}\cos\theta_{l/4}}{I_m}}$

여기서, l_{tr} : 환산부재 길이, $l_{tr} = \delta l$ (mm)

$A_{l/4}$: 경간 $l/4$ 위치에서 아치리브의 단면적(mm^2)

$\theta_{l/4}$: 경간 $l/4$ 위치에서 아치축선의 경사각

I_m : 아치리브의 평균단면2차모멘트(mm^4)

δ : f/l에 따른 계수

f/l	0.1	0.15	0.2	0.25	0.3	0.35	0.4	0.45	0.5
고정	0.360	0.375	0.396	0.422	0.453	0.495	0.544	0.596	0.648
1힌지	0.484	0.498	0.514	0.536	0.562	0.591	0.623	0.662	0.706
2힌지	0.524	0.553	0.594	0.647	0.711	0.781	0.855	0.915	1.059
3힌지	0.591	0.610	0.635	0.670	0.711	0.781	0.855	0.956	1.059

l : 기초의 고정도를 고려한 경간(mm)

- 2힌지 또는 3힌지 아치의 경우는 아치 경간
- 고정아치의 경우는 아치경간+2× 최하단 아치리브 깊이 × $\cos\theta$ (θ는 받침부에서 아치축선의 경사각)

➤ 콘크리트 아치교의 좌굴

1) 면내좌굴 : 세장비에 따라 면내좌굴 검토 수행

① $\lambda \le 20$: 좌굴검사 필요 없음

② $20 < \lambda \le 70$: 유한변형을 편심하중에 의한 휨모멘트로 치환, 극한 휨모멘트의 안정성 검토

확대휨모멘트 $M_D = M_E \dfrac{1}{1 - H/H_{cr}}$, 여기서 $H_{cr} = [4\pi^2(1-8(\dfrac{f}{L})^2)]\dfrac{EI_y}{L^2}$

③ $70 < \lambda \le 200$: 유한변형에 의한 영향에 콘크리트 재료 비선형성까지 고려 좌굴 안정성 검토

④ $200 < \lambda$: 구조물로 적당하지 않음

2) 면외좌굴 : 아치리브를 직선기둥으로 보고 단부의 수평력을 축방향력으로 좌굴검토

소규모 아치의 간략식은 $H_{cr} = \gamma \times \dfrac{EI}{L^2}$ (γ: 면내좌굴에 관한 파라미터)

TIP | 양단고정 콘크리트 아치설계 |

부재의 단면은 그림과 같이 전 구간 동일하며, 양 지점의 지지조건은 고정이며, 계수하중에 대한 부재력(()안은 최대휨모멘트 위치에서의 축력)은 아래와 같을 때 아치의 부재의 면내 좌굴안정성을 검토하시오.

지간(스팬: l) : 20,000mm 높이(라이즈: f) : 6,000mm

고정하중 : $W_D = 49.03\text{kN/m}$ (등분포하중, 자중포함)

활하중 : $W_L = 14.71\text{kN/m}$ (등분포하중)

콘크리트의 설계기준강도 $f_{ck} = 21MPa$ 철근의 설계기준항복강도 $f_y = 400MPa$

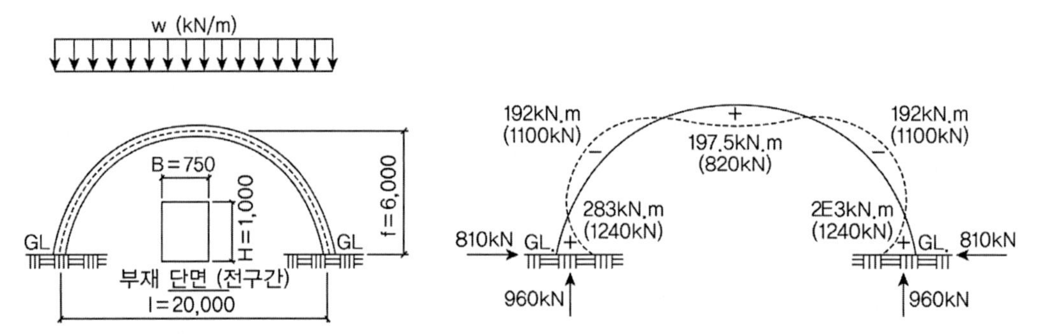

표1. 라이즈비에 따른 δ

f/l	0.1	0.15	0.2	0.25	0.3	0.35	0.4	0.45	0.5
고정	0.360	0.375	0.396	**0.422**	**0.453**	0.495	0.544	0.596	0.648
1힌지	0.484	0.498	0.514	0.536	0.562	0.591	0.623	0.662	0.706
2힌지	0.524	0.553	0.594	0.647	0.711	0.781	0.855	0.915	1.059
3힌지	0.591	0.610	0.635	0.670	0.711	0.781	0.855	0.956	1.059

1. 세장비 산정

고정아치의 기초 고정에 따른 아치리브의 부재두께를 고려하면 지간의 길이 $l = 21m$이므로 라이즈비 $f/l = 6/21 = 0.285$이다.

주어진 표로부터 라이즈비에 대한 δ값을 직선보간법에 따라 산정하면

$$\delta = 0.422 + \frac{0.285 - 0.25}{0.33 - 0.25} \times (0.453 - 0.422) = 0.436$$

환산부재의 길이 $L = \delta \times l = 0.436 \times 21000 = 9147mm$

지간 1/4지점에서의 아치리브의 단면적은 전 구간 단면이 동일하므로 $A_{1/4} = 750 \times 1000 = 7.5 \times 10^5 mm^2$

$$I_m = \frac{1}{12}(750 \times 1000^3) = 6.25 \times 10^{10}\,\text{mm}^4$$

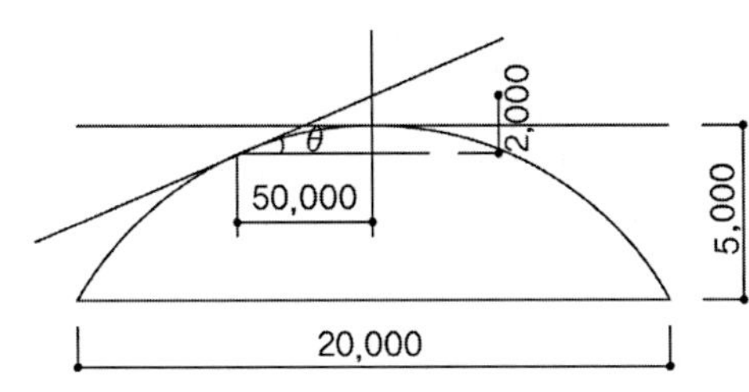

지간 1/4지점에서 아치축선의 기울기는

$\cos\theta_{1/4} = 5/\sqrt{5^2+2^2} = 0.93$

$\therefore \lambda = l_{tr}\sqrt{\frac{A_{l/4}\cos\theta_{l/4}}{I_m}} = 30.53 < 35 \quad$ O.K

2. 좌굴 검토

1) 면내좌굴 : 세장비에 따라 면내좌굴 검토 수행

$20 < \lambda(=31) \le 70$이므로 확대휨모멘트로 치환하여 극한 휨모멘트의 안정성을 검토한다.

$E = 8500\sqrt[3]{21+8} = 26,115^{MPa}$

$$H_{cr} = [4\pi^2(1-8\left(\frac{f}{L}\right)^2)]\frac{EI_y}{L^2} = [4\pi^2(1-8\times0.285^2)]\frac{26,115\times6.25\times10^{10}}{9,147^2} = 269,704kN$$

$H = 810kN$이므로 $H/H_{cr} \fallingdotseq 0$

$\therefore$ 확대휨모멘트 $M_D = M_E\frac{1}{1-H/H_{cr}} \fallingdotseq M_E$: 지점의 수평반력이 경미하여 유한변형이론에 의한 모멘트 확대의 영향은 거의 없다.

2) 면외좌굴 : 아치리브를 직선기둥으로 보고 단부의 수평력을 축방향력으로 좌굴검토

소규모 아치의 간략식은 $H_{cr} = \gamma \times \frac{EI}{L^2}$ (γ: 면내좌굴에 관한 파라미터)

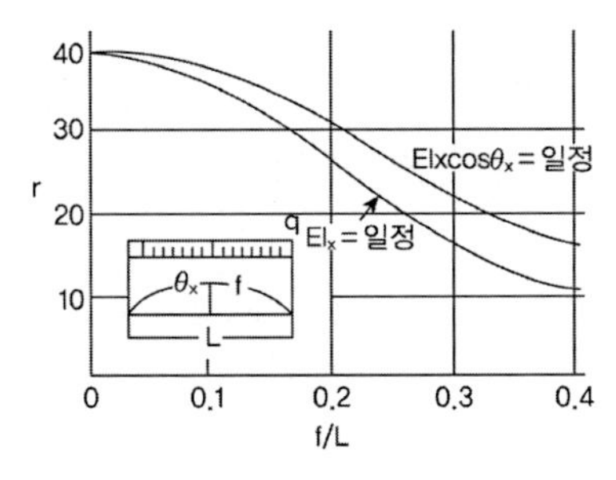

그림에서 라이즈비가 0.285일 때 $\gamma \fallingdotseq 20\sim25$의 값을 가지며 $\frac{EI}{L^2} = 19,508kN$이므로

$\therefore\ H << H_{cr}[=(20\sim25)\times19,508^{kN}]$

따라서 면외 좌굴에 대해 안전하다.

02 트러스교

몇 개의 직선부재를 한 평면 내에서 마찰 없는 힌지로 연속된 삼각형의 뼈대구조로 조립한 구조를 이상적인 트러스라고 한다. 이러한 트러스는 인장재, 압축재로 구성되나 실제 트러스에서는 휨비틀림 등의 2차 부재력이 발생될 수 있다. 일반 형교와 현수교의 중간 경간에 사용되었으나 최근에는 사장교의 등장으로 많이 사용되지 않고 있다.

1. 트러스교의 구성

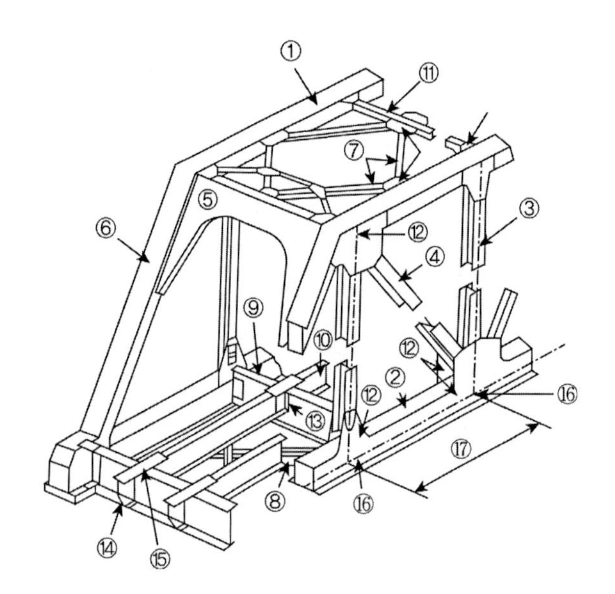

① 상현재 : Upper chord
② 하현재 : Lower chord
③ 수직재 : Vertical member
④ 사재 : Diagonal member
⑤ 교문브레이싱 : Portal Bracing
⑥ 단주(끝기둥) : End post
⑦ 상부 수평브레이싱
⑧ 하부 수평브레이싱
⑨ 횡형(가로보) : Floor beam
⑩ 종형(세로보) : Stringer
⑪ 스트러트 : Strut
⑫ 거세트판 : Gusset plate
⑬ 연결앵글
⑭ 브래킷 : Bracket
⑮ 모멘트 연결판
⑯ 격점
⑰ 격간길이

1) 주트러스 : 수직하중을 지지하고 그 하중을 하부구조로 전달하는 역할을 하는 트러스 외곽을 형성하는 부재를 말한다. 현재(상하현재), 복부재(수직재, 사재)로 구성된다.

2) 수평브레이싱 : 교량 횡하중 즉 풍하중 또는 지진력과 같은 수평하중에 견딜 수 있게 하기 위하여 받침재(Strut)와 사재로 두 개의 주 트러스를 서로 연결하는 역할을 한다.

3) 수직브레이싱 : 주 트러스와 수평브레이싱으로 구성된 상자형 구조물이 그 형상을 유지하기 위해서는 횡방향으로 트러스를 설치하여야 하는데 이러한 트러스를 수직브레이싱이라고 한다.

4) 바닥틀 : 가로보와 가로보에 연결된 세로보로 구성되며 교량 바닥판으로부터 전달되는 고정하중과 활하중을 현재의 격점에 전달하는 역할을 한다.

2. 구조특성

1) 단일부재의 크기 중량이 거더교 형식에 비해 작기 때문에 제작, 운반, 가설 등의 취급이 용이하다.
2) 부재의 모든 격점은 마찰이 없는 핀결합으로 가정하므로 부재력은 축방향력만 발생한다. 그러나 실제는 리벳, 볼트, 용접 등 강결구조이므로 2차 응력이 발생하나 그 영향력이 미미한 것이 보통이다.
3) 타 형식의 교량에 비해 비교적 가벼운 강재 중량으로 큰 내하력을 얻을 수 있으며 트러스교의 높이를 임의로 정할 수 있어 상당히 큰 휨모멘트에 저항할 수 있다.
4) 상현재의 위에 노면을 설치할 수 있어 Double deck 구조의 적용이 용이하다.
5) 내풍성이 좋고 강성확보가 용이하여 장대교량의 보강형으로 적합하다.
6) 부재구성이 복잡하고 현장작업량이 많으므로 가설비가 비싸며 유지관리비가 고가다.
7) 비교적 작은 중량의 부재를 순차적으로 조립하여 큰 강성을 얻는 것이 가능하기 때문에 F.C.M공법의 채용이 다른 교량형식보다 유리하다.

3. 트러스 형식의 분류

복부재의 역결방법에 따라 다음과 같이 분류한다.

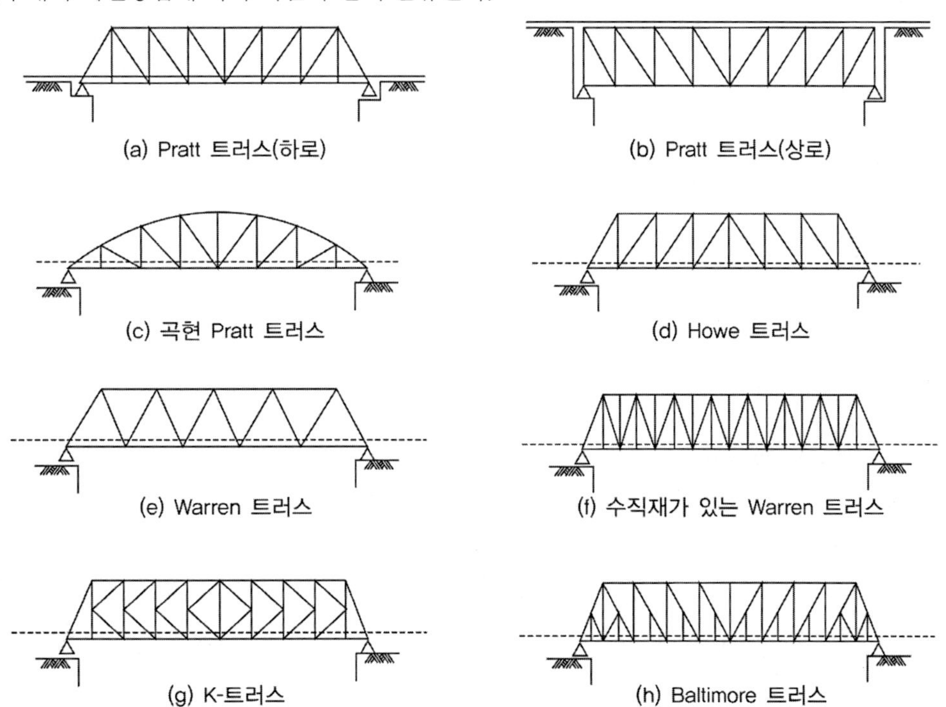

(a) Pratt 트러스(하로)
(b) Pratt 트러스(상로)
(c) 곡현 Pratt 트러스
(d) Howe 트러스
(e) Warren 트러스
(f) 수직재가 있는 Warren 트러스
(g) K-트러스
(h) Baltimore 트러스

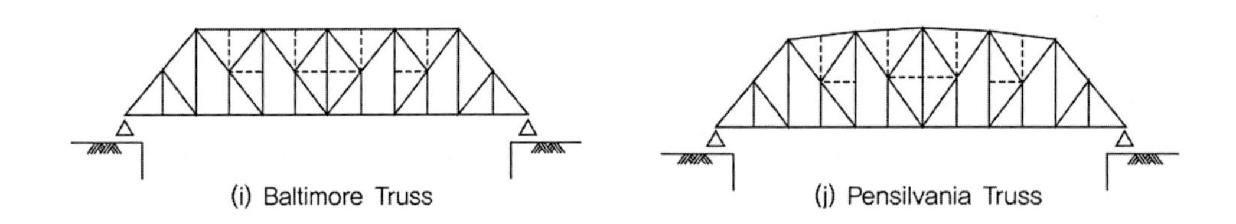

1) PRATT TRUSS : 사재가 만재하중에 의하여 인장력을 받도록 배치한 트러스로 상대적으로 부재 길이가 짧은 수직재가 압축력을 받는 장점을 가진다. 압축력을 받는 상현재가 HOWE TRUSS의 상현재보다 큰 압축력을 받게 되는 단점도 있다.

2) HOWE TRUSS : 사재는 일반적으로 압축재, 수직재는 인장재가 되고 강교에서는 보통 적용하지 않으며 주로 목교에서 많이 쓰인다.

3) WARREN TRUSS : 상로교의 단지간에 좋고 하로교에서는 가로보의 연결이 쉽게 하기 위해서 부수직부재를 넣어 격간을 나누기도 한다. 현재 트러스교에서 가장 많이 사용된다.

4) K – TRUSS : 외관이 좋지 않으므로 주트러스에는 보통 사용하지 않는다. 2차 응력이 작은 이점이 있으며 주로 수평브레이싱에 사용한다.

4. 트러스 구조해석상의 기본가정

1) 부재의 양단은 마찰 없는 핀으로 연결

2) 하중 및 반력은 트러스의 평면에 있고 격점에만 적용

3) 부재는 직선이며 중심축은 격점에서 만난다.

4) 하중으로 인한 트러스의 변형 무시

5. 트러스의 교번응력

부재의 부재력이 인장력에서 압축력으로 또는 그 반대로 교체되는 현상을 응력교체(stress reversal)이라 하고, 이때의 응력을 교번응력이라 한다. Truss의 중앙격간 부근에 있는 사재일수록 교번응력을 받을 확률이 높다. 이러한 교번응력이 발생되는 부재는 각 응력에 대하 소요단면적을 산정해서 큰 쪽의 단면적을 사용하여야 하며 압축응력에 대해서는 좌굴검토도 수반되어져야 한다. 일반적으로 교량 트러스에서의 교번응력이 발생되는 부재는 둘 다 동시에 견딜 수 있도록 설계하고 있다.

6. 트러스의 2차 응력

트러스의 실제 구조물은 이상적인 핀결합 가정과 달리 트러스 격점에서 Eye Bar의 이완 및 결손, 마모 등으로 마찰이 발생하고, 연결판(Gusset Plate) 사용으로 부재가 강결합되어 있어 부재 신축 시 부재간의 각 변화가 발생하게 된다. 이러한 각의 변화는 트러스 부재의 축력 외에도 추가적인 휨모멘트가 발생되게 되는데, 이와 같이 변형이나 응력집중에 의해서 추가적으로 발생되는 응력을 2차 응력이라라고 한다.

1) 2차 응력의 발생 원인

① 격점에서 거세트 플레이트에 의해 부재 강결합
② 부재의 중심에 대해 축방향력이 편심하여 작용
③ 부재의 자중에 의한 영향
④ 횡연결재의 변형에 의한 영향

2) 2차 응력의 대처 방안 : 편심최소, 격점의 강성영향 최소, 처짐억제

① 트러스의 격점은 강결의 영향으로 인한 2차 응력이 가능한 한 작게 되도록 설계하여야 하며, 이를 위해서는 주 트러스 부재의 부재높이는 부재 길이의 1/10보다 작게 하는 것이 좋다.
② 편심이 발생되지 않도록 주의, 또는 편심이 최소화되도록 부재의 폭을 최소화
③ 격점의 강성(Gusset Plate)으로 인한 영향을 최소화할 수 있도록 Compact하게 설계
④ 일반적으로 부재의 2차 응력의 값은 무시할 정도로 작지만, 2차 응력으로 인한 영향이 무시할 수 없을 정도일 경우에는 2차 응력을 고려한 부재의 응력검토를 수행하도록 하여야 한다.

03 복합 트러스 거더교

종래의 트러스에서는 철근 콘크리트 바닥판과 트러스 현재가 서로 합성거동을 하지 않도록 설계되어져 있으나 인장응력에 약한 콘크리트를 트러스 부재로 사용하는 등 합성거동하도록 한 복합트러스 거더교로 주요부재에 사용되는 재료, 콘크리트 바닥판과의 합성유무에 따라 다음의 4가지 형식으로 구분할 수 있다.

① 강합성 트러스교
② PSC 복합트러스 거더교
③ PCT 거더교
④ 매입형 이중합성 트러스교

1. 강합성 트러스교

종래의 비합성 강트러스교에서 요구되는 바닥골조(횡거더 및 종거더)를 생략하여 구조의 합리화 및 공사비 절감한 구조로 일본 츠바카하라교의 경우 트러스 상현재와 PSC 바닥판을 합성시켜 PSC 바닥판이 주구조로서 기능을 가지도록 한 복합트러스 구조이다.
2방향으로 PSC 강재를 배치하여 바닥판의 강성 및 내력을 증진시키고 트러스의 상횡구조와 바닥판 골조를 생략해서 구조를 합리화하였다.

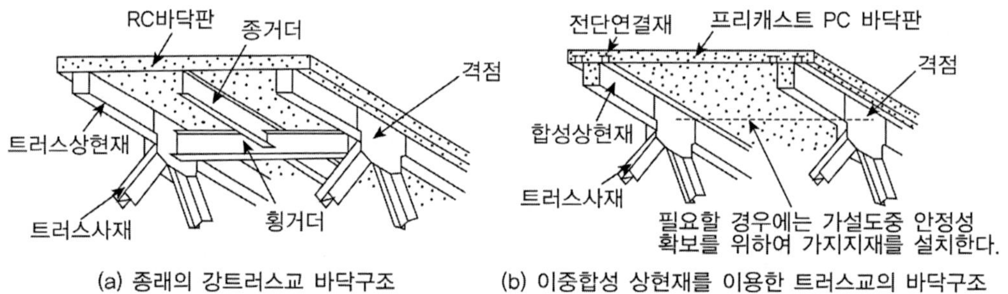

(a) 종래의 강트러스교 바닥구조　　(b) 이중합성 상현재를 이용한 트러스교의 바닥구조

2. PSC 복합트러스 거더교

PSC 복합트러스교는 PSC 박스 거더교의 복부를 강재 또는 콘크리트 트러스 부재로 치환하여 거더의 자중경감(약 15~20%)을 통해 가설장비의 경량화 및 하부구조의 단면을 감소시킬 목적으로 개발된 공법이다.

① 거더 자중을 경감시키기 위해 강판 또는 파형강판을 복부에 적용하기도 하나 경간이 길어 거더 높이가 길 경우에는 수평방향으로의 강판의 접합이 필요로 하는 등의 시공성에서 트러스

구조가 유리하다.

② 트러스 복부재와 철근 콘크리트 바닥판 사이의 힘의 전달을 원활히 하기 위해서 복부재와 콘크리트 바닥판과의 결합부에 교축방향 종거더를 설치하는 것과 외부텐던을 이용하여 상하부 콘크리트 슬래브에 발생하는 인장응력에 저항하고 경간 내에서 외부텐던을 수직편향력이 발생되도록 하여 고종하중으로 인한 복부재의 축력이 경감되도록 한다.

③ 복부재로는 주로 강관이 사용되는데 경관적인 측면이나 강관이 형강에 비해 좌굴 저항성능이 뛰어나 구조적으로 유리하다.

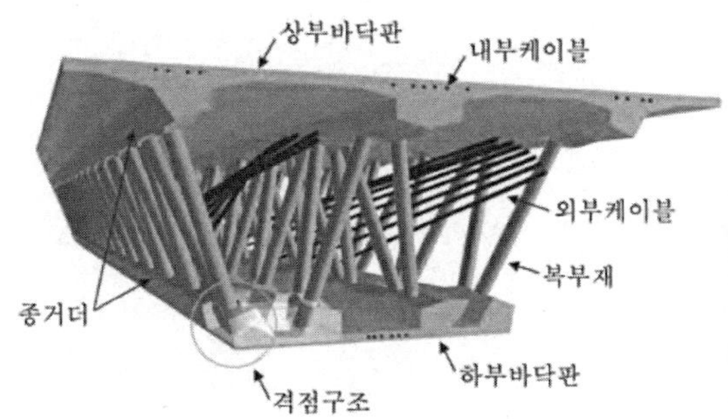

3. PCT(Prestressed Composite Truss) 거더교

소정의 압축력이 도입된 콘크리트 하현재, 강관 또는 압연형강으로 제작된 복부재, 그리고 강-콘크리트 합성부재로 형성되는 상현재로 이루어진 구조로 외부텐던을 제외하면 PSC 복합트러스교와 유사하다.

① 주거더를 먼저 거치한 다음 바닥판을 시공하는 종래의 합성거더교의 구조특성과 트러스교의 구조특성을 동시에 갖는 신개념의 하이브리드(Hybrid) 구조이다.

② 자중이 작아 공장 또는 제작장에서 길이가 10~15m 정도의 비교적 긴 세그먼트로 제작하여 현장으로 운송 후 지상에서 세그먼트들을 PS강재(하현재)와 용접(상현재)을 통해 주거더를 조립

한 후 크레인으로 인양, 거취하고 주거더와 콘크리트 바닥판을 현장에서 합성시키는 공정을 통해 시가지나 급속시공이 요구되는 교량에 적용한다.

③ 일반적으로 가설되는 PSC 박스거더교 중 상부슬래브 일부와 복부 부분을 강재로 치환하여 약 60~70%의 자중을 경감시키는 특징이 있다.

④ 강재로 된 상현재가 인장력과 압축력에 저항하므로 FCM과 같이 가설 중 상현재가 인장을 받거나 ILM과 같이 상현재가 교번응력을 받는 경우에 구조적으로 유리하다.

⑤ PS강재량과 가설장비의 규모를 크게 절감시켜 경제적으로 유리하나 주거더 가설 후 상부슬래브를 별도로 시공하여야 하는 문제점이 있다.

4. 매입형 이중합성트러스교

스위스 Dreirosen교 적용된 형식으로 강재로 된 트러스의 상·하현재를 콘크리트로 둘러싼 형태의 매입형 이중합성트러스 구조

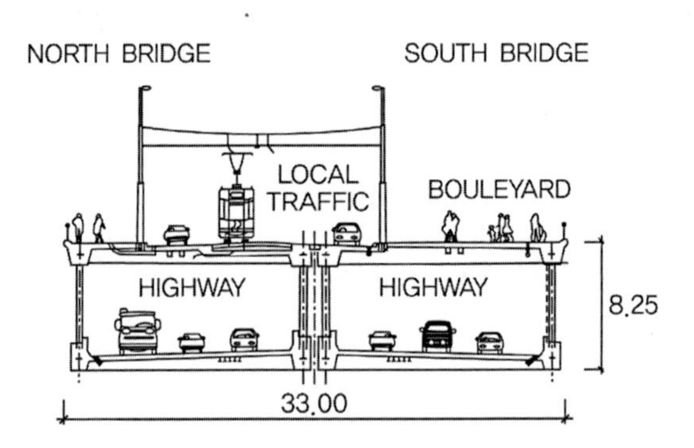

① 450tf인 2조의 강재 트러스를 육상에서 조립한 후 바지선으로 운송 일괄 거치 후 교각측에 2기의 Form Traveler를 설치하여 바닥판 및 현재의 케이싱 작업 실시

② 인장력을 받는 장경간의 트러스 현재를 콘크리트로 감싼 다음 추가의 프리스트레스 도입 없이 SRC구조로 한 최초의 사례

③ 현재를 둘러싸고 있는 콘크리트의 균열을 사용한계 이내로 확실히 제어할 수 있는 설계기술력이 뒷받침된다면 시공성, 경제성 측면에서 우수한 대안으로 적용 가능

5. 복합트러스 거더교의 구조계획

1) 적용경간장 : 시공실적이 많지 않기 때문에 장경간 교량에 적용할 때에는 면외방향으로의 구조거동과 내진성능에 대한 충분한 검토가 필요하다.

(강합성 트러스교 : 70~160m, PSC 복합트러스교 : 40~120m, PCT거더교 : 40~110m)

2) 형고비 : 복합트러스교는 일반거더와 달리 거더높이를 증가시켜도 거더 자중이 거의 변하지 않는다. 따라서 강재량 및 PS 강재량을 줄이기 위해서 거더높이를 가능한 높게 하는 것이 유리하다. 다만 형고가 높으면 압축력을 받는 복부재의 좌굴저항성이 감소하여 강관내부에 콘크리트를 채우는 등의 부가적인 조치가 필요하다.
(강합성 트러스교 : 9~10, PSC 복합트러스교 : 16~18, PCT거더교 : 18~20)

3) 가설공법 : 교량 규모와 가설여건, 경제성, 복부트러스재의 시공방법을 고려하여 선정

구조형식	강합성 트러스교	PSC 복합트러스교	PCT거더교
가설공법	① 크레인 지보공법 ② 크레인+가설벤트 일괄거치	① 고정식 지보공법 ② 캔틸레버 공법(세그먼트 및 현장치기)	① 고정식 지보공법 ② 크레인+가설벤트 일괄거치 ③ 캔틸레버 공법(FCM) ④ 압출공법(ILM) ⑤ 이동식 거푸집공법(MSS)

4) 복합트러스교 설계 시 유의사항

① 트러스 격점과 전단 및 비틀림에 관한 일부 항목을 제외하고 도로교 설계기준에 따라 설계할 수 있다.

② 구조해석 모델 시 현재 사이의 연결과 현재와 복부재가 만나는 격점에서의 연결구조가 축력뿐만 아니라 모멘트 전달도 이루어지는 강결구조로 적용되므로 설계 시 이를 고려한 프레임 해석을 사용하여야 하며 부재의 축선과 트러스를 구성하는 각 구성부재의 도심축을 따라 놓이는 것으로 가정한다.

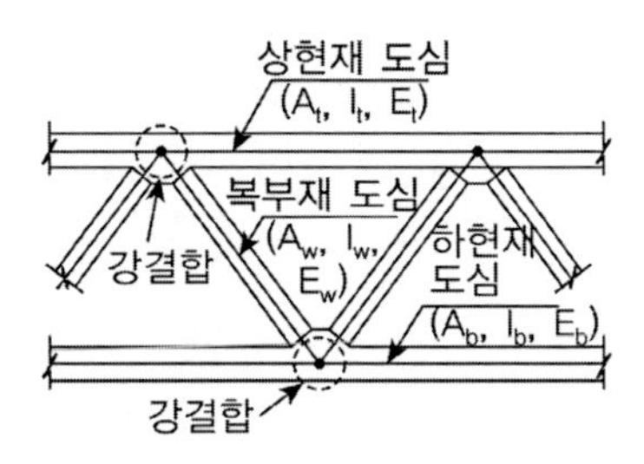

③ 복부재의 축선과 현재의 축선이 한 점에서 만나는 것이 바람직하나 일치하지 않을 경우 부가적인 모멘트와 전단력이 발생하므로 이를 고려하여야 한다. 활하중의 편재하나 교량의 기하구조에 따른 비틀림 거동을 정확히 파악하기 위해 입체해석 모델을 수행하거나 계산의 편의를 위해 복부트러스를 교축방향으로 연속된 벽체로 환산하여 상하현의 콘크리트 바닥판과 복부재로 둘러싸인 폐단면을 같은 보로 비틀림 정수를 계산하는 방법도 있다.

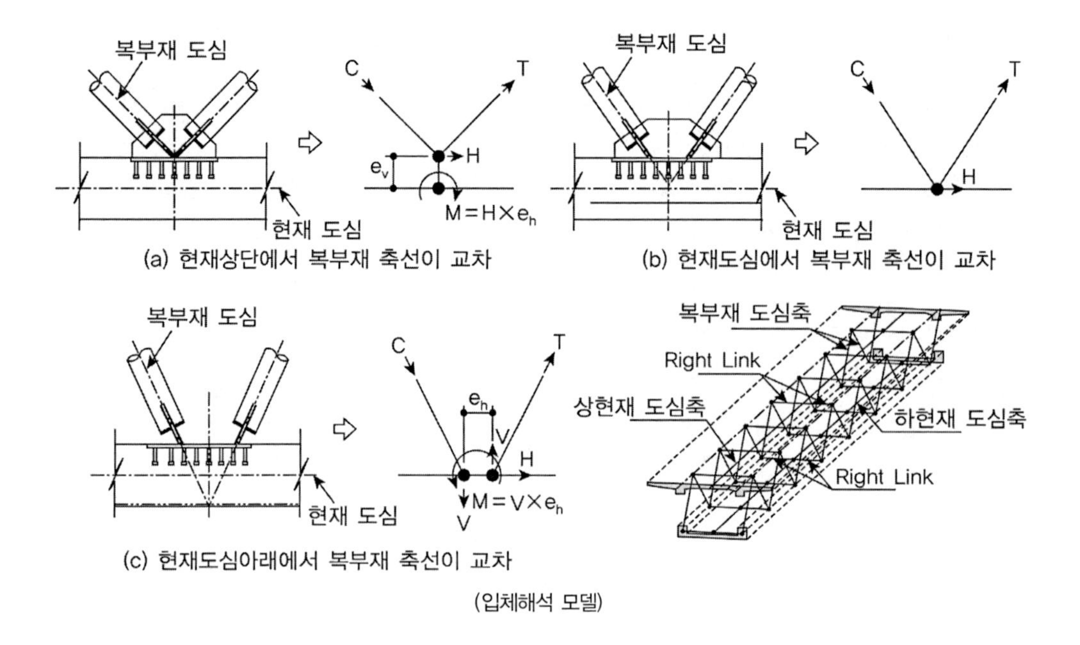

(a) 현재상단에서 복부재 축선이 교차

(b) 현재도심에서 복부재 축선이 교차

(c) 현재도심아래에서 복부재 축선이 교차

(입체해석 모델)

④ 강합성 트러스교, PCT 거더교와 같이 현재와 콘크리트 바닥판이 서로 합성되는 구조에서는 바닥판 합성 전후의 현재의 도심축이 변하므로, 현재의 도심축(비합성 상태)과 복부재의 축선이 교차하도록 할 것인지 또는 합성단면의 도심축이 복부재의 축선이 교차하도록 할 것인지에 따라 해석 모델이 달라진다.

※ 일본 연구결과 상현재의 도심축에 복부재의 도심축을 교차하는 것이 합성작용을 위한 전단연결재의 작용력을 저감시킬 뿐만 아니라 격점부 연결구조의 규모도 줄일 수 있어 유리하다.

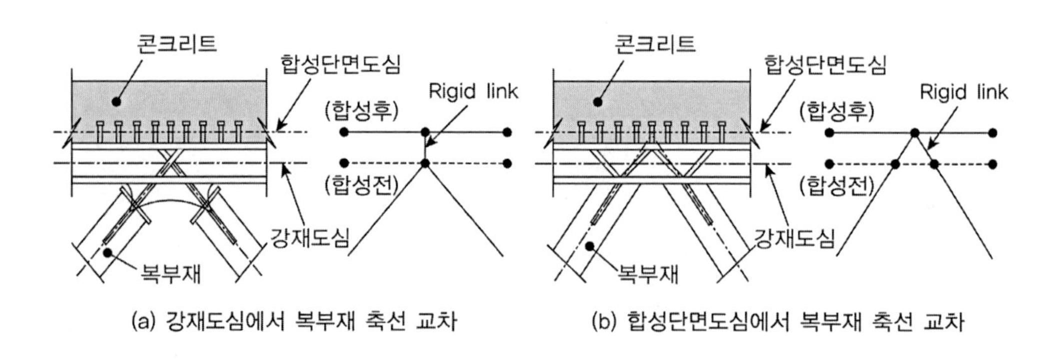

(a) 강재도심에서 복부재 축선 교차

(b) 합성단면도심에서 복부재 축선 교차

⑤ 전단면이 유효하다고 가정한 탄성해석을 수행하며 콘크리트 부재와 강부재의 일체거동을 인해 콘크리트 부재의 크리프와 건조수축이 전체 구조계에 미치는 영향이 크므로 이를 고려하여야 한다.

5) 부재의 설계

① 상하현재 : 휨과 축방향력을 동시에 받는 부재로 독립적으로 설계되어야 한다. 콘크리트 또는 합성부재로 이루어진 경우 사용하중상태에서의 균열제어가 설계에 중요한 요소이므로 휨모멘트에 의한 응력변화가 검토되어야 한다.

② 종방향 거더 : 복부재와 현재가 만나는 격점 영역에서 매우 큰 교축방향의 전단력이 발생할 수 있으므로 현재와 복부재가 만나는 위치에서 교축방향으로 연속하는 종거더를 설치하는 것이 바람직하다.

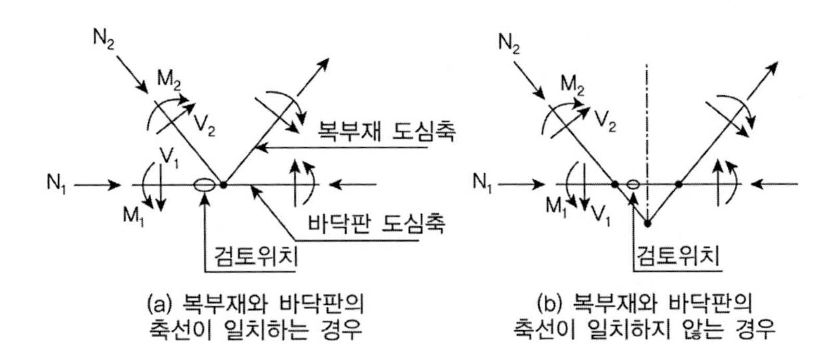

(a) 복부재와 바닥판의 축선이 일치하는 경우

(b) 복부재와 바닥판의 축선이 일치하지 않는 경우

③ 중간지점 영역 : 종래 트러스는 이상적인 핀구조로 가정하여 중간지점부에서 하현재는 압축력만 발생하는 것으로 가정하나 복합트러스교에서는 현재를 휨강성을 가지는 보요소로 보기 때문에 중간지점부 하현재에서 회전에 대한 구속작용으로 국부적으로 매우 큰 모멘트가 발생하게 되고 발생모멘트의 크기는 하현재의 휨강성에 정비례하는 거동을 나타낸다. 현재를 콘크리트로 사용하는 복합트러스교에서는 국부 모멘트에 대응하기 위해서 중각진점부에 적절한 형상의 격벽을 설치하여야 한다.

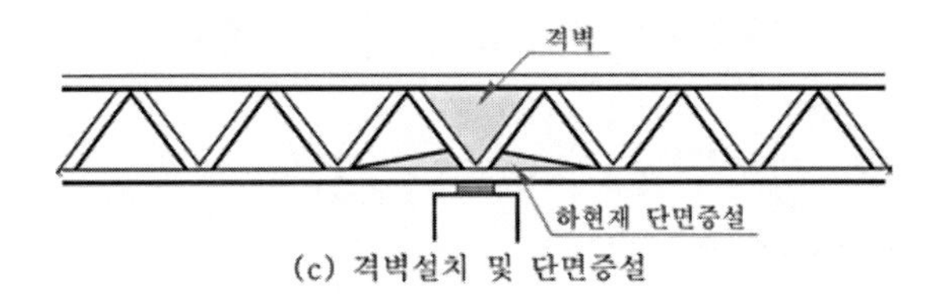

(c) 격벽설치 및 단면증설

100회 3-1

복합트러스교

복합 합성형 트러스교량의 상부구조를 설계하고자 한다. 다음의 설계조건들에 대하여 설명하시오.

(1) 트러스부재의 유효좌굴길이(단, 트러스면 내 경우)

(2) 합성콘크리트 압축부재의 장주효과 계산에 적용하는 합성단면의 회전반지름

풀 이

➤ 개 요

일반적으로 트러스 압축재는 양 절점의 회전이 부분적으로 구속되는 단일 압축재의 경우와 같이 좌굴해석을 할 수 있다. 트러스 현재의 좌굴은 통상 면내 좌굴과 면외좌굴로 나누어 생각할 수 있으며, 면내 좌굴은 현재의 좌굴이 트러스를 이루는 평면 내에서 발생하는 것이고 면외좌굴은 트러스 지점의 보강재와 같이 트러스를 이루는 평면을 벗어나는 좌굴을 말한다.

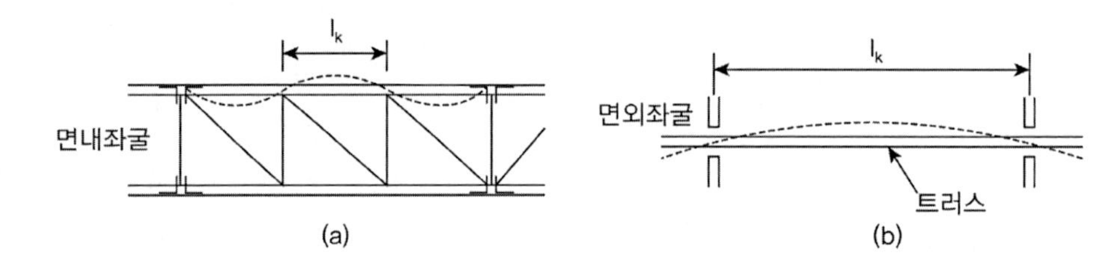

➤ 유효좌굴 길이

① 면내 좌굴에서 트러스 압축재의 유효좌굴길이는 트러스의 전 스팬에 걸쳐 압축 현재가 일정한 단면으로 연속되어 있는 경우 절점간 거리의 0.9배로 할 수 있으며 근사적으로 절점간 거리를 유효좌굴길이로 하는 경우가 많다. 절점 간 트러스 현재에 가세(brace)가 연결되어 압축력의 크기가 달라지는 경우에 유효좌굴길이는 다음 식으로 계산한다.

$$KL = L\left(0.75 + 0.25\frac{N_2}{N_1}\right) \geq 0.5L \quad N_1 : \text{큰 쪽의 압축력}, \quad N_2 : \text{작은 쪽의 압축력}$$

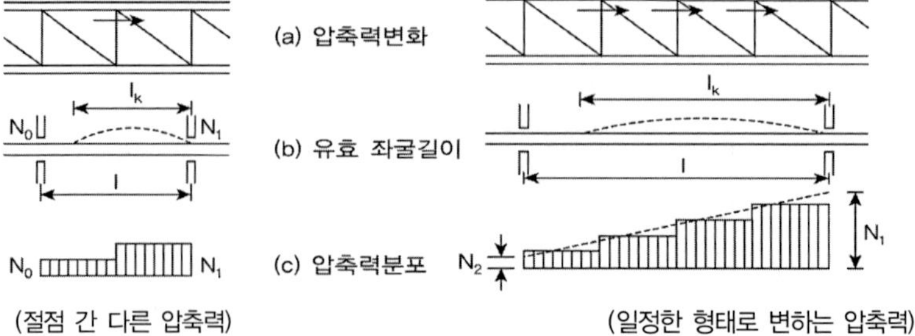

② 트러스 웨브재의 유효좌굴길이는 절점 간 거리로 할 수 있다. 다만, 웨브의 단부가 용접이나 고력볼트에 의하여 강접합된 경우에는 접합 중심간 거리를 좌굴길이로 할 수 있다.

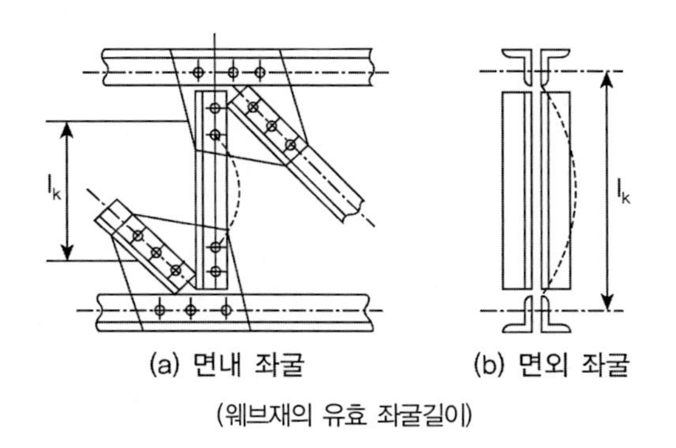

(웨브재의 유효 좌굴길이)

③ 구속조건에 따른 좌굴길이 산정방법

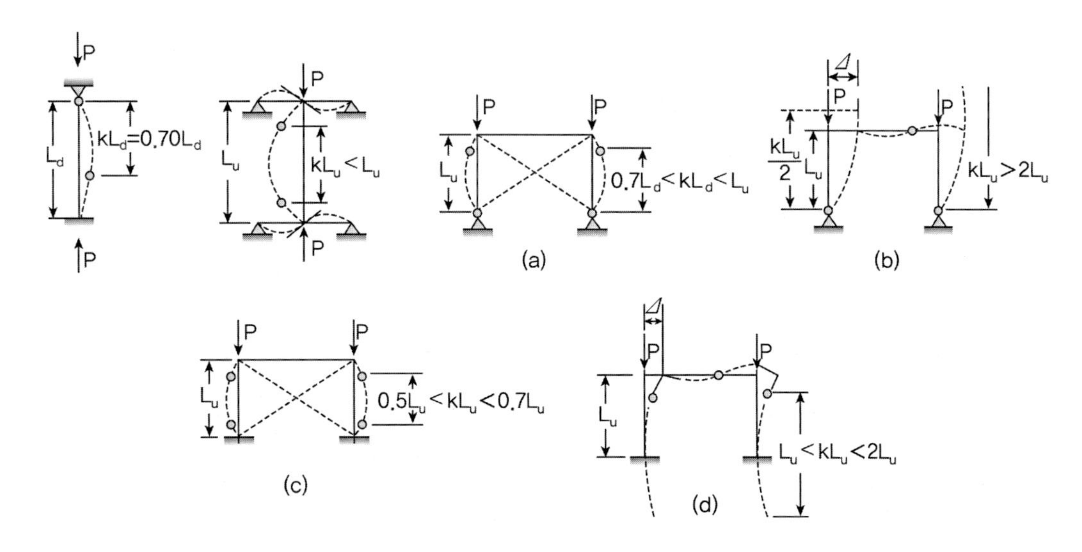

④ 도표를 이용한 좌굴길이 산정방법

유효좌굴길이 kl_u 는 양단의 B.C에 따라 결정하도록 되어 있어 실제 설계에서는 다음의 방식으로 구하도록 하고 있다.

$$\Psi_A = \frac{\left[\Sigma \frac{EI}{l}\right]_{column}}{\left[\Sigma \frac{EI}{l}\right]_{beam}} \text{(상단)},\ \Psi_B = \frac{\left[\Sigma \frac{EI}{l}\right]_{column}}{\left[\Sigma \frac{EI}{l}\right]_{beam}} \text{(하단) Find } k \text{ by } \Psi_A,\ \Psi_B \text{ \& 직선연결}$$

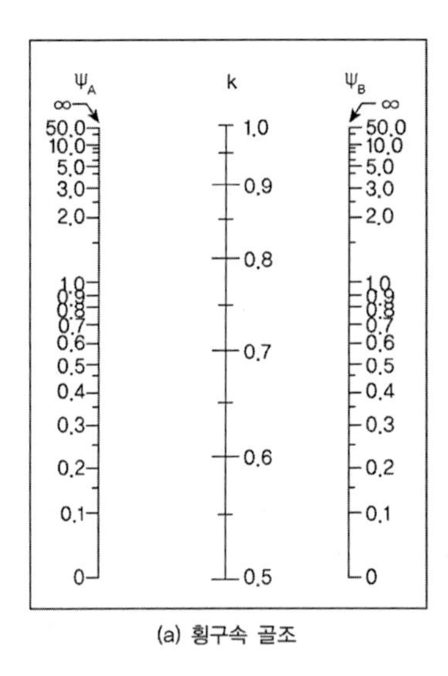

(a) 횡구속 골조

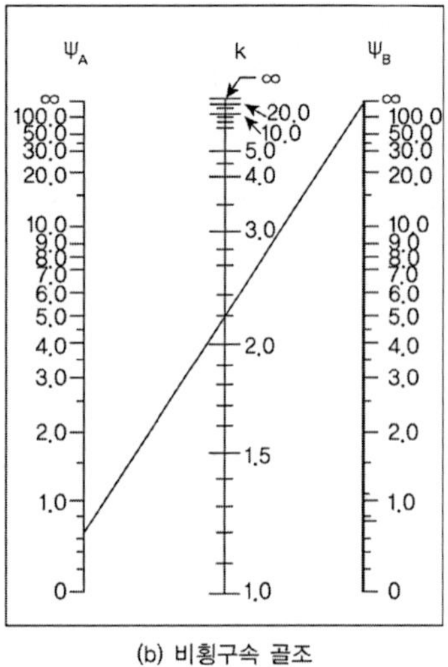

(b) 비횡구속 골조

➤ 합성콘크리트부재의 합성단면의 회전반경 (한국콘크리트 학회지, 2009, 연정흠)

① 강구조설계기준에 따른 합성단면의 회전반경

합성형 부재(SRC, Steel Reinforced Concrete)의 합성반경(r_m)은 일반적으로 강재의 단면 2차 반경(r_s)을 합성단면의 회전반경으로 정의한다. 다만 매입형 합성기둥에서 r_s가 합성단면 폭의 0.3배 이하인 경우에는 0.3배의 값으로 정의한다.

$r_m = r_s$ (mm)

② 콘크리트의 장기변형을 고려한 환산단면 고려 시

건설재료의 향상과 설계 및 시공기술의 발전으로 보다 효율적인 복합(hybrid) 구조의 사용빈도가 증가하고 있으며, 복합구조의 대표적인 합성단면의 예로 PC(precast) 바닥판에 긴장력이 도입되는 합성거더와 상하 플랜지의 콘크리트 단면과 복부의 강재 트러스가 적용되는 PCT(prestressed composite truss) 거더가 있으며, 강상자 플랜지 안에 콘크리트가 타설되는 PSSC(prestressed steel and concrete) 거더 및 SCP(steel confined prestressed concrete) 거더, 그리고 preflex 거더와 같이 강재거더가 콘크리트에 매립되는 Precom(prestressed composite) 거더 와 RPF(represtressed preflex) 거더 및 MSP(multi stages prestress) 거더 등이 있다. 이러한 복잡한 합성단면에서 콘크리트 단면의 장기변형은 합성단면에 이보다 작은 추가변형과 콘크리트 단면에 잔류응력의 원인이 되는 추가 탄성변형을 발생시킨다. 특히 여러 단계에 걸친 긴장력의 도입 또는 단면형상의 변화 등과 같이 시공단계가 복잡하면, 정밀한 시공 및 긴장력 손실의 예측을 위해 각 시공 및 사용 단계별로 콘크리트 장기변형의 영향이 정확히 예측될 수 있어야 한다. 합성단면의 장기변형에 대한 거동을 해석하기 위해서는 고려하는 장기변형을 발생시키는 콘크리트 단면과 이 장기변형의 일부를 구속하는 구속단면으로 구성된 합성단면의 환산 단면특성이 정의되어야 한다. 특히 크리프변형을 고려하기 위해 유효탄성계수가 적용된 환산 단면특성은 합성단면의 변형을 예측하는 데 필수적이다.
콘크리트에 장기변형이 발생되기 이전에 장기변형이 발생될 콘크리트의 단면적과 단면이차모멘트가 각각 A_c와 I_c이고, 이 장기변형을 구속하게 되는 구속단면의 콘크리트 탄성계수 E_c에 대한 초기 환산 단면적과 단면이차모멘트 A_s와 I_s는 각각 다음과 같이 정의된다.

$$A_s = \Sigma n_{si} A_{si}, \quad I_s = \Sigma n_{si}(I_{si} + A_{si} y_{si}^2)$$

여기서 아래첨자 i는 구속단면을 구성하는 각각의 요소를 의미하며, 구속단면의 각 요소에 대해 $n_{si} = E_{si}/E_c$는 탄성계수비, A_{si}는 단면적, I_{si}는 단면이차모멘트, y_{si}는 크리프 변형이 발생되기 이전의 초기 합성단면의 중심에 대한 각 요소의 중심까지 거리이다. 각 요소에 대한 y_{si}로부터 구속단면의 중심까지 거리 y_{sgo}는 다음과 같이 정의될 수 있다.

$$y_{sgo} = \frac{\Sigma (n_{si} A_{si} y_{si})}{A_s}$$

y_{sgo}는 합성단면의 중심에서 콘크리트 단면의 중심까지 거리 y_{cgo}에 대해 다음의 관계를 만족하여야 한다.

$$A_c y_{cgo} = A_s y_{sgo}$$

콘크리트 단면과 구속단면의 단면특성으로부터 합성단면의 환산 단면특성인 단면적 A_o과 단면 이차모멘트 I_o 및 회전반경 r_o는 각각 다음과 같이 정의된다.

$$A_o = A_c + A_s$$
$$I_o = (I_c + A_c y_{cgo}^2) + (I_s + A_s y_{sgo}^2)$$
$$r_o = \rho_{co}(r_c^2 + y_{cgo}^2) + \rho_{so}(r_s^2 + y_{sgo}^2) = \rho_{co} r_c^2 + \frac{\rho_{co}}{\rho_{so}} y_{cgo}^2 + \rho_{so} r_{so}^2$$

여기서 $r_c^2 = I_c/A_c$와 $r_s^2 = I_s/A_s$는 각각 콘크리트 단면과 구속단면의 회전반경이며 합성단면의 환산단면적에 대한 단면비 $\rho_{co} = A_c/A_o$와 $\rho_{so} = A_s/A_o$이며 위의 식에는 $\rho_{co} + \rho_{so} = 1$로부터 유도된 다음의 관계가 적용되었다.

$$\frac{y_{sgo}}{y_{cgo}} = \frac{\rho_{co}}{\rho_{so}}, \quad \frac{y_{cgo} + y_{sgo}}{y_{cgo}} = \frac{1}{\rho_{so}}$$

예 제 (면접)

장남교 붕괴원인에 대해 설명하시오.

▶ **장남교(파주 임진강) : PCT거더**

① 교각 상판의 콘크리트 시공순서 변경으로 인한 파손, 상부 슬래브용 콘크리트 타설과정에서 상판이 과도한 압축력에 의해 좌굴로 인해 교량 상부구조 전체에 과도한 변형 발생하여 교량 받침이 이탈

② 좌굴발생원인은 잘못된 시공순서에서 비롯됨 : 상판 시공중 보강을 위해 상판 상부슬래브의 일부 보강용 콘크리트 블록이 먼저 설치되어야 하나 보강용 콘크리트 블록이 양생이전에 상부 슬래브의 나머지 콘크리트를 한꺼번에 일괄타설하여 상판에 과도한 압축력 발생으로 좌굴 발생

③ 설계 시 콘크리트 블록을 분리시공하지 않은 특허공법과 분리시공하는 특허공법이 동시에 적용되어 시공자가 혼돈할 수 있는데다가 시공방법을 변경하면서 특허권자, 설계자, 시공자 간의 기술협의가 이루어지지 않아 이러한 문제가 발생하였다.

④ 분리시공 공법은 출원단계에 있었으며 구조상 약해서 사고가 나지 않았더라도 사용 중 균열이 발생하였을 것으로 보인다.

⑤ IH거더교는 트러스 상현재의 강재량을 절감시키고 좌굴에 의한 저항능력 향상을 위해 이중합성구조를 도입한 공법이나 트러스 상현재 콘크리트 양생이전에 강재를 거취하여 좌굴에 대해 취약한 상태에서 상부 하중 증가로 인해 좌굴 발생

▶ **장남교의 붕괴원인 : 설계 시공방법과 실제 시공방법의 차이**

구조계산서상의 크레인을 이용하여 거더 일괄거치토록 되어 있으나 실제 시공방법은 토공으로 쌓아올린 경간에 거더를 거취하고 하부 슬래브 타설 및 양생한 후 토공부 제거 후 격벽 및 상부슬래브 타설로 인하여 상판에 과도한 압축력이 발생하여 좌굴로 인한 붕괴

거더의 하현재 콘크리트와 트러스 구조와 합성을 제작장에서 별도로 제작하지 않고 교량에 거취하여 타설하고 이를 양생이전에 상현재 콘크리트를 타설하므로써 상부 압축력에 의한 좌굴 발생에서 사고 발생됨

▶ **IH거더(개선된 PCT 거더교)의 특징**

IH거더는 자중을 경감시켜 크레인에 의한 일괄가설이 가능하도록 개발된 복합트러스 구조형식으로 자중이 가볍고 제작비 저렴한 특성을 가진 공법이다.

이중합성 구조

상현재의 강재량을 절감시키고 좌굴에 의한 저항능력 증대

하현재 형상

상부 바닥판 시공을 위한 작업공간 확보 및 유지관리를 위한 점검통로 이용

다중거더 배치

거더 자중을 최소화 되도록 경감시켜 크레인을 이용하여 경간 단위 일괄 가설

➤ IH거더의 시공순서

트러스 공장제작

현장 제작장 설치

하현재 콘크리트 타설

상현재 이중합성 콘크리트 타설/양생

강연선 긴장

거더 인양 거취

상부 슬래브 배근/타설/양생

가로보 타설/양생

완공

103회 3-1

콘크리트 충전 FRP 스트럿

콘크리트 충전 FRP 스트럿(Strut)을 적용한 PSC 박스거더의 특성에 대해 설명하시오

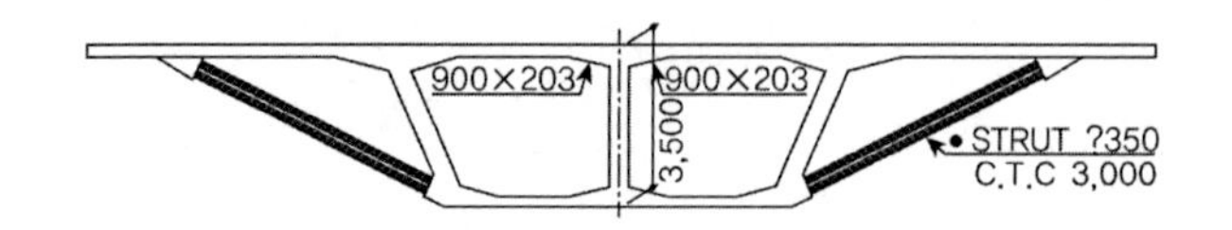

풀 이

콘크리트 충진 FRP스트럿을 가진 PSC 박스거더의 안정성 평가, 현대건설(주), 2007

➤ 개요

PSC 박스거더 형식은 타 형식에 비해 장경간의 교량 적용시 미관성, 경제성 분야에서 우수하여 많이 적용되고 있는 형식이다. 그러나 PSC박스거더는 상부 슬래브의 폭이 넓어지면 박스 단면이 커지게 되므로 교각 단면이 커지거나 상하행선을 분리해서 시공해야 하는 단점이 있다. 콘크리트 충진 FRP 스트럿을 이용한 PSC박스거더는 상부와 하부구조의 크기를 절감시키는 한편 상부 슬래브 폭이 넓더라도 효율적으로 적용할 수 있는 형식이다. 기존의 강관이나 콘크리트 스트럿을 사용한데 비해 FRP사용을 하므로서 강재스트럿의 부식이나 유지관리, 용접 연결부 피로문제를 개선하고, 콘크리트 스트럿의 미관불량을 해소하는 형식으로 FRP피복 RC구조는 미관향상, FRP 피복으로 부식방지, 내구성 증진 등을 확보할 수 있으며 부가적으로 보강재로서의 역할을 기대할 수 있는 구조 형식이다.

➤ 특징

1) 부식 방지 및 유지관리 유리

2) 강재 스트럿에 비해 연결부 피로문제 개선

3) 내부 콘크리트를 FRP를 통해 구속하여 콘크리트의 연성 증가, 변형능력 향상

4) 거푸집 설치가 필요없어 공기단축 등 시공성 개선

5) 미관 향상

➤ 국내 적용현황

인천 제2연육교 연결도로 공사에 최초 적용(L=2,209m 해상교량, 3m간격 배치)

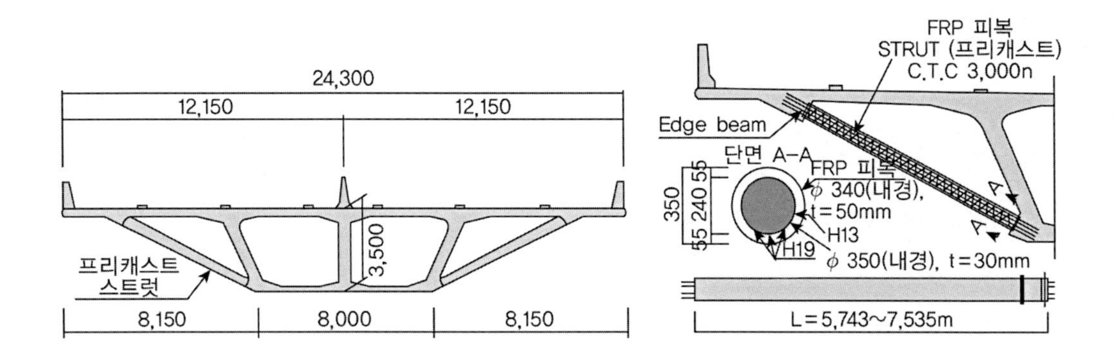

➤ **FRP관의 구조적 효과 : FRP관에 의한 콘크리트 구속효과**

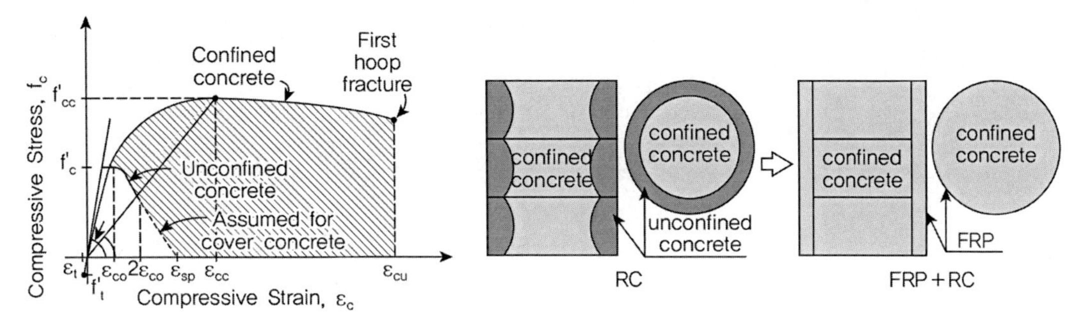

축력과 모멘트가 작용하는 상태에서 지진력과 같은 큰 수평력이 작용할 경우 피복 콘크리트는 일반적으로 파괴되며 철근의 변형 경화상태에 이르러 극한하중에 견디도록 하고 있는데, FRP관으로 피복된 스트럿의 경우 파괴된 콘크리트가 FRP에 의해 구속되어 단면을 지속적으로 형성함으로 인해서 정적내력 뿐만 아니라 극한 내력도 떨어지지 않게 된다.

04 파형강판 웨브교

110회 2-1 파형강판교량의 파괴형태

109회 2-4 파형강판 웨브교의 특징

파형강판 웨브교(PSC Bridges with Corrugated Steel Web)는 PSC 박스거더교의 콘크리트 웨브를 경량인 파형강판으로 대체한 교량으로 콘크리트 상하 바닥판과 파형강판의 웨브를 조합한 복합구조로 강과 콘크리트의 장점을 조합한 PSC의 새로운 구조형식이다.

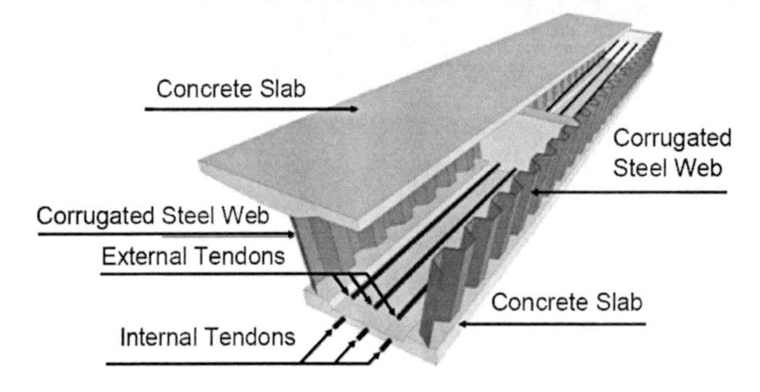

1) 파형강판 웨브교의 특징

① 파형을 이용하여 일반판재에 비해 높은 전단좌굴강도를 확보하며, 축력에 저항하지 않는 파형강판의 아코디언 효과로 콘크리트 상·하부 바닥판에 효율적으로 PS 도입

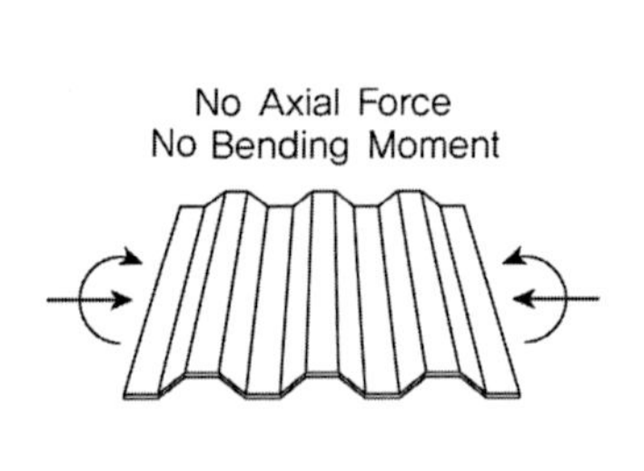

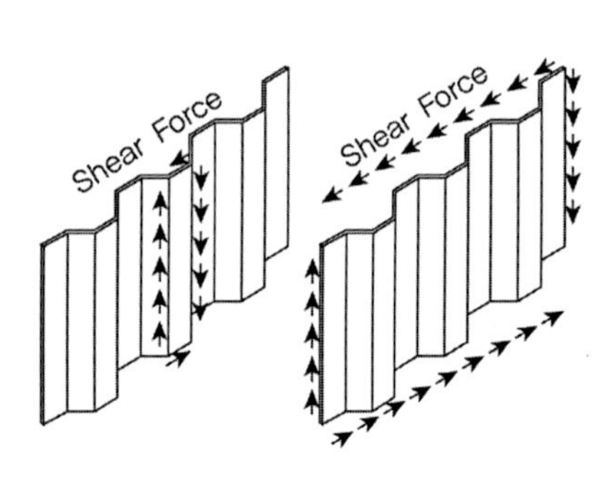

② 축력과 휨모멘트는 콘크리트가 부담하고 전단력은 파형 웨브가 부담

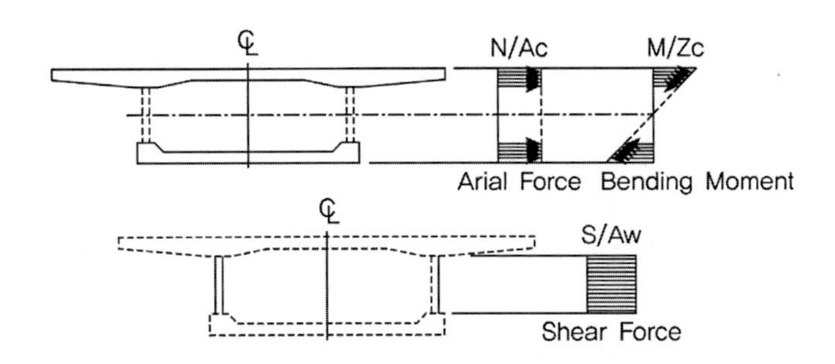

② 주형자중의 20~30%를 차지하는 웨브의 자중을 파형을 사용하여 자중 경감, 이로 인하여 장경간화, 건설비 절감, FCM공법의 블록당 중량 저감 및 가설블록의 길이 증가로 공기 단축

③ 파형강판의 공장제작으로 품질관리 용이, 복부의 철근조립 및 콘크리트 타설 생략으로 시공성 및 품질향상 기대

④ 주형 자중경감으로 하부구조 부담 경감 및 내진에 유리

⑤ 강재부식을 방지하기 위한 유지관리비 소요가 필요, 비틀림 저항성능 작음

2) 계획 시 고려사항

① 웨브와 바닥판의 접합방법 : 축방향 전단력을 확실히 전달하고 직각방향으로 주형의 박스단면을 확실히 구성하기에 충분한 내하력 필요하여 교축방향으로 작용하는 수평전단력과 교축직각방향으로 작용하는 휨모멘트에 대한 검토가 필요하다.

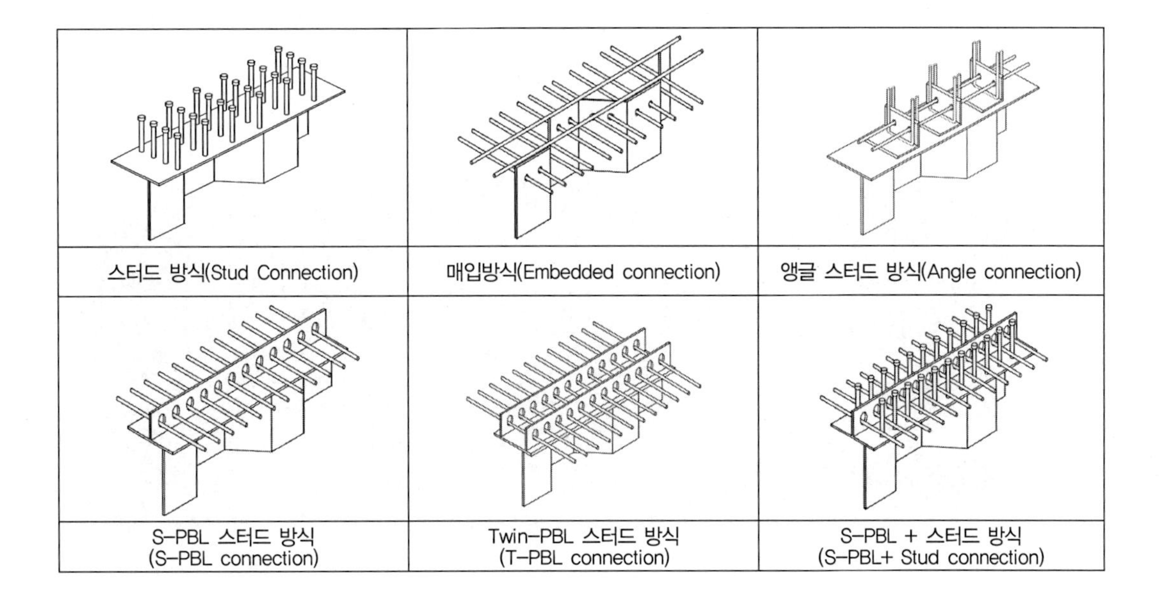

② 전단좌굴 검토 : 파형강판으로 인해 판재보다 전단좌굴강도 현저히 증가

③ 비틀림 모멘트에 대한 설계 : 교축방향 강성이 콘크리트 바닥판에 비해 무시할 수 있을 정도로 작고 파형강판 웨브의 휨강성이 콘크리트 상하 바닥판에 비해 매우 작기 때문에 순수휨 비틀림 모멘트가 발생하는 거동을 보인다. 따라서 단면 변형을 억제하는 전단응력과 플랜지의 솟음 응력을 줄이도록 해야 한다(배면 콘크리트 타설이나 다이아프램 설치 간격 조정).

④ 부식방지대책 : 콘크리트와 웨브강판의 접합부에 우수 침투로 인한 부식방지 대책검토 필요, 부식방지를 위한 강재선택(무도장강재, 도장, 아연도금)

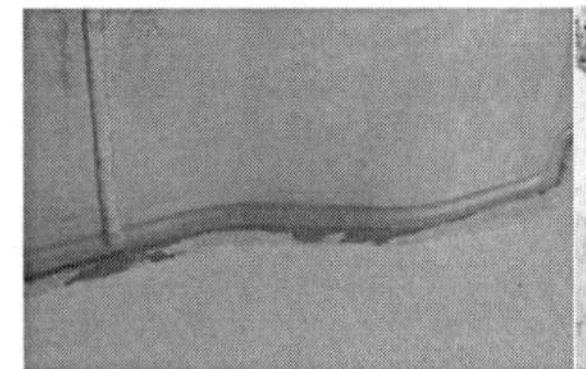
(매입방식 연결의 우수침투 방지)

(무도장강재 사용)

(도장)

(아연도금 강재)

TIP | 파형강판의 전단좌굴거동 | Singapore Concrete Institute, Shoji Ikeda, 2005

파형강판의 전단좌굴모드는 다음의 3가지로 구분한다.

① 국부좌굴(Local Buckling) ② 전체좌굴(Global Buckling) ③ 복합좌굴(Combined Buckling)

파형강판은 그 형상으로 인하여 좌굴 후 강도(Post Buckling strength)를 기대할 수 없기 때문에 극한상태에서 웹의 좌굴발생이 없도록 설계되어져야 한다. 수많은 해석과 실험을 통해서 파형강판의 강도는 다음과 같이 제안되고 있다.

① 국부좌굴(Local Buckling) : 파형을 위해 접혀진 웹의 라인(fold line) 사이에서 모드가 발생한다.

② 전체좌굴(Global Buckling) : 전체 파형강판 웨브의 좌굴로 모드가 발생된다.

③ 복합좌굴(Combined Buckling) : 위의 2가지 모드의 중첩으로 발생된다.

(a) General Buckling

(b) Combined buckling

Chapter

07 PSC 장대교량 / ED교

01 PSC 장대교

1. PSC교의 계획 일반사항

일반적으로 PSC교량의 가설공법은 FSM, MSS, ILM, FCM, PSM등의 방식이 있으며, 교량의 가설목적, 교량연장 및 교폭, 교량의 등급, 교량구간의 선형 등 교량설계에 따른 요구조건과 교량가설지점의 여건, 시공성, 경제성, 미관 등을 종합적으로 고려하여 PSC교량형식을 결정한다.

동바리	콘크리트	가설공법
사용	현장타설	전체지지식(FSM : Full Staging Method)
		지주지지식
		거더지지식
미사용	현장타설	캔틸레버공법(FCM : Free Cantilever Method)
		이동식비계공법(MSS : Movable Scaffolding System)
		연속압출공법(ILM : Incremental Launching Method)
	프리캐스트	프리캐스트 거더공법
		프리캐스트 세그먼트 공법(PSM : Precast Segment Method)

1) 경간 분할

① 경간분할시 교각의 배치는 교량하부공간조건 및 지반조건과 밀접한 관계가 있으며 경간길이 비율에 따라 상부구조물의 부재력이 큰 영향을 받게 되므로 각 교량형식에 따라 적절한 간격으로 배치하는 것이 좋다.

② 등간격 배치일 경우 연속보에서의 휨모멘트를 고려하여 양 측경간은 $0.75 \sim 0.80l$로 하는 것이 역학적으로 가장 바람직하다. 또한 강선 배치시에도 유리하다.

③ PSC 합성거더교는 일반적으로 일정한 길이의 프리캐스트 부재로 제작되므로 등간격으로 배치

하는 경우가 많으며 연속압출공법(ILM)의 경우 압출가설시의 캔틸레버부의 길이와 가설 시와 가설 후의 최대 단면력을 고려하여 경제적 측경 간 비율을 결정해야 한다.

④ 캔틸레버 공법(FCM)의 경우 휨모멘트 이외에 측경 간 교대에 연결되는 상부구조의 시공문제와 하중 및 프리스트레스의 부정정 효과 등을 고려해야 한다.

⑤ 일반적으로 내부지간에 대한 측경간비는 ILM의 경우 $0.75 \sim 0.80l$, FCM은 $0.65 \sim 0.70l$ 정도로 적용된다.

2) 가설공법의 선정

가설공법의 선정은 하부조건과 경제성을 고려하여 결정하여야 한다.

① FSM : 중소규모 교량, 하부공간이 비교적 높지 않고 기초지반이 양호, 동바리 설치가 용이한 곳에 적용

② ILM : 동바리 설치가 곤란한 지역, 평면 및 종단선형이 직선이거나 단곡선인 경우 적용

③ MSS : 동바리 설치가 곤란한 지역에 적용, FSM에 비해 다경간이어서 경제적인 경우 적용

④ FCM : 지간이 비교적 길고 동바리설치가 곤란한 지역, 고교각 교량인 경우 적용

⑤ PSM : 지간이 비교적 길고 동바리 설치가 곤란한 지역, 평면 및 종단선형이 직선이거나 단곡선인 경우 적용, 장비가 고가이므로 다경간이거나 공기가 촉박한 경우

3) 종단면과 횡단면 유형의 선정

① 종단면은 경간장이 60m를 초과하면 전체하중에서 자중의 비중이 높아 교각 위치에서 상부구조물의 휨모멘트가 과다하므로 변단면을 적용하는 것이 역학적으로 유리하다.

② 횡단면은 박스(Cell)의 개수가 많을수록 복부개수가 증가하여 시공이 복잡해지므로 교폭에 따라 적절히 조절하여야 한다. 시공적 측면에서는 단일박스가 유리하나 박스 상부플랜지 지간이 증가하여 횡방향 모멘트가 증가하므로 교폭이 적정한도 초과 시에는 다중박스(Multi-cell) 또는 다주형 박스(Multi-box)가 바람직하다. 근래에는 횡방향 프리스트레스 도입으로 교폭증가 시에도 단일박스 구조를 택하는 사례가 증가하고 있다.

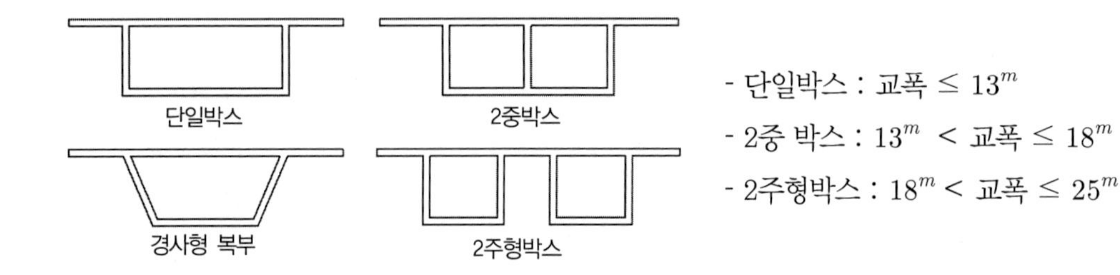

4) 형고비

① 보통 PSC거더의 경우 높이가 $1.75 \sim 2.2^{m}$로 형고비를 약 1/15 내외로 계획한다.

② 박스거더교의 형고비는 FSM과 MSS공법이 서로 유사하고 ILM과 PSM이 유사하다.

구분	FCM	FSM	MSS	ILM	PSM
중앙부	45~50	15~20	15~20	17	17
지간부	18~20	15~20	15~20	17	17

5) PSC강재의 종류 및 긴장공법의 선정

① 일반적으로 긴장공법, 구조계, 시공방법 등을 결정하는 시점에서 PS강재의 긴장방법을 결정하는 것이 합리적이다.

② 케이블 길이가 길어짐에 따라 케이블의 도입하중이 큰 케이블(대형 케이블)이 경제적이나 소요 프리스트레스 양과 조화를 이루고 구조적으로 가능한 여러 개의 PS강재를 조밀하게 배치하는 것이 부재단면에 프리스트레스를 보다 균등하게 도입할 수 있다.

2. PSC교의 공법별 설계 시 유의사항

102회 3-1 Precast segment교량의 설계 시 고려사항과 세그멘트 이음부의 설계방법

1) 일반적인 유의사항

① 모든 위험한 하중단계에서의 강도(강도설계)와 사용상태에서의 거동(허용응력설계)을 기초로 수행한다.

② 하중은 도로교 설계기준에 따라 적용하며 부정정 구조물의 경우 반드시 온도변화, 크리프, 건조수축 등에 대해 고려하여야 하며 가설공법에 따른 교량 가설 중 발생 가능한 가장 불리한 하중조합에 대하여 안전성을 검토하여야 한다.

3. FSM공법시 유의사항

1) 콘크리트를 타설하려는 경간 전체에 동바리를 가설하여 타설된 콘크리트의 강도가 소정의 값을 나타낼 때까지 일시적으로 콘크리트의 자중 및 작업하중을 동바리가 지지하는 방식으로 적당한 높이의 짧은 교량이 평이한 지형에 가설될 경우에는 시공성 및 경제성이 있으나, 가교 지점의 지형이 험준하거나 교량 설치높이가 높거나 교량의 길이가 길 경우에는 경제성이 적다.

2) 보통 동바리 설치방법에 따라 전체지지식, 지주지지식 및 거더지지식으로 분류된다.

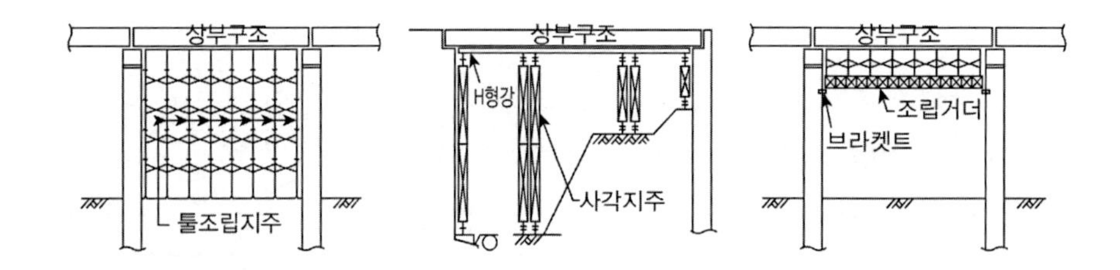

3) FSM가설시 주요 유의사항으로는 가설시 사용되는 동바리(조립형 동바리, 강관틀 동바리, 강재 동바리 등)에 대한 안전성 확보가 필요하다.

4) 가설용 동바리는 콘크리트 타설시 발생되는 수직 및 수평하중에 대해 안전하도록 설계되어야 한다.

① 하중 : 고정하중(콘크리트하중, 거푸집 하중 등), 활하중(진동타설장비 등)
② 수평하중 : 설계수직하중의 2% 또는 동바리 상단 수평방향 단위길이당 1.5kN/m

5) 기타 : 동바리 변형량, 거푸집널, 장선, 멍에 등에 대한 검토

4. MSS 공법 시 유의사항

1) MSS는 FSM과 비슷하게 시공 시 전 시공구간을 지지시킨다는 점에서 유사하지만 이동식 비계를 이용하여 한 경간씩 시공해 나가는 공법이므로 이동식 장비를 거치하기 위한 교각계획 및 MSS 장비운용을 위한 상세를 고려하여야 한다.

2) 경제성 : 기계화 시공을 위한 경제성은 통상적으로 일반적인 조건에서 15경간 이상에서 FSM에 비해 경제성이 있으며, 30~60m 범위의 지간에 설치하는 것이 경제적이다. 60m 이상의 경우 이동식 비계의 제작비 증가로 비경제적일 수 있다.

3) 시공성 및 하부공간활용 : 이동식 비계를 이용하여 FSM에 비해 시공속도가 빠르며, 하부공간을 활용할 수 있어 하천횡단이나 도로횡단 등에 유리, 하부 교통의 통제가 필요 없어 하부공간활용도가 높다.

4) 하중고려사항 : 일반적으로 고려되어져야 할 하중 이외에 MSS에서만 별도로 고려되어야 할 하중은 다음과 같다.

① 콘크리트 상부 자중에 의한 등분포하중(W_d) : 1경간 타설 시 콘크리트 자중 고려
② 이동식 비계자중에 의한 후방지지점 하중(P_g) : 2경간 타설을 위한 이동식 동바리 이동 시 후방 지지로 인한 하중
③ 타설된 콘크리트 자중에 의한 후방지지점 반력(P_c) : 2경간 타설시 2경간 콘크리트 자중에 의한 후방 지지점 반력 하중

④ 타설시기상의 차이로 인한 콘크리트 크리프의 반력 분배(R_ϕ) : 타설시기상의 차이로 인한 콘크리트 크리프 부정정력 분배하중, 엄밀해석을 위하여는 구조계별 변화시마다 콘크리트 재령으로부터 구조계의 각 부분의 크리프 계수를 구하여 단면력을 산출하여야 하나, 계산의 복잡성을 고려하여 근사적으로 반력의 변화를 계산하여 부정정력을 산출할 수 있다.

$$\triangle R_\phi = (R_0 - R_l)(1 - e^{-\phi})$$

R_0 : 최종구조계를 한 번에 시공한다고 할 때의 반력

R_l : 최종구조계 완성되기 전의 구조에서의 반력

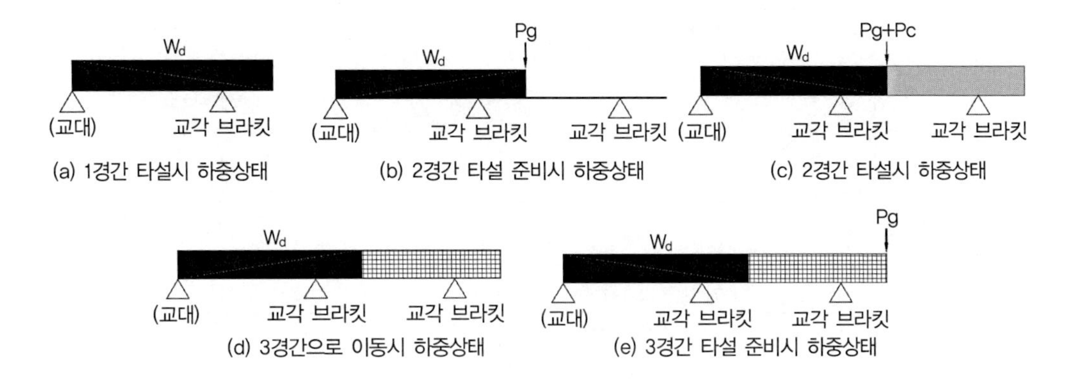

(a) 1경간 타설시 하중상태 (b) 2경간 타설 준비시 하중상태 (c) 2경간 타설시 하중상태

(d) 3경간으로 이동시 하중상태 (e) 3경간 타설 준비시 하중상태

5) 교각 설계 : 이동식 동바리 거치를 위한 교각설계에 대한 검토가 필요하며 이는 각 이동식 비계의 특성별로 고려하여 교각을 설계하여야 한다. 일반적으로 요철부를 교각설계 시 고려하여 요철부에 작용하는 연직력에 대한 응력을 검토한다.

① 교각부에 요철부($1200mm \times 400mm$)를 고려하는 방법

② 교각에 미리 홈을 내고 H형강을 걸쳐서 이동식비계를 지지하는 방법

③ 교각에 현수재나 강재를 이용하여 걸치는 방법

6) 처짐검토 : 연속교의 분할시공으로 시공단계별 처짐관리 필요하며 일반적으로 다음의 처짐에 대하여 검토하여야 한다. MSS 공법 적용 시에는 시공단계별 처짐을 모두 고려하여 처짐도를 작성하고 비계의 외부 거푸집을 솟음도에 맞추어 유압잭 등으로 설치할 수 있어야 한다.

① 이동식 비계의 자중에 의한 비계보의 처짐

② 교량 상부구조의 자중에 의한 비계보의 처짐

③ 후방 지지현수재 지점반력에 의한 비계보 및 교량 상부구조의 처짐

④ 분할 시공시 교량 상부구조의 자중에 의한 교량 상부구조의 처짐

⑤ 프리스트레스 및 크리프에 의한 교량상부구조의 처짐

⑥ 콘크리트 타설시 발생하는 지점부 장비의 처짐(Pier Bracket처짐)

7) PS텐던 배치방법 : PS강재 배치방법은 한 경간씩 현장치기로 가설하는 동바리공법의 경우와 유사하며, 다음의 2가지 방법과 혼합하는 방식이 있다.

① 유형1(텐던 일부만 시공이음부에 정착시키고 나머지는 연속배치하는 방법) : 비계를 제거하기 전에 긴장되며 연결구는 필요 없으며 엇갈리게 중복배치되는 길이가 충분할 경우에는 지점 근처의 프리스트레스 힘이 두 배가 된다. 그러나 유형1은 아직 시작되지 않은 경간을 위한 텐던이 기 시공 경간에 일체로 묻혀야 하므로 PS조절이 어려우나 기계화 시공측면에서는 시공이음부에만 정착구를 설치하므로 시공성이 우수하다.

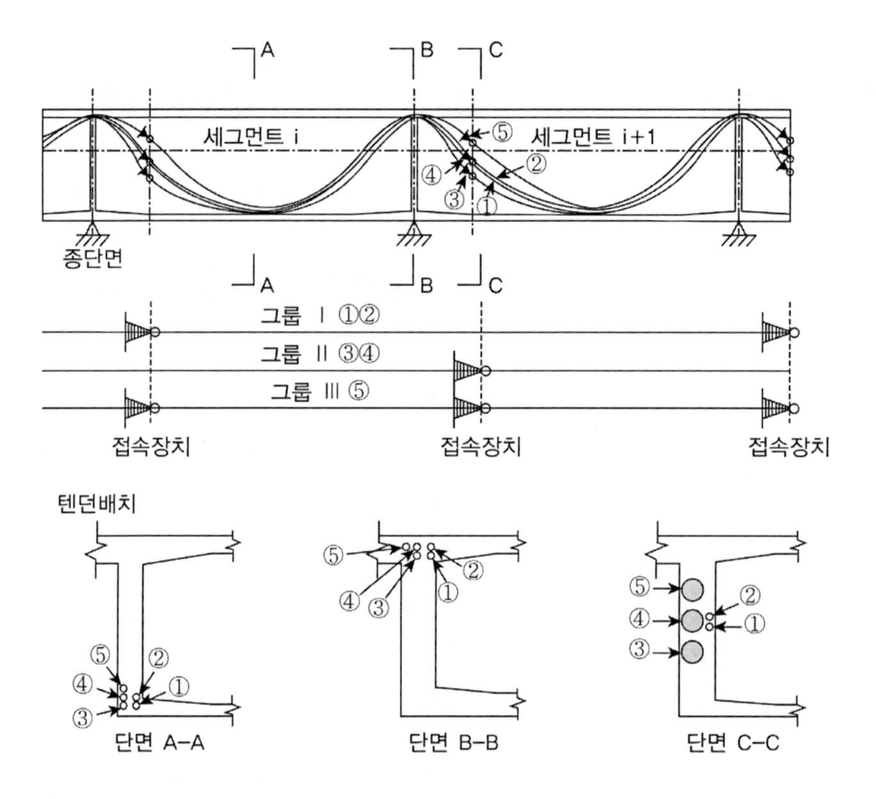

② 유형2(지점부위에서 텐던을 엇갈리게 중복배치하는 방법) : 유형1과 마찬가지로 비계제거 전에 긴장되며 연결구가 필요 없으며 엇갈리게 중분 배치되는 길이가 충분할 경우 지점 근처의 프리스트레스 힘이 두 배가 된다. 유형2는 프리스트레스 단계를 자유롭게 조절할 수 있어 크리프와 건조수축에 의한 프리스트레스 손실을 상당히 감소시킬 수 있으나, 유형1보다는 시공성이 떨어진다.

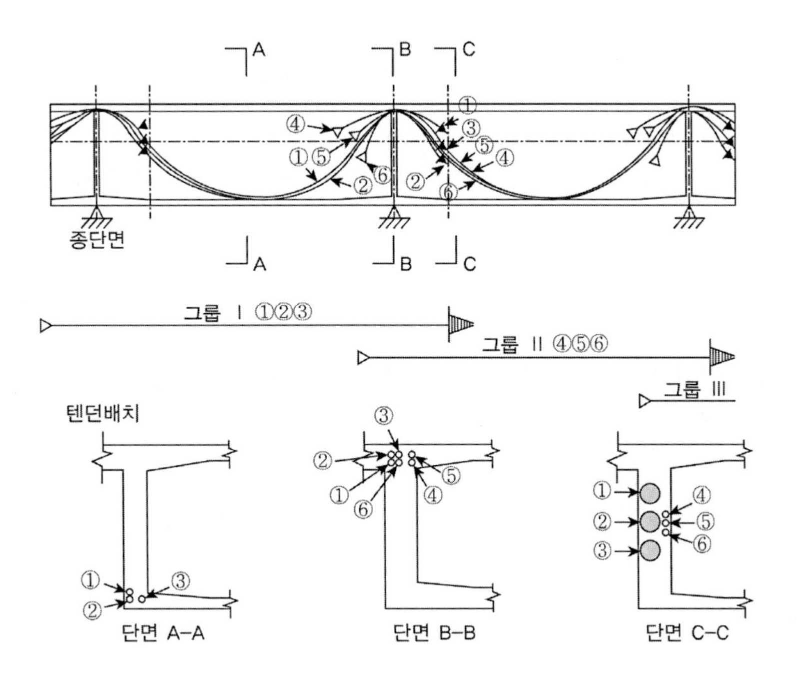

③ 유형3(유형1+유형2 혼합배치) : 혼합된 방식의 텐던 배치로 텐던 배치가 단순하면서도 효율적으로 배치하면 마찰손실을 충분히 감소시킬 수 있으나 내부 거푸집 형태를 일률적으로 하는 것에 대해 충분히 고려해야 한다.

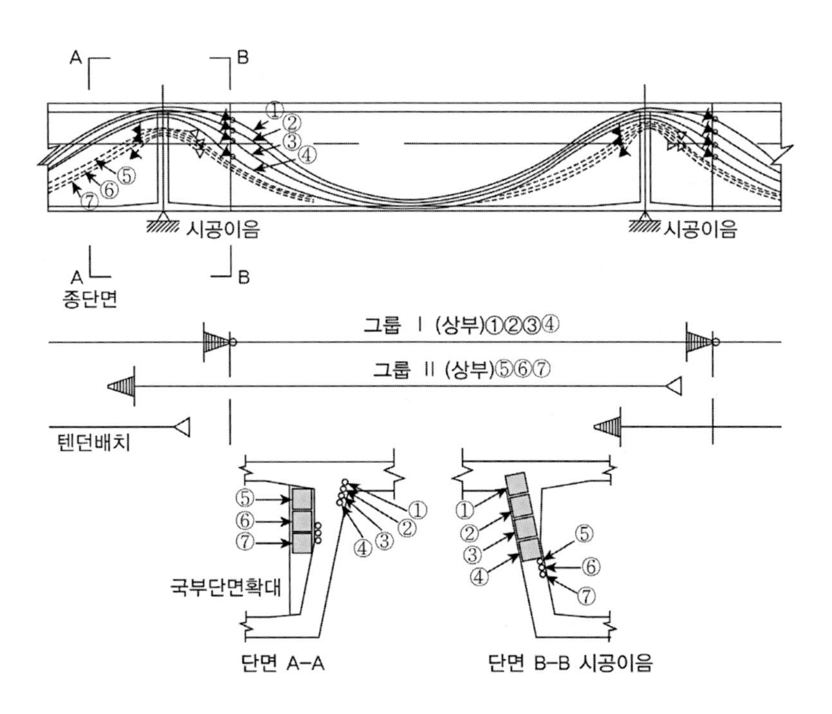

5. ILM공법시 유의사항

99회 4-2 ILM에 의한 PSC BOX Girder 교량의 설계 시 고려사항

1) ILM은 교대 후방에 설치된 작업장에서 한 세그멘트씩 제작, 연결한 후 교축으로 밀어내어 점진적으로 교량을 가설하는 공법으로 교량의 평면 선형이 직선 또는 단일 원호일 경우에만 적용 가능하며 교량의 선단부에 추진코를 설치하여 가설시의 단면을 감소시킴과 동시에 가설용 강재를 별도로 설치하여 이에 저항토록 한다.

2) 이 공법은 작업조건이 좋은 작업장에서 제작하므로 품질에 대한 신뢰도가 높고 공기가 빠르며 교각의 높이가 높을 경우에는 경제성이 매우 높다. 압출방식에 따라 Pushing System, Pulling System, Lifting & Pushing System으로 분류되며, 또한 압출잭의 위치에 따라 집중압출방식과 분산압출방식으로 분류된다. 국내의 시공예로는 금곡천교, 황산대교, 거여고가교 등이 있다.

3) 안정성 검토의 주요사항으로는 압출 시 안정검토(전도 및 활동), 압출노즈의 설계검토(연장 및 강성), 하부플랜지의 펀칭파괴 검토 등이 있다.

4) 압출시 안정검토

① 전도에 대한 검토 : 압출노즈 선단이 제2지점인 교각1에 도달하기 직전에 제1지점에 관한 안전율을 검토하여 전방으로 전도되지 않도록 안전율을 1.3 적용한다.

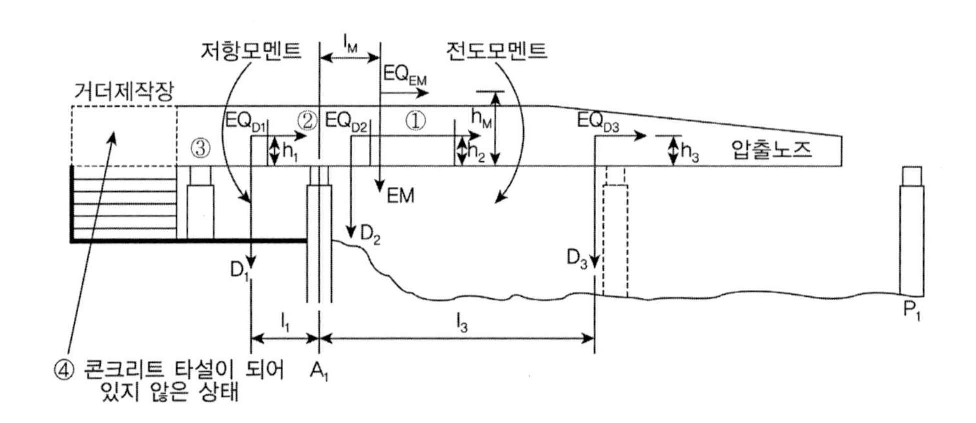

② 활동에 대한 검토 : 압출작업의 초기단계에서 주형이 활동하게 되면 전도할 위험이 있으므로 충분한 안정성을 갖도록 검토한다.

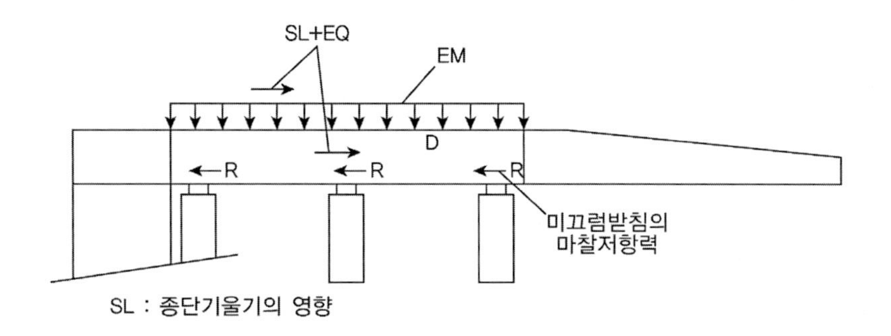

5) 압출노즈 설계 시 유의사항 : ILM 시공 시 주형은 정 부모멘트를 번갈아 받아 교번응력이 발생한다. 이를 위해 1차 강재로 축방향 압축력을 도입하는 데 도입하는 축방향 압축력은 한계가 있으므로 통상적으로 응력 경감을 위해 압출노즈를 사용한다. 압출노즈의 길이는 시공시 주형의 응력에 영향을 주는 주요한 요인으로 최대 경간장 통과 시에 발생하는 주형의 단면력, 한번에 압출시켜야 하는 경간장 등을 고려하여 결정한다.

① 교량의 종단 및 평면선형(직선, 곡선) : 평면상의 곡선교의 경우 압출노즈도 곡선이 바람직하나 압출노즈의 제작 및 전용이 곤란하므로 압출노즈 Shift 양이 100mm 미만인 경우 응력에 문제가 없을 것으로 예상되어 직선형으로 사용해도 무방하다.

② 압출노즈 길이와 주형의 단면력 관계 : 압출노즈의 길이와 박스거더 단면력과의 관계는 일반적으로 압출노즈 길이를 시공 시 최대 경간장의 0.6~0.7배 정도로 하는 것이 적당하다(부모멘트 크기와 연관).

③ 압출노즈의 단위길이당 중량과 길이에 따른 휨모멘트 : 상대휨강성계수(압출노즈 휨강성/박스거더 휨강성)도 박스거더 단면력 변화에 큰 영향을 미치는 인자로 압출시공시 박스거더에 과대한 단면력이 생기지 않도록 수직휨, 수평휨, 좌굴에 대하여 소요강성을 가져야 한다. 지진 시에도 수평력에 필요한 횡강성을 가져야 한다.

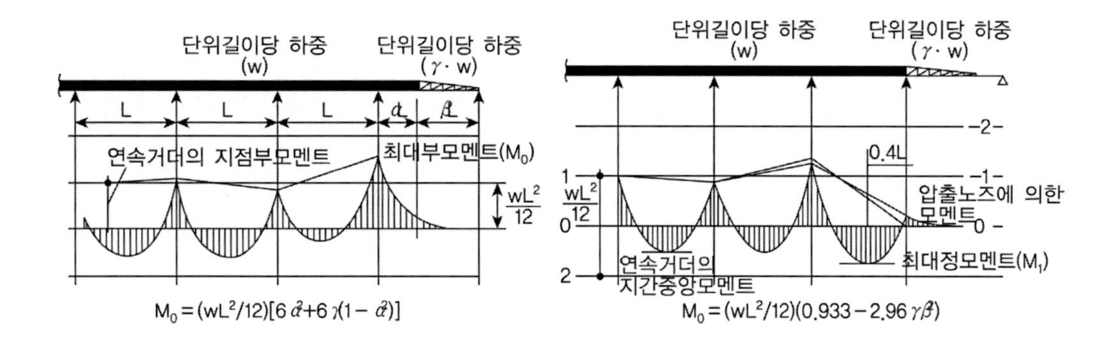

④ 비틀림강성 : ILM교량단면의 비틀림강성은 상당히 커서 제작 등에 의한 오차가 압출노즈에 작

용하는 반력의 불균형을 증가시키므로 압출노즈의 수직 휨 및 복부판의 좌굴에 대하여 충분한 보강을 하여야 한다.

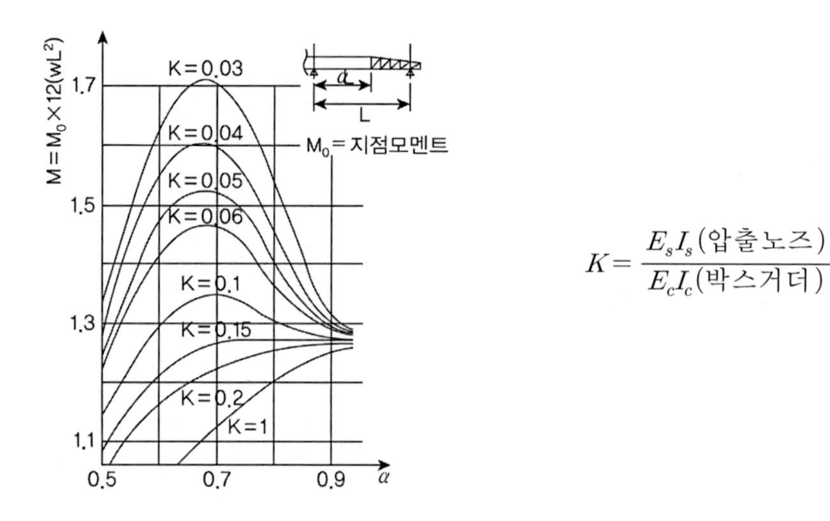

$$K = \frac{E_s I_s(\text{압출노즈})}{E_c I_c(\text{박스거더})}$$

⑤ 압출노즈와 박스거더의 연결부 설계 : 연결부는 휨모멘트와 전단력에 대하여 안전하도록 설계하여야 한다. 휨모멘트에 의하여 연결부 접합면에서 발생하는 휨 압축응력은 콘크리트 허용휨 압축응력 이하여야 한다.

⑥ 압출단계별 박스거더의 응력 변화 검토 : 프리스트레스 도입직후, 압출시공시의 상태, 2차 프리스트레스 도입 직후, 건조수축, 크리프 등이 완료된 상태 등에 대하여 응력 검토

⑦ 받침 : 압출시공시 사용되는 미끄럼 받침은 가설받침으로만 사용되는 형식과 가설받침과 영구받침을 겸하는 형식이 있으므로 두 형식 모두 하중으로부터 안전하게 설계되어야 한다.

⑧ 하부플랜지의 펀칭 보강 : 받침의 위치가 계속 변하므로 지점의 반력에 의하여 하부 플랜지에 펀칭파괴가 발생할 수 있으므로 하부플랜지의 보강철근 배치 및 헌치단면 증대, 받침배치 위치 선정 등에 대한 검토가 수반되어야 한다.

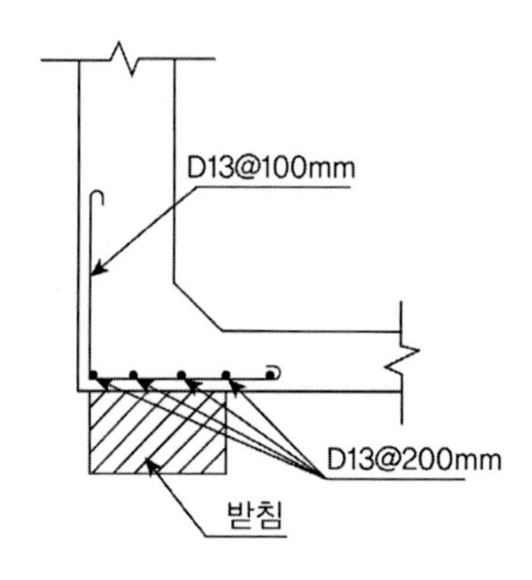

6. FCM공법시 유의사항

1) 기 시공된 교각에 주두부를 시공하고 여기에 작업차를 설치하여 교각을 중심으로 좌우의 균형을 맞추어 가며 3~5m 길이의 세그멘트를 순차적으로 이어 붙여나가는 공법으로 동바리의 설치가 어려운 깊은 계곡이나 하천, 해상 등에 장경간의 교량을 가설할 경우에 적용 가능한 공법으로 현장타설캔틸레버 공법과 프리캐스트 캔틸레버 공법이 있다.

2) 현장여건에 맞는 FCM의 공법 및 형식 선정

① FCM 공법 선정 시 비교

현장타설캔틸레버(Cast-in-place Cantilever Method)	프리캐스트 캔틸레버(Precast Cantilever Method)
(1) 동바리가 필요 없어 깊은 계곡이나 하천, 해상, 교통량 많은 지역 적용 (2) 이동식 작업차 이용시공 → 큰 가설장비 필요 없음 (3) 3~5m씩 세그먼트 시공 → 상부구조 변단면 가능 (4) 이동식 작업차에서 작업수행으로 기후조건에 관계없이 품질, 공정 등 시공관리 가능 (5) 거푸집 설치, 콘크리트 타설, PS작업 등 모든 작업의 반복수행으로 시공속도가 빠르고 작업인원이 적게 소요, 작업원 숙련도가 높아 작업이 능률적 (6) 각 시공단계별 오차수정가능 → 정밀도 높음 (ㅅ) 구조계산 및 설계가 복잡함	(1) Segment 분할시공으로 대형구조물, 복잡한 형상도 쉽게 적용 (2) Segment가 일정한 장소에서 제작 → 콘크리트 품질관리 용이 (3) Segment제작과 하부공사 병행으로 공기단축 (4) Segment기 제작으로 크리프, 건조수축에 의한 소성변형량 감소 (5) Segment 운반, 가설위한 대형장비 필요 (6) Segment 제작, 야적을 위한 넓은 장소 필요 (ㅅ) 선형관리가 현장타설 방식에 비해 복잡하고 오차수정이 어려움

② FCM 교량 상부 구조형식 선정 시 비교

구분	라멘교 형식			연속 거더교
	힌지(활절) 라멘교	게르버(들보) 라멘교	연속 라멘교	
장점	• 정정구조로 구조해석 및 설계용이 • 가설전후의 휨모멘트 일치로 텐던 배치가 용이하며 물량이 적다. • 크리프나 온도변화에 의한 내부구속력 없음 • 부등침하의 영향이 적다(연약지반 적용가능).	• 부등침하가 발생할 수 있는 곳에 적용가능하며 힌지구조에 비해 처짐각 차이가 작다. • 양측 교대경간이 짧을 경우 적용성이 좋으며 적정 비율은 교대측 경간이 중앙경간의 1/3 정도이다. • 중앙부 게르버보의 자중 감소가능 (정모멘트부 I형, T형 적용가능)	• 상하부 일체로 받침이 필요없어 신축이음장치 최소화, 유지관리 및 주행성 양호 • 다경간 형식으로 지진 시 수평력 분산 → 내진성능 유리 • 부정정구조로 응력재분배 • 불균형모멘트 저항을 위한 가설고정장치가 불필요 • 소요받침이 없어 유지관리유리	• 신축이음장치 최소화로 차량 주행성 유리 • 온도 및 지진하중에 의한 상부구조 수평력을 고정단에 집중 • 종방향 온도변화, 크리프, 건조수축 등에 의한 부정정력은 발생하지 않는다.
단점	• 모멘트 재분배가 없어 내하력이 작다. • 힌지부의 설계와 시공이 어렵고 장기적인 유지관리가 어렵다. • 교대측 경간이 인접경간의 1/2이하면 박스거더가 들릴 위험이 있어 별도의 안정성확보가 필요하다. • 긴장재의 릴렉세이션이나 콘크리트 크리프에 민감한 거동을 한다(장기적인 처짐이나 변형각이 커서 차량주행성에 큰 문제) → 국내외 사용안 함.	• 모멘트 재분배가 없어 내하력이 작다. • 신축이음장치의 개수 증가로 유지관리가 어렵다.	• 부정정구조로 PS, 온도, 건조수축, 크리프, 부등침하에 의한 영향이 크다. • 교각의 변형량이 크기 때문에 소성이 큰 교각 구조에 적합 • 하부구조에 상시 수평력 발생	• 가설 중 불균형 모멘트 저항하기 위한 가설 고정장치 필요 • 공용중 받침의 유지관리 필요(단일고정방식/복수고정방식/스토퍼방식 등)

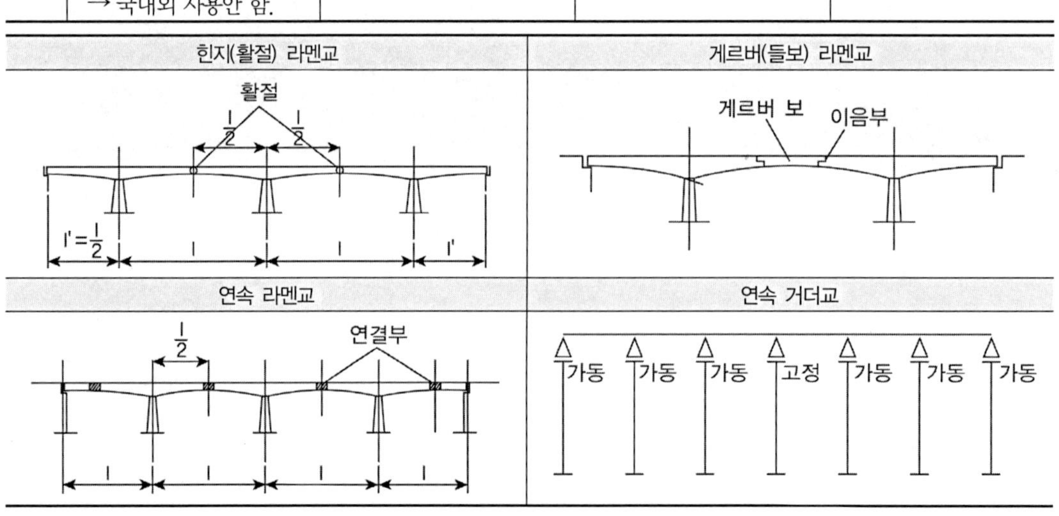

③ FCM 교량 하부 구조형식 선정 시 비교

구 분	모멘트 저항교각 (Moment Resisting Pier)	연성 양주교각 (Piers with Twin Flexible Legs)	연성 단주교각 (Single Flexible Pier)
개요	• 캔틸레버 시공중 불균형모멘트를 주두부가 위치하는 1개의 교각 강성으로 저항하는 교각 • 교각의 단면이 크며 가장 많이 사용	• 강성이 비교적 작은 2개의 기둥구조로 된 교각형태로 캔틸레버부의 시공 중 및 시공 후의 교축방향 수평력이 양주의 연성으로 조절되어 교각상단과 상부구조 접합부 응력집중 방지 (강결구조와 받침구조)	• 강성이 비교적 작은 1개의 교각을 주두부에 설치하는 교량형태
특징	• 교각의 높이는 낮지만 교각 강성이 큰 모멘트 저항교각을 사용한 연속라멘교의 경우 건조수축, 크리프, 온도변화에 의한 부피변화와 PS에 의한 2차 응력의 영향으로 교각과 상부구조 접합부에 큰 응력 발생(접합부 균열) → 연속거더교 형식(가설고정장치나 가지주 설치필요)	• 두 개의 지지점이 있으므로 수직하중에 대해서 효과적 • 수평연성이 크므로 연속교의 신축에 보다 효과적으로 대응 • 간단한 브레이싱 등으로 캔틸레버 시공중 안정성 확보 • 교축방향 이동량에 대하여 교각 연성으로 흡수 • 경사진 양주는 휨모멘트 감소, 힌지구조로 결합되거나 양주의 부재축이 기초면에 수렴하면 휨모멘트 상쇄(아치효과) • 교각의 강성이 비교적 작으므로 전체구조 및 시공 중인 구조에 대한 안정성과 국부좌굴에 대한 검토 필요	• 강성이 작기 때문에 시공중 불균형 모멘트 저항을 위한 가지주 설치 필요 • 교각 높이가 큰 연속라멘교에 적합 • 미국에서는 속찬단면이 경제적인 것으로 인식하고 있으며 유럽에서는 중공단면이 효과적이고 경제적인 것으로 여기고 있다. • I형과 H형 단면 사용시 비틈강성이 작으므로 가설하중(풍하중)에 대한 상부구조 변형을 제한시켜야 한다.

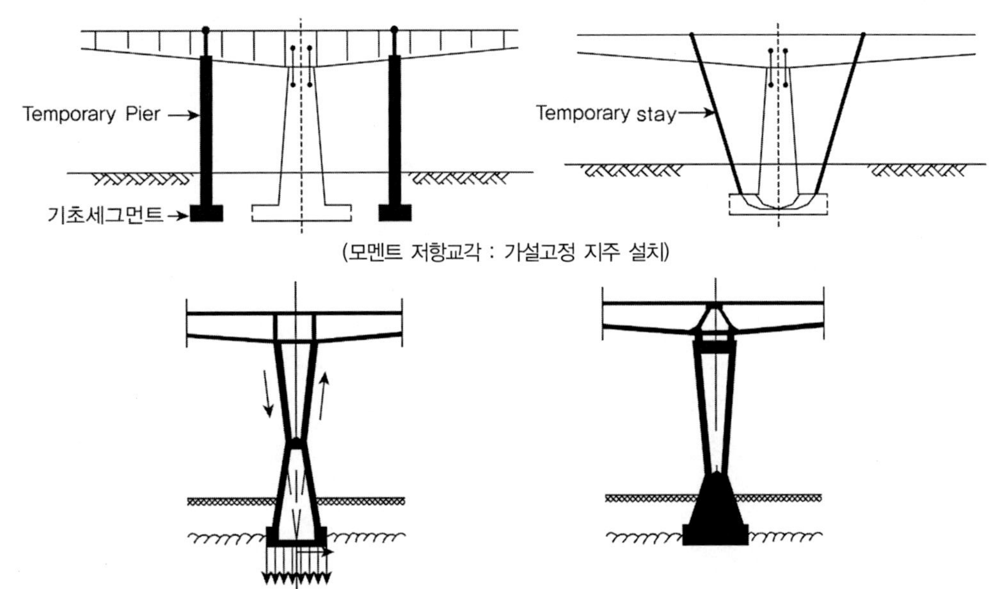

(모멘트 저항교각 : 가설고정 지주 설치)

(연성 양주 교각 : 강결구조와 받침구조)

3) 시공중 발생하는 불균형 하중에 대한 고려 필요

① 균형캔틸레버공법에서 생기는 하중의 차이로 한쪽캔틸레버 작용하는 고정하중의 2%
② 시공중 불균형 활하중(한쪽에 5MPa, 반대쪽에 2.5MPa)
③ 가설에 필요한 이동식 운반건설장비 하중
④ 세그먼트 인양시 동적효과로 충격하중으로 10% 적용
⑤ 세그먼트 불균형, 인양순서 과오, 비정상적인 조건에 의한 하중
⑥ 풍하중 상향력을 한쪽에서 2.5MPa 재하
⑦ 세그먼트의 급격한 제거 및 재하를 고려 정적하중의 2배의 충격하중 적용

4) 시공기간, 인양조건 등을 고려한 세그먼트 분할 계획 검토

5) 주텐던 배치계획

① 캔틸레버 텐던 : 시공 중 발생하는 부모멘트 저항하기 위한 거더상부 배치 텐던
② 연결텐던 : 캔틸레버 시공 후 연결부(Key Segment) 시공하고 연속화시켰을 때 발생하는 정모멘트에 저항하기 위해 박스거더 하부에 배치하는 텐던

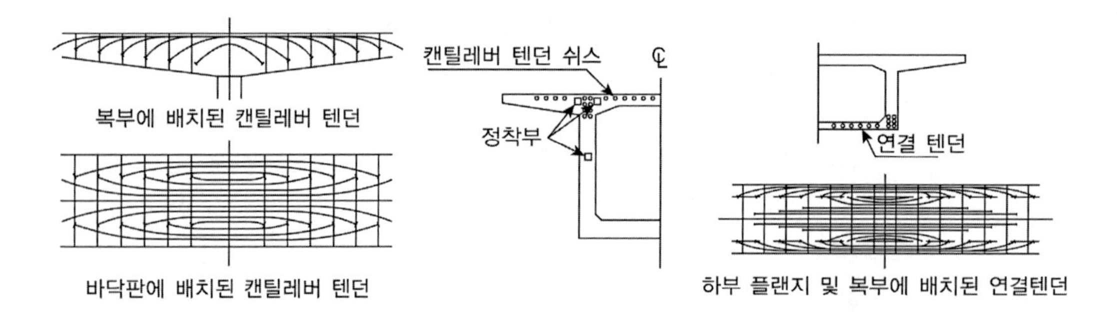

6) 시공단계별 응력검토 및 보강 검토

7) 폐합 시 Key Segment 설치를 위한 가설고정장치 검토

103회 4-4

FCM 긴장재 배치방법

캔틸레버 공법을 이용한 PSC 박스거더의 긴장재(tendon) 배치방법에 대해 설명하시오

풀 이

➤ 개요

캔틸레버공법의 주텐던은 시공 중 발생하는 부모멘트에 저항하기 위해서 거더상부의 캔틸레버 텐던과 캔틸레버 시공후 연결부를 시공하고 연속화시켰을 때 발생하는 정모멘트 저항을 위해 박스거더 하부에 배치하는 연결텐던으로 구분된다.

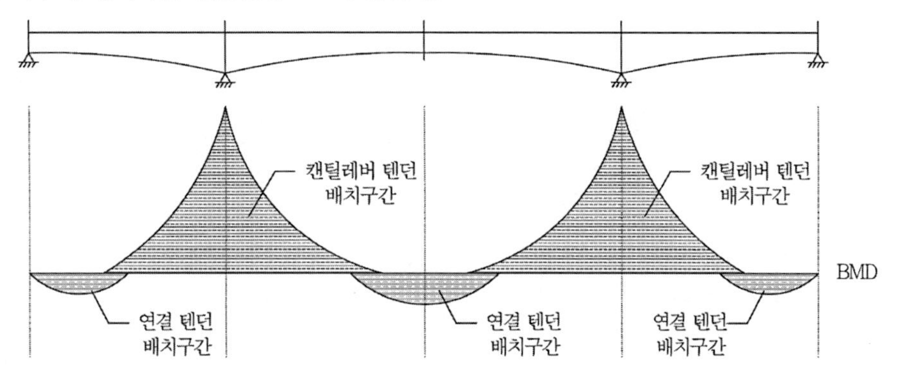

(3경간 FCM공법의 BMD에 따른 텐던 배치)

주 텐던은 교축방향으로 배치되며, 박스거더의 바닥판에 설치되는 바닥판의 횡방향 텐던(Transverse Tendon), 박스거더 복부 전단력에 저항하는 복부전단텐던(Shear Tendon)과는 구분된다.

➤ 주텐던의 배치계획

1) 캔틸레버 텐던

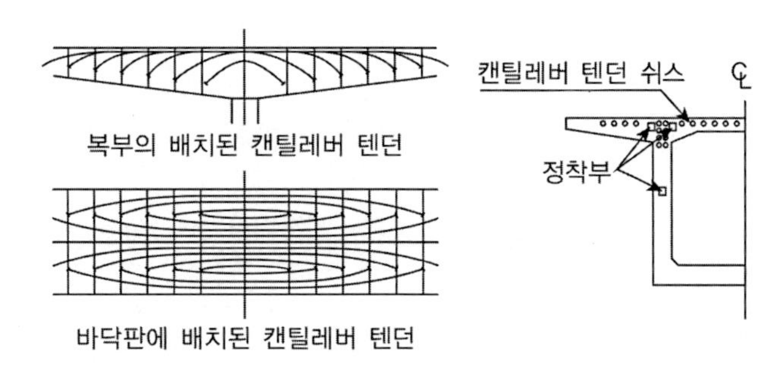

시공중 발생하는 자중과 가설하중에 의한 부모멘트 저항하기 위한 거더 상부에 배치되는 텐던으로 세그멘트가 가설될 때마다 단계적으로 긴장된다. 배치하는 방법으로는 경사배치(복부에 정착시키는 방법), 수평배치(바닥판에 정착시키는 방법)이 있다.

① 경사배치 : 긴장력에 의한 상향력을 효과적으로 이용하기 위해 복부쪽으로 텐던을 휘어서 배치하는 방법으로 각 세그먼트의 단부복부에서 시행한다.

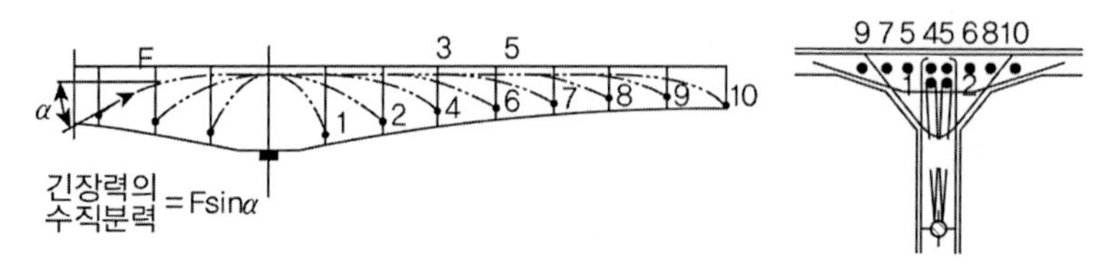

② 수평배치 : 텐던이 바닥판 내에 모두 배치되는 방법으로 측면에서 보면 거의 직선이고 평면에서 보면 지그재그형이 되도록 교대로 방향을 바꾸면서 비스듬하게 된 모양을 갖는 배치형식으로 세그먼트 단부의 복부와 바닥판의 접합부 또는 박스거더 내부에 설치된 돌기에 정착한다.

2) 연결텐던

캔틸레버 시공 후 연결부(Key Segment)시공하고 연속화시켰을 때 발생하는 시간경과에 따라 발생하는 정모멘트에 저항하기 위해 박스거더 하부에 배치하는 텐던으로 정착위치에 따라 여러형태로 배치될 수 있다.

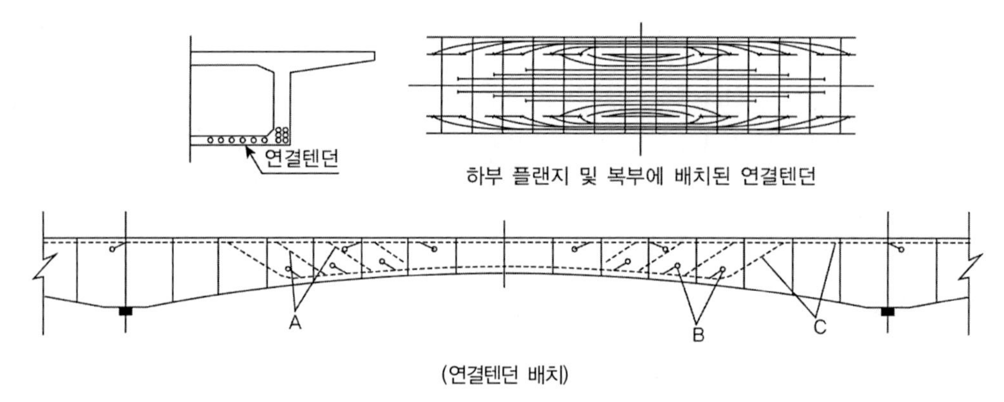

(연결텐던 배치)

① A배치 : 복부따라 경사져서 바닥판의 정착부에 정착되는 경우로 캔틸레버 텐던과 중복될 수 있다.

② B배치 : 하부플랜지나 복부 접합부에 설치된 돌기에 정착되는 경우로 캔틸레버 텐던의 수평배치와 유사하게 배치된다.

③ C배치 : 지점에서는 캔틸레버 텐던 역할을 하고 경간중앙에서는 연결텐던 역할을 하도록 배치하는 방법이다.

▶ **설계시 유의사항**

1) 캔틸레버 텐던

① 경사배치하는 방법의 경우 복부두께가 긴장력에 의한 집중하중에 충분히 저항하도록 설계되어야 하며, 복부두께가 얇거나 콘크리트 강도가 작을 경우 덕트를 따라 균열이 발생될 수 있다. 정착구 배면에 수직방향 PS를 도입하거나 철근보강으로 균열을 방지하도록 한다.

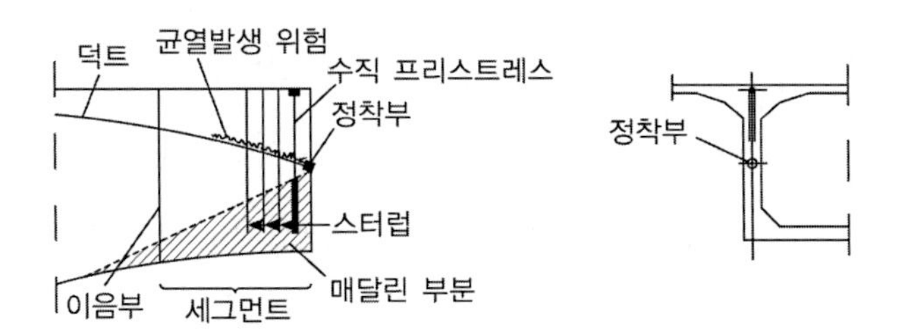

② 세그먼트 하단부 긴장력의 경사분력에 의해 전단력이 발생되므로 하부플랜지와 복부 접합부에 긴장재를 정착하는 경우하여 전단력의 평형을 이루도록 하거나 수직방향으로 스트럽을 배치하여 하중의 평형을 이루도록 하여야 한다.

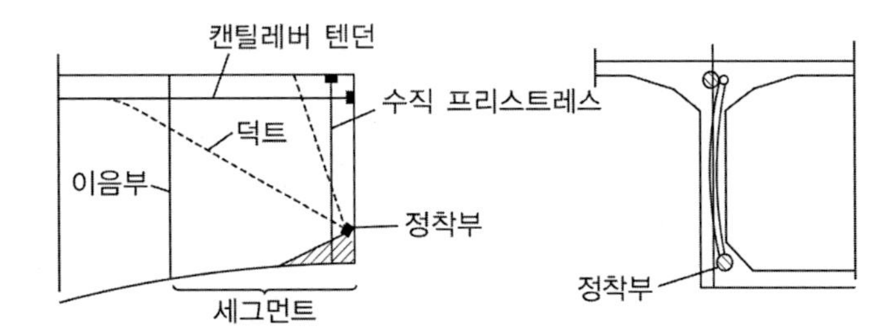

③ 변단면 구간에서는 정착구의 위치(d'), 텐던과 세그먼트 이음부 교차하는 위치(d)를 일정하게 유지시키도록 하여야 텐던의 경사(a_i)가 매 세그먼트마다 변하게 되고 지점 부근에서 최대경사를 갖게 되어 전단력이 가장 큰 지점부근에서 전단응력을 감소시킬 수 있게 된다.

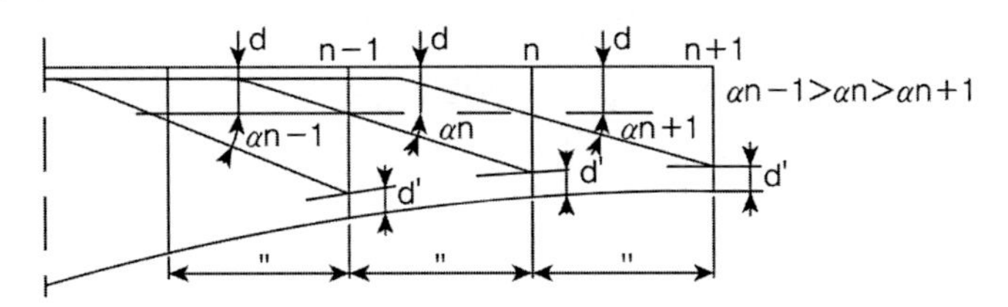

2) 연결텐던

① A배치와 같이 배치할 경우에는 바닥판에 위치한 연결 텐던은 정착구를 타고 물이 스며들 가능성이 있으므로 철저한 방수처리가 요구된다.

② 변단면 구간에서 하부플랜지 축선을 따라 배치한 연결텐던은 곡선이 되므로 하방향으로 힘을 작용시키고 이 힘에 대해 하부플랜지의 횡방향 휨이 저항된다. 또한 하부플랜지에 작용하는 교축방향 압축응력은 상향의 힘을 유발하므로 연결텐던에 의한 하방향 힘을 어느정도 상쇄시킨다. 그러나 하부플랜지의 자중, 활하중, 온도하중 등에 의해 하향 응력이 증가되면 텐던의 하방향 응력과 중첩되어 균열이 발생될 수 있으므로 충분한 철근의 보강이 필요하다.

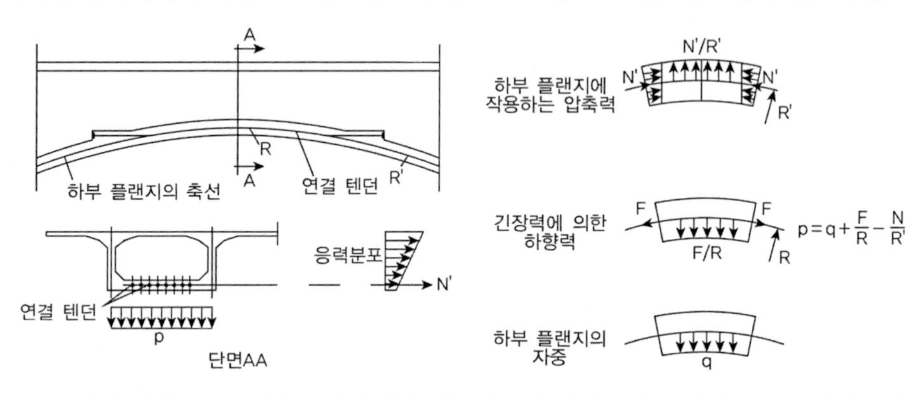

③ 이음부에서 연성쉬스를 사용하거나 인접 세그먼트의 상대변위가 커지면 쉬스의 각도가 불연속으로 될 수 있다. 이로 인해 마찰손실이 커지고 불연속부 부위에 긴장력이 집중되어 하향의 집중응력이 발생될 수 있으며 이로 인해 하부플랜지에 국부적인 할렬과 파열이 발생될 가능성이 있다. 따라서 연성덕트보다는 강성 쉬스를 사용하고 시공시 쉬스의 불연속이 발생되지 않도록 하여야 하며, 키세그먼트와 인접한 세그먼트 이음부에서는 쉬스둘레에 보강철근을 배치하여 국부적인 파손을 방지하도록 하여야 한다.

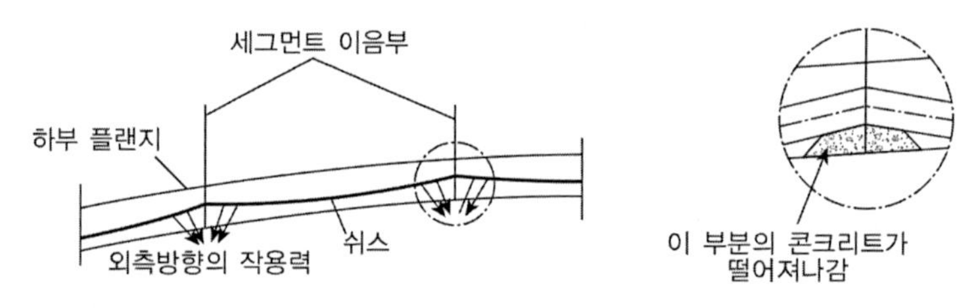

③ 연결텐던 하부플랜지에 설치된 정착돌기에서 정착할 때 한 단면에 여러개의 정착구를 설치할 경우 긴장력에 의해 인장균열이 발생할 수 있으므로 주의가 필요하다.

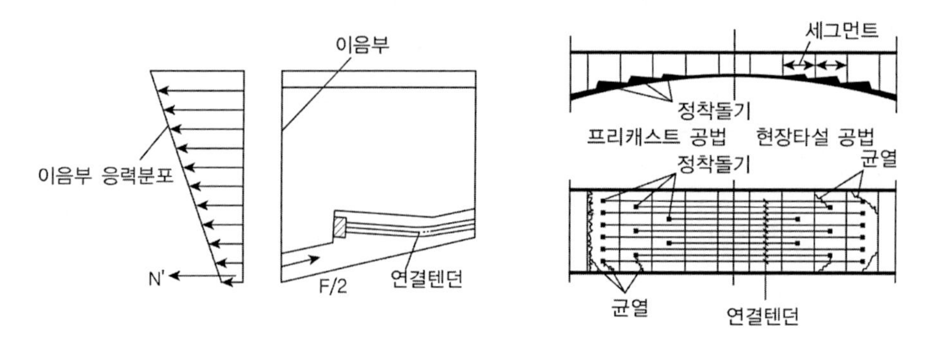

7. PSM 공법 시 유의사항

1) PSM 공법은 콘크리트 구조부재를 작은 세그먼트 또는 블록으로 분할하고 이것을 긴장재에 의하여 압착 접합하여 하나의 큰 부재를 만드는 공법으로 공장 또는 현장 부근 제작장에서 Segment를 제작하고 제작된 프리캐스트 세그먼트를 운반하여 소정위치에 들어 올려 포스트텐션 장치에 의해서 압착하여 접합시키는 공법으로 대표적인 가설공법으로는 Balanced Cantilever Method, Span by span Method, Progressive Method가 있다.

Free Cantilever Method

Span by span Method

Progressive Method

2) PSM 공법 적용 시 타공법과의 장단점 검토

장점	단점
• 동바리가 필요 없어 깊은 계곡이나 하천, 해상, 교통량 많은 지역 적용 • 하부구조 가설도중 상부구조 Segment 제작하므로 상부 공기 단축 • Segment를 선 제작하여 크리프, 건조수축 영향 최소화 • 공장생산으로 품질관리 양호 • 2차선교량일 경우 1.7km 이상인 경우 공사비 절감효과가 있다(미국의 경우).	• 에폭시를 사용할 경우 기후의 영향을 받아 혹한기 시공이 어렵다. • 높은 정도, 고난도 시공관리가 요구된다. • 접합면에서 철근이 불연속하므로 인장응력에 한계가 있다.

3) 현장여건에 맞는 Segment 제작방법 선정(Long line/Short line 공법)

구분	롱라인 공법(Long line)	숏라인 공법(Short line)
공법 개요	상부구조 형상 전체의 제작대에 Casting bed 설치 후 거푸집을 이동시키면서 각각의 Segment를 제작하는 방법으로 한 개 또는 여러 개의 거푸집을 이동시키면서 제작	상부구조 형상을 고정된 제작대에서 한 Segment씩 제작하는 방법
특징	• 변단면 교량에 유리 • Casting bed 설치를 위한 넓은 공간 필요 • 거푸집 해체 후 Segment 이동시킬 필요 없음 • 제작 및 가설 정밀도 확보가능 • 공정단순 • 제작비 다소 고가	• 일정단 등단면 교량에 유리 • Casting bed에 좁은 공간 가능 • 거푸집 해체 후 Segment 이동 • 제작에 정밀요함 • 공정복잡 • 제작비 저렴

4) 현장여건에 맞는 PSM 가설공법 선정

구분	Balanced Cantilever Method	Span by span Method
개요	크레인 또는 가동 인양기에 의하여 미리 제작된 Precast segment를 교각을 중심으로 양측에서 순차적으로 연결하여 Cantilever를 조성하고 지간 중앙부를 연결하는 공법	가동식 가설 Truss를 교각과 교각 사이에 설치하고 미리 제작된 Precast segment를 그 위에 정렬한 후 PS를 가하여 인접지간과 연결하는 공법
가설 장비	독립적인 장비에 의한 가설(Crane), 상부구조에 설치된 장비로 인한 가설(인양기)	가설 Truss
장점	• 가설을 위한 별도의 형가공간 불필요 • 각 교각에서 동시가설로 인한 공기단축가능(가설장비 다수필요)	• 단경간의 장대교량에 경제적(가설 Truss 반복사용) • 경제적인 단면설치 가능(가설시 작용 단면력이 작음) • 가설속도가 빠름
단점	• 시공중 Free Cantilever 모멘트로 인한 다소의 단면 증가 • 처짐관리가 어려움(정확한 Segment 제작 및 시공요구)	• 가설 Truss로 인한 별도의 형하공간 필요 • 곡선반경 제약($R \geq 300m$) • 장경간 가설은 비경제적 • 가설 Truss 장비 고가 • 각 교각부 동시 가설 곤란

5) 시공중 발생하는 불균형 하중에 대한 고려 필요(Balanced Cantilever Method)

6) 시공기간, 인양조건 등을 고려한 세그먼트 분할 계획 검토

7) 접합을 위한 텐던배치 및 주텐던 배치계획

8) 시공단계별 응력검토 및 보강 검토

9) 접합부의 응력검토(전단 및 휨모멘트)

02 Extradosed Bridge (ED교, 실무자를 위한 Extradosed교 설계편람, 유신코퍼레이션)

1. ED교 일반

부모멘트 구간에서 PS강재로 인해 단면에 도입되는 축력과 모멘트를 증가시키기 위해서 PS강재의 편심량을 인위적으로 증가시킨 형태로 일반적으로 단면 내에 위치하던 PS강재를 낮은 주탑의 정부에 External tendon 형태로 부재의 유효높이 이상으로 배치한 형태의 교량

1) 구조개념

ED교는 사재에 의해 보강된 교량이라는 점에서 사장교와 유사하나 주거더의 강성으로 단면력에 저항하고 사재에 의한 대편심 모멘트를 도입, 거동을 개선한 구조형식이므로 ED교의 주거더는 거더교에 가까운 특징을 가진다.

PSC교	ED교	사장교
Internal Prestressing으로 기존 하중에 저항	주거더의 강성과 External Prestressing으로 저항	추가하중을 대편심 케이블의 도입으로 보완
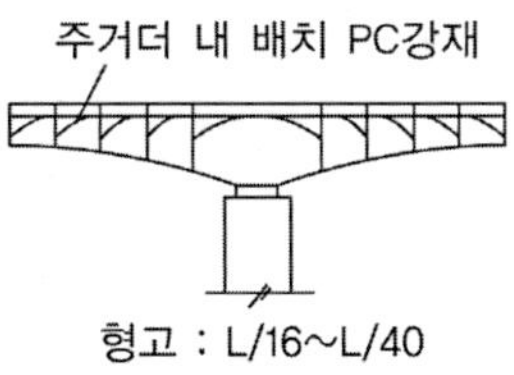 주거더 내 배치 PC강재 형고 : L/16~L/40	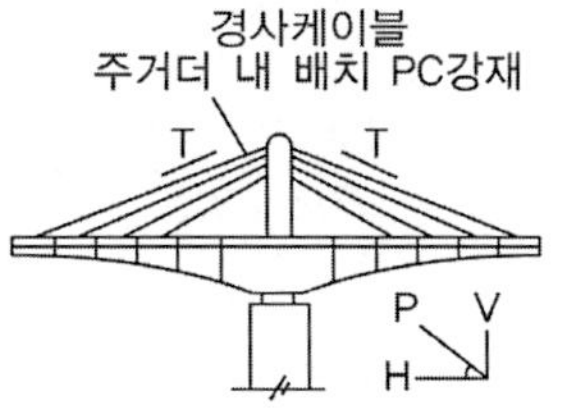 경사케이블 주거더 내 배치 PC강재 T T P V H	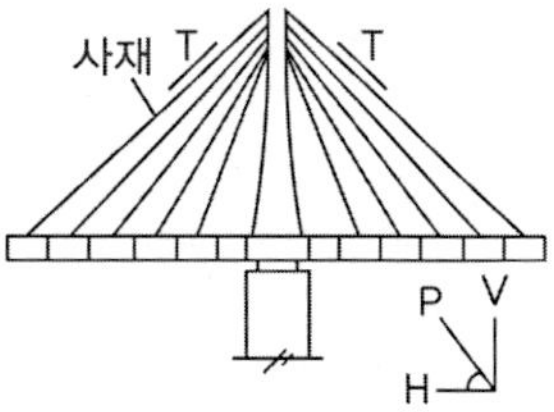 사재 T T P V H

2) ED교의 특징

거더 유효높이 이상으로 PS 강재의 편심을 확보할 수 있어 PSC 거더교에 비해 경량화 및 장지간화가 가능하며 PSC 사장교에 비해 사재의 응력 변동 폭이 작고 주탑높이를 낮출 수 있어 100~200m 정도의 지간에서 시공성과 경제성이 탁월하다.

구분	PSC교	ED교	사장교
개요			
특징	• 상징성 적음 • 높은 교면 • 교면아래가 중후함(무거움)	• 상징성 있음 • 중간형고 • 상하부 일체감(상하부 균형)	• 상징성 높음 • 낮은 교면 • 교면 위가 번잡함

구분		PSC교	ED교	사장교
구조특성	주형	• 형고비가 지간에 따라 변화 L/15~L/17 • 높은 교각이 설치되는 지역에서는 연성확보가 가능하므로 경제성 및 미관을 증진시킬 수 있는 중소지간의 경우에 적합 • 경간장의 증대시 형고 현저히 증가	• 형고비가 지간에 따라 변화 L/30~L/35(지점), L/50~L/60(지간) • 상부에 작용하는 대부분의 하중을 분담 • 사장교와 거더의 중간 형태로 거더교에 비해 형고 낮음	• 형고비가 2.0~2.5m로 지간에 비례하지 않음 • 케이블 지지점간의 하중을 분담하는 보강형 역할 • 형고를 낮게 하여 형하공간 최대 확보가능
	주탑	–	• 탑고비 : L/8~L/12 • 주로 관통구조에 의한 새들 정착	• 탑고비 : L/3~L/5 • 주로 분리구조에 의한 앵커 정착
	케이블	–	• 주거더인 PSC 거더의 보조역할 • 부모멘트가 크게 작용하는 지점부 단면에 압축력과 정모멘트 도입(케이블이 수평에 가깝게 유지하는 것이 유리) • 활하중에 의한 응력 변동 폭이 작아 피로가 비교적 작음 • 응력 변동 폭 15~38MPa • 허용응력도 $f_{fa} = 0.6f_{pu}$ • Relaxation에 의한 긴장력 손실검토	• 케이블이 보강형을 탄성지지 • 상부에 작용하는 하중의 상당부분을 케이블의 연직분력으로 분담(케이블 연직도가 클수록 효율적) • 활하중에 의한 응력 변동 폭이 커서 피로에 대한 검토 필요 • 응력 변동 폭 50~130MPa • 허용응력도 $f_{fa} = 0.4f_{pu}$ • 별도의 자체적인 긴장력 손실 없음
시공성	주형	–	• 주거더의 강성이 크기 때문에 변형이 작고 시공관리 용이 • 지점부 단면이 변단면이 되는 경우 Form에 의한 시공복잡	• 주거더의 강성이 작기 때문에 변형이 쉽고 정밀한 시공관리가 필요 • 주거더 높이가 일정하여 Form에 의한 시공이 유리
	케이블	–	• 시공 중 사재의 장력조정이 어려움 • 사재 재긴장에 의한 거더응력 및 변위의 개선이 어려움	• 주거더 응력의 제한 값을 확보하기 위해 시공 중 장력조정 • 사재 재긴장에 의한 주거더 응력 및 변위의 개선이 용이
공사비	주형	• 장지간 채택 시 형고의 증가로 공사비 증가	• 100~200m 정도 지간에서 경제적	• 형고가 작으므로 장지간 경제적
	주탑	–	• 주탑이 낮으므로 경제적	• 주탑의 높아 공사비 증대
	케이블	–	• 사재량이 적고 일반적인 정착구를 가진 P S강재 사용으로 경제적 • 주탑이 낮아 가설비용 절감	• 사재량이 많고 피로를 고려한 고가의 사재이용으로 공사비 증가 • 주탑이 높이 가설비 증대
	기초	• 경간장의 증대 시 형고 및 자중이 현저하게 증가하여 하부공의 하중부담 증대로 기초공 규모 증대	• 상부공의 중심위치기 낮아서 기초공 규모가 작고 경제적	• 주탑이 높고 중심위치가 높으므로 내진상에 기초공 규모가 증대

3) ED교의 분류

① 주거더의 지지형식에 따른 분류 : 라멘형식, 연속거더 형식

② 주탑의 형식에 따른 분류 : 독립 1~3본, H형, V형

③ 사재의 형식에 따른 분류

(1) 사재배치면수 : 1면~3면 케이블

(2) 사재배치형태 : 하프형, 팬형, 방사형

(3) 사재처리방식 : 사판식, Trough식, 사장 외케이블식

④ 가설공법에 따른 분류 : FSM, FCM, ILM 등

2. ED교 계획 및 설계 - 상부구조

1) 상부구조계획 절차 및 검토사항

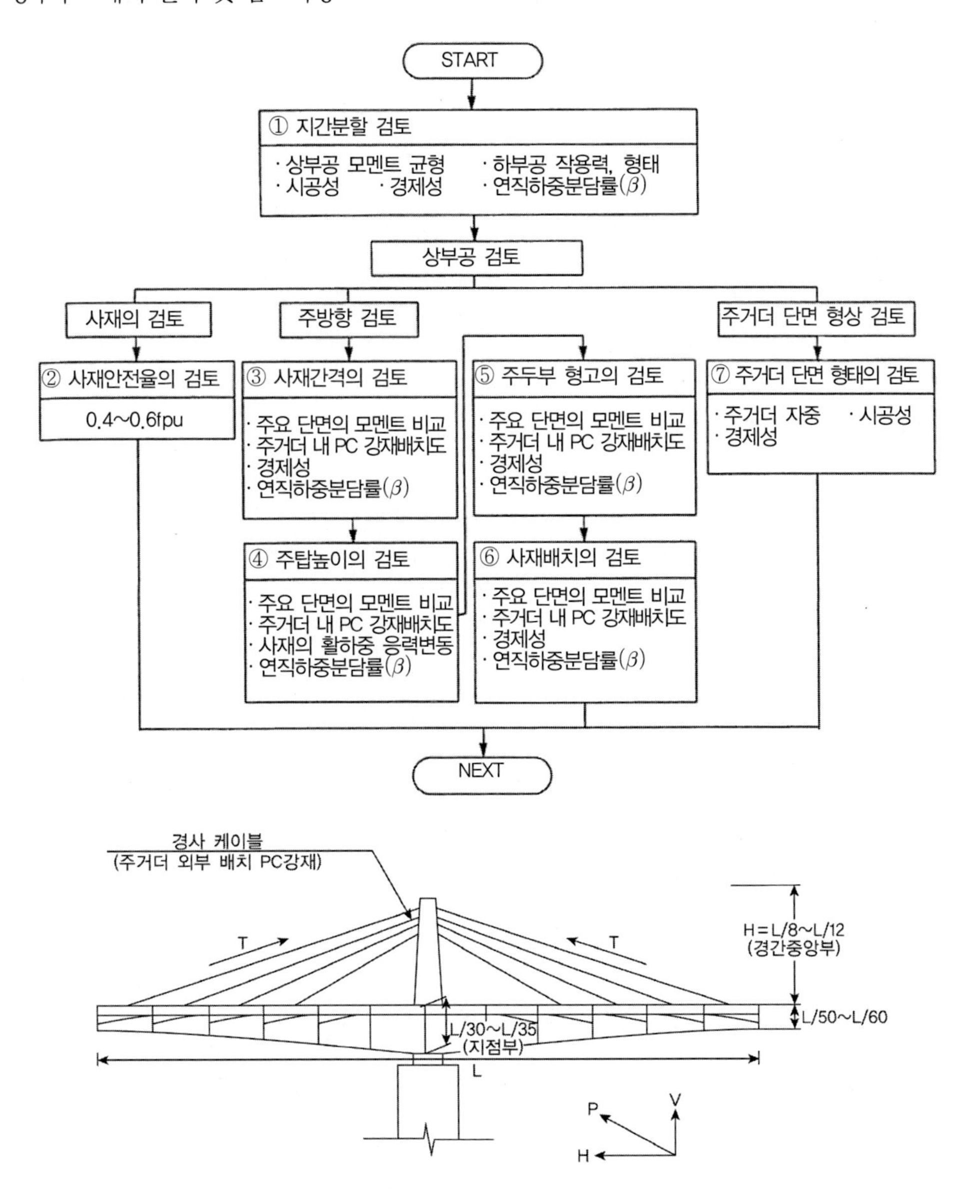

① 지간장과 형고 : (중간지점 형고) L/30 ~ L/35 (경간 중앙부 형고) L/50 ~L/60

② 지간장과 탑고비 : L/8 ~ L/15

3. ED교 계획 및 설계 - 주거더

1) 주거더 단면형상에 따른 비교

구분	박스 거더	유선형 거더	Edge 거더
단면 형상			
특징	• 비틀림 강성이 큼 • 시공상 제약으로 최소 거더교가 제한 • 광폭원으로의 대응이 용이 • 첨가물의 배치와 유지관리가 용이	• 주거더 중량이 가벼움 • 내풍안정성 우월 • 2면 매달기식으로 한정 • 거더교 변화의 대응이 어려움	• 주거더 중량이 가벼움 • 비틀림 강성이 작음 • 2면 매달기식으로 한정 • 등단면 적용으로 시공성 우수

2) 주거더 지지형식과 주탑, 교각, 거더의 결합방식

라멘형식은 부정정차수가 높고 교량받침이 불필요하는 등 경제성, 시공성에서 유리하나 교각높이 및 경간수 등의 조건에 의해 연속거더 형식이 채용되기도 한다.

구분	라멘형식	연속거더형식
결합 방식	주탑, 거더 및 교각을 전부 강결	주탑과 거더를 강결하고 탑과 거더를 받침에서 지지
개요		
특징	• 교량받침이 필요 없어 유지관리 용이 • 캔틸레버 가설시 안전성 확보용이 • 전체연장이 길면 온도하중, 크리프, 건조수축에 의한 영향을 크게 받음 • 지진시 이동량이 작지만, 주두부에 근접한 거더의 단면력이 커짐 • 전체연장이 긴 경우 교각의 세장비가 클수록 상대적으로 유리	• 각 교각으로의 반력분산이 용이 • 주탑과 거더의 강결부 단면이 커짐 • 교량받침은 주탑과 거더를 지지하므로 대규모 • 캔틸레버 가설시에는 가설고정 필요 • 지진시의 상부공 단면력이 작음 • 지진시에는 1차 진동모드가 탁월하고 고유주기가 짧아짐

4. ED교 계획 및 설계 – 주탑

1) 탑형상별 특징

구분	독립1본	독립2본	독립3본	H형	V형
형상					
특징	• 탑이 주거더 중심 위치로 중분대커짐 • 면외강성 작음 • 1면 매달기식에 한정 • 주행자입장에서 공간개방	• 탑의 면외강성작음 • 2면 매달기식에 한정	• 탑이 주거더 중심 위치로 중분대커짐 • 탑의 면외강성작음 • 미관상 타교량과 차별화	• 탑의 면외강성증가위해 탑에 경사를 두기도 함 • 교면상에 횡거더가 있고 적설지역에서 고려 필요 • 2면 매달기식에 한정	• 교상공간 개방감은 뛰어나나 안정감 부족 • 교각폭이 작아짐 • 경사탑시공 시 검토 필요

5. ED교 계획 및 설계 – 사재

102회 1–4 Extradosed교 형식에서 사재의 응력변동과 사재의 방청방법

1) 사재 응력변동과 안전율

① ED교와 사장교는 사재 보강된 교량이라는 점에서는 동일하나 사재의 안전율을 각각 $0.6f_{pu}$과 $0.4f_{pu}$로 제한하는 큰 차이가 있다.

② ED교는 사장교에 비해 활하중에 따른 사재의 응력변동이 작다. 사재의 응력변동은 주거더의 강성, 지점조건 및 주탑의 높이의 영향을 받는데 ED교는 주탑이 낮아 사재의 연직성분 신장량이 작고 주거더의 강성이 커서 사재의 하중분담률이 작기 때문에 응력변동이 작다.

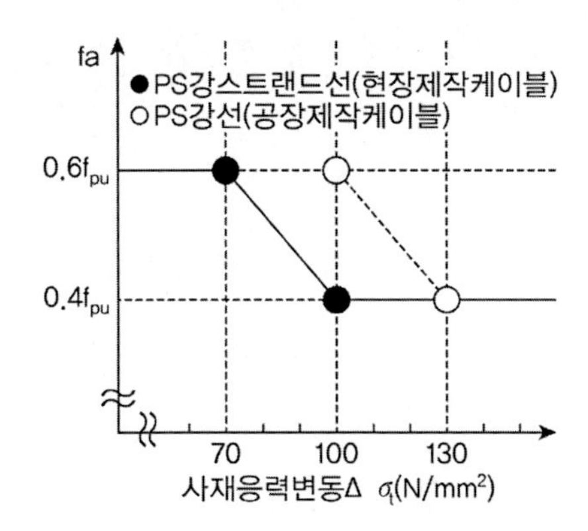

2) 사재의 배치형상

구분	방사형	팬형	하프형
형상	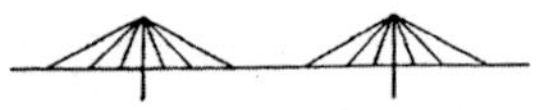	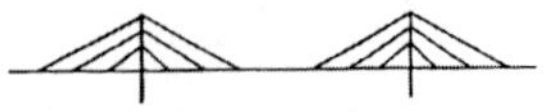	
특징	• 주탑정부의 사재정착구조가 복잡 • 주탑 시공후 주거더 시공 • 주탑의 작용단면력이 커짐 • 주탑의 좌굴 등에 대한 검토 필요	• 방사형과 팬형이 중간 • 주탑사재 정착구조 및 주거더의 축력을 고려하고 장대교에 적합	• 주탑측의 사재 정착구 간격이 넓고 취급이 유리 • 주탑과 주거더 동시시공 가능 • 지진시에 교축수평으로 흔들리기 쉬움 • Creep, SH에 의한 사재장력 변동이 큼 • 사재의 매달기 효과가 나쁘고 사재중량 증가

3) 사재의 배치형태

구분	1면 케이블	2면 케이블	3면 케이블
개요	중앙분리대 위치에 케이블면 형성	교량의 양측으로 케이블면 형성	중앙분리대와 교량의 양측
형상			
특징	• 케이블이 교차해서 보이지 않아 깨끗한 이미지 창출 • 주행자 입장에서 시야 확보 • 지점간 거리가 길 경우, 비틀림 강성확보를 위해 박스형 거더 필요	• 케이블이 겹쳐 보여 다소 혼잡 • 주행자 시야가 다소 제약 • 케이블에 의한 비틀림 강성이 증대되므로 구조적으로 유리 • 일반적 형태	• 케이블이 겹쳐 보여 다소 혼잡 • 주행자 시야 제약 • 주거더 시공 시 교착 직각 방향의 캠버관리에 주의 필요 • 미관적, 구조적 측면에서 차별화

4) 사장재 처리방식

구분	사판식	Trough식	사장 외 케이블식
개요	사재를 콘크리트로 피복	사재부를 콘크리트 벽체로 처리	External Cable을 사재로 사용
형상			
특징	• 사재의 유효단면이 커지므로 사재의 안전율을 낮추어 줄 수 있어 효율성이 높음 • 외부의 유해한 환경으로부터 사재를 확실히 보호 • 자중이 커져서 지진 시 불리하고 크리프나 건조수축의 영향으로 사재의 유효인장력 변화가 예상되어 계산 시 주의 필요	• External이 아닌 Internal PS도입한 형태의 Upper Hunched PSC 거더교 • 유효단면 외측에 PS강재가 배치되는 것은 아니지만 지점부에서 편심을 충분히 확보할 수 있으므로 ED교로 분류 • 타 ED교에 비해 자중이 커서 장대화에 불리하고 주행자 시야 불량	• 구조물 경량화와 대편심 도입이 용이하여 ED교의 기본에 충실한 형식 • 외관이 우수, 주행자 시야 확보 유리 • 앵커에 따라 재긴장도 가능하여 유지관리측면에서 용이 • 사재의 구조적 효율성이 다소 떨어짐 • 사재의 방식처리가 중요

5) 사장재 정착방식

구분	관통 고정 방식	분리 고정 방식		
	새들 정착	교차정착	분리정착	연결정착
형상				
특징	• 충실단면으로 케이블을 관통시켜 배치 • 주탑출구부 등에 좌우 케이블의 장력차를 고정 • 케이블 정착거리를 작게 할 수 있다. • 사재의 최소 휨반경에 주탑이 제약	• 충실단면으로 케이블을 정착 • 케이블 정착 cap에 따른 비틀림의 검토 필요	• 중공단면으로 케이블을 교차 정착시키지 않음 • 케이블 장력으로 발생되는 단면 내 인장에 저항하기 위해서 강재나 PS 강재로 단면보강 • 케이블 정착거리 작게 할 수 있음 • 케이블 정착구 점검용이	• 중공단면으로 케이블을 교차 정착시키지 않음 • 케이블 장력으로 인한 인장력을 강재 Beam 으로 저항하여 주탑의 인장응력을 예방 • 단면이 다소 커짐

6) 사재의 방청방법

케이블의 역학적 거동을 영구적으로 지속시키기 위해서는 부식방지가 필요하며, 케이블에 사용되는 부식방지는 Rigid type과 Flexibility type이 있다.

① Rigid type protection(grouting 방법) : 시멘트 모르터를 튜브 안에 주입시켜 케이블과 튜브 외부의 대기를 분리시킴으로서 부식을 방지하는 방법으로 케이블이 길고 높은 곳에 가설되는 경우에는 시공이 어렵고 신뢰성이 떨어진다.

② Flexibility type protection(non-grouting 방법) : 긴장재 자체를 각각 도금하는 방법과 튜브 안을 유연성이 큰 채움재, 즉 grease, epoxy tar, wax 등으로 채우는 방법으로 케이블의 모든 방식 작업이 공장에서 이루어지므로 현장에서 가설이 용이하며 신뢰성을 높일 수 있다. Strand 케이블을 이용할 경우 각각의 strand에 대해 부식방지를 하는 방법(individual pretection)도 있다.

③ 종래의 케이블의 부식 방지는 현장에서 수행하는 grouting 방법보다는 공장에서 grease, epoxy tar, wax 등을 채우는 non-grouting 방법이 주로 적용되고 있다.

Chapter

08 사장교와 현수교

01 케이블 일반사항(Cable supported Bridges : concept and Design 3th)

사장교나 현수교와 같은 케이블 교량은 다음과 같은 형태의 케이블이 주로 사용되고 있다. 교량용 케이블에 요구되는 특성이나 방식 등을 고려하여 적용(사장교 케이블의 특성 참조)하고 있으며 일반적으로 케이블 교량에 적용되는 케이블의 역학적 특성에 대해서 정리해본다.

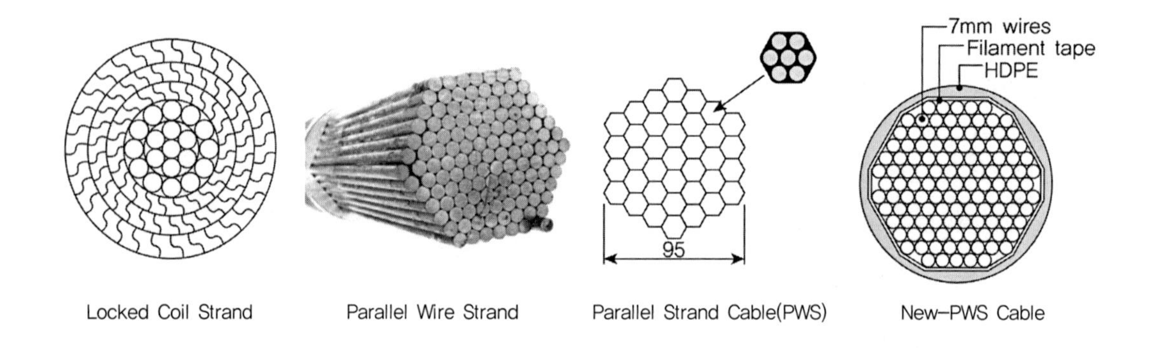

1. 단일케이블 부재의 거동 : 보와 케이블의 거동 비교

1) 하중별 케이블의 구조형태 비교

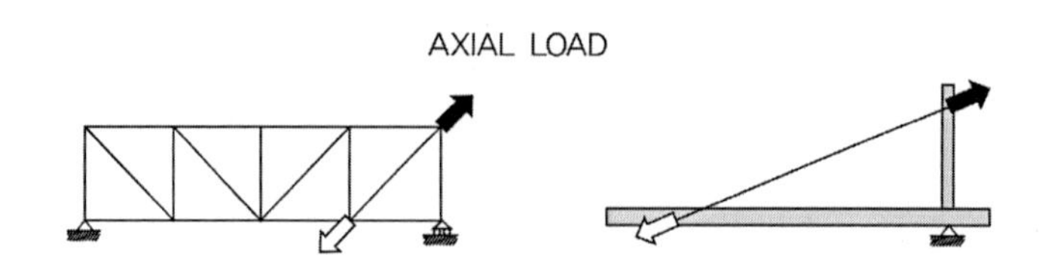

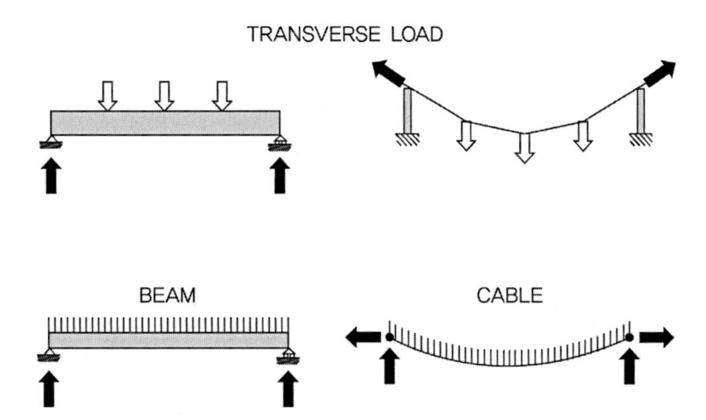

① 케이블 부재의 이용의 장점은 순수 장력을 이용하여 가장 효율적으로 하중을 전달하는데 있다. 실 예로 아래와 같은 동일한 등분포 자중(27kN/m)의 하중을 받기 위한 30m지간에서 필요한 보와 케이블을 비교해 보면, 보의 경우 형고가 1m에 자중이 강재양이 8.2ton이 필요한 반면, 케이블의 경우 50mm 직경에 세그가 3m에 0.4ton의 강재양만으로도 동일한 하중을 지지할 수 있다. 그러나 실제구조물에서는 케이블만으로 거더를 보강할 수 없기 때문에 종방향 거더와 수직 행어 케이블 등이 필요하며 이러한 요소를 포함한 비교가 필요하다.

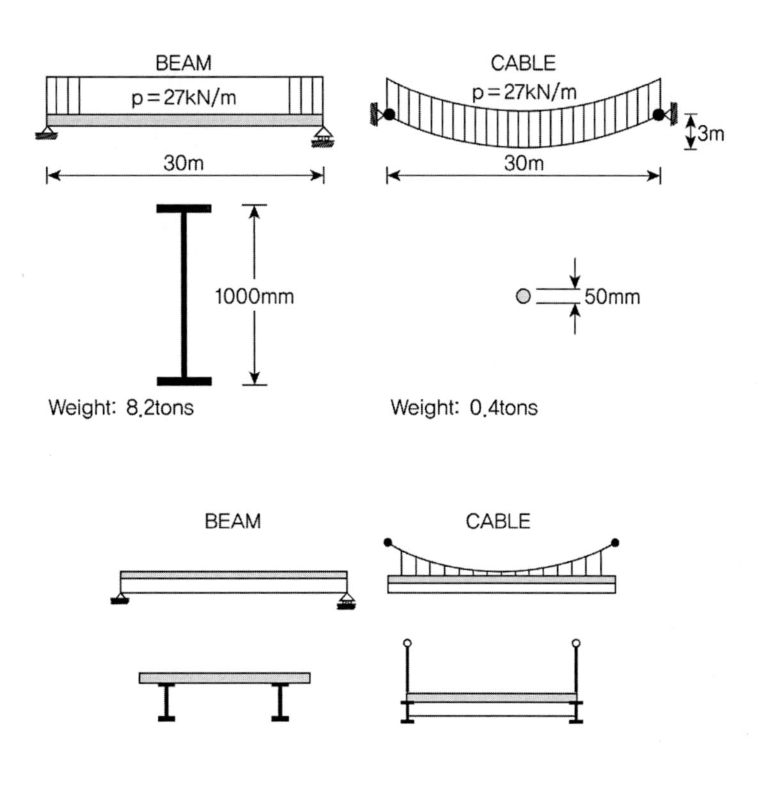

② 케이블과 보의 구조 비교

보구조	케이블 구조
• 케이블 구조에 비해 사용재료양 과다 • 교량바닥에 직접지지 • 도로의 하면 거더에 직접 지지점을 가짐 • 기초나 기둥에 하중을 수직으로 전달	• 보 구조에 비해 사용재료양 최소 • 주케이블에 하중전달을 위한 보조부재 필요 • 교량바닥 상부에 주케이블에 지지 • 하중전달을 위한 높은 주탑이 필요 • 수직하중을 기초에 전달하기 위한 앵커 블록 필요

2) 케이블의 처짐의 영향인자 : 하중의 분포, 새그비, 사하중의 영향, 기하학적 형상

① 등분포하중에 의한 케이블과 보의 처짐 비교 : 하중분포의 영향

보의 최대 처짐(δ_b)은 전 지간 하중 재하시에 발생하며, 중앙부 0.4L에만 활하중 재하 시에는 최대 처짐이 약 30% 저감되어 발생($0.7\delta_b$)한다.

반면, 케이블의 경우 동일조건(중앙부 0.4L에만 활하중 재하 시)에서 활하중이 재하되지 않은 구간에서는 상향 처짐이 발생하며, 최대 처짐값은 90% 증가한다($1.9\delta_b$). 이는 보의 경우 Rigid 하기 때문에 하중이 분배되는 경향을 보이나 케이블의 경우에는 하중의 작용하는 곳에서 집중되기 때문이다. 그러나 편향된 활하중에 대한 변위형상은 케이블 교량의 경우 자중의 크기가 클수록 변형특성이 더 좋아지는 성질을 가지고 있음을 알 수 있다.

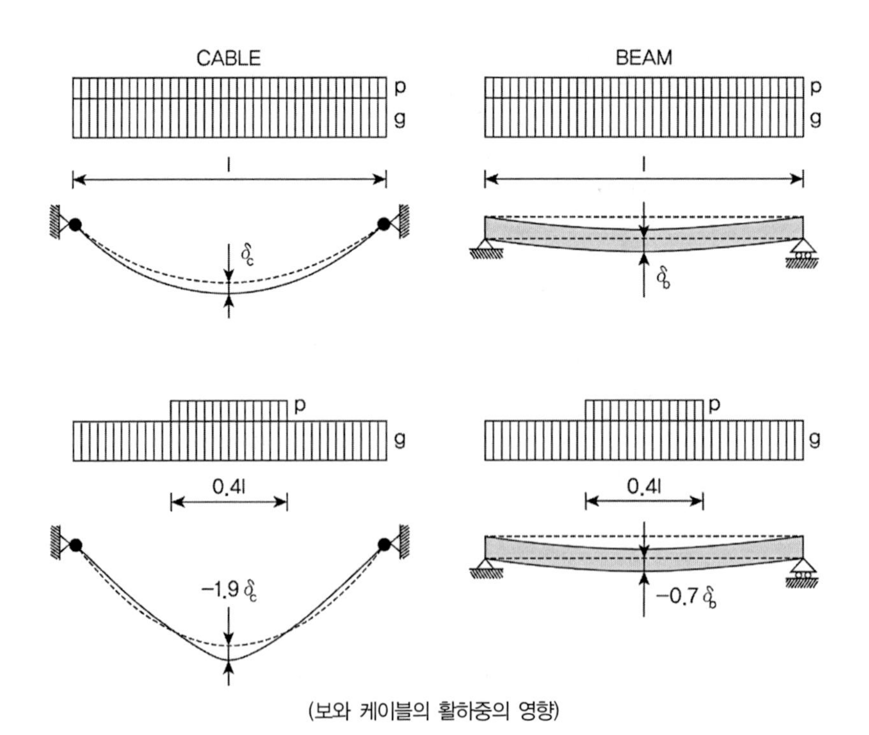

(보와 케이블의 활하중의 영향)

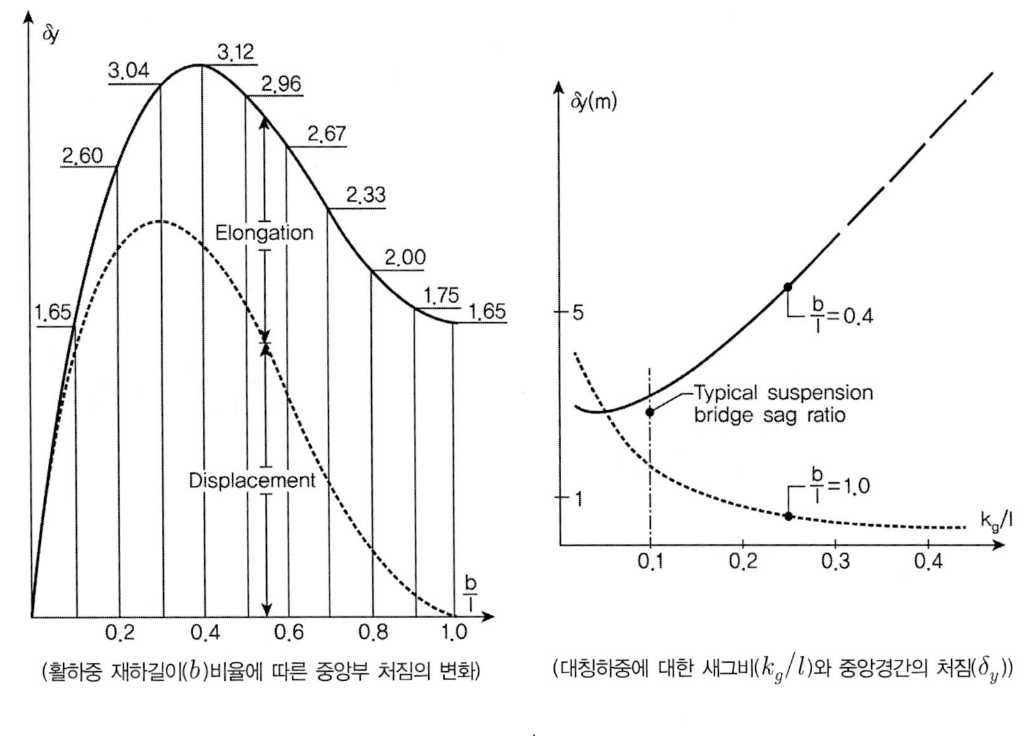

(활하중 재하길이(b)비율에 따른 중앙부 처짐의 변화) (대칭하중에 대한 새그비(k_g/l)와 중앙경간의 처짐(δ_y))

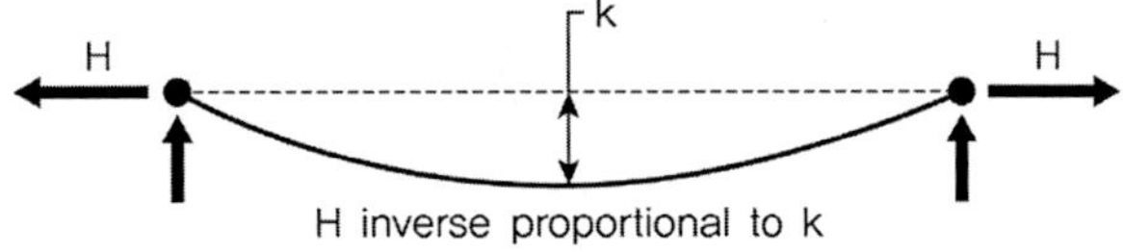

② 등분포 하중재하시 새그비에 따른 단일 케이블의 처짐양상 : 새그비의 영향

새그비($f = k/2a = k/l$)에 따른 중앙경간의 처짐을 비교한 그래프에서 전경간에 대칭하중이 분포할 경우($b/l = 1.0$), 새그는 중앙경간의 처짐이 최소화할 수 있도록 선택하여야 할 수 있는 반면, 전 경간 분포하중이 아닌 경우($b/l = 0.4$)에는 새그비가 0.1~0.12 이상인 경우에 처짐이 증가하는 경향을 보여 위의 결과와 반대의 양상이 나타남을 알 수 있다. 이러한 이유 때문에 통상적으로 현수교에서는 주경간의 새그비를 1/9~1/11 사이에서 선택한다.

③ 비대칭하중 재하시 케이블의 처짐양상 : 자중의 영향

활하중이 1/2 지간에만 재하되는 경우에는 사하중이 케이블의 안정성을 확보하는 역할을 하는데, 아래의 그림과 같이 사하중이 g에서 $2g$로 변경될 경우 보의 경우 최대 처짐의 변화가 없는 반면 케이블의 경우에는 최대처짐은 45% 감소됨을 알 수 있다.

사하중의 증가로 활하중의 처짐을 감소되는 것은 사하중만 재하 시의 케이블 곡선과 사하중과 활하중 모두 재하 시의 케이블 곡선과의 편차가 사하중이 증가함에 따라 작아지기 때문이다.

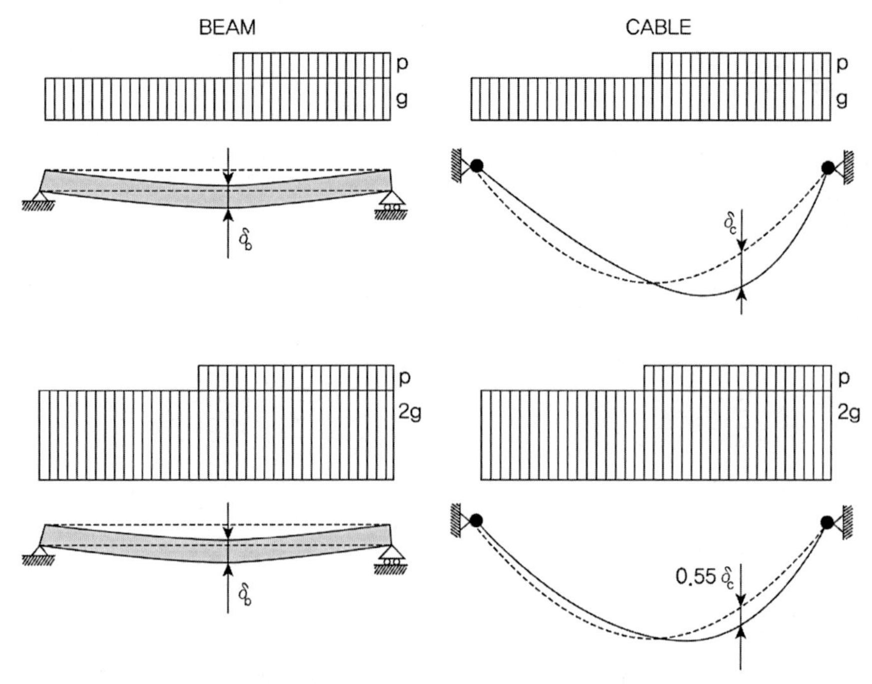

(보와 케이블의 비대칭하중에 대한 사하중효과)

활하중 80kN/m가 1/2 지간에 재하되고 사하중이 110kN/m, 220kN/m, 440kN/m가 전지간에 재하될 때 케이블의 처짐 곡선을 보면, 사하중이 클수록 처짐 형상이 작아짐을 확인할 수 있다.

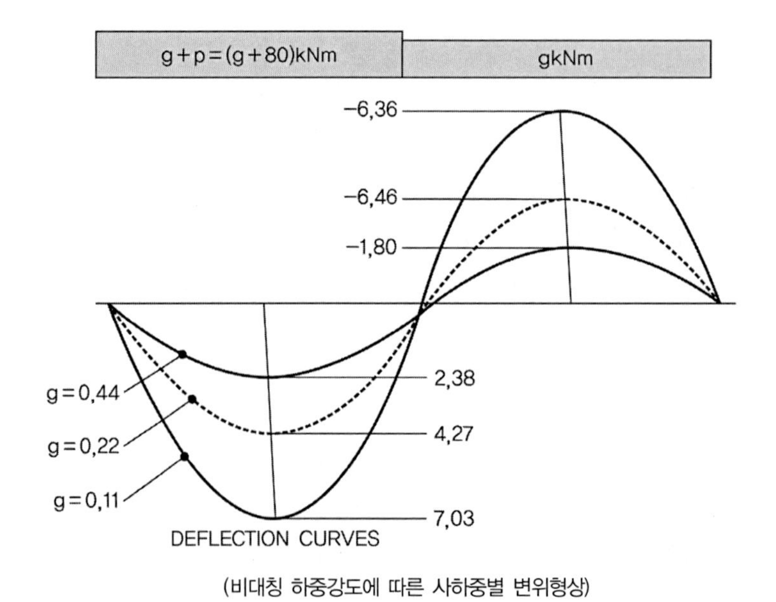

(비대칭 하중강도에 따른 사하중별 변위형상)

현수교의 설계 시에는 이러한 자중의 효과를 주의깊은 고려가 필요한데, 근래의 경량의 강상자형의 박스 거더를 이용한 현수교가 이전의 자중이 큰 트러스 강구조나 콘크리트 구조에 비해 처짐이 더 커진 것도 이러한 자중의 효과에 의해서 발생되는 것이다. 그러나 실제 현수교와 같은 구조물은 단일 지간으로 건설되는 것이 아니라 통상 장지간의 중앙지간과 짧은 측경간으로 구성되는 3경간으로 구성되며 단일경간의 거동과는 측경간의 길이에 따라 다르게 나타날 수 있다.

④ 3경간 현수교의 처짐 거동 : 기하학적 형상의 영향

중앙경간이 1000m이고 측경간이 500m와 250m인 현수교 구조를 비교해보면, 활하중이 80kN/m가 작용하고 사하중이 220kN/m가 작용할 때 측경간이 짧은 경우(측경간이 50%감소시)에 중앙 처짐이 79%만 발생되는 것을 알 수 있다. 따라서 케이블의 처짐양상은 자중에 의해 영향도 받지만 기하학적 형상에 의해서도 영향을 받게 되는 것을 알 수 있다. 기하학적 형상의 영향은 지점의 위치가 수평방향으로 변화함(주탑의 상부지점 변화 : 1.62m → 0.42m)으로 인해서 발생되며 이러한 지점의 변화는 측경간장의 변화로 인한 새그의 감소로 인한 수평력의 변화 때문이다(수평력 변화 : 275MN → 375MN).

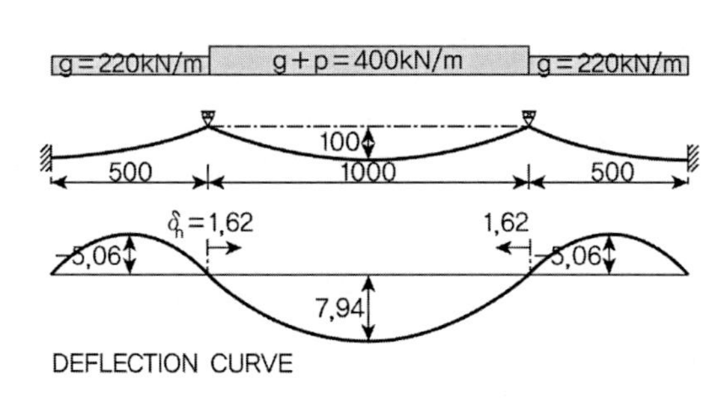

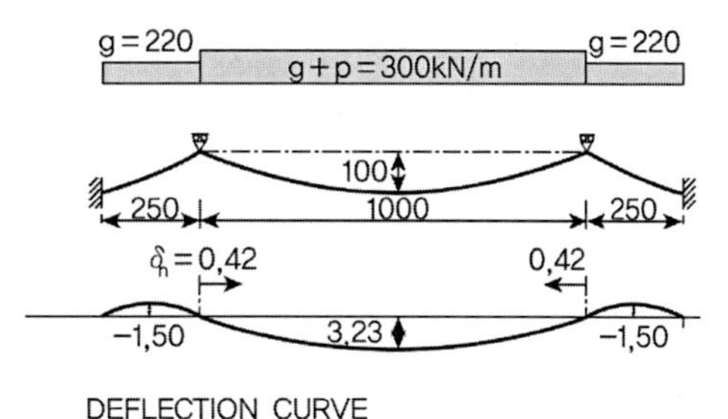

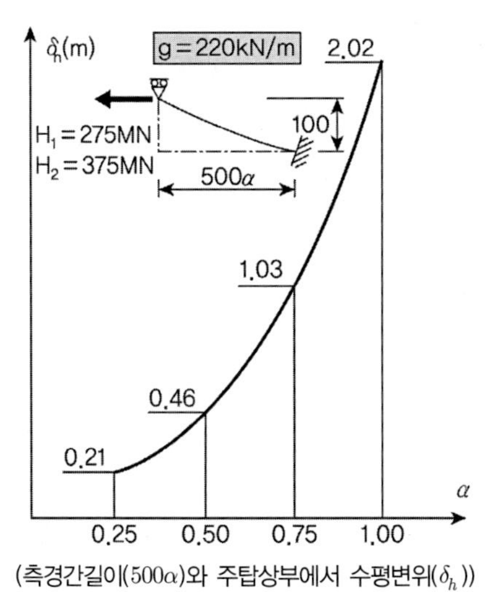

(측경간길이(500α)와 주탑상부에서 수평변위(δ_h))

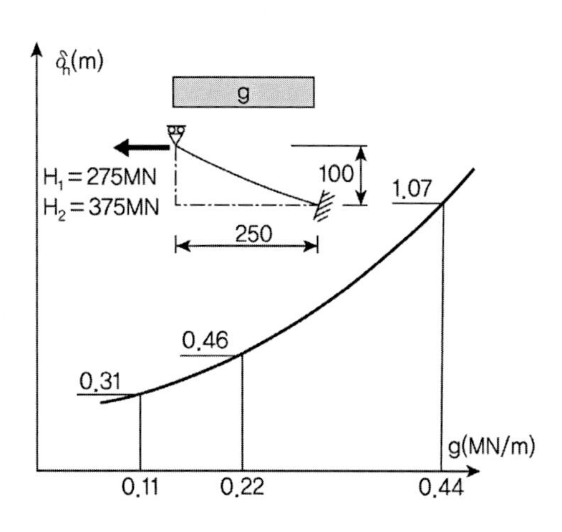

(사하중크기와 주탑상부에서 수평변위(δ_h))

단일 케이블의 거동에서는 사하중의 크기가 클수록 케이블의 처짐거동에 긍정적이었던 반면에 3경간의 현수교 구조에서는 측경간에서의 사하중의 증가는 그 반대 효과를 가져오는 것을 알 수 있다.

⑤ 보강형의 휨 강성의 영향

케이블 구조는 유연한 구조로 거동하지만 실제적으로 현수교와 같은 구조물에서는 보강형(Deck)의 영향을 받게 되며, 이로 인하여 거동이 달라지게 된다. 다만 앞선 영향인자보다는 그 영향은 Slender Deck을 통상 사용하여 작게 나타난다.

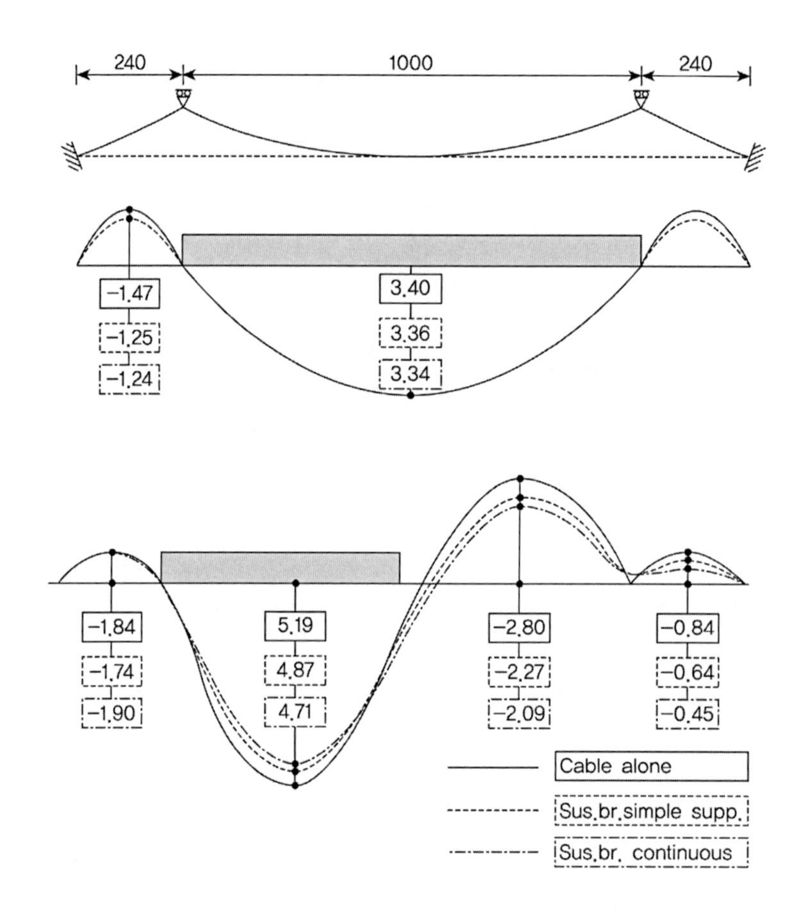

2. 케이블 형태별 순수케이블 시스템

순수케이블 시스템(Pure Cable system)은 케이블의 모든 요소가 인장을 받을 때를 말하며 현수케이블 시스템, 팬 시스템, 하프시스템의 형태에 따라서 다음과 케이블의 단면을 구분할 수 있다. 아래의 수식으로부터 동일한 수평력을 부담하기 위해서 현수시스템과 팬 시스템의 주탑의 높이는 동일하나 하프시스템에서는 약 2배가량 높은 주탑이 필요함을 알 수 있다.

TIP | 케이블 시스템 비교 |

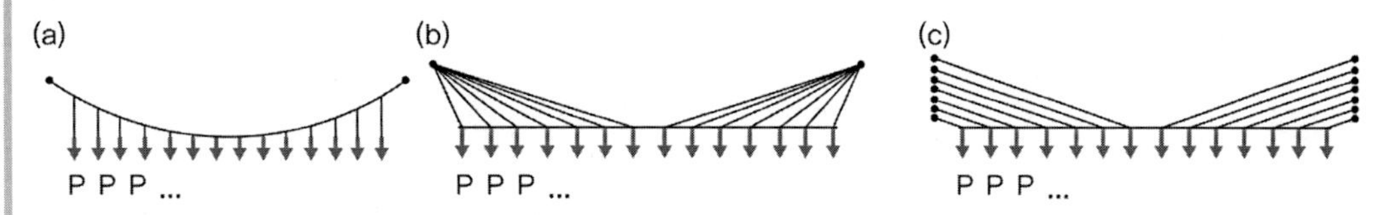

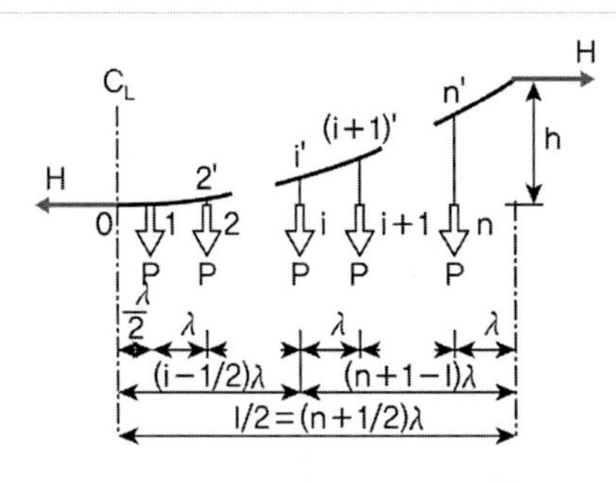

$$Q_{cbS}=2\frac{\gamma_{cb}}{f_{cbd}}P\left[\frac{1}{4}n(n+1)\frac{\lambda^2}{h}+\sum_{i=1}^{n}\frac{i(i-1)}{n(n+1)}h+\sum_{i=1}^{n}\frac{n(n+1)}{2h}\left(\lambda^2+\frac{4h^2}{n^2(n+1)^2}i^2\right)\right]$$

$$Q_{cbS}=2nP\left(h+\frac{n+1}{2n+1}\frac{l^2}{4h}\right)\frac{\gamma_{cb}}{f_{cbd}}$$

$\lambda=l/(2n+1)$, $n\approx\infty$, 단위길이당 하중 $p=P/\lambda$면

$$Q_{cbS}=pl\left(h+\frac{l^2}{8h}\right)\frac{\gamma_{cb}}{f_{cbd}}$$

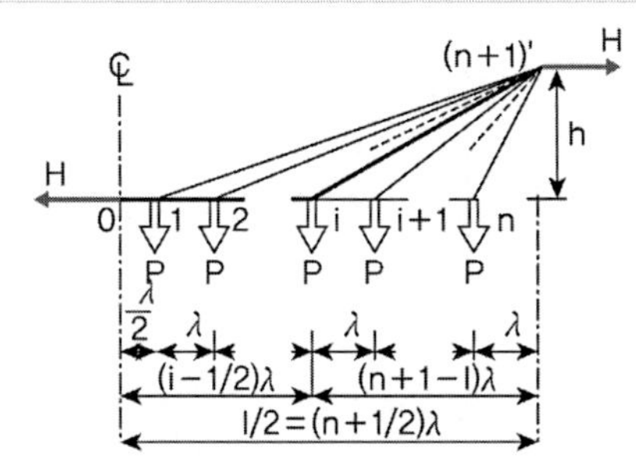

$$Q_{cbF}=2\frac{\gamma_{cb}}{f_{cbd}}P\left(\sum_{i=1}^{n}(n-i+1)\left(i-\frac{1}{2}\right)\frac{\lambda^2}{h}+\sum_{i=1}^{n}[(n-i+1)^2\lambda^2+h^2]\frac{l}{h}\right)$$

$$Q_{cbF}=2nP\left(h+(n+l)(2n+1)\frac{\lambda^2}{4h}\right)\frac{\gamma_{cb}}{f_{cbd}}$$

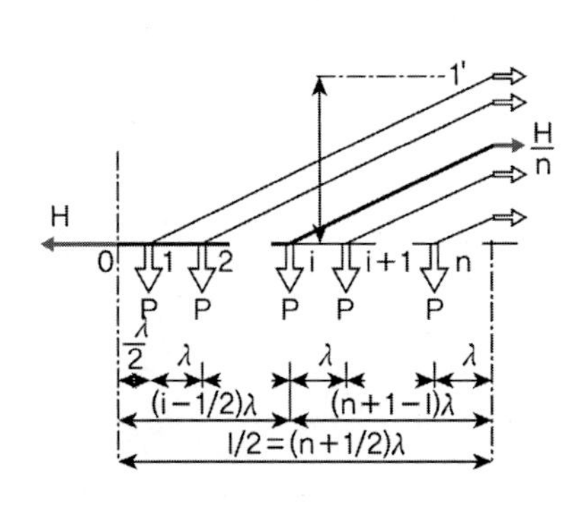

$$Q_{cbH}=2nP\left(\frac{n+1}{2n}h_H+n\left(n+\frac{1}{2}\right)\frac{\lambda^2}{h_H}\right)\frac{\gamma_{cb}}{f_{cbd}}$$

하프시스템의 수평력($H_H=nPn\frac{\lambda}{h_H}$)이고,

현수시스템의 수평력($H_S=\frac{n(n+1)}{2}P\frac{\lambda}{h_s}$ 이므로,

수평력이 동일하기 위해서는 $\frac{h_H}{h_S}=\frac{2n}{n+1}$

$$\therefore Q_{cbH}=2nP\left(h_S+(n+1)(2n+1)\frac{\lambda^2}{4h_S}\right)\frac{\gamma_{cb}}{f_{cbd}}$$

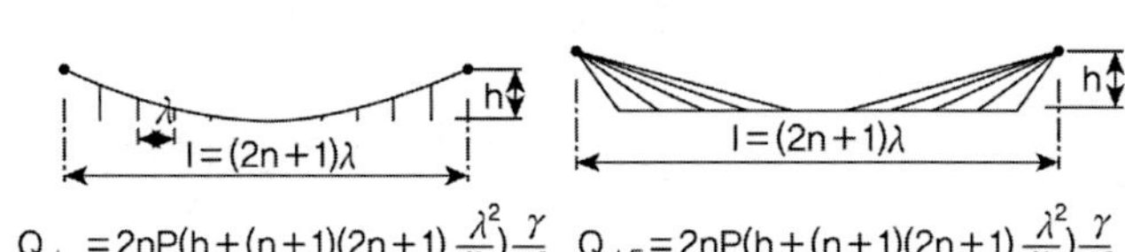

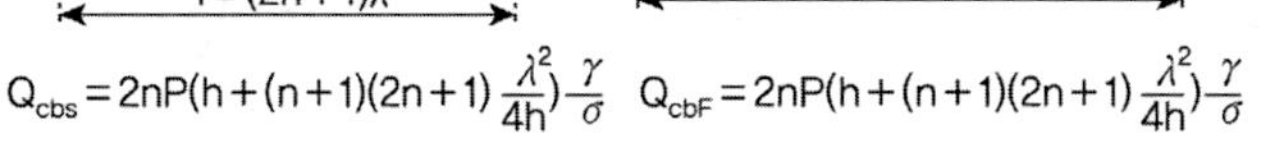

$\frac{2nh}{n+1}$

$l=(2n+1)\lambda$

$Q_{cbH}=2nP(h+(n+1)(2n+1)\frac{\lambda^2}{4\eta})\frac{\gamma}{\sigma}$

02 사장교 일반

1. 케이블 구조물의 안정성 (방명석, 케이블 구조물의 안정성 해석, 1991년 강구조학회지)

일반적으로 케이블을 이용한 구조물인 사장교와 현수교의 구조 개념을 설명할 때에는 사장교의 경우 케이블 지점을 탄성스프링으로 지지되는 지점을 보게 되며, 현수교의 경우 행어가 연결된 지점에서 상향력을 가하는 구조물로 보고 구조적 차이점을 설명하는 것이 일반적이다.

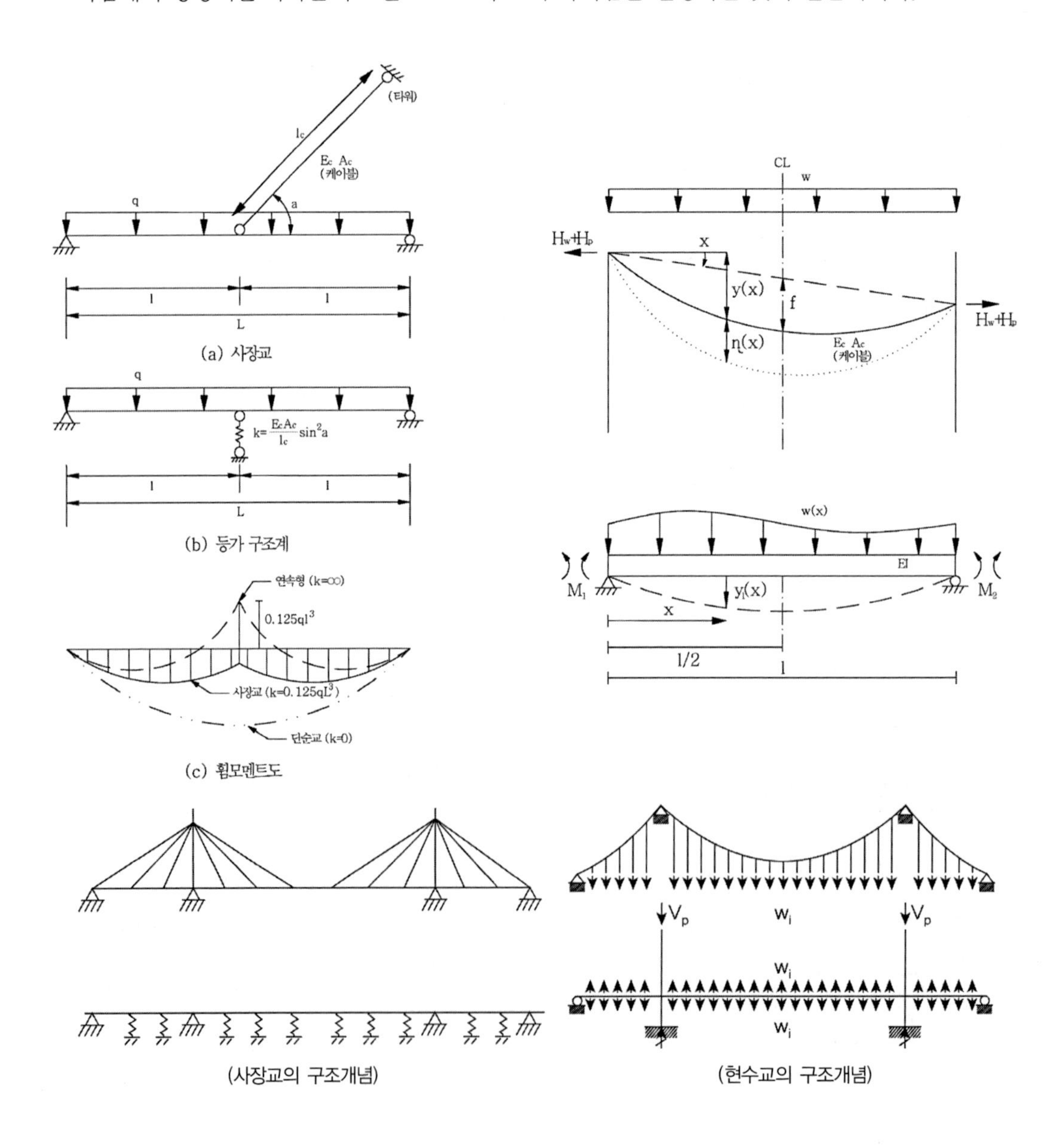

(사장교의 구조개념) (현수교의 구조개념)

1) 케이블 구조물의 구조 특성과 안정성

케이블 구조물을 구성하는 구조부재들은 모든 연결점에서 힌지로 연결된 것으로 가정하며 이 조건에서 안정성을 검토할 때는 다음과 같이 3그룹으로 나눌 수 있다.

① 1차 안정성 케이블 시스템 : 외력에 의한 변위가 없는 상태에서 평형조건을 만족

② 2차 안정성 케이블 시스템 : 케이블시스템으로 외력이 작용할 때만이 평형조건 만족

③ 불안정 케이블 시스템 : 평형조건을 만족시키지 못함

④ 현수교의 경우는 하중이 재하 시에 모든 케이블의 인장력이 고정케이블(anchor cable)에 연결되어 있으므로 구조적으로 2차 안정성 케이블이다.

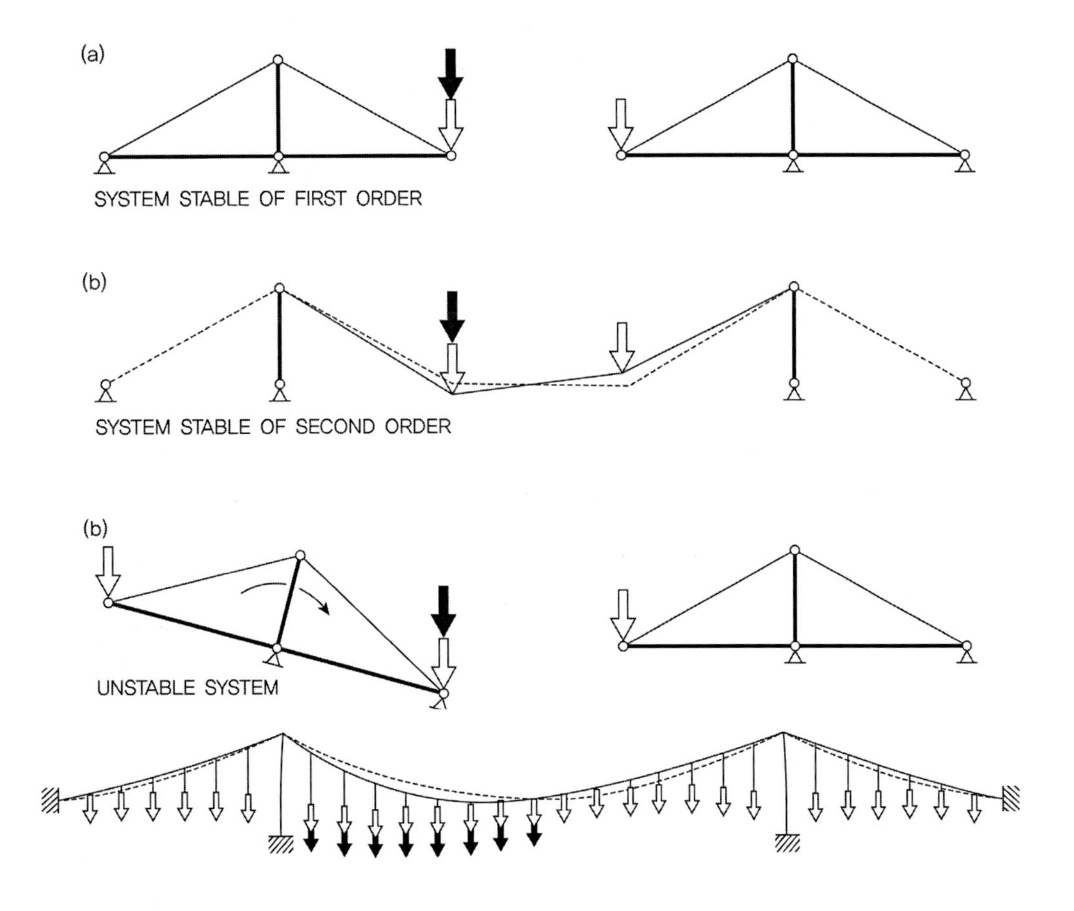

2) 팬(Fan) 및 하프(Harp)형 시스템의 안정성

① 팬형 사장교 : 아래 그림 (a)의 삼각형 ABCD는 전형적인 1차 안정성 케이블시스템이나 부분적으로 EBCD는 불안정케이블 시스템을 이룰 수 있다. 따라서 교량의 안정성을 확보하기 위해서는 AD 케이블(Anchor cable)은 어느 하중조건하에서나 인장력이 부하되도록 설계되어야 한다.

② 하프형 사장교 : 다음 그림 (a)와 같은 내측의 지지케이블(Stay cable)의 경우 주탑(Pylon)에 고정되어 있으므로 모든 인장력이 고정케이블로 전달될 수 있지만 아래 그림 (b)와 같이 주탑에서 이동 가능한 지지시스템인 경우나 아래 그림 (c)와 같이 Harp시스템인 경우에는 내측 지지케이블의 인장력이 앵커케이블에 전달될 수 없으므로 부분적으로 불안정을 갖게 된다. 이를 해결하기 위해서 그림 (d)와 같이 외측지간의 연결점에 지점을 설치하여 1차 안정성 케이블 시스템을 만들 수 있다.

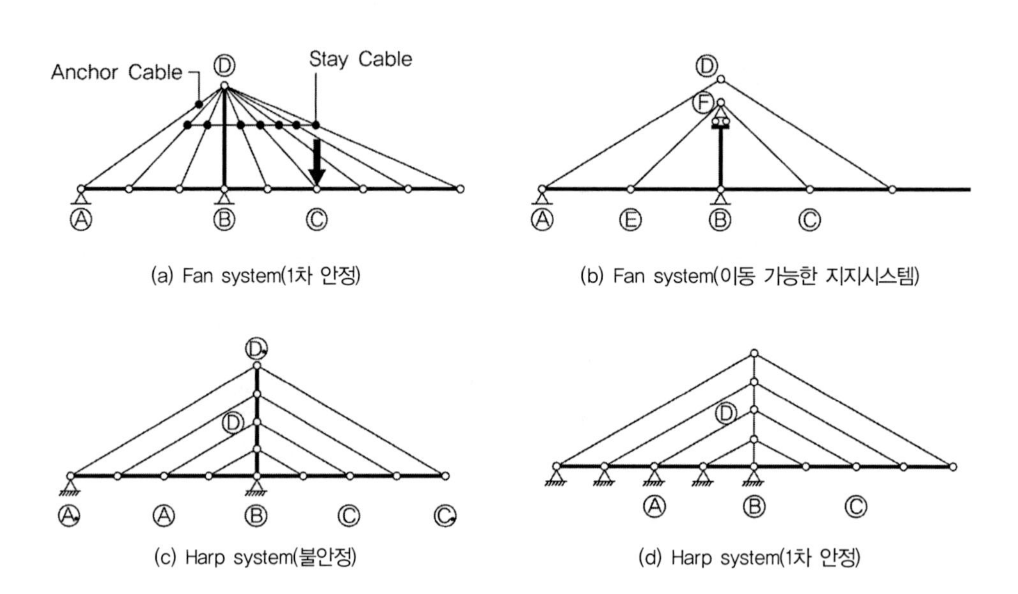

(a) Fan system(1차 안정)

(b) Fan system(이동 가능한 지지시스템)

(c) Harp system(불안정)

(d) Harp system(1차 안정)

3) 케이블 구조물의 안정성 해석

1차 및 2차 안정성 케이블시스템의 경우에도 케이블 중 하나의 손상에 의해서 전체시스템이 불안정시스템으로 바뀌는 경우가 있다. 현수교의 주케이블이나 사장교의 앵커케이블이 파단되는 경우에는 전체시스템이 불안정 시스템으로 되므로 주 케이블들의 안정성확보는 매우 중요하다.

2. 사장교의 계획 및 설계 (김우종 2002.12 토목학회지)

사장교는 사장케이블(stay cable)의 인장강도와 주탑(pylon) 및 보강형(stiffened girder)의 휨 압축강도를 효과적으로 결합시켜 구조적 효율을 높인 교량형식으로 케이블의 강성과 장력을 조절함으로서 보강형에 발생되는 휨모멘트를 현저하게 감소시킬 수 있어 경제적인 설계가 가능하다.
(장점) 구조적인 효율성, 외관 수려, 주행 시 개방감, 주변 환경에 따라 변형 용이
(단점) 높은 부정정차수로 구조해석의 어려움

1) 주요설계변수

① 지간의 결정(중간 교각의 유무)
② 주형단면결정
③ 주탑의 높이 및 단면결정
④ 케이블의 배열(종, 횡방향)
⑤ 케이블의 수
⑥ 케이블과 주탑의 결합조건과 위치
⑦ 주형과 주탑의 연결조건
⑧ 주탑과 기초부위 연결조건
⑨ 인접지간과의 연결 상태
⑩ 기초형식

2) 보강형의 종류 : 강거더, 강합성거더, 콘크리트 거더, 복합거더

3) 적용지간 : 경제적인 지간장 300~600m

4) 지간비(측경간 길이/중앙경간 길이) : 지간비는 시스템의 처짐 양상을 결정할 뿐만 아니라 앵커 케이블의 장력 및 변화폭에 영향을 주므로 케이블 피로설계에 중요 변수가 된다. 일반적으로 사하중의 비율이 높은 콘크리트 도로교의 경우 0.42 정도의 지간비를 적용하고 활하중 비율이 높은 철도교의 경우에는 0.34까지 적용한다. 그러나 일정수준의 지간비(0.3)를 확보하면 구조적 효율성의 차이는 그다지 크지 않다.

5) 케이블 배치와 주탑의 높이 : 방사형, 하프형, 팬형으로 대별되며 방사형 배치는 구조적 효율성이 높으나 주탑부의 케이블 정착부 설계가 어려우며 주탑부 앵커의 적절한 분산을 위해 팬형이 많이 적용된다. 하프형 배치는 정착부 설계가 용이한 반면 케이블의 효율성이 떨어지며 주탑의 휨모멘트가 커져 구조적으로 불리하나 미관에는 유리하다.

케이블의 배치형상은 구조적인 효율성의 차이로 인해 주탑의 높이에 영향을 주게 되며 주지간장에 대한 주탑의 높이비와 케이블 배치형상별 케이블과 주탑의 경제성을 비교하여 이론적인 최적치와 실체 설계상의 적용되는 값은 다음과 같다.

구분	경제적인 h/L	설계 시 사용 h/L
현수교	0.15	0.1
방사형 사장교	0.13	0.15~0.20
하프형 사장교	0.19	0.20~0.25

6) 케이블의 배치간격 : 초기 사장교의 케이블 간격은 30~73m에 이르러 보강형의 높이가 과다했으나 케이블 재료의 발전과 정착장치의 개발로 Multi cable 시스템 도입으로 전체적인 여용력이 많아지고 케이블과 정착부의 크기가 작아지며 보강형의 단면력을 좋게 해주었으며 가설 장비의 규모나 보강규모도 축소되었다. 합성이나 강사장교의 경우 15~25m, 콘크리트 사장교의 경우 5~10m 정도가 일반적이다.

7) 공사비 : 사장교(6,300천 원/㎡) 〈 현수교(9,940천 원/㎡)

8) 사장교의 주요 해석기준

① 초기치 해석

사장교의 설계시 케이블 프리스트레스를 도입하는 목적은 부재의 단면력의 분포를 균등하게 하고 크기를 가능한 작게 하는데 있다. 이와 같이 완성계의 보강형, 주탑, 케이블장력, 지점반력을 개선할 수 있는 케이블 장력을 구해내는 것을 초기치 해석이라고 한다.

(강사장교) 가설 중 내적 부정정계가 발생하지 않는 강사장교의 경우 초기 해석결과가 평형상태 해석결과와 유사하므로 역방향 해석만으로도 충분하다.

(콘크리트사장교) 크리프나 건조수축의 영향을 받는 강합성 사장교나 PSC사장교의 경우에는 초기치 해석에서 시간 의존적 영향을 고려하기 어렵기 때문에 몇 차례의 역방향 해석과 정방향 해석 과정을 통해 최종적인 평형상태를 구하는 것이 일반적이다.

초기치 해석의 방법으로는 (1) Zero displacement Method, (2) Force Equilibrium Method (3) Force Method, (4) Energy Method 등이 있다.

② 충격계수

각 부재별로 최대/최소 모멘트를 발생시키는 영향선을 구한 뒤 영향선의 길이를 재하 길이로 하고 그에 따른 활하중 충격계수를 계산하는 방법이 주로 사용된다. 부재별 단면력의 종류별로 다르게 되므로 계산량이 많다.

산정방법	장단점	비고
3경간 연속형으로 산출하는 방법	이론치와 비교해서 1/2 정도 작은 값	
케이블 정착점간 거리를 지간으로 하는 방법	이론치에 비해 매우 큰 값 보강형과 케이블의 충격계수에 매우 큰 불연속성 발생 케이블 정착점간 거리의 영향이 큼	
영향선 해석을 통해 산출하는 방법	영향선 해석을 통하여 해당부재의 최대 단면력 효과가 발생하는 분포하중의 재하길이 사용 교량의 실제거동과 가장 유사한 충격계수 제공	일반적 적용
동적해석에 의한 방법	해석방법이 복잡하고 해석시간 多, 계산양이 과다	검증용 적용

▶ 유효폭 및 충격계수 산정을 위한 설계지간장

기본방향	• 사장교에서의 보강거더 경계조건은 매우 복잡하므로 영향선 해석을 통한 유효지간장으로 충격계수 산정, 등가지간장으로 단면 유효폭 결정

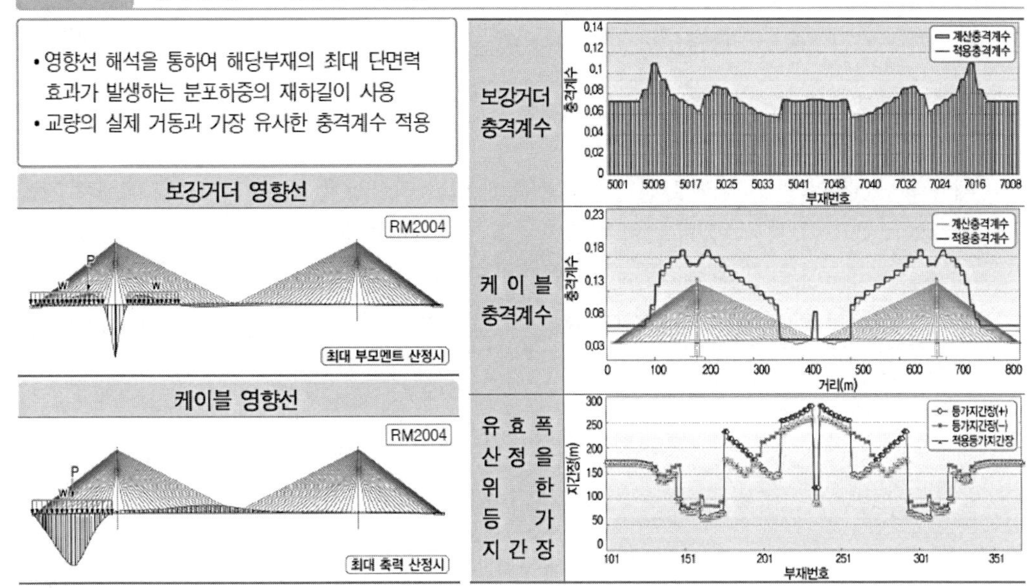

③ 좌굴해석 : 면내좌굴과 면외좌굴모드를 구하여 각각의 좌굴안전계수를 평가하여 안정성 검토를 수행한다(유효좌굴길이 산정의 문제).

$$\frac{f_c}{f_{cay}}+\frac{f_{bcy}}{f_{bao}(1-f_c/f_{Ey})}+\frac{f_{bcz}}{f_{bagz}(1-f_c/f_{Ez})}\leq 1$$

④ 케이블의 진동 : 풍우진동과 지점가진진동

진동현상	특징	대책
Rain-Wind Vibration	• PE관으로 보호된 사장교 케이블에 비를 동반한 바람에 의한 케이블 진동 • 풍동실험 결과 Rivulet이라고 불리는 빗물의 흐름 형성이 진동의 주요요인	케이블 단면형상조정 (fillet 설치)
Wake Galloping	• 병렬로 배치된 사재에서 풍상측 케이블의 진동에 의해 풍하측 케이블이 진동	대수감쇠율 $\delta=3\%$ 확보
Vortex Shedding	• 낮은 풍속으로 발생하는 케이블의 소용돌이와의 공진현상으로 고주기, 저진폭 진동으로 피로문제 야기	대수감쇠율 $\delta=2\sim3\%$ 확보
Buffeting	• 불안정한 바람의 난류에 의한 저진폭 진동	대수감쇠율 $\delta=2\sim3\%$ 확보
구조물 진동	• 차량이나 바람에 의한 구조물이 진동할 때 비슷한 주기를 갖는 케이블에서 발생	케이블 진동수 조정 댐퍼 설치

3. 사장교의 비선형 해석

107회 1-7 장대교에서 비선형 해석이 필요한 이유

93회 3-3 사장교에서 비선형 해석을 해야 하는 주요 요인 3가지

1) 사장교의 기하학적 비선형성

① 케이블의 비선형성

케이블은 인장만 받는 부재로 전단, 휨, 비틂에 대한 저항성이 없다. 케이블의 비선형 거동에 영향을 미치는 인자는 다음과 같다.

(1) 케이블 재료의 탄성계수 : Earnst의 등가탄성계수

(2) 케이블 거동에 따른 소선의 재배열 현상 : 장력 증가에 따른 느슨한 배열이 조밀해지는 현상

(3) 케이블 자중에 의한 새그의 영향

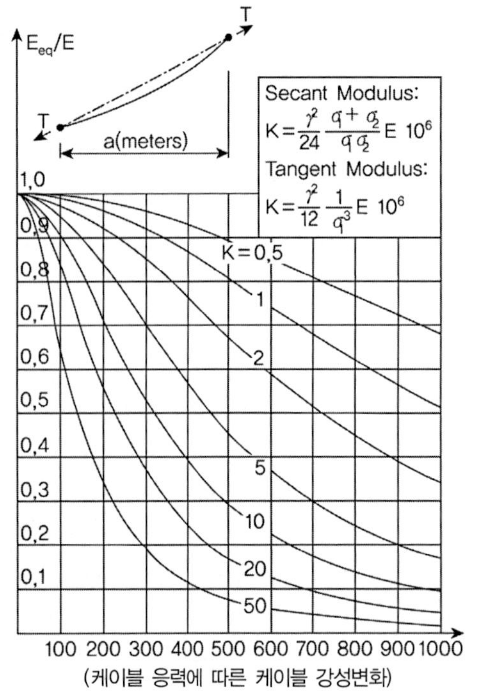

(케이블 응력에 따른 케이블 강성변화)

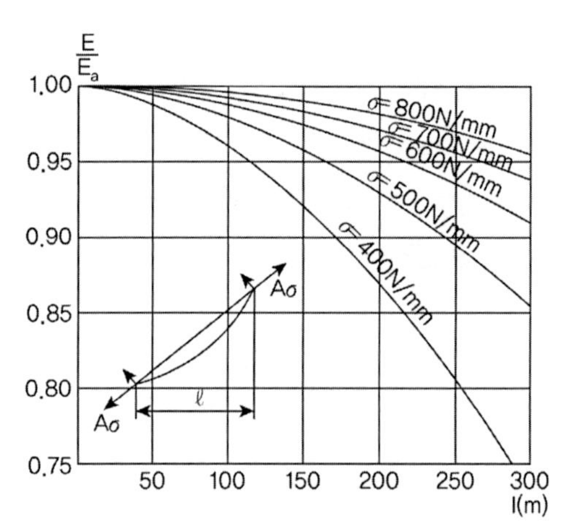

(케이블의 수평거리 l에 따른 E/E_o)

$$E_{eq} = \frac{E_0}{1 + \dfrac{\gamma^2 a^2 E_0}{12\sigma^3}}$$

② 주탑과 보강형의 비선형성

사장교의 주탑과 보강형에는 사하중에 의해 큰 축력이 작용하게 되며 동시에 활하중에 의해 큰 처짐이 발생하는 경우 P-△효과로 비선형 거동을 나타내게 된다.

③ 대변위 효과

선형해석에서는 구조계의 기하학적 형상의 변화가 미소하므로 부재력을 계산할 때 원상태의 형상을 이용해도 큰 오차가 없으나 사장교와 같은 케이블 지지교량에서는 대변위가 발생하므로 구조물의 기하학적 형상변화를 반드시 고려해야 한다. 반복해석 중 부재의 길이와 경사가 변하면서 부재의 강성도 행렬과 Cable 장력 및 부재의 초기 부재력과 같은 비보존력 성분들도 이전단계 구조계의 기하학적 형상에 따라 재구성하게 된다.

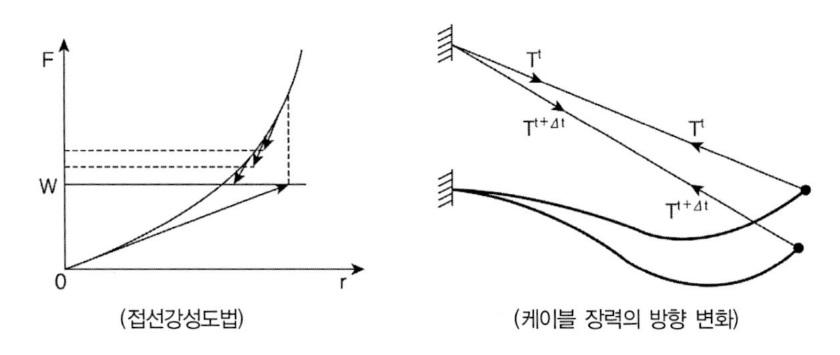

(접선강성도법) (케이블 장력의 방향 변화)

2) 비선형 해석 알고리즘

구조물의 부재강성이 부재내력과 관계되므로 구조계의 평형방정식은 비선형 방정식이 된다. 특히 사장교와 같은 케이블 지지교량은 하중이 증가함에 따라 부재의 강성이 증가하게 되는 Hardening System이다 일반적으로 각 반복계산 단계별로 강성도 행렬을 재구성하는 Newton-Raphson법을 이용하여 케이블의 초기 가정장력과 형상해석을 위한 초기 부재력 성분들을 비보존력으로 보고 증분단계별로 이들에 의한 불평형 하중벡터를 최근의 기하학적 형상에 의해 재구성하여 계산한다.

3) 사장교의 비선형 해석방법

사장교는 케이블의 교량의 특성상 대변위, 케이블 자중에 의한 새그(Sag)의 영향, 주탑과 보강형의 큰 압축력에 의한 P-△효과로 기하학적 비선형성을 나타내며 이를 고려하여 해석을 수행하여야 한다. 사장교의 비선형 해석을 위해서는 비선형 등가 트러스 요소를 이용하거나 2차원 및 3차원 보요소의 안정함수(Stability function)를 이용한 방법, 라그랑지아 공식(Updated Lagrangian Formulation)을 이용한 방법 등이 주로 이용된다.

① 안정함수(Stability function)이용방법 : 부재가 축력과 모멘트를 동시에 받고 있는 경우 상호작용에 의한 강성도 변화를 나타내는 함수로서 강성도 행렬의 각 항에 곱해져 강성도의 증가 또는 감소효과를 나타낸다. 하중을 증분하여 가한 뒤 허용범위를 벗어나는 불평형하중을 다시 증분하여 가하는 반복적인 증분법 사용, 케이블을 등가트러스 요소 사용

② Updated Lagrangian Formulation : 3차원 보요소의 접선 기하강성도 행렬을 이용한 초기접선강도도법 사용, 탄성현수선 요소 사용

③ 기하강성도 행렬을 이용한 Newton-Raphson법 : 비선형 등가트러스 요소

4. 사장교 케이블 배치형식(교축방향)과 배열방법(교축직각방향)

109회 3-3 사장교의 지지방식에 따른 분류와 각 형식의 특성

1) 케이블의 배치

① 케이블 수 : 소수케이블, 다수케이블

② 케이블 측면배치 형식 : 방사형식, 팬형식, 하프형식

③ 케이블의 지지면수 : 중앙 1면 지지, 양측 2면지지

2) 소수 케이블 시스템과 다수 케이블 시스템

① 소수케이블 시스템 : 주로 초기 사장교에서 흔히 볼 수 있는 형식으로 구조해석 기술의 발달과 시공기술의 발달로 최근에는 일부 사장교를 제외하곤 거의 다수 케이블 시스템 채용 추세

② 다수 케이블

장점	단점
가. 주형의최대 휨모멘트가 소수케이블 시스템에 비해 작다. 나. 1개의 케이블을 설치하기 위한 정착구조가 간단하다. 다. 정착구 근처의 국부적 응력집중이 작다. 라. 케이블 사이의 설치거리가 짧기 때문에 임시교각을 적게 사용하거나 전혀 사용하지 않을 수 있다. 마. 케이블 방식처리의 공장실시가 가능하다. 바. 케이블의 치환이나 보수가 용이. 즉, 유지보수가 경제적이다.	가. 케이블 부재의 강성이 비교적 작다. 나. 측경간에 비교적 큰 부반력이 생길 가능성이 있다. 다. 바람에 의한 케이블 부재의 진동문제가 발생할 수 있다. 라. 시공이 비교적 복잡하다.

(소수케이블 시스템)

3) 케이블의 측면배치

방사형	팬형	하프형
가. 케이블과 주형이 이루는 각도가 다른 형식에 비해 커 연직하중에 대한 강성이 크다. 나. 주형에 발생하는 축력이 작다. 다. 측경간과 주경간 케이블간의 힘의 전달이 주탑의 한 점에서 발생 라. 주탑에서의 케이블 정착작업이 어렵다.	가. 케이블과 주형이 이루는 각도가 커, 연직하중에 대한 강성이 크다. 나. 주형에 발생하는 축력이 작다. 다. 주탑에서의 케이블 정착작업이 비교적 쉽다. 라. 케이블의 치환이 용이하다.	가. 케이블과 주형이 이루는 각도가 일정하다. 나. 주형에 발생하는 축력이 크다. 다. 주탑에서의 케이블 정착작업이 쉽다.

TIP | L_m, L_T의 결정 |

① L_m 결정(40~50m, 240m 교량)
- L_m 이 길면 고정하중에 의한 모멘트 증가
- L_m 의 길이는 보강형 폐합방식에 따라 결정

① L_T결정(40~50m, 240m 교량)
- 주탑이 하중지지구간으로 활하중 영향이 작아 일반구간(20m)보다 넓게 배치
- 주탑보강형 연직슈가 미설치 시 L_T작게 결정
- 캔틸레버 설치 시 경사 벤트나 임시 케이블 이용 주탑에 지지
- 1000m이상의 장대교에서는 L_T와 보강형의 내하력 관계를 주의 깊게 검토 필요

4) 케이블의 면수에 의한 분류

중앙1면 지지형식과 양측2면 지지형식의 선정 시에는 주형에 비틀림력의 발생여부를 분석해야 한다.

① 중앙1면 지지형식 : 케이블 배치구조 시스템이 구조가 비틀림력에 대해 저항할 수 없으므로 주형은 비틂 강성이 높은 단면으로 설계해야 한다. 이 형식은 케이블을 상부구조의 중앙선에 정착시키므로 가설 시에는 비교적 쉽게 정착할 수 있는 이점이 있다.

② 양측2면 지지형식 : 주형에 작용하는 비틀림력을 케이블의 축력으로 저항할 수 있도록 만든 구조시스템으로 주형의 비틂 강성이 상대적으로 작아질 수 있다. 실제로 주형의 비틂 강성이 매우 작은 사장교의 가설 실적이 많다.

5. 사장교 케이블의 특성 (1989 대한토목학회지)

1) 사장교 케이블에 요구되는 특성

① 유효단위면적당 인장강도가 클 것
② 탄성계수가 클 것
③ 신축특성이 클 것
④ 가설이 용이할 것
⑤ 피로에 대한 저항성이 클 것
⑥ 부식방지가 용이 할 것
⑦ 휨이 쉬울 것
⑧ 경제성

2) 케이블의 종류별 특성

케이블의 종류는 일반적으로 Locked Coil 케이블, Wire 케이블, Strand 케이블, Bar 케이블 등으로 구분할 수 있다.

구분	Locked Coil Cable	Parallel Wire Cable	Parallel Strand Cable	Parallel Bar
모양				Bars Grout Steel Pipe
E	$E=1.6\times10^5$	$E=2.0\times10^5$	$E=2.0\times10^5$	$E=2.0\times10^5$
특징	• 피로강도 약함 • 현장제작 불가 • 부식방지 곤란 • 포장 및 운송이 고가 • Steel Socket 연결	• 피로강도 강함 • 현장제작 불가 • 포장 및 운송이 고가 • Hi-Am Socket, 고가	• 피로강도 강함 • 현장제작 가능 • Wedge 사용, 저렴	• 피로강도 약함 • 현장제작 가능 • Anchor Bolt 정착
교체	소선별 교체불가	초기설치장비사용 교체불가	소선별 교체가능	소선별 교체가능

※ 사용되고 있는 케이블 형태

① 와이어로프(Spiral rope or locked coil rope), ② 평행 와이어 스트랜드(parallel wire strands)
③ 평행 와이어 케이블(parallel wire cable), ④ 평행 스트랜드 케이블(parallel strand cable)
⑤ Ultra Long Lay Cable(new-PWS or SPWC)

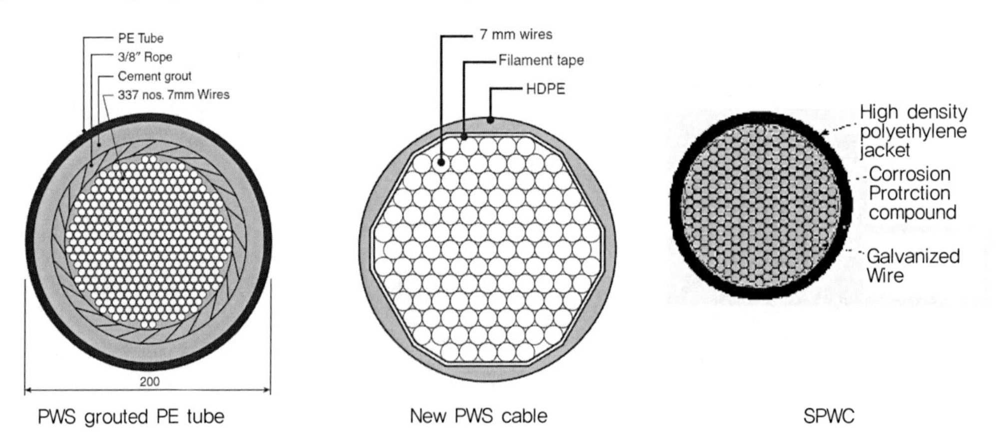

PWS grouted PE tube　　New PWS cable　　SPWC

TIP | 국내 사장교/현수교 케이블 적용 추세 |

국내 사장교 현수교에서는 국내에서 제작이 가능한 케이블을 위주로 적용되고 있으며, Wire Cable보다는 주로 Strand 형식의 케이블이 주로 사용된다. 주로 Parallel wire strand 형식이나 Multi-strand 형식이 사장교에서 가장 많이 사용되며, 현수교에서도 주로 wire strand 형식이 주로 사용되며, strand 구성방식은 A/S 방식을 주로 채택하고 있다.

1. 사장교 Stay Cable 형식 비교

케이블 형식 검토

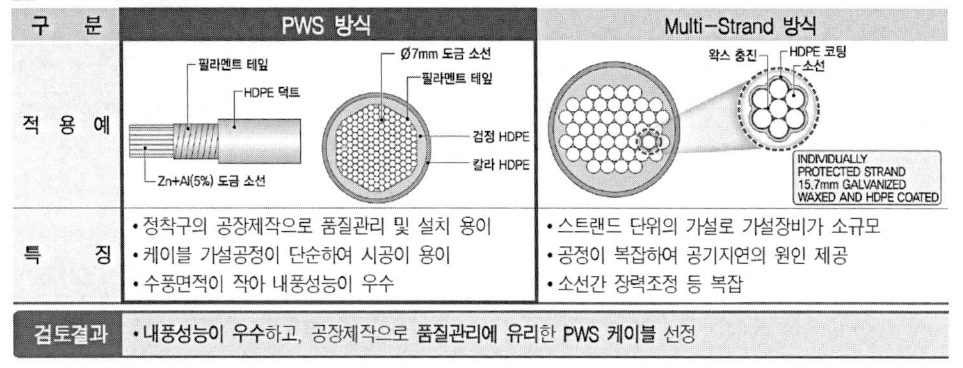

구 분	PWS 방식	Multi-Strand 방식
적 용 예	필라멘트 테잎, HDPE 덕트, Zn+Al(5%) 도금 소선, Ø7mm 도금 소선, 필라멘트 테잎, 검정 HDPE, 칼라 HDPE	왁스 충진, HDPE 코팅, 소선, INDIVIDUALLY PROTECTED STRAND 15.7mm GALVANIZED WAXED AND HDPE COATED
특 징	• 정착구의 공장제작으로 품질관리 및 설치 용이 • 케이블 가설공정이 단순하여 시공이 용이 • 수풍면적이 작아 내풍성능이 우수	• 스트랜드 단위의 가설로 가설장비가 소규모 • 공정이 복잡하여 공기지연의 원인 제공 • 소선간 장력조정 등 복잡
검토결과	• **내풍성능이 우수**하고, 공장제작으로 **품질관리에 유리**한 **PWS 케이블** 선정	

2. 현수교 주케이블 형식 비교

■ **케이블 시스템 검토**

공 종	기본설계 : A/S 공법 (Air Spinning 공법)	비교1안 : PPWS 공법 (Prefabricated Parallel Wire System 공법)	비교2안 : 락코일 공법 (Locked Coil 공법)
개 요 도	와이어 → 스트랜드 → 주케이블	127개의 와이어 / 스트랜드, 주케이블	락코일, 고장력 볼트, 행어 연결부재
설 치	• 와이어단위로 활차에 의해 가설하여 스트랜드 구성 후 케이블 완성	• 공장에서 스트랜드 단위로 제작, 운송하여 주케이블을 완성	• Spiral rope 또는 Locked coil을 스트랜드 단위로 가설
앵커리지	• 앵커리지 정착면적 최소화	• 정착면 증대로 앵커리지 규모 커짐	• 정착면 증대로 앵커리지 규모 커짐
공 기	• 2~3개월 소요되며 자재 및 장비 수급이 쉬워 공기 지연 가능성 적음	• 2개월 정도 소요되며 자재 및 장비가 외국산으로 공기 지연 가능성 큼	• 2개월 정도 소요되며 자재 및 장비가 외국산으로 공기 지연 가능성 큼
실적 및 자재공급	• 케이블 자재 및 가설장비 국산화 • 국내 실적 다수 (광안, 영종대교)	• 국내에서는 자정식인 소록대교 실적 • 대부분의 케이블을 해외로부터 공급	• 케이블 노출로 자외선, 부식 취약 • 케이블 전량 해외에서 공급 받음
검토결과	• A/S공법 적용시 순수 국내 기술에 의한 제작 및 설치 가능 • 국산 자재의 사용 가능으로 타공법에 비하여 공기 지연 없음	▶ A/S 공법 선정	

3. 현수교 행어로프 형식 비교

■ 행어케이블

구 분	기본설계 : CFRC 형식 (Center Fit Rope Core)	비교안 : PWS 형식 (Parallel Wire Strand)	적용 상세
단면도	• fu=1320~1770MPa • 안전율 3.0 적용 • E=140,000MPa	• fu=1630~1830MPa • 안전율 2.5 적용 • E=200,000MPa	케이블 밴드 행어상단 소켓 행어로프 CFRC 행어하단 소켓 고탄성 유연형 도장 소선
구 조 특 성	• 피로강도가 높음 • 표면이 나선형으로 진동에 유리 • 아연도금으로 50년 내구성 • 국내 제작 가능	• 피로강도가 낮음 • 진동에 취약하여 제진대책 필요 • PE관 피복으로 30년 내구성 • 일본, 중국 등 해외 제작	
사 례	• 영종대교, 광안대교, 소록대교 • Carquinez Br.	• 아카시대교 • Kurushima Br., Great Belt Br.	일반부 : 6×WS(36)+CFRC ϕ75mm 주탑부 : 6×WS(36)+CFRC ϕ80mm
검토결과	• 내구성 및 진동에 유리하며 피로강도가 우수하여 국내 제작이 가능한 CFRC 행어케이블을 선정		

3) 사장교 케이블의 특성

① 사장교 케이블에서 가장 중요하게 요구되는 특성은 높은 탄성계수와 인장강도 그리고 피로에 대한 저항성능이다.

② 케이블의 인장강도가 크면 클수록 인장재의 양을 최소화할 수 있으며 이것은 케이블의 자중과 직결되므로 가설의 용이함과 더불어 가격 면에서 이익이고 또한 높은 탄성계수를 갖는 케이블은 상대적으로 적은 신장률을 유도하므로 구조물의 설계에 중요한 역할을 한다.

③ 이러한 조건을 만족시키는 케이블은 Wire 케이블과 Strand 케이블이며, 최근 사장교에서는 대개 이 두 종류의 케이블이 채택되고 있다.

④ Wire 케이블의 경우 몇 개의 Wire를 묶어서 케이블을 만들면 Group effect로 인하여 각각의 단일 Wire에 비해 피로에 대한 저항성이 떨어지며 그 감소계수는 0.75 정도이다. 많은 양의 wire로 구성된 케이블에 있어서 안전율을 1.25로 고려하면(1979년 코펜하겐 대교) 피로저항에 대한 전체적인 감소계수는 0.6 정도로 된다.

⑤ Strand 케이블의 경우 Group effect로 인한 피로저항 감소계수는 0.9 정도이고 여러 개의 Strand로 구성된 케이블에 대하여 안전율 1.25 고려 시 피로저항에 대한 감소계수는 0.72정도가 된다. 이는 각각의 Strand가 상당히 높은 피로저항성(fatigue endurance)을 갖고 있는 wire의 다발로 구성되어 있다는 것을 의미한다. Strand케이블의 그룹이Wire 케이블의 그룹보다 피로저항성에서 더 유리하다.

4) 케이블의 부식방지

케이블의 역학적 거동을 영구적으로 지속시키기 위해서는 부식방지가 필요하며, 케이블에 사용되는 부식방지는 Rigid type과 Flexibility type이 있다.

① Rigid type protection(grouting 방법) : 시멘트 모르터를 튜브 안에 주입시켜 케이블과 튜브 외부의 대기를 분리시킴으로서 부식을 방지하는 방법으로 케이블이 길고 높은 곳에 가설되는 경우에는 시공이 어렵고 신뢰성이 떨어진다.

② Flexibility type protection(non-grouting 방법) : 긴장재 자체를 각각 도금하는 방법과 튜브 안을 유연성이 큰 채움재, 즉 grease, epoxy tar, wax 등으로 채우는 방법으로 케이블의 모든 방식 작업이 공장에서 이루어지므로 현장에서 가설이 용이하며 신뢰성을 높일 수 있다. Strand 케이블을 이용할 경우 각각의 strand에 대해 부식방지를 하는 방법(individual pretection)도 있다.

③ 종래의 케이블의 부식 방지는 현장에서 수행하는 grouting 방법보다는 공장에서 grease, epoxy tar, wax 등을 채우는 non-grouting 방법이 주로 적용되고 있다.

Cable clamp with exhaust opening

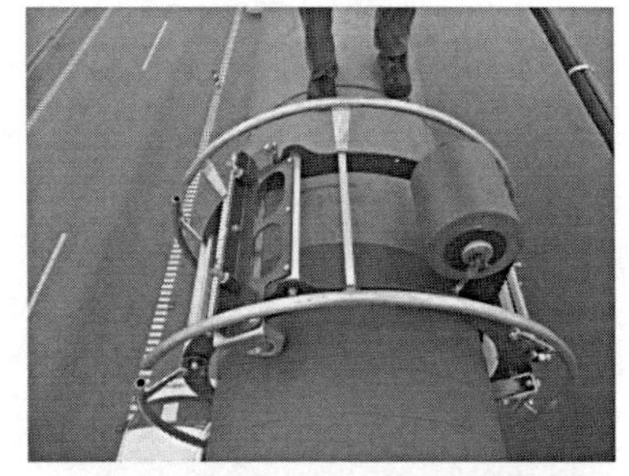

wrapped with polyethylene strips

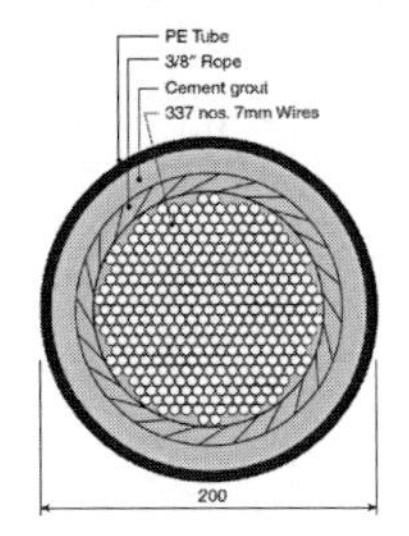

PWS grouted PE tube

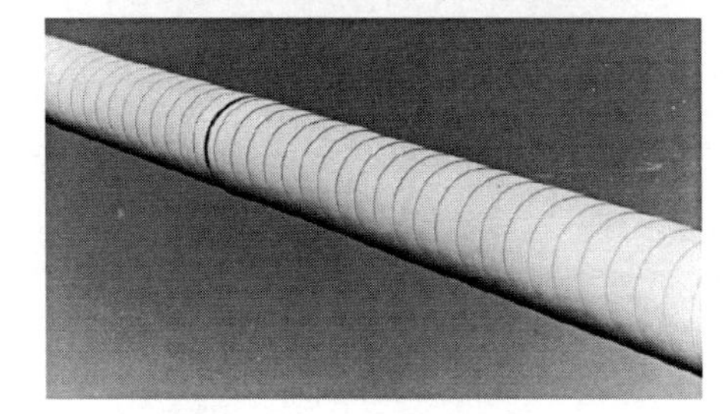

PWS wrapped by plastic cover

(케이블의 여러 부식방지 방법)

사장교에서 케이블의 피로검토 방법에 대해 설명하시오

풀 이

▶ 개 요

케이블의 피로검토방법은 2006 케이블강교량설계지침에서 제시하고 있는 허용응력설계방법과 2015 도로교설계기준 한계상태설계법(케이블교량편)에서 제시하고 있는 한계상태설계방법으로 구분할 수 있다. 허용응력설계법에서 제시하고 있는 방법은 케이블의 종류와 반복횟수에 따라 허용피로응력범위내에서 존재하고 있는지 여부를 확인하게 되며, 한계상태설계법에서는 케이블의 설계수명동안 발생가능한 피로강도가 공칭피로강도내에 존재하는지 여부로 검토하고 있다.

▶ 허용응력설계법에 따른 케이블의 피로검토

1) 인장응력 또는 교번응력이 발생하는 부위에서 피로검토를 실시하며 압축응력만이 발생하는 부위에 대하여는 피로검토를 수행하지 않는다. 반복응력을 받는 부재와 이음부의 설계시 최대변동응력범위는 허용피로응력범위를 초과하지 않아야 한다.

$\Delta f \leq \Delta f_a$ 여기서 Δf : 최대응력범위, Δf_a : 허용피로응력범위

2) 설계시 최대응력범위의 반복횟수는 교통량과 하중조사 및 특별한 고려사항이 없으면 피로하중 재하시에 2백만회로 한다.

3) 케이블의 종류와 반복횟수에 따른 허용피로응력의 범위는 다음과 같다.

케이블 종류	반복횟수	허용설계피로응력범위 (MPa)	시험피로응력범위 (MPa)	구성요소의 시험피로응력범위(MPa)
평행강연선케이블 (PSC)	2×10^6 5×10^5 1×10^5	133	200	300 380 500
평행강선케이블 (PWC)	2×10^6 5×10^5 1×10^5	133	200	370 465 610
강 봉	2×10^6 5×10^5 1×10^5	73	110	180 220 280

4) 케이블 피로검토 예 (제2여주대교 : 경사주탑 비대칭사장교 , 유신회보집 제18호)

단 면 도

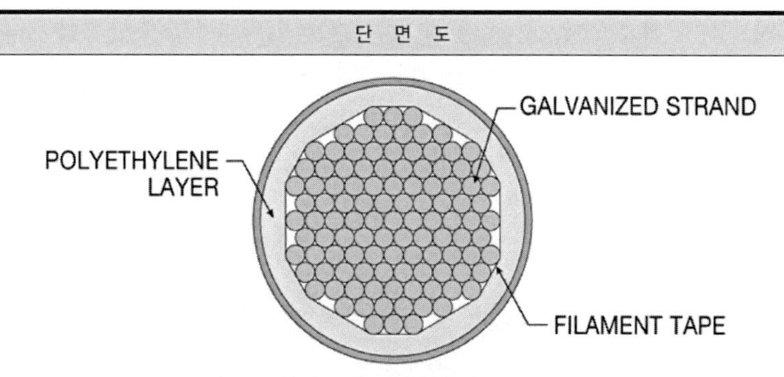

소선개수	단면적 (mm²)	인장강도 fpu(MPa)	허용응력 fa(MPa)	비고	소선개수	단면적 (mm²)	인장강도 fpu(MPa)	허용응력 fa(MPa)	비고
241	9,275	1,670	751.5		301	11,584	1,670	751.5	
253	9,737	1,670	751.5		313	12,046	1,670	751.5	
265	10,198	1,670	751.5		337	12,969	1,670	751.5	
283	10,891	1,670	751.5		349	13,431	1,670	751.5	
295	11,353	1,670	751.5		367	14,124	1,670	751.5	

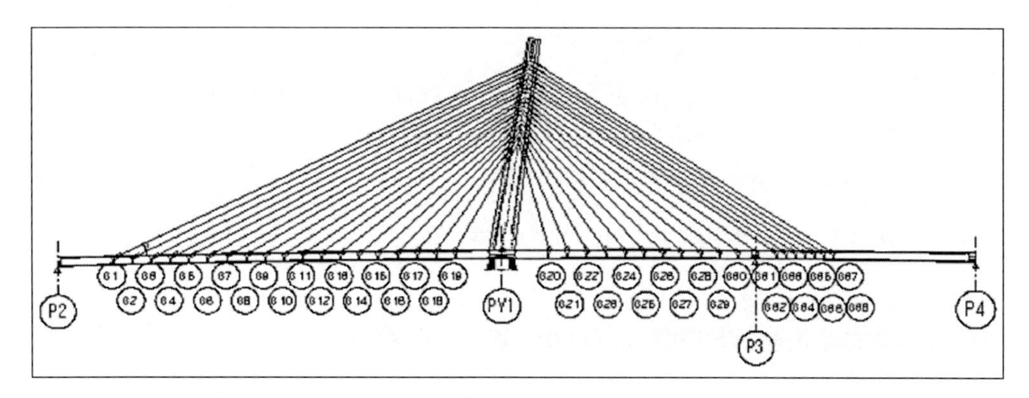

(케이블 배치도)

케이블 No.	케이블 가닥수(EA)	발 생 응 력(MPa)			허용응력 (MPa)	비 고
		최대값	최소값	응력범위		
C1	265	2.06	-0.20	2.26	133.0	O · K
C2	265	3.14	0.00	3.14	133.0	O · K
⋮						⋮
C37	265	2.35	-1.08	3.43	133.0	O · K
C38	265	2.35	-0.98	3.33	133.0	O · K

(케이블 피로검토결과)

▶ 한계상태설계법에 따른 케이블의 피로검토

1) 케이블 부재의 피로는 표2.4.1에 제시된 피로한계상태조합과 2.6.3 에 규정된 피로설계트럭하중을 적용하여 검토한다. 피로하중의 빈도는 단일차로 일평균트럭교통량 $(ADTT)_{SL}$ 을 사용한다.

2) 케이블의 공칭피로강도는 다음과 같이 구한다.

$$\gamma(\Delta f) \le (\Delta F)_n$$

여기서, γ : 하중계수(=0.75)

Δf : 피로설계트럭하중 통과시 발생하는 응력범위에 1.4를 곱한 값

$(\Delta F)_n$: 공칭피로강도 $\quad (\Delta F)_n = \left(\dfrac{N_{TH}}{N}\right)^{\frac{1}{3}} (\Delta F)_{TH} \le \dfrac{1}{2}(\Delta F)_{TH}$

$(\Delta F)_{TH}$: 일정진폭 피로한계값

케이블 종류	N_{TH} ($\times 10^6$)	$(\Delta F)_{TH}$ (MPa)
평행연선케이블(Parallel Strand Cable, 1860MPa)	2.34	133
평행소선케이블(Parallel Wire Cable, 1770MPa)	2.34	133
나선형 강봉(Thread Bar, 1050MPa)	4.02	73

N : 케이블 설계수명동안의 피로설계트럭하중의 통과로 인한 반복회수

$N=365(DL)(1.0)(ADTT)_{SL}$

N_{TH} : 일정진폭 피로한계값 $(\Delta F)_{TH}$에 해당하는 응력범위 반복횟수

DL : 케이블 설계수명(년)

$(ADTT)_{SL}$: 일차선당 일평균 트럭 교통량

3) 현수교 주케이블의 피로는 별도로 검토하지 않는다.

▶ 한계상태설계법와 허용응력설계법의 케이블의 피로검토 차이점

한계상태설계법에서는 기존의 허용응력설계법과 달리 피로설계트럭하중을 적용토록 규정하고 있어 하중의 적용방법이 국내현황에 유사하게 변경되어 적용되었으며, 단순히 반복하중의 횟수와 그로 의한 응력이 허용피로응력의 범위와 비교하는 기존 방식과 달리 교통량과, 케이블의 설계수명, 설계수명동안의 피로하중의 통과횟수 등을 고려하여 보다 정교하게 검토할 수 있도록 규정하고 있다.

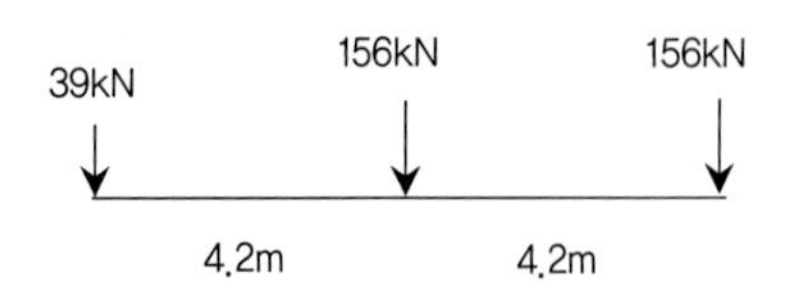

$ADTT_{SL}$(피로하중빈도) = $p \times ADTT$

① $ADTT$: 단일차로 일평균트럭 교통량

② p : 1차로(1.0), 2차로(0.85), 3차로(0.80)

(피로설계트럭하중)

➤ 케이블의 교체 : 허용응력증가계수 1.25

1) 검토조건 : 해당 케이블 인접 최소 1개 설계차로 통제, 「D+(L+I)+케이블 교체 시 작용력」

2) 검토방법

① 하중조합에 따른 장력을 구하고 케이블 제거 후 앞에서 구한 장력을 반대로 주탑과 거더에 작용시키는 등 합리적인 방법으로 영향 검토

② 케이블 교체 시 잔여 케이블의 장력 : 하중조합의 장력 + 케이블 제거로 추가된 장력

③ 케이블 교체 시 허용응력 : 25% 증가

➤ 케이블의 파단 : 허용응력증가계수 1.33

1) 검토조건 : 전체차로에 활하중 재하, 「D+0.5(L+I)+케이블 파단 시 작용력」
(0.5 적용은 케이블 파단조건이 쉽게 일어나지 않는 것을 고려)

2) 검토방법

① 케이블 제거 후 D+L만재하로 구한 정적장력의 2배를 반대로 구조계에 작용하여 동적증폭효과를 고려한다.

② 동적해석을 수행하여 그에 따른 영향을 검토 : 정적장력의 1.5배 이상 동적효과 적용

③ 선형해석에 의한 중첩의 원리 이용(아래의 두 구조계 중첩)
- 고정하중과 활하중의 영향은 제거된 원 구조계
- 파단에 의한 효과는 케이블 제거된 변형 구조계

④ 케이블 파단 시 허용응력 : 33% 증가

■ 행어케이블 설계

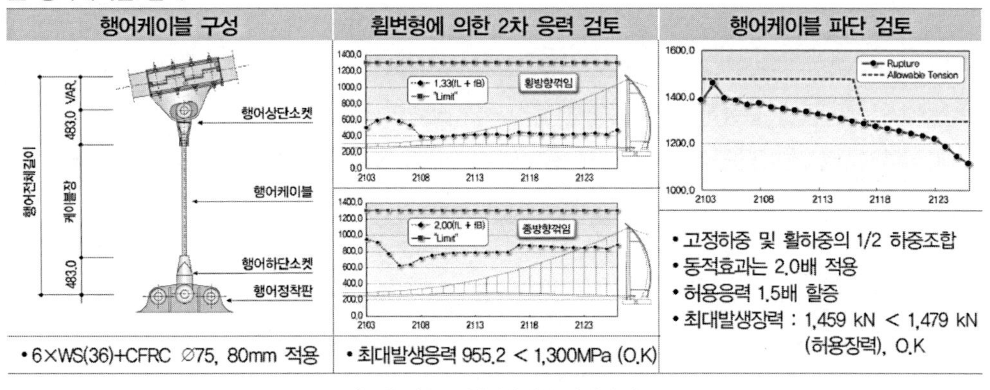

(국내 단등교 행어케이블 파단검토)

참고자료

Iso Tensioning 공법

➤ Strand의 인장방법

모노 Strand 방법(스트랜드를 하나씩 인장)과 Multi-Strand 방법(다수의 스트랜드를 동시에 인장)으로 구분된다.

➤ Iso-tensioning

Cable 제작사인 Freyssinet 공법 중 각 스트랜드별로 가설하는 Strand by strand공법으로 Mono-Strand 공법의 일종이다. 모노스트랜드 잭을 이용하여 장력을 도입하는 방법으로 케이블의 장력을 동일하게 긴장할 수 있으며, 시공 시 최종적인 장력조정 횟수를 감소시켜 재긴장과 이완작업의 소요시간을 대폭으로 감소시킬 수 있는 특징이 있다. 또한 긴장작업 중 실시간으로 케이블의 장력을 측정하므로 상판에 추가하중이 재하되더라도 상황에 맞도록 케이블의 긴장이 가능하고 mono load cell에 의해 실시간 장력 측정이 가능하므로 시공 중 장력관리 및 이에 따른 선형관리를 세밀히 수행할 수 있는 특징을 가진다.

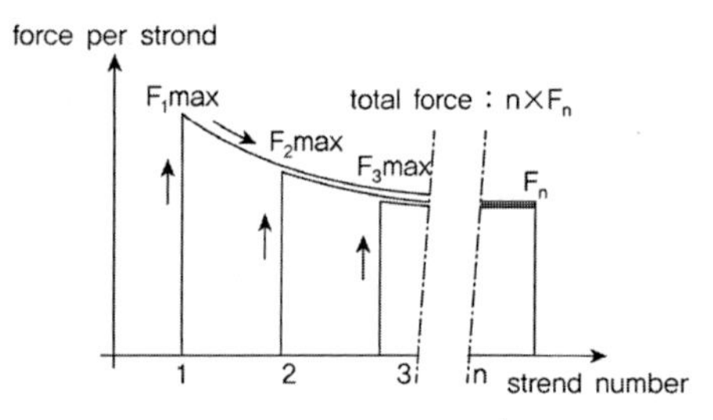

(Iso-tensioning 개념과 실제 측정상황)

➤ 장력도입 방법

① 첫 번째 Strand를 설치하여 경량의 모노스트랜드 잭을 이용, 계산된 장력으로 인장하고 장력을 읽을 수 있는 로드셀(Load cell)을 부착한다.
② 두 번째 Strand를 인장하고 첫 번째 스트랜드와 장력이 같도록 한다.
③ Strand인장을 반복할수록 설치된 Strand들의 장력이 감소되며 마지막 Strand 인장할 때 장력을 기록한다.

➤ 장력의 조정

유압잭을 이용하여 전체를 한꺼번에 인장할 수 있는 멀티 스트랜드 잭을 이용한다.

➤ 부식방지작업 및 마무리 작업(정착구와 케이블의 녹 방지 작업)

① 정착구방식 : 정착구를 벗어난 Strand를 Cutting하고 마감재로 Seal 처리, 주입부 뚜껑을 설치하고 Wax 등으로 충전

② Cable부 방식 : 주입관을 설치하고 Cable 전길이에 Wax 등을 충전한다.

➤ 한정된 장소에서 진행하므로 작업이 간단하고 공기가 빠르며 소규모 가설장비를 이용한다.

106회 1-8

케이블의 장력측정

케이블 교량에서 케이블의 장력측정방법에 대하여 설명하시오

풀 이

교량 케이블의 장력 측정에 관한 연구 (대한토목학회, 1999), 케이블의 장력 측정에 관한 연구 (대한토목학회, 1993)
진동법을 이용한 인장 케이블의 장력 추정에 관한 연구 (한국소음진동공학회, 1999)

➤ 개요

사장교, 현수교 등의 케이블을 이용한 장대교량에서는 케이블의 장력은 교량의 건전도 파악에 중요한 지표이다. 교량에 도입되어 있는 장력을 시공시의 장력과 비교시에 형상의 변화, 온도에 의한 장력의 변화, 케이블의 손상유무를 확인할 수 있으므로 이를 통하여 사장교와 같은 케이블 교량의 전체 응력 분포도 추정이 가능하다. 뿐만 아니라 케이블 교량 시공 단계별 장력의 변화는 시공상태를 나타내는 중요한 자료이기도 하다.

➤ 케이블의 장력 측정방법

세그(Seg)가 적은 케이블의 장력 측정방법으로는 탄성변형률을 측정하는 정적 측정방법(유압잭을 이용하는 방법)과 고유진동수를 이용한 동적측정방법(진동법, vibration method)이 있다. 로드쎌이나 스트레인 게이지 등을 이용하는 정적 측정방법은 케이블 긴장이 완료된 이후에는 적용이 매우 제한되어 있다. 동적 측정방법은 1~2차 고유진동수를 이용하는 저차모드법과 측정 가능한 전체 모드를 이용하는 고차모드법이 있으며 고차모드법의 경우 상대적으로 접근이 용이한 케이블의 단부 근처에서 센서를 설치할 수 있고 비교적 저가의 일반 가속도계를 사용할 수 있으며 차량하중이나 풍하중 등에 의한 상존진동을 이용할 수 있는 장점을 가진다.
고유진동수를 이용한 장력 산정방법에서는 유효길이를 정확하게 산정하는 것이 장력 측정 정밀도를 높이는 중요인자가 되며, 유효길이는 양단 고정단으로 지지된 케이블에서의 측정값을 양단이 힌지로 지지된 해석모델로 분석하기 위한 추정값이다.
특히 현수교의 행어 케이블의 경우에는 행어 클램프로 케이블 일부가 구속되어 있으므로 정확하게 유효길이를 산정하기 어려운 점이 있다.

➤ 케이블의 장력 측정방법 : 유압잭을 이용하는 방법

케이블의 순차적인 장력 도입과정에서 유압잭(hydraulic jack)에 연결된 압력게이지(pressure gage)를 통한 장력계측방법으로 정확성에 문제가 크며, 순차적인 장력도입으로 인하여 실제적으로 케이블의 장력은 완성상태에서 변화하게 되므로 케이블 지지구조물의 완성상태에서 장력의 정

확한 추정은 간접적인 방법에 의해서 평가되고 있는 것이 일반적이다.

➤ 케이블의 장력 측정방법 : 진동법

케이블의 간접적인 장력추정방법으로 케이블의 진동신호로부터 고유진동수를 측정하여 장력을 추정하는 방법이다. 실제 케이블의 길이나 질량이 매우 큰 경우가 대부분이기 때문에 현장에서 원하는 진동모드를 얻기 위한 가진(excitation)이 용이하지 않아 현장에서 측정한 케이블의 제한된 진동모드로부터 장력을 추정하는 방법에 대한 검증이 필요하다는 단점이 있다.

1) 현이론식

가장 간편하게 사용하는 방법으로 현(string)의 운동방정식 이론을 사용하여 장력을 추정하는 방법이다. 케이블의 단일진동모드(single mode)의 고유진동수를 측정하므로써 장력추정이 가능하나 케이블의 휨강성(flexural rigidity)과 세그효과(sag effect)가 고려되지 않아 고차 혹은 저차 진동모드를 적용할 경우 장력추정결과의 오차가 비교적 큰 단점이 있다.

$$\frac{W}{g}-\frac{\partial^2 y}{\partial t^2}-T\frac{\partial^2 y}{\partial x^2}=0$$

여기서, y : 진폭, x : 길이방향의 좌표, W : 단위길이당 중량, g : 중력가속도, T : 장력, t : 시간

양단 고정의 경계조건으로부터,

$$\left(\frac{f_n}{n}\right)=\frac{Tg}{4WL^2}$$ L : 케이블의 길이, f_n : 측정된 n차 고유진동수

케이블이 완전한 현의 거동($f_n = nf_1$)을 한다고 가정하면 모든 진동모드에 대해서 동일한 크기의 장력이 얻어진다. 그러나 실제 케이블은 휨강성과 새그효과에 의한 영향이 포함되어 있기 때문에 모든 진동모드에 대해서 선형적인 관계를 갖지 않는다.

2) 다중진동모드(multiple mode)를 이용한 진동법

케이블의 휨강성과 새그효과에 의한 영향을 고려하여 장력을 추정할 수 있는 방법으로 현재 가장 보편적으로 사용되고 있는 방법이다. 이 방법은 가능한 많은 진동모드를 현장에서 측정하여 적용할 경우 케이블이 가지고 있는 비선형특성을 제거할 수 있다. 측정된 고유진동수와 모드차수(order of mode)와의 상관관계를 분석함으로서 케이블의 장력과 이에 대응하는 등가정적 휨강성(Equivalent static flexural rigidity, EI_{eq})을 추정할 수 있다.

$$\left(\frac{f_n}{n}\right)=\frac{Tg}{4WL^2}+\frac{(EI)_{eq}\pi^2 g}{4WL^2}n^2=b+an^2,\quad T=\frac{4WL^2}{g}b,\quad (EI)_{eq}=\frac{4WL^2}{\pi^2 g}a$$

이 방법에서는 케이블 새그효과의 영향이 큰 1차 진동모드를 배제하며 나머지 고차 진동모드(higher mode)를 이용하므로써 평균적인 개념의 케이블 장력과 이에 대응하는 등가정적 휨강성을 얻을 수 있다.

6. 케이블 무응력 제작장

1) 구조용 강재와 달리 케이블은 가용성 부재로서 일반적인 강성 구조체와는 다른 거동을 보인다. 즉 케이블의 처짐과 장력의 변화로 인해 강성의 변화는 비선형을 보이게 된다.

2) 자유롭게 걸려있는 양단이 정적으로 정착된 케이블은 등분포 고정하중을 받게 되면 케이블의 형상은 현수선 상태를 이룬다.

3) 일반적으로 구조해석 시 케이블의 형상 및 거동은 포물선식을 사용하여도 그 새그비가 0.15이하에서는 현수선식을 대용할 수 있다.

4) 그러나 제작장 계산 시 이러한 현수선식과 탄성변형량의 차이는 그 값이 매우 미소하더라도 장력에 영향을 미치므로 제작장의 정밀도를 확보할 수 있도록 현수선식을 사용하여 제작장을 사용한다.

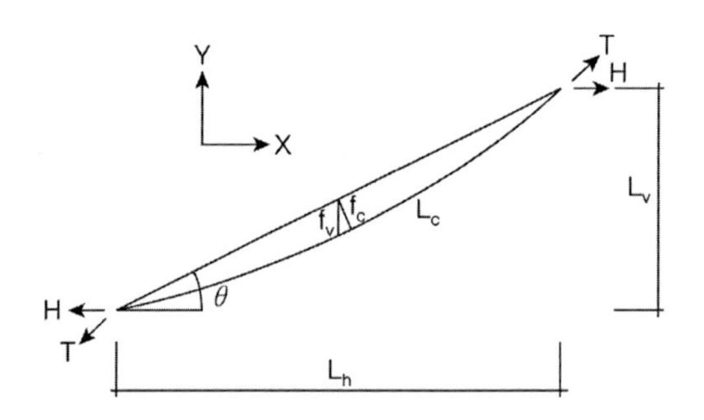

L : 케이블 정착단간의 직선거리,　f : 케이블 세그양

L_c : 케이블 곡선길이,　H : 케이블 수평력

L_h : 케이블 수평 투영길이,　T : 케이블 장력

L_v : 케이블 연직 투영길이,　w_c : 케이블 단위중량

θ : 케이블 경사각

$$y = \frac{T}{w_c}\left[\cosh\left(\frac{w_c}{T}(x - \frac{L}{2})\right) - \cosh\left(\frac{w_c}{T}\right)\right]$$

$$L_c = \int_0^L \sqrt{1 + \left(\frac{dy}{dx}\right)^2}\, dx = 2\frac{T}{w_c} sinh\left(\frac{w_c L}{2T}\right)$$

$$\triangle s = \frac{T^2}{2EAw_s}\left[\sinh\left(\frac{w_c L}{T}\right) + \frac{w_c L}{T}\right] \qquad f_c = \frac{w_c L^2 \cos\theta}{8T},\quad f_v = \frac{f_c}{\cos\theta}$$

참고자료

케이블의 현수방정식 (Catenary Equation)

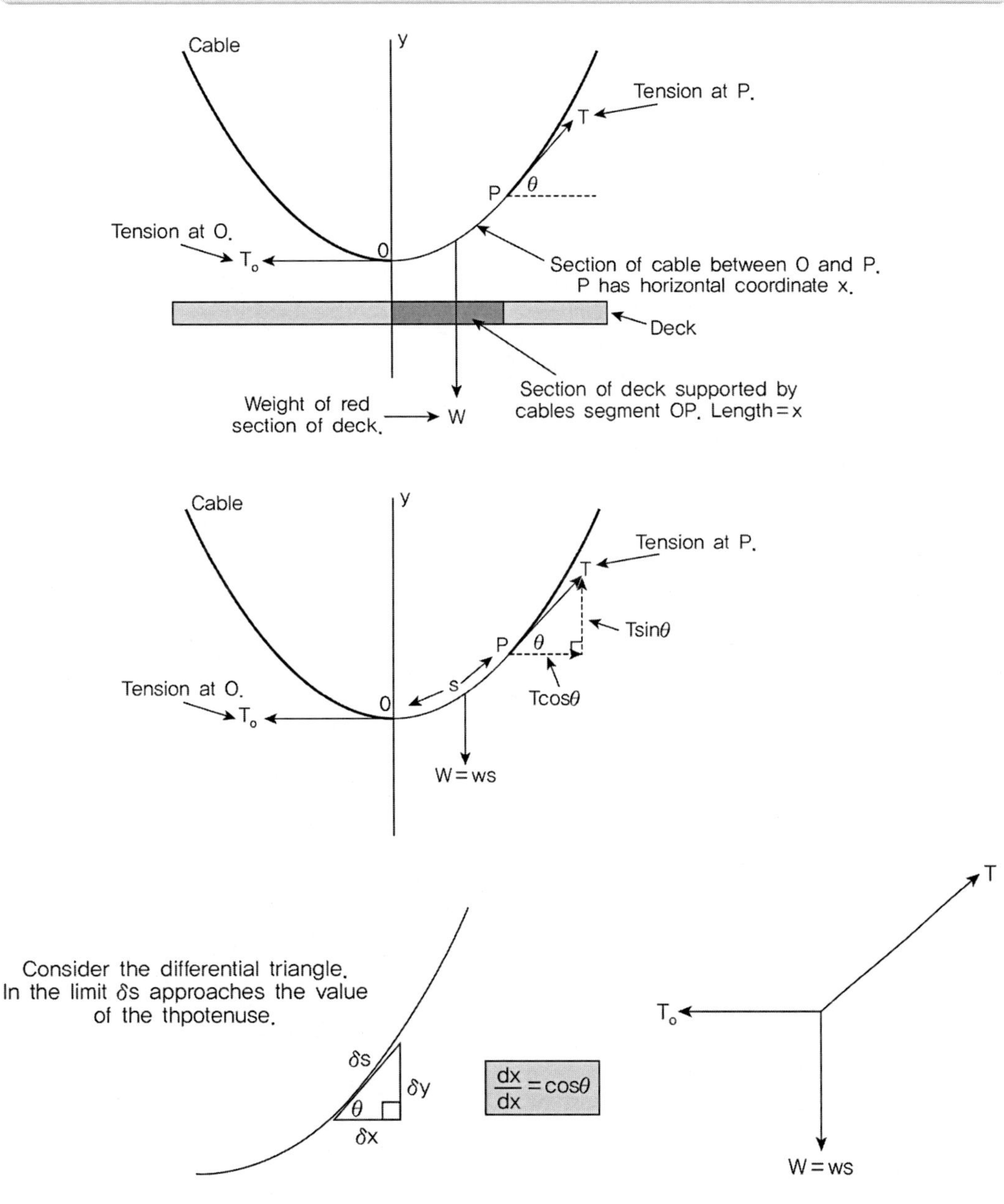

① $\dfrac{ds}{d\theta} = \dfrac{T_0}{w} sec^2\theta$

$$\frac{dx}{d\theta} = \frac{ds}{d\theta} \times \frac{dx}{ds} = \frac{T_0}{w} sec^2\theta \times \cos\theta = \frac{T_0}{w} sec\theta, \quad \frac{dy}{d\theta} = \frac{ds}{d\theta} \times \frac{dy}{ds} = \frac{T_0}{w} sec^2\theta \times \sin\theta = \frac{T_0}{w} sec\theta \tan\theta$$

② $s = \frac{T_0}{w} tan\theta = \frac{T_0}{w}\frac{dy}{dx}$ $\therefore \frac{ds}{dx} = \frac{T_0}{w}\frac{d^2y}{dx^2}$ (1)

$ds^2 = dx^2 + dy^2$ $\therefore \frac{ds}{dx} = \sqrt{1+\left(\frac{dy}{dx}\right)^2}$ (2)

(1)과 (2)에서

$$\frac{T_0}{w}\frac{d^2y}{dx^2} = \sqrt{1+\left(\frac{dy}{dx}\right)^2} \qquad \text{Let} \quad y' = \frac{dy}{dx}$$

$$\frac{T_0}{w}\frac{dy'}{dx} = \sqrt{1+(y')^2} \qquad dy' = \frac{w}{T_0}\sqrt{1+(y')^2}\,dx \qquad \int \frac{w}{T_0}dx = \int \frac{dy'}{\sqrt{1+(y')^2}}$$

여기서, $\int \frac{du}{\sqrt{1+u^2}} = \sinh^{-1}u$ 이므로

$$\frac{w}{T_0}x = \sinh^{-1}(y') + C \quad \therefore y' = \sinh\left(\frac{w}{T_0}x + C\right)$$

Catenary Equation : $y = \frac{T_0}{w} cosh\left(\frac{w}{T_0}x + C_1\right) + C_2$

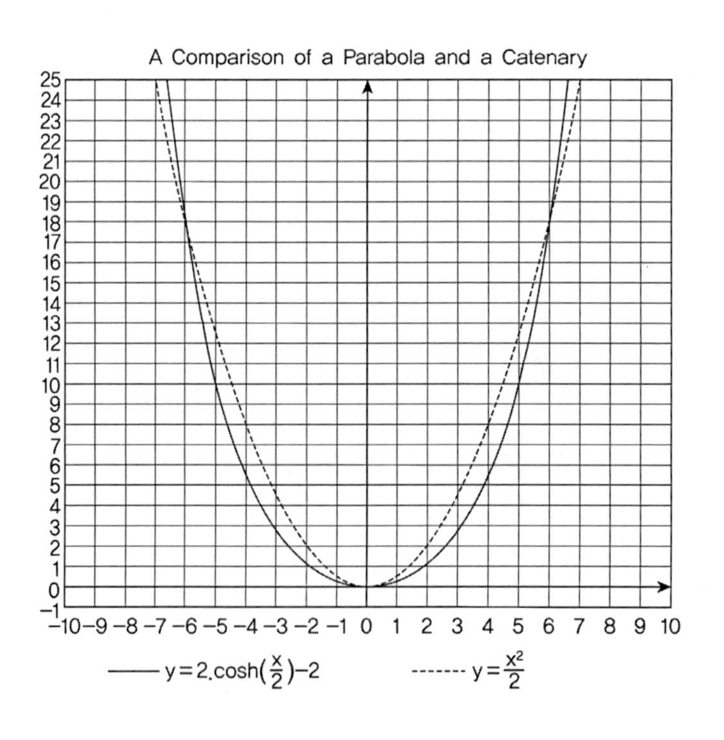

➤ 현수선 케이블(Catenary Curve)의 평형

케이블만이 늘어진 형상에서 보강형을 가설한 때에 설계시의 계획한 형상이 얻어지도록 하여야 한다. 이때 케이블의 자중은 케이블 길이 방향으로 일정하다고 가정할 수 있고 미소구간에 대한 연직방향의 평형은 케이블의 위치로부터 다음과 같은 현수곡선으로 표현된다.

$$y = \frac{T_0}{w} cosh\left(\frac{w}{T_0}x + C_1\right) + C_2 \qquad \text{B.C } x = 0,\ y' = 0 \rightarrow C_1 = 0$$

➤ 포물선 케이블의 평형

보강형의 가설이 완료되어 보강형이 강성을 갖는 시점에서 케이블에 적용하는 고정하중은 케이블 자중이외에 케이블 밴드, 행어, 보강형, 포장 등이며 이 고정하중은 케이블 자중에 비하여 매우 크다. 또한 현수교 고정하중은 한 경간 내에서 등분포한다고 가정할 수 있다. 이 경우 완성 시에 케이블에 재하되는 고정하중 w는 각 경간 내에서는 수평하중으로 일정하다. 이는 보강형의 길이 방향으로 일정하며 케이블의 미소요소의 평형은 완성 시 케이블 장력의 수평성분을 T_o라고 하면

$$T_0\left(\frac{dy}{dx} + \frac{d^2y}{dx^2}dx\right) - wd - T_0\frac{dy}{dx} = 0 \qquad y = -\frac{w}{2T_0}x(L-x) + \frac{y_1 - y_2}{L}x + y_0$$

➤ 현수선과 포물선의 차이점

① 현수선은 케이블의 길이방향으로 하중이 작용할 때 처짐 현상이고 포물선 식은 등분포 하중이 보강형의 길이방향 또는 케이블의 수평투영방향으로 분포하중이 작용할 때의 처짐 현상이다.

② 처짐 이론에 관한 식을 이용하여 현수교의 주요 기하형상을 계산할 때에는 포물선 식을 사용하여 결정하여도 충분한 정밀도에서 결정될 수 있으나 주 케이블 공사가 끝난 직후 Set Back 량 등의 계산을 위해서는 포물선의 식을 적용할 수 없고 현수선 식을 사용하여 그 추정 값을 계산하여야 한다.

③ 현수교의 지간별로 보면 보강형의 하중에 따라 차이가 날 수 있으나 1000m 정도의 현수교에서는 케이블의 자중이 기타의 보강형에 작용하는 고정하중보다 작아 포물선에 가까운 케이블 선형을 보이나 2000m급 교량에서는 케이블의 단면적이 지간의 제곱에 비례하여 증가하면서 중량 또한 그에 비례하여 증가하므로 보강형의 고정하중과 케이블의 고정하중이 비슷한 수준으로 된다. 이러한 경우 두 선의 중간정도의 값으로 보아도 무방하다.

④ 따라서 가설단계에서는 케이블만 시공된 상태에서는 완벽하게 현수선이 구현되나 보강형이 가설되고 부가 하중이 제하되면서 포물선에 가까워진다.

7. 사장교 초기치 해석 (사장교 구조해석 및 설계, 한국도로공사, 박찬민), (에너지 최소화를 이용한 사장교의 초기평형상태 해석기법 및 최적 형상 구현, 김창현, 2003, 서울대 석사 논문)

사장교와 같이 케이블이 지지하고 있는 교량은 일반적인 교량과 달리 초기형상이 결정되어 있지 않으며 반드시 사하중이 작용할 때 그 형상이 결정되어 진다. 따라서 사장교의 해석에서 초기평형상태의 해석은 매우 중요하며 이는 시공단계해석의 기초가 되게 된다.
이러한 사장교의 완성상태에서의 특정 반력이나 특정 변위를 개선할 목적으로 고정하중과 케이블의 장력을 평형을 이루도록 케이블의 장력을 도입하기 위해 구조물의 해석을 수행하는 것을 초기치 해석이라고 한다. 이러한 초기치 해석의 방법은 완성계를 두고 역방향 해석을 수행하여 초기평형상태의 목표치에 따라 해석하는 방법이 주로 사용된다. 일반적으로 강구조물의 경우 완성계와 시간흐름에 따른 구조물과의 응력의 변화가 거의 없기 때문에 역방향 해석을 통해 만족할 만한 결과치를 얻을 수 있으나 콘크리트 구조체의 경우 크리프와 건조수축과 같은 시간에 따른 응력 재분배가 이루어지기 때문에 역방향 해석 수행후 정방향 해석을 재차 수행하여야 한다.
고차의 부정정 구조물인 사장교에서의 초기치 해석은 설계자별로 목표치를 달리 적용할 수 있으며, 반복계산을 통해 수렴할 때까지 산정하므로 각 케이블에 도입되는 장력의 해가 달라질 수 있다.

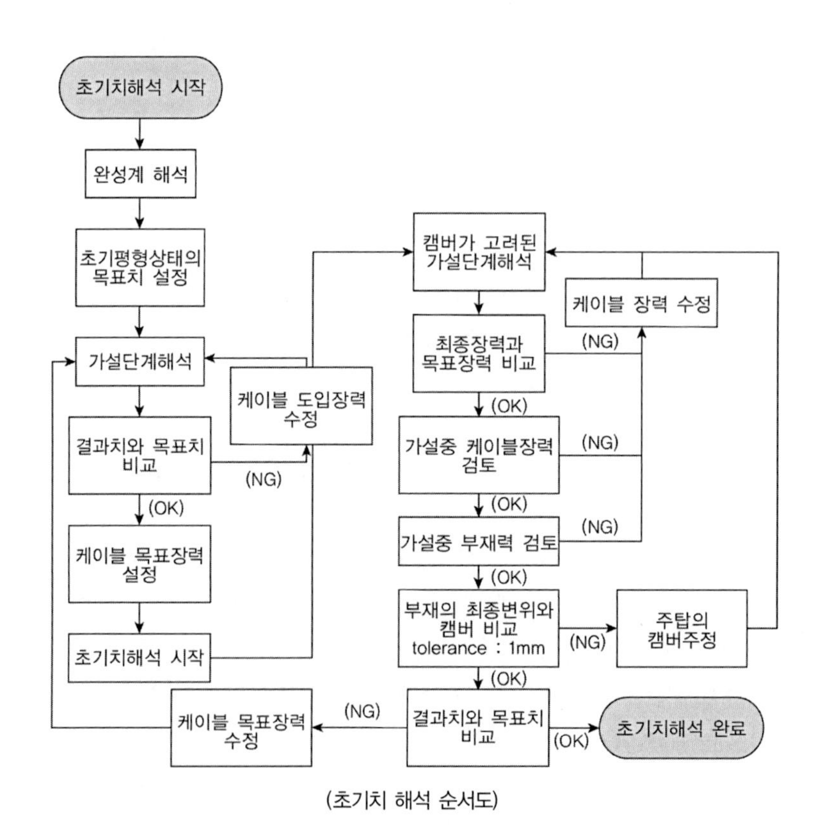

(초기치 해석 순서도)

TIP | 초기평형상태 해석 : 비선형성 |

케이블은 장력이 도입되기 전에는 강성이 발생하지 않기 때문에 무응력 상태의 기하형상을 정의할 수 없다. 따라서 케이블 구조물은 변형 후의 기하형상으로부터 장력이나 초기 길이를 추정해야 한다. 평형상태의 주어진 기하형상을 만족하는 케이블의 장력이나 초기길이를 결정하는 것을 초기평형상태 해석, 초기치 해석이라고 정의할 수 있다. 이러한 초기평형상태 해석에서는 새그에 의한 기하형상 자체의 비선형성과 케이블의 초기길이를 가정하여 방생하는 비선형성을 고려하여야 한다.

비선형 방정식을 푸는 방법으로는 일반적으로 **시산법(Trial and Error)과 순차적 반복 계산법 (Successive iteration method)**이 널리 사용되어 왔다. **시산법은 초기 상태를 가정하고 정적 해석을 수행한 후 경험적 지식으로 가정 값들을 보정하는 방법으로 수렴성 및 해의 정확성을 보장할 수**

없다. 순차적 반복 계산법에서는 이중 반복계산 과정이 필요하다. 첫 번째 반복계산에서는 비선형 평형방정식을 풀고 두 번째 반복계산에서는 제한 조건식으로 보정량을 계산하는 과정을 반복하여 목표 형상을 만족하는 구조계를 결정한다. 즉 초기상태를 가정하여 비선형 평형방정식을 풀고, 그 결과로 제한 조건식을 만족하는 초기상태의 보정량을 산정한다. 보정한 초기상태는 평형방정식을 만족하지 못하므로 반복계산을 통하여 최종 해를 구한다. 이 방법은 시산법보다는 정확한 해를 구할 수 있으나, 수렴 속도가 느리기 때문에 엄밀한 해를 구하는 데에는 한계가 있을 수밖에 없다. 일반적으로 비선형 방정식을 풀기 위하여 Newton Raphson 방법을 사용하게 된다. 케이블의 거동을 표시하기 위해서는 장력 또는 무응력 상태의 케이블 길이가 주어져야 하지만 이러한 양을 해석 전에 알 수가 없으므로 전체 구조계의 평형방정식의 개수가 미지수의 개수보다 작아지게 되어 초기 평형상태 해석을 위하여 추가의 조건식이 필요하다. 이러한 추가의 조건의 종류에 따라서 초기평형상태 해석 방법이 달라진다. 즉, 기존의 기하학적인 제한 조건 식을 이용한 초기평형상태 해석 방법은 TCUD의 기하학적 제한조건을 이용한 초기평형상태 해석법과 부재력의 내력을 반대로 작용하여 초기형상을 결정하게 되는 초기 부재력법 등이 있다.

1) 변위 제어법(Zero Displacement Method)

사장교의 특정시점의 변위를 제어하고자 하는 목적으로 특정변위를 0으로 하는 방법이다. 주로 케이블의 정착점의 수직변위를 제어하고자 하는 목적으로 사용되며, 설계 시 자중만을 고려하여 사장교의 초기치 해석을 수행하는 방법이다. 케이블 연결점의 수직변위를 0으로 하는 방법은 케이블 정착점에서 탄성지점을 고정지점을 가진 연속보와 동일하게 보는 것과 유사하다. 다만 이 경우에는 케이블 장력의 수평방향 성분은 미미하다고 가정하므로 종단경사가 완만한 경우에 적용하기가 쉽다.

① 케이블 정착구를 고정지점으로 가정하여 반력을 산정하고 그 반력과 같은 크기의 장력을 산정하여 본 구조물에 외력으로 작용시킨다.

② 이 값들이 원하는 변위를 가질 때까지 다음과 같이 조정한다.

(a) 주탑의 변위를 고정시키고 중앙경간장의 수직변위가 0이 될 때가지 케이블을 당긴다.

(b) 주탑의 구속을 해제하고 보강형의 수직변위와 주탑의 수평변위가 0이 될 때까지 측경간의

케이블을 당긴다.

(c) 이 과정을 반복하여 수렴될 때까지 외력을 추가시킨다.

이 방법은 주형의 휨모멘트 분포를 고정지점 위의 연속보의 것과 같도록 하는 결과를 보인다. 다만 이 방법은 콘크리트 사장교와 같은 시간적 거동에 따라 응력이 재분배되는 과정까지는 반영하지 못하며 수평방향의 성분이 클 경우에는 이를 무시하지 못하기 때문에 이에 대한 고려가 별도로 필요하다.

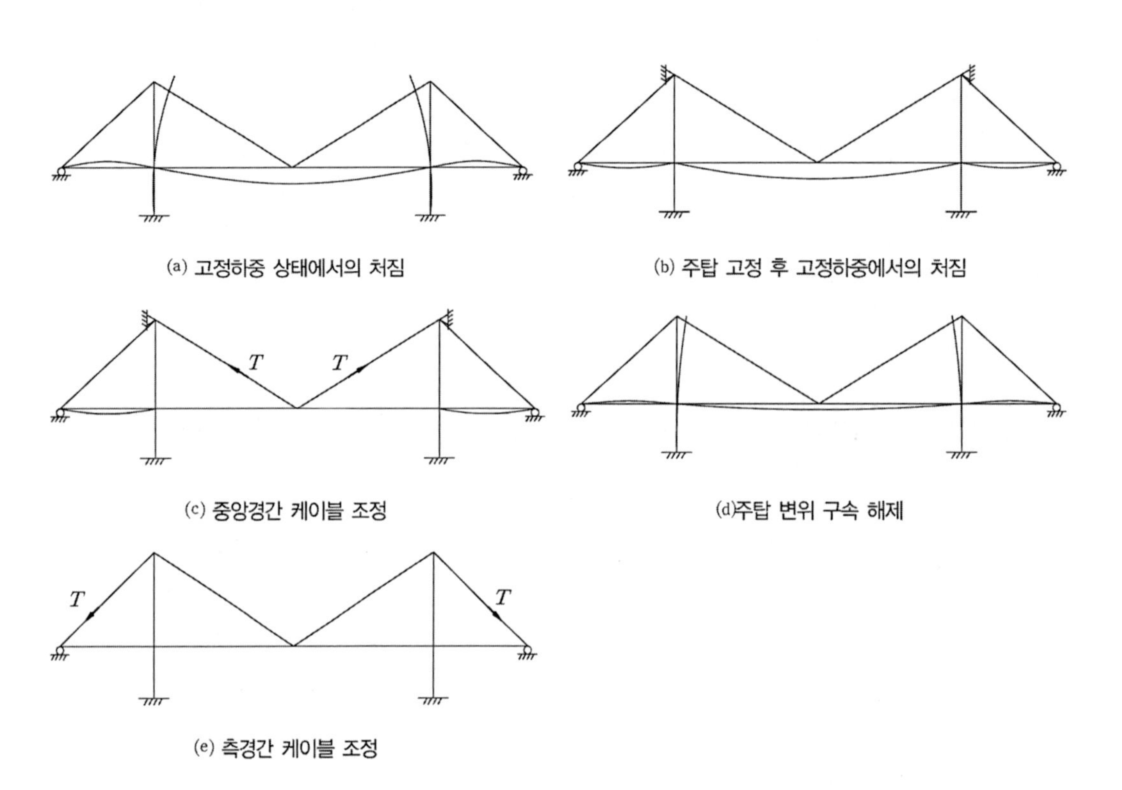

(a) 고정하중 상태에서의 처짐

(b) 주탑 고정 후 고정하중에서의 처짐

(c) 중앙경간 케이블 조정

(d)주탑 변위 구속 해제

(e) 측경간 케이블 조정

2) 하중 평형법(Force Equilibrium Method)

앞선 Zero Displacement Method에 비해 크리프에 의한 모멘트 재분배로 인한 수평성분 효과나 설계종단선형의 기울기를 고려하여 케이블의 장력을 특정 부분의 모멘트를 조절하기 위한 변수로 사용하는 방법이다.

이 방법은 케이블의 장력을 케이블의 정착구 위치에서의 주형 휨모멘트 조절을 위한 독립적 변수로 사용하며, 자중과 케이블의 장력을 고려한 사장교에서의 케이블 정착구에서 고정지점 위의 연속보와 동일한 효과를 볼 수 있도록 정착구 위치에서의 주형의 모멘트가 0이 될 수 있도록 조정하거나 앵커케이블의 장력을 주형과 주탑의 연결부에서의 모멘트를 최소화되도록 또는 기초 주탑부의 모멘트가 최소화되도록 조절하는 방법이다.

TIP | Force Equilibrium Method |

단일주탑의 사장교에서 모든 케이블 지지점과 주탑연결부를 그림과 같이 고정지지점으로 가정하면,

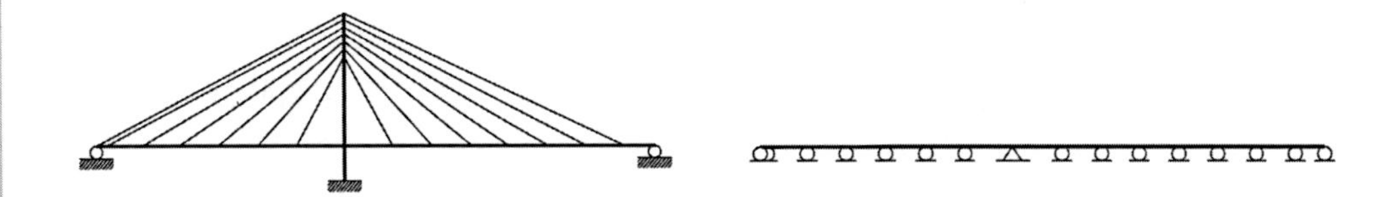

콘크리트 사장교의 경우에는 시공 중에 교축방향 프리스트레싱을 종종 도입하는데 이 단계에서 그러한 하중을 포함시킨다. 편의상 이 단계를 Stage 1이라 한다. 그리고 Stage 1에서의 자중과 프리스트레싱에 의한 휨모멘트 분포를 목표 휨모멘트 분포로 한다. 여기에서 주형 콘크리트 바닥판들의 재령차이로 인한 효과는 무시하여도 좋다. 다음 그림은 Stage 2, Stage 3으로 위의 사장교와 같은 구조계이나 케이블을 제거하고 내력을 도입한 형태이다.

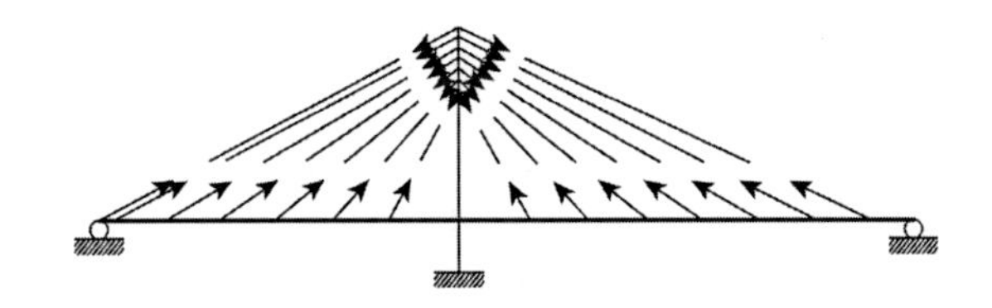

케이블 장력은 원하는 단면, 일반적으로 케이블 정착구 위치에서의 주형 휨모멘트 조절을 위한 독립적 변수로 사용한다. 위 모델에서와 같이 앵커교각에 연결된 앵커 케이블(Back Stay)의 장력은 해당 정착구 위치에서 주형의 모멘트가 항상 "0"이기 때문에 여분의 변수로 생각될 수 있지만, 전체구조계의 효율을 높이는 변수로 사용될 수 있다. 예를 들어 주형과 주탑의 연결부에서의 모멘트라든가 주탑 기초부에서의 모멘트를 조절하는 변수로서 앵커 케이블의 장력을 사용할 수 있다.
일반적으로 주형의 목표 휨모멘트는 Stage 1에서 얻은 값이고 주탑에서의 목표 휨모멘트는 "0"으로 놓는다. Stage 2, Stage 3과 같은 모델에서 각 케이블 장력의 영향매트릭스를 구성할 수 있다. 이때 케이블의 새그로 인한 비선형성을 무시하여 케이블 양단의 장력은 같다고 보며 주형의 휨모멘트는 주형측 케이블만이 영향을 미치고 주탑의 휨모멘트는 주탑측 케이블만 영향을 미친다고 가정한다. 이러한 가정으로부터 발생하는 오차는 반복계산 과정에서 제거된다.

3) 하중법(Force Method)

고차부정정구조물인 사장교의 단면력 분포를 설계자가 원하는 단면력의 분포를 갖게 하기 위해서 N개의 부정정구조를 N개의 내력으로 가정하여 정정구조로 전환하여 원하는 단면력의 분포를 얻는 방법이다. 이 방법은 구조물을 정정구조물로 치환한다는 점에서 하중평형법(Force Equilibrium

Method)과 차이가 있다. 실제 구조물에서 활하중 재하로 인한 단면력을 감안하여 고정하중 상태의 단면력을 설계자가 원하는 대로 정할 수 있기 때문에 재료의 특성을 감안하여 단면력을 분포시킬 수 있다는 장점이 있다.

TIP | Force Method |

4차 부정정 차수를 가지는 사장교 구조물을 예로 들어 아래와 같이 초기치를 산정해보면,

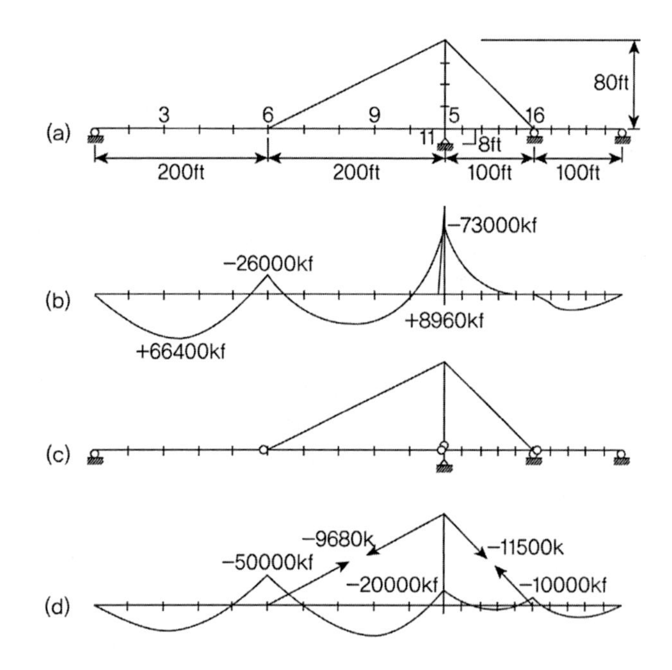

그림의 (a)에서 케이블의 초기장력 도입 없이 사하중을 재하하면, (b)과 같은 모멘트 분포를 얻게 되며, (b)에서 주형의 절점번호 3, 11과 주탑 절점번호 5에서 상당히 큰 모멘트 값을 가지게 된다. 이를 (c)와 같은 정정구조계를 택하고 주형의 M6, M11, M16, 주탑의 M5를 4개의 부정정력으로 선택한 후 설계자가 자유롭게 그 값을 선택하게 된다면 주형의 모멘트를 줄일 수 있다. 예를 들어 설계자가 주탑에 모멘트를 걸리지 않도록 하고 주형의 모멘트를 줄이고자 다음과 같은 부정정력을 지정할 수 있다.

$M_5 = 0,\quad M_6 = -50,000,\quad M_{11} = -20,000,\quad M_{16} = -10,000$

이 경우 (d)와 같은 사하중 상태에서 다른 단면력 분포를 가지는 새로운 평형구조계를 얻는다. 어느 단면력을 얼마 크기의 부정정력으로 취하는가는 설계자의 선택에 따라 달라진다. 예를 들어 주탑의 사하중 모멘트를 "0"으로 하면 주탑의 제작 캠버를 없앨 수 있으며, 시공을 감안하여 사하중 모멘트 분포를 이동시킴으로써 단면을 보강해야 할 필요성을 줄이거나 없앨 수 있다. 다만 그러한 하중분포를 가지는 사장교를 어떻게 시공할 것이냐를 검토하여야 하며 필요에 따라서 특수장비를 사용하게 될 때는 공사비가 증가한다.

4) 최적화 방법(Energy Method)

케이블의 장력이나 기타 목적이 되는 목적함수를 최적화하는 방법으로 에너지를 최소화하는 초기 평형상태 해석 방법이다. 이 방법은 케이블의 적합조건식이 방정식 보다 많은 부정정 방정식에 대해서 에너지 최소화의 방법을 통해서 최적의 초기형상을 결정하는 방법이다. Furukawa 등은 전체 변형에너지의 합이 최소가 되도록 하는 목적함수를 사용하여 일본의 4개의 교량에 직접 적용하고 원하는 케이블의 장력을 얻었다.

Furukawa 목적함수 : $U = \int_0^l \frac{M^2}{2EI}dx + \int_0^l \frac{N^2}{2EA}dx \quad \rightarrow \quad \min.$

서울대 석사논문 목적함수 : $U = \frac{1}{2}\int_V \frac{1}{EI}(M_{self} + \sum_{i=1}^{ncbl} T_i M_i^0)^2 dV \quad \rightarrow \quad \min.$

(모멘트에 의해 발생하는 탄성에너지 최소화 목적함수)

목적함수를 이용한 최적화 방법은 앞선 방법과 동일한 효과를 가진다. 예를 들어 케이블장력의 수직성분을 P_i라고 하면 최적화된 해 $\partial U / \partial P_i = 0$ 는 케이블 장력이 작용하는 방향의 변위를 의미하기 때문에 이 변위를 0으로 하는 해들 구한다면 고정 지지된 연속보와 같은 모멘트 분포를 가지므로 앞선 Zero Displacement Method나 Force Equilibrium Method와 동일한 해를 얻을 수 있다. 다만, 이 방법을 적용할 때에는 기하학적 제한 조건 식에 주의를 요한다.

가설단계를 고려한 초기치 해석

해석개요	• 초기평형상태 부재력의 목표치 설정 및 케이블의 목표장력 결정 • 주탑 및 보강거더의 캠버를 고려한 초기형상 구현

초기치해석 결과

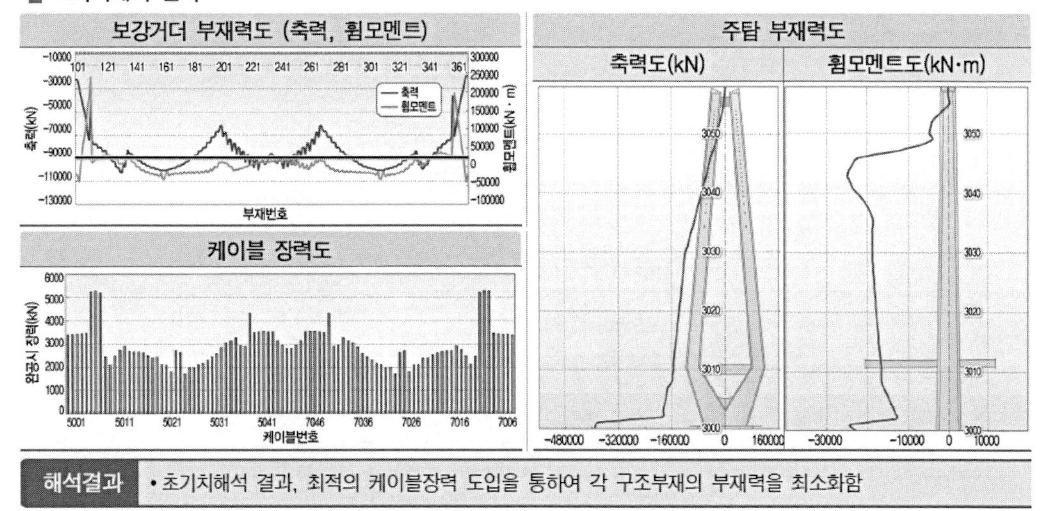

(초기치 해석 예 : 화양–적금2공구 턴키 보고서)

7. 사장교의 정방향 해석과 역방향 해석

사장교의 시공단계해석을 위한 특별한 해석단계로 구조물의 가설 시 가설방법 또는 공법에 따라 완성후 구조계와 응력이력이 다르기 때문에 가설 중의 본구조물에 대한 해석을 의미한다. 일반적으로 사장교에서는 초기치 해석 시 역방향 해석을 통해서 도입 장력을 구하고 정방향 해석을 통해서 최종적인 초기치의 장력이 도입되는 지를 확인하는 과정을 거친다.
강사장교의 경우 역방향 해석만으로도 정확한 케이블 이력을 구현할 수 있으나 콘크리트 사장교의 경우에는 시간에 따라 크리프나 건조수축 등의 영향이 있으므로 역방향 해석 이후에 정방향 해석을 모두 수행한다.

1) 역방향해석(Backward Analysis) : 캔틸레버 공법으로 시공되는 합성형 사장교에서 필요로 하는 최적의 사하중 모멘트 분포를 얻기 위해서는 각각의 케이블에 도입되는 정확한 초기 장력을 계산해야만 한다. 이러한 초기 장력값을 얻기 위한 기본적인 해석 방법이 Backward 해석이다. 초기 장력 값을 구하기 위하여 가설 6단계로 구분한다.

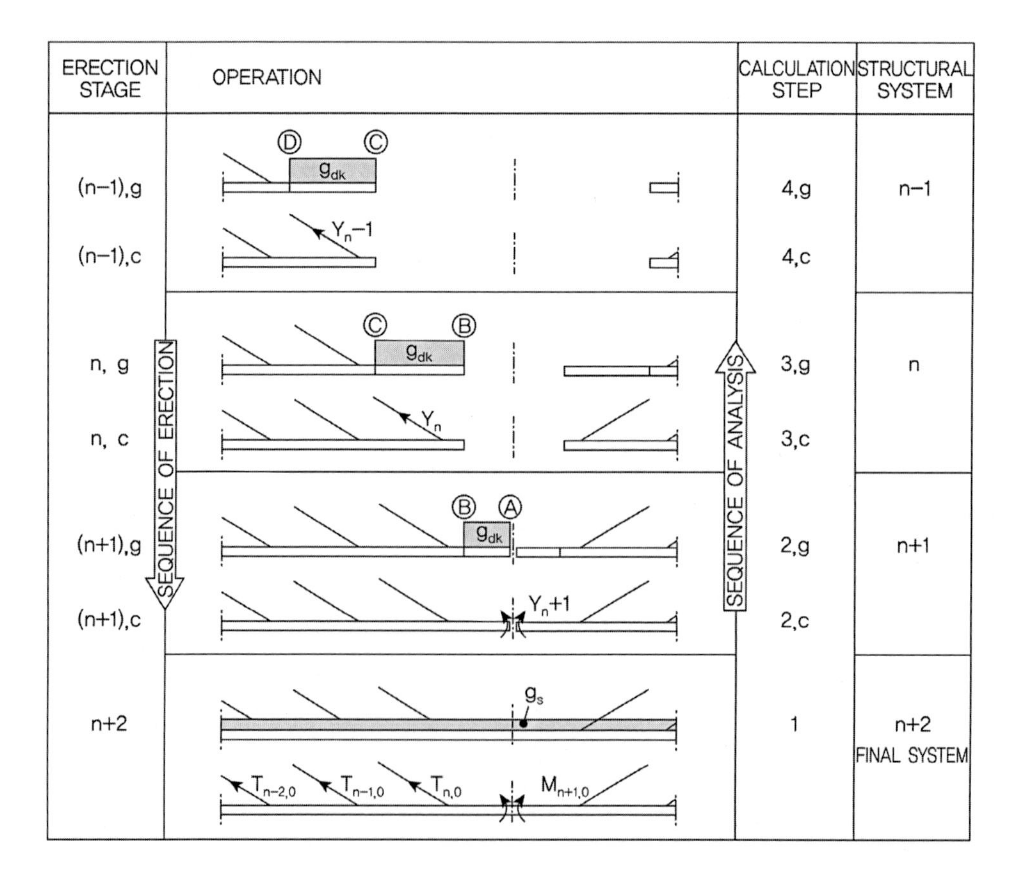

① (n−1), g의 단계에서 보강형을 D에서 C로 내뻗는다. 이 과정에서는 그때까지 가설되어 온 구조부에 추가된 보강형의 사하중이 작용한다.

② (n−2), c의 단계에서는 케이블 C가 가설되고 초기 장력 Y_{n-1}이 도입된다.

③ n, g의 단계는 새롭게 C에서 B로 보강형의 가설을 하므로 (n−1), g의 단계와 같다.

④ n, c의 단계는 마찬가지로 새로운 케이블의 가설과 장력 도입을 하므로 (n−2), c의 단계와 같다.

⑤ (n+1), g의 단계에서는 보강형이 주경간의 중앙(A점)으로 내뻗치고 반대쪽에 내민 부분 A점에 도달한다.

⑥ (n+1), c의 단계에서 2개의 내민 보강형을 폐합하기 전에 모멘트 Y_{n+1}를 도입한다고 가정한다. (이 단계는 완성계통의 지간 중앙에 생기는 사하중 모멘트가 소정의 값으로 되기 위해 필요하다.)

⑦ (n+2)의 단계에서는 폐합된 구조 계통에 포장, 난간, 조명등 등의 2차 사하중이 부가되어 완성계통의 사하중 상태로 된다.

완성계통의 사하중 상태의 모멘트와 힘은 정해졌지만, 가설시의 도입장력 Y_{n-1}, Y_n등과 폐합모멘트 Y_{n+1}는 미지량이다. 이들의 미지량을 구하기 위해서는 해석을 가설 순서와 역으로 하면 된다. 이 작업이 Backward 해석이다. 즉, 단면력과 형상을 알고 있는 완성계통의 상태에서 계산을 시작하는 것이다. 그래서 개개의 가설계통을 가설 순서대로 해석(Forwarding 해석)하는 대신에 가설과는 반대의 순서로 완성 계통을 해체해 가는 해석을 하게 된다. 이렇게 하면 케이블의 제거전 과정에서 케이블의 초기 장력이 결정된다. 또한 합성형 교량이나 콘크리트 보강형의 교량에서는 전술한 바와 같이 크리이프나 건조 수축에 따른 힘의 변화도 고려해야 한다. 가설단계와 역으로 해석을 하는 경우에는 크리이프나 건조수축으로 인한 변형을 반대의 부호로 계산에 고려하는 등의 방법을 쓰기도 한다. 그러나 케이블 장력에 의한 힘의 분포가 정해지지 않은 상태에서 케이블 장력을 추적하면서 크리프를 정확히 역으로 추적하는 것은 불가능하다. 따라서 크리프, 건조 수축 등을 별도로 하여 몇 차례의 반복 계산을 통해 값을 구한다. 케이블의 긴장작업이 2차에 걸쳐 실시되기 때문에 위의 해석순서와 완전히 일치하지는 않으나 기본적인 이론은 이와 동일하다고 할 수 있다.

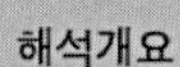

완성계 해석

해석개요	• 케이블의 등가 탄성계수를 고려한 선형화탄성해석 수행 • 각 구조부재별 설계부재력, 반력 및 변위 산정

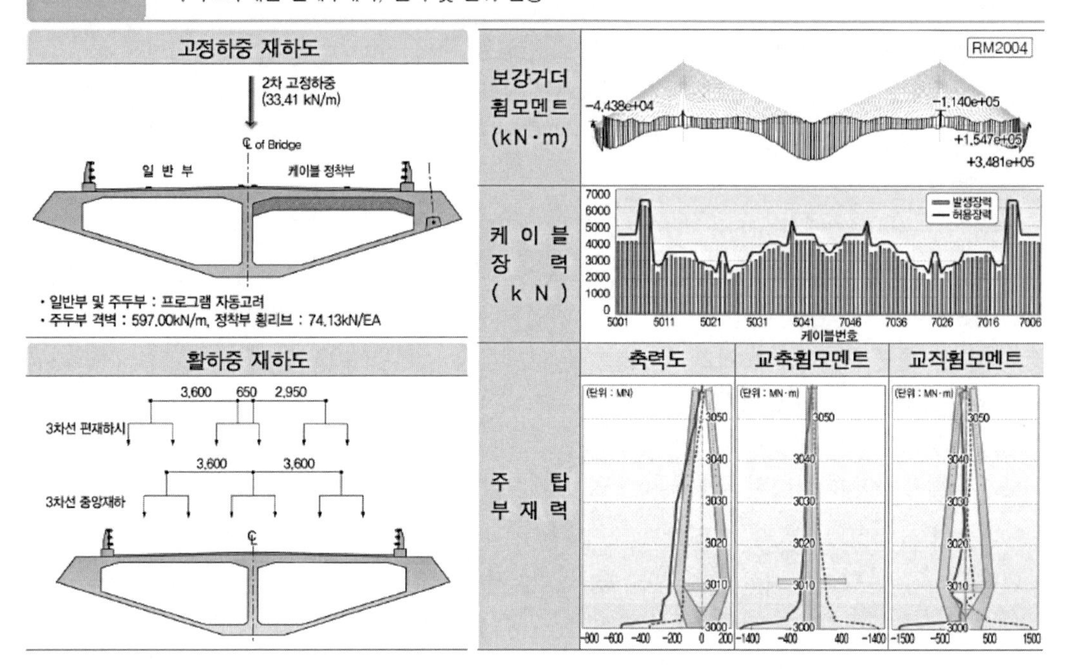

(완성계 해석 : 콘크리트 사장교)

2) 정방향 해석(Forward Analysis)

가설 순서대로 해석 input data를 작성하여 시공단계해석을 수행하는 것을 편의상 Backward Analysis와 구분하기 위해 Forward Analysis(정방향 해석)이라 한다. Forward 해석에서는 도입하는 케이블의 장력 외에 각 가설 단계의 힘과 모멘트를 각각의 계산단계에서 구할 수 있으므로 가설 중 구조 계통 각부의 응력을 체크하여야만 한다. 특히 Derrick Crane과 같은 무거운 중량의 가설 장비는 그 지지점이나 중량에 대하여 특별한 검토를 실시하여 가설시 구조적 문제가 없도록 하여야 할 것이다.

이러한 Forward 해석에서 아무런 문제가 발견되지 않으면 최종 상태의 시공 순서로 확정하게 된다. 물론 Forward 해석에서 응력이 허용응력을 넘는다든지 하는 문제점들이 발견되면 가설 순서나 가설 장비, 구조설계를 변경해야 한다. 이때 구조설계를 변경하는 것은 마지막에 선택되어질 일이며 그전에 가설 순서나 가설 장비의 중량, 운용 등을 여러모로 검토하여 변경시켜야 할 것이다. 가설 순서의 변경에 대해서는 다음 사항을 고려한다.

① 완성 계통의 사하중 상태의 수정
② 보강형의 이음 위치 재검토
③ 많은 단계에 걸친 케이블의 긴장
④ Temporary Cable 사용

또한, 구조 설계의 변경에 대해서는 다음 사항을 고려해야 한다.

① 허용 응력을 넘는 구조부의 강도 향상
② 케이블 개수의 증가
③ 보강형 단면의 재설계
④ 지점(부정정)의 추가
⑤ 구조 재료의 변경

■ 주요 시공단계별 해석결과(휨모멘트, kN·m)

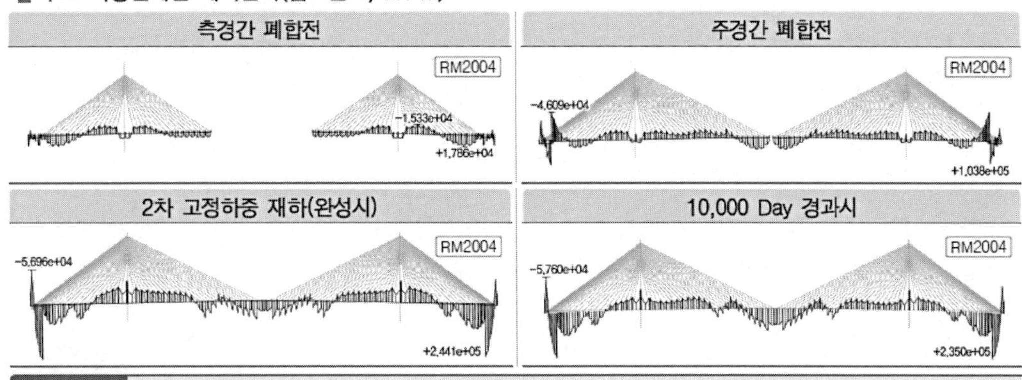

해석결과	• 시공단계별 해석결과, 케이블 장력 및 각 부재의 단면을 검토하여 안전성을 확인함

■ 주요 시공단계별 보강거더 처짐형상도

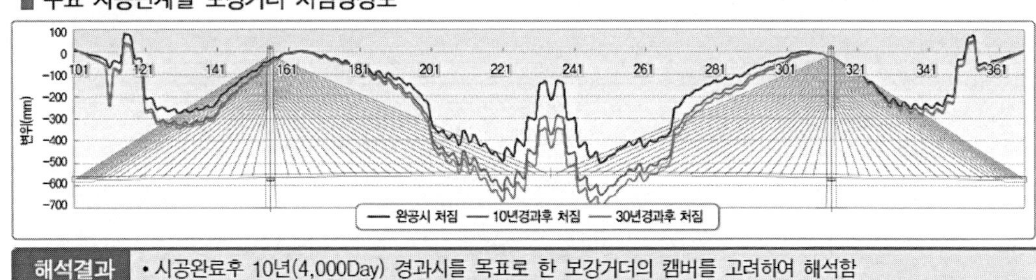

해석결과	• 시공완료후 10년(4,000Day) 경과시를 목표로 한 보강거더의 캠버를 고려하여 해석함

(시공단계별 해석 : 콘크리트 사장교)

7. 사장교 측경간부에 부반력 대책

110회 4-3 사장교 부반력 산정방법과 대책

100회 4-2 사장교 측경간에 부반력 발생 시 대책

일반적으로 사장교는 케이블의 장력이나 중앙경간의 처짐 등을 고려하여 측경간비가 중앙경간장에 비해 짧도록 구성되어 있다. 사장교의 지간비는 시스템의 처짐양상을 결정할 뿐만 아니라 앵커케이블의 장력 및 변화폭에 영향을 주므로 케이블 피로설계에 중요 변수가 되기 때문에 일반적으로 사하중의 비율이 높은 콘크리트 도로교의 경우 0.42 정도의 지간비를 적용하고 활하중 비율이 높은 철도교의 경우에는 0.34까지 적용한다. 또한 사장교는 외부하중이 보강형에서 Stay cable을 통해 주탑과 Anchor cable에 이르는 하중전달 구조에서 앵커 케이블이 인장상태에 있어야만 안정성을 유지할 수 있으며 앵커 케이블이 인장상태를 유지하기 위한 조건은 활하중 p가 전혀 없는 상태일 때 측경간이 주경간장의 1/2이어야 하며 활하중을 고려할 때는 주경간장이 더 커지게 된다.

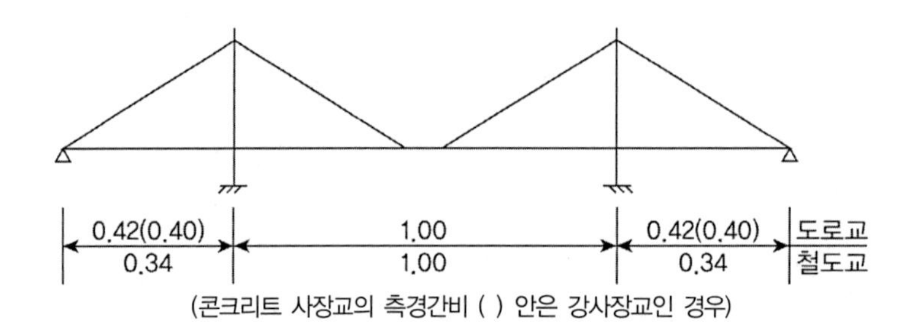

(콘크리트 사장교의 측경간비 ( ) 안은 강사장교인 경우)

따라서 사장교에서는 단부교각에서 정반력의 수직력보다는 앵커케이블에 의한 부반력이 발생될 가능성이 매우 크며, 이러한 부반력이 발생될 경우에 이에 대한 대책을 마련하는 것이 필요로 하다.

1) 부반력 설계기준

도로교 설계기준에서는 다음의 값 중 불리한 값을 사용하여 설계하도록 하고 있다.

$$Max\,(2R_{L+i} + R_D,\ \ R_D + R_W)$$

그러나 지침에서는 별도의 부반력 조합이 존재하는 것이 아니라 사용하중조합과 극한강도조합에서의 부반력 값을 그대로 적용하고 있어 별도의 조합을 수행하지 않는다. 이러한 내용은 초과하중이라는 개념을 도입한 케이블 강교량 설계지침과는 또 다르며 케이블 강교량 설계지침에서 정의하고 있는 초과하중 조합에 의한 부반력 산정식은 다음과 같다.

① 활하중과 충격계수 100% 증가시킨 하중조합에서 산출된 부반력 100%

② 사용하중조합에서 산출된 부반력의 150%

2) 부반력 제어 대책

부반력의 제어는 자중을 늘이거나 줄이는 방법이나 다른 구조물의 자중을 이용하는 방법이 주로 사용된다. 상부구조물의 자중을 증가하는 방법에는 Counterweight를 재하하는 방법이 있으며, 상부구조물의 중앙경간부의 자중을 경감시키기 위해 복합사장교를 이용하는 방법이 있다. 또한 하부구조물의 자중을 이용하는 방법에는 서해대교에서 사용한 방법인 접속교의 자중을 이용하는 방법, Tie-Down Cable이나 Link Shoe, Anchor Cable을 이용하여 교대나 지반의 자중을 이용하는 방법으로 구분된다.

① Counterweight 재하방법 : 박스교와 같은 상부구조물에 측경간의 보강형 내부에 구조적인 또는 비구조적인 중량물을 설치하여 하중을 증가시키는 방법이다. 이 방법의 경우 공간적인 제약이 있을 수 있으며, 하중의 증가로 인하여 보강형의 단면의 증대나 측경간 케이블의 단면 증대, 질량증대로 내진설계 시 하중증가, 유지관리 불리 등의 문제가 있을 수 있다.

② 복합 사장교의 적용 : 중앙지간의 보강형을 중량이 가벼운 강재로 치환하고 측경간은 콘크리트 단면을 이용하는 방법이다. 이 방법의 경우 콘크리트와 강재의 접합부에 대한 설계에 주의를 요한다.

③ 접속교의 자중을 재하 : 서해대교에 적용된 방법으로 접속교의 자중을 이용하여 보강형의 자중을 증가시키는 방법이다. 가설시의 접속교 설치방법에 주의를 요구된다. 서해대교의 경우 가설브라켓과 크레인을 이용하여 설치하였다.

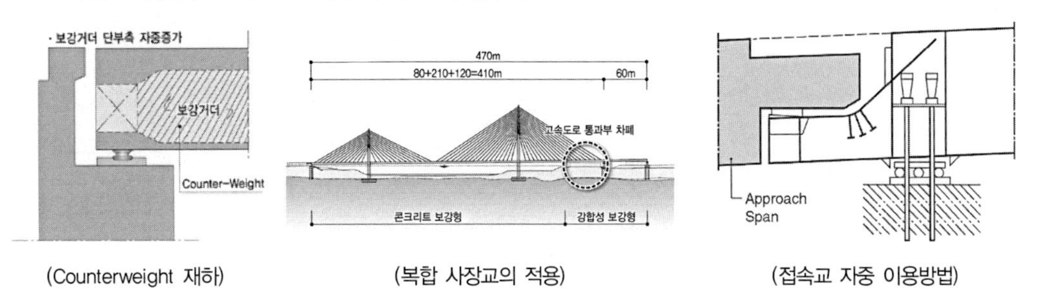

(Counterweight 재하) (복합 사장교의 적용) (접속교 자중 이용방법)

④ Tie-Down Cable : 교각과 보강형을 케이블로 연결하여 부반력을 교각에 전달하는 방법으로 일반적으로 가장 많이 쓰이는 방법이다. 보강형의 이동량이 크면 케이블이 꺾이는 문제가 발생할 수 있으며 교각이 낮은 교량의 경우 케이블이 짧아 2차 응력이 과도하게 발생되는 문제가 발생할 수 있다.

⑤ Link Shoe : 보강형과 교대에 Link Shoe를 설치하여 교대의 자중으로 부반력에 저항하는 방법으로 교대부쪽에 이동량이 크거나 회전각이 클 때 적합하다. 다만 교체가 어려우므로 유지관리 시 불리한 단점이 있다.

⑥ Anchor Cable : 교대 밑으로 설치된 지중 앵커와 보강형을 케이블로 연결하여 하부 지반과 교대의 자중으로 저항하는 방법이다. 지반조건에 따라 설치여부가 결정되므로 이에 대한 고려가 필요하다.

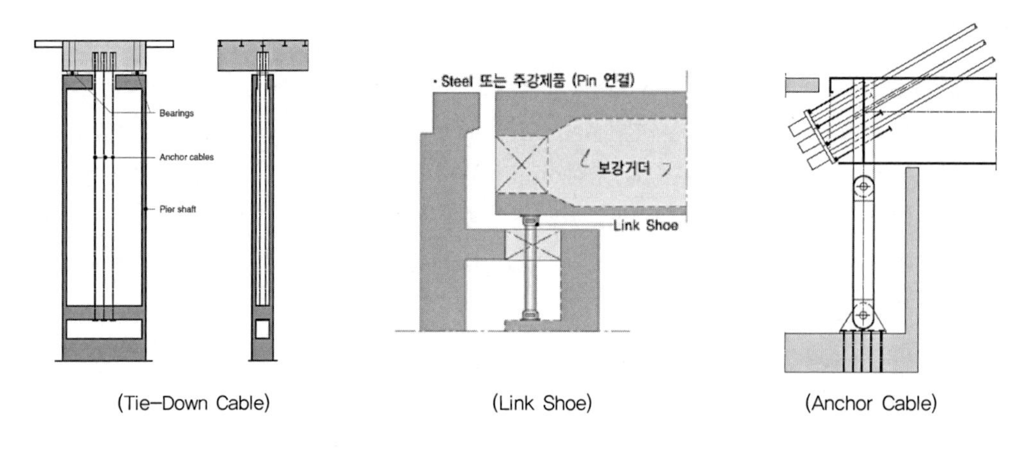

(Tie–Down Cable) (Link Shoe) (Anchor Cable)

3) 주요 부반력 제어 방법의 비교

구 분	Counter-Weight	Tie-Down 케이블	Link-Shoe
개 요 도	· 보강거더 단부측 자중증가 보강거더 Counter-Weight	· 케이블에 Prestressing 도입 보강거더 Tie-Down 케이블	· Steel 또는 주강제품 (Pin 연결) 보강거더 Link Shoe
특 징	• 보강거더 내에 콘크리트 내부 채움으로 부반력제어 • 내부점검통로 공간을 고려한 콘크리트 타설부위 결정필요 • 구조상세가 단순하고 거동이 명확 • 유지관리 단순화	• 교대측에 발생되는 부반력을 케이블로 제어하는 시스템 • 규모가 작아 보강거더 내부 등 협소한 공간에 배치 및 접근용이 • Tie-Down 케이블의 꺾임 현상에 대한 대책필요	• Link Shoe 본체 강성으로 부반력에 대응하는 시스템 • 규모가 커 공간확보가 불리 하고, 단일부재로 저항하므로 교체곤란 • Link Shoe 설치지점부 단부 보강거더 보강필요

8. 사장교의 케이블 장력 도입

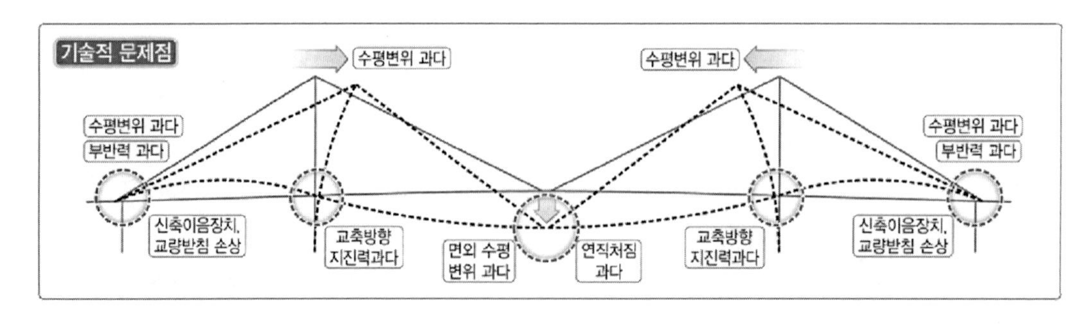

사장교는 측경간비가 1/2 이하의 구조물이다. 따라서 사장교의 하중경로 특성상(하중→보강형

→스테이케이블→주탑→앵커케이블→지반) 장력이 도입되지 않은 상태에서의 중앙경간에서의 처짐이 상당히 크게 발생하게 된다(단일케이블 부재의 거동 참조). 또한 케이블은 장력이 도입되기 전에는 강성이 발생하지 않기 때문에 무응력 상태의 기하형상을 정의할 수 없다.
이러한 사장교의 초기형상을 유지하면서 하중에 대해 케이블 연결부에서 탄성지지 역할을 수행할 수 있도록 사장교의 케이블에 장력을 도입하는데 장지간의 연속교에 케이블로서 수많은 탄성지점 역할을 수행하도록 하고 이를 통해서 전체구조계의 하중을 분산시켜주는 역할을 수행한다.

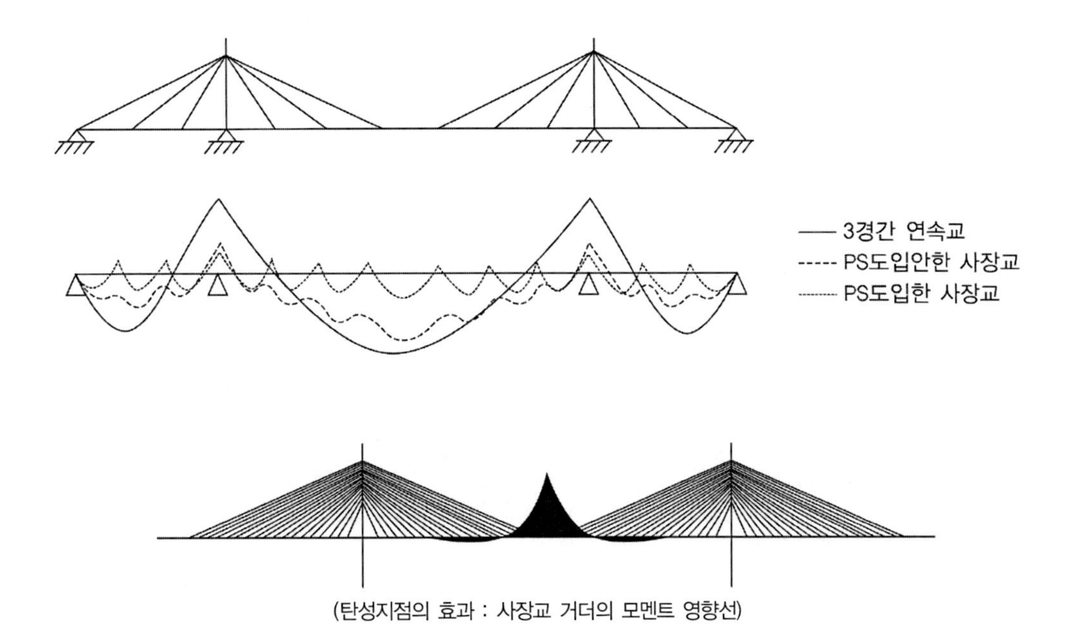

(탄성지점의 효과 : 사장교 거더의 모멘트 영향선)

1) 사장교의 장력 도입

① 사장교의 케이블은 도입되는 장력의 크기, 단면적, 탄성계수, 길이 그리고 각도 등에 의해 강성이 변화한다. 또한 케이블의 장력의 도입여부에 따라서 사장교 거더의 강성이 변화하게 되며 이는 장력이 도입된 지점의 보강형은 탄성스프링으로 지지된 지점 과 같이 변화하여 보강형의 모멘트가 적절히 분배될 수 있도록 한다.

② 도입되는 장력의 크기나 단면적, 케이블의 탄성계수가 클수록 탄성 스프링의 강성은 커지게 되며, 길이가 길어지고 각도가 작아지면 반대로 케이블의 강성이 작아져 탄성스프링의 강성도 약해지게 된다.

9. 사장교 설계 변수 : 주경간장과 주탑 높이

주경간장이 길수록 통상적으로 케이블의 자중으로 인한 새그비가 커지고 이로 인하여 효율이 떨어지게 된다. 따라서 일반적으로 주경간장의 길이가 길수록 주탑의 높이는 커지게 된다. 다음의 그래프는 횡축에서의 케이블 교량의 주경간장에 대한 주탑 높이의 비(h/L_m)에 다른 종축의 케이블 사용량과 주탑을 구성하는 재료의 경제성을 비교한 것이다.
실제 사장교 설계 시에는 제시된 최적값에서는 시스템의 강성이 떨어져서 처짐이 커지기 때문에 최적값보다 조금 높은 주탑을 사용한다.

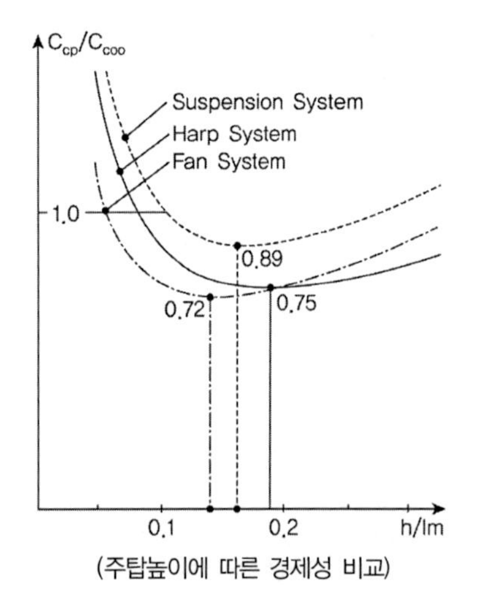

(주탑높이에 따른 경제성 비교)

(교량형식별 주탑비)

구분	경제적 h/L_m	설계 시 h/L_m
현수교	0.15	0.1
팬타입 사장교	0.13	0.15–0.20
하프타입 사장교	0.19	0.20–0.25

C_{cp0} : 일반적인 새그비 1:10의 현수교 건설 비용
C_{cp} : 케이블 시스템과 주탑 건설 비용

① 경간의 길이와 주탑의 높이(h/L_m)는 케이블 장력에 중요한 영향을 미치며 케이블의 양을 결정하는 중요한 요소이다.

② 근래에 건설된 사장교의 설계사양을 검토해보면 3경간 사장교에서 Fan 형식의 경우 h/l_m = 0.15~0.20이고 Harp형식의 경우 h/l_m =0.20~0.25의 비율로 설계된다. 하프형식이 팬형식에 비해 주탑의 높이가 30% 증가되므로 팬형식이 더 경제적이다.

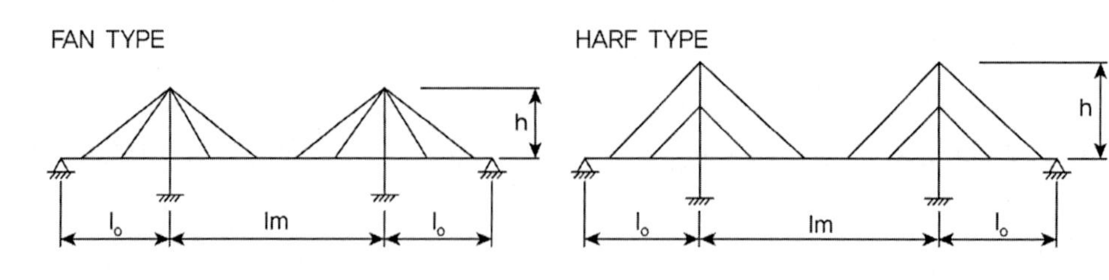

③ 마찬가지로 2경간인 경우 Fan형식의 경우 h/l_m =0.30~0.40이고 Harp형식의 경우 h/l_m = 0.40~0.50의 비율을 나타내어서 하프형식이 팬형식에 비해 주탑의 높이가 30% 증가되므로

팬형식이 더 경제적이다. 또한 동일한 중앙지간을 갖기 위해서는 2경간 사장교의 경우에 3경간 사장교보다 2배 높은 주탑이 필요하다.

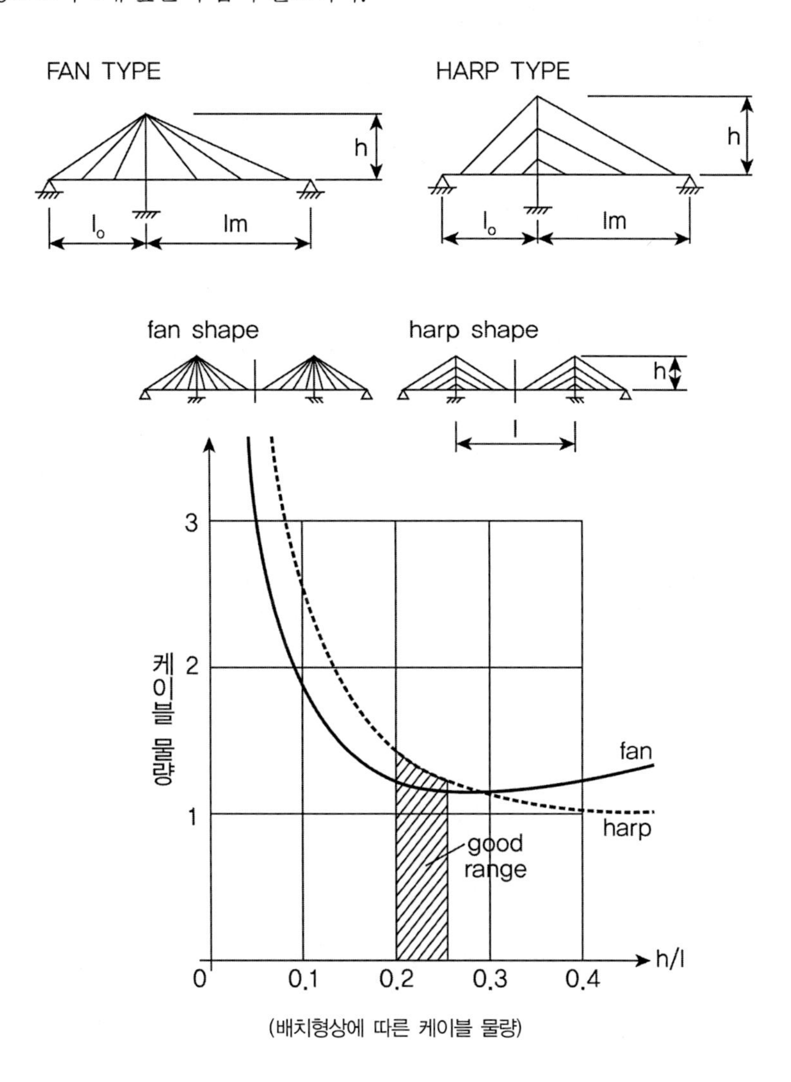

(배치형상에 따른 케이블 물량)

10. 사장교 설계 변수 : 주경간장과 측경간의 비

107회 3-5 프리스트레스트사장교와 강사장교 비교

94회 2-1 고속철도용 장대교량을 사장교로 설계할 때 구조계획에 대해 설명

93회 1-8 PSC사장교와 강사장교 특징 비교

일반적인 3경간 형식의 사장교에서 측경간장 L_a과 주경간장 L_m의 비는 앵커 케이블의 장력변화에 큰 영향을 준다. 주경간의 하중은 이 케이블의 장력을 증가시키고 측경간의 하중은 이를 감소시킨다. 이러한 장력의 변화는 피로에 민감한 케이블과 앵커에 불리하게 작용한다. 이러한 장력변화에 의한 응력변동 범위가 피로에 대하여 안전한 설계가 되도록 하여야 한다. 또한 경간비(L_a/L_m)는 시스템의 처짐에 결정적인 영향을 미치기 때문에 큰 강성이 필요한 경우에 좁은 측경간을 선호한다. 앵커케이블에 장력의 변동 폭이 커서 발생하는 피로문제를 방지하고, 앵커케이블의 저장력으로 인한 전체 시스템의 강성저하를 방지하기 위해, 장력비($\kappa_{ac} = T_{\min}/T_{\max}$)를 일정하게 할 경우(0.4 정도), 경간비는 사하중에 대한 활하중의 비율(p/w)로 결정된다. 다음 그림에 의하면 활하중 비율이 높은 교량일수록 짧은 측경간을 사용한다. 일반적으로 강교에 비하여 사하중이 큰 콘크리트교의 측경간을 넓고, 활하중이 큰 철도교에서 좁은 측경간을 사용한다. 보통 콘크리트 도로교의 경우 0.42 부근의 값을 적용하고, 활하중 비율이 높은 철도교의 경우 0.34까지 적용한다.

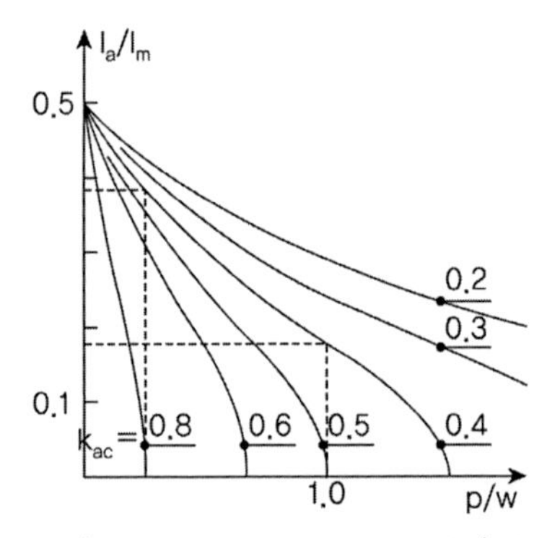

(하중비(p/w), 장력비(κ_{ac})에 따른 경간비(l_a/l_m) 구성)

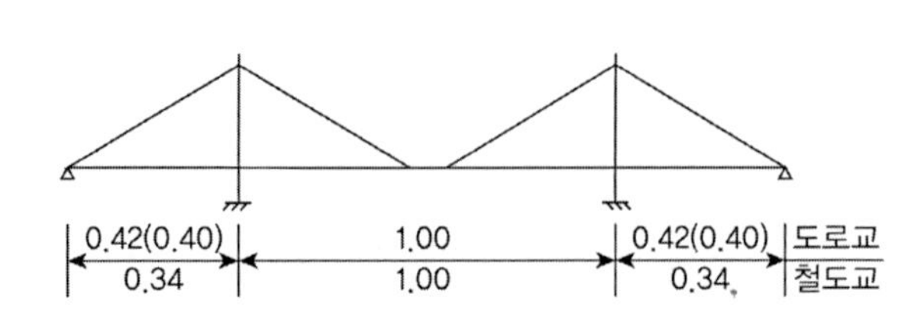

(콘크리트 사장교의 측경간비, 괄호 안은 강사장교)

1) 앵커케이블의 장력(Cable supported bridges : Concept and Design 3th, Niels J. Gimsing)

사장교에서 외부하중은 보강형에서 Stay cable을 통해 주탑과 앵커케이블(Anchor cable)을 통해서 지반과 지점으로 하중이 전달되어지는 구조를 가지고 있다. 따라서 시스템의 안정을 위해서는 주탑과 단부 지점을 연결하는 앵커케이블(Anchor cable)이 인장상태를 유지하고 있어야만 1차 안정성을 유지/확보할 수 있다.

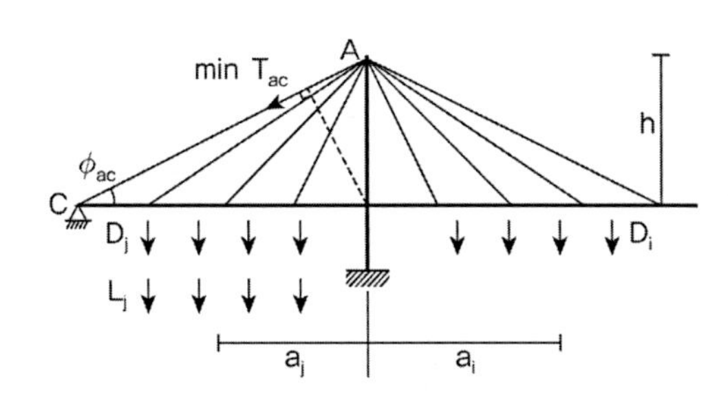

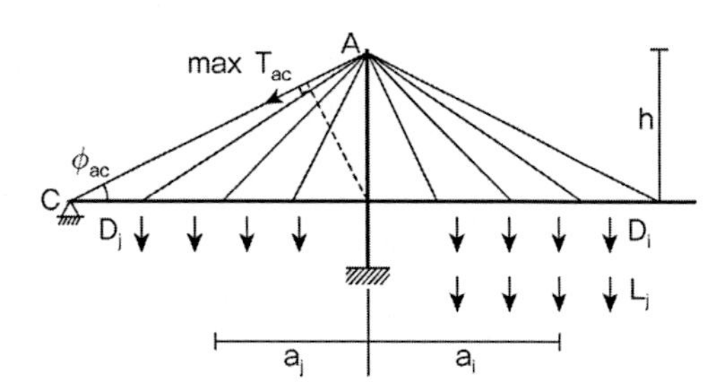

D : 케이블에 작용하는 고정하중의 수직력

L : 케이블에 작용하는 활하중의 수직력

① 앵커케이블의 최소장력(min T_{ac}) : 중앙경간부 사하중 + 측경간부 사하중과 활하중

$$T_{ac} = \frac{\sum_{i=1}^{n} D_i a_i - \sum_{j=1}^{m} (D_j + L_j) a_j}{h \sin(90 - \phi_{ac})} = \frac{\sum_{i=1}^{n} D_i a_i - \sum_{j=1}^{m} (D_j + L_j) a_j}{h \cos\phi_{ac}}$$

② 앵커케이블의 최대 장력(max T_{ac}) : 중앙경간부 사하중과 활하중 + 측경간부 사하중

$$T_{ac} = \frac{\sum_{i=1}^{n} (D_i + L_i) a_i - \sum_{j=1}^{m} D_j a_j}{h \sin(90 - \phi_{ac})} = \frac{\sum_{i=1}^{n} (D_i + L_i) a_i - \sum_{j=1}^{m} D_j a_j}{h \cos\phi_{ac}}$$

③ 장력비($\kappa_{ac} = T_{\min} / T_{\max}$) : 최소장력과 최대장력의 비

$$\kappa_{ac} = \frac{T_{\min}}{T_{\max}} = \frac{\sum_{i=1}^{n} D_i a_i - \sum_{j=1}^{m} (D_j + L_j) a_j}{\sum_{i=1}^{n} (D_i + L_i) a_i - \sum_{j=1}^{m} D_j a_j}$$

2) 앵커케이블의 응력비와 지간장의 관계

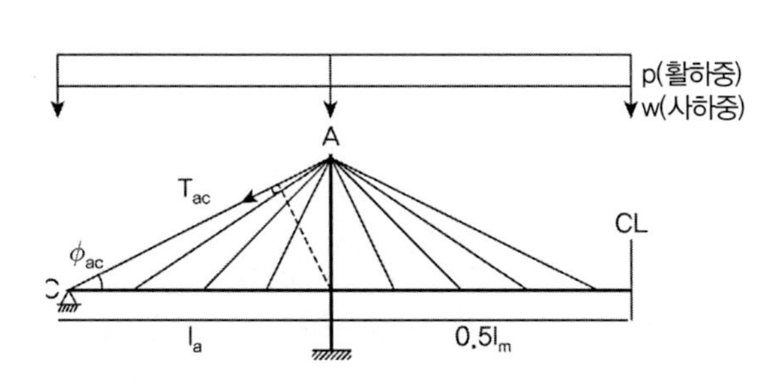

$$a_i = \frac{1}{4} l_m, \quad a_j = \frac{1}{2} l_a$$

$$\sum_{i=1}^{n} D_i a_i = \left(\frac{1}{2} w l_m\right) \times \frac{1}{4} l_m$$

$$\sum_{j=1}^{m} (D_j + L_j) a_j = \frac{1}{2} (p + w) l_a^2$$

$$\sum_{i=1}^{n} (D_i + L_i) a_i = \frac{1}{8} (p + w) l_m^2,$$

$$\sum_{j=1}^{m} D_j a_j = \frac{1}{2} w l_a^2$$

$$\kappa_{ac} = \frac{wl_m^2 - 4(p+w)l_a^2}{(p+w)l_m^2 - 4wl_a^2} \qquad \therefore\ l_a = \frac{1}{2}l_m\sqrt{\frac{w-\kappa_{ac}(p+w)}{(p+w)-\kappa_{ac}w}} \leq \frac{1}{2}l_m$$

3) 측경간과 주경간의 길이관계

활하중 p가 전혀 없는 상태일 때 측경간이 주경간장의 1/2가 되며 실제 교량에서는 활하중이 존재하므로 앵커케이블의 하중상태와 상관없이 측경간의 길이는 주경간의 1/2이하가 되어야 한다.

4) 측경간비에 대한 사장교 시스템의 거동

① 측경간비에 따른 케이블 양
측경간비가 작아짐에 따라 케이블의 직경은 증가한다. 케이블의 각도가 커질수록 케이블에 큰 장력이 도입되기 때문에 케이블의 직경이 증가하게 된다. 다만 수평력은 각도가 증가할수록 감소한다.

② 측경간비에 따른 변형
측경간비가 작아질수록 사장교의 변위의 절대적인 크기와 변동폭은 작아진다.

5) 측경간비가 짧은 사장교의 특징

측경간과 주경간의 수평력을 동일하게 함으로써 케이블에 발생하는 장력이 커지게 되며 결과적으로 시스템의 전체 강성이 증가하나 짧아진 측경간으로 인해 강성증가, 변형에 좋은 특성을 지니나 부반력이 크게 증가하는 문제점이 발생한다. 부반력 발생 시 단부의 들뜸 현상이 발생하여 주행 시 문제를 야기하므로 부반력 제어대책(사장교 측경간부에 부반력 대책 참조)을 수립하여야 한다.

6) 부반력 제어(기타 방식)

케이블 배치면 끝단에 앵커교각을 두는 것이 가장 보편적인 방법이지만은, 케이블 배치를 대칭으로 유지하면서 측경간비를 조절하여 시스템의 강성을 발휘하기 위해, 케이블 배치면 내부로 앵커교각을 이동하여, 아래 그림과 같이 5경간 형식이 사용되기도 한다. 제일 바깥쪽 경간의 사하중이 앵커교각의 부반력을 감소시켜 주는데 큰 역할을 하기 때문에 사용하는 경우도 있다. 그러나 이러한 시스템에서는 앵커 교각 부근의 거더에 모멘트가 아주 크게 작용한다. 아낙시스교에서는 모멘트를 감소시키는 방법으로 앵커교각과 최 외측 교각 사이에 힌지를 둔 사례도 있었다.

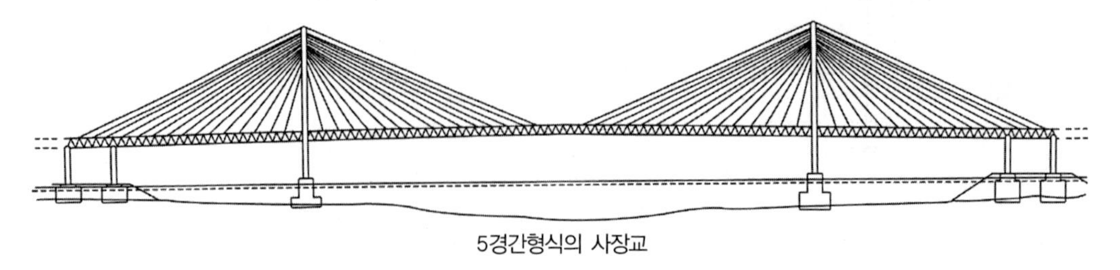

5경간형식의 사장교

최적 측경간장 분석

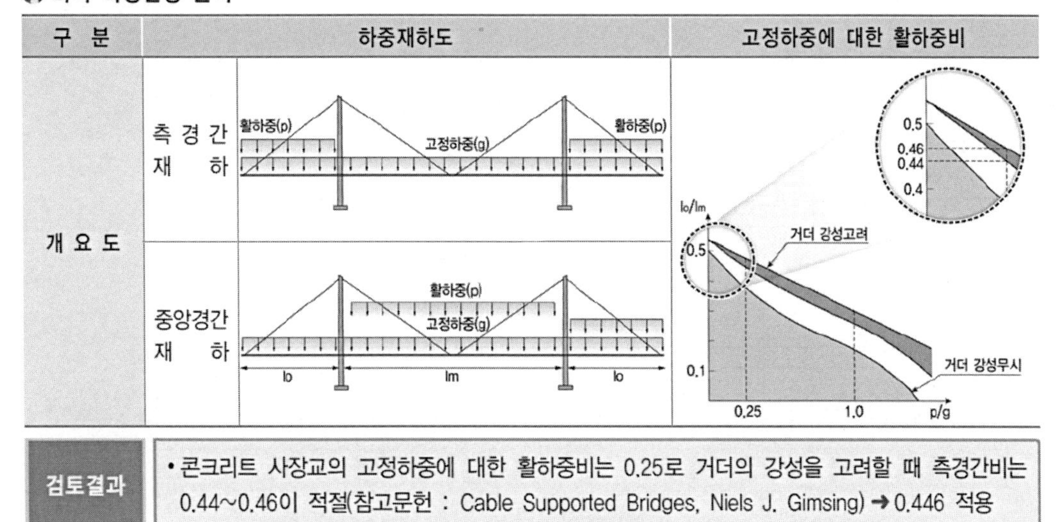

(측경간장비 적용 검토 예)

11. 사장교 설계 변수 : 기타

1) 주탑의 형상 : 주탑의 형상은 기본적으로 H형과 A형으로 구분할 수 있으며 도로의 폭, 도로의 높이 등에 따라서 다양한 변형이 가능하다. 다만 폭이 넓고 비틀림 강성이 작은 거더의 경우 편재하 시 주탑변형으로 추가되는 거더 처짐을 줄일 수 있도록 주탑 형상을 신중히 선정해야 하며 경간장이 커지면 이 영향이 더 커지며 경간장이 400m 이상이면 A형 주탑을 적용하는 것이 좋다(콘크리트 사장교).

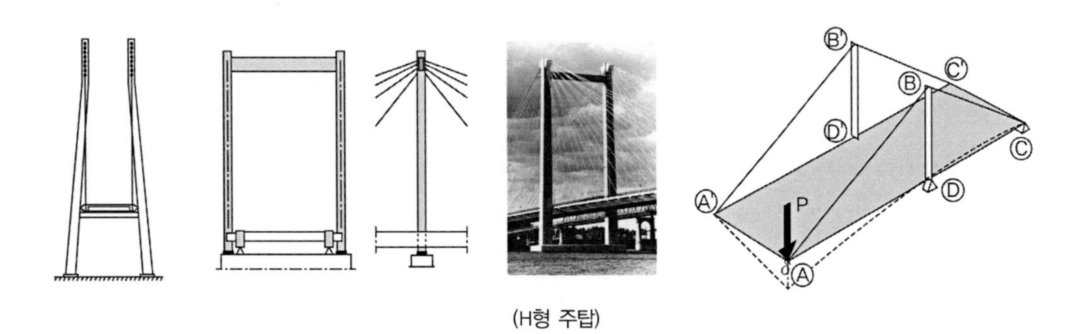

(H형 주탑)

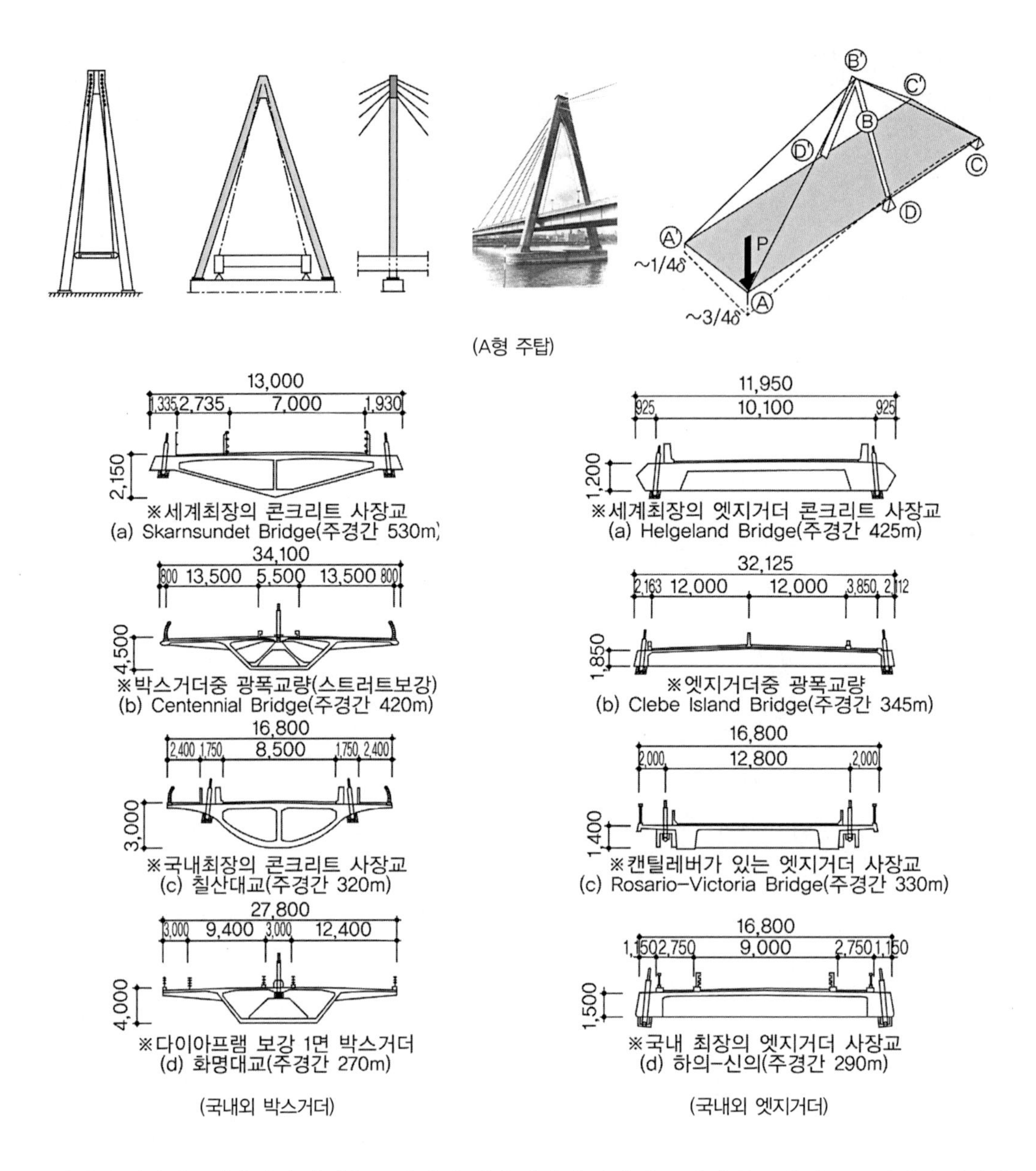

(A형 주탑)

(국내외 박스거더)

(국내외 엣지거더)

2) 거더의 세장비 : 경간장이 커질수록 바람에 대한 거더의 안정성 문제가 중요해지므로 거더의 세장비를 고려해 단면제원을 정해야 한다. 특히 주경간장/거더폭(한계변장비)의 비가 40을 초과하지 않도록 하는 것이 좋으며 또한 주경간장/거더 높이비가 500을 넘지 않도록 거더의 단면 높이를 정하는 것이 유리하다.

98회 3-3

케이블교량 주탑의 형식 (유사기출 85회 2-3, 76회 2-2)

초장대교 계획 시 강재주탑과 콘크리트 주탑의 장단점을 현수교와 사장교로 예를 들어 설명하시오.

85회 2-3

76회 2-2

풀 이

➤ 개요

초장대교량은 일반적으로 사장교는 1,500~2,000m급, 현수교의 경우는 3,000~4,000m급의 교량으로 장지간으로 인하여 구조물자체가 Flexible하기 때문에 내풍안정성에 의해서 영향을 많이 받는 구조물로서 일반적으로 초장대교량을 계획하기 위해서는 다음의 사항에 대한 검토수반이 필요하다.

① 구조 최적화 기술(Optimized Design)
② 위험도 분석기술(Risk Analysis)
③ 대변위 진동 제어 기술
④ CFD, 풍동시험 등을 통한 내풍안정성 확보
⑤ 대형기초 해석기술

➤ 초장대교량에서의 주탑의 역할

초장대교에 사용되는 사장교와 현수교는 일반적으로 구조적인 차이를 설명할 때, 사장교는 Cable에 의해 연결부에서 탄성 스프링 지점 역할을 하는데 비해서 현수교는 행어를 통해 주케이블이 보강형에 상향력을 주는 역할로 비교 설명되며, 두 교량형식에서 주탑은 축력(P)과 함께 케이블의 세그(Sag)로 인한 모멘트(M)를 받는 구조체로 설명될 수 있다.

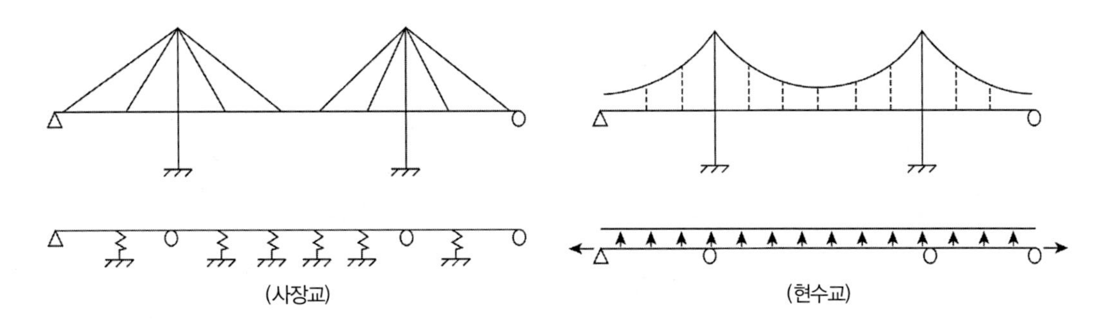

① 사장교

사장교에서는 케이블 정착방식이 보강형 정착방식인 자정식(Self Anchorge)이 주를 이루며, Stay Cable로 인하여 주탑에 매우 큰 압축력이 도입되게 된다. 따라서 주탑에서는 매우 큰 압축응력이 발생되며, 케이블 수평력으로 인한 모멘트가 발생하게 되어 주탑에서는 $P-\delta$효과로 인한 비선형 거동을 보이게 된다.

② 현수교

현수교에서는 케이블 정착방식이 자정식(Self Anchorge)과 타정식(Anchorge)이 모두 사용되나, 초장대교량에서는 타정식이 주로 사용된다. 하중 경로가 보강형 → 행어케이블 → 주케이블 → 앵커리지로 전달되도록 하여, 주케이블이 수평력을 통해서 구조체가 평형을 이루도록 하고 있다. 주탑은 주케이블의 수평력과 새그비 또는 수하비로 인하여 발생하는 수평력과 수직력, 모멘트 발생이 되며, 이로 인하여 사장교와 마찬가지로 $P-\delta$효과로 인한 비선형 거동을 보이게 된다.

➤ 콘크리트 주탑과 강재주탑의 비교

주탑은 사용재료에 따라 콘크리트 주탑과 강재주탑으로 구분될 수 있으며, 근래의 두 재료를 혼합하여 사용되는 합성 주탑의 사용도 늘어나는 추세이다.

일반적인 콘크리트와 강재의 재료적 차이로 인하여 강재주탑에 비해 콘크리트 주탑이 경제적으로 비교우위에 놓이며, 콘크리트에 비해 강재가 가벼워 하부 기초의 부담이나 내진성능에서는 강재주탑 사용 시 비교우위에 놓인다. 하지만 초장대교량에서는 대부분 내풍안정성이 주요 영향인자이기 때문에 강재주탑에 비해서 내풍안정성에서는 콘크리트 주탑이 비교적 유리하다.

구분	콘크리트 주탑	강재주탑
장점	• 큰 단면으로 소요강성 확보용이 • 질량이 커서 내풍안정성 유리 • 내구성, 유지관리성 유리 • 큰 강성으로 다경간 사장교 적용유리 • 큰 강성으로 좌굴에 유리	• 질량이 작아 내진에 유리 • 무게가 작아 하부기초가 작아짐 • 대블럭 또는 병행시공으로 공사기간 유리 • 다양한 형태의 단면계획 가능 • 공장제작으로 품질확보 용이
단점	• 큰 질량으로 내진에는 불리 • 무게가 커 하부기초가 커짐 • 공사기간이 늘어남 • 시공방법의 한계로 단면형상 제한적 • 현장타설로 품질확보를 위한 관리필요	• 적은 강재단면으로 소요강성 확보가 불리 • 시공시 질량이 작아 내풍안정성 불리, 별도의 대책(TMD 등) 필요 • 강성이 작아 다경간 사장교 불리 • 지속적인 도장 등 유지관리 불리 • 주탑 좌굴에 의한 허용응력 검토 필요
경제성	• 강재주탑 대비 저렴/ 유지관리비 적음	• 강재가격으로 다소고가/ 방식을 위한 유지관리 필요

구분	콘크리트 주탑	강재주탑
시공성	• 단면변화 없으면 시스템 거푸집으로 시공속도 빠름 • 가로보 시공을 위해 일정기간 주탑의 시공이 늦쳐지는 경우 있음 • 고소작업시 콘크리트 타설이 용이하지 않음 • 시공오차 보정이 용이	• 가벼운 강재 인양으로 공기단축 가능 • 기초시공 기간 중 주탑제작으로 공기단축 • 대용량 F/C적용으로 대블럭 시공가능 • 단면이 큰 경우 분할 제작 후 현장조립 • 시공오차 보정이 어려움
주요 사례	• 서해대교, 인천대교, 올림픽대교, 마창대교, 북항대교, 여수대교 • Great belt, Normandie, Sutong	• 영흥대교, 진도대교, 제2진도대교, 돌산대교 • Tatara, Millian, Yokohama Bay

➤ 혼합형식의 주탑

일반적으로 콘크리트 주탑은 경제성, 구조적 안정성에서 유리하며, 강재주탑은 시공성, 경관적 측면에서 유리하다. 이로 인하여 부분적 안전성 확보나 경관적인 측면을 고려하여 혼합된 형식의 주탑의 사용이 늘고 있는 추세이며, 국내의 인천대교나 한빛대교의 경우 전체적으로 콘크리트 형식의 주탑을 사용하면서도 케이블 정착부의 국부적 안전성 확보를 위해서 케이블 정착부를 강재로 채택한 경우나 홍콩의 Stonecutter교의 경우 하단은 강성이 큰 콘크리트 주탑 적용하면서 상단에서는 경관적인 측면에서 외부에 스트레인레스 강을 적용하여 콘크리트와 스터드를 합성하여 단순피복이 아니라 합성함으로서 구조적인 거동 고려하여 적용한 사례가 대표적이다.

(국내 한빛 대교)

(홍콩의 Stonecutter Bridge)

구분	콘크리트 주탑	강재 주탑	강합성 주탑
개요도	콘크리트	강재 강재	강재 콘크리트 채움 강재 콘크리트 채움
특징	• 강성주탑으로 탑정부측의 변위가 작음 • LOT별 타설로 시공성 양호 및 공기 조절 가능 • 다소 투박한 질량감이 주탑 안정감 유도	• 유연주탑으로 탑정부측의 변위가 큼 • 주탑 앵커프레인 설치 시 가설 정밀도 관리 필요 • 볼트 및 용접 등 이음부측 시공성 복잡	• 콘크리트 충전으로 탑정부측의 변위가 작음 • 강재 내부 콘크리트 타설에 세심한 주의 필요 • 강재 내 콘크리트 충전으로 강성 확보 용이

➤ 결 론

초장대교량의 주탑은 주로 축력과 모멘트를 받는 구조체로 가설현장의 상황에 따라 적용성에 대한 검토를 통해서 주탑의 사용재료를 결정하여야 하며, 일반적으로 콘크리트 주탑은 경제성, 구조적 안정성에서 유리하며, 강재주탑은 시공성, 경관적 측면에서 유리하나, 절대적인 것은 아니다. 다수지진구역은 지진력 저감을 위해 강재주탑 적정하고 내풍안정성이 필요한 곳은 콘크리트 주탑이 유리하므로 지리적, 경관적, 구조적 측면에서 모두 고려하여 형식을 결정하는 것이 바람직하다.

참고자료

사장케이블 및 새들의 종류와 구조적 특성

사장케이블 및 새들의 종류와 구조적 특성(한국콘크리트 학회지, 2004.1)

➤ 케이블

케이블은 통상 내부케이블(Internal Cable)과 외부케이블(External Cable)로 구분되며 내부케이블은 주형에 사용되는 텐던(Tendon)을 칭하며 외부케이블은 매달기식 교량의 사재케이블, 현수선, 행어케이블 등을 칭한다(형교에 사용되는 내부 긴장재는 텐던, 현수교, 사장교 E/D교의 외부 긴장재를 케이블이라고 한다). 텐던이나 케이블 모두 다발의 와이어, 강봉, 강연선으로 이루어져 있으며 가장 보편적으로 사용되는 것이 7연선(7-Wired strand)이다.

구 분	무보수 사용기간	케이블 설계수명
정 의	• 내부식, 내열화, 내진동 시스템 등에 관해 어떠한 보완도 없는 가용기간 • 강구조물 보호시스템의 부식 저항성의 보증 기간으로서 케이블의 각 부위에 관한 정의	• 케이블이 보수될 시기에 구조적, 기능적 또는 외관적 손상이 없는 케이블의 전체 설계수명 • 피로나 물리화학적 손상의 해석이나 시험에 의한 설계상태 유지
교체 불가능한 케이블 요구사항	• 일반사항과 일치성 – 접근 가능한 부분 : 15년 – 접근 불가능한 부분 : 100년	• 구조물의 기대되는 사용수명 – 별도로 규정하지 않았을 경우 : 100년
교체 가능한 케이블 요구사항	• 일반사항과 일치성 – 접근 가능한 부분 : 15년 – 접근 불가능한 부분 : 50년	• 유지관리에 의존하는 계약조건 – 기대되는 사용수명의 절반 : 50년

※ 근본적으로 케이블은 주요 구조부재이므로 교량의 내구수명과 동일해야 한다.

➤ 케이블의 내구성(CIP recommendation)

1) 케이블 내구성의 영향인자

구분	영향인자	비고
역학적인 영향	• 사용하중에 의한 단면력 변동 • 정착구 주변의 상판회전(high amplitude and low frequency) • 풍우에 의한 케이블의 휨(slight amplitude and high frequency) • 정착구 위치의 오차에 따른 정적 휨	
환경적인 영향	• 강우/바람 및 바람에 쓸려온 모래 • 자외선 및 적외선의 방사열 • 온도변화에 따른 전체 변형 및 온도변화에 따른 부위별 거동변화 • 겨울철 염류살포, 5~6m 높이의 염분이 포함된 안개 • 산소나 부식을 촉진시키는 대기(해안지역, 공장지역) • 교량 위의 화재 • 기타 잡다한 손상(조류, 차량 충돌 등)	
시공 중의 영향	• 가설시 손상(nick, bruise) 및 과도한 변형 등 • 시공단계중 과도한 하중으로 인한 임시 정적 응력	

구분	영향인자	비고
케이블 주변 화재	• 화염을 입은 상부재료의 기능 소실 • 화재가 진압된 이후 주요 인장부재에 지연된 온도상승 • 탄화수소 화합물 차단을 위해 케이블에 도포한 가연성 화학물질	

2) 내구성 증진방안

① HDPE덕트 내부에 시멘트 그라우팅 충진(초기 방안)

- 그라우트 재료의 품질에 관한 불확실성과 케이블의 진동문제로 인하여 그라우팅 부분에 균열 발생 및 점진적인 전파로 HDPE 덕트 마저 균열발생
- 강연선을 무피복 상태의 알강선을 사용하여 발생된 균열사이로 수분 및 각종 염류 침입으로 강연선 부식

② 개별 방청시스템

개개의 강연선을 방청재와 함께 피복한 후 HDPE 덕트 내에 비부착 상태로 강연선을 자유롭게 움직일 수 있도록 함으로서 강연선들이 독립적으로 유연하게 거동하면서 내부식성이 증진

- 각각의 강연선을 아연도금 처리된 와이어로 꼬아서 이후 그리스, 왁스, 에폭시 계열의 본드를 충진하고 최종적으로 HDPE 코팅
- 최근에는 그리스가 고온에서 유동성이 증진되어 와이어와 HDPE 코팅이 분리되는 현상이 나타나서 왁스나 에폭시 계열의 본드 충진재를 사용한다.

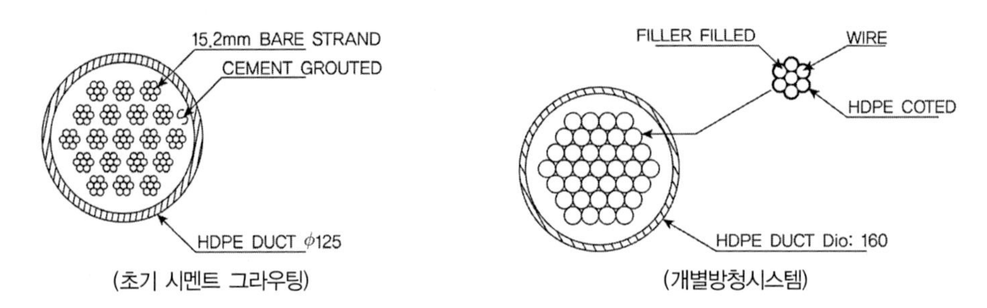

(초기 시멘트 그라우팅) (개별방청시스템)

➤ 케이블의 정착구

일반적으로 정착구의 크기가 작을수록 콘크리트 단면을 감소시킬 수 있어 보다 경제적인 설계를 유도할 수 있으나 정착구의 단면이 작을수록 정착구 주변의 응력집중이 증가하므로 이에 대한 적절한 대책이 필요하다(철근보강이나 정착구 자체 형상을 다중지압방식으로 조절하여 응력집중 최소화). 일반적인 PSC구조물에 상용되는 정착구[인장정착구(live anchorage), 고정정착구(dead end anchorage), 연결정착구(coupler), 평판정착구(flat anchorage)] 이외에 사장교용 정착구와 핀지지형 정착구가 있다.

1) 사장교용 정착구

사장교 전용으로 사용되는 정착구로 사장교 거동특성에 적합하도록 설계되어 휨 전단축소(bending filtration), 피로 및 부식저항성을 증대시킨 형식이다. 부식저항성 증진을 위해 채움박스(stuffing box)와 보호구(cap) 내에 왁스를 충진하여 케이블의 피복이 벗겨진 부분의 부식을 방지한다.

2) 핀지지형 정착구

매달기식 교량에 사용되며, 대형교량에 적용될 수 있으나 주로 중소형 교량 또는 보도육교에 사용되는 형식이다. 구조물 외부에 부착되는 형식으로 시공 및 유지관리가 용이하고 케이블과 정착구를 사전에 조립하여 일괄 거치하므로 공기가 단축된다. 채움박스와 보호구 내에 왁스를 충진하여 케이블의 피복이 벗겨진 부분의 부식을 방지하고 케이블 길이조절 나사가 있어 장력조절이 용이하다.

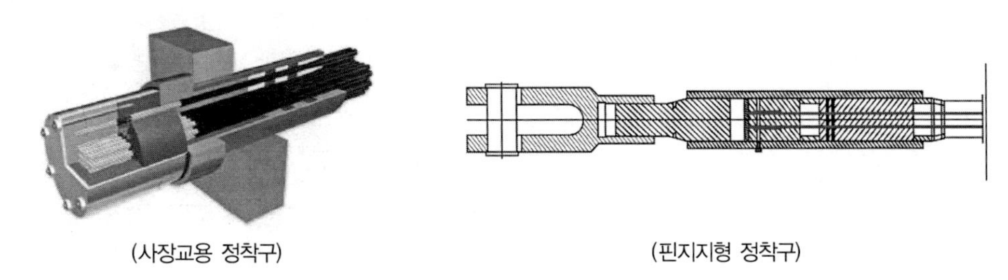

(사장교용 정착구) (핀지지형 정착구)

➤ 새들 정착부

103회 1-3 사장교 주탑부에서 케이블의 정착방식

사재의 주탑부 고정방법은 크게 분리고정방식(교차정착, 분리정착)과 관통고정방식으로 구분할 수 있으며, 분리고정방식은 정착구의 배치, 재긴장, 케이블 교환 등의 공간확보를 위해 주탑을 높게 하든가 폭을 넓혀야 하는 반면에 관통고정방식은 통상 새들을 채용한 속이 찬 RC구조로 되어 있으며 사재사이의 콘크리트 내하력 범위로 사재간격을 배치할 수 있기 때문에 장력을 가장 유리하게 이용할 수 있다.

1) 관통고정방식

통상 새들(saddle)을 채용한 RC구조로 되어 있으며, 사재사이에 콘크리트 내하력 범위로 사재간격을 배치할 수 있기 때문에 인장력을 가장 유리하게 이용할 수 있다. 새들구조는 주탑의 시공성을 향상시키고 대편심 확보에 유리하지만 좌우 긴장력 차이에 의해 사재가 활동할 수 있으며 교환가능 방식으로 할 경우 교환 시의 작업공간 확보를 위한 특별한 방법이나 구조가 필요하다.

2) 교차정착방식

RC구조인 새들에 압축력이 도입되게 만든 구조이다. 다만 사재가 동일 평면에서 겹쳐야 하므로 배치에 주의해야 한다. 양쪽 경간의 케이블 면수가 다른 경우의 교량형식에 적용이 용이하다.

3) 분리정착방식

RC구조인 새들에 인장력이 도입되어 강봉이나 강연선으로 보강이 필요하다. 교차정착방식과는 달리 사재의 배치는 문제가 되지 않는다.

구분	관통고정방식	분리고정방식		
	새들정착	교차정착	분리정착	연결정착
개념	쐐기형와셔		강봉보강	
특징	• 충실단면으로 사재를 관통시켜 배치 • 주탑 출구부에 좌우의 사재 장력차를 고정 • 사재 정착간 거리작음 • 사재의 곡률반경제한 (최소 휨반경에 Strand폭이 제약)	• 충실단면으로 탑 양쪽으로 사재를 교차시켜 정착 • 비틀림에 대한 고려필요 • 사재간 간격이 커짐 • 주탑부 철근이 매우 복잡하고 다수의 간섭발생	• 중공단면으로 사재를 관통시켜 분리정착 • 상호 정착한 사재장력에 대한차를 PC등으로 보강 • 사재 정착간 거리작음 • 사재 정착부 점검용이	• 중공단면으로 사재를 분리하여 정착하고 사재 장력으로 인한 인장력을 Beam이 저항하여 주탑의 인장응력 예방 • 단면이 다소 커짐

4) 새들 정착부

① 초기에 사용된 새들은 무피복 강연선(bare strand)과 새들 튜브 내에 채워진 시멘트 그라우트 간의 마찰로 정착되는 구조로 새들 내부의 강연선간의 방사방향의 힘이 직접 전달되므로 피로를 저감시킬 대책이 별도로 필요하며, 새들 튜브와 HDPE 덕트가 연결되는 부위의 마감을 위한 실링처리가 용이하지 못하며, 그라우팅 및 분력으로 인한 강연선의 부식에 의해 임의의 강연선 파단 시 교체가 불가능하여 전체 강연선을 교체해야 하므로 초기 공사비는 저가이나 구조적인 측면이나 유지관리 측면에서 불리하다.

② Unbonded Strand & Mono Coupler 조합
초기 새들의 문제점 해결을 위해 새들 양단을 미리 정착시킨 후 각각의 강연선을 단일 커플러를 이용하여 케이블과 연결시키는 구조로 케이블 양쪽의 불평형 하중에 매우 안정적이다. 새들 튜브 속에 강연선 위치를 잡아주는 스텐리스관을 설치하고 무수축 시멘트를 충진하여 고정시키므로 강연선간의 방사방향 하중이 전달되지 않는다. 공용 중 강연선 파단시 해당 강연선

만 교차가 가능하여 유지관리가 용이하고 내측의 강연선이 파단된 경우 커플러의 간섭에 의해 교체가 힘들고 소요되는 장치가 많으므로 초기 공사비가 고가이다.

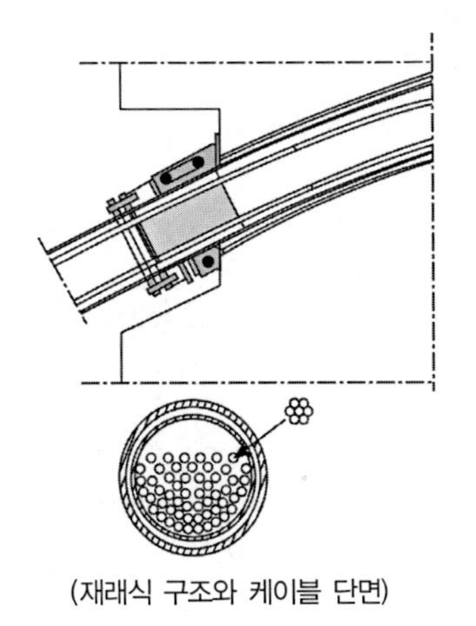

(재래식 구조와 케이블 단면)

(Unbonded Strand & Mono Coupler 조합)

12. 다경간 사장교

프랑스의 MILLAU Bridge와 그리스의 Rion-Antirio Bridge가 개통되면서 다경간 사장교의 관심의 증폭되고 있다. 국내에서는 부산-거제간 도로 공사와 운남대교에 다경간 사장교가 있다. 다경간 사장교는 일반적인 3경간 사장교에 비해서 앵커 케이블이 없기 때문에 지지점 부재로 인한 처짐이 가장 큰 해결과제다.

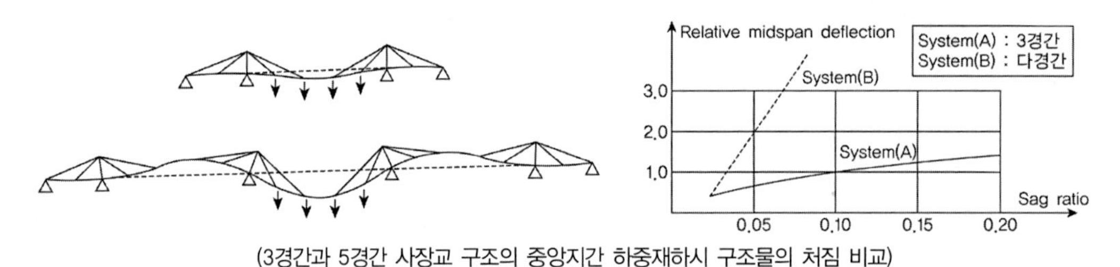

(3경간과 5경간 사장교 구조의 중앙지간 하중재하시 구조물의 처짐 비교)

1. 다경간 사장교의 특징

일반적으로 사장교는 '하중→보강형→케이블→주탑→앵커케이블→하부지반'으로 하중이 전달되는 경로를 가진다. 3경간 형식의 사장교의 경우 Stay Cable과 Anchor Cable을 통해서 교각이나 주탑으로 하중이 전달되어지며, 주탑과 Anchor Cable에 의해서 사장교의 처짐을 제어되도록 구성되어진다. 그러나 다경간 사장교의 경우 내부주탑의 개수가 증가하게 되고 내부주탑의 경우 지지점과 연결하는 앵커케이블이 존재하지 않기 때문에 최외측 측경간과 이웃한 경간부에서만 앵커 케이블의 효과를 볼 수 있고 내부주탑은 주탑의 자체 강성으로 평형을 유지해야하는 형상이 된다. 따라서 내부 주탑부에 하중이 재하될 경우 주경간측에 과도한 처짐이 발생하는 문제가 있다.

2. 다경간 사장교의 거동개선방법

다경간 사장교의 처짐의 문제점을 개선하기 위한 방법으로 주로 사용되는 것은 크게 주탑의 강성을 변화시키거나 지점을 변화시키는 방법, 케이블을 이용하는 방법으로 구분할 수 있으며 각각의 방법은 다음과 같은 특징을 가진다.

TIP | 다경간 사장교의 거동특성 비교 |

① B와 C를 비교하면 일반적인 강성을 갖는 주탑의 고정단 처리는 변형을 크게 감소시키지는 못한다.
② B와 D를 비교하면 주탑의 하부가 고정단으로 처리되어 있으며 휨강성을 증가시키는 경우 변형은 크게 줄어들지 않는다.
③ E의 경우 주탑의 상단을 수평케이블로 구속할 경우 교량의 변형이 허용범위로 감소한다.
④ F의 경우 3각형 주탑이 슈에 의해 지지되어 변형이 허용한계로 감소한다.
⑤ 보조케이블을 적용하는 것이 가장 경제적이며 처짐 형상을 제어할 수 있다. 그렇지 않을 경우에는 2열 받침을 적용하는 것이 가장 효과적이다.

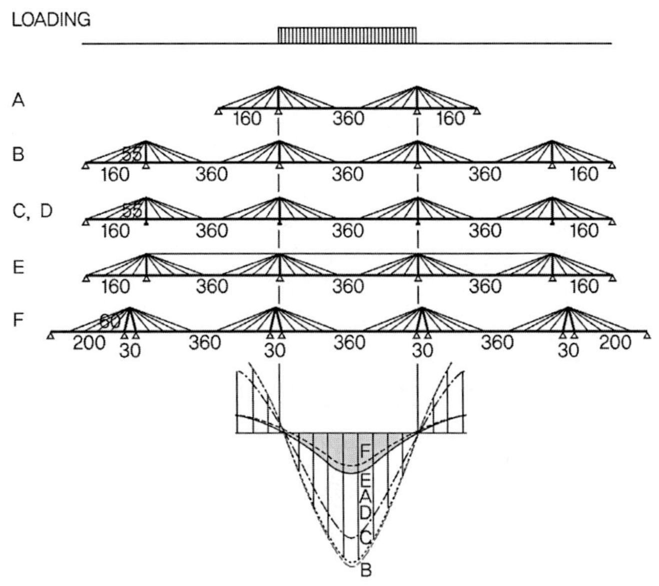

(다경간 사장교 중앙지간 하중의 처짐 비교)

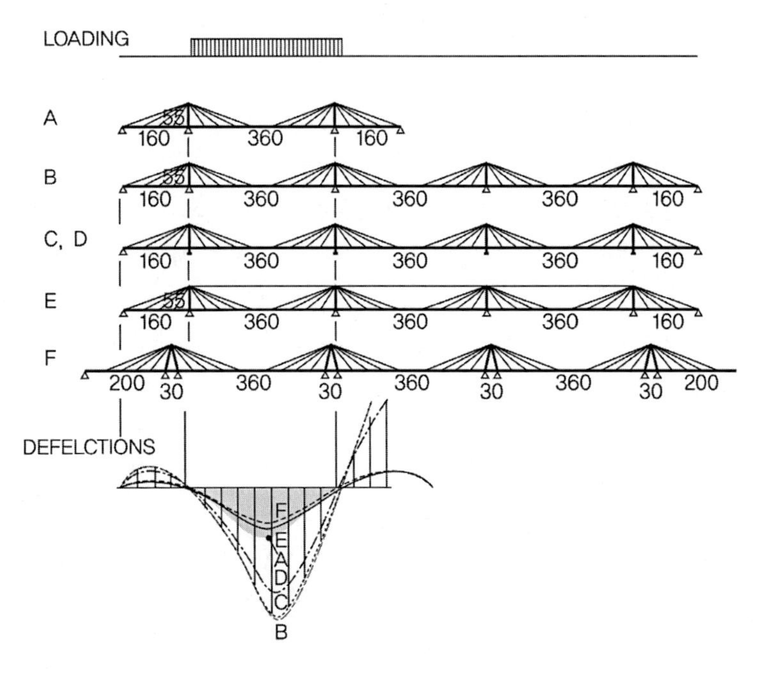

(다경간 사장교 단부 중앙지간 처짐 비교)

A : 전통적인 3경간 사장교, B : 다경간 사장교, C : 주탑-교각-보강형 고정,
D : C모델에서 주탑강성 10배 E : B모델+헤드커에블 적용 F : 2열 받침과 A형 주탑적용

1) 주탑이나 보강형의 강성을 변화시키거나 지점을 변화시키는 방법

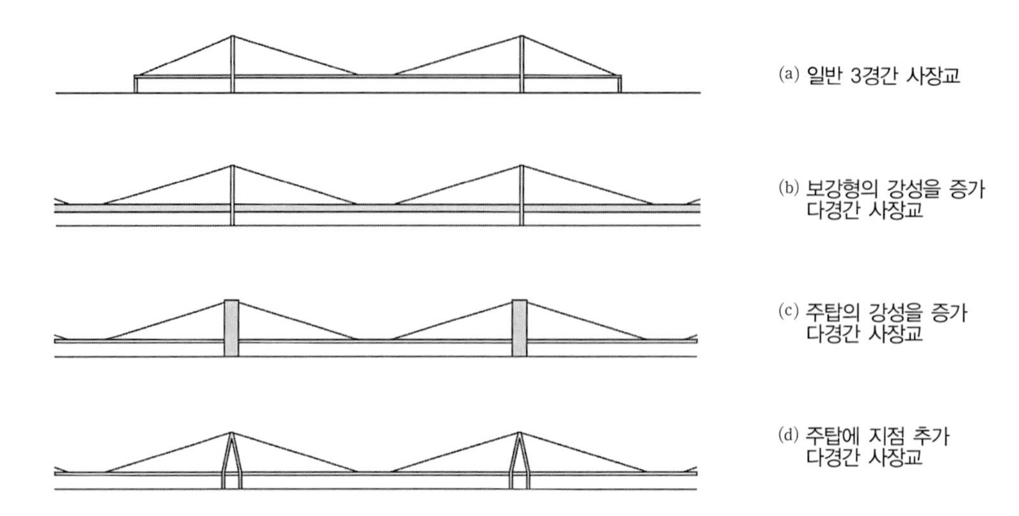

① 주탑과 보강형의 강성을 증대시키는 방법 (b)+(c) : 케이블의 강성에 의지하지 않고 주탑과 보강형의 강성을 증대시키고, 강결시킴으로써 처짐을 제어하는 방법으로, 처짐 제어에 어느 정도 효과는 있으나 강성 증대는 곧 단면증대로 이어져 비경제적인 설계가 될 수 있다.

② 주탑의 강성만 극대화하는 방법 (c) : 주탑의 강성을 극대화하는 방법으로 어느 정도 효과는 있으나, 지간이 길어지거나 폭이 넓어 하중이 큰 경우에는 강성 극대화에도 한계가 있다. 프랑스의 Millau교의 경우 주탑을 A형으로 하여 휨강성을 증대시키고 교각은 처짐 제어를 위해 고정시켜서 부정정력에 의한 단면력을 감소시키기 위해 휨강성은 최대한 작게 하였다. 받침은 2열 받침을 적용하여 보강형의 처짐을 최대한 줄이는 구조로 설계하였다. 다만 이 경우 하부구조물이 Flexible하기 위해서 적절한 형하공간이 필요하며 2열 받침배치로 인해 유지관리비용이 고가인 단점이 있다.

(Triangle pylon : Maracaibo Br., Millau Viaduct Br.)

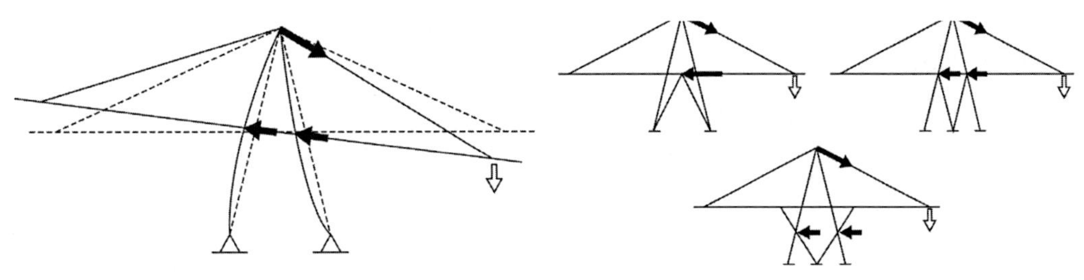

(Triangle pylon 형상의 반력형태)

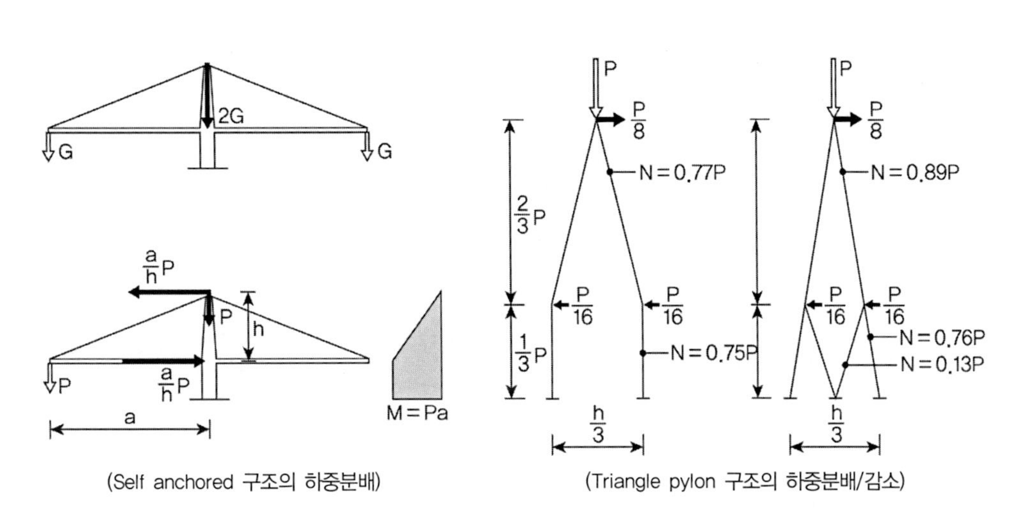

(Self anchored 구조의 하중분배)

(Triangle pylon 구조의 하중분배/감소)

③ 지점을 2열로 하여 라멘 효과를 부여하는 방법

주탑의 받침 배열을 2열로 하여 보강형에 대하여 라멘효과를 유발시켜 처짐을 제어하는 방법이다. 대표적인 교량으로 그리스의 Rion-Antrion 교가 있으며, 국내의 설계사례로는 7주탑 사장교를 적용한 평택대교가 있다. 그리스의 Rion-Antrion 교는 주탑의 모양을 종방향으로 다이아몬드형으로 하여 자체 강성을 증가시키면서, 1개의 주탑에서 받침의 배열을 2열로 하여 보강형에 라멘 효과를 도입한 사례라고 할 수 있다.

(Rion-Antrion 교의 내측 주탑)

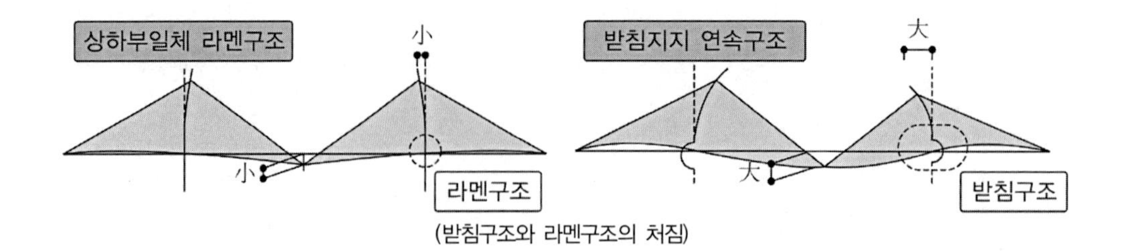

(받침구조와 라멘구조의 처짐)

라멘효과를 부여하는 방법의 단점으로는 불균형 하중이 작용할 때 처짐을 제어하는 효과도 있지만 더불어 받침에 작용하는 정반력도 커져 큰 용량의 받침을 필요로 하고 반대편의 받침에는 부반력을 유발할 수 있는 점이다.

Rion-Antrion 교의 경우 피라미드 형태의 주탑과 넓은 주두부를 적용하고 주탑-교각을 일체형으로 하고 보강형을 고정단으로 하여 게르버보 형식의 Drop in Span을 설치하여 연장을 확보하였다. 복잡한 구조형상으로 공기와 비용이 과다 사용되고 신축이음부가 과다하여 주행성이 불리하고 유지관리비용이 많은 단점이 있다.

구분	강결구조 형식	연속보 형식
개요	주탑과 상부강결 상부와 교각강결	주탑과 상부강결 상부와 교각 받침연결
특징	• 주탑과 교각, 보강거더 강결 • 큰 강성으로 지진 및 활하중 등에 대한 변위 감소 • 주탑부 중점관리 대상인 받침 제외로 유지관리 매우 우수 • 가설 중 교축방향에 대한 변위 제어가 필요 없어 시공 중 안전성 확보 • 주두부 강결로 주탑경사에 대한 지지능력 확보가능	• 주탑과 교각, 보강거더 분리 • 지진 및 활하중 등에 대한 변위가 크게 발생 • 주탑부 연직 및 수평받침 설치로 유지관리 불리 • 가설 중 교축방향에 대한 변위 제어가 필요하여 시공 중 안정성 불리 • 주두부 분리로 주탑경사에 대한 안전성 확보대책 필요

(주두부 연결방식 비교)

TIP | 평택대교 대안설계 보고서 (SK건설, 평화, 삼안) |

1. 평택대교 개요

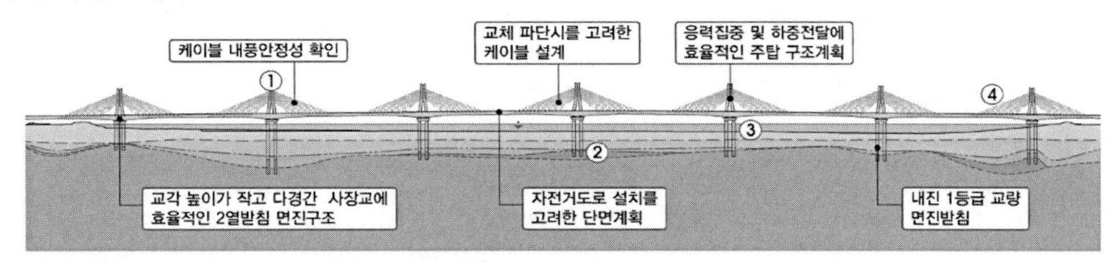

① 교량형식 : 1면 7주탑 콘크리트 사장교(L=110+6@160+90+50=1210m)

② 보강형 형식 : 변단면 3셀 PSC 박스거더

③ 주탑형식 : 1면 주탑(A형, 역Y형, H=20.5m 저주탑)

④ 케이블 : Semi-Prefabricated Cable(공장제작), 에폭시 코팅, 주탑부 새들형식 정착, 단부 강연선 정착구방식

⑤ 가설공법 : 상부(F/T를 이용한 FCM + 측경간 일부 FSM), 주탑(강재거푸집 + 타워크레인)

2. 다경간 사장교를 위한 주요 설계특징

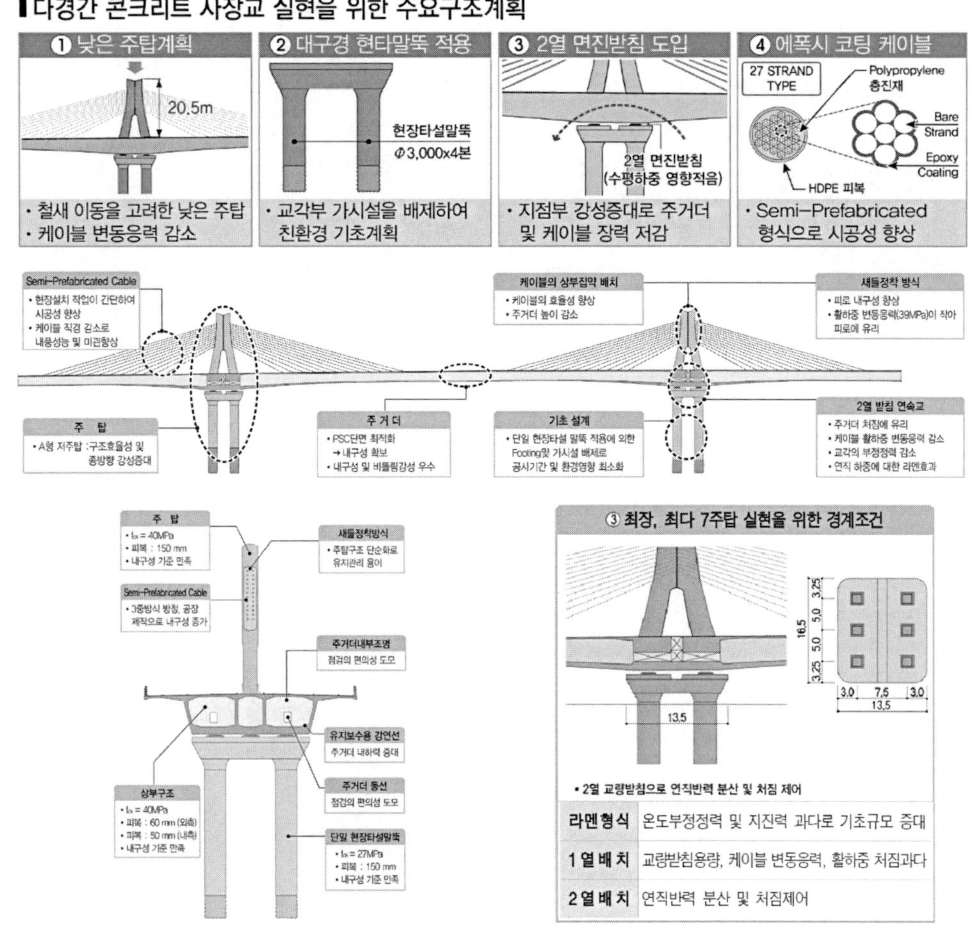

라멘형식	온도부정정력 및 지진력 과다로 기초규모 증대
1열배치	교량받침용량, 케이블 변동응력, 활하중 처짐과다
2열배치	연직반력 분산 및 처짐제어

2) 케이블을 이용한 방안

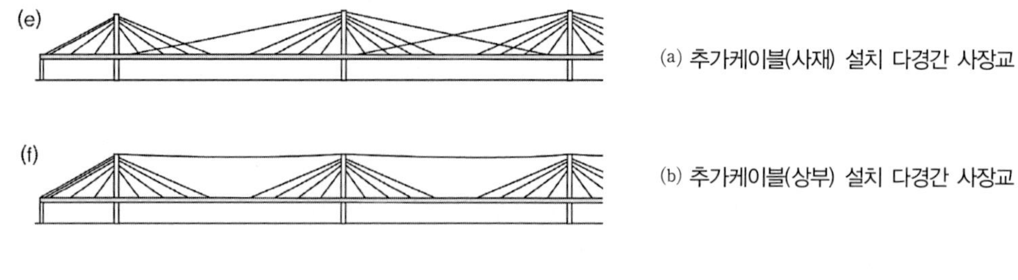

(a) 추가케이블(사재) 설치 다경간 사장교

(b) 추가케이블(상부) 설치 다경간 사장교

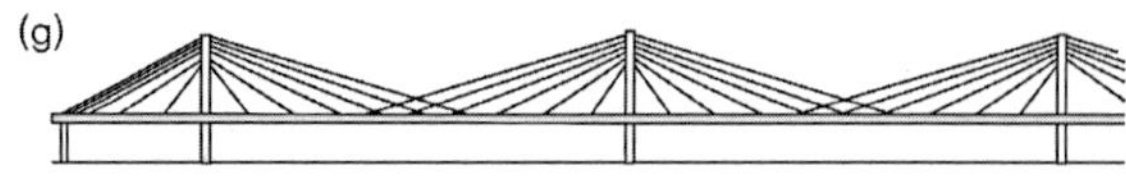

(c) 케이블 교차배치 다경간 사장교

① 보조 경사케이블을 추가 케이블(사재)로 설치하는 방법 : 내부주탑과 인근주탑을 사재케이블로 연결하여 주탑의 변위를 제어하는 방법으로 내부주탑의 변위제어에 효과가 있으나 추가 케이블 설치로 인한 시공성이 저하되고 특히 미관에 불리하다. 홍콩의 Ting Kau교에서 시공된 사례가 있다.

(홍콩의 Ting Kau교)

② 보조 헤드케이블을 추가케이블(상부)에 설치하는 방법 : 주탑부의 강성을 헤드케이블로 연결하여 활하중에 의한 처짐을 방지하는 방법으로 Head Cable에 의한 강성 증가효과가 사장교의 경우에는 미미하다. 프랑스의 Mas d'Agemais 교량과 San Francisco-Okland Bay Bridge에 적용된 사례가 있다.

(수평 앵커케이블을 설치한 프랑스 교량)

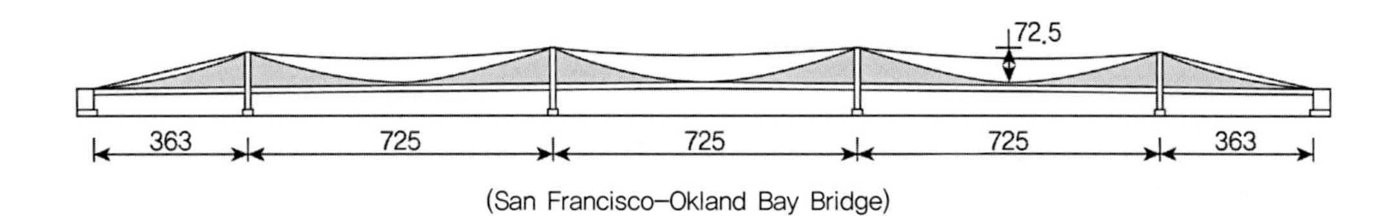

(San Francisco-Okland Bay Bridge)

③ 케이블 교차배치(Overlapping) 방법 : 내부케이블을 일부 중첩시키는 방법으로 내부에 작용하는 하중들이 양쪽케이블에 동시에 작용하여 주경간의 변위를 줄여주는 시스템으로, 케이블이 중첩됨으로 해서 보강형의 축력이 줄어들어 단면을 다소 줄일 수 있는 효과도 있다. 다만 케이블의 중첩 시 시공이 까다롭고 케이블 양 이 추가적으로 늘어남으로서 경제성에 불리한 단점이 있다. 아직 적용된 사례는 없으며 개념적인 설계에서 논의 중인 단계이다.

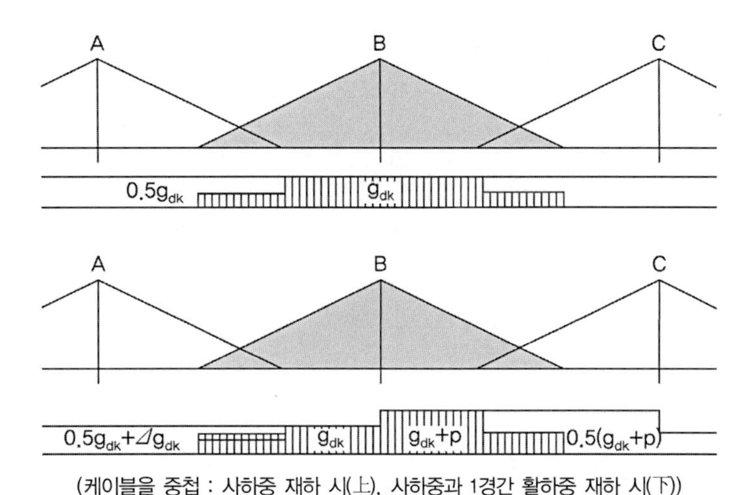

(케이블을 중첩 : 사하중 재하 시(上), 사하중과 1경간 활하중 재하 시(下))

03 사장교 설계

1. 사장교 상부구조 단면의 설계

① 1차적인 단면결정

단면가정 → 거더 각절점에서 활하중에 의한 최대 최소 단면력 산정 → 사하중, 온도에 의한 단면력 산정 → 두 단면력 합산으로 가정한 단면의 적합성 판단 → 단면수정/케이블 재조정

② 상부구조는 강재와 콘크리트 중 근래에는 콘크리트가 많이 사용되는데 이는 경사진 케이블로 인하여 거더에 큰 압축력으로 인한 좌굴로 인하여 좌굴 저항성능이 큰 콘크리트가 경제적인 이유 때문이다.

③ 콘크리트 거더 사용 시 가장 중요한 요소는 creep과 shrinkage에 대한 영향이므로 강재로된 케이블에는 이러한 요소가 발생되지 않으므로 시간이 지남에 따라 거더의 처짐이 서서히 증가하여 거더 강성을 저하시키게 된다. 따라서 이를 고려하여 설계하여야 한다(역방향 해석 후 정방향 해석 수행).

④ 케이블 정착부에서는 케이블 장력을 분포시키기 위해서 다이아프램이나 타이백 등을 설치하게 되는데 다이아프램의 경우 일종의 보로서 해석할 수 있지만 타이백의 경우는 일종의 사장재이기 때문에 해석 시 특별한 고려가 요구된다. 또한 케이블 정착부에서 큰 응력집중이 발생되므로 이러한 응력집중에 충분히 저항할 수 있도록 필요에 따라 단면을 증가시켜야 한다.

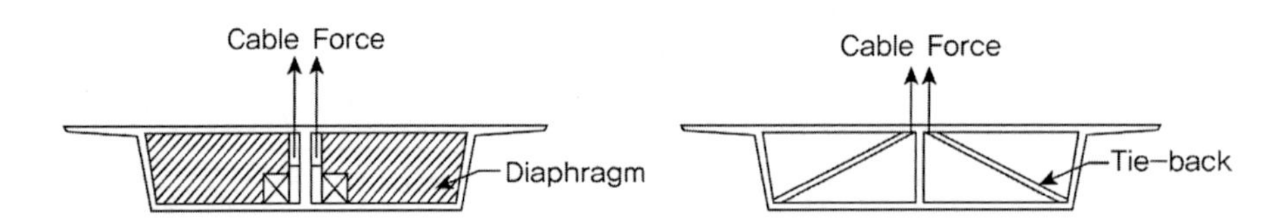

⑤ 상부 구조물의 처짐 : 일반적으로 사장교는 장경간 교량이므로 구조물의 유연성이 크기 때문에 사하중 및 활하중에 의해서 구조물 변형이 상당히 크게 증가된다. 이러한 구조물의 처짐은 주탑의 특성에 따라 전 구조물의 변형이 좌우된다.

캔틸레버 구조형식일 경우 활하중의 편재하중에 의해서 주탑정부의 수평변위가 크게 되고 이로 인하여 거더 처짐이 크게 발생되며, 종방향으로 A-Frame형식의 주탑인 경우 주탑의 자체의 강성이 매우 크기 때문에 거더의 처짐이 작게 발생하게 된다.

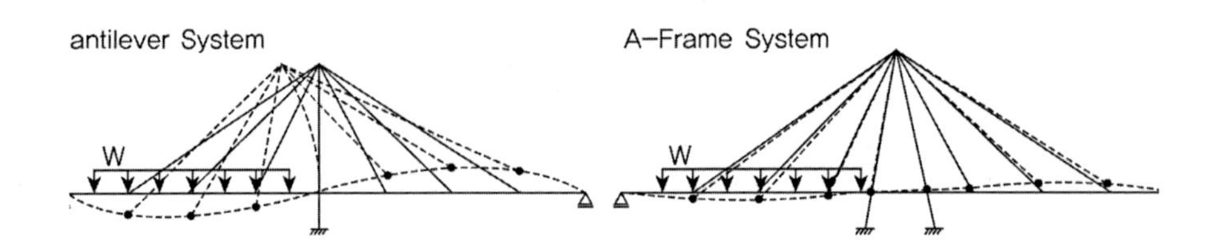

참고자료

사장교 보강거더 구조형식 선정 예

2.5.1 보강거더 구조형식 선정

장대 교량의 보강거더 사례 분석

■ 거더 형식

구 분	교량명	연장	폭원	거더형식
사 장 교	Sutong교	1,088m	35.4m	Single Box
	Stonecutters교	1,018m	34.9m	Twin Box
	인천대교	800m	39.7m	Single Box
	ChongMing교	730m	50.0m	Twin Box
현 수 교	AKashi교	1,991m	35.5m	Truss
	Great Belt교	1,624m	31.0m	Single Box
	Xihomen교	1,650m	36.0m	Twin Box
	광양대교	1,545m	27.0m	Twin Box

■ Twin-Box 적용 교량

Stonecutters교	ChongMing교
34.9m, ℄ OF ROAD	51.5m, ℄ OF ROAD
•시공중(2009년 준공예정) •최초 적용(일부구간 제외)	•시공중(2010년 준공예정) •전구간 Twin-Box적용

Xihomen교	광양대교
36.0m, ℄ OF ROAD	29.0m, ℄ OF ROAD
•시공중(2010년 준공예정) •현수교 최초 적용	•시공중(2012년 준공예정) •국내 최초 적용

검토결과	•Twin-Box 거더의 내풍안정성이 널리 알려지면서 근래 설계 시공되는 장대교량에 적용되는 사례가 많음

보강거더 형식 비교

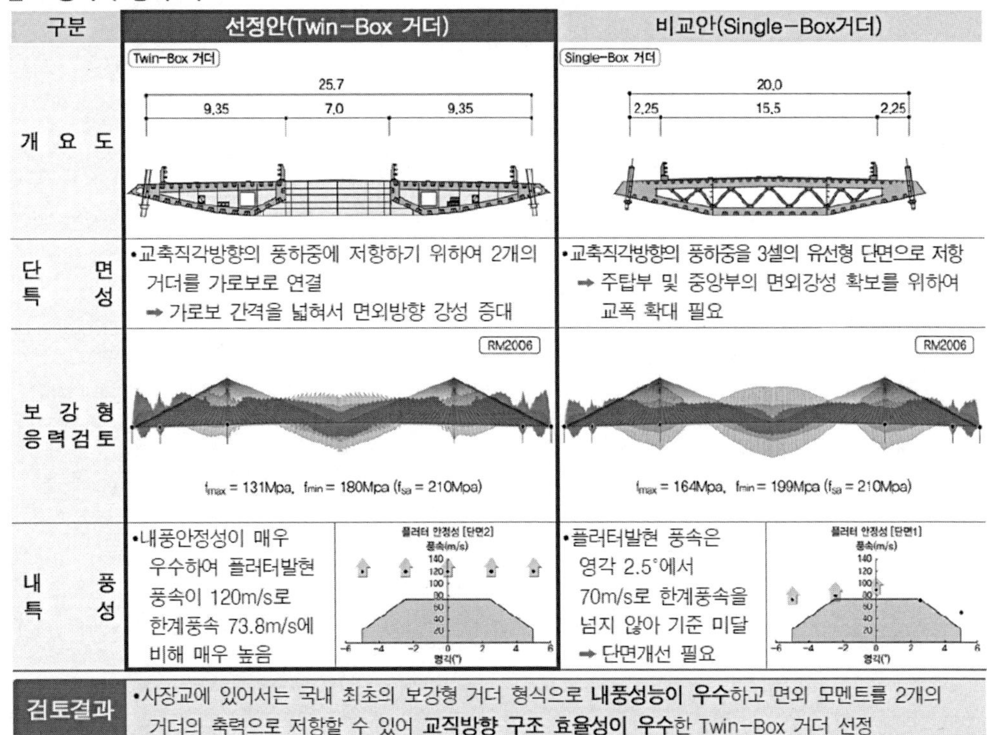

구분	선정안(Twin-Box 거더)	비교안(Single-Box거더)
개 요 도	Twin-Box 거더: 25.7 (9.35, 7.0, 9.35)	Single-Box 거더: 20.0 (2.25, 15.5, 2.25)
단면 특성	•교축직각방향의 풍하중에 저항하기 위하여 2개의 거더를 가로보로 연결 ➡ 가로보 간격을 넓혀서 면외방향 강성 증대	•교축직각방향의 풍하중을 3셀의 유선형 단면으로 저항 ➡ 주탑부 및 중앙부의 면외강성 확보를 위하여 교폭 확대 필요
보강형 응력검토	RM2006 f_{max} = 131Mpa, f_{min} = 180Mpa (f_{sa} = 210Mpa)	RM2006 f_{max} = 164Mpa, f_{min} = 199Mpa (f_{sa} = 210Mpa)
내풍 특성	•내풍안정성이 매우 우수하여 플러터발현 풍속이 120m/s로 한계풍속 73.8m/s에 비해 매우 높음 (플러터 안정성 [단면2], 풍속(m/s), 영각(°))	•플러터발현 풍속은 영각 2.5°에서 70m/s로 한계풍속을 넘지 않아 기준 미달 ➡ 단면개선 필요 (플러터 안정성 [단면1], 풍속(m/s), 영각(°))

검토결과	•사장교에 있어서는 국내 최초의 보강형 거더 형식으로 **내풍성능이 우수**하고 면외 모멘트를 2개의 거더의 축력으로 저항할 수 있어 **교직방향 구조 효율성이 우수**한 Twin-Box 거더 선정

2. 사장교 케이블의 설계

① 사장교의 종방향 해석에 사용하는 케이블은 일반적으로 직선으로 가정하여 해석하는데 케이블 자중에 의한 처짐(sag)에 대하여 고려하는 것이 필요하다. 케이블을 직선으로 가정하기 위해서는 케이블의 물리적 계수인 탄성계수값의 보정이 필요한데 케이블에 작용하는 장력에 따라 곡선식은 그 모양이 일정하지 않은 현수곡선(catenary curve)으로 되므로 사실상 엄밀한 보정은 비선형해석을 수행하여야만 한다. 주로 Ernst의 식을 이용하여 탄성계수를 보정한다.

$$E_{eq} = \frac{E_0}{1 + \dfrac{\gamma^2 a^2 E_0}{12\sigma^3}}$$

② 케이블의 장력계산은 여러 가지 하중을 합산하여 최대의 장력값으로 정하여지며 어떠한 경우에도 $0.45f_{pu}$를 초과해선 안 된다. 이는 케이블이 $0.45f_{pu}$ 이하의 상태에서 피로강도(fatigue strength)에 충분한 저항성을 갖고 있기 때문이다.

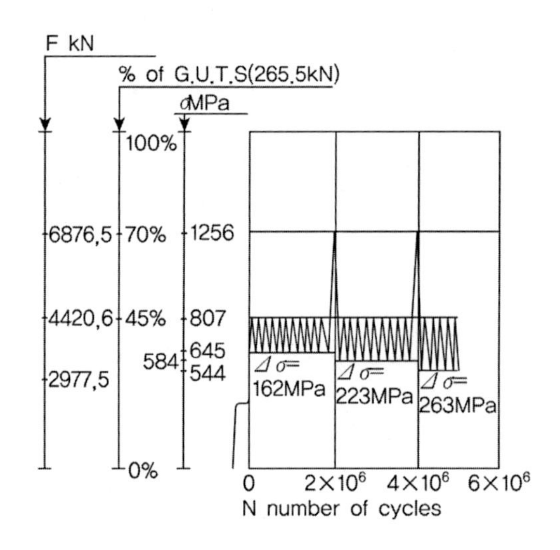

참고자료

사장교와 현수교의 케이블 변형특성 비교

1) 대칭활하중 재하시(주경간 만재하 시)

주경간에 활하중이 만재하될 경우 보강형의 강성을 무시하면 사장교와 현수교에서의 지간 중앙에서의 처짐은 이론적으로 같은 값이 된다. 그러나 실제 사장교 구조물에서 보강형의 강성으로 인하여 주경간의 중앙에서 팬시스템은 최대 처짐이 다소 감소하며, 측경간 변위는 현수교 시스템에서 큰 상향 처짐이 나타난다.

2) 비대칭활하중 재하시(주경간 반재하 시)

비대칭 활하중이 재하 시에는 사장교에서는 대칭활하중 재하시의 보강형의 강성을 무시한 처짐 형상과 정확히 동일하게 나타나며, 사장교에서는 하중작용부분에서의 처짐과 측경간에서 약간 들림만 있을 뿐 비재하 경간에서는 어떠한 처짐도 발생하지 않는다. 그러나 현수시스템에서는 비대칭 활하중 재하되지 않는 전 구간에서 상향의 처짐이 발생한다. 일반적으로 사장교에서는 하중재하영역에 변형이 집중하게 되고 현수교에서는 하중이 재하되지 않은 부분에서도 상당한 변위가 발생한다. 보강형의 강성을 무시한다면 팬형 사장교에서의 처짐은 주경간장 중앙과 단부에서 불연속적으로 나타나야 하지만 실제적인 구조물에서는 보강형의 휨강성이 무시되지 않으므로 점선과 같은 형상으로 나타난다.

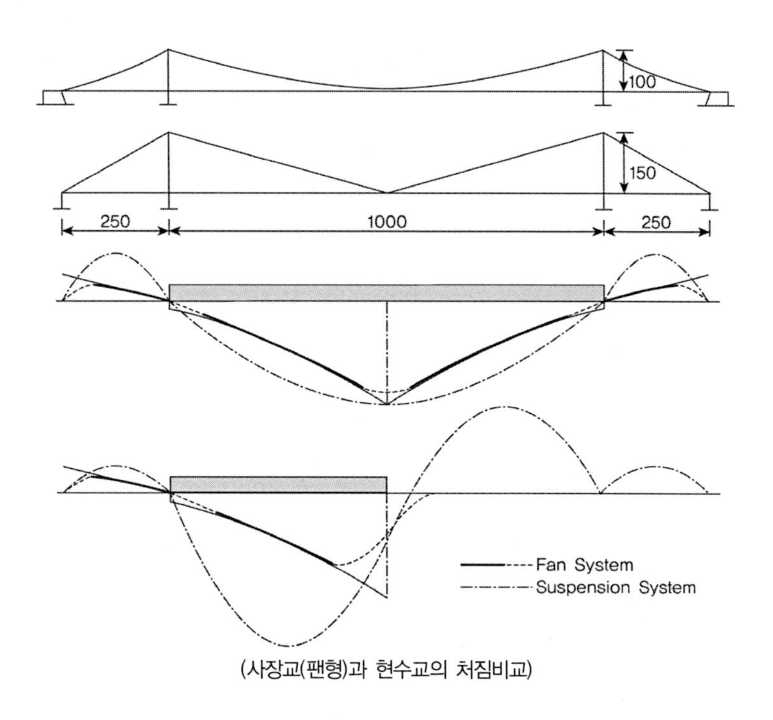

(사장교(팬형)과 현수교의 처짐비교)

3. 사장교 주탑의 설계

① 주탑은 케이블의 장력에 의한 수직하중을 기초에 전달시키는 구조체로 사장교 거더에 작용하는 모든 하중을 지탱하고 있으며 이로 인하여 주탑 하단에서는 상당히 큰 압축력과 휨모멘트를 받고 있다.

② 콘크리트 주탑의 경우 큰 압축력에 대해 충분한 압축강성을 지니는 반면에 자중이 커서 강주탑에 비해 시공이 다소 어렵다는 단점이 있다.

③ 주탑 설계에 고려되는 하중으로는 거더에 작용되는 것과 동일하며 그 외에 풍하중, 수압, 지진하중 등의 수평력에 의한 영향도 함께 고려하여야 한다.

④ 주탑의 거동은 구조적 특징상 작용하중에 의하여 정부에서 종방향으로 큰 수평변위가 발생될 것으로 예상되나 케이블이 종방향으로 배치되어 있기 때문에 사하중에 대해서는 거의 평형을 유지하고 있으며 활하중이 편재하시에만 수평하중이 발생한다. 그러나 비대칭 사장교구조에서는 장경간과 단경간의 사하중에 의한 불균형에 대해서도 주탑의 정부의 수평변위는 상당량 발생되는데 이 경우 단경간 측의 케이블 장력을 증가시켜서 주탑의 변위를 감소시킬 수 있으나 이때 주탑에 국부적으로 큰 응력증가를 가져올 수 있기 때문에 일반적으로 단경간측에 부반력 제어를 위한 Counter-weight나 Tie-Down cable 등으로 주탑의 변형을 감소시키는 방향을 이용한다.

⑤ 주탑은 압축력뿐만 아니라 활하중의 편재하에 의한 휨모멘트도 발생하므로 축력과 휨모멘트를 동시에 받는 기둥부재로서 응력검토를 하여야 한다.

⑥ 시공완료뿐만 아니라 시공중에 발생하는 단면력에 대해서도 충분히 고려되어야 하며, 특히 경사진 주탑의 경우 시공중의 구조물 안정(Stability)에 대해서도 주의하여야 한다.

⑦ 주탑 설계시에는 주탑축의 편기에 대해서도 고려하여야 하며 이는 수직력의 작용시 좌굴성 모멘트를 발생시킬 수 있기 때문이다. 이러한 현상은 프레임으로 된 주탑보다는 캔틸레버 주탑에서 더욱 중요하며 케이블로 지지된 종방향보다는 횡방향의 경우가 더욱 불리하다. 이러한 편심량은 일반적으로 시공상의 오차와 온도영향에 의하여 발생되며 설계상 고려되는 편심량의 크기는 다음의 그림과 같다.

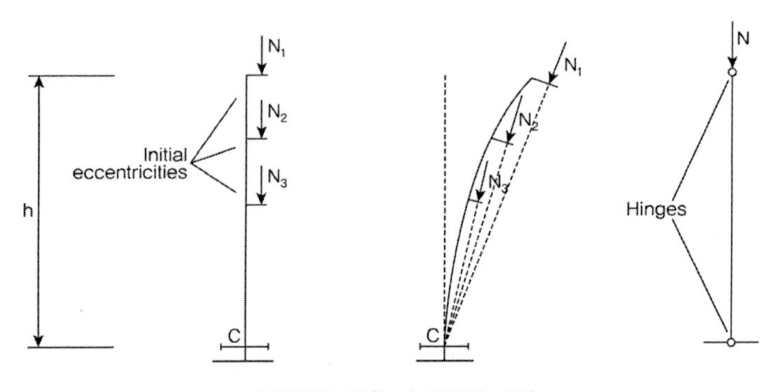

(편심하중 작용 시 주탑의 거동)

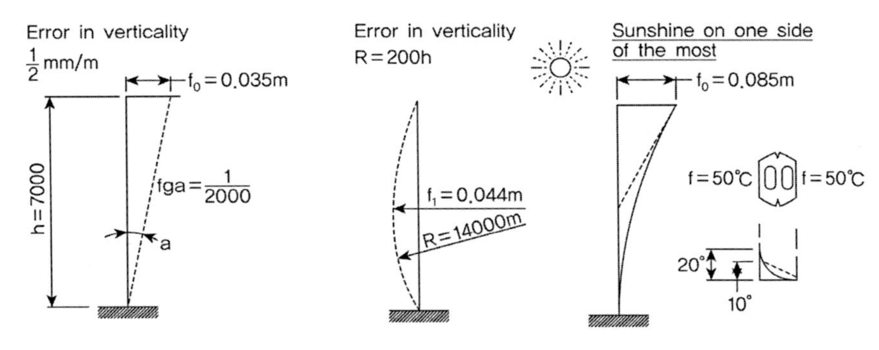

(주탑에 편심하중이 작용되는 요인)

4. 사장교의 좌굴 안정성 (도로교통학회지 2004, 최동호)

108회 2-2 케이블교 부재 응력분포, 사장교 지간장 한계이유

사장교의 경제적인 지간의 범위는 그 구조형식에 따라 차이가 있으나 약 600~800m 정도로서 이는 주탑 및 주형의 주요부재의 좌굴안정성에 의해 크게 좌우된다. 즉 사장교의 주탑 및 주형에는 휨모멘트와 압축력이 발생되는데 휨모멘트의 경우 사장교 구조계의 초기형상 결정과정에서 케이블의 프리스트레스에 의해 부재의 사하중 모멘트를 최소화시킬 수 있고 활하중에 의한 구조계의 변형은 미소하므로 부재의 안정성에 큰 영향을 미치지 않는다. 그러나 압축력의 경우 초기형상 결정과정에 있어서 부재의 압축력 크기를 감소시키는데 한계가 있으며 주형의 압축력은 지간장의 제곱에 비례하여 커지므로 사장교의 허용지간장은 주요부재의 좌굴강도에 좌우된다고 할 수 있다. 사장교 구조계 내에 압축력은 주탑과 주형의 연결부 부근에서 가장 크게 발생되는데 장대사장교의 경우 이러한 압축력에 저항하기 위해서 이 부위 부재의 단면의 확대 및 강-콘크리트 합성형 단면을 채택하는 등의 단면강성을 증대시키는 방법이 고려되어져 왔다. 또한 부정식(partially anchored) 및 완정식(fully anchored)등과 같이 주형을 지지하는 형식을 변경함으로서 부재 내에 발생되는 압축력 그 자체를 감소시켜는 등의 방식을 취하고 있다.

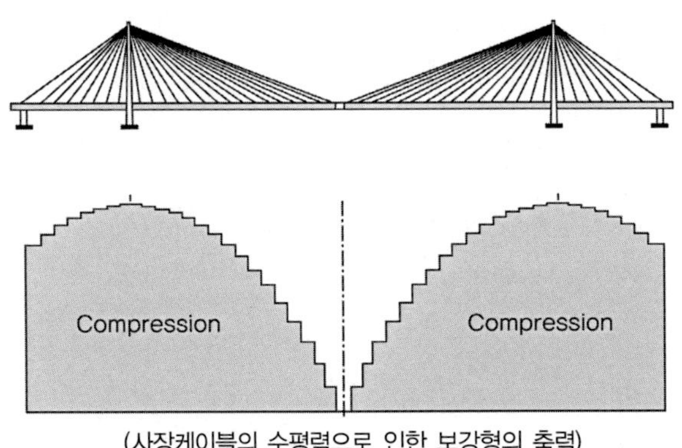

(사장케이블의 수평력으로 인한 보강형의 축력)

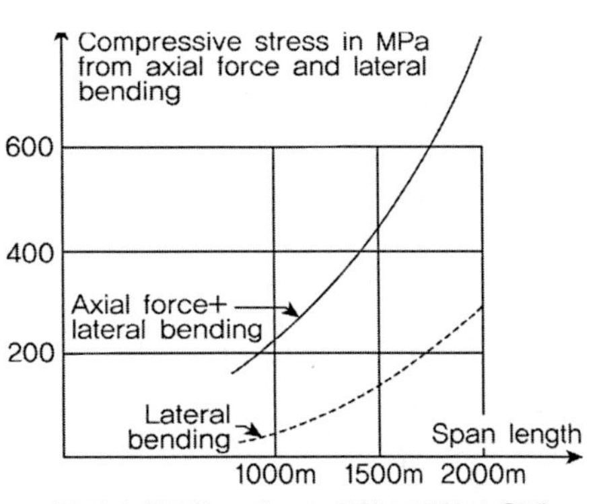

(축력과 횡방향 모멘트로 인한 보강형의 응력)

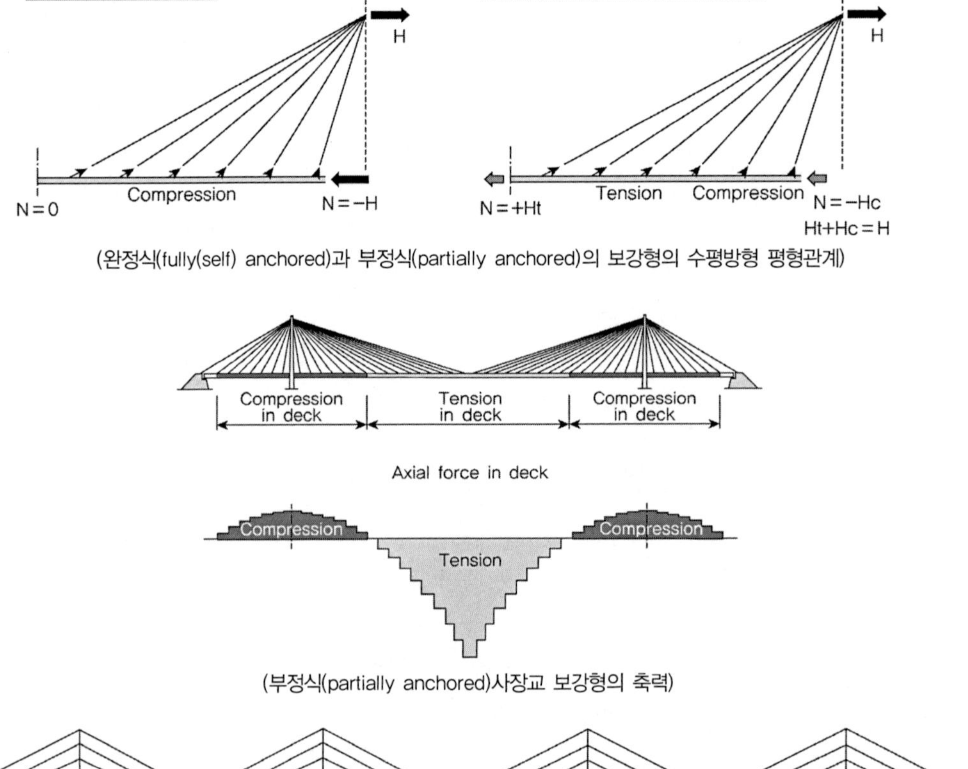

(완정식(fully(self) anchored)과 부정식(partially anchored)의 보강형의 수평방향 평형관계)

(부정식(partially anchored)사장교 보강형의 축력)

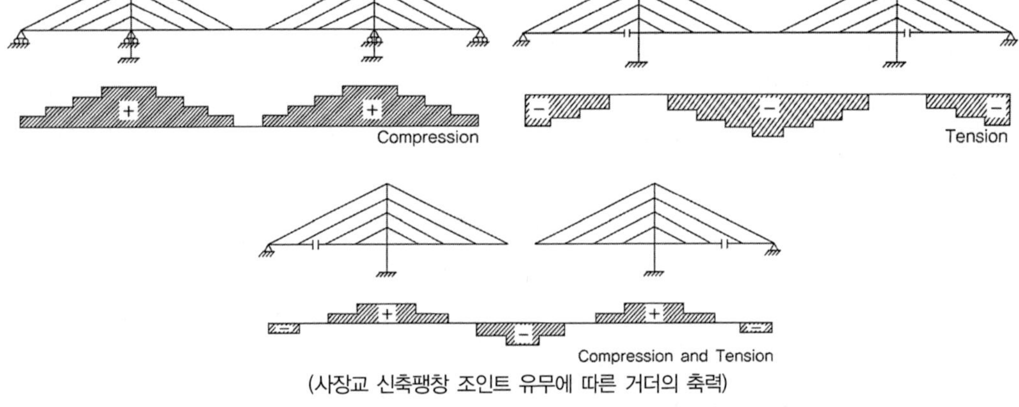

(사장교 신축팽창 조인트 유무에 따른 거더의 축력)

1) 국내 사장교 설계 시 좌굴해석 방법

① 탄성고유치해석 → 구조계의 좌굴형상 도입 → 유효좌굴길이 산정 → 임계좌굴응력산정

② 도로교 설계기준에 따라 '압축력과 휨모멘트를 받는 부재의 응력 및 안정검토식' 적용

2) 좌굴해석방법의 문제점

① 사장교는 구조적인 특성상 좌굴이 발생되는 종국상태에서 기하학적 및 재료적 비선형 거동이 지

배적이므로 이를 엄밀히 고려해야만 정확한 유효좌굴길이 및 임계좌굴응력을 산정할 수 있다.

② 도로교 설계기준의 응력 및 안정검토식은 선형거동이 지배적인 지간장 200m 이하의 일반교량에 적용되는 검토기준이므로 이를 사장교에 적용할 경우 타당성 검증이 필요하다.

③ 위의 좌굴해석방법은 사장교 좌굴해석 시 가장 중요한 변수인 유효좌굴길이가 실제보다 크게 결정되므로 주형 및 주탑 단면의 대형화로 과다설계를 유발하며, 이로 인한 사하중의 증가는 케이블 부재의 단면증대로 이어져 비경제적인 설계가 된다.

3) 일반적인 유효좌굴길이 산정방법

구분	내용	특징
경험적 방법에 의한 유효좌굴 길이 결정	외국설계사의 경험을 기초하여 사장교의 측경간에 대해서는 측경간 지간(L_s)의 1/2, 중앙경간에 대해서는 중앙경간 지간(L_c)의 1/4을 유효좌굴길이로 가정 고정점으로 가정 산출하여 실구조계와 B.C불일치 사장교 허용지간장의 계략적 판단을 위해 이용	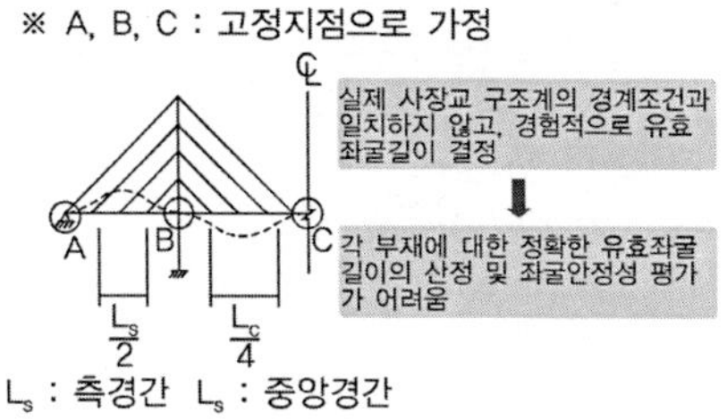 ※ A, B, C : 고정지점으로 가정 실제 사장교 구조계의 경계조건과 일치하지 않고, 경험적으로 유효좌굴길이 결정 각 부재에 대한 정확한 유효좌굴길이의 산정 및 좌굴안정성 평가가 어려움 $\frac{L_s}{2}$ $\frac{L_c}{4}$ L_s : 측경간 L_s : 중앙경간
탄성좌굴 형상에 의한 유효좌굴 길이의 결정	탄성고유치 해석에 기초한 좌굴형상(Buckling mode shape)에 있어서 변곡점간 거리를 각 부재의 유효좌굴길이로 가정하는 방법 탄성고유치 해석에서 산출되는 고유벡터를 이용한 좌굴형상 판단에 개인차 발생, 전체 구조계의 좌굴 모드상에서 변공점사이의 각 부재의 유효좌굴길이를 전체계의 유효좌굴과 동일하게 가정하여 과다 설계유발	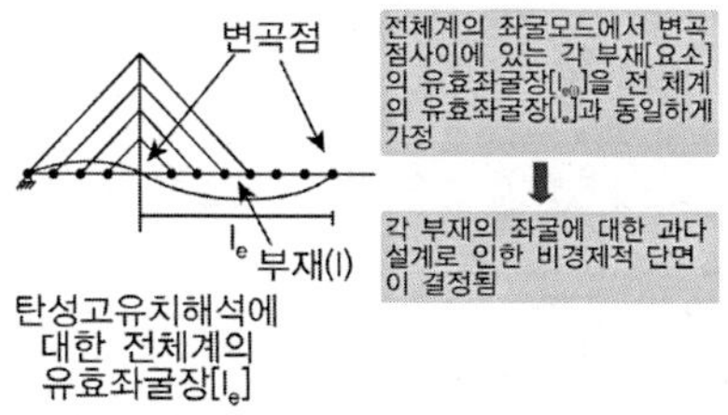 변곡점 l_e 부재(l) 탄성고유치해석에 대한 전체계의 유효좌굴장[l_e] 전체계의 좌굴모드에서 변곡점사이에 있는 각 부재[요소]의 유효좌굴장[l_{e0}]을 전 체계의 유효좌굴장[l_e]과 동일하게 가정 각 부재의 좌굴에 대한 과다설계로 인한 비경제적 단면이 결정됨
탄성고유치 해석에 의한 유효좌굴 길이의 결정	탄성고유치 해석으로부터 도출되는 1차 고유치를 각 부재의 축력에 곱하여 임계좌굴하중을 산정한 뒤 오일러 좌굴식을 적용하여 유효좌굴길이를 결정하는 방법 일반적으로 사용되는 유효좌굴길이 결정 방법으로 해석과정 및 결과분석이 용이하나 구조계의 극한상태에서의 거동을 탄성적으로 가정하기 때문에 좌굴고유치는 구조계의 재료적인 탄소성 거동을 고려한 경우보다 크게 산출되어 과대평가 탄성해석 → 각부재 축력 N_j → $\lvert K_E(E_3)+\kappa K_G(N_3)\rvert=0$ 고유치 해석 → 임계하중계수($\kappa_{\min}$)산정 → 각단면의 좌굴압축력 $P_{crj}=\kappa P_j$과 좌굴응력 f_{crj}산출 → 좌굴길이 $l_{ej}=\pi\sqrt{\frac{E_j I_j}{P_{crj}}}$ 산정	

4) 사장교의 극한상태 거동(기하학적 비선형 및 재료적 탄소성 거동) 고려

비탄성 좌굴해석방법인 유효접선탄성계수법(Effective tangent modulus method)은 미국 AISI에 규정된 유효좌굴길이 산정개념인 전체 구조계와 각 부재가 동시에 좌굴상태에 도달하며 이때의 산정되는 유효좌굴길이가 최적의 유효좌굴길이라는 개념을 확장하여 케이블 교량과 같은 구조계 좌굴해석에 적용한 방법이다.

① 부재의 기하학적 비선형성은 안정함수를 사용한 기하강성행렬로 고려한다.
② 부재의 재료적 탄소성 거동은 도로교설계기준의 기둥내하력 곡선으로 감소된 접선탄성계수 적용
③ 접선탄성계수가 극한상태에 이르러 수렴할 때까지 해석을 반복하여 좌굴하중을 산정한다.

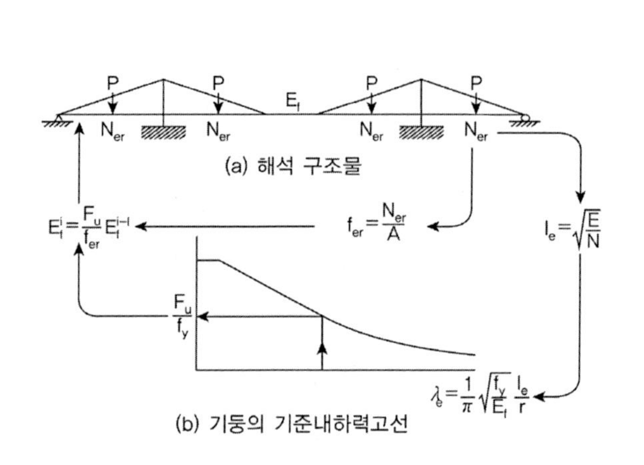

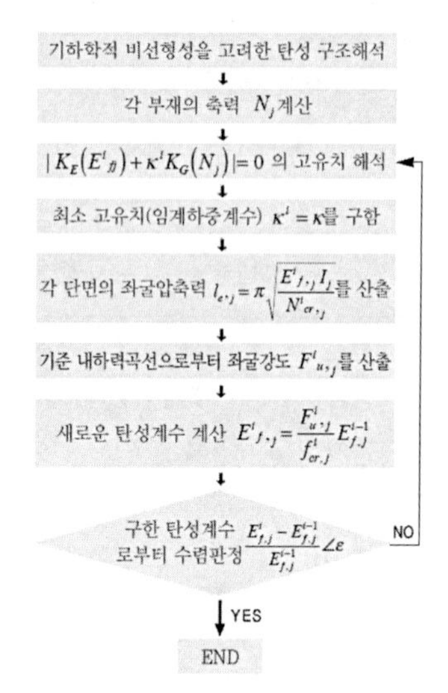

(유효접선탄성계수법)

구 분	구조해석	재료적	기하학적	비고
탄성고유치법	선형	탄성	선형	선형탄성해석
탄소성유한변위 해석법	비선형	탄소성 (응력-변형률)	비선형 (비선형변형률-변위)	비선형/탄소성해석 (정밀해)
유한접선탄성계수법	비선형	탄소성 (기준내하력곡선)	비선형 (P와M의 기하강성행력)	비선형/탄소성해석 (근사해)

(해석방법에 따른 좌굴형상 차이)

TIP | 현수교와 사장교 축력비교 |

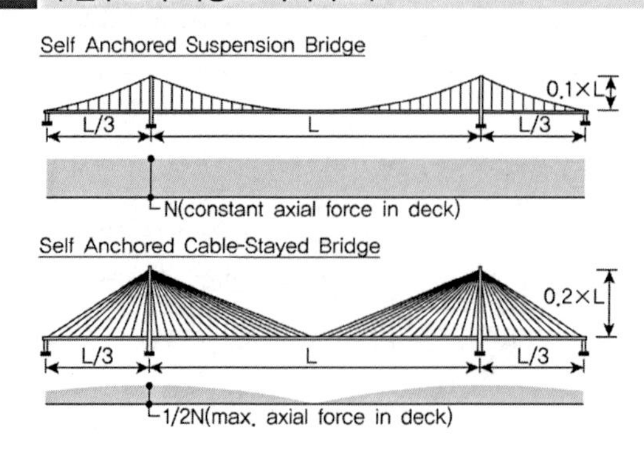

동일연장의 동일하중을 받는 자정식 현수교와 사장교 비교
① 자정식 사장교 주탑: $h = 0.1L$
② 사장교 주탑 : $h = 0.2L$
③ 자정식 현수교가 사장교에 비해 보강형에 2배 큰 압축력 발생하며 자정식 현수교의 압축력은 일정한 데 비해 사장교는 주탑과의 연결부에서 최댓값 발생

참고자료

초장대 교량 주요개발 기술 (초장대교량사업단, 한국도로공사, 2013)

➤ 초장대 교량

주경간장 기준 사장교 1,000m 이상, 현수교 2,000m 이상인 교량

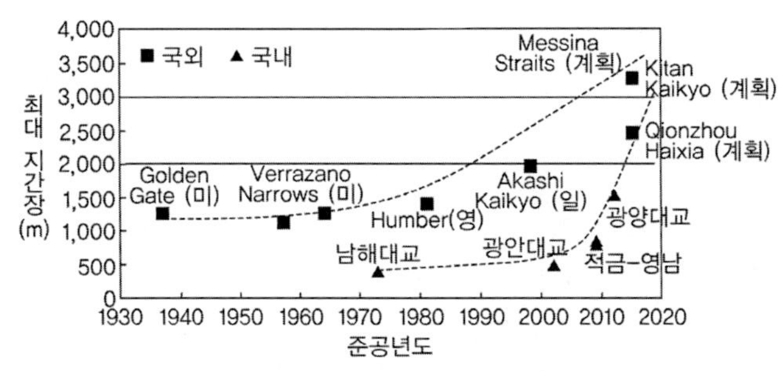

(국내외 장대교량 최대 경간장 추세)

➤ 주요 핵심과제

1) 장대교량 설계 엔지니어링 기술 개발
2) Global 사업시스템의 선진화
3) Sustainable 구조재료 개발
4) 대형기초 및 고주탑 건설기술
5) IT기반 방재 및 유지관리 기술

➤ 초장대교량 건설을 위한 기술적 변화/발전 현황

1) 보강거더 구조형식의 발전

아카시교와 메시나교의 보강거더 구조형식 비교 시 보강거더 경량화로 고저하중을 경감하기 위해 보강트러스형식, 유선형 multi-box형식 등 유선형 형태의 다양한 거더 구조형식이 등장

Akachi kaiyo(중앙경간 1991m, Stiffened Truss)

Messina Straits Br.(중앙경간 3300m, 유선형 multi-box)

2) 고주탑 기술의 발전

장대교량 주탑의 설계/시공 기술 발전에 따라 주탑의 높이, 형식, 소재의 변화와 고주탑 급속시공 기술(해석방법, 장비, 계측 등) 및 시공 중 진동 제어 기술이 대두

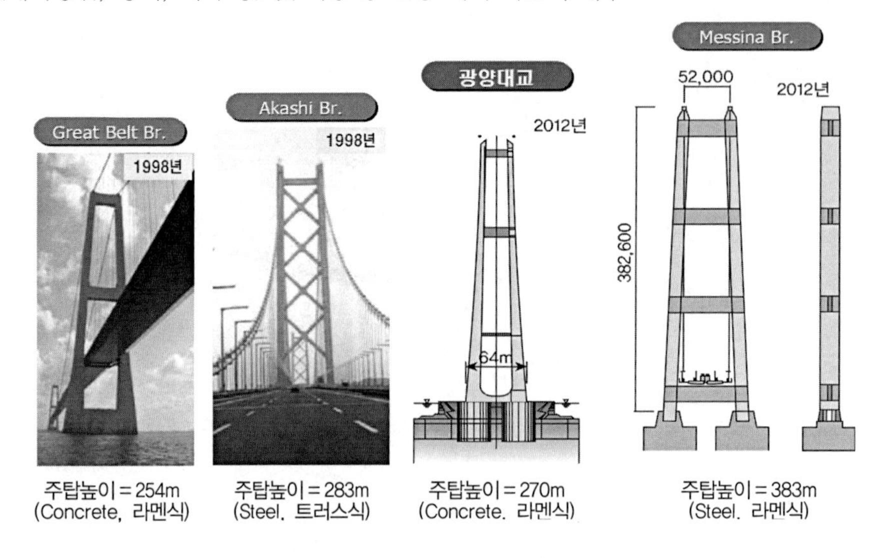

3) 해상기초 기술의 발전

교량의 주경간장이 증가함에 따라 주탑 기초와 앵커리지의 대형화 추세이며 대형/대심도 해상기초 설계 및 시공 기술이 대두되고 있다.

구분	Great Belt교(1998)	아카시교(1998)	광양대교(2012)	메시나교(2012)
주탑기초	78×35m, 깊이 20m 케이슨 기초	직경 80m, 깊이 70m 케이슨 기초	깊이 45m 케이슨 기초	깊이 55m 콘크리트 기초
앵커리지	깊이 25m 케이슨 기초	깊이 73m 지하연속벽 기초	깊이 40m 육상 콘크리트 기초	깊이 41m 콘크리트 기초

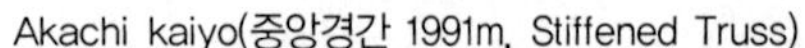
Akachi kaiyo(중앙경간 1991m, Stiffened Truss)

Messina Straits Br.(중앙경간 3300m, 유선형 multi-box)

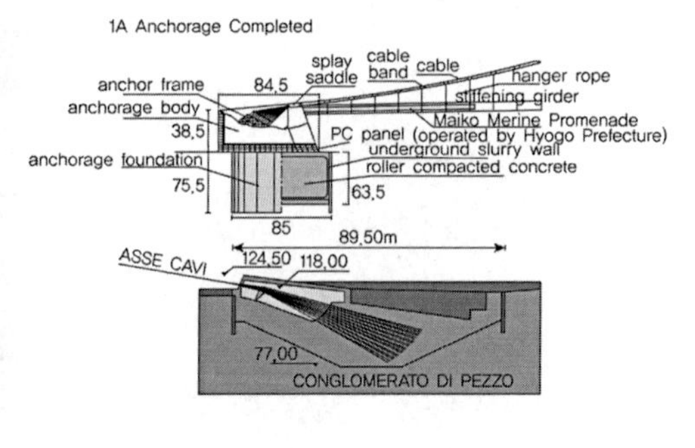

4) 케이블 소재의 발전

케이블 인장강도가 증가하여 주경간이 증가되고 주탑의 높이가 낮아지며 케이블의 공사비용이 절감되어 가는 추세임

구분	일반강선	아카시교	인천대교	메시나교
강도	1600MPa	1800MPa	1900MPa	2100MPa

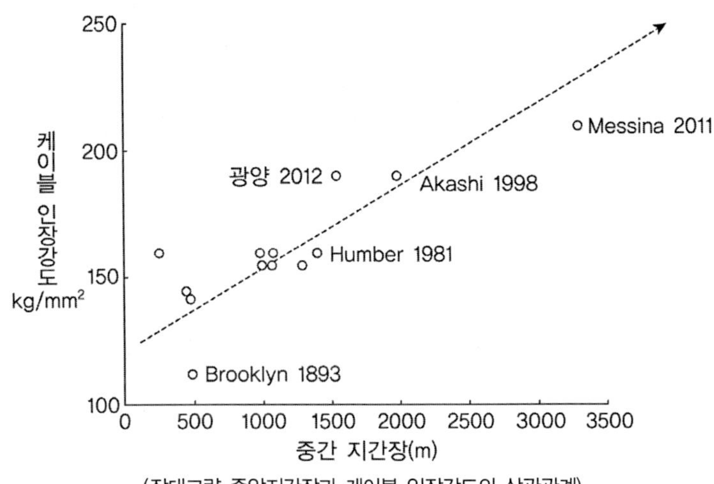

(장대교량 중앙지간장과 케이블 인장강도의 상관관계)

➤ 초장대 교량건설을 위한 핵심기술개발 과제

핵심기술 분야	세부기술항목	주요 기술 분야
설계기술	구조시스템	장대교량, 현수교, 사장교, 케이블 지지교
	내풍기술	내풍, 풍동실험, 풍하중
케이블 기술	교량용 케이블	교량용 케이블, 선재, 강선
	케이블용 부속장치	앵커, 새들, 케이블 제진장치
	케이블 가설기술	케이블 가설장비, 가설공법
시공기술	상부구조 가설기술	대블럭/조립식/해상시공, 크레인, 바지선
	고주탑 기술	주탑, 연직도 관리
	해상기초 기술	해상기초, 해저굴착, 가물막이, 세굴방지, 선박충돌장치
시공제어 및 유지관리기술	시공제어기술	GPS 포지셔닝, 정밀/원격 시공제어, 가상시공
	유지관리기술	점검, 계측, 센서, 모니터링, 상태평가, 진단
구조재료기술	강재	고강도강, 고인성강, 내후성강, TMCP, 극후판
	콘크리트	고강도, 고유동, 경량, 내염, 친환경 콘크리트
	신소재 및 합성재료	FRP, FRC, 나노재료, 복합재료, 경량포장, 내구성 도장

참고자료

초장대 사장교(1,000m 이상) 구조시스템 고려 예

기술 혁신 1 초장대(Super Large – Scale) 사장교와 최적의 구조시스템 채용

■ 기술적 난제

과다한 단부 수평변위	과다한 활하중 연직처짐	과다한 풍하중 수평변위
•폭풍시 및 지진시 단부의 수평변위 과다와 신축이음 장치 및 교량받침의 동적 손상문제 발생	•초장대 교량의 연성문제로 활하중과 풍하중시 주탑 수평변위와 주경간 연직처짐 과다 •주탑부 교축방향 지진력 과다	•초장대 교량의 풍하중 작용시 주경간의 면외방향의 수평변위과다
➡ 수평변위와 반력 **최소화 장치** 필요	➡ 교축방향 **강성 확대** 필요	➡ 교축직각방향 **강성 확대** 필요

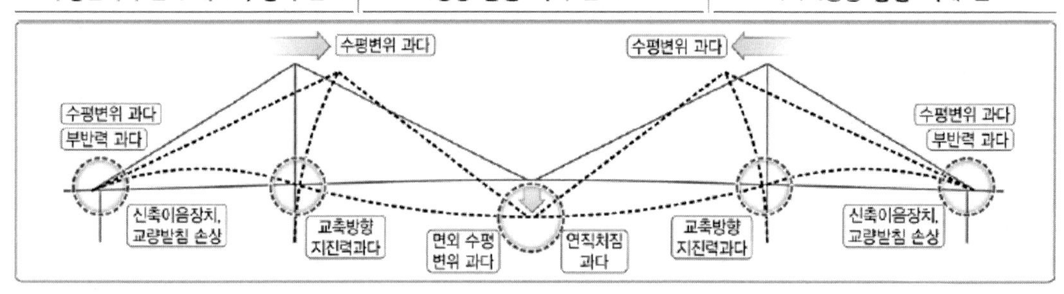

▶ 해결방안

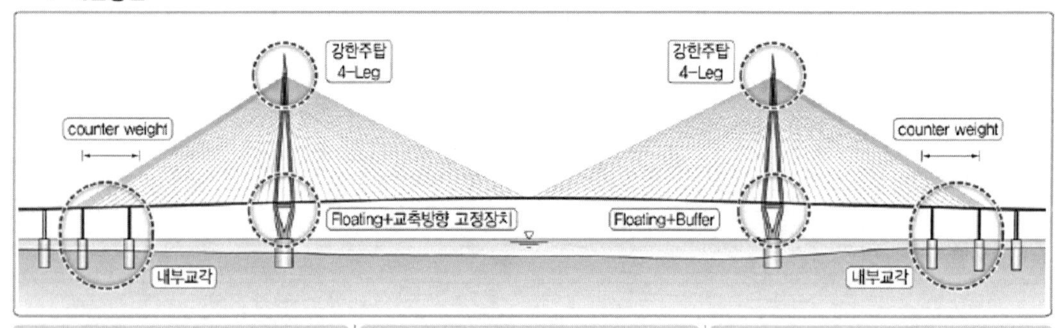

양방향으로 강한 주탑	Floating+Buffer	7경간 연속 구조계
•교축 및 교축직각방향으로 강성이 큰 **4면입체 다이아몬드 주탑** 계획 •주탑의 수평처짐, 주경간 연직처짐, 면외방향 수평처짐 문제 해소 •주탑 강성이 크므로 교축방향 고정 장치 설치로 **변위 억제**	•폭풍시 및 지진시 횡방향은 4개의 Wind슈로 지지, 교축방향은 변위 제어장치로 지지 •주탑강성이 커서 지진시 지진력은 주탑에서 수용 가능 •신축이음장치 및 교량받침 **내구년한 증대**	•측경간부의 강성 증대를 위하여 내부교각 설치 및 **7경간 연속** 구조계획 수립 •내부교각 설치위치에 **Counter Weight 설치**로 교축방향 강성증대 도모 및 부반력 저감

기술 혁신 2 초장대 교량 설계의 위험요소 극복

① 하중의 경량화 및 고성능화

- **보강거더**:Twin Box거더, HSB강재적용 넓은폭원, 높은강도, 낮은형고 적용
- **케이블**:PWS-1860MPa(세계최초)
- **주탑**:콘크리트 fck=50MPa
- **박층포장**:에폭시(5cm)포장 적용

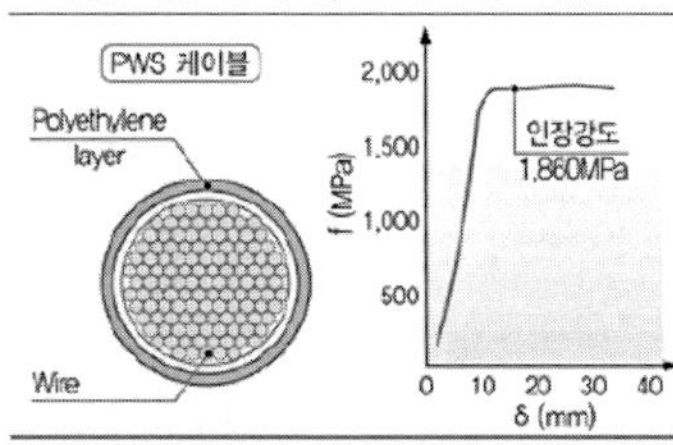

② 바람·지진 위험의 극복

- 풍동실험 CFD해석, 버페팅해석, SSI
- Twin Box 보강거더 적용
  ➡ **플러터 발현풍속 120m/s** 이상
  (V_{10}= 36.73m/s일경우, V_{cr}=73.8m/s
  V_{10}= 45m/s일경우, V_{cr}=90.4m/s) ∴OK

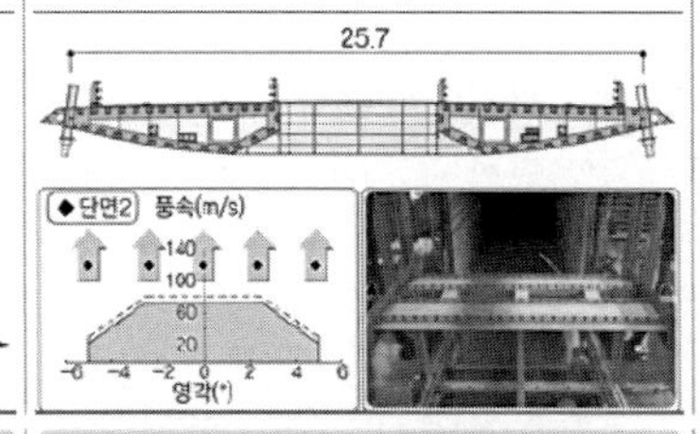

③ 선박충돌 위험의 극복

- 선박조종 시뮬레이션➡ 800m이상 필요
- 선박충돌 위험도 분석➡ 710m이상 필요
- 선박충돌 확률조사➡ 800m이상 필요
- 선박충돌 시간이력해석:우물통기초 안정성 확보

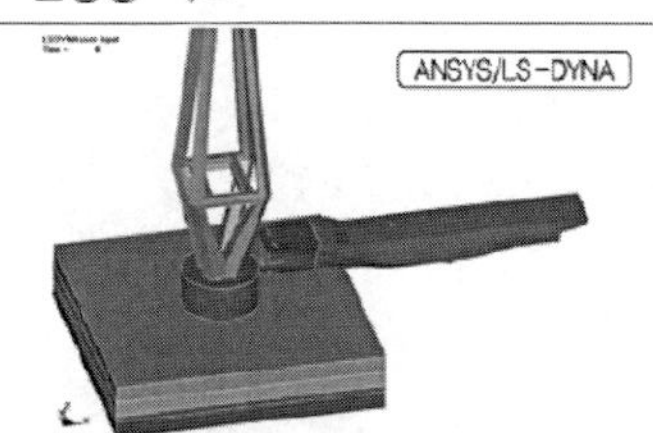

④ 구조물 유연성의 극복

- 폭풍시 및 지진시 변위제어: 주탑부에 **Buffer** 설치
- 케이블의 진동 제어:**케이블 댐퍼** 설치, 표면 **Helical Fillet** 적용
- 주탑강성 증대:4면 **다이아몬드주탑**
- **내부교각** 및 **Counter Weight** 설치

⑤ 붕괴유발부재의 정밀설계

- **보강거더**:케이블 정착부, Tie-down 케이블 정착부, Wind슈 설치부
- **주탑**:내부 강재 박스케이블 정착부, 케이블 콘크리트정착부, 가로보 연결부

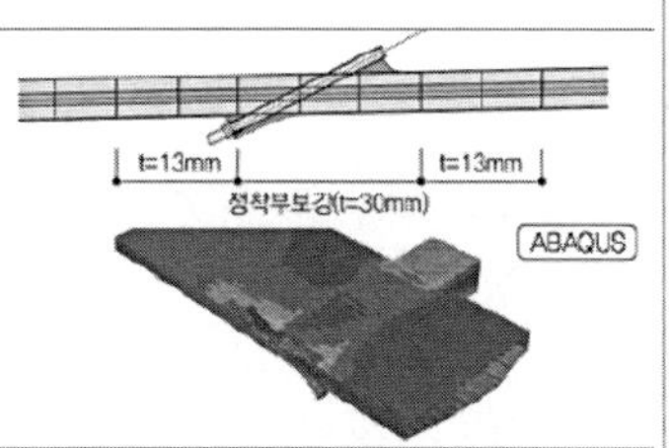

⑥ 초장대교 특수해석

- 비선형해석, P-△해석, 좌굴해석, 이동하중 해석
- 내풍:CFD해석, 버페팅해석
- 내진:SSI, 역량스펙트럼해석
- 내구성:수화열해석, 염화침투해석

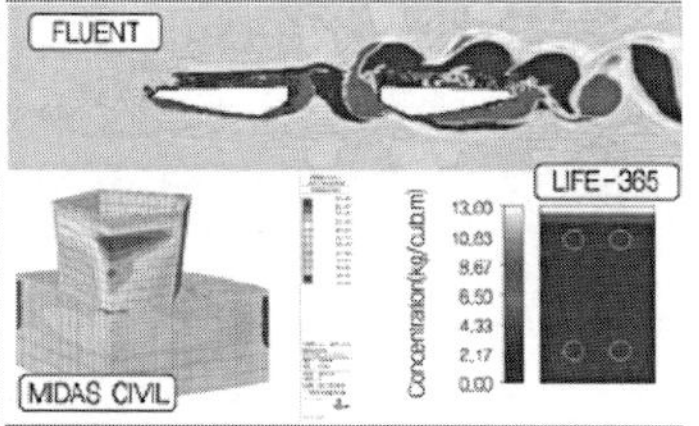

기술 혁신 3 초장대 교량 시공의 위험요소 극복

① 상부 가설시 위험 극복

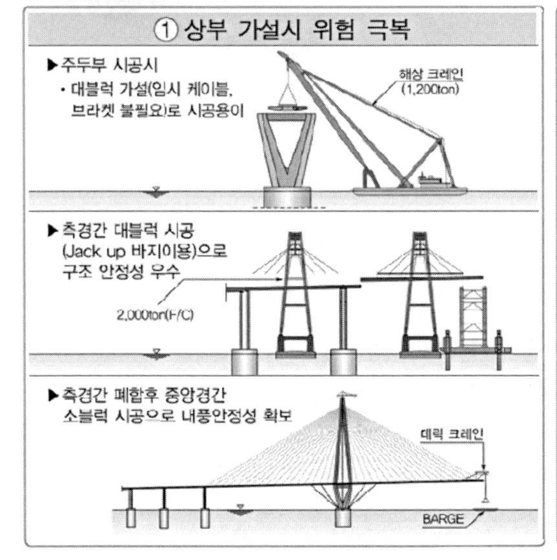

② 세계최고 주탑 시공시 위험 극복

105회 3-2

사장교의 보강형

사장교의 콘크리트 바닥판과 케이블을 가설하는 단계에서 보강형의 유효폭 및 보강형의 인장력 저항을 위한 보강설계방법에 대하여 설명하시오

풀 이

1면 케이블 콘크리트 사장교의 유효플랜지폭 결정에 관한 연구 (2010.8 한국전산구조공학회 논문집)
제2돌산대교의 시공중 보강형 부모멘트 제어방안 연구 (2007.6 대한토목학회 학술발표회 논문집)

➤ 개요

사장교는 기술의 발전에 따라 지간장의 증대되어가는 추세로 지간장이 증대됨으로 인해서 보강형에 작용하는 축력 역시도 증가되게 된다. 이 때문에 압축에 강한 콘크리트 사장교 보강형이 다소 유리한 측면이 있다. 케이블을 가설하는 단계에서 케이블 장력의 도입에 따른 집중하중을 받게되면 상부플랜지는 휨 압축응력과 축 압축응력을 동시에 받게 되는 구조가 되며 이 때 보강형의 웨브와 플랜지의 전단변형의 차이로 인해 플랜지 상·하부에는 교축방향에 대한 전단지연 현상이 발생하게 된다. 이러한 현상은 설계 시에 포물선 형태의 교축방향 응력분포를 동일한 면적의 응력블록으로 가정한 유효플랜지폭을 적용하여 고려한다.

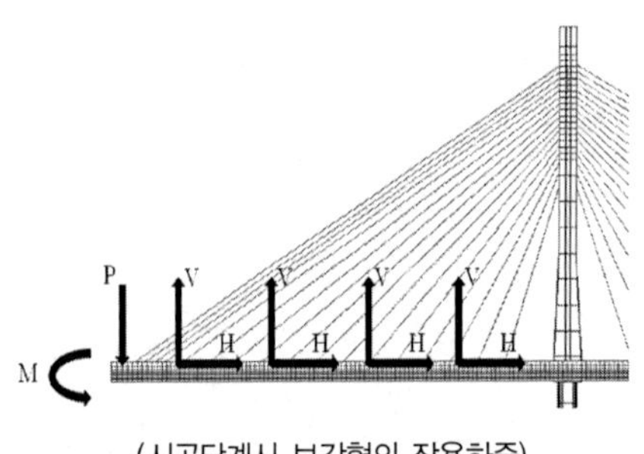

(시공단계시 보강형의 작용하중)

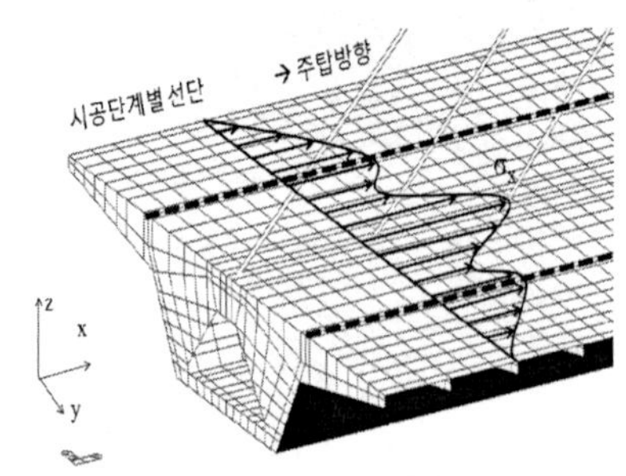

(1면지지 사장교의 전단지연 현상)

➤ 보강형의 유효폭

전단지연을 고려한 유효플랜지폭은 상부플랜지의 불균일한 종방향 응력분포를 탄성보 이론을 따르는 등가의 단면으로 가정한 후 그 단면의 폭으로서 정의된다. 도로교설계기준(2005)에서는 휨과 수직력에 대하여 각각 다른 유효플랜지폭 적용개념을 규정하고 있는데 휨의 유효플랜지폭 적용방법은 단경간 거더, 연속거더, 캔틸레버의 경우에 대하여 그 적용법을 달리하고 있으며, 수직력에 대하여는 바닥판에 작용하는 수직력이 30°의 각을 이루면서 바닥판 전체로 분산되는 것으로 가정된다. 시공단계의 보강형은 캔틸레버 구조계로 고려할 수 있으며 도로교설계기준에 따르거나 혹은 유효플랜지폭을 직접 산정하는 방법을 적용할 수 있다.

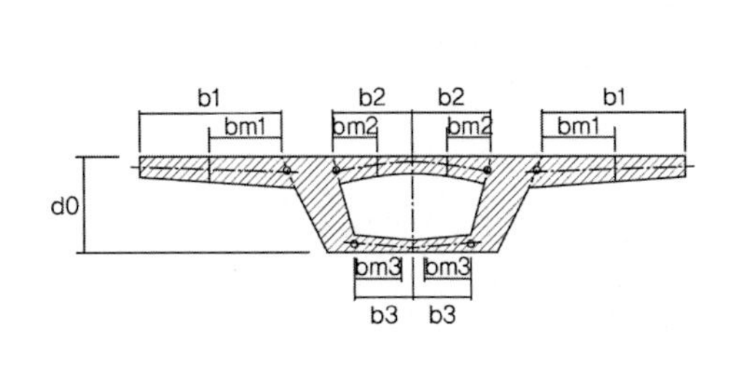

(도로교설계기준(2005) 휨에 대한 유효플랜지 폭)

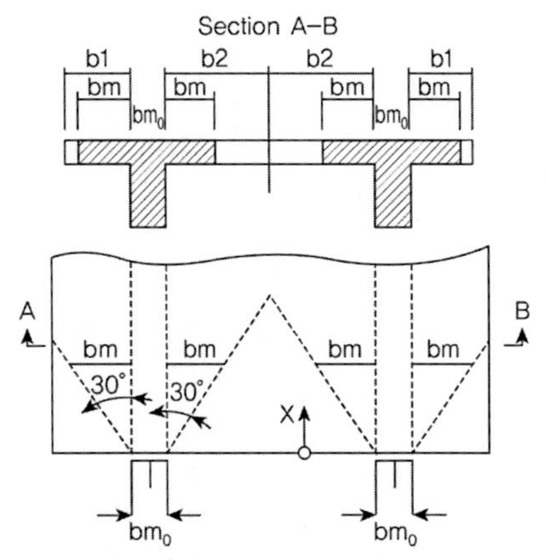

(도로교설계기준(2005) 수직력에 대한 유효플랜지 폭)

단경간 구조계의 경우에는 케이블 간격이 일정하므로 산정된 유효플랜지 폭이 일정하게 되나, 가설 중 캔틸레버구조계의 경우에는 주탑으로부터 가설된 보강형의 길이에 따라 유효플랜지폭이 달라지게 된다.

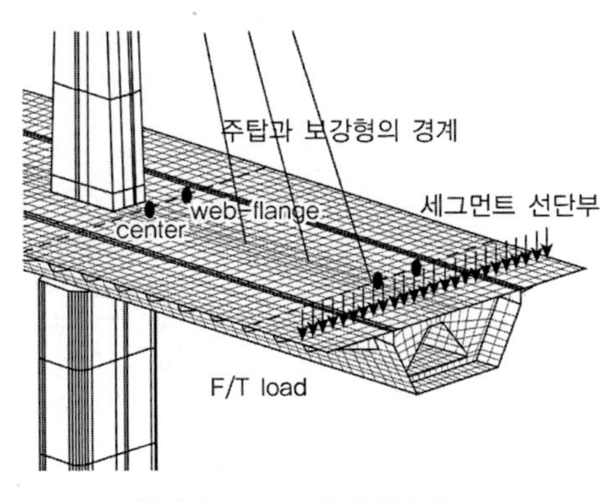

(플레이트 요소모델 응력검토)

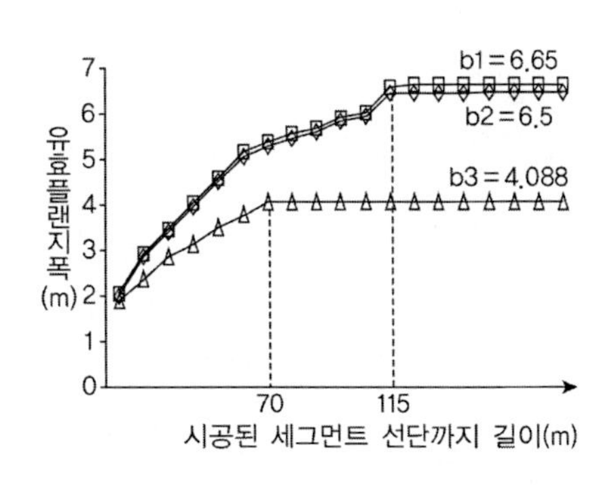

(캔틸레버 구조계로 가정한 경우 휨-유효플랜지 폭)

▶ 시공중 보강형의 인장력저항 보강설계 방법

시공 중에는 부재를 지지하는 이동거푸집, 크레인, 케이블 가설장비 등이 필요하며 지속적으로 철근배근과 케이블 긴장작업이 이루어지므로 계획된 cycle에 의해 보강형을 시공하게 된다. 이 과정에서 주기적으로 변동되는 하중조건에 의해 콘크리트 보강형에는 큰 응력이 발생할 수 있으며, 콘크리트가 허용응력을 초과하는 경우에 균열이 발생할 수도 있다. 양생 전 콘크리트를 이동거푸집에 의해 캔틸레버 상태로 지지하는 경우 타설지점 후방 세그먼트 상부에서는 부모멘트로 인한 인장력 균열이다. 비교적 보강형 중량이 작은 강합성 사장교에서도 이러한 부모멘트 균열의 우려가 있어 서해대교나 삼천포대교의 가설크레인 계획시에도 계획시 이를 고려하기도 하였다.
시공 중의 부모멘트 등 인장력에 대한 문제 해결 방안으로는 크게 두가지로 분류할 수 있다. 첫째로 보강형 세그먼트와 이동거푸집 중량의 배분을 조정하는 방법이다. 이동거푸집의 무게중심이 이전 세그의 케이블 위치보다 후방에 위치하기 때문에 이동거푸집 자주엥 의한 부모멘트 영향을 작게 하는 방법으로 종방향거더는 이동거푸집의 전면에서 타설하고 가로보 및 슬래브는 후방에서 타설하기 때문에 가능한 방법이다.

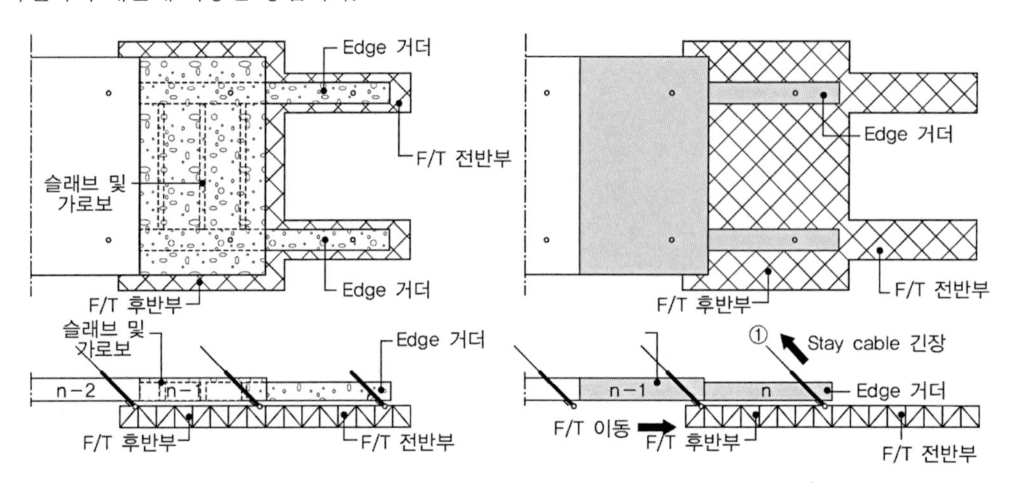

두 번째 방법은 이동거푸집 전면에 케이블을 매달아 캔틸레버 거동이 발생하지 않도록 하는 방법으로 드물게 가설용 케이블을 이동거푸집 전면에 매다는 경우도 있으나 보통의 경우에는 영구 사장재를 임시로 이동거푸집에 정착시킨 후 콘크리트가 경화되면 케이블 장력을 보강형으로 전이시키는 방법을 사용한다.

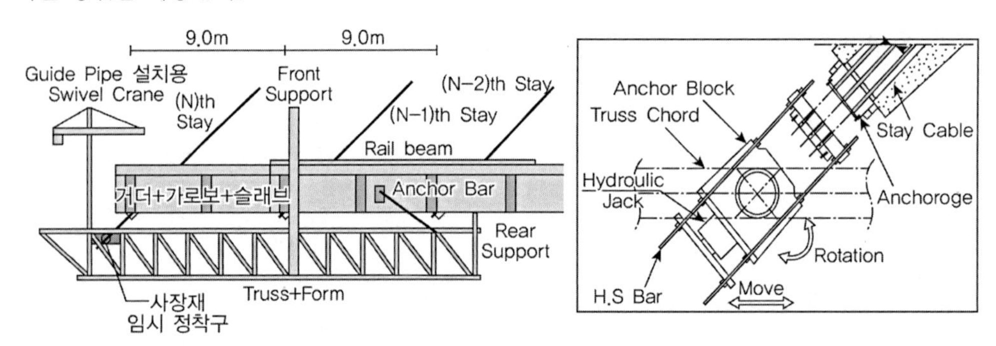

(영구케이블을 임시로 이동거푸집 전면에 정착) (이동거푸집 사쟁재 임시정착구)

영구사장재를 임시로 정착시키는 방법에는 이동거푸집에 임시정착구를 두는 방법과 PC정착 블록을 이동거푸집에 볼트로 고정하는 방법이 있으며 두 방법 모두 케이블 정착부는 PC로 제작하는 경우가 일반적이다.

그 밖에 PS텐던에 의해 부모멘트에 의한 균열을 제어하는 방법이 있으나 연속화 텐던을 사장교 보강형의 폐합 후 중앙경간 등에서 인장력이 발생하지 않고 연속성이 확보되도록 하는 것이 그 목적이며 텐던의 위치가 단면의 중앙부에 있기 때문에 효과가 크지 않고 매 세그 시공단계마다 정착구나 커플러를 사용해야 되는 문제점이 있다. 또한 King-post를 이용하여 이동거푸집 후방에 정모멘트를 추가함으로써 부모멘트를 저감하는 방법의 경우 King-post나 강선을 정착할 정착구를 보강형 상판에 미리 설치하는 문제와 시공중 정모멘트가 커지는 단계에서는 긴장력을 풀어야 하는 등의 운용상의 번거로움이 발생한다. 또한 보강형 상판의 King-post용 강선 정착구 부위는 부모멘트에 취약하므로 추가로 외부 긴장에 의한 프리스트레스를 도입하여야 한다.

04 현수교

현수교는 고정하중 작용시 주케이블이 전체하중을 지지하여 보강형은 무응력 상태가 되며 추가 고정하중과 활하중 등의 부가하중은 보강형과 주케이블 시스템이 부담하도록 한 교량형식이다.

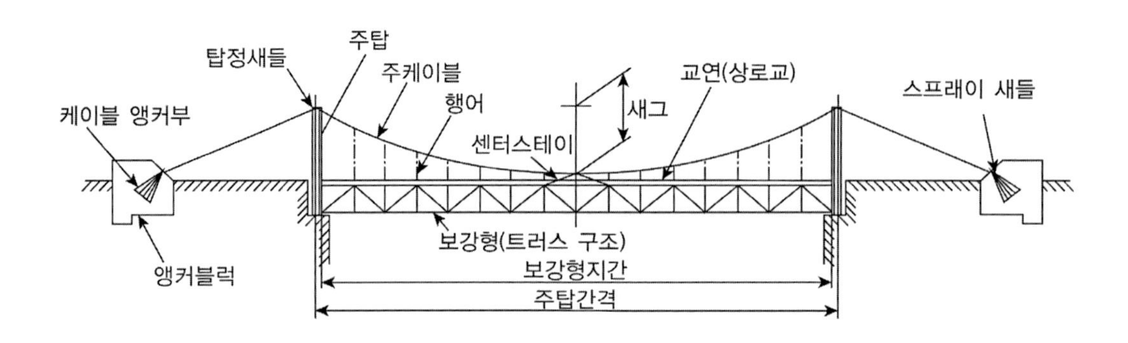

구분	정의 및 특징	개 요 도
보강거더	• 차량 하중을 지지하거나 분산시키는 종방향 구조로서 횡방향 시스템의 코드로 작용하고, 구조물의 공기 역학적 안정성 필요	
주케이블	• 소선의 다발로써 행어를 통해 보강 거더를 지지하는 역할을 하고, 케이블에 전달된 하중을 주탑으로 전달하는 구조 시스템	
주탑	• 중간의 수직 구조로서 주케이블을 지지하고, 케이블로부터 전달된 하중을 기초로 전달하는 구조물	
앵커리지	• 매스콘크리트 블록으로 주케이블의 하중을 교량의 단부 지점으로 전달하는 구조물	

1. 현수교 일반

1) 구성요소

① 교면하중을 지지하는 보강형(Stiffening Girder)

② 보강거더를 매다는 행어(Hanger)

③ 행어를 매다는 주케이블(Cable)

④ 케이블을 고정하는 케이블 앵커리지(Cable Anchorage)

⑤ 케이블을 지지하는 주탑(Tower)

2) 구조개념

① 주요부재인 주케이블이 현수재를 포함한 케이블의 자중과 보강형의 자중, 이에 지지되는 상판, 포장 등의 자중을 주탑, 앵커리지에 전달하며 완성 후에 작용하는 외력을 보강형과 함께 분담 지지하여 하중을 앵커리지로 전달한다.

② 보강형은 케이블과 함께 교체에 연직 및 수평방향 강성을 부여하고 완성 후 보강형에 작용하는 하중을 분산시키며 그 하중을 행어를 통해 주케이블로 전달시키는 역할을 한다.

③ 현수교는 주로 케이블에 의해 강성이 확보되는 구조물로 타형식의 교량에 비해 변위 및 유연성이 큰 교량형식이다.

'보강거더 → 행어 → 주케이블 → 주탑, 앵커리지 → 지반'

④ 기본적인 보강형 단면

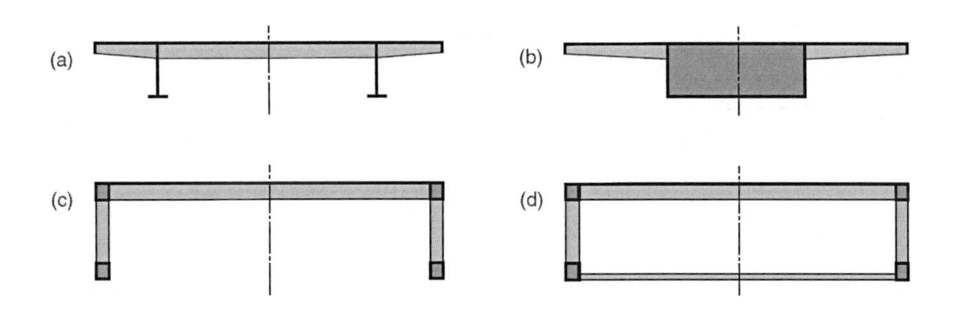

- 플레트 거더형상 (a) : 슬래브와 두 개의 수직 플레이트 거더로 구성되며 Open section으로 비틀림강성이 작다. 통상 케이블이 데크의 단부에 연결된다.
- 박스거더 형상 (b) : 비틀림 강성이 커서 1면 주탑과 같은 비틀림 강성이 요구되는 구조물에 많이 적용된다.
- 트러스 형상 (c) : (a)의 플레이트 거더를 트러스로 대체한 형상으로 비틀림 강성은 약하다. 통상 수직 행어케이블이 트러스 위에서 직접 연결되는 초기의 현수교에 많이 적용되었다 (Golden Gate Bridge). 비틀림 강성이 부족하여 공기역학적 안정성에 문제가 발견되어서 현재에는 (d) 형상과 같이 하부에 브레이싱을 설치한 형태가 사용된다.
- 트러스 형상 (d) : 바닥판과 두 개의 수직 트러스와 수평 트러스로 구성된 형태로 박스형태와 같이 비틀림 강성이 크다. 근래의 현수교에 많이 적용되는 형태다.

구분	박스형 보강거더	트러스형 보강거더
특징	• 자중이 가볍고 형고 낮음 • 경제성이 우수 • 내풍안정성에 대한 검토 필요 • 블록가설 공법만이 가능함	• 자중이 무겁고 형고가 높음 • 공사비가 고가 • 내풍안정성이 우수 • 시공방법이 다양함

3) 현수교의 해석방법

현수곡선 이론 및 미소변위 탄성해석에서 처짐이론, 선형화처짐이론, 영향선 해석법 등을 거쳐 이산현수재 이론 및 유한변위이론으로 해석방법에 대한 이론이 변화해왔다.

① 고전적 현수교 이론에 의한 방법

(1) 탄성이론과 처짐이론 (2) 선형화 처짐이론과 영향선 해법

(3) 횡방향 수평하중에 대한 면외 해석법 (4) 비틀림 해석법

(5) 고유 진동 해석법

② 현대의 해석법 : 기하학적 비선형 문제를 고려한 해석방법

(1) 유한 변위 해석법 (2) 선형화 유한 변위 해석법

(3) 탄성좌굴 해석 (4) 고유 진동 해석

(5) 모델화의 방법 (6) 가설시의 해석법

TIP | 해외 현수교의 보강형 |

구 분	해외 현수교 적용 현황			
플레이트 거더 형식	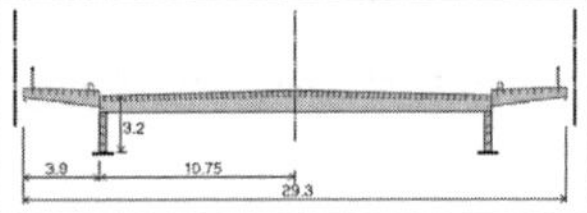	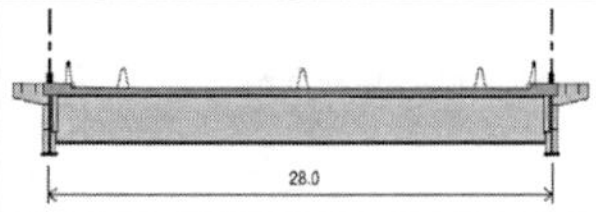	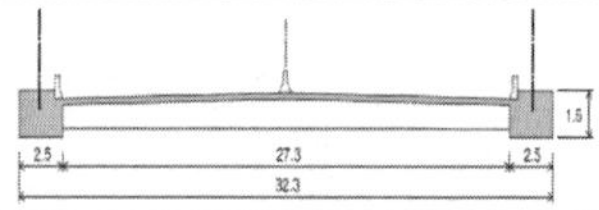	
	Knie Br. (Germany)	Alex Fraser Br. (Canada)	Napoleon Bonaparte Broward Br. (US)	
박스 거더 형식	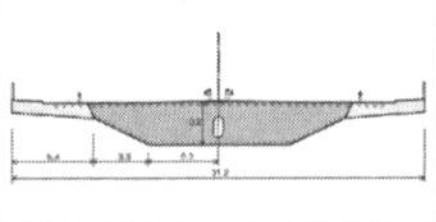	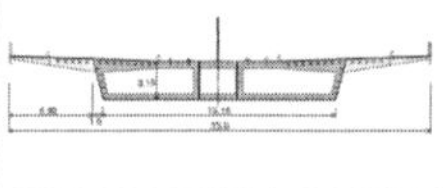	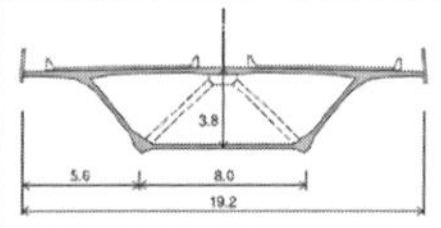	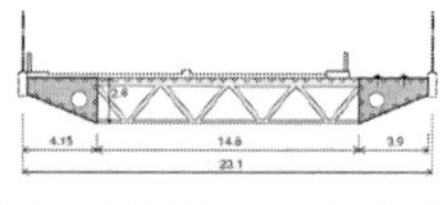
	Erskine Br. (Scotland)	Oberkasseler Br. (Germany)	Brotonne Br. (France)	Zarate-Brazo Largo Br. (Argentina)
박스 거더 형식 (유선/트윈)	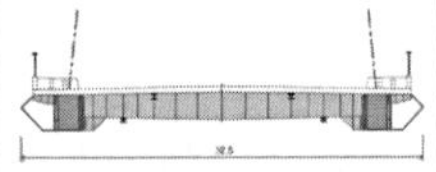	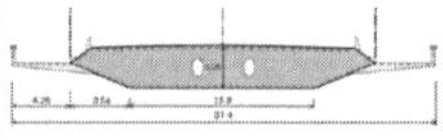	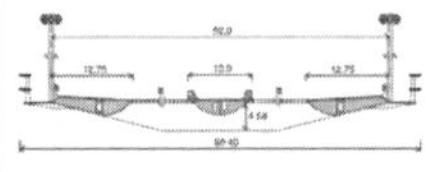	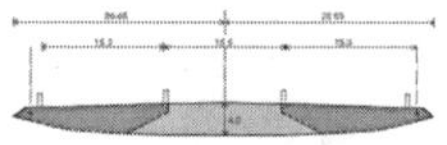
	Yangpu Br. (China)	Severn Br. (England)	Messina Strait Br. (Italy)	Stonecutters Br. (Hong Kong)
트러스 형식	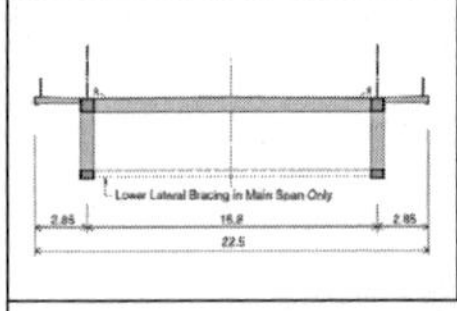	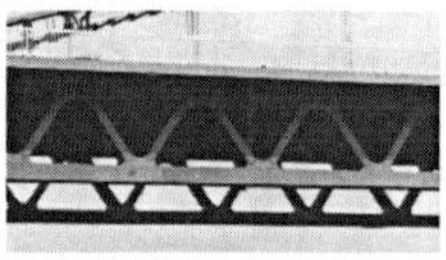	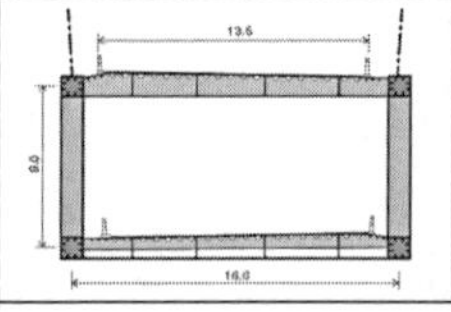	
	Emmerich Br. (Germany)		Higashi Kobe Br. (Japan)	
	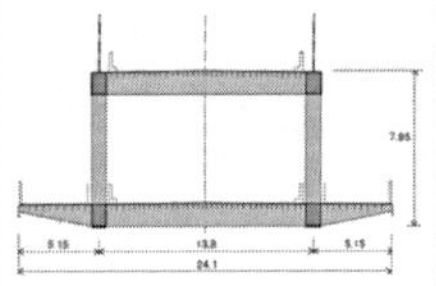	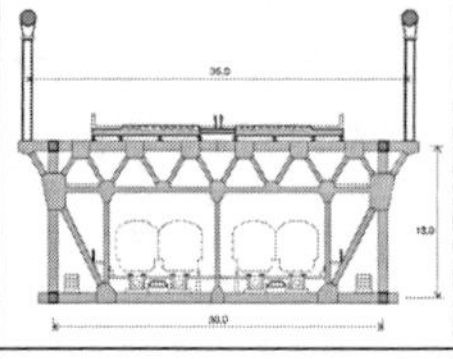	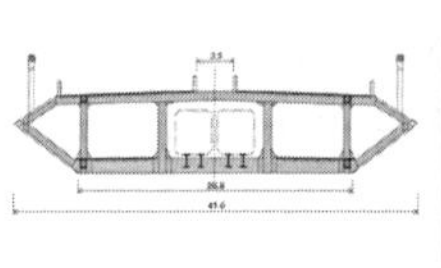	
	Rokko Br. (Japan)	Bisan Seto Br. (Japan)	Tsing Ma Br. (Hong Kong)	

2. 현수교의 종류

1) 케이블 정착방식에 따른 분류 : 자정식과 타정식으로 분류되며, 자정식 현수교의 경우 주로 중소규모의 현수교에 적용되며 현수교 단부 보강형 내 주케이블을 정착하여 보강형에 축력이 작용하고 단부에 부반력이 발생되는 구조적 특징을 지닌다. 타정식 현수교는 주로 대규모의 현수교에 주로 적용되며 주케이블을 현수교 단부에 있는 대규모 앵커리지에 정착해서 보강형에 축력이나 단부 부반력이 발생되지 않는 특징이 있다.

구분	자정식	타정식
형태	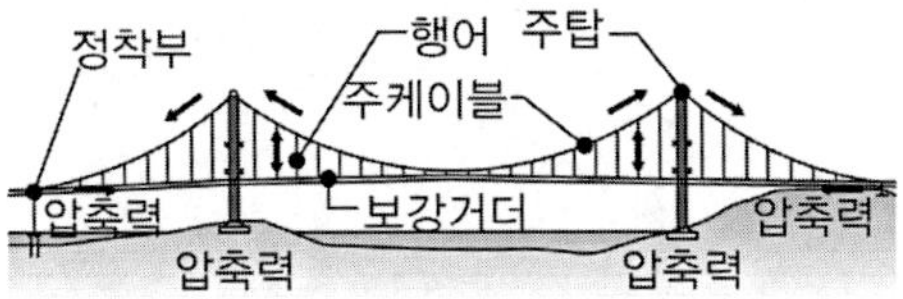 정착부, 행어, 주탑, 주케이블, 보강거더, 압축력, 압축력, 압축력, 압축력	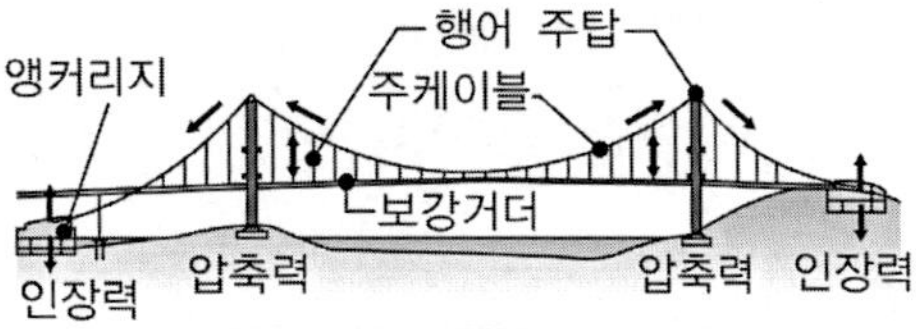 앵커리지, 행어, 주탑, 주케이블, 보강거더, 인장력, 압축력, 압축력, 인장력
	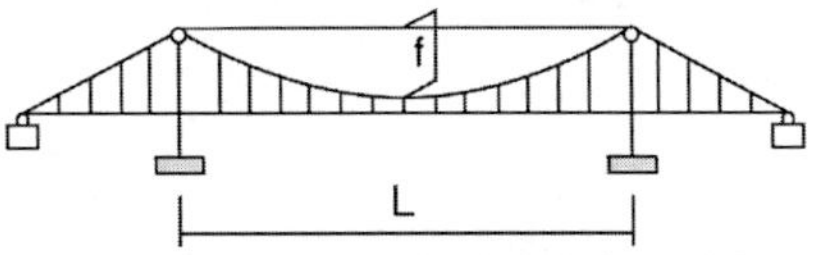 f, L 자정식 : 보강거더에 앵커링하는 경우	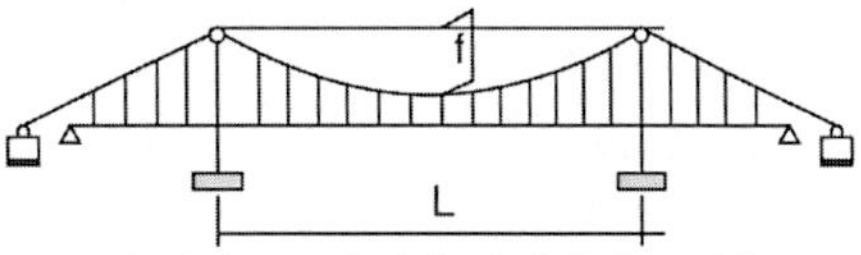 f, L 타정식 : 교량외에 앵커링하는 경우

특징	• 현수교 보강형의 단부 내에 주케이블 정착 • 보강형에 주케이블 장력에 의한 축력이 작용하므로 주케이블 장력이 크지 않은 중소규모 현수교에 적용(300m 내외) • 단부 교량받침에 부반력 발생가능(별도 제어 장치) • 시공시 보강형 먼저가설(가설벨트 선설치 필요) • 교축방향이동방지를 위한 별도 기구 필요(탄성받침)	• 현수교 단부에 별도의 앵커리지를 설치하여 정착 • 보강형에 축력이나 부반력 발생 안 함(앵커리지정착) • 대규모 현수교에 주로 적용(500~3,000m) • 주케이블 가설 후 보강형 가설로 시공시 가설벤트 불필요 • 대규모 앵커리지에 대한 경제적/경관검토 필요 • 앵커리지가 교축방향 이동방지로 별도 이동방지기구 불필요
	• 새그비 1/5 ~ 1/6 (영종대교 1/5)	• 새그비 1/9~1/12 (일반적 1/10)
	• 시공순서 (주탑→보강거더→주케이블→행어와 보강거더 연결)	• 시공순서 (주탑→주케이블→행어와 보강거더 연결)
	부재의 특성 • 보강거더 : 휨, 압축부재 • 행어, 케이블 : 인장재 • 주탑 : 휨 및 압축부재	부재의 특성 • 보강거더 : 휨,부재 • 행어, 케이블 : 인장재 • 주탑 : 휨 및 압축부재

2) 주케이블 형식에 따른 분류

구분	정의 및 특성	개요도
2본 케이블	• 주케이블이 2본으로 구성된 현수교 • 가장 일반적인 주케이블 방식	
3본 케이블	• 주케이블이 3본으로 구성된 형식 • 주케이블의 강성을 달리하여 연성 프러터의 특성을 변화 시킬 수 있음 • 사선의 스테이와 병용하여 사용 가능	
모노 케이블	• 현수재를 통해 1본의 주케이블로 지지하는 형식 • 비틀림 하중을 정적으로 작용하면 면외방향 복원력이 발생하여 비틀림 강성이 증가된 것과 같은 거동을 함	
모노 듀오	• 2본의 주케이블을 주탑 부근에서 1본으로 수속한 방식 • 대칭모드에서 비틀림 진동 시 주탑을 구성하는 2본의 탑주가 각각 역위상으로 진동 • A형 주탑의 사용이 가능	
디싱거	• 현수교와 사장교를 조합한 형식 • 현수교와 사장교의 장점을 살리고 단점을 보완하는 합리적 구조	
주탑 케이블	• 주탑에서 케이블을 보강거더까지 연결한 방식 • 일반 현수교와 동일한 형상이나 사장교 형식의 일부 케이블을 추가로 설치	
스톰 케이블 병용	• 디싱거 방식의 케이블 배치 후 외측에서 스톰 케이블을 설치한 방식 • 횡방향 거동을 확실하게 하기 위한 구조	
스트럿 지지	• 주탑측에 근접한 구간의 보강거더를 스트럿으로 지지하는 형식 • 지브롤터해협대교의 현수교 안으로 겉보기 지간을 저감시키기 위한 목적으로 적용	

3) 보강형 경계조건에 따른 분류

구분	1경간 2힌지	3경간 2힌지	3경간 연속	3경간 플로팅
형태				
	• 측경간부가 행어로 지지되지 않으므로 케이블의 최대장력은 타안에 비해 다소 적음 • 현수교 전체의 제작 : 가설에 의한 오차가 보강거더 응력에 큰 영향을 미치지 않음	• 측경간측의 행어지지에 의해 주탑부 케이블 입사각이 커져서 케이블 미끄러짐이 큼 • 현수교 전체의 제작 : 가설에 의한 오차가 보강거더 응력에 큰 영향을 미치지 않음	• 현수교 전체의 강성을 증가시켜서 중앙지점 부근의 처짐 경감(철도·도로병용교) • 중앙지점부에 큰 휨모멘트 발생으로 단면보강 필요 • 현수교 제작 가설에 의한 오차가 보강거더 응력에 영향	• 주탑부에 연직방향 구속없이 보강형은 케이블과 주탑(윈드슈)에 연결 • 지진 및 온도에 대해 적응성 불량 • 보강형을 지지하는 가로보 설치 불필요
특징	• 힌지구조는 연속구조에 비해 수평변위가 크고 신축장치 설치에 따른 주행성 저하 등의 단점이 있음 • 연속구조는 주탑부 부모멘트가 크게 발생하므로 최근에는 보강형 모멘트를 최적화하고 받침 제거, 점검차 개수 최소화 등에 따라 유지관리성이 우수한 플로팅 시스템이 주로 적용되고 있음			

4) 행어로프 형식에 따른 분류

구분	정의 및 특징	개요도
수직	• 행어가 수직으로 설치됨 • 보강거더의 강성이 커야함	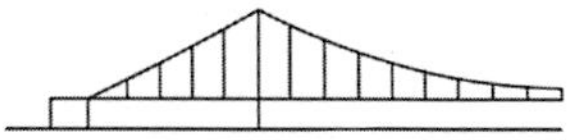
경사	• 행어가 지그재그로 설치됨 • 현수구조의 댐핑을 증가(세번교, 제1보스포러스교 등)	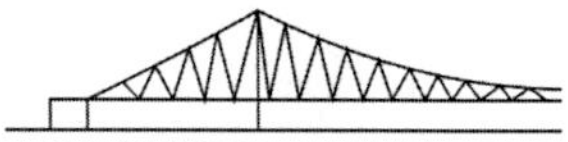
연직 크로스 스테이	• 케이블 부재로 현수교의 보강거더와 주케이블을 교차연결 • 크로스 행어 방식 또는 연직 플러터 발생 풍속을 높인 방식	 연직 크로스 스테이
경사 크로스 스테이	• 연직 크로스 스테이를 교축경사방향으로 경사시킨 스테이 방식 • 연직 크로스 스테이와 비슷한 거동, 측경간에 적용 시 효과가 큼	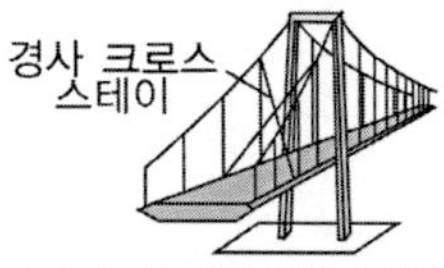 경사 크로스 스테이
수 평 스테이	• 연성 플러터를 방지하기 위해 주케이블을 수평으로 연결한 방식 • 대칭모드에서 비틀림 진동할 때 비틀림 진동수의 증가 목적으로 적용	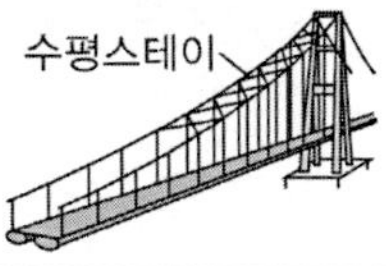 수평스테이

3. 현수교의 구성요소의 구조특징

1) 보강형 : 트러스 → 유선형 박스 → 트윈박스

보강형은 바닥판 구조의 중량과 구조형식이 상부공 전체의 경제성과 함께 내풍안정성에 큰 영향을 미친다. 보강형은 바닥판 구조를 지탱하면서 동시에 변형과 흔들림을 억제하고 주행성을 확보하는 역할을 수행한다.

① 케이블과 함께 교량에 연직 및 수평 방향의 강성을 부여하며, 활하중 등과 같이 완성후의 보강형에 작용하중을 분산하고 케이블에 전달하는 역할을 한다.

② 보강형 단면의 형상은 트러스 보강형과 유선형 강박스 보강형이 주로 채택되고 있다. 트러스 보강형은 횡방향 저항단면이 작아 내풍안정성이 우수하나 강중 증가, 시공, 유지관리비 증가 등의 단점이 있어, 현재는 형고와 강중을 작게 할 수 있는 유선형 강박스 보강형이 많이 쓰인다. 최근에는 초장대교량의 경우 내풍안정성확보를 위해 트윈박스의 적용도 많아지는 추세이다.

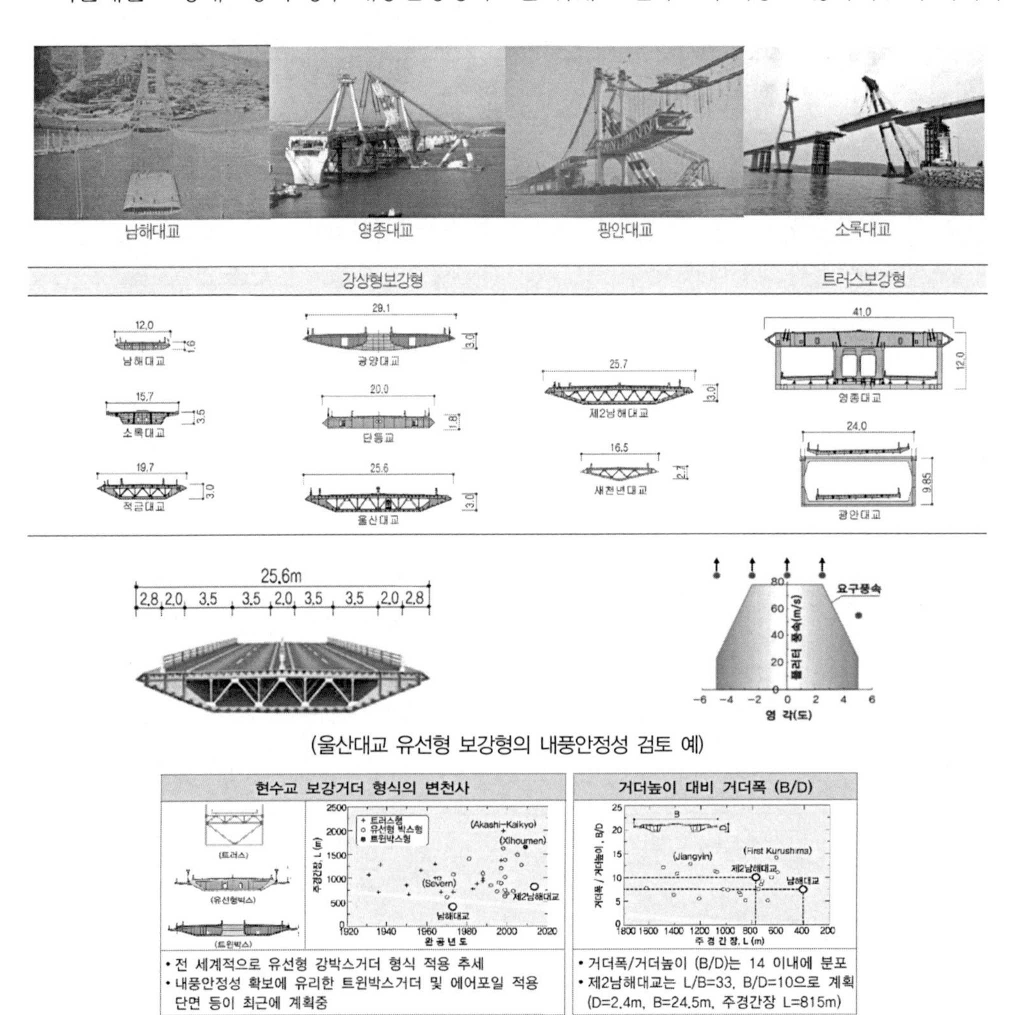

(울산대교 유선형 보강형의 내풍안정성 검토 예)

2) 주탑

장대 현수교의 주탑형상의 결정시에는 축력과 모멘트를 효율적으로 기초에 전달하기 위해서 좌굴설계, 사용자를 위한 경관설계, 내풍설계와 가설상의 제약 및 경제성을 고려하여 단면형상을 결정하고 있다. 과거 현수교에는 강재 주탑이 많이 적용되었으나 최근에는 콘크리트 재료의 성능 및 시공방법의 발달로 콘크리트 주탑도 많이 적용되고 있다. 강재 주탑의 경우 예전에는 작은 박스 단면을 다수 조합한 Multi-Cell을 사용하였으나, 근대 현수교에는 비교적 큰 Box를 소수 조합한 소수 Cell 형식 및 4매의 보강판을 조합한 단일Cell 형식을 많이 채용하며, 콘크리트 주탑의 경우에는 중공의 1Cell 형식을 사용한다. 고주탑 설계 시에는 주탑의 비선형 거동을 고려하여 단면력 산출을 하거나 $P-\Delta$ 효과를 고려하여 해석한다. 통상적으로 단면 검토 시에는 P-M 상관도에 의한 기둥부재를 검토하며, 비틀림, 전단 및 전단마찰을 검토하고 FEM 해석을 통해 국부보강에 대해 검토 수행한다.

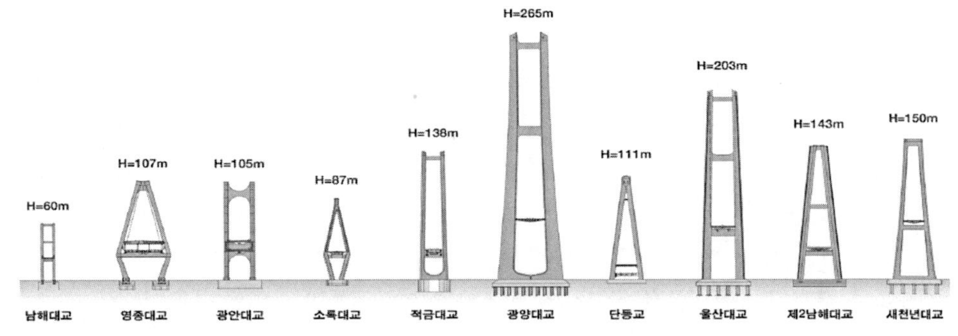

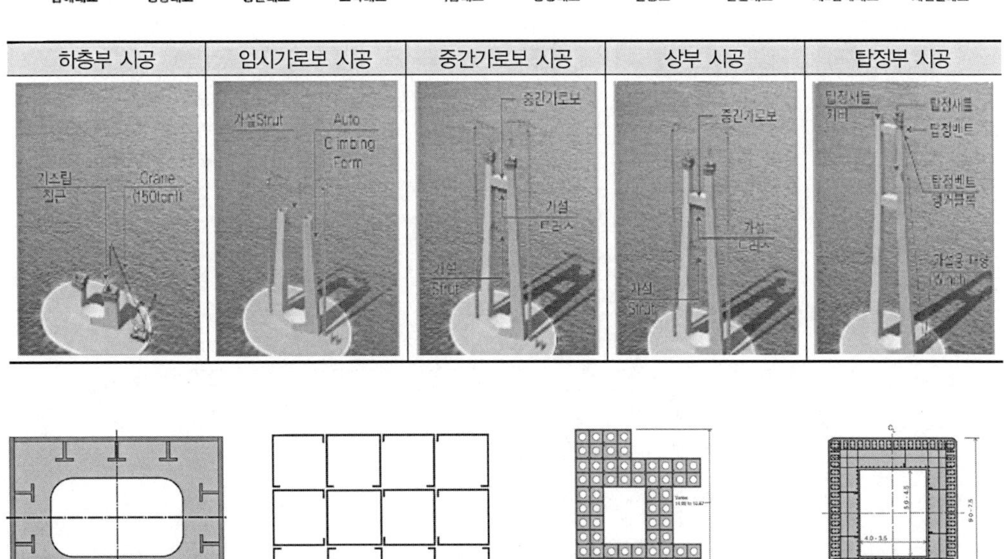

One-cell Pylon

Multi-cell Pylon

Multi-cell Pylon
Verrazano Narrow Br.(1960)

Concrete Pylon
Lillebælt Bridge

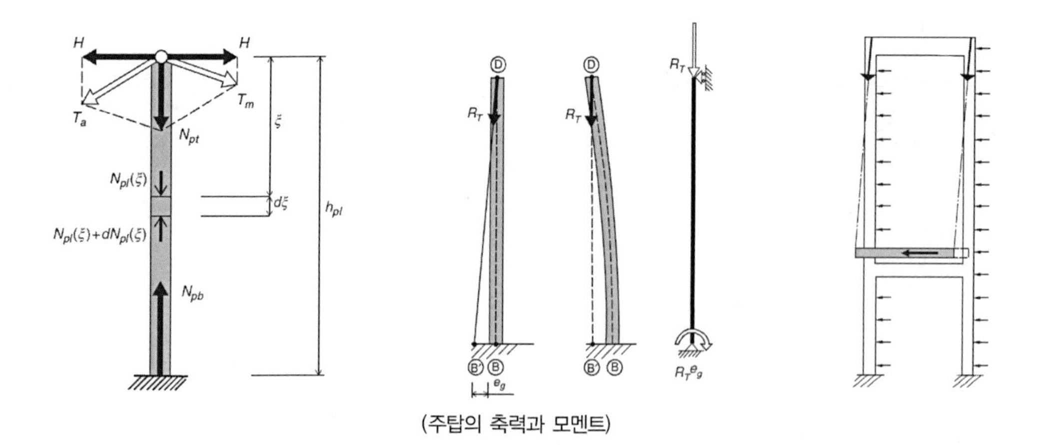

(주탑의 축력과 모멘트)

3) 주케이블

현수교의 주케이블은 고정하중과 활하중이 모두 주케이블에 의해서 지지되는 구조형식으로 케이블의 강도는 케이블 자중감소 및 단면축소로 인한 항력 최소화 등을 고려하여 선정하며 고정하중 강도와 중앙경간의 세그를 가정하여 측경간의 새그를 결정하여 산정한다. 중앙경간 새그비는 현수 전체계의 구조 특성 및 경제성을 검토하여 통상 1/9 ~ 1/12 정도에서 사용한다.

① 주케이블의 인장강도는 고강도 케이블을 적용할수록 케이블 자중의 감소 및 단면축소로 인한 항력을 최소화하여 현수교 전체의 강성을 증대시키는 효과를 기대할 수 있다. 최근에는 1960MPa 초고강도 케이블을 적용하는 등 적용강도가 증가하는 추세이다.

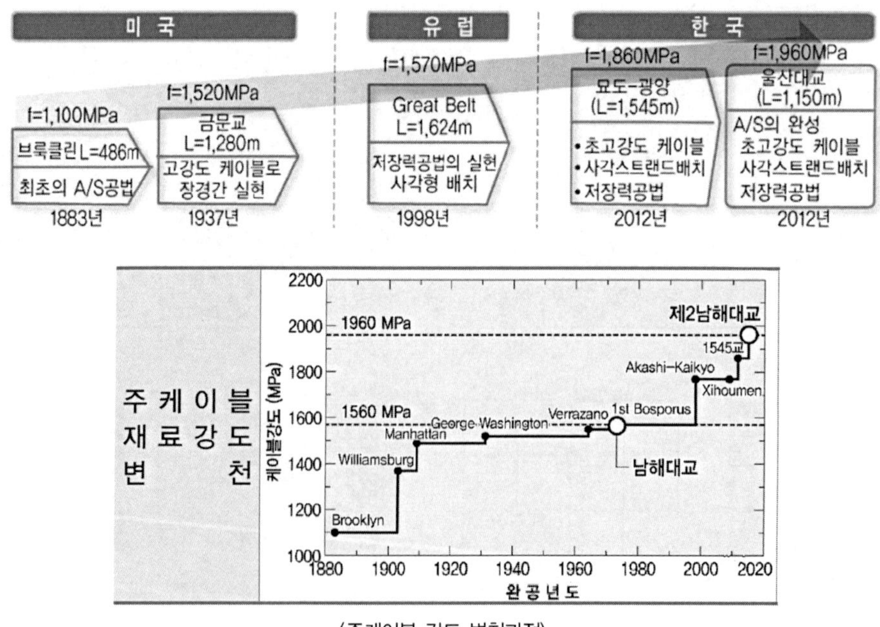

(주케이블 강도 변천과정)

② 현수교에 이용되는 주케이블로 소선단위의 Parallel Wire Cable과 스트랜드 단위의 Parallel Strand Cable이 주로 사용된다.

Parallel Wire Cable : 1개의 Wire → 1개 Strand(n개의 Wire) → 1개의 Cable(n개의 Strand)

③ 가설공법으로는 Parallel Wire Cable의 경우 AS(Air Spinning) 공법, Parallel Strand Cable의 경우 PS(Prefabricated Strand)나 PPWS 공법이 주로 사용되며, AS 공법의 경우 현장에서 소선단위로 운송, 가설되기 때문에 정착부의 규모를 최소화할 수 있어 정착구조부를 간략화할 수 있는 장점이 있다.

공종	대안 1 (AS 공법)	대안 2 (PPWS 공법)
개요도	와이어 → 스트랜드 → 주케이블	공장제작 스트랜드 → 주케이블
설치	• 와이어 단위로 활차에 의해 가설하고 스트랜드 구성 후 주케이블 완성	• 공장에서 스트랜드 단위로 제작, 가설하여 주케이블을 완성
앵커리지	• 앵커리지 정착면적 최소화	• 정착면 증대로 앵커리지 규모 커짐
공기	• 자재 및 장비 수급이 쉬워 공기 지연 가능성 적음	• 자재 및 장비가 외국산으로 공기 지연 가능성 큼
실적 및 자재공급	• 케이블 자재 및 가설장비 국산화 • 국내 실적 다수 (광안대교, 영종대교)	• 대부분의 케이블을 해외로부터 공급 • 국내에서는 자정식인 소록대교 실적

구분	AS 공법	PPWS 공법
개요	AS(Air Spinning) 공법은 릴(Reel)에 감긴 와이어를 현장에서 스피닝휠(Spinng Wheel)이라 부르는 활차에 걸어 스피닝 휠이 교량 양측의 앵커리지 사이를 왕복함에 따라 와이어를 가선하면서 스트랜드를 형성하는 가설공법	PPWS 공법은 공장에서 와이어를 묶어 스트랜드를 미리 제작하여 릴에 감아두어 수송 후 현장에서 스트랜드 단위로 인출하는 공법으로 AS 공법이 와이어 단위의 가설이기 때문에 다수의 작업인원, 작업시간 및 작업량이 필요한 단점을 해결하기 위해 개발
개념도	훌링로프, 스피닝휠, 와이어, 탑정새들, 캣워크, 스프레이새들, 앵커리지, 언릴러, 스트랜드슈	훌링로프, PWS 캐리어, 롤러, 스트랜드, 탑정새들, 캣워크, 스프레이새들, 앵커리지, 언릴러
장단점	• 전통적인 공법으로 제작 및 운반비용 저렴 • 스트랜드당 와이어 본수를 늘려 정착부의 크기를 줄일 수 있음 • 케이블 가선 직전까지는 길이 등 조정 가능	• 공장에서 미리 스트랜드를 제작하므로 현장에서의 작업이 간단하고 공기단축 • 스트랜드 단위로 가설하므로 가설 중 바람의 영향에 의한 가설오차 적음 • 품질 우수
	• 현장에서 스트랜드를 형성하므로 현장작업이 복잡하고 가설공기가 길다. • 와이어 가설시 바람의 영향이 있음	• 스트랜드 제작하기 위한 대형공장 필요, 제작 및 운반비용 고가 • 스트랜드당 와이어 본수 제한이 있어 정착부가 상대적으로 큼 • 제작시 정확한 케이블 길이 결정 필요

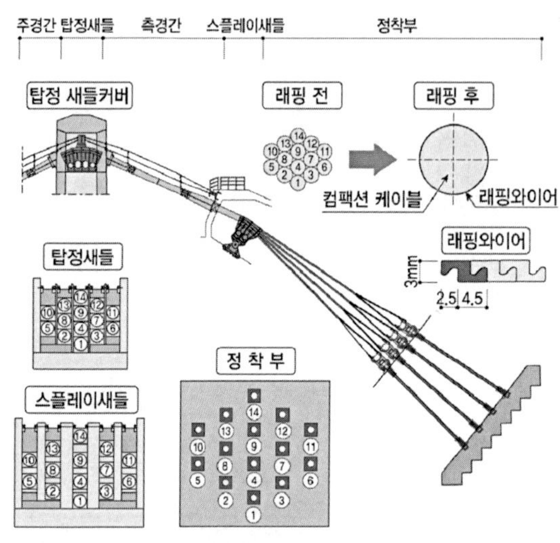

(케이블 스트랜드의 구성)

④ 주케이블의 새그비 : 주케이블의 주탑부 정점부와 중앙부 최하단 변곡점까지의 높이를 새그(f)로 하고 경간장과 새그간의 비를 새그비(sag ratio, f/L)로 정의한다. 새그비는 주탑의 높이와 현수교 주케이블의 경관성을 좌우하며 전체 구조계의 강성과 주요부재의 물량과 규모에 영향을 미치므로 중요한 검토요소이다. 일반적으로 새그비가 증가할수록 연직 처짐이 증가하여 사용성이 떨어지며, 내풍성능이 떨어지고, 케이블의 장력이 증가하여 구조효율성능이 떨어지는 특징이 있다.

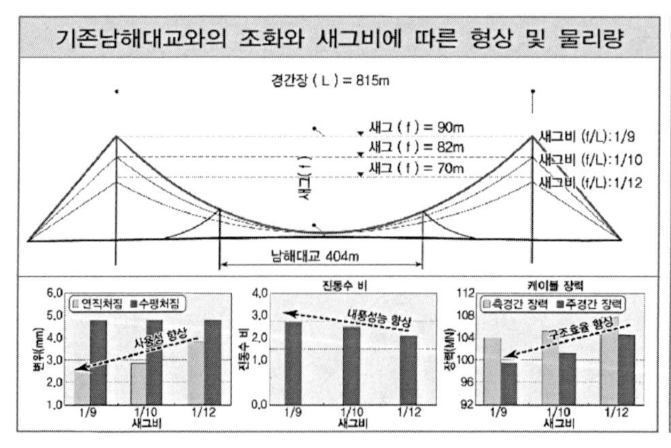

경간장별 새그비 적용 사례조사

- 최근 현수교는 내풍성능 향상 및 시공기술의 발전으로 높은 새그비(고주탑)를 적용하는 추세
- 특히 주경간장 800m급 현수교에서는 주로 1/9~1/10을 적용

(국내 남해대교 새그비의 영향 검토예)

⑤ 피로 강도 : 고정하중의 비율이 높은 현수교의 경우 활하중의 영향을 주로 받는 피로강도에 큰 영향을 받지 않지만, 철도교나 도로와 철도가 병용되는 현수교량의 경우에는 비교적 활화중이 크므로 피로에 대한 검토가 수반되어야 한다.

4) 행어로프

행어로프형식은 CFRC(Center Fit Rope Core) 형식이나 PWS(Parallel Strand Cable)이 주로 사용되며 주로 내구성이나 피로강도, 진동에서 유리하면서 국내에서 생산이 가능한 CFRC형식이 많이 적용된다.

구 분	대안 1 (CFRC 형식) (Center Fit Rope Core)		대안 2 (PWS 형식) (Parallel Wire Strand)		적용 상세
단면도		• f_u = 1,320~1,770MPa • 안전율 3.0 적용 • E = 140,000MPa		• f_u = 1,630~1,830MPa • 안전율 2.5 적용 • E = 200,000MPa	
구 조 특 성	• 피로강도가 높음 • 표면이 나선형으로 진동에 유리 • 아연도금으로 50년 내구성 • 국내 제작 가능		• 피로강도가 낮음 • 진동에 취약하여 제진대책 필요 • PE관 피복으로 30년 내구성 • 일본, 중국 등 해외 제작		
사 례	• 영종대교, 광안대교, 소록대교 • Carquinez Br.		• 아카시대교 • Kurushima Br., Great Belt Br.		• 주탑부 : 8×WS(36)+CFRC ∅94mm

5) 앵커리지

현수교 케이블의 수평력 및 연직력을 기초에 전달하는 구조물로, 앵커리지 형식은 케이블 하중에 저항하는 방식에 따라 중력식, 지중 정착식, 터널식으로 구분한다. 초장대교량의 적용으로 앵커리지에 대한 설계는 중요한 요소로 인식되고 있으며, 앵커리지 적용시에는 연직하중에 대해 간극수압으로 인한 양압력 등을 고려하여 지반의 크리프 등을 반영하여 설계토록 하여야 한다.

적금대교 - 중력식

광양대교 - 지중정착식

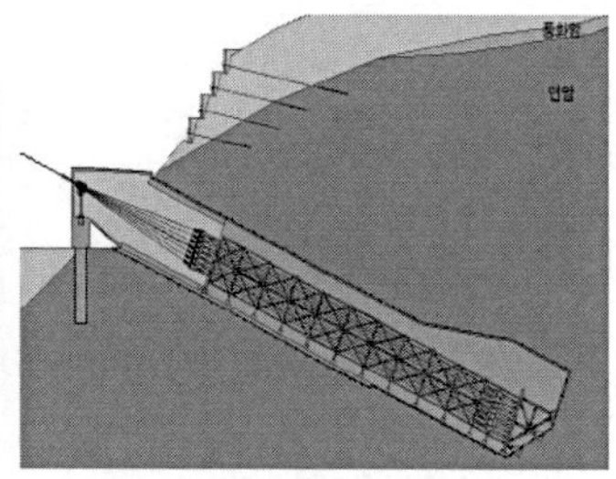
울산대교 - 터널식

① 중력식 : 구조물의 자중으로 케이블 하중에 저항하는 방식으로 지반조건에 크게 구애 받지 않고 유연하게 적용가능하며, 지지 메커니즘이 가장 확실한 특징이 있다. 그러나 거대한 구조물

자중이 요구되어 콘크리트 중량과 그에 대한 넓은 가설공간이 필요하다.

② 지중정착식 : 견고한 암반에 경사천공을 하고 공 내부를 통해 긴장재를 정착하여 암반의 쐐기 블록 자중과 마찰저항으로 케이블 하중을 지지하는 방식으로 긴장재를 지하암반에 정착시키기 위한 터널과 그 터널로 접근할 수 있는 터널이 필요하며 정착 암반의 암질상태가 양호해야 한다는 제약사항이 있다.

③ 터널식 : 암반을 굴착하여 강재프레임을 지중에 매립하고 내부에 콘크리트를 타설한 다음 케이블을 강재케이블에 연결하여 앵커블럭 콘크리트의 마찰저항으로 케이블 하중에 저항하는 방식으로 견고한 지반을 이용함으로써 콘크리트를 절감할 수 있으나 대규모 경사터널을 시공해야 하고 터널내부에 시공방식에 대한 세심한 관리가 필요하다.

참고자료

현수교 행어시스템에 관한 고찰 (2008 대한토목학회, 박수영)

➤ 행어시스템의 개요

현수교 행어시스템은 주케이블과 보강거더를 연결하여 보강거더측 행어 정착구조에서의 반력을 주케이블에 전달하는 역할을 수행한다. 행어시스템은 다른 부재에 비해 비교적 교체가 용이하기 때문에 2차적인 부재로 취급하기도 하지만, 실제로는 활하중과 풍하중 등에 비해 큰 변동하중을 받을 가능성이 높은 구조물로 변동하중에 의한 피로문제와 방청상의 문제에 대해 대처할 필요가 있다. 현수교에서 고정하중, 활하중에 의한 연직력과 풍하중에 의한 수평력은 보강거더 행어정착부, 행어로프, 케이블 밴드를 통해 주케이블에 전달된다. 연직력은 행어로프에 인장력을 발생시키고 수평력은 주케이블과 보강거더의 상대변위에 의해 행어로프에 2차 휨을 발생시킨다. 행어시스템은 전달기구에 따라 CFRC 행어시스템과 PWS 행어시스템으로 구분한다.

➤ 행어시스템의 구분

1) CFRC 행어시스템 : 안장방식

CFRC 행어시스템은 고강도 아연도금 강선을 나선형으로 꼬아 행어로프를 주케이블의 밴드 상부에 역U형으로 걸치고(안장방식) 보강거더 행어정착부에서 지압판 정착하는 방식이다.

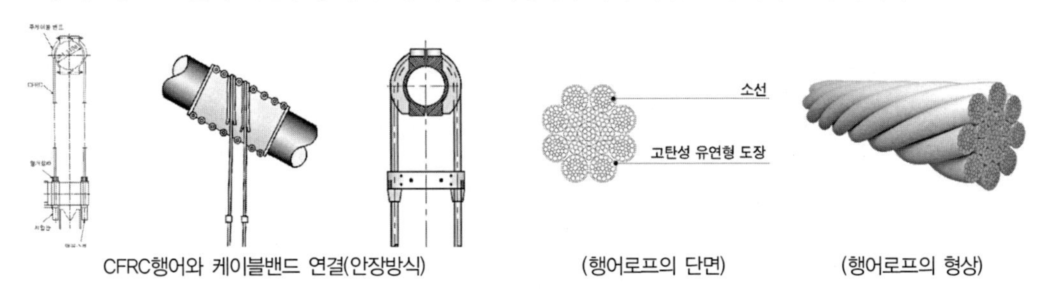

CFRC행어와 케이블밴드 연결(안장방식) (행어로프의 단면) (행어로프의 형상)

2) PWS행어시스템 : 핀정착 방식

PWS행어시스템은 고강도 아연도금 강선을 평행하게 엮은 것을 PE관으로 피복한 행어로프를 케이블밴드 측과 보강거더 측에 각각 핀정착하는 방식이다.

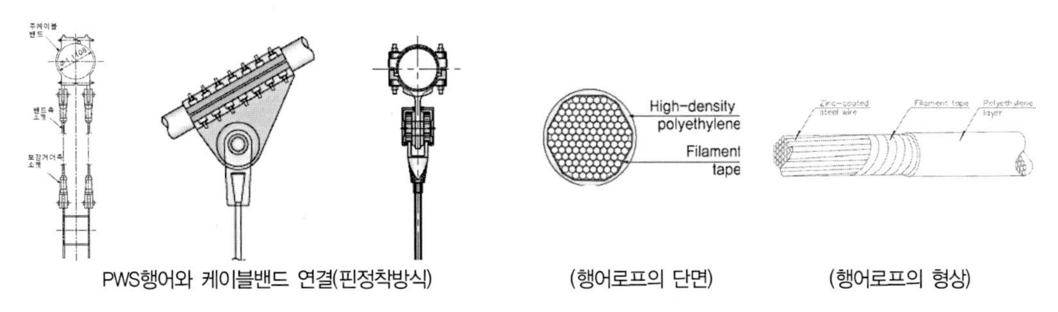

PWS행어와 케이블밴드 연결(핀정착방식) (행어로프의 단면) (행어로프의 형상)

➤ 행어시스템의 설계 주안점

현수교의 행어스시템은 케이블밴드, 보강거더 측의 행어정착구조 및 행어로프 등으로 구성된 구조이며 주케이블과 보강거더를 연결하고 보강거더로부터 반력을 주케이블에 전달한다. 추가하중에 의한 변동하중을 받는 구조로서 연직력에 의한 인장력 이외에 수평력에 의한 2차 응력이 작용한다.

1) CFRC 방식

CFRC 행어시스템은 횡압에 대한 저항성이 높고 부서지지 않는 구조특성이 있으나 강연선이 노출되기 때문에 행어장력의 변동에 의해 도색이 벗겨지거나 케이블 밴드와 행어로프의 접촉부, 보강거더 측 정착부의 지압판으로 빗물이 침투하기 쉬운 구조로 방청상의 결함이 문제될 수 있다.

2) PWS 방식

CFRC 행어시스템의 방청상의 문제를 해결하기 위해 폴리에틸렌(PE)관으로 행어로프를 감싸는 PWS방식이 적용되게 되었으며, PWS 행어시스템은 PE관 피복에 의한 유지관리가 용이함이외에도 인장강도가 높아 행어의 수나 중량의 경감이 가능하여 안전성, 내구성, 제작, 시공성, 경제성 등의 이점이 있는 것으로 여겨지고 있다. 다만 CFRC 방식에 비해 바람에 의한 진동이 발생하기 쉬운 구조특성을 가지고 있어 PWS 행어시스템을 채택할 때는 내풍안정성에 대한 진동특성에 대한 세심한 검토가 필요하다.

➤ 현수교 행어시스템의 특징과 문제점

1) CFRC 행어시스템

① 구조적으로 꺾임각에 의한 2차 휨응력이 적게 발생
② 나선형 형상으로 진동발생이 적어 별도의 제진장치 설치사례가 드물다
③ 행어로프가 강연선이므로 행어장력의 변동에 의해 풀림현상이 발생하고 빗물 침투 등 구조적으로 방청상에 결함이 있다.
④ 케이블밴드의 인장부에서 발생되는 2차응력으로 재료 효율이 다소 떨어진다.
⑤ 다만, 유지관리차원에서 아연도금으로 50년 이상 내구성확보 가능하고 외부도장으로는 최소 내구연한 25년 이상 확보할 수 있다.

2) PWS 행어시스템

① 꺾임각에 민감하게 대응하여 2차 휨응력 유발되며 유해진동이 발생하기 쉽다.
② PE 튜브관의 손상될 경우 이로 인하여 케이블부식이 발생할 수 있다

③ 바람에 의한 진동이 발생하기 쉬운 구조특성을 가져 진동 문제가 발생할 수 있다.
PWS 행어시스템을 채용할 경우 내풍안정성에 대한 진동문제 해결이 필요하다. 현수교의 행어가 케이블밴드별 횡방향 2열 배치나, 종방향 2열 배치가 되어 있지 않은 경우는 웨이크 갤로핑은 검토하지 않는다. 반면 와류진동, 갤로핑, 풍우진동에 대해서는 보수적인 제안식에 의해 검토하여 제진대책의 필요성을 요구되는 경우가 있다.

④ PWS행어시스템은 구조적인 우수함과 제작과 시공이 유리함에도 불구하고 내구연한이 10년 안팎으로 적용 시에는 신중한 검토가 필요하다.

3) 국외 행어시스템의 특징과 문제점

① 미국과 유럽은 CFRC 방식, 일본에서는 PWS 방식이 주로 적용되었다.

② PWS는 횡압에 약한 반면 케이블밴드 위에 역U자형 걸치는 정착방식인 CFRC는 케이블 측의 로프에 큰 휨응력의 발생이 예상되므로 케이블밴드에서의 정착은 핀정착방식이 바람직하다.

③ CFRC의 보강거더 측 행어정착구조에서 기존 지압판 정착방식은 구조가 복잡하고 빗물침투 등의 우려가 있으므로 유지관리에 유리하고 구조가 비교적 간단한 핀정착 방식이 바람직하다.

④ PWS는 원형의 PE관 피복으로 바람에 의한 진동이 발생되기 쉬우므로 내풍안전성 검토와 대응이 필요하다.

② 단기적으로는 행어시스템은 PE 튜브 손상으로 인한 부식과 진동에 대한 문제점을 가진 PWS 방식보다는 CFRC 행어로프에 주기적으로 도장을 실시하거나 고탄성 도장을 실시하는 등 내구성 대처방안을 수립한 CFRC 방식을 적용하는 것이 바람직하다.

참고자료

앵커리지의 안정성 검토 예

➤ 광양대교 : 지중정착식 (지중정착식 앵커리지의 설계, 유신기술회보)

지중정착식 앵커리지는 케이블 하중에 대하여 암반 쐐기이 자중과 전단력에 의해 저항하는 지지매커니즘을 지니는 것으로 고려한다. 안정성 검토방법은 주로 터널실 앵커리지의 지지매커니즘에 따라 검토하며 이 방법은 암반쐐기의 상부면과 측면에 대한 마찰저항은 무시하고 저면의 전단저항과 마찰저항만을 고려하여 케이블 하중에 저항하는 지지방법이다.

구분	선정안 : 터널식 앵커리지	비교 1안 : 그라운드 앵커	비교 2안
개요도	암반, W, T, $\phi/2$, c · A	암반, W, T, 30°, c · A	암반, W, T, 30°, c · A 고려안함
특징	터널 내부의 콘크리트 자중, 암반쐐기의 자중 및 저면 활동면의 전단강도(점착력, 마찰력)에 의해 지지	앵커자중, 앵커주면의 마찰저항 및 앵커체 확대부의 지압저항으로 지지	명확한 검토방법이 확립되지 않은 이유로 점착저항을 무시하고 일반적인 활동안전율 2.0을 적용하여 검토
파괴각	$\phi/2$(ϕ: 암반의 내부마찰각)	30° (가정)	30° (가정)
점착저항 (C·A)	고려	고려	고려
허용 안전율	3.0	3.5	2.0
Fs	3.28(효율 109%)	4.47(효율 128%)	3.46(효율 173%)

(지중정착식 앵커리지의 안정성 검토방법 비교)

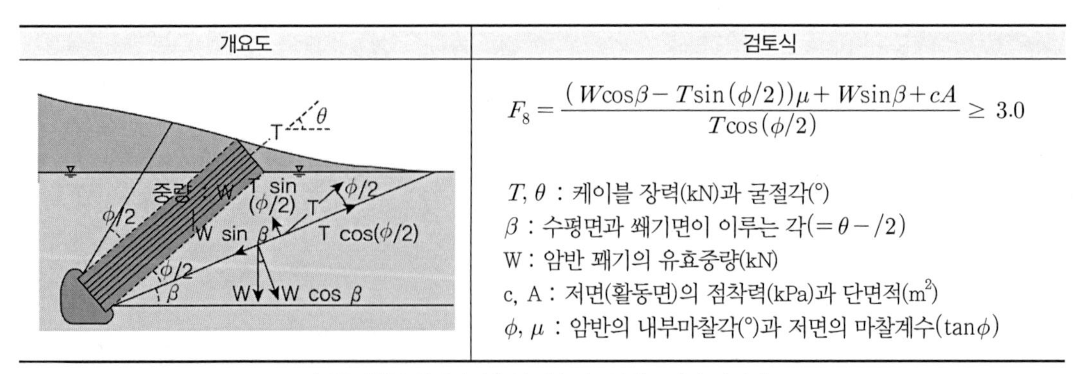

$$F_s = \frac{(W\cos\beta - T\sin(\phi/2))\mu + W\sin\beta + cA}{T\cos(\phi/2)} \geq 3.0$$

T, θ : 케이블 장력(kN)과 굴절각(°)
β : 수평면과 쐐기면이 이루는 각($=\theta-/2$)
W : 암반 꽤기의 유효중량(kN)
c, A : 저면(활동면)의 점착력(kPa)과 단면적(m^2)
ϕ, μ : 암반의 내부마찰각(°)과 저면의 마찰계수($\tan\phi$)

(지중정착식 앵커리지의 안정성 검토방법 : 쐐기 파괴법)

▶ **울산대교 : 터널식 (울산대교 터널식 앵커리지의 설계고찰, 유신기술회보)**

터널식 앵커리지는 지반 내의 터널을 굴착하여 그 내부에 강재와 콘크리트를 채워서 교량의 케이블 하중을 저항하는 방식이다. 터널식 앵커리지는 저항체가 되는 경사터널을 어떤 형상으로 굴착하는지에 따라 저항메커니즘이 달라진다. 일반적으로 암반 내에서 단면을 확대시켜 Key 작용에 의해 지반의 전단저항을 발현하는 앵커헤드방식과 터널 끝부분에 비교적 완만한 경사면을 가진 형상으로 쐐기효과를 기대하는 웨지 형식 등이 있다.

울산대교의 경우 암반과 콘크리트의 응력집중을 최대한 피하여 암반에 발생되는 압축영역을 넓게 하여 안정성을 확보하는 웨지형식을 적용하였으며 안정계산 방법으로는 앵커해드 방식은 일반적으로 앵커의 인발저항 계산방법을 적용하지만 웨지형식은 국내에 적용된 사례가 없어 활동검토를 터널내의 구체 콘크리트 중량과 함께 연동하는 암중량의 합에 대하여 경사면 방향의 중량저항, 마찰저항 및 주변 암반과의 점착저항의 합에 대해 현수교 케이블 장력과의 관계에서 안전율(2.0)을 확보하는 것으로 하였다. 또한 부분파쇄 영역에 대해서는 하중이 작용할 경우 단층대가 존재하지만 앵커리지 위치에 존재하는 것이 아니므로 하중이 작용할 경우 암질의 불균형으로 인한 진행성 파괴가 발생할 가능성이 존재하고 일관성 있는 암반 정착력의 정확한 산정이 어려울 수도 있을 것으로 보아 안정검토 시 점착저항을 제외하고 중량저항과 마찰저항에 대한 케이블력의 관계에서 안전율(1.1)을 확보하는 것으로 검토하였다. 활동안정성 검토 시 터널 굴착시 발생하는 터널 주변의 이완영역에 대한 고려도 감안하여 검토하였다.

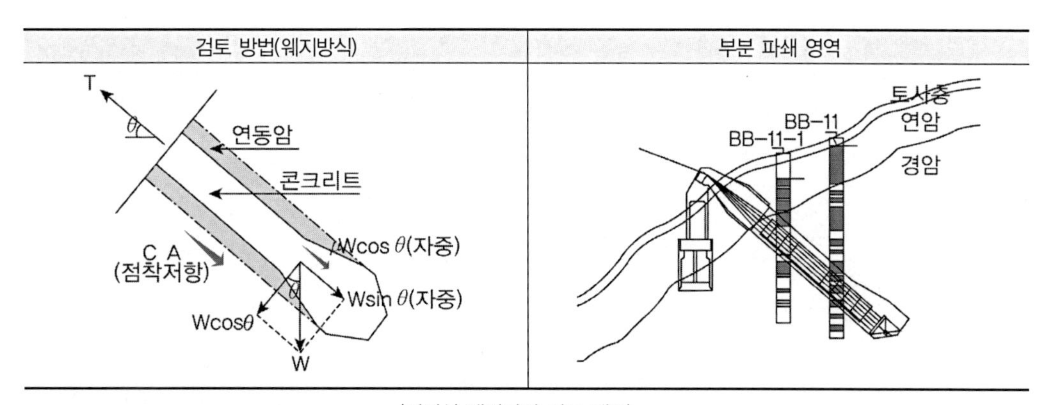

(터널식 앵커리지 검토 개요)

· 점착력 고려

$$FS = \frac{W\sin\theta + \mu W\cos\theta + cA}{T} \geq 2.0$$

· 점착력 미고려

$$FS = \frac{W\sin\theta + \mu W\cos\theta}{T} \geq 1.1$$

여기서 θ = 경사각(예상활동면)
μ = 평균 마찰계수($\tan\Phi$)
T = 케이블 장력(kN)
W = 구체자중(콘크리트+연동암) (kN)
c = 암반의 점착력(kPa)
A =암반과 터널의 접촉면적(m^2)

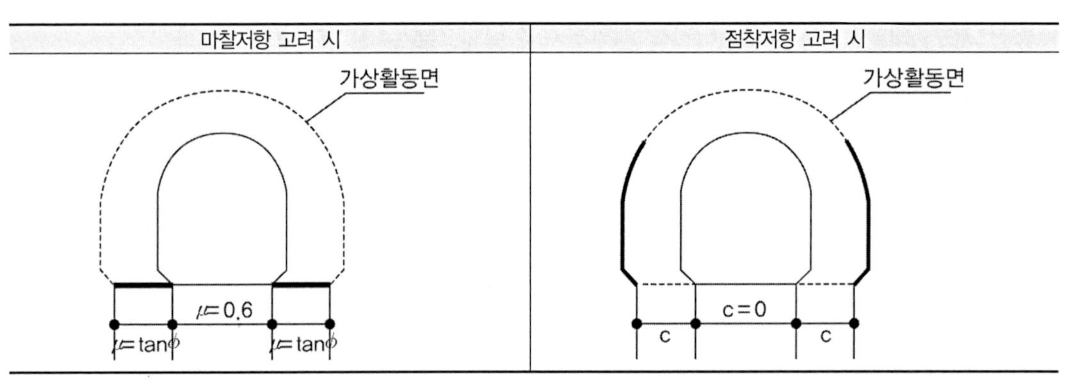

(마찰저항 및 점착저항 고려 개념도)

6) 기타 시설의 특성

구분	정의 및 특징	개요도
새들	• 주탑 및 앵커리지 위에 주케이블을 직접지지하고 주케이블 하중을 주탑 및 앵커리지에 전달시키는 구조물 • 탑정새들 : 주탑상부에 설치되는 것 • 스프레이 새들 : 케이블을 방사형상으로 앵커리지에 정착 시에 앵커스팬의 스트랜드 응력 및 온도변화에 대해 이동하는 역할	| 탑정새들 | | 스프레이 새들 |
래핑	• 원형래핑 : 와이어를 아연도금하고 케이블 외부에 방청 Paste를 도포한 후에 직경 4mm의 아연도금강선으로 래핑하고 난 후 래핑 와이어 외면에 6층 도장을 하는 방법 • S자형 래핑 : 최근 적용	페이스트 / 레핑 와이어 / 도장 / 주케이블 | 원형 래핑 | 유연형 도장 / 와이어 / S자형 래핑 와이어 | S자형 래핑 |
스테이	• 교축변형에 대한 복원력 역할 • 지진 시 및 폭풍 시 보강형의 과대변위 구속 기능 • 미소진동의 흡수기능	| 센터 스테이 |
슈	• 타워링크 : 보강거더를 매다는 형식의 받침 • 엔드링크 : 보강거더를 지지하는 형식의 받침 • 윈 드 슈 : 교축직각 방향 풍하중을 지지하는 받침 • 스트랜드 슈 : 분산된 주케이블을 앵커리지에 정착시켜주는 구조	| 타워링크 | | 스트랜드 슈 | 보강거더 / 윈드슈 | 윈드 슈 |
제진장치	• TMD(Tuned Mass Damper) : 주탑의 고유진동수에 동조시킨 수동형 제진장치 • AMD(Active Mass Damper) : 장치 자체의 진동수를 조정하는 능동형 제진장치 • HMD(Hybrid Mass Damper) : TMD와 AMD의 특징을 복합한 제진장치	

4. 현수교 계획 시 주 고려사항

1) 앵커리지 지지기반

앵커블록은 케이블 수평력을 받아 지반의 크리프 변형에 의해 공사 완료 후에도 주탑측으로 이동하게 되므로 이에 대한 오차를 보정하도록 설계에 반영해야 한다. 또한 앵커리지의 안정계산에 있어서 활동에 대한 안정이 지배적인 경우가 많으므로 연직하중에 대해 간극수압에 의한 양압력 등의 존재여부를 고려해야 한다.

2) 주경간장

장지간의 교량일수록 내진보다는 내풍에 의한 영향이 더 커지므로 현수교에서 주경간장은 내풍안정성이 확보되도록 변장비를 만족해야 하며 일반적으로 현수교는 65 이하의 변장비를 적용하고 있다. 또한 주경간장은 항로폭의 확보, 적정한 기초규모 및 최적공사비 확보가 가능하도록 충분히 검토하여야 한다.

3) 측경간비

측경간비는 주탑 새들에서의 케이블 활동안전율의 확보, 적정 앵커리지 규모 확보, 경관적 요소 등을 고려하여 결정하며 일반적으로 타정식 현수교는 0.24~0.27, 자정식 현수교는 0.35~0.45 범위에서 선택되고 있다.

4) 새그비

현수교의 역학적 특성을 좌우하는 지배요소로 케이블 물량, 앵커리지 규모에 직접적인 영향을 준다. 일반적으로 새그비가 증가할수록 케이블 장력이 감소하나 보강형 휨모멘트가 증가하고 내풍안정성이 감소하므로 새그비에 따른 공사비 검토를 수행하여야 한다.
타정식 현수교의 경우 1/12~1/8, 자정식 현수교의 경우 1/6~1/5의 범위에서 새그비를 결정하고 있으며 자정식 현수교의 경우 새그비를 높게 하여 케이블 장력을 줄이고 보강형에 작용하는 축력을 저감시켜 경제성을 확보하는 것이 일반적이다.

5. 현수교에서 측경간비의 영향

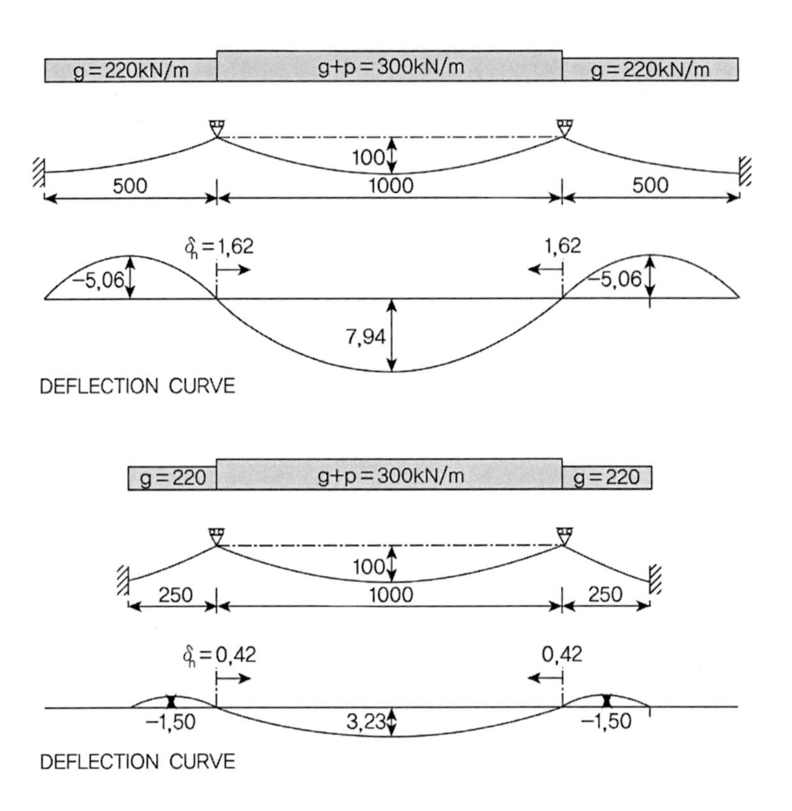

① 그림에서처럼 측경간비는 중앙지간의 처짐에 영향을 미친다. 동일한 하중조건에서 측경간비가 500m→250m로 줄어들면서 중앙지간의 최대 처짐이 40% 감소되는 것을 알 수 있다. 또한 측경간비를 $\frac{1}{2}$→$\frac{1}{4}$로 변경할 경우에는 최대 처짐이 79%가량 감소된다.

② 또한 측경간비는 종방향의 변위(δ_h)에도 영향을 미친다. 주탑의 위치에서의 종방향의 변위가 측경간비가 1/2로 감소할 경우 1.62m→0.79m로 감소하는 것을 볼 수 있다.

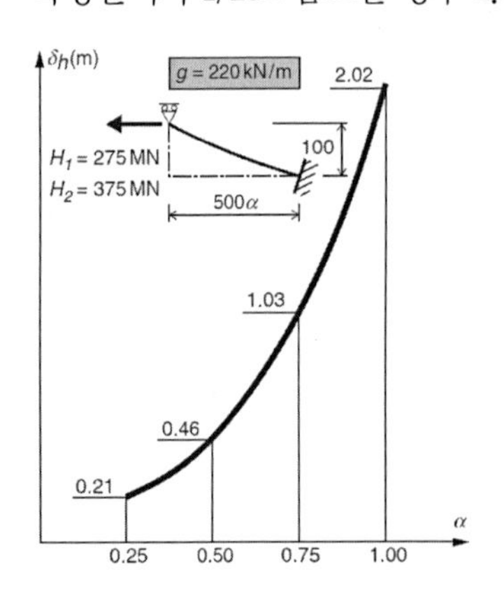

측경간 비율(α)이 증가함에 따라서 주탑상부에서의 수평변위 변화와 수평력의 변화(275MN→375MN)를 알 수 있으며, 측경간비가 작을 경우($\alpha < 0.5$) 수평변위의 변화가 작지만 측경간비가 커질 경우에는 수평변위의 변화가 급변함을 알 수 있다.

③ 집중하중에 의하여 생기는 단순교의 처짐은 경간장의 3승에 비례($\delta = PL^3/48EI$)하며, 케이블의 처짐은 대체로 보강거더의 처짐에 비례한다고 볼 수 있다. 따라서 단순보와 케이블의 복합구조물인 현수교에서는 경간장이 클수록 케이블의 하중분담이 많아지며, 보강거더를 통해 직접 지점에 전달되는 하중이 작아진다. 보강거더의 영향은 보강거더의 휨강성 EI의 크기에 따라 변하나, 400~500m 정도 이상의 경간장을 갖는 현수교에서는 지점부근을 제외하면 활하중의 대부분은 케이블에 전달되어 보강거더는 국부적인 영향만 받게 되고, 활하중에 의한 보강거더의 응력은 경간장의 영향을 거의 받지 않는다. 또한 활하중에 의해 발생하는 보강거더의 처짐 및 기타 변형은 케이블의 변형에 의해 지배된다.

④ 측경간이 충분히 길면 보강거더의 활하중응력은 측경간비 L_a/L_m의 영향을 받지 않는다. 그러나 측경간이 짧을 때는 케이블의 하중전달이 충분하지 않으므로 활하중응력도 그만큼 증대한다. 따라서 측경간이 짧으면 설계상 불리하다는 것을 의미하며 장대 현수교에서의 측경간비 L_a/L_m은 대체로 0.3~0.5의 범위 내에 있도록 한다.

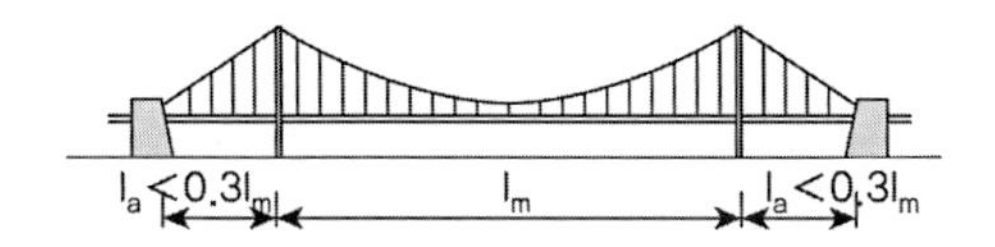

(a) Three-span suspension Bridge with short side span(George Washington Bridge)

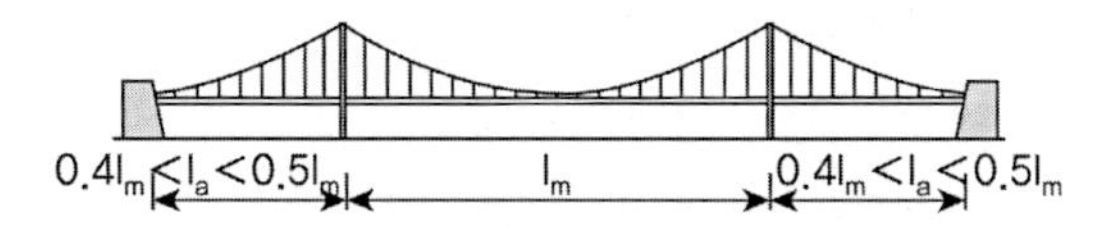

(b) Three-span suspension Bridge with long side span(20th April Bridge)

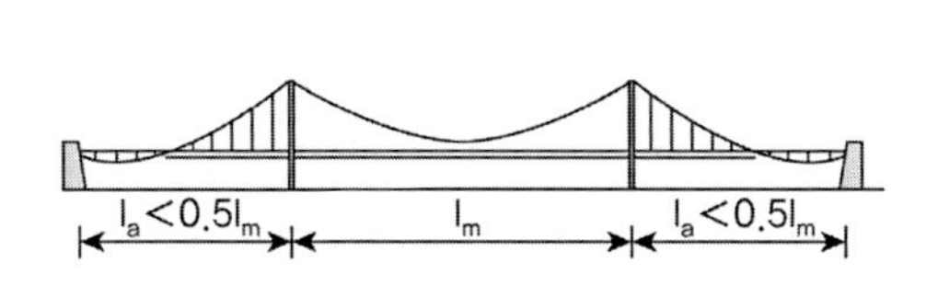

(c) Three-span suspension Bridge with extreme side span(Brooklyn Bridge)

⑤ 케이블의 수평장력은 거의 중앙경간의 조건만으로 결정되고 L_a/L_m의 영향은 작다. 그러나 측경간이 짧으면 그 만큼 측경간에서의 케이블의 경사각은 크게 되어 케이블의 설계장력도 커지게 된다. 측경간이 짧아 설계장력의 차이가 심해지면 새들부에서의 활동에 대한 안전율이 부족해지는 경우도 발생한다. 그러나 측경간이 짧으면 교탑정부에서의 케이블 수평이동을 구

속하는 효과는 커지게 된다. 즉, 측경간 L_a/L_m 이 작을수록 중앙경간의 최대 처짐은 작게 되어 케이블 수평장력 증가분은 크게 된다.

■ 측경간비 검토

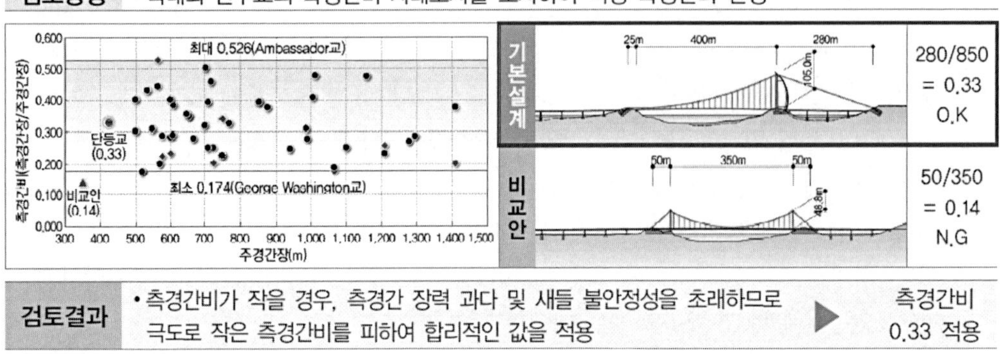

5. 현수교의 영향인자

1) 새그비(Sag ratio)의 영향

주케이블의 주탑부 정점부와 중앙부 최하단 변곡점까지의 높이를 새그(f)로 하고 경간장과 새그 간의 비를 새그비(sag ratio, f/L)로 정의한다. 새그비는 주탑의 높이와 현수교 주케이블의 경관성을 좌우하며 전체구조계의 강성과 주요부재의 물량과 규모에 영향을 미치므로 중요한 검토요소이다. 일반적으로 새그비가 증가할수록 연직 처짐이 증가하여 사용성이 떨어지며, 내풍성능이 떨어지고, 케이블의 장력이 증가하여 구조효율성능이 떨어지는 특징이 있다.
케이블의 일반정리로부터 등분포 사하중을 부담하는 케이블은 2차 포물선 식으로 가정하면 다음과 같이 표현할 수 있다.

$$y = \frac{f_w}{a^2}x(x-2a) \quad H_w f_w = \frac{w(2a)^2}{8} \quad \therefore f_w = \frac{w \times a^2}{2H_w}$$

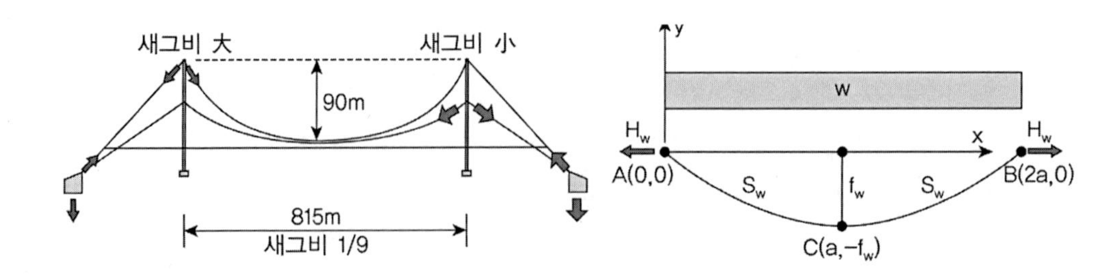

주경간 케이블 수평력 : $H_w = \dfrac{w_c\,L_c^2}{8\,f_c}$, 측경간 케이블 수평력 : $H_{w,side} = \dfrac{w_s\,L_s^2}{8\,f_s}$

주탑에서 $H_w = H_{w.side}$ $\therefore f_s = f_c\,\dfrac{w_s}{w_c} \times \dfrac{L_s^2}{L_c^2}$

① 현수교와 같은 장대교량에서는 활하중보다 고정하중이 더 크며 대부분 케이블의 수평장력은 고정하중 재하시의 장력과 유사한 경향을 보인다.

② 케이블의 수평력과 새그 간의 관계식에서 케이블의 장력은 새그에 반비례한다. 따라서 새그가 작을수록 장력이 증가하고 그로 인하여 케이블의 유연성이 작아져서 활하중에 의한 추가하중으로 인한 구조물의 처짐은 감소하나 주탑의 높이는 커지는 특성이 있다.

③ 대부분의 현수교의 새그비는 1/9~1/12를 채택하고 있으며, 고정하중이 큰 콘크리트 보강형 현수교의 경우에는 새그비를 크게 하여 케이블 장력을 줄이도록 하고 상대적으로 고정하중이 작은 강재 박스형 보강형의 경우에는 새그비를 작게 하여 변위형상을 억제하고 전체적인 강성을 높이도록 계획한다.

④ 새그비는 작을수록 케이블의 장력이 증가하여 케이블의 단면은 증가되나, 주탑의 높이는 작아지고 전체적인 강성이 증가하여 보강형의 변형이 작아지므로 보강형 단면을 경제적으로 설계할 수 있는 특성을 지니므로, 교량별로의 특성을 고려하여 적정한 새그비를 설계하도록 하여야 한다.

주케이블 새그비 검토

- 새그(sag) : 주케이블의 주탑부 정점부와 중앙부 최하단 변곡점까지의 높이 (f)
- 새그비(f/L) : 새그비는 주탑높이와 현수교 주케이블의 경관성을 좌우하며, 전체구조계의 강성과 주요부재의 물량과 규모에 영향을 미침
- 기존 남해대교 새그비(1/12)와의 조화와 연속성을 고려한 새그비 산정

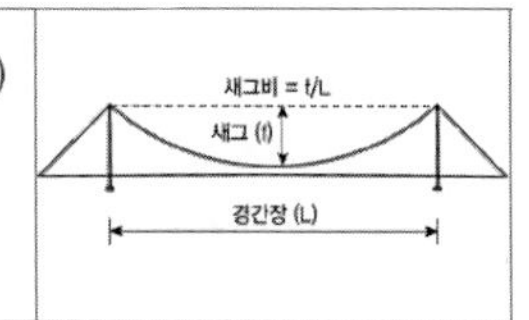

기존남해대교와의 조화와 새그비에 따른 형상 및 물리량

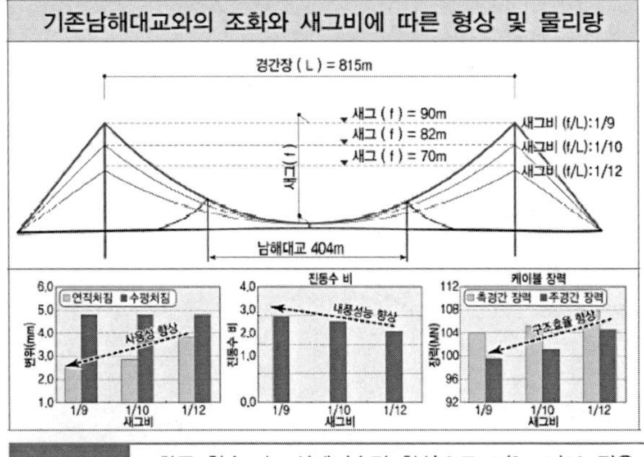

경간장별 새그비 적용 사례조사

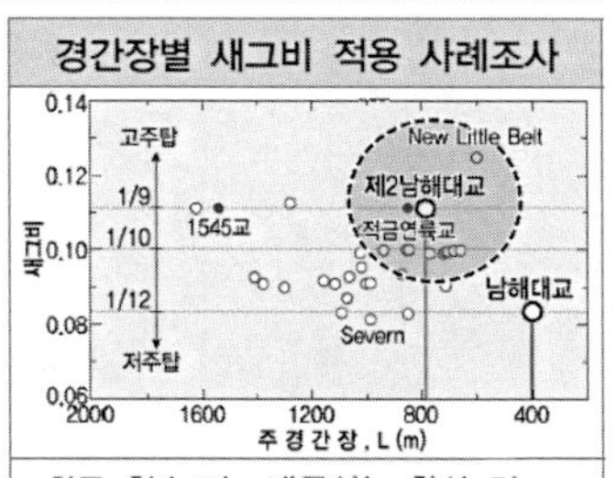

- 최근 현수교는 내풍성능 향상 및 시공기술의 발전으로 높은 새그비(고주탑)를 적용하는 추세
- 특히 주경간장 800m급 현수교에서는 주로 1/9~1/10을 적용

검토결과

- 최근 현수교는 설계기술력 향상으로 1/9~1/10 적용 추세
- 기존 남해대교의 현수케이블과의 연속성 연출을 위해 새그비 1/9 필요
- 사용성 측면, 구조효율 측면, 내풍성능 향상 측면에서 새그비 1/9이 가장 유리

새그비 1/9 적용

2) 고정하중

케이블의 장력과 고정하중, 새그비와의 관계식에서

$$H_w = \frac{w_c L_c^2}{8 f_c}$$

고정하중(w_c)이 증가하면 주케이블의 장력은 증가한다. 케이블의 장력의 증가는 현수교의 전체적인 강성이 증가하게 되므로 전체적으로의 변위특성은 좋아지게 된다.

① 단일 케이블이 거동에서 고정하중의 강도가 증가하면 케이블의 수평장력이 증가하고 이로 인하여 활하중에 대한 수직 및 수평변위가 감소하게 된다. 따라서 현수교의 안정성 유지를 위해서는 어느 정도의 고정하중은 반드시 필요함을 알 수 있다(단일케이블 부재의 거동 참조).

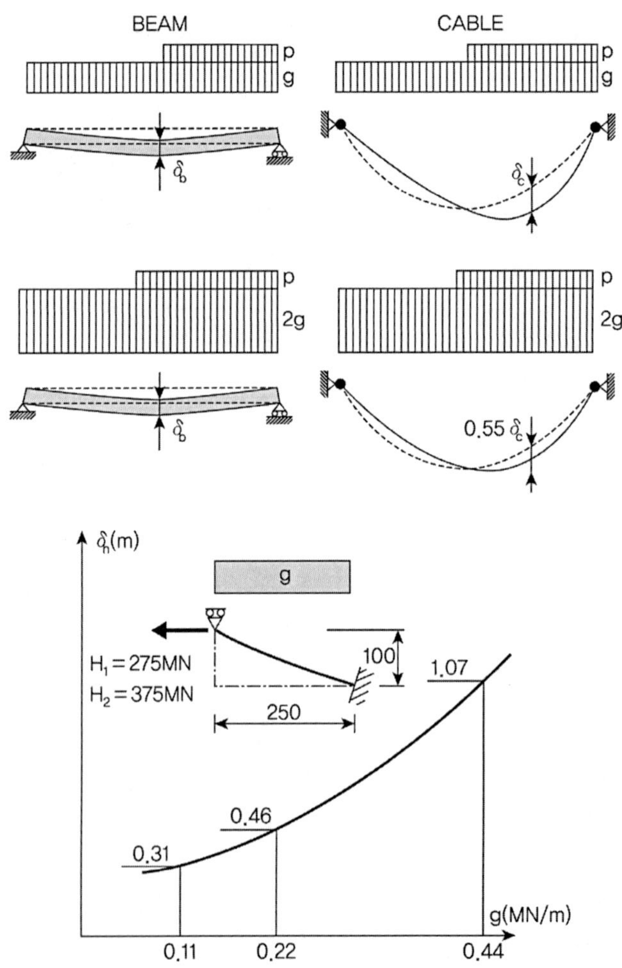

(보와 케이블의 비대칭하중에 대한 사하중효과) (측경간 사하중의 크기와 주탑상부 수평변위와의 관계)

② 측경간의 사하중이 증가하는 경우에는 사하중의 증가로 인해서 초기 새그보다 더 크게 새그비가 변하기 때문에 주탑에서의 수평방향 변위가 더 커지게 된다.

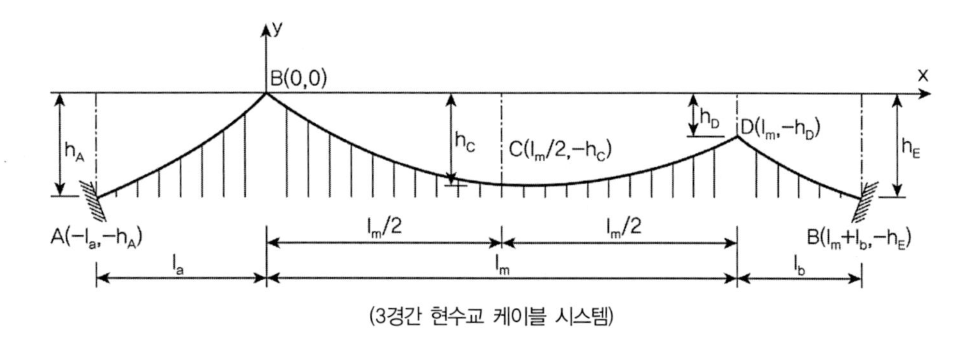

(3경간 현수교 케이블 시스템)

③ 위의 그림과 같은 3경간 현수시스템에서 주케이블은 다음과 같이 표현할 수 있다.

$$y = \begin{cases} -\dfrac{M_a(x)}{H} + \dfrac{h_A}{l_a}x & (-l_a < x < 0) \\ -\dfrac{M_m(x)}{H} + \dfrac{h_D}{l_m}x & (0 < x < l_m) \\ -\dfrac{M_b(x)}{H} + \dfrac{h_D - h_E}{l_b}(x - l_m) - h_D & (l_m < x < l_m + l_b) \end{cases} \qquad H = \frac{M_m(l_m/2)}{h_c - h_D/2}$$

여기서 $M_a(x)$, $M_m(x)$, $M_b(x)$는 l_a, l_m, l_b의 지간을 가지는 주케이블과 행어, 보강형의 하중을 받는 단순보의 휨모멘트

3) 보강거더의 강성

보강거더의 강성(EI)이 클수록 보강거더로 전달되는 응력은 커지며, 케이블 수평장력 H_w가 작을수록 보강거더가 분담하는 응력이 커진다. 일반적으로 교량에서 거더 강성의 증가는 전체 시스템 강성의 증가를 의미한다. 마찬가지로 현수교에서도 보강거더의 강성의 증가는 현수교 시스템의 전체적인 강성의 증가로 인하여 처짐 등의 형상이 작아지게 된다. 다만 현수교에서는 일반 교량과 달리 이러한 전체시스템의 강성에 영향을 주는 것이 보강거더 강성뿐만 아니라 새그(f_w)와 고정하중(w)에 의해서도 영향을 받는 다는 것이 차이점이다.

① 보강형의 강성은 현수교와의 지점 연결방식에 따라서 모멘트 분포가 다르게 분포된다. 따라서 현수교 보강형을 힌지방식으로 할 것인지, 연속교 방식 또는 플로팅 방식으로 할 것인지에 따라서 보강형에 필요한 강성이 달라질 수 있다.

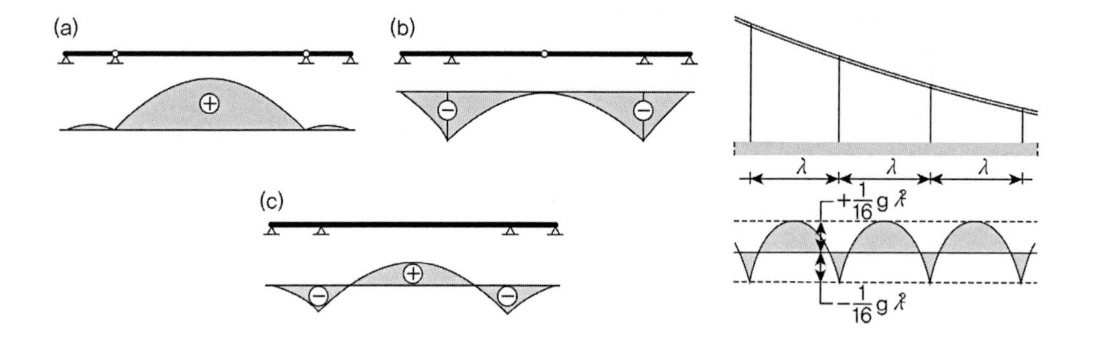

② 현수교에서 보강형은 행어사이에 존재하며 이때 사하중으로 인한 모멘트는 위 그림과 같이 분포된다.

③ 현수교 케이블의 횡방향으로의 지점조건에 따라서도 단면의 필요강성이 달라질 수도 있는데 이는 1면 케이블지지 형식인지 또는 2면 케이블지지 형식인지에 따라서 편심이 달리 적용될 수 있기 때문이다.

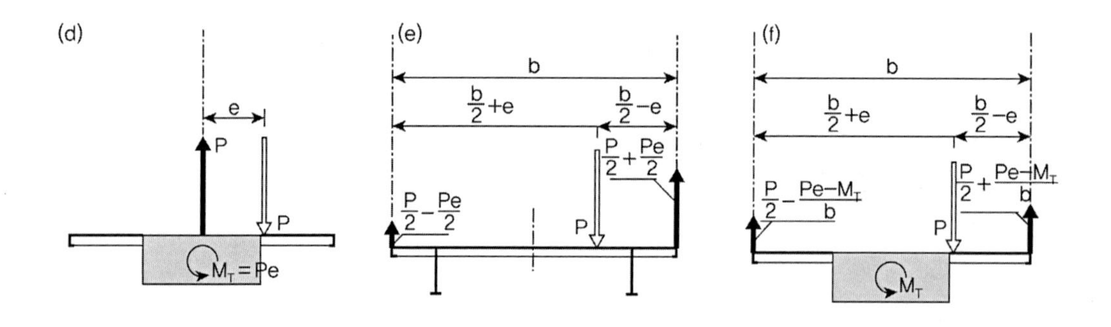

④ 또한 현수교의 구조형식별(케이블만 있는 경우, 단경간 현수교, 연속 현수교)에 따라 케이블의 강성이 달라져서 그 거동형상도 달리 나타나며, 장대지간일수록 내풍에 영향을 받아 변장비에 대한 검토 등 교량의 적용 조건별로 검토하여 최적의 단면 형상을 선정하는 것이 더 중요하다.

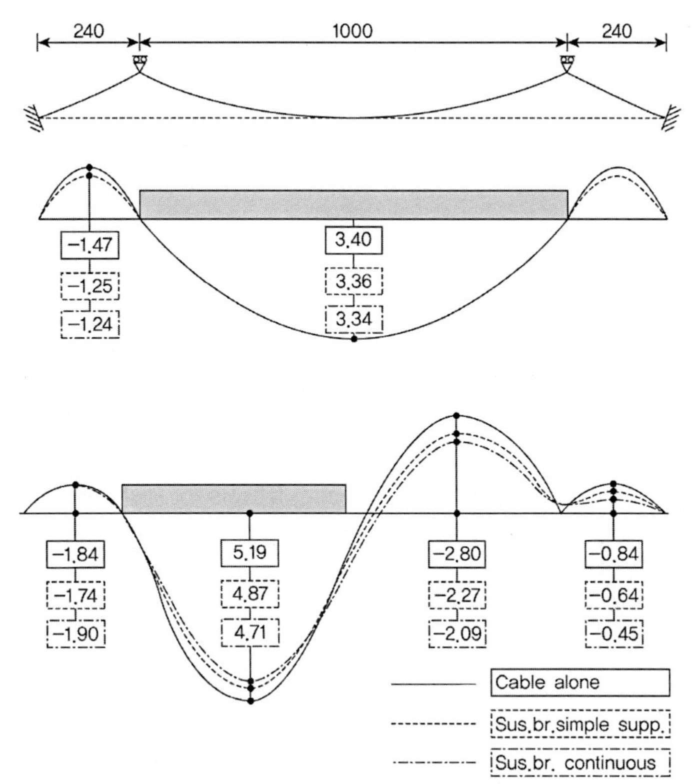

(케이블, 단경간현수교, 연속현수교의 처짐 비교)

현수교 보강거더 형식의 변천사

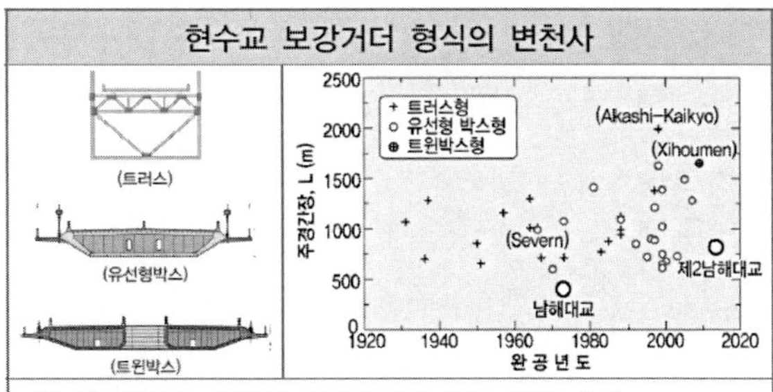

- 전 세계적으로 유선형 강박스거더 형식 적용 추세
- 내풍안정성 확보에 유리한 트윈박스거더 및 에어포일 적용 단면 등이 최근에 계획중

거더높이 대비 거더폭 (B/D)

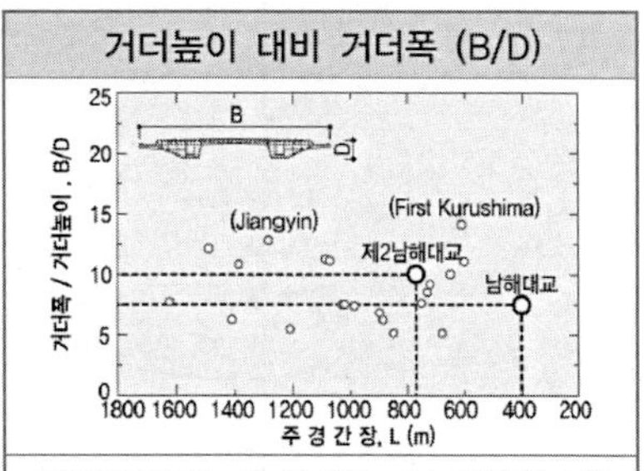

- 거더폭/거더높이 (B/D)는 14 이내에 분포
- 제2남해대교는 L/B=33, B/D=10으로 계획 (D=2.4m, B=24.5m, 주경간장 L=815m)

6. 현수교의 구조해석방법

현수교를 다른 구조계와 다르게 하는 2가지 주요한 요인이 있는데, 첫째는 사하중에 의해 케이블에 도입되는 장력이 활하중 하에서의 현수교의 강성에 크게 기여한다는 점이고, 둘째로 케이블의 비선형성이 초기에 비교적 작은 하중 하에서도 나타나 현수교의 강성을 변화시킨다는 것이다. 이러한 특성을 갖고 있는 현수교를 해석하고, 설계하기 위한 이론이 싹트기 시작한 것은 19세기에 들어서부터이다. Navier가 1823년에 무보강 현수교에 대한 이론적인 고찰을 발표한 이래 Rankine등에 의해 강성이 높은 보강트러스를 가지는 경우의 해석이 시도된 것에 이어 Melan등이 범용성이 높은 해석이론으로서 활하중을 지지하는 보강 truss를 탄성체로서 취급하는 탄성이론(Elastic Theory)을 완성하였다. 그 후 20세기에 들어 Melan의 이론을 Moisseiff가 발전시켜 장대경간의 현수교에 대한 이론으로서 처짐이론(Deflection Theory)이라 하였다. 이 이론은 그 후 Steinman에 의해 일반화되어 Bleigh 등에 의해 선형화처짐이론 및 Perry에 의해 영향선 해법이 제안됨에 따라 현수교의 고유한 해석법으로 정착되었다. 이 해석법들을 통틀어 연속체 해법이라 하고, 강체이론에서 탄성이론, 처짐이론으로 변화되는 과정에서 보다 체계적이고 실용적으로 발전되어 오늘에 이르고 있다. 이 중에서 강체이론은 거의 사용되지 않고, 탄성이론도 보강형의 강성이 비교적 크고 활하중에 의한 변위가 작은 경우에만 적용될 뿐이며, 이도 처짐이론과 비교하여 산정된 보정값을 적용하여 작은 규모의 현수교에만 이용되고 있다. 반면에 처짐이론은 활하중이 재하되었을 때의 주케이블 처짐의 영향을 고려함으로써 장지간 현수교의 경우에도 적용이 가능하게 되었다.

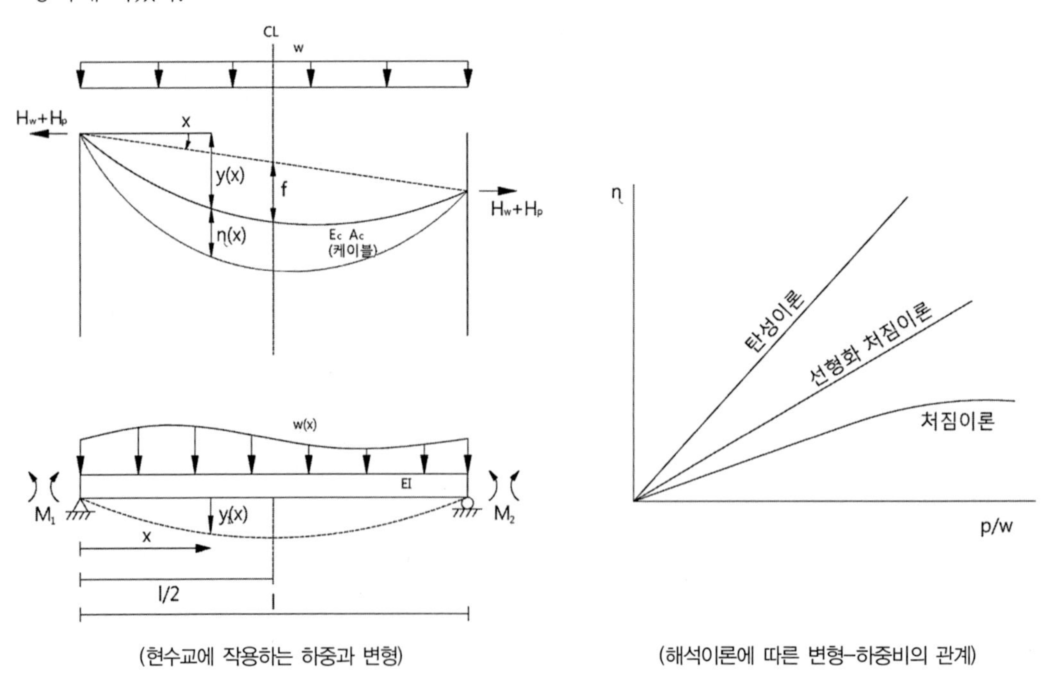

(현수교에 작용하는 하중과 변형)

(해석이론에 따른 변형-하중비의 관계)

최근 들어 컴퓨터 및 수치해석방법의 발달과 구조해석 이론의 발전으로 매트릭스법이나 유한요소법이 등장하여 보강형의 변단면, 주탑의 휨강성 및 행어의 신장 등을 고려할 수 있고, 임의 형식의 현수교는 물론 시공도중의 엄밀한 해석도 가능하게 되었다. 이와 같은 해석법은 평면해석 뿐만 아니라 3차원 해석, 좌굴 및 고유진동해석과 강제진동해석등에도 적용되고 있으며, 특히 현수교의 기하비선형 거동 특성을 고려한 해석을 보다 효율적으로 엄밀하게 수행할 수 있다.

7. 현수교와 사장교의 경제성 비교

주탑의 높이는 사장재의 수량과 상판의 압축력에 영향을 미치게 된다. Leonhardt는 주탑의 높이와 중앙 경간장의 비율에 따른 사장재 또는 케이블의 수량에 대한 관계식을 정립하였다. 케이블의 자중과 집중하중은 무시되었으며 주어진 장력에 대한 케이블의 중량산출식은

$W=\dfrac{gIL^2}{\sigma}C$ W : 케이블의 강재중량, g : 사하중과 활하중의 합

I : 케이블의 단위중량, σ : 케이블의 허용응력
L : 중앙경간장 길이, C : 교량형태에 따른 계수

1) 교량형태에 따른 계수

① 현수교 $C_s = \dfrac{2L_s + L_m}{2L_m}\sqrt{10 + \dfrac{1}{n^2}\left(\dfrac{1}{4} + \dfrac{2n^2}{3}\right) + \dfrac{2n}{3}}$ L_m : 중앙경간, L_s : 접속부경간

② 하프형 사장교 $C_H = u + \dfrac{1}{4n}$

③ 방사형 사장교 $C_R = 2u + \dfrac{1}{6n}$

$u = h/L_m$ (주탑높이와 중앙경간장의 비)

2) 교량형태별 경제성

① 단부 경강장은 중앙 경간장의 0.4배의 값으로 가정
② 각 곡선의 최저점은 C의 최적 값이며 또한 최소 케이블 강재량을 나타내는 점
③ 현수교와 방사형 사장교는 최소 u값은 0.28이며 하프형 사장교에서는 u의 최솟값은 0.5이다. 여기서 주탑과 거더의 중량이 포함된 것이 아니므로 이러한 하중요소를 추가한다면 가장 경제적인 사장교의 형태는 $u = h/L_m$은 0.2가 되며 현수교에서는 0.125가 된다. 현수교의 강성을 보완할 경우 u값이 0.111정도가 적당한 값이 된다.

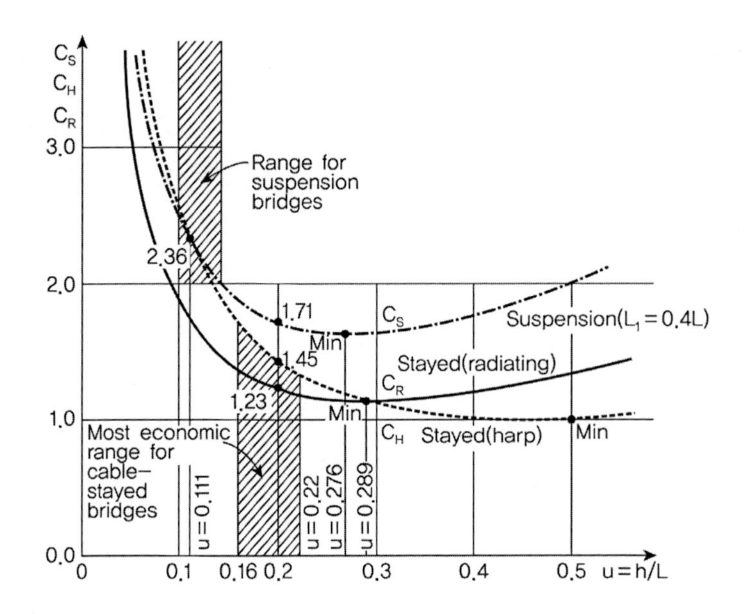

C_S
C_H
C_R
3.0
2.0
1.0
0.0
Range for suspension bridges
2.36
1.71
1.45
1.23
Min
C_S
Suspension(L_1 = 0.4L)
Stayed(radiating)
C_R
C_H
Stayed(harp)
Most economic range for cable-stayed bridges
u = 0.111
u = 0.22
u = 0.276
u = 0.289
0
0.1
0.16
0.2
0.3
0.4
0.5
u = h/L

참고자료

현수교의 해석이론 비교 및 구조해석 (현수교의 구조해석, 이승우)

➤ 해석이론 비교

1) 처짐이론

Moisseiff 등에 의한 Manhattan교의 설계 이후 약 반세기에 걸쳐 현수교의 설계는 케이블의 처짐을 고려한 처짐이론, 그 중에서도 신축의 영향을 무시한 행거가 조밀하게 배치되어 있다고 가정하는 막이론에 근거하여 왔다. 현수교의 처짐이론은 현수교의 거동을 1개의 평형식으로 표현하고 있으며 그 이론 전개가 명확하고 장기간에 걸쳐 장경간 현수교의 설계에 적용되어 온 실효성 있는 이론이다. 처짐이론으로 설계되어 완성된 많은 장대 현수교의 경험이 없었다면 현재의 현수교 설계이론이 정립될 수 없었을 것이다.

① 처짐이론의 문제점

(1) 현수교의 중요한 구성부재 가운데 하나인 행거를 현수교 전장에 걸쳐 균일하게 분포하는 강체 막으로 간주하는 비현실적인 가정에 근거하고 있으므로 행거의 신축과 조밀성에 따른 영향을 고려할 수 없다.

(2) 교축방향 거동에 대한 해석법이 존재하지 않는다.

(3) 스테이가 있는 현수교, 전단변형의 영향, 지점침하 문제 등을 해결할 수 없다.

2) 변위법

해석적 방법에 의한 현수교 해석이론의 정밀화에는 한계가 있음을 인식하고 현수교를 변위법에 근거하여 요소로 정의되는 개개 부재의 연결체로 보아 모든 미지량과 조건식을 그대로 수치적으로 해석하고자 하는 시도가 전자계산기의 등장에 따라 제기되었다. 변위법이 현수교에도 본격적으로 응용되게 된 것은 전자계산기의 용량이 현수교의 전 부재를 해석할 수 있을 정도로 대형화되고 처짐이론에서는 해석이 불가능한 영역을 차례로 해결하여 현수교 해석에 불가결한 이론으로 인식되게 되면서부터이다. 여타 모든 구조해석 분야에서는 변위법이 거의 유일한 구조해석법으로 정착된 현재에 이르기까지 현수교에 있어서 처짐이론이라고 하는 독자적인 설계이론이 유지되어 온 것은 현수교는 부재수가 많고 형식이 거의 고정되어 있고 현수교 설계 시 케이블이나 보강형의 최적제원을 찾기 위하여 현수교 전체의 거동을 표현하는 식이 필요하기 때문이다.

① 변위법의 장점

(1) 모든 방향의 하중에 대하여 동일한 방법으로 해를 구할 수 있으며 하중의 방향마다 나누어 고려할 필요가 없다.

(2) 센터 스테이, 타워 스테이 등 처짐이론에서는 고려할 수 없는 구조계를 해석할 수 있으며 계산범위로서는 처짐이론의 범위를 완전히 흡수한다.

(3) 전산 프로그램이 단순하며 확장 및 추가가 용이하다.

② 변위법의 단점

(1) 계산시간이 길다.

(2) 모든 부재의 단면제원, 부재력 등을 출력하기 때문에 출력결과가 매우 많다.

(3) Peery의 방법 등 비선형성을 고려한 설계 최대치의 계산이 불가능하다.

(4) 현수교의 특성을 하나의 식으로 이해할 수 없다.

③ 처짐이론과 변위법 설계이론의 상이점

두 해석방법은 상호 보완되면서 발달되어야 하며 어느 한쪽만을 선택하는 것은 비합리적이다.

구 분	행거의 간격	행거의 신축	케이블 장력의 수평성분	케이블의 연직평형	케이블의 수평평형
처짐이론	무시	무시	일정	변형후	변형전
변위법	고려	고려	일정이지 않음	변형후	변형후

➤ 구조해석

1) 현수교 특유의 설계조건

① 보강형은 사하중시에 소정의 완성 시 형상이 되고 그 상태로는 무응력 상태이다. 단 트러스 형식의 경우에서 사하중을 트러스의 상하현재의 격점에 배분해서 재하하는 경우나 횡트러스의 상하현재의 격점에 배분해서 재하하는 경우에는 수직재에 축력이 발생하게 된다.

② 행거 및 타워링크, 엔드링크는 보강 트러스의 사하중 전체를 부담하고 그 상태로 수직이다.

③ 중앙경간의 주케이블은 행거가 지지하는 보강형의 사하중 전체를 지지하는 상태로 중앙점에 있어서의 소정의 새그 값을 확보하고 사하중시의 케이블 장력의 교축방향 성분은 탑정에서의 측경간의 케이블 장력과 동일하다.

④ 주탑은 사하중시에 중앙경간, 측경간의 케이블 장력의 탑정에서의 연직성분과 타워링크의 축력이 반력으로 작용하는 상태로서 소정의 완성형상이 되고 교축직각방향의 수직면내에 위치하므로 이 상태에서 주케이블 장력에 의한 교축직각방향 면내의 휨모멘트는 발생하지 않는다.

2) 초기형상해석

현수교 완성시에 소요의 계획형상을 얻을 수 있는 케이블 가설 시의 초기형상은 주탑의 세트백, 새그 등을 바탕으로 한 카테나리 곡선으로 정의된다. 현수교는 완성 시에 주탑 정부에 작용하는 수평력이 평형이 되어 주탑에 휨모멘트가 발생하지 않도록 설계된다. 그러나 완성 시와 동일한 중앙경간장으로 케이블을 가설하면 주탑에서 수평력이 평형을 이루지 못하므로 케이블에 미끌림이 발생하기 쉽다. 따라서 케이블 가설시에 주탑의 정부를 케이블의 가설시 수평력이 평형을 이루는 지간장이 되도록 위치를 변경시키는 작업이 필요하다. 일반적으로 완성 시에 비하여 중앙경간장을 길게 하는 것이 필요하므로 주탑을 와이어 로프 등을 이용하여 측경간 쪽으로 당기게 되며 이를 세트백이라고 하고 그 이동량을 세트백량이라고 한다.

3) 영향선 해석

영향선 해석은 활하중 등의 이동하중으로서 지정된 부재에 대한 최대 단면력을 산정하고 이를 통해서 후속 구조해석을 수행하기 위해서 시행된다. 보강거더뿐만 아니라 케이블, 행어, 주탑 등에 대해서도 해석이 가능하며 현수교 특유의 설계이론을 이용한 선형화 유한변위법과 일반적인 구조해석법을 비교해 보면 아래 그림과 같이 매우 상이한 결과가 나타남을 알 수 있다.

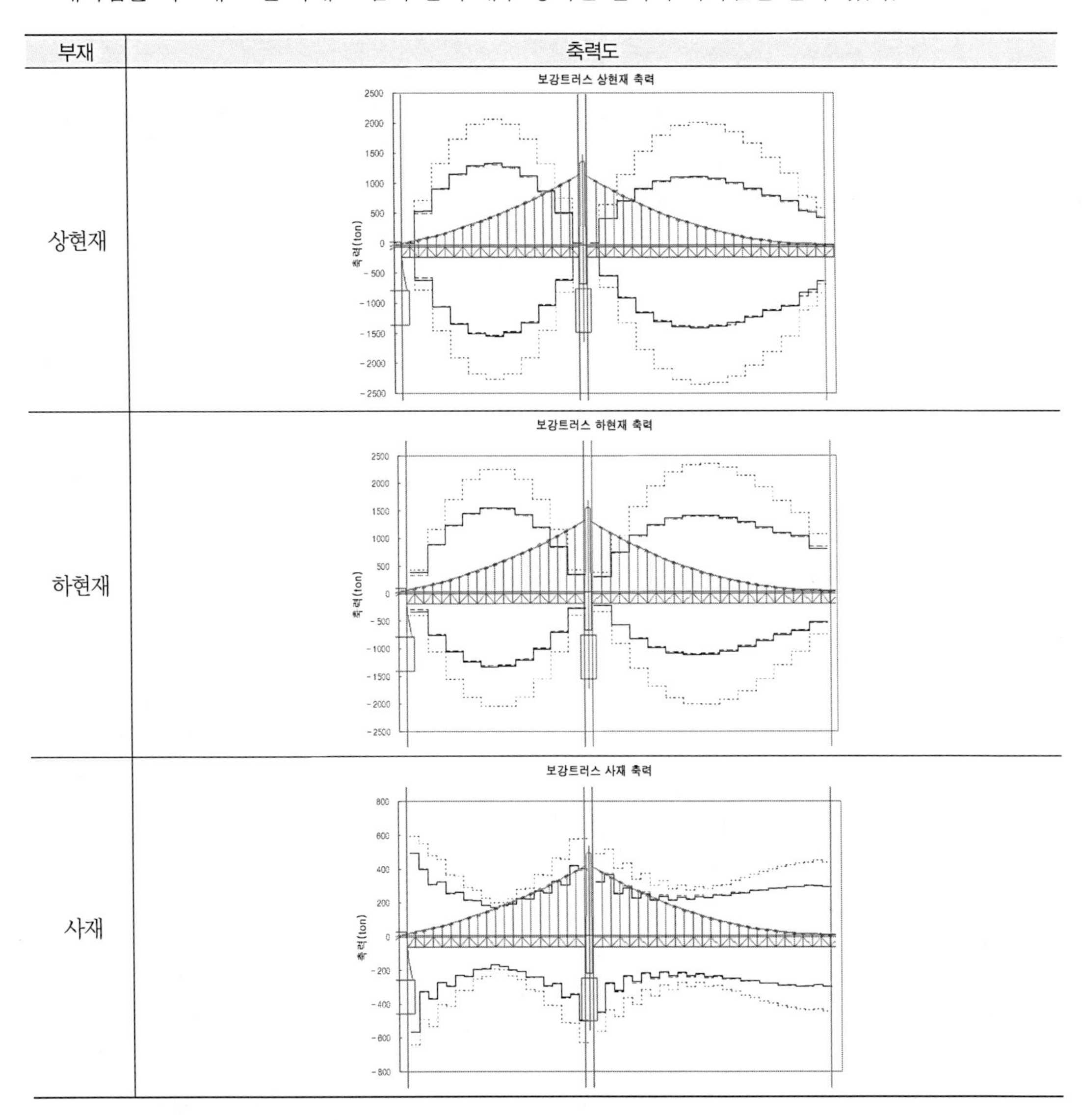

4) 가설단계별 구조해석

일반적으로 가설해석법은 해체법(역방향 해석법)을 적용하며 구조해석방법은 엄밀이론인 비선형이론을 적용한다.

참고자료

장대 현수교 보강형 가설순서에 따른 내풍안정성 (2007 강구조학회지)

▶ 개 요

장대 현수교에서 일반적인 보강형의 가설순서는 다음의 3가지로 구분할 수 있다.

① Mid-Span to Pylons : 중앙경간의 중앙부로부터 양 주탑으로 가설하는 방법

② Pylons to Mid-Span : 양 주탑으로부터 중앙경간의 중앙부 방향으로 가설해 가는 방법

③ Four Working Fronts : 중앙경간의 중앙부와 양 주탑에서 동시에 가설해 나가는 방법

트러스 형식의 경우 Pylons to Mid-Span 방법과 Mid-Span to Pylons 방법이 모두 적용되고 있으나 상자형 보강형을 적용한 교량(Great Belt East Bridge, Humber Bridge, Jiangyin Bridge, Hȍga Kunstaen Bridge 등)에서는 Mid-Span to Pylons 방법이 대부분 채택되고 있다.

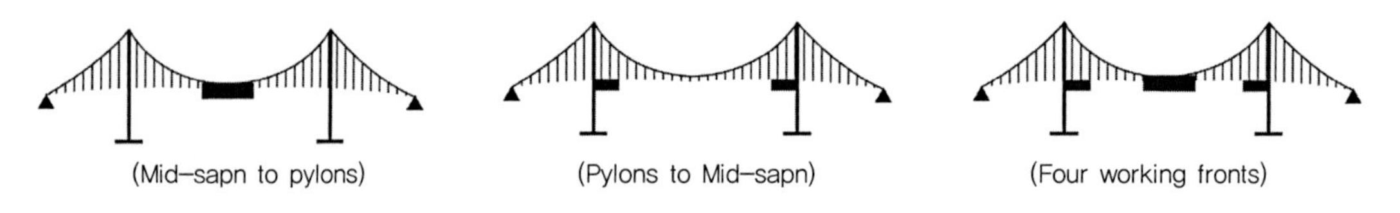

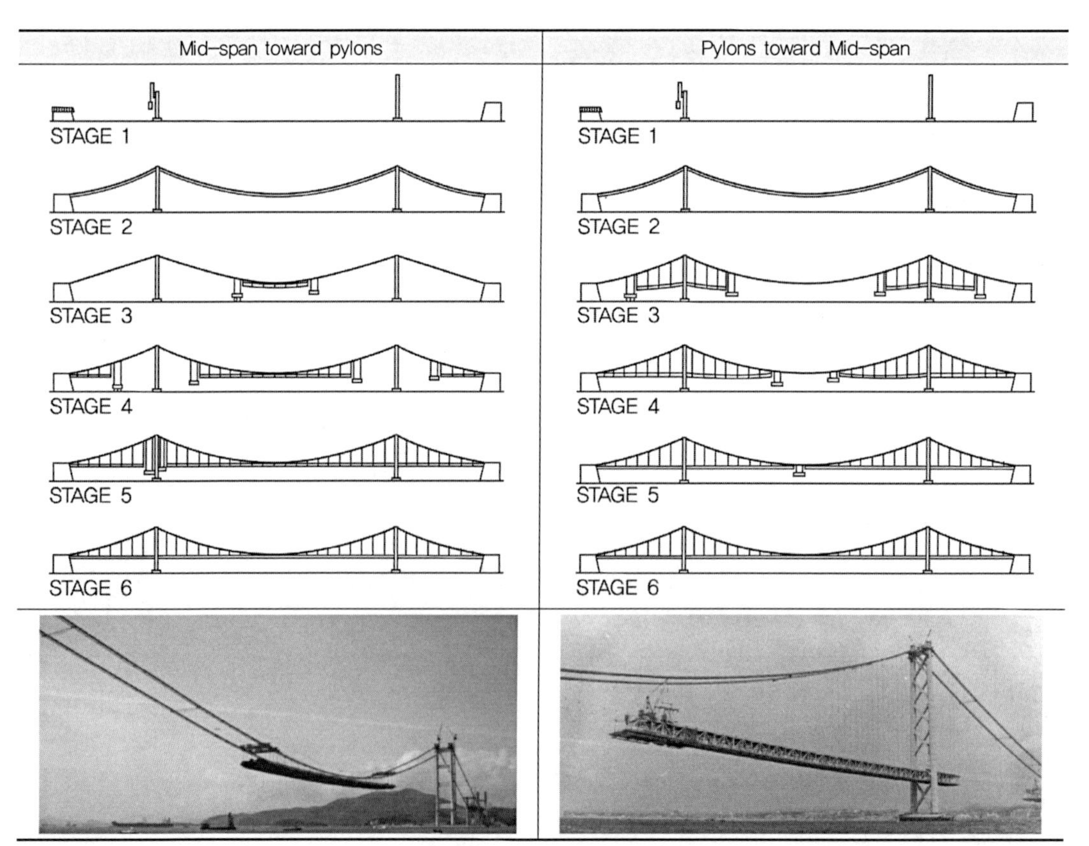

➤ Mid-Span to Pylons 방식의 플러터 안정성

1) 보강형 가설의 초기단계에서는 플러터 풍속이 매우 높다. 이는 비정상 공기력에 의한 보강형의 공력진동(Aerodynamic Excitation)에 비해서 주케이블에 의한 구조계의 관성이 상대적으로 매우 크기 때문에 플러터 발현풍속이 상당히 고풍속 영역에 위치하게 된다.

2) 보강형 가설비율이 약 30~40% 이하에서는 완성계에 비해 플러터 풍속이 현저히 저하되는데 이는 가설의 초기단계에서는 전체 구조계의 비틀림 강성이 낮기 때문이다.

3) 플러터 풍속이 가장 낮은 가설단계로는 그 가설비율이 약 10~20% 범위인 것으로 나타난다.

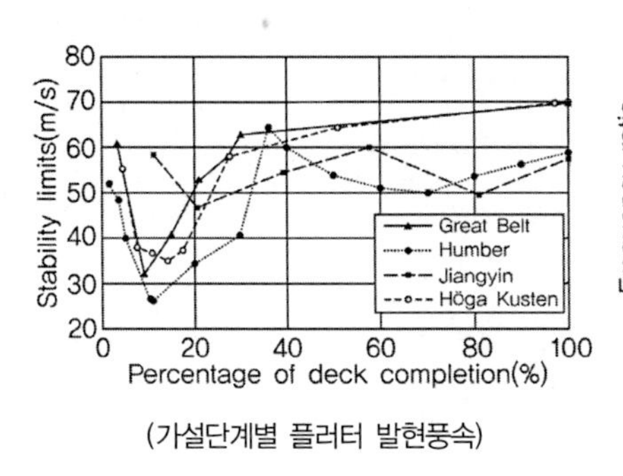

(가설단계별 플러터 발현풍속)

(가설단계별 고유진동수비)

➤ 비대칭 가설

상자형 보강형을 갖는 대부분의 현수교는 중앙부에서 주탑부로 보강형을 가설해 나가는 Mid-Span to Pylons 방식을 사용하며 이 방법은 가설 시 응력과 변형을 최소한으로 유지할 수 있다는 장점이 있으나 가설 중 비틀림 강성이 작아져 내풍안정성이 현저히 저하되는 문제가 있다. 이런 가설 중 내풍 불안정성을 해결을 위해 Höga Kunstaen Bridge에서는 비대칭 가설을 검토하였다.

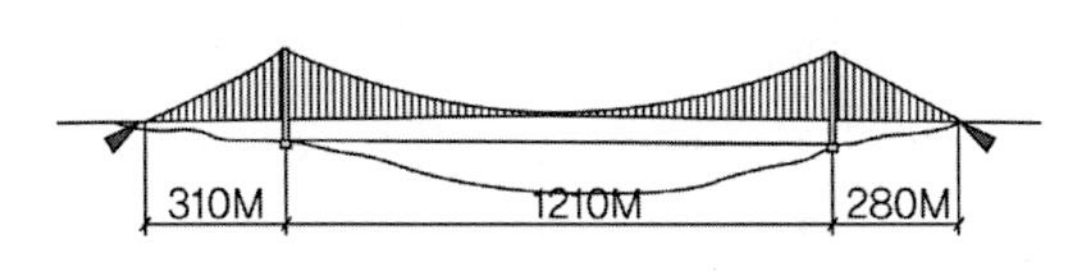

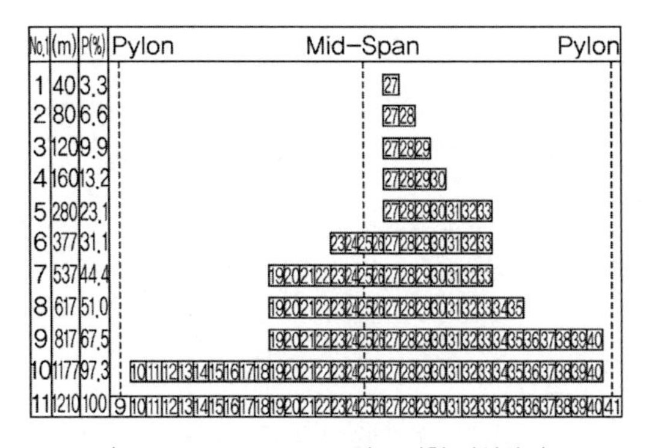

No.	(m)	P(%)	Pylon — Mid-Span — Pylon
1	40	3.3	27
2	80	6.6	27 28
3	120	9.9	27 28 29
4	160	13.2	27 28 29 30
5	280	23.1	27 28 29 30 31 32 33
6	377	31.1	23 24 25 26 27 28 29 30 31 32 33
7	537	44.4	19 20 21 22 23 24 25 26 27 28 29 30 31 32 33
8	617	51.0	19 20 21 22 23 24 25 26 27 28 29 30 31 32 33 34 35
9	817	67.5	19 20 21 22 23 24 25 26 27 28 29 30 31 32 33 34 35 36 37 38 39 40
10	1177	97.3	10 11 12 13 14 15 16 17 18 19 20 21 22 23 24 25 26 27 28 29 30 31 32 33 34 35 36 37 38 39 40
11	1210	100	9 10 11 12 13 14 15 16 17 18 19 20 21 22 23 24 25 26 27 28 29 30 31 32 33 34 35 36 37 38 39 40 41

(Höga Kunstaen Bridge의 보강형 가설검토)

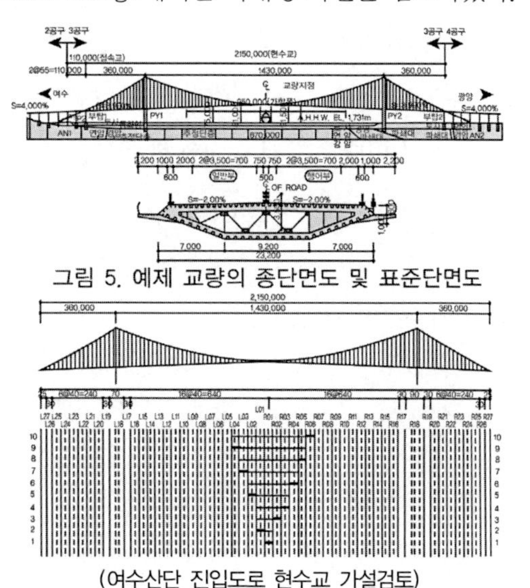

(여수산단 진입도로 현수교 가설검토)

1) 현수교 보강형 가설의 초기단계에서는 일반적으로 동역학적 모델을 구성하여 풍동실험을 실시하게 되며 형고가 높지 않은 유선형 박스 형태의 보강형 단면에서는 플러터와 같은 불안정성이 가장 큰 문제이다. 일반적으로 적용되는 대칭가설에 비해 보강형 가설을 비대칭으로 하는 것이 더욱 안정하게 되는 특징이 있다. 따라서 보강형 가설 중 안정화 수단으로서 이러한 비대칭 가설을 이용한다.

2) 가설중 보강형의 강성

① 장대 현수교에서의 연직 휨강성은 대부분 주케이블에 의해서 지지된다. 특히 보강형 가설 중의 임시 고정장치에 의한 세그먼트의 연결은 인양된 보강형 세그먼트의 무게만을 늘릴 뿐이지 연직 휨강성에 거의 영향을 주지 못한다. 그러나 2개의 주케이블이 면외 방향으로 움직이는 비틀림 진동에 대해서는 보강형의 비틀림 강성이 주케이블의 뒤틀림에 대해여 저항하게 된다.

② 보강형 가설이 중앙경간의 중앙부 절반 정도까지는 보강형은 넓은 박스거더를 형성하는 단계이며, 이러한 범위에서는 보강형은 강체운동하므로 비틀림 진동에 대한 주케이블의 곡률의 변화는 없는 것으로 가정할 수 있다.

③ 보강형의 길이가 짧은 초기 가설단계에서는 보강형의 비틀림 강성에 의한 구속효과는 그리 크지 않지만 보강형 길이가 증가될수록 이러한 효과는 뚜렷하게 증가된다.

④ 현수교 보강형의 대칭과 비대칭 가설을 비교하면 2개의 주케이블에 의해서 얻어지는 비틀림 저항은 비대칭 가설의 경우에 증가한다. 이는 한쪽의 짧은 길이의 주케이블은 반대편의 증가된 길이에 의해서 줄어든 강성보다 더 큰 강성을 더하게 된다. 가설된 보강형의 편심이 가장 큰 경우는 한쪽 끝의 보강형이 경간의 끝에 다다를 때이다.

⑤ 가설단계에서 보강형의 최적 비틀림 강성은 주탑측에서 중앙부로 가설해 가는 경우다. 그러나 그러한 과정은 그 자체의 단점을 가지고 있으며 주탑부 근처의 케이블 밴드에서 주케이블에 큰 휨응력을 발생시키게 된다. 또한 보강형을 가설해 나감에 따라 주케이블의 각도변화가 매우 크게 된다. 만일 중앙부에서 보강형 가설이 주탑측으로 진행된다면 주탑부 근처의 최종 세그먼트가 가설되기 전까지 주탑 인근의 케이블 밴드에서는 큰 휨응력이 발생하지 않을 것이다.

3) 대칭 및 비대칭 가설에 의한 풍동실험 결과

① 안정상태의 한계속도는 일반적으로 공용 중에 비하여 가설단계 시에 낮으며, 보강형이 점차 완성되어 나갈수록 높아진다.

② 보강형이 10~15%의 가설 진행률을 보이는 초기단계에서 상대적으로 한계 플러터 속도가 가장 낮게 나타난다.

③ 보강형 길이가 가장 짧은 가설이 시작점 부근에서는 한계 플러터 속도가 높다.

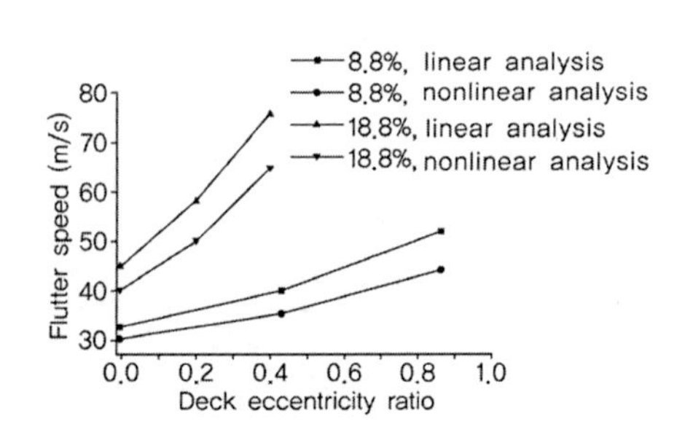

(편심비에 따른 플러터 속도의 변화)

④ 가장 낮은 한계속도는 교량 중앙에 대해서 대칭일 경우이다. 따라서 비대칭 가설을 통하여 가설 중 안정성 확보방안을 확보할 수 있다.

⑤ 위의 그림은 Yichang교 가설 시 편심비에 따른 플러터 속도의 변화를 나타내는 것으로 보강형의 편심비가 증가할수록, 즉 비대칭 가설을 함으로서 플러터 속도가 증가함을 나타낸다.

4) 가설 중 현수교 안정성 향상방안

① 가설 중 현수교의 안정성 향상을 위하여 보강형의 형상 및 질량을 변화시키거나 임시구조부재를 설치하여 제진에 대응하는 방안을 검토할 수 있다.

② 구조물의 형태 및 질량변화는 대표적으로 페어링 설치, 편심질량 추가, 댐퍼 설치 등의 방법이 있으며 트러스 보강형의 경우 상부구조에 오픈 그레이팅 설치를 할 수도 있다.

③ 임시구조부재를 설치하는 방안은 국내에 아직 적용된 사례가 없으나 아래 그림과 같은 방식이 있으며 (a)와 (b)는 보강형과 주케이블을 임시 스트럿과 임시케이블을 연결하여 보강형의 초기 비틀림 강성을 증가시키는 방법이고 (c)는 주탑과 주경간측 주케이블의 스트랜드로 연결시키는 방법이다.

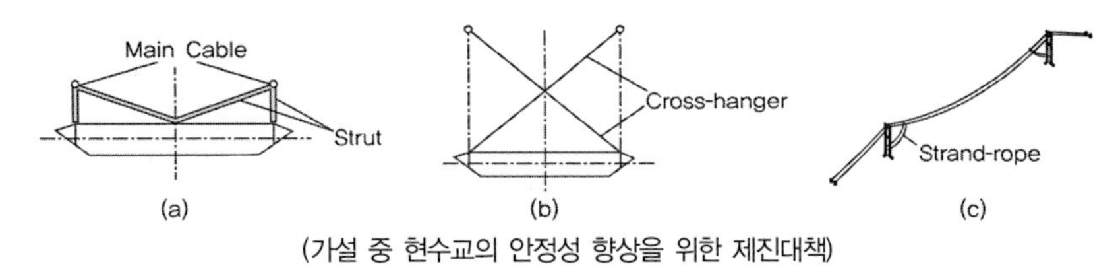

(가설 중 현수교의 안정성 향상을 위한 제진대책)

4) 플러터의 한계속도는 보강형이 일반적인 대칭분포가 아닌 비대칭 배치를 하였을 경우 증가되는 경향을 보이며, 이러한 현상은 보강형 배치에 따라 영향을 받는 진동모드의 조합, 진동수, 감쇠비 등이 그 주요원인으로 매우 복잡한 양상을 보인다. 따라서 장대교량과 같은 경우에는 가설시 풍동실험에 의해서 그러한 거동을 적절하게 평가하여야 한다.

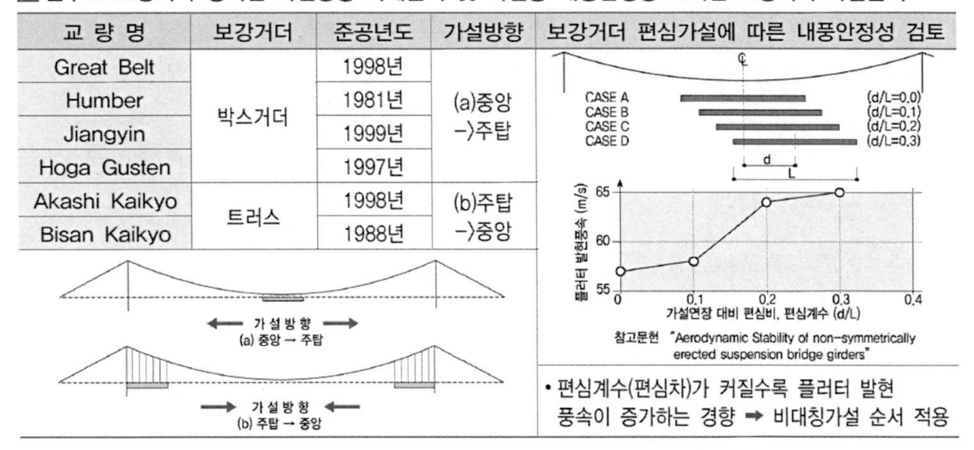

■ 현수교 보강거더 형식별 가설방향 사례분석 및 가설중 내풍안정성 고려한 보강거더 가설순서

교 량 명	보강거더	준공년도	가설방향
Great Belt	박스거더	1998년	(a)중앙 ->주탑
Humber		1981년	
Jiangyin		1999년	
Hoga Gusten		1997년	
Akashi Kaikyo	트러스	1998년	(b)주탑 ->중앙
Bisan Kaikyo		1988년	

• 편심계수(편심차)가 커질수록 플러터 발현 풍속이 증가하는 경향 ➡ 비대칭가설 순서 적용

109회 2-5

Hybrid Suspension and Cable stayed System (사장현수교) 109회 2-5

사장-현수교(Cable-stayed-suspension hybrid Bridge)의 특징과 현수교 및 사장교와 비교한 장점에 대하여 설명하시오

풀 이

➤ 사장현수교의 개요

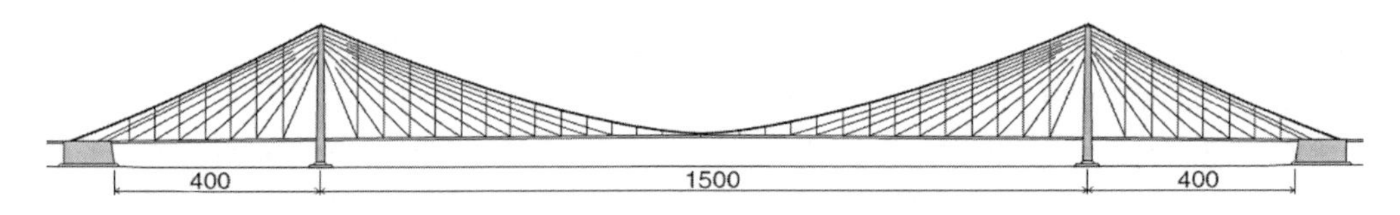

Design for a bridge with a hybrid cable system investigated for the Storebaelt Crossing in 1977

사장현수교는 케이블 배차가 사장교와 현수교를 복합한 구조형식으로 이전까지 하이브리드 사장현수교를 아직까지 시공된 예는 없었으나, Bosphorus Bridge(사장현수교, Hybrid Suspension and Cable stayed System) 이후 장대교량의 대안으로서의 검토가 증가되고 있는 추세이다. 현수교에 비해 하이브리드 사장현수교는 다음의 2가지 기능으로 인해 경제성이 있는 것으로 알려져 있다.

① Stay Cable의 사용이 현수교의 주케이블과 행어에 비해서 적은 케이블이 소요된다.

② 현수교의 강성제한으로 인해서 제한적이었던 주탑의 높이가 보다 최적화되어 적용할 수 있다.

➤ 기존 초장대교량 시공과 설계에서의 사장교와 현수교의 문제점

1) 현수교 : 주경간장이 길어질수록 메인 케이블이 단면적이 증가하여 재료비 증가는 물로 타워와 메인 케이블간의 접합부의 시공이 난해해지는 등의 시공상의 문제점이 있다.

2) 사장교 : 주경간장이 길어질수록 사장케이블이 부담하는 수직부담률이 작아져서 사장케이블 단독으로는 초당대 교량의 시공에 적합하지 않다는 단점이 있다.

➤ 사장현수교 시스템의 특징

사장현수복합케이블 교량은 Deck를 사장케이블과 현수케이블 두 종류의 케이블로 동시에 지지하는 구조물로 Deck의 하중을 타워와 가까운 범위는 사장케이블이 지지하고 경간중앙의 범위는 현수케이블과 행어로 지지하는 시스템으로 구성되어 있다. 사장케이블과 현수케이블로 동시에 Deck를 지지하게 되면, 사장케이블에 의해서 전체 Deck의 자중을 일정부분 지지할 수 있으므로 현수메인 케이블에 재하되는 자중을 줄여서 메인케이블의 직경과 주탑의 부피를 줄일 수 있는 장

점이 있으며, 또한 경간 중앙의 범위는 현수케이블로 지지함으로서 장대경간을 사장케이블만으로 시공 시 발생되는 하중지지 시스템의 비효율성과 Deck에 과도한 수평력이 재하되어 모멘트 지지 강도의 저하현상 등을 보완할 수 있다.

① 하이브리드 사장현수교를 적용 검토할 경우에는 순수현수교에 비해 축방향력이 증가할 수 있다. (사장재로 인한 압축력증가로 좌굴 등 검토 필요) 이 경우 일반적으로 주탑근처에서 조인트를 통해서 조정한다.

② 적정한 하이브리드 사장현수교 시스템

(1) 측경간비는 0.25~0.30

(2) 연속상판

(3) 앵커블럭과 앵커블럭간을 연결하는 주케이블 적용

(4) 상단 케이블과 보강형 사이의 중앙 클램프

(5) 주탑과 보강형을 연결하는 사장케이블

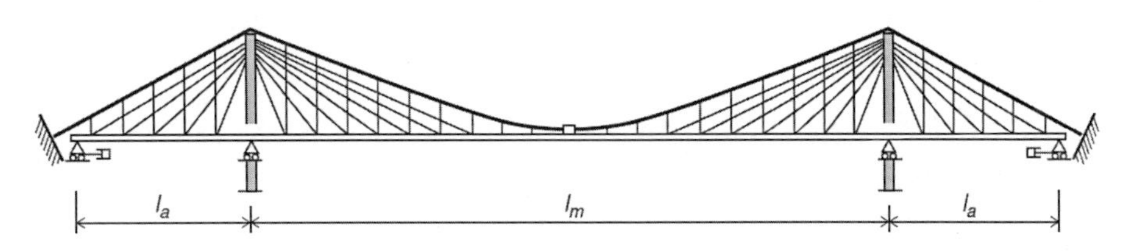

(Structural System of a bridge with a hybrid cable system)

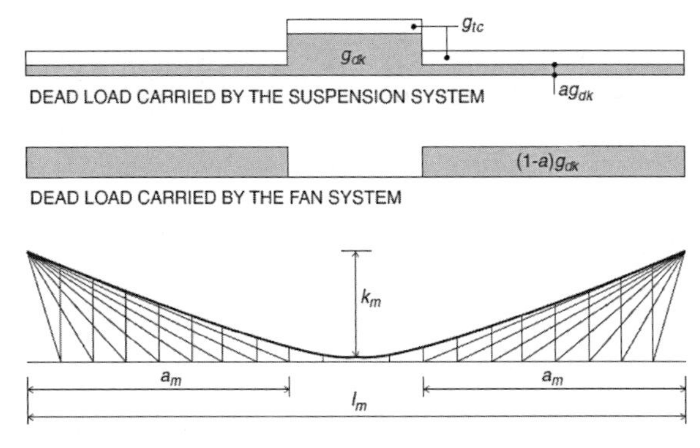

(사장재와 현수재의 사하중 부담)

➤ 장대교량 시스템별 초기평형상태 해석방법

케이블과 같은 구조물은 프레임과 같은 구조물과는 다르게 하중이 가해지지 않은 상태, 즉 무응력 상태에서의 형상을 알 수 없다는 특징이 있다. 초기평형상태 해석이란 이러한 무응력 상태에서의 형상, 즉 초기형상을 알 수 없는 구조물에 대하여 주어진 조건식을 제외한 추가의 조건식을 이용하여 미지의 초기형상을 알아내는 것을 의미한다. 케이블의 경우 초기형상은 케이블의 무응력 길이(L_0)로 대표할 수 있으므로 케이블의 초기평형상태 해석이란 추가의 조건식을 이용하여 케이블의 초기길이를 구하는 해석을 의미한다. 케이블의 평형조건과 적합조건 등을 이용하여 유도한 단 케이블의 방정식은 다음과 같이 나타낼 수 있으며 이 식은 대표적인 비선형 방정식으로 방정식을 풀기 위해서는 중분식 형태로 변환시킨 후 Successive iteration, Newton-Raphson Method 등과 같은 반복계산법을 이용하여야 한다.

$$x_2 - x_1 = \phi_x = -\frac{F_x^1}{EA}L_0^e - \frac{F_x^1}{w}\left\{\sinh^{-1}\left(\frac{F_z^1 + wL_0^e}{H}\right) - \sinh^{-1}\left(\frac{F_z^1}{H}\right)\right\}, \quad y_2 - y_1 = \phi_y - \frac{F_y^1}{EA}L_0^e - \frac{F_y^1}{w}\left\{\sinh^{-1}\left(\frac{F_z^1 + wL_0^e}{H}\right) - \sinh^{-1}\left(\frac{F_z^1}{H}\right)\right\}$$

$$z_2 - z_1 = \phi_z = -\frac{F_z^1}{EA}L_0^e - \frac{w(L_0^e)^2}{2EA} - \frac{1}{w}\left\{\sqrt{H^2 + (F_z^1 + wL_0^e)^2} - \sqrt{H^2 + (F_z^1)^2}\right\}$$

1) 사장교의 초기평형상태 해석

케이블 구조물의 초기평형상태 해석의 방정식을 풀기위해서는 추가 조건식의 설정방법이 필요하며 사장교의 경우 다음과 같이 추가의 조건식을 변위의 구속조건으로 설정한다. 구체적으로 사장케이블과 Deck의 연결점의 수직 처짐과 타워 최상 단부의 수평 처짐을 제어한다. 사장케이블과 Deck의 연결점의 수직 처짐을 제어하는 것은 Deck를 평평하게 가설하는 조건으로 이 조건 적용시 최외곽 케이블, 즉 롤러지점에 연결된 케이블에 대한 조건식이 추가로 필요하게 된다. 이러한 조건식은 타워 최상단부의 수평 처짐을 제어함으로서 얻을 수 있다.

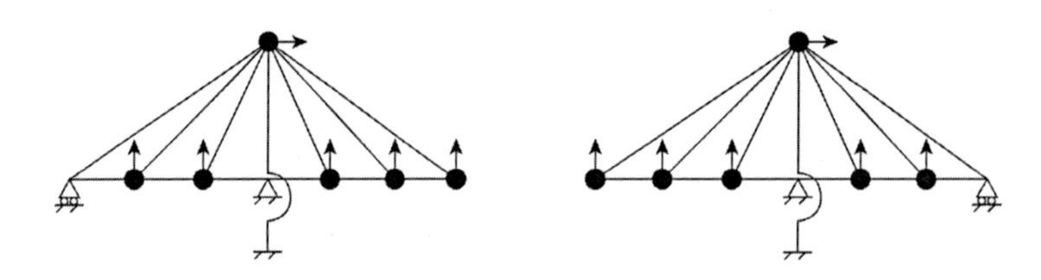

2) 현수교의 초기평형상태 해석

현수교의 경우는 사장교에서 사용한 것과 마찬가지로 전 교량을 하나의 구조물로 생각하고 변위에 대한 구속조건을 적용시키면 손쉽게 케이블의 초기길이를 구해 낼 수 있다. 하지만 일반적으로 현수교는 행어가 그림과 같이 수직하게 가설된다는 가정을 함으로써 아래와 같이 구조물을 분리하여 해석할 수 있다. 구체적으로 행어를 하중으로 치환시켜서, 다음과 같이 현수교를 케이블 부문과 프레임 부문 그리고 행어 부문으로 분리시켜서 해석할 수 있다.

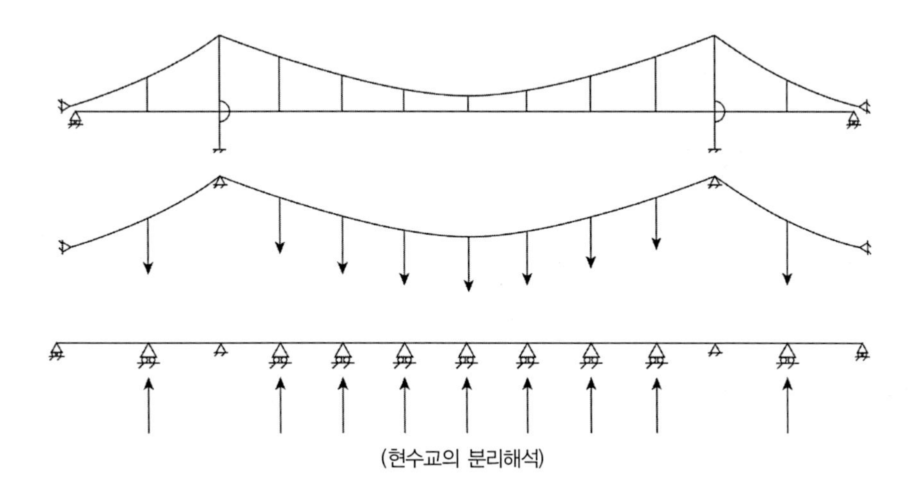
(현수교의 분리해석)

① 행어와 Deck의 연결점을 롤러로 치환하고 그 상태에서 프레임 부문을 선형해석($P_d = K_d \Delta x_d$)하여 롤러단에서의 수직반력을 구한다.
② 구한 수직반력을 분리된 현수교 부분의 외부하중으로 재하시킨 후 초기평형상태 해석을 수행한다.
③ 행어와 주케이블이 만나는 절점의 수평변위를 구속시키고 주케이블의 새그에 대한 조건을 이용하여 새그 부문에서의 수직 처짐을 구속시킨다. 이 두 변월르 제어시키면 타워와 주케이블의 접합부문에서의 2개의 케이블 요소를 제외하고는 모든 케이블에 대한 조건식을 설정할 수 있게 된다. 추가의 2개의 조건식은 타워와 주케이블의 접합부분 양단에서의 장력이 동일하다는 등가조건으로 얻어낼 수 있다.

3) 사장현수교의 초기평형상태 해석에 기존 해석방법 적용 시 문제점

① 현수교와는 다르게 사장케이블에 의해서 Deck에 수평력이 발생하여 수평 처짐이 발생하게 되고 이로 인해서 행어는 수직하게 가설되어야 한다는 행어의 기본가정에 위배된다(해결책. 비선형해석을 통해서 변위복원 Successive iteration방법을 적용하여 좌표 값을 보정).
② 프레임부문(사장현수교에서 사장교 부문)과 현수교 부문의 접합점인 타워부문에서 적합조건과 평행조건을 만족시키지 못하는 문제점이 발생한다(해결책. 사장교부문 해석 시 타워 상단부에 수평방향 롤러지점을 설치하여 타워 상단에 수평 처짐이 발생되지 않는다는 조건을 만족시키고 이러한 지점설치로 발생된 수평 반력을 현수교부문 해석과정에서의 초기 하중 값으로 반영하여 현수교 부문의 초기평형상태 해석을 수행한다. 현수교 부문 초기평형상태 해석에서 추가의 조건식으로 현수 main 케이블과 타워 최상단부의 접점에서의 수평력 평형을 추가의 조건식으로 설정하면 타워 최상단의 처짐이 없어야 된다는 조건과 타워 최상단에서의 수평방향 평형조건을 동시에 만족시킬 수 있다. 이때의 추가의 조건식은 사장교 부문 해석에서 넘어온 수평 반력값을 반영한 상태에서 구성된다).

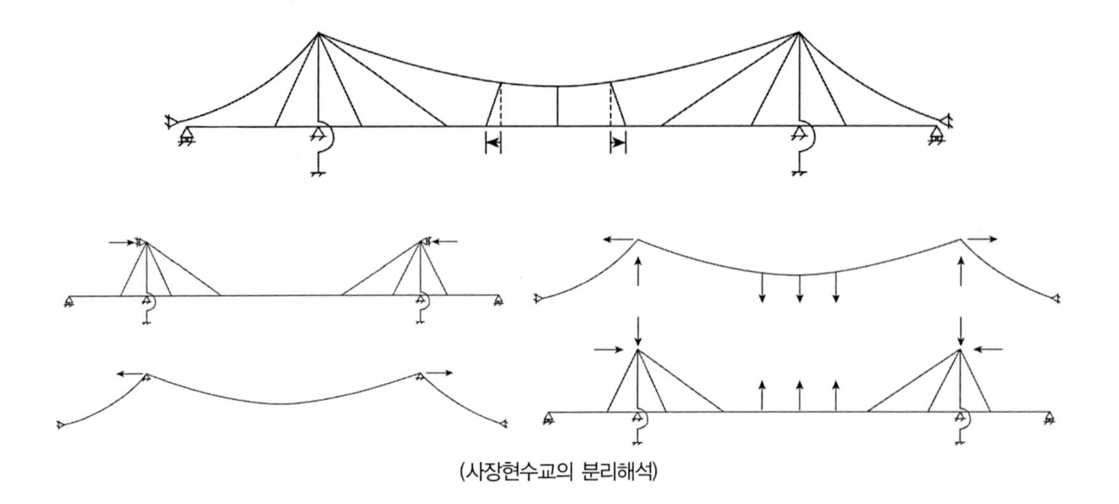

(사장현수교의 분리해석)

참고자료

Bosphorus Bridge(사장현수교) (대한토목학회지 2013.12)

➤ 교량개요

1) 교량형식 : Hybrid Suspension and Cable stayed System(사장현수교)

2) 경간장 : 2,164m(378+1,408+378)

3) 거더형식 : PSC Box Girder + Steel Deck + PSC Box Girder

4) 주탑 : A형 콘크리트 주탑(H=322m)

5) 폭원구성 : 왕복 8차선 + 복선철도(B=58.5m)

6) 케이블 : The Longest stiffening cable, L=587m, 1,960MPa

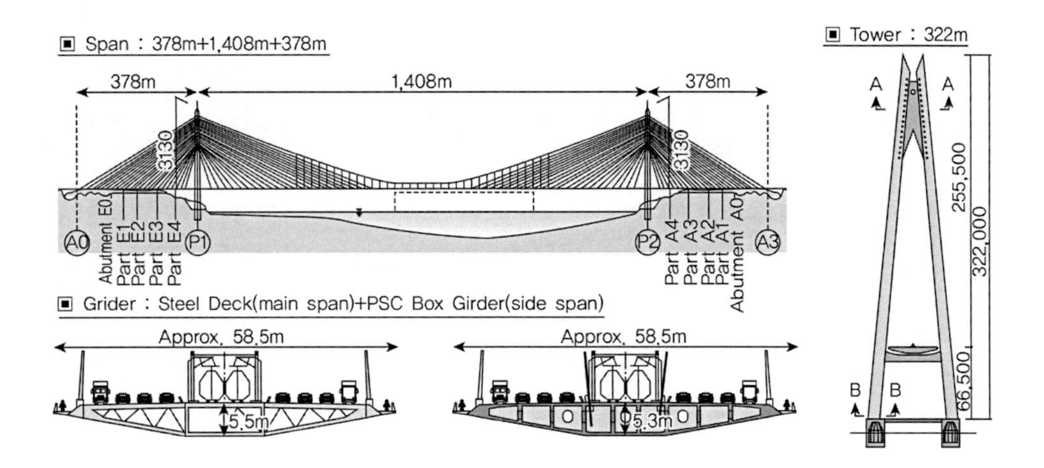

➤ 본 교량의 특징

① 일반 사장교형식과 달리 일부 사장케이블을 지중에 정착하여 경간 중앙부에서 보강형에 인장력을 발생시키는 인장형 사장교로 이를 통해 보강형에 발생되는 압축력을 감소시켜 보강형에 경제적인 설계유도

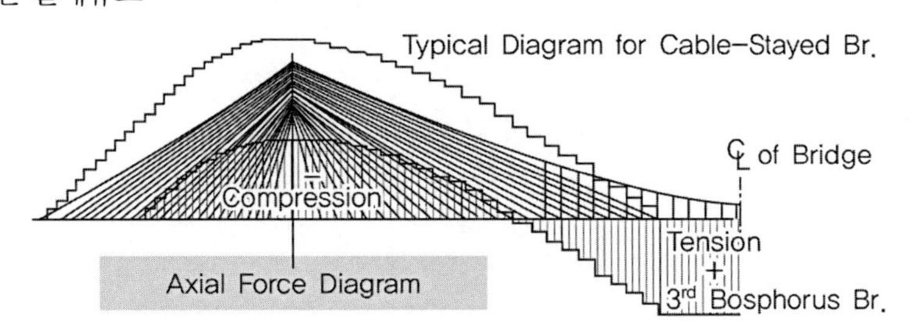

② 장대교량에 최초로 적용되는 교량형식으로 현수교 및 사장교에 각각 고려되어야 하는 사항이 외에도 다음의 두 교량형식의 조합으로 인해 발생되는 사항에 대한 추가 검토가 필요

- 주케이블 가설 시 사장케이블 동시 가설에 의한 주탑변위의 영향
- 사장케이블 가설 시 사장케이블과 기 가설된 주케이블 간의 간섭
- 시공오차에 의한 사장교구간 및 현수교 구간 보강형의 단차
- 사장교에서 발생하는 주탑 수평변위에 의한 교량완공 시 주케이블 IP 변동

③ 현수교구간 보강형 가설방안

일반적으로 중앙부에서 측경간측으로 가설하는 방법은 본 교량에서는 보강형의 내풍안정성에 문제가 있는 것으로 검토되어 본 교량의 현수교 구간은 사장교 보강형 가설 후 기 가설된 보강형에서 중앙경간측으로 순차적으로 연결하는 것으로 계획되었다.

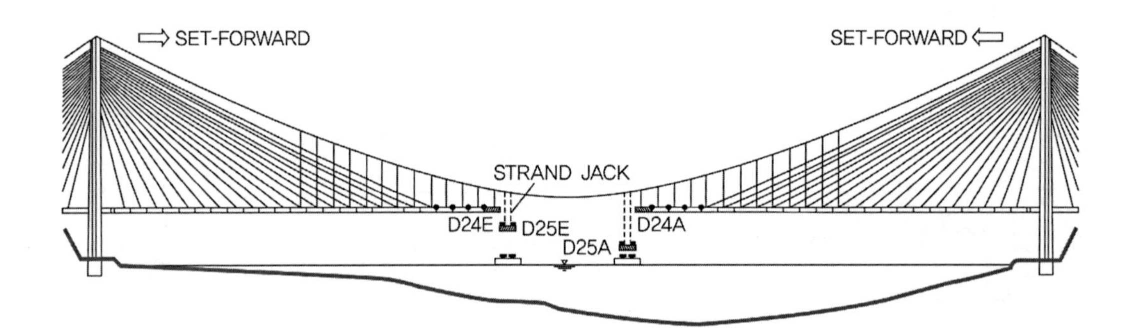

Chapter

09 내풍설계

01 내풍설계

1. 내풍설계의 필요성

1) 장대화 및 경량화

① 교량이 장대화될수록 내진성보다는 내풍성에 의해서 구조물의 안정성이 좌우

② 전체 구조시스템에서 보강거더의 휨강성(EI/l), 중량(mass) 등의 감소로 인하여 시스템의 Damping이 줄고 주기가 길어짐에 따라 고유진동수(f)가 줄어들어 각종 불안정 진동이 저풍속에서 발생하기 쉬어짐

※ Tacoma bridge는 정적 풍하중 설계 속도 $V = 60m/\sec$이나, 저풍속 $V_{cr} = 19m/\sec$에서 비틀림 Flutter로 인해 붕괴

2) 단면형상과 제작기술 발달

① 용접접합, 고장력 볼트접합 기술 발달로 시스템 Damping 감소

② 변장비(B/L)감소로 인하여 진동수 증가(타고마 1:72, 금문교 1:47)

※ B/D, B/L이 클수록 내풍설계에서 유리

3) 현 설계기준에서 내풍고려 범위

① 기본 정적 풍하중 산정식

102회 1-11 교량작용 풍하중에 의해 발생되는 현상을 정적, 동적하중 측면으로 설명

93회 4-3 내풍설계(거스트계수, 지진응답스펙트럼과 풍속파워응답스펙트럼 차이)

66회 1-2 중소지간 교량 풍하중의 도로교 설계기준(플레이트 거더, 각형교각)

$$p = \frac{1}{2}\rho V_d^2 C_d G \text{ (Pa)}$$

TIP | 풍하중식 유도 |

$\frac{1}{2}mV^2$(운동방정식) = $P \cdot t$(충격에너지)

정적하중을 고려하기 위해 t는 무시하여 $p = \frac{1}{2}\rho V_d^2$으로 고려하였으며, 이 때 p는 교축직각으로 작용(바람이 부는 방향)하는 항력이므로 C_d(항력계수, 바람세기가 변하는 특성을 고려)로 보정하여 $p = \frac{1}{2}\rho V_d^2 C_d$ 여기에 동적진동현상 중 버펫팅(Buffeting)을 고려하기 위하여 G(거스트 응답계수)를 고려함.

∴ 정적, 동적 효과 모두 고려

4) 풍하중의 적용과 범위 (2012 한계상태 설계법)

① 일반 중소지간의 교량(박스거더교, 플레이트 거더교, 슬래브교)

$$1 \le B/D < 8,\ P(kPa) = 4.0 - 0.2(B/D)$$
$$B/D \ge 8,\ P(kPa) = 2.4$$

② 태풍이나 돌풍이 취약한 지역의 중대지간 교량 → 합리적으로 결정한 10분 평균 풍속

$$V_D = 1.723\left(\frac{z_D}{z_G}\right)^{\alpha} V_{10}$$

α : 지표조도계수

z_G : 해안(200), 고층건물이나 기복이 심한 구릉지(500)

z_D : 수평구조물의 수평평균높이, 수직구조물의 총 높이의 65%와 z_b중 큰 값

③ 주경간 200m이상인 장대특수교량이나 주경간 길이와 폭의 비율이 30 이상인 교량
→ 바람에 의한 진동이 발생하기 쉬우므로, 풍압에 의한 정적설계 결과에 대하여 동적해석과 풍동실험을 통하여 풍하중의 동적효과에 대한 제반 공기역학적 안정성을 검토

참고자료

2015 한계상태 설계법 (풍하중)

88회 1-7 중, 장지간의 교량 풍하중 계산에 적용하는 기본풍속에 대하여 설명

82회 1-9 도로교 설계기준에서 제시하는 풍하중강도 산정식

73회 3-1 풍하중 계산법을 도로교 설계기준에 근거하여 설명

70회 1-13 수평으로 작용하는 풍속 V_d에 의한 구조물에 작용하는 풍압 p(플레이트거더)

교량 등 구조물에서 일반적으로 내풍안정성 확보를 위하여 내풍설계를 수행하게 되며, 내풍설계 시 교량의 공사기간동안에 필요에 의하여 시공기준풍속을 별도로 정하여 시공 중 발생할 수 있는 문제점에 대해 검토할 수 있도록 2015 도로교설계기준 한계상태설계법에서 규정하고 있다.

1) 풍속

① 기본풍속(V_{10})

케이블 교량의 기본풍속 V_{10}는 지표조도구분 II인 개활지에서 지상 10 m 높이에서의 재현주기 T 년에 해당하는 10분 평균 풍속으로 정의한다. 재현주기 T 년은 대상 교량의 사용기간 N 년을 고려하여 비초과확률 P_{NE}가 37 %에 해당하도록 다음의 식에 의해 결정할 수 있다.

$$T=\frac{1}{1-(P_{NE})^{1/N}}$$ T(재현기간), P_{NE}(비초과확률), N(공사기간)

기본 풍속은 대상 교량 가설 지역에서 가까운 지역의 기상관측소에서의 장기 관측 풍속 기록의 연 최대풍속 시계열을 극치분석한 결과와 그 인근 지역을 통과한 태풍 기록을 이용한 합리적인 태풍시뮬레이션 기법을 통해 예측한 결과를 비교하여 안전측의 풍속으로 결정한다.

장기 관측 풍속기록을 이용하는 경우 기상관측소 주변 지형, 지표조도와 풍속계의 설치 높이 등을 고려하여 합리적인 방법에 의해 지표조도구분 II 인 개활지에서 지상고도 10 m 의 풍속으로 관측 풍속을 보정하여야 한다. 이때 지형 및 지표에 의한 영향을 고려한 관측 풍속의 보정은 적합한 국내외 기준에서 이용되는 방법에 준하여 수행되어야 하며, 관측 기간의 지표 변화, 관측 위치의 변화, 풍향 등을 고려하여야 한다.

관측 풍속계 설치 높이에 따른 보정은 풍속계 설치고도 z_1에서의 관측 풍속 V_1을 지표조도구분 II, 지상고도 10m에서의 풍속 V_2로의 변환으로 정의한다.

$$V_2=C_t V_1\left(\frac{z_2}{z_{G2}}\right)^{\alpha_2},\quad z_2\ge z_b \qquad\qquad V_2=C_t V_1\left(\frac{z_b}{z_{G2}}\right)^{\alpha_2},\quad z_2<z_b$$

이 때 지표조도계수 α_1, 경도풍 고도 z_{G1}, 대기 경계층 최소높이 z_{b1}, 지표조도길이 z_{01}는 관측

소 지역에 해당되는 지표조도구분에 대하여 아래의 표를 이용하여 결정하며 C_t는 고도 및 조도 보정계수로 α_2, z_{G2}, z_{b2}는 지표조도구분 II, 지상고도 10m에 해당하는 값을 이용한다.

$$C_t = \left(\frac{z_{G1}}{z_1}\right)^{\alpha_1}$$

지표조도구분		α	z_G	z_b	z_0
I	해상, 해안	0.12	500	5	0.01
II	개활지, 농지, 전원 수목과 저층건축물이 산재하여 있는 지역	0.16	600	10	0.05
III	수목과 저층건축물이 밀집하여 있는 지역, 중·고층 건물이 산재하여 있는 지역, 완만한 구릉지	0.22	700	15	0.3
IV	중·고층 건물이 밀집하여 있는 지역, 기복이 심한 구릉지	0.29	700	30	1.0

교량 가설지역의 지표조도는 교축방향의 양쪽 풍향과 교축직각 방향의 양쪽 풍향을 모두 고려하여야 한다. 교축직각 방향의 경우 그림 (a)교축직각방향 에 보는 바와 같이 교량 상부 구조 높이의 100 배 범위(최소 500 m)에서의 평균 지표상황으로 결정하며, 교축 방향의 경우 그림 (b)교축방향에 보는 바와 같이 주탑 높이의 100 배 범위에서의 평균 지표상황으로 결정한다.

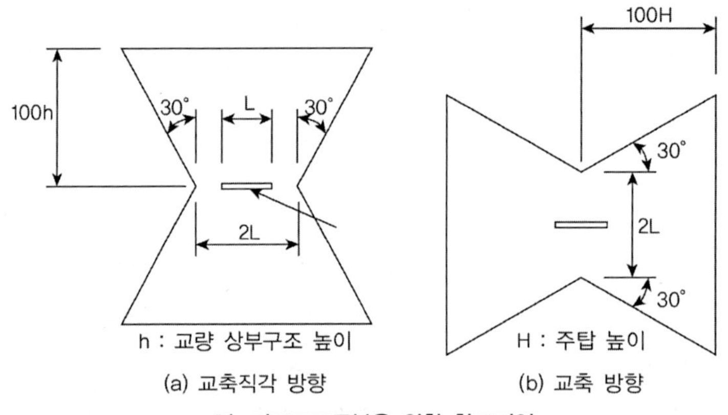

그림. 지표조도구분을 위한 참조지역

태풍시뮬레이션 기법은 국제적으로 공인된 과거 태풍의 경로, 중심기압 등의 자료를 이용하여야 하며, 대상 교량 가설 지역을 중심으로 합당한 영역을 설정하여 해당 영역으로의 태풍 진입율, 중심기압, 이동속도, 이동방향, 최대풍속반경 등에 대한 통계적 모형을 포함하여야 한다.

② 설계기준풍속(V_D)

설계기준풍속 V_D는 대상 지역의 기본풍속과 교량의 고도, 주변의 지형과 환경 등을 고려하여 합리적인 방법으로 결정한다. 대상 교량 가설 지역이나 설계기준고도에서 풍속자료가 가용치 못한 경우에는 위에서 산정한 기본풍속 V_{10}을 이용하여 대상 교량 가설 지역의 설계기준고도에서의 설계기준 풍속을 산정한다. 풍동실험이나 풍진동 검토를 위한 독립주탑의 풍속 설계기준고도는 주탑높이의 65%로 간주한다. 설계 풍하중 재하 시에는 주탑 하단에서 최상단까지 주탑 단면 및 풍속의 연직분포를 고려하여야 한다.

③ 시공기준풍속(V_C)

107회 1-8 시공기준풍속에 대해 설명

교량의 공사기간 동안에 필요시 별도의 시공기준풍속 V_c를 정하여 시공 중 발생할 수 있는 문제를 검토할 수 있다. 케이블 교량의 시공기준풍속은 공사기간 동안 최대풍속의 비초과확률 60 %에 해당하는 재현주기의 풍속을 교량의 고도, 주변 지형 등을 고려하여 보정한 10분 평균 풍속이다. 이 때 고도 보정에는 기본풍속 V_{10}에서 적용한 식을 사용할 수 있으며. 비초과확률 P_{NE} , 사용기간 N , 재현주기 T 의 관계도 기본풍속 V_{10}에서 적용한 식을 사용할 수 있다.

④ 한계풍속

한계풍속은 발산진동(플러터, 갤로핑 등)의 검토를 위한 풍속으로 아래와 같다.

$$V_{cr} > C_{SF} V_R$$

여기서, V_R : 설계 또는 시공기준풍속

C_{SF} : 안전계수

완성계에 대해서 기준풍속은 설계기준풍속 V_D를 사용하고, 시공 중에 대해서 기준풍속은 시공기준풍속 V_C를 사용한다. 안전계수 C_{SF}는 1.3 이상을 적용한다.

2) 설계풍압(일반 중소지간교량)

① 박스거더교, 플레이트 거더교, 슬래브교

$$1 \le B/D < 8 \qquad P(kPa) = 4.0 - 0.2(B/D)$$

$$B/D \ge 8 \qquad P(kPa) = 2.4$$

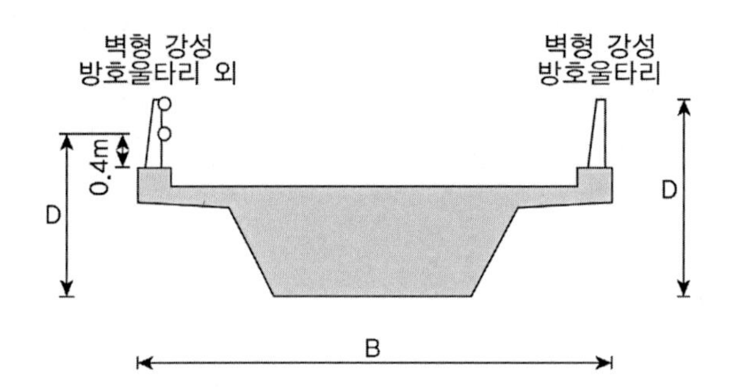

② 풍상측 트러스 활화중 비재하 시 $2.4/\sqrt{\phi}$, 풍하측 트러스는 $0.5\times2.4/\sqrt{\phi}$ (ϕ : 충실률)

③ 기타 교량부재 원형 [풍상측(1.5), 풍하측(1.5)), 각형(풍상측(3.0), 풍하측(1.5)]

④ 병렬거더는 영향을 고려하여 보정 (2008기준. 보정계수 1.3, $S_V \leqq 2.5D$, $S_h \leqq 1.5B$)

⑤ 활하중 재하시는 풍압을 절반만 재하할 수 있다.

3) 설계풍압(태풍이나 돌풍에 취약한 지역 중대지간)

① $p(Pa)=\dfrac{1}{2}\rho V_D^2 C_d G$

강체구조물($G=G_r$, $f_1>1Hz$) $G_r=K_p\dfrac{1+5.78I_zQ}{1+5.78I_z}$

유연구조물($G=G_f$, $f_1\leqq 1Hz$) $G_r=K_p\dfrac{1+1.7I_z\sqrt{11.56Q^2+g_R^2R^2}}{1+5.78I_z}$

f_1 : 구조물의 바람방향 1차 모드 고유진동수

C_d : 항력계수, 기존문헌, 실험, 해석 등의 합리적인 방법으로 산정

G : 거스트계수, 풍속의 순간적인 변동의 영향을 보정하기 위한 계수

$I_z=c\left(\dfrac{10}{z_D}\right)^{1/6}$: 난류강도　　$L_z=l\left(\dfrac{z_D}{10}\right)^c$: 난류길이

z_5 : z와 5m 중 큰 값　　$K_p=2.01\beta^2\left(\dfrac{10z_5}{z_Dz_G}\right)^{\alpha_2}$: 풍압보정계수

$$Q=\sqrt{\dfrac{1}{1+0.63\left(\dfrac{L+D}{L_z}\right)^{0.63}}}$$

② 하부구조에 작용하는 풍압

하부구조에 직접 작용하는 풍압은 교축직각방향 및 교축방향에 작용하는 수평하중으로 하며,

동시에 작용하지 않는 것으로 한다.

$$p(Pa) = \frac{1}{2}\rho V_D^2 C_d G, \quad C_d(\text{원형}(0.6),\ \text{각형}(1.2))$$

4) 공기역학적 안정성

주경간 200m 이상인 장대특수교량이나 주경간 길이와 폭의 비율이 30 이상인 교량이나 부재는 바람에 의한 진동이 발생하기 쉬우므로, 풍압에 의한 정적설계 결과에 대하여 동적해석과 풍동실험을 통하여 풍하중의 동적효과에 대한 제반 공기역학적 안정성을 검토하여야 한다.

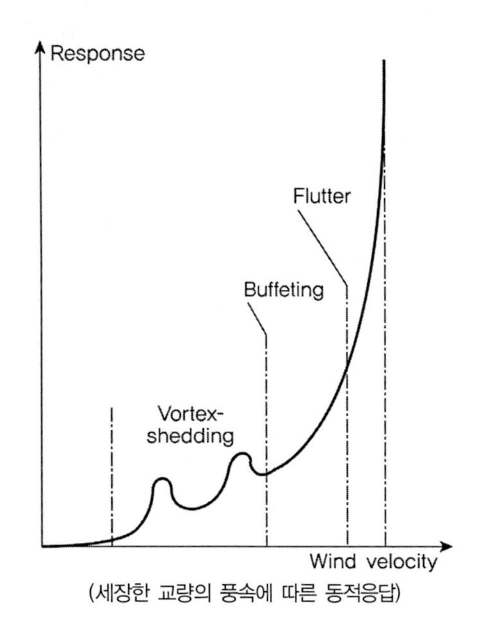

(세장한 교량의 풍속에 따른 동적응답)

2. 풍하중과 교량의 거동

108회 3-2 풍하중에 의한 교량의 정적, 동적 거동

100회 1-9 왕복운동기계를 지지하는 강체블록기초의 동적해석을 위한 6개 진동모드

74회 3-2 장대교량 내풍설계에서 3가지 이상 중요한 동적현상

정적현상 (바람 하중)	풍하중에 의한 응답		보강형	정적공기력의 작용에 의한 정적변형, 전도, 슬라이딩
	Divergence, 좌굴		보강형	정상공기력에 의한 정적 불안정 현상
동적현상 (바람 진동)	강제 진동	와류진동 (Vortex-shedding)	보강형, 주탑, 아치교 행어	물체의 와류방출에 동반되는 비정상 공기력(카르만 소용돌이)의 작용에 의한 강제진동
		버펫팅 (Buffeting)	보강형	접근류의 난류성에 동반된 변동공기력의 작용에 의한 강제진동
	자발 진동	갤로핑 (Galloping)	주탑	물체의 운동에 따른 에너지가 유체에 피드백(feed-back)됨으로써 발생하는 비정상공기력의 작용에 동반되는 자려(Self-exited) 진동
		비틀림플러터 (Torsional Flutter)	보강형	
		합성플러터 (Coupling Flutter)	보강형	
	기타	Rain Vibration	케이블	사장교케이블 등에 경사진 원주에 빗물의 흐름으로 인하여 발생하는 진동
		Wake Galloping	케이블	물체의 후류(wake)의 영향에 의해 발생하는 진동

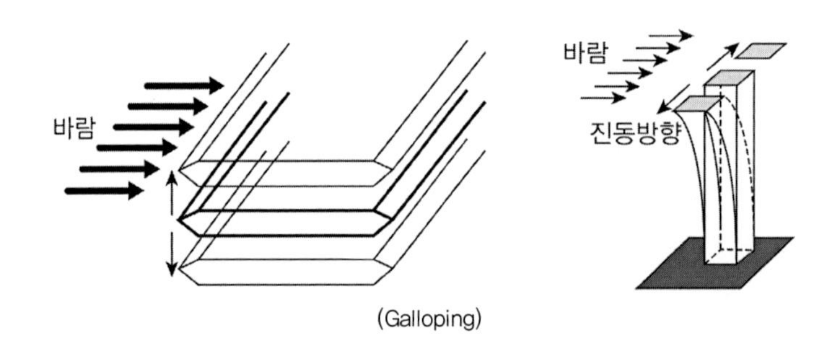

(Galloping)

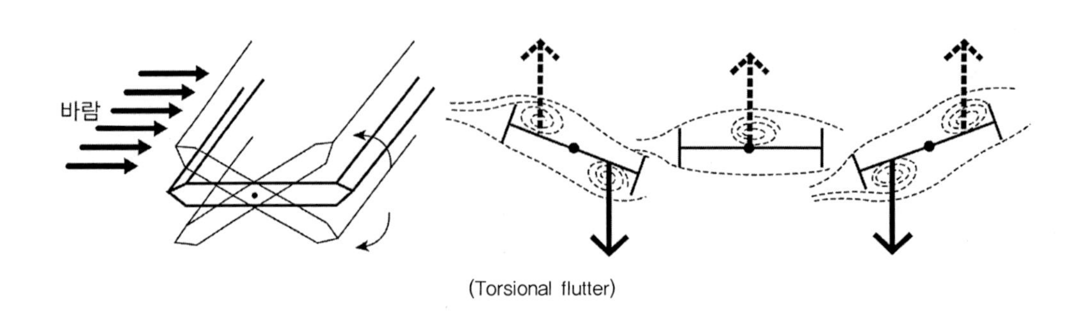

(Torsional flutter)

1) 정적하중과 교량거동

내풍설계에서는 우선 바람에 의한 정적효과에 대하여 구조물이 충분한 저항력을 가져야 한다. 특히 교량이 장대화됨에 따라 풍하중 효과가 상대적으로 커지게 된다. 바람에 의하여 발생하는 하중은 다음의 6가지 분력으로 구분된다. 이중 주로 항력(Drag force), 양력(Lift force), 비틀림플러터(pitching)에 대하여 주로 고려한다.

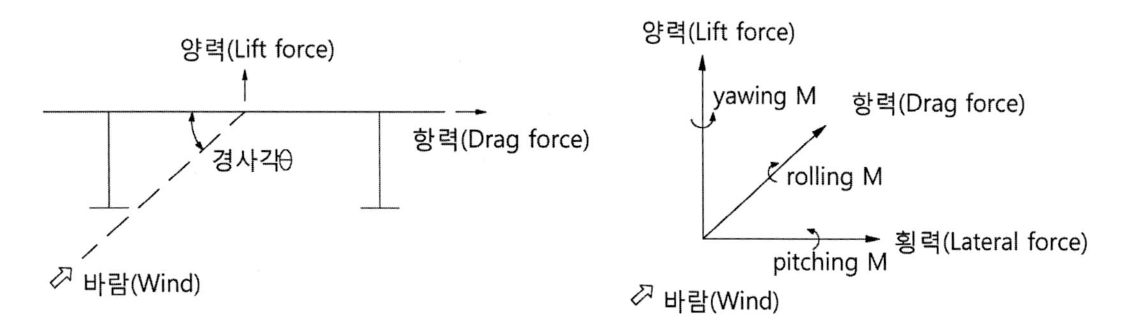

① 기류방향 분력 : 항력(Drag force)

② 기류직각방향 분력 : 양력((Lift force), 횡력(Lateral force)

③ 회전 : Pitching Moment, Yawing Moment, Rolling Moment

④ 양력(lift force, F_L), 항력(Drag force, F_D)

$$F_L = \frac{1}{2}\rho V^2 C_L A \ : \ \frac{1}{2}\rho V^2 \fallingdotseq f(\text{운동에너지}) = \frac{1}{2}mv^2, \quad C_L(\text{양력계수}), \quad A(\text{투영면적})$$

$$F_D = \frac{1}{2}\rho V^2 C_D A \ : \ \frac{1}{2}\rho V^2 \fallingdotseq f(\text{운동에너지}) = \frac{1}{2}mv^2, \quad C_D(\text{항력계수}), \quad A(\text{투영면적})$$

$M = \frac{1}{2}\rho V^2 C_M A B^2$: 양력과 항력의 합력이 교량단면의 비틀림 강성 중심을 통과하지 않을 때 발생하는 비틀림 모멘트, B(폭원)

※ C_L, C_D, C_M : 양각에 관련된 계수로 단면형상과 양각에 따라 변화하며 풍동실험을 통해서 결정
V(평균풍속의 정상류) : 실제 자연풍은 시간적 변동특성을 가지므로 거스트 계수(G)로 보정

⑤ 횡좌굴 한계풍속 : 교량에 횡방향 작용하는 정적하중에 의해 발생하는 가장 기본적인 불안정 구조거동은 면외 좌굴인 횡좌굴이며 횡좌굴에 대한 한계풍속 V_{cr}은 다음과 같이 추정한다.

$$V_{cr} = \sqrt{\frac{2q_{cr}}{\rho C_D (A/L)}}, \quad q_{cr} = \frac{28.3\sqrt{EI \cdot G_s J}}{L^3}$$

여기서, L : 경간장, EI : 주형의 약축에 대한 휨강성, $G_s J$: 비틀림 강성

⑥ 비틀림 발산(Torsional divergence) : 비틀림 모멘트에 의해 발생하는 주형의 거동

$$V_{cr} = \sqrt{\frac{2\lambda_1}{\rho(dC_M)(A \cdot B/L)}}$$

여기서, λ_1 : $|K[I] - \lambda[I]| = 0$ 의 Eigenvalue, dC_M : $\left[\frac{dC_M}{d\theta}\right]_{\theta=0}$, $[K]$: 비틀림 강성행렬

2) 동적하중과 교량거동

107회 1-3 플러터(Flutter)

95회 1-8 버펫팅(Buffeting) 및 플러터(Flutter)

71회 1-12 Vortex(와류진동), Buffeting(제한진동), Flutter(발산진동)

68회 1-2 갤로핑(Galloping)

① 와류(Vortex-shedding) 진동

와류진동은 물체의 배후나 측면에서 생성되는 주기적인 와류에 의해 발생되는 현상이며 일반적으로 뭉뚝한 구조단면 형상을 갖고 구조감쇠나 질량이 작은 구조체에서 발생하기 쉽다. 이 진동은 저풍속역에서 발생하며 어떤 한정된 풍속영역에서 발생하기 때문에 발생빈도가 높아 구조물의 피로나 시공성, 사용성에 문제가 되는 경우가 있다. 단면 배후에 주기적으로 방출되는 와류의 방출주파수가 구조물의 고유진동과 일치할 때에 발생하기 때문에 일정한 풍속범위에서만 발생하는 일종의 한정적인 진동현상이다. 따라서 이러한 진동의 발생에 의해 교량이 갑자기 붕괴에 도달할 위험은 적으므로 구조부재의 파손 등이 발생하는 일이 없는 범위에서 진동을 허용할 수 있는 현상이다.

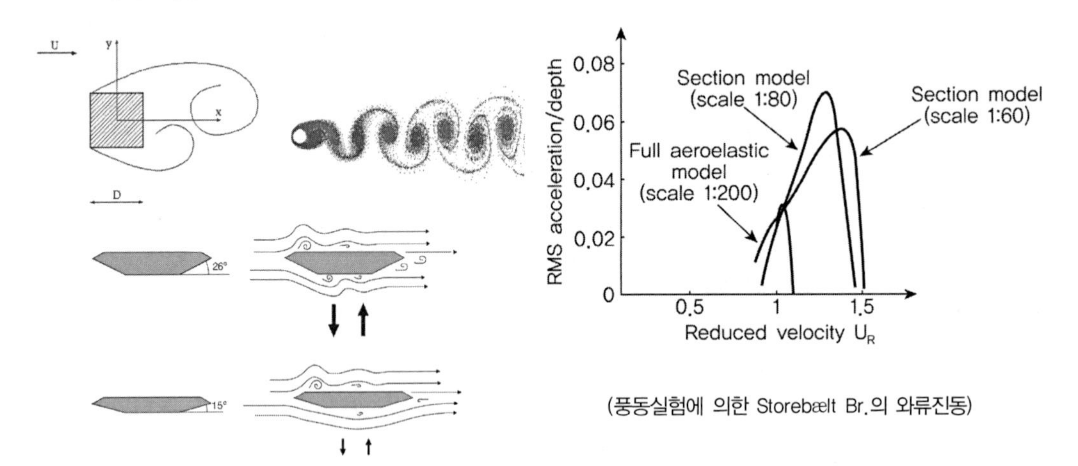

(풍동실험에 의한 Storebælt Br.의 와류진동)

특징	대책
① 뭉뚝한 단면, 감쇠나 질량이 작은 구조체에서 발생	① 강성증가
② 저풍속역에서 발생(한정돈 풍속역)	② 단위길이당 질량증가
③ 구조물 피로, 시공성, 사용성에 문제	③ Damping 증가
④ 급작스런 붕괴위험은 적음	④ 유선형 단면 채택

② 버펫팅(Buffeting) : 설계기준식에서 거스트 응답계수(G)로 고려

바람의 난류성에 기인하여 구조물에 불규칙적인 변동 공기력이 작용할 때 발생하는 강제진동 현상을 버펫팅 또는 거스트 응답이라고 한다. 이 진동은 대기류와 같이 난류성을 포함한 기류 내에서는 어떠한 구조물, 어떠한 풍속영역에서도 발생할 수 있다는 점이 다른 진동현상과 다르다. 지간이 짧은 중소지간의 교량에서는 버펫팅에 의한 동적인 하중효과를 거스트 응답계수를 적용시켜 반영하여 간편한 방식으로 적용한다.

③ 갤로핑(Galloping)

갤로핑은 단면비 폭/높이(B/D)가 0.7~2.8인 사각형 단면에서 주로 발생하는 기류 직각방향의 진동으로 물체의 운동에 따른 에너지가 유체에 피드백(feed-back)됨으로써 발생하는 비정상 공기력의 작용에 동반되는 자려(Self-exited)진동이다. Den Hartog의 조건에 따르면 양력계수(C_L)와 양각(α, Angle of attack)와의 관계 그래프에서의 기울기($dC_L/d\alpha$)가 음의 값을 가질 때 갤로핑이 발생된다. 사각형의 단면 주위의 기류의 양상에 의해서 양각이 증가하게 되고 이로 인해서 가속화된 박리 기류로 인해 음의 압력이 발생되어 음의 압력이 발달하게 된다. 음의 압력은 박리기류하면에 재부착되는 양각을 정점으로 감소하는데 정사각형인 경우 (B/D=1.0)에는 $\alpha = 15^\circ$ 가 된다. 재부착된 박리기류는 반대로 양의 압력으로 작용하게 되어 진동이 유발되게 된다. 다만 B/D>2.8인 단면에서는 박리기류의 재부착으로 갤로핑이 발생되지 않으므로 주형과 같은 단면에서는 문제가 되지 않는다.

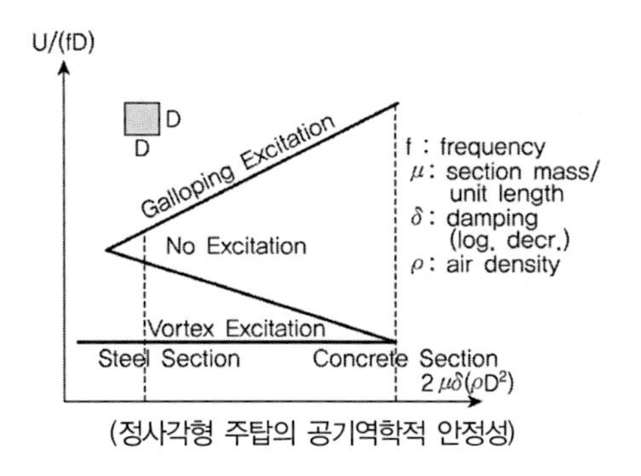

(정사각형 주탑의 공기역학적 안정성)

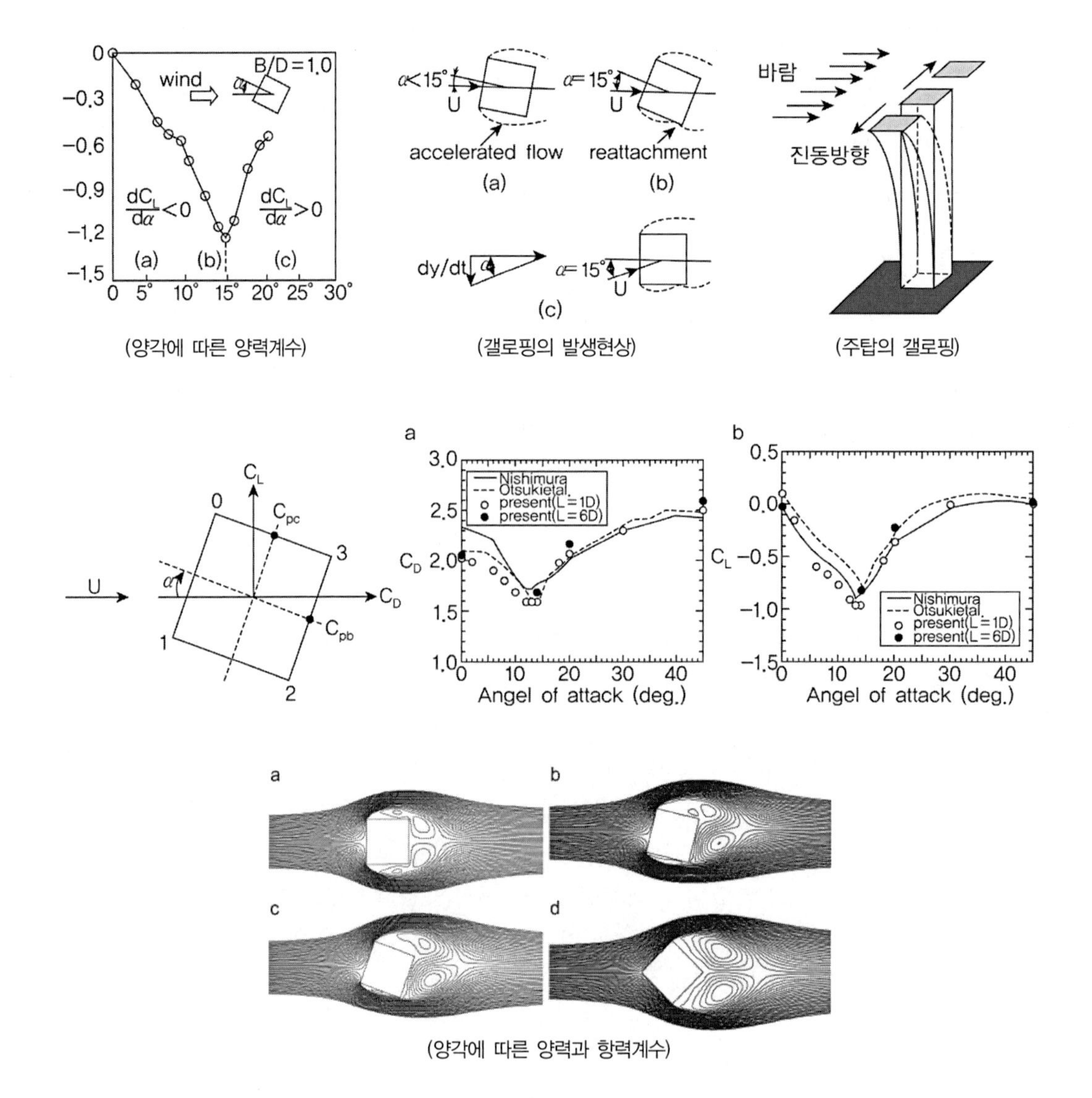

(양각에 따른 양력계수) (갤로핑의 발생현상) (주탑의 갤로핑)

(양각에 따른 양력과 항력계수)

④ 플러터(Flutter)

플러터에는 여러 가지 진동모드가 있으며 교량구조에서는 수직성분의 휨과 비틀림 모드가 함께 발생하는 합성플러터(Coupling flutter)와 비틀림 모드만 발생하는 비틀림 플러터(Torsional flutter)가 주요 모드로 발생한다.

(1) 비틀림 플러터

비틀림 플러터는 바람에 의해 바람이 부는 방향에 수직인 교축을 중심으로 pitching moment에 의해 비틀림 거동의 발산형 진동을 말한다. 이 진동현상은 교량이 내풍설계에 있어서 가장 주의해야 할 진동현상으로 주로 주형에서 문제가 된다.

교량의 주형과 같은 단면비(B/D)가 큰 단면의 경우 단면의 상류측 모서리에서 발생하는 박리 전단층은 측면에 재부착하게 되고 이 박리 전단층에 둘러싸인 영역에서는 박리라는 순환류가 존재하게 된다.

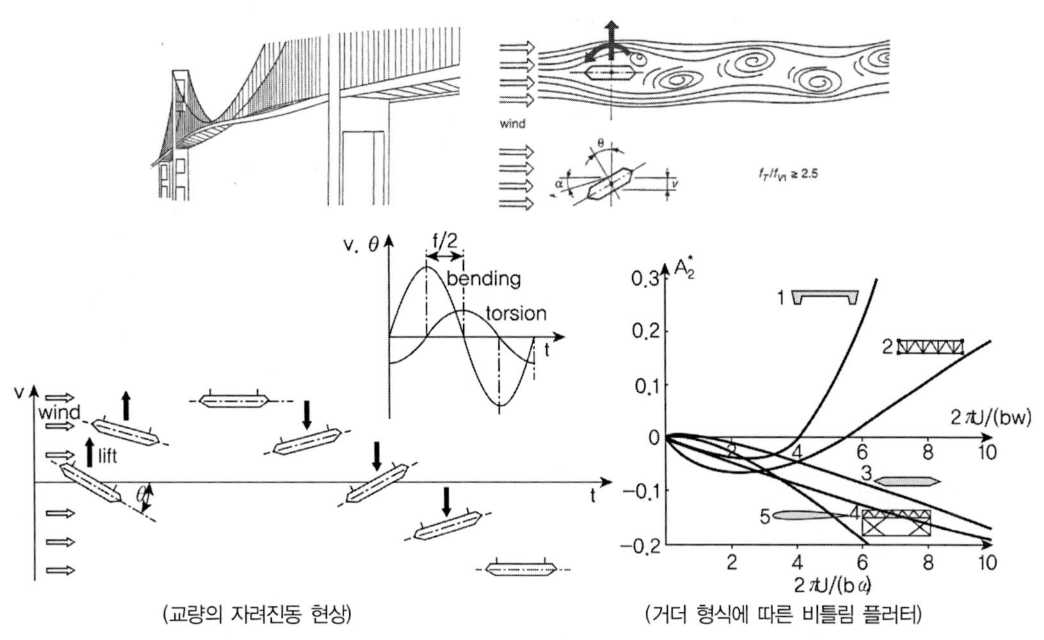

(교량의 자려진동 현상) (거더 형식에 따른 비틀림 플러터)

(거더형식) 1. bluff box deck, 2. trussed deck with instability, 3. stable streamlined box deck, 4. thin airfoil

이 때 이 순환류의 운동에 의해 단면의 측면에는 음의 압력이 발달하게 되며 이 순환류는 기류에 따라 하류측으로 이동하게 되며 따라서 음의 압력영역도 하류측으로 이동하게 된다. 이와 같은 음의 압력 영역의 이동은 단면의 상하면에서 어느 정도의 시간차를 가지고 이동하게 되는데 이와 같은 시간적 위상차에 의해 단면에는 비틀림 모멘트가 발생하게 되어 비틀림 플러터가 발생하게 된다(Tacoma Bridge의 붕괴사고의 원인).

(2) 합성플러터

합성플러터는 바람에 의해 발생하는 발산형 진동중에서 기류 직각방향과 비틀림 방향의 진동 즉, 갤로핑과 비틀림 플러터가 합성된 2자유도의 진동현상이다. 연직운동과 비틀림 운동의 진동수가 풍속에 따라 변화하다가 어느 풍속에 도달하여 두 진동수가 일치할 때 이 진동이 발생하게 되며 진동 중에는 연직방향과 비틀림 방향의 운동 간에 시간적 위상차를 갖게 된다. 합성플러터의 발생풍속은 연직과 비틀림 운동의 고유진동수비에 의해 크게 좌우되는데 고유진동수비가 약 1.1에서 합성플러터 발생풍속이 최저인 불리한 조건이 되며 이 진동수 비가 1.1보다 증가하거나 또는 감소함에 따라 발생풍속이 증가하는 특징을 보인다. 종래에는 이 진동수비가 1.8~2.0 이상이 되도록 주형의 단면을 설계하는 것이 보통이었으나 근래에는 1.1보다 작게 설계하는 것이 검토 중이다.

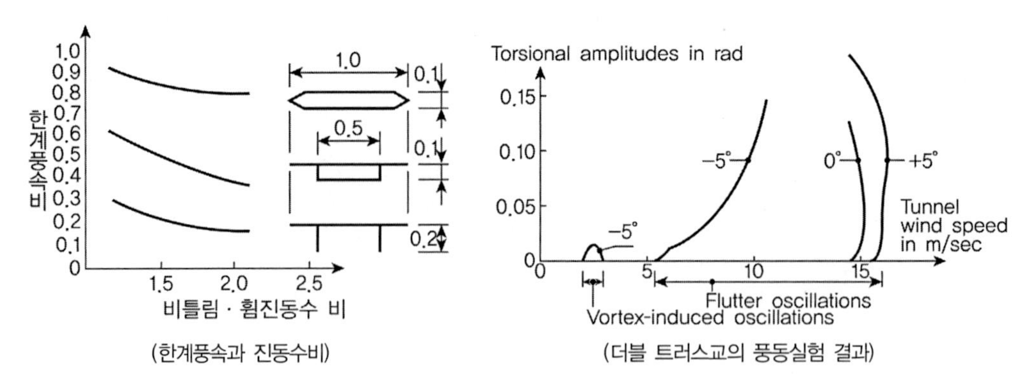

(한계풍속과 진동수비) (더블 트러스교의 풍동실험 결과)

Frandsen의 airfoil flutter Velocity : $U_f = U_d \sqrt{1 - \left(\frac{\omega_v}{\omega_t}\right)^2}$

Selberg의 flutter Velocity : $U_f = 0.52\, U_d \sqrt{\left[1 - \left(\frac{\omega_v}{\omega_t}\right)^2\right] b \sqrt{\frac{\mu}{I_m}}}$

3) 케이블의 진동

① 케이블의 와류(Vortex–shedding) 진동

- 케이블의 와류진동은 바람방향으로 케이블 후면에 발생하는 주기적인 와류에 의한 진동으로 고주파의 저진폭 진동이라는 특징이 있다.

- 와류진동에 의한 케이블의 가진력은 케이블의 운동과 서로 상호작용이 일어나지 않으므로 발산진동 현태가 되지 않는다.
- 하지만 이러한 진동이 케이블에서 중요하게 다루어지는 이유는 케이블에 피로문제를 야기할 수 있기 때문이며, 와류생성 진동수(n)은 다음의 식을 사용하여 계산한다.

$$V = \frac{nD}{S_t} \quad \therefore n = S_t \frac{V}{D}$$

여기서 V: 풍속, S_t : 스트로할 수(원형단면 0.15), D: 케이블 직경

- 케이블의 와류진동은 위 식을 이용하여 와류생성 진동수를 구하고 이 값을 케이블의 고유진동수와 비교하며 일반적으로 케이블의 고유모드는 4차 이상을 사용하여 검토한다. 이외에도 적절한 방법으로 와류진동에 의한 피로응력을 직접 산정하여 검토 할 수 있다.

② 케이블의 풍우진동(Rain wind vibration)

92회 4-1 사장교 케이블의 진동현상과 제진대책 설명하고 풍우진동 안정성 검토

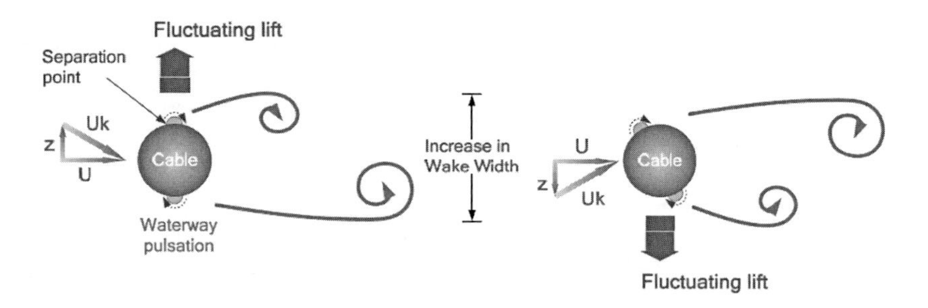

빗물이 케이블 표면을 따라 흘러내려 발생시키는 케이블의 길이방향 물줄기에 의한 케이블 단면의 비대칭 형상에 기인하며 바람방향의 수직성분 공기력의 차이로 발생한다. 따라서 주로 바람방향으로 아래로 기울어진 케이블에서 발생하며 발생 풍속은 비의 양과 케이블의 표면상태에 따라 달라진다. 풍우진동에 대한 안정조건은 스크루톤 수(S_c)와 관련이 있으며 매끈한 원형단면의 경우 일반적으로 다음과 같다.

$S_c = \dfrac{m\xi}{\rho D^2} \geq 10$ (케이블의 표면에 공기역학적 처리한 경우, Dimple이나 돌기처리시 4)

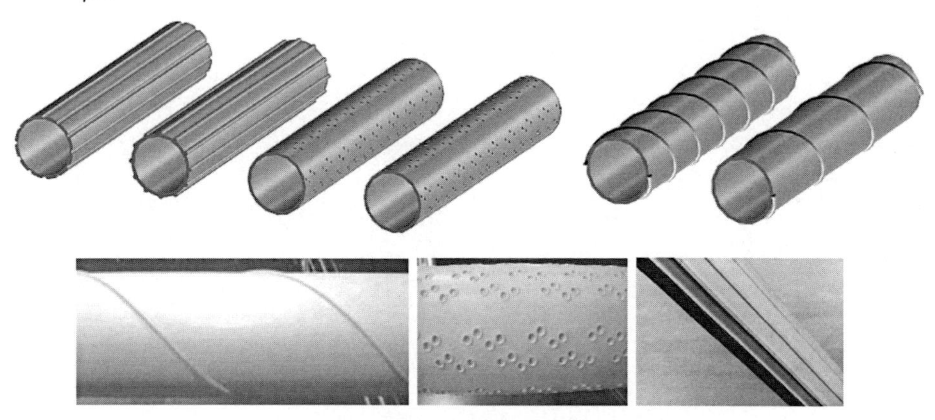

(케이블표면의 공기역학적 처리)

③ 케이블의 버펫팅

• 바람의 변동성분에 의한 진동으로 사장교 케이블에 대해서는 대부분 면외방향의 진동을 발생

• 케이블의 공기역학적 감쇠비는 일반적으로 면내방향보다 면외방향이 훨씬 크므로 적절한 방법을 이용하여 버펫팅을 검토할 경우 공기역학적 감쇠비를 고려하는 것이 타당하다.

④ 케이블의 웨이크 갤로핑(Wake Galloping)

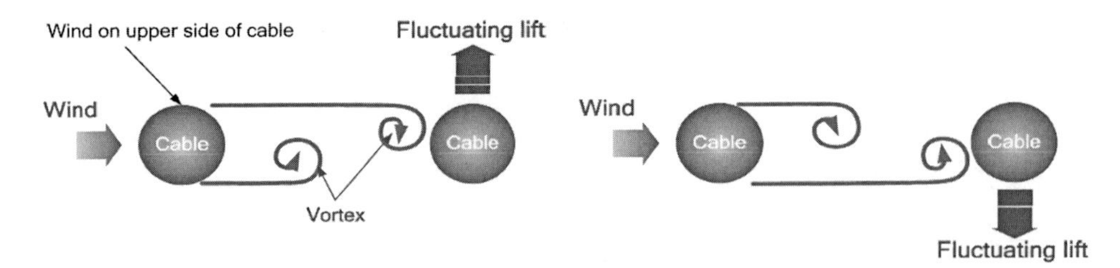

$V_{cr} = \dfrac{D}{S_t f_n}$, 케이블 간격이 1.5~6.0D인 경우 발생한다.

- 케이블 단면의 비대칭 형상에 기인하는 것으로 원형 단면 케이블이라도 경사진 케이블에서 발생하며(galloping of dry inclined cable) 표면에 얼음이 덮인 케이블에서도 발생가능하다.
- 경사 케이블의 갤로핑은 이론적으로 가능하지만 아직 그 현상에 대해 실제적으로 명확하게 규정되지 않고 있으며 현재 연구가 진행 중이다.
- 최근 연구결과에 따르면 케이블의 구조감쇠가 0.3% 이상인 경우 경사 케이블의 갤로핑은 발생하지 않으며, 이 경우 스크루톤 수(S_c)는 3 정도로 풍우진도의 발생 임계값인 10보다 작은 값이다. 따라서 풍우진동을 방지할 수 있을 정도의 감쇠비이면 경사케이블의 갤로핑은 충분히 방지할 수 있다.
- 웨이크 겔로핑(Wake galloping)은 다른 구조요소들에서 발생한 와류 속에 케이블이 존재하여 발생하는 공기역학적 불안정 현상으로 여러 다발로 이루어진 케이블시스템이나 사장교에서 바람의 방향이 교축방향인 경우에 발생할 수 있다.
- 현장측정이나 풍동실험 결과에 의하면 W/D(케이블 중심간 거리/케이블 직경)이 1.5~6.0 사이에 있는 경우 바람 흐름의 아래쪽 케이블이 불안정해진다고 알려져 있다.

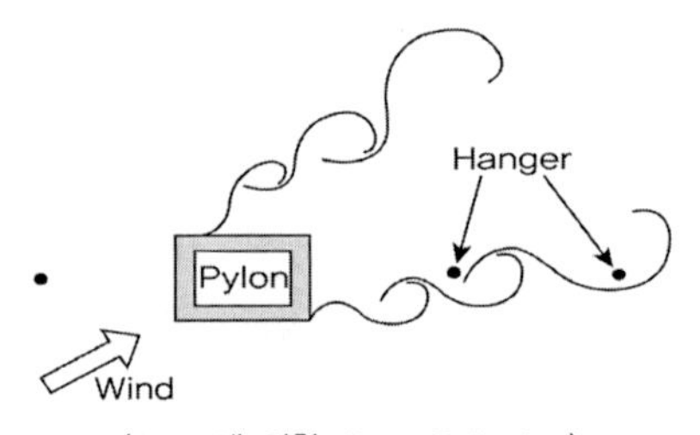

(Pylon에 의한 Wake Galloping)

⑤ 주탑이나 주거더의 지점가진 진동

바람이나 주행차량에 의해 유발되는 주탑이나 주거더의 진동은 경사진 케이블의 지점을 가진시키게 된다. 이 때 주탑과 주거더의 고유진동수와 케이블의 고유진동수가 특정한 관계로 연결되면 공진이 발생할 수 있으며 응답진폭은 과다하게 나타난다. 설계단계에서의 공진가능성 검토 시 가진 진동수나 케이블의 고유진동수는 이론적인 계산에 의한 것이므로 두 진동수의 여유량을 20% 이내로 두는 것이 좋다.

105회 4-3

풍우진동

사장교에서 발생 가능한 풍우진동(rain-wind induced vibration)현상 및 발생메커니즘에 대하여 설명하고 다음조건에서 풍우진동의 발생여부를 판단하시오

(조건)
– 케이블의 단위길이당 질량 : $m=150kg/m$
– 케이블의 감쇄비 : $\xi=0.0015$
– 케이블의 직경 : $D=0.18m$
– 공기밀도 : $\rho=1.25kg/m^3$

풀 이

▶ 풍우진동(Rain-Wind Vibration)의 개요

비가 오는 상태에서 부는 바람에 의해 케이블 표면에서의 빗물 흐름이 바람에 노출되어 케이블 단면 형상을 변화시킴으로 인해 발생하는 진동을 말하며, 빗물이 케이블 표면을 따라 흘러내려 발생시키는 케이블의 길이방향 물줄기에 의한 케이블 단면의 비대칭 형상에 기인하며 바람방향의 수직성분 공기력의 차이로 발생한다. 따라서 주로 바람방향으로 아래로 기울어진 케이블에서 발생하며 발생 풍속은 비의 양과 케이블의 표면상태에 따라 달라진다. 풍우진동에 대한 안정조건은 스크루톤 수(S_c)와 관련이 있으며 매끈한 원형단면의 경우 일반적으로 제어기준과 제진대책은 다음과 같다.

① 제어기준 식 : $S_c=\dfrac{m\xi}{\rho D^2}>10$ (케이블의 표면에 공기역학적 처리시, Dimple이나 돌기처리 5)

② 제진대책 : 케이블 표면을 돌기 등으로 처리하여 안정성을 확보한다(Dimple, Helical ribs).

▶ 풍우진동 발생 검토 : PTI 제안식에 따른 검토

$$S_c=\frac{m\xi}{\rho D^2}=\frac{150\times0.0015}{1.25\times0.18^2}=5.6\ ,\quad \therefore 5<S_c<10$$

케이블 표면에 공기역학적 처리를 하지 않은 경우 풍우진동이 발생할 수 있으며, Dimple이나 돌기 등의 공기역학적 처리를 수행한 경우에는 풍우진동이 발생하지 않는다.

3. 내풍대책

110회 3-3 교량의 동적거동에 대한 내풍대책

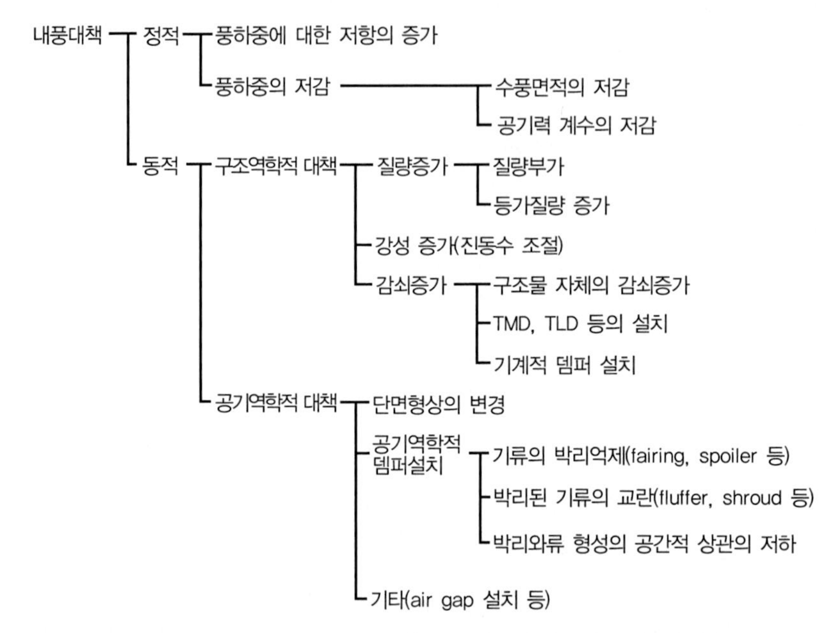

정적 내풍대책	동적 내풍대책		
	구조역학적 대책	공기역학적 대책	기타
① 풍하중에 대한 저항의 증가	① 질량 증가(m) 부가질량, 등가질량 증가	① 단면형상의 변경	air gap 설치 풍환경 개선
② 풍하중의 저감 - 수풍면적의 저감 - 공기력 계수의 저감	② 강성증가(k) 진동수 조절 ($f \propto \sqrt{\frac{k}{m}}$) ③ 감쇠증가(c) 구조물 자체 감쇠증가, TMD, TLD 등 설치, 기계적 댐퍼 설치	② 공기역학적 댐퍼 기류의 박리억제(fairing, spoiler) 박리된 기류의 교란(fluffer, shround) 박리와류형성의 공간적 상관의 저하	

1) 정적거동에 의한 내풍대책

정적거동에 의한 내풍대책은 먼저 풍하중에 대한 구조물의 저항 및 강도의 증가 대책으로 풍하중의 작용에 대한 구조물의 안정성을 확보하기 위해서 충분한 강성을 구조물이 가지도록 하는 것이다. 정적거동의 대책으로는 다음의 3가지로 구분할 수 있다.

① 단면 강도 증대 : 충분한 강성을 가지는 단면 선택

② 수풍면적이 저감

③ 공기력 계수 저감

2) 동적거동에 의한 내풍대책 (구조역학적 대책)

① 구조역학적 대책의 목적

(1) 구조물 진동특성을 개선하여 진동의 발생 그 자체를 억제

(2) 진동 발생 풍속을 높이는 방법

(3) 진동의 진폭을 감소시켜 부재의 항복이나 피로파괴 억제 등에 목적을 둔다.

② 구조물의 진동특성을 개선하는 방법

(1) 질량의 증가

구조물 질량의 증가는 와류진동 등의 진폭을 감소시키며, 갤로핑의 한계풍속을 증가시킨다. 그러나 한편으로는 질량의 증가에 따라 고유진동수가 낮아지게 되어 진동의 발생풍속증가에 도움이 되지 않는 경우도 있으므로 신중한 검토가 필요하다.

(2) 강성이 증가(진동수의 조절)

구조물 강성의 증가는 고유진동수를 상승시킴으로서, 와류진동 및 플러터의 발생풍속의 증가를 가져다 준다. 강성이 높은 구조형식으로 변경한다든지 적절한 보강부재를 첨가하는 것을 고려할 수 있으나 강성 증가에는 한계가 있어 현저한 내풍안정성 향상을 기대하기 어렵다.

(3) 감쇠의 증가

구조감쇠의 증가는 와류진동이나 거스트 응답 진폭의 감소 또는 플러터 한계풍속의 상승을 목적으로 한 것으로 그 제진 효과를 확실히 기대할 수 있다. 교량내부에 적당한 감쇠장치를 첨가하여 기본구조의 변경 없이 제진효과를 얻을 수 있다는 점에서 여러 가지 구조역학적 대책 중에서 가장 많이 사용되는 방법이다. 감쇠장치의 종류에는 오일댐퍼를 비롯하여 TMD(Tuned Mass Damper), TLD(Tuned Liquid Damper), 체인댐퍼 등과 같은 수동댐퍼가 많이 사용되었으나 최근에는 AMD(Active Mass Damper)와 같은 제어 효율이 높은 능동적 댐퍼도 많이 개발되고 있다.

3) 동적거동에 의한 내풍대책 (공기역학적 대책)

공기역학적 방법은 교량단면에 작은 변화를 주어 작용공기력의 성질 또는 구조물 주위의 흐름양상을 바꾸어 유해한 진동현상이 발생되지 않도록 하는 방법이다. 교량의 주형이나 주탑 단면은 일반적으로 각진 모서리를 가진 뭉뚝(bluff)한 단면이 많은데 이러한 단면에서는 단면의 앞 모서리부에서 박리된 기류가 각종 공기역학적 현상과 밀접한 관계를 가지고 있다. 따라서 앞 모서리에서의 박리를 제어함으로서 제진을 도모하는 방법이 주로 채택된다.

① 기류의 박리억제 : 단면에 보조부재를 부착하여 박리 발생을 최소화시켜 구조물의 유해한 진동을 일으키는 흐름상태가 되지 않도록 기류를 제어하는 방법으로 fairing, deflector spoiler, flap 등이 사용된다. 하지만 이러한 부착물에 의한 내풍안정성 향상효과는 단면 형상에 따라 다르며 때로는 진폭이 증가되거나 원래 단면에서 발생하지 않던 새로운 현상을 일으킬 수 있

으므로 풍동실험을 통한 고찰이 요구된다.

② 박리된 기류의 분산 : 기류의 박리억제가 어렵거나 fairing 등에 의한 효과가 없는 경우에는 단면의 상하면의 중앙부에 baffle plate라 불리는 수직판을 설치하여 박리버블의 생성을 방해하여 상하면의 압력차에 의한 비틀림 진동의 발생을 억제할 수 있다.

③ 기타 : 현수교의 트러스 보강형 등에 있어서는 바닥판에 grating과 같은 개구부를 설치하면 단면 상하부의 압력차가 작아지게 되어 연성플러터 또는 비틀림 플러터에 대한 안정성을 향상시킬 수 있다.

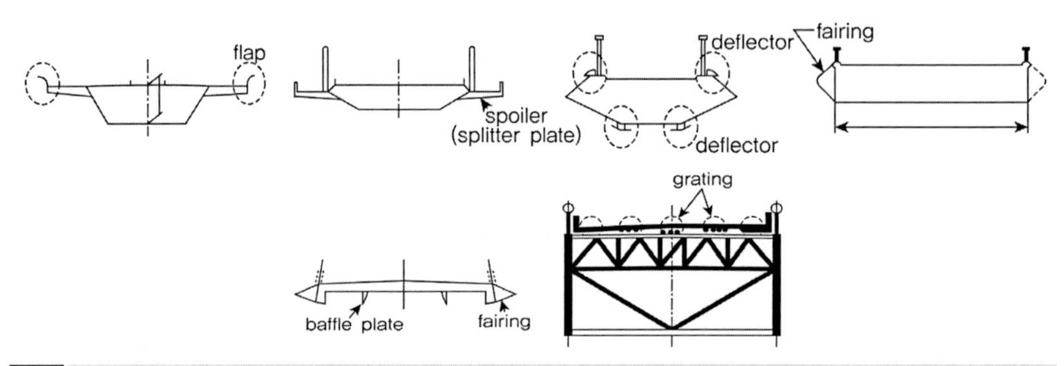

TIP | TMD(Tuned Mass Damper, 동조질량감쇠장치) |

① 과대한 진동억제 ② 주형이나 주탑에 TMD 설치하여 주구조물의 진동 억제

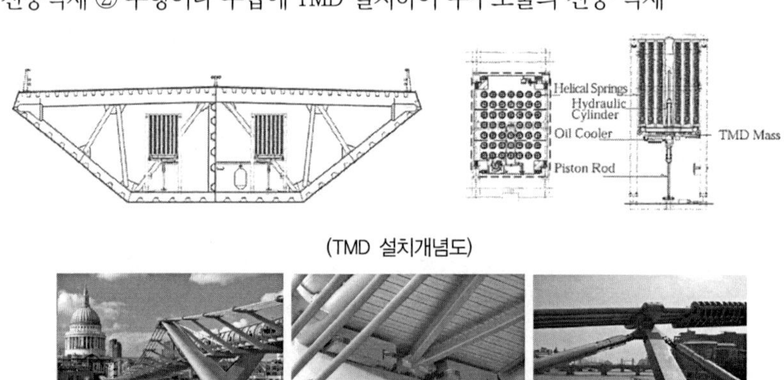

(TMD 설치개념도)

(영국 Millenium bridge TMD)

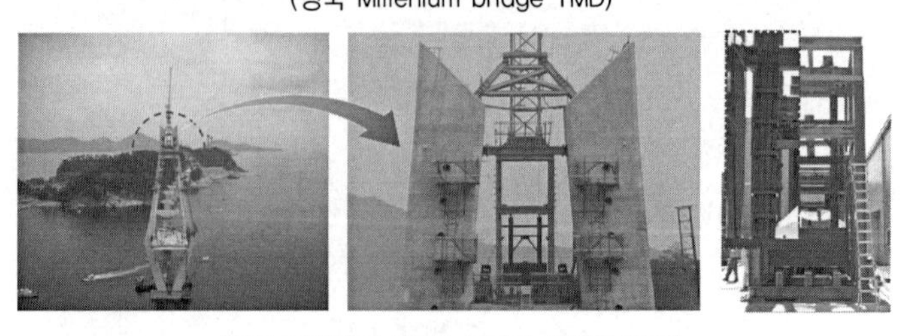

(한국 거가대교 3주탑 사장교 진자형 TMD)

4) 케이블의 내풍/진동 제어 대책

109회 4-4 케이블교의 내풍대책

① 케이블의 진동제어 방법은 크게 공기역학적 방법, 감쇠증가에 의한 방법, 고유진동수 변화에 의한 방법이 있다.

② 공기역학적 방법은 사장교 케이블의 표면에 나선형 필렛(helical fillet), 딤플(Dimple), 축방향 줄무늬(axial stripe) 등 돌출물을 설치하는 것으로 케이블의 공기역학적 특성을 바꿀 수 있다. 이 때 돌출물 설치에 따른 진동제어를 풍동실험을 통해 검증하여야 하며 필요한 경우 변화된 공기역학적 계수값을 실험을 통해 산정하여야 한다.

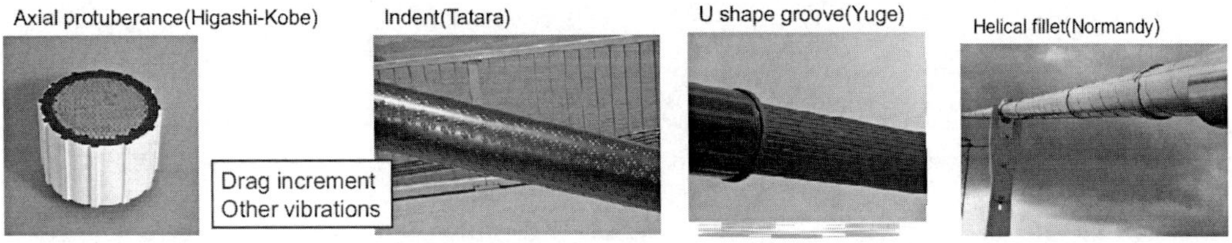

Axial protuberance(Higashi-Kobe)　Indent(Tatara)　U shape groove(Yuge)　Helical fillet(Normandy)

Drag increment
Other vibrations

③ 감쇠량 증가에 의한 방법에 주로 사용되는 케이블 댐퍼로는 주로 수동댐퍼가 사용되며 형식으로는 점성댐퍼, 점탄성댐퍼, 오일댐퍼, 마찰댐퍼, 탄소성댐퍼 등이 있다. 케이블에 사용되는 댐퍼는 상시 진동하므로 적용되는 댐퍼의 피로내구성 및 반복작용에 의한 온도상승으로 저하되는 감쇠성능이 검증되어야 하며, 온도 의존성이 큰 댐퍼의 경우 설계시 적정 온도범위와 설계온도 가정이 중요하다. 설계된 댐퍼는 실내실험을 통해 설계 물성치와 제작된 댐퍼의 물성치를 비교하여 그 성능을 확인하여야 한다.

④ 선형댐퍼를 사용하는 경우 케이블 진동모드에 따라서 댐퍼에 의한 부가 감쇠비가 달라지므로 댐퍼설계시 진동 제어를 하고자 하는 케이블의 모드를 정하는 것이 좋다. 풍우진동의 경우 관측에 의하면 케이블은 2차 모드로 진동하는 것이 지배적인 것으로 알려져 있다. 따라서 이러한 경우 댐퍼는 2차 모드에서 최적의 감쇠비가 나타나도록 설계하는 방법을 채택할 수 있다.

⑤ 비선형 댐퍼는 변위에 따라 부가 감쇠비가 달라지고 미소변위에서는 작동하지 않는 특성이 있으므로 이에 대해서는 작동개시 범위 및 최대 부가 감쇠비 변위 등을 합리적으로 산정하여 설계하여야 한다. 특히 케이블의 진동 제한 진폭 기준이 제시되어 있다면 이 진폭에서는 설계 감쇠비보다 큰 부가 감쇠비가 얻어지도록 설계하여야 한다.

⑥ 고유진동수를 변화시키는 방법으로는 보조 케이블에 의한 진동 제어 방법이 있으며 사장교 케이블을 서로 엮어 매는 것으로 부가 감쇠의 효과도 있으나 케이블의 진동길이를 감소시켜 고유진동수를 높이는 역할을 한다. 고유진동수가 변화될 경우 케이블의 공진을 막을 수 있고 바람에 의한 진동 시 임계풍속을 증가시키는 역할을 하나 이 방법은 유지관리 시 유의하여야 하고 미관을 해칠 수 있는 단점이 있으며, 사장교 케이블의 자유로운 변형을 구속하므로 응력집중에 대해 충분히 검토해야 한다.

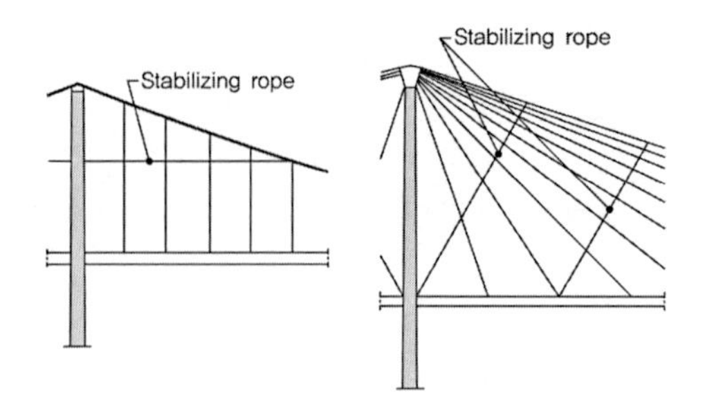

TIP | 케이블 댐퍼 |

① 케이블의 가능한 감쇠 : 자체감쇠+공기역학적감쇠+Deviator에 의한 감쇠+댐퍼의 감쇠+Cross Tie감쇠

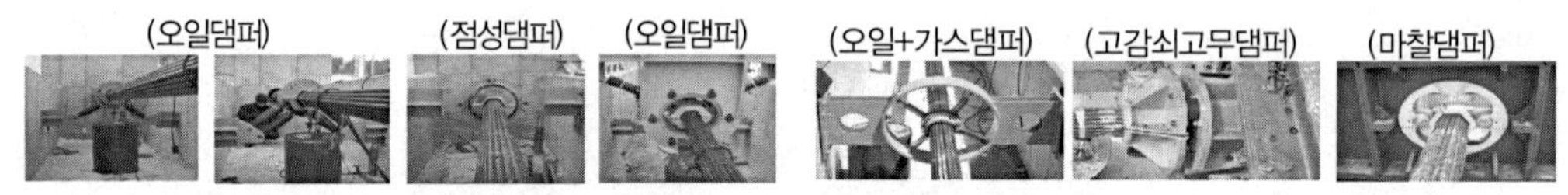

② 수동댐퍼의 감쇠 효과 : 모든 종류의 바람에 의한 진동 제어에 효과적, 내부설치형, 외부설치형 등 교량 미관적인 면을 고려할 수 있음(이론적 최대 부가 감쇠비 $\xi_{n,\max} = \frac{1}{2}\frac{a}{L}$)

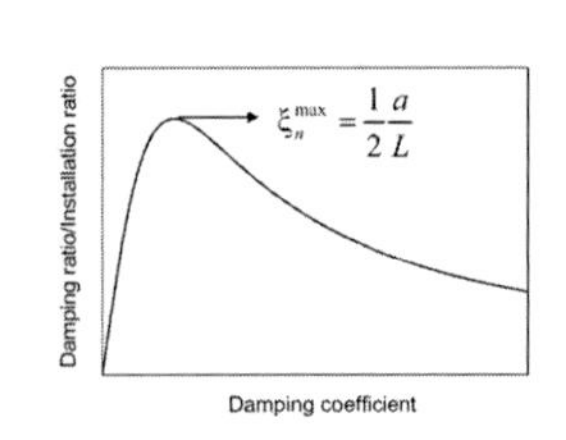

③ 수동댐퍼의 특성

· 고무댐퍼 : 강성으로 인해 감쇠비 감소
· 점성댐퍼 : 오일의 유동에 의한 점성으로 감쇠
· 오일댐퍼 : 오피리스를 통과하는 오일의 점성 및 유동속도로 감쇠
· 비선형댐퍼 : Threshold effect로 인해 저진폭에서 감쇠성능 저하, 비선형으로 진폭에 따라 감쇠성능이 다름

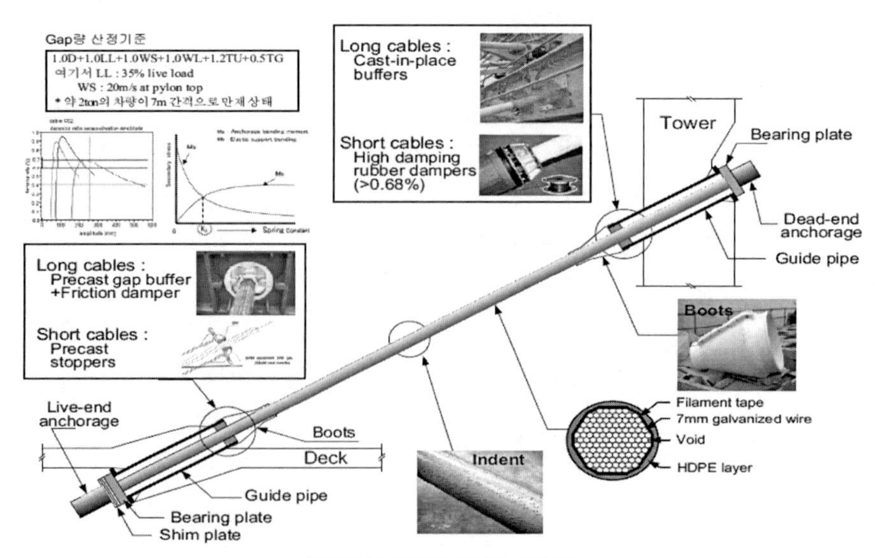

(인천대교 사장교 케이블 시스템)

4. 장대교의 동적특성

1) 주형의 단면 형상 : 둔한단면 형상을 적용할 경우 후류에 와류가 많이 발생하여 휨이나 비틀림 등의 와류에 의한 진동에 불리하며 사용성, 피로, 시공상의 문제가 발생할 수 있다. 플러터 발생의 한계풍속도 낮아진다.

2) 대체단면 선정 : 바람이 구조체 표면을 따라 흘러갈 때 가능한 분리가 덜 발생하여 후류에 소용돌이가 적게 나타난다. 플로터나 갤로핑 등을 일으키는 역감쇠 에너지를 발생시키지 않는 단면이 적용되며 일반적으로 유선형 단면이 유리하다.

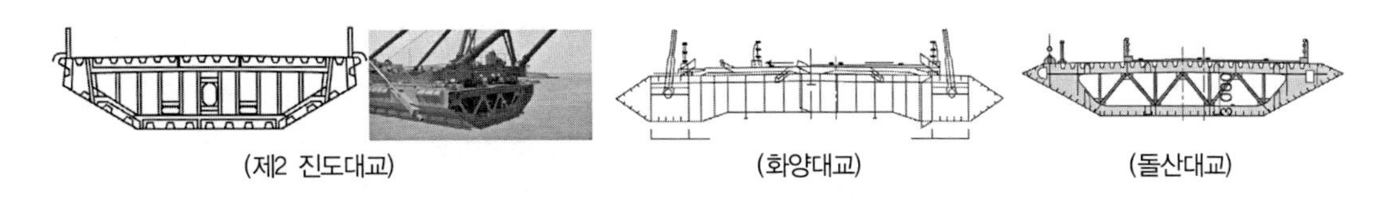

(제2 진도대교) (화양대교) (돌산대교)

3) 공탄성 문제 : 플러터로 인한 발산 문제

일자유도 불안정성(갤로핑)은 주로 바람을 받는 부분의 면적이 큰 상부구조에서 나타나는 불안정성으로서 교량이 움직이는 쪽으로 공기역학적 하중이 작용하게 되어 불안정성이 점점 커지는 진동을 유발하게 된다. Tacoma교의 붕괴가 이러한 불안정성의 예이다.
이러한 해결책으로 날개모양의 단면을 갖도록 교량 상판을 설계하는 예가 많으며 날개모양의 상판은 일자유도 불안정성 문제(갤로핑)는 없지만 이자유도 불안정성 문제(비틀림 플러터) 문제가 발생할 수 있다. 날개모양의 상판에서 관찰되는 이자유도 불안정성은 높은 풍속에서 상판의 휨모드와 비틂 모드의 고유진동수가 경간장이 길어짊에 따라서 서로 근접하게 되어 문제를 일으키는 현상이다. 이러한 현상은 초장대 교량에 전형적으로 나타나는 문제로서 강성을 증가하여 해결하기 어렵고 오직 공기역학적 최적화를 통해서 해결하여야 한다. 주로 공기역학적으로 좋은 특성을 가지는 날개 단면 형상의 박스거더와 양 측면에 부속장치를 추가하여 설계조건을 만족하도록 하고 있다.

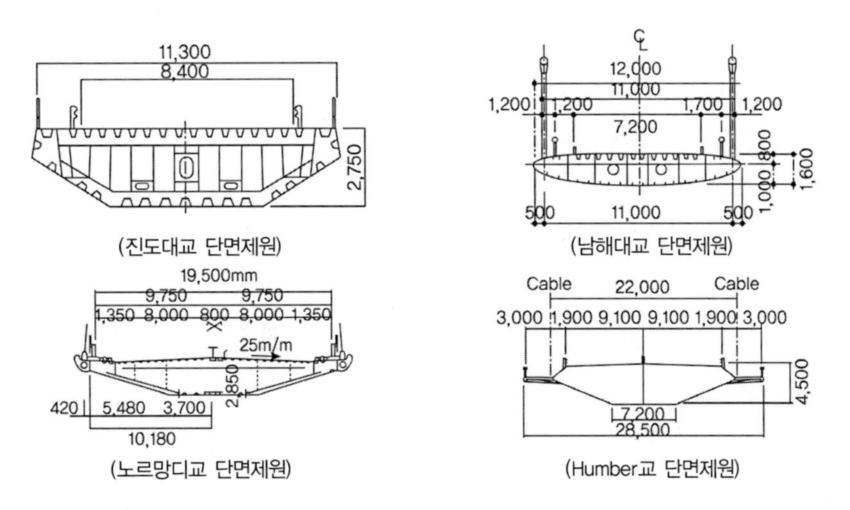

(진도대교 단면제원) (남해대교 단면제원)

(노르망디교 단면제원) (Humber교 단면제원)

5. 장대교 형식과 동적 특성

1) 현수교 : 케이블로 인한 탄성 스프링 지점이 연직만 유효하므로 케이블이 주형의 비틀림 진동에 구속을 못한다. 따라서 비틀림 강성이 좋은 단면 채택하는 것이 좋다.

2) 사장교 : 케이블 탄성지점이 연직과 교축방향, 교축직각방향에 유효하므로 내풍에 유리하다. 고유진동수가 각기 다른 케이블이 주형에 정착되어 국부진동을 하므로 일반적으로 공진발생이 적다. 2면 케이블과 경사진 케이블 배치방식의 사장교가 비틀림에 유리하다.

사장교의 경우 휨모드, 비틀림 모드의 고유진동수는 구조형식의 특성상 주형단면의 강성보다는
① 케이블의 배치형식(팬형, 하프형, 1면배치, 2면 배치)
② 주탑 높이와 주경간장의 비
③ 측경간장비와 주경간장의 비 등의 기하학적 형상에 지배된다.
※ 수직방향 휨모드 : '주경간/측경간, 주경간/주탑비'가 커질수록 진동수가 작아진다.

(현수교와 사장교의 진동 모드)

5. 풍동실험

87회 3-3 장대교량에서 발생하는 진동의 종류 및 풍동실험

68회 풍동시험(Wind Tunnel Test)

1) 풍동실험(Wind Tunnel test)의 목적

① 교량단면에 맞는 각종 풍압계수(C_L, C_D, C_M) 산정
② 작용 공기력과 바람에 의한 진동을 가능한 정확히 산정
③ 풍동실험에 의해 규정풍속 지역 내에서 플러터가 발현되는지 여부 확인

2) 상사법칙

① 기하학적 상사 : 실구조물과 모형의 상사로 기하학적 상사와 진동모드의 상사
② 실제바람과 풍동기류의 상사
③ 바람과 구조물의 상호작용에 대한 상사

(풍동실험의 상사비)

구분	길이	진동수	질량	질량관성모멘트	감쇠율	풍속
모형/실교량	$1/n$	$\sqrt{n}$	$1/n^2$	$1/n^4$	1	$1/\sqrt{n}$

(풍동실험명 및 방법)

구분	측정항목	실험 명	모형화	실험방법
정적 실험	공기력계수 C_L, C_D, C_M	정적공기력 측정실험	교량상판 (강체부분모형)	2차원모형+Load Cell
	평균압력계수 C_p	풍압 측정실험	교량상판 (강체부분모형)	2차원모형+차압센서
동적 실험	연직변위, 비틀림변위, 공기역학적 감쇠 등	Spring지지 모형실험	교량상판 (강체부분모형)	2차원모형+Coil Spring
		Taut strip 모형실험	교량상판 (탄성체모형)	상판외형재+피아노선(또는 강봉)
		전경간 모형실험	상판+Cable+주탑 (탄성체모형)	상판외형재+강봉+주탑+cable

3) 풍동 모형

① 2차원 모형

(1) 주형의 진동실험 목적

교량구조물은 타 구조물과 달리 유연한 구조특성으로 인하여 풍하중에 의한 진동발생 가능성이 매우 높다. 교량의 내풍안정성을 평가하기 위해서는 다양한 풍동실험이 실시되는데 가장 기본이 되는 것이 주형에 대한 공기력 진동실험이다. 2차원 강체모형을 탄성자유도 시스템에 설치하여 와류진동, 플러터와 같은 공기력 진동이 발생하는 풍속 및 최대진폭 등을 예측하여 내풍안정성을 사전에 평가함과 동시에 진동을 제어할 수 있는 공기력 제진대책을 제안하는데 그 목적이 있다. 등류와 난류의 조건하에서 풍속 및 영각, 감쇠율 등을 변화하면서 동적거동을 계측한다.

(2) 주형 진동실험의 주요 실험 결과

영각별 진동발생 풍속 및 최대 진폭 예측(주형의 내풍안정성 평가 및 제진대책 제안)

(3) 주형의 공기력 측정 실험 목적

공기력 진동실험이 주형에 대한 동적안정성 평가를 위한 실험이라면 공기력 측정 실험은 항력 및 양력 그리고 모멘트력을 측정하는 실험으로 풍하중에 대한 주형의 정적 내풍 안정성 평가를 위한 실험이다.

2차원 강체모형을 3분력 로드셀에 고정하여 공기력을 측정하며 측정된 공기력 중 특히 항력은 기본 설계 시 적용되었던 항력과 비교하여 안정성여부를 검토하는데 사용되며 각 공기력 계수는 버페팅 해석과 같은 동적내풍안정성의 예측에 사용된다.

(4) 주형의 공기력 측정 실험의 주요 실험 결과

영각별 공기력 계수(주형에 대한 정적 내풍안정성의 평가)

(5) 독립주탑의 진동실험 목적

케이블로 지지되는 현수교 및 사장교 주탑의 경우 가설공법에 따라 독립적으로 존재하는 기간이 있으며 이러한 독립주탑에 대해서는 완성계와는 달리 공기력 진동이 발생하는 경우가 있다. 주탑의 진동실험에서는 2차원 주형의 진동실험과 달리 모형자체가 탄성거동을 하는 3차원 탄성체 모형을 사용하여 실험을 수행하게 된다. 또한 가설현장의 기류특성을 모사한 대기경계층류에서 실험을 수행하며 수평풍각에 대해 와류진동, 갤로핑과 같은 공기력 진동의 발생가능성과 최대진폭 등을 예측하여 내풍안정성을 사전에 평가함과 동시에 진동을 제어할 수 있는 공기력 제진대책을 제안하는데 목적이 있다.

(6) 독립주탑의 진동실험의 주요 실험 결과

수평풍각별 진동발생풍속 및 최대진폭의 예측(주탑의 내풍안정성평가와 제진대책)

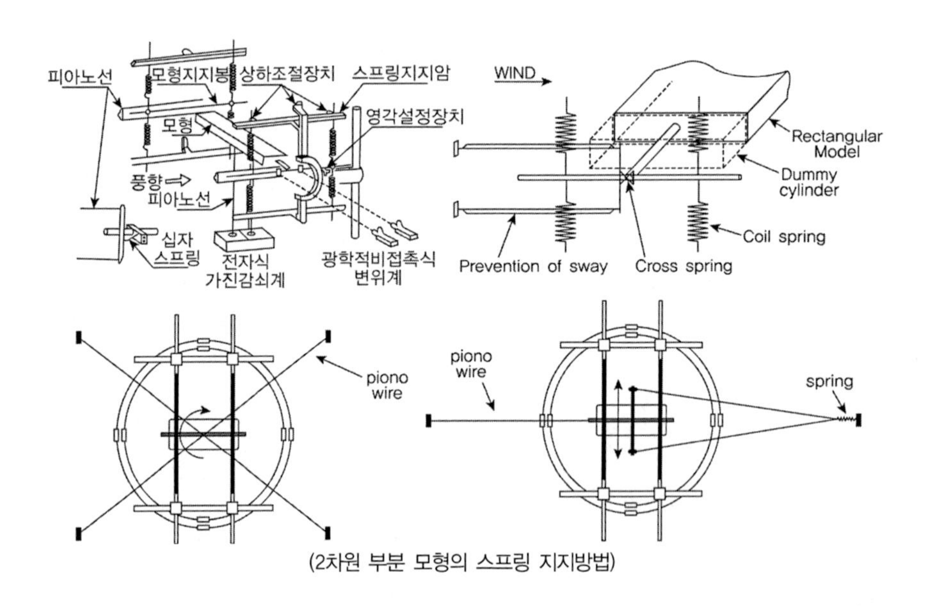

(2차원 부분 모형의 스프링 지지방법)

② 3차원 모형

(1) 전체 교량의 진동실험 목적

실제 교량의 내풍거동은 주형 및 주탑, 그리고 케이블 등의 동적특성이 복합적으로 연계되어 나타나게 된다. 또한 주변 지형의 특성상 교축 직각방향 이외의 방향으로 풍하중이 작용하기 쉬운 교량이나 교축방향으로 주형의 단면 형상이 변하는 교량에 대해서는 2차원 주형 진동실험에서 예측하기 어려운 진동이 발생할 가능성이 있으며 이 경우 교량 전체를 모형화하여 풍동실험을 수행하는 것이 효과적이다.

특히 가설단계에 있어서는 완성계와 전혀 다른 동적특성을 나타내며 가설진행에 따라서 교량의 동적특성이 계속 변화하기 때문에 3차원적인 동적 내풍안정성을 면밀하게 파악할 필요가 있다. 전체 교량의 진동실험에서는 주탑실험과 마찬가지로 모형자체가 탄성거동을 하는 3차원 탄성체 모형을 사용하여 실험을 수행하게 된다. 또한 가설현장의 기류특성을 모사한 대기 경계층류에서 실험을 수행하며 와류진동, 플러터와 같은 공기력 진동에 대해서 최종적인 안정성을 확인하는 데 목적이 있다.

(2) 주요 실험 결과

- 수평중각별 진동발생 풍속 및 최대 진폭 예상(완성계 및 가설단계의 내풍안정성 평가)
- 바람의 공간적 분포 특성의 영향
- 진동 모드 형태의 영향
- 고차수의 진동 모드의 응답특성
- 진동 모드간의 간섭
- 교축방향의 단면 변화 영향
- 주형이외의 구조물(주탑, 케이블 등)에 작용하는 공기력의 영향
- 3차원성이 강한 구조물(가설시 주탑, 주형 등)의 내풍성

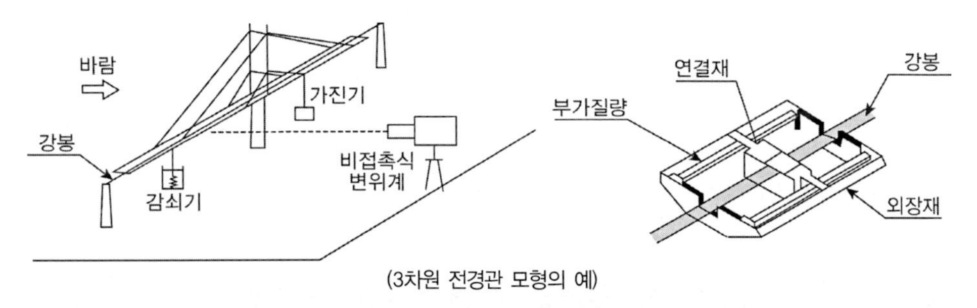

(3차원 전경관 모형의 예)

(홍콩 Stonecutter교 풍동실험)

■ 세계 최장의 1주탑 현수교의 내풍안정성 확보

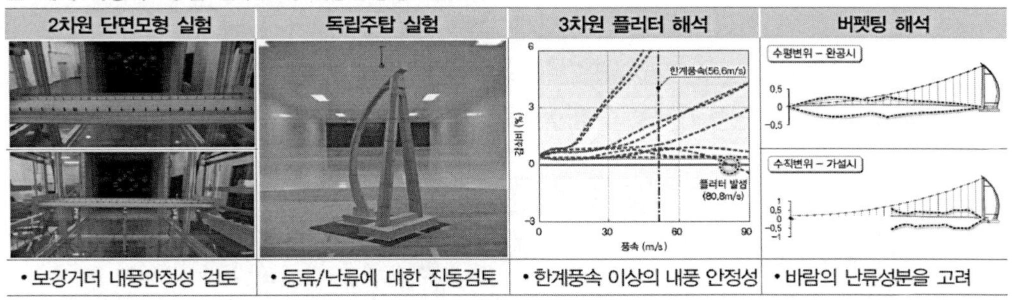

(국내 단등교 내풍안정성 검토)

5. CFD (Computational Fluid Dynamics)

1) 개요

장대교량의 내풍해석은 일반적으로 풍동 실험에 의한 방법과 수치해석에 의한 방법의 2가지로 크게 나눌수 있다. 일반적으로, 풍공학을 수치해석적으로 해결하려는 분야를 CWE(전산풍공학, Computational Wind Engineering)라고 하며, 흔히 CFD(전산유체역학, Computational Fluid Dynamics)에 의한 방법에 의존하고 있다. 이 방법은 풍동실험에서 구현하기 힘든 모델의 기하학적 상사를 쉽게 모델링하고, 저렴한 비용으로 해석이 가능하며, 유동장을 화려한 그래픽으로 표현할 수 있는 장점이 있다. 그러나 아직까지는 그 신뢰성에 있어서 풍동실험의 결과를 따라가지 못하고 있는데, CWE 해석이 어려운 이유는 다음의 2가지에 기인한다.

① 유체-구조물의 상호작용으로 인하여 그 양상이 매우 복잡하게 진행된다는 점

② 교량이나 건물 구조물은 모서리 부분이 날카로운 이른바 'Bluff Body'이기 때문에 모서리 부분에 매우 조밀한 격자를 정확하게 만들어 줘야 한다는 점

따라서, 정확한 해석을 하기 위해서는 유체-구조물계에 대한 세밀한 조사가 이루어져야 하며, 복잡한 상호작용문제를 풀어야 하기 때문에 컴퓨터의 성능이 주어진 시간에 원하는 정보를 해석할 수 있을 만큼 충분히 뛰어나야만 하는 문제점이 있다.

2) 국내 실무에서의 적용

현재 국내 실무에서 이용되고 있는 내풍설계나 내풍 안정성 검토 방법은 다음과 같다.

① 전적으로 풍동실험에 의존하는 방법으로서, Deck 단면에 대한 모형실험을 수행하여 최적 단면을 도출하는 것이고, 비용에 여유가 있거나 큰 공사의 경우에는 주탑과 전교모형에 대한 3차원 공탄성모형 실험을 수행하게 된다. 최근의 경우 큰 Project에서는 풍동실험에 보완적으로 유동장을 가시적으로 표현해주기 위하여 CFD에 의한 해석을 추가하는 경향이 있다.

② 일본내풍설계편람의 검토에 CFD 해석결과를 반영하는 방법이다. 아직까지 국내에서는 내풍설계에 대한 기준안이 마련되어 있지 않아 설계회사에서는 주로 일본내풍설계편람의 검토 절차를 따르게 되고, 여기에 CFD에 의한 해석 결과를 반영하는 것이다.

③ CFD 해석과 공탄성 해석, 그리고 구조해석을 가미하여 전산풍공학만을 이용하여 내풍안정성 검토를 수행하려는 방법이다. 바람에 의해 발생하는 와류진동의 풍속을 CFD 해석으로 예측하고, 진폭은 FEM(유한요소해석) 등에 의존한 구조해석을 이용하여 계산하며, 플러터와 같은 발산진동은 별도의 공탄성 해석을 수행하여 판단하는 방법이다.

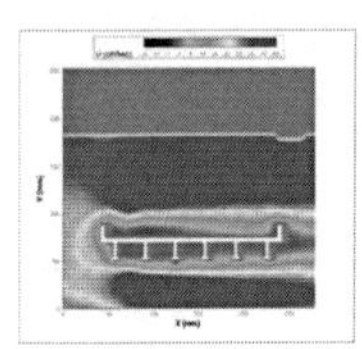
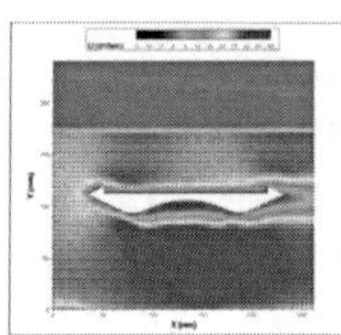
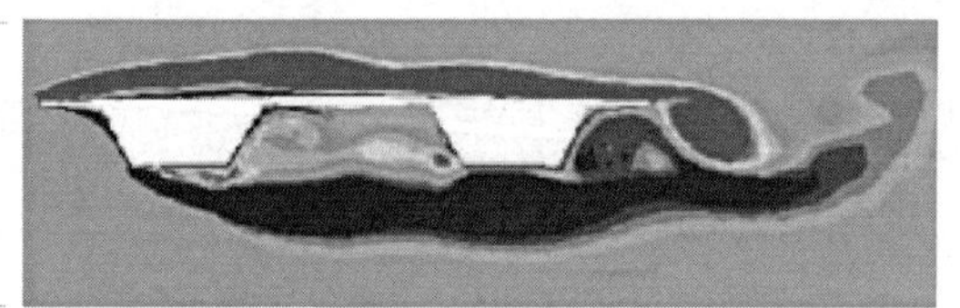

참고자료

플러터 기본식 유도 및 고유치 해석

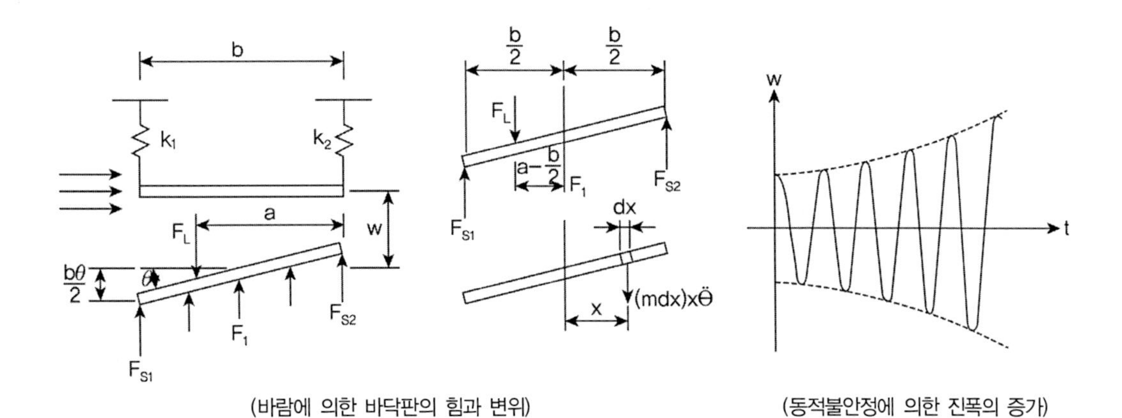

(바람에 의한 바닥판의 힘과 변위) (동적불안정에 의한 진폭의 증가)

➤ 바람의 속도압 : $p=\frac{1}{2}\rho V^2$ (운동에너지)

➤ 폭이 b인 바닥판에 수직으로 작용하는 단위길이 힘(F_L)

$$F_L=\frac{1}{2}\rho V^2 C_L b$$

여기서, 양력계수 C_L이 양각 θ의 값이 작을 때에는 $C_L=\frac{dC_L}{d\theta}\theta$

Let $C=\frac{1}{2}\rho\frac{dC_L}{d\theta}$ $\therefore$ 양력 $F_L=CV^2\cdot\theta\cdot b$

➤ 바람에 의하여 바닥판이 진동할 때 구조체는 $w(t)$와 $\theta(t)$의 두 개의 자유도를 가지며, $w(t)$, $\theta(t)$에 대하여 관성력 F_I, 스프링에 의한 F_S, 양력 F_L은 수직방향과 회전에 대해 평형조건이 성립해야 한다.

바닥판 중앙의 처짐을 w, θ, 아랫방향을 (+)

➤ 단위길이당 관성력과 스프링력은

$$F_I=-mbw'', \qquad F_S=-\left(w+\frac{b\theta}{2}\right)k_1-\left(w-\frac{b\theta}{2}\right)k_2$$

↻ + Postive일 때 바닥판 중앙에 대한 양력 M,

$$M_L = CV^2\theta b\left(a - \frac{b}{2}\right)$$

미소폭 dx 에 분포된 질량은 mdx, 관성력은 $-(mdx)x\theta''$

$$M_I = \int_{-\frac{b}{2}}^{\frac{b}{2}} -(mdx)\cdot x\ddot{\theta} = -m\ddot{\theta}\int_{-\frac{b}{2}}^{\frac{b}{2}} xdx = -\frac{mb^3}{12}\ddot{\theta}$$

$$M_S = -\left(w + \frac{b\theta}{2}\right)k_1\left(\frac{b}{2}\right) + \left(w - \frac{b\theta}{2}\right)k_2\left(\frac{b}{2}\right)$$

▶ $\Sigma V = 0$, $\Sigma M = 0$

$\ddot{w} + a_{11}w + a_{12}\theta = 0$, $\ddot{\theta} + a_{21}\theta + a_{22}w = 0$ 으로 표현하면,

$$\begin{bmatrix} \dfrac{k_1 + k_2}{mb} & \dfrac{k_1 - k_2}{2mb} - \dfrac{CV^2}{mb} \\ \dfrac{6(k_1 - k_2)}{mb^2} & \dfrac{3(k_1 + k_2)}{mb} - \dfrac{6CV^2(2a - b)}{mb^2} \end{bmatrix}\begin{bmatrix} w \\ \theta \end{bmatrix} = \begin{bmatrix} w'' \\ \theta'' \end{bmatrix} \quad (1)$$

▶ **정적해석**

$$w'' = \theta'' = 0$$

$$\begin{bmatrix} a_{11} & a_{12} \\ a_{21} & a_{22} \end{bmatrix}\begin{bmatrix} w \\ \theta \end{bmatrix} = \begin{bmatrix} 0 \\ 0 \end{bmatrix} \qquad \therefore \det|\ \ | = 0 \qquad a_{11}a_{22} - a_{12}a_{21} = 0 \quad (2)$$

∴ 진동을 동반하지 않는 경우 공기역학적 불안정의 임계속도는

$$V_{cr} = \sqrt{\frac{k_1 \cdot k_2 \cdot b}{C[k_1(a-b) + k_2 a]}}$$ 여기서, $C = \frac{1}{2}\rho\frac{dC_L}{d\theta}$, a : 양력의 편심, b : 슬래브 폭

▶ **동적해석**

관성의 효과가 고려되므로, $w = Ae^{i\omega t}$, $\theta = Be^{i\omega t}$ (w : 변위, ω : 진동수)

∴ $w'' = -\omega^2 Ae^{i\omega t}$, $\theta'' = -\omega^2 Be^{i\omega t}$

TIP | 오일러 공식 |

$e^{i\omega t} = \cos\omega t + i\sin\omega t$

$$\begin{bmatrix} a_{11} \; a_{12} \\ a_{21} \; a_{22} \end{bmatrix} \begin{bmatrix} Ae^{i\omega t} \\ Be^{i\omega t} t \end{bmatrix} = \begin{bmatrix} -\omega^2 Ae^{i\omega t} \\ -\omega^2 Be^{i\omega t} \end{bmatrix} \qquad \therefore \begin{bmatrix} a_{11}A + a_{21}B + \omega^2 A \\ a_{21}A + a_{22}B + \omega^2 B \end{bmatrix} = \begin{bmatrix} 0 \\ 0 \end{bmatrix}$$

$$\begin{bmatrix} a_{11} + \omega^2 & a_{21} \\ a_{21} & a_{22} + \omega^2 \end{bmatrix} \begin{bmatrix} A \\ B \end{bmatrix} = \begin{bmatrix} 0 \\ 0 \end{bmatrix}$$ ∴ A, B에 대한 고유치 해석

∴ det | | = 0 $\qquad \omega^4 - (a_{11} + a_{22})\omega^2 + (a_{11}a_{22} - a_{12}a_{21}) = 0$

$$\omega^2 = \frac{a_{11} + a_{22}}{2} \pm \sqrt{\left(\frac{a_{11} + a_{22}}{2}\right)^2 - (a_{11}a_{22} - a_{12}a_{21})} \qquad (3)$$

구조체가 동적 안정성을 가지기 위해서 ω^2은 양의 실수여야 하고 동적안정은 정적 안정도 포함하고 있으므로 (식 2), (식 3)로부터,

$$a_{11}a_{22} - a_{12}a_{21} > 0$$

$$\left(\frac{a_{11} + a_{22}}{2}\right)^2 - (a_{11}a_{22} - a_{12}a_{21}) > 0 \qquad (4)$$

(식 4)에 (식 1)의 값을 넣고 정리하면,

$$\therefore \; V_{cr} = 2\sqrt{\frac{2}{3C}\left[(k_1 - k_2) + \frac{k_1 k_2}{3(k_1 - k_2)}\right]}$$

풍속 V가 V_{cr} 이하일 때는 (식 4)가 만족되어 바닥판은 일정한 직폭으로 진동하는 동적 안정상태가 되나 $V > V_{cr}$ 면 불안정한 거동을 나타낸다.

(식 3)에서 $\alpha = \dfrac{a_{11} + a_{22}}{2}$, $\beta = -\left(\dfrac{a_{11} + a_{22}}{2}\right)^2 + (a_{11}a_{22} - a_{12}a_{21})$라 두면,

$V > V_{cr}$ 일 때 진동수는 $w = \pm(\alpha + i\beta)$의 형태로 주어지며

$w(\text{변위}) = Ae^{i\omega t}$, $\theta = Be^{i\omega t}$는

$$w = A_1 e^{i\alpha t} \cdot e^{-\beta t} + A_2 e^{-i\alpha t} \cdot e^{\beta t} \qquad (5)$$

위 식에서 β는 양수나 음수에 상관없이 $e^{\beta t}$, $e^{-\beta t}$ 중 한 항은 시간의 증가와 함께 소멸하나 다른 항은 한정 없이 증가하며 $e^{i\alpha t}$와 $e^{-i\alpha t}$는 조화운동을 나타내므로 (식 5)는 아래와 같이 진동하면서 점차 증가하는 불안정 거동을 하는데 이를 플러터라 한다.
여기서 V_{cr}은 최초의 플러터를 일으키는 풍속을 말한다.

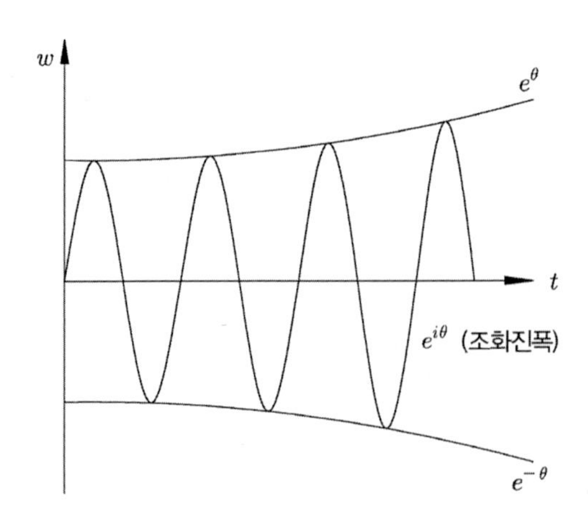

해석의 간편성을 위해 $a=\dfrac{b}{2}$라 하면 (식 1)의 안정조건은,

$$2k_1k_2+CV^2(k_1-k_2)>0 \quad (6)$$

$$(k_1+k_2)^2+3(k_1-k_2)^2-6CV^2(k_1-k_2)>0 \quad (7)$$

① $k_1>k_2$: (식 6)은 만족하나 V의 큰 값에서 (식 7)은 만족하지 않으므로 공기역학적 불안정

② $k_1<k_2$: (식 7)은 V에 상관없이 만족하나 (식 6)은 V의 큰 값에서 만족되지 않으므로 ①과 같이 풍속이 임계속도 V_{cr} 이상이 될 때에는 진폭의 일률적인 발산이나 플러터 발생

③ $k_1=k_2$: (식 6)과 (식 7)의 V에 무관하게 만족되며, (식 1)에서 $a_{21}=0$이 되어 (식 3)의 고유진동수는 $\omega_1^2=a_{11}$, $\omega_2^2=a_{22}$로 주어진다. a_{11}, a_{22}는 $a=\dfrac{b}{2}$일 때 양의 실수이므로 양쪽 스프링의 강성이 같고 바닥판 강성 중심이 바닥판 중앙에 있는 경우에는 풍속이 커지더라도 진폭이 일률적으로 발산하거나 플러터를 일으키는 일이 없이 일정한 진폭으로 조화운동을 하는 공기역학적 안정성을 유지한다.

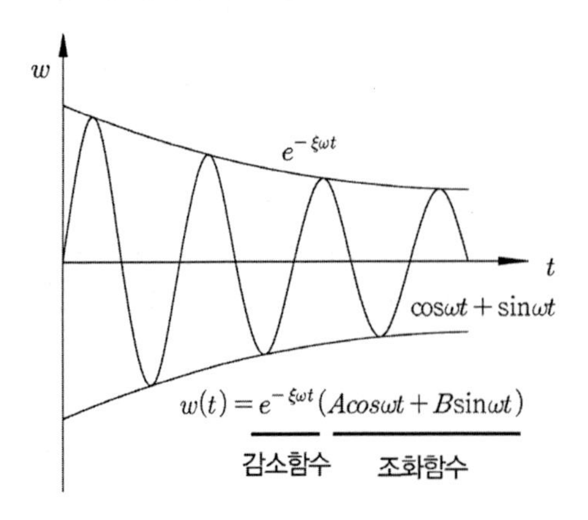

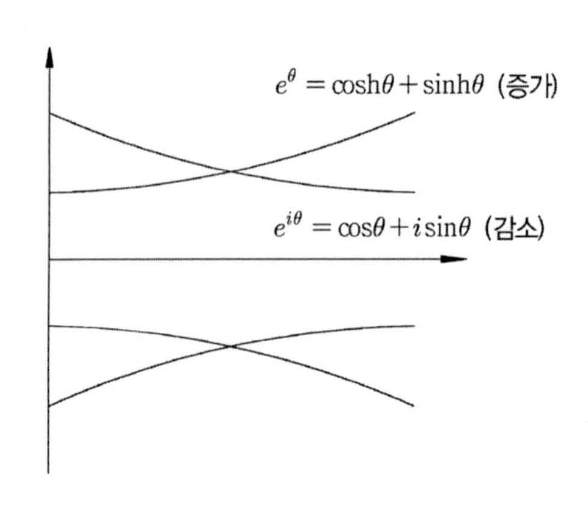

참고자료

인천대교 케이블 교량의 내풍 특성 (실검토 예)

➤ 개요

사장교 케이블의 유해진동은 풍우진동, 와류진동, 웨이크 갤로핑, 갤로핑, 그리고 지점가진 진동을 들 수 있다. 인천대교 사장교의 경우 케이블간 거리가 상당히 멀기 때문에 웨이크 갤로핑은 발생하지 않으며 지점가진 진동은 전체 구조계의 정밀한 버페팅 해석을 수행하여야 하며 주경간장이 800m인 사장교에서만 검토를 실시한다.

➤ 검토 교량의 제원 및 특징

교량	경간구성	케이블 형식	케이블 길이	댐퍼 형식
사장교	80+260+800+260+80=1,480	PWS(indent)	110~416	Friction damper Rubber damper
V형주탑 강사장교	2@115=230	PWS(indent)	35~90	-

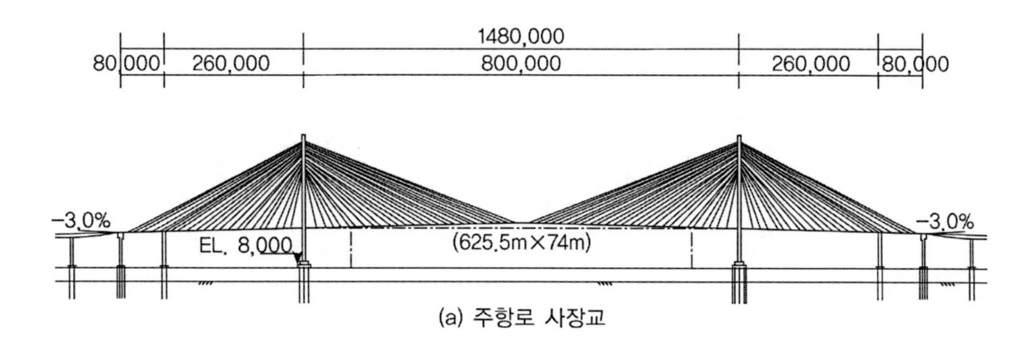

(a) 주항로 사장교

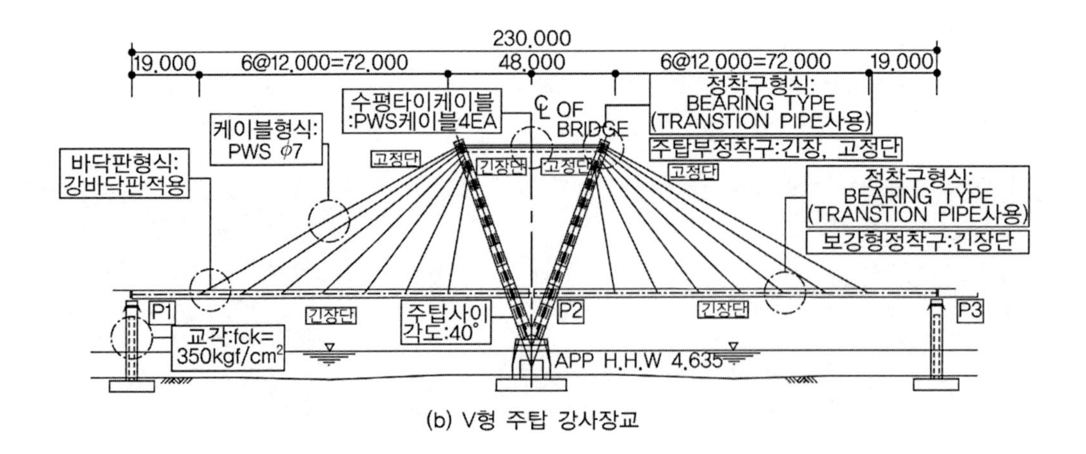

(b) V형 주탑 강사장교

▶ **풍우진동 검토**

1) PTI 제안식

$$S_c = \frac{m\xi}{\rho D^2} > 10 \text{ or } 5 \text{ (공기역학적 처리가 되어 있는 경우 안정조건값을 5 사용)}$$

2) FHWA(Federal Highway Administration) 제안식 : 갤로핑 이론에 의한 검토식으로 안정조건은 아래와 같다.

$$\xi_{req} > \phi\xi_{ae} - \xi_{cable}$$

여기서, $\xi_{ae} \approx \dfrac{\rho D U_0 C_L}{m\omega_n}$, C_L : 항력계수, $\rho = 1.2kg/m^3$(공기밀도), D : 케이블 직경

ϕ : 안전율, m : 케이블 단위길이당 질량, $\omega_n = \dfrac{n\pi}{L}\sqrt{\dfrac{T_0}{m}}$,

U_0 : 검토풍속(일반적으로 15m/sec 사용하나 안전측으로(SF=1.4) 20m/sec 적용)

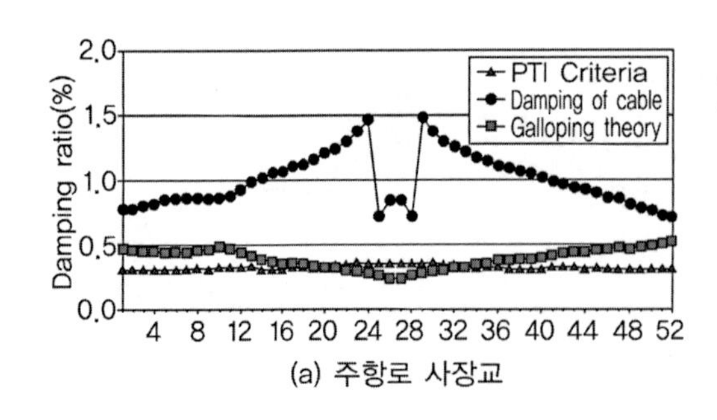

(a) 주항로 사장교

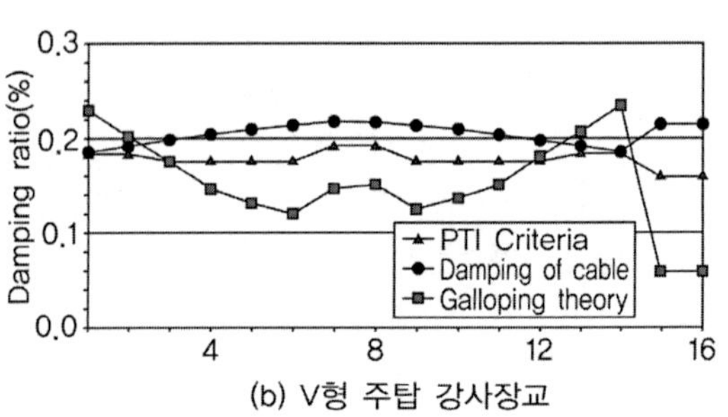

(b) V형 주탑 강사장교

3) 검토결과

① 그림 (a) : 주항로 사장교의 풍우진동에 대해서는 안전측으로 설계되어져 있다.

② 그림 (b) : V형 주탑의 사장교는 4개의 길이가 긴 케이블에서 갤로핑 이론에 따라 검토시 풍우진동 가능성이 있는 것으로 보여진다. PTI 검토식보다는 FHWA 검토식이 더 보수적임을 알 수 있으며, 갤로핑 이론에 따르면 풍우진동 가능성이 있지만 그 감쇠비 차이가 근소하고 V형 주탑 강사장교의 경우 케이블에 버퍼와 같은 부가의 부재를 고려하지 않았으므로 보수적인 검토결과이다. 추후 진동 양상을 관찰한 후 제진 대책을 수립해도 문제가 없을 것으로 보인다.

TIP | Galloping Theory |

$$m\ddot{z}+c\dot{z}+kz=L(t)$$

$$L(t)=\frac{1}{2}\rho U^2 DC_{Lv}-m_a\ddot{y}(t),\quad C_L(\alpha)=C_L(0)+\frac{\partial C_L(0)}{\partial\alpha}+\dots$$

Asssuming small angles α : $\alpha\approx\tan\alpha=-\frac{\dot{z}}{U},\ \beta=\frac{\partial C_L(0)}{\partial\alpha},\ V\approx U$

갤로핑에 대해 불안정 조건 : $c+\frac{1}{2}\rho U^2 D\frac{\beta}{U}<0$

➤ 와류진동 검토

1) 검토 기준

① EuroCode (Eurocode 1 : Actions on Structures – General actions – Part 1–4 : Wind actions, 2004)

② 실험과 현장관측 결과를 이용한 경험식

③ 와류진동 검토는 보수적으로 10차 모드에 대해 검토하며 허용 피로응력은 133MPa을 적용

절차	수식	비고
발생풍속	$V=\frac{f_n D}{S_t}$	n : 고차모드, S_t : 0.2
감쇠비	$\xi_n=\xi_{int,n}+\xi_{damp,n}+\xi_{aero,n}$	
스크루톤 수	$S_c=\frac{m\xi_n}{\rho D^2}$	
최대 응답량	$Y_{n,\max}=\frac{D\xi_n}{(1+16S_c^{1.8})}$	경험식
최대 꺽임량	$\theta=Y_{n,\max}\left(\frac{n\pi}{L}\right)$	양단힌지 sine 파
2차 응력	$\sigma_2=2\theta\alpha\beta\sqrt{\frac{ET}{A}}$	Wyatt의 식 α : 실험과 이론차이(0.6) β : 휨응력 저감장치(0.6)

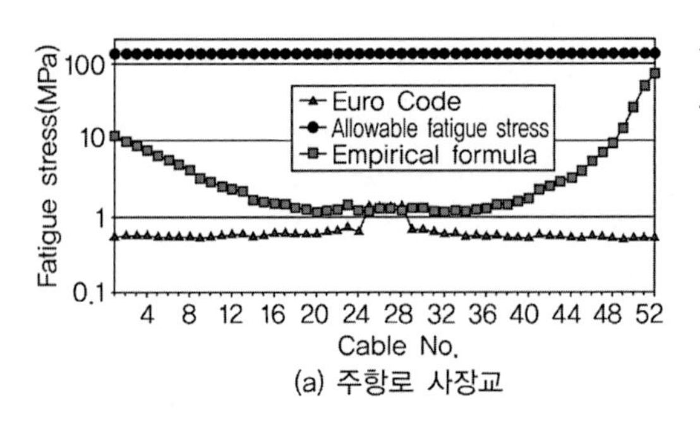

(a) 주항로 사장교

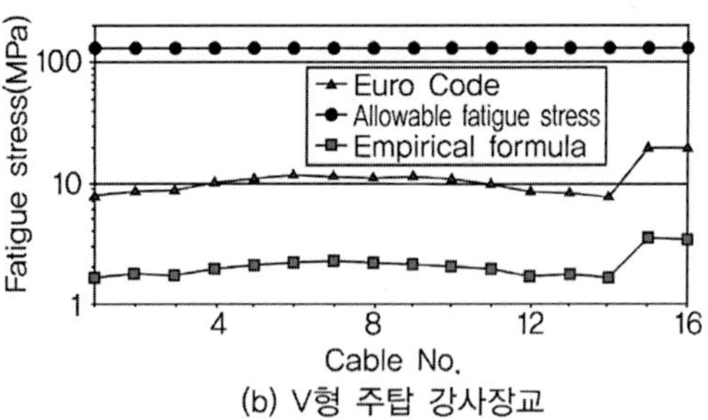

(b) V형 주탑 강사장교

2) 검토결과

① 두 교량 모두 상당히 낮은 수준의 와류진동에 대한 피로응력 발생량을 보이고 있으므로 와류진동에 대해서 안전하다.

② 대략 100m 기준의 길이를 기준으로 케이블 길이가 길면 경험식의 값이 커지는 경향이 있다.

➤ 갤로핑 검토

1) 검토 기준

① PTI, Eurocode, FHWA 등의 기준에 따라 검토할 수 있다.

② PTI의 기준이 상당히 보수적이며 사장교 케이블에서 Ice Galloping이 발생한 예를 찾아볼 수 없다. 따라서 갤로핑은 통상 Dry Galloping에 대해서만 검토하며 이 경우 스크루톤수(S_c) 기준치가 3이므로 결국 갤로핑은 케이블 진동 현상에서 지배적인 현상이 되지 못하며 본 교량에서는 Dry Galloping에 대해서 안전하다고 볼 수 있다.

➤ 케이블 진동 진폭 검토

전체계의 고유진동수와 케이블의 고유진동수가 유사하여 공진 발생가능성이 있는 경우 케이블의 진동 진폭을 산정하여 허용치내에 있는지를 검토해야 한다.

1) 검토 기준

① 주항로 사장교 구간에서 지점가진에 의한 케이블의 유해진동 검토는 케이블의 동적효과를 고려한 정밀한 전체계 버펫팅 해석을 통해 실시

② 정밀해석에 의한 지점가진 검토 외에 다소 보수적인 결과를 주는 간략식에 의한 지점가진 진동 진폭을 산정하여 안정성 검토

③ 지점가진에 의한 진동은 선형 공진과 비선형 공진으로 구분되며 본 교량의 경우 거더의 고유진동수가 케이블의 고유진동수보다 낮아서 비선형 공진을 일으킬 가능성은 거의 없다.

④ 케이블의 응답치 (케이블 강교량 설계 지침, 2006)

$$A = \frac{2}{\pi}\frac{X_v\left(\dfrac{\omega_{exc}}{\omega_s}\right)^2}{\sqrt{\left[1-\left(\dfrac{\omega_{exc}}{\omega_s}\right)^2\right]^2+\left[2\xi\left(\dfrac{\omega_{exc}}{\omega_s}\right)\right]^2}}$$

여기서, X_v : 케이블 현 직각방향 가진 진폭
ω_{exc} : 가진 진동수
ω_s : 케이블의 고유진동수
ξ : 케이블 감쇠비

⑤ 케이블 가진 진폭(X_v)은 교량의 버페팅 해석을 이용하거나 고유치 해석 결과를 이용할 수 있다. 본 검토에서는 25m/sec에서 버페팅 해석결과를 이용하여 가진 진폭을 산정하였으며 케이블을 가진하는 것은 보강형의 휨모드라 생각하고 버페팅 해석으로부터 모드별 가진 진폭을 산정하고 케이블 응답을 고려하는 모드에 대한 각각의 응답으로부터 SRSS 방법으로 구한다.

⑥ 지점가진에 의한 진동은 케이블이 직접 바람에 의해 진동하는 것이 아니므로 버페팅 응답 해석 풍속에 대해 다음과 같은 공기역학적 감쇠를 적용할 수 있다.

$$\xi_{aero} = \frac{\rho D C_D}{4\omega_n m} V_{eq}$$

C_D : 케이블 항력계수, V_{eq} : 등가직각풍속으로 버페팅 해석 풍속

⑦ 케이블의 허용진동 진폭($A_{\lim}$)

케이블 강교량 설계지침 : $A_{\lim} = L/1600$, FHWA : $A_{\lim} = 1.0D$

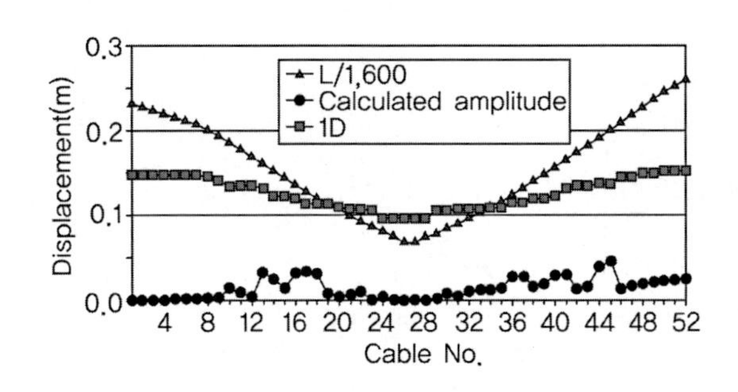

2) 검토결과 : 추가로 댐퍼를 설치할 경우 케이블은 기준치보다 상당히 낮은 수준의 진동량을 보이므로 안정성이 있어서 문제가 없음을 알 수 있다.

5.4.1 착안사항

신뢰성 높은 설계풍속	공기역학에 유리한 구조	철저한 내풍성능 검증	시공 및 공용중 내풍안정성
• 선유도-기상대 자료 상관분석 • 태풍 몬테카를로 시뮬레이션 • 한계풍속 신뢰성해석	• Edge 박스 거더 • 고강도 케이블로 단면축소 • 제형단면 콘크리트 주탑	• 2차원 단면실험 • 전산유체해석(CFD) • 버펫팅 및 플러터 해석	• 3차원 플러터 해석 • 가설단계 버펫팅 해석 • 독립주탑 풍동실험

5.4.2 태풍 몬테카를로 시뮬레이션에 의한 추정풍속

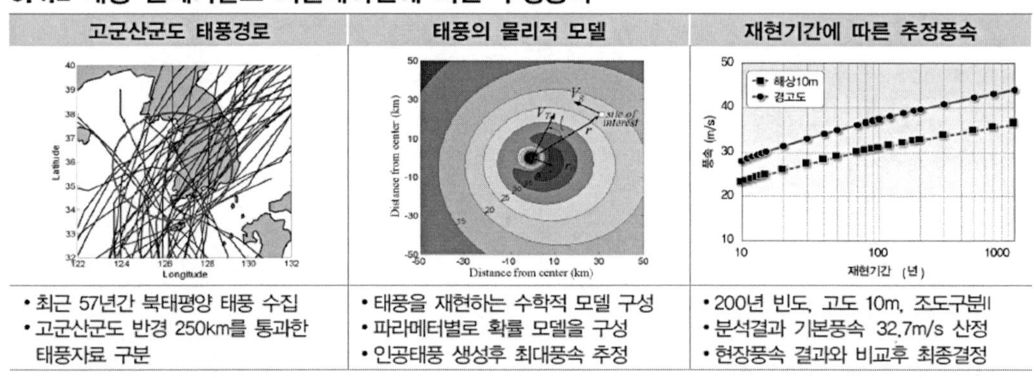

고군산군도 태풍경로	태풍의 물리적 모델	재현기간에 따른 추정풍속
• 최근 57년간 북태평양 태풍 수집 • 고군산군도 반경 250km를 통과한 태풍자료 구분	• 태풍을 재현하는 수학적 모델 구성 • 파라메터별로 확률 모델을 구성 • 인공태풍 생성후 최대풍속 추정	• 200년 빈도, 고도 10m, 조도구분II • 분석결과 기본풍속 32.7m/s 산정 • 현장풍속 결과와 비교후 최종결정

5.4.3 현장풍속 확률분석

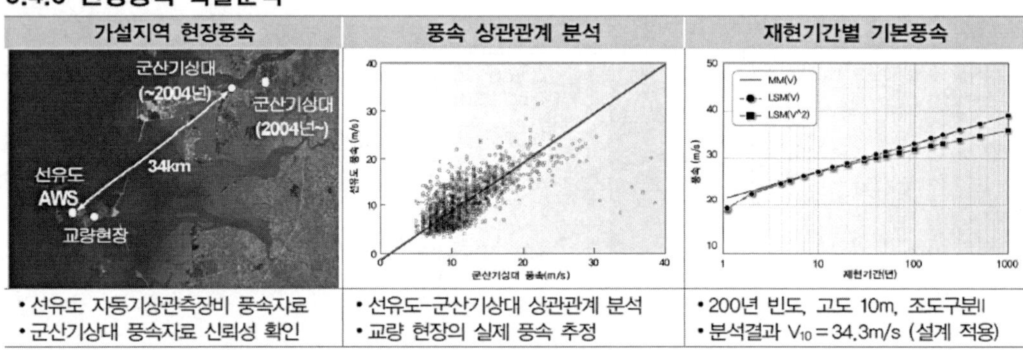

가설지역 현장풍속	풍속 상관관계 분석	재현기간별 기본풍속
• 선유도 자동기상관측장비 풍속자료 • 군산기상대 풍속자료 신뢰성 확인	• 선유도-군산기상대 상관관계 분석 • 교량 현장의 실제 풍속 추정	• 200년 빈도, 고도 10m, 조도구분II • 분석결과 V_{10} = 34.3m/s (설계 적용)

5.4.4 CFD 해석을 통한 후보 단면 선정

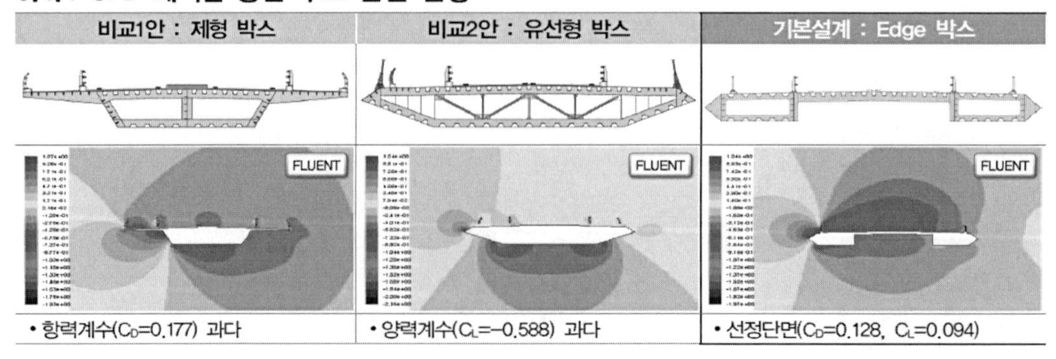

비교1안 : 제형 박스	비교2안 : 유선형 박스	기본설계 : Edge 박스
• 항력계수(C_D=0.177) 과다	• 양력계수(C_L=-0.588) 과다	• 선정단면(C_D=0.128, C_L=0.094)

5.4.5 2차원 풍동실험

■ 예비실험

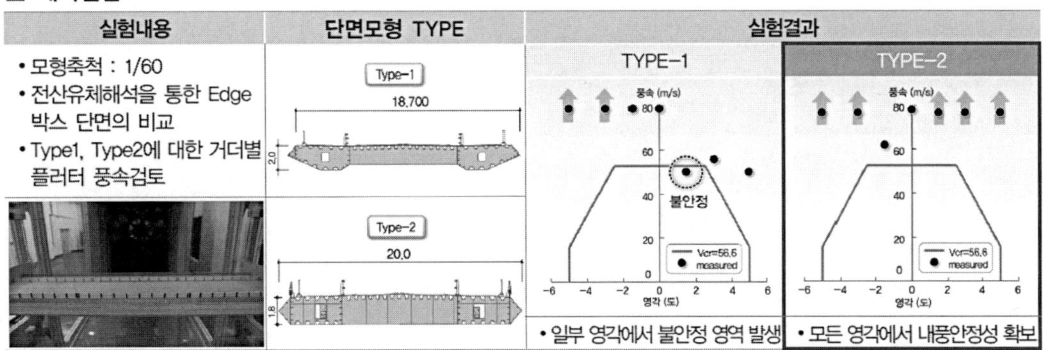

실험내용	단면모형 TYPE	실험결과	
• 모형축척 : 1/60 • 전산유체해석을 통한 Edge 박스 단면의 비교 • Type1, Type2에 대한 거더별 플러터 풍속검토	Type-1 (18,700) / Type-2 (20.0)	TYPE-1	TYPE-2
		• 일부 영각에서 불안정 영역 발생	• 모든 영각에서 내풍안정성 확보

■ 본실험

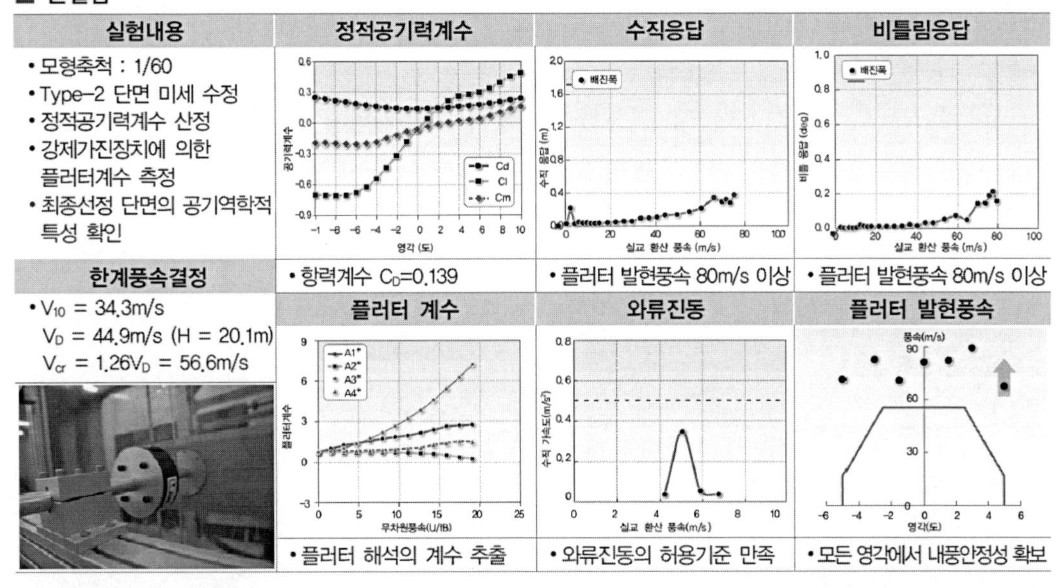

실험내용	정적공기력계수	수직응답	비틀림응답
• 모형축척 : 1/60 • Type-2 단면 미세 수정 • 정적공기력계수 산정 • 강제가진장치에 의한 플러터계수 측정 • 최종선정 단면의 공기역학적 특성 확인			
한계풍속결정	• 항력계수 C_D=0.139	• 플러터 발현풍속 80m/s 이상	• 플러터 발현풍속 80m/s 이상
• V_{10} = 34.3m/s V_D = 44.9m/s (H = 20.1m) V_{cr} = 1.26V_D = 56.6m/s	**플러터 계수**	**와류진동**	**플러터 발현풍속**
	• 플러터 해석의 계수 추출	• 와류진동의 허용기준 만족	• 모든 영각에서 내풍안정성 확보

■ 3차원 플러터 해석

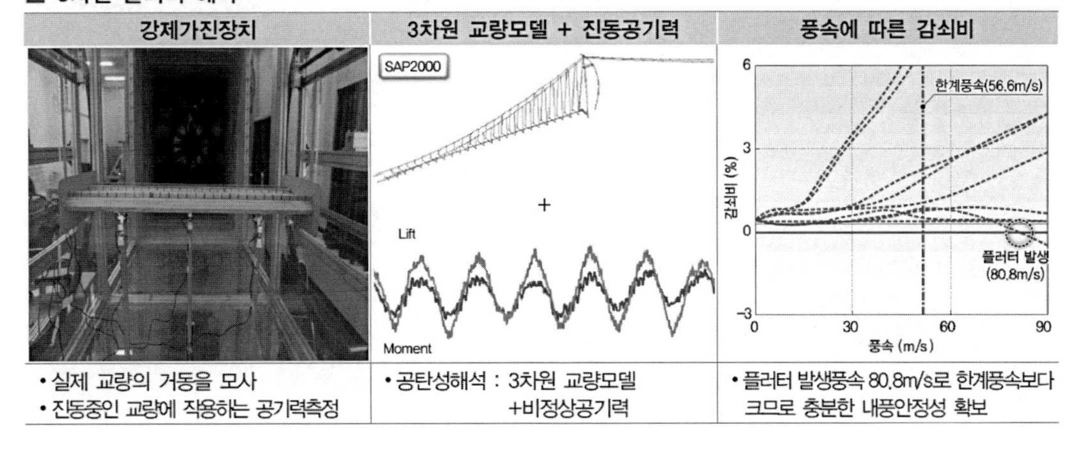

강제가진장치	3차원 교량모델 + 진동공기력	풍속에 따른 감쇠비
• 실제 교량의 거동을 모사 • 진동중인 교량에 작용하는 공기력측정	• 공탄성해석 : 3차원 교량모델 +비정상공기력	• 플러터 발생풍속 80.8m/s로 한계풍속보다 크므로 충분한 내풍안정성 확보

5.4.6 바람의 난류성분을 고려한 교량의 안정성 검토

■ 완성계 버펫팅 해석

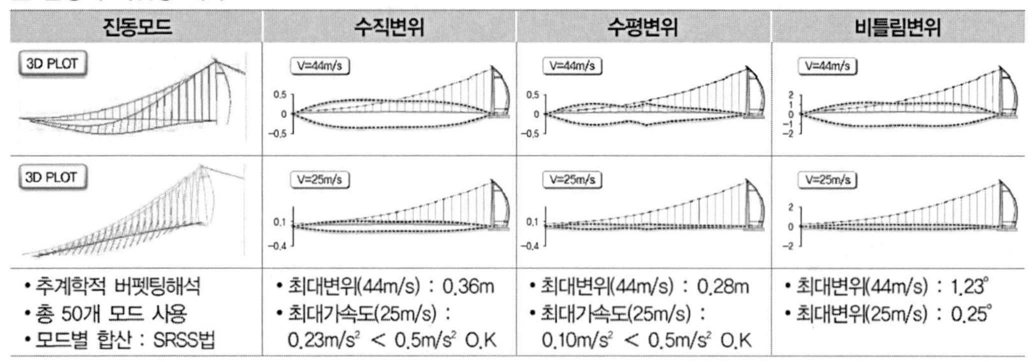

진동모드	수직변위	수평변위	비틀림변위
3D PLOT	V=44m/s	V=44m/s	V=44m/s
3D PLOT	V=25m/s	V=25m/s	V=25m/s
• 추계학적 버펫팅해석 • 총 50개 모드 사용 • 모드별 합산 : SRSS법	• 최대변위(44m/s) : 0.36m • 최대가속도(25m/s) : $0.23m/s^2 < 0.5m/s^2$ O.K	• 최대변위(44m/s) : 0.28m • 최대가속도(25m/s) : $0.10m/s^2 < 0.5m/s^2$ O.K	• 최대변위(44m/s) : 1.23° • 최대변위(25m/s) : 0.25°

■ 가설단계 버펫팅 해석

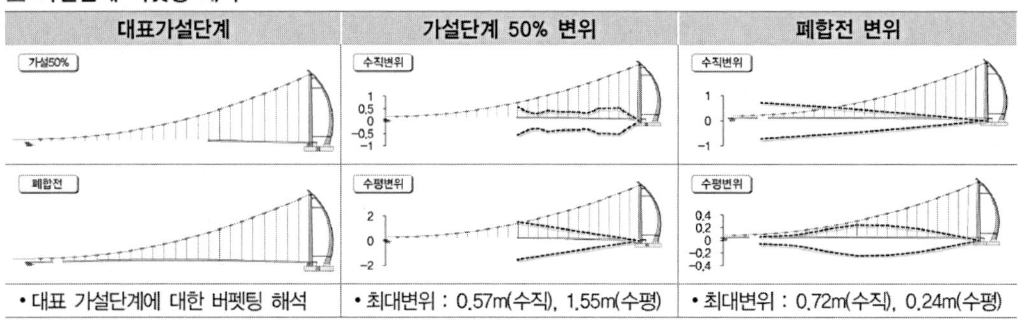

대표가설단계	가설단계 50% 변위	폐합전 변위
가설50%	수직변위	수직변위
폐합전	수평변위	수평변위
• 대표 가설단계에 대한 버펫팅 해석	• 최대변위 : 0.57m(수직), 1.55m(수평)	• 최대변위 : 0.72m(수직), 0.24m(수평)

■ 독립주탑 풍동실험

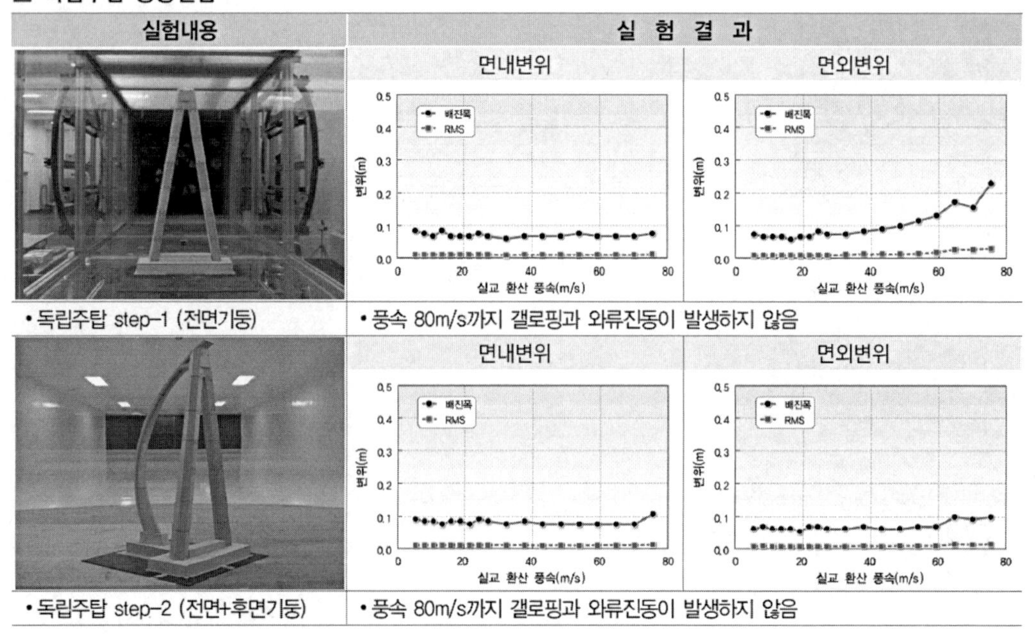

실험내용	실험결과	
	면내변위	면외변위
• 독립주탑 step-1 (전면기둥)	• 풍속 80m/s까지 갤로핑과 와류진동이 발생하지 않음	
	면내변위	면외변위
• 독립주탑 step-2 (전면+후면기둥)	• 풍속 80m/s까지 갤로핑과 와류진동이 발생하지 않음	

99회 2-2

교량의 진동 (109회 1-7)

차량의 주행으로 인해 발생하는 진동이 교량에 미치는 영향 및 진동특성에 대하여 설명하시오.

풀 이

➤ 개요

오늘날 교량 설계 시 가능한 한 단면은 감소시키고 지간길이를 길게 하려는 경향이 있는데 이러한 교량들에 있어서는 동적거동파악이 중요한 문제가 된다. 특히 강성이 작은 케이블교량과 같은 구조물에서는 차량의 주행으로 인한 지점 가진 진동이 발생하는 경우 구조물과 공진이 발생할 수 있으므로 이로 인해서 구조물의 피로 등에 영향을 줄 수 있다. 실제 설계 시 동적문제는 충격계수와 최대 허용 처짐에 한계를 두어 처리되고 있다. 충격계수는 반복응력의 범위를 제한하기 위한 것이고 최대 허용 처짐의 제한은 과진동으로 인한 피로의 영향과 이용자의 심리적 불안감을 피하기 위하여 둔 규정이다.

➤ 교량의 고유 진동수

폭에 비해 길이가 긴 교량은 폭의 영향이 크지 않다고 알려져 있으며, 또한 연속교의 경우 일반적으로 내측 지점부의 단면은 중앙에 비해 크나 고유진동수 계산 시 단면 변화의 영향은 미미하다

➤ 교량의 동적특성

1) 감쇠비는 콘크리트교가 크고, 감쇠 종료시간은 강교가 길어 강교가 콘크리트교 보다 진동피해를 많이 받는다.

2) 콘크리트교는 동탄성계수, 강교는 합성단면을 사용하면 실측치에 가까운 진동수를 계산할 수 있다.

3) 변위에 의한 충격계수와 변형에 의한 충격계수 값은 다르다.

4) 충격을 막기 위해 진입로 및 교량 노면 상태를 개선해야 한다.

5) 고유 진동수

① 노면 상태가 양호한 교량 : 2.3~4.5Hz
② 노면 상태가 불량한 교량 : 2~3Hz, 6.5Hz 이상

6) 충격계수는 지간길이만의 함수로 표시되므로 불합리하다.

▶ 차량의 주행으로 인한 진동에 대한 고려

일반적으로 차량의 주행으로 인한 진동은 도로교에서보다 활하중의 크기가 큰 철도교에서의 영향이 더 크다. 정적해석과정에서 차량의 주행으로 인한 동적거동의 영향은 일반적으로 충격계수를 이용하여 고려되며, 장대교량과 같은 주요한 구조물에 대해서는 활하중의 이동하중해석이나 시간이력해석을 통해서 구조물의 동적인 거동특성에 대하여 고려하고 있다.

① 충격하중(2012 도로교 한계상태 설계법)

2012 도로교 설계기준에서는 기존의 교량의 연장에 비례하여 일괄적으로 적용하던 충격하중을 부재별로 구조물과 트럭하중과의 직접 저촉으로 인하여 파손 등을 유발시키는 부재에 대하여 강화하여 적용토록 하고 있다.

구 분		IM
바닥판, 신축이음장치 모든 한계상태		70%
모든 다른 부재	피로한계상태 제외한 모든 한계상태	25%
	피로한계상태	15%

② 이동하중을 통한 시간이력해석(철도교)

통상적으로 이동하중을 통해서 구조물의 부재력 및 변위에 대한 시간이력해석을 수행하며 이를 통해서 차량이나 열차로 인한 진동양상에 대한 검토를 수행한다.

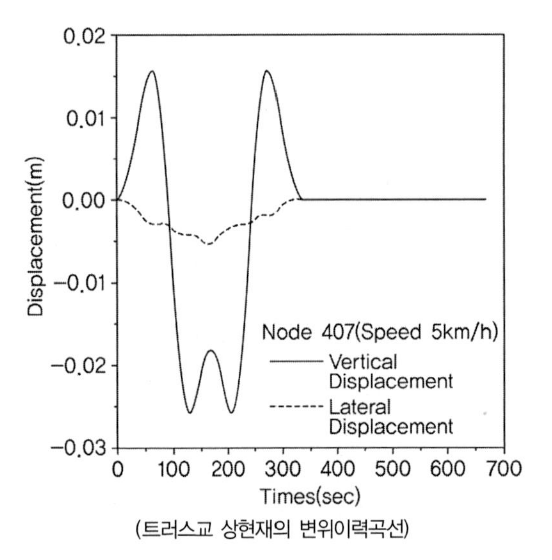

(트러스교 상현재의 변위이력곡선)

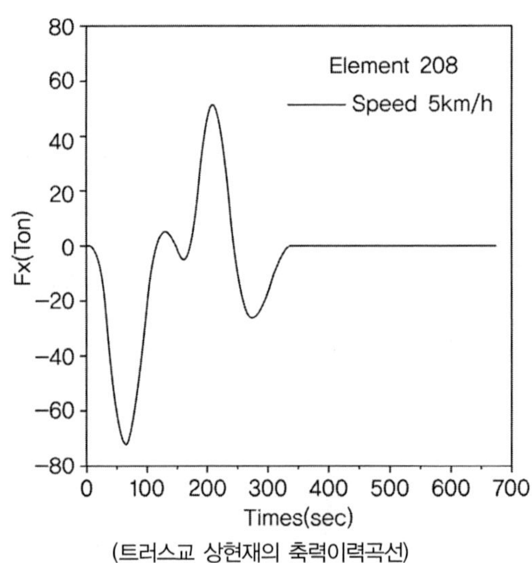

(트러스교 상현재의 축력이력곡선)

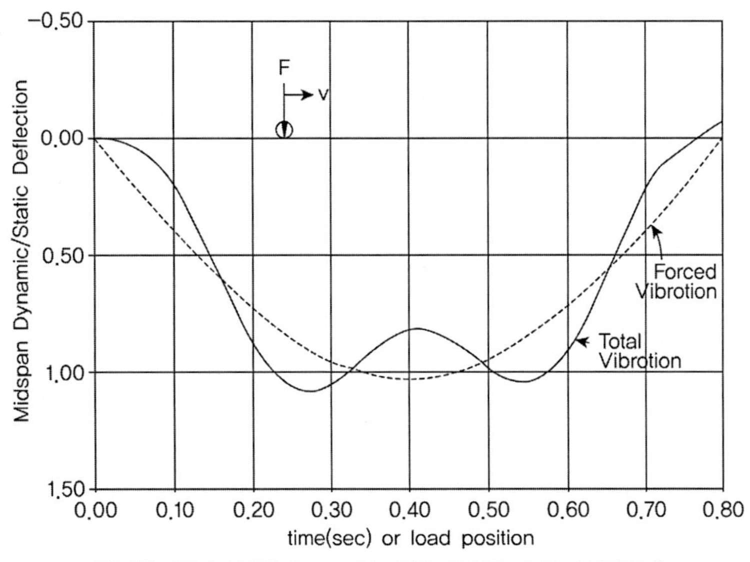

(일정한 하중이 일정한 속도로 단순경간을 횡단하는 경우의 동적응답)

③ 엄밀한 동적해석 : 시간이력해석

보다 엄밀한 동적해석을 위해서는 스프링으로 지지된 질량이 진동하면서 일정한 속도로 교량을 횡단하는 경우를 고려할 수 있으며 통상적으로 이러한 구조계는 강성이 k_v 인 스프링으로 지지되는 진동 질량 M_{vs}와 항상 교량과의 접촉을 유지하고 있다고 가정하는 비진동 질량 M_{vu}의 두 개의 질량을 포함한다. 구조계의 하중은 다음과 같이 표현할 수 있다.

$$F = M_{vu}(g - \ddot{y}_v) + [k_v(z - y_v) + M_{vs}g]$$

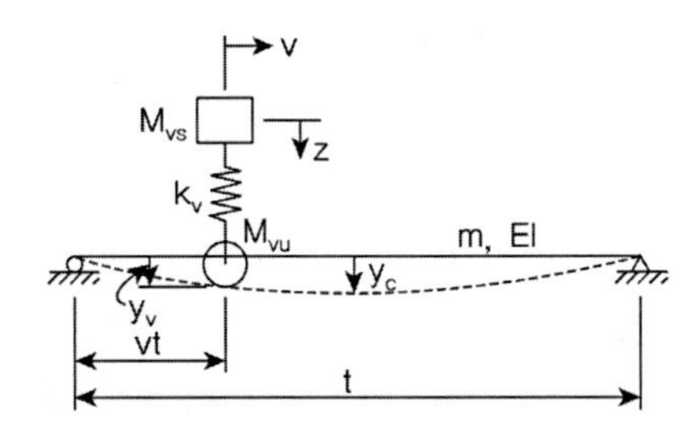

▶ 이동차량에 대한 교량의 진동

① 이동차량으로 인한 교량의 진동은 2가지 이유에서 중요하다. 첫 번째는 응력이 정적하중작용으로 인한 응력이상으로 증가하기 때문이다. 이는 일반적으로 설계에서 충격계수로서 고려한다. 두 번째 이유는 지나친 진동은 교량상의 사람에게 감지되기 때문이다. 비록 진동은 교량의 안전에는 큰 관계는 없지만 과도한 진동이 발생하면 심리적 불안감을 갖게 된다.

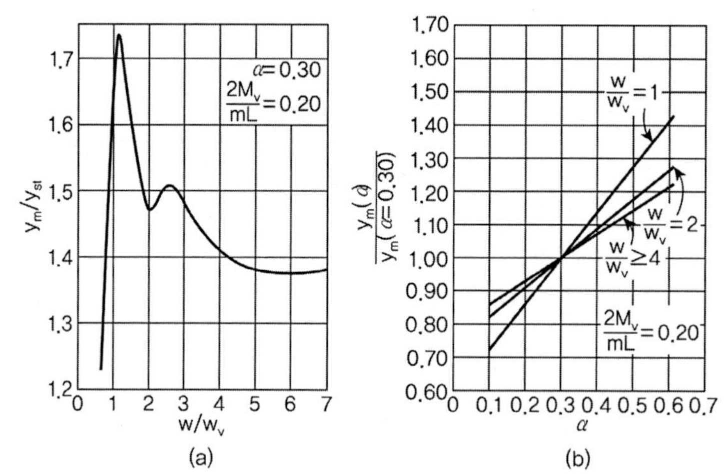

FIGURE 8.8 Maximum dynamic bridge deflection. Effect of parameter variations. (Biggs, Suer, and Louw.[44])

② 초기차량진동의 크기와 차량고유진동수에 대한 교량고유진동수의 비는 가장 중요한 매개변수이다. 진동수비의 효과는 위의 그림 (a)에 도시되어 있으며 최대 정적처점에 대한 최대 동적처짐의 비가 정의된 α와 교량질량에 대한 차량질량의 비에 대하여 진동수비의 함수로 도시되어 있다.

③ 진동수비가 1일 때 상당한 피크가 발생하는 것을 알 수 있으며, 이는 구조계의 공진조건과 유사하지만 차량이 교량에 진입하는 순간 차량의 바운싱 에너지양은 제한되어 있기 때문에 실제적으로는 피크값이 제한되므로 진정한 의미의 공진은 아니다.

④ 그림(b)는 초기차량 진동의 효과를 도시한 내용이다. 여기서 $\alpha = 0.3$의 경우에 대한 최대 처짐의 비가 매개변수 α에 대하여 도시되어 있다. 매개변수 α의 효과는 거의 선형이라는 것을 알 수 있으며 해석에서 필요한 세 번째 매개변수인 $2M_v/mL$은 동적처짐에서 이차적이므로 일반적으로 무시한다.

⑤ 국내 도로교설계기준에서는 동적효과는 정적활하중을 충격계수로 증가시켜서 고려한다. 이 방법은 이론적 접근방법에 다음의 몇 가지 문제점이 있기 때문에 해석의 난해도를 고려한다면 적절하다고 볼 수 있다.

- 동적해석 수행을 위해서는 α의 적절한 설계값의 확립이 필요하다.
- 장래 차량에 대한 동적특성을 알지 못한다.
- 경간에 동시에 작용하는 2개 이상의 차량에 대해서는 이론해가 존재하지 않는다.
- 구조설계에 관한 통계와 확률이론의 적용이 보다 완전하게 개발되어야 한다.

92회 4-1

내풍설계

사장교 케이블에서 발생하는 진동현상과 제진대책에 대해서 설명하고 아래 교량 케이블의 풍우진동에 대한 안정성을 검토하시오(그림에서 치수는 m이다).

단, 케이블의 구조감쇠비 $\xi = 0.24 - 6 \times 10^{-4} L(\%)$, L은 케이블 길이(m), 공기밀도 $\rho = 1.225 kg/m^3$

케이블의 제원

구분	단위길이당 질량 m(kg/m)	케이블 직경 D(mm)
C1	90	160
C2	80	150
C3	60	140

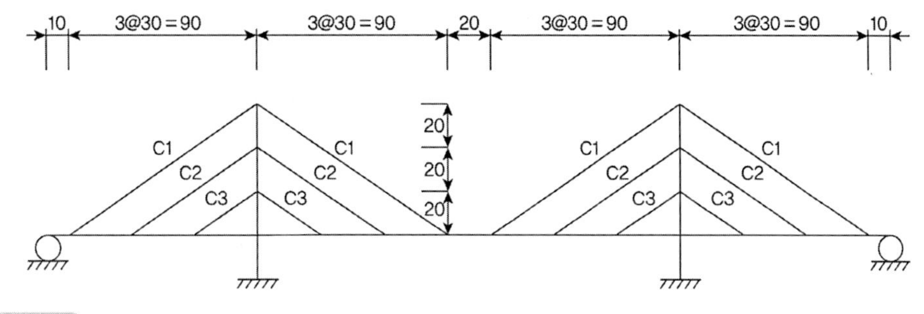

풀 이

➤ 케이블의 진동현상 및 제진대책

1) 풍우진동(Rain–Wind Vibration)

비가오는 상태에서 부는 바람에 의해 케이블 표면에서의 빗물 흐름이 바람에 노출되어 케이블 단면 형상을 변화시킴으로 인해 발생하는 진동

① 제어기준 식 : $S_c = \dfrac{m\xi}{\rho D^2} > 10$

② 제진대책 : 케이블 표면을 돌기 등으로 처리하여 안정성을 확보한다(Dimple, Helical ribs).

2) 갤로핑(Galloping)

높은 풍속의 바람에 대해 케이블의 특성인 길이, 장력, 직경 등에 의해 발생되는 진동현상이다.

① 제어기준 식 : $V_{crt} = CND \times \sqrt{S_c} = CND\left(\sqrt{\dfrac{m\xi}{\rho D^2}}\right)$

$V_d < V_{crt}$ 이면 갤로핑이 발생하지 않는다.

여기서, C : 상수(원형케이블 40), N : 케이블 고유진동수($\dfrac{1}{2L}\sqrt{\dfrac{T}{m}}$)

V_d : 설계속도 (활하중 재하 시 33m/s, 활하중 비재하시 70m/s)

② 제진대책 : 케이블 길이 100m 이상인 경우 댐퍼를 설치하여 안정성을 확보한다.

TIP | 케이블 갤로핑 |

① 케이블 단면의 비대칭 형상에 기인하는 것으로 원형 단면 케이블이라도 경사진 케이블에서 발생하며 (galloping of dry inclined cable) 표면에 얼음이 덮인 케이블에서도 발생가능하다.

② 경사 케이블의 갤로핑은 이론적으로 가능하지만 아직 그 현상에 대해 실제적으로 명확하게 규정되지 않고 있으며 현재 연구가 진행 중이다.

③ 최근 연구결과에 따르면 케이블의 구조감쇠가 0.3% 이상인 경우 경사 케이블의 갤로핑은 발생하지 않으며, 이 경우 스크루톤 수(S_c)는 3정도로 풍우진도의 발생 임계값인 10보다 작은 값이다. 따라서 풍우진동을 방지할 수 있을 정도의 감쇠비이면 경사케이블의 갤로핑은 충분히 방지할 수 있다.

④ 웨이크 겔로핑(Wake galloping)은 다른 구조요소들에서 발생한 와류 속에 케이블이 존재하여 발생하는 공기역학적 불안정 현상으로 여러 다발로 이루어진 케이블시스템이나 사장교에서 바람의 방향이 교축방향인 경우에 발생할 수 있다.

⑤ 현장측정이나 풍동실험 결과에 의하면 W/D(케이블 중심간 거리/케이블 직경)이 1.5~6.0 사이에 있는 경우 바람흐름의 아래쪽 케이블이 불안정해진다고 알려져 있다.

3) 와류진동(Vortex Shedding)

저풍속 상태에서 후면 와류에 의해 발생되는 진동수로 저진폭의 진동현상이다.

① 제어 기준 식 : $V = \dfrac{ND}{S_t}$ S_t : Strouhal 수

② 제진 대책 : 비교적 낮은 풍속대에서 발생하므로 바람의 지속시간이 짧으면 큰 문제를 일으키지 않으나 피로에 문제를 야기할 수 있다. 댐퍼등을 설치하여 안정성을 확보한다.

TIP | 케이블 와류진동 |

① 케이블의 와류진동은 바람방향으로 케이블 후면에 발생하는 주기적인 와류에 의한 진동으로 고주파의 저진폭 진동이라는 특징이 있다.

② 와류진동에 의한 케이블의 가진력은 케이블의 운동과 서로 상호작용이 일어나지 않으므로 발산진동 형태가 되지 않는다.

③ 하지만 이러한 진동이 케이블에서 중요하게 다루어지는 이유는 케이블에 피로문제를 야기할 수 있기 때문이며, 와류생성 진동수(n)은 다음의 식을 사용하여 계산한다.

$V = \dfrac{nD}{S_t}$ $\therefore n = S_t \dfrac{V}{D}$ 여기서 V: 풍속, S_t : 스트로할 수(원형단면 0.15), D: 케이블 직경

④ 케이블의 와류진동은 위 식을 이용하여 와류생성 진동수를 구하고 이 값을 케이블의 고유진동수와 비교하며 일반적으로 케이블의 고유모드는 4차 이상을 사용하여 검토한다. 이외에도 적절한 방법으로 와류진동에 의한 피로응력을 직접 산정하여 검토 할 수 있다.

➤ 풍우진동 안정성 검토

1) 케이블별 길이 및 구조감쇠비 산정

$$C_1 = \sqrt{60^2 + 90^2} = 108.167^m, \quad \xi_1 = 0.24 - 6 \times 10^{-4} \times 108.167 = 0.175\%$$

$$C_2 = \sqrt{40^2 + 60^2} = 72.111^m, \quad \xi_2 = 0.24 - 6 \times 10^{-4} \times 72.111 = 0.197\%$$

$$C_3 = \sqrt{20^2 + 30^2} = 36.056^m, \quad \xi_3 = 0.24 - 6 \times 10^{-4} \times 36.056 = 0.218\%$$

2) 풍우진동에 대한 검토식

① Cable C1 : $S_c = \dfrac{m\xi}{\rho D^2} = \dfrac{90 \times 0.175 \times 10^{-2}}{1.225 \times 0.160^2} = 5.02 < 10$

② Cable C2 : $S_c = \dfrac{m\xi}{\rho D^2} = \dfrac{80 \times 0.197 \times 10^{-2}}{1.225 \times 0.150^2} = 5.72 < 10$

① Cable C1 : $S_c = \dfrac{m\xi}{\rho D^2} = \dfrac{60 \times 0.218 \times 10^{-2}}{1.225 \times 0.140^2} = 5.45 < 10$

∴ 풍우진동에 대한 기준값을 만족하지 못하므로 별도의 대책수립이 필요하며, PTI recommand 기준에 따라 케이블에 돌기(Dimple, Helical ribs)를 설치할 경우 $S_c > 4.0$ 이상이면 만족되므로 본 교량의 풍우진동에 대해 만족시킬 수 있다.

Chapter

10 부대시설과 하부구조

01 신축이음 및 받침의 이동량

102회 2-2 사교와 곡선교의 신축 및 회전거동의 특성, 받침 배치방법

1. 신축이음장치

신축이음장치는 상부구조의 신축 또는 이동량을 흡수하고 교면 평탄성을 유지하여 차량의 주행성을 확보하기 위해 상부구조에 설치되는 기계적 신축이음(조인트)와 연결장치로 구성된다. 신축이음은 교축방향으로의 온도변화, 크리프와 건조수축, 이동량과 회전변위, 구조적 여유량을 만족하여야 한다.

1) 신축이음 선정 시 고려사항

① 교량의 종류 : 교량에 따라 설치방법의 차이
② 이동량 : 온도변화, 건조수축, 크리프, 활하중, 사각 및 교대의 활동 등을 고려
③ 내구성 : 차량의 충격하중에 직접 노출되므로 강도와 내구성 고려
④ 주행성 : 신축이음의 내구성과 연관, 차량의 주행성능 고려
⑤ 배수성과 수밀성 : 내구성, 부식성능 확보
⑥ 시공성 : 시공의 난이도, 시공방법에 따른 내구성, 평탄성, 수밀성, 배수성 변화 고려
⑦ 경제성 : LCC 고려한 경제성 검토

2) 상부구조의 이동량 산출기준

구분	도로교 설계기준	도로설계요령	도로공사 설계지침
기본 이동량	$\Delta l_t + \Delta l_{sh} + \Delta l_{cr} + \Delta l_r$ (온도+건조수축+크리프+회전)	$\Delta l_t + \Delta l_{sh} + \Delta l_{cr}$ (온도+건조수축+크리프)	100m 이하 : $\Delta l_t + \Delta l_{sh} + \Delta l_{cr}$ 100m 이상 : $\Delta l_t + \Delta l_{sh} + \Delta l_{cr} + \Delta l_r$
여유량	설치여유량 : ±10mm 부가여유량 : ±20mm	기본이동량의 20% +10mm	100m 이하 : 기본 이동량의 20%+10mm 100m 이상 : 여유량만 규정
특징	① 빔의 회전 고려 ② 여유량 정량(±30mm)	① 여유량 정률(20%)와 정량(10mm) ② 보통지방과 한랭지방으로 구분	100m 이하 : 도로설계요령의 보통지방 100m 이상 : 도로교 설계기준과 동일

3) 설계시 고려사항

① 신축이음은 신축장에 대한 변위를 수용할 수 있도록 설계되어야 한다.

② 곡선교와 사교에는 교축방향과 교축직각방향의 신축, 종단경사가 있는 교량에서 가동받침이 수평이동으로 인한 수직단차, 주형의 단부회전에 의한 수평이동, 교대와 교각의 침하와 회전 및 수평이동에 의한 지점의 이동에 대하여 필요한 경우 고려

③ 예상치 못하거나 확실하지 않은 계산에 대해서는 충분한 여유간격을 확보하기 위해 신축여유량과 설치 여유량 포함

4) 이동량 계산

$$\Delta l = \Delta l_t + \Delta l_{sh} + \Delta l_{cr} + \Delta l_r + (\Delta l_p)$$

① 온도변화 : 연중 최고온도차와 선팽창계수에 의해 계산. 이동량에 가장 큰 영향을 미치는 요인으로 전체 이동량의 50% 이상, 교량내 온도차는 미미하므로 무시

$$\Delta l_t = \alpha \Delta Tl = \alpha (T_{\max} - T_{\min})l$$

※ 신축이음장치 설치될 때 예상되는 온도 T_{set}에 대한 최대 신장량(Δl_t^+)와 수축량(Δl_t^-)

$$\Delta l_t^+ = \alpha (T_{\max} - T_{set})l, \quad \Delta l_t^- \equiv \alpha (T_{\min} - T_{set})l, \quad \Delta l_t = \Delta l_t^+ - \Delta l_t^-$$

T_{set} : 신축이음장치가 설치될 때의 온도(48시간의 평균온도)

② 건조수축과 크리프 : RC는 건조수축만 고려, PSC는 건조수축과 크리프 모두 고려

$$\Delta l_{sh} = -\alpha \Delta Tl \times \beta, \quad \Delta T = -20℃, \quad \Delta l_{cr} = -\epsilon_c \times l \times \phi \times \beta = -\frac{P_i}{A_c E_c}\beta \phi l \ (\phi = 2.0)$$

③ 교량처짐에 의한 단부 회전 : 보가 높거나 변형이 쉬운 교량의 단부회전에 의한 변위

$$\Delta l_r = -h\theta_e, \quad \Delta v = a\theta_e \qquad (\theta_e : \text{강교}(1/150), \text{콘크리트교}(1/300))$$

h : 보의 높이의 2/3, a : 받침의 중심에서 단부까지의 수평거리

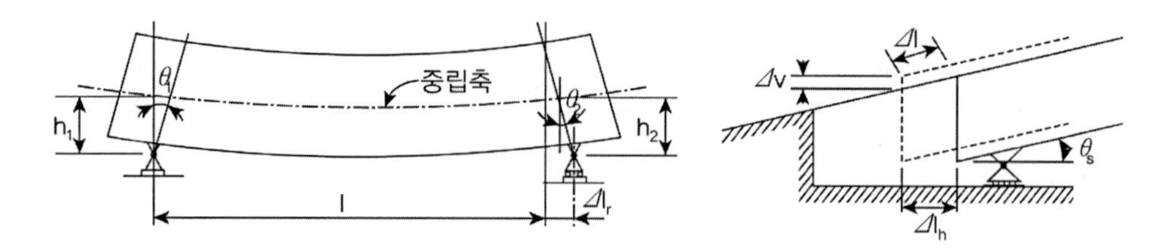

※ 지점의 회전변위는 최대처짐에 대한 지간의 비로 표시되는 강성(l/δ)으로부터 근사적으로 구할 수 있다.

l/δ	400	500	600	700	800	900	1000	1500	2000
θ_e	1/100	1/125	1/150	1/175	1/200	1/225	1/250	1/375	1/500

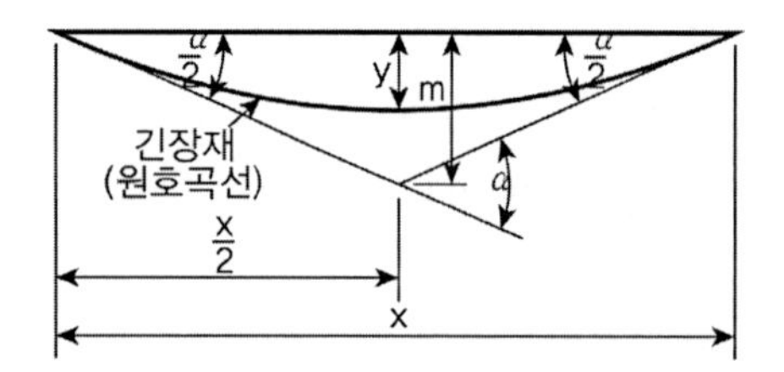

$$m \fallingdotseq 2y \fallingdotseq 2\delta,\ \frac{\alpha}{2} = \theta_e$$

$$\theta_e \times \frac{l}{2} = 2\delta \ \therefore\ \theta_e = 4 \times \frac{\delta}{l}$$

④ 교량의 종단경사에 의한 변위 : 종단경사가 큰 교량의 경우 온도에 의한 수평변위에 의해 수직방향으로 단차 발생

⑤ 지점이동의 영향 : 교각과 교대에 예상되는 수평이동량을 여유간격의 계산에 고려

⑥ 사교 및 곡선교의 변위 : 사교와 곡선교의 교량단부의 접선방향 변위에 의한 비틀림은 신축이음장치에 전단력을 발생시키므로 신축이음장치의 형식선정 및 설계, 시공시 주의(접선방향 변위 $\Delta s = \Delta l \times \sin\theta_c$, 법선방향 변위 $\Delta d = \Delta l \times \cos\theta_c$)

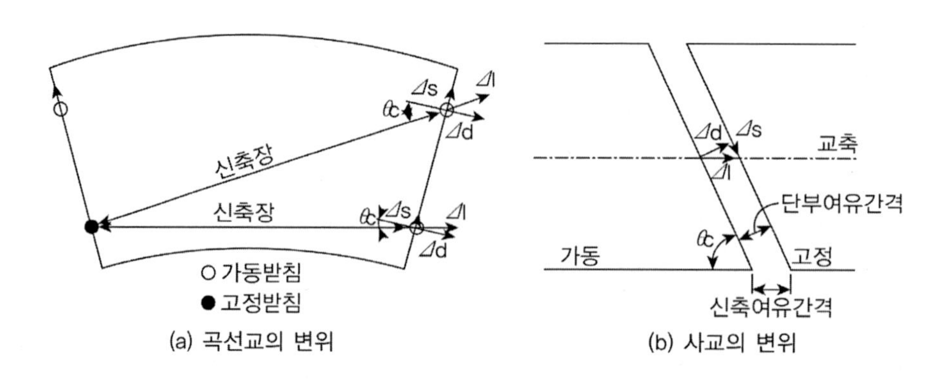

(a) 곡선교의 변위

(b) 사교의 변위

⑦ 지진에 의한 영향 : 지진에 의한 인접구조물과의 상대변위를 신축장치가 흡수

2. 받침

교량의 받침은 상부구조에 작용하는 하중을 하부구조에 전달하는 기능을 갖는 기계장치로서 교량의 내구성, 안정성에 관련된 중요한 구조요소이다. 또한 고정하중, 활하중 등에 의해서 상부구조에 발생되는 변위뿐만 아니라 온도변화 및 크리프에 의해서도 교량의 변위, 변형이 발생하므로 이 변위를 흡수하는 구조로 하거나 변위에 의해 발생되는 하중에 저항할 수 있도록 하여야 한다.
받침의 요구기능 : 받침, 굴림, 미끄러짐

1) 기능상의 분류 : 고정받침, 가동받침

2) 구조상의 분류

① 포트받침 : 원형의 밀폐용기에 고무를 넣고 그 위에 받침판을 얹어 고무의 탄성변형에 의해 회전기능을 가지며 미끄럼 기능은 고무판 위에 설치된 피스톤 상단에 부착된 불소수지판과 포트받침 바닥판의 하부에 부착된 스테인리스 스틸 판 사이에 윤활유를 주입하여 이동변위에 대해 적은 마찰계수로 미끄럼 기능
② 탄성받침 : 순수탄성받침과 적층탄성받침
③ 스페리컬 받침 : 모든 방향으로의 회전이 가능
④ 고력황동 받침판 받침 : 한쪽은 평면, 다른 면은 곡면으로 상하부판과 면접촉을 시켜서 미끄럼에 의해 평면 접촉부에서 신축, 곡면접촉부에서 회전

3) 받침 선정 시 유의사항

수직하중, 수평하중, 이동량과 방향, 회전량과 방향, 마찰계수, 상하부 구조 형식과 치수, 지점에서의 소요 받침수, 지반조건과 침하가능성, 교량의 총연장, 받침 상하부 구조의 접속부의 보강, 유지관리

4) 설계시 고려사항 : 수직 수평하중과 이동량 산정

온도변화, 크리프와 건조수축, 프리스트레싱, 휨변형, 재료의 피로, 침하 및 지반이동, 차량의 가속 또는 제동하중, 원심력, 지진, 풍하중, 가설하중

5) 이동량 계산

① $\Delta l = \Delta l_t + \Delta l_{sh} + \Delta l_{cr} + \Delta l_r + (\Delta l_p)$: 신축이음과 동일
② 가동받침의 상하부 위치 결정

$$l_m = l + \Delta l_d + \Delta l_t' + \Delta l_{sh} + \Delta l_{cr} + \Delta l_p$$
$$\delta = l_m - l = \Delta l_d + \Delta l_t' + \Delta l_{sh} + \Delta l_{cr} + \Delta l_p$$

$\triangle l_d$: 받침 설치완료 후 작용하는 고정하중에 의한 이동량

$\triangle l_t'$: 표준온도를 기준으로 한 온도변화에 의한 이동량

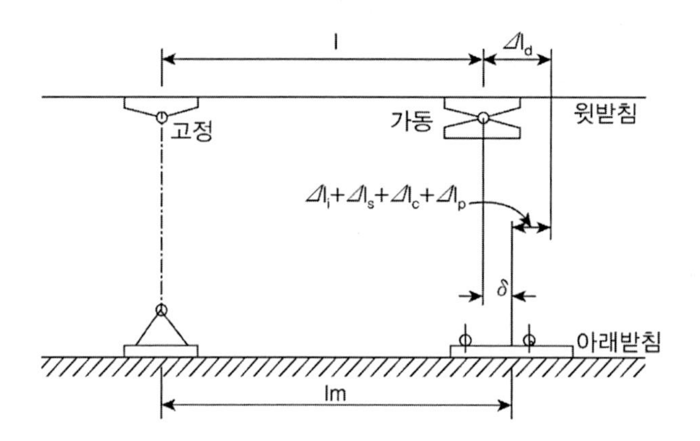

6) 받침의 배치 : 사교와 곡선교의 경우 주의 필요

① 사교 : 사각이 매우 심한 경우를 제외하고 부반력이 발생하지 않는다. 둔각부에 하중 집중되므로 단부보강이 필요하며, 받침규격 선정 시 최대 받침반력 산정에 주의

(받침의 배치방향) 고정단의 일방향 가동받침의 이동방향을 사각방향으로 배치

가동받침의 이동방향과 회전방향이 불일치, 전방향 회전 가능한 받침(탄성받침)이나 받침의 이동방향은 교량의 중앙선에 평행하게, 사각의 교대나 교각에 대해 직각방향이어서는 안 된다.

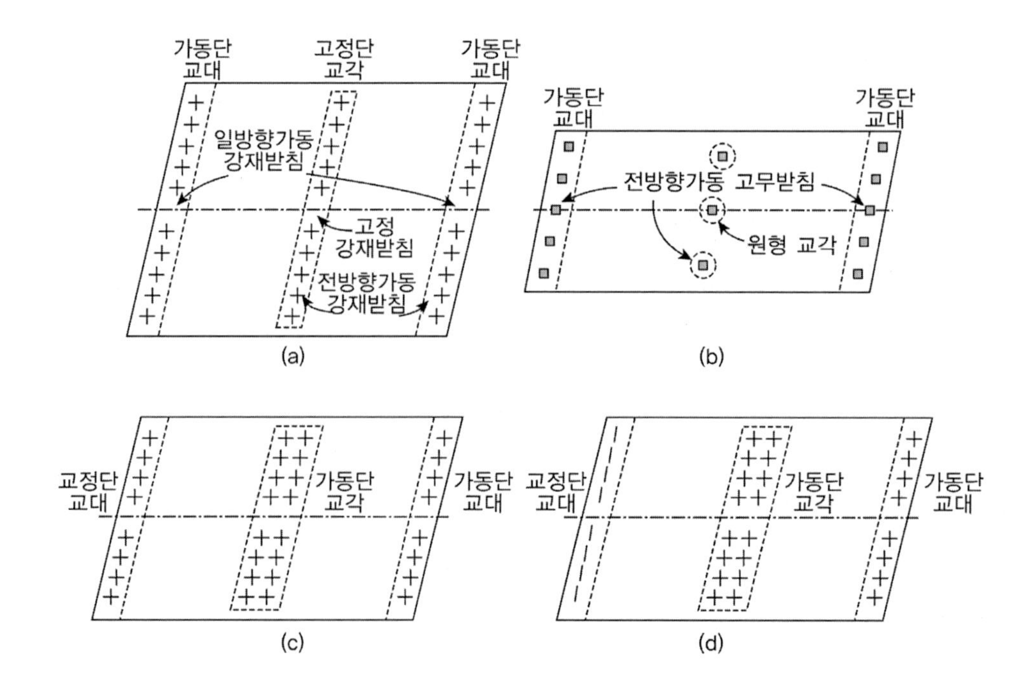

② 곡선교 : 가동받침의 이동방향은 고정받침의 방사상의 현 방향으로 설치하거나 곡선반경에 대해 접선방향으로 설치

(접선방향) 곡률이 일정한 교량에 적합, (현방향) 곡률변화와 상관없이 적용

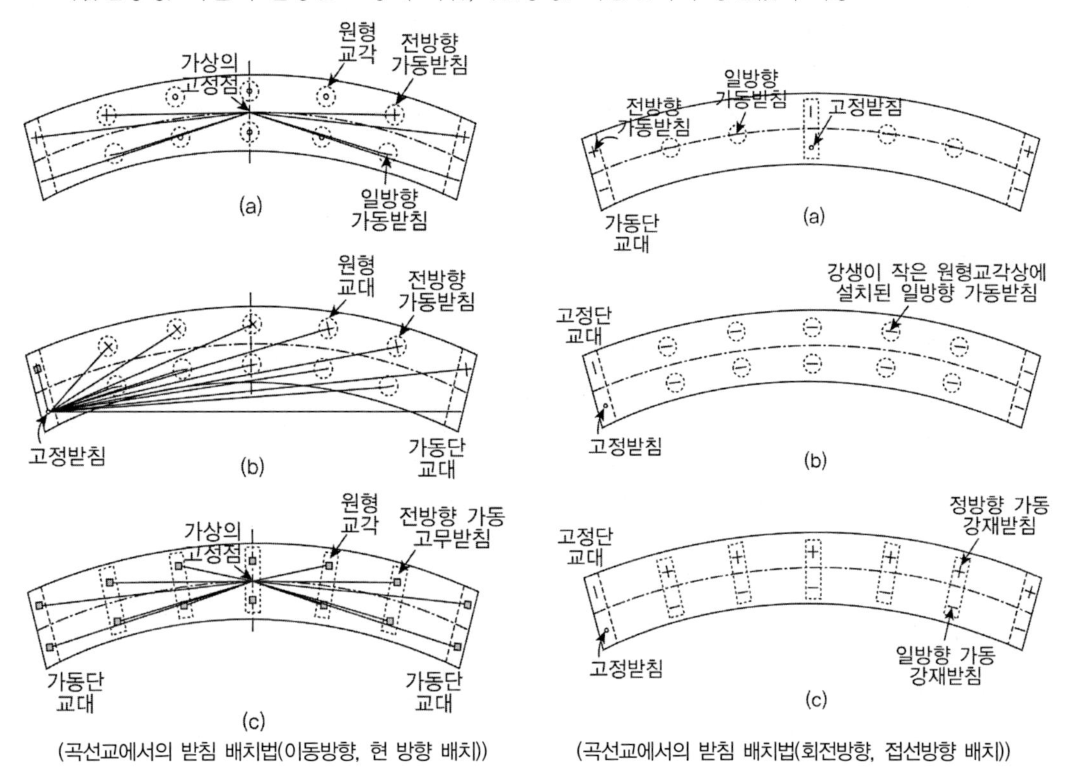

(곡선교에서의 받침 배치법(이동방향, 현 방향 배치)) (곡선교에서의 받침 배치법(회전방향, 접선방향 배치))

③ 폭이 넓은 교량 : 교축직각방향의 신축을 고려하여 배치

④ 부반력이 발생하지 않도록 받침 배치 : 1개의 받침사용, Out-Rigger, 지점위치 변경, Counter Weight 적용 등 고려

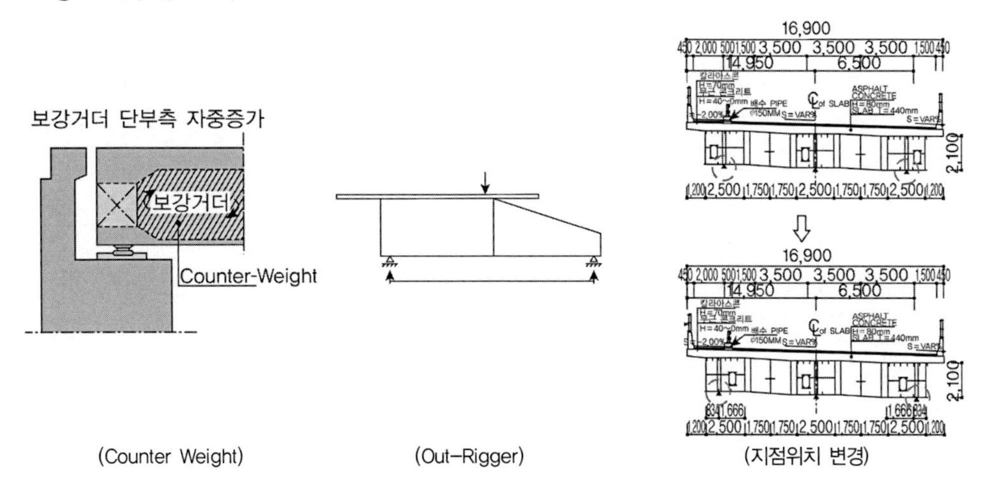

(Counter Weight) (Out-Rigger) (지점위치 변경)

96회 4-4

교량의 이동량 계산 도로설계편람 511-18

지간 29.25m인 포스트 텐션 방식의 단순 PSC 거더교를 현장에서 시공계획 중 가동받침의 상 하부받침(Shoe) 위치가 일치되지 않아 가설에 곤란을 겪는 경우가 많은데 이를 사전에 방지하기 위해 상하부 받침(Shoe) 중심에서 조정 설치되어야 하는 이동량을 계산하고 각각의 상황별 위치를 그리시오.

〈설계조건〉

- 온도변화의 범위는 보통지방(-5℃~+35℃)로 한다
- 거더에 프리스트레스를 도입하여 1개월 후에 가설하는 것으로 한다(건조수축 저감계수 0.6)
- 콘크리트의 선팽창계수($\alpha = 1.0 \times 10^{-5}/℃$)
- 콘크리트의 크리프 계수($\psi = 2.0$)
- 거더의 중립축에서 받침의 회전중심까지의 거리($h_i = 1.1m$)
- 받침의 고정설치 완료 후에 작용하는 고정하중과 크리프에 의한 지간중앙의 처짐 ($f_i = 10.7mm$)
- PSC 거더 : 탄성계수 $E_c = 2.9 \times 10^4 MPa$, 단면적 $A_c = 6250cm^2$, 프리스트레스 힘 $P_t = 5000kN$)

풀 이

▶ 개요

가동받침은 설계이동량과 최대회전각에 대하여 설계되는 것이므로 설치 시 온도, 콘크리트 재령, 가설상황 등에 의하여 상·하부 받침의 위치를 결정하여야 한다. 즉, 일반적으로 설계에 나타낸 표준온도하의 활하중이 재하되지 않은 상태에서 콘크리트 건조수축, 크리프가 완료되었을 때 상·하부받침 중심이 일치하도록 설치한다. 또한, 현장타설 PSC교 등은 프리스트레싱에 의한 탄성변형도 고려하여야 하므로 가동받침 상·하부판의 중심간 간격은 설치 시의 상태에 따라 다음과 같이 수정된다.

$$l_m = l + \Delta l_d + \Delta l_t' + \Delta l_s + \Delta l_c + \Delta l_p$$
$$\delta = l_m - l = \Delta l_d + \Delta l_t' + \Delta l_s + \Delta l_c + \Delta l_p$$

l : 받침 설치완료시의 신축 주형길이

l_m : 가동받침의 하부받침 중심과 고정받침의 하부받침 중심간 거리

δ : 가동받침에서 상, 하부 받침중심간 간격

Δl_d : 받침설치완료 후 작용하는 고정하중에 의한 이동량

$\Delta l_t'$: 표준온도를 기준으로 한 온도변화에 의한 이동량

Δl_s : 콘크리트의 건조수축 이동량 ($\Delta l_s = -20 \cdot \alpha \cdot l \cdot \beta$)

Δl_c : 콘크리트의 크리프 이동량 [$\Delta l_c = -\dfrac{P_i}{E_c A_c} \cdot \phi \cdot l \cdot \beta$, ϕ : 콘크리트 크리프 계수(=2.0)]

$\triangle l_p$: 프리스트레스에 의한 콘크리트의 탄성 변형량 [보가 신장되는 방향을 정(+)으로 함]

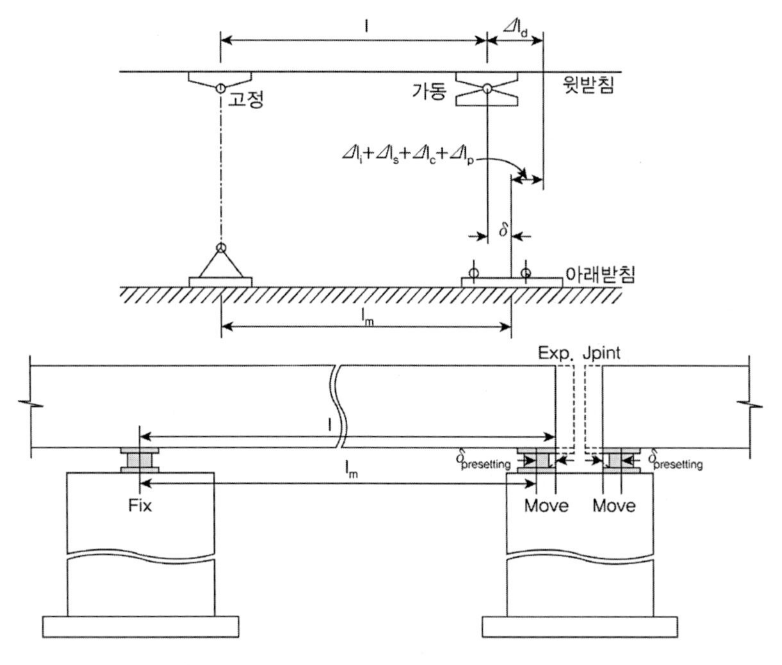

신축 전·후의 가동받침과 고정받침의 중심 거리 l_m과 l

l_m : 교각(교대) 위의 가동받침 하부본체와 고정받침 하부본체의 중심 거리

l : 신축된 거더에 대한 가동받침 상부본체와 고정받침 상부본체의 중심 거리

➤ 상하부 받침 조정량 산정

1) $\triangle l_d$ (고정하중에 의한 이동량)

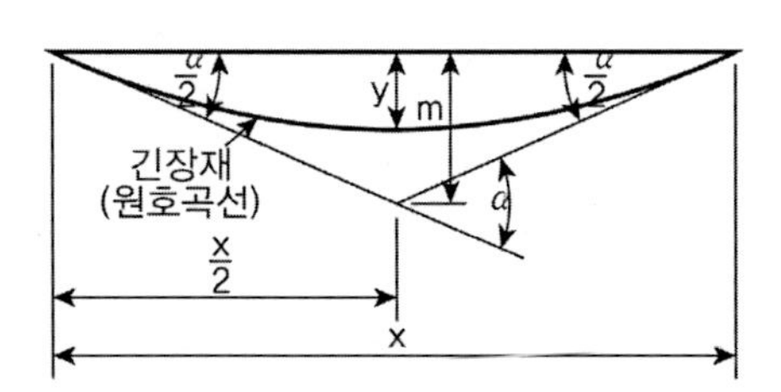

$$m \fallingdotseq 2y \fallingdotseq 2\delta,\ \frac{\alpha}{2} = \theta_e$$

$$\theta_e \times \frac{l}{2} = 2\delta$$

$$\therefore\ \theta_e = 4 \times \frac{\delta}{l} = 4 \times \frac{10.7}{29.25 \times 10^3} = 0.00146rad$$

$$\triangle l_d = -h'\theta_e,\quad \triangle l_d(\text{고정단}) = -h'\theta_e = -\frac{2}{3} \times 1.1 \times 10^3 \times 0.00146 = -1.073mm$$

2) $\triangle l_t{}'$ (온도변화에 의한 이동량, −5℃~+35℃)

$$\triangle l_t = \triangle T \cdot \alpha \cdot l \cdot \beta = 40 \times 1.0 \times 10^{-5/℃} \times 29.25^m \times 0.6 = 7.02^{mm}$$

가설시 온도를 20℃로 가정

$$\Delta l_t^+ = \alpha(T_{\max} - T_{set})l, \quad \Delta l_t^- \equiv \alpha(T_{\min} - T_{set})l, \quad \Delta l_t = \Delta l_t^+ - \Delta l_t^-$$

$$\Delta l_t^+ = \alpha(T_{\max} - T_{set})l = 1.0 \times 10^{-5} \times (35 - 20) \times 29.25 \times 10^3 = 4.3875mm$$

$$\Delta l_t^- = \alpha(T_{\min} - T_{set})l = 1.0 \times 10^{-5} \times (-5 - 20) \times 29.25 \times 10^3 = -7.3125mm$$

$$\Delta l_t = \Delta l_t^+ - \Delta l_t^- = 4.3875 - (-7.3125) = 11.7mm$$

3) Δl_s (콘크리트의 건조수축 이동량)

$$\Delta l_s = -20 \cdot \alpha \cdot l \cdot \beta = -20 \times 1.0 \times 10^{-5/℃} \times 29.25^m \times 0.6 = -3.51^{mm}$$

4) Δl_c (콘크리트의 크리프 이동량)

Assume $P_i = 0.9P_t = 0.9 \times 5000 = 4500^{kN}$

$$\Delta l_c = -\frac{P_i}{E_c A_c} \cdot \phi \cdot l \cdot \beta = -\frac{4500 \times 10^3}{2.9 \times 10^4 \times 6250 \times 10^2} \times 2.0 \times 29.25 \times 10^3 \times 0.6 = -8.71^{mm}$$

5) Δl_p (프리스트레스에 의한 콘크리트의 탄성 변형량)

$$\Delta l_p = -\frac{P_i l}{A_c E_c} = -\frac{4500 \times 10^{3N} \times 29.25 \times 10^{3^{mm}}}{2.9 \times 10^{4\ MPa} \times 6250 \times 10^{2\ mm^2}} = -7.262^{mm}$$

6) 총 조정량

$$\delta = l_m - l = \Delta l_d + \Delta l_t' + \Delta l_s + \Delta l_c + \Delta l_p = -1.073 + 11.7 - 3.51 - 8.71 - 7.26 = -8.853^{mm}$$

TIP | 프리셋팅 δ의 근사식 |

교량 종류	총 프리세팅 양 δ
강교 단순거더	$\delta = \frac{(20 - t_s) \times 1.2 \times l_m}{100} + 6.4\, h \frac{f_i}{l_m}$ (mm)
PSC 프리캐스트거더	$\delta = -\left(0.3 + \frac{t_s}{100}\right) l_m$ (mm)
PSC 현장치기	$\delta = -\left\{\frac{1.07 P_t}{A_c} + (t_s + 5)\right\} \cdot \frac{l_m}{100}$ (mm)
RC 현장치기	$\delta = -\frac{(t_s + 5)}{100} \cdot l_m$ (mm)

여기서, t_s : 받침설치시 온도, l_m : 신축거더 길이

h : 거더의 중립축에서 받침의 회전중심까지의 거리, 보통 거더높이×2/3

f_i : 받침 설치완료 후 작용하는 고정하중 및 크리프에 의한 지점중앙의 처짐

P_t : 프리스트레스를 준 직후 PS강재에 작용하는 인장력, A_c : 콘크리트의 순단면적

3. 탄성받침 유지관리

100회 1-4 탄성받침 팽출현상 및 롤오버 현상

78회 1-5 상하부플레이트와 고무패드가 분리된 탄성받침의 문제점과 개선대책

현재 면진용으로 사용되고 있는 탄성받침은 설치 시 온도보정을 할 수 없어 설치시기에 따라 여러 형태의 변형이 발생될 수 있으며, 또한 PC빔과 같은 좁은 단면에서 긴장력을 도입하는 경우 빔의 비틀림 현상, 캠버에 의한 불균일한 처짐, 콘크리트의 건조수축 및 크리프에 의한 수축변형, 교대의 측방유동 등 거동 중에 발생하는 미끄럼 및 들뜸, 롤오버 등으로 인해 탄성패드가 상·하부 플레이트에서 이탈되는 현상이 발생할 수 있다.

1) 탄성받침 문제점

① 설치 시 온도보정이 불가능하여 시공시점과 다른 온도 변화 차이와 콘크리트 건조수축 등에 의한 받침의 전단변형 발생

② 전단 변형에 의하여 들뜸 현상이 발생하여 상·하부 플레이트와 고무 패드의 접착 면적 감소 (마찰저항 감소)

③ 상·하부 플레이트와 고무패드가 완전분리형으로 수직하중이 다소 작은 경우에는 받침에 작용하는 마찰력에 의해서 수평전단 강도가 결정되며, 온도에 의한 변형에 저항을 하지 못해 이러한 경우 기본적으로 미끄럼 현상 자주 발생함

④ 미끄럼현상으로 교량의 내진 성능 확보 미약

2) 팽출현상

탄성받침은 보강철판과 고무가 적층으로 구성되어 수직하중에 대한 강성을 보강하고 수평하중에 대해서는 고무가 갖고 있는 본래의 부드러운 성질을 이용하는 받침의 일종이다. 즉 고무 단일체로서는 수직하중에 대하여 팽출현상이 크게 발생하여 지지능력이 부족하게 되는 단점을, 얇은 고무 층을 적층으로 구성함에 따라 지지능력이 급격하게 향상되는 장점을 가지고 있지만, 근본적으로 팽출현상 자체가 없어지는 것은 아니므로 설계기준으로서 국부 전단변형률이라는 이론식과 실험식이 합산된 수식으로 안전성을 점검하게 되어 있다

① 팽출량을 결정하는 요인

고무는 물과 유사하게 포아손비가 0.5에 근접하는 이상적인 비압축성 재질인 관계로 탄성받침의 팽출량은 사용되는 고무의 강성 및 사용되는 고무 한 층의 두께에 지배적인 영향을 받는다. 또한 외관상의 팽출량은 사용되는 피복고무의 두께에 따라서 상당히 달라진다. 우리나라의 KS 기준에는 피복고무의 두께를 단지 4mm 이상으로만 규정하고 있지만 제품의 크기가 크면 클수록 피복고무의 두께를 크게 하는 것이 팽출량의 크기를 줄여주는 중요한 요인이 된다.

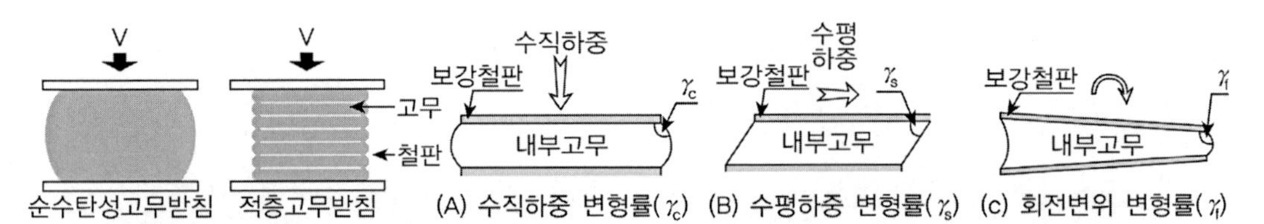

수직하중 130ton시(팽출량 3.05mm)

수직하중 160ton시(팽출량 3.57mm)

3) 미끄럼 현상

탄성받침과 상하철판이 분리된 탄성받침이 성립되는 이유는 탄성받침에 아무리 변형이 발생하더라도 상하철판과 탄성받침의 마찰력이 전단변형 및 회전변형에 따른 수평분력이 마찰력보다는 반드시 적다는 논리가 성립되기 때문이다. 최근에 가동단, 일방향 및 고정단과 같이 교량받침의 형식을 구분하기 위하여 에폭시 도장을 선택한 이후로는 미끄럼 현상이 발생하는 경우가 증가하는 경향이 있다. 물론 색상으로 교량받침의 형식을 구분하는 방안을 도입한 취지는 나름대로의 논리는 있었지만 탄성받침과 철판과의 마찰력을 현저하게 저하시키는 요인으로 작용하는 원인을 제공하고 있으므로, 탄성받침과 접촉하는 상하부철판에는 미끄럼 도장을 생략하거나 이동방지대책을 수립하여 초기단계에서 미끄럼 발생하지 않도록 적절한 조치를 취할 필요가 있다. 특히 PC빔교와 같이 상부슬래브가 타설되기 전 단계에서 충분한 설계사하중이 상재하지 못한 경우에는 미끄럼 현상의 발생빈도가 높다.

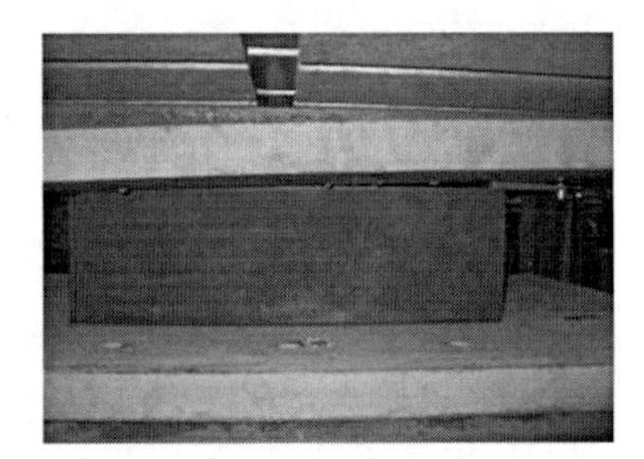

탄성받침 들뜸 현상

탄성받침 미끄럼 현상

4) 들뜸현상

탄성받침의 허용회전각이란 고무에서 인장력을 받지 않도록 수직하중에 의한 처짐량이 회전에 의해 회복되는 크기로 정의되어 있으며 일반적으로 0.02 Rad 정도가 된다. 따라서 수직하중의 크기에 큰 경우에는 처짐량이 크게 발생하여 허용회전각이 크게 나타나는 경향이 있다. 교량받침과 접촉하는 면적이 넓은 PC박스 형태와 같은 교량구조물에 있어서는 교량받침에 요구되는 0.02Rad 정도의 회전각은 시공과정에서 만족하기 쉽지만, PC빔과 같이 교량받침과 접촉하는 면적이 좁은 교량형식에 있어서는 설치오차를 고려하면 만족하기 어려운 점이 있다. 그러나 분리형 탄성받침에 있어서 상부구조물의 편심에 의한 들뜸현상은 편심을 받는 콘크리트와 같이 구조물의 안전에 치명적인 영향을 받지는 않으며, 받침의 수직저항력 및 고무의 열화메커니즘을 고려하면 안전에 대한 영향보다는 단지 외관상의 문제일 뿐이다. 일반적으로 현장에 설치된 제품의 점검결과에 의하면 들뜸 현상에 대한 첫 번째 원인은 수평도를 정확히 유지하기 어려운 PC빔의 변형에 따른 편기현상으로서 이를 바로 잡기 위해서는 PC빔에 매설된 철판과 탄성받침의 상판을 연결하기 전에 구배 처리된 솔 플레이트로 수평을 보정하는 작업이 선결되어야 하며, 두 번째 원인으로서는 상하철판의 평탄도에 의한 들뜸 현상도 있을 수 있으므로 제품검사를 철저히 수행할 필요가 있다.

5) 롤오버 현상

분리형 탄성받침은 수평하중을 작용하면 Rollover 현상이 발생하는 것은 극히 정상적인 현상이다. 그러나 설치된 탄성받침에 이러한 롤오버 현상이 발생하는 것이 바람직하지 않으며 실제로는 수직하중이 작용하고 있으므로 과도한 전단변형이 발생하지 않는 단계에서는 눈에 두드러지게 나타나지는 않는다. 우리나라의 탄성받침에 대한 KS기준을 보면, 최소압축응력을 정의하고 있는 이유도 최소한의 수직하중이 작용해야 설계수평변위 70% 이내에서 Rollover 현상을 예방하기 위함이라고 할 수 있다. 최소한의 수직하중이 작용하고 있더라도 Rollover 현상이 발생하는 다른 이유로서는 회전변위를 들 수 있다. 교량상판의 회전에 의해 탄성받침에 회전변위가 발생하면 한 변에서는 압축응력이 증가하고, 반대편에서는 인장응력이 발생한다. 이러한 단부에서의 인장응력에 의해 탄성받침에는 들림현상이 발생하며, 탄성받침과 같이 상하철판과 고무받침이 분리되어 있는 경우에는 흔히 발생할 가능성을 갖고 있는 현상이며, 롤오버의 발생을 억제하기 위하여 최단부의 상하부에는 변형하기 어려운 두꺼운 철판을 사용하는 형태도 있다.

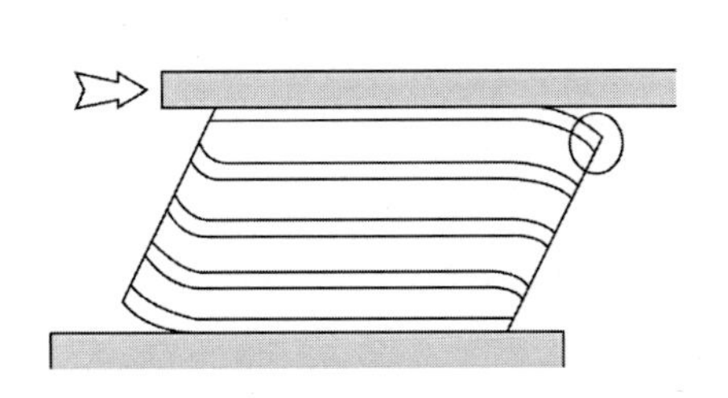

탄성받침 롤오버 현상

6) 미끄럼 방지 등을 위한 개선대책 : 일체형

① 볼트 체결식 일체형 탄성받침 : 볼트 체결을 위한 철판을 추가하여 일체형으로 설치하는 방식으로 받침 높이가 철판높이만큼 증가되는 단점이 있다.

② 접착식 일체형 탄성받침 : 접착제를 이용하여 접착하는 방식으로 유지보수가 용이한 장점이 있다.

③ 미끄럼 방지 스토퍼 설치 : 스토퍼를 설치하여 받침의 전단변형으로 인한 미끄럼 방지, 유지보수 용이한 방식

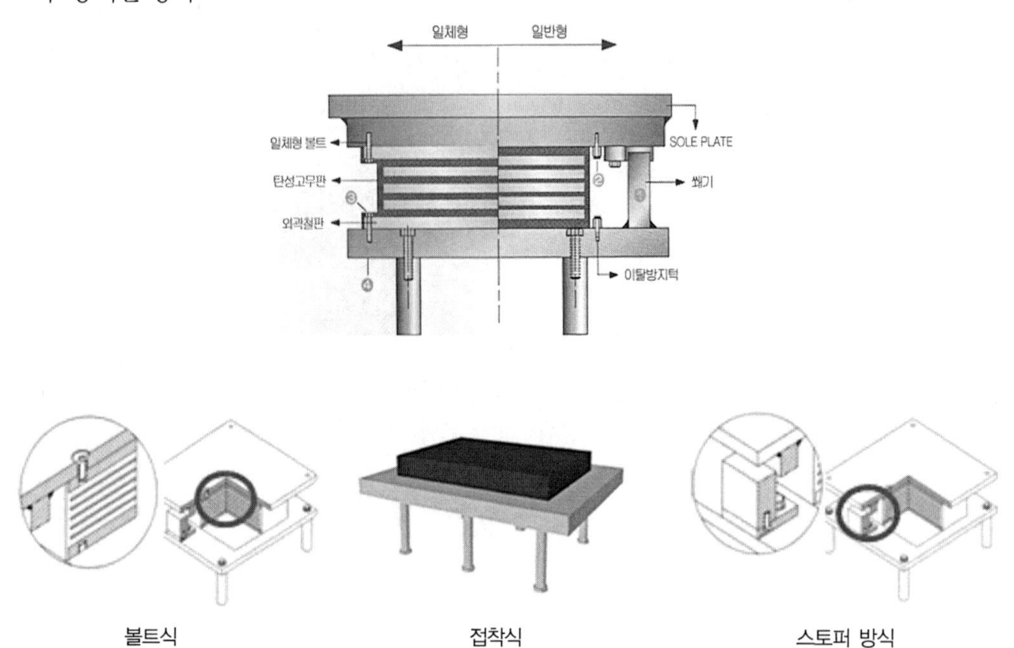

볼트식　　　　접착식　　　　스토퍼 방식

02 하부구조

1. 교대 받침부의 설계

1) 받침 설계 : 받침의 수직력, 수평력과 변위를 고려하여 받침 선정하며 풍하중 등의 하중에 견딜 수 있도록 하여야 한다. 지진 시에는 응답수정계수 연결부 1.0(교각), 0.8(상부구조와 교대)를 고려하여 탄성지진력과 같거나 크게 받침설계를 한다.

2) 내진장치 설계 : 받침이 지진 시 수평력을 초과할 때 구조계 유지를 위해 별도의 내진장치(전단키, Damper 등)를 설치한다.

3) 받침하면 보강

① 연직하중에 대한 보강 : 받침하면 콘크리트에 연직하중에 의한 인장응력 발생하므로 교축 및 교축 직각방향으로 철근량을 배근한다.

$$A_{sn1} = \frac{1}{4}\left(1 - \frac{b_1}{b_c}\right)\frac{P}{f_{sa}}$$

A_{sn1} : 연직력에 대한 철근량(mm2), P : 연직하중(kN)

b_1 : 연직하중의 작용폭(mm), b_2 : P의 작용점으로부터 받침외측까지 거리(mm)

b_c : 연직하중의 분포폭(mm, $b_c = 2 \times b_2 \leqq 5 \times b_1$)

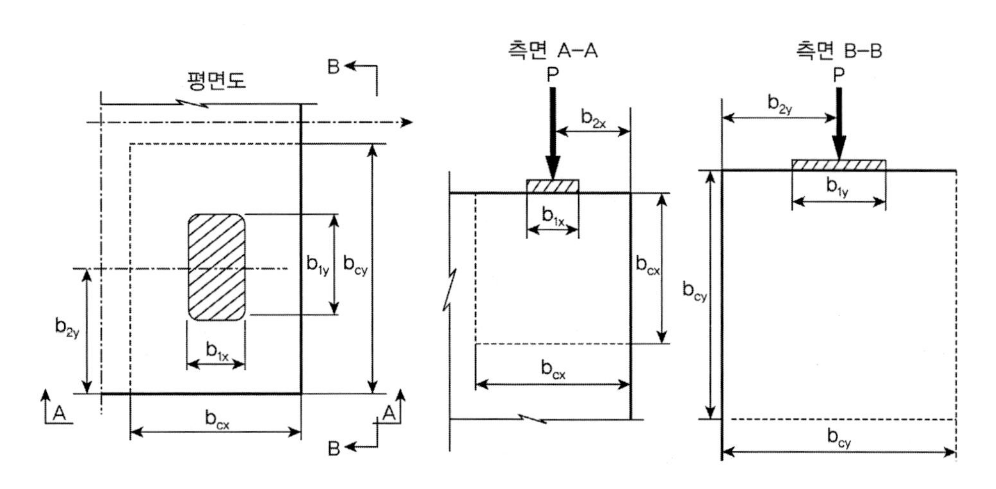

② 수평하중에 대한 보강 : 받침의 하면에는 수평하중에 대한 보강철근으로서 아래의 식에서 구한 철근량을 교축방향과 교축직각방향을 구분하여 연직하중에 의한 철근량에 더하여 배근한다.

$$A_{sn2} = H/f_{sa}$$

A_{sn2} : 수평하중에 대한 수평철근량(mm^2), H : 받침에 작용하는 수평하중(kN)

f_{sa} : 철근의 허용인장응력(MPa)

4) 받침 콘크리트 보강

수평하중에 의해 받침과 하부구조 상면 사이 작용하는 전단응력에 대하여 수직철근의 전단마찰로 보강한다. 전단마찰 계산시 마찰계수는 $\mu = 1.0$을 적용한다.

$A_s = H/f_{sa}$, A_s : 수평보강철근량(mm^2)

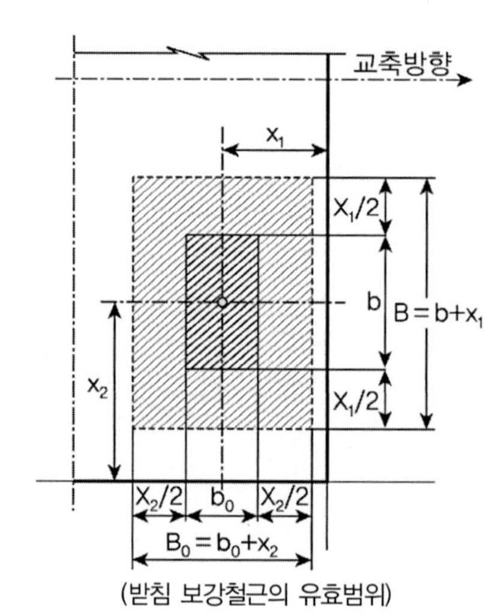

(받침 보강철근의 유효범위)

참고자료

받침부 설계

(도로설계편람 509-19)

1) 포트받침으로 가정하고 연직하중 1600kN 용량의 포트받침은 320kN 내외의 수평저항력을 가진다 (1600kN 포트받침의 지진 시 허용수평력 320kN, 〉 탄성지진력 209.16kN).

2) 받침에 작용하는 하중

- 연직하중 : 799.56kN(고정하중) + 398.99kN(활하중) =1198.55kN
- 수평하중 – 교축방향 : 799.56kN × 0.05 / 1.15 = 34.76kN (온도변화의 영향고려)
  – 교축직각방향 : 261.45 / 1.33 = 196.58kN (탄성지진력)

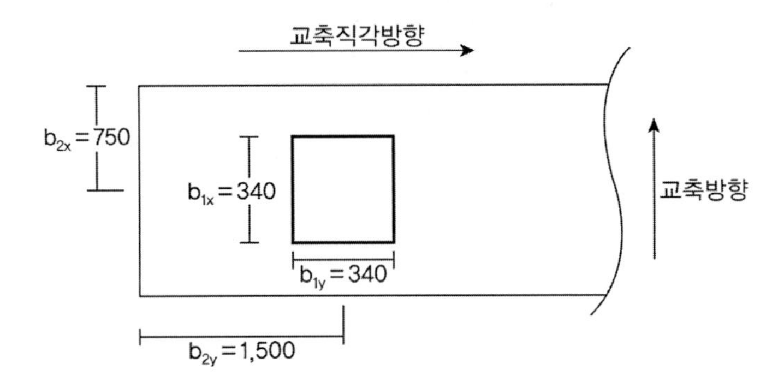

3) 연직하중에 대한 보강

$$b_{1x}=340mm,\quad b_{1y}=340mm,\quad b_{2x}=750mm,\quad b_{2y}=1500mm$$

$$b_{cx}=2\times b_{2x}=2\times 750=1500^{mm}<5\times b_{1x}=1700^{mm}$$

$$b_{cy}=2\times b_{2y}=2\times 1500=3000^{mm}>5\times b_{1y}=1700^{mm}$$

$$A_{sx1}=\frac{1}{4}\left(1-\frac{b_{1x}}{b_{cx}}\right)\frac{P}{f_{sa}}=\frac{1}{4}\left(1-\frac{340}{1500}\right)\times\frac{1198.55\times 10^3}{150}=1544mm^2$$

$$A_{sy1}=\frac{1}{4}\left(1-\frac{b_{1y}}{b_{cy}}\right)\frac{P}{f_{sa}}=\frac{1}{4}\left(1-\frac{340}{1700}\right)\times\frac{1198.55\times 10^3}{150}=1598mm^2$$

4) 수평하중에 대한 보강

$$A_{sx2}=\frac{H_x}{f_{sa}}=\frac{34.76\times 10^3}{150}=232mm^2,\qquad A_{sy2}=\frac{H_y}{f_{sa}}=\frac{196.58\times 10^3}{150}=1311mm^2$$

5) 철근 보강 범위

① 교축직각방향 철근보강범위

$B_{x0} = b_{1x} + b_{2y} = 340 + 1500 = 1840mm$

여기서, 받침의 중심에서 연단까지 거리 750mm가 $B_{x0}/2 = 920mm$ 보다 작으므로 보정

$$B_{xo}{}' = b_{2x} + \frac{B_{x0}}{2} = 750 + 920 = 1670mm$$

② 교축방향 철근보강범위

$B_{y0} = b_{1x} + b_{2x} = 340 + 750 = 1090mm$

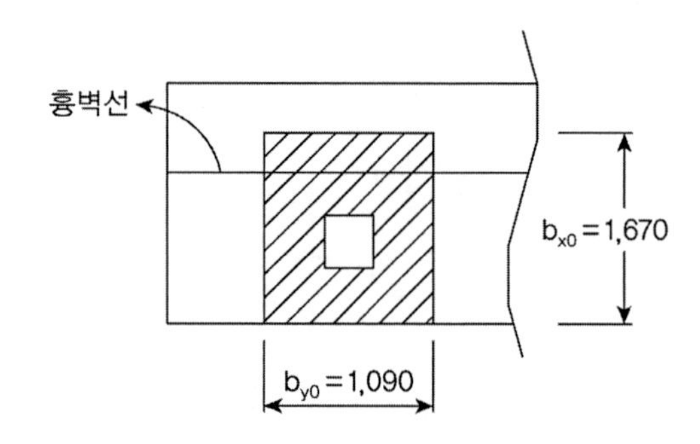

6) 철근량 산정

① 교축방향

$A_{sx} = A_{sx1} + A_{sx2} = 1544 + 232 = 1776mm^2$

$B_{y0} = 1090mm$ 범위 내에서 D16-11EA 적용 시 $A_s = 198.6 \times 11 = 2185mm^2$

② 교축직각방향

$A_{sy} = A_{sy1} + A_{sy2} = 1598 + 1311 = 2909mm^2$

$B_{x0} = 1670mm$ 범위 내에서 D16-15EA 적용 시 $A_s = 198.6 \times 15 = 2979mm^2$

7) 받침부 콘크리트 보강

① 교축방향

$A_{s1} = \frac{H_{sx}}{f_{sa}} = 232mm^2$ 사용철근 D16-5EA $A_s = 198.6 \times 5 = 993mm^2$

② 교축직각방향

$A_{s2} = \frac{H_{sy}}{f_{sa}} = 1311mm^2$ 사용철근 D16-7EA $A_s = 198.6 \times 7 = 1390mm^2$

2. 흉벽설계

1) 교대흉벽의 설계방법 [도로교 설계기준(2010) 5.4.3.5 흉벽의 설계]

흉벽은 윤하중의 충격이나 교대배면에 작용하는 윤하중 및 토압에 대하여 안전하도록 설계하여야 한다. 또한 흉벽에는 교대의 활동, 지진 시의 경사, 상부구조의 이동 등 예측하지 않은 외력이 작용하는 경우가 있다. 이 때문에 배면의 하중에 대한 배근뿐만 아니라 상부구조에 접하는 쪽에도 충분히 배근해서 보강하는 것이 좋다. 또 배면 성토의 침하에 의하여 흉벽 정부가 윤하중의 충격으로 파손되기 쉬우므로 그 구조에 주의하여야 한다.

2) 흉벽의 설계

윤하중과 같이 재하면적이 작고 비교적 짧은 시간에 재하되는 것에 대해서는 깊이와 더불어 토압 강도가 작아지므로 윤하중에 의한 응력증분은 다음 식에 의해 계산한다.

$$p_x = K_A \frac{T}{(a+x)(b+2x)}$$

p_x : 깊이 x 에서의 윤하중 응력증분(kPa), K_A : Coulomb의 주동토압계수
T : DB 하중의 1후륜하중(T=94.08kPa), a: 접지길이(m), b:접지폭(m)

이 응력증분은 하나의 후륜하중에 의하는 것이므로 흉벽의 설계에는 이것이 차량 점유폭의 1/2(3.0/2=1.5m)에 등분포하는 것으로 취급한다.
흉벽 단위폭당의 응력증분, 휨모멘트, 전단력의 일반식은 다음의 식으로 나타낼 수 있다.

① 윤하중 응력증분

$$P_x = \frac{K_A \cdot T}{1.5} \cdot \frac{1}{(a+x)}$$

$$M_p = \frac{K_A \cdot T}{1.5} \cdot [-x + (x+a) \cdot \ln(\frac{a+x}{a})], \quad S_p = \frac{K_A \cdot T}{1.5} \cdot \ln(\frac{a+x}{a})$$

P_x : 깊이 x 에서 윤하중 응력증분(kPa), M_p : 윤하중에 의한 휨모멘트(kN-m/m)
S_p : 윤하중에 의한 전단력(kN/m), T : DB하중의 1후륜하중(T=94.08kPa)
a : 접지길이(=0.2m)

이 식으로 구해지는 윤하중 응력 증분은 지표로부터 1m 이상 깊게 되면 대수함수 때문에 현저히 감소되어 보통 1m 이내의 작용하중을 외력으로 생각해 두면 충분하다. 이 경우의 윤하중 응력증분의 합력의 작용점은 지표에서 36cm의 위치로 되어 M_p, S_p는 다음과 같이 된다.

$$M_p = 112.3 K_A \cdot (x - 0.36)$$
$$S_p = 112.3 K_A$$

② 토압

$$P_h = \frac{1}{2}K_A \cdot \gamma \cdot h^2 \cdot \cos\delta,\ M_e = \frac{1}{3}P_h \cdot h$$

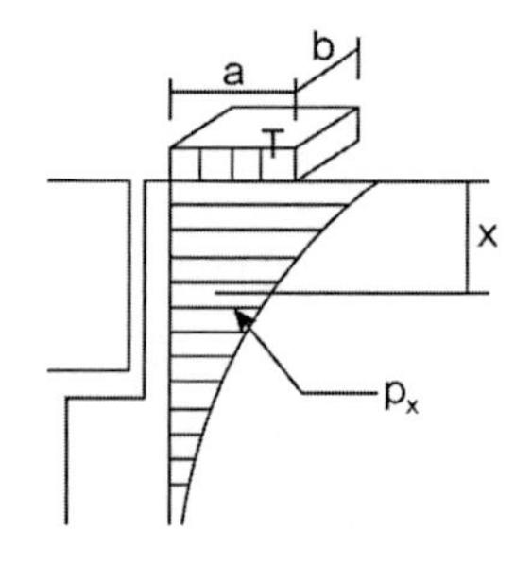

P_h : 토압(kN/m), M_e : 토압에 의한 휨모멘트(kN-m/m)

γ : 흙의 단위질량(kN/m),

δ : 벽배면과 흙 사이의 벽면 마찰각($\delta = \phi/3$)

h : 흉벽의 높이(m)

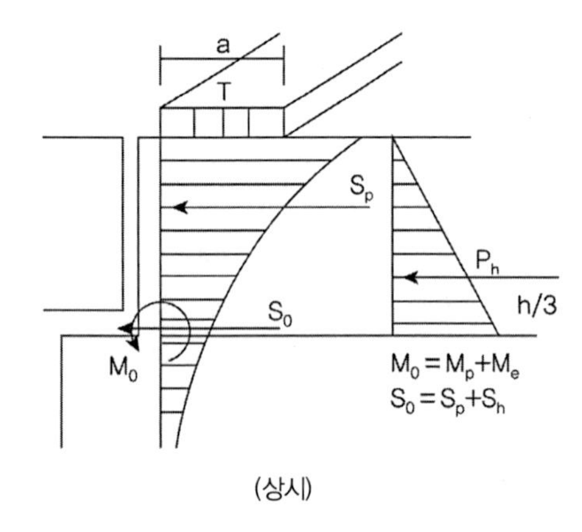

(상시)

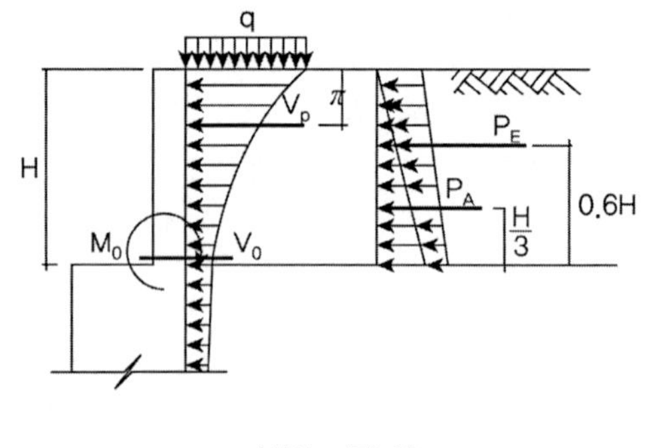

(상시+지진 시)

97회 4-3

교대흉벽 설계

교대흉벽 설계방법 설명, 흉벽에 작용하는 단면력을 강도설계법으로 산정하하시오.

- 뒤채움토사의 내부마찰각 Φ=35°
- 흙의 단위질량 γ =20kN/m^3
- 주동토압계수 K_a=0.25(상시)
- 활하중(L)에 대한 하중계수 : 2.15
- 토압(H)에 대한 하중계수 : 1.7
- 벽면마찰각 δ=Φ/3

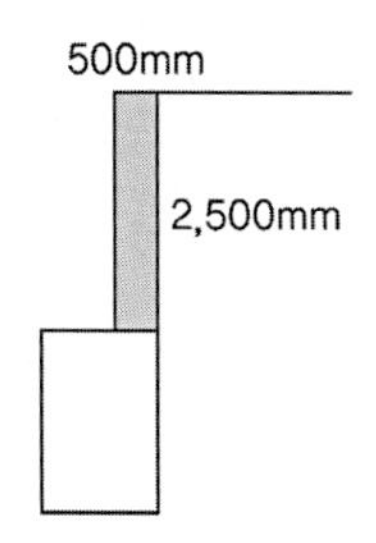

풀 이

➤ Coulomb 주동토압계수(K_A, 상시)

$$K_a = \frac{\cos^2(\varphi-\beta)}{\cos^2\beta \times \cos(\beta+\delta) \times \left[1+\sqrt{\frac{\sin(\varphi+\delta)\sin(\varphi-\alpha)}{\cos(\beta+\delta)\cos(\beta-\alpha)}}\right]^2}$$

φ(흙의 내부마찰각), α(지표면과 수평면이 이루는각), β(벽배면과 연직면이 이루는 각)

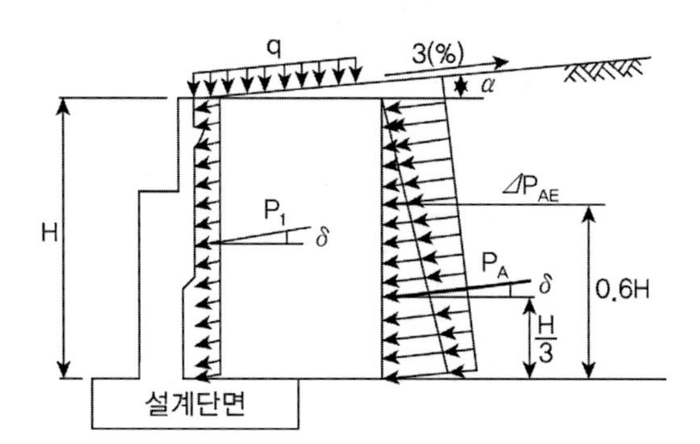

TIP | Mononobe-Okabe 주동토압계수 | (K_{ae}, 지진 시)

$$K_{ae} = \frac{\cos^2(\varphi-\theta-\beta)}{\cos\theta \times \cos^2\beta \times \cos(\delta+\theta+\beta) \times \left[1+\sqrt{\frac{\sin(\varphi+\delta)\sin(\varphi-\alpha-\theta)}{\cos(\beta+\delta+\theta)\cos(\beta-\alpha)}}\right]^2}$$

$$\therefore K_A = \frac{\cos^2(35-0)}{\cos^2(0)\cos(0+35/3)[1+\sqrt{\frac{\sin(35+35/3)\sin(35-0)}{\cos(0+35/3)\cos(0-0)}}]^2} = 0.239$$

➤ **상시수평토압** P_h, M_e

$$P_h = \frac{1}{2}\cdot K_a\cdot\gamma\cdot h^2\cos\delta = \frac{1}{2}\times 0.239\times 20\times 2.5^2\times\cos(35/3) = 14.63kN/m$$

$$M_e = \frac{1}{3}P_h\cdot h = \frac{1}{3}\times 14.63\times 2.5 = 12.19kN-m/m$$

➤ **윤하중 응력증분** P_x, M_p

$$M_p = 112.3K_A\cdot(x-0.36) = 112.3\times 0.239\times(2.5-0.36) = 57.44kN-m/m$$

$$S_p = 112.3K_A = 112.3\times 0.239 = 26.84kN/m$$

➤ **설계단면력 산정**

$$V_u = 2.15S_p + 1.7P_h = 2.15\times 26.84 + 1.7\times 14.63 = 82.577kN$$

$$M_u = 2.15M_p + 1.7M_e = 2.15\times 57.44 + 1.7\times 12.19 = 144.219kNm/m$$

3. 말뚝과 확대기초의 결합부 (도로교설계기준해설, 2008)

말뚝머리부 결합방식은 강결합과 힌지결합방식으로 검토되고 있으며 구조물의 형식과 기능, 확대기초의 형태와 치수, 말뚝의 종류, 시공조건, 시공난이도 등을 고려하여 결정한다. 다만 교량기초의 경우에는 강결합으로 설계하는 것을 원칙으로 하고 있으며 이는 수평변위량에 따라 설계가 지배되는 경우에 유리하고 부정정차수가 높기 때문에 내진상의 안정성이 유리하기 때문이다.

1) 강결합 방법

말뚝과 확대기초의 강결합 방법은 다음의 2가지가 있다.

① 방법 A : 확대기초 속에 말뚝을 일정한 길이만 매입시키고 매입된 부분이 말뚝머리에 작용하는 휨모멘트를 저항하는 방법으로 매입길이는 말뚝지름 이상으로 하고 강관말뚝, PSC 말뚝, PHC 말뚝, RC 말뚝에 적용할 수 있다.

② 방법 B : 확대기초 속으로 매입되는 말뚝의 길이를 최소한으로 하고 철근을 말뚝머리에 보강하여 말뚝머리에 작용하는 휨모멘트를 철근이 저항하는 방법으로 말뚝머리부 근입길이는 10cm로 하고 강관말뚝, PSC 말뚝, PHC 말뚝, RC 말뚝 이외에 현장타설말뚝에도 적용할 수 있다.

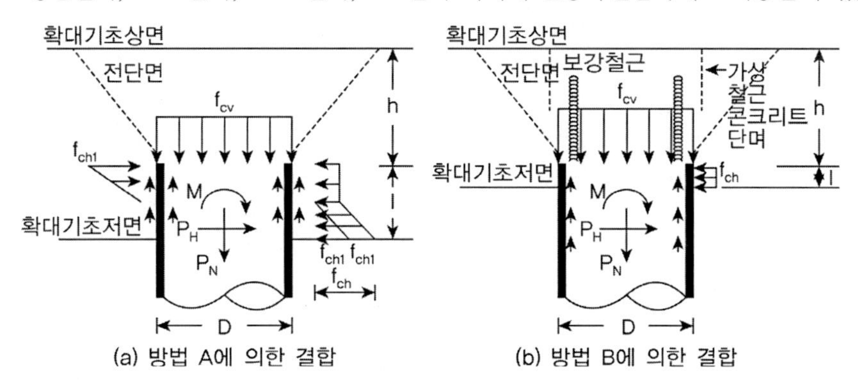

(a) 방법 A에 의한 결합　　(b) 방법 B에 의한 결합

2) 말뚝머리 결합부에서 외력전달

① 압입력 또는 인발력은 말뚝주면과 확대기초 콘크리트의 전단저항 또는 말뚝머리부에 대한 확대기초 콘크리트의 지압저항에 의하여 지지시킨다.

② 수평력은 매입된 말뚝의 전면에서 확대기초 콘크리트의 지압저항에 의하여 지지시킨다.

③ 휨모멘트는 방법A의 경우 매입된 말뚝의 전후면에서 확대기초 콘크리트에 지압저항에 의하여 방법B의 경우 결합용 철근을 포함한 가상철근콘크리트 기둥의 휨저항에 의하여 지지시킨다.

3) 설계방법 A (강관말뚝, PHC말뚝은 도로교설계기준 해설편 참조)

① 압입력

- 확대기초 콘크리트의 수직지압응력, f_{cv}

$$f_{cv} = \frac{P_{N.\max}}{\frac{\pi}{4}D_B^2} \le f_{ca}$$

$P_{N.\max}$: 말뚝머리에 작용하는 가장 큰 수직력(N)

D_B : 말뚝의 외경(cm)

f_{ca} : 상시 콘크리트의 허용지압응력(=$0.25f_{ck}$ MPa)

f_{ca}' : 지진 시 콘크리트의 허용지압응력(=$1.33 \times 0.25f_{ck}$ MPa)

※ RC허용응력설계법에서 지진 시 허용응력은 상시 허용응력에 증가계수 1.33을 곱한다.

• 확대기초 콘크리트의 압발전단응력, τ_v

$$\tau_v = \frac{P_{N.\max}}{\pi(D_B + h)h} \le \tau_{a3}$$

τ_{a3} : 상시 콘크리트의 허용수직압발전단응력(MPa)

τ_{a3}' : 지진 시 콘크리트의 허용수직압발전단응력(MPa)

h : 확대기초의 유효두께(cm)

콘크리트 설계기준강도, f_{ck}		21	24	27	30
허용인발 전단응력	상시 τ_{a3}	0.85	0.90	0.95	1.0
	지진 시 τ_{a3}'	1.131	1.197	1.264	1.33

② 인발력

인발력에 의한 말뚝외부와 확대기초 콘크리트의 전단저항력은

$$\tau_{vt} = \frac{P_{U.\max}}{\pi(D_B + h_t)h_t} \le \tau_{a3}$$

$P_{U.\max}$: 말뚝머리에 작용하는 말뚝축방향 최대 인발력(N)

h_t : 인발전단력에 저항하는 확대기초의 유효두께(cm)

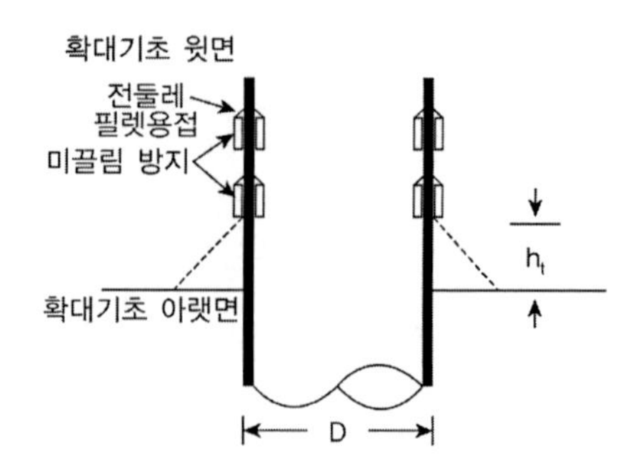

③ 수평력

• 확대기초 콘크리트의 수평지압응력, f_{ch}

$$f_{ch} = \frac{P_{H \cdot \max}}{D_B l} + \frac{6M}{D_B l^2} \le f_{ca}$$

$P_{H \cdot \max}$: 말뚝머리에 작용하는 최대 말뚝축직각방향력(N)

l : 말뚝의 매입길이

• 확대기초 단부말뚝에 대한 수평방향의 압발전단응력, τ_h

$$\tau_h = \frac{P_{H \cdot \max}}{h'(2l + D_B + 2h')} \le \tau_{a3}$$

h' : 수평방향의 압발전단에 저항하는 확대기초의 유효두께(cm)

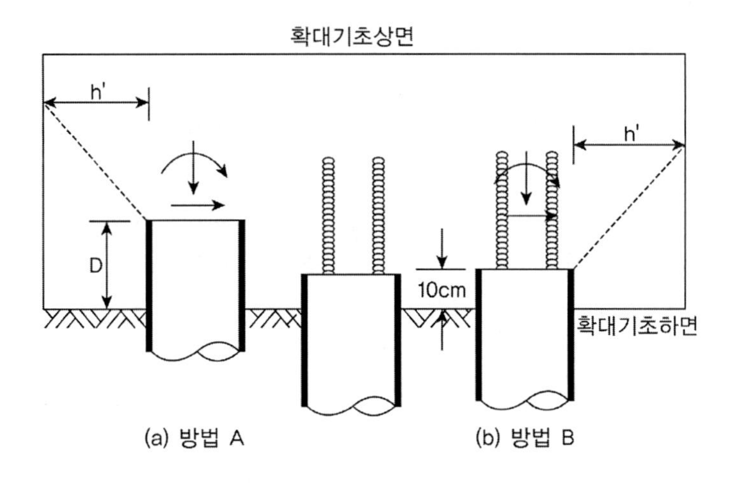

4) 설계방법 B (강관말뚝, PHC말뚝은 도로교설계기준 해설편 참조)

① 압입력 : 방법 A와 동일

② 인발력 : 원칙적으로 인발력에 대해 검토하지 않아도 된다.

③ 수평력

• 확대기초 콘크리트의 수평지압응력, f_{ch}

$$f_{ch} = \frac{P_{H \cdot \max}}{D_B l} \le f_{ca}$$

l : 말뚝의 매입길이(=10cm)

• 확대기초 단부말뚝에 대한 수평방향의 압발전단응력, τ_h : 방법A와 동일

④ 철근정착

일반적으로 $L_o \geq L_{omin} = 35d_1$으로 하는 것이 좋다.

$$L_o = \frac{f_{sa1}A_{st}}{\tau_{oa}U}$$

f_{sa1} : 이형철근의 허용인장응력[SD30(150), SD35(175), SD40(180)]

A_{st} : 이형철근의 공칭단면적(cm2) U : 이형철근의 공칭둘레 길이(cm)

τ_{oa} : 콘크리트의 허용부착응력(MPa) d_1 : 이형철근의 공칭지름(cm)

콘크리트 설계기준강도, f_{ck}	21	24	27	30
허용부착응력, τ_{oa}	1.4	1.6	1.7	1.8

⑤ 확대기초 속의 말뚝머리부분의 매입길이는 최소한 10cm로 한다.

⑥ 가상철근콘크리트 단면의 응력

상부구조물의 하중(V_0, H_0, M_0)이 변위법에 의하여 각 열의 말뚝머리로 작용하는 하중형태는 2가지가 있다. 하나는 말뚝머리에 작용하는 축방향 최소압입력($P_{N.\min}$)과 설계휨모멘트(M)이고 다른 하나는 말뚝머리에 작용하는 축방향 최대인발력($P_{U.\max}$)과 설계휨모멘트(M)이다. 해당 구조물의 말뚝머리 하중조건에 따라 가상철근콘크리트 단면을 가정하여 콘크리트와 철근의 응력을 검토한다. 여기서 가상철근콘크리트 단면의 직경은 말뚝직경에 20cm를 더한 길이로 한다.

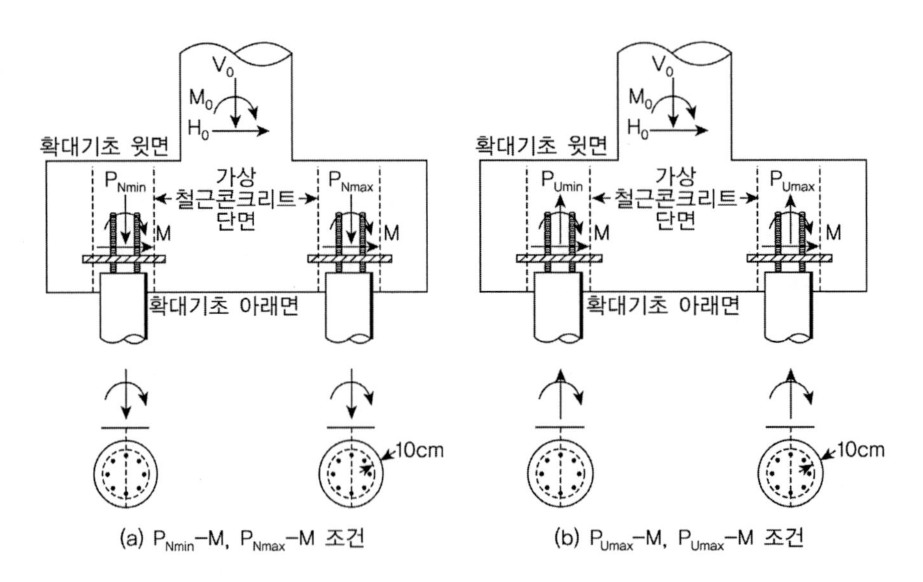

(a) P_{Nmin}–M, P_{Nmax}–M 조건 (b) P_{Umax}–M, P_{Umax}–M 조건

• 콘크리트의 휨압축응력

$$f_c = \frac{M}{r^3} C < f_{ca}$$

f_{ca} : 상시 콘크리트의 허용휨압축응력(=$0.4f_{ck}$ MPa)

f_{ca}' : 지진 시 콘크리트의 허용휨압축응력(=$1.33f_{ca}$ MPa)

C : 콘크리트의 휨압축응력계수

M : 변위법으로 결정된 말뚝머리부의 휨모멘트(N-mm)

• 보강철근의 휨인장응력

$$f_s = \frac{M}{r^3} S\ n < f_{sa}$$

f_{sa} : 상시 보강철근의 허용인장응력

f_{ca}' : 지진 시 보강철근의 허용인장응력(=$1.33f_{sa}$)

S : 보강철근의 휨인장응력계수

100회 3-2

말뚝과 확대기초의 결합부

강관말뚝으로 지지된 교대를 설계하고자 한다. 말뚝머리에 다음 그림 및 조건과 같은 힘이 작용하는 경우 말뚝과 기초판 결합부에 대한 안정성을 검토하시오(단, 말뚝머리는 고정으로 가정한다).

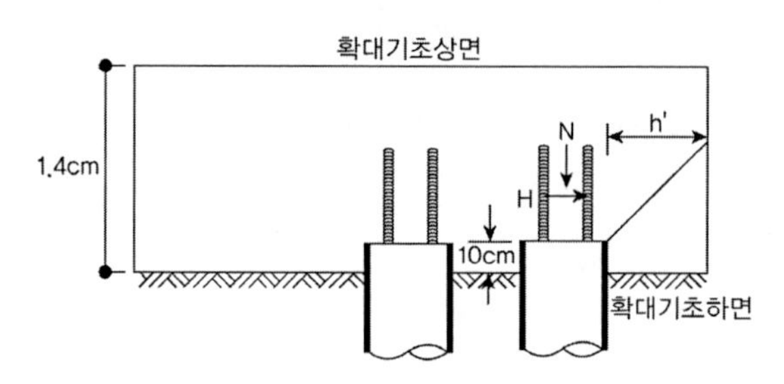

〈조건〉

말뚝의 직경 $\phi = 508mm$, (단, 부식은 고려하지 않음)

콘크리트 강도 : $f_{ck} = 27MPa$, 기초높이 : 1.4m

말뚝의 매입길이=100mm, 말뚝최외곽과 기초부 외곽길이 h′=0.7m

f_{ca}(상시 콘크리트의 허용지압응력)=$0.25f_{ck}$

f_{ca}'(지진 시 콘크리트의 허용지압응력)=$1.33(0.25f_{ck})$

τ_{ca}(상시 콘크리트의 허용수직압발전단응력)=$0.95MPa$

τ_{ca}'(지진 시 콘크리트의 허용수집압발전단응력)=$1.264MPa$

– 말뚝머리 작용하중, 상시 : 수직력=1,000kN, 수평력=200kN

지진 시 : 수직력=1,200kN, 수평력=300kN

풀 이

도로교설계기준 방법B에 의한 검토

➤ 압입력 검토

① 확대기초 콘크리트의 수직지압응력, f_{cv}

$$f_{cv} = \frac{P_{N.\max}}{\frac{\pi}{4}D_B^2} = \frac{1200 \times 10^3}{\frac{\pi}{4} \times 508^2} = 5.92^{MPa}(\text{지진 시}) \langle f_{ca}' \qquad \text{O.K}$$

$$f_{ca} = 0.25 \times 27 = 6.75^{MPa}, \qquad f_{ca}' = 1.33 \times f_{ca} = 8.98^{MPa}$$

② 확대기초 콘크리트의 압발전단응력, τ_v

$$\tau_v = \frac{P_{N.\max}}{\pi(D_B + h)h} = \frac{1200 \times 10^3}{\pi(508 + 1300) \times 1300} = 0.163^{MPa}(\text{지진 시}) < \tau_{a3}' \ (=1.264^{MPa}) \ \text{O.K}$$

τ_{a3} : 상시 콘크리트의 허용수직압발전단응력(MPa)

$\tau_{a3}{}'$: 지진 시 콘크리트의 허용수직압발전단응력(MPa)

h : 확대기초의 유효두께(=1.4−0.1=1.3m)

➤ 인발력 : 원칙적으로 인발력에 대해 검토하지 않아도 된다.

➤ 수평력

① 확대기초 콘크리트의 수평지압응력, f_{ch}

$$f_{ch} = \frac{P_{H.\max}}{D_B l} = \frac{300 \times 10^3}{508 \times 100} = 5.91^{MPa} \text{ (지진 시) } \langle f_{ca}{}' \qquad \text{O.K}$$

$$f_{ca} = 0.25 \times 27 = 6.75^{MPa}, \quad f_{ca}{}' = 1.33 \times f_{ca} = 8.98^{MPa}$$

l : 말뚝의 매입길이(=100mm)

② 확대기초 단부말뚝에 대한 수평방향의 압발전단응력, τ_h : 방법 A와 동일

$$\tau_h = \frac{P_{H.\max}}{h'(2l + D_B + 2h')} = \frac{300 \times 10^3}{700 \times (2 \times 100 + 508 + 2 \times 700)} = 0.203^{MPa} \text{(지진 시)} < \tau_{a3}{}'$$

h' : 수평방향의 압발전단에 저항하는 확대기초의 유효두께(=700mm)

➤ 철근정착 : 주어진 문제에서 주어진 조건이 없으므로 생략한다.

$$L_o = \frac{f_{sa1} A_{st}}{\tau_{oa} U} \ge L_{o\min} = 35 d_1$$

f_{sa1} : 이형철근의 허용인장응력[SD30(150), SD35(175), SD40(180)]

A_{st} : 이형철근의 공칭단면적(cm2)　　U : 이형철근의 공칭둘레길이(cm)

τ_{oa} : 콘크리트의 허용부착응력(MPa)　　d_1 : 이형철근의 공칭지름(cm)

콘크리트 설계기준강도, f_{ck}	21	24	27	30
허용부착응력, τ_{oa}	1.4	1.6	1.7	1.8

➤ 가상철근콘크리트 단면의 응력

① 콘크리트의 휨압축응력　　$f_c = \dfrac{M}{r^3} C < f_{ca}(=0.4 f_{ck}\ \text{MPa})$

② 보강철근의 휨인장응력　　$f_s = \dfrac{M}{r^3} S\ n < f_{sa}$

102회 2-6

확대기초

다음과 같은 말뚝으로 지지된 확대기초에 대해 설계하고자 한다.

〈조건〉

- 기둥에 작용하는 하중

  상시 : P = 6,500kN

  H = 1,300kN

  $M_y = 2{,}550kNm$

  $M_x = 2{,}200kNm$

  지진 시 : P = 5,500kN

  H = 2,600kN

  $M_y = 3{,}550kNm$

  $M_x = 2{,}500kNm$

- 상시 허용연직지지력 :

  $Q_a = 1{,}000kN$

- 상시 허용수평지지력 :

  $H_a = 150kN$

- 상시 허용주변마찰력 :

  $Q_f = 40kN$

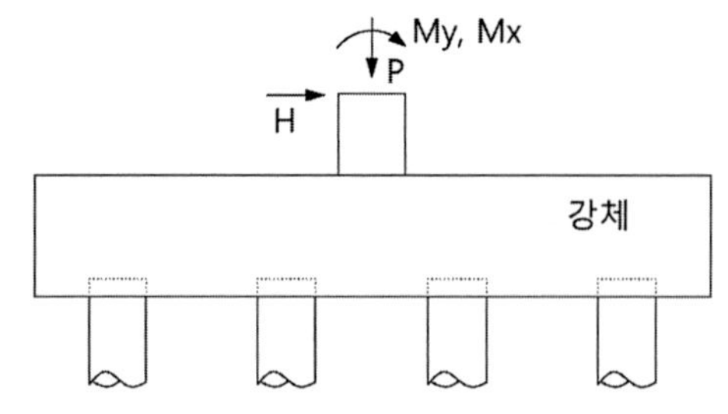

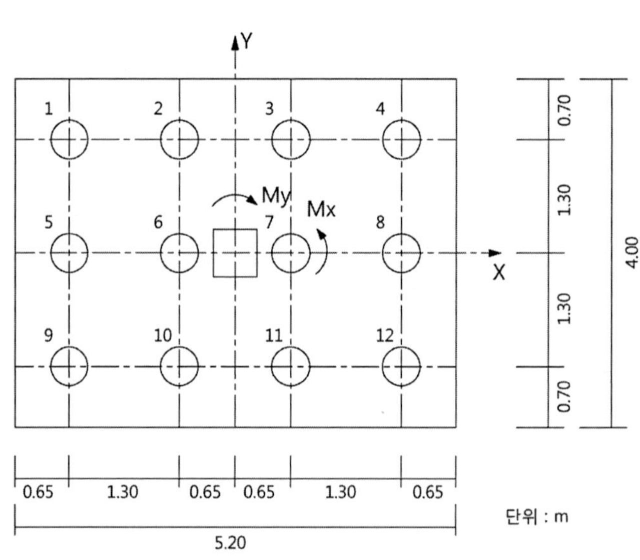

1) 하중작용 시기별 말뚝에 작용하는 최대, 최소 반력과 파일위치를 관용법에 의해 구하고 안전여부를 검토하시오.

2) 상기 결과 말뚝에 작용하는 반력별로 말뚝 머리부에서 저항하는 메커니즘에 대하여 설명하시오(단, 말뚝과 확대기초는 강결조건임).

풀 이

▶ 파일의 작용위치별 작용하중 산정

(연직하중) $Q_i = \dfrac{P}{n} + \dfrac{x_i}{\sum x_i^2} M_y + \dfrac{y_i}{\sum y_i^2} M_x$

(수평하중) 경사파일이 없으므로 수평하중은 전체 파일의 개수로 나눈 값 $H_i = \frac{H}{n}$

1) 상시하중 작용시 연직하중

$$P = 6500kN,\quad H = 1300kN,\quad M_y = 2550kNm,\quad M_x = 2200kNm$$

$$\frac{P}{n} = \frac{6500}{12} = 541.66kN$$

번호	x_i	y_i	x^2	y^2	$\frac{P}{n}$	$\frac{x_i}{\Sigma x_i^2}M_y$	$\frac{y_i}{\Sigma y_i^2}M_x$	Q_i
1	−1.95	1.30	3.8025	1.69	541.66	−196.154	211.5385	557.0446
2	−0.65	1.30	0.4225	1.69	541.66	−65.3846	211.5385	687.8138
3	0.65	1.30	0.4225	1.69	541.66	65.38462	211.5385	818.5831
4	**1.95**	**1.30**	**3.8025**	**1.69**	**541.66**	**196.1538**	**211.5385**	**949.3523**
5	−1.95	0	3.8025	0	541.66	−196.154	0	345.5062
6	−0.65	0	0.4225	0	541.66	−65.3846	0	476.2754
7	0.65	0	0.4225	0	541.66	65.38462	0	607.0446
8	1.95	0	3.8025	0	541.66	196.1538	0	737.8138
9	**−1.95**	**−1.30**	**3.8025**	**1.69**	**541.66**	**−196.154**	**−211.538**	**133.9677**
10	−0.65	−1.30	0.4225	1.69	541.66	−65.3846	−211.538	264.7369
11	0.65	−1.30	0.4225	1.69	541.66	65.38462	−211.538	395.5062
12	1.95	−1.30	3.8025	1.69	541.66	196.1538	−211.538	526.2754
합계			25.35	13.52				

∴ 최대반력 : 4번 Pile, $Q = 949.35kNm < Q_a(= 1000kNm)$ O.K

최소반력 : 9번 Pile, $Q = 133.9677kNm < Q_a$ O.K

2) 상시하중 작용 시 수평하중

$$H_i = \frac{H}{n} = 108.33kN < H_a$$ O.K

3) 지진하중 작용 시 연직하중

$$P = 5500kN,\quad H = 2600kN,\quad M_y = 3550kNm,\quad M_x = 2500kNm$$

$$\frac{P}{n} = \frac{5500}{12} = 458.33kN$$

번호	x_i	y_i	x^2	y^2	$\frac{P}{n}$	$\frac{x_i}{\Sigma x_i^2}M_y$	$\frac{y_i}{\Sigma y_i^2}M_x$	Q_i
1	−1.95	1.30	3.8025	1.69	458.333	−273.077	240.3846	508.968
2	−0.65	1.30	0.4225	1.69	458.333	−91.026	240.3846	691.019
3	0.65	1.30	0.4225	1.69	458.333	91.026	240.3846	873.070
4	**1.95**	**1.30**	**3.8025**	**1.69**	**458.333**	**273.077**	**240.3846**	**1055.122**
5	−1.95	0	3.8025	0	458.333	−273.077	0	268.583
6	−0.65	0	0.4225	0	458.333	−91.026	0	450.634
7	0.65	0	0.4225	0	458.333	91.026	0	632.686
8	1.95	0	3.8025	0	458.333	273.077	0	814.737
9	**−1.95**	**−1.30**	**3.8025**	**1.69**	**458.333**	**−273.077**	**−240.385**	**28.198**
10	−0.65	−1.30	0.4225	1.69	458.333	−91.026	−240.385	210.250
11	0.65	−1.30	0.4225	1.69	458.333	91.026	−240.385	392.301
12	1.95	−1.30	3.8025	1.69	458.333	273.077	−240.385	574.352
합계			25.35	13.52				

∴ 최대반력 : 4번 Pile, $Q = 1055.122kNm > Q_a(= 1000kNm)$ N.G

최소반력 : 9번 Pile, $Q = 28.198kNm < Q_a$ O.K

주어진 조건에서 지진 시 허용연직지지력이 없으므로 상시 허용연직지지력과 비교할 경우 지진 시 말뚝의 하중이 더 커서 안정성에 문제가 있다.

▶ 말뚝 머리부에서 저항하는 메커니즘(말뚝과 확대기초는 강결조건)

1) 강결합 방법

말뚝과 확대기초의 강결합 방법은 다음의 2가지가 있다.

① 방법 A : 확대기초 속에 말뚝을 일정한 길이만 매입시키고 매입된 부분이 말뚝머리에 작용하는 휨모멘트를 저항하는 방법으로 매입길이는 말뚝지름 이상으로 하고 강관말뚝, PSC 말뚝, PHC 말뚝, RC 말뚝에 적용할 수 있다.

② 방법 B : 확대기초 속으로 매입되는 말뚝의 길이를 최소한으로 하고 철근을 말뚝머리에 보강하여 말뚝머리에 작용하는 휨모멘트를 철근이 저항하는 방법으로 말뚝머리부 근입길이는 10cm로 하고 강관말뚝, PSC 말뚝, PHC 말뚝, RC 말뚝이외에 현장타설말뚝에도 적용할 수 있다.

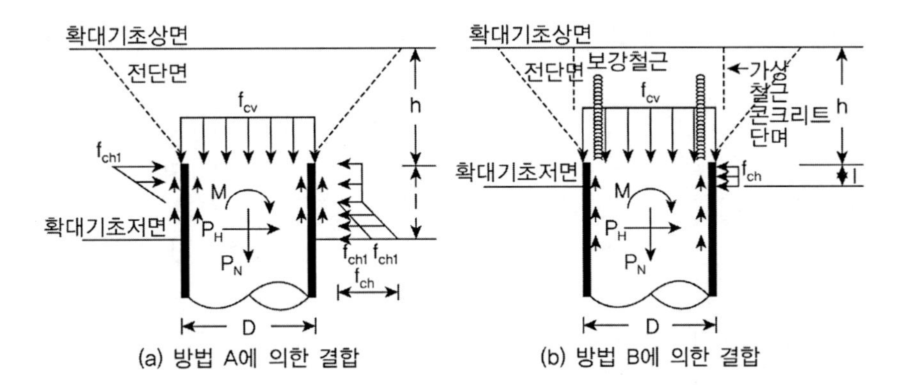

2) 말뚝머리 결합부에서 외력전달 메커니즘

① 압입력 또는 인발력은 말뚝주면과 확대기초 콘크리트의 전단저항 또는 말뚝머리부에 대한 확대기초 콘크리트의 지압저항에 의하여 지지시킨다.

② 수평력은 매입된 말뚝의 전면에서 확대기초 콘크리트의 지압저항에 의하여 지지시킨다.

③ 휨모멘트는 방법 A의 경우 매입된 말뚝의 전후면에서 확대기초 콘크리트에 지압저항에 의하여 방법 B의 경우 결합용 철근을 포함한 가상철근콘크리트 기둥의 휨저항에 의하여 지지시킨다.

4. 독립식 교대의 등가정적하중법 : Mononobe & Okabe 토압 (도로교설계기준해설, 2008)

86회 1-5 교대 내진설계시 Mononobe-Okabe의 토압공식적용 위한 가정조건 3가지

지중구조물의 내진설계는 정역학적 방법과 동적해석법이 있다. 동적해석법은 해석과정이 복잡하여 특수한 경우만 사용되며, 정역학적 해석방법에는 유사정적해석과 응답변위법이 있으며 유사정적해석 해석법은 모델링 및 해석방법이 비교적 용이하며, 지표면 가까이에 건설되는 수처리 구조물의 구조해석에 적합하고 응답변위법은 유사정적해석법에 비하여 해석방법이 복잡한 데, 지중 깊은 곳에 매설되는 지하철 BOX 구조물이나 독립식 교대의 해석에 적용된다. 수평변위를 허용하는 교대에 작용하는 지진토압은 Mononobe & Okabe에 의해 개발된 유사정적해석법을 사용한다.

1) 지진토압(Mononobe-Okabe 토압)

중력식 또는 캔틸레버식 교대에 작용하는 지진을 고려한 토압은 Mononobe & Okabe의 유사정적해석법을 사용한다. 지진의 영향을 고려하지 않을 때에는 그 합력이 H/3에 작용하게 되나 Wood(1973)는 실험과 이론을 통하여 지진의 영향이 커짐에 따라 지진의 영향을 고려한 토압[지진토압(정지토압+지진으로 추가된 토압)]의 합력이 대략 중간 높이에 작용함을 발견하였다. 따라서, 지진토압은 균등하게 분포(q_{ae})하고, 그 합력 P_{ae}는 구조물측벽의 $1/2H_{wall}$ 높이에 작용하게 된다.

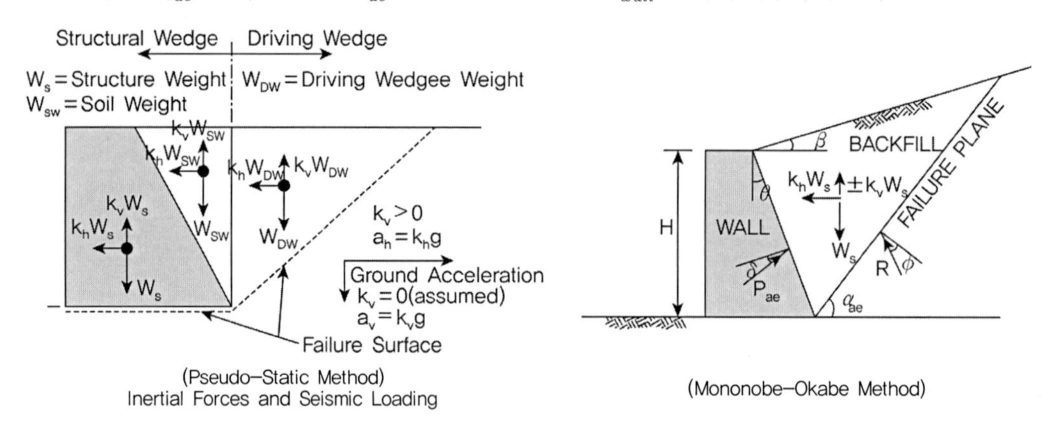

(Pseudo-Static Method)
Inertial Forces and Seismic Loading

(Mononobe-Okabe Method)

Mononobe-Okabe의 지진토압공식은 깊이 z에 따라 다음 식으로 표시되며 선형적으로 커진다.

$$q_{ae}(z) = \gamma_s z(1 - K_v)K_{ae}$$

그러나 실제로는 등분포하중으로 작용하므로 이 등분포하중의 크기는 벽체 중간 지점의 지진토압과 같은 데 다음과 같다.

$$q_{ae} = \gamma_s \frac{(z_{top} + z_{bottom})}{2}(1 - K_v)K_{ae}$$

∴ 벽체에 작용하는 등분포하중의 합력 P_{ae}는

$$P_{ae} = \int_{z_t}^{z_b} q_{ae} dz = \gamma_s \frac{(z_{top} + z_{bottom})}{2}(z_{bottom} - z_{top})(1-K_v)K_{ae}$$

교대에 가해지는 주동토압과 교대가 뒤채움 흙을 미는 수동토압은 다음과 같다. 이 때 지진관성각 Θ가 증가함에 따라 K_{ae}와 K_{pe}의 값은 서로 접근하여 연직의 뒤채움 흙의 경우 $\Theta = \phi$가 될 때 같게 된다.

$$P_{ae} = \frac{1}{2}\gamma_s H^2(1-K_v)K_{ae},\ P_{pe} = \frac{1}{2}\gamma_s H^2(1-K_v)K_{pe}$$

$$K_{ae} = \frac{\cos^2(\phi-\theta-\beta)}{\cos\theta\cos^2\beta\cos(\delta+\beta+\theta) \times \left[1+\sqrt{\frac{\sin(\phi+\delta)\sin(\phi-\theta-i)}{\cos(\delta+\beta+\theta)\cos(i-\beta)}}\right]^2}$$: 지진 시 주동토압계수

$$K_{pe} = \frac{\cos^2(\phi-\theta+\beta)}{\cos\theta\cos^2\beta\cos(\delta-\beta+\theta) \times \left[1-\sqrt{\frac{\sin(\phi-\delta)\sin(\phi-\theta+i)}{\cos(\delta-\beta+\theta)\cos(i-\beta)}}\right]^2}$$: 지진 시 수동토압계수

여기서 γ_s : 흙의 단위체적중량

K_h : 수평지진계수(직접기초인 경우 1배, 파일 기초인 경우 횡방향 상대수평변위가 거의 구속되는 교대인 경우로 보아 1.5배하여 사용.)

H : 지표면에서 지반면까지의 깊이

K_v : 연직지진계수

ϕ : 흙의 내부마찰각

i : 뒤채움 흙의 경사각

$\theta = \tan^{-1}\left(\frac{K_h}{1-K_v}\right)$

β : 벽체배면의 수직에 대한 각(0°)

δ : 흙과 교대사이의 마찰각

2) Mononobe-Okabe 공식의 가정

① 교대는 흙의 강도 또는 주동토압 상태가 발휘될 수 있는 정도로 충분한 변위가 발생

② 뒤채움 흙은 점착성이 없고 마찰각 ϕ를 갖는다.

③ 뒤채움 흙은 포화되어 있지 않아 액상화 문제가 없다.

교대가 단단히 고정되어 움직이지 않을 경우 토압이 더 커진다. 교대의 자체 자중이 교대의 안정에 좌우되는 것은 불합리한 가정이므로 교대 자체의 질량에 의한 관성력이 지진거동이나 내진설계에서 고려되지 않는다.

5. 수해방지를 위한 교량 설계 (도로설계편람 부록 A1.12)

최근의 이상기후 현상으로 인한 집중호우, 돌발홍수 등이 급증하고 있어 이로 인한 교량의 파손 또는 유실의 피해가 매년 증가하고 있다. 홍수로 인한 주요 교량의 피해 중에서 대표적인 피해유형은 교각 및 교대부의 세굴, 설계시 반영하지 못한 주변 수리환경의 변화, 홍수시 유송잡물에 의한 통수능의 저하가 주요원인이다.

1) 홍수로 인한 교량의 피해 유형

① 세굴로 인한 교각의 침하 및 유실
② 유송잡물에 의한 통수능 저하
③ 교장이 하폭보다 부족하여 통수능 저하
④ 경간장 부족으로 통수능 저하
⑤ 제방고보다 교량 교면이 낮은 경우
⑥ 만곡 수충부에서의 교대부 및 제방유실
⑦ 하천합류에 위치
⑧ 상하류 수중보의 영향
⑨ 토석류에 의한 피해
⑩ 기타(접속도로 배수시설 미비 등)

2) 교량 홍수피해 발생원인

발생원인에 대하여는 근본적인 원인과 유도적인 원인으로 분류할 수 있으며 위치적인 조건, 주변환경의 변화, 교량 기능부족으로 다시 구체적으로 구분할 수 있다. 통상 한가지 원인보다는 여러가지 원인이 복합적으로 상호작용으로 인한 경우 피해가 가중된다.

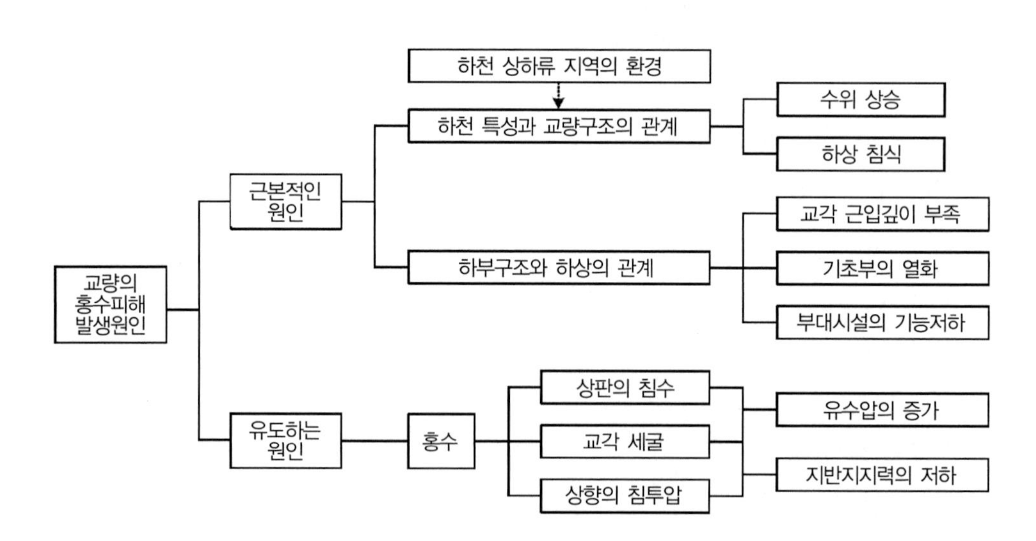

3) 교량 홍수피해 방지를 위해 설계 시 고려사항

홍수피해 방지를 위해서는 교량기본계획 단계에서부터 위치적인 조건 및 주변환경 변화를 충분히 반영해야 하며 교량의 설계단계에서도 수리학적 측면을 고려하여 필요시 적극적인 방호책을 마련하는 것이 필요하다.

① 교량의 위치선정시 고려사항

⑴ 하상이 안정되어 있는 곳을 선정하여야 하며 하천의 만곡부에 교각을 설치하는 것은 교량 안정성 좋지 않다.

⑵ 하폭이 좁은 장소를 택하면 공사비는 적게 소요되나 하천이 협소하여 치수상 영향이 없는지 검토해야 한다.

⑶ 사각이 큰 사교는 피하는 것이 좋다

⑷ 하천의 합류지점은 유수의 와류현상으로 인해 세굴이 발생하기 쉽다

⑸ 만곡부 수위 상승을 고려하여 홍수위를 산정하고 도로 지반고를 높게 한다.

② 교량 형식선정 시 고려사항

⑴ 교대 : 만곡부에 위치한 교대는 수충부에서 뒤채움 흙의 유실을 방지하기 위해 교대에 접속부 옹벽을 설치한다.

⑵ 교각 : 하천을 횡단하는 교량의 교각은 유수에 대한 저항성이 작은 단면형식(원형)을 선정하고 통수단면에 심각한 영향을 미치는 교각형식은 피한다.

⑶ 기초 : 교량 하부구조의 기초형식은 기초지반의 지질조건, 수심, 유속 및 세굴의 영향을 고려하여 선정하여야 한다.

⑷ 상부구조 : 하천횡단교량에서는 하부구조 형식이 매우 중요하므로 하천상황에 적절한 하부구조 및 경간설정을 충분히 고려하여 선정하는 것이 바람직하다. 교장을 결정할 때에는 홍수 시 유수의 지장이 없고 유수에 의해 교대가 피해를 받지 않도록 해야 하며 하천에 가설하는 교량의 교장은 하폭에 의해 정해지나 하천개수계획은 물론 장래 하천부지계획 등을 고려하여 교량길이를 결정한다.

③ 경간분할

교량의 경간분할을 계획할 때에는 하천의 최대 수심부에 교각이 설치되지 않도록 하며 경간은 최소 3개 이상하여 하천중앙에 교각이 설치되지 않도록 하는 것이 바람직하다.

④ 사교

⑴ 하천상 사교를 계획하는 경우 중력식, 벽식 및 I형 교각과 같이 교축의 횡방향으로 길이가 긴 교각은 유수의 방향과 일치하는 것을 원칙으로 한다.

⑵ 현장여건상 어려운 경우 유수의 유입각에 따라 교각에 미치는 유수압 및 세굴증가에 대한 영향을 설계에 고려해야 한다.

⑶ 만곡부에 설치되는 교량의 교각은 T형 교각을 선정하는 것이 바람직하다. 부득이 중력식, 벽식 및 I형과 같은 교각선정 시에는 사교와 같이 홍수 시 예상되는 유수의 유입각에 대한 영향을 고려하여야 하며, 만곡부 외측에 설치되는 교대 및 옹벽은 홍수 시 작용되는 수압 및 세굴의 영향을 고려해야 한다.

6. 교량의 세굴방호공

109회 2-6 하천 교량 세굴현상

99회 1-7 하천 교량횡단부에 발생하는 세굴의 형태

유체의 흐름에 의해 교량의 교각 및 교대 주변의 하상재료가 유실되는 현상을 교량세굴이라 하며, 이로 인해 낮아진 하상고와 자연 하상고와의 차이를 세굴심으로 정의한다. 유속과 그로 인해 하상에 작용하는 전단응력은 하천유역 내에 홍수가 발생하였을 때 급격히 증가하며 이로 인해 하천 경계면의 토사는 더 많이 침식되어 이동하게 된다. 특히 하천 내에 위치한 교각이나 교대와 같은 수리학적 구조물은 흐름을 가속시키거나 와류를 형성시켜 흐름 유형의 변화를 발생시켜 구조물 주변의 세굴을 발생시킨다.

1) 세굴의 종류

교각 또는 교대 주변의 총 세굴은 다음의 3가지 세굴성분을 합하여 산정한다.

① 장기하상변동 : 교량의 유무에 상관없이 장기간 또는 단기간에 발생하는 하상고의 변동

② 단면축소세굴 : 교량 등의 인공구조물 또는 자연적인 요인에 의해 하천내의 통수단면적이 축소하여 발생하는 세굴

③ 국부세굴 : 구조물에 의한 흐름의 방해와 가속된 흐름에 의해 야기된 와류의 발달에 의해 발생

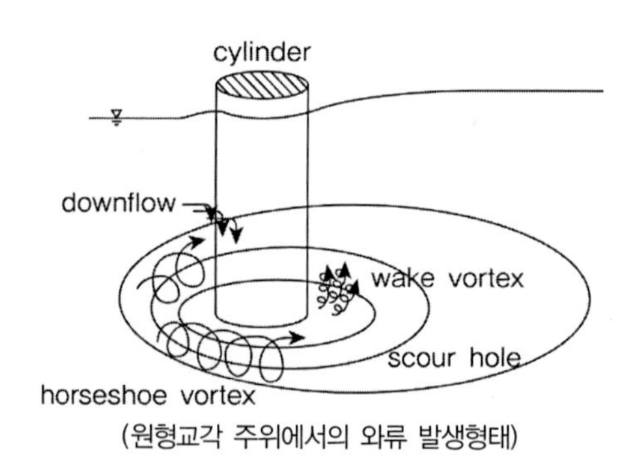

(원형교각 주위에서의 와류 발생형태)

2) 세굴 세부 설계과정

세굴분석 수리변수 결정 → 장기하상변동 분석 → 세굴해석방법의 결정 → 단면축소세굴 계산 → 교각 국부세굴 계산 → 교대 국부세굴 계산 → 총세굴심 산정

① 교량기초의 설계에서 기초 저면의 표고는 총세굴심보다 아래에 위치하는 것이 원칙

② 장기하상변동의 세부요소들은 유역전체에 걸쳐 자연적 또는 인위적으로 특별한 변화가 없는 경우에는 단면축소세굴이나 국부세굴에 비해 매우 적은 양의 세굴이 발생하므로 단면축소세굴과 국부세굴을 중심으로 교량 세굴을 평가하는 것이 일반적이다.

3) 세굴방지 설계(대책)

① 충적하상에서 교량 교각주위의 국부세굴은 피할 수 없으며 따라서 이러한 세굴로 인하여 교량의 안전이 위협받지 않도록 설계과정에서 주의해야 한다. 세굴방지 대책의 접근방법은 다음의 2가지로 구분할 수 있다.

(1) 세굴에 대한 하상물질의 저항력을 증가시키는 대책
(2) 유속, 와류 등의 세굴유발인자의 능력을 감소시키는 대책
가장 보편적인 방지대책으로는 사석보호공법이 적용된다.

② 교량세굴의 방지대책

(1) 세굴발생 깊이를 측정하여 과다하면 교량사용을 제한
(2) 교대 및 교각 기초 사석보호
(3) 도류제 건설
(4) 하천개량
(5) 교량기초를 세굴의 영향에 저항할 수 있도록 보강
(6) 낙차공
(7) 안전교량 건설 또는 교량경간의 장대화
(8) 케이블로 연결된 콘크리트 블록매트로 보호
(9) 테트라포트로 보호
(10) 부유물에 대한 방호대책 수립

4) 세굴방호공 설계

① 교량 등 하천구조물의 세굴로 인한 손상과 붕괴로부터 구조물 보호를 위해 세굴방호공을 설치할 수 있다.
② 세굴방호공은 사석보호공, 콘크리트 블록 방호공, 지오백 세굴방호공 등 여러 가지가 있으며 구조적 안정성과 경제성을 고려하여 선정한다.
③ 사석을 이용한 세굴방호공일 경우 2년의 정기적 주기 및 계획홍수량의 80%가 넘는 홍수 발생 시마다 사석의 이동여부를 확인하여 대책을 강구해야 한다.
④ 세굴방호공의 적용범위는 교각의 한쪽면으로부터 교각폭의 2배의 거리까지 양쪽 모두 시공하고 세굴방호공의 최상부는 주변 하상선과 일치하거나 더 낮아야 한다.
⑤ 사석보호공의 경우 방호공의 두께는 D_{50}의 3배 이상으로 시공하고 실제 설치 시 최소 300mm보다 커야 한다.

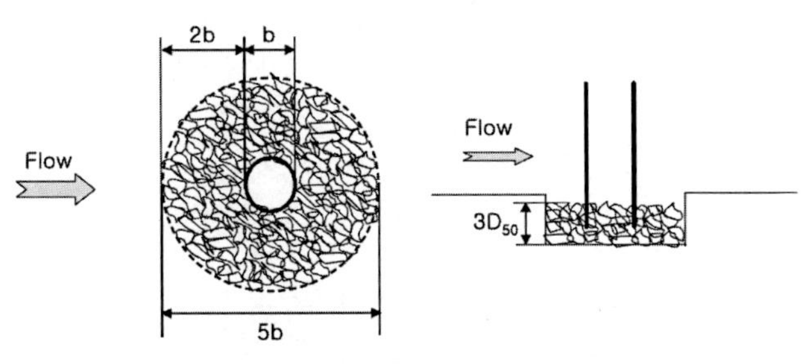

(세굴방호공의 적용범위 : 사석방호공)

TIP | 세굴심의 산정방법 |

① 장기하상변동 : 하천에서의 장기적인 하상변동, 즉 하천반응(river response)의 예측에는 컴퓨터 수치해석모형을 이용하여 예측하는 방법과 기왕의 하상변동 상황을 취합·분석하여 예측하는 방법 등이 있다. 통상 장기적인 하상변화는 향후 하천전반에 걸쳐 하상변동조사를 통해 수행되어야 하므로 장기하상변동에 대한 영향을 감안하여 실험식을 이용하는 국부세굴심 산정에서 보다 보수적인 수치를 적용한다.

② 단면수축세굴 : 교량지점에서의 단면수축세굴은 교대 및 교각에 의하여 흐름단면이 축소되어 발생되며, 단면축소로 인하여 교량상류의 흐름이 하류방향으로 하상재료를 이송시키느냐에 따라 고정상 세굴(claer bed scour)과 이동상 세굴(live bed scour)로 구분된다. 여기서, 고정상 세굴과 이동상 세굴의 발생여부는 하상재료의 한계유속에 따라 결정될 수 있으나 통상 하도의 하상재료에 대한 분석 및 하상전반의 장기적인 변화에 대한 분석자료가 없는 실정이므로 단면 수축세굴은 고려하지 않는다.

③ 국부세굴 : 교각 설치 시 가장 중요한 문제는 교각주변의 세굴에 대한 영향이다. 교각이나 수제 또는 돌출제 주변의 세굴현상은 세굴 초기를 제외하고는 한번 생긴 모습이 그대로 변치 않고 유지되는 경우가 대부분이고 이러한 국부세굴 현상은 수리구조물 설치주변의 지형, 지질상태와 수리적 특성 등과 같은 제반조건에 따라 세굴현상이 대단히 복잡하게 나타나므로 흐름을 수리구조물 주변에 집중되지 않도록 교각 등의 수리구조물이 유수에 저항이 적은 형상을 갖도록 설계한 후 이를 여러 가지 축적으로 바꿔가면서 수리모형실험을 실시한 뒤 국부세굴 형상의 상사치에 대하여 국부세굴 방지공을 계획하는 것이 일반적이며, 기존에 개발되어 있는 국부세굴 깊이에 관한 실험식들을 이용하기도 한다.

④ 대표적 세굴방지 공법

구분	사석방호(보호)공	망태공(GABION)	콘크리트 블록 매트공	세굴 방호 섬유대공
단면	 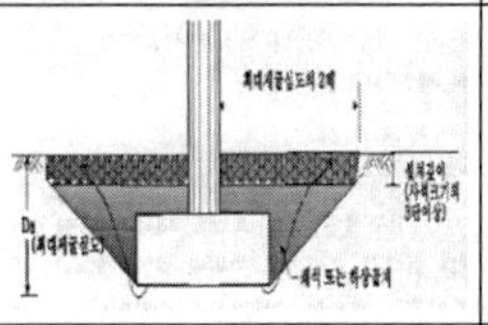	 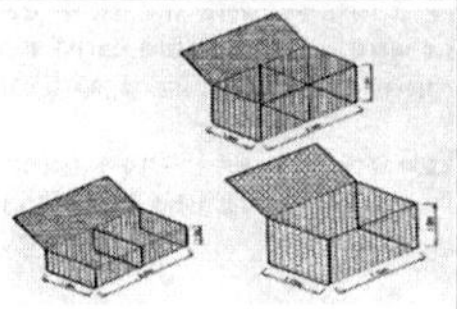	 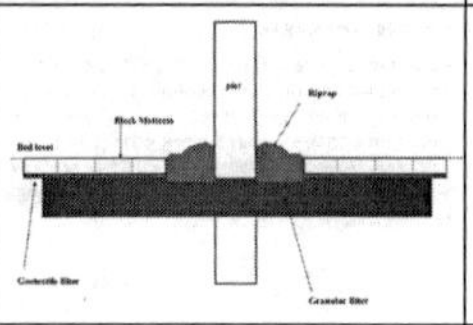	 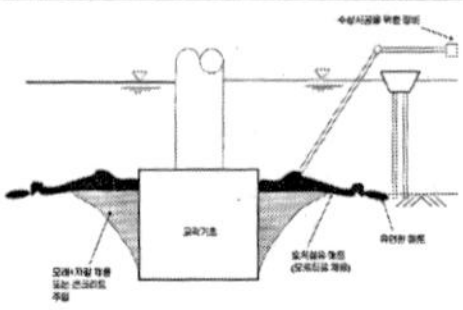
공법 개요	물리적 풍화를 고려하여 연암 이상의 비풍화암을 사석으로 사용하여 교각주위의 국부세굴 발생위치에 포설	정해진 규격의 아연도금된 철선의 망을 설치하고 인력으로 ϕ150m/m 정도 규격에 맞는 돌을 투입	콘크리트 블록 매트를 연결하여 교각 세굴위치에 시공	두겹으로 제작된 토목섬유 거푸집(fabric)사이에 콘크리트 또는 토석류를 토입하여 콘크리트 매트 또는 샌드매트 형성
시공성	수중 작업시에도 비교적 시공이 용이하며 보수가 쉬움	돌망태 포설시 수중작업 불량	육상 조립하여 매트화하여 시공, 수중작업 보통	수중작업불량, 콘크리트 양생기간 필요
안전성 (효과)	임시 및 응급공사에 좋음 세굴의 범위가 넓을 때 하상변동에 따른 적용성 양호	하상변도에 대한 적용성 좋음 홍수 발생 시 세굴에 의한 변위로 유실발생이 우려되며, 유실된 돌망태로 인한 2차 세굴 우려	저중심 평면형으로 홍수시 전도 유실될 우려 적음 블록매트 가장자리에 세굴가 중 우려가 있음	전면이 일체이므로 견고 홍수 시 부력에 대한 우려 있음
내구성	일시적인 세굴방지효과는 있으나 홍수 시 유실우려가 있어 반영구적 세굴방지공법으로 부적합	철선의 부식 등으로 내구성이 약함	연결고리의 부식, 시공 시 하자 등 내구성 우려 있음 반영구적	내부콘크리트의 내구성 약화 및 지면과의 접하부 취약
환경성	미관성 좋지 않음	아연도금에 따른 생물생태계에 독성 내포	매트사이에 부유물이 걸려 미관상 좋지 않음	수중에 콘크리트 등 충전물로 인한 독성 내포

Chapter

11 유지관리 및 기타

01 구조물의 유지관리

1. 교량의 내하력 조사

107회 4-3 교량의 내하력 평가방법

내하력 조사란 이미 열화손상이 현저히 진행된 교량에서는 열화손상의 정도 및 원인을 조사하여 보수여부를 판정하고, 열화손상이 아직 현저히 진행되지 않은 교량에서는 장래의 열화손상정도를 예측하고 이를 예방하기 위한 자료를 획득하기 위한 것으로서, 주로 통행시 안정성을 확보할 수 있는 자동차 하중의 한계를 설정하는 것을 의미한다. 내하력 조사방법과 이를 토대로 한 내하력 평가방법에 대해 설명하면 다음과 같다.

1) 조사방법

교량의 내하력 조사는 필요에 따라 단순조사에서 상세조사에 이르기까지 체계적으로 수행되어야 하는데 이를 간략히 정리하면 다음과 같다.

① 1차 조사 : 특별한 계측기기를 사용하지 않는 육안에 의한 외관조사로서 교량구조의 현황조사(도면 검토 등)와 각종 열화손상상태에 대한 조사를 실시하여 2차 조사의 필요성, 방법, 중점조사 내용을 파악하는 안전진단의 최초단계

② 2차 조사 : 1차 조사결과를 토대로 각종 검사기구 및 시험장비 등을 사용하여 중점조사 부위에 대한 비파괴시험과 가속도 측정 등을 실시함으로써 교량의 손상현황을 파악하고 그 정도를 개략적으로 추정하기 위한 안전진단의 중간단계

③ 3차 조사 : 1, 2차 조사를 토대로 전문기술자가 현장이나 실험실에서 비파괴실험, 파괴시험,

정적 동적 재하시험을 실시하여 해당교량의 내하력 및 잔존내구연한 평가를 위한 상세자료를 획득하는 안전진단의 최종단계

2) 내하력 평가

기존 교량의 내하력은 상기 조사결과를 토대로 열화손상상태를 그대로 반영하여 실보유 내하력을 추정할 수 있는 합리성과 신뢰성 있는 기법에 의해 평가하여야 한다.

① 내하력 평가시의 주안점

(1) 기존 교량에 어떤 구조적 결함이 있거나, 설계당시의 자료가 없는 경우에는 평가의 목적을 안전성에 두어야 한다.

(2) 경제적인 관점에서 현존교량의 이용과 유지 보수 교체시공에 필요한 교량의 등급, 우선 순위를 설정할 수 있는 자료를 제공한다.

② 내하력 평가의 특성인자

모든 교량은 건설시기, 교량형식, 유지관리 조건 등 다양한 특성을 가지고 있는데, 내하력 평가 시 고려해야 할 주요 특성인자는 다음과 같다.

(1) 하중의 증가, 교통량의 변동, 차량규격의 변천

(2) 설계시방서의 변화

(3) 설계 및 구조해석 개념의 변천

(4) 유지관리 개념의 변천

③ 내하력 평가방법

현재 사용되고 있는 내하력 평가 기법에는 공용하중에 대한 내하율을 구하기 위한 허용응력 개념과 강도 또는 하중 계수개념에 의한 방법 및 신뢰성 이론에 입각한 방법 등이 있다.

(1) 허용응력 개념에 의한 내하력 평가방법 : 허용응력 개념에 의해 공용하중의 내하율을 산정하는 방법은 주로 강도로교에 적용되고 있으며, 먼저 주형, 횡형, 바닥판 등 각 구조요소에 대한 기본 내하력를 산정하고 허용응력, 노면성상 교통상황 및 기타조건에 따른 계수를 곱하여 산출된 최소치를 공용하중으로 결정하는 방법

(2) 강도개념에 의한 내하력 평가방법 : 강도개념에 의한 내하력 평가방법은 그 기본개념은 허용응력 개념에 의한 공용하중 결정방법과 같지만, 파괴에 대한 안전을 조사하는데 특징이 있으며 주로 콘크리트 교량에 적용된다.

(3) 신뢰성 이론에 의한 내하력 평가방법 : 신뢰성 이론에 입각한 내하력 평가방법은 해당 교량이 갖는 고유한 조건 등에 대하여 안전성을 확보하려는 목적에서 교량의 잔존공용기간이나 교통조건 등을 감안하여 내하력을 평가하고자 하는 개념이다. 신뢰성 이론을 수행하려면 먼저 구조물의 안전과 파괴를 판단할 수 있는 기준이 필요하며 이 기준을 한계상태함수(g)라 한다. 한계상태함수(limit state function)는 구조물에 가해지는 하중(S)와 그에 대한 저항(R)로 나타낸다.

$g(R,\ S) = R - S$

여기서 한계상태는 안전상태($g > 0$)와 파괴상태(불안전 상태, $g < 0$)의 경계에 상응하는 $g = 0$을 의미한다.

파괴확률(P_f, Probability of failure)은 한계상태함수가 영(0)보다 작을 확률을 나타낸다. 이 때 R과 S가 모두 연속확률변수라면 파괴확률은 다음과 같다.

$$P_f = P(R - S < 0) = P(g < 0)$$

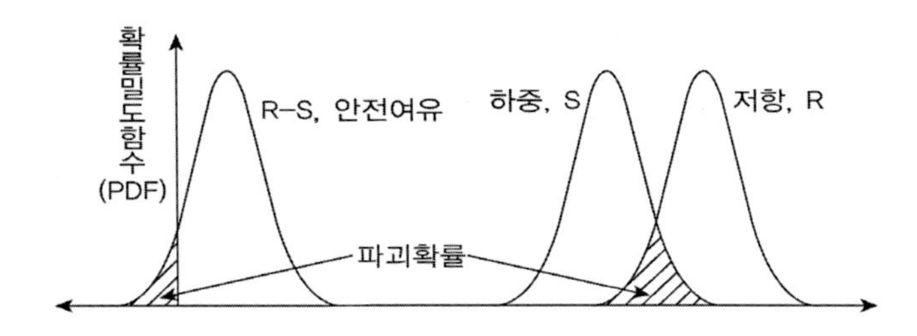

3) 내하력 평가방법

① 허용응력 이론에 의한 내하력 평가

재료의 허용응력에서 고정하중의 응력을 제외한 응력이 활하중에 저항할 수 있는 응력이다. 강교의 내하력을 산정할 때 합리적이다.

(1) 기본 내하력

가. 교량을 현행 시방서에 따라 해석했을 때 교량이 저항할 수 있는 활하중의 크기를 설계하중(DB-18, DB-24 등)을 기준으로 하여 비례적으로 나타낸 값

나. 교량이 안전하게 부담할 수 있는 활하중에 의한 응력의 최댓값은 부재 재료의 허용응력에서 고정하중에 의한 응력을 뺀 값으로서 다음과 같은 비례식이 성립

$$P = \frac{f_a - f_d}{f_{DB}} \times P_{DB}$$ = 응력의 여유분/활하중 응력 × PDB

여기서, P : 기본 내하력 (tonf)

PDB : 설계하중, 즉 설계하중이 DB-24인 경우 24tonf

f_a : 재료의 허용응력

f_d : 고정하중에 의한 응력

f_{DB} : 설계하중(DB하중)에 의한 응력

(2) 공용 내하력

$$P' = P \times K_s \times K_r \times K_t \times K_0$$

여기서, P : 기본 내하력

K_s : 응력 보정계수, K_r : 노면상태 보정계수,

K_t : 교통상태 보정계수, K_0 : 기타 보정계수

(3) 보정계수

(a) 응력보정계수(K_s)

일반적으로 관용이론으로 구한 교량의 부재응력은 실제의 현장재하 시험에서 얻은 값보다 크다. 따라서 이 비율만큼 공용하중을 증가시켜 줌으로써 계산치와 실측이의 차이로 인한 오차를 보정할 수 있다. 이 2가지 응력의 비를 Ks라 한다.

$$K_s = \frac{\epsilon(\text{계산치})}{\epsilon(\text{실측치})} \times \frac{1+i(\text{계산치})}{1+i(\text{실측치})}$$

(b) 노면상태 보정계수(K_r)

노면상태	K_r
약간 요철이 있는 노면	1.00
포장에 다소 박리가 있고 차량통과 시 약간의 진동이 있는 경우	0.95
포장에 박리가 심하고 그 부분에서 차량통과 시 차체에 진동이 많은 경우	0.90
포장파손이 심하여 차량통과 시 차제의 진동이 심한 경우	0.85

(c) 교통상태 보정계수($K_t = (\alpha_1 \times \alpha_2) \geq 0.8\alpha_2$)

교통상태		α
차량통행상황 (α_1)	도로전면에 걸쳐 교통체증이 없는 경우	1.0
	도로전면의 빈도가 1일 10회 이상인 경우	0.9
	도로전면의 빈도가 빈번한 경우	0.8
대형차 혼입률 (α_2)	대형차 혼입률이 10% 미만인 경우	1.0
	대형차 혼입률이 10~40%인 경우	0.9
	대형차 혼입률이 40% 이상인 경우	0.8

(d) 기타 보정계수($K_0 = (\alpha_3 \times \alpha_4)$)

노면상태		K_r
장래의 공용 기대연수(α_3)	5년 미만인 경우	1.0
	5년 이상인 경우	0.9
교량등급(α_4)	2, 3 등급교	1.0
	1등급교	0.9

② 강도 개념에 의한 내하력 평가

설계강도에서 계수 고정하중 모멘트를 제외한 모멘트가 활하중에 저항하는 모멘트이다. 주로 콘크리트 교량에 적용한다.

(1) 내하율의 평가

$$\text{내하율(RF)} = \frac{\phi M_n - \gamma_d M_d}{\gamma_l M_l (1+i)} = \text{허용가능한 모멘트 여유량 / 활하중 모멘트}$$

ϕM_n : 극한저항 모멘트(강구조물은 ϕ=1.0, RC, PSC 구조물의 휨부재 ϕ=0.85)

M_d : 고정하중 모멘트

M_l : 설계 활하중에 의한 모멘트(도로교 DB, DL하중, 철도교 LS하중)

γ_l : 활하중 계수, γ_d : 고정하중 계수, i : 충격계수

(2) 공용내하력의 산정

공용내하력(P) = $K_s \times RF \times P_r$

$$\text{여기서, } K_s = \frac{\varepsilon(\text{계산치})}{\varepsilon(\text{실측치})} \times \frac{1+i(\text{계산치})}{1+i(\text{실측치})}$$

P_r : 설계 활하중(도로교 DB, DL하중, 철도교 LS하중)

(3) 환산 실험 하중에 의한 내하력 평가 방법

$$P' = 24 \times \frac{\text{실측최대동적응력범위}}{DB24\text{에 의한 계산응력}} \times \frac{1}{1-CAF}$$

여기서, CAF= 정적응력 및 처짐에 대한 합성작용계수 (1−실측치/계산치)

이 방법은 교량의 실제 상태를 고려했으나 연속교와 같은 경우는 과대평가 되는 경우가 있다.

③ (참고) 신뢰성 이론에 의한 내하력 평가 방법 (MIDAS 전문가 컬럼, 김두기)

파괴확률은 저항과 하중에 관한 파괴영역의 결합밀도함수를 적분하여 계산할 수 있으나 적분을 하기 위해 복잡한 수치해석기법이 필요하며 정확도 또한 만족스럽지 않을 수도 있으므로 구조물의 신뢰성을 정량화하기 위해 신뢰성 지수의 개념을 많이 사용한다. '신뢰성 지수(reliability index, β)'는 변동계수(coefficient of variation, $\delta = \sigma/\mu$)의 역수이며, 표준화 변수 공간에서 원점에서부터 한계상태 $g(R, S) = 0$가 나타내는 직선까지의 가장 짧은 직선거리이다.

$$\beta = \frac{\mu_R - \mu_S}{\sqrt{\sigma_R^2 + \sigma_S^2}}$$, 여기서 μ와 σ는 각 확률변수의 평균과 표준편차

여기서 표준화변수(Reduced variable)는 무차원의 표준화된 형식으로 변환시킨 확률변수를 말하며 예를 들어 하중(S)과 저항(R)을 표준화변수 Z_S와 Z_R로 변환하면,

$$Z_R = \frac{R - \mu_R}{\sigma_R}, \qquad Z_S = \frac{R - \mu_S}{\sigma_S}$$

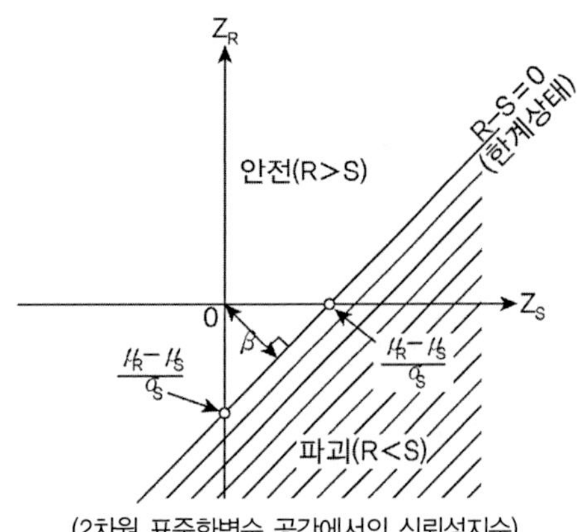

(2차원 표준화변수 공간에서의 신뢰성지수)

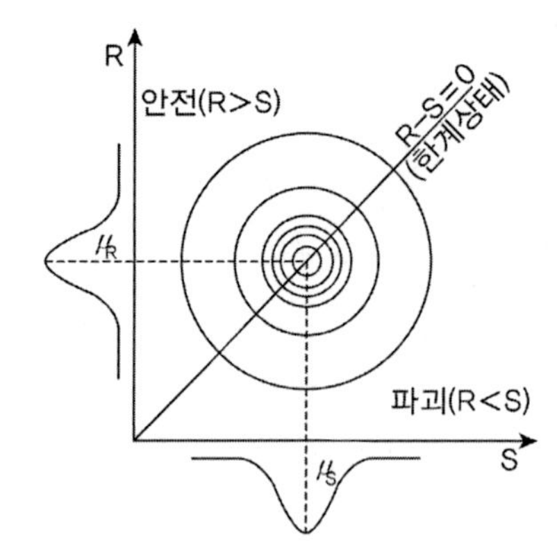

(2차원 변수공간에서의 안전영역과 파괴영역)

한계상태 $g(R,\ S)=R-S$를 표준화변수를 사용하여 나타내면

$$g(R,\ S)=R-S=(\mu_R+Z_R\sigma_R)-(\mu_S+Z_S\sigma_S)=(\mu_R-\mu_S)+Z_R\sigma_R-Z_S\sigma_S$$

2차원 변수공간에서 직선으로 나타내는 한계상태 $g(R,\ S)=0$을 표준화 공간에서 나타내면 안전 영역과 파괴 영역을 구분하는 직선형태가 된다.

(1) LEVEL Ⅰ : LRFD(하중저항계수설계법)

목표신뢰성지수로 표현된 구조물의 안전성을 보장하기 위해 각 확률변수에 대해 부분안전계수를 적용하여 설계단계에서 이 계수를 이용하는 방법으로 목표한 안전성을 확보하기 위한 하중성분과 저항성분의 각각의 부분 안전계수를 적용하는 방법이다.

$$\beta=\frac{\mu_R-\mu_S}{\sqrt{\sigma_R^2+\sigma_S^2}}$$

신뢰성지수 β는 하중의 평균과 표준편차, 저항의 표준편차를 알고 있을 경우 목표신뢰성지수 β_T를 보장하기 위한 저항의 평균을 다음과 같이 표현한다.

$$\mu_R=\mu_S+\beta_T\sqrt{\sigma_R^2+\sigma_S^2}$$

한계상태함수를 정의하는 변수의 이산성이 클수록 저항의 평균이 증가하므로 결정론적 입장에서 일반적으로 이용되는 중심안전계수(central safety factor, $\theta=\mu_R/\mu_S$)도 증가한다. 한계상태함수에 대하여 확률론적으로 목표 신뢰성 지수 이상의 안전성을 보장하기 위해서는 한계상태함수의 평균과 표준편차는 다음을 만족해야 한다.

$$\mu_g \geqq \beta_T\sigma_g,\qquad \text{여기서 } \mu_g=\mu_R-\mu_S,\quad \sigma_g=\sqrt{\sigma_R^2+\sigma_S^2}\approx\alpha(\sigma_R+\sigma_S)$$

$$\therefore\ \mu_R-\mu_S \geqq \beta_T\alpha(\sigma_R+\sigma_S)\qquad \mu_R(1-\beta_T\alpha\delta_R)\geqq\mu_S(1+\beta_T\alpha\delta_S)\qquad \text{여기서 } \delta=\sigma/\mu$$

설계에서는 각 변수의 평균값보다는 평균값으로부터 적절하게 편차를 준 공칭값(Nominal value)을 일반적으로 사용하며 저항과 하중의 공칭값을 N_R, N_S라 하면 평균과의 비는

$$n_R = N_R/\mu_R, \quad n_S = N_S/\mu_S$$

변동계수로 정리한 식을 공칭값을 사용하여 다시 정리하면,

$\left(\dfrac{1-\beta_T\alpha\delta_R}{n_R}\right)N_R \geq \left(\dfrac{1+\beta_T\alpha\delta_S}{n_S}\right)N_S$ 하중과 저항에 관한 계수를 각각 ϕ와 γ라면,

$$\therefore \phi N_R \geq \gamma N_S$$

ϕ : 저항감소계수(Resistance reduction factor), 1 이하
γ : 하중증가계수(Load amplification factor), 1 이상

(2) LEVEL Ⅱ : FOSM법(First Order Second Moment), AFOSM (Advanced First Order Second Moment)

각 확률변수의 평균과 분산, 그리고 분포형태만을 이용하여 구조물의 파괴확률을 나타내는 지표인 신뢰성 지수를 근사적으로 산정하는 방법으로 모멘트법(moment method)라고도 한다. 모든 확률변수가 서로 독립적인 분포를 갖는다는 가정을 전제로 확률변수 각각의 정규분포의 평균과 분산 또는 표준편차를 이용하여 한계상태 함수를 수립하고 파괴확률을 계산하는 방법이다. 파괴점(failure point)을 정의하는 방법에 따라 각각 FOSM과 AFOSM으로 구분한다.

- FOSM법(First Order Second Moment)

$$g(R,\ S) = R - S$$

$$P_f = P(g \leq 0) = \Phi\left(\frac{0-(\mu_R-\mu_S)}{\sqrt{\sigma_R^2+\sigma_S^2}}\right) = \Phi(-\beta)$$

또는 $P_f = 1-\Phi\left(\dfrac{\mu_R-\mu_S}{\sqrt{\sigma_R^2+\sigma_S^2}}\right) = 1-\Phi(\beta)$

여기서 Φ는 표준 정규 분포의 누적 확률 분포 함수이다. 신뢰성 지수가 클수록 파괴 확률은 감소하므로 구조물은 안전하다.

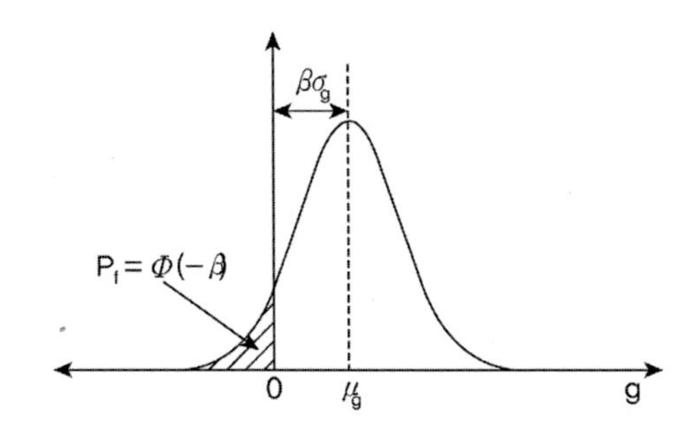

FOSM 방법은 기본개념이 간단하여 사용하기 쉽고 평균과 표준편차만으로 파괴확률을 계산하기 때문에 확률변수의 분포형태를 확인하지 않아도 사용할 수 있는 장점이 있다. 그러나 단순한 선형 한계상태함수가 아닌 구조물의 신뢰성 해석에서 일반적으로 사용되는 비선형 한계상태함수를 각 확률변수의 평균점에서 Taylor 급수 전개를 하는 경우 한계상태함수의 표현방법에 따라 다른 파괴확률이 계산된다는 문제가 있다.

- AFOSM(Advanced First Order Second Moment)

$$g(R,\ S) = R - S$$

확률변수를 표준화 변수로 나타내면 $Z_R = \dfrac{R-\mu_R}{\sigma_R}$, $Z_S = \dfrac{R-\mu_S}{\sigma_S}$

신뢰성 지수(β)는 표준화 변수 공간의 원점에서부터 파괴면($g=0$)까지의 가장 짧은 거리로 정의되며, 이 공간에서 파괴면은

$$g(R,\ S) = R - S = (\mu_R + Z_R\sigma_R) - (\mu_S + Z_S\sigma_S) = (\mu_R - \mu_S) + Z_R\sigma_R - Z_S\sigma_S$$

원점에서 한계상태함수까지의 최단 거리(d)는

$$d = \frac{|(\mu_R - \mu_S) + Z_R\sigma_R - Z_S\sigma_S|}{\sqrt{\sigma_R^2 + \sigma_S^2}}$$

원점을 대입하면 신뢰성 지수(β)는

$$d = \frac{|(\mu_R - \mu_S) + 0 - 0|}{\sqrt{\sigma_R^2 + \sigma_S^2}} = \frac{|\mu_R - \mu_S|}{\sqrt{\sigma_R^2 + \sigma_S^2}} = \frac{\mu_g}{\sigma_g} = \beta$$

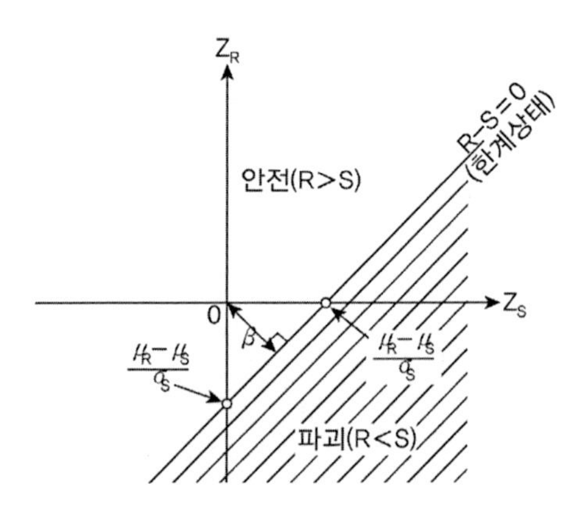

(3) LEVEL Ⅲ : MCS(Monte Carlo simulation)

구조물의 파괴에 관련된 모든 확률변수들의 평균, 분산 및 결합 확률밀도함수를 직접 적분

하거나 시뮬레이션 한 결과를 이용하여 한계상태함수가 0보다 작을 확률인 파괴확률을 상대적으로 정확하게 산정하는 방법으로 구조물의 파괴확률을 직접 계산할 수 있는 가장 기본적인 방법으로 충분한 회수의 시뮬레이션을 반복하여 파괴확률을 근사적으로 산정하므로 시뮬레이션 방법(Simulation method, 추출법)이라고도 한다.

$$g(R,\ S) = R - S$$

$$P_f = P(g \leqq 0) = F_g(0) = \int_{-\infty}^{0} \frac{1}{\sigma_g \sqrt{2\pi}} exp\left\{-\frac{1}{2}\left(\frac{g-\mu_g}{\sigma_g}\right)^2\right\} dg$$

여기서 변수를 표준 정규 변수(Z_g)로 변환하면 $Z_g = \dfrac{g-\mu_g}{\sigma_g}$

파괴확률 $P_f = \displaystyle\int_{-\infty}^{0} \frac{1}{\sqrt{2\pi}} exp\left\{-\frac{Z_g^2}{2}\right\} dZ_g = \Phi(-\beta)$

여기서 $\beta = \dfrac{\mu_g}{\sigma_g} = \dfrac{\mu_R - \mu_S}{\sqrt{\sigma_R^2 + \sigma_S^2}}$

한계상태함수를 구성하는 모든 확률변수의 결합 확률 밀도 함수가 주어지면 해석적인 적분을 이용하여 파괴확률을 계산할 수 있다. 대부분 적분형태로 정의되는 파괴확률을 해석적으로 계산하기가 어려우며 특히 확률변수가 많을 경우 더욱 어렵다. 따라서 대부분 시뮬레이션 방법에 의해 근사적으로 파괴확률을 추정한다. 대표적인 시뮬레이션 방법으로는 Monte Carlo 시뮬레이션 방법이 있으며 대부분의 구조물은 10^{-4}이하의 매우 작은 파괴확률을 갖도록 설계되므로 Monte Carlo시뮬레이션 방법을 이용하여 구조물의 파괴확률을 구하기 위해서는 매우 많은 시뮬레이션이 필요하다. 따라서 Importance sampling method 등과 같이 적은 회수의 시뮬레이션으로도 비교적 높은 정확도의 파괴확률을 추정할 수 있는 방법들이 개발되었다.

(4) 구조 신뢰성 이론을 이용한 교량의 내하력 평가

계산된 β 는 목표신뢰성 지수 β_0 와의 비교를 통해 볼 때 다음과 같은 판정이 가능하다.

β 〉 β_0 (=3.0) : 설계 공용하중에 대한 충분한 내하력이 보유된 건전한 교량으로 판단

β 〈 β_0 : 내하력에 문제가 있는 것으로 판단

β 〈 2.0 : 통행제한, 보수·복구 대책

β 〈 1.0 내외 : 폐쇄, 대피계획 수립

이 신뢰성 이론을 이용하여 교량의 내하력을 산정하는데 각종 불확정량의 정확한 평가, 실제 노후도의 명확한 반영 등이 중요한 인자로 작용하는 것이 문제점이다.

④ 교량 내하력 평가는 많은 어려운 문제들이 포함되어 있어 이론에 의한 평가보다는 오히려 공

학적 판단에 의존하는 경우가 많다. 교량 내하력 조사를 위해 건의사항을 제안하면

(1) 교량 이력, 거동 등을 장기적으로 기초자료 수집

(2) 교량 철거 시 내하력 측정 시험 실시

(3) 신설교량은 제작부터 건설후의 거동을 장기적 계측

2. 교량 파손원인과 대책

콘크리트 상판에 발생하는 손상은 여러 가지 손상원인이 중복적으로 상호 영향에 의해 발생하므로 다각적인 검토를 통해 원인을 추정할 수 있다. 일반적으로 교량상판에 발생하는 손상의 원인은 다음과 같다.

1) 교량 파손의 원인

① 과대한 교통하중 : 차량의 대형화는 차량 하중이 설계기준의 개정과 함께 증가하였음에도 오래된 교량에서의 내하력 저하의 원인이 된다. 교량의 단일 차량하중 또는 윤하중은 현재의 1등급 설계하중을 상회하고 있으며 이로 인하여 손상발생이 쉽다.

② 충격의 영향 : 큰 윤하중에 의한 충격하중으로 노면의 함몰부나 신축이음부에 단차가 있는 경우 구조체의 심각한 손상을 초래할 수 있다. 개정된 도로교설계기준(2012)에서는 신축이음부의 충격의 영향을 강화하였다.

③ 시공불량 : 콘크리트 배합이나 시공불량으로 인해 소정의 강도가 확보되지 못하거나 표면 마감처리가 불량할 경우 콘크리트 표면의 손상을 유발하며 피복두께가 부족한 경우에도 철근노출로 인한 구조물 파손의 원인이 된다.

④ 배력철근량 부족 : 차량하중에 의한 휨모멘트에 대해서 배력철근량이 부족하면 손상의 원인이 될 수 있다. 일반적으로 배력철근 방향의 휨모멘트는 주철근 방향에 대해 65~85% 정도가 된다.

⑤ 상판의 강성부족 : 사하중 경감을 위한 철근량의 증가나 고강도 철근의 사용으로 상판두께를 줄인 경우 강성이 작아 큰 변형으로 인한 많은 균열이 수반될 수 있다.

⑥ 주형의 영향 : 연속보 교량, 아치교량 등의 상판에서는 재하상태에 따라 부 모멘트나 인장력이 작용할 수 있어 큰 균열이 발생할 수 있다. 합성교의 경우에도 상판 콘크리트의 건조수축이 구속으로 인해 균열을 유발할 수 있다.

⑦ 지지주형이 부등침하 영향 : 주형의 활하중에 의한 부등침하 발생 시 주형 직각방향의 휨모멘트가 상판에 추가될 수 있다.

⑧ 자유단에서의 과다 모멘트 : 상판 단부에서는 휨모멘트가 크게 발생하기 때문에 일반적으로 철근량을 늘려서 배치한다. 그러나 이에 대한 고려가 없거나 시공이음부에서 상판의 연속성이 저하되어 자유단에 가까운 상태가 되는 경우에는 작용 모멘트가 커지기 때문에 손상의 원인이 된다.

2) 교량상판 보수보강 공법

공법	개요
주입공법	비교적 손상이 가벼운 경우 채용되는 공법으로 균열 내에 에폭시계의 수지를 주입하는 것이 일반적이다. 시공이 용이하고 공기가 짧으며 철근의 방청이 가능하다.
FRP접착공법	교량상판 하면에 FRP를 접착시켜 기존상판과 일체화시키는 공법
Mortar 뿜어 붙이기	교량하면에 철근 혹은 철근망을 배치하고 모르타르를 뿜어 붙여 기존교량과 일체화시키는 공법으로 내하력의 향상을 기대할 수 있으나 시공불량 등이 많다.
강판 접착공법	교량하면에 강판을 접착하고 기존상판과 일체화시키는 공법으로 접착강판은 일반적으로 4.5~6mm 정도의 것이 쓰이고 접착법에 따라 압착법과 주입법이 있다.
증형공법	상판을 지지하는 기존의 주형 또는 종형 사이에 새로운 종형을 증설해서 상판을 지지하고 상판의 지간을 단축시켜 상판에 작용하는 휨모멘트를 감소시키는 공법
압축측 단면보강	상판의 상면에 차단막을 설치하고 필요에 따라 철근망을 배치하고 콘크리트를 5~8cm 타설하는 공법으로 상판두께의 증가에 의해 내하력의 증가가 기대되지만 새로운 균열이 생기기 쉬우므로 주의해야 한다.
치환 및 교체	기존의 상판을 철거하고 새로운 상판을 설치하는 공법으로 부분적으로 손상이 나타나는 경우는 그 장소에 부분적으로 치환하는 경우가 많다. 교체하는 경우에 사용되는 상판의 종류에 있어서는 강상판, I형 강격자상판, 프리캐스트 콘크리트 상판 등이 있다.

에폭시계 주입공법

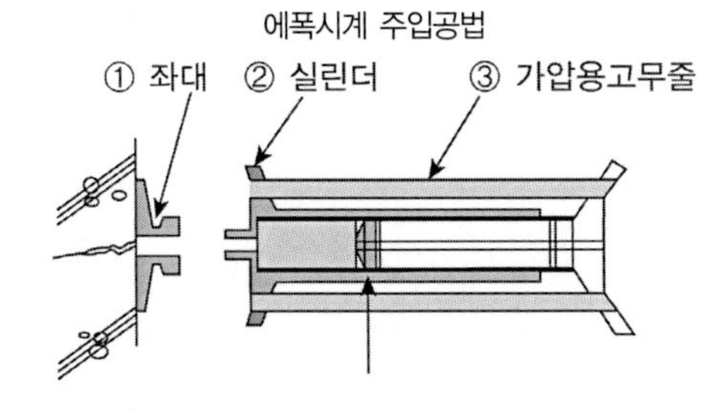

FRP 접착공법

강판접착공법

Mortar 뿜어 붙이기

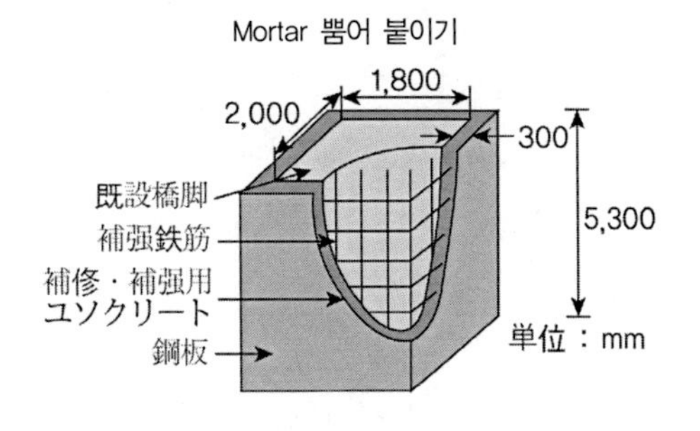

98회 1-1

기존시설물 유지관리 자산관리개념

기존구조물에 대한 유지관리차원의 자산관리개념에 대하여 설명하시오.

풀 이

2009. 대한토목학회 정기학술대회 "자산관리 기법의 교량 적용에 관한 연구"

➤ 개요

구조물의 내용연수(일반적으로 50~100년)의 제한으로 인하여 기존 구조물에 대한 보수 보강 및 교차의 필요성 등이 증가함에 따라 제한된 예산의 효율적 분배 및 적정예산의 수립을 위한 합리적인 의사결정이 필요로 하게 되었으며 이를 위하여 합리적 의사결정의 방법으로 사회기반시설을 자산으로 보고 자산관리를 위해 구조물에 발생된 또는 발생될 유지관리조치가 조기에 예산 투입되어 재선설 등으로 인한 막대한 비용을 절감하도록 하는 효율적이고 합리적인 기존구조물의 유지관리에 관한 의사결정 방법을 말한다.

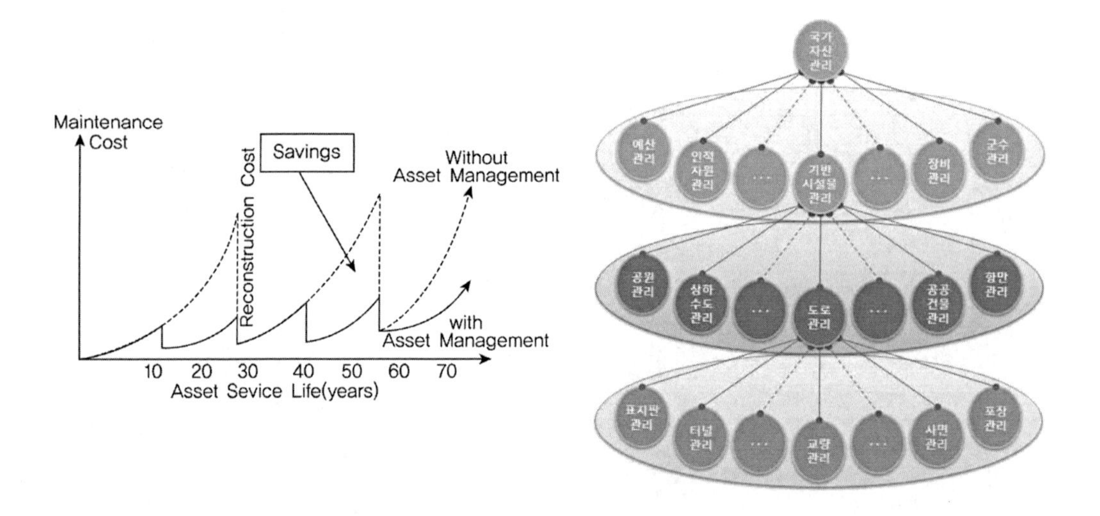

➤ 기존 구조물의 자산관리기법

기존 구조물의 자산관리란 사회기반시설물을 일종의 자산으로 간주하고 유지관리 계획 및 수행에 따른 의사결정에 자산의 가치(Value) 및 서비스 수준(LOS : Level of Service)을 평가할 수 있는 다양한 성능기준을 적용하여 관리주체가 추구하고자 하는 정책 및 목표를 효과적으로 달성할 수 있도록 하는 관리방법이다.

➤ BMS와 자산관리

국내외에서는 교량의 효율적인 유지관리를 위해서 일찍부터 교량관리시스템(BMS : Bridge Management System)을 개발하여 사용하고 있으며 BMS와 같은 개별관리시스템은 서로 다른 자산에 대하여 예산분배에 관한 의사결정에 관계된 정보를 상위시스템에 제공하고 이러한 정보는 네트워크 전반에 걸친 기반시설물의 자산관리수준을 정하고 효과적인 LOS 관리를 위한 재원의 마련과 예산의 분배를 가능하게 하는 방식으로 새로운 자산관리와 상호연관되어 적용할 수 있다.

구분	교량관리시스템(Bridge Management System)	기반시설물 자산관리(Infrastructure Asset Management)
정의	관리주체가 전체교량의 모든 정보를 종합적으로 관리할 수 있는 정보화시스템	시설물의 최적화된 관리를 위한 경영전략
목적	• 효율적인 교량정보 관리 및 활용 • 교량상태평가를 통한 최적의 교량상태 유지 • 유지관리 예산의 합리적인 분배 및 투자	• 시설물 상태에 대한 공학적, 해석적 분석을 넘어 대상물을 자산으로 인식평가하여 가치의 유지 및 형상 • 사용자의 최대 만족
주요 기능	• 교량자료(도면, 점검결과, 보수이력) 관리 • 교량사업 투자 우선순위 결정 • 교량유지관리 수요 및 예산예측	• 자산가치 향상을 위한 관리 최적화 절차 • 서비스수준 향상을 통한 고객만족
고려 요소	• 교량 인벤토리 정보 • 생애주기 교량 성능변화 • 생애주기 유지관리비용 • 최적 유지관리 공법/시기 의사결정 • 예산 수립 및 배분의 적절성	• 자산의 가치 • 서비스 수준(안전, 고객만족, 서비스 질과 양, 용량, 신뢰도, 반응도, 환경적 적응성, 비용, 가용성) • 요구분석(교통증가, 사용자 경향) • 상태 및 성능 측정 • 파괴모드 및 위험도 분석 • 최적의사결정(운영 및 유지관리계획, 요구관리기술, 자본투자 및 처분전략) • 재무흐름분석(재무계획, 업무계획) • 자산관리계획 수립 • 자산에 대한 인식제고

107회 3-3

RC 바닥판의 손상종류와 억제방안 | 제5편(II권) 교량계획과 설계 (p. 1857)

철근콘크리트 바닥판의 손상종류와 손상억제방안에 대하여 설명하시오

풀 이

➤ 개요

철근콘크리트 바닥판에서 발생할 수 있는 손상의 종류로는 균열, 박리, 박락, 층분리, 철근노출, 재료의 분리(공동, 공극), 누수 및 백태(유리석회) 등이 발생될 수 있으며 받침부(단부)에서의 부스러짐이나 사인장균열이 발생될 수 있고, 중앙부에서는 휨균열이 발생될 수 있다.

부위		손상의 종류
공통		· 균열, 박리, 박락, 층분리, 철근노출 · 재료의 분리(공동, 공극) · 누수 및 백태(유리석회)
거더교		· 균열, 망상균열
바닥판 라멘상부	받침부(단부)	· 부스러짐 · 사인장 균열
	중앙부	· 휨균열

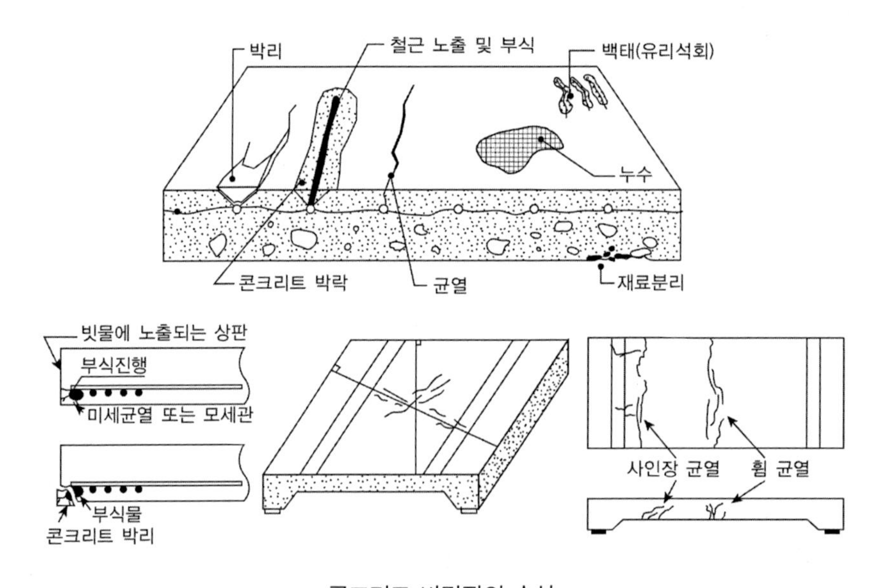

콘크리트 바닥판의 손상

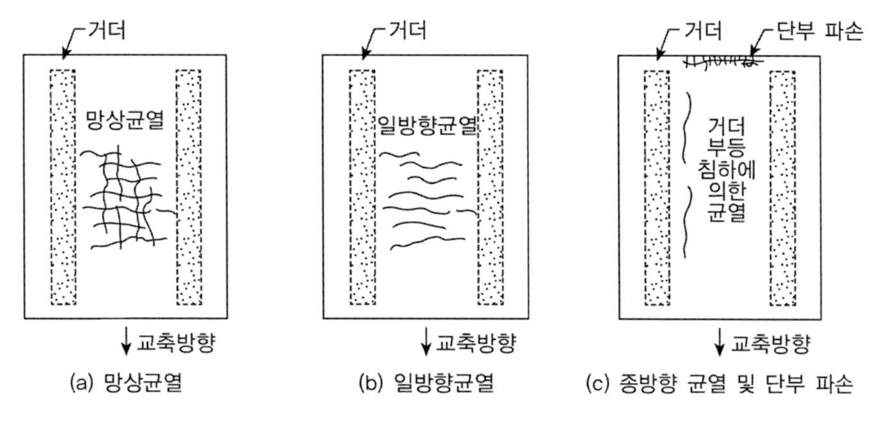

거더교 바닥판의 손상

➤ 콘크리트 바닥판의 손상억제 또는 보수 · 보강 공법

1) 강판 접착공법 : 콘크리트 바닥판(Slab)면, 보 또는 기둥면에 강판을 접착하여 기존 콘크리트 구조물과 일체화시켜 콘크리트 열화와 철근의 부식을 방지함은 물론 하중에 대한 내하력을 증가시키는 공법으로 주입공법과 압착공법 등 두 가지 종류가 있다.

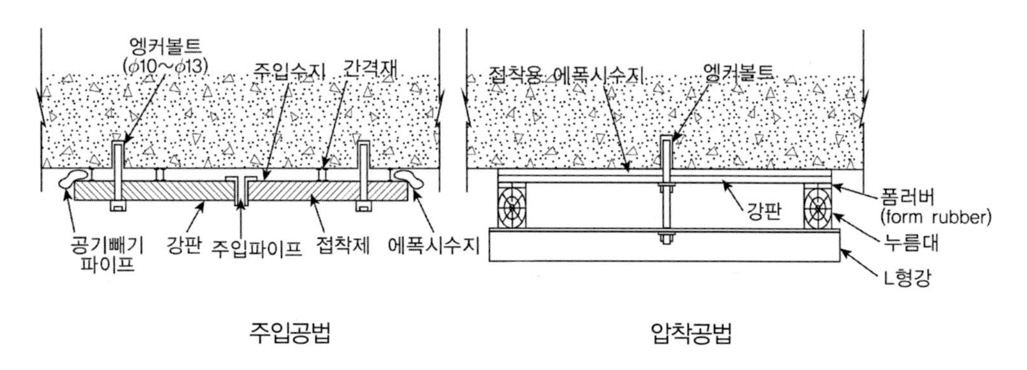

주입공법　　　　　　　　　　　　압착공법

2) 보강섬유 접착공법 : 열화된 콘크리트 표면 전체를 제거한 후 보강섬유를 에폭시 수지로 함침하면서 접착시켜 강인한 보강섬유층을 형성케하여 콘크리트 표면을 보강하는 공법이다.

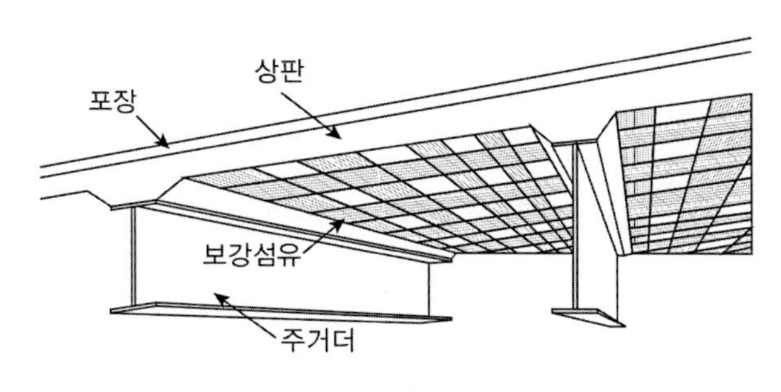

보강 섬유접착공법 개요도

3) 프리스트레싱 공법 : 프리스트레스 도입에 의한 보강은 콘크리트에 프리스트레스력을 부여함으로써 부재에 발생하고 있는 인장응력을 감소시켜 균열을 복귀시킬 뿐만 아니라 압축응력을 부여하는 것을 목적으로 하는 공법이며 구조물의 내력 및 강성의 증강, 균열폭의 감소등의 효과가 있다.

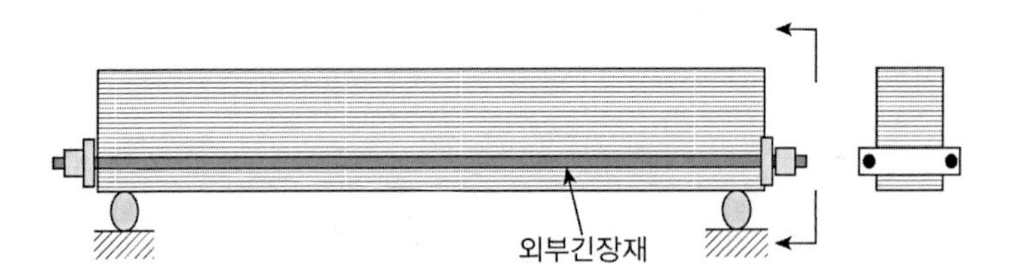

프리스트레싱공법 개요도

4) 교체공법 : 교체공법은 손상된 부분만을 제거하여 새롭게 콘크리트를 타설해서 손상을 받지 않은 부분과 같은 정도의 기능으로 회복하는 공법으로 부분교체 공법과 부재를 전면적으로 회복시키는 전면공법이 있다.

5) 앵커공법 : 균열이 구조내력에 지장을 주는 경우 균열부분을 강봉으로 봉합시켜 내하력을 회복시키는 공법이며 보강해야 할 부위가 넓지 않은 경우에 적용한다.

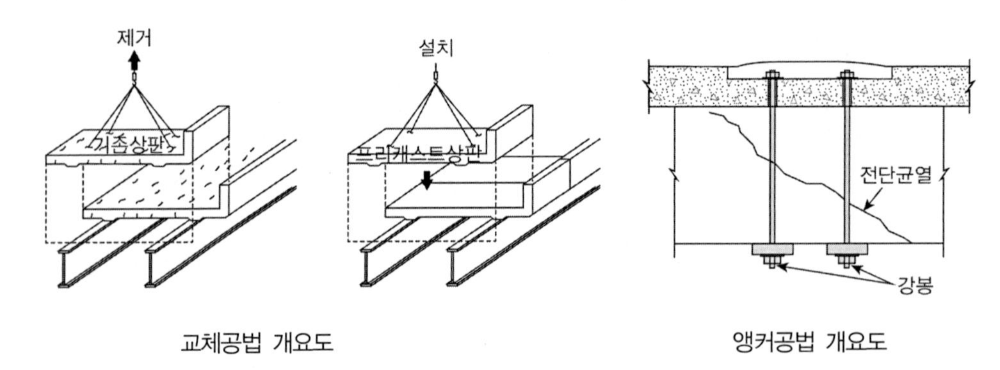

교체공법 개요도

앵커공법 개요도

6) 보강형 증설공법 : 기존 바닥판 하면의 거더 사이에 1~2개의 세로보를 증설하여 바닥판의 지간을 줄여줌으로써 윤하중에 의한 모멘트를 경감시키거나 가로보를 보강 해줌으로써 교량전체의 보강효과를 꾀하는 보강 공법이다.

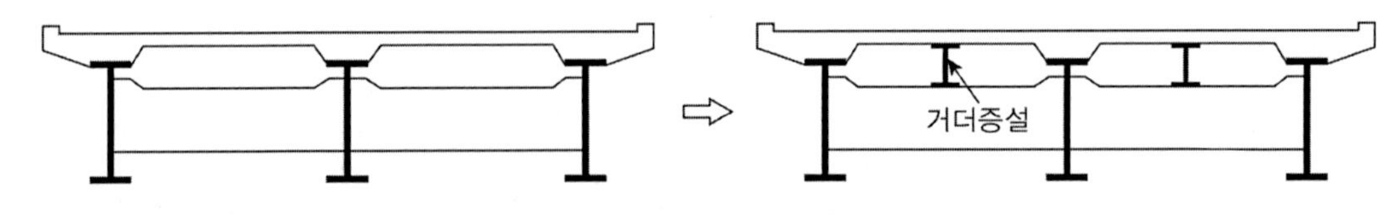

보강형 증설공법 개요도

REFERENCE

1	도로교 설계기준 해설	대한토목학회 2008
2	도로교 설계기준 한계상태설계법	대한토목학회 2012
3	도로교 설계기준 한계상태설계법	대한토목학회 2015
4	철도교설계기준	국토해양부 2011
5	도로설계편람	국토해양부 2008
6	도로매뉴얼	한국토지주택공사 2009
7	대한토목학회지	대한토목학회
8	한국강구조학회지	한국강구조학회
9	한국콘크리트학회지	한국콘크리트학회
10	도로교통학회지	도로교통학회
11	한국구조물진단유지관리공학회 논문집	한국구조물진단유지관리공학회
12	국내 턴키자료	
13	유신 기술회보	유신코퍼레이션
14	현장실무자를 위한 교량실무	한국토지주택공사 2011
15	콘크리트 구조부재의 스트럿-타이 모델 설계예제집	한국콘크리트학회 2007.
16	Structural stability : theory and implementation	Wai-Fah Chen
17	Principles of structural stability theory	Alexander Chajes
18	Cable supported bridge : Concept and Design	Niels J. Gimsing
19	실무자를 위한 Extradosed교 설계편람	유신코퍼레이션
20	2경간 연속 프리스트레스트 콘크리트 사교의 윤하중 분배에 관한 연구	강동현, 석사논문
21	직교이방성 강바닥판 피로와 구조부재의 관계에 대한 연구	홍성남
22	강교량의 피로파괴에 관한 연구	한국도로공사 1994
23	교량기초 장수명화 기술개발 최종보고서	한국건설기술연구원 2006

제6편

동역학과 내진설계(Dynamics)

동역학·내진설계 기출문제 분석('00~'13년)

	기출내용	2000~2007	2008~2013	계
동역학	구조물의 거동(응답)의 하중관련거동과 위상 관련거동의 응답과 해석과정	0	1	1
	단자유도 구조물의 자유진동에 대해 설명	1	0	1
	구조물의 운동방정식을 설명하고 중력의 영향을 설명	1	0	1
	감쇄의 종류, 설명	1	0	1
	감쇠비 산정	1	0	1
	감쇠의 영향을 무시한 단자유도계 질량과 강성이 고유진동수에 미치는 영향	0	1	1
	Triplot Response Spectrum		1	1
	동적확대계수(DMF) 진동을 저감시키기 위한 방안	1	1	2
	2층 라멘구조물의 파괴 형태	0	1	1
내진 설계	지진의 규모와 진도, 지진파의 종류별 특성	1	2	3
	지진계측용 가속도계를 설명, 변위계 특성, 측정가능 지진	2	0	2
	응답수정계수(이론배경, 적용방법, 산정방법, 변위요구, 연성도)	4	2	6
	탄성지진 응답계수(Cs), 가속도 계수	3	1	4
	지진격리 기본개념, 지진격리받침 종류, 미적용조건, Cs 차이점	1	2	3
	응답스펙트럼 설명	4	0	4
	단일모드 스펙트럼 해석법에 의한 3경간 연속 강상자형교의 설계절차	1	0	1
	교량의 일반적인 내진설계방법, 지진대비 낙교방지장치의 기본개념과 종류별 특징	2	2	4
	3경간보를 동적모델링하였을 때 직접적분법, 모드 중첩법	0	1	1
	역량스펙트럼	3	0	3
	능력 스펙트럼 방법(Capacity Spectrum Method) 탄소섬유 등 내진보강방법 보강효과	1	0	1
	기존 교량의 내진성능 평가 방법	1	0	1
	성능기반설계(Performance-Based Design)의 기본개념과 정의	1	1	2
	교량의 고유진동	0	1	1
	고유주기에 따른 교각의 내진설계방법	1	0	1
	고유치 문제를 정의하고 구조에서 이용되는 서로 다른 3가지 예	1	1	2
	면진설계와 내진설계의 차이점, 제진설계	2	0	2
	내진설계의 기본개념과 설계지진력에 영향을 미치는 요인	1	1	2
	내진 피해원인, 검토, 향상 고려사항	0	1	1
	기존교량 내진보강 범위 보강방안	1	2	3
	기존 교량 구조물 내진성능개선공법의	1	0	1
	내진설계 시 내진구조물의 효율성을 높이기 위한 기본계획과 이유	1	0	1
	50m span의 6경간 강교의 내진설계에 대한 해석과정, 하부구조에서 고려할 점	1	0	1
	내진성능 평가 시 공급역량, 소요역량, 사용목표수명에 대하여 설명하시오.	1	0	1
	구조물 계획 시 지진 피해를 최소화하기 위해 고려해야 할 사항 설명	0	1	1
	구조물의 지진취약도 분석기술	0	1	1
	곡률연성비(Ductility Ratio)	1	0	1
	변위 연성도(기둥), 기둥의 연성도, 연성도계수	1	1	2
	도로교 설계기준(2010)연성도 내진설계	0	1	1
	심부구속된 경우, 아닌경우 응력-변형율 그래프, 차이를 보이는 이유	1	0	1
	심부구속 횡방향 철근배치, 간격, 기준	4	1	5
	지진시 교량 여유간격	1	0	1
	차량진동이 교량에 미치는 영향	0	1	1
	응답변위법에 의한 지중구조물의 내진설계법	1	0	1
	액상화 가능성이 있는 지반에서 개착터널의 내진설계 응답값 산정 시 고려사항	1	0	1
계		6.6%	5.0%	5.9%
			77/1209	

동역학·내진설계 기출문제 분석('14~'16년)

기출내용	2014	2015	2016	계
기계기초, 회전기계 기초 진동	1	1		
내진설계흐름도, 소성힌지 보강	1			
고유진동수 산정	1	1		
지진격리시설	1			
RC구조물 내진성능	1			
내진, 면진, 제진구조	1			
처짐연성비, 곡률연성비		1		
지중구조물 내진설계, 심도별 가속도 보정계수		1		
동적방정식, 레릴리 감쇄행렬		1		
내진설계시 여유간격		1		
탄성지진응답계수		1		
교량용 감쇄기		1		
지진하중에 의한 최대 휨응력		1		
스펙트럼하중에 의한 내진설계		1		
지진가속도 계수와 관성력		1		
내진설계시 모멘트-곡률 해석			1	
지진의 규모와 진도			1	
내진설계시 정적, 동적 해석방법			1	
연성도 내진설계			1	
내진성능 평가방법과 보강절차			1	
지진으로 인한 구조물 피해요인과 최소화 방안			1	
계	6.4%	15.1%	10.7%	22.9%
	30/279			

Chapter

01 동역학 일반

01 동역학 일반

1. 구조물의 거동

89회 1-4 구조물의 거동을 하중관련 거동과 위상관련 거동으로 분류 지배방정식 설명

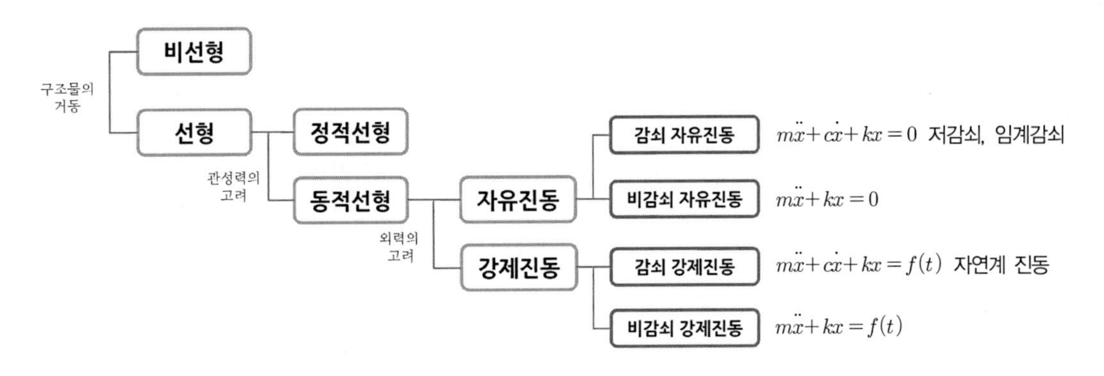

1) 정적해석과 동적해석의 구분

① 동적해석은 정적해석과 달리 시간에 따라 변하는 작용하중(외력)과 이에 의한 시간에 따라 변하는 구조물의 응답(변위, 속도, 가속도, 응력 등)을 다룬다. 따라서 정적해석에서는 한 개의 고정된 해를 구하지만 동적해석에서는 일정 시간동안 구조물의 응답을 구한 후 최댓값, 평균값, 주기 등의 동적특성을 조사하므로 많은 해석시간이 소요된다.

② 구조물에 동적하중이 작용할 경우 동적해석에서는 구조물의 응답에 따라 변하는 관성력을 추가로 고려하여야 한다.

③ 정적하중(Static Load)은 고정하중, 상재하중 등 그 특성이 시간에 따라 변하지 않는 하중이지만 동적하중(Dynamic Load)은 지진하중, 충격하중 등 하중의 크기, 방향, 위치 등의 시간에

따라 변하므로 결과적으로 구조물의 응답도 시간에 따라 변하는 동적성분이 된다.

2) 강제진동의 동해석 처리방법

① 임의적 동해석(Random Dynamic Analysis)
풍하중, 파랑하중, 지진해석 등 통계적 처리가 유리한 경우

② 결정론적 동해석(Determinastic Dynamic Analysis)
주파수 영역 해석(Periodic or frequency response analysis) : 진자운동, 주파수별 힘의 크기를 아는 경우
시간 영역 해석(Trangent response Analysis) : 시간마다 하중크기를 아는 경우

3) 해석방법

① Direct Method : 직접 적분법
② Modal Method : 모드 분리법, Superposition

2. 수치해석의 기법 (구조동역학, 김두기)

1) 직접적분법(Direct integration method)

운동방정식의 해를 구하기 위해 수치해석법을 사용하여 직접 적분값을 구하는 방법을 말하며, 여기서의 직접(direct)는 운동방정식을 변환시키지 않은 상태에서 적분값을 구하는 것을 의미한다. 일반적으로 직접 적분법을 적용하기 위해 점진적(Step by step) 수치 적분을 수행하여야 한다. 여기서 점진적이란 운동방정식의 해를 전체 시간구간(0, t)에서 연속적으로 구하는 것이 아니라 이전 시점 0, Δt, $2\Delta t$, …에서 해를 간격으로 알고 있을 때 다음 시점인 $(t+\Delta t)$에서의 해를 계산하고 이를 다시 반복하여 점진적으로 그 다음 시점 $(t+2\Delta t)$ 에서의 해를 구하는 것을 의미한다.
직접 적분법은 한 단계 미래시점 $(t+\Delta t)$에서의 평형방정식으로부터 해를 구하는 묵시적 방법(implicit method)과 현재시점(t)에서의 평형방정식으로부터 해를 구하는 명시적(explicit method)이 있다. 일반적으로 묵시적 방법은 명시적 방법에 비해 상대적으로 Δt를 크게 할 수는 있지만 계산량이 많으며 명시적 방법은 묵시적 방법에 비해 상대적으로 계산량은 적으나 수치적 안정성 확보를 위해 Δt를 작게 하여야 한다. 명시적 방법은 충격하중을 받는 구조물의 응답을 해석하기에 좋으나 구조물의 관심 있는 고유주기에 대해 구한 '임계시간간격(critical time interval, $\Delta t_{cr} = T_n/\pi$)' 보다 작아야 하는 조건을 동반하므로 조건부 안정(conditional stable)이라고 한다. 그러나 묵시적 방법은 더 개선된 정확성을 위해서만 Δt 크기의 조절이 필요할 뿐 Δt 크기와는 무관하게 항상 안정하므로 무조건 안정(unconditionally stable)이라고 한다. 명시적 방법으로는 중앙차분법이 있으며, 묵시적 방법으로는 Houbolt 방법, Wilson 방법, Newmark 방법 등이 있다.

2) 시간영역 방법과 진동수영역 방법의 비교

시간영역 수치해석 기법은 운동방정식의 해를 시간영역에서 직접 구하므로 시간영역 방법(Time domain method)라고 한다. 이에 반해 진동수영역 방법(frequency domain method)은 주파수영역 방법이라고도 하며, 시간영역에서의 운동방정식을 진동수영역으로 변환한 후 해를 구한다. 일반적으로 '푸리에 변환(Fourier transform)'을 사용하여 운동방정식을 진동수영역으로 변환하면 시간영역에서 해를 구하는 것보다 더 효율적으로 해를 구할 수 있다. 진동수영역 방법의 핵심은 시간영역에서 중첩적분을 사용하여 구하는 구조물의 응답 $u(t)$을 진동수영역에서는 단순한 곱으로 구조물이 응답 $U(\omega)$을 구할 수 있다.

일반적으로 시간영역 방법은 시스템의 비선형성이나 시간 의존성을 고려하기가 용이하나 해석시간이 진동영역 방법에 비해 상대적으로 오래 소요되고 시스템의 진동수 의존성을 고려하기 어렵다. 이에 비해 진동수영역 방법은 시스템의 진동수 의존성을 고려하기 쉽고 해석시간이 시간영역 방법에 비해 상대적으로 짧게 소요되나 시스템의 시간 의존성을 고려하기 어려우며, 중첩의 원리에 근거하므로 시스템의 비선형성을 고려하기가 어렵다. 지반과 같은 (반)무한 영역에서의 진동전파 특성은 진동수 의존 특성을 갖고 있으므로 이를 고려하기 위해서 시간 영역 방법보다는 진동수 영역 방법이 효과적이다.

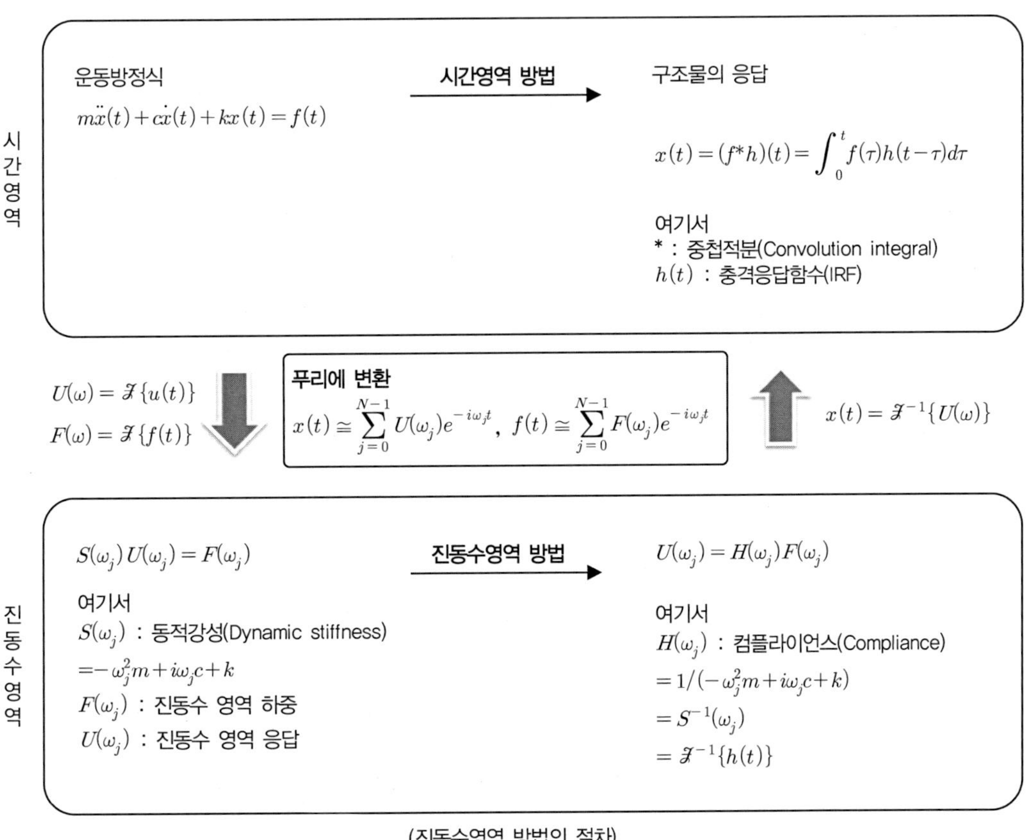

(진동수영역 방법의 절차)

3. 고유진동수

구조물 고유의 단위시간당 진동횟수를 고유진동수라고 하며 일반적으로 구조물의 질량과 강성이 주어지면 특정한 값을 가진 진동수의 진동만을 허용하는 고유진동을 하며 이때의 진동수를 고유진동수(Natural frequency)라고 한다.

자유진동을 하는 구조물의 운동방정식 : $m\ddot{x}+c\dot{x}+kx=0$

Undamped System에서 $c=0$

$$\ddot{x}+\frac{k}{m}x=0 \rightarrow \ddot{x}+\omega^2 x=0 \quad x=\sin\omega t, \quad \ddot{x}=-\omega^2\sin\omega t \quad \therefore \omega=\sqrt{\frac{k}{m}}$$

TIP | 공업수학 식 |

$\ddot{x}+\omega^2 x=0 \rightarrow x^2+\omega^2=0$의 해 $(x=\pm i\omega)$ $\therefore x=A_1e^{i\omega t}+A_2e^{-i\omega t}$

$e^{i\omega}=\cos x+i\sin x$, $e^{-i\omega}=\cos x-i\sin x$, $\cosh x=\frac{1}{2}(e^x+e^{-x})$, $\sinh x=\frac{1}{2}(e^x-e^{-x})$

① 각속도(ω) : $\omega=2\pi f=\frac{2\pi}{T}=\sqrt{\frac{k}{m}}=\sqrt{\frac{kg}{W}}$ (rad/sec)

② 단자유도계의 고유진동수(f_n) : $f_n=\frac{1}{T}=\frac{\omega}{2\pi}=\frac{1}{2\pi}\sqrt{\frac{k}{m}}$ (cycle/sec, Hz)

③ 다자유도계의 고유진동수(f_n) : $\{[k]-\omega^2[m]\}\{\phi\}=\{0\} \rightarrow \det|[k]-\omega^2[m]|=0$

TIP | 강성 또는 스프링 계수 |

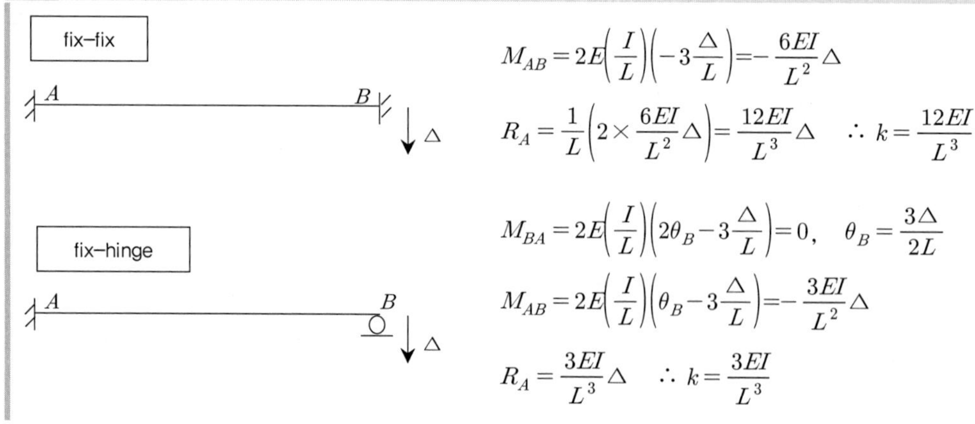

$$M_{AB}=2E\left(\frac{I}{L}\right)\left(-3\frac{\Delta}{L}\right)=-\frac{6EI}{L^2}\Delta$$

$$R_A=\frac{1}{L}\left(2\times\frac{6EI}{L^2}\Delta\right)=\frac{12EI}{L^3}\Delta \quad \therefore k=\frac{12EI}{L^3}$$

$$M_{BA}=2E\left(\frac{I}{L}\right)\left(2\theta_B-3\frac{\Delta}{L}\right)=0, \quad \theta_B=\frac{3\Delta}{2L}$$

$$M_{AB}=2E\left(\frac{I}{L}\right)\left(\theta_B-3\frac{\Delta}{L}\right)=-\frac{3EI}{L^2}\Delta$$

$$R_A=\frac{3EI}{L^3}\Delta \quad \therefore k=\frac{3EI}{L^3}$$

예 제

질량관성모멘트(J)

회전하는 원판의 중심에 관한 질량관성모멘트(J)를 구하시오.

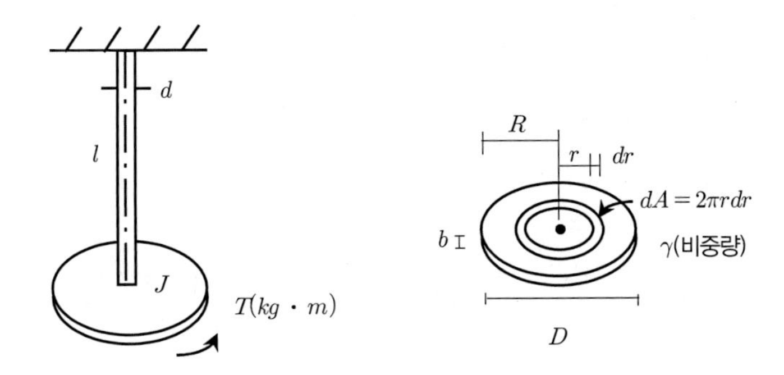

풀 이

▶ **질량관성모멘트(J)**

$$J=\int_0^R r^2 dm=\int_0^R r^2\left(\frac{dW}{g}\right)=\int_0^R r^2\left(\frac{\gamma dV}{g}\right)=\int_0^R r^2\left(\frac{\gamma b dA}{g}\right)$$

$$=\int_0^R r^2\left(\frac{\gamma(2\pi r dr)b}{g}\right)=\frac{2\pi\gamma b}{g}\int_0^R r^3 dr=\frac{\gamma b\pi R^4}{2g}=\frac{\gamma b\pi D^4}{32g}$$

여기서 $m=\frac{W}{g}=\gamma\frac{V}{g}=\gamma\frac{Ab}{g}=\gamma\frac{\pi R^2 b}{g}$

$$\therefore\ J=\frac{\gamma b\pi R^4}{2g}=\frac{mR^2}{2}=\frac{WR^2}{2g}=\frac{WD^2}{8g}$$

▶ **회전강성(k_t)**

$$k_t=\frac{T}{\theta}=\frac{T}{\left(\frac{Tl}{GI_p}\right)}=\frac{GI_p}{l}=\frac{G\pi d^4}{32l}$$

▶ **고유진동수**

$$\omega_n=\sqrt{\frac{k_t}{J}}=\sqrt{\frac{G\pi d^4}{32l}/\frac{WD^2}{8g}}=\sqrt{\frac{G\pi d^4 g}{4WD^2 l}}$$

$$\therefore\ f_n=\frac{\omega_n}{2\pi}=\frac{d^2}{4\pi D}\sqrt{\frac{G\pi g}{Wl}}$$

예 제

임계감쇠(c_{cr})

다음구조물의 임계감쇠(c_{cr})을 구하시오.

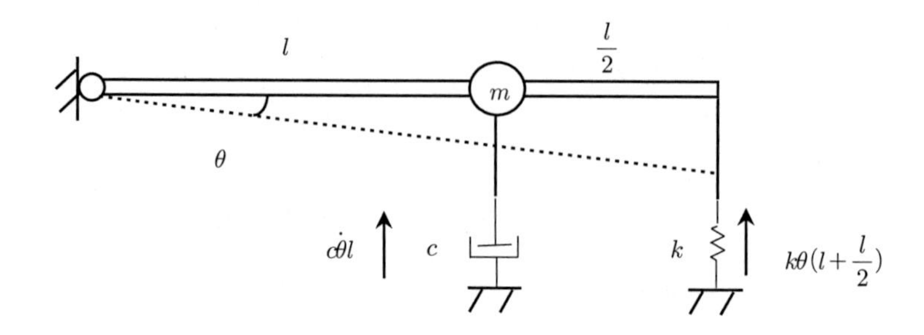

풀 이

▶ 모멘트 산정

① Damper에 의한 반력

$M_1 = c\dot{\theta}l$

② Spring에 의한 반력

$M_2 = k\theta\left(\frac{3}{2}l\right)$

▶ 평형방정식 (시계방향 +)

$$\Sigma M = J_0\ddot{\theta} \ : -c\dot{\theta}l \times l - k\left(\frac{3}{2}l\right)\theta \times \left(\frac{3}{2}l\right) = ml^2\ddot{\theta}$$

$$\therefore \ ml^2\ddot{\theta} + cl^2\dot{\theta} + \frac{9l^2}{4}k\theta = 0 \quad \rightarrow \quad m\ddot{\theta} + c\dot{\theta} + \frac{9}{4}k\theta = 0$$

▶ 임계감쇠(c_{cr})

운동방정식 $m\ddot{x} + c\dot{x} + kx = 0$으로부터, $k_e = \frac{9}{4}k$

$$c_{cr}^2 = 4mk_e = 4m\left(\frac{9}{4}k\right) = 9mk \quad \therefore \ c_{cr} = 3\sqrt{mk}$$

Chapter

02 단자유도계 시스템

01 단자유도계(SDOF : Single Degree Of Freedom system)

83회 1-2 단자유도 구조물의 자유진동

단자유도계의 운동방정식은 다음과 같다.

$$m\ddot{x} + c\dot{x} + kx = f(t)$$

여기서, $f(t) = 0$ 인 경우의 진동을 자유진동(Free Vibration)이라고 하며, 자유진동이 발생하는 이유는 초기조건(Initial Condition)이 0이 아니기 때문이며, 주로 자유진동의 응답은 외력보다는 구조물의 특성이 주로 반영되기 때문에 구조물의 자유진동 응답을 분석하여 구조물의 동적특성을 추정하는 데 사용한다.

1. 단자유도계 구조물의 동적운동 방정식

단자유도계 구조물의 동적운동 방정식은 외력의 여부에 따라 또는 감쇠의 여부에 따라 구분하며, 감쇠가 없는 경우($c = 0$)와 감쇠가 있는 경우($c \neq 0$) 경우를 각각 비감쇠(undamped)와 감쇠(damped)로 구분하며, 감쇠진동의 경우 감쇠값의 크기에 따라 저감쇠(under-critical damped)와 과감쇠(over-critical damped)로 구분되며, 저감쇠와 과감쇠의 경계가되는 감쇠값을 임계감쇠(critical damped, c_{cr})라고 한다.

1) 비감쇠 자유진동

$m\ddot{x} + kx = 0$ Homogeneous Solution : $x_h = Ae^{\lambda t}$

$$(m\lambda^2 + k)Ae^{\lambda t} = 0 \qquad \therefore \lambda^2 = -\frac{k}{m} = -\omega_n^2, \qquad \lambda = i\omega_n = \pm i\sqrt{\frac{k}{m}}$$

$$x = A_1 e^{i\omega_n t} + A_2 e^{-i\omega_n t} \qquad \text{여기서, } e^{\pm i\omega_n t} = \cos\omega_n t \pm i\sin\omega_n t$$

$$\therefore x = A\cos\omega_n t + B\sin\omega_n t = \frac{\dot{x}}{\omega_n}cos\omega_n t + x_0\sin\omega_n t = \sqrt{\left(\frac{\dot{x}}{\omega_n}\right)^2 + x_0^2} \times \cos(\omega_n t - \theta)$$

From B.C : $t = 0, \quad x = x_0, \quad \dot{x} = \dot{x}_0 \quad \rightarrow \quad A = \frac{\dot{x}}{\omega_n}, \quad B = x_0$

2) 감쇠 자유진동

① 관성력, 감쇠력, 탄성력으로 저항하는 구조물에 초기하중만 작용하고 이후 시간에 따른 하중이 증가하지 않을 때의 구조물의 진동을 감쇠 자유진동(DAMPED FREE VIBRATION)이라 한다.

② 감쇠란 구조물의 동적응답크기를 감소시키는 성질을 말하며 구조물을 구성하고 있는 재질의 특성과 부재의 접합상태 등의 대내외적 조건에 따라 동적응답이 달라진다. 감쇠진동은 감쇠력의 크기에 따라 임계감쇠, 과감쇠 및 저감쇠로 분류한다.

③ 운동방정식

$$m\ddot{x} + c\dot{x} + kx = 0$$

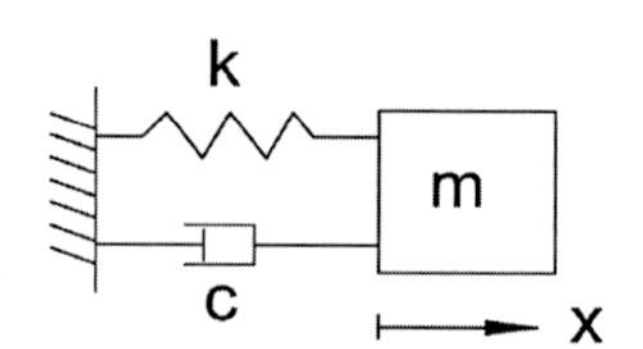

General Solution : $x_h = Ae^{\lambda t} \quad \rightarrow \quad \dot{x}_h = A\lambda e^{\lambda t}, \quad \ddot{x}_h = A\lambda^2 e^{\lambda t}$

$$(m\lambda^2 + c\lambda + k)Ae^{\lambda t} = 0, \qquad \therefore m\lambda^2 + c\lambda + k = 0$$

$$\lambda = \frac{-c \pm \sqrt{c^2 - 4mk}}{2m}$$

3) 감쇠 자유진동의 감쇠크기에 따른 동적거동

① Critical damped free vibration (임계감쇠 자유진동, $c = c_{cr}$, $\xi = 1$)

$m\ddot{x} + c\dot{x} + kx = 0, \quad x = Ae^{\lambda t} \quad \rightarrow \quad (m\lambda^2 + c\lambda + k)Ae^{\lambda t} = 0$ 으로부터

$$c = c_{cr} = 2\sqrt{mk}, \qquad \lambda = \frac{-c \pm \sqrt{c^2 - 4mk}}{2m} = -\frac{c}{2m}$$

$$x = (A + Bt)e^{-\left(\frac{c_{cr}}{2m}\right)} = (A + Bt)e^{-\omega_n t}$$

From B.C $\quad A = x_0, \quad B = \dot{x}_0 + x_0\omega_n$

$\therefore\ x = e^{-\omega_n t}(x_0 + (\dot{x}_0 + x_0\omega_n)t)$

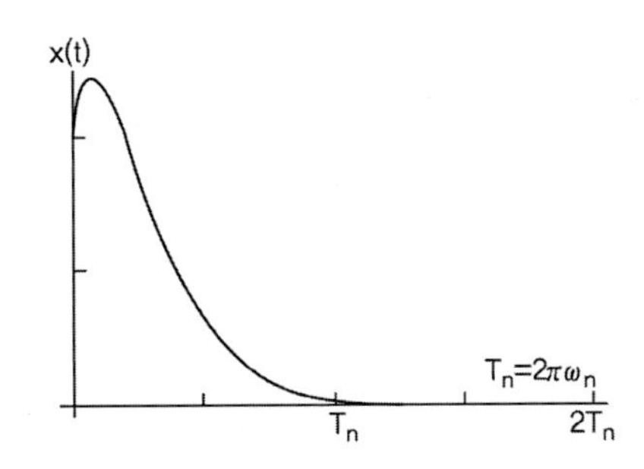

② Under damped free vibration (저감쇠 자유진동, $c < c_{cr}$, $\xi < 1$)

$m\ddot{x} + c\dot{x} + kx = 0, \quad \ddot{x} + \dfrac{c}{m}\dot{x} + \dfrac{k}{m}x = \ddot{x} + 2\xi\omega_n\dot{x} + \omega_n x = 0,$

$(\because\ \xi = \dfrac{c}{c_{cr}} = \dfrac{c}{2\sqrt{mk}} = \dfrac{c}{2m\sqrt{\dfrac{m}{k}}} = \dfrac{c}{2m\omega_n}\ )$

일반해 $x = Ae^{\lambda t}$

$(\lambda^2 + 2\xi\omega_n\lambda + \omega_n)Ae^{\lambda t} = 0$로부터 $\qquad \lambda_{1,2} = -\xi\omega_n \pm i\omega_n\sqrt{1-\xi^2} = -\xi\omega_n \pm i\omega_d$

$\therefore\ x = A_1e^{\lambda_1 t} + A_2e^{\lambda_2 t} = Ae^{-\xi\omega_n t}(Ccos\omega_d t + Dsin\omega_d t)$

$= e^{-\xi\omega_n t}\left(x_0\cos\omega_d t + \dfrac{\dot{x}_0 + x_0\xi\omega_n}{\omega_d}sin\omega_d t\right) = A_0e^{-\xi\omega_n t}\cos(\omega_d t - \theta)$

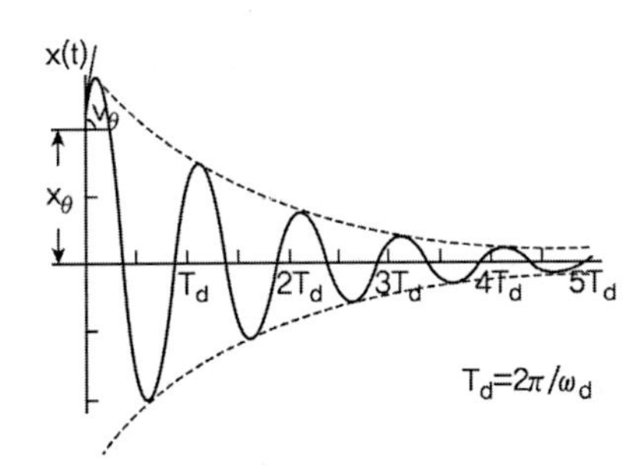

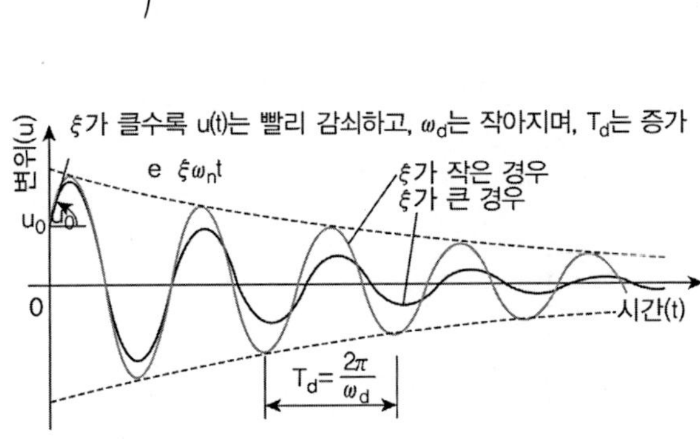

③ Over damped free vibration (과감쇠 자유진동, $c > c_{cr}$, $\xi > 1$)

$m\ddot{x} + c\dot{x} + kx = 0, \quad \ddot{x} + \dfrac{c}{m}\dot{x} + \dfrac{k}{m}x = \ddot{x} + 2\xi\omega_n\dot{x} + \omega_n^2 x = 0,$

$$(\because \xi = \frac{c}{c_{cr}} = \frac{c}{2\sqrt{mk}} = \frac{c}{2m\sqrt{\frac{m}{k}}} = \frac{c}{2m\omega_n})$$

일반해 $x = Ae^{\lambda t}$

$(\lambda^2 + 2\xi\omega_n\lambda + \omega_n^2)Ae^{\lambda t} = 0$ 로부터 $\lambda_{1,2} = -\xi\omega_n \pm \omega_n\sqrt{\xi^2 - 1}$

$$\therefore x = A_1 e^{\lambda_1 t} + A_2 e^{\lambda_2 t} \qquad \left(A_1 = \frac{\dot{x}_0 + x_0\omega_n(\xi - \sqrt{\xi^2-1})}{2\omega_n\sqrt{\xi^2-1}},\quad A_2 = \frac{\dot{x}_0 + x_0\omega_n(\xi + \sqrt{\xi^2-1})}{2\omega_n\sqrt{\xi^2-1}}\right)$$

$$= e^{-\omega_n t}(Acosh(\omega_n\sqrt{\xi^2-1})t + Bsinh(\omega_n\sqrt{\xi^2-1})t)$$

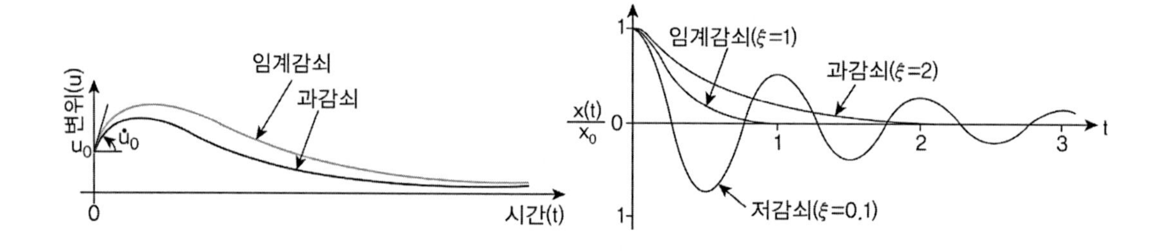

④ 대수감쇠율과 감쇠비(Damping ratio)

82회 3-2 대수감쇠율을 이용해서 감쇠비를 구하는 방법

동적하중을 받는 구조물의 동적응답에서 진폭의 크기가 줄어드는 비율을 감쇠비(Damping ratio, ξ)라 하며 감쇠되는 형상이 대수함수와 같은 형식을 가져 대수감쇠율(Logarithmic Decrement, δ)로 나타낸다. 감쇠비는 구조물의 주기와 진폭을 통해 추정할 수 있다. 대수감쇠율은 자유진동의 한주기(T_d)가 지난 후 진폭이 감소되는 비율을 나타내며 감쇠비가 작은 경우 $\xi < 0.2$, $\sqrt{1-\xi^2} > 0.9798 \approx 1.0$ 으로 근사화하여 평가할 수 있다.

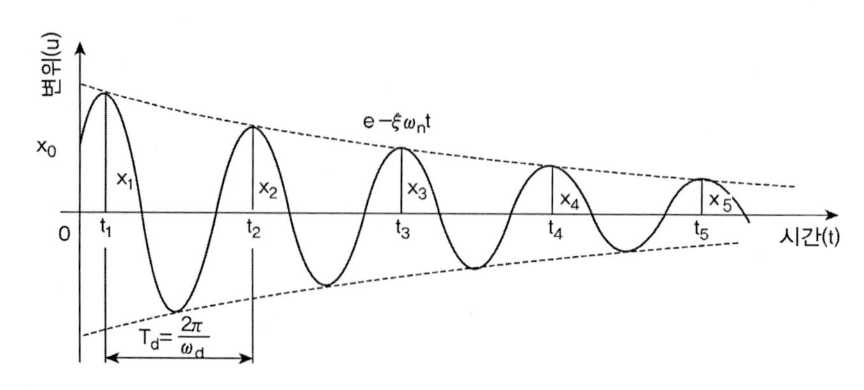

$$m\ddot{x}+c\dot{x}+kx=0,\quad x=Ae^{\lambda t}\rightarrow(m\lambda^2+c\lambda+k)Ae^{\lambda t}=0$$ 로부터

일반해 $x=\rho e^{-\xi\omega_n t}(A\cos\omega_d t+B\sin\omega_d t)$

$$\text{대수감쇠율}(\delta)=\ln\left(\frac{x_1}{x_2}\right)=\ln\left(\frac{\rho e^{-\xi\omega_n t_1}}{\rho e^{-\xi\omega_n t_2}}\right)=\xi\omega_n(t_2-t_1)=\xi\omega_n(T_d)=\frac{2\pi\xi\omega_n}{\omega_d}$$

$$=\frac{2\pi\xi}{\sqrt{1-\xi^2}}\fallingdotseq 2\pi\xi$$

⑤ 감쇠비에 따른 비교

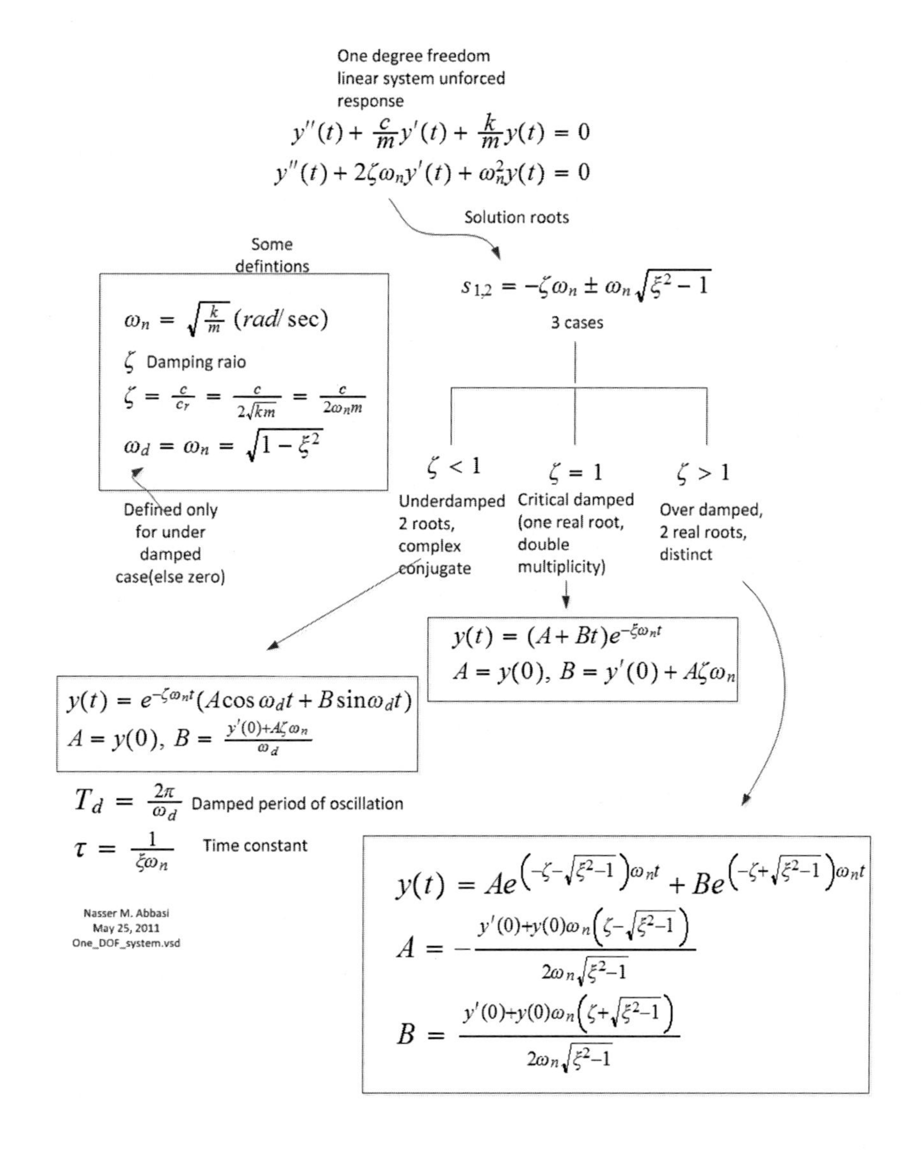

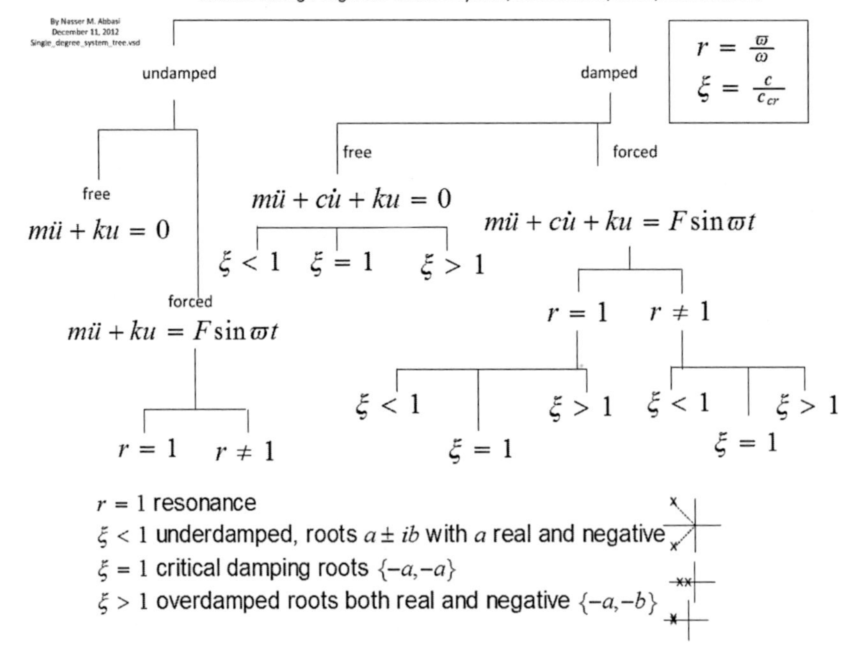

4) 비감쇠 강제진동

88회 1-11 감쇠를 무시한 단자유도계 구조물의 질량과 강성이 고유진동수에 미치는 영향

$m\ddot{x} + kx = P_0 \sin\omega_e t$: 강제진동의 일반해 $x = x_h + x_p$

x_h는 Homogeneous Solution ($m\ddot{x} + kx = 0$의 해, $x_h = A\cos\omega_n t + B\sin\omega_n t$)

$m\ddot{x} + kx = 0$ Homogeneous Solution : $x_h = Ae^{\lambda t}$

$(m\lambda^2 + k)Ae^{\lambda t} = 0 \quad \therefore \lambda^2 = -\frac{k}{m} = -\omega_n^2, \quad \lambda = i\omega_n = \pm i\sqrt{\frac{k}{m}}$

$x = A_1 e^{i\omega_n t} + A_2 e^{-i\omega_n t}$ 여기서, $e^{\pm i\omega_n t} = \cos\omega_n t \pm i\sin\omega_n t$

$\therefore x = A\cos\omega_n t + B\sin\omega_n t = \frac{\dot{x}}{\omega_n}cos\omega_n t + x_0 \sin\omega_n t = \sqrt{\left(\frac{\dot{x}}{\omega_n}\right)^2 + x_0^2} \times \cos(\omega_n t - \theta)$

x_p는 강제하중(조화하중)에 의한 해($x_p = C\sin\omega_e t \rightarrow \dot{x}_p = C\omega_e \cos\omega_e t$, $\ddot{x}_p = -C\omega_e^2 \sin\omega_e t$)

$m\ddot{x} + kx = P_0 \sin\omega_e t$: $-mC\omega_e^2 \sin\omega_e t + kC\sin\omega_e t = P_0 \sin\omega_e t \quad \therefore C = \frac{P_0/k}{1-(\omega_e/\omega_n)^2}$

$\therefore x = x_h + x_p = \sqrt{\left(\frac{\dot{x}}{\omega_n}\right)^2 + x_0^2} \times \cos(\omega_n t - \theta) + \frac{P_0/k}{1-(\omega_e/\omega_n)^2} \times \sin\omega_e t$

동역학적으로 Homogeneous Solution보다는 Particular Solution이 더 중요한 의미를 가지며, 이때 $\omega_e/\omega_n = \beta$로 보고 P_0/k는 Static 해석시의 변위값과 같으므로 Particular Solution의 최댓값은 동적증폭효과를 고려할 때 비교되는 대상이 된다.

5) 감쇠 강제진동

시간에 따라 변동되는 하중이 구조물에 지속적으로 작용될 경우 관성력, 감쇠력, 탄성력을 지닌 진동을 감쇠 강제진동이라고 한다. 강제진동에는 감쇠 강제진동과 비감쇠 강제진동으로 구분되며, 자연계에 존재하는 대부분의 구조체는 강쇠 강제진동을 수반한다. 강제진동의 해석을 수행하는 방법에는 임의적 동해석과 결정론적 동해석의 방법을 통해서 수행할 수 있으며 해석시 Modal Analysis의 방법이나 Direct Integration Method를 통해서 수행한다.
조화하중(Harmonic load)은 하중진폭의 시간에 따른 변화가 사인파 형태를 가지고 주기적으로 반복되는 하중을 말하며 일반적인 감쇠 강제진동에서 표현된다. 이때 조화하중의 P_0는 작용하중의 진폭을, ω_e는 가진진동수(exciting frequency)를 의미한다.

$m\ddot{x}+c\dot{x}+kx = P_0\sin\omega_e t$: 강제진동의 일반해 $x = x_h + x_p$

x_h는 Homogeneous Solution($m\ddot{x}+c\dot{x}+kx = 0$의 해)
(저감쇠일 경우)

$$\therefore x_h = e^{-\xi\omega_n t}\left(x_0\cos\omega_d t + \frac{\dot{x}_0 + x_0\xi\omega_n}{\omega_d}sin\omega_d t\right) = A_0 e^{-\xi\omega_n t}\cos(\omega_d t - \theta)$$

(과감쇠일 경우)

$$\therefore x_h = A_1 e^{\lambda_1 t} + A_2 e^{\lambda_2 t} \quad \left(A_1 = \frac{\dot{x}_0 + x_0\omega_n(\xi - \sqrt{\xi^2-1})}{2\omega_n\sqrt{\xi^2-1}},\quad A_2 = \frac{\dot{x}_0 + x_0\omega_n(\xi + \sqrt{\xi^2-1})}{2\omega_n\sqrt{\xi^2-1}}\right)$$

$$= e^{-\omega_n t}(Acosh(\omega_n\sqrt{\xi^2-1})t + Bsinh(\omega_n\sqrt{\xi^2-1})t)$$

x_p는 강제하중(조화하중)에 의한 해

$$\xi = \frac{c}{c_{cr}} = \frac{c}{2\sqrt{mk}} = \frac{c}{2m\omega_n} \qquad \therefore \frac{c}{m} = 2\xi\omega_n$$

$$m\ddot{x}+c\dot{x}+kx = P_0\sin\omega_e t, \quad \ddot{x} + \frac{c}{m}\dot{x} + \frac{k}{m}x = \ddot{x} + 2\xi\omega_n\dot{x} + \omega_n^2 x = \frac{P_0}{m}sin\omega_e t$$

$$x_p = C\sin\omega_e t + D\cos\omega_e t$$

$$\rightarrow \dot{x}_p = C\omega_e\cos\omega_e t - D\omega_e\sin\omega_e t, \quad \ddot{x}_p = -C\omega_e^2\sin\omega_e t - D\omega_e^2\cos\omega_e t$$

$$\therefore [-C\omega_e^2 - D\omega_e(2\xi\omega_n) + C\omega_n^2]\sin\omega_e t = \frac{P_0}{m}sin\omega_e t, \quad [-D\omega_e^2 + C\omega_e(2\xi\omega_n) + D\omega_n^2]\cos\omega_e t = 0$$

$$\text{let } \beta = \omega_e / \omega_n \quad \rightarrow \quad C(1-\beta^2) - D(2\xi\beta) = \frac{P_0}{k}, \quad C(2\xi\beta) + D(1-\beta^2) = 0$$

$$\therefore\ C = \frac{P_0}{k}\frac{1-\beta^2}{(1-\beta^2)^2 + (2\xi\beta)^2}, \quad D = \frac{P_0}{k}\frac{-2\xi\beta}{(1-\beta^2)^2 + (2\xi\beta)^2}$$

$$x_p = \frac{P_0}{k}\frac{1}{(1-\beta^2)^2 + (2\xi\beta)^2}\left[(1-\beta^2)\sin\omega_e t - (2\xi\beta)\cos\omega_e t\right]$$

$$= \frac{P_0}{k}\frac{1}{\sqrt{(1-\beta^2)^2 + (2\xi\beta)^2}} sin(\omega_e t - \theta) = \rho \sin(\omega_e t - \theta),$$

여기서 $\rho = \dfrac{P_0/k}{\sqrt{(1-\beta^2)^2 + (2\xi\beta)^2}}$

$$\therefore\ x = x_h + x_p = x_h + \frac{P_0}{k}\frac{1}{\sqrt{(1-\beta^2)^2 + (2\xi\beta)^2}} sin(\omega_e t - \theta) = x_h + \rho \sin(\omega_e t - \theta)$$

TIP | 조화하중의 해 |

① x_h(Homogeneous Solution) : 천이해(Transit solution) 또는 제차해(Homogeneous Solution)라고 하며 초기 동적응답에만 영향을 미치고 사라지는 특성을 지닌다.

② x_p(Particular Solution) : 정상해(Steady state solution) 또는 특수해(Particular Solution)라고 하며 시간에 따라 동적특성이 변하지 않는 정상상태의 특성을 지닌다. 일반적으로 조화하중의 경우 동적응답은 천이해를 무시하고 특수해만을 의미한다.

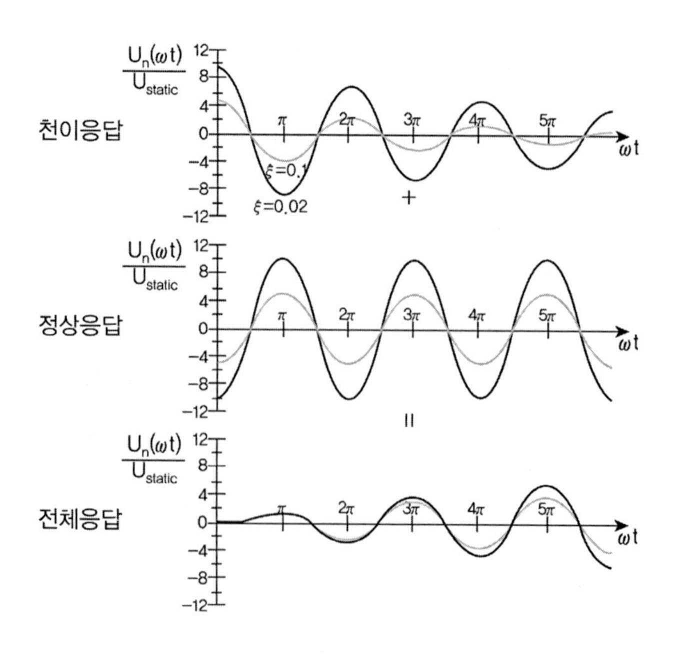

2. 공진(Resonance)

93회 4-2 공진을 설명하고 설계 시 공진효과를 고려하는 이유를 설명

82회 2-2 감쇠조화운동에서 DMF, 진동저감방안

78회 2-5 구조물 설계 시 공진효과를 고려하는 이유

공진(Resonance)은 구조물에 시간에 따라 변하는 동적하중이 작용할 때 구조물의 고유진동수(ω_n)와 동적하중의 가진진동수(ω_e)가 같을 때 동적응답이 최대로 발생하는 현상을 말하며 이러한 공진현상에 대한 발생여부를 확인하기 위해서 DAF(Dynamic Amplitude Factor) 또는 DMF(Dynamic Modification Factor)를 이용하여 공진 발생 유무를 확인한다.

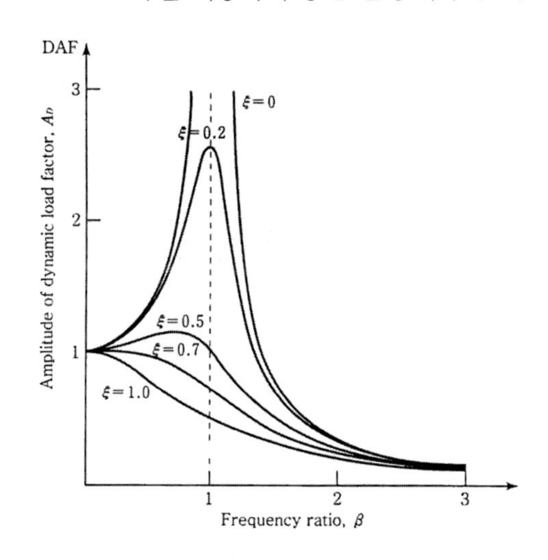

1) DMF, DAF(Dynamic Modification Factor, Dynamic Amplitude Factor)

동적확대계수(DMF 또는 DAF)는 정상상태(Steady state)에 도달한 동적응답의 진폭과 정적하중에 의한 최대 정적응답의 비로 정의되며 감쇠조화운동에 대한 DMF는 다음과 같이 유도된다.

감쇠조화운동의 운동방정식 : $m\ddot{x}+c\dot{x}+kx=P_o\sin\omega_e t$

일반해 : $x=x_h+x_p$, $x_p=\rho\sin(\omega_e t-\theta)$

$$\rho=\frac{P_0}{k}\frac{1}{\sqrt{(1-\beta^2)^2+(2\xi\beta)^2}}$$

DMF

$$\frac{\rho}{|x_{static}|_{\max}}=\frac{1}{\sqrt{(1-\beta^2)^2+(2\xi\beta)^2}}$$

여기서, $|x_{static}|_{\max}=\dfrac{P_0}{k}$, $\beta=\dfrac{\omega_e}{\omega_n}$

:

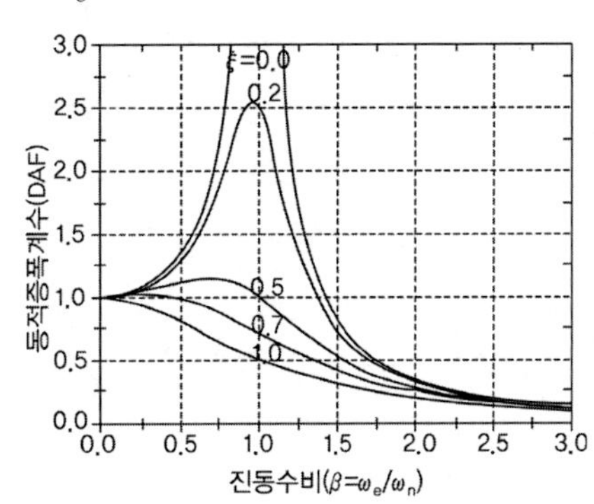

2) 공진의 응답

공진의 발생은 $\omega_e = \omega_n(\beta = 1)$일 때 발생하며 이때에 DAF는 ξ에 따라 ∞로 발산할 수 있게 된다 ($DAF = 1/2\xi$). 일반적인 구조물에서는 ξ값이 0.5~10% 사이에 존재하고 공진 시($\beta = 1$) 동적증폭계수는 5~100로 매우 큰 값이 되므로, 감쇠율이 작을수록 공진가능성이 커져 공진에 대한 대책을 수립하는 것이 필요하다.

일반구조물의 추천감쇠비(%)

응력수준	구조물	감쇠비(%)
항복점의 1/4 미만, 비례한계 미만인 낮은 응력 수준일 경우	균열이 없으며 이음부 미끄러짐이 없는 강재, 콘크리트, 프리스트레스콘크리트, 목재	0.5~1.0
항복점의 1/2 미만인 사용응력수준일 경우	용접으로 접합된 강재, PSC 콘크리트, 양질의 RC	2~3
	상당한 균열을 갖고 있는 RC	3~5
	볼트 또는 리벳으로 접합된 강재, 목조 구조물	5~7
항복점 근방일 경우	용접으로 접합된 강재, PS가 남아 있는 PSC	5~7
	PS가 남아있지 않은 PSC	7~10
	RC	7~10
	볼트 또는 리벳으로 접합된 강재, 목조 구조물	10~15
	못으로 접합된 목조구조물	15~20
항복점 한계 변형률	용접으로 접합된 강재	7~10
	RC, PSC	10~15
	볼트 또는 리벳으로 접합된 강재 및 목재	10~15

3) 공진 발생 시 구조물에 발생피해

① 구조물의 동적응답의 증폭으로 구조물의 붕괴 유발 : Tacoma Bridge는 비틀림 Flutter에 의해 공진발생으로 붕괴

② 피로하중 유발로 인한 피로파괴 발생

4) 공진 방지 대책

공진방지를 위한 방법으로는 일반적으로 감쇠율 조정을 통해 진동을 저감하는 방진설계대책과 구조물의 주기를 변경하는 공진설계대책으로 구별된다. 방진설계대책은 감쇠비 증가를 위한 Damper 설치 등을 통해서 수행할 수 있으며, 공진설계대책은 구조물의 고유진동수를 조정하여 진동수비 조정을 통해서 β값을 조정하는 방법이 있다.

① 저동조(Low Tuning) 기초 공진설계 : β값을 1.3(=4/3) 이상으로 조정하는 방법으로 동하중에 의한 가진진동수와 구조물의 고유진동수의 비를 1.3 이상으로 조정한다.

$$\beta = \frac{f_e}{f_n} = \frac{\omega_e}{\omega_n} > \frac{4}{3} \fallingdotseq 1.3$$

② 고동조(High Tuning) 기초 공진설계 : β값을 0.6(=2/3) 이상으로 조정하는 방법으로 동하중에 의한 가진진동수와 구조물의 고유진동수의 비를 0.6 이상으로 조정한다.

$$\beta = \frac{f_e}{f_n} = \frac{\omega_e}{\omega_n} < \frac{1}{3} ≒ 0.6$$

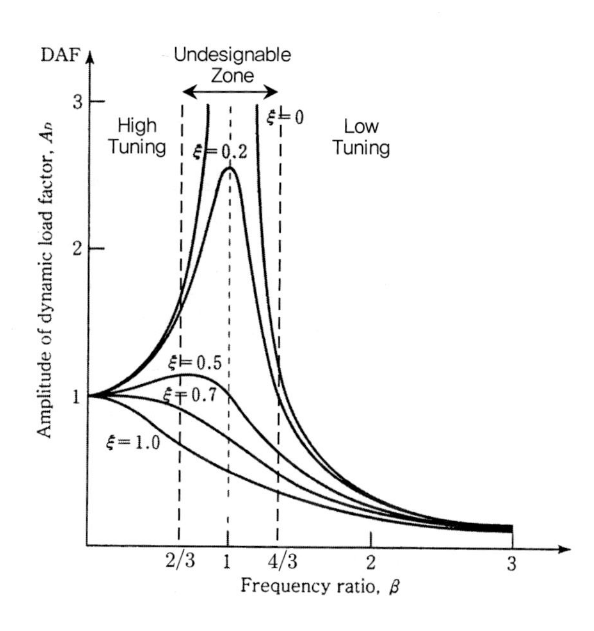

3. 모터의 진동 : 조화하중에 의한 진동

조화하중에 의해서 회전편심질량에 의한 진동문제에 대해 고려할 때 적용되며, 다음과 같은 모터의 회전편심질량에 관해서 편심질량을 m_o, 회전반경을 e, 회전편심질량이 ω_e의 일정한 각속도로 회전운동을 한다고 가정하면,

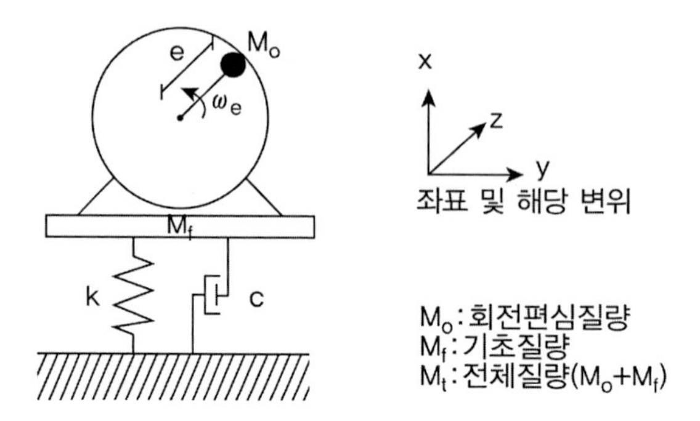

감쇠 강제진동(조화하중) $m\ddot{x}+c\dot{x}+kx=P_0\sin\omega_e t$

감쇠 조화하중의 해로부터,

$$x_p=\frac{P_0}{k}\frac{1}{\sqrt{(1-\beta^2)^2+(2\xi\beta)^2}}sin(\omega_e t-\theta)=\rho\sin(\omega_e t-\theta)$$

여기서, P_0는 일정한 값을 갖지 않고 가진 진동수에 따라 변화 $P_0=m_0e\omega_e^2$

$$\rho=\frac{m_0e\omega_e^2}{k}\frac{1}{\sqrt{(1-\beta^2)^2+(2\xi\beta)^2}}=\frac{m_0e\omega_e^2}{m\times\dfrac{k}{m}}\times\frac{1}{\sqrt{(1-\beta^2)^2+(2\xi\beta)^2}}$$

$$=\frac{m_0e\omega_e^2}{m\times\omega^2}\times\frac{1}{\sqrt{(1-\beta^2)^2+(2\xi\beta)^2}}=\frac{em_0}{m}\frac{\beta^2}{\sqrt{(1-\beta^2)^2+(2\xi\beta)^2}}$$

$$\therefore x_p=\rho\sin(\omega_e t-\theta)=\frac{em_0}{m}\frac{\beta^2}{\sqrt{(1-\beta^2)^2+(2\xi\beta)^2}}sin(\omega_e t-\theta)$$

증폭비($\rho/\left(\dfrac{em_0}{m}\right)$)는 일정한 진폭을 갖는 하중($P_0$)에 대해 구한 동적 증폭계수에 β^2만큼 곱한 값으로 표현된다.

$$\text{증폭비}\left(\frac{\rho}{\left(\dfrac{em_0}{m}\right)}\right)=\frac{\beta^2}{\sqrt{(1-\beta^2)^2+(2\xi\beta)^2}}$$

4. 장비의 진동과 하중전달률(TR)

102회 1-3 기계기초 설계시 설계과정, 동하중 형태에 따른 기계분류 및 기초형식

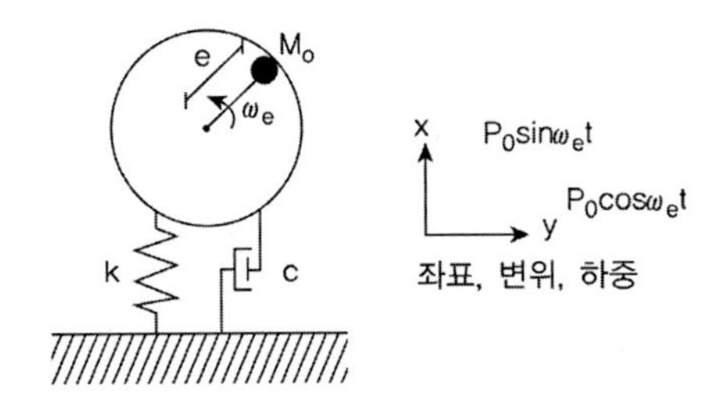

일정하중(P_0)를 갖는 장비 진동의 경우 연직운동에 대한 운동방적식과 기초에 전달되는 최대하중은 다음과 같다.

$$m\ddot{x} + c\dot{x} + kx = P_0 \sin\omega_e t \ : f_{max} = P_0 \times (DMF) \times \sqrt{1 + (2\xi\beta)^2}$$

전달률(Transmissibility : TR) : 작용하중(P_0)에 대한 기초에 전달되는 최대하중(f_{max})의 비를 진동기초의 전달률이라고 정의한다.

$$TR = \frac{f_{max}}{P_0} = DMF \times \sqrt{1 + (2\xi\beta)^2} = \sqrt{\frac{1 + (2\xi\beta)^2}{(1 - \beta^2)^2 + (2\xi\beta)^2}}$$

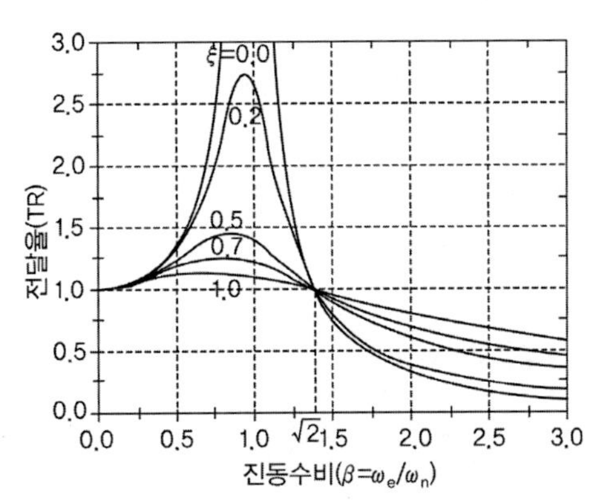

① 진동 격리시스템은 진동수비가 $\beta \geq \sqrt{2}$ 에서 효과적이고 이 범위에서는 감쇠가 클수록 전달률이 증가하므로 감쇠가 매우 작은 격리시스템이 유리하다($\beta \geq \sqrt{2}$ 인 경우 $TR \leq 1$이되고 ξ가 작을수록 TR이 거친다).

② 변동하중을 갖는 진동장비의 경우($P_0 = m_0 e \omega_e^2$), 전달률은 일정하중을 갖는 장비 진동의 전달률에 β^2을 곱한 값을 갖는다.

$$TR = \frac{f_{max}}{P_0} = \beta^2 \times \sqrt{\frac{1 + (2\xi\beta)^2}{(1 - \beta^2)^2 + (2\xi\beta)^2}}$$

5. 기초 진동과 변위 전달률

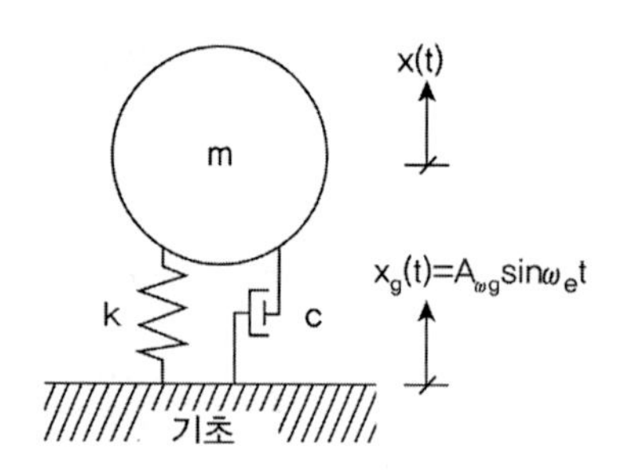

격리된 질량 m은 조화수직운동을 하는 기초구조물 위에 스프링-감쇠 시스템에 의해서 지지된다. 이때 운동방정식과 기초에 대한 질량의 상대변위 x 및 전체변위 x^t는 다음과 같다.

$$m\ddot{x}+c\dot{x}+kx=P_0\sin\omega_e t$$

$$\therefore\ x(t)=P_w\sin(\omega_e t-\phi),\quad x^t(t)=P_{wt}\sin(\omega_e t-\overline{\phi})$$

여기서, $P_w=\beta^2(DAF)A_{wg},\quad P_{wt}=A_{wg}(DAF)\sqrt{1+(2\xi\beta)^2}$

① P_0가 일정할 경우, 전달률은 기초운동의 진폭(A_{wg})에 대한 질량운동이 절대변위 진폭(P_{wt})의 비율로 정의한다.

$$TR=\frac{P_{wt}}{A_{wg}}=\sqrt{\frac{1+(2\xi\beta)^2}{(1-\beta^2)^2+(2\xi\beta)^2}}$$

여기서, $P_0=mA_{wg}\omega_e^2$ 이므로,

$$x_p=\frac{P_0}{k}\frac{1}{\sqrt{(1-\beta^2)^2+(2\xi\beta)^2}}sin(\omega_e t-\theta)=\frac{m}{k}\omega_e^2A_{wg}\frac{1}{\sqrt{(1-\beta^2)^2+(2\xi\beta)^2}}sin(\omega_e t-\theta)$$

$$=\left(\frac{\omega_e}{\omega_n}\right)^2A_{wg}\frac{1}{\sqrt{(1-\beta^2)^2+(2\xi\beta)^2}}sin(\omega_e t-\theta)=\frac{\beta^2}{\sqrt{(1-\beta^2)^2+(2\xi\beta)^2}}A_{wg}\sin(\omega_e t-\theta)$$

$$=\beta^2(DAF)A_{wg}\sin(\omega_e t-\theta)=P_w\sin(\omega_e t-\theta)$$

$$x^t(t)=x(t)+x_g(t)=\beta^2(DAF)A_{wg}\sin(\omega_e t-\theta)+A_{wg}\sin\omega_e t$$

$$=A_{wg}[\beta^2(DAF)\sin\omega_e t\cos\phi-\beta^2(DAF)\cos\omega_e t\sin\phi+\sin\omega_e t]$$

$$=A_{wg}[(1+\beta^2(DAF)\cos\phi)\sin\omega_e t-\beta^2(DAF)\sin\phi\cos\omega_e t]$$

$$=A_{wg}[\sqrt{(1+\beta^2(DAF)\cos\phi)^2+(\beta^2(DAF)\sin\phi)^2}\,sin(\omega_e t-\overline{\phi})]$$

여기서, $\cos\phi = \dfrac{(1-\beta^2)}{\sqrt{(1-\beta^2)^2+(2\xi\beta)^2}} = (1-\beta^2)(DAF)$

$$\begin{aligned}\sqrt{(1+\beta^2(DAF)\cos\phi)^2+(\beta^2(DAF)\sin\phi)^2} &= \sqrt{1+2\beta^2(DAF)\cos\phi+\beta^4(DAF)^2} \\ &= \sqrt{1+2\beta^2(1-\beta^2)(DAF)^2+\beta^4(DAF)^2} \\ &= \sqrt{1+(2\xi\beta)^2}(DAF)\end{aligned}$$

따라서, $x^t(t) = x(t)+x_g(t) = A_{wg}(DAF)\sqrt{1+(2\xi\beta)^2}\,sin(\omega_e t-\overline{\phi})$

② 변동하중을 갖는 진동장비의 경우($P_0 = m_0 e\omega_e^2$), 전달률은 일정하중을 갖는 전달률에 β^2을 곱한 값을 갖는다.

$$TR = \frac{P_{wt}}{A_{wg}} = \beta^2 \times \sqrt{\frac{1+(2\xi\beta)^2}{(1-\beta^2)^2+(2\xi\beta)^2}}$$

예 제

이동하중의 TR — Structural Dynamics, Mario Paz

동일한 경간에 연속보인 콘크리트 교량에서 크리프에 의한 거더의 변형에 의해 일정한 속도로 주행하는 자동차에 조화하중을 유발시킨다. 자동차의 감쇠, 스프링은 교량으로부터 발생하여 자동차 탑승자에게 전달되는 수직운동을 줄이는 격리시스템의 역할을 한다. 자동차 무게 4000kgf, 스프링 강성은 1000kgf를 가하여 발생한 변위 0.08m를 사용하여 구하였다. 교량의 종단면도는 경간 20m와 진폭 1.2cm의 형태를 갖는 정현곡선이다. 자동차가 80km/h의 속도 주행 시 자동차의 정상상태 수직운동을 구하시오(감쇠는 한계감쇠의 40%로 가정한다).

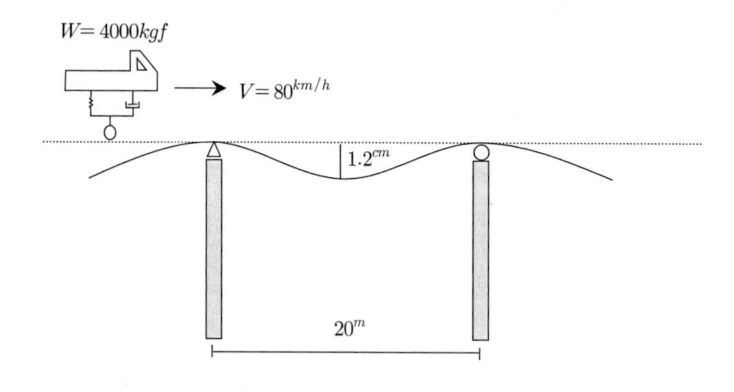

풀 이

▶ **자동차의 가진 주기(T_e)**

$$V = 80km/h = 22.22m/\sec, \quad T_e = \frac{20^m}{22.22^{m/\sec}} = 0.9^{\sec}, \quad \omega_e = \frac{2\pi}{T} = 6.981^{rad/\sec}$$

▶ **자동차의 고유주기(T_n)**

$$k = \frac{F}{x} = \frac{1000^{kgf}}{0.08^m} = 12500^{kgf/m}$$

$$T_n = 2\pi\sqrt{\frac{m}{k}} = 2\pi\sqrt{\frac{W}{kg}} = 2\pi\sqrt{\frac{4000^{kgf}}{12500^{kgf/m}\times 9.8^{m/\sec^2}}} = 1.1348^{\sec}$$

$$\omega_n = \frac{2\pi}{T_n} = 5.5368^{rad/\sec}, \qquad \beta = \frac{\omega_e}{\omega_n} = \frac{6.981}{5.5368} = 1.26$$

▶ **타이어의 수직변위 y**

$$y = y_0 \sin\omega_e t \;\rightarrow\; y_o = 1.2cm,\; TR = \frac{Y}{y_0} = \sqrt{\frac{1+(2\xi\beta)^2}{(1-\beta^2)^2+(2\xi\beta)^2}} = 1.217$$

$$\therefore\; Y = 1.2\times 1.217 = 1.46^{cm}$$

64회 4-5

내진해석

교각의 교축직각 방향 해석 모형이 아래 그림과 같이 작성되었을 경우에 기둥의 설계지진력을 구하시오. 이 교량은 내진 I등급이며, 지진구역 I에 건설된다. 또한 부지의 지반은 지반종류 II로 분류된다(단, 콘크리트의 탄성계수 Ec= $2.35\times10^5 kg/cm^2$이다).

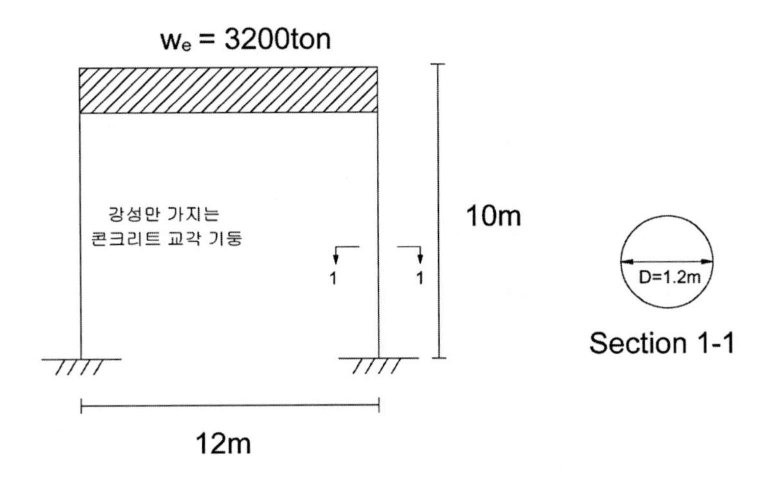

풀 이

➤ 등가스프링계수(k_e)

고정단-고정단 교각의 스프링 계수 $k_1 = \dfrac{12EI}{L^3}$

$$I = \frac{\pi d^4}{64} = \frac{\pi \times 1.2^4}{64} = 0.1018^{m^4}$$

$$k_1 = \frac{3\times 2.35\times 10^{5(kg/cm^2)}\times 0.1018\times 10^{8(cm^4)}}{(10\times 10^2)^{3(cm^3)}} = 28,704.1^{kg/cm}$$

병렬구조이므로, $k_e = 2k_1 = 57,408^{kg/cm}$

➤ 구조물의 고유주기 산정

$$T = 2\pi\sqrt{\frac{m}{k_e}} = 2\pi\sqrt{\frac{W_e}{gk_e}} = 2\pi\sqrt{\frac{3200\times 10^{3(kg)}}{9.81^{(m/s^2)}\times 57,408\times 10^{2(kg/m)}}} = 1.5^{cycle/\sec}$$

➤ 탄성지진 응답계수(C_s)

내진 I등급이며, 지진구역 I 이므로 가속도계수(A) = 0.11×1.4 = 0.154
지반종류 II(조밀토사, 연암)이므로 지반계수(S) = 1.2
등가정적하중 해석으로 가정하면 $C_s = \dfrac{1.2AS}{T^{2/3}}(=0.169) \leq 2.5A(=0.385)$

$\therefore\ C_s = 0.1067$

➤ 설계지진력

$$H = ma = \frac{W}{g} \times C_s = 55.127^{ton}$$

병렬구조로 강성이 동일하므로 한 교각당 작용하는 수평지진력은 $V = H/2 = 27.56^{ton}$.
수평지진력에 의해 발생하는 모멘트 $M = \dfrac{V \times h}{R} = \dfrac{27.56 \times 10}{5} = 55.127^{tonm}$ (다주 $R=5$)

➤ 고찰

개념적으로 설계지진력은 윗 풀이와 같이 작용하며 도로교 설계기준상에서는 단일 모드스펙트럼을 기준으로 해석하는 것을 기본으로 하며 종방향과 횡방향에 대하여 각각 지진력을 산정한 후 직교 지진력 간의 30% 조합을 통해서 지진력을 산정하므로 실제 설계 시에는 지진력이 산정된 값보다 더 커질 수 있다.

65회 2-3

고유진동수 산정

그림과 같은 1층 건물이 무게가 없는 기둥으로 지지된 강성 거더(rigid girder)로 이상화되어 있다. P=10tonf의 힘을 가하였더니 1.0cm의 변위를 일으켰다. 초기 변위를 순간적으로 이완시킨 후 return swing 때의 최대 변위가 0.8cm이었고, 변위 cycle 주기가 1.4초이었다. 기둥의 강성, 거더의 무게 및 진동수를 계산하시오.

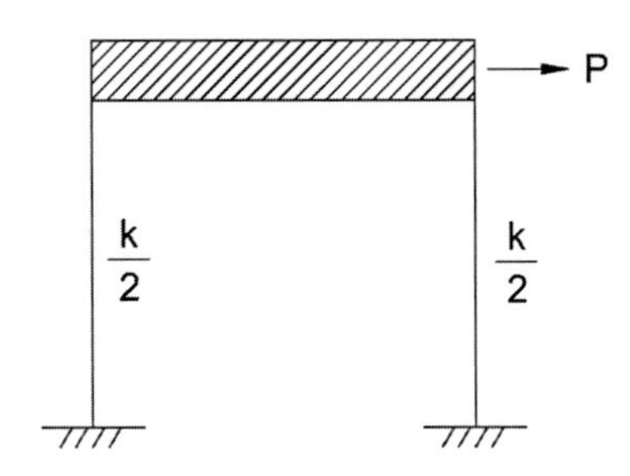

풀 이

➤ 등가스프링계수(k_e)

초기하중 P를 가하여 1.0cm의 변위가 발생하였으므로 구조물의 강성은 $P = k_e \Delta$ 로부터,

$$k_e = \frac{10}{1} = 10^{ton/cm} \text{ (병렬스프링이므로 } k_e = k)$$

➤ 고유진동수

$$f_n = \frac{1}{T_n} = \frac{1}{1.4} = 0.714 cycle/\sec, \quad \omega = 2\pi f = 2\pi \times 0.714 = 4.488 rad/\sec$$

➤ 유효질량 산정

$$T_n = \frac{2\pi}{\omega} = 2\pi\sqrt{\frac{m}{k_e}} \qquad \therefore m = k_e\left(\frac{T_n}{2\pi}\right)^2 = 10^{ton/cm} \times \left(\frac{1.4}{2\pi}\right)^2 = 0.4965^{ton/cm \times \sec^2}$$

➤ 감쇠비 산정

① 대수감쇠율 산정 : $\delta = \ln\left(\frac{x_1}{x_2}\right) = \ln\left(\frac{1.0}{0.8}\right) = 0.2231$

② 감쇠비 산정 : $\delta \fallingdotseq 2\pi\xi$ $\qquad \therefore \xi = 0.0355$

③ 감쇠계수 산정 : $c = c_{cr} \times \xi = 2\xi\sqrt{mk} = 2 \times 0.0355 \times \sqrt{0.4965 \times 10} = 0.1582^{ton/cm \times \sec}$

67회 4-6

감쇠진동

1층 라멘구조물을 다음 그림(a)와 같이 무게가 없는 탄성기둥과 강체의 보로 모델화 하였다. 이 구조물을 동적 특성을 검토하기 위하여 수평방향으로 하중을 가한 후 자유진동이 발생토록 하여 이로부터 그림(b)와 같은 변위 응답곡선을 구하였다. 최초로 가한 수평방향의 힘은 40t 이었고 측정된 변위는 4cm, 고유주기는 0.5초 였다. 이 구조물의 고유진동수(ω), 유효질량(m), 감소계수(c)를 구하시오.

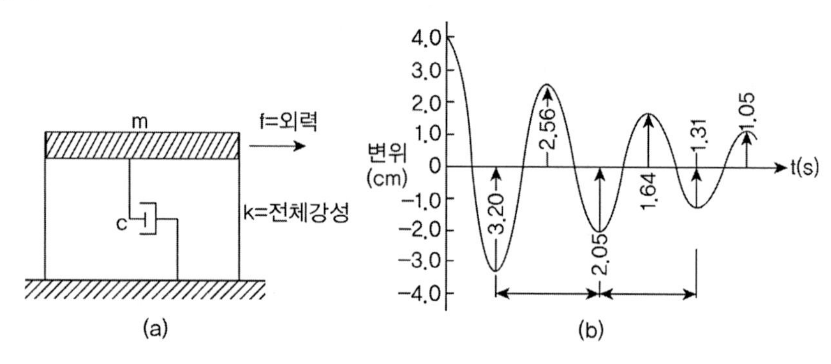

풀 이

➤ 유효강성의 산정

$$F = k_e \triangle \quad \therefore k_e = \frac{40^{ton}}{4^{cm}} = 10^{ton/cm}$$

➤ 고유진동수 산정

$$f_n = \frac{1}{T_n} = \frac{1}{0.5} = 2cycle/\sec, \qquad \omega = 2\pi f = 2\pi \times 2 = 12.57rad/\sec$$

➤ 유효질량 산정

$$T_n = \frac{2\pi}{\omega} = 2\pi\sqrt{\frac{m}{k_e}} \quad \therefore m = k_e\left(\frac{T_n}{2\pi}\right)^2 = 10^{ton/cm} \times \left(\frac{0.5}{2\pi}\right)^2 = 0.0633^{ton/cm \times \sec^2}$$

➤ 감쇠비 산정

① 대수감쇠율 산정 : $\delta = \ln\left(\frac{x_1}{x_2}\right) = \ln\left(\frac{4.0}{2.56}\right) = 0.4463$

② 감쇠비 산정 : $\delta \fallingdotseq 2\pi\xi \quad \therefore \xi = 0.0710$

③ 감쇠계수 산정 : $c = c_{cr} \times \xi = 2\xi\sqrt{mk} = 2 \times 0.0710 \times \sqrt{0.0633 \times 10} = 0.113^{ton/cm \times \sec}$

69회 1-10

고유진동수 산정

그림과 같이 보에 의해 지지된 물체 W가 스프링에 매달려 있다. 여기서 이 시스템의 등가스프링 상수 및 고유진동수를 구하시오(단 보와 스프링 질량을 무시한다).

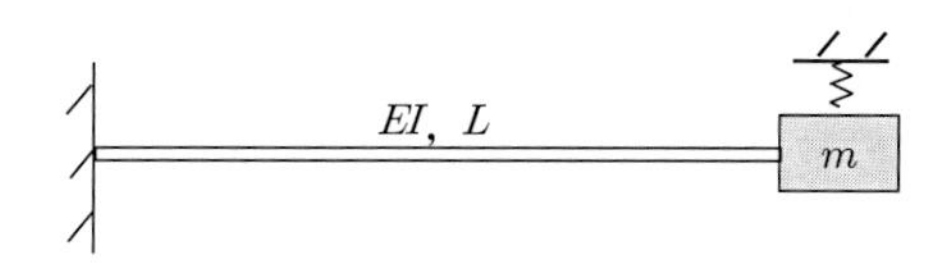

풀 이

▶ 등가스프링계수(k_e)

구조물로 인해서 스프링에서 발생하는 변위와 외팔보에서 발생하는 변위가 동일하며, 하중은 각각 보와 스프링에 분배되므로 병렬구조이다.

보의 강성을 k_b라고 하고, 스프링의 강성을 k_s라고 하면,

$\delta = \delta_b = \delta_s$, $F_b = k_b\delta$, $F_s = k_s\delta$, $F(=mg) = k_e\delta = F_b + F_s = (k_b + k_s)\delta$이므로

$\therefore\ k_e = k_b + k_s$

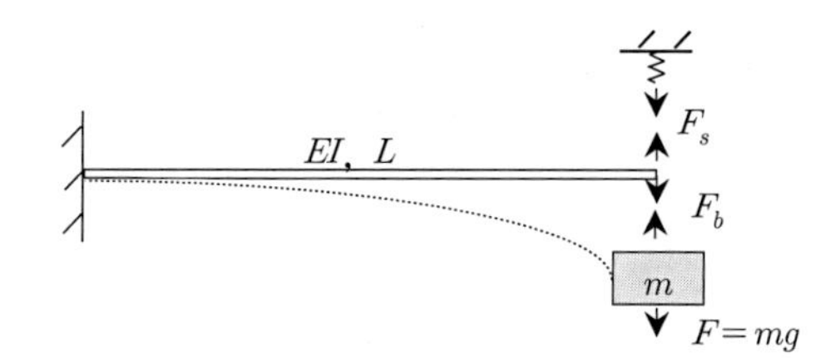

이때 외팔보의 강성 k_b는

$$k_b = \frac{F}{\delta} = \frac{3EI}{L^3}$$

$\therefore$ 등가스프링 계수 $k_e = \dfrac{3EI}{L^3} + k_s = \dfrac{3EI + k_s L^3}{L^3}$

▶ 고유진동수

$$f_n = \frac{1}{2\pi}\sqrt{\frac{k_e}{m}} = \frac{1}{2\pi}\sqrt{\frac{3EI + k_s L^3}{mL^3}}$$

69회 1-11

고유주기 산정

1차 진동모드가 지배적인 그림과 같은 교량의 교축방향에 대한 고유주기를 구하시오.

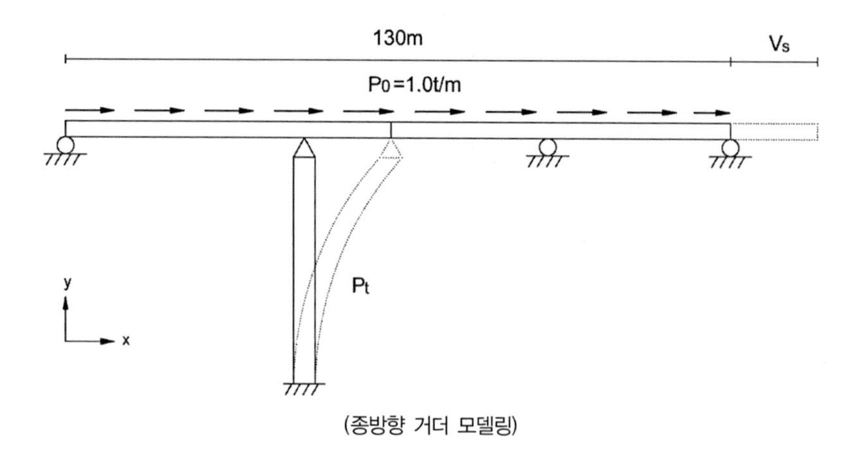

(종방향 거더 모델링)

풀 이

힌지지점에서 교축방향 하중에 저항하므로

➤ 스프링 상수 산정

$$P = k\delta \quad \therefore k = \frac{P}{V_s} = \frac{130^{ton}}{V_s}, \quad \text{여기서 } k = \frac{3EI}{L^3}$$

➤ 고유진동수 산정

$$f_n = \frac{1}{2\pi}\sqrt{\frac{k}{m}} = \frac{1}{2\pi}\sqrt{\frac{P}{m \times V_s}} = \frac{1}{2\pi}\sqrt{\frac{130 \times 10^3}{m \times V_s}}$$

71회 3-1

고유진동수 산정

그림과 같이 1.5L 켄틸레버 보에 탄성지점 설치한 결과 자유단 A에서의 처짐이 원래 처짐이 1/4로 감소하였다. 스프링상수와 고유진동수를 구하라시오.

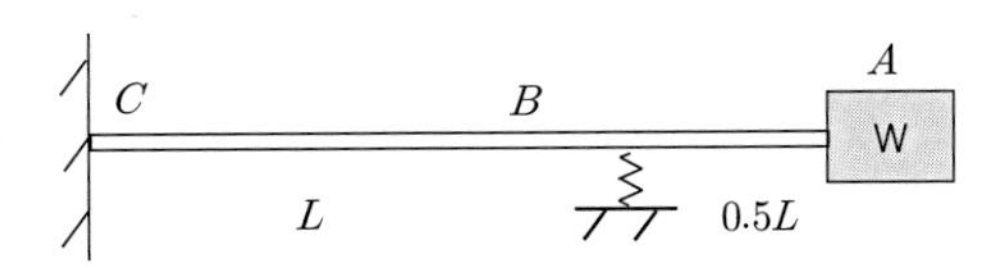

풀 이

➤ 개요

주어진 문제는 구조물의 처짐에 대해 먼저 산정하여야 스프링 상수와 고유진동수를 산정할 수 있으며 캔틸레버 보에 탄성지점을 설치할 경우 1차 부정정 구조물이므로 해석을 위해서는 변위일치법이나 가상일의 원리 또는 에너지법으로 풀 수 있다.

➤ 변위일치법에 의한 풀이

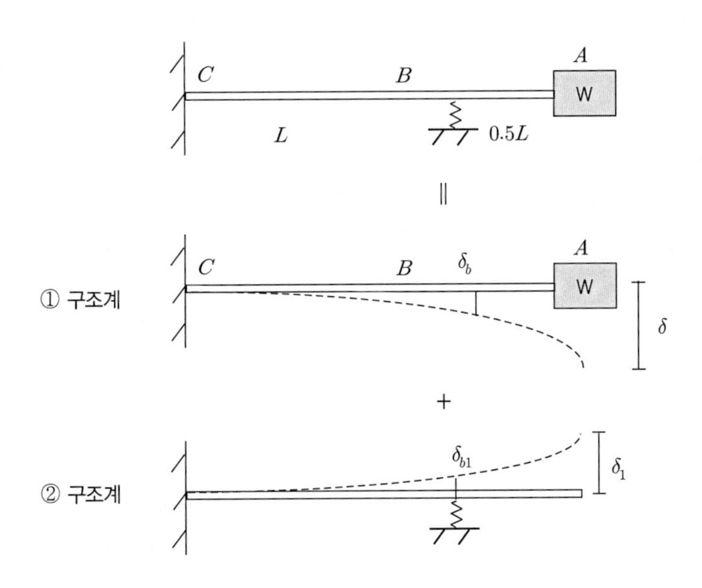

① 캔틸레버보에서 하중 W에 의한 처짐

$$\delta = \frac{W(1.5L)^3}{3EI} = \frac{9\,WL^3}{8EI}$$

② 스프링상향력에 의한 자유단의 처짐

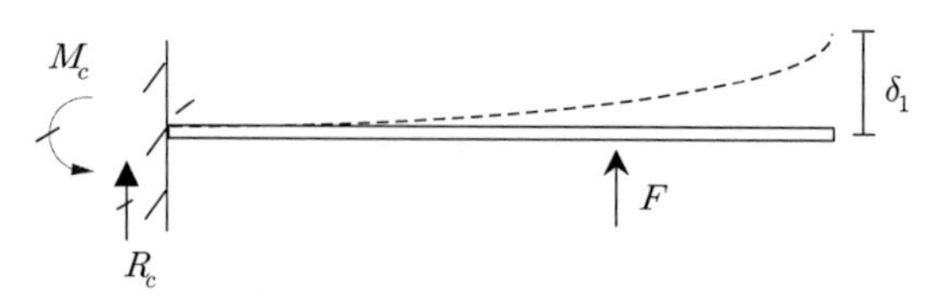

$M_c = -FL, \quad R_c = -F$

공액보로 치환하면,

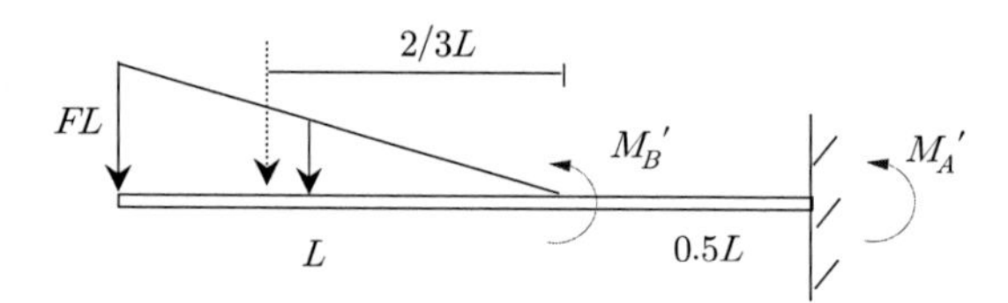

$M_A' = \left(\frac{1}{2} \times FL \times L\right) \times \left(\frac{2}{3}L + \frac{1}{2}L\right) = \frac{7}{12}FL^3 \qquad \therefore \delta_1 = \frac{M_A'}{EI} = \frac{7}{12}\frac{FL^3}{EI}$

주어진 조건으로부터 $\delta - \delta_1 = \frac{1}{4}\delta$이므로, $\frac{7}{12}\frac{FL^3}{EI} = \frac{3}{4} \times \frac{9WL^3}{8EI} \qquad \therefore F = \frac{81}{56}W$

③ B점의 처짐($\triangle_b$)

$\triangle_b = \delta_b - \delta_{b1}$

스프링력(F)에 의한 B점의 처짐 δ_{b1}은 $\delta_{b1} = \frac{FL^3}{3EI}$

자중에 의한 B점에서의 처짐 δ_b는 Maxwell의 상반원리로부터 하중이 B점에서 작용할 때 A점의 처짐과 같으므로, ②의 처짐과 크기가 같고 방향이 반대다.

$\delta_b = \frac{7}{12}\frac{WL^3}{EI}$

$\therefore \triangle_b = \delta_b - \delta_{b1} = \frac{7}{12}\frac{WL^3}{EI} - \frac{FL^3}{3EI} = \frac{7}{12}\frac{WL^3}{EI} - \frac{L^3}{3EI} \times \left(\frac{81}{56}W\right) = \frac{17}{168}\frac{WL^3}{EI}$

④ 스프링 상수(k)

$F = k\triangle_b$로부터 $k = \left(\frac{81}{56}W\right) / \left(\frac{17}{168}\frac{WL^3}{EI}\right) = \frac{243}{17}\frac{EI}{L^3} = 14.294\frac{EI}{L^3}$

⑤ 고유진동수

$f_n = \frac{1}{2\pi}\sqrt{\frac{kg}{W}} = \frac{1}{2\pi}\sqrt{\frac{243EIg}{17WL^3}}$

▶ **최소일의 방법에 의한 풀이**

스프링력을 부정정력으로 본다.

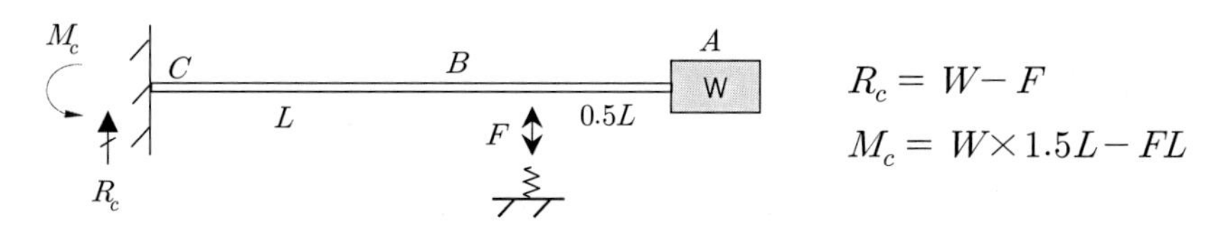

$$R_c = W - F$$

$$M_c = W \times 1.5L - FL$$

구간	시점	길이	적분구간	M_x
AB	A	0.5L	$0 \le x \le 0.5L$	$M_{x1} = W \times x$
BC	B	L	$0.5L \le x \le 1.5L$	$M_{x2} = M_c - R_c x = Wx - F(x - 0.5L)$

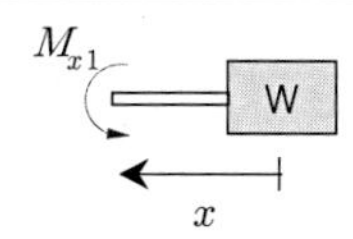

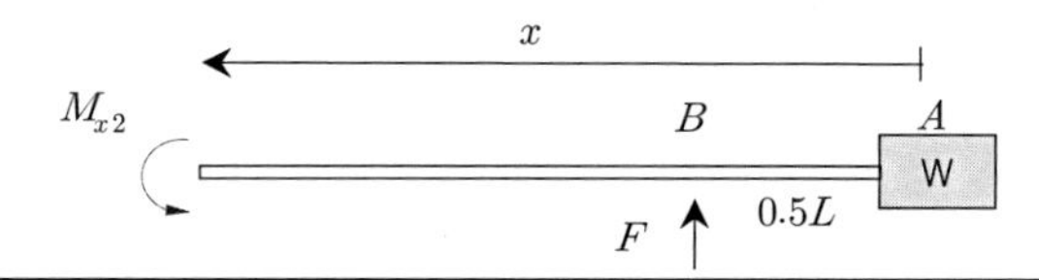

① 스프링의 변형에너지

$$U_{spring} = \frac{1}{2} k\delta^2 = \frac{F^2}{2k}$$

② 보의 변형에너지(축력과 전단은 무시하고 모멘트만 고려한다)

$$U_{beam} = \frac{1}{2EI}\left(\int_0^{0.5L} M_{x1}^2\, dx + \int_{0.5L}^{1.5L} M_{x2}^2\, dx\right) = \frac{L^3}{48EI}(8F^2 - 28\,WF + 27\,W^2)$$

③ 변형에너지 및 최소일의 정리

$$U = U_{beam} + U_{spring} = \frac{L^3}{48EI}(8F^2 - 28\,WF + 27\,W^2) + \frac{F^2}{2k}$$

최소일의 정리로부터,

$$\frac{\partial U}{\partial F} = \frac{L^3}{EI}\left(\frac{4F - 7\,W}{12}\right) + \frac{F}{k} = 0 \qquad \therefore\ F = \frac{7k\,WL^3}{4kL^3 + 12EI}$$

④ 자유단의 처짐

변형에너지 $U = \dfrac{L^3}{48EI}(8F^2 - 28\,WF + 27\,W^2) + \dfrac{F^2}{2k} = \dfrac{W^2L^3}{EI}\left(\dfrac{5kL^3 + 162EI}{96kL^3 + 288EI}\right)$

– 스프링이 없을 경우($k=0$) $\delta = \dfrac{9WL^3}{8EI}$

– 스프링이 있는 경우 $\delta_s = \dfrac{\partial U}{\partial W} = \dfrac{WL^3}{EI}\left(\dfrac{5kL^3 + 162EI}{48kL^3 + 144EI}\right)$

– 주어진 조건으로부터 $\delta_s = \dfrac{1}{4}\delta$

$$\frac{WL^3}{EI}\left(\frac{5kL^3 + 162EI}{48kL^3 + 144EI}\right) = \frac{1}{4}\left(\frac{9WL^3}{8EI}\right) \qquad \therefore k \equiv \frac{243}{17}\frac{EI}{L^3} = 14.294\frac{EI}{L^3}$$

⑤ 고유진동수

$$f_n = \frac{1}{2\pi}\sqrt{\frac{kg}{W}} = \frac{1}{2\pi}\sqrt{\frac{243EIg}{17WL^3}}$$

73회 2-1

고유진동수 산정

그림과 같이 A, C 점은 힌지, B점은 고정인 강재공조 구조에서 수평방향 진동에 대한 고유진동수 ω를 구하시오. 단, 상부 수평방향보는 기둥들에 대하여 강체로 W=15tonf의 총 중량을 전길이에 걸쳐 등분포로 지지하며 3기둥의 질량은 무시하는 것으로 계산한다. 또한 중력가속도 $g = 9.81m/\sec^2$, 모든 기둥의 탄성계수 $E = 2.0 \times 10^6 kgf/cm^2$로 한다.

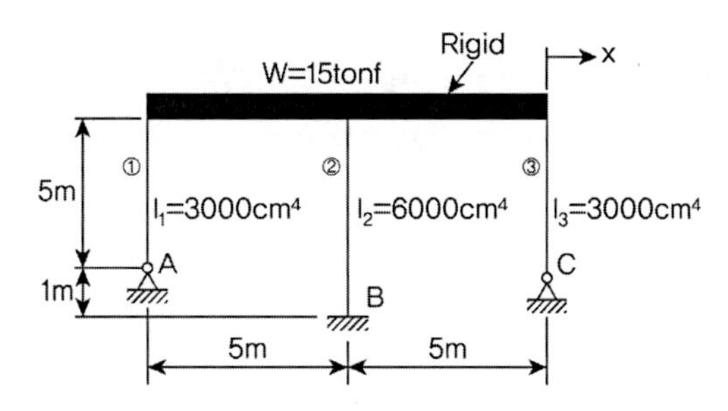

풀 이

등가스프링계수(k_e)

①, ③ 부재의 스프링 계수 산정(Fix−Hinge) : $k_1 = \dfrac{3EI_1}{L_1^3}$

② 부재의 스프링 계수 산정(Fix−Fix) : $k_2 = \dfrac{12EI_2}{L_2^3}$

병렬구조이므로,

$$k_e = 2k_1 + k_2 = 2\left(\frac{3EI_1}{L_1^3}\right) + \left(\frac{12EI_2}{L_2^3}\right) = \left(\frac{6 \times 3000}{500^3} + \frac{12 \times 6000}{600^3}\right) \times 2 \times 10^6 = 954.7^{kg/cm}$$

질량산정

$$m = \frac{W}{g} = \frac{15 \times 10^3}{9.81} = 15.29^{kgf \cdot \sec^2/cm}$$

고유진동수 산정

$$f_n = \frac{1}{2\pi}\sqrt{\frac{k_e}{m}} = \frac{1}{2\pi}\sqrt{\frac{954.7}{15.29}} = 1.257^{cycle/\sec}, \quad \omega = 2\pi f = \sqrt{\frac{k_e}{m}} = 7.90^{rad/\sec}$$

76회 3-5

Lumped mass 트러스의 고유진동수 산정

모든 부재들의 $\dfrac{L}{AE}$값이 동일한 다음과 같은 트러스의 연직방향 고유진동수를 계산하시오(단, 트러스의 자중은 무시하고 절점 b에 질량 M이 집중됨).

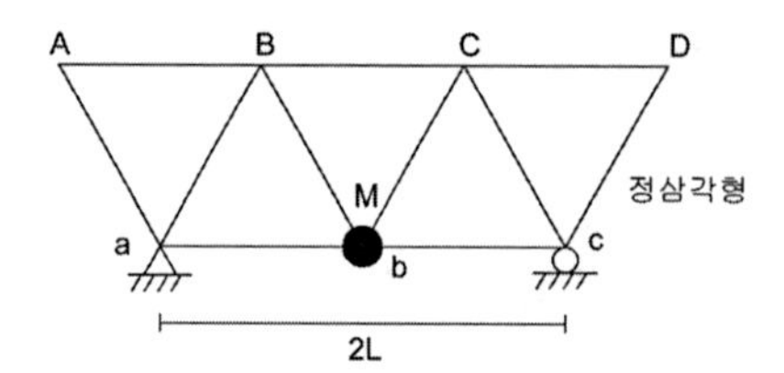

풀 이

구조물의 등가스프링계수($k_e = P/\delta$)로부터 단위하중작용시의 처짐을 구함으로써 구조물의 스프링계수를 산정할 수 있다.

➤ 구조물의 수직처짐 산정

트러스 구조물에서 단위하중법($\delta = \Sigma \dfrac{nNL}{EA}$)을 이용하여 처짐을 구한다.

① 부재력 산정 : 절점법 이용

a점과 c점의 수직반력을 각각 R_a, R_c라고 하면, 점 b에서 수직하중 $W = mg$ 작용 시

$$R_a = R_c = \frac{W}{2}$$

② At point A

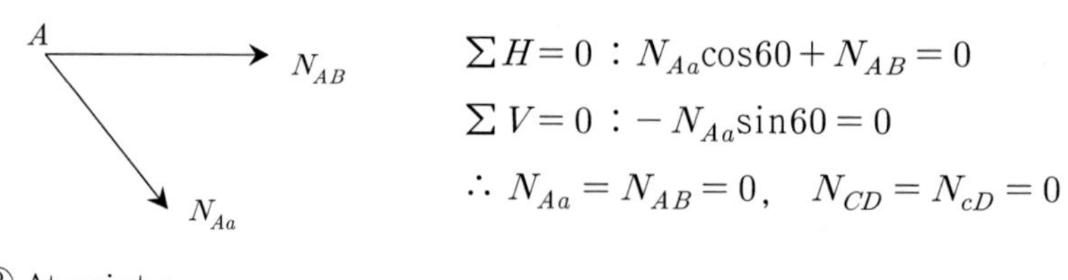

$$\Sigma H = 0 \;:\; N_{Aa}\cos 60 + N_{AB} = 0$$
$$\Sigma V = 0 \;:\; -N_{Aa}\sin 60 = 0$$
$$\therefore\; N_{Aa} = N_{AB} = 0, \quad N_{CD} = N_{cD} = 0$$

③ At point a

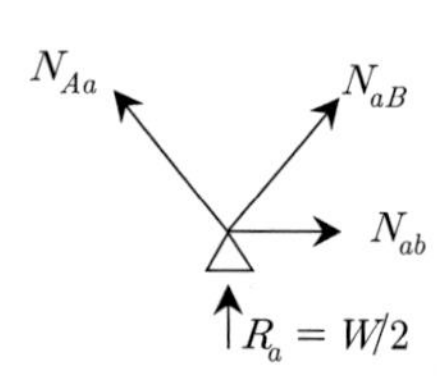

$$\Sigma H = 0 \;:\; N_{ab} + N_{aB}\cos 60 = 0$$
$$\Sigma V = 0 \;:\; N_{aB}\sin 60 + \frac{W}{2} = 0$$
$$\therefore\; N_{ab} = N_{bc} = \frac{W}{2\sqrt{3}}, \quad N_{aB} = N_{cC} = -\frac{W}{\sqrt{3}}$$

④ At point b

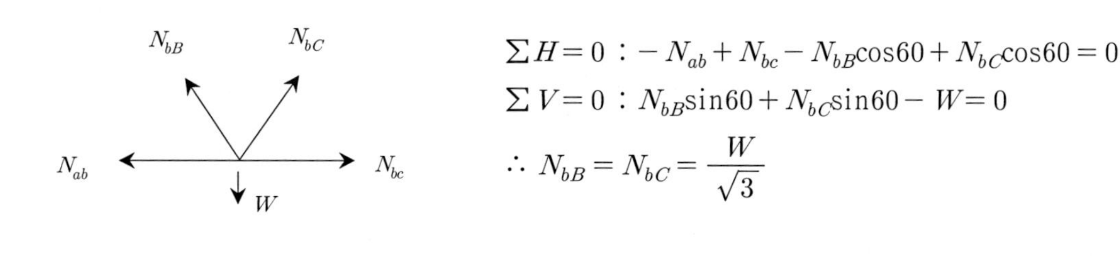

$$\Sigma H=0\ :\ -N_{ab}+N_{bc}-N_{bB}\cos 60+N_{bC}\cos 60=0$$
$$\Sigma V=0\ :\ N_{bB}\sin 60+N_{bC}\sin 60-W=0$$
$$\therefore\ N_{bB}=N_{bC}=\frac{W}{\sqrt{3}}$$

⑤ At point B

$$\Sigma H=0\ :\ -N_{aB}\cos 60+N_{bB}\cos 60-N_{AB}+N_{BC}=0,\quad \therefore\ N_{BC}=-\frac{W}{\sqrt{3}}$$

부재	$n_i\,(W=1)$	N_i	$\frac{L}{EA}$(일정)	$\frac{n_i N_i L}{EA}$
ab	$\frac{1}{2\sqrt{3}}$	$\frac{W}{2\sqrt{3}}$	$\frac{L}{EA}$	$\frac{1}{12}\frac{WL}{EA}$
bc	$\frac{1}{2\sqrt{3}}$	$\frac{W}{2\sqrt{3}}$		$\frac{1}{12}\frac{WL}{EA}$
aA	0	0		0
aB	$-\frac{1}{\sqrt{3}}$	$-\frac{W}{\sqrt{3}}$		$\frac{1}{3}\frac{WL}{EA}$
Bb	$\frac{1}{\sqrt{3}}$	$\frac{W}{\sqrt{3}}$		$\frac{1}{3}\frac{WL}{EA}$
bC	$\frac{1}{\sqrt{3}}$	$\frac{W}{\sqrt{3}}$		$\frac{1}{3}\frac{WL}{EA}$
Cc	$-\frac{1}{\sqrt{3}}$	$-\frac{W}{\sqrt{3}}$		$\frac{1}{3}\frac{WL}{EA}$
cD	0	0		0
AB	0	0		0
BC	$-\frac{1}{\sqrt{3}}$	$-\frac{W}{\sqrt{3}}$		$\frac{1}{3}\frac{WL}{EA}$
CD	0	0		0
$\delta_b=\Sigma\frac{n_i N_i L}{EA}$				$\frac{11}{6}\frac{WL}{EA}$

➤ 등가스프링계수 및 고유진동수 산정

$$k_e=\frac{W}{\delta_b}=\frac{6EA}{11L}\qquad \therefore\ f_n=\frac{1}{2\pi}\sqrt{\frac{k_e}{m}}=\frac{1}{2\pi}\sqrt{\frac{6EA}{11mL}}$$

행시 2009

Lumped mass 트러스의 고유진동수 산정

다음 트러스의 처짐과 고유진동수를 구하라. $E = 200\,GPa$, $A = 0.04m^2$, 밀도 $\rho = 5 \times 10^3 kg/m^3$

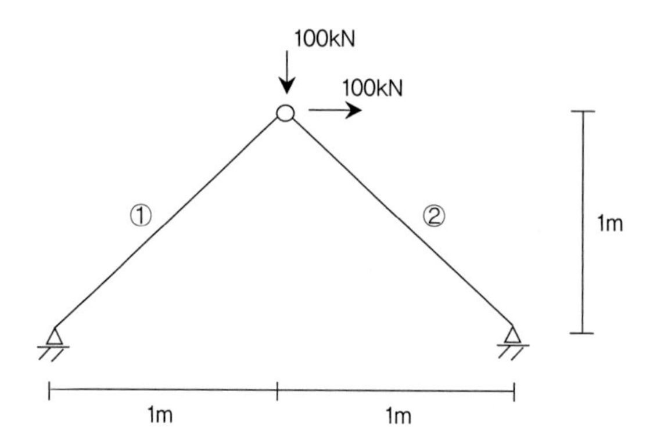

풀 이

매트릭스 해석법 직접강도법

➤ **자유도**

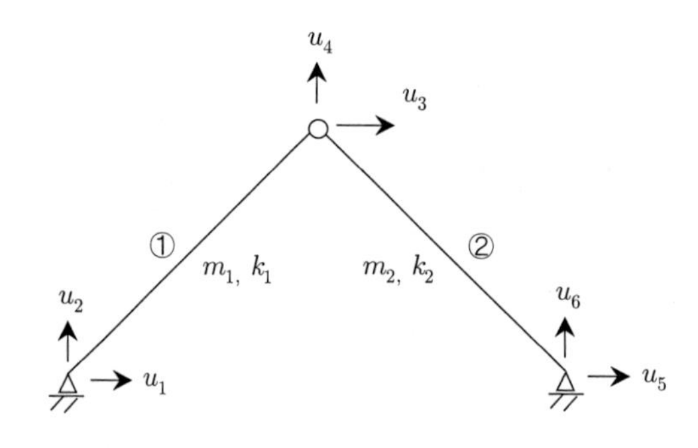

➤ Element Stiffness Matrix

트러스 부재에서 $k = \dfrac{EA}{L}\begin{bmatrix} c^2 & cs & -c^2 & -cs \\ cs & s^2 & -cs & -s^2 \\ -c^2 & -cs & c^2 & cs \\ -cs & -s^2 & cs & s^2 \end{bmatrix}$ (행·열 순서: u_1, v_1, u_2, v_2) 여기서 $c = \cos\theta$, $s = \sin\theta$

$$k_1 = \frac{EA}{2\sqrt{2}}\begin{bmatrix} 1 & 1 & -1 & -1 \\ 1 & 1 & -1 & -1 \\ -1 & -1 & 1 & 1 \\ -1 & -1 & 1 & 1 \end{bmatrix}, \quad k_1 = \frac{EA}{2\sqrt{2}}\begin{bmatrix} 1 & 1 & -1 & -1 \\ 1 & 1 & -1 & -1 \\ -1 & -1 & 1 & 1 \\ -1 & -1 & 1 & 1 \end{bmatrix}$$

TIP | 직접강도법에 의한 트러스 해법 | (구조역학, 양창현)

① 전구조물 강도매트릭스 K_T를 구하고 난 다음에 경계조건, 즉 지점에서의 격점변위가 0이라는 조건과 주어진 격점하중의 값을 전구조물 강도방정식에 대입한다. 전구조물 강도방정식은 구조물 전체에서 격점하중과 격점변위의 관계식이다.

$X = K_T u$

② 위 식을 다음과 같이 부분매트릭스로 나눈다.

$$\begin{bmatrix} X_A \\ X_B \end{bmatrix} = \begin{bmatrix} K_{AA} & K_{AB} \\ K_{BA} & K_{BB} \end{bmatrix}\begin{bmatrix} u_A \\ u_B \end{bmatrix}$$

u_A(미지의 격점변위), u_B(경계조건, 변위가 0일 경우 $u_B = 0$)
X_A(u_A에 대응하는 격점작용하중), X_B(경계조건에 대응하는 반력성분)

$\therefore X_A = K_{AA}u_A + K_{AB}u_B, \quad X_B = K_{BA}u_A + K_{BB}u_B$

③ 격점의 변위

$u_A = K_{AA}^{-1}(X_A - K_{AB}u_B)$ if $u_B = 0$이면 $u_A = K_{AA}^{-1}X_A$

④ 반력

$X_B = K_{BA}[K_{AA}^{-1}(X_A - K_{AB}u_B)] + K_{BB}u_B$ if $u_B = 0$이면 $X_B = K_{BA}K_{AA}^{-1}X_A$

$$K = \sum_{i=1}^{2} k_i = \frac{EA}{2\sqrt{2}}\begin{bmatrix} 1 & 1 & -1 & -1 & 0 & 0 \\ 1 & 1 & -1 & -1 & 0 & 0 \\ -1 & -1 & 2 & 0 & -1 & 1 \\ -1 & -1 & 0 & 2 & 1 & -1 \\ 0 & 0 & -1 & 1 & 1 & -1 \\ 0 & 0 & 1 & -1 & -1 & 1 \end{bmatrix} \begin{matrix} 1 \\ 2 \\ 3 \\ 4 \\ 5 \\ 6 \end{matrix}$$

(열 번호: 1 2 3 4 5 6)

➤ mass matrix (lumped mass)

양단에 각각 1/2씩 lumped mass로 가정하면, $m = \rho AL\begin{bmatrix} 1/2 & 0 & 0 & 0 \\ 0 & 1/2 & 0 & 0 \\ 0 & 0 & 1/2 & 0 \\ 0 & 0 & 0 & 1/2 \end{bmatrix}$이므로

$$m_1 = m_2 = \frac{\rho A}{\sqrt{2}}\rho AL\begin{bmatrix} 1 & 0 & 0 & 0 \\ 0 & 1 & 0 & 0 \\ 0 & 0 & 1 & 0 \\ 0 & 0 & 0 & 1 \end{bmatrix}$$

$$M = \sum_{i=1}^{2} m_i = \rho A \frac{\sqrt{2}}{2} \begin{array}{c} \begin{matrix} 1 & 2 & 3 & 4 & 5 & 6 \end{matrix} \\ \left[\begin{array}{cc:cc:cc} 1 & 0 & 0 & 0 & 0 & 0 \\ 0 & 1 & 0 & 0 & 0 & 0 \\ \hdashline 0 & 0 & 2 & 0 & 0 & 0 \\ 0 & 0 & 0 & 2 & 0 & 0 \\ \hdashline 0 & 0 & 0 & 0 & 1 & 0 \\ 0 & 0 & 0 & 0 & 0 & 1 \end{array}\right] \end{array} \begin{matrix} 1 \\ 2 \\ 3 \\ 4 \\ 5 \\ 6 \end{matrix}$$

➤ B.C

$$u_1 = u_2 = u_5 = u_6 = 0 \qquad K = \frac{EA}{2\sqrt{2}} \begin{bmatrix} 2 & 0 \\ 0 & 2 \end{bmatrix} \quad , \quad M = \rho A \frac{\sqrt{2}}{2} \begin{bmatrix} 2 & 0 \\ 0 & 2 \end{bmatrix}$$

➤ 고유진동수 산정

$$\det[K - \omega^2 M] = 0$$

$$\left| \begin{bmatrix} \frac{EA}{\sqrt{2}} - \omega^2 \rho A \sqrt{2} & 0 \\ 0 & \frac{EA}{\sqrt{2}} - \omega^2 \rho A \sqrt{2} \end{bmatrix} \right| = 0$$

$$\therefore \ \omega = \sqrt{\frac{E}{2\rho}} = \sqrt{\frac{200 \times 10^9}{2 \times 5 \times 10^3}} = 4.472 \times 10^3 \, rad/\sec$$

77회 2-6

Lumped mass 보의 고유진동수 산정

그림에 보여준 구조계에서 질량 m에 의한 자유진동의 주파수(cyclic frequency)를 구하시오. 다만, 봉은 무한강성체이고 스프링계수는 k이다. 봉의 자중은 무시한다.

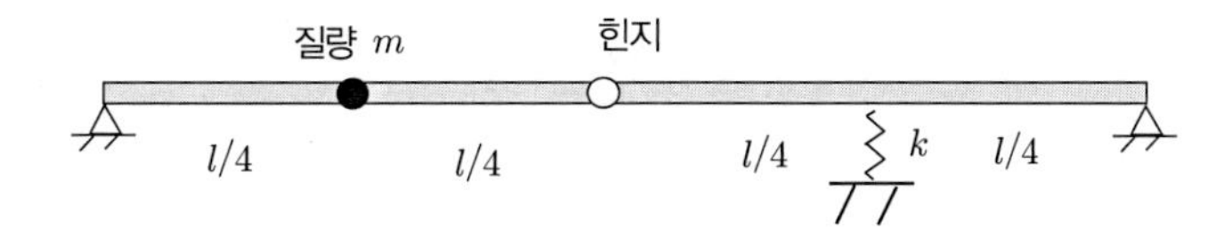

풀 이

➤ 반력산정

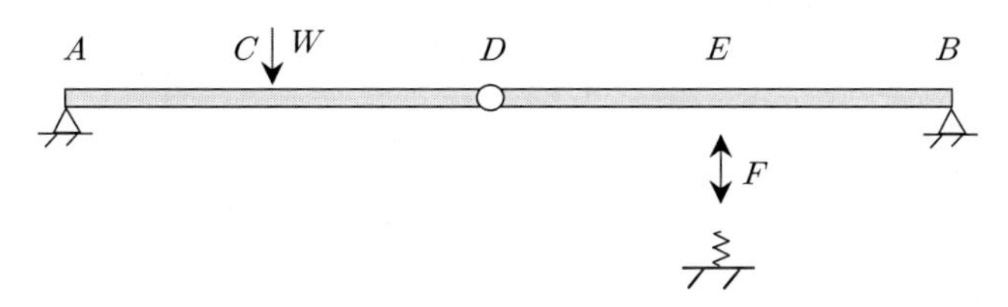

$$\Sigma V = 0 \ : -W + R_A + R_B + F = 0$$

$$\Sigma M_D(\text{좌측}) = 0 \ : R_A \times \frac{L}{2} - W \times \frac{L}{4} = 0$$

$$\Sigma M_D(dn\text{측}) = 0 \ : R_B \times \frac{L}{2} - F \times \frac{L}{4} = 0 \qquad \therefore R_A = \frac{W}{2}, \quad R_B = -\frac{W}{2}, \quad F = W$$

➤ 등가스프링계수 산정

무한강성 보이므로 처짐은 좌우대칭, $\delta_c = \delta_e$ $\qquad \therefore k_e = \dfrac{F}{\delta_e} = \dfrac{W}{\delta_c} = \dfrac{mg}{\theta \times \dfrac{L}{4}} = \dfrac{4mg}{\theta L}$

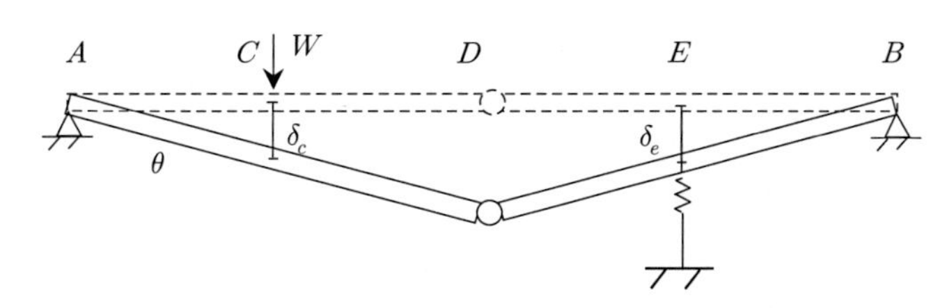

➤ 고유진동수 산정

$$f_n = \frac{1}{2\pi}\sqrt{\frac{k_e}{m}} = \frac{1}{2\pi}\sqrt{\frac{4mg}{\theta L} \times \frac{1}{m}} = \frac{1}{2\pi}\sqrt{\frac{4g}{\theta L}}$$

78회 2-5

합성구조물의 고유진동수 산정

구조물의 고유진동수를 구하고 설계시 공진효과를 고려하는 이유를 기술하시오(봉 AC는 강체).

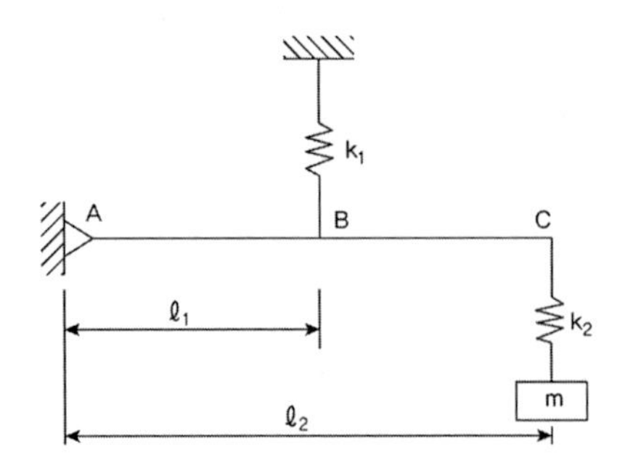

풀 이

➤ 등가스프링계수(k_e)

보는 강체이므로 보의 강성은 무한강성으로 보고 변형이 없는 것으로 본다.

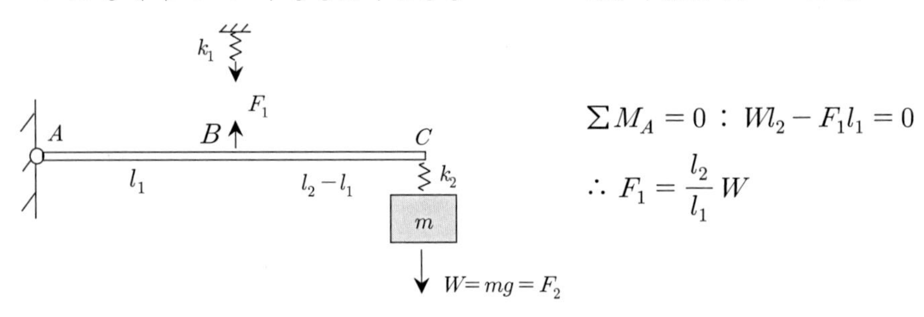

$$\Sigma M_A = 0 \ : \ W l_2 - F_1 l_1 = 0$$

$$\therefore \ F_1 = \frac{l_2}{l_1} W$$

$$\delta = \frac{l_2}{l_1}\delta_1 + \delta_2 = \frac{l_2}{l_1}\left(\frac{F_1}{k_1}\right) + \frac{W}{k_2}$$

$$= \frac{l_2}{l_1 k_1} \times \left(\frac{l_2}{l_1} W\right) + \frac{W}{k_2}$$

$$= \left(\left(\frac{l_2}{l_1}\right)^2 \frac{1}{k_1} + \frac{1}{k_2}\right) W = \frac{l_1^2 k_1 + l_2^2 k_2}{k_1 k_2 l_1^2} W$$

$$\therefore \ k_e = \frac{W}{\delta} = \frac{k_1 k_2 l_1^2}{l_1^2 k_1 + l_2^2 k_2}$$

➤ 고유진동수

$$f_n = \frac{1}{2\pi}\sqrt{\frac{k_e}{m}} = \frac{1}{2\pi}\sqrt{\frac{k_1 k_2 l_1^2}{m(l_1^2 k_1 + l_2^2 k_2)}}$$

공진효과는 본문 내용 참조

81회 4-2

마찰계수에 따른 각주파수

질량이 m인 회전체(Roller)가 스프링강성이 K인 스프링에 매달려있다. 만일 (1) 지면과 회전체의 마찰계수가 0일 때, 각주파수, ω_{slip}을 구하고, (2) 마찰계수가 0이 아닐 때, 각주파수 ω_{noslip}(미끄러지지 않을 때)을 구하여 그 비를 구하시오.

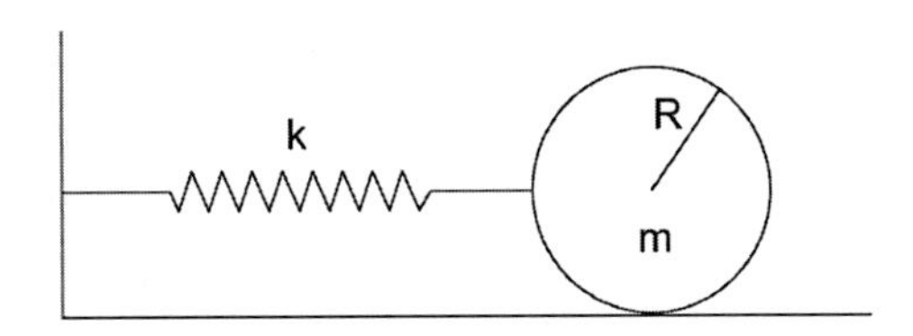

풀 이

➤ 마찰계수가 0일 때

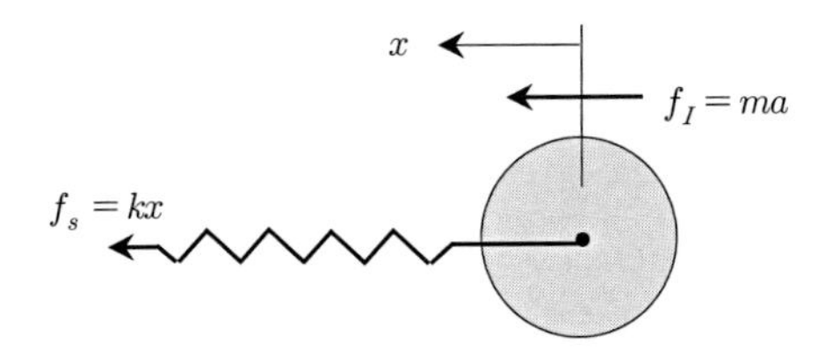

① 관성력 $f_I = ma = m\ddot{x}$

② 스프링력 $f_s = kx$

운동방정식 : $f_I + f_s = m\ddot{x} + kx = 0$

일반해 $x = A\sin\omega_n t$ $(-m\omega_n^2 + k)A\sin\omega_n t = 0$ $\quad \therefore \omega_{n(slip)} = \sqrt{\dfrac{k}{m}}$

➤ 마찰계수가 0이 아닐 때

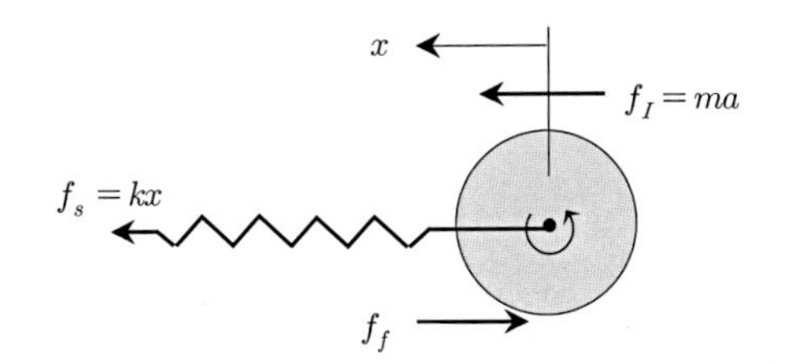

① 관성력 $f_I = ma = m\ddot{x}$

② 스프링력 $f_s = kx$

③ 마찰력 f_f

원의 반지름을 r, 회전각을 θ라고 하면, $r\theta = x$ $\quad \therefore r\dot{\theta} = \dot{x}$

$$J_0 = \frac{1}{2}mr^2$$

비틀림 방정식으로부터

$$\Sigma M = J\ddot{\theta} : -f_f \times r = J\ddot{\theta} = \left(\frac{1}{2}mr^2\right) \times \left(\frac{\ddot{x}}{r}\right) \quad \therefore f_f = -\frac{1}{2}m\ddot{x}$$

운동방정식 : $f_I + f_s - f_f = \frac{3}{2}m\ddot{x} + kx = 0$

일반해 $x = Asin\omega_n t$ $\quad (-\frac{3}{2}m\omega_n^2 + k)Asin\omega_n t = 0$

$$\therefore \omega_{n(noslip)} = \sqrt{\frac{2k}{3m}} \qquad \therefore \omega_{n(slip)}/\omega_{n(noslip)} = \sqrt{3/2}$$

78회 2-5

합성구조물의 고유진동수 산정

다음 구조물의 고유진동수와 고유주기를 구하시오(단, k_1= 100 N/cm, W= 2000 N, E= 21000 MPa, 중력가속도g=9.8m/s^2).

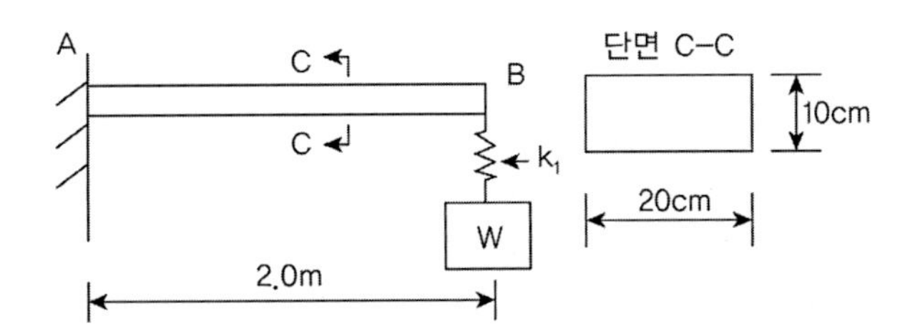

풀 이

➤ 등가스프링계수(k_e)

캔틸레버 보의 강성을 k_2라고 하면,

$$\delta = \frac{FL^3}{3EI}, \quad F = \frac{3EI}{L^3}\delta, \quad k_2 = \frac{3EI}{L^3}$$

캔틸레버 보와 스프링은 직렬연결 구조이며 각 스프링에 작용하는 하중(W)은 같다.

$$F_1 = F_2 = W, \quad \delta = \delta_1 + \delta_2$$

$$\frac{1}{k_e} = \frac{1}{k_1} + \frac{1}{k_2} \qquad \therefore k_e = \frac{k_1 k_2}{k_1 + k_2}$$

➤ 단면의 계수

$$I = \frac{bh^3}{12} = \frac{20 \times 10^3}{12} = 1666.67cm^4,$$

$$k_2 = \frac{3EI}{L^3} = \frac{3 \times 21000 \times 1666.67 \times 10^4}{(2 \times 10^3)^{3\ mm^3}} = 131.25^{N/mm} \qquad \therefore k_e = \frac{131.25 \times 10}{131.25 + 10} = 9.29^{N/mm}$$

➤ 고유진동수와 고유주기

$$f = \frac{1}{2\pi}\sqrt{\frac{k_e}{m}} = \frac{1}{2\pi}\sqrt{\frac{k_e g}{W}} = \frac{1}{2\pi}\sqrt{\frac{9.29 \times 9.81 \times 10^3}{2000^N}} = 1.074^{cycle/s}, \quad T = \frac{1}{f} = 0.931^{s/cycle}$$

86회 1-12

감쇠계수 산정

그림과 같은 구조계에서 감쇠율이 10%일 경우 등가 감쇠계수(Equivalent Damping Coefficient)를 산정하시오(단, 보의 자중은 무시).

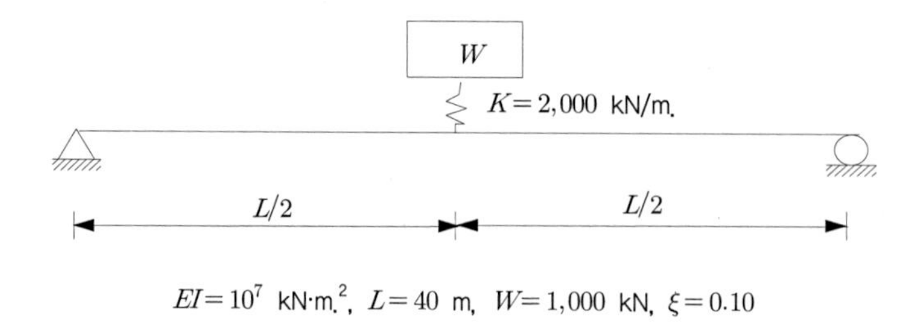

풀 이

➤ Beam의 k_{beam}

중앙점에서의 처짐 $\delta = \dfrac{WL^3}{48EI}$

$$\therefore k_{beam} = k_1 = \frac{48EI}{L^3} = \frac{48 \times 10^{7\,kNm^2}}{40^{3\ m^3}} = 7500^{kN/m}$$

➤ k_e

δ_2 k_2 δ_1 k_1 W

$$F_1 = F_2 = W, \qquad \delta = \delta_1 + \delta_2,$$

$$\therefore k_e = \frac{k_1 k_2}{k_1 + k_2} = \frac{7500 \times 2000}{7500 + 2000} = 1578.95^{kN/m}$$

➤ 등가 감쇠계수

$$\xi = 0.1, \quad \xi = \frac{c}{c_{cr}}, \quad c = \xi c_{cr}, \quad c_{cr} = 2\sqrt{mk_e}$$

$$\therefore c = \xi \times 2\sqrt{mk_e} = 2\xi\sqrt{\frac{Wk_e}{g}} = 0.2 \times \sqrt{\frac{1000^{kN}}{9.81^{m/s^2}} \times 1578.95^{kN/m}} = 80.2379^{kN/m} \cdot \sec$$

87회 1-4

고유진동수

다음 그림과 같이 A, B점이 고정단인 구조물이 있다. 지붕은 강체로서 무게는 4500N이며, 횡방향 진동에 대한 고유주기는 0.1 sec이다. 지붕의 자중 증가에 따라 고유주기를 20% 증가시키고자 할 때 지붕 자중의 증가량을 구하시오(단, 기둥의 자중은 무시하시오. $g = 9.81\,m/s^2$).

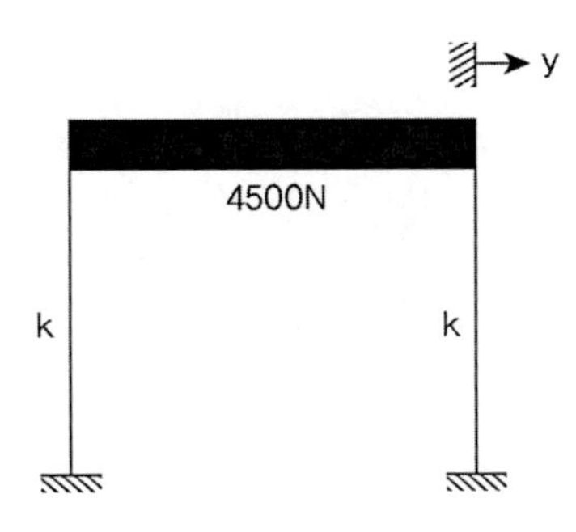

풀 이

▶ 고정단-고정단의 강성

$$k = \frac{12EI}{L^3} \qquad k_e = k_1 + k_2 = 2k = \frac{24EI}{L^3}$$

▶ 고유주기

$$T = 2\pi\sqrt{\frac{m}{k_e}} = 2\pi\sqrt{\frac{W}{2gk}} = 0.1^{\sec} \qquad \therefore\ k = \frac{W}{2g\left(\dfrac{0.1}{2\pi}\right)^2} = 905,468$$

▶ 고유주기 증가

$$T' = 2\pi\sqrt{\frac{W'}{2kg}} = 0.12 \qquad \therefore\ W' = \left(\frac{0.12}{2\pi}\right)^2 \times 2kg = 6480^N$$

▶ 자중의 증가량

$$\therefore\ \Delta W = W' - W = 1980^N$$

88회 1-13

직렬 병렬 구조

길이가 동일하고, 스프링 상수K_1 과 K_2인 스프링 S_1과 S_2가 그림과 같이 동일한 무게 F의 물체를 지지하고 있다. K_1과 K_2가 동일한 경우(K_1=K_2) 각각 (a), (b)의 등가 스프링 상수(equivalent spring constant)와 수직 하향방향으로 늘어난 스프링의 길이를 구하시오(단, 스프링 자중은 무시함).

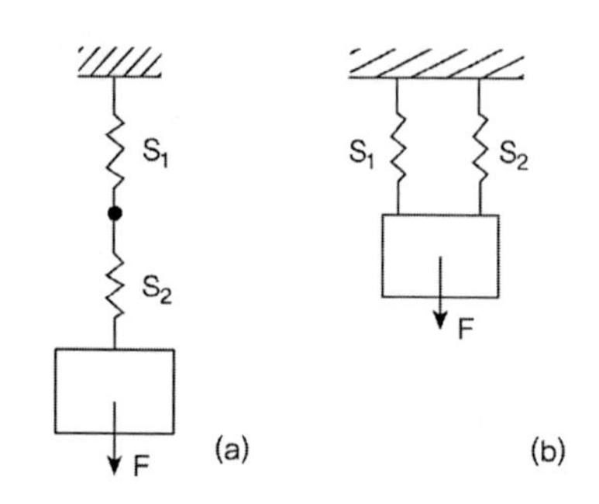

풀 이

➤ (a) 구조계 : 직렬구조계

직렬구조에서의 작용하중은 두 스프링에서 같으며, 최종변위는 두 스프링의 변위의 합과 같다.

$$F = F_1 = F_2, \qquad \delta = \delta_1 + \delta_2$$

$$F = k_e\delta, \qquad F_1 = k_1\delta_1, \qquad F_2 = k_2\delta_2$$

$$\therefore\ \delta = \frac{F}{k_e} = \frac{F_1}{k_1} + \frac{F_2}{k_2} \qquad \therefore\ \frac{1}{k_e} = \frac{1}{k_1} + \frac{1}{k_2}, \qquad k_e = \frac{k_1k_2}{k_1+k_2}$$

$k_1 = k_2$이므로, $k_e = \dfrac{k}{2}$ $\qquad \therefore\ \delta = \dfrac{2F}{k_1}$

➤ (b) 구조계 : 병렬구조계

병렬구조에서의 작용하중은 두 스프링에 작용하는 하중의 합과 같으며, 최종변위는 모두 같다.

$$F = F_1 + F_2, \qquad \delta = \delta_1 = \delta_2$$

$$F = k_e\delta, \qquad F_1 = k_1\delta_1, \qquad F_2 = k_2\delta_2$$

$$\therefore\ F = k_e\delta = k_1\delta_1 + k_2\delta_2 = (k_1+k_2)\delta \qquad \therefore\ k_e = k_1 + k_2$$

$k_1 = k_2$이므로, $k_e = 2k$ $\qquad \therefore\ \delta = \dfrac{F}{2k_1}$

89회 2-3

고유진동수

그림과 같이 힌지 지점 및 고정 지점을 갖는 구조계의 고유진동수를 구하시오[단, 기둥부재의 자중은 무시하고, $E_1 = E_2 = 300\,GPa$, $I_1 = 2\times10^7 mm^4$, $I_2 = 1\times10^7 mm^4$이다. 또한 수평부재는 강체(rigid body)이며, 자중은 W = 2kN/m이다].

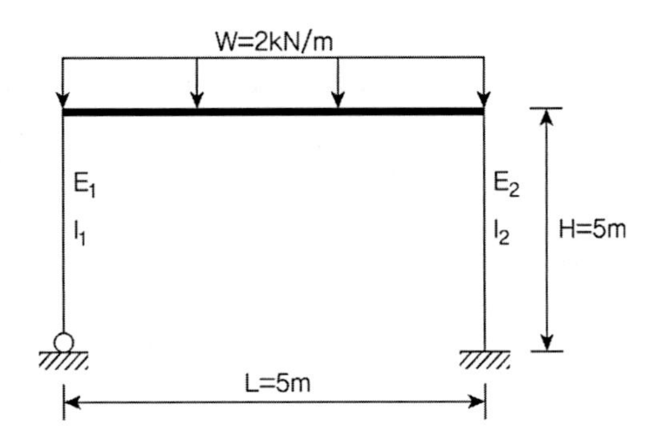

풀 이

➤ 기둥의 강성

$$k_1 = \frac{3E_1I_1}{L^3}, \qquad k_2 = \frac{12E_2I_2}{L^3}$$

$$k_e = k_1 + k_2 = \frac{3\times300\times10^3\times2\times10^7}{6000^3} + \frac{12\times300\times10^3\times1\times10^7}{6000^3} = 250^{N/mm} = 250^{kN/m}$$

➤ 고유진동수

$$f = \frac{1}{2\pi}\sqrt{\frac{k_e}{m}} = \frac{1}{2\pi}\sqrt{\frac{k_e g}{W}} = \frac{1}{2\pi}\sqrt{\frac{250^{kN/m}\times9.81^{m/s^2}}{2\times5^{kN}}} = 2.492^{cycle/\sec}$$

90회 4–5

합성 구조물의 고유진동수

다음그림과 같이 질량 m이 매달린 보와 탄성 스프링으로 구성된 구조의 고유진동수를 구하시오 (단, 보 AB는 무질량 강체이며 수평방향으로 설치되어 있다).

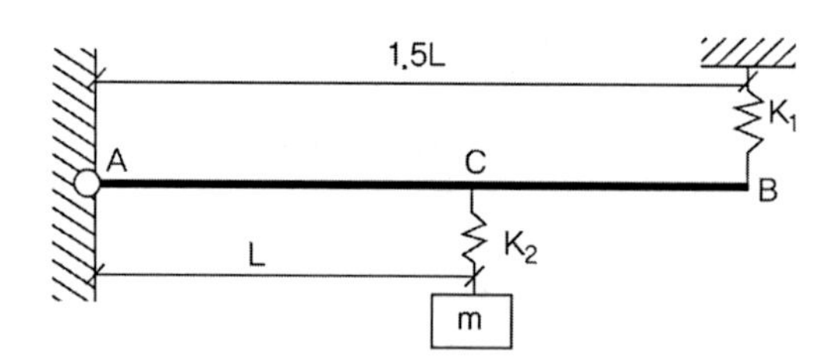

풀 이

▶ 힘과 변위와의 관계

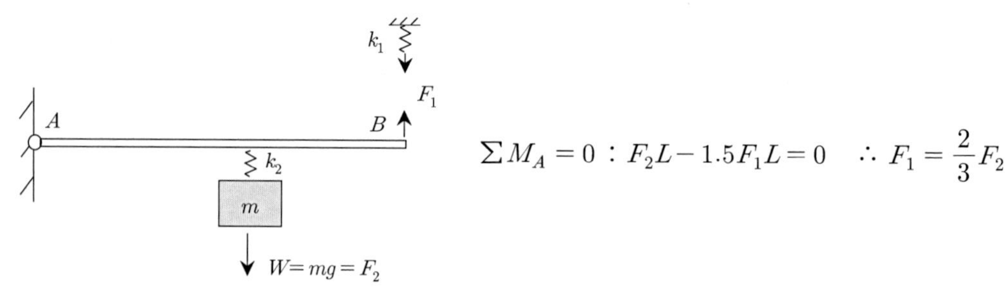

$$\Sigma M_A = 0 \ : \ F_2 L - 1.5 F_1 L = 0 \quad \therefore \ F_1 = \frac{2}{3} F_2$$

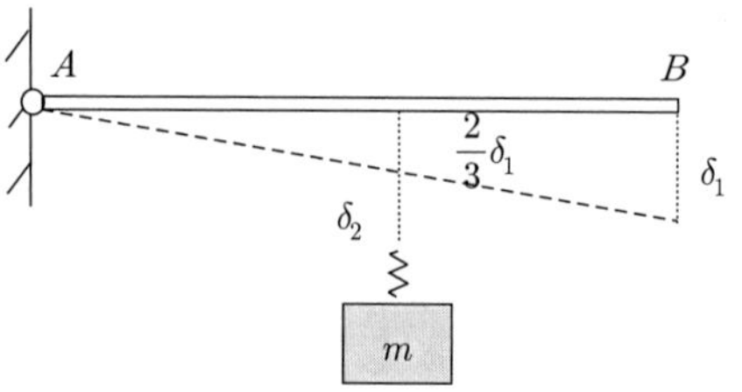

$$\delta = \frac{2}{3}\delta_1 + \delta_2 = \frac{2}{3}\left(\frac{F_1}{k_1}\right) + \frac{F_2}{k_2} = \frac{2}{3k_1} \times \left(\frac{2}{3}F_2\right) + \frac{F_2}{k_2}$$

$$= \left(\frac{4}{9k_1} + \frac{1}{k_2}\right) F_2$$

$W(=F_2) = k_e \delta$로부터

$$\frac{1}{k_e} = \frac{4k_2 + 9k_1}{9k_1 k_2} \qquad \therefore \ k_e = \frac{9k_1 k_2}{4k_2 + 9k_1}$$

▶ 고유진동수

$$f = \frac{1}{2\pi}\sqrt{\frac{k_e}{m}} = \frac{1}{2\pi}\sqrt{\frac{9k_1 k_2}{m(4k_2 + 9k_1)}}$$

92회 1-12

응답 스펙트럼

그림1과 같이 집중질량을 갖는 봉 A ,B, C의 고유주기가 T_A, T_B, T_C 일 때 각 봉의 기둥에 그림2의 가속도 응답스펙트럼을 갖는 입력지진이 작용할 때 각 봉의 기둥에 발생하는 응답 전단력 V_A, V_B, V_C를 구하시오(단, T_A, T_B, T_C 는 그림2의 T_1과 T_2사이의 값이고 응답은 수평 방향으로 탄성범위 이내에 존재).

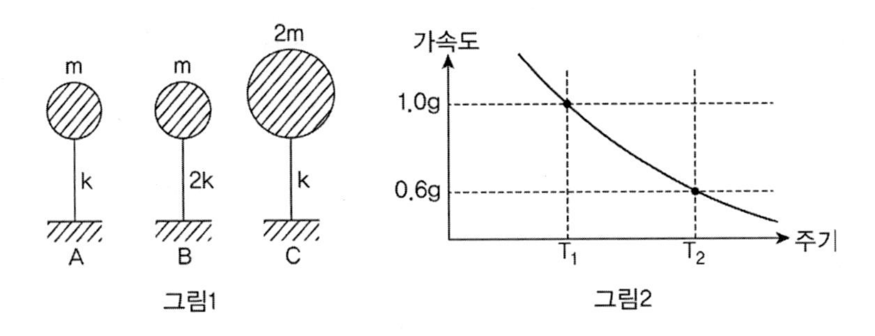

그림1 그림2

풀 이

➤ T_1과 T_2사이의 응답스펙트럼 가속도 값

직선적으로 비례한다고 가정하면, $a(T) = \dfrac{0.4T + 0.6T_1 - T_2}{T_1 - T_2}$

➤ 고유주기

$$T_A = 2\pi\sqrt{\frac{m}{k}}, \quad T_B = 2\pi\sqrt{\frac{m}{2k}} = \frac{1}{\sqrt{2}}T_A, \quad T_C = 2\pi\sqrt{\frac{2m}{k}} = \sqrt{2}\,T_A$$

$$\therefore\ T_1 < T_B < T_A < T_C < T_2$$

➤ 가속도 응답스펙트럼

$$0.6g < a_C < a_A < a_B < 1g$$

➤ 응답 전단력

$$V_A = ma_A = m\frac{0.4T_A + 0.6T_1 - T_2}{T_1 - T_2}, \quad V_B = ma_B = m\frac{0.4T_B + 0.6T_1 - T_2}{T_1 - T_2}$$

$$V_C = 2ma_C = 2m\frac{0.4T_C + 0.6T_1 - T_2}{T_1 - T_2}$$

92회 2-5

최대응력 산정

아래그림과 같은 스틸프레임 구조 상부 거더 상에 수평력 $F(t) = 12\sin 6.0t\,(\text{kN})$을 일으키는 회전기계(rotating machine)가 작용하고 있다. 이 회전기계에 의하여 발생하는 steady 상태의 진폭, 고유주기, 수학적 모델 및 기둥상에 작용하는 최대 동역학 응력을 구하시오(단, 감쇠비는 5%로 가정하고 거더는 회전에 대해 강결상태이며 기둥질량은 무시한다. 강재는 SM400이고 피로는 상시허용응력의 80%로 하며, 좌굴효과는 무시하고 거더 상면의 중량은 15kN/m가 작용).

기둥단면상수 : $E = 200,000MPa$, $I = 4 \times 20^7 mm^4$, $Z = 3.25 \times 10^5 mm^3$, $g = 9.8m/\sec^2$

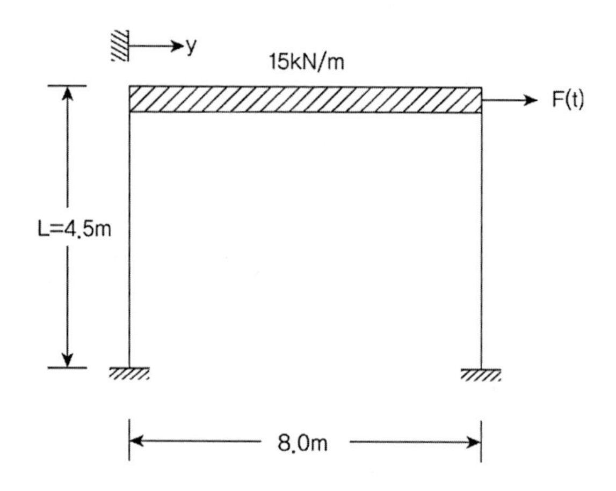

풀 이

➤ 구조물의 강성(k_e)

$$k_e = 2 \times \frac{12EI}{L^3} = \frac{24 \times 200 \times 10^{6(kN/m^2)} \times 4 \times 10^{-6(m^4)}}{4.5^{3(m^3)}} = 2,107^{kN/m}$$

➤ 구조물의 질량(m)

$$m = \frac{W}{g} = \frac{15^{kN/m} \times 8^m}{9.81^{m/s^2}} = 12.244^{kNsec^2/m}$$

➤ 고유진동수 산정

$$f = \frac{1}{2\pi}\sqrt{\frac{k_e}{m}} = \frac{1}{2\pi}\sqrt{\frac{2107^{kN/m}}{12.244^{kNsec^2/m}}} = 2.087^{cycle/\sec}, \quad \omega_n = 2\pi f = 13.118^{rad/\sec}$$

➤ 수학적 모델

감쇠강제진동의 운동방정식 : $m\ddot{x}+c\dot{x}+kx=P_0\sin\omega_e t$로부터

$$m\ddot{x}+c\dot{x}+kx=12\sin 6t \text{ 또는 } m\ddot{x}+2\xi\omega_n m\dot{x}+kx=12\sin 6t$$

$$(\because \xi=\frac{c}{c_{cr}}=\frac{c}{2\sqrt{mk}}=\frac{c}{2m\omega_n},\quad \frac{c}{m}=2\xi\omega_n)$$

감쇠강제진동의 운동방정식의 Steady 상태의 해는

$$m\ddot{x}+c\dot{x}+kx=P_0\sin\omega_e t,\qquad \ddot{x}+\frac{c}{m}\dot{x}+\frac{k}{m}x=\ddot{x}+2\xi\omega_n\dot{x}+\omega_n^2 x=\frac{P_0}{m}sin\omega_e t$$

$$x_p=C\sin\omega_e t+D\cos\omega_e t$$

$$\rightarrow\quad \dot{x}_p=C\omega_e\cos\omega_e t-D\omega_e\sin\omega_e t,\quad \ddot{x}_p=-C\omega_e^2\sin\omega_e t-D\omega_e^2\cos\omega_e t$$

$$\therefore [-C\omega_e^2-D\omega_e(2\xi\omega_n)+C\omega_n^2]\sin\omega_e t=\frac{P_0}{m}sin\omega_e t,$$

$$[-D\omega_e^2+C\omega_e(2\xi\omega_n)+D\omega_n^2]\cos\omega_e t=0$$

$$\text{let}\quad \beta=\omega_e/\omega_n \quad\rightarrow\quad C(1-\beta^2)-D(2\xi\beta)=\frac{P_0}{k},\quad C(2\xi\beta)+D(1-\beta^2)=0$$

$$\therefore C=\frac{P_0}{k}\frac{1-\beta^2}{(1-\beta^2)^2+(2\xi\beta)^2},\quad D=\frac{P_0}{k}\frac{-2\xi\beta}{(1-\beta^2)^2+(2\xi\beta)^2}$$

$$x_p=\frac{P_0}{k}\frac{1}{(1-\beta^2)^2+(2\xi\beta)^2}\left[(1-\beta^2)\sin\omega_e t-(2\xi\beta)\cos\omega_e t\right]$$

$$=\frac{P_0}{k}\frac{1}{\sqrt{(1-\beta^2)^2+(2\xi\beta)^2}}sin(\omega_e t-\theta)=\rho\sin(\omega_e t-\theta),$$

$$\text{여기서}\quad \rho=\frac{P_0/k}{\sqrt{(1-\beta^2)^2+(2\xi\beta)^2}}$$

$$\therefore x=x_h+x_p=x_h+\frac{P_0}{k}\frac{1}{\sqrt{(1-\beta^2)^2+(2\xi\beta)^2}}sin(\omega_e t-\theta)=x_h+\rho\sin(\omega_e t-\theta)$$

➤ 최대 변위 증폭

$$\beta=\frac{\omega_e}{\omega_n}=\frac{6.0}{13.118}=0.457,\quad \xi=0.05$$

$$\rho = \delta_{static} \times DAF = \frac{P_0/k}{\sqrt{(1-\beta^2)^2 + (2\xi\beta)^2}}$$

$$= \frac{P_0}{k} \times \frac{1}{\sqrt{(1-0.457^2)^2 + (2\times 0.05 \times 0.457)^2}}$$

$$= 1.262\frac{P_0}{k} = 1.262 \times \frac{12^{(kN)}}{2107^{(kN/m)}} = 7.187^{mm}$$

➤ 최대 응력

$$M_{\max} = \frac{P_{\max}}{2} \times L + \frac{wL}{2} \times \left(\rho + \frac{L}{2}\right) = 6^{kN} \times 4.5^{m} + \frac{15^{kN/m} \times 8^{m}}{2} \times (0.007187 + 4)^{m}$$

$$= 267.43^{kNm}$$

$$\sigma_{\max} = \frac{M_{\max}}{Z} = \frac{267.43 \times 10^{6(Nmm)}}{3.25 \times 10^{5(mm^3)}} = 822.865^{MPa} \rangle\ 0.8\sigma_{SM400} = 112^{MPa} \qquad \text{N.G}$$

93회 1-10

강성계수와 고유진동수

다음 그림과 같은 구조물의 강성계수 및 고유진동수를 구하시오(단 W는 판의 중량이다).

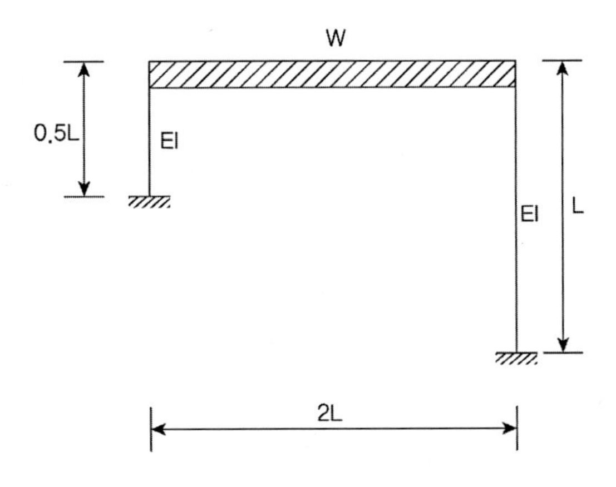

풀 이

▶ 구조물의 강성(k_e)

$$k_1 = \frac{12EI}{(0.5L)^3} \quad k_2 = \frac{12EI}{L^3}, \quad k_e = k_1 + k_2 = \frac{108EI}{L^3}$$

▶ 고유진동수 산정

$$f = \frac{1}{2\pi}\sqrt{\frac{gk_e}{W}} = \frac{1}{2\pi}\sqrt{\frac{108EIg}{WL^3}}$$

(건축) 91회 2-6

고유주기

다음 구조물의 고유주기를 산정하시오.

구조물의 자중은 100kN, 중력가속도 9.81m/sec2, Es=205,000N/mm2, I=1.17×109 mm4, 기둥자중 무시

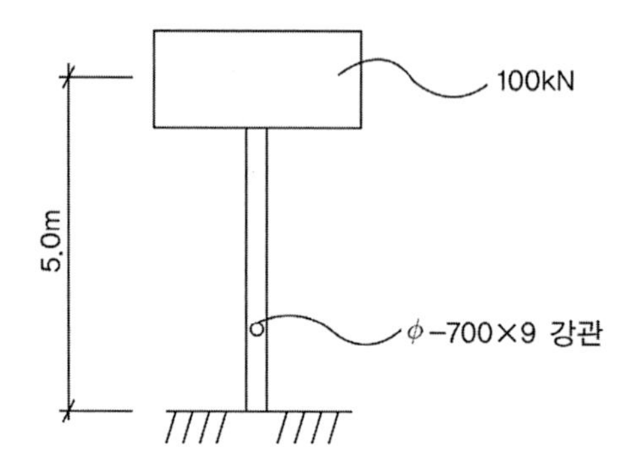

풀 이

▶ 구조물의 강성(k_e)

$$k=\frac{3EI}{L^3}=\frac{3\times 205,000\times 1.17\times 10^9}{5000^3}=5,756.4N/mm$$

▶ 구조물의 고유주기 산정

$$f=\frac{1}{2\pi}\sqrt{\frac{k_e}{m}}=\frac{1}{2\pi}\sqrt{\frac{gk_e}{W}}=\frac{1}{2\pi}\sqrt{\frac{9810^{(mm/\sec^2)}\times 5756.4^{N/mm}}{100\times 10^{3(N)}}}=3.782\quad cycle/\sec$$

(건축) 99회 3-1

고유진동수

다음과 같은 2가지 지지조건으로 트러스가 지지하고 있다. 각각의 고유진동수를 산정하여 사용성 ($f_n \geq 15Hz$)에 만족하는지 확인하고 불만족 시 필요한 강성(I)을 산정하시오.

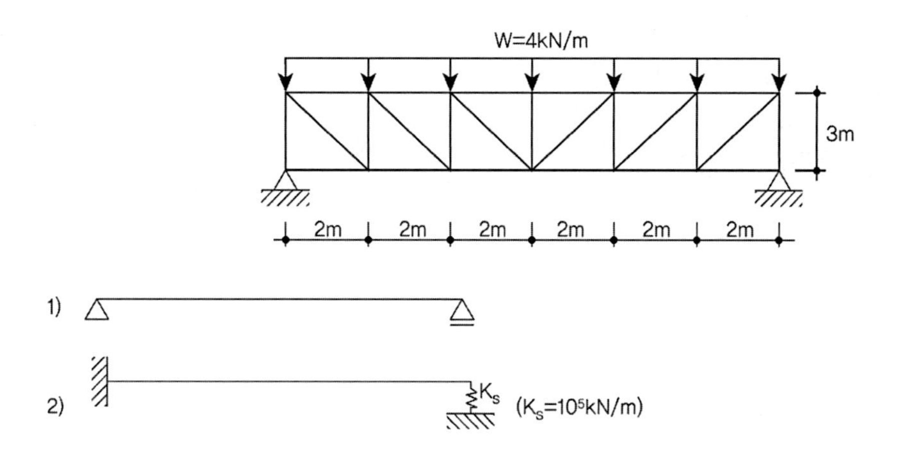

상하연재 H−300×300×10×15($A = 11,980mm^2$, $I = 20,400 \times 10^4 mm^4$, $E_s = 200,000MPa$)
단, 상하현재는 수직재 및 경사재로 인해 일체로 거동한다고 가정하고 단면의 강성은 상하현재만 이용하여 계산한다.

풀 이

➤ 개요

보의 중앙에서의 처짐을 기준으로 강성을 산정하고 비교하며, 수직재와 경사재의 강성은 무시하므로 합성된 단면을 다음의 그림과 같이 가정하여 합성된 단면의 단면 2차 모멘트를 산정한다.

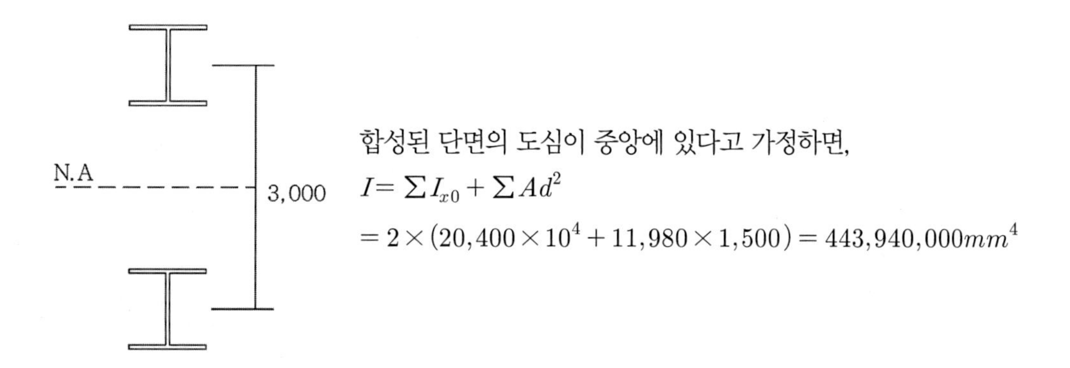

합성된 단면의 도심이 중앙에 있다고 가정하면,

$I = \sum I_{x0} + \sum Ad^2$

$= 2 \times (20,400 \times 10^4 + 11,980 \times 1,500) = 443,940,000mm^4$

➤ 단순보에서의 강성 및 고유진동수 산정

단순보의 중앙점에서의 처짐 $\delta = \dfrac{WL^3}{48EI}$, $\quad \therefore k_{beam} = k_1 = \dfrac{48EI}{L^3} = 2{,}466N/mm$

$$f = \frac{1}{2\pi}\sqrt{\frac{gk_e}{W}} = \frac{1}{2\pi}\sqrt{\frac{9.8(m/\sec^2)\times 2466(N/mm)}{4(kN/m)\times 12m}}$$
$$= 3.571\sec/cycle = 3.571Hz \langle\ 15Hz$$

N.G

단순보일 경우 필요강성(I) 산정

$$f = \frac{1}{2\pi}\sqrt{\frac{gk_e}{W}} = \frac{1}{2\pi}\sqrt{\frac{g}{W}\times\frac{48EI}{L^3}} \geqq 15$$

$$\therefore I_{req} \geqq 7{,}831{,}228{,}962mm^4 \fallingdotseq 7.831\times 10^9 mm^4$$

➤ 고정 + 스프링에서의 강성 및 고유진동수 산정

적합조건으로부터 단부에서의 처짐(δ)은

$$\delta = \delta_{beam} - \delta_s, \qquad \frac{F}{k_s} = \frac{wL^4}{8EI} - \frac{FL^3}{3EI}$$

$$\therefore\ F = \frac{3wk_sL^4}{8(3EI + k_sL^3)}$$
$$= \frac{3\times 4(kN/m)\times 10^5(kN/m)\times 12^4(m^4)}{8(3\times 200{,}000\times 10^3 kN/m^2\times I(m^4) + 10^5(kN/m)\times 12^3(m^3))} = 17{,}972N$$

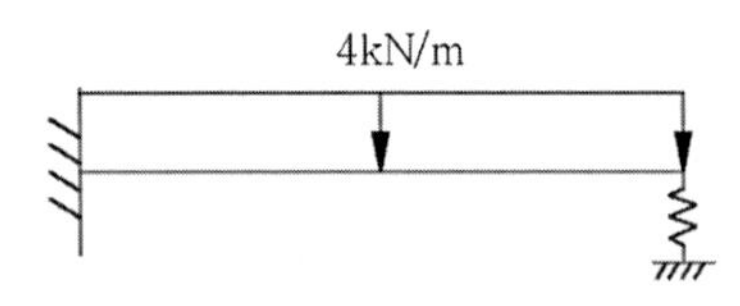

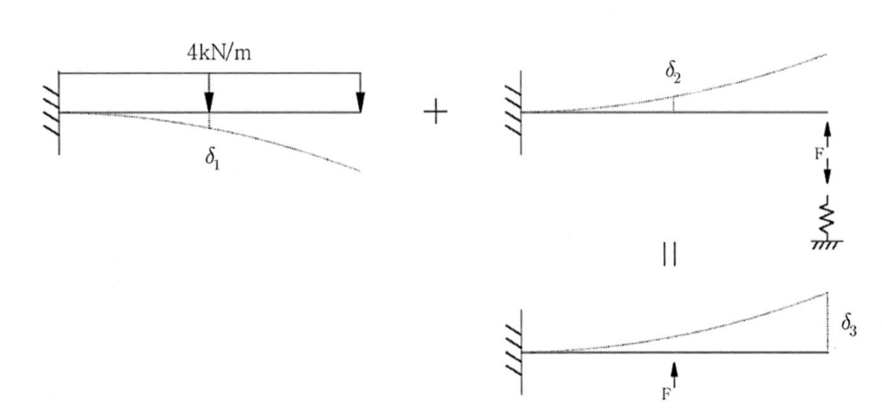

보의 중앙에서의 처짐은 $\delta_c = \delta_1 - \delta_2$ 이며 여기서 $\delta_2 = \delta_3$ (Maxwell의 상반처짐)

δ_1 은 공액보로부터

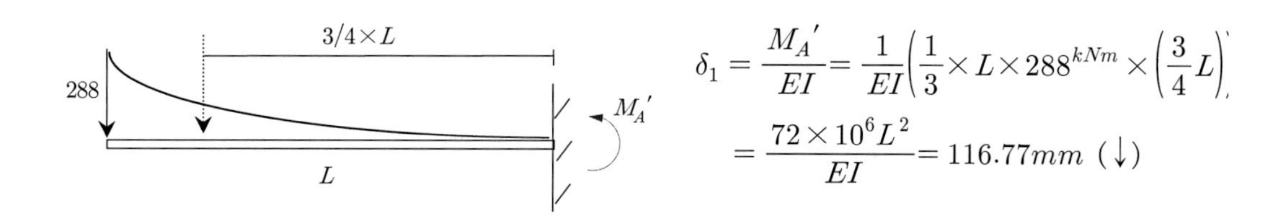

$$\delta_1 = \frac{M_A'}{EI} = \frac{1}{EI}\left(\frac{1}{3} \times L \times 288^{kNm} \times \left(\frac{3}{4}L\right)\right)$$

$$= \frac{72 \times 10^6 L^2}{EI} = 116.77mm\ (\downarrow)$$

δ_2 은 공액보로부터

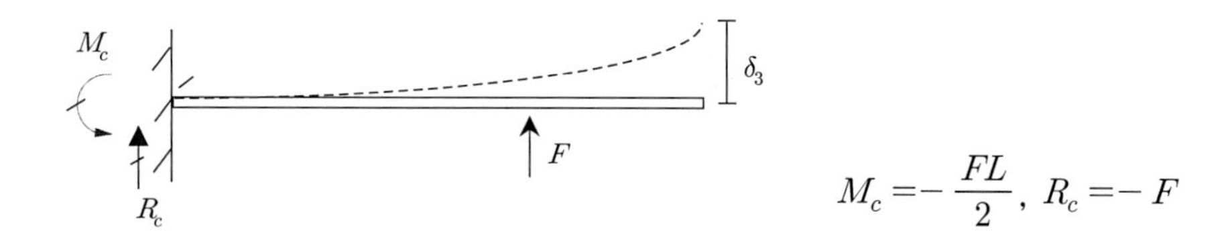

$$M_c = -\frac{FL}{2},\ R_c = -F$$

공액보로 치환하면,

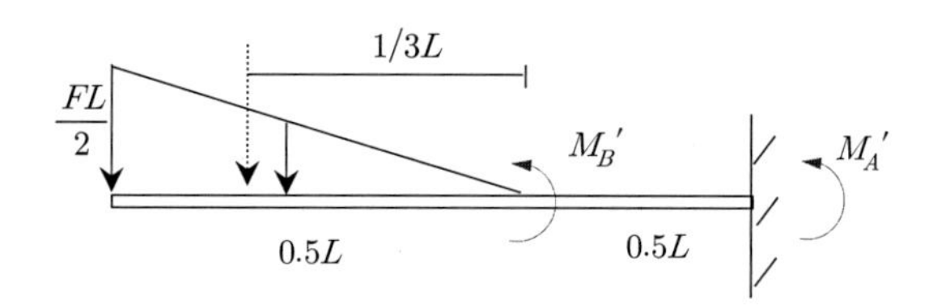

$$M_A' = \left(\frac{1}{2} \times \frac{FL}{2} \times \frac{L}{2}\right) \times \left(\frac{1}{3}L + \frac{1}{2}L\right) = \frac{5}{48}FL^3 \qquad \therefore\ \delta_3 = \frac{M_A'}{EI} = \frac{5}{48}\frac{FL^3}{EI}$$

$$\therefore\ \delta_3 = \frac{M_A'}{EI} = \frac{5}{48}\frac{FL^3}{EI} = \frac{5}{48} \times \frac{17972(N) \times 12000^3(mm^3)}{200,000(N/mm^2) \times 443,940,000(mm^4)}$$

$$= 36.44mm(\uparrow)$$

$\therefore$ 보의 중앙에서의 처짐은 $\delta_c = \delta_1 - \delta_2 = 80.34mm$

$$\delta_c = \frac{72 \times 10^6 L^2}{EI} - \frac{5}{48}\frac{FL^3}{EI} = \frac{72 \times 10^6 L^2}{EI} - \frac{5}{48}\frac{L^3}{EI} \times \frac{3wk_s L^4}{8(3EI + k_s L^3)}$$

$$k_e = \frac{wL}{\delta} = 597.48N/mm$$

$$f=\frac{1}{2\pi}\sqrt{\frac{gk_e}{W}}=\frac{1}{2\pi}\sqrt{\frac{9.8(m/\sec^2)\times 597.48(kN/m)}{4(kN/m)\times 12m}}$$

$$=1.76\sec/cycle=1.76Hz \langle 15Hz$$ N.G

고정 + 스프링일 경우 필요강성(I) 산정

$$f=\frac{1}{2\pi}\sqrt{\frac{gk_e}{W}}=\frac{1}{2\pi}\sqrt{\frac{g}{W}\times k_e}\geq 15 \qquad \therefore k_e\geq 43,506.827kN/m$$

$$k_{e(req)}=\frac{F}{\delta_c}=\left[\frac{3wk_sL^4}{8(3EI_{req}+k_sL^3)}\right]\Big/\left[\frac{72L^2}{EI_{req}}-\frac{5}{48}\frac{L^3}{EI_{req}}\times\frac{3wk_sL^4}{8(3EI_{req}+k_sL^3)}\right]$$ 이므로,

$$\therefore I_{req}\geq 152.485m^4$$

(건축) 99회 4-6

강성계수와 고유진동수

다음 그림과 같은 구조물의 강성과 고유진동수를 구하시오. 또 기둥의 높이가 절반으로 줄어들 경우 구조물의 고유주기가 동일하게 되기 위한 W 값을 구하시오(단, 중력가속도 $9.8m/\sec^2$, E는 205,000MPa, $I = 7.21 \times 10^7 mm^4$, 골조자중 무시하고 무한강성보로 가정한다).

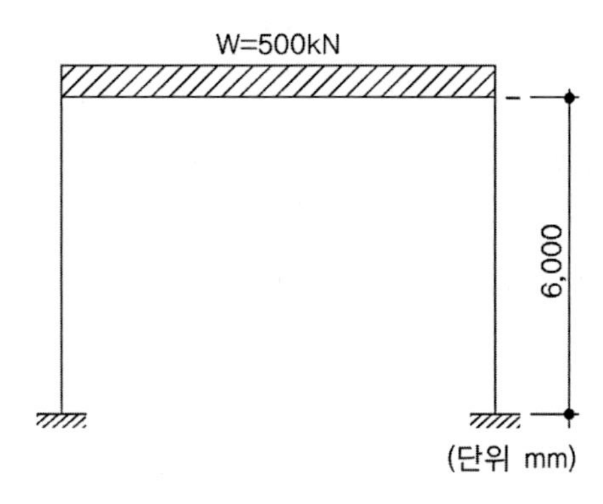

풀 이

▶ 원구조물의 강성(k_e)과 고유진동수(f_n)

$$k_1 = k_2 = \frac{12EI}{L^3},\ k_e = k_1 + k_2 = \frac{24EI}{L^3} = \frac{24 \times 7.21 \times 10^7 \times 205{,}000}{6000^3} = 1642.28N/mm$$

$$f_n = \frac{1}{2\pi}\sqrt{\frac{gk_e}{W}} = \frac{1}{2\pi}\sqrt{\frac{24EIg}{WL^3}} = \frac{1}{2\pi}\sqrt{\frac{1642.28(N/mm) \times 9.81 \times 10^3 (mm/s^2)}{500 \times 10^3 (N)}}$$

$$= 0.90343Hz$$

▶ 기둥의 높이 변경 시

$$k'_1 = k'_2 = \frac{12EI}{(0.5L)^3},$$

$$k'_e = k'_1 + k'_2 = \frac{24EI}{(0.5L)^3} = \frac{24 \times 7.21 \times 10^7 \times 205{,}000}{3000^3} = 13138.2N/mm$$

$$f_n = \frac{1}{2\pi}\sqrt{\frac{gk'_e}{W'}} = \frac{1}{2\pi}\sqrt{\frac{24EIg}{W'(0.5L)^3}} = \frac{1}{2\pi}\sqrt{\frac{13138.2(N/mm) \times 9.81 \times 10^3 (mm/s^2)}{W'(N)}}$$

$$= 0.90343Hz$$

$$\therefore\ W' = 4{,}000kN$$

94회 3-6

고유진동수와 허용진폭

그림과 같이 원통형 지주 상에 풍력발전기가 설치되어 있다. 구조계의 고유진동수와 허용진폭을 구하시오.

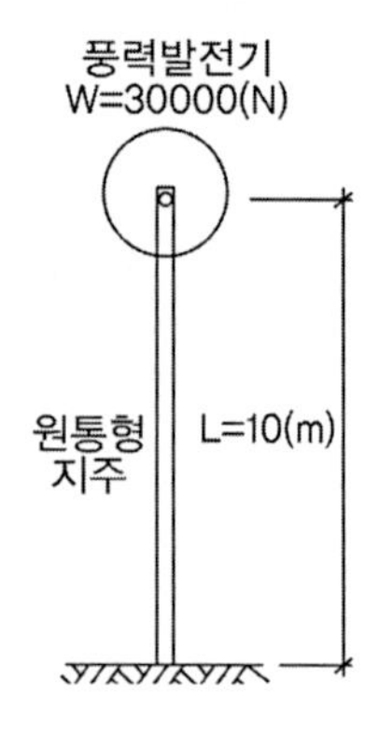

〈조건〉
풍력발전기의 중량은 30,000N, 편심질량은 300kg, 축차편심은 50mm, 지주의 외경은 1,000mm, 두께 $t_p = 50mm$, 허용휨응력 $f_{ba} = 100MPa$, 탄성계수는 200,000MPa이며 지주의 질량은 무시한다.

풀 이

▶ 편심질량 비감쇠 강제진동

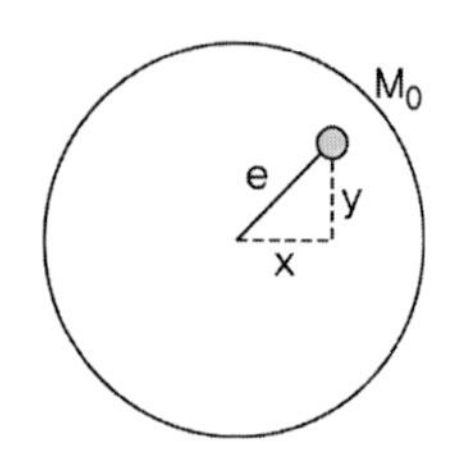

$x = ecos\omega t, \quad y = esin\omega t$

$F_x = mr_x\omega^2 = m_0\omega^2 e \cdot \cos\omega t$

$F_y = mr_y\omega^2 = m_0\omega^2 e \cdot \sin\omega t$

구조물이 수직방향으로 진동한다고 하면,

$m\ddot{x} + kx = F_y (= m_0\omega^2 e \cdot \sin\omega t)$

x_p : Particular Solution($= Asin\omega t$) $\quad x' = A\omega\cos\omega t, \quad x'' = -A\omega^2\sin\omega t$

$(-A\omega^2\sin\omega t)m + k(Asin\omega t) = m_0\omega^2 e \cdot \sin\omega t$

$(ksin\omega t - m\omega^2\sin\omega t)A = m_0\omega^2 e \cdot \sin\omega t$

$$\therefore A = \frac{m_0\omega^2 e \cdot}{k - m\omega^2} = \frac{(\frac{m_0}{m})\omega^2 e}{\frac{k}{m} - \omega^2} = \frac{(\frac{m_0}{m})\omega^2 e}{\omega_n^2 - \omega^2} = \frac{(\frac{m_0}{m})(\frac{\omega^2}{\omega_n^2})e}{1 - (\frac{\omega^2}{\omega_n^2})} = \frac{em_0}{m} \times \frac{\beta^2}{\sqrt{(1-\beta^2)^2}}$$

▶ Extra Solution

$$\rho = \frac{P_0}{k}, \quad P_0 = m_0 \omega^2 e$$

$$y = \rho \sin(\omega_e t - \theta) = \frac{m_o \omega^2 e}{k} sin(\omega_e t - \theta) = \frac{m_o e(k/m)}{k} sin(\omega_e t - \theta) = \frac{e m_0}{m} sin(\omega_e t - \theta)$$

$$D.A.F = \frac{\rho}{|x_{static}|}$$

▶ 단면의 성질

$$E = 200{,}000^{MPa}, \qquad I = \frac{\pi}{64}(1000^4 - 900^4) = 1.688 \times 10^{10mm^4}$$

▶ 스프링 계수

켄틸레버 구조이므로 $k_e = \dfrac{3EI}{L^3} = 10{,}128.7^{N/mm}$

▶ 고유진동수 산정

$$\omega_n = \sqrt{\frac{k_e}{m}} = \sqrt{\frac{k_e g}{W}} = 57.55^{rad/\sec} \qquad \therefore f = \frac{w_n}{2\pi} = 9.16^{cycle/\sec}$$

▶ 허용 변위

$$M = PL = \frac{\sigma_{all} I}{y} = \sigma_{all} S, \quad P = \frac{\sigma_{all} S}{L}, \quad \triangle_{all} = \frac{PL^3}{3EI} = \frac{L^3}{3EI} \times \frac{\sigma_{all} S}{L} = \frac{\sigma_{all} S L^2}{3EI}$$

〈Extra Solution〉

$$M_{BA} = 2E\frac{I}{L}(2\theta_A + \theta_B - 3\frac{\triangle}{L}) = 0, \ \theta_A = 0 \ \theta_B = 3\frac{\triangle}{L}$$

$$M_{AB} = 2E\frac{I}{L}(\theta_A + 2\theta_B - 3\frac{\triangle}{L}) = \frac{2EI}{L} \times \frac{3\triangle}{L} = \frac{6EI}{L^2}\triangle$$

$$M = \frac{\sigma_{all}}{S} = \frac{2\sigma_{all} I}{d} = \frac{6EI}{L^2}\triangle_{all} : \triangle_{all} = \frac{2\sigma_{all} I}{d} \times \frac{L^2}{6EI}$$

$$\triangle_{all} = \frac{\sigma_{all} L^2}{3EI} \times \frac{2I}{d} = \frac{2 \times 100 \times (10 \times 10^3)^2}{3 \times 200{,}000 \times 1{,}000} = 33.33^{mm}$$

▸ **허용 진폭**

$$y = \frac{em_0}{m} sin(\omega_e t - \theta) = \frac{em_0}{m} \times \frac{\beta^2}{\sqrt{(1-\beta^2)^2}} sin\omega t = 33.33$$

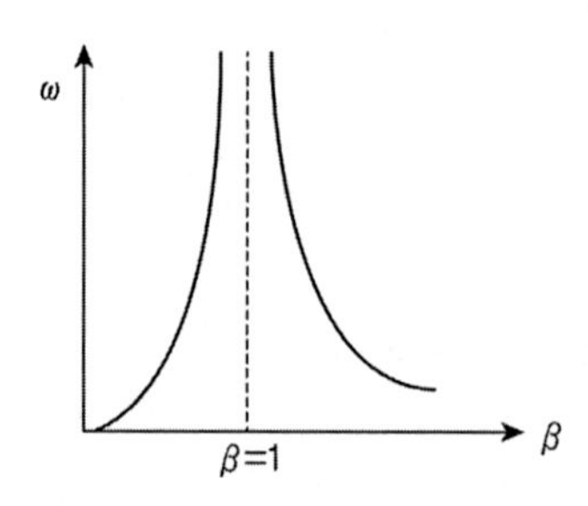

1) $\beta^2 < 1$: $\beta = 0.9337$

$\therefore \beta = \frac{\omega}{\omega_n}, \quad \omega = \beta\omega_n = 8.55^{cycle/\sec}$

2) $\beta^2 > 1$: $\beta = 1.083$

$\therefore \beta = \frac{\omega}{\omega_n}, \quad \omega = \beta\omega_n = 9.92^{cycle/\sec}$

95회 3-3

응력산정, 안정성 검토

다음 그림과 같이 기둥배열방향으로 0.2g의 수평가속도를 받는 폭 5m의 슬래브 형태의 주차장에 200kN의 트럭이 일정한 속도로 통과하고 있다. A, E점의 지지조건은 롤러(Roller)이고, B, C, D 점의 지지조건은 힌지(hinge)이며 기둥하부는 암반에 고정되어 있다. 콘크리트 슬래브의 두께가 20cm이고 강재기둥의 자중과 수직처짐을 무시할 때 허용응력설계법에 의한 기둥의 휨 안전성을 검토하시오(단, 트럭과 주차장 사이의 마찰계수는 1.0으로 가정하시오).

콘크리트 슬래브	단위질량(m_c)=2500kg/m^3 탄성계수(E_c)=2.0×10^4 MPa
강재기둥 (①, ②, ③)	탄성계수(E_s)=2.0×10^5 MPa 단면2차모멘트(I_s)=1.0×10^5 cm^4 단면의 중립축에서 연단까지의 거리(y)=± $30cm$ 허용응력(f_{sa})=150MPa

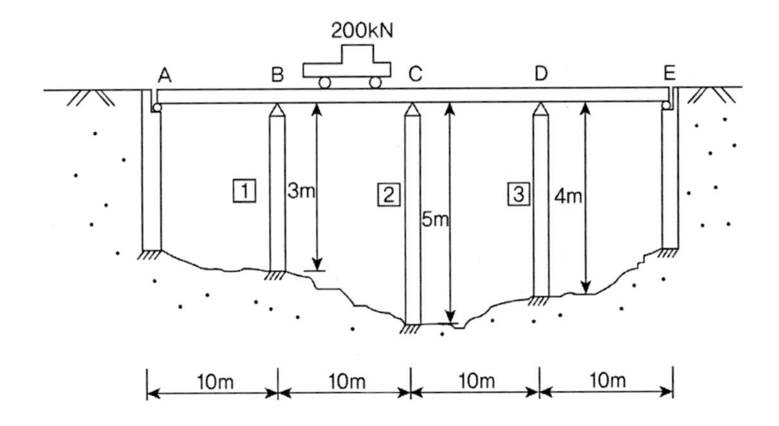

풀 이

➤ 자중의 산정

$$w = 5^m \times 0.2^m \times 2{,}500^{kg/m^3} = 2{,}500^{kg/m}, \quad W = wL = 2{,}500 \times 40$$

➤ 교각의 강성산정

$$k_1 = \frac{3EI}{L_1^3} = \frac{3EI}{27}, \quad k_2 = \frac{3EI}{L_2^3} = \frac{3EI}{125}, \quad k_3 = \frac{3EI}{L_3^3} = \frac{3EI}{64}$$

병렬구조물이므로($\delta = \delta_1 = \delta_2 = \delta_3$)

$$k_e = k_1 + k_2 + k_3 = 0.1820EI$$

$$EI = 2.0 \times 10^5 \times 10^{6(N/m^2)} \times 1.0 \times 10^5 \times 10^{-8(m^4)} = 2 \times 10^{8(Nm^2)} = 2 \times 10^{5(kNm^2)}$$

$$\therefore k_e = 36,400^{kN/m}$$

➤ **구조물의 고유주기**

$$T = 2\pi\sqrt{\frac{m}{k_e}} = 1.646^{\sec/cycle}$$

➤ **가속도 계수**

$$C_S = 0.2g$$

➤ **수평력 산정**

$$H = C_S W + \mu N = 0.2 \times 2500 \times 40 + 1.0 \times 200 \times 10^3 = 220,000^N = 220^{kN}$$

➤ **수평력 산정**

$$H = k_e \delta \ \therefore \delta = \frac{H}{k_e} = \frac{220^{kN}}{36,397.2^{kN/m}} = 6.04^{mm}$$

$$H_1 = k_1 \delta = 134.22^{kN} \qquad M_1 = H_1 \times L_1 = 402.66^{kNm}$$

$$H_2 = k_2 \delta = 28.99^{kN} \qquad M_2 = H_2 \times L_2 = 144.95^{kNm}$$

$$H_3 = k_3 \delta = 56.625^{kN} \qquad M_3 = H_3 \times L_3 = 226.5^{kNm}$$

➤ **허용응력 검토**

$$f_{\max} = \frac{W}{A} \pm \frac{M_{\max}}{I} y \fallingdotseq \pm \frac{M_{\max}}{I} y \quad \text{(기둥의 자중 무시)}$$

$$= \frac{402.66 \times 10^{6(Nmm)}}{10^5 \times 10^{4(mm^4)}} \times \frac{300}{2} = 60.4^{MPa} < f_{sa} (= 140^{MPa}) \qquad \text{O.K}$$

103회 4-5

고유진동수

아래의 그림과 같은 철근콘크리트 기초가 기초저면의 도심 O에 회전스프링 강성 $k = 2 \times 10^6 Nm/rad$을 가진다. 저면도심 O를 관통하는 Z축의 로킹 모션(rocking motion)에 대한 고유진동수를 구하시오.

단, 구조계는 비감쇠이며, 기초 전체의 중심은 C이다. 또한 콘크리트의 단위체적질량은 $w_c = 2{,}500kg/m^3$이고, 기초의 제원은 폭 B=1,200mm, 길이 L=1,800mm, 높이 H=500mm이며 중력가속도 $g = 9.8m/s^2$이다.

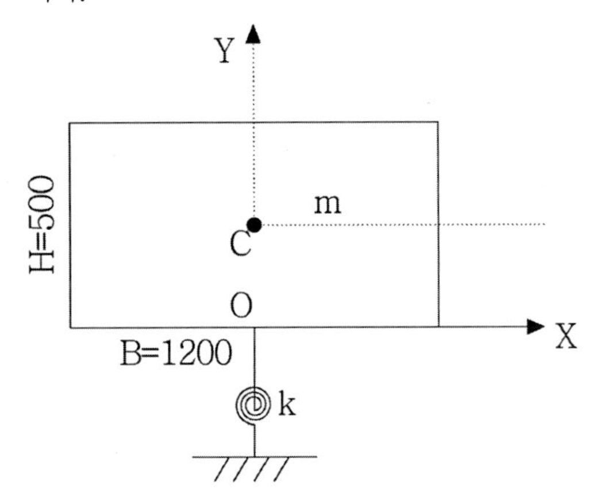

풀 이

➤ 개요

비감쇠 구조물의 고유진동수 산정은 다음과 같다.

자유진동을 하는 구조물의 운동방정식 : $m\ddot{x}+c\dot{x}+kx=0$

Undamped System에서 $c=0$

$$\ddot{x}+\frac{k}{m}x=0 \rightarrow \ddot{x}+\omega^2 x=0 \qquad x=\sin\omega t,\ \ddot{x}=-\omega^2\sin\omega t \quad \therefore\ \omega=\sqrt{\frac{k}{m}}$$

공업수학 식

$\ddot{x}+\omega^2 x=0 \rightarrow x^2+\omega^2=0$의 해 $(x=\pm i\omega)$ $\quad \therefore\ x=A_1 e^{i\omega t}+A_2 e^{-i\omega t}$

$e^{i\omega}=\cos x+i\sin x,\quad e^{-i\omega}=\cos x-i\sin x,\quad \cosh x=\frac{1}{2}(e^x+e^{-x}),\quad \sinh x=\frac{1}{2}(e^x-e^{-x})$

① 단자유도계의 고유진동수(f_n) : $f_n = \frac{1}{T} = \frac{\omega}{2\pi} = \frac{1}{2\pi}\sqrt{\frac{k}{m}}$ (cycle/sec, Hz)

② 다자유도계의 고유진동수(f_n) : $\{[k] - \omega^2[m]\}\{\phi\} = \{0\} \rightarrow \det|[k] - \omega^2[m]| = 0$

▶ **구조물의 질량산정**

$$V = 500 \times 1,200 \times 1,800 = 1,080,000,000 mm^3 = 1.08 m^3$$
$$m = V \times w_c = 1.8 \times 2,500 = 2,700 kg$$

▶ **로킹 모션(rocking motion)에 대한 고유진동수**

$$1N = 1kgm/s^2, \quad k = 2 \times 10^6 kgm^2/\sec^2$$

$$\therefore f_n = \frac{1}{T} = \frac{\omega}{2\pi} = \frac{1}{2\pi}\sqrt{\frac{k}{m}} = \frac{1}{2\pi}\sqrt{\frac{2 \times 10^6 (kgm/s^2 \times m)}{2,700kg}} = 4.33 cycle/\sec$$

96회 1-4

고유치 해석

토목공학의 구조공학 분야에서 자주 등장하는 고유치 문제(Eigenvalue Problem)에 대하여 설명하시오.

풀 이

➤ 개요

구조물의 고유치는 구조물이 가지고 있는 고유한 성질로 토목 분야에서는 주로 동해석 시의 고유진동수 해석(Dynamic Analysis Natural Frequency)이나 좌굴(Buckling)해석시의 고유치 해석 또는 구조물의 주응력 계산시의 고유치 해석 등에 이용되며, 고유주파수(Eigenfrequency), 고유모드(Eigenmode), 형상함수(shape function) 등을 산정할 때 주로 많이 사용된다.
공학적으로는 Modal Method를 이용한 해석 수행 시에 주로 많이 사용되며, 토목 분야 구조물에서 고유치 문제에 대한 일반적인 해법 식은 다음과 같다.

$$([K]-w_n^2[m])\{\phi\}=\{0\}$$

➤ 고유치의 정의

공학과 물리학에서 상수의 매트릭스 $\overline{A}$를 가진 선형대수방정식에서 해 벡터 $\overline{x}$가 $\overline{A}\overline{x}$에 비례하는 경우가 발생한다. 이를 고유치 문제(Eigenvalue problem)이라 하며 수식으로는 다음과 같다.

$$\overline{A}\overline{x}=\lambda\overline{x} \quad \rightarrow \quad (\overline{A}-\lambda\overline{I})\overline{x}=\overline{0} \quad \therefore |\overline{A}-\lambda\overline{I}|=0$$

$\overline{A}\overline{x}$(Output) = $\lambda\overline{x}$(Input)과 같이 input과 output이 크기만 다르고 같은 모양이 되는 것을 eigenvector라 하고 그 크기의 비를 eigenvalue라 한다.

➤ 구조공학에서 사용되는 실 예

1) 다자유도 비감쇠 자유진동

기본 방정식 $[m][\ddot{y}]+[k][y]=[0]$
변위와 시간을 uncoupling하고 진동을 조화함수로 가정하면,

$$y=q_n(t)[\phi]=(Asin\omega_n t+Bcos\omega_n t)[\phi]$$
$$\ddot{y}=(-\omega_n^2 Asin\omega_n t-\omega_n^2 Bcos\omega_n t)[\phi]=-\omega_n^2 q_n(t)[\phi]$$
$$\therefore ([K]-\omega_n^2[m])[\phi]q_n(t)=[0]$$

여기서 $q_n(t) \neq 0$ 이므로, $([K] - \omega_n^2[m])[\phi] = [0]$: 고유치 문제

$\therefore \left| [K] - \omega_n^2[m] \right| = 0$: Characteristic equation

2) 주응력 계산

주응력 상태에서 stress vector $[t] = \lambda[n]$ 이고 또 일반적인 응력상태에서 stress vector $[t] = [\sigma][n]$ 이므로,

$[t] = \lambda[n] = [\sigma][n]$: $([\sigma] - \lambda[I])[n] = [0]$

$\therefore |[\sigma] - \lambda[I]| = 0$: Characteristic equation

3) Bifurcation Buckling

축방향하중을 받는 부재의 지배미분방정식은 $EI\dfrac{d^4y}{dx^4} + P\dfrac{d^2y}{dx^2} = 0$, $\omega^2 = \dfrac{P}{EI}$ 를 대입하면,

$\dfrac{d^4y}{dx^4} + \omega^2\dfrac{d^2y}{dx^2} = 0$: 미분방정식의 해는 $y = Asin\omega x + Bcos\omega x + Cx + D$ 로 경계조건을 도입하면,

$$\begin{bmatrix} a_{11} & a_{12} & a_{13} & a_{14} \\ a_{21} & a_{22} & a_{23} & a_{24} \\ a_{31} & a_{32} & a_{33} & a_{34} \\ a_{41} & a_{42} & a_{43} & a_{44} \end{bmatrix} \begin{bmatrix} A \\ B \\ C \\ D \end{bmatrix} = \begin{bmatrix} 0 \\ 0 \\ 0 \\ 0 \end{bmatrix} \quad \therefore \begin{vmatrix} a_{11} & a_{12} & a_{13} & a_{14} \\ a_{21} & a_{22} & a_{23} & a_{24} \\ a_{31} & a_{32} & a_{33} & a_{34} \\ a_{41} & a_{42} & a_{43} & a_{44} \end{vmatrix} = 0 \quad : \text{Characteristic equation}$$

4) Ritz Method

Ritz Method은 변분법을 이용하여 지배방정식의 근사해를 구하는 방법이다. 지배방정식의 근사해를 다음과 같이 가정한다.

$$u = \sum_{i=1}^{N} C_i \Phi_i$$

전체 포텐셜에너지 Π 는 C_i 의 함수이다. $\Pi(C_1, C_2, C_3, \ldots C_N)$

$$\delta\Pi = \frac{\partial\Pi}{\partial C_i}\delta C_i = \frac{\partial\Pi}{\partial C_1}\delta C_1 + \frac{\partial\Pi}{\partial C_2}\delta C_2 + \ldots + \frac{\partial\Pi}{\partial C_N}\delta C_N$$

C_i 는 선형이고 독립적이므로,

$\dfrac{\partial\Pi}{\partial C_i} = 0$ for $i = 1, 2, \cdots, N$: 고유치 문제

Ritz Method는 구조물의 변위, 좌굴하중, 자유진동수 등을 근사적으로 구할 수 있는 방법이다.

Chapter

03 다자유도계 시스템

01 다자유도계 (MDOF : Multi Degree Of Freedom system)

동적해석을 위해 구조물의 중요한 하나의 변위 형상을 선정한 후 이를 이용하여 복잡한 구조물을 단자유도계로 근사할 수 있다. 그러나 실제 구조물은 하나 이상의 중요한 변위형상을 갖고 있을 수 있으며 이 경우 다양한 변위 형상을 고려하기 위해서 구조물을 단자유도계가 아닌 다자유도계로 근사해야 한다. 실제 구조물을 다자유도계로 모형화할 경우 보통 많은 자유도를 사용하게 되며, 자유도가 증가함에 따라 동적해석에 소요되는 시간은 기하급수적으로 증가하므로 효율적인 동적해석을 수행하기 위해서 적절한 자유도를 선정하여 해석모형을 작성하는 것이 필요하며, 이러한 동적해석과정에서 자유도를 줄이는 효과적인 방법 중에 하나는 구조물의 중요한 자유진동 모드 벡터들을 이용하는 '모드 중첩법(Mode superposition method)'이다.

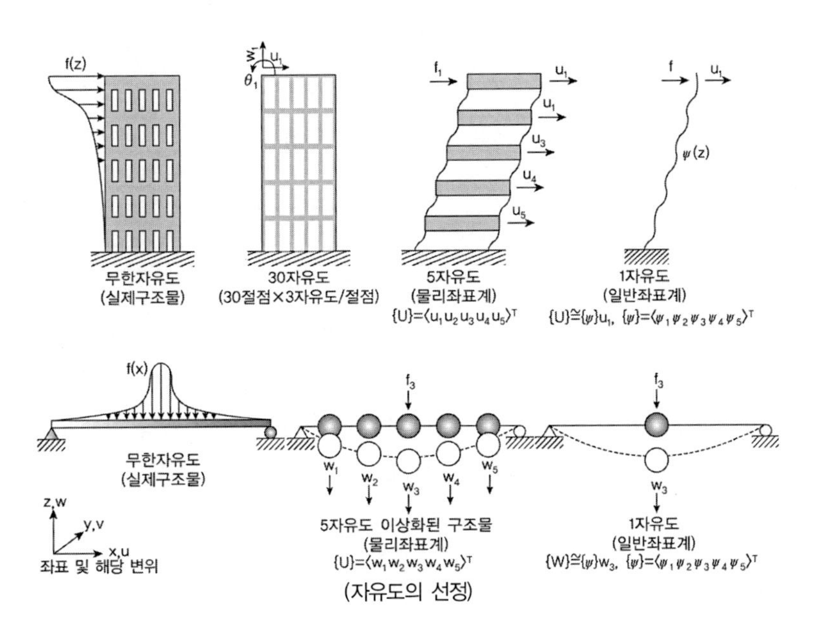

(자유도의 선정)

1. 비감쇠 자유진동 : 고유진동수와 자유진동모드 (구조동역학, 김두기)

96회 1-4 고유치 문제(Eigenvalue Problem) 설명

72회 1-13 고유치 문제(Eigenvalue Problem) 설명, 실 예 3가지

비감쇠 자유진동에 관한 n차 자유도계의 운동방정식은,

$$[M]\{\ddot{U}\} + [K]\{U\} = \{0\}$$

여기서, 변위벡터 $\{U\}$는 위치와 시간의 함수이고 위치(z)와 시간(t)을 서로 독립변수이며, 변위벡터 $\{U(z;t)\}$는 다음과 같이 위치의 함수인 변위 형상함수 $\Psi(z)$과 시간의 함수인 $q(t)$의 곱으로 나타낼 수 있다고 가정하면,

$\{U(z;t)\} = \{\Psi(z)\}q(t)$, $\{\Psi\} = [\Psi_1, \Psi_2, \cdots, \Psi_n]^T$, Ψ_n에서 n은 n번째 자유도의 위치

$\{U(z;t)\}$을 운동방정식에 대입하여 정리하면,

$$([K] - \omega_i^2[M])\{\Psi\}=\{0\}$$

여기서, $\{\Psi\}$이 $\{0\}$이 아니면, $\mathrm{Det}([K] - \omega_i^2[M])=0$

이 식에서 중근이 없다면 다음과 같이 n개의 해(ω_i^2)를 가지며, ω_i^2의 크기가 작은 것부터 나열하면 다음과 같다.

$$[\Omega^2] = \mathrm{diag}(\omega_1^2, \omega_2^2, \cdots, \omega_n^2)$$

이때 ω_i를 '고유치(eigen value)' 또는 '고유진동수(natural frequency)'라고 하며, 그 값이 가장 작은 ω_i를 구조물의 기본 고유진동수(fundamental natural frequency)라고 하며 구조물의 동적 특성을 나타내는 중요한 척도로 사용된다. 이러한 고유치를 구하는 문제를 '고유치 문제(eigen value problem)'라고 한다.

각각의 고유진동수에 대하여 다음 식이 성립한다.

$$([K] - \omega_i^2[M])\{\Psi^{(i)}\}=\{0\}$$

여기서, $\{\Psi^{(i)}\}$는 i번째 고유진동수 ω_i에 대응하는 고유벡터이며, i번째 '자유진동모드(free vibration mode)', '모드형상(mode shape)' 또는 '모드(mode)'라고 한다. 이렇게 구한 n개의 자유진동 모드들 ($\{\Psi^{(1)}\}$, $\{\Psi^{(2)}\}$, $\cdots$ $\{\Psi^{(n)}\}$)은 서로 독립이며, 이들을 조합하여 행렬로 나타내면 다음과 같다.

$$[\Phi] = [\{\Psi^{(1)}\}\ \{\Psi^{(2)}\}\ \cdots\ \{\Psi^{(n)}\}]$$

여기서, $[\Phi]$를 '자유진동모드 행렬' 또는 '모드행렬'이라 한다.

2. 감쇠 자유진동 : 비례감쇠와 비비례감쇠 (구조동역학, 김두기)

90회 3-2 Rayleigh 감쇠행렬

자유진동모드행렬을 감쇠행렬에 양변에 곱하였을 때 다음과 같이 대각성분만을 갖는 행렬을 구할 수 있을 경우 '비례감쇠(Proportional damping)' 또는 '고전적 감쇠(Classical damping)'라고 한다.

$$\{\Psi^{(i)}\}T[C]\{\Psi^{(j)}\} = c_{ii}\delta_{ij}$$

레일리(Rayleigh)는 감쇠행렬이 다음과 같이 구조물의 질량행렬과 강성행렬의 선형합(linear superposition)으로 구성될 수 있다고 가정하였다.

$$[C] = \alpha[M] + \beta[K]$$

이때, α와 β는 임의의 비례상수이며, k번째 모드에 대한 감쇠비 관계는 다음과 같다.

$$\xi_k = \frac{c}{c_{cr}} = \frac{C_n}{2\sqrt{M_n K_n}} = \frac{1}{2}\left(\alpha\frac{1}{\omega_k} + \beta\omega_k\right)$$

즉, 주요한 2개의 모드인 i번째 모드와 j번째의 모드에 대한 감쇠비를 ξ_i와 ξ_j라고 할 때, α와 β는 다음 식을 통해 구할 수 있다. 감쇠가 작은 구조물의 경우 보통 α와 β는 보다 작은 값으로 구해진다.

$$\begin{bmatrix}\xi_i \\ \xi_j\end{bmatrix} = \frac{1}{2}\begin{bmatrix}1/\omega_i & \omega_i \\ 1/\omega_j & \omega_j\end{bmatrix}\begin{bmatrix}\alpha \\ \beta\end{bmatrix}$$

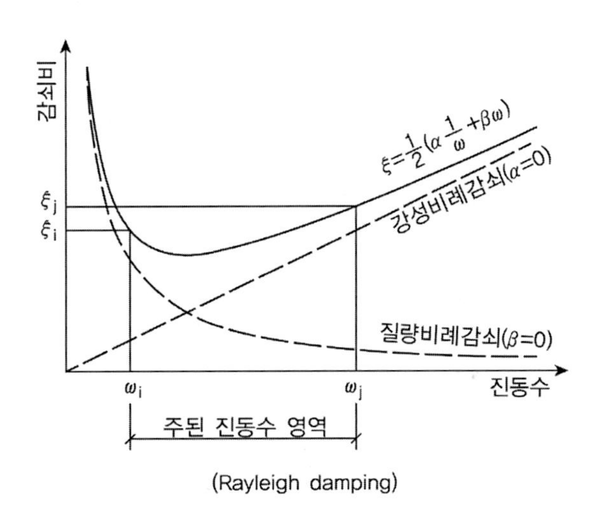

(Rayleigh damping)

이와 같은 감쇠를 Rayleigh damping이라고 하며, 이때의 감쇠행렬을 '레일리 감쇠행렬(Rayleigh damping matrix)' 또는 '비례감쇠행렬(Proportional damping matrix)'이라 한다. 이러한 감쇠를 갖는 구조물에서 구한 자유진동 모드행렬은 질량행렬과 강성행력뿐만 아니라 감쇠행렬에 대해서도 직교성을 만족한다.

'비례감쇠(Proportional damping)'를 사용할 경우 감쇠 구조물의 모드 특성은 비감쇠 구조물의 모드특성과 거의 유사하다. 특히 감쇠구조물과 비감쇠 구조물은 동일한 모드형상을 갖고 있으며 감쇠가 작은 일반 구조물의 경우 고유진동수도 매우 비슷하다. 따라서 비례감쇠를 사용할 경우 감쇠 구조물이 모드 분석을 하기 위해 비감쇠 구조물의 해석을 직접 또는 간접적으로 이용할 수 있다는 장점을 가지고 있다. 비례감쇠는 매우 실용적이지만 일반적으로 실제 감쇠는 재료의 이력감쇠 등으로 인해 구조물의 강성과 비례하지 않으며 마찰감쇠 등으로 인해 구조물의 질량과도 비례하지 않는다.

일반적으로 모드의 감쇠행력에 대한 직교성은 성립하지 않으며 이 경우 감쇠를 '비비례감쇠(non-proportional damping)' 또는 '비고전적 감쇠(non-classical damping)'라고 한다.

$$\{\Psi^{(i)}\}\mathrm{T}[\mathrm{C}]\{\Psi^{(j)}\} \neq c_{ii}\delta_{ij}$$

이러한 비비례감쇠로 구조감쇠(Structural damping) 또는 이력감쇠(hysteretic damping)를 들 수 있다.

90회 3-2

Rayleigh 감쇠행렬

Rayleigh 감쇠행렬을 구성하는 방법을 설명하시오.

풀 이

➤ Damping System

일반적인 감쇠모델이나 임의적 진동 시스템의 감쇠를 추정하는 방법으로 Rayleigh의 감쇠행렬이나 Viscos Damping을 이용하는 방법이 있다. Rayleigh의 감쇠행렬은 감쇠는 구조물의 질량행렬과 강성행렬에 비례한다는 가정으로 다음과 같이 표현할 수 있다.

$$[C] = \alpha[M] + \beta[K]$$

➤ 질량비례감쇠

감쇠행렬 $C = \alpha M$

모드감쇠비 $\xi = \dfrac{c}{c_{cr}} = \dfrac{C_n}{2\sqrt{M_n K_n}} = \dfrac{\alpha}{2}\dfrac{1}{\omega_n}$ $\quad\therefore$ 비례계수 $\alpha = 2\xi_i\omega_i$

➤ 강성비례감쇠

감쇠행렬 $C = \beta K$

모드감쇠비 $\xi = \dfrac{c}{c_{cr}} = \dfrac{C_n}{2\sqrt{M_n K_n}} = \dfrac{\beta}{2}\omega_n$ $\quad\therefore$ 비례계수 $\beta = \dfrac{2\xi_j}{\omega_j}$

➤ Rayleigh 감쇠

감쇠행렬 $C = \alpha M + \beta K$

모드감쇠비 $\xi = \dfrac{c}{c_{cr}} = \dfrac{C_n}{2\sqrt{M_n K_n}} = \dfrac{\alpha}{2}\dfrac{1}{\omega_n} + \dfrac{\beta}{2}\omega_n$

비례계수 $\dfrac{1}{2}\begin{bmatrix} 1/\omega_i & \omega_i \\ 1/\omega_j & \omega_j \end{bmatrix}\begin{bmatrix} \alpha \\ \beta \end{bmatrix} = \begin{bmatrix} \xi_i \\ \xi_j \end{bmatrix}$

$\xi_i = \xi_j$일 경우,

$$\alpha = \xi\frac{2\omega_i\omega_j}{\omega_i + \omega_j}, \quad \beta = \xi\frac{2}{\omega_i + \omega_j}$$

3. 다자유도시스템 모드의 정규화 예제 (Dynamics of structures, ANIL K, Chopra)

예 제 1

다음 두 구조물의 고유진동수와 고유모드를 구하시오(Not lumped mass).

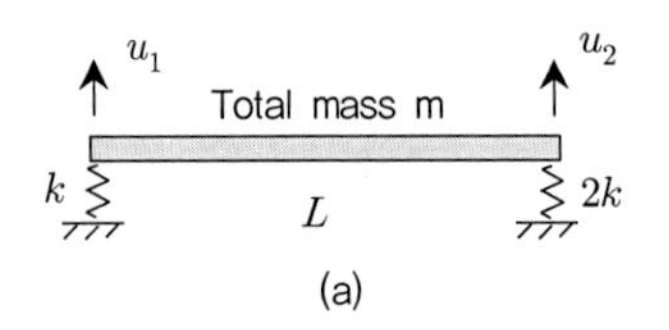

(a)

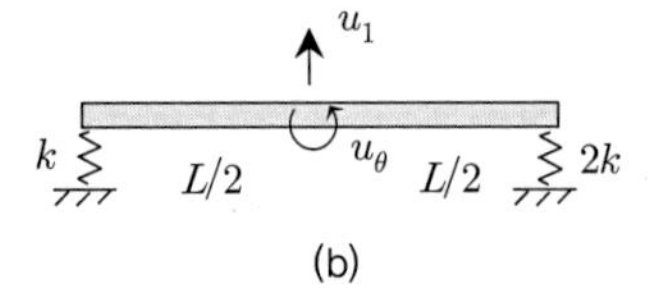

(b)

풀 이

➤ (a) System

1) Mass Matrix $\overline{m}$

① $\ddot{u}_1 = 1$

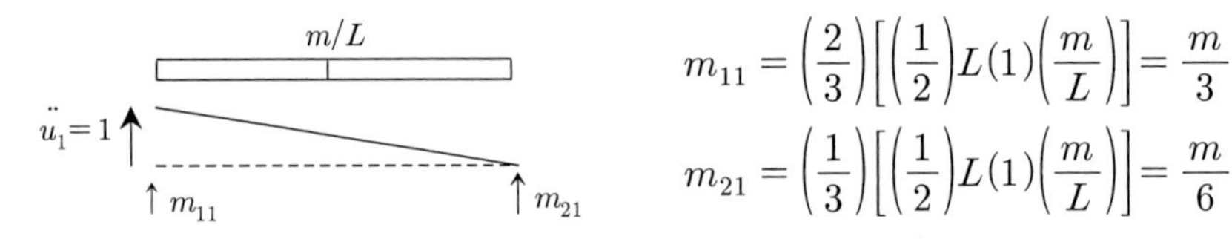

$$m_{11} = \left(\frac{2}{3}\right)\left[\left(\frac{1}{2}\right)L(1)\left(\frac{m}{L}\right)\right] = \frac{m}{3}$$

$$m_{21} = \left(\frac{1}{3}\right)\left[\left(\frac{1}{2}\right)L(1)\left(\frac{m}{L}\right)\right] = \frac{m}{6}$$

② $\ddot{u}_2 = 1$

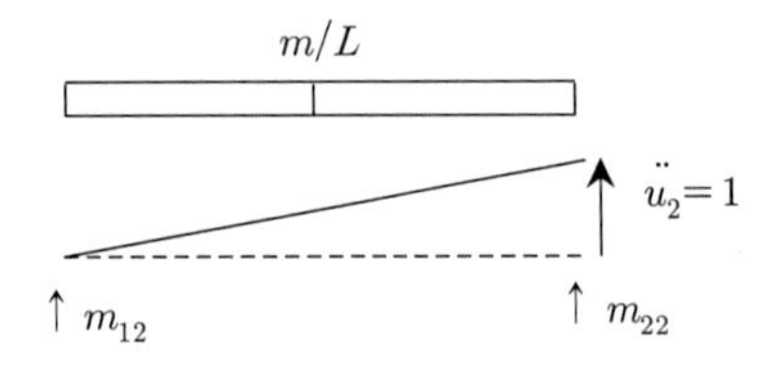

$$m_{12} = \left(\frac{1}{3}\right)\left[\left(\frac{1}{2}\right)L(1)\left(\frac{m}{L}\right)\right] = \frac{m}{6}$$

$$m_{22} = \left(\frac{2}{3}\right)\left[\left(\frac{1}{2}\right)L(1)\left(\frac{m}{L}\right)\right] = \frac{m}{3}$$

$$\therefore \overline{m} = m\begin{bmatrix} 1/3 & 1/6 \\ 1/6 & 1/3 \end{bmatrix}$$

2) Stiffness Matrix

① $u_1 = 1$: $e_1 = 1, \quad e_2 = 0$

② $u_2 = 1$: $e_1 = 0, \quad e_2 = 1$ $\qquad \therefore [B] = [A]^T = \begin{bmatrix} 1 & 0 \\ 0 & 1 \end{bmatrix}$

③ Global Stiffness Matrix $\qquad \overline{k} = [A][k][B] = \begin{bmatrix} 1 & 0 \\ 0 & 1 \end{bmatrix}\begin{bmatrix} k & 0 \\ 0 & 2k \end{bmatrix}\begin{bmatrix} 1 & 0 \\ 0 & 1 \end{bmatrix} = \begin{bmatrix} k & 0 \\ 0 & 2k \end{bmatrix}$

3) ω_n

$$\overline{k}-\omega_n^2\overline{m}=\begin{bmatrix} k-\dfrac{m\omega_n^2}{3} & -\dfrac{m\omega_n^2}{6} \\ -\dfrac{m\omega_n^2}{6} & 2k-\dfrac{m\omega_n^2}{3} \end{bmatrix}$$

$$\therefore \left(k-\frac{m\omega_n^2}{3}\right)\left(2k-\frac{m\omega_n^2}{3}\right)-\left(\frac{m\omega_n^2}{6}\right)^2=0 \ : \ \ \omega_n^2=(6\pm2\sqrt{3})\frac{k}{m}$$

4) Mode Shape : $\{[K]-w_n^2[m]\}\{\phi\}=\{0\}$

① $\omega_n^2=(6-2\sqrt{3})\dfrac{k}{m}$

$$\left\{\begin{bmatrix} k & 0 \\ 0 & 2k \end{bmatrix}-(6-2\sqrt{3})\frac{k}{m}m\begin{bmatrix} 1/3 & 1/6 \\ 1/6 & 1/3 \end{bmatrix}\right\}\begin{bmatrix} \phi_{12} \\ \phi_{22} \end{bmatrix}=\begin{bmatrix} 0 \\ 0 \end{bmatrix} \quad : k\begin{bmatrix} 0.1547 & -0.4226 \\ -0.4226 & 1.1547 \end{bmatrix}\begin{bmatrix} \phi_{11} \\ \phi_{21} \end{bmatrix}=\begin{bmatrix} 0 \\ 0 \end{bmatrix}$$

$\phi_{11}=1$로 가정하면, $\phi_{21}=0.3360$

② $\omega_n^2=(6+2\sqrt{3})\dfrac{k}{m}$

$$\left\{\begin{bmatrix} k & 0 \\ 0 & 2k \end{bmatrix}-(6+2\sqrt{3})\frac{k}{m}m\begin{bmatrix} 1/3 & 1/6 \\ 1/6 & 1/3 \end{bmatrix}\right\}\begin{bmatrix} \phi_{12} \\ \phi_{22} \end{bmatrix}=\begin{bmatrix} 0 \\ 0 \end{bmatrix} \quad : k\begin{bmatrix} -2.1547 & -1.5774 \\ -1.5774 & -1.1547 \end{bmatrix}\begin{bmatrix} \phi_{12} \\ \phi_{22} \end{bmatrix}=\begin{bmatrix} 0 \\ 0 \end{bmatrix}$$

$\phi_{12}=1$로 가정하면, $\phi_{23}=-1.3360$

➤(b) System

1) Mass Matrix $\overline{m}$

① $\ddot{u}_1=1$

$$m_{11}=(1)L\left(\frac{m}{L}\right)=m$$

$$m_{21}=0$$

② $\ddot{u}_2 = 1$

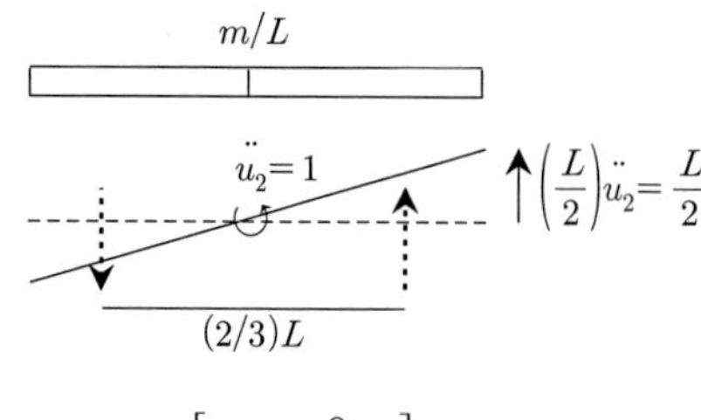

$$m_{12} = 0$$

$$m_{22} = \frac{1}{2}\left(\frac{L}{2}\right)\left(\frac{L}{2}\right)\left(\frac{m}{L}\right)\left(\frac{2}{3}L\right) = \frac{mL^2}{12}$$

$$\therefore \overline{m} = \begin{bmatrix} m & 0 \\ 0 & \frac{mL^2}{12} \end{bmatrix}$$

2) Stiffness Matrix

① $u_1 = 1$: $e_1 = 1$, $e_2 = -\frac{L}{2}$

② $u_2 = 1$: $e_1 = 1$, $e_2 = \frac{L}{2}$ $\therefore [B] = [A]^T = \begin{bmatrix} 1 & -\frac{L}{2} \\ 1 & \frac{L}{2} \end{bmatrix}$

③ Global Stiffness Matrix $\overline{k} = [A][k][B] = [A]\begin{bmatrix} k & 0 \\ 0 & 2k \end{bmatrix}[A]^T = \begin{bmatrix} 3k & \frac{kL}{2} \\ \frac{kL}{2} & \frac{3kL^2}{4} \end{bmatrix}$

3) ω_n

$$\overline{k} - \omega_n^2 \overline{m} = \begin{bmatrix} 3k - m\omega_n^2 & \frac{kL}{2} \\ \frac{kL}{2} & \frac{3kL^2}{4} - \frac{m\omega_n^2 L^2}{12} \end{bmatrix}$$

$$\therefore \left(3k - m\omega_n^2\right)\left(\frac{3kL^2}{4} - \frac{m\omega_n^2 L^2}{12}\right) - \left(\frac{kL}{2}\right)^2 = 0 \ : \ \omega_n^2 = (6 \pm 2\sqrt{3})\frac{k}{m}$$ ((a) System과 동일)

4) Mode Shape : $\left\{[K] - w_n^2[m]\right\}\{\phi\} = \{0\}$

① $\omega_n^2 = (6 - 2\sqrt{3})\frac{k}{m}$ $\phi_{11} = 1$로 가정하면, $\phi_{21} = 0.3360$

② $\omega_n^2 = (6 + 2\sqrt{3})\frac{k}{m}$ $\phi_{12} = 1$로 가정하면, $\phi_{22} = -1.3360$

예 제 2

다음 두 구조물의 고유진동수와 고유모드를 구하시오 (Lumped mass).

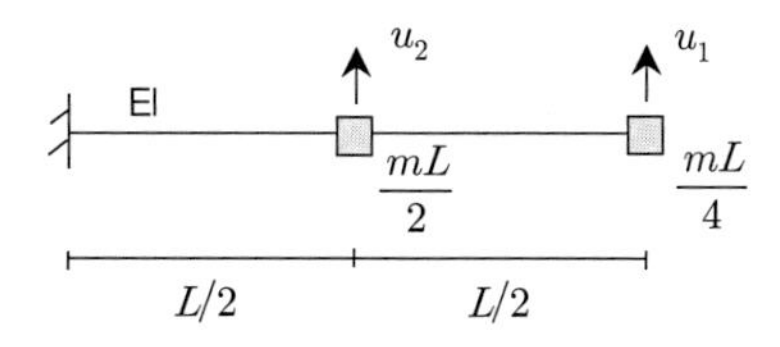

풀 이

TIP | Stiffness Matrix | Stiffness coefficient for a flexural element

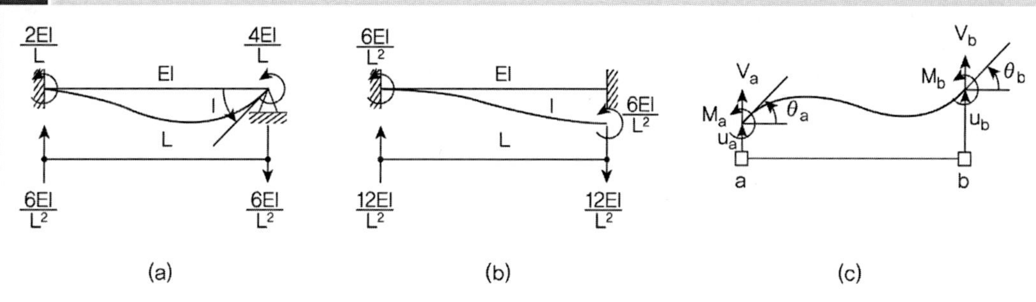

① 절점의 변위를 u_a, u_b라 하고 절점의 회전변위를 θ_a, θ_b라고 하면 각 절점의 모멘트는

$$M_a = \frac{4EI}{L}\theta_a + \frac{2EI}{L}\theta_b + \frac{6EI}{L^2}u_a - \frac{6EI}{L^2}u_b, \quad M_b = \frac{2EI}{L}\theta_a + \frac{4EI}{L}\theta_b + \frac{6EI}{L^2}u_a - \frac{6EI}{L^2}u_b$$

② 전단력은

$$V_a = \frac{12EI}{L^3}u_a - \frac{12EI}{L^3}u_b + \frac{6EI}{L^2}\theta_a + \frac{6EI}{L^2}\theta_b, \quad V_b = -\frac{12EI}{L^3}u_a + \frac{12EI}{L^3}u_b - \frac{6EI}{L^2}\theta_a - \frac{6EI}{L^2}\theta_b$$

1) 자유도 및 부재변형

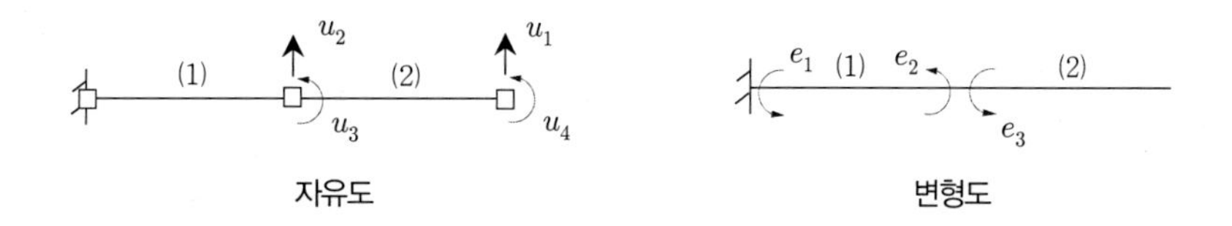

2) 강성매트릭스(Direct Method)

① $u_1 = 1, \quad u_2 = u_3 = u_4 = 0$

$$k_{i1} = \left[\frac{96EI}{L^3} \quad -\frac{96EI}{L^3} \quad -\frac{24EI}{L^2} \quad -\frac{24EI}{L^2} \right]$$

② $u_2 = 1, \quad u_1 = u_3 = u_4 = 0$

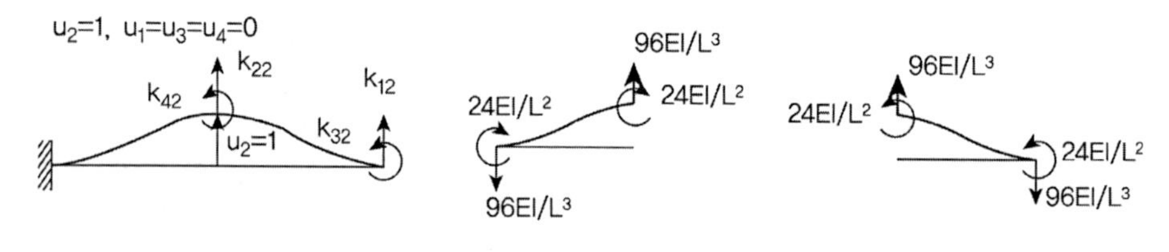

$$k_{i2} = \left[-\frac{96EI}{L^3} \quad \frac{24EI}{L^3} \quad \frac{96EI}{L^2} + \frac{96EI}{L^2} \quad -\frac{24EI}{L^2} + \frac{24EI}{L^2} \right]$$

③ $u_3 = 1, \quad u_1 = u_2 = u_4 = 0$

$$k_{i3} = \left[-\frac{24EI}{L^3} \quad \frac{24EI}{L^3} \quad \frac{8EI}{L^2} \quad \frac{4EI}{L^2} \right]$$

④ $u_4 = 1, \quad u_1 = u_2 = u_3 = 0$

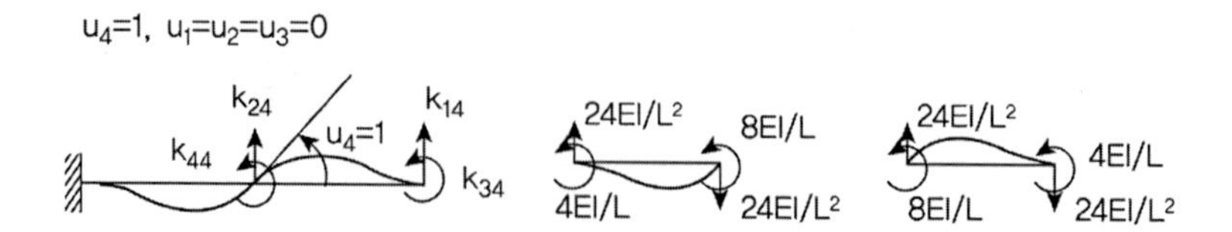

$$k_{i4} = \left[-\frac{24EI}{L^3} \quad \frac{4EI}{L^3} \quad -\frac{24EI}{L^2} + \frac{24EI}{L^2} \quad \frac{8EI}{L^2} + \frac{8EI}{L^2} \right]$$

$$\therefore k = \frac{8EI}{L^3} \begin{bmatrix} 12 & -12 & -3L & -3L \\ -12 & 24 & 3L & 0 \\ -3L & 3L & L^2 & L^2/2 \\ -3L & 0 & L^2/2 & 2L^2 \end{bmatrix}$$

3) Extra Sol.(Flexibility Matrix)

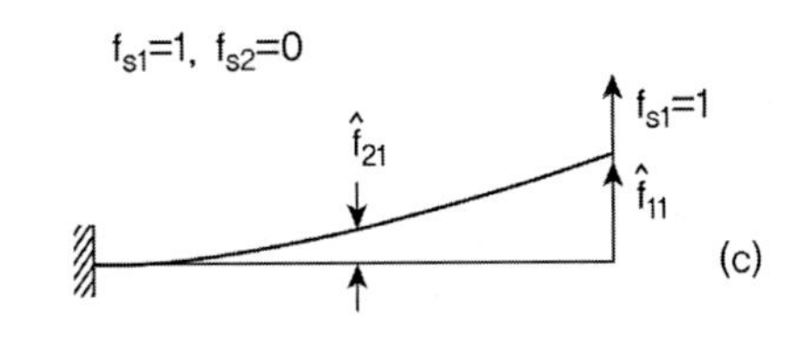

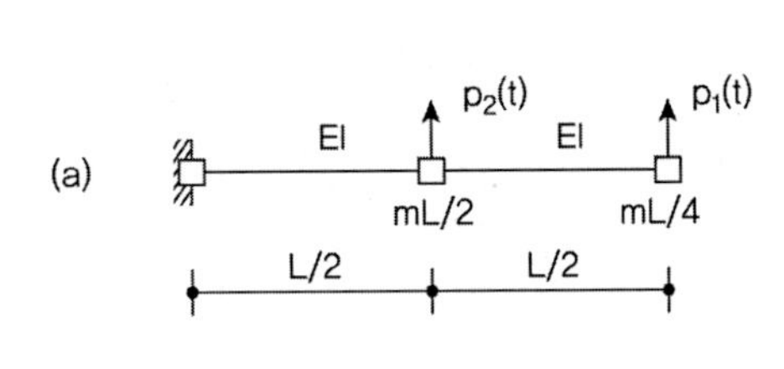

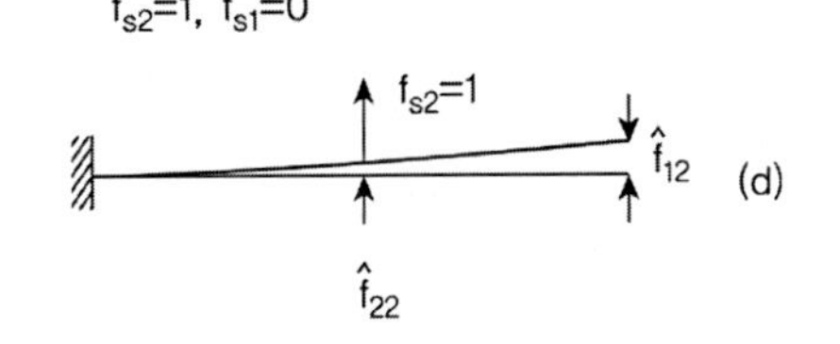

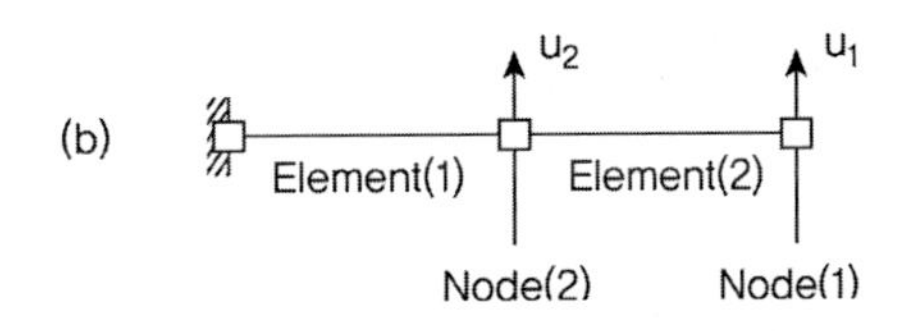

Flexibility Matrix $\bar{f} = \frac{L^3}{48EI} \begin{bmatrix} 16 & 5 \\ 5 & 2 \end{bmatrix}$ from Maxwell's theorem $\overline{f_{12}} = \overline{f_{21}}$

$$(\bar{f})^{-1} = k = \frac{48EI}{7L^3} \begin{bmatrix} 2 & -5 \\ -5 & 16 \end{bmatrix}$$

4) Extra Sol.(Flexibility Matrix)

① $u_1 = 1 : e_1 = e_2 = 0, \quad e_3 = -\frac{2}{L}$

② $u_2 = 1 : e_1 = e_2 = -\frac{2}{L}, \quad e_3 = \frac{2}{L}$

③ $u_3 = 1 : e_1 = 0, \quad e_2 = 1, \quad e_3 = 1$

$$\therefore [B] = [A]^T = \begin{bmatrix} 0 & -\frac{2}{L} & 0 \\ 0 & -\frac{2}{L} & 1 \\ -\frac{2}{L} & \frac{2}{L} & 1 \end{bmatrix}$$

Element Stiffness Matrix

① (1)부재 : 양측 고정단 $\quad k_{(1)} = \frac{2EI}{L} \begin{bmatrix} 4 & 2 \\ 2 & 4 \end{bmatrix}$

② (2)부재 : 고정단+자유단 $\quad k_{(2)} = \frac{2EI}{L} [3]$

$$\therefore \bar{k}=\begin{bmatrix} k_1 & \\ & k_2 \end{bmatrix}=2\frac{EI}{L}\begin{bmatrix} 4 & 2 & \\ 2 & 4 & \\ & & 3 \end{bmatrix}$$

Global Stiffness Matrix

$$\bar{k}=[A][k][B]=[A]\begin{bmatrix} k_1 & 0 \\ 0 & k_2 \end{bmatrix}[A]^T=\begin{bmatrix} k_{tt} & k_{t0} \\ k_{0t} & k_{00} \end{bmatrix}= EI\left[\begin{array}{cc:c} \frac{24}{L^3} & -\frac{24}{L^3} & -\frac{12}{L^3} \\ -\frac{24}{L^3} & \frac{120}{L^3} & -\frac{12}{L^3} \\ \hdashline -\frac{12}{L^3} & -\frac{12}{L^3} & \frac{14}{L} \end{array}\right]$$

$$\bar{k}=[A][k][B]=[A]\begin{bmatrix} k_1 & 0 \\ 0 & k_2 \end{bmatrix}[A]^T=\begin{bmatrix} k_{tt} & k_{t0} \\ k_{0t} & k_{00} \end{bmatrix}=\frac{8EI}{L^3}\left[\begin{array}{cc:cc} 12 & -12 & -3L & -3L \\ -12 & 24 & 3L & 0 \\ \hdashline -3L & 3L & L^2 & L^2/2 \\ -3L & 0 & L^2/2 & 2L^2 \end{array}\right]$$

Static condensation $\bar{k}=k_{aa}-k_{ab}k_b^{-1}k_{ba}=\dfrac{48EI}{7L^3}\begin{bmatrix} 2 & -5 \\ -5 & 16 \end{bmatrix}$

TIP | Static condensation |

① Static condensation(정적집약) 방법은 DOF구조물의 질량이 0인 부분을 제외시키기 위해서 적용한다.

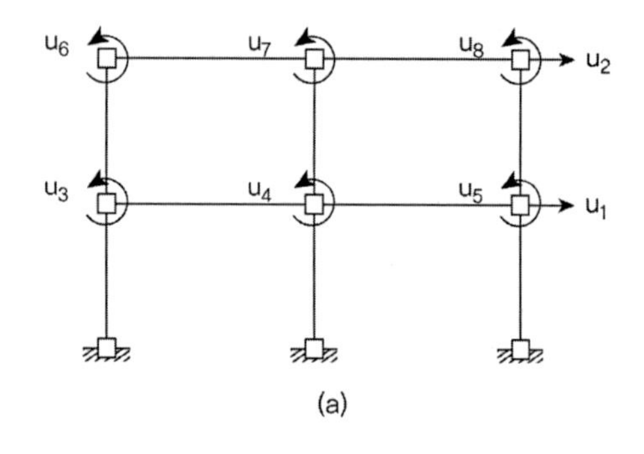

(a)

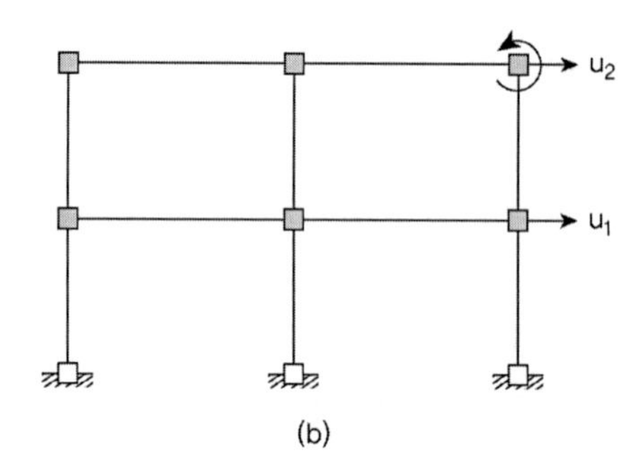

(b)

② 2층 구조에서 축력 변위를 무시하고, 절점에서 Lumped mass인 구조로 가정하면 운동방정식은

$$\begin{bmatrix} m_{tt} & 0 \\ 0 & 0 \end{bmatrix}\begin{bmatrix} \ddot{u}_t \\ \ddot{u}_0 \end{bmatrix}+\begin{bmatrix} k_{tt} & k_{t0} \\ k_{0t} & k_{00} \end{bmatrix}\begin{bmatrix} u_t \\ u_0 \end{bmatrix}=\begin{bmatrix} p_t(t) \\ 0 \end{bmatrix}$$

③ u_0가 Zero mass 이고 실제 DOF는 u_r이라고 한다면, 2개의 방정식은

$$m_{tt}\ddot{u}_t+k_{tt}u_t+k_{t0}u_0=p_t(t),\quad k_{0t}u_t+k_{00}u_0=0$$

④ u_0와 관련된 관성력이나 외력이 없으므로, $u_0=-k_{00}^{-1}k_{ot}u_t$

$$\therefore m_{tt}\ddot{u}_t+(k_{tt}-k_{t0}k_{00}^{-1}k_{ot})u_t=p_t(t) \ : \ m_{tt}\ddot{u}_t+\overline{k_{tt}}u_t=p_t(t)$$

$$\therefore \overline{k_{tt}}=k_{tt}-k_{t0}k_{00}^{-1}k_{ot}$$

5) Mass Matrix

$$\overline{m}=\begin{bmatrix} \frac{mL}{4} & \\ & \frac{mL}{2} \end{bmatrix}$$

6) ω_n

$$\overline{k}-\omega_n^2\overline{m}=\frac{48EI}{7L^3}\begin{bmatrix} 2-\lambda & -5 \\ -5 & 16-2\lambda \end{bmatrix}, \quad \lambda=\frac{7mL^4}{192EI}\omega^2, \quad 2\lambda^2-20\lambda+7=0$$

$$\lambda_1=0.36319, \quad \lambda_2=9.6368$$

$$\therefore \omega_1=3.15623\sqrt{\frac{EI}{mL^4}}, \quad \omega_2=16.2580\sqrt{\frac{EI}{mL^4}}$$

7) Mode Shape : $\left\{[K]-w_n^2[m]\right\}\{\phi\}=\{0\}$

① $\omega_1=3.15623\sqrt{\frac{EI}{mL^4}}$

$\phi_{11}=1$로 가정하면, $\phi_{21}=0.3274$

② $\omega_2=16.2580\sqrt{\frac{EI}{mL^4}}$

$\phi_{12}=1$로 가정하면, $\phi_{22}=-1.5274$

예 제 3

다음 두 구조물의 고유진동수와 고유모드를 구하시오 (Lumped mass).

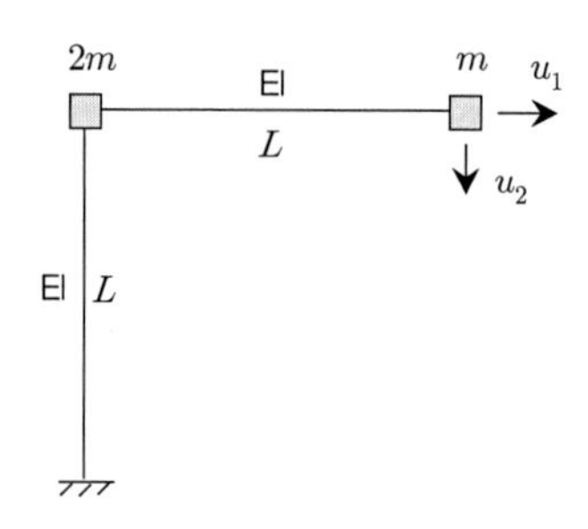

풀 이

1) 자유도 및 부재변형

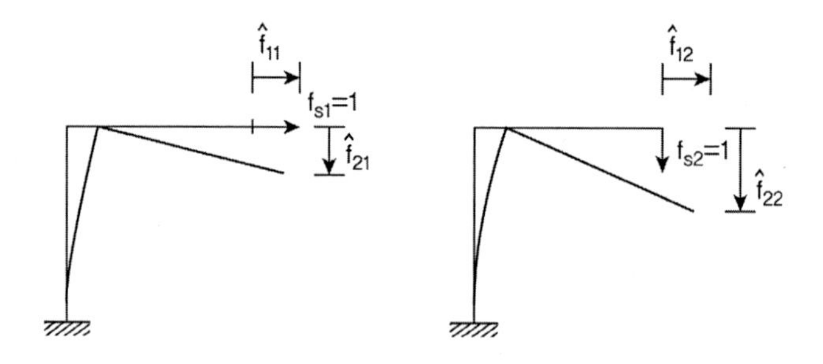

2) Flexibility Matrix $\bar{f} = \dfrac{L^3}{6EI}\begin{bmatrix} 2 & 3 \\ 3 & 8 \end{bmatrix}$

3) Stiffness Matrix $\bar{k} = \bar{f}^{-1} = \dfrac{6EI}{7L^3}\begin{bmatrix} 8 & -3 \\ -3 & 2 \end{bmatrix}$

4) Extra Sol.(Flexibility Matrix)

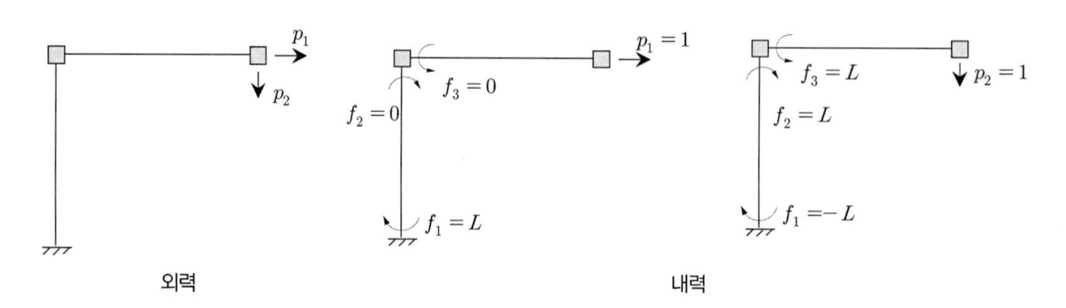

$$\therefore [B]=[A]^T=\begin{bmatrix} L & L \\ 0 & -L \\ 0 & L \end{bmatrix},\quad f=\frac{L^3}{6EI}\begin{bmatrix} 2 & -1 & \\ -1 & 2 & \\ & & 2 \end{bmatrix},\quad \bar{f}=[A]^T f[A]=\frac{1}{EI}\begin{bmatrix} \frac{L^3}{3} & \frac{L^3}{2} \\ \frac{L^3}{2} & \frac{4L^3}{3} \end{bmatrix}$$

$$\therefore \bar{k}=\bar{f}^{-1}=\frac{6EI}{7L^3}\begin{bmatrix} 8 & -3 \\ -3 & 2 \end{bmatrix}$$

6) Mass Matrix

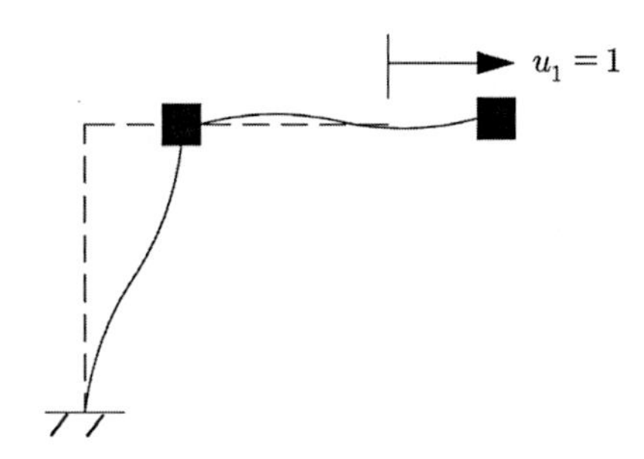

$m_{11}=3m,\ m_{21}=0$

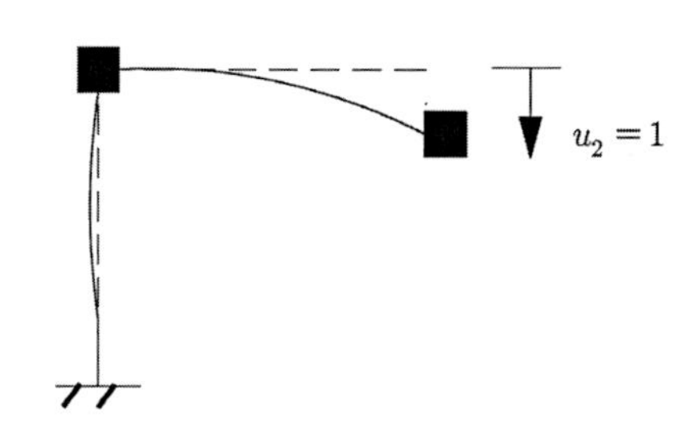

$m_{12}=0,\ m_{22}=m$

$$\therefore \bar{m}=\begin{bmatrix} 3m & \\ & m \end{bmatrix}$$

7) ω_n

$$\bar{k}-\omega_n^2\bar{m}=\frac{6EI}{7L^3}\begin{bmatrix} 8 & -3 \\ -3 & 2 \end{bmatrix}-\omega_n^2\begin{bmatrix} 3m & \\ & m \end{bmatrix},\quad \lambda=\frac{7mL^3}{EI}\omega_n^2,\ 3\lambda^2-14\lambda+7=0$$

$$\lambda_1=0.5695,\quad \lambda_2=4.0972$$

$$\therefore \omega_1=0.6987\sqrt{\frac{EI}{mL^3}},\quad \omega_2=1.874\sqrt{\frac{EI}{mL^3}}$$

8) Mode Shape : $\{[K]-w_n^2[m]\}\{\phi\}=\{0\}$

① $\omega_1=0.6987\sqrt{\dfrac{EI}{mL^3}}$

$\phi_{11}=1$로 가정하면, $\phi_{21}=2.097$

② $\omega_2=1.874\sqrt{\dfrac{EI}{mL^3}}$

$\phi_{12}=1$로 가정하면, $\phi_{22}=-1.431$

63회 2-2

다음 두 구조물의 고유진동수와 고유모드를 구하시오 (Lumped mass).

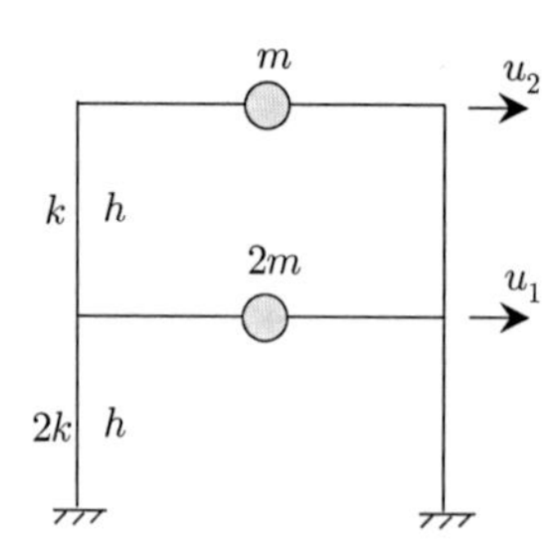

풀 이

1) Stiffness Matrix

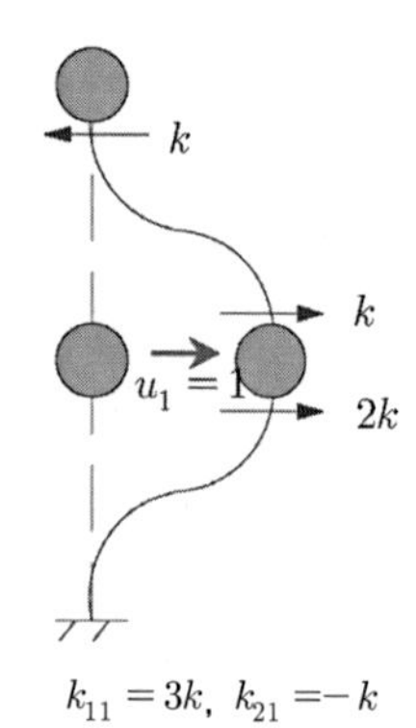

$k_{11}=3k,\ k_{21}=-k$

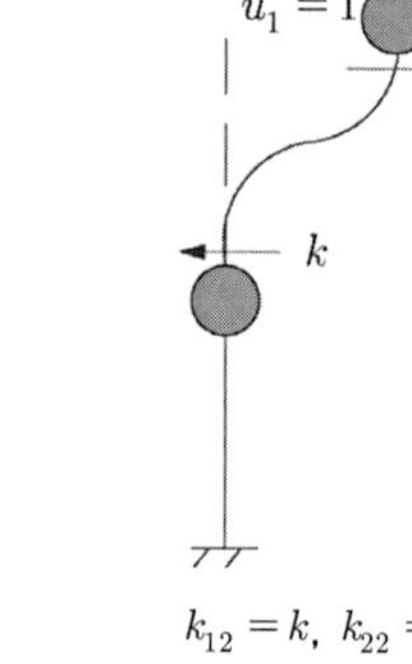

$k_{12}=k,\ k_{22}=-k$

$$\bar{k}=\begin{bmatrix} 3k & -k \\ -k & k \end{bmatrix}$$

2) Mass Matrix $\quad \overline{m}=\begin{bmatrix} 2m & \\ & m \end{bmatrix}$

3) ω_n

$$\bar{k}-\omega_n^2\overline{m}=k\begin{bmatrix} 3 & -1 \\ -1 & 1 \end{bmatrix}-\omega_n^2 m\begin{bmatrix} 2 & \\ & 1 \end{bmatrix},\quad \lambda=\omega_n^2\frac{m}{k},\quad 2\lambda^2-5\lambda+2=0$$

$$\lambda_1=0.5,\quad \lambda_2=2\quad \therefore\ \omega_1=\sqrt{\frac{k}{2m}},\quad \omega_2=\sqrt{\frac{2k}{m}}$$

8) Mode Shape : $\{[K]-w_n^2[m]\}\{\phi\}=\{0\}$

① $\omega_1=\sqrt{\frac{k}{2m}}$ $\quad \phi_{21}=1$로 가정하면, $\phi_{11}=1/2$

② $\omega_2=\sqrt{\frac{2k}{m}}$ $\quad \phi_{22}=1$로 가정하면, $\phi_{12}=-1$

101회 3-5

다자유도계 고유진동수와 모드형상 (건축구조 85회, 92회)

그림과 같은 층상 구조물의 감쇠를 고려하지 않는 고유진동수와 모드형상을 구하시오.
모든 기둥의 단면은 동일하고 기둥의 질량은 무시한다. $EI = 3.0 \times 10^7 Nm^2$, $L = 5^m$

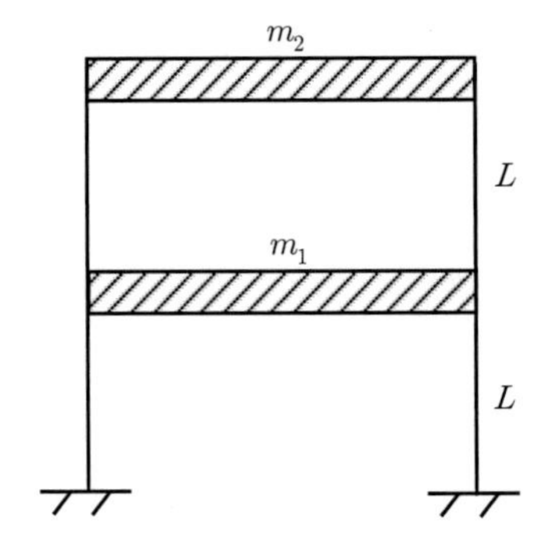

$m_1 = m_2 = m = 300^{kg}$

풀 이

➤ 개요

Lumped mass 다자유도 구조물의 운동방정식을 이용한 해법으로 해석한다.

➤ 구조물의 강성

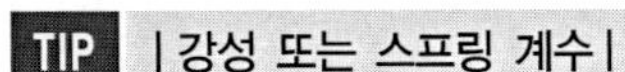

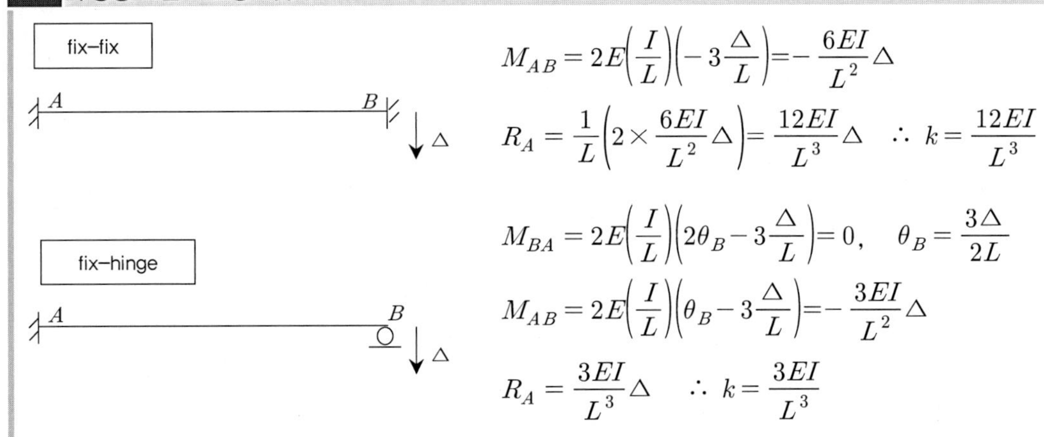

$$M_{AB} = 2E\left(\frac{I}{L}\right)\left(-3\frac{\triangle}{L}\right) = -\frac{6EI}{L^2}\triangle$$

$$R_A = \frac{1}{L}\left(2 \times \frac{6EI}{L^2}\triangle\right) = \frac{12EI}{L^3}\triangle \quad \therefore\ k = \frac{12EI}{L^3}$$

$$M_{BA} = 2E\left(\frac{I}{L}\right)\left(2\theta_B - 3\frac{\triangle}{L}\right) = 0, \quad \theta_B = \frac{3\triangle}{2L}$$

$$M_{AB} = 2E\left(\frac{I}{L}\right)\left(\theta_B - 3\frac{\triangle}{L}\right) = -\frac{3EI}{L^2}\triangle$$

$$R_A = \frac{3EI}{L^3}\triangle \quad \therefore\ k = \frac{3EI}{L^3}$$

각 층의 등가 스프링 계수는 동일하므로, $k_e = 2k = 2 \times \frac{12EI}{L^3} = 5760^{kN/m}$

▶ 운동방정식

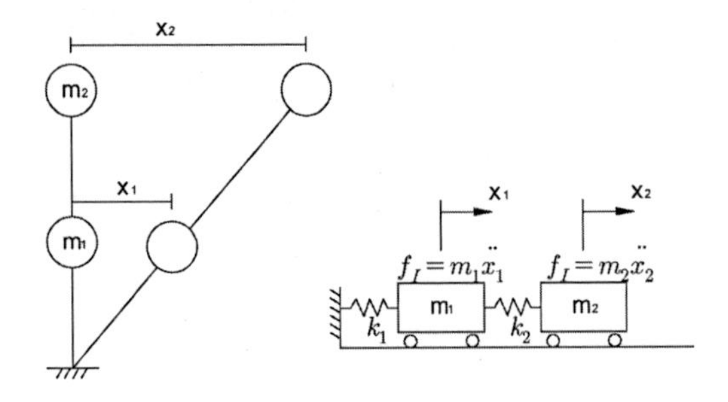

$$m_2\ddot{x}_2 + k_2(x_2 - x_1) = 0$$
$$m_1\ddot{x}_1 + k_1 x_1 - k_2(x_2 - x_1) = 0$$
$$m_1 = m_2 = m$$

$$m\ddot{x}_1 + 2k_e x_1 - k_e x_2 = 0, \quad m\ddot{x}_2 - k_e x_1 + k_e x_2 = 0$$

$$\therefore \begin{bmatrix} m & 0 \\ 0 & m \end{bmatrix}\begin{bmatrix} \ddot{x}_1 \\ \ddot{x}_2 \end{bmatrix} + \begin{bmatrix} 2k_e & -k_e \\ -k_e & k_e \end{bmatrix}\begin{bmatrix} x_1 \\ x_2 \end{bmatrix} = \begin{bmatrix} 0 \\ 0 \end{bmatrix}$$

▶ 고유진동수 ω_n

$\{\overline{k} - \omega_n^2 \overline{m}\}\{\Psi\} = \{0\}$ 으로부터, $\{\Psi\} \neq 0$

$$|\overline{k} - \omega_n^2 \overline{m}| = 0 \quad : \begin{vmatrix} 2k_e - \omega^2 m & -k_e \\ -k_e & k_e - \omega^2 m \end{vmatrix} = (2k_e - \omega^2 m)(k_e - \omega^2 m) - k_e^2 = 0$$

$$\therefore \omega_1^2 = 2.618\frac{k_e}{m}, \quad \omega_2^2 = 0.382\frac{k_e}{m}$$

▶ Mode shape

1) $\omega_1^2 = 2.618\dfrac{k_e}{m}$ 일 때, $\{\overline{k} - \omega_n^2 \overline{m}\}\{\Psi\} = \{0\}$ 으로부터 $\quad k_e\begin{bmatrix} -0.618 & -1 \\ -1 & -1.618 \end{bmatrix}\begin{bmatrix} \Psi_{11} \\ \Psi_{21} \end{bmatrix} = \begin{bmatrix} 0 \\ 0 \end{bmatrix}$

$$\therefore \begin{bmatrix} \Psi_{11} \\ \Psi_{21} \end{bmatrix} = \begin{bmatrix} 1 \\ -0.618 \end{bmatrix}$$

2) $\omega_2^2 = 0.382\dfrac{k_e}{m}$ 일 때, $\quad k_e\begin{bmatrix} 1.618 & -1 \\ -1 & 0.618 \end{bmatrix}\begin{bmatrix} \Psi_{12} \\ \Psi_{22} \end{bmatrix} = \begin{bmatrix} 0 \\ 0 \end{bmatrix}$

$$\therefore \begin{bmatrix} \Psi_{12} \\ \Psi_{22} \end{bmatrix} = \begin{bmatrix} 1 \\ 1.618 \end{bmatrix}$$

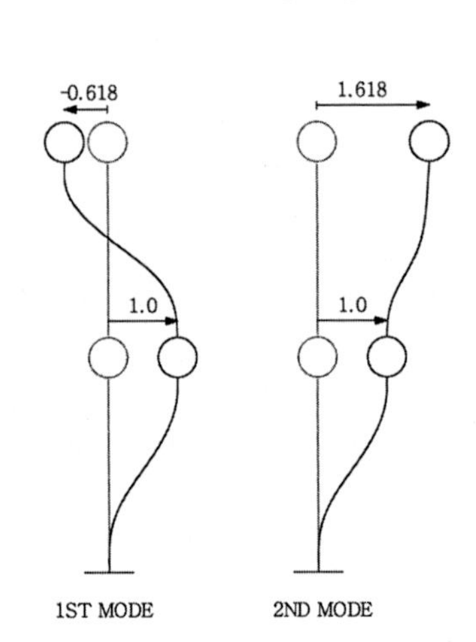

(건축) 92회 4-1

다자유도계 고유진동수와 모드형상

다음구조시스템의 고유진동수를 구하시오. 단, 기둥단면의 휨강성은 그림과 같고 축하중에 의한 2차 효과는 무시한다. 각 층에서의 기둥은 강접합, 최하층은 Pin접합으로 연결된다.

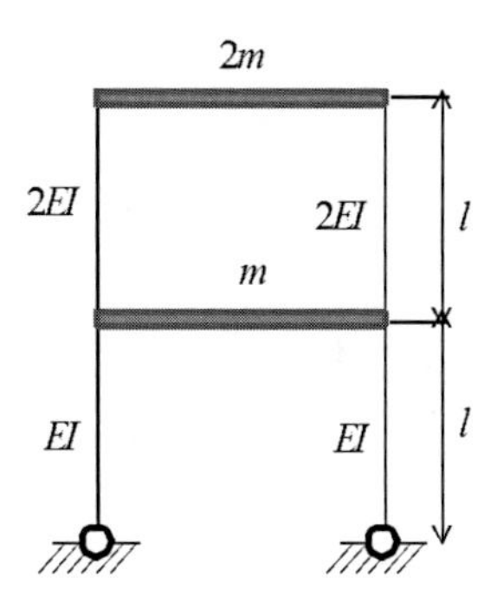

풀 이

➤ 개요

Lumped mass 다자유도 구조물의 운동방정식을 이용한 해법으로 해석한다.

➤ 구조물의 강성

1층의 등가 스프링 계수는 $k_1 = 2k = 2 \times \dfrac{3EI}{L^3} = \dfrac{6EI}{L^3}$

2층의 등가 스프링 계수는 $k_2 = 2k = 2 \times \dfrac{12(2EI)}{L^3} = \dfrac{48EI}{L^3} = 8k_1$

➤ 운동방정식

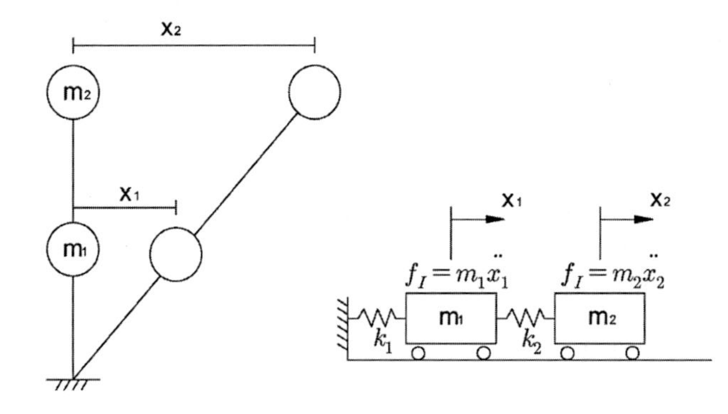

$$m_2\ddot{x}_2 + k_2(x_2 - x_1) = 0$$
$$m_1\ddot{x}_1 + k_1x_1 - k_2(x_2 - x_1) = 0$$
$$m_2 = 2m,\ m_1 = m$$

$$m_1\ddot{x}_1 + (k_1 + k_2)x_1 - k_2x_2 = 0, \quad m_2\ddot{x}_2 - k_2x_1 + k_2x_2 = 0$$

$$\therefore \begin{bmatrix} m_1 & 0 \\ 0 & m_2 \end{bmatrix} \begin{bmatrix} \ddot{x}_1 \\ \ddot{x}_2 \end{bmatrix} + \begin{bmatrix} k_1 + k_2 & -k_2 \\ -k_2 & k_2 \end{bmatrix} \begin{bmatrix} x_1 \\ x_2 \end{bmatrix} = \begin{bmatrix} m & 0 \\ 0 & 2m \end{bmatrix} \begin{bmatrix} \ddot{x}_1 \\ \ddot{x}_2 \end{bmatrix} + \begin{bmatrix} 9k_1 & -8k_1 \\ -8k_1 & 8k_1 \end{bmatrix} \begin{bmatrix} x_1 \\ x_2 \end{bmatrix} = \begin{bmatrix} 0 \\ 0 \end{bmatrix}$$

➤ 고유진동수 ω_n

$\left\{\overline{k} - \omega_n^2\overline{m}\right\}\{\Psi\} = \{0\}$ 으로부터, $\{\Psi\} \neq 0$

$$|\overline{k} - \omega_n^2\overline{m}| = 0 \quad : \begin{vmatrix} 9k_1 - \omega^2 m & -8k_1 \\ -8k_1 & 8k_1 - 2\omega^2 m \end{vmatrix} = (9k_1 - \omega^2 m)(8k_1 - 2\omega^2 m) - 64k_1^2 = 0$$

$$\therefore \omega_1^2 = 9\frac{k_1}{m}, \ \omega_2^2 = 4\frac{k_1}{m} \quad \therefore \omega_n = 3\sqrt{\frac{6EI}{mL^3}}, \ 2\sqrt{\frac{6EI}{mL^3}}$$

(건축) 104회 4-2

1, 2차 고유진동수 산정

다음 질량과 강성이 연결된 시스템의 1차와 2차 고유진동수를 산정하시오

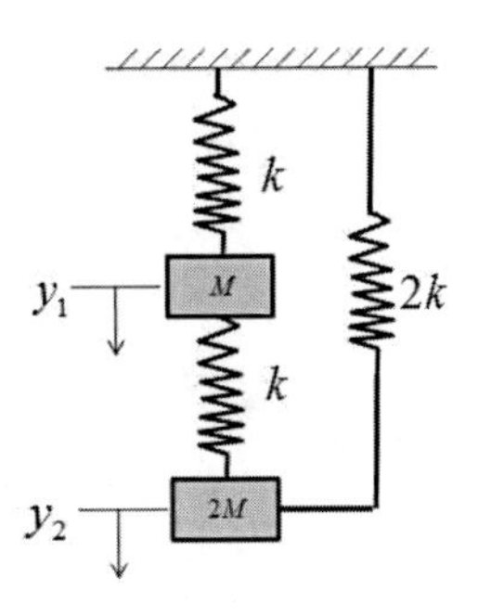

풀 이

➤ 개요

Lumped mass 다자유도 구조물의 운동방정식을 이용한 해법으로 해석한다.

➤ 구조물의 강성

1층의 등가 스프링 계수는 $k_1 = 2k = 2 \times \dfrac{3EI}{L^3} = \dfrac{6EI}{L^3}$

2층의 등가 스프링 계수는 $k_2 = 2k = 2 \times \dfrac{12(2EI)}{L^3} = \dfrac{48EI}{L^3} = 8k_1$

➤ 운동방정식

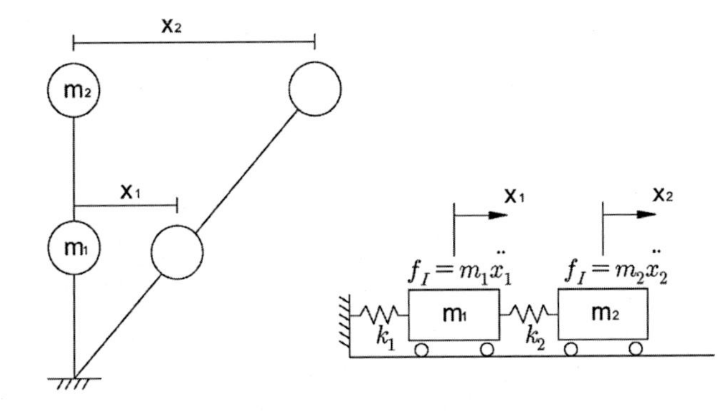

$$m_2\ddot{x}_2 + k_2(x_2 - x_1) = 0$$
$$m_1\ddot{x}_1 + k_1x_1 - k_2(x_2 - x_1) = 0$$
$$m_2 = 2m,\ m_1 = m$$

$$m_1\ddot{x}_1 + (k_1+k_2)x_1 - k_2x_2 = 0, \quad m_2\ddot{x}_2 - k_2x_1 + k_2x_2 = 0$$

$$\therefore \begin{bmatrix} m_1 & 0 \\ 0 & m_2 \end{bmatrix}\begin{bmatrix} \ddot{x}_1 \\ \ddot{x}_2 \end{bmatrix} + \begin{bmatrix} k_1+k_2 & -k_2 \\ -k_2 & k_2 \end{bmatrix}\begin{bmatrix} x_1 \\ x_2 \end{bmatrix} = \begin{bmatrix} m & 0 \\ 0 & 2m \end{bmatrix}\begin{bmatrix} \ddot{x}_1 \\ \ddot{x}_2 \end{bmatrix} + \begin{bmatrix} 9k_1 & -8k_1 \\ -8k_1 & 8k_1 \end{bmatrix}\begin{bmatrix} x_1 \\ x_2 \end{bmatrix} = \begin{bmatrix} 0 \\ 0 \end{bmatrix}$$

➤ 고유진동수 ω_n

$\left\{\overline{k} - \omega_n^2\overline{m}\right\}\{\Psi\} = \{0\}$ 으로부터, $\{\Psi\} \neq 0$

$$|\overline{k} - \omega_n^2\overline{m}| = 0 \quad : \begin{vmatrix} 9k_1 - \omega^2 m & -8k_1 \\ -8k_1 & 8k_1 - 2\omega^2 m \end{vmatrix} = (9k_1 - \omega^2 m)(8k_1 - 2\omega^2 m) - 64k_1^2 = 0$$

$$\therefore \omega_1^2 = 9\frac{k_1}{m},\ \omega_2^2 = 4\frac{k_1}{m} \quad \therefore \omega_n = 3\sqrt{\frac{6EI}{mL^3}},\ 2\sqrt{\frac{6EI}{mL^3}}$$

4. Rayleigh Method (Structural Dynamics, Mario Paz)

자유진동하의 비감쇠계에 대한 운동미분방정식은 가상일의 방법을 이용하거나 에너지 보존법칙(Principal of energy conservation)을 적용하여 구할 수 있다. 이는 구조계에 외력이 작용하지 않고 감쇠로 인한 에너지 소산이 없다면 구조계의 총에너지는 운동 중 일정해야 하며 결국 시간에 대한 미분값이 0이어야 한다.

① 스프링-질량계

운동에너지 : $T=\frac{1}{2}m\dot{y}^2$ $\dot{y}$: 질량의 순간속도(instantaneous velocity)

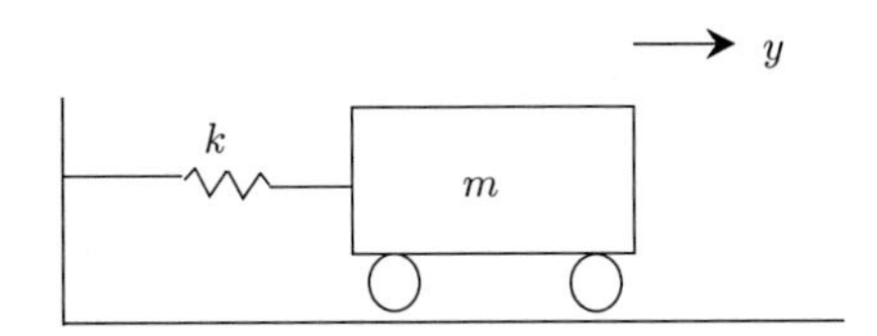

평형상태에서 y만큼 변위가 발생되었을 때 스프링의 작용력은 ky이고 추가변위 δy에 대해 질량에 작용하는 이 힘의 의한 일은 $-kydy$이다. 질량에 작용하는 힘 ky는 좌표 y의 +방향으로의 변위 증분 δy에 대해 반대방향이기 때문에 이 일은 $-$부호를 갖는다. 그러나 정의에 따라 위치에너지는 이 일의 값과 같으며 반대부호를 가진다. 이때 최종변위 y에 대한 스프링의 총 위치에너지 V는 다음과 같음을 알 수 있다.

위치에너지 : $V=\int_0^y kydy=\frac{1}{2}ky^2$

운동에너지 + 위치에너지 = 일정 $\frac{1}{2}m\dot{y}^2+\frac{1}{2}ky^2=C_0(constant)$

양변을 시간에 대해 미분하면,

$m\dot{y}\ddot{y}+ky\dot{y}=0 \rightarrow m\ddot{y}+ky=0$: Newton의 운동법칙과 동일

② 조화운동

$y=C\sin(\omega t+\alpha) \rightarrow \dot{y}=\omega C\cos(\omega t+\alpha)$ 여기서, C는 최대변위, ωC는 최대속도

운동에너지 : $y=0$일 때, 운동에너지가 최대 $T_{\max}=\frac{1}{2}m(\omega C)^2$

위치에너지 : 취대 변위에서 질량의 속도는 0이고 최대 위치에너지 $V_{\max}=\frac{1}{2}kC^2$

운동에너지 = 위치에너지 : $\frac{1}{2}m(\omega C)^2=\frac{1}{2}kC^2$ $\therefore \omega=\sqrt{\frac{k}{m}}$

③ Rayleigh method

②와 같이 최대운동에너지를 최대위치에너지와 등치시켜서 고유진동수를 구하는 방법을 말한다.

예 제 1

Rayleigh method

길이가 L이고 총 질량이 m_s 인 스프링을 갖는 스프링-질량계에서 진동하는 질량에 추가시켜야 하는 스프링의 질량비율을 구하기 위해 Rayleigh method를 이용하시오.

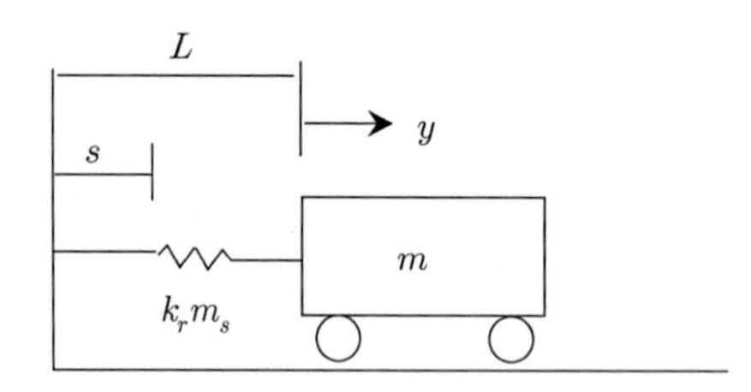

풀 이

▶ 지점으로부터 s만큼 떨어진 곳의 임의 단면의 변위는 $u = sy/L$로 가정하고 질량 m의 운동이 $y = C\sin(\omega t + \alpha)$로 조화운동을 한다고 하면,

$$u = \frac{s}{L}y = \frac{s}{L}C\sin(\omega t + \alpha)$$

▶ 위치에너지

$$V_{\max} = \frac{1}{2}kC^2$$

▶ 운동에너지

길이 ds 인 미소 스프링요소는 $m_s ds/L$의 질량을 가지며, 최대속도 $\dot{u}_{\max} = \omega u_{\max} = \omega s C/L$

$$T_{\max} = \int_0^L \frac{1}{2}\frac{m_s}{L}ds\left(\omega\frac{s}{L}C\right)^2 + \frac{1}{2}m\omega^2 C^2$$

▶ 위치에너지 = 운동에너지

$$\frac{1}{2}kC^2 = \int_0^L \frac{1}{2}\frac{m_s}{L}ds\left(\omega\frac{s}{L}C\right)^2 + \frac{1}{2}m\omega^2 C^2 = \frac{1}{2}\omega^2 C^2\left(m + \frac{m_s}{3}\right)$$

$$\therefore \omega = \sqrt{\frac{k}{m + m_s/3}}$$

예 제 2

Rayleigh method

보의 분포질량을 고려하고 보의 자유단에 집중질량을 갖는 캔틸레버보의 진동에 대한 고유진동수를 구하시오 보는 총질량이 m_b이고 길이는 L이다. 휨강도는 EI이고 자유단의 집중질량은 m이다.

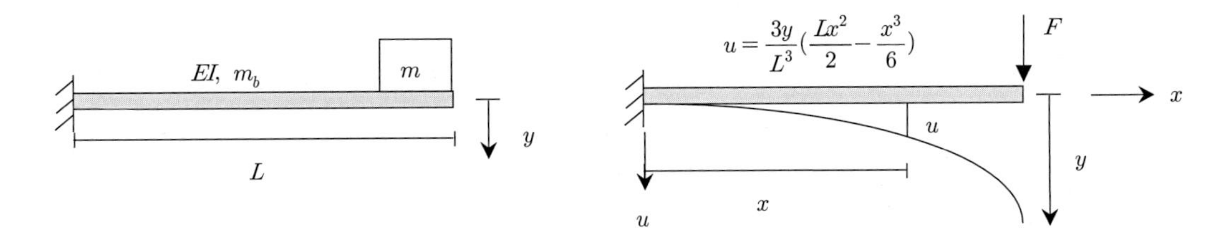

풀 이

집중하중 F에 의한 보의 정적 처짐형상을 $u = \frac{3y}{L^3}\left(\frac{Lx^2}{2} - \frac{x^3}{6}\right)$이라고 가정한다.

여기서 y는 보의 자유단의 처짐이므로 자유단의 조화처짐인 $y = C\sin(\omega t + \alpha)$를 대입하면,

$$u = \frac{3x^2L - x^3}{2L^3}C\sin(\omega t + \alpha)$$

위치에너지는 하중이 0에서 최종값 F까지 점진적으로 증가할 때 하중 F에 의해 행해진 일과 같다. 이 일은 $\frac{1}{2}Fy$와 같으며 이때 이 일의 최댓값은 최대 위치에너지와 같다.

$$V_{\max} = \frac{1}{2}FC = \frac{3EI}{2L^3}C^2 \qquad y_{\max} = C = \frac{FL^3}{3EI}$$

보의 분포질량에 의한 운동에너지는

$$T = \int_0^L \frac{1}{2}\left(\frac{m_b}{L}\right)\dot{u}^2 dx$$

$$T_{\max} = \frac{m_b}{2L}\int_0^L \left(\frac{3x^2L - x^3}{2L^3}\omega C\right)^2 dx + \frac{m}{2}\omega^2 C^2 = \frac{1}{2}\omega^2 C^2\left(m + \frac{33}{140}m_b\right)$$

$$V_{\max} = T_{\max} \qquad \frac{3EI}{2L^3}C^2 = \frac{1}{2}\omega^2 C^2\left(m + \frac{33}{140}m_b\right)$$

$$\therefore \omega = \sqrt{\frac{3EI}{L^3\left(m + \frac{33}{140}m_b\right)}}, \quad f = \frac{\omega}{2\pi} = \frac{1}{2\pi}\sqrt{\frac{3EI}{L^3\left(m + \frac{33}{140}m_b\right)}}$$

(건축)85회 3-3

Rayleigh method

다음 그림에서 일정한 휨강성(EI)과 단위길이당 질량(m)으로 분포된 캔틸레버 보에 집중무게 W (집중질량은 $m_B = W/g$로 표현해야하며, g 중력가속도)가 중앙부에 위치할 경우와 끝단에 위치할 경우에 Rayleigh 방법을 이용하여 각각의 고유진동수를 구하시오(단, 부조건을 만족하는 처짐곡선을 적용하라).

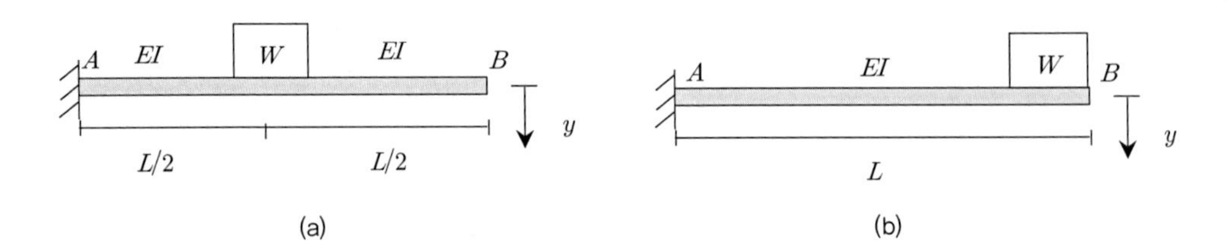

풀 이

▶ 구조물의 처짐형상 가정

$$\Psi(x) = 1 - \cos\left(\frac{\pi x}{2L}\right)$$

$$u(x,t) = u_B\Psi(x)\sin\omega t \ : \text{Let } u(x,t) = u_0\sin\omega t, \quad u_0 = u_B\Psi(x)$$

$$\dot{u}(x,t) = \omega u_B\Psi(x)\sin\omega t \ : \text{Let } \dot{u}(x,t) = \dot{u}_0 sin\omega t, \quad \dot{u}_0 = \omega u_B\Psi(x)$$

▶ (a)구조계

① 최대 위치에너지(최대변형에너지)

$$V_{\max} = \int_0^L \frac{1}{2}EI\{u_0''(x)\}^2 dx = \frac{u_B^2}{2}EI\int_0^L \{\Psi(x)''\}^2 dx$$

$$= \frac{u_B^2}{2}EI\left(\frac{\pi}{2L}\right)^4 \int_0^L \cos^2\left(\frac{\pi x}{2L}\right)dx = \frac{\pi^4 EI}{64L^3}u_B^2$$

② 최대 운동에너지

$$T_{\max} = \int_0^L \frac{1}{2}m[\dot{u}_0(x)]^2 dx + \frac{1}{2}m_B\left[\dot{u}_0\left(\frac{L}{2}\right)\right]^2$$

$$= \frac{1}{2}m\omega^2 u_B^2 \int_0^L [\Psi(x)]^2 dx + \frac{1}{2}m_B\omega^2 u_B^2\left[\Psi\left(\frac{L}{2}\right)\right]^2$$

$$= \frac{1}{2}\omega^2 u_B^2\left[\frac{mL}{2} \times \frac{3\pi - 8}{\pi} + m_B\frac{3 - 2\sqrt{2}}{2}\right]$$

③ $V_{max}=T_{max}$

$$\omega=\sqrt{\frac{\pi^4 EI}{32L^3}\times\frac{1}{\frac{mL}{2}\times\frac{3\pi-8}{\pi}+m_B\frac{3-2\sqrt{2}}{2}}}=\sqrt{\frac{\pi^4 EI}{32L^3}\times\frac{1}{0.226mL+0.085m_B}}$$

➤ (b) 구조계

① 최대 위치에너지(최대변형에너지) : (a) 구조계와 동일

$$V_{max}=\int_0^L\frac{1}{2}EI\{u_0''(x)\}^2dx=\frac{u_B^2}{2}EI\int_0^L\{\Psi(x)''\}^2dx$$

$$=\frac{u_B^2}{2}EI\left(\frac{\pi}{2L}\right)^4\int_0^L\cos^2\left(\frac{\pi x}{2L}\right)dx=\frac{\pi^4 EI}{64L^3}u_B^2$$

② 최대 운동에너지

$$T_{max}=\int_0^L\frac{1}{2}m[\dot{u}_0(x)]^2dx+\frac{1}{2}m_B\left[\dot{u}_0(L)\right]^2$$

$$=\frac{1}{2}m\omega^2u_B^2\int_0^L[\Psi(x)]^2dx+\frac{1}{2}m_B\omega^2u_B^2[\Psi(L)]^2$$

$$=\frac{1}{2}\omega^2u_B^2\left[\frac{mL}{2}\times\frac{3\pi-8}{\pi}+m_B\right]$$

③ $V_{max}=T_{max}$

$$\omega=\sqrt{\frac{\pi^4 EI}{32L^3}\times\frac{1}{\frac{mL}{2}\times\frac{3\pi-8}{\pi}+m_B}}=\sqrt{\frac{\pi^4 EI}{32L^3}\times\frac{1}{0.226mL+m_B}}$$

02 분포질량을 갖는 보 (MIDAS 전문가 컬럼, 김두기, Dynamics of structures, ANIL K, Chopra)

유한요소해석은 무한개의 자유도를 갖는 연속구조물을 유한개의 자유도를 갖는 이산 구조물(discrete structure)로 근사화하기 때문에 구조물의 실제거동에 근사해를 제공한다. 따라서 Lumped Mass로 가정되지 않은 구조물에 대해서 근사해와 Consistent Mass를 가진 실제 구조물의 이론해와 비교 검증을 할 필요가 있다.

1. 비감쇠 운동방정식

분포질량과 분포하중을 받고 있는 단순보에서 Bernoulli-Euler의 법칙이 성립된다고 가정하고, $w(x)$는 휨에 의한 처짐, $m(x)$는 단위길이당 질량, $p(x,\ t)$는 단위길이당 하중, $EI(x)$는 단위길이당 휨강성, V와 M은 전단력과 모멘트, f_I는 관성력이라고 정의한다.

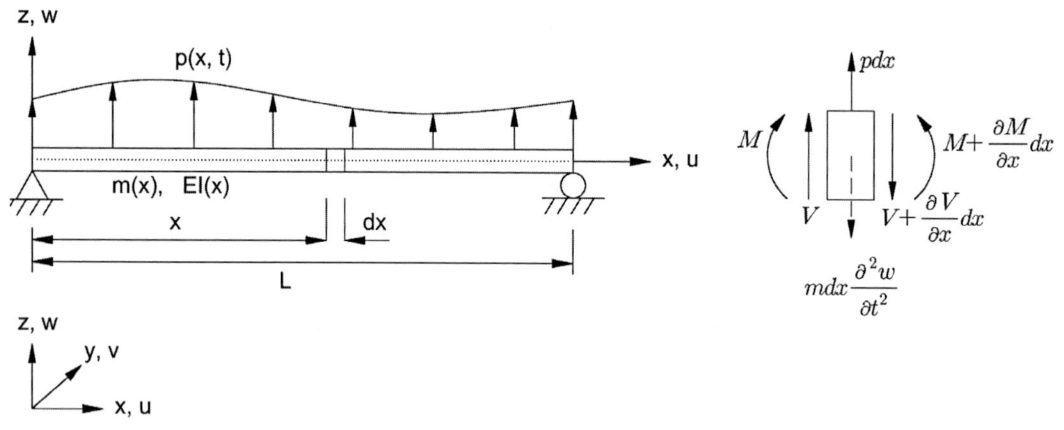

(분포질량과 분포하중을 갖는 단순보)

1) 수직방향 힘의 평형을 이용한 운동방정식

$$V-\left(V+\frac{\partial V}{\partial x}dx\right)+pdx-mdx\frac{\partial^2 w}{\partial t^2}=0\ :\ m\frac{\partial^2 w}{\partial t^2}+\frac{\partial V}{\partial x}=p$$

모멘트-곡률의 관계로부터 $M=EI\frac{\partial^2 w}{\partial x^2}\ \rightarrow\ V=\frac{\partial M}{\partial x}=\frac{\partial}{\partial x}\left(EI\frac{\partial^2 w}{\partial x^2}\right)$

운동방정식에 대입하면 분포질량과 분포하중을 갖는 보의 운동방정식은

$$m\frac{\partial^2 w}{\partial t^2}+\frac{\partial^2}{\partial x^2}\left(EI\frac{\partial^2 w}{\partial x^2}\right)=p$$

2) 고유진동수와 모드형상

보의 자유진동 운동방정식은 $m\frac{\partial^2 w}{\partial t^2}+\frac{\partial^2}{\partial x^2}\left(EI\frac{\partial^2 w}{\partial x^2}\right)=0$

여기서 해를 위치 x와 시간 t의 함수이고, 위치와 시간은 서로 독립변수이며 변위는 위치 함수인 모드형상 $\Psi(x)$와 시간함수인 $q(t)$의 곱으로 나타낼 수 있다고 가정하면,

$$w(x,\ t)=\Psi(x)q(t)$$

이 식을 운동방정식에 대입하여 시간과 위치의 함수를 분리하여 정리하면

$$-\frac{\ddot{q}(t)}{q(t)}=\frac{[EI\Psi''(x)]''}{m\Psi(x)}$$

이 식이 서로 독립으로 가정한 위치 x와 시간 t의 모든 값에 대해 성립하기 위해서는 좌변과 우변의 값은 양의 상수(ω^2)이어야 한다.

$$-\frac{\ddot{q}(t)}{q(t)}=\frac{[EI\Psi''(x)]''}{m\Psi(x)}=\omega^2 \quad \ddot{q}=\frac{\partial^2 q}{\partial t^2},\quad \Psi''=\frac{\partial^2\Psi}{\partial x^2}$$

이 식을 위치와 시간의 함수로 각각 분리하여 전개하면,

$$\ddot{q}(t)+\omega^2 q(t)=0$$

$[EI\Psi''(x)]''-\omega^2 m\Psi(x)=0$ $\qquad$ ω는 고유진동수, $\Psi(x)$는 이에 대응하는 모드형상

첫 번째 식은 고유진동수 ω를 갖는 단자유도계의 자유진동방정식이며, 두 번째 식은 고유진동수 ω와 이에 대응하는(보의 경계조건을 만족하는 모드형상 $\Psi(x)$을 해로 갖는 방정식이다. 두 번째 식의 경우 해는 2개이고 방정식은 1개이므로 방정식을 만족시키는 2개의 해(ω, $\Psi(x)$)는 무수히 많이 존재한다.

3) 등단면 단순보

$EI(x)=EI=constant$이고 $m(x)=m=constant$이므로 모드형상에 관한 운동방정식은,

$EI\Psi^{(IV)}(x)-\omega^2 m\Psi(x)=0$ 또는 $\Psi^{(IV)}(x)-\beta^4\Psi(x)=0$, $\beta^4=\frac{\omega^2 m}{EI}$

일반해는

$\Psi(x)=C_1\sin\beta x+C_2\cos\beta x+C_3\sinh\beta x+C_4\cosh\beta x$: C_i는 경계조건으로부터 구하는 상수

① B.C 1 : $x=0$에서 변위와 휨모멘트 모두 0

$w(0,\ t)=0 \qquad : \Psi(0)=0 \quad \rightarrow \quad C_2+C_4=0$

$M=EIw''(0,\ t)=0 : \Psi''(0)=0 \quad \rightarrow \quad \beta^2(-C_2+C_4)=0 \qquad \therefore C_2=C_4=0$

② B.C 2 : $x=L$에서 변위와 휨모멘트 모두 0

$w(L,\ t)=0 \qquad : \Psi(L)=0 \quad \rightarrow \quad C_1\sin\beta L+C_3\sinh\beta L=0$

$M=EIw''(L,\ t)=0 : \Psi''(L)=0 \quad \rightarrow \quad \beta^2(-C_1\sin\beta L+C_3\sinh\beta L)=0$

$\therefore C_3=0,\quad C_1\sin\beta L=0$

Non trivial solution이기 위해서 $C_1 \neq 0 \qquad \therefore\ \beta L=n\pi$

고유진동수 $\omega_n=\left(\dfrac{n\pi}{L}\right)^2\sqrt{\dfrac{EI}{m}} \quad (n=1,\ 2,\ \ldots)$

대응하는 모드형상 $\Psi_n(x)=C_1\sin\dfrac{n\pi}{L}x$

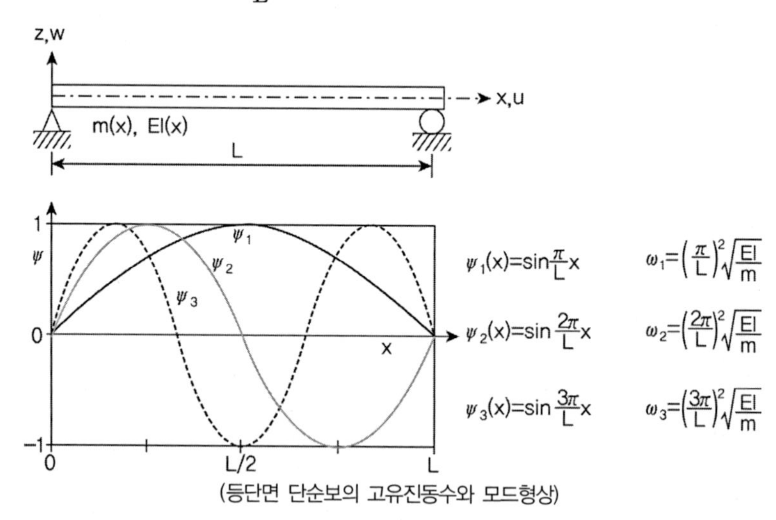

(등단면 단순보의 고유진동수와 모드형상)

4) 등단면 외팔보

88회 3-4 외팔보 구조에서의 정적해석과 동적해석 방법의 차이

TIP | 정적과 동적해석의 구분 |

① 동적해석은 정적해석과 달리 시간에 따라 변하는 작용하중(외력)과 이에 의한 시간에 따라 변하는 구조물의 응답(변위, 속도, 가속도, 응력 등)을 다룬다. 따라서 정적해석에서는 한 개의 고정된 해를 구하지만 동적해석에서는 일정 시간동안 구조물의 응답을 구한 후 최댓값, 평균값, 주기 등의 동적특성을 조사하므로 많은 해석시간이 소요된다.

② 구조물에 동적하중이 작용할 경우 동적해석에서는 구조물의 응답에 따라 변하는 관성력을 추가로 고려하여야 한다.

② 정적하중(Static Load)은 고정하중, 상재하중 등 그 특성이 시간에 따라 변하지 않는 하중이지만 동적하중(Dynamic Load)은 지진하중, 충격하중 등 하중의 크기, 방향, 위치 등의 시간에 따라 변하므로 결과적으로 구조물의 응답도 시간에 따라 변하는 동적성분이 된다.

등단면 단순보의 경우와 동일하게 모드형상에 관한 운동방정식에 경계조건을 대입하여 C_1, C_2, C_3, C_4를 구하면,

① B.C 1 : $x=0$(고정단)에서 변위와 처짐각은 0

$$w(0,\ t)=0\ :\Psi(0)=0\ \rightarrow\ C_2+C_4=0$$
$$w'(0,\ t)=0\ :\Psi'(0)=0\ \rightarrow\ C_1+C_3=0$$

② B.C 2 : $x=L$(자유단)에서 휨모멘트와 전단력 모두 0

$$M=EIw''(L,t)=0\rightarrow\Psi''(L)=0,\ C_1(\sin\beta L+\sinh\beta L)+C_2(\cos\beta L+\cosh\beta L)=0$$
$$V=EIw'''(L,t)=0\rightarrow\Psi'''(L)=0,\ C_1(\cos\beta L+\cosh\beta L)+C_2(-\sin\beta L+\sinh\beta L)=0$$

$$\therefore\ \begin{bmatrix}\sin\beta L+\sinh\beta L & \cos\beta L+\cosh\beta L\\ \cos\beta L+\cosh\beta L & -\sin\beta L+\sinh\beta L\end{bmatrix}\begin{bmatrix}C_1\\ C_2\end{bmatrix}=\begin{bmatrix}0\\ 0\end{bmatrix}$$

Non trivial solution이기 위해서 $C_1\neq0$, $C_2\neq0$이므로

DET | | = 0 : $1+\cos\beta L\cosh\beta L=0$

$$\therefore\ \beta_nL=\begin{cases}1.8751 & n=1\\ 4.6941 & n=2\\ 7.8548 & n=3\\ 10.996 & n=4\\ \dfrac{2n-1}{2}\pi & n\geq5\end{cases}$$

$\beta^4=\dfrac{\omega^2m}{EI}$ 이므로, $\omega_n=\left(\dfrac{\beta_nL}{L}\right)^2\sqrt{\dfrac{EI}{m}}$

$$\therefore \Psi_n(x) = C_1\left[\frac{\cosh\beta_n x - \cos\beta_n x}{\cosh\beta_n L + \cos\beta_n L} - \frac{\sinh\beta_n x - \sin\beta_n x}{\sinh\beta_n L + \sin\beta_n L}\right]$$

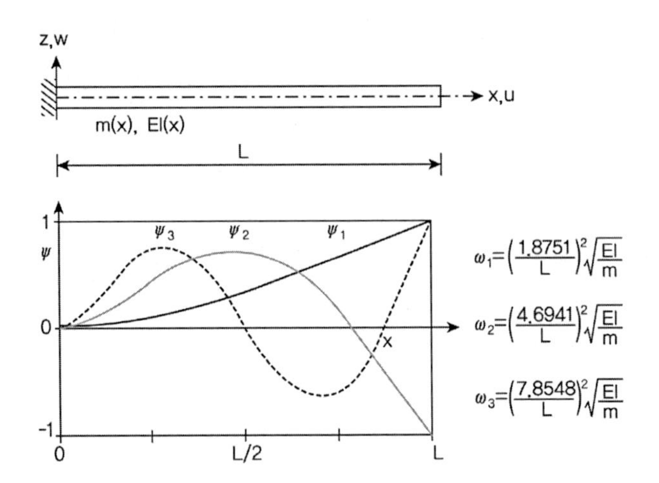

2. 다자유도계의 유한요소법 : 외팔보의 고유진동수 산정

절점당 2개 자유도를 갖는 외팔보의 고유진동수를 Lumped Mass와 Consistent Mass인 경우를 비교해 보면, (감쇠는 무시하고 단위길이당 질량을 m이라고 가정)

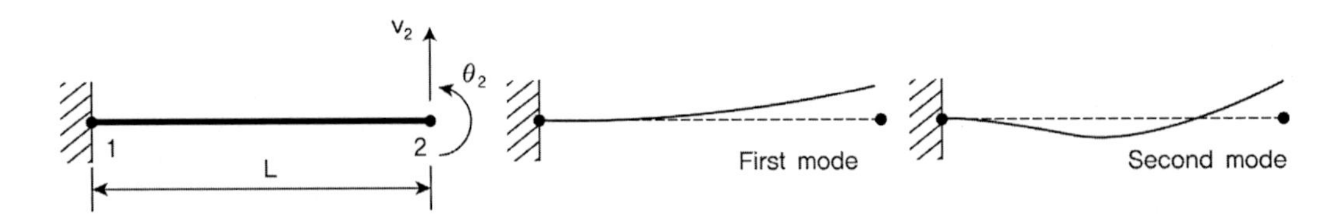

1) 형상함수

$$N_1 = 1 - \frac{3x^2}{L^2} + \frac{2x^3}{L^3},\quad N_2 = x - \frac{2x^2}{L} + \frac{x^3}{L^3},\quad N_3 = \frac{3x^2}{L^2} - \frac{2x^3}{L^3},\quad N_4 = -\frac{x^2}{L} + \frac{x^3}{L^2}$$

2) 요소 강성행렬(Element Stiffness Matrix)

$$[B]=\frac{d^2}{dx^2}[N]=\left[-\frac{6}{L^2}+\frac{12x}{L^3} \quad -\frac{4}{L}+\frac{6x}{L^2} \quad \frac{6}{L^2}-\frac{12x}{L^3} \quad -\frac{2}{L}+\frac{6x}{L^2}\right], \quad [k]=EI$$

$$[K^e]=\int[B]^T[k][B]dV=\int_0^L[B]^TEI[B]dx=\frac{EI}{L^3}\begin{bmatrix}12 & 6L & -12 & 6L\\ 6L & 4L^2 & -6L & 2L^2\\ -12 & -6L & 12 & -6L\\ 6L & 2L^2 & -6L & 4L^2\end{bmatrix}$$

3) Lumped Mass

$$I=\left(\frac{m}{2}\right)\left(\frac{L}{2}\right)^2/3 \qquad \therefore [M^e_{lumped}]=mL\begin{bmatrix}0.5 & & & \\ & \frac{L^2}{24} & & \\ & & 0.5 & \\ & & & \frac{L^2}{24}\end{bmatrix}$$

4) Consistent Mass

$$[M^e_{consistent}]=\int\rho[N]^T[N]dV=\int_0^L\rho A[N]^T[N]dx=\frac{mL}{420}\begin{bmatrix}156 & 22L & 54 & -13L\\ 22L & 4L^2 & 13L & -3L^2\\ 54 & 13L & 156 & -22L\\ -13L & -3L^2 & -22L & 4L^2\end{bmatrix}$$

5) 고유치 : Lumped Mass

1번 절점에 해당하는 자유도를 구속하면,

$$\left\{\frac{EI}{L^3}\begin{bmatrix}12 & -6L\\ -6L & 4L^2\end{bmatrix}-\omega^2 mL\begin{bmatrix}0.5 & 0\\ 0 & \frac{L^2}{24}\end{bmatrix}\right\}\begin{bmatrix}v_2\\ \theta_2\end{bmatrix}=\begin{bmatrix}0\\ 0\end{bmatrix}$$

$$\therefore \omega_1=2.238\sqrt{\frac{EI}{mL^4}}, \quad \omega_2=10.72\sqrt{\frac{EI}{mL^4}}$$

여기서 회전자유도에 관한 관성질량을 무시할 경우,

$$\left\{\frac{EI}{L^3}\begin{bmatrix}12 & -6L\\ -6L & 4L^2\end{bmatrix}-\omega^2 mL\begin{bmatrix}0.5 & 0\\ 0 & 0\end{bmatrix}\right\}\begin{bmatrix}v_2\\ \theta_2\end{bmatrix}=\begin{bmatrix}0\\ 0\end{bmatrix}$$

$$\therefore \omega_1=2.450\sqrt{\frac{EI}{mL^4}}, \quad \omega_2=\infty$$

6) 고유치 : Consistent Mass

$$\left\{\frac{EI}{L^3}\begin{bmatrix}12 & -6L \\ -6L & 4L^2\end{bmatrix} - \omega^2\frac{mL}{420}\begin{bmatrix}156 & -22L \\ -22L & 4L^2\end{bmatrix}\right\}\begin{bmatrix}v_2 \\ \theta_2\end{bmatrix} = \begin{bmatrix}0 \\ 0\end{bmatrix}$$

$$\therefore \omega_1 = 3.533\sqrt{\frac{EI}{mL^4}}, \quad \omega_2 = 34.81\sqrt{\frac{EI}{mL^4}}$$

7) 이론해와 비교

균일 외팔보의 이론적인 고유진동수는 $\omega_1 = 3.516\sqrt{\frac{EI}{mL^4}}$, $\omega_2 = 22.03\sqrt{\frac{EI}{mL^4}}$

고유진동수의 정확성은 ① 유한요소의 수를 증가시켜갈 때 정확성이 향상되며 ② 고차모드보다는 저차모드가 정확하고 ③ 유연한 보의 경우 Consistent Mass 행렬을 사용한 결과가 Lumped Mass를 사용한 결과보다 정확하며 ④ Consistent Mass의 결과는 이론해보다 큰 값을 나타내는데 비해 Lumped Mass 결과는 이론해보다 작은 값을 나타내는 것을 알 수 있다.

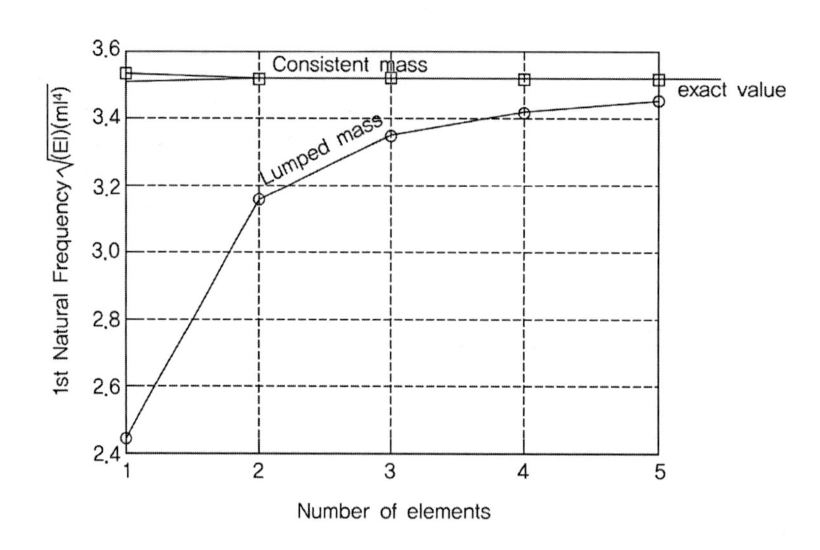

86회 3-6

다음과 같은 3경간보를 동적모델링하였을 때

가. 동적평형방정식($[m]\{\ddot{u}\} + [c]\{\dot{u}\} + [k]\{u\} = \{f(t)\}$)을 유도하시오.

나. 이 동적방정식을 해석하는 방법 중

(1) 직접적분법(Direct Integration Method)과

(2) 모드중첩법(Modal Superposition Method)을 설명하시오.

(단, 질량은 ①, ②점에 집중질량 m이 작용하고, 각부재의 탄성계수와 감쇠계수는 각각 모두 k, c이다.)

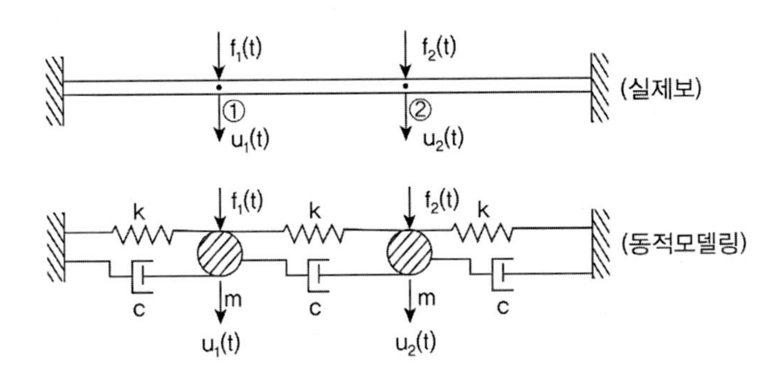

풀 이

▶ 3-Degree of freedom System의 운동방정식 유도

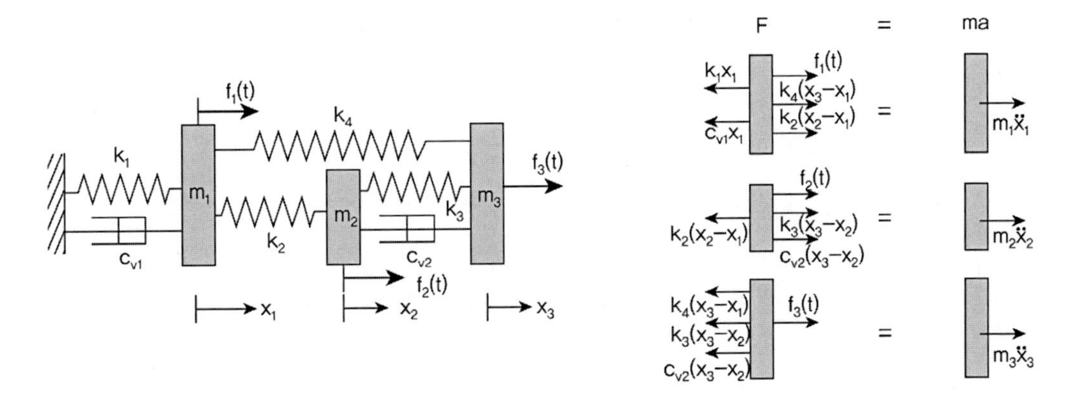

$$m_1\ddot{x}_1 + c_1\dot{x}_1 + (k_1 + k_2 + k_4)x_1 - k_2x_2 - k_4x_3 = f_1(t)$$

$$m_2\ddot{x}_2 + c_2\dot{x}_2 - c_2\dot{x}_3 + (k_2 + k_3)x_2 - k_2x_1 - k_3x_3 = f_2(t)$$

$$m_3\ddot{x}_3 + c_2\dot{x}_3 - c_2\dot{x}_2 + (k_3 + k_4)x_3 - k_3x_2 - k_4x_1 = f_3(t)$$

여기서, $k_1 = k_2 = k_3 = k_4$, $c_1 = c_2 = c_3$

$$\therefore \begin{bmatrix} m_1 & 0 & 0 \\ 0 & m_2 & 0 \\ 0 & 0 & m_3 \end{bmatrix} \begin{bmatrix} \ddot{x}_1 \\ \ddot{x}_2 \\ \ddot{x}_3 \end{bmatrix} + \begin{bmatrix} c & 0 & 0 \\ 0 & c & -c \\ 0 & -c & c \end{bmatrix} \begin{bmatrix} \dot{x}_1 \\ \dot{x}_2 \\ \dot{x}_3 \end{bmatrix} + \begin{bmatrix} 3k & -k & -k \\ -k & 2k & -k \\ -k & -k & 2k \end{bmatrix} \begin{bmatrix} x_1 \\ x_2 \\ x_3 \end{bmatrix} = \begin{bmatrix} f_1(t) \\ f_2(t) \\ f_3(t) \end{bmatrix}$$

➤ 3-Degree of freedom System 직접 매트릭스 유도방법

1) 자유도의 수를 결정하고 질량, 감쇄, 강성행력의 크기를 결정한다. 일반적으로 하나의 자유도는 각각의 질량과 연관될 수 있다.

2) 자유도의 정도와 관련된 질량값 질량행렬의 대각선에 입력한다. Lumped mass이므로

$$M = \begin{bmatrix} m_1 & 0 & 0 \\ 0 & m_2 & 0 \\ 0 & 0 & m_3 \end{bmatrix}$$

3) 자유도의 정도와 관련된 각 질량의 경우에 그 질량에 연결된 모든 감쇠를 합계하여 질량 매트릭스의 그 질량에 해당하는 대각선 위치에 감쇠행렬에 이 값을 입력한다.

$$C = \begin{bmatrix} c_1 & ? & ? \\ ? & c_2 & ? \\ ? & ? & c_3 \end{bmatrix}$$

4) 두 개의 질량에 연결된 포트를 식별하여 음에서 감쇠 대시 포트 M, N과 N, M 감쇠행렬에서의 위치의 대중 레이블 M과 N을 적고 모든 대쉬 포트에 대해 이 단계를 반복한다. 감쇠행렬의 나머지 조항은 0이다.

$$C = \begin{bmatrix} c_1 & 0 & 0 \\ 0 & c_2 & -c_2 \\ 0 & -c_2 & c_3 \end{bmatrix}$$

5) 각 질량의 경우 그 질량과 연결된 모든 스프링의 강성을 요약하고 질량 매트릭스의 그 질량에 해당하는 대각선 위치에 강성행렬 값을 입력한다.

$$K = \begin{bmatrix} k_1 + k_2 + k_4 & ? & ? \\ ? & k_2 + k_3 & ? \\ ? & ? & k_3 + k_4 \end{bmatrix}$$

6) 두 개의 질량에 연결된 포트를 식별하여 음에서 강성 대시 포트 M, N과 N, M 강성행렬에서의 위치

의 대중 레이블 M과 N을 적고 모든 스프링에 대해 이 단계를 반복한다. 강성행렬의 나머지 조항은 0이다.

$$K = \begin{bmatrix} k_1 + k_2 + k_4 & -k_2 & -k_4 \\ -k_2 & k_2 + k_3 & -k_3 \\ -k_4 & -k_3 & k_3 + k_4 \end{bmatrix}$$

7) 각 질량에 적용된 외부 힘의 합, 즉 질량에 대한 행위치에 해당하는 행 위치에서 힘 벡터의 값을 입력한다.

$$F \equiv \begin{bmatrix} f_1(t) \\ f_2(t) \\ f_3(t) \end{bmatrix}$$

8) 운동방정식 정리

$$[M]\ddot{x} + [C]\dot{x} + [K]x = [F]$$

Chapter

04 지진과 응답스펙트럼

01 지진

1. 지진파

96회 1-1 지진파의 종류별 특성, 구조물이 진앙거리에 따라 고려해야 할 지진파

1) 개 요

지진파는 크게 실체파(P파, S파)와 표면파(L파와 Rayleigh파)로 구분된다. 실체파(Body Wave)는 지구 안의 물질을 통과하며 표면파(Surface Wave)는 지구표면을 따라 움직인다. 구조물의 내진설계 시에 의미있는 파형은 구조물에 큰 피해를 일으킬 수 있는 표면파가 주로 고려되며, 표면파 중에서도 Rayleigh파가 내진설계 시에 이용되는 파형이다.
지진파는 주로 진폭, 파장, 주기, 진동수, 지속시간 등에 따라 그 특성이 달라지며 이러한 특성들을 통해서 내진설계 시 변수로서 적용되고 있다.

TIP | 탄성파 (Elastic wave) |

① 탄성파란 탄성매질(medium)내에서 매질의 교란상태변화로 인해 에너지가 전달되는 파동으로 매질을 필요로 하는 파동은 횡파(transverse wave)든 종파(longitudinal wave)든 간에 상관없이 모두 탄성파에 속한다.
② 공기를 매질로 하는 음파, 물을 매질로 하는 수면파, 지구내부 물질을 매질로 하는 지진파 등이 있다.
③ 지진의 파동의 특성은 매질의 밀도, 강성, 감쇠 등에 영향을 받으며 일반적으로 지진파동은 실체파와 표면파로 구분될 수 있고, 실체파(body wave)는 진원(hypocenter)로부터 지구 내부를 통과하여 전파하며, 표면파(surface wave)는 경사진 실체파와 매질의 자유표면(free surface)인 지표면과의 상호작용으로 인해 생성된 파동으로 지표층에서 지표면을 따라 전파한다.

2) 지진파의 측정방법

지진파는 크게 지진의 규모(Magnitude)와 진도(Intensity)로 표현되며, 지진의 규모(Magnitude, M)는 절대적인 개념으로 국내의 경우 1~9단계로 구분된 리히터 스케일(Richter scale)로 표현되며 진앙지로부터 100km 떨어진 지점의 로그스케일로 표현된다.
진도(Intensity)의 경우 피해정도를 기준으로 표현되는 상대적인 개념의 단위로 국내에서는 1~12단계로 구분된 수정메르칼리 진도(Modified Mercalli Intensity, MMI)로 표현된다.
규모와 진도와의 상대적인 값의 비교는 이론적으로는 결정할 수 없고 통계적인 방법으로 결정한다. 지진이 많이 발생하는 미국에서 결정된 관계식은 아래와 같다.

$$M = \frac{2}{3}MMI + 1 \text{(미 서부 경험식)}, \qquad M = \frac{1}{2}MMI + 1.75 \text{(미 동부 경험식)}$$

$$\log_{10}PGA = 0.3MMI + 0.014 \text{ (Trifunac and Brady)}$$

$$\log_{10}PGA = 0.33MMI - 0.5 \text{ (Gutenberg and Richter)}$$

여기서 M: 규모, MMI: 최대진도, PGA (gal, cm/sec^2)

※ 수정메르칼리 진도 계급표를 참고하여 내진설계 기준선정시 붕괴방지 수준의 최대지반가속도에 해당하는 진도를 상기 산정식에 대입하면, $M = 1 + 2/3 \times 7.8 = 6.2$(6.2규모의 지진에 견디도록 설계, 내진설계 기준상의 최대 지반가속도 0.224g에 해당하는 MMI 진도계급상의 진도값=7.8)

3) 지진파의 종류별 특징

① P파(Primary Wave) : 종파, 속도가 지진파 중 가장 빠르며(7~8km/s) 고체, 액체, 기체 모두 관통할 수 있다. 진동방향은 진행방향과 진동방향이 평형하며 진폭이 작은 것이 특징이다.
② S파(Secondary Wave) : 횡파, 속도가 느리며(3~4km) 통과물질은 고체, 진동방향은 진행방향과 진동방향이 수직이며 진폭이 크다.
③ L파(Love Wave) : 지구의 표면을 따라 전파되며 지표면의 입자는 파의 전파방향에 직각으로 수평면내에서 좌우로 진동한다. 레일리파보다 빠르게 전파되며 매질의 운동이 수평성분만 가지므로 수직성분에는 거의 기록되지 않는다.
④ Rayleigh파 : 레일리파는 지표면의 입자는 파의 전파방향을 포함하는 지표면에 수직인 평면내에서 타원을 그리며 역행운동을 한다. 속도가 가장 느리며 내진에 가장 큰 영향을 미친다.

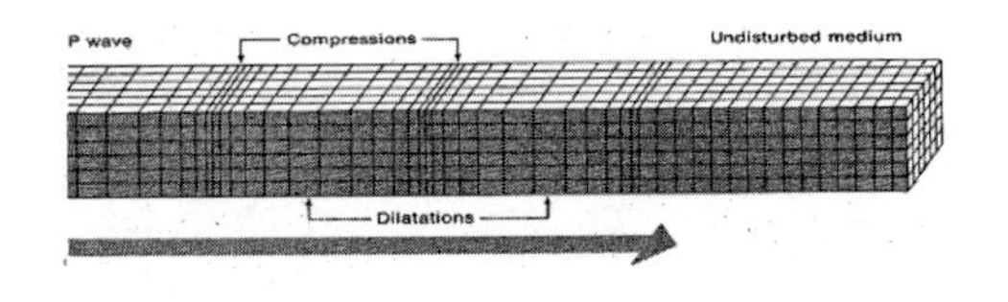

P파(종방향 운동)

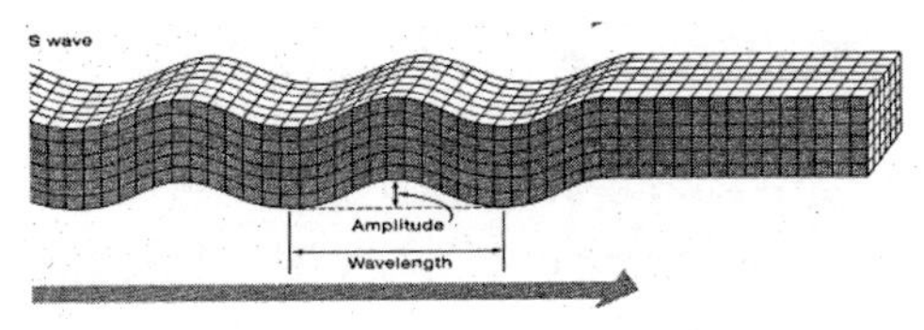

S파(횡방향 운동)

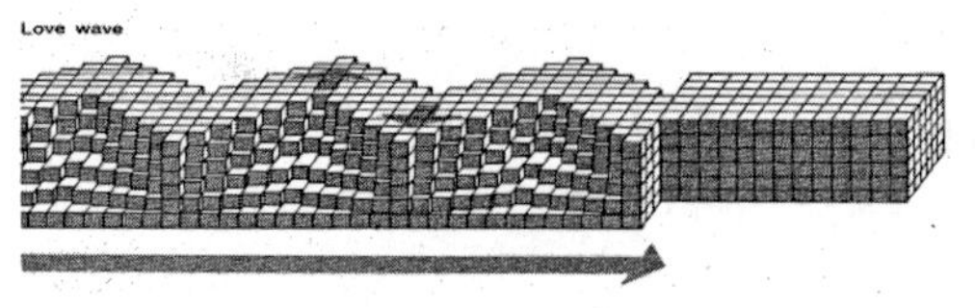

L파(표면파, 수평면 좌우운동)

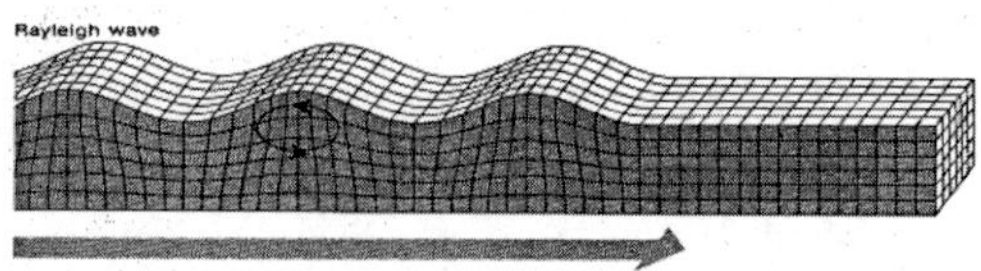

Rayleigh파(표면파, 타원 역행운동)

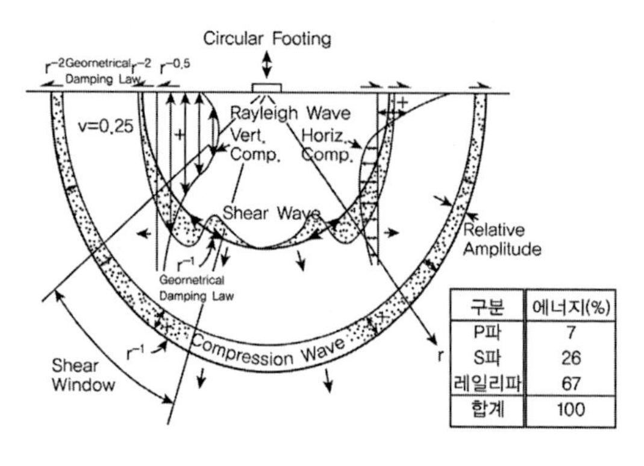

구분	에너지(%)
P파	7
S파	26
레일리파	67
합계	100

균질반무한 탄성지반의 원형기초와 파동전파

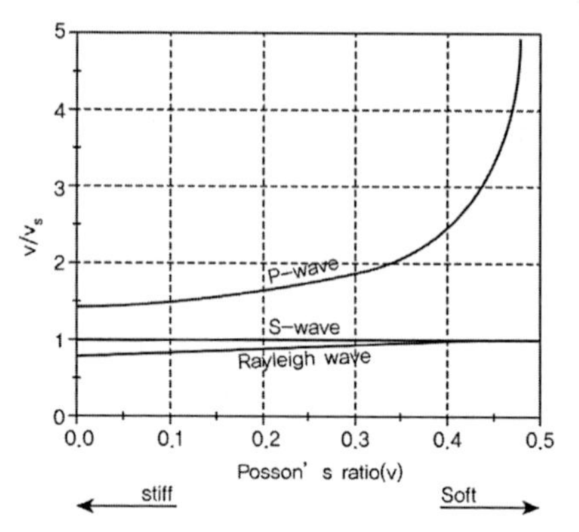

균질반무한 탄성지반의 포아송비에 따른 파동전파속도

TIP | 표면파 또는 L파 |

① 표면파는 L파라고도 하며 진원이 가까운 곳에서는 S파와 뒤섞여서 잘 구별되지 않으나 멀수록 분명히 기록된다. 표면파는 다시 레일리파와 러브파로 분류되며 통상 진원이 수백 km 떨어진 곳에서 실체파 다음에 전파되는 주기가 큰 파동이다.

② 표면파는 진동수별로 파동전파속도가 다르므로 분산특성(dispersive characteristics)을 나타내며 일반적으로 그룹의 속도(group velocity)로 나타낸다. 통상 지진파 계측시 레일리파의 그룹속도는 러브파보다 느리므로 레일리파는 러브파 뒤에 도착한다.

③ 레일리파(Rayleigh wave)는 1885년 J. Rayleigh가 처음 이론적으로 유도하였으며 진동은 진행방향을 포함한 연직면내의 타원진동이다. 전파속도는 주로 지구 내부의 횡파의 속도에 따라 좌우되므로 레일리파의 관측으로부터 횡파의 속도분포를 구할 수 있다.

④ 일반적으로 표면파는 지진파 가운데서 가장 속도가 느리지만 진폭은 가장 커서 대부분의 큰 지진피해는 표면파에 의해 발생한다.

4) 진앙거리에 따른 고려할 지진파

진앙거리가 멀 때는 구조물에 가장 큰 영향을 미치는 표면파의 전달이 크지 않기 때문에 큰 영향이 없으나 진앙거리가 가까울수록 표면파(L파, Rayleigh파)의 영향이 커져서 구조물에 미치는 영향이 커진다.

타원 운동을 하는 Rayleigh파는 표면에 가까울수록 그 운동의 크기가 급수적으로 커지기 때문에 표면에 설치되는 구조물에 미치는 영향이 크게 되므로 이에 대하여 내진, 면진, 제진 등을 적절히 고려하여 설계하여야 한다.

TIP | 규모(Magnitude)와 진도(Intensity) |

1. 지진의 규모(Magnitude) : 절대적인 개념으로 국내의 경우 1~9단계로 구분된 리히터 스케일(Richter scale)로 표현되며 진앙지로부터 100km 떨어진 지점의 로그스케일로 표현
2. 지진의 진도(Intensity) : 피해정도를 기준으로 표현되는 상대적인 개념의 단위로 국내에서는 1~12단계로 구분된 수정메르칼리 진도(Modified Mercalli Intensity, MMI)로 표현

2. 지진발생시 피해 유발요인

99회 4-3 지진 시 구조물의 붕괴와 지반붕괴를 일으키는 구조물 피해유발요인

1) 개요

지진 발생시 예상되는 피해를 예측하기는 사실상 어려우나 피해를 유발하는 요인을 사전에 예측해 보는 것은 가능한 일이라 할 수 있다. 지진 발생시 예상되는 피해 유발요인은 다음과 같이 분류할 수 있다.

① 구조물에 의한 요인
② 지반에 의한 요인
③ 기타 요인

2) 구조물에 의한 요인

지진 피해는 구조물의 파손이나 붕괴 또는 구조물의 피해에 부차적으로 발생하는 화재, 교통 및 통신망의 두절, 급수관이나 가스관의 파손 등이 있다. 일반적으로 부차적으로 일어나는 피해는 구조물의 내진 설계와 지진발생시 신속한 대응으로 어느 정도 예방할 수 있다. 지진으로 인한 구조물의 피해 유발요인은 다음과 같다.

① 기둥의 취성파괴 : 지진의 진동기간이 긴 경우에 축방향의 철근 간격이 너무 작거나 띠철근의 간격이 클 때 발생한다.
② 구조물의 비대칭성 : 구조물의 질량이나 강성이 비대칭인 경우 비틀림 발생으로 파괴가 일어나기 쉽다.
③ 짧은 기둥 : 조적벽이나 깊이가 큰 보에 의해 기둥의 변형구간이 짧아지면 연결 부위에서 파괴가 일어나기 쉽다.
④ 인접층 강성의 급격한 변화 : 강성의 급격한 변화는 응력집중을 초래하여 파괴를 유발한다.

⑤ 좌굴 : 주로 철골구조물의 경우 과다한 축하중이 부재의 좌굴이나 국부좌굴을 유발하여 피해가 발생할 수 있다.
⑥ P-Delta 효과 : 중력방향의 하중이 크고 구조물의 유연성이 큰 경우 P-Delta 영향으로 구조물의 피해가 발생할 수 있다.
⑦ 강성변화(Soft Story) : 구조물 하부의 강성을 상부에 비해 작게 설계했을 경우 하부의 파괴가 발생할 수 있다.

3) 지반에 의한 요인

지반에 의한 요인으로는 구조물의 부등침하, 구조물 지반 상효작용(SSI), 지반 운동의 증폭효과, 지반의 액상효과 등이 있다.
① 부등 침하 : 지반의 부등침하는 직접적인 피해뿐만 아니라 구조물의 거동에 비대칭을 유발하여 피해를 크게 할 수 있다.
② 구조물과 지반의 상호작용 : 지반의 고유 진동수가 구조물의 고유 진동수와 비슷하면 공진 현상에 의해 피해가 증가되며 연약 지반에서는 고층 건물이, 암반에서는 저층의 건물이 더 크게 지진의 영향을 받는다.
③ 지반운동의 증폭효과 : 지반이 연약하면 지반의 운동이 하부의 암반운동보다 증폭되어 더 심한 피해를 유발할 수 있다.
④ 지반의 액상화 현상 : 지반이 모래질로 되어 있을 때 발생하는 현상으로 구조물의 전도 등의 피해를 초래하게 된다.

4) 기타요인

과거 지진이나 부실한 구조물의 설계와 시공이 피해 요인
① 과거 지진에 의한 피해 : 과거의 지진으로 인한 피해를 아직 보수하지 못했거나 제대로 보수하지 않았을 경우 피해는 가중된다.
② 부실한 설계 및 시공 : 지진의 효과를 제대로 고려하지 않고 설계를 하거나 부실한 시공을 하게 되면 많은 피해를 초래할 수 있다.

5) 지진발생시 교량의 주요 피해 및 원인

부위	주요피해	피해 및 발생원인
상부	낙교	사교에서 주로 발생, 강성중심과 무게중심의 불일치로 인한 과대변위 받침파손과 지지길이부족으로 인한 낙교, 지반액상화에 의한 낙교
받침	본체의 파손	받침본체파손(록커받침 취약), 받침지지길이부족으로 낙교
	상하부 연결부 파손	앵커볼트 길이부족으로 인발 또는 파단, 모르타르 손상 및 파괴
	이동제한장치 손상	이동제한장치 및 부상방지장치 손상
	낙교방지장치 손상	케이블 구속장치 피해, 낙교방지핀 피해, 스토퍼 파손

부위	주요피해	피해 및 발생원인
교각	휨파괴	연성부족으로 소성힌지부 휨파괴, 주철근 겹침이음부 휨파괴, 주철근 매입길이 부족으로 인발, 띠철근 및 나선철근 부족으로 취성파괴
	휨-전단파괴	소성힌지부 전단강도 부족으로 휨-전단 파괴
	전단파괴	전단강도 부족으로 전단 취성파괴
	기타	유효길이 부족으로 파괴, 나팔형 교각 파괴, 주철근 단락부 파손
교대	본체 및 지반이동 피해	지반액상화에 따른 교대의 이동과 전도
기초	말뚝기초 및 지반이동 피해	액상화에 따른 횡지지력 부족 및 잔류수평변위발생으로 말뚝본체 및 푸팅 파괴, 직접기초나 우물통기초는 손상이 경미
지반	침하, 이동피해	액상화로 인한 침하 및 이동피해
기타	교각두부, 이음부 손상	수평력 집중에 따른 교각두부 파손
	강교/강교각 변형	강교/강교각의 좌굴 및 변형
	신축이음장치 파손	과도한 상부구조 변위차로 인한 충돌로 신축이음부 파손

3. 지반의 액상화 (도로설계편람 2008, 국토해양부)

73회 1-3 액상화(Liquefaction)

지진에 의한 동적전단변형이 발생하면 간극수압이 상승하게 되고 이로 인해서 유효응력이 감소되고 그 결과 포화 사질토가 외력에 대한 전단저항을 잃게 되는 현상을 말한다. 일반적으로 액상화는 포화된 모래가 단일하중 또는 진동하중으로 인해 전단저항이 감소하게 되어 전단응력과 같은 크기로 줄어들어 액체처럼 유동하는 현상을 말하며 이로 인해서 일어나는 액상화는 유동액상화와 Cyclic Mobility로 나눌 수 있다.

1) 유동액상화 : 토체(Soil mass)내의 정적 평형상태의 전단응력이 액상화 상태의 흙의 전단강도보다 큰 경우 발생하는 현상으로 유동파괴(Flow failure)를 유발하는데 지진이 계속되는 동안이나 끝난 후에 발생하고 느슨한 흙에서만 발생되는데 주로 경사지에서 발생한다.

2) Cyclic Mobility(반복유동) : 포화사질토가 일정한 함수비에서 진동하중을 받아 일어나는 진행성 연화현상(Progressive Softening)으로서 유동액상화와 달리 정적 전단응력이 액상화토의 전단강도보다 작은 상태에서 일어나며 변형은 정적 전단응력과 동적 전단응력 모두에 의해서 일어나고 지진이 계속되는 동안에 점차적으로 증가한다. 측방퍼짐(lateral spreading)이라고 부르는 이러한 변형은 물에 인접하고 있는 평지나 또는 대단히 완만한 경사지반에서 발생하고 구조물이 있을 경우 큰 피해를 줄 수 있다. 느슨한 모래와 조밀한 모래 모두 일어날 수 있으나 밀도가 증가할수록 변형은 크게 감소한다.

3) 액상화의 예측방법

액상화에 취약한 특정지반에 대한 평가방법은 통상 역사적 기준, 지질학적 기준, 지반 구성기준,

상태기준으로 분류하여 점검할 수 있으며 국내 설계기준에서는 다음의 3가지 방법에 따라 액상화를 예측한다.

① Seed의 경험적 방법 : 지진 시 예상되는 지진 전단응력(v_d)과 지반의 액상화 저항 전단응력(v_l)을 깊이에 따라 산정하고 v_d가 v_l보다 커지는 깊이에서 액상화가 발생한다.

② 해석적 방법 : 실험실에서 불교란 시료의 반복시험에서 얻은 현장 액상화 강도와 지진으로 인한 전단응력을 비교한다.

③ 경험적 방법 : 지진규모와 진앙거리에서부터 액상화가 일어날 현장까지의 최대거리를 바탕으로 성립된 경험적 상관관계를 이용하여 개력적인 판단을 수행하는 방법으로 연약한 지반에서 액상화로 인한 지반파괴의 작성기준으로 이용한다.

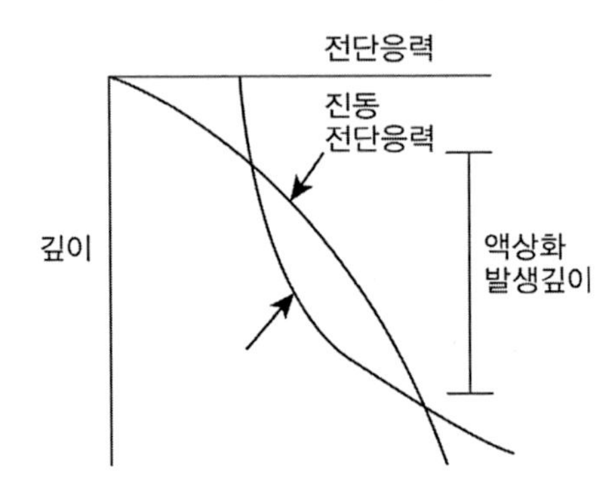

4) 지반의 액상화 평가 : 액상화에 대한 안전율은 현장시험을 이용한 액상화 평가는 1.5, 실내시험을 이용한 액상화 평가는 1.0을 안전율로 한다.

$$F.S_L = \frac{\text{지반에 작용하는 진동 전단응력비}(\tau_d/\sigma_v{}')}{\text{지반내의 저항 전단응력비}(\tau_l/\sigma_v{}')} > 1.0$$

5) 액상화 방지대책

밀도의 증가	점착력 증대	전단변형 억제
Vibro Floatation, SCP, 폭파다짐, 동다짐	생석회 말뚝	Slurry Wall, Sheet Pile

4. 지진계

72회 3-1 지진계측기인 가속도계와 변위계의 특성과 측정가능 지진

지진계는 지구의 진동인 지진을 과학적으로 관측하는 계측장비로 계측을 위한 기본원리는 지진계 내에 내장한 진자중추를 가상부동점으로서 지면사이와의 상대변위를 측정하는 기계. 또 지진을 관측한 절대시각도 함께 기록하여 큰 지진이라도 파형을 기록하여 이를 보호하고 유지해야하는 기능을 갖추어야 한다.

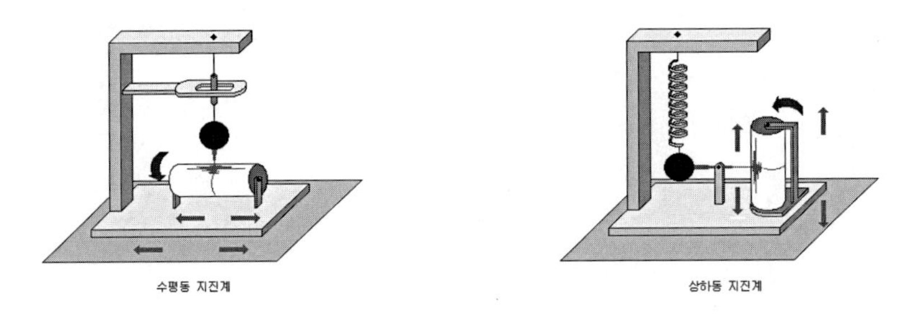

1) 지진계의 분류

① 구조에 의한 분류 : 지진계에 내장된 지진센서는 사이즈모계(Seismo System)와 일정레벨 이상의 지진감지가 목적인 제어용지진계인 비 사이즈모계로 분류된다. 사이즈모계는 1방향으로만 움직이는 진자중추, 용수철, 감쇠기로 구성되어 있으며 정확한 진동을 측정하려면 기본이 되는 부동점이 필요하고 지진계의 경우 사이즈모계의 질량요소인 진자 중추를 가상의 기본 부동점으로 하고 지진동을 측정한다.

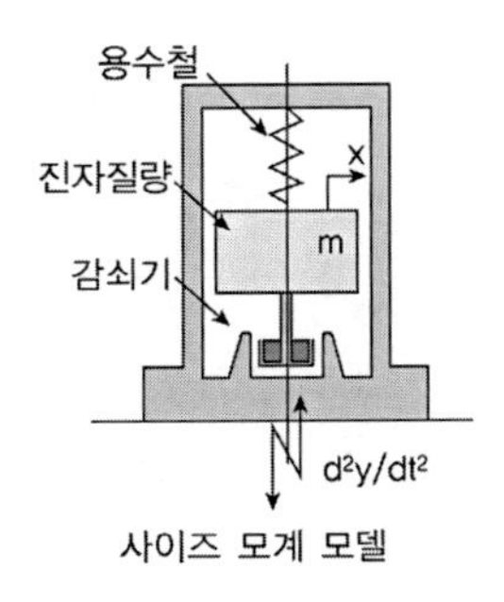

사이즈 모계 모델

② 특성에 의한 분류 : 진자의 운동량은 그 고유진동수 이상의 진동수에서는 지진동의 변위진폭에 비례하고 고유진동수 이하로는 가속도 진폭에 비례한다.

(1) 변위지진계 ($f/f_n > 1$) : 진자의 고유진동수를 내리고 고유진동수 이상의 진동수범위로 측정하는 지진계

(2) 가속도지진계 ($f/f_n < 1$) : 진자의 고유진동수를 높이고 그 이하를 진동수범위로 측정하는 지진계

(3) 속도지진계 ($f/f_n = 1$) : 진자에 큰 감쇠력을 추가하여 고유진동수 부근의 진동수 범위를 측정하는 지진계

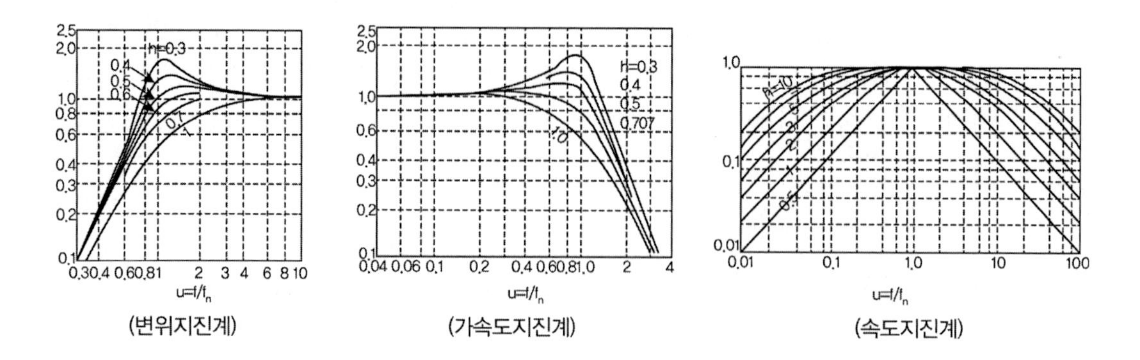

(변위지진계) (가속도지진계) (속도지진계)

5. 파랑하중에 의한 구조물 진동

해양에서도 초대형 빌딩과 같은 구조물이 존재하며 이러한 해양구조물에 작용하는 설계외력으로는 파랑하중(파력), 바람하중(풍력), 조류하중(조력) 및 지진하중(지진력)이 작용한다.

1) 풍력 : 풍력은 수면 위 대기에 노출된 해양구조물의 부분에 작용하므로 구조물에 작용하는 모멘트가 커지며 특히 예인중인 해양구조물의 안정성해석에 중요하다. 일반적으로 운영 중인 해양구조물의 경우 설계풍속은 70kts(킬로노트, 1kt=0.5144m/s) 이상으로 크지만 공기의 밀도가 물에 비해 매우 작으므로(1/850), 그 크기가 파랑하중보다 작다.

2) 조력하중 : 조력하중은 조류에 기인하는 항력을 말하며 속도가 보통 2~3kts 정도로 작아 자유표면 근처의 절점에 응력집중으로 인한 피로파괴 등을 제외하고는 설계외력에서 무시할 수 있다.

3) 지진하중 : 지진하중은 지진으로 나타나는 해저 지반의 가속운동에 의해 고정구조물의 경우에는 관성력이 외력으로 작용하고 부유구조물에는 유체의 동압이 작용한다. 일반적으로 지진대가 아닌 지역 또는 수심이 100m 이상인 해역에서는 지진하중은 파랑하중보다 작다.

4) 파랑하중 : 보통의 해양구조물의 설계조건에서는 외력 중에서 파랑하중이 제일 크게 작용하며 이를 정확하게 추정하는 것이 설계를 위한 주요 인자가 된다. 파랑하중을 추정하기 위해서는 우선 대상해역에 대한 장기적인 파랑자료를 측정, 수집하여 이를 통계적으로 처리하여야 한다. 파랑하중의 계산방법으로는 재현주기 50년 또는 100년에 해다하는 설계파고를 택하여 파랑하중이 최대치가 되는 위상에서 이를 계산하는 방법(Design wave method)과 이를 일정한 해상상태(sea state)를 기준으로 파랑하중의 확률적 분포를 구하고 이를 이용하여 통계적 방법으로 설계조건을 결정하는 방법(wave energy spectral density method)이 있으며 전자는 특정파고 및 특정주기를 갖는 파

랑에 대해 파랑하중을 계산하며 후자는 다수의 주기에 대해 각 주기에 대한 파랑하중을 계산한다.

TIP | 파랑 |

① 파랑이란 물입자의 한정된 범위 내의 궤도운동으로 물입자가 직접 진행하는 것이 아니고 물입자를 통한 에너지의 전파이다.

② 심해파(deep water wave)는 $h/L \geqq 1/2$인 수심이 깊은 바다에서의 파랑을 말한다. 해면을 따라 전달되므로 표면파라고도 한다. 수심이 깊어질수록 점차 운동하는 원의 크기가 급감하여 해저의 영향을 받지 않는다. 천해파(shallow water wave)는 $1/20 \leqq h/L < 1/2$인 파랑을 말하며 물입자의 운동은 해저 마찰의 영향을 받아 그 궤도는 타원형이며 해면에서의 타원형 궤적은 해저로 갈수록 평평한 궤적으로 된다. 장파(long water wave)는 $h/L < 1/20$인 수심이 매우 낮은 파랑을 말한다.

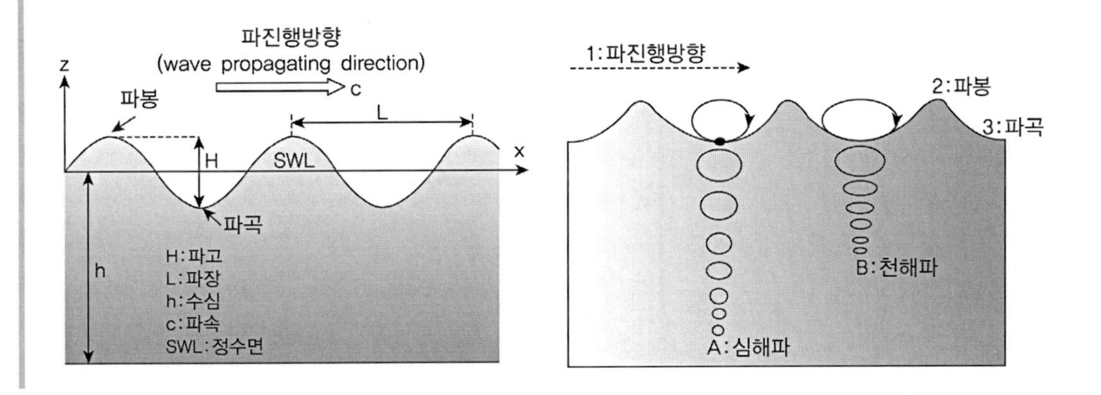

5) 파랑과 수중구조물

수중구조물에 작용하는 주요 파력은 압력과 항력에 의해 발생하며 압력과 파력의 기여도는 파랑조건과 수중구조물의 기하학적 형상에 따라 다르다. 수중구조물과 파랑의 상호작용은 구조물과 파장의 상대적 크기에 큰 영향을 받아 예를 들어 수중구조물의 직경이 D인 원형단면이고 파장을 L이라고 할 때 D/L이 작을 경우 수중구조물에 의한 파랑의 회절과 반사 등과 같은 파랑변형을 무시할 수 있으나 D/L이 클 경우 파랑변형을 고려해야 한다.

수중구조물이 크고 작음은 수중구조물의 파장에 대한 상대적 크기에 따라 판단한다. 예를 들어 해양파랑이 말뚝을 통과할 때 해양파장은 말뚝직경의 50~100배 정도이므로 말뚝에서 한 파장만큼 떨어진 곳에서의 파장변형은 말뚝의 형향을 전혀 받지 않는 것처럼 보인다. 이 경우 말뚝을 작은 수중구조물이라고 할 수 있으며 파랑-수중구조물의 상호작용을 무시하면 작은 수중구조물에 작용하는 파력을 구할 수 있다. 이 경우 말뚝에 작용하는 파랑의 효과는 계산하지만 말뚝이 파랑에 미치는 영향이 없다고 가정하므로 파력은 말뚝이 위치한 곳에서 단순히 입사 파랑의 함수이다. 이에 반해 작은 파랑을 갖는 파랑에 떠있는 플랫폼(platform)이 경우 일부파랑은 플랫폼의 주위 또는 아래로 전파하지만 많은 입사 파랑들이 플랫폼에서 반사되므로 파랑변형을 파력산정에 고려해야 한다.

6) 모리슨 방정식(Morison equation)

수중구조물의 직경이 파장의 5% 미만이라면 작은 수중구조물로 입사 파랑의 변형을 크게 유발하지 않는다. 이러한 작은 수중구조물에 작용하는 파력을 산정하기 위해 가장 일반적으로 모리슨 방정식이 사용되며 모리슨 방정식은 관성력(inertia force), 항력(drag force)로 구성되어 있으며 정수압(hydrostatic force)은 포함하지 않는다. 관성력은 수중구조물에 작용하는 압력과 관련이 있고 항력은 수중구조물과 유동의 마찰, 박리와 관련이 있다.

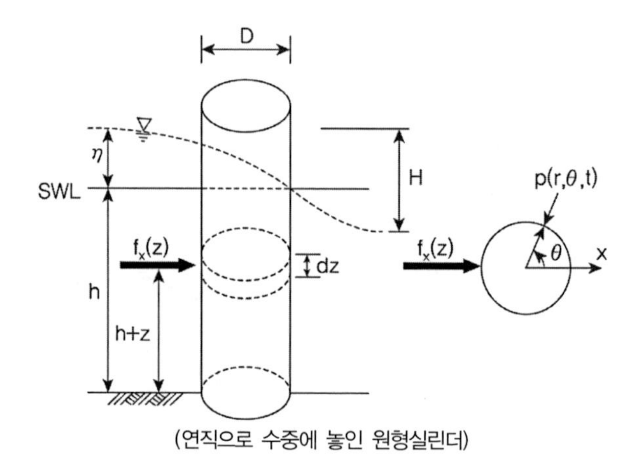

(연직으로 수중에 놓인 원형실린더)

① 관성력

위의 연직실린더의 파력산정을 위해서 단위길이당 작용하는 파력의 수평성분은

$$f_{ix} = \rho \frac{\pi D^2}{2} \frac{du}{dt}$$

유체압력과 관련이 있는 이 하중은 고정된 실린더를 통과하는 유동의 가속도에 비례하므로 관성력이라 한다. 이 하중은 일반관성력($f = \rho \frac{\pi D^2}{4} \frac{du}{dt}$)보다 2배가 크며, 유동에 의한 관성력을 일반관성력을 사용하여 나타내면,

$$f_{ix} = (1 + C_a)\rho \frac{\pi D^2}{4} \frac{du}{dt}$$

여기서, C_a는 부가질량계수

② 항력

실제유체는 항력도 존재하며 항력은 표면항력(skin drag)과 형상항력(form drag)로 구분할 수 있다. 이 2가지 항력은 모두 속도의 제곱과 경험계수들에 비례하며 하나의 항력으로 대표하여 나타내면,

$$f_{dx} = C_d \frac{1}{2} \rho D u|u|$$

여기서, f_{dx} 실린더 단위길이당 작용하는 항력, C_d 항력계수
u 파랑전파방향으로의 수립자 속도

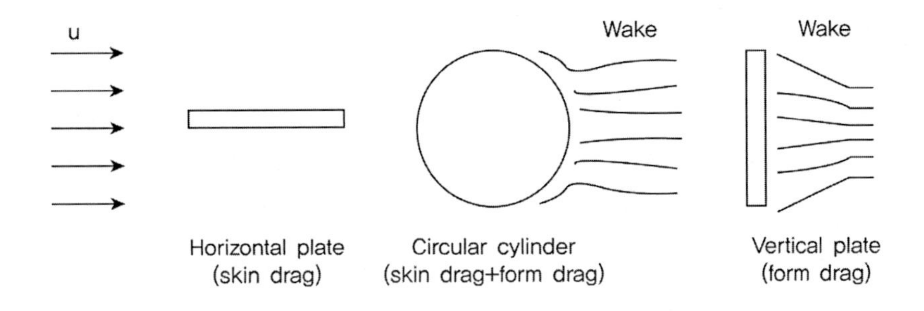

③ 실린더 단위길이당 작용하는 파력

$$f_x = f_{dx} + f_{ix} = \frac{1}{2} C_d \rho D u|u| + C_m \rho \frac{\pi D^2}{4} \frac{du}{dt}$$

6. 바람에 의한 구조물의 진동 (교량 내풍설계편 참조)

100회 1-9 왕복운동기계를 지지하는 강체블록기초의 동적해석을 위한 6개 진동모드

내풍설계에서는 우선 바람에 의한 정적효과에 대하여 구조물이 충분한 저항력을 가져야 한다. 특히 교량이 장대화 됨에 따라 풍하중 효과가 상대적으로 커지게 된다. 바람에 의하여 발생하는 하중은 다음의 6가지 분력으로 구분된다. 이중 주로 항력(Drag force), 양력(Lift force), 비틀림플러터(pitching)에 대하여 주로 고려한다.

① 기류방향 분력 : 항력(Drag force)
② 기류직각방향 분력 : 양력((Lift force), 횡력(Lateral force)
③ 회전 : Pitching Moment, Yawing Moment, Rolling Moment
④ 양력(lift force, F_L), 항력(Drag force, F_D)

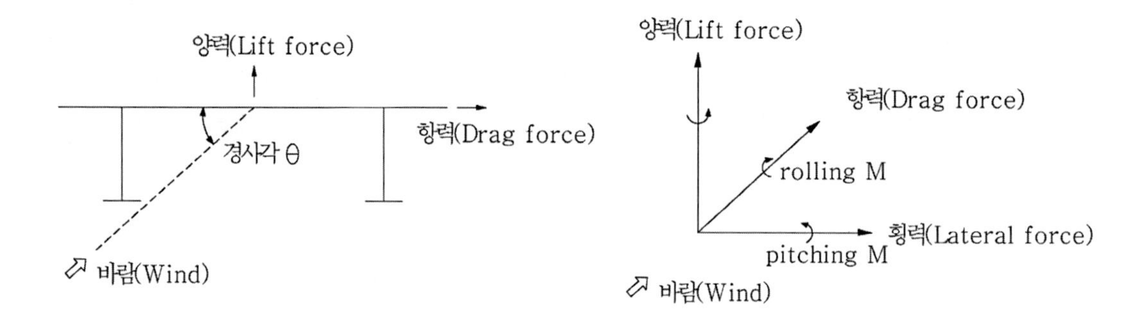

1) 공탄성 현상(aeroelastic phenomenon)

탄성력, 관성력, 공기력 사이의 상호작용을 연구하는 분야로 바람에 의해 발생하는 구조물의 거동이 공기력의 변화를 가져올 경우 공탄성 현상이 발생할 수 있다. 구조물의 거동에 의해 추가로 발생한 공기력은 다시 구조물의 거동을 증가시킬 수 있으며 이것은 피드백 프로세스(feedback process)에 의해 공기력을 더 크게 발생시킬 수 있다. 이러한 공기력과 구조물 거동 사이의 상호작용은 줄어든 평형조건에 도달할 수도 있지만 증가하여 크게 발산할 수도 있다. 공탄성 현상은 크게 정상 공탄성 현상(steady aeroelasticity)과 동적 공탄성 현상(dynamic aeroelasticity)로 구분되며 정상 공탄성 현상은 구조물의 질량효과를 무시하고 탄성구조물에 작용하는 공기력과 탄성력 사이의 상호작용만을 다루며, 동적 공탄성 현상은 공기력, 탄성력, 관성력 사이의 상호작용을 다룬다.

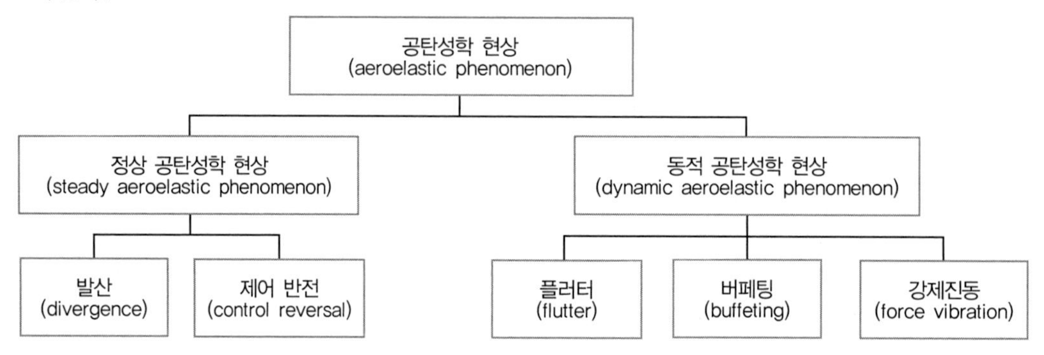

2) 플러터(flutter) : 구조물에 작용하는 공기력이 구조물의 고유진동모드와 연계되어 빠른 주기운동을 발생시키는 것으로 일종이 자발적이며 파괴적인 진동이다. 플러터는 풍속이 어떤 한계값을 초과하는 경우에 발생하고 풍속이 증가함에 따라 구조물의 응답이 급격히 증가해 가는 발산형 자발 진동현상으로 일반적으로 속도 의존 비정상 공기력계수의 증가에 따라 동적 시스템의 감쇠가 음(−)으로 되는 부감쇠 효과(negative damping effect)에 의해 발생되는 파괴적인 진동현상으로 설계기준 풍속보다 작은 경우 이에 대한 안정성을 충분히 확보해야 한다. 플러터 발생풍속(한계풍속)은 설계기준풍속보다 커야 하며 발생진동모드에 따라 플러터는 휨비틀림 플러터(합성플러터),

비틀림 플러터, 휨플러터(갤로핑)으로 구분한다.

① 합성플러터(coupled flutter, 휨비틀림 플러터, bending-torsion flutter)

합성플러터는 자발 공기력의 작용에 의한 발산진동 중 휨과 비틀림이 합성된 진동을 의미한다. 진동 중에 물체에 작용하는 시간적으로 변화하는 공기력(비정상 공기력)이 휨과 비틀림으로 각각 독립된 모드만이 아니라 2자유도 간에 합성된 항을 포함한 형태로 정식화된다. 휨과 비틀림의 고유진동수가 풍속과 함께 변화하여 합성플러터가 발생할 때에는 양자의 값이 일치되고 휨-비틀림 간에 어떤 위상차를 갖는다. 또한 합성 플러터 상태에서는 단면의 앞 모서리 부분에 저압부 및 상하면 압력차가 중요한 역할을 한다는 연구결과도 있다. 합성플러터의 발생풍속은 휨 고유진동수(f_n)와 비틀림 고유진동수(f_ϕ)의 비(f_n/f_ϕ)에 가장 민감하게 영향을 받으며 진동수비가 1보다 커지면 이에 따라서 발생풍속값은 낮아지며, 진동수비가 약 1.1일 때 최저가 된다. 1.1보다 큰 경우 진동수비의 증가에 따라서 발생풍속도 증가한다.

② 갤로핑(galloping, 휨플러터 bending flutter)

자발 공기력의 작용에 의한 발산진동 중 기류직각 방향의 1자유도 휨진동을 갤로핑이라한다. 갤로핑은 정사각형 단면을 포함하여 일정한 범위내의 변장비를 갖는 사각형 단면 등에 발생하며 발생메커니즘에 대해서는 준정상 이론의 적용이 가능한 것으로 알려져 있다. 갤로핑이 발생하기 위해서는 영각(Angel of attack)에 대한 양력계수의 기울기가 음(−)이 되는 것이 필요조건이다. 이러한 조건을 Den Hartog 조건이라 하며 이를 식으로 표현한 판정기준은 식의 형태가 간단하기 때문에 풍동실험에 의한 정적인 공기력 특성이 얻어지는 경우에는 갤로핑이 안정성을 평가하는데 자주 이용된다.

③ 비틀림 플러터(torsion flutter)

자발 공기력 작용에 의한 발산진동 중 비틀림 1자유도의 진동을 의미한다. 비틀림 플러터가 발생하는 비교적 변장비(side ratio)가 큰 단면의 경우 단면의 앞 모서리 부분에서 발생하는 박리전단층은 측면에 재부착하며 측면의 앞모서리 부근에 저압부가 형성된다. 이 저압부는 박리전단층과 단면의 측면으로 둘러싸인 하나의 순환류(박리버블)에 의한 것이며, 단면이 비틀림 진동을 하고 있는 경우에는 이 박리버블의 강도나 크기도 변화하게 된다. 이러한 유체흐름의 비정상적인 변화에 의해 단면에는 비정상 비틀림 모멘트가 발생한다. Tacoma교의 낙교사건으로 인해 비틀림 플러터에 대해 현저하게 불안정한 특성을 나타내는 H형 단면을 장대교량의 주형단면으로 사용하는 일은 거의 없으나 풍동실험에 의하면 사가형이나 역사다리꼴에서도 비틀림플러터의 발생이 검출되는 경우도 있다.

④ 거스트응답(Gust response)과 버펫팅(Buffeting)

자연의 바람은 시간에 따라 풍속과 풍향이 시시각각으로 변하는 난류이며 이와 같이 난류성 바람을 거스트(gust)라 하고 이 거스트에 기인한 구조물의 불규칙한 강제진동을 거스트 응답이라고 한다. 한편 두 개 이상의 구조물이 근접 배열되면 풍상측 구조물에서 교란된 기류가 그대로 풍하측의 구조물에 작용하여 마찬가지로 불규칙한 강제진동이 발생하며 이와 같은 불규칙한 진동을 버펫팅이라고 한다. 일반적으로 거스트 응답과 버펫팅을 구분하지 않고 난류성 바람으로 인해 구조물에 불규칙적인 변동 공기력이 작용하고 이것에 의해 발생하는 강제진동 현상을 거스트 응답 또는 버펫팅이라고 한다.

이 진동은 자연풍과 같은 난류성을 수반하는 흐름 속에서 구조물의 형상 및 풍속영역에 관계없이 크던 작던 간에 발생한다는 점에서 다른 공기 역학적 현상과 다르다. 거스트 응답은 피로 문제 또는 사용성 문제 등을 일으킬 수는 있으나 지형의 특성상 난류강도가 큰 기류가 예상되는 특수한 경우를 제외하고는 동적 안정성에 미치는 영향이 적으므로 무시되는 경우가 많다. 자연풍의 난류성분에 의한 동적효과를 정적 풍하중으로 환산하여 설계풍속에 반영하는 것을 거스트 계수(gust factor)라 하며, 이 거스트 계수는 구조물의 진동수, 지형의 형태, 구조물이 위치한 고도, 감쇠비 등에 따라 다르다. 거스트 응답은 어떠한 단면에서도 발생하지만 특별한 대책을 실시하지 않으면 단면이 편평할수록 응답이 커지는 경향이 있다.

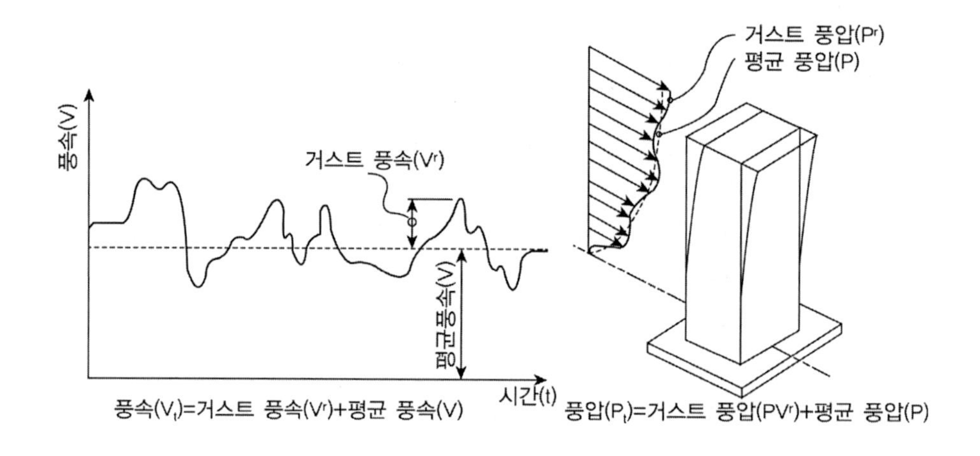

⑤ 와류진동(Vortex-induced vibration)

와류진동은 물체의 배후나 측면에서 생성되는 주기적인 와류(vortex)에 의해 발생되는 현상이며 일반적으로 뭉뚝한 구조 단면형상을 갖고 구조감쇠나 질량이 작은 구조물에서 발생하기 쉽다. 와류진동은 비교적 낮은 풍속영역에서 발생하며 어떤 한정된 풍속영역에서 발생하기 때문에 발생빈도가 높아 구조물의 피로, 시공성 및 사용성의 관점에서 문제가 될 수도 있다. 단면 배후에 주기적으로 방출되는 와류의 방출진동수가 구조물의 고유진동수와 일치할 때 발생하므로 일정한 풍속범위에서만 발생하는 일종의 공진현상으로 일반적으로 발생 진폭이 어떤 값 이상으로 크게 되지 않는 한정된 진폭을 갖는다.

와류진동은 후류(wake, 바람이 박리에 의해 구조물의 배후에 풍향이 뚜렷하지 않는 크고 작은 소용돌이가 생기는 영역)에 주기적으로 방출되는 Karman 와류의 방출진동수가 구조물의 고유진동수와 일치하는 카르만 와류형과 단면이 운동에 의해 단면의 앞 가장자리에서 박리된 기류가 발생하며 이에 의해 단면의 양측면(상하면)에 주기적으로 생성되는 와류에 의한 전연박리형 또는 자기발기형으로 구별된다. 일반적으로 사장교의 주형에 자주 사용되는 뭉뚝한 구조물 단면에서 발생하는 와류진동의 대부분은 전연 박리형 와류진동으로 구분된다. 와류진동에 대한 제진대책으로는 단면의 양단부에 삼각형이나 원형모양의 페이링(fairing)이나 플랩(flap)을 설치하여 단면주의의 흐름의 박리를 완만하게 하여 와류생성을 가능한 억제하는 공기력 대책과 구조감쇠나 질량, 강성 등을 부가하는 구조역학적 대책이 있다.

⑥ 풍우진동(rain and wind vibration)

풍우진동은 주로 사장교 등의 케이블에서 발생하는 진동으로 공간적으로 경사진 케이블이 빗방울을 맞으면 물의 표면장력이나 풍압력, 중력 등에 의해 케이블의 상면과 배후면에 원주측을 따라 흐르는 수로가 형성된다. 이는 원형단면의 수풍면적의 증가를 초래하고 공기역학적으로 불안정하게 되어 진동을 유발한다. 이러한 케이블의 풍우진동을 저감하기 위해 주로 사용되는 방법으로 케이블 댐퍼(cable damper), 케이블 횡단구속(cross-tie system), 케이블 표면처리(cable surface treatment) 등이 있다.

02 지진에 대비한 구조 개념

1. 내진/면진/제진구조

넓은 의미에서의 내진설계는 내진, 면진, 제진을 모두 포함하지만 국소적인 의미에서의 내진(Seismic resistance)은 구조물이 지진력에 저항할 수 있도록 튼튼하게 설계하는 것을 의미한다. 면진(Seismic isolation)은 지진력을 흡수하지 않고 오히려 구조물의 동적특성을 통해 지진력을 반사할 수 있도록 구조물을 서계하는 것이며, 제진(Vibration control)은 입사하는 지진에 대항하여 반대의 하중을 가하거나 감쇠장치를 사용하여 지진에너지를 소산하는 능동적 개념의 구조물 설계를 말한다.

1) 내진구조

내진구조란 구조물을 아주 튼튼히 건설하여 지진 시 구조물에 지진력이 작용하면 이 지진력에 대항하여 구조물이 감당하도록 하는 개념이다. 즉, 부재의 강성 및 강도의 증가 그리고 연성도의 증가를 통해 구조물에 작용하는 지진력에 대한 내성을 높이는 개념이다. 많은 연구를 통하여 내진설계 시 소성설계(plastic design) 개념이 도입되어 구조물의 강성이나 인성을 적절히 적용하여 경제성을 도모토록 발전되었다.

2) 면진 구조

내진설계에 사용할 지진에 대해서 그 특성을 정확히 파악할 수 없으나 지금까지 관측된 지진파를 통계적으로 분석하여 일반적인 경향을 파악하게 되었으며 관측된 지진특성은 단주기 성분이 강하고 장주기 성분은 약하다는 특성이 있다. 또한 지진과 구조물의 진동수가 같거나 비슷할 경우에는 공진현상이 발생할 수 있으므로 구조물의 고유주기가 입력지진의 주기성분과 비슷한 경우에 구조물 응답이 증폭하여 큰 피해가 발생할 수 있어 이러한 입력지진의 특성을 이용하여 구조물의 고유주기를 지진의 탁월주기(Perdominant Period) 대역과 어긋나게 하여 지진과 구조물에 상대적으로 적게 전달되도록 설계하는 개념이다. 예를 들어 초고층건물이나 교각이 높은 교량의 경우 구조물 자체의 고유주기가 충분히 길기 때문에 자동으로 면진구조물의 역할을 하게 되지만 저층건물이나 교각의 강성이 큰 교량의 경우 지반과의 연결부에 적층고무 등을 삽입하여 구조물의 고유주기를 강제적으로 늘리기도 한다.

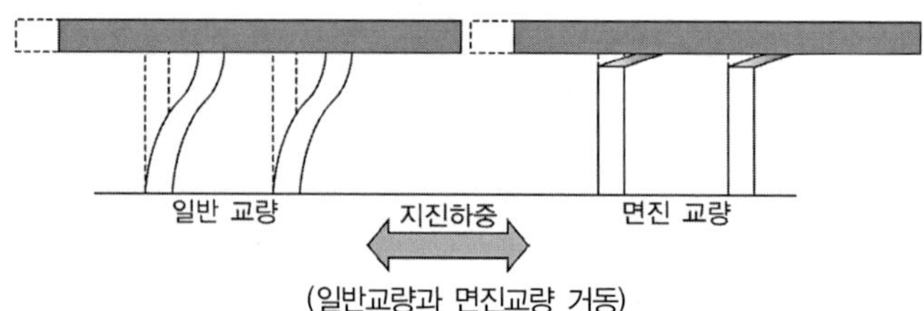

(일반교량과 면진교량 거동)

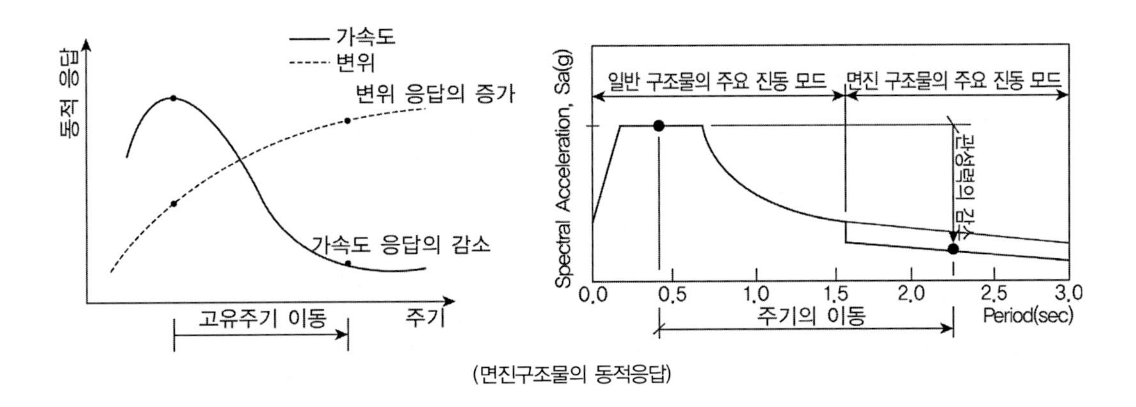

(면진구조물의 동적응답)

3) 제진 구조

제진구조는 구조물의 진동 감지 장치를 구조물 자체에서 갖추고 구조물의 내부나 외부에서 구조물의 진동에 대응한 제어력을 가하여 구조물의 진동을 저감시키는 방법과, 구조물의 내부나 외부에서 강제적인 제어력을 가하지는 않으나 구조물의 강성이나 감쇠 등을 입력진동의 특성에 따라 순간적으로 변화시켜 구조물을 제어하는 방법을 적용한 구조를 말한다.

제진구조는 수동적(Passive) 제진과 능동적(Active) 제진으로 크게 구분할 수 있으며 수동적 제진은 외부에서 힘을 더하는 일이 없이 구조물의 진동을 억제하는 것으로 일반적으로 구조물이 진동에너지를 흡수하기 위한 감쇠(damper) 장치를 구조물의 어딘가에 설치하는 것이다. 이에 비해 능동적 제진은 외부에서 공급되는 에너지를 이용하여 진동을 저감하는 것으로 전기식 또는 유압식 등의 가력장치(actuator)를 사용하여 구조물에 힘을 더하는 것이다.

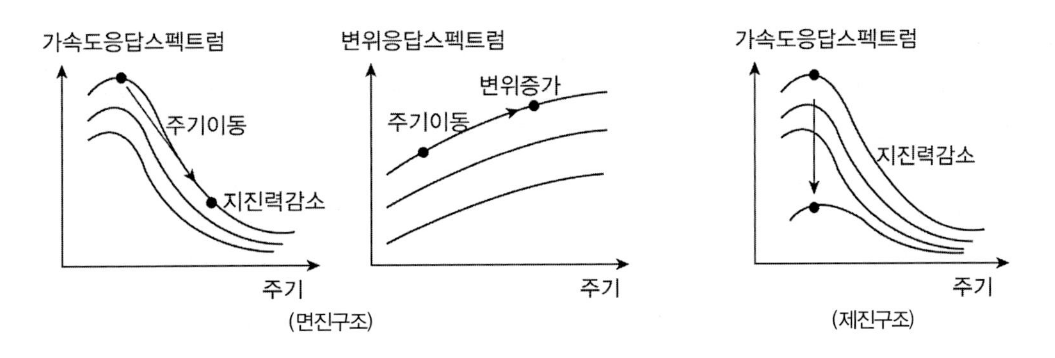

(면진구조) (제진구조)

① 수동적 제진(Passive Vibration control)

수동적 제진은 감쇠작용을 하는 감쇠기를 건물의 내·외부에 설치하여 지진 또는 강풍 시 건물의 진동에너지를 흡수하는 것이다. 감쇠기의 설치는 건축물의 경우 건물의 하부, 상부, 각층, 인접건물 사이 등에 설치한다. 감쇠기가 설치되는 위치에 따라서 시스템의 특성이 달라지며 에너지를 흡수하는 방식에 차이가 있다. 감쇠기의 설치위치는 각층의 벽이나 가새 그리고 기

등 및 보의 접합부분에 설치한 감쇠기에 의한 에너지를 흡수하는 방식과 구조물의 옥상층에 구조물의 고유주기와 같은 고유주기를 갖는 추, 스프링 및 감쇠장치로 이루어진 장치(mass damper)를 설치하는 방식이 대표적이며 면진구조물도 건물의 하부에 설치한 면진장치에 의하여 구조물을 장주기화하는 것과 동시에 감쇠기에 의해 에너지를 흡수하고 있으므로 넓은 의미에서 수동적 제진의 일종이라 볼 수 있다.

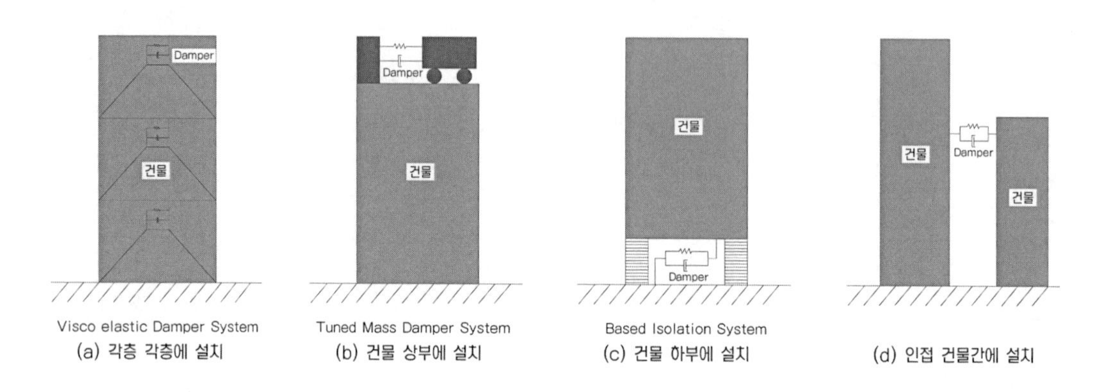

Visco elastic Damper System (a) 각층 각층에 설치 / Tuned Mass Damper System (b) 건물 상부에 설치 / Based Isolation System (c) 건물 하부에 설치 / (d) 인접 건물간에 설치

② 능동적 제진(active Vibration control)

수동적 제진은 어떠한 감쇠기를 설치해 구조물이 흔들리는 것을 제어하는 기술이라면 능동적 제진은 구조물의 진동에 맞춰 가력장치(actuator)에 의해 능동적으로 힘을 구조물에 더하여 진동을 제어하는 방법으로 수동제진보다 큰 제진효과를 얻을 수 있다. 능동적 제진은 어떠한 알고리즘에 따라서 적극적으로 구조물에 힘을 더함으로써 건물에서 발생하는 진동을 저감하는 기술이다. 구조물이나 외력의 정보를 토대로 하여 적당한 제어력을 건물에 부과하게 되는데 힘을 부과하는 방식에 따라 완전능동 방식, 반능동 방식, 복합방식으로 구분할 수 있다.

(1) 완전능동(Full Active) 방식 : 이 시스템은 제진의 에너지를 전부 외부에서 주는 것이고 제진효과도 크지만 외부에너지를 많이 필요로 하기 때문에 장치의 비용이 높아진다. 또 오랜 기간 동안에 걸쳐 장치의 성능을 유지하여 신뢰성을 확보해놓기 위한 유지(maintenance)가 필수이다.

(2) 반능동(Semi Active) 방식 : 이 시스템은 장치의 강성이나 감쇠를 구조물의 진동에 맞춰 변화시키는 방법으로 외부 에너지는 장치의 상태 변화에만 사용되고 구조물의 에너지 흡수 자체는 수동제진과 같은 메커니즘으로 행해진다.

(3) 복합(Hybrid) 방식 : 이 시스템은 능동적 제진 방식과 수동적 제진 방식을 병행한 것으로 양자의 성질을 동시에 가지고 있다. 능동제진의 기구로서는 질량감쇠기를 이용한 것이나 가새, 텐던등을 이용한 것이 제안되고 있으며, 실제의 건물에 많이 적용되고 있다.

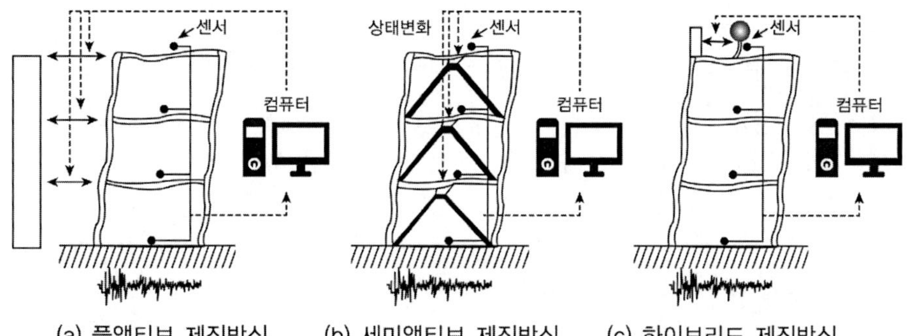

(a) 플액티브 제진방식 (b) 세미액티브 제진방식 (c) 하이브리드 제진방식

일반적으로 능동 제진 시스템은 다음과 같은 구성장치로 이루어진다.

- 구조물의 진동상태 또는 외력의 정보 등을 얻는 감지장치(Sensor)
- 필요한 구동력을 구하는 제어장치(Controller)
- 구동력을 구조물에 주는 가력장치(Actuator)

건축 분야에서는 제진 시스템에 대해서 어느 정도 현실화되어 일부 적용되고 있으며, 다만 컴퓨터 등을 이용하여 지진에 대항하는 힘을 반대로 작용시키면 구조물의 가진 가능성이 있으므로 장치의 작동 신뢰성 확보 등이 필요하다는 점이 고려되어야 한다.

2. 응답스펙트럼(Response spectrum) (MIDAS 전문가 컬럼, 김두기)

101회 3-4 응답스펙트럼 해석법의 정의, 해석원리와 방법

75회 1-1 응답스펙트럼 설명, 작성하는 과정 설명

71회 1-13 응답스펙트럼과 설계응답스펙트럼

응답스펙트럼은 특정한 지반가속도에 대한 고유진동수와 감쇠비에 따른 단자유도계의 최대 응답을 표현한 것으로, 모든 가능한 1자유도계에 대한 임의의 규정된 하중함수에 대한 최대 응답(최대변위, 최대속도, 최대 가속도 또는 임의의 관련 최댓값)을 도시한 그림에서 응답스펙트럼의 가로축은 구조계의 고유진동수(또는 고유주기)를 나타내며, 세로축은 최대 응답을 나타낸다.

1) 응답스펙트럼의 특징

① 하나의 주어진 지진가속도 기록에 대해서 응답스펙트럼이 얻어지면 그것을 이용하여 단자유도 구조물이 아닌 다른 구조물의 최대 거동도 예측할 수 있다. 모드 해석법을 사용하면 각 모드별 최대 거동을 스펙트럼으로부터 구할 수 있으며, 그 모드별 최대 거동을 적당한 방법을 사용하여 조합하면 구조물의 최대 거동을 예측할 수 있다.

② 이러한 설계응답 스펙트럼은 해당 지역에서 예상되는 지진의 성질과 지반조건에 따라 결정되어지지만 지역마다 이들을 일일이 결정하는 것은 대단히 번거로운 일이므로 각국에서 사용하는 설계기준에서는 동역학 이론에 근거하여 표준치를 결정하고 각 지역의 지진위험도 및 지반의 성질 등을 고려하여 표준치를 수정하여 사용하는 방법을 주로 사용하고 있다.

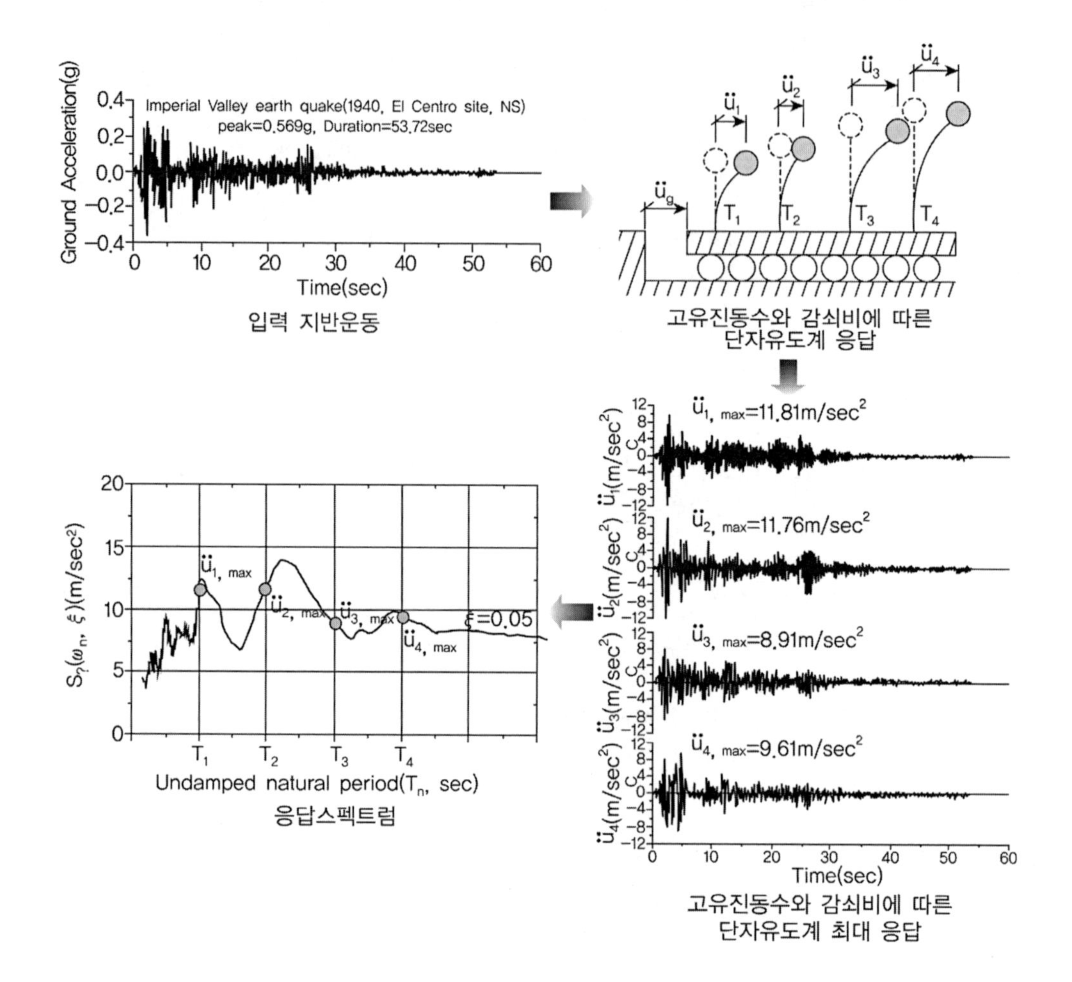

2) 응답스펙트럼의 유도(개념적 절차)

① 지반운동에 대한 단자유도계의 운동방정식 $\ddot{x}(t)+2\xi\omega_n\dot{x}(t)+\omega_n^2x(t)=-\ddot{x}_g(t)$

구조계가 정지된 상태에서 지진이 발생할 경우 운동방정식의 해는

$$u(t)=-\frac{1}{\omega_d}\int_0^t \ddot{x}_g(\tau)e^{-\xi\omega_n(t-\tau)}\sin\omega_d(t-\tau)d\tau$$

여기서 ω_n(구조물의 고유진동수), ξ(감쇠비), ω_d(감쇠고유진동수)

② 특정한 지진가속도에 대한 구조물이 응답은 구조물의 고유진동수와 감쇠비가 주어지면 수치해

석 기법으로 구할 수 있으며 이로부터 구조물의 최대 응답도 구할 수 있다. 통상 건설 및 기계 구조물의 감쇠비(ξ)는 0.2보다 작으므로 $\omega_d \simeq \omega_n$으로 할 수 있다.

$$\omega_{d_{(\xi=0.2)}} = \omega_n \sqrt{1-\xi^2} = 0.9798\omega_n \simeq \omega_n$$

③ 지진가속도의 형태로 지반운동이 주어졌을 때 응답스펙트럼은 주어진 지진에 의한 단자유도계의 최대 응답으로 다음 3가지 형태 S_d, S_v, S_a로 정의할 수 있으며 감쇠비(ξ)가 0.2보다 작으면 $\omega_d \simeq \omega_n$로 근사화할 수 있다.

④ 변위응답스펙트럼(Displacement response spectrum) : $S_d(\omega_n, \xi)$ =최대 상대변위

$$S_d(\omega_n, \xi) = \max|x(t)| \simeq \frac{1}{\omega_n} max\left|\int_0^t \ddot{x}_g(\tau)e^{-\xi\omega_n(t-\tau)}\sin\omega_n(t-\tau)d\tau\right|$$

⑤ 유사속도 응답스펙트럼(Pseudo-velocity response spectrum) : $S_v(\omega_n, \xi)$ =최대 상대속도

$$S_v(\omega_n, \xi) = \max\left|\int_0^t \ddot{x}_g(\tau)e^{-\xi\omega_n(t-\tau)}\sin\omega_d(t-\tau)d\tau\right| \simeq \omega_n S_d(\omega_n, \xi)$$

⑥ 유사가속도 응답스펙트럼(Pseudo-acceleration response spectrum) : $S_a(\omega_n, \xi)$ =최대 가속도

$$S_a(\omega_n, \xi) = \max\left|\ddot{x}^t(t)\right| \simeq \omega_n^2 S_d(\omega_n, \xi)$$

※ 유사속도와 유사가속도에서 유사(Pseudo)는 지진과 같은 가진 하중에 대해 일반적인 진동수와 감쇠범위 내에서 유사속도와 유사가속도는 각각 최대 상대속도와 최대 가속도라고 가정할 수 있으나 엄밀한 의미에서 동일하지 않다.

⑦ 최대상대변위 $S_d(\omega_n, \xi)$ 는 $\omega \rightarrow 0$일 경우인 정적응답인 경우 최대 지반변위에 접근하며, 최대 가속도 $S_a(\omega_n, \xi)$ 는 $\omega \rightarrow \infty$일 경우인 동적응답이 지배적인 경우에 최대 지반가속도에 접근한다.

$$\lim_{\omega \to 0} S_d(\omega_n, \xi) \simeq \max|x_g(t)| \quad , \quad \lim_{\omega \to \infty} S_a(\omega_n, \xi) \simeq \max|\ddot{x}_g(t)|$$

⑧ 특정지진에 대하여 고유진동수가 ω_n이고 감쇠비가 ξ인 구조물의 지반에 대한 최대 상대변위는 변위 응답스펙트럼인 $S_d(\omega_n, \xi)$ 로부터 구할 수 있고 다음 식을 사용하여 구조물에 발생하는 최대 부재력을 구할 수 있다.

$$f_S(t) = kx(t)$$

⑨ 구조물의 최대 가속도는 유사가속도 응답스펙트럼인 $S_a(\omega_n, \xi)$ 로부터 구할 수 있으며 다음식을 이용하여 구조물에 발생하는 최대 관성력을 구할 수 있다.

$$f_I(t) = m\ddot{x}^t(t) = m\left(\ddot{x}(t) + \ddot{x}_g(t)\right)$$

⑩ 뉴마크와 홀(Newmark and Hall, 1982)은 다음 근사식을 사용하여 $S_d(\omega_n, \xi)$, $S_v(\omega_n, \xi)$, $S_a(\omega_n, \xi)$ 를 삼분도표(Tripartite plot, or Triplot response spectrum) 또는 4방향 로그도표(4-way log plot)라고 하는 도표를 사용하여 동시에 표현하였으며 이 도표를 사용하면 특정주기에 대해 3가지 스펙트럼을 한 번에 알아 볼 수 있다.

$$\frac{S_a(\omega_n, \xi)}{\omega_n} = S_v(\omega_n, \xi) = \omega_n S_d(\omega_n, \xi)$$

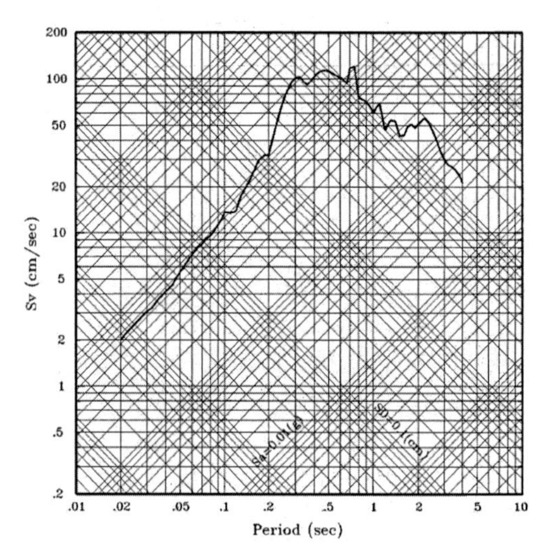

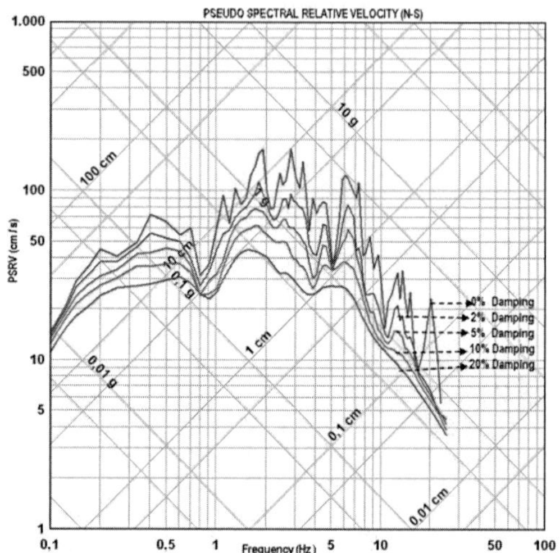

97회 1-10

Triplot Response Spectrum

변위-속도-가속도 응답스펙트럼(Triplot Response Spectrum)의 문제점에 대하여 설명하시오.

풀 이

➤ 개요

응답스펙트럼(Response Spectrum)이란 단자유도 구조물계의 동적운동방정식은 질량, 감쇠, 강성으로 표현되어 어떤 특정한 지진계(지반가속도)에 대하여 구조물의 고유진동수(ω_n)와 감쇠비(ξ)에 따라 구조물의 최대 응답(변위, 속도, 가속도)을 나타낸 것을 말하며 Triplot Response Spectrum은 구조물의 응답을 조화함수로 가정하여 주기별로 각각의 응답(변위, 속도, 가속도)을 하나의 그래프로 표현한 것을 말한다(응답스펙트럼의 정의 : 특정한 지반가속도에 대한 고유진동수와 감쇠비에 따른 단자유도계의 최대 응답).

➤ Triplot Response Spectrum의 작성

구조물의 응답을 조화함수로 가정하여 유사속도(Pseudo velocity)와 유사가속도(Pseudo acceleration)와 주기와의 관계를 정의한다.

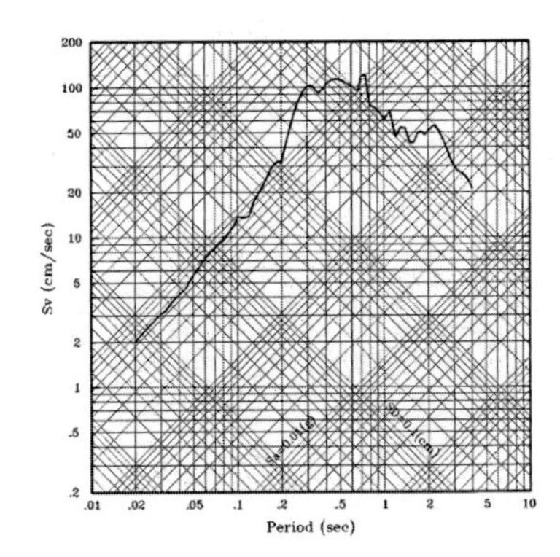

Assume, $u = Dsin\omega t\,(S_d)$

$\rightarrow \dot{u} = D\omega cos\omega t\ \ (S_v),\quad \ddot{u} = -D\omega^2 sin\omega t\ \ (S_a)$

$\therefore\ S_v \fallingdotseq \omega S_d,\quad S_a = \omega S_v$

$$\log S_v = \log(\frac{2\pi}{T}) + \log S_d = \log(2\pi) - \log(T) + \log S_d$$

$$\log S_a = \log(\frac{2\pi}{T}) + \log S_v = \log(2\pi) - \log(T) + \log S_v$$

내진설계에서는 구조물에 작용하는 지진하중을 산정하는 것이 가장 중요한 일이므로 가속도 응답스펙트럼을 주로 사용하게 되는데 경우에 따라서는 속도나 변위 응답스펙트럼을 사용할 수도 있어서 이 세가지 응답스펙트럼을 하나의 그래프에 표시하면 효과적으로 사용할 수 있다.

➤ Triplot Response Spectrum의 문제점

구조물의 진동을 조화함수로 가정하고 있는데 실제로 지진이 발생하였을 경우에 단자유도 구조물의 진동은 조화함수로 표현되기 어렵고 그로 인하여 오차를 포함할 수 있다. 가장 큰 오차는 진동주기가 매우 긴 경우에 속도응답에 대해 과소평가 되는 것이다.

(건축) 101회 4-5

유사가속도 응답스펙트럼

최대 탄성 횡변위가 250mm인 구조물에 요구되는 최소 횡강성(Lateral Stiffness) k값을 아래의 유사가속도 응답스펙트럼을 이용하여 구하시오(단, 구조물의 질량은 $0.175kN\sec^2/mm$).

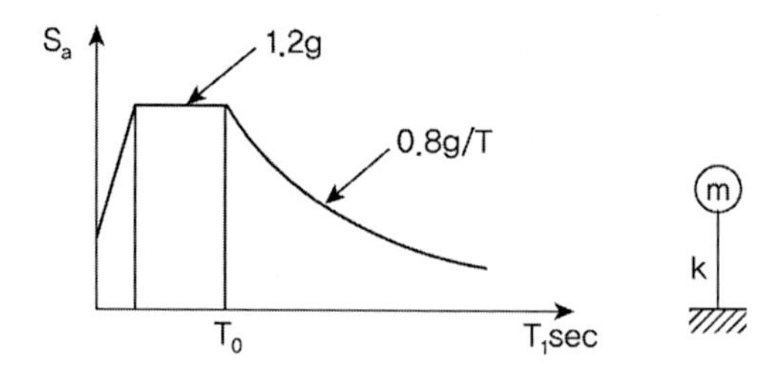

풀 이

➤ 개요

유사가속도 응답스펙트럼을 이용하여 구조물의 횡상성을 산정한다.

Assume, $u = D sin\omega t\,(S_d)$ $\rightarrow$ $\dot{u} = D\omega\cos\omega t\ (S_v)$, $\ddot{u} = -D\omega^2\sin\omega t\ (S_a)$

$$\therefore\ S_v \fallingdotseq \omega S_d,\quad S_a = \omega S_v = \omega^2 S_d = \left(\frac{2\pi}{T}\right)^2 S_d$$

$$\omega = 2\pi f = \frac{2\pi}{T} = \sqrt{\frac{k}{m}} \qquad \therefore\ S_a = \left(\frac{k}{m}\right)S_d = \left(\frac{k}{m}\right)\left(\frac{F}{k}\right) = \left(\frac{k}{m}\right)\left(\frac{ma}{k}\right) = a$$

$$\log S_v = \log\left(\frac{2\pi}{T}\right) + \log S_d = \log(2\pi) - \log(T) + \log S_d$$

$$\log S_a = \log\left(\frac{2\pi}{T}\right) + \log S_v = \log(2\pi) - \log(T) + \log S_v = 2\log(2\pi) - 2\log(T) + \log S_d$$

➤ 횡강성(k) 산정

$$T = 2\pi\sqrt{\frac{m}{k}} \qquad 1.2g = \left(\frac{2\pi}{T_0}\right)^2 S_d$$

① Assume $T > T_0$

$$S_a = 0.8g/T = \frac{0.8g}{2\pi}\sqrt{\frac{k}{m}}$$

$$\therefore\ k = \frac{S_a}{S_d}\times m = \frac{0.8g}{250^{mm}\times 2\pi}\sqrt{mk} = \frac{0.8\times 9.8\times 10^{3^{mm/sec^2}}}{250^{mm}\times 2\pi}\sqrt{0.175^{kNsec^2/mm}k}$$

$$\therefore\ k = 4.3594^{kN/mm},\quad T = 2\pi\sqrt{\frac{m}{k}} = 1.2589\sec/cycle,\quad F = k\delta = 1089.85^{kN}$$

② Assume $T_0 > T$

$S_a = 1.2g$

$$\therefore\ k = \frac{S_a}{S_d} \times m = \frac{1.2g}{250^{mm}} \times m = \frac{1.2 \times 9.8 \times 10^{3^{mm/\sec^2}}}{250^{mm}} \times 0.175^{kN\sec^2/mm} = 8.232^{kN/mm}$$

$$\therefore\ k = 8.232^{kN/mm}, \quad T = 2\pi\sqrt{\frac{m}{k}} = 0.9161\sec/cycle, \quad F = k\delta = 2058^{kN}$$

3. 설계응답스펙트럼 (MIDAS 전문가 컬럼, 김두기)

응답스펙트럼은 특정 지진에 대한 구조물의 최대거동을 구하는데 편리하며, 통상 구조물의 고유진동수(ω_n) 또는 고유진동주기에 매우 민감하다. 어떤 구조물이 설치될 특정 지점에서 발생할 지진의 불확실성을 고려할 경우 그 지점에서의 내진설계기준에 규정된 응답스펙트럼이 구조물의 고유진동수의 미소변화에 지나치게 민감히 변하는 것은 합리적이지 못하기 때문에 실제의 내진설계기준은 해당 지역에서 발생이 가능하다고 판단되는 의미 있는 강진기록에 대하여 구한 응답스펙트럼을 통계적인 방법으로 처리하여 구조물의 고유진동수 변화에 민감하지 않은 설계응답스펙트럼(Design response spectrum)을 사용한다. 특히 감쇠비를 5%로 가정하여 작성한 설계응답스펙트럼을 표준설계 응답스펙트럼(Standard design response spectrum)이라고 한다.

1) 설계 응답스펙트럼의 특성

설계 응답스펙트럼에서는 해당지역과 구조물의 특성을 반영하기 위해 다음과 같은 4가지 종류의 수정계수를 사용한다.

① 지진구역에 따른 구역계수(Z)

② 지반종류에 따른 지진계수(S_i)

③ 구조물 등급에 따른 위험도계수 또는 중요도 계수 (I)

④ 구조물의 비탄성 거동에 따른 응답수정계수(R)

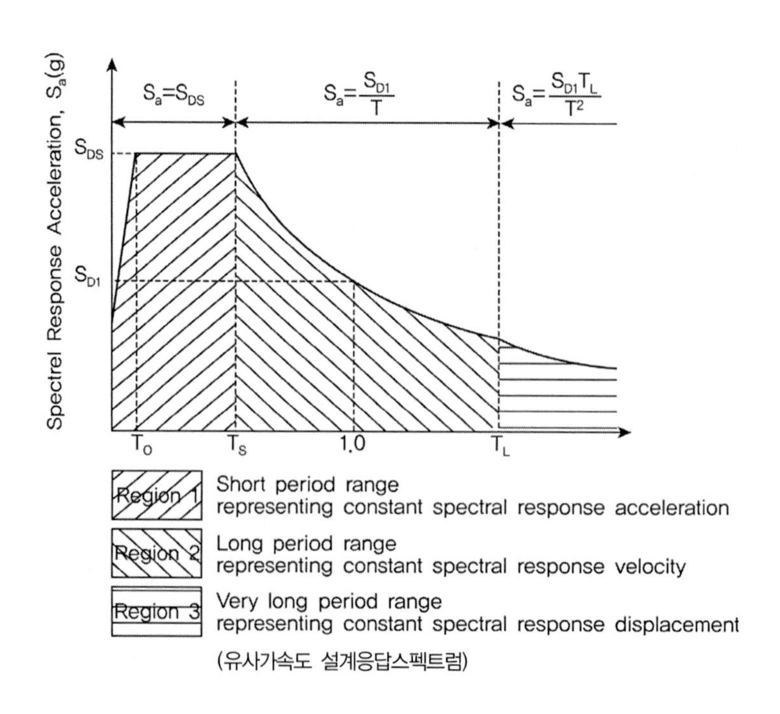

(유사가속도 설계응답스펙트럼)

TIP | 비탄성 응답스펙트럼 |

① 비탄성 응답스펙트럼(Inelastic response spectrum)은 특정한 지진가속도에 대하여 고유진동수, 감쇠비 및 연성에 따른 비탄성 단자유도계의 최대 응답을 나타내며 일반적으로 최대 응답은 비탄성 시간이력해석을 통해 구한다.
② 구조물이 비탄성 영역에서 거동하게 되면 구조물은 탄성 영역 거동을 가정하여 구한 탄성 응답스펙트럼과는 다른 양상을 나타내게 되고 이 경우 탄성응답스펙트럼을 사용하는 대신에 비탄성 응답스펙트럼을 이용하여 구조물의 응답을 나타낸다.
③ 특정한 연성도에 대한 비탄성응답스펙트럼도 탄성응답스펙트럼과 마찬가지로 특정한 지진에 대해 매우 불규칙한 스펙트럼 형상을 나타내므로 설계에 사용하기 위한 설계응답스펙트럼으로의 가공이 필요하며 이러한 설계스펙트럼을 비탄성 설계스펙트럼이라고 한다.

4. 응답스펙트럼 해석 (MIDAS 전문가 컬럼, 김두기)

응답스펙트럼 해석은 구조시스템의 동적거동의 최대 응답을 구하기 위해서 사용되는데 지진하중에 대한 내진설계에는 지진하중에 의해서 구조물에 발생하는 최대 상대변위 및 최대 부재력이 필요하므로 구조물의 내진설계에 많이 사용되는 동적해석 방법이다. 응답스펙트럼 해석을 사용한 다자유도계의 최대 응답을 구하는 과정은 다음과 같다.

① 모드의 직교성을 이용하여 지진하중(지반가속도)을 받는 다자유도계의 운동방정식을 서로 독립된 단자유도계의 운동방정식으로 분리한다.
② n번째 모드와 동일한 진동수와 감쇠비를 가지는 등가의 단자유계를 설정한다.
③ 등가의 단자유도계 운동방정식으로부터 모드참여계수를 구한다. 모드참여계수가 클수록 해당 모드의 영향이 반드시 큰 것은 아니며 이는 모드형상은 임의적으로 정규화할 수 있으므로 모드 참여계수는 모드형상을 어떻게 정규화하는지에 따라 달라지기 때문이다.
④ 구조물의 모드별 최대 응답을 구한다. 변위 응답스펙트럼을 사용하면 모드별 최대 상대변위를 직접구할 수 있으나 일반적으로 가속도 응답스펙트럼을 사용하므로 각 모드의 고유주기에 해당하는 최대 절대 가속도를 가속도 응답스펙트럼으로부터 구한 후 $S_d = S_a/\omega_n^2$을 이용하여 최대 변위를 구한다. 응답스펙트럼을 통해 구한 최대 응답에 모드참여계수를 곱하면 구조물의 각 모드별 기여도를 고려한 모드별 최대 응답을 구할 수 있다.
⑤ 모든 모드의 응답이 동시에 최대에 도달하는 경우 각 모드별 구한 절대 최대 변위를 더하면 구조시스템의 최대 변위 응답을 구할 수 있지만 실제적으로 모든 모드의 응답이 동시에 최대로 발생할 가능성은 매우 낮으므로 최대 변위응답을 구하기 위해 모드별 최대 응답을 조합하는 방법이 사용되며 가장 많이 사용되는 조합법으로는 CQC와 SRSS가 있으며 도로교설계기준에서는 CQC 방법을 채택하고 있다. SRSS 방법은 두 개 이상의 인접한 모드에 대한 진동주기가 서로 비슷한 경우에는 과소평가할 수 있는 것으로 알려져 있다.
⑥ 설계기준에서는 종방향(교축방향, X방향)과 횡방향(교축직각방향, Y방향)에 대해 독립적으로 지진응답해석을 수행한 후 방향별 지진하중의 조합은 30% 조합방법에 따라 조합한다.

$\pm(X \pm 0.3Y)$ 또는 $\pm(Y \pm 0.3X)$

5. 탄성지진 응답계수(C_s)

90회 4-1 진도와 규모, 가속도계수(A)와 탄성지진응답계수(C_s)와 관계를 설명

77회 1-2 탄성지진응답계수 (71회 1-5)

지진 발생 시 구조물에 작용하는 탄성지지력은 구조물의 탄성주기를 계산하여 설계응답 스펙트럼으로부터 응답가속도의 크기를 구하여 결정한다. 이때, 설계응답 스펙트럼으로부터 구한 응답가속도의 크기를 탄성지진 응답계수(C_s)라 하며 무차원량으로 표기된다.

1) 탄성지진 응답계수의 산정

① 단일보드 스펙트럼 해석 시 탄성지진 응답계수

$$C_s = \frac{1.2AS}{T^{2/3}} \leqq 2.5A$$

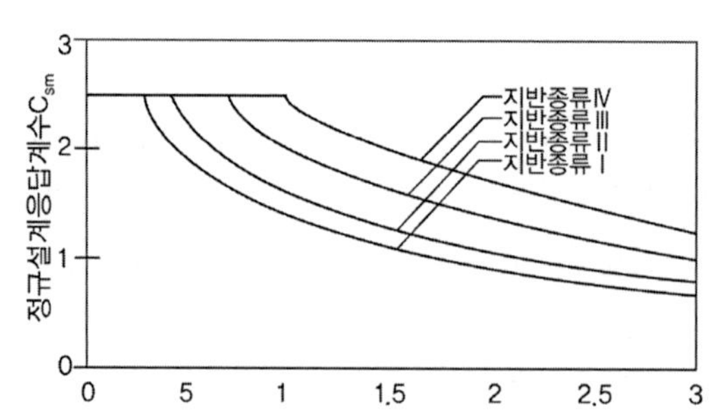

② 다중모드 스펙트럼 해석 시 탄성지진 응답계수 : m번째 진동모드에 대한 C_{sm}

(1) $T \leqq 4.0 \quad C_{sm} = \dfrac{1.2AS}{T_m^{2/3}} \leqq 2.5A$ (2) $T > 4.0 \quad C_{sm} = \dfrac{3AS}{T_m^{4/3}}$

TIP | 가속도계수와 지반계수 |

① 가속도 계수($A = I \times Z$) = 위험도 계수 × 지진구역계수
② 지진구역계수(Z) : 평균재현주기 500년 지진지반운동에 해당하는 지진구역계수로 I구역(0.11), 2구역(0.07)
③ 위험도계수(I) : 평균재현주기별 최대 유효지반가속도의 비를 의미하며 재현주기 500년(1.0), 1000년(1.4)
④ 지반계수(S) : 지표면 아래 30m토층에 대한 전단파속도, 표준관입시험, 비배수전단강도의 평균값을 기준으로 구분

지반종류	지반종류	S	지표면 아래 30m토층에 대한 평균값		
			전단파속도(m/s)	표준관입시험(N)	비배수전단강도(kPa)
Ⅰ	경암, 보통암	1.0	760 이상	–	–
Ⅱ	매우조밀토사, 연암	1.2	360~760	> 50	> 100
Ⅲ	단단한 토사	1.5	180~360	15~50	50~100
Ⅳ	연약한 토사	2.0	180 미만	< 15	< 50
Ⅴ	부지 고유의 특성평가가 요구되는 지반				

6. 응답수정계수(R) (구조동역학, 김두기, 도로설계편람 2010)

101회 1-7 교량의 내진설계 시 사용하는 응답수정계수

98회 1-7 기둥의 연성도와 연성도계수

97회 1-5 응답수정계수를 휨모멘트에만 적용하는 사유

87회 4-6 교각의 소성설계에 적용되는 응답수정계수 및 변위 요구연성도

80회 2-2 응답수정계수 산정방법(변위연성비, 에너지연성비)와 모멘트만 적용하는 이유

74회 2-6 응답수정계수의 이론적 배경과 적용방법, 적용시 유의사항

71회 1-5 응답수정계수

65회 1-9 기둥의 변위연성도의 정의와 변위연성도의 크기에 영향을 미치는 인자

응답수정계수(R)은 하부구조의 연성능력과 여용력을 고려하여 기둥 또는 교각에 설계지진력에 의한 항복을 유도하기 위해 제시된 방법으로 탄성해석에 의한 설계단면력과 소성해석에 의한 설계단면력의 비를 가정한 것이다. 교량의 내진설계 시 탄성영역만을 고려할 경우 비 경제적인 설계가 되기 때문에 국내의 도로교 설계기준에서는 응답수정계수(R)을 고려하여 설계하도록 규정하고 있다. 이는 구조물의 아주 심한 파손이 일어나지 않는다면 어느 정도 손상을 허용하도록 함으로써 교량의 안전성과 경제성을 확보하기 위함으로 이러한 소성거동을 고려한 기둥의 소성힌지 형성을 유도하기 위하여 적용되는 방법으로 다음의 2가지 경우를 고려할 수 있다.

① 탄성해석으로 얻은 설계지진력을 응답수정계수(R)로 나누어 적용하는 방법

② 비탄성 설계응답스펙트럼을 사용하여 소성거동을 직접 고려하는 방법

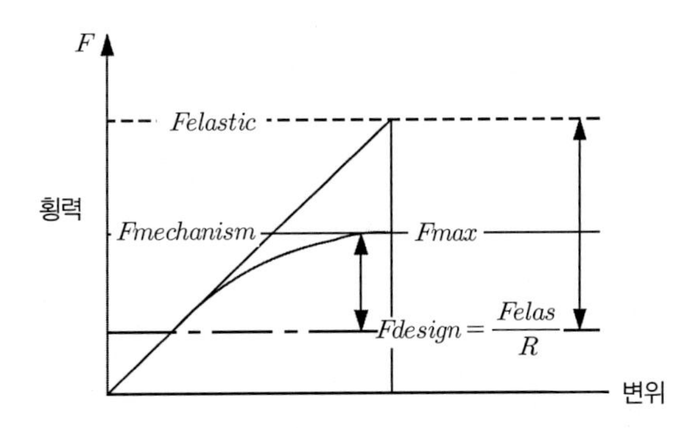

설계의 편의성을 위해서는 ①의 방법을 적용토록 도로교 설계기준상에 규정하고 있으며 이 방법은 단자유도계의 탄성 응답 스펙트럼으로부터 설계하중을 결정하고, 비선형 거동에 의해 지진 에너지를 분산시키는 능력을 고려하도록 반응 수정계수(R)에 의해서 설계 지진하중을 감소시킨 후

구조물의 강성 등을 결정하다. 이 방법을 적용하기 위해서는 교량의 소성거동에 대한 내용의 이해가 필요하며 하부 구조에서 발생하는 연성요구도(Ductility Demand)가 계산되어야 한다. 이는 비선형 거동을 유발하는 강한 지진에 대하여 구조물이 붕괴되지 않기 위해서 구조물의 연성 거동 능력이 지진에 의한 연성요구도보다 커야 하기 때문이다.

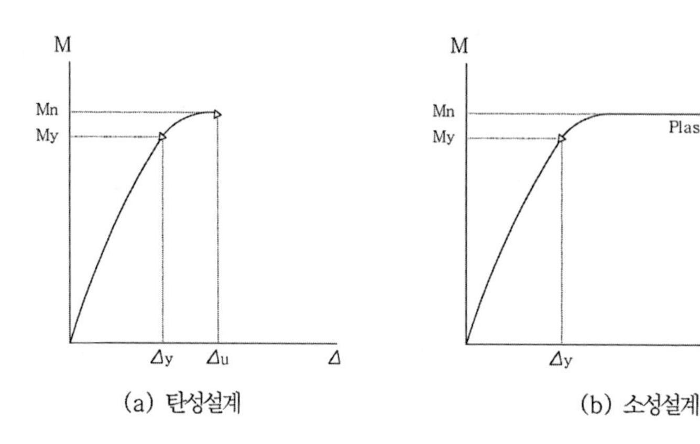

(a) 탄성설계 (b) 소성설계

응답스펙트럼 해석에서 연성도는 구조물 부재에 관한 비탄성응답이 아닌 전체 구조물의 비탄성 응답을 나타내는 척도이다. 연성은 지진은 구조물의 수명동안에 빈번히 발생하는 자연현상이 아니기 때문에 완전하게 대비하는 것보다는 부재의 인성을 충분히 확보하여 완전붕괴를 방지할 수 있다면 경제적으로 설계할 수 있다는 내진설계개념에서 중요한 개념이다. RC 부재의 경우 인성은 단면 크기와 철근에 크게 의존하는 값으로 콘크리트가 모멘트에 의해 파손되었지만 띠철근 및 나선철근에 둘러싸인 심부콘크리트 조각들이 못 빠져나가게 구속되어 붕괴까지 얼마나 버틸 수 있는가가 인성을 결정하는 변수이다. 따라서 RC 부재의 내진설계는 부재는 항복하더라도 인성을 확보할 수 있도록 띠철근이나 나선철근을 어떻게 배근하는가가 중요한 관건이다.

1) 변위 요구 연성도(Displacement Ductility Requirements)

기둥의 연성도는 변위 연성도와 곡률 연성도로 구분되어 질 수 있으며, Newmark등은 다음과 같이 구조물이 탄성이라는 조건에서 해석된 결과와 항복강도를 줄여서 소성역역까지 수행된 해석결과에서 구조물에 입력된 에너지가 유사하다는 동일에너지 개념 또는 에너지 일정법칙(Equal Potential Energy Principle)을 제안하였다. 여기서 동일에너지 개념이란 물리법칙에서 말하는 절대적인 자연법칙을 말하는 것이 아니라 구조물의 고유주기가 0.5초 전후의 단주기 구조물을 대상으로 항복강도를 낮추어 가면서 수많은 지진파에 대해 비선형 해석을 수행하였더니 항복강도가 낮으면 낮을수록 변위가 크게 된다는 것을 의미한다. 즉 항복강도가 낮을수록 변위는 커진다는 비선형 해석의 결과는 지진파의 포락(envelope) 특성에 따라서 달라지며 비선형 모델에 따라서도 달라지므로 정확한 해석결과의 예상은 불가능 하지만 대체적으로 단주기 구조물의 경우에 입력된 에너지가 일정하다고 근사할 수 있다. 구조물의 고유주기가 1.0초보다 긴 구조물을 대상으로 내진해석을 수행하면 에너지가 일정하기 보다는 항복강도의 변화에 따라 응답변위가 일정한 경향을 보이는 동일변위 개념 또는 변위일정의 법칙(Equal displacement Principle)이 제안되고 있다. 동일변위개념 또한 물리적인 법칙이라기보다는 구조물의 주기가 긴 경우에는 주어진 지진 지속 시간 동안에 진동하는 횟수가 적기 때문에 단주기 구조물에 비하여 항복강도가 낮더라도 소성변형이 별로 진행되지 않는다는 것을 의미한다.

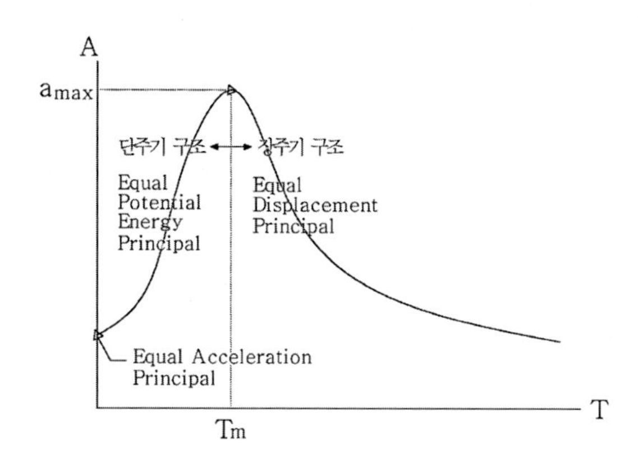

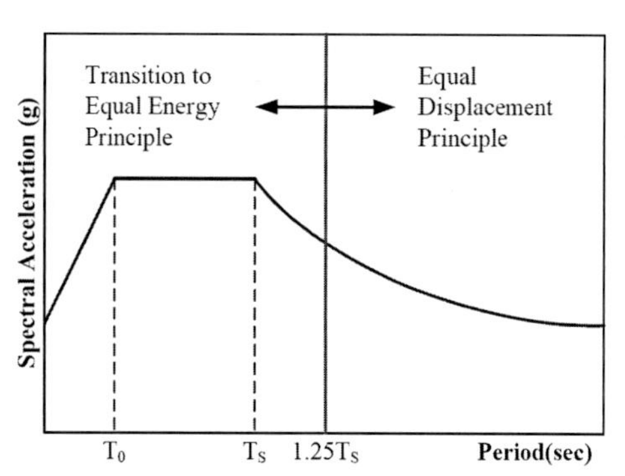

① T_m 보다 작은 주기를 갖는 구조물(단주기 구조물) : Equal potential energy principal

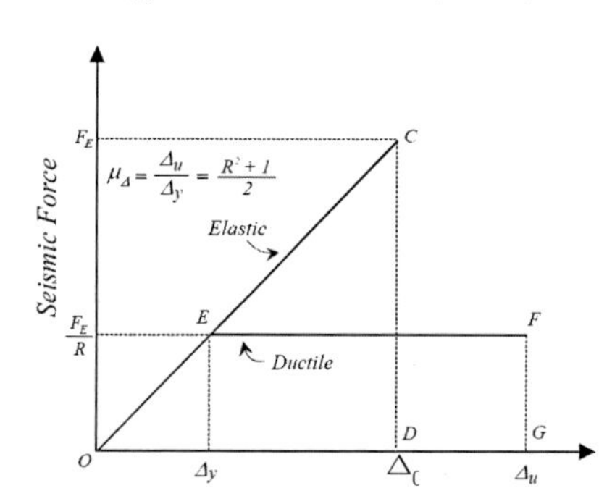

$\triangle OCD = \square OEFG \quad \frac{1}{2}\overline{OD}\times\overline{OC} = \frac{1}{2}$

변위연성도 $\mu = \dfrac{\Delta_u}{\Delta_y} \qquad \mu = \dfrac{OA}{OB} = \dfrac{\Delta_u}{\Delta_y}$

응답수정계수 $R = \sqrt{2\mu - 1}$

※ 에너지 일정법칙 : 항복강도가 낮을수록 변위는 커진다.

Equal energy concept

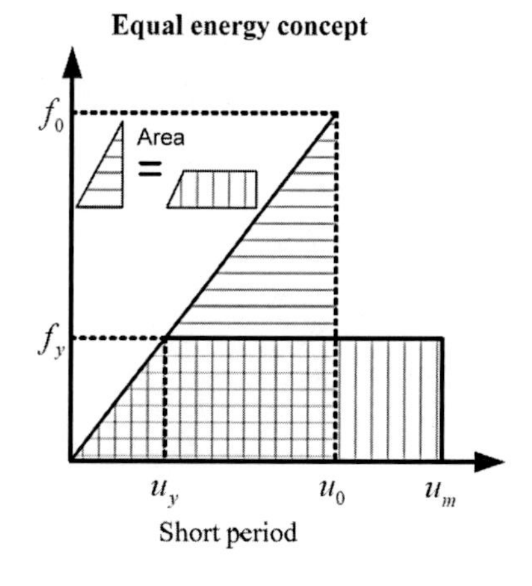

$R = \dfrac{u_0}{u_y} = \dfrac{\Delta_0}{\Delta_y}$: Response modification factor

$= \dfrac{f_0}{f_y}$: Force modification factor

(에너지 개념) $E = U$

$$\frac{1}{2} f_E \Delta_0 = \frac{1}{2}\left(\frac{f_E}{R}\right)\Delta_y + \left(\frac{f_E}{R}\right)(\Delta_u - \Delta_y),\ \text{여기서}\ R = \frac{\Delta_0}{\Delta_y},\quad \mu = \frac{\Delta_u}{\Delta_y}$$

$$\Delta_0 = \frac{\Delta_y}{R} + \frac{2}{R}(\Delta_u - \Delta_y) \quad \therefore R = \sqrt{2\mu - 1}$$

② T_m 보다 큰 주기를 갖는 구조물(장주기 구조물) : Equal displacement Principle

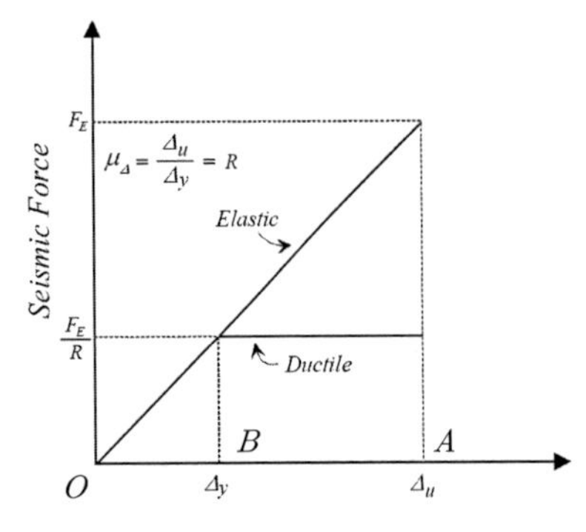

변위연성도 $\mu = \dfrac{OA}{OB} = \dfrac{\Delta u}{\Delta y} = R$

여기서, Δ_u, Δ_y : 각각 소성역 종점 및 항복점 도달시까지의 횡방향 변위

Equal displacement concept

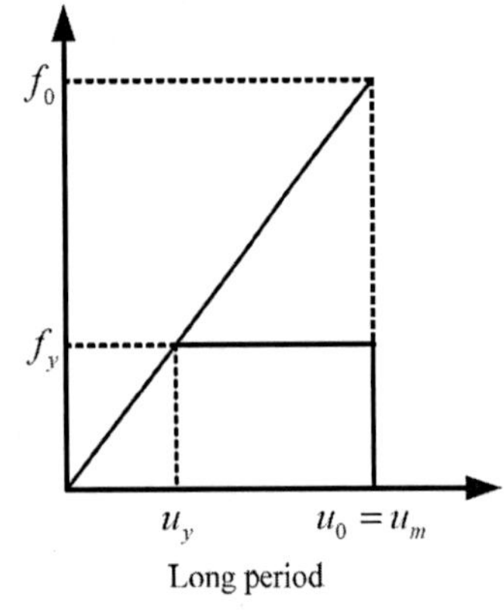

Long period

$\mu = \dfrac{u_m}{u_y} = \dfrac{\Delta_u}{\Delta_y}$: Ductility factor

$$\frac{u_y}{f_y} = \frac{u_0}{f_0} = \left(\frac{F_E}{R}\right)\frac{1}{\Delta_y} = \frac{F_E}{\Delta_u}$$

$$\frac{f_o}{f_y} = \frac{u_m}{u_y} \quad \therefore R = \mu$$

※ 변위일정법칙 : 주기가 긴 경우 진동회수가 작아서 단주기 구조물에 비해서 항복강도가 낮더라도 소성변형이 별로 진행되지 않는다.

③ $T = 0$ 인 강체거동을 하는 구조물은 Equal acceration principal에 의해 R=1 적용

④ $R = \begin{cases} \sqrt{2\mu - 1} & Short\ Period(Equal\ \ Energy\ \ Principal) \\ \mu & Long\ \ Period(Equal\ \ Displacement\ \ Principal) \end{cases}$

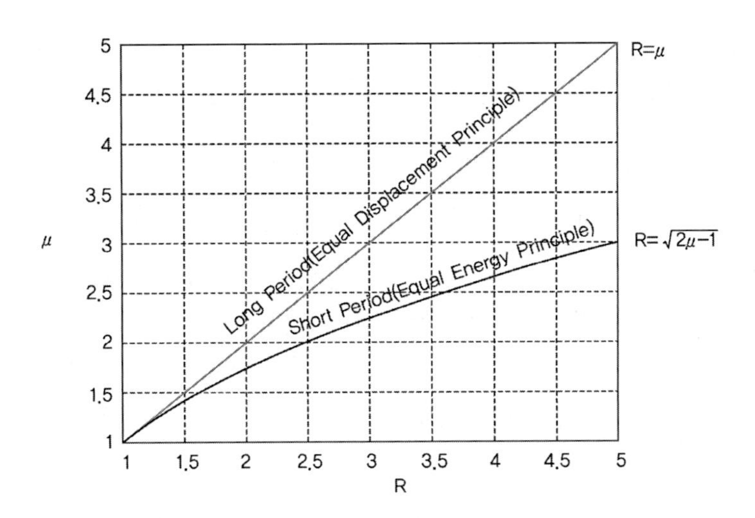

잘 설계된 RC부재들의 인성을 실험으로 평가하면 연성도(항복변위에 대한 파괴변위의 비)은 4~5 정도의 값을 갖는다. 그러므로 에너지일정의 법칙에서 구한 연성도와 항복강도와의 근사관계 $f_0/f_y = R = \sqrt{2\mu-1}$ 을 적용하면 부재들의 연성도를 4 정도로 가정할 경우에는 항복강도는 약 2.5배로 낮게 설계할지라도 붕괴를 방지할 수 있다.

2) 곡률 연성 요구도(Curvature Ductility Demands)

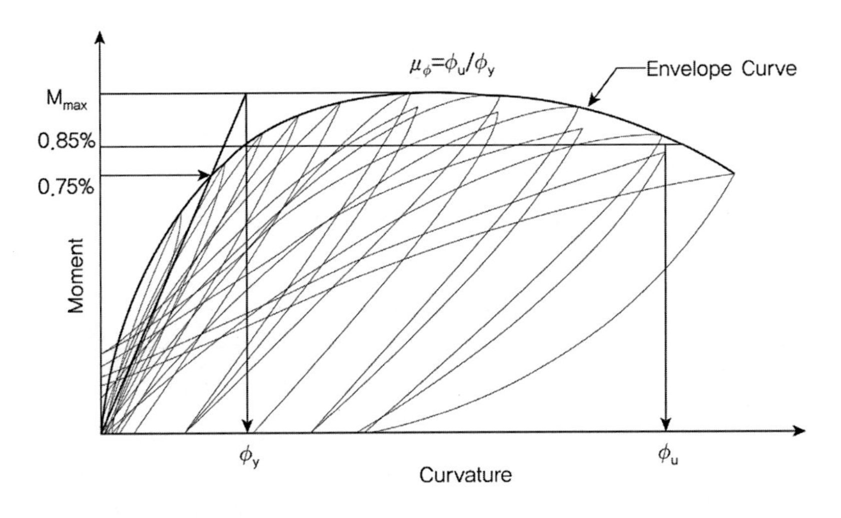

① RC 단면의 연성은 곡률연성비(Curvature Ductility Ratio, ϕ_u/ϕ_y=소성영력 종단의 곡률/항복점에 이른 상태의 곡률)로 표현할 수 있다.

$$\mu_\phi = \phi_u/\phi_y$$

② 부재에서 항복이 발생하면 변형이 소성힌지영역에 집중된다. 소성힌지에서 항복이 일어나면

변형의 발생은 주로 힌지의 회전에 의해 지배되기 때문에 힌지지역의 ϕ_u 값이 커지게 된다.

③ 소성힌지가 발생하는 구간이 짧을수록 더 큰 곡률연성비를 가지게 된다. 소성힌지의 길이는 보통 부재 폭의 0.5배에서 1개의 길이를 가지는 것으로 알려져 있다.

3) 2010 도로교 설계기준에서의 한정연성(Limited Ductility)

2010 도로교 설계기준상에서는 일괄적으로 적용되는 응답수정계수가 미국 강진지역에서 적용되는 것을 반영되어 국내와 같은 약진 지역에서 과다하게 적용된다는 점과 소성힌지부의 심부구속철근 배근시의 과대한 철근량으로 인하여 콘크리트 타설 등의 시공성 문제 등이 발생하는 점을 고려하여 한정연성구간을 두고 경제적인 설계가 가능하도록 소요 응답수정계수를 구하여 적용할 수 있도록 하고 있다.

한정연성구간(limited Ductility) 구간 : 소요응답수정계수 $R_{req} = M_{el}/\phi M_n$

4) 응답수정계수의 적용

국내 도로교 설계기준에서는 교각과 같은 기둥구조물의 여용력, 잉여도, 중요도 등을 고려하여 응답수정계수를 적용토록 하고 있으며, 응답수정계수는 연성거동을 확보하기 위해서, 즉 소성거동 이전에 전단파괴 등의 급작스런 파괴(Brittle Failure)를 방지하기 위해서 모멘트에만 적용하고 축력 및 전단력에는 적용하지 않도록 규정하고 있다.

① 벽식 교각 : R = 2(작은 연성능력과 여용력 때문)
② 다주 교각 : R = 5(가장 큰 연성능력과 여용력을 확보)
③ 단주 교각 : R = 3(다주와 비슷한 연성능력이나 여용력이 다소 부족)
④ 연결부 : R = 1.0 또는 0.8(교량이 비탄성적인 거동을 할 때 발생하는 힘의 재분배의 영향을 부분적으로 고려하기 위이며, 또한 지진 시에 안전성을 유지하고 있어야 함)

※ 지진격리 설계 시(R_i)에는 통상 위의 값의 50% 적용

하부구조	R	R_i	연결부분	R
벽식교각	2	1.5	상부구조와 교대	0.8
철근콘크리트 말뚝기구(Bent) 1. 수직말뚝만 사용한 경우 2. 1개 이상의 경사말뚝을 사용한 경우	 3 2	 1.5 1.5	상부구조의 한 지간내의 신축이음	0.8
단일기둥	3	1.5	기둥, 교각 또는 말뚝기구와 캡빔 또는 상부구조	1.0
강재 또는 합성강재와 콘크리트 말뚝기구 1. 수직말뚝만 사용한 경우 2. 1개 이상의 경사말뚝을 사용한 경우	 5 3	 2.5 1.5	기둥 또는 교각과 기초	1.0
다주기구	5	2.5		

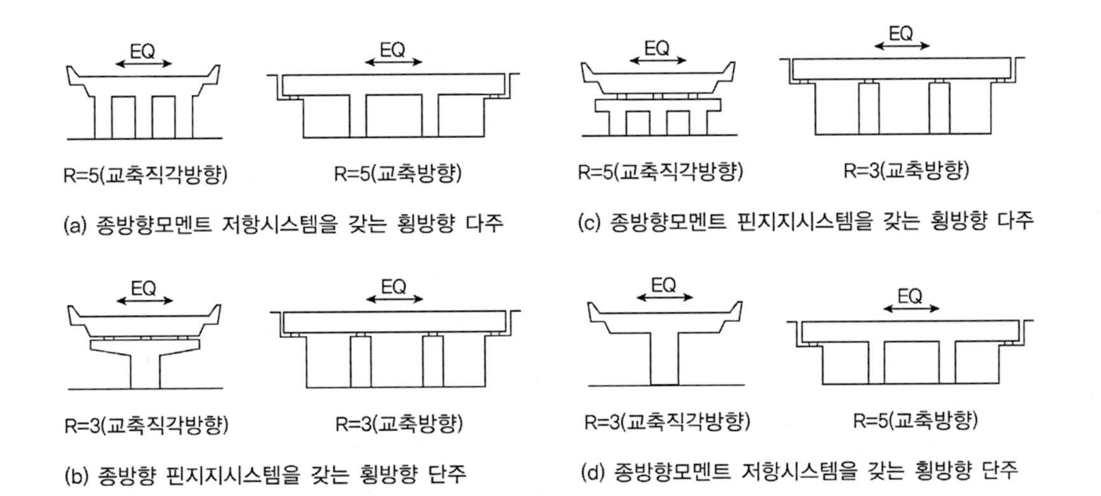

(a) 종방향모멘트 저항시스템을 갖는 횡방향 다주

(c) 종방향모멘트 핀지지시스템을 갖는 횡방향 다주

(b) 종방향 핀지지시스템을 갖는 횡방향 단주

(d) 종방향모멘트 저항시스템을 갖는 횡방향 단주

5) 응답수정계수를 휨모멘트에만 적용하는 사유

교량의 내진설계에서 응답수정계수의 적용은 교각에 소성힌지가 발생할 수 있도록 하여 극한하중에 견디고 연성적인 거동을 할 수 있게 하는 연성설계(Ductility)에 목적이 있으며 따라서 취성파괴(Brittle Failure)를 유발하는 전단이나 압축에 의한 좌굴 등이 연성거동 이전에 발생하지 못하게 하기 위해서 응답수정계수를 휨모멘트에만 적용토록 하여 교각에 소성힌지가 발생하여 충분한 변형성능이 발휘할 때까지 전단파괴가 발생하지 않도록 보장하는 연성파괴(Ductile Failure)를 유도하기 위해서이다.

7. 연성도 내진설계 (콘크리트 학회지 2010.7 도로교 설계기준(2010) 콘크리트교 내진설계기준의 개정)

109회 3-2 연성도 내진설계와 완전연성 내진설계 비교

102회 3-3 교량의 내진설계 과정의 흐름도, 소성힌지 보강과 관련된 설계 구조세목

93회 2-1 도로교설계기준(2010년)의 연성도를 고려한 내진설계방법

2005년 도로교 설계기준이 AASHTO 교량설계기준을 반영함에 따라 완전연성개념의 설계와 강진지역에서의 설계개념으로 인해 소성힌지부의 심부구속철근이 과도하게 배근됨에 따라 국내 지진상황 및 교량형식의 특성에 맞게 중약진 지역의 특성과 한정연성(limited ductility) 등의 개념을 도입하여 경제적인 설계가 되도록 하였다.

구분	기존 내진설계	연성도 내진설계
목표연성도	완전연성	한정연성 및 완전연성
휨연성도	R값에 함축적으로 포함	소요연성도로 직접 고려함
응답수정계수 R	상수(R=1,2,3,5)	변수(소요연성도에 따라 변화)
고유주기	고려안 함	고려함
심부구속철근량 산정식의 변수	재료강도(콘크리트, 횡방향 철근) 단면적 비율	재료강도(콘크리트, 횡방향, 축방향 철근) 축력비 곡률연성(소요연성도) 축방향 철근비 축방향 철근 좌굴방지
전단강도	재료강도, 연성도와 무관	재료강도, 연성도 고려

TIP | 연성도 내진설계 기본개념 |

연성도 내진설계에서는 교각의 소요연성도(Ductility Demand, Required ductility)에 따라서 필요한 만큼의 횡방향 구속철근량을 결정하고 배근함으로서 한정연성(Limited ductility) 구간에서 합리적인 양의 횡방향 철근을 배근하는 설계개념이다. 다만 축방향 철근의 좌굴방지를 위한 최소한의 횡방향 철근량과 소요 횡방향 철근량 중 큰 값을 적용하므로 소요연성도가 매우 작은 단부구간에서는 이전보다 더 많은 양의 횡방향 철근이 배근되나 안정성이 향상된다.

1) 기존 도로교 설계기준 내진설계의 문제점

① 규정미비 : 콘크리트 교각 철근 상세 일부만 규정하여 강성, 강도 등에 대한 규정이 없음

② 심부구속철근 : 강진지역의 완전연성 설계도입하여 우리나라 같은 중약진 지역과 차이가 있으며 시공이 어려울 정도의 과도한 심부구속철근 배치

③ 연성파괴 메커니즘 : 응답수정계수를 적용하지 않은 탄성설계수행으로 안정성 문제. 탄성지진력에 대하여 응답수정계수를 일괄적(R=상수, 0.8~5)으로 적용하여 단면력 결정

④ 기초 및 받침 설계 : 기초에 적용하는 R/2규정의 모호성으로 인한 설계오류 유발가능성 과도한 설계횡하중으로 인하여 설계가 어렵고 비경제적인 설계가 됨

2) 연성도 내진설계 주요 개정사항

① 항복유효강성의 적용

교각의 강성을 항복점을 연결한 항복 유효강성을 사용하여 합리적으로 반영. 전단면강성(EI_g)의 사용시 변위가 지나치게 작게 계산되는 문제점을 보완. 단 항복유효강성을 구하기 위해 모멘트-곡률해석($EI_y = M_y/\phi_y$)해석 등의 재료비선형 해석의 간편성을 위해 근사해법 도입

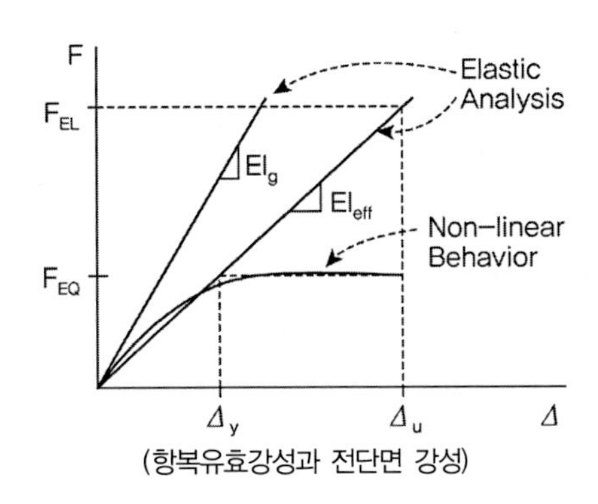

(항복유효강성과 전단면 강성)

② $P-\Delta$ 해석법

횡방향 변위를 고려하는 $P-\Delta$ 해석법을 도입하여 횡방향 최대변위(from 항복유효강성)의 1.5배에 축력을 곱하여 장주효과에 의한 2차 모멘트 고려

③ 교각의 설계강도와 강도감소계수 적용

철근의 실제항복강도가 설계기준 항복강도에 비해 매우 크며, 지진하중처럼 재하속도가 큰 경우 재료의 강도가 큰 점, 공칭 휨강도 계산 시 강도감소계수(0.7~0.85) 적용하는 설계 휨강도가 실제 휨강도를 매우 저평가 하는 점 등을 고려

④ 받침과 기초의 설계지진력

기존 설계기준에서 연성파괴 메커니즘 유도를 위해서 응답수정계수의 1/2를 적용하여 기초 설계지진력을 결정하도록 하고 있으나 과도한 설계지진력으로 비효율적 설계가 됨으로 인해 철근 콘크리트 교각의 초과강도를 고려한 최대 소성힌지력을 대상으로 설계

⑤ 교각의 최대 소성힌지력

교각의 휨 초과강도를 고려하여 교각, 기초, 말뚝, 받침 등에 작용하는 최대전단력을 산정하여 교각과 상부구조 또는 하부구조와의 연결부분이 교각의 최대 소성힌지력 이상의 설계강도를 갖게 하여 연결부의 취성파괴를 방지하기 위해 최대 소성힌지력에 대한 규정을 제정. 휨 초과강도가 설계 시 휨강도보다 크게 되는 영향인자를 고려하여 다음의 2가지 방법으로 최대소성모멘트를 결정하도록 하였다.

(1) 재료 초과강도계수로 콘크리트에 대하여 1.7, 철근에 대하여 1.3을 적용하여 최대 소성모멘트를 해석한 후 최대소성힌지를 계산하는 방식

(2) 공칭휨강도에 휨 초과강도 계수를 곱하여 최대 소성 모멘트를 결정한 후 최대 소성힌지력을 계산하는 간편하면서 안전측인 방식

⑥ 소요연성도(응답수정계수)를 고려한 심부구속 철근량 산정

기존 도로교 설계기준 내진편에서는 교각의 거동을 탄성 또는 완전연성의 2가지 경우로 구분하였으며 설계지진하중에서 교각이 탄성범위를 넘게 될 것으로 예측되는 경우 소요연성도에 관계없이 무조건 완전연성을 만족하도록 심부구속철근을 배근하여야 한다. 즉, 탄성지진모멘트를 응답수정계수(R=2,3,5)로 나누어 단면의 설계강도 이하가 되도록 하고 설계기준에서 규정하고 있는 심부구속철근을 배근하도록 되어 있어 탄성지진 모멘트가 단면의 설계강도보다는 크지만 그 차이가 크지 않은 경우 응답수정계수의 적용 시 과도하게 안전측으로 비경제적인 설계가 될 수 있다.

구분	완전연성 내진설계법	연성도 내진설계법
개념	작용지진력이 탄성영역에 있으면 탄성설계를 하고 작용지진력이 탄성영역을 벗어나면 작용지진력에 일정한 응답수정계수(R)로 나누고 그에 따라 횡방향 철근 배근하는 소성설계개념 ※ 탄성영역 초과비율에 관계없이 배근	교각의 소요연성도에 따라 필요한 만큼 횡구속 철근량을 결정함에 따라 한정연성구간에서 합리적인 양의 횡방향 철근을 배근하는 설계 개념
	도로교설계기준(2010) 6.3.4 및 6.8.3	도로교설계기준(2010) 부록
P-M 상관도	Axial Force, P (2) (1) by (1)/R Moment, M	Axial Force, P (2) (1) by (1)/R_{req} Moment, M
응답수정계수	R-Factor(상수)로 적용	$R_{req} = M_{el}/\phi M_n$ (변수) M_{el} : 탄성지진모멘트 ϕM_n : 공칭휨강도

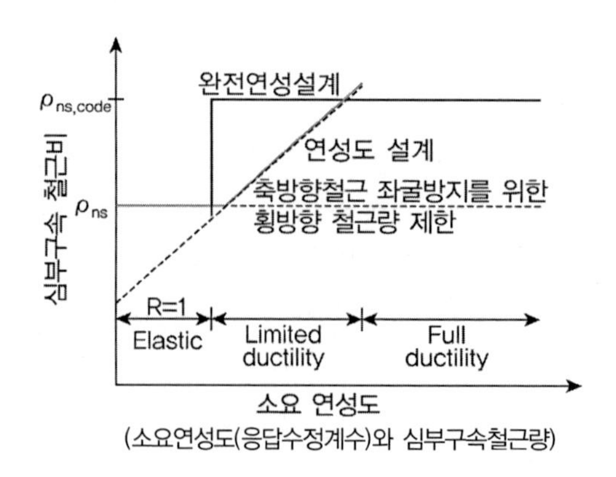

(소요연성도(응답수정계수)와 심부구속철근량)

중약진 지역에서 발생하는 이러한 문제점 해결을 위해 철근상세는 내진상세를 유지하면서 횡구속 철근량은 연성 요구량에 따라 감소시키는 방법이 연성도 내진설계법이다. 연성도 내진설계에서는 교각의 소요연성도(Ductility demand, required ductility)에 따라 필요한 만큼의 횡구속 철근량을 결정하고 배근함으로서 한정연성(Limited ductility) 구간에서 합리적인 양의 횡방향 철근을 배근하는 설계개념이다.

기존의 상수의 응답수정계수를 적용하는 것과는 달리 소요연성도를 고려하여 연성요구량(소요변위연성도 및 소요곡률연성도 등)에 따라 심부구속철근을 배근하는 방법으로 소요연성도 산정을 위한 과정이 추가된다.

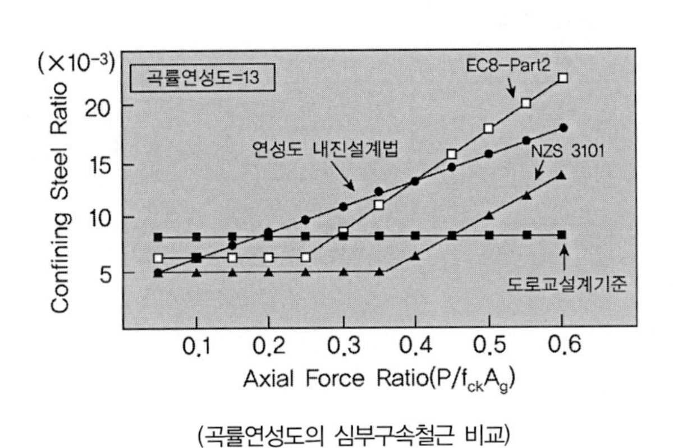

(곡률연성도의 심부구속철근 비교)

(소요 변위 및 변위성능)

⑦ 연성도 내진설계절차

(1) 중력방향 하중에 대한 교각설계(축방향 철근 결정)

(2) 지진해석 및 단면강도해석(탄성지진모멘트 M_{el} 및 설계휨강도 ϕM_n 결정)

(3) 소요응답수정계수 결정($R_{req} = M_{el}/\phi M_n$)

(4) 소요변위연성도(소요 응답수정계수, 주기 및 형상비를 고려하여 결정)

$$\mu_{\triangle} = \lambda_{DR} R_{req}, \quad \lambda_{DR} = (1 - \frac{1}{R_{req}})\frac{1.25\,T_s}{T} + \frac{1}{R_{req}}, \quad \mu_{\triangle .\max} = 2(L_s/h) \le 5.0$$

(5) 소요곡률연성도(소요 변위연성도와 형상비를 고려하여 결정)

(6) 소요심부 구속철근량(소요 곡률연성도, 축력비, 재료강도, 축방향 철근비를 고려하여 결정)

(7) 횡방향 철근 설계(철근량, 간격, 상세결정)

(8) 전단설계(변위연성도를 변수로 한 전단강도 검토)

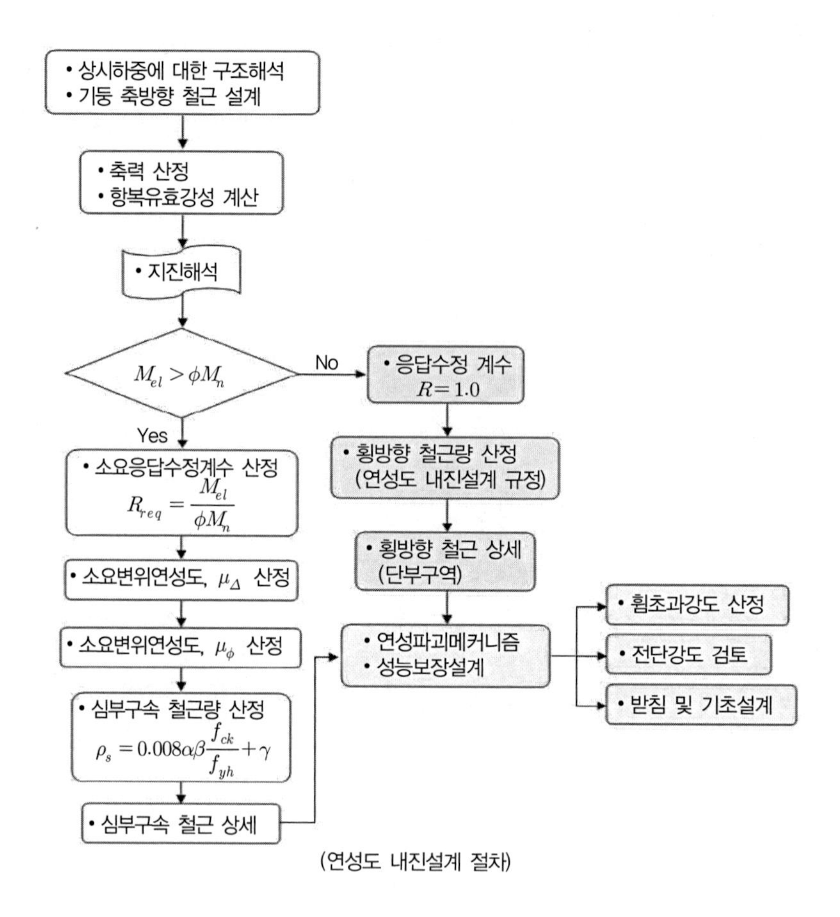
• 상시하중에 대한 구조해석
• 기둥 축방향 철근 설계
• 축력 산정
• 항복유효강성 계산
• 지진해석
$M_{el} > \phi M_n$
No
Yes
• 응답수정 계수
$R = 1.0$
• 소요응답수정계수 산정
$R_{req} = \frac{M_{el}}{\phi M_n}$
• 횡방향 철근량 산정
(연성도 내진설계 규정)
• 소요변위연성도, μ_Δ 산정
• 횡방향 철근 상세
(단부구역)
• 소요변위연성도, μ_ϕ 산정
• 연성파괴메커니즘
• 성능보장설계
• 휨초과강도 산정
• 전단강도 검토
• 받침 및 기초설계
• 심부구속 철근량 산정
$\rho_s = 0.008\alpha\beta\frac{f_{ck}}{f_{yh}} + \gamma$
• 심부구속 철근 상세
(연성도 내진설계 절차)

완전연성 내진설계법의 문제점

① 힘의 비율(단면력 : 작용력)에 관계없이 일률적인 철근 배근
② 후프띠철근을 용접 또는 기계적 이음으로 할 경우 고가
③ 후프띠철근을 갈고리 및 겹이음을 고려하여 보강띠철근을 시공할 경우 철근량 과다로 시공성 불량

완전연성 내진설계법의 심부구속 철근량 산정방법	
원형기둥	사각기둥
나선철근비를 다음값 중 큰 값 $\rho_s = 0.45\left[\dfrac{A_g}{A_c}-1\right]\dfrac{f_{ck}}{f_y}$, $\rho_s = 0.12\dfrac{f_{ck}}{f_y}$	횡방향 철근의 총단면적 A_{sh}는 다음 값 중 큰 값 $A_{sh} = 0.30ah_c\left[\dfrac{A_g}{A_c}-1\right]\dfrac{f_{ck}}{f_y}$, $A_{sh} = 0.12ah_c\dfrac{f_{ck}}{f_y}$
$A_s = \dfrac{\rho_s s d_c}{4}$, s : 횡방향 철근 간격, d_c : 피복두께	a : 띠철근 수직간격(최대 150mm) h_c : 띠철근 기둥의 고려하는 방향으로 심부의 단면치수(㎜)

완전연성 내진설계법 및 연성도 내진설계법의 비교

구분	완전연성 내진설계법	연성도 내진설계법
개념	작용지진력이 탄성영역에 있으면 탄성설계를 하고 작용지진력이 탄성영역을 벗어나면 작용지진력에 일정한 응답수정계수(R)로 나누고 그에 따라 횡방향 철근 배근하는 소성설계개념 ※ 탄성영역 초과비율에 관계없이 배근	교각의 소요연성도에 따라 필요한 만큼 횡구속 철근량을 결정함에 따라 한정연성구간에서 합리적인 양의 횡방향 철근을 배근하는 설계 개념
	도로교설계기준(2010) 6.3.4 및 6.8.3	도로교설계기준(2010) 부록
P-M 상관도	Axial Force, P (2) (1) by (1)/R Moment, M	Axial Force, P (2) (1) by (1)/R_{req} Moment, M
응답수정계수	R-Factor(상수)로 적용	$R_{req} = M_{el}/\phi M_n$(변수) M_{el} : 탄성지진모멘트 ϕM_n : 공칭휨강도
소요 연성도와 철근비 관계	$\rho_{ns,code}$ ρ_{ns} 심부구속 철근비 완전연성설계 연성도 설계 축방향철근 좌굴방지를 위한 횡방향 철근량 제한 R=1 Elastic Limited ductility Full ductility 소요 연성도	Elastic : 탄성영역 Limited ductility : 한정연성구간 Full ductility : 완전연성구간

▶ 연성도 내진설계법 주요내용

구분	내 용	
적용 범위	압축강도 50MPa 이하 철근 콘크리트 기둥의 내진설계에 적용	
소요 연성도	기둥의 소성힌지 영역에 필요한 심부구속 철근량 산정하기 위한 소요연성도 종류 : 소요곡률연성도, 소요변위연성도 소요응답계수 : $R_{req} = M_{el}/\phi M_n$ $R_{req} < 1.0$: 도로교 설계기준(2010) 6.8.3.3에 해당 요구조건을 만족할 수 있도록 최소 횡방향 철근 배근 $R_{req} \geqq 1.0$: 소요 변위연성도 및 소요 곡률연성도 산정하여 심부구속 횡방향 철근량 산정	
심부구속 횡방향 철근량	$A_s = \dfrac{\rho_s s d_c}{4}, \quad \rho_s = 0.08\alpha\beta\dfrac{f_{ck}}{f_y} + \gamma$ α, β, γ : 횡방향 철근비 산정을 위한 계수로 α는 소요연성도에 따라 달라짐	
교각 휨강성	2005 도로교 설계기준	2010 도로교 설계기준
	강성에 대한 기준이 없음 ☞ 실무에서는 전단면 강성(EI_g)적용으로 변위가 지나치게 작게 계산되어 작용지진력이 커짐	항복 유효강성(EI_y) 적용 ☞ 교각 강성에 대한 규정을 추가하여 합리적인 설계 유도
세부적용	탄성지진모멘트(M_{el})는 P-Δ효과 고려 기대효과 : 심부구속 철근량의 약 50% 이상 절감	

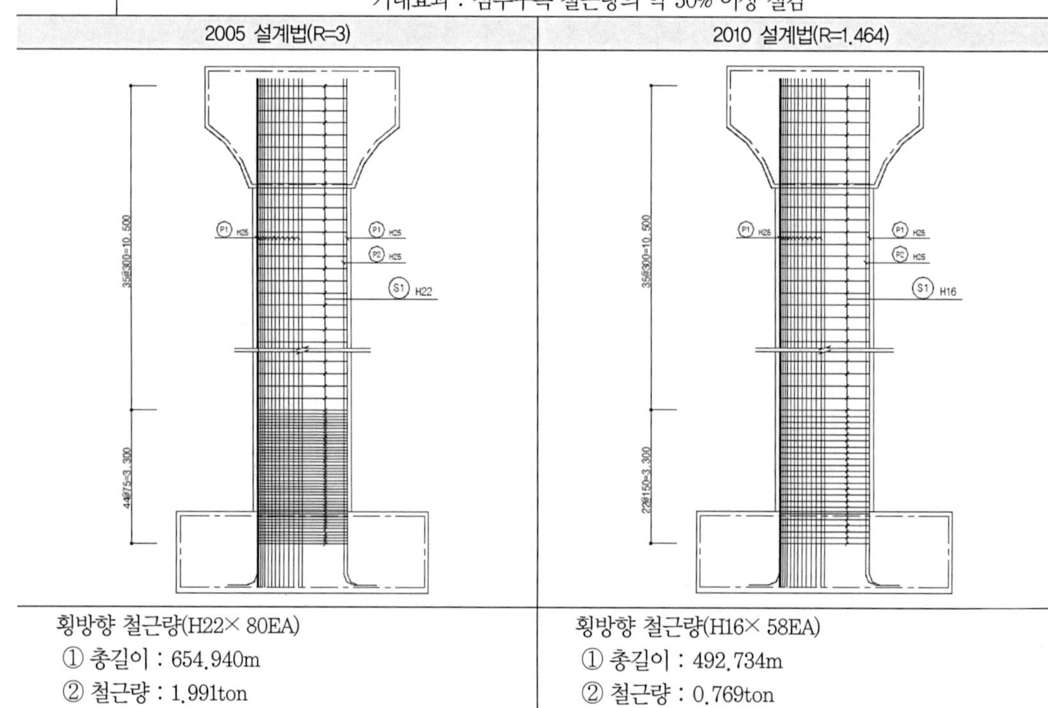

2005 설계법(R=3)	2010 설계법(R=1.464)
횡방향 철근량(H22× 80EA) ① 총길이 : 654.940m ② 철근량 : 1.991ton ③ 커플러 : 91EA	횡방향 철근량(H16× 58EA) ① 총길이 : 492.734m ② 철근량 : 0.769ton ③ 커플러 : 64EA

참고자료

연성도 내진설계 적용예 (2008 대한토목학회지 철근콘크리트 교각의 연성도 내진설계법 소개와 적용)

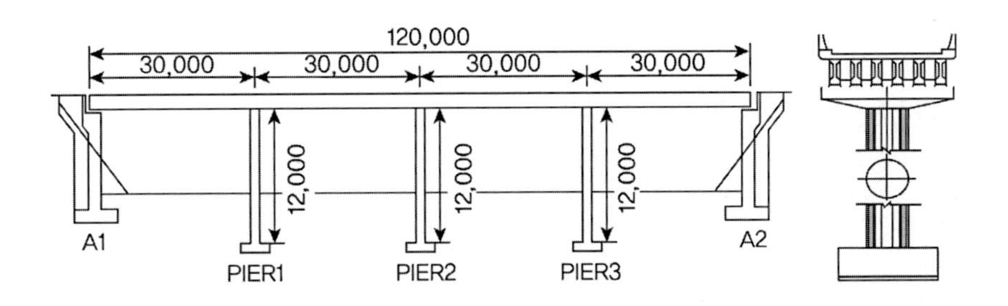

[4경간 연속 PSC 교량]
① 교각 형식 : T형 RC교각(형상비 4.0)
② 교각 상세 : 교축방향 지진하중에 저항하는 교각 Pier 2 (캔틸레버 형식)
③ 콘크리트 압축강도 $f_{ck} = 24MPa$
④ 축방향 철근/횡철근 항복강도 : $f_y = 300MPa$, $f_{yh} = 300MPa$
⑤ 축방향 철근비 : $\rho_l = 0.01$
⑥ 내진설계조건 : 내진1등급, 지반종류 Ⅱ

[지진해석 수행결과]
① 주기 $T = 0.82\text{sec}$
② 작용축력 $P_u = 170kN$
③ 탄성지진모멘트 $M_{el} = 822kNm$
④ 설계휨강도 $\phi M_n = 356kNm$
⑤ 소요응답수정계수 $R_{req} = M_{el}/\phi M_n = 2.31$

1) STEP 1 : 교각의 단면설계

차량하중 등 상시하중에 대하여 교각의 단면형상, 단면의 크기, 축방향 철근을 결정

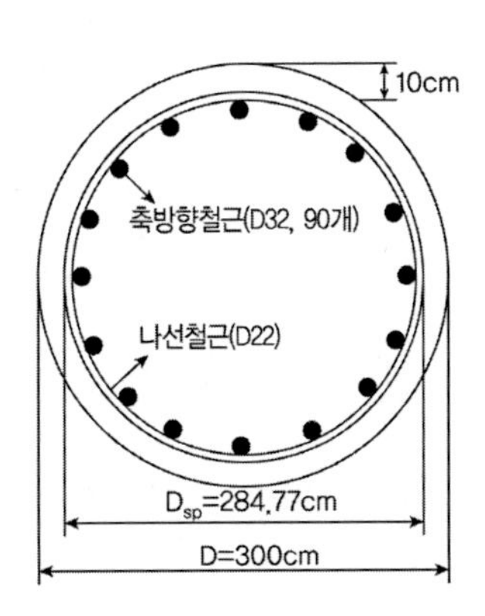

2) STEP 2 : 소요응답수정계수 결정

상시하중에 대하여 설계된 교각 단면에 대해 축력을 고려한 설계휨강도(ϕM_n)을 구하고 지진해석을 통해 탄성지진모멘트(M_{el})을 구한 후 축력과 모멘트 상관도를 이용하여 소요응답수정계수 R_{req}값을 산정한다. ($R_{req} = M_{el}/\phi M_n = 2.31$)

3) STEP 3 : 소요변위연성도 $req\ \mu_\Delta$ 결정

R_{req}가 1.0을 초과하는 경우 $req\ \mu_\Delta = \lambda_{DR} R_{req}$에 따라 결정한다. 단 $req\ \mu_\Delta$는 5.0을 초과하지 않아야 한다. 교량의 주축방향 1차 모드 주기 T가 통제주기 T_s의 1.25배 보다 작은 단주기 교량의 경우에는 변위연성도-응답수정계수 상관관계 λ_{DR}을 아래의 식을 이용하여 결정하고 그 외의 장주기 교량의 경우 λ_{DR}을 1.0으로 한다. 이때 통제주기 T_s는 지반의 종류에 따라 Ⅰ(0.33초), Ⅱ(0.44초), Ⅲ(0.61초), Ⅳ(0.94초)를 적용한다.

$$\lambda_{DR} = \left(1 - \frac{1}{R_{req}}\right)\frac{1.25\,T_s}{T} + \frac{1}{R_{req}} \quad \text{(단주기 교량)}$$

주어진 예제에서 $T = 0.82^{\text{sec}} > 1.25\,T_s = 0.55^{\text{sec}}$ (지반 Ⅱ, 장주기 교량), $\lambda_{DR} = 1.0$

$$\therefore req\ \mu_\Delta = \lambda_{DR} R_{req} = 1.0 \times 2.31 = 2.31$$

4) STEP 4 : 소요곡률연성도 $req\ \mu_\phi$ 결정

$$\mu_\Delta = 0.13\left(1.1 + \frac{h}{L_s}\right)\mu_\phi + 0.5\left[0.7 + 0.75\left(\frac{h}{L_s}\right)\right] \text{ 로부터}$$

$$req\ \mu_\phi = \frac{\mu_\Delta - 0.5\left[0.7 + 0.75\left(\frac{h}{L_s}\right)\right]}{0.13\left(1.1 + \frac{h}{L_s}\right)} = \frac{2.31 - 0.5\left[0.7 + 0.75\left(\frac{3000}{12000}\right)\right]}{0.13\left(1.1 + \frac{3000}{12000}\right)} = 10.63$$

5) STEP 5 : 소요횡구속 철근비 결정

$$\alpha = \left[3(\mu_\phi + 1)\frac{P_u}{f_{ck}A_g} + 0.8\mu_\phi - 3.5\right], \quad \beta = \frac{f_y}{350} - 0.12, \quad \gamma = 0.1(\rho_l - 0.01)$$

$$A_{sh} = 0.9ah_c\rho_s = 0.9ah_c\left[0.014\frac{f_{ck}}{f_{yh}}\left(\frac{A_g}{A_c} - 0.6\right)\alpha\beta + \gamma\right]$$

$$\rho_s = \left[0.014\frac{f_{ck}}{f_{yh}}\left(\frac{A_g}{A_c} - 0.6\right)\alpha\beta + \gamma\right] = 0.014\frac{24}{300}\left(\frac{70685.83}{63691} - 0.6\right) \times 8.493 \times 0.737 + 0$$
$$= 0.0036$$

6) STEP 6 : 횡구속 철근 설계

소요횡구속 철근비가 결정되면 횡구속 철근의 크기를 선택한 후 심부구속 철근의 간격을 결정한다. 이때 횡구속 철근은 심부콘크리트에 대한 구속효과 및 축방향 철근의 좌굴방지를 위하여 수직 간격을 제한할 필요가 있으므로 축방향 철근 지름의 6배 이하로 한다.

$$s_{req} = \frac{4A_{sp}}{\rho_s D_{sp}} = \frac{4 \times 3.871}{0.0036 \times 284.77} = 151mm \le 6d_b = 6 \times 31.8 = 190.8mm$$

∴ D22@150mm 사용

7) 도로교설계기준 2008 심부구속 철근량 비교

$$\rho_s = 0.45\left[\frac{A_g}{A_c} - 1\right]\frac{f_{ck}}{f_{yh}} = 0.45\left[\frac{70685.83}{63691} - 1\right]\frac{24}{300} = 0.00395,\quad \rho_s = 0.12\frac{f_{ck}}{f_{yh}} = 0.0096$$

$$\therefore \rho_s = 0.0096 \qquad s_{req} = \frac{4A_{sp}}{\rho_s D_{sp}} = \frac{4 \times 3.871}{0.0096 \times 284.77} = 56mm$$

TIP | 소성힌지의 특성 |

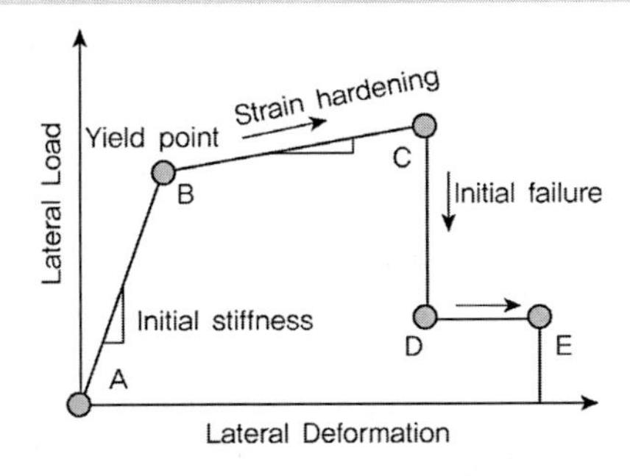

구분	이력거동
A	하중이 재하되지 않은 상태
A-B	부재의 초기강성(Initial stiffness) 상태 구간, 재료특성, 부재치수, 철근량, 경계조건, 응력과 변형수준에 따라 결정, 균열상태 포함
B	공칭항복강도(Nominal yield strength) 상태
B-C	변형경화(Strain Hardening) 구간, 일반적으로 초기강성의 5~10%를 가지며 인접한 부재와의 내력 재분배에 영향
C	공칭강도(Nominal strength), 부재내력에서 강도저하가 시작되는 시점 극한한계상태로 볼 수 있으며 소성힌지 영역에서 횡구속 철근의 파괴
C-D	부재의 초기파괴(Initial failure) 상태, 철근 콘크리트부재의 경우에 주근의 파단(fracture)되거나 콘크리트가 파손(spalling)되는 상태, 철골부재의 경우 전단내력이 급격하게 감소
D-E	잔류저항(Residual resistance) 상태, 공칭강도의 20% 수준저항
E	최대 변형능력, 중력하중을 더 이상 받을 수 없는 상태

Chapter

05 내진설계

01 내진설계

1. 내진설계의 기본개념 (도로교설계기준, 도로설계편람)

도로교설계기준(2008)에서의 설계지진운동 및 설계하중은 교량의 정상수명 동안 그 크기를 초과할 확률이 탄성설계하중을 50년 동안 초과확률 10% 이내에 들도록 하였다. 이러한 설계하중에 견딜 수 있도록 설계되고 건설된 교량은 지진에 의한 지반진동에 의해 일부 부재가 손상될 수 있으나 전체적으로 붕괴될 확률은 매우 낮아야 한다.

1) 내진설계기준의 기본개념

① 인명피해를 최소화한다.
② 지진 시 교량 내부 부재들의 부분적인 피해는 허용하나 전체적으로 붕괴는 방지한다.
③ 지진 시 가능한 교량의 기본 기능을 발휘 할 수 있게 한다.
④ 교량의 정상수명 기간에 설계지진력이 발생할 가능성은 희박하다
⑤ 설계기준은 남한전역에 적용될 수 있다.
⑥ 설계기준에 따르지 않더라도 보다 발전된 설계를 할 경우에는 이를 인정한다.
이러한 기본개념을 구현하기 위해 가능하면 교각의 연성거동을 유도하여야 하며 필요시 지진격리 시스템을 설치할 수 있다.

2) 기본조건

설계지진력에 대해 안전 및 통행을 보장할 수 있는 구조형식이어야 하며 내진저항 구조의 효율성을 높이기 위한 구조계획의 기본조건은
① 단순성(Simplicity) ② 대칭성(Symmetry) ③ 완전성(Completeness) ④ 연속성(Continuity)

3) 부재의 허용피해

구조물의 허용 피해부재는 교각 연결부의 소성모멘트에 의한 항복과 이탈부재로 설계된 교대의 흉벽 및 신축이음부 등의 국부부재에 국한되며 어떠한 경우에도 주요 부재의 파괴 및 붕괴가 발생하지 않도록 하여야 한다.

4) 설계지반운동

① 설계지반운동은 부지 정지작업이 완료된 지표면에서의 자유장 운동으로 정의한다.
② 국지적인 토질조건, 지질조건과 지표 및 지하지형이 지반운동에 미치는 영향 고려
③ 설계지반운동은 흔들림의 세기, 주파수내용 및 지속시간의 3가지 측면에서 그 특성이 잘 정의되어야 한다.
④ 설계지반운동은 수평2축방향 성분으로 정의되며 그 세기와 특성은 동일하다고 가정한다.
⑤ 모든 점에서 똑같이 가진하는 것이 합리적일 수 없는 특징을 갖는 교량 건설부지에 대해서는 지반운동의 공간적 변화모델을 사용해야 한다.

2. 구조물의 내진설계 해석방법

109회 2-3 내진설계시 정적 동적 해석방법

79회 1-2 교량의 내진설계 해석방법의 종류와 특징

71회 3-6 구조물의 내진해석방법

구조물의 내진설계 해석방법은 일반적으로 재료(Material), 지점(Boundary condition), 기하학적 형상(Geometry)등에서의 탄성 또는 비탄성인지 여부 및 그 범주를 고려하는지에 따라 탄성해석방법(Elastic Analysis Method)과 비탄성해석방법(Nonlinear Analysis Method)으로 분류될 수 있으며 정적하중으로 고려할 것인지 시간에 따라 변하는 하중을 고려할 것인지에 따라서 동적해석방법으로 구분할 수 있으며 통상적으로 도로교설계기준에서는 200m 미만의 교량에 대해서는 다중 모드 응답스펙트럼 해석법을 고려하도록 하고 있으며 구조물의 내진설계 시 고려되어지는 해석방법은 다음과 같다

- 등가정적해석법(Equivalent Static Analysis Method)
- 동적해석법(Dynamic Analysis Method)
  - 응답스펙트럼 해석법 : 모드해석법(단일, 다중)
  - 시간이력 해석법 : 시간영역 → 직접적분법, 모드해석
    진동수영역 → 푸리에 변환법

1) 탄성 해석법

① 등가정적 해석법(Equivalent Static Analysis Method)

지진해석은 크게 정적해석과 동적해석으로 구분할 수 있으며 정적 해석법이라고 하는 것은 흔히 등가정적 해석법이라고도 한다. 실제 지진하중을 등가의 정적하중으로 치환하여 정적해석을 수행하는 방법으로 중요도계수, 지역계수, 지반계수, 수정응답계수 등을 고려하여 탄성지진 응답계수(C_s)를 통해 고려한다.

2) 동적 해석법

① 모드 해석법 : 구조물의 진동 모드를 이용하여 응답을 산정하는 방법으로 모드 해석법은 크게 응답스펙트럼 해석법과 시간이력 해석법으로 구분할 수 있다.

② 응답스펙트럼 해석법(Response spectrum analysis method)

101회 3-4 응답스펙트럼 해석법의 정의, 해석원리와 방법

다자유도계 시스템을 단자유도계 시스템의 복합체로 가정하여 수치적분 과정을 통해 준비된 임의의 주기 또는 진동수 영역 내에서 최대 응답치에 대한 스펙트럼(변위, 속도, 가속도)을 이용하여 조합 해석하는 방법으로 설계용 응답스펙트럼을 이용하여 내진설계에 주로 이용된다. 응답스펙트럼해석법에서는 임의의 모드에서의 최대 응답치를 각 모드별로 구한다음 적정한 조합방법을 이용하여 조합함으로서 최대 응답치를 예상할 수 있다. 임의 주기치에 대한 스펙트럼 데이터가 입력되면 해석된 고유주기에 해당하는 스펙트럼값을 찾기 위해 선형보간법을 사용하기 때문에 스펙트럼 커브의 변화가 많은 부위에 대하여 가능한 한 세분화된 데이터를 사용한다. 그리고 스펙트럼 데이터의 주기범위는 반드시 고유치 해석 시 산출된 최소, 최대 주기범위를 포함할 수 있도록 입력되어야 한다. 내진해석 시 사용되는 스펙트럼 데이터는 동적계 수항과 지반계 수항을 고려하여 입력하고 매 해석 시에는 조건에 따라 변할 수 있는 지역계수, 중요도계수만 스케일 factor로 입력하여 사용한다. 산정된 모드별 응답에 대해서는 모드중첩법(Mode superposition method)이 적용되는데 SRSS, ABS, CQC 등의 방법을 이용하여 중첩을 하게 된다. 도로교 설계기준에서는 CQC방법을 이용한 조합을 원칙으로 하고 있다.

(1) SRSS(Square Root of Sum of Square) : 제곱합의 제곱근

j 번째 자유도에 관련된 변위와 부재력은 다음과 같이 구한다.

$$X_{j.\max} \cong \sqrt{X_{j(1),\max}^2 + X_{j(2),\max}^2 + X_{j(3),\max}^2 + \cdots}$$

$$f_{j.\max} \cong \sqrt{f_{j(1),\max}^2 + f_{j(2),\max}^2 + f_{j(3),\max}^2 + \cdots}$$

(2) ABS (Absolute Sum) : 절대값의 합

i 번째 자유도에 대한 변위와 부재력은 다음과 같이 구한다.

$$X_{j.\max} \cong |X_{j(1),\max}| + |X_{j(2),\max}| + |X_{j(3),\max}| + \cdots$$

$$f_{j.\max} \cong |f_{j(1),\max}| + |f_{j(2),\max}| + |f_{j(3),\max}| + \cdots$$

(3) CQC(Complete Quadratic Combination) : 모드 간 확률적인 상관도를 고려한 방법

CQC방법은 모드간의 활률적인 상관도를 고려하기 위한 방법 중의 하나로 다음과 같이 최댓값을 구한다.

$$X_{j,\max} = \sqrt{\sum_{p=1}^{n}\sum_{q=1}^{n} X_{j(p),\max}\rho_{pq}X_{j(q),\max}}$$

여기서 ρ_{pq}는 p번째 모드와 q번째 모드의 확률적인 상관도로서 근사적으로 다음과 같은 식이 많이 사용된다.

$$\rho_{pq} = \frac{8\xi^2(1+\beta_{pq})\beta_{pq}^{3/2}}{(1-\beta_{pq}^2)^2 + 4\xi^2(1+\beta_{pq})^2\beta_{pq}}$$

③ 시간이력 해석법(Time History Analysis Method)

시간이력 해석법은 구조물에 지진하중이 작용할 경우에 동적평형방정식의 해를 구하는 것으로 구조물의 동적특성과 가해지는 하중을 사용하여 임의의 시각에 대한 구조물의 거동(변위, 부재력 등)을 계산하는 방법이다. 일반적으로 대규모의 지진이 발생하면 대부분의 구조물은 비탄성 거동을 보이며 이 경우에 대해서는 단순한 응답스펙트럼 해석만으로는 구조물의 응답특성을 정확히 규명하기 어렵다. 이러한 경우에 시간이력해석을 통하여 구조물의 최대부재력 및 최대변위를 검토할 필요가 있다.

(1) Normal Mode Method

다자유도 구조물에 대하여 각 진동모드의 직교성을 이용하여 각 모드별로 분리시킨 다음 각 모드별로 단자유도계 시스템으로 간주하여 시간이력해석을 하고 전체 모드에 대해 중첩시키는 방법이다. 이 방법은 강성의 변화가 없는 선형이론에서 많이 적용되는 해석방법이다.

(2) Direct Integration Method(Numerical Method)

비선형의 경우 특히 강성의 변화가 발생하는 구조물에서 적용되는 방법으로 수치해석적인 방법이다. 매 시간마다 강성의 변화를 고려하여 적분을 취함으로서 해석을 하는 방법이다. 가장 중요한 점이 바로 이 시간 스텝(Time step)을 어떻게 취하느냐에 따른 방법으로 다음의 몇 가지 해석방법으로 구분할 수 있다.

– Linear Acceleration Method

시간구간을 여러 개의 미소 시간 구간으로 분할한 후 각 구간에서의 하중이 선형으로 변화한다고 가정하여 해를 구하는 방법이다. 해석이 간단하고 비교적 정확한 값을 알 수 있

지만 시간 간격이 너무 크면 해가 수렴하지 않고 발산하는 경우가 있다는 것이 단점이다.

- Average Acceleration Method

  시간 스텝사이의 평균값을 취함으로서 미소면적을 결정하고 적분을 함으로써 해석을 하는 방법이다. 계산과정에 있어서는 상당히 안정적이나 정확성에서는 조금 떨어진다.

- Wilson-θ Method

  구조응답의 가속도가 관심을 가지는 미소구간에서 선형적으로 변화한다는 선형가속도법(Linear Acceleration Method)에 기초한 방법이며 많이 사용되고 있는 SAP, Lusas, Midas 등에서 사용하고 있다. Wilson-θ법에서는 시간 t에서의 응답이 주어졌을 때 이를 바탕으로 시점 $t+\Delta t$의 응답을 구하기 위하여 시간구간 $(t,\ t+\theta\Delta t)$에서 가속도 응답이 선형적으로 변화한다는 가정에서 출발한다. 시간구간에서 시간스텝에 곱해지는 θ값을 조정함으로써 해석을 하는데 $\theta \geq 1.37$이어야 수치적으로 안정한 결과를 얻을 수 있다.

- Newmark-β Method

  Newmark-β Method는 Wilson-θ Method와 유사한 방법으로 몇 가지 가정을 통하여 시작이 되는데 β와 γ라는 계수가 사용된다. 이 두 변수는 해의 정확도와 수치적 안정성을 보장하는 범위 내에서 사용자가 정하는 계수들이라고 생각하면 된다. $\beta=1/6$, $\gamma=1/2$이면 $\theta=1$을 사용한 Wilson-θ 방법, 즉 Linear Acceleration Method과 동일하며 Newmark가 수치적 안정성을 보장하는 것으로 제안한 $\beta=1/4$, $\gamma=1/2$는 Average Acceleration Method와 같은 방법이다.

이외에도 여러 가지 수치해석방법들이 존재하며 이러한 직접적분법의 계산 소요 시간은 시간단계의 수에 비례하기 때문에 계산시간이 적게 소요되도록 적분 시간 간격이 충분히 커야 하고 정확한 결과를 얻기 위해서는 적분 시간 간격이 충분히 작아야 한다. 이러한 상반되는 두 조건을 만족하기 위해서 적절한 적분 시간 간격을 선택하여야 하며 적분 시간 간격 선택에 지침이 되는 것이 안정성과 정확성 분석이라고 할 수 있다.

3) 비탄성 해석방법

대규모 지진은 구조물과 각 부재의 비탄성 거동을 유발하므로 정확한 구조물의 응답을 구하기 위해서는 비탄성 해석(Inelastic analysis)이 필수적이다. 현재까지는 구조물의 비탄성거동을 가정하여 감소된 지진하중에 대하여 설계하는 법이 사용하고 있으나 이러한 해석 및 설계방법의 한계를 인식하면서 비탄성 해석 및 설계기법이 개발되고 있으며 보다 정확한 해석이 요구되고 있는 기존 구조물의 성능평가를 중심으로 사용되고 있다. 이 해석방법은 실무적으로 사용하기에는 어려운 해석 및 설계방법을 사용하기 때문에 아직까지 보편적이지는 않고 있다.

- 정적 비선형 해석(Static Nonlinear Analysis) : 성능스펙트럼법, 직접변위 설계법 등
- 동적 비선형 해석(Dynamic Nonlinear Analysis) : 직접 적분법

3. 설계지진력 산정

1) 설계지진력의 영향을 미치는 요인

설계지진력의 산정방법에 따라 상부구조의 질량 등에 따라 그 영향이 달라진다. 일반적으로 다음과 같은 인자의 영향을 받는다고 할 수 있다.

① 해석방법 : 단일모드 해석법에 의한 해석결과가 일반적으로 다른 해석결과보다 그 값이 더 크다.

② 상부구조의 질량 : 콘크리트 교량의 경우 질량이 커서 강교에 비해 수평변위량과 지진작용력이 더 크다.

③ 연속경간의 수 : 연속경간이 많아질수록 고정단에서 부담하는 하중이 커지게 되며 고정단의 교각이 대규모가 된다. 따라서 콘크리트교는 3경간 이하, 강교는 5경간 이하로 계획하는 것이 바람직하다.

④ 하부구조의 강성 : 하부구조의 강성이 작으면 교각의 고유주기를 길게 하여 지진력을 감소시킬 수 있다.

⑤ 지역구역 : 남부지방은 지진의 기록에 의하면 대규모 지진이 발생한 이력이 없으므로 지진가속도를 작게 취한다(0.11 → 0.07).

⑥ 지반계수 : 1~4등급(1.0, 1.2, 1.5, 2.0)으로 나누어져 지진력이 달라진다.

⑦ 내진성능목표 : 내진 II등급, 내진 I등급에 따른 지진력의 차이가 발생한다.

2) 지진력 산정 방법

① 단일모드 스펙트럼 해석법

구 분	내 용
적용대상	구조물의 형상이 단순하여 기본 모드가 구조물의 동적거동을 대표하는 경우
해석방법	교량의 기본주기로부터 탄성지지력 및 변위를 예측
특징	① 동역학에 대한 깊은 지식이 없어도 쉽게 적용 가능 ② 형상이 단순한 단순교나 연속교에 적용가능 ③ 일반적으로 다른 해석법에 비해 응답 값이 크게 산정 ④ 구조물의 형상이 복잡하여 기본 모드외의 모드에 의해 영향이 큰 경우에는 적용이 어려움 ※ 해석결과가 다른 해석결과보다 값이 더 큰 이유는 교축방향 모드나 교축직각방향 모드를 각각의 방향에 대하여 기본 모드를 고려하여 각각의 모드가 전체질량의 100%를 반영하는 것으로 보기 때문이다. 그러나 실제로는 만일 교축방향 모드가 기본 모드로 나오게 되면 교축직각방향 모드는 그 이후의 모드로 나오게 되므로 교축직각방향의 모드는 실제로 전체 질량의 100%를 반영할 수 없다.

② 등가정적 지진하중 산정

(1) 정적처짐 $v_s(x)$ 산정 : 상부 슬래브 단위길이당 1.0kN/m 하중재하

(2) 등가정적 지진하중 $w(x)$산정

$$w(x)=\frac{1}{L}\left(w_{상부}+w_{coping}+\frac{w_{colunm}}{2}\right)$$

$$\alpha=\int_0^L v_s(y)dy,\quad \int_0^L v_s(x)dx \qquad \beta=\int_0^L w(y)v_s(y)dy,\quad \int_0^L w(x)v_s(x)dx$$

$$\gamma=\int_0^L w(y)v_s^2(y)dy,\quad \int_0^L w(x)v_s^2(x)dx$$

(3) 교량의 고유주기 산정

$$T=2\pi\sqrt{\frac{\gamma}{p_0 g\alpha}}\quad (p_0=1.0kN/m)$$

(4) 탄성지진응답계수 C_s 산정

(5) 등가정적 지진하중 $p_e(x)$ 산정

$$p_e(x)=\frac{\beta C_s}{\gamma}w(x)v_s(x)$$

(6) 종방향 및 횡방향 해석

<table>
<tr><th>구분</th><th>종방향 해석</th><th>횡방향 해석</th></tr>
<tr><td rowspan="2">모델링</td><td> 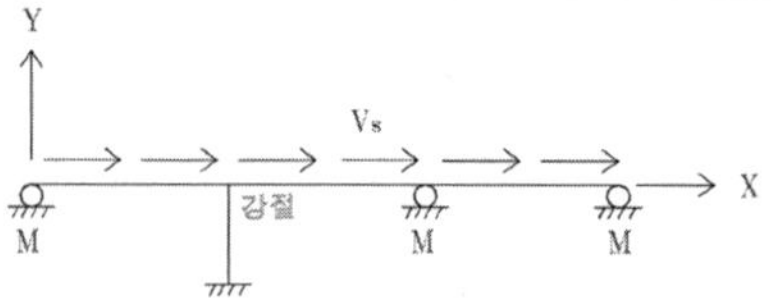Y, Vs, 강절, M, M, M, X</td><td>Z, Vs, 강절, 강절, F, F, X</td></tr>
<tr><td>• 고정받침이 놓인 교각만이 지진하중에 저항하는 것으로 모델링
• 가동받침부의 경우 종방향 마찰 무시</td><td>• 가동 또는 고정받침의 구분 없이 모든 교각이 동시에 저항하도록 모델링
• 상부구조는 단면 폭이 크다는 것과 단일교각이라 할지라도 여러 개의 받침이 놓이는 것이 일반적이므로 횡방향으로는 강절로 연결된 것으로 모델링
• 교대 또는 신축이음부와 같은 지지부에서는 교축에 대한 회전 구속</td></tr>
<tr><td rowspan="3">중간 신축 이음부 처리</td><td colspan="2">방법-1 : 전체 모델링
┌ 종방향 : 2개의 힌지가 동시에 작용하여 롤러와 같은 거동
└ 횡방향 : 강절로 거동</td></tr>
<tr><td>– 강재 받침 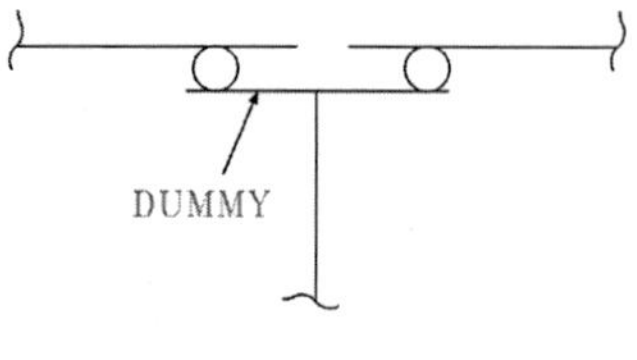
DUMMY</td><td>– 탄성고무받침 $K=\frac{2k_b k_p}{2k_b+k_p}\times\frac{1}{2}$ 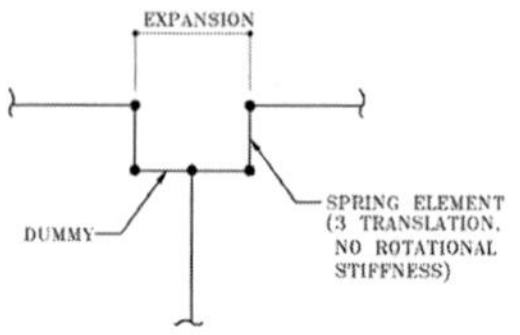
EXPANSION
DUMMY
SPRING ELEMENT (3 TRANSLATION, NO ROTATIONAL STIFFNESS)</td></tr>
<tr><td colspan="2">• 방법-2 : 진동단위별로 계산하여 중첩
• 신축이음부에서 교량상판 간에 발생하는 충돌은 고려치 않음(실제로 충돌효과에 의해 전체적인 총에너지는 소산)</td></tr>
<tr><td>비 고</td><td colspan="2">비교적 간단하고 정형적인 구조의 단일 모드 해석에 적용</td></tr>
</table>

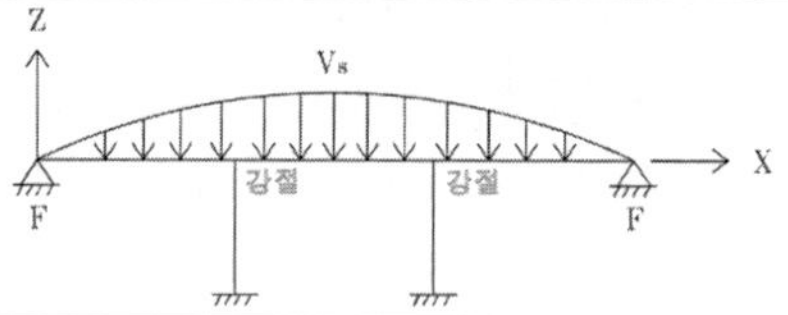

② 다중모드 해석법

구 분	내 용
적용대상	① 기본 모드 이외의 모드들이 구조물의 동적응답에 대한 기여도가 큰 경우 ② 여러 개의 진동모드가 구조물의 전체 거동에 기여하는 구조형식 ③ 일반적으로 중간정도 지간의 연속교에 적용 ④ 장대교량 및 특수교량에도 적용이 가능
해석방법	선형 해석프로그램을 이용하여 해석, 3차원 뼈대 구조 모델, 6개 자유도
특징	① 시간이력 해석법에 비해 시간과 노력이 적게 들고 정밀한 해석을 할 수 있다. ② 기하학적 형상이 복잡하여 직교 좌표축으로 모드를 분리하기 힘든 교량에 대해서는 적절한 응답값을 기대하기 곤란하다 ③ 다중모드 해석법은 전체질량이 한쪽방향으로만 기여하는 것이 아니라 전체 유효질량 중에서 해당 방향의 유효질량만이 그 방향으로 작용하게 되므로 좀 더 정확한 해석결과를 얻을 수가 있을 뿐만 아니라 단일 모드 해석법으로는 예상할 수 없었던 부분의 손상도 방지할 수 있다. 즉, 비틀림에 취약한 형상을 가진 부재의 경우 기본 모드 이외에서 비틀림이 나타나고 그 질량의 기여도가 크다고 가정하면 그 부재는 비틀림에 의해 손상이 발생될 수 있다.

③ 시간이력 해석법

구 분	내 용
적용대상	① 하중의 지속시간이 짧은 경우 ② 모드간의 구분이 명확하지 않아 Coupling 모드가 나타나기 쉬운 경우 ③ 높은 안전성이 요구되어 비선형 해석이 필요한 경우
해석방법	① 입력 data로 실측된 지진파형이나 인공파형이 필요 ② 선형 또는 비선형 해석프로그램을 이용하여 해석
특징	① 응답해석이 필요한 모드의 개수가 많은 경우 효과적(모드 중첩법) ② 동적 비선형 해석 가능(직접 적분법) ③ 해석 및 결과분석에 많은 시간과 노력이 필요

TIP | 인공지진파의 작성 |

① 시간이력해석을 위한 지진입력 시간이력은 감쇠율 5%에 대한 설계지반 응답스펙트럼에 부합되도록 실제 기록된 지진운동을 수정하거나 인공적으로 합성된 최소한 4개 이상의 지진운동을 작성하여 사용

② 작성된 시간이력이 설계지반 응답스펙트럼에 부합되기 위해서는 작성된 시간이력 평균 응답스펙트럼이 다음 요건을 만족해야 한다.

③ 시간이력의 응답스펙트럼 값이 설계지반 응답스펙트럼 값보다 낮은 주기의 수는 5개 이하이고 낮은 정도는 10% 이내이어야 한다.

④ 시간이력의 응답스펙트럼을 계산하는 주기의 간격은 스펙트럼 값의 변화가 10% 이상 되지 않을 정도로 충분히 작아야 한다.

⑤ 탄성지진력 산정방법 : 7쌍 미만의 지반운동시간이력에 의한 해석 결과로부터 얻어진 응답치의 최댓값 또는 7쌍 이상의 해석결과로부터 얻어진 평균값을 설계값으로 한다.

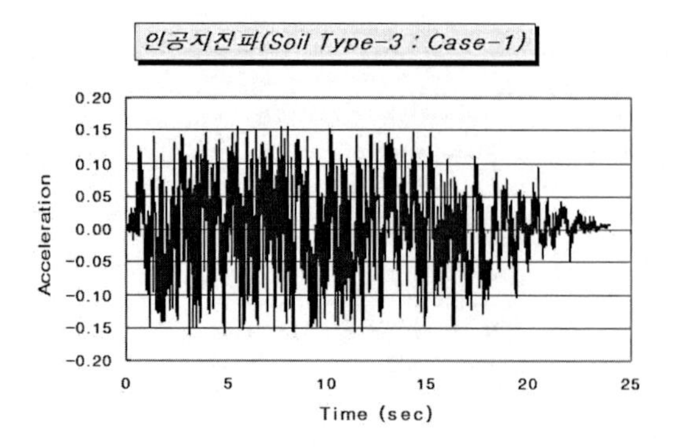

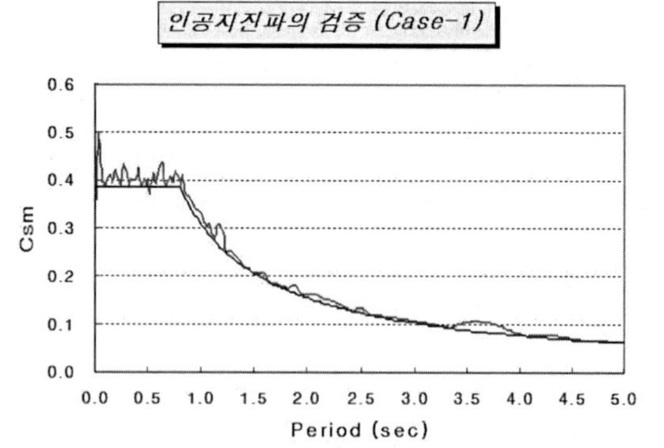

(인공지진파 산정 예)

④ 해석방법별 주요특징

해석방법		주요 특징
응답 스펙트럼 해석법	단일 모드 해석법	• 구조물의 형상이 단순하여 기본 모드가 구조물의 동적거동을 대표할 수 있는 경우 • 교량의 기본 주기로부터 탄성지진력 및 변위를 예측 • 동역학에 대한 깊은 지식이 없어도 쉽게 적용 가능한 간략한 해석법이며 수 계산이 가능 • 형상이 단순한 단순교나 연속교에 적용 가능 • 일반적으로 다른 해석법에 비해 응답값이 크게 산정됨 • 구조물의 형상이 복잡하여 기본 모드 이외의 모드들에 의한 영향이 큰 경우는 적용이 어려움
	복합 모드 해석법	• 기본 모드 이외의 모드들이 구조물의 동적거동에 대한 기여도가 큰 경우에 사용 • 여러개의 진동모드가 구조물 전체의 거동에 기여 • 선형해석프로그램을 이용하여 해석 • 일반적으로 중간정도 지간의 연속교에 적용하며 해석모델을 잘 선택할 경우, 장대교와 특수교량에도 적용 가능 • 시간이력해석법에 비해 시간과 노력을 적게 들이고도 정밀한 해석결과를 얻을수 있음 • 기하학적인 형상이 복잡하여 직교좌표축으로 모드를 분리하기 힘든 교량에 대해서는 적절한 응답값을 기대하기 어려움
시간이력 해석법		• 하중의 지속기간이 짧을 경우 • 모드간의 구분이 명확하지 않아 Coupling 모드가 나타나기 쉬운 경우 • 높은 안전성이 요구되어 비선형 해석을 필요로 하는 경우 • 입력 데이터로 실측된 지진파형이나 인공파형이 필요 • 선형 또는 비선형 해석 프로그램을 이용하여 해석 • 응답해석에 필요한 모드의 개수가 많을 경우 효과적(모드 중첩법) • 동적 비선형 해석 가능(직접 분석법) • 예상되는 지반운동을 정확히 예측하기가 어렵기 때문에 기존의 지진기록이나 합성된 지진기록을 사용하여야 하므로 해석 및 결과분석에 많은 시간과 노력이 필요

참고자료

비선형 해석방법

구조물의 거동에 영향을 미치는 임의 변수의 크기를 변화시켰을 때 변수의 크기에 비례하여 구조물의 거동이 변한다면, 이 변수와 구조물의 거동은 선형적(Linear)인 관계를 가지고 있다. 이러한 선형성(Linearity)을 정의하는 방법에는 크게 수학적인 방법과 물리적인 방법이 있다. 만일 구조물의 거동 P가 변수 x와 y에 대해 선형적인 관계에 있다면, 수학적으로 P(ax+by) = aP(x)+bP(y) 라는 관계식이 성립해야 한다. 이러한 수학적인 관계식은 물리적으로 중첩의 원리(Principle of Superposition)로 설명할 수 있다. x라는 크기의 힘에 의한 변형을 P(x), y라는 크기의 힘에 의한 변형을 P(y)라고 한다면, x+y라는 크기의 힘에 의하여 발생하는 변형 P(x+y)는 P(x)와 P(y)의 대수적인 합과 같아야 한다는 것이다.

선형해석은 비선형 해석(Nonlinear Analysis)과 비교하여 풀이 방법이 간단하고 문제를 해결하는데 걸리는 시간이 상대적으로 매우 짧다. 선형해석과 비선형 해석의 뚜렷한 차이는 선형해석의 경우 단 한 번의 계산과정으로 해답을 구할 수 있는 반면, 비선형 해석은 반복 해석에 의해 해답을 구해야 한다. 유한요소해석(Finite Element Analysis)의 경우를 예로 들면, 선형 해석의 [K]{u} = {F}라는 행렬방정식에서 강성행렬(Stiffness Matrix) [K]는 물체의 거동 {u}와 무관한 일정한 값이다. 따라서 [K]의 역행렬을 구하여 하중벡터(Load Vector) {F}에 곱하기만 하면 한 번의 계산으로 해답을 구할 수가 있다. 하지만 비선형 해석에서는 [K]가 구하고자 하는 {u}의 값에 따라 변하기 때문에 선형해석과는 달리 한 번의 계산과정으로 해답을 구할 수가 없다.

1) 선형 해석과 비선형 해석

① 선형 해석(Linear Analysis) : 중첩의 원리(Principle of Superposition)성립, 정적 해석에서 [K]불변

② 비선형(Nonlinear Analysis) : 중첩의 원리 성립 안 함, 정적해석에서 [K]가 변위[d]에 따라 변함, 반복 해석 필요

2) 비선형의 구분

구조물이 외부의 하중에 대해 비선형적(Nonlinear) 거동을 나타내는 경우, 수치 해석(Numerical Analysis)적으로 계산하는 것을 비선형 해석(Nonlinear Analysis)이라고 한다. 구조물의 비선형 거동은 크게 재료의 비선형성에 의한 비선형 거동과 기하학적 형상에 의해 발생되는 비선형 거동으로 나눌 수 있다. 토목 분야에서의 재료 비선형 거동은 대부분 콘크리트의 균열과 철근, 강재 및 텐던의 항복에 의해 발생한다. 또한 기하비선형 거동은 강박스 거더와 같은 박판 형상의 국부 및 전체 좌굴 거동에 의해 발생한다. 이 두 가지 비선형 거동에 대한 해석은 따로 고려할 수도 있으며, 동시에 발생하도록 고려할 수도 있다.

① 재료비선형 : RC의 균열, 철근 강재와 Tendon의 항복
② 기하비선형 : 박판의 국부 또는 전체좌굴
③ 경계비선형 : 지점의 변화

3) 비선형 해석방법

비선형 거동을 예측하기 위한 비선형 해석은 일반적인 선형 해석과 달리, 외력에 의한 비선형 평형상태를 찾기 위해 반복해석 방법(Iteration Method)을 필요로 한다. 이러한 반복해석으로 인해 비선형 해석은 선형 해석에 비해 많은 계산 시간을 요구한다. 비선형 해석을 위한 대표적인 반복계산 방법으로는 초기강성법(Initial Stiffness Method), 뉴튼 랩슨법(Newton-Raphson Method), 수정 뉴튼 랩슨법(Modified Newton Raphson Method), 할선법(Secant Method), 호장법(Arc-Length Method) 등이 있다.

① 초기강성법(Initial Stiffness Method) : 초기강성법은 해가 안정적으로 구해지지만, 증분구간의 크기가 뉴튼 랩슨법이나 수정 뉴튼 랩슨법보다 상대적으로 작아서 수렴속도가 느리다.
② 뉴튼 랩슨법(Newton-Raphson Method) : 뉴튼 랩슨법은 매 반복단계마다 접선강성이 갱신되므로 수렴속도가 빠르지만, 해석 모델이 클 경우 접선강성을 구하기 위해 많은 계산을 필요로 한다. 또한 강성이 0이 되는 경우나 최대 강도점 이후 거동(Post-peak Behavior)의 연화거동을 계산하는 데에는 어려움이 있다.
③ 수정 뉴튼 랩슨법(Modified Newton Raphson Method) : 수정 뉴튼 랩슨법은 접선강성을 다시 구하는 과정을 생략하고 내력만을 갱신하므로 뉴튼 랩슨법에 비해 수렴속도는 느리지만, 각각의 반복단계에서 걸리는 시간이 더 짧다. 수정 뉴튼 랩슨법은 초기강성법의 장점을 가지며, 뉴튼 랩슨법의 단점을 수정한 방법으로써 재료 비선형 해석 시 가장 많이 사용되는 방법이다.
④ 호장법(Arc-Length Method) : 호장법은 반복계산 시 정의되는 목표값 계산 시, 호의 길이(Arc-Length)로 제안 함으로써 해석의 안정성과 수렴성을 확보하기 위한 방법이다. 이 방법은 강재의 기하 비선형 해석과 같이 비선형성이 심한 경우 해를 찾기 위한 방법으로 많이 사용된다.

역학 문제에서 예를 들자면, 초기강성법은 모든 단계에서 같은 접섭강성을 사용하고, 뉴턴-랩슨법은 매 반복시마다 강성 행렬을 새롭게 계산을 한다. 수정된 뉴턴-랩슨법은 정해진 일정 구간(일반적으로 하나의 하중 단계)에서는 초기 강성법을 사용하고, 해당 하중 단계에서 값이 수렴된 후, 다음 하중 단계로 넘어 갔을 때는, 강성행렬을 다시 계산하여 계산된 강성 행렬을 그 하중 단계의 반복 계산에 이용한다.

4) 기하비선형

기하 비선형은 변위와 변형률의 관계가 비선형임으로 인해 생겨나며 Snap-through, Post-buckling, Follower force 등이 이에 속한다. 비선형성은 여러 가지 방법으로 나타나는 데, 재료의 비선형성

은 응력이 재료의 항복 응력을 초과할 때 나타나며, 이 경우 재료는 항복 상태가 되고 힘이 더 가해질 경우 파괴된다. 또 다른 형태의 비선형성은 하중이 작용하는 동안 변형이 일어나면서 구조물과 다른 대상 또는 구조물 자체와의 접촉이 생길 경우 나타난다. 기하학적 비선형성은 구조물의 강성이 내부 응력과 변형 형상에 따라 변할 경우 나타나는 데, 이 예로는 자동차 타이어를 들 수 있다. 타이어는 공기가 차지 않았을 때는 강성이 거의 없는 반면 공기가 채워지면 강성을 갖는 특성이 있다.

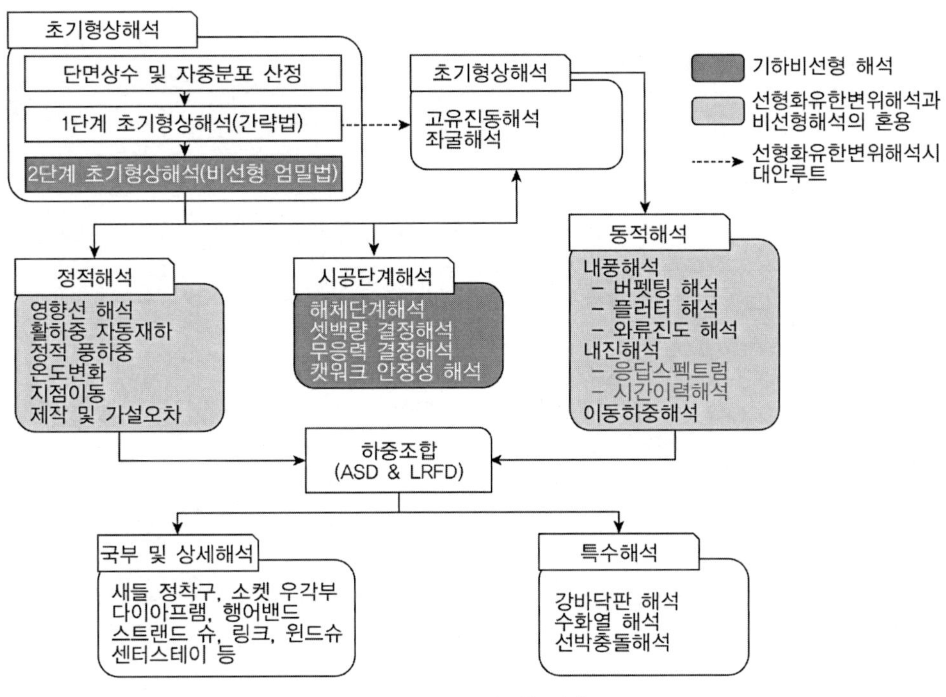

(기하비선형이 필요한 영역)

77회 4-4

교량의 내진해석

다음과 같은 4경간 강합성형교의 개략적인 교축방향 내진해석을 수행하여 교각 상단의 수평력, 교량 받침의 수평력, 교각 하단의 모멘트 및 지진 시 교축방향 변위를 구하시오.

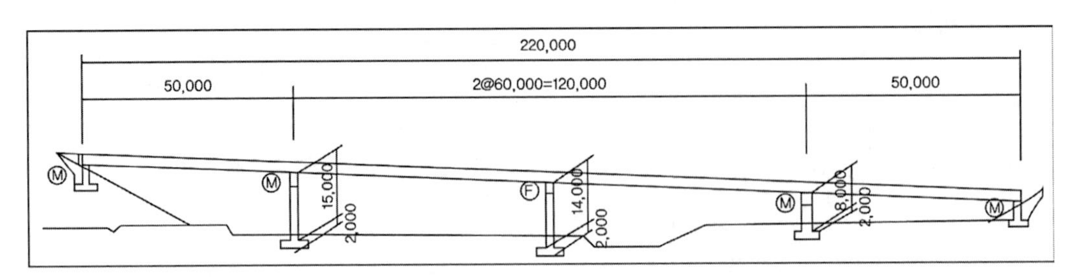

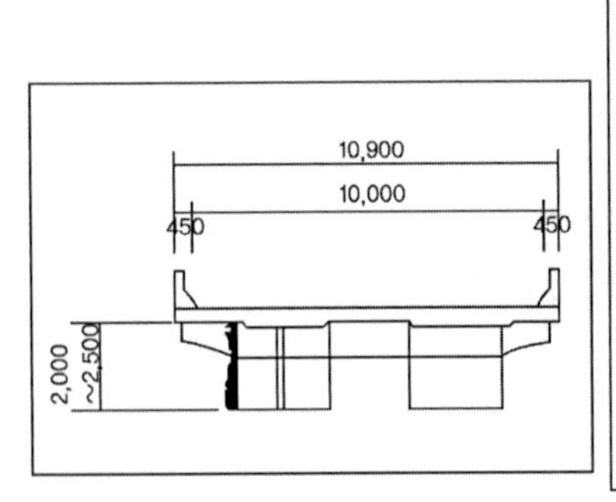

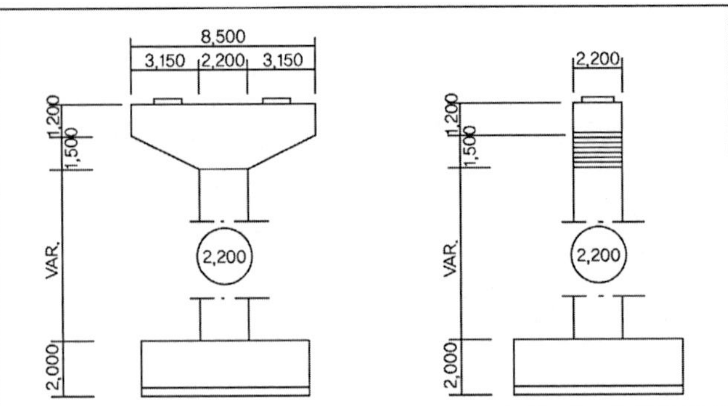

상부구조의 단면적(A)=7,500cm^2 단면2차모멘트(Iv)=90,000,000cm^4

콘크리트의 공칭강도(fck) = 27MPa 강재의 탄성계수(Es) = 2.10×105MPa

단위중량(w) = 170kN/m

하부구조의 콘크리트 공칭강도(fck) = 24MPa

지진구역은 Ⅰ구역, 내진 1등급 교량이며 지반계수(S)는 1.2(Ⅱ지역)임

풀 이

➤ 단일모드스펙트럼 해석방법

① 교각의 강성 산정

켄틸레버 단일기둥 $I_c = \dfrac{\pi D^4}{64} = 0.522m^4$, $E_c = 8500\sqrt[3]{f_{cu}} = 8500\sqrt[3]{32} = 26,985MPa$

교축방향 강성 $k = n\left(\dfrac{3EI}{L^3}\right) = \dfrac{3\times 26985\times 10^6\times 0.522}{14^3} = 15.4\times 10^6 N/m$

② 등분포 하중 p_0에 의한 정적변위 v_s 산정

$$v_s = \frac{p_0 L}{k_e} = \frac{1^{N/m} \times 220^m}{15.4 \times 10^{6(N/m)}} = 1.428 \times 10^{-5(m)}$$

③ 상부하중 단위길이당 고정하중 w 산정

$$w = WA_s = 170^{kN/m^3} \times 7500^{cm^2} = 127.5^{kN/m}$$

④ α, β, γ 산정

$$\alpha = \int_0^L v_s(x)dx = v_s L = 1.428 \times 10^{-5(m)} \times 220^m = 3.14 \times 10^{-3(m^2)}$$

$$\beta = \int_0^L w(x)v_s(x)dx = wv_s L = 127.5^{kN/m} \times 1.428 \times 10^{-5(m)} \times 220^m = 400.55^{Nm}$$

$$\gamma = \int_0^L w(x)v_s(x)^2 dx = wv_s^2 L = 127.5^{kN/m} \times (1.428 \times 10^{-5(m)})^2 \times 220^m = 5.72 \times 10^{-3(Nm^2)}$$

⑤ 고유주기 산정

$$T = 2\pi \sqrt{\frac{\gamma}{p_0 g \alpha}} = 2.707^{\sec}$$

⑥ 탄성지진응답계수(C_s)

$$A = 0.14g, \quad S = 1.2$$

$$C_s = \frac{1.2AS}{T^{2/3}} = \frac{1.2 \times 0.14 \times 1.2}{2.707^{2/3}} = 0.10379 < 2.5A = 0.35 \qquad \therefore C_s = 0.10379$$

⑦ 등가정적 지진하중($p_e(x)$)과 지진하중($p_e(x)$)에 의한 변위(v_e) 산정

$$p_e(x) = \frac{\beta C_s}{\gamma} w(x)v_s(x) = 13{,}232.9^{Nm}, \qquad v_e = p_e \frac{L}{k_e} = 0.189^m = 189^{mm}$$

➤ 교량상단의 수평력 산정

$$H = p_e L = 2{,}911.24^{kN}$$

➤ 교각하단의 모멘트

$$M = \frac{H \times h}{R} = \frac{2911.24^{kN} \times 14^m}{3} = 13{,}585.8^{kNm}$$

최대설계지진력 산정 시에는 교축직각방향에 대해서도 동일한 과정을 수행하여 30% 조합을 통해 산정한다.

93회 3-6

교량의 내진해석

다음 그림과 같은 3경간 강합성교의 교축방향 내진해석을 수행하여 교축방향의 수평변위를 구하시오. 해석조건은 다음과 같이 상부거더 전체에서 동일하고 하부교각에서 동일하다. 교량은 내진1등급이며 지진등급은 I구역, 가속도계수(A)는 0.14, 지반계수(S)는 1.2이다(A, B, D는 롤러, C는 힌지이다).

상부구조(강재)	$A_s = 0.05m^2$, $I_s = 1.0m^4$, $E_s = 2.0\times10^5 MPa$, $W = 180kN/m^3$
교각(콘크리트)	$I_c = 0.5m^4$, $E_c = 2.0\times10^4 MPa$

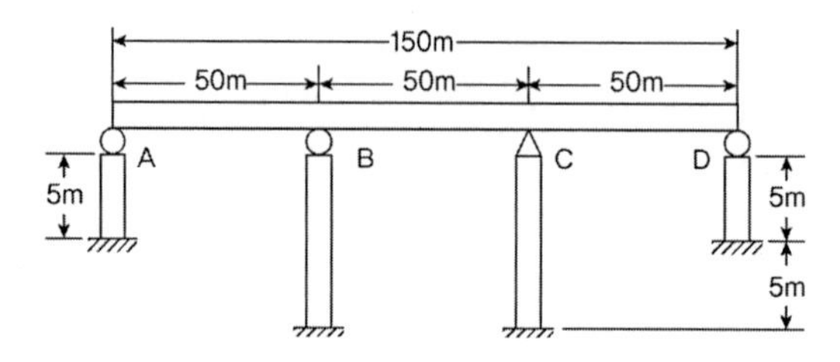

풀 이

➤ 단일모드스펙트럼 해석방법

① 교각의 강성 산정 : 수평하중은 고정단(힌지)에서 부담하므로

$$k = \frac{3EI}{L^3} = \frac{3\times(2\times10^{4(MPa)})\times0.5^{m^4})}{(10^m)^3} = 3.0\times10^{4(kN/m)}$$

② 등분포 하중 p_0에 의한 정적변위 v_s 산정 $\quad v_s = \dfrac{p_0 L}{k_e} = \dfrac{1^{kN/m}\times150^m}{3.0\times10^{4(kN/m)}} = 0.005^m = 5^{mm}$

③ 상부하중 단위길이당 고정하중 w 산정 $\quad w = WA_s = 180^{kN/m^3}\times0.05^{m^2} = 9^{kN/m}$

④ α, β, γ 산정

$$\alpha = \int_0^L v_s(x)dx = v_s L = 0.005^m\times150^m = 0.75^{m^2}$$

$$\beta = \int_0^L w(x)v_s(x)dx = wv_s L = 9^{kN/m}\times0.005^m\times150^m = 6.75^{kNm}$$

$$\gamma = \int_0^L w(x)v_s(x)^2dx = wv_s^2 L = 9^{kN/m}\times(0.005^m)^2\times150^m = 0.03375^{kNm^2}$$

⑤ 고유주기 산정 $\quad T = 2\pi\sqrt{\dfrac{\gamma}{p_0 g\alpha}} = 2\pi\sqrt{\dfrac{0.03375^{kNm^2}}{(1^{kN/m})(9.81^{m/s^2})(0.75^{m^2})}} = 0.4255^{\sec}$

⑥ 탄성지진응답계수(C_s)

$$A = 0.11 \times 1.4 = 0.154g, \quad S = 1.2$$

$$C_s = \frac{1.2AS}{T^{2/3}} = \frac{1.2 \times 0.154 \times 1.2}{0.4255^{2/3}} = 0.392 > 2.5A = 0.385 \qquad \therefore C_s = 0.385$$

⑦ 등가정적 지진하중[$p_e(x)$]

$$p_e(x) = \frac{\beta C_s}{\gamma} w(x) v_s(x) = \frac{6.75^{kNm} \times 0.385}{0.03375^{kNm^2}} \times 9^{kNm} \times 0.005^{m} = 3.465^{kNm}$$

⑧ 지진하중[$p_e(x)$]에 의한 변위 산정

$$v_e = p_e \frac{L}{k_e} = 3.465^{kN/m} \times \frac{150^{m}}{3.0 \times 10^{4(kN/m)}} = 0.01732^{m} = 17.32^{mm}$$

➤ 등가정적하중에 의한 해석방법

① 교각의 강성 산정 : 수평하중은 고정단(힌지)에서 부담하므로

$$k = \frac{3EI}{L^3} = \frac{3 \times (2 \times 10^{4(MPa)}) \times 0.5^{m^4})}{(10^{m})^3} = 3.0 \times 10^{4(kN/m)}$$

② 고유주기 산정

$$T = 2\pi \sqrt{\frac{m}{k}} = 2\pi \sqrt{\frac{WAL}{gk}} = 2\pi \sqrt{\frac{(180^{kN/m^3})(0.05^{m^2})(150^{m})}{(9.81^{m/s^2})(3.0 \times 10^{4(kN/m)})}} = 0.4255^{\sec}$$

③ 탄성지진응답계수(C_s)

$$A = 0.11 \times 1.4 = 0.154g, \quad S = 1.2$$

$$C_s = \frac{1.2AS}{T^{2/3}} = \frac{1.2 \times 0.154 \times 1.2}{0.4255^{2/3}} = 0.392 > 2.5A = 0.385 \qquad \therefore C_s = 0.385$$

④ 등가정적 지진하중[$p_e(x)$]

$$p_e(x) = ma = mgC_s = (WAL/g)C_s g = WALC_s = (180^{kN/m^3})(0.05^{m^2})(0.385)$$
$$= 3.465^{kNm}$$

⑤ 지진하중[$p_e(x)$]에 의한 변위 산정

$$v_e = p_e \frac{L}{k_e} = 3.465^{kN/m} \times \frac{150^{m}}{3.0 \times 10^{4(kN/m)}} = 0.01732^{m} = 17.32^{mm}$$

참고자료

Rayleigh method에 의한 교량의 고유주기 유도 (도로교설계기준 해설 2008)

단일 모드스펙트럼 해석법은 첫 번째 진동모드가 진동응답을 지배하는 교량의 설계지진력을 계산하는데 사용한다. 이 방법은 구조진동학적 관점에서 볼 때 완전히 엄밀한 것일지라도 관성력을 도입한 후에는 정역학적인 문제로 치환된다. 교량은 일반적으로 시스템의 총체적인 저항능력에 기여하는 많은 구성요소들로 이루어진 연속계이다. 횡방향으로 지진 지반운동을 받는 교량을 생각해 볼 때 그 교량은 교량 양단의 교대와 중간에 있는 교각에서 횡방향으로 구속된 여러경간들로 이루어져 있다. 일반적으로 교량상판에는 교각이나 지간내에 신축이음부를 두고 있으며 이 신축이음부는 인접한 상판 단면간에 횡방향 상판 모멘트를 전달하지 못한다. 이러한 시스템을 나타내는 연속계에 대한 운동방정식은 일반적으로 에너지 원리를 이용하여 구성할 수 있다. 시스템의 전체적인 거동을 약산하기 위해 연속계의 일반화 매개변수 모형을 구성하는 데 가상변위의 원리를 이용할 수 있다. 단일모드 형상에서 횡방향 운동을 가정함으로서 자유도 1개인 일반화 매개변수 모형을 구성할 수 있다. 이러한 모드 형상에 대한 근사치를 얻기 위해 균일한 정적하중 P_0를 상부구조에 재하하고 이에 대한 처짐 $v_s(x)$를 구한다. 지진운동하에서 구조물의 동적처짐 $v(x,\ t)$는 일반화 진폭함수 $v(t)$를 형상함수 $v_s(x)$에 곱하여 근사적으로 계산한다.

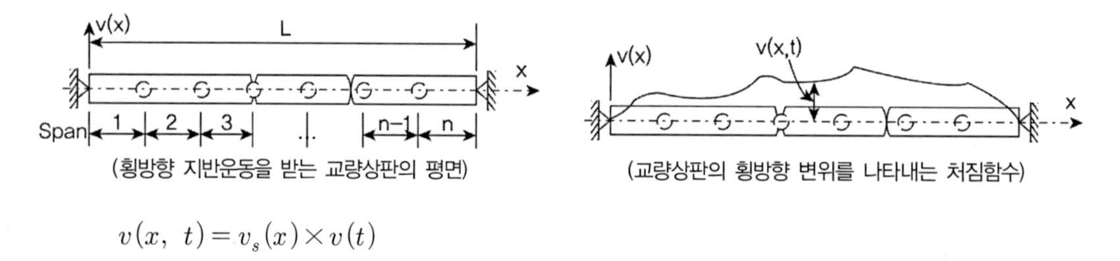

(횡방향 지반운동을 받는 교량상판의 평면) (교량상판의 횡방향 변위를 나타내는 처짐함수)

$$v(x,\ t) = v_s(x) \times v(t)$$

이 함수는 지점 조건과 상판의 중간에 있는 신축이음 힌지의 효과를 포함하여 변형된 교량구조를 나타낸다. 이 함수는 시스템의 기하학적 경계조건을 만족시켜야 한다.

① 일반화 매개변수 모델에 대한 처짐형상을 구하기 위해 아래그림과 같이 구조물에 균일한 하중 P_0를 재하한다. 구조물 질량의 운동에너지가 0이 되도록 하중을 점차적으로 재하한다고 가정하고 구조물을 변형하는데 등분포하중이 하는 외부일 W_E는

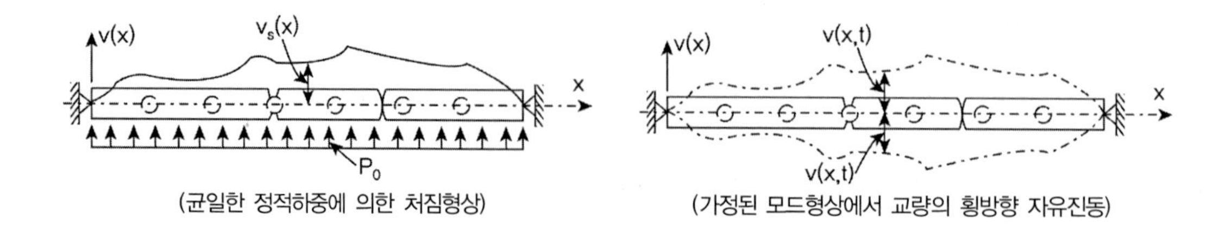

(균일한 정적하중에 의한 처짐형상) (가정된 모드형상에서 교량의 횡방향 자유진동)

$$W_E = \frac{p_0}{2}\int_0^L v_s(x)dx = \frac{p_0}{2}\alpha, \quad \text{여기서 } \alpha = \int_0^L v_s(x)dx$$

② 이 일은 변형에너지 U의 형태로 탄성구조물의 내부에너지에 저장되므로 $U = W_E$

③ 균일한 하중 P_0가 갑자기 제거되고 감쇠효과가 무시된다면 구조물은 최대 운동에너지와 최대 변형에너지를 등가로 놓는 Rayleigh 방법에 의해 고유진동수를 산정할 수 있으며 위의 그림과 같이 가정된 모드 형상으로 진동하게 된다.

$$T_{\max} = U_{\max}, \qquad T_{\max} = \frac{\omega^2}{2g}\int_0^L w(x)v_s(x)^2 dx = \frac{\omega^2\gamma}{2g},$$

여기서 $\gamma = \int_0^L w(x)v_s(x)^2 dx$, ω는 진동계의 원진동수, $w(x)$는 교량상부의 단위길이당 무게

④ 시스템에 저장된 최대 변형에너지는

$$U_{\max} = T_{\max} : \frac{p_0}{2}\alpha = \frac{\omega^2\gamma}{2g} \qquad \text{여기서, } \omega = \frac{T}{2\pi} \qquad \therefore T = 2\pi\sqrt{\frac{\gamma}{p_0 g\alpha}}$$

⑤ 지반가속도 $\ddot{v}_g(t)$의 단자유도계에 대한 일반화된 운동방정식은 다음과 같다.

$$\ddot{v}(t) + 2\xi\omega\dot{v}(t) + \omega^2 v(t) = -\frac{\beta\ddot{v}_g(t)}{\gamma} \qquad \text{여기서, } \beta = \int_0^L w(x)v_s(x)dx, \quad \xi\text{는 감쇠비}$$

⑥ 대부분의 구조물에 대해서는 ξ는 0.05의 값을 사용할 수 있다. 무차원 형태의 표준가속도 스펙트럼값 C_s를 사용하면

$$C_s = \frac{S_a(\xi,\ T)}{g}$$

⑦ 시스템의 최대 변위 응답 값은 다음과 같다.

$$v(x,\ t)_{\max} = v_s(x) \times v(t)_{\max}, \qquad v(t)_{\max} = \frac{C_s g\beta}{\omega^2\gamma} \qquad \therefore v(x,\ t)_{\max} = \frac{C_s g\beta}{\omega^2\gamma}v_s(x)$$

⑧ 최대변위 $v(x,\ t)_{\max}$와 관련된 관성효과를 근사적으로 나타내는 정적하중 $p_e(x)$는 다음과 같다.

$$p_e(x) = \frac{\beta C_s}{\gamma}w(x)v_s(x)$$

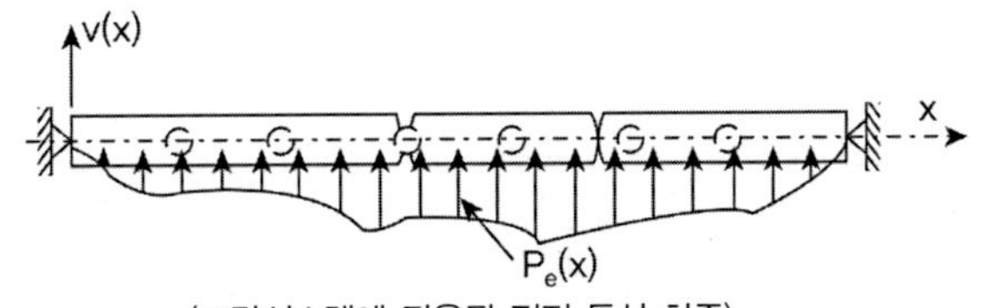

(교량시스템에 작용된 정적 특성 하중)

4. 내진성능 확보방안 (2008 도로설계편람, 국토해양부)

교량의 내진설계는 구조물의 동적거동에 대해 각 구조부재가 저항하여 전체적인 교량의 붕괴를 방지하는 것으로 크게 2가지 개념으로 구분할 수 있다.

① 구조물에 작용하는 지진력에 저항할 수 있도록 구속을 주거나 단면의 강성을 증가시키는 방법

② 구조물의 주기를 크게 하거나 감쇠를 증가시켜서 지진하중의 영향을 감소시키는 방안(지진 격리 방안, Seismic Isolation)

(1) 고유주기 변화에 의한 방법 : 구조물의 고유주기를 길게 하는 방법으로 응답변위(Displacement Response)를 증가시키는 대신 응답가속도(Acceleration Response)를 현저히 감소시켜 지진력의 크기를 줄이는 방법으로 이 경우 과도한 변위에 의한 사용성 확보 및 낙교 및 이탈방지에 대한 대비를 강구하여야 한다.

(2) 인위적인 감쇠장치를 사용하는 방법 : 구조물의 감쇠율을 증가시켜 응답변위와 응답가속도를 동시에 감쇠시켜 지진력의 크기를 줄이는 방법으로 감쇠장치(Damper)의 효과가 구조해석에 의해 확실히 검증되는 경우에 적용되며 감쇠장치 자체의 사용성, 내구성 등에 대한 검토가 필요하다.

1) 일반적인 내진성능 확보방안

① 1점 고정단 사용 : 고정단 1개소를 두는 방안으로 교량이 긴 경우에는 지진에 대한 수평력이 고장단 교각 1개소에 집중되어 교각 및 교대가 과대해지므로 대부분 공사비가 증가한다. 고정단 교량받침으로 지진에 의한 수평력을 지지하지 못할 경우 전단키를 설치할 수 있다.

② 다점 고정단 사용 : 교각의 높이가 작은 경우 온도와 크리프나 건조 수축의 영향이 크기 때문에 적용하기 곤란하며 대부분 상대적으로 유연한 강성을 갖는 장대교각에서 적용 가능하다.

③ 평상시엔 1점 고정단, 지진 시에는 다점 고정단 사용 : 온도와 크리프, 건조수축 등의 천천히 발생하는 변위에는 저항하지 않지만 지진 같은 충격에는 고정단 역할을 하는 충격 전달 장치(STU : Shock Transmission Units)를 적용할 수 있다. 기본적으로 지진 시에는 개수가 많아져 주기가 짧아지므로 1점 고정단 지지보다 전체 지진력이 커져 지지력 분산의 효율성이 떨어지므로 경제성과 함께 검토가 필요하다.

④ 상부와 교각을 일체로 계획 : 다점고정단과 마찬가지 개념으로 높이가 높은 장대교각에서 주로 적용 가능, 교량의 시공법과 밀접한 관계가 있다(라멘 형태)

2) 주기나 감쇠 조절 방안

① 지진 격리 받침 : 기초로부터 전달되는 지진력을 상부까지의 전달경로를 분리하는 받침으로 받침의 고유기능에 주로 이력 감쇠(Hysteresis Damping)나 마찰 감쇠(Frictional Damping) 기능이 추가된다. 대표적으로 탄성 고무 받침 (RB), 납탄성 받침(LRB), 고감쇠 고무 받침(HDRB), 마찰판을 이용한 받침(FPB)이 있다.

② 외부 감쇠 장치 적용(Damper) : 구조물의 진동응답을 줄이기 위해 지진으로부터 구조물에 들어

오는 에너지를 흡수하는 장치로 받침과 별도 설치한다. 대표적으로 이력 감쇠기(Hysteresis Damper), 점성 감쇠기 (Viscous damper), 마찰 감쇠기(Frictional damper) 또는 동조 질량 감쇠기(TMD : Tuned mass damper), 동조 액체 감쇠 장치(TLD : Tuned liquid damper), 능동 질량 감쇠기(AMD : Active mass damper), Hybrid 감쇠기(HMD=TMD + AMD)가 이에 해당된다.

5. 면진시스템

99회 3-2 면진용 LRB받침의 적용성이 떨어지는 경우와 LRB Sliding받침 구성과 역할

95회 3-2 지진격리설계의 기본개념, 적용하지 않아도 되는 조건, 지진격리시 C_s값

82회 1-1 지진하중에 대한 면진설계와 내진설계의 차이점

지진 지반 운동의 에너지는 유한한 주파수대에 모여 있으므로 구조물의 고유주기가 길수록 구조물의 지진응답이 현저히 낮아지는 원리를 이용하는 방식이 도입되었다. 지진격리(Base isolation) 및 면진시스템은 교량의 고유주기를 길게 함으로서 교량에 작용하는 지진력을 줄여주고 지진에너지 흡수 성능 향상을 통하여 지진 시 응답을 감소시키는 역할을 수행한다.
구조물의 고유주기를 길게 하는 방안은

① 수평방향으로 유연한 요소를 구조물과 기초에 두는 방법
② 롤러나 Sliding 요소를 사용하는 방법

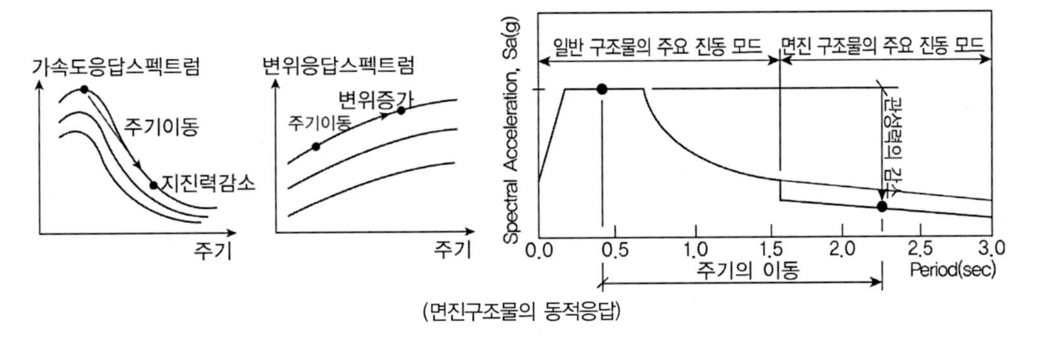

(면진구조물의 동적응답)

1) 지진격리시스템의 기본 개념

① 지진격리 설계의 적용은 교량의 장주기화 또는 지진에너지 흡수성능 향상효과를 상시와 지진 시의 양측면에서 검토한 후 판단해야 하며 다음의 조건에서는 적용하지 않는다.
(1) 하부구조가 유연하고 고유주기가 긴 교량
(2) 기초주변의 지반이 연약하고 지진격리 설계의 적용에 따른 교량 고유주기의 증가로 지반과 교량의 공진가능성이 있는 경우
(3) 받침에 부반력이 발생하는 경우

② 교량의 장주기화로 인한 지진 시 상부구조의 변위가 교량의 기능에 악영향을 주지 않도록 하여야 한다.

③ 지진격리받침은 역학적 거동이 명확한 범위에서 사용하여야 한다. 또한 지진 시 반복적인 횡변위와 상하진동에 대해 안정적으로 거동하여야 한다.

2) 지진격리시스템의 구성요소

① 수직방향으로 충분한 강성과 강도를 보유하고 있으며 수평방향으로 유연성을 제공하는 장치

※ 수평방향 유연성 제공 격리장치[적층고무받침(LRB)의 Sliding 요소] : 롤러나 미끄럼판 등을 사용하여 수평방향으로 쉽게 미끄러짐

② 지진격리장치 상하간의 상대변위를 현실적인 설계한계범위로 제한할 수 있는 감쇠기 또는 에너지 소산장치

※ 감쇠장치 : 외부감쇠기를 지진격리장치에 병행사용, LRB내에 납봉을 넣어서 납의 이력감쇠를 이용하는 격리장치

③ 풍하중이나 제동하중 등의 사용하중 작용시 과다한 변위나 불필요한 진동이 발생하는 것을 제한하는 충분한 강성을 제공하는 억제장치

※ Wind Restraint system : Mechanical fuse등을 사용하여 지진격리요소를 작동

3) 지진격리장치별 특징

① RB(Rubber Bearing) : 적층고무와 적층 보강 철판(Steel Shim)으로 제작되어 고무의 압축, 전단변형으로 모든 방향으로의 신축 및 회전이 가능하다. 적층고무와 가황접찰된 보강 철판은 고무의 팽출(Bulging)을 방지하고 큰 수직강성을 제공하지만 수평강성에는 영향을 주지 않는다. 탄성받침은 100~150%까지의 전단변형도 내에서는 선형적인 특성을 보이며 파괴때까지 최대 600%까지의 전단변형도를 수용하고 최대 수직하중 지지능력은 약 1500kgf/cm^2이다.
탄성 고무 받침은 구조물의 주기를 길게 하여 응답 변위를 증가시키는 대신에 응답가속도를 현저히 감소시켜 지진력을 감소시키는 역할을 하게 된다(풍하중이나 제동하중 등에도 진동이 발생하기 쉽다). 탄성고무 받침에는 상시 진동에 저항할 수 있도록 스톱퍼(Stopper)가 부착되어 있는 것이 일반적이다.

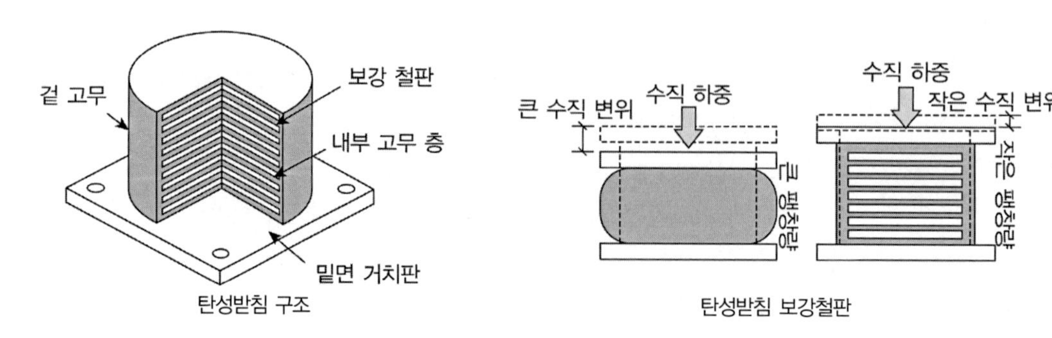

탄성받침 구조　　　　탄성받침 보강철판

② LRB(Lead Rubber Bearing) : 고무에 강재철판 보강하여 수직방향 강성 증가하고 고유주기를 이동하여 지진격리하는 받침으로 납탄성 고무받침은 납의 이력감쇠성능을 이용한 받침으로, 지진하중 하에서 납은 항복하고 시스템의 에너지를 소산시켜 구조물의 변위를 제어한다. 사용 하중(풍하중, 제동하중, 낮은 지진하중 등)하에서 납은 탄성적으로 거동하여 작은 변위를 발생한다.
탄성 받침의 장주기성, 납의 소성변형에 의한 변위의 감소, 납의 초기강성에 의한 안정성, 납의 감쇠기능 등 여러 가지 장점을 가지고 있으며 이선형(Bi-linear) 힘-변위 거동을 한다.

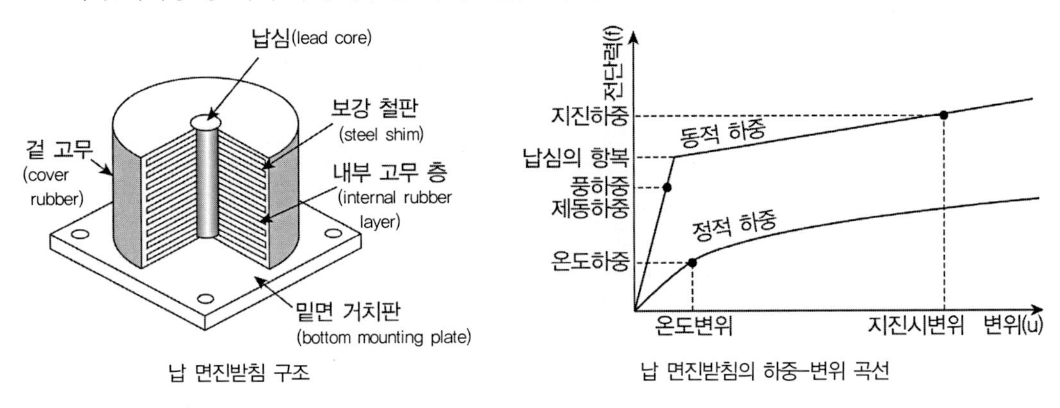

납 면진받침 구조

납 면진받침의 하중-변위 곡선

③ FB(Friction Bearing, 마찰받침) : 지진 시 발생하는 에너지를 구조물의 수평변위에 의한 마찰력으로 소산하는 형태로 기존의 미끄럼 받침과 매우 유사한 구조를 가지고 있다. 불소수지의 미끄럼판과 마찰력을 이용하도록 고안되었으며 기존의 미끄럼 받침에 마찰력에 의한 감쇠기능이 추가된 장치이다. 큰 수직하중을 받을 수 있으나 별도의 복원장치가 필요하다.

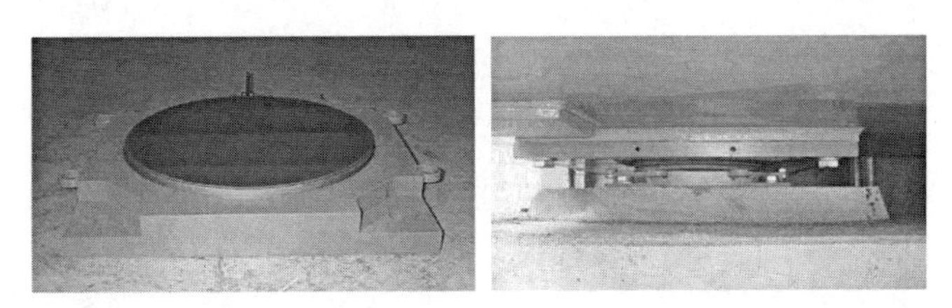

④ FPS(Friction Pendulum System, 마찰진자받침) : 일종의 마찰 면진시스템으로 미끄럼 작용과 형상에 의한 복원력 작용을 조합하였다. 미끄럼기구가 오목한 구형 표면상을 움직이므로 마찰력에 의한 감쇠와 형상에 의한 복원력을 제공한다. 구조물의 면진주기는 면진장치의 유효감쇠와 오목면의 곡률형상을 사용하여 제어한다.

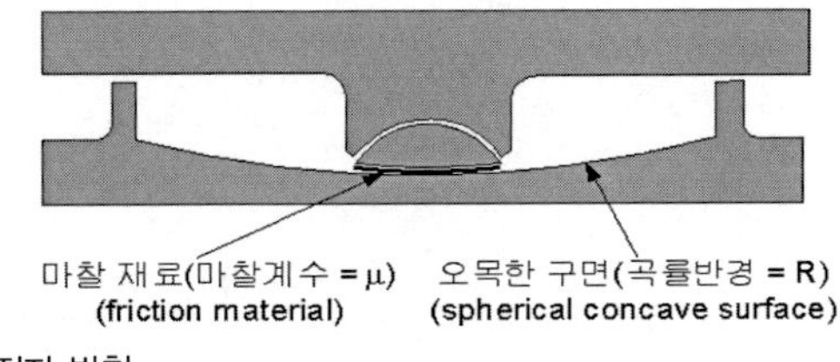

마찰진자 받침

⑤ DB(Disc Bearing, 디스크받침) : 디스크받침은 고탄성 고압축 성질을 가진 폴리우레탄을 이용하여 대부분의 교량 및 건축물에 적합하도록 설계개발된 받침장치로 상부구조물에서 발생하는 모든 수직, 수평하중과 회전을 안정하게 수용할 수 있다. 디스크 받침에 주요 구성요소는 구조물 상부하중과 바람과 지진과 같은 외부 수평하중에 의한 회전을 안전하게 수용할 수 있는 디스크(Polyurethane Disc)와 수평구속장치(Shear Restriction Mechanism)를 공통구성요소로 하고 있으며 PTFE와 스테인레스판을 이용하여 상부구조물의 신축거동을 원활하게 하는 가동받침을 주요 구성요소로 하고 있다.

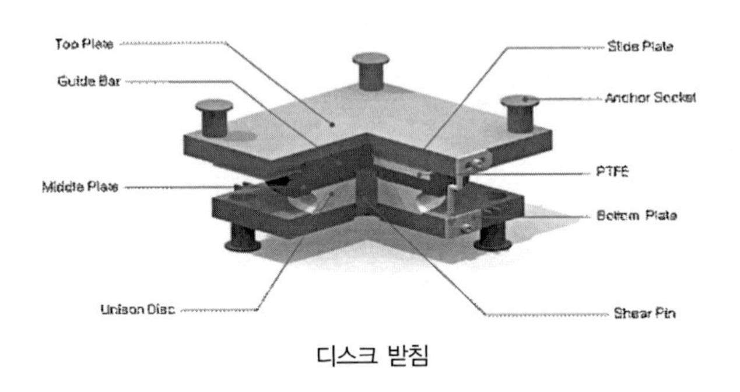

디스크 받침

4) 도로교설계기준에 따른 지진격리시설의 해석방법

교량해석은 지진격리받침의 특성을 고려하여 수행하며 지진격리받침의 비선형거동을 단순화하기 위해 이중선형 모델을 사용할 수 있다. 지진결기받침의 유효강성 k_{eff} 및 지진격리 시스템의 등가감쇠비 β_i는 원칙적으로 다음과 같이 산출하며 해석에 사용되는 지진격리받침의 유효강성은 설계변위에서 계산되어야 한다.

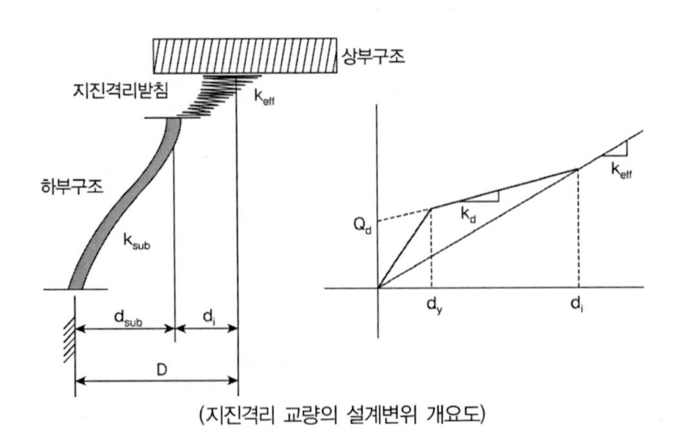

(지진격리 교량의 설계변위 개요도)

$$k_{eff}=\frac{F_p-F_n}{d_p-d_n},\quad \beta_i=\frac{1}{2\pi}\frac{EDC\text{ 면적}}{\sum(k_{eff}d_i^2)}\times 100(\%)$$

여기서 F_n: 지진격리장치의 원형시험 시 한 Cycle 동안의 최대부변위량 발생 시 수평력

F_p: 지진격리장치의 원형시험 시 한 Cycle 동안의 최대양변위량 발생 시 수평력

d_n: 지진격리장치의 원형시험 시 한 Cycle 동안의 최대부변위

d_p: 지진격리장치의 원형시험 시 한 Cycle 동안의 최대양변위

EDC: 한 Cycle당 소산된 에너지

① 등가정적 해석법

등가지진력 $F_e = C_s W = K_{eff} D$

여기서 K_{eff} : 지진격리받침과 하부구조의 조합강성 $\left(= \sum_j \frac{k_{sub} k_{eff}}{k_{sub} + k_{eff}} = \sum_j K_{eff \cdot j}\right)$

D : 지진격리받침의 설계변위(d_i)와 하부구조의 설계변위(d_{sub})의 합

탄성지진응답계수 $C_s = \frac{K_{eff} d}{W} = \frac{AS_i}{T_{eff} B}$

지반에 대한 상부구조 총변위 $d = \frac{250 A S_i T_{eff}}{B}$, $\quad T_{eff} = 2\pi \sqrt{\frac{W}{K_{eff} g}}$

② 단일모드스펙트럼 해석법

$p_e(x) = w(x) C_s$

여기서 $p_e(x)$: 등가정적 지진하중의 단위길이당 하중강도

$w(x)$: 상부구조의 단위길이당 고정하중

③ 다중모드스펙트럼 해석법

해당모드주기 T_i가 $0.8 T_{eff}$를 초과하는 경우에만 B에 의해 감소된 값이 적용된다.

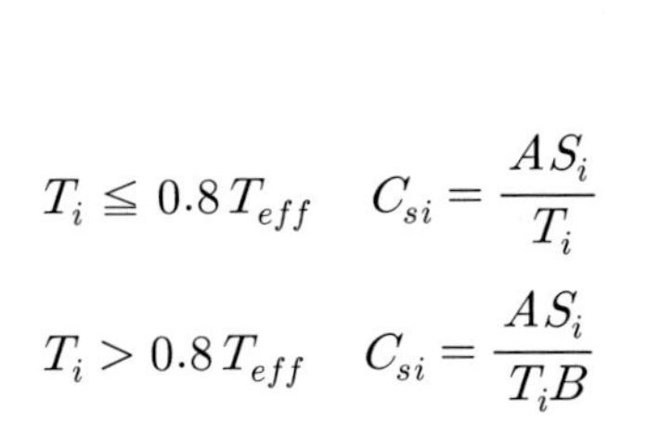

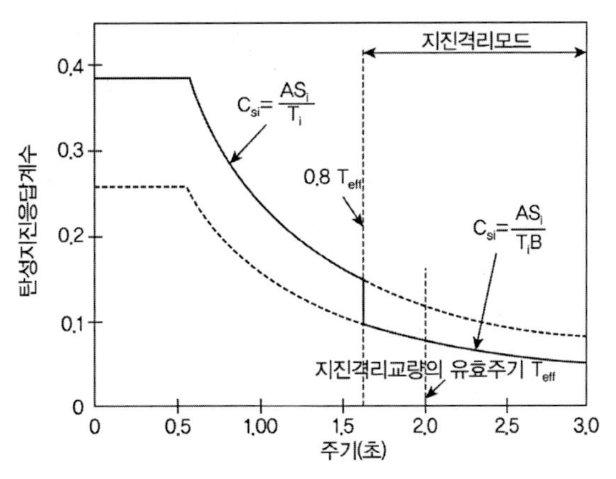

④ 시간이력해석법

시간이력해석은 직접수치해석을 행하는 직접적분법과 서로 독립된 모드별 방정식으로 변환시켜 각 모드별 해를 구하고 그 해를 중첩시키는 모드중첩법으로 구분된다.

(1) 모드중첩법(Mode Superposition Method) : 일반적인 동적운동방정식의 해는 결국 2차 상미분방정식(2nd order ordinary differential equation)의 해가 된다. 운동방정식의 하중항이 간단한 형태일 때에는 수식으로 표현될 수 있는 해를 얻을 수 있지만 지반가속도는 간단한 수식의 형태로 나타낼 수 없으므로 수치해석적 기법을 사용할 수 밖에 없으며 선형해석에 있어서는 운동방정식의 질량(M), 감쇠(C), 강성(K) 등이 상수로 남아 있어서 해석이 비교적 용이하지만 비선형 해석의 경우에는 감쇠(C), 강성(K) 등이 변위 및 속도의 종속함수가 되어 해석에 많은 시간과 주의를 요한다. 구조물의 거동을 각 모드의 거동으로 분리하여 모든 모드에서의 응답을 전부 중첩시키면 이론상으로 정확한 응답의 시간 이력을 구할 수 있다. 이 방법의 장점은 각 모드로부터 구성되는 단자유도계에 대한 독립적인 해석이 가능하다는 점으로 동적거동을 지배하는 몇 개의 저차 진동모드에 대한 해석만으로 정확한 해에 근접한 해를 구할 수 있다. 따라서 일반적으로 전체모드를 모두 중첩하여 거동을 알아내지 않고도 기여도가 큰 몇 개의 저차모드만을 중첩하여 정확한 해를 근사적으로 구한다.

(2) 직접적분법(Direct Integration Method) : 직접적분에 의한 수치해석법은 다자유도계의 운동방정식을 변화시키지 않고 점진적(Step by step) 방법으로 수치적으로 적분한다. 임의의 시간 t에서의 거동을 구하는 것이 아니라 Δt 간격의 시점에서 구조물의 응답(변위, 속도, 가속도)을 점진적으로 구하는 것이다. 이 방법은 한 시점 t에서의 거동이 구해져 있을 때 이를 이용하여 다음 시점인 $t+\Delta t$에서의 거동을 구하는 작업을 반복하여 전체시간 구간에 걸친 거동을 구하게 된다. 그리고 이러한 시간간격의 길이 Δt는 단계의 간격이 같을 때 전체시간을 총 시간간격의 수 n으로 나뉜다. 이 크기 Δt는 변위, 속도 및 가속도의 해석과정의 정확성, 안정성 그리고 계산량에 직접적인 영향을 미친다.

(3) 시간이력해석법의 요구조건

지진격리 받침의 비선형 특성을 고려하며, 시간이력해석을 위한 지진입력 시간이력은 감쇠율 5%에 대한 설계지반응답스펙트럼에 부합되도록 실제 기록된 지진운동을 수정하거나 인공적으로 합성된 최소한 4개 이상의 지진운동을 작성하여 사용한다. 작성된 시간이력이 설계지반 응답스펙트럼에 부합되기 위해서는 작성된 시간 이력의 평균 응답스펙트럼이 다음 조건을 만족해야 한다.

㉮ 시간이력의 응답스펙트럼 값이 설계지반 응답스펙트럼 값보다 낮은 주기의 수는 5개 이하이고 낮은 정도는 10% 이내이어야 한다.

㉯ 시간이력의 응답스펙트럼을 계산하는 주기의 간격은 스펙트럼 값의 변화가 10%이상되지 않을 정도로 충분히 작아야 한다.

㉰ 시간이력의 지속시간은 10~25초 또 강진 구간 지속시간은 6~10초가 되도록 하여야 한다.

㉱ 7쌍 미만의 지반운동 시간 이력에 의한 해석결과로부터 얻어진 응답치의 최댓값 또는 7쌍 이상의 해석결과로부터 얻어진 평균값을 설계값으로 한다.

5) 기타 요구조건

① 상시수평력 안정성 : 지진격리받침은 풍하중, 원심력, 제동력, 온도변위에 의한 하중을 포함하는 모든 상시 수평력 조합에 안정적으로 거동하여야 하며 지진격리받침 탄성중합체의 최대 전단변형률은 상시 70%, 지진 시 200% 이내이어야 한다.

② 수직력 안정성 : 지진격리받침은 수평변위가 없는 상태에서 고정하중과 활하중을 더한 수직하중에 대해 최소한 3이상의 안전율을 제공하여야 한다. 또한 1.2배의 고정하중, 지진하중으로 인한 수직하중, 그리고 횡방향 변위로 인한 전도하중의 합에 대해 안정적으로 거동하도록 설계하여야 한다. 여기서 전도하중을 계산할 때의 횡방향 변위는 옵셋변위와 설계지진에 의한 설계변위의 2배와 같다.

③ 회전성능 : 지진격리받침의 회전성능은 고정하중, 활하중, 시공오차의 영향을 포함하여야 하고 여기서 고려되는 시공오차의 설계회전각은 0.005rad보다 작아서는 안 된다.

④ 품질기준 : 지진격리받침과 그 재료는 화학적, 물리적, 기계적 성질이 충분히 안정적이어야 한다.

참고자료

교량의 지진격리 유도

일반 교량의 내진설계에서 중요한 점은 받침과 교각 및 교대이다. 건물과는 달리 교량은 길이가 긴 구조이며 다지점 구조 형태를 취하게 된다. 지진격리장치는 교량에 적용할 경우 받침에서의 전단력과 Pier에서의 전단력을 저감시키기 위해서 사용된다. 바로 이러한 특성으로 인하여 지진격리 교량은 구조역학적으로 지진격리 건물과 약간 차이가 있다. 교량은 아래와 같이 단순화된 다 자유도계로 모델링될 수 있다. 비지진격리 교량의 경우에는 k는 무한하다고 가정할 수 있다. 지반-구조물 상호 작용을 고려하지 않는다면 일체로 거동하는 m_s와 m_p의 지반운동에 대한 상대운동은 다음 방정식에 의해서 표현될 수 있다.

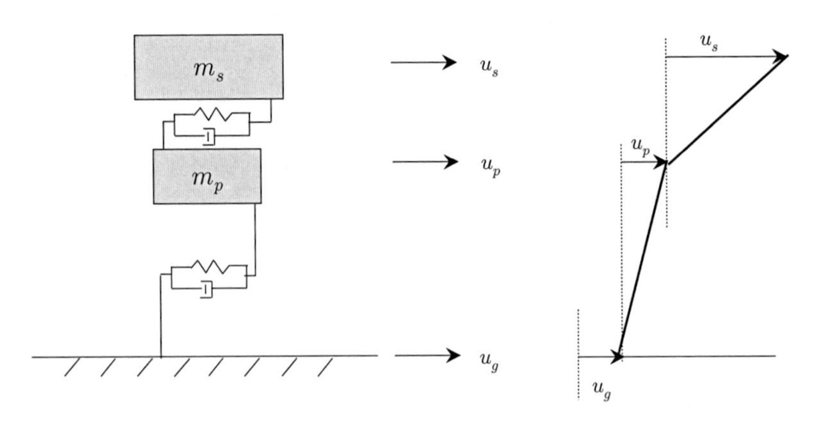

교량의 동적방정식

$$(m_s+m_p)\ddot{u}+c_p\dot{u}+k_pu=-(m_s+m_p)\ddot{u}_g$$

또는 $\ddot{u}+2\omega\beta\dot{u}+\omega^2u=-\ddot{u}_g$　　　여기서, $\omega=\sqrt{\dfrac{k_p}{m}}=\sqrt{\dfrac{k_p}{m_s+m_p}}$,　$\beta=\left(\dfrac{1}{2\omega}\right)\left(\dfrac{c_p}{m}\right)$

모든 받침을 지진격리장치로 교체한다면 m_s와 m_p의 상대변위를 DOF로 갖는 시스템의 지배방정식은

$$\begin{bmatrix} m_s & m_s \\ m_s & m_s+m_p \end{bmatrix}\begin{bmatrix} \ddot{u}_s \\ \ddot{u}_p \end{bmatrix}+\begin{bmatrix} c_s & 0 \\ 0 & c_p \end{bmatrix}\begin{bmatrix} \dot{u}_s \\ \dot{u}_p \end{bmatrix}+\begin{bmatrix} k_s & 0 \\ 0 & k_p \end{bmatrix}\begin{bmatrix} u_s \\ u_p \end{bmatrix}=-\begin{bmatrix} m_s & m_s \\ m_s & m_s+m_p \end{bmatrix}\begin{bmatrix} 0 \\ 1 \end{bmatrix}\ddot{u}_g$$

$$\therefore [M]\ddot{u}+[C]\dot{u}+[K]u=-[M][r]\ddot{u}_g$$

여기서, $m=m_s+m_p$,　$\delta=\dfrac{m_s}{m}\leq 1$,　$\omega_s=\sqrt{k_s/m_s}$,　$\omega_p=\sqrt{k_p/m}$,　$\epsilon=(\omega_s/\omega_p)^2$이라면 비감쇠 시스템의 자유진동은

$$\begin{bmatrix} \delta & \delta \\ \delta & 1 \end{bmatrix} \begin{bmatrix} \ddot{u}_s \\ \ddot{u}_p \end{bmatrix} + \begin{bmatrix} \delta\omega_s^2 & 0 \\ 0 & \omega_p^2 \end{bmatrix} \begin{bmatrix} u_s \\ u_p \end{bmatrix} = \begin{bmatrix} 0 \\ 0 \end{bmatrix}$$

$\therefore$ Characteristic Equation $|[K] - \omega^2[M]| = 0$ 으로부터,

$$\begin{vmatrix} \delta\omega_s^2 - \delta\lambda & -\delta\lambda \\ -\delta\lambda & \omega_p^2 - \lambda \end{vmatrix} = 0 \quad : \quad \lambda^2(1-\delta) - (\omega_p^2 + \omega_s^2)\lambda + \omega_p^2\omega_s^2 = 0$$

$$\therefore \lambda = \frac{1}{2(1-\delta)}\left[(\omega_p^2 + \omega_s^2) \pm \sqrt{(\omega_p^2 + \omega_s^2) - 4(1-\delta)\omega_p^2\omega_s^2}\,\right]$$

$$\lambda_1 = \omega_1^2 = \omega_s^2(1 - \delta\epsilon), \quad \lambda_2 = \omega_2^2 = \frac{\omega_p^2}{1-\delta}(1 + \delta\epsilon)$$

$\Gamma_1 = \dfrac{\phi_1^T M\gamma}{\phi_1^T M\phi_1}, \quad \Gamma_2 = \dfrac{\phi_2^T M\gamma}{\phi_2^T M\phi_2}$ 는 다음과 같이 근사화될 수 있다.

$$\Gamma_1 = 1 - \delta\epsilon, \quad \Gamma_2 = \delta\epsilon$$

여기서 ϵ가 충분히 작다면 제1차 고유모드가 지배적이 된다. 1차 고유모드의 고유진동수는 $\lambda_1 = \omega_1^2 = \omega_s^2(1-\delta\epsilon)$로부터 ω_s에 근접하게 된다.

따라서 고유주기는 고정기반 모델에 비하여 길어짐을 알 수 있다. 1차 고유모드의 감쇠비는 β에, 2차 고유모드의 감쇠비는 β_p에 가까워진다. 그러므로 Spectral Acceleration이 작아진다. 격리장치에서 전달되는 전단력과 Pier에 전달되는 전단력 및 전단 모멘트는 현저하게 감쇠되며 교각의 중량이 Deck의 중량보다 현저하게 작다면 위의 식은 건물에 대한 식과 유사하게 된다.

λ_1과 λ_2에 대응하는 고유모드 벡터는 다음과 같다.

$$\phi^1 = \begin{bmatrix} 1 \\ \delta\epsilon \end{bmatrix}, \ \phi^2 = \begin{bmatrix} 1 \\ -[1-(1-\delta)\epsilon] \end{bmatrix}$$

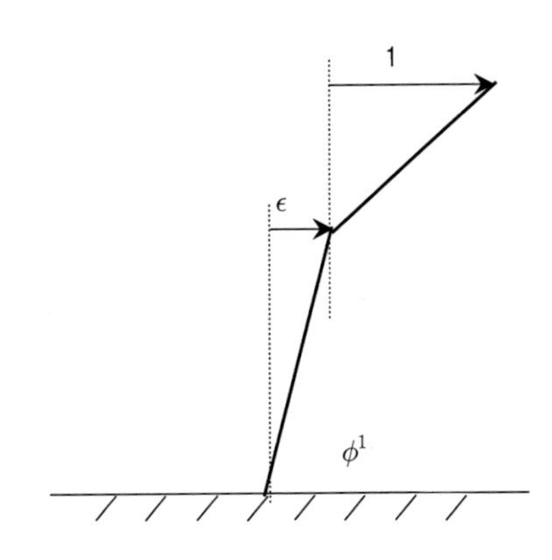

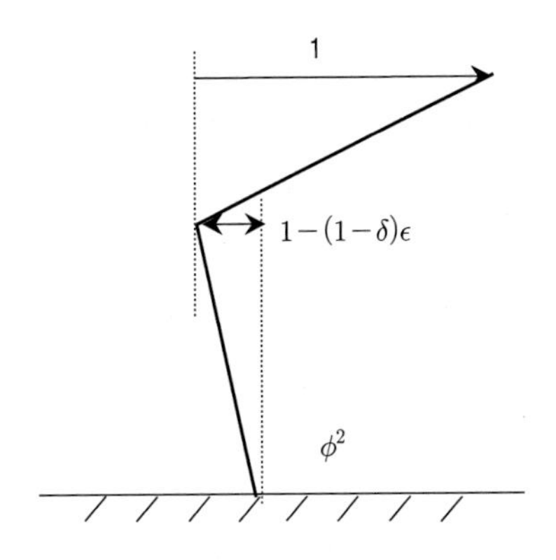

여기서 ϕ^1 은 지진격리모드이고, ϕ^2는 구조변형에 주로 관련되는 모드이다. 따라서 운동방정식의 해는

$$\begin{bmatrix} u_s \\ u_p \end{bmatrix} = \eta_1 \Phi_1 + \eta_2 \Phi_2$$

여기서 η_1, η_2는 다음 식의 해다.

$$\ddot{\eta}_1 + 2\omega_1\beta_1\dot{\eta}_1 + \omega_1^2\eta_1 = -\Gamma_1\ddot{u}_g, \qquad \ddot{\eta}_2 + 2\omega_2\beta_2\dot{\eta}_2 + \omega_2^2\eta_2 = -\Gamma_2\ddot{u}_g$$

$$\beta_1 = \frac{1}{2\omega_1}\frac{\Phi_1^T C\,\Phi_1}{\Phi_1^T M\,\Phi_1}, \qquad \beta_2 = \frac{1}{2\omega_2}\frac{\Phi_2^T C\,\Phi_2}{\Phi_2^T M\,\Phi_2}$$

$m = m_s$ $(\delta = 1)$이 되면 고유주기는 $\lambda^2(1-\delta) - (\omega_p^2 + \omega_s^2)\lambda + \omega_p^2\omega_s^2 = 0$로부터

$$\lambda = \omega^2 = \frac{\omega_p^2\omega_s^2}{\omega_p^2 + \omega_s^2} = \frac{\dfrac{k_p}{m}\dfrac{k}{m}}{\dfrac{k_p}{m} + \dfrac{k}{m}} = \left(\frac{1}{m}\right)\left[\frac{k_p k}{k_p + k}\right]$$

따라서 지진격리 교량의 유효강성은 다음과 같이 단순화될 수 있다.

$$T_{eff} = 2\pi\sqrt{\frac{m}{k_{eff}}} \qquad \therefore\ k_{eff} = \frac{k_p k}{k_p + k}$$

만약 여러개의 Pier가 있다면 전체 System의 유효강성은 위의 식으로 주어진 유효강성의 값을 취하여야 한다.

6. 심부구속철근 (2008 도로설계편람, 국토해양부)

80회 3-6 심부구속 횡방향 철근배치 및 간격에 관한 설계기준과 문제점, 개선방향

교량 구조물에 작용하는 외적하중에 의한 최대모멘트가 부재 단면의 소성모멘트(Plastic Moment)와 같게 되면 이점에서는 곡률이 무한히 커지며 비제약 소성유동 발생에 따른 과대 회전이 발생하는 점을 소성힌지라고 한다. 내진설계목표에 따라 경제적인 설계를 위해서 교각이 연성거동하도록 유도하며 이를 위해 교각 하단에 소성힌지가 발생하도록 허용하고 있다. 이러한 연성거동의 유도기법은 응답수정계수를 사용하여 연성부재에서는 소성힌지 발생을 유도하여 휨 자용에 의하여 콘크리트 기둥이 항복한 이후에도 충분한 연성능력을 발휘할 수 있어야 한다. 따라서 지진하중에 의해 기둥은 항복을 허용하지만 연결부위 및 기초부위는 극히 작은 손상만 허용하므로 심부구속 철근을 배근하여 기둥의 소성힌지 발생을 유도하고 연결부에서는 비탄성 거동을 배제하도록 규정한다.

1) 응답수정계수 : 하부구조의 응답수정계수는 1 이상(2~5), 연결부의 응답수정계수는 1 이하 적용

2) 횡방향 보강의 목적 : 연성을 확보하기 위해 횡방향 보강철근으로 나선철근과 띠철근 사용

3) 심부구속철근 : 소정의 비탄성 변형능력을 발휘함으로서 연성거동을 보장할 수 있도록 기둥설계하기 위해 횡방향 철근을 배근하여 축방향 철근과 심부콘크리트를 구속하게 함으로서 축방향 철근이 항복하고 피복콘크리트가 파괴되더라도 축방향 철근의 좌굴이 방지되고 기둥의 심부 콘크리트가 파괴되지 않도록 하기 위해서 최소 횡방향 철근을 배근토록 하고 있다.

4) 횡방향 철근의 역할

① 주철근의 간격유지 및 종방향 철근의 좌굴 방지
② 지진 시 내부콘크리트의 탈락방지로 연성확보(심부구속)
③ 콘크리트의 3축 응력상태 유지
④ 기둥의 전단철근 역할 수행

5) 심부구속철근 설계기준

기둥과 말뚝기구에서 소성영역이 예상되는 상부와 하부의 심부는 연성능력을 갖출 수 있도록 횡방향 철근으로 구속한다.

(원형기둥) $0.9f_{ck}(A_g - A_c) = 2f_y\rho A_c$ (A_c는 기둥심부의 단면적)

$$\rho A_c = 0.9\frac{f_{ck}}{2f_y}(A_g - A_c)$$

$$\therefore\ \rho_s = 0.45\left(\frac{A_g}{A_c} - 1\right)\frac{f_{ck}}{f_y} \quad \text{또는} \quad \rho_s = 0.12\frac{f_{ck}}{f_y}$$

원형기둥	사각기둥
나선철근비를 다음 값 중 큰 값 $\rho_s = 0.45\left[\dfrac{A_g}{A_c}-1\right]\dfrac{f_{ck}}{f_y}$, $\rho_s = 0.12\dfrac{f_{ck}}{f_y}$ $A_s = \dfrac{\rho_s s d_c}{4}$, s : 횡방향 철근 간격, d_c : 피복두께	횡방향 철근의 총단면적 A_{sh}는 다음 값 중 큰 값 $A_{sh} = 0.30ah_c\left[\dfrac{A_g}{A_c}-1\right]\dfrac{f_{ck}}{f_y}$, $A_{sh} = 0.12ah_c\dfrac{f_{ck}}{f_y}$ a : 띠철근 수직간격(최대 150mm) h_c : 띠철근 기둥의 고려하는 방향으로 심부의 단면치수(㎜)

6) 심부구속을 위한 횡방향 철근 배근 기준

심부구속철근의 최소설치구간은 기둥 최대단면치수(D), 기둥 순높이의 1/6 또는 450mm이상으로 기둥에 배근하여야 하며 횡방향 철근은 인접부재와의 연결면으로부터 기둥치수의 0.5배 이상, 380mm 이상 배근한다. 말뚝가구의 말뚝상단에서의 구속을 위한 횡방향 철근은 기둥에 대해 규정된 것과 같은 구간에 설치한다.

철근의 최대 중심 간격은 부재 최소 단면치수의 1/4 또는 축방향 철근 지름의 6배 중 작은 값을 초과해서는 안 된다.

소성힌지가 형성되지 않는 경우에 대한 최소 안전규정으로 기둥의 상부와 하부에서 최소설치구간에 배치되는 축방향 철근은 전체 철근량의 1/2 이상이 연속철근이어야 한다.

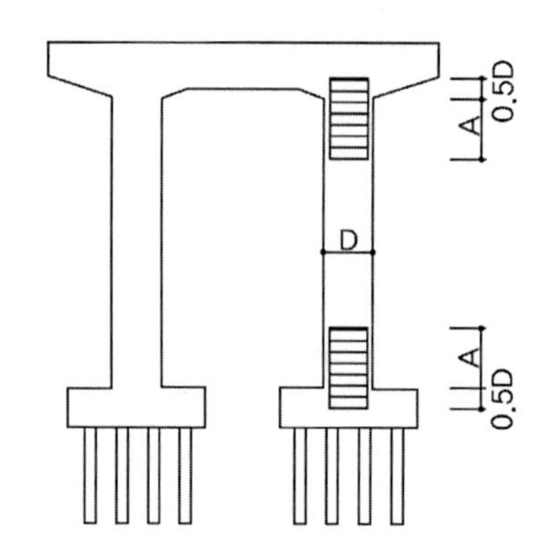

A 소성힌지 영역$\left(\dfrac{h}{6}, D, 450mm\right)$ 중 큰 값

* 사각기둥 : 약축방향 단면치수×0.5
원형기둥 : 직경×0.5

7. 지중구조물의 내진설계 (응답변위법 Seismic deformation mathod)

(구조물기초설계기준 해설, 국토해양부, 응답변위법을 사용한 지중구조물의 지진해석, 김두기, 전산구조학회 2009)

98회 1-11 지중구조물 토압을 구조물 변위에 따른 관계로 설명

83회 1-10 응답변위법에 의한 지중구조물의 내진설계법

지중구조물은 지상구조물과 달리 중공된 상태가 많아 단위체적당 중량이 작으며, 지반으로 인해 진동의 제약으로 감쇠가 크고 변위의 형상이 지반의 진동과 유사한 특징을 갖게 된다. 이로 인하여 지진 시 지중구조물의 응답은 구조물의 질량에 의한 관성력보다는 주변지반에서 발생하는 지반의 상대변위에 영향을 받는다.

응답변위법(Seismic deformation mathod)는 지중구조물의 내진설계를 위해 1970년대에 일본에서 고안된 방법으로 지진 시 발생하는 지반의 변위를 구조물에 작용시켜서 지중구조물에 발생하는 응력을 정적으로 구하며 구조물과 지반의 구조해석모형을 구조물은 프레임 요소, 지반은 스프링 요소로 모델링하며 구조물이 없는 자유장 지반에서의 수평상대변위, 가속도, 응력을 입력하여 구조해석을 수행한다. 관성력을 구하는 것이 아니라 지진운동으로 인한 주변지반의 변위를 먼저 구하고 주변지반의 변위에 의해 지중구조물에도 거의 같은 변위가 발생한다고 가정하여 이 변위에 의한 구조물의 응력을 구하는 방법이다.

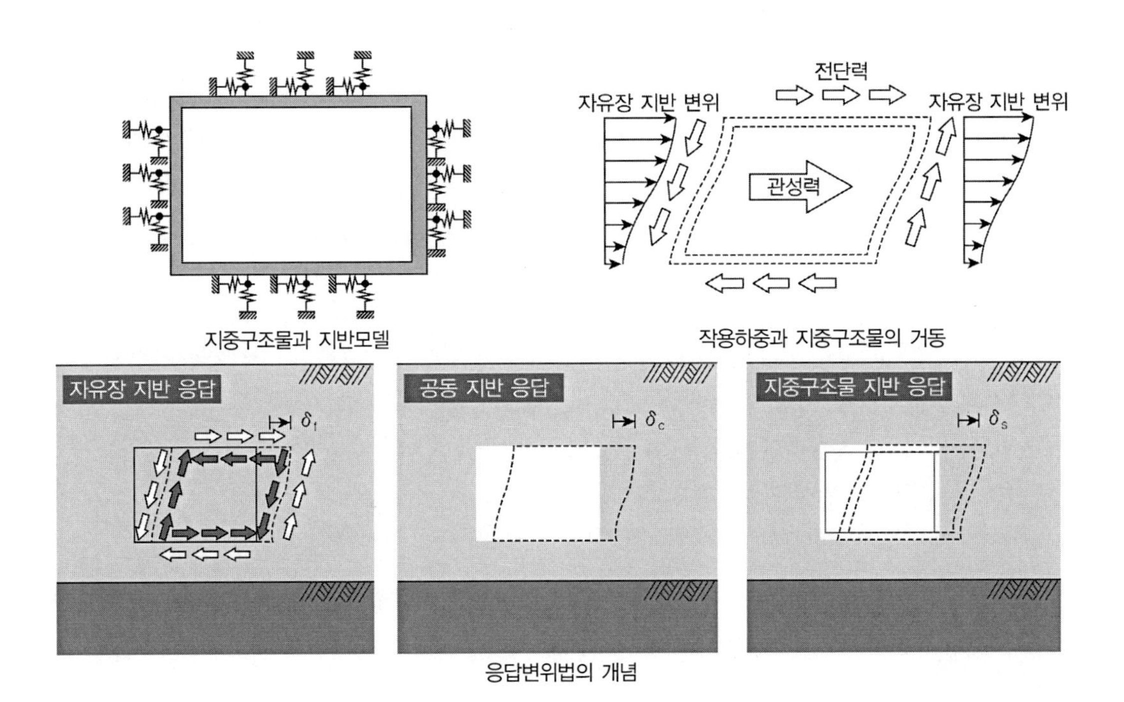

응답변위법의 개념

1) 응답변위법의 설계절차

① 단면을 설정한 후 지반조건에 따른 지진계수(가속도계수) 산정
② 지반의 최대 변위진폭 결정(가속도 응답스펙트럼에서 속도응답스펙트럼으로 변환시 각 성능수준별 속도응답스펙트럼 산정 주의)
③ 지반조건에 따라 지반반력계수 산정
④ 설정된 단면의 상시하중과 지진 시 하중에 의한 단면력 계산
⑤ 계산된 단면력과 상시하중에 의한 설계단면력 비교하여 최적 단면 산정

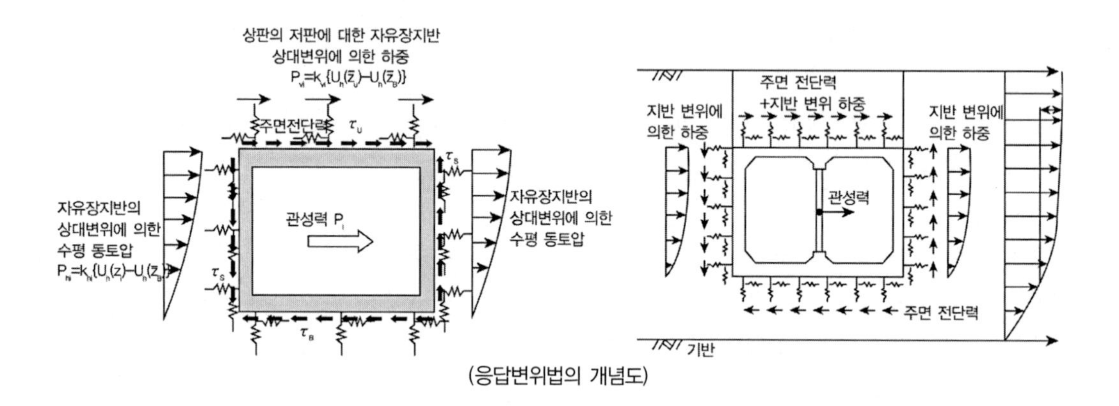

(응답변위법의 개념도)

2) 안정성 평가기준

도시철도의 구조물의 내진설계에서 시공 중 또는 완성 후에 구조물에 작용하는 고정하중, 활하중, 토압 그리고 지진하중 등 각종하중 및 외적작용의 영향을 고려하여야 한다. 도시철도 구조물의 모든 구조요소는 서로 다른 하중조건하에서 균일한 안전율을 유지할 수 있도록 설계되어야 한다. 이는 각 구조 부재의 강도가 하중계수를 고려한 예상하중을 지지하는데 충분하고 사용하중수준에서 구조의 사용성이 보장되는 것을 요구한다.

소요강도(U) ≤ 설계강도($\phi \times$공칭강도)

강도설계법에서는 구조물의 안전여유를 2가지 방법으로 제시하고 있다.
① 소요강도(U)는 사용성에 예상을 초과한 하중 및 구조해석의 단순화로 인하여 발생되는 초과요인을 고려한 하중계수를 곱함으로서 계산한다.
② 구조부재의 설계강도는 공칭강도에 1.0보다 작은 값인 강도감소계수 ϕ를 고려한다.

고정하중, 활하중 및 지진하중, 횡토압과 횡방향 지하수압이 작용하는 경우 기능수행수준과 붕괴방지수준으로 구분하여 내진성능에 따라 고려하도록 하고 있다.

02 기존시설물의 보수보강 내진설계

1. 기존구조물의 내진성능 평가방안 (Seismic Design and retrofit of bridge, M.J.N. Priestley)

83회 3-5 기존교량의 내진성능평가 방법

내진성 평가는 교량이 큰 손상을 받거나 붕괴하여 라이프 라인(Life line)의 기능을 상실하는 리스크(Risk)의 대소를 결정하기 위해서 실시한다. 리스크를 정량화할 수 있다면 교량을 내진보강해야 하는지 재구축해야 하는지 또는 그에 상당하는 리스크를 받아들여 그대로 계속 사용하는지를 합리적으로 판단할 수 있다. 한정된 재원을 효과적으로 사용하여 내진 보강할 때에 내진보강해야 할 교량의 선택에는 리스크 해석을 통해 선별적으로 진행한다. 일반적으로 내진성 평가는 2단계로 이루어져 있으며 제1단계에서는 큰 리스크를 가진 기설 교량을 넓게 선별하여 서열을 매긴다. 이 단계에서는 공용연수, 지반조건, 구조형식, 지진활동 정도, 교통량 등을 고려하며 상세한 해석을 수행하지 않는다. 제2단계에서는 높은 리스크가 있다고 판정된 교량에 대해서 지진활동 정도나 지반조건을 기초로 상세하게 해석한다.

1) 우선도의 설정

비용 편익해석에 의거 우선순위를 정하는 시도가 주를 이루고 있으며 해외에서는 캘리포니아주 교통국, ATC-6-2, 일본 건설성 등이 있으며 국내에서는 기존구조물의 내진성능 평가요령에 따라 가이드라인화된 방법 등이 있다. 이들 방법은 주로 상대적인 리스크를 평가하는 요인으로 다음의 3가지 요인을 고려한다.

① 지진동 강도 : 지진동 강도는 상정 지진동에 관련된 지역고유의 정보로 초과확률에 의거하여 최대 가속도나 지반조건에 알맞은 응답스펙트럼이 쓰인다.

② 취약도 : 취약도는 구조적인 관점에서 손상하기 쉽거나 붕괴가능성을 나타내는 것이다 취약도는 단경간 교량인지 다경간 교량인지, 단순거더인지 연속거더인지, 상부구조는 교각에 강하게 연결되어 있는 것인지 받침을 개입시켜 지지되어 있는 것인지, 교각은 높은지 낮은지, 홑기둥식 교각인지 라멘식 교각인지, 직교인지 사교인지 등 구조형식에 의존한다. 교각의 횡구속 철근과 전단 보강 철근량 등의 구조세목은 설계연차에 따라 크게 달라진다. 또 액상화가 생기는지 여부 등 지반조건도 고려해야 한다.

③ 중요도 : 중요도는 손상과 파괴가 생긴 결과 무언가가 일어나는지를 나타내는 지표이며 교통량이나 입체 교체의 형태, 통행이 정지된 경우의 우회도 연장, 병원에 대한 긴급차량의 유도 등 라이프라인 기능이 중요하다.

일반적으로 우선도를 정하기 위해서는 지진동강도(S), 취약도(V), 중요도(I)에 대해 다음과 같이 산술화된 평가방법인 중첩계수를 고려하여 산정한다.

$$R = w_s S + w_v V + w_I I$$

지진이 전혀 발생하지 않은 지역($S=0$)과 아주 정상적인 교량($V=0$)인 경우 위의 식은 리스크가 크다는 단점이 있어 다음과 같이 1보다 작은 중첩계수를 사용하기도 한다.

$$R = S^{w_s} V^{w_v} I^{w_I}$$

2) 내진성 평가에 사용되는 해석방법

① 보유내력/요구내력비에 의거한 해석법(Capacity/Demand method, C/D method)

1980년대 ATC가 개발한 방법으로 보유내력과 요구내력비를 이용하는 방법이다. 탄성해석으로 구할 수 있는 복원력(관성력), 즉 교량에 요구되는 내력을 보유내력과 비교하여 구조물의 여러 가지 개소의 요구내력/보유내력비를 구한다. 간단한 평가에서는 이 비가 1 이상이면 파괴된다고 본다. 상세한 평가에서는 소성변형이 보증되면 이 비가 1을 넘는 것도 허용한다. 전단력을 고려하지 않는 모멘트가 중요할 때에는 2~3 정도의 요구내력/보유내력 비를 허용한다. 다만 다음과 같은 문제점이 있다.

(1) 요구내력/보유내력비에 기초를 둔 수법에서는 어떤 단면의 요구 휨 내력/보유 휨 내력 비가 그 단면의 요구 인성률과 같다고 가정하고 있다. 그러나 구조계의 인성률을 지진력 저감계수와 관련지을 수는 있으나 이들을 개개 단면의 인성률과 관련지을 수는 없다. 이는 부재의 요구 인성률과 구조계의 요구 인성률의 관계는 구조물의 기하학적 형상으로 변하기 때문이다.

(2) 요구내력/보유내력비가 1을 넘는 모든 단면이 위험하다고는 할 수 없다. 예를 들어 2각식 교각에서 요구 휨 내력/보유 휨 내력비가 교각의 지배단면에서 6, 가로보에서 4일 경우 소성변형 성능을 생각하면 일반적으로 이 비는 교각이나 가로보 모두 파괴 위험성이 있어 내진보강이 필요한 수준이다. 그러나 요구 휨 내력/보유 휨 내력비가 교각과 가로보에서 다르다는 것은 처음에 교각에 소성힌지가 생겨 그 때 가로보에는 보유 휨 내력의 2/3단면력밖에 작용하고 있지 않다는 것을 의미한다. 따라서 가로보는 잉여 내력계수 1.5를 가지고 있어 소성힌지가 생기지 않도록 보증되어 있는 것이다. 교각은 변형성능을 향상시키기 위해 내진보강이 필요하지만 가로보는 그대로 하는 것이 바람직하다. 이와 같이 요구내력/보유내력비를 사용한 방법은 내진보강의 필요성에 대해 잘못된 결론을 도출할 수 있다.

(3) 부재의 내력이나 변형성능을 평가할 때에는 부재에 작용하는 축력의 영향이 중요하지만 요구내력/보유내력비를 사용한 해석에서는 축력의 효과를 간단하게 구할 수 없다. 이러한 해석수법에서는 탄성계산으로 구한 축력을 토대로 부재의 보유 휨 내력을 구하는 것이 일반적이다.

② Push-Over Analysis (소성붕괴해석, 횡강도법, 역량스펙트럼 해석법)

101회 1-5 역량스펙트럼에 의한 내진성능 평가방법

기존 구조물의 내진성 평가에서 다자유도 탄성해석은 각기 구조 요소의 비탄성 거동을 탄성해석으로 추정하는 데에 한계가 있다. 또한 가동 받침에서는 유간이 있는 경우와 없는 경우에 특성이 크게 다르며 수평 면내의 회전조건도 탄성해석으로는 모델화할 수 없다. 많은 가동받침으로 지지된 다경간 교량에서는 동일 위상의 지진동이 작용한다는 가정은 비현실적이며 이것도 탄성해석에 따른 시뮬레이션에 있어서 엄격한 조건이다. 소성붕괴해석법은 교량을 가동받침부에서 인접부와 분리된 단독 설계진동단위로 생각하고 상부구조를 수평면 내에서 강으로 다룬다. 소성붕괴 해석법은 우선 교축 및 교축직각방향에 대해서 각기 교각을 독립적으로 소성붕괴 해석한다. 교각에 증분 변위를 주고 소성힌지의 형성과정, 전단내력의 저하, 받침의 열화, 소성회전 등을 구한다. 사용한계상태나 종국 한계상태는 소성힌지의 소성회전각과 관계가 있으며 부재나 받침의 전단파괴, 그 밖의 내력을 저하시키는 매커니즘과도 관련되어 있다. 부재의 내진성 평가는 다음과 같이 실시한다.

(1) 각 교각에 대해서 수평하중-수평변위 관계를 구하고 이들을 간단한 비탄성 스프링으로 모델화하여 골조모델을 작성한다. 무게 중심위치, 수평강성이나 회전강성을 구하고 다시 무게 중심에서의 유효강성을 구한다. 교각의 수평변위나 회전변위를 항복 변위나 종국변위 등의 보유변위와 비교하여 한계에 이른 교각이나 붕괴모드를 특징한다.

(2) 무게중심에서의 유효강성 K는

$$\frac{1}{K} = \frac{1}{\Sigma K_i} + \frac{\overline{x^2}}{\Sigma K_i x_i^2}$$ 여기서 $\overline{x}$는 강심과 무게중심과의 거리

고유주기 $T = 2\pi \sqrt{\dfrac{M}{K}}$ 여기서 M은 설계진동단위의 전체 질량

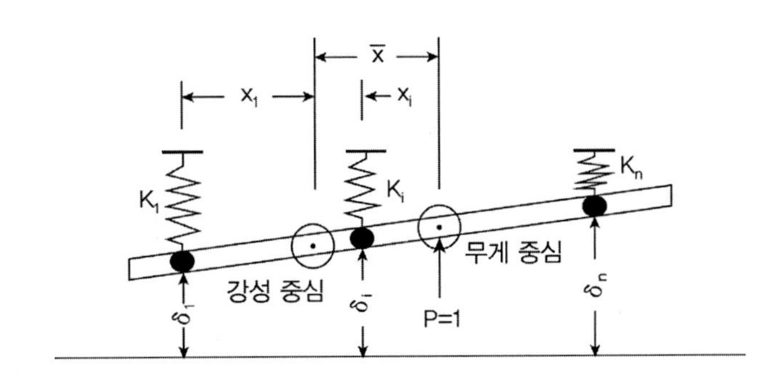

(3) 무게 중심점에 단위 관성력을 주면 교각의 변위는

$$\delta_i = \frac{1}{\sum K_i} + \frac{\bar{x} x_i}{\sum K_i x_i^2}$$

Δ_i를 교각의 보유변위로 하면 다음에 나타낸 순서로 구할 수 있는 V_E의 값은 변위 일정법칙에 의거하여 등가 탄성관성력을 나타내고 어느 교각이 한계상태에 이를는지를 특정하기 위해 사용할 수 있다.

$$V_E = \min \left| \frac{\Delta_i}{\delta_i} \right| i$$

또 비선형 응답이 생긴 경우에 관성력은 위의 식의 값보다 작아진다. 이때에는 교각이 순차 소성화하므로 각 교각의 강성과 강심을 수정하면서 설계 진동 단위의 소성붕괴해석을 증분형으로 실시해야 한다. 등가 탄성응답은 대상으로 하는 한계상태에 대한 변위 인성율 μ_Δ, 고유주기 T, 가속도 응답스펙트럼이 최대가 되는 고유주기 T_0에 의거하여 다음과 같이 구할 수 있다.

$$V_E^* = V_E \frac{Z}{\mu_\Delta},\ V_E\text{는 교각의 초기 유연성}$$

$T > 1.5\,T_0$에서 $Z = \mu_\Delta$가 되고 $V_E^* = V_E$가 되며, $T < 1.5\,T_0$에서 등가 탄성응답은 T와 함께 감소하고 T가 0에 가까워짐에 따라 $V_E^* = V_E/\mu_\Delta$에 가까워진다.

(4) 한계상태에 대한 등가 탄성가속도 응답 $S_{ar(g)}$는

$$S_{ar(g)} = \frac{V_E^*}{W}$$

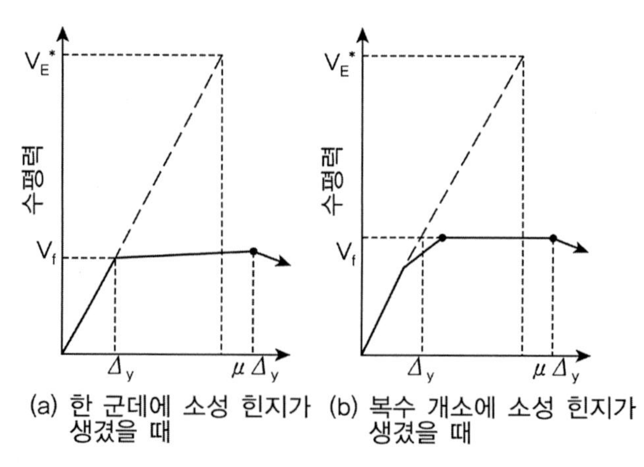

(a) 한 군데에 소성 힌지가 생겼을 때 (b) 복수 개소에 소성 힌지가 생겼을 때

(라멘교각이나 다각식 교각의 수평력-수평변위 관계)

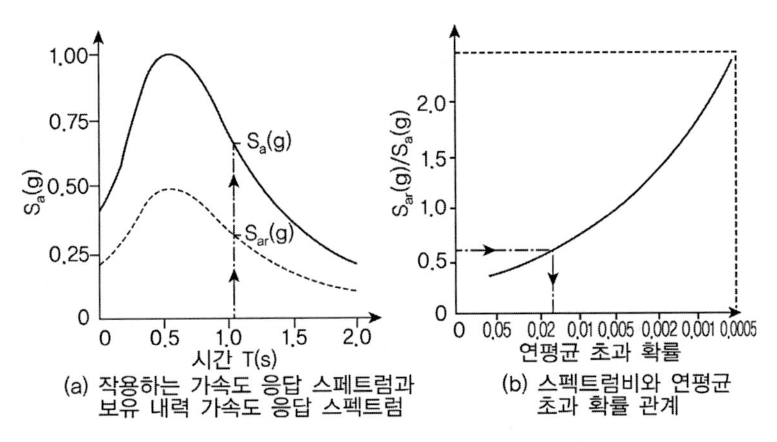

(응답스펙트럼비에 따른 지진 위험도 평가)

등가 탄성가속도 응답 $S_{ar(g)}$가 갖는 위험도는 위의 응답스펙트럽비에 따른 지진 위험도 평가 그래프에서와 같이 어떤 연초과 확률을 가진 상정 지진에 대한 응답스펙트럼과 비교하여 연초과 확률과 $S_{ar(g)}/S_{a(g)}$의 관계를 구함으로서 알 수 있다.

(5) Push-Over Analysis의 적용성은 높으나 한계도 있다. 인접하는 설계진동단위의 강성이 당해 설계진동 단위의 강성과 크게 다르고 가동받침의 고정도가 높으면 단독 설계 진동단위로 구한 응답은 구조물이 비교적 유연성이 있는 경우에는 과대평가가 되고 구조물이 비교적 강한 경우에는 과소평가하게 된다. 또 비탄성 시각력 해석과 비교하면 Push-Over Analysis는 구조계의 비틀림 응답 변위를 과대평가하는 경향이 있다. 또한 곡선교의 경우에는 교축 직각 방향에 대한 Push-Over Analysis에서는 교각을 캔틸레버 보로 다루지만 거더가 곡선이므로 비틀림이 생기면 교각 두부에는 기초부와의 반대 방향의 휨모멘트가 작용한다.

TIP | Push-Over Analysis |

① 탄성이론에 의한 평가기법의 부족함을 보완하기 위해 쓰이는 방법으로 교량 전체 또는 일정구간을 하나의 시스템으로 간주하여 횡강도를 구하고 점증적으로 붕괴해석을 통해 교량이 붕괴될 때까지의 하중-변형 특성을 조사하는 방법으로 횡강도법이라고도 한다.
② 구조물의 전체적인 하중-변위(Capacity curve)와 설계지진력에 대한 응답 스펙트럼을 동일한 그래프 즉 역량스펙트럼상에 변환시켜 비교함으로서 내진성능을 평가한다.
③ 하중변위곡선으로부터 얻어지는 소요역량스펙트럼을 상회하면 대상구조물이 내진성능을 확보하는 것으로 간주한다.

③ 비탄성 시간 응답 해석(Inelastic time history analysis)

비탄성 시간 응답해석은 내진성을 평가하는 데 고도의 방법이지만 평가수법에는 아직 문제가 많다. 3차원으로 해석하려면 2축 휨이나 휨과 전단을 받는 부재, 받침의 모델화, 항복 후의 내력 저하 특성이나 그 반복 특성 등이 도입된 해석프로그램이 부족한 것을 들 수 있으며, 이를 반영하지 못한 모델화는 비탄성 시간 응답해석의 가치가 상실되게 된다. 또 어떤 특정의 한계 상태에 대해서 구조물의 응답을 평가하려고 하면 소성 회전각이 지진동 강도와 선형관계로는 되지 않으므로 입력 지진동 강도를 여러 가지로 바꿔 해석해야 한다. 또한 각 교각에 입력하는 지진동의 위상차를 어떻게 모델화하는지 등 여러 가지 불확정성도 있다.

(1) 프로그램이 복잡하여 해석경험이 많은 사람을 제외하고 사용하기 힘들다
(2) 전단파괴나 전단파괴와 휨파괴의 상호작용에 관한 모델이 불충분하다
(3) 철근의 슬립, 겹침 이음부의 파손, 후크의 열림 등의 파괴에 동반되는 매우 일반적인 현상을 모델링하기가 곤란하다.
(4) 피복 콘크리트의 박리나 철근의 좌굴과 같은 국부 파괴를 예측하거나 누적 손상도를 표현하는 모델이 없다.
(5) 입력지진 운동은 구조물의 동특성이나 동적상호작용과 같은 불확실성을 포함하고 있기 때문에 시간이력 응답해석은 내진성능평가의 마지막단계에서 이용하는 것이 바람직하다.

2. 기존구조물의 내진성능 및 지진취약도 분석 (2011. 기존 구조물(교량) 내진성능 평가요령, 국토해양부)

97회 2-2 구조물의 지진취약도 및 교량구조물의 지진취약도 분석방법

구조물의 내진성능 평가 방법은 예비평가와 상세평가로 이루어지며 예비평가의 경우 문헌자료 및 현장조사를 근거하여 실시한다[구조물의 지진도(위치), 취약도(구조물), 영향도(사회, 비용)].

자료조사 (설계, 건설, 유지보수)	→	내진성능 예비평가 (우선순위 결정)	→	내진성능 상세평가 (교각/교량받침/받침지지길이/교대/기초/지반액상화)

1) 내진성능 예비평가

내진설계가 수행되지 않은 많은 교량에 대해 내진성능평가를 보다 경제적이고 합리적으로 수행하기 위해서 내진성능 예비평가를 통해 교량의 개괄적인 내진그룹으로 분류하여 내진성능 상세평가가 시급한 교량의 우선순위를 결정하는 데 그 목적이 있다. 내진성능 예비평가는 기존교량의 지진도, 취약도, 영향도를 고려하여 내진그룹화를 시행한다.

① 지진도(Seismicity) : 지진의 규모 및 발생환경에 의해 결정한다.

② 구조물의 취약도(Vulnerability) : 구조물의 취약성, 기하학적 형상, 형식에 의해 결정한다.

③ 사회경제적인 영향(Impact) : 교통량, 교량의 중요성 등에 의해 결정한다.

내진그룹은 내진보강 핵심교량, 내진보강 중요교량, 내진보강 관찰교량, 내진보강 유보교량의 4개의 그룹으로 분류하고 우선순위가 높은 교량에 대해 우선적으로 내진성능 평가를 수행한다.

2) 지진도(Seismicity) : 지진구역과 지반종류, 도시권역을 고려하여 4개 그룹으로 분류한다.

※ 기존의 지진도에 도시권역 분류를 포함하여 도시지역이 지진위험도가 상대적으로 큰 점을 고려하여 도시지역 가속도 계수를 기타지역의 1.2배로 고려한다.

지진구역	도시권역 구분	지반종류			
		Ⅳ(2.0)	Ⅲ(1.5)	Ⅱ(1.2)	Ⅰ(1.0)
I(0.11g)	도시	1(0.264)	1(0.198)	1(0.158)	2(0.132)
	기타 지역	1(0.220)	1(0.165)	2(0.132)	2(0.110)
II(0.07g)	도시	1(0.168)	2(0.126)	3(0.101)	4(0.084)
	기타 지역	2(0.140)	3(0.105)	4(0.084)	4(0.070)

3) 구조물의 취약도(Vulnerability) : 지진으로 인해 교량이 붕괴되거나 손상이 입기 쉬운 형태를 구분하는 것으로 교량의 취약도 지수(VI : Vulnerability Index)로 나타낸다.

$$VI = 0.35(WEIGHT_{지수}) + 0.005(\Pi ER_{지수}) + 0.02(PORT_{지수}) + 0.20(SKEW_{지수}) + 0.20\left(\frac{AGE_{현재}}{AGE_{기준}}\right)$$

① 상부중량지수($WEIGHT_{지수}$)

$$W_{eff} = (\alpha \times LENGTH \times WIDTH)^{2/3} = m + k_s\sigma$$

$$WEIGHT_{지수} = \frac{CDF(W_{eff})}{CDF(m)} = \frac{CDF(m + k_s\sigma)}{CDF(m)}$$

W_{eff}, $LENGTH$, $WIDTH$는 각각 상부유효중량, 연속경간장(m), 교량폭(m)

α는 상부형식에 따른 단위중량의 상대적인 비를 나타내는 계수[PSCB(1.0), STB(1.0), PSCI(0.8), PF(0.9), RCB(0.4)]

m, σ는 W_{eff}의 분포가 정규분포라고 가정한 평균과 표준편차이며 k_s는 모집단의 평균과 대상교량과의 차이를 나타내는 계수이다. CDF는 누적분포함수(Cumulative Distribution Function)

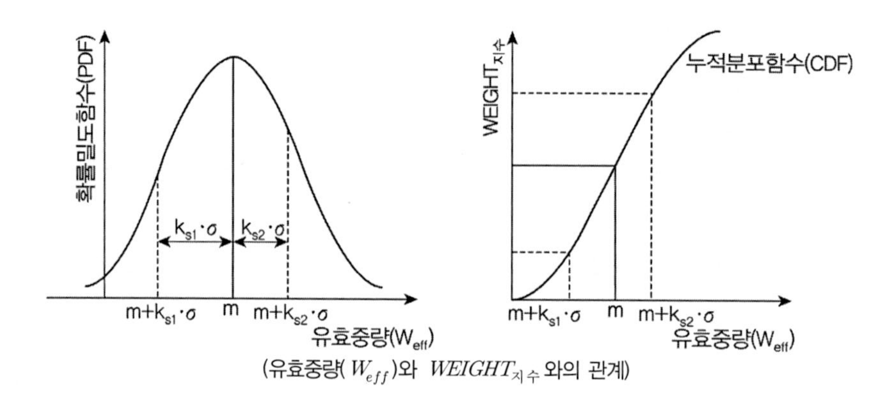

(유효중량(W_{eff})와 $WEIGHT_{지수}$와의 관계)

② 교각형상지수($PIER_{지수}$)

$$P = \frac{\beta}{H} = m + k_s\sigma\ , \quad PIER_{지수} = \frac{CDF(P)}{CDF(m)} = \frac{CDF(m + k_s\sigma)}{CDF(m)}$$

H는 교각높이(m)

β는 하부구조 형식별 계수[GP(중력식, 1.0), SGP(반중력식 1.0), TP(T형 0.7), RAP(라멘식, 0.5), ARP(아치식, 1.0)]

m, σ는 P의 분포가 정규분포라고 가정한 평균과 표준편차

③ 받침지지길이 지수($SUPPORT_{지수}$)

$$S = 1.67L + 6.66H = m + k_s\sigma, \quad SUPPORT_{지수} = \frac{CDF(S)}{CDF(m)} = \frac{CDF(m + k_s\sigma)}{CDF(m)}$$

S는 교량에서 제일 취약한 연속부의 받침지지길이(m)

L과 H는 연속 경간장(m)과 교각높이(m)

m, σ는 S의 분포가 정규분포라고 가정한 평균과 표준편차

④ 교각받침의 사잇각 지수($SKEW_{지수}$)

$SKEW_{지수} = \theta$에 따른 점수

θ는 교량의 받침선과 교축직각방향의 사잇각[10° 미만(0), 30° 미만(0.1), 45° 미만(0.2), 60° 미만(0.4), 60° 이상(0.5)]

⑤ $AGE_{현재}$(교량건설후 경과년수)/$AGE_{기준}$(교량의 기준수명)

교량수명의 정량화($AGE_{현재}/AGE_{기준}$)를 위한 기준수명은 강교(50년), 콘크리트교(40년)

4) 사회경제적인 영향도(Impact) : 교량의 영향도는 교량이 지진으로 인해 피해가 발생할 경우에 이로 인한 사회 및 경제적인 영향을 고려하는 결정인자로 다음과 같이 교량 영향도 계수(Impact Coefficient, IC)로 나타낸다.

$$IC = 0.20(ADT_{지수}) + 0.10(LEVEL) + 0.40(CATEGORY) + 0.50(UTILITY) + 0.05(FACILITY) + 0.20(DETOUR_{지수})$$

① 교통량지수($ADT_{지수}$)

$$A = m + k_s\sigma, \quad ADT_{지수} = \frac{CDF(A)}{CDF(m)} = \frac{CDF(m+k_s\sigma)}{CDF(m)}$$

A : 일 교통량(대) m, σ는 A의 분포가 정규분포라고 가정한 평균과 표준편차

② 교량설계등급지수(LEVEL)

1등급교(1.0), 2등급교(0.7), 3등급교(0.4)

③ 시설물종별 지수(CATEGORY)

1종 시설물(특수교량, 1.0), 1종 시설물(특수교량제외, 0.8), 2종 시설물(0.6), 기타(0)

④ 교량하부의 기간망 지수(UTILITY)

철도(1.0), 도로(0.7), 수로(0.4), 없는 경우(0)

⑤ 부착시설물 지수(FACILITY)

가스, 송유관, 상수도관+통신케이블+전력케이블(복합) (1.0)

하수도관, 전력케이블 및 기타 시설물(0.5)

시설물이 없는 경우(0)

⑥ 우회도로 지수($DETOUR_{지수}$)

$$D = m + k_s\sigma\ , \quad DETOUR_{지수} = \frac{CDF(D)}{CDF(m)} = \frac{CDF(m + k_s\sigma)}{CDF(m)}$$

D : 우회로 길이(km), m, σ는 D의 분포가 정규분포라고 가정한 평균과 표준편차

5) 내진 그룹화 : 지진도, 취약도, 영향도를 산정하여 기존교량을 '내진보강 핵심교량', '내진보강 중요교량', '내진보강 관찰교량', '내진보강 유보교량'의 내진등급으로 그룹화한다.

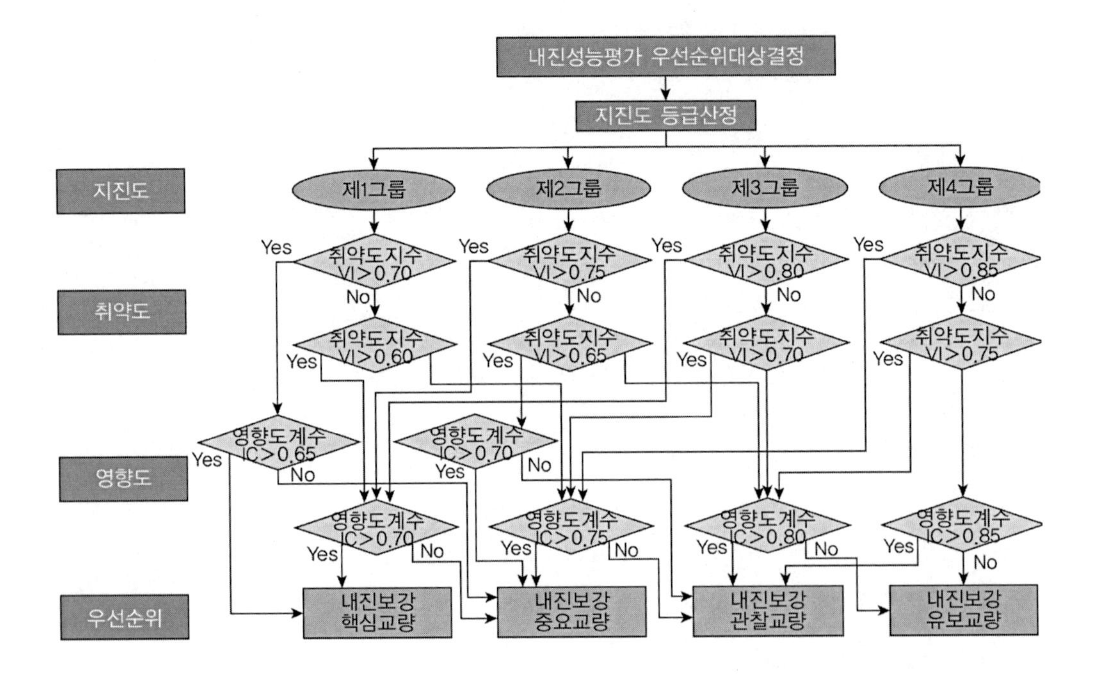

3. 기존구조물의 내진성능 상세평가 (2011. 기존 구조물(교량) 내진성능 평가요령, 국토해양부)

예비평가를 통해 내진보강 핵심교량, 내진보강 중요교량, 내진보강 관찰교량으로 그룹화된 경우를 대상으로 상세평가를 수행한다.

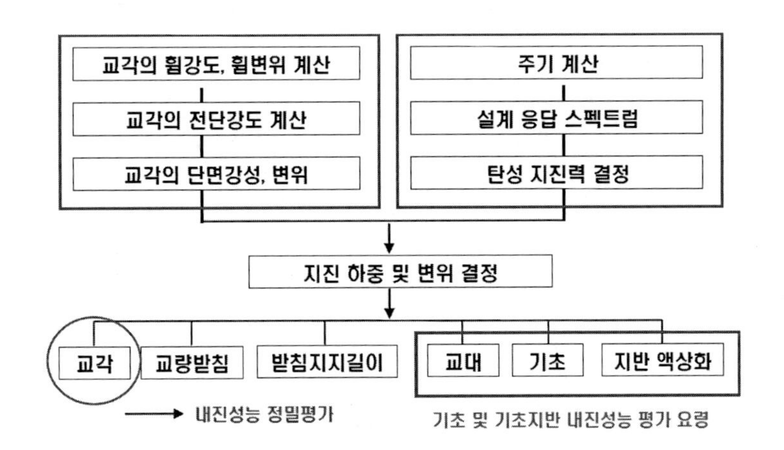

1) 연성도 능력 상세평가

시스템 연성도, 부재 변위 연성도, 단면의 회전 및 곡률 연성도를 고려하여 평가한다.
단면의 모멘트와 곡률관계 산정 : 비구속 콘크리트 압축강도, 탄성계수, 인장강도, 철근 항복강도, 철근개수 및 철근비, 횡방향 철근 심부구속효과, 콘크리트 응력 변형률 관계 고려

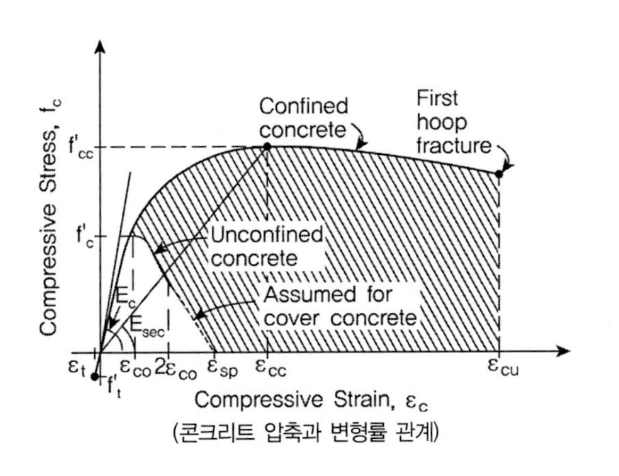

(콘크리트 압축과 변형률 관계)

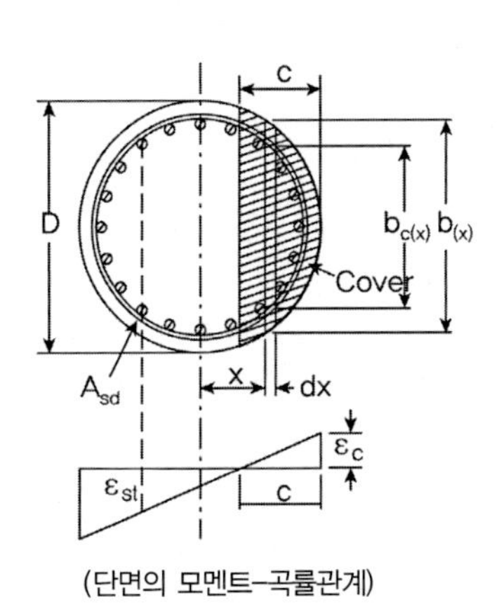

(단면의 모멘트-곡률관계)

① 단면의 소성곡률 및 소성회전

- 단면의 소성곡률능력 : $\phi_p = \phi_u - \phi_y$

  ϕ_u : 한계압축변형률 ϵ_{cu}에 대한 극한 곡률

  ϕ_y : 항복곡률

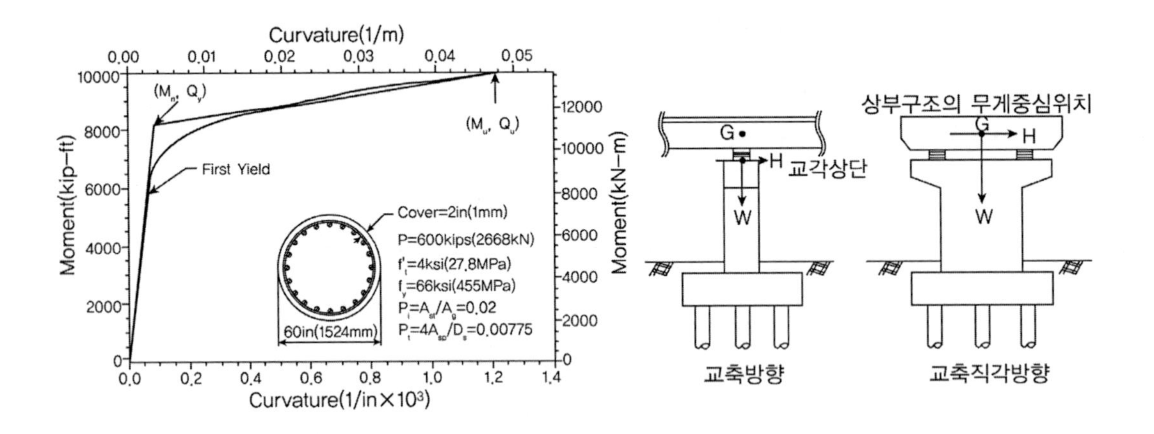

• 등가소성힌지길이

$L_p = 0.08L + 0.022f_{ye}d_{bl} \geqq 0.044f_{ye}d_{bl} \quad (f_{ye} : MPa)$

d_{bl} : 주철근의 지름, f_{ye} : 소성힌지 부분의 철근에 대한 설계항복강도· 소성힌지 회전각

$\theta_p = L_p\phi_p = L_p(\phi_u - \phi_y)$

② 부재의 변위연성도 능력

• 단면의 곡률연성도 능력 $\mu_\phi = \dfrac{\phi_u}{\phi_y}$

• 항복변위 $\Delta_y = \dfrac{\phi_y L^2}{3}$

• 소성변위 $\Delta_p = \left(\dfrac{M_u}{M_y} - 1\right)\Delta_y + L_p(\phi_u - \phi_y)\left(L - \dfrac{L_p}{2}\right)$

• 최대변위 $\Delta_u = \Delta_y + \Delta_p$

• 부재의 변위 연성도 능력 $\mu_\Delta = \dfrac{\Delta_u}{\Delta_y} = 1 + \dfrac{\Delta_p}{\Delta_y} = \dfrac{M_u}{M_y} + 3(\mu_\phi - 1)\dfrac{L_p}{L}\left(1 - \dfrac{L_p}{2L}\right)$

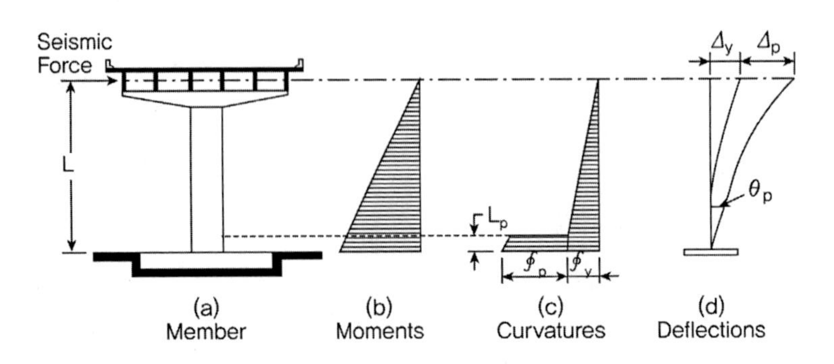

2) 교각단면 강도 상세평가

① 휨단면 강도

• 항복 휨강도 $P_y = \dfrac{M_y}{H_e}$　　　　• 공칭 휨강도 $P_n = \dfrac{M_n}{H_e}$

M_y : 교각단면의 인장측 최연단 철근이 최초로 항복하는 상태 ϕ_y

M_n : 압축콘크리트의 최연단 압축변형률이 0.003일 때로 정의, 소성힌지영역에서 주철근의 겹침이음이 있는 경우는 0.002

② 공칭전단강도

$$V_n = V_c + V_s + V_p = k\sqrt{f_{ck}}\,A_e + \frac{\pi}{2}\frac{A_h f_y D}{s}cot\theta + Ptan\alpha$$

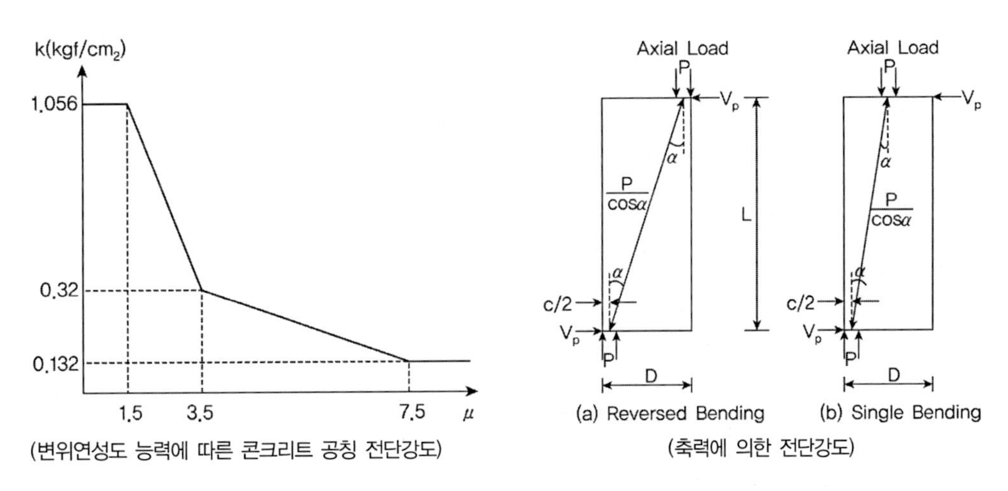

(변위연성도 능력에 따른 콘크리트 공칭 전단강도)　　(축력에 의한 전단강도)

③ 단면강도 및 수평변위 상세평가

• 휨강도, 전단강도, 변위연성비에 대한 관계를 이용하여 단면강도 결정
• 교각 주철근이 항복하기 전 전단파괴가 발생하면 단면강도는 공칭전단강도
• 소성힌지영역 내 동일단면 위치에 겹침이음이 있는 경우 변위 연성도는 1.5를 넘지 않도록 한다.

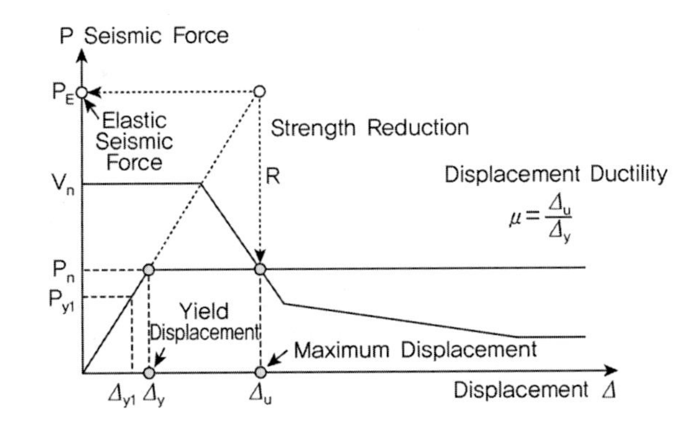

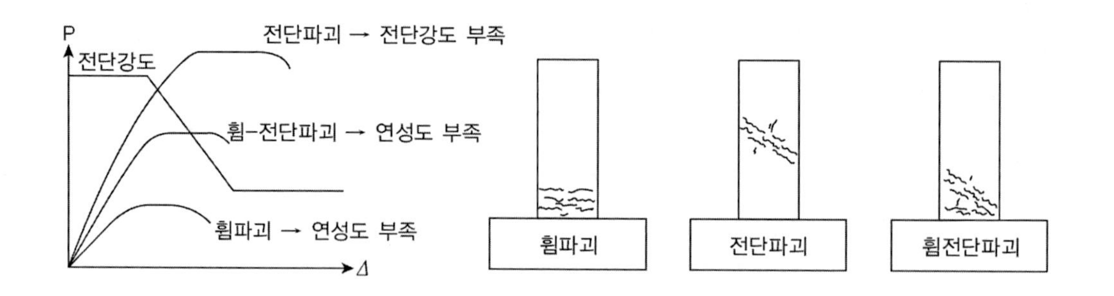

3) 탄성지진력과 지진하중 결정

① 탄성지진력

- 탄성지진력 $P_E = C_s W$, 여기서 $W = W_{상부} + 1/2\, W_{하부}$
- 지진하중은 탄성지진력과 단면강도 중 작은 값으로 결정한다.

$P^L_{EQ} = Min[P^L_n,\quad P^L_E]$ (Longitudinal)

$P^T_{EQ} = Min[P^T_n,\quad P^T_E]$ (Transverse)

② 등가탄성강도 : 교각의 변위 연성도 능력을 안다면 응답수정계수를 산정 후 등가탄성강도를 계산한다.

$[P^L_n]_E = P^L_n \times R^L_E$ (Longitudinal)

$[P^T_n]_E = P^T_n \times R^T_E$ (Transverse)

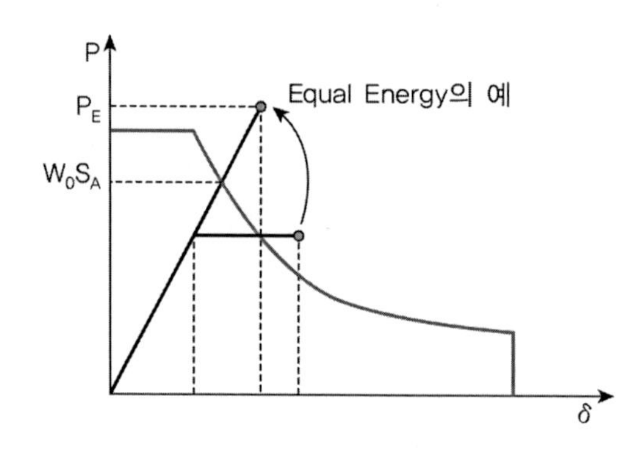

4) 내진성능 상세평가

① 등가탄성강도

$[P^L_n]_E = P^L_n \times R^L_E$ (Longitudinal)

$[P^T_n]_E = P^T_n \times R^T_E$ (Transverse)

② 조합 탄성 지진력

$$[P_E^L]_{comb} = \sqrt{(P_E^L)^2 + (0.3 \times P_E^T)^2}$$

$$[P_E^T]_{comb} = \sqrt{(0.3 \times P_E^L)^2 + (P_E^T)^2}$$

③ 내진성능 평가

$[P_n^L]_E \geqq [P_E^L]_{comb}$ & $[P_n^T]_E \geqq [P_E^T]_{comb}$ O.K

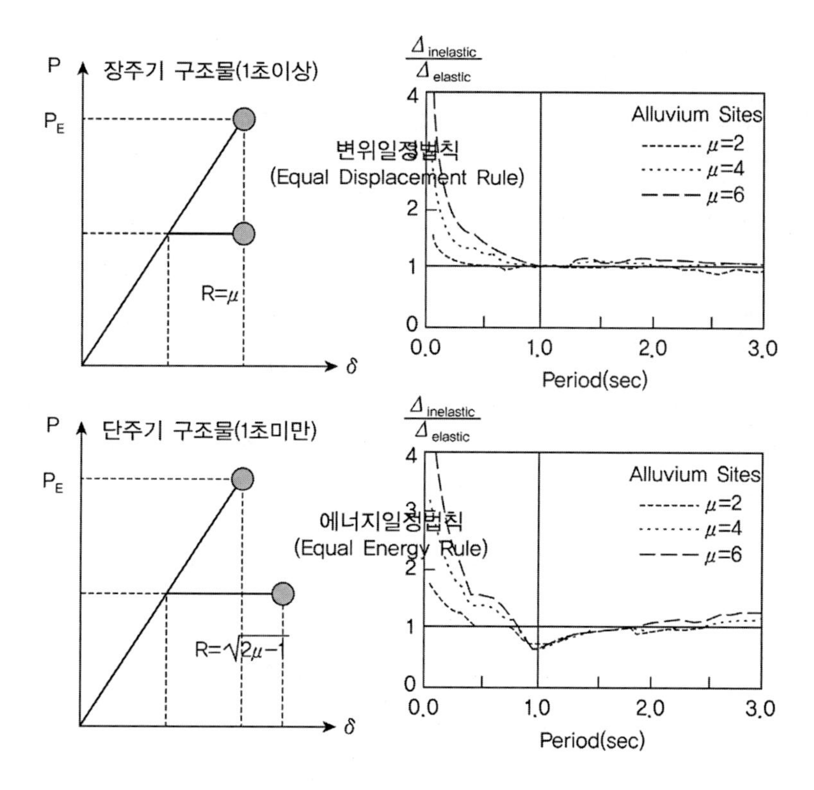

4. 역량스펙트럼(Capacity Spectrum, Push-over analysis)에 의한 내진성능 평가

(2011. 기존 구조물(교량) 내진성능 평가요령, 국토해양부)

101회 1-5 역량스펙트럼에 의한 내진성능평가방법

83회 1-4 내진성능평가시 공급역량(Capacity), 소요역량(Demand), 사용목표수명

78회 3-1 역량스펙트럼에 의한 내진해석 기법

75회 1-8 성능설계(Capacity Design)

69회 1-8 지진력에 관한 소요곡선과 단면력에 관한 보유곡선이용 내진성능점 구하는 방법

비선형 해석(Push-over analysis)으로 얻을 수 있는 대상 구조물 전체의 공급역량곡선(Capacity Curve)과 구조물의 설계지진레벨에 대한 소요응답스펙트럼(Demand Curve)을 동일한 그래프상에 도식적으로 비교하여 내진성능을 비교, 평가하는 방법으로 구조물 비선형 거동에 따른 소요역량스펙트럼과 구조물 성능곡선을 가속도 변위 응답스펙트럼(Acceleration Displacement Response Spectrum)상에 함께 도시하여 성능점을 도식적으로 찾는 방법이다.

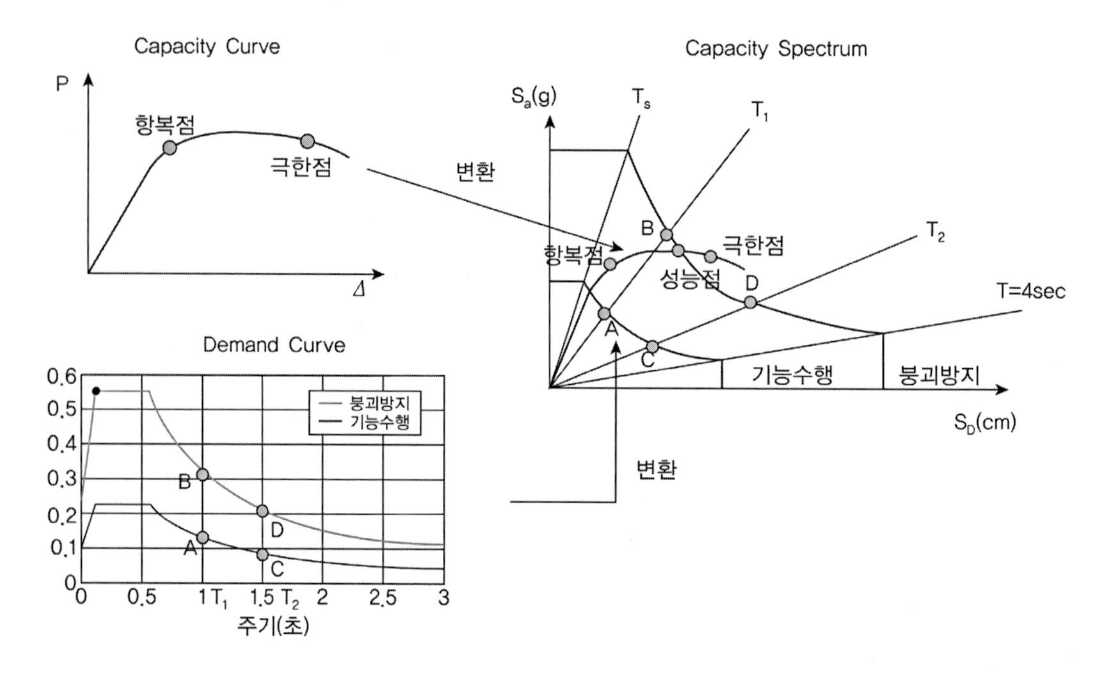

1) 공급역량스펙트럼 : 교각의 단면강도와 수평변위를 응답가속도(S_a)와 응답변위(S_d)의 식으로 변환한다.

$S_a = P_n / W$ (P_n: 단면강도, W: 유효중량) $S_d = \Delta_{상부}$ ($\Delta_{상부}$: 교각상부 위치의 변위)

2) 소요역량스펙트럼 : 응답가속도-주기 관계식으로 표현되는 설계응답스펙트럼을 응답가속도(S_a)와 응답변위(S_d)의 관계식으로 변환한다. 이때 원점을 통과하는 방사형태의 직선상의 점은 주기가 동일하며 주기 T는 $T = 2\pi\sqrt{S_d/S_a}$ 의 관계식으로 표현된다.

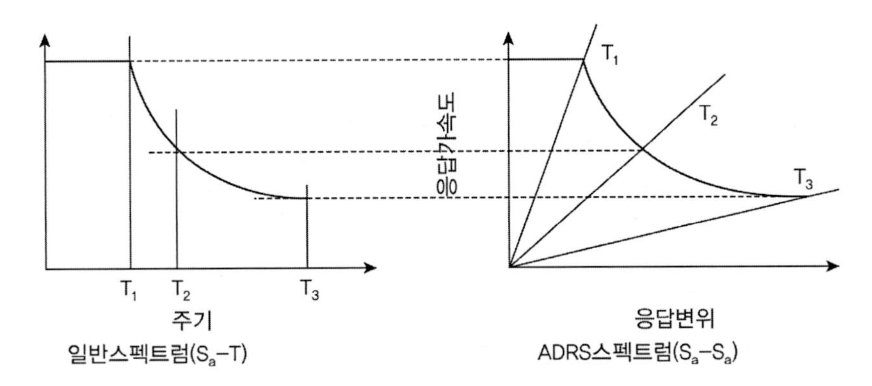

일반스펙트럼($S_a - T$) : $S_d = \dfrac{1}{4\pi^2} S_a T^2$

ADRS스펙트럼($S_a - S_d$) : $T = 2\pi\sqrt{\dfrac{S_d}{S_a}}$

3) 내진성능 평가

① 공급역량스펙트럼 상에 항복점, 극한점, 성능점을 결정한다.

② 소요역량스펙트럼은 기능수행수준과 붕괴방지수준으로 나타낸다.

③ 성능점은 공급역량곡선과 소요역량스펙트럼의 교차점이며, 이 점에서는 공급역량의 이력 감쇠비와 소요역량의 감쇠비가 같게 된다. 안전측 평가를 위해서는 소요역량의 감쇠비를 공급역량의 이력감쇠비보다 작게 선정하여 성능점을 결정할 수도 있다.

④ 기능수행수준 : 공급역량곡선의 항복점의 위치가 기능수행수준 스펙트럼의 외부에 놓이면 내진성능을 만족하는 것으로 한다(내측인 경우 강도증가를 위한 내진성능 향상요구).

⑤ 붕괴방지수준 : 공급역량곡선의 극한점의 위치가 붕괴방지수준 스펙트럼의 외부에 놓이면 내진성능을 만족하는 것으로 한다(내측인 경우 연성도 증가를 위한 내진성능 향상요구).

⑥ 붕괴방지수준의 소요스펙트럼과 공급역량곡선의 교차점이 성능점이 되고 이는 붕괴방지수준의 설계지진하중시 교각의 응답변위크기를 나타낸다(성능점에서의 최대 응답변위와 받침지지길이와 비교하여 낙교 등의 검토 수행).

4) 응답스펙트럼의 감소

소요역량곡선과 공급역량곡선을 변환하여 함께 도시한 Capacity Spectrum에서 공급역량공선의 변위연성도의 증가에 따른 이력감쇠비 증가로 붕괴방지수준의 스펙트럼은 감소시켜 사용하는 것이 경제적인 평가방법이 된다.

① 이력감쇠는 기초전단력-변위의 관계식으로 표현되는 구조물의 이력곡선 루브의 내부면적으로부터 등가점성 감쇠비 β_0로 나타낼 수 있다.

$$\beta_0 = \frac{1}{4\pi}\frac{E_D}{E_{S0}}$$

E_D는 감쇠에 의한 소산 에너지로 이력곡선으로 싸인 평행사변형의 면적이다.

E_{S0}는 최대변형에너지로 삼각형 면적이다.

비선형 거동을 하는 구조물의 감쇠는 $\beta_{eq} = \beta_0 + 0.05$로 계산된다($\beta_0$: 등가점성감쇠비로 표현되는 이력감쇠, 0.05는 구조물에 본래부터 존재하는 5% 점성감쇠비).

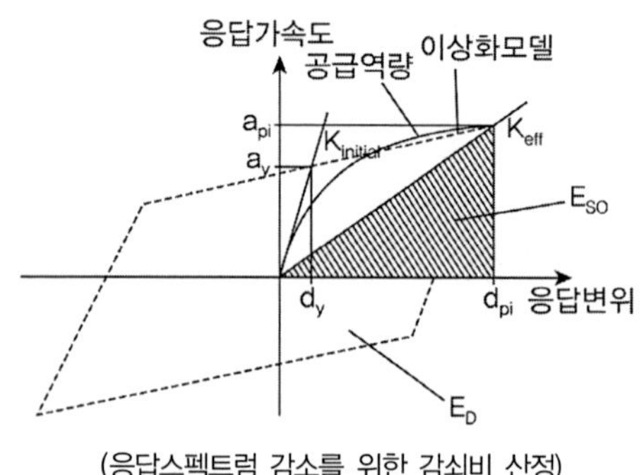

(응답스펙트럼 감소를 위한 감쇠비 산정)

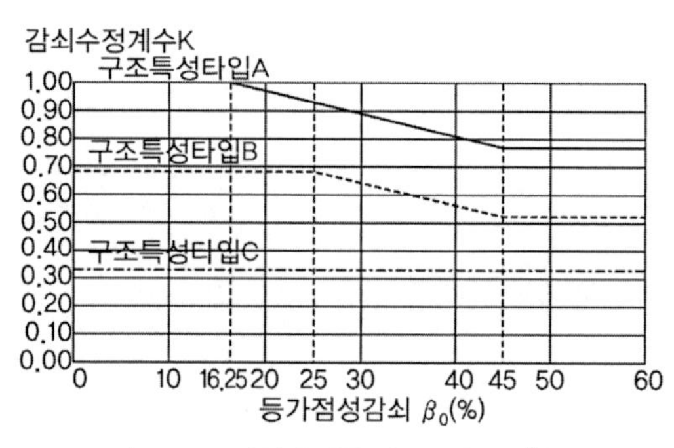

(A, B, C 타입에 따른 감쇠수정계수 k)

② 등가점성 감쇠비는 이력곡선의 형태에 따라 감쇠수정계수(k)를 도입하여 $\beta_{eff} = k\beta_0 + 0.05$로 수정한다(여기서 타입 A는 이력곡선이 안정적인 경우, B는 이력곡선 면적 저하율이 중간정도, C는 저하율이 큰 경우).

③ 변위연성도에 따른 유효감쇠비를 계산하는 간이식을 사용하여 유효감쇠비를 산정할 수도 있으며 이때 하중제거시(unloading)의 강성의 변화특성을 표현하는 α를 0.5로 가정하는 경우이다(여기서 0.05는 구조물의 본래의 점성감쇠비, μ는 소요변위연성도로 항복변위에 대한 변위비, γ는 초기강성에 대한 항복 후의 2차 강성비로 전형적인 구조물은 약 0.05 정도).

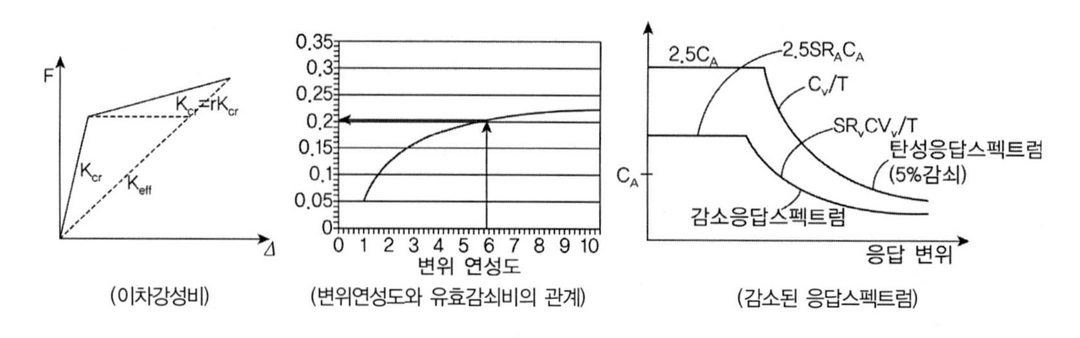

(이차강성비) (변위연성도와 유효감쇠비의 관계) (감소된 응답스펙트럼)

$$\beta_{eff} = 0.05 + \frac{1-(1-\gamma)/\sqrt{\mu}-\gamma\sqrt{\mu}}{\pi}$$

④ 스펙트럼의 감소는 감소계수 SR_A, SR_V를 도입하여 다음과 같이 계산한다.

$$SR_A \approx \frac{3.21 - 0.68 In(\beta_{eff})}{2.12}, \quad SR_V \approx \frac{2.31 - 0.41 In(\beta_{eff})}{1.65}$$

⑤ 감소된 응답스펙트럼은 5% 감쇠비의 응답스펙트럼에 SR_A, SR_V를 곱하여 구한다.

5. 기존구조물의 내진성능 보강방안 (2011. 기존 구조물(교량) 내진성능 향상요령, 국토해양부)

92회 1-1 기존교량에 대한 내진보강공법의 종류

79회 4-4 일반적인 교량의 내진보강 범위와 보강방안

65회 4-6 기존교량 내진보강시 내진성능개선공법의 예를 들고 장단점을 비교

내진성 확보를 위한 보강개념은 기본적으로 작용하는 지진력을 저항할 수 있도록 구조물에 직접적인 구속을 주거나 강성을 증가시키는 방안(개별적인 보강에 의한 내진성능 향상방법)과 외부 지진력이 구조물에 주는 영향이 작아지도록 별도의 장치 등을 사용하는 방안(지진보호장치에 의한 교량시스템의 내진성능 향상방법)으로 구분할 수 있다. 교량의 내진성능은 교량의 전체적인 기하학적 형상과 지점조건, 상하부 구조간의 연결 형식, 교각과 기초간의 연결형식, 각부재의 연결상태 및 강성상태, 내진관련 장치의 적용과 부분적인 상세처리 등으로 결정된다.

1) 내진보강 방향

① 하중개념 : 내진 개념으로 단면으로 저항
(1) 작용 외력에 저항할 수 있는 개념
(2) 예상 수명동안 1-2회 발생 가능성이 있는 지진규모에 대해 설계
(3) 보강방향 : 단면 강도의 확보

② 변위 개념 : 면진개념, 지진력의 소산
(1) 비탄성 거동을 허용하되 붕괴를 방지하는 개념
(2) 상당히 큰 규모의 지진에 대해서 설계
(3) 보강방향 : 단면강도 및 변형 성능의 확보 요망

2) 내진공법 선정시 주의사항

① 지진후의 보수성
(1) 약한 부재를 보강하면 다른 부재에 피해를 유발할 수 있다.

(2) 지진 하중이 연성부재에서 비연성 부재 및 취성부재로 전달되면 연성부재는 보강하지 않음.

② 보강부재의 유지관리

(1) 지진 시 효과를 기대하기 위해서는 유지관리가 가능하여야 한다.

3) 대표적 내진보강 공법

① 작은 규모의 보강

(1) 보강방안 : 받침장치의 보수, 보강 및 낙교방지 장치의 설치

(2) 보강효과 : 받침 수평저항력 증대 및 낙교방지

② 중간 규모의 보강

(1) 보강방안 : 받침장치의 교체, RC교각의 보강, 지진 저감장치의 설치

(2) 보강효과 : 받침 수평저항력 증대, 교각의 강도 및 변형능력 증대, 지진수평력 감소

③ 큰 규모의 보강

(1) 보강방안 : 기초의 보강, 지반보강

(2) 보강효과 : 기초 강도 증대, 액상화에 따른 지지력, 수평 저항력 증대

4) 받침의 내진보강

부 위	상 태	공 법
받침본체	로울러 탈락, 받침판 균열	받침 및 파손부재 교체
받침과 상하부 구조의 연결부	앵커볼트 파손, 너트누락	교체
	받침 모르타르 파손	경미한 균열시 균열확대방지 모르타르 재시공
	받침 콘크리트 파손	받침부 확대
이동제한 장치 및 부상방지 장치	기능상실	교체

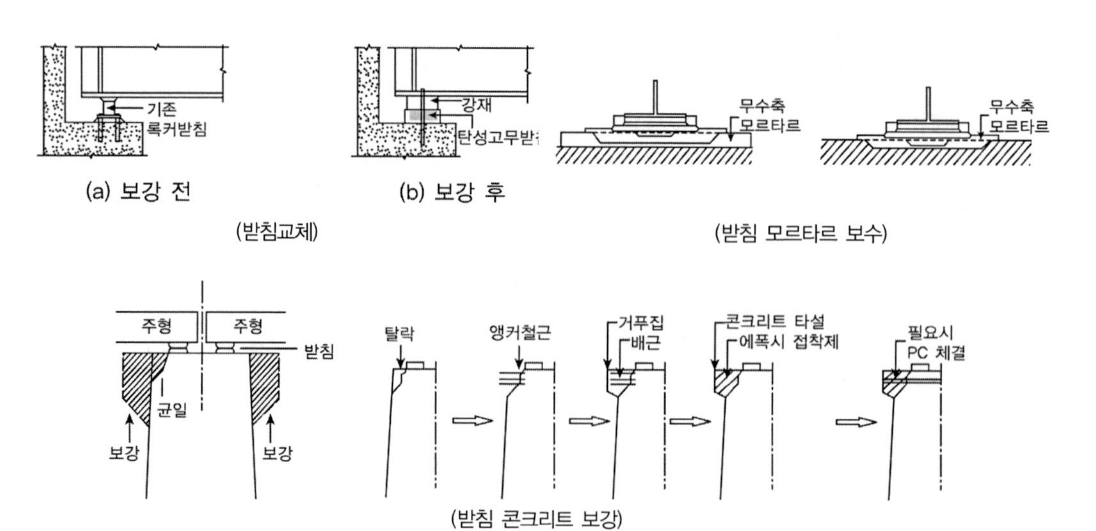

(받침교체)

(받침 모르타르 보수)

(받침 콘크리트 보강)

5) 낙교 방지장치 설치

부 위	상 태
케이블 구속장치	거더와 하부구조, 거더와 거더를 연결하여 과도한 수평변위를 제한하며 거더의 이탈을 억제함
이동제한 장치	거더 또는 하부구조에 돌기를 설치하여 지진 발생시 과도한 수평변위 및 영구 잔류변위를 제한하여 거더의 이탈을 억제함
단면 받침지지길이 확대	노후화된 받침부 콘크리트가 파손이 발생한 경우와 받침지지 길이가 부족한 경우, 하부구조 연단의 콘크리트를 증가 타설하거나, 브라켓 등을 설치하여 받침 지지길이를 확보함

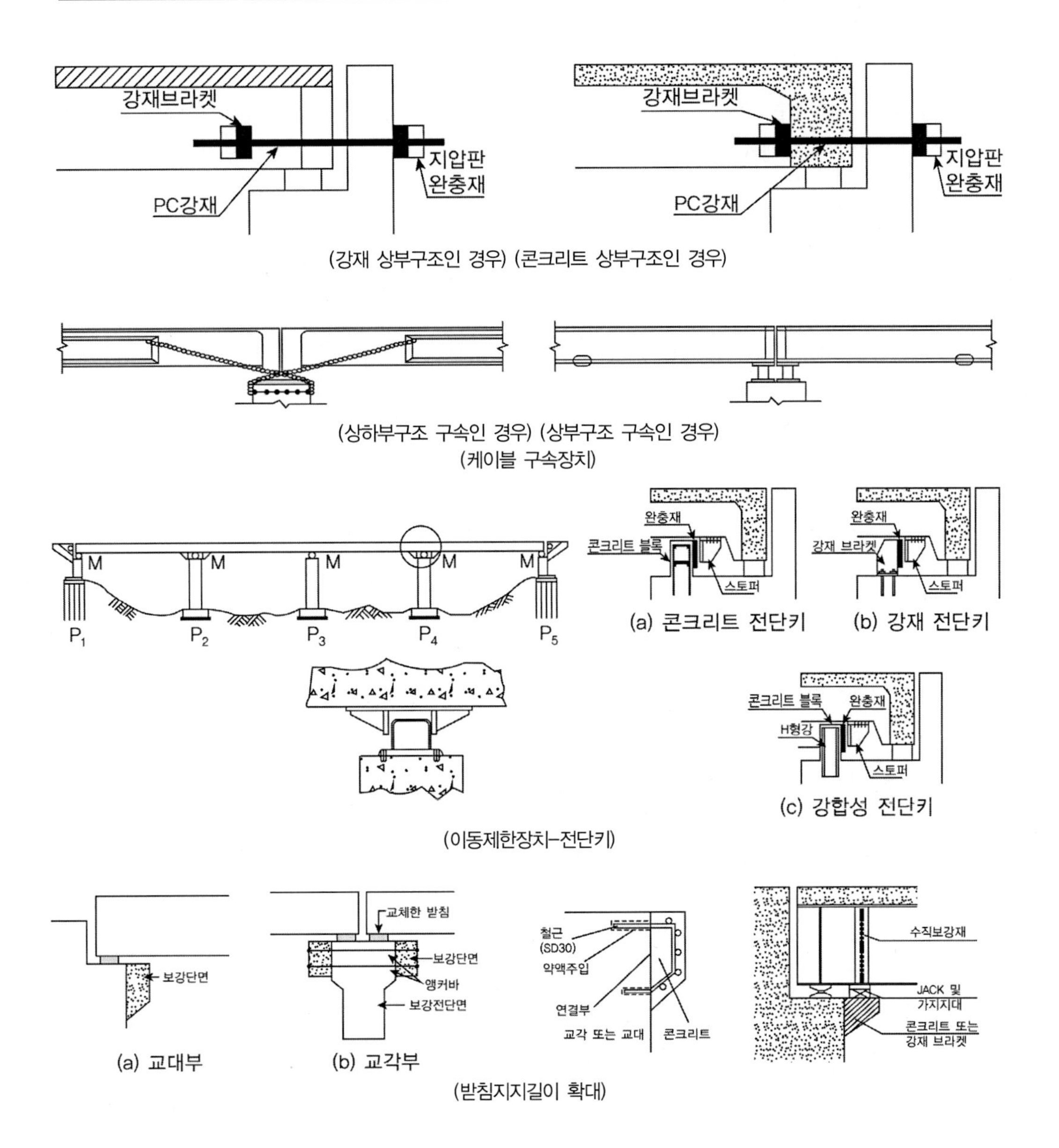

(강재 상부구조인 경우) (콘크리트 상부구조인 경우)

(상하부구조 구속인 경우) (상부구조 구속인 경우)
(케이블 구속장치)

(이동제한장치-전단키)

(받침지지길이 확대)

6) 교각 및 교대 내진보강 방안

① 부재 단면 증가

(1) 콘크리트 피복공법 : 기존 부재에 철근을 배근하고 콘크리트를 보완타설하며, 단면을 증가시켜 보강하는 공법. 비교적 큰 단면의 교각을 보강하는데 적용되고 있다. 철근 대신에 PC 강봉을 이용하는 경우도 있다.

(2) 모르타르 부착공법 : 기존 부재에 띠철근이나 나선철근을 배근하고 모르타르를 뿜어 붙여 일체화하는 공법. 일반적으로 콘크리트 피복공법보다 부재단면의 증가를 줄일 수 있어 라멘교 등에 적용하기 쉽다. PC강선을 이용하는 경우도 있다.

(3) 프리캐스트 패널 조립공법 : 내부에 띠철근을 배근한 프리캐스트 패널을 기둥 주위에 배치시켜 접합기로 폐합한다. 기둥과 패널의 공극에 그라우트를 주입하여 일체화시키는 공법

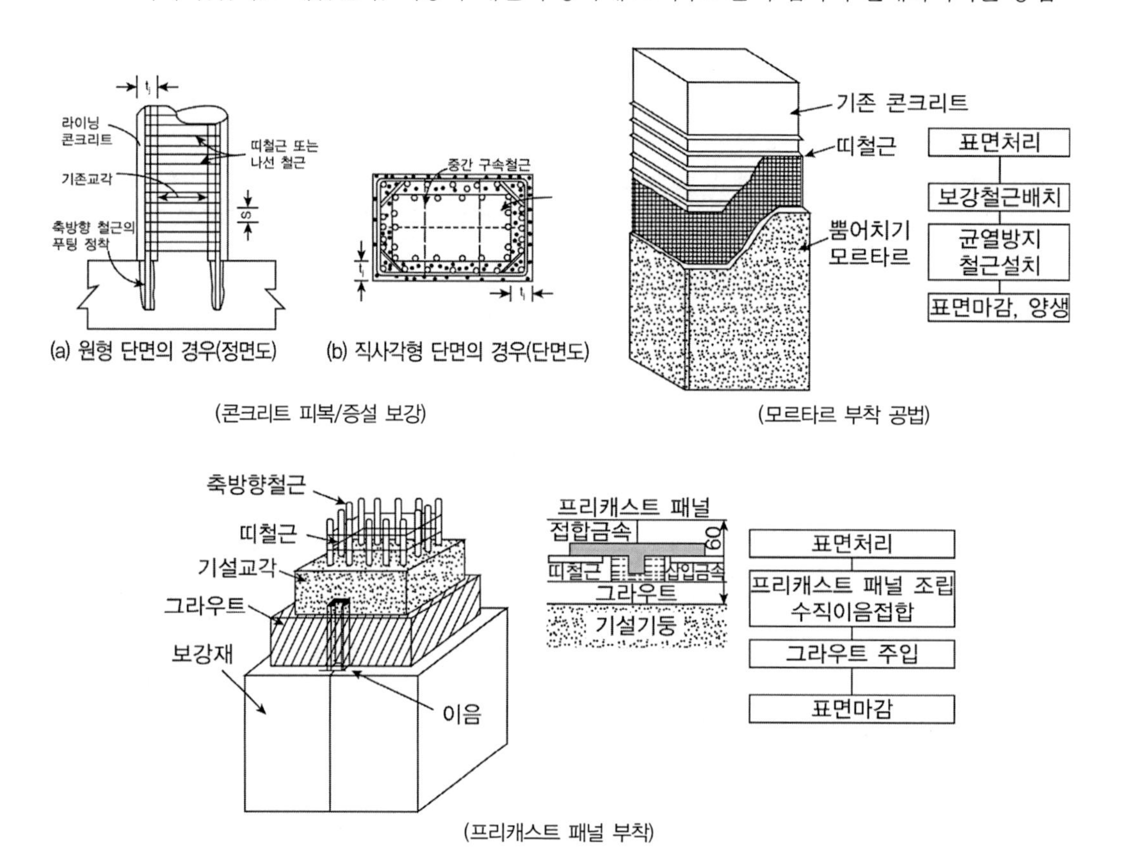

(콘크리트 피복/증설 보강)

(모르타르 부착 공법)

(프리캐스트 패널 부착)

② 보강재 피복

(1) 강판피복 공법 : 기설부재에 강판을 씌워 강판과 교각 사이에 무수축 모르타르나 에폭시를 충전하여 전단 및 연성도를 보강한다. 휨에 대한 보강도 기대하는 경우에는 부재접합부나 기초부에 강판을 정착한다.

⑵ FRP(탄소섬유 아라미드 섬유) 쉬트 접착공법 : 탄소섬유 쉬트 또는 아라미드 섬유쉬트 등의 신소재를 이용하여 부재 표면에 접착시켜 보강하는 공법이다. 크레인과 같은 중기가 필요치 않고 보강 두께도 얇아 건축한계 등의 지장이 작다.

⑶ FRP 부착공법 : 유리섬유와 수지를 스프레이 건으로 직접 부재표면에 뿜어 붙여 보강하는 공법이다. 보강두께가 얇아 건축한계에 지장이 없다. 스틸크로스 등을 병용하여 보강효과를 높일 수 있다.

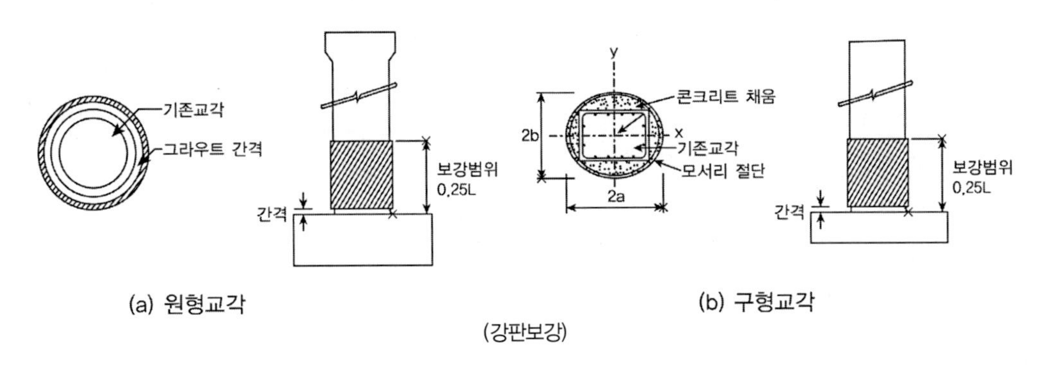

(강판보강)

③ 보강재 삽입

⑴ 철근삽입 공법 : 기설 교각에 천공을 한 다음 철근을 삽입하고 모르타르 등을 충전하여 구체 단면내에 소요 철근량을 증가시켜 전단강도 및 연성도를 보강한다.

⑵ PC 강봉 삽입 공법 : 상기의 철근 대신에 PC 강봉을 삽입한다. 필요에 따라 프리스트레스를 도입한다.

④ 부재 증설

⑴ 벽 증설 : 라멘교 등의 교각 사이에 벽을 증설하여 휨 및 전단강도를 대폭적으로 증가시키는 공법이다.

⑵ 브레이스 증설 : 라멘교 등의 교각 사이에 브레이스를 증설하여 기존 교각 부재에 작용하는 지진 시의 수평력을 줄이는 공법이다.

⑤ 병용 공법

⑴ 콘크리트 피복 + 강판피복 : 대단면의 교각에 있어서 휨 보강은 주로 철근 콘크리트 피복에 의해 전단 및 연성도는 강판 피복에 의해 보강한다.

⑵ 철근 삽입 + 콘크리트 피복 : 대단면의 교각에 있어서 콘크리트의 구속효과를 향상시키기 위해 철근 콘크리트 증설공법에 철근 삽입공법을 병용하는 경우

⑶ PC 강봉 삽입 + 강판 피복 : 대단면의 교각에 있어서 강판 피복공법에 의한 콘크리트의 구속효과를 높이기 위해 PC 강봉을 삽입하여 강판을 연결하는 경우

7) 내진기초 및 지반 내보강

기초의 손상은 기초의 침하 및 부등 침하, 경사, 이동, 균열, 기초의 근입 부족, 강도 부족 등의 현상으로 나타난다. 기초의 손상이 발생하는 이유는 토층의 압밀 침하, 지진의 영향, 기초의 배후 지반의 이동 및 붕괴, 지하수위의 변화, 근접 시공시의 배려 부족에 의한 기초 주변의 침하이동 등과 같은 지반운동이 있고 설계, 시공상의 문제로 인한 기초의 강도 부족으로 인해서 손상이 발생할 수 있으며, 지하수위 저하 및 세굴 현상 또는 홍수 발생 시의 상향 침투압으로 인한 기초의 지지력 감소로 인한 손상, 재하 하중의 증가로 인한 손상 등이 있다.

① 기초

(1) 보강하여야 할 결함 : 직접기초의 단면부족, 말뚝부족, 기초 상부철근 부족, 말뚝 두부 연결부 저항력 부족, 교각과 연결부 저항강도 부족, 교각 주철근 정착부족

(2) 내진보강방법

직접적인 보수 방법 : 기초의 확대, 기초 잡아주기, 현장타설 말뚝, 천공피어, 말뚝수의 증가, 세굴이나 하상저하면 보호공

간접적인 보수 방법 : 주위 지반 개량. 받침 지지 조건 개선, 중간 교각의 증설

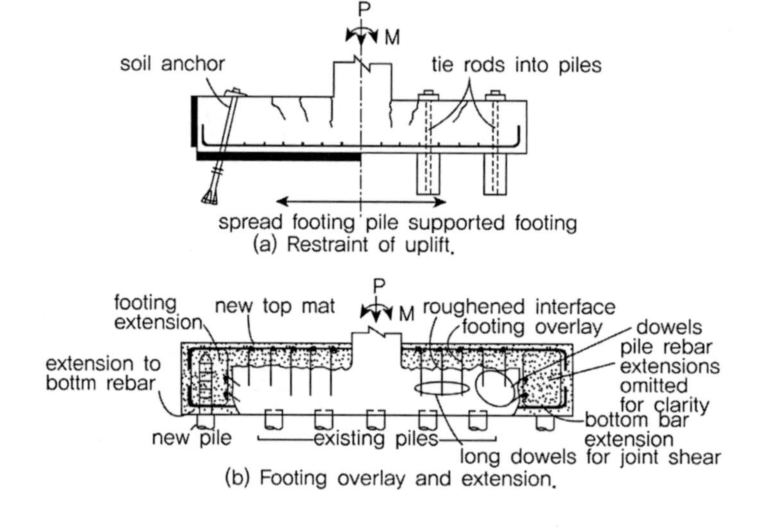

(a) Restraint of uplift.

(b) Footing overlay and extension.

② 지반

(1) 보강하여야 할 결함 : 단층 근처, 불안정한 사면, 액상화 지반

(2) 내진보강방법 : 지반 지지력 증대

기초 단면 저항능력 부족할 시 : 기초판의 확대 및 단면 보강

지반 액상화의 위험성이 높은 경우 : 강쉬트 파일 및 그라우트 주입, 말뚝의 증설 및 기초 확대, 지중연속벽 또는 지중 연속보에 의한 보강

기초 지지력 부족 : 흙막이 앵커(어스앵커)

기타: 기초 방호 공법(세굴)

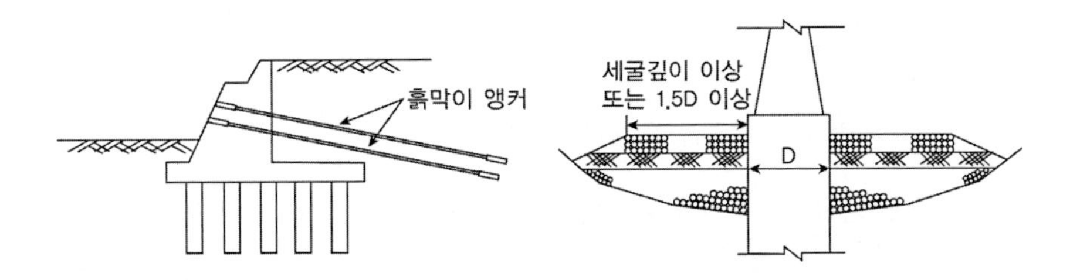

8) 지진저감 장치

① 충격전달 장치

(1) 댐퍼(Damper) : 감쇠기를 이용하여 에너지를 흡수하는 장치로 납, 점성유체 등을 이용

(2) 스토퍼(Stopper) : 댐퍼와 비슷한 원리로 일본에서 주로 사용. 원리는 에너지의 흡수 없이 상시에는 작동하지 않으나, 급격한 하중이 작용할 시에는 고정단으로 작용하는 장치(STU)

② 지진격리 받침

(1) 탄성고무 받침(RB : Rubber Bearing) : 원형이나 사각형의 고무에 철판을 보강함. 주요 기능은 주기의 이동으로서 자체적으로는 감쇠능력 적음

(2) 납-고무받침(LRB : Lead Rubber Bearing) : 탄성고무 받침의 중앙에 원통형 납을 넣어 추가적인 에너지 분산장치로 사용함. 고무에 의해 중앙 복원력이 제공되고 납으로 에너지를 흡수한다. 단점은 지진 후 내부의 손상을 외부에서 확인하기 어렵고, 강진 후 모든 받침을 교체할 수도 있음

(3) 고감쇠고무받침(HDRB : High Damping Rubber Bearing) : 에너지흡수능력을 증가시킨 고무를 이용한 지진격리장치, 초기비용과 유지관리비용이 적게 들고 비교적 쉽게 관리검사가 가능하며 내구성이 좋다. 지진발생 후 교체할 필요가 없어 반영구적으로 사용가능하며 온도변화에도 능력을 충분히 발휘할 수 있다.

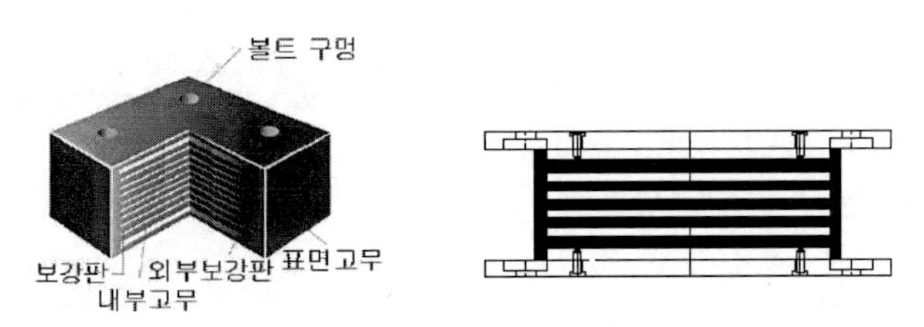

(탄성고무받침)

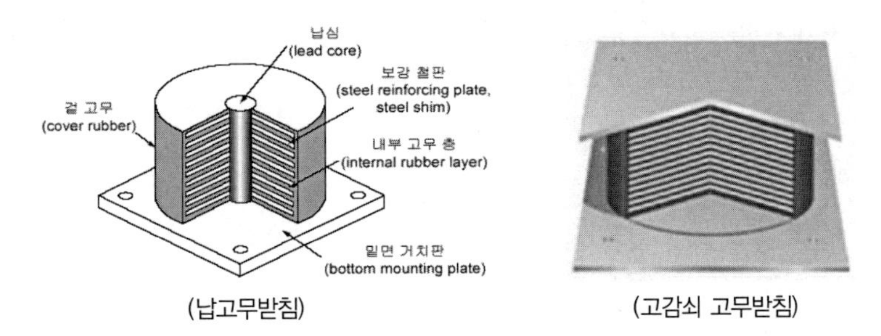

(납고무받침) (고감쇠 고무받침)

(4) 마찰받침(Friction Bearing) : 구조물과 기초 지반력과의 마찰을 이용하여 구조물을 지진으로부터 보호하는 장치

(5) 마찰진자 지진격리장치(FPS : Friction Pendulem System)

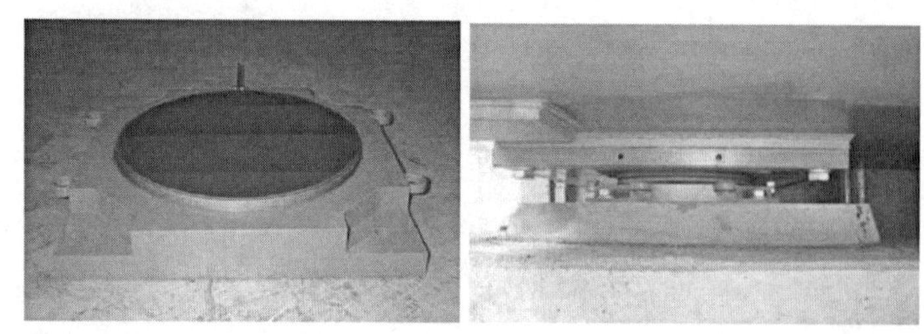

(마찰받침)

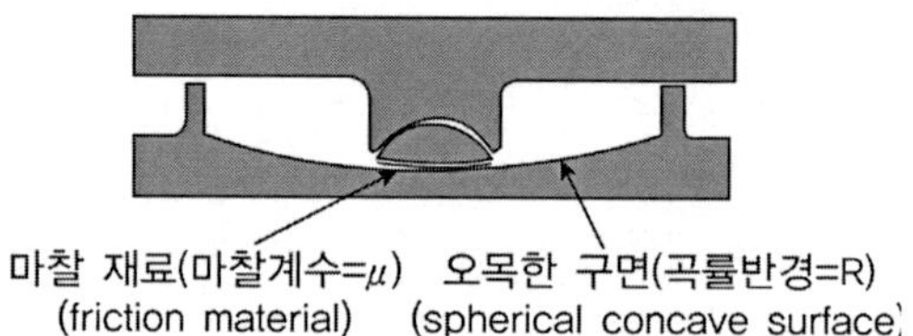

(마찰진자 지진격리장치)

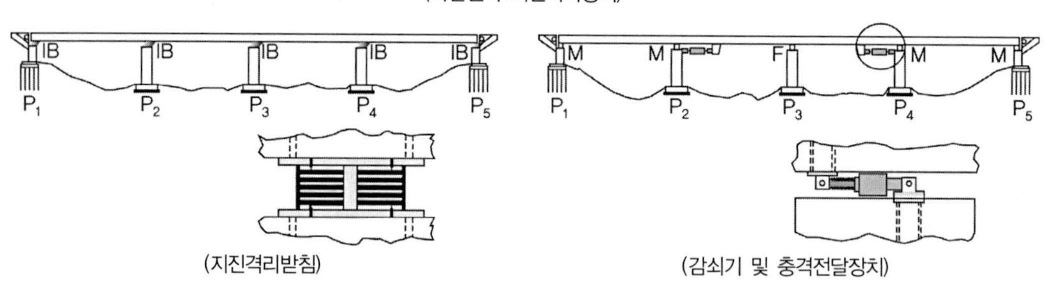

(지진격리받침)

(감쇠기 및 충격전달장치)

※ 지진격리받침의 기본 개념은 주기의 이동으로 지진력을 감소시키는 것으로 지진수평력을 제어하기 위해서 다음의 3가지 기본 요소를 갖추어야 한다.

① 유연도(flexibility) : 지진격리받침은 진동주기를 증가시켜 지진수평력을 줄이기 위해 충분한 유연성, 즉 수평변형능력을 갖추어야 한다.

② 에너지 소산 : 지진격리받침의 변위는 그 자체의 에너지 소산능력 또는 부가되는 감쇠장치에 의하여 적절한 범위내로 제어되어야 한다.

③ 안정성 : 상시 수평력 안정성과 수직력 안정성을 가져야 한다.

TIP | 구조요소 보강에 의한 내진성능 향상개념 |

1. 교각 : 내진성능평가를 먼저 시행한 후 평가결과를 바탕으로 필요한 경우 교각의 휨 연성향상, 전단강도 및 휨강도 향상, 축방향 철근 겹침이음 보강 등 내진성능을 향상시켜야 한다.

   ① 휨 연성성능 향상방법 : 철근콘크리트 교각이 휨파괴에 의하여 소요 휨 연성을 확보하고 있지 않은 경우에 콘크리트에 횡방향 구속효과를 증진시켜서 소요 휨 연성을 확보하도록 한다.

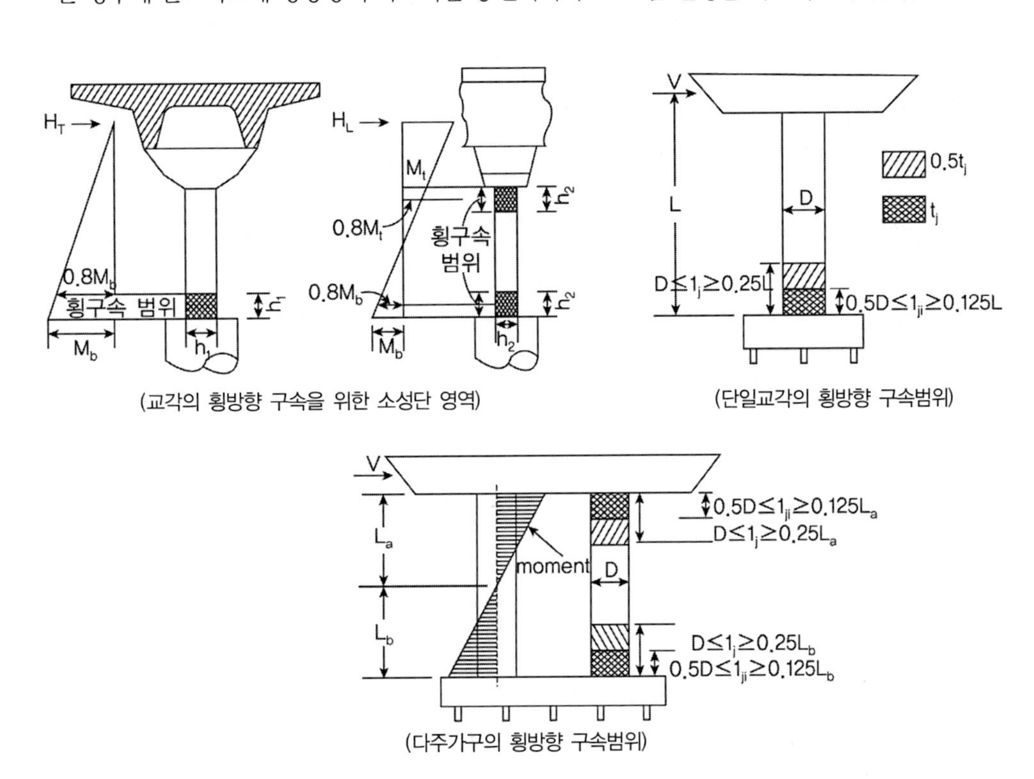

(교각의 횡방향 구속을 위한 소성단 영역)

(단일교각의 횡방향 구속범위)

(다주가구의 횡방향 구속범위)

   ② 강판보강공법 : 휨 연성 향상에 필요한 강판 두께는 교각의 단면형상, 콘크리트의 소요압축변형률 및 구속콘크리트의 압축강도를 고려하여 소요 휨연성을 충분히 확보하도록 결정하여야 한다. (기존교각에 강판을 씌우고 강판과 교각사이에 무수축 모르타르 또는 에폭시 충진하는 방법)

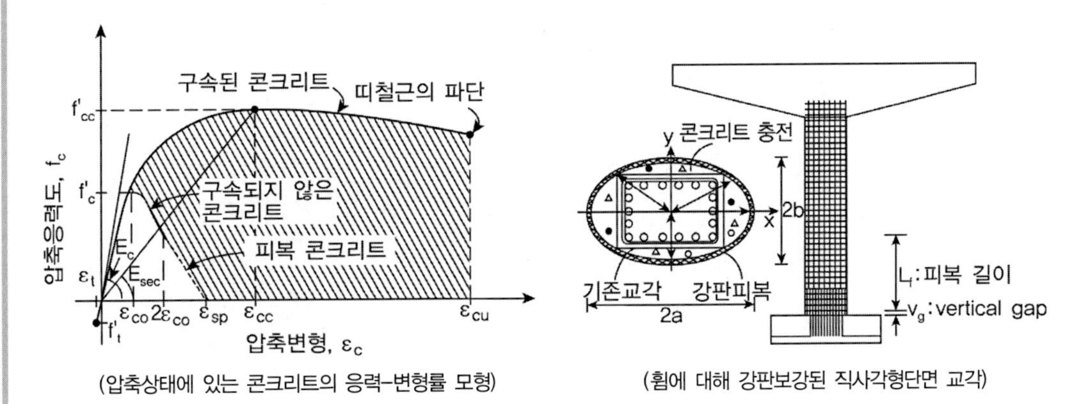

(압축상태에 있는 콘크리트의 응력-변형률 모형)

(휨에 대해 강판보강된 직사각형단면 교각)

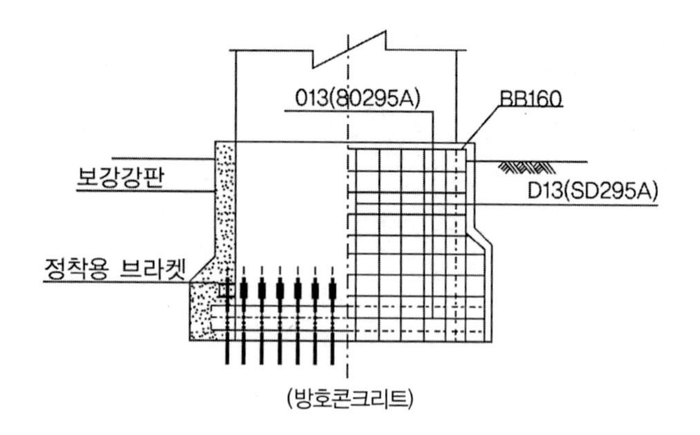

③ FRP(Fiber Reinforced Polymer) 보강공법 : 교각의 전단성능 향상을 위해 FRP두께는 교각의 단면형상 및 소요전단강도를 고려하여 산출한다.

④ 축방향 철근 겹침이음부의 내진성능 향상 : 소성힌지 영역에서 축방향 철근이 겹침이음된 교각은 횡구속력을 가하여 겹침이음부를 보강하여야 한다.

⑤ 기타 휨내하력 향상 방법 : 콘크리트 피복공법, 모르타르 부착공법, 프리캐스트 패널 부착공법, 철근 삽입공법, PS강봉 삽입공법, 벽 증설공법, 프레이스 증설공법, 콘크리트 피복공법과 강판 피복공법의 병행시공, 철근 삽입공법과 콘크리트 피복공법의 병행시공, PS강봉 삽입공법과 강판 피복공법의 병행시공

6. 기존구조물의 낙교방지장치 (2008 도로설계편람, 국토해양부)

96회 1-12 기존교량 지진대비 낙교방지장치에 대한 기본개념과 종류별 특징

낙교방지장치는 대규모 지진이 자주 발생하는 일본 등에서 널리 사용되고 있으며, 가동단의 받침에서 최소 받침지지길이가 확보되지 않는 경우에 설치하는 것이 원칙이며, 낙교방지장치가 설치되더라도 접촉면이 설계지진이나 온도신장에 의해 발생하는 변위 이상으로 이격되어야 한다.

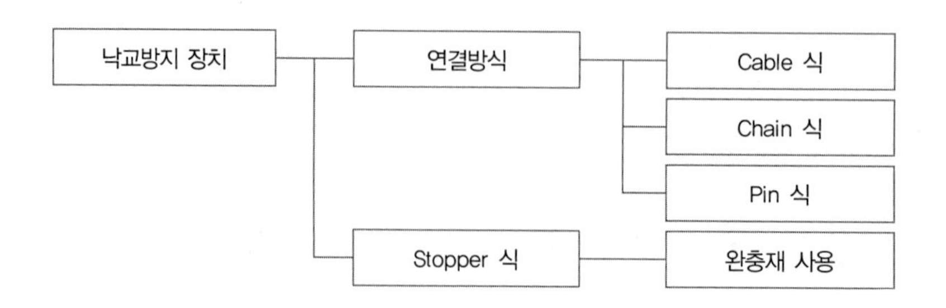

TIP | 최소받침 지지길이(mm)산정 |

다음의 규정값과 설계지진변위에 의한 값 중 큰 값을 적용

$N=(200+1.67L+6.66H)(1+0.000125\theta^2)$

L : 인접신축이음부까지 또는 교량단부까지의 거리(m)

H : 각 경우의 평균높이

교대 – 인접신축이음부의 교량상부를 지지하는 기둥의 평균높이

교각, 기둥 – 기둥 또는 교각의 평균높이

지간내의 힌지 – 인접하는 양측 기둥 또는 교각의 평균높이

θ – 받침선과 교축직각방향의 사잇각

1) 낙교방지장치의 유형

① Cable식 : 가장 일반적인 형식이며 상부슬래브와 교각, 단부슬래브와 교각을 Cable로 연결하여 지진 시 낙교를 방지하는 장치이며, Cable을 구조물에 고정시키는 Bracket에는 일반적으로 고무판 또는 스프링을 사용하여 복원력을 유발시킨다.

② Chain식 : Cable식과 설치 위치는 동일하나 Cable대신 Chain을 사용. 상대적으로 대변위를 제어할 수 있는 장점이 있다.

③ Pin식 : 상부 슬래브간이나 단부슬래브와 교대를 연결하여 낙교를 방지하는 장치이며 타원형 스틸판을 핀으로 구조물에 고정하는 방식으로 다른 방식에 비해 변위의 제한이 용이하고 회전변위에 대한 흡수를 가장 많이 할 수 있다는 장점이 있다.

④ Stopper식 : 낙교방지키는 돌출형 블록을 사용하는 단순한 방식으로 전단키(Shear key)와 유사한 형태이나 이와 구별하기 위해 '낙교방지키'라고 한다. 낙교방지키는 최소이격거리를 확보하여야 하며 설계하중은 일본의 경우 고정하중 반력의 1.5배를 취하도록 하고 있으나 국내에는 아직 규정되지 않았다. 낙교방지장치와 구조물의 충돌하는 부분에 다양한 재료를 갖는 완충재를 사용한다. 완충재의 종류는 섬유보강고무 및 댐퍼 등이다.

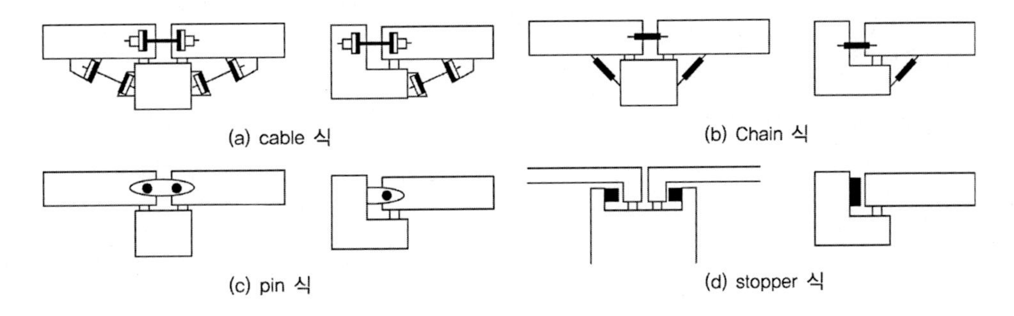

2) 낙교방지시설의 종류별 설치검토 지침

구 분	고속도로교량의 내진설계지침	일본도로교 시방서
낙교 방지 시설	1) 받침부 상부가 하부에서 이탈되지 않게 설치된 이동제한장치 2) 최소받침 연단거리를 확보한 경우 3) 거더와 거더를 연결한 구조 4) 교대 또는 교각과 거더를 연결한 구조	최소지지길이, 낙교방지구조, 변위제한구조, 단차방지구조로 구성되는 것을 낙교 방지시스템으로 통칭 1) 최소지지길이 : 하부구조 및 교량받침 파괴, 상하부구조에 예상치 못한 큰 상대변위 발생 시에도 낙교방지 2) 낙교방지구조 : 최소지지길이와 동일하게 하부고조 및 교량받침이 파괴되어 상하부구조사이에 최소지지길이를 넘어서는 변위가 발생되지 않도록 한다. 3) 변위제한구조 : 지진 시 관성력에 저항을 목적으로 교량받침이 손상한 경우에 상하부구조의 상대변위가 크지 않도록 하기위한 구조 4) 단차방지구조 : 받침의 높이가 큰 강재받침 등이 파손된 경우 노면에서 차량의 통행이 곤란하게 되는 단차발생 방지
낙교방지 장치설치 검토가 필요한 경우	1) 받침의 이동제한장치 및 받침의 최소지지거리는 모든 교량에 설치하는 것을 원칙으로 한다. 단 강제교각의 경우 받침의 최소지지길이 확보는 거더 간의 연결장치, 교대 또는 교각과 거더의 연결장치 및 교대, 교각 또는 거더에 돌기를 설치한 장치 중 1가지를 설치하면 만족시키지 않아도 좋다. 2) 거더간의 연결장치, 교대 또는 교각과 거더를 연결한 것, 교대, 교각 또는 돌기를 설치한 것 중에서 다음의 교량에 해당하면 이중 낙교방지장치를 가동단에 설치하는 것으로 한다. - 구조상 비교적 낙교하기 쉬운 교량 - 낙교할 경우 피해 및 영향이 큰 교량	낙교방지시스템 설치교량은 주로 상하부 구조가 교량받침을 매개로 하여 결합되는 형식의 교량을 대상으로 한다(상로식 아치교, 사장교 등을 일률적으로 포함하지 않음). 1) 하부구조가 변형을 일으킬 가능성이 있는 지반에 설치되는 교량 2) 하부고조의 형식, 지반조건 등이 현저히 다른 교량 3) 인접하는 상부고조의 형식 및 규모가 현저하게 다른 교량 4) 교각이 상당히 높은 교량 5) 사교 및 곡선교 6) 하부구조의 상부 폭이 협소한 교량 7) 교각내의 동일 받침선상에 받침수가 적은 교량

7. 성능보장설계(Capacity Based Design Method)

성능보장설계의 목적은 사용자 및 설계자 모두가 대상 구조물의 목표성능을 명확히 설정하고 이를 구현할 수 있도록 하게 하는 것이다. 따라서 일반적인 방법으로 설계를 수행한 후 Push-Over 해석을 통해 미리 설정된 목표성능이 달성되었는지를 평가할 수 있다.

통상적인 내진설계법에서 등가정적하중을 산정할 때 응답수정계수를 통해 설계하중을 산정하고 구조물이 설계하중이상의 강도를 갖도록 한다. 여기서 응답수정계수를 사용하는 이유는 지진하중에 대하여 구조물이 비선형 거동을 하게 됨을 의미하며 즉, 지진하중에 의하여 구조물이 손상을 입을 수 있으며 구조물의 에너지 흡수 능력 정도에 따라 응답수정계수의 값이 달라진다. 이러한 설계법은 하중을 대상으로 하기 때문에 하중기반설계법(Force Based Design Method)라고 할 수 있다. 그러나 강도의 단순한 비교만을 통해서는 구조물의 실제적인 거동을 예측하기 어려우며 또한 구성부재의 강도만에 의해서는 구조물 전체적인 강도 및 변형도를 산정할 수 없다. 결과적으로 구조물의 성능이 명확하게 파악되지 않은 상태로 설계될 가능성이 높다.

성능기반설계법(Capacity Based Design Method)는 사용자 또는 설계자가 목표성능을 미리 설정하게 된다. 즉 예상되는 지진하중에 대하여 주어진 여건에서 허용할 수 있는 적절한 피해정도 또는 에너지 흡수정도를 미리 설정하고 이를 달성할 수 있도록 하는 것이다. 그러나 에너지 흡수정도에 따라 구조물의 거동이 달라지기 때문에 피괴에 이를 때까지 구조물의 변형성능을 예측할 수 있어야 하며 이때 성능평가의 대상을 구조물의 변위로 선정할 때 이를 변위기반 설계법이라 할 수 있다.

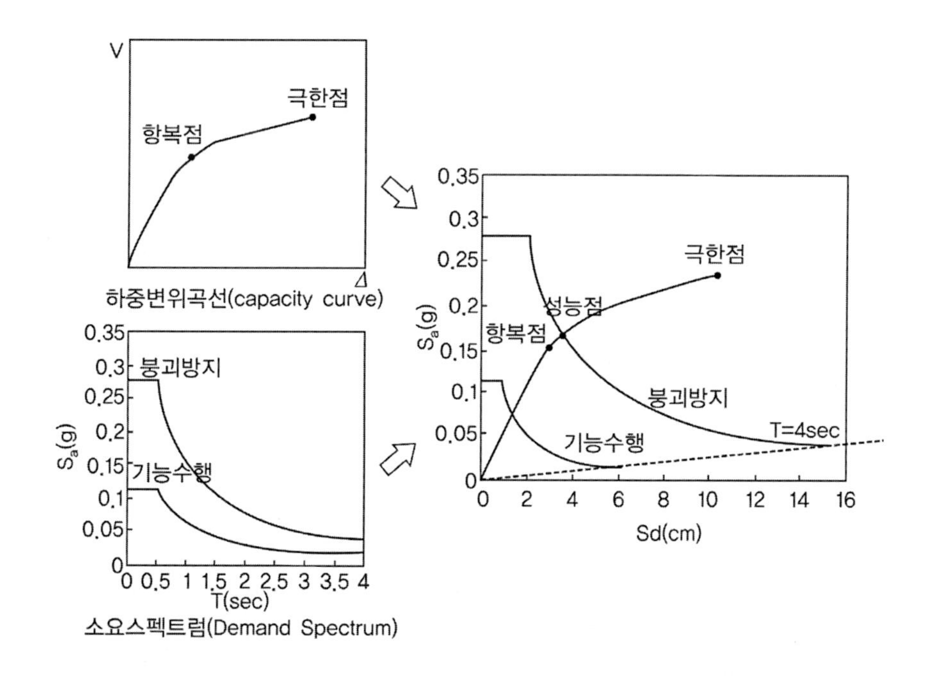

구조물의 변형성능을 평가하기 위한 하나의 방법으로 Push-over 해석을 수행하면 하중-변형에 대한 스펙트럼이 생성되며 구조물의 에너지 흡수정도에 따라 요구스펙트럼을 산정하게 된다. 따라서 그림과 같이 두 개의 곡선이 만나는 점을 산정할 수 있고 이점이 목표성능의 범위 내에 있다면 목표가 달성되었다고 볼 수 있다.

97회 1-2

섬유요소

비선형 구조해석을 위해 사용되는 섬유요소(Fiber Element)에 대하여 설명하시오

풀 이

2002 한국지진공학회 - 섬유요소를 이용한 교량의 지진해석
2006 한국방재학회논문집 - 섬유요소를 이용한 교량의 비선형 지진응답해석
2009 한국콘크리트학회 - 화이버요소를 이용한 철근콘크리트 부재의 비선형 해석기법

➤ 개요

일반적으로 연성도법(flexibility method)을 기반으로 한 프로그램은 강성도법(Stiffness method) 기반의 구조해석 프로그램에 비해 정식화하기 어렵다는 단점이 있으나 비선형 상태에서도 구조물의 내력분포를 정확하게 나타낼 수 있다는 장점이 있다. 섬유요소(Fiber element)는 Spacone 등에 의해서 처음 제안된 요소로 전단변형을 무시하는 Bernoulli 보이론을 가정하여 형상비 3.5~5.0이상의 휨이 지배적인 거동을 보이는 RC기둥에 적용할 수 있다. 섬유요소를 사용하면 철근과 콘크리트의 거동을 일축 응력-변형율 관계로 나타낼 수 있고 철근 콘크리트 부재에서의 3차원효과를 섬유요소의 일축거동으로 간단하게 표현할 수 있다.

➤ 특징

1) 기둥과 같은 부재는 큰 지진시 발생하는 지진력을 전달하기 위해서 소성힌지와 같은 소성변형이 발생하며, 선형해석결과를 통해 응답수정계수로 보정하는 방식으로 교각의 비선형성을 반영할 수 있으나, 교량의 내진성능 평가를 위해서는 직접적인 비선형 해석이 필요하다.

2) 비선형 해석을 위하여 3차원 솔리드 모델 수행시에는 콘크리트 재료의 비선형성이 매우 크기 때문에 소성변형을 보이는 단면에서 요소를 매우 잘게 분할하여야 하고 지진파 입력을 통한 시간이력 해석시 많은 계산량이 요구된다.

3) 섬유요소는 뼈대요소(보요소, Structural Element)로 모델링하여 간단한 모델링을 통하여 단면에서의 휨거동을 정확히 표현할 수 있으며, 보요소로 모델링하기 때문에 빠른 해석이 가능하도록 한다.(분산소성모델, Distributed plasticity model)

4) 섬유요소는 단면을 잘게 분할한 섬유(fiber)에 대해 각각 정확한 응력-변형도 관계를 추적하기 때문에 적절한 응력-변형도 관계를 사용하면 정밀한 해석결과를 도출할 수 있다.

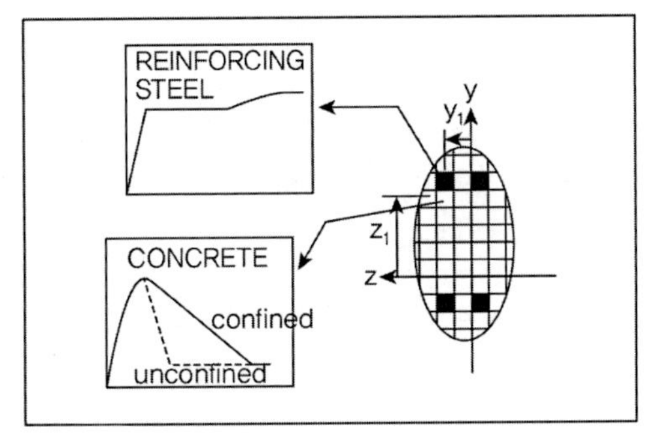

화이버 요소

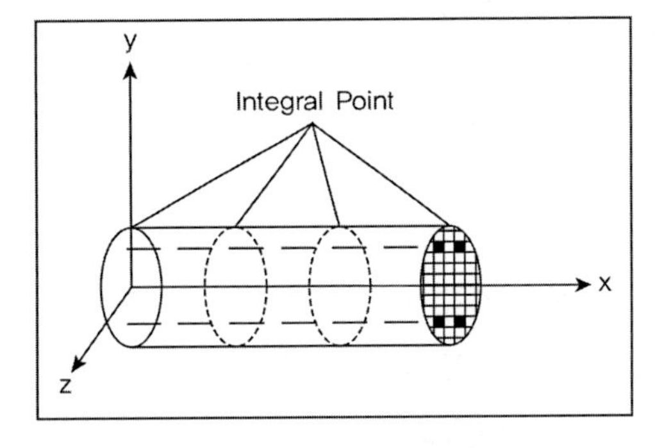

Gauss–Lobatto Integration

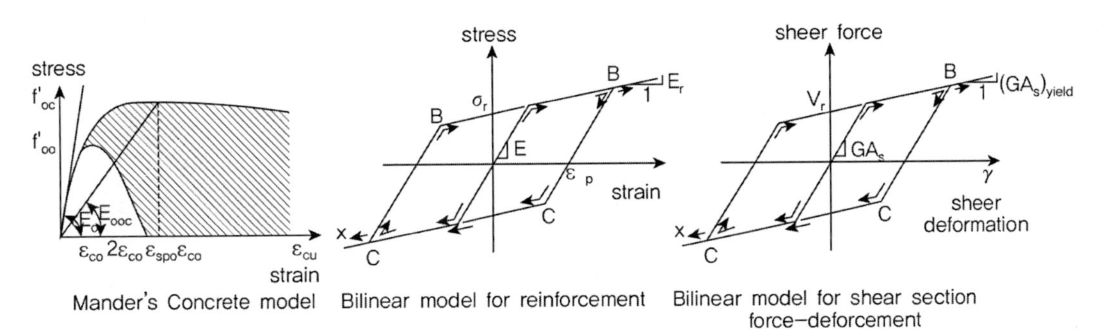

Mander's Concrete model　Bilinear model for reinforcement　Bilinear model for shear section force–deforcement

5) 섬유요소의 알고리즘

① 주어진 절점변위로부터 적분점이 존재하는 위치에서의 단면력으로 보간

② 단면력으로부터 단면변형 계산

③ 그 단면내의 이산화된 섬유의 변형 구한다.

④ 각각의 섬유의 변형으로부터 비선형 재료 모델에 의해 응력을 계산하고 이를 적분하여 단면 내력을 계산한다.

⑤ 계산된 단면내력과 보간단 단면력이 평형을 이루도록 반복계산

⑥ 평형이 이루어진 단면력 상태를 다시 부재축방향으로 적분하여 절점에서의 절점내력 최종계산

➤ 결론

섬유요소는 비선형해석시 철근콘크리트의 횡구속과 같은 3차원 효과를 Fiber element의 일축거동으로 나타내게 할 수 있으며, 추가적으로 철근 부착, 전단력과 같은 효과들을 적용하기 위해 가장 적합한 모델링 기법이다.

REFERENCE

1	도로교 설계기준 해설	대한토목학회 2008
2	도로교 설계기준 한계상태설계법	대한토목학회 2015
3	도로설계편람	국토해양부 2008
4	기존시설물 내진성능 평가요령	국토해양부 2011
5	기존시설물 내진성능 향상요령	국토해양부 2011
6	대한토목학회지	대한토목학회
7	한국강구조학회지	한국강구조학회
8	한국콘크리트학회지	한국콘크리트학회
9	전산구조학회지	전산구조학회
10	도로공사 설계실무자료집	한국도로공사 2011
11	철근콘크리트 교각의 연성도 내진설계기술	교량설계핵심기술연구단 2008
12	구조동역학	김두기 구미서관 2009
13	Structural Dynamics	Mario Paz 1991
14	Dynamics of structure	Anil K. Chopra
15	Seismic Design and retrofit of bridge	M.J.N. Priestley
16	구조역학	양창현 청문각 2007
17	마이다스 전문가 칼럼	김두기
18	제2자유로 및 연결도로 종합보고서	한국토지주택공사

제7편
기 타

기출문제 분석

기출내용		'00~'07	'08~'13	계
가시설	흙막이 가시설 구조검토사항(앵커, 스트럿), 가시설 설계방법과 문제점, 개선방법	0	2	2
	거푸집 및 동바리 설계하중, 구조해석, 붕괴방지 대책	3	2	5
지하 구조물	지하구조물 양압력, 지하차도 부력검토	0	2	2
	개착박스 중간말뚝 제거 시 거동	0	1	1
	장대 지하차도 계획 시 고려사항	1	0	1
터널	터널 라이닝 섬유보강콘크리트 구조물의 내화특성, 화재시간-온도 이력곡선	0	1	1
	터널 라이닝 설계	0	1	1
	침매터널의 구조안정성 검토방법	0	1	1
계		0.5%	1.79%	1.2%
		14/1209		

Chapter

01 터널 설계

01 기본개념

1. 콘크리트 라이닝의 역할

콘크리트 라이닝은 터널 주변의 지반상태, 환경조건 및 주지보재의 지보능력을 고려하여 사용목적에 적합한 설계를 하여야 한다. 장기간 지반압 등이 하중에 견디고 균열, 변형, 붕괴 등이 생기지 않는 것으로서 누수 등에 의한 침식이나 강도의 감소 등이 없는 내구적인 것으로 설계한다. 터널 사용 개시 후 개수가 곤란하므로 장래 개수가 없도록 충분히 고려하여 설계한다.

1) 콘크리트 라이닝의 사용목적

사용목적에 따라 구조체로서의 역학적 기능, 영구 구조물로서의 내구성 확보, 터널내부 시설물 보호 및 미관유지 기능이 있으며 다음의 표와 같이 라이닝의 기능 및 적용대상으로 분류한다.

기능	적용대상	내용
구조체로서의 역학적 기능	숏크리트등으로 형성된 주지보재가 영구구조물로서 충분한 안전율이 없다고 판단될 경우	숏크리트에 균열이 발생하고 록볼트에 큰 축력이 작용하여 응력 저항부에 크리프 현상이 발생하거나 볼트의 부식으로 인하여 지반응력이 콘크리트 라이닝에 전달될 가능성이 높은 경우
	현장여건으로 인하여 지반변위가 수렴되기 전에 콘크리트 라이닝을 시공하는 경우	주지보 단계에서 변위가 수렴되어야 하나 공정 등의 이유로 콘크리트 라이닝을 변위 수렴전에 시공하는 경우 지반압을 지탱하는 구조로 설계
	토피가 작은 토사지반 등에서 주변환경의 영향을 받기 쉬운 경우	토사지반 등에서 토피가 작은 경우 지하 공동 구조물이 주변환경에 영향을 받기 쉬우므로 적절한 상재하중에 의해 역학적 검토가 필요하며 장차 토피의 경감이 예상되는 경우 이를 고려
	운영중 배수시설의 기능저하로 수압이 걸릴 것으로 예상되는 경우	지하 공동 시공 후 주변 환경조건에 의해 배수가 불가능해질 가능성이 있는 경우 정수압 고려 설계
	비배수 터널 경우와 같이 완전 방수가 요구되는 경우	비배수 터널에서와 같이 방수시트를 사용 완전 방수를 실시하는 경우 콘크리트 라이닝에 수압 작용 고려

기능	적용대상	내용
영구구조물로서의 내구성 확보기능	주지보의 내구성이 우려되는 경우	주지보가 시간의 경과에 따라 강도저하, 발기, 차량 및 열차 진동, 지진 등으로 내구성 저하가 예상되는 경우 영구 구조물 기능에 비교적 신뢰도가 높은 콘크리트 라이닝 설계
내부시설물 보호 및 미관유지기능	유지관리상 필요한 경우	터널 내 시설물(전기, 설비 등) 보호 및 유지관리 기능 또는 미관상 습도조절 등의 경우에 콘크리트 라이닝 설계

2) 콘크리트 라이닝의 일반적인 특성

구분	특성
공용성 측면	① 지하수 등의 누수가 적고 수밀성이 양호한 구조물 ② 사용 중 점검, 보수 등의 작업성이 높을 것 ③ 터널내의 가선, 조명, 환기 등의 시설을 지지할 것 ④ 차량 운행 중 전조등에 의한 산란이 균등할 것
강도특성 측면	① 터널의 변형이 수렴하지 않은 상태에서 콘크리트 라이닝을 시공하는 경우 터널의 안정에 필요한 구속력을 가질 것 ② 콘크리트 라이닝 시공후 수압, 상재하중 등에 의한 외력이 발생되는 경우 이를 지지할 것 ③ 지질의 불균일성, 지보재 품질의 저하, 록볼트의 부식 등 불확정 요소를 고려하여 구조물로서의 안전율을 증가시킬 것 ④ 사용 개시 후 외력의 변화와 지반, 지보재 재료의 열화에 대한 구조물로서의 내구성을 향상시킬 것 ⑤ 조립식 콘크리트 라이닝의 경우 제작, 운반, 취급, 설치와 기타 시공 중에 작용하는 외력에 견딜 수 있을 것

2. 콘크리트 라이닝의 재료 및 강도

① 콘크리트 라이닝 재료는 현장타설 콘크리트를 주로 사용

② 라이닝의 역할에 따라 철근 콘크리트 라이닝 또는 무근 콘크리트 라이닝 시공하며 예상되는 외력에 안전하도록 설계

③ 일반적으로 재령 28일 강도가 24MPa를 주로 많이 적용

④ 비배수형 터널에서 방수목적상 수밀 콘크리트를 사용하며 이 경우 재령 28일 강도 27MPa 이상

⑤ 3차로 이상 터널에서 외력 증가로 라이닝 콘크리트 두께가 증가하므로 고성능 콘크리트 적용 검토(경제성, 안정성)

3. 콘크리트 라이닝의 해석

99회 1-8 연약지반 NATM 콘크리트 라이닝 설계고려하중 및 비배수형 토사터널 하중조합

1) 설계일반

① NATM 개념의 터널공법에서는 터널 주변의 원지반 및 주지보재를 영구 복합구조체로 보기 때문에 배수형 터널에서 콘크리트 라이닝은 단지 안전율 향상 및 미관유지 등의 목적으로 시공성 및 실적 등을 감안하여 두께를 정하고 있다.

② 철근보강 유무를 판단하기 위해서 허용응력 설계법 개념을 도입한다.

$$f_c \leqq f_{ca}(=0.4f_{ck}),\quad f_s \leqq f_{sa}(=0.5f_y)$$

③ 재료의 허용응력

$$f=\frac{P}{A}\pm\frac{M}{Z},\quad \tau=\frac{V}{A}$$

허용휨 압축응력	허용휨 인장응력	허용휨 전단응력
$f_{ca}=0.4f_{ck}$	$f_{ta}=0.13\sqrt{f_{ck}}$	$\tau_{ca}=0.08\sqrt{f_{ck}}$

2) 강도설계법

① 강도설계법에 의한 부재의 강도를 계산할 때에는 힘의 평형조건과 변형률 적합조건을 만족시켜야 한다.

② 철근 및 콘크리트의 변형률은 중립축으로부터 거리에 비례한다.

③ 압축측 연단에서 콘크리트의 극한 변형률은 0.003으로 가정

④ 철근의 응력(f_s)은 설계기준 항복강도(f_y)이하일 때, 철근의 응력은 그 변형률의 E_s배를 곱한 값으로 하여야 한다. 철근의 변형률이 f_y에 대응하는 변형률보다 큰 경우 철근의 응력은 변형률에 관계없이 f_y로 한다.

⑤ 콘크리트 인장강도는 철근콘크리트 부재 단면의 축강도와 휨강도 계산에서 무시할 수 있다.

⑥ 콘크리트 압축응력의 분포와 콘크리트 변형률 사이의 관계는 어떠한 형상으로도 가정할 수 있다(등가직사각형 블록).

⑦ 소요강도(U) ≤ 설계강도(ϕ × 공칭강도)

4. 콘크리트 라이닝 설계방법

1) 경험적인 방법

Morgan은 탄성보 이론을 이용하여 라이닝 변형으로 발생되는 최대 휨모멘트 산정식을 아래와 같이 제안하였다.

$$M_{\max} = 3EI\frac{\Delta R}{R^2} \qquad R : \text{터널반경}, \quad \Delta R : \text{라이닝의 상대변위}$$

① PECK등은 토사 터널에서 라이닝은 터널직경의 0.5% 이하로 변형한다고 하였다.

② 이방법은 라이닝에 균등한 압축력이 작용한다고 가정하고 전 상재하중을 고려하므로 너무 보수적이고 라이닝 변형으로 인하여 발생하는 모멘트를 고려하지 못하는 문제점 때문에 잘 사용하지 않는다.

2) Ring & Plate 모델

① 이 방법은 지반을 Plate로 모델링하고 라이닝은 연속 Ring으로 모델링한다.

② 연속체 역학에 기초한 탄성해를 제공하며 그 해는 지중응력의 균등여부에 따라 균등 응력장에서의 해와 비균등 응력장에서의 해로 구분

③ 탄성모델로 인한 단순성으로 현장조건을 직접 고려하기 어렵고 그 결과 적용을 위해서는 신중한 판단이 요구된다. 통상 각종매개변수가 설계에 미치는 영향을 고려할 때 유용하게 이용된다.

3) Beam & Spring 모델(보요소법)

① 지반을 평면변형률 조건의 스프링으로 라이닝은 보요소로 표현한다.

② 라이닝 반경방향 스프링만 설치하고 접선방향 스프링은 통상 설치하지 않는다. 이는 지반강성을 약하게 하여 안전율을 증가시키는 요인이 되는 경향이 있다.

③ 라이닝에 임의방향의 하중을 가할 수 있다는 장점과 지반거동을 선형탄성거동으로 가정하여 지반응력 이완 후에 라이닝이 설치되는 것을 고려할 수 없는 단점이 있다.

④ 미리 예측된 외부하중값을 직접 라이닝에 작용시켜야 하며 주로 설계에 적용되는 방법이다.

⑤ 일반적으로 강성계수(β)가 200 이하인 경우에 적용하는 것이 바람직하다.

$$\beta = \frac{E_s R^3}{EI} < 200 \quad E_s : \text{지반의 탄성계수}, \quad R : \text{터널반경}, \quad EI : \text{라이닝 휨강성}$$

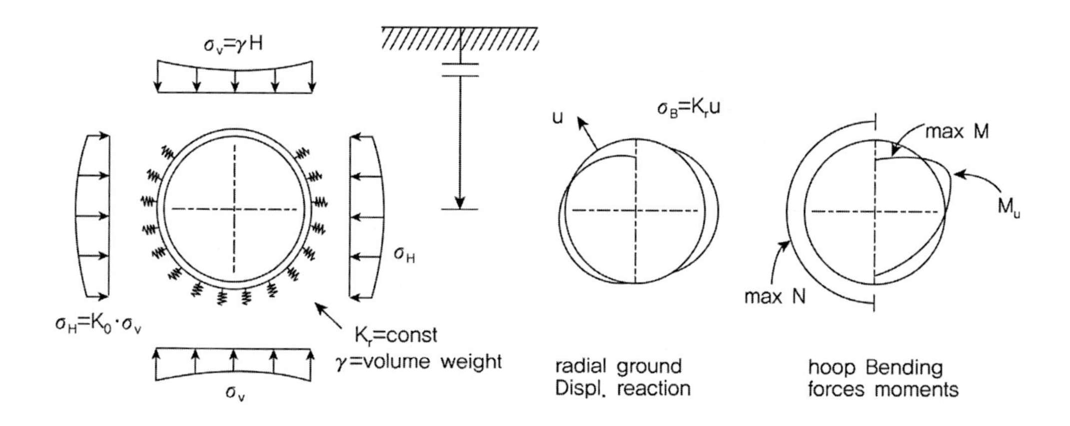

4) 수치해석방법

① 지반을 연속체요소로 모델링하는 유한요소법 또는 유한차분법 등을 이용하여 지반 및 라이닝은 연속체로 취급한다.

② Paul등은 비선형 요소를 사용하여 라이닝을 모델링하고 지반은 등방요소로 지반과 라이닝사이는 인터페이스 요소로 모델링하여 해석하기도 했다.

③ 수치해석법의 주된 장점은 라이닝 하중과 지반변위가 동시에 얻을 수 있으며, 임의의 터널형상, 지질학적 불연속면 그리고 비선형재료 등 다양한 요소를 고려할 수 있는 장점이 있다.

5. 콘크리트 라이닝 설계하중

터널의 형식에 따라 콘크리트 라이닝의 설계방법이 달라진다.

① 배수형 터널의 경우 강지보재, 숏크리트, 록볼트 등으로 구성된 주지보재를 영구 지보재로 간주할 경우에는 모든 지반하중을 주지보재가 지탱하는 것으로 하고 지반 내 지하수는 터널 배수구를 통해 배수함으로서 콘크리트 라이닝은 수압을 받지 않는 구조물로 설계된다.

② 비배수형 터널은 지반하중에 대해서는 배수형 터널과 동일하나 지하수 배출이 차단됨으로서 발생하는 수압을 콘크리트 라이닝이 견디도록 설계한다.

③ 콘크리트 라이닝 설계하중

- 콘크리트 라이닝 자중(사하중)
- 도로, 철도 및 기타 터널에 영향을 미치는 모든 차량하중(활하중)
- 토압하중(암반 이완하중) : 터널의 지반조건 및 시공법에 따라 지반자체의 지보능력을 고려하여 토압하중을 산정하는 경우와 전 토피하중(최고와 최저 지하수위를 고려한)에 해당하는 토압하중을 고려하는 경우가 있다.
- 수압 : 비배수형 터널의 경우 최고와 최저 지하수위를 고려한 정수압을 산정한다.

- 잔류수압 : 배수형 터널이 배수기능이 저하되어 라이닝에 하중으로 작용하는 경우
- 온도하중 및 건조수축
- 건물하중 등

1) 지반이완하중

① NATM 개념에서의 숏크리트와 록볼트 등의 1차 지보재가 터널의 내구연한 동안 충분한 지보 역할을 한다면 콘크리트 라이닝에는 지반이완하중이 작용하지 않을 수 있다.

② 지반조건이 열악하거나 숏크리트의 부식 등 1차 지보재가 지보능력을 상실할 경우나 변위가 수렴되지 않은 상태에서 라이닝을 타설한 경우에는 이를 고려하여야하며, 대표적인 지반이완 하중 산정방법은 다음과 같다.

산정방법	주요 내용	특징
Terzaghi의 암반하중 분류표	무결암에서 팽창성 암반까지 암반상태에 따른 ROD를 9단계로 구분하여 암반이완하중 높이를 결정하는 경험적 방법	절리상태 등에 따라 9등급으로 구분되었으나 너무 개괄적이어서 암질의 객관적 평가가 곤란
Bierbaumer의 이론식	암판하중과 토피, 암반하중과 내무마찰각과의 관계를 토피에 따라 3가지 식으로 제안, 암반이완영역이 포물선 형태로 발생하는 것으로 가정	약 50m까지의 토피의 증가에 따라 암반하중이 계속 증가하는 식으로 지반조건의 영향반영 곤란
RMR 또는 Q방법	RMR 방법 : RMR값을 이용한 경험식 Q방법 : 절리군수 3을 경계로 Q값에 의한 경험식	현장에서 적용되고 있는 RMR 및 Q값을 이용한 경험식으로 다소 과다
수치해석에 의한 방법	1차 지보재의 기능저하에 따른 소성영역을 이완하중으로 간주하고 수치해석을 통해 지반거동을 분석하는 방법	일반적으로 기존 이론식 및 경험식보다 다소 작은 부재력 발생
발파영향에 의한 방법	터널 경계선에서 제어발파를 실시하는 경우 굴착시 발파공 인접 암반의 동적손상을 평가하여 손상영역을 이완하중으로 간주하여 분석	지반조건 굴진장, 장약량 등에 따라 다소 차이가 있으나 전반적으로 기존 이론식 및 경험식보다 작은 부재력 발생

2) 잔류수압

① 비배수형 터널의 경우 정수압을 고려하나 배수형 터널에서 장기적인 배수기능 저하가 우려될 경우 잔류수압을 고려하여 설계

② 배수형 터널에서 잔류수압은 다음과 같이 2가지 형태로 고려

(a) 침투류 해석에 의해 산정된 경험적인 형태

(b) 얕은 터널에서 지하수위가 터널 천단부에 위치하고 측면배수기능이 원활할 때를 가정하여 산정된 수압모델, 수압의 크기는 토사지반일 경우 최대수두를 터널높이의 1/2, 암반터널일 경우 최대수두를 터널높이의 1/3로 가정

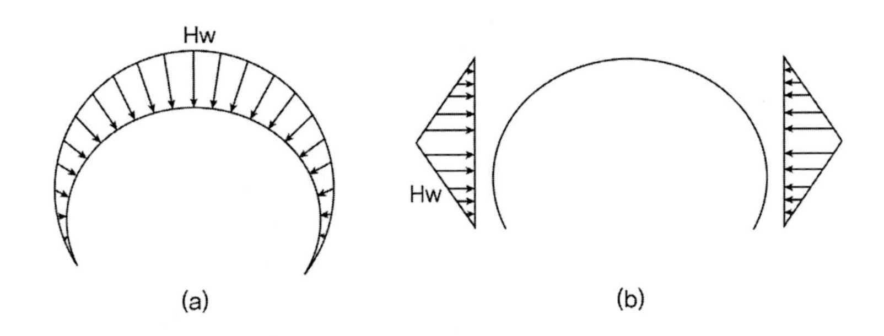

3) 콘크리트 라이닝의 하중조합 : 콘크리트 구조설계기준(2007) 강도설계법

구분	자중	이완하중		잔류수압	건조수축	온도하중	비고
		수직	수평				
LC1	1.4	1.4		1.4			
LC2	1.2	$1.6\alpha_h$	1.6	1.2	1.2	1.2	
LC3	1.4	1.4					
LC4	1.2	$1.6\alpha_h$	0.8	1.2	1.2	1.2	
LC5	1.2	$1.6\alpha_h$	1.6	1.6			
LC6	1.2	$1.6\alpha_h$	1.6	1.6	1.2	1.2	

102회 3-6

콘크리트 라이닝(아치)

그림과 같은 개착식 터널 단면에 활하중 75kN이 작용할 때 다음을 구하시오.

1) 최대 정, 부 휨모멘트 위치와 값, 휨모멘트가 0인 위치를 구하시오.

2) C 단면에 대해서 균열 발생여부를 판정하고 또한 강도설계법으로 철근량을 계산하고 전단강도를 검토하시오.(단, 활하중 분포폭은 $1.2+0.06l \leq 2.1m$ 이고 $l=2R$로 가정, 하중계수는 도로교 설계기준 적용).

〈설계조건〉
부재의 단면과 탄성계수 E는 일정, 축방향력 및 자중 영향은 무시
아치리브와 기초 경계면의 경계조건은 힌지로 가정
$f_{ck}=24MPa$, 철근은 SD300($f_y=300MPa$, $f_{sa}=150MPa$, $n=7$)
사용피복 : 50mm, 철근은 D22(단면적 : 380mm2)

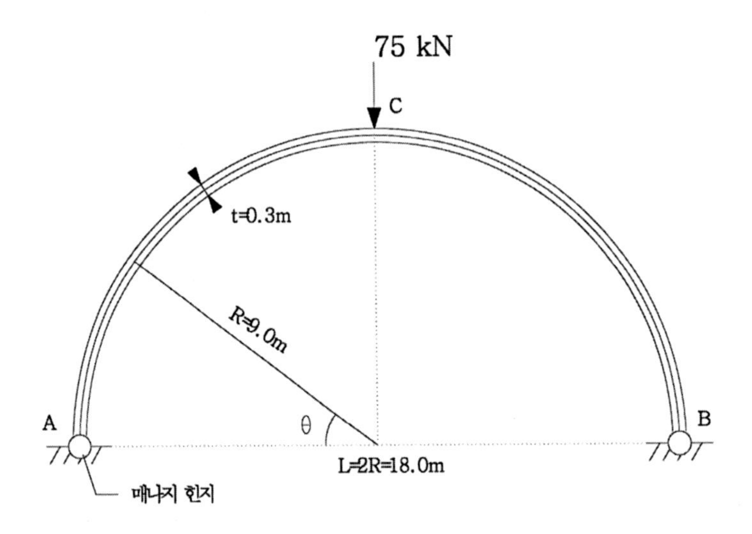

풀 이

➤ 단면력 산정

대칭구조물이므로 반력은 $P/2$ 수평력 H를 부정정력으로 보고 에너지법에 따라 부정정력을 산정한다.

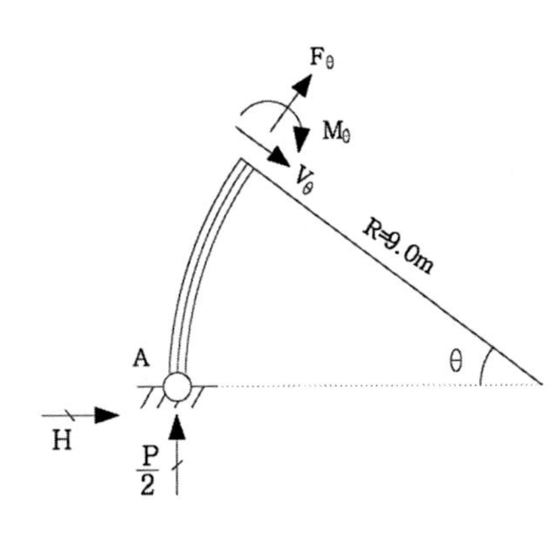

$$M_\theta = HR\sin\theta - \frac{P}{2}R(1-\cos\theta)$$

휨모멘트에 의한 변형에너지는 축력의 영향을 무시하면,

$$U = 2\times\frac{1}{2EI}\int_0^{\frac{\pi}{2}} M_x^2 dx$$

$$= \frac{1}{EI}\int_0^{\frac{\pi}{2}}\left[HR\sin\theta - \frac{PR}{2}(1-\cos\theta)\right]^2 d\theta$$

최소일의 원리로부터 $\frac{\partial U}{\partial H} = 0$

$$\frac{\partial U}{\partial H} = \frac{R^2}{2}(H\pi - P) = 0, \quad \therefore H = \frac{P}{\pi}$$

$$\Sigma F_x = 0 : F\sin\theta + V\cos\theta = -H$$

$$\Sigma F_y = 0 : F\cos\theta - V\sin\theta = -\frac{P}{2}$$

$$\therefore V_\theta = \frac{P(\pi\sin\theta - 2\cos\theta)}{2\pi}, \quad F_\theta = \frac{-P(\pi\cos\theta + 2\sin\theta)}{2\pi}$$

➤ BMD 산정

$$M_\theta = HR\sin\theta - \frac{P}{2}R(1-\cos\theta) = \frac{PR}{\pi}sin\theta - \frac{P}{2}R(1-\cos\theta), \quad P = 75kN, \quad R = 9m$$

$$M_\theta = \frac{75\times9}{\pi}sin\theta - \frac{75\times9}{2}(1-\cos\theta) = 214.859\sin\theta - 337.5(1-\cos\theta)$$

$$M_\theta = 0 : \theta = 0^\circ, \quad 64.96^\circ$$

1) 최댓값 산정

$$\frac{\partial M_\theta}{\partial\theta} = 0 : 214.859\cos\theta - 337.5\sin\theta = 0 \qquad \therefore \theta = \tan^{-1}\left(\frac{214.859}{337.5}\right) = 32.4816^\circ$$

$$\therefore M_{\max(\theta = 32.4816^\circ)} = 62.588kNm$$

2) 최솟값 산정

$$\theta = 90^\circ : M_{\min(\theta = 90^\circ)} = -122.641kNm$$

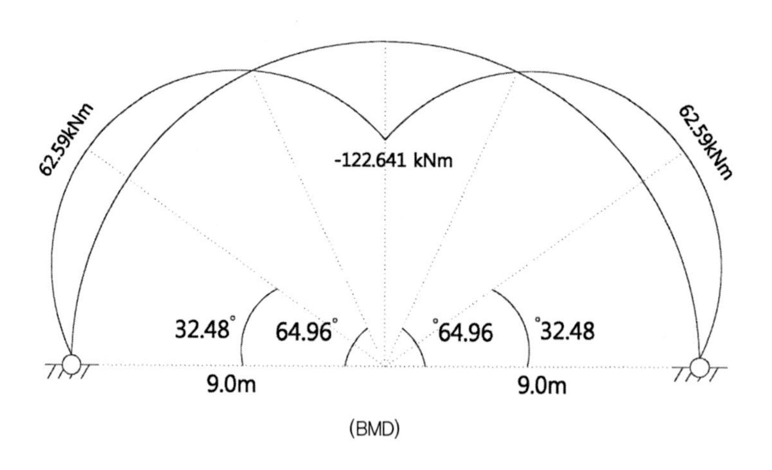

(BMD)

➤C 단면 검토

C 단면의 활하중으로 인한 모멘트 $M_{L(C)} = -122.641kNm$

C 단면의 활하중으로 인한 전단력 $V_C = \dfrac{P(\pi\sin 90° - 2\cos 90°)}{2\pi} = 37.5kN$

C 단면의 활하중으로 인한 축력 $F_C = \dfrac{-P(\pi\cos\theta + 2\sin\theta)}{2\pi} = -23.87kN$(압축)

자중은 무시하고 활하중 증가계수만 고려하면,

$M_{u(C)} = 1.6M_L = 1.6 \times -122.641 = -196.226kNm$

구분	M_L	F_L	V_L
활하중에 의한 단면력	-122.641kN·m	23.87kN	37.5kN
계수하중에 의한 단면력	-196.226kN·m	38.20kN	60.0kN

단위 m당 검토 $f_b = f_r = 0.63\sqrt{f_{ck}} = \dfrac{M_{cr}}{Z_b}$

$\therefore M_{cr} = f_r Z_b = f_r \dfrac{I_g}{y_b} = 0.63\sqrt{24} \times \dfrac{1000 \times 300^3}{12} \times \dfrac{1}{150} = 46.29kNm \ \langle \ M_{L(C)}$

따라서 철근 배근이 필요하다.

1) 철근량 산정

$M_u \gg F_u$ 이므로 휨모멘트만 고려하여 산정한다.

휨모멘트만 고려할 경우 철근량($\phi = 0.85$ 가정)

$$\frac{M_u}{\phi} = M_n = A_s f_y\left(d - \frac{1}{2}\frac{A_s f_y}{0.85 f_{ck} b}\right), \quad \frac{196.226 \times 10^6}{0.85} = 300A_s\left(d - \frac{1}{2}\frac{300A_s}{0.85 \times 24 \times 1000}\right)$$

$$\therefore\ A_s = 3422.59mm^2, \quad A_{s(use)} = 380 \times 9 = 3420mm^2$$

$$a = \frac{A_s f_y}{0.85 f_{ck} b} = \frac{3420 \times 300}{0.85 \times 24 \times 1000} = 50.294mm, \quad c = \frac{a}{\beta_1} = 59.169$$

$$\epsilon_s = \epsilon_{cu} \times \frac{(d-c)}{c} = 0.0097 > 0.005 \qquad \text{O.K}$$

2) 전단강도검토

$$V_c = \frac{1}{6}\sqrt{f_{ck}}\, b_w d = \frac{1}{6} \times \sqrt{24} \times 1000 \times 250 = 204.124kN$$

$$\phi \frac{1}{2} V_c = 76.55kN > V_u (= 60kN)$$

∴ 전단철근 배치 필요 없다.

3) 철근 배치 후 균열여부 검토(참고사항)

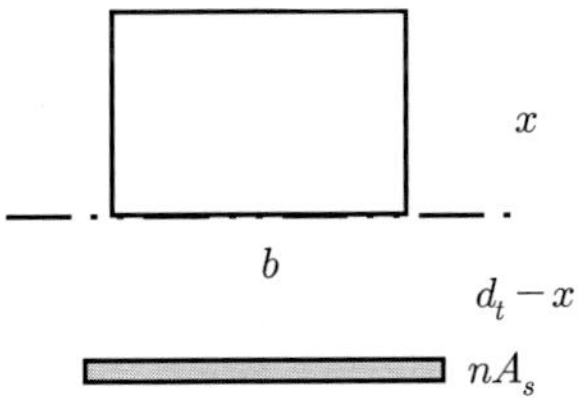

$$bx \times \frac{x}{2} = nA_s (d_t - x)$$

$$\frac{1}{2} \times 1000 \times x^2 - 7 \times 3420 \times (250 - x) = 0 \qquad \therefore x = 88.056^{mm}$$

장기 지속 하중에 의한 균열 여부 검토

$$E_s = 200,000MPa, \quad E_c = 8500\sqrt[3]{f_{cu}} = 26,986MPa, \quad E_{ci} = E_c/0.85 = 31,748MPa$$

$$f_{cr} = 0.63\sqrt{f_{ck}} = 3.086MPa$$

$$A_{s(use)} = 3,420mm^2, \quad d_b = 22mm$$

$$\therefore\ E_{c,ef}(t,t') = \frac{E_{ci}}{1 + \phi(t,t')} = \frac{31,748}{1 + 2.5} = 9,070MPa$$

① 지속하중(장기하중) 휨모멘트

$$M_{sus} = M_L = 122.641kNm$$

② 장기하중에 대한 전단면 2차 모멘트

탄성계수비 $\alpha_e = \frac{E_s}{E_{c,ef}(t,t')} = \frac{200,000}{9,070} = 22.05$

철근의 환산단면적 $\alpha_e A_s = 22.05 \times 3,420 = 75,411mm^2$

비균열 환산단면에 대한 해석으로 단면 상단으로부터 중립축까지 거리

$$x_0 = \frac{\left[1000 \times 300 \times \frac{300}{2} + 75411 \times 250\right]}{1000 \times 300 + 75411} = 170.088mm$$

전단면 2차 모멘트

$$I_g = \frac{bh^3}{12} + A_c(150 - 170.088)^2 + \alpha_e A_s(250 - 170.088)^2 = 2.852 \times 10^9 mm^4$$

③ 균열모멘트

단면의 전체 깊이 $h = 300^{mm}$

$$M_{cr} = \frac{f_r I_g}{h_t - x_0} = \frac{3.086 \times 2.852 \times 10^9}{(300 - 170.088) \times 10^6} = 67.75^{kNm} \ \langle \ M_{sus} \qquad \therefore \text{균열발생}$$

④ 단기하중에 대한 균열단면 2차 모멘트

균열 환산단면에 대한 해석으로 단면 상단으로부터의 중립축까지 거리 $x = 88.056^{mm}$

균열단면 2차 모멘트 $I_{cr} = \frac{1}{3}bx^3 + nA_s(d_t - x)^2 = 8.554 \times 10^8 mm^4$

⑤ 철근의 응력산정

$$f_{s2} = \alpha_e \frac{M_{sus}}{I_{cr}}(d - x_0) = 22.05 \times \frac{122.641 \times 10^6}{8.554 \times 10^8} \times (250 - 170.088) = 252.62^{MPa}$$

⑥ 콘크리트의 유효 인장면적

$$h_{c,ef} = \min\left[2.5(h-d) = 2.5(300-250) = 125,\ \frac{(h - x_0)}{3} = \frac{(300 - 170.088)}{3} = 43.3\right]$$

$$= 43.304^{mm}$$

$$A_{c,ef} = h_{c,ef} b = 43{,}304mm^2$$

⑦ 균열상태 판정, 균열폭 산정은 RC 사용성 설계편 참조

TIP | 라이닝 철근 콘크리트 설계 | LH OO우회도로 터널해석 보고서 참조

일반적인 설계 시에 라이닝 콘크리트 설계는 다음과 같이 아치부와 측벽부를 구분하여 설계 수행한다.

1. 사용하중 상태에서 하중조합에 따른 최대 단면력 산정

   작용하중 : 자중, 이완하중, 잔류수압, 내외면 온도차, 건조수축 및 계절별 온도하중 등

구 분	모멘트도	축력도	전단력도	변 위 도
하중 조합				

2. 응력상태와 허용응력 비교

   (응력상태) $f = \dfrac{P}{A} \pm \dfrac{M}{Z}$

   (허용응력) ① 허용 휨 압축응력 : $f_{ca} = 0.4f_{ck}$

   ② 허용 휨 인장응력 : $f_{ta} = 0.42\sqrt{f_{ck}}$

   ③ 허용 전단응력 : $v_a = 0.25\sqrt{f_{ck}}$

   ∴ 허용응력과 응력상태를 비교하여 허용응력 이상인 경우에는 강도설계법에 따라 철근 배치를 검토한다.

3. 계수하중에 따른 단면력 산정 : M, P, V

   아치부와 측벽부를 구분하여 작용편심 등을 산정한다.

   ① 인장 및 압축부 철근 가정

   ② 평형상태 검토

   소성중심산정, 균형 축력(P_b)과 균형 모멘트(M_b), 균형 편심($e_b = P_b/M_b$) 산정, 압축 또는 인장파괴 영역 검토

   ③ 기둥강도 검토

   ④ 전단력 검토

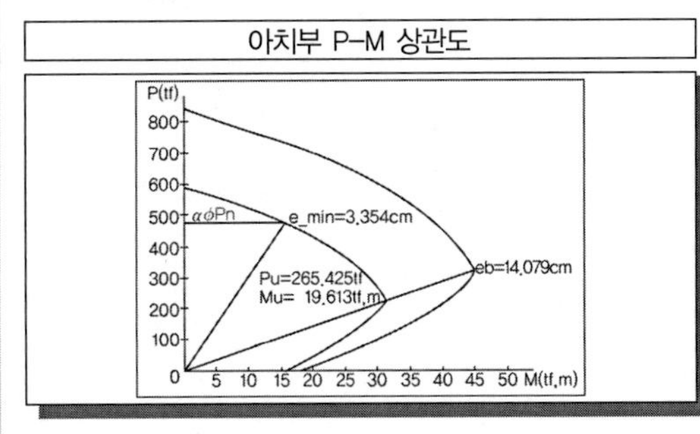

아치부 P-M 상관도

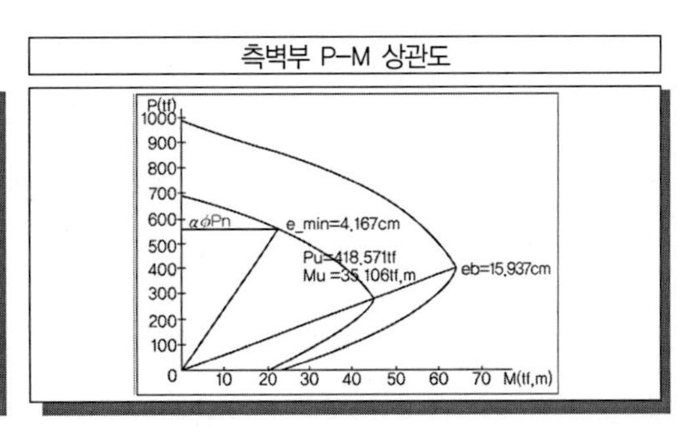

측벽부 P-M 상관도

96회 1-5

침매터널

침매터널공법에서 침매터널의 구조안정성 검토방법에 대하여 설명하시오

풀 이

➤ 개요

침매터널이란 종방향으로 긴 대형 콘크리트 박스 구조물을 육상에서 제작하여 해저나 하저에 가라앉힌 후 서로 연결하여 박스단면 내부로 이동통로를 확보한 터널을 말한다. 이러한 침매터널은 설계시 수심에 따른 수압 고려, 상시 파랑, 조류 및 태풍에 영향 등의 영향 고려, 연약지반 등으로 인한 부등침하에 대한 상세 고려 등이 필요하며, 침매터널의 가장 취약부인 조인트 부의 수밀성과 안전성이 확보되도록 안전성을 검토하여야 한다.

➤ 침매터널의 구조안정성 검토

1) 선형 및 함체 분할 계획

선형은 준설량이 최소가 되도록하면서 터널 보호공이 해저면의 원래형상을 유지하여 세굴이 발생되지 않도록 설계하여야 한다. 또한 터널내 배수가 원활하도록 종단경사를 계획하는 것이 좋다.

2) 태풍 및 파랑에 대한 안전성 확보

재현기간 동안의 파랑과 조위 조건은 호안구조물의 피해가 발생하지 않도록 하며, 내구연한 동안 초과 조우확율에 상응하는 재현기간의 파랑과 조위조건은 호안의 손상과 월파는 제한적으로 허용하되 침매터널로 해수가 유입되지 않도록 월파안정을 유지하는 조건을 만족하여야 한다.
설계파랑 및 설계조위는 관측기록 및 수치모형 등을 이용하여 선정하여야 한다.

3) 지진하중과 수압에 대한 안전성 확보

완공 후 침매터널의 지진하중에 대한 안전성 확보 및 수압에 대한 안정성 확보를 위해서 암반부에 암석키(ROCK KEY)와 같은 고정점을 통해서 안정성을 확보하여야 하며, 침매터널의 특징상 여러개의 조인트를 가지고 있어 조인트부의 수밀성 및 안정성 확보를 위해 3차원 모델링을 통한 내진설계이 필요하다. (지반 Spring모델과 변위-시간이력→3차원 동적해석→종방향 부재력과 조인트 변위 및 전단키 안전성 검토)

4) 지반 부등침하 고려 지반보강 및 조인트부 수압안정성 확보

침매터널 구간내 지반강성의 차이가 크거나 연약지반 등으로 인하여 지반의 부등침하가 발생할 수

있는 곳에 대한 지반보강(말뚝기초, 모래다짐말뚝(SCP), 혼합심층처리공법(DCM, Deep Cement Mix) 등) 및 부등침하로 인한 조인트 벌어짐으로 조인트부에 대한 수압 안정성 검토 및 조인트부 벌어짐 현상에 대한 허용치 선정 및 검토 등을 통해서 수압 안정성 확보 검토가 필요하다.
또한 부등침하 발생시의 조인트부 차수를 위한 차수제 및 지수판 설계 검토가 필요하며, 부등침하를 고려하여 조인트에 전단키 설치 등을 통해서 세그먼트가 단차가 발생하지 않도록 하여야 한다.

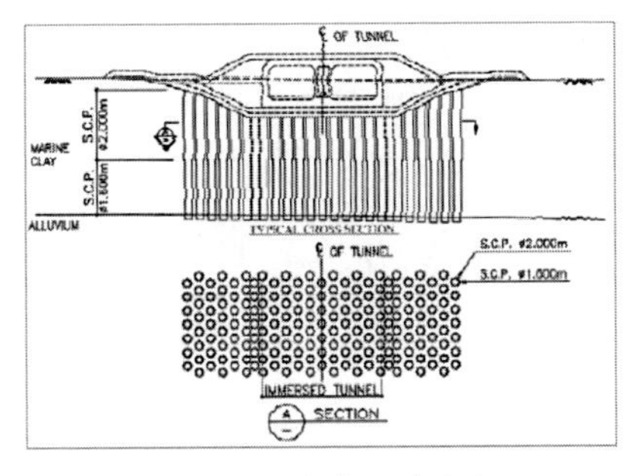

모래다짐말뚝(S.C.P)단면도

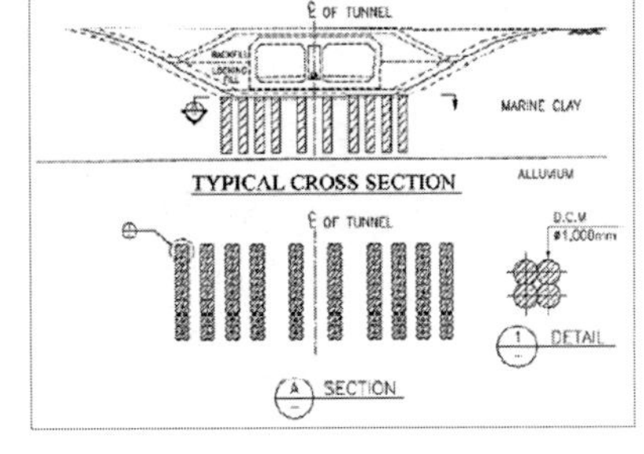

부상형 혼합심층처리공법 단면도

5) 적정 함체 설계단면 결정

침매터널은 부상과 침설이라는 상반된 조건을 만족해야 하는 공법의 특성상 함체의 부력에 대한 높은 정확도가 필요하다. 따라서 침매터널 횡단면 결정시 다음과 같은 사항들을 포함하여 단면을 결정하여야 한다.

· 해수의 밀도(최대, 평균, 최소)
· 콘크리트의 단위중량(최대, 평균, 최소)
· 철근량(최대, 최소)
· 함체 치수에 대한 허용 시공오차
· 운송 및 침설을 위한 임시장비 및 구조물 중량
· 블록아웃(Block out)
· 부력에 대한 최소안전율 만족

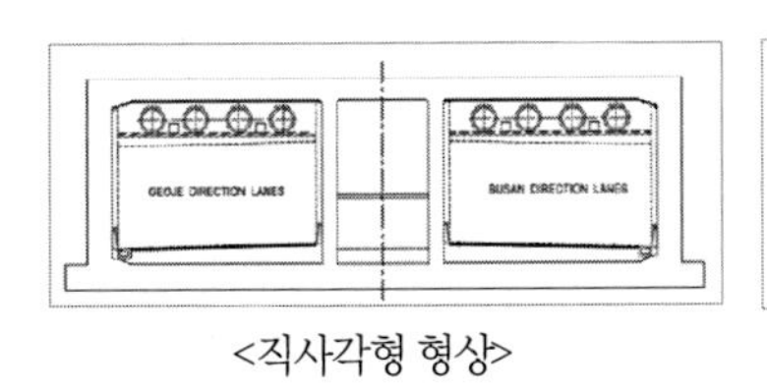

<직사각형 형상>

<반원형 형상>

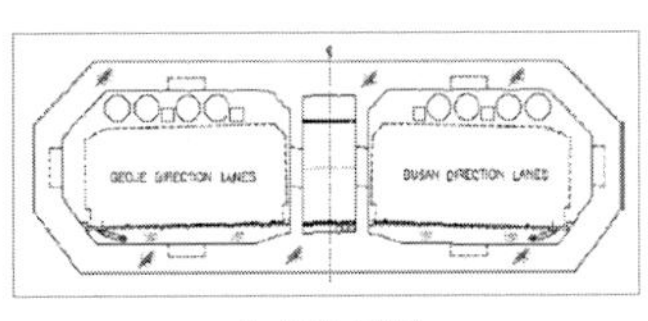

<팔각형 형상>

6) 보호공설계

원지반 상부로 돌출되는 구간과 원지반 아래로 설치되는 구간을 구분하여 Shield Criteria에 따라 설계한 후 파랑과 조류 등의 영향에 대한 보호공의 수리적 안정성 검증이 필요하며, 선박 좌초,

침몰, 투묘 등을 고려하여 보호공의 두께 등에 대한 검토수행이 필요하다. 경우에 따라서 보호공의 선단부에 Falling apron과 Scouring apron 등의 설치도 검토할 수 있다.

➤ 결론

국내에서는 거가대교의 침매터널 시공 등을 계기로 하여 침매터널에 대한 설계가 전파되기 시작했으며, 이러한 침매터널의 설계시에는 가장 중요한 검토인자는 조인트 부의 안정성에 있다. 조인트 부의 안정성 확보를 위해서는 엄밀한 기준의 시방기준 및 설계지역의 기상 및 해상조건에 대한 데이터를 이용하여 확률론적인 허용기준에 대한 수립이 선행되어져야 하며, 이러한 허용기준에 대한 안전성 확보를 위한 정밀 해석 등이 요구된다.

98회 3-6

터널갱구부 도로설계편람 터널편

터널 입구부에 터널 갱문을 설치하고자 할 때, 설계시 고려할 사항 및 위치 선정 기준을 설명하고 아래와 같은 교차지형별(① 직각형, ②경사형 ③ 골짜기형)로 갱문을 설치시 특별히 고려할 설계 하중에 대하여 설명하시오

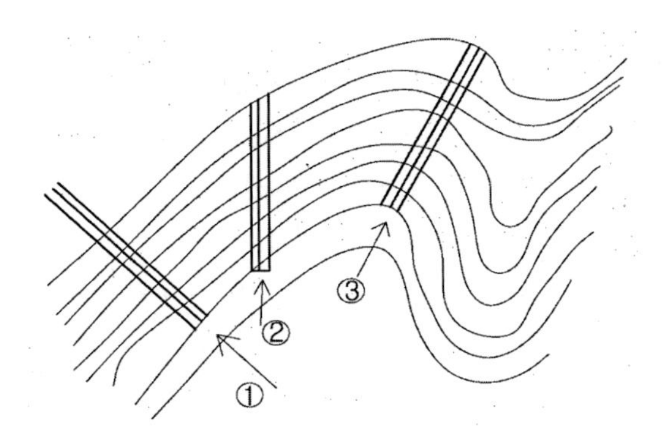

풀 이

➤ 개요

갱구부는 일반적으로 갱문구조물 배면으로부터 터널길이의 방향으로 터널직경의 1~2배 정도의 범위 또는 터널직경의 1.5배 이상의 토비가 확보되는 범위까지로 정의한다. 갱구부는 주로 지반조건, 지질구조, 지하수 등 원지반 내부의 조건에 따라 그 거동이 지배되는 터널 일반부와는 달리 지반조건 이외에 지형, 기상, 입지조건, 근접시설물 등의 외적조건에도 크게 영향을 받기 때문에 이를 고려한 구조 및 시공법을 선정하여야 한다.

➤ 갱구부의 위치 및 갱구 연결 설계 및 시공시 고려사항

갱구는 기본적으로 비탈면과 직교하는 위치에 계획하며, 공사용 설비의 배치에 대해서도 고려한다. 또한 갱구 설치시 토피는 최소 3~5m 정도를 확보하여야 하며 절토면은 필요에 따라 숏크리트나 록볼트에 의한 보강을 하여 충분한 비탈면 안정성을 확보하여야 한다.

갱구부 설계시 구조물 안정성 확보와 비탈면 형성에 의한 환경훼손 최소화를 위해 고려해야 할 사항은 다음과 같다.

- 갱구의 위치 및 설치방법
- 갱구부로 시공되는 범위
- 갱구부의 굴착방법, 지보구조, 보조공법과 콘크리트 라이닝 구조
- 갱구비탈면 안정검토와 필요한 비탈면 안정공법

- 갱구비탈면의 지표수 및 지하수 배수대책
- 기상재해의 가능성과 필요한 대책공법
- 지표면 침하 등 갱구주변의 구조물에 미치는 영향
- 갱구주변의 환경에 미치는 영향
- 비상사태 발생시 구난활동의 유지관리 방안(접근의 편리성)
- 갱구비탈면 및 구조물의 공사중 및 운영중 유지관리방안
- 터널 작업의 소요공간(Batch plant, 폐수처리시설, 장비의 조립 및 대기장소 등) 및 기타 방재설비의 설치공간 확보여부, 가설, 공사용 도로 및 공사용 설비계획 등

시공중 지표면 침하에 재약을 받을 때에는 대상구조물의 설계조건을 충분히 파악하고 그에 맞는 설계와 시공을 하여야 한다. 부득이하게 지반활동 지역에서 터널을 계획할때는 터널 시공에 앞서 갱구밖에서의 압성토나 지반보강공법을 미리 시공하도록 설계하여야 하며 터널 안에서는 지반활동을 유발시키지 않는 설계와 시공법을 채택해야 한다.

시공시 원지반 이완을 최소화하도록 하고 동시에 계측을 통한 지반활동 가능성에 대한 예측을 수행한다.

➤ 갱구부의 위치선정시 고려사항

터널갱구부의 계획은 지형이나 기상의 영향을 크게 받으며 지형과 터널중심 축선과는 다음과 같은 위치관계를 고려한다.

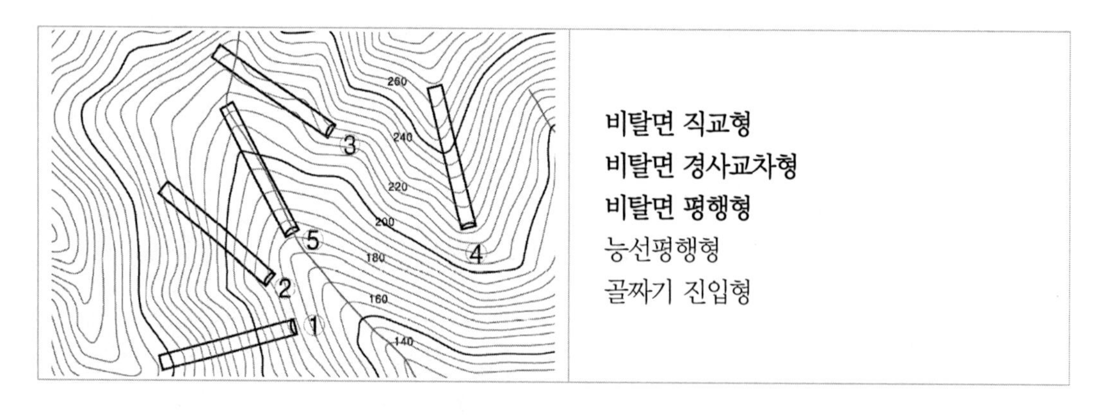

비탈면 직교형

가장 이상적인 터널축선과 비탈면의 위치관계로 비탈면 하단보다 상부지역에 갱구부가 계획될 경우는 공사용 도로의 확보나 설치되는 도로구조물과의 관계 등 시공상의 특별한 배려가 필요하다.

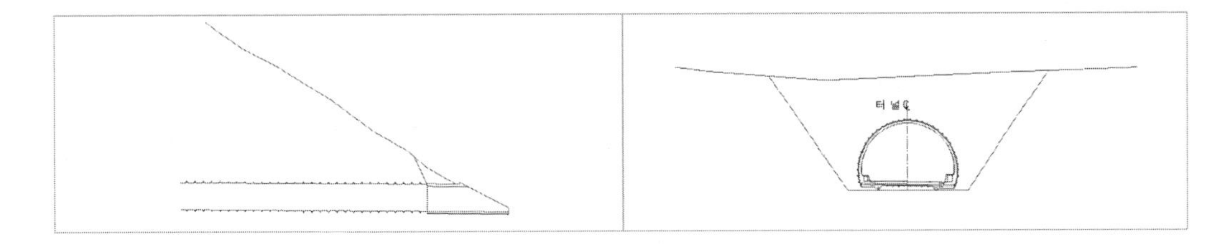

비탈면 경사교차형

터널축선이 비탈면에 대해 비스듬하게 진입하기 때문에 비대칭의 절취 비탈면이나 갱문을 설치하게 되므로 편토압 및 횡방향 토피확보여부에 대한 검토가 필요하다.

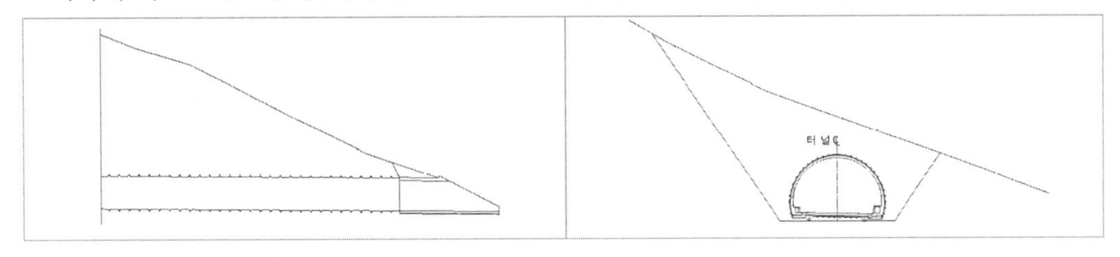

비탈면 평행형

경사교차가 극단적일 때이며 가급적 피해야 하는 경우로 긴 구간에 걸쳐 골짜기 쪽의 토피가 극단적으로 얇아질 때가 있어 편토압에 대한 특별한 배려가 필요하다.

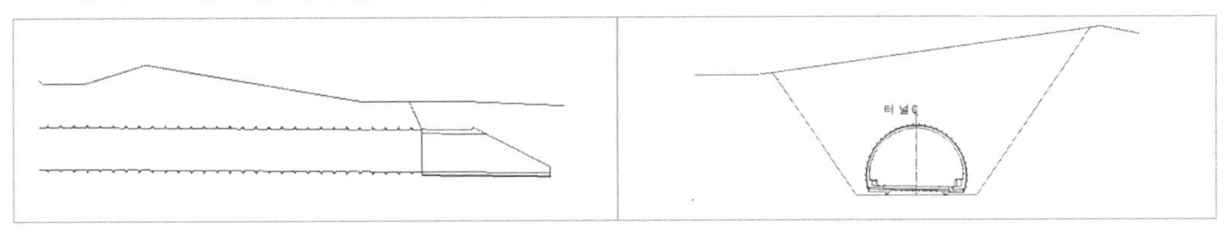

능선 평행형

터널 양쪽면의 토피가 극단적으로 얇아질 때가 있어 횡단면의 검토가 요구되며 암선의 좌우 비대칭일 경우가 많고 암선이 깊게 될 경우가 많기 때문에 지반조사를 철저히 하여야 한다. 선형상으로는 갱구부의 굴착량이 최소가 되어 경제적이며 지반조건에서 문제가 없다면 바람직한 방법이다.

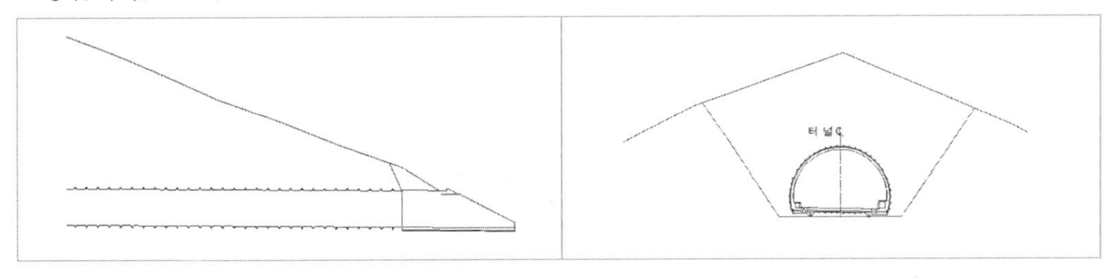

골짜기 진입형

일반적으로 골짜기에는 지질구조대가 발달하고 있어 암질이 불량한 경우가 많으며 지표수 유입과 주위 지하수위가 높을 때가 많다. 또한 토석류, 눈사태 등의 자연재해가 발생하기 쉬운 위치관계이다. 부득이하게 계획되었을 경우는 수리 수문학적인 검토를 충분히 하여 지표수와 갱문배면의 침투수가 원활하게 배수 처리되도록 고려하여야 하며 낙석, 산사태, 눈사태 등의 자연재해 발생 가능성에도 대비하여야 한다.

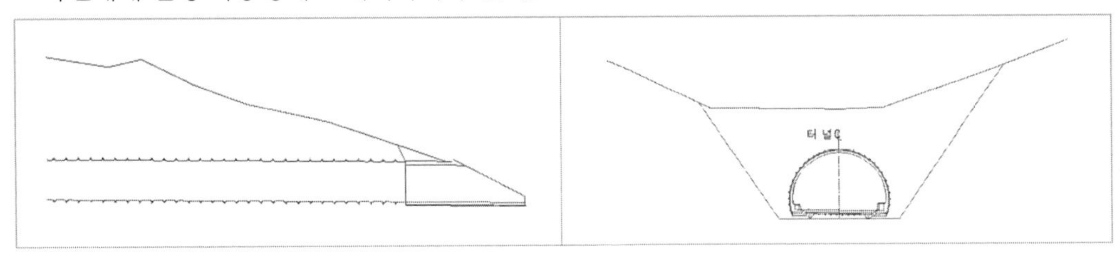

➤ 결 론

터널 축선과의 관계는 현재까지의 시공 실적을 감안할 때 가능한 비탈면과 직교하는 위치를 선정하는 것이 바람직하며, 갱구부의 원 지반 조건은 그 양부의 정도에 변화 폭이 있어 복잡하므로 직교로 해도 문제가 없는 것은 아니지만 다른 것과 비교하여 편 토압이 발생하는 일이 매우 적고 문제 발생시 대응이 쉽다. 노선 선정상의 제약을 받아 직교하기가 어려울 때가 있으나 터널 축선과 비탈면의 등고선과는 60°이상의 교차 각도로 하는 것이 바람직하다.

Chapter

02 지하차도 설계

01 지하차도 계획 및 설계

1. 계획 일반

도심지내 입체화 시설 설치 시에는 경관 및 민원에 의해서 지하차도로 계획되는 경우가 많으며 이러한 지하차도의 연장이 장대화되면서 터널과 지하차도의 명확한 구분이 어려운 실정이다. 지하차도의 계획은 주로 개착식과 비개착식으로 구분될 수 있다.

1) 개착식 공법을 이용한 지하차도 계획 시 고려사항

개착식 공법 적용 시 지하차도의 굴착심도가 깊어질수록 공기나 공사비 측면에서 비경제적

① 지하차도의 평면선형, 종단선형, 굴착심도, 형상(시설한계 등) 및 부속시설

② 지장물(지하시설물, 지상 건축물) 조건, 입지조건, 지반조건 및 현장조건(토지이용현황, 도로 및 교통조건, 공사 중 기존 교통처리 대책 등)

③ 시공방법, 지반보강방법, 굴착공법 및 가시설 흙막이 구조물 공법

④ 환경보호대책, 지상구간 이용계획, 작업시간 소음 진동 대책

⑤ 포장, 환기, 방재, 배수시설, 전기, 신호 등 부대시설계획

⑥ 공정 및 공사비 등 경제성 분석

⑦ 시공안전대책 및 유지관리 대책 등

2. 지하차도 구조물 설계 시 주요 검토사항 : 부력

93회 1-9 지하구조물에서 양압력에 의해 발생되는 문제점과 대책

84회 2-1 지하차도 U-TYPE구간 양압력에 대한 안정성 검토방법과 대책공법

1) 부력 안정 검토

지하차도 구조물 설계 시 부력에 대한 안정성을 평가하며 부력에 대한 안전여부는 공사 중과 완공 후로 구분하여 검토하며 공사 중 공사단계별 조건 중에서 가장 위험한 조건을 기준으로 한다.

2) 부력 계산 세부 내용

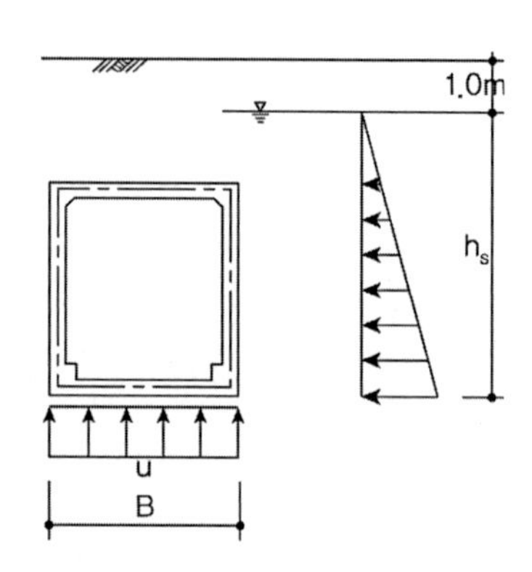

부력에 대한 안전율

① 공사중 : $FS \geq 1.10$

② 완공후 : $FS \geq 1.20$ (실제 조사수위 적용 시)

$FS \geq 1.05$ (GL-1.0m, 극한상황)

※ 실제조사수위 적용은 계절별 최대 수위 적용하여야 하는 이유로 통상 극한상황에 대하여 적용하고, 공사 중 안정성 검토 시에는 부력방지 앵커 등을 설치할 경우 이를 하중으로 고려하여 설계

3) 부력 : $U = \gamma_w h_s B$

γ_w : 물의 단위중량(kN/m), h_s : 지하수의 심도(m), B : 부력의 폭(m)

4) 저항력

① 부력에 대한 저항력(R)은 고정하중인 구체자중 및 상재 고정하중과 측면마찰력(F)의 합으로 한다.

② 구체자중은 구조물 자중만을 고려한다.

③ 상재고정하중은 포장하중과 지하수의 영향을 고려하여 구한다.

④ 지하수위 이하의 토피하중은 지하수위 이하 흙의 단위중량(γ_{sub})을 기준으로 하고 연직수압은 추가로 고려한다.

⑤ 저항력 : 구체자중(W_1) + 상재고정하중(W_2) + 측면마찰력(F)

$$\text{측면마찰력}(F) = 2(\text{양면}) \times \left[cD(\text{점착력}) + \frac{1}{2} K_u \gamma D^2 \tan\delta (\text{삼각형토압}) \right]$$

$$= 2cD + K_u \gamma D^2 \tan\delta$$

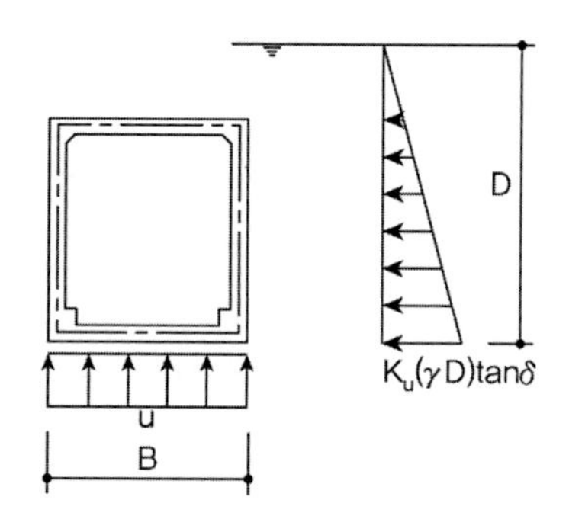

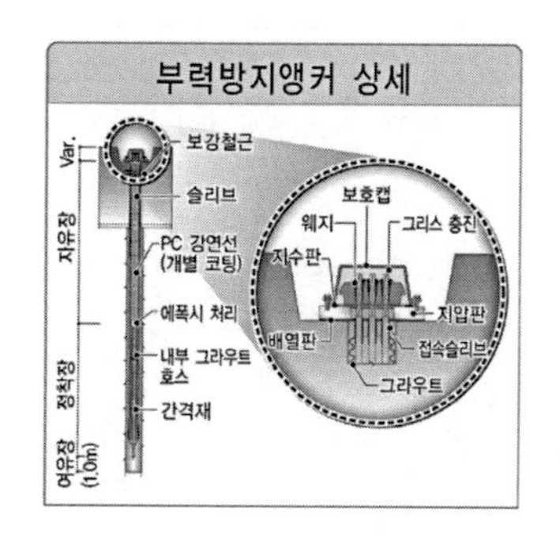

c : 점착력(kN/m^2), D : 적용점의 심도(m)

K_u : 토압계수, 흙의 변형생태로부터 발생하는 정지토압계수 K_0에서 수동토압계수 K_p 사이의 값으로 안전을 고려하여 정지토압계수 적용($K_0 = 1 - \sin\phi$)

γ : 양압력을 고려하는 습윤 상태의 단위중량(kN/m3)

$\tan\delta$: 파괴면이 비교적 구조물 벽면에 인접하여 있으므로 구조물과 지반의 상태마찰각으로 생각하며 $\delta = \frac{1}{3}\phi$로 적용

⑥ 부력에 대한 안전율 부족 시에는 전단키 설치로 구조물 자체의 중량 확보 방안, 부력방지 앵커, 영구배수공법 등과 같은 별도의 필요한 조치를 한다.

⑦ 영구구조물에서 부력방지용 인장말뚝 설치 시에는 인장말뚝의 인장앵커력을 구조계산시 고려한다.

5) 부력방지 대책

구분	부력방지 앵커	MASS 콘크리트 타설
단면	℄ OF ROAD 부력방지앵커	℄ OF ROAD MASS 콘크리트
개요	하부슬래브에 PS 스트랜드를 연결하여 부력에 저항	무근콘크리트를 사용하여 자중을 증가시켜 부력에 저항하는 형식
특징	• 공사비 다소 고가 • 구조물 앵커끝단의 지지 확인 필요 • 양압력 저항효과 탁월 • 시공성 다소 양호 • 지질조건의 변화에 따른 앵커력의 불확실성 • 가시설 적용 면적 감소 • 앵커부 세심한 방수 관리 필요	• 지지층에서의 지지력 확보양호 • 지질조건의 변화에 대한 적용성 양호 • 시공성 다소 양호 • 경제성 다소 불리 • 대규모 터파기량 발생 • 노면복공 면적의 감소 • 단면이 두꺼워지므로 콘크리트 양생 시 관리 필요

구분	전단키 설치	지하수 배수
단면	℄ OF ROAD 부상방지턱 부상방지턱	유공관
개요	하부슬래브에 KEY를 설치 자중 및 마찰로 부력에 저항하는 형식	구조물 바닥에 배수구멍을 뚫어 수압을 감소
특징	• Key길이가 길어지면 토압은 커지지만 지하수위가 높아지면 상대적으로 양압력이 증가하므로 효과 감소 • 시공 시 터파기 면적의 증가에 의한 공사비 증가 • 시공성 및 경제성에서 불리 • 굴착면적의 과다로 노면 복공면적 및 가시설량 증가 • 공사 중 교통처리가 상대적으로 곤란	• 시공비 저렴 • 시공성 불량 • 포장층 유지관리 불량 • 유입유량 추정 곤란하여 집수정 용량 증대 • 지하수 배수 시 주변지반 침하대책 필요

3. 지하차도 유도배수공법의 설계 및 유지관리 (LHI Journal, 유도배수공법을 적용한 지하차도 설계 및 유지관리방안, 영종하늘도시)

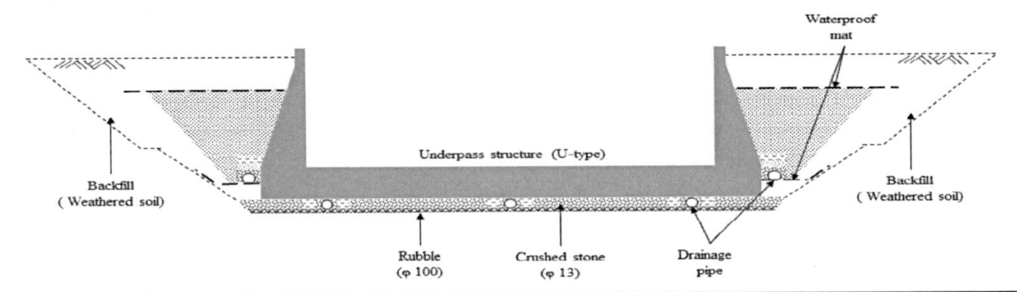

구분	고정하중에 의한 방법	영구앵커에 의한 방법	배수에 의한 방법	
			외부 배수시스템	기초 바닥 배수시스템
개요	구조물자중을 압압력보다 크게 설계	구조물자중과 양압력의 차이를 앵커가 부담	지하벽체 외부에 배수층 설치하여 침투유입하는 지하수를 배수, 양압력을 감소	기초 슬래브 아래에 배수층 설치, 유입 지하수 강제양수
시공법	저층부 구조체 및 기초두께를 증가시키나 비중이 큰 재료로 공간 채움	암반층 천공하고 스트랜드 강선을 삽입, 긴장하여 양압력에 저항	유공관 또는 다발관 및 집수정 설치	유공관 또는 다발관 및 집수정 설치
장점	시공간편, 천층 지하굴착에 많이 적용	앵커의 저항능력 및 간격 선택이 자유로움	지하구조물 전체 안정에 효과적	경제적이고 시공이 간단하여 공기단축
단점	양압력이 크거나 구조물이 크고 중요한 경우 적용불가 기초단면 증가로 공사비 증가	공사비고가, 강선부식, 응력 이완 또는 감소 우려 장기적 계측과 재인장 필요	유지관리비용 소요 배수재 막힘 현상에 의한 배수기능 저하	유지관리비용 소요 지반 내 유입수량의 적절한 산정이 중요

구분	지하수 유도배수에 의한 방법	영구앵커에 의한 방법
개요	• 지하차도 측면 및 바닥에 배수층 설치로 지하수 유도 및 지하수위 저하 유도 • 유도지하수를 집수정에 모아 배수처리	• 자연형성 지하수위에 의한 부력을 Anchor로 저항 • 천공 후 공장제작된 Anchor체 삽입 및 그라우팅 작업, 기초 콘크리트 타설양생 후 인장작업 설치
장단점	• 지하수를 목표 LEVEL까지 인위적으로 하향조정 가능 • 퇴적지대의 자연수위가 아닌 매립층 지역의 수위 형성으로 인한 유출수량은 매우 제한되어 경제적이며 효과적 • 유도배수공법 유지관리가 요구	• 별도 유지관리 필요 없음 • 실제 형성 지하수위 예측이 어려움 • 안정적으로 적용지하수위를 높게 잡는 경우 공사비 증가 • Anchor체 자유장 부등Creep인장으로 구조 부재 균열 발생가능
결론	• 지하차도 폭이 매우 넓고 지하수위가 높아 부력에 대한 대책공법으로 Anchor 공법 또는 자중증대공법을 적용하는 경우 안정성은 높으나 비경제적 설계 • 지하차도가 비교적 단지고가 높은 구역에 설치되어 지하수 유도배수공법 적용 시 소요 지하수위 저하고는 크지 않은 편이고 우기시 지하수 유입량 및 만조위시 대수층 피압수 유입량은 제한될 것으로 판단되어 경제성이 큰 지하수 유도배수공법 적용이 유리 • 다만 운영 중 지하수위 계측을 시행하고 불확실한 지하수 특성에 대비하도록 강구가 필요	

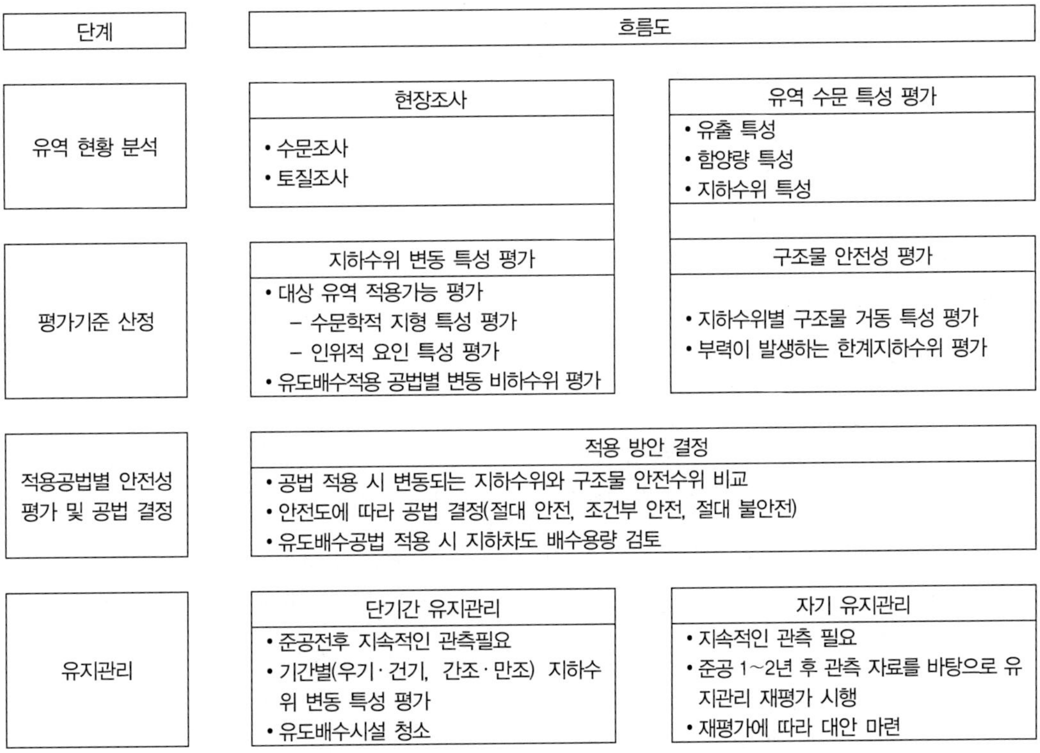

단계	흐름도	
유역 현황 분석	**현장조사** • 수문조사 • 토질조사	**유역 수문 특성 평가** • 유출 특성 • 함양량 특성 • 지하수위 특성
평가기준 산정	**지하수위 변동 특성 평가** • 대상 유역 적용가능 평가 – 수문학적 지형 특성 평가 – 인위적 요인 특성 평가 • 유도배수적용 공법별 변동 비하수위 평가	**구조물 안전성 평가** • 지하수위별 구조물 거동 특성 평가 • 부력이 발생하는 한계지하수위 평가
적용공법별 안전성 평가 및 공법 결정	**적용 방안 결정** • 공법 적용 시 변동되는 지하수위와 구조물 안전수위 비교 • 안전도에 따라 공법 결정(절대 안전, 조건부 안전, 절대 불안전) • 유도배수공법 적용 시 지하차도 배수용량 검토	
유지관리	**단기간 유지관리** • 준공전후 지속적인 관측필요 • 기간별(우기·건기, 간조·만조) 지하수위 변동 특성 평가 • 유도배수시설 청소	**자기 유지관리** • 지속적인 관측 필요 • 준공 1~2년 후 관측 자료를 바탕으로 유지관리 재평가 시행 • 재평가에 따라 대안 마련

(유도배수공법 적용성 평가 흐름도)

4. 지하차도 구조물 설계 시 주요 검토사항 : 종방향 설계

1) 구조물 종방향 검토 시 종방향 강성(EI)을 무한대로 보고 지지조건을 탄성받침으로 한다.

지점의 경계조건은 기초지반의 종류에 관계없이 저판의 모든 부위에 지반반력계수와 설치간격으로부터 환산된 스프링을 설치(간격 1.0m 이내)한 모델로 계산한 방법이 주로 사용되며 부력 등에 의하여 스프링에 인장이 발생할 경우 인장을 받는 스프링은 차례로 제외시켜 최종적으로 압축만 받는 스프링만 남겨둔 상태의 모델 해석결과를 취한다. 다만 암반지반에서는 벽체 또는 기둥 하단부위에 회전 또는 이동지점의 경계조건을 부여할 수 있다.

지반반력계수 : $K_v = K_{v0}\left(\dfrac{B_v}{0.3}\right)^{-0.3}$ (토사지반)

K_v : 연직방향 지반반력계수(kN/m^3)

K_{v0} : 지름 0.3m의 강체원판에 의한 평판재하 시험값에 상당하는 연직방향 지반반력계수로

지반조사로부터 $K_{v0} = \dfrac{1}{0.3}\alpha E_0$로 추정 ($E_0$: 지반변형계수, α : 계수)

B_v : 기초의 환산재하폭 B_v는 구조물 저판의 지간을 적용

2) 적정 간격으로 신축이음을 줄 경우에는 종방향 검토를 하지 않아도 되나 특별히 기초 지반이 좋지 않을 때는 종방향 검토를 하는 것이 바람직하다.

3) 신축이음

① 박스구조 : 하천통과구간, 온도변화에 의한 건조수축, 부등침하, 주행성을 고려하여 설치하되 연약지반이나 부등침하, 지진의 영향이 큰 곳에서는 EXP. Joint를 설치한다. 본체구조물과 부대시설(환기구, 비상통로 등) 접합부는 상이한 설계조건, 외부온도 변화의 영향을 고려하여 신축이음을 설치한다.

② U-TYPE : 온도변화에 의한 응력으로 균열이 예상되므로 EXP. Joint를 설치한다.

4) 신축이음 방향은 원칙적으로 측벽에 직각으로 하나 토피가 작은 경우에는 중앙분리대의 방향 또는 차선표시 방향으로 하는 것이 바람직하다.

5) 지하 개착식 박스구조물은 일반적으로 신축이음이 없는 연속한 구조물로 기준하고 연약지반으로 인한 부등침하나 지진의 영향이 크다고 생각되는 경우는 신축이음을 설치할 경우가 있다.

6) 지하본체구조물과 환기구, 출입구 등 부대시설 접합부는 상이한 설계조건 및 외부온도 변화의 영향 등에 의해 발생할 수 있는 구조적으로 다른 거동과 힘의 흡수 또는 통과시킬 수 있도록 설계해야 하며 접합부에는 신축이음을 둘 수 있다.

7) 시공이음의 구조에서는 철근을 연결하고 단면 내에 홈을 두는 등 전단키를 설치하여 힘의 전달이 확실하게 하며 물의 침투가 되지 않도록 사용하는 재료의 재질, 규격, 설치 방법 등을 검토 설계한다.

TIP | 온도수축철근 |

① $f_y \le 400MPa$: $\rho_{\min} = 0.002$

② $f_y > 400MPa$: $\rho_{\min} = 0.002 \times \dfrac{400}{f_y}$ 단, $A_s \le 1800mm^2/m$

8) 지하차도구간 부등침하 방지대책

① 기초지반의 급격한 변화 (연약지반 → 암반지반)

② 구조물의 기초형식 변화구간 (말뚝기초 → 직접기초)

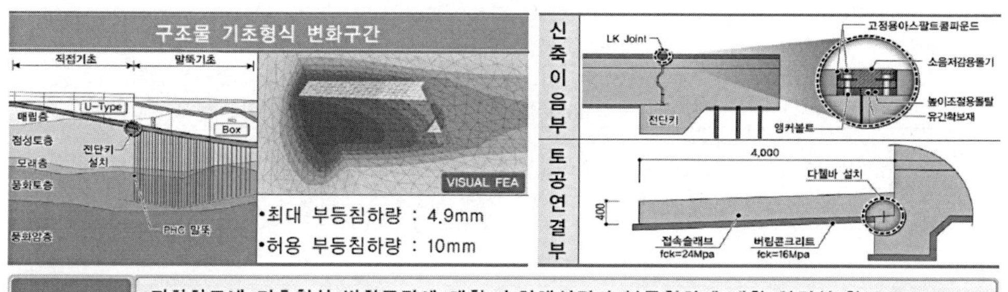

검토결과	•지하차도내 기초형식 변화구간에 대한 수치해석결과 부등침하에 대한 안정성 확보 •토공연결부(접속슬래브 설치) 및 신축이음부(전단키 설치)에 대한 침하방지로 주행안전성 확보

5. 지하차도 방수공법 비교

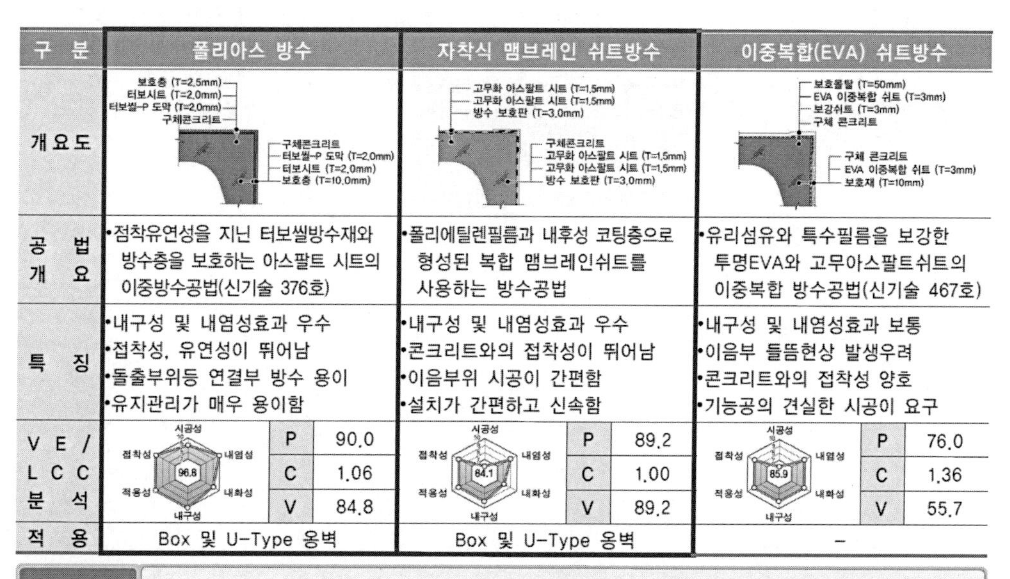

구 분	폴리아스 방수		자착식 맴브레인 쉬트방수		이중복합(EVA) 쉬트방수	
개요도	보호층 (T=2.5mm), 터보시트 (T=2.0mm), 터보씰-P 도막 (T=2.0mm), 구체콘크리트		고무화 아스팔트 시트 (T=1.5mm), 고무화 아스팔트 시트 (T=1.5mm), 방수 보호판 (T=3.0mm)		보호몰탈 (T=50mm), EVA 이중복합 쉬트 (T=3mm), 보강쉬트 (T=3mm), 구체 콘크리트	
공법 개요	•점착유연성을 지닌 터보씰방수재와 방수층을 보호하는 아스팔트 시트의 이중방수공법(신기술 376호)		•폴리에틸렌필름과 내후성 코팅층으로 형성된 복합 맴브레인쉬트를 사용하는 방수공법		•유리섬유와 특수필름을 보강한 투명EVA와 고무아스팔트쉬트의 이중복합 방수공법(신기술 467호)	
특 징	•내구성 및 내염성효과 우수 •접착성, 유연성이 뛰어남 •돌출부위등 연결부 방수 용이 •유지관리가 매우 용이함		•내구성 및 내염성효과 우수 •콘크리트와의 접착성이 뛰어남 •이음부위 시공이 간편함 •설치가 간편하고 신속함		•내구성 및 내염성효과 보통 •이음부 들뜸현상 발생우려 •콘크리트와의 접착성 양호 •기능공의 견실한 시공이 요구	
VE / LCC 분석	96.8	P 90.0 C 1.06 V 84.8	84.1	P 89.2 C 1.00 V 89.2	85.9	P 76.0 C 1.36 V 55.7
적 용	Box 및 U-Type 옹벽		Box 및 U-Type 옹벽		–	

검토결과	•해안지역의 특성을 고려 염해저항성 및 내구성이 우수하고, 특히 돌출부분 및 연결부 방수가 용이한 폴리아스 방수공법과 구체와의 접착성이 뛰어난 자착식 멤브레인 쉬트방수공법을 선정

6. 지하차도 신축이음방식 비교

구 분	원안, 대안설계 (LK-Joint)	매입일체형 Joint	Angle Joint
개요도	내마모성고무 아스팔트 포장 앵커볼트 <콘크리트 구체> 고정용 앵커 합판	아스팔트 포장 실런트+골재 T-bar 복합 지수판 수팽창성지수재 <콘크리트 구체> 다웰바	특수실런트 상판 아스팔트 포장 콘크리트 앙카 신축고무 복합 지수판 수팽창성지수재 <콘크리트 구체> 다웰바
공법 개요	•구조용강재와 탄성고무, 접착제로 구성된 일체형 신축이음 공법	•수팽창지수재, 지수판, 다웰바등의 신축이음에 무조인트를 적용	•백업재나 Joint Seal을 Angle 사이에 장착 후 콘크리트를 타설
특 징	•온도변화에 대한 신축성 우수 •내구성 및 주행성 우수 •누수차단 효과 완벽 •시공성 및 유지보수에 유리	•온도변화에 대한 신축성 불리 •노면과 연속성 우수 •Joint가 없어 주행성 양호 •소성변형등 유지보수에 불리	•온도변화에 대한 신축성 불리 •내구성 및 시공성 보통 •노면과 연속성 불량 •지속적인 유지보수 필요

검토결과	•차륜하중이 직접 재하되는 하부슬래브의 신축이음장치는 유간확보가 확실하여 균열발생을 최소화 할 수 있고 시공성, 내구성이 우수하고 특히 누수차단이 탁월한 LK-Joint 공법을 선정

7. 콘크리트 염해 및 중성화방지를 위한 도장공법 비교

구 분	세라믹 도막	에폭시 도막	금속 피막
특 징	•내후성 및 내오염성 우수 •장기 부착성 양호 •시공성은 보통이나 내구성 양호	•내충격성 및 유연성이 보통 •장기 부착성 다소 불량 •시공성은 양호하나 내구성 불량	•내후성 및 내오염성 불량 •단기 및 장기 부착성 양호 •시공성 및 내구성이 보통

검토결과	•염분침투 방지와 중성화반응 차단효과가 우수하여 지하차도의 내구수명을 연장할 수 있고, 색상 및 무늬 사용으로 벽면처리가 용이한 콘크리트도장(세라믹계)을 선정

100회 3-6

부력검토

다음그림과 같은 콘크리트 지중구조물의 양압력에 대한 안전여부를 검토하고 부상방지 대책을 설명하시오.(단, 토피는 4.5m이고 지표면으로부터 50cm 아스팔트 포장이 되어 있으며, G.L-1.5m에 지하수가 존재한다).

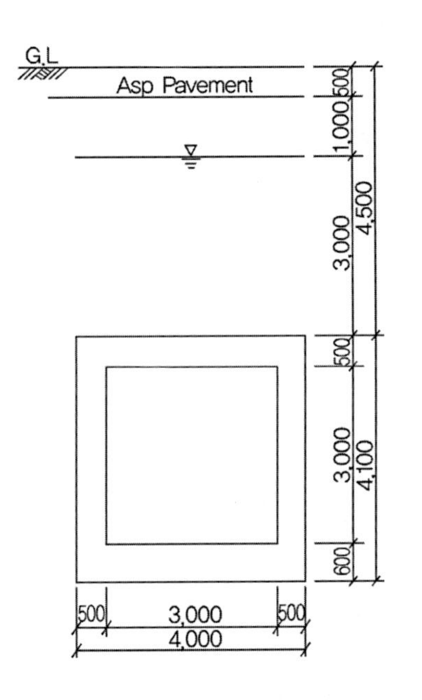

콘크리트 단위중량 $\gamma_c = 25kN/m^3$
아스팔트의 단위중량 $\gamma_a = 23kN/m^3$
흙의 습윤 단위중량 $\gamma_t = 20kN/m^3$
흙의 수중 단위중량 $\gamma_{sub} = 11kN/m^3$
흙의 점착력 $c = 0kN/m^2$
흙의 내부마찰각 $\phi = 35°$

풀 이

부력 검토

부력에 대한 안정성 검토는 공사 중과 완공 후로 구분하여 산정하도록 되어 있다. 일반적으로 완공 후보다는 공사 중의 안정성검토가 더 큰 문제가 발생하는 경우도 종종 있으나 주어진 문제 조건에서는 완공 후에 대한 안정성을 대상으로 검토한다.

1) 부력 산정

통상 부력의 산정 시 극한상태로 검토(GL-1.0m)를 통해 검토 수행하거나 실제 지하수위를 기준으로 부력을 산정하도록 되어 있으나 주어진 조건에서 GL-1.5m를 극한상태로 보고 평가하도록 한다.

$\gamma_w = 10kN/m^3, \quad h_s = 7.1m, \quad B = 4.0m$

$U = \gamma_w h_s B = 10 \times 7.1 \times 4.0 = 284^{kN/m}$

2) 저항력 산정

① 구체의 자중

$$W_1 = [(4.0\times0.6)+(4\times0.5)+(3\times0.5)\times2]\times25^{kN/m^3} = 185^{kN/m}$$

② 상재고정하중

$$W_2 = 4\times0.5\times\gamma_a + 4\times1.0\times\gamma_t + 4\times3.0\times\gamma_{sub} = 258^{kN/m}$$

③ 측면마찰력

$$\delta = \frac{1}{3}\phi = 11.7°,\ K_u \fallingdotseq K_0 = 1-\sin\phi = 0.426$$

$$F = 2cD + K_u\gamma_t D^2\tan\delta = K_u\gamma_t D^2\tan\delta = 0.426\times20\times8.6^2\times\tan(11.7°) = 130.63^{kN/m}$$

④ 총 저항력

$$W = W_1 + W_2 + F = 185+258+130.6 = 573.6^{kN/m}$$

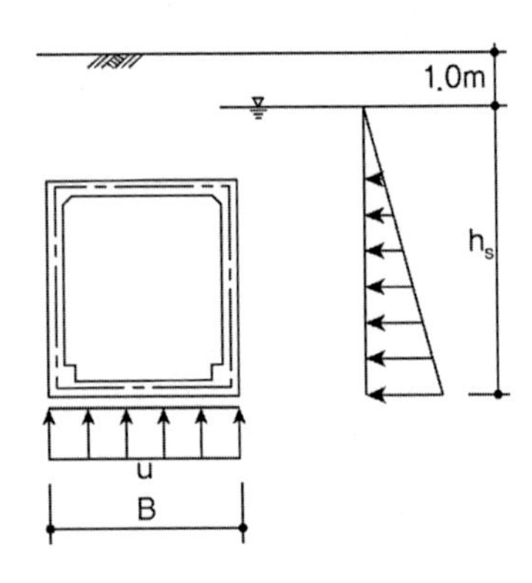

부력에 대한 안전율

① 공사 중 : $FS \geq 1.10$

② 완공 후 : $FS \geq 1.20$ (실제 조사수위 적용 시)

$FS \geq 1.05$ (GL−1.0m, 극한상황)

※ 실제조사수위 적용은 계절별 최대 수위 적용하여야 하는 이유로 통상 극한상황에 대하여 적용하고, 공사 중 안정성 검토 시에는 부력방지 앵커 등을 설치할 경우 이를 하중으로 고려하여 설계

$\therefore F.S = \dfrac{W}{U} = 2.01 \geq 1.05$ 따라서 부력에 대해서 안전하다.

➤ 부력방지 대책

구분	부력방지 앵커	MASS 콘크리트 타설	전단키 설치	지하수 배수
단면	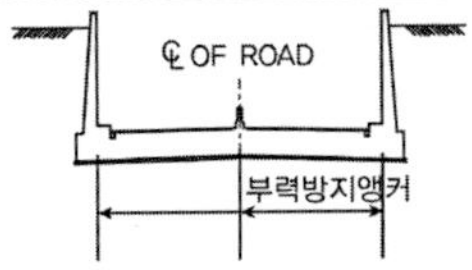 ℄ OF ROAD 부력방지앵커	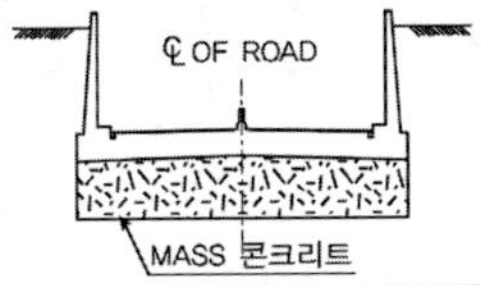 ℄ OF ROAD MASS 콘크리트	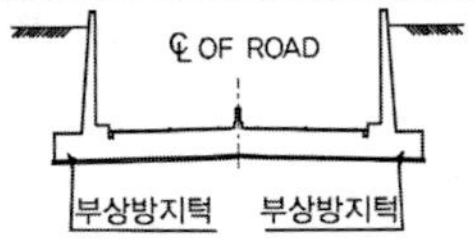 ℄ OF ROAD 부상방지턱 부상방지턱	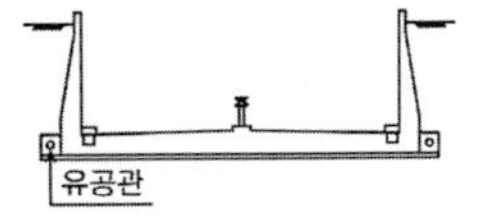 유공관
개요	하부슬래브에 PS스트랜드를 연결하여 부력에 저항	무근콘크리트를 사용하여 자중을 증가시켜 부력에 저항하는 형식	하부슬래브에 KEY를 설치 자중 및 마찰로 부력에 저항하는 형식	구조물 바닥에 배수구멍을 뚫어 수압을 감소
특징	• 공사비 다소 고가 • 구조물 앵커끝단의 지지 확인 필요 • 양압력 저항효과 탁월 • 시공성 다소 양호 • 지질조건의 변화에 따른 앵커력의 불확실성 • 가시설 적용 면적 감소 • 앵커부 세심한 방수 관리 필요	• 지지층에서의 지지력 확보양호 • 지질조건의 변화에 대한 적용성 양호 • 시공성 다소 양호 • 경제성 다소 불리 • 대규모 터파기량 발생 • 노면복공 면적의 감소 • 단면이 두꺼워지므로 콘크리트 양생 시 관리 필요	• Key길이가 길어지면 토압은 커지지만 지하수위가 높아지면 상대적으로 양압력이 증가하므로 효과 감소 • 시공 시 터파기 면적의 증가에 의한 공사비 증가 • 시공성 및 경제성에서 불리 • 굴착면적의 과다로 노면복공면적 및 가시설량 증가 • 공사 중 교통처리가 상대적 곤란	• 시공비 저렴 • 시공성 불량 • 포장층 유지관리 불량 • 유입유량 추정 곤란하여 집수정 용량 증대 • 지하수 배수 시 주변지반 침하대책 필요

Chapter

03 가시설 설계

01 지하구조물 굴착공법

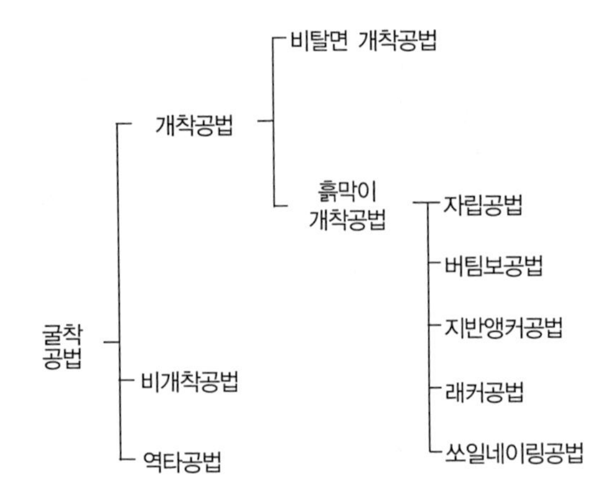

1. 개착공법

1) 비탈면 개착공법(Open Cut Method)

경사지게 굴착하여 안정구배에 맞는 경사면 형성 후 지반의 자립성에 의해 지반붕괴를 방지하면서 굴착하는 공법

장점 : 공사기간, 공사비 절감

단점 : 굴착깊이의 제한 및 굴착량과 되메움량 과다, 용지확보 필요

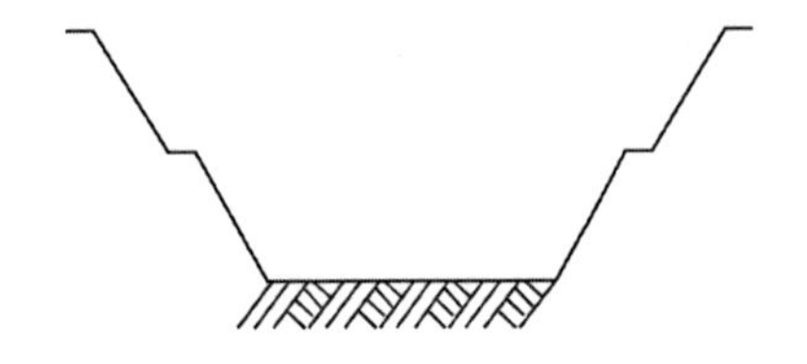

2) 흙막이 개착공법

굴착시 발생하는 지반의 토압과 수압을 흙막이 벽과 지보공에 의해 지지하면서 굴착하는 공법으로 버팀보 공법, 어스앵커 공법, 쏘일네일링공법, 자립공법, 레이커공법이 있다.
흙막이공은 토류벽과 지지구조로 구성되는데 이때 토류벽으로는 강널말뚝, 엄지말뚝, 주열식 현장타설말뚝과 지하연속벽체 등이 있다.

① 버팀보(Strut) 공법 : 엄지말뚝이나 강널말뚝으로 구성된 흙막이벽을 띠장과 수평버팀보로 지지하며 굴착, 복공판 설치유무에 따라 복공식과 무복공식으로 구분
② 지반앵커(Earth Anchor)공법 : 수평 버팀보 대신 지반앵커로 흙막이벽을 지지하는 공법으로 지반 내에 앵커체 설치 후 인장력을 가하여 흙막이벽과 지반을 결합, 내부작업공간 확보가 유리하나 인접대지에 앵커가 설치되어 민원 발생소지가 있다.

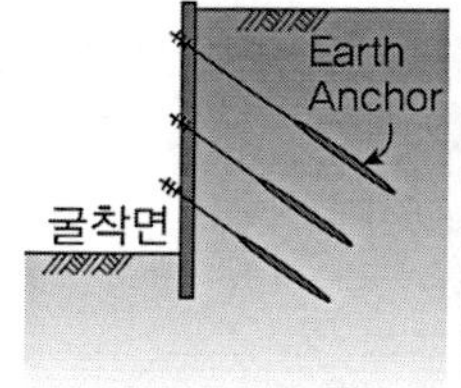

③ 레이커(Raker) 공법 : 흙막이벽을 시공한 후 그 내측에 비탈면을 남기며 굴착을 실시하여 먼저 시공한 기초 구조물에 반력을 가하고 흙막이벽에 경사버팀보(레이커)를 설치하여 굴착하는 공법, 버팀공이 적게 소요되나 시공공간이 좁고 작업효율이 떨어진다.
④ 소일네이링(Soil Nailing) : 스트럿 공법에서의 엄지말뚝과 버팀보를 사용하지 않고 굴착을 하면서 동시에 네일과 숏크리트 전면판으로 보강하는 공법, 굴착시 굴착면으로 변형을 일으키는 것을 그라우트재와 주변의 지반마찰력이 저항하고 최종적으로 보강재에 전달되어 보강재의 인장저항력으로 저항, 원지반 자체를 벽체로 이용하여 비교적 안정성이 높은 벽체 형성, 소형기계 사용가능, 좁은 장소나 경사 급한 지역 적용가능

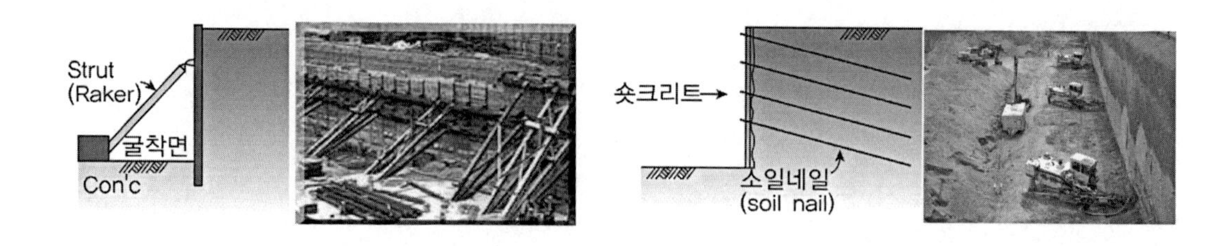

3) 비개착공법

도로 및 철도 등의 시설물을 현 상태 그대로 유지하면서 하부를 굴착하여 구조물 시공하는 방법 일반적으로 강관, 각관, 프래캐스트 콘크리트 패널 등을 지중에 삽입 보강 후 인력 또는 장비를 이용하여 지반굴착 및 구조물을 시공한다.

4) 역타 공법(Top Down)

지하층의 외부옹벽(Slurry Wall)을 본체구조물로 사용하고 지하층 기둥은 현장타설말뚝으로 시공한 후 지하층의 슬래브와 빔을 연속벽과 연결하며 토공과 병행하여 단계적으로 상부에서 하부로 시공함과 동시에 지상구조물을 축조하는 공법, 타 공법에 비해 벽체 변위를 감소시킬 수 있는 공법으로 인접건물이 밀집된 도심지의 깊은 굴착에서 효과적이나 공사비가 고가이다.

02 흙막이 구조물의 설계

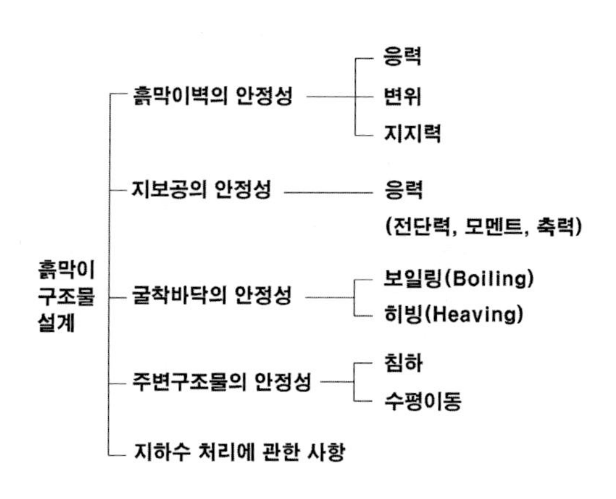

(흙막이 구조물 설계 시 안전율)

조건		기준치	비고
지반의 지지력		2.0	
비탈면 안정		1.2	필요시
근입깊이 결정		1.2	연약지반 별도
굴착저부의 안정	파이핑	2.0	사질토
	히빙	1.5	점성토
지반앵커	단기(2년 미만)	2.0	
	장기(2년 이상)	3.0	

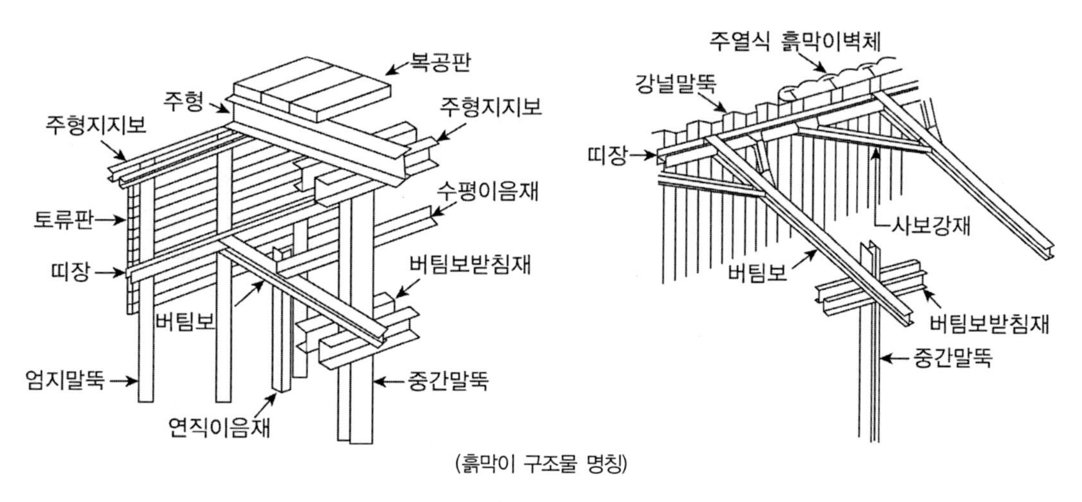

(흙막이 구조물 명칭)

1. 하중 : 토압

구분			고정하중	활하중	충격하중	토압	수압	온도하중
버팀보 방식 H말뚝	흙막이 말뚝	근입깊이	○	○	○	○	○	
		단면	○	○	○	○	○	
	중간말뚝	근입깊이	○	○	○			
		단면	○	○	○			
	버팀보, 띠장							○
널말뚝방식 흙막이	널말뚝	근입깊이		○	○	○	○	
		단면		○	○	○	○	
	중간말뚝	근입깊이	○	○	○			
		단면	○	○	○			
	버팀보, 띠장					○	○	○

(흙막이 구조물별 하중조합)

조건	적용토압	비고
굴착단계별 토압, 근입깊이 결정 및 자립식 강널말뚝의 단면계산	삼각형 토압(Rankine-Resal)	
굴착 및 버팀구조가 완료된 후의 장기적 안정해석	경험토압(Peck, Tschehoraroff)	

1) Rankine-Resal의 토압

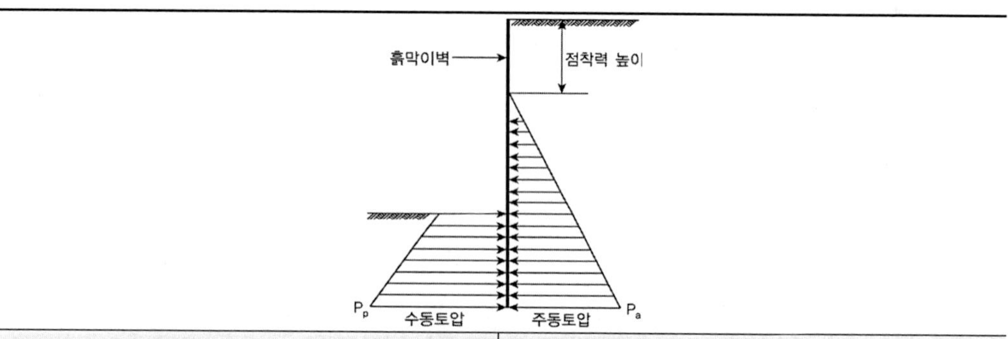

주동토압(P_a)	수동토압(P_p)
$P_a=(q+\gamma h)\tan^2\left(45^\circ-\frac{\phi}{2}\right)-2c\tan\left(45^\circ-\frac{\phi}{2}\right)$	$P_p=(q+\gamma h)\tan^2\left(45^\circ+\frac{\phi}{2}\right)+2c\tan\left(45^\circ+\frac{\phi}{2}\right)$

q : 지표면에서의 상재하중 γ : 흙의 단위체적중량
h : 지표면에서 임의점까지의 깊이 ϕ : 흙의 내부마찰각 c : 흙의 점착력

2) 경험토압 : Peck의 경험토압

① 사질토 지반 : 개수성 흙막이 벽체인 경우 수압을 고려하지 않고 차수성 흙막이 구조인 경우 토압과 수압 함께 고려

개수성 흙막이	차수성 흙막이(강널말뚝, 지중연속벽, 주열식말뚝)

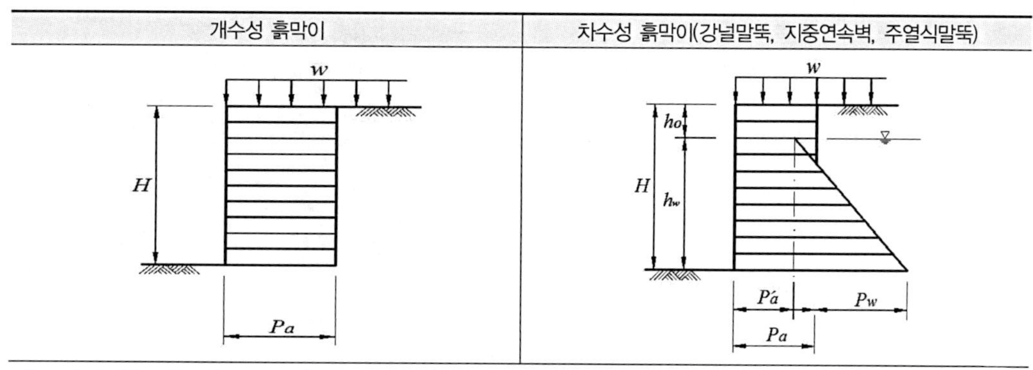

$P_a = 0.65K_a\gamma H + K_a w$, $P_a' = 0.65K_a\gamma' H + K_a w$, $P_w = h_w\gamma_w$

K_a: 주동토압 계수[$=(1-\sin\phi)/(1+\sin\phi)$], ϕ : 흙의 내부마찰각(°),

γ : 흙의 습윤단위중량(kN/m^3) γ' : 흙의 수중단위중량(kN/m^3),

γ_w : 물의 단위중량(kN/m^3), H : 굴착깊이로서 공사용 측구 하단까지 포함(m)

w : 지표면 과재하중(kN/m^3), h_w : 지하수면의 높이(m)

② 점성토 지반 : 점성토지반은 투수계수가 작아 굴착이 진행되는 동안 주변으로부터 지하수 유입이 적기 때문에 수압은 별도로 고려하지 않는다.

$K_a \geq 0.4$ 의 경우	$K_a < 0.4$ 의 경우

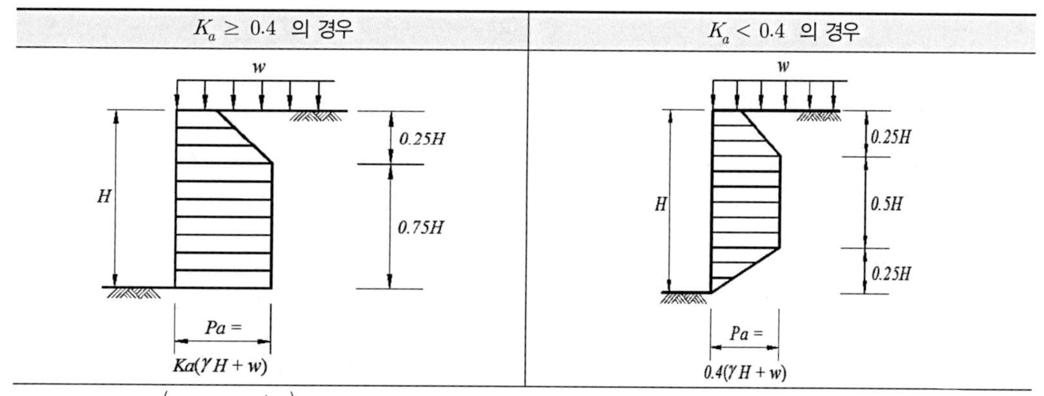

K_a : 토압 계수$\left(=1-m\dfrac{4c}{\gamma H}\right)$, m : 체감률 (=1.0), c : 흙의 점착력 (kN/m^2)

γ : 흙의 습윤단위중량(kN/m^3), w : 지표면 과재하중(kN/m^2)

2. 하중 : 수압

일반적으로 굴착공사 시 주동 및 수동부의 수두차가 발생하면 배면지반에서 굴착면으로 지하수의 흐름이 발생한다. 굴착 시 차수벽체가 불투수층에 이상적으로 관입된 경우에는 배면의 지하수는 굴착면으로 흐르지 않아 지하수위의 변화가 없으므로 흙막이 벽체에 적용하는 수압도 정수압과 같다. 그러나 실제 굴착시 이와 같은 차수상태 존재가 어려우므로 정수압보다 감소된 수압을 적용하는 것이 실제적이나 안전을 고려하여 정수압을 적용하는 것이 일반적이다.

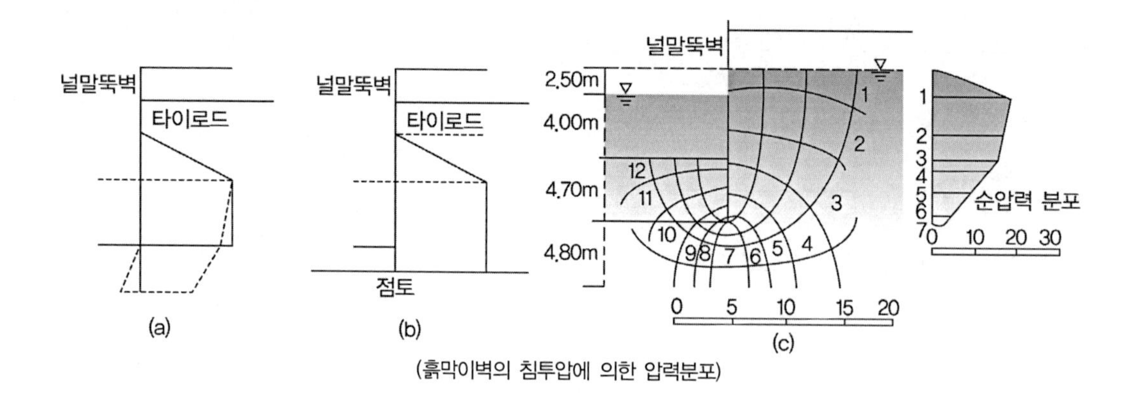

(흙막이벽의 침투압에 의한 압력분포)

3. 재료의 허용응력

1) 허용응력증가계수 : 가시설 구조물 1.5

2) 강재의 허용응력 : 강구조 03 강구조물의 허용응력편 참조

4. 흙막이 가시설의 구조계산

지반의 침하, 파괴 등의 상태가 불분명하고 그 성질이 복잡하기 때문에 흙막이 구조물 계산방법은 아직 명확히 제시되어 있지 않으나 일반적으로 사용되는 계산법은 근입깊이 1.0~2.0m인 곳에 가상지점을 생각하여 버팀보를 지점으로 해서 연속보 또는 단순보로 흙막이 벽의 휨모멘트를 계산한다.

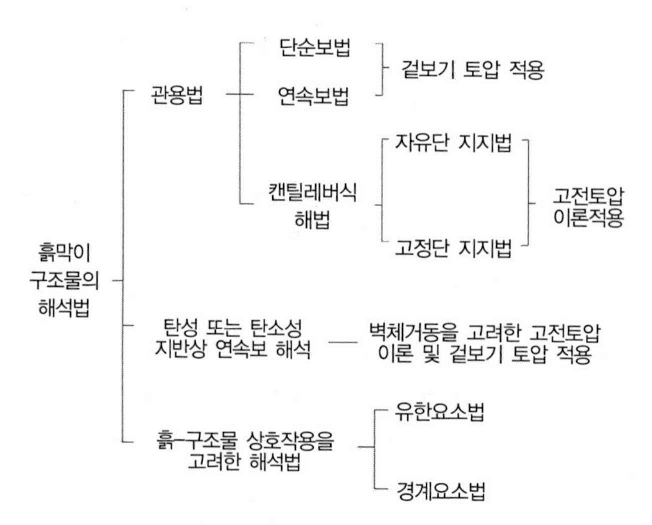

1) 관용계산법 : 굴착이 종료되고 버팀구조가 설치된 후 경험토압분포를 하중으로 사용하여 버팀보의 반력과 흙막이벽의 응력을 구하는 계산방법으로 지반은 단일토층에 있으며 간극수는 없고 점토지반은 간극수압을 무시한 상태로 한다.

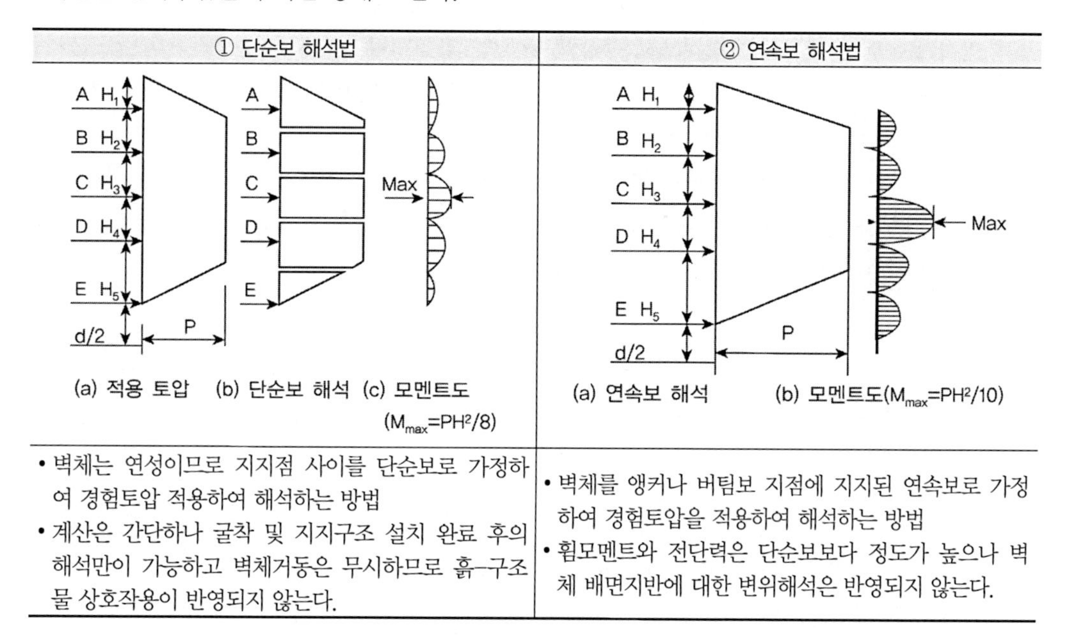

① 단순보 해석법	② 연속보 해석법
(a) 적용 토압 (b) 단순보 해석 (c) 모멘트도 ($M_{max}=PH^2/8$)	(a) 연속보 해석 (b) 모멘트도($M_{max}=PH^2/10$)
• 벽체는 연성이므로 지지점 사이를 단순보로 가정하여 경험토압 적용하여 해석하는 방법 • 계산은 간단하나 굴착 및 지지구조 설치 완료 후의 해석만이 가능하고 벽체거동은 무시하므로 흙-구조물 상호작용이 반영되지 않는다.	• 벽체를 앵커나 버팀보 지점에 지지된 연속보로 가정하여 경험토압을 적용하여 해석하는 방법 • 휨모멘트와 전단력은 단순보보다 정도가 높으나 벽체 배면지반에 대한 변위해석은 반영되지 않는다.

2) 탄성보법, 연속보 해석법(Beam on Elastic Foundation)

① 캔틸레버 또는 앵커로 지지된 널말뚝(다층앵커 포함) 및 버팀보로 지지되는 흙막이 구조 등 모든 경우의 흙막이 구조에 적용가능하다. 벽체를 적당한 절점으로 분할하여 벽체의 횡방향 변위, 벽체 전면 수동영역의 절점토압, 각 절점에서의 휨모멘트 및 앵커지지력 등을 구하여 설계한다.

② 벽체 배면의 토압을 사각형의 고전적 토압을 적용하여 해석함에 따라 벽체배면지반에 대한 거동분석이 곤란한 단점이 있다.

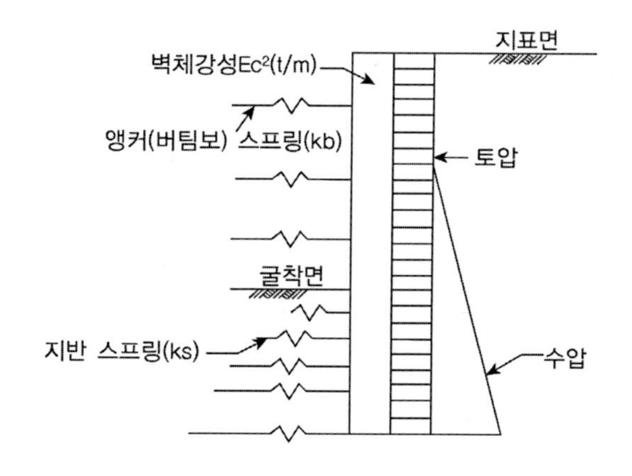

3) 흙-구조물 상호작용을 고려한 해석법

① 굴착공사 중 연성벽체 배면지반의 변위를 계측을 통해서 알아내고 유한요소법이나 유한 차분법 등의 수치해석모델과 연속체 모델에 근거한 해석기법을 적용하여 굴착벽면을 중심으로 주변지반에 대한 변위를 정량적으로 추정할 수 있는 방법이다.

② 흙과 흙막이 구조물이 변화하는 양상을 적절히 해석하기 위한 방법으로 하중-경로 기법을 응용한 수치해석 모델(Clayton et al)

③ 해석결과의 신뢰성이 확보되기 위해서는 해석을 위한 이론식을 만드는 과정에서 가정한 여러 가지 사항들이 적용현장에 대한 적합성 여부의 판단과 지반정수가 적용현장의 토질을 정확하게 나타내어야 해석결과에 대한 신뢰성이 증가할 수 있다.

5. 흙막이 가시설의 가설부재별 설계

1) 말뚝 설계

① 벽체말뚝은 시공단계별로 계산하여 가장 불리한 경우에 대해 설계하며, 노면복공을 시행하는 경우 노면 복공에 의한 축력을 고려한다.

② 굴착면은 버팀보 설치 예상지점에서 0.5m 아래로 취한다. 최상단 버팀보 상부는 외팔보로 계산하고 경우에 따라서는 주형 하면을 지점으로 보아도 좋다.

③ 수압은 말뚝 선단에서 0으로 하고 토류벽 종류, 지반조건 등을 고려한다.

엄지말뚝	강널말뚝(연속벽)
• 버팀보 위치를 탄성지점으로 하는 연속보로 계산 • 관용계산시 지중 가상지지점 위치 (굴착도중) 굴착저면하 0.5m, 연약지반은 그 이상 (굴착완료) 평균근입장을 계산하여 수동토압의 합력의 작용점	• 주동토압과 수동토압의 분포폭은 강널말뚝 전폭으로 하고 버팀보는 탄성지점으로 취급 • 근입부의 수동토압 작용측에 수평지반 반력계수를 적용하고 지반반력계수로부터 구한 수동토압초과 시 수동토압 적용 • 엄지말뚝에 작용하는 하중은 복공판을 지지하는 보의 최대 반력과 토압에 이한 모멘트를 사용하여 검토 $\frac{f_c}{f_{ca}}+\frac{f_b}{f_{ba}}$ 또는 $\frac{f_c}{f_{ca}}+\frac{f_b}{f_{ba}\left(1-\frac{f_c}{f_{cax}}\right)} \leq 1.0$

TIP | 허용응력 설계(말뚝) | 2005 도로공사 흙막이 가시설 세부설계기준

① 허용지지력 : 정역학적 공식으로 계산하며 시항타에 의한 동역학적 공식으로 확인
정역학적 공식에 의한 극한지지력으로부터 허용지지력 산정시 안전율은 2.0 이상

② 최대 축방향력 : 주형보지점의 반력 + 버팀보 지점의 반력 + 주형보 지지보 자중 + 띠장의 자중 + 파일의 자중 + 앵커의 수직분력 + 부마찰력(필요시)

TIP | 허용응력 설계(말뚝) | 2005 도로공사 흙막이 가시설 세부설계기준

③ 근입깊이 검토 : 평형깊이(다음 값 중 큰 값)의 1.2배로 하며 1.5m 이상으로 한다.

- 주동토압 작용폭은 굴착저면 상부는 말뚝의 간격 굴착하부는 플랜지 폭
- 수동토압 작용폭은 N값에 따라 $(b_f \sim 3b_f)$적용

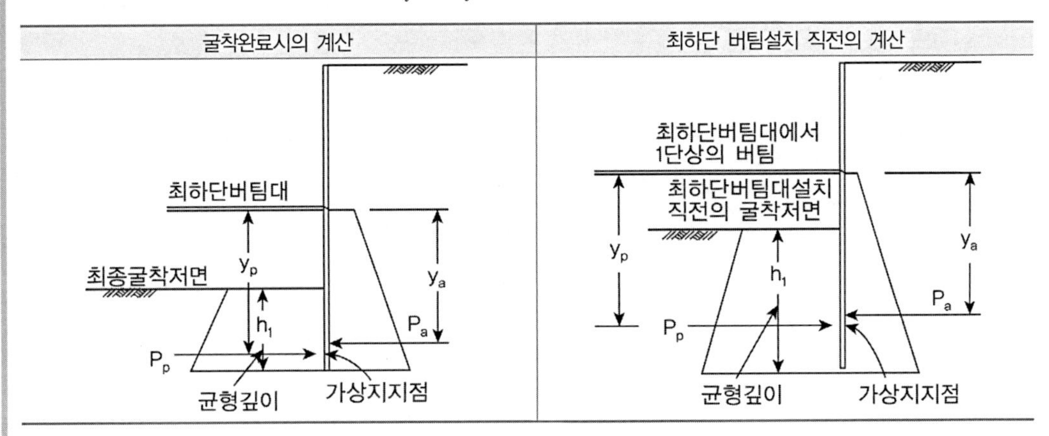

2) 중간말뚝

① 중간말뚝에 작용하는 연직하중은 주형 또는 매설물 전용빔에 재하된 하중에 의해 생기는 최대 반력으로 한다.

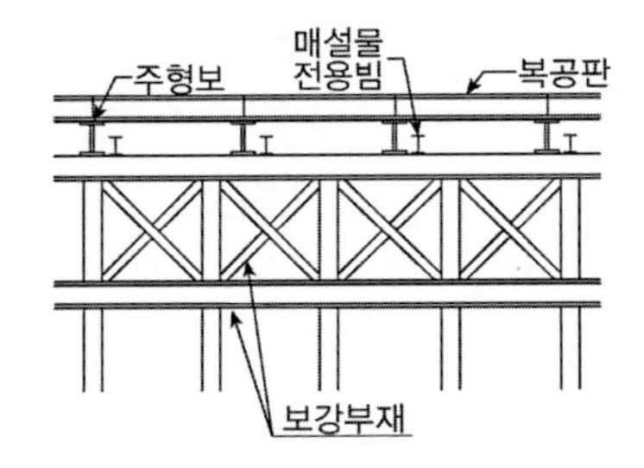

- 중간말뚝의 간격이 4m 미만 : 최대반력의 1/3
- 중간말뚝의 간격이 4m 이상 : 최대반력의 1/2
- 편심하중과 좌굴에 대해 검토

3) 토류판

구 분	내 용
토 압	• 토류벽에 작용하는 토압 적용
계산 지간	• $\ell = L - \frac{3}{4}b$ (ℓ : 계산지간, L : 측벽파일 중심 간격, b : 플랜지 폭)
목재토류판 두께	• $h = \sqrt{\frac{6M}{f_a \times b}}$, $M = \frac{1}{8}w\ell^2$ (w : 토압, f_a : 목재 허용휨응력, b : 엄지말뚝 플랜지폭(m))
응 력 검 토	• 모멘트 : $M = \frac{w\ell^2}{8}$ • 휨응력 : $f_b = \frac{M}{Z} < f_a$ (Z : 단면계수) • 전단력 : $S = \frac{w\ell}{2}$ • 전단응력 : $\tau = \frac{S}{bh} < \tau_a$

4) 띠장(Wale) : 버팀보 또는 앵커 위치를 지점으로 하는 3경간 연속보 또는 단순보로 가정하고 띠장 위치에서의 엄지말뚝 지점반력을 집중하중으로 간주하여 계산

구 분	연속보	단순보
띠장의 종류	연속보 W L	단순보 W L
최대 휨모멘트	$M_{\max}=\frac{1}{10}wl^2$	$M_{\max}=\frac{1}{8}wl^2$
최대 전단력	$S_{\max}=\frac{6}{10}wl$	$S_{\max}=\frac{7}{12}wl$
최대 반력	$R_{\max}=\frac{11}{10}wl$	$R_{\max}=\frac{13}{12}wl$

5) 버팀보

① 압축재로서 좌굴하지 않도록 충분한 단면과 강성을 가져야 한다. 부재가 긴 경우 중간말뚝 등을 설치하여 보강한다.

② 버팀보는 이음설치가 바람직하지 않으나 부득이한 경우 보강을 하여 충분한 강도를 확보한다. 이음의 위치는 중간말뚝, 띠장 등으로 구속된 부근(1.0m 이내)에 설치하는 것이 바람직하다.

③ 좌굴길이

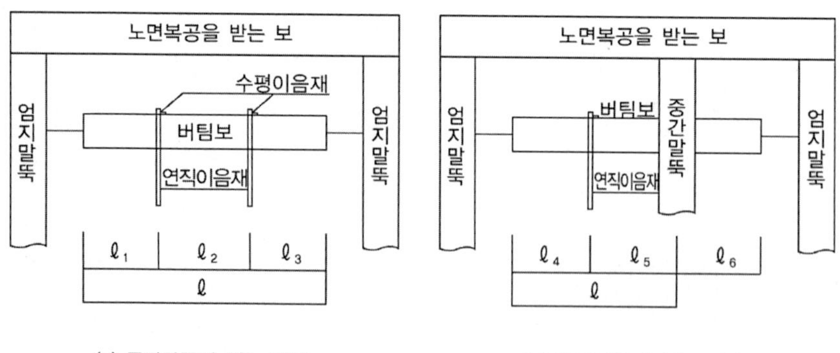

(a) 중간말뚝이 없는 경우　　(b) 중간말뚝이 있는 경우

④ 응력검토

$$\frac{f_c}{f_{caz}}+\frac{f_{bcy}}{f_{bagy}\left(1-\frac{f_c}{f_{eay}}\right)}\le 1.0$$

f_c : 조사단면에 작용하는 축방향 압축응력

f_{bcy} : 강축에 대한 휨압축응력

f_{caz} : 약축에 대한 허용축방향 압축응력

f_{bagy} : 국부좌굴을 고려하지 않은 강축에 대한 허용휨압축응력

f_{eay} : 강축에 대한 허용오일러 좌굴응력

⑤ 세장비의 규정 : 세장비(λ)는 100 이하로 하고 부득이한 경우 좌굴에 대하여 효과적으로 구속시킬 수 없는 경우라도 120을 초과할 수 없다.

6) 지반앵커 설계(Earth Anchor)

① 허용정착력(T_a) ≥ 설계정착력(T_d)

허용정착력(T_a) = min[허용인발력(T_{ag}), 허용인장력(T_{as})]

② 허용인발력(T_{ag})

앵커의 종류		사용 기간	극한인발력(T_{ug})에 대한 안전율
가설(임시) 앵커		2년 미만	1.5
영구 앵커	상 시	2년 이상	2.5
	지진 시	2년 이상	1.5~2.0

③ 허용인장력(T_{as}) = min[인장재 극한하중(T_{us}), 인장재 항복하중(T_{ys})]

앵커의 종류		사용 기간	인장재 극한하중(T_{us})	인장재 항복하중(T_{ys})
가설(임시) 앵커		2년 미만	$0.65T_{us}$	$0.80T_{ys}$
영구 앵커	상 시	2년 이상	$0.60T_{us}$	$0.75T_{ys}$
	지진 시	2년 이상	$0.75T_{us}$	$0.90T_{ys}$

④ 앵커체와 지반과의 주면마찰력(τ_u) : 시험을 통해서 구한다.

⑤ 앵커의 정착장(L_a) = max[설계정착력으로부터 산출된 정착장(L_a'), 인장재 부착장(L_{sa})]

토사층인 경우 최소 4.5m 이상, 최대 10m 이하 범위에서 사용한다.

구 분	앵커의 정착장 (L_a')	인장재의 부착장 (L_{sa})
산출식	$L_a' = \dfrac{T_d \times F.S}{\pi \times D_a \times \tau_u}$	$L_{sa} = \dfrac{T_d}{\pi \times n \times d_e \times \tau_a}$
	T_d : 설계정착력(kgf) F.S : 안전율(=1.8) D_a : 앵커체의 지름(cm) τ_u : 앵커체와 지반의 주변마찰저항(kgf/cm²)	T_d : 설계정착력(kgf) n : 인장재의 사용본수 d_e : 인장재의 지름(cm) τ_a : 주입재와 인장재의 허용부착응력(kgf/cm²)

⑥ 주입재와 인장재의 허용부착응력(τ_u)

지반의 종류	단기허용 부착응력	장기허용 부착응력
토 사	0.7MPa	0.4MPa
암 반	1.0MPa	0.7MPa

⑦ 앵커의 자유장 : max[가상 활동파괴면에서 1.5m, 0.15×H] ≥ 4.5m

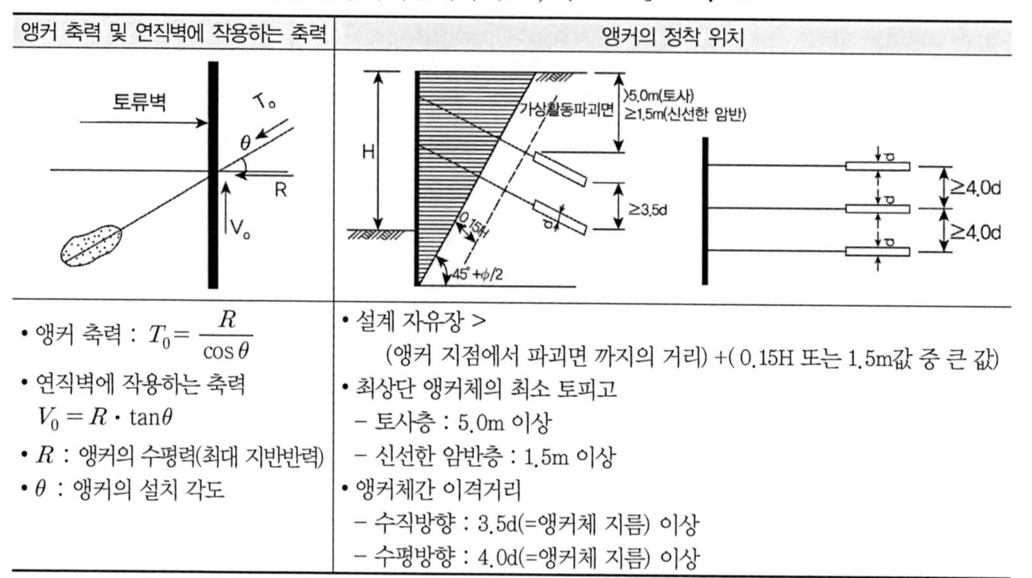

앵커 축력 및 연직벽에 작용하는 축력	앵커의 정착 위치
• 앵커 축력 : $T_0 = \dfrac{R}{\cos\theta}$ • 연직벽에 작용하는 축력 $V_0 = R \cdot \tan\theta$ • R : 앵커의 수평력(최대 지반반력) • θ : 앵커의 설치 각도	• 설계 자유장 > (앵커 지점에서 파괴면 까지의 거리) +(0.15H 또는 1.5m값 중 큰 값) • 최상단 앵커체의 최소 토피고 – 토사층 : 5.0m 이상 – 신선한 암반층 : 1.5m 이상 • 앵커체간 이격거리 – 수직방향 : 3.5d(=앵커체 지름) 이상 – 수평방향 : 4.0d(=앵커체 지름) 이상

6. 주변구조물 영향 검토

1) 구조물의 침하 및 손상한계 : 굴착에 의한 배면 지반의 변위를 산정한 후 설계지침이나 건축기준 등에 규정되는 허용변위량을 기준으로 주변구조물의 손상여부를 분석한다.

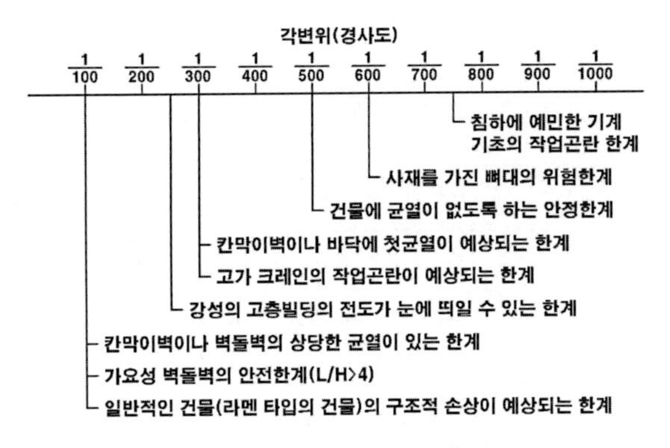

(Bjerrum이 제안한 각 변위 한계)

침하형태	구조물의 종류	최대 침하량
전체침하	배수시설	15.0~30.0cm
	출입구	30.0~60.2cm
	석적 및 조적구조	2.5~5.0cm
	뼈대구조	5.0~10.0cm
	굴뚝, 사이로, 매트	7.5~30.0cm
부등침하	빌딩의 벽돌벽체	0.005S~0.02S
	철근콘크리트 뼈대구조	0.003S
	강 뼈대구조(연속)	0.002S
	강 뼈대구조(단순)	0.005S

주) S : 기둥 사이의 간격 또는 임의의 두 점 사이의 거리

(구조물의 허용침하량)

기준		독립기초	확대기초
각변위(δ/L)		1/300(L : 임의의 기둥 간격, δ : 부등침하량)	
최대 부등침하량	점토	44mm(38mm)	
	사질토	32mm(25mm)	
최대 침하량	점토	76mm (64mm)	76~127mm (64mm)
	사질토	51mm	51~76mm (38~64mm)

주) ( ) 내의 값은 추천되는 최댓값임

(기초의 허용침하량)

96회 3-3

부력방지 앵커

그림과 같이 U-TYPE 구조물에 부력방지 영구앵커를 설치한다.

1) 부력방지 영구앵커 설계 시 고려사항을 설명하시오.

2) 소요 정착장을 정수단위로 계산하시오.

영구앵커형식	마찰형 영구앵커	설계앵커력	$T_{design}=1000kN$
극한주면 마찰저항	$\tau_u=1000kN/m^2$	인장재와 그라우트의 허용부착응력	$\tau_f=800kN/m^2$
천공직경	$D_1=150mm$	앵커인장재 직경	$D_2=100mm$
설계안전율	$SF=2.0$	정착지층	연암층

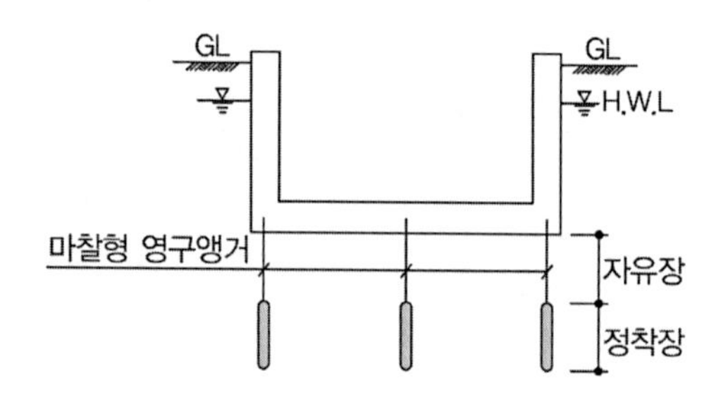

풀 이

➤ 소요정착장

소요정착장 = 자유장 + 앵커 정착길이(정착장)

➤ 앵커의 자유장

'앵커의 자유장 길이는 프리스트레스를 유효하게 작용시킬 수 있도록 해야 하며, 앵커제가 설계 정착력을 충분히 발휘할 수 있는 양호한 지반조건, 기상조건, 구조조건 등을 고려하여 결정한다. 통상적으로 가상 활동면으로부터 1.5m, 굴착깊이의 0.15H를 더한 값 중 큰 값으로 하되 토사지반의 경우 최소 4.5m 이상으로 한다' 주어진 문제에서는 부력방지용 앵커이므로 PS가 유효하게 작용시킬 수 있는 정착길이와 1.5m를 비교하여 큰 값을 적용한다.

$50d_b$(강연선으로 가정) = $50\times100^{mm}=5^m\ \rangle\ 4.5^m$

➤ 정착길이(L_a)

$L_a=\max$[설계정착력 앵커 정착길이($L_a{'}$), 인장재 부착길이(L_{sa})]

$$L_a' = \frac{T_d \times F.S}{\pi \times D_a \times \tau_u} = \frac{1000^{kN} \times 2.0}{\pi \times 150^{mm} \times 1000^{kN/m^2}} = 4.24^m \fallingdotseq 5.0^m$$

$$L_{sa} = \frac{T_d}{\pi \times n \times d_e \times \tau_a} = \frac{1000^{kN}}{\pi \times 1 \times 100^{mm} \times 800^{kN/m^2}} = 3.98^m \fallingdotseq 4.0^m$$

$$\therefore L_a = \max[5.0^m, 4.0^m] = 5.0^m \text{ —— (정착장)}$$

➤ **소요정착장 = 자유장 + 정착장 = 10.0^m**

TIP | 부력방지 앵커 추가검토내용 | LH공사 OO우회도로 구조계산서 참조

1. 앵커의 안정성 검토

앵커 본당 설계력 : [부력 × 안전율(통상 1.2) − 부체자중] / (앵커 배치간격)

앵커 본당 설계하중 : 본당 설계력 × 1/2(양측분담) × 설치간격

① 최대 초기긴장력($0.75T_{us}$, T_{us} : 극한하중)과 $0.85T_{ys}$(T_{ys} : 항복하중) 중 작은 값 〉 앵커 본당 설계하중

② 최대 정착시 긴장력($0.70T_{us}$)와 $0.80T_{ys}$ 중 작은 값 〉 앵커 본당 설계하중

③ 최대 유효긴장력[최대 정착시 긴장력(②)의 0.9배] 〉 앵커 본당 설계하중

2. 앵커의 정착장 설계

① 최소정착장 : 3.0m

② 앵커체 부착장(L_{sa}) 와 앵커체 (마찰)저항장(L_a) 중 최댓값

③ 앵커의 자유장 : 4.5m

④ 앵커장 길이 산정 : ②+③

3. 탄성변위량 검토

$$\delta = \frac{T_s L_s}{E_s A_s}$$

4. 펀칭전단력 검토

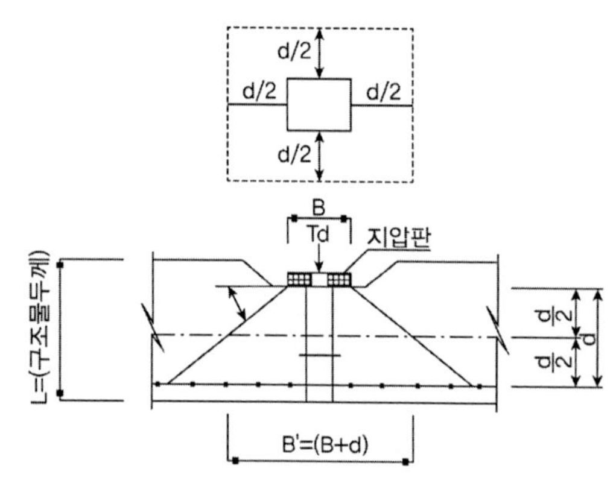

① 허용지압응력 검토

$$A_a = b^2 - \frac{\pi}{4}d_s^2$$

(b : 앵커플레이트 폭, d_s : 슬리브 외경)

$$f_c = \frac{T_d}{A_a} < \text{ 콘크리트 허용지압응력}(0.4f_{ck})$$

② 펀칭전단검토

$A = 4(B+d) \times d$ (d: 콘크리트 블록 유효높이)

$$\tau_c = \frac{T_d}{A} < \text{ 콘크리트 허용전단응력}(0.25\sqrt{f_{ck}})$$

5. 지압판 검토

지압판 유효면적 : A = 앵커플레이트 폭2 − $\frac{\pi}{4}d_s^2$

지압판 너트면적 : $A_n = \pi \times e \times t$　여기서, e : 너트외경, t : 지압판 두께

$$M = \frac{T_d}{4} - \frac{d_s - e}{2},\quad f = \frac{M}{Z} < f_a,\quad \tau = \frac{T_d}{A_n} < \tau_a$$

85회 4-5

가시설설계

그림과 같은 가시설 구조에서(토압분포는 그림 참조) 3단에 해당하는 띠장과 버팀대를 해석하여 설계적정 여부를 판정하시오.

단, 1) 작용 작업하중은 3kN/m이며 자중은 1kN/m이다.

2) 작용압력 산정은 1/2분담법을 사용하고 하단 경계는 굴착면으로 한다.

3) 버팀대 간격은 3.0m이고, 버팀대 경사는 45°이며 그 길이는 6.0m이다.

4) 강재는 SM400의 전용자재로서 그 제원은 다음 표와 같다.

규 격	H-300×300×10×15
A	11,980mm^2
Ix	204,000,000mm^4
Zx	1,360,000mm^3
rx	131mm
ry	75.1mm

허용 축응력 (MPa)	l/r ≤ 20 : 140	20 < l/r ≤ 93 : 140−0.84(l/r−20)
허용휨압축응력(MPa)	l/b ≤ 4.5 : 140	4.5 < l/b ≤ 30 : 140−2.4(l/b−4.5)

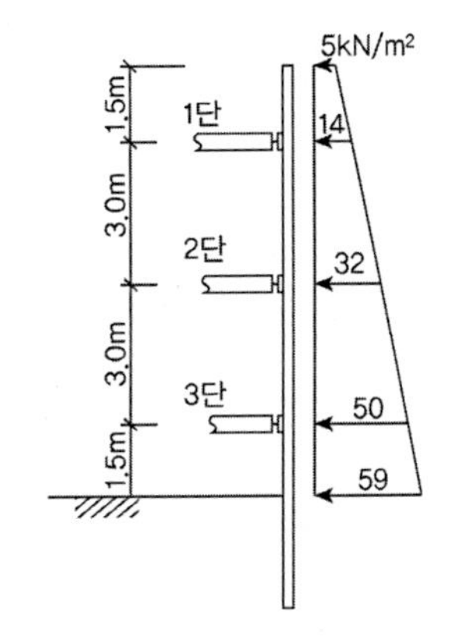

풀 이

➤ 개 요

흙막이 시설 하중분담 방법 : 1/2분담법, 하방향 분담법

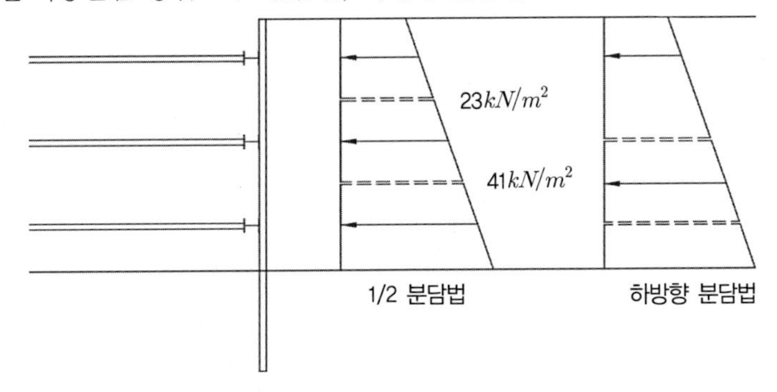

➤ 토압의 하중분담 산정

1) 1단의 하중분담 $w_1 = \frac{1}{2}(5+23)\times 4.5^m = 63^{kN/m}$

2) 2단의 하중분담 $w_2 = \frac{1}{2}(23+41) \times 3.0^m = 96^{kN/m}$

3) 3단의 하중분담 $w_3 = \frac{1}{2}(41+59) \times 3^m = 150^{kN/m}$

➤ 고정하중

$q = 10+3+1 = 14kN/m$, $k_a = \tan^2\left(45 - \frac{\phi}{2}\right) = \frac{1}{2}$ (가정치), $\therefore k_a \times q = 7^{kN/m}$

➤ 띠장설계(3경간 연속보로 가정)

3단에 작용하는 수평하중 $w = w_3 + k_a q = 157^{kN/m}$

띠장설계 공식 $M_{\max} = \frac{1}{10}wl^2$를 사용하거나 3경간 연속보에 대해서 3연 모멘트 방정식으로부터

$$M_A L + 2M_B(L+L) + M_C L = -2 \times \frac{wL^3}{4}, \quad M_B L + 2M_C(L+L) + M_D L = -2 \times \frac{wL^3}{4}$$

$$M_A = M_D = 0, \quad M_B = M_C \qquad \therefore M_B = M_C = -\frac{1}{10}wL^2 = 141.3^{kNm}$$

$$\therefore f_b = \frac{M}{S} = \frac{141.3 \times 10^6}{1,360,000} = 103.9^{MPa}$$

$$\frac{l}{b} = \frac{3000}{300} = 10 \qquad \therefore 4.5 < l/b \le 30 \qquad f_{ba} = 140 - 2.4(10-4.5) = 126.8^{MPa}$$

가시설에 대해서 허용응력 증가를 고려하면, $f_{ba}' = 1.5 \times f_{ba} = 190.2^{MPa} > f_b$ O.K

➤ 버팀대 설계

N
45°
F

$$N = 157 \times 3 = 471^{kN}$$

$$F = \frac{N}{\sin 45°} = 471\sqrt{2} = 666.1^{kN}$$

$$f_c = \frac{F}{A} = \frac{666.1 \times 10^3}{11980} = 55.60^{MPa}$$

$$r_x = 131, \quad r_y = 75.1, \qquad \frac{l}{r_x} = \frac{6000}{131} = 45.80, \qquad \frac{l}{r_y} = 79.89$$

$$\therefore f_{ca} = 140 - 0.84(79.89 - 20) = 89.69^{MPa}$$

가시설에 대해서 허용응력 증가를 고려하면, $f_{ba}' = 1.5 \times f_{ba} = 134.54^{MPa} > f_c$ O.K

88회 3-5

가시설 공법의 비교

흙막이 가시설 구조에서 Earth Anchor 공법과 Strut 공법을 비교하고, 구조해석 시 각각의 구조 검토사항에 대하여 논술하시오.

풀 이

▶ 개 요

① 버팀보(Strut) 공법 : 엄지말뚝이나 강널말뚝으로 구성된 흙막이벽을 띠장과 수평버팀보로 지지하며 굴착, 복공판 설치유무에 따라 복공식과 무복공식으로 구분

② 지반앵커(Earth Anchor) 공법 : 수평 버팀보 대신 지반앵커로 흙막이벽을 지지하는 공법으로 지반내에 앵커체 설치후 인장력을 가하여 흙막이벽과 지반을 결합, 내부 작업 공간 확보가 유리하나 인접대지에 앵커가 설치되어 민원 발생소지가 있다.

▶ 구조해석방법

① 흙막이 가시설 구조물의 구조계산은 일반적으로 근입깊이 1.0~2.0m인 곳에 가상지점으로 하여 버팀보를 지점으로 해서 연속보 또는 단순보로 흙막이 벽의 휨모멘트를 계산하는 과정으로 진행한다. 지반과 구조물간의 상호작용에 대한 고려 여부에 따라 관용적인 계산방법이나 탄성 또는 탄소성 지반 연속보 해석을 주로 사용하며, 흙과 구조물간의 상호작용을 고려한 유한요소 해석법 등을 적용할 수 있다.

② 흙막이 구조물의 안정성의 확인은 주로 흙막이벽의 안정성(응력, 변위, 지지력), 지보공의 안정성(응력), 굴착바닥의 안정성(Boiling, Heaving) 및 주변구조물의 침하나 수평이동에 대한 안정성을 검토하며, 스트럿공법과 앵커 공법의 큰 차이는 흙막이벽의 안정성을 Strut을 통해서 보강을 할 것인지, Anchor로 결합된 배후지반을 통해 보강할 것인지의 차이다.

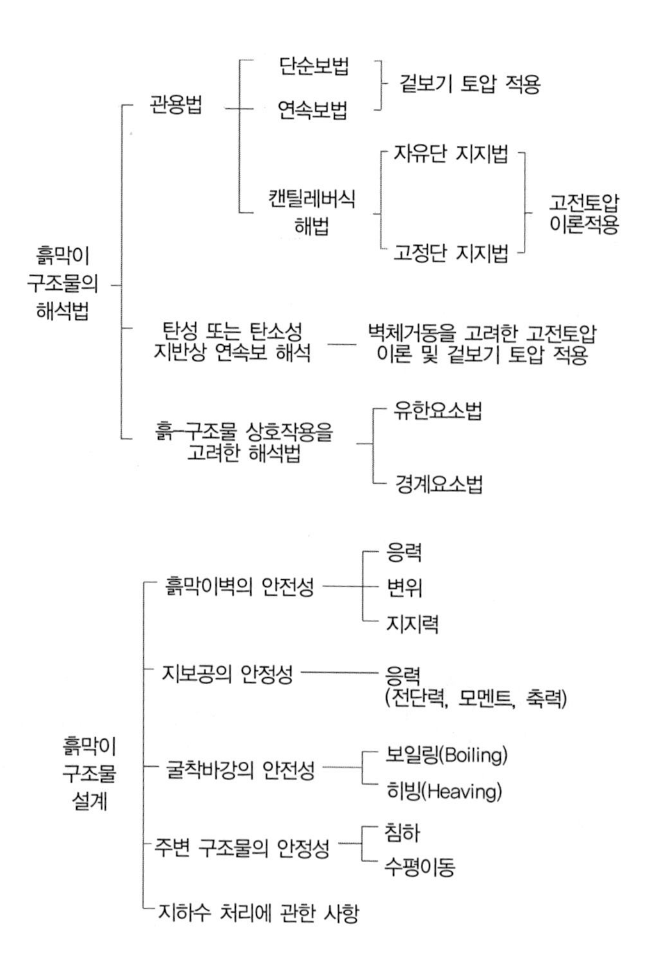

▶ 구조해석의 방법

1) 스트럿(Strut) 공법

① 앵커공법과 스트럿 공법에서는 공통적으로 말뚝과 토류판, 띠장에 대한 안정성을 검토.

② 앵커공법과 달리 스트럿에 대한 안정성 검토는 지지구조인 스트럿이 압축부재로 작용하므로 좌굴에 대해 충분한 강성과 단면을 가지도록 하여야 한다. 또한 버팀보는 되도록 이음설치하지 않도록 하며, 부득이 이음을 설치할 경우 띠장 등으로 구속된 부근 1.0m이내에 설치하는 것이 바람직하다.

③ 응력에 대한 검토는 다음의 식을 준수하여 검토한다.

$$\frac{f_c}{f_{caz}} + \frac{f_{bcy}}{f_{bagy}\left(1 - \frac{f_c}{f_{eay}}\right)} \leq 1.0$$

f_c : 조사단면에 작용하는 축방향 압축응력

f_{bcy} : 강축에 대한 휨압축응력

f_{caz} : 약축에 대한 허용축방향 압축응력

f_{bagy} : 국부좌굴을 고려하지 않은 강축에 대한 허용휨압축응력

f_{eay} : 강축에 대한 허용오일러 좌굴응력

④ 세장비(λ)는 100 이하로 하고 부득이한 경우 좌굴에 대하여 효과적으로 구속시킬 수 없는 경우라도 120을 초과하면 안 된다.

2) Earth Anchor

① 앵커공법은 말뚝의 전도모멘트를 앵커와 지반간의 부착과 인장력에 의해 저항하므로 Anchor 체의 인반력이 적절하게 도입되도록 하는 것이 중요하다.

② 지반앵커의 설계는 허용정착력(T_a) ≥ 설계정착력(T_d)이 되도록 설계하고, 허용정착력은 허용인발력과 허용인장력중 작은 값을 취한다.

③ 앵커의 정착장은 설계정착력으로부터 산출된 정착장과 인장재 부착장의 값 중 큰 값을 취하도록 하고, 앵커의 자유장은 가상활동 파괴면에서 1.5m 또는 0.15H 값 중 큰 값 이상을 취하도록 하여 파괴면 이후에 앵커의 구근이 형성될 수 있도록 하여야 한다.

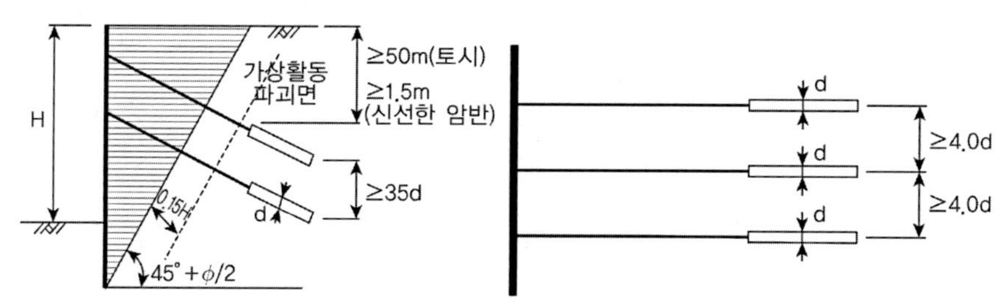

03 가설용 동바리 설계 (2007 콘크리트 교량 가설용 동바리 설치지침)

82회 2-1 시스템 동바리의 정의와 붕괴원인 및 붕괴방지대책

1. 구조형식에 따른 동바리의 종류

조립형동바리, 강관틀 동바리, 강재동바리, 혼합형동바리
※ 시스템 동바리 : 조립형동바리, 강관틀 동바리

1) 조립형 동바리

수직재, 수평재 및 경사재 등의 각각의 부재를 현장에서 조립하여 거푸집을 지지하는 동바리 형식

2) 강관틀 동바리

수직재, 수평재 및 경사재 등을 용접으로 일체화시켜 생산한 주틀과 경사재 등을 현장에서 조립하여 거푸집을 지지하는 동바리 형식

3) 강재 동바리

조립형동바리와 강관틀동바리에 규정되는 수직재의 규격에 포함되지 않는 대구경 강관이나 H형강 등을 주부재로 사용하는 동바리 형식

4) 혼합형 동바리

조립형동바리, 강관틀동바리, 강재동바리 공법을 현장조건이나 사용목적에 따라 적절하게 혼합하여 구성하는 지지구조 형식

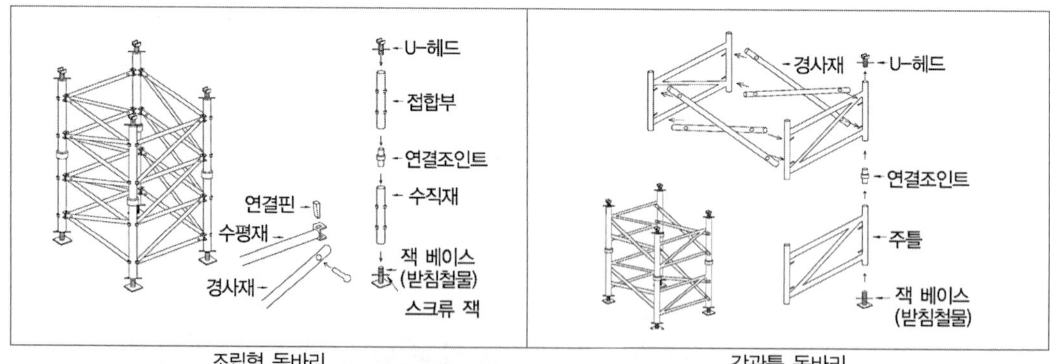

조립형 동바리 강관틀 동바리

강재동바리

혼합형 동바리

2. 가설방식에 따른 동바리의 종류

1) 전체지지식 동바리

전체 지지식 동바리 가설 방법은 상부에서 전해지는 콘크리트 타설 하중을 전체 구역에 균등하게 설치된 동바리 구조체계를 통해 기초에 전달하는 동바리 구조 형식이다. 강관으로 된 조립형 동바리와 강관틀 동바리는 구성 부재의 내하력이 작기 때문에 주로 중소규모의 교량가설이나 낮은 교하공간을 갖는 교량 가설에 적용된다.

2) 지주지지식 동바리

이 방식은 상부에서 전해지는 콘크리트 타설하중을 지지하는 상부구조 바로 밑에 설치된 수직지주를 통해 지반에 전달시키는 동바리 구조 형식이다. 이 방식에 적용되는 지주는 대구경 원형 강관이나 형강과 같은 대형 지주이며, 교하 높이가 큰 경우에 주로 적용한다.

3) 거더지지식 동바리

이 방식은 상부의 콘크리트 타설하중을 경간 사이에 설치된 조립거더를 통해서 교각에 설치된 브라켓이나 교각 기초에 설치된 지주를 통해 전달하는 방식이다. 이 방식은 지반상태가 불량하거나, 교하고가 비교적 높은 경우에 적용하는 동바리 구조 형식이다.

전체지지식

지주지지식

거더지주식

3. 동바리 사용제한 및 설치 제한

1) 경사재가 없는 조립형 동바리와 강관틀동바리는 수평변위가 억제되지 않음으로 시공시 안전사고 방지를 위해 콘크리트 교량 가설용 동바리로서의 사용을 제한한다.

2) 조립형동바리 및 강관틀동바리의 설치높이는 시공성과 안전성을 고려하여 10m 이내이어야 한다.

3) 조립형동바리 및 강관틀동바리는 15m 이내의 지간을 갖는 교량의 가설공사 시에 적용하며 15m를 초과하는 경우에는 발주처의 승인을 받아야 한다. 단, 박스형 거더교의 경우에는 이 제한을 적용하지 않는다.

4. 설계

1) 콘크리트 교량 가설용 동바리는 콘크리트 타설시 발생되는 수직 및 수평하중에 대해 안전하도록 설계되어야 한다.

2) 콘크리트 교량 가설용 동바리 설계는 허용응력 설계법을 따르는 것을 원칙으로 한다.

3) 조립형동바리와 강관틀동바리는 수평재 및 경사재를 반드시 설치하여 예상되는 수평하중을 이들 부재가 지지하도록 한다.

4) 동바리 설계는 시공 중과 완성후의 침하와 변형을 고려하며, 이때 예상되는 전체 침하량은 가설기초의 침하와 동바리 자체의 변형을 포함하여야 한다.

5) 조립형동바리의 수직재 간 간격은 0.9m 이상 1.2m 이하이어야 하며, 0.9m 이하의 경우에는 공사감독자의 승인을 받아야 한다.

6) 강관틀동바리의 수직재 간 간격은 KS 규정을 따른다.

7) 조립형동바리 및 강관틀동바리의 상하 수평재 간 설치간격에 대한 수직재 간 설치간격의 비는 0.5/1~1/1의 범위 이내이어야 한다.

8) 경사진 교량의 가설용 동바리로서 조립형동바리 또는 강관틀동바리를 사용하는 경우에는 다음의 편경사 및 평면곡선반경에 대한 조건을 만족하여야 한다. 종단경사의 경우에는 제한을 두지 않는다.

① 편경사는 6% 이내이어야 한다.

② 평면곡선 반경은 최대 편경사 6%일 때의 설계속도에 대응하는 최소 곡선반경 규정을 만족하여야 한다.

5. 하중

83회 1-5 동바리 구조설계 시 구조적으로 검토되어야 할 사항

80회 1-6 거푸집 및 동바리 계산시 연직,수평하중, 콘크리트 측압에 대해 고려할 사항

1) 고정하중(DL) : 타설되는 콘크리트 중량

보통 콘크리트 단위중량 = 24kN/m^3
거푸집 하중 = 최소 0.4kN/m^2 (특수 거푸집의 경우에는 실제의 중량 적용)

2) 활 하 중(LL) : 구조물의 연직 방향으로 투영시킨 단위 수평 면적당 최소 2.5 kN/m^2 이상이어야 하며, 진동식 타설 장비를 이용하여 콘크리트를 타설할 경우에는 3.75 kN/m^2의 활하중을 고려하여야 한다. 다만, 슬래브 두께가 0.5m 이상인 경우 3.5kN/m^2, 1m 이상인 경우 5.0kN/m^2을 적용한다.

3) DL+LL ≥ 슬래브 두께에 관계없이 최소 5.0kN/m^2 이상, 진동식 타설 장비를 이용한 경우에는 최소 6.25kN/m^2 이상을 고려하여야 한다.

4) 조립형동바리와 강관틀동바리의 경우에 1), 2), 3) 항의 각 연직하중을 고려한 연직설계하중은 슬래브 콘크리트 바닥 단위면적당 30kN/m^2 이내를 원칙

5) 수평하중(HL) = max[설계수직하중의 2%, 동바리상단 수평방향 단위길이당 1.5kN/m]

6) 횡경사에 의한 수평하중 : 한 번에 타설하는 상부 바닥판의 종단경사 또는 횡경사에 의해 굳지 않은 콘크리트의 유체 압력이 발생하는 경우에는 그림에 주어진 식에 따라 수평력을 계산하고 1)의 수평하중에 추가하여 고려한다.

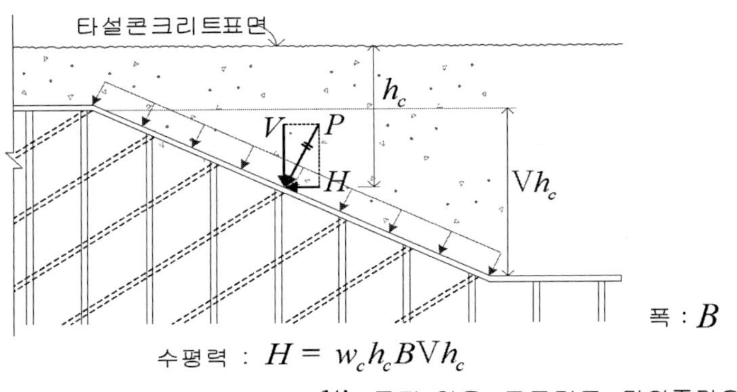

7) 허용응력증가계수

	하중조합	허용응력증가계수
1	DL + LL + HL	1.00
2	DL + LL + HL + WL + FL	1.25
3	DL + LL + HL + EQ + FL	1.50

① 조립형 동바리와 강관틀 동바리를 구성하는 각 부재의 허용하중은 가설기자재 성능검정 규격품의 성능하중 또는 공인시험기관의 성능시험 측정 강도에 2.5의 안전율을 고려한 값과 2005년 도로교설계기준 3.13.3 항에 제시된 규정에 따라 산정된 값 중 작은 값으로 하여야 한다.
② 동바리는 재사용이 많기 때문에 허용응력을 증가시키지 않는다. 다만, 풍하중 등을 고려할 경우에는 허용응력을 증가시킬 수 있다.
③ 동바리 본체의 상단과 하단의 경계조건에 의한 수직재 좌굴하중의 감소를 방지하기 위하여 수직재 최상단 및 최하단으로부터 400mm 이내에 첫 번째 수평재가 설치되어야 한다.

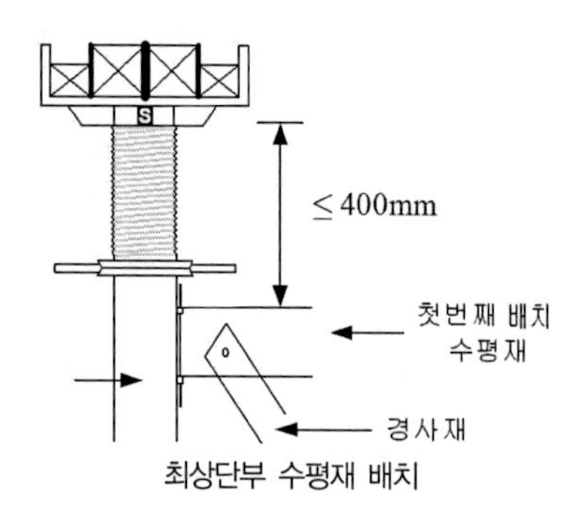

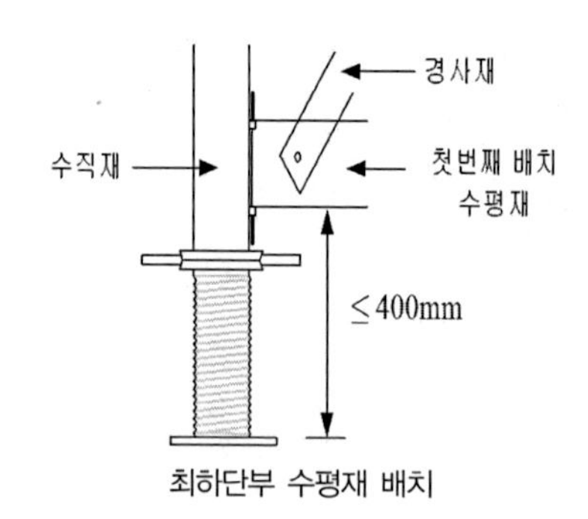

④ 조립형동바리 및 강관틀동바리가 수직재 상단 및 하단으로부터 각 2.4m 이내의 위치에서 좌굴이 충분히 방지되지 않은 경우에는 3차원 좌굴해석을 수행하여 좌굴하중을 계산하고 안전율 2.5를 적용하여 허용 좌굴하중을 계산하여야 하며, 이 값을 성능하중으로부터 계산한 허용 성능하중과 비교하여 부재의 허용하중을 결정하여야 한다.

8) 연결부 지점조건(조립형/강관틀 동바리)

· 수직재와 수직재의 연결부 : 연속 부재
· 수직재와 수평재의 연결부 : 힌지 연결
· 수직재와 경사재의 연결부 : 힌지 연결
· 수평재와 경사재의 연결부 : 힌지 연결

9) 동바리 설계 검토사항

102회 2-4 콘크리트교 시공 동바리 설계 시 요구되는 검토항목별 검토사항과 검증기준

검토 항목	검토 사항	검증 기준
허용응력 및 변형량 설정	• 휨 모멘트 • 전단력 • 최대처짐량	• 부재에 작용응력(f_b) ≦ 허용휨응력(f_{ba}) • 부재에 작용응력(f_v) ≦ 허용전단응력(f_{va}) • 부재의 최대처짐량(δ_{max})≦ 허용처짐량
하중의 산정	• 수직, 수평하중 • 활하중 • 기타하중(풍하중, 특수하중)	• 콘크리트의 자중과 거푸집중량(0.4kN/m^2 이상) • 충격하중과 작업하중 : 2.5kN/m^2 이상
거푸집널의 검토	• 널재(합판) 두께 • 장선배치 간격 결정	① 널재의 단면성능 검토 ② 장선재 단면성능에 따른 배치간격 결정 ③ 휨모멘트 : 합판에 작용 응력(f_b) ≦ 허용휨응력(f_{ba}) ④ 최대처짐량(δ_{max}) ≦허용처짐량(δ_a)

검토 항목	검토 사항	검증 기준
장선의 검토	• 멍에 배치간격 결정	① 장선 배치간격에 대한 하중선정 ② 멍에재 단면성능에 따른 배치간격 결정 ③ 휨모멘트 : 장선에 작용 응력(f_b) ≦ 허용휨응력(f_{ba}) ④ 최대처짐량(δ_{max}) ≦ 허용처짐량(δ_a) ⑤ 전단검토 : 장선의 전단응력(f_v) ≦ 허용전단응력(f_{va})
멍에의 검토	• 동바리의 배치간격 결정	① 멍에 배치간격에 대한 하중산정 ② 동바리 배치간격 결정 ③ 휨모멘트 : 멍에에 작용 응력(f_b) ≦ 허용휨응력(f_{ba}) ④ 최대처짐량(δ_{max}) ≦ 허용처짐량(δ_a) ⑤ 전단검토 : 멍에의 전단응력(f_v) ≦ 허용전단응력(f_{va})
동바리의 검토		• 멍에 배치간격에 대한 연직방향 동바리 배치결정 • 수평방향 하중에 대한 수평재 및 수직경사재 배치 간격 결정 • 소요 지반지지력 검토
종합검토		• 최적 설계에 대한 검토(거푸집널, 장선, 멍에, 동바리 배치간격, 동바리 기초형식) • 특수하중 및 풍하중에 의한 영향여부 검토
표준조립 상세도		• 구조검토 결과에 의한 가설재 배치도 작성

10) 콘크리트는 특별한 경우를 제외하고 다음 타설 순서도에 따라 타설한다.

(처짐, 균열방지, 정부모멘트 교차점의 신축이음 설치 등 고려)

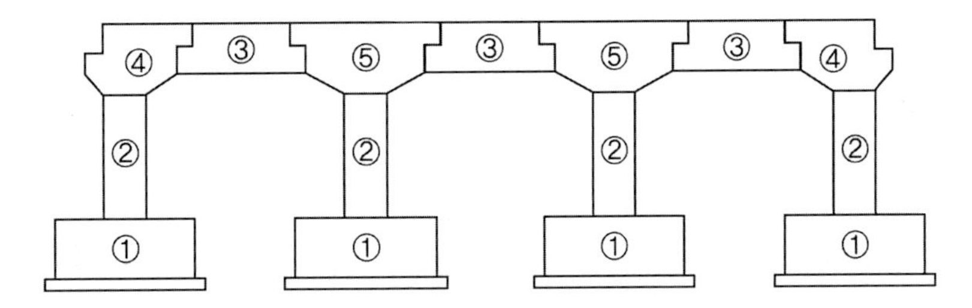

92회 2-2

박스구조물 말뚝

연약지반에서 개착 박스구조물의 시공을 위해 중간말뚝을 남겨둔 채 하부슬래브 콘크리트를 시공한 경우와 중간말뚝을 제거한 후 하부슬래브 콘크리트를 시공한 경우에 대해 측벽 및 중간벽체 타설시 두 경우의 차이점을 하부슬래브에 작용하는 개략 휨 모멘트도를 이용하여 설명하시오.

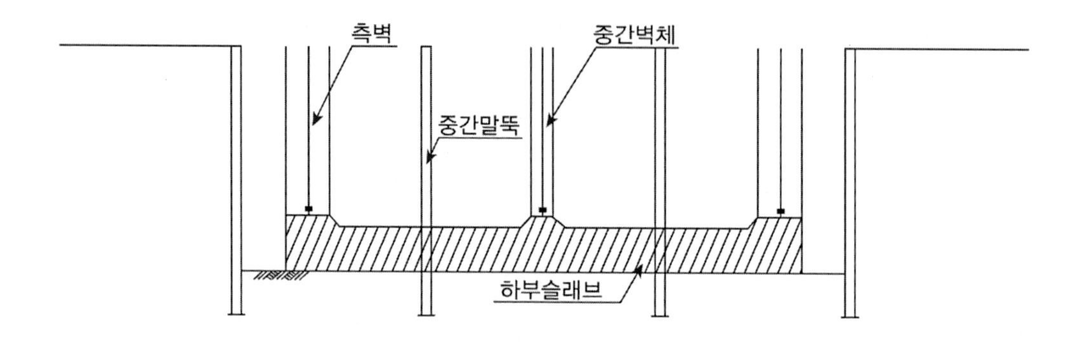

풀 이

개요

일반적으로 지하구조물의 설계 시 지반은 1.0m 간격 이내의 등가의 스프링으로 치환하여 모델링한다. 주어진 조건에서 중간말뚝이 없는 경우에는 등가의 스프링으로 지지되는 구조물로 볼 수 있으며, 이러한 경우 스프링력에 의해 구조물의 휨모멘트도가 달라진다.

개략적인 휨모멘트도

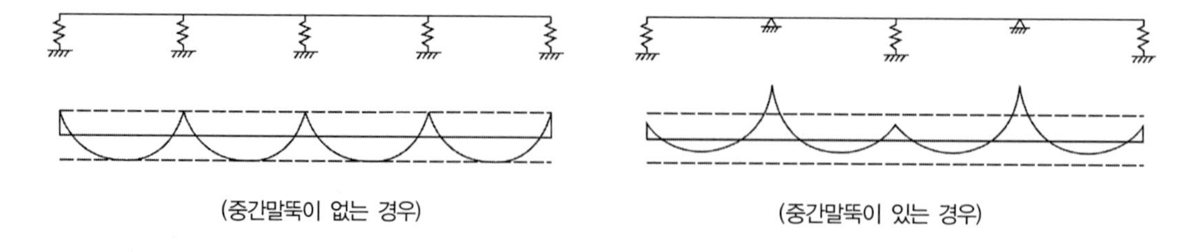

(중간말뚝이 없는 경우) (중간말뚝이 있는 경우)

1) 만약 중간말뚝을 남겨둘 경우에는 중간말뚝부가 지점 역할을 수행하게 되며 이로 인해서 중간말뚝부에서 지지하는 휨모멘트는 커지게 되고, 주변 스프링부의 모멘트는 작아지게 된다. 중간말뚝이 있는 단면이 휨모멘트에 저항할 만큼 충분한 경우 주변부의 하중부담이 작아져서 경제적인 설계가 가능해 진다.

2) 다만 중간말뚝부의 단면이 부모멘트에 충분히 저항하지 못할 경우에는 단면의 증가로 인하여 단면이 비대하게 커질 수도 있으므로 설계 시 충분한 검토가 필요하다.

➤ 지하구조물의 설계일반(도로설계편람 704 지하차도 구조물 설계)

1) 지하구조물의 해석모델

① 모든 구조물은 해석가능한 모델로 이상화하고 부재는 도심축과 일치하도록 하며 헌치에 의한 도심이 변화는 고려하지 않는다.

② 지점의 경계조건은 기초지반의 종류와 관계없이 저판의 모든 부위에 지반반력계수와 설치간격으로부터 환산된 스프링을 설치(간격 1.0m 이내)한 모델로 계산하는 방법이 주로 사용되며, 부력 등에 의하여 스프링에 인장이 발생할 경우 인장을 받는 스프링은 차례로 제외시켜 최종적으로 압축만 받는 스프링만 남겨둔 상태의 모델해석 결과를 취한다. 다만 암반지반에서는 벽체 또는 기둥 하단부위에 회전 또는 이동지점의 경계조건을 부여할 수 있다.

③ 지반반력계수

토사지반 $K_v = K_{v0}\left(\dfrac{B_v}{0.3}\right)^{-\frac{3}{4}}$ (사질토와 점성토 혼합층)

K_v : 연직방향 지반반력계수(kN/m^3)

K_{v0} : 지름 0.3m의 강체원판에 의한 평판재하 시험의 값에 상당하는 연직방향 지반반력계수 (kN/m^3)로 각종 토질시험 조사에 의해 구한 변형계수로부터 추정하는 경우($K_{v0} = \dfrac{1}{0.3}\alpha E_0$)

B_v : 기초의 환산재하폭 (구조물 저판의 지간)

E_0 : 지반의 변형계수(MPa)

α : 지반반력계수 추정에 사용되는 계수

점성지반 $K_v = K_{v0}\left(\dfrac{B_v}{0.3}\right)^{-1}$

2) 지하구조물의 종방향 설계

① 구조물 종방향 검토 시 종방향 강성(EI)을 무한대로 보고 지지조건을 탄성받침으로 한다.

② 적정 간격으로 신축이음을 줄 경우에는 종방향의 검토는 하지 않아도 되나 특별히 기초지반이 좋지 않을 때는 종방향 검토를 하는 것이 좋다.

③ 신축이음 간격은 편람 704.8.7에 따른다.

- 지하박스구간에는 온도변화가 적고 주변지반의 마찰저항이 크며, 양질의 토사로 치환하여 지지력이 충분히 확보되는 점, 전 연장의 강성이 동일하여 부등침하에 유효가게 대응하는 점

에서 구조적으로 유리하나 예상치 못한 부등침하 및 시공 중 장기간 대기 중 노출 등으로 균열제어를 위해 20~50m 간격으로 신축이음장치를 설치하는 것이 바람직하다.

- U-TYPE은 외기에 노출되고 온도변화가 크며 높이의 변화가 커서 지반조건 및 구조물 강성의 차이가 발생하므로 20m 이내로 신축이음을 설치하는 것이 바람직하다. 박스 구조물과의 접합부에도 신축이음을 두어 거동이 다른 구조물을 분리하여 안정성 도모

④ 신축이음 방향은 원칙적으로 측벽에 직각으로 하나 토피가 작은 경우에는 중앙분리대의 방향 또는 차선표시 바양으로 하는 것이 바람직하다.

⑤ 지하 개착식 박스구조물은 일반적으로 신축이음이 없는 연속한 구조물로 기준하고 연약지반으로 인한 부등침하나 지진의 영향이 크다고 생각되는 경우는 신축이음을 설치할 경우가 있다.

⑥ 특히 지하 본체구조물과 환기구, 출입구 등 부대시설의 접합부는 상이한 설계조건 및 외부 온도 변화의 영향 등에 의해 발생할 수 있는 구조적으로 다른 거동과 힘을 흡수 또는 토과시킬 수 있도록 설계해야 하며 접합부에는 신축이음을 둘 수 있다.

⑦ 시공이음의 구조에서는 철근을 연결하고 단면 내에 홈을 두는 등 전단키를 설치하여 힘의 전달이 확실하게 되도록 하며 물의 침투가 되지 않도록 사용하는 재료의 재질, 규격, 설치방법 등을 검토하여 설계한다.

106회 3-4

거푸집 콘크리트 측압

콘크리트 거푸집 설계에 사용되는 콘크리트 측압에 대하여 설명하시오

풀 이

➤ 개요

콘크리트의 측압은 사용재료, 배합, 타설속도, 타설높이, 다짐방법 및 타설할 때의 콘크리트 온도, 사용하는 혼화제의 종류, 부재의 단면 치수, 철근량 등에 의한 영향을 고려하여 산정하여야 한다.

➤ 콘크리트의 측압

1) 일반적으로 콘크리트용 측압은 다음의 식을 이용하여 산정한다.

$p = WH$

p : 콘크리트의 측압(kN/㎡)　　W : 생콘크리트의 단위중량(kN/㎥)

H : 콘크리트 타설 높이(m)

2) 콘크리트 슬럼프가 175㎜이하이고 1.2m깊이 이하의 일반적인 내부진동다짐으로 타설되는 기둥 및 벽체의 콘코리트의 측압은 다음의 식으로 산정한다. 다만 p값은 최소 $30C_w$ 이상이고 최대 WH이하이다.

① 기둥의 측압

$$p = C_w C_c \left[7.2 + \frac{790R}{T+18} \right]$$

② 벽체의 측압

· 타설속도 2.1m/h이하이고 타설높이가 4.2m미만

$$p = C_w C_c \left[7.2 + \frac{790R}{T+18} \right]$$

· 타설속도 2.1m/h이하이고 타설높이가 4.2m초과하거나, 타설속도가 2.1~4.5m/h인 모든 벽체

$$p = C_w C_c \left[7.2 + \frac{1,160 + 240R}{T+18} \right]$$

여기서, R(콘크리트 타설속도 m/h), T(콘크리트 온도 ℃)

C_w(단위중량계수)

콘크리트 단위중량(kN/㎥)	C_w
22.5 이하	$C_w = 0.5\left(1+\frac{W}{23}\right) \geq 0.8$
22.5~24.0	1.0
24.0 이상	$C_w = \frac{W}{23}$

C_c(화학첨가물 계수)

시멘트 타입 및 첨가물	C_c
지연제를 사용하지 않는 KS L5201의 1, 2, 3종 시멘트	1.0
지연제를 사용한 KS L5201의 1, 2, 3종 시멘트	1.2
다른 타입의 시멘트 또는 지연제 없이 40%이하의 플라이 애쉬 또는 70%이하의 슬래그가 혼합된 시멘트	1.2
다른 타입의 시멘트 또는 지연제를 사용한 40%이하의 플라이 애쉬 또는 70%이하의 슬래그가 혼합된 시멘트	1.4
70%이상의 슬래그 또는 40%이상의 플라이 애쉬가 혼합된 시멘트	1.4

92회 3-1

가시설동바리 설계

아래그림과 같이 배치된 거푸집, 동바리에 대하여 설계하시오.

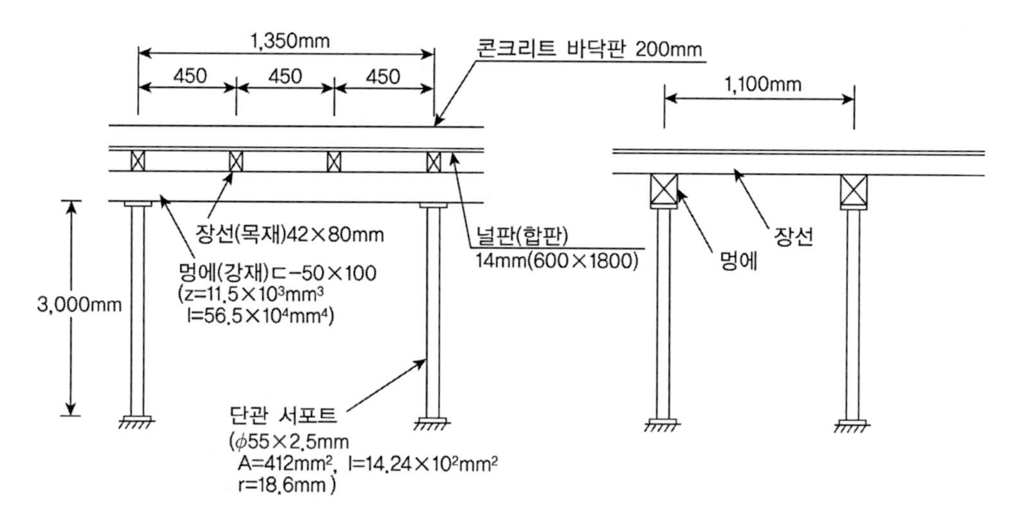

단, 콘크리트의 단위중량 25kN/m^3, 허용처짐 : 3.0mm

충격하중은 고정하중의 50%를 적용하고, 작업하중은 1.5kN/m3로 적용하며 거푸집 중량은 무시한다.

합판과 목재 탄성계수 $E = 9000MPa$, 허용응력은 12MPa

강재 탄성계수 $E = 200,000MPa$ 강재는 SM400으로

$$l/b \le 30 : f_{bca} = 140 - 2.4(l/b - 4.5)$$

$$l/b > 93 : f_{ca} = 1,200,000/(6,700 + (l/r)^2)$$

각 부재 구조해석 모델링을 정하고 구하고자 하는 부재력 식은 구조계에 맞추어 적절히 가정하여 산정하고 서포트에 작용하는 횡력은 무시하며 응력할증은 고려하지 않는다.

풀 이

▶ 설계하중 산정

1) 고정하중(w_d)

① 콘크리트 : $25kN/m^3 \times 0.2^m = 5^{kN/m^2}$

② 거푸집 : $0.4^{kN/m^2}$ (주어진 조건으로부터 거푸집 중량은 무시한다)

2) 활하중(w_l) 작업하중 $1.5^{kN/m^2}$

3) 충격하중(w_i) $w_i = w_d \times 0.5 = 2.5^{kN/m^2}$

4) 총하중(w) $w = 5 + 1.5 + 2.5 = 9^{kN/m^2} = 0.009^{N/mm^2}$

➤ 합판의 설계

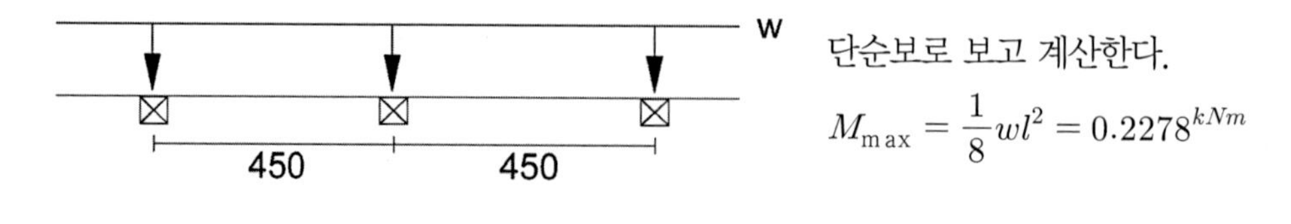

단순보로 보고 계산한다.

$M_{max} = \frac{1}{8} wl^2 = 0.2278^{kNm}$

1) 허용응력

단위 m당 허용응력 산정

$$I = \frac{bh^3}{12} = \frac{1000 \times 0.014^3}{12} = 228666.7mm^3, \quad S = \frac{bh^2}{6} = \frac{1000 \times 14^2}{6} = 32666.7mm^3$$

$$f = \frac{M_{max}}{S} = 6.97^{MPa} \langle f_a(= 12^{MPa})$$ O.K

2) 처짐 검토

$$\delta = \frac{5wl^4}{384EI} = \frac{5 \times 0.009 \times 450^4}{384 \times 9000 \times 228666.7} = 0.002^{mm} < \delta_a(= 3^{mm})$$ O.K

➤ 장선의 설계

장선이 받는 총하중 $w = 0.009 \times 400 = 3.6^{N/mm^2}$

1) 허용응력

단위 m당 허용응력 산정

$$I = \frac{bh^3}{12} = \frac{42 \times 80^3}{12} = 1,792,000mm^4, \quad S = 44,800mm^3$$

$$M_{max} = \frac{wl^2}{8} = \frac{3.6 \times 1100^2}{8} = 544,500Nmm$$

$$f = \frac{M}{S} = 12.154^{MPa} \langle f_a(= 12^{MPa})$$ N.G

2) 처짐 검토

$$\delta = \frac{5wl^4}{384EI} = \frac{5 \times 3.6 \times 1100^4}{384 \times 9000 \times 1792000} = 4.26^{mm} > \delta_a(= 3^{mm})$$ N.G

3) 멍애 간격 조정

멍애의 간격을 600^{mm} 로 변경하여 장선에 대해 재검토한다.

$$M_{\max} = \frac{wl^2}{8} = \frac{3.6 \times 600^2}{8} = 162,000Nmm$$

$$f = \frac{M}{S} = 3.62^{MPa} \rangle f_a (= 12^{MPa})$$ O.K

$$\delta = \frac{5wl^4}{384EI} = \frac{5 \times 3.6 \times 600^4}{384 \times 9000 \times 1792000} = 0.38^{mm} < \delta_a (= 3^{mm})$$ O.K

➤ 멍애의 설계

멍애가 받는 총하중 $w = 0.009 \times 600 = 5.4^{N/mm^2}$

1) 허용응력

$$M_{\max} = \frac{wl^2}{8} = \frac{3.6 \times 1350^2}{8} = 820,125Nmm, \quad f_b = \frac{M}{S} = \frac{820,125}{11.5 \times 10^3} = 71.315^{MPa}$$

SS400 강재

$$\frac{l}{b} = \frac{1350}{50} = 27 \leq 30 \qquad f_{bca} = 140 - 2.4(l/b - 4.5) = 86^{MPa}$$

허용응력 증가를 고려하면, $f_{bca}' = 1.5 \times f_{bca} = 129^{MPa} \rangle f_b$ O.K

➤ 단관 서포트의 설계

총하중의 1/2씩 분담한다고 가정한다.

$$w = 0.009 \times 1350 = 12.15^{N/mm^2}, \qquad P = 12.15 \times \frac{1350}{2} = 8,201.25^{N/mm}$$

단위길이당 하중에 대해 검토하면

$$f_c = \frac{P}{A} = \frac{8201.25^N}{412^{mm^2}} = 19.9^{MPa}$$

$$\frac{l}{b} = \frac{3000}{27.5} = 109.1, \quad l/b > 93$$

$$\therefore f_{ca} = 1,200,000/(6,700 + (l/r)^2) = 1,200,000/(6,700 + (3000/18.6)^2) = 36.68^{MPa}$$

허용응력 증가를 고려하면 $f_{ca}' = 1.5 f_{ca} = 55.02^{MPa} \rangle f_c$ O.K

99회 2-6

강재거푸집의 설계

다음 그림과 같은 9m 기둥에서 기둥하부 3m를 콘크리트로 1차 타설하려고 한다. 이때 Pier Formwork(강재거푸집)에 대한 콘크리트 타설속도, 측압, Skin plate에 발생하는 최대응력 및 최대변위량을 구하시오.

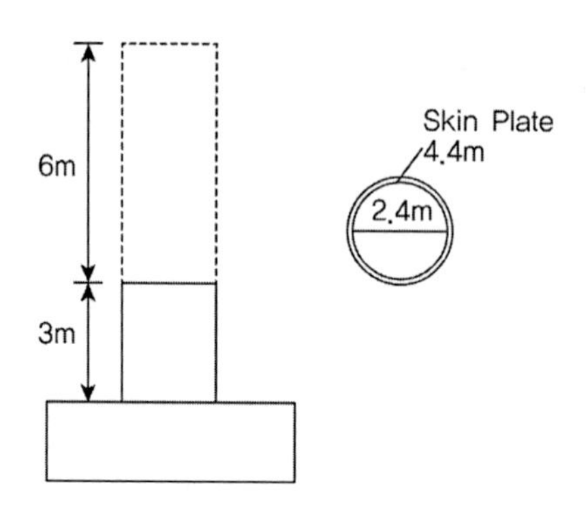

(조건) $C = 6m^3$: 레미콘 1대의 콘크리트양
$H_r = 30\text{min}$: 레미콘 1대의 타설 시간
$T = 15℃$: 타설 온도
$\gamma_c = 24kN/m^3$: 콘크리트 단위중량
$E_s = 210\,GPa$: 강재 탄성계수
SS400강재
$P = C_w \times C_c \times \left[7.2 + \dfrac{790R}{T+18}\right]$: 교각거푸집에 대한 측압(kN/m^2)
여기서 C_w : 단위중량계수(=1.0)
C_c : 첨가물계수(=1.0)
R : 콘크리트 타설속도(m/hr)

풀 이

➤ 콘크리트 타설 면적

$$A = \frac{\pi}{4}D^2 = 4.5238m^3$$

➤ 콘크리트 타설 높이

콘크리트 1대의 콘크리트양으로부터 타설되는 높이는 $C/A = 1.3263^m$

➤ 콘크리트의 타설속도

$$R = (C/A)/H_r = 1.3263/0.5 = 2.6526m/hr$$

➤ 콘크리트의 측압

$$P = C_w \times C_c \times \left[7.2 + \frac{790R}{T+18}\right] = 1.0 \times 1.0 \times \left[7.2 + \frac{790 \times 2.6526}{15+18}\right] = 70.7^{kN/m^2}$$

➤ Skin plate에 발생하는 최대 응력

콘크리트가 Skin plate의 높이만큼 타설될 때 지속적으로 동일한 타설속도로 타설된다고 가정하고 원주방향의 응력을 f_1 이라고 하면,

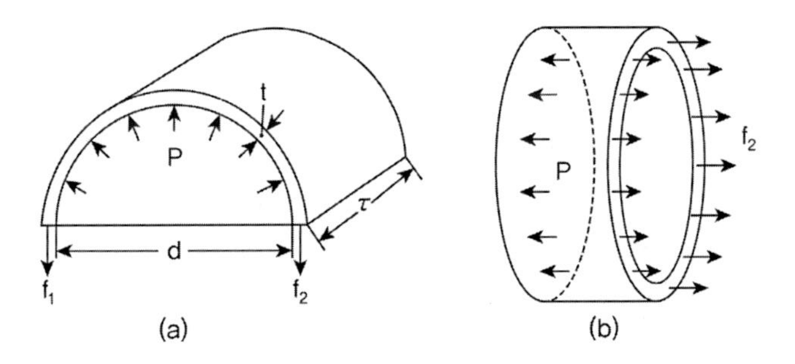

$$f_1(2lt) = p(dl)$$

$$\therefore f_1 = \frac{pd}{2t} = \frac{70.7^{kN/m^2} \times 2.4^m}{2 \times 4.4^{mm}} = 19.28^{N/mm^2} = 19.28^{MPa} \langle f_a \text{ (=140}MPa\text{, SS400)}$$

➤ 거푸집의 변위량 산정

원주방향으로 발생하는 f_1 응력에 의해 발생되는 증가량 산정

$$\Delta l = \frac{TL}{AE} = \frac{(f_1 lt) \times (\pi D)}{(lt) \times E} = \frac{\pi f_1 D}{E} = \frac{\pi \times 19.28 \times 2400}{210,000} = 0.6922^{mm}$$

$$\pi D' = (\Delta l + l) = (\Delta l + \pi D), \quad \therefore D' = 2400.22^{mm}$$

∴ Skin plate에 발생하는 최대변위량(거푸집 배부름 양)은 편측방향을 기준으로 0.11mm이다.

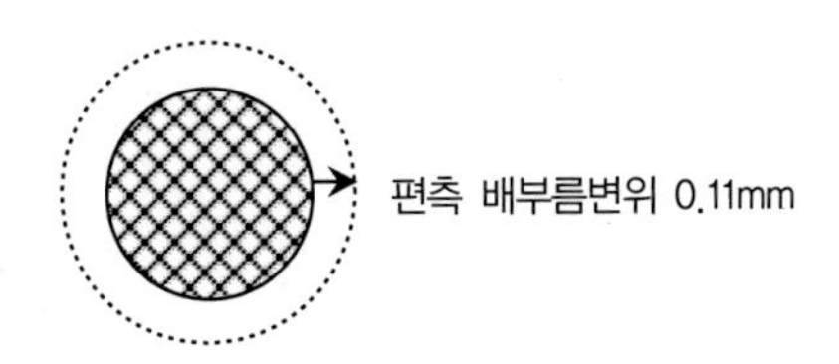

Chapter

04 방재 설계 / 기타

01 방재설계

「도로터널 방재시설 설치 및 관리지침, 국토해양부, 2009」에 의거 일반도로의 터널이나 지하차도에 화재 시 배연이나 제연의 제약으로 인한 인명 및 재산피해가 증대할 수 있으므로 이를 대비하기 위해서 건설계획 수립 시 방재시설에 대한 계획이 수립되어야 한다.

① 위험도 분석에 따른 방재등급 검토

개 요	•지하차도내 존재하는 잠재적인 위험인자에 대한 위험도 평가수행 •평균위험도 2를 초과하는 경우 방재등급 상향조정 → 지하차도 방재등급 신뢰성 증대

위 험 인 자	범 위	위험정도	위험도지수	적용등급
년평균 일일교통량×지하차도연장 (10^3 Veh·km/tube·day)	32 이상~64 미만	높음	4	14/6=2.33 평균위험도가 2 초과이므로 1등급 적용
경 사 도	3% 이상	높음	3	
대 형 차 혼 입 율	10% 이상~25% 미만	중간	2	
위험물 수송에 대한 법적규제	제한 없음	높음	2	
정 체 정 도	빈번한 정체 (서비스수준 D 이상)	중간	2	
통 행 방 식	일방통행	낮음	1	

② 방재설비 기준 (1등급과 외국 기준비교)

방재시설 \ 검토대상			1등급	외국의 기준검토				설계반영
				프랑스	독 일	일 본	노르웨이	
소화설비	소 화 기 구		●	●	●	●	●	◉
	옥 내 소 화 전 설 비		●	●	▲		△	◉
	물 분 무 설 비		▲					
피난설비	피난대피시설	피난연락갱	●					◉ (방화문)
		비상주차대	●					◉
소화활동설비	제 연 설 비		●					◉
	연 결 송 수 관 설 비		●					◉

주) 국내적용기준 : 도로터널 방재시설 설치 지침(건설교통부 2004.12)(● : 필수항목, ▲ : 선택항목, △ : 지역소방서와 협의후 결정)

③ 방재설비 배치 실 예

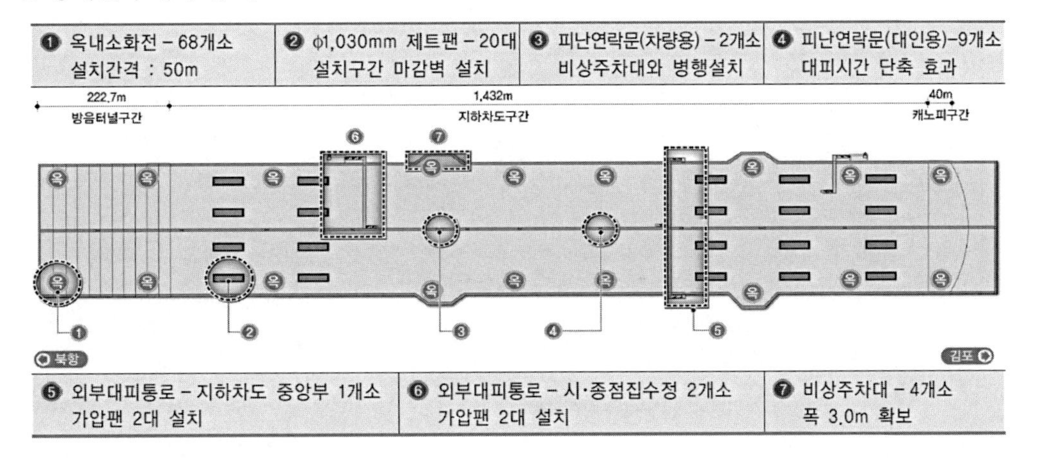

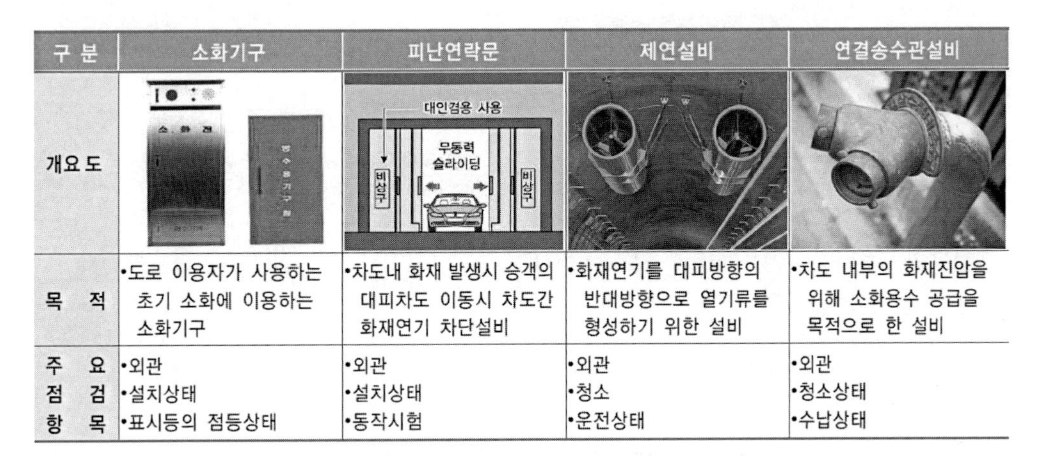

구 분	소화기구	피난연락문	제연설비	연결송수관설비
개요도				
목 적	•도로 이용자가 사용하는 초기 소화에 이용하는 소화기구	•차도내 화재 발생시 승객의 대피차도 이동시 차도간 화재연기 차단설비	•화재연기를 대피방향의 반대방향으로 열기류를 형성하기 위한 설비	•차도 내부의 화재진압을 위해 소화용수 공급을 목적으로 한 설비
주요 점검 항목	•외관 •설치상태 •표시등의 점등상태	•외관 •설치상태 •동작시험	•외관 •청소 •운전상태	•외관 •청소상태 •수납상태

구 분	중 간 벽	비상주차대 및 피난연락문
개 요 도		
특 징	•대형차로 소음 및 매연차단효과 우수 •비상시 대피터널로 이용으로 방재우수	•비상주차대 설치규격 확대(30m → 60m)로 2차사고 발생 감소 •비상주차대 시설을 이용한 회차가능한 최소폭원(3.2m) 확보

검토결과	•중간벽은 방재대책 및 소음, 매연차단 효과가 우수하며 장대지하차도에 적합한 벽식 선정 •비상주차대 설치규격 확대로 설계기준 준수(접속길이 20m) 및 사고시 2차사고 예방

④ 피난대피 시뮬레이션

1단계 : 화재발생 및 인지	2단계 : 인명대피	3단계 : 제연운전
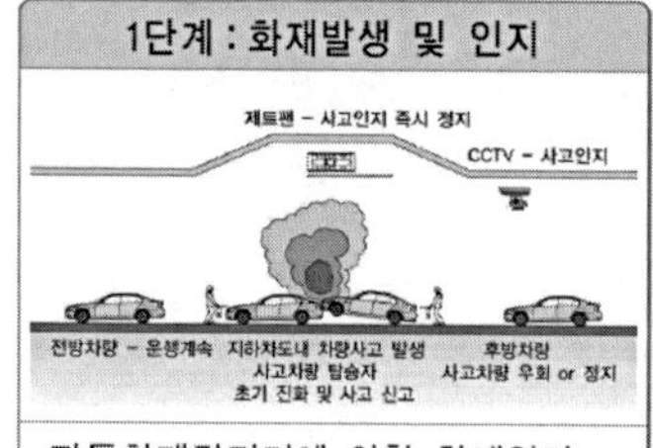	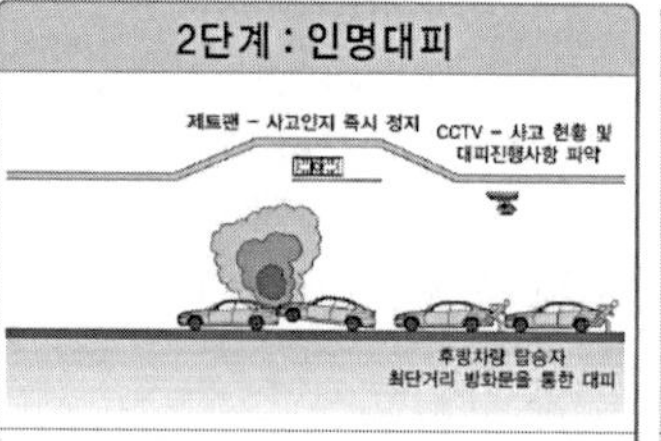	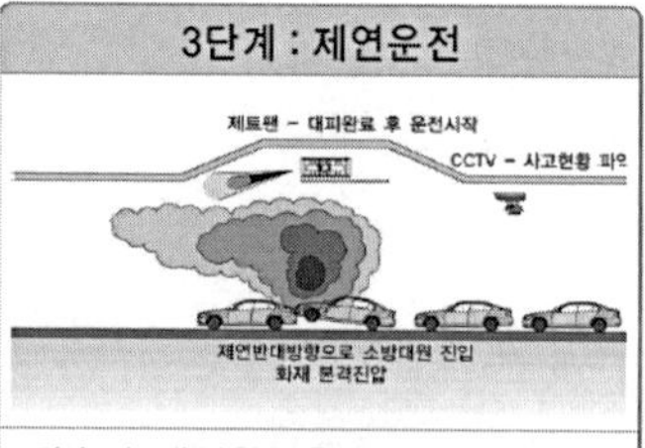
•자동화재감지기에 의한 화재인지 •제트팬 운전 정지	•화재 전방차량 계속 주행 •화재 후방차량 탑승자 대피	•탑승자 대피완료후 제연운전 •소방차 진입 등 본격소화 개시

제연풍속 2.1m/s	제연풍속 2.22m/s (적용)
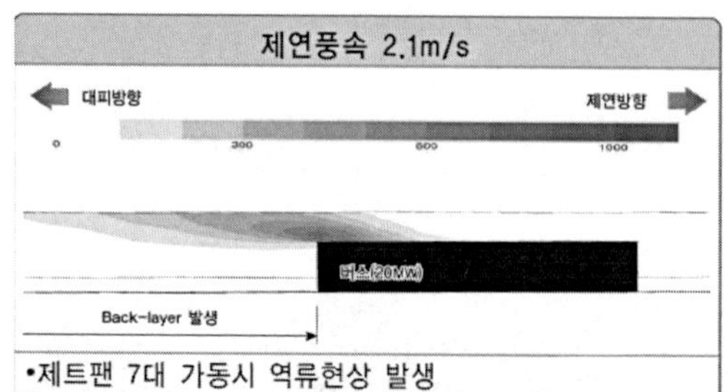	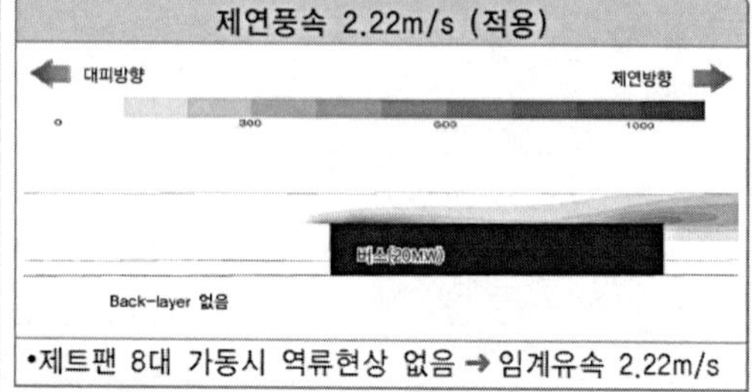
•제트팬 7대 가동시 역류현상 발생	•제트팬 8대 가동시 역류현상 없음 → 임계유속 2.22m/s

구 분	원안설계	대안설계
피난연락문(대인용)	6개소	9개소
지상대피통로	지하차도 시·종점부	지하차도 시·종점부+ 외부대피통로 3개소
최대대피거리	210m	147m
대피인원	1,208명	1,978명
안전지대 도착시간(인접차도)	6분 5초	3분 33초
지상대피완료시간	12분 43초	4분 27초

외부대피통로

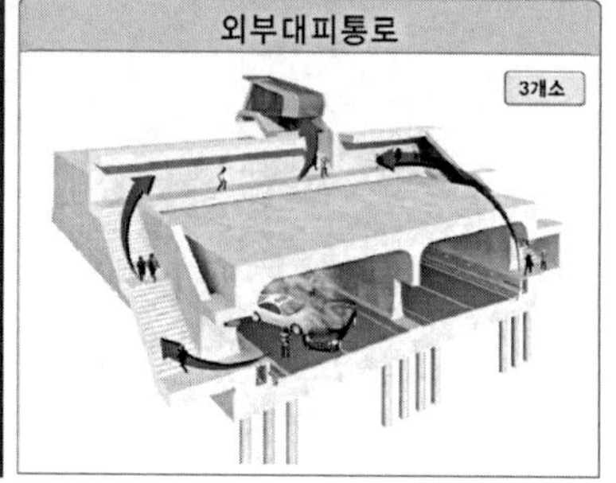

1. 지하차도와 터널의 방재특성 비교

구분	지하차도	일반 터널
단면	• 개착박스 공법의 4각 형태의 단면이 대다수 800 9,950 500 9,950 800 Hoist Rail 1,000 2,000 400 5,080 1,150	• NATM/Shield 공법에 의한 마제형 또는 원형단면
크기	• 일반 터널에 비해 작음	• 지하차도에 비해 큼
환기력	• 차량의 면적비가 크므로 화재 시 교통환기력이 크게 작용하며 일방향 교통상황에서는 초기피난시에 유리	• 터널 내 차량의 면적비가 지하차도에 비하여 작으므로 교통환기력이 상대적으로 작은 편임

구분	지하차도	일반 터널
화재시 연기	• 상부가 평슬래브이므로 상부전체에 퍼진 후에 동시에 하강전파하는 현상을 보임 • 단면이 작기 때문에 동일한 풍량에서 유해가스의 농도가 증가할 우려가 있음 • 연기의 하강시간이 짧아 유효피난시간이 감소함, 이에 따라 대피 소요시간을 감소하기 위해 대피통로 간격을 감소할 필요가 있음	• 터널의 크라운 부로 상승한 후 전파, 전단면으로 침강하는 속도는 다소 느림. 그러나 연기전파 선단은 지하차도에 비해 빠른 것으로 평가됨
피난대피	• 차도 중앙에 격벽으로 되어 있는 경우에는 피난연결통로 차단문만 설치 • 피난연결통로 간격을 축소하는데 비용증가	• 상대터널간 거리만큼의 피난연결통로를 굴착하므로 공사비 증가 • 대피거리 증가됨
화재시 제연	• 높이가 낮은 경우 제트팬 설치 시 효율저감 발생 • 임계풍속은 감소 • 정체빈도가 높을 것으로 예상되며 이에 따라 일방향 제연은 대피한경을 오히려 악화시킬 우려 있음 • 대배기구 방식 등 집중배연을 할 수 있는 제연방식이 권장됨	• 터널 높이가 상대적으로 높기 때문에 임계풍속이 증가함 • 산악터널의 경우에는 화재하류에 차량이 정체될 우려가 작으므로 종류 환기방식을 적용한 제연이 경제적 • 이 경우에도 정체빈도가 높을 것으로 예상되는 도시지역의 터널은 대배기구 방식 등 집중배연을 통한 배연능력을 향상하기 위한 조치가 필요함
재유입 현상	• 입출구 갱구가 근접하기 때문에 갱구에서 배출되는 오염물질 및 화재연기가 재유입할 우려가 높음	• 입출구 갱구가 상대적으로 멀리 이격되어 재유입에 대한 우려가 적음

TIP | 방재설계 시 임계풍속 |

① 터널이나 지하차도에서 화재시 성층화를 유지하면서 열기류의 역류현상은 억제하기 위한 최소 풍속으로 임계풍속은 종류환기방식을 적용한 지하차도에서 제연을 위한 제트팬 대수를 결정하는 인자이다. 일반적으로 화재가 발생하면 열기류가 급격히 천정으로 상승하며 상승운동량 및 부력에 의해서 종방향 기류가 작은 경우에는 상향 (+)경사방향으로 열기류가 이동한다. 특히 주기류의 반대방향으로 열기류가 이동하는 현상을 역류(Backlayering)라 한다. 또한 종방향 풍속이 증가하여 관성이 부력보다 소정의 값 이상으로 증대하는 경우에는 연기의 성층화가 교란되게 된다. 임계풍속은 프라우드(F_r)수를 변수로 하는 관계식에 의해서 계산한다.

$$V_r = F_r^{-\frac{1}{3}} \left(\frac{gHQ}{\rho_0 C_p A_r T_f} \right)^{\frac{1}{3}} \quad F_r = \frac{gHQ}{\rho_0 C_p A_r T_f V_r^3}$$

② 임계풍속은 역류를 방지하는 프라우드(F_r)수를 어떻게 정의하느냐에 따라서 달라지며 이를 임계 프라우드(F_{rc})수라 한다.

③ Thomas(1968)는 $F_{rc} = 1.0$, Lee(1979)는 $F_{rc} = 4.5 \sim 6.7$의 범위에서는 역류(Backlayering)가 발생하지 않는다고 밝혔으며, Kennedy는 $F_{rc} = 4.5$로 정하여 경사보정계수를 도입하여 경사에 따른 영향을 검토하였다.

④ 국내 적용기준 : Kennedy가 제시한 경험식과 Wu에 의해서 제시된 구배보정계수의 적용을 원칙으로 하여 Tetzner가 제시한 β을 고려하여 CFD시뮬레이션을 통해서 결정한다.

2. 방재시설의 종류

1) 소화설비 : 소화기, 소화전, 물분무설비

2) 경보설비 : 비상경보(비상벨)설비, 화재감시기, 비상방송설비, 긴급전화, CCTV, 라디오재방송설비, 정보표지판

3) 피난대피시설 및 설비 : 비상조명등, 유도표지등, 피난대피시설

4) 소화활동설비 : 제연설비, 무선통신보조설비, 연결송수관설비, 비상콘센트설비

5) 비상전원설비 : 무정전전원설비, 비상발전설비

3. 터널(지하차도) 연장 기준 방재등급별 위험도 지수

등급	터널(지하차도) 연장 기준등급	위험도 지수(X) 기준등급
1	$L \geq 3,000m$	$X > 29$
2	$1,000m \leq L < 3,000m$	$19 < X \leq 29$
3	$500m \leq L < 1,000m$	$14 < X \leq 19$
4	$L < 500m$	$X \leq 14$

1) 위험도 평가 항목

① 사고확률 : 주행거리계(교통량×연장)

② 터널(지하차도) 특성 : 표고차 및 경사도, 터널(지하차도) 높이, 곡선반경

③ 대형차량 : 대형차량 혼입률, 위험물소송관련

④ 정체 정도 : 서비스수준, 지하차도 내 합류/분류, 교차로/신호등/TG 등

⑤ 통행방식 : 일방통행, 양방통행

2) 위험도지수에 따른 방재등급 조정 : 위험도 지수 기준등급은 연장기준등급 대비 1단계를 상향 또는 하향할 수 있다.

02 해상풍력발전시스템 (대한토목학회지 2011년 5월)

101회 4-1 해상풍력 발전시스템의 하부형식 종류와 특징

해상풍력발전시스템은 2009년 국토해양부에서 저탄소 녹색성장정책의 일환으로 개발계획 수립안을 발표하면서 많은 연구가 진행 중에 있다. IEC규정에 따르면 해상풍력발전기는 크게 Rotornacelle assembly라 불리는 구성물과 지지구조물(Supporting structure)의 2개의 부분으로 구분되며, 이 지지구조물은 타워(Tower), 하부구조(Sub structure)와 기초(Foundation)로 구분된다.

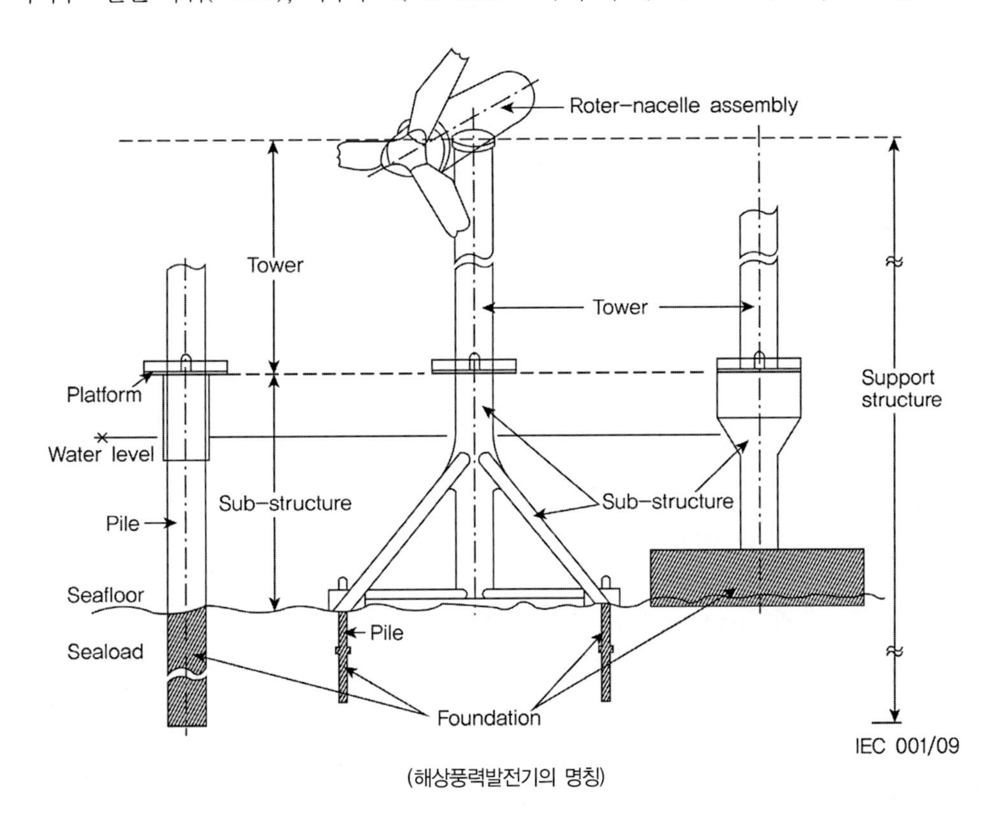

(해상풍력발전기의 명칭)

1. 타워

주로 강재의 원형 타입이 주로 채택되며 형상은 육상의 풍력발전기 타워와 동일하다. 발전기와 블레이드의 길이, 나셀의 중량을 고려하여 타워의 직경을 결정하여야 하며, 높이가 80m 이상되어야 한다. 최근에는 강재의 좌굴, 피로하중, 두께의 증가로 경제성을 고려하여 고강도 콘크리트 타워와 하이브리드 형태가 대안으로 제시되고 있다.

2. 하부구조 및 기초

하부구조물의 형식으로는 일반적으로 모노파일, 중력식이 가장 많이 이용되며 최근에는 재킷, 트라이포트, 트라이파일이 적용되고 있다. 부유식이나 석션 파일 기초 등이 검토 중에 있다.

1) 모노파일(Monopile)

직경 4~6m의 강관형태의 말뚝과 말뚝과 타워를 연결하는 전이부(Transition piece)로 구성된다. 말뚝은 항타나 굴착을 통하여 설치되며 전이부와 그라우팅으로 연결된다. 수심 20m이하에서 경제적인 구조로 알려져 있다. 수심이 높은 경우에는 파일의 직경이 커지게 되어 강재량이 증가되고 시공장비의 확보에도 제약이 있어 경제성이 떨어지는 특징이 있다.

2) 중력식(Gravity base)

자중으로 전도모멘트에 저항하는 구조로 낮은 수심(10m 부근)에서 적용되었으나 30m에 적용된 사례도 있다. 주로 육상에서 제작되어 해상크레인을 이용하여 설치하며 상대적으로 공사비가 저렴하나 해체 시에 불리하다.

3) 자켓(Jacket)

석유 및 가수 시추산업에서 사용된 구조로 20~80m의 대수심에 적용되는 구조물이다. 직경 0.5~1.5m의 원형강관을 용접하여 조립하고 직경 0.8~2.5m의 파일에 고정시킨다. 용접부위가 많아 피로에 지배되는 경우가 많다.

4) 트라이포드(Tripod)

자켓과 유사하게 직경 1.0~5.0m의 원형강관을 용접하여 제작하며 직경 0.8~2.5m의 파일에 고정시킨다. 트라이포드는 자켓에 비해 강재가 더 많이 소요되나 제작성이나 시공성이 좋다.

5) 트라이 파일(Tri-pile)

3개의 강관파일을 수면 위로 노출되도록 설치한 후 특수하게 제작한 전이부로 연결한 형태의 구조물이다. 수심 25~40m에서 적용이 가능하며 최대 50m까지도 적용가능한 것으로 알려져 있다. 직경 3.35m의 말뚝에 거치되며 모듈러시스템으로 48시간 이내에 설치가 가능하다. 설치시 레벨링이 용이하고 유지관리가 용이한 특징이 있다.

6) High-rise pile cap

중국 상하이 풍력발전단지에 적용된 형식으로 현장타설말뚝기초는 교량의 기초형식과 유사하며 교량기초의 시공사례가 많은 형식이다.

7) 부유식(Floating)

아직 연구단계로 노르웨이에 시험 시공되었다. 향후 더 깊은 심해로 확대된다면 이러한 형식이 사용가능할 것으로 예상된다.

구분	Monopile	Gravity base	Jacket	Tripod	Tri-pile	High rise pile cap
개요도						
적용사례	Utgrunden(SE) Horns Rev(DK) Blyth(UK) North Hoyle(UK) Scroby Sands(UK) Barrow(UK) Kentish Flats(UK)	Vindeby(DK) Tuno Knob(DK) Middlegrundn(DK) Nysted(DK) Lilgrund(SE) Thornton Bank(BE)	Beatrice(UK) Alpha Ventus(DE)	Alpha Ventus(DE)	Hooksiel(DE) BARD(De)	동해대교 해상풍력단지 (중국)

3. 풍력발전 구조물의 설계

해상풍력발전 수중기초 구조물의 수명은 25년으로 가정하며 최대의 효과가 발생하는 하중이 재하되도록 정적, 동적하중에 의한 하중조합에 의해 설계한다. 해상풍력 구조물에 발생하는 동적하중은 일반적으로 파랑하중, 타워에 작용하는 구조 및 기초에 발생하는 해류, 회전자-증속기(나셀) 및 타워에 발생하는 바람, 운영 시 발생하는 하중, 작동 시 구조물과 회전자-블레이드사이의 상호작용이다. 설계 시에는 고유진동수는 가진진동수에 의한 공진현상이 최소화되도록 하여야 한다. 풍력발전기에서는 동적하중이 발생하고 이 하중은 해저지반에 영향을 미치므로 상황에 따라 지반-구조물 상호작용에 대한 연구도 필요하다.

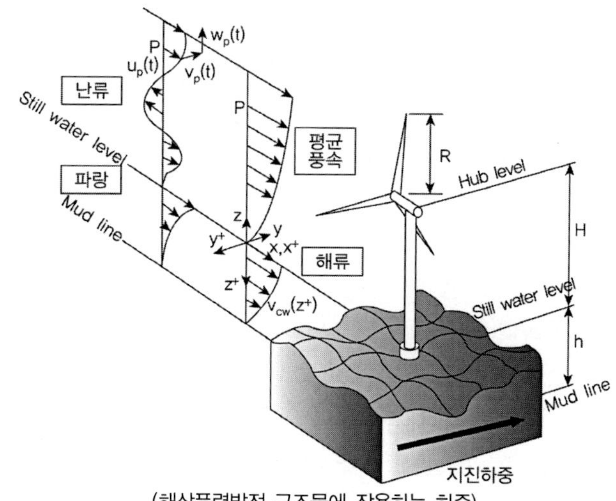

(해상풍력발전 구조물에 작용하는 하중)

1) 작용하중

전체 구조물 해석 및 기본설계를 위하여 고려되어야 할 하중은 고정하중, 풍하중, 증속기로부터 발생되는 각종 기계하중, 블레이드에 발생되는 공기력하중, 풍하중, 파랑하중, 해류하중, 수면하중, 충격하중, 지진하중 등이 있다. 일반적으로 작용하중은 발생빈도에 따라 크게 4가지로 분류할 수 있다.

① 발생빈도에 따른 작용하중

- 지속적인 하중 : 증속기 내에서 발생되는 각종 기계하중, 타워와 증속기의 중력하중(수직방향), 로터의 회전하중, 풍하중(수평방향), 조력하중(수직방향). 외부수압, 물의 온도
- 주기적인 하중 : 블레이드의 중력하중과 빙하의 충돌에 의한 하중
- 랜덤한 하중 : 바다의 상태에 따른 하중, 난류에 의한 하중
- 일시적인 하중 : 터빈의 급정지에 따른 하중, 배선관의 파괴에 따른 하중, 돌풍에 의한 하중, 극한의 파도 및 쇄파에 의한 하중, 지진하중

② 풍하중

바람은 해수면 위의 상부구조물인 플랫폼, 타워, 블레이드에 작용하여 진동을 발생시키며, 바람의 세기는 파랑이나 해류와 마찬가지로 영향을 주어 해저면 기초면에서 발생하는 모멘트 계산의 중요한 영향인자이다. 해수면 바람은 돌풍과 지속풍으로 나눌 수 있는데 돌풍은 일시적인 큰 풍속이며 해양구조물과 기초설계에는 설계풍속으로 지속풍을 사용한다.

③ 파랑하중

파랑은 일정한 파장, 파고, 주기를 갖는 파형으로 해양 구조물 기초설계나 구조물 각 부재의 설계에 직접적인 힘을 가해 부재의 크기나 길이 설계에 결정적 요인으로 작용한다. 파랑의 특징은 불규칙성으로 스펙트럼 모델이 어떤 해상상태를 표시하는 척도가 되는데 이때는 구조물 해석도 통계적으로 수행되어져야 한다. 어떤 파랑 모델을 설계에 적용하느냐는 숩심, 구조물 형상, 적용파고 등에 따라 달라지며 선택된 파를 설계파라고 하는데 설계파의 변수로는 파고, 파 주기, 수심의 3가지로 대별된다. 설계파로부터 구조물의 각 부재에 작용하는 물입자의 속도와 가속도를 계산하여 모리슨 방정식으로부터 항력과 관성력의 합에 의해 최종적으로 파력을 등가절점력으로 산정한다.

④ 해류하중

파랑이 물입자의 진도에 의한 파형의 흐름이라면 해류는 물 입자가 여러 요인에 의해 수평방향으로 직접 이동하는 흐름이다. 따라서 이 흐름이 구조물과 만나면 일정한 수평력을 가하게 된다. 해류를 발생시키는 요인은 대규모적인 것과 국지적인 것으로 분류하며 대규모적인 요인은 항풍과 지구 회전에 의한 것, 온도차나 염도차에 의한 것이 있고, 국지적 요인에는 해저 퇴

적물에 의한 것, 파랑에 의한 것, 조석, 바람이나 태풍에 의한 것이 있다. 해류에 의한 물입자의 속도는 해파에 의한 물입자의 속도와 벡터로 합해져 모리슨 방정식을 이용하여 구조물에 작용하는 하중을 구한다.

⑤ 수면하중

수면의 승강 현상에 의해 발생하는 하중으로 주로 천체의 움직임에 의하여 발생하거나 국지적으로 바람이나 파랑, 압력의 차이로 생기는 현상에 의해서 발생하는 하중이다. 따라서 이 모든 것을 더하여 설계 최대 수심을 결정하게 된다. 보통 최대 수심에서 최대 파고가 구조물에 접근했을 경우를 가정하여 외력 산정과 플랫폼의 높이 등을 결정하여야 한다. 최대 수심과 최소수심의 수직선상 범위를 계산하여 구조물의 경우 최대 부식범위를 산정하고 고착성 해양 생물의 두께 산정 등에 적용하여야 한다.

⑥ 파랑으로부터의 슬래밍 하중

부재가 수중에 있을 때 파랑 슬래밍에 의해 물보라치는 지역에 있는 수평부재에 충격으로 작용하는 하중이다. 양 끝단이 고정된 수평부재는 끝단 모멘트와 경간중앙 모멘트에 대해 각각 1.5와 2.0의 동적 충격계수를 갖도록 권고된다.

⑦ 지진하중

해상풍력 구조물 설계 시 하부 지질 구조를 면밀히 검토하여 지진 시 동시 다발적으로 생길 수 있는 단층현상, 퇴적물 이동현상 등을 고려한 내진설계가 필요하다.

REFERENCE

1	도로교 설계기준 해설	대한토목학회 2008
2	도로교 설계기준 한계상태설계법	대한토목학회 2015
3	도로설계편람	국토해양부 2008
4	도로공사 흙막이 가시설 세부설계기준	한국도로공사 2005
5	콘크리트 교량 가설용 동바리 설치지침	국토해양부 2007
6	도로터널 방재시설 설치 및 관리지침	국토해양부, 2009
7	대한토목학회지	대한토목학회
8	LHI Journal	한국토지주택공사
9	알기 쉬운 가설 구조물의 해설	건설문화사

저자 소개

안흥환

- 고려대학교 토목환경공학과 학사·석사
- 토목구조기술사
- 국민안전처 재난관리실 방재안전사무관
- 한국토지주택공사 과장, 설계 VE위원
- 국토교통부 중앙건설기술심의위원
- 국토교통과학기술진흥원 R&D 평가위원
- 한국환경공단 설계자문위원
- 한국환경공단 민간투자사업 평가위원
- 서울특별시도시철도공사 시설자문단
- 한국철도시설공단 설계자문위원
- 한국전력공사 설계자문위원

최성진

- 고려대학교 토목환경공학과 학사
- 한양대학교 공학대학원 첨단건설구조공학 석사
- 한국토지주택공사 부장
- 토목구조기술사
- 대한토목학회 편집위원 역임
- 한국토지주택공사 기술심사평가위원
- 국토교통과학기술진흥원 건설신기술 심사위원

감수자 소개

김경승

- 연세대학교 토목공학과(공학사)
- 연세대학교 대학원 토목공학과 구조전공(공학석사)
- 연세대학교 대학원 토목공학과 구조전공(공학박사)
- 기술고시 16회
- 건설교통부 토목사무관
- 토목구조기술사
- 현 광주대학교 토목공학과 교수

토목구조기술사 합격 바이블 2권 개정판

초판발행 2014년 9월 5일
초판 2쇄 2016년 5월 4일
2판 1쇄 2017년 2월 1일
2판 2쇄 2021년 1월22일

저 자 안흥환, 최성진
감 수 김경승
펴 낸 이 김성배
펴 낸 곳 도서출판 씨아이알

편 집 장 박영지
책임편집 박영지
디 자 인 윤지환, 윤미경
제작책임 김문갑

등록번호 제2-3285호
등 록 일 2001년 3월 19일
주 소 (04626) 서울특별시 중구 필동로8길 43(예장동 1-151)
전화번호 02-2275-8603(대표)
팩스번호 02-2265-9394
홈페이지 www.circom.co.kr

I S B N 979-11-5610-291-5 (94530)
979-11-5610-290-8 (세트)
정 가 65,000원